INTRODUÇÃO
À QUÍMICA GERAL

Ficha catalográfica da obra completa

Dados Internacionais de Catalogação na Publicação (CIP)
(Câmara Brasileira do Livro, SP, Brasil)

```
I61    Introdução à química geral, orgânica e bioquímica /
       Frederick A. Bettelheim ... [et al.] ; tradução Mauro de
       Campos Silva, Gianluca Camillo Azzellini ; revisão técnica
       Gianluca Camillo Azzellini. - São Paulo, SP : Cengage,
       2022.
          1004 p. : il. ; 23 cm.
          Inclui bibliografia.
          Tradução de: Introduction to general, organic and
       biochemistry.

          2. reimpr. da 1. ed. brasileira de 2012.
          ISBN 978-85-221-1073-5

          1. Química. 2. Química orgânica. 3. Bioquímica. I.
       Bettelheim, Frederick A. II. Brown, William H. III.
       Campbell, Mary K. III. Farrell, Shawn O.



       CDU 54
       CDD 540
```

Índices para catálogo sistemático:

1. Química 54

(Bibliotecária responsável: Sabrina Leal Araujo - CRB 10/1507)

Ficha catalográfica do Introdução à Química Geral

Dados Internacionais de Catalogação na Publicação (CIP)
(Câmara Brasileira do Livro, SP, Brasil)

```
       Introdução à química geral / Frederick Bettelheim... [et
       al.] ; tradução Mauro de Campos Silva, Gianluca Camillo
       Azzellini ; revisão técnica Gianluca Camillo Azzellini.
       -- São Paulo : Cengage Learning, 2012.

          Outros autores: William H. Brown, Mary K. Campbell,
       Shawn O. Farrell
          Título original: Introduction to general, organic
       and biochemistry.
          9. ed. norte-americana.
          Bibliografia.
          ISBN 978-85-221-1148-0

          1. Química - Estudo e ensino I. Brown, William H.
       II. Campbell, Mary K. III. Farrell, Shawn O.


       11-03636                                      CDD-540.7
```

Índices para catálogo sistemático:

1. Química : Estudo e ensino 540.7

INTRODUÇÃO

À QUÍMICA GERAL

Tradução da 9ª edição norte-americana

Frederick A. Bettelheim

William H. Brown
Beloit College

Mary K. Campbell
Mount Holyoke College

Shawn O. Farrell
Olympic Training Center

Tradução
Mauro de Campos Silva
Gianluca Camillo Azzellini

Revisão técnica
Gianluca Camillo Azzellini

Bacharelado e licenciatura em Química na Faculdade de
Filosofia Ciências e Letras, USP-Ribeirão Preto;
Doutorado em Química pelo Instituto de Química-USP;
Pós-Doutorado pelo Dipartimento di Chimica G.
Ciamician – Universidade de Bolonha.
Professor do Instituto de Química – USP

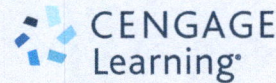

Austrália • Brasil • Japão • Coreia • México • Cingapura • Espanha • Reino Unido • Estados Unidos

Introdução à química geral
Bettelheim, Brown, Campbell, Farrell

Gerente Editorial: Patricia La Rosa

Editor de Desenvolvimento: Fábio Gonçalves

Supervisora de Produção Editorial: Fabiana Alencar Albuquerque

Pesquisa Iconográfica: Edison Rizzato

Título Original: Introduction to General, Organic,
and Biochemistry – 9th edition
ISBN 13: 978-0-495-39121-0
ISBN 10: 0-495-39121-2

Tradução: Mauro de Campos Silva (Prefaciais, caps. 1 ao 15 e cap. 32, Apêndices e Respostas) e Gianluca Camillo Azzellini (Caps. 16 ao 31)

Revisão Técnica: Gianluca Camillo Azzellini

Copidesque: Carlos Villarruel

Revisão: Luicy Caetano de Oliveira e Cristiane M. Morinaga

Diagramação: Cia. Editorial

Capa: Absoluta Propaganda e Design

© 2010 Brooks/Cole, parte da Cengage Learning.

© 2012 Cengage Learning.

Todos os direitos reservados. Nenhuma parte deste livro poderá ser reproduzida, sejam quais forem os meios empregados, sem a permissão, por escrito, da Editora. Aos infratores aplicam-se as sanções previstas nos artigos 102, 104, 106 e 107 da Lei nº 9.610, de 19 de fevereiro de 1998.

Esta editora empenhou-se em contatar os responsáveis pelos direitos autorais de todas as imagens e de outros materiais utilizados neste livro. Se porventura for constatada a omissão involuntária na identificação de algum deles, dispomo-nos a efetuar, futuramente, os possíveis acertos.

A Editora não se responsabiliza pelo funcionamento dos links contidos neste livro que possam estar suspensos.

Para informações sobre nossos produtos,
entre em contato pelo telefone **0800 11 19 39**

Para permissão de uso de material desta obra,
envie seu pedido
para **direitosautorais@cengage.com**

© 2012 Cengage Learning. Todos os direitos reservados.

ISBN-13: 978-85-221-1148-0
ISBN-10: 85-221-1148-0

Cengage Learning
Condomínio E-Business Park
Rua Werner Siemens, 111 – Prédio 11 – Torre A – Conjunto 12
Lapa de Baixo – CEP 05069-900 – São Paulo – SP
Tel.: (11) 3665-9900 – Fax: (11) 3665-9901
SAC: 0800 11 19 39

Para suas soluções de curso e aprendizado, visite
www.cengage.com.br

Impresso no Brasil.
Printed in Brazil.
2. reimpressão de 2022.

À minha bela esposa, Courtney – entre revisões,
o emprego e a escola, tenho sido pouco mais que um fantasma
pela casa, absorto em meu trabalho. Courtney manteve
a família unida, cuidou de nossos filhos e do lar,
ao mesmo tempo que tratava de seus próprios textos. Nada disso
seria possível sem seu amor, apoio e esforço. SF

Aos meus netos, pelo amor e pela alegria que
trazem à minha vida: Emily, Sophia e Oscar; Amanda e Laura;
Rachel; Gabrielle e Max. WB

Para Andrew, Christian e Sasha – obrigada pelas recompensas
de ser sua mãe. E para Bill, Mary e Shawn – é sempre
um prazer trabalhar com vocês. MK

A edição brasileira está dividida em três livros,* além da
edição completa (combo), sendo:

Introdução à química geral

Capítulo 1 Matéria, energia e medidas

Capítulo 2 Átomos

Capítulo 3 Ligações químicas

Capítulo 4 Reações químicas

Capítulo 5 Gases, líquidos e sólidos

Capítulo 6 Soluções e coloides

Capítulo 7 Velocidade de reação e equilíbrio químico

Capítulo 8 Ácidos e bases

Capítulo 9 Química nuclear

Introdução à química orgânica

Capítulo 10 Química orgânica

Capítulo 11 Alcanos

Capítulo 12 Alquenos e alquinos

Capítulo 13 Benzeno e seus derivados

Capítulo 14 Alcoóis, éteres e tióis

Capítulo 15 Quiralidade: a lateralidade das moléculas

Capítulo 16 Aminas

Capítulo 17 Aldeídos e cetonas

Capítulo 18 Ácidos carboxílicos

Capítulo 19 Anidridos carboxílicos, ésteres e amidas

Introdução à bioquímica

Capítulo 20 Carboidratos

Capítulo 21 Lipídeos

Capítulo 22 Proteínas

Capítulo 23 Enzimas

Capítulo 24 Comunicação química: neurotransmissores e hormônios

Capítulo 25 Nucleotídeos, ácidos nucleicos e hereditariedade

Capítulo 26 Expressão gênica e síntese de proteínas

Capítulo 27 Bioenergética: como o corpo converte alimento em energia

Capítulo 28 Vias catabólicas específicas: metabolismo de carboidratos, lipídeos e proteínas

Capítulo 29 Vias biossintéticas

Capítulo 30 Nutrição

Capítulo 31 Imunoquímica

Capítulo 32 Fluidos do corpo**

Introdução à química geral, orgânica e bioquímica (combo)

---

* Em cada um dos livros há remissões a capítulos, seções, quadros, figuras e tabelas que fazem parte dos outros livros. Para consultá-los será necessário ter acesso às outras obras ou ao combo.
** Capítulo on-line, na página do livro, no site www.cengage.com.br.

Sumário

Capítulo 1 Matéria, energia e medidas, 1

1.1 Por que a química é o estudo da matéria?, 1
1.2 O que é método científico?, 2
1.3 Como os cientistas registram números?, 4

Como... Determinar os algarismos significativos em um número, 5

1.4 Como se fazem medidas?, 6
1.5 Qual é a melhor maneira de converter uma unidade em outra?, 10

Como... Fazer conversões de unidades pelo Método de Conversão de Unidades, 11

1.6 Quais são os estados da matéria?, 14
1.7 O que são densidade e gravidade específica?, 15
1.8 Como se descrevem as várias formas de energia?, 17
1.9 Como se descreve o calor e como ele é transferido?, 18

Resumo das questões-chave, 21
Problemas, 22

Conexões químicas

1A Dosagem de fármacos e massa corporal, 9
1B Hipotermia e hipertermia, 18
1C Compressas frias, colchões d'água e lagos, 19

Capítulo 2 Átomos, 27

2.1 Do que é feita a matéria?, 27
2.2 Como se classifica a matéria?, 28
2.3 Quais são os postulados da teoria atômica de Dalton?, 31
2.4 De que são feitos os átomos?, 33
2.5 O que é tabela periódica?, 38
2.6 Como os elétrons se distribuem no átomo?, 43
2.7 Como estão relacionadas a configuração eletrônica e a posição na tabela periódica?, 49
2.8 O que são propriedades periódicas?, 50

Resumo das questões-chave, 53
Problemas, 54

Conexões químicas

2A Elementos necessários à vida humana, 29
2B Quantidade de elementos presentes no corpo humano e na crosta terrestre, 33
2C Abundância isotópica e astroquímica, 38
2D Estrôncio-90, 40
2E O uso de metais como marcos históricos, 42

Capítulo 3 Ligações químicas, 61

3.1 O que é preciso saber antes de começar?, 61
3.2 O que é a regra do octeto?, 61
3.3 Qual é a nomenclatura dos cátions e ânions?, 63
3.4 Quais são os dois principais tipos de ligação química?, 65
3.5 O que é uma ligação iônica?, 67
3.6 Qual é a nomenclatura dos compostos iônicos?, 69
3.7 O que é uma ligação covalente?, 70

Como... Desenhar estruturas de Lewis?, 73

3.8 Qual é a nomenclatura dos compostos covalentes binários?, 77

3.9 O que é ressonância?, 78

Como... **Desenhar setas curvadas e elétrons deslocalizados, 79**

3.10 Como prever ângulos de ligação em moléculas covalentes?, 81
3.11 Como determinar se a molécula é polar?, 85
Resumo das questões-chave, 87
Problemas, 88

Conexões químicas

3A Corais e ossos quebrados, 65
3B Compostos iônicos na medicina, 71
3C Óxido nítrico: poluente atmosférico e mensageiro biológico, 78

Capítulo 4 Reações químicas, 97

4.1 O que é reação química?, 97
4.2 O que é massa molecular?, 98
4.3 O que é mol e como usá-lo para calcular relações de massa?, 98
4.4 Como se balanceiam equações químicas?, 102

Como... **Balancear uma equação química, 102**

4.5 Como se calculam relações de massa em reações químicas?, 105
4.6 Como prever se íons em soluções aquosas reagirão entre si?, 111
4.7 O que são oxidação e redução?, 114
4.8 O que é calor de reação?, 118
Resumo das questões-chave, 118
Problemas, 119

Conexões químicas

4A Solubilidade e cárie, 113
4B Células voltaicas, 116
4C Antissépticos oxidantes, 117

Capítulo 5 Gases, líquidos e sólidos, 125

5.1 Quais são os três estados da matéria?, 125
5.2 O que é pressão do gás e como medi-la?, 126
5.3 Quais são as leis que regem o comportamento dos gases?, 127
5.4 O que é lei de Avogadro e lei dos gases ideais?, 131
5.5 O que é a lei das pressões parciais de Dalton?, 133
5.6 O que é teoria cinética molecular?, 134
5.7 Quais são os tipos de forças de atração que existem entre as moléculas?, 135
5.8 Como se descreve o comportamento dos líquidos em nível molecular?, 138
5.9 Quais são as características dos vários tipos de sólidos?, 144
5.10 O que é uma mudança de fase e quais são as energias envolvidas?, 146
Resumo das questões-chave, 150
Problemas, 151

Conexões químicas

5A Entropia: uma medida de dispersão de energia, 127
5B Respiração e lei de Boyle, 129
5C Medicina hiperbárica, 133
5D Medida de pressão sanguínea, 140
5E As densidades do gelo e da água, 143
5F Dióxido de carbono supercrítico, 149

Capítulo 6 Soluções e coloides, 157

6.1 O que é necessário saber por enquanto?, 157
6.2 Quais são os tipos mais comuns de soluções?, 158
6.3 Quais são as características que distinguem as soluções?, 158
6.4 Quais são os fatores que afetam a solubilidade?, 159
6.5 Quais são as unidades mais comuns para concentração?, 161
6.6 Por que a água é um solvente tão bom?, 168
6.7 O que são coloides?, 172

6.8 O que é uma propriedade coligativa?, 174
Resumo das questões-chave, 180
Problemas, 181

Conexões químicas

6A Chuva ácida, 159
6B *Bends*, 162
6C Compostos hidratados e poluição do ar: a deterioração de prédios e monumentos, 172
6D Emulsões e agentes emulsificantes, 174
6E Osmose reversa e dessalinização, 178
6F Hemodiálise, 179

Capítulo 7 Velocidades de reação e equilíbrio químico, 187

7.1 Como se medem velocidades de reação?, 187
7.2 Por que algumas colisões moleculares resultam em reações e outras não?, 189
7.3 Qual é a relação entre energia de ativação e velocidade de reação?, 190
7.4 Como se pode mudar a velocidade da reação química?, 193
7.5 O que significa dizer que a reação alcançou o equilíbrio?, 197
7.6 O que é constante de equilíbrio e o que ela significa?, 199

Como... **Interpretar o valor da constante de equilíbrio, K?, 201**

7.7 O que é o princípio de Le Chatelier?, 203
Resumo das questões-chave, 208
Problemas, 208

Conexões químicas

7A Por que a febre alta é perigosa?, 195
7B Baixando a temperatura do corpo, 196
7C Medicamentos de liberação controlada, 197
7D Os óculos de sol e o princípio de Le Chatelier, 206
7E O processo de Haber, 207

Capítulo 8 Ácidos e bases, 213

8.1 O que são ácidos e bases?, 213
8.2 Como se define a força de ácidos e bases?, 215
8.3 O que são pares conjugados ácido-base?, 216

Como... **Denominar ácidos comuns, 218**

8.4 Como determinar a posição de equilíbrio em uma reação ácido-base?, 219
8.5 Que informações podem ser obtidas das constantes de ionização ácida?, 221
8.6 Quais são as propriedades de ácidos e bases?, 223
8.7 Quais são as propriedades ácidas e básicas da água pura?, 225

Como... **Usar logs e antilogs, 226**

8.8 O que são pH e pOH?, 227
8.9 Como se usa a titulação para calcular a concentração?, 229
8.10 O que são tampões?, 232
8.11 Como se calcula o pH de um tampão?, 235
8.12 O que são TRIS, HEPES e esses tampões com nomes estranhos?, 237
Resumo das questões-chave, 239
Problemas, 240

Conexões químicas

8A Alguns ácidos e bases importantes, 216
8B Antiácidos, 225
8C Acidose respiratória e metabólica, 238
8D Alcalose e o truque do corredor, 239

Capítulo 9 Química nuclear, 245

9.1 Como foi a descoberta da radioatividade?, 245
9.2 O que é radioatividade?, 246
9.3 O que acontece quando um núcleo emite radioatividade?, 248

Como... Balancear uma equação nuclear, 249
9.4 O que é a meia-vida do núcleo? 252
9.5 Como se detecta e mede a radiação nuclear?, 254
9.6 Como a dosimetria da radiação está relacionada à saúde humana?, 256
9.7 O que é medicina nuclear?, 259
9.8 O que é fusão nuclear?, 262
9.9 O que é fissão nuclear e como está relacionada à energia atômica?, 264
Resumo das questões-chave, 266
Resumo das reações principais, 267
Problemas, 267

Conexões químicas

9A Datação radioativa, 253
9B O problema do radônio doméstico, 259
9C Como a radiação danifica os tecidos: radicais livres, 260
9D A precipitação radioativa em acidentes nucleares, 266

Apêndice I Notação exponencial, A1

Apêndice II Algarismos significativos, A4

Respostas aos problemas do texto e aos problemas ímpares de final de capítulos, R1

Glossário, G1

Índice remissivo, IR1

Grupos funcionais orgânicos importantes
Código genético padrão
Nomes e abreviações dos aminoácidos mais comuns
Massas atômicas padrão dos elementos 2007
Tabela periódica
Tópicos relacionados à saúde (Encontra-se na página do livro, no site www.cengage.com.br)

Prefácio

> "Ver o mundo num grão de areia
> E o céu numa flor silvestre
> Reter o infinito na palma das mãos
> E a eternidade em um momento."
> William Blake ("Augúrios da inocência")

> "A cura para o tédio é a curiosidade
> Não há cura para a curiosidade."
> Dorothy Parker

Perceber a ordem na natureza do mundo é uma necessidade humana profundamente arraigada. Nossa meta principal é transmitir a relação entre os fatos e assim apresentar a totalidade do edifício científico construído ao longo dos séculos. Nesse processo, encantamo-nos com a unidade das leis que tudo governam: dos fótons aos prótons, do hidrogênio à água, do carbono ao DNA, do genoma à inteligência, do nosso planeta à galáxia e ao universo conhecido. Unidade em toda a diversidade.

Enquanto preparávamos a nona edição deste livro, não pudemos deixar de sentir o impacto das mudanças que ocorreram nos últimos 30 anos. Do *slogan* dos anos 1970, "Uma vida melhor com a química", para a frase atual, "Vida pela química", dá para ter uma ideia da mudança de foco. A química ajuda a prover as comodidades de uma vida agradável, mas encontra-se no âmago do nosso próprio conceito de vida e de nossas preocupações em relação a ela. Essa mudança de ênfase exige que o nosso texto, destinado principalmente para a educação de futuros profissionais das ciências da saúde, procure oferecer tanto as informações básicas quanto as fronteiras do horizonte que circunda a química.

O uso cada vez mais frequente de nosso texto tornou possível esta nova edição. Agradecemos àqueles que adotaram as edições anteriores para seus cursos. Testemunhos de colegas e estudantes indicam que conseguimos transmitir nosso entusiasmo pelo assunto aos alunos, que consideram este livro muito útil para estudar conceitos difíceis.

Assim, nesta nova edição, esforçamo-nos em apresentar um texto de fácil leitura e fácil compreensão. Ao mesmo tempo, enfatizamos a inclusão de novos conceitos e exemplos nessa disciplina em tão rápida evolução, especialmente nos capítulos de bioquímica. Sustentamos uma visão integrada da química. Desde o começo na química geral, incluímos compostos orgânicos e susbtâncias bioquímicas para ilustrar os princípios. O progresso é a ascensão do simples ao complexo. Insistimos com nossos colegas para que avancem até os capítulos de bioquímica o mais rápido possível, pois neles é que se encontra o material pertinente às futuras profissões de nossos alunos.

Lidar com um campo tão amplo em um só curso, e possivelmente o único curso em que os alunos têm contato com a química, faz da seleção do material um empreendimento bastante abrangente. Temos consciência de que, embora tentássemos manter o livro em tamanho e proporções razoáveis, incluímos mais tópicos do que se poderia cobrir num curso de dois semestres. Nosso objetivo é oferecer material suficiente para que o professor possa escolher os tópicos que considerar importante. Organizamos as seções de modo que cada uma delas seja independente; portanto, deixar de lado seções ou mesmo capítulos não causará rachaduras no edifício.

Ampliamos a quantidade de tópicos e acrescentamos novos problemas, muitos dos quais desafiadores e instigantes.

Público-alvo

Assim como nas edições anteriores, este livro não se destina a estudantes do curso de química, e sim àqueles matriculados nos cursos de ciências da saúde e áreas afins, como enfermagem, tecnologia médica, fisioterapia e nutrição. Também pode ser usado por alunos de estudos ambientais. Integralmente, pode ser usado para um curso de um ano (dois semestres) de química, ou partes do livro num curso de um semestre.

Pressupomos que os alunos que utilizam este livro têm pouco ou nenhum conhecimento prévio de química. Sendo assim, introduzimos lentamente os conceitos básicos no início e aumentamos o ritmo e o nível de sofisticação à medida que avançamos. Progredimos dos princípios básicos da química geral, passando pela química orgânica e chegando finalmente à bioquímica. Consideramos esse progresso como uma ascensão tanto em termos de importância prática quanto de sofisticação. Ao longo do texto, integramos as três partes, mantendo uma visão unificada da química. Não consideramos as seções de química geral como de domínio exclusivo de compostos inorgânicos, frequentemente usamos substâncias orgânicas e biológicas para ilustrar os princípios gerais.

Embora ensinar a química do corpo humano seja nossa meta final, tentamos mostrar que cada subárea da química é importante em si mesma, além de ser necessária para futuros conhecimentos.

Conexões químicas (aplicações medicinais e gerais dos princípios químicos)

Os quadros "Conexões químicas" contêm aplicações dos princípios abordados no texto. Comentários de usuários das edições anteriores indicam que esses quadros têm sido bem recebidos, dando ao texto a devida pertinência. Por exemplo, no Capítulo 1, os alunos podem ver como as compressas frias estão relacionadas aos colchões d'água e às temperaturas de um lago ("Conexões químicas 1C"). Indicam-se também tópicos atualizados, incluindo fármacos anti-inflamatórios como o Vioxx e Celebrex ("Conexões químicas 21H"). Outro exemplo são as novas bandagens para feridas baseadas em polissacarídeos obtidos da casca do camarão ("Conexões químicas 20E"). No Capítulo 30, que trata de nutrição, os alunos poderão ter uma nova visão da pirâmide alimentar ("Conexões químicas 30A"). As questões sempre atuais relativas à dieta são descritas em "Conexões químicas 30B". No Capítulo 31, o aluno aprenderá sobre importantes implicações no uso de antibióticos ("Conexões químicas 31D") e terá uma explicação detalhada sobre o tema, tão polêmico, da pesquisa com células-tronco ("Conexões químicas 31E").

A presença de "Conexões químicas" permite um considerável grau de flexibilidade. Se o professor quiser trabalhar apenas com o texto principal, esses quadros não interrompem a continuidade, e o essencial será devidamente abordado. No entanto, como essas "Conexões" ampliam o material principal, a maioria dos professores provavelmente desejará utilizar pelo menos algumas delas. Em nossa experiência, os alunos ficam ansiosos para ler as "Conexões químicas" pertinentes, não como tarefa, e o fazem com discernimento. Há um grande número de quadros, e o professor pode escolher aqueles que são mais adequados às necessidades específicas do curso. Depois, os alunos poderão testar seus conhecimentos em relação a eles com os problemas no final de cada capítulo.

Metabolismo: o código de cores

As funções biológicas dos compostos químicos são explicadas em cada um dos capítulos de bioquímica e em muitos dos capítulos de química orgânica. A ênfase é na química e não na fisiologia. Como tivemos um retorno muito positivo a respeito do modo como organizamos o tópico sobre metabolismo (capítulos 27, 28 e 29), resolvemos manter essa organização.

Primeiramente, apresentamos a via metabólica comum através da qual todo o alimento será utilizado (o ciclo do ácido cítrico e a fosforilação oxidativa) e só depois discutimos as vias específicas que conduzem à via comum. Consideramos isso um recurso pedagó-

gico útil que nos permite somar os valores calóricos de cada tipo de alimento porque sua utilização na via comum já foi ensinada. Finalmente, separamos as vias catabólicas das vias anabólicas em diferentes capítulos, enfatizando as diferentes maneiras como o corpo rompe e constrói diferentes moléculas.

O tema metabolismo costuma ser difícil para a maioria dos estudantes, e, por isso, tentamos explicá-lo do modo mais claro possível. Como fizemos na edição anterior, melhoramos a apresentação com o uso de um código de cores para os compostos biológicos mais importantes discutidos nos capítulos 27, 28 e 29. Cada tipo de composto aparece em uma cor específica, que permanece a mesma nos três capítulos. As cores são as seguintes:

- ATP e outros trifosfatos de nucleosídeo
- ADP e outros difosfatos de nucleosídeos
- As coenzimas oxidadas NAD^+ e FAD
- As coenzimas reduzidas NADH e $FADH_2$
- Acetil coenzima A

Nas figuras que mostram os caminhos metabólicos, os números das várias etapas aparecem em amarelo. Além desse uso do código de cores, outras figuras, em várias partes do livro, são coloridas de tal modo que a mesma cor sempre é usada para a mesma entidade. Por exemplo, em todas as figuras do Capítulo 23 que mostram as interações enzima-substrato, as enzimas sempre aparecem em azul, e os substratos, na cor laranja.

Destaques

- [NOVO] Estratégias de resolução de problemas Os exemplos do texto agora incluem uma descrição da estratégia utilizada para chegar a uma solução. Isso ajudará o aluno a organizar a informação para resolver um problema.
- [NOVO] Impacto visual Introduzimos ilustrações de grande impacto pedagógico. Entre elas, as que mostram os aspectos microscópico e macroscópico de um tópico em discussão, como as figuras 6.4 (lei de Henry) e 6.11 (condutância por um eletrólito).
- Questões-chave Utilizamos um enquadramento nas "Questões-chave" para enfatizar os principais conceitos químicos. Essa abordagem direciona o aluno, em todos os capítulos, nas questões relativas a cada segmento.
- [ATUALIZADO] Conexões químicas Mais de 150 ensaios descrevem as aplicações dos conceitos químicos apresentados no texto, vinculando a química à sua utilização real. Muitos quadros novos de aplicação sobre diversos tópicos foram acrescentados, tais como bandagens de carboidrato, alimentos orgânicos e anticorpos monoclonais.
- Resumo das reações fundamentais Nos capítulos de química orgânica (10-19), um resumo comentado apresenta as reações introduzidas no capítulo, identifica a seção onde cada uma foi introduzida e dá um exemplo de cada reação.
- [ATUALIZADO] Resumos dos capítulos Os resumos refletem as "Questões-chave". No final de cada capítulo, elas são novamente enunciadas, e os parágrafos do resumo destacam os conceitos associados às questões. Nesta edição estabelecemos "links" entre os resumos e problemas no final dos capítulos.
- [ATUALIZADO] Antecipando No final da maior parte dos capítulos incluímos problemas-desafio destinados a mostrar a aplicação, ao material dos capítulos seguintes, de princípios que aparecem no capítulo.
- [ATUALIZADO] Ligando os pontos e desafios Ao final da maior parte dos capítulos, incluímos problemas que se baseiam na matéria já vista, bem como em problemas que testam o conhecimento do aluno sobre ela. A quantidade desses problemas aumentou nesta edição.
- [ATUALIZADO] Os quadros Como... Nesta edição, aumentamos o número de quadros que enfatizam as habilidades de que o aluno necessita para dominar a matéria. Incluem tó-

picos do tipo "*Como*... Determinar os algarismos significativos em um número" (Capítulo 1) e "*Como*... Interpretar o valor da constante de equilíbrio, *K*" (Capítulo 7).

- Modelos moleculares Modelos de esferas e bastões, de preenchimento de espaço e mapas de densidade eletrônica são usados ao longo de todo o texto como auxiliares na visualização de propriedades e interações moleculares.
- Definições na margem Muitos termos também são definidos na margem para ajudar o aluno a assimilar a terminologia. Buscando essas definições no capítulo, o estudante terá um breve resumo de seu conteúdo.
- Notas na margem Informações adicionais, tais como notas históricas, lembretes e outras complementam o texto.
- Respostas a todos os problemas do texto e aos problemas ímpares no final dos capítulos Respostas a problemas selecionados são fornecidas no final do livro.
- Glossário O glossário no final do livro oferece uma definição para cada novo termo e também o número da seção em que o termo é introduzido.

Organização e atualizações

Química geral (capítulos 1-9)

- O Capítulo 1, Matéria energia e medidas, serve como uma introdução geral ao texto e introduz os elementos pedagógicos que aparecem pela primeira vez nesta edição. Foi adicionado um novo quadro "*Como*... Determinar os algarismos significativos em um número".
- No Capítulo 2, Átomos, introduzimos quatro dos cinco modos de representação das moléculas que usamos ao longo do texto: mostramos a água em sua fórmula molecular, estrutural e nos modelos de esferas e bastões e de preenchimento de espaço. Introduzimos os mapas de densidade eletrônica, uma quinta forma de representação, no Capítulo 3.
- O Capítulo 3, Ligações químicas, começa com os compostos iônicos, seguidos de uma discussão sobre compostos moleculares.
- O Capítulo 4, Reações químicas, inclui o quadro "*Como*... Balancear uma equação química" que ilustra um método gradual para balancear uma equação.
- No Capítulo 5, Gases, líquidos e sólidos, apresentamos as forças intermoleculares de atração para aumentar a energia, ou seja, as forças de dispersão de London, interações dipolo-dipolo e ligações de hidrogênio.
- O Capítulo 6, Soluções e coloides, abre com uma listagem dos tipos mais comuns de soluções, com discussões sobre os fatores que afetam a solubilidade, as unidades de concentração mais usadas e as propriedades coligativas.
- O Capítulo 7, Velocidades de reação e equilíbrio químico, mostra como esses dois importantes tópicos estão relacionados entre si. Adicionamos um novo quadro "*Como*... Interpretar o valor da constante de equilíbrio, *K*".
- O Capítulo 8, Ácidos e bases, introduz o uso das setas curvadas para mostrar o fluxo de elétrons em reações orgânicas. Utilizamos especificamente essas setas para indicar o fluxo de elétrons em reações de transferência de próton. O principal tema desse capítulo é a aplicação dos tampões ácido-base e da equação de Henderson-Hasselbach.
- A seção de química geral termina com o Capítulo 9, Química nuclear, destacando as aplicações medicinais.

Química orgânica (capítulos 10-19)

- O Capítulo 10, Química orgânica, introduz as características dos compostos orgânicos e os grupos funcionais orgânicos mais importantes.
- No Capítulo 11, Alcanos, introduzimos o conceito de fórmula linha-ângulo e seguimos usando essas fórmulas em todos os capítulos de química orgânica. Essas estruturas são mais fáceis de desenhar que as fórmulas estruturais condensadas usuais e também mais fáceis de visualizar.

- No Capítulo 12, Alcenos e alcinos, introduzimos o conceito de mecanismo de reação com a hidro-halogenação e a hidratação por catálise ácida dos alcenos. Apresentamos também um mecanismo para a hidrogenação catalítica dos alcenos e, mais adiante, no Capítulo 18, mostramos como a reversibilidade da hidrogenação catalítica resulta na formação de gorduras *trans*. O objetivo dessa introdução aos mecanismos de reação é demonstrar ao aluno que os químicos estão interessados não apenas no que acontece numa reação química, mas também como ela ocorre.

- O Capítulo 13, Benzeno e seus derivados, segue imediatamente após a apresentação dos alcenos e alcinos. Nossa discussão sobre os fenóis inclui fenóis e antioxidantes.

- O Capítulo 14, Alcoóis, éteres e tióis, discute primeiramente a estrutura, nomenclatura e propriedades dos alcoóis, e depois aborda, do mesmo modo, os éteres e finalmente os tióis.

- No Capítulo 15, Quiralidade: a lateralidade das moléculas, os conceitos de estereocentro e enantiomeria são lentamente introduzidos com o 2-butanol como protótipo. Depois tratamos de moléculas com dois ou mais estereocentros e mostramos como prever o número de estereoisômeros possível para uma determinada molécula. Também explicamos a convenção R, S para designar uma configuração absoluta a um estereocentro tetraédrico.

- No Capítulo 16, Aminas, seguimos o desenvolvimento de novas medicações para asma, da epinefrina, como fármaco principal, ao albuterol (Proventil).

- O Capítulo 17, Aldeídos e cetonas, apresenta o $NaBH_4$ como agente redutor da carbonila, com ênfase em sua função de agente de transferência de hidreto. Depois comparamos à NADH como agente redutor da carbonila e agente de transferência de hidreto.

A química dos ácidos carboxílicos e seus derivados é dividida em dois capítulos.

- O Capítulo 18, Ácidos carboxílicos, concentra-se na química e nas propriedades físicas dos próprios ácidos carboxílicos. Discutimos brevemente sobre os ácidos graxos *trans* e os ácidos graxos ômega-3, e a importância de sua presença em nossas dietas.

- O Capítulo 19, Anidridos carboxílicos, ésteres e amidas, descreve a química desses três importantes grupos funcionais, com ênfase em sua hidrólise por catálise ácida e promovida por bases, e as reações com as aminas e os álcoois.

Bioquímica (capítulos 20–32)

- O Capítulo 20, Carboidratos, começa com a estrutura e a nomenclatura dos monossacarídeos, sua oxidação e redução, e a formação de glicosídeos, concluindo com uma discussão sobre a estrutura dos dissacarídeos, polissacarídeos e polissacarídeos ácidos. Um novo quadro de "Conexões químicas" trata das *Bandagens de carboidrato que salvam vidas*.

- O Capítulo 21, Lipídeos, trata dos aspectos mais importantes da bioquímica dos lipídeos, incluindo estrutura da membrana e estruturas e funções dos esteroides. Foram adicionadas novas informações sobre o uso de esteroides e sobre a ex-velocista olímpica Marion Jones.

- O Capítulo 22, Proteínas, abrange muitas facetas da estrutura e função das proteínas. Dá uma visão geral de como elas são organizadas, começando com a natureza de cada aminoácido e descrevendo como essa organização resulta em suas muitas funções. O aluno receberá as informações básicas necessárias para seguir até as seções sobre enzimas e metabolismo. Um novo quadro de "Conexões químicas" trata do *Aspartame, o peptídeo doce*.

- O Capítulo 23, Enzimas, aborda o importante tópico da catálise e regulação enzimática. O foco está em como a estrutura de uma enzima aumenta tanto a velocidade de reações catalisadas por enzimas. Foram incluídas aplicações específicas da inibição por enzimas em medicina, bem como uma introdução ao fascinante tópico dos análogos ao estado de transição e seu uso como potentes inibidores. Um novo quadro de "Conexões químicas" trata de *Enzimas e memória*.

- No Capítulo 24, Comunicação química, veremos a bioquímica dos hormônios e dos neurotransmissores. As implicações da ação dessas substâncias na saúde são o principal foco deste capítulo. Novas informações sobre possíveis causas da doença de Alzheimer são exploradas.

- O Capítulo 25, Nucleotídeos, ácidos nucleicos e hereditareidade, introduz o DNA e os processos que envolvem sua replicação e reparo. Enfatiza-se como os nucleotídeos se ligam uns aos outros e o fluxo da informação genética que ocorre por causa das propriedades singulares dessas moléculas. As seções sobre tipos de RNA foram bastante ampliadas, uma vez que nosso conhecimento sobre esses ácidos nucleicos avança diariamente. O caráter único do DNA de um indivíduo é descrito em um quadro de "Conexões químicas" que introduz *Obtendo as impressões digitais do DNA* e mostra como a ciência forense depende do DNA para fazer identificações positivas.

- O Capítulo 26, Expressão gênica e síntese da proteína, mostra como a informação contida no DNA da célula é usada para produzir RNA e finalmente proteína. Aqui o foco é como os organismos controlam a expressão dos genes através da transcrição e da tradução. O capítulo termina com o atual e importante tópico da terapia gênica, uma tentativa de curar doenças genéticas dando ao indivíduo o gene que lhe faltava. Os novos quadros de "Conexões químicas" descrevem a *Diversidade humana e fatores de transcrição* e as *Mutações silenciosas*.

- O Capítulo 27, Bioenergética, é uma introdução ao metabolismo que enfatiza as vias centrais, isto é, o ciclo do ácido cítrico, o transporte de elétrons e a fosforilação oxidativa.

- No Capítulo 28, Vias catabólicas específicas, tratamos dos detalhes da decomposição de carboidratos, lipídeos e proteínas, enfatizando o rendimento energético.

- O Capítulo 29, Vias catabólicas biossintéticas, começa com algumas considerações gerais sobre anabolismo e segue para a biossíntese do carboidrato nas plantas e nos animais. A biossíntese dos lipídeos é vinculada à produção de membranas, e o capítulo termina com uma descrição da biossíntese dos aminoácidos.

- No Capítulo 30, Nutrição, fazemos uma abordagem bioquímica aos conceitos de nutrição. Ao longo do caminho, veremos uma versão revisada da pirâmide alimentar e derrubaremos alguns mitos sobre carboidratos e gorduras. Os quadros de "Conexões químicas" expandiram-se em dois tópicos geralmente importantes para o aluno – dieta e melhoramento do desempenho nos esportes através de uma nutrição apropriada. Foram adicionados novos quadros que discutem o *Ferro: um exemplo de necessidade dietética* e *Alimentos orgânicos – esperança ou modismo?*.

- O Capítulo 31, Imunoquímica, abrange o básico de nosso sistema imunológico e como nos protegemos dos organismos invasores. Um espaço considerável é dedicado ao sistema de imunidade adquirida. Nenhum capítulo sobre imunologia estaria completo sem uma descrição do vírus da imunodeficiência humana. O capítulo termina com uma descrição do tópico polêmico da pesquisa com células-tronco – nossas esperanças e preocupações pelos possíveis aspectos negativos. Foi adicionado um novo quadro de "Conexões químicas", *Anticorpos monoclonais travam guerra contra o câncer de mama*.

- O Capítulo 32, Fluidos corporais, encontra-se na página do livro, no site www.cengage.com.br.

EM INGLÊS

OWN (Online Web-based Learning)

A Cengage Learning, alinhada com as mais atuais tecnologias educacionais, apresenta o LMS (learning management system) OWL, desenvolvido na Massachutts University. Testado em sala por milhares de alunos e usado por mais de 50 mil estudantes, OWL (Online Web-based Learning) oferece conteúdo digital em um formato de fácil utilização, fornecendo aos alunos análise instantânea de seus exercícios e feedback sobre as tarefas realizadas. OWL possui mais de 6 mil questões, bem como aplicativos Java para visualizar e desenhar estruturas químicas.

Este poderoso sistema maximiza a experiência da aprendizagem dos alunos e, ao mesmo tempo, reduz a carga de trabalho do corpo docente. OWL também utiliza o aplicativo Chime, da MDL, para auxiliar os estudantes a visualizar as estruturas dos compostos orgânicos. Todo o conteúdo, bem como a plataforma, encontra-se em língua inglesa.

O acesso à plataforma é gratuito para professores que comprovadamente adotam a obra. Os alunos somente poderão utilizá-la com o código de acesso que pode ser adquirido em http://www.cengage.com/owl.

Para mais informações sobre este produto, envie e-mail para brasil.solucoesdigitais@cengage.com.

Instructor Solutions Manual

Encontra-se na página do livro, no site www.cengage.com.br o Instructor Solutions Manual em PDF, gratuito para professores que comprovadamente adotam a obra.

Agradecimentos

A publicação de um livro como este requer os esforços de muitas outras pessoas, além dos autores. Gostaríamos de agradecer a todos os professores que nos deram valiosas sugestões para esta nova edição.

Somos especialmente gratos a Garon Smith (University of Montana), Paul Sampson (Kent State University) e Francis Jenney (Philadelphia College of Osteopathic Medicine) que leram o texto com um olhar crítico. Como revisores, também confirmaram a precisão das seções de respostas.

Nossos especiais agradecimentos a Sandi Kiselica, editora sênior de desenvolvimento, que nos deu todo o apoio durante o processo de revisão. Agradecemos seu constante encorajamento enquanto trabalhávamos para cumprir os prazos; ela também foi muito valiosa em dirimir dúvidas. Agradecemos a ajuda de nossos outros colegas em Brooks/Cole: editora executiva, Lisa Lockwood; gerente de produção, Teresa Trego; editor associado, Brandi Kirksey; editora de mídia, Lisa Weber; e Patrick Franzen, da Pre-Press PMG.

Também agradecemos pelo tempo e conhecimento dos avaliadores que leram o original e fizeram comentários úteis: Allison J. Dobson (Georgia Southern University), Sara M. Hein (Winona State University), Peter Jurs (The Pennsylvania State University), Delores B. Lamb (Greenville Technical College), James W. Long (University of Oregon), Richard L. Nafshun (Oregon State University), David Reinhold (Western Michigan University), Paul Sampson (Kent State University), Garon C. Smith (University of Montana) e Steven M. Socol (McHenry County College).

Matéria, energia e medidas

Homem escalando uma cachoeira congelada.

1.1 Por que a química é o estudo da matéria?

O mundo ao nosso redor é feito de substâncias químicas. Nossos alimentos, nosso vestuário, as construções em que vivemos, tudo é feito de substâncias químicas. Nosso corpo também. Para entender o corpo humano, suas doenças e suas curas, devemos saber tudo que pudermos sobre essas substâncias. Houve uma época – apenas alguns séculos atrás – em que os médicos eram impotentes para tratar muitas doenças. Câncer, tuberculose, varíola, tifo, peste e muitas outras enfermidades atacavam as pessoas aparentemente de forma aleatória. Os médicos não conheciam as causas dessas doenças e, por isso, pouco ou nada podiam fazer. Eles as tratavam com magia e também por meio de sangrias, laxativos, emplastros e pílulas feitas de chifre de veado, açafrão ou mesmo de ouro. Nenhum desses tratamentos era eficaz, e os médicos, pelo contato direto que tinham com doenças altamente contagiosas, morriam em proporção muito maior que a da população em geral.

A medicina fez grandes avanços desde então. Vivemos muito mais, e doenças que outrora eram temidas foram praticamente eliminadas ou são curáveis. A varíola foi erradicada, e outras enfermidades que, naquele tempo, matavam milhões de pessoas, como poliomielite, tifo, peste bubônica e difteria, hoje não são mais problemas, pelo menos nos países desenvolvidos.

Como aconteceu esse progresso na medicina? As doenças só puderam ser curadas depois que todo o processo que as envolvia foi compreendido. Esse entendimento surgiu por meio do conhecimento sobre o funcionamento do corpo. O progresso na biologia, química e física permitiu os avanços na medicina. Como a medicina moderna depende tanto da química, é fundamental, para aqueles que atuarem na área da saúde, entender a química básica. Este li-

Questões-chave

1.1 Por que a química é o estudo da matéria?

1.2 O que é método científico?

1.3 Como os cientistas registram números?

Como... Determinar os algarismos significativos em um número

1.4 Como se fazem medidas?

1.5 Qual é a melhor maneira de converter uma unidade em outra?

Como... Fazer conversões de unidades pelo Método de Conversão de Unidades

1.6 Quais são os estados da matéria?

1.7 O que são densidade e gravidade específica?

1.8 Como se descrevem as várias formas de energia?

1.9 Como se descreve o calor e como ele é transferido?

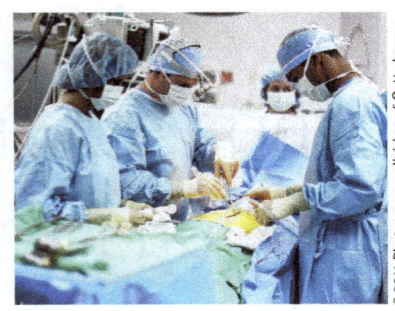

A prática da medicina ao longo do tempo. (a) Mulher sendo sangrada por sanguessuga no antebraço esquerdo; sobre a mesa, um frasco com sanguessugas. De uma xilogravura de 1639. (b) Cirurgia moderna numa bem-equipada sala de operações.

vro foi escrito para ajudá-los a alcançar esse objetivo. Mesmo que você escolha uma profissão diferente, verá que a química aprendida neste curso é de grande importância em sua vida.

O universo consiste em matéria, energia e espaço vazio. **Matéria** é qualquer coisa que tem massa e ocupa espaço. **Química** é a ciência que trata da matéria: a estrutura e as propriedades da matéria e as transformações de uma forma de matéria em outra. Energia é assunto da Seção 1.8.

Há muito se sabe que a matéria pode mudar ou ser alterada de uma forma para outra. Numa transformação química, mais conhecida como reação química, substâncias são consumidas (desaparecem) e são formadas novas substâncias. Um exemplo é a queima da mistura de hidrocarbonetos usualmente chamada "gás engarrafado".[1] Nessa mistura de hidrocarbonetos, o principal componente é o propano. Quando ocorre essa mudança química, propano e oxigênio do ar são convertidos em dióxido de carbono e água. A Figura 1.1 mostra outra transformação química.

[1] "Gás engarrafado" é o que conhecemos como GLP (Gás Liquefeito de Petróleo), encontrado nos botijões de gás de cozinha. (NRT)

A matéria também passa por várias mudanças, as quais são denominadas **transformações físicas**. Essas mudanças diferem das reações químicas, pois nelas não há mudança nas identidades das substâncias. A maior parte das transformações envolve mudanças de estado – por exemplo, o derretimento de sólidos e a ebulição de líquidos. A água continua sendo água, esteja ela no estado líquido ou na forma de gelo ou vapor. A conversão de um estado em outro é uma transformação física, e não química. Outro importante tipo de transformação física envolve a formação ou separação de misturas. Dissolver açúcar em água é uma transformação física.

Quando falamos das propriedades químicas de uma substância, referimo-nos às reações químicas que ela sofre. **Propriedades físicas** são, todas elas, propriedades que não envolvem reações químicas. Por exemplo, densidade, cor, ponto de fusão e estado físico (líquido, sólido, gasoso) são propriedades físicas.

Galeno não fez experimentos para testar suas hipóteses.

1.2 O que é método científico?

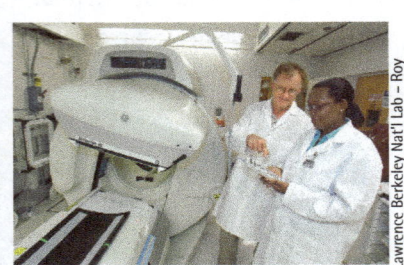

O PET *scanner* é um exemplo de como os cientistas modernos fazem experimentos para testar uma hipótese.

Hipótese Enunciado proposto, sem prova real, para explicar um conjunto de fatos e suas relações.

Os cientistas aprendem por meio do **método científico**, cuja essência é o teste de teorias. No entanto, nem sempre foi assim. Antes de 1.600, os filósofos geralmente acreditavam em enunciados apenas porque estes lhes pareciam corretos. Por exemplo, o grande filósofo Aristóteles (384-322 a.C.) acreditava que, se o ouro fosse extraído de uma mina, ele voltaria a surgir. Acreditava nessa ideia porque ela se ajustava a um quadro mais geral sobre o funcionamento da natureza. Na Antiguidade, a maioria dos pensadores tinha esse comportamento. Se um enunciado parecesse verdadeiro, eles acreditavam nele sem testá-lo.

O método científico começou a ser usado por volta de 1.600 d.C. Tomemos um exemplo para ver como funciona o método científico. O médico grego Galeno (200-130 a.C.) reconhecia que o sangue do lado esquerdo do coração passa, de algum modo, para o lado direito. Isso é um fato. **Fato** é um enunciado baseado na experiência direta. Trata-se de uma observação consistente e reprodutível. Tendo observado esse fato, Galeno propôs uma hipótese para explicá-lo. **Hipótese** é um enunciado proposto, mas sem prova real, para explicar os fatos e suas relações. Como Galeno não podia ver o sangue passando do lado esquerdo do coração para o direito, ele considerou a hipótese de que pequenos orifícios estivessem presentes na parede muscular que separa as duas metades.

(a) (b) (c)

FIGURA 1.1 Reação química. (a) Bromo, um líquido castanho-alaranjado, e alumínio metálico. (b) Essas duas substâncias reagem com tanto vigor que o alumínio é derretido e exibe um brilho incandescente esbranquiçado no fundo do béquer. O vapor amarelo é bromo vaporizado e um pouco do produto da reação, brometo de alumínio branco. (c) Uma vez concluída a reação, o béquer fica coberto de brometo de alumínio e dos produtos de sua reação com o gás atmosférico. (Nota: Essa reação é perigosa! Não deve ser realizada em nenhuma circunstância, salvo sob supervisão apropriada.)

Até aqui um cientista moderno e um filósofo antigo teriam o mesmo comportamento. Ambos oferecem uma hipótese para explicar os fatos. Desse ponto em diante, porém, seus métodos diferem. Para Galeno, sua explicação parece estar certa, e isso foi o suficiente para acreditar nela, mesmo que não pudesse ver nenhum orifício. Sua hipótese foi, de fato, aceita praticamente por todos os médicos por mais de mil anos. Quando usamos o método científico, no entanto, não acreditamos em uma hipótese apenas porque parece correta. Nós a testamos utilizando os testes mais rigorosos que pudermos imaginar.

William Harvey (1578-1657) testou a hipótese de Galeno dissecando corações e vasos sanguíneos humanos e animais. Ele descobriu que válvulas que funcionam em sentido único separam as câmaras superiores do coração das inferiores. Também descobriu que o coração é uma bomba que, ao contrair e expandir, empurra o sangue para fora. O professor de Harvey, Fabricius (1537-1619), havia observado anteriormente a existência de válvulas de sentido único nas veias, de modo que ali o sangue corre em direção ao coração e não no sentido contrário.

Harvey junta esses fatos e apresenta uma nova hipótese: o sangue é bombeado pelo coração e circula em todo o corpo. Essa hipótese era mais satisfatória do que a de Galeno, pois se adequava melhor aos fatos. Mesmo assim, ainda era uma hipótese e, de acordo com o método científico, tinha de ser testada ainda mais. Um teste importante ocorreu em 1661, quatro anos após a morte de Harvey. Ele havia previsto que deveria haver pequeninos vasos sanguíneos que pudessem levar o sangue das artérias para as veias. Em 1661, o anatomista italiano Malpighi (1628-1694), usando o recém-inventado microscópio, localizou esses vasos, que agora chamamos capilares.

A descoberta de Malpighi deu sustentação à hipótese da circulação sanguínea ao confirmar a previsão de Harvey. Quando uma hipótese passa no teste, temos mais confiança nela e passamos a chamá-la de teoria. Uma **teoria** é a formulação de uma relação aparente entre certos fenômenos observados, que foi até certo ponto verificada. Nesse sentido, teoria é o mesmo que hipótese, exceto pelo fato de que nossa crença nela é mais forte, pois há mais evidências que a sustentam. Não importa, porém, o quanto confiamos numa teoria; se descobrirmos novos fatos que se oponham a ela ou se ela não passar em novos testes, a teoria deve ser alterada ou rejeitada. Na história da ciência, muitas teorias solidamente estabelecidas tiveram que ser descartadas porque não puderam passar em novos testes.

Um dos métodos mais importantes de testar uma hipótese é aquele que utiliza um experimento controlado. Não é suficiente dizer que uma mudança causa um efeito, devemos assegurar que a ausência desta não irá causá-lo. Se, por exemplo, um pesquisador propõe que adicionar uma mistura de vitaminas à dieta de uma criança melhora o seu crescimento, é fundamental verificar, antes de qualquer outro aspecto, se as crianças de um grupo de controle, que não receberam a mistura de vitaminas, não crescem tão rapidamente. A comparação de um experimento com um controle é essencial para o método científico.

Teoria Formulação de uma aparente relação, já verificada, entre certos fenômenos observados. Uma teoria explica muitos fatos inter-relacionados e pode ser aplicada para realizar previsões sobre fenômenos naturais. Exemplos são a teoria gravitacional de Newton e a teoria molecular cinética dos gases, que encontraremos na Seção 6.6. Esse tipo de teoria também está sujeito a teste e será descartado ou modificado se estiver em contradição com os fatos.

O método científico é muito simples. Não aceitamos uma hipótese ou teoria somente porque parece ser correta. Elaboramos testes. Uma hipótese ou teoria é aceita apenas depois de passar nos testes. O enorme progresso ocorrido desde 1600 na química, biologia e em outras ciências comprova o valor do método científico.

Talvez tenha ficado a impressão de que a ciência progride em uma direção: primeiro o fato, depois a hipótese, por último a teoria. A vida real não é tão simples. Hipóteses e teorias chamam a atenção dos cientistas para a descoberta de novos fatos. Um exemplo desse roteiro é a descoberta do elemento germânio. Em 1871, a tabela periódica de Mendeleev – uma descrição gráfica de elementos organizados por propriedades – previa a existência de um novo elemento cujas propriedades seriam semelhantes às do silício. Mendeleev chamou esse elemento de ecassilício, que foi descoberto em 1886, na Alemanha (daí o nome).

As propriedades desse elemento eram, de fato, semelhantes àquelas previstas pela teoria. Muitas descobertas científicas, entretanto, são frutos do **acaso** ou resultado de observação aleatória. Um exemplo de acaso ocorreu em 1926, quando James Sumner, da Universidade Cornell, deixou um preparado de enzimas com urease de feijão-de-porco num refrigerador durante o fim de semana. Ao retornar, Sumner constatou que a solução continha cristais e depois verificou tratar-se de uma proteína. Essa descoberta acidental levou à hipótese de que todas as enzimas são proteínas. É claro que o acaso não é suficiente para fazer avançar a ciência. Os cientistas devem ter criatividade e discernimento para reconhecer o significado de suas observações. Sumner lutou por mais de 15 anos para que sua hipótese fosse aceita, pois as pessoas acreditavam que somente moléculas pequenas podem formar cristais. Finalmente, sua visão triunfou, e ele recebeu o Prêmio Nobel de Química em 1946.

1.3 Como os cientistas registram números?

Geralmente, cientistas lidam com números muito pequenos ou muito grandes. Por exemplo, uma moeda comum de cobre contém aproximadamente

$$29.500.000.000.000.000.000.000 \text{ de átomos de cobre}$$

e um único átomo de cobre pesa

$$0,00000000000000000000104 \text{ grama}$$

Há muitos anos, foi inventada uma maneira fácil de lidar com números tão grandes e tão pequenos. Esse método, conhecido como **notação exponencial**, baseia-se em potências de 10. Em notação exponencial, o número de átomos de cobre em uma moeda é escrito como

$$2,95 \times 10^{22}$$

e o peso de um único átomo de cobre é escrito como

$$1,04 \times 10^{-22} \text{ gramas}$$

A origem dessa forma reduzida pode ser vista nos seguintes exemplos:

$$100 = 1 \times 10 \times 10 = 1 \times 10^2$$
$$1.000 = 1 \times 10 \times 10 \times 10 \times 1 \times 10^3$$

Na forma de uma equação, temos o seguinte: "100 é 1 com dois zeros depois do 1, e 1.000 é 1 com três zeros depois do 1". Também podemos escrever:

$$1/100 = 1/10 \times 1/10 = 1 \times 10^{-2}$$
$$1/1.000 = 1/10 \times 1/10 \times 1/10 = 1 \times 10^{-3}$$

onde os expoentes negativos indicam números menores que 1. O expoente em um número muito grande ou muito pequeno nos permite contar o número de zeros. Em quantidades muito grandes ou muito pequenas, esse número pode tornar-se intratável, sendo fácil perder um zero. A notação exponencial nos ajuda a lidar com essa possível fonte de erro matemático.

Quando se trata de medidas, nem todos os números que você pode gerar em sua calculadora ou computador são de igual importância. Somente o número de dígitos conhecidos com certeza é significativo. Suponha que você tenha medido o peso de um objeto como

Fotos mostrando diferentes ordens de magnitude.
1. Grupo de jogadores em campo (*c*. 10 metros)
2. Campo de futebol americano (*c*. 100 metros)
3. Arredores de um estádio (*c*. 1.000 metros)

sendo 3,4 g numa balança em que se pode ler até 0,1 g. Você poderá registrar o peso como 3,4 g, mas não como 3,40 ou 3,400 g, pois não terá certeza dos zeros adicionados. Isso é mais importante ainda quando os cálculos são feitos por calculadora. Por exemplo, você poderia medir um cubo com uma régua e constatar que cada lado tem 2,9 cm. Se lhe pedirem para calcular o volume, você multiplica $2,9 \times 2,9 \times 2,9$. A calculadora lhe dará como resposta 24,389 cm3. Suas medidas iniciais, todavia, só eram boas para uma casa decimal, logo, sua resposta final não pode ser boa até três casas decimais. Como cientista, é importante registrar dados que tenham o número correto de algarismos significativos. Uma explicação detalhada sobre o uso de algarismos significativos é dada no Apêndice II. A seguir, o quadro *Como* ensina de que maneira determinar os algarismos significativos em um número. Você encontrará quadros como esse ao longo do texto nos quais explicações mais detalhadas de conceitos serão úteis. Uma discussão sobre acurácia, precisão e algarismos significativos pode ser encontrada em manuais de laboratório.

Como...
Determinar os algarismos significativos em um número

1. **Dígitos diferentes de zero são sempre significativos.**
   Por exemplo, 233,1 m tem quatro algarismos significativos; 2,3 g tem dois algarismos significativos.
2. **Zeros no começo de um número nunca são significativos.**
   Por exemplo, 0,0055 L tem dois algarismos significativos; 0,3456 g tem quatro algarismos significativos.
3. **Zeros entre dígitos diferentes de zero são sempre significativos.**
   Por exemplo, 2,045 kcal tem quatro algarismos significativos; 8,0506 g tem cinco algarismos significativos.
4. **Zeros no final de um número que contém uma vírgula decimal sempre são significativos.**
   Por exemplo, 3,00 L tem três algarismos significativos; 0,0450 mm tem três algarismos significativos.
5. **Zeros no final de um número que não contém vírgula decimal podem ou não ser significativos.**

Não podemos dizer se são significativos sem saber algo sobre o número. Trata-se de um caso ambíguo. Se você sabe que um certo pequeno negócio teve um lucro de $ 36.000 no ano passado, poderá ter certeza de que 3 e 6 são significativos, mas e o resto? O lucro pode ter sido de $ 36.126 ou $ 35.786,53, ou talvez exatamente $ 36.000. Simplesmente não sabemos porque é comum arredondar números assim. Entretanto, se o lucro foi registrado como $ 36.000,00 então todos os sete dígitos serão significativos.

Em ciência, para contornar o caso ambíguo, usamos a notação exponencial. Suponha que uma medida resulte em 2.500 g. Se fizemos a medida, então sabemos que os dois zeros são significativos, mas precisamos dizer aos outros. Se esses dígitos não forem significativos, escreveremos nosso número como $2,5 \times 10^3$. Se um zero for significativo, escreveremos $2,50 \times 10^3$. Se ambos os zeros forem significativos, escreveremos $2,500 \times 10^3$. Já que agora temos uma vírgula decimal, todos os dígitos mostrados são significativos. Neste livro consideraremos que nos números terminados em zero todos os algarismos são significativos. Por exemplo, 1.000 mL têm quatro algarismos significativos, e 20 m, têm dois algarismos significativos.

Exemplo 1.1 Notação exponencial e algarismos significativos

Multiplique

(a) $(4,73 \times 10^5)(1,37 \times 10^2)$

(b) $(2,7 \times 10^{-4})(5,9 \times 10^8)$

Divida

(c) $\dfrac{7,08 \times 10^{-8}}{300}$

(d) $\dfrac{5,8 \times 10^{-6}}{6,6 \times 10^{-8}}$

(e) $\dfrac{7,05 \times 10^{-3}}{4,51 \times 10^5}$

Neste exemplo, use a calculadora.

Estratégia e solução

Cálculos desse tipo são feitos automaticamente em calculadoras científicas. Geralmente, é a tecla marcada como "E". (Em algumas calculadoras, aparece como "EE". Em alguns casos, o acesso é pela tecla de segunda função.)

(a) Digite 4,73E5, pressione a tecla de multiplicação, digite 1,37E2 e pressione a tecla "=". A resposta é $6{,}48 \times 10^7$. A calculadora mostrará esse número como 6,48E7. Essa resposta faz sentido. Adicionamos expoentes quando multiplicamos, e a soma desses dois expoentes é correta (5 + 2 = 7). Também multiplicamos os números $4{,}73 \times 1{,}37$, que, aproximadamente, é $4 \times 1{,}5 = 6$, portanto 6,48 é também razoável.

(b) Aqui temos que lidar com um expoente negativo, portanto usamos a tecla "+/−". Digite 2,7E/4, pressione a tecla de multiplicação, digite 5,9E8 e pressione a tecla "=". A calculadora mostrará a resposta como 1,593E5. Para obtermos o número correto de algarismos significativos, devemos registrar nossa resposta como 1,6E5. Essa resposta faz sentido porque 2,7 é um pouco menor que 3, e 5,9 é um pouco menor que 6, portanto prevemos um número pouco menor que 18; também a soma algébrica dos expoentes (−4 + 8) é igual a 4. Isso dá 16×10^4. Em notação exponencial, normalmente preferimos registrar números entre 1 e 10, assim reescrevemos nossa resposta como $1{,}6 \times 10^5$. Fizemos o primeiro número 10 vezes menor, então aumentamos o expoente em 1 para refletir essa mudança.

(c) Digite 7,08E+/−8, pressione a tecla de divisão, digite 300 e pressione a tecla "=". A resposta é $2{,}36 \times 10^{-10}$. A calculadora mostrará esse número como 2,36E − 10. Subtraímos os expoentes quando dividimos e também podemos escrever 300 como $3{,}00 \times 10^2$.

(d) Digite 5,8E+/−6, pressione a tecla de divisão, digite 6,6E+/−8 e pressione a tecla "=". A calculadora mostrará a resposta como 87,878787878788. Registramos essa resposta como 88 para termos o número certo de algarismos significativos. Essa resposta faz sentido. Quando dividimos 5,8 por 6,6, temos um número pouco menor que 1. Quando subtraímos os expoentes algebricamente (−6 − [−8]), o resultado é 2. Isso significa que a resposta é pouco menor que 1×10^2 ou pouco menor que 100.

(e) Digite 7,05E+/−3, pressione a tecla de divisão, digite 4,51E5 e pressione a tecla "=". A calculadora mostra a resposta como 1,5632E-8, que, para o número correto de algarismos significativos, é $1{,}56 \times 10^{-8}$. A subtração algébrica do expoente é $-3 - 5 = -8$.

Problema 1.1

Multiplique

(a) $(6{,}49 \times 10^7)(7{,}22 \times 10^{-3})$ (b) $(3{,}4 \times 10^{-5})(8{,}2 \times 10^{-11})$

Divida

(a) $\dfrac{6{,}02 \times 10^{23}}{3{,}10 \times 10^5}$ (b) $\dfrac{3{,}14}{2{,}30 \times 10^{-5}}$

1.4 Como se fazem medidas?

No dia a dia, estamos sempre medindo. Medimos ingredientes para receitas, distâncias percorridas, galões de gasolina, pesos de frutas e legumes, e o horário dos programas de TV. Médicos e enfermeiras medem pulsações, pressão sanguínea, temperaturas e dosagens de fármacos. A química, como outras ciências, baseia-se em medidas.

Uma medida consiste em duas partes: um número e uma unidade. Número sem unidade geralmente não tem significado. Se lhe dissessem que o peso de uma pessoa é 57, a informação seria de pouca utilidade. São 57 libras (26 quilos), o que indicaria que a pessoa deve ser uma criança ou um anão, ou 57 quilos, que é o peso médio de uma mulher, ou de um homem de baixa estatura? Ou talvez seja alguma outra unidade? Como existem muitas unidades, um número em si mesmo não é suficiente; a unidade também deve ser declarada.

Nos Estados Unidos, a maior parte das medidas é feita com o sistema inglês de unidades: libras, milhas, galões e assim por diante. Em muitas outras partes do mundo, porém, poucas pessoas saberiam dizer o que é libra ou polegada. A maioria dos países usa o **sistema métrico**, originado na França por volta de 1800 e que desde então se espalhou por todo o mundo. Mesmo nos Estados Unidos, as mensurações métricas estão sendo introduzidas lentamente (Figura 1.2). Por exemplo, muitos refrigerantes e a maior parte das bebidas alcoólicas agora são apresentados em volumes métricos. Nos Estados Unidos, os cientistas sempre usaram o sistema métrico.

Sistema métrico Sistema de unidades de medida em que as divisões em subunidades são feitas por uma potência de 10.

FIGURA 1.2 Placa de sinalização mostrando equivalentes métricos de milhagem.

Por volta de 1960, as organizações científicas internacionais adotaram outro sistema, chamado **Sistema Internacional de Unidades (SI)**. O SI é baseado no sistema métrico e utiliza algumas unidades métricas. A principal diferença é que o SI é mais restritivo: desencoraja o uso de certas unidades métricas e favorece outras. Embora o SI tenha vantagens sobre o sistema métrico mais antigo, também tem desvantagens significativas. Por essa razão, os químicos norte-americanos têm resistido em adotá-lo. Hoje, aproximadamente 40 anos após sua introdução, não são muitos os químicos norte-americanos que usam o SI integralmente, embora algumas de suas unidades preferidas estejam ganhando terreno.

Neste livro, usaremos o sistema métrico (Tabela 1.1). Às vezes, mencionaremos a unidade SI preferida.

Tabela 1.1 Unidades básicas no sistema métrico

Comprimento	metro (m)
Volume	litro (L)
Massa	grama (g)
Tempo	segundo (s)
Temperatura	°Celsius (°C)
Energia	caloria (cal)
Quantidade de substância	mol (mol)

Fatores de conversão são definidos. Podemos usá-los para termos quantos algarismos significativos forem necessários. Não é o caso com os números medidos.

A. Comprimento

O fundamento do sistema métrico (e do SI) é a existência de uma unidade básica para cada tipo de medida, e as outras unidades estão relacionadas à unidade básica por potências de 10. Como exemplo, vejamos as medidas de comprimento. No sistema inglês, temos a polegada, o pé, a jarda e a milha (sem mencionar unidades mais antigas como légua, *furlong*, *ell* e *rod*). Se você quiser converter uma unidade em outra, deverá memorizar ou consultar estes fatores de conversão:

$$5.280 \text{ pés} = 1 \text{ milha}$$
$$1.760 \text{ jardas} = 1 \text{ milha}$$
$$3 \text{ pés} = 1 \text{ jarda}$$
$$12 \text{ polegadas} = 1 \text{ pé}$$

Tudo isso é desnecessário no sistema métrico (e no SI). Em ambos os sistemas, a unidade básica de comprimento é o metro (m). Para convertê-lo em unidades maiores ou menores, não utilizamos números arbitrários como 12, 3 e 1.760, mas apenas 10, 100, 1/100, 1/10, ou outras potências de 10. Isso significa que, *para converter uma unidade métrica ou o SI em outra, basta deslocar a vírgula decimal*. Além disso, as outras unidades são denominadas adicionando-se prefixos na frente de "metro", e *esses prefixos são os mesmos em todo o sistema métrico e no SI*. A Tabela 1.2 mostra os prefixos mais importantes. Se colocarmos alguns desses prefixos na frente de "metro", teremos:

$$1 \text{ quilômetro (km)} = 1.000 \text{ metros (m)}$$
$$1 \text{ centímetro (cm)} = 0{,}01 \text{ metro}$$
$$1 \text{ nanômetro (nm)} = 10^9 \text{ metro}$$

Para pessoas que cresceram utilizando as unidades inglesas, é útil ter alguma ideia do tamanho das unidades métricas. A Tabela 1.3 mostra alguns fatores de conversão.

Algumas dessas conversões são difíceis e provavelmente você não se lembrará delas. Assim, consulte-as quando precisar. Outras são mais fáceis. Por exemplo, 1 metro é quase o mesmo que 1 jarda. E 1 quilograma é pouco mais que 2 libras. Em 1 galão há quase 4 litros. Essas conversões poderão ser importantes para você algum dia. Por exemplo, se você alugar um carro na Europa, o preço da gasolina no posto será em euros por litro. Quando você perceber que está gastando dois dólares por litro, o que equivale a quase quatro litros por galão, entenderá por que tanta gente prefere utilizar ônibus ou trem.

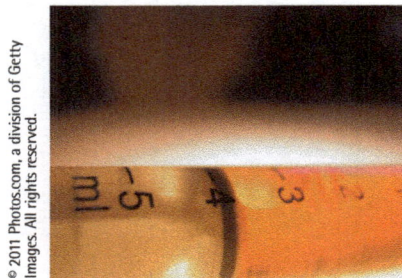

Seringa hipodérmica. Observe que os volumes são indicados em mililitros.

B. Volume

Volume é espaço. O volume de um líquido, sólido ou gás é o espaço ocupado por essa substância. A unidade básica de volume no sistema métrico é o **litro** (**L**). Essa unidade é um pouco maior que um quarto (Tabela 1.3). A outra única unidade comum do sistema métrico para volume é o mililitro (mL), que é igual a 10^{-3} L.

$$1 \text{ mL} = 0,001 \text{ L } (1 \times 10^{-3} \text{ L})$$
$$(1 \times 10^3 \text{ mL}) \; 1.000 \text{ mL} = 1 \text{ L}$$

Notação exponencial para quantidades com múltiplos zeros é mostrada entre parênteses.

TABELA 1.2 Prefixos métricos mais comuns

Prefixo	Símbolo	Valor
giga	G	$10^9 = 1.000.000.000$ (1 bilhão)
mega	M	$10^6 = 1.000.000$ (1 milhão)
quilo	k	$10^3 = 1.000$ (mil)
deci	d	$10^{-1} = 0,1$ (um décimo)
centi	c	$10^{-2} = 0,01$ (um centésimo)
mili	m	$10^{-3} = 0,001$ (um milésimo)
micro	μ	$10^{-6} = 0,000001$ (um milionésimo)
nano	n	$10^{-9} = 0,000000001$ (um bilionésimo)
pico	p	$10^{-12} = 0,000000000001$ (um trilionésimo)

TABELA 1.3 Alguns fatores de conversão entre os sistemas inglês e métrico

Comprimento	Massa	Volume
1 pol. = 2,54 cm	1 oz = 28,35 g	1 qt = 0,946 L
1 m = 39,37 in.	1 lb = 453,6 g	1 gal = 3,785 L
1 milha = 1,609 km	1 kg = 2,205 lb 1 g = 15,43 grãos	1 L = 33,81 fl oz 1 fl oz = 29,57 mL 1 L = 1,057 qt

Um mililitro é exatamente igual a um centímetro cúbico (cc ou cm^3):

$$1 \text{ mL} = 1 \text{ cc}$$

Assim, há $1.000 \; (1 \times 10^3)$ cc em 1 L.

C. Massa

Massa é quantidade de matéria num objeto. A unidade básica de massa no sistema métrico é o grama (g). Como sempre no sistema métrico, unidades maiores e menores são indicadas por prefixos. Os mais comuns são:

$$1 \text{ quilograma (kg)} = 1.000 \text{ g}$$
$$1 \text{ miligrama (mg)} = 0,001 \text{ g}$$

O grama é uma unidade pequena; há 453,6 g em 1 libra (Tabela 1.3).

Usamos um instrumento chamado balança para medir massa. A Figura 1.3 mostra dois tipos de balanças de laboratório.

Há uma diferença fundamental entre massa e peso. Massa independe da localização. A massa de uma pedra, por exemplo, é a mesma quer seja medida ao nível do mar, no topo de uma montanha ou nas profundezas de uma mina. Ao contrário, o peso depende da localização. Peso é a força experimentada por uma massa sob a atração da gravidade. Essa questão foi demonstrada de maneira significativa quando os astronautas caminharam na superfície da Lua. Como a Lua é um corpo menor que a Terra, ela exerce uma atração gravitacional mais fraca. Consequentemente, mesmo os astronautas usando trajes espaciais e equipamentos que

FIGURA 1.3 Duas balanças de laboratório para medir massa.

Conexões químicas 1A

Dosagem de fármacos e massa corporal

Em muitos casos, as dosagens de fármacos são prescritas com base na massa corporal. Por exemplo, a dosagem recomendada de um remédio pode ser 3 mg para cada quilograma de peso corporal. Nesse caso, uma mulher de 50 kg receberia 150 mg, e um homem de 82 kg, 246 mg. Esse ajuste é especialmente importante para crianças, porque uma dose adequada para um adulto geralmente será demais para uma criança, cuja massa corporal é bem menor. Por essa razão, os fabricantes vendem caixas com doses menores de certos remédios, como a aspirina, para crianças.

As dosagens de fármacos também podem variar com a idade. Às vezes, quando um paciente idoso tem uma deficiência renal ou hepática, a eliminação do fármaco é mais lenta, e a droga pode ficar no corpo por mais tempo que o normal. A permanência pode causar tontura, vertigem e dor de cabeça semelhante à enxaqueca, resultando em quedas e ossos quebrados. Essa demora na eliminação deve ser monitorada, e a dosagem do fármaco, ajustada adequadamente.

seriam pesados na Terra, eles se sentiram mais leves na Lua e puderam executar grandes saltos durante o passeio.

Embora massa e peso sejam conceitos diferentes, estão relacionados entre si pela força da gravidade. Costumamos usar as duas palavras indiferentemente porque pesamos objetos comparando suas massas a massas-padrão de referência (pesos) numa balança, e a atração gravitacional é a mesma no objeto desconhecido e nas massas padronizadas. Como a força de gravidade é essencialmente constante, a massa sempre é diretamente proporcional ao peso.

D. Tempo

O tempo é a única quantidade em que as unidades são as mesmas em todos os sistemas: inglês, métrico e SI. A unidade básica é o **segundo** (s):

$$60 \text{ s} = 1 \text{ min}$$
$$60 \text{ min} = 1 \text{ h}$$

E. Temperatura

Nos Estados Unidos, a maioria das pessoas está familiarizada com a escala Fahrenheit de temperatura. O sistema métrico usa a escala centígrado ou Celsius. Nessa escala, o ponto de ebulição da água está fixado em 100 °C, e o ponto de congelamento, em 0 °C. Podemos converter uma escala em outra usando as seguintes fórmulas:

$$°F = \frac{9}{5} °C + 32$$

Nessas equações, 32 é um número definido e, portanto, é tratado como se tivesse um número infinito de zeros após a vírgula decimal. (Ver Apêndice 2.)

$$°C = \frac{5}{9}(°F - 32)$$

Exemplo 1.2 Conversão de temperatura

A temperatura normal do corpo é 98,6 °F. Converter essa temperatura em Celsius.

Estratégia

Usamos a fórmula de conversão que leva em conta o fato de que o ponto de congelamento da água é igual a 32 °F.

Solução

$$°C = \frac{5}{9}(98,6 - 32) = \frac{5}{9}(66,6) = 37,0\ °C$$

Problema 1.2

Converta:
(a) 64,0 °C em Fahrenheit
(b) 47 °F em Celsius

A Figura 1.4 mostra a relação entre as escalas Fahrenheit e Celsius.
Uma terceira escala de temperatura é a escala **Kelvin (K)**, também chamada escala absoluta. O tamanho de 1 grau Kelvin é o mesmo do grau Celsius; a única diferença é o ponto zero. A temperatura −273 °C é tomada como o ponto zero na escala Kelvin, o que torna a conversão entre Kelvin e Celsius muito fácil. Para ir de Celsius a Kelvin, apenas *adicione* 273; para ir de Kelvin a Celsius, *subtraia* 273:

$$K = °C + 273$$
$$°C = K - 273$$

A Figura 1.4 também mostra a relação entre as escalas Kelvin e Celsius. Observe que não usamos o símbolo de grau na escala Kelvin: 100 °C é igual a 373 K, e não a 373 °K.
Por que −273 °C foi escolhido como o ponto zero na escala Kelvin? Porque *−273 °C ou 0 K é a temperatura mais baixa possível*. Por causa disso, 0 K é chamado de zero absoluto. A temperatura reflete o movimento das moléculas. Quanto mais lentamente elas se movem, mais frio. No zero absoluto, as moléculas param completamente de se movimentar. Assim, a temperatura não pode descer ainda mais. Dependendo do objetivo, é conveniente ter uma escala que começa na temperatura mais baixa possível, e a escala Kelvin satisfaz essa necessidade. Kelvin é uma unidade do SI.
É muito importante ter uma ideia dos tamanhos relativos das unidades no sistema métrico. Geralmente, enquanto fazemos cálculos, a única coisa que poderia nos dar uma pista de que cometemos algum erro é a compreensão dos tamanhos das unidades. Por exemplo, se você está calculando a quantidade de uma substância química dissolvida em água e chega a 254 kg/mL como resposta, será que faz sentido? Se você não tiver nenhuma ideia sobre o tamanho de 1 quilograma ou de 1 mililitro, não saberá. Se perceber que 1 mililitro é aproximadamente o volume de um dedal e que um pacote padrão de açúcar deve pesar 2 kg, então perceberá que não há como colocar 254 kg num dedal de água e saberá que cometeu um erro.

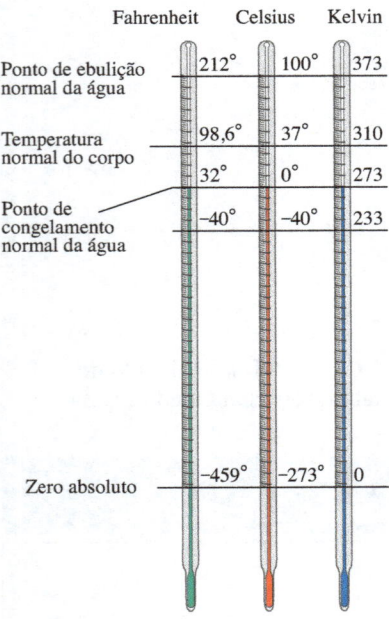

FIGURA 1.4 Três escalas de temperatura.

Método de Conversão de Unidades
Procedimento em que as equações são montadas de modo que as unidades não desejadas são canceladas e somente as desejadas permanecem.

1.5 Qual é a melhor maneira de converter uma unidade em outra?

Frequentemente precisamos converter a medida de uma unidade em outra. A melhor e mais segura forma de fazer isso é pelo Método de Conversão de Unidades, no qual se adota a seguinte regra: *quando multiplicamos números, também multiplicamos unidades, e quando dividimos números, também dividimos unidades*.
Para conversões entre uma unidade e outra, sempre é possível estabelecer duas frações denominadas fatores de conversão. Suponha que queiramos converter o peso de um objeto

de 381 gramas em libras. Podemos converter as unidades, mas não alterar o objeto em si. Precisamos de uma razão que reflita a mudança de unidades. Na Tabela 1.3, vemos que 1 libra tem 453,6 gramas, isto é, a quantidade de matéria em 453,6 gramas é a mesma em 1 libra. Nesse sentido, trata-se de uma razão de 1 para 1, mesmo que as unidades não sejam numericamente as mesmas. Os fatores de conversão entre gramas e libras são, portanto:

$$\frac{1 \text{ lb}}{453,6 \text{ g}} \quad \text{e} \quad \frac{453,6 \text{ g}}{1 \text{ lb}}$$

Para converter 381 gramas em libras, devemos multiplicar pelo fator de conversão adequado – mas qual deles? Tentemos ambos para ver o que acontece.

Primeiro multipliquemos por 1lb/453,6 g:

$$381 \text{ g} = \frac{1 \text{ lb}}{453,6 \text{ g}} = 0,840 \text{ lb}$$

Seguindo o procedimento de multiplicar e dividir unidades quando multiplicamos e dividimos números, vemos que a divisão de gramas por gramas cancela gramas. Ficamos com libras, que é a resposta que queremos. Assim, 1lb/453,6 g é o fator de conversão correto porque converte gramas em libras.

Suponha que tivéssemos feito da outra maneira, multiplicando 453,6 g/1 lb:

$$381 \text{ g} \times \frac{453,6 \text{ g}}{1 \text{ lb}} = 173.000 \frac{\text{g}^2}{\text{lb}} \left(1,73 \times 10^5 \frac{\text{g}^2}{\text{lb}} \right)$$

Quando multiplicamos gramas por gramas, temos g² (gramas ao quadrado). Dividindo por libras, dá g²/lb. Esta não é a unidade que queremos, portanto usamos o fator de conversão incorreto.

Fator de conversão Razão entre duas unidades diferentes.

Nessas conversões, estamos lidando com medidas de números. Podem surgir ambiguidades sobre o número de algarismos significativos. O número 173.000 não tem seis algarismos significativos. Escrevemos $1,73 \times 10^5$ para mostrar que são três os algarismos significativos.

Como...

Fazer conversões de unidades pelo Método de Conversão de Unidades

Uma das maneiras mais úteis de tratar as conversões é fazer três perguntas:

- Que informação me foi dada? Este é o ponto de partida.
- O que quero saber? Você tem de encontrar uma resposta a esta questão.
- Qual é a relação entre as duas primeiras? Este é o fator de conversão. É claro que, em alguns problemas, talvez seja necessário mais de um fator de conversão.

Vejamos como aplicar esses princípios a uma conversão de libras em quilogramas. Suponha que queiramos saber o peso em quilogramas de uma mulher que pesa 125 lb. Vimos na Tabela 1.3 que 1 kg tem 2,205 lb. Observe que estamos começando com libras e queremos uma resposta em quilogramas.

$$125 \text{ lb} \times \frac{1 \text{ kg}}{2,205 \text{ lb}} = 56,7 \text{ kg}$$

- O peso em libras é o ponto de partida. Essa informação nos foi dada.
- Queríamos saber o peso em quilogramas. Essa era a resposta desejada, e nós achamos o número de quilogramas.
- A relação entre os dois é o fator de conversão em que a unidade da resposta desejada está no numerador da fração, e não no denominador. Não se trata simplesmente de um procedimento mecânico para montar a equação de modo que as unidades se cancelem; é um primeiro passo para entender o raciocínio que está por trás do Método de Conversão de Unidades. Se você monta a equação para dar a unidade desejada como resposta, então fez a relação da maneira apropriada.

Se você aplicar esse tipo de raciocínio, sempre poderá escolher o fator de conversão correto. Entre as alternativas

$$\frac{2,205 \text{ lb}}{1 \text{ kg}} \quad \text{e} \quad \frac{1 \text{ kg}}{2,205 \text{ lb}}$$

você sabe que o segundo fator de conversão dará uma resposta em quilogramas, portanto é o que usará. Quando você confere a resposta, vê que é razoável. Você espera um número que seja aproximadamente metade de 125, que é 62,5. A resposta verdadeira, 56,7, está próxima desse valor. Os número de libras e quilogramas não são os mesmos, mas representam o mesmo peso. Esse fato torna logicamente válido o uso dos fatores de conversão. O Método de Conversão de Unidades usa a relação para obter uma resposta numérica.

Este é um bom momento para recordar a definição de gênio, segundo Thomas Edison: 99% de transpiração e 1% de inspiração.

A vantagem do Método de Conversão de Unidades é que nos permite saber quando fizemos um cálculo errado. *Se as unidades da resposta não são aquelas que estamos procurando, os cálculos devem estar errados*. Eventualmente, esse princípio funciona não apenas em conversões de unidades, mas também em todos os problemas em que fazemos cálculos usando medida de números. Acompanhar as unidades é uma maneira segura de fazer conversões. É impossível exagerar a importância desse método de conferir os cálculos.

Esse método dá a solução matemática correta para um problema. No entanto, é uma técnica mecânica e não requer que você pense durante o problema. Por isso, pode não proporcionar uma compreensão mais profunda. Por essa razão, e também para conferir sua resposta (porque é fácil cometer erros em aritmética – por exemplo, digitando os números errados na calculadora), você sempre deve se perguntar se a resposta obtida é razoável. Por exemplo, a questão pode pedir a massa de um único átomo de oxigênio. Se a sua resposta for $8,5 \times 10^6$ g, não será razoável. Um único átomo não pode pesar mais do que você! Nesse caso, obviamente você errou e deve rever os cálculos para encontrar o erro. É claro que qualquer um comete enganos às vezes, mas, se você conferir, poderá pelo menos determinar se a sua resposta é razoável. Se não for, saberá imediatamente que errou e poderá então corrigir.

Conferir se uma resposta é razoável lhe dá um entendimento mais profundo do problema porque o força a pensar a relação entre pergunta e resposta. Nesses problemas, os conceitos e as relações matemáticas caminham lado a lado. O domínio das habilidades matemáticas torna os conceitos mais claros, e insights sobre os conceitos sugerem modos de abordar a matemática. Agora daremos alguns exemplos de conversões de unidade e depois testaremos as respostas para ver se são razoáveis. Para economizar espaço, praticaremos essa técnica principalmente neste capítulo, mas você deve fazer uma abordagem semelhante nos demais.

Em problemas de conversão de unidade, você deve sempre conferir duas coisas. Primeiro, o fator numérico pelo qual você multiplica indica se a resposta será maior ou menor que o número sendo convertido. Segundo, o fator indica quanto maior ou menor que o número inicial sua resposta deve ser. Por exemplo, se 100 kg são convertidos em libras e 1 kg tem 2,205 lb, então uma resposta em torno de 200 é razoável – mas uma resposta de 0,2 ou 2.000 (2,00 103) não é.

Exemplo 1.3 Conversão de unidade: comprimento

A distância entre Roma e Milão (as maiores cidades da Itália) é de 358 milhas. Quantos quilômetros separam as duas?

Estratégia

Usamos o fator de conversão que nos permite cancelar unidades, nesse caso quilômetros e milhas.

Solução

Queremos converter milhas em quilômetros. De acordo com a Tabela 1.3, 1 mi 1,609 km. Assim, temos dois fatores de conversão:

$$\frac{1 \text{ mi}}{1,609 \text{ km}} \quad e \quad \frac{1,609 \text{ km}}{1 \text{ mi}}$$

Qual devemos usar? Aquele que dá a resposta em quilômetros:

$$358 \text{ mi} \times \text{fator de conversão} = ? \text{ km}$$

Isso significa que as milhas devem ser canceladas, portanto o fator de conversão 1,609 km/ 1 mi é apropriado.

$$358 \text{ mi} = \frac{1,609 \text{ km}}{1 \text{ mi}} = 576 \text{ km}$$

Essa resposta é razoável? Queremos converter uma dada distância em milhas na mesma distância em quilômetros. O fator de conversão da Tabela 1.3 nos diz que, numa dada distância, o número de quilômetros é maior que o número de milhas. Quanto maior? O número verdadeiro é 1,609, que é aproximadamente 1,5 vez maior. Assim, esperamos que a resposta em quilômetros seja cerca de 1,5 vez maior que o número dado em milhas. O número dado em milhas é 358, que, *para fins de verificação se nossa resposta é razoável*, podemos arredondar para, digamos, 400. Multiplicar esse número por 1,5 dá uma resposta aproximada de 600 km. Nossa resposta verdadeira, 576 km, era da mesma ordem de magnitude da resposta estimada, portanto podemos dizer que é razoável. Se a resposta estimada tivesse sido 6 km, 60 km ou 6.000 km, suspeitaríamos de um erro de cálculo.

Problema 1.3

Quantos quilogramas há em 241 lb? Confira sua resposta para ver se é razoável.

Exemplo 1.4 Conversão de unidade: volume

No rótulo de uma lata de azeite de oliva está escrito o seguinte: 1,844 gal. Quantos mililitros há na lata?

Estratégia

Aqui usamos dois fatores de conversão, e não apenas um. Ainda precisamos acompanhar as unidades.

Solução

A Tabela 1.3 não mostra nenhum fator para converter galões em mililitros, mas consta que gal = 3,785 L. Como sabemos que 1.000 mL = 1 L, podemos resolver esse problema multiplicando por dois fatores de conversão, o que assegura que todas as unidades se cancelem, exceto mililitros:

$$1{,}844 \text{ gal} \times \frac{3{,}785 \text{ L}}{1 \text{ gal}} \times \frac{1.000 \text{ mL}}{1 \text{ L}} = 6.980 \text{ mL}$$

Essa resposta é razoável? O fator de conversão na Tabela 1.3 nos diz que há mais litros num dado volume que galões. Quanto mais? Aproximadamente quatro vezes mais. Também sabemos que qualquer volume em mililitros é 1.000 vezes maior que o mesmo volume em litros. Assim, esperamos que o volume expresso em mililitros seja 4 × 1.000 ou 4.000 vezes maior que o volume em galões. O volume estimado em mililitros será aproximadamente de 1,8 × 4.000 ou 7.000 mL. Mas também esperamos que a resposta verdadeira seja um pouco menos que a cifra estimada, pois o fator de conversão foi superestimado (4 e não 3,785). Assim, a resposta 6.980 mL é bastante razoável. Observe que a resposta é dada para quatro algarismos significativos.

Problema 1.4

Calcule o número de quilômetros em 8,55 milhas. Confira sua resposta para ver se é razoável.

Exemplo 1.5 Conversão de unidade: unidades múltiplas

O limite máximo de velocidade em muitas estradas nos Estados Unidos é de 65 mi/h. A quantos metros por segundo (m/s) corresponde essa velocidade?

Estratégia

Usamos quatro fatores de conversão sucessivamente. Acompanhar as unidades é ainda mais importante.

Solução

Aqui temos basicamente um problema de dupla conversão: devemos converter milhas em metros e horas em segundos. Usamos quantos fatores de conversão forem necessários, sempre assegurando que serão utilizados de modo que as unidades apropriadas sejam canceladas:

$$65 \frac{\text{mi}}{\text{h}} \times \frac{1{,}609 \text{ km}}{1 \text{ mi}} \times \frac{1.000 \text{ m}}{1 \text{ km}} \times \frac{1 \text{ h}}{60 \text{ min}} \times \frac{1 \text{ min}}{60 \text{ s}} = 29 \frac{\text{m}}{\text{s}}$$

Fazer uma estimativa da resposta é uma boa ideia quando se trabalha com problemas matemáticos, e não apenas com conversões de unidade. Não estamos usando vírgulas depois dos zeros na aproximação.

Essa resposta é razoável? Para fazer uma estimativa de 65 mi/h em metros por segundo, primeiro devemos estabelecer a relação entre milhas e metros. Como no exemplo 1.3, sabemos que há mais quilômetros que milhas numa dada distância. Quanto mais? Como são aproximadamente 1,5 km em 1 mi, deve haver aproximadamente 1.500 vezes mais metros. Também sabemos que 1 hora tem $60 \times 60 = 3.600$ segundos. A razão entre metros e segundos será aproximadamente de 1.500/3.600, que é mais ou menos a metade. Portanto, estimamos que a velocidade em metros por segundo seja por volta de metade daquela em milhas por hora ou 32 m/s. Mais uma vez, a resposta verdadeira, 29 m/s, não está longe da estimativa de 32 m/s. Sendo assim, a resposta é razoável.

Conforme mostramos nesses exemplos, quando cancelamos unidades, não cancelamos os números. Os números são multiplicados e divididos normalmente.

Problema 1.5

Converta a velocidade do som, 332 m/s em mi/h. Confira sua resposta para ver se é razoável.

1.6 Quais são os estados da matéria?

A *matéria pode existir em três estados: gasoso, líquido e sólido.* Os **gases** não têm formato ou volume definidos. Expandem-se para preencher o recipiente onde são colocados. No entanto, são altamente comprimíveis e podem ser introduzidos em recipientes pequenos. Os líquidos também carecem de forma definida, mas têm um volume definido que permanece o mesmo quando despejado de um recipiente em outro. **Líquidos** são apenas ligeiramente comprimíveis. **Sólidos** têm formato e volume definidos, e são basicamente não comprimíveis.

Se determinada substância é um gás, líquido ou sólido, depende da temperatura e da pressão na qual se encontra. Num dia frio de inverno, uma poça de água líquida se transforma em gelo e torna-se sólida. Se aquecermos água em uma vasilha aberta ao nível do mar, o líquido entrará em ebulição a 100 °C e se tornará gás – nós o chamamos de vapor. Se aquecêssemos a mesma vasilha com água no topo do Monte Everest, a ebulição ocorreria por volta de 70 °C por causa da reduzida pressão atmosférica. A maior parte das substâncias pode existir nos três estados: gasosos em altas temperaturas, líquidos em temperaturas mais baixas e sólidos quando a temperatura torna-se suficientemente baixa. A Figura 1.5 mostra uma única substância nos três estados diferentes.

A identidade química de uma substância não muda quando é convertida de um estado em outro. A água continuará sendo água se estiver na forma de gelo, vapor ou líquida. Abordaremos detalhadamente os três estados da matéria e as mudanças de um estado para outro no Capítulo 5.

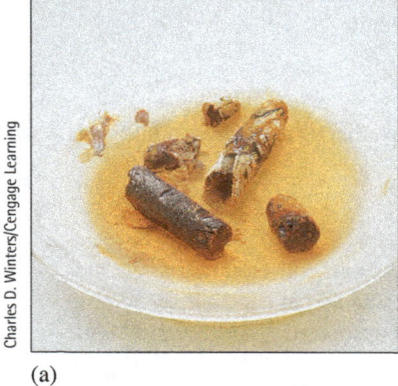
(a)

(b)

(c)

FIGURA 1.5 Os três estados da matéria para o bromo: (a) sólido, (b) líquido e (c) gasoso.

1.7 O que são densidade e gravidade específica?

A. Densidade

Um dos maiores problemas que o mundo enfrenta é o vazamento, nos oceanos, de petróleo de navios-tanques ou de plataformas *offshore*. Quando o óleo vaza no oceano, ele flutua sobre a água. O óleo não afunda porque não é solúvel em água, e esta é mais densa que aquele. Quando dois líquidos se misturam (supondo que um não se dissolve no outro), aquele de menor densidade flutua na superfície (Figura 1.6).

A **densidade** de qualquer substância é definida como sua massa por unidade de volume. Não só os líquidos têm densidade, mas também os sólidos e gases. A densidade é calculada dividindo a massa de uma substância por seu volume:

$$d = \frac{m}{V} \quad d = \text{densidade}, \, m = \text{massa}, \, V = \text{volume}$$

Exemplo 1.6 Cálculos de densidade

Se 73,2 mL de um líquido tem uma massa de 61,5 g, qual é a densidade em g/mL?

Estratégia

Usamos a fórmula da densidade e substituímos os valores dados para massa e volume.

Solução

$$d = \frac{m}{V} = \frac{61,5 \text{ g}}{73,2 \text{ mL}} = 0,840 \, \frac{\text{g}}{\text{mL}}$$

Problema 1.6

A densidade do titânio é 4,54 g/mL. Qual é a massa, em gramas, de 17,3 mL de titânio? Confira sua resposta para ver se é razoável.

Exemplo 1.7 Usando a densidade para encontrar o volume

A densidade do ferro é 7,86 g/cm3. Qual é o volume em mililitros de um pedaço de ferro de formato irregular e com massa de 524 g?

Estratégia

Temos a densidade e a massa. O volume é a quantidade desconhecida na equação. Substituímos as quantidades conhecidas na fórmula pela densidade e resolvemos para o volume.

Solução

Aqui temos a massa e a densidade. Nesse tipo de problema, é útil derivar um fator de conversão da densidade. Uma vez que 1 cm3 é exatamente 1 mL, sabemos que a densidade é 7,86 g/mL. Isso significa que 1 mL de ferro tem uma massa de 7,86 g. Assim, podemos ter dois fatores de conversão:

$$\frac{1 \text{ mL}}{7,86 \text{ g}} \quad \text{e} \quad \frac{7,86 \text{ g}}{1 \text{ mL}}$$

Como sempre, multiplicamos a massa pelo fator de conversão que resultar do cancelamento de todas as unidades, menos a correta:

$$524 \text{ g} \times \frac{1 \text{ mL}}{7,86 \text{ g}} = 66,7 \text{ mL}$$

Essa resposta é razoável? A densidade de 7,86 g/mL nos diz que o volume em mililitros de qualquer pedaço de ferro é sempre menor que sua massa em gramas. Menor quanto? Aproximadamente oito vezes menos. Assim, esperamos que o volume seja cerca de 500/8 = 63 mL. Como a resposta certa é 66,7 mL, é razoável.

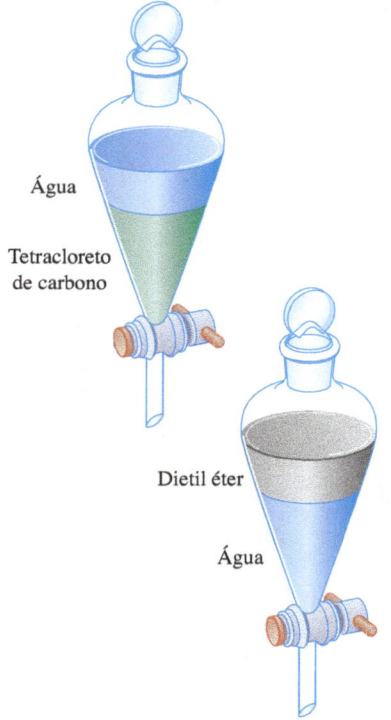

FIGURA 1.6 Dois funis de separação contendo água e outro líquido. As densidades são: tetracloreto de carbono = 2,961 g/mL, água = 1,00 g/mL e dietil éter = 0,713 g/mL. Em cada caso, o líquido de menor densidade fica na superfície.

Problema 1.7

Uma substância desconhecida tem massa de 56,8 g e ocupa um volume de 23,4 mL. Qual é a densidade em g/mL? Confira sua resposta para ver se é razoável.

A densidade de qualquer líquido ou sólido é uma propriedade física constante, o que significa que sempre apresenta o mesmo valor em uma dada temperatura. Empregamos propriedades físicas para ajudar a identificar uma substância. Por exemplo, a densidade do clorofórmio (um líquido antes usado como anestésico por inalação) é 1,483 g/mL a 20 °C. Se a densidade for, digamos, 1,355 g/mL, saberemos que o líquido não é clorofórmio. Se a densidade for 1,483 g/mL, não teremos certeza se o líquido é o clorofórmio, porque outros líquidos também poderiam ter essa densidade, mas poderemos então medir outras propriedades físicas (o ponto de ebulição, por exemplo). Se todas as propriedades físicas medidas equivalerem àquelas do clorofórmio, poderemos estar razoavelmente seguros de que o líquido é clorofórmio.

Dissemos que a densidade de um líquido ou sólido puro é uma constante a uma dada temperatura. A densidade muda quando a temperatura não se altera. Quase sempre a densidade diminui com o aumento da temperatura. Isso é verdade porque a massa não muda quando uma substância é aquecida, mas o volume quase sempre aumenta, pois átomos e moléculas tendem a se distanciar quando a temperatura aumenta. Como $d = m/V$, se m permanecer a mesma e V aumentar, d ficará menor.

O líquido mais comum, a água, é em parte uma exceção a essa regra. À medida que a temperatura aumenta de 4 °C para 100 °C, a densidade da água diminui; mas de 0 °C para 4 °C, a densidade aumenta. Isto é, a água tem seu máximo de densidade em 4 °C. Essa anomalia e suas consequências devem-se à estrutura singular da água, que será abordada em "Conexões químicas 5E".

B. Gravidade específica

Como a densidade é igual à massa dividida pelo volume, ela sempre tem unidades, e as mais comuns são: g/mL ou g/cc ou (g/L para gases). A **gravidade específica** é numericamente igual à densidade, mas não tem unidades (é adimensional). Isso ocorre porque a gravidade específica é definida como uma comparação entre a densidade de uma substância e a densidade da água, que é tomada como padrão. Por exemplo, a densidade do cobre a 20 °C é 8,92 g/mL. A densidade da água na mesma temperatura é 1,00 g/mL. Portanto, o cobre é 8,92 vezes mais denso que a água, e sua gravidade específica a 20 °C é 8,92. Como a água é tomada como padrão e sua densidade é 1,00 g/mL a 20 °C, a gravidade específica de qualquer substância é sempre numericamente igual à sua densidade, contanto que a densidade seja medida em g/mL ou g/cc.

A gravidade específica geralmente é medida por um hidrômetro. Esse dispositivo simples consiste num bulbo de vidro, de peso conhecido, que é inserido num líquido para neste flutuar. A haste do hidrômetro é graduada, e a gravidade específica é lida onde o menisco (a superfície curva do líquido) atinge a marcação. A gravidade específica do ácido na bateria do seu carro e a de uma amostra de urina num laboratório clínico são medidas por hidrômetros. Um hidrômetro que mede uma amostra de urina também é chamado urinômetro (Figura 1.7). A urina normal pode variar em gravidade específica de aproximadamente 1,010 a 1,030. As amostras de urina de pacientes portadores de diabetes melito apresentam uma gravidade específica muito alta, enquanto, naqueles que sofrem de outras doenças, a gravidade específica é muito baixa.

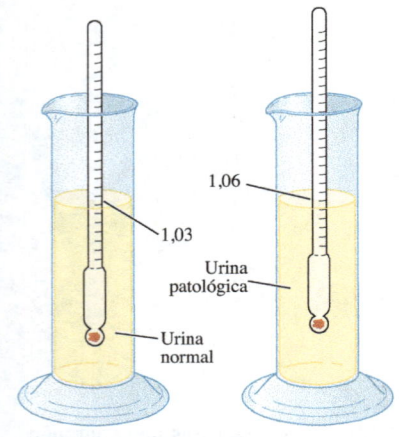

FIGURA 1.7 Urinômetro.

Exemplo 1.8 Gravidade específica

A densidade do etanol a 20 °C é 0,789 g/mL. Qual é a gravidade específica?

Estratégia

Usamos a definição de gravidade específica.

Solução

$$\text{Gravidade específica} = \frac{0,789 \text{ g/mL}}{1,00 \text{ g/mL}} = 0,789$$

Problema 1.8

A gravidade específica de uma amostra de urina é 1,016. Qual é a densidade em g/mL?

1.8 Como se descrevem as várias formas de energia?

Energia é definida como capacidade de realizar trabalho e pode ser descrita como energia cinética ou potencial.

Energia cinética (EC) é a energia do movimento. Qualquer objeto em movimento possui energia cinética. Podemos calcular a quantidade de energia pela fórmula $EC = 1/2mv^2$, onde m é a massa do objeto e v, sua velocidade. Isso significa que a energia cinética aumenta (1) quando um objeto se movimenta mais rápido e (2) quando um objeto mais pesado está em movimento. Quando um caminhão e uma bicicleta estão em movimento na mesma velocidade, o caminhão tem mais energia cinética.

Energia potencial é energia armazenada. A energia potencial de um objeto aumenta com sua capacidade de se movimentar ou causar movimento. Por exemplo, o peso de um corpo na parte de cima de uma gangorra contém energia potencial – ele é capaz de realizar trabalho. Se lhe for dado um pequeno empurrão, ele se moverá para baixo. A energia potencial do corpo na posição superior é convertida em energia cinética do corpo que está na posição inferior, que assim irá para a posição superior. No processo, trabalho é realizado contra a gravidade. A Figura 1.8 mostra outra maneira de converter energia potencial em cinética.

Um importante princípio natural é que as coisas tendem a procurar seu potencial de energia mais baixo. Todos sabemos que a água sempre flui de cima para baixo, e não o contrário.

Existem várias formas de energia. As mais importantes são: (1) energia mecânica, luz, calor e energia elétrica, que são exemplos de energia cinética que todos os objetos em movimento possuem, sejam elefantes, moléculas ou elétrons; e (2) energia química e energia nuclear, que são exemplos de energia potencial ou armazenada. Em química, a forma de energia mais importante é a energia química – aquela armazenada nas substâncias químicas e liberada quando estas participam de uma reação química. Por exemplo, um feixe de lenha possui energia química. Quando ela arde numa lareira, a energia química (potencial) da madeira é transformada em energia na forma de calor e luz. Especificamente, a energia potencial foi transformada em energia térmica (o calor faz as moléculas se movimentarem mais rápido) e em energia radiante da luz.

As várias formas de energia podem ser convertidas umas nas outras. De fato, fazemos essas conversões o tempo todo. Uma usina elétrica pode operar com energia química derivada da queima de combustível ou com energia nuclear. Essa energia é convertida em calor, que é convertida em eletricidade e é enviada por fios de transmissão para residências e fábricas. Aqui convertemos a eletricidade em luz, calor (num aquecedor elétrico, por exemplo) ou em energia mecânica (nos motores dos refrigeradores, aspiradores de pó e de outros aparelhos).

FIGURA 1.8 A água contida pela barragem possui energia potencial, que é convertida em energia cinética quando é liberada.

Embora uma forma de energia possa ser convertida em outra, a quantidade total de energia em qualquer sistema não se altera. A energia não pode ser nem criada nem destruída. Esse enunciado é chamado lei de conservação da energia.*

1.9 Como se descreve o calor e como ele é transferido?

A. Calor e temperatura

Uma forma de energia particularmente importante na química é o **calor**, que com frequência acompanha as reações químicas. Calor não é o mesmo que temperatura. Calor é uma forma de energia, mas temperatura não.

A diferença entre calor e temperatura pode ser vista no seguinte exemplo: se tivermos dois béqueres, um com 100 mL de água e o outro com 1 L de água na mesma temperatura, o conteúdo de calor da água do béquer maior será dez vezes o da água do béquer menor, mesmo que a temperatura seja a mesma em ambos. Se você mergulhasse, acidentalmente, a mão em um litro de água fervente, suas queimaduras seriam bem mais graves do que se apenas uma gota caísse em sua mão. Mesmo que a água esteja na mesma temperatura em ambos os casos, 1 L de água fervente tem muito mais calor.

Como vimos na Seção 1.4, a temperatura é medida em graus. Calor pode ser medido em várias unidades, e a mais comum é a **caloria**, definida como a quantidade de calor necessária para elevar a temperatura de 1 g de água líquida em 1 °C. Essa é uma unidade pequena, e os químicos utilizam com mais frequência a quilocaloria (kcal):

$$1 \text{ kcal} = 1.000 \text{ cal}$$

Conexões químicas 1B

Hipotermia e hipertermia

O corpo humano não tolera temperaturas muito baixas. Uma pessoa exposta a um clima muito frio (digamos, 29 °C [20 °F]) e que não esteja protegida com roupas pesadas fatalmente irá congelar até a morte porque o corpo perde calor. Quando a temperatura da atmosfera é moderada (de 10 °C a 25 °C), isso não ocorre porque o corpo produz mais calor do que precisa e deve perder um pouco. Em temperaturas extremamente baixas, porém, perde-se muito calor e a temperatura do corpo cai, uma condição chamada **hipotermia**. A queda de 1 °C ou 2 °C na temperatura causa tremores, que é o corpo tentando aumentar sua temperatura pelo calor gerado na ação muscular. Uma queda ainda maior resulta em inconsciência e, consequentemente, em morte.

A condição oposta é a **hipertermia**, que pode ser causada por temperaturas externas muito altas ou pelo próprio corpo quando o indivíduo apresenta febre alta. Uma temperatura corporal que se mantenha em 41,7 °C (107 °F) geralmente é fatal.

Os nutricionistas usam a palavra "Caloria" (com "C" maiúsculo) para indicar a mesma coisa que "quilocaloria", isto é, 1 Cal = 1.000 = 1 kcal. A caloria não faz parte do SI. A unidade oficial do SI para calor é o joule (J), que é cerca de um quarto da caloria:

$$1 \text{ cal} = 4,184 \text{ J}$$

B. Calor específico

Conforme observamos, é preciso 1 cal para elevar a temperatura de 1 g de água líquida em 1 °C. **Calor específico** (**CE**) é a quantidade de calor necessária para elevar a temperatura de 1 g de qualquer substância em 1 °C. Cada substância tem seu próprio calor específico, que é uma propriedade física da substância, como a densidade ou o ponto de fusão. A Tabela 1.4 mostra os calores específicos de algumas substâncias bem conhecidas. Por exem-

---

* Esse enunciado não é totalmente verdadeiro. Conforme discutido nas seções 9.8 e 9.9, é possível converter matéria em energia e vice-versa. Assim, o enunciado mais correto seria que *matéria–energia não pode ser nem criada nem destruída*. No entanto, a lei de conservação da energia é válida na maior parte das vezes e muito útil.

plo, o calor específico do ferro é 0,11 cal/g · °C. Portanto, se tivéssemos 1 g de ferro a 20 °C, seria preciso 0,11 cal para aumentar a temperatura para 21 °C. Sob as mesmas circunstâncias, o alumínio necessitaria do dobro de calor. Assim, para cozinhar numa panela de alumínio com o mesmo peso de uma panela de ferro, você precisa de mais calor do que para cozinhar numa panela de ferro. Observe na Tabela 1.4 que gelo e vapor d'água não têm o mesmo calor específico que a água líquida.

TABELA 1.4 Calores específicos de algumas substâncias comuns

Substância	Calor específico (cal/g · °C)	Substância	Calor específico (cal/g · °C)
Água	1,00	Madeira (típica)	0,42
Gelo	0,48	Vidro (típico)	0,22
Vapor	0,48	Rocha (típica)	0,20
Ferro	0,11	Etanol	0,59
Alumínio	0,22	Metanol	0,61
Cobre	0,092	Éter	0,56
Chumbo	0,038	Tetracloreto de carbono	0,21

Conexões químicas 1C

Compressas frias, colchões d'água e lagos

O elevado calor específico da água é útil em compressas de água fria, o qual permite que elas durem por longo tempo. Por exemplo, considere dois pacientes usando compressas frias: uma é feita mergulhando uma toalha na água e a outra em metanol. Ambas estão a 0 °C. Cada grama de água na compressa de água requer 25 cal para fazer a temperatura da compressa subir a 25 °C (depois deve ser trocada). Como o calor específico do etanol é 0,59 cal/g · °C (ver Tabela 1.4), cada grama de etanol requer apenas 15 cal para chegar a 25 °C. Se os dois pacientes liberarem calor na mesma velocidade, a compressa de etanol será menos eficaz porque alcançará 25 °C bem antes do que a compressa de água e precisará ser trocada antes.

O elevado calor específico da água também significa que é preciso bastante calor para aumentar sua temperatura. É por isso que uma vasilha com água demora para entrar em ebulição. Qualquer pessoa que tenha um colchão de água (1.140 L) sabe que são necessários vários dias para o aquecedor esquentar o colchão até a temperatura desejada. É particularmente irritante quando um convidado que vai passar a noite na sua casa tenta ajustar a temperatura do colchão de água, pois ele provavelmente sairá antes de a mudança ser notada, e então você terá de ajustar novamente à sua temperatura favorita. O mesmo efeito ao contrário explica por que a temperatura exterior pode ficar abaixo de zero (0 °C) durante semanas antes que um lago congele. Grandes massas de água não mudam de temperatura muito rapidamente.

É fácil fazer cálculos que envolvam calores específicos. A equação é:

Quantidade de calor × calor específico × massa × mudança de temperatura

Quantidade de calor = CE × m × ΔT

onde ΔT é a mudança de temperatura.

Também podemos escrever essa equação como:

Quantidade de calor = CE × m × $(T_2 - T_1)$

onde T_2 é a temperatura final e T_1, a temperatura inicial em °C.

Exemplo 1.9 Calor específico

Quantas calorias são necessárias para aquecer 352 g de água de 23 °C a 95 °C?

Estratégia

Usamos a equação para quantidade de calor e substituímos os valores dados para a massa da água e mudança de temperatura. Já vimos o valor para o calor específico da água.

Solução

Quantidade de calor = CE × m × ΔT

$$\text{Quantidade de calor} = CE \times m \times (T_2 - T_1)$$
$$= \frac{1{,}00\,\text{cal}}{\text{g} \cdot °C} \times 352\,\text{g} \times (95 - 23)°C$$
$$= 2{,}5 \times 10^4\,\text{cal}$$

Essa resposta é razoável? Cada grama de água requer 1 caloria para elevar sua temperatura em 1 grau. Temos aproximadamente 350 g de água. Para elevar a temperatura em 1 grau, serão necessárias aproximadamente 350 calorias. Estamos elevando a temperatura não em 1 grau, mas em aproximadamente 70 graus (de 23 a 95). Assim, o número total de calorias será aproximadamente 70 × 350 = 24.500 cal, o que está próximo da resposta calculada. (Mesmo que a resposta tivesse que ser em calorias, devemos observar que é mais conveniente convertê-la para 25 kcal. Veremos essa conversão ocasionalmente.)

Problema 1.9

Quantas calorias são necessárias para aquecer 731 g de água de 8 °C a 74 °C? Confira sua resposta para ver se é razoável.

Exemplo 1.10 Calor específico e mudança de temperatura

Se adicionarmos 450 cal de calor a 37 g de etanol a 20 °C, qual será a temperatura final?

Estratégia

A equação de que dispomos tem um termo para mudança de temperatura. Utilizamos a informação que nos foi dada para calcular essa mudança. Depois usamos o valor dado para a temperatura inicial e para a mudança, e calculamos a temperatura final.

Solução

O calor específico do etanol é 0,59 cal/g · °C (ver Tabela 1.4).

$$\text{Quantidade de calor} = CE \times m \times \Delta T$$
$$\text{Quantidade de calor} = CE \times m \times (T_2 - T_1)$$
$$450\,\text{cal} = 0{,}59\,\text{cal/g} \cdot °C \times 37\,\text{g} \times (T_2 - T_1)$$

Podemos mostrar as unidades na forma de fração reescrevendo essa equação.

$$450\,\text{cal} = 0{,}59\,\frac{\text{cal}}{\text{g} \cdot °C} \cdot °C \times 37\,\text{g} \times (T_2 - T_1)$$

$$(T_2 - T_1) = \frac{\text{quantidade de calor}}{CE \times m}$$

$$(T_2 - T_1) = \frac{450\,\text{cal}}{\left[\frac{0{,}59\,\text{cal} \times 37\,\text{g}}{\text{g} \cdot °C}\right]} = \frac{21}{1/°C} = 21\,°C$$

(Observe que temos a temperatura recíproca no denominador, o que nos dá a temperatura no numerador. A resposta tem unidades de graus Celsius.) Uma vez que a temperatura inicial é 20 °C, a temperatura final é 41 °C.

Essa resposta é razoável? O calor específico do etanol é 0,59 cal/g · °C. O valor está próximo de 0,5, significando que aproximadamente metade de 1 caloria elevará a temperatura de 1 g em 1 °C. No entanto, 37 g de etanol necessitam de aproximadamente 40 vezes mais calorias para haver uma elevação, e 40 × ½ = 20 calorias. Estamos adicionando 450 calorias, o que é cerca de 20 vezes mais. Assim, esperamos que a temperatura aumente em aproximadamente 20 °C, de 20 °C para 40 °C. A resposta correta 41 °C é bem razoável.

Problema 1.10

Uma peça de ferro de 100 g a 25 °C é aquecida com 230 cal. Qual será a temperatura final? Confira sua resposta para ver se é razoável.

Exemplo 1.11 Calculando o calor específico

Aquecemos 50,0 g de uma substância desconhecida adicionando 205 cal, e sua temperatura aumenta em 7,0 °C. Qual é o calor específico? Utilizando a Tabela 1.4, identifique a substância.

Estratégia

Resolvemos a equação para calor específico substituindo os valores para massa, quantidade de calor e mudança de temperatura. Comparamos o número obtido com os valores da Tabela 1.4 para identificar a substância.

Solução

$$CE = \frac{\text{Quantidade de calor}}{m \times (\Delta T)}$$

$$CE = \frac{\text{Quantidade de calor}}{m \times (T_2 - T_1)}$$

$$CE = \frac{205 \text{ cal}}{50{,}0 \text{ g} \times 7{,}0 \text{ °C}} = 0{,}59 \text{ cal/g} \cdot \text{°C}$$

A substância da Tabela 1.4 cujo calor específico é 0,59 cal/g · °C é o etanol.

Essa resposta é razoável? Se tivéssemos água em vez de uma substância desconhecida com CE = 1 cal/g · °C, elevar a temperatura de 50,0 g em 7,0 °C exigiria 50 × 7,0 = 350 cal. Mas adicionamos apenas cerca de 200 cal. Portanto, o CE da substância desconhecida deve ser menor que 1,0. Quanto menor? Aproximadamente 200/350 = 0,6. A resposta correta 0,59 cal/g · °C é bem razoável.

Problema 1.11

Foram necessárias 88,2 cal para aquecer 13,4 g de uma substância desconhecida de 23 °C para 176 °C. Qual é o calor específico da substância desconhecida? Confira sua resposta para ver se é razoável.

Resumo das questões -chave

Seção 1.1 Por que a química é o estudo da matéria?

- **Química** é a ciência que lida com a estrutura da matéria e as transformações que esta pode sofrer. Em uma **transformação química** ou **reação química**, consomem-se substâncias e outras são formadas.
- A química também é o estudo das mudanças de energia durante as reações químicas. Nas transformações físicas, as substâncias não mudam sua identidade.

Seção 1.2 O que é método científico?

- O método científico é uma ferramenta utilizada na ciência e medicina. A essência do método científico é o teste de **hipóteses** e **teorias** pela coleta de fatos.

Seção 1.3 Como os cientistas registram números?

- Como usamos frequentemente números muito grandes ou muito pequenos, é comum a utilização de potências de 10 para expressar esses números de modo mais conveniente. Esse método é chamado **notação exponencial**.
- Com a notação exponencial, não precisamos mais adicionar tantos zeros, além da conveniência de sermos capazes de ver quais dígitos transmitem informação (**algarismos significativos**) e quais apenas indicam a posição da vírgula decimal.

Seção 1.4 Como se fazem medidas?

- Em química usamos, para medidas, o **sistema métrico**.
- As unidades básicas são: metro (para comprimento), litro (volume), grama (massa), segundo (tempo) e caloria (calor). Outras unidades são indicadas por prefixos que representam potências de 10. A temperatura é medida em graus Celsius ou em Kelvins.

Seção 1.5 Qual é a melhor maneira de converter uma unidade em outra?

- A melhor maneira de fazer conversões de uma unidade para outra é com o **Método de Conversão de Unidades**, em que as unidades são multiplicadas e divididas.

Seção 1.6 Quais são os estados da matéria?

- São três os estados da matéria: **sólido**, **líquido** e **gasoso**.

Seção 1.7 O que são densidade e gravidade específica?

- **Densidade** é massa por unidade de volume. **Gravidade específica** é a densidade em relação à água e, portanto, não tem unidade. A densidade geralmente diminui com o aumento da temperatura.

Seção 1.8 Como se descrevem as várias formas de energia?

- **Energia cinética** é a energia do movimento; energia potencial é energia armazenada. A energia não pode ser nem criada nem destruída, mas pode ser convertida de uma forma em outra.

Seção 1.9 Como se descreve o calor e como ele é transferido?

- **Calor** é uma forma de energia medida em calorias. Uma caloria é a quantidade de calor necessária para elevar a temperatura de 1 g de água líquida em 1 °C.
- Cada substância tem um calor específico, que é uma constante física. O calor específico é o número de calorias necessário para elevar a temperatura de 1 g de uma substância em 1 °C.

Problemas

Seção 1.1 Por que a química é o estudo da matéria?

1.12 A expectativa de vida de um cidadão nos Estados Unidos é de 76 anos. Oitenta anos atrás era de 56 anos. Na sua opinião, qual foi o principal fator que contribuiu para esse extraordinário aumento? Explique a resposta.

1.13 Defina os seguintes termos:
(a) Matéria (b) Química

Seção 1.2 O que é método científico?

1.14 Na Tabela 1.4, você tem quatro metais (ferro, alumínio, cobre e chumbo) e três compostos orgânicos (etanol, metanol e éter). Que tipo de hipótese você sugere sobre o calor específico dessas substâncias químicas?

1.15 Em um jornal, você lê que o Dr. X afirma ter descoberto um novo remédio para curar o diabetes. O remédio é um extrato de cenoura. Como você classificaria essa afirmação: (a) fato, (b) teoria, (c) hipótese ou (d) embuste? Explique a sua resposta.

1.16 Classifique cada um dos itens seguintes como transformação química ou física:
(a) Gasolina em combustão
(b) Fazer cubos de gelo
(c) Óleo fervente
(d) Chumbo derretido
(e) Ferro enferrujado
(f) Fazer amônia a partir de nitrogênio e hidrogênio
(g) Digestão do alimento

Seção 1.3 Como os cientistas registram números?

Notação exponencial

1.17 Escreva em notação exponencial:
(a) 0,351 (b) 602,1 (c) 0,000128 (d) 628122

1.18 Escreva na íntegra
(a) $4,03 \times 10^5$ (b) $3,2 \times 10^3$
(c) $7,13 \times 10^{25}$ (d) $5,55 \times 10^{-10}$

1.19 Multiplique:
(a) $(2,16 \times 10^5)(3,08 \times 10^{12})$
(b) $(1,6 \times 10^{-8})(7,2 \times 10^8)$
(c) $(5,87 \times 10^{10})(6,6 \times 10^{-27})$
(d) $(5,2 \times 10^{-9})(6,8 \times 10^{-15})$

1.20 Divida:
(a) $\dfrac{6,02 \times 10^{23}}{2,87 \times 10^{10}}$ (b) $\dfrac{3,14}{2,93 \times 10^{-4}}$
(c) $\dfrac{5,86 \times 10^{-9}}{2,00 \times 10^3}$ (d) $\dfrac{7,8 \times 10^{-12}}{9,3 \times 10^{-14}}$
(e) $\dfrac{6,83 \times 10^{-12}}{5,02 \times 10^{14}}$

1.21 Some:
(a) $(7,9 \times 10^4) + (5,2 \times 10^4)$
(b) $(8,73 \times 10^4) + (6,7 \times 10^3)$
(c) $(3,63 \times 10^{-4}) + (4,776 \times 10^{-3})$

1.22 Subtraia:
(a) $(8,50 \times 10^3) - (7,61 \times 10^2)$
(b) $(9,120 \times 10^{-2}) - (3,12 \times 10^{-3})$
(c) $(1,3045 \times 10^2) - (2,3 \times 10^{-1})$

1.23 Resolva:
$$\dfrac{(3,14 \times 10^3) \times (7,80 \times 10^5)}{(5,50 \times 10^2)}$$

1.24 Resolva:
$$\dfrac{(9,52 \times 10^4) \times (2,77 \times 10^{-5})}{(1,39 \times 10^7) \times (5,83 \times 10^2)}$$

Algarismos significativos

1.25 Quantos algarismos significativos há em cada número?
(a) 0,012 (b) 0,10203
(c) 36,042 (d) 8401,0
(e) 32.100 (f) 0,0402
(g) 0,000012

1.26 Quantos algarismos significativos há em cada número?
(a) $5,71 \times 10^{13}$ (b) $4,4 \times 10^5$
(c) 3×10^{-6} (d) $4,000 \times 10^{-11}$
(e) $5,5550 \times 10^{-3}$

1.27 Arredonde para dois algarismos significativos:
(a) 91,621 (b) 7,329
(c) 0,677 (d) 0,003249
(e) 5,88

1.28 Multiplique estes números usando o número correto de algarismos significativos em sua resposta:
(a) 3630,15 3 6,8
(b) 512 3 0,0081
(c) 5,79 3 1,85825 3 1,4381

1.29 Divida estes números usando o número correto de algarismos significativos em sua resposta:
(a) $\dfrac{3,185}{2,08}$ (b) $\dfrac{6,5}{3,0012}$ (c) $\dfrac{0,0035}{7,348}$

1.30 Some estes grupos de números usando o número correto de algarismos significativos em sua resposta:

(a) 37,4083
5,404
10916,3
3,94
0,0006

(b) 84
8,215
0,01
151,7

(c) 51,51
100,27
16,878
3,6817

Seção 1.4 Como se fazem medidas?

1.31 No SI, segundo é a unidade básica de tempo. Falamos em eventos atômicos que ocorrem em picossegundos (10^{-12} s) ou mesmo em femtossegundos (10^{-15} s). Mas não falamos em megassegundos ou quilossegundos; prevalecem os antigos padrões de minutos, horas e dias. Quantos minutos e horas são 20 quilossegundos?

1.32 Quantos gramas temos em:
(a) 1 kg (b) 1 mg

1.33 Sem fazer cálculos, elabore uma estimativa e indique a distância mais curta:
(a) 20 mm ou 0,3 m
(b) 1 polegada ou 30 mm
(c) 2.000 m ou 1 milha

1.34 Para cada item, indique a resposta mais próxima:
(a) Um bastão de beisebol tem 100 mm, 100 cm ou 100 m de comprimento?
(b) Um copo de leite contém 23 cc, 230 mL ou 23 L?
(c) Um homem pesa 75 mg, 75 g ou 75 kg?
(d) Uma colher de sopa contém 15 mL, 150 mL ou 1,5 L?
(e) Um clipe de papel pesa 50 mg, 50 g ou 50 kg?
(f) A largura da sua mão é 100 mm, 100 cm ou 100 m?
(g) Um audiocassete pesa 40 mg, 40 g ou 40 kg?

1.35 Você vai fazer um passeio de helicóptero no Havaí, partindo de Kona (nível do mar) até o topo do vulcão Mauna Kea. Que propriedade do seu corpo seria alterada durante o voo?
(a) altura (b) peso (c) volume (d) massa

1.36 Converta em Celsius e Kelvin:
(a) 320°F (b) 212°F (c) 0°F (d) −250°F

1.37 Converta em Fahrenheit e Kelvin:
(a) 25°C (b) 40°C (c) 250°C (d) −273°C

Seção 1.5 Qual é o modo prático de converter uma unidade em outra?

1.38 Faça as seguintes conversões (os fatores de conversão estão na Tabela 1.3):
(a) 42,6 kg para lb (b) 1,62 lb para g
(c) 34 pol. para cm (d) 37,2 km para mi
(e) 2,73 gal para L (f) 62 g para oz
(g) 33,61 qt para L (h) 43,7 L para gal
(i) 1,1 mi para km (j) 34,9 mL para fl oz

1.39 Faça as seguintes conversões métricas:
(a) 96,4 mL para L (b) 275 mm para cm
(c) 45,7 kg para g (d) 475 cm para m
(e) 21,64 cc para mL (f) 3,29 L para cc
(g) 0,044 L para mL (h) 711 g para kg
(i) 63,7 mL para cc (j) 0,073 kg para mg
(k) 83,4 m para mm (l) 361 mg para g

1.40 Você está dirigindo no Canadá, onde as distâncias são marcadas em quilômetros. A placa diz que faltam 80 km para chegar a Ottawa. Sua velocidade é de 75 mi/h. Em quanto tempo chegará a Ottawa? Em menos de 1 hora, em 1 hora ou em mais de 1 hora?

1.41 A velocidade máxima em algumas cidades europeias é de 80 km/h. O que isso significa em milhas por hora?

1.42 Seu carro anda 25,00 milhas com 1 galão de gasolina. Qual seria o consumo do carro em km/L?

Seção 1.6 Quais são os estados da matéria?

1.43 Quais estados da matéria têm volume definido?

1.44 Em baixas temperaturas, a maior parte das substâncias será sólida, líquida ou gasosa?

1.45 A natureza química de uma substância muda quando, de sólido, ela funde para líquido?

Seção 1.7 O que são densidade e gravidade específica?

1.46 O volume de uma rocha que pesa 1,075 kg é 334,5 mL. Qual é a densidade da rocha em g/mL? Expresse o resultado em três algarismos significativos.

1.47 A densidade do manganês é 7,21 g/mL, a do cloreto de cálcio, 2,15 g/mL, e a do acetato de sódio, 1,528 g/mL. Você coloca esses três sólidos num líquido em que não são solúveis. O líquido tem uma densidade de 2,15 g/mL. Qual dos sólidos ficrá no fundo, qual ficará na superfície e qual ficará no meio do líquido?

1.48 A densidade do titânio é 4,54 g/mL. Qual é o volume, em mililitros, de 163 g de titânio?

1.49 Uma amostra de 335,0 cc de urina tem massa de 342,6 g. Qual é a densidade, em g/mL, até três casas decimais?

1.50 A densidade do metanol a 20 °C é 0,791 g/mL. Qual é a massa, em gramas, de uma amostra de 280 mL?

1.51 A densidade do diclorometano, um líquido insolúvel em água, é 1,33 g/cc. Se diclorometano e água forem colocados num funil de separação, qual deles formará a camada superior?

1.52 Uma amostra de 10,00 g de oxigênio tem um volume de 6.702 mL. O mesmo peso de dióxido de carbono ocupa 5.058 mL.
(a) Qual é a densidade de cada gás em g/L?
(b) O dióxido de carbono é usado como extintor de incêndio para interromper o suprimento de oxigênio. As densidades desses dois gases explicam a capacidade de apagar incêndio do dióxido de carbono?

1.53 Cristais de um material estão suspensos no meio de um copo d'água a 2 °C. Isso significa que as densidades do cristal e da água são as mesmas. O que fazer para os cristais subirem à superfície da água de modo que você possa coletá-los?

Seção 1.8 Como se descrevem as várias formas de energia?

1.54 Em muitas estradas do interior, podem-se ver telefones cuja energia vem de um painel solar. Nesses dispositivos, qual é o princípio em funcionamento?

1.55 Enquanto você dirige seu carro, a bateria é carregada. Como descrever esse processo em termos de energia cinética e potencial?

Seção 1.9 Como se descreve o calor e como ele é transferido?

1.56 Quantas calorias são necessárias para aquecer os seguintes materiais (o calor específico é dado na Tabela 1.4)?
(a) 52,7 g de alumínio, de 100 °C para 285 °C
(b) 93,6 g de metanol, de −35 °C para 55 °C
(c) 3,4 kg de chumbo, de −33 °C para 730 °C
(d) 71,4 g de gelo, de −77 °C para −5 °C

1.57 Se 168 g de um líquido desconhecido exigem 2.750 cal de calor para elevar sua temperatura de 26 °C para 74 °C, qual é o calor específico do líquido?

1.58 O calor específico do vapor d'água é 0,48 cal/g · °C. Quantas quilocalorias são necessárias para elevar a temperatura de 10,5 kg de vapor d'água de 120 °C para 150 °C?

Conexões químicas

1.59 (Conexões químicas 1A) Se a dose recomendada de um fármaco fosse de 445 mg para um homem de 180 lb, qual seria a dose apropriada para um homem de 135 lb?

1.60 (Conexões químicas 1A) A dose letal média de heroína é de 1,52 mg/kg de peso corporal. Faça uma estimativa de quantos gramas de heroína seriam letais para um homem de 200 lb.

1.61 (Conexões químicas 1B) Como o corpo reage à hipotermia?

1.62 (Conexões químicas 1B) Baixas temperaturas geralmente fazem as pessoas tremerem. Qual é a função desse ato involuntário do corpo?

1.63 (Conexões químicas 1C) Qual substância seria mais eficiente em compressas frias, o etanol ou o metanol? (Ver Tabela 1.4.)

Problemas adicionais

1.64 O metro é uma medida de comprimento. Indique o que mede cada uma das seguintes unidades:
(a) cm^3 (b) mL (c) kg (d) cal
(e) g/cc (f) joule (g) °C (h) cm/s

1.65 Um cérebro que pesa 1,0 lb ocupa um volume de 620 mL. Qual é a gravidade específica do cérebro?

1.66 Se a densidade do ar é $1,25 \times 10^{-3}$ g/cc, qual é a massa do ar em quilogramas numa sala que mede 5,3 m de comprimento, 4,2 m de largura e 2,0 m de altura?

1.67 Classifique as seguintes energias como cinética ou potencial:
(a) Água represada por uma barragem.
(b) Um trem em alta velocidade.
(c) Um livro que está prestes a cair.
(d) Um livro em queda.
(e) Corrente elétrica em uma lâmpada.

1.68 A energia cinética de um objeto com massa de 1 g que se desloca a uma velocidade de 1 cm/s é chamada 1 erg. Qual é a energia cinética, em ergs, de um atleta com massa de 127 lb que corre a uma velocidade de 14,7 mi/h?

1.69 De acordo com os fabricantes, um carro europeu tem uma eficiência de 22 km/L, enquanto um carro norte-americano pode render 30 mi/gal. Qual dos dois carros é mais eficiente ou mais econômico?

1.70 Em Potsdam, Nova York, você pode comprar gasolina por $ 3,93/gal. Em Montreal, Canadá, você paga $ 1,22/L. (As conversões de moeda estão fora do escopo deste livro, portanto não se preocupe com isso.) Qual é o melhor preço? Seu cálculo é razoável?

1.71 O corpo treme para aumentar a temperatura dele. Que tipo de energia é gerado pelo tremor?

1.72 Quando os astronautas andaram na Lua, puderam dar saltos gigantescos apesar do equipamento pesado que carregavam.
(a) Por que pesavam tão pouco na Lua?
(b) Na Lua e na Terra, as massas deles eram diferentes?

1.73 Dadas as seguintes massas, indique a maior e a menor.
(a) 41 g (b) 3×10^3 mg
(c) $8,2 \times 10^6$ µg (d) $4,1310 \times 10^{-8}$ kg

1.74 Em cada um dos seguintes pares, qual é a quantidade maior?
(a) 1 gigaton : 10 megatons
(b) 10 micrômetros : 1 milímetro
(c) 10 centigramas : 200 miligramas

1.75 No Japão, os "trens-bala" de alta velocidade deslocam-se a uma velocidade média de 220 km/h. Se as cidades de Dallas e Los Angeles fossem conectadas por um trem como esse, quanto tempo duraria uma viagem sem paradas entre as duas cidades (a uma distância de 1.490 milhas)?

1.76 O calor específico de alguns elementos a 25 °C é: alumínio = 0,215 cal/g · °C; carbono (grafite) = 0,170 cal/g · °C; ferro = 0,107 cal/g · °C; mercúrio = 0,0331 cal/g · °C.
(a) Que elemento exigiria a menor quantidade de calor para elevar a temperatura de 100 g do elemento em 10 °C?
(b) Se a mesma quantidade de elemento necessária para elevar a temperatura de 1 g de alumínio em 25 °C fosse aplicada a 1 g de mercúrio, em quantos graus sua temperatura seria elevada?
(c) Se uma certa quantidade de calor fosse usada para elevar a temperatura de 1,6 g de ferro em 10 °C, qual elemento teria a temperatura de 1 g elevada também em 10 °C com a mesma quantidade de calor?

1.77 A água que contém deutério em vez de hidrogênio comum (ver Seção 2.4D) é chamada de água pesada. O calor específico da água pesada a 25 °C é 4,217 J/g · °C. Qual delas requer mais energia para elevar a temperatura de 10,0 g em 10 °C, a água ou a água pesada?

1.78 Um quarto de leite custa 80 centavos, e um litro, 86 centavos. Qual é o melhor preço?

1.79 Considere a manteiga, cuja densidade é 0,860 g/mL, e a areia, com densidade de 2,28 g/mL.
(a) Se 1,00 mL de manteiga for totalmente misturado com 1,00 mL de areia, qual será a densidade da mistura?
(b) Qual seria a densidade da mistura se 1,00 g da mesma manteiga se fosse misturado com 1,00 g da mesma areia?

1.80 Qual é a maior velocidade?
(a) 70 mi/h (b) 140 km/h
(c) 4,5 km/s (d) 48 mi/min

1.81 Quando se calcula o calor específico de uma substância, são usados os seguintes dados: massa = 92,15 g; calor = 3,200 kcal; elevação da temperatura = 45 °C. Quantos algarismos significativos deverão ser registrados no cálculo do calor específico?

1.82 Uma célula solar gera 500 quilojoules de energia por hora. Para manter um refrigerador a 4 °C, são necessárias 250 kcal/h. A célula solar pode suprir energia suficiente por hora para manter a temperatura do refrigerador?

1.83 O calor específico da ureia é 1,339 J/g · °C. Se forem adicionados 60,0 J de calor a 10,0 g de ureia a 20 °C, qual será a temperatura final?

1.84 Você está esperando na fila de uma cafeteria. Enquanto olha para as opções, vê que o café descafeinado traz a indicação "sem química". Comente essa indicação à luz do material da Seção 1.1.

1.85 Qual destes números tem mais algarismos significativos?
(a) 0,0000001 (b) 4,38

1.86 Você está de férias na Europa e acabou de comprar pão para levar a um piquenique. Agora precisa comprar queijo. Você comprará 200 mg, 200 g ou 200 kg?

1.87 Você acabou de deixar a cidade de Tucson, no Arizona, pela I-19 para seguir numa viagem ao México. Nessa estrada, as distâncias são indicadas em quilômetros. Uma placa sinaliza que a fronteira está a 95 km de distância. Você estima que ainda faltam umas 150 milhas. Ao chegar à fronteira, você descobre que viajou menos de 60 milhas. O que deu errado nos seus cálculos?

1.88 O composto anticongelante usado em carros não tem a mesma densidade da água. Um hidrômetro seria útil para medir a quantidade de anticongelante no sistema de refrigeração?

1.89 Na fotossíntese, a energia da luz é utilizada para produzir açúcares. Como esse processo representa uma conversão de uma energia em outra?

1.90 Qual é a diferença entre comprimidos de aspirina que contêm 81 mg de aspirina e comprimidos com 325 mg de aspirina?

1.91 No Canadá, um painel indica que a temperatura atual é de 30 °C. É mais provável que você esteja usando um casaco com capuz, meias de lã, *jeans* e uma camisa de mangas longas, ou bermuda e camiseta? Explique a sua resposta.

1.92 Quando faz muito frio, os entusiastas da pesca no gelo constroem pequenas estruturas e abrem buracos no gelo, por onde fazem passar as linhas de pesca. Como o peixe consegue sobreviver nessas condições?

1.93 A maior parte dos sólidos tem uma densidade maior que a do líquido correspondente. O gelo é menos denso que a água, que se expande quando congela. Como essa propriedade pode ser aproveitada para romper células em ciclos de congelamento e descongelamento?

1.94 Um cientista alega ter descoberto um tratamento para infecções em ouvidos de crianças. Todos os pacientes que receberam esse tratamento mostraram melhora em três dias. Quais são suas considerações sobre esse resultado?

Categorias especiais

As três categorias especiais de problemas – "Ligando os pontos", "Antecipando" e "Desafio" – aparecerão no final de cada capítulo. Nem todo capítulo apresentará esses problemas, mas eles servirão para esclarecer certos pontos.

Ligando os pontos

1.95 O calor de reação geralmente é medido monitorando-se as mudanças de temperatura no banho-maria onde está imersa a mistura. Um banho-maria usado para essa finalidade contém 2,000 L de água. No curso da reação, a temperatura da água subiu 4 °C. Quantas calorias foram liberadas por essa reação? (Você precisará usar o que sabe sobre conversões de unidade e aplicar essa informação ao que sabe sobre energia e calor.)

1.96 Você dispõe de amostras de ureia (um sólido em temperatura ambiente) e de etanol puro (um líquido em temperatura ambiente). Qual técnica, ou técnicas, você usaria para medir a quantidade dessas substâncias?

Antecipando

1.97 Você dispõe de uma amostra de material usado em medicina popular. Sugira um método para determinar se esse material contém uma substância eficaz para tratamento de doenças. Se você encontrar uma substância nova e eficaz, saberá determinar a quantidade presente na amostra? (As empresas farmacêuticas têm usado esse método para produzir vários medicamentos.)

1.98 Muitas substâncias envolvidas em reações químicas no corpo humano (e em todos os seres vivos) contêm carbono, hidrogênio, oxigênio e nitrogênio arranjados em padrões específicos. Com base nisso, novos medicamentos terão aspectos em comum com essas substâncias ou serão totalmente diferentes? Justifique sua resposta.

Desafios

1.99 Se 2 kg de um dado reagente forem consumidos na reação descrita no Problema 1.95, quantas calorias serão liberadas para cada quilograma?

1.100 Uma amostra de água contém um contaminante que deve ser removido. Você sabe que o ele é muito mais solúvel em dietil éter do que na água. Tendo um funil de separação disponível, proponha um método para remover o contaminante

Átomos

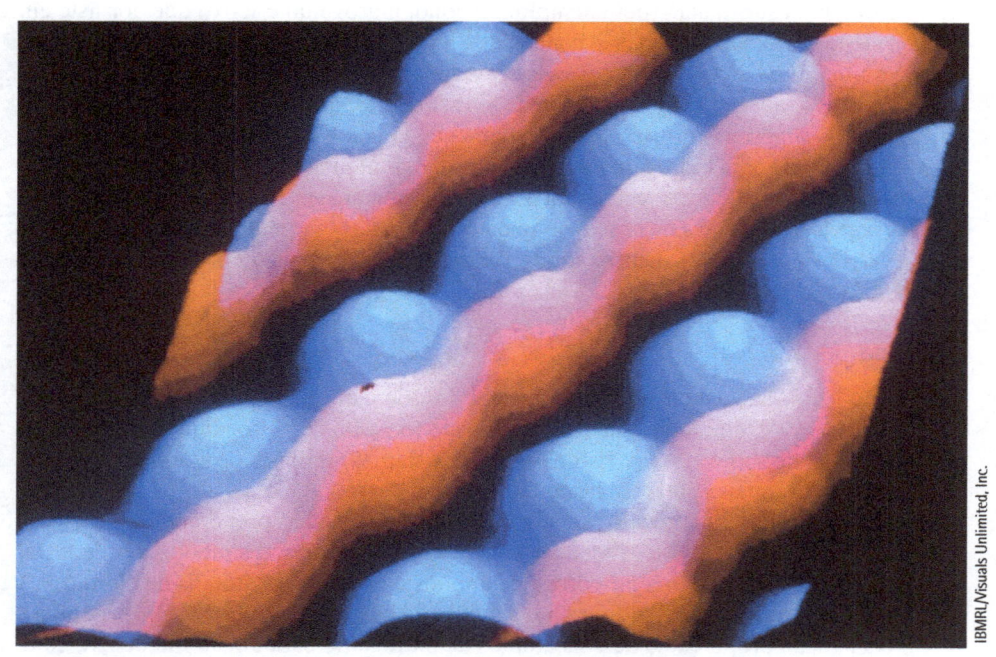

Imagem de átomos por microscópio eletrônico de varredura (SEM – scanning electron microscope).

Questões-chave

2.1 Do que é feita a matéria?
2.2 Como se classifica a matéria?
2.3 Quais são os postulados da teoria atômica de Dalton?
2.4 De que são feitos os átomos?
2.5 O que é tabela periódica?
2.6 Como os elétrons se distribuem no átomo?
2.7 Como estão relacionadas a configuração eletrônica e a posição na tabela periódica?
2.8 O que são propriedades periódicas?

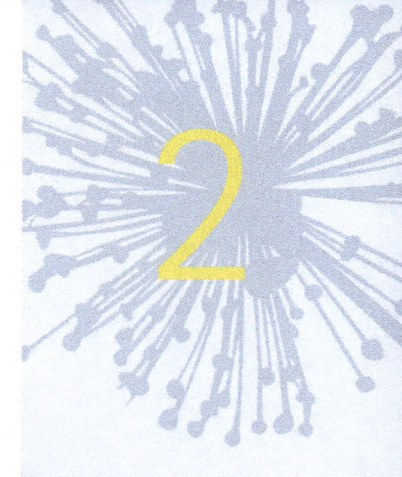

2.1 Do que é feita a matéria?

Esta questão foi discutida por milhares de anos, muito antes de os humanos encontrarem uma maneira razoável de obter uma resposta. Na Grécia antiga, duas escolas de pensamento tentavam responder a essa pergunta. Um grupo, liderado por um intelectual chamado Demócrito (c. 460-370 a.C.), acreditava que toda matéria é feita de partículas muito pequenas – pequenas demais para serem vistas. Demócrito chamou essas partículas de átomos (do grego *atomos*, que significa "indivisível"). Alguns de seus seguidores desenvolveram a ideia de que havia diferentes tipos de átomos, com propriedades distintas, as quais são a causa das propriedades da matéria que todos conhecemos.

Nem todos os pensadores antigos, porém, aceitavam essa ideia. Um segundo grupo, liderado por Zenão de Eleia (nascido c. 450 a.C), não acreditava na existência dos átomos e insistia que a matéria é infinitamente divisível. Se tomamos qualquer objeto, como um pedaço de madeira ou um cristal de sal de cozinha, podemos cortá-lo ou então dividi-lo em duas partes, dividir cada uma dessas partes e continuar o processo para sempre. De acordo com Zenão e seus seguidores, nunca chegaríamos a uma partícula de matéria que não mais pudesse ser dividida.

Hoje sabemos que Demócrito estava certo. Átomos são as unidades básicas da matéria. É claro que há uma grande diferença no modo como vemos essa questão. Atualmente, nossas ideias baseiam-se em evidências. Demócrito não tinha nenhuma evidência para provar que a matéria não pode ser dividida infinitamente, assim como Zenão não tinha nenhuma evidência para sustentar sua afirmação de que a matéria pode ser dividida infinitamente. Ambas as afirmações baseavam-se não em evidências, mas na crença visionária: de um lado, crença na unidade; de outro, na diversidade. Na Seção 2.3, discutiremos as evidências para a existência dos átomos, mas primeiro precisamos conhecer as diversas formas de matéria.

2.2 Como se classifica a matéria?

A matéria pode ser dividida em duas classes: substâncias puras e misturas. Cada classe é então dividida como demonstra a Figura 2.1.

A. Elementos

Elemento é uma substância (por exemplo, carbono, hidrogênio e ferro) que consiste em átomos idênticos. No momento, são conhecidos 116 elementos. Desses, 88 ocorrem na natureza; químicos e físicos fizeram os outros em laboratório. Ao final do livro há uma lista dos elementos conhecidos, acompanhada de seus símbolos, que consistem em uma ou duas letras. Muitos símbolos correspondem diretamente ao nome em português (por exemplo, C para carbono, H para hidrogênio e Li para lítio), mas alguns são derivados de nomes latinos ou germânicos. Outros receberam o nome em homenagem a pessoas que desempenharam papéis importantes no desenvolvimento da ciência – particularmente a ciência atômica (ver Problema 2.12). Outros ainda foram batizados de acordo com a localidade geográfica (ver Problema 2.13).

B. Compostos

Composto é uma substância pura formada por dois ou mais elementos em proporções fixas de massa. Por exemplo, a água é um composto formado de hidrogênio e oxigênio, e o sal de cozinha, de sódio e cloro. Estima-se que existam 20 milhões de compostos conhecidos, alguns dos quais aparecem neste livro.

Um composto é caracterizado por sua fórmula, que nos dá as proporções dos elementos constituintes do composto e identifica cada elemento por seu símbolo atômico. Por exemplo, no sal de cozinha, a proporção de átomos de sódio para átomos de cloro é 1:1. Dado que Na é o símbolo do sódio e Cl o símbolo do cloro, a fórmula do sal de cozinha é NaCl. Na água, a proporção é de dois átomos de hidrogênio para um átomo de oxigênio. O símbolo do hidrogênio é H e do oxigênio é O, e a fórmula da água é H_2O. O número subscrito que segue os símbolos atômicos indica a proporção dos elementos que se combinam. O número 1 é sempre omitido no subscrito. Entende-se que NaCl significa uma proporção de 1:1 e que H_2O representa uma proporção de 2:1. Você encontrará mais informações sobre a natureza dos elementos combinantes em um composto e seus nomes e fórmulas no Capítulo 3.

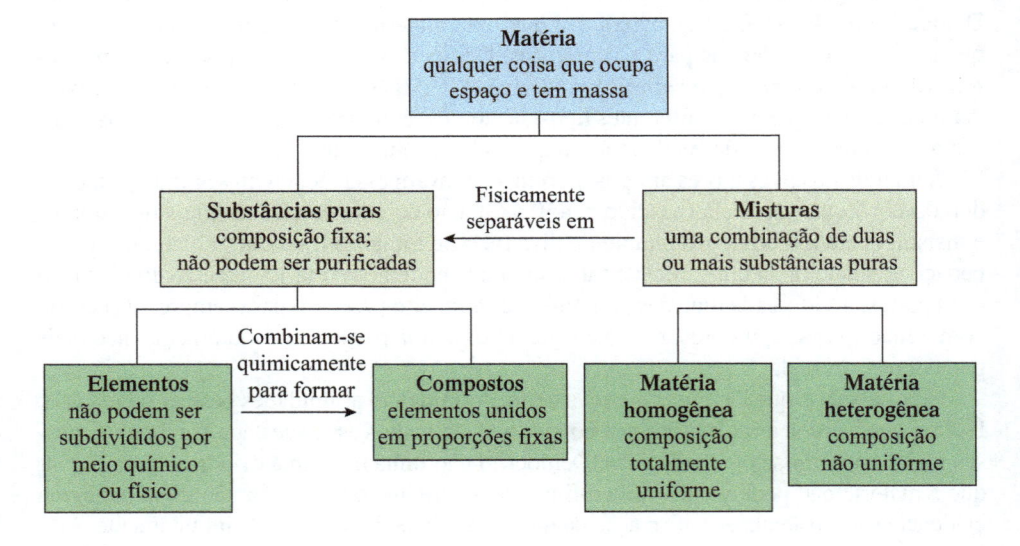

FIGURA 2.1 Classificação da matéria. A matéria é dividida em substâncias puras e misturas. Uma substância pura pode ser um elemento ou um composto. Uma mistura pode ser homogênea ou heterogênea.

Conexões químicas 2A

Elementos necessários à vida humana

Até onde sabemos, 20 dos 116 elementos conhecidos são necessários à vida humana. Os seis mais importantes – carbono, hidrogênio, nitrogênio, oxigênio, fósforo e enxofre – são estudados pela química orgânica e pela bioquímica (Capítulos 10-31). Carbono, hidrogênio, nitrogênio e oxigênio são os quatro grandes do corpo humano. Sete outros elementos também são importantes, e o nosso corpo usa pelo menos mais nove (elementos-traço) em quantidades muito pequenas. A Tabela 2A apresenta os 20 elementos principais e suas funções no corpo humano. Muitos desses elementos serão abordados com detalhes mais adiante. Para conhecer a necessidade média diária desses elementos, suas fontes nos alimentos e seus sintomas de deficiência, ver Capítulo 30.

TABELA 2A Os elementos e suas funções no corpo humano

Elemento	Função
Os quatro grandes	
Carbono (C)	Tema dos Capítulos 10-19 (química orgânica) e 20-31.
Hidrogênio (H)	(bioquímica).
Nitrogênio (N)	
Oxigênio (O)	
Os outros sete	
Cálcio (Ca)	Fortalece ossos e dente e auxilia na coagulação do sangue.
Cloro (Cl)	Necessário para o crescimento e desenvolvimento normais.
Magnésio (Mg)	Contribui para a ação de nervos e músculos e está presente nos ossos.
Fósforo (P)	Presente como fosfato nos ossos, nos ácidos nucleicos (DNA e RNA) e envolvido na armazenagem e transferência de energia.
Potássio (K)	Ajuda a regular o equilíbrio elétrico nos fluidos do corpo e é essencial para a condução nervosa.
Enxofre (S)	Componente essencial das proteínas.
Sódio (Na)	Ajuda a regular o equilíbrio elétrico nos fluidos do corpo.
Elementos-traço	
Cromo (Cr)	Aumenta a eficácia da insulina.
Cobalto (Co)	Faz parte da vitamina B12.
Cobre (Cu)	Fortalece os ossos e ajuda na atividade enzimática.
Flúor (F)	Reduz a incidência de cárie dental.
Iodo (I)	Parte essencial dos hormônios da tiroide.
Ferro (Fe)	Parte essencial de algumas proteínas, como hemoglobina, mioglobina, citocromos e proteínas FeS.
Manganês (Mn)	Está presente em enzimas formadoras de ossos e auxilia no metabolismo das gorduras e carboidratos.
Molibdênio (Mo)	Ajuda a regular o equilíbrio elétrico em fluidos do corpo.
Zinco (Zn)	Necessário para a ação de certas enzimas.

A Figura 2.2 mostra quatro representações para a molécula de água. Teremos mais a dizer sobre modelos moleculares ao longo deste livro.

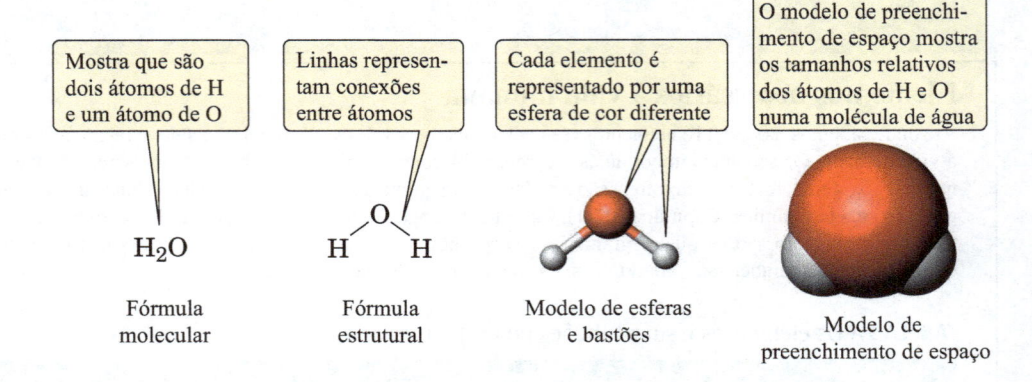

FIGURA 2.2 Quatro representações da molécula de água.

Mostra que são dois átomos de H e um átomo de O

H_2O

Fórmula molecular

Linhas representam conexões entre átomos

H—O—H

Fórmula estrutural

Cada elemento é representado por uma esfera de cor diferente

Modelo de esferas e bastões

O modelo de preenchimento de espaço mostra os tamanhos relativos dos átomos de H e O numa molécula de água

Modelo de preenchimento de espaço

Exemplo 2.1 Fórmula de um composto

(a) No composto fluoreto de magnésio, o magnésio (símbolo atômico Mg) e o flúor (símbolo atômico F) combinam-se na proporção de 1:2. Qual é a fórmula do fluoreto de magnésio?
(b) A fórmula do ácido perclórico é $HClO_4$. Quais são as proporções em que se combinam os elementos nesse ácido?

Estratégia

A fórmula apresenta o símbolo atômico de cada elemento combinado no composto, e os subscritos dão a proporção de seus elementos constituintes.

Solução

(a) A fórmula é MgF_2. Não escrevemos o subscrito 1 após Mg.
(b) Nem o H nem o Cl têm subscritos, o que significa que hidrogênio e cloro combinam na proporção de 1:1. O subscrito no oxigênio é 4. Portanto, as proporções no $HClO_4$ são 1:1:4.

Problema 2.1

Escreva as fórmulas dos compostos cujas proporções são as seguintes:
(a) Sódio: cloro: oxigênio, 1:1:3
(b) Alumínio (símbolo atômico Al): flúor (símbolo atômico F), 1:3

C. Misturas

Mistura é uma combinação de duas ou mais substâncias puras. A maior parte da matéria que encontramos no dia a dia (incluindo nosso próprio corpo) consiste em misturas e não substâncias puras. Por exemplo, sangue, manteiga, gasolina, sabão, o metal de um anel, o ar que respiramos e a terra onde andamos são misturas de substâncias puras. Uma importante diferença entre composto e mistura é que as proporções em massa dos elementos de um composto são fixas, enquanto, na mistura, as substâncias puras podem estar presentes em qualquer proporção de massa.

Para algumas misturas – sangue, por exemplo (Figura 2.3) –, a textura é totalmente uniforme. Se você examinar uma mistura com ampliação, poderá ver, no entanto, que ela é composta de diferentes substâncias.

Outras misturas são totalmente homogêneas, e nenhum grau de amplificação revelará a presença de diferentes substâncias. O ar que respiramos, por exemplo, é uma mistura de gases, principalmente nitrogênio (78%) e oxigênio (21%).

Uma importante característica da mistura é que ela consiste em duas ou mais substâncias puras, cada uma delas com diferentes propriedades físicas. Se conhecermos as propriedades físicas das substâncias separadamente, poderemos usar meios físicos apropriados para separar a mistura em suas partes componentes. A Figura 2.4 mostra como uma mistura pode ser separada.

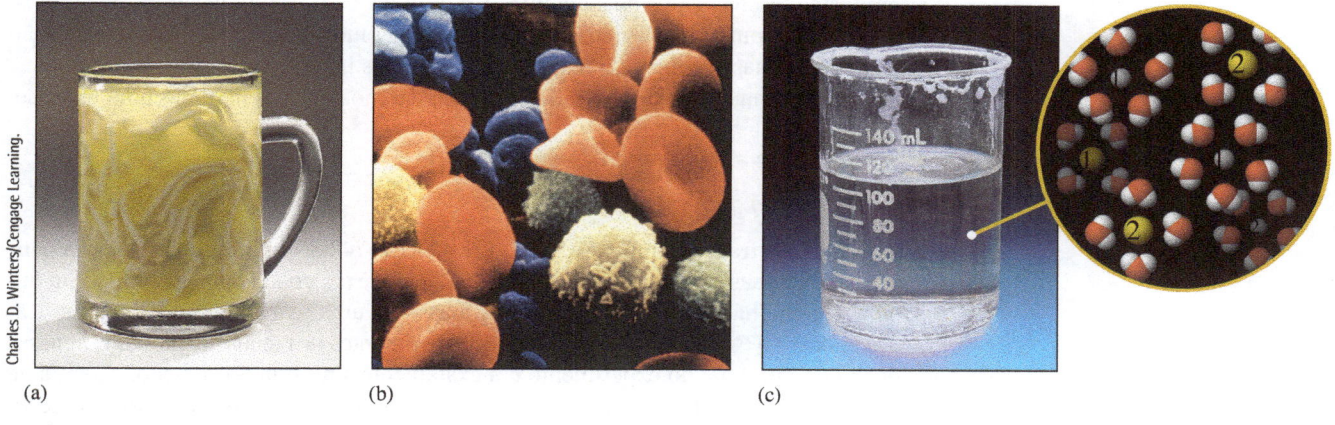

FIGURA 2.3 Misturas. (a) A sopa de macarrão é uma mistura heterogênea. (b) Uma amostra de sangue pode parecer homogênea, mas, ao examinarmos com um microscópio óptico, veremos que, de fato, é uma mistura heterogênea de líquido e partículas suspensas (células sanguíneas). (c) Uma solução homogênea de sal, NaCl, em água. Os modelos mostram que a solução de sal contém íons Na$^+$ e Cl$^-$ como partículas separadas em água, cada íon rodeado por uma esfera de seis ou mais moléculas de água. As partículas dessa solução não podem ser vistas com um microscópio óptico.

Ferro e enxofre podem ser separados por agitação com um ímã.

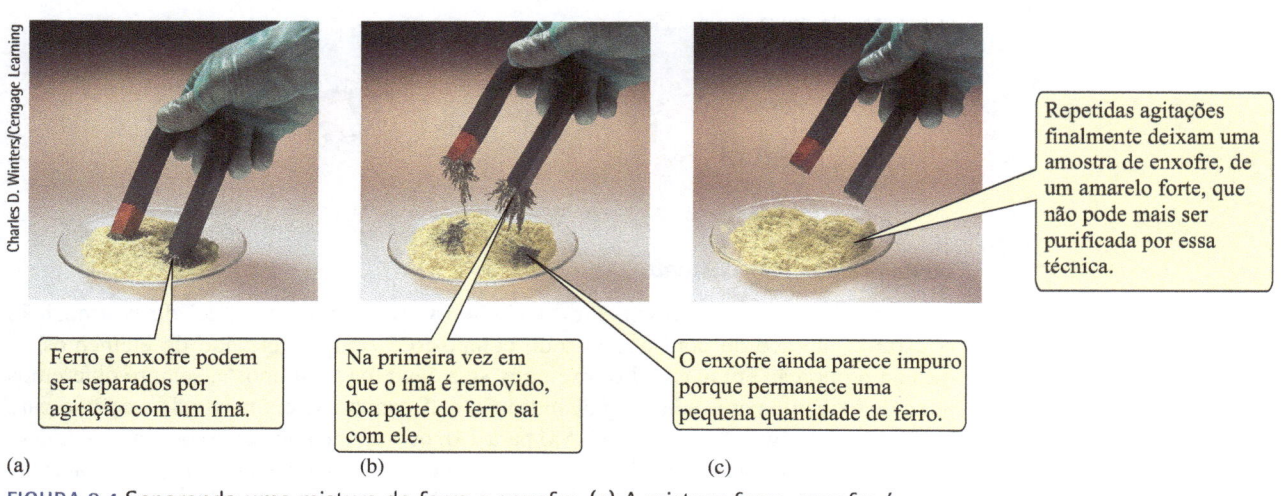

Na primeira vez em que o ímã é removido, boa parte do ferro sai com ele.

O enxofre ainda parece impuro porque permanece uma pequena quantidade de ferro.

Repetidas agitações finalmente deixam uma amostra de enxofre, de um amarelo forte, que não pode mais ser purificada por essa técnica.

FIGURA 2.4 Separando uma mistura de ferro e enxofre. (a) A mistura ferro-enxofre é agitada com um ímã, que atrai as limalhas de ferro. (b) Boa parte do ferro é removida após a primeira agitação. (c) A agitação continua até que não se possam mais remover limalhas de ferro.

2.3 Quais são os postulados da teoria atômica de Dalton?

Em 1808, o químico inglês John Dalton (1766-1844) apresentou um modelo de matéria que é a base da moderna teoria atômica científica. A principal diferença entre a teoria de Dalton e a de Demócrito (Seção 2.1) é que Dalton baseou sua teoria em evidências, e não numa crença. Primeiramente, enunciemos sua teoria. Veremos então que tipo de evidência a sustentou.

1. Toda matéria é formada de partículas muito pequenas e indivisíveis, que Dalton chamou de **átomos**.
2. Todos os átomos de um dado elemento têm as mesmas propriedades químicas. Inversamente, átomos de diferentes elementos têm diferentes propriedades químicas.
3. Em reações químicas comuns, nenhum átomo de qualquer elemento desaparece ou se transforma em um átomo de outro elemento.

Átomo A menor partícula de um elemento que retém suas propriedades químicas. A interação entre átomos é responsável pelas propriedades da matéria.

4. Compostos são formados pela combinação química de dois ou mais tipos de átomos. Em um dado composto, os números relativos de átomos de cada tipo de elemento são constantes e quase sempre expressos como números inteiros.
5. **Molécula** é uma combinação de dois ou mais átomos que agem como uma unidade.

A. Evidências para a teoria atômica de Dalton

Lei da conservação das massas

O grande químico francês Antoine Laurent Lavoisier (1743-1794) descobriu a **lei da conservação das massas**, segundo a qual a matéria não pode ser criada nem destruída. Em outras palavras, não há mudança detectável na massa de uma reação química comum. Lavoisier demonstrou essa lei conduzindo muitos experimentos nos quais mostrou que a massa total de matéria no final do experimento era exatamente a mesma do começo. A teoria de Dalton explicou o fato da seguinte maneira: se toda a matéria consiste em átomos indestrutíveis (postulado 1) e se nenhum átomo de qualquer elemento desaparece ou se transforma em um átomo de elemento diferente (postulado 3), então toda reação química simplesmente altera as ligações entre os átomos, mas não destrói os próprios átomos. Assim, numa reação química, a massa é conservada.

Na seguinte ilustração, uma molécula de monóxido de carbono reage com uma molécula de óxido de zinco, resultando numa molécula de dióxido de carbono e num átomo de chumbo. Todos os átomos originais continuam presentes no final, apenas mudaram de parceiros. Assim, a massa total após a reação química permanece a mesma, do jeito que estava antes de ocorrer a reação.

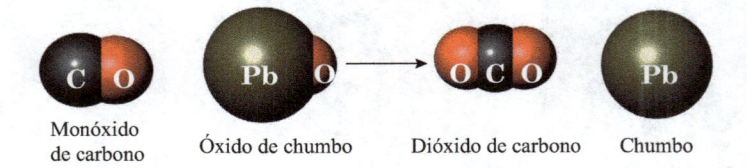

Monóxido de carbono Óxido de chumbo Dióxido de carbono Chumbo

Lei da composição constante

Outro químico francês, Joseph Proust (1754-1826), demonstrou a **lei da composição constante**, de acordo com a qual todo composto é sempre formado de elementos na mesma proporção em massa. Por exemplo, se a água for decomposta, sempre obteremos 8,0 g de oxigênio para cada 1,0 g de hidrogênio. A proporção em massa de oxigênio para hidrogênio em água pura é sempre 8,0 para 1,0, quer a água venha do oceano Atlântico, do rio Missouri ou seja coletada da chuva, extraída de uma melancia ou destilada da urina.

Esse fato sempre foi uma evidência a favor da teoria de Dalton. Se uma molécula de água consiste em um átomo de oxigênio e dois de hidrogênio, e se um átomo de oxigênio tem massa 16 vezes maior que a do átomo de hidrogênio, então a proporção em massa desses dois elementos na água deve sempre ser de 8,0 para 1,0. Os dois elementos nunca podem ser encontrados na água em qualquer outra proporção em massa.

Assim, se a proporção dos átomos dos elementos em um composto é fixa (postulado 4), então suas proporções em massa também devem ser fixas.

B. Elementos monoatômicos, diatômicos e poliatômicos

Alguns elementos – por exemplo, o hélio e o neônio – consistem em átomos simples que não estão ligados entre si, isto é, são **elementos monoatômicos**. Diferentemente, o oxigênio, em sua forma mais comum, contém dois átomos em cada molécula, conectados entre si por uma ligação química. Escrevemos a fórmula da molécula de oxigênio como O_2, com o subscrito mostrando o número de átomos na molécula. Seis outros elementos também ocorrem como moléculas diatômicas (isto é, contêm dois átomos do mesmo elemento por molécula): hidrogênio (H_2), nitrogênio (N_2), flúor (F_2), cloro (Cl_2), bromo (Br_2) e iodo (I_2). É importante entender que, sob condições normais, átomos livres de O, H, N, F, Cl, Br e I não existem. Esses sete elementos ocorrem somente como **elementos diatômicos** (Figura 2.5).

Conexões químicas 2B

Quantidade de elementos presentes no corpo humano e na crosta terrestre

A Tabela 2B mostra a quantidade dos elementos presentes no corpo humano. Como se pode ver, o oxigênio é o mais abundante elemento em massa, seguido do carbono, hidrogênio e nitrogênio. Se considerarmos, porém, o número de átomos, o hidrogênio é ainda mais abundante no corpo humano que o oxigênio.

A tabela também mostra a quantidade de elementos na crosta terrestre. Embora 88 elementos sejam encontrados na crosta da Terra (sabemos muito pouco sobre o interior da Terra porque não somos capazes de penetrar muito fundo), eles estão presentes em quantidades bem diferentes. Na crosta terrestre, bem como no corpo humano, o elemento mais abundante em massa é o oxigênio. Mas a semelhança termina aí. Silício, alumínio e ferro, que são, respectivamente, o segundo, terceiro e quarto elementos mais abundantes na crosta da Terra, não são elementos importantes no corpo, enquanto o carbono, o segundo elemento mais abundante em massa no corpo humano, está presente apenas em 0,08% na crosta da Terra.

TABELA 2B Quantidade relativa de elementos presentes no corpo humano e na crosta da Terra, incluindo a atmosfera e os oceanos

Elemento	Porcentagem no corpo humano		Porcentagem na crosta da Terra em massa
	Por número de átomos	Por massa	
H	63,0	10,0	0,9
O	25,4	64,8	49,3
C	9,4	18,0	0,08
N	1,4	3,1	0,03
Ca	0,31	1,8	3,4
P	0,22	1,4	0,12
K	0,06	0,4	2,4
S	0,05	0,3	0,06
Cl	0,03	0,2	0,2
Na	0,03	0,1	2,7
Mg	0,01	0,04	1,9
Si	—	—	25,8
Al	—	—	7,6
Fe	—	—	4,7
Outros	0,01		—

Alguns elementos têm ainda mais átomos em cada molécula. O ozônio, O_3, tem três átomos em cada molécula. Em uma das formas do fósforo, P_4, cada molécula tem quatro átomos. Uma das formas do enxofre, S_8, tem oito átomos por molécula. Alguns elementos têm moléculas muito maiores. O diamante, por exemplo, tem milhões de átomos de carbono, todos ligados entre si num agrupamento gigantesco. O diamante e o S_8 são chamados **elementos poliatômicos**.

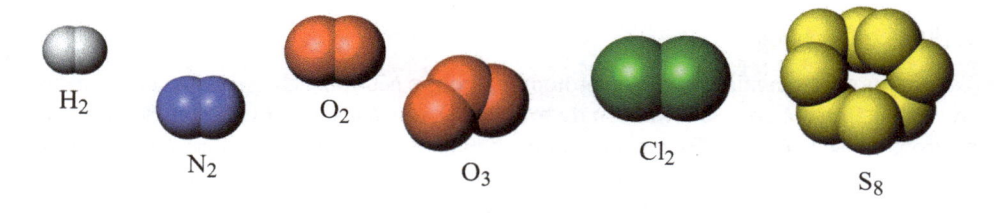

FIGURA 2.5 Alguns elementos diatômicos, triatômicos e poliatômicos. Hidrogênio, nitrogênio, oxigênio e cloro são elementos diatômicos. O ozônio, O_3, é um elemento triatômico. Uma das formas do enxofre, S_8, é um elemento poliatômico.

2.4 De que são feitos os átomos?

A. Três partículas subatômicas

Hoje sabemos que a matéria é mais complexa do que Dalton imaginava. Várias evidências experimentais obtidas nos últimos cem anos nos convenceram de que os átomos não são indivisíveis, mas consistem em partículas ainda menores chamadas partículas subatômicas. Três partículas subatômicas formam todos os átomos: prótons, elétrons e nêutrons. A Tabela 2.1 mostra a carga, massa e localização dessas partículas no átomo.

O **próton** tem carga positiva. Por convenção, dizemos que a magnitude das cargas é +1. Assim, um próton tem carga +1, dois prótons têm carga +2 e assim por diante. A massa de um próton é $1,6726 \times 10^{-24}$ g, mas esse número é tão pequeno que é mais conveniente

Existem muitas outras partículas subatômicas, mas não trataremos delas neste livro.

Próton Partícula subatômica com carga +1 e massa de aproximadamente 1 u. É encontrado no núcleo.

Unidade de massa atômica
Unidade da escala de massa relativa dos átomos:
1 u = 1,6605 × 10⁻²⁴ g. Por definição, 1 u é 1/12 da massa de um átomo de carbono contendo 6 prótons e 6 nêutrons.

Elétron Partícula subatômica com carga −1 e massa de aproximadamente 0,0005 u. É encontrado no espaço ao redor do núcleo.

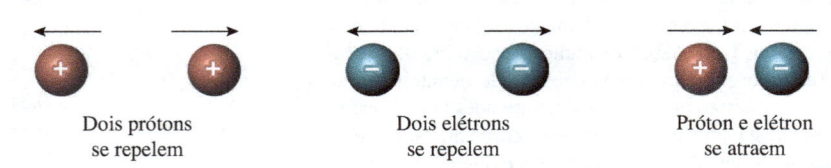

Nêutron Partícula subatômica com massa de aproximadamente 1 u e carga zero. É encontrado no núcleo.

usar outra unidade, denominada **unidade de massa atômica (u)**, para descrever sua massa.

$$1\ u = 1{,}6605 \times 10^{-24}\ g$$

Assim, um próton tem massa de 1,0073 u. Para os propósitos deste livro, é suficiente arredondar esse número até 1 algarismo significativo e, portanto, dizemos que a massa do próton é 1 u.

O **elétron** tem carga −1, igual em magnitude à carga do próton, mas de sinal oposto. A massa do elétron é aproximadamente 5,4858 × 10⁻²⁴ u ou 1/1.837 a do próton. Dizemos que 1.837 elétrons equivalem à massa de um próton.

Cargas iguais se repelem e cargas opostas se atraem. Dois prótons se repelem, assim como dois elétrons também se repelem. Próton e elétron, no entanto, se atraem.

Dois prótons se repelem   Dois elétrons se repelem   Próton e elétron se atraem

O **nêutron** não tem carga. Assim, nêutrons nunca se atraem ou se repelem, nem atraem ou repelem outra partícula. A massa do nêutron é ligeiramente maior que a do próton: 1,6749 × 10⁻²⁴ g ou 1,0087 u. Mais uma vez, para nossos propósitos, arredondamos esse número para 1 u.

Essas três partículas compõem os átomos, mas onde são encontradas? Prótons e nêutrons estão agrupados no centro do átomo (Figura 2.6), que é conhecido como **núcleo**. No Capítulo 9, abordaremos com mais detalhes aspectos relacionados ao núcleo. Elétrons são encontrados como uma nuvem difusa fora do núcleo.

TABELA 2.1 Propriedades dos prótons, nêutrons e elétrons e localização no átomo

Partícula subatômica	Carga	Massa (g)	Massa (u)	Massa (u); arredondada até um algarismo significativo	Localização
Próton	+1	1,6726 × 10⁻²⁴	1,0073	1	No núcleo
Elétron	−1	9,1094 × 10⁻²⁸	5,4858 × 10⁻⁴	0,0005	Fora do núcleo
Nêutron	0	1,6749 × 10⁻²⁴	1,0087	1	No núcleo

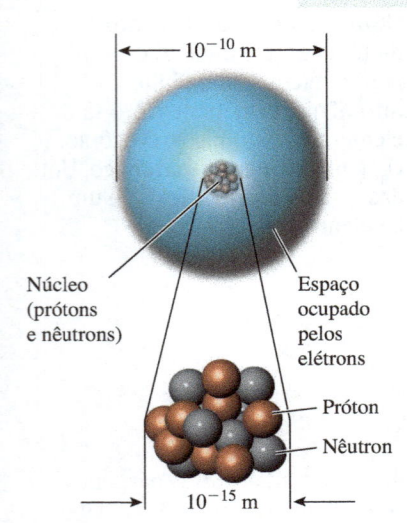

B. Número de massa

Cada átomo tem um número fixo de prótons, elétrons e nêutrons. Uma das maneiras de descrever um átomo é com seu **número de massa** (A), que é a soma do número de prótons e nêutrons em seu núcleo. Observe que o átomo também contém elétrons, mas, como a massa do elétron é muito pequena se comparada às dos prótons e nêutrons (Tabela 2.1), os elétrons não são computados na determinação do número de massa.

Número de massa (A) = número de prótons e nêutrons no núcleo do átomo

Por exemplo, um átomo com 5 prótons, 5 elétrons e 6 nêutrons tem um número de massa igual a 11.

Exemplo 2.2 Número de massa

Qual é o número de massa do átomo que contém:
(a) 58 prótons, 58 elétrons e 78 nêutrons?
(b) 17 prótons, 17 elétrons e 20 nêutrons?

Estratégia

O número de massa de um átomo é a soma do número de prótons e nêutrons em seu núcleo.

FIGURA 2.6 Tamanhos relativos do núcleo atômico e de um átomo (não está em escala). O diâmetro da região ocupada pelos elétrons é aproximadamente 10.000 vezes maior que o diâmetro do núcleo.

Solução

(a) O número de massa é 58 + 78 = 136.
(b) O número de massa é 17 + 20 = 37.

Problema 2.2

Qual é o número de massa de um átomo que contém:
(a) 15 prótons, 15 elétrons e 16 nêutrons?
(b) 86 prótons, 86 elétrons e 136 nêutrons?

C. Número atômico

O **número atômico** (Z) de um elemento é o número de prótons em seu núcleo.

Número atômico (Z) = número de prótons no núcleo de um átomo

Observe que, em um átomo neutro, o número de elétrons é igual ao número de prótons.

Atualmente, são conhecidos 116 elementos que têm números atômicos entre 1 e 116. O menor número atômico pertence ao elemento hidrogênio, que tem apenas um próton; e o maior (até agora), ao elemento mais pesado conhecido, que contém 116 prótons e ainda não tem nome.

Sabendo o número atômico e o número de massa de um elemento, você pode identificá-lo. Por exemplo, o elemento com 6 prótons, 6 elétrons e 6 nêutrons tem número atômico 6 e número de massa 12. O elemento de número atômico 6 é o carbono, C. Como sua massa é 12, chamamos esse núcleo atômico de carbono-12. Alternativamente, podemos escrever o símbolo desse núcleo atômico como $^{12}_{6}C$. Nesse símbolo, o número de massa do elemento é sempre escrito no canto superior esquerdo (como sobrescrito) do símbolo do elemento, e o número atômico, no canto inferior esquerdo (como subscrito).

Número de massa (número de prótons + nêutrons)
Número atômico (número de prótons) $\quad ^{12}_{6}C \longleftarrow$ Símbolo do elemento

> Números atômicos para todos os elementos conhecidos são fornecidos na tabela de massa atômica e também na tabela periódica, ao final do livro.

> Se você souber o nome do elemento, poderá procurar seu número e massa atômica na tabela de massa atômica, ao final do livro. Inversamente, se souber o número atômico do elemento, poderá procurar seu símbolo na tabela periódica, também ao final do livro.

Exemplo 2.3 Número atômico.

Dar o nome dos elementos do Exemplo 2.2 e escrever os símbolos de seus núcleos atômicos

Estratégia

Determine o número atômico (número de prótons no núcleo) e depois localize o elemento na tabela periódica, ao final do livro.

Solução

(a) Esse elemento tem 58 prótons. Na tabela periódica, vemos que o elemento de número atômico 58 é o cério, e seu símbolo é Ce. O átomo desse elemento tem 58 prótons e 78 nêutrons e, portanto, o número de massa é 136. Nós o chamamos de cério-136. Seu símbolo é $^{136}_{58}Ce$.
(b) Esse átomo tem 17 prótons, portanto é o átomo de cloro (Cl). Como seu número de massa é 37, nós o chamamos de cloro-37. Seu símbolo é $^{37}_{17}Cl$.

Problema 2.3

Dê o nome dos elementos do Problema 2.2. Escrever os símbolos de seus núcleos atômicos.

Exemplo 2.4 Núcleos atômicos

Vários elementos têm igual número de prótons e nêutrons em seus núcleos. Entre eles, estão o oxigênio, o nitrogênio e o neônio. Qual é o número atômico desses elementos? Quantos prótons e nêutrons tem cada um de seus átomos? Escreva o nome e o símbolo de cada um desses núcleos atômicos.

Estratégia

Procure na tabela periódica o número atômico de cada elemento. O número de massa é o número de prótons mais o número de nêutrons.

Solução

Os números atômicos desses elementos são encontrados na lista de elementos ao final do livro. Essa tabela mostra que o oxigênio (O) tem número atômico 8, o nitrogênio (N) tem número atômico 7, e o neônio (Ne), número atômico 10. Isso significa que o oxigênio tem 8 prótons e 8 nêutrons. Seu nome é oxigênio-16 e o símbolo é $^{16}_{8}O$. O nitrogênio tem 7 prótons e 7 nêutrons, seu nome é nitrogênio-14 e o símbolo é $^{14}_{7}N$. O neônio tem 10 prótons e 10 nêutrons, seu nome é neônio-20, e seu símbolo é $^{20}_{10}Ne$.

Problema 2.4

(a) Quais são os números atômicos do mercúrio (Hg) e do chumbo (Pb)?
(b) Quantos prótons tem o átomo de cada um deles?
(c) Se tanto o Hg quanto o Pb têm 120 nêutrons em seus núcleos, qual é o número de massa de cada isótopo?
(d) Escreva o nome e o símbolo de cada um deles.

D. Isótopos

Embora possamos dizer que um átomo de carbono sempre tem 6 prótons e 6 elétrons, não podemos dizer que um átomo de carbono deve ter qualquer número específico de nêutrons. Alguns átomos de carbono encontrados na natureza têm 6 nêutrons. O número de massa desses átomos é 12, que são escritos como carbono-12 e o símbolo é $^{12}_{6}C$. Outros átomos de carbono têm 6 prótons e 7 nêutrons e, portanto, número de massa 13, que são escritos como carbono-13 e seu símbolo é $^{13}_{6}C$. Outros têm 6 prótons e 8 nêutrons, e são escritos como carbono-14 ou $^{14}_{6}C$. Átomos com o mesmo número de prótons, mas diferentes números de nêutrons, são chamados **isótopos**. Todos os isótopos do carbono contêm 6 prótons e 6 elétrons (ou não seriam carbonos). Cada isótopo, todavia, contém um número diferente de nêutrons e, portanto, diferente número de massa.

As propriedades dos isótopos do mesmo elemento são quase idênticas e, para quase todos os fins, consideradas idênticas. Diferem, porém, nas propriedades radioativas, tema do Capítulo 9.

> O fato de os isótopos existirem significa que o segundo enunciado da teoria atômica de Dalton (Seção 2.3) não está correto.

Exemplo 2.5 Isótopos

Quantos nêutrons existem em cada isótopo de oxigênio? Escreva o símbolo de cada isótopo.
(a) Oxigênio-16   (b) Oxigênio-17   (c) Oxigênio-18

Estratégia

Cada átomo de oxigênio tem 8 prótons. A diferença entre o número de massa e o número de prótons é o número de nêutrons.

Solução

(a) Oxigênio-16 tem $16 - 8 = 8$ nêutrons. Seu símbolo é $^{16}_{8}O$.
(b) Oxigênio-17 tem $17 - 8 = 9$ nêutrons. Seu símbolo é $^{17}_{8}O$.
(c) Oxigênio-18 tem $18 - 8 = 10$ nêutrons. Seu símbolo é $^{18}_{8}O$.

Problema 2.5

Dois isótopos de iodo são usados em tratamentos clínicos: iodo-125 e iodo-131. Quantos nêutrons existem em cada isótopo? Escreva o símbolo de cada isótopo.

A maior parte dos elementos é encontrada na Terra como misturas de isótopos, em proporção mais ou menos constante. Por exemplo, todas as amostras de ocorrência natural do elemento cloro contêm 75,77% de cloro-35 (18 nêutrons) e 24,23% de cloro-37 (20 nêutrons). O silício existe na natureza em proporção fixa de três isótopos, com 14, 15 e 16 nêutrons, respectivamente. Para alguns elementos, a proporção de isótopos pode variar ligeiramente de um lugar para outro, mas quase sempre podemos ignorar essas pequenas variações. As massas atômicas e as abundâncias isotópicas são determinadas com o uso de um instrumento denominado espectrômetro de massa.

E. Massa atômica

A **massa atômica** (em textos mais antigos chamada de peso atômico) de um elemento dado na tabela periódica é a média ponderada das massas (em u) de seus isótopos encontrados na Terra. Adotemos o cloro como exemplo do cálculo de massa atômica. Como já vimos, existem dois isótopos de cloro na natureza: cloro-35 e cloro-37, cuja massa do átomo é 34,97 u e 36,97 u, respectivamente. Observe que a massa atômica de cada isótopo de cloro (sua massa em u) está muito próximo de seu número de massa (o número de prótons e nêutrons em seu núcleo). Essa afirmação é verdadeira para os isótopos de cloro e de todos os elementos, porque prótons e nêutrons têm massa de aproximadamente (mas não exatamente) 1 u.[1]

A massa atômica do cloro é uma média ponderada das massas dos dois isótopos de cloro de ocorrência natural:

Massa atômica A média ponderada das massas dos isótopos de ocorrência natural corresponde a massa atômica (u).

$$\left(\frac{75,77}{100} \times 34,97 \text{ u}\right) + \left(\frac{24,23}{100} \times 36,97 \text{ u}\right) = 35,45 \text{ u}$$

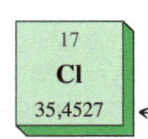

Cloro-35, Cloro-37

17
Cl
35,4527

Na tabela periódica, a massa atômica é dada até a quarta casa decimal, utilizando-se dados mais precisos do que temos aqui

[1] Devemos notar que para a determinação da massa atômica de um determinado átomo não podemos simplesmente somar a massa em unidades de massa atômica dos prótons e nêutrons deste átomo. Exemplificando, o isótopo cloro-35 apresenta 17 prótons e 18 nêutrons. Utilizando os dados da página 34, cada próton e cada nêutron tem massa de 1,0073 u e 1,0087 u respectivamente. A massa esperada do cloro-35 seria [(17 x 1,0073 u) + (18 x 1,0087 u)]= 35,2807 u. Como pode ser observado no texto, a massa atômica do cloro-35 determinada experimentalmente é de 34,97 u, ou seja, um valor inferior ao calculado. Este fenômeno é conhecido como "Defeito de Massa". A diferença de massa entre o calculado e o observado se deve à conversão da massa nuclear em energia de estabilização entre prótons e nêutrons no núcleo. Esta energia pode ser calculada pela equação de Einstein $\Delta E = (\Delta m)c^2$ onde ΔE é a energia de estabilização, m é a variação de massa e c é a velocidade da luz. Portanto, a massa de um átomo será sempre menor que a soma das massas das suas partículas nucleares devido ao defeito de massa que resulta na estabilização do núcleo.

Alguns elementos – por exemplo, ouro, flúor e alumínio – ocorrem naturalmente apenas como um único isótopo. As massas atômicas desses elementos estão próximas de números inteiros (ouro, 196,97 u; flúor, 18,998 u; alumínio, 26,98 u). Ao final do livro, há uma tabela com as massas atômicas.

Exemplo 2.6 Massa atômica

As quantidades naturais (abundância isotópica) dos três isótopos estáveis de magnésio são 78,99% para o magnésio-24 (23,98504 u), 10,00% para o magnésio-25 (24,9858 u) e 11,01% para o magnésio-26 (25,9829 u). Calcule a massa atômica do magnésio e compare o valor com aquele que aparece na tabela periódica.

Estratégia

Para calcular a média ponderada das massas dos isótopos, multiplique cada massa atômica por sua quantidade e depois faça a soma.

Solução

Magnésio-24, Magnésio-25, Magnésio-26

$$\left(\frac{78,99}{100} \times 23,99 \text{ u}\right) + \left(\frac{10,00}{100} \times 24,99 \text{ u}\right) + \left(\frac{11,01}{100} \times 25,98 \text{ u}\right) =$$

$$18,95 \quad + \quad 2,499 \quad + \quad 2,860 \quad = 24,31 \text{ u}$$

A massa atômica do magnésio dado na tabela periódica até a quarta casa decimal é 24,3050.

Problema 2.6

A massa atômica do lítio é 6,941 u. O lítio tem apenas dois isótopos de ocorrência natural: lítio-6 e lítio-7. Faça uma estimativa de qual dos isótopos de lítio é o mais abundante.

F. A massa e o tamanho de um átomo

Um átomo tipicamente pesado (embora não o mais pesado) é o chumbo-208, um átomo com 82 prótons, 82 elétrons e 208 − 82 = 126 nêutrons. Sua massa é de $3,5 \times 10^{-22}$ g. É pre-

FIGURA 2.7 A superfície da grafite é revelada com um microscópio eletrônico de varredura. Os contornos representam a disposição de cada átomo de carbono na superfície de um cristal.

ciso $1,3 \times 10^{24}$ átomos de chumbo-208 para fazer 1 lb (453,6 g) de chumbo. Neste momento, são aproximadamente 6 bilhões de pessoas vivendo na Terra. Se você dividisse 1 lb desses átomos entre todas as pessoas do planeta, cada uma receberia cerca de $2,2 \times 10^{14}$ átomos.

O átomo de chumbo-208 tem um diâmetro de aproximadamente $3,1 \times 10^{-10}$ m. Se pudéssemos alinhá-los, um encostado ao outro, seriam necessários 82 milhões de átomos de chumbo para fazer uma linha de 2,5 cm (1 polegada) de comprimento. Apesar de seu tamanho reduzido, na verdade podemos ver os átomos, em certos casos, com um instrumento especial chamado microscópio de tunelamento eletrônico (Figura 2.7).

Praticamente toda a massa de um átomo está concentrada em seu núcleo (porque o núcleo contém os prótons e nêutrons). O núcleo de um átomo de chumbo-208, por exemplo, tem um diâmetro de cerca de $1,6 \times 10^{-14}$ m. Ao compará-lo com o diâmetro de um átomo de chumbo-208, que é de aproximadamente $3,1 \times 10^{-10}$ m, vemos que o núcleo ocupa apenas uma pequenina fração do volume total do átomo. Se o núcleo do átomo de chumbo-208 fosse do tamanho de uma bola de beisebol, o átomo inteiro seria maior que um estádio de beisebol. De fato, seria uma esfera de cerca de 1,5 km de diâmetro. Como o núcleo tem uma massa relativamente grande concentrada num volume relativamente tão pequeno, sua densidade é bastante alta. A densidade de um núcleo de chumbo-208, por exemplo, é $1,6 \times 10^{14}$ g/cm^3. Nada em nosso dia a dia tem uma densidade tão alta. Se um clipe de papel tivesse essa densidade, pesaria mais ou menos 10 milhões (10^7) de toneladas.

Conexões químicas 2C

Abundância isotópica e astroquímica

A expressão **abundância isotópica** refere-se às quantidades relativas dos isótopos de um elemento presente em uma amostra. Quando falamos de abundâncias isotópicas e de suas massas atômicas derivadas, referimo-nos às abundâncias isotópicas na Terra. Por exemplo, existem 11 isótopos conhecidos do cloro, Cl, variando do cloro-31 ao cloro-41. Somente dois desses isótopos ocorrem na Terra: cloro-35, com abundância de 75,77%, e cloro-37, com abundância de 24,23%.

Com o avanço da exploração espacial, tornou-se evidente que outras partes do sistema solar – Sol, Lua, planetas, asteroides, cometas e estrelas, bem como gases intergalácticos – podem ter diferentes abundâncias isotópicas. Por exemplo, a proporção deutério/hidrogênio (^{2}H/^{1}H) em Marte é cinco vezes maior que a da Terra. A proporção ^{17}O/^{18}O também é maior em Marte que na Terra. Essas diferenças em abundâncias isotópicas são usadas para estabelecer teorias sobre as origens e a história do sistema solar.

Além disso, uma comparação de abundâncias isotópicas em certos meteoritos encontrados na Terra permite-nos conjecturar sobre sua origem. Por exemplo, agora se acredita que certos meteoritos que atingiram a Terra vieram de Marte. Cientistas especulam que eles foram ejetados de sua superfície quando o planeta vermelho colidiu com algum outro corpo celeste – talvez um asteroide.

2.5 O que é tabela periódica?

A. A origem da tabela periódica

Dmitri Mendeleev.

Na década de 1860, o cientista russo Dmitri Mendeleev (1834-1907), depois professor de química da Universidade de São Petersburgo, produziu uma das primeiras tabelas periódicas, cuja forma ainda utilizamos até hoje. Mendeleev começou dispondo os elementos conhecidos em ordem crescente de massa atômica, iniciando com o hidrogênio. Logo descobriu que, quando os elementos são arranjados na ordem crescente de massa atômica, certos conjuntos de propriedades recorrem periodicamente. Mendeleev então dispôs aqueles elementos com propriedades recorrentes em **períodos** (fileiras horizontais), começando uma nova fileira toda vez que descobria um elemento com propriedades semelhantes às do hidrogênio. Assim, ele descobriu que cada um deles, com lítio, sódio, potássio e assim por diante, começava uma fileira nova. Todos são sólidos metálicos à temperatura ambiente, todos formam íons com carga +1 (Li$^+$, Na$^+$, K$^+$ e assim por diante) e todos reagem com a água para formar hidróxidos metálicos (LiOH, NaOH, KOH e assim por diante). Mendeleev também descobriu que os elementos das colunas verticais (famílias) têm propriedades semelhantes.

Por exemplo, os elementos flúor (número atômico 9), cloro (17), bromo (35) e iodo (53) estão na mesma coluna da tabela. Esses elementos, chamados **halogênios**, são todos substâncias coloridas, as cores tornando-se mais escuras de cima para baixo na tabela (Figura 2.8). Todos formam compostos com o sódio de fórmula geral NaX (por exemplo, NaCl e

NaBr), mas não NaX$_2$, Na$_2$X, Na$_3$X ou qualquer outra coisa. Somente os elementos dessa coluna têm essa propriedade.

Trataremos agora da numeração das colunas (famílias ou grupos) da tabela periódica. Mendeleev atribui-lhes numerais e adicionou a letra A para algumas colunas e B para outras. Esse padrão de numeração continua sendo usado até hoje nos Estados Unidos. Em 1985, um padrão alternativo foi recomendado pela União Internacional de Química Pura e Aplicada (Iupac, na sigla em inglês). Nesse sistema, os grupos são numerados de 1 a 18, sem letras adicionais, começando pela esquerda. Assim, no sistema de numeração de Mendeleev, os halogênios formam o grupo 7A, e o grupo 17 no novo sistema internacional. Embora este livro use o sistema de numeração de Mendeleev, ambos os padrões são mostrados na tabela periódica ao final do livro. Os elementos do grupo A (grupos 1A e 2A, no lado esquerdo da tabela, e os grupos 3A a 8A, no lado direito) são conhecidos coletivamente como **elementos do grupo principal**.

Os elementos das colunas B (grupos de 3 a 12 no novo sistema de numeração) são chamados **elementos de transição**. Observe que os elementos 58 a 71 e 90 a 103 não estão incluídos no corpo principal da tabela, mas aparecem separadamente embaixo. Esses elementos, chamados **elementos de transição interna**, na verdade pertencem ao corpo principal da tabela periódica, entre as colunas 3 e 4 (entre La e Hf e Ac e Rf). Como de costume, colocamos esses elementos fora do corpo principal apenas para fazer uma apresentação mais compacta. Se preferir, você poderá mentalmente pegar uma tesoura, cortar na linha entre as colunas 3B e 4B, separá-las e inserir os elementos de transição interna. Você agora terá uma tabela com 32 colunas.

B. Classificação dos elementos

Existem três classes de elementos: metais, não metais e metaloides. A maior parte dos elementos é **metal** – somente 24 não são. Metais são sólidos em temperatura ambiente (exceto o mercúrio, que é líquido), brilhantes, condutores de eletricidade, dúcteis (podem ser estirados em fios) e maleáveis (podem ser malhados e transformados em lâminas). Em suas reações, os metais tendem a doar elétrons. Também formam ligas, que são soluções de um ou mais metais dissolvidos em outro metal. O latão, por exemplo, é uma liga de cobre e zinco. O bronze é uma liga de cobre e estanho, e o peltre é uma liga de estanho, antimônio e chumbo. Em suas reações químicas, os metais tendem a doar elétrons (Seção 3.2). A Figura 2.9 mostra um modelo da tabela periódica em que os elementos são classificados por tipo.

Período da tabela periódica
Fileira horizontal da tabela periódica.

Família da tabela periódica
Elementos de uma coluna vertical da tabela periódica.

"X" é um símbolo muito usado para halogênio.

Elemento do grupo principal
Elemento dos grupos A (grupos 1A, 2A e 3A-8A) da tabela periódica.

Metal Elemento sólido em temperatura ambiente (exceto o mercúrio, que é líquido), brilhante, condutor de eletricidade, dúctil e maleável, e que forma ligas. Em suas reações, os metais tendem a doar elétrons.

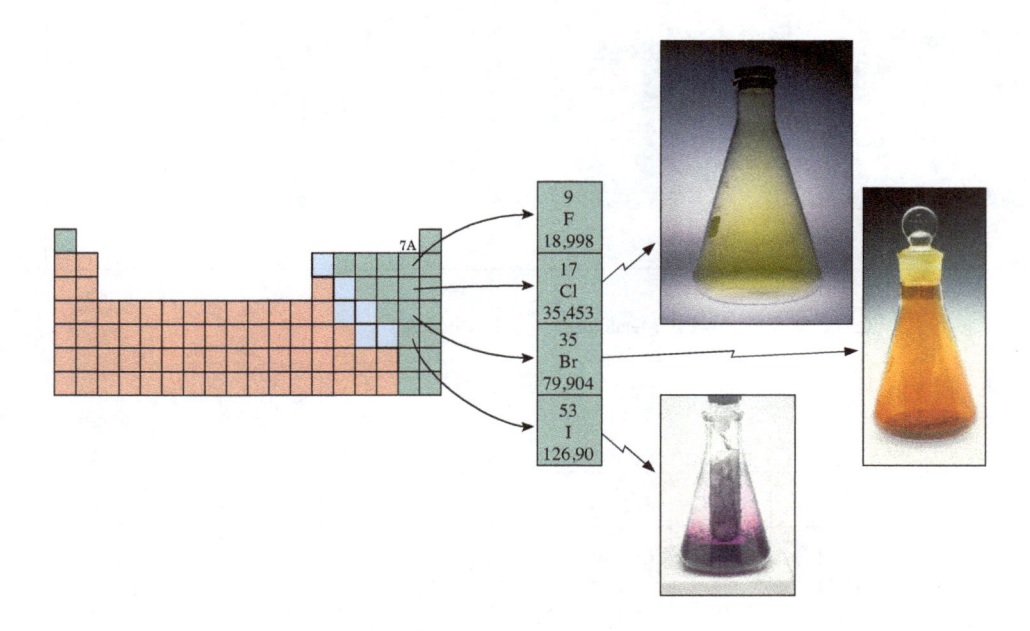

FIGURA 2.8 Quatro halogênios. Flúor e cloro são gases, bromo é líquido e iodo é sólido.

Conexões químicas 2D

Estrôncio-90

Elementos da mesma coluna da tabela periódica apresentam propriedades semelhantes. Um exemplo importante é a semelhança entre o estrôncio (Sr) e o cálcio (o estrôncio está logo abaixo do cálcio no grupo 2A). O cálcio é um elemento importante para os humanos, pois nossos ossos e dentes consistem em grande parte de compostos de cálcio. Precisamos desse mineral em nossa dieta diária e o obtemos principalmente do leite, queijo e de outros laticínios.

Um dos produtos liberados em testes de explosões nucleares nas décadas de 1950 e 1960 foi o isótopo de estrôncio-90. Esse isótopo é radioativo, com meia-vida de 28,1 anos. (A meia-vida é discutida na seção 9.4.) O estrôncio-90 estava presente nas precipitações de explosões de testes nucleares realizados acima do solo. Foi carregado por ventos por toda a Terra e lentamente depositou-se no solo, onde foi ingerido por vacas e outros animais. O estrôncio-90 introduziu-se no leite e finalmente no organismo humano. Se não fosse tão semelhante ao cálcio, nosso corpo o eliminaria em alguns dias. Como é semelhante, porém, parte do estrôncio-90 depositou-se nos ossos e dentes (especialmente nas crianças), submetendo-nos a todos a uma pequena quantidade de radioatividade por longos períodos.

Em 1958, o patologista Walter Bauer ajudou a dar início à Inspeção Dentária Infantil de St. Louis para estudar os efeitos da precipitação nuclear em crianças. O estudo ajudou a estabelecer, no começo dos anos 1960, uma proibição para os testes de bomba A acima do solo e resultou em inspeções similares em outras partes dos Estados Unidos e no restante do mundo. Até 1970, a equipe havia coletado 300 mil dentes da primeira dentição, que, conforme descobriram, tinham absorvido resíduos nucleares do leite das vacas que haviam comido grama contaminada.

Um tratado de 1963 entre os Estados Unidos e a antiga União Soviética proibiu testes nucleares acima do solo. Embora alguns países ainda conduzam testes ocasionais acima do solo, há motivos para se crer que esses testes serão completamente abandonados num futuro próximo.

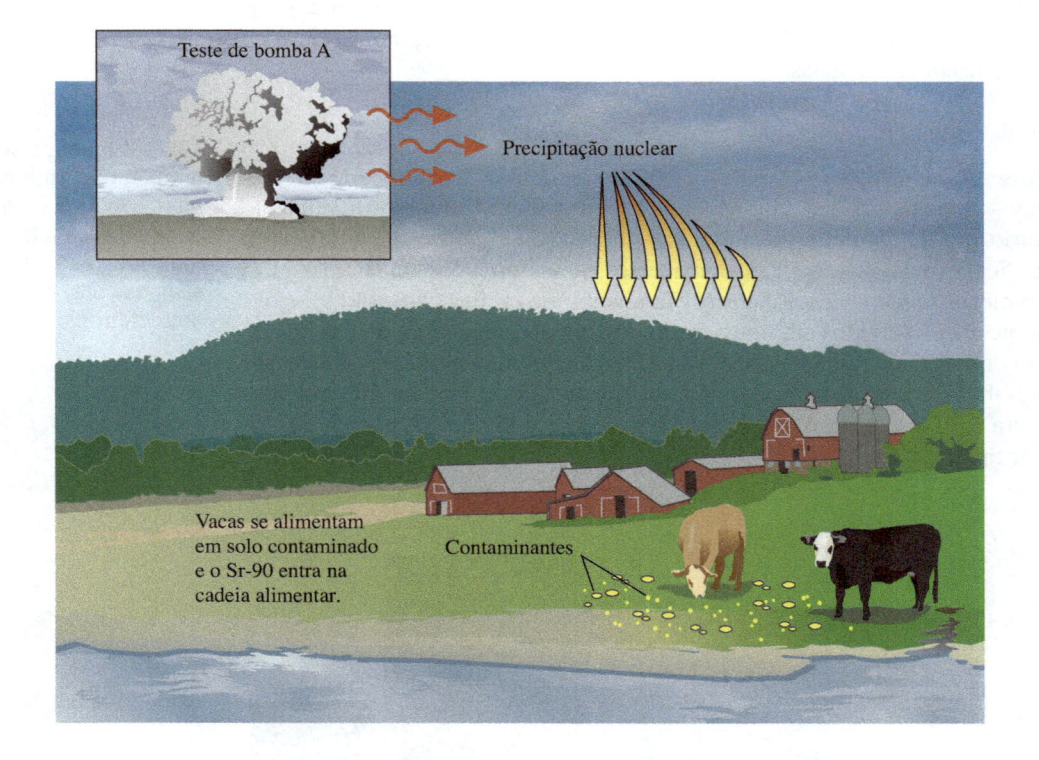

FIGURA 2.9 Classificação dos elementos.

≠ Ainda não tem nome.

Não metais são a segunda classe de elementos. Com exceção do hidrogênio, os 18 não metais aparecem no lado direito da tabela periódica. Com exceção da grafite, que é uma das formas do carbono, os não metais não conduzem eletricidade. Em temperatura ambiente, não metais como fósforo e iodo são sólidos. O bromo é um líquido e os elementos do grupo 8A (os gases nobres) – do hélio ao radônio – são gases. Em suas reações químicas, os não metais tendem a receber elétrons (Seção 3.2). Praticamente todos os compostos que encontramos em nosso estudo de química orgânica e bioquímica são construídos de seis não metais: H, C, N, O, P e S.

Seis elementos são classificados como **metaloides**: boro, silício, germânio, arsênio, antimônio e telúrio.

B	Si	Ge	As	Sb	Te
Boro	Silício	Germânio	Arsênio	Antimônio	Telúrio

Esses elementos têm algumas propriedades dos metais e algumas dos não metais. Por exemplo, alguns metaloides são brilhantes como metais, mas não conduzem eletricidade. Um desses metaloides, o silício, é um semicondutor, isto é, não conduz eletricidade sob certas voltagens aplicadas, mas torna-se um condutor em voltagens mais altas. Essa propriedade de semicondução do silício torna-o um elemento vital para as companhias do Vale do Silício e de toda a indústria eletrônica (Figura 2.10).

Não metal Elemento que não tem as propriedades características do metal e, em suas reações, tende a receber elétrons. Dezoito elementos são classificados como não metais.

Metaloide Elemento que apresenta algumas das propriedades dos metais e não metais. Seis elementos são classificados como metaloides.

Embora o hidrogênio (H) apareça no grupo 1A, ele não é um metal alcalino, mas um não metal. O hidrogênio está no grupo 1A por causa de sua configuração eletrônica (Seção 2.7)

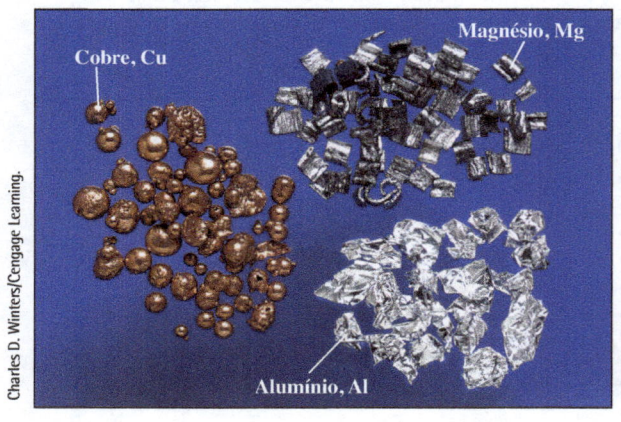

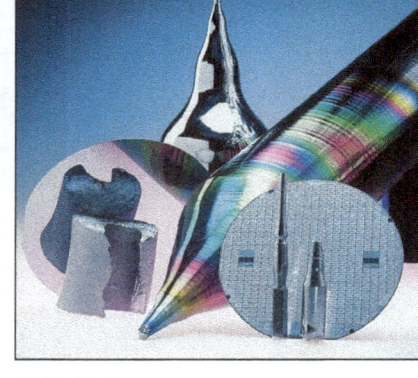

FIGURA 2.10 Elementos representativos. (a) Magnésio, alumínio e cobre são metais. Todos podem ser estirados em fios e conduzir eletricidade. (b) Somente 18 elementos são classificados como não metais. Aqui são mostrados o bromo líquido e o iodo sólido. (c) Somente seis elementos são geralmente classificados como metaloides. Essa fotografia é do silício sólido em várias formas, incluindo uma lâmina onde são impressos os circuitos eletrônicos.

C. Exemplos de periodicidade na tabela periódica

Não só os elementos de qualquer coluna (grupo ou família) da tabela periódica apresentam propriedades semelhantes, mas as propriedades também variam de modo razoavelmente regular de cima para baixo ou de baixo para cima na coluna (família). Por exemplo, a Tabela 2.2 mostra que os pontos de fusão e ebulição dos **halogênios** aumenta regularmente de cima para baixo numa coluna.

Outro exemplo envolve os elementos do grupo 1A, também denominados **metais alcalinos**. Todos os metais alcalinos são suficientemente moles para serem cortados com uma faca, e quanto mais descemos na coluna, mais mole é o metal. Apresentam pontos de fusão e ebulição relativamente baixos que diminuem de cima para baixo nas colunas (Tabela 2.3).

Todos os metais alcalinos reagem com a água para formar gás hidrogênio, H_2, e um hidróxido de metal de fórmula MOH, em que "M" representa o metal alcalino. A violência de sua reação com a água aumenta de cima para baixo na coluna.

Halogênio Elemento do grupo 7A da tabela periódica.

Metal alcalino Elemento do grupo 1A da tabela periódica (com exceção do hidrogênio).

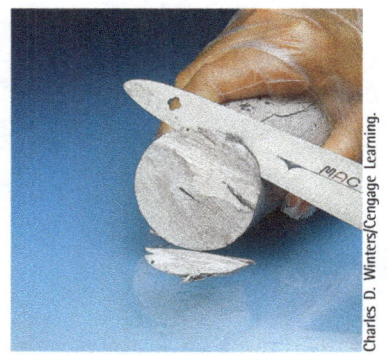

$$2Na + 2H_2O \longrightarrow 2NaOH + H_2$$
Sódio   Água   Hidróxido de   Gás
                          sódio   hidrogênio

O metal sódio pode ser cortado com uma faca.

Conexões químicas 2E

O uso de metais como marcos históricos

A maleabilidade dos metais desempenhou um importante papel no desenvolvimento da sociedade humana. Na Idade da Pedra, as ferramentas eram feitas de pedra, material que não tem nenhuma maleabilidade. Depois, por volta de 11.000 a.C., descobriu-se que o cobre puro encontrado na superfície da Terra podia ser transformado em lâminas, que o tornavam adequado para vasos, utensílios e objetos religiosos e artísticos. Esse período é conhecido como Idade do Cobre. O cobre puro na superfície da Terra, porém, é escasso. Por volta de 5.000 a.C., os humanos decobriram que o cobre podia ser obtido colocando-se malaquita, $Cu_2CO_3(OH)_2$, uma rocha verde que contém cobre, no fogo. A malaquita produzia cobre puro a uma temperatura relativamente baixa de 200 °C.

O cobre é um metal mole formado de camadas de cristais grandes. Ele é facilmente estirado em fios porque as camadas de cristais podem deslizar umas pelas outras. Quando malhados, os cristais grandes se quebram em cristais menores, de bordas ásperas, e as camadas não mais deslizam umas nas outras. Assim, as lâminas de cobre malhado são mais duras que o cobre estirado. Foi usando esse conhecimento que nasceu a antiga profissão de caldeireiro, e belas baixelas, potes e ornamentos foram produzidos.

Por volta de 4.000 a.C., descobriu-se que era possível obter um material ainda mais duro misturando cobre derretido com estanho. A liga resultante é chamada bronze. A Idade do Bronze nasceu em algum lugar do Oriente Médio e rapidamente se espalhou até a China e por todo o mundo. Como o bronze malhado apresenta gumes, facas e espadas puderam ser manufaturadas.

Um metal mais duro ainda estava por vir. O primeiro ferro bruto foi encontrado em meteoritos. (O nome do ferro entre os antigos sumérios era "metal do céu".) Aproximadamente em 2.500 a.C., descobriu-se que o ferro poderia ser extraído de seu minério por fundição, processo em que se extrai o metal do minério por aquecimento. Assim começou a Idade do Ferro. Foi necessária uma tecnologia mais avançada para fundir o minério de ferro, pois o ferro só derrete em altas temperaturas (cerca de 1.500 °C). Por essa razão, o homem demorou mais tempo para aperfeiçoar o processo de fundição e aprender como manufaturar o aço, que é cerca de 90%-95% de ferro e 5%-10% de carbono. Objetos de aço apareceram pela primeira vez na Índia por volta de 100 a.C.

Antropólogos e historiadores modernos estudam as culturas antigas e usam a descoberta de um novo metal como marco para aquele período.

TABELA 2.2 Pontos de fusão e ebulição dos halogênios (Elementos do Grupo 7A)

Elemento	Ponto de fusão (°C)	Ponto de ebulição (°C)
9 F 18,998 Flúor	−220	−188
17 Cl 35,453 Cloro	−101	−35
35 Br 79,904 Bromo	−7	59
53 I 126,90 Iodo	114	184
85 At (210) Ástato	302	337

Também formam compostos com os halogênios, com a fórmula MX, em que "X" representa o halogênio.

$$2Na + Cl_2 \longrightarrow 2NaCl$$
Sódio   Cloro   Cloreto de sódio

Os elementos do grupo 8A, geralmente chamados **gases nobres**, são mais um exemplo de como as propriedades dos elementos mudam gradualmente ao longo de uma coluna. Os elementos do grupo 8A são gases nobres em temperatura e pressão normais, e formam poucos compostos, ou nenhum. Observe como os pontos de fusão e ebulição dos elementos dessa série estão próximos um do outro (Tabela 2.4).

A tabela periódica é tão útil que está afixada em quase todas as salas de aula e laboratórios químicos do mundo inteiro. O que a torna tão útil é o fato de correlacionar uma grande quantidade de dados sobre os elementos e seus compostos e de permitir prognósticos sobre propriedades químicas e físicas. Por exemplo, se lhe dissessem que o ponto de ebulição do germano (GeH_4) é −88 °C e o do metano (CH_4) −164 °C, você poderia prever o ponto de ebulição do silano (SiH_4)? A posição do silício na tabela, entre o germânio e o carbono, poderia levá-lo a uma previsão de cerca de −125 °C. O ponto de ebulição real do silano é −112 °C, não muito diferente da previsão.

TABELA 2.3 Pontos de fusão e ebulição dos metais alcalinos (Elementos do Grupo 1A)

Elemento	Ponto de fusão (ºC)	Ponto de ebulição (ºC)
Lítio	180	1.342
Sódio	98	883
Potássio	63	760
Rubídio	39	686
Césio	28	669

TABELA 2.4 Pontos de fusão e ebulição dos gases nobres (Elementos do Grupo 8A)

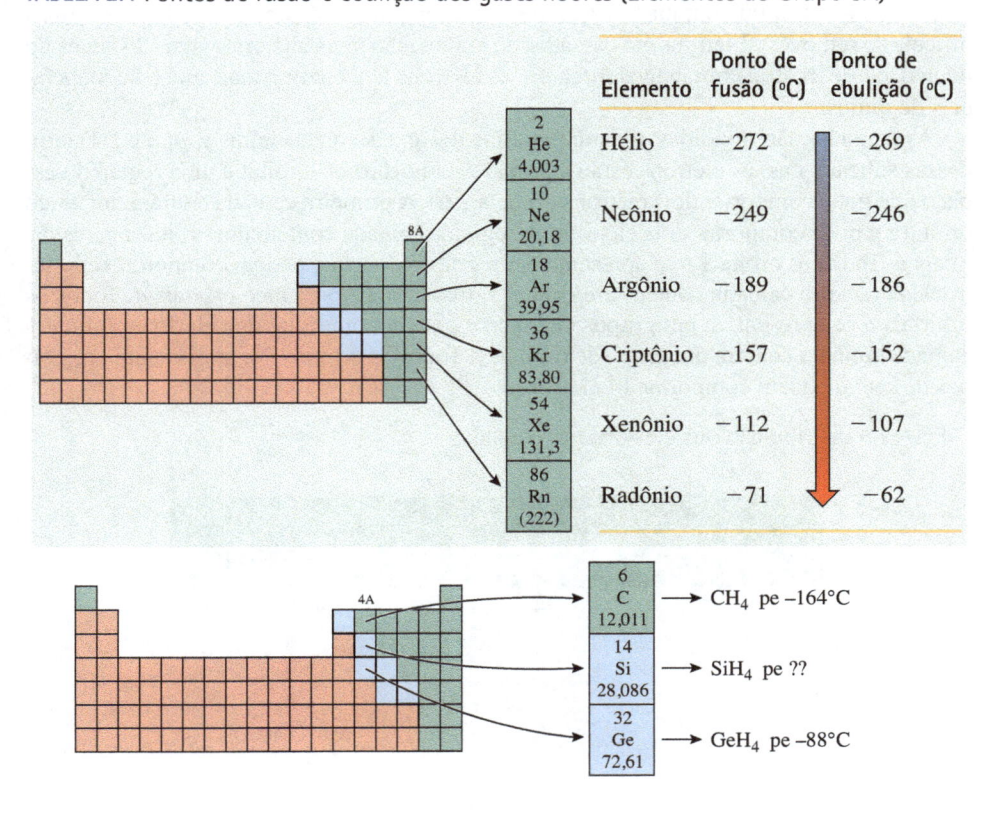

Elemento	Ponto de fusão (ºC)	Ponto de ebulição (ºC)
Hélio	−272	−269
Neônio	−249	−246
Argônio	−189	−186
Criptônio	−157	−152
Xenônio	−112	−107
Radônio	−71	−62

CH_4 pe −164°C
SiH_4 pe ??
GeH_4 pe −88°C

2.6 Como os elétrons se distribuem no átomo?

Vimos que os prótons e nêutrons de um átomo concentram-se no pequeno espaço do núcleo e que os elétrons localizam-se no espaço maior fora do núcleo. Agora podemos perguntar como os elétrons de um átomo se distribuem no espaço extranuclear. Distribuem-se aleatoriamente como as sementes de uma melancia ou se organizam em camadas como as de uma cebola?

Comecemos com o hidrogênio, pois ele tem apenas um elétron e é o átomo mais simples. Antes, porém, é preciso descrever uma descoberta feita em 1913 pelo físico dinamarquês Niels Bohr (1885-1962). Na época, sabia-se que o elétron sempre se movimenta em torno do núcleo e, portanto, possui energia cinética. Bohr descobriu que apenas certos valores são possíveis para essa energia. Foi uma descoberta surpreendente. Se lhe dissessem que você pode dirigir seu carro a 37,4 km/h, 46,2 km/h ou 54,7 km/h, mas nunca em uma velocidade intermediária entre esses valores, você não acreditaria. No entanto, foi isso

Em 1922, Niels Bohr recebeu o Prêmio Nobel de Física. Além disso, o elemento 107 passou a se chamar bóhrio em sua homenagem.

Configuração eletrônica do estado fundamental
Configuração eletrônica do estado de energia mais baixo de um átomo.

FIGURA 2.11 Uma escada de energia. (a) Uma rampa (não quantizada) e (b) degraus (quantizados).

Nível de energia principal Nível de energia que contém orbitais do mesmo número (1, 2, 3, 4 e assim por diante).

Camada Todos os orbitais de um nível de energia principal do átomo.

Subcamada Todos os orbitais de um átomo que têm o mesmo nível de energia principal e a mesma letra designativa (s, p, d ou f).

Orbital Região do espaço em torno de um núcleo que pode acomodar no máximo dois elétrons.

que Bohr descobriu sobre os elétrons nos átomos. A energia mais baixa possível é o **estado fundamental**.

Se um elétron tiver mais energia que no estado fundamental, somente certos valores serão permitidos, jamais valores intermediários. Bohr foi incapaz de explicar por que existem esses níveis de energias dos elétrons, mas as evidências acumuladas o forçaram a essa conclusão. Dizemos que a energia dos elétrons é quantizada. Podemos comparar a quantização a subir um lance de escadas e não uma rampa (Figura 2.11). Você pode colocar o pé em qualquer degrau da escada, mas não pode apoiar-se em nenhum lugar entre os degraus. Você só pode pisar nos degraus.

A. Os elétrons se distribuem em camadas, subcamadas e orbitais

Uma das conclusões a que Bohr chegou é que os elétrons não se movimentam livremente no espaço em torno do núcleo, mas permanecem confinados a regiões específicas do espaço denominadas **níveis de energia principal** ou simplesmente **camadas**. Essas camadas são numeradas, 1, 2, 3, 4 e assim por diante, de dentro para fora. A Tabela 2.5 apresenta o número de elétrons que cada uma das quatro primeiras camadas pode conter.

Os elétrons da primeira camada são os mais próximos do núcleo e da sua carga positiva. O núcleo os atrai com mais força. Esses elétrons são os de energia mais baixa (mais difíceis de remover). Elétrons em camadas de numeração mais alta estão mais distantes do núcleo, e este os atrai com menos força. Esses elétrons têm energia mais alta (são mais fáceis de remover).[2]

As camadas são divididas em **subcamadas** designadas pelas letras s, p, d e f. Dentro dessas subcamadas, os elétrons estão agrupados em **orbitais**. Orbital é uma região do espaço que pode comportar dois elétrons (Tabela 2.6). A primeira camada contém um único orbital s e pode comportar dois elétrons. A segunda camada contém um orbital s e três orbitais p. Todos os orbitais p se apresentam em grupos de três e podem comportar seis elétrons. A terceira camada contém um orbital s, três orbitais p e cinco orbitais d. Todos os orbitais d se apresentam em grupos de cinco e podem comportar dez elétrons. A quarta camada também contém um grupo de orbitais f. Todos os orbitais f se apresentam em grupos de sete e podem comportar 14 elétrons.

TABELA 2.5 Distribuição dos elétrons nas camadas

Camada	Número de elétrons que a camada pode conter	Energias relativas dos elétrons em cada camada
4	32	Mais alta
3	18	↑
2	8	
1	2	Mais baixa

TABELA 2.6 Distribuição dos orbitais nas camadas

Camada	Orbitais contidos em cada camada	Número máximo de elétrons que a camada pode conter
4	Um 4s, três 4p, cinco 4d e sete 4f	2 + 6 + 10 + 14 = 32
3	Um 3s, três 3p e cinco 3d	2 + 6 + 10 = 18
2	Um 2s e três 2p	2 + 6 = 8
1	Um 1s	2

---

[2] Pode causar confusão o fato de se dizer que um elétron com energia "mais baixa" (menor) é mais difícil de remover que um elétron de energia "mais alta" (maior). O que acontece é que elétrons em camadas mais próximas do núcleo apresentam uma energia total (potencial elétrica + cinética) mais "negativa" do que elétrons que se encontram em camadas mais afastadas do núcleo. Portanto, em relação à origem esta energia é mais baixa (mais negativa), porém em módulo ela é maior que a energia de um elétron em uma camada mais afastada do núcleo. Exemplificando, a energia de um elétron no átomo de hidrogênio na primeira camada (nível 1 ou camada 1) é de $-2{,}18 \times 10^{-18}$ J (E1) e na segunda camada (nível 2 ou camada 2) é de $-0{,}545 \times 10^{-18}$ J (E2). Vemos que a energia do elétron na primeira camada é 4 vezes maior que na camada dois, fazendo a razão E1/E2. Portanto, é mais fácil retirar um elétron do átomo de hidrogênio quando este se encontra na camada dois do que na camada 1. Isso também explica por que o estado fundamental deste único elétron no átomo de hidrogênio é o nível de energia 1 e não o nível 2, uma vez que neste caso ele se encontra mais fortemente atraído pelo núcleo e assim tornando-se mais estabilizado. Entretanto, se fornecermos uma quantidade de energia adequada, o elétron no átomo de hidrogênio (assim como para os elétrons nos demais átomos) pode "passear" pelas outras camadas possíveis no átomo; este processo é conhecido como "transição eletrônica". No caso em que a energia fornecida é suficientemente grande, o elétron é abstraído do átomo, e esta energia é chamada de energia de ionização (vide tópico neste capítulo). (NRT)

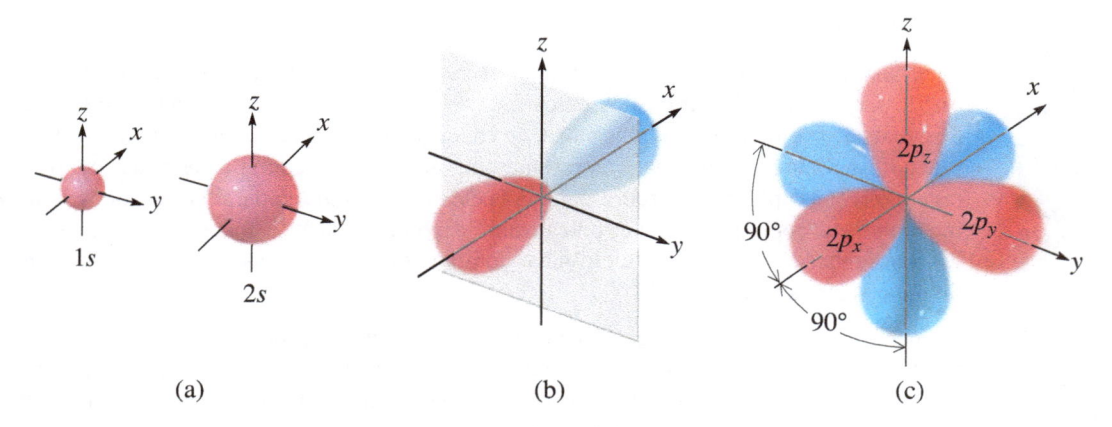

FIGURA 2.12 Os orbitais 1s, 2s e 2p. (a) O orbital 1s tem o formato de uma esfera, com o núcleo no centro da esfera. O orbital 2s é uma esfera maior que o orbital 1s, e o orbital 3s (não aparece) é ainda maior. (b) O orbital 2p tem o formato de um haltere, com o núcleo no ponto médio do haltere. (c) Cada orbital 2p é perpendicular aos outros dois. Os orbitais 3p são semelhantes em formato, porém maiores. Para facilitar a visualização dos dois lóbulos de cada orbital 2p, um dos lóbulos é mostrado em vermelho e o outro em azul.

B. Orbitais têm formas e orientações definidas no espaço

Todos os orbitais s têm o formato de uma esfera com o núcleo no centro. A Figura 2.12 mostra os formatos dos orbitais 1s e 2s. Entre os orbitais s, o 1s é a esfera menor, o 2s é uma esfera maior, e o 3s (não aparece), uma esfera ainda maior. A Figura 2.12 também mostra as formas tridimensionais dos três orbitais 2p. Cada orbital 2p tem o formato de um haltere, com o núcleo no ponto médio do haltere. Os três orbitais 2p formam ângulos retos entre si, com um orbital no eixo x, o segundo no eixo y e o terceiro no eixo z. Os formatos dos orbitais 3p são semelhantes, porém maiores.

Como a vasta maioria dos compostos orgânicos e das biomoléculas consiste nos elementos H, C, N, O, P e S, que usam somente os orbitais 1s, 2s, 2p, 3s e 3p para ligação, focalizaremos apenas esses e outros elementos do primeiro, segundo e terceiro períodos da tabela periódica.

Os orbitais d e f são menos importantes para nós, por isso não trataremos de seus formatos.

Configuração eletrônica
Descrição dos orbitais de um átomo ou íon ocupado por elétrons.

C. As configurações eletrônicas dos átomos são determinadas por três regras

A **configuração eletrônica** de um átomo é a descrição dos orbitais que seus elétrons ocupam. Os orbitais disponíveis a todos os átomos são os mesmos: 1s, 2s, 2p, 3s, 3p e assim por diante. No estado fundamental de um átomo, apenas os orbitais de energia mais baixa são ocupados. Todos os outros estão vazios. Determinamos a configuração eletrônica do estado fundamental de um átomo usando as seguintes regras:

1. Os orbitais são preenchidos na ordem crescente de energia, da mais baixa para a mais alta.

Exemplo: Neste livro, ocupamo-nos principalmente dos elementos do primeiro, segundo e terceiro períodos da tabela periódica. Os orbitais desses elementos são preenchidos na ordem 1s, 2s, 2p, 3s e 3p. A Figura 2.13 mostra a ordem de preenchimento até o terceiro período.

2. Cada orbital pode comportar até dois elétrons com spins emparelhados.

Exemplo: Com quatro elétrons, os orbitais 1s e 2s são preenchidos e representados como $1s^2 2s^2$. Com seis elétrons adicionais, os três orbitais 2p são preenchidos e representados como $2p_x^2$, $2p_y^2$, $2p_z^2$, na forma expandida, ou como $2p^6$, na forma condensada. O pareamento de *spin* significa que os elétrons giram em direções opostas (Figura 2.14).

3. Quando há um grupo de orbitais de mesma energia, cada orbital é ocupado pela metade antes que qualquer um deles seja completamente preenchido.

Exemplo: Depois de preenchidos os orbitais 1s e 2s, um quinto elétron vai para o orbital $2p_x$, um sexto para o orbital $2p_y$ e um sétimo para o orbital $2p_z$. Só depois que cada orbital 2p tiver um elétron, um segundo é adicionado a qualquer orbital 2p.

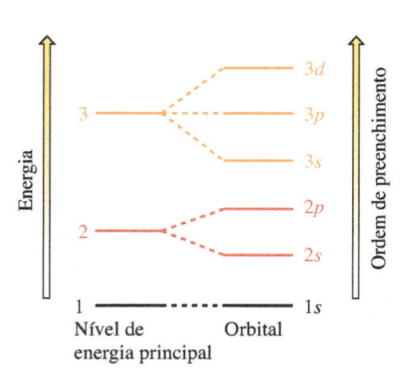

FIGURA 2.13 Níveis de energia dos orbitais até a terceira camada.

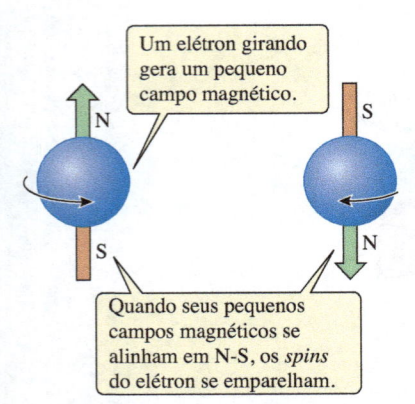

FIGURA 2.14 O emparelhamento dos *spins* do elétron.

Um elétron girando gera um pequeno campo magnético.

Quando seus pequenos campos magnéticos se alinham em N-S, os *spins* do elétron se emparelham.

D. Mostrando as configurações eletrônicas: diagramas de caixas de orbitais

Para ilustrar como essas regras são usadas, escreveremos as configurações eletrônicas do estado fundamental de vários elementos dos períodos 1, 2 e 3. Nos seguintes **diagramas de caixas de orbitais**, usamos uma caixa, ou um quadrado, para representar um orbital, uma seta com a ponta para cima para representar um único elétron e um par de setas com pontas em direções opostas para representar dois elétrons de *spins* emparelhados. Além disso, mostramos as configurações eletrônicas tanto expandidas quanto condensadas. A Tabela 2.7 apresenta as configurações eletrônicas completas e condensadas do estado fundamental para os elementos de 1 a 18.

Hidrogênio (H) O número atômico do hidrogênio é 1, o que significa que seus átomos neutros têm um único elétron. No estado fundamental, esse elétron ocupa o orbital $1s$. Primeiro mostramos o diagrama de caixa de orbital e depois a configuração eletrônica. O átomo de hidrogênio tem um elétron não emparelhado.

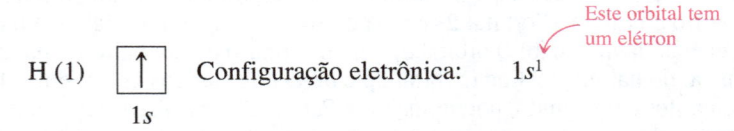

H (1)   [↑]   Configuração eletrônica: $1s^1$
          $1s$

Este orbital tem um elétron

Hélio (He) O número atômico do hélio é 2, o que significa que seus átomos neutros têm dois elétrons. No estado fundamental, ambos os elétrons ocupam o orbital $1s$, com os *spins* emparelhados, preenchendo o orbital $1s$. Todos os elétrons do hélio estão emparelhados.

He (2)   [↑↓]   Configuração eletrônica: $1s^2$
           $1s$

O orbital agora está preenchido com dois elétrons

Lítio (Li) O lítio tem número atômico 3, o que significa que seus átomos neutros têm três elétrons diferentes. No estado fundamental, dois elétrons ocupam o orbital $1s$, com *spins* emparelhados, e o terceiro ocupa o orbital $2s$. O átomo de lítio tem um elétron não emparelhado.

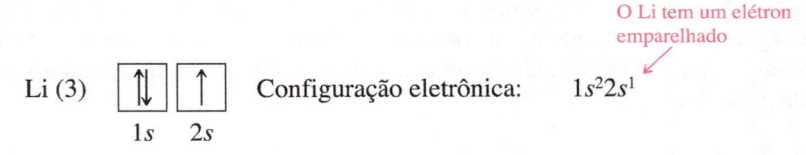

Li (3)   [↑↓] [↑]   Configuração eletrônica: $1s^2 2s^1$
           $1s$ $2s$

O Li tem um elétron emparelhado

Carbono (C) O carbono, número atômico 6, tem seis elétrons em seus átomos neutros. Dois elétrons ocupam o orbital $1s$, com *spins* emparelhados, e dois ocupam o orbital $2s$, com *spins* emparelhados. O quinto e o sexto elétrons ocupam os orbitais $2p_x$ e $2p_y$. O estado fundamental de um átomo de carbono tem dois elétrons não emparelhados.

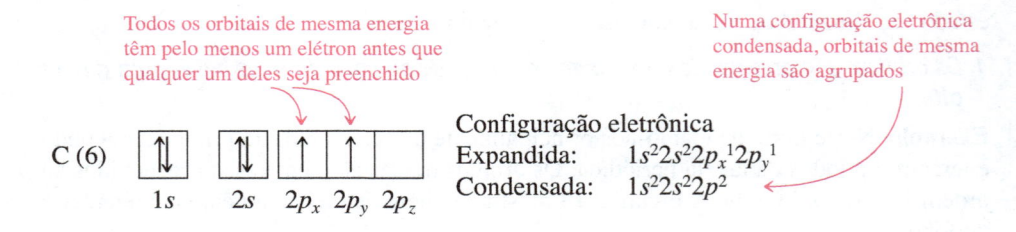

Todos os orbitais de mesma energia têm pelo menos um elétron antes que qualquer um deles seja preenchido

Numa configuração eletrônica condensada, orbitais de mesma energia são agrupados

C (6)   [↑↓] [↑↓] [↑] [↑] [ ]   Configuração eletrônica
          $1s$ $2s$ $2p_x$ $2p_y$ $2p_z$ Expandida: $1s^2 2s^2 2p_x^1 2p_y^1$
                                              Condensada: $1s^2 2s^2 2p^2$

Oxigênio (O) O oxigênio, número atômico 8, tem oito elétrons em seus átomos neutros. Os primeiros quatro elétrons preenchem os orbitais $1s$ e $2s$. Os próximos três elétrons ocupam os orbitais $2p_x$, $2p_y$ e $2p_z$, de modo que cada orbital $2p$ tenha um elétron. O elétron restante agora preenche o orbital $2p_x$. O estado fundamental do átomo de oxigênio tem dois elétrons não emparelhados.

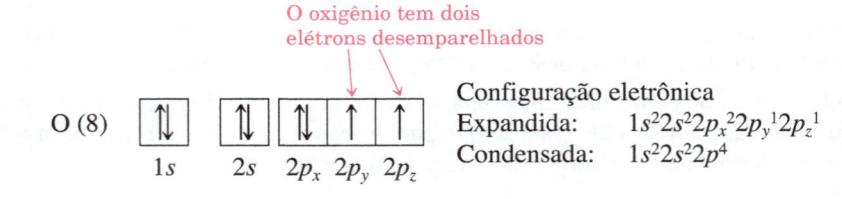

O oxigênio tem dois elétrons desemparelhados

O (8)   [↑↓] [↑↓] [↑↓] [↑] [↑]   Configuração eletrônica
          $1s$ $2s$ $2p_x$ $2p_y$ $2p_z$ Expandida: $1s^2 2s^2 2p_x^2 2p_y^1 2p_z^1$
                                              Condensada: $1s^2 2s^2 2p^4$

TABELA 2.7 Configurações eletrônicas do estado fundamental dos primeiros 18 elementos

	Diagrama de caixa de orbital 1s 2s 2px 2py 2pz 3s 3px 3py 3pz	Configuração eletrônica (condensada)	Notação dos gases nobres
H (1)	↑	$1s^1$	
He (2)	↑↓	$1s^2$	
Li (3)	↑↓ ↑	$1s^2\,2s^1$	[He] $2s^1$
Be (4)	↑↓ ↑↓	$1s^2\,2s^2$	[He] $2s^2$
B (5)	↑↓ ↑↓ ↑	$1s^2\,2s^2\,2p^1$	[He] $2s^2\,2p^1$
C (6)	↑↓ ↑↓ ↑ ↑	$1s^2\,2s^2\,2p^2$	[He] $2s^2\,2p^2$
N (7)	↑↓ ↑↓ ↑ ↑ ↑	$1s^2\,2s^2\,2p^3$	[He] $2s^2\,2p^3$
O (8)	↑↓ ↑↓ ↑↓ ↑ ↑	$1s^2\,2s^2\,2p^4$	[He] $2s^2\,2p^4$
F (9)	↑↓ ↑↓ ↑↓ ↑↓ ↑	$1s^2\,2s^2\,2p^5$	[He] $2s^2\,2p^5$
Ne (10)	↑↓ ↑↓ ↑↓ ↑↓ ↑↓	$1s^2\,2s^2\,2p^6$	[He] $2s^2\,2p^6$
Na (11)	↑↓ ↑↓ ↑↓ ↑↓ ↑↓ ↑	$1s^2\,2s^2\,2p^6\,3s^1$	[Ne] $3s^1$
Mg (12)	↑↓ ↑↓ ↑↓ ↑↓ ↑↓ ↑↓	$1s^2\,2s^2\,2p^6\,3s^2$	[Ne] $3s^2$
Al (13)	↑↓ ↑↓ ↑↓ ↑↓ ↑↓ ↑↓ ↑	$1s^2\,2s^2\,2p^6\,3s^2\,3p^1$	[Ne] $3s^2\,3p^1$
Si (14)	↑↓ ↑↓ ↑↓ ↑↓ ↑↓ ↑↓ ↑ ↑	$1s^2\,2s^2\,2p^6\,3s^2\,3p^2$	[Ne] $3s^2\,3p^2$
P (15)	↑↓ ↑↓ ↑↓ ↑↓ ↑↓ ↑↓ ↑ ↑ ↑	$1s^2\,2s^2\,2p^6\,3s^2\,3p^3$	[Ne] $3s^2\,3p^3$
S (16)	↑↓ ↑↓ ↑↓ ↑↓ ↑↓ ↑↓ ↑↓ ↑ ↑	$1s^2\,2s^2\,2p^6\,3s^2\,3p^4$	[Ne] $3s^2\,3p^4$
Cl (17)	↑↓ ↑↓ ↑↓ ↑↓ ↑↓ ↑↓ ↑↓ ↑↓ ↑	$1s^2\,2s^2\,2p^6\,3s^2\,3p^5$	[Ne] $3s^2\,3p^5$
Ar (18)	↑↓ ↑↓ ↑↓ ↑↓ ↑↓ ↑↓ ↑↓ ↑↓ ↑↓	$1s^2\,2s^2\,2p^6\,3s^2\,3p^6$	[Ne] $3s^2\,3p^6$

Neônio (Ne) O neônio, número atômico 10, tem dez elétrons em seus átomos neutros, que preenchem completamente todos os orbitais da primeira e segunda camadas. O estado fundamental do átomo de neônio não tem elétrons não emparelhados.

Ne (10) ↑↓   ↑↓   ↑↓ ↑↓ ↑↓
         1s   2s   2p_x 2p_y 2p_z

Configuração eletrônica
Expandida: $1s^2 2s^2 2p_x^2 2p_y^2 2p_z^2$
Condensada: $1s^2 2s^2 2p^6$

Sódio (Na) O sódio, número atômico 11, tem 11 elétrons em seus átomos neutros. Os dez primeiros preenchem os orbitais 1s, 2s e 2p. O 11º elétron ocupa o orbital 3s. O estado fundamental do átomo de sódio tem um elétron não emparelhado.

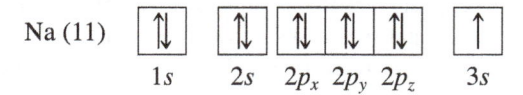

Na (11) ↑↓   ↑↓   ↑↓ ↑↓ ↑↓   ↑
         1s   2s   2p_x 2p_y 2p_z 3s

Configuração eletrônica
Expandida: $1s^2 2s^2 2p_x^2 2p_y^2 2p_z^2 3s^1$
Condensada: $1s^2 2s^2 2p^6 3s^1$

Fósforo (P) O fósforo, número atômico 15, tem 15 elétrons em seus átomos neutros. Os doze primeiros preenchem os orbitais 1s, 2s, 2p e 3s. Os elétrons 13, 14 e 15 ocupam, cada um, os orbitais $3p_x$, $3p_y$ e $3p_z$. O estado fundamental do átomo de fósforo tem três elétrons não emparelhados.

P (15) [↑↓] [↑↓] [↑↓][↑↓][↑↓] [↑↓] [↑][↑][↑]
          1s   2s $2p_x$ $2p_y$ $2p_z$ 3s $3p_x$ $3p_y$ $3p_z$

Configuração eletrônica
Expandida: $1s^2 2s^2 2p_x^2 2p_y^2 2p_z^2 3s^2 3p_x^1 3p_y^1 3p_z^1$
Condensada: $1s^2 2s^2 2p^6 3s^2 3p^3$

E. Mostrando as configurações eletrônicas: notação dos gases nobres

Numa forma alternativa de escrever as configurações eletrônicas do estado fundamental, usamos o símbolo do gás nobre que imediatamente precede o átomo em questão para indicar a configuração eletrônica de todas as camadas preenchidas. A primeira camada do lítio, por exemplo, é abreviada [He], e o único elétron de sua camada 2s é indicado como $2s^1$. Assim, a configuração eletrônica do átomo de lítio é [He]$2s^1$.

TABELA 2.8 Estruturas de Lewis para os elementos 1-18 da tabela periódica

1A	2A	3A	4A	5A	6A	7A	8A
H·							He:
Li·	Be:	B:	·C:	·N:	:O:	:F:	:Ne:
Na·	Mg:	Al:	·Si:	·P:	:S:	:Cl:	:Ar:

Cada ponto representa um elétron de valência.

F. Mostrando as configurações eletrônicas: as estruturas de Lewis

Elétron de valência Elétron da camada mais externa de um átomo.
Camada de valência A camada mais externa de um átomo.
Estrutura de Lewis O símbolo do elemento circundado por um número de pontos igual ao número de elétrons da camada de valência do átomo desse elemento.

Quando discutem as propriedades físicas e químicas de um elemento, os químicos geralmente focalizam a camada mais externa de elétrons, os quais estão envolvidos na formação das ligações químicas (Capítulo 3) e nas reações químicas (Capítulo 4). Elétrons da camada mais externa são chamados **elétrons de valência**, e seu nível de energia é denominado **camada de valência**. O carbono, por exemplo, cuja configuração eletrônica do estado fundamental é $1s^2 2s^2 2p^2$, tem quatro elétrons de valência (camada mais externa).

Para mostrar os elétrons mais externos de um átomo, geralmente usamos uma representação conhecida como **estrutura de Lewis**, em homenagem ao químico norte-americano Gilbert N. Lewis (1875-1946), que elaborou essa notação. A estrutura de Lewis mostra o símbolo do elemento circundado por um número de pontos igual ao número de elétrons da camada mais externa (camada de valência) do átomo desse elemento. Na estrutura de Lewis, o símbolo atômico representa o núcleo e todas as camadas internas preenchidas. A Tabela 2.8 mostra as estruturas de Lewis dos primeiros 18 elementos da tabela periódica.

Os gases nobre hélio e neônio possuem camadas de valência preenchidas. A camada de valência do hélio está preenchida com dois elétrons ($1s^2$) e a do neônio com oito elétrons ($2s^2 2p^6$). Neônio e argônio têm em comum uma configuração eletrônica onde os orbitais s e p das camadas de valências estão preenchidos com oito elétrons. As camadas de valência de todos os outros elementos mostrados na Tabela 2.8 contêm menos de oito elétrons.

Agora comparemos as estruturas de Lewis dadas na Tabela 2.8 com as configurações eletrônicas do estado fundamental mostradas na Tabela 2.7. A estrutura de Lewis do boro (B), por exemplo, aparece na Tabela 2.8 com três elétrons de valência, que são os elétrons 2s emparelhados e o elétron $2p_x$ mostrado na Tabela 2.7. A estrutura de Lewis do carbono (C) aparece na Tabela 2.8 com quatro elétrons de valência, que são os dois elétrons 2s emparelhados e os elétrons $2p_x$ e $2p_y$ não emparelhados mostrados na Tabela 2.7.

Exemplo 2.7   Configuração eletrônica

A estrutura de Lewis para o nitrogênio mostra cinco elétrons de valência. Escreva a configuração eletrônica expandida do nitrogênio e mostre quais são os orbitais ocupados pelos cinco elétrons de valência.

Estratégia

Localize o nitrogênio na tabela periódica e determine seu número atômico. Num átomo eletricamente neutro, o número de elétrons extranucleares de carga negativa é o mesmo dos prótons de carga positiva no núcleo. A ordem de preenchimento dos orbitais é $1s\ 2s\ 2p_x\ 2p_y\ 2p_z\ 3s$ etc.

Solução

O nitrogênio, número atômico 7, tem a seguinte configuração eletrônica no estado fundamental:

$$1s^2 2s^2 2p_x^1 2p_y^1 2p_z^1$$

Os cinco elétrons de valência da estrutura de Lewis são os dois elétrons emparelhados do orbital $2s$ e os três elétrons não emparelhados dos orbitais $2p_x$, $2p_y$ e $2p_z$.

Problema 2.7

Escreva a estrutura de Lewis para o elemento que tem a seguinte configuração eletrônica no estado fundamental. Qual é o nome do elemento?

$$1s^2 2s^2 2p_x^2 2p_y^2 2p_z^2 3s^2 3p_x^1$$

2.7 Como estão relacionadas a configuração eletrônica e a posição na tabela periódica?

Quando Mendeleev publicou sua primeira tabela periódica em 1869, não pôde explicar por que ela funcionava, isto é, por que os elementos de propriedades semelhantes se alinhavam na mesma coluna. De fato, ninguém tinha uma boa explicação para esse fenômeno. Só depois da descoberta das configurações eletrônicas é que os químicos finalmente entenderam por que a tabela periódica funciona. A resposta, descobriram, é muito simples: elementos da mesma coluna têm a mesma configuração eletrônica nas suas camadas mais externas. A Figura 2.15 mostra a relação entre as camadas (níveis de energia principal) e os orbitais sendo preenchidos.

Todos os elementos do grupo principal (aqueles das colunas A) têm em comum o fato de seus orbitais s ou p serem parcial ou totalmente preenchidos. Observe que a camada $1s$ é preenchida com dois elétrons, e há somente dois elementos no primeiro período. Os orbitais $2s$ e $2p$ são preenchidos com oito elétrons, e há oito elementos no período 2. Igualmente, os orbitais $3s$ e $3p$ são preenchidos com oito elétrons, e há oito elementos no período 3.

Para criar os elementos do período 4, estão disponíveis um orbital $4s$, três $4p$ e cinco $3d$. Esses orbitais podem comportar um total de 18 elétrons, e há 18 elementos no período 4. Igualmente, há 18 elementos no período 5. Os elementos de transição interna são criados com o preenchimento dos orbitais f, que se apresentam em grupos de sete e podem comportar um total de 14 elétrons, e há 14 elementos de transição interna na série dos lantanídeos e 14 na série dos actinídeos.

Para verificar semelhanças nas configurações eletrônicas da tabela periódica, vejamos os elementos da coluna 1A. Já conhecemos as configurações do lítio, sódio e potássio (Tabela 2.7). A essa lista podemos adicionar o rubídio e o césio. Todos os elementos da coluna 1A têm um elétron na camada de valência (Tabela 2.9).

Todos os elementos do grupo 1A são metais, com exceção do hidrogênio, que é um não metal. As propriedades dos elementos dependem muito da configuração eletrônica da camada mais externa. Consequentemente, não causa surpresa que os elementos do grupo 1A, todos com a mesma configuração na camada mais externa, sejam metais (exceto o hidrogênio) e tenham propriedades físicas e químicas semelhantes.

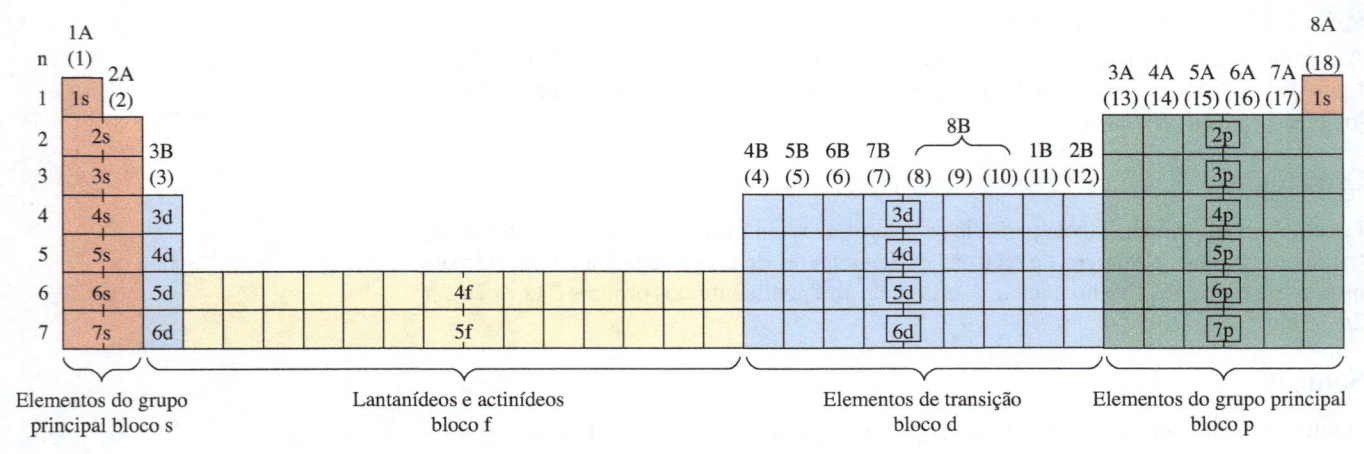

FIGURA 2.15 Configuração eletrônica e tabela periódica.

TABELA 2.9 Notação dos gases nobres e estruturas de Lewis para os metais alcalinos (Elementos do Grupo A)

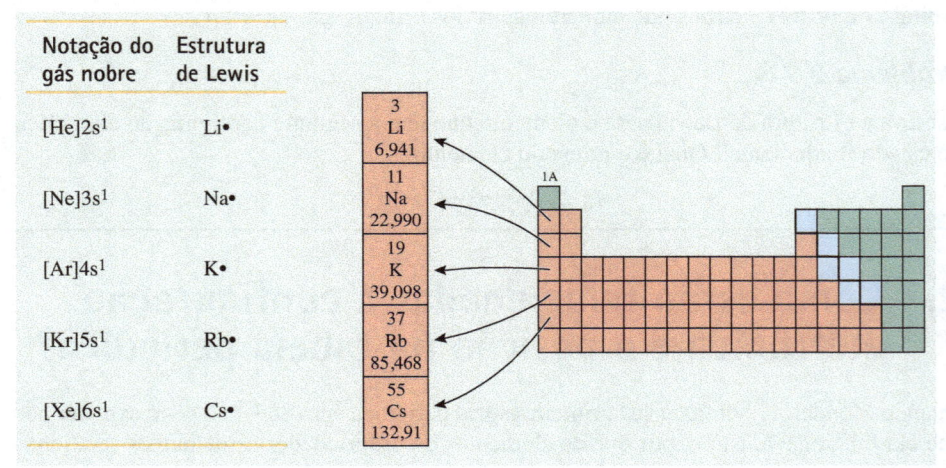

Notação do gás nobre	Estrutura de Lewis
[He]$2s^1$	Li•
[Ne]$3s^1$	Na•
[Ar]$4s^1$	K•
[Kr]$5s^1$	Rb•
[Xe]$6s^1$	Cs•

2.8 O que são propriedades periódicas?

Como já vimos, a tabela periódica originalmente foi construída com base nas tendências (periodicidade) das propriedades físicas e químicas. Ao entenderem as configurações eletrônicas, os químicos perceberam que a periodicidade das propriedades químicas poderia ser compreendida em termos da periodicidade da configuração eletrônica do estado fundamental. Como observamos na abertura da Seção 2.7, a tabela periódica funciona porque "elementos da mesma coluna têm a mesma configuração eletrônica em suas camadas mais externas". Assim, os químicos agora podiam explicar por que certas propriedades químicas e físicas dos elementos mudavam de modo previsível ao longo de uma coluna ou fileira da tabela periódica. Nesta seção, examinaremos a periodicidade de uma propriedade física (tamanho do átomo) e de uma propriedade química (energia de ionização) para ilustrar como a periodicidade está relacionada à posição na tabela periódica.

A. Tamanho do átomo

O tamanho de um átomo é determinado pelo tamanho de seu orbital ocupado mais externo. O tamanho de um átomo de sódio, por exemplo, é o tamanho de seu orbital $3s$ ocupado por um único elétron. O tamanho de um átomo de cloro é determinado pelo tamanho de seus três orbitais $3p$ ($3s^2 3p^5$). A maneira mais simples de determinar o tamanho de um átomo é determinar a distância entre átomos numa amostra do elemento. Um átomo de cloro, por exemplo, tem um diâmetro de 198 pm (pm = picômetro; 1 pm = 10^{-12} m). O raio de um átomo de cloro tem, portanto, 99 pm, que é a metade da distância entre os dois átomos de cloro no Cl_2.

Cl — Cl

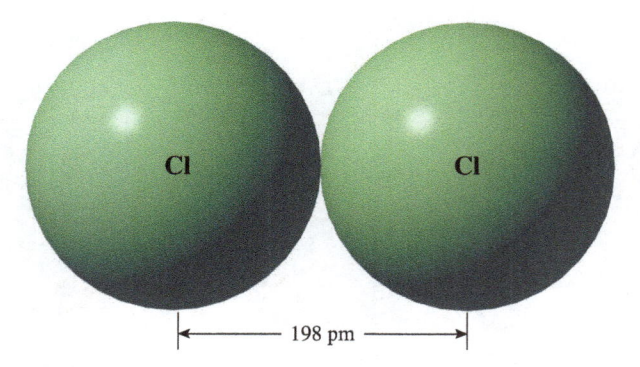

198 pm

Igualmente, a distância entre átomos de carbono no diamante é de 154 pm e, portanto, o raio de um átomo de carbono é de 77 pm.

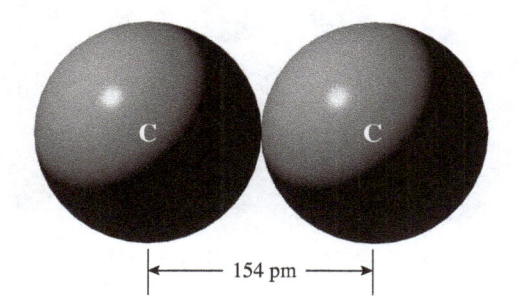

C — C

154 pm

Com base nessas medidas, podemos montar um conjunto de raios atômicos (Figura 2.16). Das informações contidas nesta figura, podemos concluir que, para os elementos do grupo principal, (1) os raios atômicos aumentam de cima para baixo em um grupo e (2) diminuem da esquerda para a direita ao longo de um período. Examinemos a correlação entre cada uma dessas tendências e a configuração eletrônica do estado fundamental.

1. O tamanho de um átomo é determinado pelo tamanho de seus elétrons mais externos. Seguindo de cima para baixo numa coluna, os elétrons mais externos ocupam níveis de energia principal cada vez maiores. Os elétrons de níveis de energia principal mais baixos (aqueles que estão abaixo da camada de valência) devem ocupar algum espaço, portanto os elétrons da camada mais externa devem estar cada vez mais longe do núcleo, o que explica o aumento de tamanho de cima para baixo em uma coluna.

2. Para elementos do mesmo período, o nível de energia principal permanece o mesmo (por exemplo, os elétrons de valência de todos os elementos do segundo período ocupam o segundo nível de energia principal). Mas, seguindo de um elemento para o próximo ao longo do período, mais um próton é adicionado ao núcleo, aumentando assim a carga nuclear em uma unidade para cada passo da esquerda para a direita. O resultado é que o núcleo exerce uma atração cada vez mais forte nos elétrons de valência, enquanto há uma redução do raio atômico.

B. Energia de ionização

Os átomos são eletricamente neutros – o número de elétrons fora do núcleo é igual ao número de prótons dentro do núcleo. Normalmente, átomos não perdem nem ganham prótons ou nêutrons, mas podem perder ou ganhar elétrons. Quando um átomo de lítio, por exemplo, perde um elétron, torna-se um **íon** de lítio. O átomo de lítio tem três prótons em seu núcleo e três elétrons fora do núcleo. Quando um átomo de lítio perde um desses elétrons, ainda continua com três prótons no núcleo (e, portanto, ainda é lítio), mas agora tem apenas dois elétrons fora do núcleo. Os dois elétrons restantes cancelam a carga de dois prótons, mas não há um terceiro elétron para cancelar a carga do terceiro próton. Assim, o íon de lítio tem carga +1, que escrevemos como Li^+. A energia de ionização para um íon de lítio na fase gasosa é de 0,52 kJ/mol.

Íon Átomo com número desigual de prótons e elétrons.

$$Li + energia \longrightarrow Li^+ + e^-$$

Átomo de lítio — Energia de ionização — Íon de lítio — Elétron

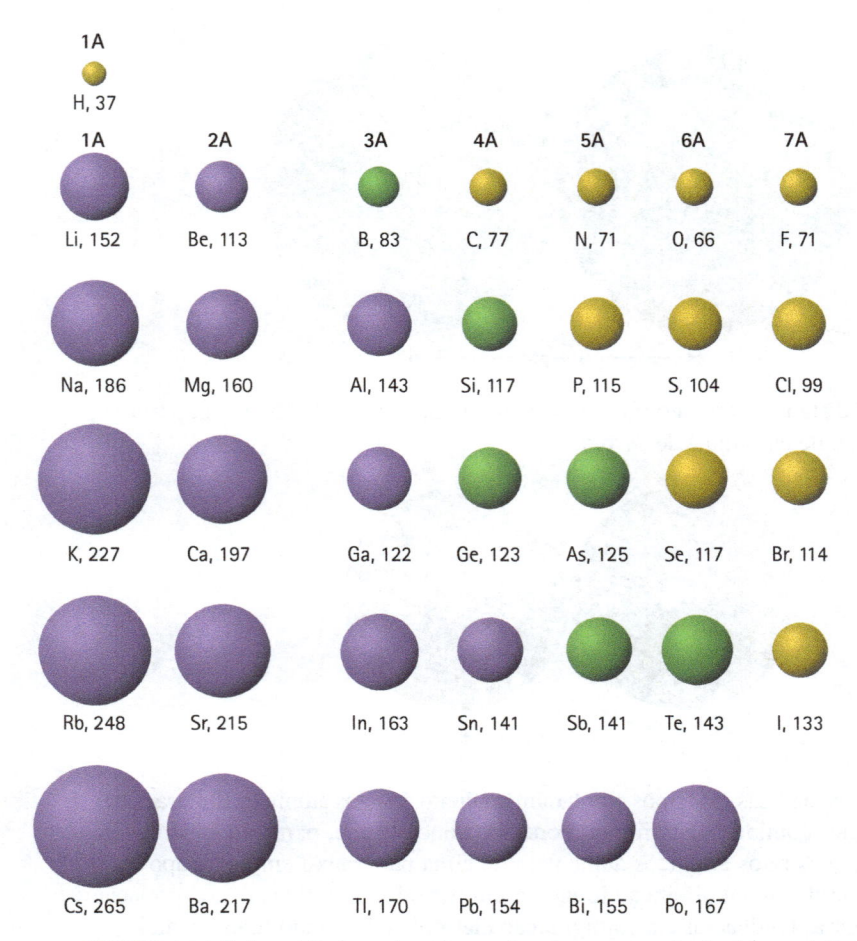

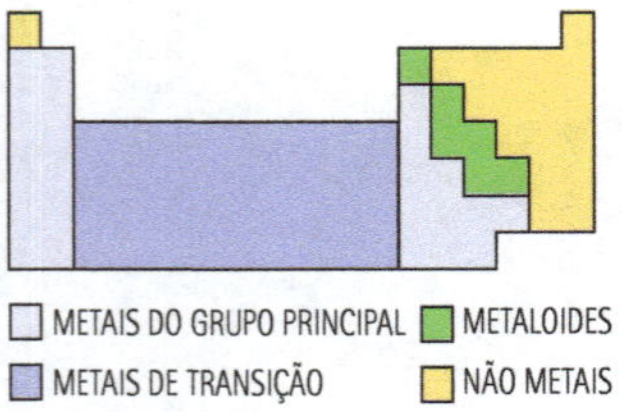

FIGURA 2.16 Raios atômicos dos elementos do grupo principal (em picômetros, 1 pm = 10^{-12} m).

Energia de ionização Energia necessária para remover de um átomo em fase gasosa o elétron mais externo.

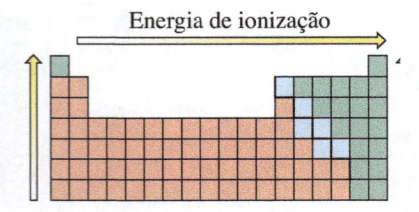

Energia de ionização é a medida da dificuldade de remover de um átomo no estado gasoso seu elétron mais externo. Quanto mais difícil a remoção do elétron, maior a energia de ionização necessária para tirá-lo do átomo. As energias de ionização são sempre positivas porque a energia deve ser fornecida para superar a força de atração entre o elétron e a carga positiva do núcleo. A Figura 2.17 mostra as energias de ionização para os átomos dos elementos do grupo principal, de 1 a 37 (do hidrogênio ao rubídio).

Como podemos ver nessa figura, a energia de ionização geralmente aumenta de baixo para cima numa coluna da tabela periódica e, com algumas exceções, geralmente aumenta da esquerda para a direita ao longo de uma fileira. Por exemplo, nos metais do grupo 1A, o rubídio doa seu elétron 5s com mais facilidade do que o lítio doa seu elétron 2s.

Explicamos essa tendência dizendo que o elétron 5s do rubídio está mais distante da carga positiva do núcleo que o elétron 4s do potássio, que, por sua vez, está mais distante da carga positiva do núcleo que o elétron 3s do sódio, e assim por diante. Além disso, o elétron 5s do rubídio está mais "blindado", pelos elétrons da camada interior, em relação à força atrativa do núcleo positivo que o elétron 4s do potássio, e assim por diante. Quanto maior a blindagem, menor a energia de ionização. Assim, de cima para baixo em uma coluna da tabela periódica, a blindagem dos elétrons mais externos de um átomo aumenta e as energias de ionização do elemento diminuem.

Explicamos o aumento na energia de ionização ao longo de uma fileira pelo fato de os elétrons de valência ao longo de uma fileira estarem na mesma camada (nível de energia principal). Como o número de prótons no núcleo aumenta regularmente ao longo de uma fileira, os elétrons de valência experimentam uma atração cada vez mais forte por parte do núcleo, o que torna mais difícil removê-los. Assim, a energia de ionização aumenta da esquerda para a direita ao longo de uma fileira na tabela periódica.

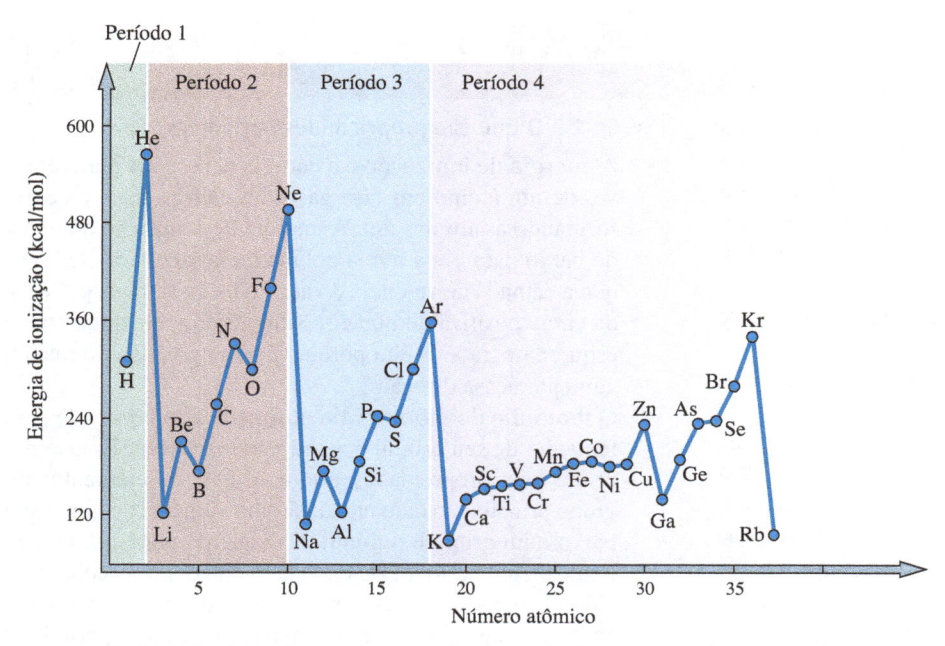

FIGURA 2.17 Energia de ionização *versus* número atômico para os elementos de 1 a 37.

Resumo das questões-chave

Seção 2.1 Do que é feita a matéria?

- O filósofo grego Demócrito (*c.* 460-370 a.C.) foi a primeira pessoa a propor uma teoria atômica da matéria. Segundo Demócrito, toda matéria é feita de partículas muito pequenas, que ele chamou de átomos.

Seção 2.2 Como se classifica a matéria?

- Classificamos a matéria em **elementos**, **compostos** ou **misturas**.

Seção 2.3 Quais são os postulados da teoria atômica de Dalton?

- (1) Toda matéria é feita de átomos; (2) todos os átomos de um dado elemento são idênticos, e os átomos de um elemento são diferentes dos átomos de outro elemento; (3) os compostos são formados pela combinação química de átomos; e (4) uma molécula é um agrupamento de dois ou mais átomos que age como uma unidade.
- A teoria de Dalton baseia-se na **lei da conservação das massas** (a matéria não pode ser nem criada nem destruída) e na **lei da composição constante** (qualquer composto é sempre feito de elementos na mesma proporção em massa).

Seção 2.4 De que são feitos os átomos?

- Átomos consistem em prótons e nêutrons dentro de um núcleo e elétrons localizados fora dele. O **elétron** tem massa de aproximadamente 0,0005 u e carga −1. O **próton** tem massa aproximada de 1 u e carga +1. O **nêutron** tem massa aproximada de 1 u e nenhuma carga.
- O **número de massa** do átomo é a soma do número de prótons e nêutrons.
- O **número atômico** de um elemento é o número de prótons existentes no núcleo de um átomo daquele elemento.
- **Isótopos** são átomos com o mesmo número atômico, mas diferentes números de massa, isto é, têm o mesmo número de prótons, mas diferentes números de nêutrons em seu núcleo.
- A **massa atômica** de um elemento é a média ponderada das massas (em u) de seus isótopos conforme ocorrem na natureza.
- Os átomos são muito pequenos, com massa muito reduzida, quase toda concentrada no núcleo. O núcleo é muito pequeno e tem densidade extremamente alta.

Seção 2.5 O que é tabela periódica?

- A **tabela periódica** é um arranjo, em colunas, de elementos com propriedades químicas semelhantes. As propriedades mudam gradualmente de cima para baixo na coluna.
- Os **metais** são sólidos (exceto o mercúrio, que é líquido), brilhantes, condutores de eletricidade, dúcteis, maleáveis e formam ligas, que são soluções de um ou mais metais dissolvidos em outro metal. Em suas reações químicas, os metais tendem a doar elétrons.
- Com exceção do hidrogênio, os **não metais** aparecem do lado direito da tabela periódica. Com exceção da grafite, não conduzem eletricidade. Em suas reações químicas, os não metais tendem a receber elétrons.
- Seis elementos são classificados como **metaloides**: boro, silício, germânio, arsênio, antimônio e telúrio. Esses elementos têm algumas propriedades dos metais e algumas dos não metais.

Seção 2.6 Como os elétrons se distribuem no átomo?

- Os elétrons se distribuem em **níveis de energia principal** ou **camadas**.
- Todos os níveis de energia principal, exceto o primeiro, são divididos em **subcamadas** designadas pelas letras *s*, *p*, *d* e *f*. Dentro de cada subcamada, os elétrons se agrupam em

Resumo das questões-chave (continuação)

orbitais. O orbital é a região do espaço que pode conter dois elétrons com *spins* emparelhados. Todos os orbitais *s* são esféricos e podem conter dois elétrons. Todos os orbitais *p* se apresentam em grupos de três, e cada um tem o formato de um haltere, com o núcleo no centro do haltere. Um grupo de três orbitais *p* pode conter seis elétrons. Um grupo de cinco orbitais *d* pode conter dez elétrons, um grupo de sete orbitais *f* pode conter 14 elétrons.

- Os elétrons se distribuem em orbitais de acordo com as seguintes regras.
- (1) Os orbitais são preenchidos em ordem crescente de energia; (2) cada orbital pode comportar, no máximo, dois elétrons com *spins* emparelhados; (3) ao serem preenchidos os orbitais de energia equivalente, cada orbital adiciona um elétron antes que qualquer orbital adicione um segundo elétron.
- A configuração eletrônica de um átomo pode ser representada por notação de orbitais, diagrama da caixa de orbitais ou notação do gás nobre.
- Os elétrons da camada mais externa ou **camada de valência** do átomo são chamados **elétrons de valência**. Na **estrutura de Lewis**, o símbolo do elemento é circundado por um número de pontos igual ao número de seus elétrons de valência.

Seção 2.7 Como estão relacionadas a configuração eletrônica e a posição na tabela periódica?

- A tabela periódica funciona porque os elementos da mesma coluna têm a mesma configuração eletrônica na camada mais externa.

Seção 2.8 O que são propriedades periódicas?

- A **energia de ionização** é a energia necessária para remover de um átomo em fase gasosa o elétron mais externo, formando assim um **íon**. A energia de ionização aumenta de baixo para cima numa coluna da tabela periódica porque a camada de valência do átomo torna-se mais próxima da carga positiva do núcleo. Numa fileira, ela aumenta da esquerda para a direita porque a carga positiva do núcleo aumenta nessa direção.
- O **tamanho do átomo** (**raio atômico**) é determinado pelo tamanho de seu orbital ocupado mais externo. Esse tamanho é uma propriedade periódica. Para os elementos do grupo principal, o tamanho do átomo aumenta de cima para baixo num grupo e diminui da esquerda para a direita ao longo de um período. De cima para baixo, numa coluna, os elétrons mais externos ocupam níveis de energia principal cada vez mais altos. Para elementos do mesmo período, o nível de energia principal permanece o mesmo de um elemento para o próximo, mas a carga nuclear aumenta em uma unidade (mais um próton). Consequentemente, desse aumento da carga nuclear ao longo de um período, o núcleo exerce uma atração cada vez maior nos elétrons de valência e o tamanho do átomo diminui.

Problemas

Seção 2.1 Do que é feita a matéria?

2.8 Em que aspecto(s) a teoria atômica de Demócrito era semelhante à teoria atômica de Dalton?

Seção 2.2 Como se classifica a matéria?

2.9 Indique se a afirmação é verdadeira ou falsa.
(a) A matéria é dividida em elementos e substâncias puras.
(b) A matéria é qualquer coisa que tem massa e volume (ocupa espaço).
(c) Uma mistura é composta de duas ou mais substâncias puras.
(d) Um elemento é uma substância pura.
(e) Uma mistura heterogênea pode ser separada em substâncias puras, mas uma mistura homogênea não pode.
(f) Um composto consiste em elementos combinados numa proporção fixa.
(g) Um composto é uma substância pura.
(h) Toda matéria tem massa.
(i) Todos os 116 elementos conhecidos ocorrem naturalmente na Terra.
(j) Os seis primeiros elementos da tabela periódica são os mais importantes para a vida humana.
(k) A proporção de combinação de um composto indica quantos átomos de cada elemento se combinam no composto.
(l) A proporção de 1:2 no composto CO_2 indica que esse composto é formado pela combinação de um grama de carbono com dois gramas de oxigênio.

2.10 Classifique as seguintes espécies como elemento, composto ou mistura:
(a) Oxigênio   (b) Sal de cozinha
(c) Água do mar   (d) Vinho
(e) Ar   (f) Prata
(g) Diamante   (h) Seixo
(i) Gasolina   (j) Leite
(k) Dióxido de carbono (l) Bronze

2.11 Dê nome a estes elementos (tente não consultar a tabela periódica):
(a) O   (b) Pb (c) Ca (d) Na
(e) C   (f) Ti (g) S   (h) Fe
(i) H   (j) K   (k) Ag (l) Au

2.12 O jogo dos elementos, Parte I. Indique o nome e o símbolo do elemento cujo nome é uma homenagem a uma pessoa.

(a) Niels Bohr (1885-1962), Prêmio Nobel de Física em 1922.
(b) Pierre e Marie Curie, Prêmio Nobel de Química em 1903.
(c) Albert Einstein (1879-1955), Prêmio Nobel de Física em 1921.
(d) Enrico Fermi (1901-1954), Prêmio Nobel de Física em 1938.
(e) Ernest Lawrence (1901-1958), Prêmio Nobel de Física em 1939.
(f) Lisa Meitner (1858-1968), codescobridora da fissão nuclear.
(g) Dmitri Mendeleev (1834-1907), primeira pessoa a formular uma tabela periódica funcional.
(h) Alfred Nobel (1833-1896), descobridor da dinamite.
(i) Ernest Rutherford (1871-1937), Prêmio Nobel de Química em 1908.
(j) Glen Seaborg (1912-1999), Prêmio Nobel de Química em 1951.

2.13 O jogo dos elementos, Parte II. Dê o nome e o símbolo do elemento cujo nome tem origem numa localidade geográfica.
(a) As Américas
(b) Berkeley, Califórnia
(c) O Estado e a Universidade da Califórnia
(d) Dubna, onde fica a sede do Instituto Associado de Pesquisa Nuclear
(e) Europa
(f) França
(g) Gália, nome latino da França antiga
(h) Alemanha
(i) Hafnia, nome latino da Copenhague antiga
(j) Hesse, um Estado da Alemanha
(k) Holmia, nome latino da Estocolmo antiga
(l) Lutetia, nome latino da Paris antiga
(m) Magnesia, um bairro de Tessália
(n) Polônia, país de origem de Marie Curie
(o) Rhenus, nome latino do Rio Reno
(p) Rutênia, nome latino da Rússia antiga
(q) Escândia, nome latino da Escandinávia antiga
(r) Strontian, cidade da Escócia
(s) Ytterby, uma vila na Suécia (três elementos)
(t) Thule, o primeiro nome da Escandinávia

2.14 O jogo dos elementos, Parte III. Indique os nomes e símbolos para os dois elementos com nomes de planetas. Observe que o elemento plutônio recebeu seu nome por causa de Plutão, que não é mais classificado como planeta.

2.15 Escreva as fórmulas dos compostos em que as proporções são as seguintes:
(a) Potássio: oxigênio, 2:1
(b) Sódio: fósforo: oxigênio, 3:1:4
(c) Lítio: nitrogênio: oxigênio, 1:1:3

2.16 Escreva as fórmulas dos compostos em que as proporções são as seguintes:
(a) Sódio: hidrogênio: carbono: oxigênio, 1:1:1:3
(b) Carbono: hidrogênio: oxigênio, 2:6:1
(c) Potássio: manganês: oxigênio, 1:1:4

Seção 2.3 **Quais são os postulados da teoria atômica de Dalton?**

2.17 Como a teoria atômica de Dalton explica
(a) a lei da conservação das massas?
(b) a lei da composição constante?

2.18 Quando 2,16 g de óxido de mercúrio são aquecidos, há uma decomposição que produz 2,00 g de mercúrio e 0,16 g de oxigênio. Qual lei é sustentada por esse experimento?

2.19 O composto monóxido de carbono contém 42,9% de carbono e 57,1% de oxigênio. O composto dióxido de carbono contém 27,3% de carbono e 72,7% de oxigênio. Isso invalida a lei de Proust das composições constantes?

2.20 Calcule a porcentagem de hidrogênio e oxigênio na água, H_2O, e no peróxido de hidrogênio, H_2O_2.

Seção 2.4 **De que são feitos os átomos?**

2.21 Indique se a afirmação é verdadeira ou falsa.
(a) O próton e o elétron têm a mesma massa, mas cargas opostas.
(b) A massa do elétron é consideravelmente menor que a do nêutron.
(c) A unidade de massa atômica (u) é uma unidade de massa.
(d) 1 u é igual a 1 grama.
(e) Os prótons e nêutrons do átomo são encontrados no núcleo.
(f) Os elétrons de um átomo são encontrados no espaço ao redor do núcleo.
(g) Todos os átomos do mesmo elemento têm o mesmo número de prótons.
(h) Todos os átomos do mesmo elemento têm o mesmo número de elétrons.
(i) Elétrons e prótons se repelem.
(j) O tamanho de um átomo é aproximadamente o tamanho de seu núcleo.
(k) O número de massa de um átomo é a soma do número de prótons e do número de nêutrons em seu núcleo.
(l) Para a maioria dos átomos, seu número de massa é o mesmo que seu número atômico.
(m) Os três isótopos do hidrogênio (hidrogênio-1, hidrogênio-2 e hidrogênio-3) diferem somente no número de nêutrons no núcleo.
(n) O hidrogênio-1 tem um nêutron em seu núcleo, o hidrogênio-2 tem dois nêutrons em seu núcleo, e o hidrogênio-3, três nêutrons.
(o) Todos os isótopos de um elemento têm o mesmo número de elétrons.
(p) A maioria dos elementos encontrados na Terra é uma mistura de isótopos.
(q) A massa atômica de um elemento dado na tabela periódica é a média ponderada das massas de seus isótopos encontrados na Terra.
(r) A massa atômica da maioria dos elementos é um número inteiro.
(s) A maior parte da massa de um átomo é encontrada no núcleo.

(t) A densidade de um núcleo é seu número de massa expresso em gramas.

2.22 Onde estão localizadas, no átomo, as partículas subatômicas?
(a) Prótons (b) Elétrons (c) Nêutrons

2.23 Já foi dito que "o número de prótons determina a identidade do elemento". Você concorda com essa afirmação ou discorda dela? Explique.

2.24 Qual é o número de massa de um átomo com
(a) 22 prótons, 22 elétrons e 26 nêutrons?
(b) 76 prótons, 76 elétrons e 114 nêutrons?
(c) 34 prótons, 34 elétrons e 45 nêutrons?
(d) 94 prótons, 94 elétrons e 150 nêutrons?

2.25 Indique o nome e o símbolo para cada elemento do Problema 2.24.

2.26 Dados os números de massa e o número de nêutrons, quais são o nome e o símbolo de cada elemento?
(a) Número de massa 45; 24 nêutrons
(b) Número de massa 48; 26 nêutrons
(c) Número de massa 107; 60 nêutrons
(d) Número de massa 246; 156 nêutrons
(e) Número de massa 36; 18 nêutrons

2.27 Se cada átomo do Problema 2.26 adquirisse mais dois nêutrons, qual elemento cada um deles seria?

2.28 Quantos nêutrons são encontrados nos seguintes átomos?
(a) Carbono, número de massa 13.
(b) Germânio, número de massa 73.
(c) Ósmio, número de massa 188.
(d) Platina, número de massa 195.

2.29 Quantos prótons e nêutrons cada um destes isótopos de radônio contém?
(a) Rn-210 (b) Rn-218 (c) Rn-222

2.30 Quantos nêutrons e prótons há em cada isótopo?
(a) ^{22}Ne (b) ^{104}Pd
(c) ^{35}Cl (d) Telúrio-128
(e) Lítio-7 (f) Urânio-238

2.31 Estanho-118 é um dos isótopos do estanho. Dê o nome dos isótopos de estanho que contêm dois, três e seis nêutrons a mais que o estanho-118.

2.32 Qual é a diferença entre número atômico e número de massa?

2.33 Definir:
(a) Íon (b) Isótopo

2.34 Existem apenas dois isótopos de antimônio de ocorrência natural: ^{121}Sb (120,90 u) e ^{123}Sb (122,90 u). A massa atômica do antimônio dado na tabela periódica é 121,75. Qual dos dois isótopos apresenta maior abundância natural?

2.35 Os dois isótopos de carbono de ocorrência natural mais abundante são o carbono-12 (98,90%, 12,000 u) e o carbono-13 (1,10%, 13,003 u). Com base nessas quantidades, calcule a massa atômica do carbono e compare o valor calculado com o que aparece na tabela periódica.

2.36 Outro isótopo de carbono, o carbono-14, ocorre na natureza, mas em quantidades tão pequenas quando comparadas às do carbono-12 e carbono-13, que não contribui para a massa atômica do carbono registrado na tabela periódica. O carbono-14, porém, é valioso na ciência da datação por radiocarbono (ver "Conexões químicas 9A"). Dê o número de prótons, nêutrons e elétrons do átomo de carbono-14.

2.37 O isótopo de carbono-11 não ocorre na natureza, mas tem sido feito em laboratório. Esse isótopo é usado numa técnica de imageamento clínico chamada tomografia de emissão de pósitron (PET, na sigla em inglês; ver Seção 9.7A). Dê o número de prótons, nêutrons e elétrons do carbono-11.

2.38 Outros isótopos usados em imageamento PET são flúor-18, nitrogênio-13 e oxigênio-15. Nenhum desses isótopos ocorre na natureza, são todos produzidos em laboratório. Dê o número de prótons, nêutrons e elétrons desses isótopos artificiais.

2.39 O amerício-241 é usado em detectores de fumaça domésticos. Esse elemento tem 11 isótopos conhecidos, nenhum dos quais ocorre na natureza, mas devem ser preparados em laboratório. Dê o número de prótons, nêutrons e elétrons do átomo de amerício-241.

2.40 Ao fazerem datação de amostras geológicas, os cientistas comparam a proporção de rubídio-87 com a do estrôncio-87. Dê o número de prótons, nêutrons e elétrons do átomo de cada elemento.

Seção 2.5 O que é tabela periódica?

2.41 Indique se a afirmação é verdadeira ou falsa.
(a) Mendeleev descobriu que, quando os elementos são organizados em ordem crescente de massa atômica, certas propriedades recorrem periodicamente.
(b) Os elementos do grupo principal são aqueles das colunas 3A a 8A da tabela periódica.
(c) Os não metais são encontrados na parte de cima da tabela periódica, os metaloides, no meio, e os metais, na parte de baixo.
(d) Entre os 116 elementos, metais e não metais existem aproximadamente em igual número.
(e) Na tabela periódica, a fileira horizontal é chamada grupo.
(f) Os elementos do grupo 1A são chamados "metais alcalinos".
(g) Os metais alcalinos reagem com água e produzem gás hidrogênio e um hidróxido de metal, MOH, em que "M" é o metal.
(h) Os halogênios são elementos do grupo 7A.
(i) Os pontos de ebulição dos gases nobres (elementos do grupo 8A) aumentam de cima para baixo na coluna.

2.42 Quantos metais, metaloides e não metais existem no terceiro período da tabela periódica?

2.43 Indique que grupo, ou grupos, da tabela periódica contém:
(a) Somente metais (b) Somente metaloides
(c) Somente não metais

2.44 Qual período, ou períodos, na tabela periódica contém mais não metais que metais? Qual, ou quais, contém mais metais que não metais?

2.45 Agrupe os seguintes elementos de acordo com as propriedades semelhantes (consulte a tabela periódica): As, I, Ne, F, Mg, K, Ca, Ba, Li, He, N, P.

2.46 Quais são os elementos de transição?
(a) Pd (b) K (c) Co
(d) Ce (e) Br (f) Cr

2.47 Qual elemento de cada par é mais metálico?
(a) Silício ou alumínio (b) Arsênio ou fósforo
(c) Gálio ou germânio (d) Gálio ou alumínio

2.48 Classifique estes elementos como metais, não metais ou metaloides:
(a) Argônio (b) Boro (c) Chumbo
(d) Arsênio (e) Potássio (f) Silício
(g) Iodo (h) Antimônio (i) Vanádio
(j) Enxofre (k) Nitrogênio

Seção 2.6 **Como os elétrons se distribuem no átomo?**

2.49 Indique se a afirmação é verdadeira ou falsa.
(a) Dizer que "a energia é quantizada" significa que somente certos valores de energia são permitidos.
(b) Bohr descobriu que a energia do elétron no átomo é quantizada.
(c) Nos átomos, os elétrons estão confinados a regiões do espaço chamadas "níveis de energia principal".
(d) Cada nível de energia principal pode conter no máximo dois elétrons.
(e) Um elétron no orbital 1s está mais próximo do núcleo que um elétron no orbital 2s.
(f) Um elétron no orbital 2s é mais difícil de remover que um elétron no orbital 1s.
(g) O orbital s tem o formato de uma esfera, com o núcleo no centro da esfera.
(h) Cada orbital 2p tem o formato de um haltere, com o núcleo no ponto médio do haltere.
(i) Os três orbitais 2p de um átomo estão alinhados em paralelo.
(j) Orbital é a região do espaço que pode conter dois elétrons.
(k) A segunda camada contém um orbital s e três orbitais p.
(l) Na configuração eletrônica do estado fundamental de um átomo, somente os orbitais de energia mais baixa são ocupados.
(m) Um elétron girando comporta-se como um pequeno ímã, com um Polo Norte e um Polo Sul.
(n) Um orbital pode comportar no máximo dois elétrons com *spins* emparelhados.
(o) Quando há elétrons com *spins* emparelhados, isso significa que os dois elétrons estão alinhados: Polo Norte com Polo Norte e Polo Sul com Polo Sul.
(p) O diagrama de caixa de orbital coloca todos os elétrons de um átomo em uma caixa com seus *spins* alinhados.
(q) O diagrama de caixa de orbital do carbono mostra dois elétrons não emparelhados.
(r) A estrutura de Lewis mostra apenas os elétrons da camada de valência do átomo.
(s) Uma das características dos elementos do grupo 1A é que cada um tem um elétron não emparelhado em sua camada mais externa (de valência) ocupada.
(t) Uma das características dos elementos do grupo 6A é que cada um tem seis elétrons não emparelhados em sua camada de valência.

2.50 Quantos períodos da tabela periódica têm dois elementos? Quantos têm oito elementos? Quantos têm 18? Quantos têm 32?

2.51 Qual é a correlação entre o número de grupo dos elementos do grupo principal (aqueles das colunas A no sistema de Mendeleev) e o número de elétrons de valência em um elemento do grupo?

2.52 Dada a sua resposta ao Problema 2.51, escreva a estrutura de Lewis para cada um dos seguintes elementos usando como informação apenas o número do grupo na tabela periódica ao qual o elemento pertence.
(a) Carbono (4A) (b) Silício (4A)
(c) Oxigênio (6A) (d) Enxofre (6A)
(e) Alumínio (3A) (f) Bromo (7A)

2.53 Escreva a configuração eletrônica condensada do estado fundamental para cada um dos seguintes elementos. O número atômico dos elementos é dado entre parênteses.
(a) Li (3) (b) Ne (10) (c) Be (4)
(d) C (6) (e) Mg (12)

2.54 Escreva a estrutura de Lewis para cada elemento do Problema 2.53.

2.55 Escreva a configuração eletrônica condensada do estado fundamental para cada um dos seguintes elementos. O número atômico do elemento é dado entre parênteses.
(a) He (2) (b) Na (11) (c) Cl (17)
(d) P (15) (e) H (1)

2.56 Escreva a estrutura de Lewis para cada um dos elementos do Problema 2.55.

2.57 O que é igual e diferente nas configurações eletrônicas dos seguintes elementos?
(a) Na e Cs (b) O e Te (c) C e Ge

2.58 O silício, número atômico 14, está no grupo 4A. Quantos orbitais são ocupados pelos elétrons de valência do Si em seu estado fundamental?

2.59 Você tem a estrutura de Lewis do elemento X como X:. A quais dois grupos da tabela periódica esse elemento poderia pertencer?

2.60 As configurações eletrônicas dos elementos com número atômico maior que 36 seguem as mesmas regras dadas no texto para os primeiros 36 elementos. De fato, pode-se chegar à ordem correta de preenchimento de orbitais da Figura 2.15 começando com H e lendo os orbitais da esquerda para a direita, ao longo da primeira fileira, depois a segunda fileira, e assim por diante. Escreva a configuração eletrônica do estado fundamental para:
(a) Rb (b) Sr (c) Br

Seção 2.7 **Como estão relacionadas a configuração eletrônica e a posição na tabela periódica?**

2.61 Indique se a afirmação é verdadeira ou falsa.
(a) Elementos da mesma coluna da tabela periódica têm a mesma configuração eletrônica na camada mais externa.

(b) Todos os elementos do grupo 1A têm um elétron em sua camada de valência.
(c) Todos os elementos do grupo 6A têm seis elétrons em sua camada de valência.
(d) Os elementos do grupo 8A têm oito elétrons em sua camada de valência.
(e) O período 1 da tabela periódica tem um elemento, o período 2 tem dois elementos, o período 3 tem três elementos e assim por diante.
(f) O período 2 resulta do preenchimento dos orbitais $2s$ e $2p$, e, portanto, o período 2 tem oito elementos.
(g) O período 3 resulta do preenchimento dos orbitais $3s$, $3p$ e $3d$, e, portanto, o período 3 tem nove elementos.
(h) Os elementos do grupo principal são os elementos dos blocos s e p.

2.62 Por que os elementos da coluna 1A da tabela periódica (metais alcalinos) têm propriedades semelhantes mas não idênticas?

Seção 2.8 O que são propriedades periódicas?

2.63 Indique se a afirmação é verdadeira ou falsa.
(a) A energia de ionização é a energia necessária para remover de um átomo em fase gasosa o elétron mais externo.
(b) Quando um átomo perde um elétron, torna-se um íon de carga positiva.
(c) A energia de ionização é uma propriedade periódica porque a configuração eletrônica do estado fundamental é uma propriedade periódica.
(d) A energia de ionização geralmente aumenta da esquerda para a direita ao longo de um período da tabela periódica.
(e) A energia de ionização geralmente aumenta de cima para baixo dentro de uma coluna na tabela periódica.
(f) O sinal de uma energia de ionização é sempre positiva, e o processo é sempre endotérmico.

2.64 Considere os elementos B, C e N. Usando apenas a tabela periódica, tente prever qual desses três elementos tem
(a) o maior raio atômico.
(b) o menor raio atômico.
(c) a maior energia de ionização.
(d) a menor energia de ionização.

2.65 Explique as seguintes observações.
(a) O raio atômico de um ânion é sempre maior do que o do átomo que o originou.
Exemplos: Cl 99 pm e Cl⁻ 181 pm; O 73 pm e O^{2-} 140 pm.
(b) O raio atômico de um cátion é sempre menor que o do átomo que o originou.
Exemplos: Li 152 pm e Li⁺ 76 pm; Na 156 pm e Na⁺ 98 pm.

2.66 Usando apenas a tabela periódica, distribua os elementos de cada conjunto em ordem crescente de energia de ionização:
(a) Li, Na, K   (b) C, N, Ne
(c) O, C, F   (d) Br, Cl, F

2.67 Explique por que a primeira energia de ionização do oxigênio é menor que a do nitrogênio.

2.68 Todos os átomos, exceto o hidrogênio, têm uma série de energias de ionização (EI) porque possuem mais de um elétron que pode ser removido. Seguem as três primeiras energias de ionização do magnésio:

$Mg(g) \longrightarrow Mg^+(g) + e^-(g)$ $EI_1 = 738$ kJ/mol
$Mg^+(g) \longrightarrow Mg^{2+}(g) + e^-(g)$ $EI_2 = 1.450$ kJ/mol
$Mg^{2+}(g) \longrightarrow Mg^{3+}(g) + e^-(g)$ $EI_3 = 7.734$ kJ/mol

(a) Escreva a configuração eletrônica do estado fundamental para Mg, Mg^+, Mg^{2+}, Mg^{3+}.
(b) Explique o grande aumento na energia de ionização para remover o terceiro elétron em comparação com as energias de ionização para remover o primeiro e segundo elétrons.

Conexões químicas

2.69 (Conexões químicas 2A) Por que o corpo necessita de enxofre, cálcio e ferro?

2.70 (Conexões químicas 2B) Quais são os dois elementos mais abundantes, em massa,
(a) na crosta da Terra?   (b) no corpo humano?

2.71 (Conexões químicas 2C) Considere a abundância isotópica do hidrogênio em Marte. A massa atômica do hidrogênio nesse planeta seria maior, igual ou menor que na Terra?

2.72 (Conexões químicas 2D) Por que o estrôncio-90 é mais perigoso para os humanos do que a maioria dos isótopos radioativos presentes no acidente de Chernobyl?

2.73 (Conexões químicas 2E) O bronze é uma liga de quais metais?

2.74 (Conexões químicas 2E) O cobre é um metal mole. Como se pode endurecê-lo?

Problemas adicionais

2.75 Forneça as designações de todas as subcamadas na
(a) camada 1   (b) camada 2
(c) camada 3   (d) camada 4

2.76 Indique se metais ou não metais têm maior probabilidade de apresentar as seguintes características:
(a) Conduzir eletricidade e calor.
(b) Receber elétrons.
(c) Ser maleável.
(d) Ser um gás em temperatura ambiente.
(e) Ser um elemento de transição.
(f) Doar elétrons.

2.77 (a) Explique por que o raio atômico diminui ao longo de um período na tabela periódica.
(b) Explique por que é necessário fornecer energia para remover um elétron de um átomo.

2.78 Indique o nome e o símbolo do elemento com as seguintes características:
(a) Maior raio atômico do grupo 2A.
(b) Menor raio atômico do grupo 2A.
(c) Maior raio atômico do segundo período.
(d) Menor raio atômico do segundo período.
(e) Maior energia de ionização do grupo 7A.
(f) Menor energia de ionização do grupo 7A.

2.79 Indique a configuração eletrônica da camada mais externa dos elementos nos seguintes grupos:
(a) 3A (b) 7A
(c) 5A

2.80 Determine o número de prótons, elétrons e nêutrons presentes em:
(a) ^{32}P (b) ^{98}Mo (c) ^{44}Ca
(d) ^{3}H (e) ^{158}Gd (f) ^{212}Bi

2.81 A que porcentagem da massa de cada elemento correspondem os nêutrons?
(a) Carbono-12 (b) Cálcio-40
(c) Ferro-55 (d) Bromo-79
(e) Platina-195 (f) Urânio-238

2.82 Os isótopos dos elementos pesados (por exemplo, aqueles de número atômico entre 37 e 53) contêm mais nêutrons do que prótons, menos nêutrons do que prótons ou a quantidade é igual?

2.83 Qual é o símbolo de cada um destes elementos? (Tente não consultar a tabela periódica.)
(a) Fósforo (b) Potássio
(c) Sódio (d) Nitrogênio
(e) Bromo (f) Prata
(g) Cálcio (h) Carbono
(i) Estanho (j) Zinco

2.84 A abundância natural dos isótopos de boro é a seguinte: 19,9% de boro-10 (10,013 u) e 80,1% de boro-11 (11,009 u). Calcule a massa atômica do boro (observe os algarismos significativos) e compare o valor calculado com o que é dado na tabela periódica.

2.85 Quantos elétrons há na camada mais externa de cada um dos seguintes elementos?
(a) Si (b) Br
(c) P (d) K
(e) He (f) Ca
(g) Kr (h) Pb
(i) Se (j) O

2.86 A massa do próton é $1,67 \times 10^{-24}$ g. A massa de um grão de sal é $1,0 \times 10^{-2}$ g. Quantos prótons seriam necessários para se ter a mesma massa de um grão de sal?

2.87 (a) Quais são as cargas do elétron, próton e nêutron?
(b) Quais são as massas (em u, para um algarismo significativo) do elétron, próton e nêutron?

2.88 O rubídio tem dois isótopos naturais: rubídio-85 (massa 84,912 u) e rubídio-87 (massa 86,909 u). Qual será a abundância natural de cada isótopo se a massa atômica do rubídio for 85,47?

2.89 Qual é o nome deste elemento e quantos prótons e nêutrons este isótopo tem em seu núcleo: $^{131}_{54}X$?

2.90 Com base nos dados apresentados na Figura 2.16, qual destes átomos teria a energia de ionização mais alta: I, Cs, Sn ou Xe?

2.91 Suponha que um novo elemento tenha sido descoberto com número atômico 117. Suas propriedades químicas deveriam ser semelhantes às do ástato (At). Preveja se a energia de ionização do novo elemento será maior, igual ou menor que a do:
(a) At (b) Ra

Antecipando

2.92 Suponha que você enfrente um problema semelhante ao de Mendeleev: precisa prever as propriedades de um elemento ainda não descoberto. Como será o elemento 118 se e quando uma quantidade suficiente for produzida para os químicos estudarem suas propriedades físicas e químicas?

2.93 Compare a proporção entre nêutron e próton para os elementos mais pesados e mais leves. O valor dessa proporção geralmente aumenta, diminui ou permanece o mesmo à medida que aumenta o número atômico?

Ligações químicas

3

Cristal de cloreto de sódio.

3.1 O que é preciso saber antes de começar?

Como mencionado no Capítulo 2, compostos são grupos de átomos ligados entre si. Neste capítulo, veremos que os átomos nos compostos se mantêm unidos graças a poderosas forças de atração chamadas ligações químicas. Há dois tipos principais: ligações iônicas e covalentes. Começaremos examinando as ligações iônicas. Para falar sobre ligações iônicas, porém, devemos primeiro saber por que os átomos formam determinados íons.

3.2 O que é a regra do octeto?

Em 1916, Gilbert N. Lewis (Seção 2.6) elaborou um belo e simples modelo que unificou muitas das observações sobre ligações e reações químicas. Ele mostrou que a falta de reatividade química dos gases nobres (grupo 8A) indica um alto grau de estabilidade em suas configurações eletrônicas: o hélio com uma camada de valência preenchida com dois elétrons ($1s^2$), o neônio com uma camada de valência preenchida com oito elétrons ($2s^2 2p^6$), o argônio com uma camada de valência com oito elétrons ($3s^2 3p^6$) e assim por diante.

A tendência de os átomos reagirem de modo a formar uma camada externa com oito elétrons de valência é particularmente comum entre elementos dos grupos 1A-7A[1] e recebe o nome especial de **regra do octeto**. Um átomo com quase oito elétrons de valência tende a ganhar os elétrons necessários para chegar a oito elétrons em sua camada de valência e atingir uma configuração como aquela do gás nobre mais próximo de seu número atômico. Ao

Questões-chave

3.1 O que é preciso saber antes de começar?

3.2 O que é a regra do octeto?

3.3 Qual é a nomenclatura dos cátions e ânions?

3.4 Quais são os dois principais tipos de ligação química?

3.5 O que é uma ligação iônica?

3.6 Qual é a nomenclatura dos compostos iônicos?

3.7 O que é uma ligação covalente?

Como... Desenhar estruturas de Lewis

3.8 Qual é a nomenclatura dos compostos covalentes binários?

3.9 O que é ressonância?

Como... Desenhar setas curvadas e elétrons deslocalizados

3.10 Como prever ângulos de ligação em moléculas covalentes?

3.11 Como determinar se a molécula é polar?

[1] De maneira mais precisa podemos afirmar que a regra do octeto é especialmente obedecida pelos elementos das famílias 1A (metais alcalinos), 2A (metais alcalino-terrosos) e 7A (halogênios) na formação de compostos iônicos e os elementos C, N e O. Repare que C, N e O e alguns dos elementos das famílias 1A, 2A, e 7A estão entre os mais importantes elementos presentes nos sistemas biológicos (Conexões químicas 2A e 3A). Apesar de muitos elementos das famílias 4A–7A formarem compostos que obedecem à regra do octeto, em muitos casos formam compostos com mais de oito elétrons de valência. O hidrogênio, apesar de não formar o octeto, ao compartilhar mais um elétron assume a configuração eletrônica do gás nobre mais próximo, o hélio. O hidrogênio é o elemento mais abundante nos sistemas biológicos e no Universo. (NRT)

Gás Nobre	Configuração eletrônica
He	$1s^2$
Ne	$[He]2s^2\,2p^6$
Ar	$[Ne]3s^2\,3p^6$
Kr	$[Ar]4s^2\,4p^6\,3d^{10}$
Xe	$[Kr]5s^2\,5p^6\,4d^{10}$

Regra do octeto Numa reação química, os átomos dos elementos dos grupos 1A-7A tendem a ganhar, perder ou compartilhar elétrons em quantidade suficiente para atingir a configuração eletrônica com oito elétrons de valência.

Ânion Íon de carga elétrica negativa.

Cátion Íon de carga elétrica positiva.

ganhar elétrons, o átomo torna-se um íon de carga negativa, denominado **ânion**. Um átomo com apenas um ou dois elétrons de valência tende a perder o número de elétrons necessário para uma configuração eletrônica como a do gás nobre mais próximo em número atômico. Ao perder elétrons, o átomo torna-se um íon de carga positiva, denominado **cátion**. Quando se forma um íon, o número de prótons e nêutrons no núcleo do átomo permanece inalterado, muda somente o número de elétrons na camada de valência do átomo.

Exemplo 3.1 A regra do octeto

Mostre como as seguintes transformações químicas obedecem à lei do octeto:
(a) Um átomo de sódio perde um elétron para formar um íon de sódio, Na^+.

$$Na \longrightarrow Na^+ + e^-$$
Átomo de sódio   Íon de sódio   Elétron

(b) Um átomo de cloro ganha um elétron para formar um íon cloreto, Cl^-

$$Cl + e^- \longrightarrow Cl^-$$
Átomo de cloro   Elétron   Íon cloreto

Estratégia

Para ver como cada transformação química segue a regra do octeto, primeiro escreva a configuração eletrônica condensada do estado fundamental (Seção 2.6C) do átomo envolvido e do íon formado, e depois compare.

Solução

(a) As configurações eletrônicas condensadas do estado fundamental para Na e Na^+ são:

$$Na\ (11\ elétrons):\ 1s^2 2s^2 2p^6 3s^1$$
$$Na^+\ (10\ elétrons):\ 1s^2 2s^2 2p^6$$

Um átomo de Na tem um elétron ($3s^1$) em sua camada de valência. A perda desse elétron de valência transforma o átomo Na no íon Na^+, que tem um octeto completo de elétrons em sua camada de valência ($2s^2 2p^6$) e a mesma configuração eletrônica que o Ne, o gás nobre mais próximo em número atômico. Podemos escrever essa transformação química usando as estruturas de Lewis (Seção 2.6F):

$$Na\cdot \longrightarrow Na^+ + e^-$$
Átomo de sódio   Íon de sódio   Elétron

(b) As configurações eletrônicas condensadas do estado fundamental para Cl e Cl^- são:

$$Cl\ (17\ elétrons):\ 1s^2 2s^2 2p^6 3s^2 3p^5$$
$$Cl^-\ (18\ elétrons):\ 1s^2 2s^2 2p^6 3s^2 3p^6$$

Um átomo de Cl tem sete elétrons em sua camada de valência ($3s^2 3p^5$). O ganho de um elétron transforma o átomo de Cl no íon Cl^-, que apresenta um octeto completo de elétrons em sua camada de valência ($3s^2 3p^6$) e a mesma configuração eletrônica do Ar, o gás nobre mais próximo em número atômico. Podemos escrever essa transformação química usando as estruturas de Lewis:

$$:\!\ddot{C}l\!\cdot\ +\ e^- \longrightarrow\ :\!\ddot{\underset{..}{C}}l\!:^-$$
Átomo de cloro   Elétron   Íon cloreto

Problema 3.1

Mostre como as seguintes transformações químicas obedecem à regra do octeto:
(a) Um átomo de magnésio forma um íon magnésio, Mg^{2+}.
(b) Um átomo de enxofre forma um íon sulfeto, S^{2-}.

A regra do octeto nos dá uma boa direção para entender por que os elementos dos grupos 1A-7A formam seus respectivos íons. Entretanto, essa regra não é perfeita por duas razões:

1. Íons dos elementos dos períodos 1A e 2A com cargas maiores que +2 são instáveis. O boro, por exemplo, tem três elétrons de valência. Se o boro perdesse esses três elétrons, ele se transformaria em B^{3+} e teria uma camada externa completa, como a do hélio. Parece, no entanto, que essa é uma carga muito grande para um íon desse elemento do segundo período; consequentemente, esse íon não é encontrado em compostos iônicos estáveis. Pelo mesmo raciocínio, o carbono não perde seus quatro elétrons de valência para se tornar C^{4+}, nem ganha quatro elétrons de valência para se tornar C^{4-}. Qualquer uma dessas transformações causaria uma alteração muito grande nesse elemento do segundo período.

2. A regra do octeto não se aplica aos elementos dos grupos 1B-7B (elementos de transição), cuja maioria forma íons com duas ou mais cargas positivas diferentes. O cobre, por exemplo, pode perder um elétron de valência para formar Cu^+, entretanto, pode perder dois elétrons de valência para formar Cu^{2+}.

É importante entender as enormes diferenças entre as propriedades de um átomo e as de seu(s) íon(s). Átomos e seus íons são espécies químicas completamente diferentes e com propriedades químicas e físicas completamente diferentes. Considere, por exemplo, o sódio e o cloro. O sódio, um metal mole formado por átomos de sódio, reage violentamente com a água. Os átomos de cloro são muito instáveis e ainda mais reativos que os átomos de sódio. Tanto o sódio como o cloro são venenosos. O NaCl, o sal de cozinha, é formado por íons sódio e íons cloreto. Esses dois íons são bastante estáveis e não reativos. Nem os íons sódio nem os íons cloreto reagem com a água.

Como os átomos e seus íons são espécies químicas diferentes, devemos ser cuidadosos em distinguir um do outro. Considere o fármaco conhecido como "lítio", usado para tratar o transtorno bipolar. O elemento lítio, assim como o sódio, é um metal mole que reage violentamente com a água. A droga usada para tratar o transtorno bipolar não é composta de átomos de lítio, mas de íons lítio, Li^+, geralmente administrados na forma de carbonato de lítio, Li_2CO_3. Outro exemplo vem da fluoretação da água potável, da pasta de dente e do gel dental. O elemento flúor, F_2, é um gás venenoso e extremamente corrosivo: não é usado para fluoretação. Entretanto, esse processo utiliza íons fluoreto, F^-, na forma de fluoreto de sódio, NaF, um composto não reativo e não venenoso nas concentrações usadas.

3.3 Qual é a nomenclatura dos cátions e ânions?

Os nomes para ânions e cátions são formados de acordo com um sistema desenvolvido pela União Internacional de Química Pura e Aplicada. Esses nomes são conhecidos como nomes "sistemáticos". Muitos íons têm nomes "comuns" que já eram usados bem antes de

(a) Cloreto de sódio (b) Sódio (c) Cloro
(a) O composto químico cloreto de sódio (sal de cozinha) é formado pelos elementos sódio (b) e cloro (c) em combinação química. O sal é muito diferente dos elementos que o constituem.

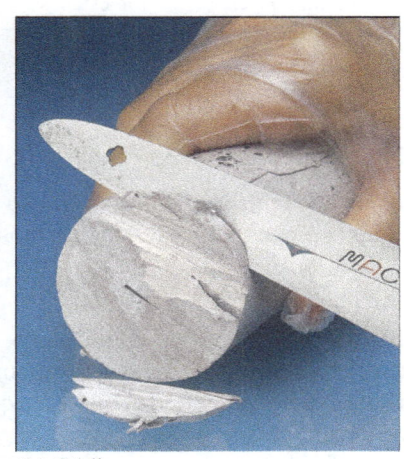

os químicos criarem uma nomenclatura sistemática. Neste capítulo e nos seguintes, usaremos nomes sistemáticos para os íons, mas, quando houver um nome tradicional, também será citado.

A. Nomenclatura de cátions monoatômicos

Um cátion monoatômico (que contém apenas um átomo) é formado quando um metal perde um ou mais elétrons de valência. Os elementos dos grupos 1A, 2A e 3A formam apenas um tipo de cátion. Para íons desses metais, o nome do cátion é a palavra íon seguida do nome do metal (Tabela 3.1). Não há necessidade de especificar a carga desses cátions, porque somente uma carga é possível. Por exemplo, Na^+ é o íon sódio, e Ca^{2+}, íon cálcio.

TABELA 3.1 Nomes de cátions de alguns metais que formam apenas um íon positivo

Grupo 1A		Grupo 2A		Grupo 3A	
Íon	Nome	Íon	Nome	Íon	Nome
H^+	Íon hidrogênio	Mg^{2+}	Íon magnésio	Al^{3+}	Íon alumínio
Li^+	Íon lítio	Ca^{2+}	Íon cálcio		
Na^+	Íon sódio	Sr^{2+}	Íon estrôncio		
K^+	Íon potássio	Ba^{2+}	Íon bário		

A maior parte dos elementos de transição e de transição interna forma mais de um tipo de cátion e, portanto, o nome do cátion deve indicar sua carga. Para indicar a carga em um nome sistemático, escrevemos um numeral romano após o nome do metal (Tabela 3.2). Por exemplo, Cu^+ é o íon cobre (I), e Cu^{2+}, o íon cobre (II). Observe que, embora a prata seja um metal de transição, ela forma apenas Ag^+, portanto não há necessidade de usar um numeral romano para indicar a carga do íon.

No sistema mais antigo de nomenclatura para cátions metálicos com duas cargas diferentes, o sufixo *-oso* é usado para indicar a carga menor, e *-ico*, para a carga maior (Tabela 3.2).

TABELA 3.2 Nomes de cátions de quatro metais que formam dois íons positivos diferentes

Íon	Nome sistemático	Nome comum	Origem do símbolo do elemento ou do nome comum do íon
Cu^+	Íon cobre (I)	Íon cuproso	*Cupr-* de *cuprum*, nome latino do cobre
Cu^{2+}	Íon cobre (II)	Íon cúprico	
Fe^{2+}	Íon ferro (II)	Íon ferroso	*Ferr-* de *ferrum*, nome latino do ferro
Fe^{3+}	Íon ferro (III)	Íon férrico	
Hg^+	Íon mercúrio (I)	Íon mercuroso	*Hg* de *hydrargyrum*, nome latino do mercúrio
Hg^{2+}	Íon mercúrio (II)	Íon mercúrico	
Sn^{2+}	Íon estanho (II)	Íon estanoso	*Sn* de *stannum*, nome latino do estanho
Sn^{4+}	Íon estanho (IV)	Íon estânico	

Óxido de cobre (I) e óxido de cobre (II). As diferentes cargas do íon cobre resultam em cores diferentes.

B. Nomenclatura dos ânions monoatômicos

Em um ânion monoatômico, adiciona-se *-eto* ao radical do nome (*óxido* é uma exceção). A Tabela 3.3 apresenta os nomes dos ânions monoatômicos mais comuns.

C. Nomenclatura dos íons poliatômicos

Um **íon poliatômico** contém mais de um átomo, como íon hidróxido, OH^-, e íon fosfato, PO_4^{3-}. Neste capítulo, não nos interessa saber como esses íons são formados, mas apenas que eles existem e estão presentes em materiais que usamos. Na Tabela 3.4, há vários íons poliatômicos importantes.

O sistema preferido para dar nome a íons poliatômicos que diferem no número de átomos de hidrogênio é o que utiliza os prefixos *di-*, *tri-* e assim por diante, para indicar a presença de mais de um hidrogênio. Por exemplo, HPO_4^{2-} é o íon hidrogenofosfato, e $H_2PO_4^-$,

TABELA 3.3 Nomes dos ânions monoatômicos mais comuns

Ânion	Radical	Nome do ânion
F^-	*fluor*	Fluoreto
Cl^-	*clor*	Cloreto
Br^-	*brom*	Brometo
I^-	*iod*	Iodeto
O^{2-}	*ox*	Óxido
S^{2-}	*sulf*	Sulfeto

o íon di-hidrogenofostato. Como vários ânions poliatômicos que contêm hidrogênio têm nomes comuns ainda muito utilizados, você também precisa memorizá-los. Nesses nomes comuns, o prefixo *bi-* é usado para indicar a presença de um hidrogênio.

Conexões químicas 3A

Corais e ossos quebrados

O osso é uma matriz altamente estruturada, que consiste em material inorgânico e orgânico. O material inorgânico é, principalmente, a hidroxiapatita, $Ca_5(PO_4)_3OH$, que compõe cerca de 70% do peso seco do osso. Por comparação, o esmalte dos dentes é quase inteiramente hidroxiapatita. Entre os principais componentes orgânicos do osso, estão as fibras de colágeno (proteínas, ver Capítulo 22), embrenhadas na matriz inorgânica, fortalecendo-a e permitindo flexibilidade quando sob tensão. Também se entrelaçando na estrutura de hidroxiapatita-colágeno, correm os vasos sanguíneos que fornecem nutrientes.

Um problema enfrentado pelos cirurgiões ortopédicos é como reparar danos nos ossos. No caso de uma pequena fratura, bastam, em geral, algumas semanas de engessamento para que o processo normal de crescimento do osso repare a área danificada. Em fraturas mais graves, especialmente aquelas que envolvem perda de tecido ósseo, talvez seja necessário um enxerto ósseo. Uma alternativa ao enxerto é o implante de material ósseo sintético. Um desses materiais, chamado Pro Osteon, é derivado do aquecimento de coral (carbonato de cálcio) com hidrogenofosfato de amônio para formar uma hidroxiapatita semelhante à do osso. Ao longo do processo de aquecimento, a estrutura porosa do coral, similar à do osso, é retida.

$$5CaCO_3 \text{ (Coral)} + 3(NH_4)_2HPO_4 \xrightarrow[24\text{-}60 \text{ horas}]{200°C}$$

$$Ca_5(PO_4)_3OH \text{ (Hidroxiapatita)} + 3(NH_4)_2CO_3 + 2H_2CO_3$$

O cirurgião pode moldar um pedaço desse material para corresponder à lacuna óssea, implantá-lo, estabilizar a área inserindo placas de metal e/ou parafusos, e deixar que um novo tecido ósseo se desenvolva nos poros do implante.

Em um processo alternativo, prepara-se uma mistura seca de di-hidrogenofosfato de cálcio mono-hidratado, $Ca(H_2PO_4)_2 \cdot H_2O$, fosfato de cálcio, $Ca_3(PO_4)_2$, e carbonato de cálcio, $CaCO_3$. Pouco antes de ocorrer o implante cirúrgico, essas substâncias químicas são misturadas com uma solução de fosfato de sódio para formar uma pasta que então é injetada na área óssea a ser reparada. Assim, a área óssea fraturada é mantida na posição desejada pelo material sintético, enquanto o processo natural de reconstrução do osso substitui o implante com tecido ósseo vivo.

TABELA 3.4 Nomes de íons poliatômicos comuns (nomes comuns, quando ainda muito utilizados, são indicados entre parênteses)

Íon poliatômico	Nome	Íon poliatômico	Nome sistemático
NH_4^+	Amônio	HCO_3^-	Hidrogenocarbonato (bicarbonato)
OH^-	Hidróxido	SO_3^-	Sulfeto
NO_2^-	Nitrito	HSO_3^-	Hidrogenossulfito (bissulfito)
NO_3^-	Nitrato	SO_4^{2-}	Sulfato
CH_3COO^-	Acetato	HSO_4^-	Hidrogenossulfato (bissulfato)
CN^-	Cianeto	PO_4^{3-}	Fosfato
MnO_4^-	Permanganato	HPO_4^{2-}	Hidrogenofosfato
CrO_4^{2-}	Cromato	$H_2PO_4^-$	Di-hidrogenofosfato
$Cr_2O_7^{2-}$	Dicromato		

3.4 Quais são os dois principais tipos de ligação química?

A. Ligações iônicas e covalentes

De acordo com o modelo de Lewis de ligação química, os átomos se ligam de tal modo que cada um adquire uma configuração eletrônica na camada de valência igual à do gás

Ligação iônica Ligação química resultante da atração entre íons positivos e negativos.

Ligação covalente Ligação química resultante do compartilhamento de elétrons entre dois átomos.

nobre mais próximo em número atômico. Há duas maneiras de os átomos adquirirem camadas de valência completas:

1. Um átomo pode perder ou ganhar elétrons em quantidade suficiente para adquirir uma camada de valência preenchida, tornando-se um íon (Seção 3.2). A **ligação iônica** resulta da força de atração eletrostática entre um cátion e um ânion.

2. Um átomo pode compartilhar elétrons com um ou mais átomos para adquirir uma camada de valência preenchida. A **ligação covalente** resulta da força de atração entre dois átomos que compartilham um ou mais pares de elétrons. Forma-se uma molécula de íon poliatômico.

Agora podemos saber se dois átomos num composto estão ligados por uma ligação iônica ou covalente. Uma das maneiras é considerar as posições relativas dos dois átomos na tabela periódica. Ligações iônicas geralmente se formam entre um metal e um não metal. Um exemplo de ligação iônica é aquela formada entre o metal sódio e o não metal cloro no composto cloreto de sódio, Na^+Cl^-. Quando dois não metais ou um metaloide e um não metal se combinam, a ligação entre eles é, em geral, covalente. Exemplos de compostos que contêm ligações covalentes entre não metais incluem Cl_2, H_2O, CH_4 e NH_3. Exemplos de compostos com ligações covalentes entre um metaloide e um não metal incluem BF_3, $SiCl_4$ e AsH_3.

Outra maneira de determinar o tipo de ligação é comparar as eletronegatividades dos átomos envolvidos, tema da próxima subseção.

B. Eletronegatividade e ligações químicas

A **eletronegatividade** é uma medida da atração de um átomo pelos elétrons que ele compartilha em uma ligação química com outro átomo. A escala de eletronegatividades mais usada (Tabela 3.5) foi elaborada na década de 1930 por Linus Pauling. Na escala de Pauling, ao flúor, elemento mais eletronegativo, é atribuída a eletronegatividade 4,0, e a todos os outros elementos são atribuídos valores relativos ao do flúor.

Quando se consideram os valores de eletronegatividade da Tabela 3.5, observa-se que geralmente eles aumentam da esquerda para a direita ao longo de uma fileira da tabela periódica e de baixo para cima numa coluna. Os valores aumentam da esquerda para a direita por causa da carga positiva crescente do núcleo, resultando em uma atração mais forte para elétrons na camada de valência. Em uma coluna, os valores aumentam de baixo para cima porque a distância cada vez menor entre os elétrons de valência e o núcleo resulta em atração mais forte entre o núcleo e os elétrons de valência.

Pode-se comparar essas tendências em eletronegatividade às tendências na energia de ionização (Seção 2.8B). Cada uma ilustra a natureza periódica dos elementos na tabela periódica.

TABELA 3.5 Valores de eletronegatividade dos elementos (Escala de Pauling)

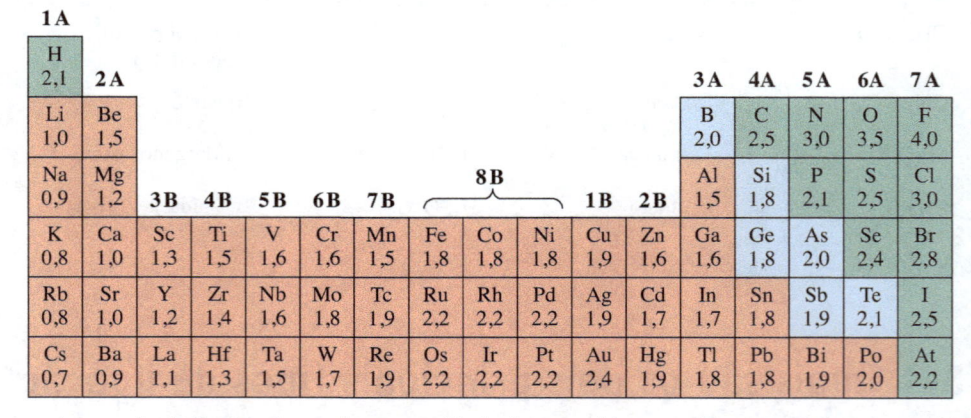

1A	2A	3B	4B	5B	6B	7B	8B	8B	8B	1B	2B	3A	4A	5A	6A	7A
H 2,1																
Li 1,0	Be 1,5											B 2,0	C 2,5	N 3,0	O 3,5	F 4,0
Na 0,9	Mg 1,2											Al 1,5	Si 1,8	P 2,1	S 2,5	Cl 3,0
K 0,8	Ca 1,0	Sc 1,3	Ti 1,5	V 1,6	Cr 1,6	Mn 1,5	Fe 1,8	Co 1,8	Ni 1,8	Cu 1,9	Zn 1,6	Ga 1,6	Ge 1,8	As 2,0	Se 2,4	Br 2,8
Rb 0,8	Sr 1,0	Y 1,2	Zr 1,4	Nb 1,6	Mo 1,8	Tc 1,9	Ru 2,2	Rh 2,2	Pd 2,2	Ag 1,9	Cd 1,7	In 1,7	Sn 1,8	Sb 1,9	Te 2,1	I 2,5
Cs 0,7	Ba 0,9	La 1,1	Hf 1,3	Ta 1,5	W 1,7	Re 1,9	Os 2,2	Ir 2,2	Pt 2,2	Au 2,4	Hg 1,9	Tl 1,8	Pb 1,8	Bi 1,9	Po 2,0	At 2,2

Eletronegatividade aumenta →

A energia de ionização mede a quantidade de energia necessária para remover um elétron de um átomo. A eletronegatividade mede a força utilizada por um átomo para reter os elétrons que compartilha com outro átomo. Observe que tanto a eletronegatividade como o potencial de ionização geralmente aumentam da esquerda para a direita ao longo de uma fileira da tabela periódica, das colunas 1A a 7A. Além disso, tanto a eletronegatividade quanto o potencial de ionização aumentam de baixo para cima em uma coluna.

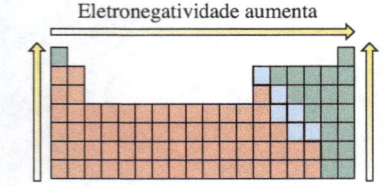

Exemplo 3.2 Eletronegatividade

Considerando as posições relativas na tabela periódica, qual elemento de cada par tem maior eletronegatividade?
(a) Lítio ou carbono   (b) Nitrogênio ou oxigênio   (c) Carbono ou oxigênio

Estratégia

Os elementos de cada par pertencem ao segundo período da tabela periódica. Dentro de um período, a eletronegatividade aumenta da esquerda para a direita.

Solução

(a) C > Li   (b) O > N   (c) O > C

Problema 3.2

Considerando as posições relativas na tabela periódica, qual elemento de cada par tem maior eletronegatividade?
(a) Lítio ou potássio   (b) Nitrogênio ou fósforo   (c) Carbono ou silício

3.5 O que é uma ligação iônica?

A. Formação de ligações iônicas

De acordo com o modelo de ligação de Lewis, uma ligação iônica é formada pela transferência de um ou mais elétrons da camada de valência de um átomo de menor eletronegatividade para a camada de valência de outro de maior eletronegatividade. O átomo mais eletronegativo ganha um ou mais elétrons de valência e torna-se um ânion; o átomo menos eletronegativo perde um ou mais elétrons de valência e torna-se um cátion. O composto formado pela atração eletrostática entre íons positivos e negativos é chamado **composto iônico**.

Como diretriz, dizemos que esse tipo de transferência eletrônica para formar um composto iônico será mais provável se a diferença de eletronegatividade entre dois átomos for aproximadamente 1,9 ou mais. Se essa diferença for menor que 1,9, provavelmente a ligação será covalente. É preciso ter em mente que o valor 1,9 para a formação da ligação iônica é um tanto arbitrário. Alguns químicos preferem um valor um pouco maior, outros, um valor um pouco menor. O essencial é que o valor 1,9 nos dá um indicador em relação ao qual se pode decidir se é mais provável que uma ligação seja iônica ou covalente. Na Seção 3.7, abordaremos a ligação covalente.

Um exemplo de composto iônico é aquele formado entre o metal sódio (eletronegatividade 0,9) e o não metal cloro (3,0). A diferença em eletronegatividade entre esses dois elementos é 2,1. Ao formar o composto iônico NaCl, o único elétron de valência $3s$ do átomo de sódio é transferido para a camada de valência parcialmente preenchida do átomo de cloro.

$$\text{Na } (1s^22s^22p^63s^1) + \text{Cl } (1s^22s^22p^63s^23p^5) \longrightarrow \text{Na}^+ (1s^22s^22p^6) + \text{Cl}^- (1s^22s^22p^63s^23p^6)$$

Átomo de sódio   Átomo de cloro   Íon de sódio   Íon cloreto

Na seguinte equação, usamos uma seta curvada de somente uma ponta para indicar a transferência de um elétron do sódio para o cloro.

$$\text{Na} \cdot + \cdot \ddot{\underset{..}{\text{Cl}}} : \longrightarrow \text{Na}^+ \ : \ddot{\underset{..}{\text{Cl}}} :^-$$

A ligação iônica no cloreto de sódio sólido resulta da força de atração eletrostática entre íons sódio positivos e íons cloro negativos. Na forma sólida (cristalina), o cloreto de sódio consiste em uma sequência tridimensional de íons Na$^+$ e Cl$^-$ arranjados conforme mostra a Figura 3.1.

Embora compostos iônicos não sejam moléculas, apresentam uma proporção definida de um tipo de íon para outro, e suas fórmulas nos dão essa proporção. Por exemplo, NaCl representa a proporção mais simples de íons sódio para íons cloreto, ou seja, 1:1.

> As linhas entre os íons no modelo de esferas e bastões simplesmente são linhas de referência para indicar as posições relativas de Na⁺ e Cl⁻.

> O modelo de preenchimento de espaço indica mais corretamente como os íons estão empacotados.

> Seis íons de sódio circundam cada íon de cloreto e vice-versa.

(a) (b)

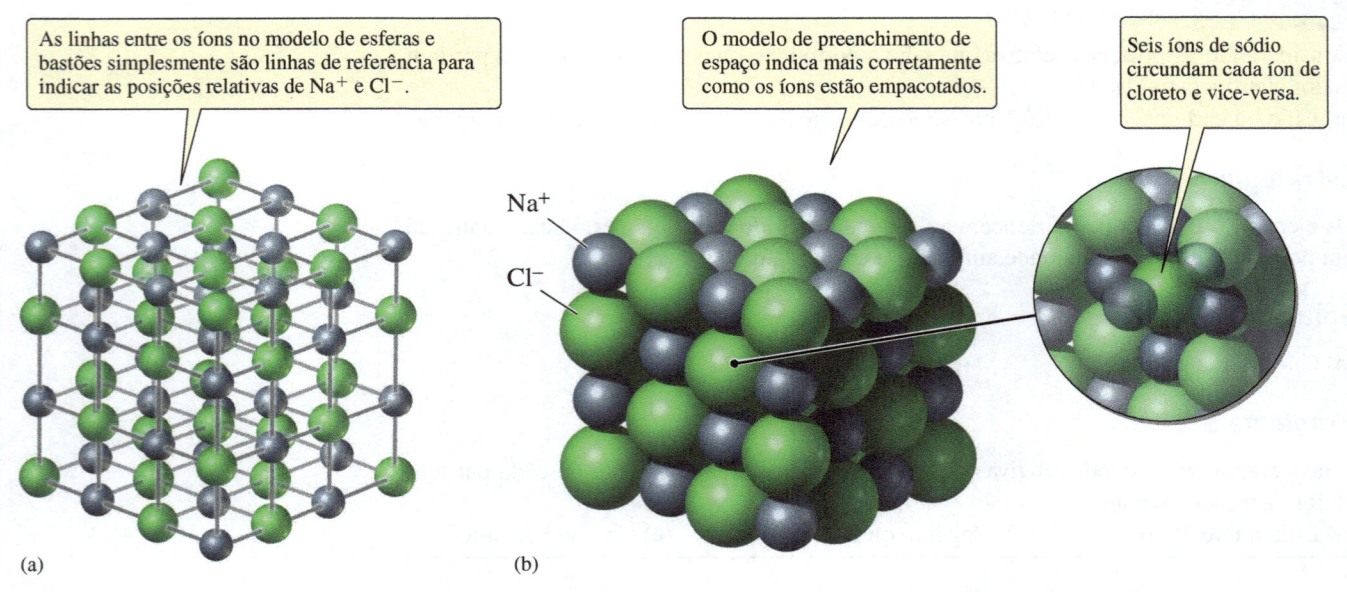

FIGURA 3.1 Estrutura de um cristal de cloreto de sódio. (a) Modelos de esferas e bastões mostram as posições relativas dos íons. (b) Modelos de preenchimento de espaço mostram os tamanhos relativos dos íons.

B. Previsão das fórmulas de compostos iônicos

Íons são partículas carregadas, mas a matéria que vemos ao nosso redor e com a qual lidamos todos os dias é eletricamente neutra (não tem carga). Se houver íons presentes em qualquer amostra de matéria, o número total de cargas positivas deve ser igual ao número total de cargas negativas. Assim, não podemos ter uma amostra apenas com íons Na⁺. Qualquer amostra que contenha íons Na⁺ deve também conter íons negativos, tais como Cl⁻, Br⁻ ou S²⁻, e a soma das cargas positivas será igual à soma das cargas negativas.

Exemplo 3.3 Fórmulas de compostos iônicos

Escreva as fórmulas para os compostos iônicos formados a partir dos seguintes íons:
(a) Íon lítio e íon brometo   (b) Íon bário e íon iodeto   (c) Íon alumínio e íon sulfeto

Estratégia

A fórmula de um composto iônico mostra a proporção mais simples de número inteiro entre cátions e ânions. Em um composto iônico, o número total de cargas positivas dos cátions e o número total de cargas negativas dos ânions deve ser igual. Portanto, para prever a fórmula de um composto iônico, é preciso conhecer as cargas dos íons envolvidos.

Solução

(a) A Tabela 3.1 mostra que a carga do íon lítio é $+1$, e a Tabela 3.3 mostra que a carga do íon brometo é -1. Portanto, a fórmula do brometo de lítio é LiBr.
(b) A carga do íon bário é $+2$, e a carga do íon iodeto é -1. São necessários dois íons I⁻ para balancear a carga de um íon Ba²⁺. Portanto, a fórmula do iodeto de bário é BaI_2.
(c) A carga do íon alumínio é $+3$, e a carga do íon sulfeto é -2. Para o composto ter uma carga total igual a zero, os íons devem combinar-se na proporção de dois íons alumínio para três íons enxofre. A fórmula do sulfeto de alumínio é Al_2S_3.

Problema 3.3

Escreva as fórmulas para os compostos iônicos formados a partir dos seguintes íons:
(a) Íon potássio e íon cloreto   (b) Íon cálcio e íon fluoreto
(c) Íon ferro (III) e íon óxido

Lembre-se de que os subscritos nas fórmulas para compostos iônicos representam a proporção dos íons. Assim, um cristal de BaI_2 tem duas vezes mais íons iodeto que íons bário. Para compostos iônicos, quando ambas as cargas são 2, como no composto formado de Ba^{2+} e O^{2-}, devemos "reduzir aos termos mais baixos". Ou seja, o óxido de bário é BaO, e não Ba_2O_2. Nesse caso, vemos apenas proporções, e a proporção de íons no óxido de bário é de 1:1.

3.6 Qual é a nomenclatura dos compostos iônicos?

Para nomear um composto iônico, primeiro damos o nome do ânion seguido do nome do cátion.

A. Compostos iônicos binários de metais que formam apenas um íon positivo

Um **composto binário** contém dois elementos. Em um **composto iônico binário**, ambos os elementos estão presentes como íons. O nome do composto é o nome do ânion (íon negativo) seguido do nome do metal do cátion (íon positivo). Geralmente, ignoramos subscritos na nomenclatura de compostos iônicos binários. Por exemplo, $AlCl_3$ é cloreto de alumínio. Sabemos que esse composto contém três íons cloro porque as cargas positivas e negativas no composto devem ser iguais – isto é, um íon Al^{3+} deve combinar-se com três íons Cl^- para equilibrar as cargas.

Exemplo 3.4 Compostos iônicos binários

Dê o nome destes compostos iônicos binários:
(a) LiBr (b) Ag_2S (c) NaBr

Estratégia

O nome de um composto iônico consiste em duas palavras: nome do ânion seguido do nome do cátion.

Solução

(a) Brometo de lítio (b) Sulfeto de prata (c) Brometo de sódio

Problema 3.4

Dê o nome dos seguintes compostos iônicos binários:
(a) MgO (b) BaI_2 (c) KCl

Exemplo 3.5 Compostos iônicos binários

Escreva as fórmulas dos seguintes compostos iônicos binários:
(a) Hidreto de bário (b) Fluoreto de sódio (c) Óxido de cálcio

Estratégia

Escreva a fórmula do íon positivo e depois a fórmula do íon negativo. Lembre-se de que o número de cargas positivas e negativas deve ser igual. Indique a proporção de cada íon na fórmula do composto com subscritos. Quando somente houver um de cada, deve-se omitir o subscrito.

Solução

(a) BaH_2 (b) NaF (c) CaO

Problema 3.5

Escreva as fórmulas dos seguintes compostos iônicos binários:
(a) Cloreto de magnésio (b) Óxido de alumínio (c) Iodeto de lítio

B. Compostos iônicos binários de metais que formam mais de um íon positivo

A Tabela 3.2 mostra que muitos metais de transição formam mais de um íon positivo. Por exemplo, o cobre forma tanto íons Cu^+ como íons Cu^{2+}. Para a nomenclatura sistemática, usamos os numerais romanos no nome indicando a carga. Para a nomenclatura comum, usamos o sistema *-oso, -ico*.

Exemplo 3.6 Compostos iônicos binários

Dê o nome sistemático e o nome comum de cada composto iônico binário.
(a) CuO   (b) Cu_2O

Estratégia

O nome de um composto iônico binário consiste em duas palavras: primeiro vem o nome do ânion seguido do nome do cátion. Como os metais de transição tipicamente formam mais de um cátion, a carga do cátion deve ser indicada, seja por um numeral romano entre parênteses, seguido do nome do metal de transição, seja pelos sufixos -*ico*, para indicar a carga maior, ou -*oso*, para indicar a carga menor.

Solução

(a) Nome sistemático: óxido de cobre (II). Nome comum: óxido cúprico.

(b) Nome sistemático: óxido de cobre (I). Nome comum: óxido cuproso.

Lembre-se, ao responder à parte (b), de que omitimos subscritos em nomes de compostos iônicos binários. Portanto, o 2 em Cu_2O não é indicado no nome. Sabemos que são dois íons cobre (I) porque são necessárias duas cargas positivas para equilibrar as duas cargas negativas do íon O^{2-}.

Problema 3.6

Dê o nome sistemático e o nome comum de cada composto iônico binário.
(a) FeO   (b) Fe_2O_3

C. Compostos iônicos que contêm íons poliatômicos

Em compostos iônicos que contêm íons poliatômicos, primeiro vem o nome do íon negativo, depois o do íon positivo.

Exemplo 3.7 Íons poliatômicos

Dê o nome destes compostos iônicos, todos contendo um íon poliatômico:
(a) $NaNO_3$ (b) $CaCO_3$ (c) $(NH_4)_2SO_3$ (d) NaH_2PO_4

Estratégia

Em compostos iônicos que contêm íons poliatômicos, primeiro vem o nome do íon negativo, depois o do íon positivo.

Solução

(a) Nitrato de sódio   (b) Carbonato de cálcio
(c) Sulfeto de amônio   (d) Di-hidrogenofosfato de sódio

Problema 3.7

Dê o nome dos seguintes compostos iônicos, todos contendo um íon poliatômico:
(a) K_2HPO_4 (b) $Al_2(SO_4)_3$ (c) $FeCO_3$

3.7 O que é uma ligação covalente?

A. Formação da ligação covalente

A ligação covalente é formada quando pares de elétrons são compartilhados entre dois átomos cuja diferença de eletronegatividade é menor que 1,9. Como já mencionamos, as ligações covalentes mais comuns ocorrem entre dois não metais ou entre um não metal e um metaloide.

De acordo com o modelo de Lewis, um par de elétrons em uma ligação covalente funciona de duas maneiras simultaneamente: os dois átomos compartilham e ele preenche a camada de valência de cada átomo. O exemplo mais simples de ligação covalente é o da molécula de hidrogênio, H_2. Quando dois átomos de hidrogênio se ligam, os elétrons de cada um dos átomos se combinam para formar um par eletrônico. A ligação que se forma ao se compartilhar um par de elétrons chama-se **ligação simples**, que é representada por uma única linha entre dois átomos. O par de elétrons compartilhado entre os dois átomos de hidrogênio no H_2 completa a camada de valência de cada hidrogênio. Assim, no H_2, cada hidrogênio tem dois elétrons em sua camada de valência e uma configuração eletrônica como a do hélio, o gás nobre mais próximo em número atômico.

$$H\cdot + \cdot H \longrightarrow H-H$$

A linha representa um par de elétrons compartilhado

Conexões químicas 3B

Compostos iônicos na medicina

Muitos compostos iônicos têm utilidade medicinal, alguns dos quais aparecem na tabela.

Fórmula	Nome	Uso medicinal
$AgNO_3$	Nitrato de prata	Adstringente (externo)
$BaSO_4$	Sulfato de bário	Meio radiopaco para raios X
$CaSO_4$	Sulfato de cálcio	Engessamento
$FeSO_4$	Sulfato de ferro (II)	Tratamento de deficiência de ferro
$KMnO_4$	Permanganato de potássio	Anti-infectivo (externo)
KNO_3	Nitrato de potássio (salitre)	Diurético
Li_2CO_3	Carbonato de lítio	Tratamento do transtorno bipolar
$MgSO_4$	Sulfato de magnésio (sais de Epson)	Catártico
$NaHCO_3$	Bicarbonato de sódio	Antiácido
NaI	Iodeto de sódio	Iodo para hormônios da tiroide
NH_4Cl	Cloreto de amônio	Acidificação do sistema digestivo
$(NH_4)_2CO_3$	Carbonato de amônio	Expectorante
SnF_2	Fluoreto de estanho (II)	Fortalece os dentes (externo)
ZnO	Óxido de zinco	Adstringente (externo)

B. Ligações covalentes apolares e polares

Embora todas as ligações covalentes envolvam o compartilhamento de elétrons, elas diferem no grau desse compartilhamento. As ligações covalentes são classificadas em duas categorias, **apolares** e **polares**, dependendo da diferença de eletronegatividade entre os átomos ligados. Em uma ligação covalente apolar, os elétrons são igualmente compartilhados. Na ligação covalente polar, são compartilhados de modo desigual. É importante perceber que não há uma linha divisória rígida entre essas duas categorias, assim como não há uma divisão estrita entre ligações covalentes polares e ligações iônicas. No entanto, as orientações práticas dadas na Tabela 3.6 ajudarão a decidir se é mais provável que uma ligação seja covalente apolar, covalente polar ou iônica.

Ligação covalente apolar Ligação covalente entre dois átomos cuja diferença de eletronegatividade é menor que 0,5.

Ligação covalente polar Ligação covalente entre dois átomos cuja diferença de eletronegatividade está entre 0,5 e 1,9.

TABELA 3.6 Classificação das ligações químicas

Diferença de eletronegatividade entre átomos ligados	Tipo de ligação	Mais provavelmente formado entre
Menos de 0,5	Covalente apolar	Dois não metais ou um não metal e um metaloide
De 0,5 a 1,9	Covalente polar	
Mais que 1,9	Iônica	Metal e não metal

Um exemplo de ligação covalente polar é a do H—Cl, onde a diferença de eletronegatividade entre os átomos ligados é 3,0 − 2,1 = 0,9. Uma ligação covalente entre carbono e hidrogênio, por exemplo, é classificada como covalente apolar porque a diferença em eletronegatividade entre esses dois átomos é somente 2,5 − 2,1 = 0,4. É preciso saber, porém, que há uma ligeira polaridade na ligação C—H, mas, por ser muito pequena, dizemos arbitrariamente que a ligação C—H é apolar.

Exemplo 3.8 Classificação das ligações químicas

Classifique cada ligação como covalente apolar, covalente polar ou iônica.
(a) O—H (b) N—H (c) Na—F (d) C—Mg (e) C—S

Estratégia

Usando a Tabela 3.5, determine a diferença de eletronegatividade entre átomos ligados. Depois use os valores dados na Tabela 3.6 para classificar o tipo de ligação formado.

Solução

Ligação	Diferença de eletronegatividade	Tipo de ligação
(a) O—H	3,5 − 2,1 = 1,4	Covalente polar
(b) N—H	3,0 − 2,1 = 0,9	Covalente polar
(c) Na—F	4,0 − 0,9 = 3,1	Iônica
(d) C—Mg	2,5 − 1,2 = 1,3	Covalente polar
(e) C—S	2,5 − 2,5 = 0,0	Covalente apolar

Problema 3.8

Classifique cada ligação como covalente apolar, covalente polar ou iônica.
(a) S—H (b) P—H (c) C—F (d) C—Cl

Uma importante consequência do compartilhamento desigual de elétrons numa ligação covalente polar é que o átomo mais eletronegativo ganha uma fração maior dos elétrons compartilhados e adquire uma carga negativa parcial, indicada pelo símbolo δ− (leia-se "delta menos"). O átomo menos eletronegativo tem uma fração menor dos elétrons compartilhados e adquire uma carga positiva parcial, indicada pelo símbolo δ+ (leia-se "delta mais"). Essa separação de carga produz um **dipolo** (dois polos). Costumamos mostrar a presença de uma ligação dipolo com uma seta, cuja ponta fica próxima à extremidade negativa do dipolo e uma cruz na cauda da seta, próxima à extremidade positiva (Figura 3.2).

Também podemos indicar a polaridade de uma ligação covalente com um mapa de densidade eletrônica. Nesse tipo de modelo molecular, a cor azul indica a presença de uma carga δ+, e a cor vermelha, a presença de uma carga δ−. A Figura 3.2 também mostra um mapa de densidade eletrônica do HCl. O modelo de esferas e bastões no centro do mapa de densidade eletrônica indica a orientação dos átomos no espaço. A superfície transparente em torno do modelo de esferas e bastões mostra os tamanhos relativos dos átomos (equivalente ao tamanho mostrado por um modelo de preenchimento de espaço). Cores na superfície mostram a distribuição da densidade eletrônica. Vemos pela cor azul que o hidrogênio tem carga δ+ e pela cor vermelha que o cloro tem carga δ−.

Dipolo Espécie química em que há separação de carga. Em uma parte da espécie, há um polo positivo, e, em outra parte, existe um polo negativo.

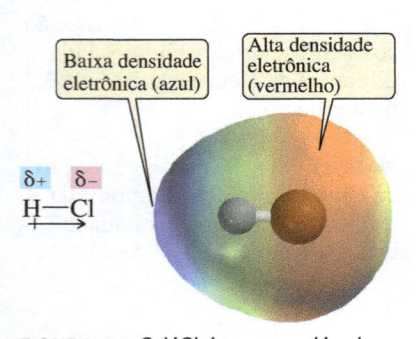

FIGURA 3.2 O HCl é uma molécula covalente polar. No mapa de densidade eletrônica do HCl, vermelho indica uma região de alta densidade eletrônica, e azul, uma região de baixa densidade eletrônica.

Exemplo 3.9 Polaridade de uma ligação covalente

Usando os símbolos δ− e δ+, indique a polaridade de cada ligação covalente polar.
(a) C—O (b) N—H (c) C—Mg

Estratégia

O átomo mais eletronegativo de uma ligação covalente tem uma carga negativa parcial, e o átomo menos eletronegativo, uma carga positiva parcial.

Solução

Para (a), C e O são ambos do segundo período da tabela periódica. Como O está mais à direita que C, ele é mais eletronegativo que C. Para (c), Mg é um metal localizado no lado esquerdo da tabela periódica, e C é um não metal localizado à direita. Todos os não metais, incluindo o H, são mais eletronegativos que os metais das colunas 1A e 2A. A eletronegatividade de cada elemento é dada abaixo do símbolo do elemento.

$$\text{(a)} \overset{\delta+}{C} — \overset{\delta-}{O} \quad \text{(b)} \overset{\delta-}{N} — \overset{\delta+}{H} \quad \text{(c)} \overset{\delta-}{C} — \overset{\delta+}{Mg}$$
$$\quad\;\; 2{,}5 \;\; 3{,}5 \qquad\quad 3{,}0 \;\; 2{,}1 \qquad\quad 2{,}5 \;\; 1{,}2$$

Problema 3.9

Usando os símbolos $\delta-$ e $\delta+$, indique a polaridade em cada ligação covalente polar.
(a) C—N (b) N—O (c) C—Cl

C. Desenhando as estruturas de Lewis dos compostos covalentes

Saber desenhar estruturas de Lewis para moléculas covalentes é fundamental para o estudo da química. O quadro a seguir vai ajudar o aluno nessa tarefa.

Como...
Desenhar estruturas de Lewis

1. **Determine o número de valência de elétrons na molécula.**
   Calcule o número de elétrons de valência de cada átomo.
   Para determinar o número de elétrons de valência, é preciso saber a quantidade de cada tipo de átomo na molécula. Não é preciso saber nada sobre como os átomos estão ligados entre si.
   Exemplo: A estrutura de Lewis para o formaldeído, CH_2O, deve mostrar 12 elétrons de valência:

   $$4 \,(\text{do C}) + 2 \,(\text{dos dois H}) + 6 \,(\text{do O}) = 12$$

2. **Determine a conectividade dos átomos (que átomos estão ligados entre si) e conecte os átomos ligados por ligações simples.**
   Determinar a conectividade dos átomos geralmente é a parte mais difícil quando se desenha uma estrutura de Lewis.[2] No caso de algumas moléculas, pedimos a você que proponha a conectividade. Para a maioria delas, porém, damos a conectividade determinada experimentalmente e pedimos que você complete a estrutura de Lewis.
   Exemplo: Os átomos no formaldeído estão ligados na seguinte ordem. Observe que não tentamos neste ponto mostrar ângulos de ligação ou a forma tridimensional da molécula, mostramos apenas o que está ligado a quê.

   $$\begin{array}{c} O \\ | \\ H—C—H \end{array}$$

   Essa estrutura parcial mostra seis elétrons de valência nas três ligações simples. Nela já temos seis dos 12 elétrons de valência.

3. **Arranje os elétrons restantes de modo que cada átomo tenha uma camada externa completa.**
   Cada átomo de hidrogênio deve estar circundado por dois elétrons. Cada átomo de carbono, nitrogênio, oxigênio e halogênio deve estar circundado por oito elétrons de valência. Os elétrons de valência restantes podem ser compartilhados entre átomos em ligações ou ser pares não compartilhados em um único átomo. Um par de elétrons envolvido numa ligação covalente (**elétrons ligantes**) é mostrado como uma linha única, e um par não compartilhado de elétrons (**elétrons não ligantes**) é mostrado como um par de pontos de Lewis.

Elétrons ligantes Elétrons de valência envolvidos na formação de ligação covalente, isto é, elétrons compartilhados.

Elétrons não ligantes Elétrons de valência não envolvidos na formação de ligações covalentes, isto é, elétrons não compartilhados.

Ligação simples Ligação formada pelo compartilhamento de um par de elétrons e representada por uma única linha entre dois átomos.

Estrutura de Lewis Fórmula para moléculas ou íons que mostra todos os pares de elétrons ligantes como ligações simples, duplas ou triplas, e todos os elétrons não ligantes como pares de pontos.

Fórmula estrutural Fórmula que mostra como os átomos de uma molécula ou íons estão ligados entre si. Essa fórmula é semelhante à estrutura de Lewis, no entanto mostra apenas pares de elétrons ligantes.

---

[2] Há uma maneira relativamente simples de se determinar a conectividade dos átomos em uma molécula observando as seguintes regras: a) os hidrogênios são sempre átomos terminais (periféricos) na estrutura, nunca se encontram ligados entre dois outros átomos; b) o átomo central é o que se encontra em menor número na fórmula molecular, ou normalmente o átomo menos eletronegativo. Frequentemente temos como átomos centrais C, N, P, S; c) os halogênios são normalmente átomos terminais (por exemplo, PCl_3), com exceção dos oxiácidos (como $HClO_4$), nos quais são os átomos centrais; d) nos oxiácidos (entre eles $HClO_4$, HNO_3, H_2CO_3) os hidrogênios estão sempre ligados aos oxigênios.

Exemplificando essas regras para o formaldeído (CH_2O), que está sendo estudado neste quadro, temos que o átomo central só pode ser o oxigênio ou o carbono, uma vez que eles se encontram em igual número na fórmula molecular, e os demais átomos são hidrogênios. Como o carbono é menos eletronegativo que o oxigênio, ele é o átomo central. Definido o átomo central, unimos este átomo aos demais através de uma linha, como mostrado neste quadro.

No caso do HNO_3 teríamos como átomo central N, pois é o que se encontra em menor número na fórmula molecular e, adicionalmente, é menos eletronegativo que o oxigênio. A conectividade é feita pela ligação do N central a cada um dos oxigênios utilizando uma linha. Como se trata de um oxiácido, não ocorre conexão direta entre o hidrogênio e o nitrogênio central – o hidrogênio se encontra conectado por uma linha a um dos oxigênios da estrutura.

Desta forma temos a conectividade básica definida. A formação de ligações adicionais é descrita neste quadro. (NRT)

Ligação dupla Ligação formada por compartilhamento de dois pares de elétrons e representada por duas linhas entre os dois átomos ligados.

Ligação tripla Ligação formada por compartilhamento de três pares de elétrons e representada por três linhas entre os dois átomos ligados.

Quando se colocam dois pares de elétrons ligantes entre C e O, damos ao carbono um octeto completo. Quando se colocam os quatro elétrons restantes no oxigênio como dois pares de Lewis, damos ao oxigênio oito elétrons de valência e um octeto completo (regra do octeto). Observe que colocamos os dois pares de elétrons ligantes entre C e O antes de distribuirmos os pares não compartilhados de elétrons para o oxigênio.

Para conferir essa estrutura, verifique se (1) cada átomo tem uma camada de valência completa (sim, confere) e se (2) a estrutura de Lewis apresenta o número correto de elétrons de valência (12, confere).

4. Em uma **ligação dupla**, dois átomos compartilham dois pares de elétrons. Representamos a ligação dupla com duas linhas entre os átomos ligados. Duplas ligações são mais comuns entre átomos de C, N, O e S. Nos capítulos sobre química orgânica e bioquímica, veremos muitos exemplos de ligações duplas C=C, C=N e C=O.
5. Em uma **ligação tripla**, dois átomos compartilham três pares de elétrons. Indicamos uma tripla ligação com três linhas entre os átomos ligados. Ligações triplas são mais comuns entre átomos de C e N, como —C≡C— e —C≡N: ligações triplas.

TABELA 3.7 Estrutura de Lewis para várias moléculas pequenas

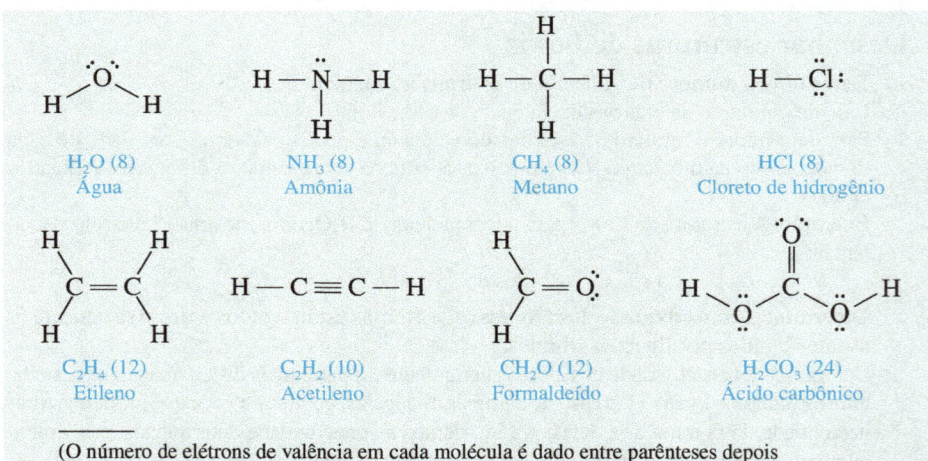

(O número de elétrons de valência em cada molécula é dado entre parênteses depois da fórmula molecular do composto.)

A Tabela 3.7 apresenta as estruturas de Lewis e os nomes de várias moléculas pequenas. Observe que cada hidrogênio é circundado por dois elétrons de valência, e cada carbono, nitrogênio, oxigênio e cloro é circundado por oito elétrons de valência. Além disso, cada carbono tem quatro ligações, cada nitrogênio tem três ligações e um par de elétrons não compartilhados, cada oxigênio tem duas ligações e dois pares de elétrons não compartilhados, e o cloro (bem como os outros halogênios) tem uma ligação e três pares de elétrons não compartilhados.

Exemplo 3.10 Estruturas de Lewis para compostos covalentes

Determine o número de elétrons de valência em cada molécula e desenhe a estrutura de Lewis:
(a) Peróxido de hidrogênio, H_2O_2 (b) Metanol, CH_3OH
(c) Ácido acético, CH_3COOH

Estratégia

Para determinar o número de elétrons de valência em uma molécula, adicione o número de elétrons de valência fornecido para cada tipo de átomo na molécula. Para desenhar uma estrutura de Lewis, determine a conectividade dos átomos e conecte átomos ligados por ligações simples. Depois arranje os elétrons de valência restantes de modo que cada átomo tenha uma camada externa completa.

Solução

(a) A estrutura de Lewis para o peróxido de hidrogênio, H_2O_2, deve mostrar os 14 elétrons de valência: seis de cada oxigênio e um de cada hidrogênio, para um total de $12 + 2 = 14$ elétrons de valência. Sabemos que o hidrogênio forma apenas uma ligação covalente, portanto a conectividade dos átomos deve ser assim:

$$H-O-O-H$$

As três ligações simples são responsáveis pelos seis elétrons de valência. Os oito elétrons de valência restantes devem ser colocados nos átomos de oxigênio para dar a cada átomo um octeto completo:

H—Ö—Ö—H

Modelos de esferas e bastões mostram núcleos e ligações covalentes, mas não mostram pares de elétrons não compartilhados

(b) A estrutura de Lewis para o metano, CH_3OH, deve mostrar os quatro elétrons de valência do carbono, um de cada hidrogênio, e os seis do oxigênio, em um total de $4 + 4 + 6 = 14$ elétrons de valência. A conectividade dos átomos no metanol é dada à esquerda. As cinco ligações simples nessa estrutura parcial são responsáveis pelos dez elétrons de valência. Os quatro elétrons de valência restantes devem ser colocados no oxigênio como dois pares de pontos (pares de elétrons não compartilhados) para lhe dar um octeto completo:

Ordem de conexão dos átomos

Estrutura de Lewis

(c) Uma molécula de ácido acético, CH_3COOH, deve conter os quatro elétrons de valência de cada carbono, os seis de cada oxigênio, e um de cada hidrogênio, para um total de $8 + 12 + 4 = 24$ elétrons de valência. A conectividade dos átomos, mostrada à esquerda, contém sete ligações simples, responsáveis por 14 elétrons de valência. Os dez elétrons restantes devem ser adicionados de modo que cada átomo de carbono e oxigênio tenha uma camada externa completa de oito elétrons. Isso pode ser feito de uma maneira apenas, o que cria uma dupla ligação entre o carbono e um de seus oxigênios.

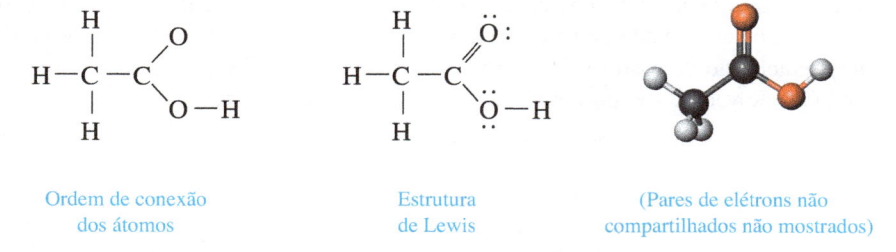

Ordem de conexão dos átomos

Estrutura de Lewis

(Pares de elétrons não compartilhados não mostrados)

Nessa estrutura de Lewis, cada carbono tem quatro ligações: um carbono tem quatro ligações simples, e o outro carbono, duas ligações simples e uma ligação dupla. Cada oxigênio tem duas ligações e dois pares de elétrons não compartilhados: um oxigênio tem uma ligação dupla e dois pares de elétrons não compartilhados, e o outro oxigênio, duas ligações simples e dois pares de elétrons não compartilhados.

Problema 3.10

Desenhe a estrutura de Lewis para cada molécula. Cada uma delas tem apenas uma ordem possível de conexão para seus átomos, que você deve determinar.

(a) Etano, C_2H_6 (b) Clorometano, CH_3Cl
(c) Cianeto de hidrogênio, HCN

Exemplo 3.11 Ligação covalente do carbono

Por que o carbono tem quatro ligações e nenhum par de elétrons não compartilhado em alguns compostos covalentes?

Estratégia

Ao responder a essa pergunta, você precisa considerar a configuração eletrônica do carbono, o número de elétrons que sua camada de valência pode conter e os orbitais disponíveis para compartilhar elétrons e formar ligações covalentes.

Solução

Ao formar compostos covalentes, o carbono reage de modo a ter uma camada de valência preenchida, isto é, um octeto completo em sua camada de valência e uma configuração eletrônica semelhante à do neônio, o gás nobre mais próximo em número atômico.

O carbono é um elemento do segundo período e pode conter não mais que oito elétrons em sua camada de valência, isto é, no orbital $2s$ e nos três orbitais $2p$. Quando o carbono tem quatro ligações, possui uma camada de valência completa e um octeto completo. Com oito elétrons, seus orbitais $2s$ e $2p$ agora estão completamente ocupados e não podem comportar mais elétrons. Um par de elétrons adicional traria dez elétrons para a camada de valência do carbono e violaria a regra do octeto.

Problema 3.11

Desenhe a estrutura de Lewis para um composto covalente em que o carbono tenha:
(a) Quatro ligações simples   (b) Duas ligações simples e uma ligação dupla
(c) Duas ligações duplas   (d) Uma ligação simples e uma ligação tripla

D. Exceções à regra do octeto

O modelo de Lewis da ligação covalente focaliza os elétrons de valência e a necessidade de cada átomo, que não seja o hidrogênio, ter uma camada de valência completa com oito elétrons. Embora a maior parte das moléculas formadas pelos elementos do grupo principal (grupos 1A-7A) tenha estruturas que satisfazem a regra do octeto, existem algumas exceções importantes.

Uma das exceções envolve moléculas que contêm um átomo com mais de oito elétrons na camada de valência. Átomos de elementos do segundo período utilizam um orbital $2s$ e três orbitais $2p$ para ligação; esses quatro orbitais podem conter apenas oito elétrons de valência – daí a regra do octeto. Átomos de elementos do terceiro período, no entanto, têm um orbital $3s$, três orbitais $3p$ e cinco orbitais $3d$; eles podem acomodar mais de oito elétrons em suas camadas de valência (Seção 2.6A). Na fosfina, PH_3, o fósforo tem oito elétrons na camada de valência e obedece à regra do octeto. Os átomos de fósforo no pentacloreto de fósforo, PCl_5, e no ácido fosfórico, H_3PO_4, têm dez elétrons em suas camadas de valência e, portanto, são exceções à regra do octeto.

8 elétrons na camada de valência do P | 10 elétrons na camada de valência do P | 10 elétrons na camada de valência do P

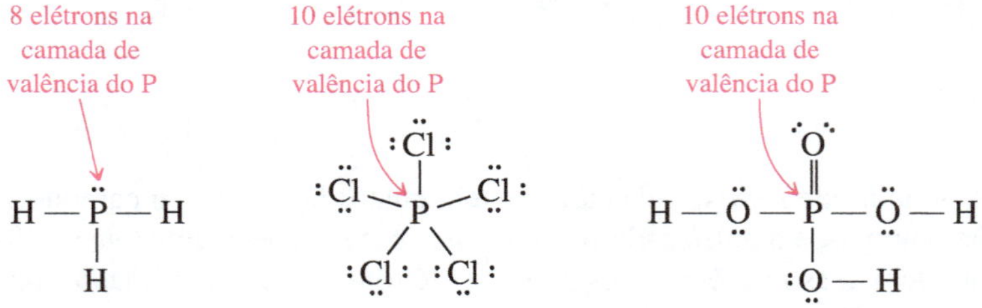

Fosfina | Pentacloreto de fósforo | Ácido fosfórico

O enxofre, outro elemento do terceiro período, forma compostos com 8, 10 e mesmo 12 elétrons na camada de valência. O átomo de enxofre no H_2S tem 8 elétrons em sua camada de valência e obedece à regra do octeto. Os átomos de enxofre no SO_2 e no H_2SO_4 têm 10 e 12 elétrons, respectivamente, em suas camadas de valência e são exceções à regra do octeto.

8 elétrons na camada de valência do enxofre

10 elétrons na camada de valência do enxofre

12 elétrons na camada de valência do enxofre

H—S̈—H

:Ö=S̈=Ö:

H—Ö—S—Ö—H (com =O acima e abaixo)

Sulfeto de hidrogênio

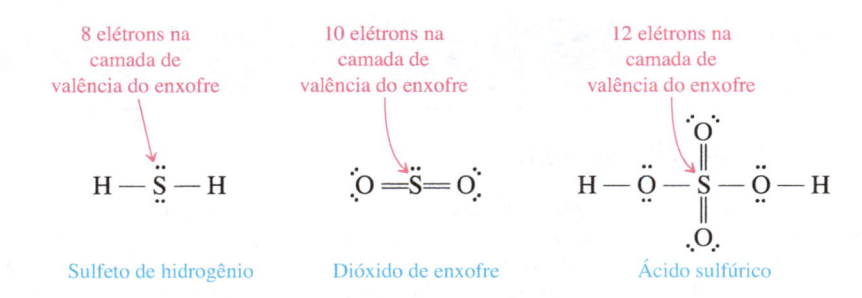

Dióxido de enxofre

Ácido sulfúrico

3.8 Qual é a nomenclatura dos compostos covalentes binários?

Um **composto covalente binário** é um composto binário (dois elementos) em que todas as ligações são covalentes. Ao dar nome a um composto covalente binário:

1. Primeiro vem o nome do elemento mais eletronegativo, que é formado adicionando-se *-eto* ao nome do radical do elemento. Cloro, por exemplo, torna-se cloreto, mas oxigênio torna-se óxido, que é uma exceção.

2. Depois vem o nome do elemento menos eletronegativo (ver Tabela 3.5). Observe que o elemento menos eletronegativo geralmente também é escrito em primeiro lugar na fórmula.

3. Use os prefixos *di-*, *tri-*, *tetra-* e assim por diante para mostrar o número de átomos de cada elemento. O prefixo *mono-* é omitido quando se refere ao primeiro átomo e raramente é usado para o segundo átomo. Uma exceção à regra é o CO, cujo nome é monóxido de carbono.

> Dê o nome do segundo elemento; use os prefixos *di-* e assim por diante, se necessário.

> Dê o nome do primeiro elemento da fórmula; O nome do composto é então escrito com duas palavras; use o prefixo *di-* e assim por diante, se necessário.

Exemplo 3.12 Compostos covalentes binários

Dê o nome dos seguintes compostos covalentes binários:
(a) NO (b) SF_2 (c) N_2O

Estratégia

O nome sistemático de um composto covalente binário consiste de duas palavras. A primeira palavra refere-se ao nome do segundo elemento que aparece na fórmula e esta palavra é assim construída: (1) use um prefixo (*di-*, *tri-*, *tetra-*, e assim por diante) designando o número de átomos do segundo elemento, (2) o nome do radical do elemento, (3) o sufixo *-eto*.

A segunda palavra é o nome do primeiro elemento que aparece na fórmula. Use um prefixo (*di-*, *tri-*, *tetra-*, e assim por diante) para mostrar o número de átomos do primeiro elemento na fórmula.

Lembre que, quando só existe um átomo tanto do primeiro como do segundo elemento que aparecem na fórmula, não é necessário usar o prefixo *mono-*.

Solução

(a) Óxido de nitrogênio (mais conhecido como óxido nítrico)
(b) Difluoreto de enxofre
(c) Óxido de dinitrogênio (mais conhecido como óxido nitroso ou gás do riso)

Problema 3.12

Dê os nomes dos compostos covalentes binários:
(a) NO_2 (b) PBr_3 (c) SCl_2 (d) BF_3

Conexões químicas 3C

Óxido nítrico: poluente atmosférico e mensageiro biológico

O óxido nítrico, NO, é um gás incolor cuja importância no ambiente é conhecida há décadas, mas cuja importância biológica somente agora está sendo reconhecida. Essa molécula tem 11 elétrons de valência. Como seu número de elétrons é ímpar, não é possível desenhar uma estrutura para o NO que obedeça à regra do octeto; deve haver um elétron não emparelhado, que aqui aparece no átomo de nitrogênio, menos eletronegativo.

$$:\!\dot{N}=\!\ddot{O}\!:$$

Elétron não emparelhado
Óxido nítrico

A importância do NO no ambiente surge do fato de ser formado como subproduto durante a combustão de combustíveis fósseis. Nas condições de temperatura de motores de combustão interna e de outras fontes de combustão, o nitrogênio e o oxigênio do ar reagem para formar pequenas quantidades de NO:

$$N_2 + O_2 \xrightarrow{calor} 2NO$$
Óxido nítrico

Quando inalado, o NO passa dos pulmões para a corrente sanguínea. Ali interage com o ferro da hemoglobina, diminuindo sua capacidade de carregar oxigênio. O que faz o óxido nítrico tão perigoso para o ambiente é o fato de reagir quase imediatamente com o oxigênio para formar NO_2. Ao se dissolver na água, o NO_2 reage para formar ácido nítrico e ácido nitroso, importantes componentes da chuva ácida.

$$2NO + O_2 \longrightarrow 2NO_2$$
Óxido nítrico   Dióxido de nitrogênio

$$2NO_2 + H_2O \longrightarrow HNO_3 + HNO_2$$
Dióxido de nitrogênio   Ácido nítrico   Ácido nitroso

Imagine a surpresa quando se descobriu, nas últimas duas décadas, que esse composto altamente reativo e aparentemente perigoso é sintetizado pelo organismo humano e desempenha um papel vital como molécula sinalizadora no sistema cardiovascular (ver "Conexões químicas 24F").

3.9 O que é ressonância?

À medida que os químicos passavam a entender melhor a ligação covalente em compostos orgânicos e inorgânicos, tornou-se óbvio que, para muitas moléculas e ânions, nenhuma estrutura de Lewis pode fornecer uma representação verdadeiramente acurada. Por exemplo, a Figura 3.3 mostra três estruturas de Lewis para o íon carbonato, CO_3^{2-}. Em cada estrutura, o carbono está ligado a três átomos de oxigênio pela combinação de uma ligação dupla e duas ligações simples. Cada estrutura de Lewis implica que uma ligação carbono-oxigênio é diferente da outra. No entanto, esse não é o caso. Foi demonstrado experimentalmente que as três ligações carbono-oxigênio são idênticas.

FIGURA 3.3 (a-c) Três estruturas de Lewis para o íon carbonato.

(a)   (b)   (c)

Para o químico, o problema é como descrever a estrutura de moléculas e íons para a qual nenhuma estrutura de Lewis é adequada e, no entanto, ainda manter as estruturas de Lewis. Em resposta a esse problema, Linus Pauling propôs a teoria da ressonância.

A. Teoria da ressonância

Ressonância Teoria em que muitas moléculas e íons são descritos como híbridos de duas ou mais estruturas contribuintes de Lewis.

Estrutura contribuinte Representações de uma molécula ou íon que diferem apenas na distribuição dos elétrons de valência.

De acordo com a teoria da **ressonância**, muitas moléculas e íons são mais apropriadamente descritos por duas ou mais estruturas de Lewis, considerando a molécula ou o íon real um híbrido dessas estruturas. Uma estrutura de Lewis individual é chamada **estrutura contribuinte**. Às vezes, essas estruturas são também denominadas **estruturas de ressonância** ou **contribuidores de ressonância**. Mostramos que a molécula ou o íon real é um **híbrido de ressonância** das várias estruturas contribuintes, interconectando-os com **setas de dupla ponta**. Não confundir a seta de dupla ponta com a seta dupla usada para indicar equilíbrio químico. Como explicaremos mais adiante, as estruturas de ressonância não estão em equilíbrio umas com as outras.

A Figura 3.4 mostra três estruturas contribuintes para o íon carbonato. Essas estruturas contribuintes são ditas equivalentes. Todas as três possuem padrões idênticos de ligação covalente.

O uso do termo "ressonância" para essa teoria de ligação covalente parece sugerir que ligações e pares de elétrons mudam constantemente de uma posição para outra com o tempo. Essa não é uma noção correta. O íon carbonato, por exemplo, tem uma – e somente uma – estrutura real. O problema é nosso. Como representar essa estrutura real? O método da ressonância apresenta uma forma de representar a estrutura real ao mesmo tempo que mantém as estruturas de Lewis de ligações com pares de elétrons e mostra todos os pares de elétrons não ligantes. Assim, embora se perceba que o íon carbonato não é representado com precisão por nenhuma das estruturas contribuintes que aparecem na Figura 3.4, continuamos a representá-la por uma delas por conveniência. Entendemos, é claro, que estamos nos referindo ao híbrido de ressonância.

Híbrido de ressonância Moléculas ou íons descritos como compósitos ou híbridos de várias estruturas contribuintes.

Seta de dupla ponta Símbolo empregado para indicar que as estruturas de ambos os lados são estruturas contribuintes de ressonância.

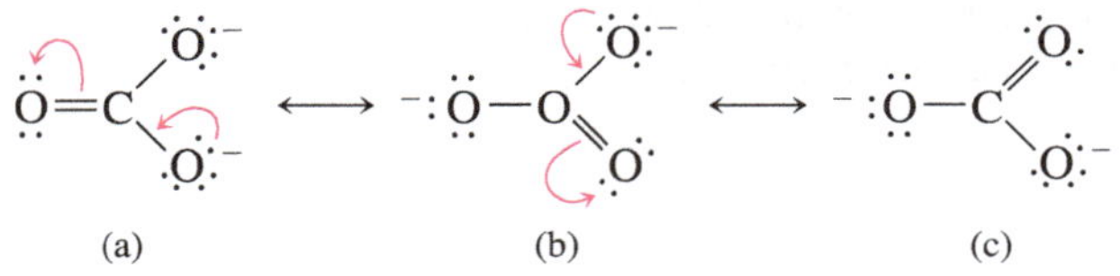

FIGURA 3.4 (a-c) O íon carbonato representado como um híbrido de três estruturas contribuintes equivalentes. Setas curvadas (em vermelho) mostram como os pares de elétrons são redistribuídos de uma estrutura contribuinte para a próxima.

Como...
Desenhar setas curvadas e elétrons deslocalizados

Na Figura 3.4, observe que a única diferença entre as estruturas contribuintes (a), (b) e (c) é a posição dos elétrons de valência. Para gerar uma estrutura de ressonância partindo de outra estrutura de ressonância, os químicos usam a seta curvada, que indica a origem (a cauda da seta) de um par de elétrons e onde ele é reposicionado em uma estrutura contribuinte alternativa (a ponta da seta).

Uma seta curvada não é nada mais que um símbolo contábil para registrar os pares de elétrons ou, como dizem alguns, deslocalização eletrônica. Não se deixe enganar por sua simplicidade. A deslocalização eletrônica ajuda a ver a relação entre as estruturas contribuintes. A seguir, apresentam-se algumas estruturas contribuintes para os íons nitrito e acetato. Setas curvadas mostram como as estruturas contribuintes são interconvertidas. Para cada íon, as estruturas contribuintes são equivalentes. Elas apresentam os mesmos padrões de ligação.

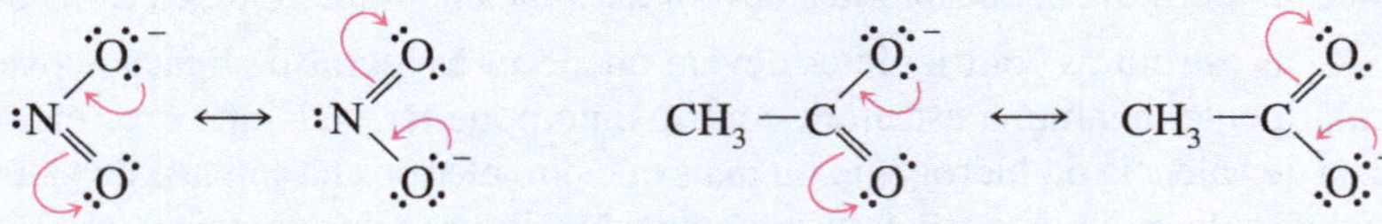

Íon nitrito
(estruturas contribuintes equivalentes)

Íon acetato
(estruturas contribuintes equivalentes)

Um erro muito comum é usar setas curvadas para indicar o movimento dos átomos ou das cargas positivas. Isso nunca é correto. Setas curvadas são utilizadas somente para mostrar o reposicionamento de pares de elétrons quando uma nova estrutura contribuinte é gerada.

A ressonância, quando existe, é um fator estabilizante, isto é, um híbrido de ressonância é mais estável que qualquer uma de suas estruturas contribuintes hipotéticas. Veremos três ilustrações particularmente notáveis da estabilidade dos híbridos de ressonância quando consideramos as propriedades químicas incomuns do benzeno e dos hidrocarbonetos aromáticos no Capítulo 13, a acidez dos ácidos carboxílicos no Capítulo 18 e a geometria das ligações amida em proteínas no Capítulo 19.

Exemplo 3.13 Ressonância

Desenhe a estrutura contribuinte indicada pelas setas curvadas. Mostre todos os elétrons de valência e todas as cargas.

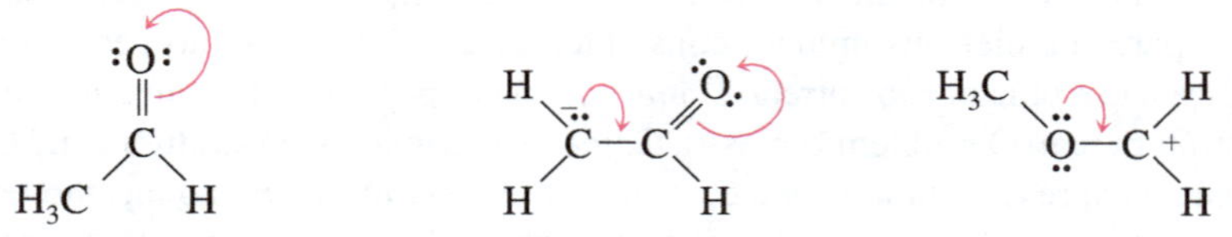

(a) H₃C–C(=Ö:)–H (b) H₂C–C(Ḧ)=Ö: (c) H₃C–Ö–C⁺H₂

Estratégia

Setas curvadas mostram o reposicionamento de um par de elétrons, seja de uma ligação para um átomo adjacente, como nas partes (a) e (b), seja de um átomo para uma ligação adjacente, como nas partes (b) e (c).

Solução

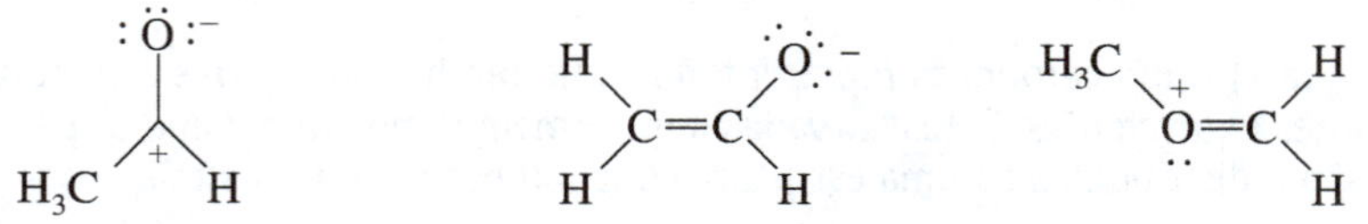

(a) estrutura com :Ö:⁻ e H₃C–C⁺H
(b) H₂C=CH–Ö:⁻
(c) H₃C–Ö⁺=CH₂

Problema 3.13

Desenhe a estrutura contribuinte indicada pelas setas curvadas. Mostre todos os elétrons de valência e todas as cargas.

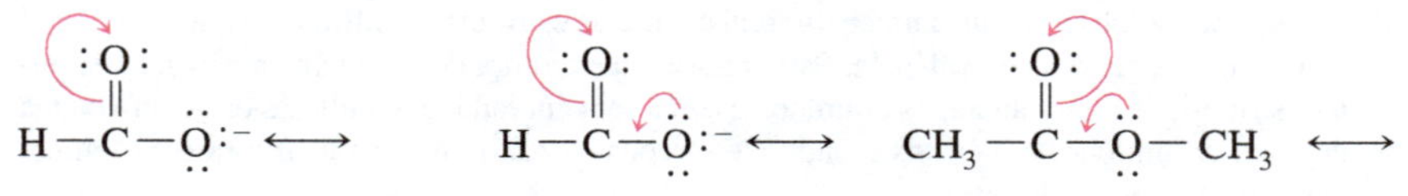

(a) H–C(=Ö:)–Ö:⁻ ⟷ (b) H–C(=Ö:)–Ö:⁻ ⟷ (c) CH₃–C(=Ö:)–Ö–CH₃ ⟷

B. Escrevendo estruturas contribuintes aceitáveis

Certas regras devem ser seguidas para escrever estruturas contribuintes aceitáveis:

1. Todas as estruturas contribuintes devem ter o mesmo número de elétrons de valência.

2. Todas as estruturas contribuintes devem obedecer às regras da ligação covalente. Particularmente, nenhuma estrutura contribuinte pode ter mais que dois elétrons na camada de valência do hidrogênio ou mais que oito elétrons na camada de valência de um elemento do segundo período. Elementos do terceiro período, tais como fósforo e enxofre, podem ter mais que oito elétrons em suas camadas de valência.

3. As posições de todos os núcleos devem ser as mesmas em todas as estruturas de ressonância, isto é, estruturas contribuintes diferem apenas na distribuição dos elétrons de valência.

Exemplo 3.14 Estruturas contribuintes de ressonância

Quais destes pares são válidos como estruturas contribuintes?

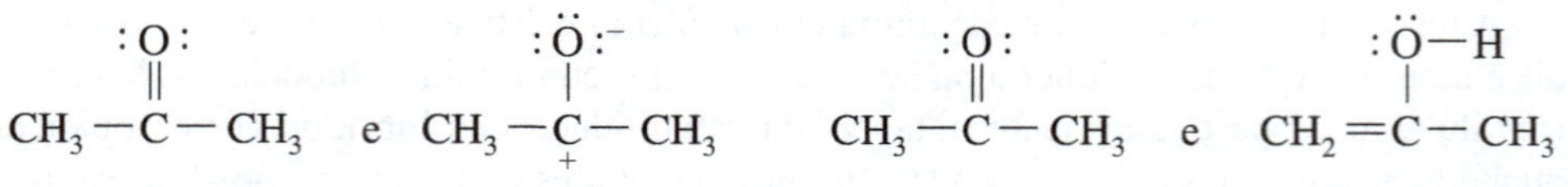

(a) CH₃–C(=Ö:)–CH₃ e CH₃–C⁺(Ö:⁻)–CH₃

(b) CH₃–C(=Ö:)–CH₃ e CH₂=C(Ö–H)–CH₃

Estratégia

A diretriz testada neste exemplo é que as estruturas contribuintes envolvem apenas a redistribuição dos elétrons de valência. A posição de todos os átomos permanece a mesma.

Solução

(a) Trata-se de estruturas contribuintes válidas. Diferem apenas na distribuição (locação) dos elétrons de valência.
(b) Não são estruturas contribuintes válidas. Diferem no arranjo de seus átomos.

Problema 3.14

Quais destes pares são válidos como estruturas contribuintes?

$$
\begin{array}{cc}
CH_3-C\!\!\begin{array}{c}\ddot{O}\\ \\ \ddot{O}\!:^-\end{array} \quad e \quad CH_3-\overset{+}{C}\!\!\begin{array}{c}\ddot{O}\!:^-\\ \\ \ddot{O}\!:^-\end{array} & \qquad CH_3-C\!\!\begin{array}{c}\ddot{O}\\ \\ \ddot{O}\!:^-\end{array} \quad e \quad CH_3-\overset{-}{C}\!\!\begin{array}{c}\ddot{O}\!:\\ \\ \ddot{O}\!:\end{array}\\
(a) & (b)
\end{array}
$$

Observação final: Não confundir estruturas contribuintes de ressonância com equilíbrio entre diferentes espécies. Uma molécula descrita como híbrido de ressonância não está em equilíbrio entre as configurações eletrônicas individuais das estruturas contribuintes. Em vez disso, a molécula tem apenas uma estrutura, que é descrita mais apropriadamente como um híbrido de suas várias estruturas contribuintes. As cores do círculo cromático podem servir de analogia. Púrpura não é uma cor primária, é uma mistura das cores primárias azul e vermelho. Imagine as moléculas representadas pelos híbridos de ressonância como sendo a cor púrpura. E púrpura não é às vezes azul, às vezes vermelho: púrpura é púrpura. De modo análogo, uma molécula descrita como híbrido de ressonância não é ora uma estrutura contribuinte, ora outra: é uma estrutura única o tempo todo.

3.10 Como prever ângulos de ligação em moléculas covalentes?

Na Seção 3.7, usamos um par de elétrons compartilhados como a unidade fundamental das ligações covalentes e desenhamos estruturas de Lewis para várias moléculas pequenas contendo diversas combinações de ligações simples, duplas e triplas (ver, por exemplo, a Tabela 3.7). Podemos prever **ângulos de ligação** nessas e em outras moléculas utilizando o **modelo de repulsão dos pares eletrônicos da camada de valência** (**VSEPR** – *valence-shell electron-pair repulsion*).

De acordo com esse modelo, os elétrons de valência de um átomo podem estar envolvidos na formação de ligações simples, duplas e triplas ou ser não compartilhados. Cada combinação cria, em torno do núcleo, uma região de densidade eletrônica com carga negativa. Já que as cargas iguais se repelem, as várias regiões de densidade eletrônica em torno do núcleo se distribuem para que possam ficar o mais longe possível umas das outras.

Podem-se demonstrar os ângulos de ligação previstos por esse modelo de uma maneira muito simples. Imagine que um balão inflado represente uma região de densidade eletrônica. Dois balões inflados unidos por suas extremidades assumem o formato mostrado na Figura 3.5(a). O ponto onde eles se unem representa o átomo sobre o qual se quer prever um ângulo de ligação, e os balões representam as regiões de densidade eletrônica em torno desse átomo.

Usamos o modelo VSEPR e a analogia do modelo do balão da seguinte maneira para prever o formato de uma molécula de metano, CH_4. A estrutura de Lewis para o CH_4 mostra um átomo de carbono circundado por quatro regiões de densidade eletrônica. Cada região contém um par de elétrons formando uma ligação covalente simples para um átomo de hidrogênio. De acordo com o modelo VSEPR, as quatro regiões apontam na direção oposta à do carbono, de modo que possam ficar o mais afastado possível umas das outras.

Ângulo de ligação Ângulo entre dois átomos ligados a um átomo central.

O gás amônia é injetado no solo de um campo agrícola. A maior parte da amônia produzida no mundo é usada como fertilizante porque essa molécula fornece o nitrogênio necessário para as plantas verdes.

A separação máxima ocorrerá quando o ângulo entre duas regiões quaisquer de densidade eletrônica for de 109,5°. Portanto, prevemos que todos os ângulos de ligação H—C—H serão de 109,5°, e o formato da molécula será **tetraédrica** (Figura 3.6). Os ângulos de ligação H—C—H no metano foram medidos experimentalmente e o valor encontrado foi 109,5°. Assim, os ângulos de ligação e o formato do metano previsto pelo modelo VSEPR são idênticos àqueles observados experimentalmente.

Do mesmo modo, podemos prever o formato da molécula de amônia, NH_3. A estrutura de Lewis de NH_3 mostra o nitrogênio circundado por quatro regiões de densidade eletrônica. Três regiões contêm pares simples de elétrons que formam ligações covalentes com átomos de hidrogênio. A quarta região contém um par de elétrons não emparelhados (Figura 3.7(a)). Pelo modelo VSEPR, prevemos que as quatro regiões são arranjadas como um tetraedro e que os três ângulos de ligação H—N—H nessa molécula são de 109,5°. Os ângulos de ligação observados são de 107,5°. Podemos explicar essa pequena diferença entre os ângulos previstos e os ângulos observados propondo que o par de elétrons não compartilhados do nitrogênio repele os pares de elétrons ligantes adjacentes com mais força que o par de ligantes repele um ao outro.

A geometria da molécula de amônia é descrita como piramidal, isto é, a molécula tem a forma de uma pirâmide de base triangular, com os três hidrogênios localizados na base e o nitrogênio no ápice.

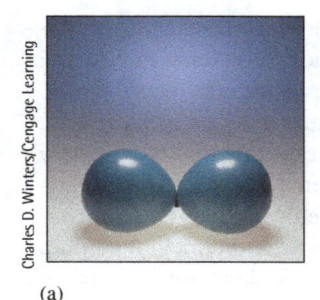

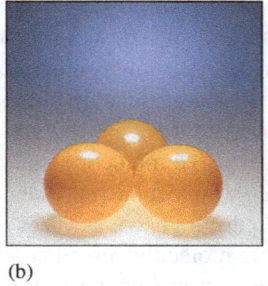

FIGURA 3.5 Modelo de balões inflados para prever ângulos de ligação. (a) Dois balões assumem um formato linear com um ângulo de ligação de 180° em torno do ponto de junção. (b) Três balões assumem um formato planar trigonal com ângulos de ligação de 120° em torno do ponto de junção. (c) Quatro balões assumem um formato tetraédrico com ângulos de ligação de 109,5° em torno do ponto de junção.

FIGURA 3.6 Formato de uma molécula de metano, CH_4. (a) Estrutura de Lewis e (b) modelo de esferas e bastões. Os hidrogênios ocupam os quatro vértices de um tetraedro regular, e todos os ângulos da ligação H—C—H são de 109,5°.

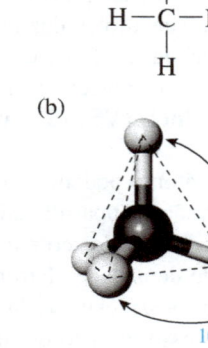

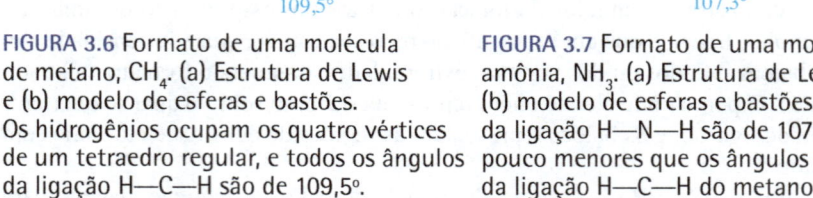

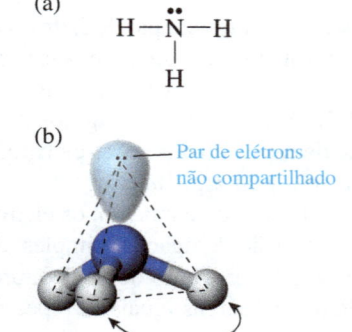

FIGURA 3.7 Formato de uma molécula de amônia, NH_3. (a) Estrutura de Lewis e (b) modelo de esferas e bastões. Os ângulos da ligação H—N—H são de 107,3°, pouco menores que os ângulos da ligação H—C—H do metano.

FIGURA 3.8 Formato de uma molécula de água, H_2O. (a) Estrutura de Lewis e (b) modelo de esferas e bastões.

A Figura 3.8 mostra uma estrutura de Lewis e um modelo de esferas e bastões de uma molécula de água. Em H_2O, o oxigênio é circundado por quatro regiões de densidade eletrônica. Duas dessas regiões contêm pares de elétrons usados para formar ligações covalentes simples com os hidrogênios, e as duas regiões restantes contêm pares de elétrons não compartilhados. Utilizando o modelo VSEPR, prevemos que as quatro regiões de densidade eletrônica em torno do oxigênio apresentam um arranjo tetraédrico e que o ângulo da ligação H—O—H é de 109,5°. Medidas experimentais mostram que o ângulo real da ligação H—O—H é de 104,5°, um valor menor que o previsto. Podemos explicar essa diferença entre o ângulo de ligação previsto e o observado propondo, como fizemos para NH_3, que pares de elétrons não emparelhados repelem pares adjacentes com mais força que os pares ligantes. Observe que a distorção de 109,5° é maior em H_2O, com dois pares de elétrons não emparelhados, que em NH_3, que tem somente um par não compartilhado.

Uma previsão geral emerge dessa discussão. Se uma estrutura de Lewis mostra quatro regiões de densidade eletrônica em torno do átomo, o modelo VSEPR prevê uma distribuição tetraédrica de densidade eletrônica e ângulos de ligação de aproximadamente 109,5°.

Em muitas das moléculas que encontraremos, três regiões de densidade eletrônica circundam o átomo. A Figura 3.9 mostra as estruturas de Lewis e os modelos de esferas e bastões para as moléculas de formaldeído, CH_2O, e etileno, C_2H_4.

No modelo VSEPR, tratamos uma ligação dupla como uma única região de densidade eletrônica. No formaldeído, três regiões de densidade eletrônica circundam o carbono. Duas regiões contêm pares de elétrons simples, cada um formando uma ligação simples com o hidrogênio. A terceira região contém dois pares de elétrons, que formam uma ligação dupla com o oxigênio. No etileno, três regiões de densidade eletrônica também circundam cada átomo de carbono: duas contêm pares de elétrons simples, e a terceira, dois pares.

A máxima distância de separação entre três regiões de densidade eletrônica em torno de um átomo ocorre quando elas estão no mesmo plano e formam ângulos de 120° umas com as outras. Assim, os ângulos de ligação previstos de H—C—H e H—C—O no formaldeído e H—C—H e H—C—C no etileno são todos de 120°. Além disso, todos os átomos de cada molécula estão no mesmo plano. Assim, tanto o formaldeído como o etileno são moléculas planares. A geometria em torno de um átomo circundado por três regiões de densidade eletrônica, como no formaldeído e etileno, é descrita como **planar trigonal**.

Em outros tipos de moléculas, duas regiões de densidade eletrônica circundam um átomo central. A Figura 3.10 mostra as estruturas de Lewis e os modelos de esferas e bastões de moléculas de dióxido de carbono, CO_2, e acetileno, C_2H_2.

No dióxido de carbono, duas regiões de densidade eletrônica circundam o carbono, e cada uma contém dois pares de elétrons e forma uma ligação dupla com o átomo de oxigênio.

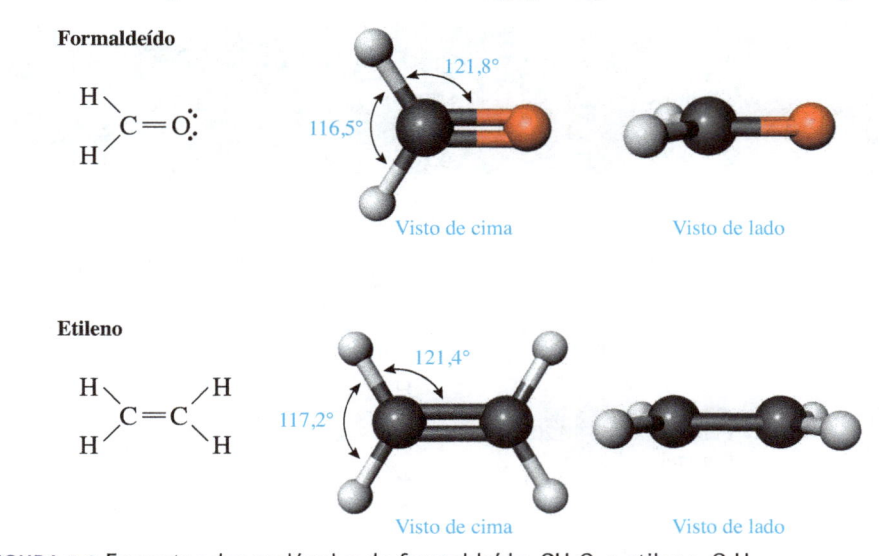

FIGURA 3.9 Formatos das moléculas de formaldeído, CH_2O, e etileno, C_2H_4.

No acetileno, duas regiões de densidade eletrônica também circundam cada carbono: uma contém um único par de elétrons e forma uma ligação simples com um átomo de hidrogênio, e a outra contém três pares de elétrons e forma uma ligação tripla com um átomo de carbono. Em cada caso, o máximo afastamento entre as duas regiões de densidade eletrônica ocorre quando formam uma linha reta que passa pelo átomo central e cria um ângulo de 180°. Tanto o dióxido de carbono como o acetileno são moléculas lineares.

Dióxido de carbono

$$:\!\ddot{O}\!=\!C\!=\!\ddot{O}\!:$$

Visto de lado   Visto das extremidades

Acetileno

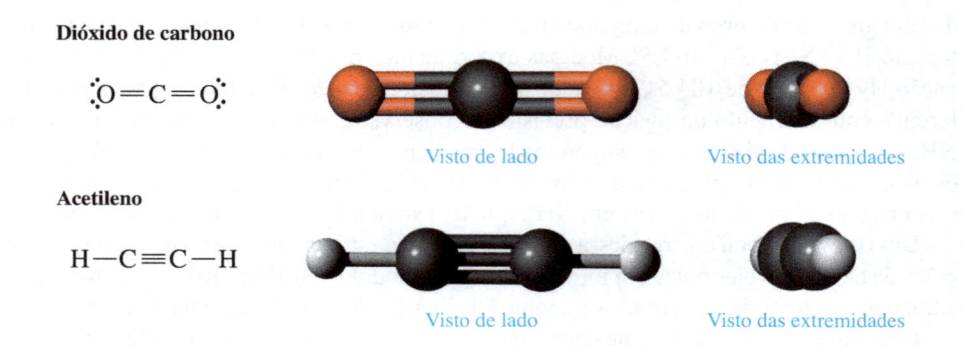

$$H\!-\!C\!\equiv\!C\!-\!H$$

Visto de lado   Visto das extremidades

FIGURA 3.10 Formatos das moléculas de dióxido de carbono, CO_2, e acetileno, C_2H_2.

A Tabela 3.8 resume as previsões do modelo VSEPR. Nessa tabela, as formas tridimensionais são mostradas utilizando-se um traço em forma de cunha para representar uma ligação na direção do leitor, fora do plano do papel. Uma cunha tracejada representa uma ligação na direção oposta à do leitor, atrás do plano do papel. Uma linha sólida representa uma ligação no plano do papel.

Estas ligações estão atrás do papel

Estas ligações estão no plano do papel

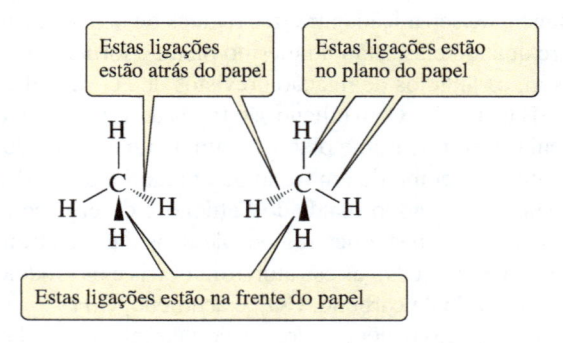

Estas ligações estão na frente do papel

TABELA 3.8 Formatos moleculares previstos (modelo VSEPR)

Região de densidade eletrônica em torno do átomo central	Distribuição prevista da densidade eletrônica	Ângulos de ligação previstos	Exemplos (Formato da molécula)
4	Tetraédrica	109,5°	Metano (tetraédrico), Amônia (piramidal), Água (dobrado)
3	Planar trigonal	120°	Etileno (planar), Formaldeído (planar)
2	Linear	180°	Dióxido de carbono (linear), Acetileno (linear)

Exemplo 3.15 Previsão de ângulos de ligação em compostos covalentes

Preveja todos os ângulos de ligação e o formato de cada molécula:
(a) CH_3Cl (b) $CH_2\!=\!CHCl$

Estratégia

Para prever ângulos de ligação, primeiro desenhe uma estrutura de Lewis correta para o composto. Certifique-se de que todos os elétrons não emparelhados sejam mostrados. Depois determine o número de regiões de densidade eletrônica (2, 3 ou 4) em torno de cada átomo e use esse número para prever os ângulos de ligação (109,5°, 120° ou 180°).

Solução

(a) A estrutura de Lewis para o CH_3Cl mostra quatro regiões de densidade eletrônica circundando o carbono. Portanto, prevemos que a distribuição dos pares de elétrons em torno do carbono é tetraédrica, todos os ângulos de ligação são de 109,5° e o formato do CH_3Cl é tetraédrico.

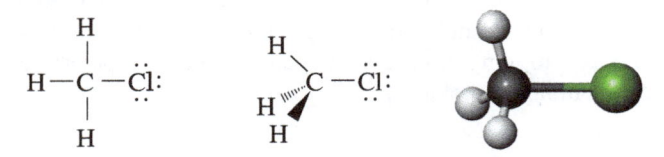

(b) Na estrutura de Lewis para o $CH_2=CHCl$, três regiões de densidade eletrônica circundam cada carbono. Portanto, prevemos que todos os ângulos de ligação são de 120° e que a molécula é planar. A ligação em torno de cada carbono é planar trigonal.

(Visto de lado)   (Visto ao longo da ligação C=C)

Problema 3.15

Preveja todos os ângulos de ligação para estas moléculas:
(a) CH_3OH (b) CH_2Cl_2 (c) H_2CO_3 (ácido carbônico)

3.11 Como determinar se a molécula é polar?

Na Seção 3.7B, usamos os termos "polar" e "dipolo" para descrever uma ligação covalente em que um átomo apresenta carga positiva parcial, e o outro, carga negativa parcial. Também vimos que podemos usar a diferença de eletronegatividade entre átomos ligados para determinar a polaridade de uma ligação covalente e a direção de seu dipolo. Podemos agora combinar nosso conhecimento da polaridade da ligação com a geometria molecular (Seção 3.10) para prever a polaridade das moléculas. Para entender as propriedades físicas e químicas de uma molécula, é essencial compreender a polaridade. Muitas reações químicas, por exemplo, são direcionadas pela interação da parte positiva de uma molécula com a parte negativa de outra molécula.

Uma molécula será polar se (1) tiver ligações polares e (2) seus centros de carga positiva parcial e carga negativa parcial estiverem em lugares diferentes dentro da molécula. Considere primeiramente o dióxido de carbono, CO_2, uma molécula com duas duplas ligações polares carbono-oxigênio. O oxigênio à esquerda puxa os elétrons da ligação O=C na sua direção, dando-lhe uma carga negativa parcial. Do mesmo modo, o oxigênio à direita puxa os elétrons da ligação C=O na sua direção, com a mesma força, dando-lhe a mesma carga negativa parcial do oxigênio da esquerda. O carbono apresenta uma carga positiva parcial. Podemos mostrar a polaridade dessas ligações usando os símbolos δ+ e δ−. Alternativamente, podemos mostrar que cada ligação carbono-oxigênio tem um dipolo usando uma seta: a ponta da seta aponta para a extremidade negativa do dipolo e a cauda cruzada está posicionada na extremidade positiva do dipolo. Como o dióxido de carbono é uma molécula linear, seus centros de carga parcial negativa e positiva coincidem. Portanto, o CO_2 é uma molécula apolar, isto é, não tem dipolo.

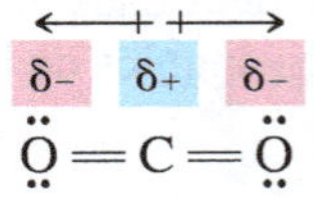

Dióxido de carbono
(molécula apolar)

Numa molécula de água, cada ligação O—H é polar. O oxigênio, o átomo mais eletronegativo, apresenta uma carga negativa parcial, e cada hidrogênio, carga positiva parcial. Em uma molécula de água, o centro de carga positiva parcial está localizado no ponto médio entre os dois átomos de hidrogênio, e o centro de carga negativa parcial está no átomo de oxigênio. Assim, uma molécula de água tem ligações polares e, por causa de sua geometria, é uma molécula polar.

Água
(molécula polar)

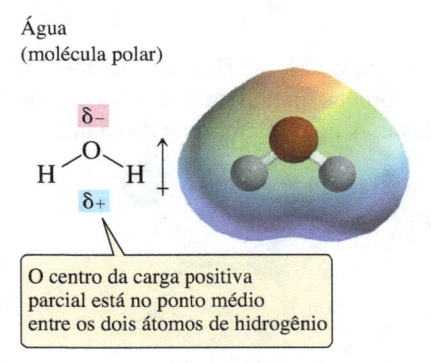

O centro da carga positiva parcial está no ponto médio entre os dois átomos de hidrogênio

A amônia tem três ligações N—H. Por causa de sua geometria, os centros das cargas parciais positiva e negativa encontram-se em lugares diferentes dentro da molécula. Assim, a amônia tem ligações polares e, por causa de sua geometria, é uma molécula polar.

Amônia
(molécula polar)

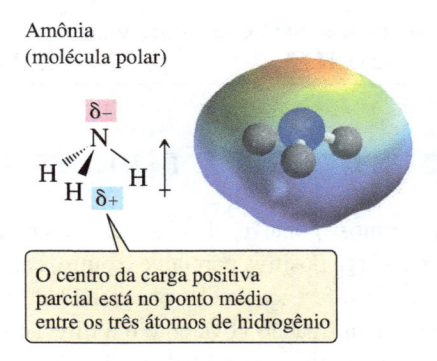

O centro da carga positiva parcial está no ponto médio entre os três átomos de hidrogênio

Exemplo 3.16 Polaridade das moléculas covalentes

Quais destas moléculas são polares? Mostre a direção do dipolo molecular usando uma seta com cauda cruzada.

(a) CH_2Cl_2 (b) CH_2O (c) C_2H_2

Estratégia

Para determinar se uma molécula é polar, primeiro determine se ela apresenta ligações polares. Se tiver, determine se os centros de carga positiva e negativa estão no mesmo lugar ou em lugares diferentes dentro da molécula. Se estiverem no mesmo lugar, a molécula será apolar; se estiverem em lugares diferentes, a molécula será polar.

Solução

Tanto o diclorometano, CH_2Cl_2, como o formaldeído, CH_2O, têm ligações polares e, por causa de sua geometria, são moléculas polares. Como o acetileno, C_2H_2, não contém ligações polares, não é uma molécula polar.

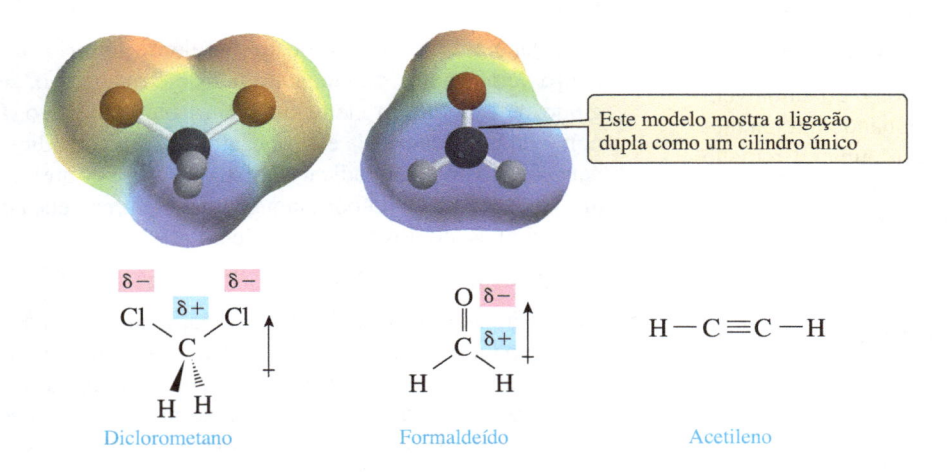

Este modelo mostra a ligação dupla como um cilindro único

Diclorometano — Formaldeído — Acetileno

Problema 3.16

Quais destas moléculas são polares? Mostre a direção do dipolo molecular usando uma seta de cauda cruzada.
(a) H_2S (b) HCN (c) C_2H_6

Resumo das questões-chave

Seção 3.2 O que é a regra do octeto?

- A **regra do octeto** diz que elementos dos grupos 1A-7A tendem a ganhar ou perder elétrons de modo que a camada externa possa ter oito elétrons de valência e a mesma configuração eletrônica do gás nobre mais próximo em número atômico.
- Um átomo com quase oito elétrons de valência tende a ganhar os elétrons necessários para completar oito elétrons em sua camada de valência, isto é, chegar à mesma configuração eletrônica do gás nobre mais próximo em número atômico. Ao ganhar elétrons, o átomo torna-se um íon de carga negativa ou **ânion**.
- Um átomo com apenas um ou dois elétrons de valência tende a perder o número de elétrons necessário para ficar com oito elétrons de valência em sua próxima camada mais baixa, isto é, ter a mesma configuração eletrônica do gás nobre mais próximo em número atômico. Ao perder elétrons, o átomo torna-se um íon de carga positiva ou **cátion**.

Seção 3.3 Qual é a nomenclatura dos cátions e ânions?

- Para metais que formam apenas um tipo de cátion, o nome do cátion é o nome do metal precedido pela palavra "íon".
- Para metais que formam mais de um tipo de cátion, indicamos a carga do íon adicionando o numeral romano entre parênteses imediatamente após o nome do metal. Alternativamente, usamos o sufixo -oso para indicar a carga positiva menor e o sufixo -ico para indicar a carga positiva maior.
- Para um **ânion monoatômico**, adiciona-se o sufixo -eto ao radical do nome.
- Um **ânion poliatômico** contém mais de um tipo de átomo.

Seção 3.4 Quais são os dois principais tipos de ligação química?

- Os dois principais tipos de ligação química são as ligações iônicas e as covalentes.
- De acordo com o modelo de Lewis, átomos se ligam de tal modo que cada átomo adquire uma configuração eletrônica na camada de valência equivalente à do gás nobre mais próximo em número atômico.
- **Eletronegatividade** é a medida da força de atração que um átomo exerce nos elétrons que compartilha em uma ligação química. Aumenta da esquerda para a direita ao longo de uma fileira e de baixo para cima numa coluna da tabela periódica.
- Forma-se uma **ligação iônica** entre dois átomos se a diferença de eletronegatividade entre eles for maior que 1,9.
- Forma-se uma **ligação covalente** se a diferença de eletronegatividade entre os átomos ligados for de 1,9 ou menos.

Seção 3.5 O que é uma ligação iônica?

- A **ligação iônica** forma-se pela transferência de elétrons da camada de valência de um átomo de menor eletronegatividade para a camada de valência de outro de maior eletronegatividade.

Resumo das questões-chave (continuação)

- Em um composto iônico, o número total de cargas positivas deve ser igual ao número total de cargas negativas.

Seção 3.6 Qual é a nomenclatura dos compostos iônicos?

- Para um **composto iônico binário**, o nome do ânion vem primeiro, seguido do nome do cátion. Quando um íon metálico forma diferentes cátions, use um numeral romano para indicar sua carga positiva. Para dar nome a um composto iônico que contém um ou mais íons poliatômicos, primeiro dê nome ao ânion, seguido pelo nome do cátion.

Seção 3.7 O que é uma ligação covalente?

- De acordo com o modelo de Lewis, forma-se uma **ligação covalente** quando pares de elétrons são compartilhados entre dois átomos cujas diferenças de eletronegatividade sejam de 1,9 ou menos.
- Um par de elétrons em uma ligação covalente é compartilhado por dois átomos e ao mesmo tempo preenche a camada de valência de cada átomo.
- **Ligação covalente apolar** é uma ligação covalente em que a diferença de eletronegatividade entre átomos ligados é menor que 0,5. **Ligação covalente polar** é uma ligação covalente em que a diferença de eletronegatividade entre átomos ligados está entre 0,5 e 1,9. Numa ligação covalente polar, o átomo mais eletronegativo apresenta uma carga negativa parcial ($\delta-$), e o átomo menos eletronegativo apresenta uma carga positiva parcial ($\delta+$). Essa separação de carga produz um **dipolo**.
- A **estrutura de Lewis** para um composto covalente deve mostrar (1) o arranjo correto de átomos, (2) o número correto de elétrons de valência, (3) não mais que dois elétrons na camada externa do hidrogênio e (4) não mais que oito elétrons na camada externa de qualquer elemento do segundo período.
- Exceções à regra do octeto incluem compostos de elementos do terceiro período, tais como fósforo e enxofre, que podem chegar a 10 e 12 elétrons, respectivamente, em suas camadas de valência.

Seção 3.8 Qual é a nomenclatura dos compostos covalentes binários?

- Para dar nome a um **composto covalente binário**, primeiro vem o nome do elemento mais eletronegativo, seguido pelo nome do elemento menos eletronegativo. O nome do elemento mais eletronegativo é formado adicionando-se ao nome do radical o sufixo *-eto*. Use os prefixos *di-*, *tri-*, *tetra-* e assim por diante para indicar presença de dois ou mais átomos do mesmo tipo.

Seção 3.9 O que é ressonância?

- De acordo com a teoria da ressonância, uma molécula ou um íon para os quais nenhuma estrutura de Lewis é adequada serão descritos mais apropriadamente com duas ou mais **estruturas contribuintes de ressonância** e considerando a molécula ou o íon reais como um híbrido dessas estruturas contribuintes. Para mostrar como pares de elétrons de valência são distribuídos de uma estrutura contribuinte para a próxima, usamos setas curvadas. Uma seta curvada estende-se de onde um par de elétrons é inicialmente mostrado (em um átomo ou em uma ligação covalente) até sua nova posição (em um átomo adjacente ou em uma ligação covalente adjacente).

Seção 3.10 Como prever ângulos de ligação em moléculas covalentes?

- O **modelo de repulsão de pares de elétrons da camada de valência** prevê ângulos de ligação de 109,5° em torno de átomos circundados por quatro regiões de densidade eletrônica, ângulos de 120° em torno de átomos circundados por três regiões de densidade eletrônica e ângulos de 180° em torno de átomos circundados por duas regiões de densidade eletrônica.

Seção 3.11 Como determinar se a molécula é polar?

- Uma molécula será polar (terá um dipolo) se tiver ligações polares e se os centros de suas cargas parciais positiva e negativa não coincidirem.
- Se uma molécula apresenta ligações polares, mas o centros de suas cargas parciais positiva e negativa coincidem, a molécula é apolar (não tem dipolo).

Problemas

Seção 3.2 O que é a regra do octeto?

3.17 Indique se a afirmação é verdadeira ou falsa.
(a) A regra do octeto refere-se a padrões de ligação química dos oito primeiros elementos da tabela periódica.
(b) A regra do octeto refere-se à tendência de certos elementos de reagir de tal modo a completar sua camada externa com oito elétrons de valência.
(c) Ao ganhar elétrons, um átomo torna-se um íon de carga positiva ou cátion.
(d) Quando um átomo forma um íon, muda apenas o número de elétrons de valência; o número de prótons e nêutrons não muda.
(e) Ao formar íons, os elementos do grupo 2A perdem dois elétrons e tornam-se cátions com carga +2.
(f) Ao formar um ânion, o átomo de sódio ($1s^2 2s^2 2p^6 3s^1$) completa sua camada de valência adicionando um elétron para preencher a camada $3s$ ($1s^2 2s^2 2p^6 3s^2$).
(g) Os elementos do grupo 6A reagem recebendo dois elétrons e tornando-se ânions com carga -2.

(h) Com exceção do hidrogênio, a regra do octeto aplica-se a todos os elementos dos períodos 1, 2 e 3.

(i) Os átomos e seus íons derivados apresentam propriedades físicas e químicas semelhantes.

3.18 Quantos elétrons cada átomo deve ganhar ou perder para adquirir uma configuração eletrônica idêntica à do gás nobre mais próximo em número atômico?
(a) Li   (b) Cl   (c) P   (d) Al
(e) Sr   (f) S   (g) Si (h) O

3.19 Mostre como cada transformação química obedece à regra do octeto.
(a) Lítio formando Li^+
(b) Oxigênio formando O^{2-}

3.20 Mostre como cada transformação química obedece à regra do octeto.
(a) Hidrogênio formando H^- (íon hidreto)
(b) Alumínio formando Al^{3+}

3.21 Escreva a fórmula para o íon mais estável formado de cada elemento.
(a) Mg   (b) F   (c) Al
(d) S   (e) K   (f) Br

3.22 Por que Li^- não é um íon estável?

3.23 Preveja quais são os íons estáveis:
(a) I^- (b) Se^{2+} (c) Na^+
(d) S^{2-} (e) Li^{2+} (f) Ba^{3+}

3.24 Preveja quais são os íons estáveis:
(a) Br^{2-} (b) C^{4-} (c) Ca^+
(d) Ar^+ (e) Na^+ (f) Cs^+

3.25 Por que o carbono e o silício são relutantes em formar ligações iônicas?

3.26 A Tabela 3.2 mostra os seguintes átomos de cobre: Cu^+ e Cu^{2+}. Esses íons violam a regra do octeto? Explique.

Seção 3.3 Qual é a nomenclatura dos cátions e ânions?

3.27 Indique se a afirmação é verdadeira ou falsa.
(a) Para elementos dos grupos 1A e 2A, o nome dos íons formados é simplesmente a palavra íon seguida do nome do elemento; por exemplo, Mg^{2+} é íon magnésio.
(b) O H^+ é o íon hidrônio, e H^-, o íon hidreto.
(c) O núcleo do H^+ consiste em um próton e um nêutron.
(d) Muitos elementos de transição e de transição interna formam mais de um íon de carga positiva.
(e) Na denominação de cátions metálicos com duas cargas diferentes, o sufixo -*oso* refere-se ao íon de carga +1, e -*ico*, ao íon de carga +2.
(f) O Fe^{3+} é o íon de ferro (III) ou íon férrico.
(g) O ânion derivado de um átomo de bromo chama-se íon bromo.
(h) O ânion derivado de um átomo de oxigênio chama-se íon óxido.
(i) O HCO_3^- é o íon hidrogenocarbonato.
(j) O prefixo *bi-* no nome do íon "bicarbonato" indica que esse íon tem carga -2.
(k) O íon hidrogenofosfato tem carga +1, e o íon di-hidrogenofosfato, carga +2.
(l) O íon fosfato é PO_3^{4-}.
(m) O íon nitrito é NO_2^-, e o íon nitrato, NO_3^-.
(n) O íon carbonato é CO_3^{2-}, e o íon hidrogenocarbonato, HCO_3^-.

3.28 Dê o nome de cada íon poliatômico
(a) HCO_3^- (b) NO_2^- (c) SO_4^{2-}
(d) HSO_4^- (e) $H_2PO_4^-$

Seção 3.4 Quais são os dois principais tipos de ligação química?

3.29 Indique se a afirmação é verdadeira ou falsa.
(a) De acordo com o modelo de ligação de Lewis, os átomos se unem de tal modo que cada átomo adquire uma configuração eletrônica na camada externa equivalente à do gás nobre mais próximo em número atômico.
(b) Átomos que perdem elétrons para preencher uma camada de valência tornam-se cátions e formam ligações iônicas com ânions.
(c) Átomos que ganham elétrons para preencher camadas de valência tornam-se ânions e formam ligações iônicas com cátions.
(d) Átomos que compartilham elétrons para preencher camadas de valência formam ligações covalentes.
(e) Ligações iônicas tendem a se formar entre elementos do lado esquerdo da tabela periódica, e ligações covalentes tendem a se formar entre elementos do lado direito da tabela periódica.
(f) Ligações iônicas tendem a se formar entre um metal e um não metal.
(g) Quando dois não metais se combinam, a ligação entre eles geralmente é covalente.
(h) Eletronegatividade é uma medida da atração de um átomo pelos elétrons que ele compartilha em uma ligação química com outro átomo.
(i) A eletronegatividade geralmente aumenta com o número atômico.
(j) A eletronegatividade geralmente aumenta com a massa atômica.
(k) A eletronegatividade é uma propriedade periódica.
(l) O flúor, situado no canto superior direito da tabela periódica, é o elemento mais eletronegativo; o hidrogênio, no canto superior esquerdo, é o elemento menos eletronegativo.
(m) A eletronegatividade depende tanto da carga nuclear quanto da distância dos elétrons de valência em relação ao núcleo.
(n) A eletronegatividade geralmente aumenta da esquerda para a direita ao longo de um período da tabela periódica.
(o) A eletronegatividade geralmente aumenta de cima para baixo em uma coluna da tabela periódica.

3.30 Por que a eletronegatividade geralmente aumenta de baixo para cima em uma coluna (grupo) da tabela periódica?

3.31 Por que a eletronegatividade geralmente aumenta da esquerda para a direita ao longo de uma fileira da tabela periódica?

3.32 Considerando suas posições relativas na tabela periódica, qual o elemento de maior eletronegatividade em cada par?
(a) F ou Cl   (b) O ou S
(c) C ou N   (d) C ou F

3.33 Na direção de que átomo os elétrons ligantes se deslocam em uma ligação covalente entre cada um dos seguintes pares:
(a) H e Cl (b) N e O
(c) C e O (d) Cl e Br
(e) C e S (f) P e S (g) H e O

3.34 Qual destas ligações é a mais polar?
(a) C—N (b) C—C (c) C—O

3.35 Classifique cada ligação como covalente apolar, covalente polar ou iônica.
(a) C—Cl (b) C—Li (c) C—N

3.36 Classifique cada ligação como covalente apolar, covalente polar ou iônica.
(a) C—Br (b) S—Cl (c) C—P

Seção 3.5 O que é uma ligação iônica?

3.37 Indique se a afirmação é verdadeira ou falsa.
(a) Uma ligação iônica é formada pela combinação de íons com carga positiva e negativa.
(b) Uma ligação iônica entre dois átomos é formada pela transferência de um ou mais elétrons de valência do átomo de maior eletronegatividade para o átomo de menor eletronegatividade.
(c) Como regra aproximada, dizemos que uma ligação iônica será formada se a diferença de eletronegatividade entre dois átomos for de aproximadamente 1,9 ou maior.
(d) Ao se formar o NaCl a partir dos átomos de sódio e cloro, um elétron é transferido da camada de valência do sódio para a camada de valência do cloro.
(e) A fórmula do sulfeto de sódio é Na_2S.
(f) A fórmula do hidróxido de cálcio é CaOH.
(g) A fórmula do sulfeto de alumínio é AlS.
(h) A fórmula do óxido de ferro (III) é Fe_3O_2.
(i) O íon bário é Ba^{2+} e o íon óxido é O^{2-} e, portanto, a fórmula do óxido de bário é Ba_2O_2.

3.38 Complete a tabela escrevendo as fórmulas dos compostos formados:

	Br^-	MnO_4^-	O^{2-}	NO_3^-	SO_4^{2-}	PO_4^{3-}	OH^-
Li^+							
Ca^{2+}							
Co^{3+}							
K^+							
Cu^{2+}							

3.39 Escreva a fórmula do composto iônico formado em cada par de elementos.
(a) Sódio e bromo (b) Sódio e oxigênio
(c) Alumínio e cloro (d) Bário e cloro
(e) Magnésio e oxigênio

3.40 Embora não seja um metal de transição, o chumbo pode formar íons Pb^{2+} e Pb^{4+}. Escreva a fórmula do composto formado entre cada um desses íons de chumbo e os seguintes ânions:
(a) Íon cloreto (b) Íon hidróxido
(c) Íon óxido

3.41 Descreva a estrutura do cloreto de sódio no estado sólido.

3.42 Qual é a carga de cada íon nestes compostos?
(a) CaS (b) MgF_2 (c) Cs_2O
(d) $ScCl_3$ (e) Al_2S_3

3.43 Escreva a fórmula do composto formado a partir dos seguintes pares de íons:
(a) Íon ferro (III) e íon hidróxido
(b) Íon bário e íon cloreto
(c) Íon cálcio e íon fosfato
(d) Íon sódio e íon permanganato

3.44 Escreva a fórmula do composto iônico formado a partir dos seguintes pares de íons:
(a) Íon ferro (II) e íon cloreto
(b) Íon cálcio e íon hidróxido
(c) Íon amônio e íon fosfato
(d) Íon estanho (II) e íon fluoreto

3.45 Quais fórmulas não são corretas? Para cada uma que não for correta, escreva a fórmula correta.
(a) Fosfato de amônio: $(NH_4)_2PO_4$
(b) Carbonato de bário: Ba_2CO_3
(c) Sulfeto de alumínio: Al_2S_3
(d) Sulfeto de magnésio: MgS

3.46 Quais fórmulas não são corretas? Para cada uma que não for correta, escreva a fórmula correta.
(a) Óxido de cálcio: CaO_2
(b) Óxido de lítio: LiO
(c) Hidrogenofosfato de sódio: $NaHPO_4$
(d) Nitrato de amônio: NH_4NO_3

Seção 3.6 Qual é a nomenclatura dos compostos iônicos?

3.47 Indique se afirmação é verdadeira ou falsa.
(a) O nome de um composto iônico binário consiste no nome do íon negativo seguido do nome do íon positivo.
(b) Ao dar nome a compostos iônicos binários, é necessário declarar o número de cada íon presente no composto.
(c) A fórmula do óxido de alumínio é Al_2O_3.
(d) Tanto o óxido de cobre (II) como o óxido cúprico são nomes aceitáveis para o CuO.
(e) O nome sistemático para o Fe_2O_3 é óxido de ferro (II).
(f) O nome sistemático para o $FeCO_3$ é carbonato de ferro.
(g) O nome sistemático para o NaH_2PO_4 é di-hidrogenofosfato de sódio.
(h) O nome sistemático para o K_2HPO_4 é hidrogenofosfato de dipotássio.
(i) O nome sistemático para o Na_2O é óxido de sódio.
(j) O nome sistemático para o PCl_3 é cloreto de potássio.
(k) A fórmula do carbonato de amônio é NH_4CO_3.

3.48 O cloreto de potássio e o bicarbonato de potássio são usados como suplementos dietéticos. Escreva a fórmula de cada composto.

3.49 O nitrito de potássio tem sido usado como vasodilatador e antídoto para envenenamento por cianeto. Escreva a fórmula desse composto.

3.50 Dê o nome do íon poliatômico em cada composto.
(a) Na_2SO_3 (b) KNO_3 (c) Cs_2CO_3
(d) NH_4OH (e) K_2HPO_4

3.51 Escreva as fórmulas para os íons presentes em cada composto.
(a) NaBr (b) $FeSO_3$ (c) $Mg_3(PO_4)_2$
(d) KH_2PO_4 (e) $NaHCO_3$ (f) $Ba(NO_3)_2$

3.52 Dê nome aos seguintes compostos iônicos:
(a) NaF (b) MgS (c) Al_2O_3
(d) $BaCl_2$ (e) $Ca(HSO_3)_2$ (f) KI
(g) $Sr_3(PO_4)_2$ (h) $Fe(OH)_2$ (i) NaH_2PO_4
(j) $Pb(CH_3COO)_2$ (k) BaH_2 (l) $(NH_4)_2HPO_4$

3.53 Escreva as fórmulas para os seguintes compostos iônicos:
(a) Brometo de potássio (b) Óxido de cálcio
(c) Óxido de mercúrio (II) (d) Fosfato de cobre (II)
(e) Sulfato de lítio (f) Sulfeto de ferro (III)

3.54 Escreva as fórmulas para os seguintes compostos iônicos:
(a) Hidrogenossulfeto de amônio
(b) Acetato de magnésio
(c) Di-hidrogenofosfato de estrôncio
(d) Carbonato de prata
(e) Cloreto de estrôncio
(f) Permanganato de bário

Seção 3.7 O que é uma ligação covalente?

3.55 Indique se a afirmação é verdadeira ou falsa.
(a) Uma ligação covalente é formada entre dois átomos cuja diferença de eletronegatividade é menor que 1,9.
(b) Se a diferença de eletronegatividade entre dois átomos for zero (eletronegatividades idênticas), então eles não formarão uma ligação covalente.
(c) Uma ligação covalente formada pelo compartilhamento de dois elétrons é chamada ligação dupla.
(d) Na molécula de hidrogênio (H_2), o par de elétrons compartilhados completa a camada de valência de cada hidrogênio.
(e) Na molécula de CH_4, cada hidrogênio tem uma configuração eletrônica como a do hélio, e o carbono tem uma configuração eletrônica como a do neônio.
(f) Em uma ligação covalente polar, o átomo mais eletronegativo tem uma carga negativa parcial ($\delta-$), e o átomo menos eletronegativo, uma carga positiva parcial ($\delta+$).
(g) Estas ligações estão arranjadas em ordem *crescente* de polaridade: C—H < N—H < O—H.
(h) Estas ligações estão arranjadas em ordem *decrescente* de polaridade: H—F < H—Cl < H—Br.
(i) Uma ligação polar tem um dipolo com a extremidade negativa no átomo mais eletronegativo.
(j) Em uma ligação simples, dois átomos compartilham um par de elétrons; em uma ligação dupla, eles compartilham dois pares de elétrons; e em uma ligação tripla, três pares de elétrons.
(k) A estrutura de Lewis para o etano, C_2H_6, deve mostrar oito elétrons de valência.
(l) A estrutura de Lewis para o formaldeído, CH_2O, deve mostrar 12 elétrons de valência.
(m) A estrutura de Lewis para o íon amônio, NH_4^+, deve mostrar nove elétrons de valência.
(n) Átomos de elementos do terceiro período podem conter mais que oito elétrons em suas camadas de valência.

3.56 Quantas ligações covalentes normalmente são formadas por estes elementos?
(a) N (b) F (c) C (d) Br (e) O

3.57 Defina:
(a) Ligação simples (b) Ligação dupla
(c) Ligação tripla

3.58 Na Seção 2.3B, vimos que existem sete elementos diatômicos.
(a) Desenhe as estruturas de Lewis para cada um desses elementos diatômicos.
(b) Quais elementos diatômicos são gases em temperatura ambiente? Quais são líquidos? Quais são sólidos?

3.59 Desenhe uma estrutura de Lewis para cada composto covalente.
(a) CH_4 (b) C_2H_2 (c) C_2H_4
(d) BF_3 (e) CH_2O (f) C_2Cl_6

3.60 Qual é a diferença entre uma fórmula molecular, uma fórmula estrutural e uma estrutura de Lewis?

3.61 Determine o número total de elétrons de valência em cada molécula.
(a) NH_3 (b) C_3H_6 (c) $C_2H_4O_2$ (d) C_2H_6O
(e) CCl_4 (f) HNO_2 (g) CCl_2F_2 (h) O_2

3.62 Desenhe uma estrutura de Lewis para cada uma das seguintes moléculas e íons. Em cada caso, os átomos podem ser conectados apenas de um modo.
(a) Br_2 (b) H_2S (c) N_2H_4 (d) N_2H_2
(e) CN^- (f) NH_4^+ (g) N_2 (h) O_2

3.63 Qual é a diferença entre (a) um átomo de bromo, (b) uma molécula de bromo e (c) um íon brometo? Desenhe a estrutura de Lewis para cada um.

3.64 Acetileno (C_2H_2), cianeto de hidrogênio (HCN) e nitrogênio (N_2), cada um deles contém uma ligação tripla. Desenhe uma estrutura de Lewis para cada molécula. Quais dessas moléculas são polares e quais são apolares?

3.65 Por que o hidrogênio não pode ter mais que dois elétrons na camada de valência?

3.66 Por que os elementos da segunda fileira não podem ter mais do que oito elétrons na camada de valência? Isto é, por que a regra do octeto funciona para elementos da segunda fileira?

3.67 Por que o nitrogênio tem três ligações e um par de elétrons não compartilhados em compostos covalentes?

3.68 Desenhe uma estrutura de Lewis para um composto covalente em que o nitrogênio tenha:
(a) Três ligações simples e um par de elétrons não compartilhados.
(b) Uma ligação simples, uma ligação dupla e um par de elétrons não compartilhados.

(c) Uma ligação tripla e um par de elétrons não compartilhados.

3.69 Por que o oxigênio tem duas ligações e dois pares de elétrons não compartilhados em compostos covalentes?

3.70 Desenhe uma estrutura de Lewis para um composto covalente em que o oxigênio tenha:
(a) Duas ligações simples e dois pares de elétrons não emparelhados.
(b) Uma ligação dupla e dois pares de elétrons não emparelhados.

3.71 O íon O^{6+} tem uma camada externa completa. Por que esse íon não é estável?

3.72 Desenhe uma estrutura de Lewis para uma molécula em que um átomo de carbono esteja ligado por uma ligação dupla (a) a outro átomo de carbono, (b) a um átomo de oxigênio e (c) a um átomo de nitrogênio.

3.73 Quais das seguintes moléculas têm um átomo que não obedece à regra do octeto (nem todas são estáveis)?
(a) BF_3 (b) CF_2 (c) BeF_2 (d) C_2H_4
(e) CH_3 (f) N_2 (g) NO

Seção 3.8 Qual é a nomenclatura dos compostos covalentes binários?

3.74 Indique se a afirmação é verdadeira ou falsa.
(a) Um composto covalente binário contém dois tipos de átomos.
(b) Os dois átomos de um composto covalente binário são denominados na seguinte ordem: primeiro o elemento mais eletronegativo e depois o menos eletronegativo.
(c) O nome do SF_2 é difluoreto de enxofre.
(d) O nome do CO_2 é dióxido de carbono.
(e) O nome do CO é óxido de carbono.
(f) O nome do HBr é brometo de hidrogênio.
(g) O nome de CCl_4 é tetracloreto de carbono.

3.75 Dê nome aos seguintes compostos covalentes binários.
(a) SO_2 (b) SO_3 (c) PCl_3 (d) CS_2

Seção 3.9 O que é ressonância?

3.76 Escreva duas estruturas contribuintes aceitáveis para o íon bicarbonato, HCO_3^-, e mostre, com o uso de setas curvadas, como a primeira estrutura contribuinte é convertida na segunda.

3.77 O ozônio, O_3, é um gás azul instável com um odor pungente característico. Numa molécula de ozônio, a conectividade dos átomos é O—O—O, e as duas ligações O—O são equivalentes.
(a) Quantos elétrons de valência devem estar presentes numa estrutura de Lewis aceitável para uma molécula de ozônio?
(b) Escreva duas estruturas contribuintes de ressonância para o ozônio que sejam equivalentes. Mostre quaisquer cargas positiva ou negativa que possam estar presentes em suas estruturas contribuintes. Por *estruturas contribuintes equivalentes*, queremos dizer que cada uma tem o mesmo padrão de ligação.
(c) Mostre, com o uso de setas curvadas, como a primeira das estruturas contribuintes pode ser convertida na segunda.
(d) Com base em suas estruturas contribuintes, preveja o ângulo da ligação O—O—O para a molécula de ozônio.
(e) Explique por que a seguinte estrutura contribuinte não é aceitável para a molécula de ozônio:

$$\ddot{O}=\ddot{O}=\ddot{O}$$

3.78 Óxido nitroso, N_2O, o gás do riso, é um gás incolor, não tóxico, insípido e inodoro. É usado como anestésico, por inalação, em cirurgias odontológicas e outras. Por ser solúvel em óleos vegetais (gorduras), o óxido nitroso é utilizado comercialmente como propelente para *chantilly*.
(a) Quantos elétrons de valência estão presentes numa molécula de N_2O?
(b) Escreva duas estruturas contribuintes equivalentes para essa molécula. A conectividade no óxido nitroso é N—N—O.
(c) Explique por que a seguinte estrutura contribuinte não é aceitável:

$$:N\equiv N=\ddot{O}$$

Seção 3.10 Como prever ângulos de ligação em moléculas covalentes?

3.79 Indique se a afirmação é verdadeira ou falsa.
(a) A sigla VSEPR significa repulsão dos pares de elétrons da camada de valência.
(b) Ao prever ângulos de ligação em torno de um átomo central numa molécula covalente, o modelo VSEPR considera apenas pares de elétrons compartilhados (pares de elétrons envolvidos na formação de ligações covalentes).
(c) O modelo VSEPR trata os dois pares de elétrons de uma ligação dupla como uma região de densidade eletrônica e os três pares de elétrons de uma ligação tripla também como uma região de densidade eletrônica.
(d) No dióxido de carbono, O=C=O, o carbono é circundado por quatro pares de elétrons, e o modelo VSEPR prevê um ângulo de 109,5° para a ligação O—C—O.
(e) Para um átomo central circundado por três regiões de densidade eletrônica, o modelo VSEPR prevê ângulos de ligação de 120°.
(f) A geometria em torno de um átomo de carbono circundado por três regiões de densidade eletrônica é descrita como planar trigonal.
(g) Para um átomo central circundado por quatro regiões de densidade eletrônica, o modelo VSEPR prevê ângulos de ligação de 360°/4 = 90°.
(h) Para a molécula de amônia, NH_3, o modelo VSEPR prevê ângulos de ligação H—N—H de 109,5°.
(i) Para o íon amônio, NH_4^+, o modelo VSEPR prevê ângulos de ligação H—N—H de 109,5°.
(j) O modelo VSEPR aplica-se com o mesmo sucesso a compostos de carbono, nitrogênio e oxigênio.

(k) Na água, H—O—H, o átomo de oxigênio forma ligações covalentes com dois outros átomos e, portanto, o modelo VSEPR prevê um ângulo de ligação H—O—H de 180°.

(l) Se você não levar em conta pares não compartilhados de elétrons de valência quando usar o modelo VSEPR, fará uma previsão incorreta.

(m) Dadas as suposições do modelo VSEPR, os únicos ângulos de ligação para compostos de carbono, nitrogênio e oxigênio são os de 109,5°, 120° e 180°.

3.80 Indique qual o formato de uma molécula cujo átomo central é circundado por:
(a) Duas regiões de densidade eletrônica.
(b) Três regiões de densidade eletrônica.
(c) Quatro regiões de densidade eletrônica.

3.81 Hidrogênio e oxigênio combinam em diferentes proporções para formar H_2O (água) e H_2O_2 (peróxido de hidrogênio).
(a) Quantos elétrons de valência são encontrados em H_2O e H_2O_2?
(b) Desenhe as estruturas de Lewis para cada molécula de (a). Mostre todos os elétrons de valência.
(c) Usando o modelo VSEPR, preveja os ângulos de ligação em torno do átomo de oxigênio na água e em torno de cada átomo de oxigênio no peróxido de hidrogênio.

3.82 Hidrogênio e nitrogênio combinam em diferentes proporções para formar três compostos: NH_3 (amônia), N_2H_4 (hidrazina) e N_2H_2 (di-imida).
(a) Quantos elétrons de valência a estrutura de Lewis de cada molécula deve mostrar?
(b) Desenhe uma estrutura de Lewis para cada molécula.
(c) Preveja os ângulos de ligação em torno do(s) átomo(s) de nitrogênio em cada molécula.

3.83 Preveja o formato de cada molécula.
(a) CH_4 (b) PH_3 (c) CHF_3 (d) SO_2
(e) SO_3 (f) CCl_2F_2 (g) NH_3 (h) PCl_3

3.84 Preveja o formato de cada íon.
(a) NO_2^- (b) NH_4^+ (c) CO_3^{2-}

Seção 3.11 Como determinar se a molécula é polar?

3.85 Indique se a afirmação é verdadeira ou falsa.
(a) Para prever se uma molécula covalente é polar ou apolar, é preciso saber qual é a polaridade de cada ligação e a geometria (formato) da molécula.
(b) Uma molécula pode ter duas ou mais ligações polares e mesmo assim ser apolar.
(c) Todas as moléculas com ligações polares são polares.
(d) Se a água fosse uma molécula linear com um ângulo de ligação H—O—H de 180°, ela seria uma molécula apolar.
(e) H_2O e NH_3 são moléculas polares, mas CH_4 é apolar.
(f) No metanol, CH_3OH, a ligação O—H é mais polar que a ligação C—O.
(g) O diclorometano, CH_2Cl_2, é polar, mas o tetraclorometano, CCl_4, é apolar.

(h) O etanol, CH_3CH_2OH, o álcool das bebidas alcoólicas, tem ligações polares, um dipolo resultante e é uma molécula polar.

3.86 Tanto o CO_2 como o SO_2 têm ligações polares. Explique por que o CO_2 é apolar, e o SO_2, polar.

3.87 Considere a molécula de trifluoreto de boro, BF_3.
(a) Escreva a estrutura de Lewis para o BF_3.
(b) Preveja os ângulos de ligação F—B—F usando o modelo VSEPR.
(c) O BF_3 tem ligações polares? É uma molécula polar?

3.88 É possível para uma molécula ter ligações polares e não ter dipolo? Explique.

3.89 É possível para uma molécula não ter ligações polares e ter dipolo? Explique.

3.90 Em cada caso, indique se a ligação é iônica, covalente polar ou covalente apolar.
(a) Br_2 (b) $BrCl$ (c) HCl (d) SrF_2
(e) SiH_4 (f) CO (g) N_2 (h) $CsCl$

3.91 Explique por que o clorometano, CH_3Cl, que tem apenas uma ligação polar C—Cl, é uma molécula polar, mas o tetracloreto de carbono, CCl_4, que tem quatro ligações polares C—Cl, é apolar.

Conexões químicas

3.92 (Conexões químicas 3A) Quais são os três principais componentes inorgânicos da mistura seca atualmente utilizada para criar osso sintético?

3.93 (Conexões químicas 3B) Por que o iodeto de sódio geralmente está presente no sal de cozinha que compramos no mercado?

3.94 (Conexões químicas 3B) Qual é o uso medicinal do sulfato de bário?

3.95 (Conexões químicas 3B) Qual é o uso medicinal do permanganato de potássio?

3.96 (Conexões químicas 3A) Qual é o íon metálico predominante nos ossos e no esmalte dos dentes?

3.97 (Conexões químicas 3C) De que maneira o gás óxido nitroso, NO, contribui para a acidez da chuva ácida?

Problemas adicionais

3.98 Explique por que o argônio não forma nem (a) ligações iônicas nem (b) ligações covalentes.

3.99 Com base naquilo que você sabe sobre ligação covalente em compostos de carbono, nitrogênio e oxigênio, e dado o fato de que o silício está logo abaixo do carbono na tabela periódica, o fósforo logo abaixo do nitrogênio e o enxofre logo abaixo do oxigênio, preveja a fórmula molecular para o composto formado por (a) silício e cloro, (b) fósforo e hidrogênio e (c) enxofre e hidrogênio.

3.100 Use o modelo de repulsão de pares de elétrons da camada de valência para prever o formato de uma molécula em que um átomo central é circundado por cinco regiões de densidade eletrônica – como no pentafluoreto de fósforo, PF_5. (Dica: Use modelos moleculares ou, se não os tiver à mão, use *marshmallow* ou bala de goma e palitos.)

3.101 Use o modelo de repulsão de pares de elétrons da camada de valência para prever o formato de uma molécula em que um átomo central é circundado por seis regiões de densidade eletrônica, como no hexafluoreto de enxofre, SF_6.

3.102 Dióxido de cloro, ClO_2, é um gás de coloração amarela ou amarelo-avermelhada em temperatura ambiente. Esse forte agente oxidante é usado para branquear celulose, polpa de papel, tecidos e para a purificação de água. Foi o gás utilizado para matar esporos de antraz no prédio do Senado norte-americano.
(a) Quantos elétrons de valência estão presentes no ClO_2?
(b) Desenhe uma estrutura de Lewis para essa molécula. (Dica: A ordem de ligação dos átomos nessa molécula é O—Cl—O. O cloro é um elemento do terceiro período e sua camada de valência deve conter mais que oito elétrons.)

Lendo rótulos

3.103 Dê o nome e escreva a fórmula para o composto que contém flúor e está presente nas pastas de dente fluoretadas e nos géis dentais.

3.104 Se você ler os rótulos dos bloqueadores solares, verá que um agente bloqueador de UV é um composto de zinco. Dê o nome e escreva a fórmula desse composto que contém zinco.

3.105 Nos pacotes de sal de cozinha, é comum ver no rótulo que o sal "contém iodo, um nutriente necessário". Dê o nome e escreva a fórmula do composto nutriente que contém iodo e que é encontrado no sal iodado.

3.106 Somos constantemente prevenidos dos perigos de tintas "à base de chumbo". Dê o nome e escreva a fórmula para um composto que contém chumbo e é encontrado em tintas.

3.107 Se você ler os rótulos de vários antiácidos líquidos e em tabletes, verá que, em muitos deles, os ingredientes ativos são compostos que contêm íons hidróxido. Dê o nome e escreva as fórmulas desses compostos.

3.108 O ferro forma íons Fe^{2+} e Fe^{3+}. Qual é o íon encontrado em preparações vendidas sem prescrição médica e usadas para tratar "sangue com insuficiência de ferro"?

3.109 Leia os rótulos de várias formulações de multivitaminas/multiminerais. Entre os componentes, você encontrará um grande número dos assim chamados minerais-traço – minerais necessários na dieta de um adulto saudável em quantidades menores que 100 mg por dia ou presentes no corpo em quantidades menores que 0,01% do peso total do corpo. Segue uma lista de 18 minerais-traço. Dê o nome de pelo menos uma forma de cada mineral-traço presente nas formulações de multivitaminas.

(a) Fósforo (b) Magnésio
(c) Potássio (d) Ferro
(e) Cálcio (f) Zinco
(g) Manganês (h) Titânio
(i) Silício (j) Cobre
(k) Boro (l) Molibdênio
(m) Cromo (n) Iodo
(o) Selênio (p) Vanádio
(q) Níquel (r) Estanho

3.110 Escreva as fórmulas para os seguintes compostos.
(a) Sulfeto de cálcio, usado na preservação da cidra e de outros sucos de frutas.
(b) Hidrogenossulfito de cálcio, usado em soluções aquosas diluídas para lavar cascos onde bebidas são fermentadas e impedir que a cerveja torne-se azeda e apresente nódoas, e também evitar a fermentação secundária.
(c) Hidróxido de cálcio, usado em argamassa, reboco, cimento e outros materiais de construção e pavimentação.
(d) Hidrogenofosfato de cálcio, usado em alimentos para animais e como suplemento mineral em cereais e outros alimentos.

3.111 Muitos pigmentos para tintas contêm compostos de metais de transição. Dê o nome dos compostos nesses pigmentos usando um numeral romano para indicar a carga do íon de metal de transição.
(a) Amarelo, CdS (b) Verde, Cr_2O_3
(c) Branco, TiO_2 (d) Púrpura, $Mn_3(PO_4)_2$
(e) Azul, Co_2O_3 (f) Ocre, Fe_2O_3

Antecipando

3.112 Percloroetileno, um líquido em temperatura ambiente, é um dos solventes mais utilizados para lavagem a seco comercial. É vendido para esse fim sob vários nomes comerciais, incluindo Perclene. Essa molécula tem ligações polares? É uma molécula polar? Tem dipolo?

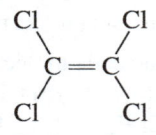

Percloroetileno

3.113 Cloreto de vinila é o material de partida para a produção de poli(cloreto de vinila), cuja abreviação é PVC (do inglês *poly(vinyl) chloride*). Seu código de reciclagem é "V". A principal utilidade do PVC é para tubos em construções residenciais e comerciais (Seção 12.7).

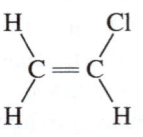

Cloreto de vinila

(a) Complete a estrutura de Lewis para o cloreto de vinila mostrando todos os pares de elétrons não compartilhados.
(b) Preveja os ângulos de ligação H—C—H, H—C—C e Cl—C—H para essa molécula.
(c) O cloreto de vinila tem ligações polares? É uma molécula polar? Tem dipolo?

3.114 Tetrafluoretileno é o material de partida para a produção de poli(tetrafluoretileno), PTFE, um polímero muito usado na preparação de revestimentos não aderentes para utensílios de cozinha (Seção 12.7). A marca mais conhecida desse produto é o Teflon.

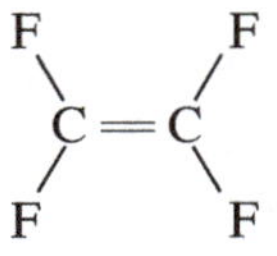

$$\begin{array}{c} F \\ \diagdown \\ F \end{array} C = C \begin{array}{c} F \\ \diagup \\ F \end{array}$$

Tetrafluoretileno

(a) Complete a estrutura de Lewis para o tetrafluoretileno mostrando todos os pares de elétrons não compartilhados.
(b) Preveja os ângulos de ligação F—C—F e F—C—C nessa molécula.
(c) O tetrafluoretileno tem ligações polares? É uma molécula polar? Tem dipolo?

3.115 Algumas das seguintes fórmulas estruturais são incorretas porque contêm um ou mais átomos que não apresentam seu número normal de ligações covalentes. Quais são as fórmulas estruturais incorretas e qual o átomo ou átomos em cada uma delas que tem o número incorreto de ligações?

(a) 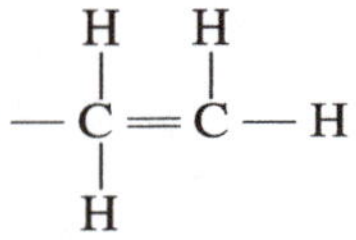 Cl—C=C—H com H, H, H

(b) H—O—C—C—N—C—H com Hs

(c) H—C—N—C—C—O com Hs

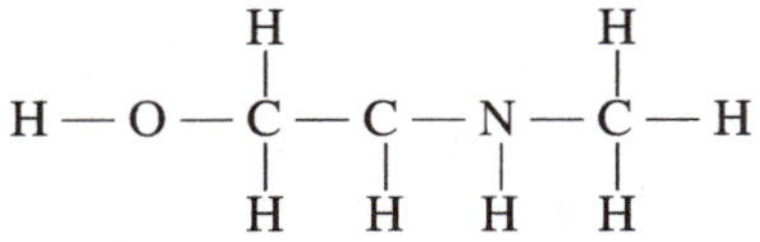

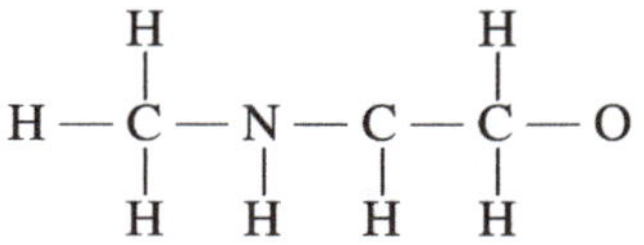

(d) 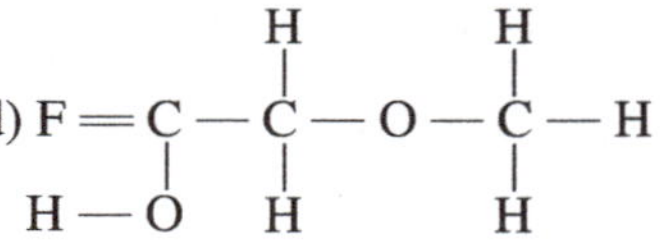 F=C—C—O—C—H com H—O e Hs

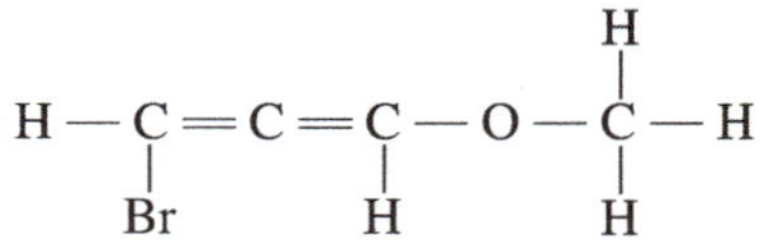

(e) H—C=C=C—O—C—H com Br e Hs

(f) H—C≡C—C=C—H com Hs

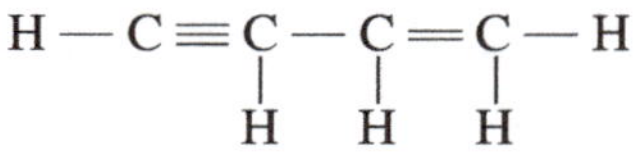

3.116 O boroidreto de sódio, $NaBH_4$, tem sido muito utilizado como agente redutor em química orgânica. É um composto iônico com um íon sódio, Na^+, e um íon boroidreto, BH_4^-.
(a) Quantos elétrons de valência estão presentes no íon boroidreto?
(b) Desenhe uma estrutura de Lewis para esse íon.
(c) Preveja os ângulos de ligação H—B—H no íon.

3.117 De acordo com a sua resposta ao Problema 3.115 e sabendo que o alumínio está logo abaixo do boro na coluna 3A da tabela periódica, proponha uma estrutura para o hidreto de lítio e alumínio, outro agente redutor muito utilizado em química orgânica.

Reações químicas

Fogos de artifício são um exemplo espetacular de reações químicas.

4.1 O que é reação química?

No Capítulo 1, aprendemos que a química preocupa-se principalmente com duas coisas: a estrutura da matéria e as transformações de uma forma de matéria em outra. Nos capítulos 2 e 3, abordamos o primeiro tópico e agora estamos preparados para voltar nossa atenção para o segundo. Em uma transformação química, também conhecida como **reação química**, um ou mais **reagentes** (materiais de partida) são convertidos em um ou mais **produtos**. Reações químicas ocorrem o tempo todo ao nosso redor. Elas abastecem e mantêm vivas as células dos tecidos vivos. Ocorrem quando acendemos um fósforo, cozinhamos o jantar, damos a partida no carro, ouvimos um rádio portátil ou vemos televisão. A maior parte dos processos industriais envolve reações químicas, como refinamento do petróleo, processamento de alimentos e produção de fármacos, plásticos, fibras sintéticas, fertilizantes, explosivos e muitos outros materiais.

Neste capítulo, abordaremos quatro aspectos das reações químicas: (1) a escrita e o balanceamento de equações químicas, (2) as relações de massa nas reações químicas, (3) os tipos de reação química e (4) ganhos e perdas de calor.

Questões-chave

4.1 O que é reação química?

4.2 O que é massa molecular?

4.3 O que é mol e como usá-lo para calcular relações de massa?

4.4 Como se balanceiam equações químicas?

Como... Balancear uma equação química

4.5 Como se calculam relações de massa em reações químicas?

4.6 Como prever se íons em soluções aquosas reagirão entre si?

4.7 O que são oxidação e redução?

4.8 O que é calor de reação?

Uma tabela de massas moleculares é dada no final deste livro.

TABELA 4.1 Massa molecular para dois compostos iônicos e dois covalentes

Compostos iônicos	
Cloreto de sódio (NaCl)	23,0 u Na + 35,5 u Cl = 58,5 u
Cloreto de níquel (II) hidratado ($NiCl_2 \cdot 6H_2O$)*	58,7 u Ni + 2(35,5 u Cl) + 12(1,0 u H) + 6(16,0 u O) = 237,7 u
Compostos covalentes	
Água (H_2O)	2(1,0 u H) + 16,0 u O = 18,0 u
Aspirina ($C_9H_8O_4$)	9(12,0 u C) + 8(1,0 u H) + 4(16,0 u O) = 180,0 u

*O cloreto de níquel (II) se cristaliza a partir de uma solução aquosa com seis moléculas de água por unidade-fórmula de $NiCl_2$. A presença de moléculas de água no cristal é indicada pelo termo "hidratado".

4.2 O que é massa molecular?

Começaremos nosso estudo das relações de massa com a discussão sobre a massa molecular. A massa molecular (MM) de um composto é a soma das massas atômicas em unidades de massa atômica (u) de todos os átomos da fórmula do composto. O termo "massa molecular" é usado tanto para compostos moleculares como para compostos iônicos. A massa molecular às vezes é chamada de peso molecular, porém não é uma designação correta, porque peso é o produto da massa pela gravidade, logo não deve ser empregado.

Em alguns textos encontramos peso-fórmula (do inglês *formula weight*) em vez de "massa molecular". Este termo, entretanto, não é usado no Brasil.

A Tabela 4.1 nos dá as massas moleculares para dois compostos iônicos e dois compostos moleculares.

Massa molecular (MM) A soma das massas atômicas de todos os átomos de uma substância expressas em unidades de massa atômica (u).

Exemplo 4.1 Massa molecular

Qual é o massa molecular da (a) glicose, $C_6H_{12}O_6$, e da (b) ureia, $(NH_2)_2CO$?

Estratégia

Massa molecular é a soma das massas atômicas de todos os átomos da fórmula molecular expressa em unidades de massa atômica (u).

Solução

(a) Glicose, $C_6H_{12}O_6$

    C   6 × 12,0 = 72,0
    H   12 × 1,0 = 12,0
    O   6 × 16,0 = 96,0
    $C_6H_{12}O_6$ = 180,0 u

(b) Ureia, $(NH_2)_2CO$

    N   2 × 14,0 = 28,0
    H   4 × 1,0 = 4,0
    C   1 × 12,0 = 12,0
    O   1 × 16,0 = 16,0
    $(NH_2)_2CO$ = 60,0 u

Problema 4.1

Qual é (a) a massa molecular do ibuprofeno, $C_{13}H_{18}O_2$, e (b) a massa molecular do fosfato de bário, $Ba_3(PO_4)_2$?

4.3 O que é mol e como usá-lo para calcular relações de massa?

Mol A massa molecular de uma substância expressa em gramas.

Átomos e moléculas são tão pequenos (Seção 2.4F) que os químicos raramente são capazes de lidar com cada um deles de cada vez. Mesmo quando pesamos uma quantidade muito pequena de um composto, quantidades enormes de unidades-fórmula (talvez 10^{19}) estão presentes. A unidade-fórmula pode ser átomos, moléculas ou íons. Para superar esse problema, tempos atrás os químicos definiram uma unidade chamada **mol**. Um mol é uma quantidade de substância que contém tantos átomos, moléculas ou íons quantos átomos houver em exatamente 12 g de carbono-12. O importante é que, independentemente de ser um mol de átomos de ferro, de moléculas de metano ou de íons sódio, um mol sempre contém o mesmo número de unidades-fórmula. Estamos acostumados a aumentar a escala de fatores em situações em que há grandes quantidades de unidades envolvidas na contagem. Contamos ovos em dúzias e lápis em grosas. Assim como a dúzia (12 unidades) é uma escala útil para ovos, e a grosa (144 unidades), útil para contar lápis, o mol é um fator de aumento de escala para átomos e moléculas. Logo veremos que o número de unidades é muito maior para um mol que para uma dúzia ou uma grosa.

O número de unidades-fórmula em um mol é o chamado **número de Avogadro**, em homenagem ao italiano Amadeo Avogadro (1776-1856), o primeiro físico a propor o conceito de mol. Entretanto, ele não foi capaz de determinar experimentalmente o número de unidades a ser representado. Observe que o número de Avogadro não é um valor definido, mas um valor que deve ser determinado experimentalmente. Seu valor agora é conhecido até o nono algarismo significativo.

Número de Avogadro = $6,02214199 \times 10^{23}$ unidades-fórmula por mol

Para a maioria dos cálculos deste capítulo, arredondamos esse número para três algarismos significativos: $6,02 \times 10^{23}$ unidades-fórmula por mol.

Um mol de átomos de hidrogênio são $6,02 \times 10^{23}$ átomos de hidrogênio, um mol de moléculas de sacarose (açúcar de cozinha) são $6,02 \times 10^{23}$ moléculas de açúcar, um mol de maçãs são $6,02 \times 10^{23}$ maçãs, e um mol de íons sódio são $6,02 \times 10^{23}$ íons sódio. Assim como chamamos 12 unidades de qualquer coisa uma dúzia, 20, uma vintena e 144, uma grosa, dizemos que $6,02 \times 10^{23}$ unidades de qualquer coisa é um mol.

A **massa molar** de qualquer substância (a massa de um mol da substância) é a massa molecular da substância expressa em gramas. Por exemplo, a massa molecular da glicose, $C_6H_{12}O_6$ (Exemplo 4.1), é 180 u, portanto 180 g de glicose equivalem a um mol de glicose. Do mesmo modo, a massa molecular da ureia, $(NH_2)_2CO$, é 60,0 u e, portanto, um mol de ureia equivale a 60,0 gramas de ureia. Para átomos, um mol é a massa atômica expressa em gramas; 12,0 g de carbono equivalem a um mol de átomos de carbono, 32,1 g de enxofre, a um mol de átomos de enxofre e assim por diante. Como se pode ver, o importante é que, para falar sobre a massa de um mol, precisamos conhecer a fórmula química da substância que estamos considerando. A Figura 4.1 mostra quantidades de um mol de vários compostos.

Número de Avogadro
$6,02 \times 10^{23}$ unidades-fórmula por mol é a quantidade de qualquer substância que contém tantas unidades-fórmula quanto for o número de átomos em 12 g de carbono-12.

Um mol de moedas de um centavo colocadas lado a lado se estenderia por mais de um milhão de anos-luz, uma distância muito além do nosso sistema solar e mesmo além de nossa galáxia. Seis mols deste texto pesariam mais que a Terra.

Massa molar A massa de um mol de uma substância expressa em gramas; a massa molecular de um composto expressa em gramas.

(a) (b)

FIGURA 4.1 Quantidades de um mol de (a) seis metais e (b) quatro compostos. (a) Fileira de cima (da esquerda para a direita): contas de Cu (63,5 g), lâmina de Al (27,0 g) e grãos de Pb (207,2 g). Fileira de baixo (da esquerda para a direita): pó de S (32,1 g), pedaços de Cr (52,0 g) e aparas de Mg (24,4 g). (b) H_2O (18,0 g); pequeno béquer com NaCl (58,4 g); béquer grande com aspirina, $C_9H_8O_4$ (180,2 g); verde ($NiCl_2 \cdot 6H_2O$) (237,7 g).

Agora que conhecemos a relação entre mol e massa molar (g/mol), podemos usar a massa molar como fator de conversão para converter grama em mol e vice-versa. Para esse cálculo, usamos massa molecular como fator de conversão.

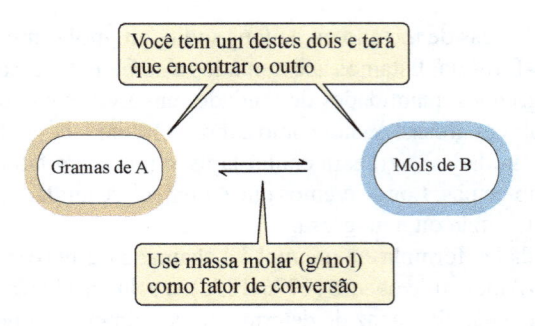

```
       ┌─────────────────────────────┐
       │ Você tem um destes dois e terá │
       │    que encontrar o outro      │
       └─────────────────────────────┘
         ╱                         ╲
    ┌─────────┐               ┌─────────┐
    │Gramas de A│  ⇌          │ Mols de B│
    └─────────┘               └─────────┘
              ╲             ╱
        ┌─────────────────────────┐
        │ Use massa molar (g/mol) │
        │ como fator de conversão │
        └─────────────────────────┘
```

Suponha que queiramos saber o número de mols da água em um cilindro graduado que contém 36,0 g de água. Sabemos que a massa molar da água é 18,0 g/mols. Se 18,0 g de água equivalem a um mol de água, então 36,0 g devem ser dois mols de água.

$$36,0 \text{ g } H_2O \times \frac{1 \text{ mol } H_2O}{18,0 \text{ g } H_2O} = 2,00 \text{ mols } H_2O$$

A massa molar também pode ser usada para converter mol em grama. Suponha que você tenha um béquer com 0,753 mol de cloreto de sódio e deseja calcular o número de gramas do cloreto de sódio. Como fator de conversão, considere o fato de que a massa molar do NaCl é 58,5 g/mols.

$$0,753 \text{ mol NaCl} \times \frac{58,5 \text{ g NaCl}}{1 \text{ mol NaCl}} = 44,1 \text{ g NaCl}$$

Exemplo 4.2 | Mols

Temos 27,5 g de fluoreto de sódio, NaF, a forma de íons fluoreto mais usada em pastas de dente e géis dentais. Como converter em mols?

Estratégia

A massa molecular do NaF = 23,0 + 19,0 = 42,0 u. Assim, cada mol de NaF tem massa de 42,0 g, o que nos permite usar o fator de conversão 1 mol NaF = 42,0 g de NaF.

Solução

$$27,5 \text{ g NaF} \times \frac{1 \text{ mol NaF}}{42,0 \text{ g NaF}} = 0,655 \text{ mol NaF}$$

Observe que este tipo de cálculo pode ser executado para compostos iônicos, tais como NaF, e também para compostos moleculares, como CO_2 e ureia.

Problema 4.2

Uma pessoa bebe 1.500 g de água por dia. O que isso representa em termos de mols?

Exemplo 4.3 | Mols

Queremos pesar 3,41 mols de etanol, C_2H_6O. O que isso representa em termos de gramas?

Estratégia

A massa molecular do C_2H_6O é 2(12,0) + 6(1,0) + 16,0 = 46,0 u, portanto o fator de conversão é 1 mol C_2H_6O = 46,0 g C_2H_6O.

Solução

$$3,41 \text{ mol } C_2H_6O \times \frac{46,0 \text{ g } C_2H_6O}{1,00 \text{ mol } C_2H_6O} = 157 \text{ g } C_2H_6O$$

Problema 4.3

Queremos pesar 2,84 mols de sulfeto de sódio, Na_2S. O que isso representa em termos de gramas?

Exemplo 4.4 Mols

Quantos mols de átomos de nitrogênio e oxigênio há em 21,4 mols do explosivo trinitro-tolueno (TNT), $C_7H_5N_3O_6$?

Estratégia

A fórmula molecular $C_7H_5N_3O_6$ nos diz que cada molécula de TNT contém três átomos de nitrogênio e seis átomos de oxigênio. Também nos diz que cada mol de TNT contém três mols de átomos de N e seis mols de átomos de O. Portanto, temos os seguintes fatores de conversão: 1 mol TNT = 3 mols de átomos de N, e 1 mol TNT = 6 mols de átomos de O.

Solução

O número de mols de átomos de N em 21,4 mols de TNT é

$$21{,}4 \text{ mols TNT} \times \frac{3 \text{ mols de átomos de N}}{1 \text{ mol TNT}} = 62{,}4 \text{ mols de átomos de N}$$

O número de mols de átomos de O em 21,4 mols de TNT é

$$21{,}4 \text{ mols TNT} \times \frac{6 \text{ mols de átomos de O}}{1 \text{ mol TNT}} = 128 \text{ mols de átomos de O}$$

Observe que a resposta é com três algarismos significativos porque o número de mols é para três algarismos significativos. A proporção de mols de átomos de O para mols de TNT é um número exato.

Problema 4.4

Quantos mols de átomos de C, H e O estão presentes em 2,5 mols de glicose, $C_6H_{12}O_6$?

Exemplo 4.5 Mols

Quantos mols de íons sódio, Na^+, estão presentes em 5,63 g de sulfato de sódio, Na_2SO_4?

Estratégia

A massa molecular do Na_2SO_4 é $2(23{,}0) + 32{,}1 + 4(16{,}0) = 142{,}1$ u. Na conversão de gramas de Na_2SO_4 em mols, usamos os fatores de conversão 1 mol Na_2SO_4 = 142,1 g de Na_2SO_4 = 2 mols Na^+.

Solução

Primeiro, precisamos descobrir quantos mols de Na_2SO_4 estão presentes na amostra.

$$5{,}63 \text{ mols Na}_2\text{SO}_4 \times \frac{1 \text{ mol Na}_2\text{SO}_4}{142{,}1 \text{ g Na}_2\text{SO}_4} = 0{,}0396 \text{ g Na}_2\text{SO}_4$$

O número de mols de íons Na^+ em 0,0396 mol de Na_2SO_4 é

$$0{,}0396 \text{ mol Na}_2\text{SO}_4 \times \frac{2 \text{ mols Na}^+}{1 \text{ mol g Na}_2\text{SO}_4} = 0{,}0792 \text{ mol Na}^+$$

Problema 4.5

Quantos mols de íons cobre (I), Cu^+, estão presentes em 0,062 g de nitrato de cobre (I), $CuNO_3$?

Exemplo 4.6 Moléculas por grama

Um comprimido de aspirina, $C_9H_8O_4$, contém 0,360 g de aspirina. (O resto do comprimido é composto de amido ou outras substâncias.) Quantas moléculas de aspirina estão presentes nesse comprimido?

Estratégia

A massa molecular da aspirina é $9(12{,}0) + 8(1{,}0) + 4(16{,}0) = 180{,}0$ u, o que nos dá o fator de conversão 1 mol = 180,0 g aspirina. Para converter mols de aspirina em moléculas de aspirina, usamos o fator de conversão 1 mol aspirina = $6{,}02 \times 10^{23}$ moléculas de aspirina.

Solução

Primeiro precisamos descobrir quantos mols de aspirina estão presentes em 0,360 g:

$$0{,}360 \text{ g aspirina} \times \frac{1 \text{ mol aspirina}}{180{,}0 \text{ g aspirina}} = 0{,}00200 \text{ mol aspirina}$$

O número de moléculas de aspirina em um comprimido é

$$0{,}00200 \text{ mol} \times 6{,}02 \times 10^{23} \frac{\text{moléculas}}{\text{mol}} = 1{,}20 \times 10^{21} \text{ moléculas}$$

Problema 4.6

Quantas moléculas de água, H_2O, estão presentes em um copo d'água (235 g)?

Combustão Queima que ocorre no ar.

Equação química Representação, com o uso de fórmulas químicas, do processo em que reagentes são convertidos em produtos.

4.4 Como se balanceiam equações químicas?

Quando o propano, que é o principal componente do gás engarrafado ou GLP (gás liquefeito de petróleo), queima no ar, está reagindo com o oxigênio. Esses dois reagentes são convertidos nos produtos dióxido de carbono e água, em uma reação química chamada **combustão**. Podemos escrever essa reação química na forma de uma **equação química** usando fórmulas químicas para os reagentes e produtos, e uma seta para indicar a direção em que ocorre a reação. Além disso, é importante mostrar o estado de cada reagente e produto, isto é, se é um gás, líquido ou sólido. Usamos o símbolo (g) para gás, (ℓ) para líquido, (s) para sólido e (aq) para uma substância dissolvida em água (aquosa). O símbolo apropriado é colocado imediatamente após cada reagente e produto. Em nossa equação de combustão, propano, oxigênio e dióxido de carbono são gases, e a chama produzida na queima do propano é suficientemente quente para transformar a água em gás (vapor).

$$C_3H_8(g) + O_2(g) \longrightarrow CO_2(g) + H_2O(g)$$
Propano   Oxigênio   Dióxido   Água
                    de carbono

A equação que escrevemos está incompleta. Embora ela forneça as fórmulas dos materiais de partida e produtos (o que toda equação química deve fazer) e o estado físico de cada reagente e produto, não informa corretamente as quantidades. Não está balanceada, o que significa que o número de átomos do lado esquerdo da equação não é o mesmo que do lado direito. De acordo com a lei da conservação das massas (Seção 2.3A), sabemos que átomos não são destruídos nem criados em reações químicas, simplesmente passam de uma substância para outra. Assim, todos os átomos presentes no começo da reação (no lado esquerdo da equação) devem ainda estar presentes no final (no lado direito da equação). Na equação apresentada, três átomos de carbono estão do lado esquerdo, mas somente um está do lado direito.

Queima do propano no ar.

Como...

Balancear uma equação química

Para balancear uma equação, colocamos números na frente das fórmulas, até que o número de cada tipo de átomo nos produtos seja o mesmo que nos materiais de partida. Esses números são chamados **coeficientes**. Como exemplo, faremos o balanceamento de nossa equação do propano:

$$C_3H_8(g) + O_2(g) \longrightarrow CO_2(g) + H_2O(g)$$
Propano   Oxigênio   Dióxido   Água
                    de carbono

Para balancear uma equação:
1. Comece com os átomos que aparecem em apenas um dos compostos à esquerda e somente um dos compostos à direita. Na equação para a reação do propano e oxigênio, comece com o carbono ou o hidrogênio.
2. Se um átomo ocorre como elemento livre – como o O_2 na reação de propano com oxigênio –, faça o balanceamento desse elemento por último.

3. Você pode mudar apenas coeficientes ao balancear uma equação; não pode mudar fórmulas químicas. Por exemplo, se tiver H_2O no lado esquerdo de uma equação, mas precisar de dois oxigênios, você poderá adicionar o coeficiente "2" para ficar $2H_2O$. Não poderá, porém, ter dois oxigênios, alterando a fórmula para H_2O_2, porque o produto é água, H_2O, e não peróxido de hidrogênio, H_2O_2.

Na equação de combustão (queima) do propano com oxigênio, podemos começar com o carbono. Três átomos de carbono aparecem à esquerda e um à direita. Se colocarmos um 3 na frente do CO_2 (indicando que são formadas três moléculas de CO_2), três carbonos aparecerão em cada lado, e os carbonos estarão balanceados:

Três C em cada lado

$$C_3H_8(g) + O_2(g) \longrightarrow 3CO_2(g) + H_2O(g)$$

Em seguida, considere os hidrogênios. São oito do lado esquerdo e dois do lado direito. Se colocarmos um 4 na frente do H_2O, serão oito hidrogênios de cada lado, e os hidrogênios estarão balanceados:

Oito H em cada lado

$$C_3H_8(g) + O_2(g) \longrightarrow 3CO_2(g) + 4H_2O(g)$$

O único átomo não balanceado é o oxigênio. Observe que deixamos esse reagente por último (regra 2). São dois átomos de oxigênio à esquerda e dez à direita. Se colocarmos 5 na frente do O_2 à esquerda, balancearemos os átomos de oxigênio e também chegaremos a uma equação balanceada:

Dez O em cada lado

$$C_3H_8(g) + 5O_2(g) \longrightarrow 3CO_2(g) + 4H_2O(g)$$

Agora a equação deverá estar balanceada, mas é preciso conferir, só para ter certeza. Numa equação balanceada, deve haver o mesmo número de átomos de cada elemento em ambos os lados. Verificando o nosso trabalho, temos três átomos de C, dez de O e oito de H em cada lado. A equação de fato está balanceada.

Exemplo 4.7 Balanceando uma equação química

Faça o balanceamento da seguinte equação:

$$Ca(OH)_2(s) + HCl(g) \longrightarrow CaCl_2(s) + H_2O(\ell)$$
Hidróxido de cálcio Cloreto de hidrogênio Cloreto de cálcio

Solução

O cálcio já está balanceado – é um Ca em cada lado. Temos um Cl à esquerda e dois à direita. Para balancear o cloro, adicionamos o coeficiente 2 na frente do HCl:

$$Ca(OH)_2(s) + 2HCl(g) \longrightarrow CaCl_2(s) + H_2O(\ell)$$

Considerando os hidrogênios, vemos que são quatro hidrogênios à esquerda, mas apenas dois à direita. Colocando o coeficiente 2 na frente de H_2O, completamos o balanceamento dos hidrogênios. Os oxigênios também ficam balanceados, concluindo o balanceamento da equação:

$$Ca(OH)_2(s) + 2HCl(g) \longrightarrow CaCl_2(s) + 2H_2O(\ell)$$

Problema 4.7

Segue uma equação não balanceada da fotossíntese, o processo pelo qual as plantas verdes convertem dióxido de carbono e água em glicose e oxigênio. Faça o balanceamento da equação:

$$CO_2(g) + H_2O(\ell) \xrightarrow{\text{Fotossíntese}} C_6H_{12}O_6(aq) + O_2(g)$$
Glicose

Exemplo 4.8 Balanceando uma equação química

Faça o balanceamento da seguinte equação da combustão do butano, o fluido mais usado em isqueiros:

$$C_4H_{10}(g) + O_2(g) \longrightarrow CO_2(g) + H_2O(g)$$
Butano

Estratégia

A equação da combustão do butano é muito semelhante àquela que examinamos no começo desta seção para a combustão do propano. Para balancear uma equação, colocamos números na frente das fórmulas até que haja números idênticos de átomos em cada lado da equação.

Solução

Para balancear carbonos, coloque 4 na frente do CO_2 (porque são quatro carbonos do lado esquerdo). Em seguida, para balancear hidrogênios, coloque 5 na frente do H_2O para completar dez hidrogênios de cada lado da equação.

$$C_4H_{10}(g) + O_2(g) \longrightarrow 4CO_2(g) + 5H_2O(g)$$

Quando contamos os oxigênios, encontramos 2 do lado esquerdo e 13 do lado direito. Podemos balancear seus números colocando 13/2 na frente do O_2

$$C_4H_{10}(g) + \frac{13}{2} O_2(g) \longrightarrow 4CO_2(g) + 5H_2O(g)$$

Embora às vezes os químicos tenham boas razões para escrever equações com coeficientes fracionais, é prática comum usar apenas números inteiros. Isso pode ser feito multiplicando tudo por 2, o que nos dá a seguinte equação balanceada:

$$2C_4H_{10}(g) + 13O_2(g) \longrightarrow 8CO_2(g) + 10H_2O(g)$$

Um isqueiro contém butano em estado líquido e gasoso.

Problema 4.8

Faça o balanceamento da seguinte equação:

$$C_6H_{14}(g) + O_2(g) \longrightarrow CO_2(g) + H_2O(g)$$

Exemplo 4.9 Balanceando uma equação química

Faça o balanceamento da seguinte equação:

$$Na_2SO_3(aq) + H_3PO_4(aq) \longrightarrow H_2SO_3(aq) + Na_3PO_4(aq)$$
Sulfito de sódio   Ácido fosfórico   Ácido sulfuroso   Fosfato de sódio

Estratégia

O mais importante no balanceamento de equações como esta é perceber que íons poliatômicos como SO_3^{2-} e PO_4^{3-} permanecem intactos em ambos os lados da equação.

Solução

Podemos começar balanceando os íons Na^+. Colocamos 3 na frente do Na_2SO_3 e 2 na frente do Na_3PO_4, o que nos dá seis íons Na^+ em cada lado:

Seis Na em cada lado

$$3Na_2SO_3(aq) + H_3PO_4(aq) \longrightarrow H_2SO_3(aq) + 2Na_3PO_4(aq)$$

Agora são três unidades de SO_3^{2-} do lado esquerdo e somente uma do lado direito, portanto colocamos 3 na frente do H_2SO_3:

Três unidades de SO_3^{2-} em cada lado

$$3Na_2SO_3(aq) + H_3PO_4(aq) \longrightarrow 3H_2SO_3(aq) + 2Na_3PO_4(aq)$$

Vejamos agora as unidades de PO_4^{3-}. São duas unidades de PO_4^{3-} do lado direito, mas somente um do lado esquerdo. Para balanceá-las, colocamos 2 na frente do H_3PO_4. Ao fazer isso, balanceamos não apenas as unidades de PO_4^{3-}, mas também os hidrogênios, e chegamos à equação balanceada:

Duas unidades PO_4^{3-} em cada lado

$$3Na_2SO_3(aq) + 2H_3PO_4(aq) \longrightarrow 3H_2SO_3(aq) + 2Na_3PO_4(aq)$$

Problema 4.9

Faça o balanceamento da seguinte equação:

$$K_2C_2O_4(aq) + Ca_3(AsO_4)_2(s) \longrightarrow K_3AsO_4(aq) + CaC_2O_4(s)$$

Oxalato de potássio   Arsenato de cálcio   Arsenato de potássio   Oxalato de cálcio

---

Uma última questão sobre balanceamento de equações químicas. A seguinte equação da combustão do propano está corretamente balanceada.

$$C_3H_8(g) + 5O_2(g) \longrightarrow 3CO_2(g) + 4H_2O(g)$$
Propano

Ela estaria correta se dobrássemos todos os coeficientes?

$$2C_3H_8(g) + 10O_2(g) \longrightarrow 6CO_2(g) + 8H_2O(g)$$
Propano

Essa equação revisada está matemática e cientificamente correta, mas os químicos, em geral, não escrevem equações com coeficientes que sejam todos divisíveis por um número comum. Uma equação corretamente balanceada quase sempre é escrita com os coeficientes expressos pelo menor conjunto de números inteiros.

4.5 Como se calculam relações de massa em reações químicas?

A. Estequiometria

Como vimos na Seção 4.4, uma equação química balanceada nos mostra não apenas quais são as substâncias que reagem e quais são formadas, mas também as proporções molares em que reagem. Por exemplo, usando as proporções molares em uma equação química balanceada, podemos calcular a massa dos materiais de partida necessária para produzir determinada massa de um produto. O estudo das relações de massa nas reações químicas é conhecido como **estequiometria**.

Vejamos mais uma vez a equação balanceada da combustão do propano:

$$C_3H_8(g) + 5O_2(g) \longrightarrow 3CO_2(g) + 4H_2O(g)$$
Propano

Essa equação nos mostra não apenas que o propano e o oxigênio são convertidos em dióxido de carbono e água, mas também que 1 mol de propano combina-se com 5 mols de oxigênio para produzir 3 mols de dióxido de carbono e 4 mol de água, isto é, conhecemos as proporções em mol envolvidas. O mesmo é válido para qualquer outra equação balanceada. Esse fato nos permite responder às seguintes questões:

1. Quantos mols de qualquer produto serão formados se começarmos com uma certa massa de um material de partida?
2. Quantos gramas (ou mols) de um material de partida são necessários para reagir completamente com um certo número de gramas (ou mols) de outro material de partida?

Estequiometria As relações de massa em uma reação química.

"Estequiometria" vem do grego *stoicheion* (elemento) e *metron* (medida).

Na Seção 4.4, vimos que os coeficientes de uma equação representam o número de moléculas. Como o mol é proporcional à molécula (Seção 4.3), os coeficientes de uma equação também representam o número de mols.

3. Quantos gramas (ou mols) de um material de partida serão necessários se quisermos formar um certo número de gramas (ou mols) de um determinado produto?
4. Quantos gramas (ou mols) de outro produto são obtidos quando uma certa quantidade de um produto principal é produzida?

Pode parecer que temos aqui quatro tipos diferentes de problemas. De fato, podemos resolvê-los todos com o mesmo procedimento simples resumido no seguinte diagrama:

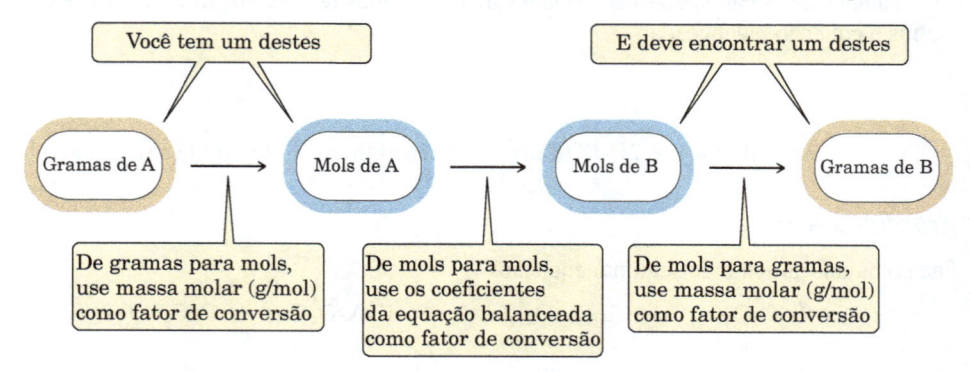

```
        Você tem um destes                    E deve encontrar um destes

    Gramas de A  →  Mols de A  →  Mols de B  →  Gramas de B

    De gramas para mols,    De mols para mols,      De mols para gramas,
    use massa molar (g/mol) use os coeficientes     use massa molar (g/mol)
    como fator de conversão da equação balanceada   como fator de conversão
                            como fator de conversão
```

Você sempre vai precisar de um fator de conversão que relacione mols com mols. Também vai necessitar dos fatores de conversão de gramas para mols e de mols para gramas, de acordo com a formulação do problema. Em alguns problemas, talvez precise de ambos, em outros não. É fácil pesar um certo número de gramas, mas a proporção molar determina a quantidade de substância envolvida em uma reação.

Exemplo 4.10 Estequiometria

A amônia é produzida em escala industrial pela reação de gás nitrogênio com gás hidrogênio (processo de Haber) de acordo com a seguinte equação balanceada:

$$N_2(g) + 3H_2(g) \longrightarrow 2NH_3(g)$$
$$\text{Amônia}$$

Quantos gramas de N_2 são necessários para produzir 7,50 g de NH_3?

Estratégia

Os coeficientes de uma equação referem-se a números relativos de mols. Portanto, devemos primeiro descobrir quantos mols de NH_3 estão presentes em 7,50 g de NH_3. Para converter gramas de NH_3 em mols de NH_3, usamos o fator de conversão 17,0 g NH_3 = 1 mol NH_3. Vemos na equação química balanceada que 2 mols de NH_3 são produzidos a partir de 1 mol de N_2, o que nos dá o fator de conversão 2 mols NH_3 = 1 mol N_2. Finalmente, convertemos mols de N_2 em gramas de N_2 usando o fator de conversão 1 mol N_2 = 28,0 g N_2. A resolução desse exemplo, portanto, requer três etapas e três fatores de conversão.

Solução

1ª etapa: Converter 7,50 gramas de NH_3 em mols de NH_3.

$$7{,}50 \text{ g NH}_3 \times \frac{1 \text{ mol NH}_3}{17{,}0 \text{ g NH}_3} = \text{mol NH}_3$$

2ª etapa: Converter mols de NH_3 em mols de N_2.

$$7{,}50 \text{ g NH}_3 \times \frac{1 \text{ mol NH}_3}{17{,}0 \text{ g NH}_3} \times \frac{1 \text{ mol N}_2}{2 \text{ mols NH}_3} = \text{mol N}_2$$

3ª etapa: Converter mols de N_2 em gramas de N_2, e agora fazer os cálculos.

$$7{,}50 \text{ g NH}_3 \times \frac{1 \text{ mol NH}_3}{17{,}0 \text{ g NH}_3} \times \frac{1 \text{ mol N}_2}{2 \text{ mols NH}_3} \times \frac{28{,}0 \text{ g N}_2}{1 \text{ mol N}_2} = 6{,}18 \text{ g N}_2$$

Em todos esses problemas, temos a massa (ou números de mols) de um composto e devemos encontrar a massa (ou o números de mols) de outro composto. Os dois compostos podem estar do mesmo lado da equação ou em lados opostos. Podemos resolver todos esses problemas com as três etapas que acabamos de utilizar.

Problema 4.10

Alumínio puro é preparado pela eletrólise de óxido de alumínio, conforme a equação:

$$Al_2O_3(s) \xrightarrow{\text{Eletrólise}} Al(s) + O_2(g)$$
Óxido de alumínio

(a) Faça o balanceamento dessa equação.
(b) Qual é a massa de óxido de alumínio necessária para preparar 27 g (1 mol) de alumínio?

Exemplo 4.11 Estequiometria

O silício usado em *chips* de computador é manufaturado por um processo representado pela seguinte reação:

$$SiCl_4(s) + 2Mg(s) \longrightarrow Si(s) + 2MgCl_2(s)$$
Tetracloreto de silício — Cloreto de magnésio

Uma amostra de 225 g de tetracloreto de silício, $SiCl_4$, reage com excesso (mais que o necessário) de Mg. Quantos mols de Si são produzidos?

Estratégia

Para resolver esse exemplo, primeiro convertemos gramas de $SiCl_4$ em mols de $SiCl_4$, depois mols de $SiCl_4$ em mols de Si.

Solução

1ª etapa: Primeiro, convertemos gramas de $SiCl_4$ em mols de $SiCl_4$. Para esse cálculo, usamos o fator de conversão 1 mol $SiCl_4$ = 170 g $SiCl_4$:

$$225 \text{ g } SiCl_4 \times \frac{1 \text{ mol } SiCl_4}{170 \text{ g } SiCl_4} = \text{mol } SiCl_4$$

2ª etapa: Para converter mols de $SiCl_4$ em mols de Si, use o fator de conversão 1 mol $SiCl_4$ = 1 mol Si, que obtemos da equação química balanceada. Agora fazemos os cálculos e obtemos como resposta 1,32 mol Si:

$$225 \text{ g } SiCl_4 \times \frac{1 \text{ mol } SiCl_4}{170 \text{ g } SiCl_4} \times \frac{1 \text{ mol Si}}{1 \text{ mol } SiCl_4} = 1{,}32 \text{ mol Si}$$

Problema 4.11

Na síntese industrial do ácido acético, o metanol reage com monóxido de carbono. Quantos mols de CO são necessários para produzir 16,6 mols de ácido acético?

$$CH_3OH(g) + CO(g) \longrightarrow CH_3COOH(\ell)$$
Metanol — Monóxido de carbono — Ácido acético

Exemplo 4.12 Estequiometria

Quando a enzima urease age sobre a ureia, $(NH_2)_2CO$, na presença de água, produzem-se amônia e dióxido de carbono. A urease, o catalisador, é colocada sobre a seta de reação.

$$(NH_2)_2CO(aq) + H_2O(\ell) \xrightarrow{\text{Urease}} 2NH_3(aq) + CO_2(g)$$
Ureia — Amônia

Se houver excesso de água (mais que o necessário para a reação), quantos gramas de CO_2 e NH_3 são produzidos a partir de 0,83 mol de ureia?

Estratégia

Temos mols de ureia e devemos chegar a gramas de CO_2. Primeiro, usamos o fator de conversão 1 mol ureia = 1 mol CO_2 para encontrar o número de mols de CO_2 que será produzido e depois convertido de mols de CO_2 em gramas de CO_2. Utilizamos a mesma estratégia para encontrar o número de gramas de NH_3 produzido.

À medida que os chips de microprocessadores foram se tornando cada vez menores, a pureza do silício passará a ser mais importante, pois impurezas podem prejudicar o funcionamento do circuito.

Solução

Para gramas de CO_2:

1ª etapa: Primeiro convertemos mols de ureia em mols de dióxido de carbono usando o fator de conversão derivado da equação química balanceada, 1 mol ureia = 1 mol dióxido de carbono.

$$0{,}83 \text{ mol ureia} \times \frac{1 \text{ mol } CO_2}{17{,}0 \text{ mol ureia}} = \text{mol } CO_2$$

2ª etapa: Use o fator de conversão 1 mol CO_2 = 44 g CO_2 e depois faça os cálculos para obter a resposta:

$$0{,}83 \text{ mol ureia} \times \frac{1 \text{ mol } CO_2}{1 \text{ mol ureia}} \times \frac{44 \text{ g } CO_2}{1 \text{ mol } CO_2} = 37 \text{ g } CO_2$$

Para gramas de NH_3:

1ª e 2ª etapas combinadas em uma só equação.

Seguimos o mesmo procedimento do CO_2, mas usamos diferentes fatores de conversão:

$$0{,}83 \text{ mol ureia} \times \frac{2 \text{ mols } NH_3}{1 \text{ mol ureia}} \times \frac{17 \text{ g } NH_3}{1 \text{ mol } NH_3} = 28 \text{ g } NH_3$$

Problema 4.12

O etanol é produzido industrialmente pela reação do etileno com a água na presença de um catalisador ácido. Quantos gramas de etanol são produzidos a partir de 7,24 mols de etileno? Suponha que haja excesso de água.

$$C_2H_2(g) + H_2O(\ell) \xrightarrow{\text{Ácido catalisador}} C_2H_6O(\ell)$$
$$\text{Etileno} \qquad\qquad\qquad\qquad \text{Etanol}$$

B. Reagentes limitantes

É frequente misturar reagentes em proporções molares que diferem daquelas que aparecem na equação balanceada. Geralmente acontece de um dos reagentes ser totalmente consumido, enquanto outros não são. Às vezes, deliberadamente, preferimos ter um dos reagentes em excesso em relação a outro. Como exemplo, considere um experimento em que NO é preparado misturando-se cinco mols de N_2 com um mol de O_2. Somente um mol de N_2 irá reagir, consumindo um mol de O_2. O oxigênio é totalmente consumido, restando quatro mols de nitrogênio. Essas relações molares são resumidas na equação balanceada:

	$N_2(g)$	+	$O_2(g)$	$\longrightarrow$	$2NO(g)$
Antes da reação (mols)	5,0		1,0		0
Após a reação (mols)	4,0		0		2,0

Reagente limitante Reagente que é consumido, deixando sem reagir o excesso de outro(s) reagente(s).

O **reagente limitante** é aquele consumido em primeiro lugar. Nesse exemplo, O_2 é o reagente limitante porque determina quanto de NO será formado. O outro reagente, N_2, está em excesso.

Exemplo 4.13 Reagente limitante

Suponha que 12 g de C sejam misturados com 64 g de O_2, ocorrendo a seguinte reação:

$$C(s) + O_2(g) \longrightarrow CO_2(g)$$

(a) Qual é o reagente limitante e qual é o reagente em excesso?
(b) Quantos gramas de CO_2 serão formados?

Estratégia

Determine quantos mols de cada reagente estão presentes inicialmente. Como C e O_2 reagem na proporção molar de 1:1, o reagente presente em menor quantidade molar é o reagente limitante e determina quantos mols e, portanto, quantos gramas de CO_2 podem ser formados.

Solução

(a) Usamos a massa molar de cada reagente para calcular o número de mols de cada composto presente antes da reação.

$$12 \text{ g C} \times \frac{1 \text{ mol C}}{12 \text{ g C}} = 1 \text{ mol C}$$

$$64 \text{ g O}_2 \times \frac{1 \text{ mol O}_2}{32 \text{ g O}_2} = 2 \text{ mols O}_2$$

De acordo com a equação balanceada, a reação de um mol de C requer um mol de O_2. Mas dois mols de O_2 estão presentes no começo da reação. Portanto, C é o reagente limitante e O_2 está em excesso.

(b) Para calcular o número de gramas de CO_2 formado, usamos o fator de conversão 1 mol CO_2 = 44 g CO_2.

$$12 \text{ g C} \times \frac{1 \text{ mol C}}{12 \text{ g C}} \times \frac{1 \text{ mol CO}_2}{1 \text{ mol C}} \times \frac{44 \text{ g CO}_2}{1 \text{ mol CO}_2} = 44 \text{ g CO}_2$$

Podemos resumir esses números na seguinte tabela. Observe que, de acordo com a lei da conservação das massas, a soma das massas do material presente após a reação é a mesma do material presente antes de ocorrer qualquer reação, a saber, 76 g de material.

	C	+	O_2	$\longrightarrow$	CO_2
Antes da reação	12 g		64 g		0
Antes da reação	1,0 mol		2,0 mols		0
Após a reação	0		1,0 mol		1,0 mol
Após a reação	0		32,0 g		44,0 g

Problema 4.13

Suponha que 6,0 g de C e 2,1 g de H_2 sejam misturados e reajam para formar metano de acordo com a seguinte equação balanceada:

$$C(s) + 2H_2(g) \longrightarrow \underset{\text{Metano}}{CH_4(g)}$$

(a) Qual é o reagente limitante e qual é o reagente em excesso?
(b) Quantos gramas de CH_4 são produzidos na reação?

C. Rendimento percentual

Ao levar adiante uma reação química, geralmente obtemos uma quantidade menor de um produto do que se poderia esperar do tipo de cálculo que discutimos na Seção 4.5. Por exemplo, suponha que 32,0 g (1 mol) de CH_3OH reajam com excesso de CO para formar ácido acético:

$$\underset{\text{Metanol}}{CH_3OH} + \underset{\substack{\text{Monóxido} \\ \text{de carbono}}}{CO} \longrightarrow \underset{\text{Ácido acético}}{CH_3COOH}$$

Se calcularmos o rendimento esperado com base na estequiometria da equação balanceada, veremos que deveríamos obter 1 mol (60,0 g) de ácido acético. Suponha, no entanto, que obtenhamos apenas 57,8 g de ácido acético. Esse resultado significa que a lei da conservação das massas está sendo violada? Não. Obtivemos menos de 60,0 g de ácido acético porque uma parte do CH_3OH não reage, porque uma parte reage de outra forma ou ainda porque nossa técnica de laboratório não é perfeita e perdemos um pouco ao transferir de um recipiente para outro.

Agora precisamos definir três termos, todos relacionados ao rendimento do produto numa reação química:

Rendimento real: A massa do produto formada numa reação química.
Rendimento teórico: A massa do produto que deveria ser formada numa reação química de acordo com a estequiometria da equação balanceada.
Rendimento percentual: O rendimento real dividido pelo rendimento teórico multiplicado por 100%.

Uma reação que não gera o produto principal é chamada reação secundária.

Ocasionalmente, o rendimento percentual pode ser maior que 100%. Por exemplo, se um químico não consegue secar totalmente um produto antes de pesá-lo, o produto pesará mais do que deveria porque também contém água. Nesses casos, o rendimento real pode ser maior que o esperado, e o rendimento percentual, maior que 100%.

$$\text{Rendimento percentual} = \frac{\text{rendimento real}}{\text{rendimento teórico}} \times 100\%$$

Resumimos os dados da preparação anterior de ácido acético na seguinte tabela:

	CH$_3$OH	+	CO	⟶	CH$_3$COOH
Antes da reação	32,0 g		Excesso		0
Antes da reação	1,00 mol		Excesso		0
Rendimento teórico					1,00 mol
Rendimento teórico					60,0 g
Rendimento real					57,8 g

Calculamos o rendimento percentual no seguinte experimento:

$$\text{Rendimento percentual} = \frac{57{,}8 \text{ g ácido acético}}{60{,}0 \text{ g ácido acético}} \times 100\% = 96{,}3\%$$

Por que é importante conhecer o rendimento percentual de uma reação química ou de uma série de reações? A razão mais importante geralmente está relacionada ao custo. Se o rendimento de um produto comercial for, digamos, 10%, os químicos muito provavelmente voltarão ao laboratório para variar as condições experimentais em uma tentativa de melhorar o rendimento. Como exemplo, considere uma reação em que o material de partida A é convertido primeiro no composto B, depois no composto C e finalmente no composto D.

$$A \longrightarrow B \longrightarrow C \longrightarrow D$$

Suponha que o rendimento seja de 50% em cada etapa. Nesse caso, o rendimento do composto D é de 13% com base na massa do composto A. Se, no entanto, o rendimento em cada etapa for de 90%, o rendimento do composto D vai aumentar para 73%; e se o rendimento em cada etapa for de 99%, o rendimento do composto D vai ser de 97%. Esses números estão resumidos na seguinte tabela.

Se o rendimento percentual por etapa for	O rendimento percentual do composto D será
50%	0,50 × 0,50 × 0,50 × 100 = 13%
90%	0,90 × 0,90 × 0,90 × 100 = 73%
99%	0,99 × 0,99 × 0,99 × 100 = 97%

Exemplo 4.14 Rendimento percentual

Em um experimento para produzir etanol, o rendimento teórico é de 50,5 g. O rendimento real é de 46,8 g. Qual é o rendimento percentual?

Estratégia

Rendimento percentual é o rendimento real dividido pelo rendimento teórico vezes 100.

Solução

$$\% \text{ Rendimento} = \frac{46{,}8 \text{ g}}{50{,}5 \text{ g}} \times 100\% = 92{,}7\%$$

Problema 4.14

Em um experimento para preparar aspirina, o rendimento teórico é de 153,7 g. Se o rendimento real for de 124,3 g, qual será o rendimento percentual?

4.6 Como prever se íons em soluções aquosas reagirão entre si?

Muitos compostos iônicos são solúveis em água. Como vimos na Seção 4.5, os compostos iônicos sempre consistem em íons positivos e negativos. Quando eles se dissolvem em água, as moléculas da água separam os íons positivos dos negativos. Chamamos essa separação de **dissociação**. Por exemplo,

$$NaCl(s) \xrightarrow{H_2O} Na^+(aq) + Cl^-(aq)$$

Quando H_2O está acima da seta, isso significa que a reação ocorre em presença de água.

Solução aquosa Uma solução em que o solvente é a água.

O que acontece quando misturamos **soluções aquosas** de dois diferentes compostos iônicos? Ocorre uma reação entre os íons? A resposta depende dos íons. Se íons negativos e positivos se juntarem para formar um composto insolúvel em água, então ocorrerá uma reação e será formado um precipitado; de outro modo, não ocorrerá reação.

Como exemplo, suponha que preparemos uma solução dissolvendo cloreto de sódio, NaCl, em água, e uma segunda solução dissolvendo nitrato de prata, $AgNO_3$, em água.

Solução 1 $\quad NaCl(s) \xrightarrow{H_2O} Na^+(aq) + Cl^-(aq)$

Solução 2 $\quad AgNO_3(s) \xrightarrow{H_2O} Ag^+(aq) + NO_3^-(aq)$

Íon espectador Íon que aparece inalterado em ambos os lados de uma equação química.

Equação iônica simplificada Equação química que não contém íons espectadores.

Se agora misturarmos as duas soluções, quatro íons estarão presentes na solução: Ag^+, Na^+, Cl^- e NO_3^-. Dois desses íons, Ag^+ e Cl^-, reagem para formar o composto AgCl (cloreto de prata), que é insolúvel em água. Ocorre, portanto, uma reação, formando um precipitado branco de AgCl que lentamente desce até o fundo do recipiente (Figura 4.2). Escrevemos essa reação da seguinte maneira:

$Ag^+(aq) + NO_3^-(aq) + Na^+(aq) + Cl^-(aq) \longrightarrow AgCl(s) + Na^+(aq) + NO_3^-(aq)$
Íon prata $\quad$ Íon nitrato $\quad$ Íon sódio $\quad$ Íon cloreto $\quad$ Cloreto de prata

Observe que os íons Na^+ e NO_3^- não participam da reação, mas simplesmente permanecem dissolvidos na água. Íons que não participam da reação são chamados **íons espectadores**, certamente um nome apropriado.

Podemos simplificar a equação da formação de cloreto de prata omitindo todos os íons espectadores:

Equação iônica simplificada: $\quad Ag^+(aq) + Cl^-(aq) \longrightarrow AgCl(s)$
$\qquad\qquad\qquad\qquad\qquad\qquad$ Íon prata $\qquad$ Íon cloreto $\qquad$ Cloreto de prata

FIGURA 4.2 A adição de íons Cl^- a uma solução de íons Ag^+ produz um precipitado branco de cloreto de prata, AgCl.

Esse tipo de equação que escrevemos para íons em solução é chamado **equação iônica simplificada**. Como todas as outras equações químicas, as equações iônicas simplificadas devem ser balanceadas. O balanceamento é feito do mesmo modo que para as outras equações, exceto que agora devemos balancear as cargas, e não só os átomos.

Equações iônicas simplificadas mostram apenas os íons que reagem – não mostram íons espectadores. Por exemplo, a equação iônica simplificada para a precipitação do sulfeto de arsênio (III) em uma solução aquosa é

Equação iônica simplificada: $2As^{3+}(aq) + 3S^{2-}(aq) \longrightarrow As_2S_3(s)$

Não só há dois átomos de arsênio e três átomos de enxofre em cada lado, mas a carga total do lado esquerdo é igual à carga total do lado direito; ambas são zero.

Em geral, íons em solução reagem entre si apenas quando uma destas quatro situações acontece:

1. Dois íons formam um sólido insolúvel em água. Um exemplo é AgCl, conforme mostra a Figura 4.2.
2. Dois íons formam um gás que escapa da mistura da reação como bolhas. Um exemplo é a reação de bicarbonato de sódio, $NaHCO_3$, com HCl para formar o gás dióxido de carbono, CO_2 (Figura 4.3). A equação iônica simplificada para essa reação é:

FIGURA 4.3 Quando soluções aquosas de $NaHCO_3$ e HCl são misturadas, uma reação entre íons HCO_3^- e H_3O^+ produz gás CO_2, que pode ser visto como bolhas.

$$\text{Equação iônica simplificada:} \quad \underset{\text{Íon bicarbonato}}{HCO_3^-(aq)} + H_3O^+(aq) \longrightarrow \underset{\text{Dióxido de carbono}}{CO_2(g)} + 2H_2O(\ell)$$

3. Um ácido neutraliza uma base. Reações ácido-base são tão importantes que dedicamos a elas o Capítulo 8.
4. Um dos íons pode oxidar o outro. Discutiremos esse tipo de reação na Seção 4.7.

Em muitos casos, nenhuma reação ocorre quando misturamos soluções de compostos iônicos, porque nenhuma dessas situações se aplica. Por exemplo, se misturarmos soluções de nitrato de cobre (II), $Cu(NO_3)_2$, e sulfato de potássio, K_2SO_4, teremos apenas uma mistura contendo íons Cu^{2+}, K^+, NO_3^- e SO_4^{2-} dissolvidos em água. Nenhum desses íons reage com outro, portanto não vemos nada acontecer (Figura 4.4).

FIGURA 4.4 (a) O béquer da esquerda contém uma solução de sulfato de potássio (incolor) e o da direita contém uma solução de nitrato de cobre (II) (azul). (b) Quando as duas soluções são misturadas, a cor azul torna-se mais clara porque o nitrato de cobre (II) é menos concentrado, mas nenhuma outra reação química ocorre.

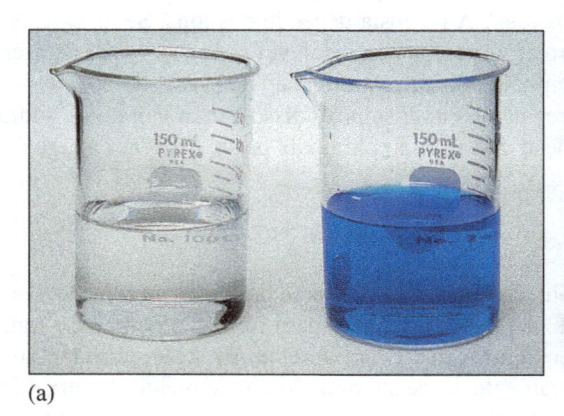

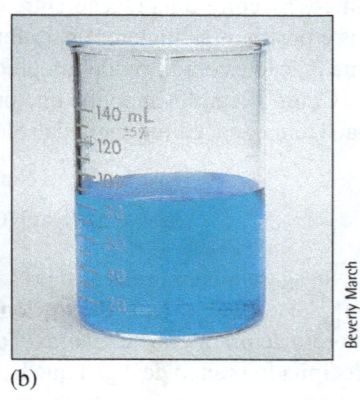

Exemplo 4.15 Equação iônica simplificada

Quando uma solução de cloreto de bário, $BaCl_2$, é adicionada a uma solução de sulfato de sódio, Na_2SO_4, forma-se um precipitado branco de sulfato de bário, $BaSO_4$. Escreva a equação iônica simplificada dessa reação.

Estratégia

A equação iônica simplificada mostra apenas aqueles íons que se combinam para formar um precipitado.

Solução

Como tanto o cloreto de bário quanto o sulfato de sódio são compostos iônicos, cada um deles está presente na água na forma de íons dissociados:

$$Ba^{2+}(aq) + 2Cl^-(aq) + 2Na^+(aq) + SO_4^{2-}(s)$$

Sabemos que se forma um precipitado de sulfato de bário:

$$Ba^{2+}(aq) + 2Cl^-(aq) + 2Na^+(aq) + SO_4^{2-}(aq) \longrightarrow$$

$$\underset{\text{Sulfato de bário}}{BaSO_4(s)} + 2Na^+(aq) + 2Cl^-(aq)$$

Como os íons Na^+ e Cl^- aparecem em ambos os lados da equação (são íons espectadores), eles são cancelados e a equação iônica simplificada é a seguinte:

$$\text{Equação iônica simplificada: } Ba^{2+}(aq) + SO_4^{2-}(aq) \longrightarrow BaSO_4(s)$$

Problema 4.15

Quando uma solução de cloreto de cobre (II), $CuCl_2$, é adicionada a uma solução de sulfeto de potássio, K_2S, forma-se um precipitado negro de sulfeto de cobre (II), CuS. Escreva a equação iônica simplificada para essa reação.

Das quatro maneiras de os íons reagirem com a água, uma das mais comuns é a formação de um composto insolúvel. Poderemos prever esse resultado se conhecermos as

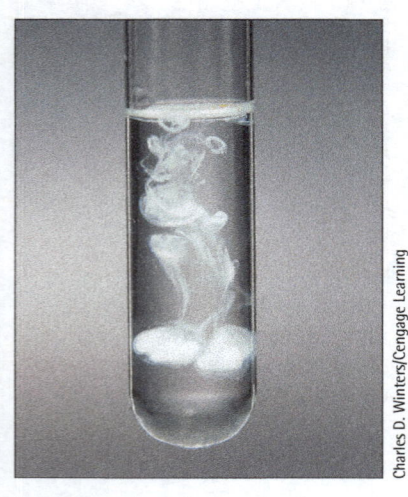

A mistura de soluções de cloreto de bário, $BaCl_2$, e sulfato de sódio, Na_2SO_4, forma um precipitado branco de sulfato de bário, $BaSO_4$.

solubilidades dos compostos iônicos. Algumas diretrizes úteis para a solubilidade de compostos iônicos em água são dadas na Tabela 4.2.

TABELA 4.2 Regras de solubilidade para compostos iônicos

Geralmente solúveis	
Li^+, Na^+, K^+, Rb^+, Cs^+, NH_4^+	Todo o grupo 1A (metais alcalinos) e os sais de amônio são solúveis.
Nitratos, NO_3^-	Todos os nitratos são solúveis.
Cloretos, brometos, iodetos, Cl^-, Br^-, I^-	Todos os cloretos, brometos e iodetos comuns são solúveis, exceto $AgCl$, Hg_2Cl_2, $PbCl_2$, $AgBr$, Hg_2Br_2, $PbBr_2$, AgI, Hg_2I_2, PbI_2.
Sulfatos, SO_4^{2-}	A maioria dos sulfatos é solúvel, exceto $CaSO_4$, $SrSO_4$, $BaSO_4$, $PbSO_4$.
Acetatos, CH_3COO^-	Todos os acetatos são solúveis.
Geralmente insolúveis	
Fosfatos, PO_4^{3-}	Todos os fosfatos são insolúveis, exceto os de NH_4^+ e de cátions do grupo 1A (metais alcalinos).
Carbonatos, CO_3^{2-}	Todos os carbonatos são insolúveis, exceto os NH_4^+ e os cátions do grupo 1A (metais alcalinos).
Hidróxidos, OH^-	Todos os hidróxidos são insolúveis, exceto os de NH_4^+ e os cátions do grupo 1A (metais alcalinos). São apenas ligeiramente solúveis: $Sr(OH)_2$, $Ba(OH)_2$ e $Ca(OH)_2$.
Sulfetos, S^{2-}	Todos os sulfetos são insolúveis, exceto os de NH_4^+ e os cátions dos grupos 1A (metais alcalinos) e 2A. São apenas ligeiramente solúveis: MgS, CaS e BaS.

Conexões químicas 4A

Solubilidade e cárie

A camada protetora mais externa do dente é o esmalte, que é composto de aproximadamente 95% de hidroxiapatita, $Ca_{10}(PO_4)_6(OH)_2$, e 5% de colágeno (Figura 22.13). Assim como a maioria dos outros fosfatos e hidróxidos, a hidroxiapatita é insolúvel em água. Em meio ácido, porém, ela se dissolve um pouco, produzindo íons Ca^{2+}, PO_4^{3-} e OH^-. Essa perda de esmalte cria buracos e cavidades no dente.

A acidez na boca é produzida pela fermentação bacteriana de restos de alimentos, especialmente carboidratos. Uma vez formados buracos e cavidades no esmalte, as bactérias podem ali se alojar e causar ainda mais danos no material subjacente mais mole, a dentina. A fluoretação da água traz íons F^- para a hidroxiapatita. Lá, íons F^- substituem íons OH^-, formando o composto fluoroapatita, $Ca_{10}(PO_4)_6F_2$, bem menos solúvel em meio ácido. Pastas de dente que contêm flúor intensificam esse processo de troca e proporcionam proteção contra a cárie.

Animais marinhos da família dos moluscos geralmente usam $CaSO_4$ insolúvel para construir suas conchas.

(a) Tanto o hidróxido de ferro (III), $Fe(OH)_3$, como (b) o carbonato de cobre (II), $CuCO_3$, são insolúveis em água.

4.7 O que são oxidação e redução?

Oxidação Perda de elétrons; ganho de átomos de oxigênio ou perda de átomos de hidrogênio.

Redução Ganho de elétrons; perda de átomos de oxigênio ou ganho de átomos de hidrogênio.

Reação redox Uma reação de oxirredução.

A oxirredução é um dos tipos mais importantes e comuns de reação química. **Oxidação** é a perda de elétrons. **Redução** é o ganho de elétrons. Uma **reação de oxirredução** (geralmente chamada **reação redox**) envolve a transferência de elétrons de uma espécie para outra. Um exemplo é a oxidação do zinco pelos íons cobre, cuja equação iônica simplificada é:

$$Zn(s) + Cu^{2+}(aq) \longrightarrow Zn^{2+}(aq) + Cu(s)$$

Quando colocamos um pedaço de zinco metálico em um béquer contendo íons cobre (II) em solução aquosa, três coisas acontecem (Figura 4.5):

1. Parte do zinco metálico se dissolve e fica na solução como Zn^{2+}.
2. Cobre metálico se deposita na superfície do zinco metálico.
3. A cor azul dos íons Cu^{2+} aos poucos desaparece.

Os átomos de zinco perdem elétrons para os íons cobre e tornam-se íons zinco:

$$Zn(s) \longrightarrow Zn^{2+}(aq) + 2e^- \qquad \text{O zinco é oxidado}$$

Íons negativos como Cl^- ou NO_3^- estão presentes para balancear cargas, mas não são mostrados porque são íons espectadores.

Ao mesmo tempo, íons Cu^{2+} ganham elétrons do zinco. Os íons cobre são reduzidos:

$$Cu^{2+}(aq) + 2e^- \longrightarrow Cu(s) \qquad \text{O } Cu^{2+} \text{ é reduzido}$$

Oxidação e redução não são reações independentes. Isto é, uma espécie não pode ganhar elétrons do nada, nem perder elétrons para o nada. Em outras palavras, não ocorre oxidação sem ao mesmo tempo haver redução e vice-versa. Na reação anterior, Cu^{2+} oxida Zn. Chamamos Cu^{2+} de **agente oxidante**. Igualmente, Zn reduz Cu^{2+}, e chamamos Zn de **agente redutor**.

Agente oxidante Entidade química que recebe elétrons em uma reação de oxirredução.

Agente redutor Entidade química que doa elétrons em uma reação de oxirredução.

Resumimos essas relações de oxirredução para a reação de zinco metálico com o íon Cu (II) da seguinte maneira:

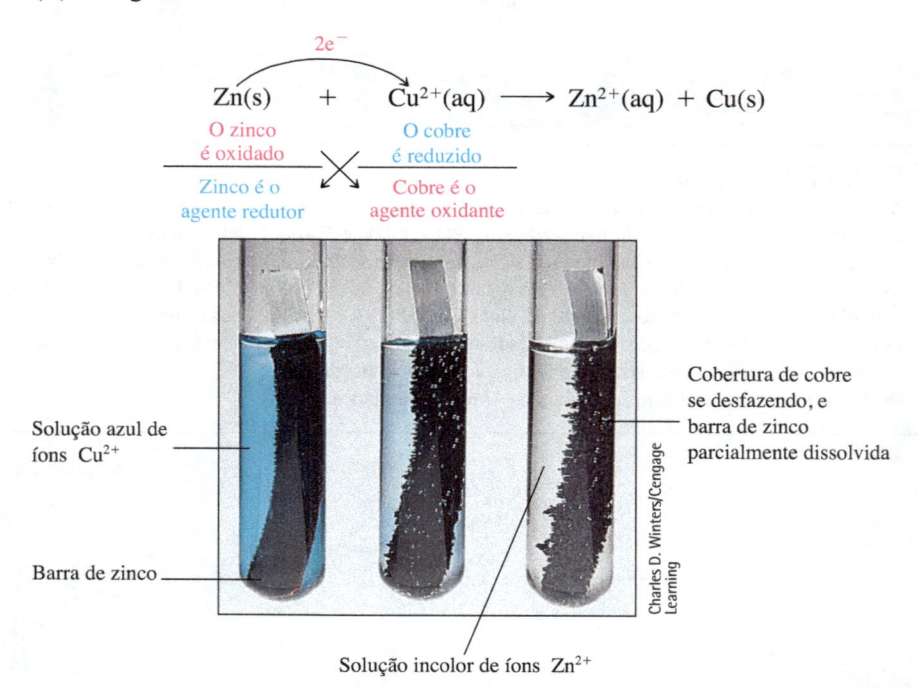

$$\underset{\substack{\text{O zinco} \\ \text{é oxidado} \\ \text{Zinco é o} \\ \text{agente redutor}}}{Zn(s)} + \underset{\substack{\text{O cobre} \\ \text{é reduzido} \\ \text{Cobre é o} \\ \text{agente oxidante}}}{Cu^{2+}(aq)} \longrightarrow Zn^{2+}(aq) + Cu(s)$$

(2e⁻ transferidos)

FIGURA 4.5 Quando um pedaço de zinco é adicionado a uma solução contendo íons Cu^{2+}, o Zn é oxidado pelos íons Cu^{2+}, e os íons Cu^{2+} são reduzidos pelo Zn.

Solução azul de íons Cu^{2+}

Barra de zinco

Cobertura de cobre se desfazendo, e barra de zinco parcialmente dissolvida

Solução incolor de íons Zn^{2+}

Charles D. Winters/Cengage Learning

Observe que uma seta curvada que vai do Zn(s) para Cu^{2+} mostra a transferência de dois elétrons do zinco para o íon cobre.

Embora as definições que demos para oxidação (perda de elétrons) e redução (ganho de elétrons) sejam fáceis de aplicar em muitas reações redox, não são tão fáceis de aplicar em outros casos. Por exemplo, uma outra reação redox é a combustão (queima) do metano, CH_4, em que CH_4 é oxidado a CO_2, enquanto O_2 é reduzido a CO_2 e H_2O.

$$\underset{\text{Metano}}{CH_4(g)} + 2O_2(g) \longrightarrow CO_2(g) + 2H_2O(g)$$

Não é fácil ver a perda e o ganho de elétron nessa reação, portanto os químicos desenvolveram outra definição de oxidação e redução, mais fácil de aplicar a muitos casos, especialmente quando estão envolvidos compostos orgânicos (contendo carbono):

Oxidação: Ganho de átomos de oxigênio e/ou perda de átomos de hidrogênio.
Redução: Perda de átomos de oxigênio e/ou ganho de átomos de hidrogênio.

Aplicando essas definições alternativas à reação de metano com oxigênio, chegamos a:

$$CH_4(g) + 2O_2(g) \longrightarrow CO_2(g) + 2H_2O(g)$$

- CH_4: Ganha O e perde H; é oxidado — Agente redutor
- $2O_2$: Ganha H; é reduzido — Agente oxidante

De fato, essa segunda definição é muito mais antiga do que a que envolve transferência de elétrons; é a definição dada por Lavoisier quando descobriu a oxidação e a redução há mais de 200 anos. Observe que não podíamos aplicar essa definição ao nosso exemplo do zinco-cobre.

Exemplo 4.16 Oxirredução

Em cada equação, identifique a substância que é oxidada, a substância reduzida, o agente oxidante e o agente redutor.

(a) $Al(s) + Fe^{3+}(aq) \longrightarrow Al^{3+}(aq) + Fe(s)$

(b) $CH_3OH(g) + O_2(g) \longrightarrow HCOOH(g) + H_2O(g)$
    Metanol   Ácido fórmico

Estratégia

A substância oxidada perde elétrons e é um agente redutor. A substância que ganha elétrons é o agente oxidante e é reduzida.

Solução

(a) $Al(s)$ perde três elétrons e torna-se Al^{3+}, portanto o alumínio é oxidado. No processo de oxidação, $Al(s)$ doa seus elétrons para Fe^{3+}, sendo assim o agente redutor. O Fe^{3+} ganha três elétrons e torna-se $Fe(s)$, e é reduzido. No processo da redução, Fe^{3+} recebe três elétrons do $Al(s)$, sendo assim o agente oxidante. Resumindo:

Elétrons fluem de Al para Fe^{3+} ($3e^-$)

$$Al(s) + Fe^{3+}(aq) \longrightarrow Al^{3+}(aq) + Fe(s)$$

- $Al(s)$: Perde elétrons; alumínio é oxidado. Doa elétrons para Fe^{3+}; Al é o agente redutor.
- $Fe^{3+}(aq)$: Ganha elétrons; ferro é reduzido. Tira elétrons do Al; Fe^{3+} é o agente oxidante.

(b) Como não é fácil ver a perda ou o ganho de elétrons nesse exemplo, aplicamos o segundo conjunto de definições. Na conversão de CH_3OH em $HCOOH$, o CH_3OH tanto ganha oxigênios como perde hidrogênios; ele é oxidado. Ao ser convertido em H_2O, o O_2 ganha hidrogênios; ele é reduzido. O composto oxidado é o agente redutor; CH_3OH é o agente redutor. O composto reduzido é o agente oxidante; O_2 é o agente oxidante. Resumindo:

$$CH_3OH(g) + O_2(g) \longrightarrow HCOOH(g) + H_2O(g)$$

- CH_3OH: É oxidado; metanol é o agente redutor
- O_2: É reduzido; oxigênio é o agente oxidante

A poluição do ar é causada pela combustão incompleta de combustível.

A ferrugem do ferro e do aço pode tornar-se um sério problema em uma sociedade industrial.

Problema 4.16

Em cada equação, identifique a substância oxidada, a substância reduzida, o agente oxidante e o agente redutor:

(a) $Ni^{2+}(aq) + Cr(s) \longrightarrow Ni(s) + Cr^{2+}(aq)$

(b) $\underset{\text{Formaldeído}}{CH_2O(g)} + H_2(g) \longrightarrow \underset{\text{Metanol}}{CH_3OH(g)}$

Dissemos que reações redox são extremamente comuns. Apresentamos, a seguir, algumas categorias importantes:

1. **Combustão** Todas a reações de combustão (queima) são reações redox em que os compostos ou as misturas queimados são oxidados pelo oxigênio, O_2. Incluem a queima de gasolina, óleo diesel, óleo combustível, gás natural, carvão, madeira e papel. Todos esses materiais contêm carbono, e todos, exceto o carvão, também contêm hidrogênio. Se a combustão for completa, o carbono será oxidado a CO_2 e o hidrogênio será oxidado a H_2O. Em uma combustão incompleta, esses elementos são oxidados a outros compostos, muitos dos quais causam poluição do ar.

    Infelizmente, boa parte da combustão atual que ocorre em motores a gasolina e óleo diesel e em fornalhas é incompleta e, portanto, contribui para a poluição do ar. Na combustão incompleta do metano, por exemplo, o carbono é oxidado a monóxido de carbono, CO, porque não há oxigênio suficiente para completar a oxidação a CO_2:

$$\underset{\text{Metano}}{2CH_4(g)} + 3O_2(g) \longrightarrow 2CO(g) + 4H_2O(g)$$

Conexões químicas 4B

Células voltaicas

Na Figura 4.5, vimos que, quando um pedaço de zinco metálico é colocado em uma solução contendo íons Cu^{2+}, os átomos de zinco doam elétrons aos íons Cu^{2+}. Podemos mudar o experimento colocando o zinco metálico em um béquer e os íons Cu^{2+} em outro, e depois conectar os dois béqueres com um fio e uma ponte salina (ver figura correspondente). Ainda ocorre uma reação, isto é, átomos de zinco ainda doam elétrons aos íons de Cu^{2+}, mas agora os elétrons devem fluir através do fio para chegar do Zn ao Cu^{2+}. Esse fluxo de elétrons produz uma corrente eletrônica, e os elétrons continuam fluindo até que o Zn ou o Cu^{2+} sejam consumidos. Assim, a aparelhagem gera uma corrente elétrica a partir de uma reação redox. Esse dispositivo é conhecido como **célula voltaica** ou, simplesmente, bateria.

Os elétrons produzidos na parte do zinco carregam cargas negativas. Essa extremidade da bateria é um eletrodo negativo (ou **ânodo**). Os elétrons liberados no ânodo, à medida que o zinco é oxidado, atravessam um circuito externo e, ao fazê-lo, produzem a corrente elétrica da bateria. Na outra extremidade da bateria, no eletrodo de carga positiva (ou **cátodo**), os elétrons são consumidos à medida que os íons Cu^{2+} são reduzidos a cobre metálico.

Para perceber por que é necessária a ponte salina, devemos olhar para a solução de Cu^{2+}. Como não podemos ter cargas positivas sem um número equivalente de cargas negativas, os íons negativos devem estar no béquer também – talvez sulfato, nitrato ou algum outro ânion. Quando os elétrons percorrem o fio, o Cu^{2+} é convertido em Cu:

$$Cu^{2+}(aq) + 2e^- \longrightarrow Cu(s)$$

Essa reação diminui o número de íons Cu^{2+}, mas o número de íons negativos permanece inalterado. A ponte salina é necessária para carregar alguns desses íons negativos para o outro béquer, onde são necessários para balancear os íons Zn^{2+} que estão sendo produzidos pela seguinte reação:

$$Zn(s) \longrightarrow Zn^{2+}(aq) + 2e^-$$

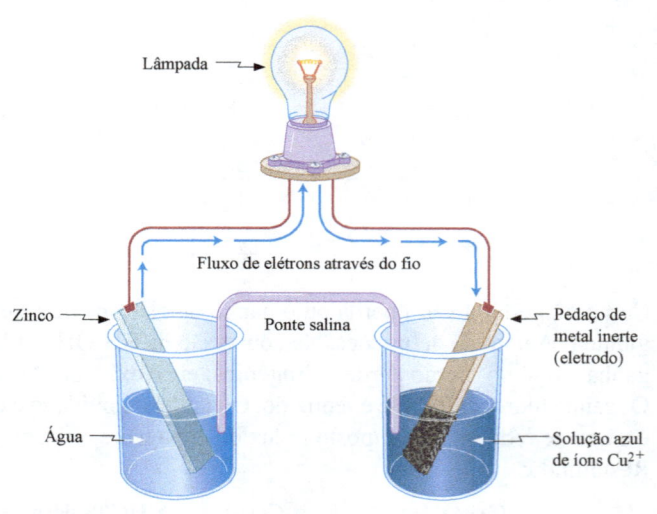

Figura Célula voltaica. O fluxo de elétrons que percorre o fio do zinco para Cu^{2+} é uma corrente elétrica que faz acender a lâmpada.

Conexões químicas 4C

Antissépticos oxidantes

Um antisséptico é um composto que mata bactérias. Antissépticos são usados para tratar ferimentos – e não para curá-los mais rápido, mas para impedir que se tornem infectados por bactérias. Alguns antissépticos operam oxidando (e portanto destruindo) compostos essenciais ao funcionamento normal das bactérias. Um exemplo é o iodo, I_2, que por muitos anos foi utilizado como antisséptico doméstico para pequenos cortes e contusões. Não era usado na forma pura, mas como uma solução diluída em etanol ou tintura. O I_2 puro é um sólido cinza-metálico que libera um vapor púrpura quando aquecido. A tintura, por sua vez, é um líquido marrom. Outro exemplo de antisséptico oxidante é uma solução diluída (geralmente 3%) de peróxido de hidrogênio, H_2O_2, que é usada para enxaguar a boca no tratamento de infecções na gengiva. Antissépticos oxidantes, no entanto, geralmente são considerados muito severos. Não apenas matam as bactérias, mas também prejudicam a pele e outros tecidos normais. Por essa razão, os antissépticos oxidantes em grande parte têm sido substituídos por antissépticos fenólicos (Seção 13.5).

Desinfetantes são empregados para matar bactérias, mas são utilizados em objetos inanimados e não em tecidos vivos. Muitos desinfetantes são agentes oxidantes. Dois exemplos importantes são o cloro, Cl_2, um gás verde-claro, e o ozônio, O_3, um gás incolor. Ambos os gases são adicionados em pequenas quantidades aos sistemas municipais de abastecimento de água para matar quaisquer bactérias nocivas que possam estar presentes. Esses gases devem ser manipulados com cuidado, pois são muito venenosos.

2. **Respiração** Humanos e animais obtêm energia pela respiração. O oxigênio do ar que respiramos oxida compostos contendo carbono em nossas células para produzir CO_2 e H_2O. Observe que a respiração é equivalente à combustão, exceto que ocorre mais lentamente e em uma temperatura bem mais baixa. Discutiremos a respiração com mais detalhes no Capítulo 27. O produto importante da respiração não é o CO_2 (que o corpo elimina) nem H_2O, mas a energia.

3. **Ferrugem** Todos nós sabemos que objetos de ferro ou aço, quando são deixados expostos ao ar, enferrujam (o aço é na maior parte ferro, mas contém alguns outros elementos também). Ao enferrujar, o ferro é oxidado a uma mistura de óxidos de ferro. Podemos representar a reação principal pela seguinte equação

$$4Fe(s) + 3O_2(g) \longrightarrow 2Fe_2O_3(s)$$

(a) (b)

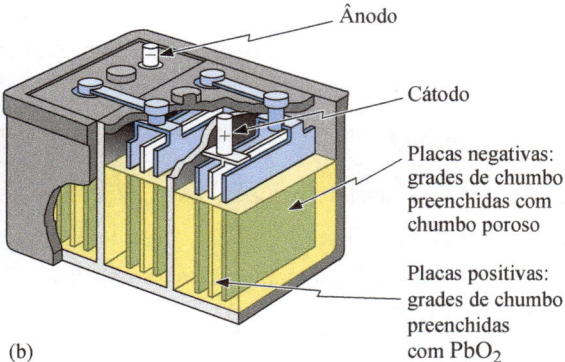

FIGURA 4.6 (a) Baterias secas. (b) Bateria de chumbo.

4. **Branqueamento** A maioria dos branqueamentos envolve oxidação, e alvejantes comuns são agentes oxidantes. Os compostos coloridos a serem branqueados geralmente são compostos orgânicos; a oxidação os converte em compostos incolores.

5. **Baterias** A célula voltaica (Conexões químicas 4B) é um dispositivo onde a eletricidade é gerada a partir de uma reação química. Essas células geralmente são chamadas de bateriais (Figura 4.6). Estamos familiarizados com baterias em nossos carros e em dispositivos portáteis como rádios, lanternas, telefones celulares e computadores. Em todos os casos, a reação que ocorre na bateria é uma reação redox.

Calor de reação O calor liberado ou absorvido em uma reação química.

Reação exotérmica Reação química que libera calor.

Reação endotérmica Reação química que absorve calor.

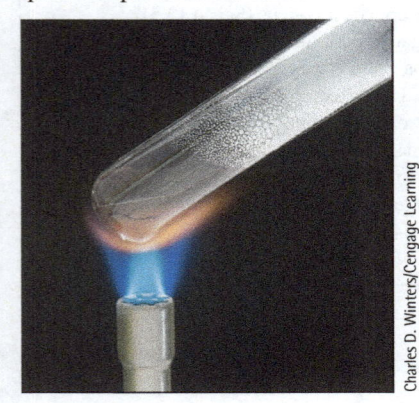

Óxido de mercúrio (II), um composto vermelho, decompõe-se em dois elementos quando aquecido: mercúrio (um metal) e oxigênio (um não metal). O vapor de mercúrio se condensa na parte superior mais fria do tubo de ensaio.

4.8 O que é calor de reação?

Em quase todas as reações químicas, não só os materiais de partida são convertidos em produtos, mas calor também é liberado ou absorvido. Por exemplo, quando um mol de carbono é oxidado pelo oxigênio para produzir um mol de CO_2, 94,0 kcal de calor são liberadas por mol de carbono:

$$C(s) + O_2(g) \longrightarrow CO_2(g) + 94,0 \text{ kcal}$$

O calor liberado ou absorvido em uma reação é chamado **calor de reação**. Uma reação que libera calor é **exotérmica**; uma reação que absorve calor é **endotérmica**. A quantidade de calor liberada ou absorvida é proporcional à quantidade do material. Por exemplo, quando 2 mols de carbono são oxidados pelo oxigênio, produzindo dióxido de carbono, $2 \times 94,0 = 188$ kcal de calor são liberadas.

As mudanças de energia que acompanham uma reação química não se limitam ao calor. Em algumas reações, como nas células voltaicas (Conexões químicas 4B), a energia liberada assume a forma de eletricidade. Em outras reações, como na fotossíntese (a reação pela qual as plantas convertem água e dióxido de carbono em carboidratos e oxigênio), a energia absorvida está na forma de luz.

Um exemplo de reação endotérmica é a decomposição do dióxido de mercúrio (II):

$$2HgO(s) + 43,4 \text{ kcal} \longrightarrow 2Hg(\ell) + O_2(g)$$
Óxido de mercúrio (II)
(óxido mercúrico)

Essa equação nos diz que, se quisermos decompor 2 mols de óxido de mercúrio (II) nos elementos $Hg(\ell)$ e $O_2(g)$, deveremos adicionar 43,4 kcal de energia ao HgO. Além disso, a lei da conservação de energia nos garante que a reação inversa, a oxidação do mercúrio, deve liberar exatamente a mesma quantidade de calor:

$$2Hg(\ell) + O_2(g) \longrightarrow 2HgO(s) + 43,4 \text{ kcal}$$

Especialmente importantes são os calores de reação para reações de combustão. Como vimos na Seção 4.7, as reações de combustão são as mais importantes reações que produzem calor, visto que a maior parte da energia necessária para a sociedade moderna provém delas. Todas as combustões são exotérmicas. O calor liberado em uma reação de combustão é chamado **calor de combustão**.

Resumo das questões-chave

Seção 4.2 O que é massa molecular?

- A **massa molecular (MM)** de um composto é a soma das massas atômicas de todos os átomos do composto expressa em unidades de massa atômica (u). A massa molecular aplica-se tanto a compostos iônicos como a compostos moleculares.

Seção 4.3 O que é mol e como usá-lo para calcular relações de massa?

- Um **mol** de qualquer substância é definido como o número de Avogadro ($6,02 \times 10^{23}$) de unidades-fórmula da substância.
- A **massa molar** de uma substância é sua massa molecular expressa em gramas.

Seção 4.4 Como se balanceiam equações químicas?

- **Equação química** é uma expressão que mostra quais reagentes são convertidos em quais produtos. Uma reação química balanceada mostra quantos mols de cada material de partida são convertidos em quantos mols de cada produto.

Seção 4.5 Como se calculam relações de massa em reações químicas?

- **Estequiometria** é o estudo das relações de massa em reações químicas.
- O reagente que é consumido em primeiro lugar em uma reação recebe o nome de **reagente limitante**.
- O **rendimento percentual** para uma reação é igual ao **rendimento real** dividido pelo **rendimento teórico**, multiplicado por 100%.

Seção 4.6 Como prever se íons em soluções aquosas reagirão entre si?

- Quando íons são misturados em solução aquosa, eles reagem entre si somente se (1) formarem um precipitado, (2) formarem um gás, (3) um ácido neutralizar uma base ou (4) ocorrer uma oxirredução.
  Íons que não reagem são chamados **íons espectadores**.
- Uma **equação iônica simplificada** mostra apenas aqueles íons que reagem. Numa equação iônica simplificada,

tanto as cargas como o número (massa) de átomos devem ser balanceados.

Seção 4.7 O que são oxidação e redução?

- **Oxidação** é a perda de elétrons, e **redução**, o ganho de elétrons. Esses dois processos devem ocorrer juntos; não se pode ter um sem o outro. O processo conjunto geralmente é chamado reação redox.
- A oxidação também pode ser definida como ganho de oxigênios e/ou perda de hidrogênios, e a redução também pode ser definida como perda de oxigênios e/ou ganho de hidrogênios.

Seção 4.8 O que é calor de reação? Problemas 4.77 e 4.79

- Quase todas as reações químicas são acompanhadas de ganho ou perda de calor. Esse calor é chamado **calor de reação**.
- Reações que liberam calor são **exotérmicas**, e aquelas que absorvem calor são **endotérmicas**.
- O calor liberado em uma reação de combustão é chamado **calor de combustão**.

Problemas

Seção 4.2 O que é massa molecular?

4.17 Indique se a afirmação é verdadeira ou falsa.
(a) Massa molecular é a massa de um composto expressa em gramas.
(b) Uma unidade de massa atômica (u) é igual a 1 grama (g).
(c) O peso-fórmula de H_2O é 18 u.
(d) A massa molecular de H_2O é 18 u.
(e) A massa molecular de um composto covalente é a mesma de seu peso-fórmula.

4.18 Calcule a massa molecular de:
(a) KCl   (b) Na_3PO_4 (c) $Fe(OH)_2$
(d) $NaAl(SO_3)_2$ (e) $Al_2(SO_4)_3$ (f) $(NH_4)_2CO_3$

4.19 Calcule a massa molecular de:
(a) Sacarose, $C_{12}H_{22}O_{11}$ (b) Glicina, $C_2H_5NO_2$
(c) DDT, $C_{14}H_9Cl_5$

Seção 4.3 O que é mol e como usá-lo para calcular relações de massa?

4.20 Indique se a afirmação é verdadeira ou falsa.
(a) O mol é uma unidade de contagem, assim como a dúzia.
(b) O número de Avogadro é o número de unidades-fórmula em um mol.
(c) O numero de Avogadro, até três algarismos significativos, é $6,02 \times 10^{23}$ unidades-fórmula por mol.
(d) Um mol de H_2O contém $3 \times 6,02 \times 10^{23}$ unidades-fórmula.
(e) Um mol de H_2O tem o mesmo número de moléculas que 1 mol de H_2O_2.
(f) A massa molar de um composto é sua massa molecular expressa em u.
(g) A massa molar de H_2O é 18 g/mol.
(h) Um mol de H_2O tem a mesma massa molar que 1 mol de H_2O_2.
(i) Um mol de ibuprofeno, $C_{13}H_{18}O_2$, contém 33 mols de átomos.
(j) Para converter mols em gramas, o número de mols deve ser multiplicado pelo número de Avogadro.
(k) Para converter gramas em mols, o número de gramas deve ser dividido pela massa molar.
(l) Um mol de H_2O contém 1 mol de átomos de hidrogênio e 1 mol de átomos de oxigênio.
(m) Um mol de H_2O contém 2 g de átomos de hidrogênio e 1 g de átomos de oxigênio.
(n) Um mol de H_2O contém $18,06 \times 10^{23}$ átomos.

4.21 Calcule o número de mols em:
(a) 32 g de metano, CH_4.
(b) 345,6 g de óxido nítrico, NO.
(c) 184,4 g de dióxido de cloro, ClO_2.
(d) 720 g de glicerina, $C_3H_8O_3$.

4.22 Calcule o número de gramas em:
(a) 1,77 mol de dióxido de nitrogênio, NO_2.
(b) 0,84 mol de 2-propanol, C_3H_8O (álcool de polimento)
(c) 3,69 mols de hexafluoreto de urânio, UF_6.
(d) 0,348 mol de galactose, $C_6H_{12}O_6$.
(e) $4,9 \times 10^{-2}$ mol de vitamina C, $C_6H_8O_6$.

4.23 Calcule o número de mols de:
(a) Átomos de O em 18,1 mols de formaldeído, CH_2O.
(b) Átomos de Br em 0,41 mol de bromofórmio, $CHBr_3$.
(c) Átomos de O em $3,5 \times 10^3$ mols de $Al_2(SO_4)_3$.
(d) Átomos de Hg em 87 g de HgO.

4.24 Calcule o número de mols de:
(a) Íons S^{2-} em 6,56 mols de Na_2S.
(b) Íons Mg^{2+} em 8,320 mols de $Mg_3(PO_4)_2$.
(c) Íon acetato, CH_3COO^-, em 0,43 mol de $Ca(CH_3COO)_2$.

4.25 Calcule o número de:
(a) Átomos de nitrogênio em 25,0 g de TNT, $C_7H_5N_3O_6$.
(b) Átomos de carbono em 40,0 g de etanol, C_2H_6O.
(c) Átomos de oxigênio em 500 mg de aspirina, $C_9H_8O_4$.
(d) Átomos de sódio em 2,40 g de di-hidrogenofosfato de sódio, NaH_2PO_4.

4.26 Um único átomo de cério tem cerca de duas vezes a massa de um único átomo de gálio. Qual é a proporção em massa de 25 átomos de cério para 25 átomos de gálio?

4.27 Qual é a massa em gramas de cada um dos seguintes números de molécula de formaldeído, CH_2O?
(a) 100 moléculas
(b) 3.000 moléculas
(c) $5,0 \times 10^6$ moléculas
(d) $2,0 \times 10^{24}$ moléculas

4.28 Quantas moléculas estão presentes em:
(a) 2,9 mols de TNT, $C_7H_5N_3O_6$.
(b) Uma gota (0,0500 g) de água.
(c) $3,1 \times 10^{-1}$ g de aspirina, $C_9H_8O_4$.

4.29 Um típico depósito de colesterol, $C_{27}H_{46}O$, em uma artéria pode ter massa de 3,9 mg. Quantas moléculas de colesterol estão presentes nessa massa?

4.30 A massa molecular da hemoglobina é de aproximadamente 68.000 u. Qual é a massa em gramas de uma única molécula de hemoglobina?

4.31 Se você tiver uma amostra com 10 g de cobre e outra com 10 g de cromo, quantos átomos estarão presentes em cada amostra?

Seção 4.4 **Como se balanceiam equações químicas?**

4.32 Indique se a afirmação é verdadeira ou falsa.
   (a) Uma equação química balanceada mostra o número de mols do material de partida reagindo e o número de mols do produto formado.
   (b) Em uma reação química, o número de mols do produto sempre é igual ao número de mols do material de partida.
   (c) Em uma reação química, a massa dos produtos sempre é igual à massa dos materiais de partida que reagiram.
   (d) Em uma reação química, o número de átomos do(s) produto(s) é sempre igual ao número de átomos do material de partida.
   (e) Em uma reação química balanceada, os gramas de produto sempre são iguais aos gramas do material de partida.
   (f) Em uma equação química balanceada, os coeficientes mostram as proporções dos mols de cada produto para os mols de cada material de partida.

4.33 Determine o balanceamento de cada equação.
   (a) $HI + NaOH \longrightarrow NaI + H_2O$
   (b) $Ba(NO_3)_2 + H_2S \longrightarrow BaS + HNO_3$
   (c) $CH_4 + O_2 \longrightarrow CO_2 + H_2O$
   (d) $C_4H_{10} + O_2 \longrightarrow CO_2 + H_2O$
   (e) $Fe + CO_2 \longrightarrow Fe_2O_3 + CO$

4.34 Determine o balanceamento de cada equação.
   (a) $H_2 + I_2 \longrightarrow HI$
   (b) $Al + O_2 \longrightarrow Al_2O_3$
   (c) $Na + Cl_2 \longrightarrow NaCl$
   (d) $Al + HBr \longrightarrow AlBr_3 + H_2$
   (e) $P + O_2 \longrightarrow P_2O_5$

4.35 Se você borbulhar gás dióxido de carbono em uma solução de hidróxido de cálcio, forma-se um precipitado leitoso de carbonato de cálcio. Escreva uma equação balanceada para a formação de carbonato de cálcio nessa reação.

4.36 O óxido de cálcio é preparado aquecendo-se calcário (carbonato de cálcio, $CaCO_3$) a uma alta temperatura, quando então ele se decompõe em óxido de cálcio e dióxido de cálcio. Escreva uma equação balanceada para essa preparação de dióxido de cálcio.

4.37 Em alguns espetáculos com fogos de artifício, a luz branca brilhante é produzida pela queima de magnésio no ar. O magnésio reage com o oxigênio no ar formando óxido de magnésio. Escreva a equação balanceada para essa reação.

4.38 A ferrugem no ferro é uma reação química do ferro com o oxigênio do ar, formando óxido de ferro (III). Escreva uma equação balanceada para essa reação.

4.39 Quando o carbono sólido queima em uma quantidade limitada de gás oxigênio, forma-se o gás monóxido de carbono, CO. Esse gás é letal para os humanos, pois combina-se com a hemoglobina do sangue, impossibilitando o transporte de oxigênio. Escreva uma equação balanceada para a formação de monóxido de carbono.

4.40 Carbonato de amônio sólido, $(NH_4)_2CO_3$, decompõe-se em temperatura ambiente, formando dióxido de carbono e água. Pela facilidade de decomposição e pelo odor penetrante da amônia, o carbonato de amônio pode ser usado como sais aromáticos. Escreva uma equação balanceada para essa decomposição.

4.41 No teste químico para o arsênio, é preparado o gás arsino, AsH_3. Quando o arsino é decomposto por aquecimento, o metal arsênio se deposita como uma cobertura espelhada na superfície de um recipiente de vidro, liberando gás hidrogênio, H_2. Escreva uma equação balanceada para a decomposição do arsino.

4.42 Quando um pedaço de alumínio metálico é colocado em ácido clorídrico, HCl, o hidrogênio é liberado como gás, formando uma solução de cloreto de alumínio. Escreva uma equação balanceada para a reação.

4.43 Na preparação química industrial do cloro, Cl_2, a corrente elétrica atravessa uma solução aquosa de cloreto de sódio, gerando $Cl_2(g)$ e $H_2(g)$. O outro produto dessa reação é hidróxido de sódio. Escreva uma equação balanceada para essa reação.

Seção 4.5 **Como se calculam relações de massa em reações químicas?**

4.44 Indique se a afirmação é verdadeira ou falsa.
   (a) Estequiometria é o estudo das relações de massa em reações químicas.
   (b) Para determinar relações de massa em uma reação química, é preciso primeiro conhecer a equação química balanceada da reação.
   (c) Para converter gramas em mols e vice-versa, usamos o número de Avogadro como fator de conversão.
   (d) Para converter gramas em mols e vice-versa, usamos a massa molar como fator de conversão.
   (e) Um reagente limitante é o reagente consumido em primeiro lugar.
   (f) Suponha que uma reação química entre A e B exija 1 mol de A e 2 mols de B. Se 1 mol de cada estiver presente, então B será o reagente limitante.
   (g) Rendimento teórico é o rendimento do produto que deveria ser obtido de acordo com a equação química balanceada.
   (h) Rendimento teórico é o rendimento do produto que deveria ser obtido se todo o reagente limitante fosse convertido no produto.
   (i) Rendimento percentual é o número de gramas do produto dividido pelo número de gramas do reagente limitante, multiplicado por 100%.
   (j) Para calcular o rendimento percentual, dividimos a massa do produto formado pelo rendimento teórico e multiplicamos por 100%.

4.45 Para a reação
$$2N_2(g) + 3O_2(g) \longrightarrow 2N_2O_3(g)$$

(a) Quantos mols de N_2 são necessários para reagir completamente com 1 mol de O_2?

(b) Quantos mols de N_2O_3 são produzidos a partir da reação completa de 1 mol de O_2?

(c) Quantos mols de O_2 são necessários para produzir 8 mols de N_2O_3?

4.46 O magnésio reage com o ácido sulfúrico de acordo com a seguinte equação. Quantos mols de H_2 são produzidos pela reação completa de 230 mg de Mg com ácido sulfúrico?

$$Mg(s) + H_2SO_4(aq) \longrightarrow MgSO_4(aq) + H_2(g)$$

4.47 O clorofórmio, $CHCl_3$, é preparado industrialmente pela reação de metano com cloro. Quantos gramas de Cl_2 são necessários para produzir 1,50 mol de clorofórmio?

$$\underset{\text{Metano}}{CH_4(g)} + 3Cl_2(g) \longrightarrow \underset{\text{Clorofórmio}}{CHCl_3(\ell)} + 3HCl(g)$$

4.48 Em certa ocasião, o acetaldeído foi preparado industrialmente pela reação de etileno com ar na presença de um catalisador de cobre. Quantos gramas de acetaldeído podem ser preparados a partir de 81,7 g de etileno?

$$\underset{\text{Etileno}}{2C_2H_4(g)} + O_2(g) \xrightarrow{\text{Catalisador}} \underset{\text{Acetaldeído}}{2C_2H_4O(g)}$$

4.49 O dióxido de cloro, ClO_2, é usado para branquear papel. Foi também o gás usado para matar os esporos de antraz que contaminaram o prédio do Senado norte-americano. O dióxido de cloro é preparado tratando-se o cloreto de sódio com gás cloro.

$$\underset{\text{Cloreto de sódio}}{NaClO_2(aq)} + Cl_2(g) \longrightarrow \underset{\text{Dióxido de cloro}}{ClO_2(g)} + NaCl(aq)$$

(a) Faça o balanceamento da equação para a preparação de dióxido de cloro.

(b) Calcule a massa do dióxido de cloro que pode ser preparado a partir de 5,50 kg de cloreto de sódio.

4.50 O etanol, C_2H_6O, é adicionado à gasolina para produzir E85, um combustível para motores de automóvel. Quantos gramas de O_2 são necessários para a combustão completa de 421 g de etanol?

$$\underset{\text{Etanol}}{C_2H_5OH(\ell)} + 3O_2(g) \longrightarrow 2CO_2(g) + 3H_2O$$

4.51 Na fotossíntese, as plantas verdes convertem CO_2 e H_2O em glicose, $C_6H_{12}O_6$. Quantos gramas de CO_2 são necessários para produzir 5,1 g de glicose?

$$6CO_2(g) + 6H_2O(\ell) \xrightarrow{\text{Fotossíntese}} \underset{\text{Glicose}}{C_6H_{12}O_6(aq)} + 6O_2(g)$$

4.52 O minério de ferro é convertido em ferro quando aquecido com carvão, C, e oxigênio, de acordo com a seguinte equação:

$$2Fe_2O_3(s) + 6C(s) + 3O_2(g) \longrightarrow 4Fe(s) + 6CO_2(g)$$

Se o processo se desenvolve até que 3.940 g de Fe sejam produzidos, quantos gramas de CO_2 serão produzidos?

4.53 Dada a reação do Problema 4.52, quantos gramas de C são necessários para reagir completamente com 0,58 g de Fe_2O_3?

4.54 A aspirina é produzida pela reação do ácido salicílico com anidrido acético. Quantos gramas de aspirina serão produzidos se 85,0 g de ácido salicílico forem tratados com excesso de anidrido acético?

$$\underset{\substack{(C_7H_6O_3)\\ \text{Ácido salicílico (s)}}}{\text{[estrutura]}} + \underset{\substack{(C_4H_6O_3)\\ \text{Anidrido acético }(\ell)}}{CH_3-\overset{O}{\underset{\|}{C}}-O-\overset{O}{\underset{\|}{C}}-CH_3} \longrightarrow$$

$$\underset{\substack{(C_9H_8O_4)\\ \text{Aspirina (s)}}}{\text{[estrutura]}} + \underset{\substack{(C_2H_4O_2)\\ \text{Ácido acético }(\ell)}}{CH_3COOH}$$

4.55 Suponha que a preparação de aspirina a partir de ácido salicílico e anidrido acético (Problema 4.54) dê um rendimento de 75% de aspirina. Quantos gramas de ácido salicílico devem ser usados para preparar 50,0 g de aspirina?

4.56 O benzeno reage com o bromo produzindo bromobenzeno, de acordo com a seguinte equação:

$$\underset{\text{Benzeno}}{C_6H_6(\ell)} + \underset{\text{Bromo}}{Br_2(\ell)} \longrightarrow \underset{\text{Bromobenzeno}}{C_6H_5Br(\ell)} + \underset{\substack{\text{Brometo de}\\ \text{hidrogênio}}}{HBr(g)}$$

Se 60 g de benzeno forem misturados com 135 g de bromo,

(a) Qual será o agente limitante?

(b) Quantos gramas de bromobenzeno serão formados na reação?

4.57 O cloreto de etila é preparado pela reação de cloro com etano, de acordo com a seguinte equação balanceada. Quando 5,6 g de etano reagem com excesso de cloro, formam-se 8,2 g de cloreto de etila. Calcule o rendimento percentual do cloreto de etila.

$$\underset{\text{Etano}}{C_2H_6(g)} + Cl_2(g) \longrightarrow \underset{\text{Cloreto de etila}}{C_2H_5Cl(\ell)} + HCl(g)$$

4.58 O éter dietílico é preparado a partir do etanol, de acordo com a seguinte equação:

$$\underset{\text{Etanol}}{2C_2H_5OH(\ell)} \longrightarrow \underset{\text{Éter dietílico}}{(C_2H_5)_2O(\ell)} + H_2O(\ell)$$

Em um experimento, 517 g de etanol produziram 391 g de éter dietílico. Qual foi o rendimento percentual nesse experimento?

Seção 4.6 Como prever se íons em soluções aquosas reagirão entre si?

4.59 Indique se a afirmação é verdadeira ou falsa.

(a) Uma equação iônica simplificada mostra somente aqueles íons que sofrem reação química.

(b) Em uma equação iônica simplificada, o número de mols do material de partida deve ser igual ao número de mols do produto.
(c) Uma equação iônica simplificada deve ser balanceada tanto pela massa como pela carga.
(d) Generalizando, todos os sais de lítio, sódio e potássio são solúveis em água.
(e) Generalizando, todos os sais de nitrato (NO_3^-) são solúveis em água.
(f) Generalizando, a maioria dos sais de carbonato (CO_3^{2-}) é insolúvel em água.
(g) O carbonato de sódio, Na_2CO_3, é insolúvel em água.
(h) O carbonato de amônio, $(NH_4)_2CO_3$, é insolúvel em água.
(i) O carbonato de cálcio, $CaCO_3$, é insolúvel em água.
(j) O di-hidrogenofosfato de sódio, NaH_2PO_4, é insolúvel em água.
(k) O hidróxido de sódio, NaOH, é solúvel em água.
(l) O hidróxido de bário, $Ba(OH)_2$, é solúvel em água.

4.60 Defina (a) íon espectador, (b) equação iônica simplificada e (c) solução aquosa.

4.61 Determine o balanceamento das seguintes equações iônicas simplificadas:
(a) $Ag^+(aq) + Br^-(aq) \longrightarrow AgBr(s)$
(b) $Cd^{2+}(aq) + S^{2-}(aq) \longrightarrow CdS(s)$
(c) $Sc^{3+}(aq) + SO_4^{2-}(aq) \longrightarrow Sc_2(SO_4)_3(s)$
(d) $Sn^{2+}(aq) + Fe^{2+}(aq) \longrightarrow Sn(s) + Fe^{3+}(aq)$
(e) $K(s) + H_2O(\ell) \longrightarrow K^+(aq) + OH^-(aq) + H_2(g)$

4.62 Na equação
$$2Na^+(aq) + CO_3^{2-}(aq) + Sr^{2+}(aq) + 2Cl^-(aq) \longrightarrow SrCO_3(s) + 2Na^+(aq) + 2Cl^-(aq)$$
(a) Identifique os íons espectadores.
(b) Escreva a equação iônica simplificada balanceada.

4.63 Preveja se um precipitado irá se formar quando soluções aquosas dos seguintes compostos forem misturadas. Se formar um precipitado, escreva a fórmula e uma equação iônica simplificada para sua formação. Para fazer previsões, use as generalizações de solubilidade da Seção 4.6.
(a) $CaCl_2(aq) + K_3PO_4(aq) \longrightarrow$
(b) $KCl(aq) + Na_2SO_4(aq) \longrightarrow$
(c) $(NH_4)_2CO_3(aq) + Ba(NO_3)_2(aq) \longrightarrow$
(d) $FeCl_2(aq) + KOH(aq) \longrightarrow$
(e) $Ba(NO_3)_2(aq) + NaOH(aq) \longrightarrow$
(f) $Na_2S(aq) + SbCl_3(aq) \longrightarrow$
(g) $Pb(NO_3)_2(aq) + K_2SO_4(aq) \longrightarrow$

4.64 Quando uma solução de cloreto de amônio é adicionada a uma solução de nitrato de chumbo (II), $Pb(NO_3)_2$, forma-se um precipitado branco de cloreto de chumbo (II). Escreva uma equação iônica simplificada para essa reação. Tanto o cloreto de amônio quanto o nitrato de chumbo existem como íons dissociados em solução aquosa.

4.65 Quando uma solução de ácido clorídrico, HCl, é adicionada a uma solução de sulfeto de sódio, Na_2SO_3, é liberado o gás dióxido de enxofre. Escreva uma equação iônica simplificada para essa reação. Uma solução aquosa de HCl contém íons H^+ e Cl^-, e o Na_2SO_3 existe em solução aquosa como íons dissociados.

4.66 Quando uma solução de hidróxido de sódio é adicionada a uma solução de carbonato de amônio, forma-se H_2O, e gás amônia, NH_3, é liberado quando a solução é aquecida. Escreva uma equação iônica simplificada para essa reação. Tanto o NaOH quanto o $(NH_4)_2CO_3$ existem em solução aquosa como íons dissociados.

4.67 Usando as generalizações de solubilidade dadas na Seção 4.6, preveja quais destes compostos iônicos são solúveis em água.
(a) KCl   (b) NaOH   (c) $BaSO_4$
(d) Na_2SO_4 (e) Na_2CO_3 (f) $Fe(OH)_2$

4.68 Usando as generalizações de solubilidade dadas na Seção 4.6, preveja quais destes compostos iônicos são solúveis em água.
(a) $MgCl_2$ (b) $CaCO_3$ (c) Na_2SO_3
(d) NH_4NO_3 (e) $Pb(OH)_2$

Seção 4.7 O que são oxidação e redução?

4.69 Indique se a afirmação é verdadeira ou falsa.
(a) Quando uma substância é oxidada, ela perde elétrons.
(b) Quando uma substância ganha elétrons, ela é reduzida.
(c) Em uma reação redox, o agente oxidante é reduzido.
(d) Em uma reação redox, o agente redutor é oxidado.
(e) Quando Zn é convertido em íon Zn^{2+}, o zinco é oxidado.
(f) A oxidação também pode ser definida como perda de átomos de oxigênio e/ou ganho de átomos de hidrogênio.
(g) A redução também pode ser definida como ganho de átomos de oxigênio e/ou perda de átomos de hidrogênio.
(h) Quando o oxigênio, O_2, é convertido em peróxido de hidrogênio, H_2O_2, dizemos que o O_2 é reduzido.
(i) O peróxido de hidrogênio, H_2O_2, é um agente oxidante.
(j) Todas as reações de combustão são reações redox.
(k) Os produtos da combustão completa (oxidação) de combustíveis de hidrocarbonetos são dióxido de carbono, água e calor.
(l) Na combustão de combustíveis de hidrocarboneto, o oxigênio é o agente oxidante, e o combustível de hidrocarboneto, o agente redutor.
(m) A combustão incompleta de combustíveis de hidrocarboneto pode produzir quantidades significativas de monóxido de carbono.
(n) A maioria dos alvejantes comuns é agente oxidante.

4.70 Apresente duas definições de oxidação e duas definições de redução.

4.71 Pode ocorrer redução sem oxidação? Explique.

4.72 Na reação
$$Pb(s) + 2Ag^+(aq) \longrightarrow Pb^{2+}(aq) + 2Ag(s)$$
(a) Qual das espécies é oxidada e qual é reduzida?
(b) Qual das espécies é o agente oxidante e qual é o agente redutor?

4.73 Na reação

$$C_7H_{12}(\ell) + 10O_2(g) \longrightarrow 7CO_2(g) + 6H_2O(\ell)$$

(a) Qual das espécies é oxidada e qual é reduzida?
(b) Qual das espécies é o agente oxidante e qual é o agente redutor?

4.74 Quando um pedaço de sódio metálico é adicionado à água, é liberado gás hidrogênio e forma-se uma solução de hidróxido de sódio.
(a) Escreva uma equação balanceada para essa reação.
(b) O que é oxidado e reduzido nessa reação?

Seção 4.8 O que é calor de reação?

4.75 Indique se a afirmação é verdadeira ou falsa.
(a) Calor de reação é o calor liberado ou absorvido em uma reação química.
(b) Reação endotérmica é aquela que libera calor.
(c) Se uma reação química é endotérmica, a reação inversa é exotérmica.
(d) Todas as reações de combustão são exotérmicas.
(e) Se a reação de glicose ($C_6H_{12}O_6$) e O_2 no corpo, produzindo CO_2 e H_2O, é uma reação exotérmica, então a fotossíntese nas plantas verdes (a reação de CO_2 e H_2O, produzindo glicose e O_2) é um processo endotérmico.
(f) A energia necessária para acionar a fotossíntese vem do sol na forma de radiação eletromagnética.

4.76 Qual é a diferença entre exotérmico e endotérmico?

4.77 Quais destas reações são exotérmicas e quais são endotérmicas?
(a) $2NH_3(g) + 22,0 \text{ kcal} \longrightarrow N_2(g) + 3H_2(g)$
(b) $H_2(g) + F_2(g) \longrightarrow 2HF(g) + 124 \text{ kcal}$
(c) $C(s) + O_2(g) \longrightarrow CO_2(g) + 94,0 \text{ kcal}$
(d) $H_2(g) + CO_2(g) + 9,80 \text{ kcal} \longrightarrow H_2O(g) + CO(g)$
(e) $C_3H_8(g) + 5O_2(g) \longrightarrow 3CO_2(g) + 4H_2O(g) + 531 \text{ kcal}$

4.78 Na seguinte reação, 9,80 kcal são absorvidas por mol de CO_2 como reagente. Quanto calor será liberado se dois mols de água reagirem com dois mols de monóxido de carbono?

$$H_2(g) + CO_2(g) + 9,80 \text{ kcal} \longrightarrow H_2O(g) + CO(g)$$

4.79 A seguir, apresentamos a equação da combustão da acetona:

$$2C_3H_6O(\ell) + 8O_2(g) \longrightarrow 6CO_2(g) + 6H_2O(g) + 853,6 \text{ kcal}$$
Acetona

Quanto calor será liberado se 0,37 mol de acetona for queimado por completo?

4.80 A oxidação da glicose, $C_6H_{12}O_6$, em dióxido de carbono e água é exotérmica. O calor liberado é o mesmo, seja a glicose metabolizada no corpo, seja na queima no ar.

$$C_6H_{12}O_6 + 6O_2 \longrightarrow 6CO_2 + 6H_2O + 670 \text{ kcal/mol}$$
Glicose

Calcule o calor liberado quando 15,0 g de glicose são metabolizados em dióxido de carbono e água, no corpo.

4.81 O calor de combustão da glicose, $C_6H_{12}O_6$, é de 670 kcal/mol. O calor de combustão do etano, C_2H_6O, é de 327 kcal/mol. O calor liberado pela oxidação de cada composto é o mesmo, seja pela queima no ar, seja pela metabolização no corpo. Com base em kcal/g, o metabolismo de qual composto libera mais calor?

4.82 Uma planta requer aproximadamente 4.178 kcal para a produção de 1,00 kg de amido (Capítulo 20) a partir de dióxido de carbono e água.
(a) A produção de amido em uma planta é um processo exotérmico ou endotérmico?
(b) Calcule, em quilocalorias, a energia necessária para uma planta produzir 6,32 g de amido.

4.83 Para converter 1 mol de óxido de ferro (III) em seus elementos, são necessárias 196,5 kcal:

$$Fe_2O_3(s) + 196,5 \text{ kcal} \longrightarrow 2Fe(s) + \frac{3}{2}O_2(g)$$

Quantos gramas de ferro podem ser produzidos se 156,0 kcal de calor forem absorvidos por uma amostra suficientemente grande de óxido de ferro (III)?

Conexões químicas

4.84 (Conexões químicas 4A) Como o íon fluoreto protege o esmalte do dente contra a cárie?

4.85 (Conexões químicas 4A) Que tipos de íon formam a hidroxiapatita?

4.86 (Conexões químicas 4B) Uma célula voltaica é representada pela seguinte equação:

$$Fe(s) + Zn^{2+}(aq) \longrightarrow Fe^{2+}(aq) + Zn(s)$$

Qual dos eletrodos é o ânodo e qual é o cátodo?

4.87 (Conexões químicas 4C) O peróxido de hidrogênio não é apenas um antisséptico, mas também um agente oxidante. A seguinte equação mostra a reação do peróxido de hidrogênio com acetaldeído, produzindo ácido acético:

$$C_2H_4O(\ell) + H_2O_2(\ell) \longrightarrow C_2H_4O_2(\ell) + H_2O(\ell)$$
Acetaldeído   Peróxido de   Ácido   Água
              hidrogênio   acético

Nessa reação, qual é a espécie oxidada e qual é a espécie reduzida? Qual é o agente oxidante e qual é o agente redutor?

Problemas adicionais

4.88 Quando o pentóxido de dinitrogênio gasoso, N_2O_5, é borbulhado em água, forma-se ácido nítrico, HNO_3. Escreva uma equação balanceada para essa reação.

4.89 Em certa reação, Cu^+ é convertido em Cu^{2+}. O íon Cu^+ é oxidado ou reduzido nessa reação? O íon Cu^+ é um agente oxidante ou um agente redutor nessa reação?

4.90 Usando a equação

$$Fe_2O_3(s) + 3CO(g) \longrightarrow 2Fe(s) + 3CO_2(g)$$

(a) Mostre que se trata de uma reação redox. Qual é a espécie oxidada e qual é a reduzida?
(b) Quantos mols de Fe_2O_3 são necessários para produzir 38,4 mols de Fe?

(c) Quantos gramas de CO são necessários para produzir 38,4 mols de Fe?

4.91 Explique esta afirmação: Nossa civilização moderna depende do calor obtido de reações químicas.

4.92 Quando uma solução aquosa de Na_3PO_4 é adicionada a uma solução aquosa de $Cd(NO_3)_2$, forma-se um precipitado. Escreva uma equação iônica simplificada para essa reação e identifique os íons espectadores.

4.93 O ingrediente ativo em um comprimido de analgésico são 488 mg de aspirina, $C_9H_8O_5$. Quantos mols de aspirina um comprimido contém?

4.94 A clorofila, composto responsável pela cor verde nas folhas das plantas e nas gramíneas, contém um átomo de magnésio em cada molécula. Se a porcentagem em massa do magnésio na clorofila for de 2,72%, qual será a massa molecular da clorofila?

4.95 Se 7,0 kg de N_2 forem adicionados a 11,0 kg de H_2 para formar NH_3, qual dos reagentes estará em excesso?

$$N_2(g) + 3H_2(g) \longrightarrow 2NH_3(g)$$

4.96 De acordo com a seguinte equação, nitrato de chumbo (II) e cloreto de alumínio reagem:

$$3Pb(NO_3)_2 + 2AlCl_3 \longrightarrow 3PbCl_2 + 2Al(NO_3)_3$$

Em um experimento, 8,00 g de nitrato de chumbo reagem com 2,67 g de cloreto de alumínio, produzindo 5,55 g de cloreto de chumbo.
(a) Qual foi o reagente limitante?
(b) Qual foi o rendimento percentual?

4.97 Suponha que a massa de uma célula de glóbulo vermelho seja de 2×10^{-8} g e que 20% de sua massa seja a hemoglobina (proteína cuja massa molar é 68.000). Quantas moléculas de hemoglobina estarão presentes em um glóbulo vermelho?

4.98 A reação de pentano, C_5H_{12}, com oxigênio, O_2, produz dióxido de carbono e água.
(a) Escreva uma equação balanceada para essa reação.
(b) Nessa reação, o que é oxidado e o que é reduzido?
(c) Qual é o agente oxidante e qual é o agente redutor?

4.99 A amônia é preparada industrialmente pela reação de nitrogênio e hidrogênio, de acordo com a seguinte equação:

$$N_2(g) + 3H_2(g) \longrightarrow 2NH_3(g)$$
$$\text{Amônia}$$

Se 29,7 kg de N_2 forem adicionados a 3,31 g de H_2:
(a) Qual será o reagente limitante?
(b) Quantos gramas do outro reagente sobrarão?
(c) Quantos gramas de NH_3 serão formados se a reação for completa?

Antecipando

4.100 O calor de combustão do metano, CH_4, o principal componente do gás natural, é 213 kcal/mol. O calor de combustão do propano, C_3H_8, o principal componente do GLP ou gás engarrafado, é 530 kcal/mol.
(a) Escreva uma equação balanceada para a **combustão completa** de cada um deles.
(b) Com base em kcal/mol, qual desses dois combustíveis é a melhor fonte de calor?
(c) Com base em kcal/g, qual desses dois combustíveis é a melhor fonte de calor?

4.101 Em nossa dieta, as duas principais fontes de energia são as gorduras e os carboidratos. O ácido palmítico, um dos principais componentes tanto das gorduras animais como dos óleos vegetais, pertence a um grupo de compostos chamados ácidos graxos. O metabolismo dos ácidos graxos é responsável pela energia das gorduras. Os principais carboidratos de nossa dieta são a sacarose (açúcar de cozinha; Seção 20.4A) e o amido (Seção 20.5A). No corpo, ambos são primeiramente convertidos em glicose, e depois a glicose é metabolizada para produzir energia. O calor de combustão do ácido palmítico é 2.385 kcal/mol, e o da glicose, 670 kcal/mol. Em seguida, apresentamos as equações não balanceadas para o metabolismo de cada combustível orgânico:

$$C_{16}H_{32}O_2(aq) + O_2(g) \longrightarrow CO_2(g) + H_2O(\ell)$$
Ácido palmítico
(256 g/mol)
$$+ 2.385 \text{ kcal/mol}$$

$$C_6H_{12}O_6(aq) + O_2(g) \longrightarrow CO_2(g) + H_2O(\ell)$$
Glicose
(180 g/mol)
$$+ 670 \text{ kcal/mol}$$

(a) Determine o balanceamento da equação para o metabolismo de cada combustível.
(b) Calcule o calor de combustão de cada um deles em kcal/g.
(c) Em termos de kcal/mol, qual dos dois é a melhor fonte de energia para o corpo?
(d) Em termos de kcal/g, qual dos dois é a melhor fonte de energia para o corpo?

Gases, líquidos e sólidos

Balões de ar quente.

Questões-chave

- **5.1** Quais são os três estados da matéria?
- **5.2** O que é pressão do gás e como medi-la?
- **5.3** Quais são as leis que regem o comportamento dos gases?
- **5.4** O que é lei de Avogadro e lei dos gases ideais?
- **5.5** O que é a lei das pressões parciais de Dalton?
- **5.6** O que é teoria cinética molecular?
- **5.7** Quais são os tipos de forças de atração que existem entre as moléculas?
- **5.8** Como se descreve o comportamento dos líquidos em nível molecular?
- **5.9** Quais são as características dos vários tipos de sólidos?
- **5.10** O que é uma mudança de fase e quais são as energias envolvidas?

5.1 Quais são os três estados da matéria?

Várias forças mantêm a matéria coesa, fazendo-a assumir diferentes formas. No núcleo atômico, poderosas forças de atração mantêm juntos prótons e nêutrons (Capítulo 2). No próprio átomo, há atração entre o núcleo positivo e os elétrons negativos que o circundam. Nas moléculas, os átomos se mantêm unidos entre si através de ligações covalentes, cujo arranjo faz com que as moléculas assumam uma forma característica. Dentro de cristais iônicos, surgem formas tridimensionais por causa da atração eletrostática entre íons.

Além dessas forças, há forças de atração entre moléculas, que serão o tema deste capítulo. São forças mais fracas que qualquer uma das já mencionadas, no entanto ajudam a determinar se um dado composto é sólido, líquido ou gás na temperatura considerada.

Essas forças de atração mantêm a coesão da matéria; de fato, contrapõem-se a uma outra forma de energia – a energia cinética –, que tende a formar diferentes arranjos moleculares. Na ausência das forças de atração, a energia cinética das partículas é que as mantém em movimento constante, em sua maior parte aleatório e desorganizado. A energia cinética aumenta com a elevação da temperatura. Assim, quanto mais alta a temperatura, maior a tendência de as partículas apresentarem mais arranjos possíveis. A energia total permanece a mesma, porém mais dispersa. Como veremos mais adiante, essa dispersão de energia terá importantes consequências.

O estado físico da matéria depende de um equilíbrio entre a energia cinética das partículas, que tendem a se manter separadas, e as forças de atração entre elas, que tendem a aproximá-las (Figura 5.1).

Em altas temperaturas, as moléculas possuem alta energia cinética e se movimentam tão rápido que as forças de atração entre elas são muito fracas para mantê-las unidas. Essa situação é chamada **estado gasoso**. Em temperaturas mais baixas, as moléculas se movimentam tão lentamente que as forças de atração entre elas tornam-se importantes. Quando a temperatura é suficientemente baixa, um gás se condensa e forma um **estado líquido**. Moléculas no estado líquido ainda passam umas pelas outras, mas se deslocam bem mais lentamente que no estado gasoso. Quando a temperatura é ainda mais baixa, a velocidade das moléculas não mais permite que elas passem umas pelas outras. No **estado sólido**, cada molécula tem um certo número de vizinhas mais próximas, as quais são sempre as mesmas.

As forças de atração entre moléculas são as mesmas em todos os três estados. A diferença é que, no estado gasoso (e em menor grau no estado líquido), a energia cinética das moléculas é suficientemente grande para superar as forças de atração entre elas.

A maior parte das substâncias pode existir em qualquer um dos três estados. De modo típico, um sólido, ao ser aquecido a uma temperatura suficientemente alta, se funde e torna-se um líquido. A temperatura em que essa transformação ocorre é chamada ponto de fusão. Aumentando o aquecimento, a temperatura sobe ao ponto em que o líquido ferve e torna-se um gás. Essa temperatura é chamada ponto de ebulição. Nem todas as substâncias, porém, podem existir nos três estados. A madeira e o papel, por exemplo, não podem ser fundidos. Quando aquecidos, ou se decompõem ou queimam (dependendo se estiverem na presença de ar), mas não se fundem. Outro exemplo é o açúcar, que não se funde quando aquecido, mas forma uma substância escura chamada caramelo.

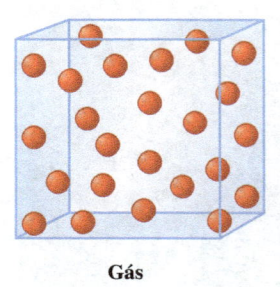

Gás
- Moléculas bem separadas e desordenadas
- Interações entre as moléculas são negligenciáveis

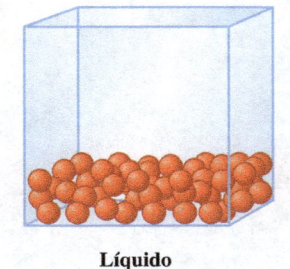

Líquido
- Situação intermediária

Sólido
- Moléculas bem próximas e ordenadas
- Fortes interações entre as moléculas

FIGURA 5.1 Os três estados da matéria. O gás não apresenta forma definida, e seu volume é o volume do recipiente. O líquido tem volume definido, mas não forma definida. O sólido tem forma e volume definidos.

5.2 O que é pressão do gás e como medi-la?

Pressão Força por unidade de área exercida contra uma superfície.

Vivemos na Terra sob um cobertor de ar que faz pressão sobre nós e sobre tudo mais a nosso redor. Como sabemos dos boletins meteorológicos, a **pressão** da atmosfera varia de um dia para o outro.

Um gás consiste em moléculas movimentando-se rapidamente e de modo aleatório. A pressão que um gás exerce sobre uma superfície resulta do contínuo bombardeamento sobre as paredes do recipiente por parte de moléculas de gás em rápido movimento. Para medir a pressão atmosférica, usamos um instrumento chamado **barômetro** (Figura 5.2). O barômetro consiste em um longo tubo de vidro, totalmente preenchido com mercúrio, emborcado em um prato com mercúrio. Como não há ar no topo da coluna de mercúrio dentro do tubo (não tem como o ar entrar), nenhuma pressão é exercida sobre a coluna. Toda a atmosfera, no entanto, exerce pressão no mercúrio do prato. A diferença de altura dos dois níveis de mercúrio é a medida da pressão atmosférica.

A pressão costuma ser medida em **milímetros de mercúrio (mm Hg)**. Também pode ser medida em **torr**, unidade cujo nome é uma homenagem ao físico e matemático italiano Evangelista Torricelli (1608-1647), inventor do barômetro. No nível do mar, a pressão

Conexões químicas 5A

Entropia: uma medida de dispersão de energia

As moléculas de um gás se movimentam aleatoriamente no espaço. Quanto mais alta for a temperatura, mais rápido elas se moverão. Em geral, o movimento aleatório significa que muito mais arranjos de moléculas são possíveis. Quando todas as moléculas de um sistema tornam-se imóveis e se alinham perfeitamente, obtemos o maior grau de ordenação possível. Nessa condição, a substância é um sólido. A medida dessa ordem é denominada **entropia**. Quando a ordem é perfeita, a entropia do sistema é zero. Quando há rotação ou as moléculas se movimentam de um lugar para outro, há aumento da desordem e também da entropia. Assim, quando um cristal se funde, a entropia aumenta ainda mais; quando um líquido vaporiza, ela também aumenta. Quando a temperatura de um gás, um líquido ou um sólido, ou de uma mistura desses estados aumenta, a entropia do sistema aumenta porque uma elevação de temperatura sempre faz acelerar os movimentos moleculares. Ao combinarmos duas substâncias puras e elas se misturarem, haverá aumento da desordem e também da entropia.

Na Seção 1.4E, estudamos a escala de temperatura absoluta ou Kelvin. O zero absoluto (0 K ou −273 °C) é a temperatura mais baixa possível. Embora os cientistas ainda não tenham conseguido alcançar o zero absoluto, já foram capazes de produzir temperaturas que estão a alguns bilionésimos de atingi-la. Nessa temperatura, praticamente cessa todo movimento molecular, reina uma ordem quase perfeita, e a entropia da substância é quase zero. De fato, um sólido cristalino completamente ordenado a 0 K tem entropia zero.

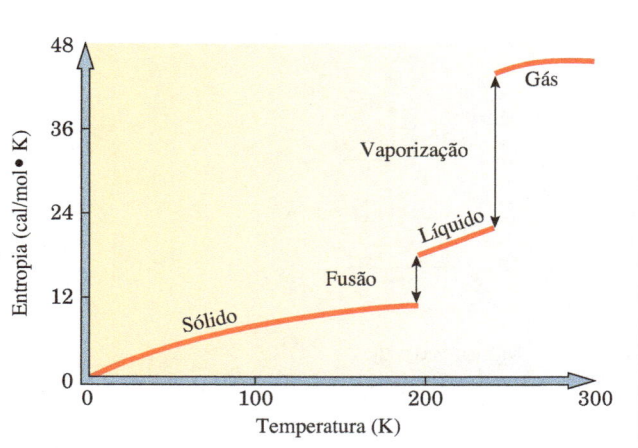

A entropia da amônia, NH_3, como função da temperatura absoluta. Observe o grande aumento de entropia na fusão (mudança de sólido para líquido) e na vaporização (mudança de líquido para gás)

---

média da atmosfera é de 760 mm Hg. Usamos esse número também para definir outra unidade de pressão, a **atmosfera (atm)**.

Há várias outras unidades para medir pressão. A unidade do SI é o pascal, e os meteorologistas registram a pressão em polegadas de mercúrio. Neste livro, usaremos apenas mm Hg e atm.

O barômetro é adequado para medir a pressão da atmosfera, entretanto, para medir a pressão de certo gás num recipiente, empregamos um instrumento mais simples, o **manômetro**. Um tipo de manômetro consiste num tubo em forma de U contendo mercúrio (Figura 5.3). A haste A foi evacuada e vedada e apresenta pressão zero. A haste B está conectada ao recipiente no qual se encontra a amostra de gás. A pressão do gás faz baixar o nível do mercúrio na haste B. A diferença entre os dois níveis de mercúrio é a pressão diretamente em mm Hg. Se for adicionado mais gás ao recipiente da amostra, o nível de mercúrio em B será empurrado para baixo, e o nível em A subirá à medida que aumentar a pressão no bulbo.

5.3 Quais são as leis que regem o comportamento dos gases?

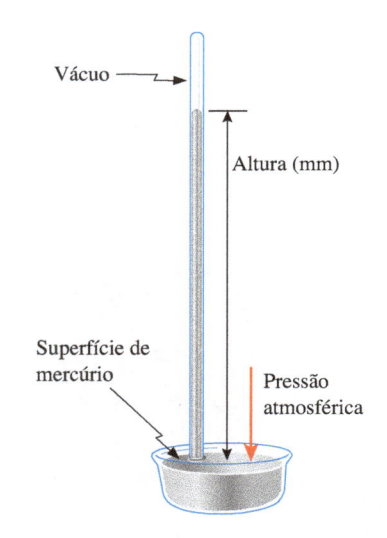

FIGURA 5.2 Barômetro de mercúrio.

Ao observar o comportamento dos gases em diferentes temperaturas e pressões, os cientistas estabeleceram várias relações. Nesta seção, vamos estudar as três relações mais importantes.

A. A lei de Boyle e a relação pressão-volume

A lei de Boyle diz que, para uma massa fixa de um gás ideal, em temperatura constante, o volume do gás é inversamente proporcional à pressão aplicada. Caso a pressão dobre, por exemplo, o volume vai diminuir pela metade. Essa lei pode ser enunciada matematicamente na seguinte equação, em que P_1 e V_1 são a pressão e o volume iniciais, e P_2 e V_2, a pressão e o volume finais:

1 atm = 760 mm Hg
    = 760 torr
    = 101.325 pascals
    = 29,92 polegadas Hg

$$PV = \text{constante} \quad \text{ou} \quad P_1V_1 = P_2V_2$$

Essa relação entre pressão e volume é ilustrada na Figura 5.4.

Entrada para o gás

A
vácuo
Amostra de gás
h = 80 mm
B
P = 80 mm Hg

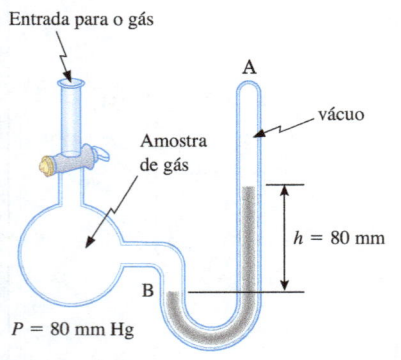

FIGURA 5.3 Manômetro de mercúrio.

Quando se adiciona mais mercúrio, a pressão atmosférica é aumentada pela pressão de uma coluna de mercúrio de altura h.

P_{atm} = 760 mm Hg P_{atm} = 760 mm Hg

Altura (mm)

h = 305 mm Hg

Volume (cm³) V_1 Volume (cm³) V_2

Quando os níveis de mercúrio são os mesmos em ambos os lados do J, a pressão do gás é igual à pressão atmosférica.

Nessa pressão mais alta, o volume do gás é menor, conforme previsto pela lei de Boyle.

Essas leis dos gases que descrevemos servem não só para gases puros, mas também para misturas de gases.

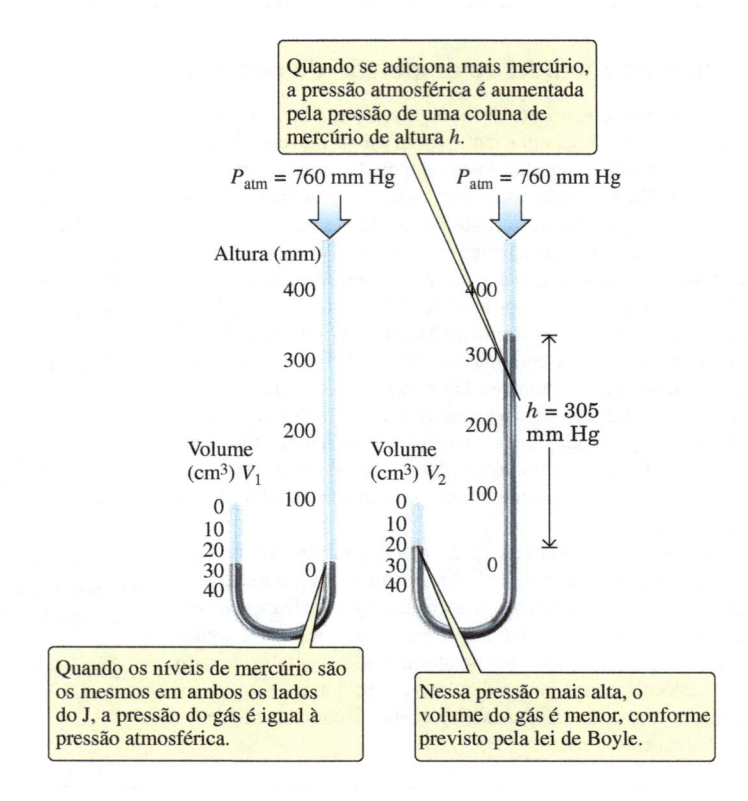

FIGURA 5.4 Experimento com a lei de Boyle mostrando a compressibilidade dos gases.

B. Lei de Charles e a relação temperatura-volume

De acordo com a lei de Charles, o volume de uma massa fixa de um gás ideal em temperatura constante é diretamente proporcional à temperatura em kelvins (K). Em outras palavras, enquanto a pressão sobre o gás permanecer constante, elevar a temperatura do gás aumentará o volume ocupado pelo gás. A lei de Charles pode ser enunciada matematicamente da seguinte forma:

Ao usarmos as leis dos gases, a temperatura deve ser expressa em kelvins (K). Nessa escala, o zero é a temperatura mais baixa possível.

$$\frac{V}{T} = \text{uma constante} \quad \text{ou} \quad \frac{V_1}{T_1} = \frac{V_2}{T_2}$$

Essa relação entre volume e temperatura é a base do funcionamento do balão de ar quente (Figura 5.5).

C. Lei de Gay-Lussac e a relação temperatura-pressão

Conforme a lei de Gay-Lussac, para uma massa fixa de um gás a volume constante, a pressão é diretamente proporcional à temperatura em kelvins (K):

$$\frac{P}{T} = \text{uma constante} \quad \text{ou} \quad \frac{P_1}{T_1} = \frac{P_2}{T_2}$$

Figura 5.5 A Lei de Charles é ilustrada em um balão de ar quente. Como o balão pode dilatar, a pressão em seu interior permanece constante. Quando o ar no balão é aquecido, seu volume aumenta, expandindo o balão. À medida que o ar dentro do balão se expande, torna-se menos denso que o ar do lado de fora, o que faz o balão subir. (Charles foi um dos primeiros balonistas.)

À medida que a temperatura do gás se eleva, a pressão aumenta proporcionalmente. Considere, por exemplo, o que acontece dentro de uma autoclave. O vapor gerado na autoclave a 1 atm tem uma temperatura de 100 °C. À medida que aumenta o calor do vapor, aumenta a pressão no interior da autoclave. Uma válvula controla a pressão no interior do equipamento; se a pressão exceder um máximo predeterminado, a válvula se abre, liberando o vapor. Na pressão máxima, a temperatura pode variar de 120 °C a 150 °C. Em tais temperaturas, todos os micro-organismos na autoclave são destruídos. A Tabela 5.1 mostra as expressões matemáticas dessas três leis dos gases.

As três leis dos gases podem ser combinadas e expressas por uma equação matemática chamada **lei da combinação dos gases**:

Conexões químicas 5B

Respiração e lei de Boyle

Sob condições normais de repouso, respiramos cerca de 12 vezes por minuto, inspirando e expirando a cada vez aproximadamente 500 mL de ar. Quando inspiramos, baixamos o difragma ou levantamos a caixa torácica, aumentando o volume da cavidade torácica. De acordo com a lei de Boyle, à medida que aumenta o volume da cavidade torácica, a pressão dentro dela diminui, tornando-se menor que a pressão externa. Consequentemente, o ar flui da área de maior pressão, fora do corpo, para os pulmões. Embora a diferença entre essas duas pressões seja de apenas 3 mm Hg, é suficiente para que o ar flua para dentro dos pulmões. Ao expirarmos, revertemos o processo. Elevamos o diafragma ou baixamos a caixa torácica. A resultante diminuição de volume aumenta a pressão dentro da cavidade torácica, fazendo o ar fluir para fora dos pulmões.

Em certas doenças, o peito fica paralisado, e a pessoa não consegue movimentar nem o diafragma nem a caixa torácica. Nesse caso, um respirador é utilizado para ajudar o indivíduo a respirar. O respirador primeiro empurra a cavidade torácica para baixo, forçando o ar para fora dos pulmões. A pressão do respirador é, então, diminuída abaixo da pressão atmosférica, o que faz a caixa torácica expandir-se, puxando assim o ar para dentro dos pulmões.

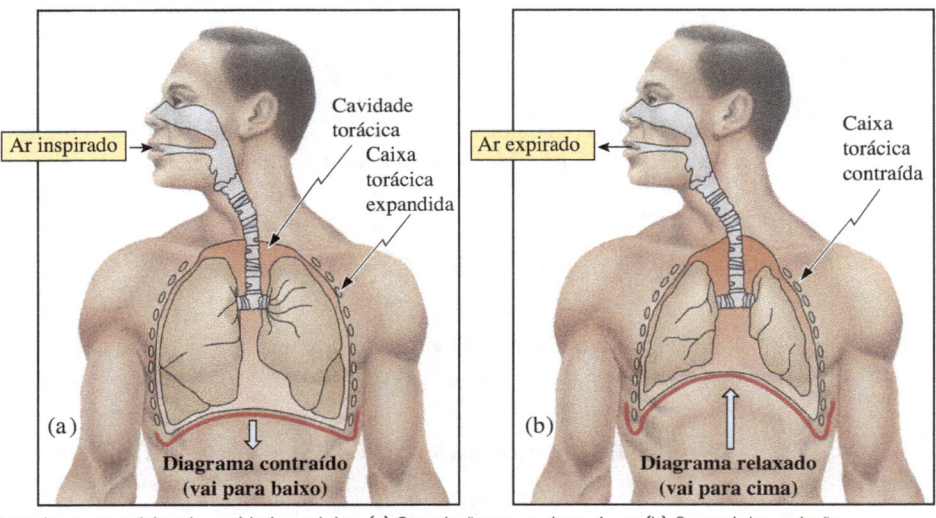

Desenho esquemático da cavidade torácica. (a) Os pulmões se enchem de ar. (b) O ar sai dos pulmões.

$$\frac{PV}{T} = \text{uma constante} \quad \text{ou} \quad \frac{P_1 V_1}{T_1} = \frac{P_2 V_2}{T_2}$$

TABELA 5.1 Expressões matemáticas das três leis dos gases para uma massa fixa de gás

Nome	Expressão	Constante
Lei de Boyle	$P_1 V_1 = P_2 V_2$	T
Lei de Charles	$\dfrac{V_1}{T_1} = \dfrac{V_2}{T_2}$	P
Lei de Gay-Lussac	$\dfrac{P_1}{T_1} = \dfrac{P_2}{T_2}$	V

Lei da combinação dos gases
Pressão, volume e temperatura em kelvins de duas amostras do mesmo gás estão relacionados pela equação $P_1 V_1 / T_1 = P_2 V_2 / T_2$.

Exemplo 5.1 Lei da combinação dos gases

Um gás ocupa 3,00 L a uma pressão de 2,00 atm. Calcule seu volume quando aumentamos a pressão para 10,15 atm, na mesma temperatura.

Estratégia

Primeiro identificamos as quantidades conhecidas. Como T_1 e T_2 são iguais neste exemplo e consequentemente se cancelam, não precisamos conhecer a temperatura. Utilizamos a relação $P_1 V_1 = P_2 V_2$ e resolvemos a lei da combinação dos gases para V_2.

Solução

Inicial: $P_1 = 2{,}00$ atm $V_1 = 3{,}00$ L
Final: $P_2 = 10{,}15$ atm $V_2 = ?$

$$V_2 = \frac{P_1 V_1 T_2}{T_1 P_2} = \frac{(2{,}00 \text{ atm})(3{,}00 \text{ L})}{10{,}15 \text{ atm}} = 0{,}591 \text{ L}$$

Problema 5.1

Um gás ocupa 3,8 L a uma pressão de 0,70 atm. Se expandirmos o volume para 6,5 L, a uma temperatura constante, qual será a pressão final?

Exemplo 5.2 — Lei da combinação dos gases

Em uma autoclave, o vapor a 100 °C é gerado a 1,00 atm. Depois de fechado o equipamento, o vapor é aquecido a um volume constante até que o medidor de pressão indique 1,13 atm. Qual será a temperatura final na autoclave?

Estratégia

Todas as temperaturas em cálculos de leis dos gases devem ser em kelvins; portanto, devemos primeiro converter a temperatura de Celsius para kelvins. Depois identificamos as quantidades conhecidas. Como V_1 e V_2 são iguais neste exemplo e, consequentemente, se cancelam, não precisamos conhecer o volume da autoclave.

Solução

1ª etapa: Converter de graus C em graus K.

$$100 \text{ °C} = 100 + 273 = 373 \text{ K}$$

2ª etapa: Identificar as quantidades conhecidas.

Inicial: $P_1 = 1{,}00$ atm $T_1 = 373$ K
Final: $P_2 = 1{,}13$ atm $T_2 = ?$

3ª etapa: Resolver a equação da lei da combinação dos gases para T_2, a nova temperatura.

$$T_2 = \frac{P_2 V_2 T_1}{P_1 V_1} = \frac{(1{,}13 \text{ atm})(373 \text{ K})}{1{,}00 \text{ atm}} = 421 \text{ K}$$

A temperatura final é 421 K ou $421 - 273 = 148$ °C.

Problema 5.2

Um volume constante de gás oxigênio, O_2, é aquecido de 120 °C a 212 °C. A pressão final é de 20,3 atm. Qual é a pressão inicial?

Exemplo 5.3 — Lei da combinação dos gases

Determinado gás em um recipiente flexível apresenta um volume de 0,50 L e uma pressão de 1,0 atm a 393 K. Quando o gás é aquecido a 500 K, seu volume se expande para 3,0 L. Qual é a nova pressão do gás no recipiente flexível?

Estratégia

Identificamos as quantidades conhecidas e depois resolvemos a lei da combinação dos gases para a nova pressão.

Solução

1ª etapa: As quantidades conhecidas são

Inicial: $P_1 = 1{,}0$ atm $V_1 = 0{,}50$ L $T_1 = 393$ K
Final: $P_2 = ?$ $V_2 = 3{,}0$ L $T_2 = 500$ K

2ª etapa: Resolvendo a lei da combinação dos gases para P_2, temos

$$P_2 = \frac{P_1 V_1 T_2}{T_1 V_2} = \frac{(1{,}0 \text{ atm})(0{,}50 \text{ L})(500 \text{ K})}{(3{,}0 \text{ L})(393 \text{ K})} = 0{,}21 \text{ atm}$$

Problema 5.3

Um gás é expandido de um volume inicial de 20,5 L, a 0,92 atm, temperatura ambiente (23,0 °C), para um volume final de 340,6 L. Durante a expansão, o gás esfria para 12,0 °C. Qual é a nova pressão?

5.4 O que é lei de Avogadro e lei dos gases ideais?

A relação entre a massa de um gás e seu volume é descrita pela **lei de Avogadro**, segundo a qual volumes iguais de gases em mesma temperatura e pressão contêm números iguais de moléculas. Assim, se a temperatura, a pressão e o volume de dois gases são iguais, então os dois gases contêm o mesmo número de moléculas, seja qual for sua identidade (Figura 5.6). A lei de Avogadro é válida para todos os gases, independentemente de quais sejam.

A temperatura e pressão em que comparamos dois ou mais gases não importam. É conveniente, porém, escolher uma temperatura e uma pressão como padrões, e os químicos escolheram 1 atm como pressão padrão e 0 °C (273 K) como temperatura padrão. Essas condições são conhecidas como **temperatura e pressão padrão (TPP)**.

Todos os gases em TPP ou em qualquer outra combinação de temperatura e pressão contêm o mesmo número de moléculas em um dado volume. Mas quantas moléculas são? No Capítulo 4, vimos que um mol contém $6{,}02 \times 10^{23}$ unidades-fórmula. Qual é o volume de um gás em TPP que contém um mol de moléculas? Essa quantidade foi medida experimentalmente e descobriu-se que são 22,4 L. Assim, um mol de qualquer gás em TPP ocupa um volume de 22,4 L.

A lei de Avogadro nos permite escrever uma lei dos gases válida não somente para qualquer pressão, volume e temperatura, mas também para qualquer quantidade de gás. Essa lei, chamada **lei dos gases ideais**, é

$$PV = nRT$$

em que P = pressão do gás em atmosferas (atm);

V = volume do gás em litros (L);
n = quantidade do gás em mols (mol);
T = temperatura do gás em kelvins (K);
R = uma constante para todos os gases, a **constante dos gases ideais.**

Podemos encontrar o valor de R considerando o fato de que um mol de qualquer gás em TPP ocupa um volume de 22,4 L:

$$R = \frac{PV}{nT} = \frac{(1{,}00 \text{ atm})(22{,}4 \text{ L})}{(1{,}00 \text{ mol})(273 \text{ K})} = 0{,}821 \frac{\text{L} \cdot \text{atm}}{\text{mol} \cdot \text{K}}$$

A lei dos gases ideais é válida para todos os gases ideais, a qualquer temperatura, pressão e volume. Mas os únicos gases que temos a nosso redor no mundo real são os gases reais. Até que ponto é válido aplicar a lei dos gases ideais a gases reais? A resposta é que, na maioria das condições experimentais, os gases reais comportam-se como gases ideais o suficiente para que possamos aplicar a lei dos gases ideais para eles sem muitos problemas. Assim, usando $PV = nRT$, poderemos calcular qualquer quantidade – P, V, T ou n – se conhecermos as outras três quantidades.

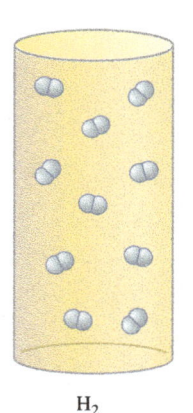

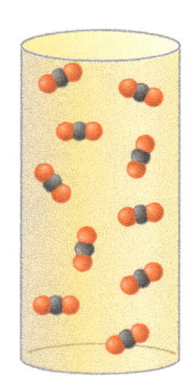

Exemplo 5.4 Lei dos gases ideais

Um mol de gás CH_4 ocupa 20,0 L a 1,00 atm de pressão. Qual é a temperatura do gás em kelvins?

Estratégia

Resolver a lei dos gases ideais para T e inserir os seguintes valores:

Solução

$$T = \frac{PV}{nR} = \frac{PV}{n} \times \frac{1}{R} = \frac{(1{,}00 \text{ atm})(20{,}0 \text{ L})}{(1{,}00 \text{ mol})} \times \frac{\text{mol} \cdot \text{K}}{0{,}0821 \text{ L} \cdot \text{atm}} = 244 \text{ K}$$

FIGURA 5.6 Lei de Avogadro. Dois tanques de gás de igual volume, na mesma temperatura e pressão, contêm o mesmo número de moléculas.

T, P e V são iguais em ambos os recipientes.

Lei de Avogadro Volumes iguais de gases na mesma temperatura e pressão contêm o mesmo número de moléculas.

Temperatura e pressão padrão (TPP) 0° C (273 K) e pressão de 1 atmosfera.

Lei dos gases ideais $PV = nRT$

Gás ideal Gás cujas propriedades físicas são descritas acuradamente pela lei dos gases ideais.

Constante dos gases ideais (R) $0{,}0821 \text{ L} \cdot \text{atm} \cdot \text{mol}^{-1} \cdot \text{K}^{-1}$

Gases reais comportam-se de modo semelhante aos gases ideais em baixas pressões (1 atm ou menos) e altas temperaturas (300 K ou mais).

Observe que calculamos a temperatura para 1,00 mol de gás CH_4 nessas condições. A resposta seria a mesma para 1,00 mol de CO_2, N_2, NH_3 ou qualquer outro gás nessas condições. Observe também que mostramos separadamente a constante do gás para deixar claro o que está acontecendo com as unidades associadas a todas as quantidades. Vamos realizar essa operação o tempo todo.

Problema 5.4

Se 2,00 mols de gás NO ocupam 10,0 L a 295 K, qual é a pressão do gás em atmosferas?

Exemplo 5.5 Lei dos gases ideais

Se houver 5,0 g de gás CO_2 em um cilindro de 10 L a 25 °C, qual será a pressão do gás no interior do cilindro?

Estratégia

A quantidade de CO_2 é dada em gramas, mas, para aplicar a lei dos gases ideais, devemos expressar a quantidade em mols. Portanto, primeiro devemos converter gramas de CO_2 em mols de CO_2, e depois usar esse valor na lei dos gases ideais. Para converter gramas em mols, empregamos o fator de conversão 1,00 mol CO_2 = 44 g CO_2.

Solução

1ª etapa: Converter gramas de CO_2 em mols de CO_2.

$$5{,}0 \text{ g } CO_2 \times \frac{1 \text{ mol } CO_2}{44 \text{ g } CO_2} = 0{,}11 \text{ mol } CO_2$$

2ª etapa: Agora usamos esse valor na equação dos gases ideais para calcular a pressão do gás. Observe que a temperatura deve ser expressa em kelvins.

$$P = \frac{nRT}{V}$$

$$= \frac{nT}{V} \times R = \frac{(0{,}11 \text{ mol } CO_2)(298 \text{ K})}{10 \text{ L}} \times \frac{0{,}0821 \text{ L} \cdot \text{atm}}{\text{mol} \cdot \text{K}} = 0{,}27 \text{ atm}$$

Problema 5.5

Uma certa quantidade de gás neônio está sob uma pressão de 1,05 atm a 303 K, em um frasco de 10,0 L. Quantos mols de neônio estão presentes?

Exemplo 5.6 Lei dos gases ideais

Se 3,3 g de um gás a 40 °C e 1,15 atm de pressão ocupam um volume de 1,0 L, qual é a massa de um mol do gás?

Estratégia

Este problema é mais complicado do que o anterior. Temos gramas de gás e valores de P, T e V, e devemos calcular a massa de um mol do gás (g/mol). Podemos resolver o problema em duas etapas. (1) Usamos a lei dos gases ideais para calcular o número de mols do gás presente na amostra. (2) Temos a massa do gás (3,3 gramas) e usamos a proporção gramas/mol para determinar a massa de um mol do gás.

Solução

1ª etapa: Utilizamos as medidas de P, V e T e a lei dos gases ideais para calcular o número de mols do gás presente na amostra. Para usar a lei dos gases ideais, devemos primeiro converter 40 °C em kelvins: 40 + 273 = 313 K.

$$n = \frac{PV}{RT} = \frac{PV}{T} \times \frac{1}{R} = \frac{(1{,}15 \text{ atm})(1{,}0 \text{ L})}{313 \text{ K}} \times \frac{\text{mol} \cdot \text{K}}{0{,}0821 \text{ L} \cdot \text{atm}}$$

$$= 0{,}0448 \text{ mol}$$

2ª etapa: Calcular a massa de um mol do gás dividindo gramas por mols.

$$\text{Massa de um mol} = \frac{3{,}3 \text{ g}}{0{,}0448 \text{ mol}} = 74 \text{ g} \cdot \text{mol}^{-1}$$

Problema 5.6

Determinada quantidade desconhecida de gás He ocupa 30,5 L, a 2,00 atm de pressão e 300 K. Qual é a massa do gás no recipiente?

5.5 O que é a lei das pressões parciais de Dalton?

Em uma mistura de gases, cada molécula age independentemente de todas as outras, considerando-se que os gases se comportam como gases ideais e não interagem entre si. Por essa razão, a lei dos gases ideais funciona para misturas de gases tanto como para gases puros. De acordo com a **lei das pressões parciais de Dalton**, a pressão total, P_T, de uma mistura de gases é a soma das pressões parciais de cada gás:

$$P_T = P_1 + P_2 + P_3 + \cdots$$

Um corolário para a lei de Dalton é que a **pressão parcial** de um gás em uma mistura é a pressão que o gás exerceria se estivesse sozinho no recipiente. A equação é válida separadamente para cada gás na mistura, bem como para a mistura como um todo.

Considere uma mistura de nitrogênio e oxigênio ilustrada na Figura 5.7. A pressão da mistura é igual à pressão que o nitrogênio sozinho e o oxigênio sozinho exerceriam no mesmo volume e na mesma temperatura. A pressão de um gás em uma mistura de gases é a pressão parcial desse gás.

Pressão parcial A pressão que um gás, em uma mistura de gases, exerceria se estivesse sozinho no recipiente.

Conexões químicas 5C

Medicina hiperbárica

O ar normal contém 21% de oxigênio. Sob certas condições, as células dos tecidos podem apresentar insuficiência de oxigênio (hipoxia), sendo necessária uma rápida liberação de oxigênio. Aumentar a porcentagem de oxigênio no ar fornecido a um paciente é uma maneira de remediar essa situação, mas, às vezes, mesmo respirar oxigênio puro (100%) pode não ser suficiente. Por exemplo, no envenenamento por monóxido de carbono, a hemoglobina, que normalmente carrega a maior parte do O_2 dos pulmões para os tecidos, se liga ao CO e não consegue capturar O_2 nos pulmões. Sem ajuda, os tecidos logo ficariam sem oxigênio e o paciente morreria. Quando o oxigênio é administrado sob uma pressão de 2 a 3 atm, ele se dissolve no plasma a tal ponto que os tecidos recebem o suficiente para se recuperar sem a ajuda das moléculas de hemoglobina envenenadas. A medicina hiperbárica também é empregada em tratamento da gangrena gasosa, inalação de fumaça, envenenamento por cianeto, enxertos de pele, queimaduras térmicas e lesões diabéticas.

No entanto, respirar oxigênio puro por períodos prolongados é tóxico. Por exemplo, se o O_2 for administrado a uma pressão de 2 atm por mais de 6 horas, poderá danificar tanto o tecido pulmonar como o sistema nervoso central. Além disso, esse tratamento pode causar formação de catarata nuclear, sendo necessária cirurgia nos olhos. Portanto, as exposições recomendadas ao O_2 são de 2 horas a 2 atm e 90 minutos a 3 atm. Os benefícios da medicina hiperbárica devem ser cuidadosamente considerados, levando em conta essa e outras contraindicações.

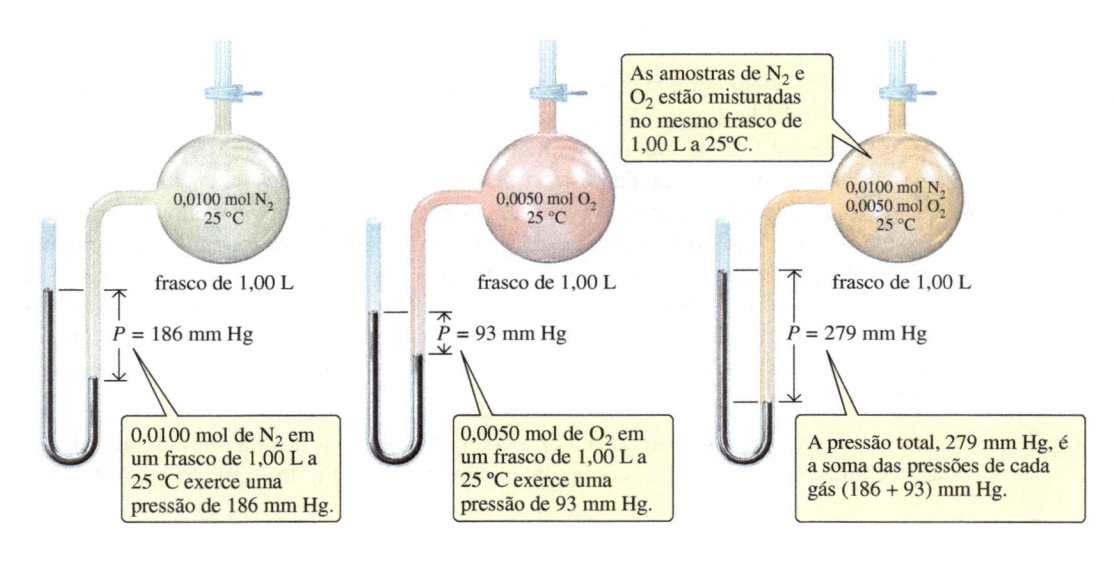

FIGURA 5.7 Lei das pressões parciais de Dalton.

- 0,0100 mol N_2 em um frasco de 1,00 L a 25 °C exerce uma pressão de 186 mm Hg.
- 0,0050 mol de O_2 em um frasco de 1,00 L a 25 °C exerce uma pressão de 93 mm Hg.
- As amostras de N_2 e O_2 estão misturadas no mesmo frasco de 1,00 L a 25°C. A pressão total, 279 mm Hg, é a soma das pressões de cada gás (186 + 93) mm Hg.

Exemplo 5.7 — Lei das pressões parciais de Dalton

Em um tanque contendo N_2 a 2,0 atm e O_2 a 1,0 atm, adicionamos uma quantidade desconhecida de CO_2 até que a pressão total dentro do tanque seja de 4,6 atm. Qual é a pressão parcial do CO_2?

Estratégia

De acordo com a lei de Dalton, a adição de CO_2 não afeta as pressões parciais do N_2 ou do O_2 já presentes no tanque. As pressões parciais de N_2 e O_2 continuam sendo 2,0 atm e 1,0 atm, respectivamente, e sua soma é 3,0 atm. A pressão total final dentro do tanque, que é de 4,6 atm, deve-se à pressão parcial do CO_2 adicionado.

Solução

Se a pressão final for 4,6 atm, a pressão parcial do CO_2 adicionado deverá ser 1,6 atm. Assim, quando a pressão final for 4,6 atm, a pressão parcial será

$$4{,}6 \text{ atm} = 2{,}0 \text{ atm} + 1{,}0 \text{ atm} + 1{,}6 \text{ atm}$$

Pressão total | Pressão parcial de N_2 | Pressão parcial de O_2 | Pressão parcial de CO_2

Problema 5.7

Um recipiente a uma pressão de 2,015 atm contém nitrogênio, N_2, e vapor d'água, H_2O. A pressão parcial de N_2 é 1,908 atm. Qual é a pressão parcial do vapor d'água?

5.6 O que é teoria cinética molecular?

Até aqui estudamos as propriedades macroscópicas dos gases – a saber, as várias leis que tratam das relações entre temperatura, pressão, volume e número de mols de um gás em uma amostra. Agora examinaremos o comportamento dos gases em nível molecular e explicaremos o comportamento macroscópico em termos de moléculas e das interações entre elas.

A relação entre o comportamento observado dos gases e o comportamento de cada molécula dentro do gás pode ser explicada pela **teoria cinética molecular**, que faz as seguintes suposições a respeito das moléculas de um gás:

1. Gases consistem em partículas, sejam átomos ou moléculas, em movimento constante no espaço, deslocando-se em linha reta, em direções aleatórias e velocidades variáveis. Como essas partículas se movem em direções aleatórias, diferentes gases se misturam com facilidade.
2. A energia cinética média das partículas de gás é proporcional à temperatura em kelvins. Quanto maior é a temperatura, mais rápido elas se movem no espaço, e maior é sua energia cinética.
3. Moléculas colidem entre si, assim como bolas de bilhar, ricocheteando umas nas outras e mudando de direção. Cada vez que colidem, podem trocar energia cinética entre si (enquanto uma se movimenta mais rápido que antes, a outra perde velocidade), mas a energia cinética total da amostra de gás permanece a mesma.
4. As partículas de gás não têm volume. A maior parte do volume ocupado por um gás é espaço vazio, o que explica por que os gases podem ser tão facilmente comprimidos.
5. Não há forças de atração entre partículas de gás. Os gases não se unem após a colisão.
6. As moléculas colidem com as paredes do recipiente, e essas colisões constituem a pressão do gás (Figura 5.8). Quanto maior o número de colisões por unidade de tempo, maior a pressão. Quanto maior a energia cinética média das moléculas de gás, maior a pressão.

Essas seis suposições relativas à teoria cinética molecular nos dão um quadro idealizado das moléculas de um gás e suas interações mútuas (Figura 5.8). Nos gases reais,

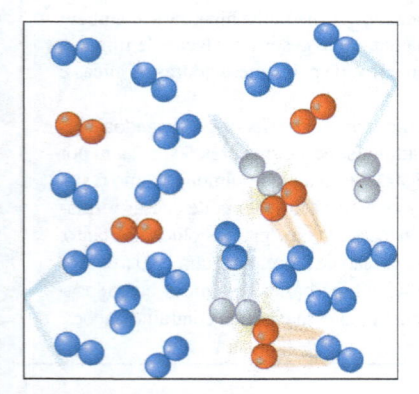

FIGURA 5.8 Modelo cinético molecular de um gás. As moléculas de nitrogênio (azul) e de oxigênio (vermelho) estão em constante movimento e colidem umas com as outras, e com as paredes do recipiente. Colisões de moléculas de gás com as paredes do recipiente causam a pressão do gás. No ar, em TPP, $6{,}02 \times 10^{23}$ moléculas sofrem aproximadamente 10 bilhões de colisões por segundo.

porém, as forças de atração entre as moléculas existem, e as moléculas ocupam algum volume. Por causa desses fatores, um gás descrito por essas seis suposições da teoria cinética molecular é chamado **gás ideal**. Na verdade, o gás ideal não existe; todos os gases são reais. Em TPP, porém, a maioria dos gases reais se comporta como o faria um gás ideal, portanto podemos seguramente aplicar essas suposições.

5.7 Quais são os tipos de forças de atração que existem entre as moléculas?

Como foi observado na Seção 5.1, a intensidade das forças intermoleculares (forças entre moléculas) em uma amostra de matéria é que determina se a amostra é gás, líquido ou sólido sob as condições dadas de temperatura e pressão. Em geral, quanto mais próximas as moléculas estiverem umas das outras, maior será o efeito das forças intermoleculares. Quando a temperatura de um gás for alta (temperatura ambiente ou mais) e a pressão for baixa (1 atm ou menos), as moléculas do gás estarão tão distantes uma das outras que podemos efetivamente ignorar as atrações entre elas e tratar o gás como ideal. Quando a temperatura diminui, ou a pressão aumenta, ou ambas, as distâncias entre as moléculas diminuem, de modo que não poderemos mais ignorar as forças intermoleculares. De fato, essas forças tornam-se tão importantes que podem causar **condensação** (mudança de gás para líquido) e **solidificação** (mudança de líquido para sólido). Sendo assim, antes de discutir as estruturas e propriedades de líquidos e sólidos, devemos ver a natureza dessas forças intermoleculares de atração.

Nesta seção, discutiremos três tipos de forças moleculares: forças de dispersão de London, interações dipolo-dipolo e ligação de hidrogênio. A Tabela 5.2 mostra a intensidade dessas três forças. A título de comparação, também são mostradas as forças das ligações iônicas e covalentes, ambas consideravelmente mais fortes que os outros três tipos de forças intermoleculares. Embora as forças intermoleculares sejam relativamente fracas se comparadas à força das ligações iônicas e covalentes, elas determinam muitas das propriedades físicas das moléculas, tais como ponto de fusão, ponto de ebulição e viscosidade. Como veremos nos Capítulos 21-31, essas forças são também extremamente importantes na determinação da forma tridimensional de biomoléculas como as proteínas e os ácidos nucleicos, e também para definir como esses tipos de biomoléculas se reconhecem e interagem uns com os outros.

Condensação Mudança em que uma substância passa do estado gasoso, ou de vapor, para o estado líquido.

TABELA 5.2 Forças de atração entre moléculas e íons

Força de atração	Exemplo	Energia típica (kcal/mol)
Ligações iônicas	$Na^+ \cdots Cl^-$, $Mg^{2+} \cdots O^{2-}$	170–970
Ligações covalentes simples, duplas e triplas	$C-C$ $C=C$ $C\equiv C$ $O-H$	80–95 175 230 90–120
Ligação de hidrogênio	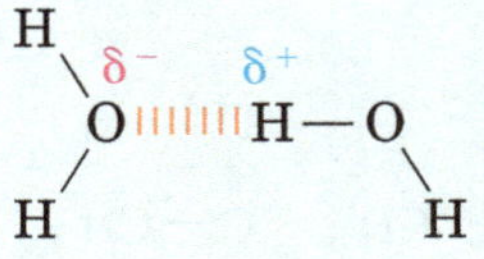 $H-O^{\delta-} \cdots H^{\delta+}-O-H$ (H)	2–10
Interação dipolo-dipolo	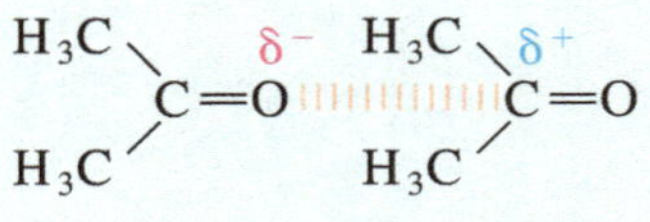 $(H_3C)_2C=O^{\delta-} \cdots {}^{\delta+}C(CH_3)_2=O$	1–6
Forças de dispersão de London	$Ne \cdots Ne$	0,01–2,0

Forças de dispersão de London
Forças de atração extremamente fracas entre átomos ou moléculas causadas pela atração eletrostática entre dipolos temporários induzidos.

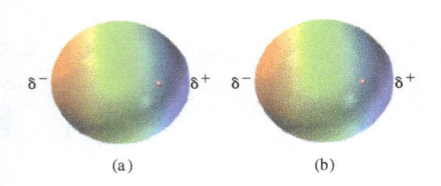

FIGURA 5.9 Forças de dispersão de London. Uma polarização temporária na densidade eletrônica de um átomo de neônio cria cargas positivas e negativas, o que, por sua vez, induz cargas positivas e negativas temporárias em um átomo adjacente. As atrações intermoleculares entre a extremidade positiva temporária induzida de um dipolo e a extremidade negativa de outro dipolo induzido são chamadas de forças de dispersão de London.

Atração dipolo-dipolo Atração entre a extremidade positiva do dipolo de uma molécula e a extremidade negativa de outro dipolo na mesma molécula ou em molécula diferente.

A. Forças de dispersão de London

Existem forças de atração entre todas as moléculas, quer sejam polares ou apolares. Se a temperatura baixar o suficiente, mesmo moléculas apolares como He, Ne, H_2 e CH_4 podem ser liquefeitas. O neônio, por exemplo, é um gás em temperatura e pressão ambiente. Pode ser liquefeito se esfriado a −246 °C. O fato de esses e outros gases apolares poderem ser liquefeitos significa que deve ocorrer algum tipo de interação entre eles que os faz juntar-se no estado líquido. Essas forças de atração fracas são chamadas **forças de dispersão de London**, em homenagem ao químico norte-americano Fritz London (1900-1954), que foi o primeiro a explicá-las.

As forças de dispersão de London têm origem nas interações eletrostáticas. Para visualizar a origem dessas forças, é preciso pensar em termos de distribuições instantâneas de elétrons no interior de um átomo ou de uma molécula. Considere, por exemplo, uma amostra de átomos de neônio que pode ser liquefeita se esfriada a −246 °C. Com o tempo, a distribuição da densidade eletrônica em um átomo de neônio é simétrica, e o átomo de neônio não tem dipolo, isto é, não há separação de cargas positivas e negativas. No entanto, a qualquer instante, a densidade eletrônica em um átomo de neônio pode se deslocar mais para um lado do átomo do que para outro, criando assim um dipolo temporário (Figura 5.9). Esse dipolo temporário, que dura algumas frações de segundo, induz dipolos temporários nos átomos de neônio adjacentes. As atrações entre os dipolos temporários induzidos são as chamadas forças de dispersão de London. Elas fazem as moléculas apolares se juntarem para que possam formar o estado líquido.

As forças de dispersão de London existem entre todas as moléculas, mas são as únicas forças de atração entre moléculas apolares. Variam em intensidade de 0,01 a 2,0 kcal/mol, dependendo da massa, do tamanho e formato das moléculas que interagem. Em geral, sua intensidade aumenta à medida que aumentam a massa e o número de elétrons da molécula. Mesmo sendo muito fracas, as forças de dispersão de London contribuem significativamente para as forças de atração entre moléculas grandes, pois agem sobre áreas de grande superfície.

B. Interações dipolo-dipolo

Conforme mencionado na Seção 3.7B, muitas moléculas são polares. A atração entre a extremidade positiva de um dipolo e a extremidade negativa de outro dipolo é chamada **interação dipolo-dipolo**. Essas interações podem existir entre duas moléculas polares idênticas ou entre duas moléculas polares diferentes, ou dentro da mesma molécula. Para verificar a importância das interações dipolo-dipolo, podemos observar as diferenças nos pontos de ebulição entre moléculas apolares e polares de massa molecular comparável. O butano, C_4H_{10}, com massa molecular de 58 u, é uma molécula apolar cujo ponto de ebulição é de 0,5 °C. A acetona, C_3H_6O, com a mesma massa molecular, tem um ponto de ebulição de 58 °C. A acetona é uma molécula polar, e suas moléculas se agregam no estado líquido graças às atrações dipolo-dipolo entre a extremidade negativa do dipolo C=O de uma molécula de acetona e a extremidade positiva do dipolo C=O de outra. Como é necessária mais energia para superar as interações entre as moléculas de acetona que para superar as forças de dispersão de London, consideravelmente mais fracas, entre moléculas de butano, a acetona tem um ponto de ebulição maior que o do butano.

$CH_3-CH_2-CH_2-CH_3$
Butano
(p.e. 0,5 °C)

$CH_3-\overset{\overset{O\ \delta^-}{\|}}{\underset{\delta^+}{C}}-CH_3$
Acetona
(p.e. 58 °C)

C. Ligação de hidrogênio

Como já vimos, a atração entre a extremidade positiva de um dipolo e a extremidade negativa de outro resulta em uma atração dipolo-dipolo. Quando a extremidade positiva de um dipolo é um átomo de hidrogênio ligado a um O ou N (átomos de alta eletronegatividade; ver Tabela 3.5) e a extremidade negativa do outro dipolo é um átomo de O ou N, a interação atrativa entre os dipolos é particularmente forte e recebe um nome especial: **ligação de hidrogênio**.

Um exemplo é a ligação de hidrogênio que ocorre entre moléculas de água tanto no estado líquido como no estado sólido (Figura 5.10).

A força da ligação de hidrogênio varia de 2 a 10 kcal/mol. A força na água líquida, por exemplo, é de aproximadamente 5 kcal/mol. Por comparação, a força da ligação covalente O—H na água é de aproximadamente 119 kcal/mol. Como se pode ver na comparação desses números, uma ligação de hidrogênio O—H é bem mais fraca que uma ligação covalente O—H. No entanto, a presença das ligações de hidrogênio em água líquida tem um efeito importante nas propriedades físicas da água. Por causa da ligação de hidrogênio, é necessária mais energia para separar cada molécula de água de suas vizinhas – daí o ponto de ebulição relativamente alto da água. Como veremos em capítulos posteriores, as ligações de hidrogênio desempenham um papel importante nas moléculas biológicas.

> **Ligação de hidrogênio** Força de atração não covalente entre a carga parcial positiva de um átomo de hidrogênio ligado a um átomo de alta eletronegatividade, geralmente o oxigênio ou o nitrogênio, e carga parcial negativa de um oxigênio ou nitrogênio próximos.

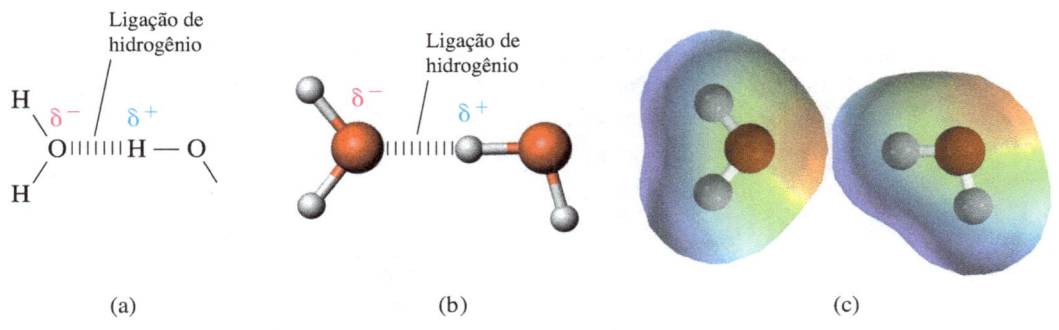

FIGURA 5.10 Duas moléculas de água unidas por uma ligação de hidrogênio. (a) Fórmulas estruturais, (b) modelos de esferas e bastões, e (c) mapas de densidade eletrônica.

Ligações de hidrogênio não se restringem à água. Formam-se entre duas moléculas sempre que uma delas tem um átomo de hidrogênio covalentemente ligado ao O ou N, e a outra, um átomo de O ou N com carga parcial negativa.

Exemplo 5.8 Ligação de hidrogênio

Pode uma ligação de hidrogênio se formar entre

(a) Duas moléculas de metanol, CH_3OH?
(b) Duas moléculas de formaldeído, CH_2O?
(c) Uma molécula de metanol, CH_3OH, e uma de formaldeído, CH_2O?

Estratégia

Examine a estrutura de Lewis de cada molécula e determine se há um átomo de hidrogênio ligado a um átomo de nitrogênio ou de oxigênio. Isto é, determine se há uma ligação O—H ou N—H na molécula em que o hidrogênio apresente carga parcial positiva. Em outras palavras, há uma ligação de hidrogênio doadora? Depois examine a estrutura de Lewis da outra molécula e determine se há uma ligação polar em que o oxigênio ou o nitrogênio apresentem uma carga parcial negativa. Em outras palavras, há um aceptor potencial de ligação de hidrogênio? Se ambas as situações estiverem presentes (um doador e um aceptor da ligação de hidrogênio), então a ligação de hidrogênio será possível.

Solução

(a) Sim. O metanol é uma molécula polar e tem um átomo de hidrogênio ligado covalentemente a um átomo de oxigênio (sítio doador da ligação de hidrogênio). O sítio aceptor da ligação de hidrogênio é o átomo de oxigênio da ligação O—H polar.

$H_3C-O^{\delta-}$
$H^{\delta+}$
$\vdots^{\delta-}$
$O-CH_3$
H

Ligação de hidrogênio

(b) Não. Embora o formaldeído seja uma molécula polar, ele não tem um hidrogênio ligado covalentemente a um átomo de oxigênio ou nitrogênio (não tem sítio doador da ligação de hidrogênio). Suas moléculas, todavia, se atraem, umas às outras, por interação dipolo-dipolo – isto é, pela atração entre a extremidade negativa do dipolo C=O de uma molécula e a extremidade positiva do dipolo C=O de outra.

$$H_2C^{\delta+}=O^{\delta-}$$

(c) Sim. O metanol tem um átomo de hidrogênio ligado a um átomo de oxigênio (sítio doador da ligação de hidrogênio), e o formaldeído tem um átomo de oxigênio que apresenta carga parcial negativa (um sítio aceptor da ligação de hidrogênio).

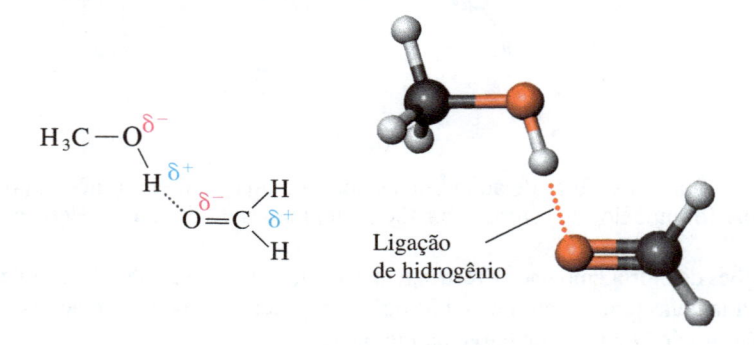

$H_3C-O^{\delta-}$
$H^{\delta+}$
$\vdots^{\delta-}$
$O=C^{\delta+}H_2$

Ligação de hidrogênio

Problema 5.8

As moléculas de cada uma destas duplas formarão uma ligação de hidrogênio entre elas?
(a) Uma molécula de água e uma molécula de metanol, CH_3OH.
(b) Duas moléculas de metano, CH_4.

5.8 Como se descreve o comportamento dos líquidos em nível molecular?

Vimos que podemos descrever o comportamento dos gases, na maioria das circunstâncias, pela lei dos gases ideais, que pressupõe que não há forças de atração entre moléculas. Entretanto, à medida que a pressão aumenta em um gás real, as moléculas do gás se comprimem em um espaço menor, e as atrações entre as moléculas tornam-se cada vez mais efetivas, o que causa sua agregação.

Se a distância entre as moléculas diminui de modo que possam se tocar, ou quase isso, o gás se condensa em líquido. Diferentemente dos gases, os líquidos não preenchem todo o espaço disponível, mas têm um volume definido, independentemente do recipiente. Como os gases apresentam muito espaço vazio entre as moléculas, é fácil comprimi-los em um volume menor. Ao contrário, há muito pouco espaço vazio nos líquidos; consequentemente, é difícil comprimir líquidos. É preciso um grande aumento de pressão para diminuir, pouco que seja, o volume de um líquido. Assim, os líquidos, para todos os efeitos práticos, são incompressíveis. Além disso, a densidade dos líquidos é muito maior que a dos gases porque a mesma massa ocupa um volume bem menor na forma líquida.

O sistema de freagem dos automóveis baseia-se na hidráulica. A força exercida no pedal do freio é transmitida ao freio por cilindros cheios de líquido. Esse sistema funciona muito bem até ocorrer um vazamento de ar. Quando entra ar na linha de freio, o acionamento do pedal comprime o ar em vez de movimentar as pastilhas.

As posições das moléculas no estado líquido são aleatórias, com disponibilidade de algum espaço vazio onde as moléculas podem deslizar. As moléculas no estado líquido estão, portanto, constantemente mudando de posição em relação às moléculas vizinhas. Essa propriedade torna os líquidos fluidos e explica por que seu volume é constante, mas a forma não.

A. Tensão superficial

Diferentemente dos gases, os líquidos têm propriedades superficiais, e a **tensão superficial** (Figura 5.11) é uma delas. A tensão superficial de um líquido está diretamente relacionada à força da atração intermolecular entre suas moléculas. A água tem uma alta tensão superficial por causa da forte ligação de hidrogênio entre suas moléculas. Consequentemente, é fácil fazer uma agulha de aço flutuar sobre a superfície da água. Se, no entanto, essa agulha for empurrada para baixo da camada elástica, no interior do líquido, ela afundará. Igualmente, insetos aquáticos deslizando sobre a superfície de um lago parecem estar caminhando sobre uma película elástica de água.

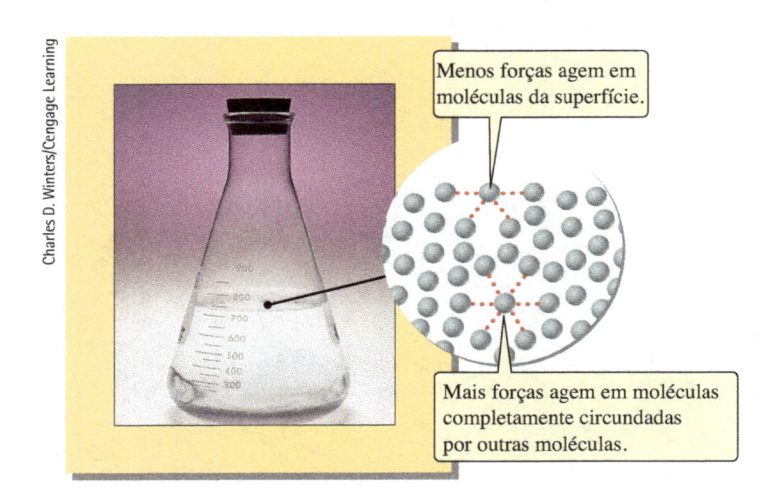

Um inseto (*water-strider*) anda sobre a água, cuja tensão superficial o suporta.

FIGURA 5.11 Tensão superficial. Nas moléculas do interior de um líquido, as atrações intermoleculares são iguais em todas as direções. As moléculas da superfície (interface líquido-gás), porém, experimentam atrações maiores na direção do interior do líquido do que na direção do estado gasoso mais acima. Assim, as moléculas da superfície são preferencialmente puxadas para o centro do líquido. Esse arrasto acumula as moléculas na superfície, criando uma camada, como uma pele elástica, difícil de penetrar.

B. Pressão de vapor

Uma importante propriedade dos líquidos é sua tendência a evaporar. Algumas horas após chuvas pesadas, por exemplo, a maioria das poças d'água já secou; a água evaporou. O mesmo ocorrerá se deixarmos aberto um recipiente com água ou qualquer outro líquido. Vejamos como essa transformação pode ocorrer.

Em todo líquido, há uma distribuição de velocidades entre suas moléculas. Algumas dessas moléculas possuem alta energia cinética e se movimentam rapidamente. Outras apresentam baixa energia cinética e se movimentam lentamente. Rápidas ou lentas, as moléculas no interior de um líquido não podem ir muito longe antes que se choquem com outra molécula e tenham sua velocidade e direção alteradas pela colisão. As moléculas da superfície, porém, estão em situação diferente (Figura 5.12). Se estiverem se movimentando lentamente (baixa energia cinética), não poderão escapar do líquido por causa das atrações das moléculas vizinhas. Se estiverem se movimentando rapidamente (alta energia cinética) e para cima, poderão, sim, escapar do líquido e entrar no espaço gasoso acima.

Em um recipiente aberto, esse processo continua até que todas as moléculas escapem. Se o líquido estiver em um recipiente fechado, como na Figura 5.13, as moléculas no estado gasoso não poderão sair (como o fariam se o recipiente estivesse aberto). Em vez disso, elas permanecem no espaço acima do líquido, onde se movimentam rapidamente em linha reta até se chocarem contra alguma coisa. Uma parte dessas moléculas de vapor movimenta-se para baixo, alcança a superfície do líquido e então é recapturada.

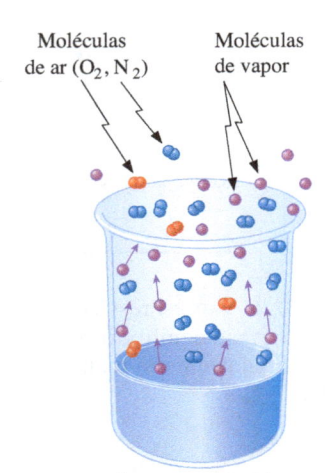

FIGURA 5.12 Evaporação. Algumas moléculas na superfície do líquido se movimentam suficientemente rápido e escapam para o espaço gasoso.

Vapor Um gás.

Equilíbrio Condição em que duas forças físicas opostas são iguais.

Conexões químicas 5D

Medida de pressão sanguínea

Os líquidos, assim como os gases, exercem pressão sobre as paredes de seus recipientes. A pressão sanguínea, por exemplo, resulta da pulsação do sangue que empurra as paredes dos vasos sanguíneos. Quando os ventrículos do coração se contraem e empurram o sangue para as artérias, a pressão sanguínea é alta (pressão sistólica); quando os ventrículos relaxam, a pressão sanguínea é mais baixa (pressão diastólica). A pressão sanguínea geralmente é expressa como uma fração que mostra a pressão sistólica sobre a diastólica – por exemplo, 120/80. A faixa normal em jovens adultos é de 100 a 120 mm Hg (sistólica) e de 60 a 80 mm Hg (diastólica). Em adultos mais velhos, as variações correspondentes normais vão de 115 a 135 e de 75 a 85 mm Hg, respectivamente.

Um esfigmomanômetro – o instrumento empregado para medir a pressão sanguínea – consiste em uma pera, uma braçadeira, um manômetro e um estetoscópio. A braçadeira é fixada em volta da parte superior do braço e é inflada quando se aperta a pera (Figura, parte a). A braçadeira inflada exerce uma pressão no braço, que pode ser lida no manômetro. Quando a braçadeira estiver suficientemente inflada, sua pressão achatará a artéria braquial, impedindo o fluxo de sangue para o antebraço (Figura, parte b). Nessa pressão, não se ouve nenhum som no estetoscópio porque a pressão aplicada na braçadeira é maior que a pressão sanguínea. Em seguida, a braçadeira é lentamente esvaziada, diminuindo a pressão no braço. O primeiro som de batimento é ouvido quando a pressão na braçadeira iguala a pressão sistólica à medida que o ventrículo se contrai – isto é, quando a pressão na braçadeira for suficientemente baixa de modo a permitir que o sangue comece a fluir no antebraço. À medida que a pressão da braçadeira continua a diminuir, o batimento primeiro torna-se mais alto e depois começa a diminuir. No momento em que o último som fraco de batimento é ouvido, a pressão da braçadeira iguala a pressão diastólica quando o ventrículo está relaxado, permitindo assim um fluxo de sangue contínuo no antebraço (Figura, parte c).

Monitores digitais para medir pressão sanguínea agora estão disponíveis para uso doméstico ou no trabalho. Nesses instrumentos, o estetoscópio e o manômetro estão combinados em um dispositivo sensorial que registra as pressões sistólica e diastólica com a pulsação. A braçadeira e a pera são usadas do mesmo modo que no esfigmomanômetro tradicional.

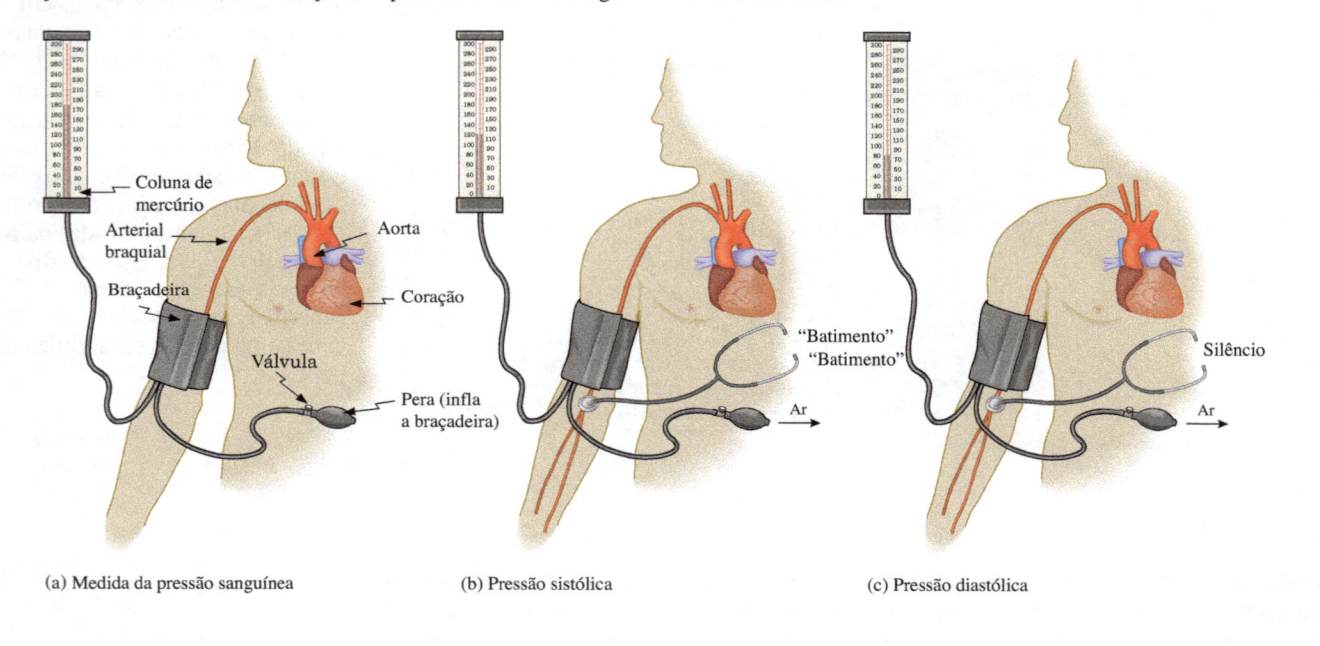

(a) Medida da pressão sanguínea
(b) Pressão sistólica
(c) Pressão diastólica

Pressão de vapor Pressão parcial de um gás em equilíbrio com sua forma líquida em um recipiente fechado.

Nesse ponto, atingimos o **equilíbrio**. Enquanto a temperatura não mudar, o número de moléculas de vapor que voltam para o líquido é igual ao número de moléculas que saem. No equilíbrio, o espaço acima do líquido mostrado na Figura 5.13 contém ar e moléculas de vapor, e podemos medir a pressão parcial do vapor, ou seja, a **pressão de vapor** do líquido. Observe que podemos medir a pressão parcial do gás, mas a chamamos de pressão do vapor do líquido.

A pressão de vapor de um líquido é uma propriedade física do líquido e uma função da temperatura (Figura 5.14). À medida que a temperatura do líquido aumenta, a energia cinética média de suas moléculas aumenta e fica mais fácil para as moléculas escaparem do estado líquido para o estado gasoso. À medida que a temperatura do líquido aumenta, sua pressão de vapor continua aumentando, até que se iguala à pressão atmosférica. Nesse momento, abaixo da superfície do líquido, formam-se bolhas de vapor que se projetam para cima, atravessando a superfície do líquido e causando a evaporação.

As moléculas que evaporam a partir da superfície de um líquido são aquelas de maior energia cinética. Quando entram na fase gasosa, as moléculas que ficam para trás são as

FIGURA 5.13 Evaporação e condensação. Em um recipiente fechado, as moléculas do líquido escapam para a fase de vapor e o líquido recaptura as moléculas de vapor.

Algumas moléculas da fase líquida se movimentam com energia cinética suficientemente alta para superar as forças intermoleculares no líquido e escapar para a fase gasosa.

Ao mesmo tempo, algumas moléculas do gás voltam à superfície do líquido.

de menor energia cinética. Como a temperatura da amostra é proporcional à energia cinética média de suas moléculas, a temperatura do líquido cai em decorrência da evaporação. Essa evaporação, quando ocorre na camada de água sobre a pele, produz aquele efeito de resfriamento que sentimos quando saímos de uma piscina e a água evapora de nossa pele.

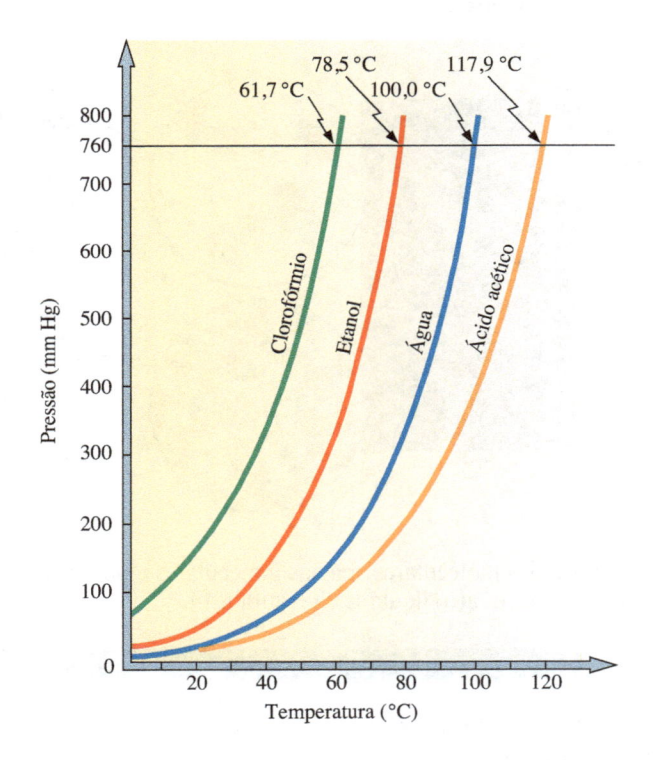

FIGURA 5.14 Mudança na pressão de vapor em função da temperatura para quatro líquidos. O ponto de ebulição normal de um líquido é definido como a temperatura em que sua pressão de vapor é igual a 760 mm Hg.

Como a água apresenta uma considerável pressão de vapor em temperaturas normais ao ar livre, o vapor d'água está presente na atmosfera o tempo todo. A pressão de vapor da água na atmosfera é expressa como **umidade relativa**, que é a razão entre a pressão parcial real do vapor d'água no ar, P_{H_2O}, e a pressão de vapor no equilíbrio na temperatura pertinente, $P°_{H_2O}$. O fator 100 altera a fração para uma porcentagem.

$$\text{Umidade relativa} = \frac{P_{H_2O}}{P°_{H_2O}} \times 100\%$$

Por exemplo, considere um dia típico com temperatura externa de 25 °C. A pressão de vapor da água no equilíbrio, nessa temperatura, é de 23,8 mm Hg. Se a pressão parcial real do vapor d'água fosse de 17,8 mm Hg, então a umidade relativa seria 75%.

$$\text{Umidade relativa} = \frac{17,8}{23,8} \times 100\% = 75\%$$

Ponto de ebulição Temperatura em que a pressão de vapor de um líquido é igual à pressão atmosférica.

Ponto de ebulição normal Temperatura em que um líquido entra em ebulição sob pressão de 1 atm.

C. Ponto de ebulição

O **ponto de ebulição** de um líquido é a temperatura em que sua pressão de vapor é igual à pressão de vapor da atmosfera em contato com sua superfície. E chama-se **ponto de ebulição normal** quando a pressão atmosférica é de 1 atm. Por exemplo, 100 °C é o ponto de ebulição normal da água porque esta é a temperatura em que a água entra em ebulição a 1 atm de pressão (Figura 5.15).

O uso da panela de pressão é um exemplo de água em ebulição a temperaturas mais altas. Nesse tipo de utensílio, a comida é cozida a, digamos, 2 atm, em cuja pressão o ponto de ebulição da água é de 121 °C. Como o alimento foi elevado a uma temperatura mais alta, seu cozimento é mais rápido do que seria em uma panela aberta, na qual a água em ebulição não passa de 100 °C. Ao contrário, em baixas pressões, a água entra em ebulição a temperaturas mais baixas. Por exemplo, em Salt Lake City, Utah, onde a pressão barométrica média é de aproximadamente 650 mm Hg, o ponto de ebulição da água é em torno de 95 °C.

D. Fatores que afetam o ponto de ebulição

Como mostra a Figura 5.14, líquidos diferentes apresentam diversos pontos de ebulição. A Tabela 5.3 fornece as fórmulas moleculares, as massas moleculares e os pontos de ebulição normais de cinco líquidos.

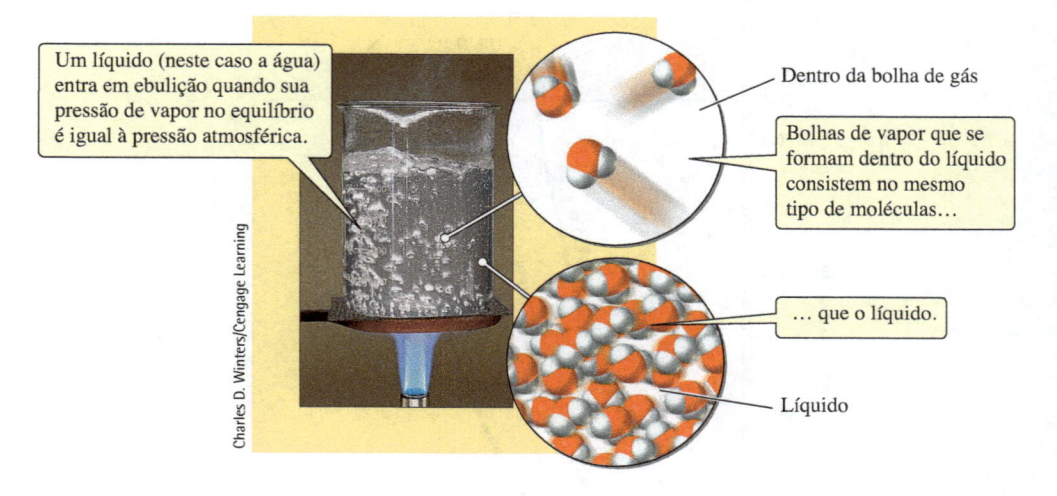

FIGURA 5.15 Ponto de ebulição.

TABELA 5.3 Nomes, fórmulas moleculares, massas moleculares e pontos de ebulição normais para o hexano e os quatro líquidos da Figura 5.14

Nome	Fórmula molecular	Massa molecular (u)	Ponto de ebulição (°C)
Clorofórmio	$CHCl_3$	120	62
Hexano	$CH_3CH_2CH_2CH_2CH_2CH_3$	86	69
Etanol	CH_3CH_2OH	46	78
Água	H_2O	18	100
Ácido acético	CH_3COOH	60	118

$CH_3-CH_2-CH_2-CH_2-CH_3$

Pentano
(p.e. 36,2°C)

$$CH_3-\underset{\underset{CH_3}{|}}{\overset{\overset{CH_3}{|}}{C}}-CH_3$$

2,2-Dimetilpropano
(p.e. 9,5°C)

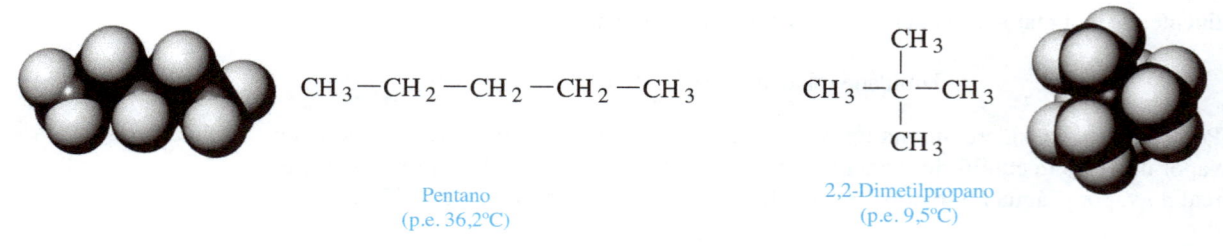

FIGURA 5.16 O pentano e o 2,2-dimetilpropano apresentam a mesma fórmula molecular, C_5H_{12}, mas formatos bem diferentes.

Conexões químicas 5E

As densidades do gelo e da água

A superestrutura do gelo, com suas ligações de hidrogênio, contém espaços vazios no meio de cada hexágono, já que as moléculas de H_2O do gelo não se encontram tão proximamente empacotadas quanto as da água líquida. Por essa razão, a densidade do gelo (0,917 g/cm³) é menor que a da água líquida (1,00 g/cm³). À medida que o gelo derrete, parte das ligações de hidrogênio se rompe e a superestrutura hexagonal do gelo colapsa na organização mais densamente empacotada da água. Essa mudança explica por que o gelo flutua sobre a água em vez de afundar. Esse comportamento é bastante incomum – a maioria das substâncias é mais densa no estado sólido que no estado líquido. A menor densidade do gelo mantém os peixes e os micro-organismos vivos em rios e lagos que congelariam a cada inverno se o gelo afundasse. A presença do gelo isola a água restante que está embaixo, impedindo que ela congele.

O fato de o gelo ter densidade menor que a água líquida significa que uma dada massa de gelo ocupa mais espaço que a mesma massa de água líquida. Esse fator explica o dano causado aos tecidos biológicos pelo congelamento. Quando partes do corpo (geralmente os dedos das mãos e dos pés, nariz e orelhas) são sujeitas ao frio extremo, desenvolvem uma condição chamada geladura. A água nas células congela apesar da tentativa do sangue de manter a temperatura em 37 ºC. À medida que a água líquida congela, ela se expande e, ao fazê-lo, rompe as paredes das células que a contêm, causando danos. Em alguns casos, dedos congelados precisam ser amputados.

Temperaturas muito baixas podem danificar plantas da mesma maneira. Muitas plantas morrem quando a temperatura do ar cai abaixo do ponto de congelamento da água por várias horas. Árvores conseguem sobreviver a invernos muito frios porque possuem pouca água dentro do tronco e das folhas.

O congelamento lento geralmente é mais prejudicial aos tecidos da planta e do animal do que o congelamento rápido. No congelamento lento, formam-se apenas alguns cristais, que podem crescer e romper as células. No congelamento rápido, como aquele obtido no resfriamento em nitrogênio líquido (a uma temperatura de −196ºC), formam-se muitos cristais pequenos. Como eles não crescem muito, os danos aos tecidos podem ser mínimos.

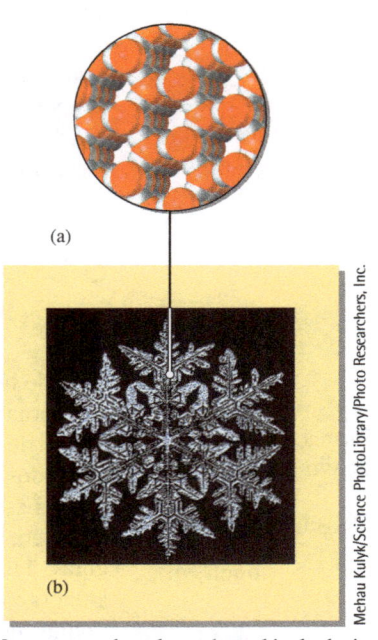

(a) Na estrutura do gelo, cada molécula de água ocupa uma posição fixa em um arranjo regular ou retículo. (b) A forma de um floco de neve reflete o arranjo hexagonal das moléculas de água dentro do retículo cristalino do gelo.

À medida que você estudar as informações desta tabela, observe que o clorofórmio, que apresenta a maior massa molecular entre os cinco compostos, tem o menor ponto de ebulição. A água, com a menor massa molecular, tem o segundo ponto de ebulição mais alto. Examinando esses e outros compostos, os químicos determinaram que o ponto de ebulição de compostos covalentes depende principalmente de três fatores:

1. **Forças intermoleculares** Água (H_2O, MM 18) e metano (CH_4, MM 16) têm aproximadamente a mesma massa molecular. O ponto de ebulição normal da água é 100 ºC, enquanto o do metano é −164 ºC. A diferença nos pontos de ebulição reflete o fato de que as moléculas de CH_4 no estado líquido devem superar apenas as fracas forças de dispersão de London para chegar ao estado de vapor (baixo ponto de ebulição). Diferentemente, as moléculas de água, unidas entre si por ligações de hidrogênio, precisam de mais energia cinética (e uma temperatura de ebulição mais alta) para passar à fase de vapor. Assim, a diferença nos pontos de ebulição entre esses dois compostos deve-se à maior força da ligação de hidrogênio comparada às forças de dispersão de London, que são mais fracas.

2. **Número de sítios para interação intermolecular (área superficial)** Considere os pontos de ebulição do metano, CH_4, e do hexano, C_6H_{14}. Ambos são compostos apolares sem nenhuma possibilidade para ligações de hidrogênio ou interações dipolo-dipolo entre suas moléculas. A única força de atração entre as moléculas desses compostos são as forças de dispersão de London. O ponto de ebulição normal do hexano é 69 ºC, e o do metano, −164 ºC. A diferença reflete o fato de que o hexano possui mais elétrons e área superficial maior que a do metano. Como a sua área superficial é maior, entre as moléculas de hexano há mais sítios para a ação das forças de dispersão de London que entre as moléculas de metano e, portanto, o hexano tem ponto de ebulição maior.

3. **Formato da molécula** Quando as moléculas são semelhantes em todos os aspectos, exceto na forma, as forças de dispersão de London determinam seus pontos de ebulição relativos. Considere o pentano, p.e. 36,1 °C, e o 2,2-dimetilpropano, p.e. 9,5 °C (Figura 5.16).

Ambos os compostos têm a mesma fórmula molecular, C_5H_{12}, e a mesma massa molecular, mas o ponto de ebulição do pentano é aproximadamente 26° maior que o do 2,2-dimetilpropano. A diferença em pontos de ebulição está relacionada ao formato da molécula da seguinte maneira. As únicas forças de atração entre essas moléculas apolares são as forças de atração de London. O pentano é uma molécula aproximadamente linear, enquanto o 2,2-dimetilpropano tem um formato esférico e uma área superficial menor que a do pentano. À medida que a área superficial diminui, o contato entre as moléculas adjacentes, a intensidade das forças de dispersão de London e o ponto de ebulição, tudo isso também diminui. Consequentemente, as forças de dispersão de London entre moléculas de 2,2-dimetilpropano são mais fracas que entre as moléculas de pentano e, portanto, o 2,2-dimetilpropano apresentam um ponto de ebulição mais baixo.

5.9 Quais são as características dos vários tipos de sólidos?

Quando líquidos são esfriados, suas moléculas se aproximam e as forças de atração entre elas tornam-se tão intensas que cessa o movimento aleatório e forma-se um sólido. A formação de um sólido a partir de um líquido chama-se solidificação ou **cristalização**.

Todos os sólidos têm um formato regular que, em muitos casos, é óbvio à visão (Figura 5.17). Esse formato regular geralmente reflete o arranjo das partículas dentro do cristal. No sal de cozinha, por exemplo, os íons Na^+ e o Cl^- são ordenados em um sistema cúbico (Figura 3.1). Metais também consistem em partículas ordenadas em um retículo cristalino regular (geralmente não cúbico), mas aqui as partículas são átomos e não íons. Como as partículas de um sólido quase sempre estão mais próximas entre si que no líquido correspondente, os sólidos quase sempre apresentam maior densidade que os líquidos.

Como se pode ver na Figura 5.17, os cristais apresentam formas e simetrias características. Estamos familiarizados com a natureza cúbica do sal de cozinha e os cristais hexagonais de gelo nos flocos de neve. Um fato menos conhecido é que alguns compostos apresentam mais de um tipo de estado sólido. O exemplo mais conhecido é o do elemento carbono, que tem cinco formas cristalinas (Figura 5.18). O diamante aparece quando a solidificação ocorre sob pressão muito alta (milhares de atmosferas). Outra forma do carbono é a grafite do lápis. Os átomos de carbono estão empacotados diferentemente nos duros diamantes, de alta densidade, que na mole grafite, de baixa densidade.

Em uma terceira forma de carbono, cada molécula contém 60 átomos de carbono ordenados em uma estrutura com 12 pentágonos e 20 hexágonos como faces, que lembram uma bola de futebol (Figura 5.18c). Como o famoso arquiteto Buckminster Fuller (1895-1983) inventou domos de estrutura semelhante (ele os chamou de domos geodésicos), a substância C-60 foi chamada buckminsterfulereno ou "bola de bucky" (*buckyball*). A descoberta das bolas bucky gerou uma área totalmente nova da química do carbono. Estruturas similares contendo 72, 80 e mesmo números maiores de carbono têm sido sintetizadas. Como categoria, são chamados fulerenos.

Novas variações dos fulerenos são os nanotubos (Figura 5.18d). A parte *nano* do nome vem do fato de o corte transversal de cada tubo ter apenas alguns nanômetros (1 nm = 10^{-9} m). Os nanotubos se apresentam sob diversas formas. Nanotubos de carbono de paredes simples podem variar em diâmetro de 1 a 3 nm, com aproximadamente 20 mm de comprimento. Esses compostos têm atraído grande interesse industrial por causa de suas propriedades ópticas e eletrônicas. Podem vir a desempenhar um papel na miniaturização de instrumentos, criando uma nova geração de dispositivos em nanoescala.

A fuligem é a quinta forma do carbono sólido. Essa substância solidifica diretamente do vapor de carbono e é um **sólido amorfo**, isto é, seus átomos não têm nenhum padrão definido, apresentando um arranjo aleatório (Figura 5.18e). Outro exemplo de sólido amorfo é o vidro. Em essência, o vidro é um líquido imobilizado.

Como já vimos, alguns sólidos cristalinos consistem em arranjos ordenados de íons (sólidos iônicos; Figura 3.1), e outros consistem em moléculas (sólidos moleculares). Os íons

---

Cristalização Formação de um sólido a partir de um líquido.

Mesmo no estado sólido, moléculas e íons não param completamente de se movimentar. Eles vibram em torno de pontos fixos.

Richard E. Smalley (1943-2005), Robert F. Curl Jr. (1933-) e Harold Kroto (1939-) receberam o Prêmio Nobel de Química em 1996 pela descoberta desses compostos.

(a) Granada   (b) Enxofre   (c) Quartzo   (d) Pirita

FIGURA 5.17 Alguns cristais.

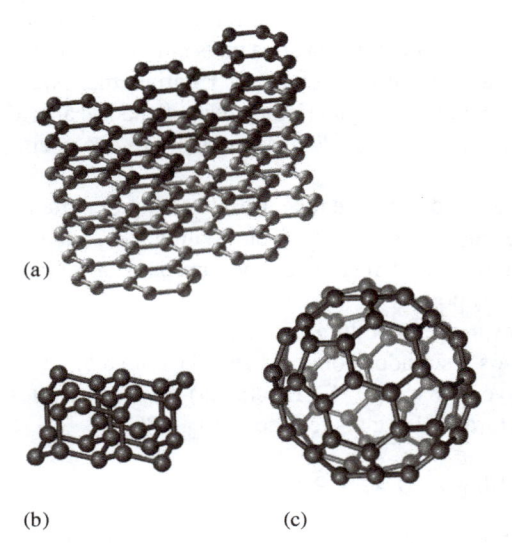

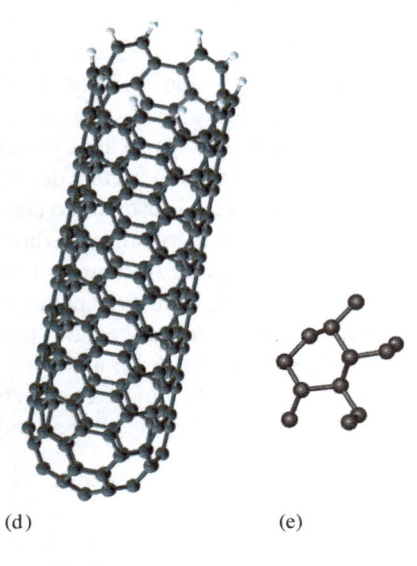

FIGURA 5.18 Formas sólidas do carbono: (a) grafite, (b) diamante, (c) *buckyball*, (d) nanotubo e (e) fuligem.

são mantidos no retículo cristalino pelas ligações iônicas. Moléculas são mantidas apenas por forças intermoleculares, que são muito mais fracas que as ligações iônicas. Portanto, os sólidos moleculares geralmente apresentam pontos de fusão mais baixos que os sólidos iônicos.

Também existem outros tipos de sólidos. Alguns são moléculas extremamente grandes, cada uma delas chegando a 10^{23} átomos, todos conectados por ligações covalentes. Nesse caso, o cristal inteiro é uma grande molécula. Chamamos essas moléculas de **sólidos reticulares** ou cristais reticulares. Um bom exemplo é o diamante (Figura 5.18b). Quando seguramos um diamante na mão, o que temos é um gigantesco agregado de átomos ligados. Assim como os cristais iônicos, os sólidos reticulares apresentam pontos de fusão muito altos – isso ocorre quando se pode fundi-los. Em muitos casos não é possível. A Tabela 5.4 resume os vários tipos de sólidos.

TABELA 5.4 Tipos de sólidos

Tipo	Feito de	Características	Exemplos
Iônico	Íons em um retículo cristalino.	Ponto de fusão alto.	NaCl e K_2SO_4
Molecular	Moléculas em um retículo cristalino.	Ponto de fusão baixo.	Gelo e aspirina
Polimérico	Moléculas gigantes; podem ser cristalinas, semicristalinas ou amorfas.	Ponto de fusão baixo ou não podem ser fundidas; moles ou duras.	Borracha, plásticos e proteínas
Retículo	Grande número de átomos conectados por ligações covalentes.	Muito duros; ponto de fusão muito alto ou não podem ser fundidos.	Diamante e quartzo
Amorfo	Arranjo aleatório de átomos ou moléculas.	Maioria é mole, pode fluir, mas sem ponto de fusão.	Fuligem, alcatrão e vidro

5.10 O que é uma mudança de fase e quais são as energias envolvidas?

A. A curva de aquecimento de H_2O (s) para H_2O (g)

Imagine o seguinte experimento: aquecemos um pedaço de gelo que inicialmente está a −20 °C. A princípio, não vemos nenhuma diferença em seu estado físico. A temperatura do gelo aumenta, mas sua aparência não muda. A 0 °C, o gelo começa a derreter e aparece a água líquida. À medida que continuamos aquecendo, cada vez mais o gelo derrete, mas a temperatura permanece constante a 0 °C, até que todo o gelo derrete, ficando apenas a água líquida. Depois de derretido todo o gelo, a temperatura da água mais uma vez aumenta à medida que é adicionado calor. A 100 °C, a água entra em ebulição. Continuamos aquecendo e ela continua evaporando, mas a temperatura da água líquida restante não se altera. Somente depois que toda a água líquida passou para o estado gasoso (vapor) é que a temperatura da amostra sobe acima de 100 °C.

Mudança de fase Mudança de um estado físico (gás, líquido ou sólido) para outro.

O critério de uniformidade é o modo como aparece aos nossos olhos e não como é em nível molecular.

Essas mudanças de estado são chamadas **mudanças de fase**. **Fase** é qualquer parte de um sistema que parece uniforme (homogênea). A água sólida (gelo) é uma fase, água líquida é outra, e água gasosa, mais outra. A Tabela 5.5 resume as energias para cada etapa na conversão de 1,0 g de gelo para 1,0 g de vapor.

Calculemos o calor necessário para elevar a temperatura de 1,0 g de gelo a −20 °C a vapor d'água a 120 °C e comparemos nossos resultados com os dados da Tabela 5.5. Comecemos com o gelo, cujo calor específico é 0,48 cal/g · °C (Tabela 1.4). São necessárias 0,48 × 20 = 9,6 cal para elevar a temperatura de 1,0 g de gelo de −20 a 0 °C.

$$0{,}48 \frac{\text{cal}}{\text{g} \cdot °C} \times 1{,}0 \text{ g} \times 20 °C = 9{,}6 \text{ cal}$$

Depois que o gelo chega a 0 °C, o calor adicional causa uma mudança de fase: a água sólida derrete e torna-se água líquida. O calor necessário para derreter 1,0 g de qualquer sólido é chamado **calor de fusão**. O calor de fusão do gelo é 80 cal/g. Sendo assim, são necessárias 80 cal para derreter 1,0 g de gelo – isto é, para que 1,0 g de gelo a 0 °C mude para água líquida a 0 °C.

Somente depois de o gelo derreter completamente é que a temperatura da água volta a subir. O **calor específico** da água líquida é 1 cal/g · °C (Tabela 1.4). Portanto, são necessárias 100 cal para elevar a temperatura de 1,0 g de água líquida de 0 °C para 100 °C. Compare isso com as 80 cal necessárias para derreter 1,0 g de gelo.

Nesta foto, os vapores de CO_2 gasoso estão frios o suficiente para fazer a umidade do ar condensar. A mistura de vapores de CO_2 e vapor d'água condensado é mais pesada que o ar e lentamente desliza sobre a mesa ou em outra superfície em que o gelo seco estiver.

Quando a água líquida chega a 100 °C, o ponto de ebulição normal da água, a temperatura da amostra permanecerá constante enquanto ocorre outra mudança de fase: a água líquida vaporiza a água gasosa. A quantidade necessária de calor para vaporizar 1,0 g de um líquido em seu ponto normal de ebulição é chamada **calor de vaporização**. Para a água, esse valor é de 540 cal/g. Uma vez evaporada toda a água líquida, a temperatura sobe mais uma vez à medida que o vapor d'água é aquecido. O calor específico do vapor d'água é de 0,48 cal/g (Tabela 1.4). Assim, são necessárias 9,6 cal para aquecer 1,0 g de vapor d'água de 100 °C a 120 °C. Os dados para o aquecimento de 1,0 g de água de −20 °C para 120 °C podem ser mostrados em um gráfico denominado **curva de aquecimento** (Figura 5.19).

TABELA 5.5 Energia necessária para aquecer 1,0 g de água sólida a −20 °C para 120 °C

Mudança física	Energia (cal)	Energia base para o cálculo da energia necessária
Gelo aquecendo de −20 °C a 0 °C	9,6	Calor específico do gelo = 0,48 cal/g · °C
Gelo derretendo; temperatura = 0 °C	80	Calor de fusão do gelo = 80 cal/g
Água aquecendo de 0 °C a 100 °C	100	Calor específico da água líquida = 1,0 cal/g · °C
Água evaporando; temperatura = 100 °C	540	Calor de vaporização = 540 cal/g
Vapor d'água aquecendo de 100 °C a 120 °C	9,6	Calor específico do vapor d'água = 0,48 cal/g · °C

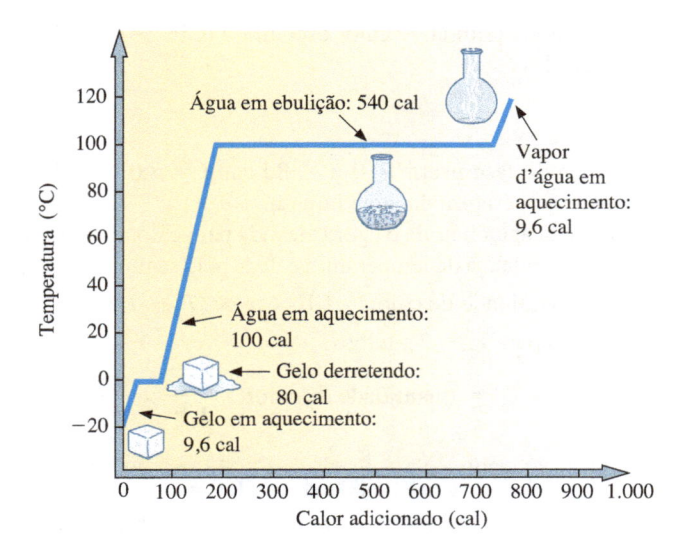

FIGURA 5.19 Curva de aquecimento do gelo. O gráfico mostra o efeito da adição de calor a 1,0 g de gelo, inicialmente a −20 °C, e a elevação da temperatura para 120 °C.

Um efeito importante dessas mudanças de fase é que cada uma delas é reversível. Se começarmos com água líquida em temperatura ambiente e esfriá-la emergindo o recipiente em um banho de gelo seco (−78 °C), o processo inverso será observado. A temperatura cai até chegar em 0 °C, e depois o gelo começa a cristalizar. Durante essa mudança de fase, a temperatura da amostra permanece constante, mas é liberado calor. A quantidade de calor liberada quando 1,0 g de água líquida congela a 0 °C é exatamente a mesma absorvida quando 1,0 g de gelo derrete a 0 °C.

Uma transição do estado sólido diretamente para o estado de vapor, sem passar pelo estado líquido, é chamada **sublimação**. Os sólidos geralmente sublimam sob pressões reduzidas (menos de 1 atm). Em altas altitudes, em que a pressão atmosférica é baixa, a neve sublima. O CO_2 sólido (gelo seco) sublima a −78,5 °C sob 1 atm. A 1 atm de pressão, o CO_2 só pode existir como sólido ou como gás, nunca como líquido.

Exemplo 5.9 Calor de fusão

O calor de fusão do gelo é 80 cal/g. Quantas calorias são necessárias para fundir 1,0 mol de gelo?

Estratégia

Primeiro convertemos mols de gelo em gramas de gelo usando o fator de conversão 1 mol de gelo = 18 g de gelo. Utilizamos então o calor de fusão do gelo (80 cal/g) para calcular o número de calorias necessárias para fundir essa quantidade de gelo.

Solução

1,0 mol de H_2O tem massa de 18 g. Usamos o método rótulo fator para calcular o calor necessário para derreter 1,0 mol de gelo a 0 °C.

$$\frac{80 \text{ cal}}{\text{g gelo}} \times 18 \text{ g gelo} = 1,4 \times 10^3 \text{ cal}$$

Estes cristais de café liofilizados foram preparados sublimando a água do café congelado.

Problema 5.9

Que massa de água a 100 °C pode ser vaporizada pela adição de 45,0 kcal de calor?

Exemplo 5.10 Calor de fusão e mudança de fase

Qual será a temperatura final se adicionarmos 1.000 cal de calor a 10,0 g de gelo a 0 °C?

Estratégia

A primeira coisa que o calor adicionado faz é derreter o gelo. Portanto, antes devemos determinar se 1.000 cal são suficientes para fundir o gelo completamente. Se for necessário menos de 1.000 cal para fundir o gelo em água líquida, então o calor restante servirá para elevar a temperatura da água líquida. O calor específico (CE; Seção 1.9) da água líquida é 1,00 cal/g · °C (Tabela 1.4).

Solução

1ª etapa: Essa mudança de fase usará 10,0 g × 80 cal/g = 8,0 × 10² cal, o que deixa 2,0 × 10² para elevar a temperatura da água líquida.

2ª etapa: A temperatura da água líquida é agora elevada pelo calor restante. A relação entre calor específico, massa e mudança de temperatura é dada pela seguinte equação (Seção 1.9):

$$\text{Quantidade de calor} = CE \times m \times (T_2 - T_1)$$

Resolvendo essa equação para $T_2 - T_1$, temos:

$$(T_2 - T_1) = \text{quantidade de calor} \times \frac{1}{CE} \times \frac{1}{m}$$

$$T_2 - T_1 = 200 \text{ cal} \times \frac{g \cdot °C}{1,00 \text{ cal}} \times \frac{1}{10,0 \text{ g}} = 20 \text{ °C}$$

Assim, a temperatura da água líquida se elevará em 20 °C de 0 °C, e agora é de 20 °C.

Problema 5.10

O calor específico do ferro é 0,11 cal/g · °C (Tabela 1.4). O calor de fusão do ferro – isto é, o calor necessário para converter o ferro de sólido para líquido no seu ponto de fusão – é 63,7 cal/g. O ferro funde a 1.530 °C. Quanto calor deve ser adicionado a 1,0 g de ferro a 25 °C para fundi-lo completamente?

Podemos mostrar as mudanças de fase para qualquer substância em um **diagrama de fase**. A Figura 5.20 é um diagrama de fase para a água. A temperatura é plotada no eixo do x, e a pressão, no eixo do y. Três áreas com diferentes cores são indicadas como sólido, líquido e vapor. Nessas áreas, a água existe ou como gelo, ou água líquida ou vapor d'água. A linha (A–B) que separa a fase sólida da fase líquida contém todos os pontos de congelamento (fusão) da água – por exemplo, 0 °C a 1 atm e 0,005 °C a 400 mm Hg.

No ponto de fusão, coexistem as fases sólida e líquida. A linha que separa a fase líquida da fase gasosa (A–C) contém todos os pontos de ebulição da água – por exemplo, 100 °C a 760 mm Hg e 84 °C a 400 mm Hg. Nos pontos de ebulição, coexistem as fases líquida e gasosa.

Finalmente, a linha que separa a fase sólida da fase gasosa (A–D) contém todos os pontos de sublimação. Nos pontos de sublimação, coexistem as fases sólida e gasosa.

Em um único ponto (A) do diagrama de fase, o chamado **ponto triplo**, coexistem todas as três fases. O ponto triplo para a água ocorre a 0,01 °C e 4,58 mm Hg.

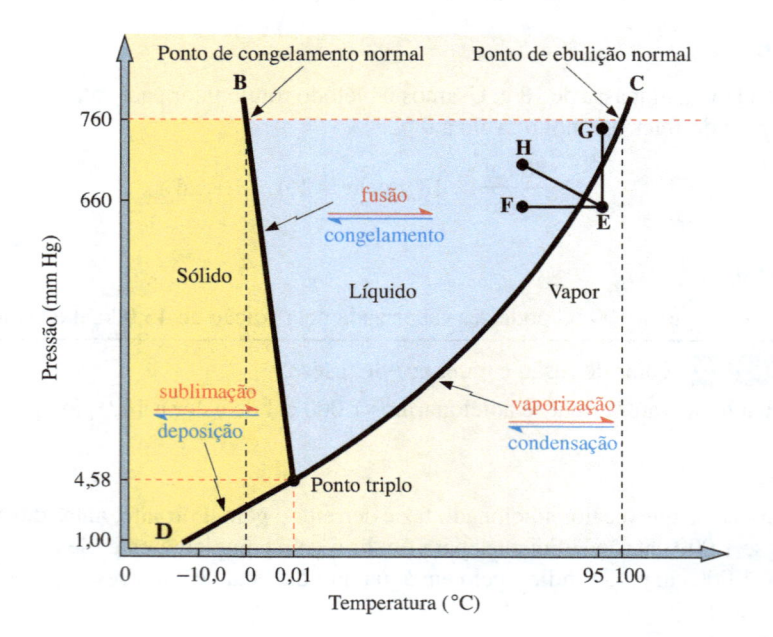

FIGURA 5.20 Diagrama de fase da água. As escalas de temperatura e pressão estão bem reduzidas.

Conexões químicas 5F

Dióxido de carbono supercrítico

Somos condicionados a pensar que um composto pode existir em três fases: sólida, líquida ou gasosa. Sob certas pressões e temperaturas, porém, podem existir menos fases. Um desses casos é a profusa substância apolar dióxido de carbono. Em temperatura ambiente e 1 atm de pressão, o CO_2 é um gás. Mesmo quando esfriado a −78 °C, não se torna líquido, mas vai direto de gás para sólido, que chamamos de gelo seco. Em temperatura ambiente, é necessária uma pressão de 60 atm para que as moléculas de CO_2 se aproximem de tal forma e condensem como líquido.

Muito mais esotérica é a forma de dióxido de carbono conhecida como CO_2 supercrítico, que tem propriedades de gás e de líquido. Possui a densidade de um líquido, mas conserva sua propriedade de fluir com pequena viscosidade ou tensão superficial, como um gás. O que torna o CO_2 particularmente útil é o fato de ser um excelente solvente para muitos materiais orgânicos. Por exemplo, o CO_2 supercrítico pode extrair cafeína de grãos moídos de café e, após a extração, quando é baixada a pressão, ele simplesmente evapora, não deixando nenhum traço. Processos semelhantes podem ser executados com solventes orgânicos, mas traços do solvente podem ser deixados no café descafeinado, alterando o sabor.

Para entender o estado supercrítico, é necessário pensar nas interações de moléculas nos estados gasoso e líquido. No estado gasoso, as moléculas estão bem separadas, há pouca interação entre elas, e a maior parte do volume ocupado pelo gás é espaço vazio. No estado líquido, as moléculas são mantidas bem próximas pelas forças de atração entre suas moléculas, e há pouco espaço vazio entre elas. O estado supercrítico é algo entre esses dois estados. As moléculas encontram-se suficientemente próximas para que a amostra apresente algumas das propriedades dos líquidos, mas, ao mesmo tempo, estão distantes o bastante para apresentar algumas propriedades dos gases.

A temperatura e a pressão críticas para o dióxido de carbono são 31 °C e 73 atm, respectivamente. Quando o CO_2 supercrítico é esfriado abaixo da temperatura crítica e/ou comprimido, há uma transição de fase, quando coexistem gás e líquido. Em temperatura e pressão críticas, as duas fases se juntam. Acima das condições críticas, existe o fluido supercrítico que exibe características intermediárias entre gás e líquido.

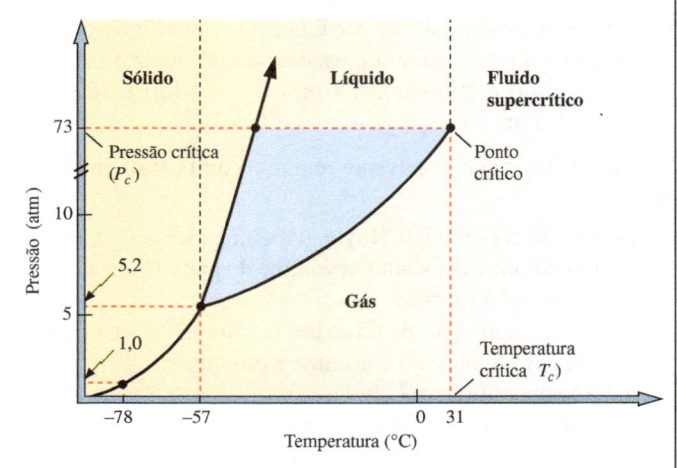

Diagrama de fase para o dióxido de carbono.

Um diagrama de fase ilustra como se pode ir de uma fase à outra. Por exemplo, suponha que temos vapor d'água a 95 °C e 660 mm Hg (E). Queremos condensá-lo em água líquida.

Podemos baixar a temperatura até 70 °C sem mudar a pressão (deslocando-se horizontalmente de E a F). Ou então, podemos aumentar a pressão para 760 mm Hg sem mudar a temperatura (deslocando-se verticalmente de E para G). Ou podemos mudar tanto a temperatura como a pressão (deslocando-se de E para H). Qualquer um desses processos condensará o vapor d'água em água líquida, embora os líquidos resultantes estejam em diferentes pressões e temperaturas. O diagrama de fase nos permite visualizar o que acontecerá à fase de uma substância quando mudarmos as condições experimentais de temperatura e pressão.

Exemplo 5.11 Diagrama de fase

O que vai acontecer ao gelo a 0 °C se a pressão diminuir de 1 atm para 0,001 atm?

Estratégia

Consulte o diagrama de fase da água (Figura 5.20) e encontre o ponto que corresponde às condições de temperatura e pressão fornecidas.

Solução

De acordo com a Figura 5.20, quando a pressão diminui enquanto a temperatura permanece constante, seguimos verticalmente de 1 atm (760 mm Hg) a 0,001 atm (0,76 mm Hg). Durante o processo, cruzamos o limite que separa a fase sólida da fase de vapor. Assim, quando a pressão cai para 0,001 atm, o gelo sublima e torna-se vapor.

Problema 5.11

O que vai acontecer ao vapor d'água se for esfriado de 100 °C a −30 °C enquanto a pressão permanece em 1 atm?

Resumo das questões-chave

Seção 5.1 Quais são os três estados da matéria?
- A matéria pode existir em três diferentes estados: gasoso, líquido e sólido.
- Forças de atração entre moléculas tendem a conservar a matéria unida, enquanto a energia cinética das moléculas tende a desorganizar a matéria.

Seção 5.2 O que é pressão do gás e como medi-la?
Problema 5.12
- A pressão do gás resulta do bombardeamento de suas partículas contra as paredes do recipiente.
- A pressão da atmosfera é medida com um barômetro. Três unidades de pressão muito usadas são milímetros de mercúrio, o torr e atmosferas: 1 mm Hg = 1 torr e 760 mm Hg = 1 atm.

Seção 5.3 Quais são as leis que regem o comportamento dos gases?
- De acordo com a **lei de Boyle**, para uma massa fixa de gás em temperatura constante, o volume do gás é inversamente proporcional à pressão.
- De acordo com a **lei de Charles**, o volume de uma massa fixa de gás em pressão constante é diretamente proporcional à temperatura em kelvins.
- De acordo com a **lei de Gay-Lussac**, para uma massa fixa de gás em volume constante, a pressão é diretamente proporcional à temperatura em kelvins.
- Essas leis são combinadas e expressas como **lei da combinação dos gases**:

$$\frac{P_1 V_1}{T_1} = \frac{P_2 V_2}{T_2}$$

Seção 5.4 O que é lei de Avogadro e lei dos gases ideais?
- De acordo com a **lei de Avogadro**, iguais volumes de gases em mesma temperatura e pressão contêm o mesmo número de mols.
- A **lei dos gases ideais**, $PV = nRT$, incorpora a lei de Avogadro na lei da combinação dos gases.
- Em suma, em problemas que envolvem gases, as duas equações mais importantes são:
  1) **Lei dos gases ideais**: útil quando são dadas três das variáveis P, V, T e n, e pede-se que se calcule a quarta variável:

  $$PV = nRT$$

  2) **Lei da combinação dos gases**: útil quando é dado um conjunto de condições experimentais P_1, V_1 e T_1 para uma amostra de gás, e pede-se para calcular uma das variáveis em um novo conjunto de condições experimentais, em que são dadas duas variáveis:

  $$\frac{P_1 V_1}{T_1} = \frac{P_2 V_2}{T_2}$$

  (em que n, a quantidade de gás, é constante.)

Seção 5.5 O que é a lei das pressões parciais de Dalton?
- De acordo com a **lei das pressões parciais de Dalton**, a pressão total de uma mistura de gases é a soma das pressões parciais de cada gás individualmente.

Seção 5.6 O que é teoria cinética molecular?
- A **teoria cinética molecular** explica o comportamento dos gases. Moléculas no estado gasoso se movimentam rapidamente e de forma aleatória, o que permite que um gás preencha os espaços disponíveis de seu recipiente. As moléculas de gás não têm volume nem há atração entre elas. Em seu movimento aleatório, colidem com as paredes do recipiente e assim exercem pressão.

Seção 5.7 Quais são os tipos de forças de atração que existem entre as moléculas?
- As **forças de atração intermoleculares** são responsáveis pela condensação dos gases ao estado líquido e pela solidificação de líquidos ao estado sólido. Em ordem crescente de intensidade, são estas as forças intermoleculares de atração: **forças de dispersão de London**, **atrações dipolo-dipolo** e **ligações de hidrogênio**.

Seção 5.8 Como se descreve o comportamento dos líquidos em nível molecular?
- **Tensão superficial** é a energia das forças de atração intermoleculares na superfície de um líquido.
- **Pressão de vapor** é a pressão de um vapor (gás) acima de seu líquido em um recipiente fechado. A pressão de vapor de um líquido aumenta com a elevação da temperatura.
- **Ponto de ebulição** de um líquido é a temperatura em que a pressão de vapor é igual à pressão atmosférica. O ponto de ebulição de um líquido é determinado (1) pela natureza e intensidade das forças intermoleculares de suas moléculas, (2) pelo número de sítios para a interação intermolecular e (3) pelo formato das moléculas.

Seção 5.9 Quais são as características dos vários tipos de sólidos?
- Os sólidos cristalizam em formas geométricas que geralmente refletem os padrões em que os átomos estão ordenados no interior dos cristais.
- **Ponto de fusão** é a temperatura em que uma substância muda do estado sólido para o estado líquido.
- **Cristalização** é a formação de um sólido a partir de um líquido.

Seção 5.10 O que é uma mudança de fase e quais são as energias envolvidas?
- **Fase** é qualquer parte de um sistema que parece uniforme em toda sua extensão. Uma **mudança de fase** envolve mudança da matéria de um estado físico para outro – isto é, do estado sólido, líquido ou gasoso para qualquer um dos outros dois estados.

- **Sublimação** é a mudança do estado sólido diretamente para o estado gasoso.
- **Calor de fusão** é o calor necessário para converter 1,0 g de qualquer sólido em líquido.
- **Calor de vaporização** é o calor necessário para converter 1,0 g de qualquer líquido no estado gasoso.
- O diagrama de fase permite a visualização do que acontece à fase de uma substância quando se alteram temperatura ou pressão.
- O diagrama de fase contém todos os pontos de fusão, ebulição e sublimação onde coexistem duas fases.
- O diagrama de fase também contém um ponto triplo único onde coexistem todas as três fases.

Problemas

Seção 5.2 O que é pressão do gás e como medi-la?

5.11 Indique se a afirmação é verdadeira ou falsa.
  (a) A pressão de um gás pode ser medida tanto com um barômetro como com um manômetro.
  (b) Uma atmosfera é igual a 760 mm Hg.
  (c) No nível do mar, a pressão média da atmosfera é de 29,92 polegadas de Hg.

5.12 De acordo com um boletim meteorológico, a pressão barométrica é de 29,5 polegadas de mercúrio. Qual é a pressão em atmosferas?

5.13 Use a teoria cinética molecular para explicar por que, em temperatura constante, a pressão de um gás aumenta à medida que seu volume diminui.

5.14 Use a teoria cinética molecular para explicar por que a pressão de um gás em um recipiente de volume fixo aumenta à medida que a temperatura diminui.

5.15 Cite três maneiras de diminuir o volume de um gás.

Seção 5.3 Quais são as leis que regem o comportamento dos gases?

5.16 Indique se a afirmação é verdadeira ou falsa.
  (a) Para uma amostra de gás em temperatura constante, sua pressão multiplicada pelo volume é uma constante.
  (b) Para uma amostra de gás em temperatura constante, quando se aumenta a pressão, aumenta-se o volume.
  (c) Para uma amostra de gás em temperatura constante, $P_1/V_1 = P_2/V_2$.
  (d) À medida que um gás expande em temperatura constante, seu volume aumenta.
  (e) O volume de uma amostra de gás é diretamente proporcional à sua temperatura – quanto mais alta a temperatura, maior o volume.
  (f) Um balão de ar quente sobe porque o ar quente é menos denso que o ar mais frio.
  (g) Para uma amostra de gás num recipiente de volume fixo, um aumento de temperatura resulta em aumento de pressão.
  (h) Para uma amostra de gás num recipiente de volume fixo, $P \times T$ é uma constante.
  (i) Quando o vapor d'água contido numa autoclave, a 100 °C, é aquecido a 120 °C, a pressão no interior da autoclave aumenta.
  (j) Quando uma amostra de gás em um recipiente flexível em pressão constante a 25 °C é aquecida até 50 °C, seu volume dobra de tamanho.
  (k) O abaixamento do diafragma faz a cavidade pulmonar aumentar de volume, e a pressão do ar nos pulmões diminui.
  (l) O levantamento do diafragma diminui o volume da cavidade pulmonar, forçando o ar para fora dos pulmões.

5.17 Uma amostra de gás tem volume de 6,20 L a 20 °C, a uma pressão de 1,10 atm. Qual é o volume na mesma temperatura e a uma pressão de 0,925 atm?

5.18 O gás metano é comprimido de 20 L para 2,5 L a uma temperatura constante. A pressão final é de 12,2 atm. Qual era a pressão original?

5.19 Uma seringa de gás a 20 °C contém 20,0 mL de gás CO_2. A pressão do gás na seringa é de 1,0 atm. Qual será a pressão na seringa a 20 °C se o êmbolo for empurrado até 10,0 mL?

5.20 Suponha que a pressão em um pneu de automóvel seja de 2,30 atm a uma temperatura de 20,0 °C. Qual será a pressão no pneu se, após rodar 10 milhas, a temperatura dele aumentar para 47,0 °C?

5.21 Uma amostra de 23,0 L de gás NH_3 a 10,0 °C é aquecida a uma pressão constante até preencher um volume de 50,0 L. Qual é a nova temperatura em °C?

5.22 Se uma amostra de 4,17 L de gás etano, C_2H_6, a 725 °C for esfriada a 175 °C, em pressão constante, qual será o novo volume?

5.23 Uma amostra de gás SO_2 tem um volume de 5,2 L e é aquecida, a uma pressão constante, de 30 a 90 °C. Qual será o novo volume?

5.24 Uma amostra de gás B_2H_6, em um recipiente de 35 mL, está a uma pressão de 450 mm Hg e temperatura de 625 °C. Se o gás for esfriado a volume constante até uma pressão de 375 mm Hg, qual será a nova temperatura em °C?

5.25 Um gás dentro de um recipiente, como na Figura 5.3, registra uma pressão de 833 mm Hg no manômetro, onde a haste de referência do tubo (A) em forma de U é vedada e evacuada. Qual será a diferença nos níveis de mercúrio se a haste de referência estiver aberta para a pressão atmosférica (760 mm Hg)?

5.26 Em uma autoclave, uma quantidade constante de vapor d'água é gerada a volume constante. Sob uma pressão de 1,00 atm, a temperatura do vapor é de 100 °C. Que pressão deve ser usada para se obter uma temperatura de 165 °C, a fim de que se possam esterilizar instrumentos cirúrgicos?

5.27 Uma amostra de gás halotano, $C_2HBrClF_3$, para inalação anestésica, em um cilindro de 500 mL, tem uma pressão de 2,3 atm a 0 °C. Qual será a pressão do gás se a temperatura subir para 37 °C (temperatura do corpo)?

5.28 Complete a tabela:

V_1	T_1	P_1	V_2	T_2	P_2
546 L	43 °C	6,5 atm	___	65 °C	1,9 atm
43 mL	−56 °C	865 torr	___	43 °C	1,5 atm
4,2 L	234 K	0,87 atm	3,2 L	29 °C	___
1,3 L	25 °C	740 mm Hg	___	0 °C	1,0 atm

5.29 Complete a tabela:

V_1	T_1	P_1	V_2	T_2	P_2
6,35 L	10 °C	0,75 atm	___	0 °C	1,0 atm
75,6 L	0 °C	1,0 atm	___	35 °C	735 torr
1,06 L	75 °C	0,55 atm	3,2 L	0 °C	___

5.30 Um balão com 1,2 L de hélio a 25 °C e pressão de 0,98 atm é submerso em nitrogênio líquido a −196 °C. Calcule o volume final do hélio no balão.

5.31 Um balão usado para pesquisa atmosférica tem um volume de 1×10^6 L. Considere que o balão está cheio de gás hélio em TPP e que é solto para subir até uma altitude de 10 km, onde a pressão da atmosfera é de 243 mm Hg, e a temperatura, −33 °C. Qual será o volume do balão sob essas condições atmosféricas?

5.32 Um gás ocupa 56,44 L a 2,00 atm e 310 K. Se o gás for comprimido até 23,52 L e a temperatura baixada até 281 K, qual será a nova pressão?

5.33 Uma certa quantidade de gás hélio está a uma temperatura de 27 °C e pressão de 1,00 atm. Qual será a nova temperatura se o volume for dobrado, ao mesmo tempo que se diminui pela metade a pressão do valor original?

5.34 Uma amostra de 30,0 mL de gás criptônio, Kr, está a 756 mm Hg e 25,0 °C. Qual será o novo volume se a pressão for para 325 mm Hg e a temperatura para −12,5 °C?

5.35 Uma amostra de 26,4 mL de gás etileno, C_2H_4, tem uma pressão de 2,50 atm a 2,5 °C. Se o volume for aumentado para 36,2 mL e a temperatura subir para 10 °C, qual será a nova pressão?

Seção 5.4 O que é lei de Avogadro e lei dos gases ideais?

5.36 Indique se a afirmação é verdadeira ou falsa.
(a) De acordo com a lei de Avogadro, iguais volumes de gases na mesma temperatura e pressão contêm igual número de moléculas.
(b) Em TPP, um mol de hexafluoreto de urânio (UF_6, MM 352 u), o gás usado em programas de enriquecimento de urânio, ocupa um volume de 352 L.
(c) Se duas amostras de gás têm a mesma temperatura, volume e pressão, então ambas contêm o mesmo número de mols.
(d) O valor do número de Avogadro é $6,02 \times 10^{23}$ g/mol.
(e) O número de Avogadro é válido somente para gases em TPP.
(f) A lei dos gases ideais é $PV = nRT$.
(g) Quando se utiliza a lei dos gases ideais para cálculos, a temperatura deve estar em graus Celsius.
(h) Se um mol de gás etano (CH_3CH_3) ocupa 20,0 L a 1,00 atm, a temperatura do gás é de 244 K.
(i) Um mol de gás hélio (MM 4,0 u) em TPP ocupa duas vezes o volume de um mol de hidrogênio (MM 2,0 u).

5.37 Uma amostra de gás a 77 °C e 1,33 atm ocupa um volume de 50,3 L.
(a) Quantos mols do gás estão presentes?
(b) Para obter a resposta, é preciso saber qual é o gás?

5.38 Qual é o volume em litros ocupado por 1,21 g de gás Freon-12, CCl_2F_2, a 0,980 atm e 35 °C?

5.39 Uma amostra com 8,00 g de um gás ocupa 22,4 L a 2,00 atm e 273 K. Qual é a massa molecular do gás?

5.40 Qual é o volume ocupado por 5,8 g de gás propano, C_3H_8, a 23 °C e 1,15 atm de pressão?

5.41 A densidade de um gás aumenta, diminui ou permanece a mesma quando a pressão aumenta a uma temperatura constante? E quando a temperatura aumenta em pressão constante?

5.42 Qual é o volume em mililitros ocupado por 0,275 g de hexafluoreto de urânio, UF_6, em seu ponto de ebulição de 56 °C a 365 torr?

5.43 Uma câmara hiperbárica tem um volume de 200 L.
(a) Quantos mols de oxigênio são necessários para preencher a câmara em temperatura ambiente (23 °C) e a 3,00 atm de pressão?
(b) Quantos gramas de oxigênio são necessários?

5.44 Uma inalada de ar tem um volume de 2 L em TPP. Se o ar contém 20,9% de oxigênio, quantas moléculas de oxigênio estão presentes em uma inalada?

5.45 Pulmões de tamanho médio têm volume de 5,5 L. Se o oxigênio é 21% do ar que eles contêm, quantas moléculas de O_2 os pulmões contêm a 1,1 atm e 37 °C?

5.46 Calcule a massa molecular de um gás se 3,30 g desse gás ocuparem 660 mL a 735 mm Hg e 27 °C.

5.47 Os três principais componentes do ar seco e sua porcentagem são N_2 (78,08%), O_2 (20,95%) e Ar (0,93%).
(a) Calcule a massa de um mol de ar.
(b) Dada a massa de um mol de ar, calcule a densidade do ar em g/L em TPP.

5.48 A lei dos gases ideais pode ser usada para calcular a densidade (massa/volume = g/V) de um gás. Começando com a lei dos gases ideais, $PV = nRT$, e o fato de que n (número de mols de um gás) = gramas (g) ÷ massa molecular (MM), mostre que

$$\text{densidade} = \frac{g}{V} = \frac{P \times MM}{RT}$$

5.49 Calcule a densidade em g/L de cada um destes gases em TPP. Quais deles são mais densos que o ar? Quais são menos densos?
(a) SO_2 (b) CH_4 (c) H_2
(d) He (e) CO_2

5.50 A densidade do Freon-12, CCl_2F_2, em TPP é 4,99 g/L, o que significa que é aproximadamente quatro vezes mais denso que o ar. Mostre como a teoria cinética molecular dos gases explica o fato de o Freon-12, apesar de ele ser mais denso que o ar, escapar para a estratosfera, onde está envolvido na destruição da camada protetora de ozônio.

5.51 A densidade do octano líquido, C_8H_{18}, é 0,7025 g/mL. Se 1,00 mL de octano líquido for vaporizado a 100 °C e 725 torr, qual será o volume ocupado pelo vapor?

5.52 Quantas moléculas de CO estão presentes em 100 L de CO em TPP?

5.53 A densidade do gás acetileno, C_2H_2, em um recipiente de 4 L a 0 °C e pressão de 2 atm é 0,02 g/mL. Qual seria a densidade do gás sob temperatura e pressão idênticas se o recipiente fosse dividido em dois compartimentos de 2 L?

5.54 Os *air bags* dos automóveis são inflados por gás nitrogênio. Quando ocorre uma colisão forte, um sensor eletrônico ativa a decomposição de azida de sódio para formar gás nitrogênio e sódio metálico. O gás nitrogênio então infla as bolsas de náilon que protegerão o motorista e o passageiro do banco da frente do impacto contra o painel e o para-brisa.

$$2NaN_3(s) \longrightarrow 2Na(s) + 3N_2(g)$$
Azida de sódio

Qual é o volume de gás nitrogênio, medido a 1 atm e 27 °C, formado pela decomposição de 100 g de azida de sódio?

Seção 5.5 O que é a lei das pressões parciais de Dalton?

5.55 Indique se a afirmação é verdadeira ou falsa.
(a) A pressão parcial é a pressão que um gás em um recipiente exerceria se fosse o único gás presente.
(b) As unidades de pressão parcial são gramas por litro.
(c) Conforme a lei das pressões parciais de Dalton, a pressão total de uma mistura de gases é a soma das pressões parciais de cada gás.
(d) Se 1 mol de gás CH_4 em TPP for adicionado a 22,4 L de N_2 em TPP, a pressão final no recipiente de 22,4 L será de 1 atm.

5.56 Os três principais componentes do ar seco e suas porcentagens são nitrogênio (78,08%), oxigênio (20,95%) e argônio (0,93%).
(a) Calcule a pressão parcial de cada gás em uma amostra de ar seco a 760 mm Hg.
(b) Calcule a pressão total exercida por esses três gases combinados.

5.57 O ar na traqueia contém oxigênio (19,4%), dióxido de carbono (0,4%), vapor d'água (6,2%) e nitrogênio (74,0%). Supondo que a pressão na traqueia seja de 1,0 atm, quais serão as pressões parciais desses gases nessa parte do corpo?

5.58 A pressão parcial de uma mistura de gases é a seguinte: oxigênio, 210 mm Hg; nitrogênio, 560 mm Hg; e dióxido de carbono, 15 mm Hg. A pressão total da mistura de gases é de 790 mm Hg. Há um outro gás presente na mistura?

Seção 5.6 O que é teoria cinética molecular?

5.59 Indique se a afirmação é verdadeira ou falsa.
(a) De acordo com a teoria cinética molecular, as partículas de gás têm massa, mas não têm volume.
(b) De acordo com a teoria cinética molecular, a energia cinética média das partículas de gás é proporcional à temperatura em graus Celsius.
(c) De acordo com a teoria cinética molecular, quando partículas de gás colidem, elas ricocheteiam umas nas outras, sem nenhuma mudança na energia cinética total.
(d) De acordo com a teoria cinética molecular, existem apenas forças intramoleculares fracas entre partículas de gás.
(e) De acordo com a teoria cinética molecular, a pressão de um gás em um recipiente é o resultado de colisões das partículas de gás contra as paredes do recipiente.
(f) O aquecimento de um gás resulta em um aumento da energia cinética média de suas partículas.
(g) Quando um gás é comprimido, o aumento em sua pressão é o resultado de um aumento no número de colisões de suas partículas contra as paredes do recipiente.
(h) A teoria cinética molecular descreve o comportamento dos gases ideais, que são apenas alguns poucos.
(i) À medida que a temperatura e o volume de um gás aumentam, o comportamento do gás torna-se semelhante ao comportamento previsto pela lei dos gases ideais.
(j) Se as suposições da teoria cinética molecular forem corretas, então não haverá nenhuma combinação de temperatura e pressão em que determinado gás se tornará um líquido.

5.60 Compare e contraste a teoria atômica de Dalton e a teoria cinética molecular.

Seção 5.7 Quais são os tipos de forças de atração que existem entre as moléculas?

5.61 Indique se a afirmação é verdadeira ou falsa.
(a) Das forças de atração entre partículas, as forças de dispersão de London são as mais fracas, e as ligações covalentes, as mais fortes.
(b) Todas as ligações covalentes têm aproximadamente a mesma energia.
(c) As forças de dispersão de London surgem por causa da atração de dipolos temporários induzidos.
(d) Em geral, as forças de dispersão aumentam à medida que aumenta o tamanho das moléculas.
(e) As forças de dispersão de London ocorrem somente entre moléculas polares – não ocorrem entre átomos ou moléculas apolares.
(f) A existência das forças de dispersão de London explica o fato de que mesmo partículas pequenas e apolares, tais como Ne, He e H_2, podem ser liquefeitas se a temperatura for suficientemente baixa e a pressão suficientemente alta.
(g) Para gases apolares em TPP, a energia cinética média de suas partículas é maior que a força de atração entre partículas de gás.

(h) A interação dipolo-dipolo é a atração entre a extremidade positiva de um dipolo e a extremidade negativa de outro dipolo.
(i) Existem interações dipolo-dipolo entre moléculas de CO, mas não entre moléculas de CO_2.
(j) Se duas moléculas polares tiverem aproximadamente a mesma massa molecular, a força das interações dipolo-dipolo entre as moléculas de cada uma delas será aproximadamente a mesma.
(k) A ligação de hidrogênio refere-se à ligação covalente simples entre os dois átomos de hidrogênio em H—H.
(l) A força da ligação de hidrogênio na água líquida é aproximadamente a mesma que a de uma ligação covalente O—H na água.
(m) Ligação de hidrogênio, interações dipolo-dipolo e forças de dispersão de London têm em comum o fato de que as forças de atração entre as partículas são todas eletrostáticas (positivas para negativas e negativas para positivas).
(n) A água (H_2O, p.e. 100 °C) tem um ponto de ebulição mais alto que o do sulfeto de hidrogênio (H_2S, p.e. −61 °C) porque a ligação de hidrogênio entre as moléculas de H_2O é mais forte que a ligação de hidrogênio entre as moléculas de H_2S.
(o) A ligação de hidrogênio entre moléculas que contêm grupos N—H é mais forte que entre moléculas que contêm grupos O—H.

5.62 Quais são as forças mais fortes, as ligações covalentes intramoleculares ou as ligações de hidrogênio intermoleculares?

5.63 Sob quais condições o vapor d'água se comporta de forma mais ideal?
(a) 0,5 atm, 400 K   (b) 4 atm, 500 K
(c) 0,01 atm, 500 K

5.64 Podem a água e o dimetilssulfóxido, $(CH_3)_2S{=}O$, formar ligações de hidrogênio entre eles?

5.65 Que tipo de interações intermoleculares ocorre em (a) CCl_4 líquido e (b) CO líquido? Qual deles terá a tensão superficial mais alta?

5.66 Etanol, C_2H_5OH, e dióxido de carbono, CO_2, têm aproximadamente a mesma massa molecular, no entanto o dióxido de carbono é um gás em TPP e o etanol é um líquido. Como você explica essa diferença de propriedade física?

5.67 Podem as interações dipolo-dipolo ser mais fracas que as forças de dispersão de London? Explique.

5.68 Qual destes compostos tem ponto de ebulição mais alto: butano, C_4H_{10}, ou hexano, C_6H_{14}?

Seção 5.8 Como se descreve o comportamento dos líquidos em nível molecular?

5.69 Indique se a afirmação é verdadeira ou falsa:
(a) A lei dos gases ideais presume que não há forças de atração entre moléculas. Se isso fosse verdade, então não haveria líquidos.
(b) Diferentemente de um gás, cujas moléculas se movimentam livremente em qualquer direção, as moléculas em um líquido ocupam posições fixas, o que dá ao líquido um formato constante.
(c) Tensão superficial é a força que impede um líquido de ser esticado.
(d) A tensão superficial cria uma camada elástica sobre a superfície de um líquido.
(e) A água tem uma alta tensão superficial porque H_2O é uma molécula pequena.
(f) A pressão de vapor é proporcional à temperatura – à medida que aumenta a temperatura de uma amostra líquida, sua pressão de vapor também aumenta.
(g) Quando as moléculas de um líquido evaporam, a temperatura do líquido cai.
(h) A evaporação é um processo de esfriamento porque deixa poucas moléculas com alta energia no estado líquido.
(i) O ponto de ebulição de um líquido é a temperatura em que sua pressão de vapor é igual à pressão atmosférica.
(j) À medida que aumenta a pressão atmosférica, aumenta o ponto de ebulição de um líquido.
(k) A temperatura da água em ebulição está relacionada à intensidade da ebulição – quanto mais intensa, maior a temperatura da água.
(l) O fator mais importante na determinação dos pontos de ebulição relativos dos líquidos é a massa molecular – quanto maior a massa molecular, maior o ponto de ebulição.
(m) O etanol (CH_3CH_2OH, p.e. 78,5 °C) tem uma pressão de vapor maior, a 25 °C, que a da água (H_2O, p.e. 100 °C).
(n) O hexano ($CH_3CH_2CH_2CH_2CH_2CH_3$, p.e. 69 °C) tem um ponto de ebulição mais alto que o do metano (CH_4, p.e. −164 °C) porque o hexano tem mais sítios para ligação de hidrogênio entre suas moléculas que o metano.
(o) Uma molécula de água pode participar de ligações de hidrogênio através de cada um de seus átomos de hidrogênio e através do átomo de oxigênio.
(p) Para moléculas apolares de massa molecular comparável, quanto mais compacto o formato da molécula, mais alto o ponto de ebulição.

5.70 O ponto de fusão do cloroetano, CH_3CH_2Cl, é −136 °C, e seu ponto de ebulição, 12 °C. O cloroetano é um gás, um líquido ou um sólido em TPP?

Seção 5.9 Quais são as características dos vários tipos de sólidos?

5.71 Indique se a afirmação é verdadeira ou falsa.
(a) A formação de um líquido a partir de um sólido chama-se fusão; a formação de um sólido a partir de um líquido chama-se cristalização.
(b) A maioria dos sólidos tem densidade maior que suas formas líquidas.
(c) As moléculas de um sólido ocupam posições fixas.
(d) Cada composto tem uma e somente uma forma sólida (cristalina).
(e) O diamante e a grafite são ambos formas cristalinas do carbono.
(f) O diamante consiste em cristais hexagonais de carbono ordenados em um padrão repetitivo.
(g) O *nano* em nanotubo refere-se às dimensões da estrutura, que está na faixa do nanômetro (10^{-9} m).

(h) Nanotubos têm extensão de até 1 nm.
(i) Uma *buckyball* (C_{60}) tem um diâmetro de 1 nm.
(j) Todos os sólidos, se aquecidos a uma temperatura suficientemente alta, podem ser fundidos.
(k) O vidro é um sólido amorfo.

5.72 Que tipos de sólido têm os pontos de fusão mais altos? Quais têm os pontos de fusão mais baixos?

Seção 5.10 O que é uma mudança de fase e quais são as energias envolvidas?

5.73 Indique se a afirmação é verdadeira ou falsa.
(a) Uma mudança de fase de sólido para líquido chama-se fusão.
(b) Uma mudança de fase de líquido para gás chama-se ebulição.
(c) Se for adicionado calor, lentamente, a uma mistura de gelo e água líquida, a temperatura da amostra aumentará gradualmente até que todo o gelo seja derretido.
(d) Calor de fusão é o calor necessário para fundir 1 g de um sólido.
(e) Calor de vaporização é o calor necessário para evaporar 1 g de líquido no ponto de ebulição normal do líquido.
(f) Queimaduras por vapor d'água são mais nocivas à pele que as queimaduras por água quente porque o calor específico do vapor d'água é muito maior que o calor específico da água quente.
(g) O calor de vaporização da água é aproximadamente o mesmo que seu calor de fusão.
(h) O calor específico da água é o calor necessário para elevar a temperatura de 1 g de água de 0 °C a 100 °C.
(i) A fusão de um sólido é um processo exotérmico; a cristalização de um líquido é um processo endotérmico.
(j) A fusão de um sólido é um processo reversível; o sólido pode ser convertido em um líquido e o líquido reverter ao sólido sem mudança na composição da amostra.
(k) Sublimação é uma mudança de fase do sólido diretamente para gás.

5.74 Calcule o calor específico (Seção 1.9) do Freon-12 gasoso, CCl_2F_2, sabendo que são necessárias 170 cal para mudar a temperatura de 36,6 g de Freon-12 de 30 °C para 50 °C.

5.75 O calor de vaporização do Freon-12, CCl_2F_2, líquido é 4,71 kcal/mol. Calcule a energia necessária para vaporizar 39,2 g desse composto. A massa molecular do Freon-12 é 120,9 u.

5.76 O calor específico (Seção 1.19) do mercúrio é 0,0332 cal/g × °C. Calcule a energia necessária para elevar a temperatura de um mol de mercúrio líquido em 36 °C.

5.77 Com base na Figura 5.14, calcule a pressão de vapor do etano a: (a) 30 °C, (b) 40 °C e (c) 60 °C.

5.78 CH_4 e H_2O têm aproximadamente a mesma massa molecular. Qual deles tem maior pressão de vapor em temperatura ambiente? Explique.

5.79 O ponto de ebulição normal de uma substância depende tanto da massa da molécula como das forças de atração entre as moléculas. Arranje os compostos de cada grupo em ordem crescente de ponto de ebulição e explique sua resposta.
(a) HCl, HBr, HI
(b) O_2, HCl, H_2O_2

5.80 Considere a Figura 5.19. Quantas calorias são necessárias para trazer um mol de gelo a 0 °C ao estado líquido, em temperatura ambiente (23 °C)?

5.81 Compare o número de calorias absorvido quando 100 g de gelo a 0 °C são transformados em água líquida, a 37 °C, com o número de calorias absorvido quando 100 g de água líquida são aquecidos de 0 °C a 37 °C.

5.82 (a) Quanta energia é liberada quando 10 g de vapor d'água a 100 °C são condensados e esfriados até a temperatura do corpo (37 °C)?
(b) Quanta energia é liberada quando 100 g de água líquida são esfriados até a temperatura do corpo (37 °C)?
(c) Por que as queimaduras por vapor d'água são mais dolorosas que as queimaduras causadas por água quente?

5.83 Quando o vapor de iodo atinge uma superfície fria, formam-se cristais de iodo. Dê o nome da mudança de fase que é o inverso dessa condensação.

5.84 Se um bloco de gelo seco, CO_2, de 156 g é sublimado a 25 °C e 740 mm Hg, qual é o volume ocupado pelo gás?

5.85 O triclorofluorometano (Freon-11, CCl_3F) é usado como *spray* para entorpecer a pele em torno de pequenos arranhões e contusões. Reduzindo a temperatura da área tratada, ele entorpece as terminações nervosas que percebem a dor. Calcule o calor em quilocalorias que pode ser removido da pele por 1,00 mL de Freon-11. A densidade do Freon-11 é 1,49 g/mL, e seu calor de vaporização é 6,42 kcal/mol.

5.86 Usando o diagrama de fase da água (Figura 5.20), descreva o processo pelo qual se pode sublimar 1 g de gelo a −10 °C e a 1 atm de pressão para vapor d'água na mesma temperatura.

Conexões químicas

5.87 (Conexões químicas 5A) Qual tem entropia menor: um gás a 100 °C ou um gás a 200 °C? Explique.

5.88 (Conexões químicas 5A) Qual das formas de carbono apresentadas na Figura 5.18 tem a maior entropia?

5.89 (Conexões químicas 5B) O que acontece quando uma pessoa abaixa o diafragma da cavidade torácica?

5.90 (Conexões químicas 5C) No envenenamento por monóxido de carbono, a hemoglobina é incapaz de transportar oxigênio até os tecidos. Como o oxigênio chega às células quando um paciente é colocado em uma câmara hiperbárica?

5.91 (Conexões químicas 5D) Em um esfigmomanômetro, ouve-se o som do primeiro batimento à medida que a pressão constritiva da braçadeira é lentamente relaxada. Qual é a importância desse som de batimento?

5.92 (Conexões químicas 5E) Por que os danos feitos por uma geladura grave são irreversíveis?

5.93 (Conexões químicas 5E) Se você encher uma garrafa de vidro com água, tampá-la e esfriá-la a −10 °C, ela rachará. Explique.

5.94 (Conexões químicas 5F) De que maneira o CO_2 supercrítico apresenta algumas propriedades dos gases e algumas propriedades dos líquidos?

Problemas adicionais

5.95 Por que é difícil comprimir um líquido ou um sólido?

5.96 Explique, em termos da teoria cinética molecular, o que causa (a) a pressão de um gás e (b) a temperatura de um gás.

5.97 A unidade de pressão mais usada para calibrar pneus de automóveis e bicicletas é libras por polegada quadrada (lb/pol^2), abreviada psi (em inglês). O fator de conversão entre atm e psi é 1,00 atm = 14,7 psi. Suponha que o pneu de um automóvel seja enchido com uma pressão de 34 psi. Qual será a pressão em atm no pneu?

5.98 O gás em um tubo de aerossol encontra-se a uma pressão de 3,0 atm a 23 °C. Qual será a pressão do gás se a temperatura subir para 400 °C?

5.99 Por que os tubos de aerossol trazem a seguinte advertência: "Não incinerar"?

5.100 Sob certas condições meteorológicas (pouco antes de chover), o ar torna-se menos denso. Como essa mudança afeta a leitura da pressão barométrica?

5.101 Um gás ideal ocupa 387 mL a 275 mm Hg e 75 °C. Se a pressão mudar para 1,36 atm e a temperatura aumentar para 105 °C, qual será o novo volume?

5.102 Qual destes dois compostos apresenta interações intermoleculares mais fortes: CO ou CO_2?

5.103 Com base no que você aprendeu sobre forças intermoleculares, preveja qual destes líquidos tem o ponto de ebulição mais alto:
(a) Pentano, C_5H_{12}
(b) Clorofórmio, $CHCl_3$
(c) Água, H_2O

5.104 Um cilindro de 10 L é preenchido com gás N_2 até uma pressão de 35 polegadas Hg. Quantos mols de N_2 deverão ser adicionados ao recipiente para elevar a pressão a 60 polegadas Hg? Considere uma temperatura constante de 27 °C.

5.105 Quando preenchido, um típico cilindro de gás para churrasqueira contém 20 lb de gás PL (petróleo liquefeito), cujo principal componente é o propano, C_3H_8. Para esse problema, suponha que o propano seja a única substância presente.

(a) Como você explica o fato de que, ao ser colocado sob pressão, o propano pode ser liquefeito?
(b) Quantos quilogramas de propano há em um cilindro cheio?
(c) Quantos mols de propano há em um cilindro cheio?
(d) Se o propano contido em um cilindro cheio for passado para um recipiente flexível, que o volume ocupará em TPP?

5.106 Por que os gases são transparentes?

5.107 A densidade de um gás é 0,00300 g/cm^3 a 100 °C e 1 atm. Qual é a massa de um mol de gás?

5.108 O ponto de ebulição normal do hexano, C_6H_{14}, é 69 °C, e o do pentano, C_5H_{12}, é 36 °C. Preveja qual desses compostos terá a pressão de vapor maior a 20 °C.

5.109 Se 60,0 g de NH_3 ocupam 35,1 L sob uma pressão de 77,2 pol Hg, qual será a temperatura do gás em °C?

5.110 A água é líquida em TPP. O sulfeto de hidrogênio, H_2S, uma molécula mais pesada, é um gás sob as mesmas condições. Explique.

5.111 Por que a temperatura de um líquido cai como resultado da evaporação?

5.112 Qual é o volume de ar (21% de oxigênio), medido a 25 °C e 0,975 atm, necessário para oxidar completamente 3,42 g de óxido de alumínio, Al_2O_3?

Ligando os pontos

5.113 O mergulho, especialmente Scuba (*self-contained underwater breathing apparatus* [dispositivo autossuficiente para respiração subaquática]), submete o corpo a uma pressão cada vez maior. Cada 10 m (aproximadamente 33 pés) de água exerce uma pressão adicional de 1 atm sobre o corpo.

(a) Qual é a pressão sobre o corpo em uma profundidade de 100 pés?
(b) A pressão parcial do gás nitrogênio no ar a 1 atm é 593 mm Hg. Supondo que um mergulhador de Scuba respira ar comprimido, qual será a pressão parcial do nitrogênio que, saindo do tanque (cilindro) de respiração, entra nos pulmões a uma profundidade de 100 pés?
(c) A pressão parcial do gás oxigênio no ar a 2 atm é 158 mm Hg. Qual é a pressão parcial do oxigênio nos pulmões a uma profundidade de 100 pés?
(d) Por que é absolutamente essencial exalar vigorosamente em uma subida rápida de uma profundidade de 100 pés?

Soluções e coloides

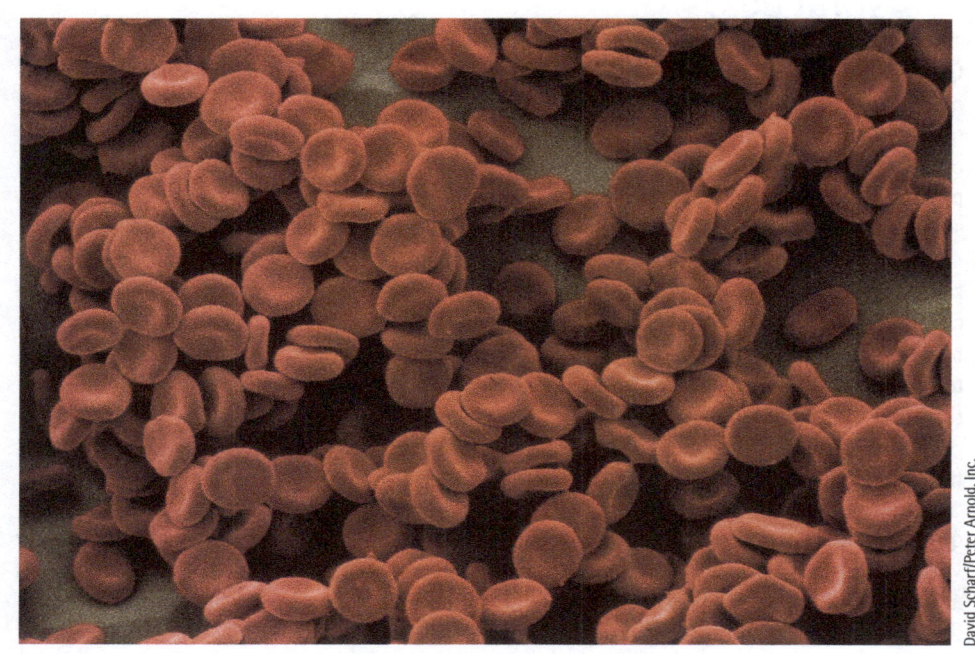

6

Células sanguíneas humanas em solução isotônica.

Questões-chave

6.1 O que é necessário saber por enquanto?
6.2 Quais são os tipos mais comuns de soluções?
6.3 Quais são as características que distinguem as soluções?
6.4 Quais são os fatores que afetam a solubilidade?
6.5 Quais são as unidades mais comuns para concentração?
6.6 Por que a água é um solvente tão bom?
6.7 O que são coloides?
6.8 O que é uma propriedade coligativa?

6.1 O que é necessário saber por enquanto?

No Capítulo 2, estudamos as substâncias puras – compostos feitos de dois ou mais elementos em uma proporção fixa. Esses sistemas são os mais fáceis de estudar, portanto foi conveniente começar por eles. Em nosso dia a dia, porém, é mais frequente encontrarmos misturas – sistemas que consistem em mais de um componente. Ar, fumaça, água do mar, leite, sangue e rochas, por exemplo, são misturas (Seção 2.2C).

Se uma mistura for totalmente uniforme no nível molecular, ela será denominada mistura homogênea ou, o que é mais usual, solução. Ar filtrado e água do mar, por exemplo, são, ambos, soluções transparentes. Entretanto, na maioria das rochas, podemos ver regiões distintas separadas umas das outras por limites bem definidos. Essas rochas são misturas heterogêneas. Outro exemplo é a mistura de areia e açúcar. Podemos distinguir facilmente entre os dois componentes; a mistura não ocorre no nível molecular (Figura 2.3). Assim, misturas são classificadas com base em sua aparência a olho nu.

Preparação de uma solução homogênea. Nitrato de níquel sólido, de cor verde, é misturado com a água, em que ele se dissolve para formar uma solução homogênea.

TABELA 6.1 Os tipos mais comuns de soluções

Soluto		Solvente	Aparência da solução	Exemplo
Gás	em	Líquido	Líquido	Água carbonatada
Líquido	em	Líquido	Líquido	Vinho
Sólido	em	Líquido	Líquido	Água salgada (solução salina)
Gás	em	Gás	Gás	Ar
Sólido	em	Sólido	Sólido	Ouro 14-quilates

A cerveja é uma solução em que um líquido (álcool), um sólido (malte) e um gás (CO_2) estão dissolvidos no solvente, a água.

Misturas podem ser homogêneas, como o latão, que é uma solução sólida de cobre e zinco. Também podem ser heterogêneas, como o granito, que contém discretas regiões de diferentes minerais (feldspato, mica e quartzo).

Liga Mistura homogênea de dois ou mais metais.

Muitas ligas são soluções sólidas. Um exemplo é o aço inoxidável que, em sua maior parte, é ferro, mas também contém carbono, cromo e outros elementos (ver também "Conexões químicas 2E").

Normalmente não usamos o termo "soluto" e "solvente" quando falamos de solução de gases em gases ou de sólidos em sólidos.

Alguns sistemas, no entanto, estão entre as misturas homogêneas e heterogêneas. Fumaça de cigarro, leite e plasma sanguíneo podem parecer homogêneos, mas não têm a transparência do ar ou da água do mar. Essas misturas são classificadas como dispersões coloidais (suspensões). Trataremos desses sistemas na Seção 6.7.

Embora as misturas possam conter muitos componentes, de modo geral limitaremos nossa discussão a sistemas de dois componentes, e tudo o que for mencionado aqui pode ser estendido aos sistemas de múltiplos componentes.

6.2 Quais são os tipos mais comuns de soluções?

Quando pensamos em uma solução, normalmente pensamos em um líquido. As soluções líquidas, como o açúcar e a água, são o tipo mais comum, mas há também soluções de gases ou sólidos. De fato, todas as misturas de gases são soluções. Como as moléculas de gás estão bem separadas umas das outras, e há muito espaço vazio entre elas, dois ou mais gases podem se misturar em quaisquer proporções. Como a mistura ocorre em nível molecular, sempre forma uma solução, isto é, não há misturas heterogêneas de gases.

Com os sólidos, estamos no extremo oposto. Toda vez que misturamos sólidos, quase sempre obtemos uma mistura heterogênea. Como pedaços microscópicos de sólidos ainda contêm bilhões de partículas (moléculas, íons ou átomos), não há como obter mistura em nível molecular. Misturas homogêneas de sólidos (ou **ligas**), tais como o latão, não existem, mas são feitas pela fusão dos sólidos, misturando os componentes fundidos e permitindo que a mistura solidifique.

A Tabela 6.1 mostra os cinco tipos mais comuns de soluções. Exemplos de outros tipos também são conhecidos, mas são muito menos importantes.

Quando uma solução consiste em um sólido ou um gás dissolvido em um líquido, o líquido é chamado **solvente**, e o sólido ou gás é denominado **soluto**. Um solvente pode ter vários solutos nele dissolvidos, até mesmo de diferentes tipos. Um exemplo comum é a água mineral, em que gases (dióxido de carbono e oxigênio) e sólidos (sais) são dissolvidos no solvente, a água.

Quando um líquido é dissolvido em outro, pode surgir uma dúvida sobre qual é o solvente e qual é o soluto. Aquele que aparece em maior quantidade geralmente é chamado solvente.

6.3 Quais são as características que distinguem as soluções?

A seguir, apresentamos algumas propriedades das soluções:

1. **A distribuição das partículas em uma solução é uniforme.**
   Cada parte da solução tem exatamente a mesma composição e as mesmas propriedades de todas as outras partes. Essa é, de fato, a definição de "homogêneo". Consequentemente, é comum não podermos distinguir uma solução de um solvente puro simplesmente olhando para a substância. Uma garrafa com água pura tem a mesma aparência de uma garrafa com água que contém sal ou açúcar dissolvidos. Em alguns casos, podemos distinguir olhando – por exemplo, se a solução é colorida e sabemos que o solvente é incolor.

2. **Os componentes de uma solução não se separam em repouso.**
   Uma solução de vinagre (ácido acético em água), por exemplo, nunca se separa.

3. **Uma solução não pode ser separada em seus componentes por filtração.**
   Tanto o solvente como o soluto atravessam o papel de filtro.

Conexões químicas 6A

Chuva ácida

O vapor d'água evaporado pelo sol dos oceanos, lagos e rios se condensa e forma nuvens de vapor que finalmente caem na forma de chuva. As gotas de chuva contêm pequenas quantidades de CO_2, O_2 e N_2. A tabela mostra que, desses gases, o CO_2 é o mais solúvel em água. Quando o CO_2 se dissolve na água, reage com uma molécula de água formando ácido carbônico, H_2CO_3.

$$CO_2(g) + H_2O(\ell) \longrightarrow H_2CO_3(aq)$$
Ácido carbônico

A acidez causada pelo CO_2 não é nociva, no entanto, contaminantes que resultam da poluição industrial podem criar um sério problema de chuva ácida. A queima de carvão ou de óleo que contém enxofre gera dióxido de enxofre, SO_2, altamente solúvel em água. O dióxido de enxofre no ar é oxidado a trióxido de enxofre, SO_3. A reação de dióxido de enxofre com água forma ácido sulfuroso, e a reação de trióxido de enxofre com água forma ácido sulfúrico.

$$SO_2 + H_2O \longrightarrow H_2SO_3$$
Dióxido de enxofre   Ácido sulfuroso

$$SO_3 + H_2O \longrightarrow H_2SO_4$$
Trióxido de enxofre   Ácido sulfúrico

A fundição, que é o derretimento ou a fusão de um minério como parte do processo de separação (refinamento), também produz outros gases solúveis. Em muitas partes do mundo, especialmente aquelas que estão próximas de áreas muito industrializadas, o resultado é uma chuva ácida que cai sobre florestas e lagos, prejudicando a vegetação e matando os peixes. Essa é a situação encontrada no leste dos Estados Unidos, na Carolina do Norte e nas montanhas Adirondack, no Estado de Nova York, e em partes da Nova Inglaterra, bem como no leste do Canadá, onde a chuva ácida tem sido observada cada vez com mais frequência.

Gás	Solubilidade (g/kg H_2O a 20 °C e 1 atm)
O_2	0,0434
N_2	0,0190
CO_2	1,688
H_2S	3,846
SO_2	112,80
NO_2	0,0617

4. **Dados quaisquer soluto e solvente, é possível preparar soluções com muitas composições diferentes.**
   Por exemplo, podemos facilmente preparar uma solução de 1 g de glicose em 100 g de água, ou 2 g, ou 6 g, ou 8,7 g, ou qualquer outra quantidade de glicose até o limite da solubilidade (Seção 6.4).

5. **As soluções são quase sempre transparentes.**
   Elas podem ser incolores ou coloridas, mas geralmente podemos ver através delas. Soluções sólidas são exceções.

6. **Soluções podem ser separadas em componentes puros.**
   Métodos comuns de separação incluem destilação e cromatografia, que podem ser vistos na parte deste livro que trata do laboratório. A separação de uma solução em seus componentes é uma transformação física, e não química.

6.4 Quais são os fatores que afetam a solubilidade?

A **solubilidade** de um sólido em um líquido é a quantidade máxima do sólido que se dissolverá em uma dada quantidade de determinado solvente, a certa temperatura. Suponha que queremos preparar uma solução de sal de cozinha (NaCl) em água. Pegamos um pouco de água, adicionamos alguns gramas de sal e mexemos. A princípio, vemos as partículas de sal suspensas na água. Logo, porém, todo o sal se dissolve. Isso pode ser repetido indefinidamente? A resposta é não – há um limite. A solubilidade do sal de cozinha é de 36,2 g por 100 g de água a 30 °C. Se adicionarmos mais sal do que essa quantidade, o excesso de sólido não vai se dissolver, mas vai permanecer suspenso enquanto mexermos e irá para o fundo quando pararmos de mexer.

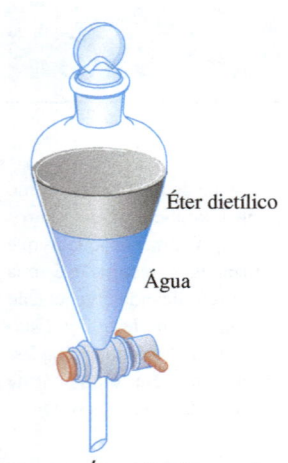

FIGURA 6.1 Éter dietílico e água formam duas camadas. Um funil de separação permite retirar a camada inferior.

Usamos a palavra "miscível" para indicar um líquido que se dissolve em outro líquido.

Solução supersaturada Solução que contém mais do que a quantidade de equilíbrio do soluto a uma dada temperatura e pressão.

Compostos polares dissolvem em compostos polares porque a extremidade positiva do dipolo de uma molécula atrai a extremidade negativa do dipolo da outra molécula.

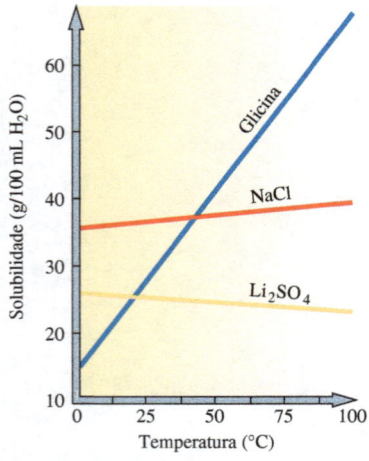

FIGURA 6.2 Solubilidades de alguns sólidos em água em função da temperatura. A solubilidade da glicina aumenta rapidamente, a do NaCl aumenta muito pouco, e a do Li_2SO_4 diminui com o aumento da temperatura.

A solubilidade é uma constante física, assim como o ponto de fusão ou o ponto de ebulição. Cada sólido tem uma solubilidade diferente em cada líquido. Alguns têm solubilidade muito baixa em determinado solvente, e geralmente chamamos esses sólidos de *insolúveis*. Outros têm solubilidade bem mais alta e são denominados *solúveis*. Mesmo para sólidos solúveis, há sempre um limite de solubilidade (ver na Seção 4.6 algumas generalizações úteis sobre solubilidade). O mesmo acontece com gases dissolvidos em líquidos. Diferentes gases apresentam diferentes solubilidades em um solvente (ver "Conexões químicas 6A"). Alguns líquidos são praticamente insolúveis em outros líquidos (gasolina em água), ao passo que outros são solúveis até certo limite. Por exemplo, 100 g de água dissolvem cerca de 6 g de éter dietílico (outro líquido). Se adicionarmos mais éter do que essa quantidade, veremos duas camadas (Figura 6.1).

Alguns líquidos, no entanto, são completamente solúveis em outros líquidos, não importando a quantidade presente. Um exemplo é o etanol, C_2H_6O, e água, que formam uma solução, independentemente das quantidades misturadas. Dizemos que água e etanol são **miscíveis** em todas as proporções.

Quando um solvente contém todo o soluto que ele pode manter em uma determinada temperatura, a solução é dita **saturada**. Qualquer solução que contenha uma quantidade menor do soluto é **insaturada**. Se adicionarmos mais soluto a uma solução saturada, a uma temperatura constante, aparentemente nenhum sólido adicional vai se dissolver, pois a solução já contém todo o soluto que pode conter. Na verdade, nessa situação ocorre um equilíbrio semelhante àquele abordado na Seção 5.8B. Algumas partículas do soluto adicional se dissolvem, mas igual quantidade sai da solução. Assim, mesmo não alterando a concentração do soluto dissolvido, as próprias partículas do soluto constantemente entram na solução e saem dela.

Uma solução **supersaturada** contém mais soluto no solvente do que normalmente pode conter em dada temperatura sob condições de equilíbrio. Uma solução supersaturada não é estável; quando de algum modo perturbada, seja por vibração quando é sacudida ou por agitação, o excesso de soluto precipita – assim a solução retorna ao equilíbrio e torna-se apenas saturada.

Se determinado soluto dissolve ou não em um solvente, isso vai depender de vários fatores, conforme veremos a seguir.

A. Natureza do solvente e do soluto

Quanto mais semelhantes os compostos, mais provável é que um deles seja solúvel no outro. Aqui a regra é: "semelhante dissolve semelhante". Essa não é uma regra absoluta, mas se aplica a grande número de casos.

Quando dizemos "semelhante", na maior parte das vezes queremos dizer similar em termos de polaridade. Em outras palavras, compostos polares dissolvem em solventes polares, e compostos apolares, em solventes apolares. Por exemplo, os líquidos benzeno (C_6H_6) e tetracloreto de carbono (CCl_4) são compostos apolares. Eles se dissolvem um no outro, e outros materiais apolares, tais como a gasolina, se dissolvem neles. Ao contrário, compostos iônicos como o cloreto de sódio (NaCl) e compostos polares como o açúcar de cozinha ($C_{12}H_{22}O_{11}$) são insolúveis nesses solventes.

O solvente polar mais importante é a água. Já vimos que a maioria dos compostos iônicos é solúvel em água, assim como os compostos covalentes pequenos que podem formar ligações de hidrogênio com as moléculas de água. Na Seção 6.6, tratamos da água como solvente.

B. Temperatura

Para a maioria dos sólidos e líquidos que se dissolvem em líquidos, a regra geral é que a solubilidade aumenta com a elevação da temperatura. Às vezes é grande o aumento na solubilidade, enquanto em outras ocasiões é apenas moderado. Para algumas substâncias, a solubilidade até diminui com a elevação da temperatura (Figura 6.2).

Por exemplo, a solubilidade da glicina, H_2N-CH_2-COOH, um sólido cristalino branco e componente polar de proteínas, é de 52,8 g em 100 g de água a 80 °C, mas é somente 33,2 g a 30 °C. Se prepararmos uma solução saturada de glicina em 100 g de água a 80 °C, ela conterá 52,8 g de glicina. Se permitirmos que a solução esfrie até 30 °C, quando a solubilidade será de 33,2 g, poderemos esperar que o excesso de glicina, 19,6 g, precipite da solução na forma de cristais. Isso geralmente acontece, mas em muitas ocasiões, não. Este último caso é um exemplo de **solução supersaturada**. Mesmo que a solução contenha mais glicina que a água pode normalmente manter a 30 °C, o excesso de glicina permanece na solução porque as moléculas precisam de um gérmen – uma superfície sobre a qual possam dar início à cristalização. Se não houver tal superfície, nenhum precipitado se formará.

Soluções supersaturadas não são, porém, indefinidamente estáveis. Se agitarmos ou mexermos, poderemos ver o excesso de sólido precipitar imediatamente (Figura 6.3). Outra maneira de cristalizar o excesso de soluto é adicionar um cristal do soluto, processo conhecido como **germinação**. O cristal-gérmen fornece a superfície sobre a qual convergem as moléculas do soluto.

Para os gases, a solubilidade em líquidos quase sempre diminui com o aumento da temperatura. O efeito da temperatura na solubilidade dos gases em água pode ter importantes consequências para os peixes, por exemplo. O oxigênio é apenas ligeiramente solúvel em água, e os peixes precisam do oxigênio para viver. Quando a temperatura de certa massa de água aumenta, talvez por causa da atividade de uma usina nuclear, a solubilidade do oxigênio diminui e pode tornar-se tão baixa que os peixes morrem. Essa situação é chamada poluição térmica.

FIGURA 6.3 Quando uma solução aquosa supersaturada de acetato de sódio ($CH_3COO^-Na^+$) é perturbada, o excesso de sal cristaliza rapidamente.

C. Pressão

A pressão tem pouco efeito sobre a solubilidade de líquidos ou sólidos. Para gases, no entanto, aplica-se a **lei de Henry**: quanto maior a pressão, maior a solubilidade de certo gás em um líquido. Esse conceito é a base da medicina hiperbárica discutida em "Conexões químicas 5C". Quando a pressão aumenta, mais O_2 se dissolve no plasma sanguíneo e chega aos tecidos a pressões mais altas que o normal (de 2 a 3 atm).

A lei de Henry também explica por que uma garrafa de cerveja ou de outra bebida carbonatada forma espuma quando aberta. A garrafa é vedada a uma pressão maior que 1 atm. Quando aberta a 1 atm, a solubilidade do CO_2 no líquido diminui. O excesso de CO_2 é liberado, formando bolhas, e o gás empurra para fora parte do líquido.

Lei de Henry A solubilidade de um gás em determinado líquido é diretamente proporcional à pressão.

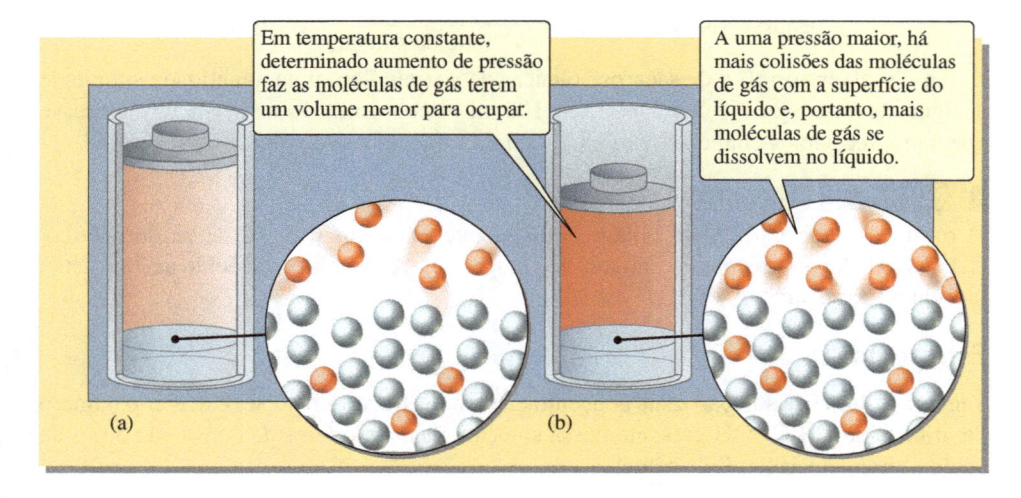

FIGURA 6.4 Lei de Henry. (a) Amostra de gás em um líquido sob pressão, em recipiente fechado. (b) A pressão é aumentada em temperatura constante, e assim mais gás se dissolve.

6.5 Quais são as unidades mais comuns para concentração?

Podemos expressar a quantidade de um soluto dissolvido em uma dada quantidade de solvente – isto é, a **concentração** da solução – de várias maneiras. Algumas unidades de concentração são mais apropriadas para certos propósitos do que outras. Às vezes, termos qualitativos são suficientes. Por exemplo, podemos dizer que uma solução é diluída ou concentrada. Esses termos nos dão pouca informação específica sobre a concentração, mas sabemos que uma solução concentrada contém mais soluto que determinada solução diluída.

Conexões químicas 6B

Bends

Mergulhadores em mar profundo encontram altas pressões (ver Problema 5.113). Para que possam respirar apropriadamente nessas condições, o oxigênio deve ser fornecido sob pressão. Houve uma época em que esse objetivo era alcançado com ar comprimido. À medida que a pressão se eleva, a solubilidade dos gases no sangue também aumenta. Isso é verdade especialmente para o nitrogênio, que constitui quase 80% do ar.

Quando os mergulhadores sobem para a superfície e a pressão de seus corpos diminui, a solubilidade do nitrogênio no sangue também diminui. Em consequência, o nitrogênio previamente dissolvido no sangue e nos tecidos começa a formar pequenas bolhas, especialmente nas veias. A formação de bolhas de gás (chamadas *bends*) pode prejudicar a circulação do sangue. Se essa condição se desenvolver sem controle, uma embolia pulmonar resultante pode ser fatal.

Se a subida do mergulhador for gradual, a expiração regular e a difusão através da pele removerão os gases dissolvidos. Mergulhadores usam câmaras de descompressão, onde a pressão alta é aos poucos reduzida para níveis normais.

Se, após um mergulho, ocorre a doença da descompressão, o paciente é colocado em uma câmara hiperbárica (ver "Conexões químicas 5C"), onde respira oxigênio puro a uma pressão de 2,8 atm. Na forma de tratamento padrão, a pressão é reduzida a 1 atm por um período de 6 horas.

O nitrogênio também tem um efeito narcótico sobre os mergulhadores, quando eles respiram ar comprimido a profundidades maiores que 40 m. Esse efeito, chamado "rapture of the deep", é semelhante à intoxicação alcoólica.

Por causa do problema causado pelo nitrogênio, o tanque dos mergulhadores é carregado com uma mistura de hélio e oxigênio em vez de ar. A solubilidade do hélio no sangue é menos afetada pela pressão que a solubilidade do nitrogênio.

A descompressão súbita e as *bends* resultantes são importantes não apenas em mergulhos no mar profundo, mas também em voos de grande altitude, especialmente voos orbitais.

Lei de Henry. Quanto maior for a pressão parcial do CO_2 sobre o refrigerante na garrafa, maior será a concentração do CO_2 dissolvido. Quando a garrafa é aberta, cai a pressão parcial do CO_2 e saem bolhas de CO_2 da solução.

Concentração percentual (% w/v) Número de gramas do soluto em 100 mL de solução.

Na maior parte das vezes, porém, precisamos de concentrações quantitativas. Por exemplo, uma enfermeira deve saber com precisão a quantidade de glicose a ser dada a um paciente. Existem muitos métodos para expressar concentração, mas neste capítulo veremos apenas os três mais importantes: concentração percentual, molaridade e partes por milhão (ppm).

A. Concentração percentual

Os químicos representam a **concentração percentual** de três maneiras. A mais comum é massa de soluto por volume de solução (w/v):

$$\text{Massa/volume (w/v)\%} = \frac{\text{massa do soluto}}{\text{volume da solução}} \times 100\%$$

Se dissolvermos 10 g de sacarose (açúcar de cozinha) em uma quantidade suficiente de água, de modo que o volume total seja 100 mL, a concentração será 10% w/v. Observe que aqui precisamos conhecer o volume total da solução, não o volume do solvente.[1]

Exemplo 6.1 Concentração percentual

O rótulo de uma garrafa de vinagre mostra que ela contém 5,0% de ácido acético, CH_3COOH. A garrafa contém 240 mL de vinagre. Quantos gramas de ácido acético estão presentes na garrafa?

Estratégia

Temos o volume da solução e sua concentração em massa/volume. Para calcular o número de gramas de CH_3COOH presente nessa solução, usamos o fator de conversão 5,0 g de ácido acético em 100 mL de solução.

Solução

$$\text{solução de 240 mL} \times \frac{5{,}0 \text{ g CH}_3\text{COOH}}{\text{solução de 100 mL}} = 12 \text{ g CH}_3\text{COOH}$$

Problema 6.1

Como preparar 250 mL de uma solução de KBr 4,4% w/v em água? Suponha que tenha disponível um balão volumétrico de 250 mL.

---

[1] Neste texto será usada a notação w/v (w do inglês *weight*) para este tipo de percentagem de concentração, em vez de m/v (m de massa), para diferenciar da expressão da densidade de uma substância ou de uma solução, que também são representadas pela razão m/v, sendo que, obviamente, m e v se referem à massa e volume particulares em cada caso. Note que as unidades de massa e volume utilizadas para o cálculo desta porcentagem (w/v) devem ser sempre em gramas e mililitros ou nas respectivas unidades múltiplas de que são equivalentes, por exemplo, quilogramas e litros. Veja o texto na lateral da página. (NRT)

Uma segunda maneira de representar concentração percentual é massa do soluto por massa da solução (m/m):[2]

$$\text{Massa/massa (m/m)\%} = \frac{\text{massa do soluto}}{\text{massa da solução}} \times 100\%$$

[2] A porcentagem de concentração (m/m%) é muito importante e conhecida como porcentagem em massa ou porcentagem em peso, apesar de esta última não ser um termo correto. (NRT)

Exemplo 6.2 Porcentagem massa/volume

Se 6,0 g de NaCl forem dissolvidos em água suficiente para preparar 300 mL de solução, qual será a porcentagem w/v de NaCl?

Estratégia

Para calcular a porcentagem w/v, dividimos a massa do soluto pelo volume da solução e multiplicamos por 100%:

Solução

$$\frac{6{,}0\ g\ \text{Na Cl}}{\text{solução de 300 mL}} \times 100\% = 2{,}0\%\ \text{w/v}$$

Problema 6.2

Se 6,7 g de iodeto de lítio, LiI, forem dissolvidos em água suficiente para preparar 400 mL de solução, qual será a porcentagem w/v de LiI?

Cálculos de porcentagem m/m são basicamente iguais aos cálculos de porcentagem w/v, exceto que usamos a massa da solução em vez do volume. O balão volumétrico não é usado para essas soluções. (Por que não?)

Finalmente, podemos representar concentração percentual como porcentagem do volume do soluto por volume da solução:

$$\text{Volume/volume (v/v)\%} = \frac{\text{volume do soluto}}{\text{volume da solução}} \times 100\%$$

A unidade porcentagem v/v é usada somente para soluções de líquidos em líquidos – principalmente bebidas alcoólicas. Por exemplo, 40% v/v de etanol em água significa que foram adicionados 40 mL de etanol a uma quantidade suficiente de água para preparar 100 mL de solução. Essa solução poderia também ser chamada de teor alcoólico 80, em que o teor alcoólico de uma bebida alcoólica é duas vezes a concentração percentual v/v.

Uma solução 40% v/v de etanol em água tem um teor alcoólico 80. O teor alcoólico é duas vezes a concentração percentual (v/v%) do etanol em água.

B. Molaridade

Para muitos fins, é mais fácil expressar concentração com os métodos de porcentagem de massa ou volume já discutidos. Quando, porém, queremos focalizar o número de moléculas presente, precisamos de outra unidade de concentração. Por exemplo, uma solução 5% de glicose em água não contém o mesmo número de moléculas do soluto que uma solução 5% de etanol em água. É por isso que os químicos geralmente usam a molaridade. **Molaridade (M)** é definida como o número de mols do soluto dissolvido em 1 L da solução. As unidades da molaridade são mols por litro.

$$\text{Molaridade } (M)\% = \frac{\text{mols de soluto } (n)}{\text{volume de solução (L)}}$$

Assim, no mesmo volume de solução, uma solução 0,2 M de glicose, $C_6H_{12}O_6$, em água contém o mesmo número de moléculas de soluto que uma solução 0,2 M de etanol, C_2H_6O, em água. De fato, essa relação é verdadeira para iguais volumes de qualquer solução, contanto que as molaridades sejam as mesmas.

Podemos preparar uma solução de dada concentração w/v, exceto que usamos mols em vez de gramas em nossos cálculos. Podemos sempre descobrir quantos mols do soluto estão presentes em qualquer volume de uma solução de molaridade conhecida, usando a seguinte relação:

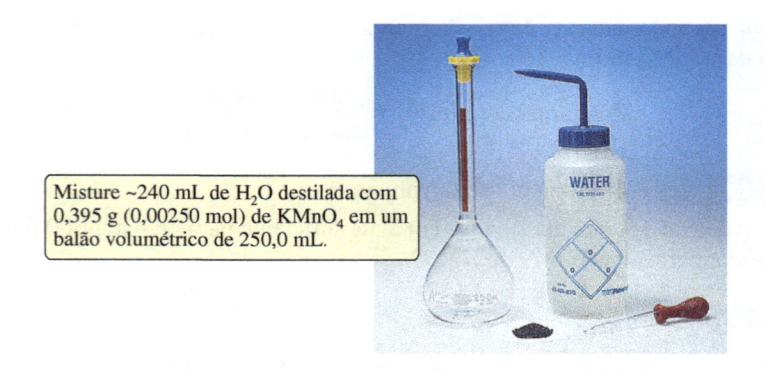

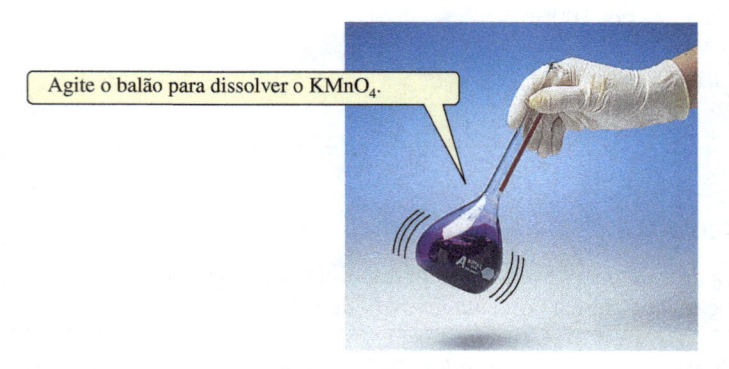

Misture ~240 mL de H₂O destilada com 0,395 g (0,00250 mol) de KMnO₄ em um balão volumétrico de 250,0 mL.

Agite o balão para dissolver o KMnO₄.

Depois que o sólido se dissolver, adicione água suficiente para encher o balão até a marca, que indica um volume de 250,0 mL.

Agite o balão novamente para misturar por completo seu conteúdo. O balão agora contém 250,0 mL de uma solução 0,0100 M de KMnO₄.

FIGURA 6.5 Preparação de uma solução a partir de um soluto sólido. Solução aquosa 0,0100 M de KMnO₄.

$$\text{Molaridade} \times \text{volume em litros} = \text{número de mols}$$

$$\frac{\text{mols}}{\text{litros}} \times \text{litros} = \text{mols}$$

A solução é então preparada conforme mostra a Figura 6.5.

Exemplo 6.3 Molaridade

Como preparamos 2,0 L de uma solução aquosa 0,15 M de hidróxido de sódio, NaOH?

Estratégia

Temos NaOH sólido e queremos 2,0 L de uma solução 0,15 M. Primeiro, calculamos quantos mols de NaOH estão presentes em 2,0 L dessa solução, depois convertemos número de mols em gramas.

Solução

1ª etapa: Determine o número de mols de NaOH em 2,0 L dessa solução. Para esse cálculo, usamos molaridade como fator de conversão:

$$\frac{0{,}15 \text{ mol NaOH}}{1{,}0 \text{ L}} \times 2{,}0 \text{ L} = 0{,}30 \text{ mol NaOH}$$

2ª etapa: Para converter 0,30 mol de NaOH em gramas de NaOH, usamos a massa molar de NaOH (40,0 g/mol) como fator de conversão:

$$0,30 \text{ mol NaOH} \times \frac{40,0 \text{ g NaOH}}{1 \text{ mol NaOH}} = 12 \text{ g NaOH}$$

3ª etapa: Para preparar essa solução, colocamos 12 g de NaOH em um balão volumétrico de 2 L, adicionamos um pouco de água, agitamos até que o sólido se dissolva e depois enchemos o balão com água até a marca de 2 L.

Problema 6.3

Como preparar 2,0 L de uma solução aquosa 1,06 M de KCl?

Exemplo 6.4 — Molaridade

Se dissolvermos 18,0 g de Li_2O (massa molar = 29,9 g/mol) em água suficiente para preparar 500 mL de solução, qual será a molaridade da solução?

Estratégia

Temos 18,0 g de Li_2O em 500 mL de água e queremos a molaridade da solução. Primeiro calculamos o número de mols do Li_2O em 18,0 g de Li_2O e depois convertemos de mols por 500 mL para mols por litro.

Solução

Para calcular o número de mols de Li_2O num litro de solução, usamos dois fatores de conversão: massa molar de Li_2O = 29,9 g e 1.000 mL = 1 L.

$$\frac{18,0 \text{ g Li}_2\text{O}}{500 \text{ mL}} \times \frac{1 \text{ mol Li}_2\text{O}}{29,9 \text{ g Li}_2\text{O}} \times \frac{1.000 \text{ mL}}{1 \text{ L}} = 1,20 \, M$$

Problema 6.4

Se dissolvermos 0,440 g de KSCN em água suficiente para preparar 340 mL de solução, qual será a molaridade da solução resultante?

Exemplo 6.5 — Molaridade

A concentração de cloreto de sódio no soro sanguíneo é de aproximadamente 0,14 M. Que volume de soro sanguíneo contém 2,0 g de NaCl?

Estratégia

Temos a concentração em mols por litro e devemos calcular o volume de sangue que contém 2,0 g de NaCl. Para descobrir o volume de sangue, usamos dois fatores de conversão: a massa molar de NaCl é 58,4 g, e a concentração de NaCl no sangue é 0,14 M.

Solução

$$2,0 \text{ g NaCl} \times \frac{1 \text{ mol NaCl}}{58,4 \text{ g NaCl}} \times \frac{1 \text{ L}}{0,14 \text{ mol NaCl}} = 0,24 \text{ L} = 2,4 \times 10^2 \text{ mL}$$

Observe que a resposta em mL deve ser expressa em não mais que dois algarismos significativos porque a massa de NaCl (2,0 g) é dada em apenas dois algarismos significativos. Escrever a resposta como 240 mL seria expressá-la até quatro algarismos significativos. Resolvemos o problema dos algarismos significativos expressando a resposta em notação científica.

Problema 6.5

Se uma solução de glicose 0,300 M está disponível para infusão intravenosa, quantos mililitros dessa solução são necessários para liberar 10,0 g de glicose?

Exemplo 6.6   Molaridade

Quantos gramas de HCl estão presentes em 225 mL de HCl 6,00 M?

Estratégia

Temos 225 mL de HCl 6,00 M e devemos calcular quantos gramas de HCl estão presentes. Usamos dois fatores de conversão: a massa molar de HCl = 36,5 g e 1.000 mL = 1 L.

Solução

$$225 \text{ mL} \times \frac{1 \text{ L}}{1.000 \text{ mL}} \times \frac{6,00 \text{ mol HCl}}{1 \text{ L}} \times \frac{36,5 \text{ g HCl}}{1 \text{ mol HCl}} = 49,3 \text{ g HCl}$$

Problema 6.6

Um certo vinho contém $NaHSO_3$ (bissulfito de sódio) 0,010 M como conservante. Quantos gramas de bissulfito de sódio devem ser adicionados a um tonel de 100 galões para atingir essa concentração? Considere que não haverá nenhuma mudança de volume com a adição do bissulfito de sódio.

C. Diluição

Frequentemente preparamos uma solução diluindo soluções concentradas, em vez de pesarmos solutos puros (Figura 6.6). Como adicionamos apenas o solvente durante a diluição, o número de mols do soluto permanece inalterado. Antes da diluição, a equação que se aplica é

$$M_1 V_1 = \text{mols}$$

Após a diluição, houve mudança no volume e na molaridade, e temos

$$M_2 V_2 = \text{mols}$$

Como o número de mols do soluto é o mesmo antes e após a diluição, podemos dizer que

$$M_1 V_1 = M_2 V_2$$

> Podemos usar esta equação prática (cujas unidades são mols = mols) em problemas de diluição.

Exemplo 6.7   Diluição

Suponha que tenhamos um frasco com ácido acético concentrado (6,0 M). Como preparar 200 mL de uma solução 3,5 M de ácido acético?

Estratégia

Temos $M_1 = 6,0$ M e devemos calcular V_1. Também temos $M_2 = 3,5$ M e $V_2 = 200$ mL, isto é, $V_2 = 0,200$ L.

Solução

$$M_1 V_1 = M_2 V_2$$

$$\frac{6,0 \text{ mols}}{1,0 \text{ L}} \times V_1 = \frac{3,5 \text{ mols}}{1,0 \text{ L}} \times 0,200 \text{ L}$$

Resolvendo essa equação para V_1, temos:

$$V_1 = \frac{3,5 \text{ mols} \times 0,200 \text{ L}}{6,0 \text{ mols}} = 0,12 \text{ L}$$

Para preparar essa solução, colocamos 0,12 L ou 120 mL de ácido acético concentrado em um balão volumétrico de 200 mL, adicionamos um pouco de água, mexemos e depois preenchemos com água até a marca.

Problema 6.7

Temos uma solução 12,0 M de HCl e queremos preparar 300 mL de uma solução 0,600 M. Como deveremos prepará-la?

Uma equação semelhante pode ser usada para problemas de diluição envolvendo concentrações percentuais:

$$\%_1 V_1 = \%_2 V_2$$

Exemplo 6.8 Diluição

Suponha que tenhamos uma solução de 50% w/v de NaOH. Como preparar 500 mL de uma solução de NaOH 0,50% w/v?

Estratégia

Temos NaOH 50% w/v e devemos preparar 500 mL (V_2) de uma solução V_1 0,50%. Usamos a relação:

$$\text{Porcentagem}_1 \times V_1 = \text{Porcentagem}_2 \times V_2$$

Solução

$$(50\%) \times V_1 = (0{,}50\%) \times 500 \text{ mL}$$

$$V_1 = \frac{0{,}50\% \times 500 \text{ mL}}{50\%} = 5{,}0 \text{ mL}$$

Para preparar essa solução, adicionamos 5,0 mL da solução 50% w/v (solução concentrada) a um balão volumétrico de 500 mL; depois adicionamos um pouco de água e misturamos, enchendo em seguida com água até a marca. Observe que essa é uma diluição em um fator 100.

Problema 6.8

Uma solução concentrada de KOH 15% w/v está disponível. Como preparar 20,0 mL de uma solução 0,10% w/v de KOH?

FIGURA 6.6 Preparação de uma solução por diluição. Aqui 100 mL de dicromato de potássio, $K_2Cr_2O_7$, 0,100 M são diluídos a 1,000 L. O resultado é a diluição por um fator 10.

D. Partes por milhão

Às vezes precisamos lidar com soluções muito diluídas – por exemplo, 0,0001%. Nesses casos, é mais conveniente usar a unidade **partes por milhão (ppm)** para expressar a concentração. Por exemplo, se a água potável estiver poluída com íons chumbo em uma extensão de 1 ppm, isso significa que há 1 mg de íons chumbo em 1 kg de (1 L) de água. Quando apresentamos a concentração em ppm, as unidades devem ser as mesmas para o

$$\text{ppm} = \frac{\text{g soluto}}{\text{g solução}} \times 10^6$$

$$\text{ppb} = \frac{\text{g soluto}}{\text{g solução}} \times 10^9$$

soluto e o solvente – por exemplo, mg de soluto por 10^6 mg de solução. Algumas soluções são tão diluídas que usamos **partes por bilhão (ppb)** para expressar suas concentrações.

Exemplo 6.9 Partes por milhão (ppm)

Certifique-se de que 1 mg de chumbo em 1 kg de água potável seja equivalente a 1 ppm de chumbo.

Estratégia

As unidades que temos são miligramas e quilogramas. Para reportar em ppm, devemos convertê-las em uma unidade comum, digamos, gramas. Para esse cálculo, usamos dois fatores de conversão: 1.000 mg = 1 g e 1 kg de solução = 1.000 g de solução.

Solução

1ª etapa: Primeiro calculamos a massa (em gramas) de chumbo:

$$1 \text{ mg chumbo} \times \frac{1 \text{ g chumbo}}{1.000 \text{ mg chumbo}} = 1 \times 10^{-3} \text{ g chumbo}$$

2ª etapa: em seguida, calculamos a massa (em gramas) da solução:

$$1 \text{ kg solução} \times \frac{1.000 \text{ g solução}}{1 \text{ kg solução}} = 1 \times 10^3 \text{ g solução}$$

3ª etapa: Finalmente usamos esses valores para calcular a concentração do chumbo em ppm:

$$\text{ppm} = \frac{1 \times 10^{-3} \text{ g chumbo}}{1 \times 10^3 \text{ g solução}} \times 10^6 = 1 \text{ ppm}$$

Problema 6.9

O hidrogenossulfato de sódio, $NaHSO_4$, que se dissolve em água liberando o íon H^+, é usado para ajustar o pH da água em piscinas. Suponha que adicionemos 560 g de $NaHSO_4$ a uma piscina que contém $4,5 \times 10^5$ L de água a 25 °C. Qual será a concentração do íon Na^+ em ppm?

Métodos modernos de análise nos permitem detectar concentrações muito pequenas. Algumas substâncias são nocivas mesmo em concentrações medidas em ppb. Uma delas é a dioxina, uma impureza do herbicida 2,4,5-T, usado pelos Estados Unidos como desfolhante no Vietnã.

6.6 Por que a água é um solvente tão bom?

A água cobre aproximadamente 75% da superfície da Terra na forma de oceanos, camadas polares, glaciares, lagos e rios. O vapor d'água está sempre presente na atmosfera. A vida evoluiu na água, e sem esta a vida como a conhecemos não poderia existir. O corpo humano é aproximadamente 60% água. Essa água é encontrada no interior das células do corpo (intracelular) e fora delas (extracelular). A maior parte das reações químicas importantes nos tecidos vivos ocorre em solução aquosa; a água serve como solvente para transportar reagentes e produtos de um lugar para outro do corpo. A água é também ela própria um reagente ou produto em muitas reações bioquímicas. As propriedades que tornam a água um solvente tão bom são sua polaridade e sua capacidade de estabelecer ligações de hidrogênio (Seção 5.7C).

A. Como a água dissolve compostos iônicos?

Vimos na Seção 3.5 que compostos iônicos no estado sólido são formados por um arranjo regular de íons em um retículo cristalino. A coesão do cristal deve-se às ligações iônicas, que são atrações eletrostáticas entre íons positivos e negativos. A água, é claro, é uma molécula polar. Quando um composto sólido iônico é adicionado à água, as moléculas de água circundam os íons na superfície do cristal. Os íons negativos (ânions) atraem os polos positivos das moléculas de água, e os positivos (cátions) atraem os polos negativos das moléculas de água (Figura 6.7). Cada íon atrai múltiplas moléculas de água. Quando a força de atração combinada em relação às moléculas de água é maior que a força de atração das ligações iônicas que mantêm os íons no cristal, os íons serão completamente deslocados. Moléculas de água agora circundam o íon removido do cristal (Figura 6.8). Esses íons recebem o nome de **hidratados**. Um termo mais geral, que abrange todos os solventes, é **solvatado**. A camada de solvatação – isto é, a capa circundante de moléculas do solvente – age como uma almofada. Impede que um ânion solvatado entre em colisão com um cátion solvatado, mantendo assim em solução os íons solvatados.

Nem todos os sólidos iônicos são solúveis em água. Algumas regras para prever solubilidades foram apresentadas na Seção 4.6.

O ponto na fórmula $CaSO_4 \cdot 2H_2O$ indica que H_2O está presente no cristal, mas não covalentemente ligado aos íons Ca^{2+} ou SO_4^{2-}.

B. Sólidos hidratados

A atração entre íons e moléculas de água é tão forte em alguns casos que as moléculas de água são parte integrante da estrutura cristalina dos sólidos. As moléculas de água de um cristal são chamadas **água de hidratação**. As substâncias que contêm água em seus cristais são elas próprias chamadas **hidratadas**.[3] Por exemplo, a gipsita e o gesso são hidratados de sulfato de cálcio: gipsita é sulfato de cálcio di-hidratado, $CaSO_4 \cdot 2H_2O$, e gesso é sulfato de cálcio mono-hidratado, $(CaSO_4)_2 \cdot H_2O$. Alguns hidratos se prendem com tenacidade a suas moléculas de água. Para removê-las, os cristais devem ser aquecidos por algum tempo a altas temperaturas. O cristal sem sua água de hidratação é chamado **anidro**. Em muitos casos, cristais anidros atraem água com tanta força que absorvem o vapor d'água do ar. Ou seja, alguns cristais anidros tornam-se hidratados pela exposição ao ar. Esses cristais são chamados **higroscópicos**.

Cristais hidratados geralmente são diferentes das formas anidras. Por exemplo, o sulfato de cobre penta-hidratado, $CuSO_4 \cdot 5H_2O$, é azul, mas a forma anidra, $CuSO_4$, é branca (Figura 6.9).

[3] Os compostos hidratados tanto inorgânicos como orgânicos também são chamados hidratos. (NRT)

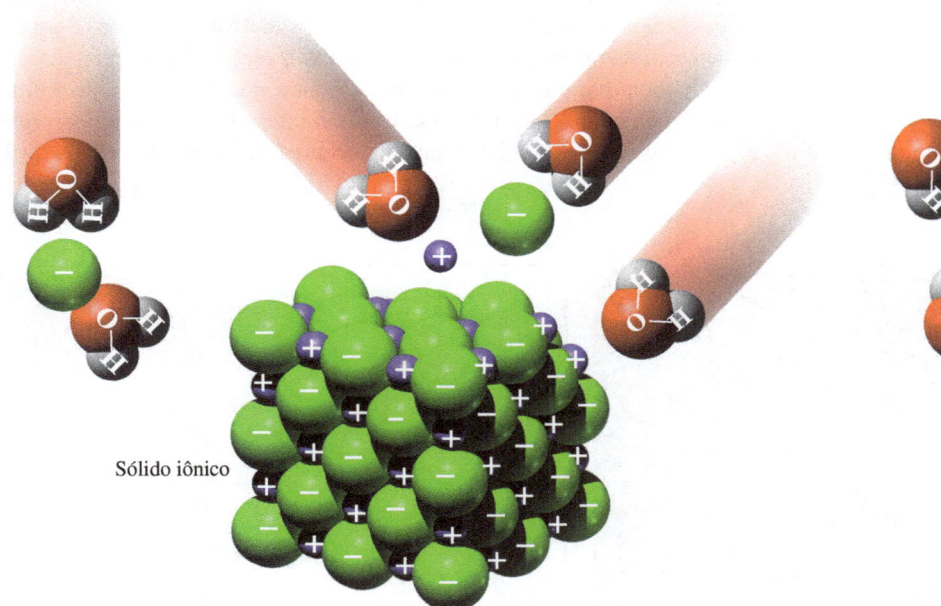

FIGURA 6.7 Quando a água dissolve um composto iônico, as moléculas de água removem ânions e cátions da superfície do sólido, além de circundarem os íons.

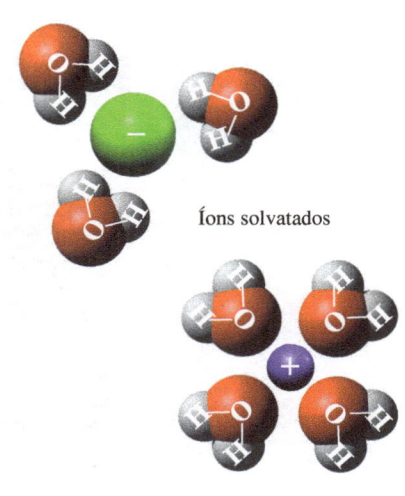

FIGURA 6.8 Ânions e cátions solvatados pela água.

Substância higroscópica
Substância capaz de absorver vapor d'água do ar.

Se quisermos que um composto higroscópico permaneça anidro, devemos colocá-lo em um recipiente vedado e sem vapor d'água.

A diferença entre cristais hidratados e anidros às vezes tem efeito no organismo. Por exemplo, o composto urato de sódio existe na forma anidra como cristais esféricos, mas na forma mono-hidratada aparece como cristais com formato de agulha (Figura 6.10). A deposição de urato de sódio mono-hidratado nas juntas (especialmente no dedo grande do pé) causa gota.

C. Eletrólitos

Íons em água migram de um lugar para outro, mantendo a carga durante a migração. Consequentemente, soluções de íons conduzem eletricidade, e o fazem porque íons em solução migram independentemente uns dos outros. Como mostra a Figura 6.11, os cátions migram para o eletrodo negativo, o **cátodo**, e os ânions migram para o eletrodo positivo, o **ânodo**. O movimento dos íons forma uma corrente elétrica. A migração dos íons completa o circuito iniciado pela bateria e pode fazer uma lâmpada elétrica acender (ver também "Conexões químicas 4B").

Uma substância como o cloreto de potássio, que conduz corrente elétrica quando dissolvida em água ou quando em estado de fusão, é chamada **eletrólito**. Íons K^+ hidratados transportam cargas positivas, e íons Cl^- hidratados transportam cargas negativas; como resultado, a lâmpada da Figura 6.11 acenderá se esses íons estiverem presentes. Uma substância que não conduz eletricidade é chamada **não eletrólito**. A água destilada, por exemplo, é um não eletrólito. A lâmpada que aparece na Figura 6.11 não acenderá se houver apenas água destilada no béquer. No entanto, com água de torneira no béquer, a lâmpada apresenta um brilho fraco. A água de torneira contém íons suficientes para conduzir eletricidade, mas sua concentração é tão baixa que a solução conduzirá pouca eletricidade.

Como podemos ver, a condutância elétrica depende da concentração dos íons. Quanto maior for a concentração, maior será a condutância elétrica da solução. No entanto, existem diferenças nos eletrólitos. Se pegarmos NaCl aquoso 0,1 M e compararmos com ácido acético (CH_3COOH) 0,1 M, veremos que a solução de NaCl acende a lâmpada com mais brilho, mas com o ácido acético o brilho é fraco. Poderíamos esperar que as duas soluções se comportassem de modo semelhante, já que ambas têm a mesma concentração, 0,1 M, e cada composto fornece dois íons, um cátion e um ânion (Na^+ e Cl^-, H^+ e CH_3COO^-). A razão de se comportarem diferentemente é que, enquanto o NaCl se dissocia completamente em dois íons (cada um deles hidratado e com movimento independente), no caso do CH_3COOH somente algumas moléculas se dissociam em íons. A maioria das moléculas de ácido acético não se dissocia, e moléculas não dissociadas não conduzem eletricidade. Compostos que se dissociam completamente são chamados **eletrólitos fortes**, e aqueles que se dissociam apenas parcialmente em íons são chamados **eletrólitos fracos**.

Eletrólitos são componentes importantes do corpo porque ajudam a manter o equilíbrio ácido-base e o equilíbrio da água. Os cátions mais importantes nos tecidos do corpo humano são: Na^+, K^+, Ca^{2+} e Mg^{2+}. Os ânions mais importantes no corpo são: HCO_3^-, Cl^-, HPO_4^{2-} e $H_2PO_4^-$.

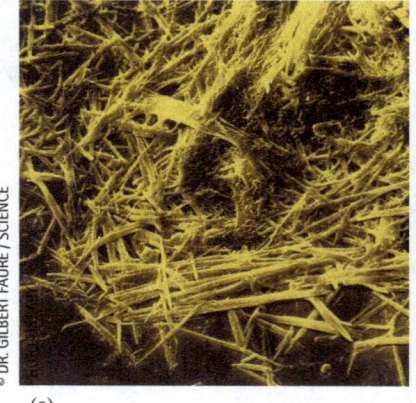

FIGURA 6.9 Quando o sulfato de cobre (II) hidratado, $CuSO_4 \cdot 5H_2O$, de cor azul, é aquecido e o composto libera sua água de hidratação, ele muda para o sulfato de cobre (II) anidro, $CuSO_4$, de cor branca.

(a) (b)
FIGURA 6.10 (a) Os cristais de urato de sódio mono-hidratado, em forma de agulha, que causam a gota. (b) A dor da gota mostrada por um cartunista.

D. Como a água dissolve compostos covalentes?

A água é um bom solvente não só para compostos iônicos, mas também para muitos compostos covalentes. Em alguns casos, os compostos covalentes se dissolvem porque reagem com a água. Um exemplo de composto covalente que se dissolve em água é o HCl. O HCl é um gás (de odor penetrante e sufocante) que ataca as membranas mucosas dos olhos, do nariz e da garganta. Quando dissolvidas em água, as moléculas de HCl reagem com a água, liberando íons:

$$HCl(g) + H_2O(\ell) \longrightarrow Cl^-(aq) + H_3O^+(aq)$$
Cloreto de hidrogênio   Íon hidrônio

Outro exemplo é o gás trióxido de enxofre, que reage com a água da seguinte maneira:

$$SO_3(g) + 2H_2O(\ell) \longrightarrow H_3O^+(aq) + HSO_4^-(aq)$$
Trióxido de enxofre   Íon hidrônio

Como o HCl e o SO_3 são completamente convertidos em íons em solução aquosa diluída, essas soluções são soluções iônicas e se comportam como outros eletrólitos (conduzem corrente). No entanto, HCl e SO_3 são eles mesmos compostos covalentes, diferentemente de sais como NaCl.

A maioria dos compostos covalentes que se dissolvem na água de fato não reage com ela. Eles se dissolvem porque as moléculas de água circundam a molécula covalente e a solvatam. Por exemplo, quando o metanol, CH_3OH, se dissolve na água, suas moléculas são solvatadas pelas moléculas de água (Figura 6.12).

Há um modo simples de prever quais são os compostos covalentes que se dissolvem em água e quais não. Compostos covalentes se dissolverão em água se puderem formar pontes de hidrogênio com a água, e contanto que as moléculas do soluto sejam razoavelmente pequenas. A ligação de hidrogênio será possível entre duas moléculas se uma delas contiver um átomo de O ou N (um aceptor de ligação de hidrogênio), e a outra, uma ligação O—H ou N—H (um doador de ligação de hidrogênio). Toda molécula de água contém um átomo de O e ligações O—H. Portanto, a água pode formar ligações de hidrogênio com qualquer molécula que também contenha um átomo de O ou N ou uma ligação O—H ou N—H. Se essas moléculas forem suficientemente pequenas, elas serão solúveis em água. Quão pequenas? Em geral, não devem ter mais que três átomos de C para cada átomo de O ou N.

Por exemplo, o ácido acético, CH_3COOH, é solúvel em água, mas o ácido benzoico, C_6H_5COOH, não é. Igualmente, o etanol, C_2H_6O, é solúvel em água, mas o éter dipropílico, $C_6H_{14}O$, não é. O açúcar de cozinha, $C_{12}H_{22}O_{11}$ (Seção 20.4A), é bastante solúvel em água. Embora cada molécula de sacarose contenha um grande número (12) de átomos de carbono, tem tantos átomos de oxigênio (11) que forma muitas ligações de hidrogênio com moléculas de água; assim, uma molécula de sacarose em solução aquosa está muito bem solvatada.

Como generalização, as moléculas covalentes que não contêm átomos de O ou N são quase sempre insolúveis em água. Por exemplo, o metanol, CH_3OH, é infinitamente solúvel em água, mas o clorometano, CH_3Cl, não é. A exceção a essa generalização é o caso raro em que o composto covalente reage com a água – por exemplo, HCl.

E. A água do corpo

A água é importante no corpo não só porque dissolve substâncias iônicas, bem como alguns compostos covalentes, mas também porque hidrata todas as moléculas polares do organismo. Assim, a água serve como veículo para transportar a maioria dos compostos orgânicos, nutrientes e combustíveis usados pelo corpo, além de excreções. Sangue e urina são dois exemplos de fluidos corporais aquosos.

Além disso, a hidratação de macromoléculas como proteínas, ácidos nucleicos e polissacarídeos permite os movimentos apropriados no interior dessas moléculas, o que é necessário para funções como a atividade enzimática (ver Capítulo 23).

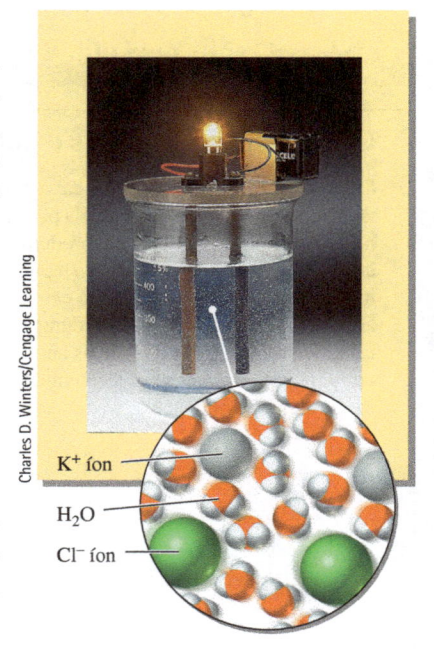

FIGURA 6.11 Condutância por um eletrólito. Quando um eletrólito, como o KCl, é dissolvido em água e libera íons em movimento, sua migração forma um circuito elétrico e a lâmpada acende. Os íons de cada unidade de KCl se dissociaram em K^+ e Cl^-. Os íons Cl^- se movimentam na direção do eletrodo positivo e os íons K^+ se dirigem para o eletrodo negativo, transportando assim carga elétrica através da solução.

O H^+ não existe em solução aquosa; ele se combina com uma molécula de água e forma o íon hidrônio, H_3O^+.

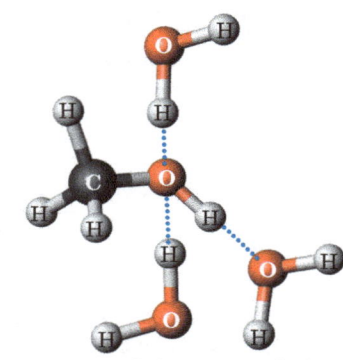

FIGURA 6.12 Solvatação pela água de um composto covalente polar. As linhas pontilhadas representam as ligações de hidrogênio.

Conexões químicas 6C

Compostos hidratados e poluição do ar: a deterioração de prédios e monumentos

Muitos edifícios e monumentos em áreas urbanas do mundo todo estão se deteriorando, arruinados pela poluição do ar. O principal culpado nesse processo é a chuva ácida, produto final da poluição do ar. As pedras mais utilizadas em edifícios e monumentos são o calcário e o mármore, ambos carbonato de cálcio em sua maior parte. Na ausência de ar poluído, essas pedras podem durar milhares de anos. Assim, muitas estátuas e edifícios de tempos antigos (Babilônia, Egito, Grécia e outros) sobreviveram até recentemente com poucas alterações. De fato, permanecem intactos em muitas áreas rurais.

Nas áreas urbanas, porém, o ar é poluído com SO_2 e SO_3, que se originam principalmente da combustão do carvão e de produtos derivados do petróleo que contêm pequenas quantidades de compostos de enxofre como impurezas (ver "Conexões Químicas 6A"). Eles reagem com o carbonato de cálcio na superfície das pedras, formando sulfato de cálcio. Quando o sulfato de cálcio interage com a água da chuva, forma a gipsita di-hidratada.

$$SO_3(g) + H_2O(g) \longrightarrow H_2SO_4(\ell)$$
Trióxido de enxofre · Ácido sulfúrico

$$CaCO_3(s) + H_2SO_4(\ell) \longrightarrow CaSO_4(s) + H_2O(g) + CO_2(g)$$
Carbonato de cálcio (mármore, calcário) · Sulfato de cálcio

$$CaSO_4(s) + 2H_2O(g) \longrightarrow CaSO_4(s) \cdot 2H_2O(s)$$
Sulfato de cálcio · Cálcio di-hidratado (gipsita)

O problema é que a gipsita tem um volume maior que o mármore ou o calcário original, e sua presença faz a superfície da pedra se expandir. Essa atividade, por sua vez, resulta em descamação. Finalmente, estátuas como aquelas do Parthenon (em Atenas, Grécia) ficam sem nariz e depois sem o rosto.

TABELA 6.2 Tipos de sistemas coloidais

Tipo	Exemplo
Gás em gás	Nenhum
Gás em líquido	Creme batido
Gás em sólido	Marshmallows
Líquido em gás	Nuvens, nevoeiro
Líquido em líquido	Leite, maionese
Líquido em sólido	Queijo, manteiga
Sólido em gás	Fumaça
Sólido em líquido	Gelatina
Sólido em sólido	Tinta seca

Efeito Tyndall Vista de um ângulo reto, luz que atravessa e sofre espalhamento em um coloide.

6.7 O que são coloides?

Até agora tratamos apenas de soluções. O diâmetro máximo das partículas de soluto em uma solução verdadeira é de aproximadamente 1 nm. Se o diâmetro das partículas de soluto exceder esse tamanho, então não teremos mais uma solução verdadeira – teremos um **coloide**. Em um coloide (também chamado dispersão ou sistema coloidal), o diâmetro das partículas de soluto varia de 1 a 1.000 nm. O termo *coloide* adquiriu um novo nome recentemente. Na Seção 5.9, encontramos o termo *nanotubo*. A parte "nano" refere-se às dimensões na faixa do nanômetro (1 nm = 10^{-9} m), que é a faixa de tamanho dos coloides. Assim, quando encontramos termos como "nanopartícula" ou "nanociência", eles são equivalentes a "partícula coloidal" ou "ciência coloidal", embora aqueles se refiram principalmente a partículas com forma geométrica bem definida (como os tubos), enquanto estes são mais genéricos.

Em geral, partículas coloidais possuem área superficial bem grande, o que explica as duas características básicas dos sistemas coloidais:

1. Espalham a luz e, portanto, parecem turvos, opacos ou leitosos.
2. Embora as partículas coloidais sejam grandes, elas formam dispersões estáveis – não formam fases separadas que se excluem. Como acontece com as soluções verdadeiras, os coloides podem existir em várias fases: gasosa, líquida ou sólida (Tabela 6.2).

Todos os coloides exibem o seguinte efeito característico: quando incidimos luz através de um coloide e olhamos para o sistema de um ângulo de 90°, vemos o trajeto da luz, mas não as partículas coloidais (elas são muito pequenas). Em vez disso, vemos lampejos da luz espalhada pelas partículas do coloide (Figura 6.13).

O **efeito Tyndall** deve-se ao espalhamento da luz por partículas coloidais. Fumaça, soro e nevoeiro, para citar alguns exemplos, todos apresentam o efeito Tyndall. Estamos familiarizados com os raios de sol que podem ser vistos quando a luz dele atravessa o ar empoeirado. Este, também, é um exemplo de efeito Tyndall. Mais uma vez, não vemos as partículas do ar empoeirado, apenas a luz espalhada por elas.

Sistemas coloidais são estáveis. A maionese, por exemplo, permanece emulsificada e não se separa em óleo e água. Quando, porém, o tamanho das partículas coloidais é maior que 1.000 nm, o sistema é instável e se separa em fases. Tais sistemas são chamados **suspensões**.

Por exemplo, se pegarmos um punhado de terra e dispersarmos em água, obteremos uma suspensão barrenta. As partículas de terra possuem entre 10^3 e 10^9 mm de diâmetro. Essa mistura espalha a luz e, portanto, sua aparência é turva. Não é, porém, um sistema estável. Se deixado em repouso, as partículas de terra logo precipitam, e a água acima do sedimento torna-se transparente. Assim, terra em água é uma suspensão, e não um sistema coloidal.

A Tabela 6.3 resume as propriedades de soluções, coloides e suspensões.

O que torna uma dispersão coloidal estável? Para responder a essa pergunta, primeiro devemos perceber que as partículas coloidais estão em constante movimento. Olhe para as partículas de pó dançando em um raio de luz que entra na sala. Na verdade, você não vê as partículas de pó; elas são muito pequenas. O que você vê são lampejos de luz espalhada. Esse movimento das partículas de pó dispersas no ar é aleatório e caótico. O movimento de qualquer partícula coloidal suspensa em um solvente chama-se **movimento browniano** (Figura 6.14).

As constantes colisões com as moléculas do solvente fazem as partículas coloidais seguirem em movimento browniano aleatório. (No caso das partículas de pó, o solvente é o ar.) Esse movimento contínuo cria condições favoráveis para colisões entre partículas. Quando essas partículas colidem entre si, ficam juntas, combinam-se para formar partículas maiores e, finalmente, saem da solução. Isso é o que acontece em uma suspensão.

Então por que as partículas coloidais permanecem em solução, apesar de todas as colisões do movimento browniano? Duas razões explicam esse fenômeno:

1. A maioria das partículas carrega uma grande camada de solvatação. Se o solvente for a água, como no caso das moléculas de proteína no sangue, as partículas coloidais estarão circundadas por um grande número de moléculas de água, que se movimentam com as partículas coloidais e as amortecem. Quando duas partículas coloidais colidem, como resultado do movimento browniano, na verdade elas não se tocam; em vez disso, suas camadas de solvente é que colidem. Consequentemente, as partículas não se juntam e precipitam, elas permanecem em solução.

2. A grande área superficial das partículas coloidais adquire carga da solução. Todos os coloides de uma determinada solução adquirem o mesmo tipo de carga – por exemplo, uma carga negativa. Esse desenvolvimento deixa uma carga negativa efetiva no solvente. Quando uma partícula coloidal carregada encontra outra partícula coloidal carregada, as duas se repelem por causa de suas cargas semelhantes.

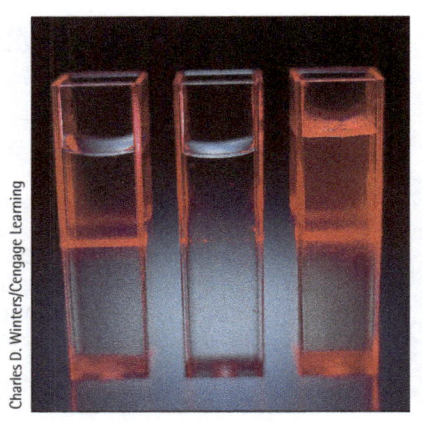

FIGURA 6.13 Efeito Tyndall. Um estreito feixe de luz de um laser atravessa uma mistura coloidal (esquerda), depois uma solução de NaCl e, finalmente, uma mistura coloidal de gelatina e água (direita). A figura ilustra a capacidade de as partículas de coloide espalharem a luz.

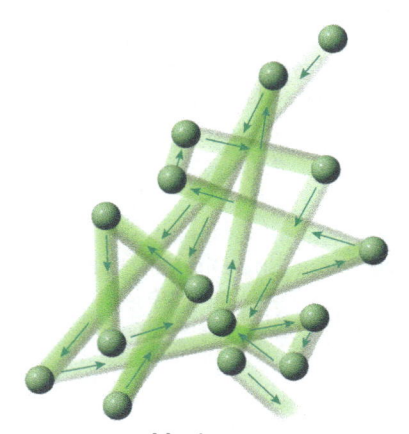

FIGURA 6.14 Movimento browniano.

TABELA 6.3 Propriedades de três tipos de mistura

Propriedade	Soluções	Coloides	Suspensões
Tamanho da partícula (nm)	0,1 – 1,0	1 – 1.000	>1.000
Filtrável com papel comum	Não	Não	Sim
Homogênea	Sim	Limítrofe	Não
Precipita em repouso	Não	Não	Sim
Comportamento perante a luz	Transparente	Efeito Tyndall	Translúcido ou opaco

Emulsão Sistema, como a gordura no leite, que consiste em um líquido com ou sem um agente emulsificante em um líquido imiscível, geralmente gotículas maiores que coloides.

Nanotubos, nanofios e nanoporos em revestimentos compósitos apresentam propriedades eletrônicas e ópticas incomuns por causa de suas enormes áreas superficiais. Por exemplo, partículas de óxido de titânio menores que 20 nm são usadas para revestir superfícies de plásticos, vidro e outros materiais. Esses revestimentos finos têm propriedades autolimpantes, antiembaçante, anti-incrustação e esterilizantes.

Assim, os efeitos combinados da camada de solvatação e da carga da superfície mantêm as partículas coloidais em uma dispersão estável. Aproveitando esses efeitos, os químicos podem aumentar ou diminuir a estabilidade de um sistema coloidal. Se quisermos nos livrar de uma dispersão coloidal, podemos remover a camada de solvatação, a carga da superfície ou ambas. Por exemplo, proteínas no sangue formam uma dispersão coloidal. Se quisermos isolar uma proteína do sangue, podemos precipitá-la. Essa tarefa pode ser feita de duas maneiras: removendo a camada de hidratação ou removendo as cargas da superfície. Se adicionarmos um solvente como o etanol ou a acetona, ambos com grande afinidade pela água, esta será removida da camada de solvatação da proteína e, quando moléculas de proteína desprotegidas colidirem, elas se juntarão e formarão sedimento. Igual-

Conexões químicas 6D

Emulsões e agentes emulsificantes

Óleo e água não se misturam. Mesmo quando agitamos vigorosamente e as gotículas de óleo ficam dispersas na água, as duas fases logo se separam quando paramos de agitar. Existem, porém, vários sistemas coloidais estáveis formados por óleo e água, conhecidos como **emulsões**. Por exemplo, as gotículas de óleo no leite estão dispersas em uma solução aquosa. Isso é possível porque o leite contém um coloide protetor – a proteína do leite chamada caseína. As moléculas de caseína circundam as gotículas de óleo e, como são polares e têm carga, protegem e estabilizam o óleo. A caseína é, assim, um agente emulsificante.

Outro agente emulsificante é a gema do ovo. Esse ingrediente, na maionese, envolve as gotículas de óleo e impede que elas se separem.

---

mente, adicionando à solução um eletrólito como o NaCl, podemos remover as cargas da superfície das proteínas (por um mecanismo muito complicado para ser discutido aqui). Sem suas cargas protetoras, duas moléculas de proteína não mais irão se repelir. Em vez disso, quando elas colidem, ficam juntas e precipitam da solução.

6.8 O que é uma propriedade coligativa?

Propriedade coligativa é qualquer propriedade de uma solução que depende somente do número de partículas de soluto dissolvidas no solvente, e não da natureza dessas partículas. Existem várias propriedades coligativas, entre elas o abaixamento do ponto de congelamento, a elevação do ponto de fusão e a pressão osmótica. Esta última é de suprema importância em sistemas biológicos.

Propriedade coligativa
Propriedade da solução que depende somente do número de partículas do soluto e não da identidade química do soluto.

A. Abaixamento do ponto de congelamento

Um mol de qualquer partícula, seja molécula ou íon, dissolvido em 1.000 g de água abaixa o ponto de congelamento da água em 1,86 °C. A natureza do soluto não importa, apenas o número de partículas.

Abaixamento do ponto de congelamento Diminuição no ponto de congelamento de certo líquido causada pela adição de um soluto.

$$\Delta T = \frac{-1,86\ °C}{mol} \times mol\ de\ partículas$$

Esse princípio é utilizado de diversas maneiras práticas. No inverno, usamos sais (cloreto de sódio e cloreto de cálcio) para derreter a neve e o gelo em nossas ruas. Os sais se dissolvem na neve e no gelo derretidos, o que abaixa o ponto de congelamento da água. Outra aplicação é o uso de anticongelante em radiadores de automóvel. Como a água se expande ao se congelar (ver "Conexões químicas 5E"), o gelo formado no sistema de refrigeração do carro, quando a temperatura externa cai abaixo de 0 °C, pode rachar o bloco do motor. A adição de anticongelante evita esse problema, pois faz a água congelar a uma temperatura bem mais baixa. O anticongelante automotivo mais comum é o etilenoglicol, $C_2H_6O_2$.

Observe que, quando se prepara uma solução para esse fim, não usamos molaridade. Isto é, não precisamos medir o volume total da solução.

Exemplo 6.10 Abaixamento do ponto de congelamento

Se adicionarmos 275 g de etilenoglicol, $C_2H_6O_2$, um composto molecular não dissociante, por 1.000 g de água no radiador de um carro, qual será o ponto de congelamento dessa solução?

Estratégia

Temos 275 g de etilenoglicol (massa molar 62,1 g) por 1.000 g de água e devemos calcular o ponto de congelamento da solução. Primeiro calculamos os mols de etilenoglicol presente na solução e depois o abaixamento do ponto de congelamento causado pelo número de mols.

Adicionar sal faz baixar o ponto de congelamento do gelo.

Solução

$$\Delta T = 275\ g\ C_2H_6O_2 \times \frac{1\ mol\ C_2H_6O_2}{62,1\ g\ C_2H_6O_2} \times \frac{1,86\ °C}{1\ mol\ C_2H_6O_2} = 8,26\ °C$$

O ponto de congelamento da água será baixado de 0 °C para −8,26 °C, e o radiador não rachará se a temperatura externa permanecer acima de −8,26 °C.

Problema 6.10

Se adicionarmos 215 g de metanol, CH_3OH, a 1.000 g de água, qual será o ponto de congelamento da solução?

Se um soluto for iônico, então cada mol do soluto se dissociará em mais de um mol de partículas. Por exemplo, se dissolvermos um mol (58,5 g) de NaCl em 1.000 g de água, a solução conterá dois mols de partículas de soluto: um mol de Na^+ e um mol de Cl^-. O ponto de congelamento da água será baixado em duas vezes 1,86 °C, ou seja, 3,72 °C por mol de NaCl.

Exemplo 6.11 Abaixamento do ponto de congelamento

Qual será o ponto de congelamento da solução resultante se dissolvermos um mol de sulfato de potássio, K_2SO_4, em 1.000 g de água?

Estratégia e solução

Um mol de K_2SO_4 se dissocia para produzir três mols de íons: dois mols de K^+ e um mol de SO_4^{2-}. O ponto de congelamento será baixado em 3 × 1,86 °C = 5,58 °C, e a solução congelará em −5,58 °C.

Problema 6.11

Qual destas soluções aquosas teria o ponto de congelamento mais baixo?
(a) NaCl 6,2 M   (b) $Al(NO_3)_3$ 2,1 M   (c) K_2SO_3 4,3 M

B. Elevação do ponto de ebulição

O ponto de ebulição de uma substância é a temperatura em que a pressão de vapor da substância é igual à pressão atmosférica. Uma solução contendo um soluto não volátil tem uma pressão de vapor mais baixa que a do solvente puro e deve estar em uma temperatura mais alta antes que sua pressão de vapor se iguale à pressão atmosférica e ela entre em ebulição. Assim, o ponto de ebulição de uma solução contendo um soluto não volátil é mais alto que o do solvente puro.

Um mol de qualquer molécula ou íon dissolvido em 1.000 g de água eleva o ponto de ebulição da água em 0,52 °C. A natureza do soluto não importa, apenas o número de partículas.

Exemplo 6.12 Elevação do ponto de ebulição

Calcular o ponto de ebulição de uma solução de 275 g de etilenoglicol ($C_2H_6O_2$) em 1.000 mL de água.

Estratégia

Para calcular a elevação do ponto de ebulição, devemos determinar o número de mols de etilenoglicol dissolvido em 1.000 mL de água. Usamos o fator de conversão 1,00 mol de etilenoglicol = 62,1 g de etilenoglicol.

Solução

1ª etapa: Calcular o número de mols de etilenoglicol (Egly) na solução.

$$275 \text{ g Egly} \times \frac{1 \text{ mol Egly}}{62,1 \text{ g Egly}} = 4,23 \text{ mols Egly}$$

2ª etapa: A elevação do ponto de ebulição é de 2,20 °C:

$$0,52 \times 4,23 = 2,20 \text{ °C}$$

O ponto de ebulição é elevado em 2,20 °C. Portanto, a solução entra em ebulição a 102,2 °C.

O etilenoglicol, ponto de ebulição 199 °C, é um álcool não volátil muito utilizado em radiadores de automóvel. Uma solução aquosa de etilenoglicol eleva o ponto de ebulição da mistura refrigerante e impede o superaquecimento do motor no verão. Ele baixa o ponto de congelamento da mistura refrigerante e impede o congelamento no inverno.

Pressão osmótica Quantidade de pressão externa que deve ser aplicada à solução mais concentrada para impedir a passagem de moléculas do solvente através de uma membrana semipermeável.

A membrana semipermeável é uma fatia delgada de algum material, como o celofane, com orifícios bem pequenos que permitem apenas a passagem das moléculas do solvente. As partículas solvatadas de soluto são muito maiores que as partículas do solvente e não conseguem atravessar a membrana.

Alguns íons são pequenos, mas mesmo assim não atravessam a membrana porque estão solvatados por uma camada de moléculas de água (ver Figura 6.8).

Osmose É a passagem de moléculas do solvente de certa solução menos concentrada, através de uma membrana semipermeável, para uma solução mais concentrada.

Problema 6.12

Calcular o ponto de ebulição de uma solução de 310 g de etanol, CH_3CH_2OH, em 1.000 mL de água.

C. Pressão osmótica

Para entender a pressão osmótica, consideremos o aparato experimental mostrado na Figura 6.15. Suspensa no béquer, há uma bolsa contendo uma solução 5% de açúcar em água. A bolsa é feita de uma **membrana semipermeável** com minúsculos poros, invisíveis a olho nu, mas de tamanho suficiente para permitir a passagem de moléculas do solvente (água), mas não das moléculas maiores de açúcar solvatado.

Quando a bolsa é submersa em água pura (Figura 6.15a), a água flui para dentro da bolsa por osmose e eleva o nível do líquido no tubo preso à bolsa (Figura 6.15b). Embora as moléculas de açúcar sejam grandes demais para atravessar a membrana, as moléculas de água passam facilmente em ambas as direções. Esse processo, no entanto, não pode continuar indefinidamente porque a gravidade impede que a diferença de níveis torne-se muito grande. Finalmente, chega-se a um equilíbrio dinâmico. A altura do líquido no tubo permanece inalterada (Figura 6.15b), sendo uma medida da pressão osmótica.

Os níveis do líquido no tubo de vidro e no béquer podem voltar a ser iguais se aplicarmos uma pressão externa através do tubo de vidro. A quantidade de pressão externa necessária para equalizar os níveis é chamada **pressão osmótica**.

Embora essa discussão presuma que um dos compartimentos contém solvente puro e o outro uma solução, o mesmo princípio se aplica se ambos os compartimentos contiverem soluções, contanto que suas concentrações sejam diferentes. A solução de maior concentração sempre tem uma pressão osmótica mais alta que a de menor concentração, o que significa que o fluxo de moléculas do solvente ocorre da solução mais diluída para a solução mais concentrada. É claro que o número de partículas é a consideração mais importante. Devemos lembrar que, em soluções iônicas, cada mol do soluto gera mais de um mol de partículas. Por conveniência nos cálculos, definimos um novo termo, **osmoralidade**, que é a molaridade (M) da solução multiplicada pelo número de partículas (i) produzido pelas unidades-fórmula do soluto.

$$\text{Osmolaridade} = M \times i$$

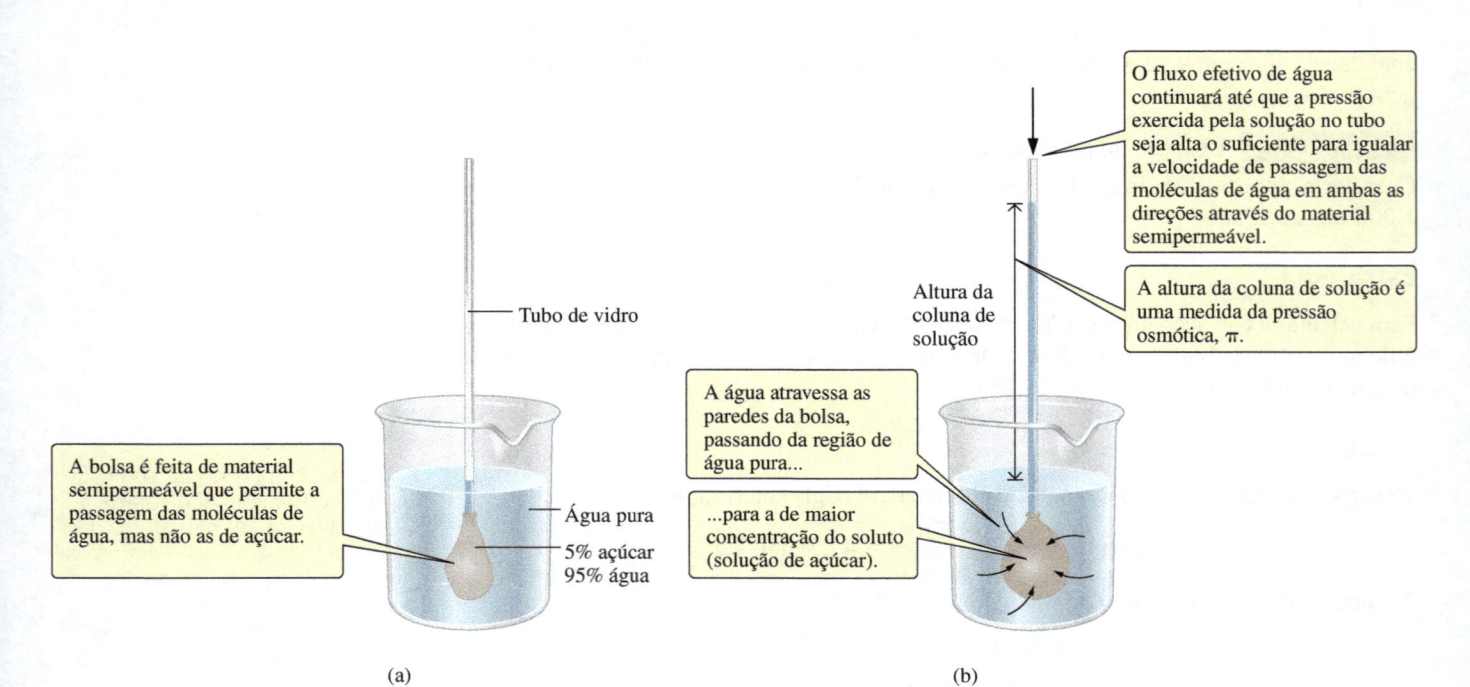

FIGURA 6.15 Demonstração da pressão osmótica.

Exemplo 6.13 | Osmolaridade

Uma solução aquosa de NaCl 0,89% w/v é considerada uma solução fisiológica salina ou isotônica porque tem a mesma concentração de sais que o sangue humano normal. Embora o sangue contenha vários sais, a solução salina tem apenas NaCl. Qual é a osmolaridade dessa solução?

Estratégia

Temos uma solução 0,89% – isto é, uma solução que contém 0,89 g de NaCl por 100 mL de solução. Como a osmolaridade baseia-se em gramas de soluto por 1.000 mililitros de solução, calculamos que essa solução contém 8,9 g de NaCl por 1.000 mL de solução. Dada essa concentração, podemos então calcular a molaridade da solução.

Solução

$$\frac{0{,}89 \text{ g NaCl}}{100 \text{ mL}} \times \frac{1.000 \text{ mL}}{1 \text{ L}} \times \frac{1 \text{ mol NaCl}}{58{,}4 \text{ g NaCl}} = \frac{0{,}15 \text{ mol NaCl}}{1 \text{ L}} = 0{,}15\ M$$

Cada unidade-fórmula de NaCl se dissocia em duas partículas, a saber, Na$^+$ e Cl$^-$. Portanto, a osmolaridade é duas vezes a molaridade.
Osmolaridade = 0,15 × 2 = 0,30 osmol

Problema 6.13

Qual é a osmolaridade de uma solução de Na$_3$PO$_4$ 3,3% w/v?

Uma solução de glicose 5,5% também é isotônica e usada em alimentação intravenosa.

FIGURA 6.16 Osmose e vegetais.

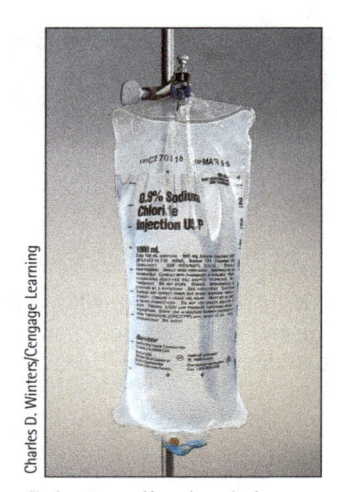

Como foi observado anteriormente, a pressão osmótica é uma propriedade coligativa. A pressão osmótica gerada por determinada solução através de uma membrana semipermeável – a diferença entre as alturas das duas colunas na Figura 6.15b – depende da osmolaridade da solução. Se a osmolaridade aumentar em um fator 2, a pressão osmótica também se elevará em um fator 2. A pressão osmótica é muito importante em organismos biológicos porque as membranas da célula são semipermeáveis. Por exemplo, as células vermelhas do sangue estão suspensas em um meio chamado plasma, que deve ter a mesma osmolaridade das células vermelhas. Duas soluções de mesma osmolaridade são chamadas **isotônicas**, assim o plasma é dito isotônico com as células vermelhas do sangue. Consequentemente, nenhuma pressão osmótica é gerada através da membrana da célula.

O ressecamento da célula por osmose ocorre quando vegetais ou carnes são curados em salmoura (uma solução aquosa concentrada de NaCl). Quando um pepino fresco é embebido em salmoura, a água flui das células do pepino para a salmoura, deixando o pepino ressecado (Figura 6.16 – *direita*). Com os temperos apropriados adicionados à salmoura, o pepino torna-se um saboroso picles. Um pepino embebido em água pura é afetado muito pouco, conforme mostra a Figura 6.16 (*esquerda*).

O que aconteceria se deixássemos células vermelhas do sangue suspensas em água destilada, e não em plasma? Dentro das células vermelhas, a osmolaridade é aproximadamente a mesma que em uma solução fisiológica salina – 0,30 osmol. A água destilada tem osmolaridade zero. Consequentemente, a água flui para dentro das células vermelhas do sangue. O volume das células aumenta, e elas intumescem, como mostra a Figura 6.18c. A membrana não resiste à pressão osmótica, e as células vermelhas finalmente estouram, vertendo seu conteúdo na água. Chamamos esse processo de hemólise.

Soluções em que a osmolaridade (e, portanto, a pressão osmótica) é mais baixa que a das células em suspensão são chamadas soluções hipotônicas. Obviamente, é muito importante que utilizemos sempre soluções isotônicas, e nunca soluções hipotônicas, na alimentação intravenosa e nas transfusões de sangue. As soluções hipotônicas simplesmente matariam as células vermelhas por hemólise.

Igualmente importante, não deveríamos usar **soluções hipertônicas**. Uma solução hipertônica tem osmolaridade maior (e pressão osmótica maior) que as células vermelhas do sangue. Se colocarmos células vermelhas em uma solução hipertônica – por exemplo, solução de glicose 0,5 osmol –, a água fluirá das células para a solução de glicose através da membrana celular semipermeável. Esse processo, denominado **crenação**, resseca as células, como mostra a Figura 6.18b.

Solução salina isotônica.

Conexões químicas 6E

Osmose reversa e dessalinização

Na osmose, o solvente flui espontaneamente do compartimento da solução diluída para o compartimento da solução concentrada. Na osmose reversa, acontece o oposto. Quando aplicamos pressões maiores que a pressão osmótica à solução mais concentrada, o solvente flui para a solução mais diluída por um processo que chamamos osmose reversa (Figura 6.17).

A osmose reversa é usada para fazer água potável a partir de água do mar ou de água salobra. Em grandes instalações no Golfo Pérsico, por exemplo, mais de 100 atm de pressão são aplicadas à água do mar contendo 35.000 ppm de sal. A água que atravessa a membrana semipermeável sob essa pressão contém apenas 400 ppm de sal – bem dentro dos limites estabelecidos pela Organização Mundial de Saúde para a água potável.

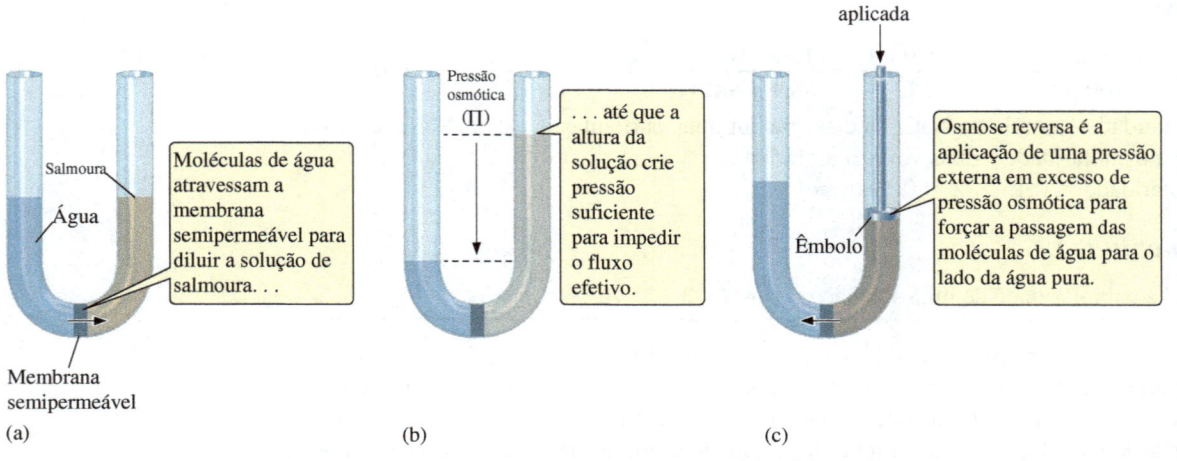

FIGURA 6.17 Osmoses normal e reversa. A osmose normal é representada em (a) e (b). A osmose reversa é representada em (c).

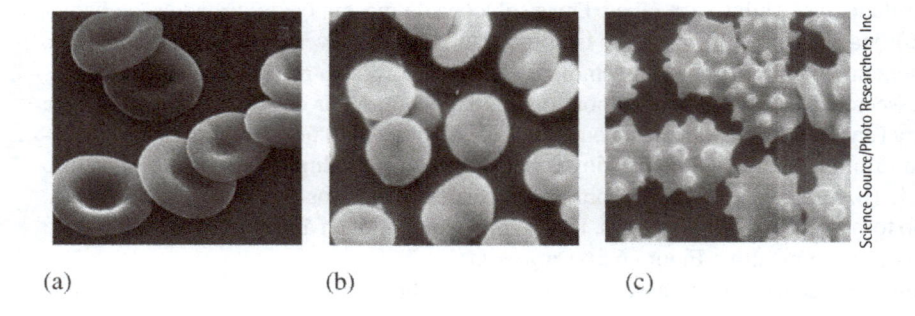

FIGURA 6.18 Células vermelhas do sangue em soluções de diferentes osmolaridades ou *tonicidades*.

Como já foi dito, NaCl 0,89 w/v% (solução fisiológica salina) é isotônico com células vermelhas do sangue, sendo utilizado em injeções intravenosas.

Exemplo 6.14 Toxicidade

Uma solução de KCl 0,50% w/v é (a) hipertônica, (b) hipotônica ou (c) isotônica se comparada às células vermelhas do sangue?

Estratégia

Calcular a osmolaridade da solução, que é sua molaridade multiplicada pelo número de partículas produzido pelas unidades-fórmula do soluto.

Solução

A solução de KCl 0,50% w/v contém 5,0 g de KCl em 1,0 L de solução:

$$\frac{5,0 \text{ g KCl}}{1,0 \text{ L}} \times \frac{1,0 \text{ mol KCl}}{74,6 \text{ g KCl}} = \frac{0,067 \text{ mol KCl}}{1,0 \text{ L}} = 0,067 \, M \text{ KCl}$$

Como cada unidade-fórmula de KCl produz duas partículas, a osmolaridade é $0,067 \times 2 = 0,13$ osmol; isso é menor que a osmolaridade das células vermelhas do sangue, que é 0,30 osmol. Portanto, a solução de KCl é hipotônica.

Problema 6.14

Qual destas soluções é isotônica se comparada às células vermelhas do sangue?
(a) Na_2SO_4 0,1 M
(b) Na_2SO_4 1,0 M
(c) Na_2SO_4 0,2 M

D. Diálise

Uma membrana semipermeável osmótica permite apenas a passagem das moléculas do solvente, e não as do soluto. Se, porém, as aberturas na membrana forem um pouco maiores, então as pequenas moléculas do soluto também poderão passar, mas moléculas grandes, como as partículas macromoleculares e coloidais, não. Esse processo é chamado **diálise**.

Por exemplo, ácidos ribonucleicos são moléculas biológicas importantes que estudaremos no Capítulo 25. Quando os bioquímicos preparam soluções de ácido ribonucleico, precisam remover partículas pequenas, tais como NaCl, da solução para obter uma preparação pura. Para fazê-lo, colocam a solução de ácido nucleico em uma bolsa de diálise (feita de celofane), cujo tamanho dos poros deve permitir a difusão de partículas pequenas e a retenção apenas das moléculas grandes de ácido nucléico. Se a bolsa de diálise estiver suspensa em água destilada fluente, todo o NaCl e as partículas pequenas sairão da bolsa. Depois de um certo tempo, a bolsa conterá somente os ácidos nucleicos puros dissolvidos em água.

Nossos rins funcionam de maneira muito semelhante. Os milhões de néfrons, ou células renais, possuem áreas superficiais grandes onde os capilares dos vasos sanguíneos entram em contato com os néfrons. Os rins funcionam como uma gigantesca máquina de filtragem. As excreções do sangue atravessam, por diálise, membranas semipermeáveis nos glomérulos e adentram tubos coletores que carregam a urina para o ureter. Enquanto isso, moléculas grandes de proteínas e células são retidas no sangue.

Diálise Processo em que uma solução com partículas de diferentes tamanhos é colocada em uma bolsa feita de membrana semipermeável. A bolsa é colocada em um solvente ou solução contendo apenas moléculas menores. A solução na bolsa atinge o equilíbrio com o solvente externo, permitindo a difusão das moléculas pequenas através da membrana, mas retendo as moléculas grandes.

Os glomérulos dos rins são vasos sanguíneos para onde são removidas as excreções do sangue.

Conexões químicas 6F

Hemodiálise

A principal função dos rins é remover os produtos tóxicos do sangue. Quando os rins não funcionam adequadamente, essas excreções se acumulam e podem ameaçar a vida. A hemodiálise é um processo que executa a mesma função de filtração (ver figura).

Na **hemodiálise**, o sangue do paciente circula através de um longo tubo de membrana de celofane suspenso em uma solução isotônica e depois volta para a veia do paciente. A membrana de celofane retém as partículas grandes (por exemplo, proteínas), mas permite a passagem das pequenas, incluindo excreções tóxicas. Assim, a diálise remove as excreções do sangue.

Se o tubo de celofane estivesse suspenso em água destilada, outras moléculas pequenas, como a glicose, e íons, como Na^+ e Cl^-, também seriam removidos do sangue. Isso nós não queremos que aconteça. A solução isotônica usada em hemodiálise consiste em NaCl 0,6%, KCl 0,04%, $NaHCO_3$ 0,2% e glicose 0,72% (todos w/v). Isso evita a perda de glicose e Na^+ do sangue.

Geralmente um paciente utiliza o aparelho de rim artificial de quatro a sete horas. Durante esse tempo, troca-se o banho isotônico a cada duas horas. Rins artificiais permitem que as pessoas com insuficiência renal tenham uma vida normal, embora devam fazer esse tratamento com hemodiálise regularmente.

Diagrama esquemático do dialisador de fibra oca (ou tubo capilar), o rim artificial mais utilizado. Durante a diálise, o sangue atravessa pequenos tubos de membrana semipermeável; os próprios tubos são banhados em solução dialisante.

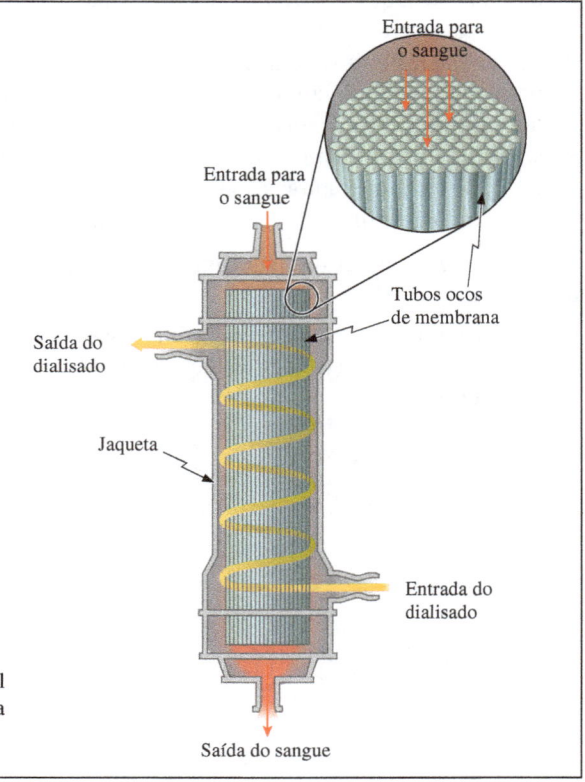

Resumo das questões-chave

Seção 6.1 O que é necessário saber por enquanto?
- Sistemas que contêm mais de um componente são **misturas**.
- **Misturas homogêneas** são uniformes em toda a sua extensão.
- **Misturas heterogêneas** exibem limites bem definidos entre as fases.

Seção 6.2 Quais são os tipos mais comuns de soluções?
- Os tipos mais comuns de soluções são gás em líquido, líquido em líquido, sólido em líquido, gás em gás e sólido em sólido.
- Quando uma solução consiste em um sólido ou gás dissolvido em um líquido, o líquido age como **solvente**, e o sólido ou gás é o **soluto**. Quando um líquido é dissolvido em outro líquido, o líquido presente em maior quantidade é considerado o solvente.

Seção 6.3 Quais são as características que distinguem as soluções?
- A distribuição das partículas de soluto é uniforme em toda a solução.
- Os componentes de uma solução não se separam em repouso.
- Uma solução não pode ser separada em seus componentes por filtração.
- Para qualquer soluto e solvente, é possível preparar soluções de muitas composições diferentes.
- A maioria das soluções é transparente.

Seção 6.4 Quais são os fatores que afetam a solubilidade?
- A **solubilidade** de uma substância é a quantidade máxima da substância que se dissolve em uma dada quantidade do solvente, a certa temperatura.
- "Semelhante dissolve semelhante" significa que moléculas polares são solúveis em solventes polares e moléculas apolares são solúveis em solventes apolares. A solubilidade de sólidos e líquidos em líquidos geralmente aumenta com a elevação da temperatura; a solubilidade de gases em líquidos geralmente diminui com o aumento da temperatura.

Seção 6.5 Quais são as unidades mais comuns para concentração?
- A concentração percentual é dada em massa por unidade de volume da solução (w/v) ou volume por unidade de volume da solução (v/v).
- Porcentagem massa/volume (w/v%) é o peso de soluto por unidade de volume do solvente, multiplicado por 100%.
- Porcentagem volume/volume (v/v%) é o volume de soluto por unidade de volume da solução, multiplicado por 100%.
- **Molaridade (M)** é o número de mols do soluto por litro de solução.

Seção 6.6 Por que a água é um solvente tão bom?
- A água é o mais importante dos solventes, pois dissolve compostos polares e íons através da ligação de hidrogênio e interações dipolo-dipolo. Íons hidratados são circundados por moléculas de água (camada de solvatação) que se movimentam com o íon, amortecendo as colisões com outros íons. Soluções aquosas de íons e sais fundidos são **eletrólitos** e conduzem eletricidade.

Seção 6.7 O que são coloides?
- Coloides apresentam um movimento aleatório e caótico chamado **movimento browniano**. São misturas estáveis, apesar do tamanho relativamente grande das partículas coloidais (de 1 a 1.000 nm). A estabilidade resulta da camada de solvatação que as protege de colisões diretas e da carga elétrica na superfície de outras partículas coloidais.

Seção 6.8 O que é uma propriedade coligativa?
- **Propriedade coligativa** é uma propriedade da solução que depende somente do número de partículas do soluto presente.
- **Abaixamento do ponto de congelamento**, **elevação do ponto de fusão** e **pressão osmótica** são exemplos de propriedades coligativas.
- A pressão osmótica opera através de uma membrana osmótica semipermeável que permite somente a passagem de moléculas do solvente, mas filtra todas as partículas maiores. Nos cálculos de pressão osmótica, a concentração é medida em **osmolaridade**, que é a molaridade da solução multiplicada pelo número de partículas produzido pela dissociação do soluto.
- As células vermelhas do sangue em **solução hipotônica** intumescem e estouram, um processo chamado **hemólise**.
- As células vermelhas, quando em uma **solução hipertônica**, encolhem, um processo chamado **crenação**. Algumas membranas semipermeáveis permitem a passagem de pequenas partículas do soluto com as moléculas do solvente.
- Na **diálise**, essas membranas são usadas para separar partículas maiores de partículas menores.

Problemas

Seção 6.2 Quais são os tipos mais comuns de soluções?

6.15 Indique se a afirmação é verdadeira ou falsa.
(a) Soluto é a substância dissolvida em um solvente para formar uma solução.
(b) Solvente é o meio em que um soluto é dissolvido para formar uma solução.
(c) Algumas soluções podem ser separadas em seus componentes por filtração.
(d) A chuva ácida é uma solução.

6.16 Indique se a afirmação é verdadeira ou falsa.
(a) Solubilidade é uma propriedade física como o ponto de fusão e o ponto de ebulição.
(b) Todas as soluções são transparentes – isto é, é possível ver através delas.
(c) A maioria das soluções pode ser separada em seus componentes por métodos físicos como a destilação e a cromatografia.

6.17 O vinagre é uma solução homogênea aquosa que contém ácido acético 6%. Qual é o solvente?

6.18 Suponha que você prepare uma solução dissolvendo glicose em água. Qual é o solvente e qual é o soluto?

6.19 Para cada um dos seguintes casos, indique se os solutos e solventes são gases, líquidos ou sólidos.
(a) Bronze (ver "Conexões químicas 2E")
(b) Xícara de café
(c) Escapamento de automóvel
(d) Champanhe

6.20 Dê um exemplo conhecido de solução de cada um destes tipos:
(a) Líquido em líquido
(b) Sólido em líquido
(c) Gás em líquido
(d) Gás em gás

6.21 As misturas de gases são soluções verdadeiras ou misturas heterogêneas? Explique.

Seção 6.4 Quais são os fatores que afetam a solubilidade?

6.22 Indique se a afirmação é verdadeira ou falsa.
(a) A água é um bom solvente para compostos iônicos porque a água é um líquido polar.
(b) Pequenos compostos covalentes se dissolverão em água se puderem formar ligações de hidrogênio com as moléculas de água.
(c) A solubilidade de compostos iônicos em água geralmente aumenta à medida que a temperatura se eleva.
(d) A solubilidade de gases em líquidos geralmente aumenta à medida que a temperatura se eleva.
(e) A pressão tem um pequeno efeito na solubilidade de líquidos em líquidos.
(f) A pressão tem um grande efeito na solubilidade de gases em líquidos.
(g) Em geral, quanto maior a pressão de um gás sobre a água, maior a solubilidade do gás na água.
(h) O oxigênio, O_2, é insolúvel em água.

6.23 Dissolvemos 0,32 g de ácido aspártico em 115,0 mL de água e obtivemos uma solução transparente. Após ficar em repouso por dois dias em temperatura ambiente, notamos um pó branco no fundo do béquer. O que pode ter acontecido?

6.24 A solubilidade de um composto é 2,5 g em 100 mL de solução aquosa a 25 °C. Se colocarmos 1,12 g do composto em um balão volumétrico de 50 mL, a 25 °C, e adicionarmos água suficiente para preenchê-lo até a marca, que tipo de solução obteremos: saturada ou insaturada? Explique.

6.25 A um funil de separação com duas camadas – o éter dietílico, apolar, e a água, polar – é adicionada uma pequena quantidade de sólido. Depois de agitar o funil de separação, em qual camada encontraremos cada um dos seguintes sólidos?
(a) NaCl (b) Cânfora ($C_{10}H_{16}O$) (c) KOH

6.26 Com base na polaridade e na ligação de hidrogênio, qual destes solutos seria o mais solúvel em benzeno, C_6H_6?
(a) CH_3OH (b) H_2O
(c) $CH_3CH_2CH_2CH_3$ (d) H_2SO_4

6.27 Suponha que você encontre uma mancha em uma pintura a óleo e queira removê-la sem danificar a pintura. A mancha não é solúvel em água. Conhecendo a polaridade dos seguintes solventes, qual deles você tentaria primeiro e por quê?
(a) Benzeno, C_6H_6
(b) Álcool isopropílico, C_3H_7OH
(c) Hexano, C_6H_{14}

6.28 Quais destes pares de líquidos provavelmente são miscíveis?
(a) H_2O e CH_3OH (b) H_2O e C_6H_6
(c) C_6H_{14} e CCl_4 (d) CCl_4 e CH_3OH

6.29 A solubilidade do ácido aspártico em água é 0,500 g em 100 mL, a 25 °C. Se dissolvermos 0,251 g de ácido aspártico em 50,0 mL de água, a 50 °C, e deixarmos a solução esfriar até 25 °C, sem mexer, agitar ou perturbar de qualquer forma a solução, essa solução resultante será saturada, insaturada ou supersaturada? Explique.

6.30 Perto de uma central elétrica, água morna é despejada num rio. Às vezes, na área, são observados alguns peixes mortos. Por que os peixes morrem na água morna?

6.31 Se deixarmos uma garrafa de cerveja em repouso por várias horas, depois de aberta, a cerveja fica "choca" (ela perde CO_2). Explique.

6.32 Você esperaria que a solubilidade do gás amônia em água, a 2 atm de pressão, fosse
(a) maior que, (b) igual a, ou
(c) menor que a 0,5 atm de pressão?

Seção 6.5 Quais são as unidades mais comuns para concentração?

6.33 Verifique se as seguintes afirmações.
(a) Uma parte por milhão corresponde a um minuto em dois anos ou a um centavo em $10.000.

(b) Uma parte por bilhão corresponde a um minuto em 2.000 anos ou a um único centavo em $ 10 milhões.

6.34 Descreva como preparar as seguintes soluções:
(a) 500,0 mL de uma solução de H_2S 5,32% w/w em água
(b) 342,0 mL de uma solução de benzeno 0,443% w/w em tolueno
(c) 12,5 mL de uma solução de sulfóxido de dimetila 34,2% w/w em acetona

6.35 Descreva como preparar as seguintes soluções:
(a) 280 mL de uma solução de etanol, C_2H_6O, 27% v/v em água
(b) 435 mL de uma solução de acetato de etila, $C_4H_8O_2$, 1,8% v/v em água
(c) 1,65 L de uma solução de benzeno, C_6H_6, 8,00% em clorofórmio, $CHCl_3$

6.36 Descreva como preparar as seguintes soluções:
(a) 250 mL de uma solução de NaCl 3,6% w/v em água
(b) 625 mL de uma solução de glicina, $C_2H_5NO_2$, 4,9% w/v em água
(c) 43,5 mL de uma solução de Na_2SO_4 13,7% w/v em água
(d) 518 mL de uma solução de acetona, C_3H_6O, 2,1% w/v em água

6.37 Calcule a porcentagem w/v de cada um destes solutos:
(a) 623 mg de caseína em 15,0 mL de leite
(b) 74 mg de vitamina C em 250 mL de suco de laranja
(c) 3,25 g de sacarose em 186 mL de café

6.38 Descreva como preparar 250 mL de NaOH 0,10 M a partir de NaOH sólido e água.

6.39 Supondo que os balões volumétricos apropriados estejam disponíveis, descreva como você prepararia estas soluções:
(a) 175 mL de uma solução de NH_4Br 1,14 M em água
(b) 1,35 mL de uma solução de NaI 0,825 M em água
(c) 330 mL de uma solução de etanol, C_2H_6O, 0,16 M em água

6.40 Qual é a molaridade de cada solução?
(a) 47 g de KCl dissolvidos em água suficiente para produzir 375 mL de solução
(b) 82,6 g de sacarose, $C_{12}H_{22}O_{11}$, dissolvidos em água suficiente para produzir 725 mL de solução
(c) 9,3 g de sulfato de amônio, $(NH_4)_2SO_4$, dissolvidos em água suficiente para produzir 2,35 L de solução

6.41 Uma gota de lágrima com volume de 0,5 mL contém 5,0 mg de NaCl. Qual é a molaridade do NaCl na gota de lágrima?

6.42 A concentração de ácido gástrico, HCl, é aproximadamente 0,10 M. Que volume de ácido gástrico contém 0,25 mg de HCl?

6.43 O rótulo de uma garrafa de sidra espumante informa que ela contém 22,0 g de glicose ($C_6H_{12}O_6$), 190 mg de K^+ e 4,00 mg de Na^+ por dose de 240 mL de sidra. Calcule as molaridades desses ingredientes na sidra espumante.

6.44 Se 3,18 g de $BaCl_2$ são dissolvidos em solvente suficiente para preparar uma solução de 500,0 mL, qual é a molaridade dessa solução?

6.45 O rótulo em um pote de geleia informa que ela contém 13 g de sacarose, $C_{12}H_{22}O_{11}$, para cada colher (15 mL) de geleia. Qual é a molaridade da sacarose na geleia?

6.46 Uma certa pasta de dente contém 0,17 g de NaF em 75 mL de pasta. Qual é a porcentagem w/v e a molaridade do NaF nessa pasta de dente?

6.47 Um estudante tem um frasco rotulado como solução de albumina 0,750%. O frasco contém exatamente 5,00 mL. Quanta água o estudante deve adicionar para fazer a concentração de albumina chegar a 0,125%?

6.48 Quantos gramas de soluto estão presentes em cada uma das seguintes soluções aquosas?
(a) 575 mL de uma solução de ácido nítrico, HNO_3, 2,00 M
(b) 1,65 L de uma solução de alanina, $C_3H_7NO_2$, 0,286 M
(c) 320 mL de uma solução de sulfato de cálcio, $CaSO_4$, 0,0081 M

6.49 Um estudante tem uma solução-estoque de H_2O_2 (peróxido de hidrogênio) 30% w/v. Descreva como ele prepararia 250 mL de uma solução de H_2O_2 0,25% w/v.

6.50 Para preparar 5,0 L de um ponche que contenha etanol 10% v/v, quanto de suco de fruta e etanol a 95% v/v deve ser misturado?

6.51 Um comprimido de 325 mg contém os seguintes ingredientes. Qual é a concentração de cada ingrediente em ppm?
(a) 12,5 mg de Captopril, um medicamento para pressão alta
(b) 22 mg de Mg^{2+}
(c) 0,27 mg de Ca^{2+}

6.52 Uma fatia de pão enriquecido, pesando 80 g, contém 70 μg de ácido fólico. Qual é a concentração do ácido fólico em ppm e ppb?

6.53 A dioxina é considerada um veneno em concentrações acima de 2 ppb. Se um lago de 1×10^7 L foi contaminado por 0,1 g de dioxina, a concentração atingiu um nível perigoso?

6.54 Um reservatório de água residuária industrial contém 3,60 ppb de cádmio, Cd^{2+}. Quantos mg de Cd^{2+} poderiam ser recuperados de uma tonelada (1.016 kg) dessa água?

6.55 De acordo com o rótulo de um pedaço de queijo, uma porção de 28 g fornece os seguintes valores diários: 2% de Fe, 6% de Ca e 6% de vitamina A. As necessidades diárias recomendadas para cada um desses nutrientes são: 15 mg Fe, 1.200 mg Ca e 0,800 mg vitamina A. Calcule as concentrações de cada um desses nutrientes no queijo em ppm.

Seção 6.6 **Por que a água é um solvente tão bom?**

6.56 Indique se a afirmação é verdadeira ou falsa.
(a) As propriedades que fazem da água um bom solvente são sua polaridade e sua capacidade para a ligação de hidrogênio.
(b) Quando compostos iônicos se dissolvem em água, seus íons são solvatados por moléculas de água.

(c) A expressão "água de hidratação" refere-se ao número de moléculas de água que circundam um íon em solução aquosa.
(d) O termo "anidro" significa "sem água".
(e) Eletrólito é uma substância que se dissolve em água produzindo uma solução que conduz eletricidade.
(f) Em uma solução que conduz eletricidade, os cátions migram na direção do cátodo, e os ânions, na direção do ânodo.
(g) Íons devem estar presentes em uma solução para que ela possa conduzir eletricidade.
(h) A água destilada é um não eletrólito.
(i) Eletrólito forte é uma substância que, em solução aquosa, se dissocia completamente em íons.
(j) Todos os compostos que se dissolvem em água são eletrólitos.

6.57 Considerando as polaridades, as eletronegatividades e os conceitos similares aprendidos no Capítulo 3, classifique cada uma das seguintes substâncias em eletrólito forte, eletrólito fraco ou não eletrólito.
(a) KCl   (b) C_2H_6O (etanol)   (c) NaOH
(d) HF   (e) $C_6H_{12}O_6$ (glicose)

6.58 Qual das seguintes substâncias produziria a luz mais intensa no aparato de condutância da Figura 6.11?
(a) KCl 0,1 M (b) $(NH_4)_3PO_4$ 0,1 M
(c) Sacarose 0,5 M

6.59 O etanol é bastante solúvel em água. Descreva como a água dissolve o etanol.

6.60 Preveja qual destes compostos covalentes é solúvel em água.
(a) C_2H_6 (b) CH_3OH (c) HF
(d) NH_3 (e) CCl_4

Seção 6.7 O que são coloides?

6.61 Indique se a afirmação é verdadeira ou falsa.
(a) Coloide é um estado da matéria intermediário entre a solução e a suspensão, em que as partículas são suficientemente grandes para espalhar a luz, mas pequenas demais para sair da solução.
(b) Soluções coloidais têm aparência turva porque as partículas coloidais são suficientemente grandes para espalhar a luz visível.

6.62 Um tipo de pneu de automóvel é feito de borracha sintética, em que as partículas de carbono, cujo tamanho varia entre 200 e 500 nm, encontram-se aleatoriamente dispersas. Como o negro de carbono absorve luz, não vemos nenhuma turbidez (isto é, um efeito Tyndall). O pneu é considerado um sistema coloidal? Em caso positivo, de que tipo? Explique.

6.63 Com base nas Tabelas 6.1 e 6.2, classifique os seguintes sistemas em misturas homogêneas, heterogêneas ou coloidais.
(a) Solução fisiológica salina   (b) Suco de laranja
(c) Nuvem   (d) Areia molhada
(e) Espuma de sabão   (f) Leite

6.64 A Tabela 6.2 não mostra nenhum exemplo de sistema coloidal gás em gás. Considerando a definição de coloide, explique por quê.

6.65 Uma solução de proteína é transparente em temperatura ambiente. Quando é esfriada a 10 °C, torna-se turva. O que causa essa mudança de aparência?

6.66 Por que os nanotubos têm propriedades ópticas e elétricas singulares?

Seção 6.8 O que é uma propriedade coligativa?

6.67 Calcule os pontos de congelamento das soluções preparadas com a dissolução de 1,00 mol de cada um dos seguintes solutos iônicos em 1.000 g de H_2O.
(a) NaCl   (b) $MgCl_2$
(c) $(NH_4)_2CO_3$ (d) $Al(HCO_3)_3$

6.68 Se adicionarmos 175 g de etilenoglicol, $C_2H_6O_2$, por 1.000 g de água a um radiador de automóvel, qual será o ponto de congelamento da solução?

6.69 O metanol, CH_3OH, é usado como anticongelante. Quantos gramas de metanol seriam necessários por 1.000 g de água para uma solução aquosa permanecer líquida a −20 °C?

6.70 No inverno, após uma tempestade de neve, espalhou-se sal para derreter o gelo nas estradas. Quantos gramas de sal por 1.000 g de gelo são necessários para torná-lo líquido a −5 °C?

6.71 Uma solução de ácido acético (CH_3COOH) 4 M baixa o ponto de congelamento em −8 °C; uma solução de KF 4 M produz um abaixamento de −15 °C no ponto de congelamento. O que explica essa diferença?

Osmose

6.72 Em um aparato que usa uma membrana semipermeável, uma solução 0,005 M de glicose (uma molécula pequena) gerou uma pressão osmótica de 10 mm Hg. Que tipo de mudança de pressão osmótica você esperaria se, em vez de uma membrana semipermeável, fosse usada uma membrana de diálise?

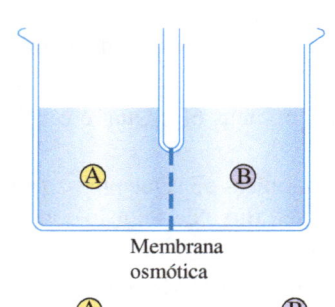

	A	B
(a)	Glicose 1%	Glicose 5%
(b)	Glicose 0,1 M	Glicose 0,5 M
(c)	NaCl 1 M	Glicose 1 M
(d)	NaCl 1 M	K_2SO_4 1 M
(e)	NaCl 3%	KCl 3%
(f)	NaBr 1 M	KCl 1 M

6.73 Em cada caso, diga qual o lado que sobe (se algum deles subir) e por quê.

6.74 Uma membrana semipermeável osmótica que permite somente a passagem de água separa dois compartimentos, A e B. O compartimento A contém NaCl 0,9%, e o compartimento B contém glicerol, $C_3H_8O_3$, 3%.
(a) Em qual compartimento o nível de solução subirá?
(b) Qual dos compartimentos (se algum) tem a pressão osmótica maior?

6.75 Calcule a osmolaridade de cada uma das seguintes soluções.
(a) Na_2CO_3 0,39 M (b) $Al(NO_3)_3$ 0,62 M
(c) LiBr 4,2 M (d) K_3PO_4 0,009 M

6.76 Dois compartimentos estão separados por uma membrana osmótica semipermeável através da qual apenas moléculas de água podem passar. O compartimento A contém uma solução de KCl 0,3 M, e o compartimento B contém uma solução de Na_3PO_4 0,2 M. Preveja de qual compartimento a água fluirá para o outro compartimento.

6.77 Uma solução de NaCl 0,9% é isotônica com o plasma sanguíneo. Qual destas soluções crenaria células vermelhas do sangue?
(a) NaCl 0,3%   (b) Glicose 0,9 M (MM 180)
(c) Glicose 0,9%

Conexões químicas

6.78 (Conexões químicas 6A) Óxidos de nitrogênio (NO, NO_2, N_2O_3) são também responsáveis pela chuva ácida. Quais os ácidos que podem ser formados a partir desses óxidos de nitrogênio?

6.79 (Conexões químicas 6A) O que torna a água normal da chuva ligeiramente ácida?

6.80 (Conexões químicas 6B) Por que mergulhadores de mar profundo usam uma mistura de hélio-oxigênio no tanque em vez de ar?

6.81 (Conexões químicas 6B) O que é narcose por nitrogênio?

6.82 (Conexões químicas 6C) Qual é a fórmula química para o principal componente do calcário e do mármore?

6.83 (Conexões químicas 6C) Escreva equações balanceadas (duas etapas) para a conversão de mármore em gipsita di-hidratada.

6.84 (Conexões químicas 6D) Qual é o coloide protetor no leite?

6.85 (Conexões químicas 6E) Que pressão mínima na água do mar forçará seu fluxo da solução concentrada para a solução diluída?

6.86 (Conexões químicas 6E) A pressão osmótica gerada por uma solução, através de uma membrana semipermeável, é diretamente proporcional à sua osmolaridade. Considerando os dados de "Conexões químicas 6E" na purificação da água do mar, calcule a pressão necessária para purificar água salobra, contendo 5.000 ppm de sal, por osmose reversa.

6.87 (Conexões químicas 6F) Ocorreu um erro de preparação na solução isotônica utilizada em hemodiálise. Em vez de $NaHCO_3$ 0,2%, foi adicionado $KHCO_3$ 0,2%. Esse erro alterou a tonicidade rotulada na solução? Em caso positivo, a solução resultante é hipotônica ou hipertônica? Tal erro criaria um desequilíbrio eletrolítico no sangue do paciente? Explique.

6.88 (Conexões químicas 6F) O aparelho de rim artificial utiliza uma solução 0,6% w/v de NaCl, 0,04% w/v de KCl, 0,2% w/v de $NaHCO_3$ e 0,72% w/v de glicose. Mostre que essa é uma solução isotônica.

Problemas adicionais

6.89 Quando um pepino é colocado em uma solução salina para fazer picles, ele encolhe. Quando uma ameixa é colocada na mesma solução salina, ela intumesce. Explique o que acontece em cada caso.

6.90 Uma solução de As_2O_3 tem uma molaridade de 2×10^{-5} M. Qual é a concentração em ppm? (Suponha que a densidade da solução seja 1,00 g/mL.)

6.91 Duas garrafas de água são carbonatadas com gás CO_2, a uma pressão de 2 atm, e depois tampadas. Uma das garrafas é armazenada em temperatura ambiente, e a outra está armazenada no refrigerador. Quando a garrafa armazenada em temperatura ambiente é aberta, grandes bolhas escapam com um terço da água. A garrafa armazenada no refrigerador é aberta, mas sem ocorrência de espuma ou bolhas. Explique.

6.92 Quantos gramas de etilenoglicol devem ser adicionados a 1.000 g de água para criar uma mistura refrigerante para radiador de automóvel que não congele a -15 ºC?

6.93 Tanto o metanol, CH_3OH, quanto o etilenoglicol, $C_2H_6O_2$, são utilizados como anticongelante. Qual deles é mais eficiente, isto é, qual produz o ponto de congelamento mais baixo se massas iguais de cada um forem adicionadas à mesma massa de água?

6.94 Sabemos que uma solução salina (NaCl) 0,89% é isotônica com o sangue. Em uma emergência na vida real, você fica sem solução fisiológica salina e tem apenas KCl como sal, e água destilada. Seria aceitável preparar uma solução aquosa de KCl 0,89% e usá-la para infusão intravenosa? Explique.

6.95 O dióxido de carbono e o dióxido de enxofre são solúveis em água porque reagem com a água. Escreva possíveis equações para essas reações.

6.96 Um rótulo de reagente mostra que ele contém 0,05 ppm de chumbo como contaminante. Quantos gramas de chumbo estão presentes em 5,0 g do reagente?

6.97 Uma solução de ácido nítrico concentrado contém HNO_3 35%. Como preparar 300 mL de solução 4,5%?

6.98 Qual destas soluções terá pressão osmótica maior:
(a) Uma solução de NaCl 0,9% w/v?
(b) Uma solução de 25% w/v de um determinado dextrano de massa molecular 15.000?

6.99 Regulamentações do governo permitem uma concentração de 6 ppb de um certo poluente. Quantos gramas de poluente são permitidos em uma tonelada (1.016 kg) de água?

6.100 A osmolaridade média da água do mar é 1,18. Quanta água pura teria de ser adicionada a 1,0 mL de água do mar para ela chegar à osmolaridade do sangue (0,30 osmol)?

6.101 Uma piscina com 20.000 L de água é clorada até uma concentração final de Cl_2 0,00500 M. Qual é a concentração de Cl_2 em ppm? Quantos quilogramas de Cl_2 foram adicionados à piscina para chegar a essa concentração?

Antecipando

6.102 O fluido sinovial que existe nas juntas é uma solução coloidal de ácido hialurônico (Seção 20.6A) em água. Para isolar o ácido hialurônico do fluido sinovial, um bioquímico adiciona etanol, C_2H_6O, para que a solução chegue a 65% de etanol. O ácido hialurônico precipita em repouso. O que torna a solução de ácido hialurônico instável e a faz precipitar?

Velocidades de reação e equilíbrio químico

7

Uma vela de aniversário cintilante. Em sua composição há magnésio metálico em pó que quando queima ao ar produz a luz intensa que se observa nas faíscas.

7.1 Como se medem velocidades de reação?

Neste capítulo, veremos dois tópicos intimamente relacionados: velocidades de reação e equilíbrio químico. Sabendo se uma reação ocorre rápida ou lentamente, podemos ter informações importantes sobre o processo em questão. Caso o processo tenha implicações na saúde, a informação poderá ser crucial. Mais cedo ou mais tarde, muitas reações vão parecer que chegaram ao fim, mas isso significa simplesmente que duas reações, que são o inverso uma da outra, estão prosseguindo na mesma velocidade. Quando isso ocorre, dizemos que a reação está em equilíbrio. O estudo do equilíbrio químico nos dá informações sobre como controlar as reações, incluindo aquelas que desempenham um papel fundamental nos processos vitais.

Algumas reações químicas ocorrem rapidamente, e outras são muito lentas. Por exemplo, glicose e gás oxigênio reagem entre si formando água e dióxido de carbono:

$$C_6H_{12}O_6(s) + 6O_2(g) \longrightarrow 6CO_2(g) + 6H_2O(\ell)$$
Glicose

Essa reação, porém, é extremamente lenta. Uma amostra de glicose exposta a O_2 no ar não exibe nenhuma mudança mesmo depois de muitos anos.

Considere o que acontece quando você ingere um ou dois comprimidos de aspirina por causa de uma leve dor de cabeça. Com frequência, a dor desaparece em aproximadamente meia hora. Assim, a aspirina deve ter reagido com alguns compostos do organismo nesse intervalo de tempo.

Questões-chave

7.1 Como se medem velocidades de reação?

7.2 Por que algumas colisões moleculares resultam em reações e outras não?

7.3 Qual é a relação entre energia de ativação e velocidade de reação?

7.4 Como se pode mudar a velocidade da reação química?

7.5 O que significa dizer que a reação alcançou o equilíbrio?

7.6 O que é constante de equilíbrio e o que ela significa?

Como... Interpretar o valor da constante de equilíbrio, K?

7.7 O que é o princípio de Le Chatelier?

Durante vários anos, algumas moléculas de glicose e O_2 reagirão, mas não o suficiente para que isso seja detectado no período de um laboratório.

Introdução à química geral

> Esta é uma equação iônica simplificada, portanto não mostra os íons espectadores.

> **Cinética química** É o estudo das velocidades das reações químicas.

> Esta é uma equação iônica simplificada, portanto não mostra os íons espectadores.

Muitas reações ocorrem até mais rápido. Por exemplo, se adicionamos uma solução de nitrato de prata a uma solução de cloreto de sódio (NaCl), forma-se quase que instantaneamente um precipitado de cloreto de prata (AgCl).

$$\text{Equação iônica simplificada: } Ag^+(aq) + Cl^-(aq) \longrightarrow AgCl(s)$$

A precipitação de AgCl é praticamente completa em bem menos de 1 s.

O estudo das velocidades de reação é chamado **cinética química**. A **velocidade de uma reação** é a mudança na concentração de um reagente (ou produto) por unidade de tempo. Cada reação tem sua própria velocidade, que deve ser medida em laboratório.

Considere a seguinte reação ocorrida no solvente acetona:

$$CH_3-Cl + I^- \xrightarrow{\text{Acetona}} CH_3-I + Cl^-$$
$$\text{Clorometano} \qquad\qquad \text{Iodometano}$$

Para determinar a velocidade da reação, podemos medir a concentração do produto, o iodometano, na acetona em intervalos de tempo – digamos, a cada 10 min. Por exemplo, a concentração poderia aumentar de 0 para 0,12 mol/L em um período de 30 min. A velocidade da reação é a mudança na concentração do iodometano dividida pelo intervalo de tempo:

$$\frac{(0,12 \text{ mol } CH_3I/L) - (0 \text{ mol } CH_3I/L)}{30 \text{ min}} = \frac{0,0040 \text{ mol } CH_3I/L}{\text{min}}$$

Essa unidade é lida como "0,0040 mol por litro por minuto". Durante cada minuto da reação, uma média de 0,0040 mol de clorometano é convertida em iodometano para cada litro de solução.

A velocidade de uma reação não é constante em um longo intervalo de tempo. Na maioria das reações, no começo a mudança de concentração é diretamente proporcional ao tempo. Esse período é mostrado como a parte linear do gráfico na Figura 7.1. A velocidade calculada durante esse período, chamada **velocidade inicial**, é constante ao longo desse intervalo de tempo. Depois, à medida que o reagente é consumido, a velocidade de reação diminui. A Figura 7.1 mostra uma velocidade determinada em um momento posterior, bem como a velocidade inicial. A velocidade determinada posteriormente é menor que a velocidade inicial.

> A velocidade também poderá ser determinada com relação à diminuição na concentração de CH_3Cl ou I^-, caso seja mais conveniente.

Reação: A ⟶ B

> **FIGURA 7.1** Mudança na concentração de B no sistema A → B em relação ao tempo. A velocidade (a mudança na concentração de B por unidade de tempo) é maior no começo da reação, diminuindo gradualmente até chegar a zero, no final da reação.

> Não estranhe o uso do sinal negativo na velocidade de reação. Isso significa que o reagente está sendo consumido.

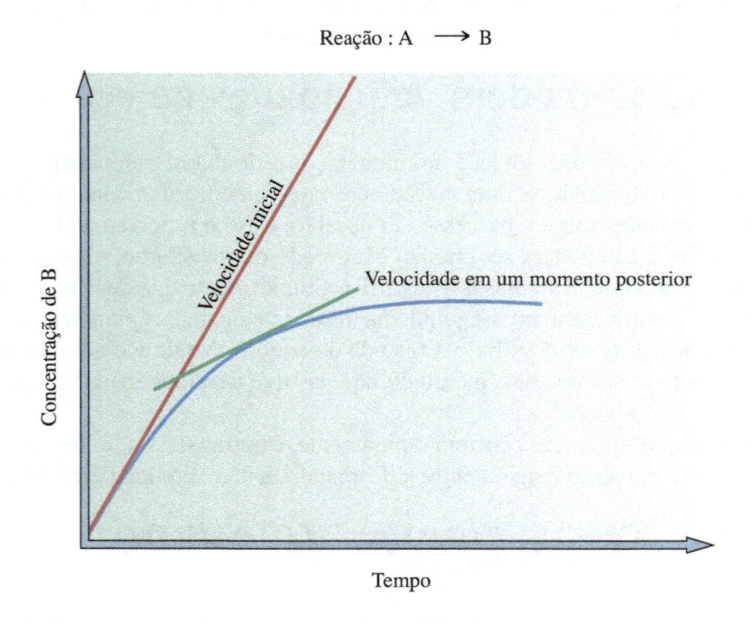

Exemplo 7.1 Velocidade de reação

Outra maneira de determinar a velocidade da reação de clorometano com o íon iodeto é medir o desaparecimento do I^- da solução. Suponha que a concentração de I^- seja de 0,24 mol I^-/L no começo da reação. Depois de 20 min, a concentração caiu para 0,16 mol I^-/L. Essa diferença é igual a uma mudança de concentração de 0,08 mol I^-/L. Qual é a velocidade da reação?

Estratégia

Usamos a definição de velocidade como a mudança na concentração por subtração. O intervalo de tempo é dado.

Solução

A velocidade da reação é:

$$\frac{(0{,}16 \text{ mol I}^-/\text{L}) - (0{,}24 \text{ mol I}^-/\text{L})}{20 \text{ min}} = \frac{-0{,}0040 \text{ mol I}^-/\text{L}}{\text{min}}$$

Como a estequiometria dos componentes é de 1:1 nessa reação, obtemos a mesma resposta numérica para a velocidade quer monitoremos um reagente ou um produto. Observe, porém, que, quando medimos a concentração de um reagente que desaparece com o tempo, a velocidade da reação é um número negativo.

Problema 7.1

Na reação

$$2\text{HgO(s)} \longrightarrow 2\text{Hg}(\ell) + \text{O}_2(g)$$

medimos a evolução do gás oxigênio para determinar a velocidade da reação. No começo (0 min), está presente 0,020 L de O_2. Depois de 15 min, o volume de gás O_2 é de 0,35 L. Qual é a velocidade da reação?

As velocidades das reações químicas – tanto as que conduzimos no laboratório como aquelas que ocorrem em nosso organismo – são muito importantes. Uma reação que segue mais lenta que nossas necessidades pode ser inútil, enquanto outra que segue muito rápido pode ser perigosa. O ideal seria saber o que causa essa enorme variedade nas velocidades de reação. É o que veremos nas três seções seguintes.

7.2 Por que algumas colisões moleculares resultam em reações e outras não?

Para que duas moléculas ou íons possam reagir entre si, primeiro devem colidir. Como vimos no Capítulo 5, as moléculas em gases e líquidos estão em constante movimento e frequentemente colidem entre si. Se quisermos que ocorra uma reação entre dois compostos A e B, devemos permitir que se misturem, se forem gases, ou se dissolvam em um solvente, se forem líquidos. Em ambos os casos, o movimento constante das moléculas vai resultar em frequentes colisões entre as moléculas de A e B. De fato, podemos calcular quantas dessas colisões vão ocorrer em um dado intervalo de tempo. Tais cálculos indicam a ocorrência de tantas colisões entre A e B que a maior parte das reações deverá terminar em menos de um segundo. Como as reações efetivas geralmente seguem bem mais lentamente, devemos concluir que a maioria das colisões não resulta em uma reação. Tipicamente, quando uma molécula de A colide com uma molécula de B, as duas simplesmente ricocheteiam uma na outra sem reagir. De vez em quando, porém, moléculas de A e de B colidem e reagem, formando um novo composto. A colisão que resulta em uma reação é chamada **colisão efetiva**.

Por que algumas colisões são efetivas e outras não? Há três principais razões:

1. Na maioria dos casos, para ocorrer uma reação entre A e B, uma ou mais ligações covalentes devem ser rompidas em A ou B, ou em ambas, e para isso acontecer é necessária energia. A energia vem da colisão entre A e B. Se a energia da colisão for suficientemente alta, as ligações se romperão e ocorrerá uma reação. Se a energia de colisão for muito baixa, as moléculas vão ricochetear sem reagir. A energia mínima necessária para ocorrer uma reação é chamada **energia de ativação**.

   A energia de qualquer colisão depende das velocidades relativas (isto é, das energias cinéticas relativas) dos objetos em colisão e do ângulo de aproximação. Danos muito maiores ocorrem em uma colisão frontal entre dois carros a 60 km/h do que numa colisão em que um carro a 30 km/h atinge de raspão outro que vai a 15 km/h. A mesma consideração se aplica às moléculas, como mostra a Figura 7.2.

Colisão efetiva Colisão entre duas moléculas ou íons que resulta em uma reação química.

Energia de ativação Energia mínima necessária para que ocorra uma reação química.

FIGURA 7.2 A energia das colisões moleculares varia. (a) Duas moléculas que se deslocam rapidamente e colidem de frente possuem mais energia que (b) duas moléculas lentas que colidem em um ângulo.

FIGURA 7.3 As moléculas devem ser orientadas apropriadamente para que a reação ocorra. (a) Moléculas de HCl e H_2O são orientadas de modo que o H de HCl colida com o O de H_2O e a reação ocorra. (b) Não ocorre nenhuma reação porque Cl, e não H, colide com o O de H_2O. As setas coloridas mostram o trajeto das moléculas.

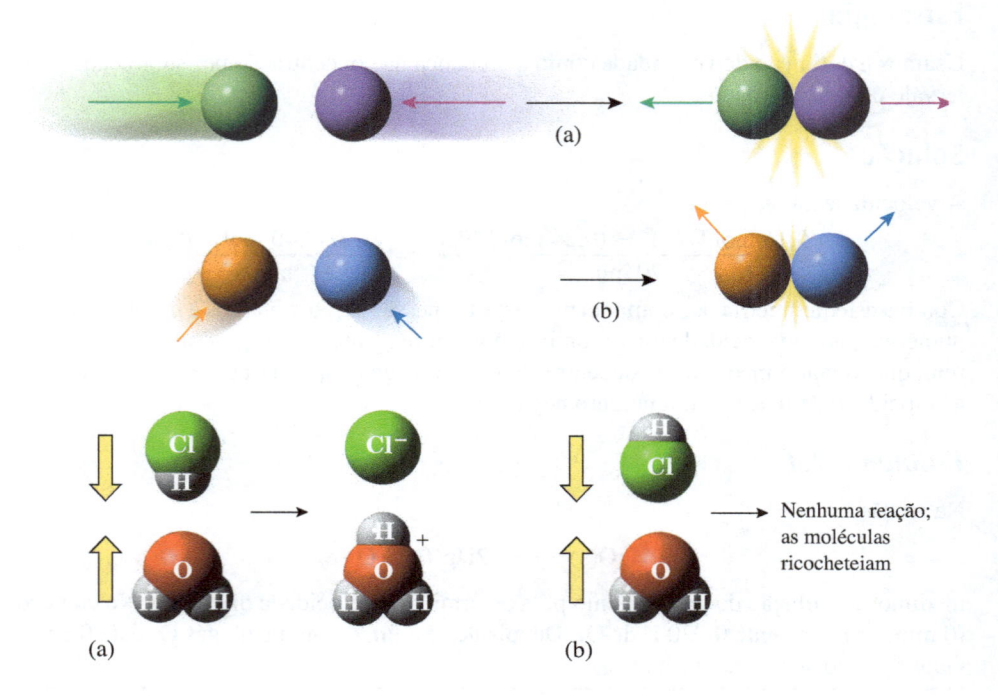

2. Mesmo que duas moléculas colidam com uma energia maior que a energia de ativação, pode não ocorrer uma reação se as moléculas não estiverem orientadas apropriadamente quando colidirem. Considere, por exemplo, a reação entre H_2O e HCl:

$$H_2O(\ell) + HCl(g) \longrightarrow H_3O^+(aq) + Cl^-(aq)$$

Para essa reação ocorrer, as moléculas devem colidir de tal forma que o H do HCl atinja o O da água, como mostra a Figura 7.3(a). Uma colisão em que o Cl atinge o O, como mostra a Figura 7.3(b), não pode resultar em uma reação, mesmo que haja energia suficiente.

3. A frequência das colisões é outro fator importante. Se mais colisões ocorrerem, as chances são que mais dessas colisões terão energia suficiente e orientação apropriada das moléculas para que ocorra uma reação.

Voltando ao exemplo dado no começo deste capítulo, agora podemos ver por que a reação entre glicose e O_2 é tão lenta. As moléculas de O_2 estão constantemente colidindo com as moléculas de glicose, mas a porcentagem de colisões efetivas é extremamente pequena em temperatura ambiente.

7.3 Qual é a relação entre energia de ativação e velocidade de reação?

A Figura 7.4 mostra um típico diagrama de energia para uma reação exotérmica. Os produtos têm energia mais baixa que os reagentes, portanto podemos esperar que a reação ocorra rapidamente. A curva, no entanto, nos mostra que os reagentes não podem ser convertidos nos produtos sem a necessária energia de ativação. A energia de ativação é como uma montanha. Se estamos em uma região montanhosa, percebemos que o único meio de ir de um ponto a outro é subindo a montanha. O mesmo acontece com a reação química. Mesmo que os produtos tenham uma energia mais baixa que a dos reagentes, aqueles não podem se formar a não ser que os reagentes "subam a montanha" – ou seja, ganhem a necessária energia de ativação.

Vejamos essa questão com mais detalhes. Em uma reação típica, ligações existentes são rompidas e novas ligações se formam. Por exemplo, quando H_2 reage com N_2 formando NH_3, seis ligações covalentes (contando a ligação tripla como três ligações) devem romper-se, e seis novas ligações covalentes devem se formar.

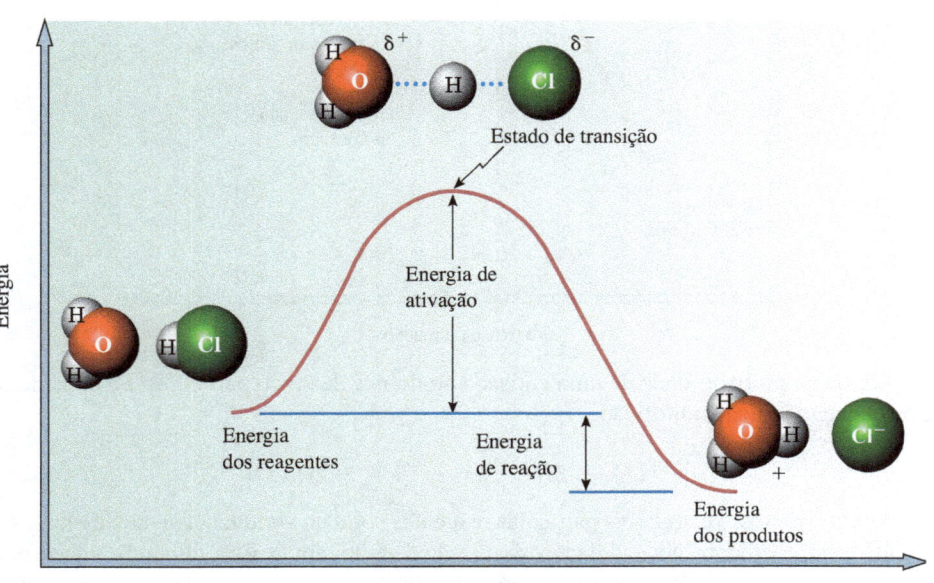

$$3H-H + N\equiv N \longrightarrow 2H-N\begin{smallmatrix}H\\ \\H\end{smallmatrix}$$

Amônia

FIGURA 7.4 Diagrama de energia para reação exotérmica.
H$_2$O(ℓ) + HCl(g) $\longrightarrow$ H$_3$O$^+$ (aq) + Cl$^-$ (aq)
A energia dos reagentes é maior que a energia dos produtos. O diagrama mostra as posições de todos os átomos antes, depois e no momento do estado de transição.

Reações "ascendentes" são endotérmicas.

Para romper uma ligação, é preciso fornecer energia, mas a formação de uma ligação libera energia. Em uma reação "descendente" do tipo mostrado na Figura 7.4, a quantidade de energia liberada na criação de novas ligações é maior que aquela necessária para romper as ligações originais. Em outras palavras, a reação é exotérmica. No entanto, ela pode ter uma energia de ativação substancial, ou barreira energética, porque, em muitos casos, pelo menos uma ligação deve se romper antes que uma nova ligação possa se formar. Assim, deve-se fornecer energia ao sistema antes de se obter de volta. Isso é análogo à seguinte situação: alguém lhe oferece sociedade em um negócio do qual, por um investimento de $ 10.000,00, você vai poder obter um rendimento de $ 40.000,00 por ano, depois de um ano. Em longo prazo, você se daria muito bem. Primeiro, porém, você precisa investir os $ 10.000,00 iniciais (a energia de ativação) para começar o negócio.

Observe que usamos uma analogia para falar de energia, comparando as mudanças de energia com quantias em dinheiro. Analogias podem ser úteis até certo ponto, mas, às vezes, não são suficientes. Isso é verdade especialmente quando precisamos de informação exata. É muito importante ser preciso na terminologia quando falamos de mudanças de energia, especialmente tendo em vista que os cientistas desenvolveram várias maneiras de descrever transformações de energia sob diferentes condições. Uma das mais úteis e mais utilizadas é a "energia livre", que se refere a mudanças de energia que realmente ocorrem. Fique de olho nessa expressão. Vamos encontrá-la muitas vezes nos próximos capítulos.

Toda reação tem um diagrama de energia diferente. Às vezes, a energia dos produtos é mais alta que a dos reagentes (Figura 7.5), isto é, a reação é "ascendente". Para quase todas as reações, porém, há uma energia de "ascensão" – a energia de ativação. A energia de ativação está inversamente relacionada à velocidade da reação. Quanto mais baixa for a energia de ativação, mais rápida será a reação; quanto mais alta for a energia de ativação, mais lenta será a reação.

O ponto mais alto no diagrama de energia é chamado **estado de transição**. Quando as moléculas reagentes alcançam esse ponto, uma ou mais ligações originais são parcialmente rompidas, e uma ou mais novas ligações podem estar em processo de formação. O estado de transição para a reação do íon iodeto com clorometano ocorre quando um íon iodeto colide com uma molécula de clorometano de tal modo que o íon iodeto atinge o átomo de carbono (Figura 7.6).

A velocidade de uma reação é proporcional à probabilidade de colisões efetivas. Em determinada reação de uma única etapa, a probabilidade de que duas partículas possam colidir

FIGURA 7.5 Diagrama de energia para uma reação endotérmica. A energia dos produtos é maior que a dos reagentes.

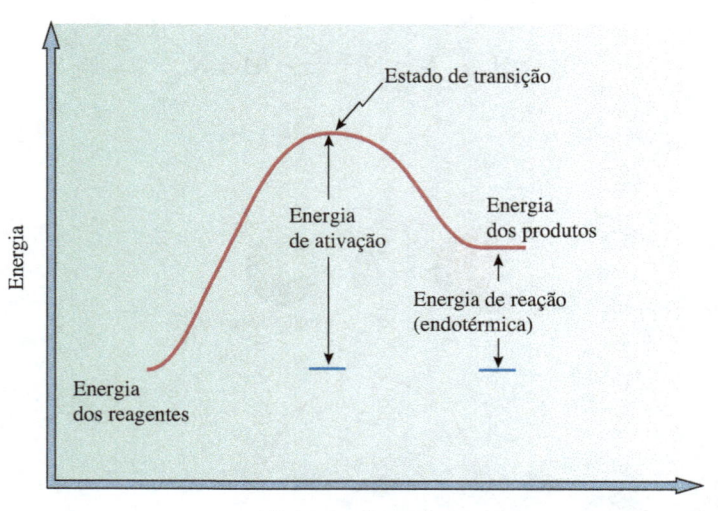

é maior que a probabilidade de uma colisão simultânea de cinco partículas. Se consideramos a reação iônica simplificada

$$H_2O_2 + 3I^- + 2H^+ \longrightarrow I_3^- + 2H_2O$$

é altamente improvável que seis partículas reagentes colidam simultaneamente; assim, essa reação deveria ser lenta. Na realidade, essa reação é muito rápida. Esse fato indica que a reação não ocorre em uma única etapa, mas em várias delas. Em cada uma dessas etapas, a probabilidade é alta para colisões entre duas partículas. Mesmo uma reação simples como

$$H_2(g) + Br_2(g) \longrightarrow 2HBr(g)$$

ocorre em três etapas:

$$1^{\underline{a}} \text{ etapa:} \quad Br_2 \xrightarrow{\text{lenta}} 2Br\cdot$$

$$2^{\underline{a}} \text{ etapa:} \quad Br\cdot + H_2 \xrightarrow{\text{rápida}} HBr + H\cdot$$

$$3^{\underline{a}} \text{ etapa:} \quad H\cdot + Br_2 \xrightarrow{\text{rápida}} HBr + Br\cdot$$

O ponto (·) indica o elétron não emparelhado no átomo. A velocidade total da reação será controlada pela etapa mais lenta, assim como o carro em menor velocidade controla o fluxo do tráfego em uma rua. Na reação anterior, a 1ª etapa é a mais lenta, pois possui a energia de ativação mais alta.

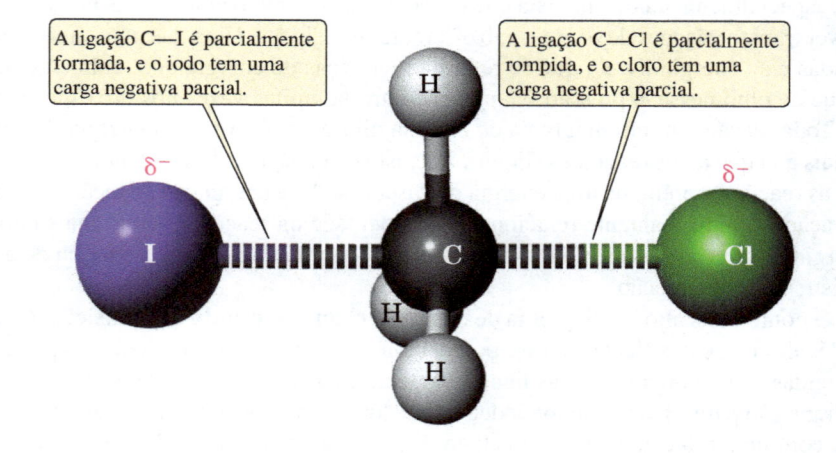

FIGURA 7.6 Estado de transição para a reação de CH_3Cl com I^-. No estado de transição, o íon iodeto, I^-, ataca o carbono do clorometano do lado oposto à ligação C—Cl. Nesse estado de transição, tanto o cloro como o iodo têm cargas parciais negativas.

7.4 Como se pode mudar a velocidade da reação química?

Na Seção 7.2, vimos que as reações ocorrem como resultado de colisões entre moléculas que se deslocam rapidamente e que possuem uma certa energia mínima (a energia de ativação). Nesta seção, examinaremos alguns fatores que afetam as energias de ativação e as velocidades de reação.

A. Natureza dos reagentes

Em geral, reações que ocorrem entre íons em solução aquosa (Seção 4.6) são extremamente rápidas e ocorrem quase instantaneamente. As energias de ativação para essas reações são muito baixas porque geralmente nenhuma ligação covalente deve ser rompida. Como previsto, reações entre moléculas covalentes, em solução aquosa ou não, ocorrem muito mais lentamente. Muitas dessas reações precisam de 15 min a 24 horas, ou até mais, para que a maioria dos reagentes seja convertida em produtos. Algumas reações levam bem mais tempo, é claro, mas raramente são úteis.

B. Concentração

Considere a seguinte reação:

$$A + B \longrightarrow C + D$$

Na maioria dos casos, a velocidade da reação aumenta quando aumentamos a concentração de um dos reagentes ou de ambos (Figura 7.7) Para muitas reações – mas não para todas –, existe uma relação direta entre concentração e velocidade de reação, isto é, quando a concentração de um reagente é dobrada, a velocidade da reação também dobra. Esse resultado é bastante compreensível com base na teoria das colisões. Se dobrarmos a concentração de A, haverá o dobro de moléculas de A no mesmo volume, portanto as moléculas de B nesse volume agora colidem com o dobro de moléculas de A por segundo. Considerando que a velocidade da reação depende do número de colisões efetivas por segundo, a velocidade dobra.

> Para reações na fase gasosa, um aumento na pressão geralmente aumenta a velocidade.

> No caso em que um dos reagentes é sólido, a velocidade é afetada pela área superficial do sólido. Por essa razão, uma substância na forma de pó reage mais rápido que a mesma substância em pedaços grandes.

FIGURA 7.7 Reação de palha de aço com oxigênio. (a) Quando aquecida em presença do ar, a palha de aço incandesce, mas não queima rapidamente, porque a concentração de O_2 no ar é de apenas 20%. (b) Quando a palha de aço incandescente é colocada em 100% de O_2, ela queima vigorosamente.

Podemos expressar matematicamente a relação entre velocidade e concentração. Por exemplo, para a reação

$$2H_2O_2(\ell) \longrightarrow 2H_2O(\ell) + O_2(g)$$

a velocidade determinada foi de $-0,01$ mol H_2O_2/L/min, em temperatura constante, quando a concentração de H_2O_2 era de 1 mol/L. Em outras palavras, a cada minuto foi con-

Os colchetes [ ] representam a concentração da espécie química cuja fórmula está entre colchetes.

Constante de velocidade
Constante de proporcionalidade, k, entre a concentração molar dos reagentes e a velocidade da reação; velocidade = k [composto].

sumido 0,01 mol/L de peróxido de hidrogênio. Os pesquisadores também descobriram que toda vez que se dobrava a concentração de H_2O_2, a velocidade também dobrava. Assim, a velocidade é diretamente proporcional à concentração de H_2O_2. Podemos escrever essa relação como

$$\text{Velocidade} = k[H_2O_2]$$

em que k é uma constante chamada **constante de velocidade**. As constantes de velocidade geralmente são calculadas a partir das **velocidades iniciais da reação** (Figura 7.1).

Exemplo 7.2 Constantes de velocidade

Calcule a constante de velocidade, k, para a reação

$$2H_2O_2(\ell) \longrightarrow 2H_2O(\ell) + O_2(g)$$

usando a velocidade e a concentração inicial mencionadas anteriormente:

$$\frac{-0{,}01 \text{ mol } H_2O_2}{L \cdot \min} \qquad [H_2O_2] = \frac{1 \text{ mol}}{L}$$

Estratégia e solução

Começamos com a equação da velocidade, resolvemos para k e depois inserimos os valores experimentais apropriados.

$$\text{Velocidade} = k[H_2O_2]$$

$$k = \frac{\text{Velocidade}}{[H_2O_2]}$$

$$= \frac{-0{,}01 \text{ mol } H_2O_2}{L \cdot \min} \times \frac{L}{1 \text{ mol } H_2O_2}$$

$$= \frac{-0{,}01}{\min}$$

Observe que todas as unidades de concentração se cancelam, e que a constante de velocidade possui unidades que indicam algum evento em um dado tempo, o que faz sentido. A resposta também é um número razoável.

Problema 7.2

Calcule a velocidade para a reação do Exemplo 7.2, quando a concentração inicial de H_2O_2 for 0,36 mol/L.

C. Temperatura

Em quase todos os casos, as velocidades de reação aumentam com a elevação da temperatura. Uma regra prática para muitas reações é que, toda vez que a temperatura sobe em 10 °C, a velocidade da reação dobra. Essa regra está longe de ser exata, mas em muitos casos não está longe de ser verdadeira. Como se pode ver, esse efeito pode ser bem grande. Se, por exemplo, conduzirmos uma reação a 90 °C e não em temperatura ambiente (20 °C), a reação seguirá cerca de 128 vezes mais rápido. São sete incrementos de 10 °C entre 20 °C e 90 °C, e $2^7 = 128$. Dito de outra forma, se são necessárias 20 h para converter 100 g do reagente A no produto C, a 20 °C, então esse processo levaria apenas 10 min a 90 °C. A temperatura, portanto, é uma poderosa ferramenta que nos permite aumentar as velocidades de reações que são inconvenientemente lentas. Também permite que diminuamos as velocidades de reações inconvenientemente rápidas. Por exemplo, podemos optar por conduzir reações a baixas temperaturas porque há risco de explosões, ou as reações de outra forma estariam fora de controle em temperatura ambiente.

O que permite que as velocidades de reação aumentem com o aumento da temperatura? Mais uma vez, apelaremos para a teoria das colisões. Aqui a temperatura tem dois efeitos:

1. Na Seção 5.6, vimos que a temperatura está relacionada à energia cinética média das moléculas. Quando a temperatura aumenta, as moléculas se movimentam mais rápido, o que significa que colidem com mais frequência. Colisões mais frequentes significam

Conexões químicas 7A

Por que a febre alta é perigosa?

Conforme "Conexões químicas 1B", uma temperatura corporal contínua de 41,7 °C é invariavelmente fatal. Agora podemos verificar por que a febre alta é perigosa. A temperatura normal do corpo é de 37 °C, e todas as diversas reações no corpo – incluindo respiração, digestão e a síntese de vários compostos – ocorrem a essa temperatura. Se um aumento de 10 °C faz a velocidade da maioria das reações quase dobrar, então um aumento de 1 °C que seja as torna bem mais rápidas que o normal.

A febre é um mecanismo de defesa, e um pequeno aumento na temperatura permite que o corpo extermine mais rapidamente os germes com a mobilização do mecanismo imunológico de defesa. Esse aumento, porém, deve ser pequeno: um acréscimo de 1 °C eleva a temperatura para 38 °C; um aumento de 3 °C eleva para 40 °C. Uma temperatura maior que 40 °C aumenta as velocidades das reações para um valor perigoso.

Pode-se facilmente detectar o aumento nas velocidades de reação quando um paciente apresenta febre alta. A pulsação aumenta e a respiração torna-se mais rápida à medida que o corpo tenta suprir quantidades cada vez maiores de oxigênio para as reações aceleradas. Um corredor de maratona, por exemplo, pode ficar superaquecido em um dia quente e úmido. Depois de algum tempo, a transpiração não consegue mais esfriar o corpo com eficácia, e o corredor poderá sofrer uma hipertermia ou um ataque cardíaco, o que, se não tratado adequadamente, poderá causar danos cerebrais.

---

velocidades de reação mais altas. Esse fator, no entanto, é bem menos importante que o segundo fator.

2. Na Seção 7.2, mencionamos que uma reação entre duas moléculas ocorre somente se houver colisões efetivas – colisões com energia igual ou maior à energia de ativação. Quando a temperatura aumenta, não somente é maior a velocidade média (energia cinética) das moléculas, mas a distribuição das velocidades também é diferente. O número de moléculas muito rápidas aumenta bem mais que o número daquelas com velocidade média (Figura 7.8). Consequentemente, há um acréscimo no número de colisões efetivas. Não apenas ocorrem mais colisões, mas a porcentagem de colisões com energia maior que a energia de ativação também aumenta. Esse fator é o principal responsável pelo aumento abrupto nas velocidades de reação com aumento da temperatura.

Neste cadinho, o íon cloreto, Cl^-, age como catalisador para a decomposição do NH_4NO_3.

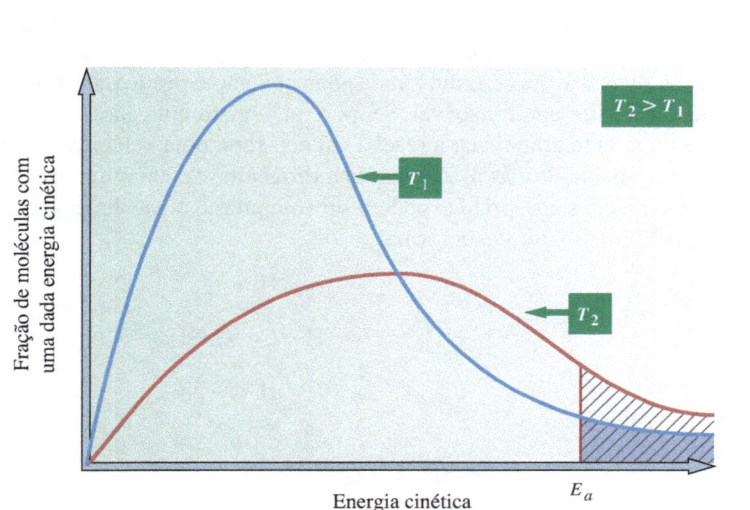

FIGURA 7.8 Distribuição das energias cinéticas (velocidades moleculares) a duas temperaturas. A energia cinética no eixo x, designada E_a, indica a energia (velocidade molecular) necessária para vencer a barreira da energia de ativação. As áreas sombreadas representam a fração de moléculas com energias cinéticas (velocidades moleculares) maiores que a energia de ativação.

D. Presença de um catalisador

Qualquer substância que aumenta a velocidade de uma reação, sem ela própria ser consumida, é chamada **catalisador**. Muitos catalisadores são conhecidos – alguns que aumentam a velocidade de apenas uma única reação e outros que afetam várias reações. Embora tenhamos visto que podemos acelerar reações aumentando a temperatura, em alguns casos elas continuarão muito lentas, mesmo nas temperaturas mais altas que se possa de modo conveniente

Catalisador Substância que aumenta a velocidade de certa reação química fornecendo uma rota alternativa de menor energia de ativação.

Catalisador heterogêneo
Catalisador em fase distinta da fase dos reagentes – por exemplo, o sólido platina, Pt(s), na reação entre $CH_2O(g)$ e $H_2(g)$.

Catalisador homogêneo
Catalisador na mesma fase dos reagentes – por exemplo, enzimas em tecidos do corpo.

alcançar. Em outros casos, não é viável aumentar a temperatura – talvez porque outras reações indesejadas possam também ser aceleradas. Nesses casos, um catalisador, se pudermos encontrar o mais adequado para uma dada reação, poderá mostrar-se valioso. Muitos processos industriais apelam para catalisadores (ver "Conexões químicas 7E"), e praticamente todas as reações que ocorrem em seres vivos são catalisadas por enzimas (Capítulo 22).

Catalisadores fazem com que a reação tome rumo diferente, um caminho com energia de ativação mais baixa. Sem o catalisador, os reagentes teriam de atingir o estado energético mais alto, como demonstra a Figura 7.9. O catalisador proporciona um estado energético mais baixo. Como vimos, uma energia de ativação mais baixa significa uma velocidade de reação mais alta.

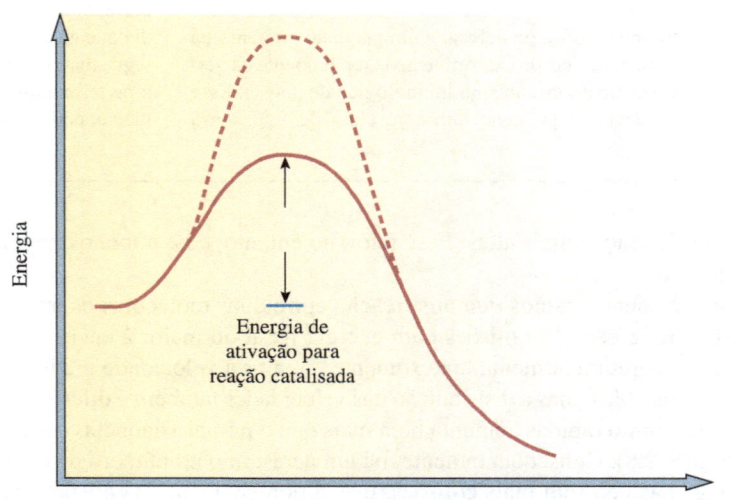

FIGURA 7.9 Diagrama de energia para uma reação catalisada. A linha pontilhada mostra a curva de energia para o processo não catalisado. O catalisador proporciona um caminho alternativo com energia de ativação mais baixa.

Cada catalisador tem sua própria modalidade de proporcionar um caminho alternativo. Muitos catalisadores fornecem uma superfície na qual os reagentes possam se encontrar. Por exemplo, a reação entre formaldeído (HCHO) e hidrogênio (H_2) formando metanol (CH_3OH) segue tão lentamente sem um catalisador que não é prática, mesmo se aumentarmos a temperatura a um nível razoável. Se, porém, a mistura de gases for agitada com platina metálica finamente granulada, a reação vai ocorrer a uma velocidade conveniente (Seção 12.6D). O formaldeído e as moléculas de hidrogênio se encontram na superfície da platina, em que as ligações apropriadas podem ser rompidas e novas ligações se formam. A reação pode então prosseguir desta forma:

Geralmente, escrevemos o catalisador acima ou abaixo da seta.

$$H_2C=O + H_2 \xrightarrow{Pt} H-CH_2-O-H$$

Formaldeído → Metanol

Conexões químicas 7B

Baixando a temperatura do corpo

Assim como acontece quando há um aumento significativo da temperatura corporal, uma diminuição substancial da temperatura do corpo abaixo de 37 °C pode ser prejudicial, pois as velocidades de reação tornam-se atipicamente baixas. Às vezes é possível tirar vantagem desse efeito. Em algumas cirurgias do coração, por exemplo, é necessário parar o fluxo de oxigênio para o cérebro por um tempo considerável. A 37 °C, o cérebro não pode sobreviver sem oxigênio por mais que 5 minutos sem sofrer danos permanentes. Quando, porém, a temperatura do corpo do paciente é deliberadamente baixada em torno de 28 °C a 30 °C, o fluxo de oxigênio pode ser interrompido por um tempo considerável sem causar danos, pois as velocidades de reação diminuem. A 25,6 °C, o consumo de oxigênio pelo corpo diminui em 50%.

7.5 O que significa dizer que a reação alcançou o equilíbrio?

Muitas reações são irreversíveis. Quando um pedaço de papel é totalmente queimado, os produtos são CO_2 e H_2O. Qualquer pessoa que pegue CO_2 e H_2O puros e tentar fazê-los reagir para produzir papel e oxigênio não terá êxito.

É claro que uma árvore transforma CO_2 e H_2O em madeira e oxigênio, e nós, em instalações sofisticadas, criamos papel a partir da madeira. Essas atividades, no entanto, não são o mesmo que combinar diretamente CO_2, H_2O e energia em um único processo para obter papel e oxigênio. Portanto, podemos certamente considerar a queima de papel uma reação irreversível.

Outras reações são reversíveis. Uma **reação reversível** pode ser orientada em ambas as direções. Por exemplo, se misturarmos monóxido de carbono com água, na fase gasosa, em alta temperatura, serão produzidos dióxido de carbono e hidrogênio:

$$CO(g) + H_2O(g) \longrightarrow CO_2(g) + H_2(g)$$

Se desejarmos, também podemos fazer essa reação ocorrer de outra maneira, isto é, podemos misturar dióxido de carbono e hidrogênio para obter monóxido de carbono e vapor d'água:

$$CO_2(g) + H_2(g) \longrightarrow CO(g) + H_2O(g)$$

Vejamos o que acontece quando conduzimos uma reação reversível. Vamos adicionar um pouco de monóxido de carbono ao vapor d'água na fase gasosa. Os dois compostos começam a reagir a uma certa velocidade (reação direta):

$$CO(g) + H_2O(g) \longrightarrow CO_2(g) + H_2(g)$$

À medida que a reação prossegue, as concentrações de CO e H_2O diminuem gradualmente porque ambos os reagentes estão sendo consumidos. A velocidade da reação, por sua vez, diminui gradualmente porque depende das concentrações dos reagentes (Seção 7.4B).

Mas o que está acontecendo na outra direção? Antes de adicionarmos o monóxido de carbono, nenhum dióxido de carbono ou hidrogênio estava presente. Logo que a reação direta começou, produziu pequenas quantidades dessas substâncias, e agora temos um pouco de CO_2 e H_2. Esses dois compostos, é claro, começarão a reagir entre si (reação inversa):

$$CO_2(g) + H_2(g) \longrightarrow CO(g) + H_2O(g)$$

A princípio, a reação inversa é muito lenta. À medida que as concentrações de H_2 e CO_2 (produzidas pela reação direta) aumentam gradualmente, a velocidade da reação inversa também aumenta gradualmente.

Conexões químicas 7C

Medicamentos de liberação controlada

Geralmente é desejável que determinado remédio tenha uma ação lenta e mantenha essa ação uniformemente no corpo por 24 horas. Sabemos que um sólido na forma de pó reage mais rápido que a mesma massa na forma de comprimido, porque o pó possui uma área superficial maior onde a reação pode ocorrer. Para diminuir a velocidade da reação e ter uma liberação uniforme do fármaco nos tecidos, as empresas farmacêuticas revestem partículas de alguns de seus fármacos. Esse revestimento impede o fármaco de reagir por algum tempo. Quanto mais espesso o revestimento, mais tempo leva para o fármaco reagir. Um fármaco com partículas menores possui área superficial maior que outro com partículas maiores; assim, fármacos empacotados em partículas menores vão reagir mais rapidamente. Combinando o tamanho apropriado de partícula com a quantidade adequada de revestimento, o fármaco poderá ser produzido de modo a liberar seu efeito durante um período de 24 horas. Assim, o paciente vai precisar tomar apenas um comprimido diário.

O revestimento também pode evitar problemas relacionados à irritação estomacal. Por exemplo, a aspirina pode causar ulceração ou sangramento no estômago em algumas pessoas. Comprimidos de aspirina com revestimento entérico (do grego *enteron*, que significa afetar os intestinos) possuem uma cobertura polimérica resistente a ácidos. Esse fármaco não se dissolve até chegar aos intestinos, em que não causará nenhum mal.

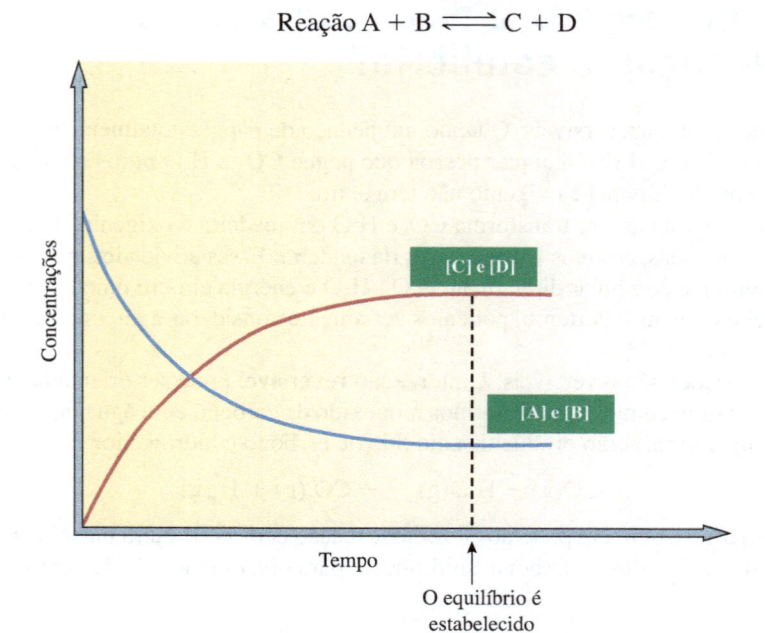

FIGURA 7.10 Mudança na concentração dos reagentes (A e B) e produtos (C e D) à medida que um sistema se aproxima do equilíbrio. Somente A e B estão presentes no começo da reação.

Equilíbrio dinâmico Estado em que a velocidade da reação direta é igual à velocidade da reação inversa.

Usamos uma seta dupla para indicar que uma reação é reversível.

Outra maneira de ver essa situação é dizer que a concentração do monóxido de carbono (e dos outros três compostos) não se altera no equilíbrio, pois o CO está sendo consumido na mesma velocidade de sua formação.

Temos, então, uma situação em que a velocidade da reação direta diminui aos poucos, enquanto a velocidade da reação inversa (que começou em zero) aumenta gradualmente. Por fim, as duas velocidades tornam-se iguais. Nesse ponto, o processo está em **equilíbrio dinâmico** (ou apenas **equilíbrio**).

$$CO_2(g) + H_2(g) \underset{\text{inversa}}{\overset{\text{direta}}{\rightleftharpoons}} CO(g) + H_2O(g)$$

O que acontece no recipiente onde ocorre a reação, uma vez atingido o equilíbrio? Se medirmos as concentrações das substâncias no recipiente, constataremos que não há mudança na concentração após o equilíbrio ser atingido (Figura 7.10). Seja qual for a concentração de todas as substâncias no equilíbrio, não vai haver alteração a não ser que algo aconteça e perturbe o equilíbrio (ver Seção 7.7). Isso não significa que todas as concentrações devem ser iguais – todas podem, de fato, ser diferentes, e geralmente são –, mas significa que, sejam quais forem, não mais se alteram uma vez atingido o equilíbrio, não importa o tempo que esperemos.

Considerando que as concentrações de todos os reagentes e produtos não mais se alteram, podemos dizer que nada está acontecendo? Não, sabemos que ambas as reações estão ocorrendo; todas as moléculas reagem constantemente – o CO e o H_2O transformam-se em CO_2 e H_2, e o CO_2 e o H_2 transformam-se em CO e H_2O. Como, porém, as velocidades das reações direta e inversa são iguais, nenhuma das concentrações se altera.

No exemplo que acabamos de ver, chegou-se ao equilíbrio com a adição de monóxido de carbono ao vapor d'água. Uma alternativa seria adicionar dióxido de carbono ao hidrogênio. Em ambos os casos, obtemos uma mistura no equilíbrio com os mesmos quatro compostos (Figura 7.11).

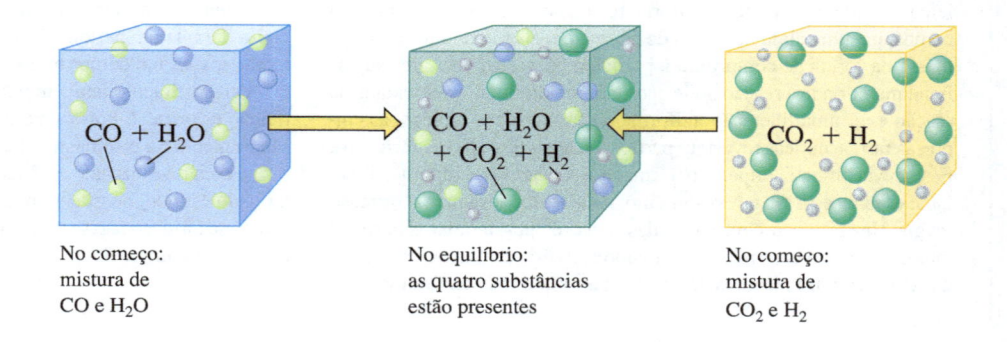

FIGURA 7.11 O equilíbrio pode ser atingido de qualquer uma das direções.

No começo: mistura de CO e H_2O

No equilíbrio: as quatro substâncias estão presentes

No começo: mistura de CO_2 e H_2

Não é necessário começar com quantidades iguais. Poderíamos, por exemplo, dispor de 10 mols de monóxido de carbono e 0,2 mol de vapor d'água. Ainda assim chegaríamos a uma mistura no equilíbrio com os quatro compostos.

7.6 O que é constante de equilíbrio e o que ela significa?

Os equilíbrios químicos podem ser tratados com uma simples expressão matemática. Primeiro, escreveremos a seguinte reação como uma equação geral para todas as reações reversíveis:

$$aA + bB \rightleftharpoons cC + dD$$

Nessa equação, as letras maiúsculas representam substâncias – CO_2, H_2O, CO e H_2, por exemplo –, e as letras minúsculas são os coeficientes da equação balanceada. A seta dupla mostra que a reação é reversível. Em geral, qualquer número de substâncias pode estar presente em ambos os lados.

No laboratório, estudamos reações de equilíbrio como aquelas apresentadas no parágrafo anterior em condições cuidadosamente controladas. Os seres vivos estão longe dessas condições de laboratório. O conceito de equilíbrio, no entanto, pode ser útil nos processos que ocorrem em organismos vivos como os seres humanos. A importância do cálcio na conservação da integridade dos ossos é um exemplo.

Os ossos são, basicamente, fosfato de cálcio, $Ca_3(PO_4)_2$. Esse composto é altamente insolúvel em água, o que dá ao tecido ósseo sua estabilidade. Altamente insolúvel não significa totalmente insolúvel ou, dizendo de outra maneira, solubilidade zero. O fosfato de cálcio sólido, em água, atinge o equilíbrio com íons cálcio e íons fosfato dissolvidos em fluido intracelular, em sua maior parte água.

$$Ca_3(PO_4)_2(s) \rightleftharpoons 3\ Ca^{2+}(aq) + 2\ PO_4^{3-}(aq)$$

No tecido ósseo, o fosfato de cálcio está em contato com cálcio dissolvido e íons fosfato em fluido intracelular. O cálcio na dieta aumenta a concentração do íon cálcio no fluido intracelular, favorecendo a reação inversa e, finalmente, aumentando a densidade dos ossos.

Uma vez atingido o equilíbrio, a seguinte reação é válida, em que K é uma constante chamada **constante de equilíbrio**:

$$K = \frac{[C]^c[D]^d}{[A]^a[B]^b} \quad \textbf{Expressão do equilíbrio}$$

Examinemos a expressão do equilíbrio. Conforme a equação, quando multiplicamos as concentrações de equilíbrio das substâncias do lado direito da equação química, e dividimos esse produto pelas concentrações de equilíbrio das substâncias do lado esquerdo (após elevar cada número à potência apropriada), obtemos a constante de equilíbrio, um número que não varia. Vejamos vários exemplos de como montar expressões de equilíbrio.

Constante de equilíbrio A razão entre as concentrações do produto e as concentrações do reagente (com expoentes que dependem dos coeficientes da equação balanceada).

Exemplo 7.3 Expressões de equilíbrio

Escreva a expressão de equilíbrio para a reação

$$CO(g) + H_2O(g) \rightleftharpoons CO_2(g) + H_2(g)$$

Estratégia e solução

$$K = \frac{[CO_2][H_2]}{[CO][H_2O]}$$

De acordo com essa expressão, no equilíbrio a concentração do dióxido de carbono, multiplicada pela concentração do hidrogênio e dividida pela concentração da água e do monóxido de carbono, é uma constante, K. Observe que não há nenhum expoente dessa equação porque todos os coeficientes da equação química são 1, e, por convenção, o expoente 1 não é escrito. Matematicamente, seria igualmente correto escrever os compostos do lado esquerdo em cima, mas o costume universal é escrevê-los, como aparecem aqui, com os produtos em cima e os reagentes embaixo.

Entende-se que a concentração de uma espécie entre colchetes é sempre expressa em mols por litro.

Problema 7.3

Escreva a expressão de equilíbrio para a reação

$$SO_3(g) + H_2O(\ell) \rightleftharpoons H_2SO_4(aq)$$

Essa reação ocorre na atmosfera quando gotículas de água reagem com óxidos de enxofre formados na combustão de combustíveis que contêm enxofre. O ácido sulfúrico resultante é um componente da chuva ácida.

Exemplo 7.4 Expressões de equilíbrio

Escreva a expressão de equilíbrio para a reação

$$O_2(g) + 4ClO_2(g) \rightleftharpoons 2Cl_2O_5(g)$$

Estratégia e solução

$$K = \frac{[Cl_2O_5]^2}{[O_2][ClO_2]^4}$$

Nesse caso, a equação química tem outros coeficientes além da unidade, portanto a expressão de equilíbrio contém expoentes.

Problema 7.4

Escreva a expressão de equilíbrio para a reação

$$2NH_3(g) \rightleftharpoons N_2(g) + 3H_2(g)$$

Agora vejamos como K é calculado.

Exemplo 7.5 Constantes de equilíbrio

Um pouco de H_2 é adicionado a I_2, a 427 °C, e a seguinte reação atinge o equilíbrio:

$$H_2(g) + I_2(g) \rightleftharpoons 2HI(g)$$

Quando o equilíbrio é atingido, as concentrações são $[I_2] = 0{,}42$ mol/L, $[H_2] = 0{,}025$ mol/L, e $[HI] = 0{,}76$ mol/L. Calcule K a 427 °C.

Estratégia

Escrever a expressão para a constante de equilíbrio e depois substituir os valores para as concentrações.
A expressão de equilíbrio é

$$K = \frac{[HI]^2}{[I_2][H_2]}$$

Solução

Substituindo as concentrações, temos:

$$K = \frac{[0{,}76\,M]^2}{[0{,}42\,M][0{,}025\,M]} = 55$$

As constantes de equilíbrio geralmente são escritas sem unidades. É prática corrente entre os químicos.

Problema 7.5

Qual é a constante de equilíbrio para a seguinte reação? As concentrações de equilíbrio são dadas sob a fórmula de cada componente.

$$PCl_3 + Cl_2 \rightleftharpoons PCl_5$$
$$1{,}66\,M \quad 1{,}66\,M \quad 1{,}66\,M$$

O Exemplo 7.5 nos mostra que a constante de equilíbrio da reação entre I_2 e H_2, formando HI, é 55. O que significa esse valor? Em temperatura constante, as constantes de equilíbrio permanecem as mesmas, não importando as concentrações que temos. Isto é, a

427 °C, se começarmos adicionando, digamos, 5 mols de H_2 a 5 mols de I_2, as reações direta e inversa ocorrerão, e o equilíbrio finalmente será atingido. Nesse ponto, o valor de K será igual a 55. Se começarmos a 427 °C, com diferentes números de mols de H_2 e I_2, talvez 7 mols de H_2 e 2 mols de I_2, uma vez atingido o equilíbrio, o valor de $[HI]^2/[I_2][H_2]$ novamente será 55. Não importam as concentrações iniciais das três substâncias. A 427 °C, contanto que as três estejam presentes e o equilíbrio tenha sido atingido, suas concentrações vão se ajustar de modo que o valor da constante de equilíbrio seja igual a 55.

A constante de equilíbrio é diferente para cada reação. Em algumas reações, K é grande; em outras, K, pequena. Uma reação com K grande prossegue até o fim (à direita). Por exemplo, K é para a seguinte reação é aproximadamente 100.000.000 ou 10^8, a 25 °C:

$$N_2(g) + 3H_2(g) \rightleftharpoons 2NH_3(g)$$

O símbolo [⇌] significa que o equilíbrio está mais para a direita

Esse valor de 10^8 para K significa que, no equilíbrio, $[NH_3]$ deve ser muito grande, e $[N_2]$ e $[H_2]$, muito pequenos, de modo que $[NH_3]^2/[N_2][H_2]^3 = 10^8$. Assim, se adicionarmos N_2 a H_2, podemos estar certos de que, quando o equilíbrio é atingido, em uma delas ocorreu reação praticamente completa.

Por sua vez, uma reação como a seguinte, com um K muito pequeno, cerca de 10^{-8}, a 25 °C, dificilmente segue adiante:

$$AgCl(s) \rightleftharpoons Ag^+(aq) + Cl^-(aq)$$

Os efeitos do equilíbrio tornam-se mais óbvios em reações com valores de K entre 10^3 e 10^{-3}. Nesses casos, a reação segue até certo ponto, e concentrações significativas de todas as substâncias estão presentes no equilíbrio. Um exemplo é a reação entre monóxido de carbono e água estudada na Seção 7.5, para a qual K é igual a 10 a 600 °C.

Em soluções diluídas, costuma-se omitir a concentração do solvente da expressão de equilíbrio. Considere a reação entre amônia e água:

$$NH_3(aq) + H_2O(\ell) \rightleftharpoons NH_4^+(aq) + OH^-(aq)$$

Se a concentração da amônia for pequena, e consequentemente as concentrações do íon amônio e do íon hidróxido forem pequenas, a concentração das moléculas de água vai permanecer praticamente a mesma. Como a concentração molar da água é efetivamente constante, não a incluímos na expressão de equilíbrio:

$$K = \frac{[NH_4^+][OH^-]}{[NH_3]}$$

Como...

Interpretar o valor da constante de equilíbrio, *K*?

Posição de equilíbrio

A primeira questão sobre o valor de uma constante de equilíbrio é se o número é maior ou menor que 1. Se o número for maior que 1, isso significa que a razão entre as concentrações do produto e as concentrações do reagente favorece os produtos. Em outras palavras, *o equilíbrio se desloca para a direita*. Se o número for menor que 1, isso significa que a razão entre as concentrações do produto e as concentrações do reagente favorece os reagentes. Em outras palavras, *o equilíbrio se desloca para a esquerda*.

Valor numérico de *K*

A próxima questão focaliza o valor numérico da constante de equilíbrio. Como vimos na Seção 1.3, geralmente escrevemos números com expoentes: com expoentes positivos para números muito grandes, e expoentes negativos para números muito pequenos. O sinal e o valor numérico do expoente para uma dada constante de equilíbrio transmitem informação quanto ao deslocamento do equilíbrio: se é muito para a direita (reação é completa), muito para a esquerda (forma-se pouco produto), ou em algum ponto intermediário com quantidades significativas de reagentes e produtos presentes quando a reação atinge o equilíbrio.

Valores de *K* muito grandes (acima de 10^3)

A conversão de gás NO em NO_2 na presença de oxigênio atmosférico é uma reação de importância ambiental. Ambos os gases são poluentes e desempenham um grande papel na formação de *smog* e chuva ácida.

$$2\,NO(g) + O_2(g) \rightleftharpoons 2\,NO_2(g)$$

A constante de equilíbrio para essa reação é $4{,}2 \times 10^{12}$ em temperatura ambiente. Se começarmos com NO $10{,}0\,M$, veremos que somente $2{,}2 \times 10^{-6}\,M$ estará no equilíbrio, e que a concentração de NO_2 é $10{,}0\,M$, dentro do erro experimental. Resta apenas uma quantidade desprezível de NO, e dizemos que a reação foi completa.

Valores intermediários de K (menos que 10^3, porém mais que 10^{-3})

É preciso muito cuidado para transportar gás cloro, especialmente com respeito à prevenção de incêndio. O cloro pode reagir com monóxido de carbono (também produzido em incêndios) e produzir fosgênio ($COCl_2$), um dos gases venenosos usados na Primeira Guerra Mundial.

$$CO(g) + Cl_2(g) \rightleftharpoons COCl_2(g)$$
$$0{,}50\,M \quad\; 1{,}10\,M \qquad\quad 0{,}10\,M$$

A constante de equilíbrio para essa reação é $0{,}20$ ($2{,}0 \times 10^{-1}$) a 600 °C. As concentrações de equilíbrio são dadas abaixo da fórmula de cada componente. São semelhantes em termos de ordem de magnitude, mas a concentração mais baixa do fosgênio é coerente com a constante de equilíbrio menor que 1.

Valores muito pequenos (menos que 10^{-3})

Sulfato de bário é um composto de baixa solubilidade muito utilizado para proteger o trato intestinal em preparações para raios X. O sólido está em equilíbrio com íons dissolvidos de bário e sulfato.

$$BaSO_4(s) \rightleftharpoons Ba^{2+}(aq) + SO_4^{2-}(aq)$$

A constante de equilíbrio para essa reação é $1{,}10 \times 10^{-10}$ em temperatura ambiente. As concentrações dos íons bário e sulfato são, ambas, $1{,}05 \times 10^{-5}\,M$. Esse número baixo implica que pouco sólido foi dissolvido.

Exemplo 7.6 Cálculos da constante de equilíbrio

Calcule a constante de equilíbrio para a reação anterior (a) com (b) e sem a inclusão de água na expressão de equilíbrio. As concentrações de equilíbrio são: $[NH_3] = 0{,}0100\,M$; $[NH_4^+] = 0{,}000400\,M$; $[OH^-] = 0{,}000400\,M$.

Estratégia

Monte a expressão da constante de equilíbrio com e sem a concentração da água, e depois compare as duas.

Solução

(a) Como a molaridade baseia-se em 1 L, primeiro calculamos a concentração da água em água, isto é, quantos mols de água estão presentes em 1 L de água.

$$[H_2O] = \frac{1.000\,g\,H_2O}{1\,L\,H_2O} \times \frac{1\,mol\,H_2O}{18{,}02\,g\,H_2O} = \frac{55{,}49\,mols\,H_2O}{1\,L\,H_2O}$$

Usamos então esse valor e a concentração da outra espécie para calcular a constante de equilíbrio para essa reação.

(b)
$$K = \frac{[0{,}000400\,M][0{,}000400\,M]}{[0{,}0100\,M][55{,}49\,M]} = 2{,}88 \times 10^{-7}$$

$$K = \frac{[0{,}000400\,M][0{,}000400\,M]}{[0{,}0100\,M]} = 1{,}60 \times 10^{-5}$$

A inclusão da concentração do solvente, a água, dá à constante de equilíbrio duas magnitudes a menos que sem ela. A constante de equilíbrio sem a inclusão do solvente é a constante aceita.

Problema 7.6

O acetato de etila é um solvente comum em muitos produtos industriais, do esmalte e removedor para as unhas ao cimento líquido para plásticos. É preparado reagindo ácido acético com etanol na presença de um catalisador ácido, HCl. Observe que essa síntese começa com ácido acético e etanol puro. A água é um dos produtos e, portanto, sua concentração deve ser incluída na constante de equilíbrio. Escreva a expressão de equilíbrio para a reação.

$$CH_3COOH(\ell) + C_2H_5OH(\ell) \xrightleftharpoons{HCl} CH_3COOC_2H_5(\ell) + H_2O(\ell)$$
Ácido acético — Etanol — Acetato de etila

O HCl é um catalisador. Faz a reação chegar mais rápido ao equilíbrio, mas não afeta a posição de equilíbrio.

A constante de equilíbrio para uma dada reação permanece igual, não importa o que aconteça com as concentrações, mas o mesmo não ocorre para mudanças de temperatura. O valor de K varia com a variação da temperatura.

Como já foi apontado anteriormente nesta seção, a expressão de equilíbrio é válida somente após o equilíbrio ter sido atingido. Antes desse ponto, não há equilíbrio e, portanto, a expressão de equilíbrio não é válida. Mas quanto tempo leva para a reação atingir o equilíbrio? Não há resposta fácil para essa pergunta. Algumas reações, se os reagentes estiverem bem misturados, vão atingir o equilíbrio em menos de um segundo; outras não o atingirão nem depois de milhões de anos.

Não há nenhuma relação entre a velocidade de uma reação (quanto tempo ela leva para atingir o equilíbrio) e o valor de K. É possível ter um valor alto para K e velocidade lenta, como na reação entre glicose e O_2 formando CO_2 e H_2O, que leva muitos anos para atingir o equilíbrio (Seção 7.1), ou um valor pequeno para K e velocidade alta. Em outras reações, os valores da velocidade e de K são ambos grandes ou ambos pequenos.

7.7 O que é o princípio de Le Chatelier?

Quando uma reação atinge o equilíbrio, as reações direta e inversa ocorrem na mesma velocidade, e a concentração de equilíbrio da mistura em reação não varia, contanto que não se altere o sistema. Mas o que acontece se houver alteração? Em 1888, Henri Le Chatelier (1850-1936) formulou o chamado **princípio de Le Chatelier**: se uma perturbação externa for aplicada a um sistema em equilíbrio, o sistema reagirá de tal modo a aliviar parcialmente essa perturbação. Vejamos cinco tipos de fatores que podem perturbar um equilíbrio químico: adição de um reagente ou produto, remoção de um reagente ou produto, mudança da temperatura.

Princípio de Le Chatelier De acordo com esse princípio, quando se aplica uma perturbação a um sistema em equilíbrio químico, a posição de equilíbrio se desloca na direção em que alivia a perturbação aplicada.

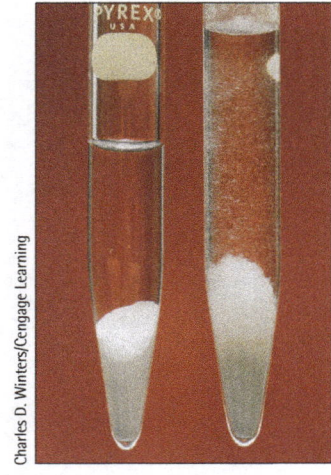

A. Adição de um componente à reação

Suponha que a reação entre ácido acético e etanol tenha atingido o equilíbrio:

$$CH_3COOH + C_2H_5OH \xrightleftharpoons{HCl} CH_3COOC_2H_5 + H_2O$$
Ácido acético — Etanol — Acetato de etila

Isso significa que o frasco onde ocorre a reação contém todas as quatro substâncias (mais o catalisador) e que suas concentrações não mais variam.

Agora perturbaremos o sistema adicionando um pouco de ácido acético.

Adicionando CH_3COOH

$$\underset{\text{Ácido acético}}{CH_3\overset{O}{\overset{\|}{C}}OH} + \underset{\text{Etanol}}{HOCH_2CH_3} \xrightleftharpoons{HCl} \underset{\text{Acetato de etila}}{CH_3\overset{O}{\overset{\|}{C}}OCH_2CH_3} + H_2O$$

O equilíbrio é deslocado para a formação de mais produto →

O resultado é que a concentração do ácido acético subitamente diminui, o que faz aumentar a velocidade da reação direta. Consequentemente, as concentrações dos produtos (acetato de etila e água) começam a aumentar. Ao mesmo tempo, as concentrações dos reagentes diminuem. Ora, um aumento nas concentrações dos produtos faz a velocidade da reação inversa aumentar, mas a velocidade da reação direta está diminuindo; assim, finalmente, as duas velocidades serão iguais novamente e um novo equilíbrio será estabelecido.

O tubo à esquerda contém uma solução saturada de acetato de prata (íons Ag^+ e íons CH_3COO^-) em equilíbrio com acetato de prata sólido. Quando mais íons prata são adicionados na forma de solução de nitrato de prata, o equilíbrio se desloca para a direita, produzindo mais acetato de prata, como pode ser visto no tubo à direita.
$$Ag^+(aq) + CH_3COO^-(aq) \rightleftharpoons CH_3COOAg(s)$$

Quando essa reação acontece, as concentrações vão ser, mais uma vez, constantes, mas não iguais ao que eram antes da adição de ácido acético. Agora as concentrações de acetato de etila e água são mais altas, e a concentração de etanol, mais baixa. A concentração de ácido acético é mais alta porque adicionamos um pouco desse reagente, mas é menor do que era imediatamente após a adição.

Ao adicionar mais de um determinado componente a certo sistema em equilíbrio, esse acréscimo constitui uma perturbação. O sistema alivia essa perturbação aumentando as concentrações dos componentes que estão do outro lado da equação de equilíbrio. Dizemos que o equilíbrio se desloca na direção oposta. A adição de ácido acético, no lado esquerdo da equação, faz aumentar a velocidade da reação direta e desloca a reação para a direita: mais acetato de etila e água se formam, e parte do ácido acético e do etanol é consumida. O mesmo irá acontecer se adicionarmos etanol.

Se, no entanto, adicionarmos água ou acetato de etila, a velocidade da reação inversa vai aumentar, e a reação se deslocará para a esquerda:

$$CH_3COOH + C_2H_5OH \underset{}{\overset{HCl}{\rightleftharpoons}} CH_3COOC_2H_5 + H_2O$$

Ácido acético   Etanol   Acetato de etila   Adicionando acetato de etila

← O equilíbrio se desloca para a formação de reagentes

Podemos resumir dizendo que a adição de qualquer componente faz o equilíbrio deslocar-se para o lado oposto.

Exemplo 7.7 Princípio de Le Chatelier — efeito da concentração

Quando o tetróxido de dinitrogênio, um gás incolor, encontra-se em um recipiente fechado, logo aparece uma cor castanha indicando a formação de dióxido de nitrogênio (ver Figura 7.12 mais adiante neste capítulo). A intensidade da coloração castanha indica a quantidade de dióxido de nitrogênio formada. A reação de equilíbrio é:

$$N_2O_4(g) \rightleftharpoons 2NO_2(g)$$

Tetróxido de dinitrogênio (incolor)   Dióxido de nitrogênio (castanho)

Quando mais N_2O_4 é adicionado à mistura em equilíbrio, mais escura torna-se a coloração castanha. Explique o que aconteceu.

Estratégia e solução

A cor mais escura indica que mais dióxido de nitrogênio é formado. Isso acontece porque a adição do reagente desloca o equilíbrio para a direita, formando mais produto.

Problema 7.7

O que acontece à seguinte reação de equilíbrio quando Br_2 é adicionado à mistura em equilíbrio?

$$2NOBr(g) \rightleftharpoons 2NO(g) + Br_2(g)$$

B. Remoção de um componente da reação

Nem sempre é tão fácil remover um componente da reação quanto adicionar, mas geralmente há meios de fazê-lo. A remoção de um componente, ou mesmo a diminuição de sua concentração, faz baixar a velocidade da reação correspondente e altera a posição de equilíbrio. Se removermos um reagente, a reação vai se deslocar para a esquerda, na direção do lado de onde o reagente foi removido. Se removermos um produto, a reação vai se deslocar para a direita, para o lado do qual o produto foi removido.

No caso do equilíbrio ácido acético-etanol, o acetato de etila tem o ponto de ebulição mais baixo entre os quatro componentes e pode ser removido por destilação. O equilíbrio então se desloca para esse lado, de modo que mais acetato de etila é produzido para compensar a remoção. As concentrações de ácido acético e etanol diminuem, e a concentração da água aumenta. O efeito de remover um componente é, pois, o oposto ao de adicionar. A remoção de um componente desloca o equilíbrio para o lado do qual o componente foi removido.

$$CH_3COOH + C_2H_5OH \xrightleftharpoons{HCl} H_2O + CH_3COOC_2H_5$$

Ácido acético   Etanol   Acetato de etila

Removendo o acetato de etila

O equilíbrio se desloca para a formação de mais produto →

Não importa o que acontece a cada concentração, o valor da constante de equilíbrio permanece inalterado.

Exemplo 7.8 Princípio de Le Chatelier – remoção de um componente da reação

A bela pedra que conhecemos como mármore é, em sua maior parte, carbonato de cálcio. Quando a chuva ácida, que contém ácido sulfúrico, ataca o mármore, a seguinte reação de equilíbrio pode ser escrita:

$$CaCO_3(s) + H_2SO_4(aq) \rightleftharpoons CaSO_4(s) + CO_2(g) + H_2O(\ell)$$

Carbonato de cálcio   Ácido sulfúrico   Sulfato de cálcio   Dióxido de carbono

Como o fato de o dióxido de carbono ser um gás influencia o equilíbrio?

Estratégia e solução

O CO_2 gasoso se difunde e deixa o sítio da reação, o que significa que esse produto é removido da mistura em equilíbrio. O equilíbrio se desloca para a direita, de modo que a estátua continua a sofrer erosão.

Problema 7.8

Considere a seguinte reação de equilíbrio para a decomposição de uma solução aquosa de peróxido de hidrogênio:

$$2H_2O_2(aq) \rightleftharpoons 2H_2O(\ell) + O_2(g)$$

Peróxido de hidrogênio

O oxigênio tem uma solubilidade limitada na água (ver a tabela em "Conexões químicas 6A"). O que acontece ao equilíbrio depois que a solução torna-se saturada com oxigênio?

C. Mudança de temperatura

O efeito de determinada mudança de temperatura em uma reação que atingiu o equilíbrio depende de a reação ser exotérmica (libera calor) ou endotérmica (consome calor). Primeiro vejamos uma reação exotérmica:

$$2H_2(g) + O_2(g) \rightleftharpoons 2H_2O(\ell) + 137.000 \text{ cal por mol } H_2O$$

Se considerarmos o calor um produto dessa reação, então poderemos aplicar o princípio de Le Chatelier e usar o mesmo tipo de raciocínio que utilizamos anteriormente. Um aumento na temperatura significa que estamos adicionando calor. Como o calor é um produto, sua adição desloca o equilíbrio para o lado oposto. Podemos então dizer que, se essa reação exotérmica estiver no equilíbrio e aumentarmos a temperatura, a reação vai se deslocar para a esquerda – as concentrações de H_2 e O_2 vão aumentar, e a de H_2O diminuir. Isso é válido para todas as reações exotérmicas.

- Um aumento na temperatura desloca a reação exotérmica no sentido dos reagentes (para a esquerda).
- Uma diminuição na temperatura desloca a reação exotérmica no sentido dos produtos (para a direita).

Conexões químicas 7D

Os óculos de sol e o princípio de Le Chatelier

O calor não é a única fonte de energia que afeta os equilíbrios. Os enunciados aqui formulados em relação às reações endotérmicas e exotérmicas podem ser generalizados para reações que envolvem outras formas de energia. Uma ilustração prática dessa generalização é o uso de óculos de sol com *dégradé* ajustável. O composto cloreto de prata, AgCl, é incorporado aos óculos. Esse composto, quando exposto à luz do sol, produz prata metálica, Ag, e cloro, Cl_2:

$$Luz + 2Ag^+ + 2Cl^- \rightleftharpoons 2\,Ag(s) + Cl_2$$

Quanto mais prata metálica é produzida, mais escuros se tornam os óculos. À noite, ou quando o usuário encontra-se em recinto fechado, a reação é invertida de acordo com o princípio de Le Chatelier. Nesse caso, a adição de energia na forma de luz solar desloca o equilíbrio para a direita; sua remoção desloca o equilíbrio para a esquerda.

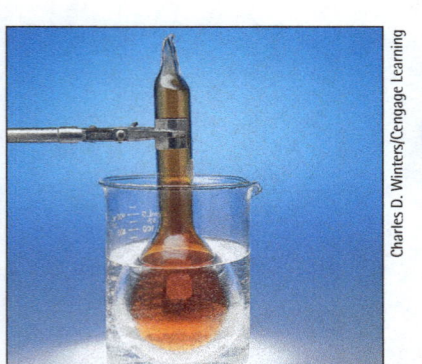

Para uma reação endotérmica, é claro, o oposto é verdadeiro.

- Um aumento na temperatura desloca a reação endotérmica no sentido dos produtos (para a direita).
- Uma diminuição na temperatura desloca a reação endotérmica no sentido dos reagentes (para a esquerda).

Vimos na Seção 7.4 que uma mudança de temperatura não só altera a posição de equilíbrio, mas também o valor de K, a constante de equilíbrio.

Exemplo 7.9 Princípio de Le Chatelier — efeito da temperatura

A conversão de dióxido de nitrogênio em tetróxido de nitrogênio é uma reação exotérmica.

$$2NO_2(g) \rightleftharpoons N_2O_4(g) + 13.700\ cal$$

Dióxido de nitrogênio (castanho) — Tetróxido de dinitrogênio (incolor)

Na Figura 7.12, vemos que a cor castanha é mais escura a 50 °C que a 0 °C. Explique.

Estratégia e solução

Para ir de 0 °C a 50 °C, é preciso adicionar calor. Mas o calor é um produto dessa reação de equilíbrio, como aparece na questão. A adição de calor, portanto, desloca o equilíbrio para a esquerda. Esse deslocamento produz mais $NO_2(g)$, resultando em uma coloração castanha mais escura.

Problema 7.9

Considere a seguinte reação de equilíbrio:

$$A \rightleftharpoons B$$

O aumento da temperatura resulta em aumento na concentração de equilíbrio de B. A conversão de A em B é uma reação exotérmica ou endotérmica? Explique.

FIGURA 7.12 Efeito da temperatura no sistema N_2O_4—NO_2 no equilíbrio (acima). A 50 °C, a forte coloração castanha indica a predominância de NO_2 (abaixo). A 0 °C, predomina o N_2O_4, que é incolor.

D. Mudança de pressão

Uma mudança de pressão influencia o equilíbrio somente se um ou mais dos componentes da mistura em reação forem gases. Considere a seguinte reação de equilíbrio:

$$N_2O_4(g) \rightleftharpoons 2NO_2(g)$$

Tetróxido de dinitrogênio (incolor) — Dióxido de nitrogênio (castanho)

Nesse equilíbrio, temos um mol do gás como reagente e dois mols do gás como produto. De acordo com o princípio de Le Chatelier, um aumento da pressão desloca o equilíbrio

Conexões químicas 7E

O processo de Haber

Tanto os humanos como os animais precisam de proteínas e compostos de nitrogênio para viver. Em última análise, o nitrogênio desses compostos vem das plantas que comemos. Embora a atmosfera contenha bastante N_2, a natureza o converte em compostos utilizáveis pelos organismos biológicos apenas de uma maneira: certas bactérias têm a capacidade de "fixar" o nitrogênio atmosférico – isto é, convertê-lo em amônia. A maioria dessas bactérias vive nas raízes de certas plantas como trevo, alfafa, ervilha e feijão. No entanto, a quantidade de nitrogênio fixada por essas bactérias a cada ano é bem menor que a necessária para alimentar todos os humanos e animais do mundo.

Hoje o mundo só pode sustentar sua população usando fertilizantes feitos por fixação artificial, principalmente o **processo de Haber**, que converte N_2 em NH_3.

$$N_2(g) + 3H_2(g) \rightleftharpoons 2NH_3(g) + 22 \text{ kcal}$$

Os primeiros pesquisadores que trataram do problema da fixação do nitrogênio foram atormentados por um conflito entre equilíbrio e velocidade. Como a síntese da amônia é uma reação exotérmica, um aumento na temperatura desloca o equilíbrio para a esquerda, portanto os melhores resultados (o maior rendimento possível) devem ser obtidos a baixas temperaturas. Entretanto, a baixas temperaturas, a velocidade é muito lenta para produzir qualquer quantidade significativa de NH_3. Em 1908, Fritz Haber (1868-1934) resolveu esse problema quando descobriu um catalisador que permite que a reação ocorra a uma velocidade conveniente a 500 °C.

A amônia produzida pelo processo de Haber é convertida em fertilizantes, que são usados em todo o mundo. Sem esses fertilizantes, a produção de alimentos diminuiria de tal forma que o resultado seria a fome generalizada.

---

na direção em que diminuirão os mols na fase gasosa, diminuindo assim a pressão interna. Na reação anterior, o equilíbrio vai se deslocar para a esquerda.

- Um aumento na pressão desloca a reação na direção do lado com menos mols de gás.
- Uma diminuição na pressão desloca a reação na direção do lado com mais mols de gás.

Exemplo 7.10 Princípio de Le Chatelier — efeito da pressão do gás

Na produção da amônia, tanto os reagentes como os produtos são gases:

$$N_2(g) + 3H_2(g) \rightleftharpoons 2NH_3(g)$$

Que tipo de mudança de pressão aumentaria o rendimento da amônia?

Estratégia e solução

São quatro mols de gases do lado esquerdo e dois mols do lado direito. Para aumentar o rendimento da amônia, devemos deslocar o equilíbrio para a direita. Um aumento na pressão desloca o equilíbrio na direção do lado com menos mols – isto é, para a direita. Assim, um aumento na pressão aumentará o rendimento da amônia.

Problema 7.10

O que acontece à seguinte reação de equilíbrio quando se aumenta a pressão?

$$O_2(g) + 4ClO_2(g) \rightleftharpoons 2Cl_2O_5(g)$$

E. Os efeitos de um catalisador

Como vimos na Seção 7.4D, um catalisador aumenta a velocidade de uma reação sem que ele próprio seja alterado. Para uma reação reversível, os catalisadores sempre aumentam as velocidades das reações direta e inversa na mesma extensão. Portanto, a adição de um catalisador não tem efeito na posição de equilíbrio. No entanto, adicionar determinado catalisador a um sistema que ainda não está em equilíbrio faz o sistema atingir o equilíbrio mais rapidamente que sem o catalisador.

Resumo das questões-chave

Seção 7.1 Como se medem velocidades de reação?

- A **velocidade de uma reação** é a mudança na concentração de um reagente ou de um produto por unidade de tempo. Algumas reações são rápidas, e outras, lentas.

Seção 7.2 Por que algumas colisões moleculares resultam em reações e outras não?

- A velocidade de uma reação depende do número de **colisões efetivas** – isto é, colisões que levam a uma reação.
- A energia necessária para uma reação ocorrer é a energia de ativação. Colisões efetivas têm (1) mais do que a **energia de ativação** necessária para a reação prosseguir e (2) a orientação apropriada no espaço das partículas em colisão.

Seção 7.3 Qual é a relação entre energia de ativação e velocidade de reação?

- Quanto mais baixa for a energia de ativação, mais rápida será a reação.
- Um diagrama de energia mostra o progresso de uma reação.
- A posição no alto da curva de um diagrama de energia é chamada **estado de transição**.

Seção 7.4 Como podemos mudar a velocidade da reação química?

- As velocidades de reação geralmente aumentam com o aumento da concentração e da temperatura; também dependem da natureza dos reagentes.
- As velocidades de algumas reações podem ser aumentadas com a adição de um **catalisador**, substância que proporciona um caminho alternativo com menor energia de ativação.
- Uma constante de velocidade é a relação entre a velocidade da reação e as concentrações dos reagentes a uma temperatura constante.

Seção 7.5 O que significa dizer que a reação alcançou o equilíbrio?

- Muitas reações são reversíveis e finalmente atingem o equilíbrio.
- No **equilíbrio**, as reações direta e inversa ocorrem em velocidades iguais, e as concentrações não se alteram.

Seção 7.6 O que é constante de equilíbrio e como aplicá-las?

- Todo equilíbrio tem uma **expressão de equilíbrio** e uma **constante de equilíbrio**, K, que não varia quando as concentrações mudam, mas varia quando muda a temperatura.
- Não há nenhuma relação necessária entre o valor da constante de equilíbrio, K, e a velocidade em que o equilíbrio é atingido.

Seção 7.7 O que é o princípio de Le Chatelier?

- O **princípio de Le Chatelier** nos diz o que acontece quando submetemos um sistema em equilíbrio a uma perturbação.
- A adição de um componente faz o equilíbrio deslocar-se para o lado oposto.
- A remoção de um componente faz o equilíbrio deslocar-se para o lado de onde o componente é removido.
- O aumento na temperatura leva um equilíbrio exotérmico para o lado dos reagentes; o aumento da temperatura leva um equilíbrio endotérmico para o lado dos produtos.
- A adição de um catalisador não interfere na posição de equilíbrio.

Problemas

Seção 7.1 Como se medem velocidades de reação?

7.11 Considere a seguinte reação:

$$CH_3-Cl + I^- \longrightarrow CH_3-I + Cl^-$$
$$\text{Clorometano} \qquad\qquad \text{Iodometano}$$

Suponha que comecemos a reação com uma concentração inicial 0,260 M de iodometano. Essa concentração aumenta 0,840 M em um intervalo de 1 hora e 20 minutos. Qual é a velocidade da reação?

Seção 7.2 Por que algumas colisões moleculares resultam em reações e outras não?

7.12 Dois tipos de moléculas gasosas reagem a determinada temperatura. Os gases são borbulhados no recipiente de reação a partir de dois tubos. Na montagem A, os dois tubos estão alinhados em paralelo; na montagem B, estão a 90° um do outro; e na montagem C, estão alinhados em lados opostos. Qual das montagens renderia colisões mais efetivas?

7.13 Por que as reações entre íons em solução aquosa geralmente são mais rápidas que reações entre moléculas covalentes?

Seção 7.3 Qual é a relação entre energia de ativação e velocidade de reação?

7.14 Qual é a probabilidade de que a seguinte reação ocorra em uma única etapa? Explique.

$$O_2(g) + 4ClO_2(g) \rightleftharpoons 2Cl_2O_5(g)$$

7.15 Uma certa reação é exotérmica em 9 kcal/mol e tem uma energia de ativação de 14 kcal/mol. Desenhe um diagrama de energia para essa reação e qualifique o estado de transição.

Seção 7.4 Como se pode mudar a velocidade da reação química?

7.16 Um litro de leite, se deixado em temperatura ambiente, estraga rapidamente, mas pode ser conservado por vários dias no refrigerador. Explique.

7.17 Se certa reação leva 16 horas para ser concluída, a 10 °C, a que temperatura deveremos conduzi-la se quisermos que se complete em 1 hora?

7.18 Na maioria dos casos, quando conduzimos uma reação misturando uma quantidade fixa da substância A com uma quantidade fixa da substância B, a velocidade da reação começa em um máximo e depois diminui com o tempo. Explique.

7.19 Se você estivesse conduzindo uma reação e quisesse acelerá-la, quais seriam as três coisas que poderia tentar para atingir seu objetivo?

7.20 Que fatores determinam se uma reação a uma dada temperatura será rápida ou lenta?

7.21 Explique como um catalisador aumenta a velocidade de uma reação.

7.22 Se você adicionar um pedaço de mármore, $CaCO_3$, a uma solução 6 M de HCl, em temperatura ambiente, verá algumas bolhas se formarem em torno do mármore à medida que o gás sobe lentamente. Se adicionar mais um pedaço de mármore à mesma solução, na mesma temperatura, verá uma vigorosa formação gasosa, de modo que a solução vai parecer estar em ebulição. Explique.

Seção 7.5 O que significa dizer que a reação alcançou o equilíbrio?

7.23 Queimar um pedaço de papel é uma reação irreversível. Dê alguns outros exemplos de reações irreversíveis.

7.24 Suponha que a seguinte reação esteja no equilíbrio:

$$PCl_3 + Cl_2 \rightleftharpoons PCl_5$$

(a) As concentrações de equilíbrio de PCl_3, Cl_2 e PCl_5 são necessariamente iguais? Explique.

(b) A concentração de equilíbrio do PCl_3 é necessariamente igual à do Cl_2? Explique.

Seção 7.6 O que é constante de equilíbrio e o que ela significa?

7.25 Escreva as expressões de equilíbrio para estas reações:
(a) $2H_2O_2 \rightleftharpoons 2H_2O + O_2$
(b) $2N_2O_5 \rightleftharpoons 2N_2O_4 + O_2$
(c) $6H_2O_5 + 6CO_2 \rightleftharpoons C_6H_{12}O_6 + 6O_2$

7.26 Escreva as equações químicas correspondentes às seguintes expressões de equilíbrio.

(a) $K = \dfrac{[H_2CO_3]}{[CO_2][H_2O]}$

(b) $K = \dfrac{[P_4][O_2]^5}{[P_4O_{10}]}$

(c) $K = \dfrac{[F_2]^3[PH_3]}{[HF]^3[PF_3]}$

7.27 Considere a seguinte reação de equilíbrio. Sob cada espécie aparece sua concentração de equilíbrio. Calcule a constante de equilíbrio para a reação.

$$CO(g) + H_2O(g) \rightleftharpoons CO_2(g) + H_2(g)$$
$$0{,}933\ M \quad 0{,}720\ M \quad 0{,}133\ M \quad 3{,}37\ M$$

7.28 Quando a seguinte reação atingiu o equilíbrio a 325 K, constatou-se que a constante de equilíbrio era 172. Ao se tirar uma amostra da mistura em equilíbrio, aquela continha NO_2 0,0714 M. Qual era a concentração de equilíbrio de N_2O_4?

$$2NO_2(g) \rightleftharpoons N_2O_4(g)$$

7.29 A seguinte reação atingiu o equilíbrio a 25 °C. Sob cada componente aparece sua concentração de equilíbrio. Calcule a constante de equilíbrio, K, para essa reação.

$$2NOCl(g) \rightleftharpoons 2NO(g) + Cl_2(g)$$
$$0{,}6\ M \quad\quad 1{,}4\ M \quad\ 0{,}34\ M$$

7.30 Escreva a expressão de equilíbrio para esta reação:

$$HNO_3(aq) + H_2O(\ell) \rightleftharpoons H_3O^+(aq) + NO_3^-(aq)$$

7.31 Seguem algumas constantes de equilíbrio para várias reações. Qual delas favorece a formação de produtos e qual favorece a formação de reagentes?
(a) $4{,}5 \times 10^{-8}$ (b) 32
(c) 4,5   (d) $3{,}0 \times 10^{-7}$
(e) 0,0032

7.32 Uma determinada reação tem uma constante de equilíbrio de 1,13 sob certas condições, e uma constante de equilíbrio de 1,72 em condições diferentes. Quais seriam as condições mais vantajosas em um processo industrial cujo objetivo fosse obter a quantidade máxima de produtos? Explique.

7.33 Se uma reação for muito exotérmica – isto é, se os produtos tiverem energia bem mais baixa que a dos reagentes –, podemos ter certeza de que ela ocorrerá rapidamente?

7.34 Se uma reação for muito endotérmica – isto é, se os produtos tiverem muito mais energia que os reagentes –, podemos ter certeza de que ela vai ocorrer com extrema lentidão, ou não ocorrerá?

7.35 Determinada reação tem uma constante de velocidade alta, mas uma constante de equilíbrio pequena. O que isso significa em termos de produção industrial?

Seção 7.7 O que é o princípio de Le Chatelier?

7.36 Complete a seguinte tabela mostrando os efeitos da mudança nas condições de reação sobre o equilíbrio e o valor da constante de equilíbrio, K.

Mudança de condição	Como o sistema reagente varia para atingir um novo equilíbrio	O valor de K aumenta ou diminui?
Adição de um reagente	Desloca-se para a formação do produto	Nem um nem outro
Remoção de um reagente		
Adição de um produto		
Remoção de um produto		
Aumento da pressão		

7.37 Suponha que a seguinte reação exotérmica esteja no equilíbrio:

$$H_2(g) + I_2(g) \rightleftharpoons 2HI(g)$$

Indique se a posição de equilíbrio vai se deslocar para a direita ou para a esquerda se for
(a) Removido um pouco de HI.
(b) Adicionado um pouco de I_2.
(c) Removido um pouco de I_2.
(d) Aumentada a temperatura.
(e) Adicionado um catalisador.

7.38 A seguinte reação é endotérmica:

$$3O_2(g) \rightleftharpoons 2O_3(g)$$

Se a reação estiver no equilíbrio, indique se o equilíbrio vai se deslocar para a direita ou para a esquerda se for
(a) Removido um pouco de O_3.
(b) Removido um pouco de O_2.
(c) Adicionado um pouco de O_3.
(d) Diminuída a temperatura.
(e) Adicionado um catalisador.
(f) Aumentada a pressão.

7.39 A seguinte reação é exotérmica: depois de atingir o equilíbrio, adicionamos algumas gotas de Br_2.

$$2NO(g) + Br_2(g) \rightleftharpoons 2NOBr(g)$$

(a) O que acontecerá ao equilíbrio?
(b) O que acontecerá à constante de equilíbrio?

7.40 Há alguma mudança de condição que altera a constante de equilíbrio, K, de uma dada reação?

7.41 A constante de equilíbrio a 1.127 °C para a seguinte reação endotérmica é 571:

$$2H_2S(g) \rightleftharpoons 2H_2(g) + S_2(g)$$

Se a mistura estiver no equilíbrio, o que acontecerá a K caso seja:
(a) Adicionado um pouco de H_2S?
(b) Adicionado um pouco de H_2?
(c) Baixada a temperatura a 1.000 °C?

Conexões químicas

7.42 (Conexões químicas 7A) Em uma infecção bacteriana, a temperatura do corpo pode chegar a 38 °C. As defesas do corpo matam as bactérias diretamente com o calor ou por outro mecanismo? Se for este o caso, qual será o mecanismo?

7.43 (Conexões químicas 7A e 7B) Por que a febre alta é perigosa? Por que uma temperatura baixa é perigosa para o corpo?

7.44 (Conexões químicas 7B) Por que às vezes os cirurgiões baixam a temperatura do corpo durante cirurgias no coração?

7.45 (Conexões químicas 7C) Um analgésico – por exemplo, Tylenol – pode ser adquirido sob duas formas, cada uma com a mesma quantidade do fármaco. Uma das formas é um comprido sólido devidamente revestido, e a outra é uma cápsula que contém pequenas partículas e o mesmo revestimento. Qual dos medicamentos age mais rápido? Explique.

7.46 (Conexões químicas 7D) Que reações ocorrem quando a luz do sol atinge o composto cloreto de prata?

7.47 (Conexões químicas 7D) Você tem uma prescrição para fazer óculos de sol: 3,5 g AgCl/kg de vidro. Chega um novo pedido para fazer óculos de sol que serão usados em desertos como o Saara. Como você mudaria a prescrição?

7.48 (Conexões químicas 7E) Se o equilíbrio para o processo de Haber é desfavorável em altas temperaturas, por que as indústrias usam altas temperaturas?

Problemas adicionais

7.49 Na reação entre H_2 e Cl_2 para formar HCl, uma elevação de 10 °C na temperatura dobra a velocidade da reação. Se a velocidade da reação a 15 °C é 2,8 mols de HCl por litro por segundo, quais são as velocidades a -5 °C e 45 °C?

7.50 Desenhe um diagrama de energia para uma reação exotérmica com rendimento de 75 kcal/mol. A energia de ativação é 30 kcal/mol.

7.51 Desenhe um diagrama semelhante ao da Figura 7.4. Desenhe uma segunda linha para o perfil energético que comece e termine no mesmo nível da primeira, mas com um pico menor que o da primeira linha. Chame-as de 1 e 2. O que pode ter ocorrido para alterar o perfil energético de uma reação de 1 para 2?

7.52 Para a reação

$$2NOBr(g) \rightleftharpoons 2NO(g) + Br_2(g)$$

a velocidade foi de $-2,3$ mol NOBr/L/h, quando a concentração era 6,2 mol NOBr/L. Qual é a constante de velocidade da reação?

7.53 A constante de equilíbrio para a seguinte reação é 25:

$$2NOBr(g) \rightleftharpoons 2NO(g) + Br_2(g)$$

Com uma medida efetuada na mistura em equilíbrio, constatou-se que as concentrações de NO e Br_2 eram, ambas, 0,80 M. Qual é a concentração de NOBr no equilíbrio?

7.54 Na seguinte reação, a concentração de N_2O_4 em mol/L foi medida ao final de cada tempo mostrado. Qual é a velocidade inicial da reação?

$$N_2O_4(g) \rightleftharpoons 2NO_2(g)$$

Tempo (s)	[N₂O₄]
0	0,200
10	0,180
20	0,162
30	0,146

7.55 Como se pode aumentar a velocidade de uma reação gasosa sem adicionar mais reagentes ou um catalisador, e sem mudar a temperatura?

7.56 Em uma reação endotérmica, a energia de ativação é 10,0 kcal/mol. A energia de ativação da reação inversa também é 10,0 kcal/mol? Ou seria mais, ou menos? Explique com a ajuda de um diagrama.

7.57 Escreva a reação a que se aplica a seguinte expressão de equilíbrio:

$$K = \frac{[NO_2]^4[H_2O]^6}{[NH_3]^4[O_2]^7}$$

7.58 Observou-se que a velocidade da seguinte reação, a 300 K, é de 0,22 M NO₂/min. Qual seria a velocidade aproximada a 320 K?

$$N_2O_4(g) \rightleftharpoons 2NO_2(g)$$

7.59 Suponha que duas reações diferentes estejam ocorrendo na mesma temperatura. Na reação A, duas moléculas esféricas diferentes colidem gerando um produto. Na reação B, as moléculas em colisão têm o formato de um bastão. Cada reação tem o mesmo número de colisões por segundo e a mesma energia de ativação. Qual das reações segue mais rápido?

7.60 É possível que uma reação endotérmica tenha energia de ativação zero?

7.61 Na seguinte reação, a velocidade de surgimento de I₂ é medida nos tempos indicados. Qual é a velocidade inicial da reação?

$$2HI(g) \rightleftharpoons H_2(g) + I_2(g)$$

Tempo (s)	[I₂]
0	0
10	0,30
20	0,57
30	0,81

7.62 Uma reação ocorre em três etapas com as seguintes constantes de velocidade:

$$A \xrightarrow[\text{1ª Etapa}]{k_1 = 0,3\,M} B \xrightarrow[\text{2ª Etapa}]{k_2 = 0,05\,M} C \xrightarrow[\text{3ª Etapa}]{k_3 = 4,5\,M} D$$

(a) Qual é a etapa determinante da velocidade?
(b) Qual das etapas tem a energia de ativação mais baixa?

Antecipando

7.63 Como veremos no Capítulo 18, a reação de um ácido carboxílico com um álcool, na presença de um catalisador ácido, para formar um éster e água é uma reação de equilíbrio. Um exemplo é a reação de ácido acético com etanol, na presença de HCl, para formar acetato de etila e água.

$$\underset{\text{Ácido acético}}{CH_3COOH} + \underset{\text{Etanol}}{HOCH_2CH_3} \xrightleftharpoons{HCl}$$

$$\underset{\text{Acetato de etila}}{CH_3COOCH_2CH_3} + H_2O$$

Inicial	1,00 mol	1,00 mol	0 mol	0 mol
No equilíbrio	0,33 mol	——	——	——

(a) Considerando a estequiometria dessa reação a partir da equação balanceada, preencha as três concentrações de equilíbrio restantes.
(b) Calcule a constante de equilíbrio, K, para essa reação.

7.64 Como veremos no Capítulo 20, há duas formas de glicose, alfa (α) e beta (β), que estão em equilíbrio em solução aquosa. A constante de equilíbrio para a reação é de 1,5 a 30 °C.

$$\alpha\text{-D-glicose(aq)} \rightleftharpoons \beta\text{-D-glicose(aq)} \quad K = 1,5$$

(a) Se você começar com uma solução de α-D-glicose 1,0 M em água, qual será a concentração quando o equilíbrio for atingido?
(b) Calcule a porcentagem de α-glicose e de β-glicose presente no equilíbrio, em solução aquosa, a 30 °C.

7.65 Considere a reação A ⟶ B, cuja velocidade deve ser determinada. Suponha que você não tenha nenhum método conveniente para determinar a quantidade de B formada. Mas você tem um método para determinar a quantidade de A restante à medida que a reação prossegue. Faz alguma diferença determinar a velocidade em termos do desaparecimento de A e não do surgimento de B? Por que ou por que não?

7.66 Você pode escolher dois métodos para determinar a velocidade de uma reação. No primeiro, é preciso extrair parte da mistura em reação para medir a quantidade de produto formada. No segundo, pode-se fazer um monitoramento contínuo da quantidade de produto formada. Qual é o método preferível e por quê?

7.67 Você quer medir as velocidades de reação de algumas reações muito rápidas. Que tipo de dificuldades técnicas você esperaria?

7.68 Você faz cinco medidas da velocidade de uma reação e, para cada medida, é determinada a constante de velocidade. Os valores de quatro das constantes de velocidade são próximos entre si (dentro do erro experimental). O outro é bem diferente. É provável que esse resultado represente uma velocidade diferente ou um erro de cálculo? Por quê?

Juntando as partes

7.69 O carbono puro existe em diversas formas, duas das quais são o diamante e a grafite. A conversão de diamante em grafite é ligeiramente exotérmica. Por que os joalheiros dizem que "os diamantes são para sempre?"

7.70 Você decidiu mudar a temperatura em que conduz uma certa reação, com a esperança de obter mais produto e mais rápido. Mas, na verdade, acaba obtendo menos do produto desejado, embora chegue ao estado de equilíbrio mais rapidamente. O que aconteceu?

Desafios

7.71 Você tem um béquer com cloreto de prata sólido (AgCl) e uma solução saturada de íons Ag^+ e Cl^- em equilíbrio com o sólido.

$$AgCl(s) \rightleftharpoons Ag^+(aq) + Cl^-(aq)$$

Após adicionar várias gotas de uma solução de cloreto de sódio, o que vai acontecer à concentração dos íons prata?

7.72 O que vai acontecer à reação que produz amônia se houver água na mistura em reação?

$$N_2(g) + 3H_2(g) \rightleftharpoons 2NH_3(g)$$

Dica: A amônia é muito solúvel em água.

Ácidos e bases

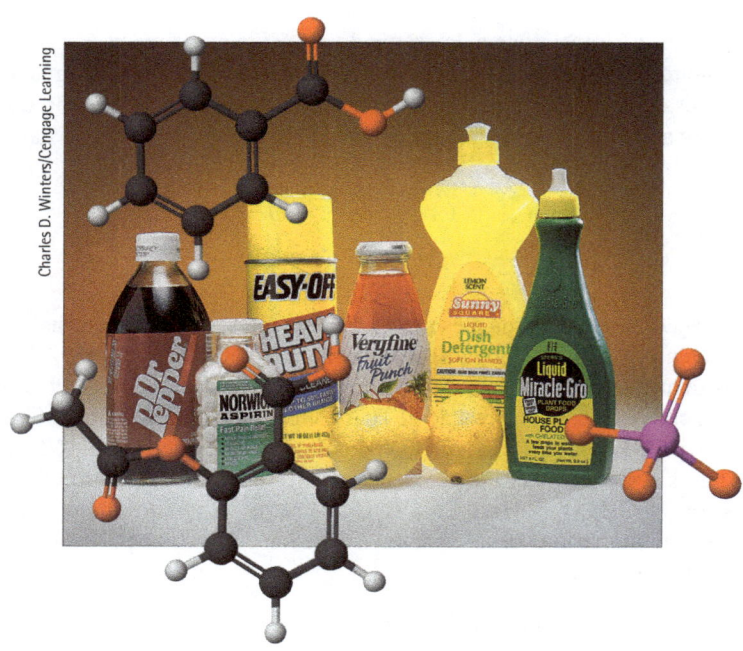

8

Alguns alimentos e produtos domésticos são bastante ácidos, enquanto outros são básicos. Com base em sua experiência, você pode dizer quais pertencem a que categorias?

8.1 O que são ácidos e bases?

No dia a dia, encontramos os ácidos e as bases com muita frequência. Laranja, limão e vinagre são exemplos de alimentos ácidos, e o ácido sulfúrico está presente na bateria de nossos automóveis. Quanto às bases, tomamos comprimidos de antiácidos quando sentimos azia e usamos amônia como agente de limpeza em nossos lares. O que essas substâncias têm em comum? Por que ácidos e bases costumam ser tratados conjuntamente?

Em 1884, um jovem químico chamado Svante Arrhenius (1859-1927) respondeu à primeira pergunta, propondo o que então era uma nova definição de ácidos e bases. De acordo com a definição de Arrhenius, **ácido** é uma substância que produz íons H_3O^+ em solução aquosa, e **base** é uma substância que produz íons OH^- em solução aquosa.

Essa definição é um pouco diferente daquela originalmente apresentada por Arrhenius, segundo a qual um ácido produzia íons H^+. Hoje sabemos que íons H^+ não podem existir em água. Um íon H^+ é um simples próton, e uma carga +1 é muito concentrada para existir em uma partícula tão pequena (Seção 3.2). Portanto, o íon H^+ em água imediatamente se combina com uma molécula de H_2O para produzir o **íon hidrônio**, H_3O^+.

$$H^+(aq) + H_2O(\ell) \longrightarrow H_3O^+(aq)$$
íon hidrônio

Questões-chave

8.1 O que são ácidos e bases?

8.2 Como se define a força de ácidos e bases?

8.3 O que são pares conjugados ácido-base?

Como... Denominar ácidos comuns

8.4 Como determinar a posição de equilíbrio em uma reação ácido–base?

8.5 Que informações podem ser obtidas das constantes de ionização ácida?

8.6 Quais são as propriedades de ácidos e bases?

8.7 Quais são as propriedades ácidas e básicas da água pura?

Como... Usar logs e antilogs

8.8 O que são pH e pOH?

8.9 Como se usa a titulação para calcular a concentração?

8.10 O que são tampões?

8.11 Como se calcula o pH de um tampão?

8.12 O que são TRIS, HEPES e esses tampões com nomes estranhos?

Íon hidrônio Íon H_3O^+.

Afora essa modificação, as definições de Arrhenius para ácido e base ainda são válidas e úteis atualmente, contanto que se refiram a soluções aquosas. Embora saibamos que soluções ácidas aquosas não contêm íons H^+, geralmente usamos os termos "H^+" e "próton" quando, na verdade, queremos dizer "H_3O^+". Os três termos costumam ser usados indiferentemente.

Quando um ácido se dissolve em água, reage com ela produzindo H_3O^+. Por exemplo, o cloreto de hidrogênio, HCl, em seu estado puro é um gás venenoso. Quando o HCl se dissolve em água, reage com uma molécula de água e forma os íons hidrônio e cloreto:

$$H_2O(\ell) + HCl(aq) \longrightarrow H_3O^+(aq) + Cl^-(aq)$$

Assim, um frasco rotulado como "HCl" não é, na verdade, HCl, mas uma solução aquosa de íons H_3O^+ e Cl^- em água.

Podemos indicar a transferência do próton de um ácido para uma base usando uma seta curvada. Primeiro, escrevemos a estrutura de Lewis (Seção 2.6F) de cada reagente e produto. Depois, usamos as setas curvadas para mostrar a mudança de posição dos pares de elétrons durante a reação. A ponta da seta curvada indica a nova posição do par eletrônico.

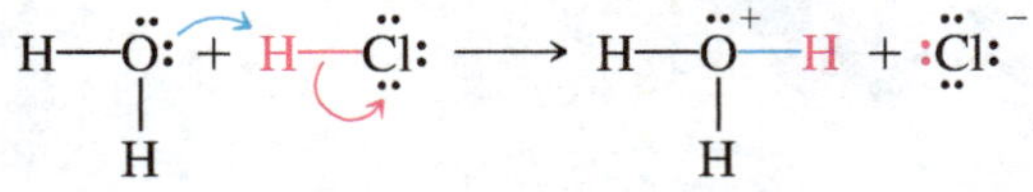

Nessa equação, a seta curvada à esquerda mostra que um par de elétrons não emparelhados no oxigênio forma uma nova ligação covalente com o hidrogênio. A seta curvada à direita mostra que o par de elétrons da ligação H—Cl é cedido inteiramente ao cloro para formar um íon cloreto. Assim, na reação de HCl com H_2O, um próton é transferido do HCl para H_2O e, no processo, forma-se uma ligação O—H e uma ligação H—Cl é rompida.

Com as bases, a situação é um pouco diferente. Muitas bases são hidróxidos metálicos, tais como KOH, NaOH, $Mg(OH)_2$ e $Ca(OH)_2$. Quando esses sólidos iônicos se dissolvem em água, seus íons simplesmente se separam, e cada íon é solvatado por moléculas de água (Seção 6.6A). Por exemplo:

$$NaOH(s) \xrightarrow{H_2O} Na^+(aq) + OH^-(aq)$$

Outras bases não são hidróxidos e produzem íons OH^- em água, reagindo com as moléculas de água. O exemplo mais importante desse tipo de base é a amônia, NH_3, um gás venenoso. Quando a amônia se dissolve em água, ocorre uma reação que produz íons amônio e hidróxido.

$$NH_3(aq) + H_2O(\ell) \rightleftharpoons NH_4^+(aq) + OH^-(aq)$$

Como veremos na Seção 8.2, a amônia é uma base fraca, e a posição de equilíbrio para essa reação com a água encontra-se bem mais para a esquerda. Em uma solução 1,0 M de NH_3 em água, por exemplo, somente umas 4 moléculas de NH_3, de cada 1.000, reagem com a água e formam NH_4^+ e OH^-. Assim, quando a amônia é dissolvida na água, basicamente o que existe são moléculas de NH_3. No entanto, alguns íons OH^- são produzidos e, portanto, NH_3 é uma base.

Frascos de NH_3 em água às vezes são rotulados como "hidróxido de amônio" ou "NH_4OH", mas isso dá a falsa impressão do que realmente está no frasco. A maioria das moléculas de NH_3 não reagiu com a água, portanto o frasco contém, em sua maior parte, NH_3 e H_2O, e só um pouco de NH_4^+ e OH^-.

Indicamos como a reação de amônia com água ocorre usando setas curvadas para mostrar a transferência de um próton de uma molécula de água para uma molécula de amônia. Aqui a seta curvada à esquerda mostra que o par de elétrons não emparelhados do nitrogênio forma uma nova ligação covalente com um hidrogênio de uma molécula de água. Ao mesmo tempo que é formada uma nova ligação N—H, uma ligação O—H da água é rompida, e o par de elétrons que forma a ligação H—O passa inteiramente para o oxigênio, formando OH^-.

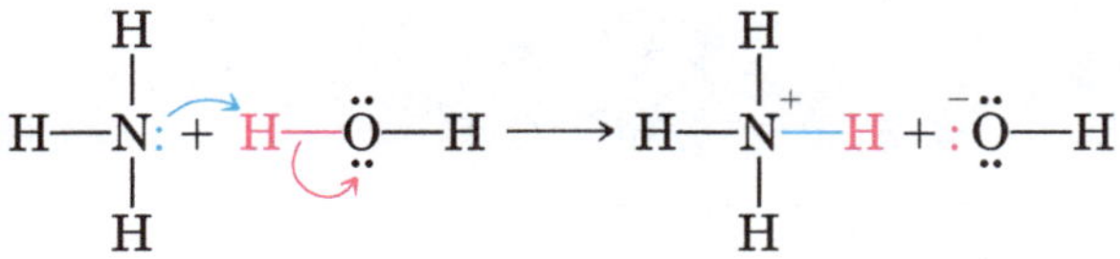

$$H-\overset{H}{\underset{H}{N}}: + H-\overset{..}{\underset{..}{O}}-H \longrightarrow H-\overset{H}{\underset{H}{\overset{+}{N}}}-H + :\overset{..}{\underset{..}{O}}-H$$

Assim, a amônia produz um íon OH⁻ tirando H⁺ de uma molécula de água e liberando o OH⁻.

8.2 Como se define a força de ácidos e bases?

Nem todos os ácidos são igualmente fortes. De acordo com a definição de Arrhenius, **ácido forte** é aquele que reage completamente ou quase completamente com a água, formando íons H_3O^+. A Tabela 8.1 fornece os nomes e as fórmulas moleculares de seis dos ácidos fortes mais comuns. São ácidos fortes porque, quando se dissolvem em água, dissociam-se completamente, formando íons H_3O^+.

Os **ácidos fracos** produzem uma concentração bem menor de íons H_3O^+. O ácido acético, por exemplo, é um ácido fraco. Ele existe na água basicamente como moléculas de ácido acético; apenas algumas moléculas de ácido acético (4 em cada 1.000) são convertidas em íons acetato.

$$CH_3COOH(aq) + H_2O(\ell) \rightleftharpoons CH_3COO^-(aq) + H_3O^+(aq)$$
Ácido acético — Íon acetato

Ácido forte Ácido que se ioniza completamente em solução aquosa.

Ácido fraco Ácido apenas parcialmente ionizado em solução aquosa.

Base forte Base que se ioniza completamente em solução aquosa.

Existem quatro **bases fortes** bastante conhecidas (Tabela 8.1), todas hidróxidos de metais. São bases fortes porque, quando dissolvidas em água, ionizam-se completamente, formando íons OH⁻. Uma outra base, $Mg(OH)_2$, dissocia-se quase completamente uma vez dissolvida, mas é também bastante insolúvel em água. Como vimos na Seção 8.1, a amônia é uma base fraca porque o equilíbrio para essa reação com a água encontra-se bem mais deslocado para a esquerda.

TABELA 8.1 Ácidos e bases fortes

Fórmula do ácido	Nome	Fórmula da base	Nome
HCl	Ácido clorídrico	LiOH	Hidróxido de lítio
HBr	Ácido bromídrico	NaOH	Hidróxido de sódio
HI	Ácido iodídrico	KOH	Hidróxido de potássio
HNO_3	Ácido nítrico	$Ba(OH)_2$	Hidróxido de bário
H_2SO_4	Ácido sulfúrico		
$HClO_4$	Ácido perclórico		

É importante entender que a força de um ácido ou de uma base não está relacionada à sua concentração. O HCl é um ácido forte, quer esteja concentrado ou diluído, porque se dissocia completamente na água em íons cloreto e hidrônio. O ácido acético é um ácido fraco, quer esteja concentrado ou diluído, porque o equilíbrio para sua reação com água encontra-se bastante deslocado para a esquerda. Quando o ácido acético se dissolve em água, a maior parte dele está presente como moléculas de CH_3COOH não dissociadas.

Base fraca Base apenas parcialmente ionizada em solução aquosa.

$$HCl(aq) + H_2O(\ell) \longrightarrow Cl^-(aq) + H_3O^+(aq)$$
$$CH_3COOH(aq) + H_2O(\ell) \rightleftharpoons CH_3COO^-(aq) + H_3O^+(aq)$$
Ácido acético — Íon acetato

Na Seção 6.6C, vimos que os eletrólitos (substâncias que produzem íons em solução aquosa) podem ser fortes ou fracos. Os ácidos e as bases fortes da Tabela 8.1 são eletrólitos fortes. Quase todos os outros ácidos e bases são eletrólitos fracos.

Conexões químicas 8A

Alguns ácidos e bases importantes

ÁCIDOS FORTES O ácido sulfúrico, H_2SO_4, é usado em muitos processos industriais, tais como a produção de fertilizantes, tinturas e pigmentos, e raiom. De fato, o ácido sulfúrico é uma das substâncias químicas mais produzidas nos Estados Unidos.

O ácido clorídrico, HCl, é um ácido importante nos laboratórios de química. O HCl puro é um gás, e o HCl dos laboratórios, uma solução aquosa. O HCl também é o ácido do suco gástrico do estômago, no qual é secretado a cerca de 5% w/v.

O ácido nítrico, HNO_3, é um forte agente oxidante. Uma simples gota sobre a pele faz surgir uma mancha amarela, pois o ácido reage com as proteínas da pele. O surgimento de uma coloração amarela, no contato com o ácido nítrico, há muito tem sido um teste para proteínas.

ÁCIDOS FRACOS O ácido acético, CH_3COOH, está presente no vinagre (cerca de 5%). O ácido acético puro é chamado ácido acético glacial por causa de seu ponto de fusão em 17 °C, o que significa que congela em um dia moderadamente frio.

O ácido bórico, H_3BO_3, é um sólido. Soluções de ácido bórico em água já foram usadas como antissépticos, especialmente para os olhos. O ácido bórico é tóxico quando ingerido.

O ácido fosfórico, H_3PO_4, é um dos ácidos fracos mais fortes. Os íons que ele produz – $H_2PO_4^-$, HPO_4^{2-} e PO_4^{3-} – são importantes em bioquímica (ver também Seção 27.3).

BASES FORTES O hidróxido de sódio, NaOH, também chamado barrela, é a mais importante das bases fortes. É um sólido cujas soluções aquosas são usadas em muitos processos industriais, incluindo a fabricação de vidro e sabão. O hidróxido de potássio, KOH, também um sólido, é utilizado, em muitas situações, com a mesma função do NaOH.

BASES FRACAS A amônia, NH_3, a base fraca mais importante, é um gás cujo uso industrial é bastante amplo. Uma de suas principais utilizações é em fertilizantes. Uma solução a 5% é vendida em supermercados como agente de limpeza, e soluções mais fracas são usadas como "espíritos da amônia" para despertar pessoas que desmaiaram.

O hidróxido de magnésio, $Mg(OH)_2$, é um sólido insolúvel em água. Uma suspensão de $Mg(OH)_2$ 8% em água é chamada leite de magnésia e usada como laxante. O $Mg(OH)_2$ também é usado para tratar água residuária em indústrias que processam metais e como retardantes de chama em plásticos.

8.3 O que são pares conjugados ácido–base?

Par conjugado ácido-base Par de moléculas ou íons relacionados entre si pelo ganho ou pela perda de um próton.

Base conjugada Na teoria de Brønsted-Lowry, substância formada quando um ácido doa um próton a outra molécula ou íon.

Ácido conjugado Na teoria de Brønsted-Lowry, substância formada quando uma base aceita um próton.

As definições de Arrhenius de ácido e base são muito úteis em soluções aquosas. Mas e se a água não estiver envolvida? Em 1923, o químico dinamarquês Johannes Brønsted e o químico inglês Thomas Lowry, independentemente, propuseram as seguintes definições: **ácido** é um doador de próton, **base**, um aceptor de próton, e **reação ácido-base**, uma reação de transferência de próton. Além disso, de acordo com as definições de Brønsted-Lowry, qualquer par de moléculas ou íons que possa ser interconvertido por transferência de próton é chamado **par conjugado ácido-base**. Quando um ácido transfere um próton para uma base, o ácido é convertido em sua **base conjugada**. Quando uma base aceita um próton, ela é convertida em seu **ácido conjugado**.

Podemos ilustrar essas relações examinando a reação entre ácido acético e amônia:

$$CH_3COOH + NH_3 \rightleftharpoons CH_3COO^- + NH_4^+$$

Ácido acético (Ácido) — Amônia (Base) — Íon acetato (Base conjugada de ácido acético) — Íon amônio (Ácido conjugado de amônia)

Par conjugado ácido-base: CH_3COOH / CH_3COO^-
Par conjugado ácido-base: NH_3 / NH_4^+

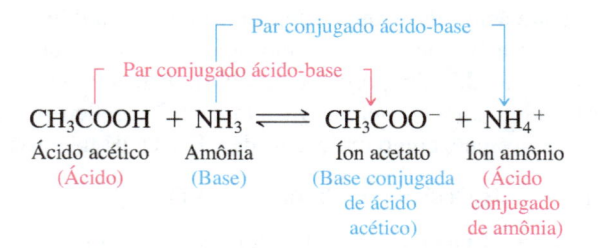

Podemos usar setas curvadas para mostrar como essa reação ocorre. A seta curvada à direita indica que o par de elétrons não compartilhado do nitrogênio torna-se compartilhado para formar uma nova ligação H—N. Ao mesmo tempo que se forma a ligação H—N, a ligação O—H é rompida e o par de elétrons da ligação O—H se desloca totalmente para o oxigênio, formando —O⁻ do íon acetato. O resultado desses deslocamentos de dois pares de elétrons é a transferência de um próton da molécula de ácido acético para a molécula de amônia:

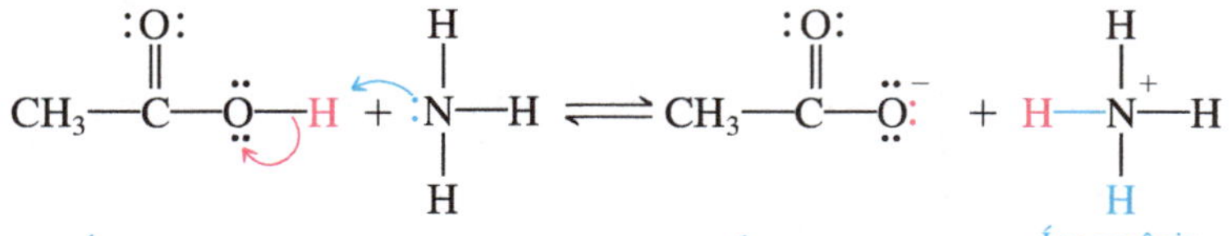

$$CH_3-\underset{:O:}{\overset{\|}{C}}-\overset{..}{\underset{..}{O}}-\textcolor{red}{H} + \underset{H}{\overset{H}{\underset{|}{N}}}-H \rightleftharpoons CH_3-\underset{:O:}{\overset{\|}{C}}-\overset{..}{\underset{..}{O}}:^- + \textcolor{red}{H}-\underset{H}{\overset{H}{\underset{|}{\overset{+}{N}}}}-H$$

Ácido acético   Amônia   Íon acetato   Íon amônio
(Doador de próton)   (Aceptor de próton)

A Tabela 8.2 apresenta exemplos de ácidos mais conhecidos e suas bases conjugadas. Enquanto você estuda os exemplos de pares conjugados ácido-base na Tabela 8.2, observe os seguintes pontos:

1. Um ácido pode ter carga positiva, neutra ou negativa. Exemplos desses tipos de carga são H_3O^+, H_2CO_3 e $H_2PO_4^-$, respectivamente.
2. Uma base pode ter carga negativa ou neutra. Exemplos desses tipos de carga são PO_4^{3-} e NH_3, respectivamente.
3. Os ácidos são classificados como monopróticos, dipróticos e tripróticos, o que dependerá do número de prótons que pode doar. Exemplos de **ácidos monopróticos** incluem HCl, HNO_3 e CH_3COOH. Exemplos de **ácidos dipróticos** incluem H_2SO_4 e H_2CO_3. Um exemplo de **ácido triprótico** é o H_3PO_4.

Ácido monoprótico Ácido que pode doar apenas um próton.
Ácido diprótico Ácido que pode doar dois prótons.
Ácido triprótico Ácido que pode doar três prótons.

TABELA 8.2 Alguns ácidos e suas bases conjugadas

	Ácido	Nome	Base conjugada	Nome	
Ácidos fortes ↑	HI	Ácido iodídrico	I^-	Íon iodeto	Ácidos fracos
	HCl	Ácido clorídrico	Cl^-	Íon cloreto	
	H_2SO_4	Ácido sulfúrico	HSO_4^-	Íon hidrogenossulfato	
	HNO_3	Ácido nítrico	NO_3^-	Íon nitrato	
	H_3O^+	Íon hidrônio	H_2O	Água	
	HSO_4^-	Íon hidrogenossulfato	SO_4^{2-}	Íon sulfato	
	H_3PO_4	Ácido fosfórico	$H_2PO_4^-$	Íon di-hidrogenossulfato	
	CH_3COOH	Ácido acético	CH_3COO^-	Íon acetato	
	H_2CO_3	Ácido carbônico	HCO_3^-	Íon bicarbonato	
	H_2S	Sulfeto de hidrogênio	HS^-	Íon hidrogenossulfeto	
	$H_2PO_4^-$	Íon di-hidrogenofosfato	HPO_4^{2-}	Íon di-hidrogenofosfato	
	NH_4^+	Íon amônio	NH_3	Amônia	
	HCN	Ácido cianídrico	CN^-	Íon cianeto	
Bases fracas	C_6H_5OH	Fenol	$C_6H_5O^-$	Íon fenóxido	Bases fortes ↓
	HCO_3^-	Íon bicarbonato	CO_3^{2-}	Íon carbonato	
	HPO_4^{2-}	Íon hidrogenofosfato	PO_4^{3-}	Íon fosfato	
	H_2O	Água	OH^-	Íon hidróxido	
	C_2H_5OH	Etanol	$C_2H_5O^-$	Íon etóxido	

O ácido carbônico, por exemplo, perde um próton e torna-se o íon bicarbonato, e depois um segundo próton torna-se o íon carbonato.

$$H_2CO_3 + H_2O \rightleftharpoons HCO_3^- + H_3O^+$$
Ácido carbônico   Íon bicarbonato

$$HCO_3^- + H_2O \rightleftharpoons CO_3^{2-} + H_3O^+$$
Íon bicarbonato   Íon carbonato

Anfiprótico Substância que pode agir tanto como ácido quanto como base.

4. Várias moléculas e íons aparecem nas duas colunas, dos ácidos e das bases conjugadas, isto é, podem funcionar como ácido ou base. O íon bicarbonato, HCO_3^-, por exemplo, pode doar um próton e tornar-se CO_3^{2-} (caso em que é um ácido) ou aceitar um próton e tornar-se H_2CO_3 (caso em que é uma base). Uma substância que pode agir tanto como ácido quanto como base é chamada **anfiprótica**. A substância anfiprótica mais importante da Tabela 8.2 é a água, que pode aceitar um próton e tornar-se H_3O^+ ou perder um próton e tornar-se OH^-.

5. Uma substância não pode ser um ácido de Brønsted-Lowry a não ser que contenha um átomo de hidrogênio, mas nem todos os átomos de hidrogênio podem ser doados. Por exemplo, o ácido acético, CH_3COOH, tem quatro hidrogênios, mas é monoprótico; ele doa apenas um deles. Igualmente, o fenol, C_6H_5OH, doa apenas um de seus seis hidrogênios:

$$C_6H_5OH + H_2O \rightleftharpoons C_6H_5O^- + H_3O^+$$
$$\text{Fenol} \qquad\qquad \text{Íon fenóxido}$$

Isso ocorre porque, para ser ácido, um hidrogênio deve estar ligado a um átomo fortemente eletronegativo, como o oxigênio ou um halogênio.

6. Há uma relação inversa entre a força de um ácido e a força de sua base conjugada: quanto mais forte o ácido, mais fraca sua base conjugada. O HI, por exemplo, é o ácido mais forte da Tabela 8.2, e o I^-, sua base conjugada, é a base mais fraca. Como outro exemplo, o CH_3COOH (ácido acético) é um ácido mais forte que o H_2CO_3 (ácido carbônico); inversamente, o CH_3COO^- (íon acetato) é uma base mais fraca que o HCO_3^- (íon bicarbonato).

Exemplo 8.1 Ácidos dipróticos

Mostre como o íon anfiprótico sulfato de hidrogênio, HSO_4^-, pode reagir tanto como ácido quanto como base.

Estratégia

Para uma molécula agir tanto como ácido quanto como base, ela deve ser capaz de doar e aceitar o íon hidrogênio. Portanto, escrevemos duas equações, uma doando hidrogênio e a outra aceitando.

Solução

O sulfato de hidrogênio reage como ácido na seguinte equação:

$$HSO_4^- + H_2O \rightleftharpoons H_3O^+ + SO_4^{2-}$$

Ele pode reagir como base nesta equação:

$$HSO_4^- + H_3O^+ \rightleftharpoons H_2O + H_2SO_4$$

Problema 8.1

Desenhe as reações de ácido e base para o íon anfiprótico, HPO_4^{2-}.

Como...

Denominar ácidos comuns

Os nomes dos ácidos comuns são derivados do nome do ânion que eles produzem quando se dissociam. Há três terminações comuns para esses íons: *-eto*, *-ato* e *-ito*.

Ácidos que se dissociam em íons com sufixo *-eto* são denominados Ácido_____ídrico			
Cl^-	Íon clor*eto*	HCl	ácido clor*ídrico*
F^-	Íon fluor*eto*	HF	ácido fluor*ídrico*
CN^-	Íon cian*eto*	HCN	ácido cian*ídrico*

Ácidos que se dissociam em íons com o sufixo *-ato* são denominados
Ácido_____ ico
SO_4^{2-} Íon sulf*ato* H_2SO_4 *Ácido* sulfúr*ico*
PO_4^{3-} Íon fosf*ato* H_3PO_4 *Ácido* fosfór*ico*
NO_3^{-} Íon nitr*ato* HNO_3 *Ácido* nítr*ico*

Ácidos que se dissociam em íon com o sufixo *-ito* são denominados
Ácido_____ oso
SO_3^{2-} Íon sulf*ito* H_2SO_3 *Ácido* sulfur*oso*
NO_2^{-} Íon nitr*ito* HNO_2 *Ácido* nitr*oso*

8.4 Como determinar a posição de equilíbrio em uma reação ácido-base?

Sabemos que o HCl reage com H_2O de acordo com o seguinte equilíbrio:

$$HCl + H_2O \rightleftharpoons Cl^- + H_3O^+$$

Também sabemos que o HCl é um ácido forte, o que significa que a posição desse equilíbrio é bastante deslocada para a direita. De fato, esse equilíbrio encontra-se tão deslocado para a direita que, de cada 10.000 moléculas de HCl dissolvidas em água, apenas uma não reage com moléculas de água, formando Cl^- e H_3O^+.

Por essa razão, geralmente escrevemos a reação ácida de HCl com uma seta unidirecional:

$$HCl + H_2O \longrightarrow Cl^- + H_3O^+$$

Como também já vimos, o ácido acético reage com H_2O de acordo com o seguinte equilíbrio:

$$\underset{\text{Ácido acético}}{CH_3COOH} + H_2O \rightleftharpoons \underset{\text{Íon acetato}}{CH_3COO^-} + H_3O^+$$

O ácido acético é um ácido fraco. Somente algumas poucas moléculas de ácido acético reagem com a água formando íons acetato e íons hidrônio, e as espécies majoritárias presentes no equilíbrio em solução aquosa são CH_3COOH e H_2O. A posição desse equilíbrio, portanto, encontra-se bastante deslocado para a esquerda.

Nessas duas reações de ácido-base, a água é a base. Mas e se tivermos outra base que não seja a água como aceptora de próton? Como podemos determinar quais são as espécies majoritárias presentes no equilíbrio? Isto é, como podemos determinar se a posição de equilíbrio encontra-se deslocada para a esquerda ou para a direita?

Como exemplo, examinemos a reação ácido-base entre o ácido acético e a amônia, formando os íons acetato e amônio. Conforme indicado pelo ponto de interrogação sobre a seta de equilíbrio, queremos determinar se a posição desse equilíbrio encontra-se deslocado para a esquerda ou para a direita.

$$\underset{\substack{\text{Ácido acético}\\(\text{Ácido})}}{CH_3COOH} + \underset{\substack{\text{Amônia}\\(\text{Base})}}{NH_3} \overset{?}{\rightleftharpoons} \underset{\substack{\text{Íon acetato}\\(\text{Base conjugada}\\\text{de } CH_3COOH)}}{CH_3COO^-} + \underset{\substack{\text{Íon amônio}\\(\text{Ácido conjugado}\\\text{de } NH_3)}}{NH_4^+}$$

Nesse equilíbrio, são dois os ácidos presentes: ácido acético e íon amônio. Há também duas bases presentes: amônia e íon acetato. Uma maneira de analisar esse equilíbrio é considerá-lo uma competição das duas bases, amônia e o íon acetato, por um próton. Qual é a base mais forte? A informação necessária para responder a essa pergunta é encontrada na Tabela 8.2. Primeiro, determinamos qual dos ácidos conjugados é o mais forte e depois usamos essa informação e mais o fato de que quanto mais forte o ácido, mais fraca a sua base conjugada. Na Tabela 8.2, podemos ver que CH_3COOH é o ácido mais forte, o que significa que CH_3COO^- é a base mais fraca. Inversamente, NH_4^+ é o ácido mais fraco, o que significa que NH_3 é a base mais forte. Podemos agora rotular as forças relativas de cada ácido e base neste equilíbrio:

$$CH_3COOH + NH_3 \underset{}{\overset{?}{\rightleftharpoons}} CH_3COO^- + NH_4^+$$

Ácido acético (Ácido mais forte) — Amônia (Base mais forte) — Íon acetato (Base mais fraca) — Íon amônio (Ácido mais fraco)

Em uma reação ácido-base, a posição de equilíbrio sempre favorece a reação do ácido mais forte e da base mais forte, formando o ácido mais fraco e a base mais fraca. Assim, no equilíbrio, as espécies majoritárias presentes são o ácido mais fraco e a base mais fraca. Na reação entre ácido acético e amônia, portanto, o equilíbrio se desloca para a direita e as espécies majoritárias presentes são o íon acetato e o íon amônio:

$$CH_3COOH + NH_3 \rightleftharpoons CH_3COO^- + NH_4^+$$

Ácido acético (Ácido mais forte) — Amônia (Base mais forte) — Íon acetato (Base mais fraca) — Íon amônio (Ácido mais fraco)

Em suma, usamos as quatro etapas apresentadas a seguir para determinar a posição de um equilíbrio ácido-base:

1. Identifique os dois ácidos no equilíbrio: um está do lado esquerdo do equilíbrio, e o outro, do lado direito.
2. Com base na informação da Tabela 8.2, determine qual dos ácidos é o mais forte e qual é o mais fraco.
3. Identifique a base mais forte e a base mais fraca. Lembre-se de que o ácido mais forte produz a base conjugada mais fraca, e o ácido mais fraco produz a base conjugada mais forte.
4. O ácido mais forte e a base mais forte reagem produzindo o ácido mais fraco e a base mais fraca. A posição de equilíbrio, portanto, encontra-se do lado do ácido mais fraco e da base mais fraca.

Exemplo 8.2 Pares ácido-base

Para cada equilíbrio ácido-base, indique o ácido mais forte, a base mais forte, o ácido mais fraco e a base mais fraca. Depois preveja se a posição de equilíbrio se desloca para a direita ou para a esquerda.

(a) $H_2CO_3 + OH^- \rightleftharpoons HCO_3^- + H_2O$
(b) $HPO_4^{2-} + NH_3 \rightleftharpoons PO_4^{3-} + NH_4^+$

Estratégia

Use a Tabela 8.2 para distinguir o ácido mais forte do ácido mais fraco e a base mais forte da base mais fraca. Feito isso, determine em que direção se desloca o equilíbrio. Este sempre se encontra na direção dos componentes mais fortes que se deslocam na direção dos componentes mais fracos.

Solução

As setas conectam os pares conjugados ácido-base, com as setas vermelhas indicando o ácido mais forte. A posição de equilíbrio em (a) desloca-se para a direita. Em (b), desloca-se para a esquerda.

$$H_2CO_3 + OH^- \rightleftharpoons HCO_3^- + H_2O$$

Ácido mais forte — Base mais forte — Base mais fraca — Ácido mais fraco

$$\underset{\substack{\text{Ácido mais}\\\text{fraco}}}{HPO_4^{2-}} + \underset{\substack{\text{Base mais}\\\text{fraca}}}{NH_3} \rightleftharpoons \underset{\substack{\text{Base mais}\\\text{forte}}}{PO_4^{3-}} + \underset{\substack{\text{Ácido mais}\\\text{forte}}}{NH_4^+}$$

Problema 8.2

Para cada equilíbrio ácido-base, indique o ácido mais forte, a base mais forte, o ácido mais fraco e a base mais fraca. Depois preveja se a posição se desloca para a direita ou para a esquerda.

(a) $H_3O^+ + I^- \rightleftharpoons H_2O + HI$
(b) $CH_3COO^- + H_2S \rightleftharpoons CH_3COOH + HS^-$

8.5 Que informações podem ser obtidas das constantes de ionização ácida?

Na Seção 8.2, aprendemos que os ácidos variam na extensão em que produzem H_3O^+ quando adicionados à água. Como as ionizações de ácidos fracos em água estão todas em equilíbrio, podemos usar as constantes de equilíbrio (Seção 7.6) para nos informar quantitativamente a força de cada ácido fraco. A reação que ocorre quando um ácido fraco, HA, é adicionado à água é

$$HA + H_2O \rightleftharpoons A^- + H_3O^+$$

A expressão da constante de equilíbrio para essa ionização é

$$K = \frac{[A^-][H_3O^+]}{[HA][H_2O]}$$

Observe que essa expressão contém a concentração da água. Como a água é o solvente e sua concentração varia muito pouco quando adicionamos HA, podemos tratar a concentração da água, $[H_2O]$, como uma constante igual a 1.000 g/L ou, aproximadamente, 55,49 mol/L. Podemos, então, combinar essas duas constantes (K e $[H_2O]$) para definir uma nova constante chamada **constante de ionização ácida**, K_a.

$$K_a = K[H_2O] = \frac{[A^-][H_3O^+]}{[HA]}$$

O valor da constante de ionização ácida para o ácido acético, por exemplo, é $1,8 \times 10^{-5}$. Como as constantes de ionização ácida para ácidos fracos são números com expoentes negativos, geralmente usamos um truque algébrico para torná-los números mais fáceis de usar. Assim, utilizamos o logaritmo negativo do número. A força do ácido é, portanto, expressa como $-\log K_a$, que chamamos pK_a. O "p" de qualquer coisa é simplesmente o logaritmo negativo dessa coisa. O pK_a do ácido acético é 4,75. A Tabela 8.3 fornece nomes, fórmulas moleculares e valores de K_a e pK_a para alguns ácidos fracos. Nos itens da tabela, observe a relação inversa entre os valores de K_a e pK_a. Quanto mais fraco o ácido, menor seu K_a, porém maior seu pK_a.

Uma das razões para a importância de K_a é que ele nos informa imediatamente a força do ácido. Por exemplo, a Tabela 8.3 mostra que, embora sejam ácidos fracos, ácido acético, ácido fórmico e fenol não têm a mesma força. O ácido fórmico, com um K_a de $1,8 \times 10^{-4}$, é mais forte que o ácido acético, enquanto o fenol, com K_a de $1,3 \times 10^{-10}$, é muito mais fraco que o ácido acético. O ácido fosfórico é o mais forte dos ácidos fracos. Podemos dizer que um ácido é classificado como fraco pelo fato de lhe atribuirmos um pK_a, e o pK_a é um número positivo. Se tentássemos utilizar o logaritmo negativo do K_a para um ácido forte, teríamos um número negativo.

Constante de ionização ácida (K_a) Constante de equilíbrio para a ionização de um ácido, em solução aquosa, em H_3O^+ e sua base conjugada; também chamada constante de dissociação de um ácido.

O pK_a é $-\log K_a$.

TABELA 8.3 Valores de K_a e pK_a para alguns ácidos fracos

Fórmula	Nome	K_a	pK_a
H_3PO_4	Ácido fosfórico	$7,5 \times 10^{-3}$	2,12
HCOOH	Ácido fórmico	$1,8 \times 10^{-4}$	3,75
$CH_3CH(OH)COOH$	Ácido láctico	$1,4 \times 10^{-4}$	3,86
CH_3COOH	Ácido acético	$1,8 \times 10^{-5}$	4,75
H_2CO_3	Ácido carbônico	$4,3 \times 10^{-7}$	6,37
$H_2PO_4^-$	Íon di-hidrogenofosfato	$6,2 \times 10^{-8}$	7,21
H_3BO_3	Ácido bórico	$7,3 \times 10^{-10}$	9,14
NH_4^+	Íon amônio	$5,6 \times 10^{-10}$	9,25
HCN	Ácido cianídrico	$4,9 \times 10^{-10}$	9,31
C_6H_5OH	Fenol	$1,3 \times 10^{-10}$	9,89
HCO_3^-	Íon bicarbonato	$5,6 \times 10^{-11}$	10,25
HPO_4^{2-}	Íon hidrogenofosfato	$2,2 \times 10^{-13}$	12,66

Aumenta a força do ácido →

Exemplo 8.3 pK_as

O K_a para o ácido benzoico é $6,5 \times 10^{-5}$. Qual é o pK_a desse ácido?

Estratégia

O pK_a é $-\log K_a$. Assim, use sua calculadora para encontrar o log de K_a e depois utilize o valor negativo.

Solução

Calcule o logaritmo de $6,5 \times 10^{-5}$ em sua calculadora científica. A resposta é $-4,19$. Como o pK_a é igual ao $-\log K_a$, você deve multiplicar esse valor por -1 para obter o pK_a. O pK_a do ácido benzoico é 4,19.

Problema 8.3

O K_a para o ácido cianídrico, HCN, é $4,9 \times 10^{-10}$. Qual é o seu pK_a?

Exemplo 8.4 Força do ácido

Qual é o ácido mais forte:
(a) Ácido benzoico, $K_a = 6,5 \times 10^{-5}$, ou ácido cianídrico, $K_a = 4,9 \times 10^{-10}$?
(b) Ácido bórico, $pK_a = 9,14$, ou ácido carbônico, $pK_a = 6,37$?

Estratégia

A força relativa do ácido é determinada comparando os valores de K_a ou os valores de pK_a. Se usarmos os valores de K_a, o ácido mais forte terá K_a maior. Se usarmos os valores de pK_a, o ácido mais forte terá pK_a menor.

Solução

(a) O ácido benzoico é o ácido mais forte; seu valor de K_a é maior.
(b) O ácido carbônico é o ácido mais forte; seu pK_a é menor.

Problema 8.4

Qual é o ácido mais forte:
(a) Ácido carbônico, $pK_a = 6,37$, ou ácido ascórbico (vitamina C), $pK_a = 4,1$?
(b) Aspirina, $pK_a = 3,49$, ou ácido acético, $pK_a = 4,75$?

Todas essas frutas e sucos de fruta contêm ácidos orgânicos.

8.6 Quais são as propriedades de ácidos e bases?

Os químicos atuais não provam as substâncias com que trabalham, mas 200 anos atrás era costume fazê-lo. Por isso é que sabemos que os ácidos são azedos, e as bases, amargas. O gosto azedo do limão, vinagre e de muitos outros alimentos, por exemplo, deve-se aos ácidos que eles contêm.

A. Neutralização

A reação mais importante de ácidos e bases é que eles reagem entre si em um processo chamado neutralização. Esse nome é apropriado porque, quando um ácido forte corrosivo, como o ácido clorídrico, reage com uma base forte corrosiva, como o hidróxido de sódio, o produto (uma solução de sal de cozinha em água) não apresenta propriedades nem ácidas nem básicas. Essa solução é chamada neutra. A Seção 8.9 trata detalhadamente das reações de neutralização.

B. Reação com metais

Ácidos fortes reagem com certos metais (chamados metais ativos), produzindo gás hidrogênio, H_2, e um sal. O ácido clorídrico, por exemplo, reage com magnésio metálico, produzindo o sal cloreto de magnésio e gás hidrogênio (Figura 8.1)

$$Mg(s) + 2HCl(aq) \longrightarrow MgCl_2(aq) + H_2(g)$$
Magnésio — Ácido clorídrico — Cloreto de magnésio — Hidrogênio

FIGURA 8.1 Ácidos reagem com metais. Uma fita de magnésio reage com HCl aquoso, produzindo gás H_2 e $MgCl_2$ aquoso.

A reação de um ácido com um metal ativo produzindo um sal e gás hidrogênio é uma reação redox (Seção 4.7). O metal é oxidado a íon metálico e o H^+ é reduzido a H_2.

C. Reação com hidróxidos metálicos

Ácidos reagem com hidróxidos metálicos, produzindo um sal e água.

$$HCl(aq) + KOH(aq) \longrightarrow H_2O(\ell) + KCl(aq)$$
Ácido clorídrico — Hidróxido de potássio — Água — Cloreto de potássio

Tanto o ácido quanto o hidróxido metálicos são ionizados em solução aquosa. Além do mais, o sal formado é um composto iônico presente em solução aquosa como ânions e cátions. Portanto, a equação real para a reação de HCl e KOH poderia ser escrita mostrando todos os íons presentes (Seção 4.6):

$$H_3O^+ + Cl^- + K^+ + OH^- \longrightarrow 2H_2O + Cl^- + K^+$$

Geralmente simplificamos essa equação omitindo os íons espectadores (Seção 4.6), o que nos dá a seguinte equação para a reação iônica simplificada de qualquer ácido forte e base forte produzindo um sal e água:

$$H_3O^+ + OH^- \longrightarrow 2H_2O$$

D. Reação com óxidos metálicos

Ácidos fortes reagem com óxidos metálicos produzindo água e um sal, como mostra a seguinte equação iônica simplificada:

$$2H_3O^+(aq) + CaO(s) \longrightarrow 3H_2O(\ell) + Ca^{2+}(aq)$$
Óxido de cálcio

E. Reação com carbonatos e bicarbonatos

Quando um ácido forte é adicionado a um carbonato como o carbonato de sódio, bolhas de gás dióxido de carbono são rapidamente liberadas. A reação total é a soma de duas reações. Na primeira reação, o íon carbonato reage com H_3O^+ formando ácido carbônico. Quase imediatamente, na segunda reação, o ácido carbônico se decompõe em dióxido de carbono e água. As seguintes equações mostram as reações separadamente e depois a reação total:

$$2H_3O^+(aq) + CO_3^{2-}(aq) \longrightarrow H_2CO_3(aq) + 2H_2O(\ell)$$
$$H_2CO_3(aq) \longrightarrow CO_2(g) + H_2O(\ell)$$
$$\overline{2H_3O^+(aq) + CO_3^{2-}(aq) \longrightarrow CO_2(g) + 3H_2O(\ell)}$$

Ácidos fortes reagem com bicarbonatos, como o bicarbonato de potássio, produzindo dióxido de carbono e água:

$$H_3O^+(aq) + HCO_3^-(aq) \longrightarrow H_2CO_3(aq) + H_2O(\ell)$$
$$H_2CO_3(aq) \longrightarrow CO_2(g) + H_2O(\ell)$$
$$\overline{H_3O^+(aq) + HCO_3^-(aq) \longrightarrow CO_2(g) + 2H_2O(\ell)}$$

Generalizando, qualquer ácido mais forte que o ácido carbônico vai reagir com carbonato ou bicarbonato formando gás CO_2.

A produção de CO_2 é responsável pelo crescimento das massas de pão e bolo. O método mais antigo para gerar CO_2 com esse propósito envolvia a adição de levedura, que catalisa a fermentação de carboidratos, produzindo dióxido de carbono e etanol (Capítulo 28):

$$\underset{\text{Glicose}}{C_6H_{12}O_6} \xrightarrow{\text{Levedura}} 2CO_2 + \underset{\text{Etanol}}{2C_2H_5OH}$$

A produção de CO_2 por fermentação, entretanto, é lenta. Às vezes, é desejável que sua produção seja mais rápida, quando então os padeiros usam a reação de $NaHCO_3$ (**bicarbonato de sódio**) e um ácido fraco. Mas qual ácido é fraco? O vinagre (uma solução 5% de ácido acético) serviria, mas apresenta uma desvantagem potencial – ele empresta um certo sabor aos alimentos. Como ácido fraco que confere pouco ou nenhum sabor aos alimentos, os padeiros usam di-hidrogenofosfato de sódio, NaH_2PO_4, ou di-hidrogenofosfato de potássio, KH_2PO_2. Nenhum dos dois sais reage quando estão secos, mas, quando misturados à água, em massa de pão ou de bolo, reagem rapidamente, produzindo CO_2. A produção de CO_2 é ainda mais rápida em um forno!

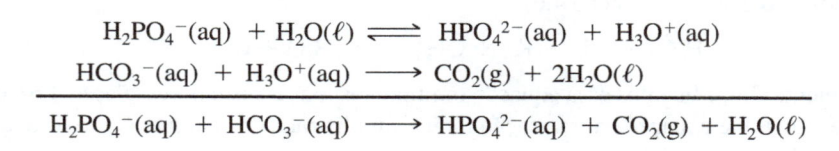

$$H_2PO_4^-(aq) + H_2O(\ell) \rightleftharpoons HPO_4^{2-}(aq) + H_3O^+(aq)$$
$$HCO_3^-(aq) + H_3O^+(aq) \longrightarrow CO_2(g) + 2H_2O(\ell)$$
$$\overline{H_2PO_4^-(aq) + HCO_3^-(aq) \longrightarrow HPO_4^{2-}(aq) + CO_2(g) + H_2O(\ell)}$$

O fermento em pó contém um ácido fraco que pode ser o di-hidrogenofosfato de sódio ou de potássio e bicarbonato de sódio ou de potássio. Quando misturados à água, reagem produzindo as bolhas de CO_2 vistas na imagem.

F. Reação com amônia e aminas

Qualquer ácido mais forte que NH_4^+ (Tabela 8.2) é forte o suficiente para reagir com NH_3 e formar um sal. Na seguinte reação, o sal formado é o cloreto de amônio, NH_4Cl, que é mostrado tal como seria ionizado em solução aquosa:

$$HCl(aq) + NH_3(aq) \longrightarrow NH_4^+(aq) + Cl^-(aq)$$

No Capítulo 16, conheceremos uma família de compostos chamada aminas, semelhantes à amônia, exceto que um ou mais dos três átomos de hidrogênio da amônia são substituídos por grupos carbônicos. Uma amina típica é a metilamina, CH_3NH_2. A força básica da maioria das aminas é semelhante à da amônia, o que significa que as aminas também reagem com ácidos formando sais. O sal formado na reação de metilamina com HCl é o cloreto de metilamônio, mostrado a seguir tal como seria ionizado em solução aquosa:

Conexões químicas 8B

Antiácidos

O suco gástrico normalmente é bastante ácido por causa de seu conteúdo de HCl. Alguma vez, muito provavelmente, você sentiu azia causada por excesso de acidez estomacal. Para aliviar o desconforto, talvez tenha tomado um antiácido que, como o próprio nome diz, é uma substância que neutraliza ácidos – em outras palavras, uma base.

"Antiácido" é um termo médico não usado por químicos. Entretanto, é encontrado nos rótulos de muitos medicamentos disponíveis em drogarias e supermercados. Quase todos usam bases como $CaCO_3$, $Mg(OH)_2$, $Al(OH)_3$ e $NaHCO_3$ para diminuir a acidez do estômago.

Em drogarias e supermercados, também se encontram remédios, isentos de prescrição médica, chamados "inibidores de ácido". Entre as marcas comercializadas, Zantac, Tagamet, Pepcid e Axid são algumas delas. Em vez de neutralizar a acidez, esses compostos reduzem a secreção de ácido gástrico no estômago. Em dosagens maiores (vendidas apenas com receita médica), alguns desses fármacos são usados no tratamento de úlceras estomacais.

$$HCl(aq) + CH_3NH_2(aq) \longrightarrow CH_3NH_3^+(aq) + Cl^-(aq)$$

Metilamina — Íon metilamônio

A reação de amônia e aminas com ácidos, formando sais, é muito importante na química do organismo, como veremos em capítulos posteriores.

8.7 Quais são as propriedades ácidas e básicas da água pura?

Vimos que um ácido produz íons H_3O^+ em água e que uma base produz íons OH^-. Suponha que temos água absolutamente pura, sem nenhum ácido ou base adicionados. Causa surpresa, porém, que até mesmo a água pura contém uma quantidade bem pequena de íons H_3O^+ e OH^-. Eles se formam pela transferência de próton de uma molécula de água (a doadora de próton) para outra (a aceptora de próton).

$$H_2O + H_2O \rightleftharpoons OH^- + H_3O^+$$

Ácido — Base — Base conjugada de H_2O — Ácido conjugado de H_2O

Qual é a extensão dessa reação? De acordo com a Tabela 8.2, nesse equilíbrio, H_3O^+ é o ácido mais forte, e OH^-, a base mais forte. Portanto, conforme indicado pelas setas, o equilíbrio para essa reação está bastante deslocado para a esquerda. Logo veremos exatamente quanto, mas primeiro vamos escrever a expressão de equilíbrio:

$$K = \frac{[H_3O^+][OH^-]}{[H_2O]^2}$$

Como o grau de autoionização da água é tão pequeno, podemos tratar a concentração da água, $[H_2]$, como uma constante igual a 1.000 g/L, ou aproximadamente 55,49 mol/L, como fizemos na Seção 8.5 calculando o K_a para um ácido fraco. Podemos então combinar essas constantes (K e $[H_2O]^2$) para definir uma nova constante chamada **produto iônico da água**, K_w. Em água pura, em temperatura ambiente, o valor de K_w é $1,0 \times 10^{-14}$.

$$K_w = K[H_2O]^2 = [H_3O^+][OH^-]$$

$$K_w = 1,0 \times 10^{-14}$$

K_w é o produto iônico da água, também chamado constante de dissociação da água, e é igual a $1,0 \times 10^{-14}$.

Em água pura, H_3O^+ e OH^- formam-se em quantidades iguais (ver a equação balanceada para a autoionização da água), portanto suas concentrações devem ser iguais. Isto é, em água pura,

$$[H_3O^+] = 1,0 \times 10^{-7} \text{ mol/L}$$
$$[OH^-] = 1,0 \times 10^{-7} \text{ mol/L}$$

Em água pura

Essas concentrações são muito pequenas, insuficientes para que a água pura seja um condutor de eletricidade. A água pura não é um eletrólito (Seção 6.6C).

A equação para a ionização da água é importante porque se aplica não só à água pura, mas também a qualquer solução aquosa. O produto de [H_3O^+] e [OH^-] em qualquer solução aquosa é igual a $1,0 \times 10^{-14}$. Se, por exemplo, adicionarmos 0,010 mol de HCl a 1 L de água pura, ele reagirá completamente produzindo íons H_3O^+ e íons Cl^-. A concentração de H_3O^+ será $0,010\ M$ ou $1,0 \times 10^{-2}\ M$. Isso significa que [OH^-] deve ser $1,0 \times 10^{-14}/1,0 \times 10^{-2} = 1,0 \times 10^{-12}\ M$.

Exemplo 8.5 Equação da água

A [OH^-] de uma solução aquosa é $1,0 \times 10^{-4}\ M$. Qual é sua [H_3O^+]?

Estratégia

Para determinar a concentração do íon hidrogênio, quando se conhece a concentração do íon hidróxido, simplesmente se divide [OH^-] por 10^{-14}.

Solução

Substituímos na equação:

$$[H_3O^+][OH^-] = 1,0 \times 10^{-14}$$

$$[H_3O^+] = \frac{1,0 \times 10^{-14}}{1,0 \times 10^{-4}} = 1,0 \times 10^{-10}\ M$$

Problema 8.5

A [OH^-] de uma solução aquosa é $1,0 \times 10^{-12}\ M$. Qual é sua [H_3O^+]?

Soluções aquosas podem ter [H_3O^+] muito alta, mas então [OH^-] deve ser muito baixa e vice-versa. Qualquer solução com [H_3O^+] maior que $1,0 \times 10^{-7}\ M$ é ácida. Nessas soluções, necessariamente [OH^-] deve ser menor que $1,0 \times 10^{-7}\ M$. Quanto maior for [H_3O^+], mais ácida será a solução. Igualmente, qualquer solução com [OH^-] maior que $1,0 \times 10^{-7}\ M$ é básica. A água pura, onde [H_3O^+] e [OH^-] são iguais (ambas são $1,0 \times 10^{-7}\ M$), é neutra – isto é, nem ácida nem básica.

Como...

Usar logs e antilogs

Ao lidarmos com ácidos, bases e tampões, geralmente temos de usar logaritmos comuns ou de base 10 (logs). Para a maioria das pessoas, logaritmo é apenas uma tecla que elas apertam na calculadora. Aqui, sucintamente, vamos descrever como usar logs e antilogs.

1. O que é logaritmo e como é calculado?

Um logaritmo comum é a potência à qual 10 é elevado para obter outro número. Por exemplo, log de 100 é 2, pois é preciso elevar 10 à segunda potência para se chegar a 100.

$$\log 100 = 2 \text{ pois, } 10^2 = 100$$

Outros exemplos são

$$\log 1.000 = 3 \text{ pois, } 10^3 = 1.000$$
$$\log 10 = 1 \text{ pois, } 10^1 = 10$$
$$\log 1 = 0 \text{ pois, } 10^0 = 1$$
$$\log 0,1 = -1 \text{ pois, } 10^{-1} = 0,1$$

O logaritmo comum de um número que não seja uma potência simples geralmente é obtido pressionando a tecla do número na calculadora e depois a tecla log. Por exemplo:

$$\log 52 = 1,72$$
$$\log 4,5 = 0,653$$
$$\log 0,25 = -0,602$$

Agora, experimente você. Digite 100 e pressione a tecla log. O resultado foi 2? Então você acertou. Experimente mais uma vez com 52. Digite 52 e pressione log. O resultado foi 1,72 (arredondado até duas casas decimais)? Em algumas calculadoras, talvez você tenha de pressionar primeiro a tecla log e depois o número. Tente dos dois modos para verificar como funciona sua calculadora.

2. O que são antilogaritmos (antilogs)?

Um antilog é o inverso de um log. Também é chamado logaritmo inverso. Ao elevar 10 a uma potência qualquer, você terá um antilog. Por exemplo:

$$\text{antilog } 5 = 100.000$$

porque calcular o antilog de 5 significa elevar 10 à potência de 5 ou

$$10^5 = 100.000$$

Experimente agora na sua calculadora. Qual é o antilog de 3? Digite 3 na calculadora. Pressione INV (inverso) ou 2nd (segunda função) e depois pressione log. A resposta deverá ser 1.000. Sua calculadora pode ser diferente, mas as teclas de função INV ou 2nd são as mais comuns.

3. Qual é a diferença entre antilog e –log?

Há uma diferença enorme e muito importante. Antilog 3 significa que elevamos 10 à potência de 3 e obtemos 1.000. Por sua vez, $-\log 3$ significa que o log de 3, ou seja, 0,477, é tornado negativo. Assim, $-\log 3 = -0,48$. Por exemplo:

$$\text{antilog } 2 = 100$$
$$-\log 2 = -0,30$$

Na Seção 8.8, utilizaremos logs negativos para calcular pH. O pH é igual a $-\log [H^+]$. Assim, se sabemos que $[H^+]$ é 0,01 M, para calcular o pH digitamos 0,01 na calculadora e pressionamos a tecla log. A resposta será -2. O negativo desse valor será o pH 2.

No último exemplo, que resposta teríamos se fosse o antilog em vez do log negativo? Teríamos o valor inicial: 0,01. Por quê? Porque tudo que calculamos foi antilog log 0,01. Se calculamos o antilog do log, não fazemos absolutamente nada.

8.8 O que são pH e pOH?

Como as concentrações do íon hidrônio, para a maioria das soluções, são números com expoentes negativos, é mais conveniente expressá-las como pH, em que

$$pH = -\log [H_3O^+]$$

é semelhante ao modo como expressamos os valores de pK_a na Seção 8.5.

Na Seção 8.7, vimos que uma solução será ácida se $[H_3O^+]$ for maior que $1,0 \times 10^{-7}$ M, e que será básica se $[H_3O^+]$ for menor que $1,0 \times 10^{-7}$ M. Podemos agora formular as definições de soluções ácidas e básicas em termos de pH.

> Uma solução será ácida se o pH for menor que 7,0.
> Uma solução será básica se o pH for maior que 7,0.
> Uma solução será neutra se o pH for igual a 7,0.

Exemplo 8.6 Calculando o pH

(a) A $[H_3O^+]$ de um certo detergente líquido é $1,4 \times 10^{-9}$ M. Qual é o pH? A solução é ácida, básica ou neutra?
(b) O pH do café puro é 5,3. Qual é sua $[H_3O^+]$? A solução é ácida, básica ou neutra?

Estratégia

Para determinar o pH, quando se tem a concentração dos íons hidrogênio, simplesmente considere o log negativo. Se for menor que 7, a solução será ácida. Se for maior que 7, será básica.

Se for dado o pH, é possível determinar imediatamente se a solução é ácida, básica ou neutra, dependendo se for maior, menor ou igual a 7, respectivamente. Para converter o pH em $[H_3O^+]$, calcule o log inverso de $-pH$.

Solução

(a) Com a ajuda de uma calculadora, calcule o log de $1,4 \times 10^{-9}$. A resposta é $-8,85$. Multiplique esse valor por -1 para obter o pH de 8,85. A solução é básica.

(b) Digite 5,3 na calculadora e depois pressione a tecla $+/-$ para trocar o sinal para menos e obter $-5,3$. Depois calcule o antilog desse número. A $[H_3O^+]$ do café puro é 5×10^{-6}. Essa solução é ácida.

Problema 8.6

(a) A $[H_3O^+]$ de uma solução ácida é $3,5 \times 10^{-3} M$. Qual é o seu pH?

(b) O pH do suco de tomate é 4,1. Qual é a $[H_3O^+]$? Essa solução é ácida, básica ou neutra?

Assim como o pH é uma maneira conveniente de expressar a concentração de H_3O^+, o pOH é um modo conveniente de expressar a concentração de OH^-.

$$pOH = -\log [OH^-]$$

Como vimos na seção anterior, em soluções aquosas, o produto iônico da água, K_w, é 1×10^{-14}, o que é igual ao produto da concentração de H^+ e OH^-:

$$K_w = 1 \times 10^{-14} [H^+][OH^-]$$

Calculando o logaritmo de ambos os lados, e o fato de que $-\log (1 \times 10^{-14}) = 14$, podemos reescrever essa equação da seguinte maneira:

$$14 = pOH + pOH$$

Assim, uma vez conhecido o pH da solução, podemos facilmente calcular o pOH.

Exemplo 8.7 Calculando o pOH

A $[OH^-]$ de uma solução fortemente básica é $1,0 \times 10^{-2}$. Qual é o pOH e o pH dessa solução?

Estratégia

Quando é dada $[OH^-]$, determina-se o pOH calculando o logaritmo negativo. Para calcular o pH, subtrai-se o pOH de 14.

Solução

O pOH é $-\log 1,0 \times 10^{-2}$ ou 2, e o pH é $14 - 2 = 12$.

Problema 8.7

A $[OH^-]$ de uma solução é $1,0 \times 10^{-4} M$. Qual é o pOH e o pH dessa solução?

Todos os fluidos do corpo humano são aquosos; isto é, o único solvente presente é a água. Consequentemente, todos os fluidos do corpo têm um valor de pH. Alguns se apresentam em uma faixa estreita de pH, outros, em uma faixa mais ampla. O pH do sangue, por exemplo, deve estar entre 7,35 e 7,45 (ligeiramente básico). Se exceder esses limites, o resultado poderá ser uma doença ou mesmo a morte (ver "Conexões químicas 8C"). Entretanto, o pH da urina pode variar de 5,5 a 7,5. A Tabela 8.4 apresenta os valores de pH de alguns materiais conhecidos.

É importante lembrar que, sendo a escala de pH logarítmica, o aumento (ou a diminuição) de uma unidade de pH significa uma diminuição (ou aumento) de dez vezes em $[H_3O^+]$. Por exemplo, um pH 3 não parece ser muito diferente de um pH 4. O primeiro, contudo, significa uma $[H_3O^+]$ de $10^{-3} M$, enquanto o segundo significa uma $[H_3O^+]$ de $10^{-4} M$. A $[H_3O^+]$ da solução de pH 3 é dez vezes a $[H_3O^+]$ da solução de pH 4.

Há duas maneiras de medir o pH de uma solução aquosa. Uma delas é usar o papel de pH, um papel comum embebido em uma mistura de indicadores de pH. O **indicador** de pH é uma substância que muda de cor em um certo pH. Quando pingamos uma solução nesse papel, este apresenta uma certa cor. Para determinar o pH, comparamos a cor do papel com as cores de uma escala que acompanha o papel.

TABELA 8.4 Valores de pH para alguns materiais conhecidos

Material	pH	Material	pH
Ácido de bateria	0,5	Saliva	6,5-7,5
Suco gástrico	1,0-3,0	Água pura	7,0
Suco de limão	2,2-2,4	Sangue	7,35-7,45
Vinagre	2,4-3,4	Bile	6,8-7,0
Suco de tomate	4,0-4,4	Fluido pancreático	7,8-8,0
Bebidas carbonatadas	4,0-5,0	Água do mar	8,0-9,0
Café puro	5,0-5,1	Sopa	8,0-10,0
Urina	5,5-7,5	Leite de magnésia	10,5
Chuva (não poluída)	6,2	Amônia doméstica	11,7
Leite	6,3-6,6	Barrela (1,0 M NaOH)	14,0

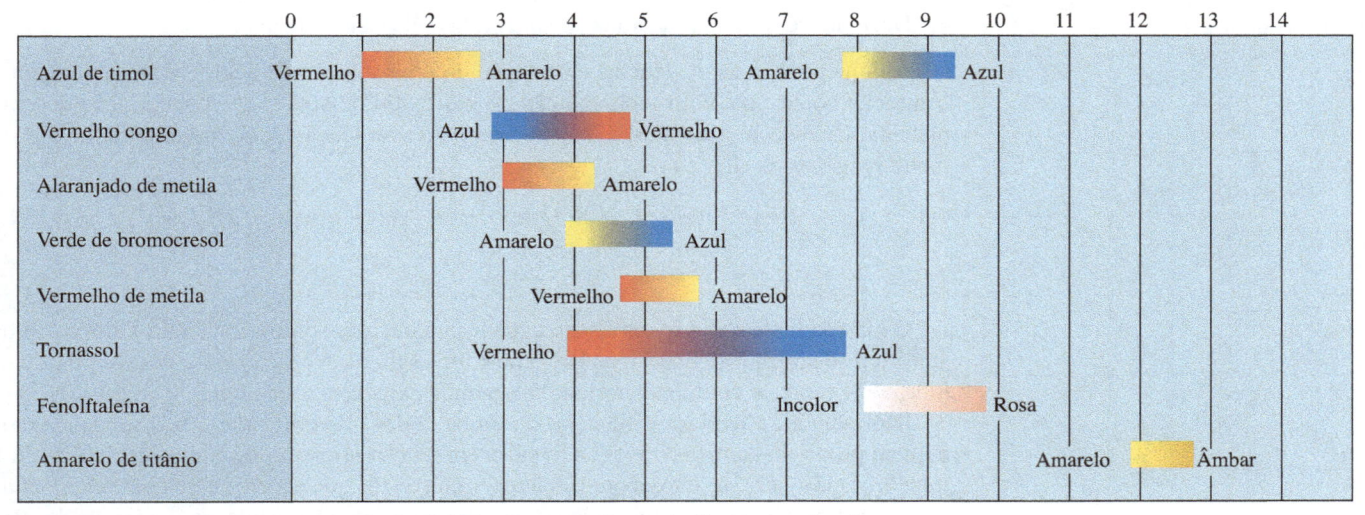

FIGURA 8.2 Alguns indicadores ácido-base. Observe que alguns indicadores têm duas mudanças de cor.

Um exemplo de indicador ácido-base é o composto alaranjado de metila. Quando uma gota desse composto é adicionada a uma solução aquosa com pH de 3,2 ou mais baixo, esse indicador fica vermelho e toda a solução torna-se vermelha. Quando adicionado a uma solução aquosa com pH 4,4 ou mais alto, esse indicador fica amarelo. Esses limites específicos de cor aplicam-se somente ao alaranjado de metila. Outros indicadores apresentam outros limites e cores (Figura 8.2). A forma química (estrutura molecular) dos indicadores é que determina sua cor. A cor observada em pH mais baixo deve-se à forma ácida do indicador, enquanto a cor obtida em pH mais alto está associada à sua base conjugada.

A segunda maneira de determinar o pH é mais acurada e mais precisa. Nesse método, usamos um pHmetro (Figura 8.3). Mergulhamos o eletrodo do pHmetro na solução cujo pH deve ser medido e depois lemos o pH em um mostrador. Os pHmetros mais utilizados leem o pH até o centésimo mais próximo de uma unidade. É preciso lembrar que a acurácia de um pHmetro, como a de qualquer instrumento, depende de uma calibração correta.

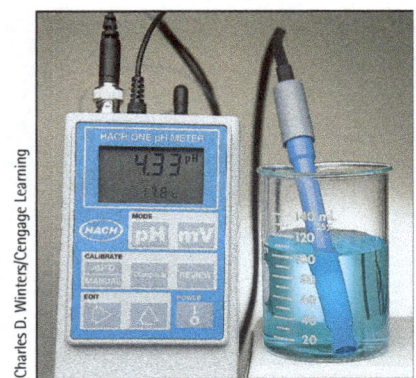

FIGURA 8.3 Um pHmetro pode medir com rapidez e acurácia o pH de uma solução aquosa.

8.9 Como se usa a titulação para calcular a concentração?

Laboratórios clínicos, acadêmicos ou industriais precisam determinar a concentração exata de certa substância em solução, como a concentração de ácido acético em uma dada amostra de vinagre, ou as concentrações de ferro, cálcio e magnésio em uma amostra de água "dura". Determinações de concentrações de solução podem ser feitas com o uso de uma técnica analítica chamada **titulação**.

Titulação Procedimento analítico em que reagimos um volume conhecido de uma solução de concentração conhecida com um volume conhecido de uma solução de concentração desconhecida.

Ponto de equivalência Ponto em que há uma quantidade igual de ácido e de base em uma reação de neutralização.

Em uma titulação, reagimos um volume conhecido de certa solução de concentração conhecida com um volume conhecido de uma solução de concentração desconhecida. Esta pode conter um ácido (como o ácido gástrico), uma base (como a amônia), um íon (como o Fe^{2+}) ou qualquer outra substância cuja concentração devemos determinar. Se conhecemos os volumes da titulação e a razão molar em que os solutos reagem, podemos então calcular a concentração da segunda solução.

As titulações devem atender a várias exigências:

1. Devemos conhecer a equação da reação de modo a determinar a proporção estequiométrica dos reagentes que usaremos em nossos cálculos.
2. A reação deve ser rápida e completa.
3. Quando os reagentes se combinam completamente, deverá haver uma mudança bem visível em alguma propriedade mensurável da mistura em reação. Chamamos o ponto em que os reagentes se combinam completamente de **ponto de equivalência** da titulação.
4. Devemos ter medidas acuradas da quantidade de cada reagente.

Apliquemos essas exigências à titulação de uma solução de ácido sulfúrico, de concentração conhecida, com uma solução de hidróxido de sódio, de concentração desconhecida. Conhecemos a equação balanceada para essa reação ácido-base, portanto a primeira exigência é satisfeita.

$$2NaOH(aq) + H_2SO_4(aq) \longrightarrow Na_2SO_4(aq) + 2H_2O(\ell)$$
(Concentração não conhecida)   (Concentração conhecida)

O hidróxido de sódio se ioniza em água formando íons sódio e íons hidróxido; o ácido sulfúrico se ioniza formando íons hidrônio e íons sulfato. A reação entre íons hidróxido e hidrônio é rápida e completa, portanto a segunda exigência é satisfeita.

Para atender à terceira exigência, devemos poder observar uma nítida mudança em alguma propriedade mensurável da mistura em reação no ponto de equivalência. Para titulações ácido-base, usamos a mudança repentina de pH que ocorre nesse ponto. Suponha que tenhamos adicionado o hidróxido de sódio lentamente. À medida que é adicionado, ele reage com os íons hidrônio formando água. Enquanto houver íons hidrônio em excesso, a solução é ácida. Quando o número de íons hidróxido adicionado se igualar exatamente ao número original de íons hidrônio, a solução torna-se neutra. Em seguida, logo que forem adicionados quaisquer íons hidróxidos a mais, a solução torna-se básica. Podemos observar essa súbita mudança de pH em um pHmetro.

Outra maneira de observar a mudança de pH no ponto de equivalência é usar um indicador ácido-base (Seção 8.8). Esse tipo de indicador muda de cor quando a solução muda de pH. A fenolftaleína, por exemplo, é incolor em solução ácida e rosa em solução básica. Se esse indicador é adicionado à solução original de ácido sulfúrico, a solução permanece incolor enquanto houver excesso de íons hidrônio. Depois que uma quantidade suficiente de hidróxido de sódio é adicionada para reagir com todos os íons hidrônio, com a próxima gota de base vai haver excesso de íons hidróxido, e a solução torna-se rosa (Figura 8.4). Assim, temos uma clara indicação do ponto de equivalência. O ponto em que um indicador muda de cor é chamado **ponto final** (ou ponto de viragem) da titulação. É mais conveniente que o **ponto final** e o ponto de equivalência sejam os mesmos, mas há muitos indicadores de pH cujos pontos finais não estão em pH 7.

Para atender à quarta exigência (o volume de cada solução usada deve ser conhecido), usamos vidraria volumétrica, como balões volumétricos, buretas e pipetas.

Dados para uma típica titulação ácido-base são apresentados no Exemplo 8.8. Observe que o experimento é conduzido três vezes, um procedimento padrão para garantir a precisão na titulação.

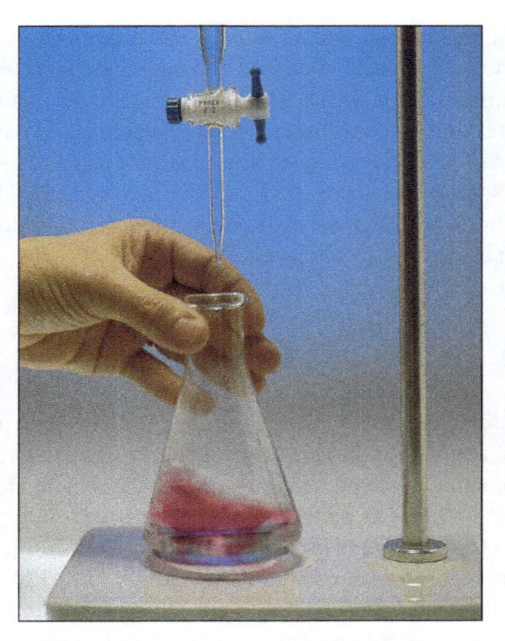

FIGURA 8.4 Titulação ácido-base. (a) O erlenmeyer contém um ácido de concentração conhecida. (b) Com a bureta, adiciona-se uma base até neutralizar o ácido. (c) Chega-se ao ponto final quando a cor do indicador muda de incolor para rosa.

Exemplo 8.8 Titulações

A seguir, apresentamos dados para a titulação de H_2SO_4 0,108 M com uma solução de NaOH de concentração desconhecida. Qual é a concentração da solução de NaOH?

	Volume de H_2SO_4 0,108 M	Volume de NaOH
Titulação I	25,0 mL	33,48 mL
Titulação II	25,0 mL	33,46 mL
Titulação III	25,0 mL	33,50 mL

Estratégia

Use o volume do ácido e sua concentração para calcular quantos mols de íons hidrogênio estão disponíveis para serem titulados. No ponto de equivalência, os mols de base utilizados serão iguais aos mols de H^+ disponíveis. Divida os mols de H^+ pelo volume de base usado em litros para calcular a concentração da base.

Solução

Conhecemos a estequiometria da equação balanceada dessa reação ácido-base: dois mols de NaOH reagem com um mol de H_2SO_4. A partir das três titulações, calculamos que o volume médio de NaOH necessário para a reação completa é 33,48 mL. Como as unidades da molaridade são mols/litro, devemos converter os volumes dos reagentes de mililitros em litros. Podemos então usar o método rótulo fator (Seção 1.5) para calcular a molaridade da solução de NaOH. O que queremos calcular é o número de mols de NaOH por litro de NaOH.

$$\frac{\text{mol NaOH}}{\text{L NaOH}} = \frac{0,108 \text{ mol } H_2SO_4}{1 \text{ L } H_2SO_4} \times \frac{0,0250 \text{ L } H_2SO_4}{0,03348 \text{ L NaOH}} \times \frac{2 \text{ mol NaOH}}{1 \text{ mol } H_2SO_4}$$

$$= \frac{0,161 \text{ mol NaOH}}{\text{L NaOH}} = 0,161 \ M$$

Problema 8.8

Calcule a concentração de uma solução de ácido acético usando os seguintes dados. Três amostras de 25,0 mL de ácido acético foram tituladas, em fenolftaleína, até o ponto final com NaOH 0,121 M. Os volumes de NaOH foram 19,96 mL, 19,73 mL e 19,79 mL.

É importante entender que a titulação não é um método para determinar a acidez (ou basicidade) de uma solução. Se é isso que queremos fazer, devemos medir o pH da amostra, que é a única medida para acidez ou basicidade de uma solução. A titulação é um método para determinar a concentração total de ácido ou de base em uma solução, que não é a mesma coisa que a acidez. Por exemplo, uma solução 0,1 M de HCl em água tem um pH 1, mas uma solução 0,1 M de ácido acético tem um pH 2,9. Essas duas soluções têm a mesma concentração de ácido e cada uma neutraliza o mesmo volume de solução de NaOH, mas elas têm acidez muito diferentes.

8.10 O que são tampões?

Tampão Solução que resiste à mudança de pH quando quantidades limitadas de um ácido ou de uma base são adicionadas; uma solução aquosa que contém um ácido fraco e sua base conjugada.

Conforme observamos anteriormente, o corpo deve manter o pH do sangue entre 7,35 e 7,45. No entanto, é comum ingerirmos alimentos ácidos como laranja, limão, chucrute e tomate e, ao fazê-lo, adicionamos quantidades consideráveis de H_3O^+ ao sangue. Apesar desses acréscimos de substâncias ácidas ou básicas, o corpo consegue manter constante o pH do sangue. O corpo realiza essa proeza usando tampões. **Tampão** é uma solução cujo pH varia muito pouco quando pequenas quantidades de íons H_3O^+ e OH^- são adicionadas a ela. Em certo sentido, um tampão de pH é um "absorvedor de impacto" para ácidos e bases.

Os tampões mais comuns consistem em quantidades molares aproximadamente iguais de ácido fraco e um sal desse ácido fraco. Em outras palavras, consistem em quantidades aproximadamente iguais de um ácido fraco e sua base conjugada. Por exemplo, se dissolvermos 1,0 mol de ácido acético (um ácido fraco) e 1,0 mol de sua base conjugada (na forma de CH_3COONa, acetato de sódio) em 1,0 L de água, teremos uma boa solução-tampão. O equilíbrio presente nessa solução-tampão é:

$$CH_3COOH + H_2O \rightleftharpoons CH_3COO^- + H_3O^+$$

Adicionado como CH_3COOH
Ácido acético (Um ácido fraco)

Adicionado como $CH_3COO^-Na^+$
Íon acetato (Base conjugada de um ácido fraco)

A. Como funcionam os tampões?

Um tampão resiste à mudança de pH quando se adicionam pequenas quantidades de ácido ou base. Vejamos como exemplo um tampão de ácido acético-acetato de sódio. Se um ácido forte como o HCl for adicionado a essa solução-tampão, os íon H_3O^+ vão reagir com os íons CH_3COO^- e serão removidos da solução.

$$CH_3COO^- + H_3O^+ \longrightarrow CH_3COOH + H_2O$$

Íon acetato (Base conjugada de um ácido fraco)

Ácido acético (Um ácido fraco)

Há um ligeiro aumento na concentração de CH_3COOH, bem como uma ligeira diminuição na concentração de CH_3COO^-, mas não há mudança sensível de pH. Dizemos que essa solução está tamponada porque resiste a variações no pH com a adição de pequenas quantidades de um ácido forte.

Se for adicionado NaOH ou outra base forte à solução-tampão, os íons OH^- adicionados vão reagir com as moléculas de CH_3COOH e serão removidos da solução:

$$CH_3COOH + OH^- \longrightarrow CH_3COO^- + H_2O$$

Ácido acético (Um ácido fraco)

Íon acetato (Base conjugada de um ácido fraco)

Aqui há uma ligeira diminuição na concentração de CH_3COOH, bem como um ligeiro aumento na concentração de CH_3COO^-, mas, novamente, não há uma mudança sensível de pH.

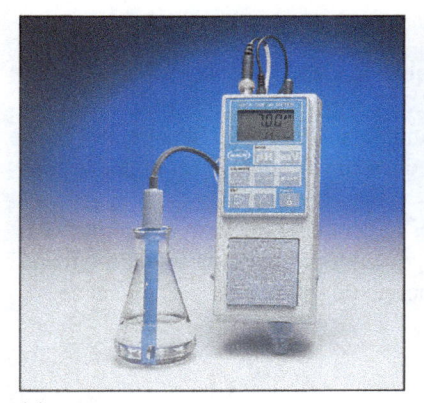

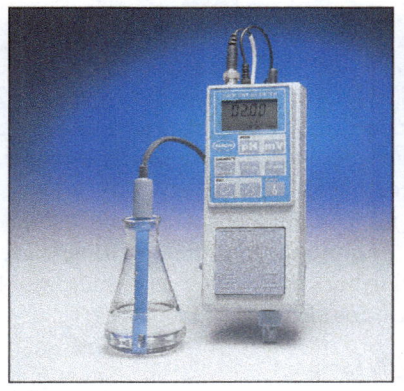

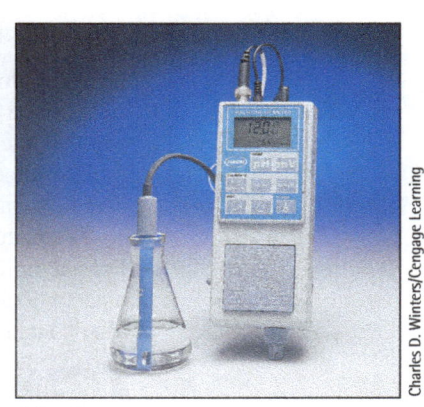

(a) pH 7,00   (b) pH 2,00   (c) pH 12,00

FIGURA 8.5 Adição de HCl e NaOH à água pura. (a) O pH da água pura é 7,0. (b) A adição de 0,01 mol de HCl a 1 L de água pura faz o pH baixar para 2. (c) A adição de 0,010 mol de NaOH a 1 L de água pura faz o pH subir para 12.

Em se tratando de soluções-tampões, o importante é saber que, quando a base conjugada do ácido fraco remove H_3O^+, ela é convertida no ácido fraco não dissociado. Como há uma quantidade substancial de ácido fraco já presente, não há uma mudança sensível em sua concentração; e como os íons H_3O^+ são removidos da solução, não há uma mudança sensível de pH. Pelas mesmas razões, quando o ácido fraco remove íons OH^- da solução, ele é convertido em sua base conjugada. Já que os íons OH^- são removidos da solução, não há variação apreciável de pH.

O efeito de um tampão pode ser bem vigoroso. A adição de HCl diluído ou NaOH à água pura, por exemplo, provoca uma notável mudança de pH (Figura 8.5).

Quando HCl ou NaOH é adicionado a um tampão de fosfato, os resultados são bem diferentes. Suponha que temos uma solução-tampão de fosfato de pH 7,21, com 0,10 mol de NaH_2PO_4 (um ácido fraco) e 0,10 mol de Na_2HPO_4 (sua base conjugada) dissolvidos em água suficiente para completar 1,00 L de solução. Se adicionarmos 0,010 mol de HCl a 1,0 L dessa solução, o pH vai aumentar somente até 7,12. Se adicionarmos 0,01 mol de NaOH, o pH vai aumentar somente até 7,30.

Tampão de fosfato (pH 7,21) + 0,010 mol HCl   pH 7,21 ⟶ 7,12
Tampão de fosfato (pH 7,21) + 0,010 mol NaOH   pH 7,21 ⟶ 7,30

Se a mesma quantidade de ácido ou base tivesse sido adicionada a 1 litro de água pura, os valores resultantes de pH teriam sido 2 e 12, respectivamente.

A Figura 8.6 mostra o efeito da adição de ácido a uma solução-tampão.

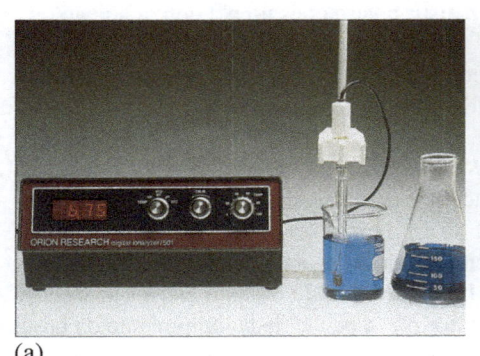

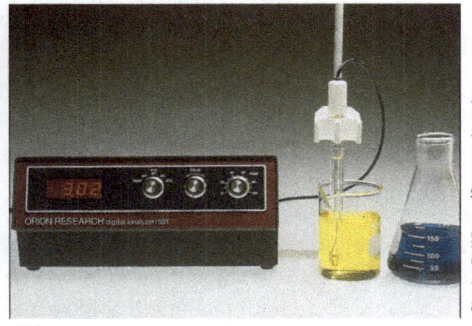

(a)   (b)

FIGURA 8.6 Soluções-tampões. A solução do Erlenmeyer à direita, tanto em (a) como em (b), é um tampão de pH 7,40, o mesmo pH do sangue humano. A solução-tampão também contém verde de bromocresol, um indicador ácido-base que é azul em pH 7,40 (ver Figura 8.2). (a) O béquer contém um pouco do tampão de pH 7,40 e o indicador verde de bromocresol, ao qual foi adicionado 5 mL de HCl 0,1 *M*. após a adição do HCl, o pH da solução-tampão cai apenas 0,65 unidade para 6,75. (b) O béquer contém água pura e o indicador verde de bromocresol, ao qual foi adicionado 5 mL de HCl 0,10 *M*. Após a adição de HCl, o pH da solução não tamponada cai para 3,02.

B. pH do tampão

No exemplo anterior, o pH do tampão que contém quantidades molares iguais de $H_2PO_4^-$ e HPO_4^{2-} é 7,21. Na Tabela 8.3, podemos ver que 7,21 é o pK_a do ácido $H_2PO_4^-$. Isso não é uma coincidência. Se prepararmos uma solução-tampão misturando concentrações equimolares de qualquer ácido fraco e sua base conjugada, o pH da solução será igual ao pK_a do ácido fraco.

Esse fato nos permite preparar soluções-tampões para manter quase que qualquer pH. Por exemplo, se quisermos manter um pH de 9,14, poderemos fazer uma solução-tampão a partir do ácido bórico, H_3BO_3, e do di-hidrogenoborato de sódio, NaH_2BO_3, o sal de sódio de sua base conjugada (ver Tabela 8.3).

Exemplo 8.9 Tampões

Qual é o pH de uma solução-tampão que contém as seguintes quantidades equimolares?
(a) H_3PO_4 e NaH_2PO_4 (b) H_2CO_3 e $NaHCO_3$

Estratégia

Quando há quantidades equimolares de um ácido fraco e sua base conjugada em uma solução-tampão, o pH é sempre igual ao pK_a do ácido fraco. Veja o pK_a do ácido fraco na Tabela 8.3.

Solução

Como estamos adicionando quantidades equimolares de um ácido fraco à sua base conjugada, o pH é igual ao pK_a do ácido fraco, que podemos ver na Tabela 8.3:
(a) pH = 2,12   (b) pH = 6,37

Problema 8.9

Qual é o pH de uma solução-tampão que contém as seguintes quantidades equimolares?
(a) NH_4Cl e NH_3 (b) CH_3COOH e CH_3COONa

C. Capacidade tamponante

Capacidade tamponante
A extensão em que uma solução-tampão pode impedir uma mudança significativa no pH de determinada solução quando se adiciona um ácido forte ou uma base forte.

A **capacidade tamponante** é a quantidade de íons hidrônio ou hidróxido que um tampão pode absorver sem uma mudança significativa em seu pH. Já dissemos que um tampão de pH é um "absorvedor de impacto" para ácidos e bases. Perguntamos agora o que faz uma solução ser um absorvedor de impacto melhor que outra. A natureza da capacidade tamponante de um tampão de pH depende tanto do pH relativo ao seu pK_a como da concentração.

> pH: Quanto mais próximo o pH do tampão estiver do pK_a do ácido fraco, mais simétrica será a capacidade do tampão, o que significa que este poderá resistir a variações no pH com a adição de ácidos ou bases.
> Concentração: Quanto maior a concentração do ácido fraco e sua base conjugada, maior a capacidade do tampão.

Um tampão eficaz tem um pH igual ao pK_a do ácido fraco ± 1. Para o ácido acético, por exemplo, o pK_a é 4,75. Portanto, uma solução de ácido acético e acetato de sódio funciona como um tampão eficaz na faixa de pH de aproximadamente 3,75-5,75. Quando o pH da solução-tampão for igual ao pK_a do ácido conjugado, a solução terá igual capacidade com respeito às adições de ácido ou de base. Se o pH do tampão estiver abaixo do pK_a, a capacidade tamponante do ácido será maior que a capacidade tamponante da base.

A capacidade tamponante também depende da concentração. Quanto maior a concentração do ácido fraco e sua base conjugada, maior a capacidade tamponante. Poderíamos preparar uma solução-tampão dissolvendo 1,0 mol de CH_3COONa e de CH_3COOH em 1 L de H_2O ou então usar somente 0,10 mol de cada. Ambas as soluções têm o mesmo pH de 4,75. Entretanto, o primeiro tem uma capacidade tamponante dez vezes maior que o segundo. Se adicionarmos 0,2 mol de HCl à primeira solução, ela vai se comportar da maneira que esperamos – o pH diminuirá para 4,57. Mas se adicionarmos 0,2 mol de HCl à segunda solução, o pH vai diminuir para 1,0, pois o tampão foi sobrecarregado. Isto é, a quantidade de H_3O^+ adicionado excedeu a capacidade tamponante. O primeiro 0,10 mol de HCl neutraliza por completo praticamente todo o CH_3COO^- presente. Depois disso, a solução contém apenas CH_3COOH e deixa de ser um tampão; assim, o segundo 0,10 mol de HCl baixa o pH para 1,0.

D. Tampões sanguíneos

O pH médio do sangue humano é 7,4. Qualquer variação maior que 0,10 unidade de pH, seja para mais seja para menos, pode provocar doença. Se o pH cair abaixo de 6,8 ou subir acima de 7,8, poderá causar a morte. Para manter o pH do sangue próximo de 7,4, o corpo utiliza três sistemas de tamponagem: carbonato, fosfato e proteínas (veremos as proteínas no Capítulo 22).

O mais importante desses sistemas é o tampão de carbonato. O ácido fraco desse tampão é o ácido carbônico, H_2CO_3; a base conjugada é o íon bicarbonato, HCO_3^-. O pK_a do H_2CO_3 é 6,37 (ver Tabela 8.3). Como o pH de uma mistura de ácido fraco e seu sal é igual ao pK_a do ácido fraco, um tampão com iguais concentrações de H_2CO_3 e HCO_3^- tem pH de 6,37.

O sangue, porém, tem um pH de 7,4. O tampão de carbonato poderá manter esse pH somente se $[H_2CO_3]$ e $[HCO_3^-]$ não forem iguais. De fato, a proporção necessária de $[HCO_3^-]/[H_2CO_3]$ é em torno de 10:1. As concentrações normais dessas espécies no sangue são por volta de 0,025 M para o HCO_3^- e 0,0025 M para o H_2CO_3. Esse tampão funciona porque qualquer H_3O^+ adicionado é neutralizado pelo HCO_3^- e qualquer OH^- adicionado é neutralizado pelo H_2CO_3.

O fato de que a proporção $[H_2CO_3^-]/[H_2CO_3]$ é de 10:1 significa que esse sistema é um tampão melhor para ácidos, que baixam a proporção e assim melhoram a eficiência do tampão, do que para bases, que elevam a proporção e diminuem a capacidade tamponante. Isso está em concordância com o real funcionamento do corpo, pois, em condições normais, entram no corpo quantidades maiores de substâncias ácidas. A proporção de 10:1 é facilmente conservada sob condições normais, visto que o corpo pode, rapidamente, aumentar ou diminuir a quantidade de CO_2 que entra no sangue.

O segundo sistema mais importante de tamponagem é um tampão de fosfato formado pelos íons hidrogenofosfato, HPO_4^{2-}, e di-hidrogenofosfato, $H_2PO_4^-$. Nesse caso, é necessária uma proporção $[HPO_4^{2-}]/[H_2PO_4^-]$ de 1,6:1 para manter um pH de 7,4. Essa proporção está bem dentro dos limites de uma boa ação tamponante.

8.11 Como se calcula o pH de um tampão?

Suponha que queiramos preparar uma solução-tampão de fosfato de pH 7,00. O ácido fraco com pK_a mais próximo ao pH desejado é o $H_2PO_4^-$; ele tem um pK_a de 7,21. Se usarmos concentrações iguais de NaH_2PO_4 e Na_2HPO_4, teremos um tampão de pH 7,21. Queremos um tampão de fosfato que seja ligeiramente mais ácido que 7,21, portanto parece razoável utilizar mais do ácido fraco, $H_2PO_4^-$, e menos de sua base conjugada, HPO_4^{2-}. Mas em que proporções devemos utilizar esses dois ácidos? Felizmente, podemos calcular essas proporções usando a equação de **Henderson-Hasselbach**.

A equação de Henderson-Hasselbach é uma relação matemática entre o pH, o pK_a de um ácido fraco e as concentrações do ácido fraco e sua base conjugada. A equação é derivada da seguinte maneira. Suponha que estejamos lidando com um ácido fraco, HA, e sua base conjugada, A^-.

$$HA + H_2O \rightleftharpoons A^- + H_3O^+$$

$$K_a = \frac{[A^-][H_3O^+]}{[HA]}$$

Calculando o logaritmo dessas equações, temos:

$$\log K_a = \log [H_3O^+] + \log \frac{[A^-]}{[HA]}$$

O rearranjo dos termos nos dá uma nova expressão, em que $-\log K_a$ é, por definição, pK_a, e $-\log [H_3O^+]$ é, por definição, pH. Com essas substituições, chega-se à equação de Henderson-Hasselbach.

$$-\log[H_3O^+] = -\log K_a + \log\frac{[A^-]}{[HA]}$$

$$pH = pK_a + \log\frac{[A^-]}{[HA]} \quad \text{Equação de Henderson-Hasselbach}$$

A equação de Henderson-Hasselbach nos dá um método conveniente de calcular o pH de um tampão quando as concentrações do ácido fraco e de sua base conjugada não são iguais.

Exemplo 8.10 Cálculo do pH do tampão

Qual é o pH de uma solução-tampão que contém 1,0 mol/L de di-hidrogenofosfato de sódio, NaH_2PO_4, e 0,50 mol/L de hidrogenofosfato de sódio, Na_2HPO_4?

Estratégia

Use a equação de Henderson-Hasselbach para determinar o pH. Você deve conhecer o número de mols tanto do ácido conjugado como da base conjugada, ou as concentrações do ácido conjugado ou da base conjugada. Divida a base conjugada pelo ácido conjugado, calcule o log dessa razão e adicione-o ao pK_a do ácido conjugado.

Solução

No problema, o ácido fraco é o $H_2PO_4^-$, e sua ionização produz HPO_4^{2-}. O pK_a desse ácido é 7,21 (ver Tabela 8.3). As concentrações aparecem abaixo do ácido fraco e de sua base conjugada.

$$\underset{1,0 \text{ mol/L}}{H_2PO_4^-} + H_2O \rightleftharpoons \underset{0,50 \text{ mol/L}}{HPO_4^{2-}} + H_3O^+ \quad pK_a = 7,21$$

Substituindo esses valores na equação de Henderson-Hasselbach, temos um pH de 6,91.

$$pH = 7,21 + \log\frac{0,50}{1,0}$$

$$= 7,21 - 0,30 = 6,91$$

Problema 8.10

Qual é o pH de uma solução-tampão de ácido bórico que contém 0,25 mol/L de ácido bórico, H_3BO_3, e 0,50 mol/L de sua base conjugada? Ver Tabela 8.3 para o pK_a do ácido bórico.

Voltando ao problema proposto no começo desta seção, como calculamos as proporções de NaH_2PO_4 e Na_2HPO_4 necessárias para formar um tampão de fosfato de pH 7,00? Sabemos que o pK_a do $H_2PO_4^-$ é 7,21 e que o tampão que queremos preparar tem pH 7,00. Podemos substituir esses dois valores na equação de Henderson-Hasselbach da seguinte maneira:

$$7,00 = 7,21 + \log\frac{[HPO_4^{2-}]}{[H_2PO_4^-]}$$

Rearranjando e resolvendo, temos:

$$\log\frac{[HPO_4^{2-}]}{[H_2PO_4^-]} = 7,00 - 7,21 = -0,21$$

$$\frac{[HPO_4^{2-}]}{[H_2PO_4^-]} = 10^{-0,21} = \frac{0,62}{1,0}$$

Assim, para preparar um tampão de fosfato de pH 7,00, usamos 0,62 mol de Na_2HPO_4 e 1,0 mol de NaH_2PO_4. Podemos ainda usar quaisquer outras quantidades desses dois sais, contanto que a proporção em mols seja de 0,62:1,0.

8.12 O que são TRIS, HEPES e esses tampões com nomes estranhos?

Os tampões originais usados no laboratório foram preparados a partir de ácidos fracos e bases, tais como ácidos acético, fosfórico e cítrico. Finalmente, descobriu-se que muitos desses tampões tinham limitações. Por exemplo, frequentemente o pH variava muito se a solução fosse diluída ou se a temperatura mudasse. Era comum permearem células em solução, alterando assim a química do interior da célula. Para superar essas deficiências, um cientista chamado N. E. Good desenvolveu uma série de tampões que consistem em zwitteríons, moléculas com cargas positivas e negativas. Zwitteríons não permeiam de imediato as membranas celulares. Tampões de zwitteríons também são mais resistentes à concentração e a mudanças de temperatura.

A maioria dos tampões sintéticos utilizados atualmente têm fórmulas complicadas, tais como a do ácido 3-[N-morfolinol]propanossulfônico, que abreviamos para MOPS. Na Tabela 8.5, vemos alguns exemplos.

É importante lembrar que você não precisa conhecer a estrutura desses tampões de nome esquisito para usá-los corretamente. O que se deve considerar é o pK_a do tampão e a concentração que você quer. A equação de Henderson-Hasselbach funciona adequadamente, quer você conheça ou não a estrutura do composto em questão.

Exemplo 8.11 Cálculo do pH do tampão

Qual é o pH de uma solução se você mistura 100 mL de HEPES 0,2 M na forma ácida com 200 mL de HEPES 0,2 M na forma básica?

Estratégia

Para usar a equação de Henderson-Hasselbach, você precisa das proporções entre a base conjugada e o ácido fraco do tampão. Já que as soluções de HEPES têm concentrações iguais, a proporção dos volumes lhe dará a proporção dos mols utilizados. Divida o volume da base conjugada pelo volume do ácido fraco. Calcule o log da proporção e adicione-o ao pK_a do HEPES.

Solução

Primeiro, devemos encontrar o pK_a, que é 7,55, de acordo com a Tabela 8.5. Depois, devemos calcular a proporção entre base conjugada e ácido. A fórmula prevê a concentração, mas, nessa situação, a proporção das concentrações será igual à proporção em mols, que será igual à proporção dos volumes, porque ambas as soluções tiveram a mesma concentração inicial de 0,2 M. Assim, podemos ver que a proporção de base para ácido é de 2:1, pois adicionamos duas vezes o volume da base.

$$pH = pK_a + \log([A^-]/[HA]) = 7,55 + \log(2) = 7,85$$

Observe que não foi necessário conhecer a estrutura do HEPES para resolver este exemplo.

Problema 8.11

Qual é o pH de determinada solução que é uma mistura de 0,2 mol de ácido TRIS e 0,05 mol de base TRIS em 500 mL de água?

Conexões químicas 8C

Acidose respiratória e metabólica

O pH do sangue normalmente está entre 7,35 e 7,45. Se estiver abaixo desse nível, a condição será denominada **acidose**, que leva à depressão do sistema nervoso. Uma acidose moderada pode provocar tontura, desorientação ou desmaio; em casos mais graves, coma. Se a acidose persistir durante certo período ou se o pH se afastar muito da faixa 7,35-7,45, o resultado poderá ser a morte.

A acidose tem várias causas. Um tipo de acidose, a respiratória, resulta da dificuldade de respirar (hipoventilação). Uma obstrução na traqueia ou doenças, como pneumonia, enfisema, asma ou insuficiência cardíaca congestiva, podem diminuir a quantidade de oxigênio que chega aos tecidos e a quantidade de CO_2 que deixa o corpo através dos pulmões. Pode-se até produzir acidose moderada quando se prende a respiração. Se você já experimentou ver quanto tempo consegue nadar debaixo d'água sem subir à superfície, terá notado uma forte sensação de queimação em todos os músculos quando finalmente emergiu para respirar. O pH do sangue diminui porque o CO_2, incapaz de sair suficientemente rápido, permanece no sangue, no qual baixa a proporção de $[HCO_3^-]/[H_2CO_3]$. A respiração acelerada, como resultado do esforço físico, está mais relacionada à expulsão do CO_2 que à captação de oxigênio.

A acidose causada por outros fatores é chamada **acidose metabólica**. Fome (ou jejum) e exercícios pesados são as duas causas dessa condição. Quando o corpo não recebe alimento suficiente, ele queima sua própria gordura, e os produtos dessa reação são compostos ácidos que entram no sangue. Esse problema às vezes ocorre com pessoas em dietas exóticas. Exercícios pesados fazem os músculos produzir quantidades excessivas de ácido láctico, deixando-os cansados e doloridos. A diminuição do pH do sangue provocada pelo ácido láctico é também a causa de respiração acelerada, tontura e náusea que os atletas sentem no final de uma corrida. Além disso, a acidose metabólica é causada por várias irregularidades metabólicas. Por exemplo, o diabetes melito produz compostos ácidos chamados corpos cetônicos (Seção 28.6).

Esses dois tipos de acidose podem estar relacionados. Quando as células são privadas de oxigênio, ocorre a acidose respiratória. Essas células são incapazes de produzir a energia de que necessitam por meio das vias aeróbicas (*utilizam oxigênio*), sobre as quais aprenderemos nos Capítulos 27 e 28. Para sobreviver, as células devem usar a via anaeróbica (*sem oxigênio*), denominada glicólise. Essa via tem o ácido láctico como produto final, resultando na acidose metabólica. O ácido láctico serve para o corpo ganhar tempo e manter as células vivas e funcionando um pouco mais. Finalmente, a falta de oxigênio, chamada débito de oxigênio, deve ser compensada, e o ácido láctico, eliminado. Em casos extremos, o débito de oxigênio é muito grande, e o indivíduo pode morrer. Esse foi o caso de um famoso ciclista, Tom Simpson, que morreu nas encostas do Monte Ventoux durante o Tour de France de 1967. Sob a influência de anfetaminas, ele pedalou com tanto vigor que provocou um débito fatal de oxigênio.

TABELA 8.5 Formas ácida e básica de alguns tampões bioquímicos úteis

Forma ácida		Forma básica	pK_a
TRIS—H⁺ (forma protonada) $(HOCH_2)_3CNH_3^+$	N—*tris* [hidroximetil]aminometano (TRIS) ⇌	TRIS* (amina livre) $(HOCH_2)_3CNH_2$	8,3
⁻TES—H⁺ (forma zwitteriônica) $(HOCH_2)_3\overset{+}{C}NH_2CH_2CH_2SO_3^-$	N—*tris* [hidroximetil]metil-2-aminoetano sulfonato (TES) ⇌	⁻TES (forma aniônica) $(HOCH_2)_3CNHCH_2CH_2SO_3^-$	7,55
⁻HEPES—H⁺ (forma zwitteriônica) HOCH₂CH₂N⁺⟨ ⟩NCH₂CH₂SO₃⁻ ∣ H	N—2—hidroxietilpiperazina-N'-2-etano sulfonato (HEPES) ⇌	⁻HEPES (forma aniônica) HOCH₂CH₂N⟨ ⟩NCH₂CH₂SO₃⁻	7,55
⁻MOPS—H⁺ (forma zwitteriônica) O⟨ ⟩⁺NCH₂CH₂CH₂SO₃⁻ ∣ H	3—[N—morfolino]propano-ácido sulfônico (MOPS) ⇌	⁻MOPS (forma aniônica) O⟨ ⟩NCH₂CH₂CH₂SO₃⁻	7,2
²⁻PIPES—H⁺ (diânion protonado) ⁻O₃SCH₂CH₂N⟨ ⟩⁺NCH₂CH₂SO₃⁻ ∣ H	Piperazina—N,N'-*bis* [ácido 2-etanossulfônico] (PIPES) ⇌	²⁻PIPES (diânion) ⁻O₃SCH₂CH₂N⟨ ⟩NCH₂CH₂SO₃⁻	6,8

*Note que o TRIS não é um zwitteríon.

Conexões químicas 8D

Alcalose e o truque do corredor

A redução do pH não é a única anormalidade que pode ocorrer no sangue. O pH também pode ser elevado, uma condição conhecida como **alcalose** (pH sanguíneo maior que 7,45), que leva à superestimulação do sistema nervoso, cãibras musculares, tontura e convulsões. Surge com a respiração acelerada ou forte, chamada hiperventilação, causada por febre, infecção, ação de certas drogas, ou mesmo por histeria. Nesse caso, a perda excessiva de CO_2 eleva tanto a proporção de $[HCO_3^-]/[H_2CO_3]$ como o pH.

Atletas que competem em corridas de curta distância, que duram cerca de um minuto para acabar, aprendem a usar a hiperventilação em seu proveito. Ao hiperventilar, pouco antes de iniciarem a corrida, eles forçam a saída de mais CO_2 dos pulmões. Isso provoca a dissociação de mais H_2CO_3 em CO_2 e H_2O para substituir o CO_2 perdido. Por sua vez, a perda da forma HA do tampão sanguíneo de bicarbonato eleva o pH do sangue. Um atleta, ao começar determinado evento com um pH sanguíneo ligeiramente mais alto, pode absorver mais ácido láctico antes de o pH do sangue baixar até o ponto em que o desempenho é prejudicado. É claro que o *timing* dessa hiperventilação deve ser perfeito. Se o atleta elevar artificialmente o pH do sangue e a seguir a corrida não começar rapidamente, vão ocorrer os mesmos efeitos de tontura.

Resumo das questões-chave

Seção 8.1 O que são ácidos e bases?

- Pelas **definições de Arrhenius**, ácidos são substâncias que produzem íons H_3O^+ em solução aquosa.
- Bases são substâncias que produzem íons OH^- em solução aquosa.

Seção 8.2 Como se define a força de ácidos e bases?

- Um ácido forte reage completamente ou quase completamente com a água formando íons H_3O^+.
- Uma base forte reage completamente ou quase completamente com a água formando íons OH^-.

Seção 8.3 O que são pares conjugados ácido-base?

- As **definições de Brønsted-Lowry** expandem as definições de ácido e base para além da água.
- Ácido é um doador de próton, e base, aceptor de próton.
- Todo ácido tem uma **base conjugada**, e toda base conjugada, um **ácido conjugado**. Quanto mais forte o ácido, mais fraca sua base conjugada. Inversamente, quanto mais forte a base, mais fraco seu ácido conjugado.
- Uma **substância anfiprótica**, como a água, pode reagir tanto com ácidos como com bases.

Seção 8.4 Como determinar a posição de equilíbrio em uma reação ácido-base?

- Em uma reação ácido-base, a posição de equilíbrio favorece a reação do ácido mais forte e da base mais forte para formar o ácido mais fraco e a base mais fraca.

Seção 8.5 Que informações podem ser obtidas das constantes de ionização ácida?

- A força de um ácido fraco é expressa por sua **constante de ionização**, K_a.
- Quanto maior o valor de K_a, mais forte o ácido. $pK_a = -\log[K_a]$.

Seção 8.6 Quais são as propriedades de ácidos e bases?

- Ácidos reagem com metais, hidróxidos metálicos e óxidos metálicos produzindo **sais**, que são compostos iônicos formados de cátions da base e ânions do ácido.
- Ácidos também reagem com carbonatos, bicarbonatos, amônia e aminas formando sais.

Seção 8.7 Quais são as propriedades ácidas e básicas da água pura?

- Em água pura, uma pequena porcentagem de moléculas sofre autoionização:

$$H_2O + H_2O \rightleftharpoons H_3O^+ + OH^-$$

- Como resultado, a água pura tem uma concentração de 10^{-7} M para H_3O^+ e 10^{-7} M para OH^-.
- O **produto iônico da água**, K_w, é igual a $1,0 \times 10^{-14}$. $pK_a = 14$.

Seção 8.8 O que são pH e pOH?

- As concentrações do íon hidrônio geralmente são expressas em unidades de **pH**, sendo $pH = -\log[H_3O^+]$.
- $pOH = -\log[OH^-]$.
- Soluções com pH menor que 7 são ácidas; aquelas com pH maior que 7 são básicas. Uma **solução neutra** tem pH 7.
- O pH de uma solução aquosa é medido com um indicador ácido-base ou com um pHmetro.

Seção 8.9 Como se usa a titulação para calcular a concentração?

- Podemos medir a concentração de soluções aquosas de ácidos e bases usando a titulação. Em uma titulação ácido-base, uma base de concentração conhecida é adicionada a um ácido de concentração desconhecida (ou vice-versa), até alcançar um ponto de equivalência, em que o ácido e a base titulados são completamente neutralizados.

Seção 8.10 O que são tampões?

- O pH de um **tampão** não sofre grandes alterações quando lhe são adicionados íons hidrônio ou hidróxido.
- Soluções-tampões consistem em concentrações aproximadamente iguais de um ácido fraco e sua base conjugada.
- A **capacidade tamponante** depende tanto do pH relativo ao pK_a como da concentração. As soluções-tampões mais eficazes têm pH igual ao pK_a do ácido fraco. Quanto maior a concentração do ácido fraco e sua base conjugada, maior a capacidade tamponante.
- Os tampões mais importantes para o sangue são o bicarbonato e o fosfato.

Seção 8.11 Como calculamos o pH de um tampão?

- A equação de **Henderson-Hasselbach** é uma relação matemática entre pH, o pK_a de um ácido fraco e as concentrações do ácido fraco e sua base conjugada:

$$pH = pK_a + \log \frac{[A^-]}{[HA]}$$

Seção 8.12 O que são TRIS, HEPES e esses tampões com nomes estranhos?

- Há muitos tampões modernos, e seus nomes geralmente são abreviados.
- Esses tampões têm qualidades úteis para os cientistas, tais como: não atravessam membranas e resistem à mudança de pH mesmo com diluição ou variação de temperatura.
- Você não precisa entender a estrutura desses tampões para usá-los. O importante é saber a massa molecular e o pK_a do ácido fraco do tampão.

Problemas

Seção 8.1 O que são ácidos e bases?

8.12 Defina (a) ácido de Arrhenius e (b) base de Arrhenius.

8.13 Escreva uma equação para a reação que ocorre quando um ácido é adicionado à água. Para ácidos dipróticos ou tripróticos, considere apenas a primeira ionização.
(a) HNO_3 (b) HBr (c) H_2SO_3
(d) H_2SO_4 (e) HCO_3^- (f) NH_4^+

8.14 Escreva uma equação para a reação que ocorre quando cada uma destas bases é adicionada à água.
(a) $LiOH$ (b) $(CH_3)_2NH$

Seção 8.2 Como se define a força de ácidos e bases?

8.15 Indique qual destes ácidos é forte e qual é fraco.
(a) Ácido acético (b) HCl
(c) H_3PO_4 (d) H_2SO_4
(e) HCN (f) H_2CO_3

8.16 Indique qual destas bases é forte e qual é fraca.
(a) $NaOH$ (b) Acetato de sódio
(c) KOH (d) Amônia
(e) Água

8.17 Indique se afirmação é verdadeira ou falsa.
(a) Se um ácido tem um pK_a de 2,1, ele é um ácido forte.
(b) O pH do HCl 0,1 M é igual ao pH do ácido acético 0,1 M.
(c) O HCl e HNO_3 são ambos ácidos fortes.
(d) A concentração de $[H^+]$ é sempre mais alta em uma solução de ácido forte que em solução de ácido fraco.
(e) Se dois ácidos monopróticos têm a mesma concentração, a concentração do íon hidrogênio será mais alta no ácido forte.
(f) Se dois ácidos fortes têm a mesma concentração, a concentração do íon hidrogênio será mais alta em um ácido poliprótico que em um ácido monoprótico.
(g) A amônia é uma base forte.
(h) O ácido carbônico é um ácido forte.

Seção 8.3 O que são pares conjugados ácido-base?

8.18 Quais desses ácidos são monopróticos, quais são dipróticos e quais são tripróticos? Quais são anfipróticos?
(a) $H_2PO_4^-$ (b) HBO_3^{2-} (c) $HClO_4$ (d) C_2H_5OH
(e) HSO_3^- (f) HS^- (g) H_2CO_3

8.19 Defina (a) ácido de Brønsted-Lowry e (b) base de Brønsted-Lowry.

8.20 Escreva a fórmula para a base conjugada de cada ácido.
(a) H_2SO_4 (b) H_3BO_3 (c) HI
(d) H_3O^+ (e) NH_4^+ (f) HPO_4^{2-}

8.21 Escreva a fórmula para a base conjugada de cada ácido.
(a) $H_2PO_4^-$ (b) H_2S
(c) HCO_3^- (d) CH_3CH_2OH
(e) H_2O

8.22 Escreva a fórmula para o ácido conjugado de cada base.
(a) OH^- (b) HS^- (c) NH_3
(d) $C_6H_5O^-$ (e) CO_3^{2-} (f) HCO_3^-

8.23 Escreva a fórmula para o ácido conjugado de cada base.
(a) H_2O (b) HPO_4^{2-} (c) CH_3NH_2
(d) PO_4^{3-} (e) NH_3

Seção 8.4 Como determinar a posição de equilíbrio em uma reação ácido-base?

8.24 Para cada equilíbrio, indique o ácido mais forte, a base mais forte, o ácido mais fraco e a base mais fraca. Em quais reações a posição de equilíbrio está deslocada para a direita? Em quais desloca-se para a esquerda?
(a) $H_3PO_4 + OH^- \rightleftharpoons H_3PO_4^- + H_2O$
(b) $H_2O + Cl^- \rightleftharpoons HCl + OH^-$
(c) $HCO_3^- + OH^- \rightleftharpoons CO_3^{2-} + H_2O$

8.25 Para cada equilíbrio, indique o ácido mais forte, a base mais forte, o ácido mais fraco e a base mais fraca. Em quais reações a posição de equilíbrio está deslocada para a direita? Em quais desloca-se para a esquerda?
(a) $C_6H_5OH + C_2H_5O^- \rightleftharpoons C_6H_5O^- + C_2H_5OH$

(b) $HCO_3^- + H_2O \rightleftharpoons H_2CO_3 + OH^-$
(c) $CH_3COOH + H_2PO_4^- \rightleftharpoons CH_3COO^- + H_3PO_4$

8.26 O dióxido de carbono será liberado na forma gasosa quando o bicarbonato de sódio for adicionado a uma solução aquosa de cada um desses compostos? Explique.
(a) Ácido sulfúrico
(b) Etanol, C_2H_5OH
(c) Cloreto de amônio, NH_4Cl

Seção 8.5 Que informações podem ser obtidas das constantes de ionização ácida?

8.27 Qual destes itens apresenta o maior valor numérico?
(a) O pK_a de um ácido forte ou o pK_a de um ácido fraco?
(b) O K_a de um ácido forte ou o K_a de um ácido fraco?

8.28 Em cada par, selecione o ácido mais forte.
(a) Ácido pirúvico ($pK_a = 2,49$) ou ácido láctico ($pK_a = 3,08$)
(b) Ácido cítrico ($pK_a = 3,08$) ou ácido fosfórico ($pK_a = 2,10$)
(c) Ácido benzoico ($K_a = 6,5 \times 10^{-5}$) ou ácido láctico ($K_a = 8,4 \times 10^{-4}$)
(d) Ácido carbônico ($K_a = 4,3 \times 10^{-7}$) ou ácido bórico ($K_a = 7,3 \times 10^{-10}$)

8.29 Qual das soluções será mais ácida, ou seja, qual terá o pH mais baixo?
(a) CH_3COOH, 0,10 M, ou HCl, 0,10 M?
(b) CH_3COOH, 0,10 M, ou H_3PO_4, 0,10 M?
(c) H_2CO_3, 0,010 M, ou $NaHCO_3$, 0,010 M?
(d) NaH_2PO_4, 0,10 M, ou Na_2HPO_4, 0,10 M?
(e) Aspirina, ($pK_a = 3,47$), 0,10 M, ou ácido acético, 0,10 M?

8.30 Qual das soluções será mais ácida, ou seja, qual terá o pH mais baixo?
(a) C_6H_5OH (fenol), 0,10 M, ou C_2H_5OH (etanol), 0,10 M?
(b) NH_3, 0,10 M, ou NH_4Cl, 0,10 M?
(c) $NaCl$, 0,10 M, ou NH_4Cl, 0,10 M?
(d) $CH_3CH(OH)COOH$ (ácido láctico), 0,10 M, ou CH_3COOH, 0,10 M?
(e) Ácido ascórbico, 0,10 M (vitamina C, $pK_a = 4,1$), ou ácido acético, 0,10 M?

Seção 8.6 Quais são as propriedades de ácidos e bases?

8.31 Escreva uma equação para a reação de HCl com cada um destes compostos. Quais são reações ácido-base? Quais são reações redox?
(a) Na_2CO_3 (b) Mg (c) $NaOH$ (d) Fe_2O_3
(e) NH_3 (f) CH_3NH_2 (g) $NaHCO_3$

8.32 Quando uma solução de hidróxido de sódio é adicionada a uma solução de carbonato de amônio, e é aquecida, o gás amônia, NH_3, é liberado. Escreva uma equação iônica simplificada para essa reação. Tanto o NaOH quanto o $(NH_4)_2CO_3$ existem como íons dissociados em solução aquosa.

Seção 8.7 Quais são as propriedades ácidas e básicas da água pura?

8.33 Dados os seguintes valores de $[H_3O^+]$, calcule o valor correspondente de $[OH^-]$ para cada solução.
(a) $10^{-11} M$ (b) $10^{-4} M$ (c) $10^{-7} M$ (d) $10 M$

8.34 Dados os seguintes valores de $[OH^-]$, calcule o valor correspondente de $[H_3O^+]$ para cada solução.
(a) $10^{-10} M$ (b) $10^{-2} M$ (c) $10^{-7} M$ (d) $10 M$

Seção 8.8 O que são pH e pOH?

8.35 Qual é o pH de cada solução, dados os seguintes valores de $[H_3O^+]$? Quais soluções são ácidas, quais são básicas e quais são neutras?
(a) $10^{-8} M$ (b) $10^{-10} M$ (c) $10^{-2} M$
(d) $10^0 M$ (e) $10^{-7} M$

8.36 Qual é o pH e o pOH de cada solução, dados os seguintes valores de $[OH^-]$? Quais soluções são ácidas, quais são básicas e quais são neutras?
(a) $10^{-3} M$ (b) $10^{-1} M$ (c) $10^{-5} M$ (d) $10^{-7} M$

8.37 Qual é o pH de cada solução, dados os seguintes valores de $[H_3O^+]$? Quais soluções são ácidas, quais são básicas e quais são neutras?
(a) $3,0 \times 10^{-9} M$ (b) $6,0 \times 10^{-2} M$
(c) $8,0 \times 10^{-12} M$ (d) $5,0 \times 10^{-7} M$

8.38 O que é mais ácido: uma cerveja com $[H_3O^+] = 3,16 \times 10^{-5}$ ou um vinho com $[H_3O^+] = 5,01 \times 10^{-4}$?

8.39 Qual é a $[OH^-]$ e o pOH de cada solução?
(a) KOH, 0,10 M, pH = 13,0.
(b) Na_2CO_3, 0,10 M, pH = 11,6.
(c) Na_3PO_4, 0,10 M, pH = 12,0.
(d) $NaHCO_3$, 0,10 M, pH = 8,4.

Seção 8.9 Como se usa a titulação para calcular a concentração?

8.40 Qual é o objetivo de uma titulação ácido-base?

8.41 Qual é a molaridade de uma solução de 12,7 g de HCl dissolvidos em água suficiente para fazer 1,00 L de solução?

8.42 Qual é a molaridade de uma solução de 3,4 g de $Ba(OH)_2$ dissolvidos em água suficiente para fazer 450 mL de solução? Suponha que o $Ba(OH)_2$ se ionize completamente em água, formando íons Ba^{2+} e OH^-. Qual é o pH da solução?

8.43 Descreva como se prepara cada uma das seguintes soluções (em cada caso suponha que você tem bases sólidas).
(a) 400,0 mL de NaOH 0,75 M.
(b) 1,0 L de $Ba(OH)_2$ 0,071 M.
(c) 500,0 mL de KOH 0,1 M.
(d) 2,0 L de acetato de sódio 0,3 M.

8.44 Se 25,0 mL de uma solução aquosa de H_2SO_4 requerem 19,7 mL de NaOH 0,72 M para atingir o ponto final, qual é a molaridade da solução de H_2SO_4?

8.45 Uma amostra de 27,0 mL de NaOH 0,310 M é titulada com H_2SO_4 0,740 M. Quantos mililitros da solução de H_2SO_4 são necessários para atingir o ponto final?

8.46 Uma solução 0,300 M de H_2SO_4 foi usada para titular 10,00 mL de NaOH; foram necessários 15,00 mL de ácido para neutralizar a solução básica. Qual era a molaridade da base?

8.47 Uma solução de NaOH foi titulada com HCl 0,150 M, sendo necessários 22,0 mL de ácido para atingir o ponto final da titulação. Quantos mols da base havia na solução?

8.48 A concentração usual de íons HCO_3^- no plasma sanguíneo é de aproximadamente 24 milimols por litro (mmol/L). Como preparar 1,00 L de uma solução contendo essa concentração de íons HCO_3^-?

8.49 O que é o ponto final de uma titulação?

8.50 Por que uma titulação não indica a acidez ou a basicidade de uma solução?

Seção 8.10 O que são tampões?

8.51 Escreva equações para mostrar o que acontece quando, a uma solução-tampão contendo quantidades equimolares de CH_3COOH e CH_3COO^-, adicionamos
(a) H_3O^+ (b) OH^-

8.52 Escreva equações para mostrar o que acontece quando, a uma solução-tampão contendo quantidades equimolares de HPO_4^{2-} e $H_2PO_4^-$, adicionamos
(a) H_3O^+ (b) OH^-

8.53 Geralmente, referimo-nos a um tampão com quantidades molares aproximadamente iguais de um ácido fraco e sua base conjugada – por exemplo, CH_3COOH e CH_3COO^-. Também é possível ter um tampão com quantidades molares aproximadamente iguais às de uma base fraca e seu ácido conjugado? Explique.

8.54 O que é capacidade tamponante?

8.55 Como se pode mudar o pH de um tampão? Como se pode mudar a capacidade de um tampão?

8.56 Qual é a ligação entre a ação tamponante e o princípio de Le Chatelier?

8.57 Apresente dois exemplos de uma situação em que seria desejável que um tampão tivesse quantidades desiguais do ácido conjugado e da base conjugada.

8.58 Como a capacidade tamponante é afetada pela proporção entre a base conjugada e o ácido conjugado?

8.59 Podem 100 mL de um tampão de fosfato 0,1 M, em pH 7,2, agir como um tampão eficaz contra 20 mL de NaOH 1 M?

Seção 8.11 Como se calcula o pH de um tampão?

8.60 Qual é o pH de uma solução-tampão com 0,10 mol de ácido fórmico, HCOOH, e 0,10 mol de formiato de sódio, HCOONa, dissolvidos em 1 L de água?

8.61 O pH de uma solução de 1,0 mol de ácido propanoico e 1,0 mol de propanoato de sódio dissolvidos em 1,0 L de água é 4,85.
(a) Qual seria o pH se usássemos 0,10 mol de cada composto (em 1 L de água) em vez de 1,0 mol?
(b) Quanto à capacidade tamponante, qual seria a diferença entre as duas soluções?

8.62 Mostre que, quando a concentração do ácido fraco, [HA], em um tampão ácido-base é igual à da base conjugada do ácido fraco, $[A^-]$, o pH da solução-tampão é igual ao pK_a do ácido fraco.

8.63 Mostre que o pH de um tampão é 1 unidade maior que seu pK_a quando a proporção de A^- para HA é de 10 para 1.

8.64 Calcule o pH de uma solução aquosa contendo o seguinte:
(a) Ácido láctico 0,80 M e íon lactato 0,40 M.
(b) NH_3 0,30 M e NH_4^+ 1,50 M.

8.65 O pH do HCl 0,10 M é 1,0. Quando 0,10 mol de acetato de sódio, CH_3COONa, é adicionado a essa solução, seu pH muda para 2,9. Explique a mudança de pH e por que mudou para esse valor.

8.66 Se você tiver 100 mL de um tampão 0,1 M de NaH_2PO_4 e Na_2HPO_4, em pH 6,8, e adicionar 10 mL de HCl 1 M, você ainda terá um tampão útil? Por que ou por que não?

Seção 8.12 O que são TRIS, HEPES e esses tampões com nomes estranhos?

8.67 Escreva uma equação mostrando a reação de TRIS na forma ácida com hidróxido de sódio (não escreva a fórmula química de TRIS).

8.68 Qual é o pH de uma solução 0,1 M em TRIS na forma ácida e 0,05 M em TRIS na forma básica?

8.69 Explique por que você não precisa conhecer a fórmula química de um composto-tampão para usá-lo.

8.70 Se você tiver um tampão HEPES em pH 4,75, ele será um tampão útil? Por que ou por que não?

8.71 Quais dos compostos que aparecem na Tabela 8.5 seriam mais eficazes para fazer um tampão em pH 8,15? Por quê?

8.72 Quais dos compostos que aparecem na Tabela 8.5 seriam mais eficazes para fazer um tampão em pH 7,0?

Conexões químicas

8.73 (Conexões químicas 8A) Qual é a base fraca utilizada como retardante de chama em plásticos?

8.74 (Conexões químicas 8B) Dê o nome das bases mais comuns utilizadas em antiácidos vendidos sem prescrição médica.

8.75 (Conexões químicas 8C) O que causa (a) acidose respiratória e (b) acidose metabólica?

8.76 (Conexões químicas 8D) Explique como funciona o truque do corredor. Por que um atleta elevaria o pH do sangue?

8.77 (Conexões químicas 8D) Uma outra forma do truque do corredor é beber bicarbonato de sódio antes da corrida. Qual seria o propósito dessa atitude? Apresente as equações pertinentes.

Problemas adicionais

8.78 O 4-metilfenol, $CH_3C_6H_4OH$ ($pK_a = 10,26$), é apenas ligeiramente solúvel em água, mas seu sal de sódio, $CH_3C_6H_4O^-Na^+$, é bastante solúvel em água. Em qual das seguintes soluções o 4-metilfenol se dissolverá mais rápido que em água pura?
(a) NaOH aquoso (b) $NaHCO_3$ aquoso
(c) NH_3 aquoso

8.79 O ácido benzoico, C_6H_5COOH ($pK_a = 4,19$), é apenas ligeiramente solúvel em água, mas seu sal de sódio, $C_6H_5COO^-Na^+$, é bastante solúvel em água. Em qual das seguintes soluções o ácido benzoico se dissolverá mais rapidamente que em água pura?
(a) NaOH aquoso (b) $NaHCO_3$ aquoso
(c) Na_2CO_3 aquoso

8.80 Suponha que você tenha uma solução diluída de HCl (0,10 M) e uma solução concentrada de ácido acético (5,0 M). Qual das soluções é mais ácida? Explique.

8.81 Qual das duas soluções do Problema 8.80 precisaria de uma quantidade maior de NaOH para atingir o ponto final com fenolftaleína, supondo que você tivesse volumes iguais das duas? Explique.

8.82 Se a [OH$^-$] de uma solução é 1×10^{-14},
(a) qual é o pH da solução?
(b) qual é a [H$_3$O$^+$]?

8.83 Qual é a molaridade de uma solução de 0,583 g do ácido diprótico ácido oxálico, $H_2C_2O_4$, em água suficiente para preparar 1,75 L de solução?

8.84 O pK_a dos seguintes ácidos orgânicos são: ácido butanoico, 4,82; ácido barbitúrico, 5,00; e ácido láctico, 3,85.
(a) Qual é o K_a de cada ácido?
(b) Qual dos três é o ácido mais forte e qual é o mais fraco?
(c) Que informação seria necessária para prever qual dos três ácidos precisaria de mais NaOH para atingir o ponto final com fenolftaleína?

8.85 O valor de pK_a do ácido barbitúrico é 5,0. Se a concentração dos íons H$_3$O$^+$ e barbiturato é 0,0030 M cada um, qual é a concentração do ácido barbitúrico não dissociado?

8.86 Se a água pura se autoioniza formando íons H$_3$O$^+$ e OH$^-$, por que a água pura não conduz corrente elétrica?

8.87 Uma solução aquosa pode ter um pH zero? Explique sua resposta usando HCl aquoso como exemplo.

8.88 Se um ácido, HA, se dissolve em água tal que o K_a seja 1.000, qual é o pK_a desse ácido? Essa situação é possível?

8.89 Uma escala de valores de K_b para bases poderia ser criada de modo semelhante à escala de K_a para ácidos. No entanto, isso geralmente é considerado desnecessário. Explique.

8.90 Uma solução 1,0 M de CH$_3$COOH e uma solução 1,0 M de HCl têm o mesmo pH? Explique.

8.91 Uma solução 1,0 M de CH$_3$COOH e uma solução 1,0 M de HCl exigem a mesma quantidade de NaOH 1,0 M para atingirem o ponto final em uma titulação? Explique.

8.92 Suponha que você deseje preparar um tampão cujo pH é 8,21. Você tem disponível 1 L de NaH$_2$PO$_4$ 0,100 M e Na$_2$HPO$_4$ sólido. Quantos gramas de Na$_2$HPO$_4$ sólido devem ser adicionados à solução estoque para atingir esse objetivo? (Suponha que o volume permaneça em 1 L.)

8.93 No passado, o ácido bórico era usado para lavar olhos inflamados. Qual é a proporção H$_3$BO$_3$/H$_2$BO$_3^-$ em uma solução-tampão de borato de pH 8,40?

8.94 Suponha que você queira fazer uma solução-tampão de CH$_3$COOH/CH$_3$COO$^-$ com pH 5,60. A concentração de ácido acético deve ser 0,10 M. Qual deveria ser a concentração do íon acetato?

8.95 Para uma reação ácido-base, uma das maneiras de determinar a posição de equilíbrio é dizer que, no par de setas de equilíbrio, a seta maior aponta para o ácido com maior valor de pK_a. Por exemplo:

$$CH_3COOH + HCO_3^- \rightleftharpoons CH_3COO^- + H_2CO_3$$
pK_a = 4,75 \quad\quad\quad\quad\quad\quad pK_a = 6,37

Explique por que essa regra funciona.

8.96 Quando uma solução de 4,00 g de um ácido monoprótico desconhecido, dissolvida em 1,00 L de água, é titulada com NaOH 0,600 M, são necessários 38,7 mL da solução de NaOH para neutralizar o ácido. Qual era a molaridade da solução ácida? Qual é a massa molecular do ácido desconhecido?

8.97 Escreva equações que mostrem o que acontece quando, a uma solução-tampão contendo quantidades iguais de HCOOH e HCOO$^-$, adicionamos
(a) H$_3$O$^+$ \quad\quad (b) OH$^-$

8.98 Se adicionarmos 0,10 mol de NH$_3$ a 0,50 mol de HCl dissolvidos em água suficiente para preparar 1,0 L de solução, o que acontece com o NH$_3$? Restará algum? Explique.

8.99 Suponha que você tenha uma solução aquosa de 0,50 mol de NaH$_2$PO$_4$ em 1 L de água. Essa solução não é um tampão, mas suponha que você queira transformá-la em um tampão. Quantos mols de Na$_2$HPO$_4$ você deve adicionar a essa solução aquosa para torná-la
(a) um tampão de pH 7,21?
(b) um tampão de pH 6,21?
(c) um tampão de pH 8,21?

8.100 O pH de uma solução de ácido acético 0,10 M é 2,93. Quando 0,10 mol de acetato de sódio, CH$_3$COONa, é adicionado a essa solução, seu pH muda para 4,74. Explique o porquê das mudanças de pH e por que muda para esse valor específico.

8.101 Suponha que você tenha um tampão de fosfato (H$_2$PO$_4^-$/HPO$_4^{2-}$) de pH 7,21. Se adicionar mais NaH$_2$PO$_4$ sólido, o pH do tampão aumentará, diminuirá ou permanecerá inalterado? Explique.

8.102 Suponha que você tenha um tampão de bicarbonato contendo ácido carbônico, H$_2$CO$_3$, e bicarbonato de sódio, NaHCO$_3$, e que o pH do tampão seja 6,37. Se adicionar mais NaHCO$_3$ sólido a essa solução tampão, o pH aumentará, diminuirá ou permanecerá inalterado? Explique.

8.103 Um aluno apanha um frasco de TRIS da prateleira, no qual está escrito "(TRIS (forma básica), pK_a = 8,3)". O aluno diz a você que, ao adicionar 0,1 mol desse composto a 100 mL de água, o pH será 8,3. O aluno está certo? Explique.

Antecipando

8.104 A não ser que esteja sob pressão, o ácido carbônico em solução aquosa se decompõe em dióxido de carbono e água, e o dióxido de carbono é liberado como bolhas de gás. Escreva uma equação para a conversão de ácido carbônico em dióxido de carbono e água.

8.105 A seguir, apresentamos faixas de pH para vários materiais biológicos humanos. Do pH no ponto médio de cada faixa, calcule a [H$_3$O$^+$] correspondente. Quais materiais são ácidos, quais são básicos e quais são neutros?
(a) Leite, pH 6,6-7,6.
(b) Compostos gástricos, pH 1,0-3,0.

(c) Fluido espinhal, pH 7,3-7,5.
(d) Saliva, pH 6,5-7,5.
(e) Urina, pH 4,8-8,4.
(f) Plasma sanguíneo, pH 7,35-7,45.
(g) Fezes, pH 4,6-8,4.
(h) Bile, pH 6,8-7,0.

8.106 Qual é a proporção de $HPO_4^{2-}/H_2PO_4^-$ em um tampão de fosfato de pH 7,40 (o pH médio do plasma sanguíneo humano)?

8.107 Qual é a proporção de $HPO_4^{2-}/H_2PO_4^-$ em um tampão de fosfato de pH 7,9 (o pH do suco pancreático humano)?

Química nuclear

A energia do Sol é resultado da fusão nuclear.

Questões-chave

9.1 Como foi a descoberta da radioatividade?

9.2 O que é radioatividade?

9.3 O que acontece quando um núcleo emite radioatividade?

Como... Balancear uma equação nuclear

9.4 O que é a meia-vida do núcleo?

9.5 Como se detecta e mede a radiação nuclear?

9.6 Como a dosimetria da radiação está relacionada à saúde humana?

9.7 O que é medicina nuclear?

9.8 O que é fusão nuclear?

9.9 O que é fissão nuclear e como está relacionada à energia atômica?

9.1 Como foi a descoberta da radioatividade?

Às vezes, um cientista faz uma descoberta que altera o futuro do mundo de modo significativo. Em 1896, um físico francês, Henri Becquerel (1852-1908), fez uma dessas descobertas. Naquela época, Becquerel estava envolvido em um estudo sobre materiais fosforescentes. Nesses experimentos, ele expunha certos sais, entre os quais sais de urânio, à luz do sol durante várias horas, quando então eles fosforeciam. Depois, ele colocava os sais que brilhavam em uma placa fotográfica embrulhada em papel opaco. Becquerel observou que, ao colocar uma moeda ou um pedaço de metal entre os sais fosforescentes e a placa coberta, ele podia criar imagens da moeda ou do pedaço de metal. Concluiu então que, além de emitir luz visível, os materiais fosforescentes deviam estar emitindo algo semelhante aos raios X que William Röntgen havia descoberto no ano anterior. Ainda mais surpreendente para Becquerel foi que seus sais de urânio continuavam a emitir esse mesmo tipo de radiação penetrante por um longo tempo depois de cessada a fosforescência. O que ele tinha descoberto era um tipo de radiação que Marie Curie chamaria de radioatividade. Por essa descoberta, Becquerel dividiu, em 1903, o Prêmio Nobel de Física com Pierre e Marie Curie.

Neste capítulo, estudaremos os principais tipos de radioatividade, sua origem no núcleo, as utilizações da radioatividade na saúde e nas ciências biológicas, e seu uso como fonte de força e energia.

9.2 O que é radioatividade?

Os primeiros experimentos identificaram três tipos de radiação, que receberam os nomes de raios alfa (α), beta (β) e gama (γ), de acordo com as três primeiras letras do alfabeto grego. Cada tipo de radiação comporta-se de maneira diferente quando passa entre placas eletricamente carregadas. Quando um material radioativo é colocado em um recipiente de chumbo com uma pequena abertura, a radiação emitida passa pela abertura e depois entre as placas carregadas (Figura 9.1). A radiação β (raios β) é defletida na direção da placa positiva, indicando que consiste em partículas de carga negativa. A radiação α (raios α) é defletida na direção da placa negativa, indicando que consiste em partículas de carga positiva e o terceiro tipo de radiação, os raios γ, passa entre as placas sem deflexão, indicando que não possui carga.

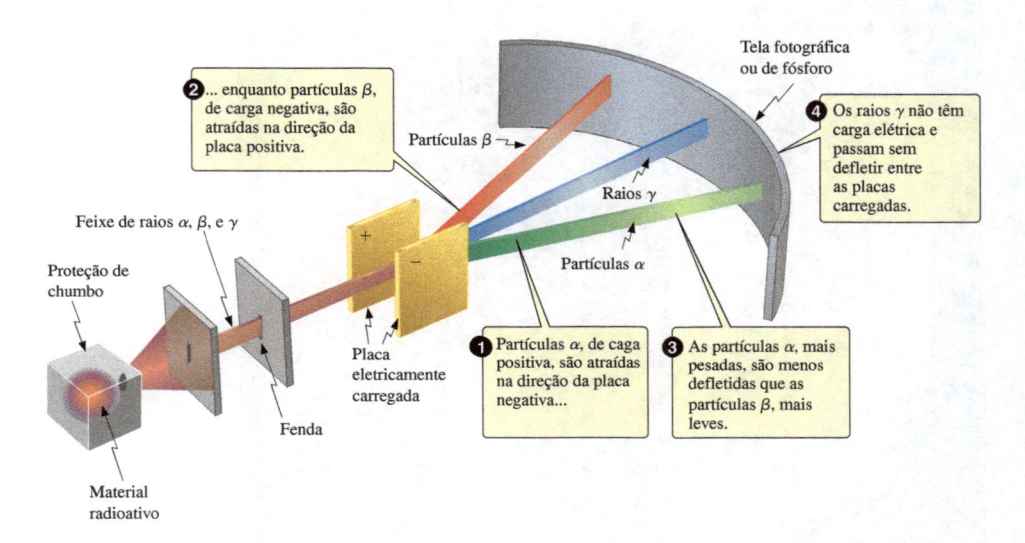

FIGURA 9.1 Eletricidade e radioatividade. Partículas (α), de carga positiva, são atraídas para a placa negativa, e partículas (β), de carga negativa, são atraídas para a placa positiva. Os raios (γ) não têm carga e não são defletidos quando passam entre as placas carregadas. Observe que as partículas beta são mais defletidas que as partículas alfa.

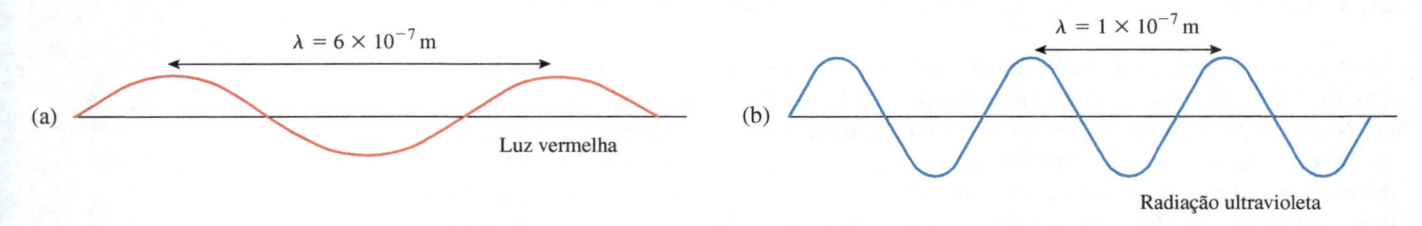

FIGURA 9.2 Duas ondas eletromagnéticas de diferentes comprimentos.

A única radiação conhecida que possui frequência (e energia) ainda mais alta que os raios gama são os raios cósmicos.

A sigla UV significa ultravioleta, e IR, infravermelho.

Partículas alfa são o núcleo de hélio. Cada uma contém dois prótons e dois nêutron, e seu número atômico é 2, e a carga, +2.

Partículas beta são elétrons. Cada uma tem carga -1.

Raios gama são uma radiação eletromagnética de alta energia. Não possuem massa nem carga.

Os raios gama são apenas uma forma de radiação eletromagnética. Há muitas outras, incluindo a luz visível, as ondas de rádio e os raios cósmicos. Todas consistem em ondas (Figura 9.2).

A única diferença entre uma forma de radiação eletromagnética e outra é o **comprimento de onda** (λ, letra grega lambda), que é a distância de uma crista de onda à próxima. A **frequência** (ν, letra grega nu) de uma radiação é o número de cristas que passam por determinado ponto em um segundo. Matematicamente, o comprimento de onda e a frequência estão relacionados pela seguinte equação, em que c é a velocidade da luz ($3{,}0 \times 10^8$ m/s):

$$\lambda = \frac{c}{\nu}$$

Como se pode ver dessa relação, quanto menor a frequência (ν), maior o comprimento de onda (λ); ou inversamente, quanto maior a frequência, menor o comprimento de onda.

Também existe uma relação entre a frequência (ν) da radiação eletromagnética e sua energia: quanto maior a frequência, maior a energia. A radiação eletromagnética é constituída por pacotes de energia denominados **fótons**.[1]

A Figura 9.3 mostra os comprimentos de onda de vários tipos de radiação do espectro eletromagnético. Os raios gama são uma radiação eletromagnética de frequência muito alta (e energia alta). Os humanos não podem vê-los porque nossos olhos não são sensíveis a ondas dessa frequência, mas há instrumentos (Seção 9.5) que podem detectá-los. Outro tipo de radiação, os raios X, podem ter energias mais altas que a luz visível, porém mais baixas que de alguns raios gama.

[1] Albert Einstein, utilizando a teoria da quantização de energia de Max Planck, propôs que a luz, ou seja, a radiação eletromagnética, poderia ser descrita não só como uma onda mas também como uma partícula. Einstein assumiu que a luz é formada de "partículas sem massa", que ele denominou fótons, sendo que cada fóton apresenta uma energia definida. O termo "pacote de energia" nada mais é do que a energia de determinado fóton. A energia de um fóton pode ser calculada pela equação de Planck, $E = h\nu$, onde E é a energia, h é a constante de Planck e ν é a frequência da radiação eletromagnética. Exemplificando, luz vermelha de comprimento de onda 600 nm apresenta frequência (ν) 5×10^{14} s^{-1}, e radiação eletromagnética na região dos raios X de comprimento de onda 3 nm tem frequência (ν) 1×10^{17} s^{-1}. Uma vez que a energia dos fótons é diretamente proporcional à frequência, os raios X apresentam "pacotes de energia" consideravelmente maiores que os da luz vermelha. Einstein recebeu o prêmio Nobel em Física de 1921, pela interpretação do efeito fotoelétrico baseada no conceito dos fótons, também chamados de quantas de luz. O sucesso da utilização da teoria de Planck na explicação do efeito fotoelétrico por Einstein foi um dos fatores que permitiu a aceitação da teoria da quantização de energia. A teoria dos "quantas" viabilizou o modelo atômico de Bohr (que foi estudado no Tópico 2.6) e possibilitou posteriormente o desenvolvimento da mecânica quântica. (NRT)

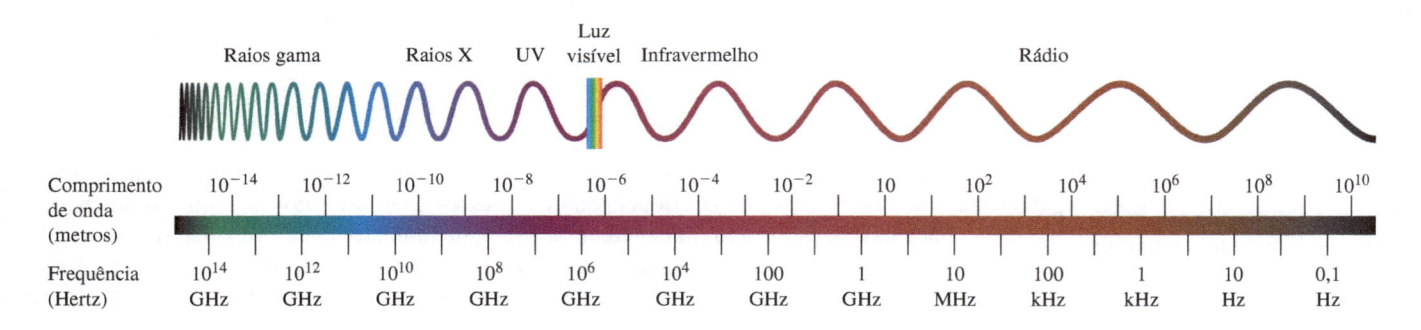

FIGURA 9.3 O espectro eletromagnético.

TABELA 9.1 Partículas e raios frequentemente encontrados em radiação

Partícula ou raio	Nome comum da radiação	Símbolo	Carga	Unidades de massa atômica	Poder de penetração[a]	Intervalo de energia[b]
Próton	Feixe de prótons	$_1^1H$	+1	1	1-3 cm	60 MeV
Elétron	Partícula beta	$_{-1}^{0}e$ ou β^-	-1	$0{,}00055 \left(\frac{1}{1835}\right)$	0-4 mm	1-3 MeV
Nêutron	Feixe de nêutrons	$_0^1n$	0	1	—	—
Pósitron	—	$_{+1}^{0}e$ ou β^+	+1	0,00055	—	—
Núcleo de hélio	Partícula alfa	$_2^4He$ ou α	+2	4	0,02-0,04 mm	3-9 MeV
Radiação eletromagnética	Raio gama		0	0	1-20cm	0,1-10 MeV
	Raio X		0	0	0,01-1cm	0,1-10 MeV

[a] Distância em que metade da radiação foi interrompida.
[b] MeV = $1{,}602 \times 10^{-13}$ J = $3{,}829 \times 10^{-14}$ cal.

O elétron-volt (eV) é uma unidade de energia, não pertencente ao SI, usado frequentemente na química nuclear.
$1 \text{ eV} = 1{,}602 \times 10^{-19}$ J
$\phantom{1 \text{ eV}} = 3{,}829 \times 10^{-14}$ cal

Materiais que emitem radiação (alfa, beta ou gama) são chamados **radioativos**. A radioatividade vem do núcleo atômico e não da nuvem eletrônica que circunda o núcleo. A Tabela 9.1 resume as propriedades das partículas e dos raios que saem dos núcleos radioativos, e mais as propriedades de algumas outras partículas e raios. Observe que os raios X não são considerados uma forma de radioatividade, pois não saem do núcleo, sendo gerados de outro modo.

Dissemos que os humanos não podem ver raios gama. Também não podemos ver as partículas alfa ou beta. Da mesma maneira, não podemos ouvi-las, cheirá-las ou senti-las. Elas são indetectáveis aos nossos sentidos. Não podemos detectar a radioatividade, a não ser por instrumentos, como veremos na Seção 9.5.

9.3 O que acontece quando um núcleo emite radioatividade?

Conforme mencionado na Seção 2.4D, diferentes núcleos consistem em diferentes números de prótons e nêutrons. É comum indicar esses números com subscritos e sobrescritos colocados à esquerda do símbolo atômico. O número atômico (número de prótons no núcleo) de um elemento é mostrado como um subscrito, e o número de massa (número de prótons e nêutrons no núcleo), como um sobrescrito. A seguir, como exemplo, apresentamos símbolos e nomes dos três isótopos conhecidos do hidrogênio.

$^{1}_{1}\text{H}$ hidrogênio-1   hidrogênio (não radioativo)
$^{2}_{1}\text{H}$ hidrogênio-2   deutério (não radioativo)
$^{3}_{1}\text{H}$ hidrogênio-3   trítio (radioativo)

A. Núcleos radioativos e estáveis

Alguns isótopos são radioativos, enquanto outros são estáveis. Os cientistas identificaram mais de 300 isótopos de ocorrência natural. Desses, 264 são estáveis, o que significa que os núcleos desses isótopos nunca liberam nenhuma radioatividade. Até onde sabemos, duram para sempre. Os restantes são **isótopos radioativos**, que liberam radioatividade. Além disso, os cientistas produziram mais de 1.000 isótopos artificiais em laboratório. Todos os isótopos artificiais são radioativos.

Isótopo radioativo (radioisótopo) Isótopo de um elemento que emite radiação.

Há indícios de que o papel dos nêutrons é fornecer energia de ligação para superar a repulsão entre os prótons.

Os isótopos em que o número de prótons e de nêutrons está em equilíbrio são estáveis. Nos elementos mais leves, esse equilíbrio ocorre quando o número de prótons e nêutrons é aproximadamente igual. Por exemplo, $^{12}_{6}\text{C}$ é um núcleo estável (seis prótons e seis nêutrons), assim como $^{16}_{8}\text{O}$ (oito prótons e oito nêutrons), $^{20}_{10}\text{Ne}$ (dez prótons e dez nêutrons) e $^{32}_{16}\text{S}$ (16 prótons e 16 nêutrons). Entre os elementos mais pesados, a estabilidade requer mais nêutrons que prótons. O chumbo-206, um dos isótopos mais estáveis de chumbo, contém 82 prótons e 124 nêutrons.

Reação nuclear Reação que altera o núcleo de um elemento (geralmente, transformando-o no núcleo de outro elemento).

Se houver um grande desequilíbrio na proporção de próton para nêutron, seja no sentido de poucos nêutrons ou de muitos nêutrons, o núcleo vai sofrer uma **reação nuclear** para tornar a proporção mais favorável e o núcleo mais estável.

B. Emissão beta

Se um núcleo tiver mais nêutrons do que precisa para atingir a estabilidade, poderá estabilizar-se convertendo um nêutron em um próton e um elétron.

$$^{1}_{0}\text{n} \longrightarrow {}^{1}_{1}\text{H} + {}^{0}_{-1}\text{e}$$
Nêutron   Próton   Elétron

O próton permanece no núcleo e o elétron é emitido. O elétron emitido é chamado **partícula beta**, e o processo é chamado **emissão beta**. O fósforo-32, por exemplo, é um emissor beta:

$$^{32}_{15}\text{P} \longrightarrow {}^{32}_{16}\text{S} + {}^{0}_{-1}\text{e}$$

Um núcleo de fósforo-32 tem 15 prótons e 17 nêutrons. Após a emissão de um elétron, o núcleo restante tem 16 prótons e 16 nêutrons; seu número atômico aumenta em 1 unidade, mas o número de massa é o mesmo. O novo núcleo, portanto, é o enxofre-32. Assim, quando o fósforo-32 instável (15 prótons e 17 nêutrons) é convertido em enxofre-32 (16 prótons e 16 nêutrons), chega-se à estabilidade nuclear.

A transformação de um elemento em outro é chamada **transmutação**. Acontece naturalmente toda vez que um elemento libera uma partícula beta. Sempre que um núcleo emite uma partícula beta, ele é transformado em outro núcleo com o mesmo número de massa, mas de número atômico com uma unidade a mais.

Como...
Balancear uma equação nuclear

Quando escrevemos equações nucleares, consideramos apenas o núcleo e desprezamos os elétrons circundantes. Há duas regras simples para balancear equações nucleares:
1. A soma dos números de massa (sobrescritos) em ambos os lados da equação deve ser igual.
2. A soma dos números atômicos (subscritos) em ambos os lados da equação deve ser igual. Para determinar números atômicos em uma equação nuclear, consideramos que um elétron emitido do núcleo tem número atômico -1.

Vejamos como aplicar essas regras no decaimento do fósforo-32, um emissor beta.

$$^{32}_{15}P \longrightarrow {^{32}_{16}}S + {^{0}_{-1}}e$$

1. Balanceamento do número de massa: o número de massa total em cada lado da equação é 32.
2. Balanceamento do número atômico: o número atômico à esquerda é 15. A soma dos números atômicos à direita é $16 - 1 = 15$.

Assim, vimos que, na equação de decaimento do fósforo-32, os números de massa estão balanceados (32 e 32), os números atômicos estão balanceados (15 e 15) e, portanto, a equação nuclear está balanceada.

Exemplo 9.1 Emissão beta

O carbono-14, $^{14}_{6}C$, é um emissor beta. Escreva uma equação para essa reação nuclear e identifique o produto formado.

$$^{14}_{6}C \longrightarrow ? + {^{0}_{-1}}e$$

Estratégia

No decaimento beta, um nêutron é convertido em um próton e um elétron. O próton permanece no núcleo e o elétron é emitido como uma partícula beta.

Solução

O núcleo de $^{14}_{6}C$ tem seis prótons e oito nêutrons. Após o decaimento beta, o núcleo passa a ter sete prótons e sete nêutrons:

$$^{14}_{6}C \longrightarrow {^{14}_{7}}? + {^{0}_{-1}}e$$

A soma dos números de massa em cada lado da equação é 14, e a soma dos números atômicos em cada lado é 6. Agora consultamos a tabela periódica para determinar qual é o elemento de número atômico 7, e vemos que é o nitrogênio. O produto dessa reação nuclear, portanto, é o nitrogênio-14, e agora podemos escrever uma equação completa.

$$^{14}_{6}C \longrightarrow {^{14}_{7}}N + {^{0}_{-1}}e$$

Problema 9.1

O iodo-139 é um emissor beta. Escreva uma equação para essa reação nuclear e identifique o produto formado.

C. Emissão alfa

Para elementos pesados, a perda de partículas alfa (α) é um processo de estabilização especialmente importante. Por exemplo:

$$^{238}_{92}U \longrightarrow ^{234}_{90}Th + ^{4}_{2}He$$

$$^{210}_{84}Po \longrightarrow ^{206}_{82}Pb + ^{4}_{2}He + \gamma$$

Observe que o decaimento radioativo do polônio-210 emite tanto partículas α quanto raios gama.

Uma regra geral para a emissão alfa é a seguinte: o novo núcleo sempre tem um número de massa quatro unidades menor e um número atômico duas unidades menor que o original.

Exemplo 9.2 Emissão alfa

O polônio-218 é um emissor alfa. Escreva uma equação para essa reação nuclear e identifique o produto formado.

Estratégia

Uma partícula alfa tem massa de 4 u e carga +2, de modo que, após a emissão alfa, o núcleo restante terá massa atômica quatro unidades menor e número atômico com duas unidades a menos.

Solução

O número atômico do polônio é 84, de modo que a equação parcial será:

$$^{218}_{84}Po \longrightarrow ? + ^{4}_{2}He$$

O número de massa do novo isótopo é $218 - 4 = 214$. O número atômico do novo isótopo é $84 - 2 = 82$. Agora podemos escrever

$$^{218}_{84}Po \longrightarrow ^{214}_{82}? + ^{4}_{2}He$$

Na tabela periódica, vemos que o elemento químico de número atômico 82 é o chumbo, Pb. Portanto, o produto é $^{214}_{82}Pb$, e agora podemos escrever a equação completa:

$$^{218}_{84}Po \longrightarrow ^{214}_{82}Pb + ^{4}_{2}He$$

Problema 9.2

O tório-223 é um emissor alfa. Escreva uma equação para essa reação nuclear e identifique o produto formado.

D. Emissão de pósitron

O pósitron é uma partícula com a mesma massa do elétron, mas carga +1 e não −1. Seu símbolo é β^+ ou $^{0}_{+1}e$. A emissão de pósitron é muito mais rara que as emissões alfa ou beta. Como o pósitron não tem massa significativa, o núcleo é transmutado em outro núcleo de mesmo número de massa, mas de número atômico com uma unidade a menos. O carbono-11, por exemplo, é um emissor de pósitron:

$$^{11}_{6}C \longrightarrow ^{11}_{5}B + ^{0}_{+1}e$$

Nessa equação nuclear balanceada, os números de massa à esquerda e à direita são 11. O número atômico à esquerda é 6, e o da direita também é 6 ($5 + 1 = 6$).

Exemplo 9.3 Emissão de pósitron

O nitrogênio-13 é um emissor de pósitron. Escreva uma equação para essa reação nuclear e identifique o produto.

Estratégia

Um pósitron tem massa 0 u e carga +1.

Solução

Começamos escrevendo a seguinte equação parcial:

$$^{13}_{7}N \longrightarrow ? + ^{0}_{+1}e$$

Como o pósitron não tem massa significativa, o número de massa do novo isótopo ainda é 13. A soma dos números atômicos em cada lado deve ser 7, o que significa que o número atômico do novo isótopo deve ser 6. Na tabela periódica, vemos que o elemento de número atômico 6 é o carbono. Portanto, o novo isótopo formado nessa reação nuclear é o carbono-13 e a equação nuclear balanceada é

$$^{13}_{7}N \longrightarrow ^{13}_{6}C + ^{0}_{+1}e$$

Problema 9.3

O arsênio-74 é um emissor de pósitron usado na localização de tumores no cérebro. Escreva uma equação para essa reação nuclear e identifique o produto.

Tanto a emissão alfa como a beta podem ser "puras" ou misturadas com raios gama.

E. Emissão gama

Embora raros, alguns núcleos são emissores gama puros:

$$^{11}_{5}B^{*} \longrightarrow ^{11}_{5}B + \gamma$$

A emissão gama geralmente é acompanhada de emissões α e β.

Nessa equação, $^{11}_{5}B^{*}$ simboliza um núcleo de boro em um estado de alta energia (excitado). Nesse caso, não ocorre nenhuma transmutação. O elemento ainda é o boro, mas seu núcleo está em um estado de energia mais baixo (mais estável) após a emissão de excesso de energia na forma de raios gama. Quando todo o excesso de energia foi emitido, o núcleo retorna ao seu estado mais estável, de menor energia.

F. Captura de elétron

Na captura de elétron (CE), um elétron extranuclear é capturado pelo núcleo e ali reage com um próton, formando um nêutron. Assim, a CE reduz o número atômico do elemento, mas o número de massa continua sendo o mesmo. O berílio-7, por exemplo, decai por captura de elétron, formando o lítio-7.

$$^{7}_{4}Be + ^{0}_{-1}e \longrightarrow ^{7}_{3}Li$$

Exemplo 9.4 Captura de elétron

O crômio-51, que é usado para imagear o tamanho e a forma do baço, decai por captura de elétron e emissão gama. Escreva uma equação para esse decaimento nuclear e identifique o produto.

$$^{51}_{24}Cr + ^{0}_{-1}e \longrightarrow ? + \gamma$$

Estratégia e solução

Como a captura de elétron resulta na conversão de um próton em um nêutron e porque não há alteração no número de massa na emissão gama, o novo núcleo terá número de massa 51. O novo núcleo, porém, terá apenas 23 prótons, um a menos que o crômio-51. Vemos, na tabela periódica, que o elemento de número atômico 23 é o vanádio e, portanto, o novo elemento formado é o vanádio-51. Podemos agora escrever a equação completa para esse decaimento nuclear.

$$^{51}_{24}Cr + ^{0}_{-1}e \longrightarrow ^{51}_{23}V + \gamma$$

Problema 9.4

O tálio-201, um radioisótopo usado para avaliar a função cardíaca em testes de estresse, decai por captura de elétron e emissão gama. Escreva uma equação para esse decaimento nuclear e identifique o produto.

9.4 O que é a meia-vida do núcleo?

Suponha que tenhamos 40 g de um isótopo radioativo – digamos, $^{90}_{38}Sr$. Os núcleos do estrôncio-90 são instáveis e decaem por emissão beta em trítio-39:

$$^{90}_{38}Sr \longrightarrow {^{90}_{39}Y} + {^{0}_{-1}\beta}$$

Quando um núcleo libera radiação, diz-se que ele decai.

Uma amostra de 40 gramas de estrôncio-90 contém cerca de $2,7 \times 10^{23}$ átomos. Sabemos que esses núcleos decaem, mas em que velocidade? Todos os núcleos decaem ao mesmo tempo ou decaem com o tempo? A resposta é que eles decaem um por vez, em uma velocidade fixa. Para o estrôncio-90, a velocidade de decaimento é tal que metade da nossa amostra original (em torno de $1,35 \times 10^{23}$ átomos) terá decaído em 28,1 anos. O tempo necessário para que metade de qualquer amostra de material radioativo decaia é chamado **meia-vida**, $t_{1/2}$.

Não importa o tamanho da amostra, se pequena ou grande. Por exemplo, no caso dos 40 g de nosso estrôncio-90, ao fim de 28,1 anos restarão 20 g (o resto será convertido em ítrio-90). Serão necessários então outros 28,1 anos para que metade do que restou decaia, de modo que, após 56,2 anos, teremos 10 g de estrôncio-90. Se esperarmos um terceiro período de 28,1 anos, então restarão 5 g. Se tivéssemos começado com 100 g, então restariam 50 g após o primeiro período de 28,1 anos.

A Figura 9.4 mostra a curva de decaimento radioativo do iodo-131. Examinando esse gráfico, vemos que, ao fim de 8 dias, metade do original desapareceu. Assim, a meia-vida do iodo-131 é de 8 dias. Seria necessário um total de 16 dias, ou duas meias-vidas, para que três quartos da amostra original decaíssem.

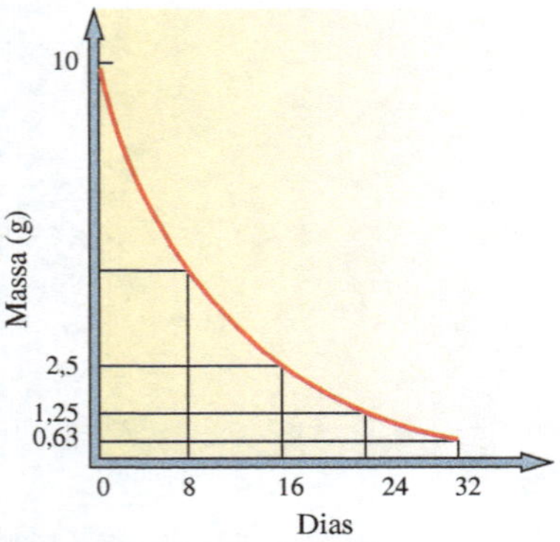

FIGURA 9.4 Curva de decaimento do iodo-131.

Exemplo 9.5 Meia-vida nuclear

Se forem administrados 10,0 mg de $^{131}_{53}I$ a um paciente, quanto restará no corpo passados 32 dias?

Estratégia e solução

Sabemos pela Figura 9.4 que o $t_{1/2}$ do iodo-131 é de oito dias. O período de 32 dias corresponde a quatro meias-vidas. Se começarmos com 10,0 mg, após uma meia-vida restarão 5,00 mg, 2,50 mg após duas meias-vidas; 1,25 mg após três meias-vidas e 0,625 mg após quatro meias-vidas.

$$10,0 \text{ mg} \times \overbrace{\frac{1}{2} \times \frac{1}{2} \times \frac{1}{2} \times \frac{1}{2}}^{32 \text{ dias (4 meias-vidas)}} = 0,625 \text{ mg}$$

Problema 9.5

O bário-122 tem uma meia-vida de 2 minutos. Suponha que você obtenha uma amostra que pese 10,0 g, e que leve 10 minutos para montar um experimento em que o bário-122 será usado. Quantos gramas de bário-122 restarão no momento em que você começar o experimento?

Teoricamente, seria necessário um tempo infinito para que toda a amostra radioativa decaísse. Na verdade, a maior parte da radioatividade decai após cinco meias-vidas, quando, então, restarão apenas 3,1% do radioisótopo original.

$$\overbrace{\frac{1}{2} \times \frac{1}{2} \times \frac{1}{2} \times \frac{1}{2} \times \frac{1}{2}}^{5 \text{ meias-vidas}} \times 100 = 3,1\%$$

Após cinco meias-vidas, vão permanecer aproximadamente 3,1% da atividade.

Conexões químicas 9A

Datação radioativa

O carbono-14, cuja meia-vida é de 5.730 anos, pode ser usado para datar objetos arqueológicos de até 60.000 anos. Essa técnica de datação baseia-se no princípio de que a proporção entre carbono-12/carbono-14 em um organismo – seja vegetal ou animal – permanece constante durante o tempo de vida do organismo. Quando o organismo morre, o nível de carbono-12 permanece constante (o carbono-12 não é radioativo), mas o carbono-14 presente decai por emissão beta em nitrogênio-14.

$$^{14}_{6}C \longrightarrow {}^{14}_{7}N + {}^{0}_{-1}e$$

Com base nesse fato, um cientista pode calcular a mudança na proporção carbono-12/carbono-14 para determinar a data de um artefato.

Por exemplo, no carvão feito de uma árvore recém-morta, o carbono-14 dá uma contagem radioativa de 13,70 desintegrações/min por grama de carbono. Em um pedaço de carvão encontrado em uma caverna na França, próximo de algumas pinturas rupestres antigas da era Cro-Magnon, a contagem de carbono-14 foi de 1,71 desintegração/min para cada grama de carbono. Com essa informação, as pinturas podem ser datadas. Após uma meia-vida, o número de desintegrações/minuto por grama é de 6,85. Após duas meias-vidas, é de 3,42, e após três meias-vidas, 1,71. Portanto, três meias-vidas se passaram desde que as pinturas foram criadas. Considerando que o carbono-14 tem uma meia-vida de 5.730 anos, as pinturas têm aproximadamente $3 \times 5.730 = 17.190$ anos.

Muitas pessoas já acreditaram que o famoso Sudário de Turim, um pedaço de linho com a imagem da cabeça de um homem, fosse o pano original que embalou o corpo de Jesus Cristo após sua morte. A datação radioativa, no entanto, mostrou, com 95% de certeza, que as plantas de que o linho foi obtido existiram entre 1.260 e 1.380 d.C., o que prova que o tecido não pode ter sido o sudário de Cristo. Observe que não foi preciso destruir o sudário para executar os testes. De fato, cientistas em diferentes laboratórios usaram apenas alguns centímetros quadrados da borda do tecido.

Amostras de rocha podem ser datadas a partir de seu conteúdo de chumbo-206 e urânio-238. Presume-se que o chumbo-206 venha do decaimento do urânio-238, que tem uma meia-vida de 4,5 bilhões de anos. Uma das rochas mais antigas encontradas na Terra é um afloramento de granito na Groenlândia, datado de $3,7 \times 10^9$ anos. Com base na datação de meteoritos, a idade estimada do sistema solar é de $4,6 \times 10^9$ anos.

TABELA 9.2 Meias-vidas de alguns núcleos radioativos

Nome	Símbolo	Meia-vida	Radiação
Hidrogênio-3 (trítio)	$^{3}_{1}H$	12,26 anos	Beta
Carbono-14	$^{14}_{6}C$	5.730 anos	Beta
Fósforo-28	$^{28}_{15}P$	0,28 segundo	Pósitrons
Fósforo-32	$^{32}_{15}P$	14,3 dias	Beta
Potássio-40	$^{40}_{19}K$	$1,28 \times 10^9$ anos	Beta + gama
Escândio-42	$^{42}_{21}Sc$	0,68 segundo	Pósitrons
Cobalto-60	$^{60}_{27}Co$	5,2 anos	Gama
Estrôncio-90	$^{98}_{38}Sr$	28,1 anos	Beta
Tecnécio-99m	$^{99m}_{43}Tc$	6,0 horas	Gama
Índio-116	$^{116}_{49}In$	14 segundos	Beta
Iodo-131	$^{131}_{53}I$	8 dias	Beta + gama
Mercúrio-197	$^{197}_{80}Hg$	65 horas	Gama
Polônio-210	$^{210}_{84}Po$	138 dias	Alfa
Radônio-205	$^{205}_{86}Rn$	2,8 minutos	Alfa
Radônio-222	$^{222}_{86}Rn$	3,8 dias	Alfa
Urânio-238	$^{238}_{92}U$	4×10^9 anos	Alfa

A meia-vida de um isótopo independe da temperatura e da pressão – e, de fato, de todas as condições físicas e químicas –, e é uma propriedade apenas do isótopo específico. Não depende de nenhum outro tipo de átomo que circunda o núcleo (isto é, o tipo de molécula de que o átomo faz parte). Não conhecemos nenhum método para acelerar o decaimento radioativo ou desacelerá-lo.

A Tabela 9.2 fornece algumas meias-vidas. Mesmo essa breve amostragem indica que há enormes diferenças entre as meias-vidas. Alguns isótopos, como o tecnécio-99m, decaem e desaparecem em um dia; outros, como o urânio-238, permanecem radioativos por bilhões de anos. Isótopos de vida muito curta, especialmente os elementos pesados artificiais (Seção 9.9) com números atômicos maiores que 100, possuem meias-vidas da ordem de segundos.

A utilidade ou perigo inerente dos isótopos radioativos está relacionada à suas meias-vidas. Avaliando os efeitos de longo prazo sobre a saúde causados pela bomba atômica ou por acidentes em usinas nucleares, como os de Three Mile Island, na Pensilvânia, em 1979, e Chernobyl (na antiga União Soviética), em 1986 (ver "Conexões químicas 9E"), podemos ver que os isótopos radioativos com meias-vidas longas, tais como $^{85}_{36}Kr$ ($t_{1/2}$ = 10 anos) ou $^{60}_{27}Co$ ($t_{1/2}$ = 5,2 anos), são mais importantes que os de vida curta. Quando um isótopo radioativo é usado em imageamento clínico ou em terapia, isótopos de vida curta são mais úteis porque desaparecem mais rápido do organismo – por exemplo, $^{99m}_{43}Tc$, $^{32}_{15}P$, $^{131}_{53}I$ e $^{197}_{80}Hg$.

9.5 Como se detecta e mede a radiação nuclear?

Como já foi observado, a radioatividade não é detectável pelos nossos sentidos. Não podemos vê-la, ouvi-la, senti-la ou cheirá-la. Como, então, sabemos que está lá? As radiações alfa, beta, gama, a emissão de prótons e os raios X, todos têm uma propriedade que podemos usar para detectá-los: quando essas formas de radiação interagem com a matéria, elas retiram elétrons da nuvem eletrônica que circunda o núcleo atômico, criando assim íons de carga positiva a partir de átomos neutros. Por essa razão, chamamos esses raios de **radiação ionizante**.

A radiação ionizante é caracterizada por duas medidas físicas: (1) sua **intensidade** (fluxo de energia), que é o número de partículas ou fótons que emergem por unidade de tempo, e (2) a **energia** de cada partícula ou fóton emitidos.

A. Intensidade

Para medir a intensidade, aproveitamos a propriedade ionizante da radiação. Instrumentos como o **contador Geiger-Müller** (Figura 9.5) e o **contador proporcional** contêm um gás que pode ser o hélio ou o argônio. Quando um núcleo radioativo emite partículas alfa ou beta ou raios gama, essa radiação ioniza o gás, e o instrumento registra esse fato indicando que uma corrente elétrica passou entre dois eletrodos. Assim, o instrumento conta partícula por partícula.

Outros dispositivos de medida, como os **contadores de cintilação**, têm um material chamado fósforo que emite uma unidade de luz para cada partícula alfa ou beta ou raio gama que incide sobre ele. Mais uma vez, as partículas são contadas uma por uma. A medida quantitativa da intensidade da radiação pode ser expressa em contagens/minuto ou contagens/segundo.

Uma unidade muito utilizada para intensidade de radiação é o **curie** (Ci), em homenagem a Marie Curie, cujo trabalho de uma vida inteira com materiais radioativos foi de grande utilidade para a compreensão dos fenômenos nucleares. Um curie é definido como $3,7 \times 10^{10}$ desintegrações por segundo (dps). Essa é uma radiação de intensidade muito alta, quantidade que uma pessoa obteria de uma exposição a 1,0 g de $^{286}_{88}Ra$ puro. Essa intensidade é muito alta para uso clínico comum, e as unidades usadas nas ciências da saúde são pequenas frações dela. Outra unidade de atividade (intensidade) de radiação, embora bem menor, é o **becquerel** (Bq), que é a unidade do SI. Um becquerel é uma desintegração por segundo (dps).

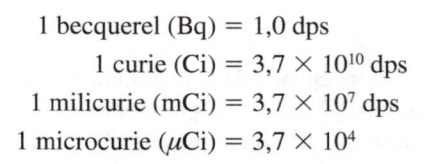

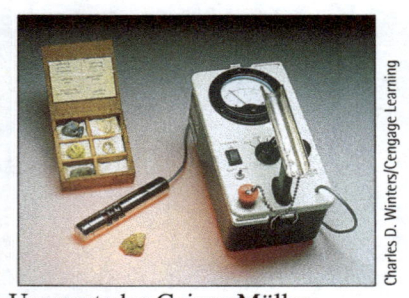

$$1 \text{ becquerel (Bq)} = 1,0 \text{ dps}$$
$$1 \text{ curie (Ci)} = 3,7 \times 10^{10} \text{ dps}$$
$$1 \text{ milicurie (mCi)} = 3,7 \times 10^{7} \text{ dps}$$
$$1 \text{ microcurie } (\mu\text{Ci}) = 3,7 \times 10^{4}$$

Um contador Geiger-Müller.

O tubo de imagem, em uma televisão, funciona com base em um princípio semelhante.

Química nuclear ■ 255

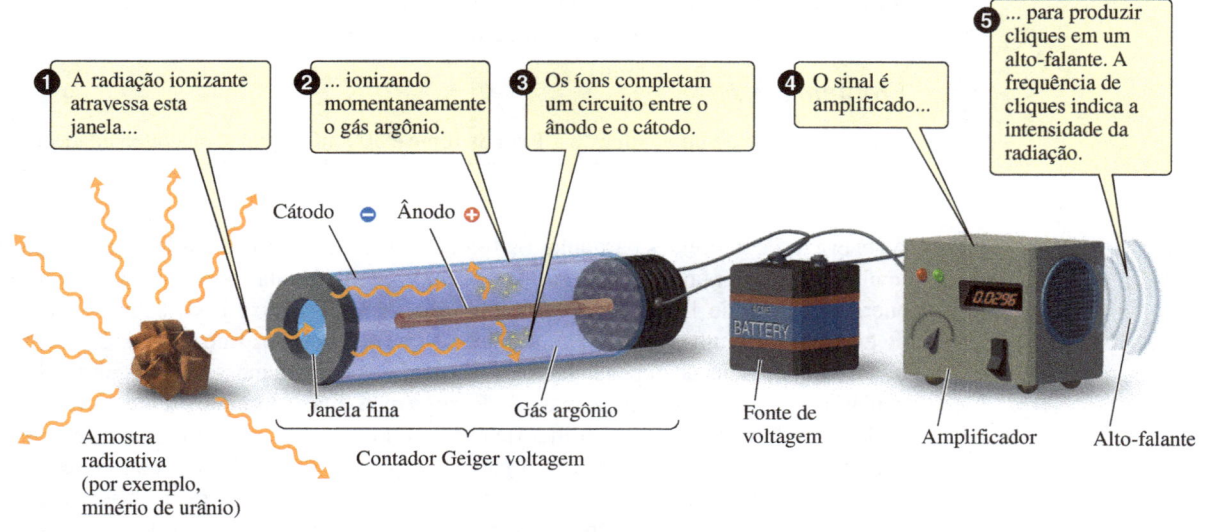

❶ A radiação ionizante atravessa esta janela...
❷ ... ionizando momentaneamente o gás argônio.
❸ Os íons completam um circuito entre o ânodo e o cátodo.
❹ O sinal é amplificado...
❺ ... para produzir cliques em um alto-falante. A frequência de cliques indica a intensidade da radiação.

Cátodo — Ânodo +

Amostra radioativa (por exemplo, minério de urânio)
Janela fina — Gás argônio
Contador Geiger voltagem
Fonte de voltagem
Amplificador
Alto-falante

FIGURA 9.5 Desenho esquemático de um contador Geiger-Müller.

Exemplo 9.6 Intensidade da radiação nuclear

Um isótopo radioativo com intensidade (atividade) de 100 mCi por frasco é entregue a um hospital. O frasco contém 10 mL do líquido. A instrução é administrar 2,5 mCi por via intravenosa. Quantos mL do líquido devem ser administrados?

Estratégia e solução

A intensidade (atividade) de uma amostra é diretamente proporcional à quantidade presente, portanto

$$2,5 \text{ mCi} \times \frac{10 \text{ mL}}{100 \text{ mCi}} = 0,25 \text{ mL}$$

Problema 9.6

Um isótopo radioativo em um frasco de 9,0 mL tem uma intensidade de 300 mCi. Um paciente deve tomar 50 mCi por via intravenosa. Qual é a quantidade do líquido a ser usado para a injeção?

A intensidade de qualquer radiação diminui com o quadrado da distância. Se, por exemplo, dobrar a distância de uma fonte de radiação, então a intensidade da radiação recebida diminuirá em um fator de quatro.

$$\frac{I_1}{I_2} = \frac{d_2^2}{d_1^2}$$

Exemplo 9.7 Intensidade da radiação nuclear

Se a intensidade de uma radiação for 28 mCi, a uma distância de 1,0 m, qual será a intensidade a uma distância de 2,0 m?

Estratégia

Como já foi observado, a intensidade de qualquer radiação diminui com o quadrado da distância.

Solução

Da equação anterior, temos:

$$\frac{28 \text{ mCi}}{I_2} = \frac{2,0^2}{1,0^2}$$

$$I_2 = \frac{28 \text{ mCi}}{4,0} = 7,0 \text{ mCi}$$

Assim, se a distância de uma fonte radioativa aumentar em um fator de dois, a intensidade da radiação nessa distância diminuirá em um fator de quatro.

Problema 9.7

Se a intensidade de uma radiação a 1 cm da fonte é 300 mCi, qual será a intensidade a 3,0 m?

B. Energia

As energias de diferentes partículas ou fótons variam. Como mostra a Tabela 9.1, cada partícula possui certa faixa de energia. Por exemplo, as partículas beta ocupam uma faixa de energia que vai de 1 a 3 MeV (megaelétron-volts). Essa faixa pode sobrepor-se à faixa de energia de algum outro tipo de radiação – por exemplo, os raios gama. O poder penetrante de uma radiação depende tanto de sua energia como da massa de suas partículas. Partículas alfa são as que têm mais massa e de carga mais alta e, portanto, as menos penetrantes. Podem ser detidas por várias folhas de papel comum, por roupas normais e pela pele. As partículas beta têm menos massa e carga menor que as partículas alfa e, consequentemente, seu poder de penetração é maior. Podem penetrar vários milímetros de osso ou tecido. A radiação gama, que não tem massa nem carga, é a mais penetrante dos três tipos de radiação. Raios gama podem atravessar o corpo completamente. São necessários vários centímetros de chumbo ou concreto para deter os raios gama (Figura 9.6).

FIGURA 9.6 Penetração de emissões radioativas. Partículas alfa, de carga +2 e massa 4 u, têm uma forte interação com a matéria, mas são as menos penetrantes. Várias folhas de papel juntas podem detê-las. Partículas beta, de massa e carga menor que as partículas alfa, interagem menos com a matéria. Penetram facilmente no papel, mas são detidas por placas de chumbo de 0,5 cm. Raios gama, sem massa nem carga, têm o maior poder de penetração. São necessários 10 cm de chumbo para detê-los.

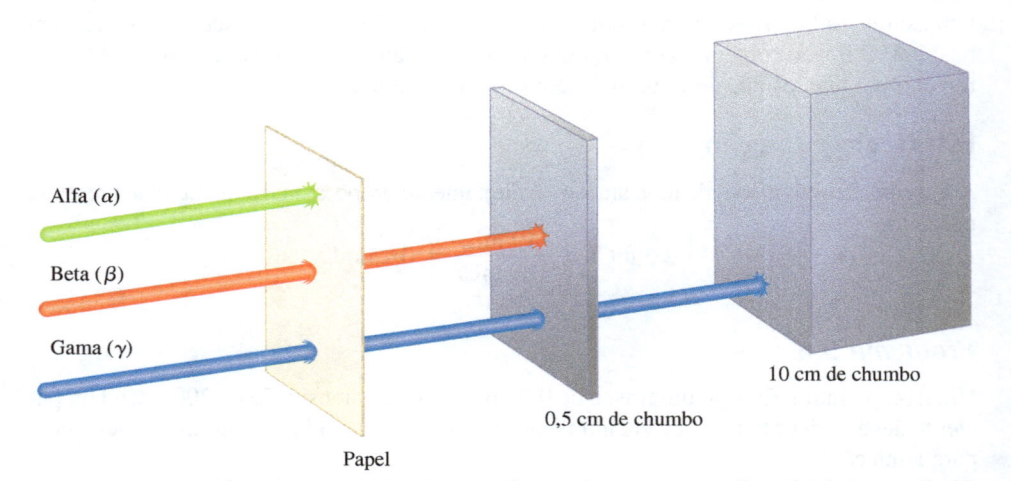

Uma maneira fácil de se proteger contra a radiação ionizante é usar aventais de chumbo, cobrindo os órgãos sensíveis. Essa prática é seguida rotineiramente quando se fazem diagnósticos por raios X. Outra forma de minimizar os danos causados pela radiação ionizante é se afastar da fonte.

9.6 Como a dosimetria da radiação está relacionada à saúde humana?

A expressão *atividade de uma radiação* é a mesma coisa que *intensidade de uma radiação*.

Quando se estuda o efeito da radiação no corpo, nem a energia da radiação (em kcal/mol) nem sua intensidade (em Ci) por si só ou em combinação são particularmente importantes. Em vez disso, a questão fundamental é quais são os tipos de efeito que tal radiação produz no corpo. Três diferentes unidades são utilizadas para descrever os efeitos da radiação no corpo: roentgens, rads e rems.

Roentgens (R) Roentgens medem a energia liberada por uma fonte de radiação e são, portanto, uma medida de exposição a determinada forma de radiação. Um roentgen é a quantidade de radiação que produz $2{,}58 \times 10^{-4}$ coulomb por quilograma (coulomb é uma unidade de carga elétrica).

Rads O rad, que significa *dose de radiação absorvida* (*radiation absorbed dose*), é uma medida da radiação absorvida de uma fonte de radiação. A unidade SI é o gray (Gy), em que 1 Gy = 100 rad. Roentgens (energia liberada) não levam em conta o efeito da radiação no tecido e o fato de que diferentes tecidos absorvem quantidades distintas de radiação liberada. A radiação danifica os tecidos do corpo, causando ionização, e, para que a ionização ocorra, o tecido deve absorver a energia liberada. A relação entre a dose liberada em roentgens e a dose absorvida em rads pode ser ilustrada da seguinte forma: a exposição a 1 roentgen produz 0,97 rad de radiação absorvida na água, 0,96 rad no músculo e 0,93 rad no osso. Essa relação também é válida para fótons de alta energia. Para fótons de energia mais baixa, como os raios X "moles", cada roentgen produz 3 rads de dose absorvida em ossos. Esse princípio está por trás dos diagnósticos por raios X. Aqui a radiação atravessa os tecidos moles e incide sobre uma placa fotográfica, mas os ossos a absorvem e projetam uma sombra sobre a placa.

Rems O rem, que significa equivalente em roentgen para o homem (*roentgen equivalent for man*), é uma medida do efeito da radiação quando uma pessoa absorve 1 roentgen. Outras unidades são o **milirem** (mrem; 1 mrem = 1×10^{-3} rem) e o **sievert** (Sv; 1 Sv = 100 rem). O sievert é a unidade do SI. A razão para o rem é que danos aos tecidos causados por 1 rad de energia absorvida dependem do tipo de radiação. Um rad de raios alfa, por exemplo, causa dez vezes mais danos que 1 rad de raios X ou raios gama. A Tabela 9.3 resume as várias unidades de radiação e o que cada uma delas mede.

Embora as partículas alfa causem mais danos que os raios X ou os raios gama, elas têm um poder de penetração muito pequeno (Tabela 9.1) e não podem atravessar a pele. Consequentemente, não são nocivas aos humanos nem aos animais, contanto que não entrem no corpo. Se entrarem, poderão ser bastante nocivas. Entrarão, por exemplo, se a pessoa engolir ou inalar uma pequena partícula de uma substância que emite partículas alfa. As partículas beta são menos nocivas aos tecidos que as partículas alfa, mas sua penetração é maior e, portanto, geralmente mais danosa. Os raios gama, que podem penetrar completamente na pele, são de longe a forma mais perigosa e nociva de radiação. É preciso lembrar que as partículas alfa, uma vez no interior do corpo, como a radiação alfa do radônio-222, causam grandes danos. Assim, para efeitos de comparação e para calcular a exposição a todos os tipos de fontes, a dose equivalente é uma importante medida. Se um órgão receber radiação de diferentes fontes, o efeito total pode ser resumido em rem (ou mrem ou Sv). Por exemplo, 10 mrem de partículas alfa e 15 mrem de radiação gama dão um total de 25 mrem de dose equivalente absorvida. A Tabela 9.4 mostra a quantidade de exposição à radiação que a pessoa média obtém anualmente de fontes tanto naturais como artificiais.

A radiação de fundo de ocorrência natural varia com a localização geológica. Por exemplo, em algumas minas de fosfato, foi detectada uma radiação dez vezes maior que a média. Pessoas que trabalham em medicina nuclear estão, é claro, expostas a quantidades maiores. Para assegurar que essas exposições não atinjam um nível muito alto, elas usam dosímetros de radiação. Uma única radiação de 25 rem, no corpo inteiro, pode ser observada em contagens reduzidas de células sanguíneas, e 100 rem causam os sintomas típicos de doença por radiação, que incluem náusea, vômito, diminuição na contagem das células brancas e perda de cabelo. Uma dose de 400 rem causa morte em um período de um mês em 50% das pessoas expostas, e 600 rem são quase invariavelmente letais em pouco tempo. Note-se que são necessários 50.000 rem para matar bactérias e 10^6 rem para inativar vírus.

TABELA 9.3 Dosimetria de radiação

Unidade	O que a unidade mede	Unidade SI	Outras unidades
Roentgen	Quantidade de radiação liberada de uma fonte de radiação	Roentgen (R)	
Rad	A razão entre a radiação absorvida por um tecido e aquela liberada para o tecido	Gray (Gy)	1 rad = 0,01 Gy
Rem	A razão entre o dano causado no tecido por um rad de radiação e o tipo de radiação	Sievert (Sv)	1 rem = 0,01 Sv

Raios cósmicos Partículas de alta energia, principalmente prótons, vindas do espaço exterior e que atingem a Terra.

TABELA 9.4 Exposição média à radiação por fontes comuns

Fonte	Dose (mrem/ano)
Radiação de ocorrência natural	
Raios cósmicos	27
Radiação terrestre (rochas, edifícios)	28
No interior do corpo humano (K-40 e Ra-226 nos ossos)	39
Radônio no ar	200
Total	294
Radiação artificial	
Raios X clínicos[a]	39
Medicina nuclear	14
Produtos para o consumidor	10
Usinas nucleares	0,5
Todas as outras	1,5
Total	65
Total final	359[b]

[a] Procedimentos clínicos individuais podem expor certas partes do corpo a níveis muito altos. Por exemplo, um raio X de tórax libera 27 mrem, e uma série de diagnósticos GI, 1.970 mrem.
[b] O padrão federal de segurança para exposição ocupacional permissível é em torno de 5.000 mrem/ano. Sugeriu-se que esse nível fosse baixado para 4.000 mrem/ano, ou ainda menos, para reduzir o risco de câncer resultante de baixos níveis de radiação.
Fonte: National Council on Radiation Protection and Measurements, NCRP Report n. 93 (1993).

Felizmente, a maioria de nós nunca se expõe a uma única dose de mais que alguns poucos rem e, portanto, nunca sofre de nenhuma doença causada por radiação. Isso não significa, porém, que doses pequenas sejam totalmente inofensivas. Danos podem surgir de duas maneiras:

1. Pequenas doses de radioatividade durante anos podem causar câncer, especialmente câncer no sangue, como a leucemia. Exposições frequentes à luz do Sol também apresentam risco de danos aos tecidos. A maior parte da radiação UV de alta energia do Sol é absorvida pela camada protetora de ozônio na estratosfera. No bronzeamento, porém, a frequente superexposição à radiação UV pode causar câncer de pele (ver "Conexões químicas 18D"). Ninguém sabe quantos casos de câncer resultaram dessa prática, pois as doses são tão pequenas e continuam por tantos anos que não podem ser medidas com precisão. E, como também existem tantas outras causas para o câncer, é difícil, ou mesmo impossível, saber se determinado caso foi causado por radiação.

2. Se alguma forma de radiação atingir um óvulo ou um espermatozoide, poderá causar alteração nos genes (ver "Conexões químicas 25E"). Essas mudanças são conhecidas como mutações. Se um óvulo ou espermatozoide afetado fecundar, crescer e tornar-se um indivíduo, este poderá ter características mutantes, que geralmente são nocivas e letais.

Como a radiação tem um potencial tão maligno, seria bom se pudéssemos evitá-la totalmente. Mas podemos? A Tabela 9.4 mostra que isso é impossível. A radiação de ocorrência natural, chamada **radiação de fundo**, está presente em toda parte na Terra. Como mostra a Tabela 9.4, essa radiação de fundo supera em muito o nível médio de radiação de fontes artificiais (na maior parte, raios X usados em diagnósticos). Se eliminássemos todas as formas de radiação artificial, incluindo as de uso clínico, ainda assim estaríamos expostos à radiação de fundo.

Conexões químicas 9B

O problema do radônio doméstico

A maior parte de nossa exposição à radiação ionizante vem de fontes naturais (Tabela 9.4), o gás radônio sendo a principal causa. O radônio tem mais de 20 isótopos, todos radioativos. O mais importante é o radônio-222, um emissor alfa. O radônio-222 é um produto natural do decaimento do urânio-238, que se distribui amplamente na crosta terrestre.

Entre os elementos radioativos, o radônio é particularmente perigoso para a saúde porque é um gás em temperaturas e pressões normais. Consequentemente, pode penetrar em nossos pulmões com o ar que respiramos e alojar-se na mucosa que reveste os pulmões. O radônio-222 tem uma meia-vida de 3,8 dias. Ele decai naturalmente e produz, entre outros isótopos, dois emissores alfa nocivos: polônio-218 e polônio-214. Esses isótopos do polônio são sólidos e não saem dos pulmões com a expiração. No longo prazo, podem causar câncer de pulmão.

A Agência de Proteção Ambiental dos Estados Unidos estabeleceu um padrão de 4 pCi/L (1 picocurie, pCi, é 10^{-12} Ci) como nível seguro de exposição. Um levantamento feito em lares constituídos por uma única família, nos Estados Unidos, mostrou que 7% excediam esse nível. A maior parte do radônio se infiltra nas habitações através de rachaduras nos alicerces de cimento e em torno dos canos, acumulando-se então nos porões. A solução é ventilar porões e casas o suficiente para reduzir os níveis de radiação. Em um caso notório, um conjunto de casas em Grand Junction, no Colorado, foi construído com tijolos feitos de resíduos de urânio. Obviamente, os níveis de radiação nessas construções eram inaceitavelmente altos. Como não podiam ser controlados, as construções tiveram que ser destruídas. Atualmente, quando já se tem consciência da radiação, cada vez mais os compradores pedem um certificado de níveis de radiação de radônio antes de comprar sua casa.

9.7 O que é medicina nuclear?

Quando pensamos em química nuclear, talvez primeiro nos venha à mente usinas nucleares, bombas atômicas e armas de destruição de massa. Por mais que isso seja verdade, também é verdade que a química nuclear e o uso dos elementos radioativos tornaram-se ferramentas valiosas em todas as áreas da ciência. E em nenhuma outra área isso é mais importante que na medicina nuclear, ou seja, no uso de isótopos radioativos como ferramentas para diagnóstico e tratamento de doenças. Para descrever todo o alcance da utilização medicinal da química nuclear, precisaríamos de muito mais espaço do que dispomos neste livro. O que fizemos, no entanto, foi escolher vários exemplos de cada utilização para ilustrar o alcance das aplicações da química nuclear nas ciências da saúde.

A. Imageamento clínico

O imageamento clínico é o aspecto mais utilizado da medicina nuclear. Seu objetivo é criar uma imagem de um tecido-alvo. Para criar uma imagem útil, são necessárias três coisas:

- Um elemento radioativo administrado na forma pura ou em um composto que se torna concentrado no tecido a ser imageado.
- Um método para detectar radiação da fonte radioativa e registrar sua intensidade e localização.
- Um computador para processar os dados sobre a intensidade e localização e transformá-los em uma imagem útil.

Do ponto de vista químico e metabólico, um isótopo radioativo no corpo comporta-se exatamente da mesma maneira que os isótopos não radioativos do mesmo elemento. Na forma mais simples de imageamento, um isótopo radioativo é injetado por via intravenosa e um técnico usa um detector para monitorar a distribuição da radiação no corpo do paciente. A Tabela 9.5 apresenta alguns dos radioisótopos mais importantes utilizados em imageamento e diagnóstico.

O uso do iodo-131, um emissor beta e gama ($t_{1/2}$ = 8,04 dias), para formar imagens e diagnosticar disfunções nas glândulas tiroides, é um bom exemplo. As glândulas tiroides do pescoço produzem um hormônio, a tiroxina, que controla a velocidade total do metabolismo (uso do alimento) no corpo. Uma molécula de tiroxina contém quatro átomos de iodo. Quando o iodo-131 radioativo é injetado na corrente sanguínea, as glândulas tiroides o captam e o incorporam à tiroxina (ver "Conexões químicas 13C"). Uma tiroide normal absorve cerca de 12% do iodo administrado em um período de algumas horas. Uma tiroide hipera-

Conexões químicas 9C

Como a radiação danifica os tecidos: radicais livres

Conforme foi mencionado anteriormente, a radiação danifica os tecidos causando ionização. Isto é, a radiação retira elétrons das moléculas que compõem os tecidos (geralmente um elétron por molécula), formando assim íons instáveis. Por exemplo, a interação da radiação de alta energia com a água forma H_2O^+, um cátion instável. A carga positiva desse cátion significa que um dos elétrons normalmente presentes na molécula de água, seja de ligação covalente ou de um par não compartilhado, está faltando nesse cátion; ele foi retirado.

$$[\text{H}-\overset{..}{\underset{..}{\text{O}}}-\text{H}]^+$$

O elétron não emparelhado está no oxigênio

uma vez formado, o cátion H_2O^+ é instável e se decompõe em H^+ e um radical hidroxila:

$$\text{Energia} + H_2O \longrightarrow H_2O^+ + e^-$$
$$H_2O^+ \longrightarrow H^+ + \cdot OH \text{ (Radical hidroxila)}$$

Enquanto o átomo de oxigênio no íon hidróxido tem um octeto completo – ele é circundado por três pares de elétrons não compartilhados e um par compartilhado –, o oxigênio no íon hidróxido é circundado somente por sete elétrons de valência – dois pares não compartilhados, um par compartilhado e um elétron desemparelhado. Compostos com elétrons desemparelhados são chamados **radicais livres** ou simplesmente **radicais**.

$$^-\!:\!\overset{..}{\underset{..}{\text{O}}}\text{H} \qquad \cdot\overset{..}{\underset{..}{\text{O}}}\text{H}$$

Íon hidróxido / Radical hidroxila (Um elétron não emparelhado)

O fato de o átomo de oxigênio do radical ·OH ter um octeto incompleto torna esse radical extremamente reativo. Ele interage rapidamente com outras moléculas causando reações químicas que danificam os tecidos. Essas reações terão consequências graves se ocorrerem no interior do núcleo da célula e danificarem material genético. Além disso, afetam células de divisão rápida mais do que o fazem com células estacionárias. Assim, o dano é maior em células embrionárias, células da medula óssea, intestinos e células linfáticas. Sintomas de doença por radiação incluem náusea, vômito, diminuição na contagem das células brancas e perda de cabelo.

---

tiva (hipertiroidismo) absorve e localiza mais rápido o iodo-131 nas glândulas, enquanto uma tiroide hipoativa (hipotiroidismo) faz o mesmo mais lentamente. Ao realizar a contagem da radiação gama emitida do pescoço, pode-se determinar a velocidade de captação do iodo-131 nas glândulas tiroides e diagnosticar hipertiroidismo ou hipotiroidismo.

A maior parte dos escaneamentos de órgão baseia-se na captação preferencial de alguns isótopos radioativos por determinado órgão (Figura 9.7).

TABELA 9.5 Alguns isótopos radioativos úteis em imageamento clínico

	Isótopo	Modo de decaimento	Meia-vida	Uso em imageamento clínico
$^{11}_{6}C$	Carbono-11	β^+, γ	20,3 m	Escaneamento do cérebro para acompanhar o metabolismo da glicose
$^{18}_{9}F$	Flúor-18	β^+, γ	109 m	Escaneamento do cérebro para acompanhar o metabolismo da glicose
$^{32}_{15}P$	Fósforo-32	β	14,3 d	Detecta tumores nos olhos
$^{51}_{24}Cr$	Crômio-51	CE, γ	27,7 d	Diagnóstico de albinismo, imageamento do baço e do trato gastrointestinal
$^{59}_{26}Fe$	Ferro-59	β, γ	44,5 d	Função da medula óssea; diagnóstico de anemias
$^{67}_{31}Ga$	Gálio-67	CE, γ	78,3 h	Escaneamento de todo o corpo para tumores
$^{75}_{34}Se$	Selênio-75	CE, γ	118 d	Escaneamento do pâncreas
$^{81m}_{36}Kr$	Criptônio-81m	γ	13,3 s	Escaneamento da ventilação dos pulmões
$^{81}_{38}Sr$	Estrôncio-81	β	22,2 m	Escaneamento para doenças nos ossos, incluindo câncer
$^{99m}_{43}Tc$	Tecnécio-99m	γ	6,01 h	Escaneamento do cérebro, fígado, rins e ossos; diagnóstico de danos no músculo cardíaco
$^{131}_{53}I$	Iodo-131	β, γ	8,04 d	Diagnóstico de disfunção na tiroide
$^{197}_{80}Hg$	Mercúrio-197	CE, γ	64,1 h	Escaneamento dos rins
$^{201}_{81}Tl$	Tálio-201	CE, γ	3,05 d	Escaneamento do coração e teste de resistência física

Outra forma importante de imageamento clínico é a tomografia de emissão de pósitron (*positron emission tomography* – PET). Esse método baseia-se no fato de que certos isótopos (tais como o carbono-11 e o flúor-18) emitem pósitrons (Seção 9.3D). O flúor-18 decai por emissão de pósitron a oxigênio-18:

$$^{18}_{9}F \longrightarrow {}^{18}_{8}O + {}^{+1}_{0}e$$

Pósitrons têm vida muito curta. Quando um pósitron e um elétron colidem, eles se aniquilam, resultando na emissão de dois raios gama.

$$\underset{\text{Pósitron}}{{}^{0}_{+1}e} + \underset{\text{Elétron}}{{}^{0}_{-1}e} \longrightarrow 2\gamma$$

Como os elétrons estão presentes em todos os átomos, há sempre muitos deles por perto, portanto os pósitrons gerados no corpo não podem viver por muito tempo.

Uma das moléculas de marcação favoritas para acompanhar a captação e o metabolismo da glicose, $C_6H_{12}O_6$, é o 18-fluorodeoxiglicose (FDG), uma molécula de glicose em que um de seus seis átomos de oxigênio é substituído pelo flúor-18. Quando o FDG é administrado por via intravenosa, a glicose marcada logo entra na corrente sanguínea e dali segue para o cérebro. Detectores de raios gama podem captar os sinais que vêm das áreas onde se acumula a glicose marcada. Assim, pode-se ver quais são as áreas do cérebro envolvidas quando processamos, por exemplo, a informação visual (Figura 9.8). Escaneamentos PET de todo o corpo podem ser usados para diagnosticar câncer de pulmão, colorretal, na cabeça, pescoço e esôfago, bem como os primeiros estágios de epilepsia e outras doenças que envolvem o metabolismo anormal da glicose, como a esquizofrenia.

Como os tumores apresentam altas taxas metabólicas, os escaneamentos PET com o uso de FDG tornaram-se o diagnóstico de escolha para sua detecção e localização. O FDG/PET também tem sido aplicado no diagnóstico de melanomas e linfomas malignos, entre outras condições.

Outra importante utilização dos isótopos radioativos é saber o que acontece a um material ingerido. Os alimentos e fármacos ingeridos ou de outra forma assimilados pelo organismo são transformados, decompostos e excretados. Para entender a farmacologia de uma droga, é importante saber como e em que parte do corpo esses processos ocorrem. Por exemplo, um fármaco pode ser eficaz no tratamento de certas infecções bacterianas. Antes de começar os testes clínicos para o fármaco, o fabricante deve provar que o fármaco não é nocivo para os humanos. Em um caso típico, o fármaco primeiro é testado em animais. Ele é sintetizado e alguns isótopos radioativos, como o hidrogênio-3, carbono-14 ou fósforo-32, são incorporados à sua estrutura. O fármaco é administrado a animais de teste, e, depois de algum tempo, os animais são sacrificados. O destino do fármaco é, então, determinado isolando-se do corpo quaisquer compostos radioativos formados.

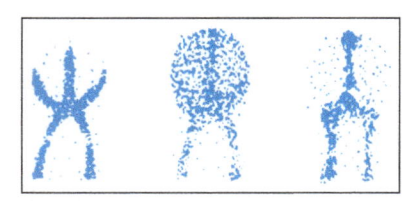

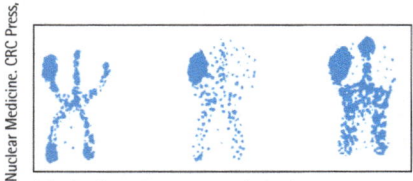

FIGURA 9.7 Comparação de padrões de escaneamento dinâmico para cérebros normais e patológicos. Os estudos foram executados com injeção de tecnécio-99m nos vasos sanguíneos.

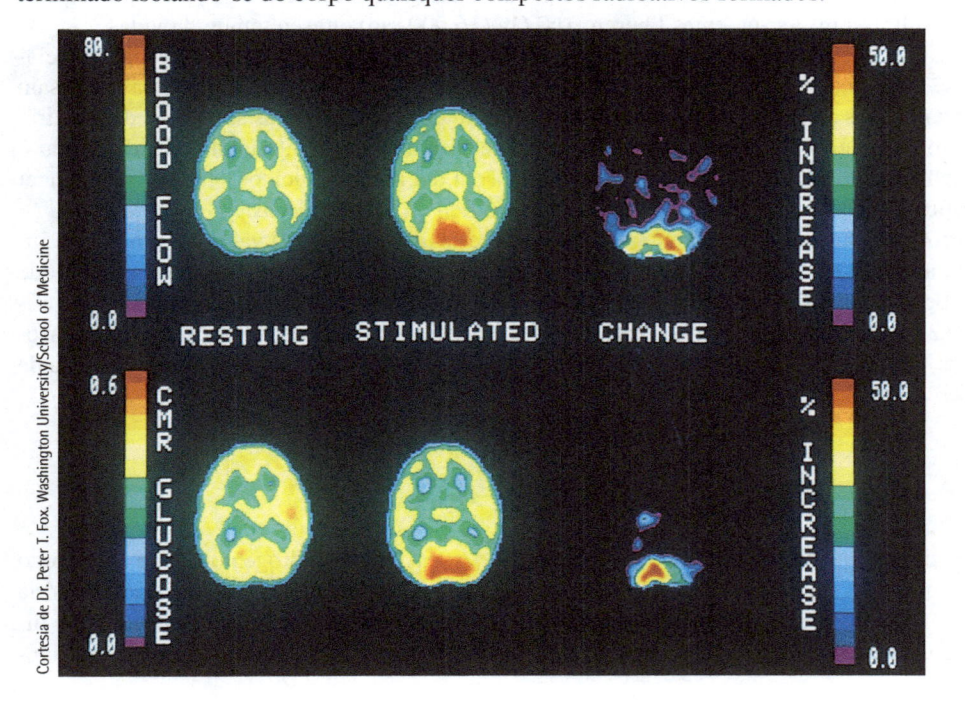

FIGURA 9.8 Escaneamentos do cérebro por tomografia de emissão de pósitron. Os escaneamentos superiores mostram que o 18-fluorodeoxiglicose pode cruzar a barreira hematocefálica. Os escaneamentos inferiores mostram que a estimulação visual aumenta o fluxo sanguíneo e a concentração de glicose em certas áreas do cérebro. Essas áreas aparecem em vermelho.

Um experimento farmacológico típico estudou os efeitos da tetraciclina. Esse poderoso antibiótico tende a se acumular nos ossos e não pode ser administrado a gestantes porque é transferido para os ossos do feto. A tetraciclina foi marcada com o radioisótopo trítio (hidrogênio-3) e sua captação em ossos de ratos foi monitorada na presença e na ausência de um fármaco à base de sulfa. Com o auxílio de um contador de cintilações, os pesquisadores mediram a intensidade da radiação dos ossos da mãe e do feto. Constataram que o fármaco à base de sulfa ajudou a minimizar o acúmulo da tetraciclina nos ossos do feto.

O destino metabólico, no organismo, de substâncias químicas essenciais também pode ser rastreado com marcadores radioativos. Igualmente, o uso de isótopos radioativos tem esclarecido vários processos patológicos e funções do organismo.

B. Terapia por radiação

A principal utilização de isótopos radioativos em terapia é a destruição seletiva de células e tecidos patológicos. Lembremos que a radiação, seja ela de raios gama, raios X ou outras fontes, é nociva às células. A radiação ionizante causa danos às células, especialmente àquelas que se dividem de modo rápido. Esses danos podem ser suficientemente graves a ponto de destruir células doentes ou alterar seus genes, de modo que a multiplicação das células seja desacelerada.

Em aplicações terapêuticas, as células cancerosas são os principais alvos da radiação ionizante. A radiação é utilizada quando o câncer é bem localizado e também pode ser empregada quando as células cancerosas se espalham e se encontram em estado metastático. Além disso, é usada com fins preventivos, principalmente para eliminar possíveis células cancerosas restantes após uma cirurgia. A ideia, obviamente, é matar células cancerosas, mas não as normais. Assim, radiação como raios X de alta energia ou raios gama de uma fonte de cobalto-60 é focalizada em uma pequena parte do corpo na qual se suspeita da existência de células cancerosas. Além dos raios X e dos raios gama de cobalto-60, outra radiação ionizante é utilizada para tratar tumores inoperáveis. Feixes de próton de cíclotrons, por exemplo, têm sido utilizados para tratar melanoma ocular e tumores da base do crânio e da espinha.

Apesar dessa técnica direcionada, a radiação inevitavelmente mata células saudáveis junto com as cancerosas. Como a radiação é mais eficaz contra células que se dividem rapidamente do que contra as células normais, e como ela é dirigida a um ponto específico, os danos aos tecidos saudáveis são minimizados.

Outra maneira de limitar os danos da radiação na terapia é usar isótopos radioativos específicos. No caso do câncer de tiroide, são administradas grandes doses de iodo-131, que é captado pelas glândulas. O isótopo, que possui alta radioatividade, mata todas as células da glândula (cancerosas e normais), mas não causa danos apreciáveis a outros órgãos.

Outro radioisótopo, o iodo-125, é usado no tratamento de câncer de próstata. Sementes de iodo-125, um emissor gama, são implantadas na área cancerosa da próstata imageada por ultrassom. As sementes liberam 160 Gy (16.000 rad) em seu tempo de vida.

Uma nova forma de tratamento de câncer de próstata, com grande potencial, baseia-se no actínio-225, um emissor alfa. Como vimos na Seção 9.6, as partículas alfa causam mais danos aos tecidos que qualquer outra forma de radiação, mas seu poder de penetração é pequeno. Pesquisadores desenvolveram uma maneira muito inteligente de liberar o actínio-225 na região de câncer na próstata sem danificar os tecidos saudáveis. O câncer tem uma alta concentração do antígeno específico da próstata (*prostate-specific antigen* – PSA) em sua superfície. Um anticorpo monoclonal (Seção 30.4) vai direto ao PSA e interage com ele. Um único átomo de actínio-225 ligado a esse anticorpo monoclonal pode liberar a radiação desejada, destruindo assim o câncer. O actínio-225 é especialmente eficaz porque tem uma meia-vida de dez dias e decai a três nuclídeos, eles próprios emissores alfa. Em ensaios clínicos, uma única injeção de anticorpo com intensidade na faixa de kBq (nanocuries) proporcionou a regressão do tumor, e sem toxicidade.

9.8 O que é fusão nuclear?

Estima-se que 98% de toda a matéria no universo seja feita de hidrogênio e hélio. De acordo com a teoria do *Big Bang*, nosso universo começou com uma explosão em que a matéria foi formada a partir da energia e que, no começo, só existia o elemento mais leve, o hidrogênio. Mais tarde, à medida que o universo se expandia, nuvens de hidrogênio colap-

---

Ocorre estado metastático quando as células cancerosas se desprendem de seu(s) sítio(s) de origem e começam a se dirigir a outras partes do corpo.

savam sob a ação de forças gravitacionais, formando as estrelas. No âmago dessas estrelas, núcleos de hidrogênio se fundiam para formar hélio.

A fusão de dois núcleos de hidrogênio em um núcleo de hélio libera uma grande quantidade de energia na forma de fótons, em grande parte pela seguinte reação:

$$^{2}_{1}H + ^{3}_{1}H \longrightarrow ^{4}_{2}He + ^{1}_{0}n + 5{,}3 \times 10^{8} \text{ kcal/mol He}$$

Hidrogênio-2 (Deutério)   Hidrogênio-3 (Trítio)

Esse processo, conhecido como **fusão**, refere-se a como o Sol gera sua energia. A fusão descontrolada é utilizada na "bomba de hidrogênio". Se algum dia pudermos obter uma versão controlada dessa reação de fusão (o que é improvável acontecer no curto prazo), seremos capazes de resolver nossos problemas de energia.

Como acabamos de ver, a fusão de núcleos de deutério e trítio em um núcleo de hélio libera uma quantidade muito grande de energia. Qual é a fonte dessa energia? Quando comparamos a massa dos reagentes e produtos, vemos que há uma perda de 5,0301 − 5,0113 = 0,0189 g para cada mol de hélio formado:

$$^{2}_{1}H + ^{3}_{1}H \longrightarrow ^{4}_{2}He + ^{1}_{0}n$$

2,01410 g   3,0161 g   4,0026 g   1,0087 g

5,0302 g   5,0113 g

Quando os núcleos de deutério e trítio são convertidos em hélio e um nêutron, a massa que sobra tem de ir para algum lugar. Para onde ela vai? A resposta é que a massa que falta é convertida em energia. Sabemos, da equação desenvolvida por Albert Einstein (1879-1955), quanta energia podemos obter da conversão de qualquer quantidade de massa:

$$E = mc^2$$

Essa equação diz que a massa (m), em quilogramas, perdida multiplicada pelo quadrado da velocidade da luz (c^2, em que $c = 3{,}0 \times 10^8$ m/s), em metros quadrados por segundo quadrado (m²/s²), é igual à quantidade de energia criada (E), em joules. Por exemplo, 1 g de matéria completamente convertida em energia produziria $8{,}8 \times 10^{13}$ J, energia suficiente para ferver 34.000.000 L de água inicialmente a 20 °C. Isso equivale à quantidade de água em uma piscina olímpica. Como se pode ver, obtemos uma tremenda quantidade de energia de muito pouca massa.

Todos os **elementos transuranianos** (elementos cujos números atômicos são maiores que 92) são artificiais e foram preparados por um processo de fusão em que os núcleos pesados são bombardeados com núcleos leves. Muitos, como o próprio nome indica, foram preparados pela primeira vez no Lawrence Laboratory da Universidade da Califórnia, em Berkeley, por Glenn Seaborg (1912-1999; Prêmio Nobel de Química de 1951) e seus colegas:

$$^{244}_{96}Cm + ^{4}_{2}He \longrightarrow ^{245}_{97}Bk + ^{1}_{1}H + 2\,^{1}_{0}n$$

$$^{238}_{92}U + ^{12}_{6}C \longrightarrow ^{246}_{98}Cf + 4\,^{1}_{0}n$$

$$^{252}_{98}Cf + ^{10}_{5}B \longrightarrow ^{257}_{103}Lr + 5\,^{1}_{0}n$$

Esses elementos transuranianos são instáveis, e a maior parte deles tem meias-vidas muito curtas. Por exemplo, a meia-vida do laurêncio-257 é de 0,65 segundo. Muitos dos novos elementos superpesados foram obtidos bombardeando-se isótopos de chumbo com cálcio-48 ou níquel-64. Até agora, foi relatada a criação dos elementos 110, 111 e 112-116, mesmo que sua detecção fosse baseada na observação do decaimento de um único átomo.

Pioneiro no desenvolvimento de radioisótopos para uso medicinal, Glenn Seaborg foi o primeiro a produzir iodo-131, usado subsequentemente para tratar a condição anormal da tiroide de sua mãe. Como resultado de outras pesquisas de Seaborg, tornou-se possível prever com precisão as propriedades de muitos dos até então não descobertos elementos transuranianos. Em um extraordinário período de apenas 21 anos (1940-1961), Seaborg e seus colegas sintetizaram dez novos elementos transuranianos (do plutônio ao laurêncio).

> **Fusão nuclear** A união de núcleos atômicos para formar um novo núcleo, mais pesado que cada um dos núcleos de partida.

> As reações que ocorrem no Sol são essencialmente as mesmas que ocorrem nas bombas de hidrogênio.

Ele recebeu o Prêmio Nobel em 1951 por ter criado novos elementos. Na década de 1990, Seaborg foi homenageado com o nome do elemento 106.

9.9 O que é fissão nuclear e como está relacionada à energia atômica?

Na década de 1930, Enrico Fermi (1901-1954) e seus colegas em Roma, e também Otto Hahn (1879-1968), Lise Meitner (1878-1968) e Fritz Strassman (1902-1980), na Alemanha, tentaram produzir novos elementos transuranianos bombardeando o urânio-235 com nêutrons. Para sua surpresa, descobriram que, em vez de fusão, obtiveram a **fissão nuclear** (fragmentação de grandes núcleos em peças menores):

$$^{235}_{92}U + ^{1}_{0}n \longrightarrow ^{141}_{56}Ba + ^{92}_{36}Kr + 3\,^{1}_{0}n + \gamma \text{ energia}$$

Central Nuclear Sequoyah, Chattanooga, Tennessee.

Nessa reação, um núcleo de urânio-235 absorve um nêutron, torna-se o urânio-236 e depois se fragmenta em dois núcleos menores. O produto mais importante desse decaimento nuclear é a energia, produzida porque os produtos têm menos massa que os materiais de partida. Essa forma de energia, chamada **energia atômica**, tem sido usada tanto para a guerra (na bomba atômica) como para a paz.

Com o urânio-235, cada fissão produz três nêutrons, que, por sua vez, podem gerar mais fissões colidindo com outros núcleos de urânio-235. Se ao menos um desses nêutrons produzir uma nova fissão, o processo vai se tornar uma **reação em cadeia** que vai se autopropagar (Figura 9.9) e continuará em velocidade constante. Se todos os três nêutrons produzirem nova fissão, a velocidade da reação aumentará de forma constante e finalmente culminará em uma explosão nuclear. Em usinas nucleares, a velocidade de reação é controlada pela inserção de varetas de boro para absorver nêutrons e assim refrear a velocidade de fissão.

Em usinas que geram energia nuclear, a energia produzida pela fissão é enviada a trocadores de calor e usada para gerar vapor, que movimenta uma turbina para produzir eletricidade (Figura 9.10). Atualmente, essas usinas fornecem mais de 15% da energia elétrica nos Estados Unidos. A oposição às usinas nucleares baseia-se em considerações de segurança e nos problemas não resolvidos de descarte de resíduos. Embora, de modo geral, as usinas nucleares apresentem bons registros de segurança, acidentes como os de Chernobyl (ver "Conexões químicas 9D") e Three Mile Island causaram preocupações.

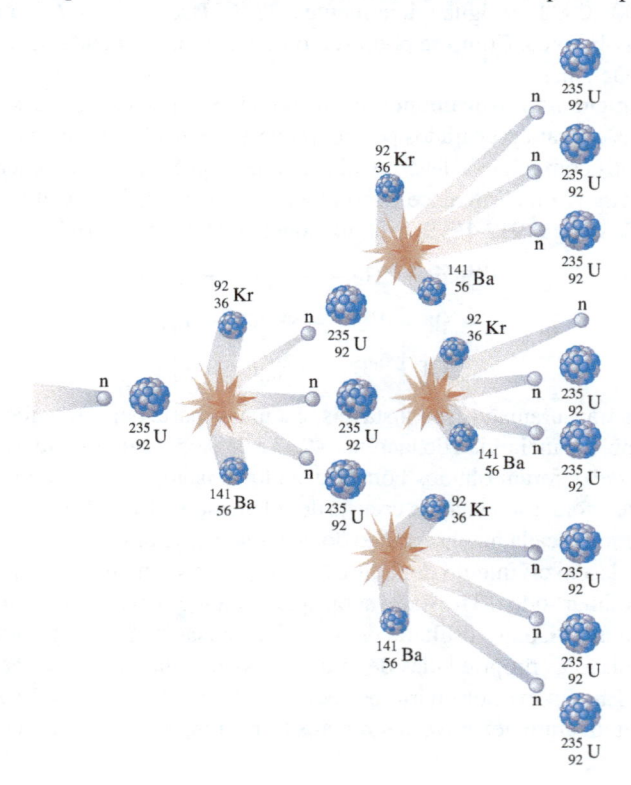

FIGURA 9.9 Uma reação em cadeia começa quando um nêutron colide com um núcleo de urânio-235.

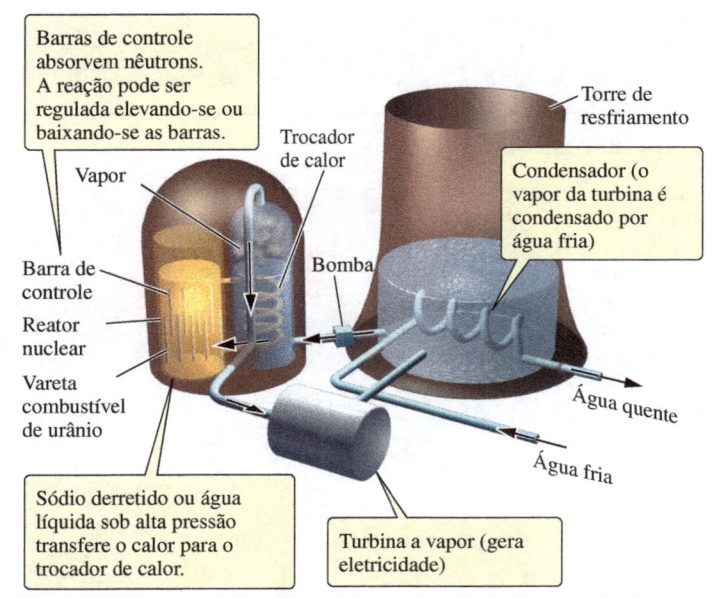

FIGURA 9.10 Diagrama esquemático de uma usina nuclear de geração de energia.

O descarte de resíduos é um problema de longo prazo. Os produtos de fissão em reatores nucleares são eles próprios altamente radioativos e com meias-vidas longas. O combustível gasto contém esses produtos de fissão de alto nível como resíduos nucleares, como o urano e o plutônio, que podem ser recuperados e reutilizados como combustível de óxido misto (MOX). O reprocessamento é caro: embora feito rotineiramente na Europa e na Rússia, não é praticado em usinas nucleares nos Estados Unidos por razões econômicas. Essa situação, porém, pode mudar porque foram desenvolvidos processos mais limpos de extração, que utilizam dióxido de carbono supercrítico (ver "Conexões químicas 5F"), eliminando assim a necessidade de descarte do solvente.

Os Estados Unidos possuem cerca de 50.000 toneladas métricas de combustível gasto, armazenado sob a água e em barris secos, em usinas. O Departamento de Energia armazena, em três grandes sítios, resíduos nucleares adicionais de programas para armamentos nucleares, reatores para pesquisa e outras fontes. Depois de 40 anos, o nível de radioatividade que os resíduos apresentavam imediatamente após sua remoção do reator é reduzido mil vezes. Esse resíduo nuclear provavelmente será enterrado no subsolo. Recentemente, o governo federal dos Estados Unidos deu sua aprovação final a um plano para armazenar resíduo nuclear em Yucca Mountain, Nevada.

As preocupações ambientais, no entanto, persistem. Não se pode garantir que o lugar vai permanecer seco durante séculos. A umidade poderá corroer os cilindros de aço e mesmo os cilindros internos de vidro/cerâmica que circundam o resíduo nuclear. Alguns temem que materiais vazados desses tanques de armazenagem possam escapar se o carbono-14 for oxidado a dióxido de carbono radioativo ou, o que é menos provável, que outros nuclídeos radioativos possam contaminar águas subterrâneas que se encontram bem abaixo das rochas desérticas de Yucca Mountain.

Para manter esses problemas em perspectiva, é preciso lembrar que a maioria dos outros métodos de gerar grandes quantidades de energia elétrica tem seus próprios problemas ambientais. A queima de carvão ou de petróleo, por exemplo, contribui para o acúmulo de CO_2 na atmosfera e gera chuva ácida (ver "Conexões químicas 6A").

Conexões químicas 9D

A precipitação radioativa em acidentes nucleares

Em 26 de abril de 1986, ocorreu um acidente no reator nuclear da cidade de Chernobyl, na antiga União Soviética. Foi uma clara advertência sobre os perigos que envolvem o setor e do alcance da contaminação que esses acidentes podem produzir. Na Suécia, a mais de 800 quilômetros de distância do local do acidente, a nuvem radioativa aumentou a radiação de fundo entre 4 e 15 vezes o nível normal. A nuvem radioativa atingiu a Inglaterra, cerca de 2.100 quilômetros de distância, uma semana depois. Ali elevou-se a radiação natural de fundo em 15%. A radioatividade do iodo-131 foi medida em 400 Bq/L no leite e 200 Bq/kg em vegetais folhosos. Mesmo a 6.400 quilômetros dali, em Spokane, Washington, constatou-se uma atividade de 242 Bq/L do iodo-131 em água da chuva, e atividades menores – 1,03 Bq/L de rutênio-103 e 0,66 Bq/L de césio-137 – também foram registradas. Esses níveis não são nocivos.

Mais próximo da fonte do acidente nuclear, na vizinha Polônia, pílulas de iodeto de potássio foram dadas às crianças. Tomou-se essa medida para impedir que o iodo-131 radioativo (que poderia vir de alimento contaminado) se concentrasse na glândula tireoide, o que poderia resultar em câncer. Em decorrência dos ataques terroristas de 11 de setembro de 2001, Massachusetts tornou-se o primeiro Estado a autorizar o armazenamento de pílulas de KI em caso de atividade terrorista de cunho nuclear.

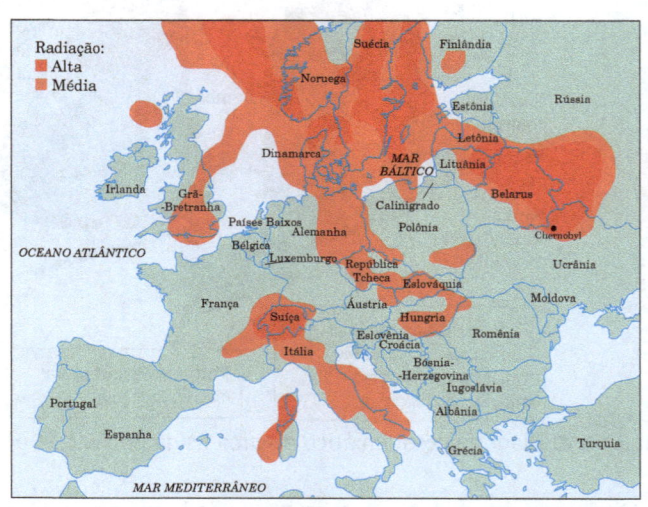

Mapa mostrando as áreas mais afetadas pelo acidente de Chernobyl.

Resumo das questões-chave

Seção 9.1 Como foi a descoberta da radioatividade?
- Henri Becquerel descobriu a radioatividade em 1896.

Seção 9.2 O que é radioatividade?
- Os quatro principais tipos de radioatividade são as **partículas alfa** (núcleos de hélio), **partículas beta** (elétrons), **raios gama** (fótons de alta energia) e **pósitrons** (elétrons de carga positiva).

Seção 9.3 O que acontece quando um núcleo emite radioatividade?
- Quando um núcleo emite uma **partícula beta**, o novo elemento tem o mesmo número de massa, mas seu número atômico tem uma unidade a mais.
- Quando um núcleo emite uma **partícula alfa**, o novo elemento tem número atômico com duas unidades a menos e número de massa com quatro unidades a mais.
- Quando um núcleo emite um **pósitron** (elétron positivo), o novo elemento tem o mesmo número de massa, mas número atômico com uma unidade a menos.
- Na **emissão gama**, não ocorre nenhuma transmutação; somente a energia do núcleo diminui.
- Na **captura de elétron**, o novo elemento tem o mesmo número de massa, mas número atômico com uma unidade a menos.

Seção 9.4 O que é a meia-vida do núcleo?
- Cada isótopo radioativo decai em uma velocidade fixa descrita por sua **meia-vida**, que é o tempo necessário para o decaimento de metade da amostra.

Seção 9.5 Como se detecta e mede a radiação nuclear?
- A radiação é detectada e contada por dispositivos como os **contadores Geiger-Müller**.
- A principal unidade de intensidade de radiação é o **curie (Ci)**, que é igual a $3,7 \times 10^{10}$ desintegrações por segundo. Outras unidades muitos usadas são o milicurie (mCi), o microcurie (μCi) e o becquerel (Bq).

Seção 9.6 Como a dosimetria da radiação está relacionada à saúde humana?
- Para fins medicinais e para medir o dano potencial da radiação, a dose absorvida é medida em **rads**. Diferentes partículas causam diferentes danos aos tecidos do corpo; o **rem** é uma medida dos danos relativos causados pelo tipo de radiação.

Seção 9.7 O que é medicina nuclear?
- Medicina nuclear é o uso de radionúcleos para diagnóstico por imageamento e terapia.

Seção 9.8 O que é fusão nuclear?

- **Fusão nuclear** é a combinação (união) de dois núcleos mais leves para formar um núcleo mais pesado. O hélio é sintetizado no interior das estrelas por fusão dos núcleos de hidrogênio. A energia liberada nesse processo é a energia do Sol.

Seção 9.9 O que é fissão nuclear e como está relacionada à energia atômica?

- **Fissão nuclear** é a divisão de um núcleo mais pesado em dois ou mais núcleos menores. A fissão nuclear libera grandes quantidades de energia, que podem ser controladas (reatores nucleares) ou descontroladas (armas nucleares).

Resumo das reações principais

1. **Emissão beta (β) (Seção 9.3B)** Quando um núcleo decai por emissão beta, o novo elemento tem o mesmo número de massa, mas número atômico com uma unidade a mais.

$$^{32}_{15}P \longrightarrow {}^{32}_{16}S + {}^{0}_{-1}e$$

2. **Emissão alfa (α) (Seção 9.3C)** Quando um núcleo decai por emissão alfa, o novo núcleo tem massa com quatro unidades a menos e número atômico com duas unidades a menos.

$$^{238}_{92}U \longrightarrow {}^{234}_{90}Th + {}^{4}_{2}He$$

3. **Emissão de pósitron (β^+) (Seção 9.3D)** Quando um núcleo decai por emissão de pósitron, o novo elemento tem o mesmo número de massa, mas número atômico com uma unidade a menos.

$$^{11}_{6}C \longrightarrow {}^{11}_{5}B + {}^{0}_{+1}e$$

4. **Emissão gama (γ) (Seção 9.3E)** Quando um núcleo emite radiação gama, não há mudança nem no número de massa nem no número atômico do núcleo.

$$^{11}_{5}B^* \longrightarrow {}^{11}_{5}B + \gamma$$

5. **Captura de elétron (Seção 9.3F)** Quando um núcleo decai por captura de elétron, o núcleo resultante tem o mesmo número de massa, mas número atômico com uma unidade a menos.

$$^{7}_{4}Be + {}^{0}_{-1}e \longrightarrow {}^{7}_{3}Li$$

6. **Fusão nuclear (Seção 9.8)** Na fusão nuclear, dois ou mais núcleos reagem para formar um núcleo maior. No processo, há uma ligeira diminuição na massa; a soma das massas dos produtos da fusão é menor que a soma das massas dos núcleos de partida. A massa perdida aparece como energia.

$$^{2}_{1}H + {}^{3}_{1}H \longrightarrow {}^{4}_{2}He + {}^{1}_{0}n + 5{,}3 \times 10^8 \text{ kcal/mol He}$$

7. **Fissão nuclear (Seção 9.9)** Na fissão nuclear, um núcleo captura um nêutron para formar um núcleo com número de massa aumentado em uma unidade. O novo núcleo então se divide em dois núcleos menores.

$$^{235}_{92}U + {}^{1}_{0}n \longrightarrow {}^{141}_{56}Ba + {}^{92}_{36}Kr + 3\,{}^{1}_{0}n + \gamma + \text{energia}$$

Problemas

Seção 9.2 O que é radioatividade?

9.9 Qual é a diferença entre uma partícula alfa e um próton?

9.10 Micro-ondas são uma forma de radiação eletromagnética usada para o aquecimento rápido de alimentos. Qual é a frequência de uma micro-onda de comprimento de onda 5,8 cm?

9.11 Em cada caso, indique a frequência e o comprimento de onda em centímetros ou nanômetros e identifique o tipo de radiação.
(a) $7{,}5 \times 10^{14}$/s
(b) $1{,}0 \times 10^{10}$/s
(c) $1{,}1 \times 10^{15}$/s
(d) $1{,}5 \times 10^{18}$/s

9.12 A luz vermelha tem um comprimento de onda de 650 nm. Qual é a sua frequência?

9.13 Qual destas radiações tem o maior comprimento de onda (a) infravermelho, (b) ultravioleta ou (c) raios X? Qual delas tem energia mais alta?

9.14 Escreva o símbolo para um núcleo com os seguintes componentes:
(a) 9 prótons e 10 nêutrons
(b) 15 prótons e 17 nêutrons
(c) 37 prótons e 50 nêutrons

9.15 Em cada par, indique qual é o isótopo com maior probabilidade de ser radioativo:
(a) Nitrogênio-14 e nitrogênio-13
(b) Fósforo-31 e fósforo-33
(c) Lítio-7 e lítio-9
(d) Cálcio-39 e cálcio-40

9.16 Qual destes isótopos de boro é o mais estável: boro-8, boro-10 ou boro-12?

9.17 Qual destes isótopos de oxigênio é o mais estável: oxigênio-14, oxigênio-16 ou oxigênio-18?

Seção 9.3 O que acontece quando um núcleo emite radioatividade?

9.18 Indique se a afirmação é verdadeira ou falsa.

(a) A maioria (mais de 50%) dos mais de 300 isótopos de ocorrência natural é estável.

(b) O número de isótopos artificiais criados em laboratório é maior que o número de isótopos estáveis de ocorrência natural.

(c) Todos os isótopos artificiais criados em laboratório são radioativos.

(d) As expressões "partícula beta", "emissão beta" e "raio beta" referem-se todas ao mesmo tipo de radiação.

(e) Quando balanceamos uma equação nuclear, a soma dos números de massa e a soma dos números atômicos em cada lado da equação devem ser as mesmas.

(f) O símbolo da partícula beta é $_{-1}^{0}\beta$.

(g) Quando um núcleo emite uma partícula beta, o novo núcleo terá o mesmo número de massa, mas número atômico com uma unidade a mais.

(h) Quando o ferro-59 ($_{26}^{59}Fe$) emite uma partícula beta, ele é convertido em cobalto-59 ($_{27}^{59}Co$).

(i) Quando um núcleo emite uma partícula beta, primeiro ele captura um elétron de fora do núcleo e depois o expele.

(j) Para fins de determinação de números atômicos em uma equação nuclear, supõe-se que o elétron tem número de massa zero e número atômico -1.

(k) O símbolo da partícula alfa é $_{2}^{4}He$.

(l) Quando um núcleo emite uma partícula alfa, o novo núcleo terá número atômico com duas unidades a mais e número de massa com quatro unidades a mais.

(m) Quando o urânio-238 ($_{92}^{238}U$) sofre emissão alfa, o novo núcleo será o tório-234 ($_{90}^{234}Th$).

(n) O símbolo do pósitron é $_{+1}^{0}\beta$.

(o) O pósitron é também chamado elétron positivo.

(p) Quando um núcleo emite um pósitron, o novo núcleo terá o mesmo número de massa, mas número atômico com uma unidade a menos.

(q) Quando o carbono-11 ($_{6}^{11}C$) emite um pósitron, o novo núcleo formado será o boro-11 ($_{5}^{11}B$).

(r) Tanto a emissão alfa como a emissão de pósitron resultam na formação de um novo núcleo de número atômico mais baixo.

(s) O símbolo da radiação gama é γ.

(t) Quando um núcleo emite radiação gama, o novo núcleo formado terá o mesmo número de massa e o mesmo número atômico.

(u) Quando um núcleo captura um elétron extranuclear, o novo núcleo formado terá o mesmo número atômico, mas número de massa com uma unidade a menos.

(v) Quando o gálio-67 ($_{31}^{67}Ga$) sofre captura de elétron, o novo núcleo formado será o germânio-67 ($_{32}^{67}Ge$).

9.19 O samário-151 é um emissor beta. Escreva uma equação para essa reação nuclear e identifique o núcleo resultante.

9.20 Os seguintes núcleos transformam-se em novos núcleos emitindo partículas beta. Escreva uma equação para cada reação nuclear e identifique o núcleo resultante.
(a) $_{63}^{159}Eu$ (b) $_{56}^{141}Ba$ (c) $_{95}^{242}Am$

9.21 O crômio-51 é usado para diagnosticar a patologia do baço. O núcleo desse isótopo captura um elétron de acordo com a seguinte equação. Qual é o produto da transmutação?

$$_{24}^{51}Cr + _{-1}^{0}e \longrightarrow ?$$

9.22 Os seguintes núcleos decaem por emissão de partículas alfa. Escreva uma equação para cada reação nuclear e identifique os núcleos resultantes.
(a) $_{83}^{210}Bi$ (b) $_{94}^{238}Pu$ (c) $_{72}^{174}Hf$

9.23 O cúrio-248 foi bombardeado, produzindo antimônio-116 e césio-160. Qual foi o núcleo de bombardeio?

9.24 O fósforo-29 é um emissor de pósitron. Escreva uma equação para essa reação nuclear e identifique o núcleo resultante.

9.25 Para cada um dos seguintes casos, escreva uma equação nuclear balanceada e identifique a radiação emitida.
(a) Berílio-10 muda para boro-10.
(b) Európio-151 muda para európio-151.
(c) Tálio-195 muda para mercúrio-195.
(d) Plutônio-239 muda para urânio-235.

9.26 Nas primeiras três etapas do decaimento do urânio-238, aparecem as seguintes espécies isotópicas: urânio-238 decai a tório, que depois decai a protactínio-234, que depois decai a urânio-234. Que tipo de emissão ocorre em cada etapa?

9.27 Que tipo de emissão *não* resulta em transmutação?

9.28 Complete as seguintes reações nucleares.
(a) $_{8}^{16}O + _{8}^{16}O \longrightarrow ? + _{2}^{4}He$
(b) $_{92}^{235}U + _{0}^{1}n \longrightarrow _{38}^{90}Sr + ? + 3\,_{0}^{1}n$
(c) $_{6}^{13}C + _{2}^{4}He \longrightarrow _{8}^{16}O + ?$
(d) $_{83}^{210}Bi \longrightarrow ? + _{-1}^{0}e$
(e) $_{6}^{12}C + _{1}^{1}H \longrightarrow ? + \gamma$

9.29 O amerício-240 é feito pelo bombardeamento do plutônio-239 com partículas α. Além do amerício-240, também são formados um próton e dois nêutrons. Escreva uma equação balanceada para essa reação nuclear.

Seção 9.4 **O que é a meia-vida do núcleo?**

9.30 Indique se a afirmação é verdadeira ou falsa.
(a) Meia-vida é o tempo necessário para que metade de uma amostra radioativa decaia.
(b) O conceito de meia-vida refere-se a núcleos que sofrem emissão alfa, beta e de pósitron; não se aplica a núcleos que sofrem emissão gama.
(c) Ao fim de duas meias-vidas, metade da amostra radioativa original permanece; ao fim de três meias-vidas, permanece um terço da amostra original.
(d) Se a meia-vida de determinada amostra radioativa for de 12 minutos, 36 minutos vão representar três meias-vidas.
(e) Ao fim de três meias-vidas, vão restar somente 12,5% de uma amostra radioativa original.

9.31 O iodo-125 emite raios gama e tem uma meia-vida de 60 dias. Se uma pastilha de 20 mg de iodo-125 for implantada na próstata, quanto de iodo-125 permanecerá ali depois de um ano?

9.32 O polônio-218, um produto de decaimento do radônio-222 (ver "Conexões químicas 9B"), tem uma meia-

-vida de 3 minutos. Que porcentagem de polônio-218 restará nos pulmões 9 minutos após a inalação?

9.33 Uma rocha contendo 1 mg de plutônio-239 por kg de rocha é encontrada em um glaciar. A meia-vida do plutônio-239 é de 25.000 anos. Se a rocha foi depositada 100.000 atrás durante uma era glacial, quanto de plutônio-239, por quilograma de rocha, havia na rocha naquele tempo?

9.34 O elemento rádio é extremamente radioativo. Se você convertesse um pedaço de rádio metálico em cloreto de rádio (a massa do rádio permanecendo igual), ele se tornaria menos radioativo?

9.35 De que maneiras podemos aumentar a velocidade do decaimento radioativo? E diminuir?

9.36 Suponha que 50,0 mg de potássio-45, um emissor beta, foram isolados na forma pura. Depois de uma hora, restaram somente 3,1 mg do material radioativo. Qual é a meia-vida do potássio-45?

9.37 Um paciente recebe 200 mCi de iodo-131, cuja meia-vida é de oito dias.
  (a) Se 12% dessa quantidade for captada pela tiroide depois de duas horas, qual será a atividade da tiroide após duas horas, em milicuries e em contagens por minuto?
  (b) Depois de 24 dias, quanta atividade restará na tiroide?

Seção 9.5 Como se detecta e mede a radiação nuclear?

9.38 Indique se a afirmação é verdadeira ou falsa.
  (a) A radiação ionizante refere-se a qualquer radiação que interage com átomos ou moléculas neutros para criar íons positivos.
  (b) A radiação ionizante cria íons positivos ao atingir um núcleo e dele remover um ou mais elétrons.
  (c) A radiação ionizante cria íons positivos removendo um ou mais elétrons extranucleares de um átomo ou de uma molécula neutros.
  (d) O curie (Ci) e o becquerel (Bq) são ambas unidades com as quais registramos a intensidade da radiação.
  (e) As unidades de um curie (Ci) são desintegrações por segundo (dps).
  (f) Um microcurie (μCi) é uma unidade menor que um curie (Ci).
  (g) A intensidade da radiação está inversamente relacionada ao quadrado da distância da fonte de radiação; por exemplo, a intensidade a três metros da fonte é 1/9 da intensidade na própria fonte.
  (h) Partículas alfa são as de maior massa e maior carga e, portanto, trata-se do tipo mais penetrante de radiação nuclear.
  (i) Partículas beta têm massa e carga menores que as das partículas alfa e, portanto, são mais penetrantes que estas.
  (j) Raios gama, sem massa e sem carga, são o tipo menos penetrante de radiação nuclear.
  (k) Após uma meia-vida, a massa restante de uma amostra radioativa é aproximadamente 50% da massa original.

9.39 Em um laboratório que contém radioisótopos que emitem todos os tipos de radiação, que emissão seria a mais perigosa?

9.40 O que os contadores Geiger-Müller medem: (a) a intensidade ou (b) a energia da radiação?

9.41 Sabe-se que radioatividade está sendo emitida com intensidade de 175 mCi a uma distância de 1,0 m da fonte. A que distância, em metros, da fonte, você deverá ficar se não quiser se submeter a não mais que 0,20 mCi?

Seção 9.6 Como a dosimetria da radiação está relacionada à saúde humana?

9.43 Um curie (Ci) mede a intensidade da radiação ou sua energia?

9.44 Qual é a propriedade medida em cada termo?
  (a) Rad   (b) Rem   (c) Roentgen
  (d) Curie (e) Gray   (f) Becquerel
  (g) Sievert

9.45 Um isótopo radioativo com atividade (intensidade) de 80,0 mCi por frasco é entregue a um hospital. O frasco contém 7,00 cm^3 do líquido. A instrução é administrar 7,2 mCi por via intravenosa. Quantos centímetros cúbicos do líquido devem ser usados para uma injeção?

9.46 Por que a exposição de uma das mãos aos raios alfa não causa danos graves a uma pessoa, enquanto a entrada de um emissor alfa nos pulmões na forma de aerossol produz danos graves à sua saúde?

9.47 Certo radioisótopo apresenta uma intensidade de 10^6 Bq a 1 cm de distância da fonte. Qual seria a intensidade a 20 cm? Dê a resposta tanto em Bq como em μCi.

9.48 Supondo a mesma quantidade de radiação efetiva, em rads, de três fontes, qual seria a mais nociva aos tecidos: partículas alfa, partículas beta ou raios gama?

9.49 Em um acidente envolvendo exposição radioativa, o sujeito A recebe 3,0 Sv, enquanto o sujeito B recebe uma exposição de 0,50 mrem. Quem foi atingido com mais gravidade?

Seção 9.7 O que é medicina nuclear?

9.50 Indique se afirmação é verdadeira ou falsa.
  (a) Dos radioisótopos listados na Tabela 9.5, a maioria decai por emissão beta.
  (b) Isótopos que decaem por emissão alfa raramente, ou nunca, são usados em imageamento nuclear porque emissores alfa são raros.
  (c) Os emissores gama são muito utilizados no imageamento clínico porque a radiação gama é penetrante e, portanto, pode facilmente ser medida por detectores de radiação fora do corpo.
  (d) Quando o selênio-75 ($^{75}_{34}$Se) decai por captura de elétron e emissão gama, o novo núcleo formado é o arsênio-75 ($^{75}_{34}$As).
  (e) Quando o iodo-131 ($^{131}_{53}$I) decai por emissão beta e gama, o novo núcleo formado é o xenônio-131 ($^{131}_{54}$Xe).
  (f) Na tomografia de emissão de pósitron (escaneamento PET), o detector conta o número de pósitrons emitidos por um material marcado e pelo local no corpo no qual o material marcado se acumula.
  (g) O uso do 18-fluorodeoxiglicose (FDG) em escaneamentos PET do cérebro depende do fato de que o FDG se comporta no corpo como a glicose.

(h) Um dos objetivos da terapia por radiação é destruir células e tecidos patológicos, sem ao mesmo tempo danificar células e tecidos normais.

(i) No feixe de radiação externo, a radiação de uma fonte externa é direcionada a um tecido, seja na superfície do corpo, seja em seu interior.

(j) No feixe de radiação interno, um material radioativo é implantado em um tecido-alvo para destruir células no tecido-alvo sem causar danos apreciáveis aos tecidos normais circundantes.

9.51 Em 1986, houve um acidente no reator nuclear de Chernobyl que expeliu núcleos radioativos, então levados pelo vento ao longo de centenas de quilômetros. Hoje, entre as crianças sobreviventes do evento, o dano mais comum é o câncer de tiroide. Quais são os núcleos radioativos responsáveis por esse tipo de câncer?

9.52 O cobalto-60, com meia-vida de 5,26 anos, é usado na terapia do câncer. A energia de radiação do cobalto-62 é ainda mais alta (meia-vida = 14 minutos). Por que o cobalto-62 não é também utilizado na terapia do câncer?

9.53 Combine o isótopo radioativo com seu uso apropriado:
_____ (a) Cobalto-60   1. Escaneamento do coração em exercício
_____ (b) Tálio-201   2. Mede o conteúdo de água no corpo
_____ (c) Trítio-3   3. Escaneamento dos rins
_____ (d) Mercúrio-197   4. Terapia do câncer

Seção 9.8 O que é fusão nuclear?

9.54 Indique se a afirmação é verdadeira ou falsa.
(a) Na fusão nuclear, dois núcleos se combinam para formar um novo núcleo.
(b) A energia do Sol é derivada da fusão de dois hidrogênios-1 (^1_1H) para formar um núcleo de hélio-4 (^4_2He).
(c) A energia do Sol ocorre porque, uma vez que dois núcleos de hidrogênio se fundem, as duas cargas positivas não mais se repelem.
(d) A fusão dos núcleos de hidrogênio no Sol resulta em uma pequena diminuição na massa, que aparece como uma quantidade equivalente de energia.
(e) A famosa equação $E = mc^2$, de Einstein, refere-se à energia liberada quando duas partículas de mesma massa colidem à velocidade da luz.
(f) A fusão nuclear ocorre somente no Sol.
(g) A fusão nuclear pode ser executada em laboratório.

9.55 Quais são os produtos da fusão dos núcleos de hidrogênio-2 e hidrogênio-3?

9.56 Supondo que um próton e dois nêutrons serão produzidos em uma reação de fusão com bombardeamento alfa, que núcleo-alvo você usaria para obter o berquélio-249?

9.57 O elemento 109 foi preparado pela primeira vez em 1982. Um único átomo desse elemento ($^{266}_{109}Mt$), com número de massa 266, foi produzido bombardeando-se um núcleo de bismuto-209 com um núcleo de ferro-58. Que outros produtos, se houver algum, devem ter sido formados além do $^{266}_{109}Mt$?

9.58 Um novo elemento foi formado quando se bombardeou o chumbo-208 com criptônio-86. Foi possível detectar quatro nêutrons como produto da fusão. Identifique o novo elemento.

9.59 O boro-10 é usado como barra de controle em reatores nucleares. Esse núcleo absorve um nêutron e depois emite uma partícula alfa. Escreva uma equação para cada reação nuclear e identifique cada núcleo do produto.

Conexões químicas

9.61 (Conexões químicas 9A) Por que é verdade supor que a razão entre carbono-14 e carbono-12 em uma planta viva é constante durante toda sua vida?

9.62 (Conexões químicas 9A) Em uma recente escavação arqueológica na região amazônica do Brasil, pinturas com carvão foram encontradas em uma caverna. O conteúdo de carvão-14 foi um quarto do que é encontrado no carvão preparado a partir de árvores coletadas naquele ano. Quanto tempo atrás a caverna foi ocupada?

9.63 (Conexões químicas 9A) A datação de carbono-14 do Sudário de Turim indicou que a planta utilizada para fabricar o sudário existiu por volta de 1350 d.C. A quantas meias-vidas corresponde esse intervalo de tempo?

9.64 (Conexões químicas 9A) A meia-vida do carbono-14 é de 5.730 anos. O invólucro de uma múmia egípcia forneceu 7,5 contagens por minuto por grama de carbono. Um pedaço de linho comprado nos dias de hoje daria uma atividade de 15 contagens por minuto por grama de carbono. Qual é a idade da múmia?

9.65 (Conexões químicas 9B) Como o radônio-222 produz o polônio-218?

9.66 (Conexões químicas 9D) Em um acidente nuclear, um dos núcleos radioativos que diz respeito às pessoas é o iodo-131. O iodo é facilmente vaporizado, pode ser transportado pelo vento e causar precipitação radioativa a centenas – até milhares – de quilômetros de distância. Por que o iodo-131 é particularmente nocivo?

Problemas adicionais

9.67 O fósforo-32 ($t_{1/2} = 14,3$ h) é usado em imageamento clínico e no diagnóstico de tumores nos olhos. Suponha que um paciente receba 0,010 mg desse isótopo. Prepare um gráfico mostrando a massa em miligramas que permanece no corpo do paciente após uma semana. (Considere que nada é excretado.)

9.68 Durante o bombardeamento do argônio-40 com prótons, um nêutron é emitido para cada próton absorvido. Qual é o novo elemento formado?

9.69 O neônio-19 e o sódio-20 são emissores de pósitron. Que produtos resultam em cada caso?

9.70 A meia-vida do nitrogênio-16 é de 7 segundos. Quanto tempo leva para que 100 mg de nitrogênio-16 sejam reduzidos a 6,25 mg?

9.71 O curie e o becquerel medem propriedades iguais ou diferentes da radiação?

9.72 O selênio-75 tem meia-vida de 120,4 dias, portanto levaria 602 dias (cinco meias-vidas) para chegar a 3% da quantidade original. No entanto, esse isótopo é usado para escaneamento do pâncreas, sem perigo de que a radioatividade cause danos indevidos ao paciente. Sugira uma possível explicação.

9.73 Utilize a Tabela 9.4 para determinar a porcentagem de radiação anual que recebemos das seguintes fontes:
(a) Fontes de ocorrência natural
(b) Fontes de diagnóstico clínico
(c) Usinas nucleares

9.74 O $^{225}_{89}$Ac é um emissor alfa. Em seu processo de decaimento, ele produz mais três emissores alfa em sucessão. Identifique cada um dos produtos de decaimento.

9.75 Qual radiação causará mais ionização: raios X ou radar?

9.76 Você possui um relógio de pulso antigo que ainda tem tinta à base de rádio em seu mostrador. A medida da radioatividade do relógio mostra uma contagem de raios beta de 0,50 contagens/s. Se 1,0 microcurie de radiação desse tipo produz 1.000 mrem/ano, quanto de radiação, em mrem, você espera do relógio se usá-lo durante um ano?

9.77 O amerício-241, que é usado em alguns detectores de fumaça, tem meia-vida de 432 anos e é um emissor alfa. Qual é o produto de decaimento do amerício-241, e qual é a porcentagem aproximada do amerício-241 original que ainda restará depois de 1.000 anos?

9.78 Em raras ocasiões, um núcleo captura uma partícula beta, em vez de emiti-la. O berquélio-246 é um desses núcleos. Qual é o produto dessa transmutação nuclear?

9.79 Um paciente recebeu 1 sievert de radiação em um acidente nuclear. Ele corre perigo de morte?

9.80 Qual é o estado fundamental de um núcleo?

9.81 Explique o seguinte:
(a) É impossível ter uma amostra completamente pura de qualquer isótopo radioativo.
(b) A emissão beta de um isótopo radioativo cria um novo isótopo de número atômico com uma unidade a mais que o isótopo radioativo.

9.82 O ítrio-90, que emite partículas beta, é usado em radioterapia. Qual é o produto de decaimento do ítrio-90?

9.83 As meias-vidas de alguns isótopos do oxigênio são:
Oxigênio-14 = 71 s   Oxigênio-15 = 124 s
Oxigênio-19 = 29 s   Oxigênio-20 = 14 s
O oxigênio-16 é o isótopo estável, não radioativo. As meias-vidas indicam alguma coisa sobre a estabilidade dos outros isótopos do oxigênio?

9.84 O $^{225}_{89}$Ac é eficaz na terapia do câncer de próstata quando administrado em níveis de kBq. Se um anticorpo marcado com $^{225}_{89}$Ac tiver uma intensidade de 2 milhões de Bq/mg, e se uma solução contiver 5 mg/L de anticorpo marcado, quantos mililitros da solução deverão ser usados em uma injeção para administrar 1 kBq de intensidade?

9.85 Quando o $^{208}_{82}$Pb é bombardeado com $^{64}_{28}$Ni, são produzidos seis nêutrons. Identifique o novo elemento.

9.86 O amerício-241, o isótopo usado em detectores de fumaça, tem meia-vida de 432 anos, tempo suficientemente longo para que seja manipulado em grandes quantidades. Esse isótopo é preparado em laboratório bombardeando-se plutônio-239 com partículas α. Nessa reação, o plutônio-239 absorve dois nêutrons e depois decai por emissão de uma partícula β. Escreva uma equação para essa reação nuclear e identifique o isótopo formado como intermediário entre o plutônio-239 e o amerício-241.

9.87 O boro-10, um eficaz absorvedor de nêutrons, é usado em barras de controle de reatores de fissão de urânio-235 (ver Figura 9.10) para absorver nêutrons e, portanto, controlar a velocidade de reação. O boro-10 absorve um nêutron e depois emite uma partícula α. Escreva uma equação balanceada para essa reação nuclear e identifique o núcleo formado como intermediário entre o boro-10 e o produto nuclear final.

9.88 O trítio, $^{3}_{1}$H, é um emissor beta muito utilizado como marcador radioativo na pesquisa química e bioquímica. O trítio é preparado pelo bombardeamento do lítio-6 com nêutrons. Complete a seguinte equação nuclear:
$$^{6}_{3}\text{Li} + ^{1}_{0}\text{n} \longrightarrow ^{3}_{1}\text{H} + ?$$

APÊNDICE I

Notação exponencial

O sistema de **notação exponencial** baseia-se em potências de 10 (ver tabela). Por exemplo, se multiplicarmos $10 \times 10 \times 10 = 1.000$, isso será expresso como 10^3. Nessa expressão, o 3 é chamado de **expoente** ou **potência** e indica quantas vezes multiplicamos 10 por ele mesmo e quanto zeros se seguem ao 1.

Existem também potências negativas de 10. Por exemplo, 10^{-3} significa 1 dividido por 10^3:

$$10^{-3} = \frac{1}{10^3} = \frac{1}{1.000} = 0,001$$

Números são frequentemente expressos assim: $6,4 \times 10^3$. Em um número desse tipo, 6,4 é o **coeficiente**, e 3, o expoente ou a potência de 10. Esse número significa exatamente o que ele expressa:

$$6,4 \times 10^3 = 6,4 \times 1.000 = 6.400$$

Do mesmo modo, podemos ter coeficientes com expoentes negativos:

$$2,7 \times 10^{-5} = 2,7 \times \frac{1}{10^5} = 2,7 \times 0,00001 = 0,000027$$

Para representar um número maior que 10 na notação exponencial, procedemos da seguinte maneira: colocamos a vírgula decimal logo depois do primeiro dígito (da esquerda para a direita) e então contamos quantos dígitos existem após a vírgula. O expoente (neste caso positivo) é igual ao número de dígitos encontrados após a vírgula. Na representação de um número na notação exponencial são excluídos os zeros finais, a não ser que seja necessário mantê-los devido à representação dos respectivos algarismos significativos.

Exemplo

$37500 = 3,75 \times 10^4$ — 4 porque existem quatro dígitos após o primeiro dígito do número (Coeficiente)

$628 = 6,28 \times 10^2$ — Dois dígitos após o primeiro dígito do número (expoente 2) (Coeficiente)

$859.600.000.000 = 8,596 \times 10^{11}$ — Onze dígitos após o primeiro dígito do número (expoente 11) (Coeficiente)

Não precisamos colocar a vírgula decimal após o primeiro dígito, mas, ao fazê-lo, obtemos um coeficiente entre 1 e 10, e esse é o costume.

Utilizando a notação exponencial, podemos dizer que há $2,95 \times 10^{22}$ átomos de cobre em uma moeda de cobre. Para números grandes, o expoente é sempre *positivo*.

Para números pequenos (menores que 1), deslocamos a vírgula decimal para a direita, para depois do primeiro dígito diferente de zero, e usamos um *expoente negativo*.

A notação exponencial também é chamada de notação científica.

Por exemplo, 10^6 significa 1 seguido de seis zeros, ou 1.000.000, e 10^2 significa 100.

AP. 1.1 Exemplos de notação exponencial

10.000	$= 10^4$
1.000	$= 10^3$
100	$= 10^2$
10	$= 10^1$
1	$= 10^0$
0,1	$= 10^{-1}$
0,01	$= 10^{-2}$
0,001	$= 10^{-3}$

Exemplo

$$0{,}00346 = 3{,}46 \times 10^{-3}$$

Três dígitos até o primeiro número diferente de zero

$$0{,}000004213 = 4{,}213 \times 10^{-6}$$

Seis dígitos até o primeiro número diferente de zero

Em notação exponencial, um átomo de cobre pesa $1{,}04 \times 10^{-22}$ g.

Para converter notação exponencial em números por extenso, fazemos a mesma coisa no sentido inverso.

Exemplo

Escrever por extenso: (a) $8{,}16 \times 10^7$ (b) $3{,}44 \times 10^{-4}$

Solução

(a) $8{,}16 \times 10^7 = 81.600.000$

Sete casas para a direita
(adicionar os zeros correspondentes)

(b) $3{,}44 \times 10^{-4} = 0{,}000344$

Quatro casas para a esquerda

Quando os cientistas somam, subtraem, multiplicam e dividem, são sempre cuidadosos em expressar suas respostas com o número apropriado de dígitos, o que chamamos de algarismos significativos. Esse método é descrito no Apêndice II.

A. Somando e subtraindo números na notação exponencial

Podemos somar ou subtrair números expressos em notação exponencial *somente se eles tiverem o mesmo expoente*. Tudo que fazemos é adicionar ou subtrair os coeficientes e deixar o expoente como está.

Exemplo

Somar $3{,}6 \times 10^{-3}$ e $9{,}1 \times 10^{-3}$.

Solução

$$\begin{array}{r} 3{,}6 \times 10^{-3} \\ + 9{,}1 \times 10^{-3} \\ \hline 12{,}7 \times 10^{-3} \end{array}$$

A resposta também poderia ser escrita em outras formas igualmente válidas:

$$12{,}7 \times 10^{-3} = 0{,}0127 = 1{,}27 \times 10^{-2}$$

Quando for necessário somar ou subtrair dois números com diferentes expoentes, primeiro devemos mudá-los de modo que os expoentes sejam os mesmos.

Exemplo

Somar $1{,}95 \times 10^{-2}$ e $2{,}8 \times 10^{-3}$.

Solução

Para somar esses dois números, transformamos os dois expoentes em -2. Assim, $2{,}8 \times 10^{-3} = 0{,}28 \times 10^{-2}$. Agora podemos somar:

$$\begin{array}{r} 1{,}95 \times 10^{-2} \\ + 0{,}28 \times 10^{-2} \\ \hline 2{,}33 \times 10^{-2} \end{array}$$

Uma calculadora com notação exponencial muda o expoente automaticamente.

B. Multiplicando e dividindo números na notação exponencial

Para multiplicar números em notação exponencial, primeiro multiplicamos os coeficientes da maneira usual e depois algebricamente *somamos* os expoentes.

Exemplo

Multiplicar $7{,}40 \times 10^5$ por $3{,}12 \times 10^9$.

Solução

$$7{,}40 \times 3{,}12 = 23{,}1$$

Somar todos os expoentes:

$$10^5 \times 10^9 = 10^{5+9} = 10^{14}$$

Resposta:

$$23{,}1 \times 10^{14} = 2{,}31 \times 10^{15}$$

Exemplo

Multiplicar $4{,}6 \times 10^{-7}$ por $9{,}2 \times 10^4$.

Solução

$$4{,}6 \times 9{,}2 = 42$$

Somar todos os expoentes:

$$10^{-7} \times 10^4 = 10^{-7+4} = 10^{-3}$$

Resposta:

$$42 \times 10^{-3} = 4{,}2 \times 10^{-2}$$

Para dividir números expressos em notação exponencial, primeiro dividimos os coeficientes e depois algebricamente *subtraímos* os expoentes.

Exemplo

Dividir: $\dfrac{6{,}4 \times 10^8}{2{,}57 \times 10^{10}}$

Solução

$$6{,}4 \div 2{,}57 = 2{,}5$$

Subtrair expoentes:

$$10^8 \div 10^{10} = 10^{8-10} = 10^{-2}$$

Resposta:

$$2{,}5 \times 10^{-2}$$

Exemplo

Dividir: $\dfrac{1{,}62 \times 10^{-4}}{7{,}94 \times 10^7}$

Solução

$$1{,}62 \div 7{,}94 = 0{,}204$$

Subtrair expoentes:

$$10^{-4} \div 10^7 = 10^{-4-7} = 10^{-11}$$

Resposta:

$$0{,}204 \times 10^{-11} = 2{,}04 \times 10^{-12}$$

Calculadoras científicas fazem esses cálculos automaticamente. Só é preciso digitar o primeiro número, pressionar $+$, $-$, $\times$ ou $\div$, digitar o segundo número e pressionar $=$. (O método para digitar os números pode variar; leia as instruções que acompanham a calculadora.) Muitas calculadoras científicas também possuem uma tecla que automaticamente converte um número como $0{,}00047$ em notação científica ($4{,}7 \times 10^{-4}$) e vice-versa. Para problemas relativos à notação exponencial, ver Capítulo 1, Problemas 1.17 a 1.24.

APÊNDICE II

Algarismos significativos

Se você medir o volume de um líquido em um cilindro graduado, poderá constatar que é 36 mL, até o mililitro mais próximo, mas não poderá saber se é 36,2 ou 35,6 ou 36,0 mL, porque esse instrumento de medida não fornece o último dígito com certeza. Uma bureta fornece mais dígitos. Se você usá-la, será capaz de dizer, por exemplo, que o volume é 36,3 mL e não 36,4 mL. Mas, mesmo com uma bureta, você não poderá saber se o volume é 36,32 ou 36,33 mL. Para tanto, precisará de um instrumento que lhe forneça mais dígitos. Esse exemplo mostra que *nenhum número medido pode ser conhecido com exatidão*. Não importa a qualidade do instrumento de medida, sempre haverá um limite para o número de dígitos que podem ser medidos com certeza.

Definimos o número de **algarismos significativos** como o número de dígitos de um número medido cuja incerteza está somente no último dígito.

Qual é o significado dessa definição? Suponha que você esteja pesando um pequeno objeto em uma balança de laboratório cuja resolução é de 0,1 g e constate que o objeto pesa 16 g. Como a resolução da balança é de 0,1 g, você pode estar certo de que o objeto não pesa 16,1 g ou 15,9 g. Nesse caso, você deve registrar o peso como 16,0 g. Para um cientista, há uma diferença entre 16 g e 16,0 g. Escrever 16 g significa que você não sabe qual é o dígito depois do 6. Escrever 16,0 significa que você sabe: é o 0. Mas não sabe qual o dígito que vem depois do 0. Existem várias regras para o uso dos algarismos significativos no registro de números medidos.

A. Determinando o número de algarismos significativos

Na Seção 1.3, vimos como calcular o número de algarismos significativos de um número. Resumimos aqui as orientações:

1. Dígitos diferentes de zero sempre são significativos.
2. Zeros no começo de um número nunca são significativos.
3. Zeros entre dígitos diferentes de zero são sempre significativos
4. Zeros no final de um número que contém uma vírgula decimal sempre são significativos.
5. Zeros no final de um número que não contém vírgula decimal podem ou não ser significativos.

Neste livro consideraremos que nos números terminados em zero todos os algarismos são significativos. Por exemplo, 1.000 mL têm quatro algarismos significativos, e 20 m, têm dois algarismos significativos.

B. Multiplicando e dividindo

A regra em multiplicação e divisão é que a resposta final deve ter o mesmo número de algarismos significativos que o número com *menos* algarismos significativos.

Exemplo

Fazer as seguintes multiplicações e divisões:
(a) $3,6 \times 4,27$
(b) $0,004 \times 217,38$
(c) $\dfrac{42,1}{3,695}$
(d) $\dfrac{0,30652 \times 138}{2,1}$

Solução

(a) 15 (3,6 tem dois algarismos significativos)
(b) 0,9 (0,004 tem um algarismo significativo)
(c) 11,4 (42,1 tem três algarismos significativos)
(d) $2,0 \times 10^1$ (2,1 tem dois algarismos significativos)

C. Somando e subtraindo

Na adição e na subtração, a regra é completamente diferente. O número de algarismos significativos em cada número não importa. A resposta é dada com o *mesmo número de casas decimais* do termo com menos casas decimais.

Exemplo

Somar ou subtrair:

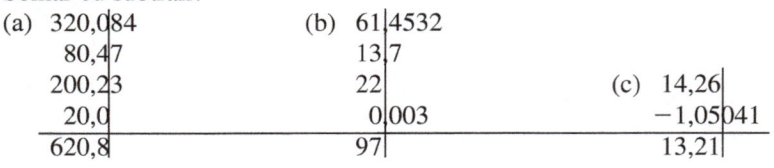

(a) 320,0|84
       80,4|7
      200,2|3
       20,0|
      ─────
      620,8|

(b) 61|4532
     13|7
     22|
      0|003
     ─────
     97|

(c)   14,26|
     −1,05|041
     ──────
      13,21|

Solução

Em cada caso, somamos ou subtraímos normalmente, mas depois arredondamos de modo que os únicos dígitos que aparecerão na resposta serão aqueles das colunas em que todos os dígitos são significativos.

D. Arredondando

Quando temos muitos algarismos significativos em nossa resposta, é preciso arredondar. Neste livro, usamos a seguinte regra: se *o primeiro dígito eliminado* for 5, 6, 7, 8 ou 9, aumentamos *o último dígito* em uma unidade; de outro modo, fica como está.

Exemplo

Fazer o arredondamento em cada caso considerando a eliminação dos dois últimos dígitos:
(a) 33,679   (b) 2,4715   (c) 1,1145   (d) 0,001309   (e) 3,52

Solução

(a)   33,679   = 33,7
(b)   2,4715 = 2,47
(c)   1,1145 = 1,11
(d)   0,001309   = 0,0013
(e)   3,52 = 4

E. Números contados ou definidos

Todas as regras precedentes aplicam-se a números *medidos* e **não** a quaisquer números que sejam *contados* ou *definidos*. Números contados e definidos são conhecidos com exatidão. Por exemplo, um triângulo é definido como tendo 3 lados, e não 3,1 ou 2,9. Aqui tratamos o número 3 como se tivesse um número infinito de zeros depois da vírgula decimal.

Exemplo

Multiplicar 53,692 (um número medido) × 6 (um número contado).

Solução

$$322,15$$

Como 6 é um número contado, nós o conhecemos com exatidão, e 53,692 é o número com menos algarismos significativos; o que estamos fazendo é somar 53,692 seis vezes.

Para problemas sobre algarismos significativos, ver Capítulo 1, Problemas 1.25 a 1.30.

Respostas

Capítulo 1 Matéria, energia e medidas

1.1 multiplicação (a) $4,69 \times 10^5$ (b) $2,8 \times 10^{-15}$; divisão (a) $2,00 \times 10^{18}$ (b) $1,37 \times 10^5$

1.2 (a) 147 °F (b) 8,3 °C

1.3 109 kg

1.4 13,8 km

1.5 743 mi/h

1.6 78,5 g

1.7 2,43 g/mL

1.8 1,016 g/mL

1.9 $4,8 \times 10^3$ cal = 48 kcal

1.10 46 °C

1.11 0,0430 cal/g · deg

1.13 (a) Matéria é qualquer coisa que tem massa e ocupa espaço. (b) Química é a ciência que estuda a matéria.

1.15 A alegação do Dr. X de que o extrato curava o diabetes seria classificada como (c) uma hipótese. Nenhuma evidência foi apresentada para provar ou refutar a alegação.

1.17 (a) $3,51 \times 10^{-1}$ (b) $6,021 \times 10^2$ (c) $1,28 \times 10^{-4}$ (d) $6,28122 \times 10^5$

1.19 (a) $6,65 \times 10^{17}$ (b) $1,2 \times 10^1$ (c) $3,9 \times 10^{-16}$ (d) $3,5 \times 10^{-23}$

1.21 (a) $1,3 \times 10^5$ (b) $9,40 \times 10^4$ (c) $5,139 \times 10^{-3}$

1.23 $4,45 \times 10^6$

1.25 (a) 2 (b) 5 (c) 5 (d) 5 (e) ambíguo, melhor escrever como $3,21 \times 10^4$ (três algarismos significativos) ou 32.100, (cinco algarismos significativos) (f) 3 (g) 2

1.27 (a) 92 (b) 7,3 (c) 0,68 (d) 0,0032 (e) 5,9

1.29 (a) 1,53 (b) 2,2 (c) 0,00048

1.31 330 min = 5,6 h

1.33 (a) 20 mm (b) 1 polegada (c) 1 milha

1.35 O peso mudaria um pouco. A massa é independente da localização, mas o peso é uma força exercida por um corpo influenciado pela gravidade. A influência da gravidade da Terra diminui à medida que aumenta a distância do nível do mar.

1.37 (a) 77 °F, 298 K (b) 104 °F, 313 K (c) 482 °F, 523 K (d) −459 °F, 0 K

1.39 (a) 0,0964 L (b) 27,5 cm (c) $4,57 \times 10^4$ g (d) 4,75 m (e) 21,64 mL (f) $3,29 \times 10^3$ cc (g) 44 mL (h) 0,711 kg (i) 63,7 cc (j) $7,3 \times 10^4$ mg (k) $8,34 \times 10^4$ mm (l) 0,361 g

1.41 50 mi/h

1.43 sólidos e líquidos

1.45 Não, a fusão é uma transformação física.

1.47 fundo: manganês; superfície: acetato de sódio; meio: cloreto de cálcio

1.49 1,023 g/mL

1.51 água

1.53 A temperatura da água deve ser elevada a 4 °C. Durante essa mudança de temperatura, a densidade dos cristais diminui, enquanto a densidade da água aumenta. Isso levará os cristais menos densos para a superfície da água, agora mais densa.

1.55 O movimento das rodas do carro gera energia cinética, que é armazenada em sua bateria como energia potencial.

1.57 0,34 cal/g · °C

1.59 334 mg

1.61 O corpo treme. Diminuir mais ainda a temperatura resulta em inconsciência e depois morte.

1.63 O metanol, porque seu calor específico mais alto permite que retenha calor por mais tempo.

1.65 0,732

1.67 cinética: (b), (d), (e); potencial: (a), (c)

1.69 o carro europeu

1.71 energia cinética

1.73 A maior é 41 g. A menor é $4,1310 \times 10^{-8}$ kg.

1.75 10,9 h

1.77 A água pesada. Quando se converte o calor específico dado em J/g · °C em cal/g · °C, constata-se que o calor específico da água pesada é 1,008 cal/g · °C, que é um pouco maior que o da água comum.

1.79 (a) 1,57 g/mL (b) 1,25 g/mL

1.81 dois

1.83 60 J elevaria a temperatura em 4,5 °C; assim, a temperatura final seria 24,5 °C.

1.85 O número (b), 4,38, tem três algarismos significativos. O número (a), 0,00000001, tem apenas um algarismo significativo. Os zeros indicam meramente a posição da vírgula decimal.

1.87 Para fazer esse cálculo, você precisa de um fator de conversão de quilômetros em milha. Segundo a Tabela 1.3, 1 milha = 1,609 km.

$$95 \text{ km} = \frac{1 \text{ milha}}{1,609 \text{ km}} \sim 59 \text{ km}$$

Se você usar o outro fator de conversão possível

$$95 \text{ km} \times \frac{1,609 \text{ km}}{\text{mi}} \sim \frac{153 \text{ km}^2}{\text{mi}}$$

Tanto os números quanto as unidades estão incorretos.

1.89 Na fotossíntese, a energia radiante da luz do sol é convertida em energia química nos açúcares produzidos.

1.91 A conversão de 30 °C na escala Celsius na escala Fahrenheit dá 86 °F. É mais provável que você esteja usando camiseta e bermuda.

1.93 Células que foram expostas a vários ciclos de congelamento e descongelamento sofrerão uma pequena expansão. Esse processo tende a romper as células, disponibilizando seu conteúdo para fracionamento e estudos posteriores.

1.95 Usamos o calor específico da água e a informação de que 1 litro de água pesa 1.000 gramas.
Quantidade de calor = SH × m × (T$_2$ – T$_1$)
Quantidade de calor =
$$= \frac{1{,}00 \text{ cal}}{\text{g}°\text{C}} \times 2{,}000 \text{ L} \times \frac{1{.}000 \text{ gramas}}{\text{L}} \times 4{,}85°\text{C}$$
Quantidade de calor = 9,70 × 10³ calorias

1.97 A determinação da quantidade da substância e da sua eficácia pode ser feita concomitantemente. Separamos os componentes do material original e, no processo, determinamos sua quantidade. Um dos métodos é pesar quantidades de material recuperado. Testamos então a substância para ver se o composto isoladamente produz os resultados previstos.

1.99 4,85 × 10³ calorias

Capítulo 2 Átomos

2.1 (a) NaClO$_3$ (b) AlF$_3$

2.2 (a) O número de massa é 31. (b) O número de massa é 222.

2.3 (a) O elemento é o fósforo (P); seu símbolo é $^{31}_{15}$P. (b) O elemento é o radônio (Rn); seu símbolo é $^{222}_{86}$Rn.

2.4 (a) O número atômico do mercúrio (Hg) é 80; do chumbo (Pb) é 82.
(b) Um átomo de Hg tem 80 prótons; um átomo de Pb tem 82 prótons.
(c) O número de massa desse isótopo do Hg é 200; o número de massa desse isótopo de Pb é 202.
(d) Os símbolos desses isótopos são $^{200}_{80}$Hg e $^{202}_{82}$Pb.

2.5 O número atômico do iodo (I) é 53. O número de nêutrons em cada isótopo é 72 para o iodo-125 e 78 para o iodo-131. Os símbolos para esses dois isótopos são $^{125}_{53}$I e $^{131}_{53}$I, respectivamente.

2.6 O lítio-7 é o isótopo mais abundante.

2.7 O elemento é o alumínio (Al). Sua estrutura de Lewis é

Ȧl:

2.9 (a) F (b) V (c) V (d) V (e) F (f) V (g) V (h) V (i) F (j) F (k) V (l) F

2.11 (a) Oxigênio (b) Chumbo (c) Cálcio (d) Sódio (e) Carbono (f) Titânio (g) Enxofre (h) Ferro (i) Hidrogênio (j) Potássio (k) Prata (l) Ouro

2.13 (a) Amerício (b) Berquélio (c) Califórnio (d) Dúbnio (e) Európio (f) Frâncio (g) Gálio (h) Germânio (i) Háfnio (j) Hássio (k) Hólmio (l) Lutécio (m) Magnésio (n) Polônio (o) Rênio (p) Rutênio (q) Escândio (r) Estrôncio (s) Itérbio, Ítrio, Érbio (t) Túlio

2.15 (a) K$_2$O (b) Na$_3$PO$_4$ (c) LiNO$_3$

2.17 (a) Segundo a lei da conservação das massas, a matéria não pode ser nem criada nem destruída. De acordo com a teoria de Dalton, a matéria é feita de átomos indestrutíveis, e uma reação química apenas muda as ligações entre os átomos, mas não os destrói.
(b) Segundo a lei da composição constante, qualquer composto é sempre feito de elementos na mesma proporção de massa. A teoria de Dalton explica que isso ocorre porque as moléculas consistem em grupos de átomos fortemente ligados, cada um com sua massa própria. Portanto, cada elemento num composto sempre constitui uma proporção fixa da massa total.

2.19 Não. O CO e CO$_2$ são compostos diferentes, e cada um obedece à lei da composição constante para esse determinado composto.

2.21 (a) F (b) V (c) V (d) F (e) V (f) V (g) V (h) V (i) F (j) F (k) V (l) F (m) V (n) F (o) V (p) V (q) V (r) F (s) V (t) F

2.23 A afirmação é verdadeira no sentido de que o número de prótons (o número atômico) determina a identidade do elemento.

2.25 (a) O elemento com 22 prótons é o titânio (Ti).
(b) O elemento com 76 prótons é o ósmio (Os).
(c) O elemento com 34 prótons é o selênio (Se).
(d) O elemento com 94 prótons é o plutônio (Pu).

2.27 Cada um ainda seria o mesmo elemento, pois o número de prótons não mudou.
(a) O elemento tem 21 prótons e é o escândio (Sc).
(b) O elemento tem 22 prótons e é o titânio (Ti).
(c) O elemento tem 47 prótons e é a prata (Ag).
(d) O elemento tem 18 prótons e é o argônio (Ar).

2.29 O número atômico do radônio (Rn) é 86, portanto cada isótopo tem 86 prótons. O número de nêutrons é o número de massa – o número atômico.
(a) O radônio-210 tem 210 – 86 = 124 nêutrons.
(b) O radônio-218 tem 218 – 86 = 132 nêutrons.
(c) O radônio-222 tem 222 – 86 = 136 nêutrons.

2.31 Estanho-120, Estanho-121 e Estanho-124

2.33 (a) Íon é um átomo que ganhou ou perdeu um ou mais elétrons.
(b) Isótopos são átomos com o mesmo número de prótons em seu núcleo, mas com diferente número de nêutrons.

2.35 Arredondado para três algarismos significativos, o valor calculado é 12,0 u. O valor dado na tabela periódica é 12,011 u.
$$\frac{98{,}90}{100} \times 12{,}000 \text{ u} + \frac{1{,}10}{100} \times 13{,}000 \text{ u} = 12{,}011 \text{ u}$$

2.37 O carbono-11 tem 6 prótons, 6 elétrons e 5 nêutrons.

2.39 O número atômico do amerício-241 (Am) é 95. Esse isótopo tem 95 prótons, 95 elétrons e 241 – 95 = 146 nêutrons.

2.41 (a) V (b) F (c) F (d) F (e) F (f) V (g) V (h) V (i) V

2.43 (a) Os grupos 2A, 3B, 4B, 5B, 6B, 7B, 8B, 1B e 2B contêm apenas metais. Observe que o grupo 1A contém um não metal, o hidrogênio.
(b) Nenhum grupo contém apenas metaloides.
(c) Somente os grupos 7A e 8A contêm apenas não metais.

2.45 Elementos do mesmo grupo na tabela periódica devem apresentar propriedades semelhantes.
As, N e P¦F e Ne¦Mg, Ca e Ba¦H e Li

2.47 (a) Alumínio > silício (b) Arsênio > fósforo (c) Gálio > germânio (d) Gálio > alumínio

2.49 (a) V (b) V (c) V (d) F (e) V (f) F (g) V (h) V (i) F (j) V (k) V (l) V (m) V (n) V (o) F (p) F (q) V (r) V (s) V (t) F

2.51 O número do grupo indica o número de elétrons na camada de valência de um elemento do grupo.

2.53 (a) Li(3): $1s^22s^1$ (b) Ne(10): $1s^22s^22p^6$
(c) Be(4): $1s^22s^2$ (d) C(6): $1s^22s^22p^2$
(e) Mg(12): $1s^22s^22p^63s^2$

2.55 (a) He(2): $1s^2$ (b) Na(11): $1s^22s^22p^63s^1$
(c) Cl(17): $1s^22s^22p^63s^23p^5$ (d) P(15): $1s^22s^22p^63s^23p^3$
(e) H(1): $1s^1$

2.57 Em (a), (b) e (c), as configurações eletrônicas da camada exterior são as mesmas. A única diferença é o número da camada de valência sendo preenchida.

2.59 O elemento poderia ser qualquer um do grupo 2A, pois todos têm dois elétrons de valência. Também poderia ser o hélio (no grupo 8A).

2.61 (a) V (b) V (c) V (d) F
(e) F (f) V (g) F (h) V

2.63 (a) V (b) V (c) V (d) V (e) F (f) V

2.65 (a) Fato: o raio atômico de um ânion é sempre maior que o do átomo original. Para os ânions, a carga nuclear não muda, mas um elétron a mais introduz novas repulsões e a nuvem eletrônica se expande por causa do aumento das repulsões elétron-elétron.
(b) Fato: o raio atômico de um cátion é sempre menor que o do átomo original. Quando um elétron é removido de um átomo, a carga nuclear permanece a mesma, mas menos elétrons estão se repelindo. Consequentemente, o núcleo positivo atrai os elétrons restantes com mais força, causando maior contração dos elétrons na direção do núcleo.

2.67 A seguir, apresentam-se as configurações eletrônicas do estado fundamental para cada O, O$^+$ e N, N$^+$.

Um destes elétrons é perdido

O $1s^2\,2s^2\,2p_x^2\,2p_y^1\,2p_z^1 \longrightarrow$ O$^+$ $1s^2\,2s^2\,2p_x^1\,2p_y^1\,2p_z^1$ + e$^-$

Este elétron é perdido

N $1s^2\,2s^2\,2p_x^1\,2p_y^1\,2p_z^1 \longrightarrow$ O$^+$ $1s^2\,2s^2\,2p_x^1\,2p_y^1$ + e$^-$

O elétron removido de O é um dos elétrons emparelhados do orbital $2p_x$ duplamente ocupado, enquanto o elétron removido de N é do orbital $2p_z$, ocupado por apenas um elétron. Há uma certa repulsão entre os dois elétrons emparelhados no caso do oxigênio, o que significa ser mais fácil remover um elétron de O do que do orbital $2p_z$ do nitrogênio com apenas um elétron.

2.69 Enxofre e ferro são componentes essenciais das proteínas, e o cálcio é um importante componente dos ossos e dentes.

2.71 Como a proporção ^{2}H/^{1}H em Marte é cinco vezes maior que na Terra, a massa atômica do hidrogênio em Marte seria maior que na Terra.

2.73 O bronze é uma liga de cobre e estanho.

2.75 (a) $1s$ (b) $2s, 2p$ (c) $3s, 3p, 3d$ (d) $4s, 4p, 4d, 4f$

2.77 (a) Fato: o raio atômico diminui ao longo de um período na tabela periódica. Embora o número quântico principal do orbital mais exterior permaneça o mesmo, à medida que os elétrons são adicionados sucessivamente, a carga nuclear também aumenta pela adição de um próton. O resultante aumento da atração entre os núcleos e elétrons é um pouco maior que a crescente repulsão entre os elétrons, o que faz diminuir o raio atômico.
(b) Fato: é necessário fornecer energia para remover um elétron de um átomo. A energia é necessária para superar a força de atração entre o núcleo de carga positiva e o elétron de carga negativa.

2.79 (a) Os elementos do grupo 3A têm três elétrons na camada de valência. Se n indicar o nível principal de energia, então os elementos de grupo 3A terão a configuração eletrônica ns^2, np^1 na última camada.
(b) O grupo 7A, dos halogênios, tem a seguinte configuração eletrônica na última camada: ns^2, np^5.
(c) Os elementos do grupo 5A têm a seguinte configuração eletrônica na última camada: ns^2, np^3.

2.81 (a) O carbono-12 tem 6 prótons e 6 nêutrons. Os nêutrons contribuem com 50% da massa.
(b) O cálcio-40 tem 20 prótons e 20 nêutrons. Os nêutrons contribuem com 50% da massa.
(c) O ferro-55 tem 26 prótons e 29 nêutrons. Os nêutrons contribuem com 53% da massa.
(d) O bromo-79 tem 35 prótons e 44 nêutrons. Os nêutrons contribuem com 56% da massa.
(e) A platina-195 tem 78 prótons e 117 nêutrons. Os nêutrons contribuem com 60% da massa.
(f) O urânio-238 tem 92 prótons e 146 nêutrons. Os nêutrons contribuem com 61% da massa.

2.83 (a) P (b) K (c) Na (d) N (e) Br
(f) Ag (g) Ca (h) C (i) Sn (j) Zn

2.85 (a) O silício é do grupo 4A. Tem 4 elétrons na última camada.
(b) O bromo é do grupo 7A. Tem sete elétrons na última camada.
(c) O fósforo é do grupo 5A. Tem cinco elétrons na última camada.
(d) O potássio é do grupo 1A. Tem um elétron na última camada.
(e) O hélio é do grupo 8A. Tem dois elétrons na última camada.
(f) O cálcio é do grupo 2A. Tem dois elétrons na última camada.
(g) O criptônio é do grupo 8A. Tem oito elétrons na última camada.
(h) O chumbo é do grupo 4A. Tem quatro elétrons na última camada.
(i) O selênio é do grupo 6A. Tem seis elétrons na última camada.
(j) O oxigênio é do grupo 6A. Tem seis elétrons na última camada.

2.87 (a) O elétron tem carga -1, o próton tem carga $+1$ e o nêutron não tem carga.
(b) A massa do elétron é 0,0005 u; o próton e o nêutron têm, cada um, massa de 1 u.

2.89 O número atômico desse elemento é 54, portanto é o xenônio (Xe). Esse isótopo tem 54 prótons, 54 elétrons e $131 - 54 = 77$ nêutrons.

2.91 Sua energia de ionização será menor que a do astato (At) e maior que a do rádio (Ra).

2.93 De acordo com a resposta do Problema 2.81, a proporção entre nêutron e próton num elemento geralmente aumenta à medida que aumenta o número atômico. Podemos fazer as seguintes generalizações.

De acordo com a resposta do Problema 2.81, a proporção entre nêutron e próton num elemento geralmente aumenta à medida que aumenta o número atômico.

Para elementos leves (do H ao Ca), os isótopos estáveis geralmente possuem números iguais de prótons e nêutrons.

A partir do cálcio (Ca), a proporção nêutron/próton torna-se cada vez maior que 1.

Capítulo 3 Ligações químicas

3.1 Ao perder dois elétrons, o Mg adquire um octeto completo. Ao ganhar dois elétrons, o enxofre adquire um octeto completo.
(a) Mg (12 elétrons): $1s^2 2s^2 2p^6 3s^2 \longrightarrow$ Mg^{2+} (10 elétrons): $1s^2 2s^2 2p^6$
(b) S (16 elétrons): $1s^2 2s^2 2p^6 3s^2 3p^4 \longrightarrow$ S^{2-} (18 elétrons): $1s^2 2s^2 2p^6 3s^2 3p^6$

3.2 Cada par de elementos está na mesma coluna (grupo) da tabela periódica, e a eletronegatividade aumenta de baixo para cima numa coluna. Portanto
(a) Li > K (b) N > P (c) C > Si

3.3 (a) KCl (b) CaF$_2$ (c) Fe$_2$O$_3$

3.4 (a) Óxido de magnésio (b) Iodeto de bário (c) Cloreto de potássio

3.5 (a) MgCl$_2$ (b) Al$_2$O$_3$ (c) LiI

3.6 (a) óxido de ferro (II), óxido ferroso
(b) óxido de ferro (III), óxido férrico

3.7 (a) hidrogenofosfato de potássio
(b) sulfato de alumínio
(c) carbonato de ferro (II), carbonato ferroso

3.8 (a) S—H (2,5 − 2,1 = 0,4); covalente apolar
(b) P—H (2,1 − 2,1 = 0); covalente apolar
(c) C—F (4,0 − 2,5 = 1,5); covalente polar
(d) C—Cl (3,0 − 2,5 = 0,5); covalente polar

3.9 (a) $\overset{\delta+}{C}$—$\overset{\delta-}{N}$ (b) $\overset{\delta+}{N}$—$\overset{\delta-}{O}$ (c) $\overset{\delta+}{C}$—$\overset{\delta-}{Cl}$

3.10 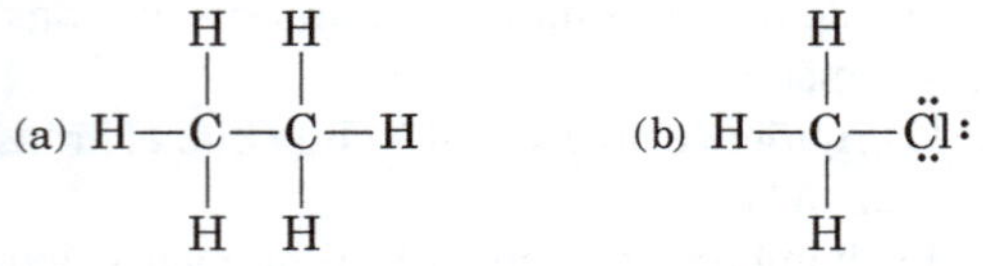
(a) H—CH$_2$—CH$_2$—H (etano, H—C(H)(H)—C(H)(H)—H)
(b) H—C(H)(H)—Cl:
(c) H—C≡N:

3.11 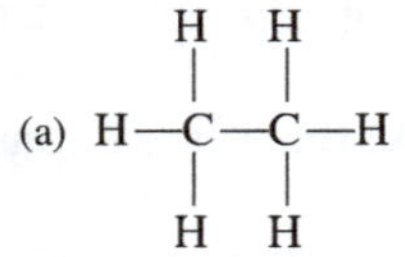
(a) H—C(H)(H)—C(H)(H)—H   4 ligações simples 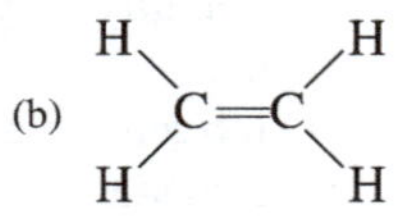
(b) H$_2$C=CH$_2$ 2 ligações simples e 1 ligação dupla 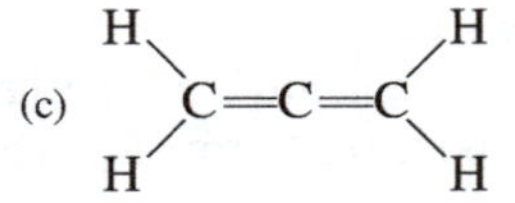
(c) H$_2$C=C=CH$_2$ 2 ligações duplas
(d) H—C≡C—H   1 ligação simples e 1 ligação tripla

3.12 (a) Dióxido de nitrogênio (b) Tribrometo de fósforo
(c) Dicloreto de enxofre (d) Trifluoreto de bário

3.13
(a) H—C(:Ö:⁻)(+)—Ö:⁻
(b) H—C(:Ö:⁻)=Ö
(c) CH$_3$—C(:Ö:⁻)=Ö(+)—CH$_3$

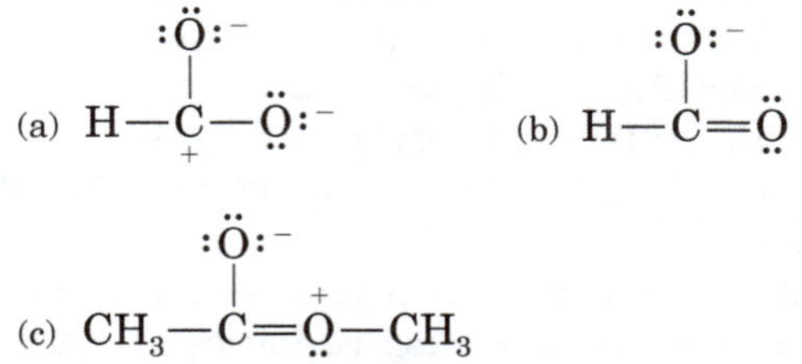

3.14 (a) Um par válido de estruturas contribuintes.
(b) Um par não válido. A estrutura contribuinte à direita tem 10 elétrons na camada de valência do carbono e, portanto, viola a regra do octeto. A camada de valência do carbono consiste em um orbital s e três orbitais p, que podem comportar um máximo de oito elétrons de valência, daí a regra do octeto.

3.15 As três estruturas tridimensionais apresentadas a seguir mostram todos os pares de elétrons não compartilhados.
(a) CH$_3$—Ö—H, ângulos 109,5°
(b) CH$_3$—Cl:, ângulos 109,5°
(c) H—C(=O)—H, ângulos 109,5° e 120°

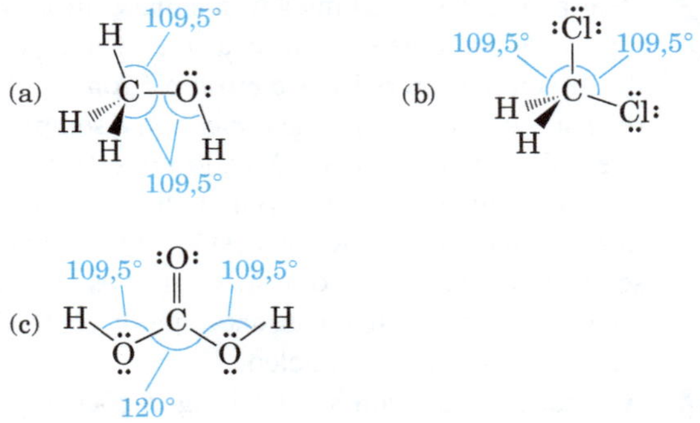

3.16 (a) O H$_2$S não contém ligações polares e é uma molécula apolar. 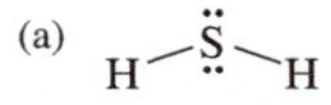
(a) H—S̈—H   Apolar
(b) O HCN contém uma ligação C—N polar e é uma molécula polar. 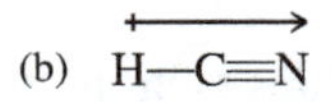
H—C≡N   Apolar
(c) O C$_2$H$_6$ não contém ligações polares e não é uma molécula polar. 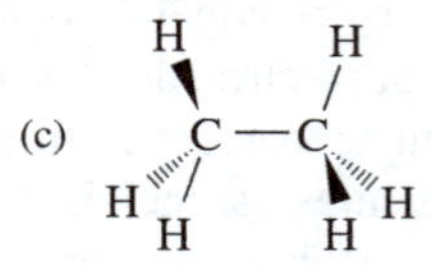
(c) CH$_3$—CH$_3$ Apolar

3.17 (a) F (b) V (c) F (d) V (e) V
(f) F (g) V (h) F (i) F

3.19 (a) O átomo de lítio tem a configuração eletrônica $1s^2 2s^1$. Quando o Li perde seu único elétron $2s$, forma Li$^+$, cuja configuração eletrônica é $1s^2$. Essa configuração é a mesma do hélio, o gás nobre mais próximo do Li em número atômico.
Li: $1s^2 2s^1 \longrightarrow$ Li$^+$: $1s^2$ + e$^-$

(b) O átomo de oxigênio tem configuração eletrônica $1s^22s^2p^4$. Quando o O ganha dois elétrons, forma O^{2-}, cuja configuração eletrônica é $1s^22s^22p^6$. Essa configuração é a mesma do neônio, o gás nobre mais próximo do oxigênio em número atômico.
O: $1s^22s^22p^4 + 2\ e^- \longrightarrow O^{2-}: 1s^22s^22p^6$ (octeto completo)

3.21 (a) Mg^{2+} (b) F^- (c) Al^{3+}
(d) S^{2-} (e) K^+ (f) Br^-

3.23 Os íons estáveis são: (a) I^- (c) Na^+ e (d) S^{2-}.

3.25 Como são intermediários em eletronegatividade, carbono e silício relutam em aceitar elétrons de um metal ou perder elétrons para um halogênio, formando ligações iônicas. Em vez disso, carbono e silício compartilham elétrons em ligações covalentes apolares e covalentes polares.

3.27 (a) V (b) V (c) F (d) V (e) F (f) V (g) F
(h) V (i) V (j) F (k) F (l) F (m) V (n) V

3.29 (a) V (b) V (c) V (d) V (e) F (f) V
(g) V (h) V (i) F (j) F (k) V (l) F (m) V
(n) V (o) F

3.31 A eletronegatividade geralmente aumenta da esquerda para a direita ao longo de uma fileira na tabela periódica porque o número de cargas positivas no núcleo de cada elemento sucessivamente aumenta da esquerda para a direita. A carga nuclear crescente exerce uma atração cada vez maior na valência dos elétrons.

3.33 Os elétrons se deslocam na direção do átomo mais eletronegativo. (a) Cl (b) O (c) O (d) Cl (e) desprezível (f) desprezível (g) O

3.35 (a) C—Cl, covalente polar (b) C—Li, covalente polar (c) C—N, covalente polar

3.37 (a) V (b) F (c) V (d) V (e) V
(f) F (g) F (h) F (i) F

3.39 (a) NaBr (b) Na_2O (c) $AlCl_3$
(d) $BaCl_2$ (e) MgO

3.41 O cloreto de sódio no estado sólido forma um retículo onde o íon Na^+ é circundado por seis íons Cl^-, e cada íon Cl^- é circundado por seis íons Na^+.

3.43 (a) $Fe(OH)_3$ (b) $BaCl_2$ (c) $Ca_3(PO_4)_2$ (d) $NaMnO_4$

3.45 (a) A fórmula $(NH_4)_2PO_4$ está errada. A fórmula correta é $(NH_4)_3PO_4$.
(b) A fórmula Ba_2CO_3 está errada. A fórmula correta é $BaCO_3$.
(c) A fórmula Al_2S_3 está correta.
(d) A fórmula MgS está correta.

3.47 (a) V (b) F (c) V (d) F (e) F (f) F
(g) V (h) F (i) V (j) F (k) F

3.49 A fórmula do nitrito de potássio é KNO_2.

3.51 (a) Na^+, Br^- (b) Fe^{2+}, SO_3^{2-} (c) Mg^{2+}, PO_4^{3-}
(d) $K^+, H_2PO_4^-$ (e) Na^+, HCO_3^- (f) Ba^{2+}, NO_3^-

3.53 (a) KBr (b) CaO (c) HgO (d) $Cu_3(PO_4)_2$
(e) Li_2SO_4 (f) Fe_2S_3

3.55 (a) F (b) F (c) F (d) V (e) V (f) V (g) V
(h) F (i) V (j) V (k) F (l) V (m) F (n) V

3.57 (a) Ocorre ligação simples quando um par de elétrons é compartilhado entre dois átomos.
(b) Ocorre ligação dupla quando dois pares de elétrons são compartilhados entre dois átomos.
(c) Ocorre ligação tripla quando três pares de elétrons são compartilhados entre dois átomos.

3.59

(a) H—C(—H)(—H)—H (metano estrutura com H acima e abaixo)

(b) H—C≡C—H

(c) $H_2C=CH_2$

(d) $:\ddot{F}-\ddot{B}-\ddot{F}:$ com $:\ddot{F}:$ acima

(e) $H_2C=\ddot{O}:$

(f) $:\ddot{Cl}-C(\ddot{Cl})(\ddot{Cl})-C(\ddot{Cl})(\ddot{Cl})-\ddot{Cl}:$

3.61 O número total de elétrons de valência para cada composto é:
(a) NH_3 tem 8 (b) C_3H_6 tem 18 (c) $C_2H_4O_2$ tem 24
(d) C_2H_6O tem 20 (e) CCl_4 tem 32 (f) HNO_2 tem 18 (g) CCl_2F_2 tem 32 (h) O_2 tem 12

3.63 (a) O átomo de bromo tem sete elétrons na camada de valência.
(b) A molécula de bromo tem dois átomos de bromo ligados por uma ligação covalente simples.
(c) O íon brometo é um átomo de bromo que ganhou um elétron em sua camada de valência; ele tem um octeto completo e carga -1.
(a) $:\ddot{Br}\cdot$ (b) $:\ddot{Br}-\ddot{Br}:$ (c) $:\ddot{Br}:^-$

3.65 A configuração eletrônica do hidrogênio é $1s^1$. A camada de valência do hidrogênio tem somente um orbital s, que pode conter apenas dois elétrons.

3.67 O nitrogênio tem cinco elétrons de valência. Ao compartilhar mais três elétrons com outros átomos ou outro átomo, ele poderá atingir, em sua última camada, a configuração eletrônica do gás neônio, o gás nobre mais próximo em número atômico. Os três pares de elétrons compartilhados podem estar na forma de três ligações simples, uma ligação dupla e uma simples, ou uma ligação tripla. Com essas combinações, há um par de elétrons não compartilhado no nitrogênio.

3.69 O oxigênio tem seis elétrons de valência. Ao compartilhar elétrons com outro átomo ou outros átomos, o oxigênio poderá atingir, em sua última camada, a configuração eletrônica do neônio, o gás nobre mais próximo em número atômico. Os dois pares de elétrons compartilhados podem estar na forma de uma ligação dupla ou duas ligações simples. Em qualquer uma dessas configurações, são dois os pares de elétrons não compartilhados no oxigênio.

3.71 O O^{6+} tem carga muito concentrada para um íon pequeno. Além disso, seria necessária uma quantidade excessiva de energia para remover todos os seis elétrons.

3.73 (a) O BF_3 não obedece à regra do octeto porque, nesse composto, o boro tem apenas seis elétrons na camada de valência.

(b) O CF_2 não obedece à regra do octeto porque, nesse composto, o carbono tem apenas 6 elétrons na camada de valência.

(c) O BeF_2 não obedece à regra do octeto porque, nesse composto, o berílio tem apenas 4 elétrons na camada de valência.

(d) O C_2H_4, etileno, obedece à regra do octeto. Nesse composto, cada carbono tem uma ligação dupla com o outro carbono e ligações simples com dois átomos de hidrogênio, o que dá a cada carbono um octeto completo.

(e) O CH_3 não obedece à regra do octeto. Nesse composto, o carbono tem uma ligação simples com três hidrogênios, o que dá ao carbono apenas sete elétrons na camada de valência.

(f) O N_2 obedece à regra do octeto. Cada nitrogênio tem uma ligação tripla e um par de elétrons não compartilhado e, portanto, oito elétrons na camada de valência.

(g) O NO não obedece à regra do octeto. Esse composto tem 11 elétrons de valência, e qualquer estrutura de Lewis desenhada para ele mostra o oxigênio ou o nitrogênio com apenas 7 elétrons na camada de valência.

3.75 (a) Dióxido de enxofre (b) Trióxido de enxofre (c) Tricloreto de fósforo (d) Dissulfeto de carbono

3.77 (a) A estrutura de Lewis para o ozônio deve mostrar 18 elétrons de valência.

(b, c) Observe que cada estrutura contribuinte tem uma carga positiva e uma carga negativa.

(d) O átomo de oxigênio central é circundado por três regiões de densidade eletrônica. Portanto, prevê-se um ângulo de ligação O—O—O de 120°.

(e) Essa estrutura contribuinte não é aceitável porque coloca 10 elétrons na camada de valência do átomo de oxigênio central. O oxigênio é um elemento do segundo período, e os orbitais disponíveis para ligação covalente são o orbital simples $2s$ e três orbitais $2p$. Esses orbitais podem comportar apenas oito elétrons (regra do octeto).

3.79 (a) V (b) F (c) V (d) F (e) V (f) V (g) F (h) V (i) V (j) V (k) F (l) V (m) V

3.81 (a) H_2O tem 8 elétrons de valência, e H_2O_2, 14 elétrons de valência.

(b) H—Ö—H   H—Ö—Ö—H
    Água   Peróxido de hidrogênio

(c) Cada oxigênio, em cada molécula, é circundado por quatro regiões de densidade eletrônica. Portanto, prevê-se que todos os ângulos de ligação sejam de 109,5°.

3.83 Formato de cada molécula e ângulos de ligação aproximados em torno do átomo central:

(a) CH_4 — Tetraédrico (109,5°)
(b) PH_3 — Piramidal (109,5°)
(c) CF_4 — Tetraédrico (109,5°)
(d) SO_2 — Angular (120°)
(e) SO_3 — Trigonal planar (120°)
(f) CCl_3F — Tetraédrica (109,5°)
(g) NH_3 — Piramidal (109,5°)
(h) PCl_3 — Piramidal (109,5°)

3.85 (a) V (b) V (c) F (d) V (e) V (f) V (g) V (h) V

3.87 (a) Estrutura de Lewis do BF_3 (F—B—F com F abaixo).

(b) Os ângulos da ligação F—B—F são de 20°.

(c) O BF_3 tem três ligações polares, mas, por causa de sua geometria, ele é uma molécula apolar.

3.89 Não, os dipolos moleculares são resultantes da soma da direção e magnitude de ligações polares individuais.

3.91 Cada uma das ligações polares C—Cl em CCl_4 age em direções iguais mas opostas, cancelando o efeito uma da outra no dipolo molecular.

3.93 O iodeto de sódio, NaI, é usado como fonte de iodo no sal de cozinha.

3.95 O permanganato de potássio, $KMnO_4$, é usado como antisséptico externo.

3.97 O óxido nítrico, NO, é rapidamente oxidado pelo oxigênio do ar a dióxido de nitrogênio, que então se dissolve na água da chuva, formando ácido nítrico, HNO_3.

3.99 Os compostos são (a) silano, SiH_4, (b) fosfina, PH_3 e (c) sulfeto de hidrogênio, H_2S.

3.101 A previsão é de uma forma como esta, juntando as bases de duas pirâmides de base quadrada. Esse formato é chamado de octaedro porque tem oito faces.

(Estrutura do SF_6 com ângulos de 90°)

3.103 O fluoreto de sódio, NaF, e o fluoreto estanhoso, SnF_2, são usados como fontes de fluoreto em pastas de dentes fluoretadas e géis dentais.

3.105 O iodeto de sódio, NaI, é usado como fonte de iodeto no sal de cozinha.

3.107 Hidróxido de magnésio, $Mg(OH)_2$, e hidróxido de alumínio, $Al(OH)_3$.

3.109 (a) fosfato de cálcio (b) hidróxido de magnésio
(c) cloreto de potássio, iodeto de potássio
(d) óxido de ferro
(e) fosfato de cálcio (f) sulfato de zinco
(g) sulfato de manganês (h) dióxido de titânio
(i) dióxido de silício (j) sulfato cúprico
(k) borato de cálcio (l) molibdato de sódio
(m) cloreto de crômio (n) iodeto de potássio
(o) selenato de sódio (p) sulfato de vanadila
(q) sulfato de níquel (r) sulfato estânico

3.111 (a) Cd (II) (b) Cr (III) (c) Ti (IV)
(d) Mn (II) (e) Co (III) (f) Fe (III)

3.113 (a) Segue a estrutura de Lewis para o cloreto de vinila.

$$H_2C=CHCl \quad (\delta^+ \text{ on C, } \delta^- \text{ on Cl})$$

(b) A previsão para todos os ângulos é de 120°.
(c) O cloreto de vinila tem uma ligação polar C—Cl, é uma molécula polar e tem um dipolo.

3.115 (a) Incorreto. O carbono à esquerda tem cinco ligações.
(b) Incorreto. O carbono do meio tem apenas três ligações.
(c) Incorreto. O segundo carbono à direita tem apenas três ligações, e o oxigênio à direita tem apenas uma ligação.
(d) Incorreto. O flúor tem duas ligações.
(e) Correto.
(f) Incorreto. O segundo carbono à esquerda tem cinco ligações.

3.117 $LiAlH_4$ ou $Li^+ AlH_4^-$.

Capítulo 4 Reações químicas

4.1 (a) ibuprofeno, $C_{13}H_{18}O_2 = 206,1$ u
(b) $Ba_3(PO_4)_2 = 601$ u

4.2 1.500 g de H_2O são 83,3 mols de H_2O.

4.3 2,84 mols de Na_2S são 222 g de Na_2S.

4.4 Em 2,5 mols de glicose, há 15 mols de átomos de C, 30 mols de átomos de H e 15 mols de átomos de O.

4.5 0,062 g de $CuNO_3$ contém $4,9 \times 10^{-4}$ mol de Cu^+.

4.6 235 g de H_2O contém $7,86 \times 10^{24}$ moléculas de H_2O.

4.7 A equação balanceada é

$$6CO_2(g) + 6H_2O(\ell) \xrightarrow{fotossíntese} C_6H_{12}O_6(aq) + 6O_2(g)$$

4.8 A equação balanceada é
$$2C_6H_{14}(g) + 19O_2(g) \longrightarrow 12CO_2(g) + 14H_2O(g)$$

4.9 A equação balanceada é
$$3K_2C_2O_4(aq) + Ca_3(AsO_4)_2(s) \longrightarrow 2K_3AsO_4(aq) + 3CaC_2O_4(s)$$

4.10 (a) A equação balanceada é

$$2Al_2O_3(s) \xrightarrow{eletrólise} 4Al(s) + 3O_2(g)$$

(b) São necessários 51 g de alumina para preparar 27 g de alumínio.

4.11 Considerando a equação balanceada, vemos que a proporção molar de CO necessária para produzir CH_3COOH é 1:1. Portanto, são necessários 16,6 mols de CO para produzir 16,6 mols de CH_3COOH.

4.12 Considerando a equação balanceada, vemos que a proporção molar de etileno para etanol é 1:1. Portanto, 7,24 mols de etileno produzem 7,24 mols de etanol, que são 334 g de etanol.

4.13 (a) H_2 (1,1 mol) está em excesso, e C (0,50 mol) é o reagente limitante.
(b) São produzidos 8,0 g de CH_4.

4.14 O rendimento percentual é de 80,87%.

4.15 A equação iônica simplificada é:
$Cu^{2+}(aq) + S^{2-}(aq) \longrightarrow CuS(s)$

4.16 (a) O Ni^{2+} ganhou dois elétrons, portanto foi reduzido. O Cr perdeu dois elétrons, portanto foi oxidado. O Ni^{2+} é o agente oxidante, e Cr, o agente redutor.
(b) O CH_2O ganhou hidrogênios, portanto foi reduzido. O H_2 ganhou oxigênios ao ser convertido em CH_3OH e, portanto, foi oxidado. O CH_2O é o agente oxidante, e H_2, o agente redutor.

4.17 (a) F (b) F (c) V (d) V (e) V

4.19 (a) sacarose, $C_{12}H_{22}O_{11}$ 342,3 u
(b) glicina, $C_2H_5NO_2$ 75,07 u
(c) DDT, $C_{14}H_9Cl_5$ 354,5 u

4.21 (a) 32 g de CH_4 = 2,0 mols de CH_4
(b) 345,6 g de NO = 11,52 mols de NO
(c) 184,4 g de ClO_2 = 2,734 mols de ClO_2
(d) 720 g de glicerina = 7,82 mols de glicerina

4.23 (a) 18,1 mol de CH_2O = 18,1 mols de átomos de O
(b) 0,41 mol de $CHBr_3$ = 1,2 mol de átomos de Br
(c) $3,5 \times 10^3$ mols de $Al_2(SO_4)_3 = 4,2 \times 10^4$ mols de átomos de O
(d) 87 g de HgO = 0,40 mol de átomos de Hg

4.25 (a) 25,0 g de TNT (MM = 227 g/mol) contêm $1,99 \times 10^{23}$ átomos de N
(b) 40 g de etanol (MM = 46 g/mol) = $1,0 \times 10^{24}$ mol átomos de C
(c) 500 mg de aspirina (MM 180,2 g/mol) = $6,68 \times 10^{21}$ átomos de O
(d) 2,40 g de NaH_2PO_4 (MM 120 g/mol) = $1,20 \times 10^{22}$ átomos de Na

4.27 (a) 100, moléculas de CH_2O (MM 30 g/mol) = $4,98 \times 10^{-21}$ gramas de CH_2O.
(b) 3.000 moléculas de CH_2O (MM 30 g/mol) = $1,495 \times 10^{-19}$ g de CH_2O.
(c) $5,0 \times 10^6$ moléculas de CH_2O = $2,5 \times 10^{16}$ gramas de moléculas de CH_2O.
(d) $2,0 \times 10^{24}$ moléculas de CH_2O = 100 g de CH_2O.

4.29 3,9 mg de colesterol (MM 386,7 g/mol) = $6,1 \times 10^{18}$ moléculas de colesterol.

4.31 10 g de cobre (63,6 g/mol) = 0,157 mol de átomos de Cu.
10 g de crômio (52,0 g/mol) = 0,192 mol de átomos de Cr.
Uma amostra de 10 g de Cu contém 0,192 − 0,157 = 0,035 mais mols de Cr.
0,035 mol de Cr = $2,11 \times 10^{22}$ átomos.

4.33 A seguir, apresentam-se as equações balanceadas.
(a) $HI + NaOH \longrightarrow NaI + H_2O$
(b) $Ba(NO_3)_2 + H_2S \longrightarrow BaS + 2HNO_3$
(c) $CH_4 + 2O_2 \longrightarrow CO_2 + 2H_2O$
(d) $2C_4H_{10} + 13O_2 \longrightarrow 8CO_2 + 10H_2O$
(e) $2Fe + 3CO_2 \longrightarrow Fe_2O_3 + 3CO$

4.35 $CO_2(g) + Ca(OH)_2(aq) \longrightarrow CaCO_3(s) + H_2O(\ell)$

4.37 $2Mg(s) + O_2(g) \longrightarrow 2MgO(s)$

4.39 $2C(s) + O_2(g) \longrightarrow 2CO(g)$

4.41 $2AsH_3(g) \xrightarrow{calor} 2As(s) + 3H_2(g)$

4.43 $2NaCl(aq) + 2H_2O(\ell) \xrightarrow{eletrólise} Cl_2(g) + 2NaOH(aq) + H_2(g)$

4.45 (a) 1 mol de O_2 requer 0,67 mol de N_2.
(b) 0,67 mol de N_2O_3 é produzido a partir de 1 mol de O_2.
(c) Para produzir 8 mols de N_2O_3, são necessários 12 mol de O_2.

4.47 1,50 mol de $CHCl_3$ requer 319 g de Cl_2.

4.49 (a) $2NaClO_2(aq) + Cl_2(g) \longrightarrow 2ClO_2(g) + 2NaCl(aq)$
(b) 5,5 kg de $NaClO_2$ produzirão 4,10 kg de ClO_2.

4.51 Para produzir 5,1 g de glicose, são necessários 7,5 g de CO_2.

4.53 Para reagir completamente com 0,58 g de Fe_2O_3, precisamos de 0,13 g de C.

4.55 51,1 g de ácido salicílico.

4.57 O rendimento teórico de 5,6 g de etano é de 12 g de cloroetano. O rendimento percentual é 68%.

4.59 (a) V (b) F (c) V (d) V (e) V (f) V (g) F (h) F (i) V (j) F (k) V (l) F

4.61 As seguintes reações químicas são equações iônicas simplificadas.
(a) $Ag^+(aq) + Br^-(aq) \longrightarrow AgBr(s)$
(b) $Cd^{2+}(aq) + S^{2-}(aq) \longrightarrow CdS(s)$
(c) $2Sc^{3+}(aq) + 3SO_4^{2-}(aq) \longrightarrow Sc_2(SO_4)_3(s)$
(d) $Sn^{2+}(aq) + 2Fe^{2+}(aq) \longrightarrow Sn(s) + 2Fe^{3+}(aq)$
(e) $2K(s) + 2H_2O(\ell) \longrightarrow 2K^+(aq) + 2OH^-(aq) + H_2(g)$

4.63 (a) Precipitará o $Ca_3(PO_4)_2$.
$3Ca^{2+}(aq) + 2PO_4^{3-}(aq) \longrightarrow Ca_3(PO_4)_2(s)$
(b) Não se formará nenhum precipitado (os cloretos e sulfatos do grupo 1 são solúveis).
(c) Precipitará o $BaCO_3$.
$Ba^{2+}(aq) + CO_3^{2-}(aq) \longrightarrow BaCO_3(s)$
(d) Precipitará o $Fe(OH)_2$.
$Fe^{2+}(aq) + 2OH^-(aq) \longrightarrow Fe(OH)_2(s)$
(e) Precipitará o $Ba(OH)_2$.
$Ba^{2+}(aq) + 2OH^-(aq) \longrightarrow Ba(OH)_2(s)$
(f) Precipitará o Sb_2S_3.
$2Sb^{2+}(aq) + 3S^{2-}(aq) \longrightarrow Sb_2S_3(s)$
(g) Precipitará o $PbSO_4$.
$Pb^{2+} + SO_4^{2-} \longrightarrow PbSO_4(s)$

4.65 A equação iônica simplificada é
$SO_3^{2-}(aq) + 2H^+(aq) \longrightarrow SO_2(g) + H_2O(\ell)$

4.67 (a) KCl (solúvel: todos os cloretos do grupo 1 são solúveis).
(b) NaOH (solúvel: todos os sais de sódio são solúveis).
(c) $BaSO_4$ (insolúvel: a maioria dos sulfatos é insolúvel).
(d) Na_2SO_4 (solúvel: todos os sais de sódio são solúveis).
(e) Na_2CO_3 (solúvel: todos os sais de sódio são solúveis).
(f) $Fe(OH)_2$ (insolúvel: a maioria dos hidróxidos é insolúvel).

4.69 (a) V (b) V (c) V (d) V (e) V (f) F (g) F (h) V (i) V (j) V (k) V (l) V (m) V (n) V

4.71 (a) Não, uma espécie ganha elétrons e outra deve perder elétrons. Elétrons não são destruídos, mas transferidos de uma espécie química para outra.

4.73 (a) C_7H_{12} é oxidado (os carbonos ganham oxigênios ao passarem para CO_2) e o O_2 é reduzido.
(b) O O_2 é o agente oxidante, e o C_7H_{12}, o agente redutor.

4.75 (a) V (b) F (c) V (d) V (e) V (f) V

4.77 (a) endotérmica (22,0 kcal aparecem como reagente).
(b) exotérmica (124 kcal aparecem como produto).
(c) exotérmica (94,0 kcal aparecem como produto).
(d) endotérmica (9,80 kcal aparecem como reagente).
(e) exotérmica (531 kcal aparecem como produto).

4.79 $1,6 \times 10^2$ kcal de calor é desenvolvido na queima de 0,37 mol de acetona.

4.81 O etanol tem um calor de combustão por grama (7,09 kcal/g) maior que o da glicose (3,72 kcal/g).

4.83 156,0 kcal produzirão 88,68 g de Fe metálico.

4.85 A hidroxiapatita é composta de íons cálcio, íons fosfato e íons hidróxido.

4.87 O C_2H_4O é oxidado, e H_2O_2, reduzido. H_2O_2 é o agente oxidante, e C_2H_4O, o agente redutor.

4.89 Cu^+ é oxidado. A espécie oxidada durante o curso da reação libera um elétron e é o agente redutor. Portanto, Cu^+ é o agente redutor.

4.91 Mais de 90% da energia necessária para aquecer, resfriar e iluminar nossas construções, para fazer funcionar automóveis, caminhões, aviões, lojas e maquinários em fazendas e fábricas, vem da combustão de carvão, petróleo e gás natural.

4.93 488 mg de aspirina (MM 180,2 g/mol) é igual a $2,71 \times 10^{-3}$ mol de aspirina.

4.95 O N_2 é o reagente limitante, e o H_2 está em excesso.

4.97 4×10^{10} moléculas de hemoglobina estão presentes numa célula vermelha do sangue.

4.99 29,7 kg de N_2 = 1.061 mols de N_2 e 3,31 kg de H_2 = 1.655 mols de H_2.
(a) Vemos, na equação química balanceada, que os dois gases reagem na proporção $3H_2/N_2$. A reação completa de 1.061 mols de N_2 requer 3.183 mols de H_2, mas a quantidade de H_2 presente é menor que isso. Portanto, H_2 é o reagente limitante.
(b) Abaixo da equação balanceada, aparecem os mols de cada espécie antes da reação, os mols que reagem e os mols presentes após a reação completa.

	N_2	+	$3H_2$	$\longrightarrow$	$2NH_3$
Antes da reação	1.061		1.655		0
Reagindo	551		1.655		0
Após a reação	510		0		1.102

551 mols de N_2 = 14,3 kg de N_2 permanecem após a reação.
(c) 1.102 mols de NH_3 = 18,7 kg de NH_3 formados.

4.101 (a) A seguir, apresentam-se as equações balanceadas para cada oxidação.
$C_{16}H_{32}O_2(s) + 23O_2(g) \longrightarrow$
$16CO_2 + 16H_2O(\ell) + 238,5$ kcal/mol

$C_6H_{12}O_6(s) + 6O_2(g) \longrightarrow$
$\qquad\qquad 6CO_2 + 6H_2O(\ell) + 670$ kcal/mol
(b) O calor de combustão do ácido palmítico é de 9,302 kcal/grama.
O calor de combustão da glicose é de 3,72 kcal/grama.
(c) O ácido palmítico tem o maior calor de combustão por mol.
(d) O ácido palmítico também tem o maior calor de combustão por grama.

Capítulo 5 Gases, líquidos e sólidos

5.1 0,41 atm
5.2 16,4 atm
5.3 0,053 atm
5.4 4,84 atm
5.5 0,422 mol Ne
5.6 9,91 g He
5.7 0,107 atm de vapor de H_2O
5.8 (a) Sim, pode haver ligação de hidrogênio entre água e metanol porque, em cada molécula, um átomo de hidrogênio está ligado a um átomo de oxigênio eletronegativo. O hidrogênio de O—H pode formar uma ligação de hidrogênio com um par isolado do oxigênio de outra molécula.
(b) Não há nenhuma polaridade numa ligação C—H e, portanto, ela não pode participar de uma ligação de hidrogênio.
5.9 O calor de vaporização da água é 540 cal/g. São suficientes 45,0 kcal para vaporizar 83,3 g de H_2O.
5.10 O calor necessário para aquecer 1,0 g de ferro até a fusão = $2,3 \times 10^2$ cal.
Calor (até a fusão) = 166 cal
Calor para fundir = 63,7 cal
5.11 Segundo o diagrama de fase da água (Figura 5.20), o vapor primeiro condensará em água líquida e depois congelará, formando gelo.
5.13 À medida que diminui o volume de um gás, há um aumento da concentração das moléculas de gás por unidade de volume e também do número de moléculas de gás que colidem com as paredes do recipiente. Como a pressão do gás resulta das colisões das moléculas de gás com as paredes do recipiente, à medida que o volume diminui, a pressão aumenta.
5.15 O volume de um gás pode ser diminuído (1) aumentando a pressão sob o gás ou (2) baixando a temperatura (resfriamento) do gás. (3) O volume do gás pode ser diminuído com a remoção de parte do gás.
5.17 7,37 L
5.19 2,0 atm de gás CO_2
5.21 615 K
5.23 6,2 L de gás SO_2 com aquecimento
5.25 A pressão que se lê no manômetro é a diferença entre o gás no bulbo e a pressão atmosférica: 833 mm Hg – 760 mm Hg = 73 mm Hg.
5.27 2,6 atm de halotano

5.29

V_1	T_1	P_1	V_2	T_2	P_2
6,35 L	10 °C	0,75 atm	**4,6 L**	0 °C	1,0 atm
75,6 L	0 °C	1,0 atm	**88 L**	35 °C	735 torr
1,06 L	75 °C	0,55 atm	3,2 L	0 °C	**0,14 atm**

5.31 O volume do balão será de 3×10^6 L.
5.33 A nova temperatura é de 300 K.
5.35 1,87 atm
5.37 (a) Estão presentes 2,33 mols de gás.
(b) Não. A única informação necessária sobre o gás é que se trata de um gás ideal.
5.39 Aplicando a lei dos gases ideais $PV = nRT$ e $n(\text{mols}) = \text{massa}/MM$, a seguinte equação pode ser derivada e resolvida para a massa molecular do gás.

$$MM = \frac{(\text{massa})RT}{PV}$$

$$\frac{(8,00 \text{ g})(0,0821 \text{ L} \cdot \text{atm} \cdot \text{mol}^{-1} \cdot \text{K}^{-1})(273 \text{ K})}{(2,00 \text{ atm})(22,4 \text{ L})} = 4,00 \text{ g/mol}$$

5.41 Em temperatura constante, a densidade do gás aumenta à medida que aumenta a pressão.
5.43 (a) 24,7 mols de O_2 são necessários para preencher a câmara.
(b) 790 g de O_2 são necessários para preencher a câmara.
5.45 5,5 L de ar contém 1,16 L de O_2, que, nessas condições, é 0,050 mol de O_2.
0,050 mol de O_2 contém $15,0 \times 10^{22}$ moléculas de O_2.
5.47 (a) A massa de 1 mol de ar é 28,95 gramas.
(b) A densidade do ar é 1,29 g/L.
5.49 A densidade de cada gás é
(a) SO_2 = 2,86 g/L (b) CH_4 = 0,714 g/L
(c) H_2 = 0,0892 g/L (d) He = 0,179 g/L
(e) CO_2 = 1,96 g/L
Comparação dos gases: SO_2 e CO_2 são mais densos que o ar; He, H_2 e CH_4 são menos densos que o ar.
5.51 A densidade do octano é 0,7025 g/mL.
A massa de 1,00 mL de octano é 0,07025 g.
Usando a equação dos gases ideais, calcula-se que essa massa do octano ocupa 0,197 L.
5.53 A densidade seria a mesma. A densidade de uma substância não depende de sua quantidade.
5.55 (a) V (b) F (c) V (d) F
$P_T = P_{N_2} + P_{O_2} + P_{CO_2} + P_{H_2O}$
P_{N_2} = (0,740)(1,0 atm) = 0,740 atm (562,4 mm Hg)
P_{O_2} = (0,194)(1,0 atm) = 0,194 atm (147,5 mm Hg)
P_{H_2O} = (0,062)(1,0 atm) = 0,062 atm (47,1 mm Hg)
P_{CO_2} = (0,004)(1,0 atm) = 0,004 atm (3,0 mm Hg)
P_T = 1,00 atm (760,0 mm Hg)
5.59 (a) V (b) F (c) V (d) F (e) V (f) V (g) V
(h) F (i) V (j) V
5.61 (a) F (b) F (c) V (d) V (e) F (f) V
(g) V (h) V (i) F (j) F (k) F (l) F
(m) V (n) V (o) F

5.63 Os gases se comportam de modo mais próximo do ideal sob baixa pressão e alta temperatura para minimizar as interações intermoleculares não ideais. Portanto, (c) é que melhor se ajusta a essas condições.

5.65 (a) CCl_4 é apolar; forças de dispersão de London.
(b) CO é polar; interações dipolo-dipolo.
A molécula mais polar (CO) terá a tensão superficial mais alta.

5.67 Sim. As forças de dispersão de London variam de 0,001 a 0,2 kcal/mol, enquanto o limite inferior das forças de atração dipolo-dipolo pode chegar a 0,1 kcal/mol.

5.69 (a) V (b) F (c) F (d) V (e) F (f) V (g) V
(h) V (i) V (j) V (k) F (l) F (m) V (n) F
(o) V (p) F

5.71 (a) V (b) V (c) V (d) F (e) V (f) F (g) V
(h) F (i) F (j) F (k) V

5.73 (a) V (b) V (c) F (d) V (e) V (f) F (g) F
(h) F (i) F (j) V (k) V

5.75 É necessário 1,53 kcal para vaporizar 1 mol de CF_2Cl_2.

5.77 As pressões de vapor são aproximadamente:
(a) 90 mm Hg
(b) 120 mm Hg
(c) 490 mm Hg

5.79 (a) HI > HBr > HCl. O tamanho crescente dessa série aumenta as forças de dispersão de London.
(b) H_2O_2 > HCl > O_2. Para que ocorra a ebulição, o O_2 tem apenas as forças intermoleculares de dispersão de London (que são fracas) para superar, enquanto o HCl é uma molécula polar, com atrações dipolo-dipolo mais fortes para superar. O H_2O_2 tem as forças intermoleculares mais fortes (ligação de hidrogênio) para superar.

5.81 A diferença entre aquecer a água de 0 °C a 37 °C e aquecer gelo de 0 °C a 37 °C é o calor de fusão.
A energia necessária para aquecer 100 g de gelo de 0 °C a 37 °C é de 11.700 cal.
A energia necessária para aquecer 100 g de água de 0 °C a 37 °C é de 3.700 cal.

5.83 O nome da mudança de fase é sublimação, que é a conversão de um sólido em um gás, sem passar pela fase líquida.

5.85 1,00 mL de Freon-11 é $1,08 \times 10^{-2}$ mol de Freon-11. A vaporização desse volume de Freon-11 da pele removerá $6,96 \times 10^{-2}$ kcal.

5.87 Quando a temperatura de uma substância aumenta, há um aumento do movimento das moléculas e, portanto, da entropia. Assim, um gás a 100 °C tem entropia menor que um gás a 200 °C.

5.89 Quando o diafragma de uma pessoa abaixa, o volume da cavidade torácica aumenta, baixando assim a pressão nos pulmões em relação à pressão atmosférica. O ar à pressão atmosférica é puxado para os pulmões, dando início à respiração.

5.91 O primeiro som de batimento que se ouve é o da pressão sistólica, que ocorre quando a pressão do esfigmomanômetro é igual à pressão sanguínea, e o ventrículo contrai empurrando o sangue para o braço.

5.93 Quando a água congelar, ela expandirá (a água é uma das poucas substâncias que expandem ao congelarem) e quebrará a garrafa no momento em que a expansão exceder o volume da garrafa.

5.95 Comprimir um líquido ou um sólido é difícil porque suas moléculas ou átomos já estão bem próximos entre si e há muito pouco espaço vazio entre eles.

5.97 34 psi = 2,3 atm

5.99 O aerossol já pode conter gases sob pressão. A lei de Gay-Lussac prevê que a pressão dentro da lata aumentará à medida que ela for aquecida, e o potencial de ruptura explosiva da lata pode causar ferimentos.

5.101 112 mL

5.103 A água, que forma fortes ligações de hidrogênio intermoleculares, tem o maior ponto de ebulição. O ponto de ebulição de cada um destes três compostos é:
(a) pentano, C_5H_{12} (36 °C)
(b) clorofórmio, $CHCl_3$ (61 °C)
(c) água, H_2O (100 °C)

5.105 (a) À medida que o gás é comprimido sob pressão, as moléculas são forçadas a se aproximar ainda mais, e as forças intermoleculares puxam as moléculas, juntando-as e formando um líquido.
(b) 9,1 kg de propano
(c) $2,1 \times 10^2$ mols de propano
(d) $4,6 \times 10^3$ L de propano

5.107 A densidade do gás é de 3,00 g/L.
Aplicando a lei dos gases ideais, temos
$$MM = \frac{(\text{massa})RT}{PV}$$
e depois calculamos que a massa molecular do gás é 91,9 g/mol.

5.109 313 K (40 °C)

5.111 A temperatura de um líquido diminui durante a evaporação porque, à medida que as moléculas com energia cinética mais alta saem do líquido e entram na fase gasosa, a energia cinética média das moléculas que permanecem no líquido diminui. A temperatura do líquido é diretamente proporcional à energia cinética média das moléculas na fase líquida e, à medida que a energia cinética média diminui, a temperatura também diminui.

5.113 (a) A pressão no corpo a 30 metros é de 3,0 atm.
(b) A 1 atm, P_{N_2} = 593 mm Hg (0,780 atm), compondo assim 78,0% da mistura gasosa, que não se altera a uma profundidade de 30 metros. Nessa profundidade, a pressão total nos pulmões, que é igualada pela pressão do ar fornecido pelo tanque Scuba, é de 3,0 atm, e a pressão parcial do N_2 é de 2,34 atm.
(c) A 2 atm, P_{O_2} = 158 mm Hg (0,208 atm), compondo assim 20,8% da mistura gasosa a 2 atm, que não se altera a uma profundidade de 30 metros. Nessa profundidade, a pressão total nos pulmões, que é igualada pela pressão do ar fornecido pelo tanque Scuba, é de 3,0 atm. Assim, a 30 metros, a pressão parcial do O_2 = 0,63 atm.
(d) Quando um mergulhador sobe de uma profundidade de 30 m, a pressão externa nos pulmões diminui e, portanto, o volume dos gases nos pulmões também diminui. Se o mergulhador não exalar durante uma subida rápida, seus pulmões poderão superinflar por

causa da expansão dos gases nos pulmões, causando ferimentos.

Capítulo 6 Soluções e coloides

6.1 Para 11 g de KBr, adicionar uma quantidade de água suficiente para dissolver o KBr. Após a dissolução, adicionar água até a marca de 250 mL, tampar e misturar.

6.2 1,7% w/v

6.3 Primeiro calcular o número de mols e a massa do KCl necessários, que são 2,12 mols e 158 g. Para preparar a solução, colocar 158 g de KCl em um balão volumétrico de 2 L, adicionar água até dissolver o sólido e depois completar o volume do balão com água até atingir a marca.

6.4 Como as unidades da molaridade são mols de soluto/L de solução, gramas de KSCN devem ser convertidos em mols de KSCN, e mL de solução, em L de solução. Feitas essas conversões, a concentração da solução será 0,0133 M.

6.5 Primeiro converter gramas de glicose em mols de glicose, depois converter mols de glicose em mL de solução. 10,0 g de glicose são 0,0556 mol de glicose. Essa massa de glicose está contida em 185 mL da solução dada.

6.6 Primeiro converter 100 galões em litros de solução. 3,9 × 10² g de $NaHSO_3$ devem ser adicionados ao tonel de 100 galões.

6.7 Adicionar 15,0 mL de solução 12,0 M de HCl a um balão volumétrico de 300 mL, adicionar água, mexer até misturar completamente e depois completar o volume do balão com água até a marca.

6.8 Adicionar 0,13 mL da solução de KOH 15% a um balão volumétrico de 20 mL, adicionar água, mexer até dissolver completamente e depois completar com água até a marca.

6.9 A concentração de Na^+ é de 0,24 ppm de Na^+.

6.10 215 g de CH_3OH (massa molecular 32,0 g/mol) são 6,72 mols de CH_3OH.
T = (1,86 °C/mol) (6,72 mol) = 12,5 °C. O ponto de congelamento é baixado em 12,5 °C. O novo ponto de congelamento é −12,5 °C.

6.11 Compare o número de mols dos íons ou moléculas em cada solução. A solução com mais íons ou moléculas em solução terá o ponto de congelamento mais baixo.

Solução	Partículas em solução
(a) 6,2 M NaCl	2 × 6,2 M = 12,4 M íons
(b) 2,1 M $Al(NO_3)_3$	4 × 2,1 M = 8,4 M íons
(c) 4,3 M K_2SO_3	3 × 4,3 M = 12,9 M íons

A solução (c) tem a concentração mais alta de partículas de soluto (íons), portanto terá o ponto de congelamento mais baixo.

6.12 O ponto de ebulição é elevado em 3,50 °C. O novo ponto de ebulição é 103,5 °C.

6.13 A molaridade da solução preparada pela dissolução de 3,3 g de Na_3PO_4 em 100 mL de água é 0,20 M de Na_3PO_4. Cada unidade-fórmula de Na_3PO_4 dissolvida em água produz 3 íons Na^+ e 1 íon PO_4^{3-}, para um total de 4 partículas. A osmolaridade da solução é (0,20 M) (4 íons) = 0,80 osmol.

6.14 A osmolaridade das células vermelhas do sangue é 0,30 osmol.

Solução	Mol partículas/L
(a) 0,1 M Na_2SO_4	3 × 0,1 M = 0,30 osmol
(b) 1,0 M Na_2SO_4	3 × 1,0 M = 3,0 osmol
(c) 0,2 M Na_2SO_4	3 × 0,2 M = 0,6 osmol

A solução (a) tem a mesma osmolaridade das células vermelhas do sangue e, portanto, é isotônica com essas células.

6.15 (a) V (b) V (c) V (d) V

6.17 O solvente é a água.

6.19 (a) Tanto o estanho quanto o cobre são sólidos.
(b) Soluto sólido (cafeína, flavorizantes) e solvente líquido (água).
(c) Tanto o CO_2 quanto H_2O (vapor) são gases.
(d) Solutos gás (CO_2) e líquido (etanol) em solvente líquido (água).

6.21 Misturas de gases são soluções verdadeiras porque se misturam em todas as proporções, as moléculas se distribuem uniformemente, e os gases componentes não se separam quando deixados em repouso.

6.23 A solução preparada de ácido aspártico era insaturada. Passados dois dias, parte do solvente (água) evaporou e a solução tornou-se saturada. Quando a água continuou evaporando, a água restante não pôde comportar todo o soluto dissolvido, portanto o excesso de ácido aspártico precipitou na forma de um sólido branco.

6.25 (a) NaCl é um sólido iônico e será dissolvido na camada aquosa.
(b) A cânfora é um composto molecular apolar e será dissolvida na camada de dietil-éter apolar.
(c) KOH é um sólido iônico e será dissolvido na camada aquosa.

6.27 O álcool isopropílico seria uma boa primeira escolha. O óleo da tinta é apolar. Tanto o benzeno quanto o hexano são solventes apolares e podem dissolver a tinta a óleo, destruindo assim a pintura.

6.29 A solubilidade do ácido aspártico em água a 25 °C é de 0,250 g em 50,0 mL de água. A solução resfriada de 0,251 g de ácido aspártico em 50,0 mL de água ficará supersaturada com 0,001 g de ácido aspártico.

6.31 Segundo a lei de Henry, a solubilidade de um gás em um líquido é diretamente proporcional à pressão. Uma garrafa fechada de uma bebida carbonatada está sob pressão. Depois de aberta a garrafa, a pressão é liberada e o dióxido de carbono torna-se menos solúvel e escapa, deixando o conteúdo "choco".

6.33 (a) $\dfrac{1 \text{ min}}{1,0 \times 10^6 \text{ min}} \times 10^6 = 1 \text{ ppm}$

$\dfrac{1 \text{ p}}{1,05 \times 10^6 \text{ p}} \times 10^6 = 1 \text{ ppm}$

(b) $\dfrac{1 \text{ min}}{1,05 \times 10^9 \text{ min}} \times 10^9 = 1 \text{ ppb}$

$\dfrac{1 \text{ p}}{1,05 \times 10^9 \text{ p}} \times 10^9 = 1 \text{ ppm}$

6.35 (a) Dissolver 76 mL de etanol em 204 mL de água (para dar 280 mL de solução).
(b) Dissolver 8,0 mL de acetato de etila em 427 mL de água (para dar 435 mL de solução).
(c) Dissolver 0,13 L de benzeno em 1,52 L de clorofórmio (para dar 1,65 L de solução).

6.37 (a) 4,15% w/v de caseína.
(b) 0,30% w/v de vitamina C.
(c) 1,75% w/v de sacarose.

6.39 (a) Adicionar 19,5 g de NH_4Br num balão volumétrico de 175 mL, adicionar um pouco de água, mexer até dissolver completamente e depois completar o volume do balão até a marca.
(b) Adicionar 167 g de NaI num balão volumétrico de 1,35 L, adicionar um pouco de água, mexer até dissolver completamente e depois completar o volume do balão com água até a marca.
(c) Adicionar 2,4 g de etanol num balão volumétrico de 330 mL, adicionar um pouco de água, mexer até dissolver completamente e depois completar o volume do balão até a marca.

6.41 NaCl 0,2 M

6.43 Glicose 0,509 M
K^+ 0,0202 M

6.45 Sacarose 2,5 M

6.47 O volume total da diluição é 30,0 mL. Comece com 5,00 mL da solução-estoque e adicione 25,0 mL de água para atingir um volume final de 30,0 mL. Observe que essa é uma diluição por um fator 6.

6.49 Adicionar 2,1 mL de H_2O_2 30% num balão volumétrico de 250 mL, adicionar um pouco de água e mexer até misturar completamente e depois completar o volume do balão até a marca.

6.51 (a) $3,85 \times 10^4$ ppm de Captopril
(b) $6,8 \times 10^4$ ppm de Mg^{2+}
(c) $8,3 \times 10^2$ ppm Ca^{2+}

6.53 Considere a densidade da água do lago como sendo 1,00 g/mL. A concentração da dioxina é de 0,01 ppb. Não, o nível de dioxina no lago não atingiu um valor perigoso.

6.55 (a) 10 ppm de Fe ou 1×10^1 ppm
(b) 3×10^3 ppm de Ca
(c) 2 ppm de vitamina A

6.57 (a) KCl Composto iônico muito solúvel em água: eletrólito forte.
(b) Etanol Composto covalente: não eletrólito.
(c) NaOH Composto iônico muito solúvel em água: eletrólito forte.
(d) HF Ácido fraco apenas parcialmente dissociado em água: eletrólito fraco.
(e) Glicose Composto covalente muito solúvel em água: não eletrólito.

6.59 A água dissolve o etanol e forma ligações de hidrogênio com ele. O grupo O—H do etanol é tanto aceptor da ligação de hidrogênio quanto doador.

6.61 (a) V (b) V

6.63 (a) homogêneo (b) heterogêneo (c) coloidal
(d) heterogêneo (e) coloidal (f) coloidal

6.65 À medida que a temperatura da solução diminuía, as moléculas de proteína devem ter se agregado e formado uma mistura coloidal. A aparência turva é resultado do efeito Tyndall.

6.67 (a) 1,0 mol de NaCl, ponto de congelamento $-3,72$ °C.
(b) 1,0 mol de $MgCl_2$, ponto de congelamento $-5,58$ °C.
(c) 1 mol de $(NH_4)_2CO_3$, ponto de congelamento $-5,58$ °C.
(d) 1 mol de $Al(HCO_3)_3$, ponto de congelamento $-7,44$ °C.

6.69 O metanol se dissolve em água, mas não se dissocia; é um não eletrólito. Seriam necessários 344 g de CH_3OH em 1.000 g de água para baixar o ponto de congelamento para -20 °C.

6.71 O ácido acético, um ácido fraco, se dissocia muito pouco em água. O KF é um eletrólito forte que se dissocia completamente em água e quase dobra o efeito sobre o abaixamento do ponto de congelamento, se comparado ao ácido acético.

6.73 Em todos os casos, sobe o lado de maior osmolaridade.
(a) B (b) B (c) A (d) B (e) nenhum dos dois
(f) nenhum dos dois

6.75 (a) Na_2CO_3 0,39 M = 0,39 $M \times$ 3 partículas/unidade-fórmula = 1,2 osmol
(b) $Al(NO_3)_3$ 0,62 M = 0,62 $\times$ 4 partículas/unidade-fórmula = 2,5 osmol
(c) LiBr 4,2 M = 4,2 $\times$ 2 partículas/unidade-fórmula = 8,4 osmol
(d) K_3PO_4 0,009 M = 0,009 $M \times$ 4 partículas/unidade-fórmula = 0,04 osmol

6.77 Células em soluções hipertônicas sofrem crenação (encolhimento).
(a) NaCl 0,3% = 0,3 osmol NaCl
(b) Glicose 0,9 M = 0,9 osmol glicose
(c) Glicose 0,9% = 0,05 osmol glicose
A concentração da solução (b) é maior que a da solução isotônica, portanto irá crenar as células vermelhas do sangue.

6.79 O dióxido de carbono (CO_2) se dissolve na água da chuva, formando uma solução diluída de ácido carbônico (H_2CO_3), um ácido fraco.

6.81 Narcose por nitrogênio é a intoxicação causada em mergulhadores pelo aumento da solubilidade do nitrogênio no sangue como resultado de altas pressões.

6.83
$$CaCO_3(s) + H_2SO_4(aq) \longrightarrow CaSO_4(s) + CO_2(g) + H_2O(\ell)$$
$$CaSO_4 + 2H_2O \longrightarrow CaSO_4 \cdot 2H_2O$$
Gipsita di-hidratada

6.85 A pressão mínima necessária para a osmose reversa na dessalinização da água do mar excede 100 atm (a pressão osmótica da água do mar).

6.87 Sim, a mudança alterou a tonicidade. Uma solução 0,2% de $NaHCO_3$ é 0,05 osmol. Uma solução 0,2% $KHCO_3$ é 0,04 osmol. Essa diferença surge por causa da diferença de peso na fórmula de $NaHCO_3$ (84 g/mol) comparado à do $KHCO_3$ (100,1 g/mol). O erro em substituir

NaHCO$_3$ por KHCO$_3$ resulta em uma solução hipotônica e num desequilíbrio eletrolítico, com a redução do número de íons (osmolaridade) da solução.

6.89 Quando um pepino é colocado numa solução salina, a osmolaridade desta é maior que a da água dentro do pepino, portanto a água se desloca do pepino para a solução salina. Quando uma ameixa seca (ameixa parcialmente desidratada) é colocada na mesma solução, ela se expande porque a osmolaridade na ameixa seca é maior que a da solução salina, portanto a água se desloca da solução salina para dentro da ameixa seca.

6.91 A solubilidade de um gás é diretamente proporcional à pressão (lei de Henry) e inversamente proporcional à temperatura. O dióxido de carbono dissolvido formou uma solução saturada em água quando engarrafado a 2 atm de pressão. Quando as garrafas são abertas à pressão atmosférica, o gás torna-se menos solúvel na água. O dióxido de carbono em excesso escapa através de bolhas e da espuma. Na outra garrafa, a solução de dióxido de carbono em água está insaturada a uma temperatura mais baixa e não perde dióxido de carbono.

6.93 O metanol é mais eficiente para baixar o ponto de congelamento da água. Uma massa qualquer de metanol (32 g/mol) contém um maior número de mols que a mesma massa de etilenoglicol (62 g/mol).

6.95 $CO_2(g) + H_2O(\ell) \longrightarrow H_2CO_3(aq)$
Ácido carbônico
$SO_2(g) + H_2O(\ell) \longrightarrow H_2SO_3(aq)$
Ácido sulfuroso

6.97 Adicionar 39 mL de HNO$_3$ 35% num balão volumétrico de 300 mL, adicionar água, mexer até misturar completamente e depois completar o volume do balão até a marca.

6.99 6×10^{-3} g de poluente.

6.101 Suponha que a densidade da água da piscina seja 1,00 g/mL.
A concentração do Cl$_2$ na piscina é de 355 ppm.
Devem ser adicionados 7,09 kg de Cl$_2$ para atingir essa concentração.

Capítulo 7 Velocidade de reação e equilíbrio químico

7.1 A velocidade de formação do O$_2$ é de 50,022 L O$_2$/min.
7.2 Velocidade = 4×10^{-2} mol H$_2$O$_2$/L · min para o desaparecimento do H$_2$O$_2$
7.3 $K = \dfrac{[H_2SO_4]}{[SO_3][H_2O]}$
7.4 $K = \dfrac{[N_2][H_2]^3}{[NH_3]^2}$
7.5 $K = 0{,}602\ M^{-1}$
7.6 $K = \dfrac{[CH_3COOCH_2CH_3][H_2O]}{[CH_3COOH][HOCH_2CH_3]}$
7.7 O princípio de Le Chatelier prevê que a adição de Br$_2$ (produto) irá deslocar o equilíbrio para a esquerda – isto é, na direção da formação de mais NOBr(g).
7.8 Por exceder sua solubilidade em água, o oxigênio forma bolhas e sai da solução, deslocando o equilíbrio para a direita.
7.9 Se o equilíbrio se deslocar para a direita com a adição de calor, então o calor deve ter sido um reagente, e a reação é endotérmica.
7.10 O equilíbrio numa reação em que há aumento de pressão favorece o lado com menos mols de gás. Portanto, esse equilíbrio se desloca para a direita.
7.11 Velocidade de formação de CH$_3$I = $57{,}3 \times 10^{-3}\ M$ CH$_3$I/min
7.13 Reações envolvendo íons em solução aquosa são mais rápidas porque não requerem quebra de ligação e apresentam baixas energias de ativação. Além disso, a força de atração entre íons positivos e negativos fornece energia para conduzir a reação. Reações entre compostos covalentes requerem a quebra de ligações covalentes e apresentam energias de ativação maiores e, portanto, velocidades de reação menores.

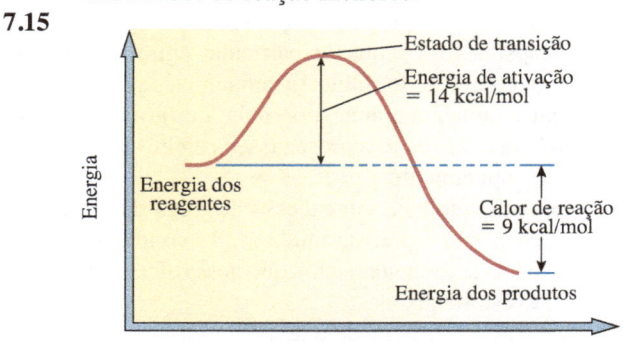

7.15

7.17 Segundo uma regra geral para o efeito da temperatura na velocidade da reação, para cada aumento de 10 °C, a velocidade da reação dobra. Nesse caso, para uma temperatura de reação de 50 °C, a previsão é completar a reação em 1 h.
7.19 Você pode (a) aumentar a temperatura, (b) aumentar a concentração dos reagentes ou (c) adicionar um catalisador.
7.21 O catalisador aumenta a velocidade da reação, fornecendo um caminho alternativo para a reação, com energia de ativação menor.
7.23 Outros exemplos de reações irreversíveis incluem a digestão de um pedaço de doce, enferrujamento do ferro, explosão de TNT e reação de Na ou K metálico com água.
7.25 (a) $K = [H_2O]^2[O_2]/[H_2O_2]^2$
(b) $K = [N_2O_4]^2[O_2]/[N_2O_5]^2$
(c) $K = [C_6H_{12}O_6][O_2]^6/[H_2O]^6[CO_2]^6$
7.27 $K = 0{,}667$
7.29 $K = 0{,}099\ M$
7.31 Produtos são favorecidos em (b) e (c). Reagentes são favorecidos em (a), (d) e (e).
7.33 Não. A velocidade da reação é independente da diferença de energia entre produtos e reagentes – isto é, é independente do calor de reação.
7.35 A reação atinge o equilíbrio rapidamente, mas a posição de equilíbrio favorece os reagentes. Não seria um bom processo industrial, a não ser que os produtos sejam constantemente removidos para deslocar o equilíbrio para a direita.
7.37 (a) direita   (b) direita   (c) esquerda   (d) esquerda
(e) nenhum deslocamento
7.39 (a) A adição de Br$_2$ (um reagente) deslocará o equilíbrio para a direita.

(b) A constante de equilíbrio permanecerá a mesma.

7.41 (a) nenhuma mudança (b) nenhuma mudança (c) menor

7.43 À medida que aumentam as temperaturas, aumentam as velocidades da maioria dos processos químicos. Temperaturas corporais altas são perigosas porque os processos metabólicos (incluindo digestão, respiração e biossíntese de compostos essenciais) ocorrem numa velocidade maior do que seria seguro para o organismo. À medida que as temperaturas diminuem, o mesmo ocorre com as velocidades da maioria das reações químicas. Quando a temperatura do corpo cai abaixo do normal, as reações químicas vitais terão velocidades mais lentas do que seria seguro para o organismo.

7.45 A cápsula com pequenas partículas agirá mais rápido que o comprimido sólido. O tamanho reduzido das partículas aumenta a área superficial do fármaco, permitindo que ele reaja e apresente seus efeitos terapêuticos mais rapidamente.

7.47 Supondo que haja um excesso de AgCl da prescrição anterior, não é preciso mudá-la. As condições no deserto não acrescentam nada que possa afetar o processo de revestimento.

7.49 A −5 °C, a velocidade é de 0,70 mol por litro por segundo. A 45 °C, a velocidade é de 22 mols por litro por segundo.

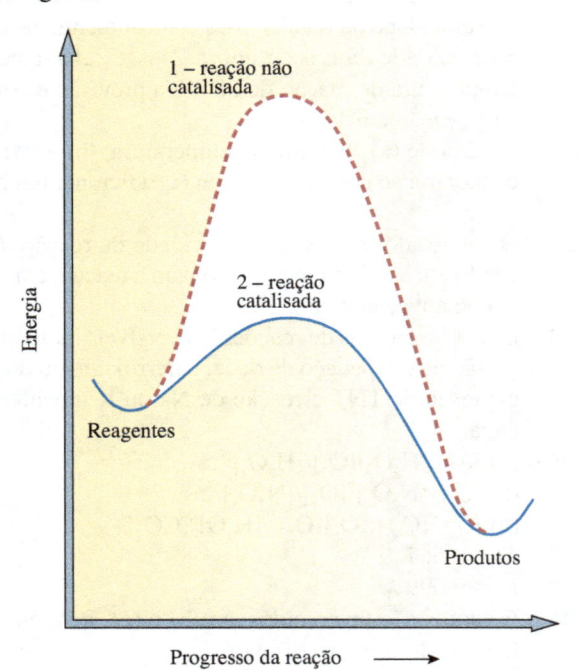

7.51

O perfil 2 representa a adição de um catalisador.

7.53 0,14 M

7.55 A velocidade de uma reação gasosa poderia ser aumentada com a diminuição do volume do recipiente. Isso aumentaria o número de colisões entre as moléculas.

7.57 $4\,NH_3 + 7\,O_2 \longrightarrow 4\,NO_2 + 6\,H_2O$

7.59 A reação com moléculas esféricas prosseguirá mais rapidamente, já que, no caso das moléculas em forma de bastão, algumas colisões serão ineficazes porque as moléculas não irão interagir com as orientações apropriadas.

7.61 Velocidade inicial = 0,030 mol de I_2 por litro por segundo

7.63 (a)

$$\begin{array}{cc} CH_3COOH + HOCH_2CH_3 \\ \text{Inicial} \quad 1,00\text{ mol} \quad 1,00\text{ mol} \\ \text{Em equilíbrio} \quad 0,33\text{ mol} \quad \mathbf{0,33\text{ mol}} \end{array}$$

$$\rightleftharpoons CH_3COOCH_2CH_3 + H_2O$$
$$0\text{ mol} \quad 0\text{ mol}$$
$$\mathbf{0,67\text{ mol}} \quad \mathbf{0,67\text{ mol}}$$

(b) $K = 4,1$

7.65 Monitorar o desaparecimento de um reagente é um possível método para determinar a velocidade de uma reação. Funcionará do mesmo jeito que monitorar a formação do produto, porque a estequiometria da reação relaciona entre si as concentrações de produtos e reagentes.

7.67 Algumas reações são tão rápidas que terminam antes que você possa ligar um cronômetro. Para acompanhar as velocidades de reações muito rápidas, são necessários instrumentos eletrônicos especializados e sofisticados.

7.69 A velocidade de conversão de diamante em grafite é tão lenta que não ocorre em nenhuma extensão de tempo mensurável.

7.71 Quando você adiciona cloreto de sódio, a presença de mais íons cloreto aumenta a concentração de um dos produtos da reação. O equilíbrio se desloca para a esquerda, aumentando a quantidade do cloreto de prata sólido.

Capítulo 8 Ácidos e bases

8.1 Reação ácida: $HPO_4^{2-} + H_3O \rightleftharpoons PO_4^{3-} + H_2O^+$;
Reação básica: $HPO_4^{2-} + H_2O \rightleftharpoons H_2PO_4^- + OH^-$

8.2 (a) Para a esquerda:

$$H_3O^+ + I^- \rightleftharpoons H_2O + HI$$
Ácido mais fraco | Base mais fraca | Base mais forte | Ácido mais forte

(b) Para a direita:

$$CH_3COO^- + H_2S \rightleftharpoons CH_3COOH + HS^-$$
Base mais fraca | Ácido mais fraco | Ácido mais forte | Base mais forte

8.3 O pK_a é 9,31.

8.4 (a) ácido ascórbico (b) aspirina

8.5 $1,0 \times 10^{-2}$

8.6 (a) 2,46 (b) $7,9 \times 10^{-5}$, ácido

8.7 pOH = 4, pH = 10

8.8 0,0960 M

8.9 (a) 9,25 (b) 4,74

8.10 9,44

8.11 7,7

8.13 (a) $HNO_3(aq) + H_2O(\ell) \longrightarrow NO_3^-(aq) + H_3O^+(aq)$
(b) $HBr(aq) + H_2O(\ell) \longrightarrow Br^-(aq) + H_3O^+(aq)$
(c) $H_2SO_3(aq) + H_2O(\ell) \longrightarrow HSO_3^-(aq) + H_3O^+(aq)$

(d) $H_2SO_4(aq) + H_2O(\ell) \longrightarrow HSO_4^-(aq) + H_3O^+(aq)$
(e) $HCO_3^-(aq) + H_2O(\ell) \longrightarrow CO_3^{2-}(aq) + H_3O^+(aq)$
(f) $NH_4^+(aq) + H_2O(\ell) \longrightarrow NH_3(aq) + H_3O^+(aq)$

8.15 (a) fraco (b) forte (c) fraco (d) forte (e) fraco
(f) fraco

8.17 (a) falso (b) falso (c) verdadeiro (d) falso
(f) verdadeiro (g) falso (h) falso

8.19 (a) Ácido de Brønsted-Lowry é um doador de prótons.
(b) Base de Brønsted-Lowry é um aceptor de prótons.

8.21 (a) HPO_4^{2-} (b) HS^- (c) CO_3^{2-} (d) $CH_3CH_2O^-$
(e) OH^-

8.23 (a) H_3O^+ (b) $H_2PO_4^-$ (c) $CH_3NH_3^+$ (d) HPO_4^{2-}
(e) NH_4^+

8.25 O equilíbrio favorece o lado com a combinação ácido mais fraco-base mais fraca. Os equilíbrios (b) e (c) estão deslocados para a esquerda; o equilíbrio (a) está deslocado para a direita.

(a) $C_6H_5OH + C_2H_5O^- \rightleftharpoons C_6H_5O^- + C_2H_5OH$
  Ácido   Base   Base   Ácido
  mais forte   mais forte   mais fraca   mais fraco

(b) $HCO_3^- + H_2O \rightleftharpoons H_2CO_3 + OH^-$
  Base   Ácido   Ácido   Base
  mais fraca   mais fraco   mais forte   mais forte

(c) $CH_3COOH + H_2PO_4^- \rightleftharpoons CH_3COO^- + H_3PO_4$
  Ácido   Base   Base   Ácido
  mais fraco   mais fraca   mais forte   mais forte

8.27 (a) O pK_a de um ácido fraco.
(b) O K_a de um ácido forte.

8.29 (a) HCl 0,10 M (b) H_3PO_4 0,10 M
(c) H_2CO_3 0,010 M (d) NaH_2PO_4 0,10 M
(e) aspirina 0,10 M

8.31 Somente (b) é uma reação redox. As outras são reações ácido-base.
(a) $Na_2CO_3 + 2HCl \longrightarrow 2NaCl + CO_2 + H_2O$
(b) $Mg + 2HCl \longrightarrow MgCl_2 + H_2$
(c) $NaOH + HCl \longrightarrow NaCl + H_2O$
(d) $Fe_2O_3 + 6HCl \longrightarrow 2FeCl_3 + 3H_2O$
(e) $NH_3 + HCl \longrightarrow NH_4Cl$
(f) $CH_3NH_2 + HCl \longrightarrow CH_3NH_3Cl$
(g) $NaHCO_3 + HCl \longrightarrow NaCl + H_2O + CO_2$

8.33 (a) 10^{-3} M (b) 10^{-10} M (c) 10^{-7} M (d) 10^{-15} M

8.35 (a) pH = 8 (básico) (b) pH = 10 (básico)
(c) pH = 2 (ácido) (d) pH = 0 (ácido)
(e) pH = 7 (neutro)

8.37 (a) pH = 8,5 (básico) (b) pH = 1,2 (ácido)
(c) pH = 11,1 (básico) (d) pH = 6,3 (ácido)

8.39 (a) pOH = 1,0, $[OH^-]$ = 0,10 M
(b) pOH = 2,4, $[OH^-]$ = 4,0 × 10^{-3} M
(c) pOH = 2,0, $[OH^-]$ = 1,0 × 10^{-2} M
(d) pOH = 5,6, $[OH^-]$ = 2,5 × 10^{-6} M

8.41 0,348 M

8.43 (a) 12 g de NaOH diluídos em 400 mL de solução:

$400 \text{ mL sol} \left(\dfrac{1 \text{ L sol}}{1.000 \text{ mL sol}}\right)\left(\dfrac{0{,}75 \text{ mol NaOH}}{1 \text{ L sol}}\right)$

$\times \left(\dfrac{40{,}0 \text{ g NaOH}}{1 \text{ mol NaOH}}\right) = 12 \text{ g NaOH}$

(b) 12 g de $Ba(OH)_2$ diluídos em 1,0 L de solução:

$\left(\dfrac{0{,}071 \text{ mol Ba(OH)}_2}{1 \text{ L sol}}\right)\left(\dfrac{171{,}4 \text{ Ba(OH)}_2}{1 \text{ mol Ba(OH)}_2}\right) = 12 \text{ g Ba(OH)}_2$

(c) 2,81 g de KOH diluídos em 500 mL.
(d) 49,22 g de acetato de sódio diluídos em 2 litros.

8.45 5,66 mL

8.47 3,30 × 10^{-3} mol

8.49 O ponto em que se observa a mudança durante uma titulação. Geralmente, é tão próximo do ponto de equivalência que a diferença entre os dois torna-se insignificante.

8.51 (a) $H_3O^+ + CH_3COO^- \rightleftharpoons CH_3COOH + H_2O$
(remoção de H_3O^+)
(b) $HO^- + CH_3COOH \rightleftharpoons CH_3COO^- + H_2O$
(remoção de OH^-)

8.53 Sim, o ácido conjugado torna-se o ácido fraco, e a base fraca, a base conjugada.

8.55 O pH de um tampão pode ser mudado alterando a proporção ácido fraco/base conjugada, de acordo com a equação de Henderson-Hasselbach. A capacidade tamponante pode ser alterada sem alteração no pH, aumentando ou diminuindo a quantidade da mistura ácido fraco/base conjugada, ao mesmo tempo que se mantém constante a proporção.

8.57 Isso ocorreria em dois casos. Um deles é muito comum: você está usando um tampão como o TRIS, com pK_a de 8,3, mas não quer que a solução tenha um pH de 8,3. Se quisesse um pH de 8,0, por exemplo, precisaria de quantidades desiguais do ácido e base conjugados, com mais ácido conjugado. Outro caso poderia ser uma situação em que você conduz uma reação que irá gerar H^+, mas quer que o pH seja estável. Nessa situação, poderá começar com um tampão inicialmente estabelecido para ter mais base conjugada, de modo que pudesse absorver mais H^+ do que será produzido.

8.59 Não. 100 mL de fosfato 0,1 M com pH 7,2 têm um total de 0,01 mols de ácido fraco e base conjugada, com quantidades equimolares de cada um. 20 mL de NaOH 1 M têm 0,02 mol de base, portanto há mais base no total do que tampão para neutralizá-la. Esse tampão seria ineficaz.

8.61 (a) Segundo a equação de Henderson-Hasselbach, não será observada nenhuma mudança de pH enquanto a proporção ácido fraco/base conjugada permanecer a mesma.
(b) A capacidade tamponante aumenta à medida que aumentam as concentrações de ácido fraco/base conjugada, portanto quantidades de 1,0 mol de cada diluído em 1 L teriam maior capacidade tamponante que 0,1 mol de cada diluído em 1 L.

8.63 Da equação de Henderson-Hasselbach,
pH = pK_a + log(A^-/HA)
A^-/HA = 10, log(A^-/HA) = 1, pois 10^1 = 10
pH = pK_a + 1

8.65 Quando 0,10 mol de acetato de sódio é adicionado a 0,10 M de HCl, o acetato de sódio neutraliza completamente o HCl a ácido acético e cloreto de sódio. O pH da solução é determinado pela ionização incompleta do ácido acético.

$$K_a = \frac{[CH_3COO^-][H_3O^+]}{[CH_3COOH]} \quad [H_3O^+] = [CH_3COO^-] = x$$

$$\sqrt{x^2} = \sqrt{K_a[CH_3COOH]} = \sqrt{(1,8 \times 10^{-5})(0,10)}$$

$$x = [H_3O^+] = 1,34 \times 10^{-3} \, M$$

$$pH = -\log[H_3O^+] = 2,9$$

8.67 TRIS-H$^+$ + NaOH $\longrightarrow$ TRIS + H$_2$O + Na$^+$

8.69 O único parâmetro que você precisa conhecer sobre um tampão é seu pK_a. A escolha de um tampão envolve a identificação da forma ácida que tenha um pK_a com uma unidade de diferença do pH desejado.

8.71 A escolha de um tampão envolve a identificação da forma ácida que tenha um pK_a com uma unidade de diferença do pH desejado (um pH de 8,15). O tampão TRIS com um pK_a = 8,3 é o que melhor se ajusta a esses critérios.

8.73 Mg(OH)$_2$ é uma base fraca usada em plásticos retardantes de chama.

8.75 (a) A acidose respiratória é causada por hipoventilação, que ocorre por causa de vários tipos de dificuldade de respiração, como obstrução da traqueia, asma ou pneumonia. (b) A acidose metabólica por inanição ou exercícios pesados.

8.77 O bicarbonato de sódio é a forma de base fraca de um dos tampões do sangue. Tende a elevar o pH do sangue, que é o objetivo do truque do corredor, de modo que a pessoa possa absorver mais H$^+$ durante o evento. Quando se coloca NaHCO$_3$ no sistema, a seguinte reação ocorre:
HCO$_3^-$ + H$^+$ $\rightleftharpoons$ H$_2$CO$_3$. A perda de H$^+$ significa que o pH do sangue irá subir.

8.79 (a) O ácido benzoico é solúvel em NaOH aquoso.
C$_6$H$_5$COOH + NaOH $\rightleftharpoons$ C$_6$H$_5$COO$^-$ + H$_2$O
pK_a = 4,19   pK_a = 15,56
(b) O ácido benzoico é solúvel em NaHCO$_3$ aquoso.
C$_6$H$_5$COOH + NaHCO$_3$ $\rightleftharpoons$ CH$_3$C$_6$H$_4$O$^-$ + H$_2$CO$_3$
pK_a = 4,19   pK_a = 6,37
(c) O ácido benzoico é solúvel em Na$_2$CO$_3$ aquoso.
C$_6$H$_5$COOH + CO$_3^{2-}$ $\rightleftharpoons$ CH$_3$C$_6$H$_4$O$^-$ + HCO$_3$
pK_a = 4,19   pK_a = 10,25

8.81 A força de um ácido não é importante para a quantidade de NaOH necessária para atingir o ponto final da fenolftaleína. Portanto, o ácido mais concentrado, o ácido acético, precisaria de mais NaOH.

8.83 3,70 $\times$ 10^{-3} M

8.85 0,9 M

8.87 Sim, um pH 0 é possível. Uma solução 1,0 M de HCl tem [H$_3$O$^+$] = 1,0 M. pH = $-\log$[H$_3$O$^+$] = $-\log$ [1,0 M] = 0.

8.89 Segundo a relação qualitativa entre ácidos e suas bases conjugadas, quanto mais forte for o ácido, mais fraca será sua base conjugada. Isso pode ser quantificado na equação $K_b \times K_a = K_w$ ou $K_b + 1,0 \times 10^{-14}/K_a$, em que K_b é a constante de equilíbrio de dissociação da base para a base conjugada, K_a, a constante de equilíbrio da dissociação do ácido para o ácido, e K_w, a constante de equilíbrio da ionização da água.

8.91 Sim. A força do ácido não é pertinente. Tanto o ácido acético quanto o HCl têm um H$^+$ para doar, portanto quantidades iguais de mols de qualquer um deles exigirão quantidades iguais de mols de NaOH para fazer a titulação até um ponto final.

8.93 Seria necessária uma proporção de 0,182 partes da base conjugada para 1 parte do ácido conjugado.

8.95 Um equilíbrio favorecerá o lado do ácido mais fraco/base mais fraca.

8.97 (a) HCOO$^-$ + H$_3$O$^+$ $\rightleftharpoons$ HCOOH + H$_2$O
(b) HCOOH + OH$^-$ $\rightleftharpoons$ HCOO$^-$ + H$_2$O

8.99 (a) 0,050 mol   (b) 0,0050 mol   (c) 0,50 mol

8.101 De acordo com a equação de Henderson-Hasselbach,

$$pH = 7,21 + \log \frac{[HPO_4^{2-}]}{[H_2PO_4^-]}$$

À medida que aumenta a concentração de H$_2$PO$_4^-$, o log torna-se negativo, baixando o pH e tornando-se mais ácido.

8.103 Não. Um tampão terá um pH igual a seu pK_a somente se estiverem presentes quantidades equimolares das formas de ácido e base conjugados. Se essa for a forma básica do TRIS, então apenas adicionar qualquer quantidade em água dará um pH bem maior que o valor do pK_a.

8.105 (a) pH = 7,1, [H$_3$O$^+$] = 7,9 $\times$ 10^{-8} M, básico
(b) pH = 2,0, [H$_3$O$^+$] = 1,0 $\times$ 10^{-2} M, ácido
(c) pH = 7,4, [H$_3$O$^+$] = 4,0 $\times$ 10^{-8} M, básico
(d) pH = 7,0, [H$_3$O$^+$] = 1,0 $\times$ 10^{-7} M, neutro
(e) pH = 6,6, [H$_3$O$^+$] = 2,5 $\times$ 10^{-7} M, ácido
(f) pH = 7,4, [H$_3$O$^+$] = 4,0 $\times$ 10^{-8} M, básico
(g) pH = 6,5, [H$_3$O$^+$] = 3,2 $\times$ 10^{-7} M, ácido
(h) pH = 6,9, [H$_3$O$^+$] = 1,3 $\times$ 10^{-7} M, ácido

8.107 4,9:1, ou 5:1 até um algarismo significativo.

Capítulo 9 Química nuclear

9.1 $^{139}_{53}$I $\longrightarrow$ $^{139}_{54}$Xe + $^{0}_{-1}$e

9.2 $^{223}_{90}$Th $\longrightarrow$ $^{4}_{2}$He + $^{219}_{88}$Ra

9.3 $^{74}_{33}$As $\longrightarrow$ $^{0}_{+1}$e + $^{74}_{32}$Ge

9.4 $^{201}_{81}$Tl + $^{0}_{-1}$e $\longrightarrow$ $^{201}_{80}$Hg + γ

9.5 O bário-122 decaiu ao longo de cinco meias-vidas, deixando 0,31 g.
10 g $\longrightarrow$ 5,0 g $\longrightarrow$ 2,5 g $\longrightarrow$ 1,25 g $\longrightarrow$ 0,625 g $\longrightarrow$ 0,31 g

9.6 A dose é de 1,5 mL.

9.7 A intensidade a 3,0 m é de 3,3 $\times$ 10^{-3} mCi.

9.9 O raios alfa são íons He^{2+} ($^{4}_{2}$He), enquanto prótons são íons H$^+$ ($^{1}_{1}$H) com carga positiva.

9.11 (a) 4,0 $\times$ 10^{-5} cm, que é a luz visível (azul).
(b) 3,0 cm (radiação de micro-ondas).
(c) 2,7 $\times$ 10^{-5} cm (luz ultravioleta).
(d) 2,0 $\times$ 10^{-8} cm (raios X).

9.13 (a) O infravermelho tem o maior comprimento de onda.
(b) Raios X têm energia mais alta.

9.14 (a) nitrogênio-13   (b) fósforo-33   (c) lítio-9
(d) cálcio-39

9.17 oxigênio-16

9.19 $^{151}_{62}\text{Sm} \longrightarrow \, ^{0}_{-1}\text{e} + \, ^{151}_{63}\text{Eu}$

9.21 $^{51}_{24}\text{Cr} + \, ^{0}_{-1}\text{e} \longrightarrow \, ^{51}_{23}\text{V}$

9.23 $^{248}_{96}\text{Cm} + \, ^{28}_{10}\text{X} \longrightarrow \, ^{116}_{51}\text{Sb} + \, ^{160}_{55}\text{Cs}$

O núcleo bombardeante foi o do neônio $^{28}_{10}\text{Ne}$.

9.25 (a) emissão beta (b) emissão gama
(c) emissão de pósitrons (d) emissão alfa

9.27 A emissão gama não resulta em transmutação.

9.29 $^{239}_{94}\text{Pu} + \, ^{4}_{2}\text{He} \longrightarrow \, ^{240}_{95}\text{Am} + \, ^{1}_{1}\text{H} + 2\,^{1}_{0}\text{n}$

9.31 O iodo-125 decaiu através de seis meias-vidas aproximadamente, restando 0,31 mg:
20 mg $\longrightarrow$ 10 mg $\longrightarrow$ 5 mg $\longrightarrow$ 2,5 mg $\longrightarrow$ 1,25 mg $\longrightarrow$ 0,625 mg $\longrightarrow$ 0,31 mg

9.33 O plutônio passou por quarto meias-vidas desde que foi sedimentado pelo glaciar. Havia 16 mg de plutônio/kg na época da sedimentação.
16 mg $\longrightarrow$ 8 mg $\longrightarrow$ 4 mg $\longrightarrow$ 2 mg $\longrightarrow$ 1 mg

9.35 A velocidade de decaimento radioativo é independente de todas as condições e é uma propriedade de cada isótopo específico. Não há como aumentar ou diminuir essa velocidade.

9.37 (a) O iodo-131 que permanece após duas horas terá $8,8 \times 10^8$ contagens/s. (b) Após 24 horas, três meias-vidas terão passado: $1/2 \times 1/2 \times 1/2 = 1/8$, ou 12,5% da quantidade original permanecerá. 24,0 mCi $\times$ 0,125 = 3,0 mCi.

9.39 A radiação gama tem o maior poder de penetração, portanto requer proteção com a maior quantidade de blindagem.

9.41 30 m

9.43 O curie (Ci) mede a intensidade da radiação.

9.45 0,63 cc

9.47 A 20 cm, a intensidade seria de 3×10^3 Bq (8×10^{-2} mCi).

9.49 O sujeito A foi exposto a uma dose maior de radiação e sofreu ferimentos mais graves.

9.51 O iodo-131 está concentrado na tiroide e há possibilidade de câncer.

9.53 (a) O cobalto-60 é usado em (4) terapia do câncer. (b) O tálio-201 é usado em (1) escaneamento do coração e testes de resistência. (c) O trítio é usado para (2) medir o conteúdo de água no corpo. (d) O mercúrio-197 é usado para (3) escaneamento dos rins.

9.55 O produto da fusão dos núcleos de hidrogênio-2 e hidrogênio-3 é o hélio-4 mais um nêutron e energia.

9.57 $^{209}_{83}\text{Bi} + \, ^{58}_{26}\text{Fe} \longrightarrow \, ^{1}_{0}\text{n} + \, ^{266}_{109}\text{Mt}$

9.59 $^{10}_{5}\text{B} + \, ^{1}_{0}\text{n} \longrightarrow \, ^{11}_{5}\text{B}$

$^{11}_{5}\text{B} \longrightarrow \, ^{7}_{3}\text{Li} + \, ^{4}_{2}\text{He}$

9.61 Uma proporção constante entre carbono-14 e carbono-12 baseia-se em duas suposições: (1) que o carbono-14 é continuamente gerado na atmosfera superior por produção e decaimento de nitrogênio-15 e (2) que o carbono-14 é incorporado ao dióxido de carbono, CO_2, e a outros compostos de carbono, e depois distribuído no mundo todo como parte do ciclo do carbono. A formação contínua de carbono-14, a transferência do isótopo nos oceanos, na atmosfera e biosfera, e o decaimento da matéria viva mantêm constante seu suprimento.

9.63 2003 – 1350 = 653 anos (se o experimento foi conduzido em 2003). 653 anos/5.730 anos = 0,111 meia-vida.

9.65 O radônio-222 decai por emissão alfa a polônio-218.

$^{222}_{86}\text{Rn} \longrightarrow \, ^{218}_{84}\text{Po} + \, ^{4}_{2}\text{He}$

9.67

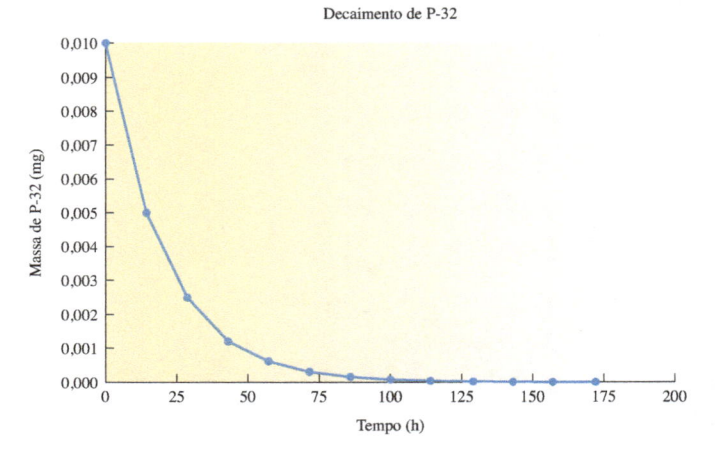

Decaimento de P-32

(gráfico: Massa de P-32 (mg) vs Tempo (h), curva de decaimento exponencial de 0,010 mg)

9.69 O neônio-19 decai a flúor-19 e o sódio-20 decai a neônio-20.

$^{19}_{10}\text{Ne} \longrightarrow \, ^{0}_{+1}\text{e} + \, ^{19}_{9}\text{F}$

$^{20}_{11}\text{Na} \longrightarrow \, ^{0}_{+1}\text{e} + \, ^{20}_{10}\text{Ne}$

9.71 Tanto o curie quanto o becquerel têm unidades de desintegrações/segundo, uma medida de intensidade de radiação.

9.73 (a) Fontes naturais = 82%
(b) Fontes de diagnóstico clínico = 11%
(c) Usinas nucleares = 0,1%

9.75 Raios X causarão mais ionização que ondas de radar. Raios X terão energia mais alta.

9.77 O produto de decaimento é o netúnio-237. 1.000/432 = 2,3 meias-vidas, portanto um pouco menos que 25% do amerício original permanecerá depois de 1.000 anos.

9.79 Um sievert é igual a 100 rem. É o suficiente para causar doenças por radiação, mas não será letal.

9.81 (a) Elementos radioativos estão constantemente decaindo a outros elementos ou isótopos, e esses produtos de decaimento estão misturados à amostra original. (b) A emissão beta resulta do decaimento de um nêutron do núcleo a um próton (aumenta o número atômico) e um elétron (partícula beta).

9.83 O oxigênio-16 é estável porque tem igual número de prótons e nêutrons. Os outros são instáveis porque o número de prótons e nêutrons é desigual. Nesse caso, quanto maior a for diferença no número de prótons e nêutrons, mais rápido decairá o isótopo.

9.85 O novo elemento é o darmstádio-266.

$^{208}_{82}\text{Pb} + \, ^{64}_{28}\text{Ni} \longrightarrow \, ^{266}_{110}\text{Ds} + 6\,^{1}_{0}\text{n}$

9.87 O núcleo intermediário é o boro-11.

$^{10}_{5}\text{B} + \, ^{1}_{0}\text{n} \longrightarrow \, ^{11}_{5}\text{B}$

$^{11}_{5}\text{B} \longrightarrow \, ^{7}_{3}\text{Li} + \, ^{4}_{2}\text{He}$

Glossário

Ácido conjugado (*Seção 8.3*) Na teoria de Brønsted-Lowry, substância formada quando uma base aceita um próton.
Ácido de Brønsted-Lowry (*Seção 8.3*) Um doador de prótons.
Ácido diprótico (*Seção 8.3*) Ácido que pode doar dois prótons.
Ácido forte (*Seção 8.2*) Ácido que se ioniza completamente em solução aquosa.
Ácido fraco (*Seção 8.2*) Ácido apenas parcialmente ionizado em solução aquosa.
Ácido monoprótico (*Seção 8.3*) Ácido que pode doar somente um próton.
Ácido triprótico (*Seção 8.3*) Ácido que pode doar três prótons.
Ácido-base, reação (*Seção 8.3*) Reação de transferência de próton.
Acidose (*Conexões químicas 8C*) Condição em que o pH do sangue está abaixo de 7,35.
Acidose metabólica (*Conexões químicas 8C*) Diminuição do pH do sangue devido a efeitos metabólicos como inanição ou exercícios intensos.
Acidose respiratória (*Conexões químicas 8C*) Diminuição do pH do sangue devido à dificuldade para respirar.
Agente oxidante (*Seção 4.7*) Entidade que aceita elétrons em uma reação de oxirredução.
Agente redutor (*Seção 4.7*) Entidade que doa elétrons em uma reação de oxirredução.
Alcano (*Seção 11.1*) Hidrocarboneto saturado cujos átomos de carbono estão arranjados em cadeia.
Alcalose (*Conexões químicas 8D*) Condição em que o pH do sangue é maior que 7,45.
Algarismos significativos (*Seção 1.3*) Números que são conhecidos com certeza.
Anfiprótico (*Seção 8.3*) Substância que pode agir como ácido ou base.
Anfotérico (*Seção 8.3*) Termo alternativo para anfiprótico.
Ângulo de ligação (*Seção 3.10*) Ângulo entre dois átomos ligados a um átomo central.
Ânion (*Seção 3.2*) Íon com carga elétrica negativa.
Ânodo (*Seção 6.6C*) Eletrodo com carga negativa.
Átomo (*Seção 2.3*) A menor partícula de um elemento que retém suas propriedades químicas.

Base (*Seção 8.1*) Base de Arrhenius é uma substância que se ioniza em solução aquosa, formando íons hidróxido (OH^-).
Base conjugada (*Seção 8.3*) Na teoria de Brønsted-Lowry, uma substância formada quando um ácido doa um próton para outra molécula ou íon.
Base de Brønsted-Lowry (*Seção 8.3*) Um aceptor de prótons.
Base forte (*Seção 8.2*) Base que se ioniza completamente em solução aquosa.
Base fraca (*Seção 8.2*) Base apenas parcialmente ionizada em solução aquosa.

Binário, composto (*Seção 3.6A*) Composto que contém dois elementos.
Calor de combustão (*Seção 4.8*) Calor liberado em uma reação de combustão.
Calor de reação (*Seção 4.8*) Calor liberado ou absorvido em uma reação química.
Calor específico (*Seção 1.9*) Quantidade de calor (calorias) necessária para elevar a temperatura de 1 g de uma substância em 1 °C.
Caloria (*Seção 1.9*) Quantidade de calor necessária para elevar a temperatura de 1 g de água líquida em 1 °C.
Camada de valência (*Seção 2.6F*) A última camada ocupada de um átomo.
Capacidade tamponante (*Seção 8.10*) Extensão em que uma solução tampão pode impedir uma mudança significativa no pH de uma solução com a adição de um ácido ou uma base.
Captura de elétron (*Seção 9.3F*) Reação em que um núcleo captura um elétron extranuclear e depois sofre um decaimento nuclear.
Catalisador (*Seção 7.4D*) Substância que aumenta a velocidade de uma reação química fornecendo uma via alternativa com energia de ativação mais baixa.
Catalisador heterogêneo (*Seção 8.4D*) Catalisador que se encontra numa fase distinta da dos reagentes – por exemplo, a platina sólida, Pt(s), na reação entre $CO(g)$ e $H_2(g)$ produzindo $CH_3OH(l)$.
Catalisador homogêneo (*Seção 8.4D*) Catalisador que se encontra na mesma fase que os reagentes – por exemplo, enzimas nos tecidos do organismo.
Cátion (*Seção 3.2*) Íon com carga elétrica positiva.
Cátodo (*Seção 6.6C*) Eletrodo de carga positiva.
Celsius (°C), escala (*Seção 1.4*) Escala de temperatura baseada no 0° como ponto de congelamento da água e no 100° como ponto de ebulição normal da água.
Chuva ácida (*Conexões químicas 6A*) Chuva com ácidos que não sejam o ácido carbônico nela dissolvida.
Cinética química (*Seção 7.1*) O estudo das velocidades das reações químicas.
Colisão efetiva (*Seção 7.2*) Colisão entre duas moléculas ou dois íons que resulta em uma reação química.
Coloide (*Seção 6.7*) Mistura de duas partes em que partículas suspensas do soluto variam de 1 a 1000 nm.
Combustão (*Seção 4.4*) Queima no ar.
Composto iônico (*Seção 3.5A*) Composto formado pela combinação de íons positivos e negativos.
Comprimento de onda (λ) (*Seção 9.2*) Distância entre a crista de uma onda e a crista da onda seguinte.
Concentração percentual (% w/v) (*Seção 6.5A*) Número de gramas do soluto em 100 mL de solução.
Condensação (*Seção 5.7*) Mudança de uma substância do estado gasoso ou vapor para o estado líquido.

Configuração eletrônica (*Seção 2.6C*) A configuração eletrônica de um átomo é a descrição dos orbitais que seus elétrons ocupam.

Constante de equilíbrio (*Seção 7.6*) Valor calculado a partir da expressão de equilíbrio para uma dada reação e que indica a direção da reação.

Constante de ionização ácida (K_a) (*Seção 8.5*) Constante de equilíbrio para a ionização de um ácido em solução aquosa para H_3O^+ e sua base conjugada. O K_a é também chamado de constante de dissociação.

Constante de velocidade (*Seção 7.4B*) Uma constante de proporcionalidade, k, entre as concentrações molares dos reagentes e a velocidade da reação; velocidade = k [composto].

Constante dos gases ideais (*Seção 5.4*) $0,0821 \cdot L \cdot atm \cdot mol^{-1} \cdot K^{-1}$.

Contador de cintilações (*Seção 9.5A*) Instrumento que contém um fósforo que emite luz ao ser exposto a radiação ionizante.

Contador Geiger-Müller (*Seção 9.5*) Instrumento para medir a radiação de ionização.

Cristalização (*Seção 5.7*) A formação de um sólido a partir de um líquido.

Curie (Ci) (*Seção 9.5A*) Medida de decaimento radioativo igual a $3,7 \times 10^{10}$ desintegrações por segundo.

Datação radioativa (*Conexões químicas 9A*) Processo em que a idade de uma substância é estabelecida pela análise da abundância isotópica comparada à abundância relativa atual.

Decaimento nuclear (*Seção 9.3B*) Transformação do núcleo radioativo de um elemento no núcleo de outro elemento.

Densidade (*Seção 1.7*) A razão entre massa e volume de uma substância.

Depressão do ponto de congelamento (*Seção 6.8A*) Diminuição no ponto de congelamento de um líquido causada pela adição de um soluto.

Diálise (*Seção 6.8*) Processo em que uma solução contendo partículas de diferentes tamanhos é colocada em uma bolsa feita de membrana semipermeável. A bolsa é colocada num solvente ou solução contendo apenas moléculas pequenas. A solução na bolsa atinge o equilíbrio com o solvente externo, permitindo que pequenas moléculas possam difundir-se através da membrana, retendo, porém, as moléculas grandes.

Dipolo (*Seção 3.7B*) Espécie química em que há uma separação de carga; há um polo positivo em uma parte da espécie e um polo negativo em outra.

Dipolo-dipolo, atração (*Seção 5.7B*) Atração entre a extremidade positiva de um dipolo e a extremidade negativa de outro dipolo, na mesma molécula ou em moléculas diferentes.

Elemento (*Seção 2.4A*) Substância que consiste em átomos idênticos.

Elemento de transição (*Seção 2.5A*) Elementos das colunas B (Grupos 3 a 12 no novo sistema de numeração) da Tabela Periódica.

Elemento do grupo principal (*Seção 2.5A*) Elemento dos grupos A (Grupo 1A, 2A e 3A-8A) da Tabela Periódica.

Elétron (*Seção 2.4*) Partícula subatômica com massa de aproximadamente $1/1837$ u e carga -1; é encontrado fora do núcleo.

Elétron de valência (*Seção 2.6F*) Elétron que se encontra na última camada ocupada (valência) de um átomo.

Eletronegatividade (*Seção 3.4B*) Medida da atração de um átomo pelos elétrons que ele compartilha numa ligação química com outro átomo.

Elétrons ligantes (*Seção 3.7C*) Elétrons de valência envolvidos na formação de uma ligação covalente – isto é, elétrons compartilhados.

Elétrons não ligantes (*Seção 3.7C*) Elétrons de valência não envolvidos na formação de ligações covalentes – isto é, elétrons não compartilhados.

Emulsão (*Seção 6.7*) Sistema, como a gordura do leite, que consiste em um líquido com ou sem agente emulsificante, disperso em outro líquido imiscível. Geralmente aparece na forma de gotículas maiores que um coloide.

Energia (*Seção 1.8*) Capacidade de produzir trabalho. A unidade básica no SI é o joule (J).

Energia cinética (*Seção 1.8*) A energia do movimento; energia envolvida na produção de trabalho.

Energia de ativação (*Seção 7.2*) O mínimo de energia necessário para dar início a uma reação química. Qualquer processo em que uma enzima inativa é transformada em enzima ativa.

Energia de ionização (*Seção 2.8B*) Energia necessária para remover o elétron mais instável de um átomo na fase gasosa.

Energia potencial (*Seção 1.8*) Energia que está sendo armazenada; energia disponível para uso posterior.

Equação química (*Seção 4.4*) Representação que usa fórmulas químicas do processo que ocorre quando reagentes são convertidos em produtos.

Equilíbrio (*Seção 5.8B*) Condição em que duas forças físicas opostas são iguais.

Equilíbrio dinâmico (*Seção 7.5*) Estado em que a velocidade da reação direta é igual à velocidade da reação inversa.

Equilíbrio químico (*Seção 7.5*) Estado em que a velocidade da reação direta é igual à velocidade da reação inversa.

Espectro eletromagnético (*Seção 9.2*) A sequência de fenômenos eletromagnéticos por comprimento de onda.

Estado de transição (*Seções 7.3*) Espécie instável formada durante uma reação química; o máximo num diagrama de energia.

Estado fundamental, configuração eletrônica do (*2.6A*) Configuração eletrônica de mais baixa energia para um átomo.

Estequiometria (*Seção 4.5A*) As relações de massa em uma reação química.

Estrutura contribuinte (*Seção 3.9B*) Representações de uma molécula ou de um íon que diferem somente na distribuição dos elétrons de valência.

Estrutura de Lewis (*Seção 3.7B*) Fórmula para uma molécula ou íon que mostra todos os pares de elétrons ligantes como linhas simples, duplas ou triplas, e todos os elétrons não ligantes (não emparelhados) como pares de pontos de Lewis.

Estrutura de pontos de Lewis (*Seção 2.6F*) O símbolo do elemento circundado por um certo número de pontos é igual ao número de elétrons na camada de valência do átomo daquele elemento.

Fato (*Seção 1.2*) Declaração baseada na experiência.

Família na Tabela Periódica (*Seção 2.5*) Os elementos de uma coluna vertical na Tabela Periódica.

Fator de conversão (*Seção 1.5*) Razão entre duas unidades diferentes.

Fissão nuclear (*Seção 9.9*) Processo de divisão de um núcleo em núcleos menores.

Forças de dispersão de London (*Seção 5.7A*) Forças extremamente fracas de atração entre átomos ou moléculas causadas pela atração eletrostática entre dipolos temporariamente induzidos.

Fórmula estrutural (*Seção 3.7C*) Fórmula que mostra como os átomos de uma molécula ou íon estão ligados entre si. É semelhante a uma estrutura de Lewis, exceto que a fórmula estrutural mostra apenas pares ligantes de elétrons.

Fóton (*Seção 9.2*) A menor unidade de radiação eletromagnética.

Frequência (v) (*Seção 9.2*) Número de cristas de onda que passam por um determinado ponto por unidade de tempo.

Fusão nuclear (*Seção 9.8*) União de núcleos atômicos para formar um núcleo mais pesado que os núcleos de partida.

Gás ideal (*Seção 5.4*) Gás cujas propriedades físicas são descritas com acurácia pela lei dos gases ideais.

Gravidade específica (*Seção 1.7*) Densidade de uma substância comparada à da água como padrão.

Halogênio (*Seção 2.5*) Elemento do Grupo 7A da Tabela Periódica.

Henderson-Hasselbach, equação de (*Seção 8.11*) Relação matemática entre o pH, o pK_a de um ácido fraco, HA, e as concentrações do ácido fraco e sua base conjugada.

Híbrido de ressonância (*Seção 3.9A*) Molécula que é um compósito de duas ou mais estruturas de Lewis.

Hidrocarboneto alifático O Alcano.

Hidrocarboneto Composto que contém somente átomos de carbono e hidrogênio.

Hidrocarboneto saturado Hidrocarboneto que contém apenas ligações simples carbono-carbono.

Hidrônio, íon (*Seção 8.1*) O íon H_3O^+.

Higroscópica, substância (*Seção 6.6B*) Composto capaz de absorver vapor d'água do ar.

Hipotermia (*Conexões químicas 1B*) Condição em que a temperatura corporal é mais baixa que a normal.

Hipótese (*Seção 1.2*) Enunciado, sem prova efetiva, proposto para explicar certos fatos e suas relações.

Indicador ácido-base (*Seção 8.8*) Substância que muda de cor numa determinada faixa de pH.

Íon (*Seção 2.8B*) Átomo com número desigual de prótons e elétrons.

Íon espectador (*Seção 4.6*) Íon que aparece sem alteração em ambos os lados de uma equação química.

Íon poliatômico (*Seção 3.3C*) Íon que contém mais de um átomo.

Isotônicas (*Seção 6.8B*) Soluções com a mesma osmolaridade.

Isótopo radioativo (*Seção 9.3*) Isótopo de um elemento que emite radiação.

Joule (*Seção 1.9*) Unidade SI básica para calor; 1 J é 4,184 cal.

Lei da combinação dos gases (*Seção 5.3C*) A pressão, o volume e a temperatura em kelvins de duas amostras do mesmo gás estão relacionadas pela equação $P_1V_1/T_1 = P_2V_2/T_2$.

Lei da conservação de energia (*Seção 1.8*) Energia que não pode ser criada nem destruída.

Lei de Avogadro (*Seção 5.4*) Volumes iguais de gases à mesma temperatura e pressão contêm o mesmo número de moléculas.

Lei de Boyle (*Seção 5.3A*) O volume de um gás à temperatura constante é inversamente proporcional à pressão aplicada ao gás.

Lei de Charles (*Seção 5.3B*) O volume de um gás a pressão constante é inversamente proporcional à temperatura em kelvins.

Lei de Dalton (*Seção 5.5*) A pressão de uma mistura de gases é igual à soma da pressão parcial de cada gás da mistura.

Lei de Gay-Lussac (*Seção 5.3C*) A pressão de um gás a volume constante é diretamente proporcional a sua temperatura em kelvins.

Lei de Henry (*Seção 6.4C*) A solubilidade de um gás num líquido é diretamente proporcional à pressão do gás acima do líquido.

Lei dos gases ideais (*Seção 5.4*) $PV = nRT$.

Liga (*Seção 6.2*) Mistura homogênea de metais.

Ligação covalente (*Seção 3.4A*) Ligação resultante do compartilhamento de elétrons entre dois átomos.

Ligação covalente apolar (*Seção 3.7B*) Ligação covalente entre dois átomos cuja diferença de eletronegatividade é menor que 0,5.

Ligação covalente polar (*Seção 3.7C*) Ligação covalente entre dois átomos cuja diferença de eletronegatividade está entre 0,5 e 1,9.

Ligação de hidrogênio (*Seção 5.7C*) Força não covalente de atração entre a carga positiva parcial de um átomo de hidrogênio ligado a um átomo de alta eletronegatividade, geralmente oxigênio ou nitrogênio, e a carga negativa parcial de um oxigênio ou nitrogênio vizinho.

Ligação dupla (*Seção 3.7C*) Ligação formada pelo compartilhamento de dois pares de elétrons; é representa por duas linhas paralelas entre os dois átomos ligados.

Ligação iônica (*Seção 3.4A*) Ligação química resultante da atração entre um íon positivo e um íon negativo.

Ligação simples (*Seção 3.7C*) Ligação formada pelo compartilhamento de um par de elétrons; é representada por uma linha única entre dois átomos ligados.

Ligação tripla (*Seção 3.7C*) Ligação formada pelo compartilhamento de três pares de elétrons; é representada por três linhas paralelas entre os dois átomos ligados.

Massa (*Seção 1.4*) Quantidade de matéria num objeto; a unidade básica no SI é o quilograma.

Massa atômica (*Seção 2.4E*) A média ponderada das massas dos isótopos de ocorrência natural corresponde a massa atômica (u).

Massa molar (*Seção 4.3*) A massa de 1 mol de uma substância expressa em gramas.

Massa molecular (MM) (*Seção 4.2*) A soma das massas atômicas de todos os átomos de um composto expressa em unidades de massa atômica (u). A massa molecular pode ser usada tanto para compostos iônicos como moleculares.

Matéria (*Seção 1.1*) Qualquer coisa que tenha massa e ocupe espaço.

Meia-vida de um radioisótopo (*Seção 9.4*) Tempo que metade de uma amostra de material radioativo leva para decair.

Metal (*Seção 2.5*) Elemento que é sólido à temperatura ambiente (com exceção do mercúrio, que é líquido), brilhante, conduz eletricidade, é dúctil, maleável e forma ligas. Em suas reações, os metais tendem a doar elétrons.

Metal alcalino (*Seção 2.5C*) Elemento, com exceção do hidrogênio, do Grupo 1A da Tabela Periódica.

Metaloide (*Seção 2.5B*) Elemento que apresenta algumas das propriedades dos metais e também de não metais. Seis elementos são classificados como metaloides.

Método científico (*Seção 1.2*) Método de adquirir conhecimento testando teorias.

Método de Conversão de Unidades (*Seção 1.5*) Método para fazer conversões em que as unidades são multiplicadas e divididas.

Metro (*Seção 1.4*) Unidade básica de comprimento no SI.

Mol (*Seção 4.3*) A massa molar de uma substância expressa em gramas.

Molaridade (*Seção 6.5*) O número de mols de um soluto dissolvido em 1 L de solução.

Movimento Browniano (*Seção 6.7*) Movimento aleatório de partículas de tamanho coloidal.

Mudança de fase (*Seção 5.10*) Mudança de um estado físico (gás, líquido ou sólido) para outro.

Não metal (*Seção 2.5*) Elemento que não tem as propriedades características de um metal e, em suas reações, tende a aceitar elétrons. Dezoito elementos são classificados como não metais.

Nêutron (*Seção 2.4*) Partícula subatômica com massa de aproximadamente 1 u e carga zero; é encontrada no núcleo.

Nível principal de energia (*Seção 2.6A*) Nível de energia que contém os orbitais de mesmo número (1, 2, 3, 4, e assim por diante).

Número atômico (*Seção 2.4C*) O número de prótons no núcleo de um átomo.

Número de Avogadro (*Seção 4.3*) $6,02 \times 10^{23}$ unidades-fórmula por mol; a quantidade de qualquer substância que contém o mesmo número de unidades-fórmula que o número de átomos em 12 g de carbono-12.

Osmolaridade (*Seção 6.8B*) A molaridade multiplicada pelo número de partículas produzidas na solução em cada unidade-fórmula do soluto.

Osmose (*Seção 6.8*) A passagem, através de uma membrana semipermeável, das moléculas do solvente de uma solução menos concentrada para uma solução mais concentrada.

Oxidação (*Seção 4.7*) A perda de elétrons; o ganho de átomos de oxigênio ou a perda de átomos de hidrogênio.

Par conjugado ácido-base (*Seção 8.3*) Par de moléculas ou íons relacionados entre si pelo ganho ou perda de um próton.

Partícula alfa (α) (*Seção 9.2*) Núcleo de hélio, He^{2+}, $_{2}^{4}He$.

Partícula beta (β) (*Seção 9.2*) Um elétron, $_{-1}^{0}\beta$.

Período da Tabela Periódica (*Seção 2.5*) Fileira horizontal da Tabela Periódica.

Peso (*Seção 1.4*) O resultado de uma massa que sofreu a ação da gravidade.

pH (*Seção 8.8*) Logaritmo negativo da concentração de hidrônio; $pH = -\log[H_3O^+]$.

pOH (*Seção 8.8*) Logaritmo negativo da concentração do íon hidróxido; $pOH = -\log[OH^-]$.

Ponto de ebulição (*Seção 5.8B*) Temperatura em que a pressão de vapor de um líquido é igual à pressão atmosférica.

Ponto de ebulição normal (*Seção 5.8C*) Temperatura em que um líquido entra em ebulição à pressão de 1 atm.

Ponto de equivalência (*Seção 8.9*) Numa titulação ácido-base, o ponto em que há uma quantidade igual de ácido e de base.

Ponto final (*Seção 8.9*) Em uma titulação, ponto em que ocorre uma mudança visível.

Pósitron ($\beta+$) (*Seção 9.3D*) Partícula com a massa de um elétron, mas de carga +1, $_{+1}^{0}\beta$.

Pressão (*Seção 5.2*) Força por unidade de área exercida contra uma superfície.

Pressão de vapor (*Seção 5.8B*) A pressão de um gás em equilíbrio com sua forma líquida num recipiente fechado.

Pressão osmótica (*Seção 6.8*) Quantidade de pressão externa que deve ser aplicada à solução mais concentrada para deter a passagem de moléculas do solvente através de uma membrana semipermeável.

Pressão parcial (*Seção 5.5*) Pressão que um gás, numa mistura de gases, exerce se estivesse sozinho no recipiente.

Princípio de Le Chatelier (*Seção 7.7*) Quando se aplica uma tensão num sistema em equilíbrio químico, a posição do equilíbrio se desloca na direção que aliviará a tensão aplicada.

Processo de Haber (*Conexões químicas 8E*) Processo industrial em que H_2 e N_2 são convertidos em NH_3.

Produto iônico da água, K_w (*Seção 8.7*) Concentração de H_3O^+ multiplicada pela concentração de OH^-; $[H_3O^+][OH^-] = 1 \times 10^{-14}$.

Propriedade física (*Seção 1.1*) Características de uma substância que não são propriedades químicas; propriedades que não são resultado de uma transformação química.

Propriedade química (*Seção 1.1*) Reação química sofrida por uma substância química.

Química (*Seção 1.1*) Ciência que estuda a matéria.

Rad (*Seção 9.5*) Dose absorvida de radiação. A unidade SI é o Gray (Gy).

Radiação ionizante (*Seção 9.5*) Radiação que faz um ou mais elétrons serem expulsos de um átomo ou de uma molécula, produzindo assim íons positivos.

Radiação nuclear (*Seção 9.3*) Radiação emitida de um núcleo durante o decaimento nuclear. Inclui partículas alfa, partículas beta, raios gama e pósitrons.

Radical (*Conexões químicas 9C*) Átomo ou molécula com um ou mais elétrons não emparelhados.

Radioativa (*Seção 9.2*) Refere-se a uma substância que emite radiação durante o decaimento nuclear.

Radioatividade (*Seção 9.2*) Outro nome para a radiação nuclear. Inclui partículas alfa, partículas beta, raios gama e pósitrons.

Raio gama (γ) (*Seção 9.2*) Uma forma de radiação eletromagnética caracterizada por comprimento de onda muito curto e energia muito alta.

Raio X (*Seção 9.2*) Um tipo de radiação eletromagnética cujo comprimento de onda é mais curto que o da luz ultravioleta, porém mais longo que o dos raios gama.

Raios cósmicos (*Seção 9.6*) Partículas de alta energia, prótons principalmente, vindas do espaço exterior e que bombardeiam a Terra.

Reação endotérmica (*Seção 4.8*) Reação química que absorve calor.

Reação exotérmica (*Seção 4.8*) Reação química que libera calor.
Reação nuclear (*Seção 9.3A*) Reação que transforma o núcleo atômico (geralmente em um núcleo de outro elemento).
Reação nuclear em cadeia (*Seção 9.9*) Reação nuclear que resulta da fusão de um núcleo com outra partícula (geralmente um nêutron) seguida de decaimento do núcleo fusionado em núcleos menores e mais nêutrons. Os nêutrons recém-formados continuam o processo e resultam numa reação em cadeia.
Reação redox (*Seção 4.7*) Uma reação de oxirredução.
Reagente limitante (*Seção 4.5B*) O reagente que é consumido, deixando um excesso de outro reagente ou reagentes sem reagir.
Redução (*Seção 4.7*) O ganho de elétrons; a perda de átomos de oxigênio ou o ganho de átomos de hidrogênio.
Regra do octeto (*Seção 3.2*) Quando sofrem reações químicas, os átomos de elementos dos Grupos 1A-7A tendem a ganhar, perder ou compartilhar elétrons para atingir uma configuração eletrônica com oito elétrons de valência.
Rendimento teórico (*Seção 4.5C*) A massa do produto que devia ser formada numa reação química de acordo com a estequiometria da equação balanceada.
Ressonância (*Seção 3.9*) Teoria em que muitas moléculas e íons são representados como híbridos de duas ou mais estruturas contribuintes de Lewis.
Roentgen (R) (*Seção 9.6*) Quantidade de radiação produzida por íons que têm $2,58 \times 10^{-4}$ coulomb por quilograma.

Seta de duas pontas (*Seção 3.9A*) Símbolo usado para mostrar que as estruturas em ambos os lados são contribuintes de ressonância.
SI (*Seção 1.4*) Sistema Internacional de Unidades.
Sievert (Sv) (*Seção 9.6*) Medida biológica de radiação. 1 sievert é igual a 100 rem.
Sistema métrico (*Seção 1.4*) Sistema em que as medidas de parâmetro estão relacionadas pelas potências de 10.
Sólido amorfo (*Seção 5.9*) Sólidos cujos átomos, moléculas ou íons não apresentam um arranjo ordenado.
Solubilidade (*Seção 6.4*) Quantidade máxima de soluto que pode ser dissolvida em um solvente a uma temperatura e pressão específicas.
Solução aquosa (*Seção 4.6*) Solução em que o solvente é a água.
Soluto (*Seção 6.2*) Substância ou substâncias dissolvidas num solvente para produzir uma solução.
Solvente (*Seção 6.2*) Fração de uma solução em que outros componentes são dissolvidos.
Subcamada (*Seção 2.6*) Todos os orbitais de um átomo que têm o mesmo nível de energia principal e a mesma designação de letra (s, p, d ou f).

Sublimação (*Seção 5.10*) Mudança de fase que vai do estado sólido diretamente para o estado de vapor.
Supersaturada, solução (*Seção 6.4*) Solução em que o solvente dissolveu uma quantidade do soluto além da quantidade máxima, a uma temperatura e pressão específicas.

Tampão (*Seção 8.10*) Solução que resiste à mudança de pH quando quantidades limitadas de um ácido ou base lhe são adicionadas; solução aquosa que contém um ácido fraco e sua base conjugada.
Temperatura e pressão padrão (TPP) (*Seção 5.4*) 1 atmosfera de pressão e 0 °C (273K).
Tensão superficial (*Seção 5.8A*) Camada na superfície de um líquido produzida pelas atrações intermoleculares desiguais em sua superfície.
Teoria (*Seção 1.2*) Hipótese que é sustentada pela evidência; hipótese que passou nos testes.
Titulação (*Seção 8.9*) Procedimento analítico em que fazemos reagir um volume conhecido de uma solução de concentração conhecida com um volume conhecido de uma solução de concentração desconhecida.
Tomografia de emissão de pósitron (PET) (*Seção 9.7A*) Detecção de isótopos emissores de pósitron em diferentes tecidos e órgãos; uma técnica de imageamento clínico.
Transformação física (*Seção 1.1*) Transformação da matéria em que ela não perde sua identidade.
Transmutação (*Seção 9.3B*) Transformação de um elemento em outro elemento.
Transuraniano, elemento (*Seção 9.8*) Elemento de número atômico maior que o do urânio; isto é, maior que 92.
Tyndall, efeito (*Seção 6.7*) Luz que atravessa e é espalhada por um coloide visto em ângulo reto.

Unidade de massa atômica (*Seção 2.4B*) 1 u = $1,6605 \times 10^{-24}$ g. Por definição, 1 u é 1/12 da massa de um átomo de carbono que contém 6 prótons e 6 nêutrons.
Unidades do Sistema Internacional (SI) (*Seção 1.4*) Sistema de unidades de medida baseado em parte no sistema métrico.

Volume (*Seção 1.4*) O espaço que uma substância ocupa; a unidade básica SI é o metro cúbico (m^3).
VSEPR, modelo (*Seção 3.10*) Modelo da repulsão do par eletrônico de valência.

Zero absoluto (*Seção 1.4*) A temperatura mais baixa possível; o ponto zero da escala de temperatura Kelvin.

Índice remissivo

Números de página em **negrito** referem-se a termos em negrito no texto. Números de página em *itálico* referem-se a figuras. Tabelas são indicadas com um *t* após o número da página. O material que aparece nos quadros é indicado por um *q* após o número da página.

A

Abundância isotópica, 38q
Acaso, definição de, **4**
Acetato
    tampões e íons de, 232, 233
Acetato de prata, 204
Acetileno (C_2H_2)
    formato das moléculas, 84, *84*
Acetona (CH_3CO_2)
    ponto de ebulição, 136
Acidez (pK_a), 221
    água, 225-228
Ácido(s). *Ver também* Acidez (pK_a)
    bases conjugadas de, 217t
    calculando pH de tampões, 235-237
    como doador de próton, 216
    constante de ionização (K_a), 221, 239
    definição, 213-215
    força, 215-218, 220
    monoprótico e diprótico, **217**
    pares conjugados ácido-base, 216-218
    pH, pOH, 227-228
    posição de equilíbrio em reações ácido-base, 219-221
    propriedades, 223-225
    tampões, 232, 235, 237, 239t
    tipos, 217q
    titulação usada para calcular concentrações de, 229-232
    triprótico, **217**
Ácido acético (CH_3COOH), 172, 216q
    ponto de ebulição, 143t
    reação com água, 219
    reação com amônia, 216, 219-220
    reação com etanol, 203-204, 205
    tampões, 232, 233
Ácido-base, reação, **216**
Ácido bórico (H_3BO_3), 216q
Ácido carbônico (H_2CO_3), 159q
Ácido clorídrico (HCl), 216q
    ligação covalente polar, 71, *72*
    reação com a água, 190, 214, 219
    reação com hidróxido de potássio, 223
    reação com íon bicarbonato para formar dióxido de carbono, 112
    reação com magnésio, 223
    reação com metilamina, 225
    solubilidade em água, 172
Ácido conjugado, **216**, 239
Ácido forte, 215t, 217t
Ácido fosfórico (H_3PO_4), 76, 216q
Ácido nítrico (HNO_3), 216q
Ácidos dipróticos, **216**
Ácidose humana, respiratória e metabólica, **238**q
Acidose metabólica, **238**q
    acidose respiratória e metabólica, **238**q
Acidose respiratória, **238**q
Ácidos fracos, **215**, 217t
    K_a e pK_a, valores para alguns, 222t
Ácido sulfúrico (H_2SO_4), 77, 159q, 216q
    titulação com hidróxido de sódio, 229
Ácido triprótico, **216**
Actínio-225, 262
Água de hidratação, *169*
Água (H_2O)
    calor específico, 19q
    como solvente, 168-173
    densidade, 15, 143q
    diagrama de fase, 148
    energias envolvidas na mudança de fase de gelo a vapor, 146-150
    estrutura de Lewis e modelo de esferas e bastões, *83*
    fórmulas, *30*
    ligações de hidrogênio juntando moléculas de, 137
    modelos de, *30*
    osmose reversa e produção de água potável, 178q
    polaridade molecular, 87
    ponto de ebulição, 143t
    produto iônico, K_w (constante da água), **225**
    propriedades ácido-base, 225-229
    reação com a amônia, 201
    reação com ácido acético, 219
    reação com ácido clorídrico, 190, 219
    reatividade de íons com a, 112
    solubilidade de um gás na, 159t
    soluções aquosas como solventes. *Ver* Solução aquosa
Alaranjado de metila como indicador de pH, 229
Alcalose, 239q
Algarismos significativos, **5**, 6, **21**
Alumínio, *3*
Ambientais, problemas
    acidentes nucleares, 254, 266q
    chuva ácida, 78q, 159q, *205*
    lixo nuclear, 265
    poluição do ar. *Ver* Poluição do ar
    poluição térmica, 161
    vazamentos de óleo no oceano, *15*
Amônia (NH_3), 216q
    reação com ácido acético, 216, 219-220
    reação com ácidos, 224-225
Ângulos de ligação, **81**
    prevendo em moléculas covalentes, 81-85
Anidra, substância, **169**
Ânion, **62**, 87
    nomenclatura de monoatômico, 64
    solvatado, **169**, *169*

Ânodo, **116**q, **170**
Antiácidos, 225q
Antibióticos, 262
Anticorpos, 262
Antilogaritmos (antilogs), 226-227
Antissépticos, 117q
Apolares, ligações covalentes, **71**, 71-72, **88**
Aristóteles (384-322 a.C.), 2
Armas nucleares, testes de, perigo para saúde 40q
Arqueológicos, objetos, datação radioativa de, 253q
Arrhenius, Svante (1859-1927), 214, 239
Aspirina, 187
Astroquímica, abundâncias isotópicas e, 38q
Atmosfera
    poluição. *Ver* Poluição do ar
    pressão do ar, **126**
Atmosfera (atm), 127
Átomo (s), 27-54
    configuração eletrônica, 44-50
    definição, **31**
    energia de ionização, 51-53
    íons. *Ver* Íon (s)
    isótopos, 36
    massa, 37-38
    matéria, 27-31
    número atômico, **34**, 34-35
    número de massa, **34**
    partículas subatômicas, 33t, 34
    periodicidade na configuração eletrônica e propriedades químicas, 50-53
    peso atômico, **36**, 36-37
    postulados teóricos de Dalton, 31-33
    Tabela Periódica dos elementos, 38-43
    tamanho, 37-38, 50-51, 54
Automóvel, comportamento dos líquidos e freios hidráulicos, 138
Avogadro, Amadeo (1776-1856), 99

B

Bactérias
    fixação do nitrogênio, 207q
Balanças, medindo massa usando, 8, *8*
Balões de ar quente, *129*
Barômetro de mercúrio, **127**
Base conjugada, **216**, 239
Base forte, **215**, 217t
Base(s), **214**
Bases fracas, 215t, **216**, 217t
Baterias, **116**q, 117
Becquerel (Bq), **254**
Becquerel, Henri, (1852-1908), 245-246
"Bends", bolhas de nitrogênio no sangue causando, **162**q
Benzeno (C_6H_6), 160
Bicarbonato de potássio, 224
Bicarbonato de sódio, **224**
Bicarbonato de sódio, 217
Bicarbonato, íon (HCO_3^-)
    reações com ácidos, 223-224
        reatividade com cloreto de hidrogênio para formar dióxido de carbono, 112

Binário, composto, **69**
Branqueamento como reação de oxidação, **118**
Bromo, *39*
"Buckyballs" (buckminsterfulereno), 144
Butano (C_4H_{10}), 104
    ponto de ebulição, 136

C

Caixa de orbital, diagrama de, 46-47, 46t
Cálcio (Ca^{2+})
    estrôncio-90, 40q
Calor, 17-20, **21**
    específico. *Ver* Calor específico (CE)
    medida, 18
    produzido por reações químicas, 118
    temperatura, 18
Calor de combustão, **119**
Calor de fusão, **146**, **151**
Calor de reação, 118, **118**
Calor de vaporização, **146**, **151**
Calor específico (CE), 18-20, **21**, **146**
    da água, 19q, 146
    para substâncias comuns, 18t
Caloria, **18**, 18
Camada de valência, **48**, **54**
Camadas (átomo), **45**, **54**
    de valência, 48
    distribuição de elétrons, 44t
    distribuição dos orbitais, 44t
Câncer
    radiação como causa, 258
    terapia por radiação, 262
Capacidade tamponante, **234**, 235, **240**
Captura de elétron (C.E.), 251, **267**
Carbonato(s)
    como tampão no sangue, 235
    reações com ácidos, 223-224
    solubilidade, 113t
Carbonato de sódio, reações entre ácidos e, 223
Carbonato, íon (CO_3^{2-}), 78, 79
Carbono (C)
    compostos que contêm.
    diagrama da caixa orbital para o, 46
    formas cristalinas, 144
    tamanho do átomo, 51
Carbono-14, 253q
Catalisador(es)
    diagrama energético, *196*
    efeitos no equilíbrio químico, 208
    heterogêneos e homogêneos, **196**
    velocidades de reação química e presença de, **196**, 197, **208**
Catalisador homogêneo, *196*
Cátion, **62**
    de metais formando dois íons positivos diferentes, 64t
    de metais formando um íon positivo, 64t
    nomenclatura monoatômica, 63-64
    solvatado, **169**, *169*
Cátodo, **116**q, **170**
Celsius, escala, **9**
Células voltaicas, **116**q

Cérebro humano
    imageamento clínico, 261, *261*
Chernobyl, acidente nuclear de, 266*q*
Chumbo, 32, 38
Chuva ácida, 159*q*
Chuva ácida, 78*q*, 159*q*, *205*
Cinética química, **188**
Cloreto de amônio, 274
Cloreto de prata (AgCl), *111*
    reação com a luz do sol, 206*q*
Cloreto de sódio (NaCl), *61*, 62, *63*, 67
    estrutura cristalina, *68*
    solução, 159
Cloro (Cl_2), *39*
    como agente oxidante, 117*q*
    peso atômico, 36
Clorofórmio ($CHCl_3$)
    densidade, 16
    ponto de ebulição, 143*t*
Clorometano (CH_3Cl), 171
    reação com o íon iodeto, *192*
Cobre (II), $Cu(NO_3)_2$, nitrato de, 112
Cobre, redução do zinco pelo, 114
Coeficientes, 103
Colchões d'água e calor específico da água, 19*q*
Colisão efetiva (moléculas), **189**, **208**
Colisão, teoria da. *Ver* Teoria cinético-molecular
Colisões moleculares
    energia, 189
    reações químicas que resultam de, 189-190
    teoria cinético-molecular, 134-135, **151**, 194
Coloides, 172-179
    movimento browniano, 173
    propriedades coligativas, 174-180
    propriedades, 173*t*
    tipos, 172*t*
Combustão, **102**
    calor de, **119**
    como reação redox, 116
    metano, 115
    propano, 102, *102*, 103
Compostos, **25**, 25-28, 30, **54**
    binários, **69**
    covalentes, 73-76
    fórmulas, 30
    iônicos, 67-69
    iônicos binários, **69**, 70
Compressas frias, calor específico da água e, 19*q*
Comprimento de onda (λ), radiação eletromagnética, **247**
Comprimento, medida de, 7
Concentração de soluções, 161-168
    concentração percentual como expressão da, 161-162
    diluição como expressão da, 166-167
    molaridade como expressão da, 162-166
    partes por milhão como expressão da, 168
    pH e pOH como expressões de ácido-base, 227-229
    titulação e cálculo, 229-232
Concentração percentual (% w/v) de soluções, 161-163, **180**
Condensação, **135**

Conexões químicas
    abundâncias isotópicas, 38*q*
    acidentes em usinas nucleares, 254, 266*q*
    acidose metabólica, 238*q*
    acidose respiratória, 238*q*
    ácidos, 216*q*
    alcalose, 239*q*
    antiácidos, 225*q*
    antissépticos, 117*q*
    astroquímica, 38*q*
    bases, 216*q*
    bends (bolhas de gás no sangue), 162*q*
    calor específico da água, 19*q*
    células voltaicas, **116***q*
    chuva ácida, 159 *q*, *205*
    compostos iônicos, 71*q*
    danos aos tecidos causados por radiação formando radicais livres, 260*q*
    datação radioativa, 253*q*
    densidade da água, 143*q*
    densidade do gelo, 143*q*
    dessalinização da água, 178*q*
    dióxido de carbono supercrítico, 149*q*
    dosagem farmacológica e massa corporal, 9*q*
    elementos da crosta terrestre, 33*q*
    elementos, 29*q*, 33*q*
    emulsões e agentes emulsificantes, 174*q*
    entropia, 127*q*
    estrôncio-90, 40*q*
    febre, 195*q*
    fertilizantes, 207*q*
    hemodiálise, 179*q*
    hidratos, 171*q*
    hipotermia e hipertermia, 18*q*
    lei de Boyle, 129*q*
    medicamentos de liberação controlada, 197*q*
    medicina hiperbárica, 133*q*
    metais como marcos históricos, 42*q*
    osmose reversa, 178*q*
    óxido nítrico, 78*q*
    poluição do ar, 172*q*
    pressão sanguínea, 140*q*
    princípio de Le Chatelier, 206*q*
    processo de Haber, 207*q*
    química do coral e ossos humanos, 65*q*
    radônio doméstico, 259*q*
    solubilidade do esmalte do dente, 113*q*
    temperatura do corpo, 196*q*
Configuração eletrônica, **45**
    diagramas de caixa de orbitais, 46-47
    estrutura de pontos de Lewis, 48-49
    notações de gás nobre, 47-48
    regra do octeto para elementos dos Grupos 1A-7A, 61-63
    regras, 45-46
    relação com a posição na Tabela Periódica, 49-50
Constante da água (K_w), 225
Constante de equilíbrio (K), 199-203, **208**
Constante de ionização ácida (K_a), **221**, 221-222, 239
Constante de velocidade, **194**

Constante dos gases ideais, **131**
Constante universal dos gases (R), 131
Contadores de cintilação, **254**
Contador proporcional, **254**
    contribuintes
Conversão de nitrogênio pelo processo de Haber, 207q
    como base fraca, 215
    como fertilizante, 82
    formato da molécula, 82, *83*
    polaridade molecular, 87
    reação com água, 201
Conversão de unidades de medida, 10-14
Coral, 65q
Corpo humano
    água, 172
    bebidas energéticas para a conservação dos eletrólitos, *171*
    cálcio e os perigos do estrôncio-90, 40q
    cárie dentária, 113q
    cuidados médicos. *Ver Medicina*
    danos as tecidos causados por radicais livres resultantes de radiação, 260q
    diminuição da temperatura, 196q
    efeitos da radiação nuclear, 254, 256-258
    efeitos do radônio, 259q
    elementos necessários, 29q
    elementos, 33q
    enxertos ósseos, 65q
    febre, 195q
    gota causada por urato de sódio mono-hidratado em juntas, 170, *170*
    hipotermia/hipertermia, 18q
    massa e dosagem de remédios, 9q
    pH de fluidos, 228
    pressão sanguínea, 140q
    respiração e lei de Boyle sobre gases, 129q
    rins, 179q
Coulomb, 256
Covalente binário, composto, **77**, **88**
Covalentes, compostos
    água como solvente, 172
    ângulos de ligação, 81-85
    apolares e polares, 71-72
    estruturas de Lewis, 73-76
    exceções à regra do octeto aplicadas a, 76-77
    formação, 70
    fórmulas-peso para dois, 98t
    pontos de ebulição e fatores que afetam os, 143
Crenação, *180*, **180**
Cristais
    anidros e higroscópicos, 170
    de carbono, 144
    de cloreto de sódio, *68*
    hidratados, 169
Cristalização, 144, **144**, 150
Cro-Magnon, datação das pinturas da caverna de, 253q
Curie (Ci), **254**
Curie, Marie e Pierre, 246
Curva de aquecimento para mudança de fase, do gelo para vapor d'água, 146, **146**, *147*

D

Dalton, John (1766-1844), 31-33
Datação radioativa de objetos arqueológicos, 253q
Demócrito (460-370 a.C.), 27
Densidade, **15**, 15-16, **21**
    gelo e água, 143q
Depressão do ponto de congelamento, 174-175, **180**
Derretimento de minérios, 159q
Dessalinização da água, 178q
Dessalinização reversa, 178q
Diagrama de fase, 148, 150
    para a água, 148
Diálise, 179
Diastólica, pressão sanguínea, 140q
Diatômicos, elementos, **33**
Dietil éter ($CH_3CH_2OCH_2CH_3$)
    densidade, 15
    em solução com água, *159*
Diluição de soluções concentradas, 166-167
2,2-Dimetilpropano (C_5H_{12}), *144*
Dióxido de carbono, (CO_2), 32
    como produto das reações carbonato-ácido/bicarbonato, 224
    formatos moleculares, 84
    reação do íon bicarbonato com cloreto de hidrogênio para formar, 112
    supercrítico, 149q
    vapor de, 146
Dióxido de enxofre (SO_2), 77, 159q, 172q
Dioxina, 168
Dipolo, **72**, **88**
Dipolo-dipolo, interações, 135t, **136**, 136-137, **150**
Dipropil éter (C_6OH_{14}), 171
Dissociação, **111**
Doenças e condições
    gota, 170, *170*
Dosimetria de radiação, saúde humana e, 256-258, 257t, 258t
Drogas. *Ver também* Fármacos
    antiácidos, 225q
    de liberação controlada, 197q
    dosagem e massa corpórea, 9q

E

Elemento(s), **24**, **54**
    classificação, 39-40
    configurações eletrônicas do estado fundamental dos primeiros, 14, 46t
    de transição, **39**
    de transição interna, **39**
    do grupo principal, **39**, 50, 51
    estrutura de pontos de Lewis para os primeiros, 16, 48t
    monoatômicos, diatômicos e poliatômicos, **32-33**, *33*
    no corpo humano, 33q
    periodicidade nas propriedades dos, 42
    regra do octeto para elétrons de valência dos Grupos 1A-7A, 61-63
    transmutação, **249**
    transuranianos, **263**
    valores de eletronegatividade, 66t

Elementos de transição, **39**
Eletricidade
    eletricidade, *246*
    ondas radioativas, **247**
    soluções iônicas como condutores de, 169-171
Eletrólitos, **170**, 170-171, *171*, **180**
Eletrólitos fortes, **171**
Eletrólitos fracos, **171**
Elétron deslocalizados, 79
Eletronegatividade
    ligações químicas, 66-67, 72*t*, 88
Elétron no estado fundamental, **43**
    configurações para os primeiros 18 elementos, 46*t*
Elétron(s), **34**, **54**
    configuração em átomos, 43-49
    de valência, 48
    distribuição em camadas, 44*t*
    estado fundamental, **44**
    pareamento de spins eletrônicos, *46*
Elétrons de valência, **48**, **54**
    regra do octeto, 61-63
Elétrons ligantes em estruturas de ponto de Lewis, **73**
Elétrons não ligantes nas estruturas de ponto de Lewis, **73**
Emissão alfa, 250, **266**
Emissão beta, **249**, **266**
Emissão de pósitron, 250-251, **266**
Emissão gama, 251, **267**
Emulsões, **174**
Energia, 17-18
    cinética, **17**
    colisões moleculares, 189
    conversão, 17
    entropia como medida de dispersão de, 127*q*
    formas, 17-18
    ionização, 51-53
    lei da conservação de, **18**
    níveis em orbitais eletrônicos, 46
    potencial, 17
    velocidade de reações químicas, 189, 192, 196, 197
Energia atômica, **264**, 264-266. *Ver também* Energia nuclear
Energia calorífica, 17
Energia Cinética (EC), **17**, **21**
    conversão de energia potencial em, 17
    temperatura e aumento da, 125, 195
Energia da radiação ionizante, 254, 255-256
Energia de ativação, **189**, **208**
    velocidades de reação química, 190-192
Energia de ionização, **52**, *53*, **54**
    número atômico *versus*, 53
Energia elétrica, 17
Energia mecânica, 17
Energia nuclear, 17
    acidentes envolvendo, 254, 266*q*
    fissão, **264**, 264-265
    fusão, **262**, 262-263
Energia potencial, **17**, **21**
    conversão em energia cinética, 17
Energia química, 17-18. *Ver também* Energia
Entropia, 127*q*

Enxertos ósseos, 65*q*
Enxofre
    mistura de ferro e, *31*
Equação iônica simplificada, **111**, **120**
Equação nuclear, balanceamento de, 249
Equação química, **102**, **119**
    balanceamento, **102**, 102*q*, 103
    iônica simplificada, 111
Equilíbrio, **139**
    evaporação/condensação, *139*
Equilíbrio dinâmico, **198**
Equilíbrio químico, 197-199, **208**
    constante de equilíbrio, 199-203
    definição, 198
    princípio de Le Chatelier, 203-208
    reações ácido-base, 219-221
    tempo necessário para atingir o, 203
Esfigmomanômetro, 140*q*
Esmalte do dente, solubilidade e deterioração, 113*q*
Espectro eletromagnético, *247*
Estado de transição, **191**, *192*, **208**
Estado gasoso, **126**
Estado líquido, *126*
Estados da matéria, 2, 14-15, **126**. *Ver também* Gás(ses); Líquido(s); Sólido(s)
    energias envolvidas em mudanças de fase, 146-150
Estado sólido, 142. *Ver também* Sólido(s)
Estequiometria, **105**, 105-107, **120**
    cálculos de rendimento percentual, 109
    reagentes limitantes, *108*, 108-109
Estrôncio-90, 252
    cálcio, ossos humanos e, 40*q*
Estrutura de ressonância (contribuintes de ressonância), **78**
Estruturas contribuintes, **78**, 88
    representação, 78-81
Etanol (CH_3CH_2OH), 173
    concentração percentual na água, 162
    e água em solução, 159
    reação com ácido acético, 203-204, 205
Etileno (C_2H_4)
    formato da molécula, *83*
Etilenoglicol, 174-175
Evaporação, *139*, *141*
Exercícios
    acidose respiratória e metabólica, 254*q*

F

Fabricius (1537-1619), 3
$FADH_2$
    escala Fahrenheit, **10**
Fármacos. *Ver também* Drogas
    antibióticos, 262
    compostos iônicos, 71*q*
    efeitos da massa corpórea na dosagem, 9*q*
    lítio, para depressão, 63
Fase, **146**, **151**
Fato, definição de, **2**
Fator(es) de conversão, 10-11, **11**
    escolhendo o correto, 11*q*
    massa molar como, 99

relações de massa em reações químicas calculadas usando, 105
sistema métrico e sistema inglês, 8*t*
FDG (18-fluorodesoxiglicose), 261
Fermi, Enrico (1901-1954), 264
Ferro
    mistura de enxofre e, *31*
Ferrugem como reação redox, **116**, 116-117
Fertilizantes
    amônia, 82
    processo de Haber e fixação do nitrogênio atmosférico por bactérias como, 207*q*
Fissão nuclear, **264**, 264-265, 267, **267**
Flúor, *39*
    eletronegatividade, 66
Fluoreto
    em água potável, 63
Folmaldeído (CH_2O)
    estrutura de Lewis e modelo de esferas e bastões, *74*
    formato das moléculas, *83*
    reação com hidrogênio para produzir metanol, 196
Forças de atração entre moléculas, 150
    estados da matéria, 126
    gases, 135-136
    tipos, 135-138
Forças de dispersão de London, 135*t*, **136**, **150**
Fórmula, 30
    estrutural, *73*. Ver também, Fórmulas estruturais
    previsão para compostos iônicos, 68-69
Fórmulas estruturais, **73**
Fosfato
    como tampão, 235
    solubilidade, 113*t*
Fosfina, *76*
Fósforo (P), 48
Fótons, **247**
Frequência (ν) na radiação eletromagnética, **247**
Fuller, Buckminster (1895-1983), 144
Fusão nuclear, **262**, 262-263
Fusão nuclear, **262**, 262-263, **267**

G

Galeno (200-130 a.C.), 2
Gás(es), **14**, **23**, *126*
    condensação, 135
    lei de Dalton das pressões parciais, 133-134
    ideal, 131
    lei de Avogadro, lei dos gases ideais e, 131-133
    lei de Boyle, lei de Charles e lei de Gay-Lussac governando o comportamento dos, 127-131
    lei de Henry e solubilidade, 161-162
    mudança de fase de sólido para, 146-150
    mudança depressão e equilíbrio químico, 206-208
    nobres, **43**, 43*t*
    pressão e velocidade de reação, 193
    solubilidade em água, 159*t*
    teoria cinético-molecular e o comportamento dos, 134-135, 194

Gases nobres, **43**
    notações, 47-48, 50*t*
    pontos de fusão e ebulição, 43*t*
    regra do octeto para a configuração eletrônica, 61*t*
Gás ideal, 131, **135**
Gay-Lussac, lei de, 129*t*, **150**
Geiger-Müller, contador, **255**, **266**
Gelo
    densidade da água, 143*q*
    mudança de fase para vapor d'água, 146-150
Gen(es)
    mutações, 258
Germinação, **161**
Glicose ($C_6H_{12}O_6$)
    imageamento clínico de captação e metabolismo da, 261
    velocidade de reação com oxigênio, 188
Good, N. E., 237
Gota, *170*
Grafite, superfície da, *38*
Grama (g), definição de, **8**
Gravidade, 8-9
    específica, **16**, 16-17
Gravidade específica, **16**, 16-17, **21**
Grupo principal, elementos do, **39**
    raios atômicos, 50, *52*

H

Haber, processo de, 207*q*
Hahn, Otto (1879-1968), 264
Halogênios, *39*, **39**
    pontos de fusão e ebulição, 42*t*
Harvey, William (1578-1657), 3
Hélio (He), diagrama de caixa de orbital para o, 46
Hemodiálise, 179*q*
Hemólise, 180, **180**
Henderson-Hasselbach, equação de, **235**, 235-237
Herbicidas, 168
Híbridos de ressonância, **78**, 79
Hidratos, **169**
    poluição do ar causada por, 172*q*
Hidrogênio (H)
    configuração eletrônica, 44
    diagrama de caixa do orbital, 46
    ligações covalentes, 70-71
    reação com formaldeído para formar metanol, 196
Hidrômetro, 16
Hidrônio, íon, 174, **214**
    expresso como pH e pOH, 227-228
Hidróxido de magnésio ($Mg(OH)_2$), 216*q*
Hidróxido de potássio (KOH), 223
Hidróxido de sódio (NaOH) (lixívia), 216*q*
    titulação com ácido sulfúrico (H_2SO_4), 229
Hidróxidos, 113*t*
Higroscópica, substância, **170**
Hiperbárica, câmara, 133*q*
Hipertermia, 18*q*
Hipertônicas, soluções, **178**, **180**
Hiperventilação, 239*q*
Hipotermia, 18*q*

Hipótese, **2**, **22**
Hipotônicas, soluções, 178, **179**
Hipoxia, 133q

I

Imageamento clínico, 259-261
    isótopos radioativos úteis, 261t
    tomografia de emissão de pósitron (PET), *261*
Indicador de pH, **229**, 229t, 229
Indicadores ácido-base, 229 *229*, 229
Instrumentos
    balanças, *8*
    barômetro, **127**
    contador Geiger-Müller, *254*
    hidrômetro e urinômetro, *16*
    manômetro, *127*, **127**
    pHmetro, 229
Intensidade da radiação ionizante, 254-255
Iodo, *39*
Iodo-125, 262
Iodo-131, 260, 262
    curva de decaimento, 252
Iônico binário, composto, **69**, 70, **88**
Iônicos, compostos, **67**
    água como solvente, 168, *169*
    contendo íons poliatômicos, 70
    de metais que formam mais de um íon positivo, 69-70
    de metais que formam um íon positivo, 69
    em fármacos, 71q
    massa molar como fator de conversão para, 100
    pesos-fórmula para dois, 98t
    prevendo fórmulas, 68-69
Ionização da água, 225
Íon(s)
    eletricidade conduzida por soluções de, 170-171
    espectadores, **112**
    forças de atração entre moléculas e, 135t, 135-138
    hidratados, **169**
    nomenclatura de poliatômicos, 64
    prevendo a reatividade em soluções aquosas, 111-114
Isotônicas, soluções, **178**
Isótopos, 36, **55**
    radioativos, 248-250, 261t
Isótopos radioativos, **248**, **250**

J

Joule (J), **18**

K

K_a, constante de ionização ácida, **221**, **239**
    para ácidos fracos, 221t
Kelvin (K), escala de temperatura, **10**, 127q
    leis dos gases, 129

L

Lavoisier, Antoine Laurent (1743-1794), 32
Le Chatelier, Henri (1850-1936), 203
Le Chatelier, princípio de, reações químicas e, **203**, 203-208, **208**
    adição de componente da reação, 203-205
    efeitos do catalisador, 208
    mudança de pressão, 206-208
    mudança de temperatura, 205-206
    óculos de sol e aplicação do, 206q
    remoção de componente da reação, 205
Lei da combinação dos gases, *129*, **150**
Lei da conservação da energia, **18**
Lei da conservação das massas, 32, **53**
Lei da conservação das massas, **32**, **53**, 102
Lei das composições constantes, 32, **53**
Lei das composições constantes, **32**, **53**
Lei das pressões parciais de Dalton, **133**, 133-134, **151**
Lei de Avogadro, **131**, *131*, **150**
Lei de Boyle, 127-128, *129*, 129t, **150**
Lei de Charles, 128, *129*, 129t, **150**
Lei de Henry, **161**, *162*
Lei dos gases ideais, **131**
Levedura, 224
Lewis, estruturas de ponto de, 48-49, **54**, *73*, 88
    algumas moléculas pequenas, 74t
    compostos covalentes, 73-76
    elementos, 1-14, 48t
    metais alcalinos, 50t
Lewis, Gilbert N., (1875-1946), 48, 61
Ligação dupla, **74**
Ligação simples, **70**, **73**
Ligação tripla, **74**
Ligações covalentes polares, **71**, 71-72, **88**
Ligações covalentes, 61, 65-66, **66**, 70-77, 81-85, **88**, 135t
    apolar e polar, 71-72
    estruturas de Lewis, 73-76
    exceções à regra do octeto aplicadas às, 76-77
    formação, 70
Ligações de hidrogênio, 70, 135t, **137**, 137, **150**
Ligações iônicas, 61, 65-66, **66**, 67-69, **88**, 135t
    formação, 67
Ligações químicas, 61-95
    ânions e cátions, 61, 63-65
    classificação, 72t
    covalentes, 61, 65-66, 70-77, 81-85
    determinando a polaridade, 86
    eletronegatividade, 66-67, 72t
    iônicas, 61, 65-66, 67-69
    prevendo os ângulos covalentes, 81-85
    regra do octeto e os oito elétrons de valência, 61-63
    ressonância (estruturas contribuintes), 78-81
Ligas, **158**
Líquido(s), **14**, **21**, *126*
    comportamento no nível molecular, 51-54
    densidade da água *versus* gelo, 143q
    ponto de ebulição, 142-144
    pressão de vapor, 139-141
    solidificação, 135
    tensão superficial, 139
Lítio (droga), 63
Lítio (Li), diagrama da caixa de orbital para o, 46
Litro (L), definição de, **7**
Logaritmos (logs), usando antilogs e, 226-227
London, Fritz (1900-1954), 136

Lowry, Thomas, 216, 239
Luz
   como energia, 17
   efeito Tyndall das partículas coloidais, 172-173
   IV (infravermelho), 247
   solar reagindo com o cloreto de prata nos óculos de sol, 206q
   UV (ultravioleta), 247
   visível, 247

M

Magnésio metálico, reação com ácido clorídrico, 223
Massa(s)
   definição, 8
   lei da conservação das, **32**, **55**, 102
   medida, 8-9
Massa atômica, 37-38
Massa corporal, dosagem de fármacos e, 9q
Massa molar, 99, **118**
Massa molecular (MM), 98
   para dois compostos iônicos e covalentes, 98t
Massa por unidade de volume. Ver Densidade
Matéria, 1-2
   átomos como componentes básicos, 27-28
   classificação, 28-31. Ver também Composto(s); Elemento(s); Mistura(s)
   definição, 1
   energias envolvidas nas mudanças de fase da, 146-150
   estados, 2, 14-15, 126. Ver também Gás(es); Líquido(s); Sólido(s)
Medicina nuclear, 259-262
   imageamento clínico, 259-261
   terapia por radiação, 262
Medicina, 1. Ver também Drogas; Fármacos
   câmera hiperbárica de oxigênio, 133q
   enxertos ósseos, 65q
Medida, 6-10
   convertendo unidades de, 10-14
   dispersão de energia (entropia), 127q
   pressão, 126-127
   pressão sanguínea, 140q
   radiação nuclear, 254-256
   velocidade de reações químicas, 187-189
Meia-vida $t_{1/2}$, 252-253, **266**
   datação radioativa de objetos arqueológicos, 253q
   de alguns núcleos radioativos, 254t
Meitner, Lise (1878-1968), 264
Membrana osmótica, **176**
Membrana semipermeável, **176**
Mensageiros químicos, **124**
   óxido nítrico, 78q
Metal(is), **39**, 39-40, *41*, **53**
   alcalinos, **42**. Ver também Metais alcalinos
   nomenclatura de cátions com base nos, 64t
   nomenclatura de compostos iônicos binários com base nos, 69
   reação com ácidos, 223
   utilização como marcos históricos, 42q
Mentais, transtornos, 63

Metais alcalinos, **42**
   notação de gás nobre e estruturas de ponto de Lewis, 50t
   pontos de fusão e de ebulição, 43t
Metais, hidróxidos de, 223
Metais, reações com óxidos de, 223
Metaloides, **41**, *41*, **53**
Metano
   estrutura, *83*
Metanol (CH_3OH), 171
   reação de formaldeído e hidrogênio para produzir, 196
Meteoritos, 42q, 253q
Metilamina, 281
   reação com ácido clorídrico, 225
Método científico, 2-4, **21**
Método de Conversão de Unidades, 10-12, **21**
   exemplos, 12-14
Metro (m), **7**
Milímetros de mercúrio (mmHg), **126**
Milirem, **257**
Miscíveis, soluções, **159**
Mistura homogênea, 158 Ver também Solução(ões)
Mistura(s), 30, *31*, **54**, 173t. Ver também Coloides; Soluções; Suspensões
Modelos de balões, prevendo ângulos de ligação com, 82
Mol, 98, **118**
   calculando relações de massa usando, 92-102
   de alguns metais e compostos, *99*
   definição, **98**
Molaridade (M), 163-166, **180**
Molécula(s), 30, **31**. Ver também Forças de atração entre moléculas.
   covalentes, prevendo ângulos de ligação em, 81-85
   gases e teoria cinético-molecular
   lateralidade. Ver Quiralidade
   líquidas, 135
   polaridade, 86, 91
Moluscos, construção da concha dos, *113*
Monoatômicos, ânions, **64**, **87**
Monoatômicos, cátions, 63-64
Monoatômicos, elementos, **32**
Monóxido de carbono, 32
MOPS, tampão, 237, 239t
Movimento browniano, **173**, **180**
   mudança, 191-198
   colisões moleculares, 189-190, 195
   equilíbrio. Ver Equilíbrio químico, 188, 194
   medida, 188
   relação entre energia de ativação e velocidade da reação, 190-192
Mudança de fase, **146**, **151**
Nanotubos, 144, 172
Não-eletrólitos, **170**
Não-metais, **41**, *41*, **53**
Neônio (Ne), diagrama de caixa de orbital para o, 47
Neutralização como propriedade de ácidos e bases, 223
Nêutron, **34**, *34*, **55**
   em isótopos, 250
Nitrogênio
   processo de Haber e conversão em amônia, 207q

Níveis principais de energia, **45**, **54**
Nomenclatura.
    ânions monoatômicos, 64
    cátions monoatômicos, 63-64
    compostos iônicos binários, 69
    compostos iônicos que contêm íons poliatômicos, 70
Normal, ponto de ebulição, **142**
Notação exponencial, definição de, **4**, 5, 6, **21**
Núcleo (do átomo), **33**, *34*
    emissão radiativa, 248-251
    meia-vida do decaimento radioativo, 252-254
Número atômico, **34**, 34-35, **54**
    energia de ionização *versus*, 53
Número de Avogadro, **99**
Número de massa, **34**, **54**
Números, notação de, 4-6

O

Óculos de sol, 206*q*
    1*s*, 2*s* e 2*p*, *45*
Orbital(is), **44**, **54**
    distribuição em camadas, 44*t*
    formas e orientação espacial
    níveis de energia, 45
    regras que governam os, 45-46
Osmolaridade, **176**, **180**
Osmose, 176, 178*q*
Osmose reversa, 178*q*
Oxidação, 114-118, **119**. *Ver também* Redox, reações
    definição, **114**
Oxidantes, agentes, **114**, *117*
    antissépticos como, 117*q*
Óxido de mercúrio (II), decomposição do, como reação endo-
    térmica
    reação endotérmica, 118
Óxido nítrico (NO)
    como mensageiro químico secundário, 78*q*
    como poluente do ar, 78*q*
Oxigênio (O_2)
    câmaras hiperbáricas por privação de, 133*q*
    diagrama da caixa de orbital para o, 47
    reação química com a palha de aço, *193*
Oxirredução, reação de, **114**. *Ver também* Redox, reações
Ozônio (O_3)
    como agente oxidante, 117*q*

P

Pares ácido-base conjugados, 216-218
Partes por bilhão (ppb), 168
Partes por milhão (ppm), 168
Partículas alfa (α), **247**, 250, **266**
    eletricidade, *246*
    nível de energia, 256, *256*
Partículas beta (β), **246**, **248**
    eletricidade, *246*
    nível de energia, 256, *256*
Partículas de poeira, 172
Partículas subatômicas, 33
Pascal, 127

Pauling, escala, 66*t*
Pauling, Linus, 66
    teoria da ressonância de, 78
Pentacloreto de fósforo, *76*
Pentano (C_5H_{12}), *144*
Percevejo d'água (inseto), *139*
Permanganato de potássio, solução de, 166
Peso atômico, **36**, 36-37, **54**, 98
Peso, definição de, **8**
Pesos moleculares (PM), **98**, 98, **118**
Petróleo
    vazamentos em oceanos, *15*
pH (concentração de íons hidrônio), 227-229, **239**
    indicadores, 228, 229*t*, 229
    sangue humano, 228, 235
    tampões, 234, 235-237
    valores para alguns materiais comuns, 229*t*
PIPES, tampões, 238*t*
Piramidal, forma, **82**
Plasma, 177
pOH (concentrações de OH^-), 227-228, **239**
Polares, compostos
    em soluções, 160
    solvatação pela água, *172*
Polares, moléculas, 86-88
Poliatômicos, elementos, **33**, *33*
Poliatômicos, íons, **64**, **87**
    compostos iônicos contendo, 70
    nomenclatura, 64*t*
Poluição do ar
    causada por combustão incompleta de combustível, *115*
    causada por hidratos, 171*q*
    chuva ácida, 78*q*, 159*q*, *205*
    óxido nítrico, 78*q*
    radônio, 259*q*
Poluição térmica, 161
Ponto de ebulição, 126, **142**, 141-144
Ponto de ebulição, 126, **151**
    elevação 175
    fatores que afetam, 142-143
    gases nobres, 43*t*
    halogênios, 42*t*
    interações dipolo-dipolo, **136**, 136-137
    metais alcalinos, 43*t*
    normal, **142**
Ponto de Equivalência, **230**
Ponto final da titulação, **230**
Ponto triplo, **148**
Pressão, 126
    de vapor em líquidos, 139-141
    efeito da mudança de, no equilíbrio químico em gases, 206-208
    e temperatura em gases, 129
    e volume em gases, 128, *128*
    lei das pressões parciais de Dalton, 133-134
    solubilidade dos gases, 160
    temperatura padrão, 131-132
Pressão de vapor dos líquidos, 139-141, **140**, **151**
    temperatura e mudança na, 141

Pressão osmótica, **176**, 176-179, **180**
Pressão sanguínea
　medida, 140q
Pressões parciais, lei de Dalton das, 133-134
Produto iônico de K_w (constante da água), **225**, **239**
Pro Osteon, 65q
Propano ($CH_3CH_2CH_3$)
　combustão, 102, *102*
　equação de balanceamento, 103
Propriedades coligativas, 174-180
　depressão do ponto de congelamento, 174-175
　diálise, 179
　pressão osmótica, 176-179
Propriedades físicas, **2**
　coloides, 173t, 174-179
　soluções, 158-159, 173t
　suspensões, 173t
Propriedades periódicas, 50-53
　energia de ionização, 51-53
　tamanho do átomo, 50-51
Propriedades químicas, 2. *Ver também* Reações químicas
　ácidos e bases, 223-225
　água, 225-228
Próton(s), **33**, *34*, **54**
　em isótopos, 250
　propriedades e localização nos átomos, 33t
Proust, Joseph (1754-1826), 32
Pulmões humanos, respiração e, 129q

Q

Química
　definição, **1**, **21**
　matéria, 1-2
Química nuclear, 245-271
　datação radioativa, 253q
　detecção e medida de radiação nuclear, 254-256
　emissão de radioatividade pelo núcleo atômico, 248-251
　fissão nuclear e energia atômica, **264**, 264-265
　fusão nuclear, **262**, 262-263
　medicina nuclear, 259-262
　meia-vida nuclear, 252-254
　radioatividade, 245-248
　relação entre dosimetria de radiação e saúde humana, 256-258

R

Radiação de fundo, **258**
Radiação eletromagnética, 247-248
Radiação ionizante, 254-256
　energia, 256
　intensidade, 254-256
Radical (radical livre)
　danos aos tecidos, 260q
Radicais livres, 260q
Radioatividade
　descoberta, 245-246
　eletricidade, 246
　exposição média a partir de fontes comuns, 258t
　meia-vida, 252-253
　nuclear, detectando e medindo, 254-257
　partículas e raios encontrados na, 248t
　saúde humana, 256-258, 261q
　três tipos, 246-248
Radioativos, materiais, **248**
Radônio, perigo para a saúde em poluição doméstica causada por, 259q
Rads, 256-257t, **266**
Raios cósmicos, 247, 258
Raios gama (γ), **247**, 247-248, **267**
Raios X, 247
　reação com alumínio, 2
　os três estados da matéria para o, *14*
Reação nuclear, **249**
Reação nuclear em cadeia, **264**
Reações endotérmicas, **118**, **119**
　diagrama energético, *192*
　equilíbrio químico, 205
Reações exotérmicas, **118**, **119**
　diagrama de energia, *191*
　equilíbrio químico, 205
Reações químicas, **2**, **21**, **98**, 98-124. *Ver também*, Reagentes químicos
　ácido-base, **216**, 219-221
　balanceamento em equações químicas, 102-105
　bromo e alumínio, *3*
　cálculo das relações de massa, 105-109
　calor de, 118
　definição e termos relacionados, 98
　endotérmicas, 118, *192*, 205
　energia de ativação, 189
　exotérmicas, 118, *191*, *191*, 205
　mols e cálculo de relações de massa, 99-102
　oxidativas, redutivas e redox, 114-119
　pesos moleculares e pesos-fórmula, 98
　prevendo a reatividade de íons em soluções aquosas, 111-113
　química nuclear, 267
　reações secundárias, 109
Reações secundárias, 109
Reagente limitante, 108, **120**
Reagentes químicos, **98**
　concentração e velocidade de reação, 194
　natureza, 193
　presença de catalisador e velocidade de reação, **196**, 196
　princípio de Le Chatelier e adição ou remoção de, 203-205
　reagentes limitantes, 108
　temperatura e velocidade de reação, 194-196
Redox, reações, 114-118
　categorias importantes, 116-118
Redução, 114-118, **119**. *Ver também* Redox, reações
　definição, **114**
Redutor, agente, **114**
Regra do octeto, **61**, 62, **87**
　exceções, 76-77
Relação de massa em reações químicas, cálculos de, 105-111
　usando mols, 98-102
Rems, **257**, **266**
Rendimento efetivo da massa do produto em reações químicas, **109**, **119**

Rendimento percentual a massa do produto em reações químicas, **109**, **119**
Rendimento teórico da massa do produto em reações químicas, **109**, 119
Repulsão do par eletrônico da camada de valência (VSEPR) modelo, 81-84, **88**
Respiração como reação de oxidação, **115**, 115-116
Respiração, 129q
Ressonância, 78-81, **88**
    representações aceitáveis de estruturas contribuintes, 80-81
    teoria da, 78-79
Reversíveis, reações químicas, **197**, 197
Rins humanos, hemodiálise de, 179q, **179**
Roentgens (R), 256, 257t
Röntgen, William, 245

S

Sacarose ($C_{12}H_{22}O_{11}$), 162, 171
Sais
    como produto de reações entre ácidos e amônia/aminas, 225, 239
Sangue humano
    acidose, 254q
    alcalose, **239**q
    bends causado por bolhas de nitrogênio 162q
    como mistura, 30
    em solução isotônica, *157*
    filtração, 179q
    hemodiálise, 179q
    pH, 228, 235, 239q, 254q
    proteínas como dispersão coloidal, 174
    soro, *165*
    tampões, 235
Saturada, solução, 159
Seaborg, Glenn (1912-1999), 263, *263*
Segundo(s), medida de, **9**
Seta curvada
    desenhando, 79
Setas de ponta dupla, **78**
Sievert, **257**
Silício em chips de microprocessadores, *107*
Sistema inglês de medidas, 7
    fatores de conversão entre o sistema métrico e o, 8t
    medida de temperatura, 9-10
    medida de tempo, 9
Sistema Internacional de Unidades (SI), **7**
Sistema métrico, 6-7, **21**
    fatores de conversão entre o sistema inglês e o, 8t
    medida de calor, 18
    medida de comprimento, 7
    medida de massa, 8-9
    medida de temperatura, 9-10
    medida de tempo, 9
    medida de volume, 8
    prefixos, 8t
    unidades básicas, 7t
Sistólica, pressão sanguínea, 140q

Sódio (Na), *41*
    diagrama de caixa de orbital, 47
    tamanho do átomo, 50
Solidificação, **135**
Sólido(s), **14**, **21**, 126, *126*, **126**
    água de hidratação, 169
    amorfos, **145**
    característica de vários, 144-145
    mudança de fase, para gás, 146-150
    reticulares, **145**
    solubilidade como função da temperatura, *160*
    tipos, 145t
Sólidos amorfos, **145**
Sólidos hidratados, 169
Sólidos reticulares, **145**
Solubilidade, **159**, **180**
    ácido clorídrico, 172
    em função da temperatura, *160*
    trióxido de enxofre, 172
Solução(ões), 157-172, **180**
    água como solvente superior, 168-172
    aquosa. *Ver* Solução aquosa
    características e propriedades, 158
    concentração. *Ver* Concentração de soluções
    fatores que afetam a solubilidade, 159-162
    introdução, 158
    isotônica, hipertônica e hipotônica, 178
    propriedades de coloides, suspensões e, 173t
    tipos mais comuns, 158t
    unidades para expressar a concentração da, 161-168
Solução aquosa
    definição, **111**
    pH, 228
    reatividade de um íon, 111-114
Solução insaturada, **159**
Solução neutra, 227, **239**
Soluto, **158**, **180**
    natureza do solvente e do, 160
Solvatados, ânions e cátions, 169
Solvente(s), **158**, **180**
    água como, 168-172
    natureza do soluto, 160
Strassman, Fritz (1902-1980), 264
Subcamadas, **44**, **53**
Sublimação, **147**, **151**
Substâncias domésticas, *228*
Sudário de Turim, datação do, 253q
Sulfato de potássio, (K_2SO_4), 112
Sulfeto de hidrogênio, *77*
Sulfetos, 113t
Sumner, James, 4
Supercrítico, dióxido de carbono (CO_2), 149q
Supersaturada, solução, **159**
    temperatura e, 160
Suspensões, **173**
    propriedades de coloides, soluções e, 173t

T

Tabela Periódica, 4, 38-43, **54**
 classificação dos elementos, *41*
 elementos de transição, **39**
 elementos de transição interna, **39**
 elementos do grupo principal, **39**
 origem, 38
 periodicidade, 41-43, 50-52
 relação entre configuração eletrônica e posição, 49-50
Tamanho do átomo, 50-51
Tampão, **232**, 232-235
 bioquímico sintético, 237, 238*t*
 capacidade tamponante, 234-235
 definição, **232**
 funcionamento, 235
 no sangue humano, 235
 pH, 234-237
Tampões, 232-235, 237, 239*t*. *Ver também* Tampão
 água, 225-228
 calculando pH de tampões, 235-237
 como aceptor de próton, 216
 conjugada, 217*t*
 definição, 213-215
 determinação da força, 215-218
 pares de ácido-base conjugados, 216-218
 pH, pOH, 227-228
 posição de equilíbrio em reações ácido-base, 219-221
 propriedades, 223-225
 tipos importantes, 216*q*
 titulação usada para calcular concentrações, 229-232
Temperatura
 calor, 18
 densidade, 16
 do corpo, 196*q*
 energia cinética, 126, 195
 entropia, 127*q*
 e pressão nos gases, 129
 e pressão padrão, **131**
 equilíbrio químico afetado pela, 205-206
 e volume nos gases, 141
 febre, 195*q*
 medida, 9-10
 solubilidade dos sólidos em função da, 160
 velocidade da reação química afetada pela, 194-196
Temperatura absoluta, entropia da, 127*q*
Temperatura e Pressão Padrão (TPP), **131**
Temperatura, escalas de, 128
Tempo
 equilíbrio nas reações química e, 203
 medida, 9
Tensão superficial dos líquidos, 139, **151**
Teoria cinético-molecular, **134**, 134-135, **151**
 reações químicas e, 189-190, 195
Teoria, definição de, **3**, 21
Terapia por radiação, 262
Terra, elementos da crosta da, 33*q*
TES, tampão, 239*t*
Tetraciclina, efeitos da, 262

Tetracloreto de carbono (CCl_4), 15, 160
Tiroide
 imageamento clínico, 260
Tiroxina, 259
Titulação, cálculo das concentrações da solução usando a, **229**, 229-232, 239
 ácido-base, *231*
Tomografia por emissão de pósitron (PET), 261, *261*
Torricelli, Evangelista (1608-1647), 126
Transformação química, **2**, **21**. *Ver também* Reação química
Transformações físicas, **2**, 21
Transição interna, elementos de, **39**
Transmutação, **249**
Trigonal planar, **84**
Trióxido de enxofre (SO_3), 159*q*, 172*q*
TRIS, tampão, 238, 239*t*
Tyndall, efeito, **172**, 172-173

U

Ultravioleta (UV), luz 247
Unidade de massa atômica (u), **33**
Urano-235, 265
Urato de sódio mono-hidratado em juntas humanas como causa da gota, *170*
Urina
 pH, 228
Urinômetro, *16*
Usina nuclear, acidentes em, 254, 266*q*

V

Vapor, 140
 mudança de fase de gelo para água, 146-150
Vaporização, calor de, **146**, **151**
Vazamentos de óleo, *15*
Velocidade da reação química, 187-211
 energia de ativação, 189, 190-192
Velocidade de reação, 197, **208**. *Ver também* Velocidade da reação química
Volume, 8
 e pressão, para gases, 128, *128*, 129
 e temperatura, para gases, 129
 medida, 8
VSEPR. *Ver* Repulsão do par de elétrons da camada de valência (VSEPR), modelo da

X

X como símbolo dos halogênios, 39

Z

Zenão de Eleia (n. 450 a.C.), 27
Zero absoluto, **10**, 127*q*
Zinco, oxidação do, 114

Grupos funcionais orgânicos importantes

	Grupo funcional	Exemplo	Nome comum (Iupac)
Álcool	—ÖH	CH_3CH_2OH	Etanol (Álcool etílico)
Aldeído	—C(=O)—H	CH_3CHO	Etanal (Acetaldeído)
Alcano		CH_3CH_3	Etano
Alceno	C=C	$CH_2{=}CH_2$	Eteno (Etileno)
Alcino	—C≡C—	$HC{\equiv}CH$	Etino (Acetileno)
Amida	—C(=O)—N—	CH_3CONH_2	Etanoamida (Acetamida)
Amina	—ṄH$_2$	$CH_3CH_2NH_2$	Etanoamina (Etilamina)
Anidrido	—C(=O)—Ö—C(=O)—	$CH_3COOCCH_3$	Anidrido etanóico (Anidrido acético)
Areno	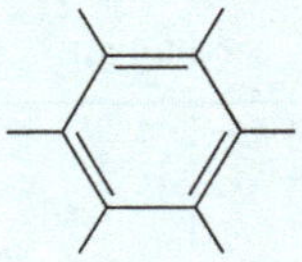 (anel benzênico)	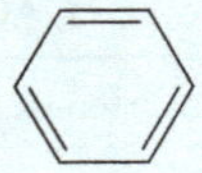 (benzeno)	Benzeno
Ácido carboxílico	—C(=O)—ÖH	CH_3COOH	Ácido etanóico (Ácido acético)
Dissulfeto	—S̈—S̈—	CH_3SSCH_3	Dimetil dissulfeto
Éster	—C(=O)—Ö—C—	CH_3COOCH_3	Etanoato de metila (Acetato de metila)
Éter	—Ö—	$CH_3CH_2OCH_2CH_3$	Dietil éter
Haloalcano (Haleto de alquila)	—Ẍ: X = F, Cl, Br, I	CH_3CH_2Cl	Cloroetano (Cloreto de etila)
Cetona	—C(=O)—	CH_3COCH_3	Propanona (Acetona)
Fenol	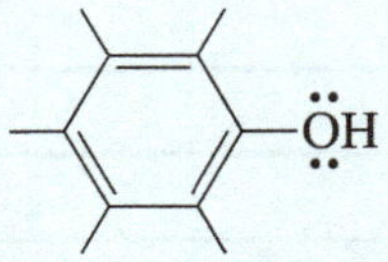 (anel)—ÖH	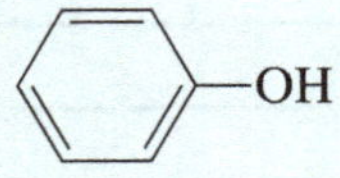 (anel)—OH	Fenol
Sulfeto	—S̈—	CH_3SCH_3	Dimetil sulfeto
Tiol	—S̈H	CH_3CH_2SH	Etanotiol (Etil mercaptana)

Código genético padrão					
Primeira posição (Extremidade 5')	Segunda posição				Terceira posição (Extremidade 3')
	U	C	A	G	
U	UUU Phe	UCU Ser	UAU Tyr	UGU Cys	U
	UUC Phe	UCC Ser	UAC Tyr	UGC Cys	C
	UUA Leu	UCA Ser	UAA Stop	UGA Stop	A
	UUG Leu	UCG Ser	UAG Stop	UGG Trp	G
C	CUU Leu	CCU Pro	CAU His	CGU Arg	U
	CUC Leu	CCC Pro	CAC His	CGC Arg	C
	CUA Leu	CCA Pro	CAA Gln	CGA Arg	A
	CUG Leu	CCG Pro	CAG Gln	CGG Arg	G
A	AUU Ile	ACU Thr	AAU Asn	AGU Ser	U
	AUC Ile	ACC Thr	AAC Asn	AGC Ser	C
	AUA Ile	ACA Thr	AAA Lys	AGA Arg	A
	AUG Met*	ACG Thr	AAG Lys	AGG Arg	G
G	GUU Val	GCU Ala	GAU Asp	GGU Gly	U
	GUC Val	GCC Ala	GAC Asp	GGC Gly	C
	GUA Val	GCA Ala	GAA Glu	GGA Gly	A
	GUG Val	GCG Ala	GAG Glu	GGG Gly	G

*AUG forma parte do sinal de iniciação, bem como a codificação para os resíduos internos da metionina.

Nomes e abreviações dos aminoácidos mais comuns		
Aminoácido	Abreviação de três letras	Abreviação de uma letra
Alanina	Ala	A
Arginina	Arg	R
Asparagina	Asn	N
Ácido aspártico	Asp	D
Cisteína	Cys	C
Glutamina	Gln	Q
Ácido glutâmico	Glu	E
Glicina	Gly	G
Histidina	His	H
Isoleucina	Ile	I
Leucina	Leu	L
Lisina	Lys	K
Metionina	Met	M
Fenilalanina	Phe	F
Prolina	Pro	P
Serina	Ser	S
Treonina	Thr	T
Triptofano	Trp	W
Tirosina	Tyr	Y
Valina	Val	V

Massas atômicas padrão dos elementos 2007 Com base na massa atômica relativa de $^{12}C = 12$, em que ^{12}C é um átomo neutro no seu estado fundamental nuclear e eletrônico.†

Nome	Símbolo	Número atômico	Massa atômica	Nome	Símbolo	Número atômico	Massa atômica
Actínio*	Ac	89	(227)	Magnésio	Mg	12	24,3050(6)
Alumínio	Al	13	26,9815386(8)	Manganês	Mn	25	54,938045(5)
Amerício*	Am	95	(243)	Meitnério	Mt	109	(268)
Antimônio	Sb	51	121,760 (1)	Mendelévio*	Md	101	(258)
Argônio	Ar		39,948 18(1)	Mercúrio	Hg	80	200,59(2)
Arsênio	As	33	74,92160(2)	Molibdênio	Mo	42	95,96(2)
Astato*	At	85	(210)	Neodímio	Nd	60	144,22 (3)
Bário	Ba	56	137,327(7)	Neônio	Ne	10	20,1797 (6)
Berílio	Be	4	9,012182(3)	Netúnio*	Np	93	(237)
Berquélio*	Bk	97	(247)	Nióbio	Nb	41	92,90638 (2)
Bismuto	Bi	83	208,98040 (1)	Níquel	Ni	28	58,6934 (4)
Bório	Bh	107	(264)	Nitrogênio	N	7	14,0067(2)
Boro	B	5	10,811 (7)	Nobélio*	No	102	(259)
Bromo	Br	35	79,904(1)	Ósmio	Os	76	190,23 (3)
Cádmio	Cd	48	112,411(8)	Ouro	Au	79	196,966569(4)
Cálcio	Ca	20	40,078(4)	Oxigênio	O	8	15,9994 (3)
Califórnio*	Cf	98	(251)	Paládio	Pd	46	106,42(1)
Carbono	C	6	12,0107(8)	Platina	Pt	78	195,084 (9)
Cério	Ce	58	140,116(1)	Plutônio*	Pu	94	(244)
Césio	Cs	55	132,9054 519(2)	Polônio*	Po	84	(209)
Chumbo	Pb	82	207,2(1)	Potássio	K	19	39,0983(1)
Cloro	Cl	17	35,453(2)	Praseodímio	Pr	59	140,90765 (2)
Cobalto	Co	27	58,933195	Prata	Ag	47	107,8682(2)
Cobre	Cu	29	63,546 29(3)	Promécio*	Pm	61	(145)
Criptônio	Kr	36	83,798(2)	Protactínio*	Pa	91	231,0358 8 (2)
Cromo	Cr	24	51,9961(6)	Rádio*	Ra	88	(226)
Cúrio*	Cm	96	(247)	Radônio*	Rn	86	(222)
Darmstádio	Ds	110	(271)	Rênio	Re	75	186,207(1)
Disprósio	Dy	66	162,500(1)	Ródio	Rh	45	102,9055 0(2)
Dúbnio	Db	105	(262)	Roentgênio(5)	Rg	111	(272)
Einstênio*	Es	99	(252)	Rubídio	Rb	37	85,4678(3)
Enxofre	S	16	32,065(5)	Rutênio	Ru	44	101,07 (2)
Érbio	Er	68	167,259(3)	Ruterfórdio	Rf	104	(261)
Escândio	Sc	21	44,955912 (6)	Samário	Sm	62	150,36(2)
Estanho	Sn	50	118,710 (7)	Seabórgio	Sg	106	(266)
Estrôncio	Sr	38	87,62 (1)	Selênio	Se	34	78,96(3)
Európio	Eu	63	151,964 (1)	Silício	Si	14	28,0855(3)
Férmio*	Fm	100	(257)	Sódio	Na	11	22,9896928 (2)
Ferro	Fe	26	55,845(2)	Tálio	Tl	81	204,3833(2)
Flúor	F	9	18,9984032(5)	Tântalo	Ta	73	180,9488(2)
Fósforo	P	15	30,973762 (2)	Tecnécio*	Tc	43	(98)
Frâncio*	Fr	87	(223)	Telúrio	Te	52	127,60(3)
Gadolínio	Gd	64	157,25(3)	Térbio	Tb	65	158,9253 5 (2)
Gálio	Ga	31	69,723(1)	Titânio	Ti	22	47,867 (1)
Germânio	Ge	32	72,64(1)	Tório*	Th	90	232,0380 6(2)
Háfnio	Hf	72	178,49(2)	Túlio	Tm	69	168,93421(2)
Hássio	Hs	108	(277)	Tungstênio	W	74	183,84(1)
Hélio	He	2	4,002602(2)	Unúmbio	Uub	112	(285)
Hidrogênio	H	1	1,00794(7)	Ununéxio	Uuh	116	(292)
Hólmio	Ho	67	164,93032(2)	Ununóctio	Uuo	118	(294)
Índio	In	49	114,818(3)	Ununpêntio	Uup	115	(228)
Iodo	I	53	126,90447(3)	Ununquádio	Uuq	114	(289)
Irídio	Ir	77	192,217(3)	Ununtrio	Uut	113	(284)
Itérbio	Yb	70	173,54 (5)	Urânio*	U	92	238,0289 1(3)
Ítrio	Y	39	88,90585(2)	Vanádio	V	23	50,9415(1)
Lantânio	La	57	138,90547(7)	Xenônio	Xe	54	131,293 (6)
Laurêncio*	Lr	103	(262)	Zinco	Zn	30	65,38(2)
Lítio	Li	3	6,941(2)	Zircônio	Zr	40	91,224(2)
Lutécio	Lu	71	174,9668(1)				

† As massas atômicas de muitos elementos podem variar, dependendo da origem e do tratamento da amostra. Isto é especialmente verdadeiro para o Li, materiais comerciais que contém lítio, apresentam massas atômicos Li que variam entre 6,939 e 6,996. As incertezas nos valores de massa atômica são apresentadas entre parênteses após o último algarismo significativo para que são atribuídas.

* Elementos que não apresentam nuclídeo estável, o valor entre parênteses representa a massa atômica do isótopo de meia-vida mais longa. No entanto, três desses elementos (Th, Pa e U) têm uma composição isotópica característica e a massa atômica é tabulada para esses elementos. (http://www. chem.qmw.ac.uk / IUPAC / ATWT /)

INTRODUÇÃO
À QUÍMICA ORGÂNICA

Dados Internacionais de Catalogação na Publicação (CIP)
(Câmara Brasileira do Livro, SP, Brasil)

Introdução à química orgânica / Frederick Bettheim...
[et al.] ; tradução Mauro de Campos Silva, Gianluca
Camillo Azzellini ; revisão técnica Gianluca Camillo
Azzellini. -- São Paulo : Cengage Learning, 2022.

Outros autores: William H. Brown, Mary K. Campbell,
Shawn O. Farrell
Título original: Introduction to general, organic
and biochemistry.
9. ed. norte-americana.
Bibliografia.
ISBN 978-85-221-1149-7

1. Química - Estudo e ensino I. Brown, William H.
II. Campbell, Mary K. III. Farrell, Shawn O.

11-03637 CDD-540.7

Índice para catálogo sistemático:
1. Química : Estudo e ensino 540.7

INTRODUÇÃO

À QUÍMICA ORGÂNICA
Tradução da 9ª edição norte-americana

Frederick A. Bettelheim

William H. Brown
Beloit College

Mary K. Campbell
Mount Holyoke College

Shawn O. Farrell
Olympic Training Center

Tradução
Mauro de Campos Silva
Gianluca Camillo Azzellini

Revisão técnica
Gianluca Camillo Azzellini

Bacharelado e licenciatura em Química na Faculdade de
Filosofia Ciências e Letras, USP-Ribeirão Preto;
Doutorado em Química pelo Instituto de Química-USP;
Pós-Doutorado pelo Dipartimento di Chimica G.
Ciamician – Universidade de Bolonha.
Professor do Instituto de Química – USP

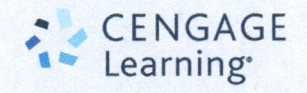

CENGAGE Learning

Austrália • Brasil • Japão • Coreia • México • Cingapura • Espanha • Reino Unido • Estados Unidos

CENGAGE Learning

Introdução à química orgânica
Bettelheim, Brown, Campbell, Farrell

Gerente Editorial: Patricia La Rosa

Editor de Desenvolvimento: Fábio Gonçalves

Supervisora de Produção Editorial: Fabiana Alencar Albuquerque

Pesquisa Iconográfica: Edison Rizzato

Título Original: Introduction to General, Organic, and Biochemistry – 9ª edition
ISBN 13: 978-0-495-39121-0
ISBN 10: 0-495-39121-2

Tradução: Mauro de Campos Silva (Prefaciais, caps. 1 ao 15 e cap 32, Apêndices e Respostas) e Gianluca Camillo Azzellini (Caps. 16 ao 31)

Revisão Técnica: Gianluca Camillo Azzellini

Copidesque: Carlos Villarruel

Revisão: Luicy Caetano de Oliveira e Cristiane M. Morinaga

Diagramação: Cia. Editorial

Capa: Absoluta Propaganda e Design

© 2010 Brooks/Cole, parte da Cengage Learning.

© 2012 Cengage Learning.

Todos os direitos reservados. Nenhuma parte deste livro poderá ser reproduzida, sejam quais forem os meios empregados, sem a permissão, por escrito, da Editora. Aos infratores aplicam-se as sanções previstas nos artigos 102, 104, 106 e 107 da Lei nº 9.610, de 19 de fevereiro de 1998.

Esta editora empenhou-se em contatar os responsáveis pelos direitos autorais de todas as imagens e de outros materiais utilizados neste livro. Se porventura for constatada a omissão involuntária na identificação de algum deles, dispomo-nos a efetuar, futuramente, os possíveis acertos.

A Editora não se responsabiliza pelo funcionamento dos links contidos neste livro que possam estar suspensos.

Para informações sobre nossos produtos, entre em contato pelo telefone **0800 11 19 39**

Para permissão de uso de material desta obra, envie seu pedido para **direitosautorais@cengage.com**

© 2012 Cengage Learning. Todos os direitos reservados.

ISBN-13: 978-85-221-1149-7
ISBN-10: 85-221-1149-9

Cengage Learning
Condomínio E-Business Park
Rua Werner Siemens, 111 – Prédio 11 – Torre A – Conjunto 12
Lapa de Baixo – CEP 05069-900 – São Paulo – SP
Tel.: (11) 3665-9900 – Fax: (11) 3665-9901
SAC: 0800 11 19 39

Para suas soluções de curso e aprendizado, visite
www.cengage.com.br

Impresso no Brasil.
Printed in Brazil.
1 2 3 4 5 6 7   13 12 19

À minha bela esposa, Courtney – entre revisões,
o emprego e a escola, tenho sido pouco mais que um fantasma
pela casa, absorto em meu trabalho. Courtney manteve
a família unida, cuidou de nossos filhos e do lar,
ao mesmo tempo que tratava de seus próprios textos. Nada disso
seria possível sem seu amor, apoio e esforço. SF

Aos meus netos, pelo amor e pela alegria que
trazem à minha vida: Emily, Sophia e Oscar; Amanda e Laura;
Rachel; Gabrielle e Max. WB

Para Andrew, Christian e Sasha – obrigada pelas recompensas
de ser sua mãe. E para Bill, Mary e Shawn – é sempre
um prazer trabalhar com vocês. MK

A edição brasileira está dividida em três livros,* além da edição completa (combo), sendo:

Introdução à química geral

Capítulo 1 Matéria, energia e medidas

Capítulo 2 Átomos

Capítulo 3 Ligações químicas

Capítulo 4 Reações químicas

Capítulo 5 Gases, líquidos e sólidos

Capítulo 6 Soluções e coloides

Capítulo 7 Velocidade de reação e equilíbrio químico

Capítulo 8 Ácidos e bases

Capítulo 9 Química nuclear

Introdução à química orgânica

Capítulo 10 Química orgânica

Capítulo 11 Alcanos

Capítulo 12 Alquenos e alquinos

Capítulo 13 Benzeno e seus derivados

Capítulo 14 Alcoóis, éteres e tióis

Capítulo 15 Quiralidade: a lateralidade das moléculas

Capítulo 16 Aminas

Capítulo 17 Aldeídos e cetonas

Capítulo 18 Ácidos carboxílicos

Capítulo 19 Anidridos carboxílicos, ésteres e amidas

Introdução à bioquímica

Capítulo 20 Carboidratos

Capítulo 21 Lipídeos

Capítulo 22 Proteínas

Capítulo 23 Enzimas

Capítulo 24 Comunicação química: neurotransmissores e hormônios

Capítulo 25 Nucleotídeos, ácidos nucleicos e hereditariedade

Capítulo 26 Expressão gênica e síntese de proteínas

Capítulo 27 Bioenergética: como o corpo converte alimento em energia

Capítulo 28 Vias catabólicas específicas: metabolismo de carboidratos, lipídeos e proteínas

Capítulo 29 Vias biossintéticas

Capítulo 30 Nutrição

Capítulo 31 Imunoquímica

Capítulo 32 Fluidos do corpo**

Introdução à química geral, orgânica e bioquímica (combo)

---

* Em cada um dos livros há remissões a capítulos, seções, quadros, figuras e tabelas que fazem parte dos outros livros. Para consultá-los será necessário ter acesso às outras obras ou ao combo.

** Capítulo on-line, na página do livro, no site www.cengage.com.br.

Sumário

Capítulo 10 Química orgânica, 273

10.1 O que é química orgânica?, 273
10.2 Comos se obtêm os compostos orgânicos?, 275
10.3 Como se escrevem as fórmulas estruturais dos compostos orgânicos?, 276
10.4 O que é grupo funcional?, 278
Resumo das questões-chave, 283
Problemas, 284

Conexões químicas

10A Taxol: uma história de busca e descoberta, 276

Capítulo 11 Alcanos 289

11.1 Como se escrevem as fórmulas estruturais dos alcanos?, 289
11.2 O que são isômeros constitucionais?, 291
11.3 Qual é a nomenclatura dos alcanos?, 294
11.4 Como se obtêm os alcanos?, 297
11.5 O que são cicloalcanos?, 298
11.6 Quais são os formatos dos alcanos e cicloalcanos?, 299
11.7 O que é isomeria *cis-trans* em cicloalcanos?, 302
11.8 Quais são as propriedades físicas dos alcanos?, 305
11.9 Quais são as reações características dos alcanos?, 307
11.10 Quais são os haloalcanos importantes?, 309
Resumo das questões-chave, 310
Resumo das reações fundamentais, 311
Problemas, 311

Conexões químicas

11A O venenoso baiacu, 303
11B Octanagem: o que são aqueles números na bomba de gasolina?, 308
11C O impacto ambiental dos Freons, 310

Capítulo 12 Alcenos e alcinos, 317

12.1 O que são alcenos e alcinos?, 317
12.2 Quais são as estruturas dos alcenos e alcinos?, 319
12.3 Qual é a nomenclatura dos alcenos e alcinos?, 319
12.4 Quais são as propriedades físicas dos alcenos e alcinos?, 326
12.5 O que são terpenos?, 326
12.6 Quais são as reações características dos alcenos?, 327
12.7 Quais são as reações de polimerização importantes do etileno e dos etilenos substituídos?, 334
Resumo das questões-chave, 337
Resumo das reações fundamentais, 338
Problemas, 338

Conexões químicas

12A Etileno: um regulador do crescimento da planta, 318
12B O caso das cepas de Iowa e Nova York da broca do milho europeia, 322
12C Isomeria *cis-trans* na visão, 325
12D Reciclando plásticos, 336

Capítulo 13 Benzeno e seus derivados, 345

13.1 Qual é a estrutura do benzeno?, 345
13.2 Qual é a nomenclatura dos compostos aromáticos?, 347

13.3 Quais são as reações características do benzeno e de seus derivados?, 350
13.4 O que são fenóis?, 352
Resumo das questões-chave, 355
Resumo das reações fundamentais, 356
Problemas, 356

Conexões químicas

13A Os aromáticos polinucleares carcinogênicos e o tabagismo, 349
13B O íon iodeto e o bócio, 350
13C O grupo nitro em explosivos, 351
13D FD & C nº 6 (amarelo-crepúsculo), 353
13E Capsaicina, para aqueles que preferem coisas quentes, 354

Capítulo 14 Alcoóis, éteres e tióis, 359

14.1 Quais são as estruturas, a nomenclatura e as propriedades físicas dos alcoóis?, 360
14.2 Quais são as reações características dos alcoóis?, 363
14.3 Quais são as estruturas, a nomenclatura e as propriedades dos éteres?, 368
14.4 Quais são as estruturas, a nomenclatura e as propriedades dos tióis?, 371
14.5 Quais são os alcoóis comercialmente mais importantes?, 373
Resumo das questões-chave, 374
Resumo das reações fundamentais, 375
Problemas, 375

Conexões químicas

14A Nitroglicerina: explosivo e fármaco, 362
14B Teste de álcool na expiração, 368
14C Óxido de etileno: um esterilizante químico, 369
14D Éteres e anestesia, 370

Capítulo 15 Quiralidade: a lateralidade das moléculas, 381

15.1 O que é enantiomeria?, 381

Como... Desenhar enantiômeros, 385

15.2 Como se especifica a configuração do estereocentro?, 387
15.3 Quantos estereoisômeros são possíveis para moléculas com dois ou mais estereocentros?, 390
15.4 O que é atividade óptica e como a quiralidade é detectada em laboratório?, 394
15.5 Qual é a importância da quiralidade no mundo biológico?, 396
Resumo das questões-chave, 397
Problemas, 397

Conexões químicas

15A Fármacos quirais, 394

Capítulo 16 Aminas 401

16.1 O que são aminas?, 401
16.2 Qual é a nomenclatura das aminas?, 403
16.3 Quais são as propriedades físicas das aminas?, 405
16.4 Como descrevemos a basicidade das aminas?, 406
16.5 Quais são as reações características das aminas?, 408
Resumo das questões-chave, 411
Resumo das reações fundamentais, 412
Problemas, 412

Conexões químicas

16A Anfetaminas (pílulas estimulantes), 402
16B Alcaloides, 403
16C Tranquilizantes, 406
16D A solubilidade das drogas em corpos fluidos, 409
16E Epinefrina: um protótipo para o desenvolvimento de novos broncodilatadores, 410

Capítulo 17 Aldeídos e cetonas, 417

17.1 O que são aldeídos e cetonas?, 417
17.2 Qual é a nomenclatura de aldeídos e cetonas?, 418
17.3 Quais são as propriedades físicas de aldeídos e cetonas?, 421
17.4 Quais são as reações características de aldeídos e cetonas?, 422
17.5 O que é tautomerismo cetoenólico?, 427
Resumo das questões-chave, 428
Resumo das reações fundamentais, 429
Problemas, 429

Conexões químicas

17A Alguns aldeídos e cetonas que ocorrem na natureza, 421

Capítulo 18 Ácidos carboxílicos, 435

18.1 O que são ácidos carboxílicos?, 435
18.2 Qual é a nomenclatura dos ácidos carboxílicos?, 435
18.3 Quais são as propriedades físicas dos ácidos carboxílicos?, 438
18.4 O que são sabões e detergentes?, 439
18.5 Quais são as reações características dos ácidos carboxílicos?, 444
Resumo das questões-chave, 451
Resumo das reações fundamentais, 451
Problemas, 452

Conexões químicas

18A O que são ácidos graxos *trans* e como evitá-los?, 441
18B Ésteres como agentes de sabor, 448
18C Corpos cetônicos corporais e diabetes, 450

Capítulo 19 Anidridos carboxílicos, ésteres e amidas, 457

19.1 O que são anidridos carboxílicos, ésteres e amidas?, 457
19.2 Como se preparam os ésteres?, 460
19.3 Como se preparam as amidas?, 461
19.4 Quais são as reações características de anidridos, ésteres e amidas?, 462
19.5 O que são anidridos e ésteres fosfóricos?, 467
19.6 O que é polimerização por crescimento em etapas?, 468
Resumo das questões-chave, 471
Resumo das reações fundamentais, 471
Problemas, 472

Conexões químicas

19A Piretrinas: inseticidas naturais provenientes das plantas, 459
19B Antibióticos β-lactâmicos: penicilinas e cefalosporinas, 460
19C Da casca do salgueiro à aspirina e muito mais, 461
19D Filtros e bloqueadores solares da luz ultravioleta, 465
19E Barbituratos, 467
19F Suturas cirúrgicas que dissolvem, 470

Apêndice I Notação exponencial, A1

Apêndice II Algarismos significativos, A4

Respostas aos problemas do texto e aos problemas ímpares de final de capítulos, R1

Glossário, G1

Índice remissivo, IR1

Grupos funcionais orgânicos importantes
Código genético padrão
Nomes e abreviações dos aminoácidos mais comuns
Massas atômicas padrão dos elementos 2007
Tabela periódica
Tópicos relacionados à saúde (Encontra-se na página do livro, no site www.cengage.com.br)

Prefácio

> "Ver o mundo num grão de areia
> E o céu numa flor silvestre
> Reter o infinito na palma das mãos
> E a eternidade em um momento."
> William Blake ("Augúrios da inocência")

> "A cura para o tédio é a curiosidade
> Não há cura para a curiosidade."
> Dorothy Parker

Perceber a ordem na natureza do mundo é uma necessidade humana profundamente arraigada. Nossa meta principal é transmitir a relação entre os fatos e assim apresentar a totalidade do edifício científico construído ao longo dos séculos. Nesse processo, encantamo-nos com a unidade das leis que tudo governam: dos fótons aos prótons, do hidrogênio à água, do carbono ao DNA, do genoma à inteligência, do nosso planeta à galáxia e ao universo conhecido. Unidade em toda a diversidade.

Enquanto preparávamos a nona edição deste livro, não pudemos deixar de sentir o impacto das mudanças que ocorreram nos últimos 30 anos. Do *slogan* dos anos 1970, "Uma vida melhor com a química", para a frase atual, "Vida pela química", dá para ter uma ideia da mudança de foco. A química ajuda a prover as comodidades de uma vida agradável, mas encontra-se no âmago do nosso próprio conceito de vida e de nossas preocupações em relação a ela. Essa mudança de ênfase exige que o nosso texto, destinado principalmente para a educação de futuros profissionais das ciências da saúde, procure oferecer tanto as informações básicas quanto as fronteiras do horizonte que circunda a química.

O uso cada vez mais frequente de nosso texto tornou possível esta nova edição. Agradecemos àqueles que adotaram as edições anteriores para seus cursos. Testemunhos de colegas e estudantes indicam que conseguimos transmitir nosso entusiasmo pelo assunto aos alunos, que consideram este livro muito útil para estudar conceitos difíceis.

Assim, nesta nova edição, esforçamo-nos em apresentar um texto de fácil leitura e fácil compreensão. Ao mesmo tempo, enfatizamos a inclusão de novos conceitos e exemplos nessa disciplina em tão rápida evolução, especialmente nos capítulos de bioquímica. Sustentamos uma visão integrada da química. Desde o começo na química geral, incluímos compostos orgânicos e susbtâncias bioquímicas para ilustrar os princípios. O progresso é a ascensão do simples ao complexo. Insistimos com nossos colegas para que avancem até os capítulos de bioquímica o mais rápido possível, pois neles é que se encontra o material pertinente às futuras profissões de nossos alunos.

Lidar com um campo tão amplo em um só curso, e possivelmente o único curso em que os alunos têm contato com a química, faz da seleção do material um empreendimento bastante abrangente. Temos consciência de que, embora tentássemos manter o livro em tamanho e proporções razoáveis, incluímos mais tópicos do que se poderia cobrir num curso de dois semestres. Nosso objetivo é oferecer material suficiente para que o professor possa escolher os tópicos que considerar importante. Organizamos as seções de modo que cada uma delas seja independente; portanto, deixar de lado seções ou mesmo capítulos não causará rachaduras no edifício.

Ampliamos a quantidade de tópicos e acrescentamos novos problemas, muitos dos quais desafiadores e instigantes.

Público-alvo

Assim como nas edições anteriores, este livro não se destina a estudantes do curso de química, e sim àqueles matriculados nos cursos de ciências da saúde e áreas afins, como enfermagem, tecnologia médica, fisioterapia e nutrição. Também pode ser usado por alunos de estudos ambientais. Integralmente, pode ser usado para um curso de um ano (dois semestres) de química, ou partes do livro num curso de um semestre.

Pressupomos que os alunos que utilizam este livro têm pouco ou nenhum conhecimento prévio de química. Sendo assim, introduzimos lentamente os conceitos básicos no início e aumentamos o ritmo e o nível de sofisticação à medida que avançamos. Progredimos dos princípios básicos da química geral, passando pela química orgânica e chegando finalmente à bioquímica. Consideramos esse progresso como uma ascensão tanto em termos de importância prática quanto de sofisticação. Ao longo do texto, integramos as três partes, mantendo uma visão unificada da química. Não consideramos as seções de química geral como de domínio exclusivo de compostos inorgânicos, frequentemente usamos substâncias orgânicas e biológicas para ilustrar os princípios gerais.

Embora ensinar a química do corpo humano seja nossa meta final, tentamos mostrar que cada subárea da química é importante em si mesma, além de ser necessária para futuros conhecimentos.

Conexões químicas (aplicações medicinais e gerais dos princípios químicos)

Os quadros "Conexões químicas" contêm aplicações dos princípios abordados no texto. Comentários de usuários das edições anteriores indicam que esses quadros têm sido bem recebidos, dando ao texto a devida pertinência. Por exemplo, no Capítulo 1, os alunos podem ver como as compressas frias estão relacionadas aos colchões d'água e às temperaturas de um lago ("Conexões químicas 1C"). Indicam-se também tópicos atualizados, incluindo fármacos anti-inflamatórios como o Vioxx e Celebrex ("Conexões químicas 21H"). Outro exemplo são as novas bandagens para feridas baseadas em polissacarídeos obtidos da casca do camarão ("Conexões químicas 20E"). No Capítulo 30, que trata de nutrição, os alunos poderão ter uma nova visão da pirâmide alimentar ("Conexões químicas 30A"). As questões sempre atuais relativas à dieta são descritas em "Conexões químicas 30B". No Capítulo 31, o aluno aprenderá sobre importantes implicações no uso de antibióticos ("Conexões químicas 31D") e terá uma explicação detalhada sobre o tema, tão polêmico, da pesquisa com células-tronco ("Conexões químicas 31E").

A presença de "Conexões químicas" permite um considerável grau de flexibilidade. Se o professor quiser trabalhar apenas com o texto principal, esses quadros não interrompem a continuidade, e o essencial será devidamente abordado. No entanto, como essas "Conexões" ampliam o material principal, a maioria dos professores provavelmente desejará utilizar pelo menos algumas delas. Em nossa experiência, os alunos ficam ansiosos para ler as "Conexões químicas" pertinentes, não como tarefa, e o fazem com discernimento. Há um grande número de quadros, e o professor pode escolher aqueles que são mais adequados às necessidades específicas do curso. Depois, os alunos poderão testar seus conhecimentos em relação a eles com os problemas no final de cada capítulo.

Metabolismo: o código de cores

As funções biológicas dos compostos químicos são explicadas em cada um dos capítulos de bioquímica e em muitos dos capítulos de química orgânica. A ênfase é na química e não na fisiologia. Como tivemos um retorno muito positivo a respeito do modo como organizamos o tópico sobre metabolismo (capítulos 27, 28 e 29), resolvemos manter essa organização.

Primeiramente, apresentamos a via metabólica comum através da qual todo o alimento será utilizado (o ciclo do ácido cítrico e a fosforilação oxidativa) e só depois discutimos as vias específicas que conduzem à via comum. Consideramos isso um recurso pedagó-

gico útil que nos permite somar os valores calóricos de cada tipo de alimento porque sua utilização na via comum já foi ensinada. Finalmente, separamos as vias catabólicas das vias anabólicas em diferentes capítulos, enfatizando as diferentes maneiras como o corpo rompe e constrói diferentes moléculas.

O tema metabolismo costuma ser difícil para a maioria dos estudantes, e, por isso, tentamos explicá-lo do modo mais claro possível. Como fizemos na edição anterior, melhoramos a apresentação com o uso de um código de cores para os compostos biológicos mais importantes discutidos nos capítulos 27, 28 e 29. Cada tipo de composto aparece em uma cor específica, que permanece a mesma nos três capítulos. As cores são as seguintes:

- ATP e outros trifosfatos de nucleosídeo
- ADP e outros difosfatos de nucleosídeos
- As coenzimas oxidadas NAD^+ e FAD
- As coenzimas reduzidas NADH e $FADH_2$
- Acetil coenzima A

Nas figuras que mostram os caminhos metabólicos, os números das várias etapas aparecem em amarelo. Além desse uso do código de cores, outras figuras, em várias partes do livro, são coloridas de tal modo que a mesma cor sempre é usada para a mesma entidade. Por exemplo, em todas as figuras do Capítulo 23 que mostram as interações enzima-substrato, as enzimas sempre aparecem em azul, e os substratos, na cor laranja.

Destaques

- [NOVO] **Estratégias de resolução de problemas** Os exemplos do texto agora incluem uma descrição da estratégia utilizada para chegar a uma solução. Isso ajudará o aluno a organizar a informação para resolver um problema.
- [NOVO] **Impacto visual** Introduzimos ilustrações de grande impacto pedagógico. Entre elas, as que mostram os aspectos microscópico e macroscópico de um tópico em discussão, como as figuras 6.4 (lei de Henry) e 6.11 (condutância por um eletrólito).
- **Questões-chave** Utilizamos um enquadramento nas "Questões-chave" para enfatizar os principais conceitos químicos. Essa abordagem direciona o aluno, em todos os capítulos, nas questões relativas a cada segmento.
- [ATUALIZADO] **Conexões químicas** Mais de 150 ensaios descrevem as aplicações dos conceitos químicos apresentados no texto, vinculando a química à sua utilização real. Muitos quadros novos de aplicação sobre diversos tópicos foram acrescentados, tais como bandagens de carboidrato, alimentos orgânicos e anticorpos monoclonais.
- **Resumo das reações fundamentais** Nos capítulos de química orgânica (10-19), um resumo comentado apresenta as reações introduzidas no capítulo, identifica a seção onde cada uma foi introduzida e dá um exemplo de cada reação.
- [ATUALIZADO] **Resumos dos capítulos** Os resumos refletem as "Questões-chave". No final de cada capítulo, elas são novamente enunciadas, e os parágrafos do resumo destacam os conceitos associados às questões. Nesta edição estabelecemos "links" entre os resumos e problemas no final dos capítulos.
- [ATUALIZADO] **Antecipando** No final da maior parte dos capítulos incluímos problemas-desafio destinados a mostrar a aplicação, ao material dos capítulos seguintes, de princípios que aparecem no capítulo.
- [ATUALIZADO] **Ligando os pontos e desafios** Ao final da maior parte dos capítulos, incluímos problemas que se baseiam na matéria já vista, bem como em problemas que testam o conhecimento do aluno sobre ela. A quantidade desses problemas aumentou nesta edição.
- [ATUALIZADO] **Os quadros Como...** Nesta edição, aumentamos o número de quadros que enfatizam as habilidades de que o aluno necessita para dominar a matéria. Incluem tó-

picos do tipo "*Como...* Determinar os algarismos significativos em um número" (Capítulo 1) e "*Como...* Interpretar o valor da constante de equilíbrio, K" (Capítulo 7).

- Modelos moleculares Modelos de esferas e bastões, de preenchimento de espaço e mapas de densidade eletrônica são usados ao longo de todo o texto como auxiliares na visualização de propriedades e interações moleculares.
- Definições na margem Muitos termos também são definidos na margem para ajudar o aluno a assimilar a terminologia. Buscando essas definições no capítulo, o estudante terá um breve resumo de seu conteúdo.
- Notas na margem Informações adicionais, tais como notas históricas, lembretes e outras complementam o texto.
- Respostas a todos os problemas do texto e aos problemas ímpares no final dos capítulos Respostas a problemas selecionados são fornecidas no final do livro.
- Glossário O glossário no final do livro oferece uma definição para cada novo termo e também o número da seção em que o termo é introduzido.

Organização e atualizações

Química geral (capítulos 1-9)

- O Capítulo 1, Matéria energia e medidas, serve como uma introdução geral ao texto e introduz os elementos pedagógicos que aparecem pela primeira vez nesta edição. Foi adicionado um novo quadro "*Como...* Determinar os algarismos significativos em um número".
- No Capítulo 2, Átomos, introduzimos quatro dos cinco modos de representação das moléculas que usamos ao longo do texto: mostramos a água em sua fórmula molecular, estrutural e nos modelos de esferas e bastões e de preenchimento de espaço. Introduzimos os mapas de densidade eletrônica, uma quinta forma de representação, no Capítulo 3.
- O Capítulo 3, Ligações químicas, começa com os compostos iônicos, seguidos de uma discussão sobre compostos moleculares.
- O Capítulo 4, Reações químicas, inclui o quadro "*Como...* Balancear uma equação química" que ilustra um método gradual para balancear uma equação.
- No Capítulo 5, Gases, líquidos e sólidos, apresentamos as forças intermoleculares de atração para aumentar a energia, ou seja, as forças de dispersão de London, interações dipolo-dipolo e ligações de hidrogênio.
- O Capítulo 6, Soluções e coloides, abre com uma listagem dos tipos mais comuns de soluções, com discussões sobre os fatores que afetam a solubilidade, as unidades de concentração mais usadas e as propriedades coligativas.
- O Capítulo 7, Velocidades de reação e equilíbrio químico, mostra como esses dois importantes tópicos estão relacionados entre si. Adicionamos um novo quadro "*Como...* Interpretar o valor da constante de equilíbrio, K".
- O Capítulo 8, Ácidos e bases, introduz o uso das setas curvadas para mostrar o fluxo de elétrons em reações orgânicas. Utilizamos especificamente essas setas para indicar o fluxo de elétrons em reações de transferência de próton. O principal tema desse capítulo é a aplicação dos tampões ácido-base e da equação de Henderson-Hasselbach.
- A seção de química geral termina com o Capítulo 9, Química nuclear, destacando as aplicações medicinais.

Química orgânica (capítulos 10-19)

- O Capítulo 10, Química orgânica, introduz as características dos compostos orgânicos e os grupos funcionais orgânicos mais importantes.
- No Capítulo 11, Alcanos, introduzimos o conceito de fórmula linha-ângulo e seguimos usando essas fórmulas em todos os capítulos de química orgânica. Essas estruturas são mais fáceis de desenhar que as fórmulas estruturais condensadas usuais e também mais fáceis de visualizar.

- No Capítulo 12, Alcenos e alcinos, introduzimos o conceito de mecanismo de reação com a hidro-halogenação e a hidratação por catálise ácida dos alcenos. Apresentamos também um mecanismo para a hidrogenação catalítica dos alcenos e, mais adiante, no Capítulo 18, mostramos como a reversibilidade da hidrogenação catalítica resulta na formação de gorduras *trans*. O objetivo dessa introdução aos mecanismos de reação é demonstrar ao aluno que os químicos estão interessados não apenas no que acontece numa reação química, mas também como ela ocorre.

- O Capítulo 13, Benzeno e seus derivados, segue imediatamente após a apresentação dos alcenos e alcinos. Nossa discussão sobre os fenóis inclui fenóis e antioxidantes.

- O Capítulo 14, Alcoóis, éteres e tióis, discute primeiramente a estrutura, nomenclatura e propriedades dos alcoóis, e depois aborda, do mesmo modo, os éteres e finalmente os tióis.

- No Capítulo 15, Quiralidade: a lateralidade das moléculas, os conceitos de estereocentro e enantiomeria são lentamente introduzidos com o 2-butanol como protótipo. Depois tratamos de moléculas com dois ou mais estereocentros e mostramos como prever o número de estereoisômeros possível para uma determinada molécula. Também explicamos a convenção R, S para designar uma configuração absoluta a um estereocentro tetraédrico.

- No Capítulo 16, Aminas, seguimos o desenvolvimento de novas medicações para asma, da epinefrina, como fármaco principal, ao albuterol (Proventil).

- O Capítulo 17, Aldeídos e cetonas, apresenta o $NaBH_4$ como agente redutor da carbonila, com ênfase em sua função de agente de transferência de hidreto. Depois comparamos à NADH como agente redutor da carbonila e agente de transferência de hidreto.

A química dos ácidos carboxílicos e seus derivados é dividida em dois capítulos.

- O Capítulo 18, Ácidos carboxílicos, concentra-se na química e nas propriedades físicas dos próprios ácidos carboxílicos. Discutimos brevemente sobre os ácidos graxos *trans* e os ácidos graxos ômega-3, e a importância de sua presença em nossas dietas.

- O Capítulo 19, Anidridos carboxílicos, ésteres e amidas, descreve a química desses três importantes grupos funcionais, com ênfase em sua hidrólise por catálise ácida e promovida por bases, e as reações com as aminas e os álcoois.

Bioquímica (capítulos 20–32)

- O Capítulo 20, Carboidratos, começa com a estrutura e a nomenclatura dos monossacarídeos, sua oxidação e redução, e a formação de glicosídeos, concluindo com uma discussão sobre a estrutura dos dissacarídeos, polissacarídeos e polissacarídeos ácidos. Um novo quadro de "Conexões químicas" trata das *Bandagens de carboidrato que salvam vidas*.

- O Capítulo 21, Lipídeos, trata dos aspectos mais importantes da bioquímica dos lipídeos, incluindo estrutura da membrana e estruturas e funções dos esteroides. Foram adicionadas novas informações sobre o uso de esteroides e sobre a ex-velocista olímpica Marion Jones.

- O Capítulo 22, Proteínas, abrange muitas facetas da estrutura e função das proteínas. Dá uma visão geral de como elas são organizadas, começando com a natureza de cada aminoácido e descrevendo como essa organização resulta em suas muitas funções. O aluno receberá as informações básicas necessárias para seguir até as seções sobre enzimas e metabolismo. Um novo quadro de "Conexões químicas" trata do *Aspartame, o peptídeo doce*.

- O Capítulo 23, Enzimas, aborda o importante tópico da catálise e regulação enzimática. O foco está em como a estrutura de uma enzima aumenta tanto a velocidade de reações catalisadas por enzimas. Foram incluídas aplicações específicas da inibição por enzimas em medicina, bem como uma introdução ao fascinante tópico dos análogos ao estado de transição e seu uso como potentes inibidores. Um novo quadro de "Conexões químicas" trata de *Enzimas e memória*.

- No Capítulo 24, Comunicação química, veremos a bioquímica dos hormônios e dos neurotransmissores. As implicações da ação dessas substâncias na saúde são o principal foco deste capítulo. Novas informações sobre possíveis causas da doença de Alzheimer são exploradas.

- O Capítulo 25, Nucleotídeos, ácidos nucleicos e hereditareidade, introduz o DNA e os processos que envolvem sua replicação e reparo. Enfatiza-se como os nucleotídeos se ligam uns aos outros e o fluxo da informação genética que ocorre por causa das propriedades singulares dessas moléculas. As seções sobre tipos de RNA foram bastante ampliadas, uma vez que nosso conhecimento sobre esses ácidos nucleicos avança diariamente. O caráter único do DNA de um indivíduo é descrito em um quadro de "Conexões químicas" que introduz *Obtendo as impressões digitais do DNA* e mostra como a ciência forense depende do DNA para fazer identificações positivas.

- O Capítulo 26, Expressão gênica e síntese da proteína, mostra como a informação contida no DNA da célula é usada para produzir RNA e finalmente proteína. Aqui o foco é como os organismos controlam a expressão dos genes através da transcrição e da tradução. O capítulo termina com o atual e importante tópico da terapia gênica, uma tentativa de curar doenças genéticas dando ao indivíduo o gene que lhe faltava. Os novos quadros de "Conexões químicas" descrevem a *Diversidade humana e fatores de transcrição* e as *Mutações silenciosas*.

- O Capítulo 27, Bioenergética, é uma introdução ao metabolismo que enfatiza as vias centrais, isto é, o ciclo do ácido cítrico, o transporte de elétrons e a fosforilação oxidativa.

- No Capítulo 28, Vias catabólicas específicas, tratamos dos detalhes da decomposição de carboidratos, lipídeos e proteínas, enfatizando o rendimento energético.

- O Capítulo 29, Vias catabólicas biossintéticas, começa com algumas considerações gerais sobre anabolismo e segue para a biossíntese do carboidrato nas plantas e nos animais. A biossíntese dos lipídeos é vinculada à produção de membranas, e o capítulo termina com uma descrição da biossíntese dos aminoácidos.

- No Capítulo 30, Nutrição, fazemos uma abordagem bioquímica aos conceitos de nutrição. Ao longo do caminho, veremos uma versão revisada da pirâmide alimentar e derrubaremos alguns mitos sobre carboidratos e gorduras. Os quadros de "Conexões químicas" expandiram-se em dois tópicos geralmente importantes para o aluno – dieta e melhoramento do desempenho nos esportes através de uma nutrição apropriada. Foram adicionados novos quadros que discutem o *Ferro: um exemplo de necessidade dietética* e *Alimentos orgânicos – esperança ou modismo?*.

- O Capítulo 31, Imunoquímica, abrange o básico de nosso sistema imunológico e como nos protegemos dos organismos invasores. Um espaço considerável é dedicado ao sistema de imunidade adquirida. Nenhum capítulo sobre imunologia estaria completo sem uma descrição do vírus da imunodeficiência humana. O capítulo termina com uma descrição do tópico polêmico da pesquisa com células-tronco – nossas esperanças e preocupações pelos possíveis aspectos negativos. Foi adicionado um novo quadro de "Conexões químicas", *Anticorpos monoclonais travam guerra contra o câncer de mama*.

- O Capítulo 32, Fluidos corporais, encontra-se na página do livro, no site www.cengage.com.br.

EM INGLÊS

OWN (Online Web-based Learning)

A Cengage Learning, alinhada com as mais atuais tecnologias educacionais, apresenta o LMS (learning management system) OWL, desenvolvido na Massachutts University. Testado em sala por milhares de alunos e usado por mais de 50 mil estudantes, OWL (Online Web-based Learning) oferece conteúdo digital em um formato de fácil utilização, fornecendo aos alunos análise instantânea de seus exercícios e feedback sobre as tarefas realizadas. OWL possui mais de 6 mil questões, bem como aplicativos Java para visualizar e desenhar estruturas químicas.

Este poderoso sistema maximiza a experiência da aprendizagem dos alunos e, ao mesmo tempo, reduz a carga de trabalho do corpo docente. OWL também utiliza o aplicativo Chime, da MDL, para auxiliar os estudantes a visualizar as estruturas dos compostos orgânicos. Todo o conteúdo, bem como a plataforma, encontra-se em língua inglesa.

O acesso à plataforma é gratuito para professores que comprovadamente adotam a obra. Os alunos somente poderão utilizá-la com o código de acesso que pode ser adquirido em http://www.cengage.com/owl.

Para mais informações sobre este produto, envie e-mail para brasil.solucoesdigitais@cengage.com.

Instructor Solutions Manual

Encontra-se na página do livro, no site www.cengage.com.br o Instructor Solutions Manual em PDF, gratuito para professores que comprovadamente adotam a obra.

Agradecimentos

A publicação de um livro como este requer os esforços de muitas outras pessoas, além dos autores. Gostaríamos de agradecer a todos os professores que nos deram valiosas sugestões para esta nova edição.

Somos especialmente gratos a Garon Smith (University of Montana), Paul Sampson (Kent State University) e Francis Jenney (Philadelphia College of Osteopathic Medicine) que leram o texto com um olhar crítico. Como revisores, também confirmaram a precisão das seções de respostas.

Nossos especiais agradecimentos a Sandi Kiselica, editora sênior de desenvolvimento, que nos deu todo o apoio durante o processo de revisão. Agradecemos seu constante encorajamento enquanto trabalhávamos para cumprir os prazos; ela também foi muito valiosa em dirimir dúvidas. Agradecemos a ajuda de nossos outros colegas em Brooks/Cole: editora executiva, Lisa Lockwood; gerente de produção, Teresa Trego; editor associado, Brandi Kirksey; editora de mídia, Lisa Weber; e Patrick Franzen, da Pre-Press PMG.

Também agradecemos pelo tempo e conhecimento dos avaliadores que leram o original e fizeram comentários úteis: Allison J. Dobson (Georgia Southern University), Sara M. Hein (Winona State University), Peter Jurs (The Pennsylvania State University), Delores B. Lamb (Greenville Technical College), James W. Long (University of Oregon), Richard L. Nafshun (Oregon State University), David Reinhold (Western Michigan University), Paul Sampson (Kent State University), Garon C. Smith (University of Montana) e Steven M. Socol (McHenry County College).

Química orgânica

Questões-chave

10.1 O que é química orgânica?

10.2 Como se obtêm os compostos orgânicos?

10.3 Como se escrevem as fórmulas estruturais dos compostos orgânicos?

10.4 O que é grupo funcional?

A casca do teixo-do-pacífico contém paclitaxel, uma substância que se mostrou eficaz no tratamento de certos tipos de câncer de ovário e de mama (ver "Conexões químicas 10A").

10.1 O que é química orgânica?

Química orgânica é a química dos compostos de carbono. Ao estudar os Capítulos 10-19 (química orgânica) e 20-31 (bioquímica), você vai ver que os compostos orgânicos estão em toda parte. Eles estão em nossos alimentos, condimentos e fragrâncias; em remédios, produtos de toucador e cosméticos; em plásticos, filmes, fibras e resinas; em tintas, vernizes e colas; e, é claro, em nossos corpos e nos corpos de todos os seres vivos.

Talvez o aspecto mais notável dos compostos orgânicos seja envolver a química do carbono e de apenas alguns outros elementos – principalmente hidrogênio, oxigênio e nitrogênio. Embora a maior parte dos compostos orgânicos contenha carbono e esses três elementos, muitos também contêm enxofre, um halogênio (flúor, cloro, bromo ou iodo) e fósforo.

Até a elaboração deste texto, existem agora 116 elementos conhecidos. A química orgânica concentra-se no carbono, apenas um dos 116. A química dos outros 115 elementos

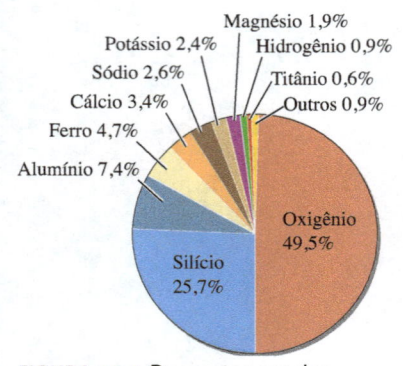

FIGURA 10.1 Porcentagem dos elementos na crosta terrestre.

Magnésio 1,9%
Hidrogênio 0,9%
Potássio 2,4%
Titânio 0,6%
Sódio 2,6%
Outros 0,9%
Cálcio 3,4%
Ferro 4,7%
Alumínio 7,4%
Oxigênio 49,5%
Silício 25,7%

pertence à área da química inorgânica. Como podemos ver na Figura 10.1, o carbono está longe de ser encontrado entre os elementos mais abundantes da crosta terrestre. Em termos de abundância, aproximadamente 75% da crosta terrestre é composta de apenas dois elementos: oxigênio e silício. Esses dois elementos são os componentes dos minerais silicatos, argilas e areia. De fato, o carbono nem ao menos se encontra entre os dez elementos mais abundantes. Ele é apenas um dos elementos que compõem os restantes 0,9% da crosta terrestre. Por que, então, damos essa atenção tão especial a apenas um elemento entre 116?

A primeira razão é principalmente histórica. No início da química, os cientistas pensavam que os compostos orgânicos eram aqueles produzidos pelos seres vivos, e que os compostos inorgânicos fossem aqueles encontrados em rochas e em outras matérias não vivas. Na época, acreditavam que uma "força vital", que apenas os seres vivos possuíam, era necessária para produzir compostos orgânicos. Em outras palavras, os químicos acreditavam que não podiam sintetizar compostos orgânicos partindo somente de compostos inorgânicos. Essa teoria seria muito fácil de refutar se, de fato, estivesse errada. Era preciso apenas um experimento em que o composto orgânico fosse feito a partir de compostos inorgânicos. Em 1828, Friedrich Wöhler (1800-1882) executou um experimento desse tipo. Ele aqueceu uma solução aquosa de cloreto de amônio e cianato de prata, ambos compostos inorgânicos, e – para sua surpresa – obteve ureia, um composto "orgânico" encontrado na urina.

$$NH_4Cl + AgNCO \xrightarrow{calor} H_2N-\underset{\underset{O}{\|}}{C}-NH_2 + AgCl$$

Cloreto de amônio   Cianato de prata   Ureia   Cloreto de prata

Ureia

Embora esse experimento de Wöhler fosse suficiente para refutar a "doutrina da força vital", foram necessários muitos anos e vários experimentos adicionais para que toda a comunidade científica aceitasse o fato de que compostos orgânicos pudessem ser sintetizados em laboratório. Essa descoberta significava que os termos "orgânico" e "inorgânico" não mais teriam seus significados originais porque, como Wöhler demonstrara, compostos orgânicos podiam ser obtidos a partir de materiais inorgânicos. Alguns anos depois, August Kekulé (1829-1896) apresentou uma nova definição – compostos orgânicos são aqueles que contêm carbono – e desde então sua definição passou a ser aceita.

Uma segunda razão para o estudo dos compostos de carbono como uma disciplina separada é a quantidade de compostos orgânicos. Os químicos descobriram ou sintetizaram mais de 10 milhões desses compostos, e estima-se que a cada ano mais 10.000 sejam reportados. Comparando, estima-se que os químicos descobriram ou sintetizaram 1,7 milhão de compostos inorgânicos. Assim, aproximadamente 85% de todos os compostos conhecidos são compostos orgânicos.

Uma terceira razão – e particularmente importante para aqueles que vão estudar bioquímica – é que as substâncias bioquímicas, incluindo carboidratos, lipídios, proteínas, enzimas, ácidos nucleicos (DNA e RNA), hormônios, vitaminas e quase todas as outras substâncias químicas presentes em sistemas vivos, são compostos orgânicos. Além disso, suas reações geralmente são bastante semelhantes àquelas que ocorrem em tubos de ensaio. Por essa razão, o conhecimento da química orgânica é essencial para o entendimento da bioquímica.

Uma última questão sobre os compostos orgânicos. Em geral, eles diferem dos compostos inorgânicos em muitas de suas propriedades, algumas mostradas na Tabela 10.1. A maior parte dessas diferenças está no fato de que a ligação nos compostos orgânicos é quase que exclusivamente covalente, enquanto a maioria dos compostos inorgânicos tem ligações iônicas.

É claro que os itens da Tabela 10.1 são generalizações, mas, em grande parte, são verdadeiros para a imensa maioria de compostos de ambos os tipos.

TABELA 10.1 Comparação das propriedades de compostos orgânicos e inorgânicos

Compostos orgânicos	Compostos inorgânicos
As ligações são quase todas covalentes.	A maior parte das ligações é iônica.
Muitos são gases, líquidos ou sólidos com pontos de fusão baixos (menos de 360 °C).	A maior parte é de sólidos com altos pontos de fusão.
A maior parte é insolúvel em água.	Muitos são solúveis em água.
A maior parte é solúvel em solventes orgânicos como éter dietílico, tolueno e diclorometano.	Quase todos são insolúveis em solventes orgânicos.
Soluções aquosas não conduzem eletricidade.	Soluções aquosas formam íons que conduzem eletricidade.
Quase todos queimam e se decompõem.	Muito poucos queimam.
As reações geralmente são lentas.	As reações geralmente são rápidas.

Compostos orgânicos e inorgânicos diferem em suas propriedades porque diferem em sua estrutura e composição, e não porque obedeçam a leis naturais diferentes. Um conjunto de leis naturais se aplica a todas as substâncias.

10.2 Como se obtêm os compostos orgânicos?

Os químicos obtêm os compostos orgânicos principalmente a partir de dois métodos: isolando-os da natureza e por síntese em laboratório.

A. Isolando da natureza

Os seres vivos são verdadeiras "fábricas químicas". Cada planta terrestre, marinha e de água doce (flora) e cada animal (fauna) – mesmo microrganismos como as bactérias – produz milhares de compostos orgânicos por um processo chamado biossíntese. Uma das maneiras, portanto, de obter compostos orgânicos é extraí-los, isolá-los e purificá-los de fontes biológicas. Neste livro, vamos encontrar muitos compostos que são ou têm sido isolados desse modo. Alguns exemplos importantes incluem a vitamina E, as penicilinas, o açúcar de cozinha, a insulina, a quinina e o fármaco anticancerígeno paclitaxel (Taxol, ver "Conexões químicas 10A"). A natureza também fornece três outras fontes importantes de compostos orgânicos: gás natural, petróleo e carvão. Deles vamos tratar na Seção 11.4.

B. Síntese em laboratório

Desde a ureia sintetizada por Wöhler, os químicos orgânicos têm procurado desenvolver outros métodos de sintetizar os mesmos compostos ou criar derivados daqueles encontrados na natureza. Recentemente, os métodos têm se tornado tão sofisticados que há poucos compostos orgânicos naturais, não importa quão complexos, que os químicos não possam sintetizar em laboratório.

Compostos feitos em laboratório são idênticos, tanto em propriedades químicas como físicas, àqueles encontrados na natureza – supondo, é claro, que sejam 100% puros. Não há como identificar se uma amostra de qualquer composto específico foi feito por químicos ou obtido diretamente da natureza. Consequentemente, o etanol puro feito por químicos possui exatamente as mesmas propriedades físicas e químicas que o etanol puro preparado pela destilação do vinho. O mesmo é verdadeiro para o ácido ascórbico (vitamina C). Não há, portanto, nenhuma vantagem em pagar mais pela vitamina C obtida de uma fonte natural do que pela vitamina C sintética, pois as duas são idênticas em todos os sentidos.

Os químicos orgânicos, porém, não ficaram satisfeitos apenas reproduzindo os compostos da natureza. Também criaram e sintetizaram compostos não encontrados na natureza. De fato, a maior parte dos mais de 10 milhões de compostos orgânicos conhecidos é puramente sintética e não existe em seres vivos. Por exemplo, muitos fármacos modernos – Valium, Albuterol, Prozac, Zantac, Zoloft, Lasix, Viagra e Enovid – são compostos orgânicos sintéticos não encontrados na natureza.

Conexões químicas 10A

Taxol: uma história de busca e descoberta

No começo da década de 1960, o Instituto Nacional do Câncer desenvolveu um programa para analisar amostras de material vegetal nativo na esperança de descobrir substâncias que se mostrassem eficazes na luta contra o câncer. Entre os materiais testados, estava um extrato da casca do teixo-do-pacífico, *Taxus brevifolia*, uma árvore de crescimento lento encontrada nas velhas florestas do noroeste do Pacífico. Esse extrato biologicamente ativo mostrou-se bastante eficaz no tratamento de certos tipos de câncer de ovário e de mama, mesmo no caso em que outras formas de quimioterapia falharam. A estrutura do componente da casca do teixo que combate o câncer foi determinada em 1962, e o composto recebeu o nome de paclitaxel (Taxol).

Infelizmente, a casca de uma única árvore de teixo de 100 anos rende somente cerca de 1 g de Taxol, insuficiente para o tratamento eficaz de um paciente de câncer. Além do mais, isolar o Taxol significa arrancar a casca das árvores, matando-as. Em 1994, os químicos conseguiram sintetizar o Taxol em laboratório, mas o custo da droga sintética era muito alto e, portanto, economicamente inviável. Felizmente, uma fonte natural alternativa foi encontrada. Pesquisadores franceses descobriram que as acículas de uma planta relacionada, *Taxus baccata*, contêm um composto que pode ser convertido no Taxol em laboratório. Como as acículas podem ser coletadas sem prejudicar a planta, não é necessário matar árvores para obter a droga.

O Taxol inibe a divisão da célula atuando nos microtúbulos, um componente fundamental do arcabouço celular. Antes de ocorrer a divisão celular, a célula deve separar essas unidades de microtúbulo, e o Taxol impede essa separação. Como as células cancerosas se dividem mais rápido que as células normais, a droga efetivamente controla sua disseminação.

O notável sucesso do Taxol no tratamento do câncer de mama e de ovário estimulou esforços de pesquisa para isolar e/ou sintetizar outras substâncias que possam curar doenças humanas da mesma maneira no organismo e ser anticancerígenos ainda mais eficazes que o Taxol.

Paclitaxel (Taxol)

10.3 Como se escrevem as fórmulas estruturais dos compostos orgânicos?

Uma fórmula estrutural mostra todos os átomos presentes em uma molécula, bem como as ligações que conectam os átomos entre si. A fórmula estrutural do etanol, cuja fórmula molecular é C_2H_6O, por exemplo, mostra todos os nove átomos e as oito ligações que os conectam.

Etanol

O modelo de Lewis das ligações (Seção 3.7C) nos possibilita ver como o carbono forma quatro ligações covalentes que podem ser várias combinações de ligações simples, duplas e triplas. Além do mais, de acordo com o modelo de repulsão dos pares eletrônicos da camada de valência (VSEPR) (Seção 3.10), os ângulos de ligação mais comuns em torno dos átomos do carbono são de aproximadamente 109,5°, 120° e 180° para geometrias tetraédricas, planares e lineares, respectivamente.

A Tabela 10.2 mostra vários compostos covalentes que contêm carbono ligado a hidrogênio, oxigênio, nitrogênio e cloro. Para esses exemplos, vemos o seguinte:

TABELA 10.2 Ligações simples, duplas e triplas em compostos de carbono. Ângulos e geometrias de ligação para o carbono são previstos com o modelo VSEPR

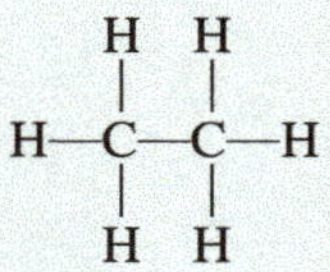

Estrutura	Nome	Ângulos de ligação
H₃C—CH₃	Etano	109,5°
H₂C=CH₂	Etileno	120°
H—C≡C—H	Acetileno	180°
H₃C—CH₂—Cl	Cloroetano	109,5°
H₃C—O—H	Metanol	109,5°
H₂C=O	Formaldeído	120°
H₃C—NH₂	Metilamina	109,5°
H₂C=NH	Metilenoimina	120°
H—C≡N	Cianeto de hidrogênio	180°

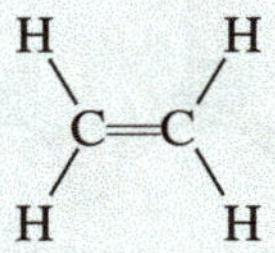

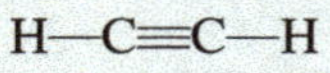

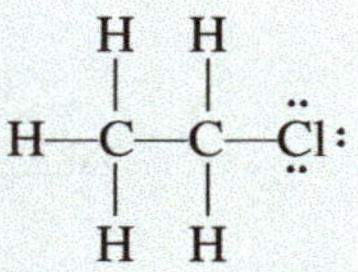

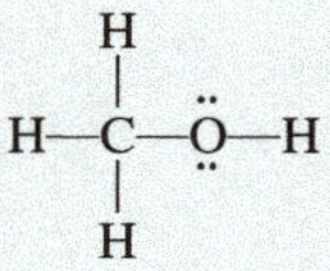

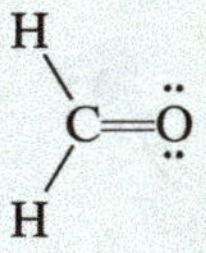

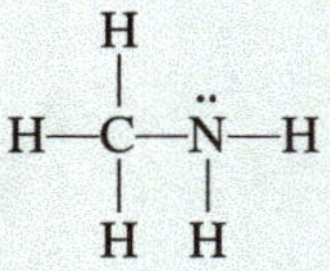

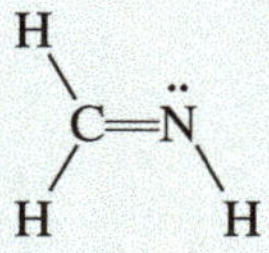

- O carbono normalmente forma quatro ligações covalentes e não tem pares de elétrons não compartilhados.
- O nitrogênio normalmente forma ligações covalentes e tem um par de elétrons não compartilhados.
- O oxigênio normalmente forma duas ligações covalentes e tem dois pares de elétrons não compartilhados.
- O hidrogênio normalmente forma uma ligação covalente e não tem pares de elétrons não compartilhados.
- Um halogênio (flúor, cloro, bromo e iodo) normalmente forma uma ligação covalente e tem três pares de elétrons não compartilhados.

Exemplo 10.1 Escrevendo fórmulas estruturais

Seguem as fórmulas estruturais do ácido acético, CH_3COOH, e da etilamina, $CH_3CH_2NH_2$.

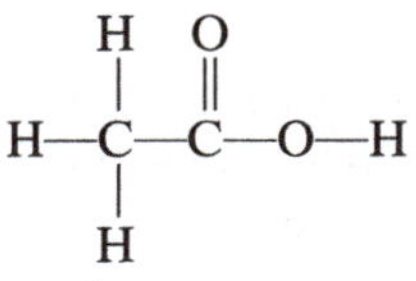

Ácido acético 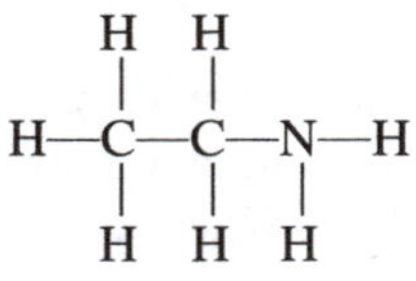   Etilamina

(a) Complete a estrutura de Lewis para cada molécula adicionando pares de elétrons não compartilhados, de modo que cada átomo de carbono, oxigênio e nitrogênio tenha um octeto completo.
(b) Usando o modelo VSEPR (Seção 3.10), preveja todos os ângulos de ligação em cada molécula.

Estratégia e solução

(a) Cada átomo de carbono deve estar circundado por oito elétrons de valência para ter um octeto completo. Cada oxigênio deve ter duas ligações e dois pares de elétrons não compartilhados para ter um octeto completo. Cada nitrogênio deve ter três ligações e um par de elétrons não compartilhados para ter um octeto completo.
(b) Para prever ângulos de ligação em torno dos átomos de carbono, nitrogênio ou oxigênio, faça a contagem do número de regiões de densidade eletrônica (pares solitários e

pares ligantes de elétrons ao redor). Se o átomo for circundado por quatro regiões de densidade eletrônica, os ângulos de ligação previstos serão de 109,5°. Se forem três regiões, os ângulos de ligação previstos vão ser de 120°. Se forem duas regiões, o ângulo de ligação previsto será de 180°.

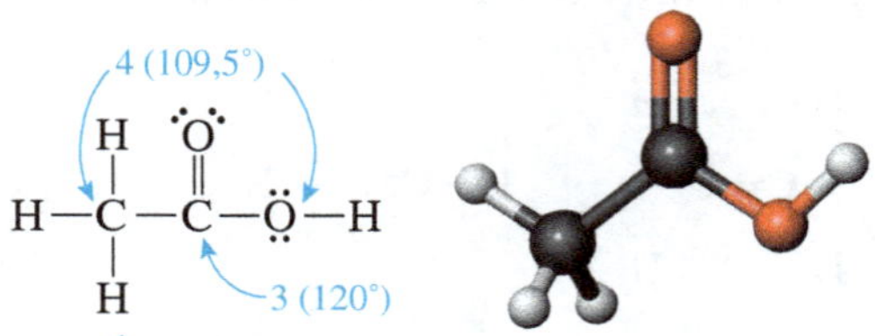

Ácido acético

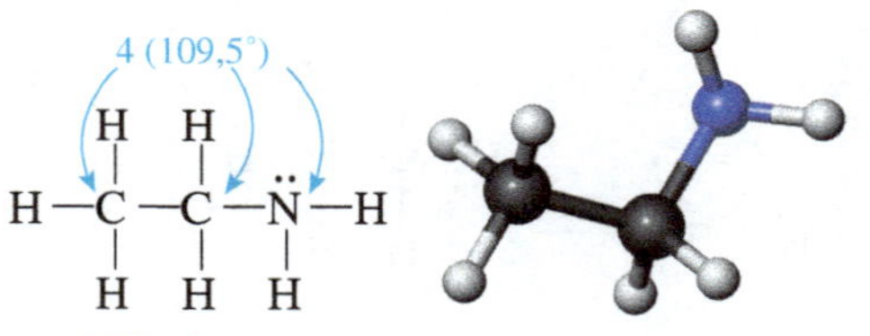

Etilamina

Problema 10.1

As fórmulas estruturais do etanol, CH_3CH_2OH, e do propeno, $CH_3CH=CH_2$, são

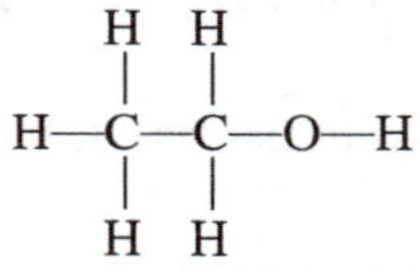

Etanol 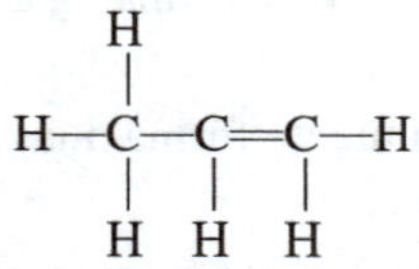   Propeno

(a) Complete a estrutura de Lewis para cada molécula mostrando todos os elétrons de valência.
(b) Usando o modelo VSEPR, preveja os ângulos de ligação em cada molécula.

10.4 O que é grupo funcional?

Conforme observado anteriormente, mais de 10 milhões de compostos orgânicos foram descobertos e sintetizados por químicos orgânicos. Pode parecer uma tarefa quase impossível estudar as propriedades físicas e químicas de tantos compostos. Felizmente, o estudo de compostos orgânicos não é uma tarefa tão assustadora como se pode imaginar. Embora os compostos orgânicos possam sofrer diversas reações químicas, apenas certas partes de sua estrutura passam por transformações químicas. Aos átomos ou grupos de átomos de uma molécula orgânica que sofrem reações químicas previsíveis, chamamos **grupo funcional**. Como vamos ver, o mesmo grupo funcional, seja qual for a molécula em que se encontre, sofre os mesmos tipos de reações químicas. Assim, não precisamos estudar as reações químicas de nem mesmo uma fração dos 10 milhões de compostos orgânicos conhecidos. Em vez disso, devemos identificar apenas alguns grupos funcionais característicos e depois estudar as reações químicas que cada um deles sofre.

Grupos funcionais também são importantes por serem as unidades pelas quais dividimos os compostos orgânicos em famílias de compostos. Por exemplo, agrupamos aqueles compostos que contêm um grupo —OH (hidroxila) ligado a um carbono tetraédrico em uma família denominada álcoois; compostos contendo —COOH (grupo carboxila) pertencem a uma família chamada ácidos carboxílicos. A Tabela 10.3 apresenta os seis grupos funcionais mais comuns. Uma lista completa de todos os grupos funcionais que vamos estudar encontra-se ao final do livro.

Grupo funcional Átomo ou grupo de átomos que, em uma molécula, apresenta um conjunto característico de comportamentos físicos e químicos previsíveis.

TABELA 10.3 Seis importantes grupos funcionais

Família	Grupo funcional	Exemplo	Nome
Álcool	—OH	CH_3CH_2OH	Etanol
Amina	—NH_2	$CH_3CH_2NH_2$	Etanoamina
Aldeído	$\underset{}{-\overset{\overset{O}{\|\|}}{C}-H}$	$CH_3\overset{\overset{O}{\|\|}}{C}H$	Etanal
Cetona	$\underset{}{-\overset{\overset{O}{\|\|}}{C}-}$	$CH_3\overset{\overset{O}{\|\|}}{C}CH_3$	Acetona
Ácido carboxílico	$\underset{}{-\overset{\overset{O}{\|\|}}{C}-OH}$	$CH_3\overset{\overset{O}{\|\|}}{C}OH$	Ácido acético
Éster	$\underset{}{-\overset{\overset{O}{\|\|}}{C}-OR}$	$CH_3\overset{\overset{O}{\|\|}}{C}OCH_2CH_3$	Acetato de etila

Aqui, nosso foco é simplesmente um reconhecimento de padrão – isto é, como reconhecer e identificar um desses seis importantes grupos funcionais, e como desenhar fórmulas estruturais de moléculas que os contêm. Teremos mais a dizer sobre as propriedades físicas e químicas desses e de vários outros grupos funcionais nos capítulos 11-19.

Grupos funcionais também servem como base para dar nome aos compostos orgânicos. Em termos ideais, cada um dos mais de 10 milhões de compostos orgânicos deve ter um nome específico, diferente de todos os outros. Mostraremos, nos capítulos 11-19, como esses nomes são construídos enquanto estudamos em detalhe cada grupo funcional.

Em suma, grupos funcionais

- são sítios, na molécula, de comportamento químico previsível – determinado grupo funcional, seja qual for o composto, sofre os mesmos tipos de reações químicas;
- determinam, em grande parte, as propriedades físicas de um composto;
- servem como unidades para classificar os compostos orgânicos em famílias;
- servem como base para dar nome aos compostos orgânicos.

A. Alcoóis

Como já mencionado, o grupo funcional do **álcool** é um **grupo —OH (hidroxila)** ligado a um átomo de carbono tetraédrico (carbono ligado a quatro átomos). Na fórmula geral de um álcool (mostrada a seguir, à esquerda), o símbolo R— indica um hidrogênio ou algum outro grupo carbônico. O ponto importante da estrutura geral é o grupo —OH ligado a um átomo de carbono tetraédrico.

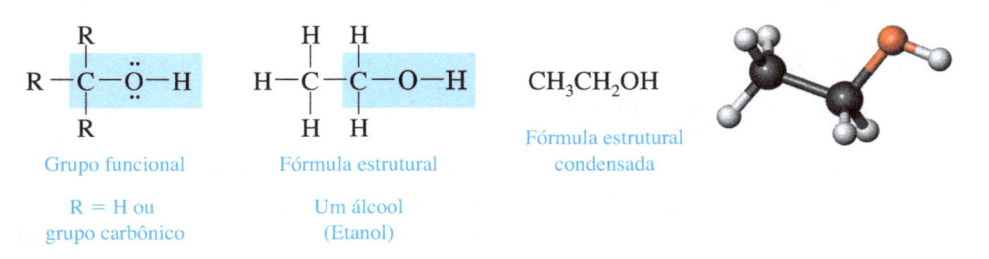

Álcool Composto que contém um grupo —OH (hidroxila) ligado a um átomo de carbono tetraédrico.

Grupo hidroxila Grupo —OH ligado a um átomo de carbono tetraédrico.

Aqui representamos o álcool como uma **fórmula estrutural condensada**, CH_3CH_2OH. Em uma fórmula estrutural condensada, o CH_3 indica um carbono ligado a três hidrogênios; CH_2 indica um carbono ligado a dois hidrogênios; e CH, um carbono ligado a um hidrogênio. Pares de elétrons não compartilhados geralmente não aparecem em fórmulas estruturais condensadas.

Os alcoóis são classificados como **primários (1º)**, **secundários (2º)** ou **terciários (3º)**, dependendo do número de átomos de carbono ligados ao carbono que carrega o grupo —OH.

$$\underset{\text{Álcool 1º}}{\text{CH}_3-\overset{\overset{\displaystyle H}{|}}{\underset{\underset{\displaystyle H}{|}}{C}}-\text{OH}} \qquad \underset{\text{Álcool 2º}}{\text{CH}_3-\overset{\overset{\displaystyle H}{|}}{\underset{\underset{\displaystyle CH_3}{|}}{C}}-\text{OH}} \qquad \underset{\text{Álcool 3º}}{\text{CH}_3-\overset{\overset{\displaystyle CH_3}{|}}{\underset{\underset{\displaystyle CH_3}{|}}{C}}-\text{OH}}$$

Exemplo 10.2 Desenhando fórmulas estruturais de alcoóis

Desenhe estruturas de Lewis e fórmulas estruturais condensadas para os dois alcoóis de fórmula molecular C_3H_8O. Classifique cada um deles como primário, secundário ou terciário.

Estratégia e solução

Comece desenhando os três átomos de carbono em uma sequência. O átomo de oxigênio do grupo hidroxila pode estar ligado à cadeia carbônica em duas diferentes posições: nos carbonos das extremidades ou no carbono do meio.

$$\underset{\text{Cadeia carbônica}}{\text{C}-\text{C}-\text{C}} \qquad \underset{\text{As duas posições para o grupo —OH}}{\text{C}-\text{C}-\text{C}-\text{OH} \qquad \text{C}-\overset{\overset{\displaystyle OH}{|}}{C}-\text{C}}$$

Finalmente, adicione mais sete hidrogênios, chegando a um total de oito, conforme a fórmula molecular. Mostre os pares de elétrons não compartilhados nas estruturas de Lewis, mas não nas fórmulas estruturais condensadas.

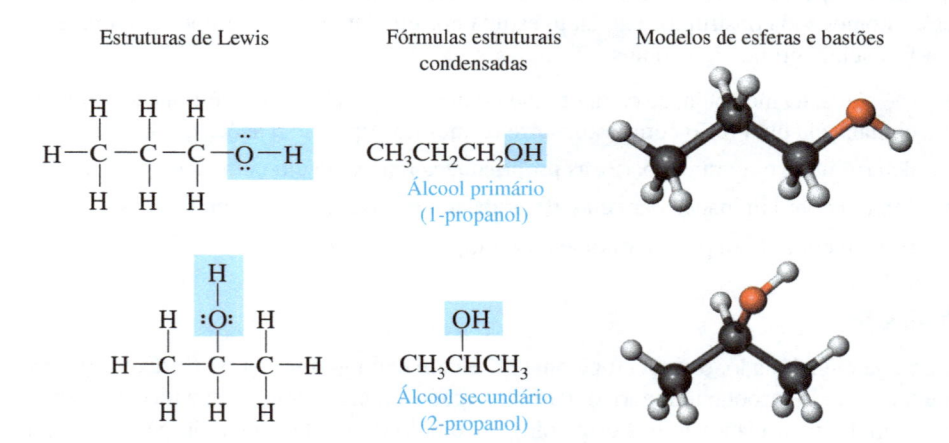

Estruturas de Lewis | Fórmulas estruturais condensadas | Modelos de esferas e bastões

$CH_3CH_2CH_2OH$
Álcool primário
(1-propanol)

CH_3CHCH_3 com OH
Álcool secundário
(2-propanol)

O álcool secundário 2-propanol, cujo nome comum é álcool isopropílico, é o componente resfriante e aliviante do álcool de fricção.

Problema 10.2

Desenhe estruturas de Lewis e fórmulas estruturais condensadas para os quatro alcoóis de fórmula molecular $C_4H_{10}O$. Classifique cada álcool como primário, secundário ou terciário. (*Dica*: Primeiro considere a conectividade dos quatro átomos de carbono; eles podem estar ligados: os quatro em sequência ou três em sequência, e o quarto carbono como uma ramificação do carbono do meio. Considere então os pontos em que o grupo —OH pode estar ligado a cada cadeia carbônica.)

B. Aminas

O grupo funcional de uma amina é o **grupo amina** – um átomo de nitrogênio ligado a um, dois ou três átomos de carbono. Na **amina primária (1ª)**, o nitrogênio está ligado a dois hidrogênios e a um grupo carbônico. Na **amina secundária (2ª)**, ele está ligado a um hidrogênio e a dois grupos carbônicos. Na **amina terciária (3ª)**, a três grupos carbônicos. A segunda e a terceira fórmulas estruturais podem ser escritas de forma mais abreviada,

---

Amina Composto orgânico em que um, dois ou três hidrogênios da amônia são substituídos por grupos carbônicos: RNH_2, R_2NH ou R_3NH.

Grupo amina Um grupo —NH_2, RNH_2, R_2NH ou R_3N.

tomando-se os grupos CH₃ e escrevendo-os como (CH₃)₂NH e (CH₃)₃N, respectivamente. Estes últimos são conhecidos como fórmulas estruturais condensadas.

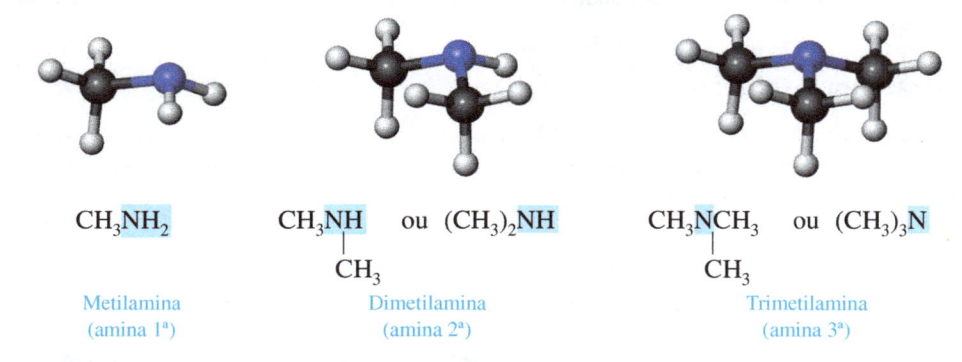

CH_3NH_2 CH_3NH ou $(CH_3)_2NH$ CH_3NCH_3 ou $(CH_3)_3N$
                              | |
                             CH_3 CH_3

Metilamina   Dimetilamina   Trimetilamina
(amina 1ª)   (amina 2ª)   (amina 3ª)

Exemplo 10.3 Desenhando fórmulas estruturais de aminas

Desenhe fórmulas estruturais condensadas para as duas aminas primárias de fórmula molecular C_3H_9N.

Estratégia e solução

Para uma amina primária, desenhe um átomo de nitrogênio ligado a dois hidrogênios e um carbono.

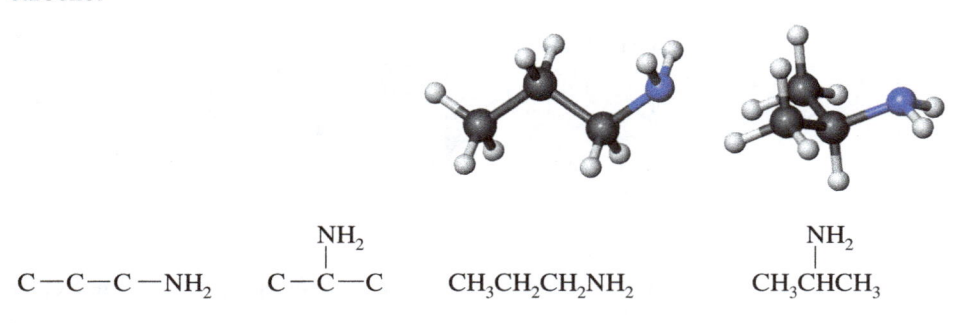

$$C-C-C-NH_2 \qquad C-\underset{|}{\overset{NH_2}{C}}-C \qquad CH_3CH_2CH_2NH_2 \qquad CH_3\underset{|}{\overset{NH_2}{C}}HCH_3$$

Os três carbonos podem estar ligados ao nitrogênio de duas maneiras

Adicione os sete hidrogênios de forma que os carbonos tenham quatro ligações e resulte na fórmula molecular correta.

Problema 10.3

Desenhe fórmulas estruturais para as três aminas secundárias de fórmula molecular $C_4H_{11}N$.

C. Aldeídos e cetonas

Tanto aldeídos como cetonas contêm um grupo **C═O (carbonila)**. O grupo funcional **aldeído** contém um grupo carbonila ligado a um hidrogênio. O formaldeído, CH_2O, o aldeído mais simples, tem dois hidrogênios ligados ao carbono cabonílico. Em uma fórmula estrutural condensada, o grupo aldeído pode ser escrito mostrando-se a ligação dupla carbono-oxigênio como CH═O ou —CHO. O grupo funcional cetona é um grupo carbonila ligado a dois átomos de carbono. Na fórmula estrutural geral de cada grupo funcional, usamos o símbolo R para representar outros grupos ligados ao carbono para completar sua tetravalência.

Grupo carbonila Grupo C═O.

Aldeído Composto que contém um grupo carbonila ligado a um hidrogênio; grupo —CHO.

Cetona Composto que contém um grupo carbonila ligado a dois grupos carbônicos.

$$\underset{R}{\overset{R}{\underset{|}{|}}}{C}-\overset{\ddot{\overset{..}{O}}}{\underset{|}{C}}-H \qquad CH_3-\overset{\ddot{\overset{..}{O}}}{\underset{|}{C}}-H \qquad\qquad \underset{R}{\overset{R}{\underset{|}{|}}}{C}-\overset{\ddot{\overset{..}{O}}}{\underset{|}{C}}-\underset{|}{C}- \qquad CH_3-\overset{\ddot{\overset{..}{O}}}{\underset{|}{C}}-CH_3$$

Grupo funcional   Acetaldeído (um aldeído)   Grupo funcional   Acetona (uma cetona)

Exemplo 10.4 Desenhando fórmulas estruturais de aldeídos

Desenhe fórmulas estruturais condensadas para os dois aldeídos de fórmula molecular C_4H_8O.

Estratégia e solução

Primeiro desenhe o grupo funcional aldeído e depois adicione os carbonos restantes. Estes podem estar ligados de duas maneiras. Em seguida, adicione hidrogênios para completar a tetravalência de cada carbono.

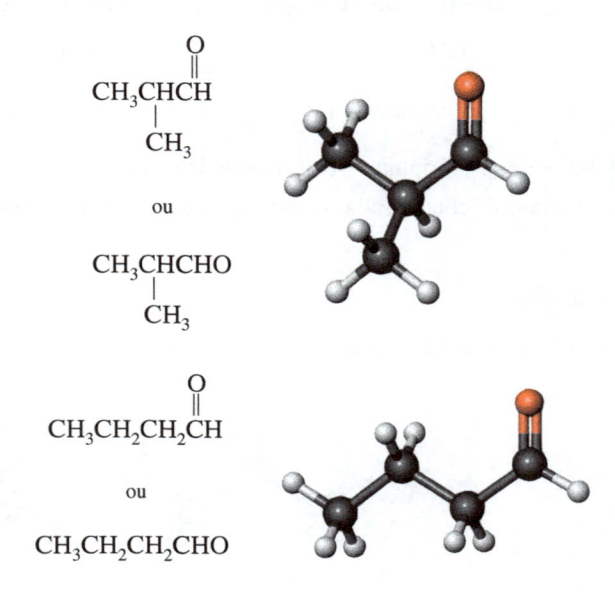

$$\begin{array}{c} \quad\quad\quad O \\ \quad\quad\quad \| \\ CH_3CHCH \\ \quad | \\ \quad CH_3 \end{array}$$

ou

$$\begin{array}{c} CH_3CHCHO \\ | \\ CH_3 \end{array}$$

$$\begin{array}{c} \quad\quad\quad\quad O \\ \quad\quad\quad\quad \| \\ CH_3CH_2CH_2CH \end{array}$$

ou

$$CH_3CH_2CH_2CHO$$

Problema 10.4

Desenhe fórmulas estruturais condensadas para as três cetonas de fórmula molecular $C_5H_{10}O$.

D. Ácidos carboxílicos

Grupo carboxila Grupo —COOH.

Ácido carboxílico Composto que contém um grupo —COOH.

O grupo funcional ácido carboxílico é um **grupo —COOH** (**carboxila**: <u>carbo</u>nila + hidro<u>xila</u>). Em uma fórmula estrutural condensada, o grupo carboxila também pode ser escrito como —CO_2H.

$$\begin{array}{c} :\ddot{O}: \\ \| \\ R\ddot{C}\ddot{O}H \end{array} \quad\quad \begin{array}{c} O \\ \| \\ CH_3COH \end{array}$$

Grupo funcional   Ácido acético (ácido carboxílico)

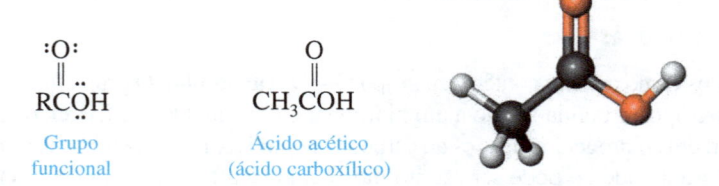

Exemplo 10.5 Desenhando fórmulas estruturais de ácidos carboxílicos

Desenhe uma fórmula estrutural condensada para o único ácido carboxílico com fórmula molecular $C_3H_6O_2$.

Estratégia e solução

A única maneira de escrever os átomos de carbono é com três em uma cadeia, e o grupo —COOH deve ficar em um dos carbonos das extremidades da cadeia.

$$\begin{array}{c} \quad\quad\quad O \\ \quad\quad\quad \| \\ CH_3CH_2COH \end{array} \quad \text{ou} \quad CH_3CH_2CO_2H$$

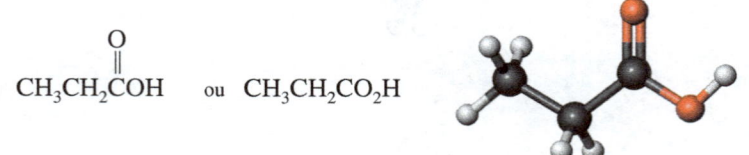

Problema 10.5

Desenhe fórmulas estruturais condensadas para os dois ácidos carboxílicos de fórmula molecular $C_4H_8O_2$.

E. Ésteres carboxílicos

O **éster carboxílico**, conhecido simplesmente como **éster**, é um derivado do ácido carboxílico em que o hidrogênio do grupo carboxila é substituído por um grupo carbônico. O grupo éster é aqui escrito como —COOR ou —CO$_2$R.

Éster carboxílico Um derivado do ácido carboxílico em que o H do grupo carboxila é substituído por um grupo carbônico.

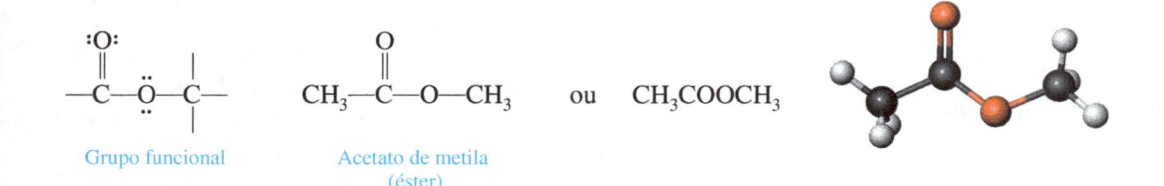

Grupo funcional

Acetato de metila (éster)

ou CH$_3$COOCH$_3$

Exemplo 10.6 Desenhando as fórmulas estruturais de ésteres

A fórmula molecular do acetato de metila é $C_3H_6O_2$. Desenhe a fórmula estrutural de outro éster com a mesma fórmula molecular.

Estratégia e solução

Existe apenas um éster com essa fórmula molecular. Sua fórmula estrutural é

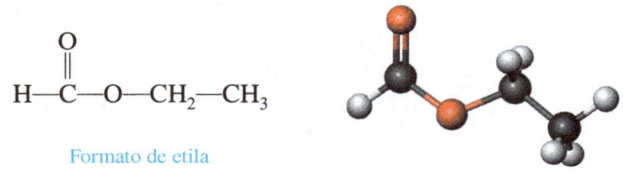

Formato de etila

Formato de etila

Problema 10.6

Desenhe fórmulas estruturais para os quatro ésteres de fórmula molecular $C_4H_8O_2$.

Resumo das questões-chave

Seção 10.1 O que é química orgânica?
- A química orgânica é o estudo de compostos que contêm carbono.

Seção 10.2 Como se obtêm os compostos orgânicos?
- Os químicos obtêm compostos orgânicos isolando-os de plantas e animais ou por síntese em laboratório.

Seção 10.3 Como se escrevem as fórmulas estruturais dos compostos orgânicos?
- O carbono normalmente forma quatro ligações e não apresenta nenhum par de elétrons não compartilhados. Suas quatro ligações podem ser quatro ligações simples, duas ligações simples e uma ligação dupla, ou uma ligação simples e uma ligação tripla.
- O nitrogênio normalmente forma três ligações e tem um par de elétrons não compartilhados. Suas ligações podem ser três ligações simples, uma ligação simples e uma ligação dupla ou uma ligação tripla.
- O oxigênio normalmente forma duas ligações e tem dois pares de elétrons não compartilhados. Suas ligações podem ser duas ligações simples ou uma ligação dupla.

Seção 10.4 O que é grupo funcional?
- O **grupo funcional** é um sítio de reatividade química; determinado grupo funcional, não importa o composto onde é encontrado, sempre sofre os mesmos tipos de reações químicas.
- Além disso, os grupos funcionais são as unidades estruturais características que usamos para classificar e nomear os compostos orgânicos. Grupos funcionais importantes incluem o **grupo hidroxila** de alcoóis primários, secundários e terciários; o **grupo amina** de aminas primárias, secundárias e terciárias; o **grupo carbonila** de aldeídos e cetonas; o **grupo carboxila** de ácidos carboxílicos; e o **grupo éster**.

Problemas

Seção 10.1 O que é química orgânica?

10.7 Indique se a afirmação é verdadeira ou falsa.
(a) Todos os compostos orgânicos contêm um ou mais átomos de carbono.
(b) A maioria dos compostos orgânicos é construída a partir de carbono, hidrogênio, oxigênio e nitrogênio.
(c) Por número de átomos, o carbono é o elemento mais abundante na crosta terrestre.
(d) A maioria dos compostos orgânicos é solúvel em água.

Seção 10.2 Como se obtêm os compostos orgânicos?

10.8 Indique se a afirmação é verdadeira ou falsa.
(a) Compostos orgânicos podem apenas ser sintetizados em seres vivos.
(b) Compostos orgânicos sintetizados em laboratório têm as mesmas propriedades físicas e químicas que aqueles sintetizados em seres vivos.
(c) Químicos têm sintetizado muitos compostos orgânicos que não são encontrados na natureza.

10.9 Há alguma diferença entre vanilina feita sinteticamente e aquela extraída de sementes de baunilha?

10.10 Suponha que alguém lhe diga que substâncias orgânicas são produzidas apenas por seres vivos. Como você rebateria essa afirmação?

10.11 Que importante experimento Wöhler conduziu em 1828?

Seção 10.3 Como se escrevem as fórmulas estruturais dos compostos orgânicos?

10.12 Indique se a afirmação é verdadeira ou falsa.
(a) Em compostos orgânicos, normalmente o carbono tem quatro ligações e nenhum par de elétrons não compartilhados.
(b) Quando encontrado em compostos orgânicos, o nitrogênio normalmente tem três ligações e um par de elétrons não compartilhados.
(c) Os ângulos de ligação mais comuns em torno do carbono, em compostos orgânicos, são aproximadamente de 109,5° e 180°.

10.13 Elabore uma lista dos quatro principais elementos que formam os compostos orgânicos e dê o número de ligações de cada um deles.

10.14 Considere os tipos de substância de seu ambiente imediato e elabore uma lista daqueles que são orgânicos – por exemplo, fibras têxteis. Mais adiante, vamos pedir que você reveja essa lista e tente refiná-la, corrigi-la e possivelmente expandi-la.

10.15 Quantos elétrons encontram-se na camada de valência de cada um dos seguintes átomos? Escreva a estrutura de pontos de Lewis para um átomo de cada elemento. (*Dica*: Use a tabela periódica.)
(a) Carbono (b) Oxigênio
(c) Nitrogênio (d) Flúor

10.16 Qual é a relação entre o número de elétrons na camada de valência de cada um dos seguintes átomos e o número de ligações covalentes formadas?
(a) Carbono (b) Oxigênio
(c) Nitrogênio (d) Hidrogênio

10.17 Escreva as estruturas de Lewis para estes compostos. Mostre todos os elétrons de valência. Nenhum deles contém uma estrutura cíclica (anel) de átomos (*Dica*: Lembre-se de que o carbono tem quatro ligações, o nitrogênio tem três ligações e um par de elétrons não compartilhados, o oxigênio tem duas ligações e dois pares de elétrons não compartilhados, e cada halogênio, uma ligação e três pares de elétrons não compartilhados.)
(a) H_2O_2 (b) N_2H_4
Peróxido de hidrogênio Hidrazina
(c) CH_3OH (d) CH_3SH
Metanol Metanotiol
(e) CH_3NH_2 (f) CH_3Cl
Metilamina Clorometano

10.18 Escreva as estruturas de Lewis para estes compostos. Mostre todos os elétrons de valência. Nenhum deles contém uma estrutura cíclica (anel) de átomos.
(a) CH_3OCH_3 (b) C_2H_6
Éter dimetílico Etano
(c) C_2H_4 (d) C_2H_2
Etileno Acetileno
(e) CO_2 (f) CH_2O
Dióxido de carbono Formaldeído
(g) H_2CO_3 (h) CH_3COOH
Ácido carbônico Ácido acético

10.19 Escreva as estruturas de Lewis para estes íons.
(a) HCO_3^- (b) CO_3^{2-}
Íon bicarbonato Íon carbonato
(c) CH_3COO^- (d) Cl^-
Íon acetato Íon cloreto

10.20 Por que as seguintes fórmulas moleculares são impossíveis?
(a) CH_5 (b) C_2H_7

Revisão do modelo VSEPR

10.21 Explique como se usa o modelo de repulsão dos pares eletrônicos da camada de valência (VSEPR) para prever ângulos de ligação e a geometria em torno dos átomos de carbono, oxigênio e nitrogênio.

10.22 Suponha que você se esqueça de levar em conta a presença do par de elétrons não compartilhados no nitrogênio da molécula NH_3. O que então você preveria para os ângulos de ligação H—N—H e para a geometria (ângulos de ligação e formato) da amônia?

10.23 Suponha que você se esqueça de levar em conta a presença dos pares de elétrons não compartilhados no átomo de oxigênio do etanol, CH_3CH_2OH. O que então você preveria para o ângulo de ligação do C—O—H e para a geometria do etanol?

10.24 Use o modelo VSEPR para prever os ângulos de ligação e a geometria em torno de cada átomo destacado. (*Dica*: Lembre-se de levar em conta a presença de pares de elétrons não compartilhados.)

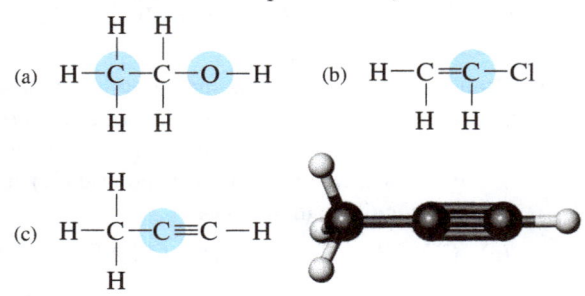

(a) H—C(H)(H)—C(H)(H)—O—H (b) H—C(H)=C(H)—Cl

(c) H—C(H)(H)—C≡C—H

10.25 Use o modelo VSEPR para prever os ângulos de ligação em torno de cada átomo destacado.

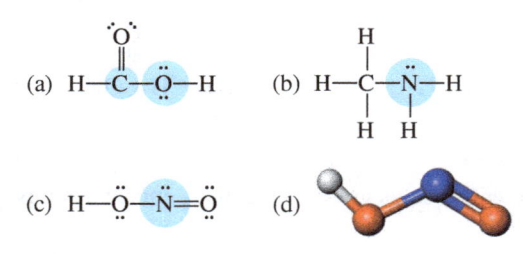

(a) H—C(=O)—O—H (b) H—C(H)(H)—N(H)—H

(c) H—O—N=O (d)

Seção 10.4 O que é grupo funcional?

10.26 Indique se a afirmação é verdadeira ou falsa.
(a) Grupo funcional é um grupo de átomos em uma molécula orgânica que sofre um conjunto de reações químicas.
(b) Os grupos funcionais de alcoóis, aldeídos e cetonas têm em comum o fato de que cada um deles contém um único átomo de oxigênio.
(c) O álcool primário tem um grupo —OH, o álcool secundário tem dois grupos —OH e o álcool terciário, três grupos —OH.
(d) Existem dois alcoóis de fórmula molecular C_3H_8O.
(e) Existem três aminas de fórmula molecular C_3H_9N.
(f) Aldeídos, cetonas, ácidos carboxílicos e ésteres, todos contêm um grupo carbonila.
(g) Um composto de fórmula molecular C_3H_6O pode ser um aldeído, uma cetona ou um ácido carboxílico.
(h) Ângulos de ligação em torno do carbono da carbonila de aldeídos, cetonas, ácidos carboxílicos e ésteres são todos aproximadamente de 109,5°.
(i) A fórmula molecular do menor dos aldeídos é C_3H_6O, e a da menor das cetonas também é C_3H_6O.
(j) A fórmula molecular do menor dos ácidos carboxílicos é $C_2H_4O_2$.

10.27 O que significa a expressão *grupo funcional*?

10.28 Liste três razões por que os grupos funcionais são importantes na química orgânica.

10.29 Desenhe as estruturas de Lewis para cada um dos seguintes grupos funcionais. Mostre todos os elétrons de valência em cada grupo funcional.

(a) Grupo carbonila
(b) Grupo carboxila
(c) Grupo hidroxila
(d) Grupo amina primária
(e) Grupo éster

10.30 Complete as seguintes fórmulas estruturais adicionando o número suficiente de hidrogênios para completar a tetravalência de cada carbono. Depois escreva a fórmula molecular de cada composto.

(a) C—C=C—C(C)—C

(b) C—C—C—C(=O)—OH

(c) C—C—C(=O)—C

(d) C—C(C)(C)—C(=O)—H

(e) C—C(C)—C—C—NH₂

(f) C—C(NH₂)—C(=O)—OH

(g) C—C(OH)—C—C—C

(h) C—C(OH)—C—C(=O)—OH

(i) C=C—C—OH

10.31 Qual é o significado do termo *terciário* quando usado para classificar alcoóis?

10.32 Desenhe uma fórmula estrutural para o único álcool terciário de fórmula molecular $C_4H_{10}O$.

10.33 Qual é o significado do termo *terciário* quando usado para classificar aminas?

10.34 Desenhe as fórmulas estruturais condensadas para todos os compostos de fórmula molecular C_4H_8O que contenham um grupo carbonila (são dois aldeídos e uma cetona).

10.35 Desenhe as fórmulas estruturais para cada um dos seguintes compostos:
(a) Os quatro alcoóis primários de fórmula molecular $C_5H_{12}O$.
(b) Os três alcoóis secundários de fórmula molecular $C_5H_{12}O$.

(c) O único álcool terciário de fórmula molecular $C_5H_{12}O$.

10.36 Desenhe fórmulas estruturais para as seis cetonas de fórmula molecular $C_6H_{12}O$.

10.37 Desenhe fórmulas estruturais para os oito ácidos carboxílicos de fórmula molecular $C_6H_{12}O_2$.

10.38 Desenhe fórmulas estruturais para cada um dos seguintes compostos:
(a) As quatro aminas primárias de fórmula molecular $C_4H_{11}N$.
(b) As três aminas secundárias de fórmula molecular $C_4H_{11}N$.
(c) A única amina terciária de fórmula molecular $C_4H_{11}N$.

Conexões químicas

10.39 (Conexões químicas 10A) Como foi descoberto o Taxol?

10.40 (Conexões químicas 10A) De que modo o Taxol interfere na divisão celular?

Problemas adicionais

10.41 Use o modelo VSEPR para prever os ângulos das ligações em torno de cada átomo de carbono, nitrogênio e oxigênio nestas moléculas. (*Dica*: Primeiro adicione os pares de elétrons não emparelhados necessários para completar a camada de valência de cada átomo e depois preveja os ângulos de ligação.)

(a) $CH_3CH_2CH_2OH$ (b) $CH_3CH_2\overset{\overset{O}{\|}}{C}H$

(c) $CH_3CH=CH_2$ (d) $CH_3C{\equiv}CCH_3$

(e) $CH_3\overset{\overset{O}{\|}}{C}OCH_3$ (f) $CH_3\overset{\overset{CH_3}{|}}{N}CH_3$

10.42 O silício está imediatamente abaixo do carbono no Grupo A da tabela periódica. Preveja os ângulos de ligação C—Si—C no tetrametilsilano, $(CH_3)_4Si$.

10.43 O fósforo está imediatamente abaixo do nitrogênio no Grupo 5A da tabela periódica. Preveja os ângulos de ligação C—P—C na trimetilfosfina, $(CH_3)_3P$.

10.44 Desenhe a estrutura para um composto de fórmula molecular
(a) C_2H_6O (álcool)
(b) C_3H_6O (aldeído)
(c) C_3H_6O (cetona)
(d) $C_3H_6O_2$ (ácido carboxílico)

10.45 Desenhe fórmulas estruturais para os oito aldeídos de fórmula molecular $C_6H_{12}O$.

10.46 Desenhe fórmulas estruturais para as três aminas terciárias de fórmula molecular $C_5H_{13}N$.

10.47 Quais destas ligações covalentes são polares e quais são apolares? (*Dica*: Reveja Seção 3.7B.)
(a) C—C (b) C=C
(c) C—H (d) C—O
(e) O—H (f) C—N
(g) N—H (h) N—O

10.48 Entre as ligações do Problema 10.50, qual é a mais polar? Qual é a menos polar?

10.49 Usando o símbolo δ+ para indicar uma carga positiva parcial e δ− para indicar uma carga negativa parcial, indique a polaridade da ligação mais polar (ou ligações, se duas ou mais tiverem a mesma polaridade) em cada uma das seguintes moléculas.

(a) CH_3OH (b) CH_3NH_2

(c) $HSCH_2CH_2NH_2$ (d) $CH_3\overset{\overset{O}{\|}}{C}CH_3$

(e) $H\overset{\overset{O}{\|}}{C}H$ (f) $CH_3\overset{\overset{O}{\|}}{C}OH$

Antecipando

10.50 Identifique os grupos funcionais em cada composto.

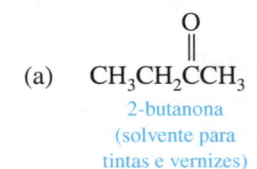

(a) $CH_3CH_2\overset{\overset{O}{\|}}{C}CH_3$
2-butanona
(solvente para tintas e vernizes)

(b) $HO\overset{\overset{O}{\|}}{C}CH_2CH_2CH_2CH_2\overset{\overset{O}{\|}}{C}OH$
Ácido hexanodioico
(o segundo componente do náilon-66)

(c) $H_2NCH_2CH_2CH_2CH_2\overset{\overset{}{}}{\underset{\underset{NH_2}{|}}{C}}H\overset{\overset{O}{\|}}{C}OH$
Lisina
(um dos 20 aminoácidos que compõem as proteínas)

(d) $HOCH_2\overset{\overset{O}{\|}}{C}CH_2OH$
Di-hidroxiacetona
(componente de várias loções para bronzeamento artificial)

10.51 Considere as moléculas de fórmula molecular $C_4H_8O_2$. Escreva a fórmula estrutural para uma molécula com essa fórmula molecular e que contenha

(a) Um grupo carboxila
(b) Um grupo éster
(c) Um grupo cetona e um grupo álcool secundário
(d) Um grupo aldeído e um álcool terciário
(e) Uma dupla ligação carbono-carbono e um álcool primário

10.52 A seguir, apresentamos uma fórmula estrutural e um modelo de esferas e bastões do benzeno, C_6H_6.

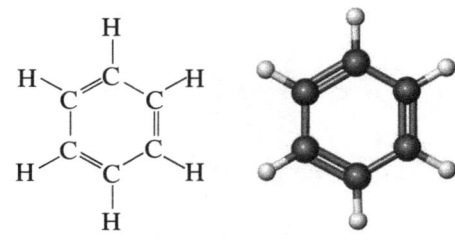

(a) Preveja cada ângulo de ligação H—C—C e C—C—C do benzeno.
(b) Preveja o formato da molécula de benzeno.

Alcanos

Uma refinaria de petróleo. O petróleo e o gás natural fornecem quase 90% dos materiais orgânicos para a síntese e manufatura de fibras sintéticas, plásticos, fármacos, corantes, adesivos, tintas e vários outros produtos.

Questões-chave

11.1 Como se escrevem as fórmulas estruturais dos alcanos?

11.2 O que são isômeros constitucionais?

11.3 Qual é a nomenclatura dos alcanos?

11.4 Como se obtêm os alcanos?

11.5 O que são cicloalcanos?

11.6 Quais são os formatos dos alcanos e cicloalcanos?

11.7 O que é isomeria *cis-trans* em cicloalcanos?

11.8 Quais são as propriedades físicas dos alcanos?

11.9 Quais são as reações características dos alcanos?

11.10 Quais são os haloalcanos importantes?

11.1 Como se escrevem as fórmulas estruturais dos alcanos?

Neste capítulo, vamos examinar as propriedades físicas e químicas dos **alcanos**, o tipo mais simples de composto orgânico. Na verdade, os alcanos pertencem a uma categoria mais ampla de compostos orgânicos chamados hidrocarbonetos. **Hidrocarboneto** é um composto formado apenas por átomos de carbono e hidrogênio. A Figura 11.1 mostra as quatro classes de hidrocarboneto e também o tipo característico de ligação entre carbonos em cada uma das classes. Alcanos são **hidrocarbonetos saturados**, isto é, contém apenas ligações simples carbono-carbono. Nesse contexto, saturado significa que cada carbono do hidrocarboneto tem o número máximo de hidrogênios a ele ligados. Um hidrocarboneto que contém uma ou mais ligações duplas carbono-carbono, ligações triplas ou anéis benzênicos é

Alcano Hidrocarboneto saturado cujos átomos de carbono estão arranjados em cadeia.

Hidrocarboneto Composto que contém somente átomos de carbono e hidrogênio.

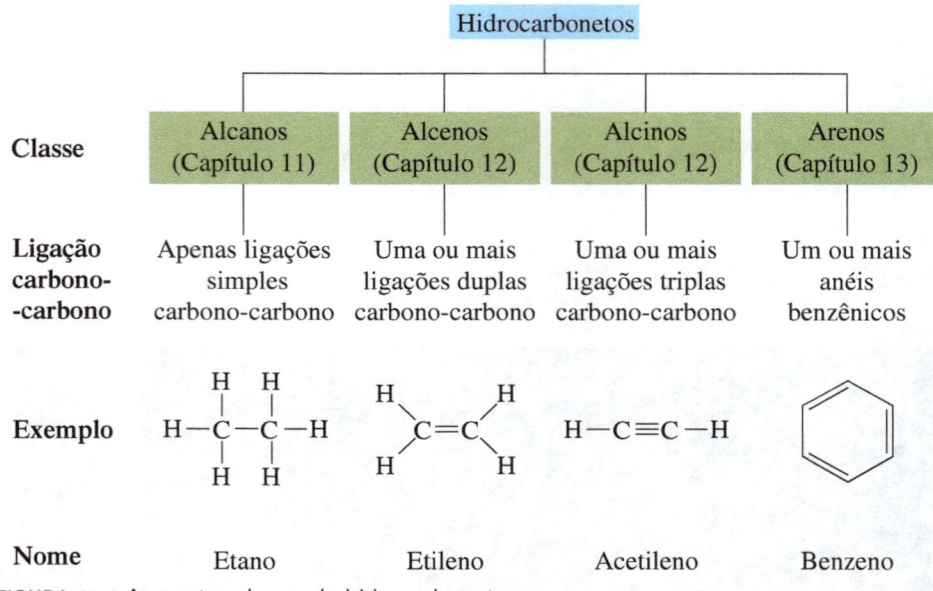

FIGURA 11.1 As quatro classes de hidrocarbonetos.

Classe	Alcanos (Capítulo 11)	Alcenos (Capítulo 12)	Alcinos (Capítulo 12)	Arenos (Capítulo 13)
Ligação carbono-carbono	Apenas ligações simples carbono-carbono	Uma ou mais ligações duplas carbono-carbono	Uma ou mais ligações triplas carbono-carbono	Um ou mais anéis benzênicos
Exemplo	H−C(H)(H)−C(H)(H)−H	H₂C=CH₂	H−C≡C−H	(anel benzênico)
Nome	Etano	Etileno	Acetileno	Benzeno

Hidrocarboneto saturado
Hidrocarboneto que contém apenas ligações simples carbono-carbono.

Hidrocarboneto alifático
O alcano.

Fórmula linha-ângulo Modo abreviado de desenhar fórmulas estruturais, em que cada vértice e cada extremidade da linha representam um átomo de carbono, e cada linha representa uma ligação.

classificado como **hidrocarboneto insaturado**. Neste capítulo, estudamos os alcanos (hidrocarbonetos saturados) e, nos Capítulos 12 e 13, vamos estudar os alcenos, alcinos e arenos (hidrocarbonetos insaturados).

Geralmente, referimo-nos aos alcanos como **hidrocarbonetos alifáticos** porque as propriedades físicas dos membros mais extensos dessa classe lembram aquelas das moléculas de cadeia carbônica longa que encontramos nas gorduras animais e nos óleos vegetais (do grego *aleiphar*, gordura ou óleo).

O metano, CH_4, e o etano, C_2H_6, são os dois primeiros membros da família dos alcanos. A Figura 11.2a mostra a estruturas de Lewis e os modelos de esferas e bastões para essas moléculas. O formato do metano é tetraédrico, e todos os ângulos de ligação H—C—H são de 109,5°. No etano, cada átomo de carbono também é tetraédrico, e os ângulos de ligação também são todos de aproximadamente 109,5°. Embora as formas tridimensionais dos alcanos maiores sejam mais complexas do que as do metano e do etano, as quatro ligações em torno de cada átomo de carbono ainda estão arranjadas como um tetraedro, e todos os ângulos de ligação ainda são de aproximadamente 109,5°.

Os próximos membros da família dos alcanos são o propano, o butano e o pentano. Nas representações seguintes, esses hidrocarbonetos são desenhados como fórmulas estruturais condensadas, que mostram todos os carbonos e hidrogênios. Eles também podem ser desenhados de um modo mais abreviado chamado **fórmula linha-ângulo**. Nesse tipo de representação, a linha indica uma ligação carbono-carbono, e o vértice, um átomo de carbono. Uma linha terminando no espaço representa um grupo —CH_3. Para contar hidrogênios em uma fórmula linha-ângulo, simplesmente adicione hidrogênios suficientes para dar a cada carbono suas quatro ligações necessárias. Os químicos usam as fórmulas linha-ângulo porque são mais fáceis e mais rápidas de desenhar do que as fórmulas estruturais condensadas.

FIGURA 11.2a Metano e etano.

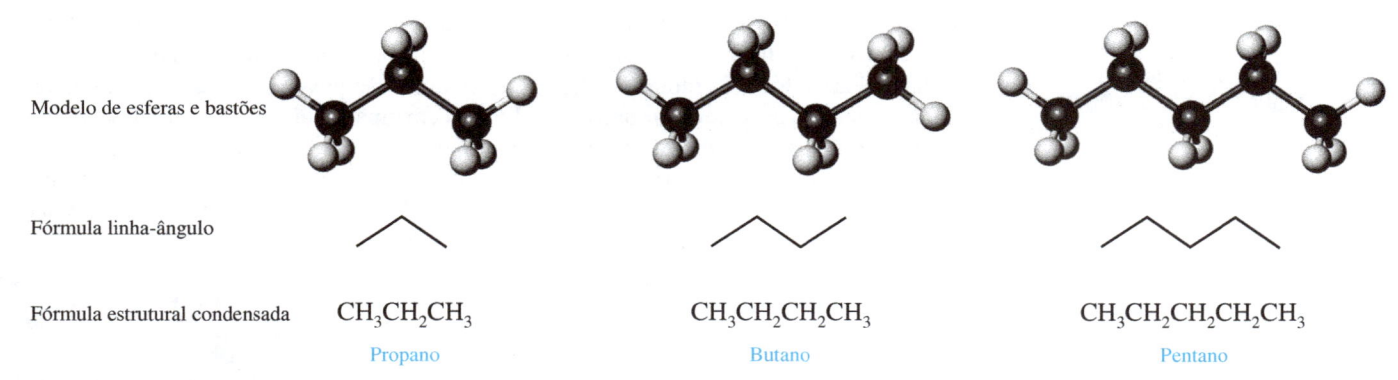

Modelo de esferas e bastões

Fórmula linha-ângulo

Fórmula estrutural condensada   CH₃CH₂CH₃   CH₃CH₂CH₂CH₃   CH₃CH₂CH₂CH₂CH₃
                                   Propano   Butano   Pentano

FIGURA 11.2b Propano, butano e pentano.

Fórmulas estruturais para os alcanos também podem ser escritas na forma condensada. Por exemplo, a fórmula estrutural do pentano contém três grupos CH_2 (**metileno**) no meio da cadeia. Podemos agrupá-los e escrever a fórmula estrutural $CH_3(CH_2)_3CH_3$. A Tabela 11.1 apresenta os nomes e as fórmulas moleculares dos dez primeiros alcanos de cadeia não ramificada. Observe que os nomes de todos esses alcanos terminam em "-ano". Daremos mais detalhes sobre a nomenclatura dos alcanos na Seção 11.3.

Exemplo 11.1 Desenhando fórmulas linha-ângulo

A Tabela 11.1 apresenta a fórmula estrutural condensada do hexano. Desenhe uma fórmula linha-ângulo para esse alcano e numere os carbonos da cadeia, começando em uma das extremidades e seguindo até a outra.

Estratégia e solução

O hexano contém seis carbonos em uma cadeia. Sua fórmula linha-ângulo é

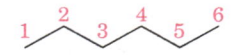

1 2 3 4 5 6

Problema 11.1

A seguir, apresentamos a fórmula linha-ângulo do alcano. Qual é o nome e a fórmula molecular desse alcano?

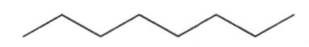

O butano, $CH_3CH_2CH_2CH_3$, é o combustível desse isqueiro. As moléculas de butano estão presentes tanto no estado líquido como no estado gasoso.

TABELA 11.1 Os dez primeiros alcanos de cadeia não ramificada

Nome	Fórmula molecular	Fórmula estrutural condensada	Nome	Fórmula molecular	Fórmula estrutural condensada
Metano	CH_4	CH_4	Hexano	C_6H_{14}	$CH_3(CH_2)_4CH_3$
Etano	C_2H_6	CH_3CH_3	Heptano	C_7H_{16}	$CH_3(CH_2)_5CH_3$
Propano	C_3H_8	$CH_3CH_2CH_3$	Octano	C_8H_{18}	$CH_3(CH_2)_6CH_3$
Butano	C_4H_{10}	$CH_3(CH_2)_2CH_3$	Nonano	C_9H_{20}	$CH_3(CH_2)_7CH_3$
Pentano	C_5H_{12}	$CH_3(CH_2)_3CH_3$	Decano	$C_{10}H_{22}$	$CH_3(CH_2)_8CH_3$

11.2 O que são isômeros constitucionais?

Isômeros constitucionais são compostos que contêm a mesma fórmula molecular, mas diferentes fórmulas estruturais. Por diferentes "fórmulas estruturais" queremos dizer que diferem nos tipos de ligação (simples, dupla ou tripla) e/ou na conectividade de seus áto-

Isômeros constitucionais
Compostos de mesma fórmula molecular, mas com diferentes conectividades entre seus átomos.

Os isômeros constitucionais também são chamados isômeros estruturais, uma denominação mais antiga que ainda é utilizada.

mos. Para as fórmulas moleculares CH_4, C_2H_6 e C_3H_8, somente é possível uma conectividade entre seus átomos, portanto não há isômeros constitucionais para essas fórmulas moleculares. Para a fórmula molecular C_4H_{10}, no entanto, são possíveis duas fórmulas estruturais: no butano, os quatro carbonos estão ligados em uma cadeia; no 2-metilpropano, três carbonos estão ligados em uma cadeia e o quarto carbono está em uma ramificação da cadeia. A seguir, os dois isômeros constitucionais de fórmula molecular C_4H_{10} são desenhados como fórmulas estruturais condensadas e como fórmulas linha-ângulo. Também são mostrados os modelos de esferas e bastões para ambos.

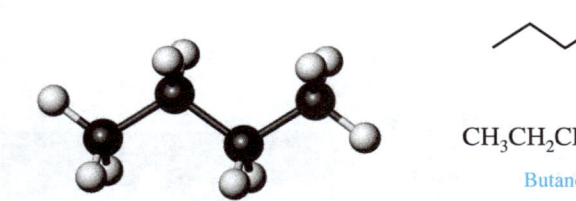

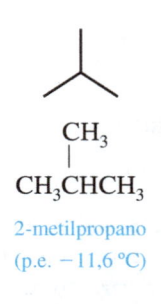

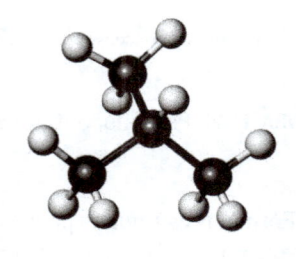

$CH_3CH_2CH_2CH_3$
Butano
(p.e. −0,5 °C)

CH_3CHCH_3
|
CH_3
2-metilpropano
(p.e. −11,6 °C)

Butano e 2-metilpropano são compostos diferentes com diferentes propriedades físicas e químicas. O ponto de ebulição, por exemplo, difere em aproximadamente 11 °C.

Na Seção 10.4, encontramos vários exemplos de isômeros constitucionais, embora não lhe atribuíssemos esse nome. Vimos, por exemplo, que há dois alcoóis de fórmula molecular C_3H_8O, duas aminas primárias de fórmula molecular C_3H_9N, dois aldeídos de fórmula molecular C_4H_8O e dois ácidos carboxílicos de fórmula molecular $C_4H_8O_2$.

Para determinar se duas ou mais fórmulas estruturais representam isômeros constitucionais, escreva a fórmula molecular de cada um deles e depois compare. Todos os compostos de mesma fórmula molecular, mas de diferentes fórmulas estruturais, são isômeros constitucionais.

Exemplo 11.2 | Isomeria constitucional

As fórmulas estruturais em cada um dos seguintes pares representam o mesmo composto ou são isômeros constitucionais? (*Dica*: Tente redesenhar cada molécula como fórmula linha-ângulo, o que vai facilitar a visualização de semelhanças e diferenças na estrutura molecular.)

(a) $CH_3CH_2CH_2CH_2CH_2CH_3$ e $CH_3CH_2CH_2$ (Cada uma é C_6H_{14})
 |
 $CH_2CH_2CH_3$

(b) CH_3CHCH_2CH e $CH_3CH_2CHCHCH_3$ (Cada uma é C_7H_{16})
 | | |
 CH_3 CH_3 CH_3
 com CH_3 no topo em ambas

Estratégia

Primeiro, encontre a cadeia de carbonos mais longa. Não vai fazer diferença se a cadeia for desenhada como reta ou não; do modo como as fórmulas estruturais são desenhadas neste problema, não aparecem formas tridimensionais. Segundo, numere a cadeia mais longa a partir da extremidade mais próxima da primeira ramificação. Terceiro, compare a extensão das duas cadeias e o tamanho e a localização das ramificações. As fórmulas estruturais cujas fórmulas moleculares são iguais e seus átomos têm a mesma conectividade representam o mesmo composto; aquelas que têm a mesma fórmula molecular, mas diferentes conectividades entre seus átomos, representam isômeros constitucionais.

Solução

(a) Cada fórmula estrutural tem uma cadeia não ramificada de seis carbonos; elas são idênticas e representam o mesmo composto.

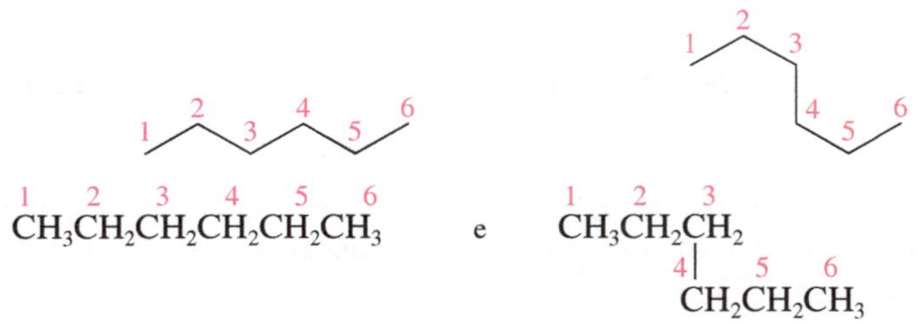

Alcanos ■ 293

$$\overset{1}{CH_3}\overset{2}{CH_2}\overset{3}{CH_2}\overset{4}{CH_2}\overset{5}{CH_2}\overset{6}{CH_3} \quad e \quad \overset{1}{CH_3}\overset{2}{CH_2}\overset{3}{CH_2} \\ \overset{4}{\underset{|}{CH_2}}\overset{5}{CH_2}\overset{6}{CH_3}$$

(b) Cada fórmula estrutural tem a mesma fórmula molecular, C_7H_{16}. Além disso, cada uma tem uma cadeia de cinco carbonos com duas ramificações CH_3. Embora as ramificações sejam idênticas, elas ocupam posições diferentes nas cadeias. Portanto, essas fórmulas estruturais representam isômeros constitucionais.

$$\overset{1}{CH_3}\overset{2}{\underset{|}{CH}}\overset{3}{CH_2}\overset{4}{\underset{|}{CH}} \\ \overset{CH_3}{} \quad \overset{5}{CH_3} \qquad \qquad e \qquad \overset{5}{CH_3}\overset{4}{CH_2}\overset{3}{\underset{|}{CH}}\overset{2}{\underset{|}{CH}}\overset{1}{CH_3} \\ \overset{CH_3}{} \overset{CH_3}{}$$

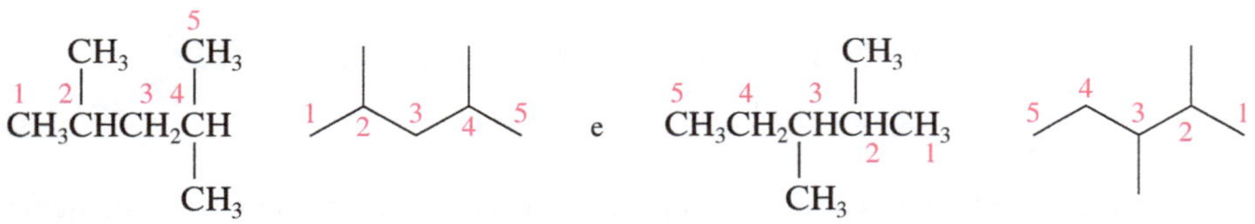

Problema 11.2

As fórmulas linha-ângulo em cada um dos seguintes pares representam o mesmo composto ou isômeros constitucionais?

(a)

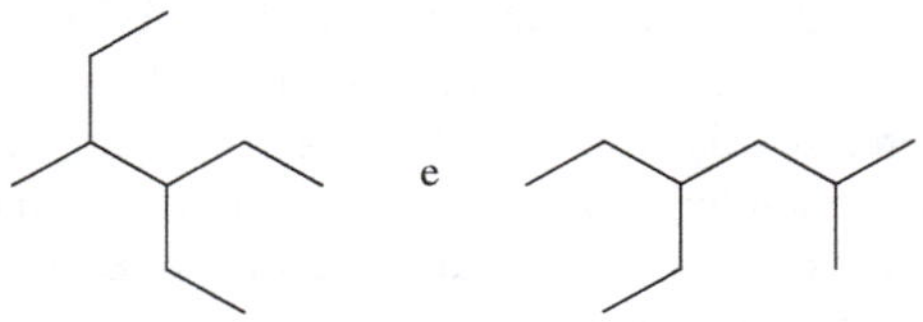

(b)

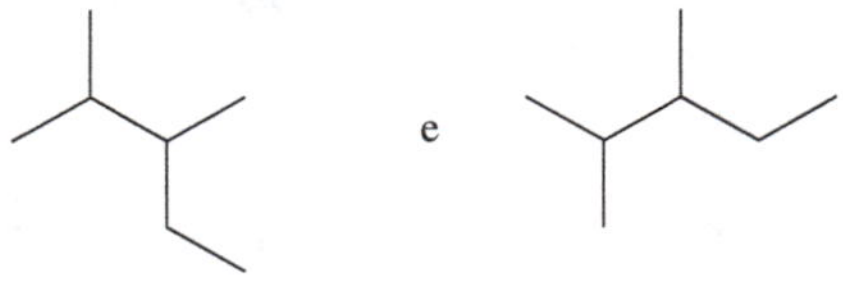

Exemplo 11.3 Isomeria constitucional

Desenhe fórmulas linha-ângulo para os cinco isômeros constitucionais de fórmula molecular C_6H_{14}.

Estratégia

Ao resolver problemas deste tipo, você deve elaborar uma estratégia e segui-la. Eis uma estratégia possível. Primeiro, desenhe uma fórmula linha-ângulo para o isômero constitucional com todos os seis carbonos em uma cadeia não ramificada. Depois, desenhe fórmulas linha-ângulo para todos os isômeros constitucionais com cinco carbonos em uma cadeia e um carbono como ramificação da cadeia. Finalmente, desenhe fórmulas linha-ângulo para todos os isômeros constitucionais com quatro carbonos em uma cadeia e dois carbonos como ramificações.

Solução

Aqui estão todas as fórmulas linha-ângulo para todos os isômeros constitucionais com seis, cinco e quatro carbonos na cadeia mais longa. Isômeros constitucionais para C_6H_{14} com apenas três carbonos na cadeia mais longa não são possíveis.

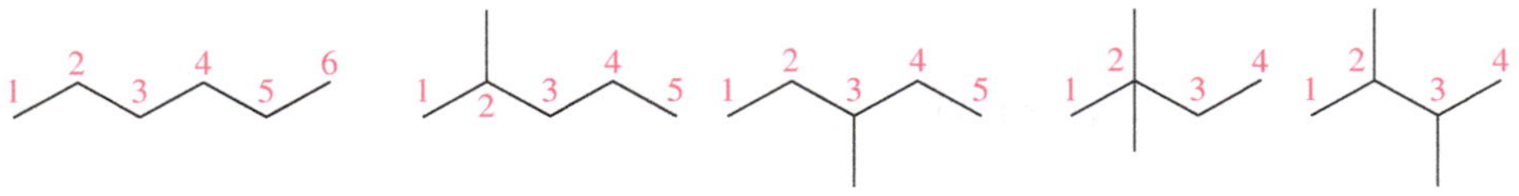

Seis carbonos em uma cadeia não ramificada

Cinco carbonos em uma cadeia; um carbono como ramificação

Quatro carbonos em uma cadeia; dois carbonos como ramificação

Fórmula molecular	Número de isômeros constitucionais
CH_4	1
C_5H_{12}	3
$C_{10}H_{22}$	75
$C_{15}H_{32}$	4347
$C_{25}H_{52}$	36.797.588
$C_{30}H_{62}$	4.111.846.763

Problema 11.3

Desenhe fórmulas estruturais para os três isômeros constitucionais de fórmula molecular C_5H_{12}.

A capacidade dos átomos de carbono de formar ligações fortes e estáveis com outros átomos de carbono resulta em uma quantidade surpreendente de isômeros constitucionais, como mostra a tabela ao lado.

Assim, mesmo para um número pequeno de átomos de carbono e hidrogênio, é possível um grande número de isômeros constitucionais. De fato, o potencial para a individualidade estrutural e de grupo funcional entre moléculas orgânicas construídas apenas a partir das unidades básicas de carbono, hidrogênio, nitrogênio e oxigênio é praticamente ilimitado.

11.3 Qual é a nomenclatura dos alcanos?

A. Sistema Iupac

Em termos ideais, todos os compostos orgânicos devem ter um nome a partir do qual se possa desenhar a fórmula estrutural. Tendo em vista esse objetivo, os químicos adotaram um conjunto de regras estabelecido pela **International Union of Pure and Applied Chemistry – Iupac (União Internacional de Química Pura e Aplicada)**.

O nome Iupac para um alcano com uma cadeia de átomos de carbono não ramificada consiste em duas partes: (1) um prefixo que indica o número de átomos de carbono na cadeia e (2) o sufixo **-ano**, que indica que o composto é um hidrocarboneto saturado. A Tabela 11.2 apresenta os prefixos utilizados para indicar a presença de 1 a 20 átomos de carbono.

A Iupac escolheu os quatro primeiros prefixos listados na Tabela 11.2 porque já estavam bem consolidados muito antes de a nomenclatura ser sistematizada. Por exemplo, o prefixo *but-* aparece no nome ácido butírico, um composto de quatro átomos de carbono formado pela oxidação da gordura de manteiga exposta ao ar (latim: *butyrum*, manteiga). Os prefixos que indicam cinco ou mais carbonos são derivados de números latinos. A Tabela 11.1 apresenta os nomes, as fórmulas moleculares e fórmulas estruturais condensadas para os dez primeiros alcanos de cadeia não ramificada.

TABELA 11.2 Prefixos usados no sistema Iupac para indicar a presença de 1 a 20 carbonos numa cadeia não ramificada

Prefixo	Número de átomos de carbono	Prefixo	Número de átomos de carbono	Prefixo	Número de átomos de carbono	Prefixo	Número de átomos de carbono
met-	1	hex-	6	undec-	11	hexadec-	16
et-	2	hept-	7	dodec-	12	heptadec-	17
prop-	3	oct-	8	tridec-	13	octadec-	18
but-	4	non-	9	tetradec-	14	nonadec-	19
pent-	5	dec-	10	pentadec-	15	eicos-	20

Os nomes Iupac dos alcanos de cadeia ramificada consistem em um nome principal que indica a cadeia mais longa de átomos de carbono e nomes de substituintes que indicam os grupos ligados à cadeia principal. Por exemplo:

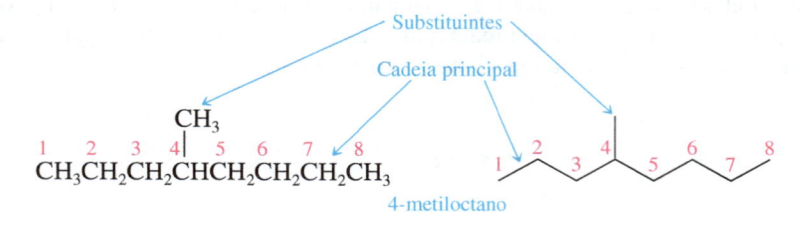

4-metiloctano

O grupo substituinte derivado do alcano pela remoção de um átomo de hidrogênio chama-se **grupo alquila** e geralmente é representado pelo símbolo **R—**. Para dar nome aos grupos alquila, retiramos o sufixo *-ano* do alcano principal e adicionamos o sufixo *-ila*. A Tabela 11.3 apresenta os nomes e as fórmulas estruturais condensadas dos oito grupos alquila mais conhecidos. O prefixo *sec-* é uma abreviação de "secundário", ou seja, um carbono ligado a dois outros carbonos. O prefixo *terc-* é uma abreviação de "terciário", ou seja, um carbono ligado a três outros carbonos.

As regras da nomenclatura Iupac para os alcanos são as seguintes:

Grupo alquila Grupo formado pela remoção de um hidrogênio do alcano; é simbolizado por R—.

R— Símbolo usado para representar o grupo alquila.

1. O nome do alcano de cadeia de átomos de carbono não ramificada consiste em um prefixo que indica o número de carbonos da cadeia principal e o sufixo *-ano*.

TABELA 11.3 Nomes dos oito grupos alquila mais conhecidos

Nome	Fórmula estrutural condensada	Nome	Fórmula estrutural condensada
Metila	—CH_3	Butila	—$CH_2CH_2CH_2CH_3$

Etila	—CH_2CH_3	Isobutila	—CH_2CHCH_3
			              |
			             CH_3

Propila	—$CH_2CH_2CH_3$	*sec*-butila	—$CHCH_2CH_3$
			   |
			   CH_3

Isopropila	—$CHCH_3$
	   |
	   CH_3
		terc-butila	CH_3
			     |
			 —CCH_3
			     |
			     CH_3

2. Para alcanos de cadeia ramificada, a cadeia de carbonos mais longa será a cadeia principal, e o nome desta cadeia vai constituir a raiz do nome do alcano.
3. A cada substituinte na cadeia principal, dê um nome e um número. O número indica o átomo de carbono da cadeia principal ao qual está ligado o substituinte. Use hífen para associar o número ao nome.

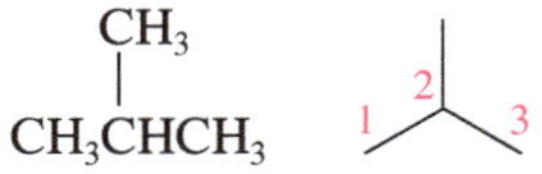

$$CH_3CHCH_3$$
com CH_3 ligado ao carbono 2
2-metilpropano

4. Se houver apenas um substituinte, numere a cadeia principal a partir da extremidade que der ao substituinte o número mais baixo.

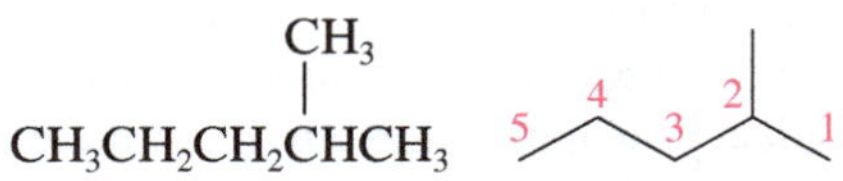

$$CH_3CH_2CH_2CHCH_3$$
com CH_3 ligado
2-metilpentano
(e não 4-metilpentano)

5. Se o mesmo substituinte ocorrer mais de uma vez, numere a cadeia principal a partir da extremidade que der o número mais abaixo ao substituinte primeiramente indicado. Indique o número de vezes em que o substituinte aparece com os prefixos *di-*, *tri-*, *tetra-*, *penta-*, *hexa-* e assim por diante. Use vírgula para separar os números relativos às posições.

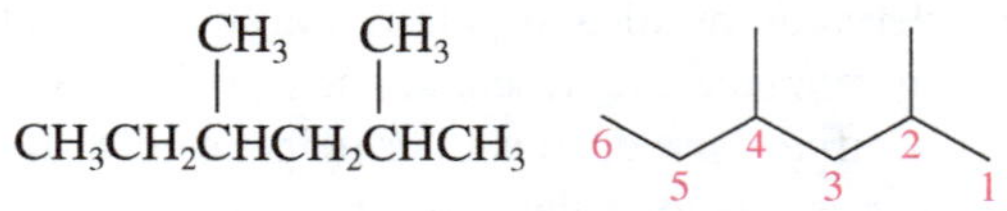

$$\underset{\begin{array}{c}\text{2,4-dimetilexano}\\\text{(e não 3,5-dimetilexano)}\end{array}}{\text{CH}_3\text{CH}_2\overset{\overset{\text{CH}_3}{|}}{\text{CH}}\text{CH}_2\overset{\overset{\text{CH}_3}{|}}{\text{CH}}\text{CH}_3}$$

6. Se houver dois ou mais substituintes diferentes, disponha-os em ordem alfabética e numere a cadeia a partir da extremidade que der o número mais abaixo ao substituinte primeiramente indicado. Se houver diferentes substituintes em posições equivalentes em extremidades opostas da cadeia principal, dê ao substituinte de ordem alfabética mais baixa o número menor.

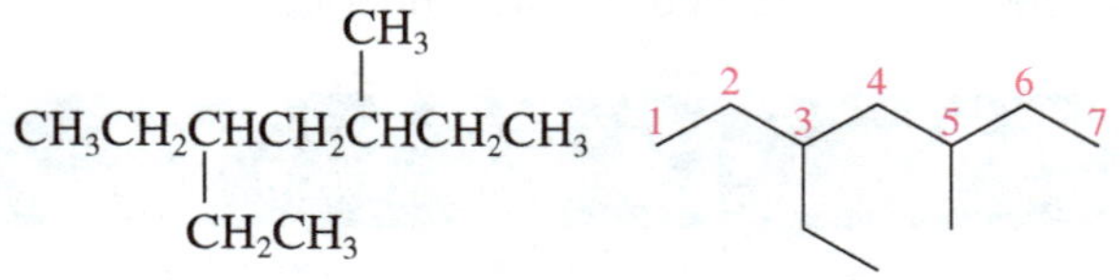

$$\underset{\begin{array}{c}\text{3-etil-5-metileptano}\\\text{(e não 3-metil-5-etilpentano)}\end{array}}{\underset{\text{CH}_2\text{CH}_3}{\overset{\text{CH}_3}{\text{CH}_3\text{CH}_2\overset{|}{\text{CH}}\text{CH}_2\overset{|}{\text{CH}}\text{CH}_2\text{CH}_3}}}$$

7. Não inclua os prefixos *di-*, *tri*, *tetra-* e assim por diante ou os prefixos hifenizados *sec-* e *terc-* quando estiver arranjando os substituintes em ordem alfabética. Primeiro, disponha-os em ordem alfabética e depois insira os prefixos. No exemplo seguinte, as partes colocadas em ordem alfabética são **etil** e **metil**, e não *etil* e *dimetil*.

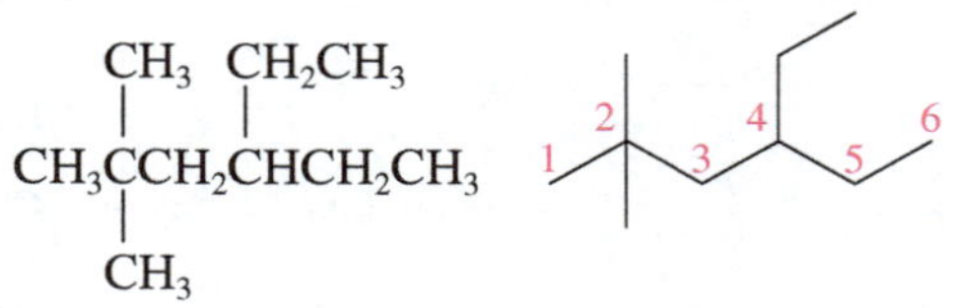

$$\underset{\begin{array}{c}\text{4-etil-2,2-dimetilexano}\\\text{(e não 2,2-dimetil-4-etilexano)}\end{array}}{\underset{\text{CH}_3}{\overset{\text{CH}_3\quad\text{CH}_2\text{CH}_3}{\text{CH}_3\overset{|}{\text{C}}\text{CH}_2\overset{|}{\text{CH}}\text{CH}_2\text{CH}_3}}}$$

Exemplo 11.4 Nomenclatura Iupac para os alcanos

Escreva a fórmula molecular e o nome Iupac para cada um dos alcanos.

(a)

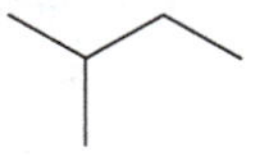

(b)

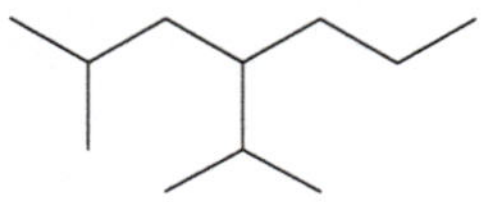

Estratégia

Se houver apenas um substituinte na cadeia principal, como em (a), numere essa cadeia a partir da extremidade que der ao substituinte o número mais baixo possível. Se houver dois ou mais substituintes na cadeia principal, como em (b), numere a cadeia principal a partir da extremidade que der ao substituinte de ordem alfabética mais baixa o menor número possível.

Solução

A fórmula molecular de (a) é C_5H_{12} e a de (b) é $C_{11}H_{24}$. Em (a), numere a cadeia mais longa a partir da extremidade que der ao substituinte metila o número mais baixo (regra 4). Em (b), disponha os substituintes isopropila e metila em ordem alfabética (regra 6).

(a) 2-metilbutano

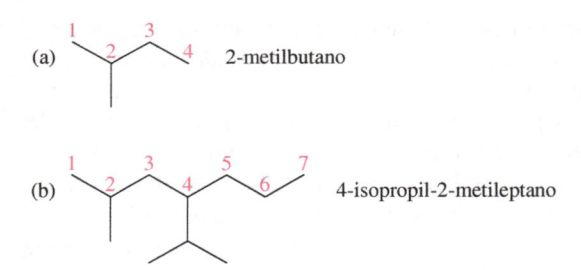

(b) 4-isopropil-2-metileptano

Problema 11.4

Escreva a fórmula molecular e o nome Iupac para cada um dos alcanos.

(a)

(b)

B. Nomes comuns

No antigo sistema de **nomenclatura comum**, o número total de átomos de carbono em um alcano, independentemente de seu arranjo, é que determina o nome. Os três primeiros alcanos são o metano, o etano e o propano. Todos os alcanos de fórmula molecular C_4H_{10} são chamados butanos, todos aqueles de fórmula molecular C_5H_{12} são chamados pentanos, e todos com fórmula molecular C_6H_{14} são denominados hexanos. Para os alcanos de cadeia maior que a do propano, **iso** indica que uma das extremidades da cadeia não ramificada termina com o grupo $(CH_3)_2CH—$. A seguir, apresentamos exemplos de nomes comuns:

$CH_3CH_2CH_2CH_3$ CH_3CHCH_3 $CH_3CH_2CH_2CH_2CH_3$ $CH_3CH_2CHCH_3$
                                    | |
                                 CH_3 CH_3
Butano   Isobutano   Pentano   Isopentano

Esse sistema de nomes comuns não é suficiente para lidar com outros padrões de ramificação e, portanto, para alcanos mais complexos, devemos usar o sistema Iupac, que é mais flexível.

Neste livro, usamos os nomes Iupac. Às vezes, porém, também utilizamos nomes comuns, especialmente quando são usados por químicos e bioquímicos em seu trabalho diário. Quando, no texto, aparecem ambos os nomes, o Iupac e o comum, sempre damos primeiro o nome Iupac, seguido do nome comum entre parênteses. Assim, você não vai ficar com dúvidas sobre o nome a ser usado.

11.4 Como se obtêm os alcanos?

As duas principais fontes de alcanos são o gás natural e o petróleo. O **gás natural** consiste em aproximadamente 90% a 95% de metano, 5% a 10% de etano e uma mistura de outros alcanos de ponto de ebulição relativamente baixos – principalmente propano, butano e 2-metilpropano.

O **petróleo** é uma mistura líquida, espessa e viscosa, de milhares de compostos, a maior parte deles hidrocarbonetos formados a partir da decomposição de plantas e animais marinhos. O petróleo e seus derivados servem como combustível para automóveis, aeronaves e trens. Eles fornecem a maioria das graxas e dos lubrificantes usados nas máquinas utilizadas por nossa sociedade altamente industrializada. Além disso, o petróleo e o gás natural fornecem quase 90% das matérias-primas orgânicas para a síntese e manufatura de fibras sintéticas, plásticos, detergentes, fármacos, corantes e vários outros produtos.

O processo de separação fundamental na refinação do petróleo é a destilação fracionada (Figura 11.3). Praticamente todo o petróleo bruto que entra em uma refinaria vai para as unidades de destilação, onde é aquecido a temperaturas de 370 a 425 °C e separado em frações. Cada fração contém uma mistura de hidrocarbonetos que entra em ebulição em uma determinada faixa de temperatura.

Torres de destilação fracionada de petróleo.

Gases
Faixa do ponto de ebulição abaixo de 20 °C
(Hidrocarbonetos C_1—C_4; usados como combustíveis e reagentes para fazer plásticos)

Gasolina (naftas) 20-200 °C
(Hidrocarbonetos C_5—C_{12}; usados como combustíveis para motores e solventes industriais)

Querosene 175-275 °C (hidrocarbonetos C_{12}—C_{16}; usados em óleos para lâmpadas, combustível diesel e material de partida para craqueamento catalítico)

Óleo combustível 250-400 °C (hidrocarbonetos C_{15}—C_{18}; usados em craqueamento catalítico, óleo para aquecimento e combustível diesel)

Óleo lubrificante acima de 350 °C
(hidrocarbonetos C_{16}—C_{20}; usados como lubrificantes)

Tubulação da condução do material

O óleo bruto e o vapor são preaquecidos

Resíduo (asfalto)
(hidrocarbonetos > C_{20})

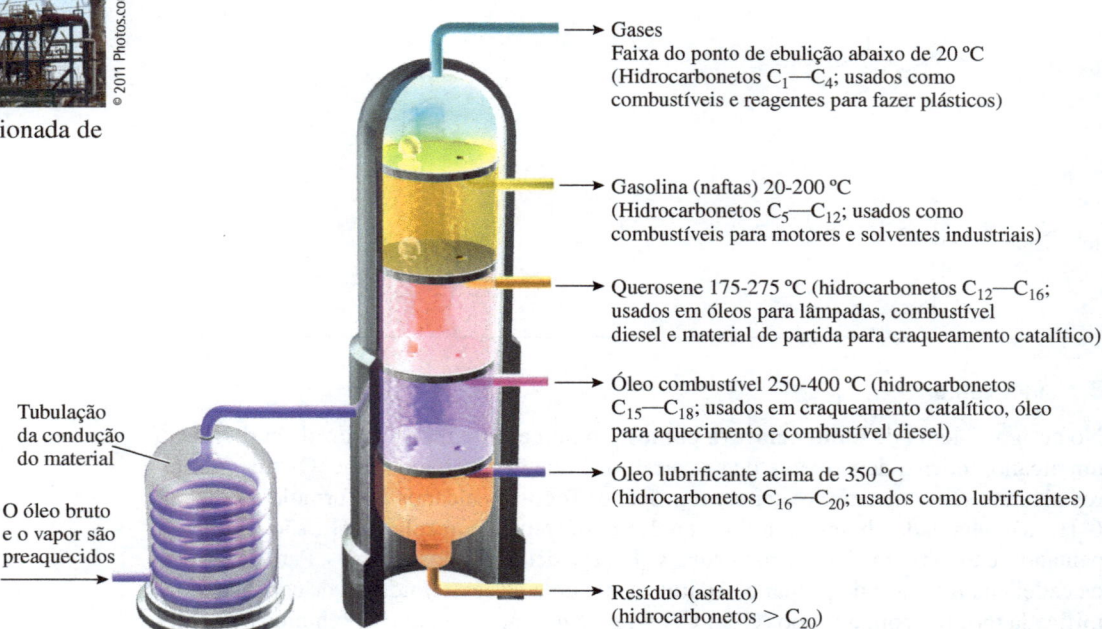

FIGURA 11.3 Destilação fracionada do petróleo. As frações mais leves, mais voláteis, são removidas por cima, enquanto as frações mais pesadas, menos voláteis, são removidas por baixo.

11.5 O que são cicloalcanos?

Cicloalcano Hidrocarboneto saturado que contém átomos de carbono ligados de modo a formar um anel.

Um hidrocarboneto que contém átomos de carbono ligados de modo a formar um anel chama-se **hidrocarboneto cíclico**. Quando todos os carbonos do anel são saturados (somente ligações simples), o hidrocarboneto é chamado **cicloalcano**. Cicloalcanos com anéis que variam de 3 a 30 átomos de carbono são encontrados naturalmente, não havendo, em princípio, limite para o tamanho do anel. Anéis de cinco membros (ciclopentano) e seis membros (cicloexano) são abundantes na natureza; por essa razão, neste livro vamos enfatizar esses compostos.

Ciclobutano   Ciclopentano   Cicloexano

FIGURA 11.4 Exemplos de cicloalcanos.

Os químicos orgânicos raramente mostram todos os carbonos e hidrogênios quando escrevem fórmulas estruturais para cicloalcanos. Preferem usar fórmulas linha-ângulo para representar anéis de cicloalcanos. Cada anel é representado por um polígono regular com o número de lados igual ao número de átomos de carbono existentes no anel. Por exemplo, representamos o ciclobutano por um quadrado, o ciclopentano por um pentágono e o cicloexano por um hexágono (Figura 11.4).

Para dar nome a um cicloalcano, adicione o prefixo *ciclo-* ao nome do alcano correspondente de cadeia aberta e inclua o nome de cada substituinte do anel. Se houver apenas um substituinte, não vai ser necessário dar um número de posição. Se houver dois substituintes, numere o anel começando com o substituinte de ordem alfabética mais baixa.

Exemplo 11.5 Nomes Iupac de cicloalcanos

Escreva a fórmula molecular e o nome Iupac destes cicloalcanos.

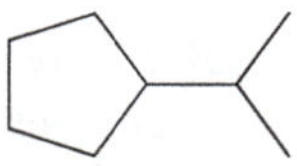

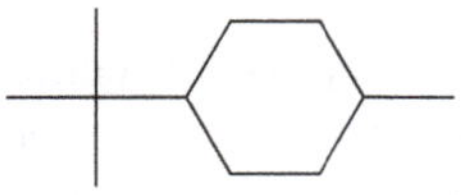

Estratégia

Para os cicloalcanos, o nome principal do anel é o prefixo *ciclo-* mais o nome do alcano com o mesmo número de átomos do anel em questão. Se houver apenas um substituinte no anel, como em (a), não vai ser preciso dar-lhe um número. Se houver dois ou mais substituintes no anel, como em (b), numere os átomos de carbono do anel começando no carbono com o substituinte de ordem alfabética mais baixa. Se houver três ou mais substituintes, numere os átomos do anel de modo que os substituintes tenham o menor conjunto de números de menor valor e depois disponha-os em ordem alfabética.

Solução

(a) A fórmula molecular desse composto é C_8H_{16}. Como somente há um substituinte, não é preciso numerar os átomos do anel. O nome Iupac desse cicloalcano é isopropilciclopentano.

(b) A fórmula molecular é $C_{11}H_{22}$. Para dar nome a esse composto, primeiro numere os átomos do anel do cicloexano começando com o *terc*-butil, o substituinte de ordem alfabética mais baixa (lembre-se de que aqui a ordem alfabética é determinada pelo *b* de butil, e não pelo *t* de *terc*-). O nome desse cicloalcano é 1-*terc*-butil-4-metilcicloexano.

Problema 11.5

Escreva a fórmula molecular e o nome Iupac de cada cicloexano.

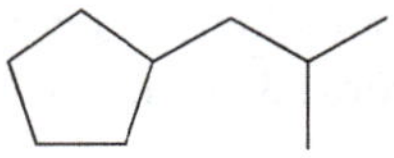

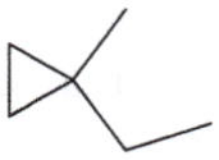

11.6 Quais são os formatos dos alcanos e cicloalcanos?

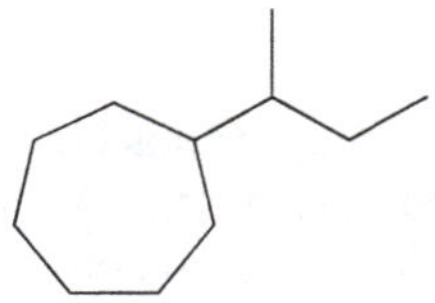

Reveja a Seção 3.10 e o uso do modelo de repulsão dos pares eletrônicos da camada de valência (VSEPR) para prever ângulos de ligação e formatos de moléculas.

Nesta seção, vamos visualizar moléculas como objetos tridimensionais e também os ângulos de ligação e as distâncias entre vários átomos e grupos funcionais dentro de uma molécula. Recomendamos que você construa modelos moleculares desses compostos e estude e manipule esses modelos. Moléculas orgânicas são objetos tridimensionais, e é fundamental que você possa tratá-las como tais.

Conformação Qualquer arranjo tridimensional de átomos em uma molécula resultante da rotação em torno de uma ligação simples.

A. Alcanos

Embora o modelo VSEPR possa prever a geometria em torno de cada átomo de carbono em um alcano, não nos dá nenhuma informação sobre o formato tridimensional de toda uma molécula. Nos alcanos há, de fato, uma rotação livre em torno de cada ligação carbono--carbono. Consequentemente, mesmo uma molécula simples como o etano apresenta um número infinito de possíveis formatos tridimensionais ou **conformações**.

A Figura 11.5 mostra três conformações para a molécula de butano. A conformação (a) é a mais estável porque os grupos metila, nas extremidades da cadeia de quatro carbonos, encontram-se à maior distância possível uns dos outros. A conformação (b) é formada por uma rotação de 120° em torno da ligação simples que une os carbonos 2 e 3. Nessa conformação, ocorre certa aglomeração dos grupos metila, que estão mais próximos que na conformação (a). A rotação em torno da ligação simples C_2—C_3 por mais 60° resulta na conformação (c), que é a mais aglomerada porque os dois grupos metila encontram-se um na frente do outro.

A Figura 11.5 mostra apenas três das possíveis conformações de uma molécula de butano. De fato, há um número infinito de possíveis conformações que diferem somente nos ângulos de rotação em torno das várias ligações C—C dentro de uma molécula. Em uma amostra real de butano, a conformação de cada molécula muda constantemente como resultado de colisões com outras moléculas de butano e com as paredes do recipiente. Mesmo assim, em qualquer momento, a maior parte das moléculas de butano ocorre na conformação mais estável e mais estendida, e uma pequena parte aparece na conformação mais aglomerada.

Em suma, para qualquer alcano (exceto, é claro, o metano) há um número infinito de conformações. Em qualquer amostra, a maioria das moléculas vai aparecer na conformação menos aglomerada, e uma minoria se apresentará na conformação mais aglomerada.

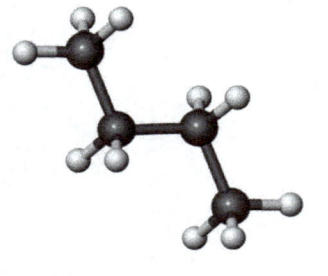

(a) Conformação menos aglomerada; os grupos metila estão mais distantes entre si.

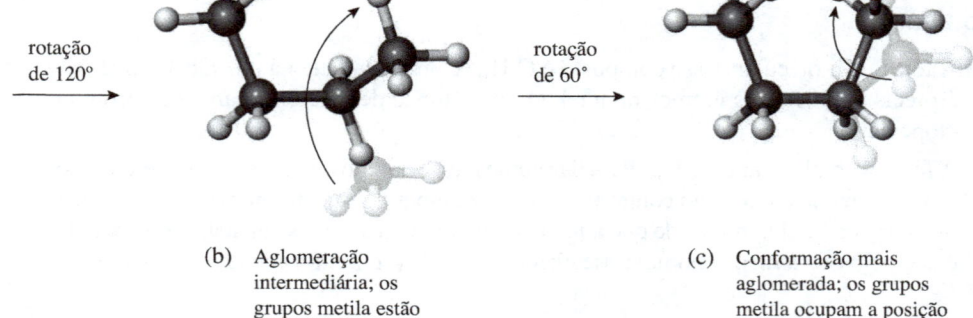

rotação de 120°

(b) Aglomeração intermediária; os grupos metila estão mais próximos entre si.

rotação de 60°

(c) Conformação mais aglomerada; os grupos metila ocupam a posição de maior proximidade.

FIGURA 11.5 Três conformações de uma molécula de butano.

B. Cicloalcanos

Vamos limitar nossa discussão às conformações dos ciclopentanos e cicloexanos porque são os anéis carbônicos mais encontrados na natureza. As conformações não planares e dobradas são favorecidas em todos os cicloalcanos maiores que o ciclopropano.

Ciclopentano

A conformação mais estável do ciclopentano é a **conformação envelope** mostrada na Figura 11.6. Nela, quatro átomos de carbono estão em um mesmo plano, e o quinto carbono encontra-se dobrado, fora do plano, como um envelope com a aba dobrada para cima. Todos os ângulos de ligação no ciclopentano são de aproximadamente 109,5°.

Cicloexano

A conformação mais estável do cicloexano é a **conformação cadeira** (Figura 11.7), em que todos os ângulos de ligação são de aproximadamente 109,5°.

Em uma conformação cadeira, as 12 ligações C—H são arranjadas em duas orientações diferentes. Seis delas são **ligações axiais**, e as outras seis, **ligações equatoriais**. Uma das maneiras de visualizar a diferença entre esses dois tipos de ligação é imaginar um eixo que

FIGURA 11.6 A conformação mais estável do ciclopentano.

Posição equatorial Posição na conformação cadeira do cicloexano que se estende quase perpendicularmente ao eixo imaginário do anel.
Posição axial Posição na conformação cadeira do cicloexano que se estende paralelamente ao eixo imaginário do anel.

se estende no centro da cadeira (Figura 11.8). Ligações axiais são orientadas paralelamente a esse eixo. Três das ligações axiais apontam para cima, e as outras três, para baixo. Observe também que as ligações axiais se alternam, primeiro para cima e depois para baixo, à medida que se vai de um carbono para outro.

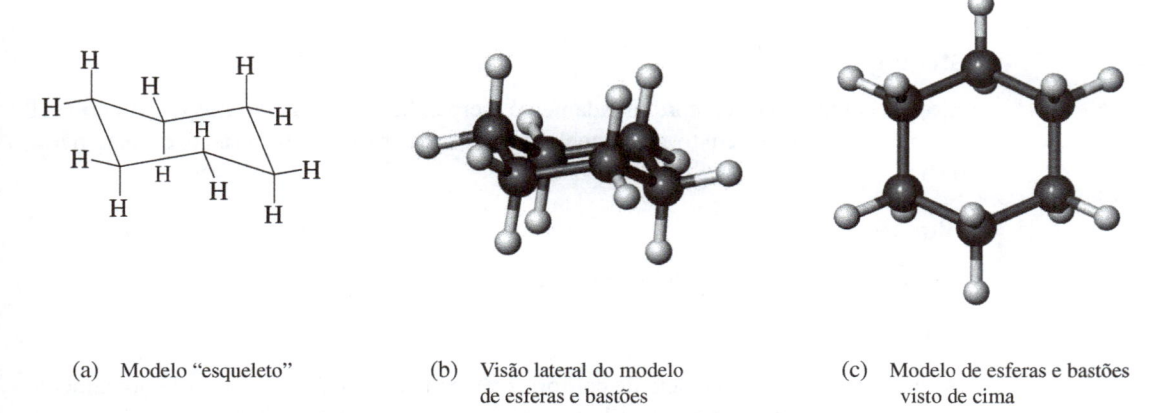

(a) Modelo "esqueleto" (b) Visão lateral do modelo de esferas e bastões (c) Modelo de esferas e bastões visto de cima

FIGURA 11.7 Cicloexano. A conformação mais estável é a conformação cadeira.

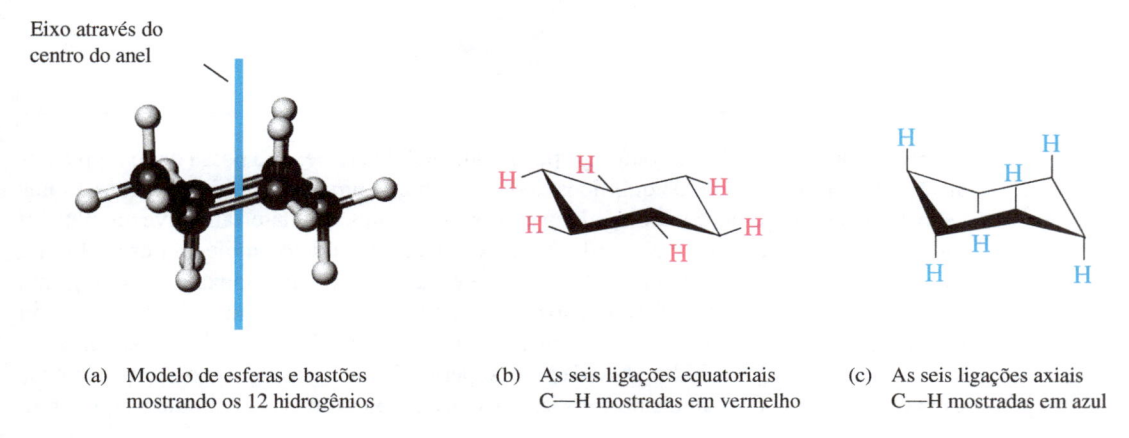

Eixo através do centro do anel

(a) Modelo de esferas e bastões mostrando os 12 hidrogênios (b) As seis ligações equatoriais C—H mostradas em vermelho (c) As seis ligações axiais C—H mostradas em azul

FIGURA 11.8 Conformação cadeira do cicloexano mostrando as ligações equatoriais e axiais C—H.

As ligações equatoriais são orientadas quase perpendicularmente ao eixo imaginário do anel e também de modo alternado, primeiro para cima e depois para baixo, à medida que se vai de um carbono para outro. Observe também que, se a ligação axial em um carbono aponta para cima, a ligação equatorial nesse carbono aponta ligeiramente para baixo. Inversamente, se a ligação axial em um determinado carbono aponta para baixo, a ligação equatorial nesse carbono aponta ligeiramente para cima.

Finalmente, observe que cada ligação equatorial é orientada paralelamente às duas ligações que ocupam lados opostos no anel. Um par diferente de ligações C—H paralelas é mostrado em cada uma das seguintes fórmulas estruturais, além das duas ligações do anel às quais cada par é paralelo.

Exemplo 11.6 Conformações cadeira em cicloexanos

A seguir, vemos uma conformação cadeira do metilcicloexano mostrando um grupo metila e um hidrogênio. Indique se são equatoriais ou axiais.

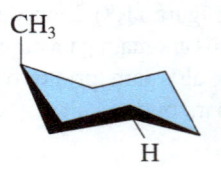

Estratégia

Ligações equatoriais são, aproximadamente, perpendiculares ao eixo imaginário do anel e formam um equador em torno do anel. Ligações axiais são paralelas ao eixo imaginário do anel.

Solução

O grupo metila é axial, e o hidrogênio, equatorial.

Problema 11.6

A seguir, vemos um cicloexano de conformação cadeira com átomos de carbono numerados de 1 a 6. Desenhe grupos metila que sejam equatoriais nos carbonos 1, 2 e 4.

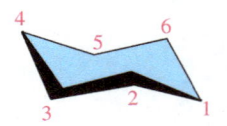

Suponha que o —CH_3 ou outro grupo em um anel do cicloexano possa ocupar uma posição equatorial ou axial. Os químicos descobriram que um anel de seis membros é mais estável quando o número máximo de grupos substituintes é equatorial. Talvez a maneira mais simples de confirmar essa relação é examinar os modelos moleculares. A Figura 11.9(a) mostra o modelo de preenchimento de espaços do metilcicloexano, com o grupo metila em posição equatorial. Nessa posição, o grupo metila está o mais distante possível dos outros átomos do anel. Quando a metila é axial (Figura 11.9(b)), ela literalmente esbarra em dois átomos de hidrogênio da parte superior do anel. Assim, na conformação mais estável de um anel de cicloexano substituído, o grupo, ou grupos, substituído é equatorial.

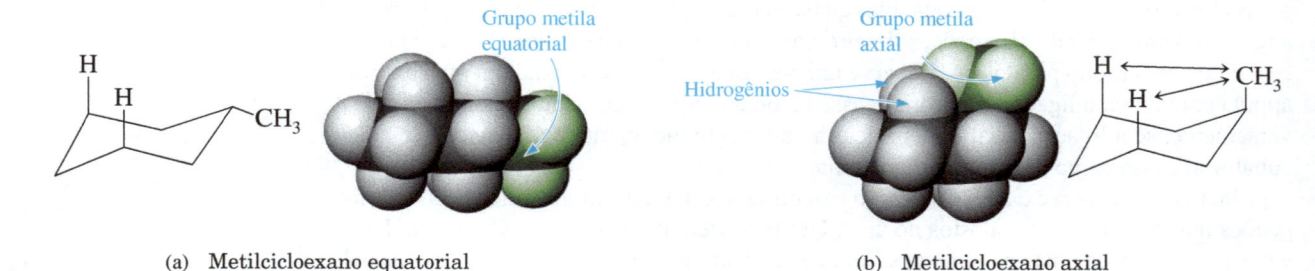

(a) Metilcicloexano equatorial

(b) Metilcicloexano axial

FIGURA 11.9 Metilcicloexano. Os três hidrogênios do grupo metila são mostrados em verde para que se destaquem com mais clareza.

11.7 O que é isomeria *cis-trans* em cicloalcanos?

Isômeros *cis-trans* Isômeros cujos átomos têm a mesma conectividade, mas diferentes arranjos espaciais por causa de um anel ou de uma dupla ligação carbono-carbono.

Cicloalcanos com substituintes em dois ou mais carbonos do anel mostram um tipo de isomeria chamada **isomeria *cis-trans***. Os isômeros *cis-trans* do cicloalcano têm (1) a mesma fórmula molecular e (2) a mesma conectividade entre seus átomos, mas (3) um diferente arranjo de seus átomos no espaço por causa da rotação restrita em torno das ligações sim-

Conexões químicas 11A

O venenoso baiacu

A natureza não se limita a anéis carbônicos de seis membros. A tetrodotoxina, uma das mais potentes toxinas conhecidas, é formada por um conjunto de anéis de seis membros interconectados, cada um deles em conformação cadeira. Somente um desses anéis contém átomos que não sejam carbonos.

A tetrodotoxina é produzida no fígado e nos ovários de muitas espécies de *Tetraodontidae*, uma das quais é o baiacu, que tem a capacidade de inflar, tornando-se quase uma bola de espinhos quando se sente ameaçado. É uma espécie, portanto, que se preocupa muito com sua própria defesa, mas os japoneses não se intimidam com essa aparência espinhosa. Para eles, esse peixe, que chamam *fugu* em sua língua, é uma guloseima. Para servi-lo em restaurantes, o *chef* deve ser registrado como um profissional suficientemente treinado em remover os órgãos tóxicos de modo que se possa ingerir a carne com segurança.

A tetrodotoxina bloqueia os canais do íon sódio, essenciais para a neurotransmissão (Seção 24.3). Esse bloqueio impede a comunicação entre os neurônios e as células musculares, resultando em fraqueza, paralisia e finalmente morte.

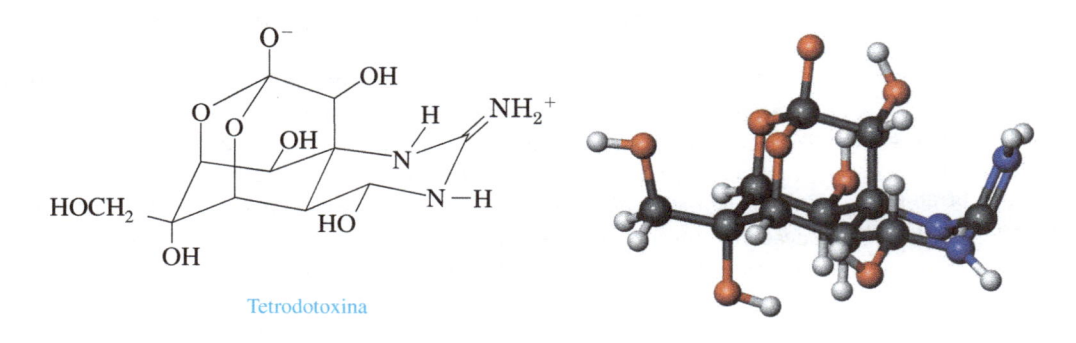

Tetrodotoxina

---

ples carbono-carbono no anel. Neste capítulo, estudaremos a isomeria *cis-trans* nos cicloalcanos, e no Capítulo 12, a isomeria nos alcenos.

Podemos ilustrar a isomeria *cis-trans* em cicloalcanos usando o 1,2-dimetilciclopentano como exemplo. Nas seguintes fórmulas estruturais, o anel do ciclopentano é desenhado como um pentágono planar visto através do plano do anel. (Ao determinar o número de isômeros *cis-trans* em um cicloalcano substituído, é adequado desenhar o anel do cicloalcano como um polígono planar.) As ligações carbono-carbono do anel que se projetam na direção do leitor são mostradas como linhas mais escuras. Quando vistos dessa perspectiva, os substituintes ligados ao anel do ciclopentano projetam-se para cima e para baixo do plano do anel. Em um dos isômeros do 1,2-dimetilciclopentano, os grupos metila estão do mesmo lado do anel (seja acima ou abaixo do plano do anel); no outro isômero, estão em lados opostos do anel (um acima e um abaixo do plano do anel).

O prefixo ***cis*** (do latim "do mesmo lado") indica que os substituintes estão do mesmo lado do anel; o prefixo ***trans*** (do latim "do outro lado") indica que se encontram em lados opostos do anel.

> Isômeros *cis-trans* também são chamados isômeros geométricos.
>
> Representações planares de anéis de cinco e seis membros não são espacialmente precisas porque normalmente esses anéis existem em conformações envelope e cadeira. As representações planares, porém, são adequadas para mostrar a isomeria *cis-trans*.

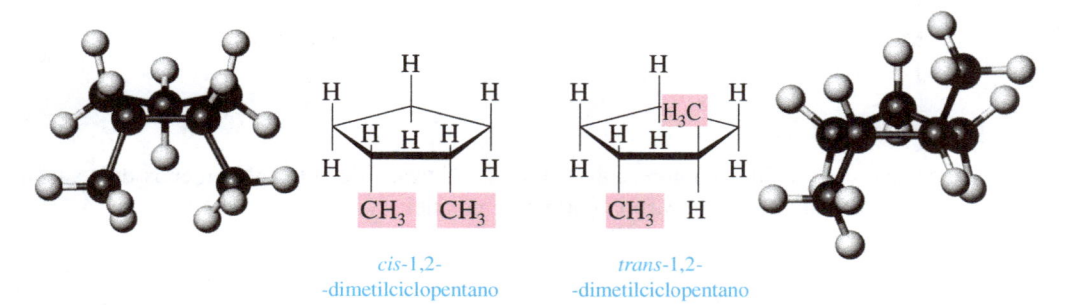

cis-1,2--dimetilciclopentano

trans-1,2--dimetilciclopentano

Podemos ainda visualizar o anel do ciclopentano como um pentágono regular visto de cima, com o anel no plano da página. Os substituintes no anel ou se projetam na direção do leitor (isto é, projetam-se acima da página), e são mostrados na forma de cunhas contínuas, ou se projetam para trás (projetam-se abaixo da página), e são mostrados como cunhas tracejadas. Nas fórmulas estruturais seguintes, mostramos os dois grupos metila; os átomos de hidrogênio do anel não são mostrados.

> Ocasionalmente, os átomos de hidrogênio são representados antes dos átomos de carbono, $H_3C—$, para evitar aglomeração ou para enfatizar a ligação C—C, como em $H_3C—CH_3$.

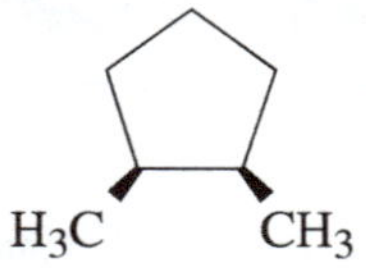

cis-1,2-dimetilciclo-
pentano

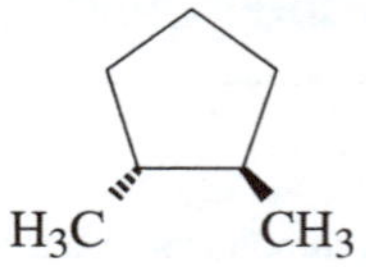

trans-1,2-dimetilciclo-
pentano

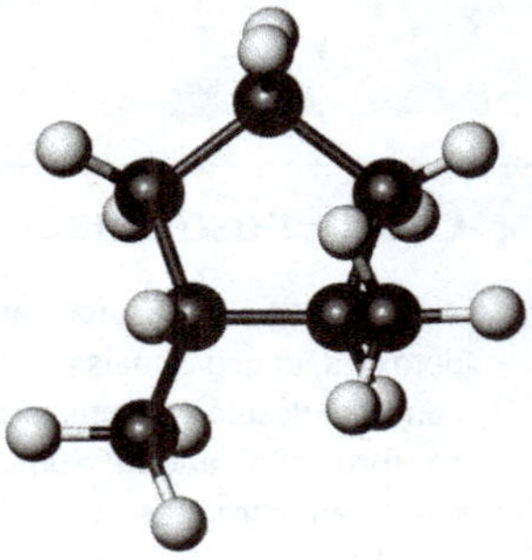

Estereocentro Átomo tetraédrico, geralmente o carbono, em que a troca de dois grupos produz um estereoisômero.

Configuração Refere-se ao arranjo de átomos em torno de um estereocentro, isto é, ao arranjo relativo de partes de uma molécula no espaço.

Dizemos que o 1,2-dimetilciclopentano tem dois estereocentros. Um deles é um átomo tetraédrico, geralmente o carbono, cuja troca por dois grupos produz um estereoisômero. Os carbonos 1 e 2 do 1,2-dimetilciclopentano, por exemplo, são **estereocentros**; nessa molécula, a troca dos grupos H e CH$_3$, em ambos os estereocentros, converte um isômero *trans* em um isômero *cis* ou vice-versa.

Podemos ainda nos referir aos estereoisômeros 1,2-dimetilciclobutano como tendo uma configuração *cis* ou *trans*. A **configuração** refere-se ao arranjo de átomos em torno de um estereocentro. Dizemos, por exemplo, que a troca de grupos em um ou outro estereocentro na configuração *cis* resulta no isômero de configuração *trans*.

Os isômeros *cis* e *trans* também são possíveis para o 1,4-dimetilcicloexano. Podemos desenhar um anel do cicloexano como um hexágono planar e visualizá-lo através do plano do anel. Mas também podemos visualizá-lo como um hexágono regular visto de cima, com os grupos substituintes apontando para o leitor, e representados por cunhas sólidas, ou apontando para trás, representados por cunhas tracejadas.

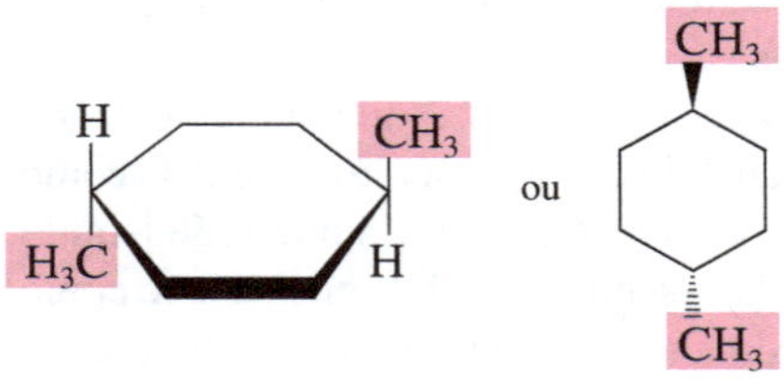

trans-1,4-dimetilcicloexano

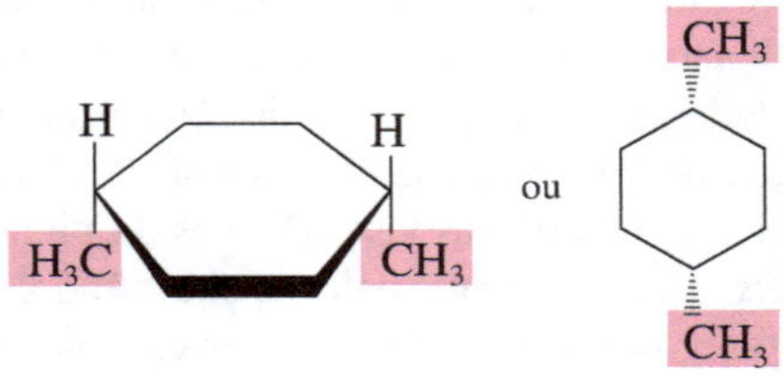

cis-1,4-dimetilcicloexano

Estereoisômeros Isômeros que têm a mesma conectividade entre seus átomos, mas com diferente orientação desses átomos no espaço.

Como os isômeros *cis-trans* diferem na orientação de seus átomos no espaço, eles são **estereoisômeros**. A isomeria *cis-trans* é um dos tipos de estereoisomeria. Vamos estudar um outro tipo de estereoisomeria, a chamada enantiomeria, no Capítulo 15.

Exemplo 11.7 Isomeria *cis-trans* nos cicloalcanos

Qual dos seguintes cicloalcanos apresenta isomeria *cis-trans*? Para cada um que apresentar, desenhe ambos os isômeros.
(a) Metilciclopentano
(b) 1,1-dimetilciclopentano
(c) 1,3-dimetilciclobutano

Estratégia

Para que um cicloalcano apresente isomeria *cis-trans*, deve ter pelo menos dois substituintes, cada um deles em carbono diferente no anel.

Solução

(a) O metilciclopentano não apresenta isomeria *cis-trans*; pois tem somente um substituinte no anel.
(b) O 1,1-dimetilciclobutano não apresenta isomeria *cis-trans* porque apenas um arranjo é possível para os dois grupos metila. Como ambos estão ligados ao mesmo carbono, devem estar em posição *trans* entre si – um acima do anel, o outro abaixo.
(c) O 1,3-dimetilciclobutano apresenta isomeria *cis-trans*. Os dois grupos metila podem ser *cis* ou *trans*.

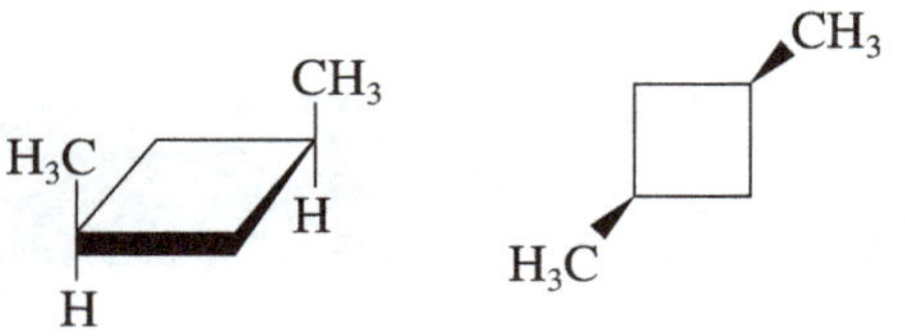

cis-1,3-dimetilciclobutano 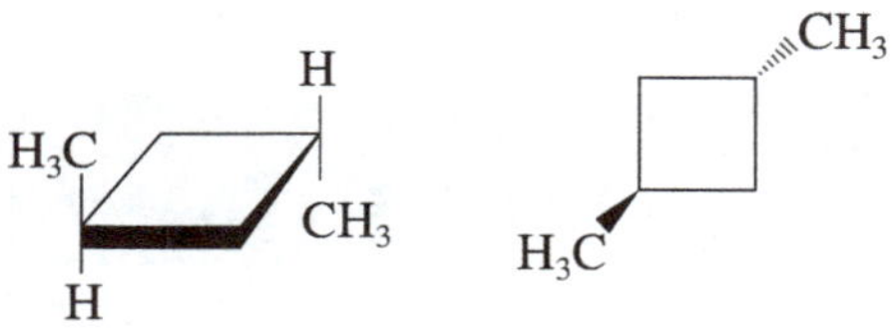   *trans*-1,3-dimetilciclobutano

Problema 11.7

Qual ou quais dos seguintes cicloalcanos apresentam isomeria *cis-trans*? Para cada um deles que apresentar, desenhe ambos os isômeros.
(a) 1,3-dimetilciclopentano
(b) Etilciclopentano
(c) 1,3-dimetilcicloexano

11.8 Quais são as propriedades físicas dos alcanos?

A propriedade mais importante dos alcanos e cicloalcanos é sua quase total falta de polaridade. Vimos na Seção 3.4B que a diferença de eletronegatividade entre carbono e hidrogênio é de $2,5 - 2,1 = 0,4$ na escala Pauling. Dada essa pequena diferença, classificamos uma ligação C—H como covalente apolar. Assim, alcanos são compostos apolares e as únicas interações entre suas moléculas são as forças de dispersão de London, elas mesmas muito fracas (Seção 5.7A).

A. Pontos de fusão e ebulição

Os pontos de ebulição dos alcanos são mais baixos que os de quase todos os outros compostos de mesma massa molecular. Em geral, tanto o ponto de ebulição como o ponto de fusão dos alcanos aumentam com a massa molecular (Tabela 11.4).

Alcanos com 1 a 4 carbonos são gases em temperatura ambiente. Alcanos que contêm de 5 a 17 carbonos são líquidos incolores. Os alcanos de alta massa molecular (aqueles que contêm 18 ou mais carbonos) são sólidos brancos e cerosos. Diversas ceras vegetais são alcanos de alta massa molecular. A cera encontrada na casca da maçã, por exemplo, é um alcano não ramificado de fórmula molecular $C_{27}H_{56}$. A cera de parafina, uma mistura de alcanos de alta massa molecular, é usada em velas de cera, lubrificantes e para selar frascos de compotas, geleias e outras conservas de fabricação caseira. O petrolato, que é um derivado da refinação do petróleo, é uma mistura líquida de alcanos de alta massa molecular. É vendido como óleo mineral e vaselina e é usado como unguento em produtos farmacêuticos e cosméticos, e como lubrificante e protetor contra ferrugem.

Alcanos que são isômeros constitucionais são compostos diferentes que apresentam diferentes propriedades físicas e químicas. Na Tabela 11.5, vemos uma lista dos pontos de ebulição dos cinco isômeros constitucionais de fórmula molecular C_6H_{14}. O ponto de ebulição de cada isômero de cadeia ramificada é mais baixo que o do próprio hexano; quanto mais ramificado, menor o ponto de ebulição. Essas diferenças de ponto de ebulição estão relacionadas ao formato da molécula da seguinte maneira. À medida que aumenta a ramificação, a molécula do alcano torna-se mais compacta e sua área superficial diminui. Como vimos na Seção 5.7A, à medida que diminui a área superficial, as forças de dispersão de London agem sobre uma área superficial menor. Assim, a atração entre as moléculas diminui e o ponto de ebulição aumenta. Para qualquer grupo de isômeros constitucionais alcanos, portanto, o isômero menos ramificado geralmente tem o ponto de ebulição mais alto, e o isômero mais ramificado, o ponto de ebulição mais baixo.

TABELA 11.4 Propriedades físicas de alguns alcanos não ramificados

Nome	Fórmula estrutural condensada	Massa molecular (u)	Ponto de fusão (°C)	Ponto de ebulição (°C)	Densidade do líquido (g/mL a 0 °C)*
Metano	CH_4	16,0	−182	−164	(a gas)
Etano	CH_3CH_3	30,1	−183	−88	(a gas)
Propano	$CH_3CH_2CH_3$	44,1	−190	−42	(a gas)
Butano	$CH_3(CH_2)_2CH_3$	58,1	−138	0	(a gas)
Pentano	$CH_3(CH_2)_3CH_3$	72,2	−130	36	0,626
Hexano	$CH_3(CH_2)_4CH_3$	86,2	−95	69	0,659
Heptano	$CH_3(CH_2)_5CH_3$	100,2	−90	98	0,684
Octano	$CH_3(CH_2)_6CH_3$	114,2	−57	126	0,703
Nonano	$CH_3(CH_2)_7CH_3$	128,3	−51	151	0,718
Decano	$CH_3(CH_2)_8CH_3$	142,3	−30	174	0,730

*Comparando, a densidade de H_2O é 1,000 g/mL a 4 °C.

TABELA 11.5 Pontos de ebulição dos cinco alcanos isoméricos de fórmula molecular C_6H_{14}

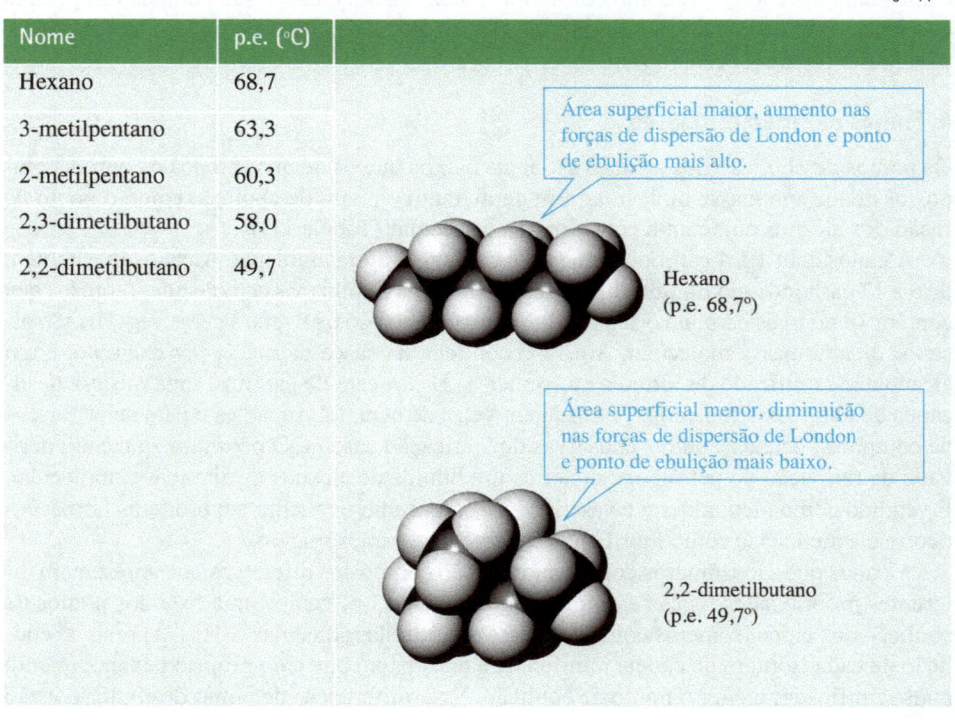

Nome	p.e. (°C)
Hexano	68,7
3-metilpentano	63,3
2-metilpentano	60,3
2,3-dimetilbutano	58,0
2,2-dimetilbutano	49,7

Área superficial maior, aumento nas forças de dispersão de London e ponto de ebulição mais alto.

Hexano (p.e. 68,7°)

Área superficial menor, diminuição nas forças de dispersão de London e ponto de ebulição mais baixo.

2,2-dimetilbutano (p.e. 49,7°)

B. Solubilidade: um caso de "semelhante dissolve semelhante"

Como os alcanos são compostos apolares, eles não são solúveis em água, que dissolve apenas compostos iônicos e polares. A água é uma substância polar e suas moléculas se associam entre si através de ligações de hidrogênio (Seção 6.6D). Os alcanos não se dissolvem na água porque não podem formar ligações de hidrogênio, no entanto são solúveis uns nos outros, um exemplo de "semelhante dissolve semelhante" (Seção 6.4A). Alcanos também são solúveis em outros compostos orgânicos apolares, tais como o tolueno e o éter dietílico.

C. Densidade

A densidade média dos alcanos líquidos listada na Tabela 11.4 é de aproximadamente 0,7 g/mL; de alcanos de massa molecular mais alta, é em torno de 0,8 g/mL. Todos os alcanos líquidos e sólidos são menos densos que a água (1,000 g/mL) e, como são insolúveis em água, flutuam nesse solvente.

Exemplo 11.8 Propriedades físicas dos alcanos

Disponha os seguintes alcanos na ordem crescente de seus pontos de ebulição.
(a) Butano, decano e hexano
(b) 2-metileptano, octano e 2,2,4-trimetilpentano

Estratégia

Todos os compostos são alcanos, e as únicas forças de atração entre moléculas de alcano são as forças de dispersão de London. À medida que aumenta o número de carbonos em um hidrocarboneto, aumentam as forças de dispersão de London entre as cadeias e, portanto, também aumenta o ponto de ebulição (Seção 5.7A). Para alcanos que são isômeros constitucionais, a intensidade das forças de dispersão de London entre as moléculas depende do formato. Quanto mais compacta a molécula, mais fracas as forças intermoleculares de atração, e mais baixo o ponto de ebulição.

Solução

(a) Os três compostos são alcanos não ramificados. O decano tem a cadeia carbônica mais longa, as forças de London mais intensas e o ponto de ebulição mais alto. O butano tem a cadeia carbônica mais curta e o ponto de ebulição mais baixo.

Butano
p.e. −0,5 °C

Hexano
p.e. 69 °C

Decano
p.e. 174 °C

(b) Estes três alcanos são isômeros constitucionais de fórmula molecular C_8H_{18}. O 2,2,4-trimetilpentano é o isômero mais ramificado e, portanto, possui a menor área superficial e o ponto de ebulição mais baixo. O octano, o isômero não ramificado, tem a maior área superficial e o ponto de ebulição mais alto.

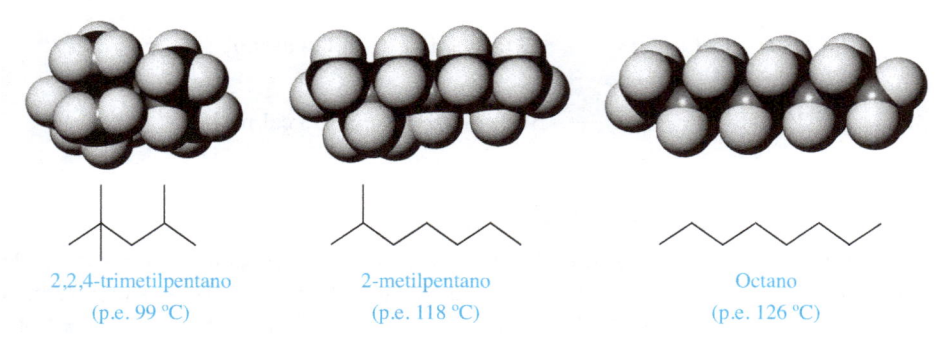

2,2,4-trimetilpentano
(p.e. 99 °C)

2-metilpentano
(p.e. 118 °C)

Octano
(p.e. 126 °C)

Problema 11.8

Disponha os alcanos de cada grupo em ordem crescente de seus pontos de ebulição.
(a) 2-metilbutano, pentano e 2,2-dimetilpropano
(b) 3,3-dimetileptano, nonano e 2,2,4-trimetilexano

11.9 Quais são as reações características dos alcanos?

A propriedade química mais importante dos alcanos e cicloalcanos é sua inércia. Eles são muito pouco reativos nas condições de reação normais iônicas que estudamos nos capítulos 5 e 8. Sob certas condições, porém, os alcanos reagem com o oxigênio, O_2. Sua reação mais importante com o oxigênio é, indubitavelmente, a oxidação (combustão) para formar dióxido de carbono e água. Também reagem com o bromo e o cloro para formar hidrocarbonetos halogenados.

A. Reação com o oxigênio: combustão

A oxidação de hidrocarbonetos, incluindo alcanos e cicloalcanos, é a base de seu uso como fonte de energia para aquecimento (gás natural, gás de petróleo liquefeito (GPL) e óleo combustível) e energia mecânica (gasolina, diesel e combustível para aviação). A seguir, vamos apresentar equações balanceadas para a combustão completa do metano, principal componente do gás natural, e para o propano, principal componente do GPL ou gás engarrafado. O calor liberado quando um alcano é oxidado a dióxido de carbono e água é seu calor de combustão (Seção 4.8).

Conexões químicas 11B

Octanagem: o que são aqueles números na bomba de gasolina?

A gasolina é uma mistura complexa de hidrocarbonetos C_6 a C_{12}. A qualidade da gasolina como combustível para combustão interna de motores é expressa em termos de octanagem. Ocorre detonação (ou "batida de pino") quando uma parcela da mistura ar-combustível explode antes de o pistão atingir o máximo de sua batida (geralmente como resultado de calor desenvolvido durante a compressão) e independentemente da ignição da vela. A onda de choque resultante do pistão contra a parede do cilindro reverbera criando um som metálico agudo característico.

Dois compostos foram selecionados como combustíveis de referência para avaliar a qualidade da gasolina. Um deles, o 2,2,4-trimetilpentano (isoctano) possui ótimas propriedades antidetonantes e sua octanagem é 100. O heptano, o outro composto de referência, apresenta propriedades antidetonantes insuficientes e sua octanagem é 0.

2,2,4-trimetilpentano (octanagem 100)

Heptano (octanagem 0)

A **octanagem** de determinada gasolina é a porcentagem de 2,2,4-trimetilpentano na mistura de 2,2,4-trimetilpentano e heptano que apresente propriedades antidetonantes equivalentes à da gasolina em teste. Por exemplo, as propriedades antidetonantes do 2-metilexano são as mesmas de uma mistura de 42% de 2,2,4-trimetilpentano e 58% de heptano; assim, a octanagem do 2-metilexano é 42. O etanol, que é adicionado à gasolina para produzir gasool, tem octanagem 105. O próprio octano possui octanagem −20.

$$CH_4 + 2O_2 \longrightarrow CO_2 + 2H_2O + 212 \text{ kcal/mol}$$
Metano

$$CH_3CH_2CH_3 + 5O_2 \longrightarrow 3CO_2 + 4H_2O + 530 \text{ kcal/mol}$$
Propano

B. Reação com halogênios: halogenação

Se misturarmos metano com cloro ou bromo, no escuro, em temperatura ambiente, nada vai acontecer. Se, no entanto, aquecermos a mistura até 100 °C ou mais, ou a expusermos à luz, vai começar uma reação imediatamente. Os produtos da reação entre metano e cloro são o clorometano e o cloreto de hidrogênio. O que ocorre é uma reação de substituição – nesse caso, a substituição do hidrogênio pelo cloro, no metano.

$$CH_4 + Cl_2 \xrightarrow{\text{Calor ou luz}} CH_3Cl + HCl$$
Metano   Clorometano
(Cloreto de metila)

Se o clorometano reagir com mais cloro, a cloração adicional vai produzir uma mistura de diclorometano, triclorometano e tetraclorometano.

$$CH_3Cl + Cl_2 \xrightarrow{\text{calor}} CH_2Cl_2 + HCl$$
Clorometano   Diclorometano
(Cloreto de metila)   (Cloreto de metileno)

$$\text{CH}_2\text{Cl}_2 \xrightarrow[\text{calor}]{\text{Cl}_2} \text{CHCl}_3 \xrightarrow[\text{calor}]{\text{Cl}_2} \text{CCl}_4$$

Diclorometano   Triclorometano   Tetraclorometano
(Cloreto de metileno) (Clorofórmio)   (Tetracloreto de carbono)

Na última equação, o reagente Cl_2 é colocado sobre a seta de reação e a quantidade equivalente de HCl formada não é mostrada. Para economizar espaço, costuma-se colocar reagentes sobre as setas de reação e omitir subprodutos.

A atribuição dos nomes Iupac dos haloalcanos é feita com o nome do átomo de halogênio substituinte (*fluoro-*, *cloro-*, *bromo-* e *iodo-*) disposto em ordem alfabética com outros substituintes. Os nomes comuns consistem no nome do halogênio (cloreto, brometo e assim por diante), em separado, seguido do grupo alquila. Diclorometano (cloreto de metileno) é um solvente muito usado para compostos orgânicos.

Exemplo 11.9 Halogenação dos alcanos

Escreva uma equação balanceada para a reação do etano com o cloro formando cloroetano, C_2H_5Cl.

Estratégia

A reação do etano com o cloro resulta na substituição de um dos átomos de hidrogênio do etano por um átomo de cloro.

Solução

$$\underset{\text{Etano}}{\text{CH}_3\text{CH}_3} + \text{Cl}_2 \xrightarrow{\text{calor ou luz}} \underset{\substack{\text{Cloroetano}\\\text{(Cloreto de etila)}}}{\text{CH}_3\text{CH}_2\text{Cl}} + \text{HCl}$$

Problema 11.9

A reação do propano com cloro resulta em dois produtos, cada um deles com a fórmula molecular C_3H_7Cl. Desenhe fórmulas estruturais para esses dois compostos e dê o nome Iupac e o nome comum de cada um.

11.10 Quais são os haloalcanos importantes?

Uma das principais utilidades dos haloalcanos é como intermediários na síntese de outros compostos orgânicos. Assim como podemos substituir um átomo de hidrogênio de um alcano, podemos, por sua vez, substituir o átomo de halogênio por vários outros grupos funcionais, construindo assim moléculas mais complexas. Já os alcanos que contêm vários halogênios geralmente são muito pouco reativos, fato que tem se mostrado útil na elaboração de vários tipos de produtos para consumo.

A. Clorofluorocarbonos

De todos os haloalcanos, os **clorofluorocarbonos** (**CFCs**), produzidos sob o nome comercial de Freons, são os mais conhecidos. Os CFCs são não tóxicos, não inflamáveis e não corrosivos. Originalmente, pareciam ser substitutos ideais para compostos perigosos como a amônia e o dióxido de enxofre, usados antigamente como agentes transferidores de calor em sistemas de refrigeração. Entre os CFCs mais usados para esse propósito, estava o triclorofluorometano (CCl_3F, Freon-11) e diclorofluorometano (CCl_2F_2, Freon-12). Os CFCs também foram amplamente utilizados como solventes de limpeza industrial para preparar superfícies de revestimento, na remoção de óleos de corte e ceras de moendas, e para remover revestimentos protetores. Além disso, foram utilizados como propelentes em sprays de aerossol.

Conexões químicas 11C

O impacto ambiental dos Freons

A preocupação com o impacto ambiental dos CFCs surgiu na década de 1970, quando pesquisadores descobriram que $4,5 \times 10^5$ kg/ano desses compostos estavam sendo emitidos na atmosfera. Em 1974, Sherwood Rowland e Mario Molina, ambos dos Estados Unidos, anunciaram sua teoria, que desde então tem sido amplamente confirmada, segundo a qual esses compostos destroem a camada de ozônio da estratosfera. Quando liberados no ar, os CFCs escapam para a parte mais baixa da atmosfera. Por causa de sua inércia, porém, eles não se decompõem. Lentamente sobem para a estratosfera, onde absorvem a radiação ultravioleta do sol e depois se decompõem. Ao fazê-lo, desencadeiam reações químicas que levam à destruição da camada de ozônio na estratosfera, que serve de proteção contra a radiação violeta de baixo comprimento de onda que vem do sol. Acredita-se que o aumento desse tipo de radiação promova a destruição de certas lavouras e espécies agrícolas e aumente a incidência de câncer de pele em indivíduos de pele clara.

Essa preocupação motivou duas convenções, uma em Viena, em 1985, e outra em Montreal, em 1987, patrocinadas pelo Programa Ambiental das Nações Unidas. O encontro de 1987 produziu o Protocolo de Montreal, que estabeleceu limites na produção e uso de CFCs e insistiu no cancelamento gradual de sua produção até 1996. Esse cancelamento resultou em enormes custos para os fabricantes e ainda não foi totalmente concluído em países em desenvolvimento.

Rowland, Molina e Paul Crutzen (um químico holandês do Instituto de Química Max Planck, na Alemanha) receberam em 1995 o Prêmio Nobel de Química. Conforme a citação da Academia Real de Ciências da Suécia: "Ao explicarem os mecanismos químicos que afetam a espessura da camada de ozônio, esses três pesquisadores contribuíram para a solução de um problema ambiental global que poderia ter consequências catastróficas".

A indústria química reagiu a essa crise desenvolvendo substâncias refrigerantes cujo potencial para destruir a camada de ozônio é bem menor. Os mais importantes desses substitutos são os hidrofluorocarbonos (HFCs) e os hidroclorofluorcarbonos (HCFCs).

HFC-134A   HCFC-141B

Esses compostos são muito mais reativos na atmosfera que os Freons e são destruídos antes de alcançar a estratosfera. Não podem, contudo, ser usados em condicionadores de ar de automóveis fabricados em 1994 ou anteriormente.

B. Solventes

Diversos haloalcanos de baixa massa molecular são excelentes solventes para reações orgânicas e para agentes de limpeza e desengraxantes. O tetracloreto de carbono foi o primeiro desses compostos a ser amplamente utilizado, mas seu uso para esse fim tem sido evitado porque sabe-se agora que ele é tóxico e carcinogênico. Hoje, o haloalcano mais usado como solvente é o diclorometano, CH_2Cl_2.

Resumo das questões-chave

Seção 11.1 Como se escrevem as fórmulas estruturais dos alcanos?

- **Hidrocarboneto** é um composto que contém apenas carbono e hidrogênio.
- Um **hidrocarboneto saturado** contém apenas ligações simples. O **alcano** é um hidrocarboneto saturado cujos átomos de carbono estão dispostos em uma cadeia aberta.

Seção 11.2 O que são isômeros constitucionais?

- Os **isômeros constitucionais** têm a mesma fórmula molecular, mas diferente conectividade entre seus átomos.

Seção 11.3 Qual é a nomenclatura dos alcanos?

- A nomenclatura dos alcanos segue um conjunto de regras desenvolvido pela **União Internacional de Química Pura e aplicada (Iupac).**

- O nome Iupac de um alcano consiste em duas partes: um prefixo que indica o número de átomos de carbono na cadeia principal e a terminação **-ano**. Substituintes derivados dos alcanos pela remoção de um átomo de hidrogênio são chamados **grupos alquila** e representados pelo símbolo **R—**.

Seção 11.4 Como se obtêm os alcanos?

- O **gás natural** consiste em 90% a 95% de metano, com pequenas quantidades de etano e outros hidrocarbonetos de massa molecular mais baixa.
- O **petróleo** é uma mistura líquida de milhares de diferentes hidrocarbonetos.

Seção 11.5 O que são cicloalcanos?

- **Cicloalcano** é um alcano que contém átomos de carbono ligados de modo a formar um anel.

- Para dar nome a um cicloalcano, use o prefixo **ciclo-** antes do nome do alcano de cadeia aberta.

Seção 11.6 Quais são os formatos dos alcanos e cicloalcanos?
- **Conformação** é qualquer arranjo tridimensional dos átomos de uma molécula que resulta da rotação em torno de uma ligação simples.
- A conformação de menor energia no ciclopentano é a **conformação envelope**.
- A conformação de menor energia no cicloexano é a **conformação cadeira**. Em uma conformação cadeira, seis ligações C—H são **axiais**, e seis, **equatoriais**. Um substituinte em um anel de seis membros é mais estável quando é equatorial.

Seção 11.7 O que é isomeria *cis-trans* em cicloalcanos?
- Os **isômeros** *cis-trans* dos cicloalcanos têm (1) a mesma fórmula molecular e (2) a mesma conectividade entre seus átomos, mas (3) diferente orientação de seus átomos no espaço por causa da rotação restrita em torno das ligações C—C do anel.
- Nos isômeros *cis-trans* dos cicloalcanos, *cis* significa que os substituintes estão do mesmo lado do anel; *trans*, que estão em lados opostos do anel.

Seção 11.8 Quais são as propriedades físicas dos alcanos?
- Alcanos são compostos apolares, e as únicas forças de atração entre suas moléculas são as forças de dispersão de London.
- Em temperatura ambiente, alcanos de baixa massa molecular são gases, os de massa molecular mais alta são líquidos, e os alcanos de massa molecular muito alta são sólidos cerosos.
- Para qualquer grupo de alcanos isoméricos constitucionais, o isômero menos ramificado geralmente apresenta o ponto de ebulição mais alto, e o isômero mais ramificado geralmente tem o ponto de ebulição mais baixo.
- Os alcanos são insolúveis em água, mas solúveis uns nos outros e em outros solventes orgânicos apolares, tais como o tolueno. Todos os alcanos líquidos e sólidos são menos densos que a água.

Resumo das reações fundamentais

1. **Oxidação dos alcanos (Seção 11.9A)** A oxidação dos alcanos a dióxido de carbono e água, uma reação exotérmica, é a base de seu uso como fontes de calor e energia.

   $CH_3CH_2CH_3 + 5O_2 \longrightarrow 3CO_2 + 4H_2O + 530 \text{ kcal/mol}$
   Propano

2. **Halogenação dos alcanos (Seção 11.9B)** A reação de um alcano com cloro ou bromo resulta na substituição de um átomo de hidrogênio por um átomo de halogênio.

   $CH_3CH_3 + Cl_2 \xrightarrow{\text{calor ou luz}} CH_3CH_2Cl + HCl$
   Etano $\qquad\qquad\qquad\qquad$ Cloroetano
   $\qquad\qquad\qquad\qquad\qquad$ (Cloreto de etila)

Problemas

Seção 11.1 Como se escrevem as fórmulas estruturais dos alcanos?

11.10 Indique se a afirmação é verdadeira ou falsa.
(a) Os hidrocarbonetos são formados apenas pelos elementos carbono e hidrogênio.
(b) Alcanos são hidrocarbonetos saturados.
(c) A fórmula geral do alcano é C_nH_{2n+2}, em que n é o número de carbonos do alcano.
(d) Alcenos e alcinos são hidrocarbonetos insaturados.

11.11 Defina:
(a) Hidrocarboneto
(b) Alcano
(c) Hidrocarboneto saturado

11.12 Por que não é correto descrever um alcano não ramificado como um hidrocarboneto de "cadeia reta"?

11.13 O que significa a expressão *fórmula linha-ângulo* quando aplicada a alcanos e cicloalcanos?

11.14 Para cada fórmula estrutural condensada, escreva uma fórmula linha-ângulo.

(a) 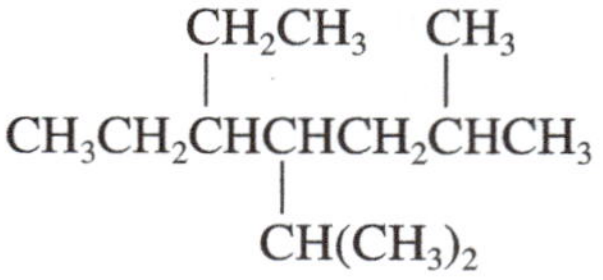
$$\begin{array}{c} \quad\quad CH_2CH_3 \quad CH_3 \\ \quad\quad\quad | \quad\quad\quad | \\ CH_3CH_2CHCHCH_2CHCH_3 \\ \quad\quad\quad\quad | \\ \quad\quad\quad\quad CH(CH_3)_2 \end{array}$$

(b) 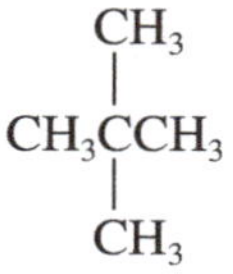
$$\begin{array}{c} CH_3 \\ | \\ CH_3CCH_3 \\ | \\ CH_3 \end{array}$$

(c) $(CH_3)_2CHCH(CH_3)_2$

(d) CH₃CH₂C(CH₂CH₃)(CH₂CH₃)CH₂CH₃

(e) (CH₃)₃CH

(f) CH₃(CH₂)₃CH(CH₃)₂

11.15 Escreva a fórmula molecular para cada alcano.

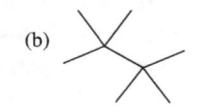

(a)

(b)

(c)

Seção 11.2 O que são isômeros constitucionais?

11.16 Indique se a afirmação é verdadeira ou falsa.
(a) Isômeros constitucionais têm as mesmas fórmulas moleculares e a mesma conectividade entre seus átomos.
(b) Existem dois isômeros constitucionais de fórmula molecular C_3H_8.
(c) Existem quatro isômeros constitucionais de fórmula molecular C_4H_{10}.
(d) Existem cinco isômeros constitucionais de fórmula molecular C_5H_{12}.

11.17 Quais são as afirmações verdadeiras sobre os isômeros constitucionais?
(a) Têm a mesma fórmula molecular.
(b) Têm a mesma massa molecular.
(c) Têm a mesma conectividade entre seus átomos.
(d) Têm as mesmas propriedades físicas.

11.18 Cada membro do seguinte grupo de compostos é um álcool, isto é, contém um —OH (grupo hidroxila; ver Seção 10.4A). Quais são as fórmulas estruturais que representam o mesmo composto e quais representam isômeros constitucionais?

(a), (b), (c), (d), (e), (f), (g), (h)

11.19 Cada membro do seguinte grupo de compostos é um aldeído ou uma cetona (Seção 10.4C). Quais são as fórmulas estruturais que representam o mesmo composto e quais representam isômeros constitucionais?

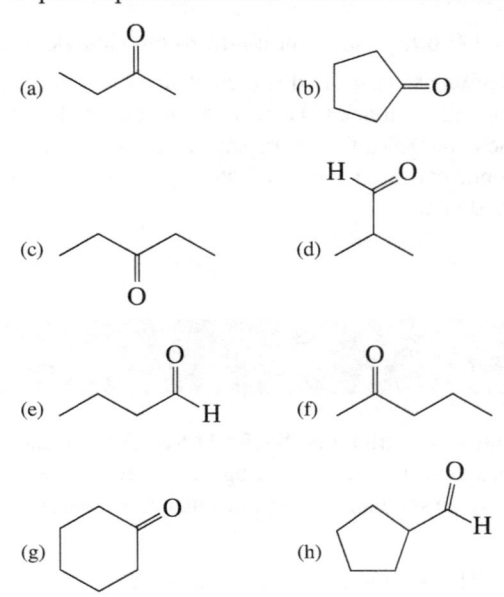

(a), (b), (c), (d), (e), (f), (g), (h)

11.20 Desenhe fórmulas linha-ângulo para os nove isômeros constitucionais de fórmula molecular C_7H_{16}.

Seção 11.3 Qual é a nomenclatura dos alcanos?

11.21 Indique se a afirmação é verdadeira ou falsa.
(a) O nome principal de um alcano é o nome da cadeia mais longa de átomos de carbono.
(b) Os grupos propila e isopropila são isômeros constitucionais.
(c) Existem quatro grupos alquila de fórmula molecular C_4H_9.

11.22 Nomeie os seguintes grupos alquila:

(a) CH₃CH₂—

(b) CH₃CH(CH₃)—

(c) CH₃CH(CH₃)CH₂—

(d) CH₃C(CH₃)(CH₃)—

11.23 Escreva os nomes Iupac do isobutano e do isopentano.

Seção 11.4 Como se obtêm os alcanos?

11.24 Indique se a afirmação é verdadeira ou falsa.
(a) As duas principais fontes de alcanos são o petróleo e o gás natural.
(b) A octanagem de determinada gasolina é o número de gramas de octano por litro do combustível.
(c) O octano e o 2,2,4-trimetilpentano são isômeros constitucionais e têm a mesma octanagem.

Seção 11.5 O que são cicloalcanos?

11.25 Indique se a afirmação é verdadeira ou falsa.
(a) Cicloalcanos são hidrocarbonetos saturados.
(b) Hexano e cicloexano são isômeros constitucionais.
(c) O nome principal de um cicloalcano é o nome do alcano não ramificado com o mesmo número de átomos de carbono do anel do cicloalcano.

11.26 Escreva os nomes Iupac para os seguintes alcanos e cicloalcanos.

(a) $CH_3CHCH_2CH_2CH_3$
           |
          CH_3

(b) $CH_3CHCH_2CH_2CHCH_3$
           | |
          CH_3 CH_3

(c) $CH_3(CH_2)_4CHCH_2CH_3$
                    |
                   CH_2CH_3

(d) [estrutura]

(e) [estrutura]

(f) [estrutura]

11.27 Escreva as fórmulas ângulo-linha para os seguintes alcanos e cicloalcanos.
(a) 2,2,4-trimetilexano
(b) 2,2-dimetilpropano
(c) 3-etil-2,4,5-trimetiloctano
(d) 5-butil-2,2-dimetilnonano
(e) 4-isopropiloctano
(f) 3,3-dimetilpentano
(g) *trans*-1,3-dimetilciclopentano
(h) *cis*-1,2-dietilciclobutano

Seção 11.6 Quais são os formatos dos alcanos e cicloalcanos?

11.28 Indique se a afirmação é verdadeira ou falsa.
(a) As conformações têm a mesma fórmula molecular e a mesma conectividade, mas diferem no arranjo tridimensional de seus átomos no espaço.
(b) Em todas as conformações do etano, propano, butano e de alcanos maiores, todos os ângulos das ligações C—C—C e —C—H são de aproximadamente 109,5°.
(c) Em um anel de cicloexano, se uma ligação axial estiver acima do plano do anel em determinado carbono, as ligações axiais nos dois carbonos adjacentes vão estar abaixo do plano do anel.
(d) Em um anel de cicloexano, se uma ligação equatorial estiver acima do plano do anel em determinado carbono, as ligações equatoriais nos dois carbonos adjacentes vão estar acima do plano do anel.
(e) A conformação cadeira (a mais estável) em um anel de cicloexano tem mais grupos substituintes em posições equatoriais.

11.29 A fórmula estrutural condensada do butano é $CH_3CH_2CH_2CH_3$. Explique por que essa fórmula não mostra a geometria da molécula real.

11.30 Desenhe uma conformação do etano em que os átomos de hidrogênio em carbonos adjacentes estejam o mais distante possível entre si. Desenhe também uma conformação em que estejam o mais próximo possível. Em uma amostra de moléculas de etano em temperatura ambiente, qual é a conformação mais provável?

Seção 11.7 O que é isomeria *cis-trans* em cicloalcanos?

11.31 Indique se a afirmação é verdadeira ou falsa.
(a) *Cis* e *trans*-cicloalcanos têm a mesma fórmula molecular, mas diferente conectividade entre seus átomos.
(b) Um isômero *cis* de um cicloalcano pode ser convertido em um isômero *trans* pela rotação em torno de uma ligação simples carbono-carbono apropriada.
(c) Um isômero *cis* de um cicloalcano pode ser convertido em seu isômero *trans* por troca de dois grupos em um estereocentro do *cis*-cicloalcano.
(d) A configuração refere-se ao arranjo espacial dos átomos ou grupos de átomos em um estereocentro.
(e) *Cis*-1,4-dimetilcicloexano e *trans*-1,4-dimetilcicloexano são classificados como conformações.

11.32 Que aspecto estrutural dos cicloalcanos torna possível a isomeria *cis-trans*?

11.33 A isomeria *cis-trans* é possível em alcanos?

11.34 Dê os nomes e as fórmulas estruturais dos isômeros *cis* e *trans* do 1,2-dimetilciclopropano.

11.35 Dê os nomes e as fórmulas estruturais dos seis cicloalcanos de fórmula molecular C_5H_{10}. Inclua os isômeros *cis-trans* e os isômeros constitucionais.

11.36 Por que o metilcicloexano equatorial é mais estável que o metilcicloexano axial?

Seção 11.8 Quais são as propriedades físicas dos alcanos?

11.37 Indique se a afirmação é verdadeira ou falsa.
(a) Os pontos de ebulição entre os alcanos de cadeia não ramificada aumentam à medida que aumenta o número de carbonos da cadeia.

(b) Alcanos líquidos em temperatura ambiente são mais densos que a água.

(c) Os isômeros *cis* e *trans* têm a mesma fórmula molecular, a mesma conectividade e as mesmas propriedades físicas.

(d) Entre os alcanos isômeros constitucionais, o isômero menos ramificado geralmente apresenta o ponto de ebulição mais baixo.

(e) Alcanos e cicloalcanos são insolúveis em água.

(f) Alcanos líquidos são solúveis uns nos outros.

11.38 No Problema 11.22, você desenhou fórmulas estruturais para os nove isômeros constitucionais de fórmula molecular C_7H_{16}. Preveja qual dos isômeros vai ter o ponto de ebulição mais baixo e o mais alto.

11.39 Qual dos alcanos não ramificados (Tabela 11.4) tem aproximadamente o mesmo ponto de ebulição da água? Calcule a massa molecular desse alcano e compare-a com a massa molecular da água.

11.40 Que generalizações podem ser feitas acerca das densidades dos alcanos em relação à densidade da água?

11.41 Que generalização pode ser feita sobre a solubilidade dos alcanos em água?

11.42 Suponha que você tenha amostras de hexano e octano. Apenas olhando para elas, é possível diferenciá-las? Qual seria a cor de cada uma? Como saber identificá-las?

11.43 Como se pode ver na Tabela 11.4, cada grupo CH_2 adicionado à cadeia carbônica de um alcano aumenta seu ponto de ebulição. Esse aumento é maior de CH_4 a C_2H_6 e de C_2H_6 a C_3H_8 do que de C_8H_{18} a C_9H_{20} ou de C_9H_{20} a $C_{10}H_{22}$. Qual seria a razão para essa diferença?

11.44 Como os pontos de ebulição dos hidrocarbonetos durante a refinação do petróleo estão relacionados a suas massas moleculares?

Seção 11.9 Quais são as reações características dos alcanos?

11.45 Indique se afirmação é verdadeira ou falsa.
(a) A combustão dos alcanos é uma reação endotérmica.
(b) Os produtos da combustão completa do alcano são dióxido de carbono e água.
(c) A halogenação do alcano o converte em um haloalcano.

11.46 Escreva as equações balanceadas para a combustão de cada um dos seguintes hidrocarbonetos. Suponha que cada um deles seja convertido completamente em dióxido de carbono e água.
(a) Hexano
(b) Cicloexano
(c) 2-metilpentano

11.47 O calor de combustão do metano, um componente do gás natural, é 212 kcal/mol. O do propano, um componente do gás GLP, é 530 kcal/mol. Em uma comparação direta, qual desses hidrocarbonetos é a melhor fonte de energia calorífera?

11.48 Desenhe fórmulas estruturais para os seguintes haloalcanos.
(a) Bromometano
(b) Clorocicloexano
(c) 1,2-dibromoetano
(d) 2-cloro-2-metilpropano
(e) Diclorodifluorometano (Freon-12)

11.49 A reação do cloro com pentano gera uma mistura de três cloroalcanos, cada um deles com fórmula molecular $C_5H_{11}Cl$. Escreva a fórmula linha-ângulo e o nome Iupac de cada cloroalcano.

Seção 11.10 Quais são os haloalcanos importantes?

11.50 Indique se a afirmação é verdadeira ou falsa.
(a) Os Freons são membros de uma classe de compostos orgânicos chamados clorofluorocarbonos (CFCs).
(b) Uma vantagem dos Freons como agentes transferidores de calor em sistemas de refrigeração, propelentes em sprays de aerossol e solventes para limpeza industrial é que eles são não tóxicos, não inflamáveis, inodoros e não corrosivos.
(c) Na estratosfera, os Freons interagem com a radiação ultravioleta desencadeando reações químicas que levam à destruição da camada de ozônio.
(d) Nomes alternativos para o importante solvente industrial e de laboratório CH_2Cl_2 são diclorometano, cloreto de metileno e clorofórmio.

Conexões químicas

11.51 (Conexões químicas 11A) Quantos anéis na tetrodotoxina contêm apenas átomos de carbono? Quantos contêm átomos de nitrogênio? Quantos contêm átomos de oxigênio?

11.52 (Conexões químicas 11B) O que é "octanagem"? Quais são os dois hidrocarbonetos de referência usados para estabelecer a escala de octanagem?

11.53 (Conexões químicas 11B) A octanagem do octano é −20. Ele produz mais ou menos detonação no motor que o heptano?

11.54 (Conexões químicas 11B) O etanol é adicionado à gasolina para produzir E-15 e E-85. Ele promove uma combustão mais completa da gasolina e é um potencializador de octanagem. Compare os calores de combustão do 2,2,4-trimetilpentano (1.304 kcal/mol) e do etanol (327 kcal/mol). Qual deles tem o calor de combustão mais alto em kcal/mol? E em kcal/g?

11.55 (Conexões químicas 11C) O que são Freons? Por que são considerados compostos ideais como agentes transferidores de calor em sistemas de refrigeração? Dê as fórmulas estruturais de dois Freons usados com esse objetivo.

11.56 (Conexões químicas 11C) Como os Freons afetam negativamente o ambiente?

11.57 (Conexões químicas 11C) O que são HFCs e HCFCs? Como a sua utilização em sistemas de refrigeração evita problemas ambientais associados ao uso dos Freons?

Problemas adicionais

11.58 Indique se os compostos de cada um destes pares são isômeros constitucionais.

(a) CH₃CH₂OH e CH₃OCH₃

(b) CH₃CCH₃ e CH₃CH₂CH
        ‖   ‖
        O   O

(c) CH₃COCH₃ e CH₃CH₂COH
        ‖   ‖
        O   O

(d) CH₃CHCH₂CH₃ e CH₃CCH₂CH₃
        | ‖
        OH   O

(e) ⬠ e CH₃CH₂CH₂CH₂CH₂CH₃

(f) ⬠ e CH₂=CHCH₂CH₂CH₃

11.59 Explique por que cada uma das seguintes denominações é um nome Iupac incorreto. Escreva o nome Iupac correto.
(a) 1,3-dimetilbutano
(b) 4-metilpentano
(c) 2,2-dietilbutano
(d) 2-etil-3-metilpentano
(e) 2-propilpentano
(f) 2,2-dietileptano
(g) 2,2-dimetilciclopropano
(h) 1-etil-5-metilcicloexano

11.60 Quais dos seguintes compostos podem existir como isômeros *cis-trans*? Para cada um que puder, desenhe os dois isômeros usando cunhas contínuas e tracejadas para mostrar a orientação no espaço dos grupos —OH e —CH₃.

(a), (b), (c) [estruturas de cicloexanol com metilas]

11.61 O tetradecano, C₁₄H₃₀, é um alcano não ramificado com ponto de fusão de 5,9 °C e ponto de ebulição de 254 °C. Em temperatura ambiente, o tetradecano é sólido, líquido ou gasoso?

11.62 O dodecano, C₁₂H₂₆, é um alcano não ramificado. Preveja o seguinte:

(a) É solúvel em água?
(b) É solúvel em hexano?
(c) Queima sob ignição?
(d) Em temperatura ambiente e sob pressão atmosférica, ele é líquido, sólido ou gasoso?

Antecipando

11.63 A seguir, apresentamos a fórmula estrutural do 2-isopropil-5-meticicloexanol:

[estrutura] 2-isopropil-5-meticicloexanol

Usando uma representação hexagonal planar para o anel do cicloexano, desenhe uma fórmula estrutural para o isômero *cis-trans*, com a isopropila *trans* ao —OH e a metila *cis* ao —OH. Se sua resposta foi correta, você desenhou o isômero encontrado na natureza e cujo nome é mentol.

11.64 À esquerda, vemos uma representação da molécula de glicose. Converta essa representação nas representações alternativas usando os anéis à direita. (Veremos a estrutura e a química da glicose no Capítulo 20.)

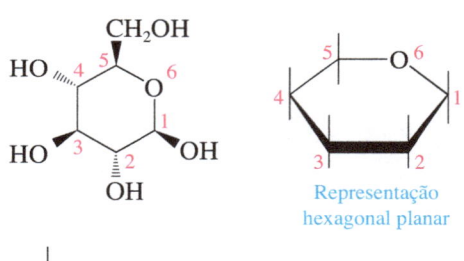

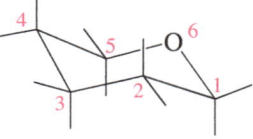

[estruturas de glicose]

Representação hexagonal planar

Conformação cadeira

11.65 Vemos à esquerda uma representação da 2-deoxi-D-ribose. Essa molécula é o "D" do DNA. Converta-a na representação alternativa usando o anel à direita. (Veremos a estrutura e a química desse composto com mais detalhes no Capítulo 20.)

[estruturas] 2-deoxi-D-ribose

11.66 Como mencionado na Seção 11.8, a cera encontrada na casca da maçã é um alcano não ramificado de fórmula molecular C₂₇H₅₆. Explique como a presença desse alcano na casca da maçã impede a perda de umidade interna da fruta.

Alcenos e alcinos

12

Questões-chave

12.1 O que são alcenos e alcinos?

12.2 Quais são as estruturas dos alcenos e alcinos?

12.3 Qual é a nomencltura dos alcenos e alcinos?

12.4 Quais são as propriedades físicas dos alcenos e alcinos?

12.5 O que são terpenos?

12.6 Quais são as reações características dos alcenos?

12.7 Quais são as reações de polimerização importantes do etileno e dos etilenos substituídos?

O caroteno é um polieno de ocorrência natural na cenoura e no tomate (Problemas 12.61 e 12.62).

12.1 O que são alcenos e alcinos?

Neste capítulo, começamos nosso estudo sobre os hidrocarbonetos insaturados. Vimos na Seção 11.1 que esses compostos insaturados contêm uma ou mais ligações duplas ou ligações triplas carbono-carbono ou anéis benzênicos. Trataremos aqui, portanto, dos **alcenos** e **alcinos**. Alcinos são hidrocarbonetos insaturados que contêm uma ou mais ligações triplas. O alcino mais simples é o acetileno.

Alceno Hidrocarboneto insaturado que contém uma ligação dupla carbono-carbono.
Alcino Hidrocarboneto insaturado que contém uma ligação tripla carbono-carbono.

Conexões químicas 12A

Etileno: um regulador do crescimento da planta

Como observamos a seguir, o etileno ocorre na natureza somente em quantidades muito pequenas. Os cientistas, no entanto, descobriram que essa pequena molécula é um agente que regula o amadurecimento das frutas. Graças a esse conhecimento, os produtores agora podem colher a fruta enquanto ela ainda está verde e menos suscetível à amassadura. Depois, quando estiverem prontas para serem encaixotadas e transportadas, o produtor vai poder tratá-las com gás etileno. A fruta também pode ser tratada com etefon (Ethrel), que lentamente libera etileno e inicia o amadurecimento da fruta.

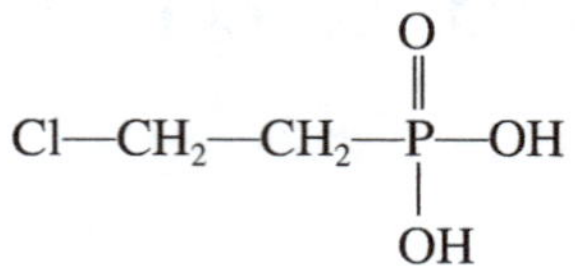

$$Cl-CH_2-CH_2-\overset{\overset{O}{\|}}{\underset{OH}{P}}-OH$$
Etefon

Da próxima vez que você vir bananas maduras no mercado, pense sobre quando elas foram colhidas e se o amadurecimento foi artificialmente induzido.

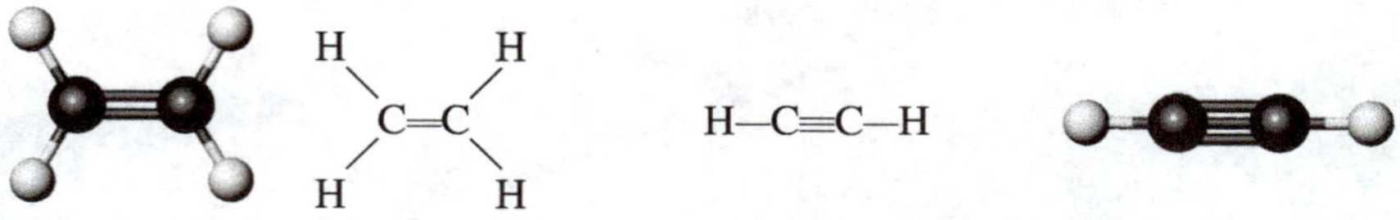

Etileno
(um alceno)

Acetileno
(um alcino)

Os **alcinos** são hidrocarbonetos insaturados que contêm uma ou mais ligações triplas. O alcino mais simples é o acetileno. Como os alcinos não têm uma forte presença na natureza e sua importância na bioquímica é pequena, não vamos estudar sua química em profundidade.

Compostos que contêm ligações duplas carbono-carbono encontram-se amplamente disseminados pela natureza. Além disso, vários alcenos de baixa massa molecular, incluindo o etileno e o propeno, são de enorme importância comercial para a sociedade moderna industrializada. A indústria de química orgânica produz, no mundo inteiro, mais etileno do que qualquer outra substância química orgânica. A produção anual, somente nos Estados Unidos, é de mais de quase 30 bilhões de quilogramas.

O que é incomum em relação ao etileno é sua baixa ocorrência na natureza. As enormes quantidades exigidas para atender às necessidades da indústria química são obtidas por craqueamento de hidrocarbonetos. Nos Estados Unidos e em outros países com vastas reservas de gás natural, o principal processo de produção do etileno é o craqueamento térmico de pequenas quantidades de etano extraídas do gás natural. No **craqueamento térmico**, um hidrocarboneto saturado é convertido em hidrocarboneto insaturado e H_2. Em uma fração de segundo, o etano é termicamente craqueado por aquecimento num forno de 800-900 °C.

$$CH_3CH_3 \xrightarrow[\text{(craqueamento térmico)}]{800-900\ °C} CH_2=CH_2 + H_2$$
Etano   Etileno

Europa, Japão e outras partes do mundo com limitados suprimentos de gás natural dependem quase inteiramente do craqueamento térmico do petróleo para obter etileno.

Do ponto de vista da indústria química, a reação mais importante do etileno e de outros alcenos de baixa massa molecular é a polimerização, que vamos ver na Seção 12.7. Aqui, o ponto crucial é que o etileno e todos os produtos comerciais e industriais sintetizados a partir dele são derivados do gás natural ou do petróleo – ambos fontes naturais não renováveis!

12.2 Quais são as estruturas dos alcenos e alcinos?

A. Alcenos

Usando o modelo VSEPR (Seção 3.10), podemos prever os ângulos de ligação de 120° em torno de cada carbono em uma ligação dupla. O ângulo de ligação H—C—C observado no etileno, por exemplo, é de 121,7°, próximo do valor previsto. Em outros alcenos, desvios do ângulo previsto de 120° podem ser um pouco maiores por causa das interações entre grupos alquila ligados aos carbonos com dupla ligação. O ângulo da ligação C—C—C no propeno, por exemplo, é de 124,7°.

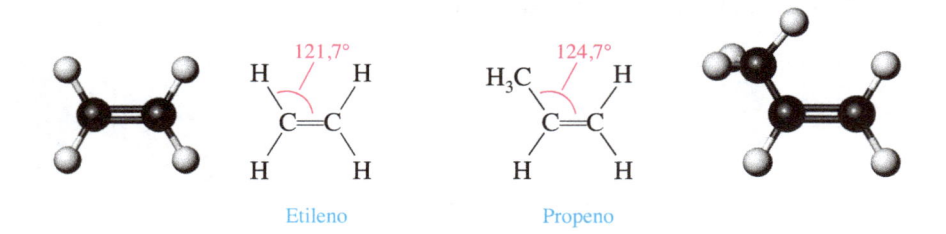

Etileno

Propeno

Se olharmos para um modelo molecular do etileno, vamos ver que os dois carbonos da ligação dupla e os quatro hidrogênios a eles ligados estão no mesmo plano – isto é, o etileno é uma molécula planar. Além disso, os químicos descobriram que, em condições normais, nenhuma rotação é possível em torno da ligação dupla carbono-carbono do etileno ou de qualquer outro alceno. Enquanto ocorre livre rotação em torno de cada ligação simples carbono-carbono no alcano (Seção 11.6A), a rotação em torno da ligação dupla carbono-carbono do alceno normalmente não ocorre. Para uma importante exceção a essa generalização, ver "Conexões químicas 12C" sobre a isomeria *cis-trans* na visão.

B. Estereoisomeria *cis-trans* nos alcenos

Por causa da rotação restrita em torno da ligação dupla carbono-carbono, o alceno em que cada carbono da dupla ligação tem dois grupos diferentes a ele ligados apresenta isomeria *cis-trans* (um tipo de estereoisomeria). Por exemplo, o 2-buteno tem dois isômeros *cis-trans*. No *cis*-2-buteno, os dois grupos metila estão localizados no mesmo lado da ligação dupla, e os dois hidrogênios estão no outro lado. No *trans*-2-buteno, os dois grupos metila estão localizados em lados opostos da ligação dupla. O *cis*-2-buteno e o *trans*-2-buteno são compostos diferentes e com propriedades físicas e químicas diferentes.

Isômeros *cis-trans* Isômeros que têm a mesma conectividade entre seus átomos, mas com diferente arranjo espacial. Especificamente, os estereoisômeros *cis-trans* resultam da presença ou de um anel ou de uma ligação dupla.

cis-2-buteno
p.f. −139 °C, p.e. 4 °C

trans-2-buteno
p.f. −106 °C, p.e. 1 °C

12.3 Qual é a nomenclatura dos alcenos e alcinos?

Os nomes dos alcenos e alcinos seguem as regras de nomenclatura do sistema Iupac. Como veremos, alguns ainda são conhecidos por seus nomes comuns.

A. Nomes Iupac

A chave para o sistema Iupac de nomenclatura dos alcenos é a terminação **-eno**. Assim como a terminação *-ano* indica que um hidrocarboneto contém apenas ligações simples carbono-carbono, a terminação *-eno* indica que ele contém uma dupla ligação carbono-carbono. Para dar nome a um alceno:

1. Encontre a cadeia carbônica mais longa que inclua a ligação dupla. Indique a extensão da cadeia principal usando um prefixo que faça referência ao número de átomos de carbono (ver Tabela 11.2) e o sufixo *-eno* para mostrar que se trata de um alceno.
2. Numere a cadeia a partir da extremidade que proporcionar o menor conjunto de números aos átomos de carbono da ligação dupla. Dê a posição da ligação dupla com o número de seu primeiro carbono.
3. A nomenclatura dos alcenos ramificados é semelhante à dos alcanos; os grupos substituintes são localizados e recebem um nome.

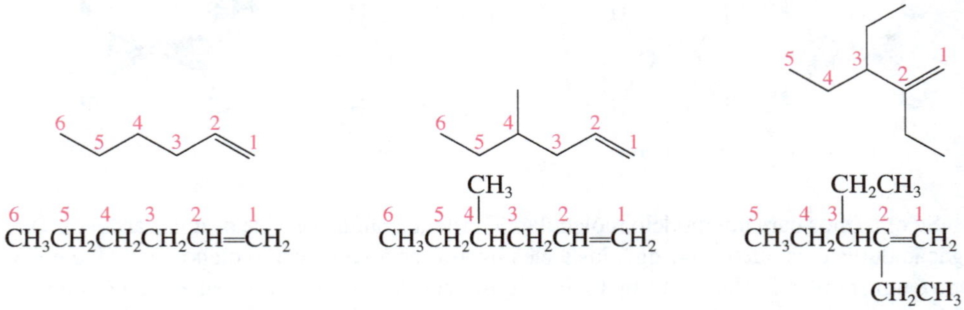

$$CH_3CH_2CH_2CH_2CH=CH_2$$
1-hexeno

$$CH_3CH_2CHCH_2CH=CH_2$$
$$\hspace{2.2cm}|$$
$$\hspace{2.2cm}CH_3$$
4-metil-1-hexeno

$$CH_3CH_2CHC=CH_2$$
$$\hspace{1.5cm}|\hspace{0.3cm}|$$
$$\hspace{1.3cm}CH_2CH_3\hspace{0.1cm}CH_2CH_3$$
2,3-dietil-1-penteno

Observe que, embora o 2,3-dietil-1-penteno seja uma cadeia de seis carbonos, a cadeia mais longa que contém a ligação dupla tem apenas cinco carbonos. O alceno principal é, portanto, um penteno e não um hexeno, e a molécula é um 1-penteno dissubstituído.

A chave para o nome Iupac do alcinos é a terminação **-ino**, que indica a presença de uma ligação tripla carbono-carbono. Assim, o HC≡CH é o etino (ou acetileno) e o $CH_3C≡CH$ é o propino. Em alcinos maiores, numere a cadeia carbônica mais longa que contém a ligação tripla a partir da extremidade que proporcionar o menor conjunto de números aos carbonos triplamente ligados. Indique a localização da ligação tripla pelo número de seu primeiro átomo de carbono.

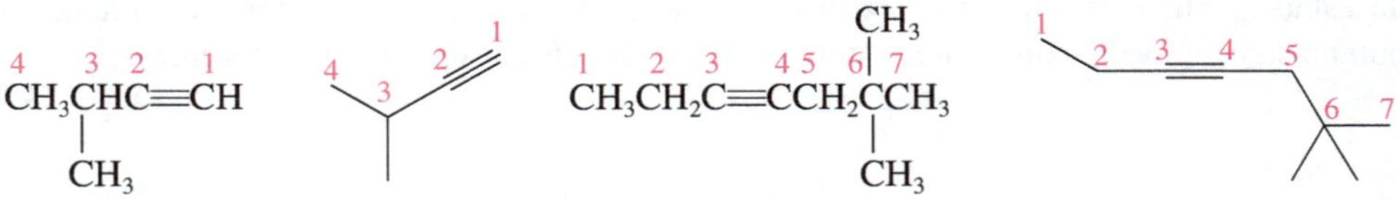

$$CH_3CHC≡CH$$
$$\hspace{0.7cm}|$$
$$\hspace{0.6cm}CH_3$$
3-metil-1-butino

$$CH_3CH_2C≡CCH_2CCH_3$$
$$\hspace{3.5cm}|$$
$$\hspace{3.4cm}CH_3$$
6,6-dimetil-3-heptino

Exemplo 12.1 Nomes Iupac de alcenos e alcinos

Escreva o nome Iupac de cada hidrocarboneto insaturado.

(a) $CH_2=CH(CH_2)_5CH_3$

(b) 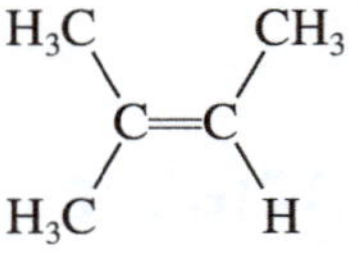 $\begin{array}{c}H_3C\\ C=C\\ H_3CH\end{array}\begin{array}{c}CH_3\\ \\ \end{array}$

(c) $CH_3(CH_2)_2C≡CCH_3$

Estratégia

1ª etapa: Localize a cadeia principal – a cadeia carbônica mais longa que contém a ligação dupla ou a ligação tripla carbono-carbono.

2ª etapa: Numere a cadeia principal na direção que der aos carbonos da ligação dupla ou tripla o menor conjunto de números. Indique a presença da ligação múltipla com o sufixo *-eno* (para a ligação dupla) ou *-ino* (para a ligação tripla). Indique a presença da ligação múltipla pelo seu primeiro número.

3ª etapa: Nomeie e localize todos os substituintes da cadeia principal. Disponha-os em ordem alfabética.

Solução

(a) A cadeia principal contém oito carbonos, portanto o alceno principal é o octeno. Para indicar a presença da ligação dupla carbono-carbono, use o sufixo *-eno*. Numere a cadeia começando com o primeiro carbono da ligação dupla. Esse alceno é o 1-octeno.

(b) Como são quatro carbonos na cadeia que contêm a ligação dupla carbono-carbono, o alceno principal é o buteno. A ligação dupla é entre os carbonos 2 e 3 da cadeia, e há um grupo metila no carbono 2. Esse alceno é o 2-metil-2-buteno.

(c) São seis carbonos na cadeia principal, com a ligação tripla entre os carbonos 2 e 3. Esse alcino é o 2-hexino.

Problema 12.1

Escreva o nome Iupac de cada um dos seguintes hidrocarbonetos.

B. Nomes comuns

Apesar da precisão e da aceitação universal da nomenclatura Iupac, alguns alcenos e alcinos – especialmente aqueles de baixa massa molecular – são conhecidos quase que exclusivamente por seus nomes comuns. Seguem três exemplos:

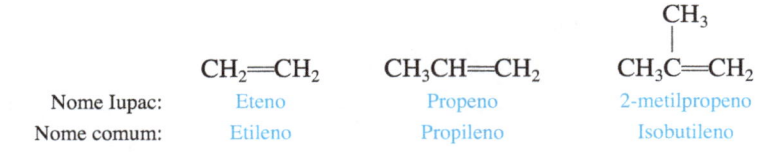

	$CH_2{=}CH_2$	$CH_3CH{=}CH_2$	$CH_3\overset{\overset{\displaystyle CH_3}{\mid}}{C}{=}CH_2$
Nome Iupac:	Eteno	Propeno	2-metilpropeno
Nome comum:	Etileno	Propileno	Isobutileno

Os nomes comuns para os alcinos são formados prefixando os nomes dos substituintes da ligação tripla carbono-carbono ao nome *acetileno*:

	$HC{\equiv}CH$	$CH_3C{\equiv}CH$	$CH_3C{\equiv}CCH_3$
Nome Iupac:	Etino	Propino	2-butino
Nome comum:	Acetileno	Metilacetileno	Dimetilacetileno

C. Configurações *cis* e *trans* de alcenos

A orientação dos átomos de carbono da cadeia principal determina se um alceno é *cis* ou *trans*. Se os carbonos da cadeia principal estiverem do mesmo lado na ligação dupla, o alceno será *cis*; se estiverem em lados opostos, tratar-se-á de um alceno *trans*. No primeiro exemplo apresentado a seguir, eles estão em lados opostos e o composto é um alceno *trans*. No segundo exemplo, estão do mesmo lado, e o composto é um alceno *cis*.

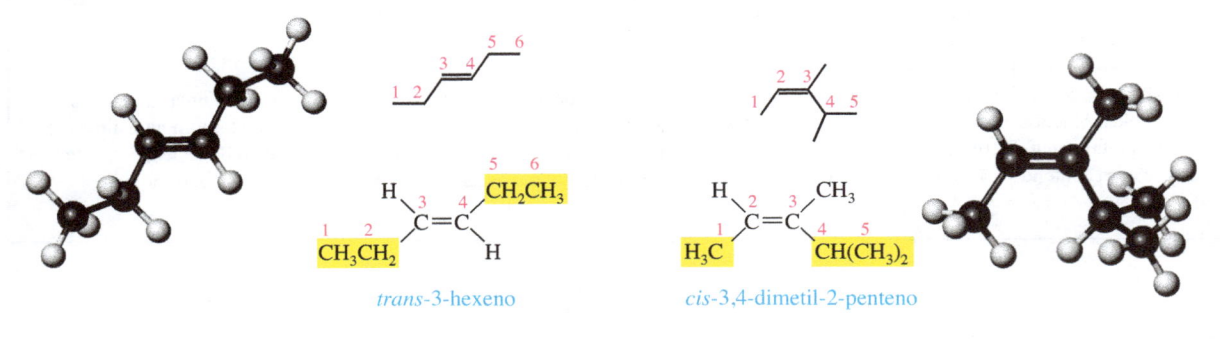

trans-3-hexeno

cis-3,4-dimetil-2-penteno

Exemplo 12.2 — Nomenclatura dos isômeros *cis* e *trans* em alcenos

Dê o nome de cada alceno e especifique sua configuração, indicando se é *cis* ou *trans*.

(a)
$$\begin{array}{c} CH_3CH_2CH_2 \\ \diagdown \\ H \end{array} C=C \begin{array}{c} H \\ \diagup \\ CH_2CH_3 \end{array}$$

(b)
$$\begin{array}{c} CH_3CH_2CH_2 \\ \diagdown \\ CH_3 \end{array} C=C \begin{array}{c} CH_2CH_3 \\ \diagup \\ H \end{array}$$

Estratégia

Para alcenos que apresentam isomeria *cis-trans*, use o designador *cis* para mostrar que os átomos de carbono da cadeia principal estão do mesmo lado na ligação dupla, e *trans* para indicar que estão em lados opostos na ligação dupla.

Solução

(a) A cadeia contém sete átomos de carbono e é numerada a partir da direita para atribuir o número mais baixo ao primeiro carbono da ligação dupla. Os átomos de carbono da cadeia principal estão em lados opostos na ligação dupla. O alceno é o *trans*-3-hepteno.

(b) A cadeia mais longa contém sete átomos de carbono e é numerada a partir da direita, de modo que o primeiro carbono da ligação dupla é o carbono 3 da cadeia. Os átomos de carbono da cadeia principal estão do mesmo lado na ligação dupla. Esse alceno é o *cis*-4-metil-3-hepteno.

Problema 12.2

Dê o nome de cada alceno e especifique sua configuração.

Conexões químicas 12B

O caso das cepas de Iowa e Nova York da broca do milho europeia

Embora os humanos se comuniquem principalmente pela visão e pelo som, a grande maioria das outras espécies se comunica por sinais químicos. Geralmente, a comunicação dentro da espécie é específica para um entre dois ou mais estereoisômeros. Por exemplo, um membro de determinada espécie pode responder ao isômero *cis* de uma substância química, mas não ao isômero *trans*. Ou então, pode responder a determinada proporção de isômeros *cis* e *trans*, mas não a outras proporções dos mesmos isômeros.

Vários grupos de cientistas têm estudado os componentes dos **feromônios** sexuais das cepas de Iowa e Nova York da broca do milho europeia. Fêmeas dessas espécies proximamente relacionadas secretam o acetato de 11-tetradecenila, um atrator sexual. Machos da cepa de Iowa apresentam resposta máxima a uma mistura contendo 96% do isômero *cis* e 4% do isômero *trans*. Quando é usado somente o isômero *cis* puro, a atração é fraca. Machos da cepa de Nova York apresentam um padrão de resposta totalmente diferente: respondem com máxima intensidade a uma mistura contendo 3% do isômero *cis* e 97% do isômero *trans*.

Acetato de *trans*-11-tetradecenila

Acetato de *cis*-11-tetradecenila

As evidências sugerem que a resposta ótima a uma faixa estreita de estereoisômeros, como vemos aqui, é muito comum na natureza e que a maioria dos insetos mantém o isolamento da espécie para acasalamento e reprodução graças às misturas de seus feromônios.

D. Cicloalcenos

Ao dar nome aos **cicloalcenos**, numere os átomos de carbono da ligação dupla 1 e 2 do anel na direção que atribuir ao substituinte encontrado em primeiro lugar o número mais baixo. Não é necessário usar um número de localização para os carbonos da ligação dupla porque, de acordo com o sistema Iupac de nomenclatura, eles sempre vão ser 1 e 2. Numere os substituintes e disponha-os em ordem alfabética.

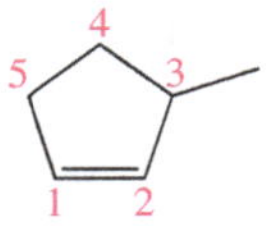

3-metilciclopenteno
(e não 5-metilciclopenteno)

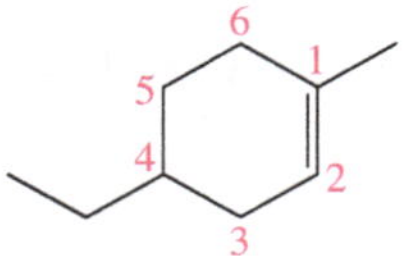

4-etil-1-metilcicloexeno
(e não 5-etil-2-metilcicloexeno)

Exemplo 12.3 — Nomenclatura dos cicloalcenos

Escreva o nome Iupac para cada cicloalceno.

(a) 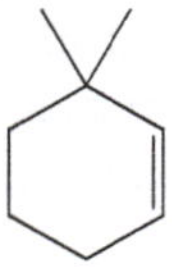 (b) 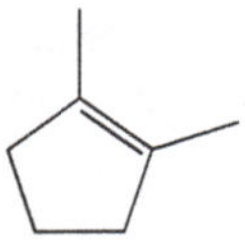 (c)

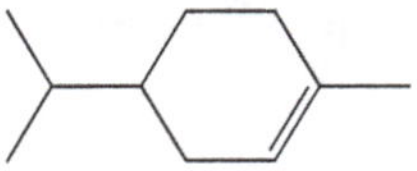

Estratégia

Na nomenclatura dos cicloalcenos, os átomos de carbono da ligação dupla são sempre numerados 1 e 2 na direção que atribuir ao substituinte encontrado em primeiro lugar o número mais baixo possível. Se houver múltiplos substituintes, disponha-os em ordem alfabética.

Solução

(a) 3,3-dimetilcicloexeno
(b) 1,2-dimetilciclopenteno
(c) 4-isopropil-1-metilcicloexeno

Problema 12.3

Escreva o nome Iupac para cada cicloalceno.

(a) 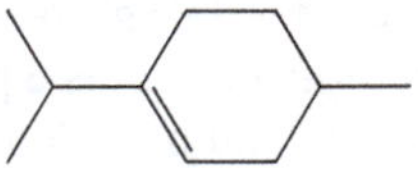 (b) 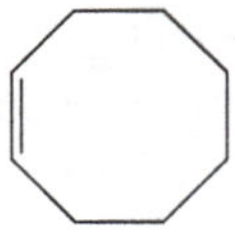 (c)

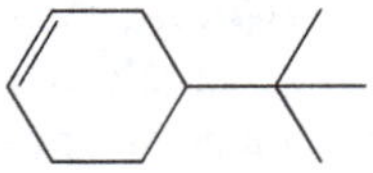

E. Dienos, trienos e polienos

Alcenos que contêm mais de uma ligação dupla recebem o nome de alcadienos, alcatrienos e assim por diante. Costumamos nos referir àqueles que contêm várias ligações duplas geralmente como polienos (do grego *poly*, muitos). A seguir, apresentamos três dienos:

CH_2=$CHCH_2CH$=CH_2
1,4-pentadieno

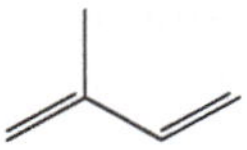

CH_2=CCH=CH_2 com CH_3
2-metil-1,3-butadieno
(Isopreno)

1,3-ciclopentadieno

Vimos anteriormente que, para o alceno com uma ligação dupla carbono-carbono que pode apresentar isomeria *cis-trans*, são possíveis dois estereoisômeros. Para o alcano com n ligações duplas carbono-carbono, cada uma delas podendo apresentar isomeria *cis-trans*, são possíveis 2^n estereoisômeros.

Exemplo 12.4 Isomeria *cis-trans*

Quantos estereoisômeros são possíveis para o 2,4-heptadieno?

$$CH_3-CH=CH-CH=CH-CH_2-CH_3$$
2,4-heptadieno

Estratégia

Para apresentar isomeria *cis-trans*, cada carbono da dupla ligação deve ter dois grupos diferentes ligados a ele.

Solução

Essa molécula tem duas ligações duplas carbono-carbono, cada uma delas apresentando isomeria *cis-trans*. Como podemos ver na tabela apresentada a seguir, são possíveis $2^2 = 4$ estereoisômeros. Desenhamos aqui fórmulas linha-ângulo para dois desses dienos.

	Ligação dupla	
	C2—C3	C4—C5
(1)	trans	trans
(2)	trans	cis
(3)	cis	trans
(4)	cis	cis

trans, trans-2-4-heptadieno   *trans, cis*-2,4-heptadieno

Problema 12.4

Desenhe fórmulas estruturais para os outros dois estereoisômeros do 2,4-heptadieno.

Exemplo 12.5 Desenhando isômeros *cis-trans* de alcenos

Desenhe estereoisômeros possíveis para o seguinte álcool insaturado.

$$\begin{array}{cc} CH_3 & CH_3 \\ | & | \\ CH_3C=CHCH_2CH_2C=CHCH_2OH \end{array}$$

Estratégia

Para apresentar isomeria *cis-trans*, cada carbono da ligação dupla deve ter dois grupos diferentes a ele ligados. Se uma molécula tiver n ligações duplas em torno das quais é possível a isomeria *cis-trans*, então são possíveis 2^n isômeros, em que n é o número de ligações duplas que apresentam isomeria *cis-trans*.

Solução

A isomeria *cis-trans* é possível somente em torno da ligação dupla entre os carbonos 2 e 3 da cadeia. Não é possível para a outra ligação dupla porque o carbono 7 tem dois grupos idênticos a ele ligados (ver Seção 12.2B). Assim, são possíveis $2^1 = 2$ estereoisômeros (um par *cis-trans*). O isômero *trans* desse álcool, o geraniol, é um importante componente dos óleos de rosa, citronela e capim-limão.

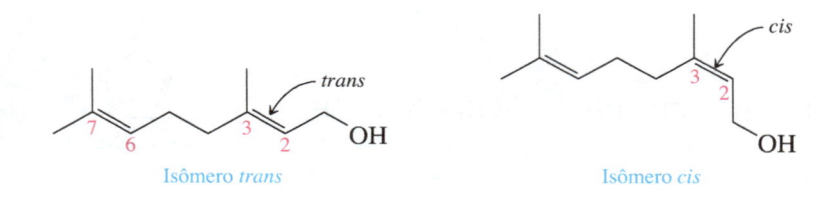

Isômero *trans*   Isômero *cis*

Capim-limão

Problema 12.5

Quantos estereoisômeros são possíveis para o seguinte álcool insaturado?

$$CH_3\overset{\overset{CH_3}{|}}{C}=CHCH_2CH_2\overset{\overset{CH_3}{|}}{C}=CHCH_2CH_2\overset{\overset{CH_3}{|}}{C}=CHCH_2OH$$

Conexões químicas 12C

Isomeria *cis-trans* na visão

A retina, camada detectora de luz localizada no fundo do olho, contém compostos avermelhados conhecidos como pigmentos visuais ou rodopsina, nome derivado da palavra grega que significa "de cor rosa". Cada molécula de rodopsina é constituída por uma proteína chamada opsina e uma molécula de 11-*cis*-retinal, um derivado da vitamina A em que o grupo CH_2OH do carbono-15 é convertido em um grupo aldeído, —CH=O.

Quando a rodopsina absorve luz, a ligação dupla menos estável 11-*cis* é convertida na ligação dupla mais estável 11-*trans*. A isomerização muda o formato da molécula de rodopsina, o que, por sua vez, permite que os neurônios do nervo óptico disparem e produzam uma imagem visual.

As retinas dos vertebrados contêm dois tipos de células que contêm rodopsina: bastonetes e cones. Os cones funcionam à luz do dia e são usados para visão colorida, concentram-se na porção central da retina, denominada mácula, e são responsáveis pela acuidade visual. A parte restante da retina consiste principalmente em bastonetes, que são usados para a visão periférica e noturna. O 11-*cis*-retinal está presente tanto nos cones como nos bastonetes. Os bastonetes têm um tipo de opsina, enquanto os cones têm três tipos: um para a visão do azul, um para o verde e um para vermelho.

Um exemplo de álcool poli-insaturado importante biologicamente, para o qual vários estereoisômeros são possíveis, é a vitamina A. Cada uma das quatro ligações carbono-carbono (mostradas em vermelho) na cadeia de átomos de carbono ligada ao anel de cicloexeno substituído tem potencial para a isomeria *cis-trans*. Existem, portanto, $2^4 = 16$ estereoisômeros possíveis para essa fórmula estrutural. A vitamina A, o estereoisômero aqui mostrado, é o isômero *trans*.

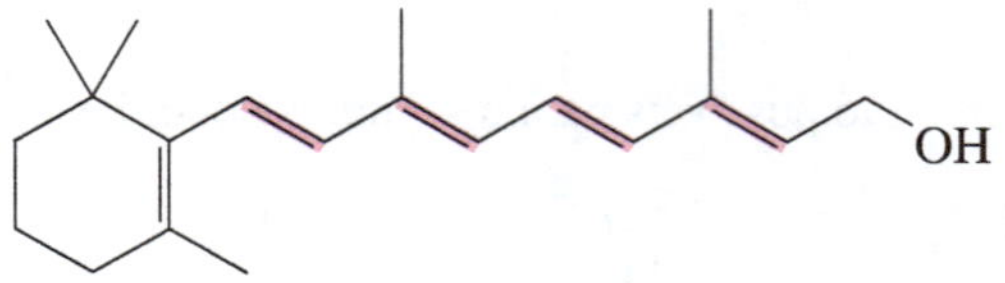

Vitamina A (retinol)

12.4 Quais são as propriedades físicas dos alcenos e alcinos?

Alcenos e alcinos são compostos apolares, e as únicas forças de atração entre suas moléculas, as forças de dispersão de London (Seção 5.7A), são muito fracas. Suas propriedades físicas, portanto, são semelhantes às dos alcanos de mesma sequência carbônica. A densidade de alcenos e alcinos líquidos à temperatura ambiente é menor que 1,0 g/mL (eles flutuam na água). São insolúveis em água, mas solúveis uns nos outros e em outros líquidos orgânicos apolares.

12.5 O que são terpenos?

Terpeno Composto cujo esqueleto carbônico pode ser dividido em duas ou mais unidades idênticas à estrutura de cinco carbonos do isopreno.

Entre os compostos encontrados nos óleos essenciais das plantas, estão os **terpenos**, um grupo de substâncias que têm em comum o fato de seu esqueleto carbônico poder ser dividido em duas ou mais unidades carbônicas semelhantes à estrutura de cinco carbonos do isopreno. O carbono 1 de uma unidade de isopreno é chamado de "cabeça", e o carbono 4 de "cauda". Um terpeno é um composto em que a cabeça de uma unidade de isopreno está ligada à cauda de outra unidade de isopreno.

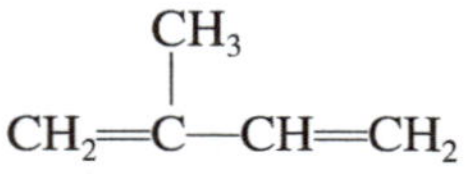

2-metil-1,3-butadieno
(Isopreno)

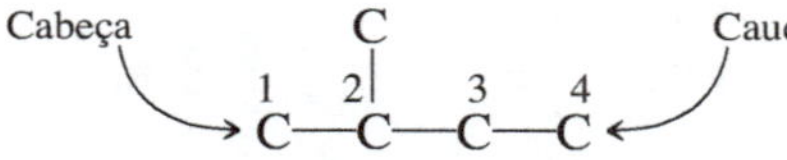

Unidade de isopreno

Os terpenos estão entre os compostos mais amplamente disseminados no mundo biológico, e um estudo de sua estrutura nos dá uma ideia da espantosa diversidade que a natureza pode gerar a partir de um simples esqueleto carbônico. Os terpenos também ilustram um importante princípio da lógica molecular dos sistemas vivos: na construção de grandes moléculas, pequenas subunidades são ligadas por meio de uma série de reações catalisadas por enzimas e depois quimicamente modificadas por reações adicionais também catalisadas por enzimas. Os químicos usam os mesmos princípios no laboratório, mas seus métodos não se comparam à precisão e seletividade das reações catalisadas por enzimas em sistemas celulares.

Provavelmente, os terpenos mais conhecidos – ao menos pelo odor – são os componentes dos assim chamados óleos essenciais, extraídos de várias partes das plantas. Os óleos essenciais contêm substâncias de massa molecular relativamente baixa e são os principais responsáveis pelas fragrâncias características das plantas. Muitos óleos essenciais, especialmente aqueles encontrados nas flores, são usados em perfumes.

Um exemplo de terpeno obtido de um óleo essencial é o mirceno (Figura 12.1), um componente da cera de loureiro e dos óleos de loureiro e de verbena. O mirceno é um trieno de cadeia principal com oito átomos de carbono e duas ramificações com um carbono. As duas unidades de isopreno no mirceno são ligadas pela junção da cauda de uma unidade (carbono 4) com a cabeça da outra (carbono 1). A Figura 12.1 também mostra mais três terpenos, cada um com dez átomos de carbono. No limoneno e no mentol, a natureza formou uma ligação adicional entre dois carbonos para criar um anel de seis membros.

O farnesol, um terpeno de fórmula molecular $C_{15}H_{26}O$, inclui três unidades de isopreno. Derivados tanto do farnesol como do geraniol são intermediários na biossíntese do colesterol (Seção 29.3).

FIGURA 12.1 Quatro terpenos, cada um deles derivado de duas unidades de isopreno, a cauda da primeira ligada à cabeça da segunda. No limoneno e no mentol, a formação de uma ligação adicional carbono-carbono cria um anel de seis membros.

Mirceno (Óleo de loureiro)

Geraniol (Rosa e outras flores)

Limoneno (Limão e laranja) — Esta ligação é que forma o anel

Mentol (Hortelã-pimenta)

Farnesol (Lírio-do-vale)

A vitamina A (Seção 12.3E), um terpeno de fórmula molecular $C_{20}H_{30}O$, consiste em quatro unidades de isopreno com ligações cabeça-cauda e ligação cruzada em um ponto de modo a criar um anel de seis membros.

Louro, *Umbelluria californica*, uma fonte de mirceno.

12.6 Quais são as reações características dos alcenos?

A reação mais característica dos alcenos é a adição à ligação dupla: a dupla ligação é rompida e, em seu lugar, formam-se ligações simples a dois novos átomos ou grupos de átomos. A Tabela 12.1 mostra vários exemplos de reações de adição em alcenos e o(s) nome(s) descritivo(s) associado(s) a cada reação.

TABELA 12.1 Reações de adição características dos alcenos

Reação	Nome(s) descritivo(s)
$\mathrm{C{=}C} + HCl \longrightarrow \mathrm{-C(H)-C(Cl)-}$	hidrocloração
$\mathrm{C{=}C} + H_2O \longrightarrow \mathrm{-C(H)-C(OH)-}$	hidratação
$\mathrm{C{=}C} + Br_2 \longrightarrow \mathrm{-C(Br)-C(Br)-}$	bromação
$\mathrm{C{=}C} + H_2 \longrightarrow \mathrm{-C(H)-C(H)-}$	hidrogenação (redução)

A. Adição de haletos de hidrogênio (hidroalogenação)

Os haletos de hidrogênio HCl, HBr e HI adicionam-se aos alcenos formando haloalcanos (haletos de alquila). A adição de HCl ao etileno, por exemplo, forma o cloroetano (cloreto de etila):

Reação regiosseletiva Reação em que uma das direções na formação ou ruptura da ligação ocorre preferencialmente em relação a todas as outras direções possíveis.

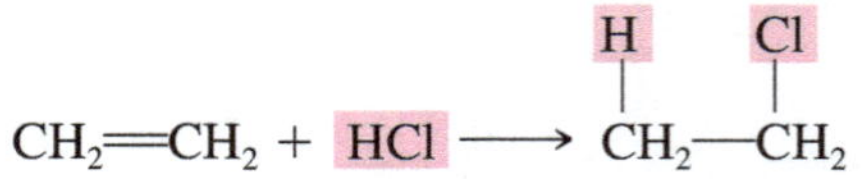

$$CH_2{=}CH_2 + \boxed{HCl} \longrightarrow \underset{\text{Cloroetano}}{\underset{\text{(Cloreto de etila)}}{CH_2{-}CH_2}}\overset{H \quad Cl}{|\ \ \ |}$$
Etileno

A adição de HCl ao propeno forma o 2-cloropropano (cloreto de isopropila); o hidrogênio é adicionado ao carbono 1 do propeno, e o cloro, ao carbono 2. Se a orientação da adição fosse invertida, seria formado o 1-cloropropano (cloreto de propila). O resultado observado é que quase não se forma o 1-cloropropano. Como o 2-cloropropano é o produto observado, dizemos que a adição de HCl ao propeno é **regiosseletiva**.

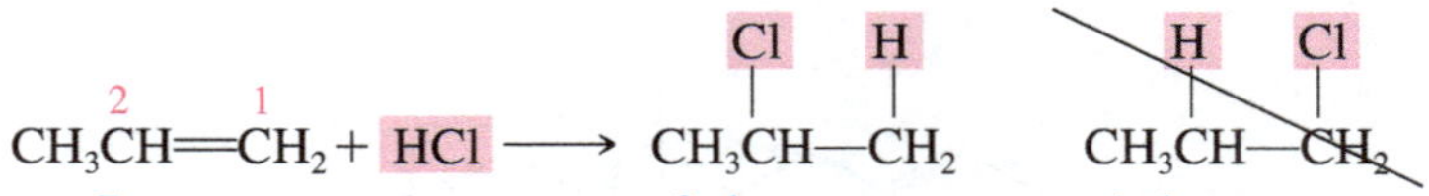

$$\underset{\text{Propeno}}{CH_3\overset{2}{C}H{=}\overset{1}{C}H_2} + \boxed{HCl} \longrightarrow \underset{\text{2-cloropropano}}{CH_3CH{-}CH_2}\overset{Cl \quad H}{|\ \ \ |} \quad \underset{\text{1-cloropropano (não formado)}}{\cancel{CH_3CH{-}CH_2}}\overset{H \quad Cl}{|\ \ \ |}$$

Regra de Markovnikov Na adição de HX a um alceno, o hidrogênio é adicionado ao carbono da ligação dupla com o maior número de hidrogênios.

A regra de Markovnikov costuma ser parafraseada como "os ricos ficam mais ricos".

Essa regiosseletividade foi observada por Vladmir Markovnikov (1838-1904), que fez a seguinte generalização, conhecida como **regra de Markovnikov**: na adição de HX (em que X = halogênio) a um alceno, o hidrogênio é adicionado ao carbono da dupla ligação que tiver o maior número de hidrogênios a ele ligados; o halogênio é adicionado ao outro carbono.

Exemplo 12.6 Adição de HX a um alceno

Desenhe uma fórmula estrutural para o produto de cada reação de adição ao alceno.

(a) $CH_3\underset{|}{\overset{CH_3}{C}}{=}CH_2 + HI \longrightarrow$

(b) [ciclopenteno com CH_3] $+ HCl \longrightarrow$

Estratégia

Aplique a regra de Markovnikov para prever a fórmula estrutural do produto de cada reação. Na adição de HI e HCl, o H é adicionado ao carbono da ligação dupla que já tiver o maior número de átomos de H a ele ligados.

Solução

(a) A regra de Markovnikov prevê que o hidrogênio do HI é adicionado ao carbono 1 e o iodo é adicionado ao carbono 2, formando o 2-iodo-2-metilpropano.
(b) O H é adicionado ao carbono 2 do anel e o Cl é adicionado ao carbono 1, formando o 1-cloro-1-metilciclopentano.

(a) 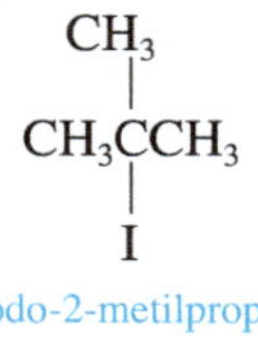 $CH_3\underset{|}{\overset{CH_3}{\underset{I}{C}}}CH_3$

2-iodo-2-metilpropano

(b) 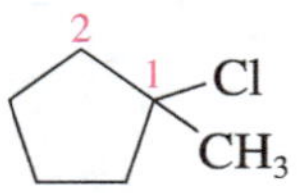 [ciclopentano com Cl e CH_3 no C1]

1-cloro-1-metilciclopentano

Problema 12.6

Desenhe uma fórmula estrutural para o produto de cada reação de adição ao alceno.

(a) $CH_3CH{=}CH_2 + HBr \longrightarrow$

(b) [ciclohexano]${=}CH_2 + HBr \longrightarrow$

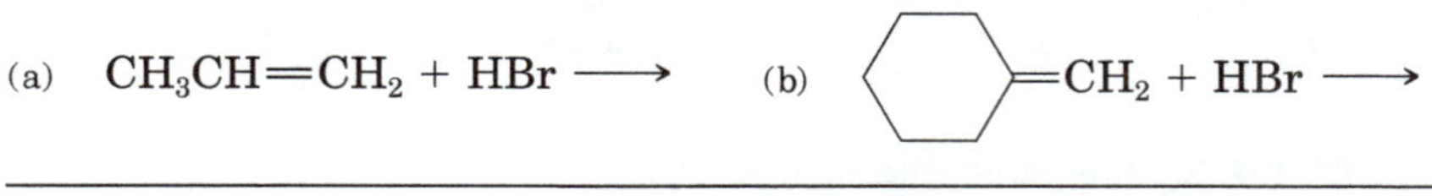

A regra de Markovnikov nos diz o que acontece quando adicionamos HCl, HBr ou HI a uma ligação dupla carbono-carbono. Sabemos que, na adição de HCl ou de outro ácido halogênico, uma das ligações da ligação dupla e a ligação H—Cl são rompidas, e que se formam novas ligações C—H e C—Cl. Mas os químicos também querem saber como ocorre essa conversão. As ligações C=C e H—X são rompidas e as novas ligações covalentes são formadas, mas será tudo ao mesmo tempo? Ou essa reação ocorre em etapas? Se assim for, quais são as etapas e qual sua ordem de ocorrência?

Os químicos explicam a adição de HX ao alceno definindo um **mecanismo de reação** em duas etapas, que ilustramos com a reação do 2-buteno com o cloreto de hidrogênio, formando 2-clorobutano. A primeira etapa é a adição de H$^+$ ao 2-buteno. Para indicar essa adição, usamos uma **seta curvada** que mostra um par de elétrons reposicionando-se de sua origem (a cauda da seta) para sua nova localização (a ponta da seta). Lembre-se de que usamos setas curvadas na Seção 8.1 para indicar a quebra e formação de ligações em reações de transferência de próton. Agora, do mesmo modo, usamos setas curvadas para indicar ruptura e formação de ligações em um mecanismo de reação.

A primeira etapa resulta na formação de um cátion orgânico. Um átomo de carbono nesse cátion tem apenas seis elétrons na camada de valência, portanto sua carga é +1. Uma espécie que contém um átomo de carbono com carga positiva é denominada **carbocátion** (carbono + cátion). Os carbocátions são classificados como primário (1º), secundário (2º) ou terciário (3º), dependendo do número de grupos de carbono ligados ao carbono de carga positiva.

Mecanismo de reação Descrição passo a passo de como ocorre uma reação química.

Carbocátion Espécie que contém um átomo de carbono com apenas três ligações e uma carga positiva.

Mecanismo: adição de HCl ao 2-buteno

1ª etapa: A reação da ligação dupla carbono-carbono do alceno com H$^+$ forma um carbocátion 2º intermediário. Na formação desse intermediário, uma das ligações da dupla ligação é rompida e seu par de elétrons forma uma nova ligação covalente com o H$^+$. A um dos carbonos da ligação dupla, restam apenas seis elétrons na camada de valência e, portanto, ele passa a ter carga positiva.

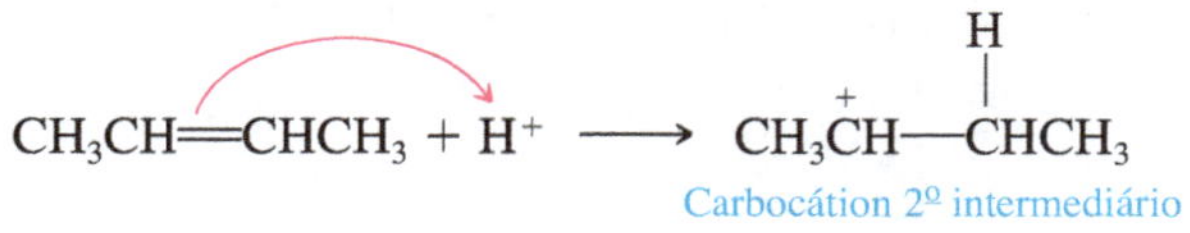

$$CH_3CH=CHCH_3 + H^+ \longrightarrow CH_3\overset{+}{C}H—CH(H)CH_3$$
Carbocátion 2º intermediário

2ª etapa: A reação do carbocátion 2º intermediário com o íon cloreto completa a camada de valência do carbono, formando o 2-clorobutano.

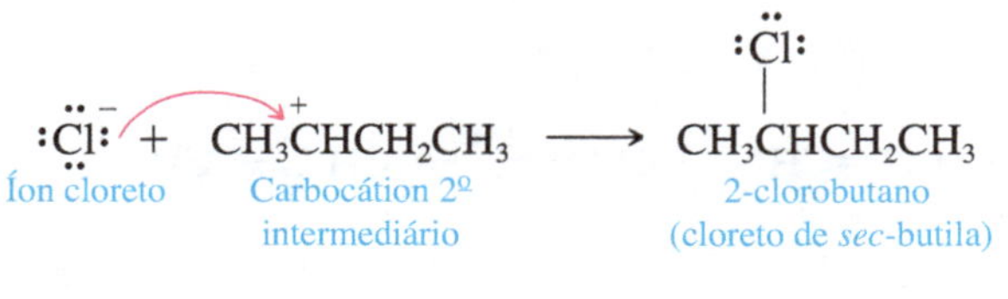

$$:\!\ddot{\underset{..}{Cl}}\!:^- + CH_3\overset{+}{C}HCH_2CH_3 \longrightarrow CH_3\underset{\underset{\ddot{Cl}:}{|}}{CH}CH_2CH_3$$
Íon cloreto   Carbocátion 2º intermediário   2-clorobutano (cloreto de *sec*-butila)

Exemplo 12.7 Mecanismo de adição de HX a um alceno

Proponha um mecanismo em duas etapas para a adição de HI ao metilenocicloexano, formando 1-iodo-1-metilcicloexano.

(cicloexano)=CH$_2$ + HI ⟶ (cicloexano com I e CH$_3$)
Metilenocicloexano   1-iodo-1-metilcicloexano

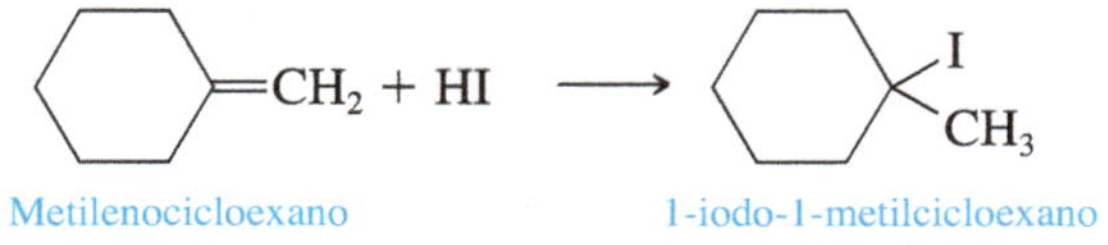

Estratégia

O mecanismo da adição de HI a um alceno é semelhante ao mecanismo de duas etapas proposto para a adição de HCl ao 2-buteno.

Solução

1ª etapa: A reação do H$^+$ com a ligação dupla carbono-carbono forma uma nova ligação C—H ao carbono de maior número de hidrogênios e também um carbocátion 3º intermediário.

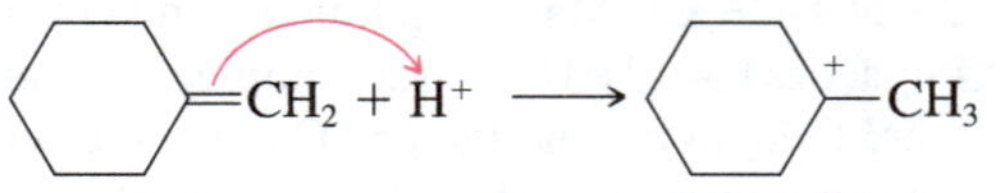

$$\text{C}_6\text{H}_{10}\text{=CH}_2 + \text{H}^+ \longrightarrow \text{C}_6\text{H}_{10}^+\text{-CH}_3$$

Carbocátion 3º
intermediário

2ª etapa: A reação do carbocátion 3º com o íon iodeto completa a camada de valência e forma o produto.

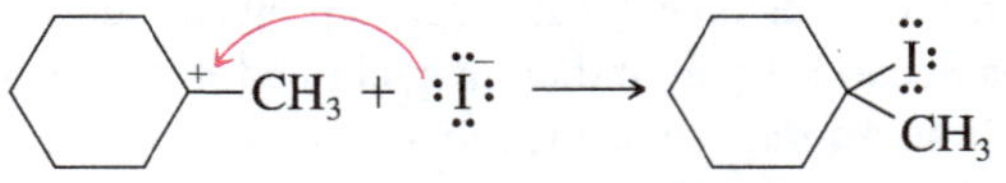

$$\text{C}_6\text{H}_{10}^+\text{-CH}_3 + :\!\ddot{\underset{..}{\text{I}}}\!:^- \longrightarrow \text{C}_6\text{H}_{10}(\text{I})(\text{CH}_3)$$

Problema 12.7

Proponha um mecanismo de duas etapas para a adição de HBr ao 1-metilcicloexeno, formando 1-bromo-1-metilcicloexano.

B. Adição de água: hidratação catalisada por ácido

Hidratação Adição de água.

A maior parte do etanol industrial é produzida pela hidratação do etileno catalisada por ácido.

Na presença de um catalisador ácido, geralmente ácido sulfúrico concentrado, a água é adicionada à ligação dupla carbono-carbono do alceno, formando um álcool. A adição de água é chamada **hidratação**. No caso de alcenos simples, a hidratação segue a regra de Markovnikov: o H de H_2O é adicionado ao carbono da ligação dupla com o maior número de hidrogênios, e o OH de H_2O é adicionado ao carbono com o menor número de hidrogênios.

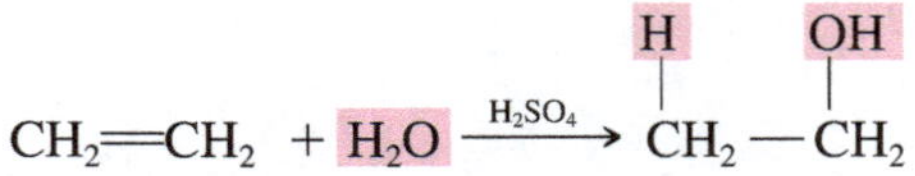

$$\text{CH}_2\!=\!\text{CH}_2 + \text{H}_2\text{O} \xrightarrow{\text{H}_2\text{SO}_4} \underset{\text{Etanol}}{\text{CH}_2(\text{H})-\text{CH}_2(\text{OH})}$$

Etileno

$$\text{CH}_3\text{CH}\!=\!\text{CH}_2 + \text{H}_2\text{O} \xrightarrow{\text{H}_2\text{SO}_4} \underset{\text{2-propanol}}{\text{CH}_3\text{CH}(\text{OH})-\text{CH}_2(\text{H})}$$

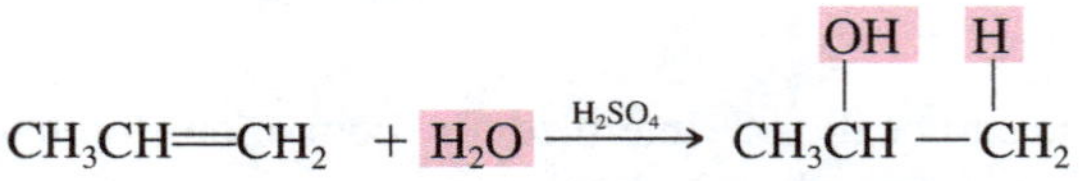

Propeno

$$\text{CH}_3\text{C}(\text{CH}_3)\!=\!\text{CH}_2 + \text{H}_2\text{O} \xrightarrow{\text{H}_2\text{SO}_4} \text{CH}_3\text{C}(\text{CH}_3)(\text{OH})-\text{CH}_2(\text{H})$$

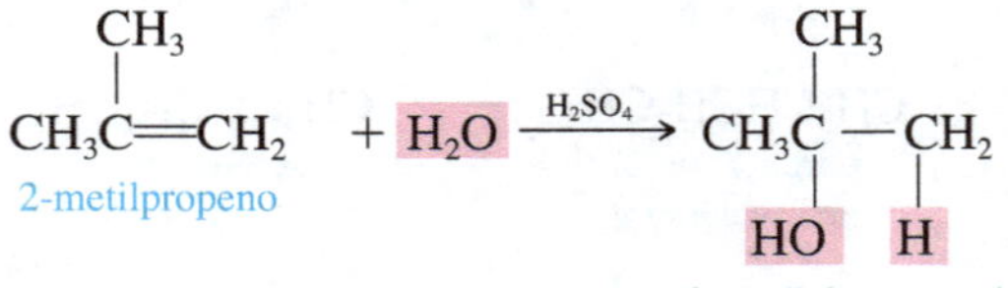

2-metilpropeno → 2-metil-2-propanol

Exemplo 12.8 Hidratação do alceno catalisada por ácido

Desenhe uma fórmula estrutural para o álcool formado pela hidratação, catalisada por ácido, do 1-metilcicloexeno.

Estratégia

A regra de Markovnikov prevê que o H é adicionado ao carbono com o maior número de hidrogênios.

Solução

O H é adicionado ao carbono 2 do anel de cicloexeno e o OH é adicionado ao carbono 1.

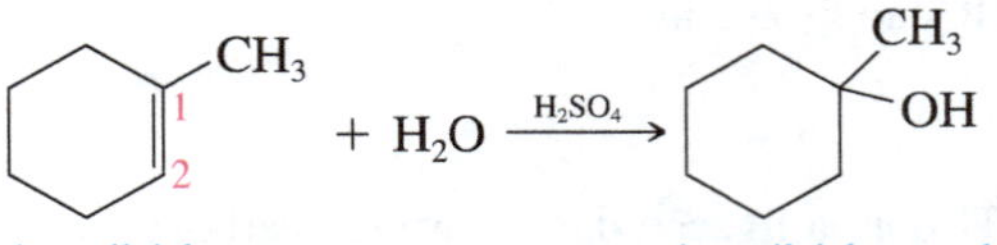

$$\underset{\text{1-metilcicloexeno}}{\text{C}_6\text{H}_9(\text{CH}_3)} + \text{H}_2\text{O} \xrightarrow{\text{H}_2\text{SO}_4} \underset{\text{1-metilcicloexanol}}{\text{C}_6\text{H}_{10}(\text{CH}_3)(\text{OH})}$$

Problema 12.8

Desenhe uma fórmula estrutural para o álcool formado pela hidratação, catalisada por ácido, de cada alceno:

(a) 2-metil-2-buteno   (b) 2-metil-1-buteno

O mecanismo para a hidratação do alceno, catalisada por ácido, é semelhante àquela que propomos para a adição de HCl, HBr e HI ao alceno, e é ilustrada pela hidratação do propeno. Esse mecanismo é coerente com o fato de o ácido ser um catalisador. Um H^+ é consumido na primeira etapa, mas outro é gerado na terceira etapa.

Mecanismo: hidratação do propeno catalisada por ácido

1ª etapa: A adição de H^+ ao carbono da ligação dupla com maior número de hidrogênios forma um carbocátion 2º intermediário.

$$CH_3CH=CH_2 + H^+ \longrightarrow CH_3\overset{+}{C}HCH_2\text{-}H$$

Carbocátion 2º intermediário

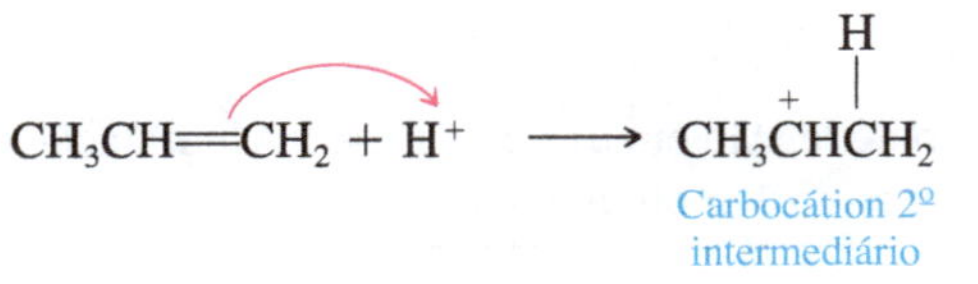

2ª etapa: O carbocátion intermediário completa a camada de valência, formando uma nova ligação covalente com um par de elétrons não compartilhado do oxigênio de H_2O para produzir um **íon oxônio**.

$$CH_3\overset{+}{C}HCH_3 + :\overset{H}{\underset{H}{O}}-H \longrightarrow CH_3CHCH_3\text{ (com }\overset{+}{O}H_2\text{)}$$

Íon oxônio

Íon oxônio Íon em que o oxigênio está ligado a três outros átomos e tem uma carga positiva.

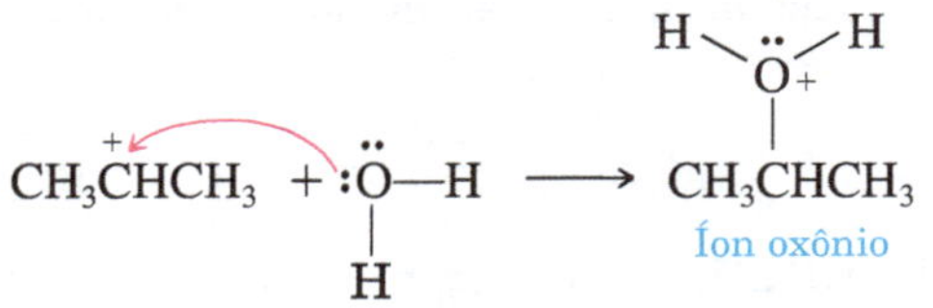

3ª etapa: A perda de H^+ do íon oxônio produz o álcool e gera um novo catalisador H^+.

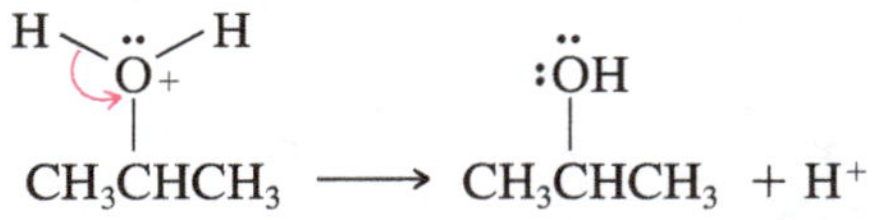

$$CH_3CHCH_3\text{-}\overset{+}{O}H_2 \longrightarrow CH_3CHCH_3\text{-}\ddot{O}H + H^+$$

Exemplo 12.9 Hidratação do alceno catalisada por ácido

Proponha um mecanismo de reação de três etapas para a hidratação, catalisada por ácido, do metilenocicloexano, formando 1-metilcicloexanol.

Estratégia

O mecanismo de reação para a hidratação do metilenocicloexano catalisada por ácido é semelhante ao mecanismo de três etapas proposto para a hidratação do propeno catalisada por ácido.

Solução

1ª etapa: A reação da ligação dupla carbono-carbono com H^+ forma um carbocátion 3º intermediário.

$$\text{(cicloexano)}=CH_2 + H^+ \longrightarrow \text{(cicloexano)}\overset{+}{-}CH_3$$

Carbocátion 3º intermediário

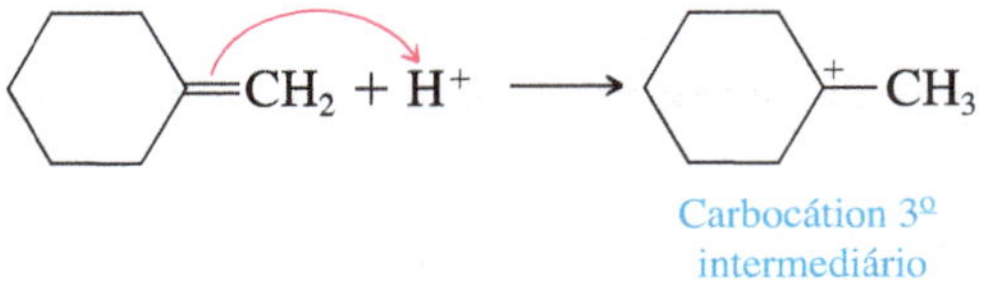

2ª etapa: A reação do carbocátion intermediário com a água completa a camada de valência e forma um íon oxônio.

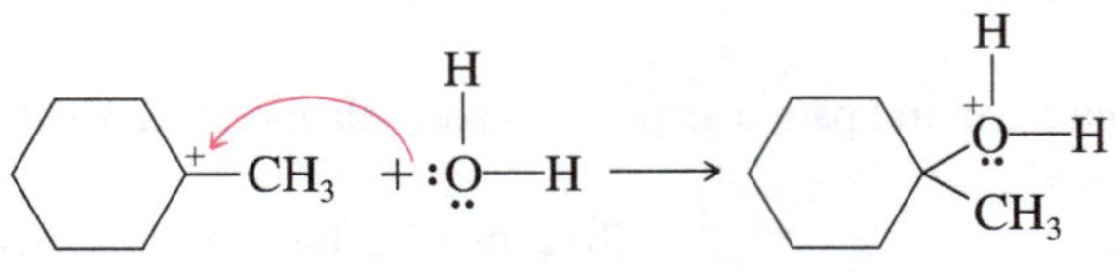

[Mecanismo: cátion com CH₃ no ciclohexano + :Ö(H)—H → íon oxônio (ciclohexano com O⁺(H)(H)—CH₃)]

Íon oxônio

3ª etapa: A perda do H⁺ do íon oxônio completa a reação e forma um novo catalisador H⁺.

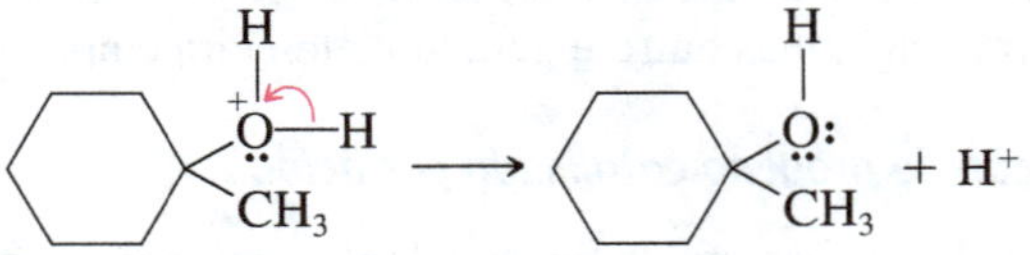

[Íon oxônio → ciclohexano-OH com CH₃ + H⁺]

Problema 12.9

Proponha um mecanismo de reação em três etapas para a hidratação do 1-metilcicloexeno, catalisada por ácido, formando 1-metilcicloexanol.

C. Adição de bromo e cloro (halogenação)

O cloro, Cl_2, e o bromo, Br_2, reagem com os alcenos, em temperatura ambiente, por adição aos átomos de carbono da ligação dupla. Essa reação geralmente é executada seja com o uso de reagentes puros, seja misturando-os em um solvente inerte, como o diclorometano, CH_2Cl_2.

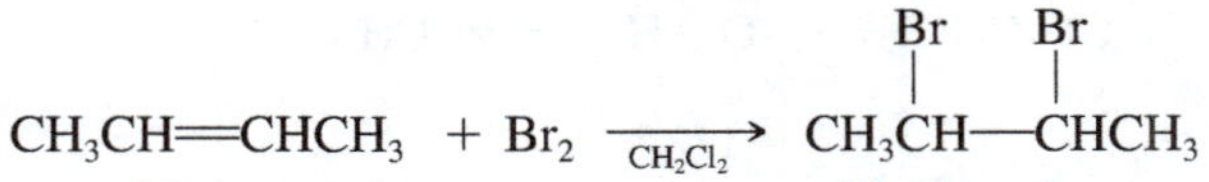

$$CH_3CH=CHCH_3 + Br_2 \xrightarrow{CH_2Cl_2} CH_3CHBr-CHBrCH_3$$

2-buteno   2,3-dibromobutano

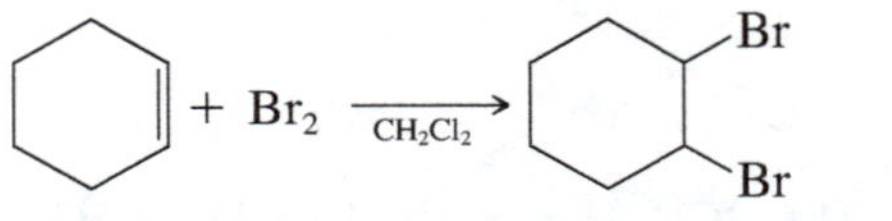

[Cicloexeno + Br_2 $\xrightarrow{CH_2Cl_2}$ 1,2-dibromocicloexano]

Cicloexeno   1,2-dibromocicloexano

A adição de bromo é um teste qualitativo para a presença de alcenos. Se dissolvermos bromo em tetracloreto de carbono, a solução vai ser vermelha. Diferentemente, alcenos e dibromoalcanos são incolores. Se misturarmos algumas gotas da solução vermelha de bromo com uma amostra desconhecida, mas que suspeitamos ser um alceno, o desaparecimento da cor vermelha, quando o bromo é adicionado à ligação dupla, indica, de fato, a presença de um alceno.

Exemplo 12.10   Adição de halogênios a alcenos

Complete estas reações.

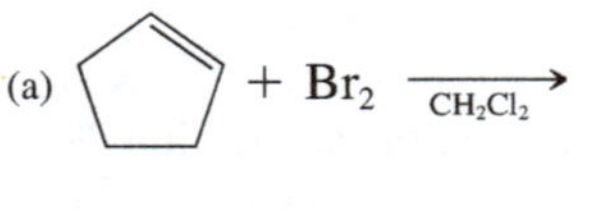

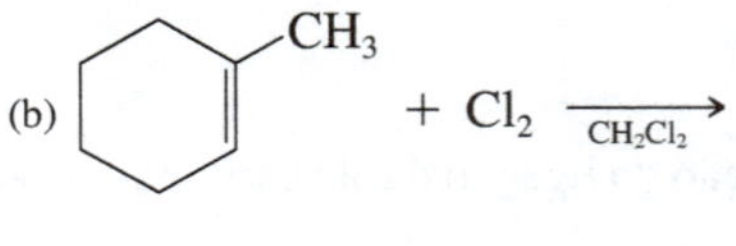

(a) ciclopenteno + Br_2 $\xrightarrow{CH_2Cl_2}$

(b) 1-metilcicloexeno + Cl_2 $\xrightarrow{CH_2Cl_2}$

Estratégia

Na adição de Br_2 ou Cl_2 a um cicloalceno, um halogênio é adicionado a cada carbono da ligação dupla.

Solução

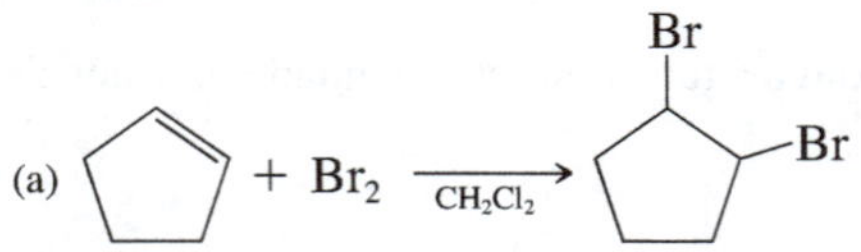

(a) ciclopenteno + Br_2 $\xrightarrow{CH_2Cl_2}$ 1,2-dibromociclopentano

(b) 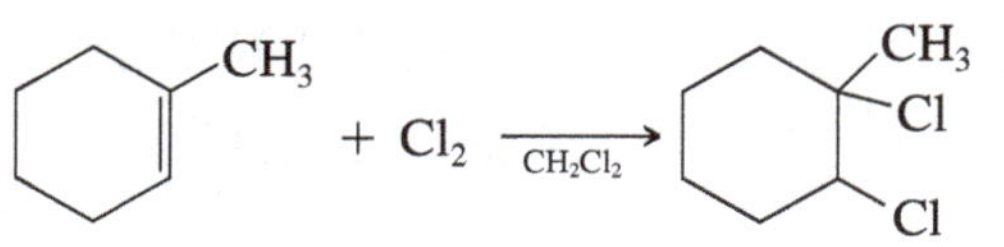 [estrutura: 1-metilciclohexeno] + Cl₂ —CH₂Cl₂→ [estrutura: 1-metil-1,2-dicloro-ciclohexano]

Problema 12.10

Complete estas reações.

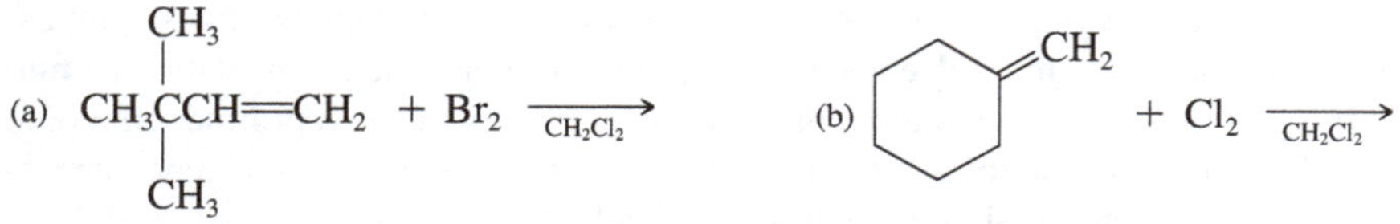

(a) CH₃C(CH₃)(CH₃)CH=CH₂ + Br₂ —CH₂Cl₂→

(b) [metilenociclohexano] + Cl₂ —CH₂Cl₂→

D. Adição de hidrogênio: redução (hidrogenação)

Praticamente todos os alcenos reagem de forma quantitativa com o hidrogênio molecular, H₂, na presença de um metal de transição catalisador, para formar alcanos. Os metais de transição catalisadores incluem platina, paládio, rutênio e níquel. Como a conversão de um alceno em um alcano envolve a redução pelo hidrogênio na presença de um catalisador, o processo é chamado **redução catalítica** ou **hidrogenação catalítica**.

Na Seção 21.3, vamos ver como a hidrogenação catalítica é usada para solidificar óleos vegetais líquidos em margarinas e gorduras semissólidas utilizadas na culinária.

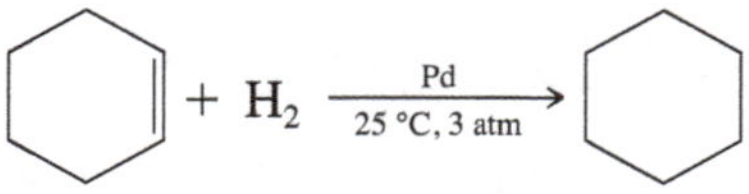

trans-2-buteno + H₂ —Pd, 25 °C, 3 atm→ CH₃CH₂CH₂CH₃ (Butano) ←Pd, 25 °C, 3 atm— H₂ + cis-2-buteno

Cicloexeno + H₂ —Pd, 25 °C, 3 atm→ Cicloexano

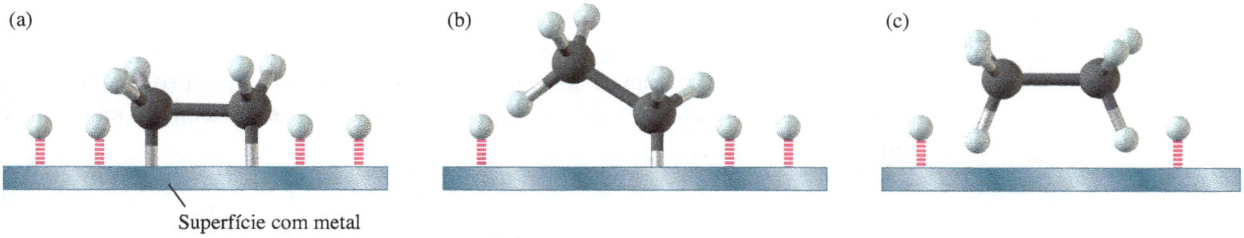

FIGURA 12.2 A adição de hidrogênio a um alceno envolve um metal de transição catalisador. (a) O hidrogênio e o alceno são adsorvidos na superfície do metal, e (b) um átomo de hidrogênio é transferido para o alceno, formando uma nova ligação C—H. O outro carbono permanece adsorvido na superfície do metal. (c) Uma segunda ligação C—H é formada, e o alceno é dessorvido.

O metal catalisador é usado na forma de um sólido finamente granulado. A reação é executada dissolvendo o alceno em etanol ou em outro solvente orgânico não reativo, adicionando o catalisador sólido e expondo a mistura a gás hidrogênio com pressões que variam de 1 a 150 atm.

Mecanismo: redução catalítica

Os catalisadores dos metais de transição usados em hidrogenação catalítica são capazes de adsorver grandes quantidades de hidrogênio em suas superfícies, provavelmente formando ligações metal-hidrogênio. Do mesmo modo, os alcenos são adsorvidos na superfície dos metais com a formação de ligações carbono-metal. A adição de átomos de hidrogênio ao alceno ocorre em duas etapas (Figura 12.2).

12.7 Quais são as reações de polimerização importantes do etileno e dos etilenos substituídos?

A. A estrutura dos polietilenos

Polímero Do grego *poly*, muitos, e *meros*, parte; qualquer molécula de cadeia longa que é sintetizada juntando-se muitas partes chamadas monômeros.

Monômero Do grego *mono*, único, e *meros*, parte; a unidade não redundante mais simples a partir da qual é sintetizado o polímero.

Da perspectiva da indústria química, a reação mais importante dos alcenos é a de formação de **polímeros** (do grego *poly*, muitos, e *meros*, parte). Na presença de certos compostos chamados iniciadores, muitos alcenos formam polímeros pela adição, em etapas, de **monômeros** (do grego *mono*, um, e *meros*, parte) a uma crescente cadeia polimérica, como acontece na formação do polietileno a partir do etileno. Em polímeros de alcenos de importância industrial e comercial, n é um número grande, tipicamente milhares.

$$n\text{CH}_2=\text{CH}_2 \xrightarrow[\text{(polimerização)}]{\text{iniciador}} -(\text{CH}_2\text{CH}_2)_n-$$

Etileno → Polietileno

Para mostrar a estrutura de um polímero, colocamos entre parênteses a unidade monomérica que se repete. A estrutura de toda uma cadeia polimérica pode ser reproduzida repetindo-se a estrutura fechada em ambas as direções. Um subscrito n é colocado fora dos parênteses para indicar que essa unidade se repete n vezes, como acontece na conversão do propileno em polipropileno.

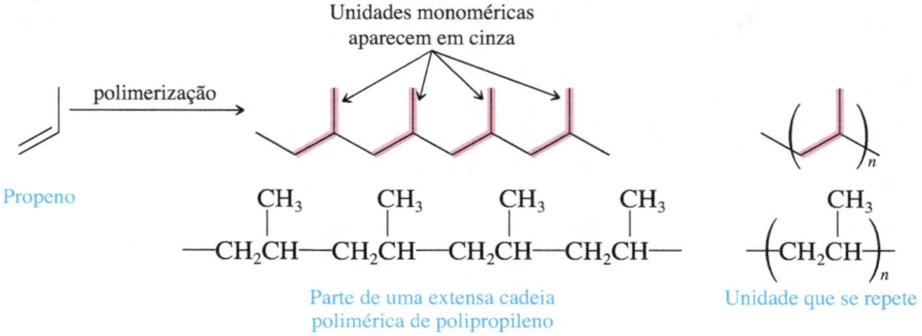

O método mais comum de nomenclatura para polímeros é juntar ao prefixo **poli-** o nome do monômero a partir do qual o polímero é sintetizado – por exemplo, polietileno e poliestireno.

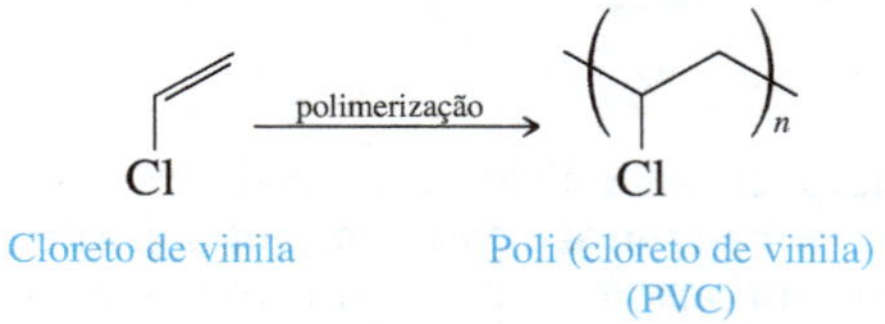

Cloreto de vinila → Poli (cloreto de vinila) (PVC)

A Tabela 12.2 mostra polímeros importantes derivados do etileno e etileno substituído, além de seus nomes comuns e sua utilidade.

Peróxido Qualquer composto que contenha uma ligação —O—O— como o peróxido de hidrogênio, H—O—O—H.

B. Polietileno de baixa densidade (LDPE)

O primeiro processo comercial para a polimerização do etileno usou iniciadores de peróxido a 500 °C e 1.000 atm, formando um polímero duro, transparente conhecido como **polietileno de baixa densidade (LDPE)**. Em nível molecular, as cadeias de LDPE são altamente ramificadas e, por essa razão, seu empacotamento é frouxo e as forças de dispersão de London (Seção 5.7A) entre elas são fracas.

Hoje, aproximadamente 65% de todo o LDPE é usado na manufatura de filmes pela técnica de moldagem por sopro, ilustrada na Figura 12.3. O filme de LDPE não é caro, o que o torna ideal para embalar alimentos assados, legumes e na manufatura de sacos de lixo.

TABELA 12.2 Polímeros derivados do etileno e de etilenos substituídos, e também seus nomes comuns e sua utilidade

Fórmula do monômero	Nome comum	Nome(s) do polímero e suas utilidades
$CH_2=CH_2$	etileno	polietileno, politeno; recipientes inquebráveis e materiais de embalagem
$CH_2=CHCH_3$	propileno	polipropileno, Herculon; fibras têxteis e para tapetes
$CH_2=CHCl$	cloreto de vinila	cloreto de polivinila, PVC; tubulações para construção
$CH_2=CCl_2$	1,1-dicloroetileno	poli-1,1-dicloroetileno; Saran Wrap é um copolímero com o cloreto de vinila
$CH_2=CHCN$	acrilonitrila	poliacrilonitrila, Orlon; acrílicos e acrilatos
$CF_2=CF_2$	tetrafluoroetileno	politetrafluoroetileno, PTFE; Teflon, revestimentos não aderentes
$CH_2=CHC_6H_5$	estireno	poliestireno, Styrofoam; materiais isolantes
$CH_2=CHCOOCH_2CH_3$	acrilato de etila	poliacrilato de etila, tinta látex
$CH_2=CCOOCH_3$ $\quad\ \ \ |$ $\quad\ \ CH_3$	metacrilato de metila	polimetacrilato de metila, Lucite; Plexiglas; substitutos do vidro

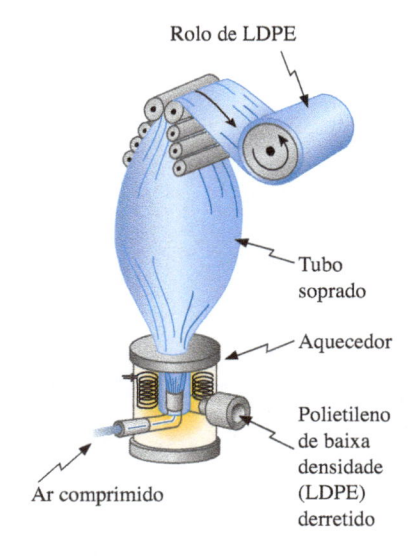

FIGURA 12.3 Fabricação do filme de LDPE. Um tubo de LDPE derretido e um jato de ar comprimido são direcionados através de uma abertura e soprados até formarem uma gigantesca bolha de paredes finas. O filme é então resfriado e estirado em rolos. Esse filme de dupla camada pode ser cortado nos lados para formar um filme de LDPE ou selado longitudinalmente para formar sacos de LDPE.

C. Polietileno de alta densidade (HDPE)

Na década de 1950, Karl Ziegler, da Alemanha, e Giulio Natta, da Itália, desenvolveram um método alternativo para a polimerização de alcenos que não utiliza peróxidos como iniciadores. O polietileno dos sistemas Ziegler-Natta, chamado **polietileno de alta densidade (HDPE)**, tem poucas ramificações. Consequentemente, o empacotamento de suas cadeias é mais compacto que o do LDPE, e as forças de dispersão de London entre as cadeias são mais intensas.

Alguns artigos feitos de polímeros. (a) Saran Wrap, um copolímero de cloreto de vinila e 1,1-dicloroetileno. (b) Recipientes de plástico feitos principalmente de polietileno e polipropileno, e usados para vários produtos. (c) Utensílios de cozinha revestidos de Teflon. (d) Artigos feitos de poliestireno.

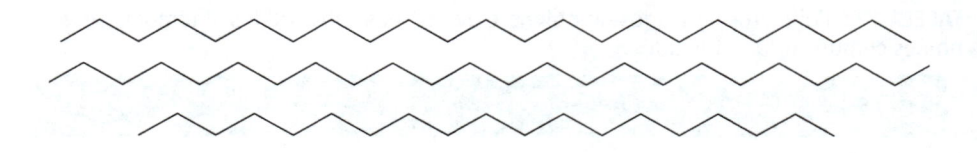

Polietileno linear
(alta densidade)

O HDPE apresenta ponto de fusão mais alto que o LDPE e é de três a dez vezes mais resistente.

Aproximadamente 45% de todos os produtos de HDPE são feitos pelo processo de moldagem por sopro mostrado na Figura 12.4. O HDPE é utilizado em itens de consumo como jarras usadas para armazenar leite e água, sacos de mercado e garrafas comprimíveis.

(a) Tubo de ar
Tubo de polietileno de alta densidade
Molde aberto

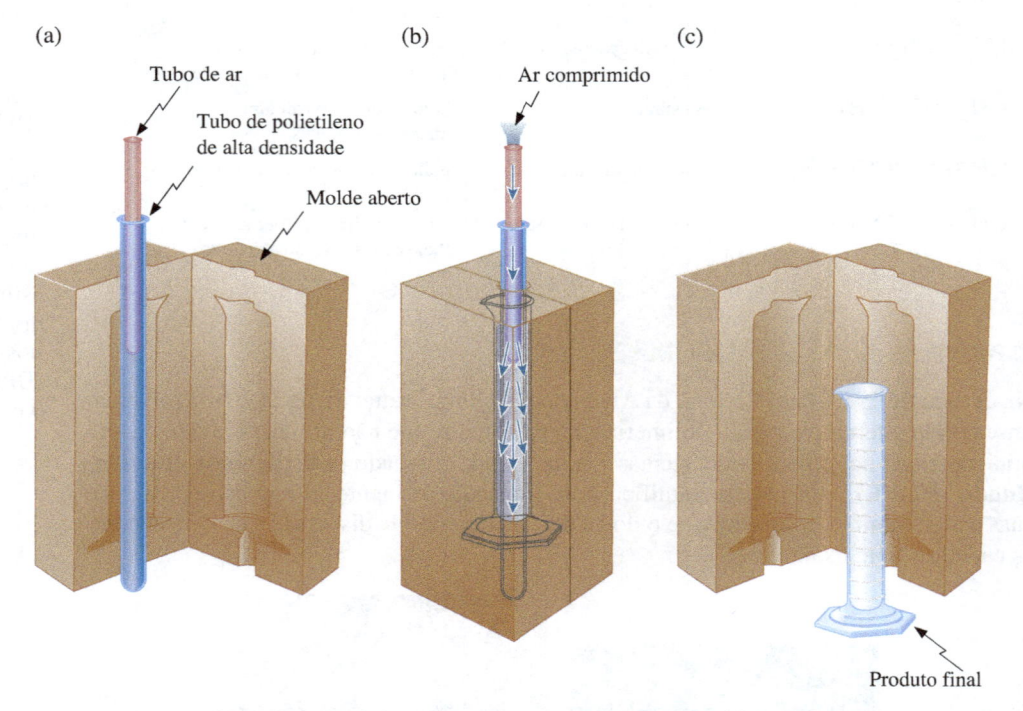

(b) Ar comprimido

(c) Produto final

FIGURA 12.4 Modelagem por sopro para recipiente de HDPE. (a) Uma tubulação curta de HDPE é colocada em um molde aberto. Depois o molde é fechado, vedando-se o fundo do tubo. (b) O ar comprimido é impulsionado na montagem de polietileno quente/molde, e a tubulação é literalmente inflada para tomar a forma do molde. (c) Depois que a montagem resfria, o molde é aberto, e lá está o recipiente!

Conexões químicas 12D

Reciclando plásticos

Os plásticos são polímeros que podem ser moldados quando quentes e que retêm sua forma quando resfriados. Como são duráveis e leves, os plásticos provavelmente são os materiais sintéticos mais versáteis existentes. De fato, a produção corrente de plásticos nos Estados Unidos é maior que a produção norte-americana de aço. Os plásticos têm sido criticados, porém, por seu papel na crise de descarte de sólidos. Eles são responsáveis por aproximadamente 21% do volume e 8% da massa dos descartes sólidos, a maioria consistindo em pacotes e embalagens descartáveis.

Seis tipos de plásticos são muito usados em embalagens. Em 1988, os fabricantes adotaram as letras do código de reciclagem desenvolvido pela Sociedade dos Fabricantes de Plástico como um meio de identificá-los.

Atualmente, apenas o politereftalato de etileno (PET) e o polietileno de alta densidade (HDPE) são reciclados em grandes quantidades. De fato, garrafas feitas desses plásticos são responsáveis por mais de 99% dos plásticos reciclados nos Estados Unidos.

A síntese e a estrutura do PET, um poliéster, são descritas na Seção 19.6B.

O processo de reciclagem da maior parte dos plásticos é simples, mas a separação do plástico de outros contaminantes é a etapa mais trabalhosa. Por exemplo, garrafas de refrigerantes feitas de PET geral-

Conexões químicas 12D (continuação)

mente têm um rótulo de papel e um adesivo que devem ser removidos antes que o PET possa ser reutilizado. A reciclagem começa com uma separação manual ou mecânica, e, em seguida, as garrafas são cortadas em pequenos pedaços. Metais ferrosos são removidos por ímãs. Contaminantes de metais não ferrosos são removidos por correntes parasitas que os fazem saltar como pulgas para dentro de um recipiente, à medida que descem por uma esteira durante o processo de separação. O ciclone de ar então remove o papel e outros materiais leves. Depois de eliminados todos os rótulos e adesivos por meio de uma lavagem com detergente, os pequenos pedaços de PET são secados. O PET

Código	Polímero	Usos mais comuns
1 PET	Politereftalato de etileno	Garrafas de refrigerantes, frascos de produtos químicos domésticos, filmes, fibras têxteis
2 HDPE	Polietileno de alta densidade	Jarras para leite e água, sacos de mercado, garrafas comprimíveis
3V	Policloreto de vinila, PVC	Frascos de xampu, canos, cortinas de banho, tapumes de vinila, isolantes para fios, pisos
4 LDPE	Polietileno de baixa densidade	*Shrink wrap* intensidade, sacos de lixo e de mercado, embalagens para sanduíches, garrafas comprimíveis
5 PP	Polipropileno	Tampas de plástico, fibras têxteis, tampas de garrafa, brinquedos, revestimentos para fraldas
6 PS	Poliestireno	Xícaras de Styrofoam, caixas para ovos, utensílios descartáveis, materiais para embalagem, eletrodomésticos
7	Os outros plásticos	Vários

produzido por esse método é 99,9% livre de contaminantes e vale aproximadamente metade do preço do material virgem. O maior mercado para PET reciclado em 2005 foi o das fibras. O fabricante de tapetes Mohawk Industries, por exemplo, começa com algo em torno de 112 milhões de garrafas PET recicladas por ano e termina com 70 a 90 milhões de metros quadrados de carpetes e tapetes. O maior uso doméstico de resinas de HDPE reciclado foi em garrafas.

Resumo das questões-chave

Seção 12.1 O que são alcenos e alcinos?

- Um alceno é um hidrocarboneto que contém uma dupla ligação carbono-carbono.
- Um alcino é um hidrocarboneto que contém uma tripla ligação carbono-carbono.

Seção 12.2 Quais são as estruturas dos alcenos e alcinos?

- O aspecto estrutural que torna possível a **estereoisomeria** *cis-trans* nos alcenos é a rotação restrita em torno dos dois carbonos da ligação dupla. A configuração *cis* ou *trans* de um alceno é determinada pela orientação dos átomos da cadeia principal em torno da ligação dupla. Se os átomos da cadeia principal estiverem localizados do mesmo lado na ligação dupla, a configuração do alceno será *cis*; se estiverem localizados em lados opostos, a configuração vai ser *trans*.

Seção 12.3 Qual é a nomenclatura dos alcenos e alcinos?

- Em nomes Iupac, a presença de uma ligação dupla carbono-carbono é indicada por um prefixo que mostra o número de carbonos na cadeia principal e a terminação **-eno**. Os substituintes são numerados e nomeados em ordem alfabética.
- A presença de uma ligação tripla carbono-carbono é indicada por um prefixo que mostra o número de carbonos na cadeia principal e a terminação **-ino**.
- Os átomos de carbono da ligação dupla de um cicloalceno são numerados 1 e 2 na direção que proporcionar o menor número ao primeiro substituinte.
- Compostos que contêm duas ligações duplas são chamados **dienos**; aqueles com três ligações duplas, **trienos**; e aqueles com quatro ou mais ligações duplas, **polienos**.

Seção 12.4 Quais são as propriedades físicas dos alcenos e alcinos?

- Como os alcenos e alcinos são compostos apolares e as únicas interações entre suas moléculas são as forças de dispersão de London, suas propriedades físicas são semelhantes às dos alcanos com esqueletos carbônicos similares.

Seção 12.5 O que são terpenos?

- O aspecto estrutural característico do **terpeno** é um esqueleto carbônico que pode ser dividido em duas ou mais **unidades de isopreno**. O padrão mais comum é a cabeça de uma unidade ligada à cauda da unidade seguinte.

Seção 12.6 Quais são as reações características dos alcenos?
- Uma reação característica dos alcenos é a adição à dupla ligação.
- Na adição, a ligação dupla se rompe e dois novos átomos ou grupos de átomos se ligam em seu lugar.
- **Mecanismo de reação** é uma descrição passo a passo de como uma reação química ocorre, incluindo o papel do catalisador (se houver).

- O carbocátion contém um carbono com apenas seis elétrons na camada de valência e uma carga positiva.

Seção 12.7 Quais são as reações de polimerização importantes do etileno e dos etilenos substituídos?
- **Polimerização** é o processo de juntar muitos **monômeros** pequenos em **polímeros** grandes de alta massa molecular.

Resumo das reações fundamentais

1. **Adição de HX (hidroalogenação) (Seção 12.6A)** A adição de HX à ligação dupla carbono-carbono de um alceno segue a regra de Markovnikov. A reação ocorre em duas etapas e envolve a formação de um carbocátion intermediário.

2. **Hidratação catalisada por ácido (Seção 12.6B)** A adição de H_2O à ligação dupla carbono-carbono de um alceno segue a regra de Markovnikov. A reação ocorre em três etapas e envolve a formação de carbocátion e o íon oxônio como intermediários.

3. **Adição de bromo e cloro (halogenação) (Seção 12.6C)** A adição a um cicloalceno forma o 1,2-dialocicloalcano.

4. **Redução: formação de alcanos (hidrogenação) (Seção 12.6D)** A redução catalítica envolve a adição de hidrogênio para formar duas novas ligações C – H.

5. **Polimerização do etileno e de etilenos substituídos (Seção 12.7A)** Na polimerização dos alcenos, as unidades monoméricas se juntam sem perda de qualquer átomo.

Problemas

Seção 12.1 O que são alcenos e alcinos?

12.11 Indique se a afirmação é verdadeira ou falsa.
 (a) Existem duas classes de hidrocarbonetos insaturados: alcenos e alcinos.
 (b) A maior parte do etileno usado pela indústria química no mundo inteiro é obtida de fontes renováveis.
 (c) Etileno e acetileno são isômeros constitucionais.
 (d) Cicloexano e 1-hexeno são isômeros constitucionais.

Seção 12.2 Quais são as estruturas dos alcenos e alcinos?

12.12 Indique se a afirmação é verdadeira ou falsa.
 (a) Tanto etileno como acetileno são moléculas planares.
 (b) Diferentes grupos a ele ligados vai apresentar isomeria *cis-trans*.
 (c) Isômeros *cis-trans* têm a mesma fórmula molecular, mas diferente conectividade entre seus átomos.
 (d) O *cis*-2-buteno e o *trans*-2-buteno podem ser interconvertidos pela rotação em torno da dupla ligação carbono-carbono.
 (e) A isomeria *cis-trans* é possível somente entre alcenos devidamente substituídos.
 (f) Tanto o 2-hexeno quanto o 3-hexeno podem existir como pares de isômeros *cis-trans*.
 (g) O cicloexeno pode existir como um par de isômeros *cis-trans*.
 (h) O 1-cloropropeno pode existir como um par de isômeros *cis-trans*.

12.13 Qual é a diferença estrutural entre um hidrocarboneto saturado e um hidrocarboneto insaturado?

12.14 Cada átomo de carbono no etano e no etileno é circundado por oito elétrons de valência e forma quatro ligações. Explique como o modelo VSEPR (Seção 3.10) prevê o ângulo de ligação de 109,5° em torno de cada carbono no etano, mas um ângulo de 120° em torno de cada carbono no etileno.

12.15 Preveja todos os ângulos de ligação em torno de cada átomo de carbono em destaque.

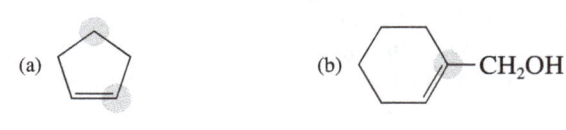

(a) (b) —CH₂OH

(c) HC≡C—CH=CH₂   (d)

Seção 12.3 Qual é a nomenclatura dos alcenos e alcinos?

12.16 Indique se a afirmação é verdadeira ou falsa.
(a) O nome Iupac de um alceno é derivado do nome da cadeia carbônica mais longa que contém a ligação dupla carbono-carbono.
(b) O nome Iupac do CH₃CH=CHCH₃ é 1,2-dimetileteno.
(c) O 2-metil-2-buteno apresenta isomeria *cis-trans*.
(d) O 1,2-dimetilcicloexeno apresenta isomeria *cis-trans*.
(e) O nome Iupac do CH₂=CHCH=CHCH₃ é 1,3-pentadieno.
(f) O 1,3-butadieno tem duas ligações duplas carbono-carbono e são possíveis $2^2 = 4$ estereoisômeros.

12.17 Desenhe uma fórmula estrutural para cada composto.
(a) *trans*-2-metil-3-hexeno
(b) 2-metil-3-hexino
(c) 2-metil-1-buteno
(d) 3-etil-3-metil-1-pentino
(e) 2,3-dimetil-2-penteno

12.18 Escreva o nome Iupac para cada hidrocarboneto insaturado.
(a) CH₂=CH(CH₂)₄CH₃

(b) H₃C—[ciclopenteno]—CH₃, CH₃

(c) [cicloexeno com CH₃ em duas posições]

(d) (CH₃)₂CHCH=C(CH₃)₂
(e) CH₃(CH₂)₅C≡CH
(f) CH₃CH₂C≡CC(CH₃)₃

12.19 Escreva o nome Iupac para cada hidrocarboneto insaturado.

(a)   (b)

(c) CH₃CH₂CCH₃ com =CH₂   (d) CH₃CH₂CH₂ \ C=CH₂ / CH₃CH₂CH₂

12.20 Explique por que cada um destes nomes é incorreto e escreva o nome correto.
(a) 1-metilpropeno   (b) 3-penteno
(c) 2-metilcicloexeno   (d) 3,3-dimetilpenteno
(e) 4-hexino   (f) 2-isopropil-2-buteno

12.21 Explique por que cada um destes nomes é incorreto e escreva o nome correto.
(a) 2-etil-1-propeno
(b) 5-isopropilcicloexeno
(c) 4-metil-4-hexeno
(d) 2-*sec*-butil-1-buteno
(e) 6,6-dimetilcicloexeno
(f) 2-etil-2-hexeno

12.22 Que aspecto estrutural dos alcenos torna possível a isomeria *cis-trans*? Que aspecto estrutural dos cicloalcanos torna possível a isomeria *cis-trans*? O que esses dois aspectos estruturais têm em comum?

12.23 Quais destes alcenos apresenta isomeria *cis-trans*? Para cada um deles que apresentar, escreva as fórmulas estruturais de ambos os isômeros.
(a) 1-hexeno   (b) 2-hexeno
(c) 3-hexeno   (d) 2-metil-2-hexeno
(e) 3-metil-2-hexeno   (f) 2,3-dimetil-2-hexeno

12.24 Nomeie e desenhe as fórmulas estruturais de todos os alcenos de fórmula molecular C_5H_{10}. Ao desenhar esses alcenos, lembre-se de que os isômeros *cis* e *trans* são compostos diferentes e devem ser contados separadamente.

12.25 O ácido araquidônico é um ácido graxo insaturado de ocorrência natural. Desenhe uma fórmula linha-ângulo para esse ácido mostrando a configuração *cis* em torno de cada ligação dupla.

CH₃(CH₂)₄(CH=CHCH₂)₄CH₂CH₂COOH
Ácido araquidônico

12.26 Abaixo se encontra a fórmula estrutural de um ácido graxo insaturado de ocorrência natural.

CH₃(CH₂)₇CH=CH(CH₂)₇COOH

O estereoisômero *cis* é chamado ácido oleico, e o isômero *trans*, ácido elaídico. Desenhe uma fórmula linha-ângulo para cada ácido, mostrando claramente a configuração da ligação dupla carbono-carbono em cada um deles.

12.27 Para cada molécula que apresenta isomeria *cis-trans*, desenhe o isômero *cis*.

(a)   (b)

(c)   (d)

12.28 Desenhe as fórmulas estruturais de todos os compostos de fórmula molecular C_5H_{10} e que sejam
(a) Alcenos sem isomeria *cis-trans*
(b) Alcenos com isomeria *cis-trans*
(c) Cicloalcanos sem isomeria *cis-trans*
(d) Cicloalcanos com isomeria *cis-trans*

12.29 O nome Iupac do β-ocimeno, um trieno encontrado na fragrância das florescências do algodão e em vários óleos essenciais, é *cis*-3,7-dimetil-1,3,6-octatrieno. (*Cis* refere-se à configuração da ligação dupla entre os carbonos 3 e 4, a única ligação dupla nessa molécula em que é possível a isomeria *cis-trans*.) Desenhe uma fórmula estrutural para o β-ocimeno.

Seção 12.4 Quais são as propriedades físicas dos alcenos e alcinos?

12.30 Indique se a afirmação é verdadeira ou falsa.
  (a) Alcenos e alcinos são moléculas apolares.
  (b) As propriedades físicas dos alcenos são semelhantes às dos alcanos com o mesmo esqueleto carbônico.
  (c) Alcenos líquidos em temperatura ambiente são insolúveis em água e, quando adicionados à água, flutuam.

Seção 12.5 O que são terpenos?

12.31 Indique se a afirmação é verdadeira ou falsa.
  (a) Os terpenos são identificados por seu esqueleto carbônico, que pode ser dividido em unidades de cinco carbonos, todas idênticas ao esqueleto de cinco carbonos do isopreno.
  (b) O isopreno é o nome comum do 2-metil-1,3-butadieno.
  (c) Tanto o geraniol quanto o mentol (Figura 12.1) apresentam isomeria *cis-trans*.
  (d) A isomeria *cis-trans* não é possível no mirceno.

12.32 Quais destes terpenos apresenta isomeria *cis-trans*?
  (a) Mirceno   (b) Geraniol
  (c) Limoneno   (d) Farnesol

12.33 Mostre que a fórmula estrutural da vitamina A (Seção 12.3E) pode ser dividida em quatro unidades de isopreno unidas por ligações cabeça-cauda e por ligação cruzada em um ponto de modo a formar um anel de seis membros.

Seção 12.6 Quais são as reações características dos alcenos?

12.34 Indique se a afirmação é verdadeira ou falsa.
  (a) A combustão completa de um alceno produz dióxido de carbono e água.
  (b) As reações de adição dos alcenos envolvem a quebra de uma das ligações da dupla ligação carbono-carbono e a formação de duas novas ligações em seu lugar.
  (c) A regra de Markovnikov refere-se à regiosseletividade das reações de adição das duplas ligações carbono-carbono.
  (d) De acordo com a regra de Markovnikov, na adição de HCl, HBr ou HI a um alceno, o hidrogênio é adicionado ao carbono da ligação dupla que já tiver o maior número de átomos de hidrogênio a ela ligados, e o halogênio é adicionado ao carbono que tiver o menor número de hidrogênios a ela ligados.
  (e) Carbocátion é um carbono com quatro ligações e carga positiva.
  (f) O carbocátion derivado do etileno é o $CH_3CH_2^+$.
  (g) O mecanismo de reação para a adição de um ácido halogênico (HX) a um alceno é dividido em duas etapas, (1) formação de um carbocátion e (2) reação do carbocátion com o íon haleto, completando a reação.
  (h) A adição de H_2O a um alceno, catalisada por ácido, é chamada *hidratação*.
  (i) Se um composto não reage com Br_2, é improvável que contenha uma ligação dupla carbono-carbono.
  (j) A adição de H_2 a uma dupla ligação é uma reação de redução.
  (k) A redução catalítica do cicloexeno produz o hexano.
  (l) De acordo com o mecanismo apresentado no capítulo para a hidratação do alceno catalisada por ácido, os grupos H e —OH adicionados à ligação dupla carbono-carbono vêm da mesma molécula de H_2O.
  (m) A conversão de etileno, $CH_2=CH_2$, em etanol, CH_3CH_2OH, é uma reação de oxidação.
  (n) A hidratação do 1-buteno catalisada por ácido produz o 1-butanol. A hidratação do 2-buteno catalisada por ácido produz o 2-butanol.

12.35 Defina a *reação de adição do alceno*. Escreva uma equação para a reação de adição do propeno.

12.36 Qual é o reagente e/ou catalisador necessário para produzir cada uma destas conversões?

(a) $CH_3CH=CHCH_3 \longrightarrow CH_3CH_2CHCH_3$ (com Br no terceiro carbono)

(b) $CH_3\underset{CH_3}{C}=CH_2 \longrightarrow CH_3\underset{CH_3}{\overset{CH_3}{C}}CH_3$ (com OH)

(c) ciclopenteno $\longrightarrow$ ciclopentano com I

(d) $CH_3\underset{CH_3}{C}=CH_2 \longrightarrow CH_3\underset{Br}{\overset{CH_3}{C}}-\underset{Br}{C}H_2$

12.37 Complete estas equações.

(a) ciclopenteno—CH_2CH_3 + HCl $\longrightarrow$

(b) ciclopenteno—CH_2CH_3 + $H_2O \xrightarrow{H_2SO_4}$

(c) $CH_3(CH_2)_5CH=CH_2$ + HI $\longrightarrow$

(d) cicloexano—$C(CH_3)=CH_2$ + HCl $\longrightarrow$

(e) $CH_3CH=CHCH_2CH_3$ + $H_2O \xrightarrow{H_2SO_4}$

(f) $CH_2=CHCH_2CH_2CH_3$ + $H_2O \xrightarrow{H_2SO_4}$

12.38 Desenhe fórmulas estruturais para todos os carbocátions possíveis formados pela reação de cada alceno com HCl. Classifique cada carbocátion como primário, secundário ou terciário.

(a) $CH_3CH_2\underset{\underset{CH_3}{|}}{C}=CHCH_3$

(b) $CH_3CH_2CH=CHCH_3$

(c) ciclopenteno com grupo CH₃

(d) cicloexano com =CH₂

12.39 Desenhe uma fórmula estrutural para o produto formado pelo tratamento do 2-metil-2-penteno com cada um destes reagentes.
(a) HCl (b) H_2O na presença de H_2SO_4

12.40 Desenhe uma fórmula estrutural para o produto de cada uma destas reações.
(a) 1-metilcicloexeno + Br_2
(b) 1,2-dimetilciclopenteno + Cl_2

12.41 Desenhe uma fórmula estrutural para um alceno cuja fórmula molecular indicada forme o composto que aparece como produto principal. Observe que mais de um alceno pode originar o mesmo produto principal.

(a) $C_5H_{10} + H_2O \xrightarrow{H_2SO_4} CH_3\underset{\underset{OH}{|}}{\overset{\overset{CH_3}{|}}{C}}CH_2CH_3$

(b) $C_5H_{10} + Br_2 \longrightarrow CH_3\underset{\underset{Br}{|}}{\overset{\overset{CH_3}{|}}{C}H}\underset{\underset{Br}{|}}{C}HCH_2$

(c) $C_7H_{12} + HCl \longrightarrow$ cicloexano com CH₃ e Cl

12.42 Desenhe uma fórmula estrutural para um alceno de fórmula molecular C_5H_{10} que reage com o Br_2, formando cada um destes produtos.

(a) $CH_3\underset{\underset{Br}{|}}{\overset{\overset{CH_3}{|}}{C}}\underset{\underset{Br}{|}}{C}HCH_3$

(b) $CH_2\underset{\underset{Br}{|}}{\overset{\overset{CH_3}{|}}{C}}\underset{\underset{Br}{|}}{C}H_2CH_3$

(c) $CH_2\underset{\underset{Br}{|}}{C}H\underset{\underset{Br}{|}}{C}HCH_2CH_3$

12.43 Desenhe uma fórmula estrutural para um alceno de fórmula molecular C_5H_{10} que reage com o HCl, formando o cicloalcano indicado como produto principal. Mais de um alceno pode formar o mesmo composto como produto principal.

(a) $CH_3\underset{\underset{Cl}{|}}{\overset{\overset{CH_3}{|}}{C}}CH_2CH_3$

(b) $CH_3\underset{\underset{Cl}{|}}{\overset{\overset{CH_3}{|}}{C}H}CHCH_3$

(c) $CH_3\underset{\underset{Cl}{|}}{C}HCH_2CH_2CH_3$

12.44 Desenhe a fórmula estrutural de um alceno submetido à hidratação catalisada por ácido para formar o álcool indicado como produto principal. Mais de um alceno pode formar cada um dos alcoóis como produto principal.
(a) 3-hexanol
(b) 1-metilciclobutanol
(c) 2-metil-2-butanol
(d) 2-propanol

12.45 A terpina, $C_{10}H_{20}O_2$, é preparada comercialmente pela hidratação, catalisada por ácido, do limoneno (Figura 12.1).
(a) Proponha uma fórmula estrutural para a terpina.
(b) Quantos isômeros *cis-trans* são possíveis para a fórmula estrutural proposta?
(c) O hidrato de terpina, o isômero da terpina em que os grupos metila e isopropila são *trans* entre si, é usado como expectorante em remédios contra a tosse. Desenhe uma fórmula estrutural para o hidrato de terpina, mostrando a orientação *trans* desses grupos.

12.46 Desenhe o produto formado pelo tratamento de cada um destes alcenos com H_2/Ni.

(a) $\underset{H}{\overset{H_3C}{}}C=C\underset{CH_2CH_3}{\overset{H}{}}$

(b) $\underset{H_3C}{\overset{H}{}}C=C\underset{CH_2CH_3}{\overset{H}{}}$

(c) ciclopenteno

(d) 1-metilciclopenteno

12.47 O hidrocarboneto A, C_5H_8, reage com 2 mols de Br_2, formando 1,2,3,4-tetrabromo-2-metilbutano. Qual é a estrutura do hidrocarboneto A?

12.48 Mostre como o etileno é convertido nestes compostos.
(a) Etano
(b) Etanol
(c) Bromoetano
(d) 1,2-dibromoetano
(e) Cloroetano

12.49 Mostre como o 1-buteno é convertido nestes compostos.
(a) Butano
(b) 2-butanol
(c) 2-bromobutano
(d) 1,2-dibromobutano

Seção 12.7 Quais são as reações de polimerização importantes do etileno e dos etilenos substituídos?

12.50 Indique se a afirmação é verdadeira ou falsa.
(a) O etileno contém uma dupla ligação carbono-carbono, e o polietileno, muitas ligações duplas carbono-carbono.
(b) Todos os ângulos da ligação C—C—C, tanto no LDPE quanto no HDPE, são de aproximadamente 120°.
(c) O polietileno de baixa densidade (LDPE) é um polímero por cadeias de carbono, com pouca modificação.
(d) O polietileno de alta densidade (HDPE) é constituído por cadeias de carbono, com pouca ramificação.
(e) A densidade dos polímeros de polietileno está diretamente relacionada ao grau de ramificação da cadeia; quanto maior a ramificação, menor a densidade do polímero.
(f) Atualmente, PS e PVC são reciclados.

Conexões químicas

12.51 (Conexões químicas 12A) Cite uma das funções do etileno como regulador de crescimento nas plantas.

12.52 (Conexões químicas 12B) Qual é o significado do termo *feromônio*?

12.53 (Conexões químicas 12B) Qual é a fórmula molecular do acetato de 11-tetradecenila? Qual é a sua massa molecular?

12.54 (Conexões químicas 12B) Suponha que 1×10^{-12} g de acetato de 11-tetradecenila sejam secretados por uma única broca de milho. Quantas moléculas vão estar presentes?

12.55 (Conexões químicas 12C) Que diferentes funções são executadas pelos bastonetes e cones nos olhos?

12.56 (Conexões químicas 12C) Em qual dos isômeros do retinal a distância entre as extremidades é maior, no isômero todo *trans* ou no isômero 11-*cis*?

12.57 (Conexões químicas 12D) Que tipos de produtos de consumo são feitos a partir do polietileno de alta densidade? Que tipos de produtos são feitos a partir do polietileno de baixa densidade? Um dos tipos de polietileno é atualmente reciclável e o outro não. Qual é qual?

12.58 (Conexões químicas 12D) Nos códigos de reciclagem, o que representam estas abreviações?
(a) V
(b) PP
(c) PS

Problemas adicionais

12.59 Escreva fórmulas linha-ângulo para todos os compostos de fórmula molecular C_4H_8. Quais são isômeros constitucionais e quais são isômeros *cis-trans*?

12.60 Nomeie e desenhe as fórmulas estruturais para todos os alcenos de fórmula molecular C_6H_{12} que tenham estes esqueletos carbônicos. Leve em consideração os isômeros *cis* e *trans*.

(a) C—C—C(—C)—C—C

(b) C—C(—C)—C(—C)—C

(c) C—C(—C)(—C)—C—C

12.61 A seguir, apresentamos a fórmula estrutura do licopeno, $C_{40}H_{56}$, um composto vermelho-escuro parcialmente responsável pela coloração avermelhada dos frutos maduros, especialmente o tomate. Aproximadamente 20 mg de licopeno podem ser isolados de 1 kg de tomates frescos maduros.
(a) Mostre que o licopeno é um terpeno, isto é, seu esqueleto carbônico pode ser dividido em dois grupos de quatro unidades de isopreno, com as unidades em cada grupo unidas por cabeça e cauda.
(b) Quantas das duplas ligações carbono-carbono no licopeno têm possibilidade de isomeria *cis-trans*? O licopeno é o isômero todo *trans*.

12.62 O β-caroteno, $C_{40}H_{56}$, um precursor da vitamina A, foi isolado pela primeira vez na cenoura. Soluções diluídas de β-caroteno são amarelas – daí seu uso como corante em alimentos. Nas plantas, esse composto está quase sempre presente em combinação com a clorofila para ajudar na captação da energia da luz solar. Quando as folhas das árvores morrem no outono, o verde de suas moléculas de clorofila é substituído pelo amarelo e vermelho do caroteno e das moléculas a ele relacionadas (ver, a seguir, o esqueleto do β-caroteno).

Licopeno

β-caroteno

Compare os esqueletos carbônicos do β-caroteno e do licopeno. Quais são as semelhanças? E as diferenças?

12.63 Desenhe a fórmula estrutural do cicloalceno de fórmula molecular C₆H₁₀ que reage com Cl₂, formando cada um destes compostos.

(a), 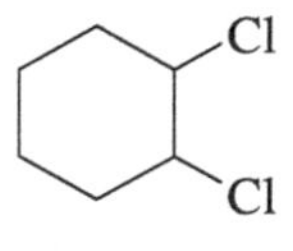 (b), 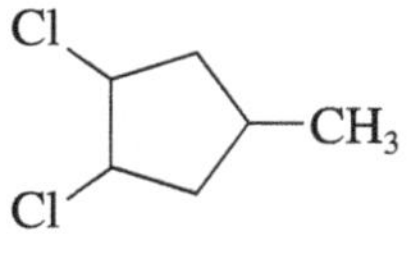 (c), 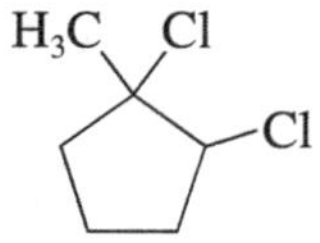 (d)

12.64 Proponha uma fórmula estrutural para o(s) produto(s) formado(s) quando cada um dos seguintes alcenos for tratado com H₂O/H₂SO₄. Por que dois produtos são formados na parte (b), mas apenas um nas partes (a) e (c)?
(a) O 1-hexeno forma um álcool de fórmula molecular C₆H₁₄O.
(b) O 2-hexeno forma dois alcoóis, cada um deles de fórmula molecular C₆H₁₄O.
(c) O 3-hexeno forma um álcool de fórmula molecular C₆H₁₄O.

12.65 O *cis*-3-hexeno e o *trans*-3-hexeno são compostos diferentes e apresentam diferentes propriedades físicas e químicas. Quando, porém, tratados com H₂O/H₂SO₄, formam o mesmo álcool. Qual é esse álcool e como explicar o fato de que ambos os alcenos formam o mesmo álcool?

12.66 Desenhe a fórmula estrutural de um alceno submetido a uma hidratação catalisada por ácido para formar cada um dos seguintes alcoóis como produto principal. Mais de um alceno poderá formar cada um destes compostos como produto principal.

(a), 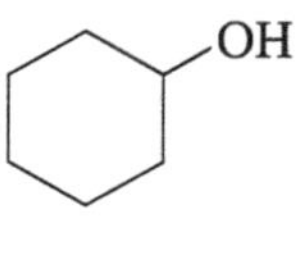 (b), 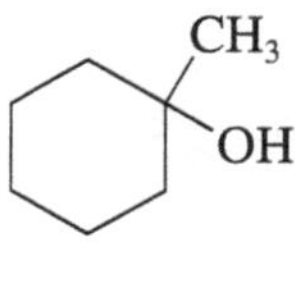 (c), 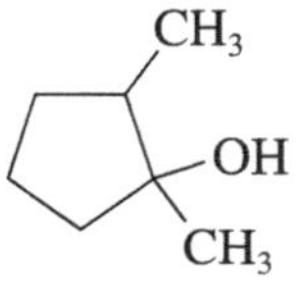 (d)

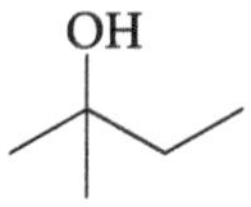

12.67 Mostre como o ciclopenteno é convertido nestes compostos.
(a) 1,2-dibromociclopentano
(b) Ciclopentanol
(c) Iodociclopentano
(d) Ciclopentano

Antecipando

12.68 Com o que você sabe dos termos "saturado" e "insaturado", conforme aplicados a alcanos e alcenos, o que esses mesmos termos significam quando usados para descrever gorduras animais, como aquelas encontradas na manteiga e na carne dos animais? O que o termo "poli-insaturado" poderia significar nesse mesmo contexto?

12.69 No Capítulo 21, sobre a bioquímica dos lipídios, vamos estudar os três ácidos carboxílicos insaturados de cadeia longa mostrados a seguir. Cada um deles tem 18 carbonos e está presente em gorduras animais, óleos vegetais e membranas biológicas. São chamados ácidos graxos. Quantos estereoisômeros são possíveis para cada ácido graxo?

Ácido oleico   CH₃(CH₂)₇CH=CH(CH₂)₇COOH
Ácido linoleico   CH₃(CH₂)₄(CH=CHCH₂)₂(CH₂)₆COOH
Ácido linolênico   CH₃CH₂(CH=CHCH₂)₃(CH₂)₆COOH

12.70 Os ácidos graxos do Problema 12.69 ocorrem em gorduras animais, óleos vegetais e membranas biológicas quase que exclusivamente como isômeros todo *cis*. Desenhe as fórmulas linha-ângulo para cada ácido graxo, mostrando a configuração *cis* em torno de cada ligação dupla carbono-carbono.

Benzeno e seus derivados

13

Pimenta da família *Capsicum* (ver "Conexões químicas 13F").

13.1 Qual é a estrutura do benzeno?

Até agora descrevemos três classes de hidrocarbonetos – alcanos, alcenos e alcinos –, conhecidos como hidrocarbonetos alifáticos. Há mais de 150 anos, os químicos orgânicos perceberam, porém, que existia outra classe, com propriedades bem diferentes. Pelo fato de alguns desses novos hidrocarbonetos apresentarem um odor agradável, foram denominados **compostos aromáticos**. Hoje sabemos que nem todos os compostos aromáticos têm essa característica. Alguns, sim, apresentam um odor agradável, alguns são inodoros, e outros têm odores bem desagradáveis. Uma definição mais apropriada é que composto aromático é todo aquele que apresenta um ou mais anéis benzênicos.[1]

Usamos o termo **areno** para descrever hidrocarbonetos aromáticos. Assim como um grupo derivado pela remoção de um H do alcano é chamado grupo alquila, recebendo o símbolo R—, um grupo derivado pela remoção de um H do areno é chamado **grupo arila**, e seu símbolo é **Ar**—.

O benzeno, o hidrocarboneto aromático mais simples, foi descoberto em 1825 por Michael Faraday (1791-1867). Sua estrutura apresentava um problema imediato aos químicos da época. A fórmula molecular do benzeno é C_6H_6, e um composto com tão poucos hidrogênios para seis carbonos (comparar com o hexano, C_6H_{14}, e com o cicloexano, C_6H_{12}),

Questões-chave

13.1 Qual é a estrutura do benzeno?

13.2 Qual é a nomenclatura dos compostos aromáticos?

13.3 Quais são as reações características do benzeno e de seus derivados?

13.4 O que são fenóis?

Composto aromático O benzeno ou um de seus derivados.

Areno Composto que contém um ou mais anéis benzênicos.

Grupo arila Grupo derivado do areno pela remoção de um átomo de H. O seu símbolo é Ar—.

Ar— Símbolo usado para o grupo arila.

---
[1] Esta é uma definição simplificada do que se classifica como aromático. Existem outros compostos cíclicos insaturados diferentes do benzeno que também são classificados como aromáticos. Um composto aromático é o que obedece à regra de Hückel, ou seja, apresenta $4n + 2$ elétrons deslocalizados, onde n é um número inteiro (0, 1, 2,...etc.) e cuja estrutura do anel é plana. Por questões de espaço e dos objetivos deste livro não é possível uma maior discussão sobre a aromaticidade. (NRT)

O benzeno é um composto importante tanto na indústria química como em laboratório, mas deve ser manuseado com cuidado. Não só é venenoso quando ingerido na forma líquida, mas seu vapor também é tóxico e pode ser absorvido na respiração e através da pele. A constante inalação pode causar danos ao fígado e câncer.

argumentavam os químicos, deveria ser insaturado. Mas o benzeno não se comporta como um alceno (a única classe de hidrocarbonetos insaturados conhecida naquele tempo). Enquanto o 1-hexeno, por exemplo, reage instantaneamente com Br_2 (Seção 12.6C), o benzeno não reage de modo algum com esse reagente. Tampouco reage com HBr, H_2O/H_2SO_4 ou H_2/Pd – todos reagentes que normalmente são adicionados a ligações duplas carbono-carbono.

A. A estrutura de Kekulé para o benzeno

A primeira estrutura para o benzeno foi proposta por Friedrich August Kekulé em 1872 e consistia em um anel de seis membros que alterna ligações simples e duplas, com um único hidrogênio ligado a cada carbono.

Estrutura de Kekulé mostrando todos os átomos

Estrutura de Kekulé na forma de linha-ângulo

Embora a proposta de Kekulé fosse coerente com muitas das propriedades químicas do benzeno, durante anos foi contestada. A principal objeção era não poder explicar o comportamento químico incomum do benzeno. Se o benzeno contém três ligações duplas, perguntavam os críticos de Kekulé, por que não apresenta as reações típicas dos alcenos?

B. Estrutura de ressonância

Híbrido de ressonância Molécula descrita como um compósito de duas ou mais estruturas de Lewis.

O conceito de ressonância, desenvolvido por Linus Pauling na década de 1930, proporcionou a primeira descrição adequada para a estrutura do benzeno. De acordo com a teoria da ressonância, certas moléculas e íons são descritos de modo mais adequado escrevendo duas ou mais estruturas de Lewis e considerando a molécula ou o íon real como um **híbrido de ressonância** dessas estruturas. Cada estrutura de Lewis é chamada **estrutura contribuinte**. Para mostrar que a molécula real é um híbrido de ressonância das duas estruturas de Lewis, colocamos uma seta de duas pontas entre elas.

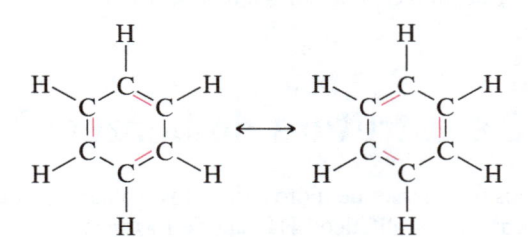

Estruturas contribuintes de Lewis para o benzeno

As duas estruturas contribuintes do benzeno geralmente são chamadas estruturas de Kekulé.

Nota sobre os híbridos de ressonância. Não confundir estruturas contribuintes de ressonância com o equilíbrio entre diferentes espécies químicas. Uma molécula descrita como um híbrido de ressonância não está em equilíbrio entre as configurações eletrônicas das várias estruturas contribuintes. Na verdade, a molécula tem apenas uma estrutura, que é descrita de modo mais adequado como um híbrido de suas várias estruturas contribuintes. As cores do círculo cromático são uma boa analogia. Púrpura não é uma cor primária, e as cores primárias azul e vermelho se misturam para formar o púrpura. Podemos imaginar uma molécula representada por um híbrido de ressonância como a cor púrpura. Púrpura não é às vezes azul e às vezes vermelho. Púrpura é púrpura. De modo análogo, uma molécula descrita como híbrido de ressonância não é às vezes uma estrutura contribuinte e às vezes outra; é uma única estrutura o tempo todo.

O híbrido de ressonância tem algumas das características de cada uma das estruturas contribuintes de Lewis. Por exemplo, as ligações carbono-carbono não são simples nem duplas, mas alguma coisa intermediária entre os dois extremos. Descobriu-se experimentalmente que o comprimento da ligação carbono-carbono no benzeno não é tão longo quanto o da ligação simples carbono-carbono, nem tão curto quanto o da ligação dupla carbono-carbono, mas aproximadamente um valor intermediário. O círculo de seis elétrons (dois de cada ligação dupla, que se alternam devido à ressonância) característico do anel benzênico às vezes é chamado de **sexteto aromático**.

Toda vez que encontrarmos ressonância, encontramos estabilidade. A estrutura real geralmente é mais estável que qualquer uma das hipotéticas estruturas contribuintes de Lewis. O anel benzênico torna-se altamente estabilizado pela ressonância, o que explica por que não apresenta as reações de adição típicas dos alcenos.

13.2 Qual é a nomenclatura dos compostos aromáticos?

A. Um substituinte

A nomenclatura dos alquilbenzenos monossubstituídos é semelhante à dos derivados do benzeno – por exemplo, o etilbenzeno. O sistema Iupac conserva certos nomes comuns para vários alquilbenzenos monossubstituídos mais simples, incluindo o **tolueno** e **estireno**.

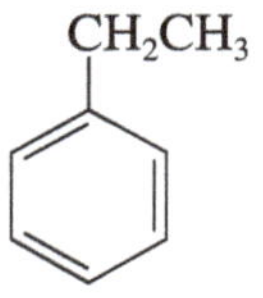

Etilbenzeno 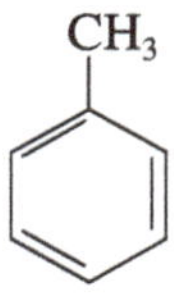   Tolueno 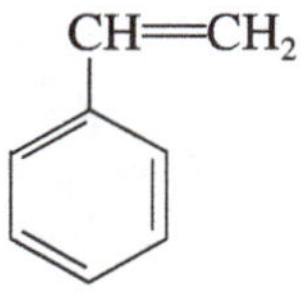   Estireno

O sistema Iupac também conserva os nomes comuns dos seguintes compostos:

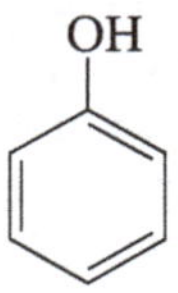

Fenol 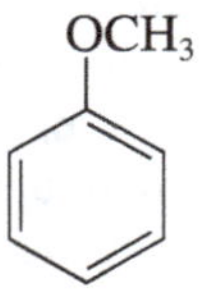   Anisol 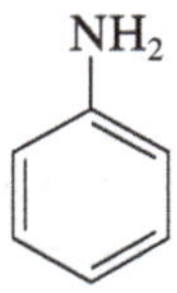   Anilina 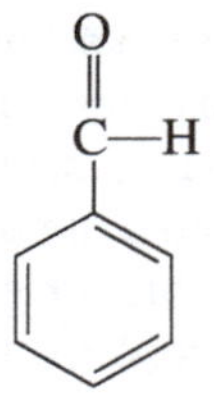   Benzaldeído 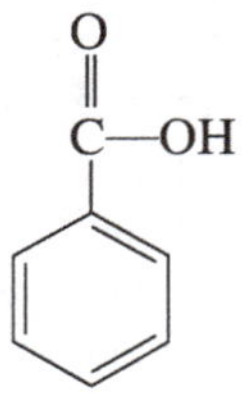   Ácido benzoico

O grupo substituinte derivado por perda de um H do benzeno é chamado **grupo fenila**, C_6H_5- , cujo símbolo comum é **Ph—**. Nas moléculas que contêm outros grupos funcionais, os grupos fenila costumam ser chamados substituintes.

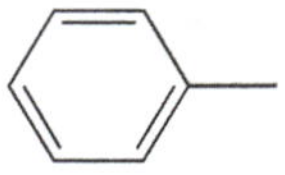

Grupo fenila
(C_6H_5-; Ph—)   1-fenilcicloexeno   4-fenil-1-buteno

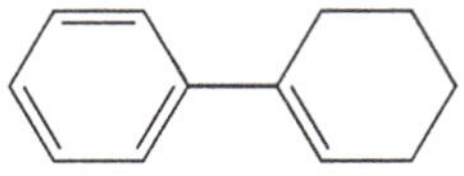

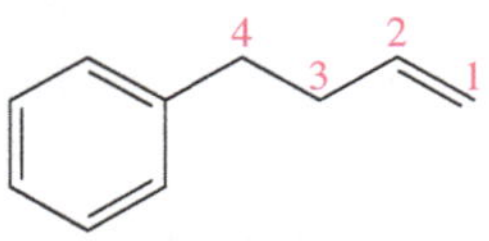

Grupo fenila C_6H_5- grupo arila derivado por remoção de um átomo de hidrogênio do benzeno.

B. Dois substituintes

Quando o anel benzênico tem dois substituintes, três isômeros são possíveis. Posicionamos os substituintes seja numerando os átomos do anel, seja usando os indicadores *orto* (*o*), *meta* (*m*) e *para* (*p*). Os números 1,2- são equivalentes a *orto* (do grego = direto); 1,3-, a *meta* (do grego = após); e 1,4-, a *para* (do grego = além).

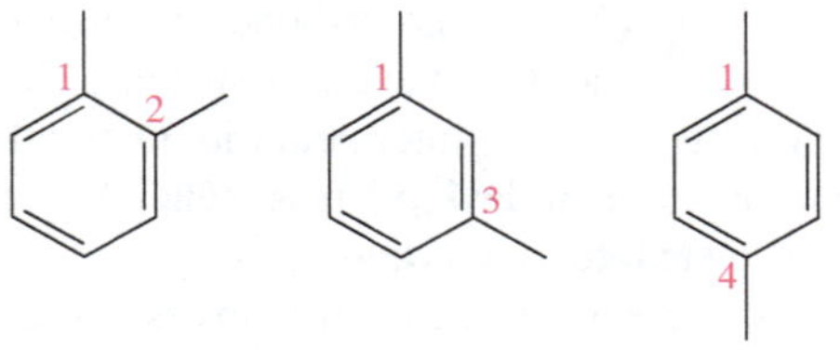

1,2- ou *orto*   1,3- ou *meta*   1,4- ou *para*

Quando um dos substituintes no anel confere um nome especial ao composto (por exemplo, —CH₃, —OH, —NH₂ ou —COOH), o nome do composto deriva da molécula principal e considera que o substituinte ocupa a posição de número 1 no anel. O sistema Iupac conserva o nome comum **xileno** para os três dimetilbenzenos isoméricos. Quando nenhum dos substituintes confere um nome especial, posicionamos os dois substituintes e os colocamos em ordem alfabética antes da terminação "benzeno". O carbono do anel benzênico com o substituinte de posição alfabética mais baixa é numerado C—1.

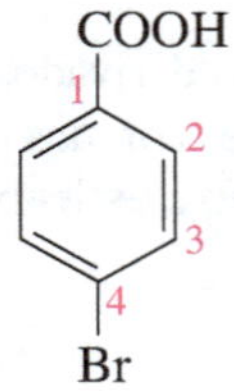

Ácido 4-bromobenzoico   3-cloroanilina   1,3-dimetilbenzeno   1-cloro-4-etilbenzeno
(Ácido *p*-bromobenzoico)   (*m*-cloroanilina)   (*m*-xileno)   (*p*-cloroetilbenzeno)

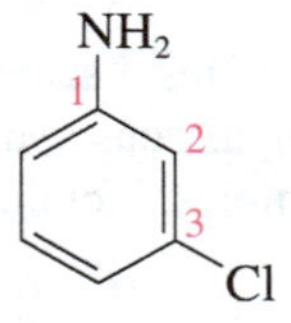

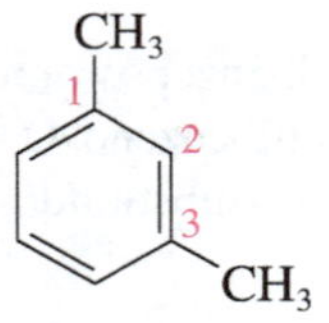

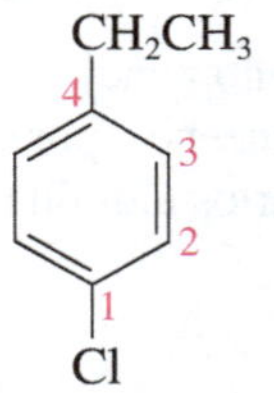

C. Três ou mais substituintes

Quando três ou mais substituintes estiverem presentes em um anel benzênico, especifique suas posições com números. Se um dos substituintes conferir um nome especial, então o nome da molécula vai ser derivado da molécula principal. Se nenhum dos substituintes conferir nome especial, localize os substituintes, numere-os, dando-lhes o menor conjunto de números, e coloque-os em ordem alfabética antes da terminação "benzeno". Nos exemplos seguintes, o primeiro composto é um derivado do tolueno e o segundo é um derivado do fenol. Como nenhum substituinte no terceiro composto confere um nome especial, coloque seus três substituintes em ordem alfabética seguida da palavra "benzeno".

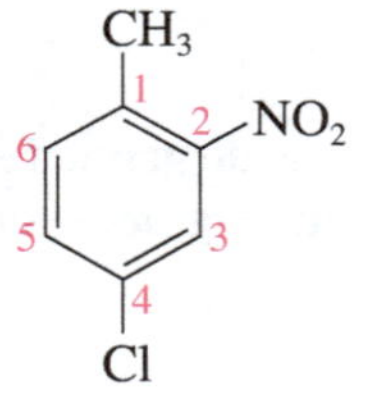

4-cloro-2-nitrotolueno 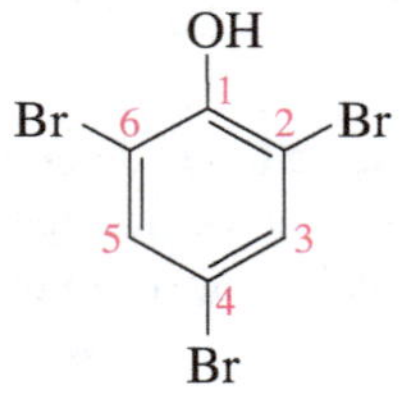   2,4,6-tribromofenol 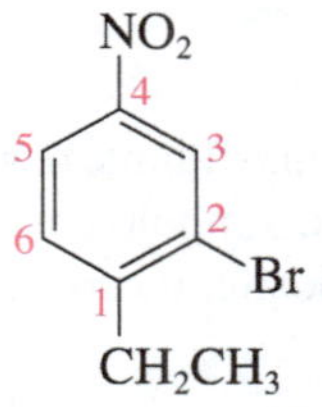   2-bromo-1-etil-4-nitrobenzeno

O *p*-xileno é um material de partida para a síntese do politereftalato de etileno. Entre os produtos de consumo derivados desse polímero, estão as fibras de poliéster Dacron e os filmes Mylar (Seção 19.6B).

Exemplo 13.1 Nomenclatura de compostos aromáticos

Escreva nomes para estes compostos.

(a) 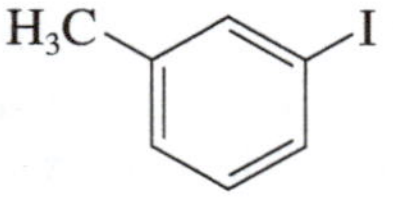   (b) 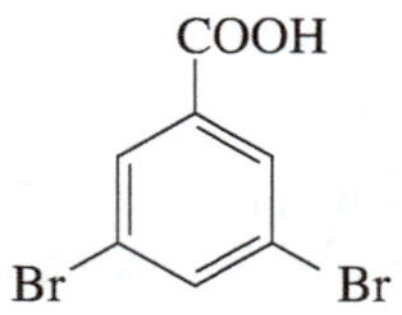   (c)

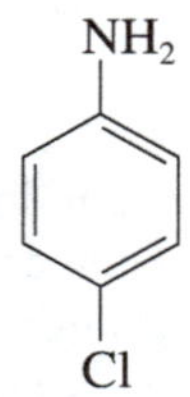

Estratégia

Primeiro verifique se um dos substituintes no anel benzênico confere algum nome especial. Em caso positivo, derive da molécula principal o nome do composto.

Solução

(a) A molécula principal é o tolueno, e o composto é o 3-iodotolueno ou *m*-iodotolueno.
(b) A molécula principal é o ácido benzoico, e o composto é o ácido 3,5-dibromobenzoico.
(c) A molécula principal é a anilina, e o composto é o 4-cloroanilina ou *p*-cloroanilina.

Problema 13.1

Escreva nomes para os seguintes compostos.

D. Hidrocarbonetos aromáticos polinucleares

Os **hidrocarbonetos aromáticos polinucleares (HAPs)** contêm dois ou mais anéis benzênicos, cada par compartilhando dois carbonos adjacentes. Naftaleno, antraceno e fenantreno, os HAPs mais comuns, e substâncias deles derivadas são encontrados no alcatrão de hulha e em resíduos de petróleo com alto ponto de ebulição.

Hidrocarboneto aromático polinuclear Hidrocarboneto que contém dois ou mais anéis benzênicos, cada um deles compartilhando dois átomos de carbono com outro anel benzênico.

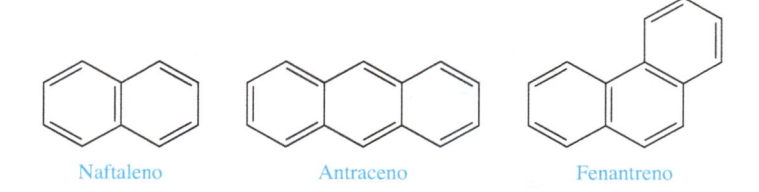

Naftaleno   Antraceno   Fenantreno

Conexões químicas 13A

Os aromáticos polinucleares carcinogênicos e o tabagismo

Carcinógeno é um composto que causa câncer. Os primeiros carcinógenos identificados foram um grupo de hidrocarbonetos aromáticos polinucleares, todos com pelo menos quatro anéis aromáticos. Entre eles está o benzo[a]pireno, um dos mais carcinogênicos entre os hidrocarbonetos aromáticos. É formado sempre que há combustão incompleta de compostos orgânicos. O benzo[a]pireno é encontrado, por exemplo, na fumaça de cigarro, em escapamentos de automóveis e em carnes grelhadas em carvão.

O benzo[a]pireno causa câncer da seguinte maneira. Uma vez absorvido ou ingerido, o corpo tenta convertê-lo em um composto solúvel em água, que possa ser facilmente excretado. Por uma série de reações catalisadas por enzimas, o benzo[a]pireno é transformado em um **epóxido** (anel de três membros, com um átomo de oxigênio) **diol** (dois grupos —OH). Esse composto pode ligar-se ao DNA e reagir com um de seus grupos amino, alterando assim a estrutura do DNA e produzindo uma mutação cancerígena.

Benzopireno → (oxidação catalisada por enzima) → Epóxido diol

Houve época em que o naftaleno foi usado na forma de bolinhas como inseticida para preservar roupas de lã e casacos de pele, mas seu uso decresceu após a introdução de hidrocarbonetos clorados como o *p*-diclorobenzeno.

13.3 Quais são as reações características do benzeno e de seus derivados?

A reação mais característica dos compostos aromáticos é a substituição em um carbono do anel, ou seja, a **substituição aromática**. Entre os grupos que podem ser introduzidos diretamente no anel, estão os halogênios, o grupo nitro (—NO_2) e o grupo do ácido sulfônico (—SO_3H).

A. Halogenação

Como foi observado na Seção 13.1, o cloro e o bromo não reagem com benzeno, mas reagem instantaneamente com o cicloexeno e outros alcenos (Seção 12.6C). Na presença de um catalisador como o ferro, porém, o cloro reage rapidamente com o benzeno formando clorobenzeno e HCl:[2]

$$C_6H_5-H + Cl_2 \xrightarrow{FeCl_3} C_6H_5-Cl + HCl$$

Benzeno → Clorobenzeno

O tratamento de benzeno com bromo na presença de $FeCl_3$ resulta na formação de bromobenzeno e HBr.

B. Nitração

Quando aquecemos o benzeno, ou um de seus derivados, com uma mistura de ácido nítrico e ácido sulfúrico concentrados, um grupo nitro (—NO_2) substitui um dos átomos de hidrogênio ligados ao anel.

[2] Note que nestas condições ocorre reação do halogênio com o benzeno, porém o tipo de reação é diferente da que ocorre, por exemplo, com o cicloexeno. Neste caso não existe rompimento da dupla ligação e formação de duas novas ligações simples como na halogenação de alcenos. (NRT)

Conexões químicas 13B

O íon iodeto e o bócio

Cem anos atrás, o bócio, uma dilatação da glândula tiroide causada pela deficiência de iodo, era comum na região central dos Estados Unidos e do Canadá. Essa doença resulta da subprodução de tiroxina, hormônio sintetizado na glândula tiroide. Mamíferos jovens precisam desse hormônio para crescer e se desenvolver normalmente. A deficiência de tiroxina durante o desenvolvimento fetal resulta em retardamento mental. Baixos níveis de tiroxina em adultos provocam hipotiroidismo, também chamado bócio, cujos sintomas são letargia, obesidade e pele seca.

O iodo é um elemento que basicamente vem do mar. Suas principais fontes são, portanto, os peixes e os frutos do mar. Em nossa dieta, o iodo que não vem do mar geralmente é derivado de aditivos alimentares. A maior parte do íon iodeto na dieta norte-americana vem do sal de cozinha enriquecido com iodeto de sódio, conhecido como sal iodado. Outra fonte são os laticínios, que acumulam iodeto por causa dos aditivos que contêm iodo usados na alimentação do gado, e os desinfetantes que contêm iodo utilizados nas ordenhadeiras mecânicas e nos tanques de armazenamento de leite.

Tiroxina

$$C_6H_5-H + HNO_3 \xrightarrow{H_2SO_4} C_6H_5-NO_2 + H_2O$$

Nitrobenzeno

Um aspecto importante da nitração é que podemos reduzir o grupo resultante —NO_2 a um grupo amina, —NH_2, por redução catalítica, usando hidrogênio na presença de um metal de transição como catalisador. No seguinte exemplo, nem o anel benzênico nem o grupo carboxila são afetados por essas condições experimentais:

$$O_2N-C_6H_4-COOH + 3H_2 \xrightarrow[3\ atm]{Ni} H_2N-C_6H_4-COOH + 2H_2O$$

Ácido 4-nitrobenzoico
(Ácido *p*-nitrobenzoico)

Ácido 4-aminobenzoico
(Ácido *p*-aminobenzoico, Paba)

As bactérias precisam do ácido *p*-aminobenzoico para a síntese do ácido fólico (Seção 30.4), que, por sua vez, é necessário para a síntese das bases amínicas aromáticas heterocíclicas dos ácidos nucleicos (Seção 25.2). Embora as bactérias possam sintetizar o ácido fólico a partir do ácido *p*-aminobenzoico, o ácido fólico é uma vitamina para humanos e deve ser obtida através da dieta.

C. Sulfonação

O aquecimento de um composto aromático com ácido sulfúrico concentrado resulta na formação de um ácido arenossulfônico, um ácido forte comparável ao ácido sulfúrico.

$$C_6H_5-H + H_2SO_4 \longrightarrow C_6H_5-SO_3H + H_2O$$

Ácido benzenossulfônico

Conexões químicas 13C

O grupo nitro em explosivos

O tratamento de tolueno com três mols de ácido nítrico, na presença de ácido sulfúrico como catalisador, resulta na nitração do tolueno por três vezes para formar o explosivo 2,4,6-trinitrotolueno, o TNT. A presença desses três grupos nitro confere propriedades explosivas ao TNT. Do mesmo modo, a presença dos três grupos nitro resulta nas propriedades explosivas da nitroglicerina.

Nos últimos anos, foram descobertos vários novos explosivos, todos contendo múltiplos grupos nitro. Entre eles estão o RDX e o PETN. O explosivo plástico Semtex, por exemplo, é uma mistura de RDX e PETN. Foi usado na explosão do avião da Pan Am, voo 103, sobre Lockerbie, na Escócia, em dezembro de 1988.

2,4,6-trinitrotolueno
(TNT)

Trinitroglicerina
(Nitroglicerina)

Ciclonita
(RDX)

Tetranitrato de pentaeritritol
(PTN)

Um importante uso da sulfonação é a preparação de detergentes sintéticos, como o 4-dodecilbenzenossulfonato. Para preparar esse tipo de detergente, um alquilbenzeno linear como o dodecilbenzeno é tratado com ácido sulfúrico concentrado para formar ácido alquilbenzenossulfônico. O ácido sulfônico é então neutralizado com hidróxido de sódio.

$$CH_3(CH_2)_{10}CH_2-C_6H_4 \xrightarrow[2.\ NaOH]{1.\ H_2SO_4} CH_3(CH_2)_{10}CH_2-C_6H_4-SO_3^-Na^+$$

Dodecilbenzeno

4-dodecilbenzenossulfonato de sódio, SDS
(detergente aniônico)

Detergentes à base de alquilbenzenossulfonato foram introduzidos no fim da década de 1950 e hoje detêm 90% do mercado, antes dominado pelos sabões naturais. A seção 18.4 trata da química e da ação de limpeza de sabões e detergentes.

13.4 O que são fenóis?

A. Estrutura e nomenclatura

Fenol Composto que contém um grupo —OH ligado a um anel benzênico.

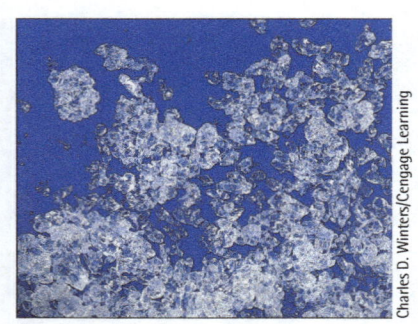

O grupo funcional **fenol** é um grupo hidroxila ligado a um anel benzênico. A nomenclatura dos fenóis substituídos é derivada do fenol ou de nomes comuns.

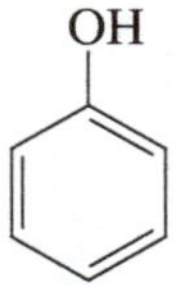

Fenol 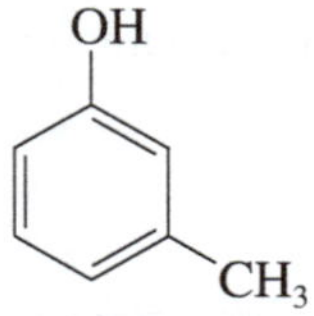   3-metilfenol (*m*-cresol)   1,2-benzenodiol (Catecol)   1,3-benzenodiol (Resorcinol)   1,4-benzenodiol (Hidroquinona)

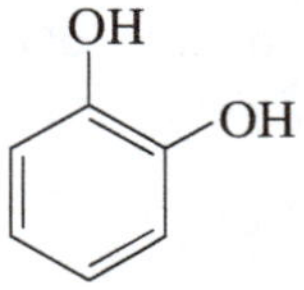

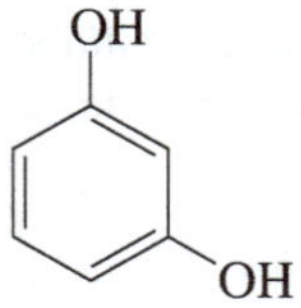

Fenol na forma cristalina.

Os fenóis são muito comuns na natureza. O fenol e os cresóis isoméricos (*o*-, *m*- e *p*-cresol) são encontrados no alcatrão de hulha. O timol e a vanilina são importantes constituintes das vagens de tomilho e baunilha, respectivamente. O uruxiol é o principal constituinte do óleo irritante da hera venenosa e pode causar uma grave dermatite de contato em indivíduos sensíveis.

2-isopropil--5-metilfenol (Timol)   4-hidroxi-3-metoxi--benzaldeído (Vanilina)   Uruxiol

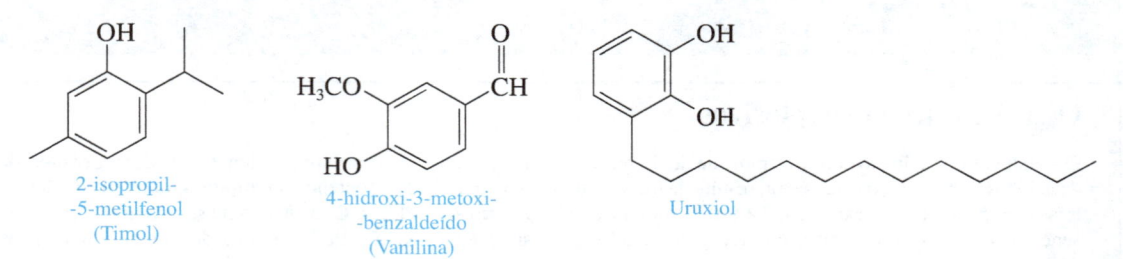

B. Acidez dos fenóis

Os fenóis são ácidos fracos, com valores de pK_a em torno de 10 (Tabela 8.3). A maioria dos fenóis é insolúvel em água, mas reage com bases fortes, tais como NaOH e KOH, formando sais solúveis em água.

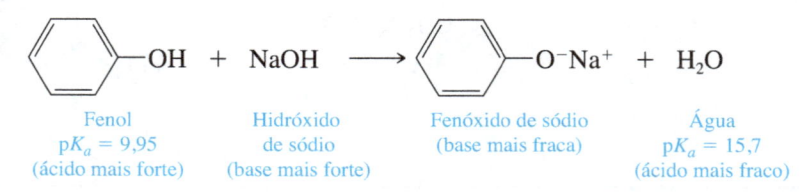

$$\text{C}_6\text{H}_5\text{—OH} + \text{NaOH} \longrightarrow \text{C}_6\text{H}_5\text{—O}^-\text{Na}^+ + \text{H}_2\text{O}$$

Fenol   Hidróxido de sódio   Fenóxido de sódio   Água
pK_a = 9,95   (base mais forte)   (base mais fraca)   pK_a = 15,7
(ácido mais forte)   (ácido mais fraco)

Hera venenosa.

A maior parte dos fenóis é de ácidos tão fracos que não reagem com bases fracas como bicarbonato de sódio, isto é, não se dissolvem em bicarbonato de sódio aquoso.

C. Fenóis como antioxidantes

Uma importante reação para sistemas vivos, alimentos e outros materiais que contêm ligações duplas carbono-carbono é a **auto-oxidação** – isto é, a oxidação que requer oxigênio e nenhum outro reagente. Se você abrir uma garrafa de óleo de cozinha que ficou armazenada por muito tempo, poderá ouvir o som sibilante do ar entrando na garrafa. Isso ocorre porque o consumo de oxigênio por auto-oxidação do óleo gera uma pressão negativa no interior da garrafa.

O óleo de cozinha contém ésteres de ácidos graxos poli-insaturados. Veremos a estrutura e a química dos ésteres no Capítulo 19. Aqui, o importante é saber que todos os óleos vegetais contêm ácidos graxos com longas cadeias hidrocarbônicas, muitas apresentando uma ou mais ligações duplas carbono-carbono (ver, nos Problemas 12.29 e 12.72, as estruturas de quatro desses ácidos graxos). A auto-oxidação ocorre ao lado de uma ou mais dessas duplas ligações.

$$-CH_2CH=CH-\underset{|}{\overset{H}{C}H}- + O_2 \xrightarrow[\text{ou calor}]{\text{Luz}} -CH_2CH=CH-\underset{|}{\overset{O-O-H}{C}H}-$$

Segmento de uma cadeia hidrocarbônica de ácido graxo   Hidroperóxido

A auto-oxidação é um processo que ocorre na cadeia radical e que converte um grupo R—H em um grupo R—O—O—H, chamado hidroperóxido. Esse processo começa quando um átomo de hidrogênio com um de seus elétrons (H·) é removido de um carbono adjacente a uma das ligações duplas da cadeia hidrocarbônica. O carbono que perde o H· tem apenas sete elétrons na camada de valência, um deles não emparelhado. Um átomo ou uma molécula com um elétron não emparelhado é chamado **radical**.

Conexões químicas 13D

FD & C nº 6 (amarelo-crepúsculo)

Alguma vez você já pensou de onde vem a cor vermelha, verde, laranja ou amarela das gelatinas? O que faz a margarina ser amarela? O que dá ao marasquino sua cor vermelha? Se você ler o conteúdo dos rótulos, vai ver nomes em código como FD & C Amarelo nº 6 e FD & C Vermelho nº 40.

Houve um tempo em que os únicos corantes para alimentos eram compostos obtidos de plantas ou animais. A partir da década de 1890, porém, os químicos descobriram uma série de corantes sintéticos que oferecem várias vantagens sobre os corantes naturais, tais como maior brilho, mais estabilidade e menor custo. As opiniões continuam divididas sobre a segurança de seu uso. Alimentos sinteticamente coloridos não são permitidos, por exemplo, na Noruega e na Suécia. Nos Estados Unidos, a Food and Drug Administration autorizou o uso de sete corantes sintéticos para alimentos, fármacos e cosméticos (FD & C) – dois amarelos, dois vermelhos, dois azuis e um verde. Quando esses corantes são utilizados individualmente ou em combinações, podem simular a cor de quase todos os alimentos naturais.

A seguir, apresentamos as fórmulas estruturais do vermelho-allura (Vermelho nº 40) e do amarelo-crepúsculo (Amarelo nº 6). Esses e os outros cinco corantes de uso autorizado nos Estados Unidos têm em comum três ou mais anéis benzênicos e dois ou mais grupos iônicos, seja o sal de sódio de um grupo carboxílico, —COO$^-$Na$^+$, seja o sal de sódio do grupo do ácido sulfônico, —SO$_3^-$Na$^+$. Esses grupos iônicos tornam os corantes solúveis em água.

Voltando às nossas perguntas, o marasquino é colorido com FD & C Vermelho nº 40, e a margarina, com FD & C Amarelo nº 6. Nas gelatinas são usados um desses sete corantes, ou uma combinação, para criar suas várias cores.

Vermelho-allura
(FD & C Vermelho nº 40)

Amarelo-crepúsculo
(FD & C Amarelo nº 6)

Mecanismo de auto-oxidação

Etapa 1: Iniciação da cadeia – formação de um radical a partir de um composto não radical A remoção de um átomo de hidrogênio (H·) pode ser iniciada pela luz ou por calor. O produto formado é um radical carbono, isto é, contém um átomo de carbono com um elétron não emparelhado.

$$\text{—CH}_2\text{CH}=\text{CH}-\overset{\overset{\displaystyle H}{|}}{\text{CH}}— \xrightarrow[\text{ou calor}]{\text{luz}} \text{—CH}_2\text{CH}=\text{CH}-\overset{\bullet}{\text{CH}}—$$

Segmento de uma cadeia hidrocarbônica de ácido graxo → Radical carbono

Etapa 2a: Propagação da cadeia – reação de um radical formando um novo radical O radical carbono reage com o oxigênio, ele mesmo um dirradical, formando um radical hidroperóxi. A nova ligação covalente do radical hidroperóxi é formada pela combinação de um elétron do radical carbono e um elétron do dirradical oxigênio.

> Estes dois elétrons não emparelhados combinam-se, formando uma ligação simples C—O

$$\text{—CH}_2\text{CH}=\text{CH}-\overset{\bullet}{\text{CH}}— + \cdot\text{O}—\text{O}\cdot \longrightarrow \text{—CH}_2\text{CH}=\text{CH}-\overset{\overset{\displaystyle O-O\cdot}{|}}{\text{CH}}—$$

O oxigênio é um dirradical — Radical hidroperóxi

Conexões químicas 13E

Capsaicina, para aqueles que preferem coisas quentes

A capsaicina, o princípio picante do fruto de várias espécies de pimenta (*Capsicum* e *Solanaceae*), foi isolada em 1876, e sua estrutura, determinada em 1919. Ela contém um fenol e um éter fenólico.

Capsaicina (de vários tipos de pimenta)

As propriedades inflamatórias da capsaicina são bem conhecidas; a língua humana pode detectar uma simples gota em 5 L de água. Todos conhecemos a sensação de queimação na boca e o súbito lacrimejamento causados por uma boa dose de pimenta chili (dedo-de-moça). Por essa razão, extratos desses alimentos ardidos, contendo capsaicina, são usados em sprays para afugentar cães ou outros animais que possam querer morder o calcanhar de alguém que esteja correndo ou andando de bicicleta.

Paradoxalmente, a capsaicina é capaz tanto de causar como aliviar a dor. Atualmente, dois cremes que contêm capsaicina, Mioton e Zostrix, são prescritos para tratar da sensação de queimação associada à neuralgia pós-herpética, uma complicação da doença conhecida como herpes. Também são prescritos no caso de diabetes para aliviar dores persistentes nos pés e nas pernas.

Etapa 2b: Propagação da cadeia – reação de um radical formando um novo radical O radical hidroperóxi remove um átomo de hidrogênio (H •) de uma nova cadeia hidrocarbônica de ácido graxo para completar a formação de um hidroperóxido e, ao mesmo tempo, produzir um novo radical carbono.

$$\text{—CH}_2\text{CH}=\text{CH}-\overset{\overset{\displaystyle O-O\cdot}{|}}{\text{CH}}— + \text{—CH}_2\text{CH}=\text{CH}-\overset{\overset{\displaystyle H}{|}}{\text{CH}}— \longrightarrow$$

Segmento de uma nova cadeia hidrocarbônica de ácido graxo

$$\text{—CH}_2\text{CH}=\text{CH}-\overset{\overset{\displaystyle O-O-H}{|}}{\text{CH}}— + \text{—CH}_2\text{CH}=\text{CH}-\overset{\bullet}{\text{CH}}—$$

Hidroperóxido — Novo radical carbono

O ponto mais importante sobre as duas etapas de propagação da cadeia (etapas 2a e 2b) é que elas formam um ciclo contínuo de reações. O novo radical formado na etapa 2b reage com outra molécula de O₂ pela etapa 2a, formando um novo radical hidroperóxi. Esse novo radical hidroperóxi então reage com uma nova cadeia hidrocarbônica, repetindo a etapa 2b e assim por diante. Esse ciclo de etapas de propagação repete-se várias vezes em uma reação em cadeia. Assim, uma vez gerado um radical na etapa 1, o ciclo de etapas de propagação se repete milhares de vezes e, ao fazê-lo, gera milhares de moléculas de hidroperóxido. O número de vezes em que o ciclo de etapas de propagação da cadeia se repete é chamado **extensão da cadeia**.

Os próprios hidroperóxidos são instáveis e, sob condições biológicas, degradam em aldeídos de cadeia curta e ácidos carboxílicos de odor "rançoso" desagradável. Esses odores podem ser familiares se você alguma vez sentiu o cheiro de óleo de cozinha ou de alimentos envelhecidos que contêm gorduras ou óleos poli-insaturados. Semelhante formação de hidroperóxidos nas lipoproteínas de baixa densidade (Seção 27.4) depositadas nas paredes das artérias resulta em doença cardiovascular em humanos. Além disso, acredita-se que muitos dos efeitos do envelhecimento resultem da formação e consequente degradação de hidroperóxidos.

Felizmente, a natureza desenvolveu uma série de defesas contra a formação desses e de outros hidroperóxidos destrutivos, entre elas a vitamina E (Seção 30.6), que é um fenol. Esse composto é um "sequestrante natural". Ele se insere na etapa 2a ou na 2b, doa um H · de seu grupo —OH ao radical carbono e o converte de volta à cadeia hidrocarbônica original. Por ser estável, a vitamina E quebra o ciclo de etapas de propagação da cadeia, impedindo assim a formação de mais hidroperóxidos destrutivos. Embora se possam formar alguns hidroperóxidos, a quantidade é muito pequena e eles são facilmente decompostos em materiais inofensivos por uma entre várias possíveis reações catalisadas por enzimas.

Infelizmente, a vitamina E é removida no processamento de muitos alimentos e produtos alimentícios. Para compensar essa perda, fenóis como BHT e BHA são adicionados

Vitamina E

*H*idroxi-*t*olueno *b*utilado (BHT)

*H*idroxi-*a*nisol *b*utilado (BHA)

a alimentos para "retardar a deterioração" (conforme é indicado nas embalagens) por auto-oxidação. Do mesmo modo, compostos similares são adicionados a outros materiais, tais como plásticos e borracha, para protegê-los contra a auto-oxidação.

Resumo das questões-chave

Seção 13.1 Qual é a estrutura do benzeno?

- O **benzeno** e seus derivados alquila são classificados como **hidrocarbonetos aromáticos** ou **arenos**.
- A primeira estrutura para o benzeno foi proposta em 1872 por August Kekulé.
- A teoria da **ressonância**, desenvolvida por Linus Pauling na década de 1930, apresentou a primeira estrutura adequada para o benzeno.

Seção 13.2 Qual é a nomenclatura dos compostos aromáticos?

- A nomenclatura dos compostos aromáticos segue o sistema Iupac.
- O grupo C_6H_5— é chamado **fenila**.
- Dois substituintes no anel benzênico podem ser posicionados numerando os átomos do anel ou usando os localizadores *orto (o)*, *meta (m)* e *para (p)*.
- Hidrocarbonetos aromáticos polinucleares contêm dois ou mais anéis benzênicos, cada um deles compartilhando com outro anel dois átomos de carbono adjacentes.

Seção 13.3 Quais são as reações características do benzeno e de seus derivados?

- Uma reação característica dos compostos aromáticos é a **substituição aromática**, em que um átomo de hidrogênio do anel aromático é substituído por outro átomo ou grupo de átomos.
- As reações aromáticas de substituição típicas são a halogenação, a nitração e a sulfonação.

Seção 13.4 O que são fenóis?

- O grupo funcional fenol é o grupo —OH ligado a um anel benzênico.
- O fenol e seus derivados são ácidos fracos, com pK_a em torno de 10,0.
- A vitamina E, um composto fenólico, é um antioxidante natural.
- Os compostos fenólicos como o BHT e o BHA são antioxidantes sintéticos.

Resumo das reações fundamentais

1. Halogenação (Seção 13.3A) O tratamento de um composto aromático com Cl_2 ou Br_2, na presença de $FeCl_3$ como catalisador, substitui um H por um halogênio.

$$C_6H_6 + Cl_2 \xrightarrow{FeCl_3} C_6H_5-Cl + HCl$$

2. Nitração (Seção 13.3B) O aquecimento de um composto aromático com uma mistura de ácido nítrico e ácido sulfúrico concentrados substitui um H por um grupo nitro.

$$C_6H_6 + HNO_3 \xrightarrow[calor]{H_2SO_4} C_6H_5-NO_2 + H_2O$$

3. Sulfonação (Seção 13.3C) O aquecimento de um composto aromático com ácido sulfúrico concentrado substitui um H por um grupo ácido sulfônico.

$$C_6H_6 + H_2SO_4 \xrightarrow{calor} C_6H_5-SO_3H + H_2O$$

4. Reação de fenóis com bases fortes (Seção 13.4B) Os fenóis são ácidos fracos e reagem com bases fortes para formar sais solúveis em água.

$$C_6H_5-OH + NaOH \longrightarrow C_6H_5-O^-Na^+ + H_2O$$

Problemas

Seção 13.1 Qual é a estrutura do benzeno?

13.2 Indique se a afirmação é verdadeira ou falsa.
(a) Alcenos, alcinos e arenos são hidrocarbonetos insaturados.
(b) Os compostos aromáticos receberam esse nome porque muitos deles têm odores agradáveis.
(c) De acordo com o modelo da ressonância nas ligações, o benzeno é descrito como um híbrido de duas estruturas contribuintes equivalentes.
(d) O benzeno é uma molécula planar.

13.3 Qual é a diferença estrutural entre um composto saturado e um composto insaturado?

13.4 Defina *composto aromático*.

13.5 Por que se diz que alcenos, alcinos e compostos aromáticos são insaturados?

13.6 Os anéis aromáticos têm ligações duplas? Eles são insaturados? Explique.

13.7 Pode um composto aromático ser saturado?

13.8 Desenhe pelo menos duas fórmulas estruturais para cada uma das seguintes espécies. (Vários isômeros constitucionais são possíveis para cada parte.)
(a) Alceno de seis carbonos
(b) Cicloalceno de seis carbonos
(c) Alcino de seis carbonos
(d) Hidrocarboneto aromático de oito carbonos

13.9 Escreva uma fórmula estrutural e o nome para o mais simples (a) alcano, (b) alceno, (c) alcino e (d) hidrocarboneto aromático.

13.10 Explique por que o anel de seis membros do benzeno é planar, enquanto o anel de seis membros do cicloexano não é.

13.11 O composto 1,4-diclorobenzeno (*p*-diclorobenzeno) tem uma geometria rígida que não permite a rotação livre. Entretanto, não existem isômeros *cis-trans* para essa estrutura. Explique por que não há isomeria *cis-trans*.

13.12 Uma analogia frequentemente utilizada para explicar o conceito de híbrido de ressonância é relacionar um rinoceronte a um unicórnio e um dragão. Explique o raciocínio dessa analogia e como pode estar relacionada ao híbrido de ressonância.

Seção 13.2 Qual é a nomenclatura dos compostos aromáticos?

13.13 Indique se a afirmação é verdadeira ou falsa.
(a) A fórmula molecular do grupo fenila é C_6H_5 e é representada pelo símbolo Ph—.
(b) Os substituintes *para* ocupam carbonos adjacentes no anel benzênico.
(c) O ácido 4-bromobenzoico pode ser separado nos isômeros *cis* e *trans*.
(d) O naftaleno é uma molécula planar.
(e) Benzeno, naftaleno e antraceno são hidrocarbonetos aromáticos polinucleares (HAPs).
(f) O benzo[a]pireno causa câncer ao se ligar no DNA, produzindo mutações cancerígenas.

13.14 Dê nome aos seguintes compostos.

(a) 4-cloronitrobenzeno (p-NO$_2$-C$_6$H$_4$-Cl)

(b) 2-bromotolueno (o-CH$_3$-C$_6$H$_4$-Br)

(c) $C_6H_5CH_2CH_2CH_2Cl$

(d) $C_6H_5C(Br)(CH_3)CH_2CH_3$

(e) [estrutura: anel benzênico com NH₂ e NO₂ em posições orto]

(f) [estrutura: anel benzênico com OH e C₆H₅ em posições orto]

(g) C_6H_5—CH=CH—C_6H_5 (trans, com H e C₆H₅)

(h) [estrutura: tolueno com Cl em posições 2 e 4]

13.15 Desenhe fórmulas estruturais para os seguintes compostos.
(a) 1-bromo-2-cloro-4-etilbenzeno
(b) 4-bromo-1,2-dimetilbenzeno
(c) 2,4,6-trinitrotolueno
(d) 4-fenil-1-penteno
(e) *p*-cresol
(f) 2,4-diclorofenol

13.16 Dizemos que naftaleno, antraceno, fenantreno e benzo[a]pireno são hidrocarbonetos aromáticos polinucleares. Nesse contexto, o que significa "polinucleares"? O que significa "aromáticos"? O que significa "hidrocarbonetos"?

Seção 13.3 Quais são as reações características do benzeno e de seus derivados?

13.17 Suponha que você tenha frascos não rotulados de benzeno e cicloexeno. Que reação química poderia ser usada para identificar o conteúdo de cada frasco? Diga o que você faria, o que esperaria ver e como explicaria suas observações.

13.18 Três produtos de fórmula molecular C_6H_4BrCl são formados quando o bromobenzeno é tratado com cloro, Cl_2, na presença de $FeCl_3$ como catalisador. Dê nome e desenhe uma fórmula estrutural para cada produto.

13.19 A reação de bromo com tolueno na presença de $FeCl_3$ forma uma mistura de três produtos, todos de fórmula molecular C_7H_7Br. Dê nome e desenhe uma fórmula estrutural para cada produto.

13.20 Quais são os reagentes e/ou catalisadores necessários para executar cada uma das seguintes conversões?
(a) Benzeno em nitrobenzeno
(b) 1,4-diclorobenzeno em 2-bromo-1,4-dicloro benzeno
(c) Benzeno em anilina

13.21 Quais são os reagentes e/ou catalisadores necessários para executar cada uma das seguintes conversões? Cada conversão requer duas etapas.
(a) Benzeno em ácido 3-nitrobenzenossulfônico
(b) Benzeno em 1-bromo-4-clorobenzeno

13.22 A substituição aromática pode ser feita no naftaleno. O tratamento do naftaleno com H_2SO_4 forma dois (e somente dois) ácidos sulfônicos diferentes. Desenhe uma fórmula estrutural para cada um deles.

Seção 13.4 O que são fenóis?

13.23 Indique se a afirmação é verdadeira ou falsa.
(a) Fenóis e alcoóis têm em comum a presença de um grupo —OH.
(b) Fenóis são ácidos fracos e reagem com bases fortes, formando sais solúveis em água.
(c) O pK_a do fenol é menor que o do ácido acético.
(d) A auto-oxidação converte um grupo R—H em um grupo R—OH (hidroxila).
(e) Um radical carbono tem apenas sete elétrons na camada de valência de um de seus carbonos, e esse carbono apresenta uma carga positiva.
(f) Uma das características da etapa de iniciação da cadeia é a conversão de um não radical em um radical.
(g) A auto-oxidação é um processo da cadeia radical.
(h) Uma das características da etapa de propagação da cadeia é a reação de um radical e uma molécula, formando um novo radical e uma nova molécula.
(i) A vitamina E e outros antioxidantes naturais funcionam interrompendo o ciclo das etapas de propagação da cadeia que ocorre na auto-oxidação.

13.24 Tanto o fenol como o cicloexanol são apenas ligeiramente solúveis em água. Explique o fato de o fenol dissolver-se em hidróxido de sódio aquoso, mas o cicloexanol não.

13.25 Defina *auto-oxidação*.

13.26 A auto-oxidação é descrita como uma *reação da cadeia radical*. Qual é o significado do termo "radical" nesse contexto? E do termo "cadeia"? E "extensão da cadeia"?

13.27 Explique o funcionamento da vitamina E como antioxidante.

13.28 Quais são os aspectos estruturais comuns à vitamina E, ao BHT e ao BHA (os três antioxidantes apresentados na Seção 13.4C)?

Conexões químicas

13.29 (Conexões químicas 13.A) O que é um carcinógeno? Que tipo de carcinógeno é encontrado na fumaça de cigarro?

13.30 (Conexões químicas 13B) Em uma dieta em que o iodo está ausente, desenvolve-se o bócio. Explique por que o bócio é uma doença regional.

13.31 (Conexões químicas 13C) Calcule a massa molecular de cada um dos explosivos citados nessa "Conexão química". Em qual explosivo é maior a contribuição percentual dos grupos nitro em termos de massa molecular?

13.32 (Conexões químicas 13D) Quais são as diferenças estruturais entre o vermelho-allura e o amarelo-crepúsculo?

13.33 (Conexões químicas 13D) Quais são os aspectos do vermelho-allura e do amarelo-crepúsculo que os tornam solúveis em água?

13.34 (Conexões químicas 13D) Qual é a cor obtida quando se misturam vermelho-allura e amarelo-crepúsculo? (*Dica*: Lembre-se do círculo cromático.)

13.35 (Conexões químicas 13E) De que tipos de planta é isolada a capsaicina?

13.36 (Conexões químicas 13E) Quantos isômeros *cis-trans* são possíveis para a capsaicina? A fórmula estrutural mostrada nessa "Conexão química" é o isômero *cis* ou o isômero *trans*?

Problemas adicionais

13.37 A estrutura do naftaleno que aparece na Seção 13.2D é apenas uma entre três estruturas de ressonância possíveis. Desenhe as outras duas.

13.38 Desenhe fórmulas estruturais para os seguintes compostos.
(a) 1-fenilciclopropanol (b) Estireno
(c) *m*-bromofenol (d) Ácido 4-nitrobenzoico
(e) Isobutilbenzeno (f) *m*-xileno

13.39 O 2,6-di-*terc*-butil-4-metilfenol (BHT, Seção 13.4C) é um antioxidante adicionado aos alimentos processados para "retardar a deterioração". Como o BHT atinge seu objetivo?

13.40 Escreva a fórmula estrutural para o produto de cada uma destas reações.

(a) C$_6$H$_6$ + HNO$_3$ $\xrightarrow{H_2SO_4}$

(b) 1,4-dimetilbenzeno + Br$_2$ $\xrightarrow{FeCl_3}$

(c) 1,4-dibromobenzeno + H$_2$SO$_4$ $\longrightarrow$

13.41 O estireno reage com o bromo, formando um composto de fórmula molecular C$_8$H$_8$Br$_2$. Desenhe uma fórmula estrutural para esse composto.

Alcoóis, éteres e tióis

14

Tanques de fermentação de uva para fabricação de vinho nas Vinhas de Beaulieu, Califórnia.

Questões-chave

14.1 Quais são as estruturas, a nomenclatura e as propriedades físicas dos alcoóis?

14.2 Quais são as reações características dos alcoóis?

14.3 Quais são as estruturas, a nomenclatura e as propriedades dos éteres?

14.4 Quais são as estruturas, a nomenclatura e as propriedades dos tióis?

14.5 Quais são os alcoóis comercialmente mais importantes?

Neste capítulo, vamos estudar as propriedades físicas e químicas dos alcoóis e éteres, duas classes de compostos orgânicos que contêm oxigênio. Também vamos estudar os tióis, uma classe de compostos orgânicos que contém enxofre. Estruturalmente, os tióis são como os alcoóis, exceto pela presença do grupo —SH em vez do grupo —OH.

$$CH_3CH_2OH \qquad CH_3CH_2OCH_2CH_3 \qquad CH_3CH_2SH$$

Etanol (álcool)   Dietil-éter (éter)   Etanotiol (tiol)

Esses três compostos certamente são familiares. O etanol é o aditivo para combustível em E85 e E15, o álcool nas bebidas alcoólicas, e um importante solvente nos laboratórios e nas indústrias. O dietil-éter foi o primeiro anestésico para inalação usado em cirurgias. Também é um importante solvente industrial e de laboratório. O etanotiol, como outros tióis de baixa massa molecular, exala mau cheiro. Traços de etanotiol são adicionados ao gás natural para que, havendo vazamento do gás, ele possa ser detectado pelo cheiro do tiol.

Soluções em que o etanol é o solvente são chamadas tinturas.

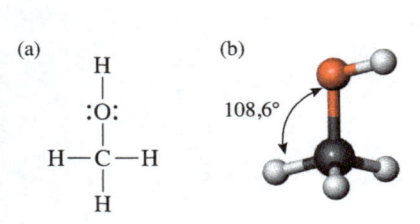

FIGURA 14.1 Metanol, CH₃OH. (a) Estrutura de Lewis e (b) modelo de esferas e bastões. O ângulo da ligação H—C—O é de 108,6°, muito próximo do ângulo tetraédrico de 109,5°.

14.1 Quais são as estruturas, a nomenclatura e as propriedades físicas dos alcoóis?

A. Estrutura dos alcoóis

O grupo funcional de um **álcool** é o grupo **—OH (hidroxila)** ligado a um átomo de carbono tetraédrico (Seção 10.4A). A Figura 14.1 mostra uma estrutura de Lewis e um modelo de esferas e bastões para o metanol, CH_3OH, o álcool mais simples.

B. Nomenclatura

A nomenclatura Iupac para os alcoóis é semelhante à dos alcanos e alcinos, com exceção da terminação, que nos alcanos é *-o* e nos alcoóis é *-ol*.

1. Selecione a cadeia carbônica mais longa que contenha o grupo —OH como o alcano principal e numere-a a partir da extremidade que resultar no número mais baixo para o —OH. Quando se numera a cadeia principal, a posição do grupo —OH prevalece sobre os grupos alquila, arila e halogênios.
2. Mude a terminação do alcano principal de *-o* para *-ol* e use um número para indicar a posição do grupo —OH. Para alcoóis cíclicos, a numeração começa no carbono ligado ao grupo —OH; esse carbono é automaticamente o carbono 1.
3. Dê nome aos substituintes, numere-os e liste-os em ordem alfabética.

Para formar os nomes comuns dos alcoóis, use a palavra "álcool" e depois adicione o nome do grupo alquila ligado ao —OH. A seguir, apresentamos os nomes Iupac e, entre parênteses, os nomes comuns de oito alcoóis de baixa massa molecular:

Etanol (álcool etílico)
1-propanol (álcool propílico)
2-propanol (álcool isopropílico)
1-butanol (álcool butílico)

2-butanol (álcool *sec*-butílico)
2-metil-1-propanol (álcool isobutílico)
2-metil-2-propanol (álcool *terc*-butílico)
Cicloexanol (álcool cicloexílico)

Exemplo 14.1 Nomes sistemáticos dos alcoóis

Escreva o nome Iupac para cada um dos alcoóis.

Estratégia

Siga as seguintes etapas:
1ª etapa: Identifique a cadeia principal.
2ª etapa: Mude a terminação do alcano principal de *-o* para *-ol* e use um número para indicar a posição do grupo —OH.
3ª etapa: Dê nome e número aos substituintes, colocando-os em ordem alfabética.
4ª etapa: Especifique a configuração se existir isomeria *cis-trans*.

Solução

(a) O alcano principal é o pentano. Numere a cadeia principal na direção que produzir o número mais baixo para o carbono ligado ao grupo —OH. O álcool é o 4-metil-2--pentanol.

(b) O cicloalcano principal é o cicloexano. Numere os átomos do anel começando com o carbono ligado ao grupo —OH como carbono 1 e especifique que os grupos metila e hidroxila são *trans* entre si. Esse álcool é o *trans*-2-metilcicloexanol.

Problema 14.1

Escreva o nome Iupac para cada um dos alcoóis.

(a) 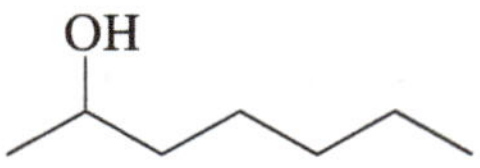 [estrutura com OH] (b) 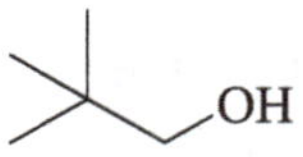 [estrutura com OH] (c) 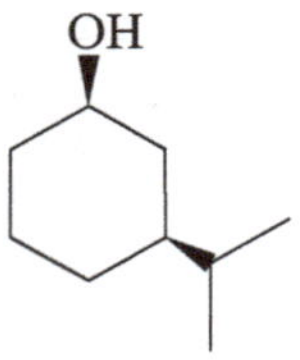 [estrutura cíclica com OH]

Classificamos os alcoóis como **primário (1º)**, **secundário (2º)** ou **terciário (3º)**, dependendo do número de grupos carbônicos ligados ao carbono do grupo —OH (Seção 10.4A).

Exemplo 14.2 Classificação dos alcoóis

Classifique cada um dos alcoóis como primário, secundário ou terciário.

(a) 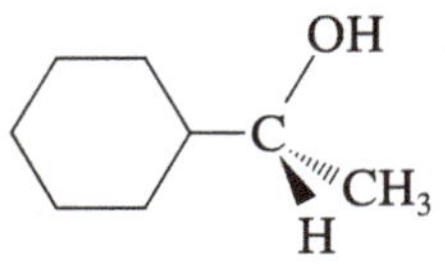 [cicloexil-C(OH)(H)(CH₃)]   (b) $CH_3\overset{\underset{\displaystyle CH_3}{|}}{\underset{\underset{\displaystyle CH_3}{|}}{C}}OH$ (c) [ciclopentil-CH₂OH]

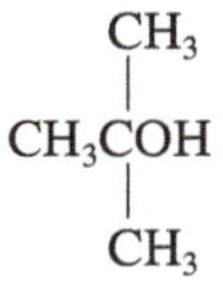

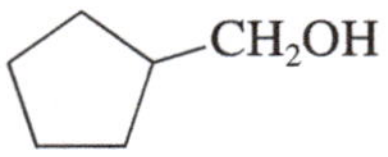

Estratégia

Localize o carbono ligado ao grupo OH e conte o número de grupos carbônicos ligados a esse carbono.

Solução

(a) Secundário (2º)   (b) Terciário (3º)   (c) Primário (1º)

Problema 14.2

Classifique cada um destes alcoóis como primário, secundário ou terciário.

(a) 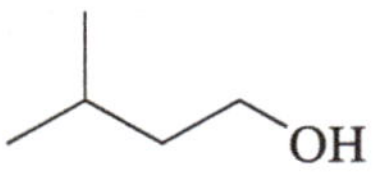 [estrutura com OH]   (b) 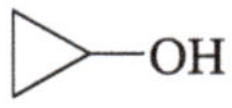 [ciclopropil-OH]   (c)  [alil-OH]   (d) 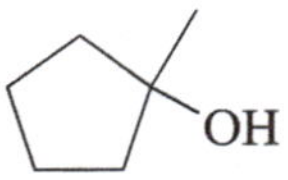 [ciclopentil com CH₃ e OH]

No sistema Iupac, um composto com dois grupos hidroxila é chamado **diol**; com três, **triol**; e assim por diante. Nos nomes Iupac para dióis, trióis etc., conserva-se o final *-o* do nome do alcano principal – por exemplo, 1,2-etanodiol.

Assim como acontece com muitos outros compostos orgânicos, são conservados os nomes comuns de certos dióis e trióis. Compostos que contêm dois grupos hidroxila em carbonos adjacentes geralmente são chamados **glicóis**. O etilenoglicol e o propilenoglicol são sintetizados a partir do etileno e do propileno, respectivamente – daí seus nomes comuns.

Diol Composto que contém dois grupos —OH (hidroxila).

Glicol Composto com grupos hidroxila (—OH) em carbonos adjacentes.

O etilenoglicol é incolor; a cor da maior parte dos anticongelantes vem dos aditivos. Sobre diminuição do ponto de congelamento, ver Seção 6.8A.

O etilenoglicol é uma molécula polar que se dissolve rapidamente na água (solvente polar).

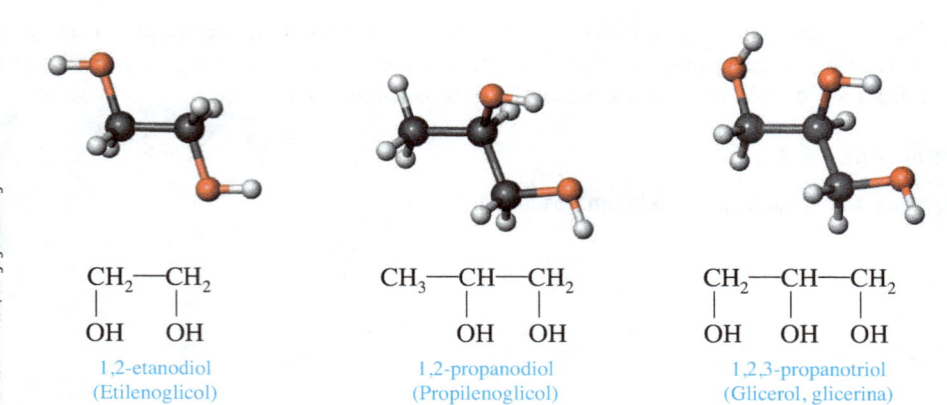

CH₂—CH₂
| |
OH   OH
1,2-etanodiol
(Etilenoglicol)

CH₃—CH—CH₂
    | |
    OH   OH
1,2-propanodiol
(Propilenoglicol)

CH₂—CH—CH₂
| | |
OH   OH   OH
1,2,3-propanotriol
(Glicerol, glicerina)

C. Propriedades físicas dos alcoóis

A propriedade física mais importante dos alcoóis é a polaridade dos grupos —OH. Por causa da grande diferença de eletronegatividade (Tabela 3.5) entre o oxigênio e o carbono (3,5 − 2,5 = 1,0) e entre o oxigênio e o hidrogênio (3,5 − 2,1 = 1,4), tanto a ligação C—O como a O—H dos alcoóis são covalentes polares, e os alcoóis são moléculas polares, conforme ilustrado na Figura 14.2 para o metanol.

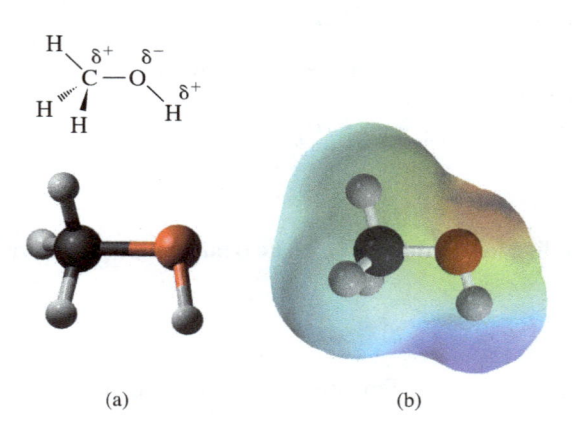

FIGURA 14.2 Polaridade das ligações C—O—H no metanol. (a) O carbono e o hidrogênio têm cargas parciais positivas, e o oxigênio, carga parcial negativa. (b) Mapa de densidade de elétrons mostrando a carga parcial negativa (vermelho) em torno do oxigênio e uma carga parcial positiva (azul) em torno do hidrogênio do grupo OH.

(a) (b)

Conexões químicas 14A

Nitroglicerina: explosivo e fármaco

Em 1847, Ascanio Sobrero (1812-1888) descobriu que o 1,2,3-propanotriol, mais conhecido como glicerina, reage com ácido nítrico, na presença de ácido sulfúrico, formando um líquido amarelo-claro oleoso chamado nitroglicerina. Sobrero também descobriu as propriedades explosivas desse composto: quando ele aqueceu uma pequena quantidade, houve uma explosão!

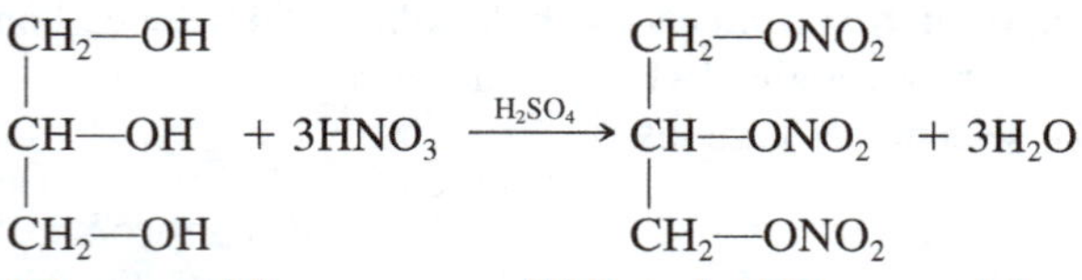

CH₂—OH   CH₂—ONO₂
| |
CH—OH + 3HNO₃ →(H₂SO₄)→ CH—ONO₂ + 3H₂O
| |
CH₂—OH   CH₂—ONO₂

1,2,3-propanotriol   Trinitrato de 1,2,3-propanotriol
(Glicerol, glicerina)   (Nitroglicerina)

A nitroglicerina logo passou a ser muito utilizada para explosões em construções de canais, túneis, estradas, minas e, claro, na guerra.

Um dos problemas associados ao uso da nitroglicerina logo foi reconhecido: era difícil manuseá-la com segurança, ocorrendo explosões acidentais com muita frequência. Esse problema foi resolvido pelo químico sueco Alfred Nobel (1833-1896), ao descobrir que uma substância semelhante à argila, a chamada terra diatomácea, absorve nitroglicerina, de modo que ela não explodirá sem um detonador. A essa mistura de nitroglicerina, terra diatomácea e carbonato de sódio, Nobel deu o nome de *dinamite*.

Por mais surpreendente que possa parecer, a nitroglicerina é usada em medicina para tratar *angina pectoris*, cujos sintomas são dores agudas no peito causadas pela redução do fluxo sanguíneo na artéria coronária. A nitroglicerina, que é encontrada na forma líquida (diluída em álcool para torná-la não explosiva), em comprimidos e em pasta, relaxa a musculatura lisa dos vasos sanguíneos, causando dilatação da artéria coronária. Essa dilatação, por sua vez, permite que um volume maior de sangue chegue ao coração.

Quando Nobel teve uma doença cardíaca, seus médicos o aconselharam a tomar nitroglicerina para aliviar as dores no peito. Ele se recusou, dizendo que não podia entender como o explosivo aliviaria suas dores. A ciência levou mais de 100 anos para encontrar a resposta. Sabemos agora que o óxido nítrico, NO, derivado dos grupos nitro da nitroglicerina, é que alivia a dor (ver "Conexões químicas 24E").

Os alcoóis têm pontos de ebulição mais altos que os alcanos, alcenos e alcinos de massa molecular semelhante (Tabela 14.1) porque as moléculas de álcool se associam entre si no estado líquido através da **ligação de hidrogênio** (Seção 5.7C). A força da ligação de hidrogênio entre as moléculas de álcool é de aproximadamente 2 a 5 kcal/mol, o que significa que é necessária uma energia adicional na separação entre os alcoóis devido à existência das ligações de hidrogênio intermoleculares (Figura 14.3).

Por causa do aumento das forças de dispersão de London (Seção 5.7A) entre moléculas maiores, os pontos de ebulição de todos os tipos de compostos, incluindo alcoóis, aumentam à medida que aumenta a massa molecular.

Alcoóis são muito mais solúveis em água do que os hidrocarbonetos da massa molecular semelhante (Tabela 14.1), pois as moléculas de álcool interagem com as moléculas de água por meio da ligação de hidrogênio. Metanol, etanol e 1-propanol são solúveis em água em todas as proporções. À medida que aumenta a massa molecular, a solubilidade dos alcoóis torna-se mais parecida com a de hidrocarbonetos de massa molecular semelhante. Alcoóis de massa molecular mais alta são muito menos solúveis em água porque o tamanho da porção hidrocarboneto de suas moléculas (que diminui a solubilidade em água) torna-se muito grande em relação ao tamanho do grupo —OH (o que aumenta a solubilidade em água).

TABELA 14.1 Ponto de ebulição e solubilidade em água de quatro grupos de alcoóis e alcanos de massa molecular semelhante

Fórmula estrutural	Nome	Massa molecular (u)	Ponto de ebulição (°C)	Solubilidade em água
CH_3OH	Metanol	32	65	Infinita
CH_3CH_3	Etano	30	−89	Insolúvel
CH_3CH_2OH	Etanol	46	78	Infinita
$CH_3CH_2CH_3$	Propano	44	−42	Insolúvel
$CH_3CH_2CH_2OH$	1-propanol	60	97	Infinita
$CH_3CH_2CH_2CH_3$	Butano	58	0	Insolúvel
$CH_3CH_2CH_2CH_2OH$	1-butanol	74	117	8 g/100 g
$CH_3CH_2CH_2CH_2CH_3$	Pentano	72	36	Insolúvel

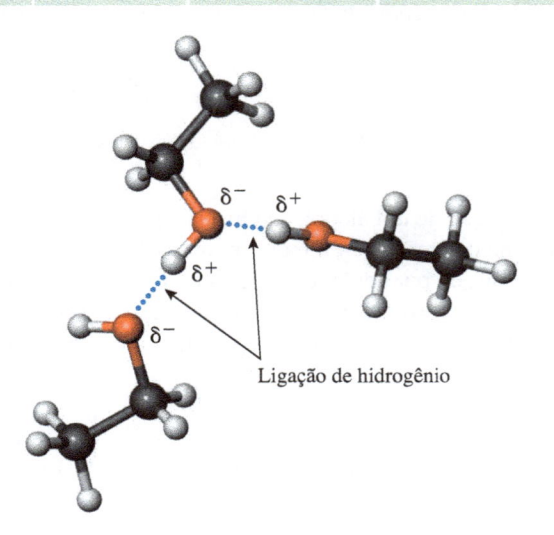

FIGURA 14.3 Associação entre moléculas de etanol no estado líquido. Cada O—H pode participar em até três ligações de hidrogênio (uma através do hidrogênio e duas através do oxigênio). São mostradas somente duas dessas três possíveis ligações de hidrogênio por molécula.

14.2 Quais são as reações características dos alcoóis?

Nesta seção, vamos estudar a acidez dos alcoóis, sua desidratação formando alcenos e sua oxidação a aldeídos, cetonas e ácidos carboxílicos.

A. Acidez dos alcoóis

Os alcoóis têm valores de pK_a próximos aos da água (Tabela 8.3), o que significa que soluções aquosas de alcoóis têm aproximadamente o mesmo pH da água pura. Na Seção 13.4B, estudamos a acidez dos fenóis, outra classe de compostos que contém um grupo —OH. Fenóis são ácidos fracos e reagem com sódio aquoso, formando sais solúveis em água.

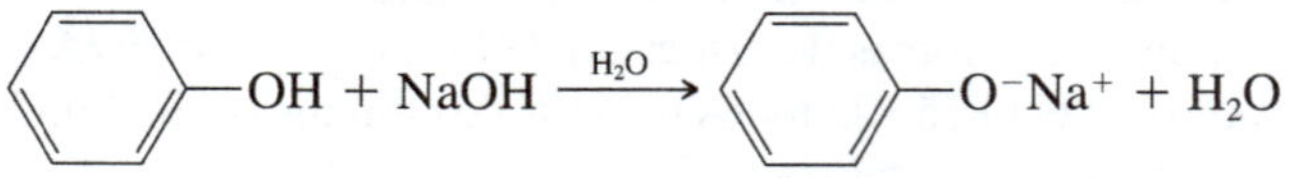

$$\text{C}_6\text{H}_5\text{—OH} + \text{NaOH} \xrightarrow{\text{H}_2\text{O}} \text{C}_6\text{H}_5\text{—O}^-\text{Na}^+ + \text{H}_2\text{O}$$

Fenol   Fenóxido de sódio
               (sal solúvel em água)

Os alcoóis são ácidos consideravelmente mais fracos que os fenóis e não reagem dessa maneira.

B. Desidratação de alcoóis catalisada por ácido

Desidratação Eliminação de uma molécula de água de um álcool. Na desidratação do álcool, o OH é removido de um carbono e o H é removido de um carbono adjacente.

Podemos converter um álcool em um alceno eliminando uma molécula de água de átomos de carbono adjacentes em uma reação chamada **desidratação**. No laboratório, a desidratação de um álcool geralmente é provocada por aquecimento, seja com ácido fosfórico 85% ou ácido sulfúrico concentrado. Alcoóis primários – os mais difíceis de desidratar – requerem aquecimento em ácido sulfúrico concentrado em temperaturas que chegam a 180 ºC. Os alcoóis secundários são submetidos à desidratação catalisada por ácido em temperaturas um pouco mais baixas. Alcoóis terciários geralmente são submetidos à desidratação catalisada por ácido em temperaturas apenas ligeiramente acima da temperatura ambiente.

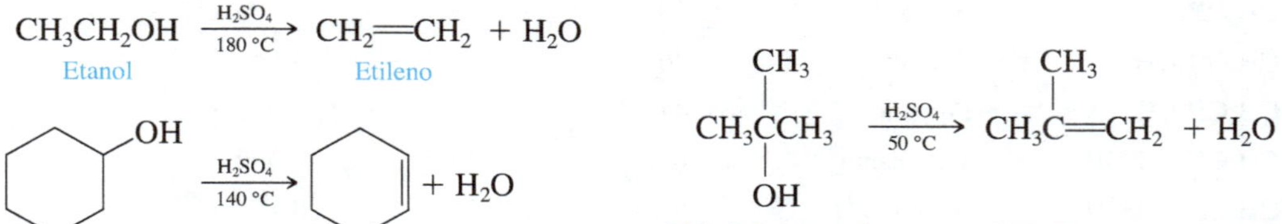

$$\text{CH}_3\text{CH}_2\text{OH} \xrightarrow[180\,°C]{\text{H}_2\text{SO}_4} \text{CH}_2\!=\!\text{CH}_2 + \text{H}_2\text{O}$$

Etanol   Etileno

Cicloexanol $\xrightarrow[140\,°C]{\text{H}_2\text{SO}_4}$ Cicloexeno + H_2O

$$(\text{CH}_3)_3\text{COH} \xrightarrow[50\,°C]{\text{H}_2\text{SO}_4} (\text{CH}_3)_2\text{C}\!=\!\text{CH}_2 + \text{H}_2\text{O}$$

2-Metil-2-propanol   2-Metilpropeno
(Álcool *terc*-butílico)   (Isobutileno)

Assim, a desidratação dos alcoóis, catalisada por ácido, segue esta ordem:

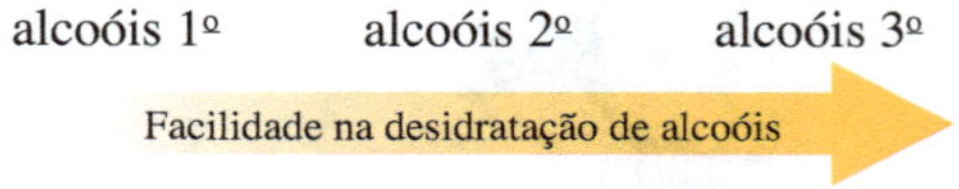

alcoóis 1º   alcoóis 2º   alcoóis 3º

→ Facilidade na desidratação de alcoóis

Quando a desidratação de um álcool, catalisada por ácido, produz alcenos isoméricos, geralmente predomina o alceno com o maior número de grupos alquila na ligação dupla. Na desidratação, catalisada por ácido, do 2-butanol, por exemplo, o principal produto é o 2-buteno, que tem dois grupos alquila (dois grupos metila) em sua ligação dupla. O produto secundário é o 1-buteno, que possui apenas um grupo alquila (um grupo etila) em sua ligação dupla.

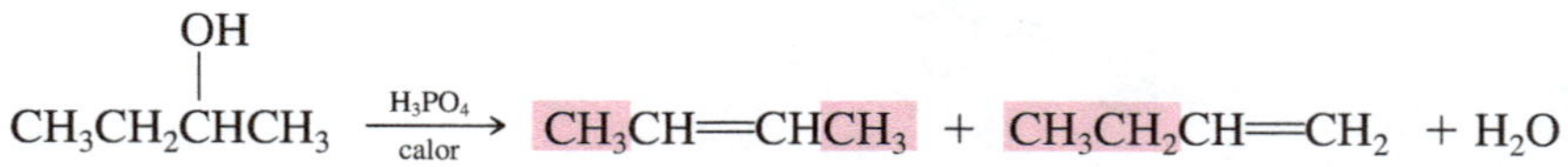

$$\text{CH}_3\text{CH}_2\text{CH(OH)CH}_3 \xrightarrow[\text{calor}]{\text{H}_3\text{PO}_4} \text{CH}_3\text{CH}\!=\!\text{CHCH}_3 + \text{CH}_3\text{CH}_2\text{CH}\!=\!\text{CH}_2 + \text{H}_2\text{O}$$

2-butanol   2-buteno   1-buteno
                   (80%)   (20%)

Exemplo 14.3 Desidratação de alcoóis catalisada por ácido

Desenhe fórmulas estruturais para alcenos formados pela desidratação, catalisada por ácido, de cada um dos alcoóis. Para cada parte, preveja qual alceno vai ser o produto principal.
(a) 3-metil-2-butanol   (b) 2-metilciclopentanol

Estratégia

Na desidratação, catalisada por ácido, de um álcool, H e OH são removidos de átomos de carbono adjacentes. Quando a desidratação produz alcenos isoméricos, predomina o alceno com maior número de grupos alquila nos átomos de carbono da ligação dupla.

Solução

(a) A eliminação de H$_2$O dos carbonos 2-3 forma 2-metil-2-buteno; a eliminação de H$_2$O dos carbonos 1-2 forma 3-metil-1-buteno. O 2-metil-2-buteno tem três grupos alquila (três grupos metila) em sua ligação dupla e é o produto principal. O 3-metil-1-buteno tem apenas um grupo alquila (um grupo isopropila) em sua ligação dupla e é o produto secundário.

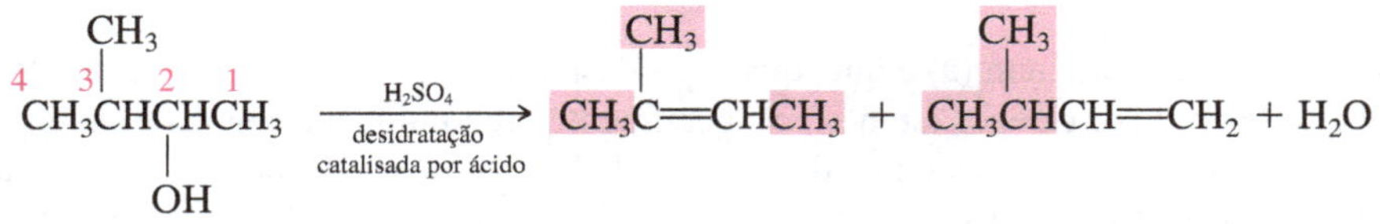

$$\underset{\text{3-metil-2-butanol}}{\overset{\overset{4\;\;3\;\;2\;\;1}{CH_3}}{CH_3CHCHCH_3}} \xrightarrow[\text{catalisada por ácido}]{H_2SO_4 \atop \text{desidratação}} \underset{\substack{\text{2-metil-2-buteno} \\ \text{(produto principal)}}}{CH_3C\!=\!CHCH_3} + \underset{\text{3-metil-1-buteno}}{CH_3CHCH\!=\!CH_2} + H_2O$$

(b) O produto principal, 1-metilciclopenteno, tem três grupos alquila em sua dupla ligação. O produto secundário, 3-metilciclopenteno, tem apenas dois grupos alquila em sua ligação dupla.

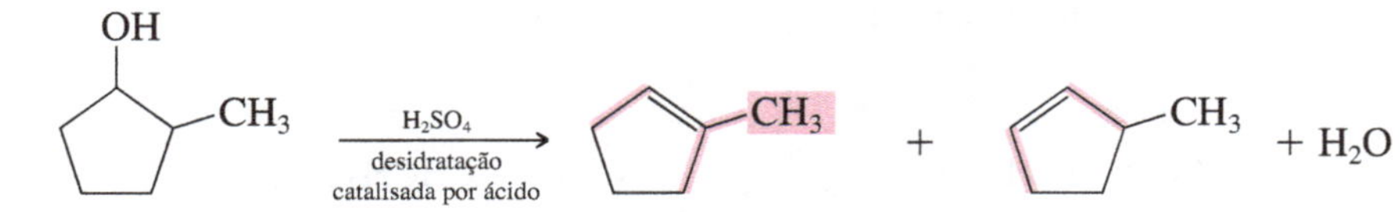

2-metilciclopentanol $\xrightarrow[\text{catalisada por ácido}]{H_2SO_4 \atop \text{desidratação}}$ 1-metilciclopenteno (produto principal) + 3-metilciclopenteno + H$_2$O

Problema 14.3

Desenhe fórmulas estruturais para os alcenos formados pela desidratação, catalisada por ácido, de cada um dos alcoóis. Para cada parte, preveja qual alceno será o produto principal.
(a) 2-metil-2-butanol   (b) 1-metilciclopentanol

Na Seção 12.6B, estudamos a hidratação, catalisada por ácido, dos alcenos, formando alcoóis. Nesta seção, estudamos a desidratação, catalisada por ácido, dos alcoóis, formando alcenos. De fato, as reações de hidratação-desidratação são reversíveis. A hidratação do alceno e a desidratação do álcool são reações concorrentes com o seguinte equilíbrio:

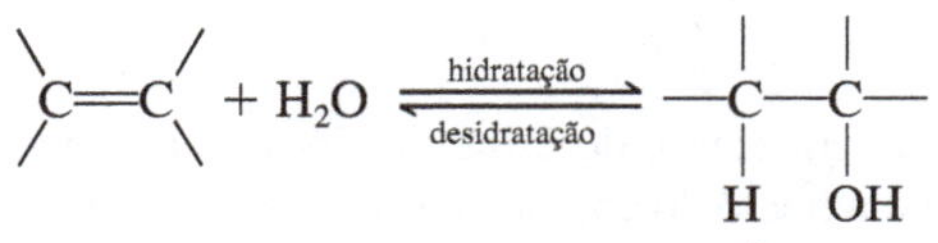

$$\underset{\text{Alqueno}}{\overset{}{\Large{>\!\!C\!=\!C\!\!<}}} + H_2O \underset{\text{desidratação}}{\overset{\text{hidratação}}{\rightleftharpoons}} \underset{\text{Álcool}}{-\underset{\underset{H}{|}}{\overset{|}{C}}-\underset{\underset{OH}{|}}{\overset{|}{C}}-}$$

De acordo com o princípio de Le Chatelier (Seção 7.7), grandes quantidades de água (em outras palavras, usando ácido aquoso diluído) favorecem a formação de álcool, enquanto pouca água (usando ácido concentrado) ou condições experimentais em que a água é removida (aquecimento da mistura em reação acima de 100 °C) favorecem a formação de alceno. Assim, dependendo das condições experimentais, podemos usar o equilíbrio hidratação-desidratação para preparar tanto alcoóis como alcenos, ambos com alto rendimento.

Exemplo 14.4 Desidratação de alcoóis e hidratação de alcenos catalisadas por ácido

No item (a), a desidratação, catalisada por ácido, do 2-metil-3-pentanol forma, predominantemente, o composto A. O tratamento do composto A com água, na presença de ácido sulfúrico, no item (b), forma o composto B. Proponha fórmulas estruturais para os compostos A e B.

(a) 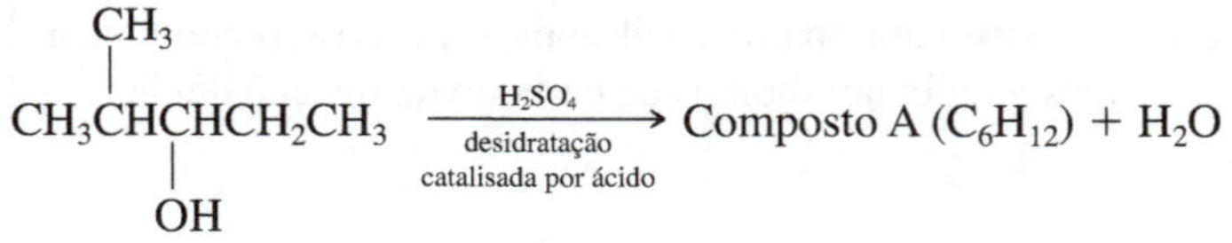
$$CH_3CHCHCH_2CH_3 \xrightarrow[\text{catalisada por ácido}]{\text{H}_2\text{SO}_4 \atop \text{desidratação}} \text{Composto A (C}_6\text{H}_{12}) + H_2O$$
com um grupo CH₃ acima do segundo carbono e OH abaixo do terceiro carbono.

(b) Composto A (C$_6$H$_{12}$) + H$_2$O $\xrightarrow{\text{H}_2\text{SO}_4}$ Composto B (C$_6$H$_{14}$O)

Estratégia

O mais importante no item (a) é que, quando a desidratação, catalisada por ácido, de um álcool pode produzir alcenos isoméricos, geralmente predomina o alceno com maior número de grupos alquila nos átomos de carbono da ligação dupla. Depois de determinada a fórmula estrutural de A, use a regra de Markovnikov para prever a fórmula estrutural do composto B.

Solução

(a) A desidratação, catalisada por ácido, do 2-metil-3-pentanol forma, predominantemente, 2-metil-2-penteno, um alceno com três substituintes em sua dupla ligação: dois grupos metila e um grupo etila.

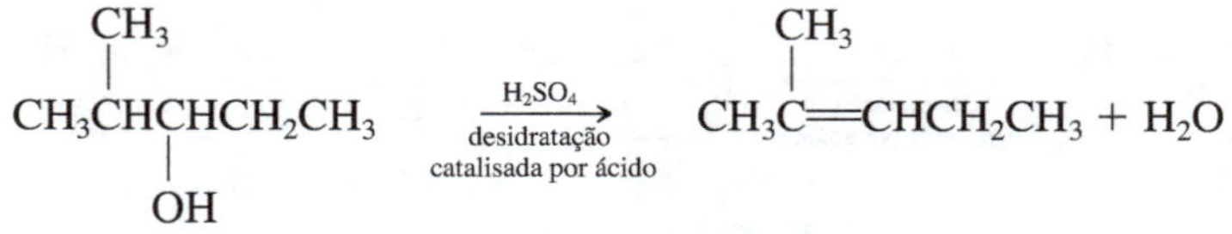

$$CH_3CHCHCH_2CH_3 \xrightarrow[\text{catalisada por ácido}]{\text{H}_2\text{SO}_4 \atop \text{desidratação}} CH_3C=CHCH_2CH_3 + H_2O$$

2-metil-3-butanol   2-metil-2-penteno
                       (produto principal)

(b) A adição, catalisada por ácido, de água a esse alceno forma 2-metil-2-pentanol, de acordo com a regra de Markovnikov (Seção 12.6B).

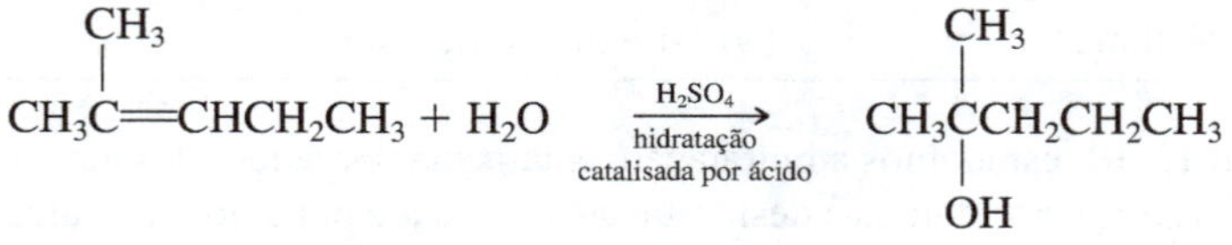

$$CH_3C=CHCH_2CH_3 + H_2O \xrightarrow[\text{catalisada por ácido}]{\text{H}_2\text{SO}_4 \atop \text{hidratação}} CH_3CCH_2CH_2CH_3$$
com um grupo CH₃ acima e OH abaixo do segundo carbono.

Composto A (C$_6$H$_{12}$)   Composto B (C$_6$H$_{14}$O)

Problema 14.4

A desidratação, catalisada por ácido, do 2-metilcicloexanol forma, predominantemente, o composto C (C$_7$H$_{12}$). O tratamento do composto C com água, na presença de ácido sulfúrico, forma o composto D (C$_7$H$_{14}$O). Proponha fórmulas estruturais para os compostos C e D.

C. Oxidação de alcoóis primários e secundários

Um álcool primário pode ser oxidado, formando um aldeído ou um ácido carboxílico, o que vai depender das condições experimentais. A seguir, vemos uma série de transformações em que um álcool primário é oxidado, formando primeiro um aldeído e depois um ácido carboxílico. A letra O, entre colchetes, acima da seta da reação indica que cada transformação envolve oxidação.

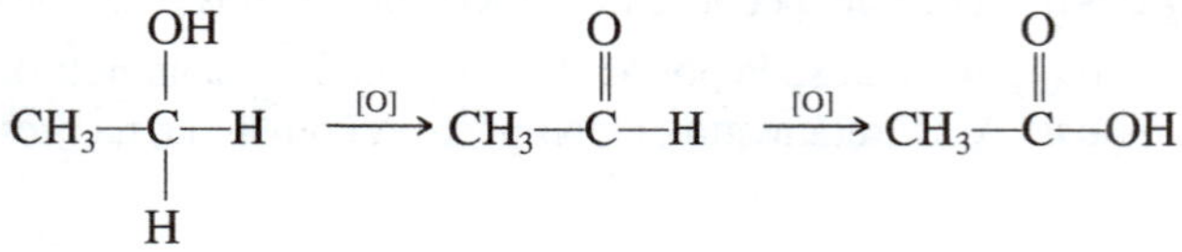

$$CH_3-\underset{H}{\overset{OH}{\underset{|}{\overset{|}{C}}}}-H \xrightarrow{[O]} CH_3-\overset{O}{\underset{}{\overset{\|}{C}}}-H \xrightarrow{[O]} CH_3-\overset{O}{\underset{}{\overset{\|}{C}}}-OH$$

Álcool primário   Aldeído   Ácido carboxílico

Alcoóis, éteres e tióis ■ 367

Lembremos que, na Seção 4.7, de acordo com uma das definições, a oxidação ou é a perda de hidrogênios ou o ganho de oxigênios. Usando essa definição, a conversão de um álcool primário em aldeído é uma reação de oxidação porque o álcool perde hidrogênio. A conversão de um aldeído em ácido carboxílico também é uma reação de oxidação porque o aldeído ganha um oxigênio.

O reagente mais usado em laboratório para a oxidação de um álcool primário em ácido carboxílico é o dicromato de potássio, $K_2Cr_2O_7$, dissolvido em ácido sulfúrico aquoso. Usando esse reagente, a oxidação do 1-octanol, por exemplo, forma ácido octanoico. Essa condição experimental é mais que suficiente para oxidar o aldeído intermediário a ácido carboxílico.

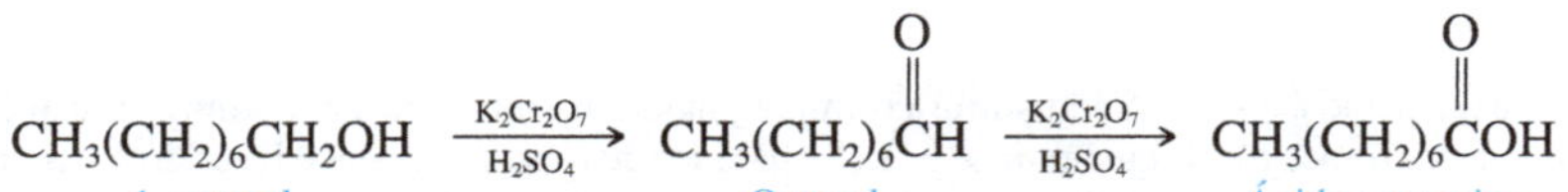

$$CH_3(CH_2)_6CH_2OH \xrightarrow[H_2SO_4]{K_2Cr_2O_7} \underset{\text{Octanal}}{CH_3(CH_2)_6\overset{O}{\overset{\|}{C}}H} \xrightarrow[H_2SO_4]{K_2Cr_2O_7} \underset{\text{Ácido octanoico}}{CH_3(CH_2)_6\overset{O}{\overset{\|}{C}}OH}$$

1-octanol

Embora o produto usual da oxidação de um álcool primário seja um ácido carboxílico, geralmente é possível parar a oxidação na etapa do aldeído destilando a mistura. Isto é, o aldeído, que geralmente tem ponto de ebulição mais baixo que o álcool primário e o ácido carboxílico, é removido da mistura em reação antes que possa ser oxidado ainda mais.

Alcoóis secundários podem ser oxidados para formar cetonas usando dicromato de potássio como agente oxidante. O mentol, um álcool secundário presente na hortelã-pimenta e em outros óleos de menta, é usado em licores, cigarros, pastilhas para tosse, perfumaria e inaladores nasais. Seu produto de oxidação, a mentona, também é utilizado em perfumes e em flavorizantes artificiais.

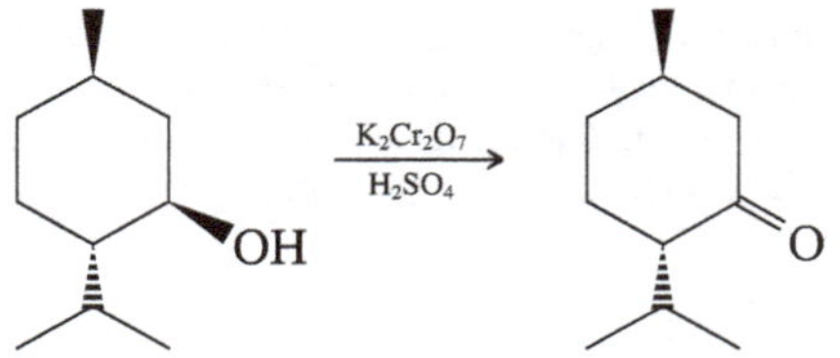

2-isopropil-5-metil-cicloexanol
(Mentol)

2-isopropil-5-metil-cicloexanona
(Mentona)

Alcoóis terciários resistem à oxidação porque o carbono do —OH está ligado a três átomos de carbono e, portanto, não pode formar um ligação dupla carbono-oxigênio.

Exemplo 14.5 Oxidação dos alcoóis

Desenhe uma fórmula estrutural para o produto formado pela oxidação de cada um destes alcoóis com dicromato de potássio.
(a) 1-hexanol   (b) 2-hexanol

Estratégia

A oxidação do 1-hexanol, um álcool primário, forma um aldeído ou um ácido carboxílico, dependendo das condições experimentais. A oxidação do 2-hexanol, um álcool secundário, forma uma cetona.

Solução

(a) Hexanal   ou   Ácido hexanoico

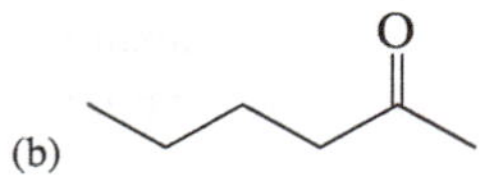

(b) 2-hexanona

Problema 14.5

Desenhe o produto formado pela oxidação de cada um destes alcoóis com dicromato de potássio.
(a) Cicloexanol (b) 2-pentanol

Conexões químicas 14B

Teste de álcool na expiração

A oxidação do etanol pelo dicromato de potássio, formando ácido acético, é a base do teste de rastreamento de alcoolemia (bafômetro) usado pela polícia para determinar o conteúdo de álcool no sangue (CAS) de uma pessoa. O teste baseia-se na diferença de cor entre o íon dicromato (laranja-avermelhado), no reagente, e o íon crômio (III) (verde), no produto.

$$CH_3CH_2OH + Cr_2O_7^{2-}$$
Etanol   Íon dicromato
(laranja-avermelhado)

$$\xrightarrow[H_2O]{H_2SO_4} CH_3COH + Cr^{3+}$$
Ácido acético   Íon crômio (III)
(verde)

Em sua forma mais simples, o rastreamento de álcool utiliza um tubo de vidro vedado contendo um reagente de dicromato de potássio-ácido sulfúrico impregnado em sílica-gel. Para administrar o teste, quebram-se as extremidades do tubo, um bocal é inserido em uma das pontas, e a outra ponta é inserida em um saco plástico. A pessoa a ser testada deve soprar no bocal para inflar o saco plástico.

À medida que a expiração contendo etanol atravessa o tubo, o íon dicromato, de cor laranja-avermelhada, é reduzido ao íon crômio (III), que é verde. Para fazer uma estimativa da concentração de etanol na expiração, mede-se a extensão da cor verde ao longo do tubo. Quando ultrapassa o ponto médio, considera-se que a pessoa apresenta um alto conteúdo alcoólico no sangue, o que autoriza a aplicação de outros testes de maior precisão.

Esse teste mede o conteúdo de álcool na expiração. A definição legal de estar sob a influência do álcool, porém, baseia-se no conteúdo de álcool no sangue, e não na expiração. A correlação entre essas duas medidas baseia-se no fato de que o ar contido nos pulmões está em equilíbrio com a passagem do sangue através das artérias pulmonares, e assim é estabelecido um equilíbrio entre álcool no sangue e álcool na expiração. Com base em testes realizados em pessoas que ingeriram álcool, os pesquisadores determinaram que 2.100 mL de expiração contêm a mesma quantidade de etanol que 1,00 mL de sangue.

A pessoa sopra em um bocal preso a um tubo.
Tubo de vidro contendo dicromato de potássio-ácido sulfúrico cobrindo partículas de sílica-gel.
À medida que a pessoa sopra no tubo, o saco plástico infla.

14.3 Quais são as estruturas, a nomenclatura e as propriedades dos éteres?

A. Estrutura

Éter Composto que contém um átomo de oxigênio ligado a dois átomos de carbono.

O grupo funcional do **éter** é um átomo de oxigênio ligado a dois átomos de carbono. A Figura 14.4 mostra uma estrutura de Lewis e um modelo de esferas e bastões do dimetil-éter, CH_3OCH_3, o éter mais simples.

B. Nomenclatura

Embora o sistema Iupac possa ser usado para dar nome aos éteres, os químicos quase que invariavelmente utilizam os nomes comuns para os éteres de baixa massa molecular. Os nomes comuns são formados dispondo em ordem alfabética os grupos alquila ligados ao oxigênio, sucedidos da palavra *éter*. Outra alternativa é um dos grupos ligados ao oxigênio receber um nome de grupo alquila. O grupo —OCH_3, por exemplo, recebe o nome de "metóxi" para indicar um grupo metila ligado ao oxigênio.

CH₃CH₂OCH₂CH₃   ⬡—OCH₃
Dietil-éter   Cicloexil-metil-éter
(Metoxicicloexano)

Exemplo 14.6 Nomes comuns dos éteres

Escreva o nome comum para cada um dos éteres.

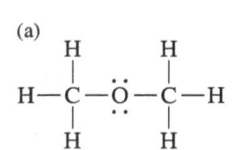

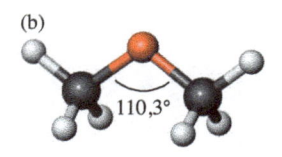

(a) CH₃COCH₂CH₃ com dois CH₃ no carbono central   (b) ⬡—O—⬡

FIGURA 14.4 Dimetil-éter, CH_3OH_2. (a) Estrutura de Lewis e (b) modelo de esferas e bastões. O ângulo da ligação C—O—C é de 110,3°, próximo do ângulo tetraédrico de 109,5°.

Estratégia

Para formar o nome comum do éter, disponha, em ordem alfabética, os grupos ligados ao oxigênio.

Solução

(a) Os grupos ligados ao oxigênio do éter são o *terc*-butila e o etila. O nome comum do composto é *terc*-butil-etil-éter.
(b) Dois grupos cicloexila estão ligados ao oxigênio do éter. O nome comum do composto é dicicloexil-éter.

Problema 14.6

Escreva o nome comum para cada um dos éteres.

(a) isobutil-O-etil   (b) ciclopentil—OCH₃

Conexões químicas 14C

Óxido de etileno: um esterilizante químico

O óxido de etileno é um gás incolor e inflamável, com ponto de ebulição em 11 °C. Por se tratar de uma molécula altamente tensionada (os ângulos de ligação tetraédricos normais tanto do C quanto do O são comprimidos de 109,5°, o ângulo tetraédrico normal, para aproximadamente 60°), o óxido de etileno reage com os grupos amina (—NH_2) e sulfidrila (—SH) presentes em materiais biológicos.

Em concentrações suficientemente altas, ele reage com tal quantidade de moléculas nas células que chega a causar a morte de micro-organismos. A propriedade tóxica é a base para o uso do óxido de etileno como fumigante em alimentos e têxteis e também em hospitais para esterilizar instrumentos cirúrgicos.

$$RNH_2 + \triangle_O \longrightarrow RNH—CH_2CH_2O—H$$

$$RSH + \triangle_O \longrightarrow RS—CH_2CH_2O—H$$

Nos **éteres cíclicos**, um dos átomos do anel é o oxigênio. Esses éteres também são conhecidos por seus nomes comuns. O óxido de etileno é um importante componente da indústria química orgânica (Seção 14.5). O tetra-hidrofurano é um solvente industrial e de laboratório bastante útil.

Éter cíclico Éter em que o oxigênio é um dos átomos do anel.

Óxido de etileno   Tetra-hidrofurano
(THF)

C. Propriedades físicas

Éteres são compostos polares em que o oxigênio apresenta uma carga parcial negativa, e cada carbono a ele ligado tem carga parcial positiva (Figura 14.5). Existem, no entanto, apenas forças de atração fracas entre moléculas de éter no líquido puro. Consequentemente, os pontos de ebulição dos éteres são próximos aos dos hidrocarbonetos de massa molecular similar.

O efeito da ligação de hidrogênio nas propriedades físicas é ilustrado de modo contundente, comparando os pontos de ebulição do etanol (78 °C) e seu isômero constitucional, o dimetil-éter (−24 °C). A diferença no ponto de ebulição entre compostos deve-se à presença no etanol de um grupo O—H polar, capaz de formar ligações de hidrogênio. Essa ligação de hidrogênio intensifica as associações intermoleculares, conferindo assim ao etanol um ponto de ebulição mais alto que o do dimetil-éter.

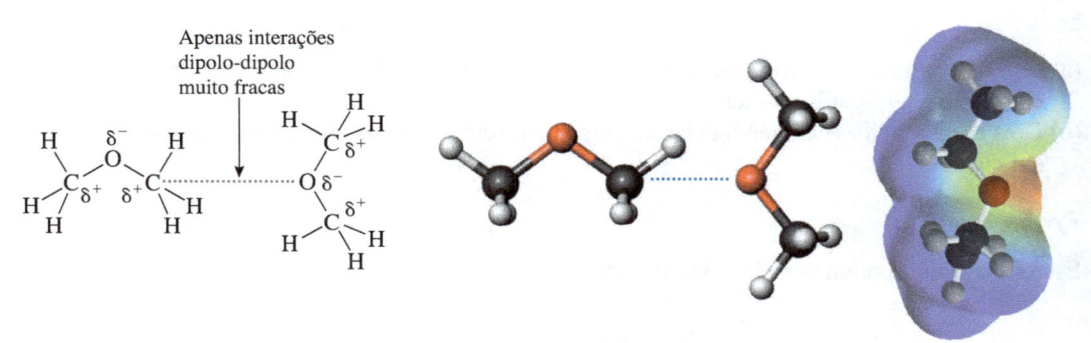

FIGURA 14.5 Éteres são moléculas polares, mas existem apenas interações fracas na atração entre moléculas de éter no estado líquido. À direita, vê-se o mapa de densidade eletrônica do dietil-éter.

Conexões químicas 14D

Éteres e anestesia

Antes de meados do século XIX, as cirurgias só eram feitas quando absolutamente necessárias, já que não havia anestésico geral disponível que funcionasse. Os pacientes eram drogados, hipnotizados ou simplesmente amarrados.

Em 1772, Joseph Priestley isolou o óxido nitroso, N_2O, um gás incolor. Em 1799, *Sir* Humphry Davy demonstrou o efeito anestésico desse composto, chamando-o de "gás do riso". Em 1844, um dentista norte-americano, Horace Wells, introduziu o óxido nitroso na prática odontológica geral. Aconteceu, porém, que um paciente de Wells acordou prematuramente gritando de dor, e outro morreu durante o procedimento. Assim, Wells foi forçado a abandonar a prática, tornou-se amargurado e deprimido, e cometeu suicídio aos 33 anos. No mesmo período, um químico de Boston, Charles Jackson, anestesiou a si próprio com dietil-éter e também convenceu um dentista, William Morton, a usá-lo. Depois persuadiu um cirurgião, John Warren, a dar uma demonstração pública de cirurgia sob anestesia. A operação foi um sucesso total, e logo a anestesia geral com dietil-éter tornou-se prática rotineira em cirurgia.

O dietil-éter era fácil de usar e causava um excelente relaxamento muscular. Em geral, pressão sanguínea, pulsação e respiração eram muito pouco afetadas. As principais desvantagens do dietil-éter são o efeito irritante sobre as vias respiratórias e a náusea subsequente.

Entre os anestésicos usados atualmente estão vários éteres halogenados, como o enflurano e isoflurano, que são os mais importantes.

Enflurano
(Etrano)

Isoflurano
(Forano)

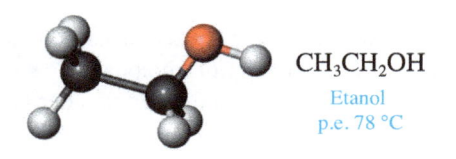

CH₃CH₂OH
Etanol
p.e. 78 °C

CH₃OCH₃
Éter dimetílico
p.e. −24 °C

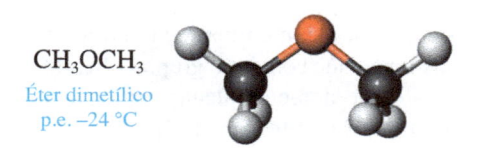

Os éteres são mais solúveis em água que hidrocarbonetos de massa e formato molecular semelhantes, mas bem menos solúveis que os alcoóis isoméricos. Sua maior solubilidade reflete o fato de que o átomo de oxigênio de um éter apresenta carga parcial negativa e forma ligações de hidrogênio com a água.

D. Reações de éteres

Os éteres se assemelham aos hidrocarbonetos em sua resistência à reação química. Por exemplo, eles não reagem com agentes oxidantes, como o dicromato de potássio. Do mesmo modo, não reagem com agentes redutores como o H₂, na presença de um metal como catalisador (Seção 12.6D). Além do mais, em temperaturas moderadas, a maior parte dos ácidos e bases não os afeta. Por causa de sua inércia geral à reação química e suas propriedades de solvente, os éteres são excelentes solventes para muitas reações orgânicas. Os éteres solventes mais importantes são o dietil-éter e o tetra-hidrofurano.

14.4 Quais são as estruturas, a nomenclatura e as propriedades dos tióis?

A. Estrutura

O grupo funcional do **tiol** é o **grupo —SH (sulfidrila)** ligado a um átomo de carbono tetraédrico. A Figura 14.6 mostra uma estrutura de Lewis e um modelo de esferas e bastões para o metanotiol, CH₃SH, o tiol mais simples.

Tiol Composto que contém um grupo —SH (sulfidrila) ligado a um átomo de carbono tetraédrico.

B. Nomenclatura

O grupo do enxofre análogo ao álcool é o tiol (*ti*, do grego: *theion*, enxofre) ou, na antiga literatura, **mercaptana**, que literalmente significa "que captura mercúrio". Os tióis reagem com Hg²⁺ em solução aquosa, formando sais de sulfeto como precipitados insolúveis. O tiofenol, C₆H₅SH, por exemplo, forma (C₆H₅S)₂Hg.

No sistema Iupac, a nomenclatura dos tióis é formada selecionando-se a cadeia carbônica mais longa que contém o grupo —SH como sendo o alcano principal. Para indicar que o composto é um tiol, adicione o sufixo *-tiol* ao nome do alcano principal. A cadeia principal é numerada na direção que der ao grupo —SH o número mais baixo.

Nomes comuns para tióis simples são derivados do nome do grupo alquila ligado ao —SH, adicionando-se a palavra *mercaptana*.

CH₃CH₂SH
Etanotiol
(Etilmercaptana)

CH₃
|
CH₃CHCH₂SH
2-metil-1-propanotiol
(Isobutilmercaptana)

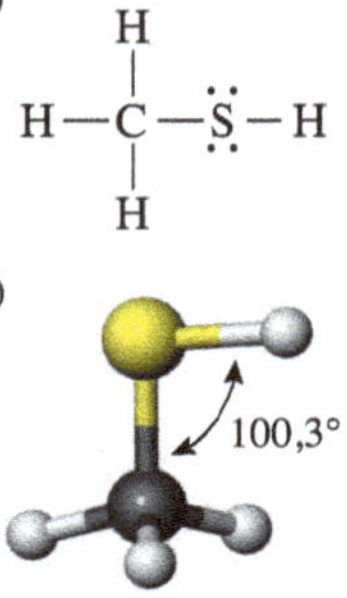

FIGURA 14.6 Metanotiol, CH₃SH. (a) Estrutura de Lewis e (b) modelo de esferas e bastões. O ângulo da ligação H—S—C é de 100,3°, um pouco menor que o ângulo tetraédrico de 109,5°.

Mercaptana Nome comum para qualquer molécula que contém um grupo —SH.

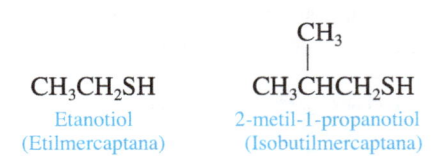

Exemplo 14.7 Nomes sistemáticos dos tióis

Escreva o nome Iupac para cada um dos tióis.

(a)  ~~~SH (b) 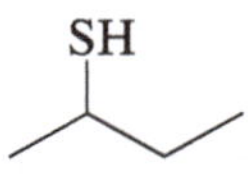 estrutura com SH

Estratégia

Para derivar o nome Iupac de um tiol, selecione como alcano principal a cadeia carbônica mais longa que contém o grupo —SH. Mostre que o composto é um tiol adicionando o sufixo -*tiol* ao nome do alcano principal. Numere a cadeia principal na direção que der ao grupo —SH o número mais baixo.

Solução

(a) O alcano principal é o pentano. Mostre a presença do grupo —SH adicionando "tiol" ao nome do alcano principal. O nome Iupac desse tiol é 1-pentanotiol. Seu nome comum é pentilmercaptana.

(b) O alcano principal é o butano. O nome Iupac desse tiol é 2-butanotiol. Seu nome comum é *sec*-butilmercaptana.

Problema 14.7

Escreva o nome Iupac para cada um dos tióis.

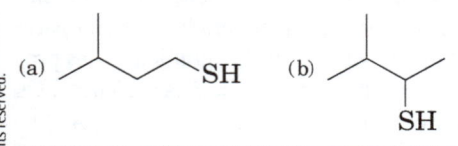

O cheiro exalado pelo gambá é uma mistura de dois tióis: 2-buteno-1-tiol e 3-metil-1-butanotiol.

A propriedade mais notável dos **tióis** de baixa massa molecular é seu mau cheiro. São eles os responsáveis pelos odores desagradáveis dos gambás, ovos podres e esgotos. O cheiro dos gambás deve-se principalmente a dois tióis:

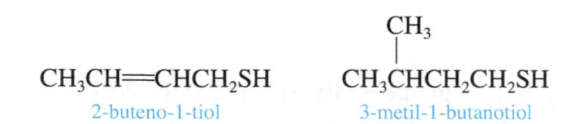

$$CH_3CH\!=\!CHCH_2SH \qquad CH_3\overset{\overset{\displaystyle CH_3}{|}}{C}HCH_2CH_2SH$$

2-buteno-1-tiol   3-metil-1-butanotiol

C. Propriedades físicas

Por causa da pequena diferença de eletronegatividade entre o enxofre e o hidrogênio (2,5 − 2,1 = 0,4), classificamos a ligação S—H como covalente apolar. Em razão da falta de polaridade, os tióis demonstram pequena associação por ligação de hidrogênio. Consequentemente, eles têm pontos de ebulição mais baixos e são menos solúveis em água e em outros solventes polares que os alcoóis de massa molecular semelhante. A Tabela 14.2 fornece os pontos de ebulição de três tióis de baixa massa molecular. Para fins de comparação, são mostrados os pontos de ebulição de alcoóis com mesmo número de carbonos.

Anteriormente ilustramos a importância da ligação de hidrogênio em alcoóis comparando os pontos de ebulição do etanol (78 °C) e de seu isômero constitucional, o dimetil-éter (−24 °C). Por contraste, o ponto de ebulição do etanotiol é 35 °C e de seu isômero constitucional, o sulfeto de dimetila, é 37 °C. Como os pontos de ebulição desses isômeros constitucionais são quase idênticos, sabemos que pouca ou nenhuma associação por ligação de hidrogênio ocorre entre moléculas de tiol.

$$CH_3CH_2SH \qquad CH_3SCH_3$$

Etanotiol   Sulfeto de dimetila
p.e. 35 °C   p.e. 37 °C

D. Reações de tióis

Tióis são ácidos fracos (pK_a = 10) comparáveis em força aos fenóis (Seção 13.4B). Os tióis reagem com bases fortes como NaOH para formar sais de tiolato.

$$CH_3CH_2SH + NaOH \xrightarrow{H_2O} CH_3CH_2S^-Na^+ + H_2O$$

Etanotiol   Etanotiolato
(pK_a 10)   de sódio

TABELA 14.2 Pontos de ebulição de três tióis e alcoóis com o mesmo número de átomos de carbono

Tiol	Ponto de ebulição (°C)	Álcool	Ponto de ebulição (°C)
Metanotiol	6	Metanol	65
Etanotiol	35	Etanol	78
1-butanotiol	98	1-butanol	117

A reação mais comum dos tióis em sistemas biológicos é a oxidação formando dissulfetos, cujo grupo funcional é uma ligação **dissulfeto** (—S—S—). Os tióis são prontamente oxidados a dissulfetos por oxigênio molecular. De fato, são tão suscetíveis à oxidação que devem ser protegidos do contato com o ar durante a armazenagem. Os dissulfetos, por sua vez, são facilmente reduzidos a tióis por vários agentes redutores. Essa fácil interconversão entre tióis e dissulfetos é muito importante na química das proteínas, como vamos ver nos Capítulos 22 e 23.

Dissulfeto Composto que contém um grupo (—S—S—).

$$2HOCH_2CH_2SH \underset{\text{redução}}{\overset{\text{oxidação}}{\rightleftharpoons}} HOCH_2CH_2S—SCH_2CH_2OH$$

Tiol   Dissulfeto

Para formar o nome comum de um dissulfeto, liste os nomes dos grupos ligados ao enxofre antecedidos pela palavra *dissulfeto*.

14.5 Quais são os alcoóis comercialmente mais importantes?

Ao estudar os alcoóis descritos nesta seção, você deverá prestar atenção a duas questões fundamentais. Primeiro, que eles são derivados quase que totalmente de petróleo, gás natural ou carvão – fontes, todas elas, não renováveis. Segundo, que muitos deles são materiais de partida para a síntese de valiosos produtos comerciais, sem os quais nossa moderna sociedade industrial não poderia existir.

Houve época em que o **metanol** era obtido pelo aquecimento de madeira acompanhado de um limitado suplemento de ar – daí o nome "álcool da madeira". Hoje o metanol é obtido da redução catalítica do monóxido de carbono. O metanol, por sua vez, é o material de partida na preparação de várias substâncias químicas de importância industrial e comercial, incluindo o ácido acético e o formaldeído. O tratamento do metanol com monóxido de carbono, na presença de ródio como catalisador, forma ácido acético. A oxidação parcial do metanol produz o formaldeído. Uma importante utilização desse aldeído de um só carbono é na preparação de fenoformaldeído e de colas e resinas à base de ureia-formaldeído, usadas como material de moldagem e como aderentes em madeira compensada e em chapa aglomerada para a indústria da construção.

$$\text{Carvão ou metanol} \xrightarrow{[O]} \underset{\substack{\text{Monóxido}\\\text{de carbono}}}{CO} \xrightarrow{2H_2} \underset{\text{Metanol}}{CH_3OH} \begin{cases} \xrightarrow[\text{catalisador}]{CO} \underset{\text{Ácido acético}}{CH_3COOH} \\ \xrightarrow[\text{oxidação}]{O_2} \underset{\text{Formaldeído}}{CH_2O} \end{cases}$$

A maior parte do **etanol** produzido no mundo é preparada por hidratação do etileno catalisada por ácido. O etileno, por sua vez, é derivado do craqueamento do etano separado do gás natural (Seção 11.4). O etanol também é produzido por fermentação de carboidratos de origem vegetal, especialmente milho e melaço. A maior parte do etanol derivado da fermentação é usada como aditivo "oxigenado" para produzir E85, que é uma gasolina com 85% de etanol. A combustão do E85 produz menos poluição no ar que a combustão da gasolina em si.

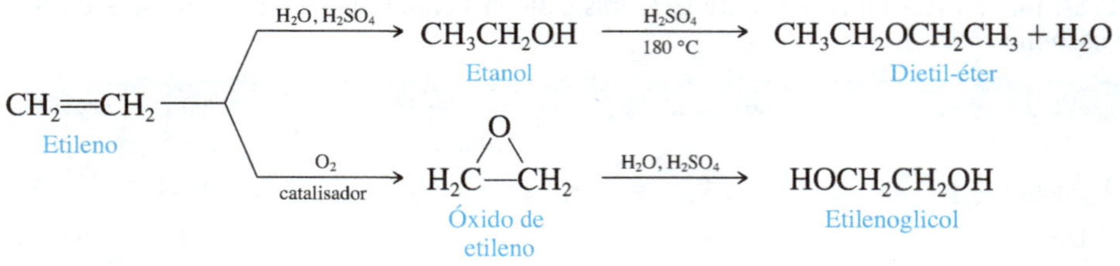

$$CH_2=CH_2 \xrightarrow{H_2O, H_2SO_4} \underset{\text{Etanol}}{CH_3CH_2OH} \xrightarrow[180\,°C]{H_2SO_4} \underset{\text{Dietil-éter}}{CH_3CH_2OCH_2CH_3} + H_2O$$

$$CH_2=CH_2 \xrightarrow[\text{catalisador}]{O_2} \underset{\substack{\text{Óxido de}\\\text{etileno}}}{H_2C\overset{O}{-}CH_2} \xrightarrow{H_2O, H_2SO_4} \underset{\text{Etilenoglicol}}{HOCH_2CH_2OH}$$

A desidratação do etanol, catalisado por ácido, produz **dietil-éter**, um importante solvente usado na indústria e em laboratório. O etileno também é o material de partida na preparação do **óxido de etileno**. Esse composto é de pouco uso direto, mas sua relevância está em seu papel como intermediário na produção de **etilenoglicol**, um importante componente dos anticongelantes usados nos automóveis. O etilenoglicol congela a −12 °C e entra em ebulição a 199 °C, o que o torna ideal para esse propósito. Além disso, a reação de etilenoglicol com o metil-éster do ácido tereftálico forma o polímero politereftalato de etileno, abreviado como PET ou PETE (Seção 19.6B). O etilenoglicol também é usado como solvente na indústria de tintas e plásticos, e na formulação de tintas para impressoras, carimbos e canetas esferográficas.

O **álcool isopropílico**, usado para fricção, é feito a partir da hidratação, catalisada por ácido, do propeno. Também é utilizado em loções para as mãos, loções pós-barba e cosméticos similares. Um processo em várias etapas converte o propeno em epicloridrina, um dos componentes fundamentais das colas e resinas à base de epóxi.

A **glicerina** é um subproduto da fabricação de sabões por saponificação de gordura animal e óleos tropicais (Seção 21.3). A maior parte da glicerina usada para fins industriais e comerciais, porém, é preparada a partir do propeno. Talvez o uso mais conhecido da glicerina seja na fabricação de nitroglicerina. A glicerina também é usada como emoliente em produtos para a pele e cosméticos, em sabões líquidos e tintas para impressão.

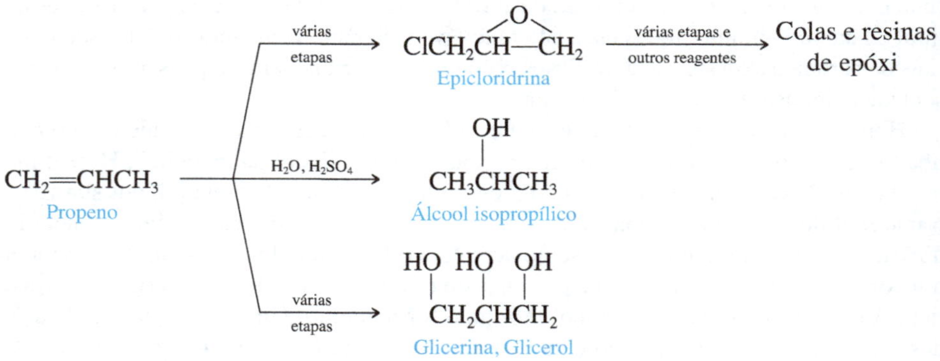

$$CH_2=CHCH_3 \text{ (Propeno)}$$

várias etapas → ClCH₂CH—CH₂ (Epicloridrina) → várias etapas e outros reagentes → Colas e resinas de epóxi

H₂O, H₂SO₄ → CH₃CH(OH)CH₃ (Álcool isopropílico)

várias etapas → CH₂(OH)CH(OH)CH₂(OH) (Glicerina, Glicerol)

Resumo das questões-chave

Seção 14.1 Quais são as estruturas, a nomenclatura e as propriedades físicas dos alcoóis?

- O grupo funcional do **álcool** é o grupo **–OH (hidroxila)** ligado a um átomo de carbono tetraédrico.
- O nome Iupac de um álcool é formado substituindo a terminação -o do alcano principal por -ol. A cadeia principal é numerada a partir da extremidade que der ao carbono do grupo —OH o número mais baixo.
- O nome comum de um álcool é formado pelo nome do grupo alquila ligado ao grupo —OH antecedido da palavra "álcool".

- Os alcoóis são classificados como **1º**, **2º** ou **3º**, dependendo do número de grupos carbônicos ligados ao carbono do grupo —OH.
- Compostos que contêm grupos hidroxila em carbonos adjacentes são chamados **glicóis**.
- Os alcoóis são compostos polares em que o oxigênio apresenta uma carga parcial negativa, e tanto o carbono como o hidrogênio a ele ligados apresentam cargas parciais positivas. Os alcoóis se associam no estado líquido, formando **ligações de hidrogênio**. Consequentemente, seus pontos de ebulição são mais altos que os de hidrocarbonetos de massa molecular semelhante.

- O grupo funcional do **éter** é um átomo de oxigênio ligado a dois átomos de carbono.
- Por causa do aumento nas forças de dispersão de London, os pontos de ebulição dos alcoóis aumentam à medida que aumenta a massa molecular.
- Os alcoóis interagem com a água via ligação de hidrogênio e são mais solúveis em água que os hidrocarbonetos de massa molecular semelhante.
- Os alcoóis têm aproximadamente os mesmos valores de pK_a da água pura. Por essa razão, soluções aquosas de alcoóis têm o mesmo pH da água pura.

Seção 14.3 Quais são as estruturas, a nomenclatura e as propriedades dos éteres?

- Os nomes comuns dos éteres são formados pelos nomes dos dois grupos ligados ao oxigênio antecedidos pela palavra "éter".
- Em um **éter cíclico**, o oxigênio é um dos átomos do anel.
- Os éteres são compostos de polaridade fraca. Seus pontos de ebulição estão próximos dos de hidrocarbonetos de massa molecular semelhante.
- Como os éteres formam ligações de hidrogênio com a água, são mais solúveis em água que os hidrocarbonetos de massa molecular semelhante.

Seção 14.4 Quais são as estruturas, a nomenclatura e as propriedades dos tióis?

- O **tiol** contém um grupo —SH (**sulfidrila**).
- A nomenclatura dos tióis é semelhante à dos alcoóis, mas conserva o sufixo *-o* do alcano principal e adiciona *-tiol*.
- Os nomes comuns dos tióis são formados com o nome do grupo alquila ligado ao —SH e acrescentando a palavra "**mercaptana**".
- A ligação S—H é apolar, e as propriedades físicas dos tióis assemelham-se às dos hidrocarbonetos de massa molecular similar.

Resumo das reações fundamentais

1. **Desidratação de álcool catalisada por ácido (Seção 14.2B)** Quando alcenos isoméricos são possíveis, o produto principal geralmente é o alceno mais substituído.

$$CH_3CH_2\underset{\underset{OH}{|}}{CH}CH_3 \xrightarrow[\text{calor}]{H_3PO_4} \underset{\text{Produto principal}}{CH_3CH=CHCH_3} + CH_3CH_2CH=CH_2 + H_2O$$

2. **Oxidação de álcool primário (Seção 14.2C)** **Problema 14.31** A oxidação de um álcool primário pelo dicromato de potássio forma um aldeído ou um ácido carboxílico, o que dependerá das condições experimentais.

$$CH_3(CH_2)_6CH_2OH \xrightarrow[H_2SO_4]{K_2Cr_2O_7} CH_3(CH_2)_6\overset{O}{\overset{\|}{C}}H$$

$$\xrightarrow[H_2SO_4]{K_2Cr_2O_7} CH_3(CH_2)_6\overset{O}{\overset{\|}{C}}OH$$

3. **Oxidação de álcool secundário (Seção 14.2C)** A oxidação de um álcool secundário pelo dicromato de potássio forma uma cetona.

$$CH_3(CH_2)_4\underset{\underset{OH}{|}}{CH}CH_3 \xrightarrow[H_2SO_4]{K_2Cr_2O_7} CH_3(CH_2)_4\overset{O}{\overset{\|}{C}}CH_3$$

4. **Acidez dos tióis (Seção 14.4D)** Os tióis são ácidos fracos, com valores de pK_a em torno de 10. Eles reagem com bases fortes, formando sais tiolatos solúveis em água.

$$\underset{\underset{(pK_a\ 10)}{\text{Etanotiol}}}{CH_3CH_2SH} + NaOH \xrightarrow{H_2O} \underset{\underset{\text{de sódio}}{\text{Etanotiolato}}}{CH_3CH_2S^-Na^+} + H_2O$$

5. **Oxidação de tiol formando dissulfeto (Seção 14.4D)** A oxidação de um tiol forma um dissulfeto. A redução de um dissulfeto forma dois tióis.

$$\underset{\text{Tiol}}{2HOCH_2CH_2SH} \underset{\text{redução}}{\overset{\text{oxidação}}{\rightleftharpoons}} \underset{\text{Dissulfeto}}{HOCH_2CH_2S-SCH_2CH_2OH}$$

Problemas

Seção 14.1 Quais são as estruturas, a nomenclatura e as propriedades físicas dos alcoóis?

14.8 Indique se a afirmação é verdadeira ou falsa.
(a) O grupo funcional do álcool é o grupo —OH (hidroxila).
(b) O nome principal de um álcool é o nome da cadeia carbônica mais longa que contém o grupo —OH.
(c) O álcool primário contém um grupo —OH, e o álcool terciário, três grupos —OH.
(d) No sistema Iupac, a presença de três grupos —OH é indicada pela terminação *-triol*.
(e) O glicol é um composto que contém dois grupos —OH. O glicol mais simples é o etilenoglicol, $HOCH_2CH_2$—OH.

(f) Por causa da presença de um grupo —OH, todos os alcoóis são compostos polares.
(g) Os pontos de ebulição dos alcoóis aumentam com a elevação da massa molecular.
(h) A solubilidade dos alcoóis em água aumenta à medida que aumenta a massa molecular.

14.9 Qual é a diferença estrutural entre álcool primário, secundário e terciário?

14.10 Escreva o nome Iupac de cada um destes compostos.

(a), (b), (c), (d), (e), (f) [estruturas]

14.11 Desenhe uma fórmula estrutural para cada um dos alcoóis.
(a) Álcool isopropílico
(b) Propilenoglicol
(c) 5-metil-2-hexanol
(d) 2-metil-2-propil-1,3-propanodiol
(e) 1-octanol
(f) 3,3-dimetilcicloexanol

14.12 Tanto os alcoóis como os fenóis contêm um grupo —OH. Que aspecto estrutural distingue essas duas classes de compostos? Ilustre a sua resposta desenhando as fórmulas estruturais de um fenol com seis átomos de carbono e um álcool com seis átomos de carbono.

14.13 Dê o nome dos grupos funcionais em cada um dos compostos.

(a) Prednisona (esteroide anti-inflamatório sintético)

(b) Estradiol (hormônio feminino; Seção 21.10)

14.14 Explique, em termos de interações não covalentes, por que os alcoóis de baixa massa molecular são solúveis em água, mas os alcanos e alcinos de baixa massa molecular não.

14.15 Explique, em termos de interações não covalentes, por que os alcoóis de baixa massa molecular são mais solúveis em água que os éteres de baixa massa molecular.

14.16 Por que a solubilidade em água de alcoóis de baixa massa molecular diminui à medida que a massa molecular aumenta?

14.17 Mostre a ligação de hidrogênio entre metanol e água nos seguintes exemplos.
(a) Entre o oxigênio do metanol e um hidrogênio da água.
(b) Entre o hidrogênio do grupo OH do metanol e o oxigênio da água.

14.18 Mostre a ligação de hidrogênio entre o oxigênio do dietil-éter e um dos hidrogênios da água.

14.19 Coloque os seguintes compostos em ordem crescente de ponto de ebulição. Os valores em °C são −42, 78, 117 e 198.
(a) $CH_3CH_2CH_2CH_2OH$
(b) CH_3CH_2OH
(c) $HOCH_2CH_2OH$
(d) $CH_3CH_2CH_3$

14.20 Coloque os seguintes compostos em ordem crescente de ponto de ebulição. Os valores em °C são 0, 35 e 97.
(a) $CH_3CH_2CH_2OH$
(b) $CH_3CH_2OCH_2CH_3$
(c) $CH_3CH_2CH_2CH_3$

14.21 Explique por que o glicerol é muito mais espesso (mais viscoso) que o etilenoglicol, que, por sua vez, é mais espesso que o etanol.

14.22 Selecione, de cada par, o composto mais solúvel em água.

(a) CH_3OH ou CH_3OCH_3

(b) $CH_3\overset{OH}{\underset{|}{C}}HCH_3$ ou $CH_3\overset{CH_2}{\underset{||}{C}}CH_3$

(c) $CH_3CH_2CH_2SH$ ou $CH_3CH_2CH_2OH$

14.23 Coloque os compostos de cada grupo em ordem decrescente de solubilidade em água.
(a) Etanol, butano e dietil-éter
(b) 1-hexanol, 1,2-hexanodiol e hexano

Síntese de alcoóis (rever Capítulo 12)

14.24 Dê a fórmula estrutural do alceno, ou alcenos, a partir do qual se pode preparar cada um destes alcoóis.
(a) 2-butanol
(b) 1-metilcicloexanol
(c) 3-hexanol
(d) 2-metil-2-pentanol
(e) Ciclopentanol

Seção 14.2 Quais são as reações características dos alcoóis?

14.25 Indique se a afirmação é verdadeira ou falsa.
   (a) As duas reações mais importantes dos alcoóis são a desidratação catalisada por ácido, formando alcenos, e a oxidação, formando aldeídos, cetonas e ácidos carboxílicos.
   (b) A acidez dos alcoóis é comparável à da água.
   (c) Alcoóis insolúveis em água e fenóis insolúveis em água reagem com bases fortes, formando sais solúveis em água.
   (d) A desidratação do cicloexanol, catalisada por ácido, forma o cicloexano.
   (e) Quando a desidratação, catalisada por ácido, de um alceno pode produzir alcenos isoméricos, geralmente predomina o alceno com o maior número de hidrogênios nos carbonos da ligação dupla.
   (f) A desidratação, catalisada por ácido, do 2-butanol forma predominantemente o 1-buteno.
   (g) A oxidação de um álcool primário forma um aldeído ou um ácido carboxílico, o que vai depender das condições experimentais.
   (h) A oxidação de um álcool secundário forma um ácido carboxílico.
   (i) O ácido acético, CH_3COOH, pode ser preparado a partir do etileno, $CH_2\!\!=\!\!CH_2$, por tratamento deste com H_2O/H_2SO_4, seguido de tratamento com $K_2Cr_2O_7/H_2SO_4$.
   (j) O tratamento de propeno, $CH_3CH\!\!=\!\!CH_2$, com H_2O/H_2SO_4, seguido de tratamento com $K_2Cr_2O_7/H_2SO_4$, forma ácido propanoico, CH_3CH_2COOH.

14.26 Mostre como se pode distinguir cicloexanol de cicloexeno mediante um simples teste químico. Indique o que você faria, o que esperaria ver e como interpretaria sua observação.

14.27 Compare a acidez de alcoóis e fenóis, ambos de classes de compostos orgânicos que contêm um grupo —OH.

14.28 Tanto o 2,6-di-isopropilcicloexanol como o anestésico intravenoso Propofol são insolúveis em água. Mostre como se podem distinguir esses dois compostos por sua reação com hidróxido de sódio aquoso.

2,6-di-isopropilcicloexanol   2,6-di-isopropilfenol
                                (Propofol)

14.29 Escreva equações para a reação do 1-butanol, um álcool primário, com os seguintes reagentes:
   (a) H_2SO_4, calor
   (b) $K_2Cr_2O_7$, H_2SO_4

14.30 Escreva equações para a reação do 2-butanol com os seguintes reagentes:
   (a) H_2SO_4, calor
   (b) $K_2Cr_2O_7$, H_2SO_4

14.31 Escreva equações para a reação de cada um dos seguintes compostos com $K_2Cr_2O_7/H_2SO_4$.
   (a) 1-octanol
   (b) 1,4-butanodiol

14.32 Mostre como converter o cicloexanol nos seguintes compostos:
   (a) Cicloexeno
   (b) Cicloexano
   (c) Cicloexanona
   (d) Bromocicloexano

14.33 Mostre os reagentes e as condições experimentais para sintetizar cada um destes compostos a partir do 1-propanol.

14.34 Dê o nome de dois alcoóis importantes derivados do etileno e cite, para cada um deles, duas importantes utilizações.

14.35 Dê o nome de dois alcoóis importantes derivados do propeno e cite, para cada um deles, duas importantes utilizações.

Seção 14.3 Quais são as estruturas, a nomenclatura e as propriedades dos éteres?

14.36 Indique se a afirmação é verdadeira ou falsa.
   (a) O etanol e o dimetil-éter são isômeros constitucionais.
   (b) A solubilidade de éteres de baixa massa molecular em água é comparável à solubilidade em água de alcoóis de baixa massa molecular.
   (c) Os éteres estão sujeitos a muitas das mesmas reações dos alcoóis.

14.37 Escreva o nome comum para cada um destes éteres.

(a) [ciclopentil-O-ciclopentil]   (b) $[CH_3(CH_2)_4]_2O$

(c) $CH_3\underset{CH_3}{\overset{\,}{C}}HO\underset{\,}{\overset{CH_3}{C}}HCH_3$

Seção 14.4 Quais são as estruturas, a nomenclatura e as propriedades dos tióis?

14.38 Indique se a afirmação é verdadeira ou falsa.

(a) O grupo funcional dos tióis é o grupo —SH (sulfidrila).
(b) O nome principal de um tiol é o nome da cadeia carbônica mais longa que contém o grupo —SH.
(c) A ligação S—H é covalente apolar.
(d) A acidez do etanotiol é comparável à do fenol.
(e) Tanto os fenóis quanto os tióis são classificados como ácidos fracos.
(f) A reação biológica mais comum dos tióis é a oxidação para formar dissulfetos.
(g) O grupo funcional do dissulfeto é o grupo —S—S—.
(h) A conversão de um tiol em um dissulfeto é uma reação de redução.

14.39 Escreva o nome Iupac para cada um dos tióis.

(a) $CH_3CH_2CHCH_3$ com SH
(b) $CH_3CH_2CH_2CH_2SH$
(c) ciclohexil-SH

14.40 Escreva o nome comum de cada um dos tióis do Problema 14.45.

14.41 A seguir, apresentam-se fórmulas estruturais para 1-butanol e 1-butanotiol. Um desses compostos tem ponto de ebulição de 98 °C, e o outro, de 117 °C. Atribua a cada um deles o ponto de ebulição apropriado.

$CH_3CH_2CH_2CH_2OH$ $CH_3CH_2CH_2CH_2SH$
1-butanol   1-butanotiol

14.42 Explique por que o metanotiol, CH_3SH, tem ponto de ebulição (6° C) menor que o do metanol, CH_3OH (65 °C), mesmo o metanotiol tendo massa molecular mais alta.

Seção 14.5 Quais são os alcoóis comercialmente mais importantes?

14.43 Indique se a afirmação é verdadeira ou falsa.
(a) Hoje as principais fontes de carbono para a síntese de metanol são o carvão e o metano (gás natural), ambos recursos não renováveis.
(b) Hoje as principais fontes de carbono para a síntese do etanol são o petróleo e o gás natural, ambos recursos não renováveis.
(c) A desidratação intermolecular, catalisada por ácido, do etanol forma o dietil-éter.
(d) A conversão de etileno em etilenoglicol envolve a oxidação a óxido de etileno, seguida de hidratação catalisada por ácido (adição de água), formando óxido de etileno.
(e) O etilenoglicol é solúvel em água em todas as proporções.
(f) Uma importante utilização do etilenoglicol é como anticongelante para automóveis.

Conexões químicas

14.44 (Conexões químicas 14A) Quando foi descoberta a nitroglicerina? Essa substância é um sólido, líquido ou gás?

14.45 (Conexões químicas 14A) Que descoberta de Alfred Nobel tornou o manuseio da nitroglicerina mais seguro?

14.46 (Conexões químicas 14A) Qual é a relação entre o uso medicinal da nitroglicerina para aliviar dores agudas no peito (angina) associadas a doenças coronárias e o gás óxido nítrico, NO?

14.47 (Conexões químicas 14B) Qual é a cor do íon dicromato, $Cr_2O_7^{2-}$? Qual é a cor do íon crômio (III), Cr^{3+}? Explique como a conversão de um em outro é usada no teste de rastreamento de álcool na expiração.

14.48 (Conexões químicas 14B) A definição legal de estar sob a influência do álcool baseia-se no conteúdo de álcool no sangue. Qual é a relação entre o conteúdo de álcool na expiração e o conteúdo de álcool no sangue?

14.49 (Conexões químicas 14C) O que significa dizer que o óxido de etileno é uma molécula altamente tensionada?

14.50 (Conexões química 14D) Quais são as vantagens e desvantagens de usar o dietil-éter como anestésico?

14.51 (Conexões químicas 14D) Mostre que o enflurano e o isoflurano são isômeros constitucionais.

14.52 (Conexões químicas 14D) Você esperaria que o enflurano e o isoflurano fossem solúveis em água? E em solventes orgânicos como o hexano?

Problemas adicionais

14.53 Escreva uma equação balanceada para a combustão completa do etanol, o álcool adicionado à gasolina para produzir o E85.

14.54 Com o que você sabe sobre eletronegatividade, polaridade das ligações covalentes e ligação de hidrogênio, você esperaria que a ligação de hidrogênio N—H---N fosse mais forte, mais fraca ou da mesma intensidade que a ligação de hidrogênio O—H---O?

14.55 Desenhe as fórmulas estruturais e escreva os nomes Iupac para os oito alcoóis isoméricos de fórmula molecular $C_5H_{12}O$.

14.56 Desenhe as fórmulas estruturais e escreva os nomes comuns para os seis éteres isoméricos de fórmula molecular $C_5H_{12}O$.

14.57 Explique por que o ponto de ebulição do etilenoglicol (198 °C) é tão mais alto que o do 1-propanol (97 °C), mesmo que suas massas moleculares sejam aproximadamente as mesmas.

14.58 O 1,4-butanodiol, o hexano e o 1-pentanol têm massas moleculares semelhantes. Seus pontos de ebulição, em ordem crescente, são 69 °C, 138 °C e 230 °C. Atribua esses pontos de ebulição aos seus respectivos compostos.

14.59 Dos três compostos apresentados no Problema 14.61, um deles é insolúvel em água, um tem solubilidade de 2,3 g/100 de água, e o outro é infinitamente solúvel em água. Atribua cada uma dessas solubilidades a seu respectivo composto.

14.60 Cada um dos seguintes compostos é um solvente orgânico comum. De cada par de compostos, selecione o solvente de maior solubilidade em água.
(a) CH_2Cl_2 ou CH_3CH_2OH
(b) $CH_3CH_2OCH_2CH_3$ ou CH_3CH_2OH

14.61 Mostre como se prepara cada um destes compostos a partir do 2-metil-1-propanol.
(a) 2-metilpropeno
(b) 2-metil-2-propanol
(c) Ácido 2-metilpropanoico, $(CH_3)_2CHCOOH$

14.62 Mostre como se prepara cada um destes compostos a partir do 2-metilcicloexanol.

(a) [cicloexanona com CH_3 na posição 2]
(b) [cicloexeno com CH_3]
(c) [cicloexanol com CH_3 no mesmo carbono que OH]
(d) [metilcicloexano]

Antecipando

14.63 A seguir, apresentamos uma fórmula estrutural do aminoácido cisteína:

$$HS-CH_2-\underset{\underset{NH_2}{|}}{CH}-\overset{\overset{O}{\|}}{C}-OH$$

(a) Dê o nome dos três grupos funcionais da cisteína.
(b) No corpo humano, a cisteína é oxidada à cistina, um dissulfeto. Desenhe uma fórmula estrutural para a cistina.

Quiralidade: a lateralidade das moléculas

15

Corte mediano na concha de um náutilo encontrado em águas profundas do Oceano Pacífico. A concha mostra lateralidade: esse corte é uma espiral orientada para a esquerda.

Questões-chave

15.1 O que é enantiomeria?
Como... Desenhar enantiômeros

15.2 Como se especifica a configuração do estereocentro?

15.3 Quantos estereoisômeros são possíveis para moléculas com dois ou mais estereocentros?

15.4 O que é atividade óptica e como a quiralidade é detectada em laboratório?

15.5 Qual é a importância da quiralidade no mundo biológico?

15.1 O que é enantiomeria?

Do Capítulo 11 ao 14, estudamos dois tipos de estereoisômeros: os isômeros *cis-trans* de certos cicloalcanos dissubstituídos e os alcenos apropriadamente substituídos. Lembremos que, nos estereoisômeros, os átomos têm a mesma conectividade, mas diferentes orientações espaciais.

cis-1,4-dimetilcicloexano e *trans*-1,4-dimetilcicloexano   *cis*-2-buteno e *trans*-2-buteno

Soluções em que o etanol é o solvente são chamadas tinturas.

[1] Também chamados de diasteroisômeros. (NRT)

[2] Os compostos de coordenação dos íons metálicos não foram abordados neste livro como uma classe particular de substâncias, porém são moléculas consideradas inorgânicas, e muitos destes compostos apresentam esta isomeria. Os compostos de coordenação dos íons metálicos são muito importantes em sistemas biológicos; um exemplo é o complexo ferro-heme que aparece em vários capítulos da parte de bioquímica (Introdução à bioquímica). (NRT)

FIGURA 15.1 Relações entre isômeros. Neste capítulo, vamos estudar enantiômeros e diastereômeros.

Neste capítulo, vamos estudar a relação entre objetos e suas **imagens especulares**, isto é, estudaremos estereoisômeros conhecidos como enantiômeros e diastereômeros.[1] A Figura 15.1 resume a relação entre esses isômeros e aqueles que estudamos nos capítulos de 11 a 14.

A importância dos enantiômeros está em que, com exceção dos compostos inorgânicos[2] e de alguns compostos orgânicos simples, a grande maioria das moléculas no mundo biológico apresenta esse tipo de isomeria. Além do mais, aproximadamente metade de todos os medicamentos usados para tratar seres humanos exibe essa propriedade. Como exemplo de enantiomeria, consideremos o 2-butanol. Enquanto tratamos dessa molécula, vamos focalizar o carbono 2, o carbono do grupo —OH. O que torna esse carbono interessante é o fato de possuir quatro grupos diferentes a ele ligados: CH_3, H, OH e CH_2CH_3.

$$\underset{\text{2-butanol}}{CH_3\overset{\overset{OH}{|}}{C}HCH_2CH_3}$$

Essa fórmula estrutural não mostra o formato tridimensional do 2-butanol ou a orientação de seus átomos no espaço. Para fazê-lo, devemos considerar a molécula como um objeto em três dimensões. À esquerda está o que vamos chamar de "molécula original" e um modelo de esferas e bastões. Neste desenho, os grupos —OH e —CH_3 estão no plano do papel, —H está atrás do plano (indicado por uma cunha descontínua), e o —CH_2CH_3, à frente (indicado por uma cunha contínua). No meio há um espelho. À direita, a **imagem especular** da molécula original e um modelo de esferas e bastões dessa imagem. Toda molécula – e, de fato, todo objeto a nosso redor – tem uma imagem especular.

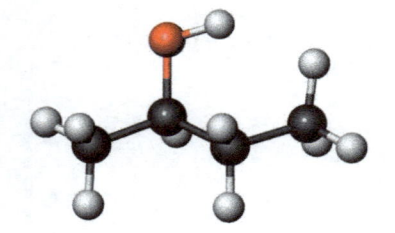

A pergunta que agora precisamos fazer é: "Qual é a relação entre a molécula original do 2-butanol e sua imagem especular?". Para responder a essa questão, devemos imaginar que podemos pegar essa imagem e movê-la no espaço tridimensional do jeito que quisermos. Se pudermos mover a imagem especular no espaço e constatar que ela se ajusta à molécula original, de modo que cada ligação, átomo e detalhe da imagem especular corresponda exatamente às ligações, aos átomos e aos detalhes da original, então as duas serão **sobreponíveis**. Em outras palavras, a imagem especular e a original representam a mesma molécula orientada de modo diferente no espaço. Se, porém, não importa quanto ela for girada no espaço, a imagem especular não se ajustar exatamente à imagem original, com a correspondência de cada detalhe, então as duas serão **não sobreponíveis**, ou seja, moléculas diferentes.

Os termos "sobreponível" e "superponível" significam a mesma coisa e ambos são aplicados com frequência.

Uma das maneiras de ver que a imagem do 2-butanol não é sobreponível à molécula original é ilustrada nos desenhos apresentados a seguir. Imagine que possamos segurar a imagem especular pela ligação C—OH e girar a parte de baixo da molécula em 180° em torno dessa ligação. O grupo —OH conserva sua posição no espaço, mas o grupo —CH₃, que estava à direita e no plano do papel, permanece nesse plano, mas agora está à esquerda. Do mesmo modo, o grupo —CH₂CH₃, que estava à frente do plano do papel e à esquerda, agora está atrás do plano e à direita.

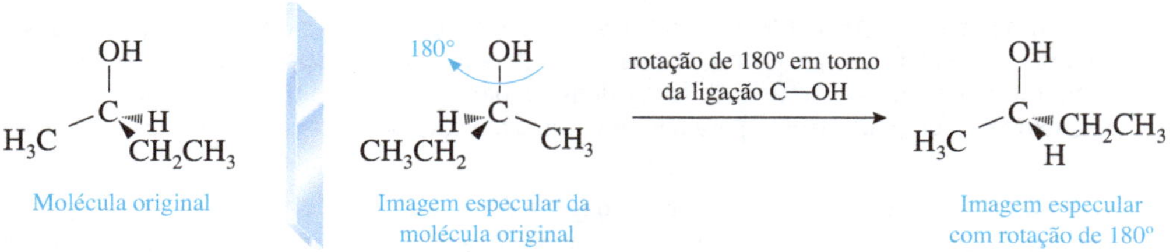

Movimente agora a imagem especular no espaço e tente ajustá-la à molécula original de modo que todas as ligações e átomos possam emparelhar.

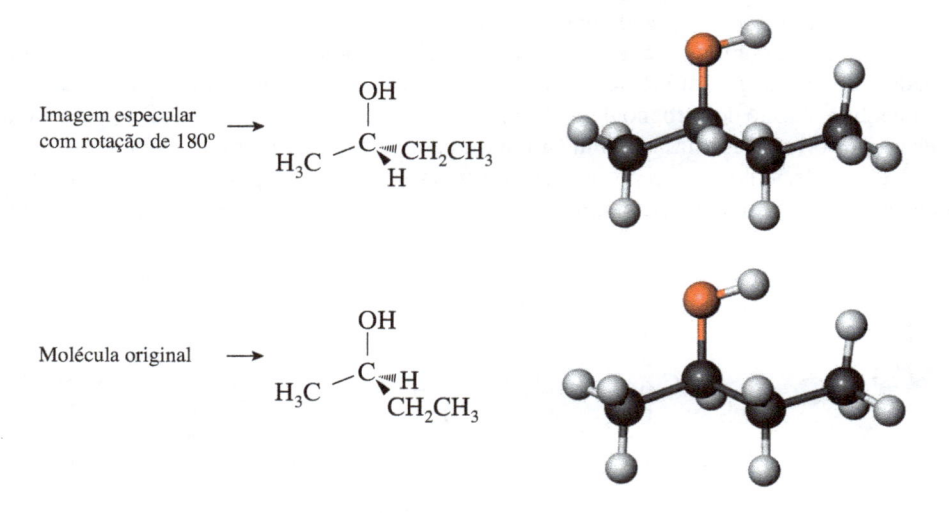

As espiras da rosca de uma broca ou de um parafuso giram em torno e ao longo do eixo da espiral, e algumas plantas crescem projetando gavinhas que assumem forma espiralada. O pedaço de broca que aparece na figura está orientado para a esquerda e a gavinha, para a direita.

Girando a imagem especular da maneira como fizemos, os grupos —OH e —CH₃ agora se ajustam exatamente sobre os grupos —OH e —CH₃ da molécula original. No entanto, os grupos —H e —CH₂CH₃ das duas moléculas não correspondem. Na original, o —H está atrás do plano, mas à frente na imagem especular; o grupo —CH₂CH₃ está à frente do plano no original, mas atrás na imagem especular. Concluímos que a molécula original do 2-butanol e sua imagem especular são não sobreponíveis e, portanto, são compostos diferentes.

Em suma, podemos girar e fazer a rotação da imagem especular do 2-butanol em qualquer direção do espaço, mas, contanto que nenhuma ligação seja rompida e rearranjada, vamos fazer coincidir, com a molécula original, apenas dois dos quatro grupos ligados ao carbono 2 da imagem especular. Como o 2-butanol e sua imagem especular não são sobreponíveis, eles são isômeros. Esse tipo de isômero é chamado **enantiômero**. Assim como as luvas, os enantiômeros ocorrem sempre em pares.

Enantiômeros Estereoisômeros que são imagens especulares não sobreponíveis; referem-se a uma relação entre pares de objetos.

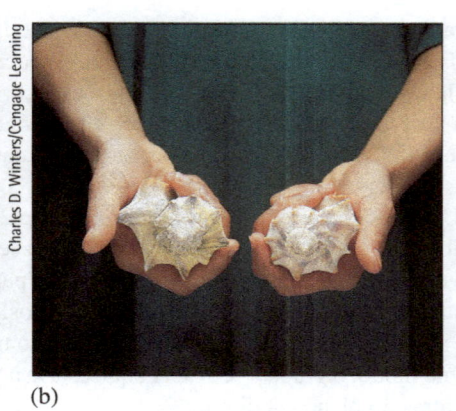

FIGURA 15.2 Imagens especulares. (a) Dois entalhes em madeira. As imagens especulares não podem ser sobrepostas no modelo real. Na imagem especular, o braço direito do homem repousa sobre a câmera, mas, na estatueta real, é o braço esquerdo do homem que repousa sobre a câmera. (b) Conchas do mar orientadas para a esquerda e para a direita. Se você segurar na palma da mão uma concha orientada para a direita, com o polegar apontando da extremidade mais estreita para a mais larga, a abertura vai estar à sua direita.

Quiral Do grego *cheir*, "mão"; objeto não sobreponível à sua imagem especular.

Objetos não sobreponíveis a suas imagens especulares são conhecidos como **quirais** (do grego *cheir*, "mão"), isto é, eles apresentam lateralidade. Encontramos quiralidade em objetos tridimensionais de todo tipo. Nossa mão esquerda é quiral, o mesmo acontecendo com a direita. Assim, as mãos apresentam uma relação enantiomérica. A espiral usada para encadernações é quiral. O parafuso de uma máquina, com orientação para a direita, é quiral. A hélice de um navio é quiral. À medida que examinamos os objetos a nosso redor, sem dúvida concluímos que a grande maioria é quiral.

A causa mais comum de enantiomeria em moléculas orgânicas é a presença de carbono ligado a quatro grupos diferentes. Consideremos por comparação o 2-propanol, que não tem nenhum átomo de carbono dessa natureza. Nessa molécula, o carbono 2 está ligado a três grupos diferentes, mas nenhum carbono está ligado a quatro grupos diferentes.

À esquerda, temos uma representação tridimensional do 2-propanol; à direita, sua imagem especular. Também são mostrados os modelos de esferas e bastões de cada molécula.

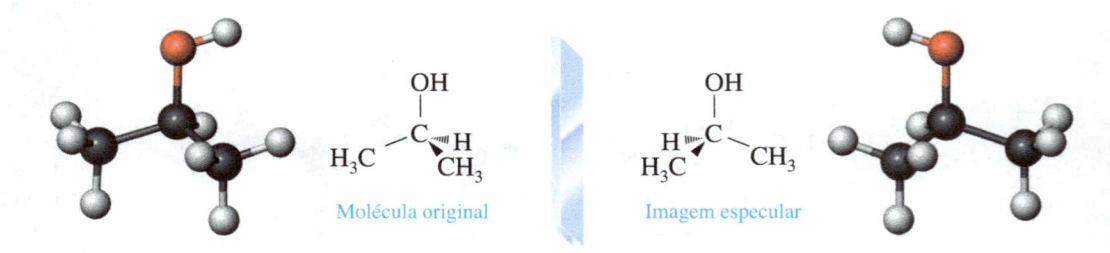

A pergunta que agora fazemos é: "Qual é a relação entre a imagem especular e o original?". Desta vez, vamos fazer a rotação da imagem especular em 120° em torno da ligação C—OH e comparar com o original. Depois de fazer essa rotação, vemos que os átomos e as ligações da imagem especular se ajustam exatamente ao original. Assim, as estruturas que desenhamos pela primeira vez para a molécula original e sua imagem especular são, de fato, a mesma molécula – apenas vistas de perspectivas diferentes (Figura 15.3).

FIGURA 15.3 A rotação de 120° da imagem especular em torno da ligação C—OH não altera a configuração do estereocentro, mas fica mais fácil ver que a imagem especular é sobreponível à molécula original.

Se um objeto e sua imagem especular são sobreponíveis, então eles são idênticos e a enantiomeria não é possível. Dizemos que tal objeto é **aquiral** (sem quiralidade), isto é, não tem lateralidade. Exemplos de objetos aquirais são uma xícara não decorada, um bastão de beisebol sem marcas, um tetraedro regular, um cubo e uma esfera.

Repetindo, a causa mais comum de quiralidade em moléculas orgânicas é um átomo de carbono ligado a quatro grupos diferentes. Esse carbono quiral é chamado **estereocentro**. O 2-butanol tem um estereocentro, e o 2-propanol não tem nenhum. Outro exemplo de molécula com estereocentro é o ácido 2-hidroxipropanoico, mais conhecido como ácido láctico, que é um produto da glicólise anaeróbica. (Ver Seção 28.2 e "Conexões químicas 28A".) É ele que dá ao creme azedo o gosto amargo.

A Figura 15.4 mostra representações tridimensionais do ácido láctico e sua imagem especular. Nessas representações, todos os ângulos de ligação em torno do átomo de carbono central são de aproximadamente 109,5°, e suas quatro ligações são direcionadas para os vértices de um tetraedro regular. O ácido láctico apresenta enantiomeria ou quiralidade, isto é, a molécula original e sua imagem especular não são sobreponíveis, pois trata-se de compostos diferentes.

Aquiral Objeto que não apresenta quiralidade; objeto sobreponível à sua imagem especular.

Estereocentro Átomo de carbono tetraédrico ligado a quatro grupos diferentes.

Mistura racêmica Mistura de dois enantiômeros em quantidades iguais.

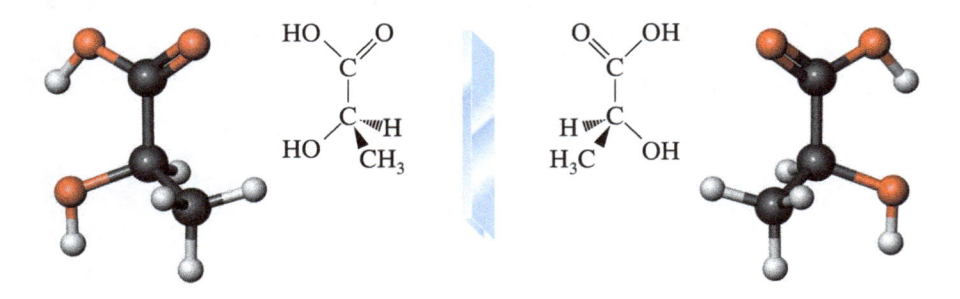

FIGURA 15.4 Representações tridimensionais do ácido láctico e sua imagem especular.

Uma mistura equimolar de dois enantiômeros é chamada **mistura racêmica**, uma expressão derivada de ácido racêmico (do latim *racemus*, "cacho de uvas"). O ácido racêmico é o nome original da mistura equimolar dos enantiômeros do ácido tartárico que se forma como subproduto durante a fermentação do suco de uva na produção de vinho.

Como...

Desenhar enantiômeros

Agora que sabemos o que são enantiômeros, podemos pensar em como representar suas estruturas tridimensionais em uma superfície bidimensional. Consideremos um dos enantiômeros do 2-butanol como exemplo. A seguir, temos um modelo molecular de um dos enantiômeros e quatro diferentes representações tridimensionais.

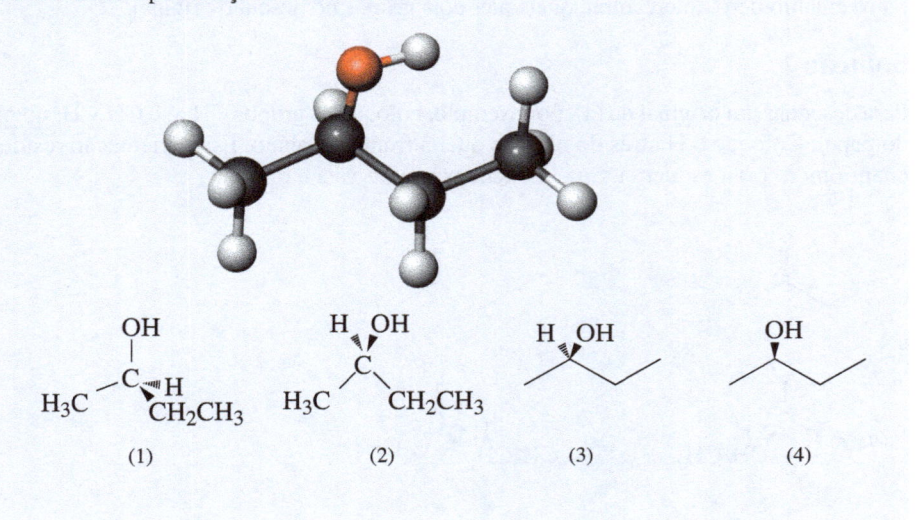

Em nossas discussões iniciais sobre o 2-butanol, usamos a representação (1) para mostrar a geometria tetraédrica do estereocentro. Nessa representação, dois grupos (OH e CH$_3$) estão no plano do papel, um (CH$_2$CH$_3$) está à frente desse plano, e o outro (H) está atrás do plano. Podemos girar um pouco no espaço a representação (1) e incliná-la de modo a colocar a estrutura do carbono no plano do papel. Ao fazê-lo, vamos ter a representação (2), em que ainda há dois grupos no plano do papel, um à frente e outro atrás.

Para uma representação ainda mais abreviada desse enantiômero do 2-butanol, podemos mudar a representação (2) para uma fórmula linha-ângulo (3). Embora os hidrogênios normalmente não apareçam na fórmula linha-ângulo, aqui eles são mostrados para lembrar que o quarto grupo no estereocentro de fato está lá e é o H. Finalmente, podemos seguir adiante com as abreviações e escrever o 2-butanol em uma fórmula linha-ângulo (4). Aqui vamos omitir o H no estereocentro, mas sabemos que ele deve estar lá (o carbono precisa de quatro ligações) e sabemos que deve estar atrás do plano do papel. É claro que as fórmulas abreviadas (3) e (4) são as mais fáceis de escrever, portanto, ao longo do livro, vamos usar esse tipo de representação.

Quando tentar escrever representações tridimensionais de estereocentros, procure manter a estrutura do carbono no plano do papel, e os outros dois átomos ou grupos de átomos, no estereocentro, à frente e atrás do plano do papel, respectivamente. Usando a representação (4) como modelo, obtemos as seguintes representações de sua imagem especular:

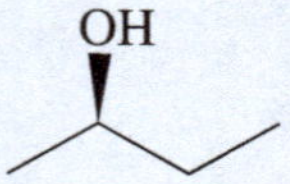

Enantiômero do 2-butanol

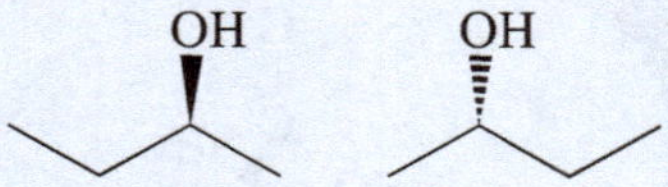

Representações alternativas de sua imagem especular

Exemplo 15.1 Desenhando imagens especulares

Cada uma das seguintes moléculas tem um estereocentro marcado por um asterisco. Desenhe representações tridimensionais para os enantiômeros de cada molécula.

(a)  CH$_3$*CHCH$_2$CH$_3$ (com Cl)

(b) 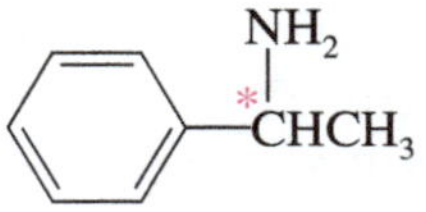 C$_6$H$_5$–*CHCH$_3$ (com NH$_2$)

Estratégia

Primeiro, desenhe o estereocentro do carbono mostrando a orientação tetraédrica de suas quatro ligações. Uma das maneiras de fazer isso é desenhar duas ligações no plano do papel, uma terceira à frente e a quarta atrás do plano. Em seguida, coloque nessas posições os quatro grupos ligados ao estereocentro. Isso completa o desenho de um enantiômero. Para desenhar o outro enantiômero, intercambie quaisquer dois grupos no desenho original.

Solução

Para desenhar um original de (a), por exemplo, coloque os grupos CH$_3$ e o CH$_2$CH$_3$ no plano do papel. Coloque o H atrás do plano e o Cl à frente do plano. Essa orientação resulta no enantiômero (a) à esquerda. Sua imagem especular está à direita.

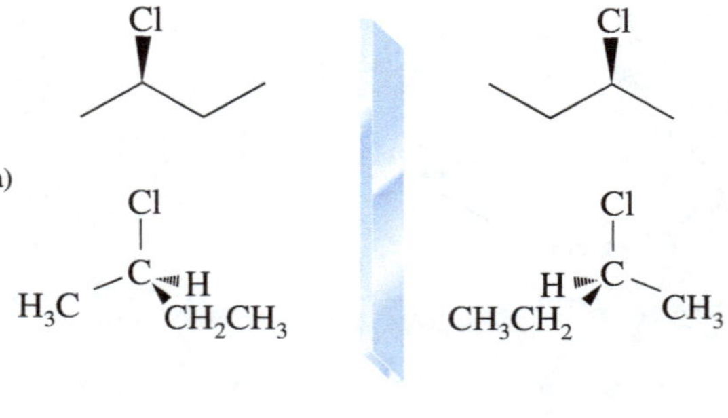

(b) 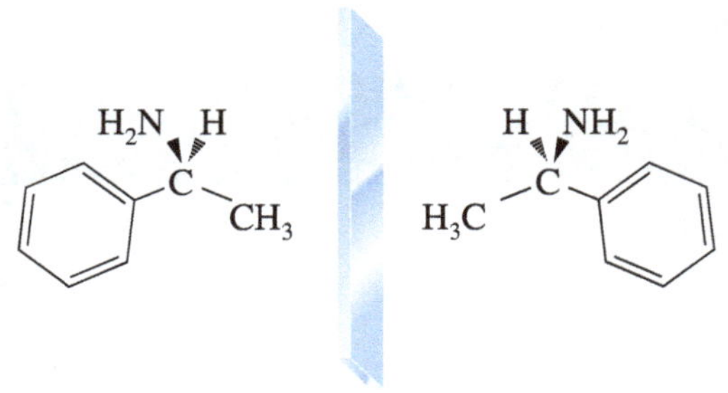 [estrutura química mostrando dois enantiômeros de feniletilamina com um espelho entre eles]

Problema 15.1

Cada uma das seguintes moléculas tem um estereocentro marcado por um asterisco. Desenhe representações tridimensionais para os enantiômeros de cada molécula.

(a) 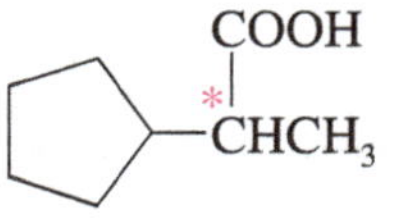 ciclopentil-*CHCH₃ com COOH

(b) 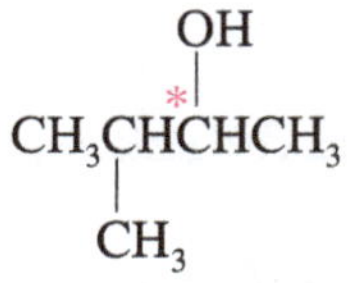 CH₃*CHCHCH₃ com OH no carbono estereocentro e CH₃ no carbono adjacente

15.2 Como se especifica a configuração do estereocentro?

Como os enantiômeros são compostos diferentes, cada um deve ter seu próprio nome. O fármaco ibuprofeno, por exemplo, apresenta enantiomeria e pode existir como o par de enantiômeros aqui mostrados:

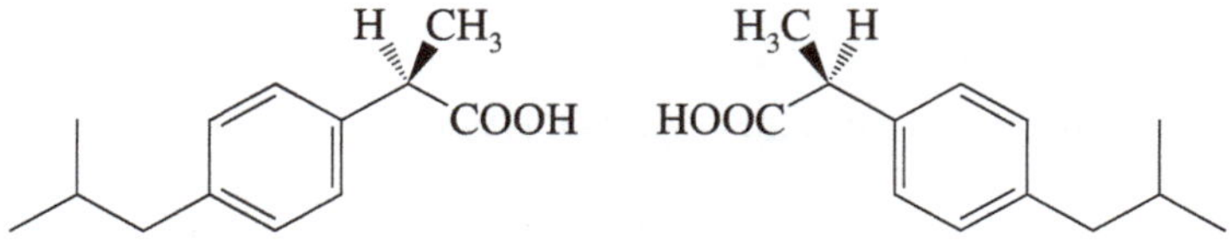

Enantiômero inativo do ibuprofeno   Enantiômero ativo do ibuprofeno

Apenas um enantiômero do ibuprofeno é biologicamente ativo e leva 12 minutos para atingir concentrações terapêuticas no organismo humano, enquanto a mistura racêmica leva aproximadamente 30 minutos. Nesse caso, porém, o enantiômero inativo não é desperdiçado. O organismo o converte no enantiômero ativo, mas o processo é demorado.

Precisamos de um sistema para identificar os enantiômeros do ibuprofeno (ou qualquer par de enantiômeros) sem ter de desenhar e indicar um ou outro dos enantiômeros. Para tanto, os químicos desenvolveram o **sistema *R,S***. O primeiro passo para atribuir uma configuração *R* ou *S* a um estereoisômero é dispor, em ordem de prioridade, os grupos a ele ligados. A prioridade baseia-se no número atômico: quanto mais alto for o número atômico, maior vai ser a prioridade. Se não puder atribuir uma prioridade com base nos átomos diretamente ligados ao estereocentro, considere o próximo átomo ou grupo de átomos e continue até a primeira diferenciação, isto é, continue até poder atribuir uma prioridade.

A Tabela 15.1 mostra as prioridades dos grupos mais comuns que encontramos na química orgânica e na bioquímica. No sistema *R,S*, C=O é tratado como se o carbono estivesse ligado a dois oxigênios por ligações simples; assim, CH=O tem maior prioridade que —CH₂OH, cujo carbono está ligado a apenas um oxigênio.

Sistema *R,S* Conjunto de regras para especificar a configuração em torno de um estereocentro.

TABELA 15.1 Prioridades R,S de alguns grupos mais comuns

Átomo ou grupo	Razão da prioridade: primeira diferenciação (número atômico)
—I	iodo (53)
—Br	bromo (35)
—Cl	cloro (17)
—SH	enxofre (16)
—OH	oxigênio (8)
—NH$_2$	nitrogênio (7)
—C(=O)OH	carbono para oxigênio, oxigênio, depois oxigênio (6 ⟶ 8, 8, 8)
—C(=O)NH$_2$	carbono para oxigênio, oxigênio, depois nitrogênio (6 ⟶ 8, 8, 7)
—C(=O)H	carbono para oxigênio, oxigênio, depois hidrogênio (6 ⟶ 8, 8, 1)
—CH$_2$OH	carbono para oxigênio (6 ⟶ 8)
—CH$_2$NH$_2$	carbono para nitrogênio (6 ⟶ 7)
—CH$_2$CH$_3$	carbono para carbono (6 ⟶ 6)
—CH$_2$H	carbono para hidrogênio (6 ⟶ 1)
—H	hidrogênio (1)

Aumenta a prioridade ↑

Exemplo 15.2 Usando o sistema R,S

Atribua prioridades aos grupos em cada um dos pares.
(a) —CH$_2$OH e —CH$_2$CH$_2$OH
(b) —CH$_2$CH$_2$OH e —CH$_2$NH$_2$

Estratégia e Solução

(a) A primeira diferenciação é o O do grupo —OH comparado ao C do grupo —CH$_2$OH.

Primeira diferenciação

—CH$_2$OH   —CH$_2$CH$_2$OH
Maior prioridade   Menor prioridade

(b) A primeira diferenciação é o C do grupo CH$_2$OH comparado ao N do grupo NH$_2$.

Primeira diferenciação

—CH$_2$CH$_2$OH   —CH$_2$NH$_2$
Menor prioridade   **Maior prioridade**

Problema 15.2

Atribua prioridades aos grupos em cada par.

(a) —CH$_2$OH   e   —CH$_2$CH$_2$C(=O)H

(b) —CH$_2$NH$_2$ e   —CH$_2$C(=O)OH

Para atribuir uma configuração *R* ou *S* a um estereocentro:

1. Atribua uma prioridade de 1 (a mais alta) a 4 (a mais baixa) a cada grupo ligado ao estereocentro.
2. Oriente a molécula no espaço de modo que o grupo de menor prioridade (4) seja direcionado para trás do papel, como seria, por exemplo, a coluna de direção de um automóvel. Os três grupos de maior prioridade (1-3) projetam-se então para a frente do papel, como ocorreria com os raios de um volante.
3. Leia os grupos que se projetam para a frente na seguinte ordem de prioridade: da mais alta (1) para a mais baixa.
4. Se a leitura dos grupos 1-2-3 prosseguir no sentido horário (para a direita), a configuração será designada como *R* (do latim *rectus*, "direito"); se a leitura dos grupos 1-2-3 prosseguir no sentido anti-horário (para a esquerda), a configuração será *S* (do latim *sinister*, "esquerdo"). Você também poderá visualizar esse sistema do seguinte modo: virar o volante para a direita é igual a *R*, e virá-lo para a esquerda é igual a *S*.

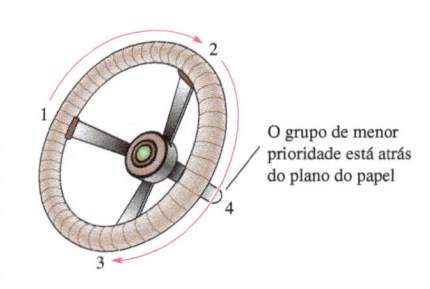

R Usado no sistema *R,S* para mostrar que, quando o grupo de menor prioridade está afastado de você, a ordem de prioridade dos grupos em um estereocentro é no sentido horário.

S Usado no sistema *R,S* para mostrar que, quando o grupo de menor prioridade está afastado de você, a ordem de prioridade dos grupos em um estereocentro é no sentido anti-horário.

Exemplo 15.3 Adicionando a configuração *R* ou *S*

Atribua configuração *R* ou *S* a cada um dos estereocentros.

(a) 2-butanol

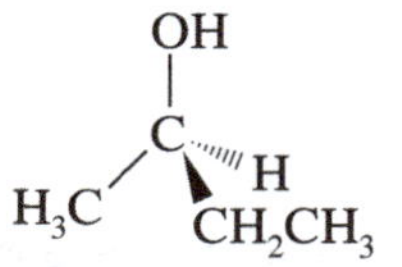

(b) Alanina

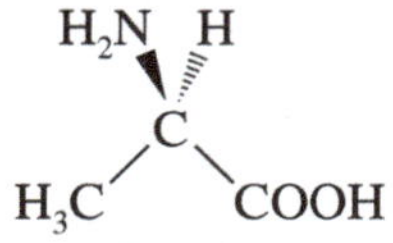

Estratégia e Solução

Visualize cada molécula através do estereocentro e ao longo da ligação, partindo do estereocentro em direção ao grupo de menor prioridade.

(a) A ordem de prioridade decrescente em torno do estereocentro neste enantiômero do 2-butanol é —OH > —CH$_2$CH$_3$ > —CH$_3$ > —H. Portanto, visualize a molécula ao longo da ligação C—H, com o H apontando para trás do plano do papel. A leitura dos outros três grupos na ordem 1-2-3 segue no sentido horário. Portanto, a configuração é *R*, e esse enantiômero é (*R*)-2-butanol.

(*R*)-2-butanol

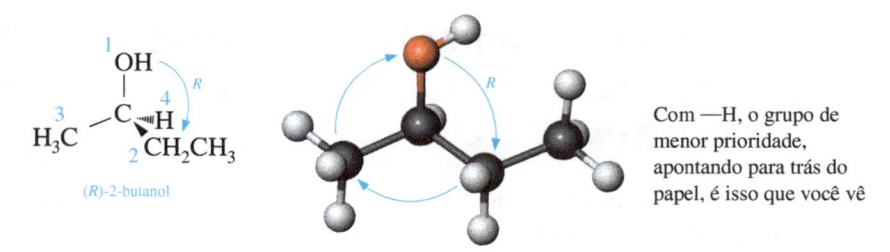

Com —H, o grupo de menor prioridade, apontando para trás do papel, é isso que você vê

(b) A ordem de prioridade decrescente neste enantiômero da alanina é —NH$_2$ > —COOH > —CH$_3$ > —H. Visualize a molécula ao longo da ligação C—H, com o H apontando para trás do papel. A leitura dos grupos na ordem 1-2-3 segue no sentido horário; portanto, a configuração é *R*, e o enantiômero é (*R*)-alanina.

(*R*)-alanina

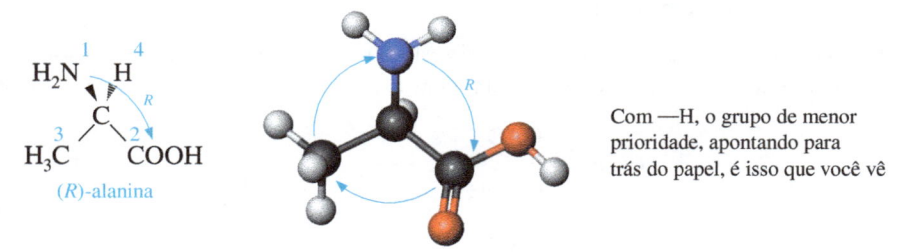

Com —H, o grupo de menor prioridade, apontando para trás do papel, é isso que você vê

Problema 15.3

Atribua configuração *R* ou *S* ao único estereocentro do gliceraldeído, o carboidrato mais simples (Capítulo 20).

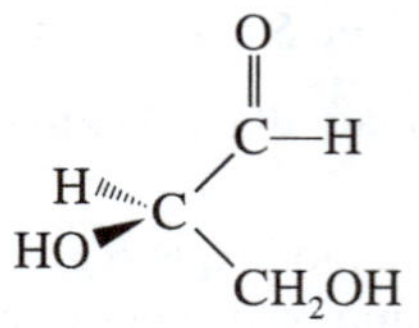

Gliceraldeído

Vamos voltar agora a nosso desenho tridimensional dos enantiômeros do ibuprofeno e atribuamos a cada um deles a configuração *R* ou *S*. Em ordem decrescente de prioridade, os grupos ligados ao estereocentro são —COOH (1) > —C$_6$H$_5$ (2) > —CH$_3$ (3) > H (4). No enantiômero à esquerda, a leitura dos grupos no estereocentro, em ordem de prioridade, é no sentido horário e, portanto, esse enantiômero é o (*R*)-ibuprofeno. Sua imagem especular é o (*S*)-ibuprofeno.

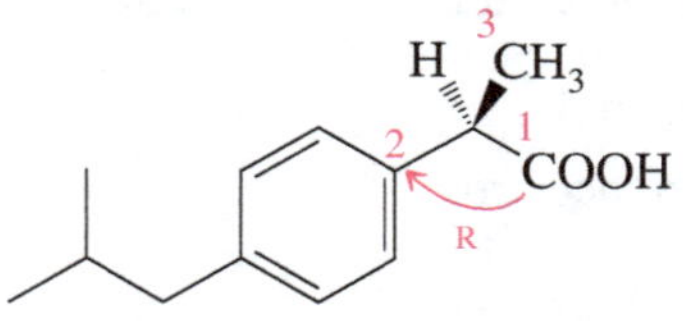

(*R*)-ibuprofeno
(enantiômero inativo)

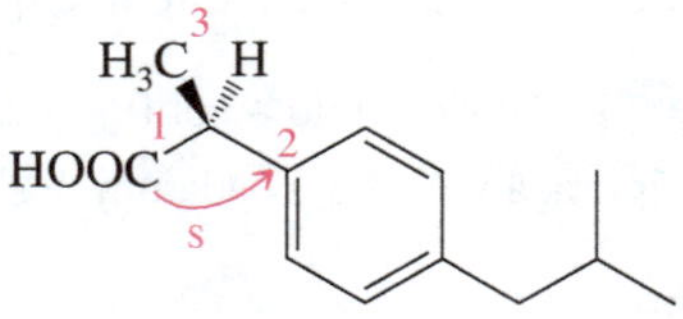

(*S*)-ibuprofeno
(enantiômero ativo)

O sistema *R,S* pode ser usado para especificar a configuração de qualquer estereocentro em qualquer molécula. Não é, porém, o único sistema usado para esse fim. Há também o sistema *D,L*, que é usado principalmente para especificar a configuração de carboidratos (Capítulo 20) e aminoácidos (Capítulo 22).

Concluindo, observe que o objetivo da Seção 15.2 é mostrar-lhe como os químicos atribuem uma configuração a um estereocentro que especifica a orientação relativa dos quatro grupos no estereocentro. O importante é que, quando você vir um nome como (*S*)-Naproxeno ou (*R*)-Plavix, vai perceber que o composto é quiral e que não é uma mistura racêmica, e sim um enantiômero puro. Usamos o símbolo (*R,S*) para mostrar que um composto é uma mistura racêmica, como (*R,S*)-Naproxeno.

15.3 Quantos estereoisômeros são possíveis para moléculas com dois ou mais estereocentros?

Para uma molécula com *n* estereocentros, o número máximo possível de estereoisômeros é 2^n. Já verificamos que, para uma molécula com um estereocentro, $2^1 = 2$ estereoisômeros (um par de enantiômeros) são possíveis. Para uma molécula com dois estereocentros, é possível um máximo de $2^2 = 4$ (dois pares de enantiômeros); para uma molécula com três estereocentros, é possível um máximo de $2^3 = 8$ estereoisômeros (quatro pares de enantiômeros); e assim por diante.

A. Moléculas com dois estereocentros

Começamos nosso estudo de moléculas com dois estereocentros considerando o 2,3,4-tri-hidroxibutanal, uma molécula com dois estereocentros.

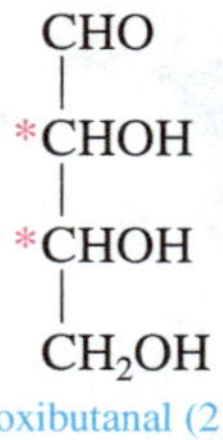

2,3,4-tri-hidroxibutanal (2 estereocentros; são possíveis 4 estereoisômeros)

O número máximo de estereoisômeros possível para essa molécula é $2^2 = 4$, todos desenhados na Figura 15.5.

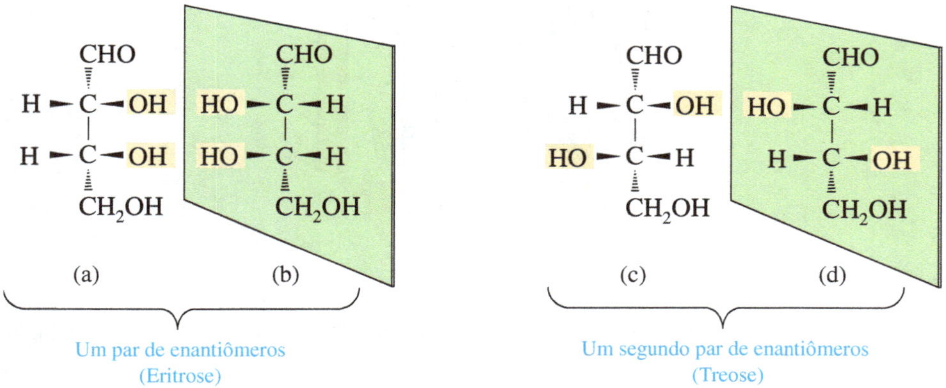

```
         CHO              CHO                    CHO              CHO
          |                |                      |                |
    H — C — OH      HO — C — H              H — C — OH      HO — C — H
          |                |                      |                |
    H — C — OH      HO — C — H              HO — C — H      H — C — OH
          |                |                      |                |
         CH₂OH            CH₂OH                  CH₂OH            CH₂OH

         (a)              (b)                    (c)              (d)
    ⎵_____⎵                    ⎵_____⎵
      Um par de enantiômeros                  Um segundo par de enantiômeros
           (Eritrose)                                  (Treose)
```

FIGURA 15.5 Os quatro estereoisômeros do 2,3,4-tri-hidroxibutanal.

Os estereoisômeros (a) e (b) são imagens especulares não sobreponíveis e, portanto, um par de enantiômeros. Os estereoisômeros (c) e (d) também são imagens especulares não sobreponíveis e constituem um segundo par de enantiômeros. Descrevemos os quatro estereoisômeros do 2,3,4-tri-hidroxibutanal dizendo que consistem em dois pares de enantiômeros. Os enantiômeros (a) e (b) são chamados **eritrose**. A eritrose é sintetizada em eritrócitos (células vermelhas do sangue), daí seu nome. Os enantiômeros (c) e (d) recebem o nome de **treose**. A eritrose e a treose pertencem à classe dos carboidratos, que vamos ver no Capítulo 20.

Especificamos a relação entre (a) e (b) e entre (c) e (d). Qual é a relação entre (a) e (c), (a) e (d), (b) e (c) e (b) e (d)? A resposta é que são diastereômeros – estereoisômeros que não são imagens especulares.

Diastereômeros Estereoisômeros que não são imagens especulares.

Exemplo 15.4 Enantiômeros e diastereômeros

O 1,2,3-butanotriol tem dois estereocentros (carbonos 2 e 3); assim, $2^2 = 4$ estereoisômeros são possíveis para ele. A seguir, podemos ver representações tridimensionais de cada um deles.

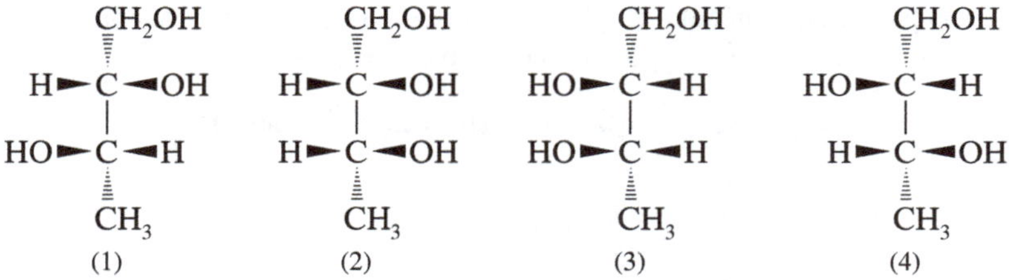

```
    CH₂OH           CH₂OH           CH₂OH           CH₂OH
      |               |               |               |
  H — C — OH      H — C — OH     HO — C — H      HO — C — H
      |               |               |               |
 HO — C — H       H — C — OH     HO — C — H      H — C — OH
      |               |               |               |
     CH₃             CH₃             CH₃             CH₃
     (1)             (2)             (3)             (4)
```

(a) Quais desses estereoisômeros são pares de enantiômeros?
(b) Quais desses estereoisômeros são diastereômeros?

Estratégia

Primeiro, identifique as estruturas que são imagens especulares. São elas os pares de enantiômeros. Todos os outros pares são diastereômeros.

Solução

(a) Enantiômeros são estereoisômeros que são imagens especulares não sobreponíveis. Os compostos (1) e (4) formam um par de enantiômeros, e os compostos (2) e (3), idem.
(b) Diastereômeros são estereoisômeros que não são imagens especulares. Os compostos (1) e (2), (1) e (3), (2) e (4) e (3) e (4) são diastereômeros.

O diagrama mostra a relação entre esses quatro estereoisômeros.

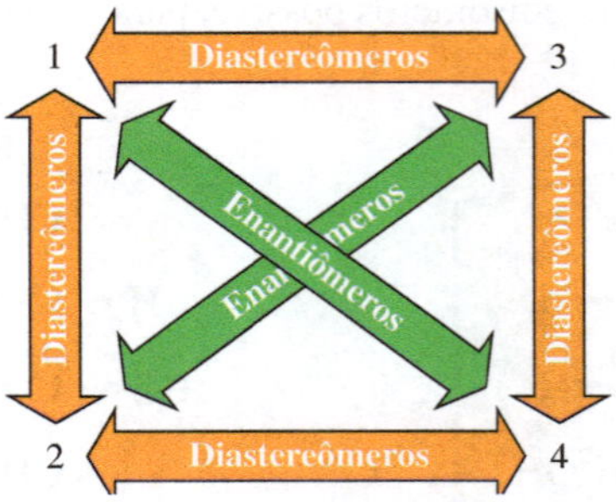

Problema 15.4

O 3-amino-2-butanol tem dois estereocentros (carbonos 2 e 3); assim, $2^2 = 4$ estereoisômeros são possíveis para ele.

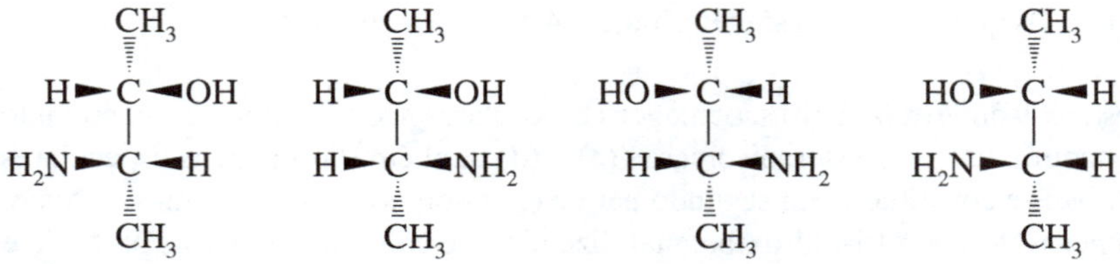

```
    CH₃             CH₃             CH₃             CH₃
    |               |               |               |
H──C──OH        H──C──OH        HO──C──H        HO──C──H
    |               |               |               |
H₂N──C──H       H──C──NH₂       H──C──NH₂       H₂N──C──H
    |               |               |               |
    CH₃             CH₃             CH₃             CH₃
    (1)             (2)             (3)             (4)
```

(a) Quais desses estereoisômeros são pares de enantiômeros?

(b) Quais os pares de estereoisômeros que são diastereômeros?

Podemos analisar a quiralidade em moléculas cíclicas com dois estereocentros do mesmo modo que a analisamos em compostos acíclicos.

Exemplo 15.5 Enantiomeria em compostos cíclicos

Quantos estereoisômeros são possíveis para o 3-metilciclopentanol?

Estratégia e Solução

Os carbonos 1 e 3 desse composto são estereocentros. Portanto, $2^2 = 4$ estereoisômeros são possíveis para essa molécula. O isômero *cis* existe como um par de enantiômeros, e o isômero *trans* existe como um segundo par de enantiômeros.

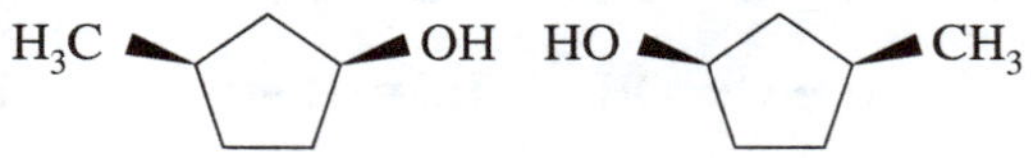

cis-2-metilciclopentanol
(um par de enantiômeros)

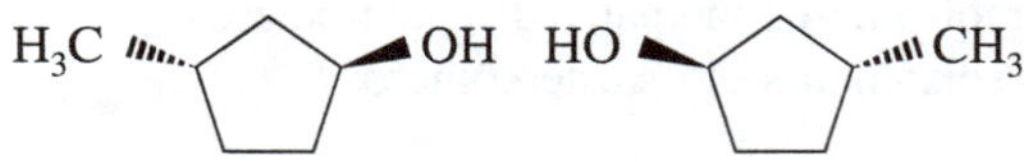

trans-2-metilciclopentanol
(um segundo par de enantiômeros)

Problema 15.5

Quantos estereoisômeros são possíveis para o 3-metilcicloexanol?

Exemplo 15.6 Localizando os estereocentros

Assinale com um asterisco os estereocentros de cada composto. Quantos estereoisômeros são possíveis para cada um deles?

(a) [structure: cyclopentane with OH and two CH₃ groups] (b) [structure: cyclohexane with OH and isopropyl] (c) CH₃—CH(OH)—CH(NH₂)—COOH

Estratégia

Estereocentro é um átomo de carbono ligado a quatro grupos diferentes. Portanto, você deve identificar cada carbono ligado a quatro grupos diferentes.

Solução

Cada estereocentro é assinalado com um asterisco, e o número de estereoisômeros possível para ele aparece abaixo de cada composto. Em (a), o carbono dos dois grupos metila não é um estereocentro; esse carbono tem apenas três grupos diferentes a ele ligados.

(a) [structure with one *]   (b) [structure with two *]   (c) [structure with two *]

$2^1 = 2$ $2^2 = 4$ $2^2 = 4$

Problema 15.6

Assinale com um asterisco todos os estereocentros de cada composto. Quantos estereoisômeros são possíveis para cada um deles?

(a) HO—[benzene ring]—CH₂CHCOOH com NH₂, e dois OH no anel (HO, HO)

(b) CH₂=CHCH(OH)CH₂CH₃

(c) [cyclohexane with OH and NH₂]

B. Moléculas com três ou mais estereocentros

A regra do 2^n também se aplica a moléculas com três ou mais estereocentros. O cicloexanol dissubstituído tem três estereocentros, cada um deles assinalado com um asterisco. Um máximo de $2^3 = 8$ estereoisômeros é possível para essa molécula. A configuração do mentol, um dos oito, aparece no meio e à direita. O mentol está presente na hortelã-pimenta e em outros óleos de menta.

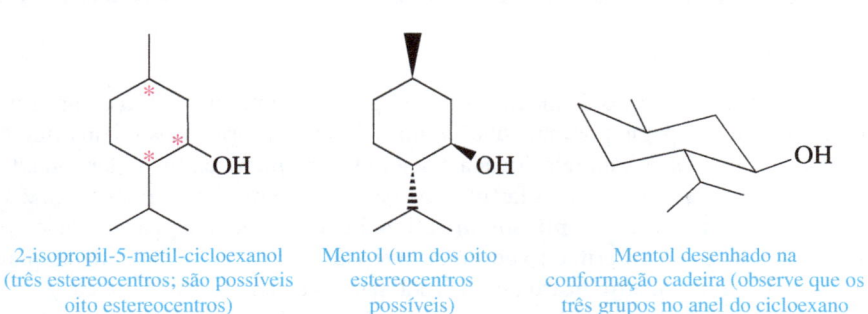

2-isopropil-5-metil-cicloexanol
(três estereocentros; são possíveis oito estereoisômeros)

Mentol (um dos oito estereocentros possíveis)

Mentol desenhado na conformação cadeira (observe que os três grupos no anel do cicloexano são todos equatoriais)

Conexões químicas 15A

Fármacos quirais

Alguns fármacos muito usados na medicina humana – como a aspirina – são aquirais. Outros, como a penicilina e a eritromicina, uma classe de antibióticos, e o Captropil são quirais e vendidos como um único enantiômero. O Captopril é muito eficaz no tratamento de pressão alta e insuficiência cardíaca congestiva ("Conexões químicas 22F"). É fabricado e vendido como sendo o estereoisômero (S,S).

Captopril

Um grande número de fármacos quirais, porém, são vendidos em misturas racêmicas. O conhecido analgésico ibuprofeno (o ingrediente ativo do Motrin, Advil e de muitos outros analgésicos não aspirínicos) é um exemplo.

Recentemente, a Food and Drug Administration, nos Estados Unidos, estabeleceu novas diretrizes para o teste e comercialização de drogas quirais. Depois de rever suas diretrizes, muitas companhias farmacêuticas decidiram desenvolver somente um único enantiômero para novos fármacos quirais.

Além da pressão regulatória, a indústria farmacêutica deve lidar com as considerações relativas às patentes. Se uma empresa tiver a patente da mistura racêmica de um fármaco, uma nova patente poderá ser obtida de um de seus enantiômeros.

O colesterol, uma molécula mais complicada, tem oito estereocentros. Para identificá-los, lembre-se de adicionar um número apropriado de hidrogênios para completar a tetravalência de cada carbono que possa ser um estereocentro.

O colesterol tem oito estereocentros; 256 estereoisômeros são possíveis

Esse é o estereoisômero encontrado no metabolismo humano

15.4 O que é atividade óptica e como a quiralidade é detectada em laboratório?

A. Luz polarizada no plano

Opticamente ativo Significa que um composto faz girar o plano da luz polarizada.

Como já demonstramos, os dois membros de um par de enantiômeros são compostos diferentes, e devemos esperar, portanto, que algumas de suas propriedades sejam diferentes. Uma dessas propriedades está relacionada a seu efeito no plano da luz polarizada. Cada membro de um par de enantiômeros faz girar o plano da luz polarizada; por essa razão, dizemos que cada enantiômero é **opticamente ativo**. Para entender como a atividade óptica é detectada em laboratório, primeiro devemos entender o que é luz polarizada no plano e como funciona o polarímetro, instrumento usado para detectar atividade óptica.

A luz comum consiste em ondas vibrando em todos os planos perpendiculares à sua direção de propagação. Certos materiais, como uma folha de Polaroid (um filme plástico como aquele utilizado em óculos de sol polarizados), transmitem seletivamente ondas de luz vibrando somente em planos paralelos. A radiação eletromagnética que vibra somente em planos paralelos é conhecida como **polarizada no plano**.

Luz polarizada no plano Luz com ondas vibrando somente em planos paralelos.

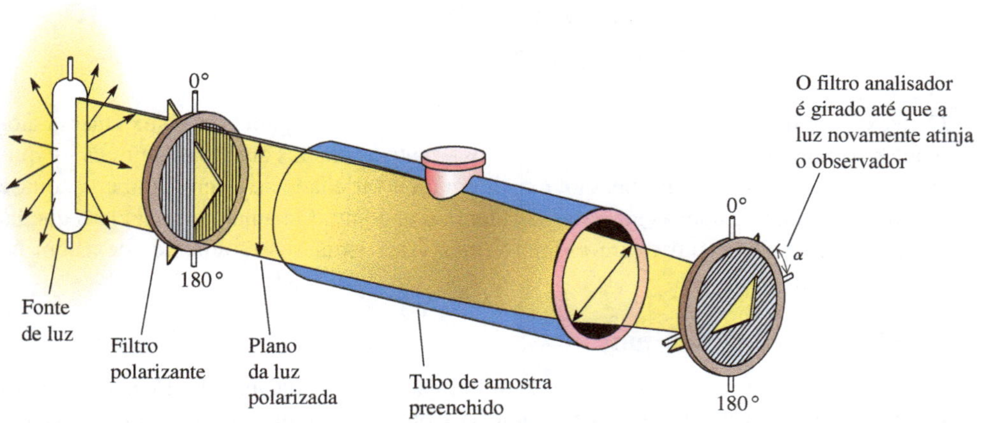

FIGURA 15.6 Diagrama esquemático de um polarímetro com tubo de amostra contendo solução de um composto opticamente ativo. O analisador foi girado no sentido horário em α graus para restaurar o campo de luz.

B. Polarímetro

O **polarímetro** consiste em uma fonte de luz que emite luz não polarizada, um polarizador, um analisador e um tubo de amostra (Figura 15.6). Se o tubo de amostra estiver vazio, a intensidade da luz que chega ao detector (nesse caso, os olhos) vai atingir seu máximo quando os eixos do polarizador e do analisador estiverem em paralelo. Se o analisador for girado no sentido horário ou anti-horário, menos luz vai ser transmitida. Quando o eixo do analisador forma ângulos retos com o eixo do polarizador, o campo de visão vai ser escuro (não passa luz).

Quando uma solução de um composto opticamente ativo é colocada no tubo de amostra, ela faz girar o plano da luz polarizada. Se o plano girar no sentido horário, dizemos que é **dextrorrotatório**; se o plano girar no sentido anti-horário, dizemos que é **levorrotatório**. Cada membro de um par de enantiômeros faz girar o plano da luz polarizada pelo mesmo número de graus, mas em direções opostas. Se um dos enantiômeros for dextrorrotatório, o outro vai ser levorrotatório. Assim, as misturas racêmicas (bem como os compostos aquirais) não apresentam atividade óptica.

O número de graus pelos quais um composto opticamente ativo faz girar o plano da luz polarizada é chamado **rotação específica** e tem como símbolo $[\alpha]$. A rotação específica é definida como a rotação observada de uma substância opticamente ativa em uma concentração de 1 g/mL, em um tubo de amostra de 10 cm de comprimento. Um composto dextrorrotatório é indicado por um sinal de mais entre parênteses, (+), e um composto levorrotatório é indicado por um sinal de menos entre parênteses, (−). É prática comum registrar a temperatura (em °C) em que a medida é feita e o comprimento de onda de luz utilizado. O comprimento de onda mais comum no polarímetro é a linha D do sódio, o mesmo comprimento de onda responsável pela cor amarela das lâmpadas de vapor de sódio.

A seguir, apresentamos algumas rotações específicas para os enantiômeros do ácido láctico medido a 21 °C e usando a linha D de uma lâmpada de sódio a vapor como fonte de luz:

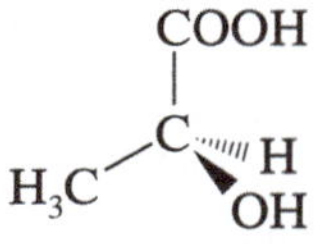

(*S*)-(+)-ácido láctico
$[\alpha]_D^{21} = 12,6°$

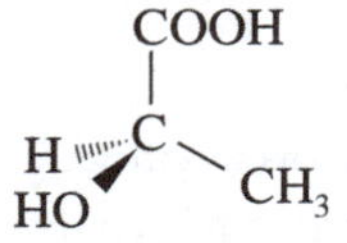

(*R*)-(−)-ácido láctico
$[\alpha]_D^{21} = 22,6°$

Dextrorrotatório Rotação no sentido horário (para a direita) do plano da luz polarizada em um polarímetro.

Levorrotatório Rotação no sentido anti-horário (para a esquerda) do plano da luz polarizada em um polarímetro.

O enantiômero (+) do ácido láctico é produzido pelo tecido muscular em humanos. O enantiômero (−) é encontrado no creme azedo e no leite coalhado.

15.5 Qual é a importância da quiralidade no mundo biológico?

Com exceção dos sais inorgânicos e de algumas substâncias orgânicas de baixa massa molecular, a maioria das moléculas de seres vivos – tanto as plantas quanto os animais – é quiral. Embora essas moléculas possam existir em uma variedade de estereoisômeros, quase que invariavelmente apenas um estereoisômero é encontrado na natureza. É claro que há exemplos de mais de um estereoisômero, mas esses isômeros raramente coexistem no mesmo sistema biológico.

A. Quiralidade em biomoléculas

Talvez os exemplos mais conspícuos de quiralidade entre moléculas biológicas sejam as enzimas, todas elas com muitos estereocentros. Considere a quimotripsina, uma enzima encontrada nos intestinos dos animais e que catalisa a digestão de proteínas (Capítulo 23). A quimotripsina tem 251 estereocentros. O número máximo de estereoisômeros possível é 2^{251} – uma quantidade extraordinariamente grande, quase além da compreensão. Felizmente, a natureza não desperdiça energia e recursos preciosos desnecessariamente; qualquer que seja o organismo, vai produzir somente um desses estereoisômeros.

Os chifres da gazela africana apresentam quiralidade; um é a imagem especular do outro.

B. Como a enzima distingue entre uma molécula e seu enantiômero?

As enzimas catalisam a reação biológica de uma molécula primeiro posicionando-a em um **sítio de ligação** na superfície da enzima. Uma enzima com sítios de ligação específicos para três dos quatro grupos de um estereocentro pode distinguir entre uma molécula quiral e seu enantiômero ou um de seus diastereômeros. Suponha, por exemplo, que uma enzima envolvida na catálise de uma reação de gliceraldeído tenha três sítios de ligação: um específico para —H, um segundo específico para —OH e um terceiro específico para —CHO. Suponha também que os três sítios estejam arranjados na superfície da enzima conforme mostra a Figura 15.7. A enzima pode distinguir o (R)-gliceraldeído (a forma natural ou biologicamente ativa) de seu enantiômero porque o enantiômero natural é adsorvido com três grupos que interagem com seus sítios de ligação apropriados. Para o enantiômero S, no máximo dois grupos podem interagir com esses três sítios de ligação.

Como as interações entre moléculas em seres vivos ocorrem em ambiente quiral, não surpreende o fato de que uma molécula e seu enantiômero, ou um de seus diastereômeros, elicitem diferentes respostas fisiológicas. Como já vimos, o (S)-ibuprofeno é ativo como

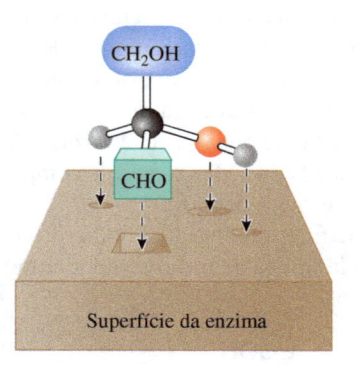

O (R)-gliceraldeído se ajusta aos três sítios de ligação na superfície

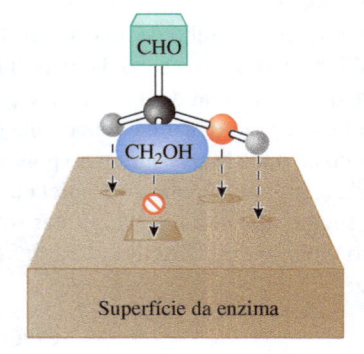

O (S)-gliceraldeído se ajusta a apenas dois dos três sítios de ligação

FIGURA 15.7 Diagrama esquemático da superfície de uma enzima que pode interagir com o (R)-gliceraldeído em três sítios de ligação, mas em apenas dois desses sítios com o (S)-gliceraldeído.

analgésico e para aliviar a febre, enquanto seu enantiômero R é inativo. O enantiômero S do analgésico naproxeno também é a substância ativa desse composto, mas seu enantiômero R é uma toxina para o fígado!

(S)-ibuprofeno   (S)-naproxeno

Resumo das questões-chave

Seção 15.1 O que é enantiomeria?

- **Imagem especular** é o reflexo de um objeto no espelho.
- **Enantiômeros** são pares de estereoisômeros que são imagens especulares não sobreponíveis.
- Uma **mistura racêmica** contém quantidades iguais de dois enantiômeros e não faz girar o plano da luz polarizada.
- **Diastereômeros** são estereoisômeros que são imagens especulares.
- Um objeto que não é sobreponível à sua imagem especular é chamado **quiral**; ele tem lateralidade. Um objeto **aquiral** não tem quiralidade (lateralidade), isto é, tem uma imagem especular sobreponível.
- A causa mais comum da quiralidade em moléculas orgânicas é a presença de um carbono tetraédrico ligado a quatro grupos diferentes. Esse carbono é chamado **estereocentro**.

Seção 15.2 Como se especifica a configuração do estereocentro?

- Usamos o **sistema R,S** para especificar a configuração de um estereocentro.

Seção 15.3 Quantos estereoisômeros são possíveis para moléculas com dois ou mais estereocentros?

- Para uma molécula com n estereocentros, o número máximo de estereoisômeros possível é 2^n.

Seção 15.4 O que é atividade óptica e como a quiralidade é detectada em laboratório?

- A luz com ondas que vibram apenas em planos paralelos é conhecida como **polarizada no plano**.
- Usamos o **polarímetro** para medir a atividade óptica. Dizemos que um composto é **opticamente ativo** se fizer girar o plano da luz polarizada.
- Se um composto girar o plano no sentido horário, ele vai ser **dextrorrotatório**; se girar no sentido anti-horário, vai ser **levorrotatório**.
- Cada membro de um par de enantiômeros faz girar o plano da luz polarizada o mesmo número de graus, mas em direções opostas.

Seção 15.5 Qual é a importância da quiralidade no mundo biológico?

- Uma enzima catalisa reações biológicas de moléculas primeiramente posicionando-as em sítios de ligação localizados na superfície dessa enzima. Enzimas com sítios de ligação específicos para três dos quatro grupos em um estereocentro podem distinguir entre uma molécula e seu enantiômero ou um de seus diastereômeros.

Problemas

Seção 15.1 O que é enantiomeria?

15.7 Indique se a afirmação é verdadeira ou falsa.
(a) Os estereoisômeros *cis* e *trans* do 2-buteno são aquirais.
(b) O carbono carbonílico de um aldeído, cetona, ácido carboxílico ou éster não pode ser um estereocentro.
(c) Os estereoisômeros têm a mesma conectividade entre seus átomos.
(d) Isômeros constitucionais têm a mesma conectividade entre seus átomos.
(e) Um cubo não assinalado é aquiral.
(f) O pé humano é quiral.
(g) Todo objeto na natureza tem uma imagem especular.
(h) A causa mais comum de quiralidade em moléculas orgânicas é a presença de um átomo de carbono tetraédrico ligado a quatro grupos diferentes.
(i) Se uma molécula não for sobreponível à sua imagem especular, ela vai ser quiral.

15.8 O que significa o termo "quiral"? Dê um exemplo de molécula quiral.

15.9 O que significa o termo "aquiral"? Dê um exemplo de molécula aquiral.

15.10 Definir o termo "estereoisômero". Cite três tipos de estereoisômeros.

15.11 Em que aspecto os isômeros constitucionais são diferentes dos estereoisômeros? Em que aspecto são iguais?

15.12 Quais dos seguintes objetos são quirais (suponha que não haja rótulo ou qualquer marca de identificação)?
(a) Tesoura (b) Bola de tênis
(c) Clipe de papel (d) Béquer
(e) O redemoinho criado na água quando ela é drenada de uma pia ou de uma banheira.

15.13 O 2-pentanol é quiral, mas o 3-pentanol não é. Explique.

15.14 O 2-buteno existe como um par de isômeros *cis-trans*. O isômero *cis* do 2-buteno é quiral? O *trans*-2-buteno é quiral? Explique.

15.15 Explique por que o carbono de um grupo carbonila não pode ser um estereocentro.

15.16 Quais dos seguintes compostos contêm estereocentros?
(a) 2-cloropentano (b) 3-cloropentano
(c) 3-cloro-1-buteno (d) 1,2-dicloropropano

15.17 Quais dos seguintes compostos contêm estereocentros?
(a) Ciclopentanol
(b) 1-cloro-2-propanol
(c) 2-metilciclopentanol
(d) 1-fenil-1-propanol

15.18 Usando somente C, H e O, escreva fórmulas estruturais para a molécula quiral de menor massa molecular em cada classe.
(a) Alcano (b) Alceno
(c) Álcool (d) Aldeído
(e) Cetona (f) Ácido carboxílico

15.19 Desenhe a imagem especular para cada uma destas moléculas:

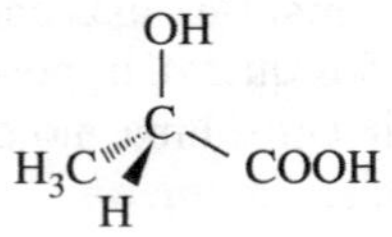

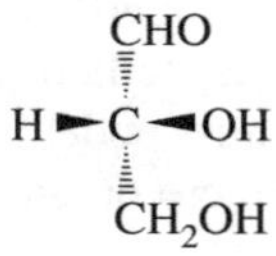

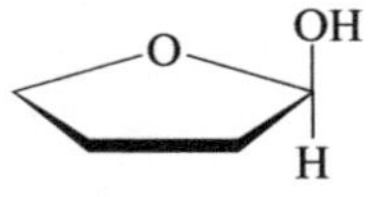

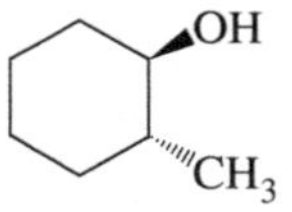

15.20 Desenhe a imagem especular para cada uma destas moléculas:

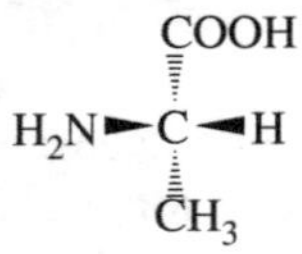

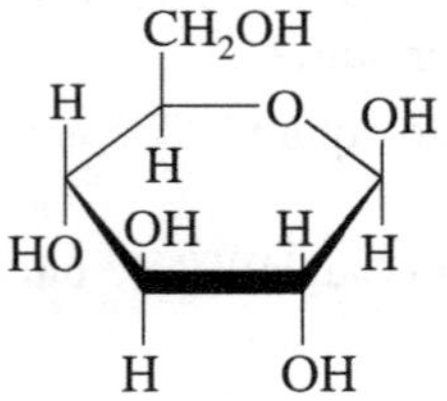

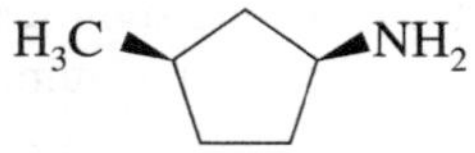

Seção 15.3 Quantos estereoisômeros são possíveis para moléculas com dois ou mais estereocentros?

15.21 Indique se a afirmação é verdadeira ou falsa.
(a) Para uma molécula com dois estereocentros, $2^2 = 4$ estereoisômeros são possíveis.
(b) Para uma molécula com três estereocentros, $3^2 = 9$ estereoisômeros são possíveis.
(c) Enantiômeros, assim como as luvas, ocorrem em pares.
(d) O 2-pentanol e o 3-pentanol são ambos quirais e apresentam enantiomeria.
(e) O 1-metilcicloexanol é aquiral e não apresenta enantiomeria.
(f) Diastereômeros são estereoisômeros que não são imagens especulares.

15.22 Assinale com um asterisco cada estereocentro nestas moléculas. Observe que nem todas contêm estereocentros.

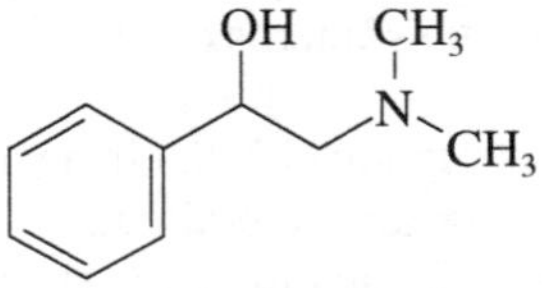

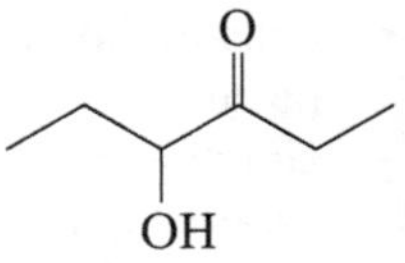

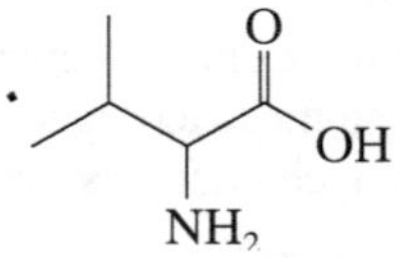

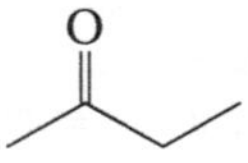

15.23 Assinale com um asterisco cada estereocentro nestas moléculas. Observe que nem todas contêm estereocentros.

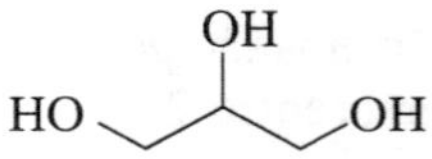

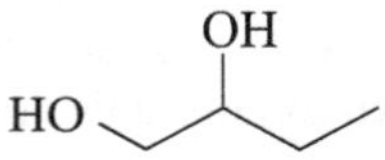

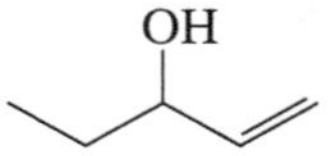

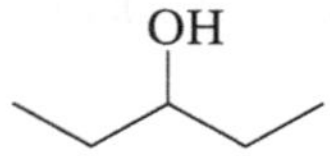

15.24 Assinale com um asterisco todos os estereocentros em cada molécula. Quantos estereoisômeros são possíveis para cada molécula?

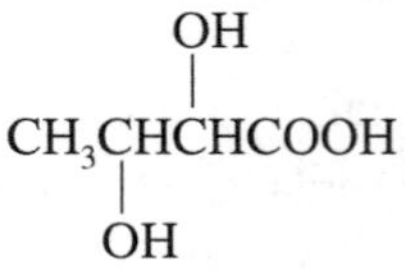

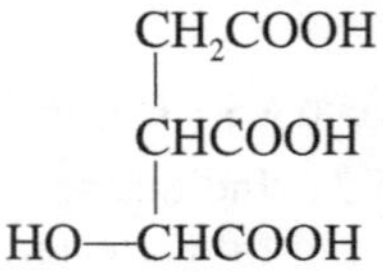

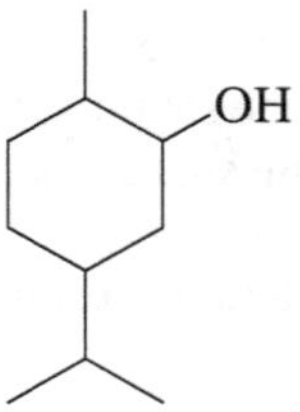

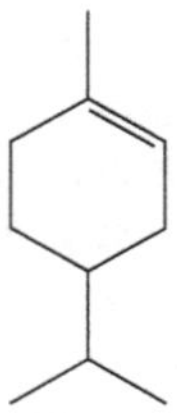

15.25 Assinale com um asterisco todos os estereocentros em cada molécula. Quantos estereoisômeros são possíveis para cada molécula?

(a) 2-metilciclopentanol (OH)

(b) estrutura com OH (geraniol-like)

(c) 2-hidroxitetraidrofurano

(d) decalona metilada

15.26 Durante séculos, a medicina herbária chinesa tem usado extratos de *Ephedra sinica* para tratar a asma. O componente aliviante para a asma nessa planta é a efedrina, um potente dilatador das vias aéreas dos pulmões. O estereoisômero de ocorrência natural é levorrotatório e tem a seguinte estrutura.

Efedrina $[\alpha]_D^{21} = -41°$

(a) Assinale com um asterisco cada estereocentro na epinefrina.
(b) Quantos estereoisômeros são possíveis para esse composto?

15.27 A rotação específica da efedrina de ocorrência natural, mostrada no Problema 15.26, é −41°. Qual é a rotação específica de seu enantiômero?

15.28 O que é mistura racêmica? A mistura racêmica é opticamente ativa? Isto é, ela faz girar o plano da luz polarizada?

Seção 15.4 O que é atividade óptica e como a quiralidade é detectada em laboratório?

15.29 Indique se a afirmação é verdadeira ou falsa.
(a) Se um composto quiral for dextrorrotatório, seu enantiômero vai ser levorrotatório pelo mesmo número de graus.
(b) Uma mistura racêmica é opticamente inativa.
(c) Todos os estereoisômeros são opticamente ativos.
(d) A luz polarizada no plano consiste em ondas de luz vibrando em planos paralelos.

Conexões químicas

15.30 (Conexões químicas 15A) O que significa dizer que um fármaco é *quiral*? Se um fármaco for quiral, ele será opticamente ativo? Ou seja, ele fará girar o plano da luz polarizada?

Problemas adicionais

15.31 Quais dos oito alcoóis de fórmula molecular $C_5H_{12}O$ são quirais?

15.32 Escreva a fórmula estrutural de um álcool de fórmula molecular $C_6H_{14}O$ que contém dois estereocentros.

15.33 Quais dos ácidos carboxílicos de fórmula molecular $C_6H_{12}O_2$ são quirais?

15.34 A seguir, vemos as fórmulas estruturais para os três fármacos mais prescritos no tratamento da depressão. Indique todos os estereocentros em cada composto e cite o número de estereoisômeros possível para cada um deles.

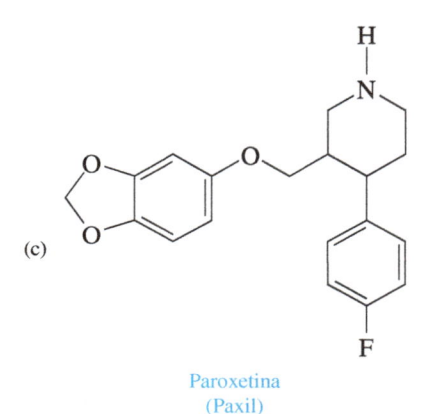

(a) Fluoxetina (Prozac)

(b) Sertralina (Zoloft)

(c) Paroxetina (Paxil)

15.35 Indique os quarto estereocentros da amoxicilina, que pertence à família das penicilinas semissintéticas.

Amoxicilina

15.36 Considere um anel de cicloexano substituído com um grupo hidroxila e um grupo metila. Desenhe uma fórmula estrutural para um composto dessa composição que

(a) não apresente isomeria *cis-trans* e que não tenha estereocentros.

(b) apresente isomeria *cis-trans*, mas nenhum estereocentro.

(c) apresente isomeria *cis-trans* e tenha dois estereocentros.

15.37 A próxima vez que você tiver a oportunidade de examinar quaisquer das inúmeras variedades de macarrão em espiral (*rotini*, *fusilli*, *radiatori*, *tortiglione* e assim por diante), repare em suas torções. As torções de algum desses tipos tem orientação para a direita ou para a esquerda? Ou são todos misturas racêmicas?

15.38 Imagine o enrolamento em espiral de um fio de telefone ou a espiral de um caderno. Suponha que você observe a espiral de uma das extremidades e constate que ela tem uma orientação para a esquerda. Se observar a mesma espiral da outra extremidade, ela também terá uma orientação para a esquerda ou será para a direita?

Antecipando

15.39 O acetonido de triancinolona, ingrediente ativo do aerossol para inlação Azmacort, é um esteroide usado para tratar asma brônquica.

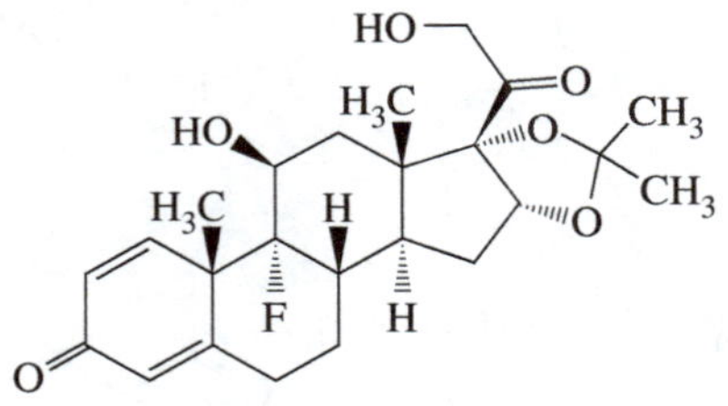

Acetonido de triancinolona

(a) Indique os oito estereocentros dessa molécula.

(b) Quantos estereoisômeros são possíveis para ela? (Desses, o estereisômero com a configuração aqui mostrada é o ingrediente ativo do Azmacort.)

Aminas

16

Questões-chave

16.1 O que são aminas?

16.2 Qual é a nomenclatura das aminas?

16.3 Quais são as propriedades físicas das aminas?

16.4 Como descrevemos a basicidade das aminas?

16.5 Quais são as reações características das aminas?

Esse inalador libera um sopro de albuterol (Proventil), um potente broncodilatador sintético cuja estrutura é relacionada à da epinefrina. Ver "Conexões químicas 16E".

16.1 O que são aminas?

Carbono, hidrogênio e oxigênio são os três elementos mais comuns nos compostos orgânicos. Por causa da ampla distribuição das aminas nos sistemas biológicos, o nitrogênio corresponde ao quarto elemento mais abundante encontrado nos compostos orgânicos. A propriedade mais importante das aminas é a sua basicidade.

As **aminas** (Seção 10.4B) são classificadas como **primárias** (1ª), **secundárias** (2ª) ou **terciárias** (3ª), dependendo do número de carbonos ligados ao nitrogênio.

$$CH_3-NH_2 \qquad CH_3-\underset{H}{N}-CH_3 \qquad CH_3-\underset{CH_3}{N}-CH_3$$

Metilamina (uma amina 1ª) — Dimetilamina (uma amina 2ª) — Trietilamina (uma amina 3ª)

Conexões químicas 16A

Anfetaminas (pílulas estimulantes)

A anfetamina, metanfetamina e fentermina – todas aminas sintéticas – são potentes estimulantes do sistema nervoso central. Como a maior parte das aminas, elas são armazenadas e administradas na forma dos seus respectivos sais. O sal de sulfato da anfetamina é chamado benzedrina, o cloridrato do enantiômero *S* da metanfetamina é denominado metedrina, e o cloridrato da fentermina é chamado fastin.

Essas três aminas têm efeitos fisiológicos similares e são denominadas, de forma geral, **anfetaminas**. Estruturalmente, elas têm em comum um anel benzênico com uma cadeia lateral de três carbonos e o nitrogênio amínico ligado ao segundo carbono da cadeia lateral. Fisiologicamente, elas compartilham a habilidade de reduzir a fadiga e diminuir a fome, aumentando o nível de glicose no sangue. Por causa dessas propriedades, as anfetaminas são amplamente prescritas para controlar a depressão moderada, reduzir a hiperatividade em crianças e suprimir o apetite de pessoas que buscam a perda de peso. Essas drogas também são usadas de modo ilegal para reduzir o cansaço e aumentar a disposição.

O abuso na utilização de anfetaminas pode ter efeitos severos tanto no corpo como na mente. Elas causam dependência, acumulam-se no cérebro e no sistema nervoso central e podem levar a longos períodos de sonolência, perda de peso e paranoia. A ação das anfetaminas é similar à da epinefrina (ver "Conexões químicas 16E"), e o cloridrato da epinefrina é conhecido como adrenalina.

Anfetamina (Benzedrina) (*S*)-metanfetamina (Metedrina) Fentermina (Fastin)

Amina alifática Uma amina na qual o nitrogênio está ligado somente aos grupos alquila ou a hidrogênio.

Amina aromática Uma amina na qual o nitrogênio está ligado a um ou mais anéis aromáticos.

As aminas são ainda classificadas como alifáticas ou aromáticas. Uma **amina alifática** é aquela na qual todos os carbonos ligados ao nitrogênio são grupos alquílicos. Uma **amina aromática** é aquela na qual um ou mais grupos ligados ao nitrogênio são grupos arila.

Anilina (uma amina aromática 1ª) *N*-metilanilina (uma amina aromática 2ª) Benzildimetilamina (uma amina alifática 3ª)

Amina heterocíclica Uma amina na qual o nitrogênio é um dos átomos do anel.

Amina aromática heterocíclica Uma amina na qual o nitrogênio é um dos átomos de um anel aromático.

Uma amina na qual o átomo de nitrogênio faz parte do anel é classificada como **amina heterocíclica**. Quando o anel é saturado, a amina é classificada como **amina alifática heterocíclica**. Quando o nitrogênio faz parte de um anel aromático (Seção 13.1), a amina é classificada como **amina aromática heterocíclica**. Duas das mais importantes aminas aromáticas heterocíclicas são a piridina e a pirimidina, nas quais o átomo de nitrogênio substitui um e dois grupos CH do anel benzênico, respectivamente. Pirimidina e purina constituem as bases amínicas do DNA e RNA (ver Capítulo 25).

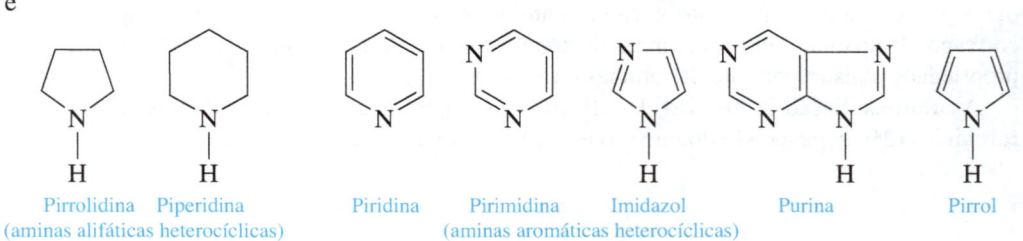

Pirrolidina Piperidina (aminas alifáticas heterocíclicas) Piridina Pirimidina Imidazol Purina Pirrol (aminas aromáticas heterocíclicas)

Exemplo 16.1 Estrutura das aminas

Quantos átomos de hidrogênio tem a piperidina? Quantos átomos de hidrogênio tem a piridina? Escreva a fórmula molecular de cada amina.

Estratégia

Lembre que os átomos de hidrogênio ligados ao carbono não são mostrados em fórmulas representadas por linhas e ângulos. Para determinar o número de hidrogênios, adicione o número suficiente de hidrogênios para assegurar as quatro ligações para cada átomo de carbono e três ligações para cada nitrogênio.

Solução

A piperidina tem 11 átomos de hidrogênio e sua fórmula é $C_5H_{11}N$.
A piridina tem 5 átomos de hidrogênio e sua fórmula é C_5H_5N.

Problema 16.1

Quantos átomos de hidrogênio possui a pirrolidina? Quantos tem a purina? Escreva a fórmula molecular de cada uma dessas aminas.

Conexões químicas 16B

Alcaloides

Alcaloides são compostos básicos que contêm nitrogênio encontrados em raízes, cascas, folhas e frutos. Em quase todos os alcaloides, o nitrogênio faz parte de uma estrutura cíclica (anel). O nome "alcaloide" foi atribuído a essas substâncias porque esses compostos são semelhantes a bases (*álcali* é um termo mais antigo para uma substância básica) e reagem com ácidos fortes, resultando em sais solúveis em água. Milhares de alcaloides diferentes, muitos dos quais são usados na medicina moderna, têm sido extraídos de plantas.

Quando administrados em animais, incluindo os seres humanos, os alcaloides resultam em um efeito fisiológico pronunciado. Independentemente do efeito específico de cada alcaloide, a maior parte deles é tóxica em doses maiores. Para alguns alcaloides, a dose tóxica é muito pequena!

A (*S*)-coniina é o princípio tóxico da cicuta (um membro da família das cenouras). Sua ingestão pode causar fraqueza, respiração difícil, paralisia e, eventualmente, morte. Essa substância tóxica foi utilizada na "cicuta venenosa" que provocou a morte de Sócrates. A cicuta é facilmente confundida com um tipo de cenoura selvagem chamada, no Hemisfério Norte, "Laço da Rainha Ana", um erro que tem matado inúmeras pessoas.

A (*S*)-nicotina ocorre na planta do tabaco. Em pequenas doses, ela é um estimulante que causa certa dependência. Em doses maiores, essa substância causa depressão, náusea e vômitos. Em doses ainda maiores, é um veneno mortal. Soluções de nicotina em água são usadas como inseticidas.

A cocaína é um estimulante do sistema nervoso central obtido das folhas da planta da coca. Utilizada em doses pequenas, diminui a fadiga e resulta em uma sensação de bem-estar. O uso prolongado de cocaína leva à dependência física e à depressão.

(*S*)-coniina   (*S*)-nicotina   Cocaína

16.2 Qual é a nomenclatura das aminas?

A. Nomes Iupac

Os nomes Iupac para as aminas alifáticas são derivados como no caso dos alcoóis. O **-o** final da cadeia principal do alcano é excluído e substituído por **-amina**. A localização do grupo amina na cadeia carbônica é indicada por um número.

2-propanamina   Cicloexanamina   1,6-hexanodiamina

A nomenclatura Iupac mantém o nome usual **anilina** para $C_6H_5NH_2$, a amina aromática mais simples. Os derivados da anilina são nomeados usando números para localizar a posição dos substituintes ou, alternativamente, usando os indicadores de posição *orto* (*o*), *meta* (*m*) e *para* (*p*). Vários derivados da anilina têm nomes comuns que ainda são utilizados. Entre eles, temos a **toluidina**, que se refere à anilina substituída com o grupo metil.

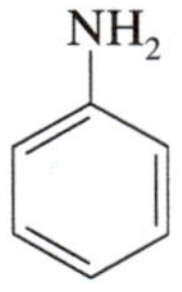

Anilina 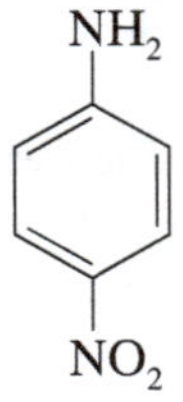 4-nitroanilina (*p*-nitroanilina) 3-metilanilina (*m*-toluidina)

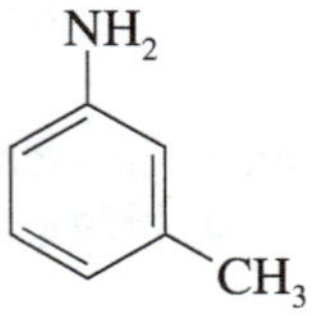

Aminas secundárias e terciárias assimétricas são comumente nomeadas como aminas primárias *N*-substituídas. O maior grupo ligado ao nitrogênio assume a designação amina tal como já indicado para as aminas alifáticas e aromáticas. Os grupos menores ligados ao nitrogênio são denominados em virtude de sua estrutura e indicados pelo prefixo *N* (ressaltando que eles se encontram ligados ao nitrogênio).

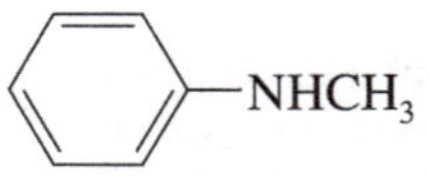

N-metilanilina 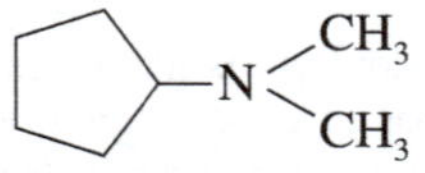   *N*,*N*-dimetilciclopentanamina

Exemplo 16.2 Nomes Iupac para as aminas

Escreva os nomes Iupac para cada amina. Tente especificar a configuração do estereocentro em (c).

(a) 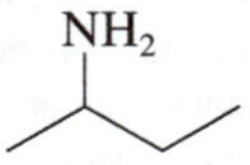 NH_2 estrutura   (b) $H_2N(CH_2)_5NH_2$ (c) 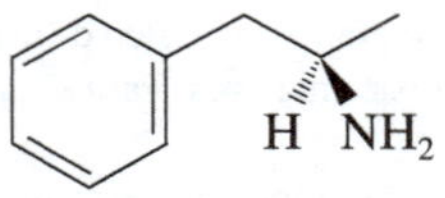 estrutura

Estratégia

A cadeia carbônica principal é a maior que contém o grupo amina.
Numere a cadeia a partir da terminação que resulta no menor número possível para o grupo amina.

Solução

(a) A cadeia principal do alcano tem quatro átomos de carbono, portanto é o butano. O grupo amina está ligado no carbono 2, resultando então no nome Iupac 2-butanamina.
(b) A cadeia carbônica principal tem cinco átomos de carbono, portanto é o pentano. Existem grupos amina nos carbonos 1 e 5, resultando então no nome Iupac 1,5-pentanodiamina. O nome comum dessa diamina é cadaverina, o que deve dar a você um indício de onde ela é encontrada na natureza e qual deve ser seu odor. A cadaverina é um dos produtos finais da decomposição da carne e é muito venenosa.
(c) A cadeia carbônica principal tem três átomos de carbono, portanto é o propano. Para que a estrutura final tenha os menores números possíveis, numere a cadeia pela terminação que contém o grupo fenil como carbono 1 e o grupo amina no carbono 2. As prioridades para a determinação das configurações *R* ou *S* são $NH_2 > C_6H_5CH_2 > CH_3 > H$. O nome sistemático dessa amina é (*R*)-1-fenil-2-propanamina. Essa estrutura corresponde ao enantiômero (*R*) do estimulante anfetamina.

Problema 16.2

Escreva a fórmula estrutural de cada uma das aminas.

(a) 2-metil-1-propanamina   (b) ciclopentanamina   (c) 1,4-butanodiamina

B. Nomes comuns

Os nomes comuns para a maioria das aminas listam os grupos ligados ao nitrogênio em ordem alfabética em uma palavra que termina com o sufixo -**amina**.

Propilamina 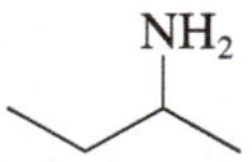   *sec*-butilamina 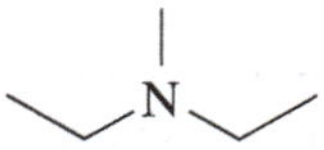   Dietilmetilamina 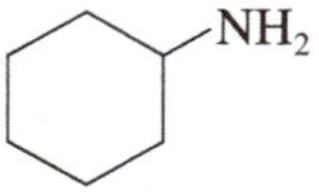   Cicloexilamina

Exemplo 16.3 Nomes comuns para as aminas

Escreva a fórmula estrutural para cada uma das aminas.
(a) Isopropilamina   (b) Cicloexilmetilamina   (c) Trietilamina

Estratégia e solução

Nos nomes comuns, o nome dos grupos ligados ao nitrogênio são listados em ordem alfabética, seguidos pelo sufixo -**amina**.

(a) $(CH_3)_2CHNH_2$ (b) 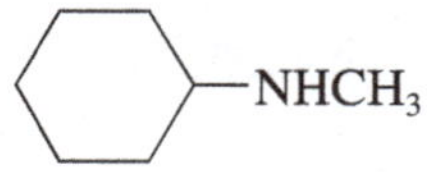 cicloexil-NHCH_3   (c) $(CH_3CH_2)_3N$

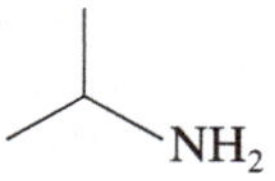

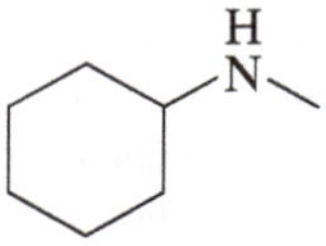

ou

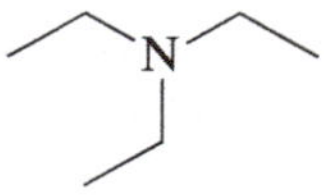

Problema 16.3

Escreva a fórmula de cada amina.
(a) 2-aminoetanol   (b) Difenilamina   (c) Di-isopropilamina

Quando quatro átomos ou grupos de átomos estão ligados ao átomo de nitrogênio, como em NH_4^+ e $CH_3NH_3^+$, o nitrogênio assume uma carga positiva e o composto está associado a um ânion, como em um sal. O composto é nomeado como um sal da correspondente amina. A terminação -**amina** (ou anilina, piridina, ou similares) é substituída por -**amônio** (ou *anilíneo*, *piridíneo*, ou similares), e o nome do ânion (cloreto, acetato e assim em diante para os demais ânions) é adicionado.

$$(CH_3CH_2)_3NH^+Cl^-$$
Cloreto de trietilamônio

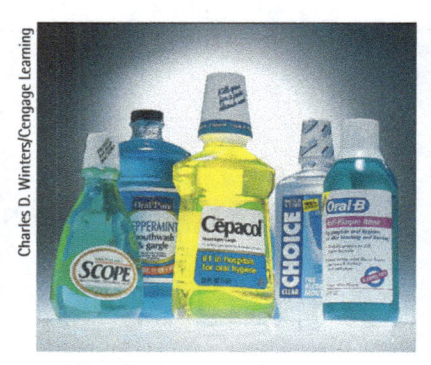

Vários dos incontáveis enxágues bucais disponíveis no mercado contêm cloreto de *N*-alquilpiridíneo como agente antibacteriano.

16.3 Quais são as propriedades físicas das aminas?

Assim como a amônia, aminas com baixa massa molecular apresentam odores intensos e penetrantes. Trietilamina, por exemplo, é o composto responsável pelo odor pungente do peixe podre. Duas outras aminas que apresentam odores pungentes são a 1,4-butanodiamina (putriscina) e a 1,5-pentanodiamina (cadaverina).

Aminas são compostos polares decorrentes da diferença de eletronegatividade entre o nitrogênio e o hidrogênio (3,0 − 2,1 = 0,9). Tanto as aminas primárias como as secundárias têm ligações N—H e podem formar ligações de hidrogênio intermoleculares entre si

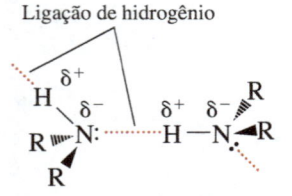

FIGURA 16.1 Ligação de hidrogênio entre duas moléculas de uma amina secundária.

(Figura 16.1). Aminas terciárias não têm um hidrogênio ligado ao nitrogênio, portanto não formam ligações de hidrogênio entre si.

Uma ligação N—H—N é mais fraca que uma ligação O—H—O, pelo fato de a diferença de eletronegatividade entre nitrogênio e hidrogênio (3,0 − 2,1 = 0,9) ser menor que a diferença entre oxigênio e hidrogênio (3,5 − 2,1 = 1,4). Para averiguar o efeito da ligação de hidrogênio entre alcoóis e aminas de comparável massa molecular, compare os pontos de ebulição de etano, metanamina e metanol. O etano é um hidrocarboneto apolar, e as únicas forças atrativas entre suas moléculas são as forças fracas de dispersão de London (Seção 5.7A). Tanto a metanamina como o metanol têm moléculas polares que interagem no estado líquido por intermédio de ligações de hidrogênio. O metanol tem o maior ponto de ebulição dos três compostos, porque a ligação de hidrogênio entre suas moléculas é mais forte que entre as moléculas de metanamina.

	CH_3CH_3	CH_3NH_2	CH_3OH
Massa molecular (u)	30,1	31,1	32,0
Ponto de ebulição (°C)	−88,6	−6,3	65,0

Conexões químicas 16C

Tranquilizantes

A maioria das pessoas se depara com a ansiedade e o estresse em algum período da vida, e cada uma delas desenvolve várias maneiras para enfrentar esses fatores. A estratégia pode envolver meditação, exercícios, psicoterapia ou medicamentos. Uma técnica moderna é usar tranquilizantes, medicamentos que fornecem alívio aos sintomas da ansiedade ou tensão.

Os primeiros tranquilizantes modernos foram derivados de um composto chamado benzodiazepina. O primeiro desses compostos, clorodiazepóxido, mais conhecido como Librium, foi introduzido em 1960 e seguido por dezenas de compostos similares. Diazepam, mais conhecido como Valium, tornou-se um dos medicamentos mais amplamente utilizados entre essas drogas.

Librium, Valium e outros benzodiazepínicos são sedativos/hipnóticos do sistema nervoso central. Como sedativos, eles diminuem a atividade e a excitação, provocando um efeito de calma. Como hipnóticos, eles produzem torpor e sono.

Benzodiazepina   Clorodiazepóxido (Librium)   Diazepam (Valium)

Todas as classes de aminas formam ligações de hidrogênio com a água e são mais solúveis em água do que em hidrocarbonetos de comparável massa molecular. A maioria das aminas de baixa massa molecular é completamente solúvel em água, mas as aminas de alta massa molecular são apenas moderadamente solúveis ou insolúveis em água.

16.4 Como descrevemos a basicidade das aminas?

Como a amônia, as aminas são bases fracas, e as soluções aquosas das aminas, básicas. A seguir é representada a reação ácido-base entre uma amina e a água, e as setas curvas ressaltam que, nessa reação de transferência de prótons (Seção 8.1), o par de elétrons não compartilhado (pares de elétrons livres) do nitrogênio forma uma nova ligação covalente com o hidrogênio e desloca o íon hidróxido.

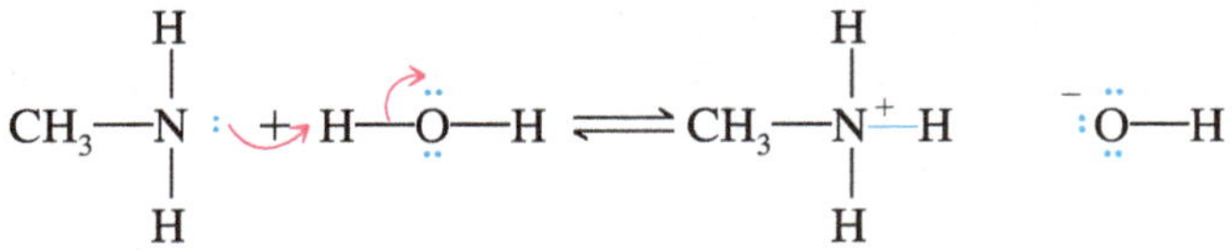

$$CH_3-NH_2 + H-O-H \rightleftharpoons CH_3-NH_2^+-H \quad {}^-O-H$$

Metilamina (uma base) → Hidróxido de metilamônio

A constante de dissociação básica, K_b, para a reação de uma amina com a água tem a forma representada a seguir e é ilustrada aqui para a reação entre a metilamina e água produzindo hidróxido de metilamônio. O pK_b é definido como o logaritmo negativo de K_b.

$$K_b = \frac{[CH_3NH_3^+][OH^-]}{[CH_3NH_2]} = 4{,}37 \times 10^{-4}$$

$$pK_b = -\log 4{,}37 \times 10^{-4} = 3{,}360$$

Todas as aminas alifáticas têm aproximadamente a mesma força básica pK_b 3,0 − 4,0 e são bases ligeiramente mais fortes que a amônia (Tabela 16.1). Aminas aromáticas e aminas aromáticas heterocíclicas (pK_b 8,5 − 9,5) são bases consideravelmente mais fracas que as aminas alifáticas. Um fato adicional sobre a basicidade das aminas: as aminas alifáticas são bases fracas quando comparadas com bases inorgânicas como o NaOH, porém são bases fortes se comparadas com outros compostos orgânicos.

TABELA 16.1 Força básica aproximada das aminas

Classe	pK_b	Exemplo	Nome	
Alifática	3,0 – 4,0	$CH_3CH_2NH_2$	Etanamina	Base mais forte ↑
Amônia	4,74			
Aromática	8,5 – 9,5	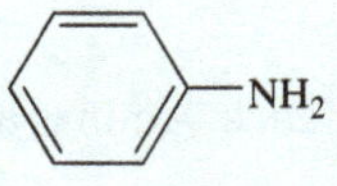 C₆H₅–NH₂	Anilina	Base mais fraca

Por meio da basicidade das aminas, podemos determinar qual forma da amina existe nos corpos fluidos, ou seja, no sangue. Em uma pessoa normal e saudável, o pH do sangue é aproximadamente 7,40, que é ligeiramente básico. Se uma amina alifática for dissolvida no sangue, ela vai estar presente de modo predominante na sua forma protonada ou na forma do ácido conjugado.

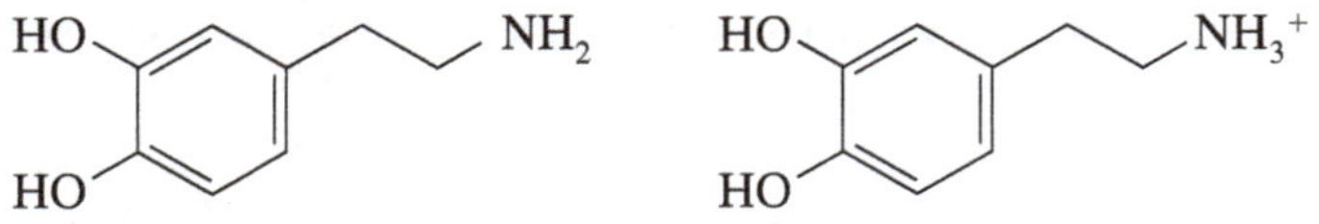

Dopamina — Ácido conjugado da dopamina (a forma predominante no plasma sanguíneo)

Podemos demonstrar que uma amina alifática como a dopamina, quando dissolvida no sangue, está presente de modo predominante na sua forma protonada ou na forma do ácido conjugado da seguinte maneira. Assuma que a amina, RNH_2, tem um pK_b de 3,50 que está dissolvido em sangue com o pH 7,40. Primeiro, escrevemos a constante de dissociação básica para a amina e então resolvemos de forma a obter a razão entre RNH_3^+ e RNH_2.

$$RNH_2 + H_2O \rightleftharpoons RNH_3^+ + OH^-$$

$$K_b = \frac{[RNH_3^+][OH^-]}{[RNH_2]}$$

$$\frac{K_b}{[OH^-]} = \frac{[RNH_3^+]}{[RNH_2]}$$

Agora substituímos os valores apropriados para K_b e [OH⁻] na equação. Por meio do antilog de 3,50, temos um valor de K_b de $3,2 \times 10^{-4}$. O cálculo da concentração de hidróxido requer duas etapas. Primeiro, lembre-se do que foi indicado na Seção 8.8: pH + pOH = 14. Se o pH do sangue é 7,40, então o pOH é 6,60, e a [OH⁻], $2,5 \times 10^{-7}$. Substituindo esses valores na equação, temos uma razão de 1.300 partes de RNH_3^+ para uma parte de RNH_2.

$$\frac{3,2 \times 10^{-4}}{2,5 \times 10^{-7}} = \frac{[RNH_3^+]}{[RNH_2]} = 1.300$$

Como esses cálculos demonstram, no sangue, 99,9% de uma amina alifática está presente em sua forma protonada. Portanto, mesmo que escrevamos a fórmula estrutural da dopamina como a amina livre, ela se encontra presente no sangue em sua forma protonada. É importante perceber, entretanto, que a amina e o íon amônio estão sempre em equilíbrio, então alguma forma deprotonada está presente em solução.

As aminas aromáticas, de forma contrastante, são bases consideravelmente mais fracas que as aminas alifáticas e estão presentes no sangue de modo preponderante na forma deprotonada. Quando adotamos o mesmo tipo de cálculo para uma amina aromática, $ArNH_2$, com pK_b de aproximadamente 10, constatamos que mais de 99,0% da amina se encontra em sua forma deprotonada ($ArNH_2$).

Exemplo 16.4 Basicidade das aminas

Selecione a base mais forte em cada par de aminas.

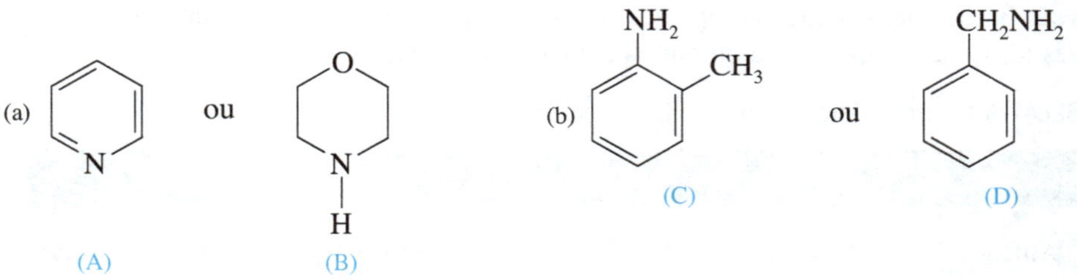

Estratégia

Determine se a amina é aromática ou alifática. Aminas alifáticas são bases mais fortes que aminas aromáticas.

Solução

(a) A morfolina (B), uma amina alifática secundária, é a base mais forte. A piridina (A), uma amina aromática heterocíclica, é a base mais fraca.

(b) A benzilamina (D), uma amina alifática primária, é a base mais forte. Mesmo contendo um anel aromático, ela não é uma amina aromática porque o nitrogênio não se encontra ligado ao anel aromático. A *o*-toluidina (C), uma amina aromática primária, é a base mais fraca.

Problema 16.4

Selecione a base mais forte em cada par de aminas.

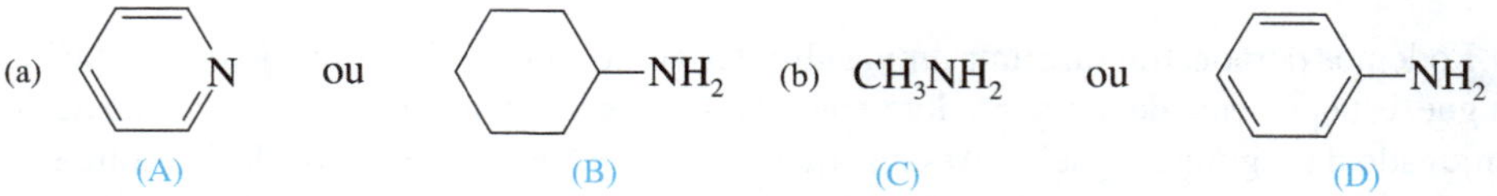

16.5 Quais são as reações características das aminas?

A propriedade química mais importante das aminas é a sua basicidade. Aminas, sejam solúveis ou insolúveis em água, reagem quantitativamente com ácidos fortes, formando sais aquossolúveis, como ilustrado pela reação de (R)-norepinefrina (noradrenalina) com HCl aquoso para formar um cloridrato.

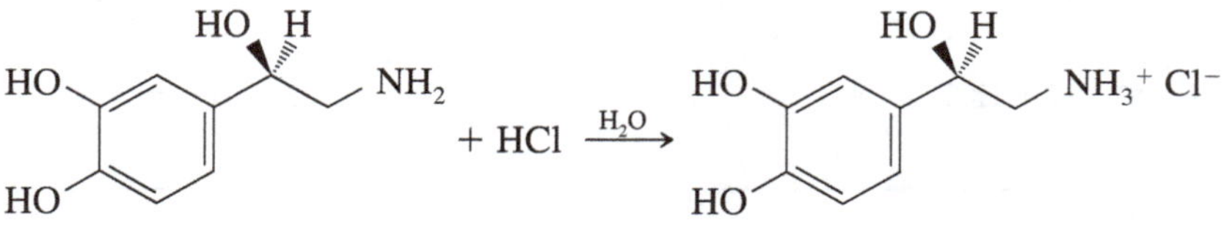

(R)-norepinefrina
(apenas ligeiramente solúvel em água)
+ HCl →(H₂O)→ Cloridrato de (R)-norepinefrina
(um sal solúvel em água)

Conexões químicas 16D

A solubilidade das drogas em corpos fluidos

Várias drogas tem "•HCl" ou algum outro ácido como parte de sua fórmula química e ocasionalmente como parte de seu nome genérico. De modo invariável, trata-se de aminas que são insolúveis nos corpos fluidos aquosos, como o plasma sanguíneo e o fluido cerebroespinhal. Para a droga administrada ser absorvida e carregada pelos corpos fluidos, ela precisa ser tratada com um ácido para formar um sal de amônio aquossolúvel. A metadona, um analgésico narcótico, é negociada no mercado na forma do cloridrato aquossolúvel. A novacaína, um dos primeiros anestésicos locais, é o cloridrato da procaína.

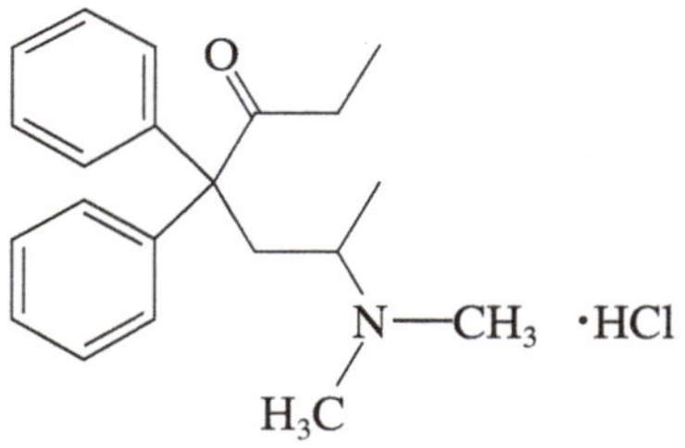

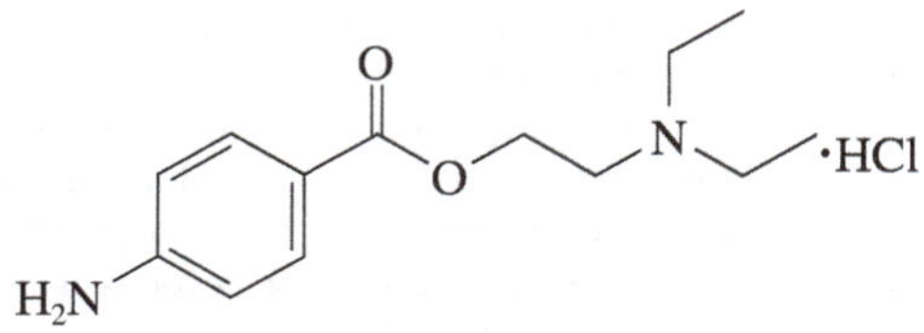

Procaína •HCl
(Novacaína, um anestésico local)

Além do aumento da solubilidade em água, existe outra razão para preparar essas e outras drogas de amino-compostos na forma de sais. As aminas são muito suscetíveis à oxidação e à decomposição pelo oxigênio atmosférico com a consequente perda da atividade biológica. Os sais das aminas, comparativamente, são muito menos suscetíveis à oxidação, mantendo sua eficácia por muito mais tempo.

Metadona •HCl

Exemplo 16.5 Basicidade das aminas

Complete a equação para cada reação ácido-base e nomeie o sal formado.

(a) $(CH_3CH_2)_2NH + HCl \longrightarrow$

(b) 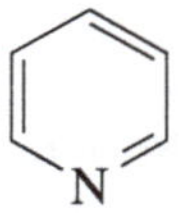 [piridina] $+ CH_3COOH \longrightarrow$

Estratégia

Cada reação ácido-base envolve a transferência de um próton do ácido para o grupo amina (uma base). O produto é denominado um sal de amônio.

Solução

(a) $(CH_3CH_2)_2NH_2^+Cl^-$
Cloreto de dietilamônio

(b) 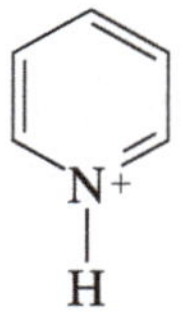 [piridínio-H⁺] CH_3COO^-
Acetato de piridíneo

Problema 16.5

Complete a equação para cada reação ácido-base e nomeie o sal formado.

(a) $(CH_3CH_2)_3N + HCl \longrightarrow$

(b) [piperidina] $NH + CH_3COOH \longrightarrow$

Conexões químicas 16E

Epinefrina: um protótipo para o desenvolvimento de novos broncodilatadores

A epinefrina foi primeiramente isolada em sua forma pura em 1897 e sua estrutura determinada em 1901. Ela ocorre na glândula adrenal (daí vem o nome usual adrenalina) como um único enantiômero com a configuração R em seu estereocentro. Epinefrina é comumente referida como uma catecolamina: o nome usual do 1,2-di-hidroxibenzeno é catecol (Seção 13.14A), e aminas contendo um anel de benzeno com grupos *orto*-hidróxi são chamadas catecolaminas.

Logo após seu isolamento e identificação, foi constatado que a epinefrina é um vasoconstritor, um broncodilatador e um estimulante cardíaco. O fato de ela possuir esses três efeitos principais estimulou a realização de pesquisas para desenvolver compostos que são ainda mais broncodilatadores que a epinefrina, mas que, ao mesmo tempo, não apresentem os efeitos de estimulação cardíaca e de vasoconstrição presentes na epinefrina.

Depois de a epinefrina se tornar comercialmente disponível, ela emergiu como um importante tratamento para a asma e a rinite alérgica.

um grupo —OCH_3. Uma estratégia para evitar essa inativação catalisada por enzima foi substituir a unidade de catecol por uma outra unidade que permitisse que a droga se ligasse ao receptor catecolamina nos brônquios, mas não fosse inativada pela enzima.

Na terbutalina, a inativação é prevenida colocando o grupo —OH em *meta* no anel aromático. Adicionalmente, o grupo isopropil do isoproterenol é substituído por um grupo *terc*-butil. No albuterol (Proventil), a medicação antiasma comercialmente mais bem-sucedida, um grupo —OH da unidade catecol é substituída por um grupo —CH_2OH, e o grupo isopropil é substituído por um grupo *terc*-butil. Quando a terbutalina e o albuterol foram introduzidos na medicina clínica nos anos 1960, eles quase que imediatamente substituíram o isoproterenol como a droga de escolha para os ataques de asma. O enantiômero R do albuterol é 68 vezes mais efetivo no tratamento da asma que o enantiômero S.

Epinefrina

Terbutalina

(R)-isoproterenol

(R)-albuterol

Uma das mais importantes entre as primeiras catecolaminas sintéticas foi o isoproterenol, o enantiômero levorrotatório que retém o efeito broncodilatador da epinefrina, mas está isento do efeito de estimulação cardíaca da epinefrina. Em 1951, introduziu-se, na medicina clínica, o (R)-isoproterenol que foi, nas próximas duas décadas, a droga de escolha para o tratamento de ataques de asma. Vale mencionar que o cloridrato do (R)-isoproterenol é um descongestionante nasal.

Um problema com as primeiras catecolaminas (e com a própria epinefrina) é que elas são inativadas por uma reação catalisada por enzima que converte um dos dois grupos —OH da unidade de catecol em

Na busca de broncodilatadores de longa duração, os cientistas inferiram que, se aumentassem a cadeia lateral na qual se encontra o nitrogênio, poderiam fortalecer a ligação da droga aos adrenorreceptores nos pulmões, o que consequentemente aumentaria a duração da ação da droga. Essa linha de raciocínio levou à síntese e à introdução do salmeterol, um broncodilatador que é aproximadamente dez vezes mais potente que o albuterol e possui uma ação muito mais prolongada.

Salmeterol

A basicidade das aminas e a solubilidade dos sais das aminas em água nos fornecem uma maneira de separar aminas que são insolúveis em água de compostos que não são básicos e também insolúveis em água. A Figura 16.2 é um fluxograma que representa a separação da anilina do cicloexanol, um composto neutro.

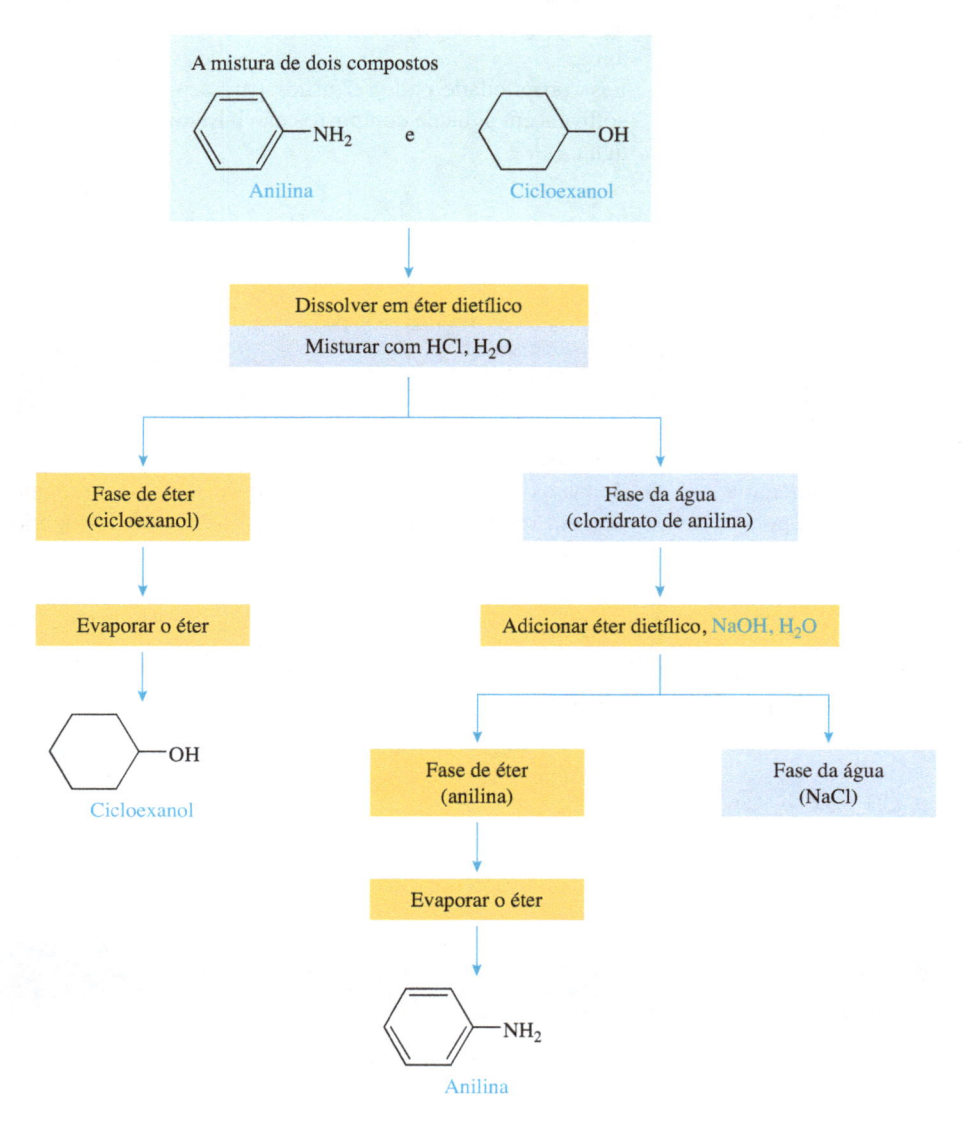

FIGURA 16.2 Separação e purificação de uma amina e um composto neutro.

Resumo das questões-chave

Seção 16.1 O que são aminas?

- Aminas são classificadas como **primárias**, **secundárias** ou **terciárias**, o que vai depender do número de átomos de carbono ligados ao nitrogênio.
- Nas **aminas alifáticas**, todos os carbonos ligados ao nitrogênio são derivados de grupos alquila.
- Nas **aminas aromáticas**, um ou mais grupos ligados ao nitrogênio são grupos arila.
- Nas **aminas heterocíclicas**, o átomo de nitrogênio faz parte de um anel.

Seção 16.2 Qual é a nomenclatura das aminas?

- Na nomenclatura Iupac, as aminas alifáticas são nomeadas mudando o final **-o** da cadeia principal do alcano para **-amina** e usando um número para localizar o grupo amina na correspondente cadeia.
- No sistema usual de nomenclatura, as aminas alifáticas são nomeadas listando em ordem alfabética os grupos carbônicos ligados ao nitrogênio e a palavra termina com o sufixo **-amina**.

Seção 16.3 Quais são as propriedades físicas das aminas?

- As aminas são compostos polares, e as aminas primárias e secundárias formam entre si ligações de hidrogênio.
- Todas as classes de aminas formam ligações de hidrogênio com a água e são mais solúveis que os hidrocarbonetos de comparável massa molecular.

Seção 16.4 Como descrevemos a basicidade das aminas?

- Aminas são bases fracas, e soluções aquosas das aminas são básicas.
- A constante de ionização básica de uma amina em água é denotada pelo símbolo K_b.
- Aminas alifáticas são bases mais fortes que as aminas aromáticas.

Seção 16.5 Quais são as reações características das aminas?

- Todas as aminas, tanto as solúveis como as insolúveis em água, reagem com ácidos fortes, formando sais solúveis em água.
- Essa propriedade pode ser usada para separar aminas insolúveis em água de compostos não básicos insolúveis em água.

Resumo das reações fundamentais

1. Basicidade das aminas alifáticas (Seção 16.4)
A maioria das aminas alifáticas tem aproximadamente a mesma basicidade (pK_b 3,0 – 4,0), e as bases são um pouco mais fortes que a amônia (pK_b 4,74).

$$CH_3NH_2 + H_2O \rightleftharpoons CH_3NH_3^+ + OH^- \quad pK_b = 3,36$$

2. Basicidade das aminas aromáticas (Seção 16.4)
A maioria das aminas aromáticas (pK_b 9,0 – 10,0) tem bases consideravelmente mais fracas que a amônia e as aminas alifáticas.

$$C_6H_5-NH_2 + H_2O \rightleftharpoons C_6H_5-NH_3^+ + OH^- \quad pK_b = 9,36$$

3. Reações com ácidos (Seção 16.5)
Todas as aminas, sejam solúveis ou insolúveis em água, reagem quantitativamente com ácidos fortes, formando sais aquossolúveis.

C$_6$H$_5$–N(CH$_3$)$_2$ + HCl ⟶ C$_6$H$_5$–N$^+$H(CH$_3$)$_2$ Cl$^-$

Insolúvel em água → Um sal solúvel em água

Problemas

Seção 16.1 O que são aminas?

16.6 Qual é a diferença estrutural entre uma amina alifática e uma aromática?

16.7 De que maneira a piridina e a pirimidina são relacionadas com o benzeno?

Seção 16.2 Qual é a nomenclatura das aminas?

16.8 Indique se a afirmação é verdadeira ou falsa.
  (a) No sistema Iupac, as aminas alifáticas primárias são nomeadas como alcanaminas.
  (b) O nome Iupac de CH$_3$CH$_2$CH$_2$CH$_2$CH$_2$NH$_2$ é 1-pentilamina.
  (c) A 2-butanamina é quiral e apresenta enantiomerismo.
  (d) A *N,N*-dimetilanilina é uma amina aromática terciária.

16.9 Desenhe a fórmula estrutural de cada uma das aminas.
  (a) 2-butanamina
  (b) 1-octanamina
  (c) 2,2-dimetil-1-propanamina
  (d) 1,5-pentanodiamina
  (e) 2-bromoanilina
  (f) Tributilamina

16.10 Classifique cada grupo amina como primário, secundário ou terciário, e se é alifático ou aromático.

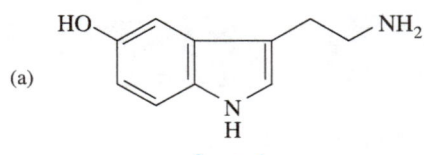

(a) Serotonina (um neurotransmissor)

(b) Benzocaína (um anestésico tópico)

(c) Difenidramina
(o cloridrato é o anti-histamínico Benadril)

(d) Cloroquina
(uma droga antimalária)

16.11 Existem oito isômeros constitucionais de fórmula molecular $C_4H_{11}N$.
(a) Nomeie e desenhe a fórmula estrutural de cada uma dessas aminas.
(b) Classifique cada amina como primária, secundária ou terciária.
(c) Quais são quirais?

16.12 Existem oito aminas primárias com a fórmula molecular $C_5H_{13}N$.
(a) Nomeie e desenhe a fórmula estrutural de cada uma dessas aminas.
(b) Quais são quirais?

Seção 16.3 Quais são as propriedades físicas das aminas?

16.13 Indique se a afirmação é verdadeira ou falsa.
(a) A ligação de hidrogênio entre aminas secundárias é mais forte que entre alcoóis secundários.
(b) Aminas primárias e secundárias geralmente têm maiores pontos de ebulição que os hidrocarbonetos de comparável esqueleto carbônico.
(c) O ponto de ebulição das aminas aumenta com o aumento de sua massa molecular.

16.14 Propilamina (p.e. 48 °C), etilmetilamina (p.e. 37 °C) e trietilamina (p.e. 3 °C) são isômeros constitucionais com fórmula molecular C_3H_9N. Explique por que a trietilamina tem o menor ponto de ebulição e a propilamina apresenta o maior ponto de ebulição entre as três aminas

16.15 Explique por que a 1-butanamina (p.e. 78 °C) tem um menor ponto de ebulição que o 1-butanol (pe 117 °C).

16.16 O 2-metilpropano (p.e. −12 °C), o 2-propanol (p.e. 82 °C) e a 2-propanamina (p.e. 32 °C) têm aproximadamente a mesma massa molecular, embora seus pontos de ebulição sejam bem diferentes. Explique essas diferenças.

16.17 Explique por que a maioria das aminas de baixa massa molecular é muito solúvel em água, enquanto os hidrocarbonetos de baixa massa molecular não são solúveis em água.

Seção 16.4 Como descrevemos a basicidade das aminas?

16.18 Indique se a afirmação é verdadeira ou falsa.
(a) Soluções aquosas de aminas são básicas.
(b) Aminas aromáticas, como a anilina, em geral são bases mais fracas que as aminas alifáticas, como a cicloexanamina.
(c) Aminas alifáticas são bases mais fortes que as bases inorgânicas, tais como NaOH e KOH.
(d) Aminas aquoinsolúveis reagem com ácidos fortes aquosos, como o HCl, para formar sais solúveis em água.
(e) Se o pH de uma solução aquosa de uma amina alifática primária, RNH_2, for ajustado para pH 2,0 pela adição de HCl concentrado, a amina vai estar presente em solução quase que inteiramente na forma de seu ácido conjugado, RNH_3^+.
(f) Se o pH de uma solução aquosa de uma amina alifática primária, RNH_2, for ajustado para pH 10,0 pela adição de NaOH concentrado, a amina vai estar presente em solução quase que inteiramente na forma de base livre, RNH_2.
(g) Para uma amina alifática primária, as concentrações de RNH_3^+ e RNH_2 vão ser iguais quando o pH da solução é igual ao pK_b da amina.

16.19 Compare a basicidade das aminas com a dos alcoóis.

16.20 Escreva a fórmula estrutural para cada sal de amina.
(a) Hidróxido de etiltrimetilamônio
(b) Iodeto de dimetilamônio
(c) Cloreto de tetrametilamônio
(d) Brometo de anilíneo

16.21 Nomeie estes sais de amina.
(a) $CH_3CH_2NH_3^+Cl^-$
(b) $(CH_3CH_2)_2NH_2^+Cl^-$
(c) ⌬—$NH_3^+HSO_4^-$

16.22 Para cada par de aminas, indique a base mais forte.
(a) piperidina ou piridina
(b) cicloexil-$N(CH_3)_2$ ou fenil-$N(CH_3)_2$

(c) [estrutura: C₆H₅–NHCH₃] ou [estrutura: C₆H₅–CH₂NH₂]

16.23 O pK_b da anfetamina é aproximadamente 3,2.

Anfetamina

(a) Que forma da anfetamina (a base ou o seu ácido conjugado) deveria estar presente em pH 1,0, o pH do estômago?
(b) Que forma da anfetamina deveria estar presente em pH 7,40, o pH do plasma sanguíneo?

Seção 16.5 Quais são as reações características das aminas?

16.24 Suponha que você tenha dois tubos de ensaio – um contendo 2-metilcicloexanol e outro contendo 2-metilcicloexamina (ambos são insolúveis em água) – e não saiba qual dos tubos contém cada uma das substâncias. Descreva um teste químico simples que poderia dizer qual composto é a amina e qual é o álcool.

16.25 Complete as equações para as seguintes reações ácido-base.

(a) CH_3COOH + Piridina ⟶
     Ácido acético

(b) 1-fenil-2-propanamina (Anfetamina) + HCl ⟶

(c) Metanfetamina + H_2SO_4 ⟶

16.26 Piridoxamina é uma forma da vitamina B_6.

Piridoxamina (Vitamina B_6)

(a) Qual átomo de nitrogênio da piridoxamina é a base mais forte?
(b) Desenhe a fórmula estrutural para o sal formado quando a piridoxamina é tratada com um mol de HCl.

16.27 Vários tumores de seio estão correlacionados com os níveis de estrógeno no corpo. Drogas que interferem com a ligação de estrógeno têm atividade antitumor e podem até ajudar a prevenir a ocorrência do tumor. Uma droga antiestrógeno amplamente utilizada é o **tamoxifeno**.

Tamoxifeno

(a) Nomeie os grupos funcionais presentes no tamoxifeno.
(b) Classifique o grupo amina no tamoxifeno como primário, secundário ou terciário.
(c) Quantos estereoisômeros são possíveis levando-se em consideração a estrutura do tamoxifeno?
(d) O tamoxifeno é solúvel ou insolúvel em água? E no sangue?

Conexões químicas

16.28 (Conexões químicas 16A) Quais são as diferenças estruturais entre o hormônio natural epinefrina (ver "Conexões químicas 16E") e o estimulante sintético anfetamina? Quais são as diferenças entre anfetamina e metanfetamina?

16.29 (Conexões químicas 16A) Quais são os possíveis efeitos negativos do uso de anfetaminas ilegais como a metanfetamina?

16.30 (Conexões químicas 16B) O que é um alcaloide? A sua basicidade pode ser verificada utilizando o indicador tornassol?

16.31 (Conexões químicas 16B) Identifique todos os estereoisômeros na coniina e nicotina. Quantos estereoisômeros são possíveis para cada composto?

16.32 (Conexões químicas 16B) Qual dos dois nitrogênios na nicotina é convertido no correspondente sal pela reação com um mol de HCl? Desenhe a fórmula estrutural para esse sal.

16.33 (Conexões químicas 16B) A cocaína apresenta quatro estereocentros. Identifique cada um deles. Desenhe a fórmula estrutural para o sal formado pelo tratamento da cocaína com um mol de HCl.

16.34 (Conexões químicas 16C) Qual é o aspecto estrutural comum para todas as benzodiazepinas?

16.35 (Conexões químicas 16C) Librium é quiral? Valium é quiral?

16.36 (Conexões químicas 16C) As benzodiazepinas afetam os caminhos neurais no sistema nervoso central que são mediados por GABA, cujo nome Iupac é ácido 4-aminobutanoico. Desenhe a fórmula estrutural do GABA.

16.37 (Conexões químicas 16D) Suponha que você tenha visto esta informação em um rótulo de um descongestionante: fenilefrina • HCl. Você ficaria preocupado de ser exposto a um ácido forte como o HCl? Explique.

16.38 (Conexões químicas 16D) Mencione duas razões pelas quais drogas contendo aminas são mais comumente administradas como os seus respectivos sais.

16.39 (Conexões químicas 16E) Classifique cada grupo amina na epinefrina e no albuterol como primária, secundária ou terciária. Liste também as diferenças e as similaridades entre as fórmulas estruturais desses dois compostos.

Problemas adicionais

16.40 Desenhe a fórmula estrutural para o composto com a fórmula molecular indicada:
(a) Uma amina aromática secundária, C_7H_9N
(b) Uma amina aromática terciária, $C_8H_{11}N$
(c) Uma amina alifática primária, C_7H_9N
(d) Uma amina primária quiral, $C_4H_{11}N$
(e) Uma amina terciária heterocíclica, $C_5H_{11}N$
(f) Uma amina aromática primária trissubstituída, $C_9H_{13}N$
(g) Um sal de amônio quaternário quiral, $C_9H_{22}NCl$

16.41 Ordene estes três compostos em ordem decrescente de suas tendências em formar ligações de hidrogênio intermoleculares: CH_3OH, CH_3SH e $(CH_3)_2NH$.

16.42 Considere estes três compostos: CH_3OH, CH_3SH e $(CH_3)_2NH$.
(a) Qual é o ácido mais forte?
(b) Qual é a base mais forte?
(c) Qual possui o maior ponto de ebulição?
(d) Qual forma as ligações de hidrogênio intermoleculares mais fortes no estado puro?

16.43 Arranje estes compostos em ordem crescente de seus pontos de ebulição: $CH_3CH_2CH_2CH_3$, $CH_3CH_2CH_2OH$ e $CH_3CH_2CH_2NH_2$. Os valores dos pontos de ebulição do menor para o maior são −0,5 °C, 7,2 °C e 77,8 °C.

16.44 Explique por que as aminas apresentam aproximadamente a mesma solubilidade em água que os alcoóis de massa molecular similar.

16.45 O composto cloridrato de fenilpropanolamina é usado como um descongestionante e um anoréxico. O nome desse composto é 1-fenil-2-amino-1-propanol.
(a) Desenhe a fórmula estrutural do 1-fenil-2-amino-1-propanol.
(b) Quantos estereocentros estão presentes nessa molécula? Quantos estereoisômeros são possíveis para esse composto?

16.46 Várias plantas venenosas, como a *Atropa belladonna*, contêm o alcaloide atropina. O termo *belladonna* (que significa "mulher bonita") provavelmente deriva do fato que as mulheres romanas usavam extratos dessa planta para se mostrarem mais atrativas. A atropina é amplamente usada pelos oftalmologistas e optometristas para dilatar as pupilas para o exame ocular.

Atropina

(a) Classifique o grupo amina na atropina como primário, secundário ou terciário.
(b) Localize todos os estereocentros na atropina.
(c) Explique por que a atropina é quase insolúvel em água (1 g em 455 mL de água fria), mas o **hidrogenossulfato** de atropina é muito solúvel (1 g em 5 mL de água fria).
(d) Explique por que soluções aquosas de atropina são básicas (pH de aproximadamente 10,0).

16.47 A **epibatadina**, um óleo incolor isolado da pele de um sapo equatoriano venenoso, o *Epipedobates tricolor*, tem uma potência analgésica várias vezes maior que a morfina. A epibatadina é o primeiro não opioide analgésico (não apresenta estrutura similar à morfina) contendo cloro que foi isolado de fontes naturais.
(a) Qual dos dois átomos de nitrogênio na epibatadina é a base mais forte?
(b) Assinale os três estereocentros nesta molécula.

Epibatadina

16.48 A seguir, são mostradas duas fórmulas estruturais para o ácido 4-aminobutanoico, que é um neurotransmissor. Esse composto é mais bem representado pela fórmula estrutural (A) ou (B)? Explique.

(A)   ou   (B)

16.49 A alanina, $C_3H_7O_2N$, é um dos 20 aminoácidos constituintes das proteínas (Capítulo 22). Ela contém um grupo amina primário (—NH_2) e um grupo carboxila (—COOH) e tem um estereocentro. Com base nessas informações, escreva a fórmula estrutural da alanina.

Aldeídos e cetonas

17

O benzaldeído é encontrado na polpa de amêndoas amargas, e o cinamaldeído, nos óleos de canela-da-china e canela-do-ceilão.

Questões-chave

17.1 O que são aldeídos e cetonas?

17.2 Qual é a nomenclatura de aldeídos e cetonas?

17.3 Quais são as propriedades físicas de aldeídos e cetonas?

17.4 Quais são as reações características de aldeídos e cetonas?

17.5 O que é tautomerismo cetoenólico?

17.1 O que são aldeídos e cetonas?

Neste e nos próximos três capítulos, vamos estudar as propriedades físicas e químicas de compostos que contêm o **grupo carbonila**, $C=O$. Pelo fato de estar presente em aldeídos, cetonas e ácidos carboxílicos e seus derivados, assim como em carboidratos, o grupo carbonila é um dos mais importantes grupos funcionais em química orgânica. Suas propriedades químicas são simples, e um entendimento de suas reações características nos conduz facilmente à compreensão de uma ampla variedade de reações orgânicas e bioquímicas.

O grupo funcional de um **aldeído** é um grupo carbonila ligado a um átomo de hidrogênio (Seção 10.4C). No metanal, o aldeído mais simples, o grupo carbonila está ligado a dois átomos de hidrogênio. Em outros aldeídos, o grupo carbonila está ligado a um átomo de hidrogênio e a um átomo de carbono. O grupo funcional de uma **cetona** é um grupo carbonila ligado a dois átomos de carbono (Seção 10.4C). A acetona é a cetona mais simples.

Metanal (Formaldeído), Etanal (Acetaldeído), Propanona (Acetona)

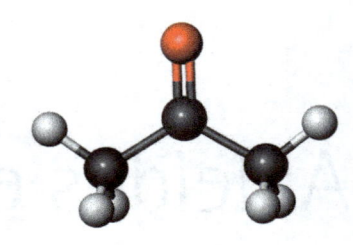

Pelo fato de os aldeídos sempre conterem ao menos um hidrogênio ligado ao grupo C=O, eles são frequentemente escritos da seguinte forma: RCH=O ou RCHO. Por sua vez, as cetonas são frequentemente escritas como RCOR'.

17.2 Qual é a nomenclatura de aldeídos e cetonas?

A. Nomes Iupac

Os nomes Iupac para aldeídos e cetonas seguem o padrão de selecionar a cadeia principal do alcano de cadeia mais longa que contém o grupo funcional (Seção 11.3A). Para nomear um aldeído, substituímos o sufixo -*o* da cadeia principal do alcano por -*al*. Como o grupo carbonila de um aldeído aparece somente no fim da cadeia, a numeração deve começar pelo carbono 1, e não há a necessidade de usar um número para especificar o grupo aldeído.

Para os **aldeídos insaturados**, a presença da dupla ligação carbono-carbono e a existência da função aldeído são indicadas substituindo a terminação do nome da cadeia principal do alcano de -*ano* por -*enal*: "-en-" para designar a dupla ligação carbono-carbono e "-al" para designar o aldeído. A localização da dupla ligação carbono-carbono é mostrada pelo número do seu primeiro carbono na cadeia.

Hexanal   3-metilbutanal   2-propenal (Acroleína)

No sistema Iupac, nomeiam-se as cetonas selecionando a cadeia principal do alcano de cadeia mais longa que contém o grupo carbonila, e então é indicada a presença desse grupo substituindo o -*o* da cadeia principal do alcano por -*ona*. A cadeia é numerada na direção que resulta no menor número para o carbono da carbonila. Enquanto o nome sistemático da cetona mais simples é 2-propanona, o sistema Iupac conserva o nome mais comum: acetona.

Acetona   5-metil-3-hexanona   2-metilcicloexanona

Exemplo 17.1 Nomes Iupac para aldeídos e cetonas

Escreva os nomes Iupac para cada composto.

(a) (b) (c)

Aldeídos e cetonas ■ 419

Estratégia e solução

(a) A cadeia mais longa tem seis carbonos, mas a cadeia mais longa que contém o carbono da carbonila possui somente cinco carbonos. Portanto, o nome Iupac é 2-etil-3--metilpentanal.

(a) 2-etil-3-metilpentanal

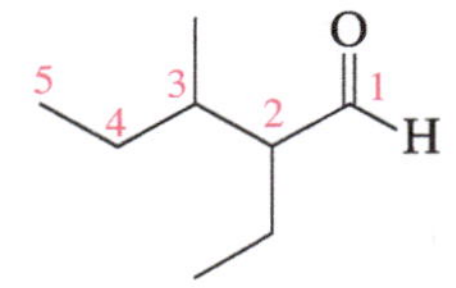

(b) Numere o anel de seis membros começando pelo carbono da carbonila. O nome Iupac é 3,3-dimetilcicloexanona.
(c) Essa molécula é derivada do benzaldeído. O seu nome Iupac é 2-etilbenzaldeído.

Problema 17.1

Escreva os nomes Iupac para cada composto.

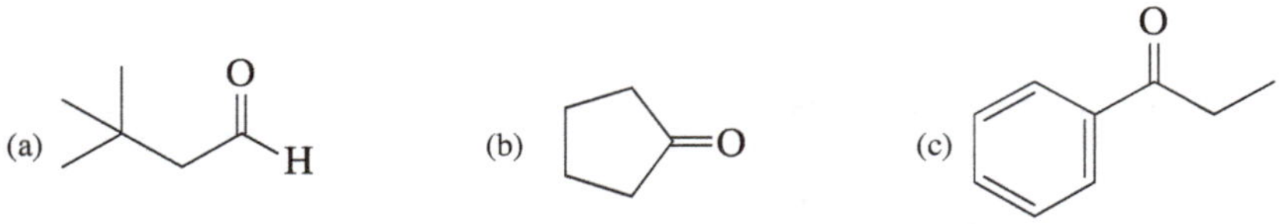

Exemplo 17.2 Fórmulas estruturais para cetonas

Escreva as fórmulas estruturais para todas as cetonas de fórmula molecular $C_6H_{12}O$ e os nomes Iupac para cada uma delas. Quais são quirais?

Estratégia e solução

Existem seis cetonas com essa fórmula molecular: duas com uma cadeia de seis carbonos, três com uma cadeia de cinco carbonos e uma ramificação metila, e uma com uma cadeia de quatro carbonos e duas ramificações metila. Somente a 3-metil-2-pentanona tem um estereocentro e é quiral.

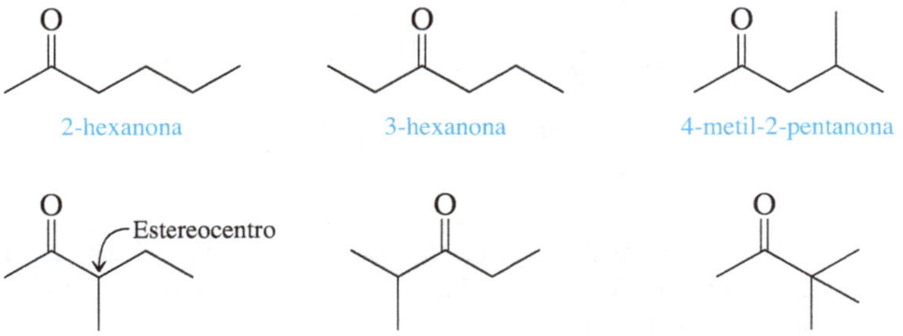

2-hexanona   3-hexanona   4-metil-2-pentanona

3-metil-2-pentanona   2-metil-3-pentanona   3,3-dimetil-2-butanona

Problema 17.2

Escreva as fórmulas estruturais para todos os aldeídos de fórmula molecular $C_6H_{12}O$ e os nomes Iupac para cada uma delas. Quais são quirais?

Quando se nomeiam aldeídos e cetonas que também contêm um grupo —OH ou —NH$_2$ em qualquer parte da molécula, a cadeia principal é numerada de forma a resultar no menor número para o grupo carbonila. Um substituinte —OH é indicado por *hidróxi*, e um substituinte —NH$_2$, por *amino*. Os substituintes hidróxi e amino são numerados e colocados em ordem alfabética com qualquer outro substituinte presente no composto.

Exemplo 17.3 — Denominação de aldeídos e cetonas bifuncionais

Escreva os nomes Iupac para cada composto.

(a) [estrutura: 4-metil-3-hidroxipentanal]   (b) [estrutura: 3-amino-4-etil-2-hexanona]

Estratégia e solução

(a) Numeramos a cadeia principal começando com CHO como o carbono 1. Existe um grupo hidroxila no carbono 3 e um grupo metila no carbono 4. O nome Iupac desse composto é 3-hidróxi-4-metilpentanal. Observe que esse hidroxialdeído é quiral e pode existir como um par de enantiômeros.

(b) A maior cadeia que contém a carbonila apresenta seis carbonos; o grupo carbonila está no carbono 2 e o grupo amina está no carbono 3. O nome Iupac desse composto é 3-amino-4-etil-2-hexanona. Observe que essa cetoamina também é quiral e pode existir como um par de enantiômeros.

Problema 17.3

Escreva o nome Iupac para cada composto.

(a) CH$_2$CHCH com OH OH e grupo C=O
(b) benzeno com CHO e NH$_2$ em orto
(c) H$_2$N–CH$_2$CH$_2$CH$_2$–C(=O)–CH$_3$

B. Nomes comuns

Derivamos o nome comum de um aldeído do nome comum do correspondente ácido carboxílico. A palavra "ácido" é excluída, e o sufixo -*ico* ou -*oico*, substituído por -*aldeído*. Como ainda não estudamos os nomes comuns dos ácidos carboxílicos, não temos condições de discutir os nomes comuns para os aldeídos. Entretanto, podemos ilustrar como os nomes são derivados em relação a dois nomes comuns com os quais você já está familiarizado. O nome formaldeído é derivado de ácido fórmico, e acetaldeído, de ácido acético.

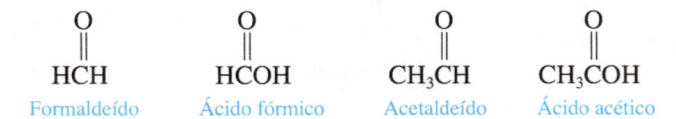

$$\underset{\text{Formaldeído}}{\text{HCH}} \quad \underset{\text{Ácido fórmico}}{\text{HCOH}} \quad \underset{\text{Acetaldeído}}{\text{CH}_3\text{CH}} \quad \underset{\text{Ácido acético}}{\text{CH}_3\text{COH}}$$

(cada uma com C=O)

Derivamos os nomes comuns das cetonas nomeando o grupo alquila ou arila ligado ao grupo carbonila como uma palavra separada, seguido pela palavra "cetona". Os grupos alquila ou arila são elencados na ordem crescente de massa molecular.

Etil isopropil cetona   Metil etil cetona   Bicicloexil cetona

A 2-butanona, mais conhecida como metil etil cetona, é usada como solvente de tintas e vernizes.

Conexões químicas 17A

Alguns aldeídos e cetonas que ocorrem na natureza

Benzaldeído
(óleo de amêndoas)

Cinamaldeído
(óleo de canela)

Citronela
(óleos de citronela, no limão e capim-limão)

Muscona
(almíscar usado em perfumes)

Vanilina
(semente da baunilha)

β-ionona
(nas violetas)

17.3 Quais são as propriedades físicas de aldeídos e cetonas?

O oxigênio é mais eletronegativo que o carbono (3,5 comparado com 2,5, ver Tabela 3.5). Portanto, uma dupla ligação carbono-oxigênio é polar: o oxigênio com uma carga negativa parcial e o carbono com uma carga positiva parcial (Figura 17.1).

Em aldeídos e cetonas líquidos, a atração intermolecular ocorre entre a carga parcial positiva no carbono carbonílico de uma molécula e a carga parcial negativa no oxigênio carbonílico de outra molécula. Não há a possibilidade de ligação de hidrogênio forte entre moléculas de aldeído ou cetona, o que explica por que esses compostos têm pontos de ebulição menores que os alcoóis (Seção 14.1C) e os ácidos carboxílicos (Seção 18.3D), compostos nos quais ocorrem as ligações de hidrogênio.

A Tabela 17.1 lista as fórmulas estruturais e os pontos de ebulição de seis compostos de massa molecular similar. Entre eles, pentano e éter dietílico têm os menores pontos de ebulição. O ponto de ebulição do 1-butanol, o qual pode se associar através da formação de ligações de hidrogênio intermoleculares, é mais alto que o do butanal ou da 2-butanona. O ácido propanoico, em que as ligações de hidrogênio são as mais fortes, tem o ponto de ebulição mais alto.

Pelo fato de o átomo de oxigênio de cada carbonila ser um aceptor de ligações de hidrogênio, os aldeídos e as cetonas de baixa massa molecular são mais solúveis em água do que em solventes apolares de comparável massa molecular.

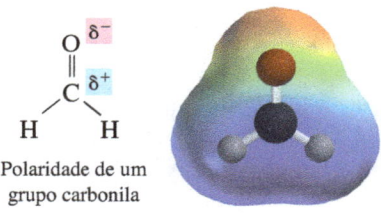

FIGURA 17.1 Polaridade de um grupo carbonila. O oxigênio carbonílico possui uma carga parcial negativa e o carbono carbonílico apresenta uma carga parcial positiva.

TABELA 17.1 Pontos de ebulição de seis compostos de comparável massa molecular

Nome	Fórmula estrutural	Massa molecular	Ponto de ebulição (°C)
Éter dietílico	$CH_3CH_2OCH_2CH_3$	74	34
Pentano	$CH_3CH_2CH_2CH_2CH_3$	72	36
Butanal	$CH_3CH_2CH_2CHO$	72	76
2-butanona	$CH_3CH_2COCH_3$	72	80
1-butanol	$CH_3CH_2CH_2CH_2OH$	74	117
Ácido propanoico	CH_3CH_2COOH	74	141

Formaldeído, acetaldeído e acetona são infinitamente solúveis em água. À medida que a porção hidrocarbônica da molécula aumenta em tamanho, os aldeídos e as cetonas tornam-se menos solúveis em água.

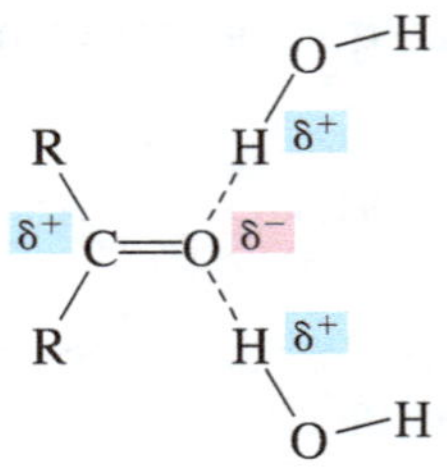

$$\begin{array}{c} \text{R} \\ ^{\delta+}\text{C}=\text{O}\,^{\delta-} \\ \text{R} \end{array} \begin{array}{c} \text{H}-\text{O} \\ \text{H}\,^{\delta+} \\ \text{H}\,^{\delta+} \\ \text{O}-\text{H} \end{array}$$

A maioria de aldeídos e cetonas apresenta odores fortes. Os odores das cetonas são geralmente agradáveis, e várias são usadas em perfumes e como agentes flavorizantes. O odor dos aldeídos varia. Talvez você esteja familiarizado com o odor do formaldeído; se está, sabe que não é agradável. Vários outros aldeídos de maior massa molecular, entretanto, apresentam odores agradáveis e são usados em perfumes.

17.4 Quais são as reações características de aldeídos e cetonas?

A. Oxidação

Os aldeídos são oxidados aos respectivos ácidos carboxílicos por uma variedade de agentes oxidantes, incluindo dicromato de potássio (Seção 14.2C).

> O corpo utiliza nicotinamida adenina dinucleotídeo, NAD⁺, para este tipo de oxidação (Seção 27.3).

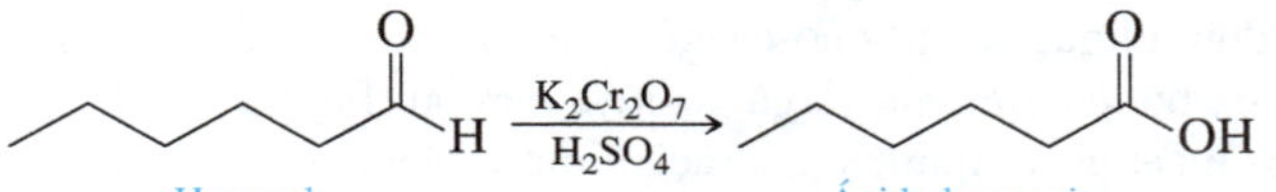

$$\text{Hexanal} \xrightarrow[\text{H}_2\text{SO}_4]{\text{K}_2\text{Cr}_2\text{O}_7} \text{Ácido hexanoico}$$

Os aldeídos são também oxidados aos ácidos carboxílicos pelo oxigênio do ar. Na verdade, aldeídos líquidos em temperatura ambiente são muito sensíveis à oxidação e devem ser protegidos do contato com o ar durante o seu armazenamento. Frequentemente, isso é realizado mantendo o aldeído sob uma atmosfera de nitrogênio e selando o recipiente que o contém.

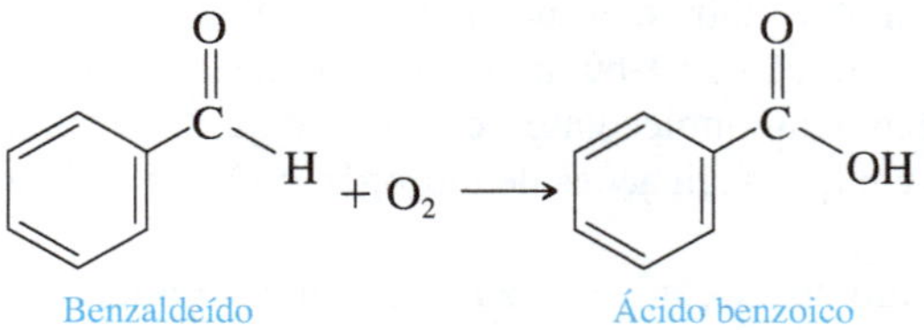

$$\text{Benzaldeído} + \text{O}_2 \longrightarrow \text{Ácido benzoico}$$

As cetonas, de forma contrastante, resistem à oxidação perante a maioria dos agentes oxidantes, incluindo dicromato de potássio e oxigênio.

O fato de os aldeídos serem facilmente oxidados e as cetonas, não, permite que usemos testes químicos simples para distinguir entre esses dois tipos de compostos. Suponha que tenhamos um composto que sabemos ser um aldeído ou uma cetona. Para determinar qual é cada um deles, podemos tratar uma amostra do composto com um oxidante brando. Caso ocorra a oxidação, ele é um aldeído, do contrário trata-se de uma cetona. Um reagente usado para esse propósito é o reagente de Tollens.

O reagente de Tollens contém nitrato de prata e amônia aquosa. Quando esses dois reagentes são misturados, íons prata se combinam com NH_3 para formar o íon complexo $Ag(NH_3)_2^+$. Quando essa solução é adicionada a um aldeído, este atua como um agente redutor e reduz o íon prata complexado à prata metálica. Caso essa reação seja executada adequadamente, a prata metálica vai precipitar de forma homogênea e gerar um depósito similar a um espelho na superfície interna do frasco de reação, recebendo, por isso, o nome de **teste**

do espelho de prata. Se a solução é acidificada com HCl, o ânion carboxílico, RCOO⁻, formado durante a oxidação do aldeído, é convertido no respectivo ácido carboxílico, RCOOH.

$$R-\underset{\text{Aldeído}}{\overset{\overset{\displaystyle O}{\|}}{C}}-H + \underset{\text{Reagente de Tollens}}{2Ag(NH_3)_2^+} + 3OH^- \longrightarrow R-\underset{\text{Ânion carboxílico}}{\overset{\overset{\displaystyle O}{\|}}{C}}-O^- + \underset{\text{Espelho de prata}}{2Ag} + 4NH_3 + 2H_2O$$

Hoje, a prata(I) é raramente usada para a oxidação de aldeídos por causa de seu alto custo e da disponibilidade de outros métodos mais convenientes para realizar essa oxidação. Essa reação, entretanto, ainda é usada na elaboração de espelhos prateados.

Exemplo 17.4 Oxidação de aldeídos e cetonas

Desenhe a fórmula estrutural para o produto formado pelo tratamento de cada composto com o reagente de Tollens, seguido pela acidificação do meio com HCl aquoso.

(a) Pentanal   (b) 4-Hidroxibenzaldeído

Estratégia e solução

Em cada composto, o grupo aldeído é oxidado ao ânion carboxílico —COO⁻. A acidificação com HCl converte o ânion em ácido carboxílico —COOH.

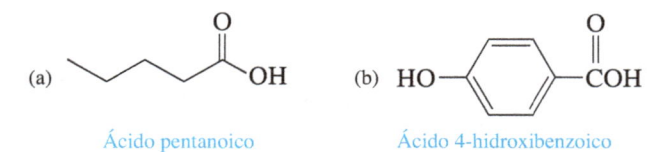

(a) Ácido pentanoico

(b) Ácido 4-hidroxibenzoico

Um espelho de prata foi formado no interior do frasco abaulado por meio da reação entre um aldeído e um reagente de Tollen.

Problema 17.4

Complete as equações para estas oxidações.
(a) Hexanodial + $O_2 \longrightarrow$
(b) 3-fenilpropanal + $Ag(NH_3)_2^+ \longrightarrow$

B. Redução

Na seção 12.6D, vimos que a ligação dupla C=C de um alceno pode ser reduzida por hidrogênio na presença de um catalisador de um metal de transição para uma ligação simples C—C. Isso também é válido para a ligação dupla C=O de um aldeído ou uma cetona. Aldeídos são reduzidos aos alcoóis primários, e cetonas, aos alcoóis secundários.

Pentanal + H_2 $\xrightarrow{\text{Catalisador de um metal de transição}}$ 1-pentanol

Ciclopentanona + H_2 $\xrightarrow{\text{Catalisador de um metal de transição}}$ Ciclopentanol

A redução de uma dupla ligação C=O sob essas condições é mais lenta que a redução da ligação dupla C=C. Portanto, se a mesma molécula contém as duplas ligações C=O e C=C, a dupla ligação C=C é reduzida primeiro. O reagente mais comumente utilizado no laboratório para a redução de um aldeído ou uma cetona é o boroidreto de sódio, $NaBH_4$. Esse reagente se comporta como se fosse uma fonte de íons hidreto, H:⁻. No íon hidreto, o hidrogênio tem dois elétrons de valência e possui uma carga negativa. Na redução por boroidreto, o íon hidreto é direcionado e então adicionado ao carbono carbonílico, que apresenta um caráter parcial de carga positiva e origina uma carga negativa no oxigênio da carbonila. A reação do alcóxido intermediário com um ácido aquoso resulta no álcool.

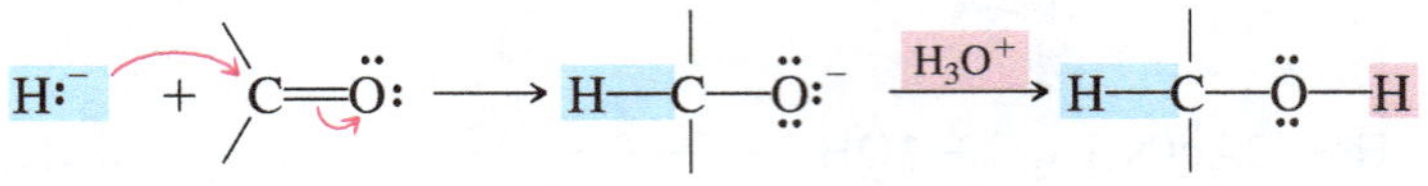

$$H:^- + \overset{|}{\underset{|}{C}}=\ddot{O}: \longrightarrow H-\overset{|}{\underset{|}{C}}-\ddot{\underset{..}{O}}:^- \xrightarrow{H_3O^+} H-\overset{|}{\underset{|}{C}}-\ddot{\underset{..}{O}}-H$$

Íon hidreto   Íon alcóxido

Dos dois hidrogênios adicionados ao grupo carbonila nessa redução, um é originário do agente redutor e o outro provém do ácido aquoso. A redução da cicloexanona, por exemplo, com esse reagente produz cicloexanol:

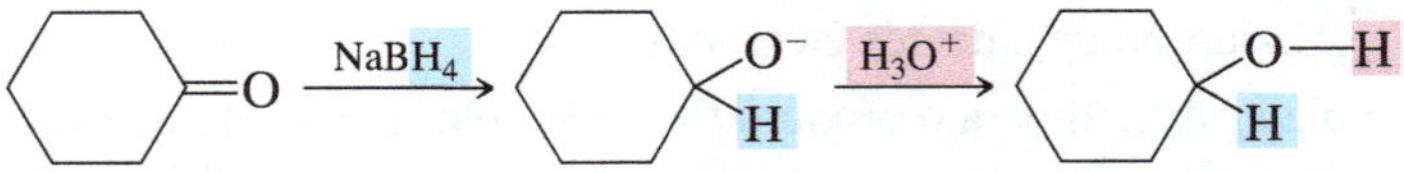

[cicloexanona] $\xrightarrow{NaBH_4}$ [cicloexanol com O⁻ e H] $\xrightarrow{H_3O^+}$ [cicloexanol com O—H]

A vantagem da utilização de $NaBH_4$ em relação à redução com H_2/metal é que $NaBH_4$ não reduz as duplas ligações C=C. A razão para essa seletividade é muito simples. Os carbonos nas duplas ligações C=C não são polares (não existe uma carga parcial positiva ou negativa). Por isso, a ligação dupla C=C não apresenta um sítio de carga parcial positiva para atrair a carga negativa do íon hidreto. No exemplo a seguir, $NaBH_4$ reduz seletivamente o aldeído ao álcool primário:

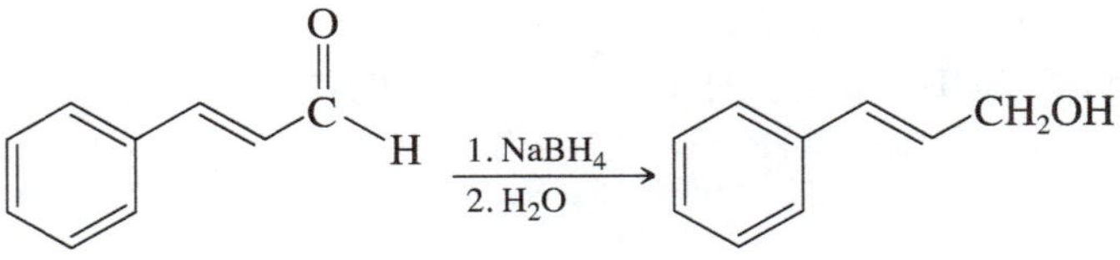

[Cinamaldeído] $\xrightarrow[2.\ H_2O]{1.\ NaBH_4}$ [Álcool cinamílico]

Nos sistemas biológicos, o agente para a redução de aldeídos e cetonas é a forma reduzida da coenzima nicotinamida adenina dinucleotídeo, cuja abreviação é NADH (Seção 27.3). Esse agente redutor, assim como o $NaBH_4$, libera um íon hidreto para o carbono carbonílico do aldeído ou da cetona. Redução de piruvato, por exemplo, por NADH resulta em lactato:

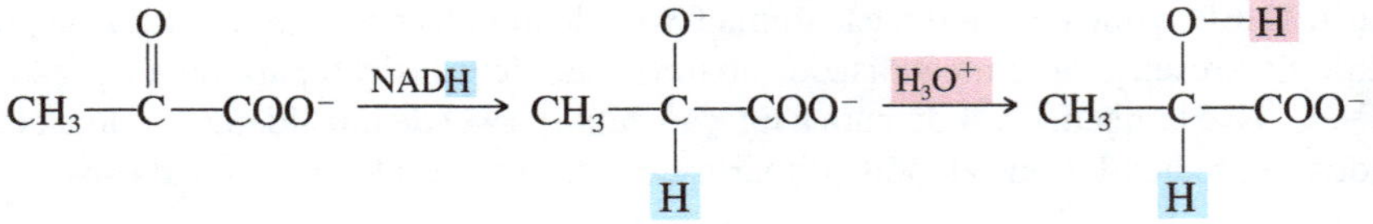

$$CH_3-\overset{O}{\underset{}{C}}-COO^- \xrightarrow{NADH} CH_3-\overset{O^-}{\underset{H}{C}}-COO^- \xrightarrow{H_3O^+} CH_3-\overset{O-H}{\underset{H}{C}}-COO^-$$

Piruvato   Lactato

Piruvato é o produto final da glicólise, um processo que envolve uma série de reações catalisadas por enzimas que convertem glicose em duas moléculas do seu cetoácido (Seção 28.1). Sob condições anaeróbicas, a NADH reduz piruvato a lactato. O aumento de lactato na circulação sanguínea leva à acidose, e no tecido muscular está associado ao processo de fadiga do músculo. Quando o lactato no sangue atinge a concentração de cerca de 0,4 mg/100 mL, o tecido muscular está praticamente exausto.

Exemplo 17.5 Redução de aldeídos e cetonas

Complete as equações para estas reduções.

(a) 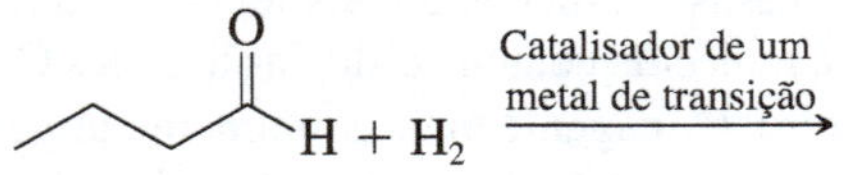 [butanal] $+ H_2 \xrightarrow{\text{Catalisador de um metal de transição}}$

(b) 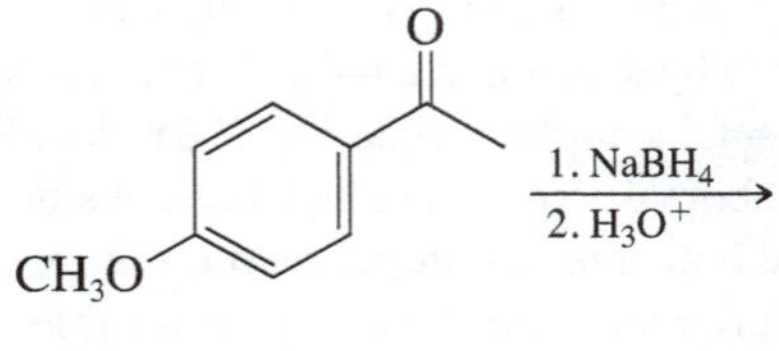 [4'-metoxiacetofenona] $\xrightarrow[2.\ H_3O^+]{1.\ NaBH_4}$

Estratégia e solução

O grupo carbonila do aldeído em (a) é reduzido ao álcool primário, e o da cetona em (b), ao álcool secundário.

(a)  ~~~OH

(b) 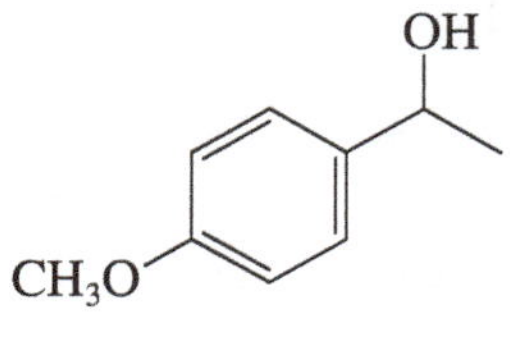 4-metoxifenil-CH(OH)-CH₃ (estrutura com anel aromático, CH₃O– no para, e –CH(OH)CH₃)

Problema 17.5

Que aldeído ou cetona origina os alcoóis representados a seguir quando é utilizado o sistema catalítico H_2/metal?

(a) 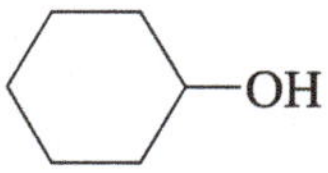 ciclo-hexil–OH

(b) 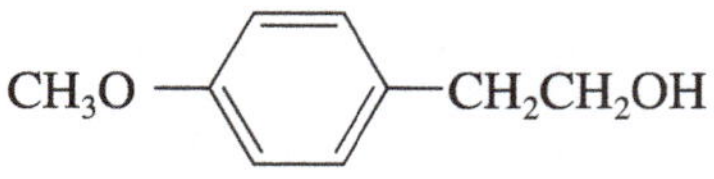 CH_3O–C₆H₄–CH_2CH_2OH

(c) 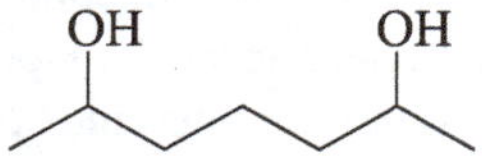 estrutura com dois grupos OH (diol)

C. Adição de alcoóis

A adição de uma molécula de álcool a um aldeído ou uma cetona forma um **hemiacetal** (um acetal parcial). O grupo funcional de um hemiacetal é um carbono ligado a um grupo –OH e um grupo –OR. Ao formar o hemiacetal, o H do álcool se adiciona ao oxigênio carbonílico e o grupo OR do álcool se adiciona ao carbono carbonílico. A seguir, são mostrados os hemiacetais formados pela adição de uma molécula de etanol ao benzaldeído e à cicloexanona.

Hemiacetal Uma molécula que contém um carbono ligado a um grupo —OH e um grupo —OR; é o produto da adição de uma molécula de álcool ao grupo carbonila de um aldeído ou uma cetona.

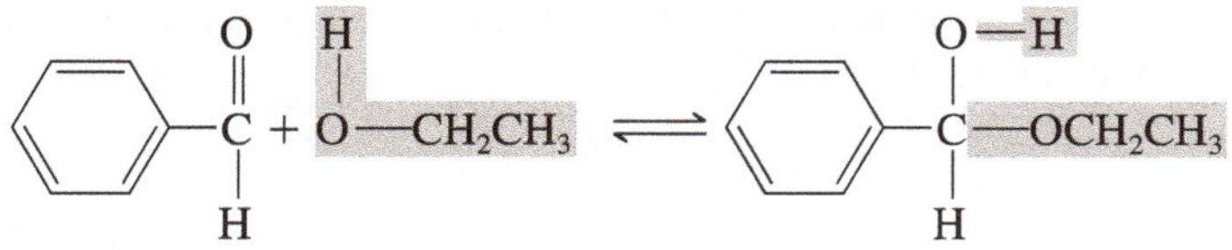

Benzaldeído + Etanol ⇌ Um hemiacetal

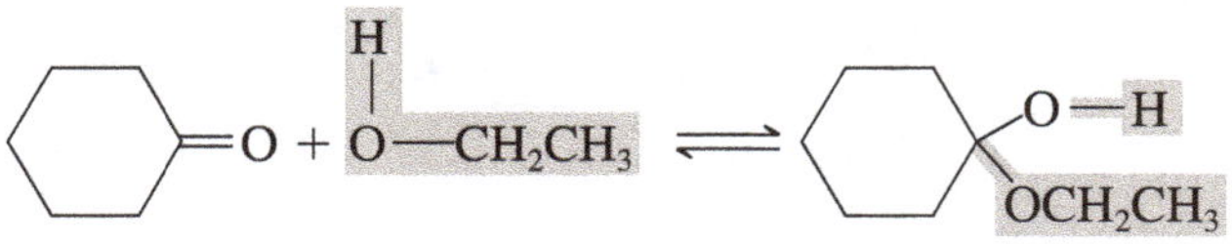

Cicloexanona + Etanol ⇌ Um hemiacetal

Hemiacetais são geralmente instáveis e componentes minoritários de uma mistura em equilíbrio, exceto em um tipo de molécula muito importante. Quando o grupo hidroxila é parte da mesma molécula que contém o grupo carbonila e pode formar um anel de cinco ou seis membros, o composto existe quase que exclusivamente na forma de um hemiacetal cíclico. Nesse caso, o grupo —OH se adiciona ao grupo C=O da mesma molécula. Mais comentários sobre os hemiacetais vão ser feitos ao ser abordada a química dos carboidratos no Capítulo 20.

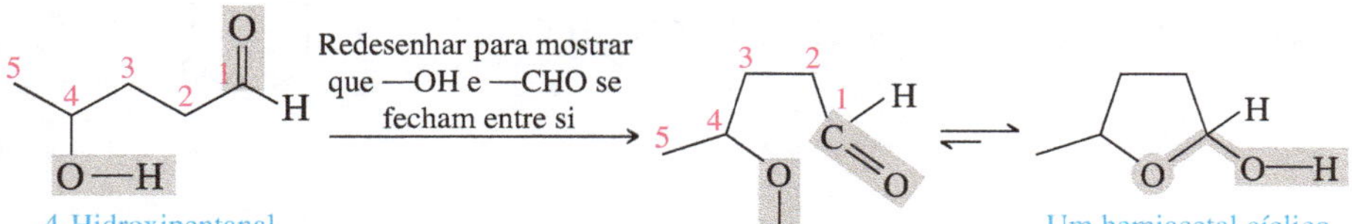

4-Hidroxipentanal → (Redesenhar para mostrar que —OH e —CHO se fecham entre si) → Um hemiacetal cíclico

Acetal Uma molécula que contém dois grupos —OR ligados ao mesmo carbono.

Os hemiacetais podem reagir posteriormente com alcoóis para formar **acetais** e água. Essa reação é catalisada por ácido. O grupo funcional de um acetal é um carbono ligado a dois grupos —OR.

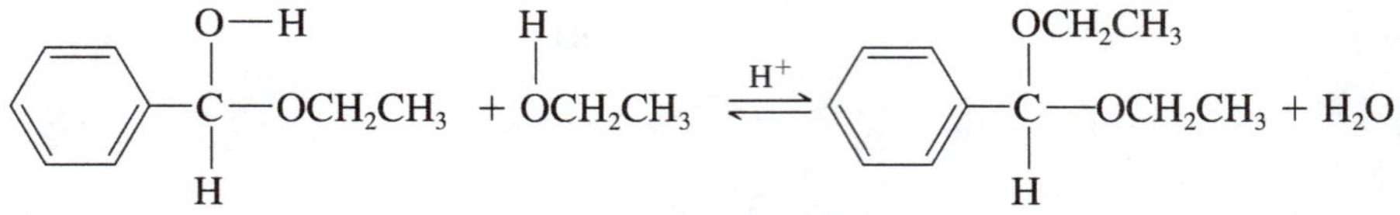

$$\text{Ph-CH(OH)(OCH}_2\text{CH}_3) + \text{HOCH}_2\text{CH}_3 \underset{}{\overset{H^+}{\rightleftarrows}} \text{Ph-CH(OCH}_2\text{CH}_3)_2 + H_2O$$

Um hemiacetal (obtido do benzaldeído)   Etanol   Um acetal

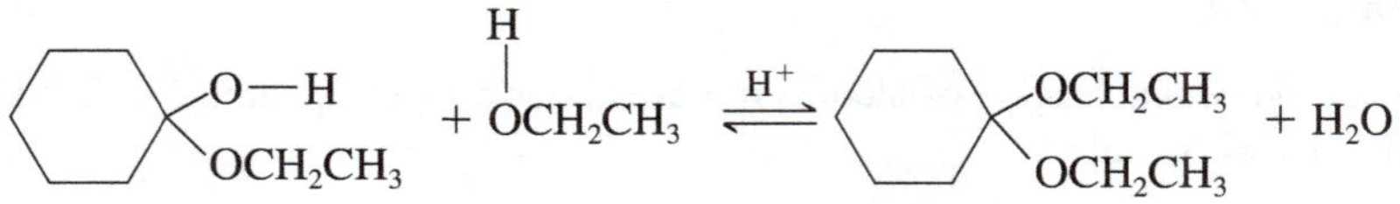

$$\text{cicloexil-C(OH)(OCH}_2\text{CH}_3) + \text{HOCH}_2\text{CH}_3 \underset{}{\overset{H^+}{\rightleftarrows}} \text{cicloexil-C(OCH}_2\text{CH}_3)_2 + H_2O$$

Um hemiacetal (obtido da cicloexanona)   Etanol   Um acetal

Na formação de hemiacetais e acetais, todas as etapas são reversíveis. Assim como em qualquer outro equilíbrio em que se utilize o princípio de Le Chatelier (Seção 7.7), podemos fazer com que o equilíbrio se desloque em uma direção ou outra. Se queremos direcionar o equilíbrio para a direita (formação do acetal), usamos um grande excesso de álcool ou retiramos água da mistura em equilíbrio. Se queremos direcionar o equilíbrio para a esquerda (hidrólise do acetal para formar o aldeído ou a cetona originais e água), utilizamos um grande excesso de água.

Exemplo 17.6 Formação de hemiacetais e acetais

Mostre a reação de 2-butanona com uma molécula de etanol para formar um hemiacetal e então com uma segunda molécula de etanol para formar um acetal.

Estratégia e solução

A seguir, apresentam-se as fórmulas estruturais do hemiacetal e acetal originadas da reação da cetona com o álcool.

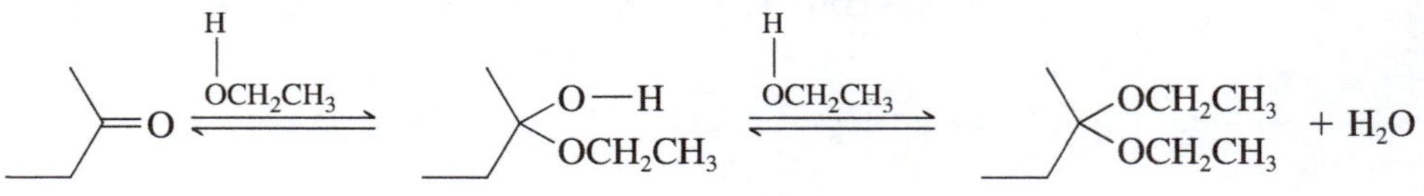

$$\text{2-butanona} \overset{\text{HOCH}_2\text{CH}_3}{\rightleftarrows} \text{Um hemiacetal} \overset{\text{HOCH}_2\text{CH}_3}{\rightleftarrows} \text{Um acetal} + H_2O$$

Problema 17.6

Mostre a reação de benzaldeído com uma molécula de etanol para formar um hemiacetal e então com uma segunda molécula de etanol para formar um acetal.

Exemplo 17.7 Reconhecimento da presença de um hemiacetal e um acetal

Nas estruturas apresentadas a seguir, identifique todos os hemiacetais e acetais, e indique, em cada caso, quando eles se originam de um aldeído ou de uma cetona.

(a) 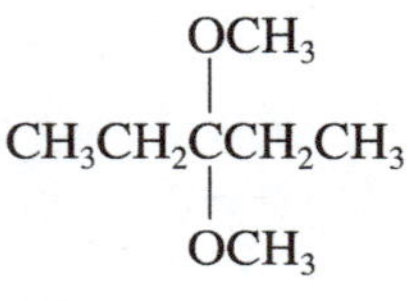 $CH_3CH_2C(OCH_3)_2CH_2CH_3$ (b) $CH_3CH_2OCH_2CH_2OH$ (c) 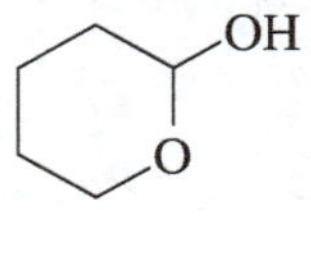 tetraidropirano-2-ol

Estratégia

Um acetal possui um carbono ligado a dois grupos —OR, e um hemiacetal, um carbono ligado a um grupo —OH e um grupo —OR.

Solução

O composto (a) é um acetal derivado de uma cetona. O composto (b) não é nem um acetal nem um hemiacetal porque não apresenta nenhum carbono ligado a dois oxigênios (ou seja, grupos —OH e/ou —OR); seus grupos funcionais são um éter e um álcool primário. O composto (c) é um hemiacetal derivado de um aldeído.

(a) $CH_3CH_2C(OCH_3)_2CH_2CH_3 + H_2O \xrightarrow{H^+} CH_3CH_2COCH_2CH_3 + 2CH_3OH$

Um acetal → 2-pentanona

(c) Um hemiacetal $\xrightarrow[H_2O]{H^+}$ (aldeído com OH) $\xrightarrow{\text{Redesenhar a cadeia carbônica}}$ 5-hidroxipentanal

Problema 17.7

Nas estruturas apresentadas a seguir, identifique todos os hemiacetais e acetais, e indique, em cada caso, quando eles se originam de um aldeído ou de uma cetona.

(a) $CH_3CH_2C(OH)(OCH_2CH_3)CH_2CH_3$ (b) $CH_3OCH_2CH_2OCH_3$ (c) (tetra-hidropirano com OCH_3)

17.5 O que é tautomerismo cetoenólico?

Um átomo de carbono adjacente a um grupo carbonila é chamado carbono α, e um átomo de hidrogênio ligado nesse carbono adjacente é denominado hidrogênio α.

$CH_3—C(=O)—CH_2—CH_3$

Hidrogênio-α / Carbono-α

Um composto carbonílico que tem um hidrogênio em um carbono α em equilíbrio com um isômero constitucional é chamado um **enol**. O nome "enol" é derivado da designação Iupac de ser tanto um alceno (*-en*) como um álcool (*-ol*).

Enol Uma molécula que contém um grupo —OH ligado a um carbono da dupla ligação carbono-carbono.

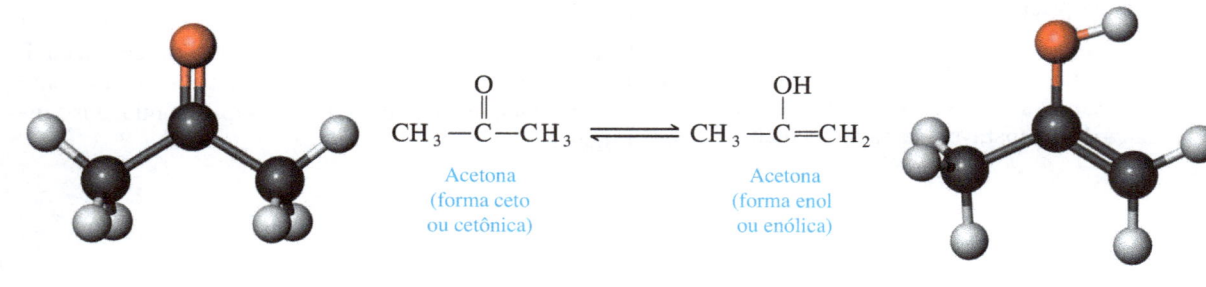

$CH_3—C(=O)—CH_3 \rightleftharpoons CH_3—C(OH)=CH_2$

Acetona (forma ceto ou cetônica) ⇌ Acetona (forma enol ou enólica)

Tautômeros Isômeros constitucionais que diferem na localização do átomo de hidrogênio e da dupla ligação.

As formas ceto e enol são exemplos de **tautômeros**, ou seja, isômeros constitucionais em equilíbrio que diferem na localização do átomo de hidrogênio e da dupla ligação. Esse tipo de isomerismo é chamado **tautomerismo cetoenólico**. Para qualquer par de tautômeros cetoenol, a forma cetônica geralmente predomina no equilíbrio.

Exemplo 17.8 Tautomerismo cetoenólico

Desenhe as fórmulas estruturais das formas enólicas para cada uma das cetonas.

(a) 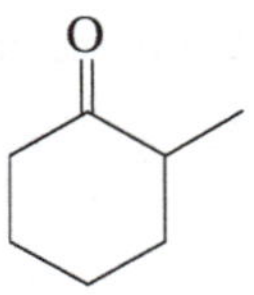 2-metilciclohexanona (b) 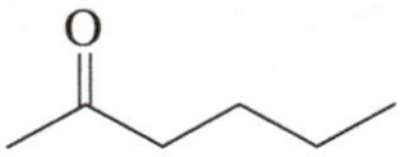 hexan-2-ona

Estratégia e solução

Qualquer aldeído ou cetona com um hidrogênio em seu carbono α pode apresentar tautomerismo cetoenólico.

(a) dois enóis do 2-metilciclohexanol em equilíbrio

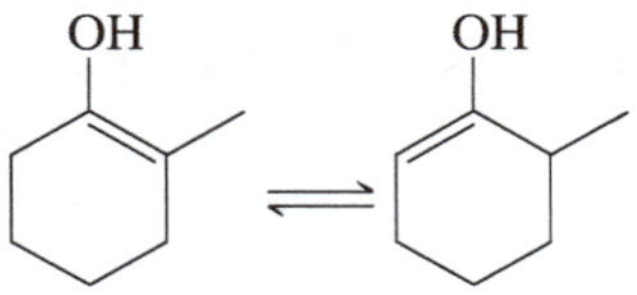

(b) 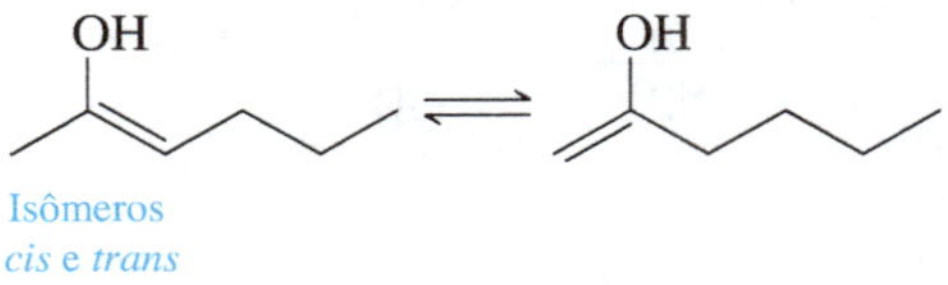 Isômeros *cis* e *trans*

Problema 17.8

Desenhe a fórmula estrutural da forma cetônica a partir de cada enol.

(a) 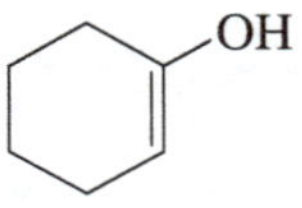 ciclohexenol com OH (b) 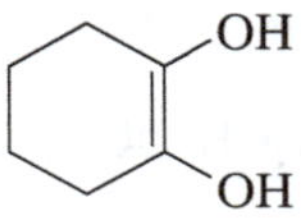 ciclohexeno-1,2-diol (c) 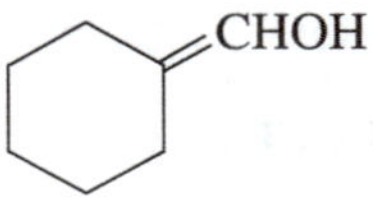 ciclohexilideno-CHOH

Resumo das questões-chave

Seção 17.1 O que são aldeídos e cetonas?
- Um **aldeído** contém um grupo carbonila ligado a pelo menos um átomo de hidrogênio.
- Uma **cetona** contém um grupo carbonila ligado a dois átomos de carbono.

Seção 17.2 Qual é a nomenclatura de aldeídos e cetonas?
- Derivamos o nome Iupac de um aldeído substituindo o *-o* da cadeia principal do alcano por *-al*.
- Derivamos o nome Iupac de uma cetona substituindo o *-o* da cadeia principal do alcano por *-ona* e usando um número para localizar a posição do carbono carbonílico.

Seção 17.3 Quais são as propriedades físicas de aldeídos e cetonas?
- Aldeídos e cetonas são compostos polares que têm pontos de ebulição maiores e são mais solúveis em água do que compostos não polares de comparável massa molecular.

Seção 17.4 Quais são as reações características de aldeídos e cetonas?
- Os aldeídos são oxidados aos ácidos carboxílicos, mas as cetonas são resistentes à oxidação.
- O **reagente de Tollens** é usado para testar a presença de aldeídos.
- Os aldeídos podem ser reduzidos aos alcoóis primários, e as cetonas, aos alcoóis secundários.
- A adição de uma molécula de álcool a um aldeído ou uma cetona produz um **hemiacetal**, que pode reagir com outra molécula de álcool para produzir um **acetal**.

Seção 17.5 O que é tautomerismo cetoenólico?
- Uma molécula que contém um grupo —OH⁻ ligado ao carbono da dupla ligação carbono-carbono é chamada um **enol**.
- Isômeros constitucionais que diferem na posição do átomo de hidrogênio e uma dupla ligação são denominados **tautômeros**.

Resumo das reações fundamentais

1. **Oxidação de um aldeído ao ácido carboxílico (Seção 17.4A)**
   O grupo aldeído está entre os grupos funcionais orgânicos mais facilmente oxidáveis. Agentes oxidantes incluem $K_2Cr_2O_7$, o reagente de Tollens e O_2.

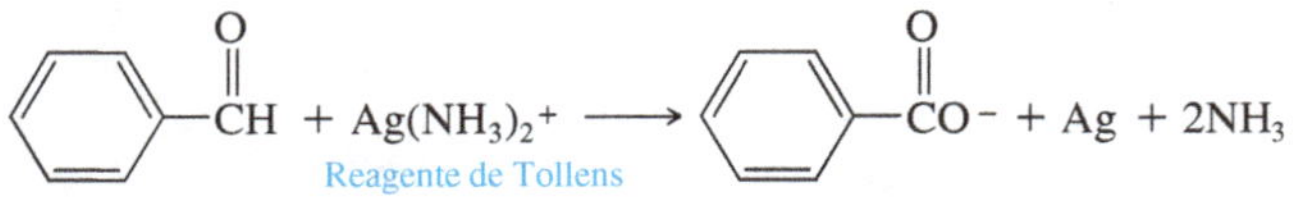

   $$PhCHO + Ag(NH_3)_2^+ \longrightarrow PhCO_2^- + Ag + 2NH_3$$
   (Reagente de Tollens)

2. **Redução (Seção 17.4B)**
   Os aldeídos são reduzidos aos alcoóis primários, e as cetonas, aos alcoóis secundários por H_2 na presença de um catalisador de um metal de transição tal como Pt ou Ni. Eles também são reduzidos aos alcoóis por boroidreto de sódio, $NaBH_4$, seguidos de protonação.

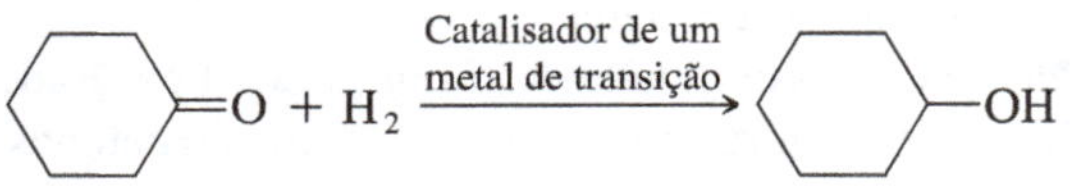

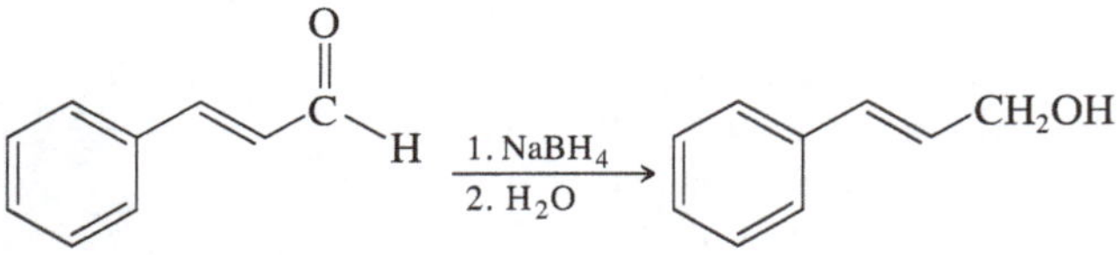

   Ciclohexanona + H_2 →(Catalisador de um metal de transição) Ciclohexanol

   Cinamaldeído →(1. $NaBH_4$; 2. H_2O) Álcool cinâmico

3. **Adição de álcoois para formar hemiacetais (Seção 17.4C)**
   Hemiacetais são apenas componentes minoritários de uma mistura em equilíbrio de um aldeído ou cetona e um álcool, exceto quando os grupos —OH e C=O são partes da mesma molécula e anéis de cinco ou seis membros podem ser formados.

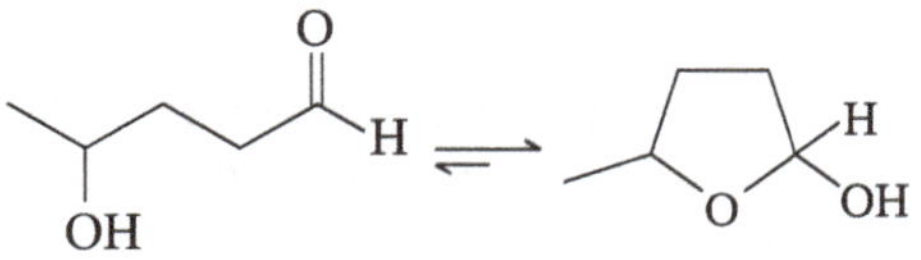

4. **Adição de alcoóis para formar acetais (Seção 17.4C)**
   A formação de acetais é catalisada por ácido. Os acetais são hidrolisados em meio de ácido aquoso, originando um aldeído ou uma cetona e duas moléculas de álcool.

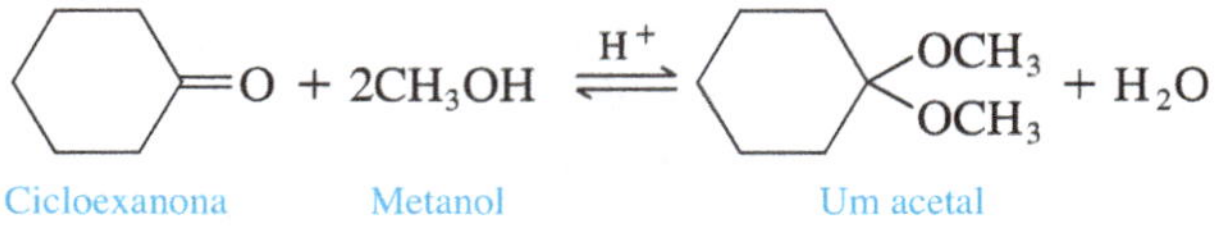

   Cicloexanona + $2CH_3OH$ ⇌(H^+) Um acetal + H_2O

5. **Tautomerismo cetoenólico (Seção 17.5)**
   Em geral, a forma cetônica predomina no equilíbrio.

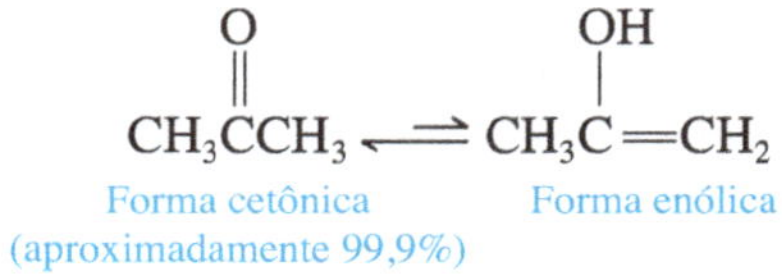

   $$CH_3CCH_3 \rightleftharpoons CH_3C=CH_2$$
   Forma cetônica (aproximadamente 99,9%) — Forma enólica

Problemas

Seção 17.1 O que são aldeídos e cetonas?

17.9 Indique se a afirmação é verdadeira ou falsa.
(a) O aldeído e a cetona com a fórmula C_3H_6O são isômeros constitucionais.
(b) Tanto aldeídos como cetonas contêm um grupo carbonila.
(c) O **modelo VSPER** prediz ângulos de ligação de 120° na carbonila de aldeídos e cetonas.
(d) O carbono carbonílico de uma cetona é um estereocentro.

17.10 Qual é a diferença estrutural entre um aldeído e uma cetona?

17.11 Qual é a diferença estrutural entre um aldeído aromático e um aldeído alifático?

17.12 É possível o átomo de carbono da carbonila ser um estereocentro? Explique.

17.13 Quais compostos contêm um grupo carbonila?

(a) 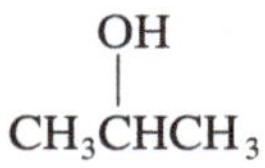 CH_3CHCH_3 com OH
(b) 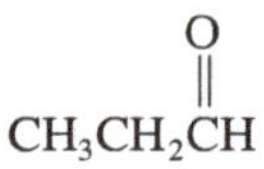 CH_3CH_2CHO
(c) 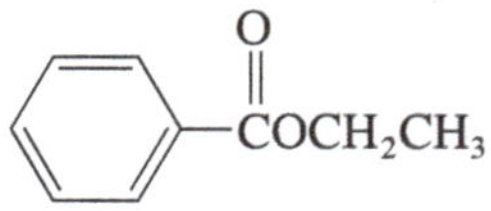 $PhCOCH_2CH_3$
(d) 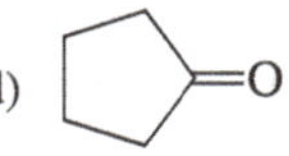 ciclopentanona
(e) 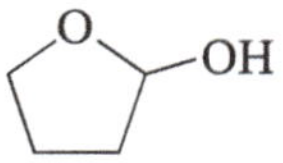 tetrahidrofurano-2-ol
(f) 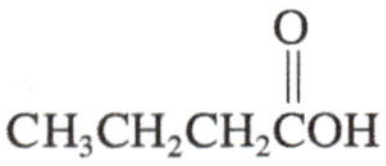 $CH_3CH_2CH_2COH$

17.14 A seguir, apresentam-se duas estruturas de hormônios esteroides.

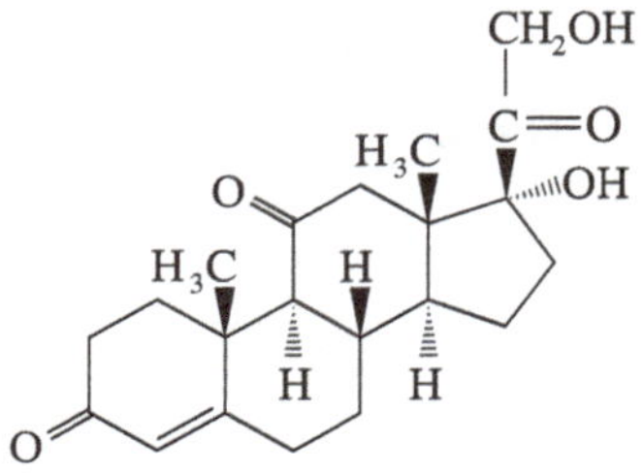

Cortisona

(a) Nomeie os grupos funcionais presentes em cada hormônio.
(b) Assinale todos os estereocentros em cada hormônio e aponte quantos estereoisômeros são possíveis para cada hormônio.

17.15 Desenhe as fórmulas estruturais para os quatro aldeídos com fórmula molecular $C_5H_{10}O$. Quais deles são quirais?

Seção 17.2 Qual é a nomenclatura de aldeídos e cetonas?

17.16 Indique se a afirmação é verdadeira ou falsa.
(a) Um aldeído é nomeado como um alcanal e a cetona como uma alcanona.
(b) Os nomes para os aldeídos e as cetonas são derivados do nome da cadeia de carbono mais longa que contém o grupo carbonila.
(c) Em um aldeído aromático, o carbono carbonílico está ligado a um anel aromático.

17.17 Desenhe as fórmulas estruturais para estes aldeídos.
(a) Formaldeído
(b) Propanal
(c) 3,7-dimetiloctanal
(d) Decanal
(e) 4-hidroxibenzaldeído
(f) 2,3-di-hidroxipropanal

17.18 Desenhe a fórmula estrutural para estas cetonas.
(a) Etil isopropil cetona
(b) 2-clorocicloexanona
(c) 2,4-dimetil-3-pentanona
(d) Di-isopropil cetona
(e) Acetona
(f) 2,5-dimetilcicloexanona

17.19 Escreva os nomes Iupac para estes compostos.

17.20 Escreva os nomes Iupac para estes compostos.

Seção 17.3 Quais são as propriedades físicas de aldeídos e cetonas?

17.21 Indique se a afirmação é verdadeira ou falsa.
(a) Aldeídos e cetonas são compostos polares.
(b) Aldeídos apresentam pontos de ebulição menores que os alcoóis com comparável esqueleto carbônico.
(c) Aldeídos de baixa massa molecular e cetonas são muito solúveis em água.
(d) Não há a possibilidade de formação de ligação de hidrogênio entre moléculas de aldeídos e cetonas.

17.22 Em cada par de compostos, selecione aquele com maior ponto de ebulição.
(a) Acetaldeído ou etanol
(b) Acetona ou 3-pentanona
(c) Butanal ou butano
(d) Butanona ou 2-butanol

17.23 A acetona é completamente solúvel em água, mas a 4-heptanona é completamente insolúvel em água. Explique.

17.24 Explique por que a acetona tem um maior ponto de ebulição (56 °C) que o etil metil éter (11 °C), embora suas massas moleculares sejam aproximadamente as mesmas.

17.25 Pentano, 1-butanol e butanal têm aproximadamente as mesmas massas moleculares mas diferentes pontos de ebulição. Arranje esses compostos na ordem crescente de seus pontos de ebulição. Explique no que se baseia sua classificação.

17.26 Mostre como o acetaldeído pode formar ligações de hidrogênio com a água.

17.27 Por que duas moléculas de acetona não podem formar ligações de hidrogênio entre si?

Seção 17.4 Quais são as reações características de aldeídos e cetonas?

17.28 Desenhe a fórmula estrutural para o produto orgânico principal formado quando cada um dos compostos é tratado com $K_2Cr_2O_7/H_2SO_4$. Se não ocorrer reação, indique o caso.
(a) Butanal
(b) Benzaldeído
(c) Cicloexanona
(d) Cicloexanol

17.29 Desenhe a fórmula estrutural para o produto orgânico principal formado quando cada um dos compostos do Problema 17.28 é tratado com o reagente de Tollens. Se não ocorrer reação, indique o caso.

17.30 Que teste químico simples poderia ser usado para distinguir os membros de cada par de compostos? Indique o que você faria, o que esperaria observar e como interpretaria suas observações experimentais.
(a) Pentanal e 2-pentanona
(b) 2-Pentanona e 2-pentanol

17.31 Explique por que aldeídos líquidos são normalmente armazenados sob atmosfera de nitrogênio do que sob ar.

17.32 Suponha que você pegue uma garrafa de benzaldeído (um líquido, p.e. 179 °C) da prateleira e encontre um sólido branco no fundo da garrafa. Esse sólido é resultado da viragem do indicador tornassol para o vermelho, o que significa que ele é um ácido, embora aldeídos sejam neutros. Como você pode explicar essas observações?

17.33 Escreva a fórmula estrutural para o produto orgânico principal formado pelo tratamento de cada composto com H₂/catalisador de um metal de transição. Quais compostos são quirais?

(a) CH₃CCH₂CH₃ (com O duplamente ligado ao segundo C)
(b) CH₃(CH₂)₄CH (com O duplamente ligado ao C terminal)
(c) ciclopentanona com CH₃
(d) 2-hidroxibenzaldeído (salicilaldeído)

17.34 Desenhe a fórmula estrutural para o produto orgânico principal formado quando cada um dos compostos do Problema 17.33 é tratado com o NaBH₄, seguido da adição de H₂O.

17.35 1,3-di-hidróxi-2-propanona, mais comumente conhecida como di-hidroxiacetona, é o ingrediente ativo de bronzeadores artificiais?
(a) Escreva a fórmula estrutural para esse composto.
(b) Você esperaria que esse composto fosse solúvel ou insolúvel em água?
(c) Escreva a fórmula estrutural para o produto formado na reação desse composto com NaBH₄.

17.36 Desenhe a fórmula estrutural do produto formado do tratamento de butanal com cada grupo de reagentes.
(a) H₂/catalisador metálico
(b) NaBH₄, seguido de H₂O
(c) Ag(NH₃)₂⁺ (reagente de Tollens)
(d) K₂Cr₂O₇/H₂SO₄

17.37 Desenhe a fórmula estrutural para o produto formado pelo tratamento de acetofenona, C₆H₅COCH₃, com o grupo de reagentes do Problema 17.36.

Seção 17.5 O que é tautomerismo cetoenólico?

17.38 Indique se a afirmação é verdadeira ou falsa.
(a) Tautômeros cetônicos e enólicos são isômeros constitucionais.
(b) Para um de par de tautômeros cetoenólicos, a forma cetônica é a forma predominante.

17.39 Quais destes compostos apresentam tautomerismo cetoenólico?

(a) CH₃CH (com O duplamente ligado)
(b) CH₃CCH₃ (com O duplamente ligado)
(c) C₆H₅CH (com O duplamente ligado)
(d) C₆H₅CCH₃ (com O duplamente ligado)
(e) C₆H₅CC₆H₅ (com O duplamente ligado)
(f) ciclohexanona

17.40 Desenhe todas as formas enólicas para os aldeídos e as cetonas apresentados a seguir.

(a) CH₃CH₂CH (com O duplamente ligado)
(b) CH₃CCH₂CH₃ (com O duplamente ligado)
(c) 2-metilciclopentanona

17.41 Desenhe a forma cetônica para cada enol representado a seguir.

(a) ciclopentenol
(b) CH₃C=CHCH₂CH₂CH₃ com OH no C
(c) C₆H₅−CH=CCH₃ com OH no C

Adição de alcoóis

17.42 Qual é o aspecto estrutural característico de um hemiacetal? E de um acetal?

17.43 Quais compostos são hemiacetais, quais são acetais e quais não são nem um nem outro?

(a) C₆H₅−CHOCH₃ com OCH₃
(b) CH₃CH₂CHOCH₃ com OH
(c) CH₃OCH₂OCH₃
(d) 1,3-dioxolano com CH₂CH₃
(e) tetra-hidrofurano com OCH₂CH₃
(f) tetra-hidrofurano com OH

17.44 Desenhe o hemiacetal e, na sequência, o acetal formado em cada reação. Em cada caso, assuma um excesso de álcool.
(a) Propanal + metanol ⟶
(b) Ciclopentanona + metanol ⟶

17.45 Desenhe a estrutura de aldeídos, cetonas e alcoóis formados quando cada um dos acetais é tratado em meio ácido aquoso e é hidrolisado.

(a) 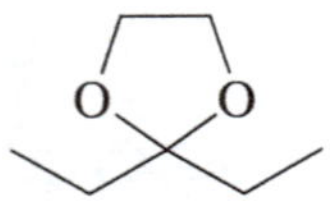 [estrutura de 1,3-dioxolano com dois grupos etila]

(b) 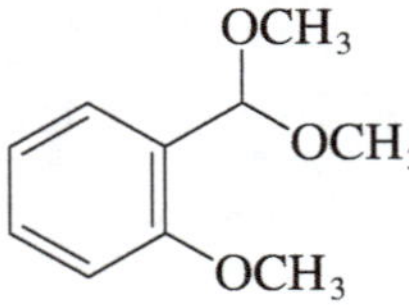 [benzeno com grupo CH(OCH₃)₂ e OCH₃ em orto]

(c) 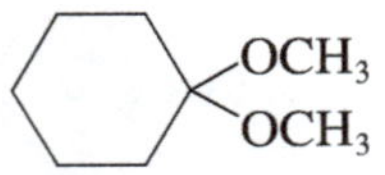 [cicloexano com dois grupos OCH₃ no mesmo carbono]

(d) 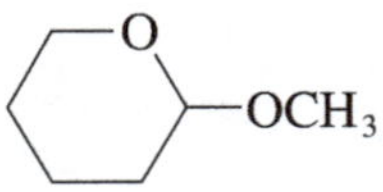 [tetrahidropirano com OCH₃]

17.46 O composto apresentado a seguir é um componente da fragrância do jasmim.

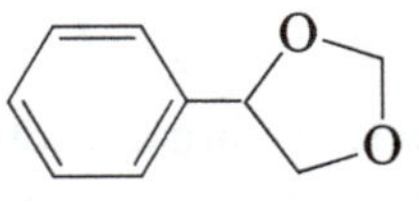

[estrutura: 2-fenil-1,3-dioxolano]

De que composto carbonílico e de que álcool ele é derivado?

17.47 Qual é a diferença dos termos "hidratação" e "hidrólise"? Dê um exemplo de cada um deles.

17.48 Qual é a diferença dos termos "hidratação" e "desidratação"? Dê um exemplo de cada um deles.

17.49 Mostre os reagentes e as condições experimentais necessárias para converter cicloexanona em cada um dos seguintes compostos.

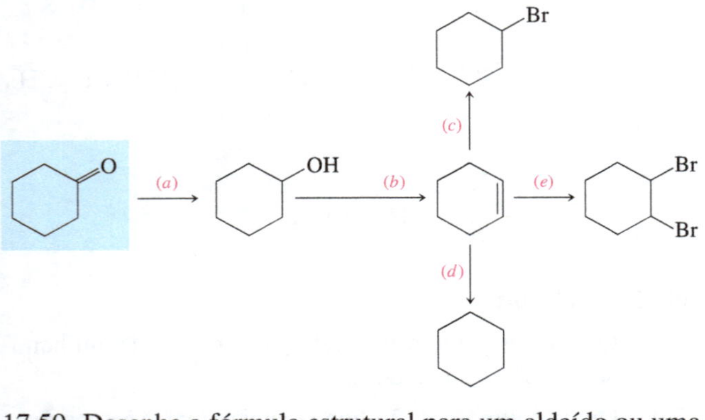

[esquema: cicloexanona → (a) cicloexanol → (b) cicloexeno → (c) bromocicloexano, (d) cicloexano, (e) 1,2-dibromocicloexano]

17.50 Desenhe a fórmula estrutural para um aldeído ou uma cetona que podem ser reduzidos para produzir cada álcool. Caso não exista, indique o(s) caso(s).

(a) CH₃CHCH₃
      |
     OH

(b) 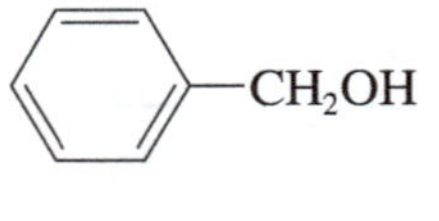 [fenil-CH₂OH]

(c) CH₃OH

(d) 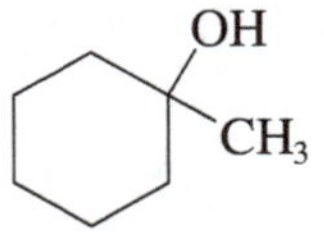 [1-metilcicloexanol]

17.51 Desenhe a fórmula estrutural para um aldeído ou uma cetona que podem ser reduzidos para produzir cada álcool. Caso não exista, indique o(s) caso(s).

(a) 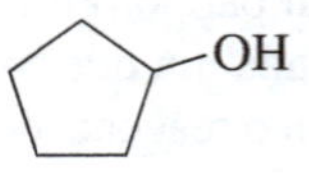 [cicloexanol com OH]

(b) 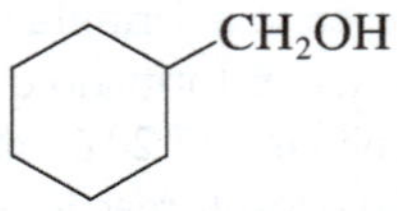 [cicloexil-CH₂OH]

(c) CH₃COH com duas metilas (2-metil-2-propanol)
     |
   CH₃

(d)  HO–(CH₂)₅–OH (1,5-pentanodiol)

17.52 O 1-propanol pode ser preparado pela redução de um aldeído, mas não pode ser preparado pela hidratação catalisada por ácido de um alceno. Explique por que ele não pode ser preparado a partir de um alceno.

17.53 Mostre como realizar estas transformações. Adicionalmente aos reagentes de partida, use qualquer outro reagente orgânico ou inorgânico necessário.

(a) C₆H₅CCH₂CH₃ → C₆H₅CHCH₂CH₃ → C₆H₅CH=CHCH₃
    ‖ |
    O   OH

(b) 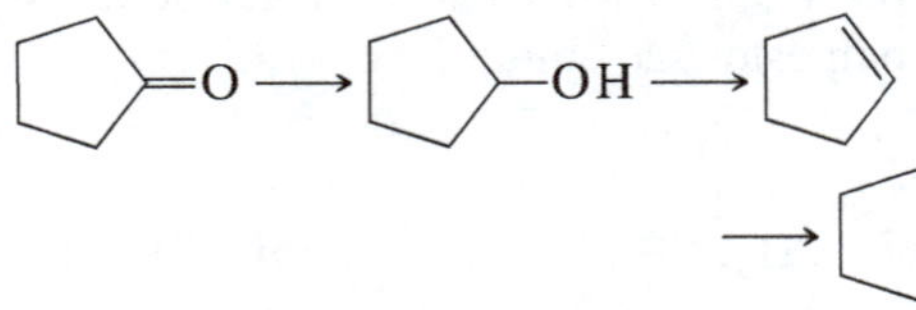 ciclopentanona → ciclopentanol → ciclopenteno → clorociclopentano

17.54 Mostre como realizar estas transformações. Adicionalmente aos reagentes de partida, use qualquer outro reagente orgânico ou inorgânico necessário.
(a) 1-penteno para 2-pentanona
(b) Cicloexeno para cicloexanona

17.55 Descreva um teste químico simples com o qual você poderia distinguir entre os membros de cada par de compostos.
(a) Cicloexanona e anilina
(b) Cicloexeno e cicloexanol
(c) Benzaldeído e cinamaldeído

Problemas adicionais

17.56 Indique o grupo aldeído ou cetona nestes compostos.

(a) HCCH₂CH₂CH₂CCH₃
   ‖   ‖
   O   O

(b) 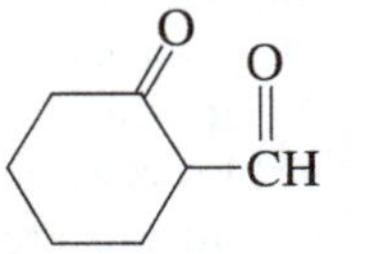 [cicloexanona com -CH=O substituinte]

(c) HOCH₂CHCH
      | ‖
     HO O

(d) 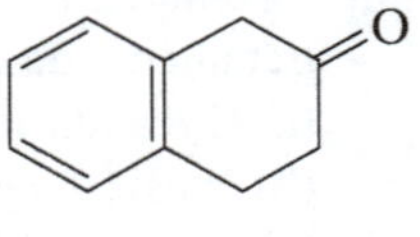 [β-tetralona]

(e) 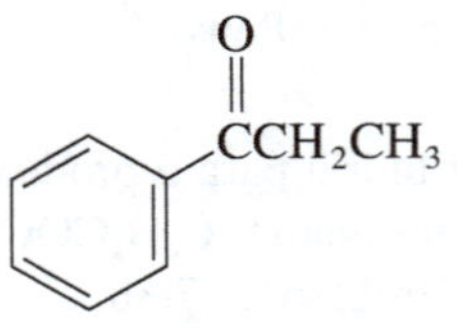 [fenil-C(=O)-CH₂CH₃, propiofenona]

(f) 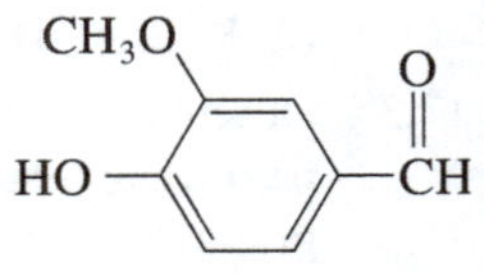 [vanilina: HO-C₆H₃(OCH₃)-CHO]

17.57 Desenhe a fórmula estrutural dos produtos formados pelo tratamento de cada composto do Problema 17.56 com boroidreto de sódio, NaBH₄.

17.58 Desenhe a fórmula estrutural para (a) uma cetona e (b) dois aldeídos com fórmula molecular C_4H_8O.

17.59 Desenhe a fórmula estrutural para estes compostos.
(a) 1-cloro-2-propanona
(b) 3-hidroxibutanal
(c) 4-hidróxi-4-metil-2-pentanona
(d) 3-metil-3-fenilbutanal
(e) 1,3-cicloexanodiona
(f) 5-hidroxiexanal

17.60 Por que a acetona tem um ponto de ebulição menor (56 °C) que o 2-propanol (82 °C), embora eles tenham massas moleculares praticamente idênticas?

17.61 O propanal (p.e. 49 °C) e 1-propanol (p.e. 97 °C) têm aproximadamente a mesma massa molecular, porém seus pontos de ebulição diferem em aproximadamente 50 °C. Explique esse fato.

17.62 Por meio de que teste químico simples você poderia distinguir os membros de cada par de compostos? Aponte o que você faria, o que esperaria observar e como interpretaria suas observações experimentais.
(a) Benzaldeído e cicloexanona
(b) Acetaldeído e acetona

17.63 O 5-hidroxiexanal forma um hemiacetal cíclico de seis membros, que é predominante no equilíbrio em solução aquosa.
(a) Desenhe a fórmula estrutural para esse hemiacetal cíclico.
(b) Quantos estereoisômeros são possíveis para o 5-hidroxiexanal?
(c) Quantos estereoisômeros são possíveis para esse hemiacetal cíclico?

17.64 A molécula apresentada a seguir é um enodiol. Cada carbono da dupla ligação tem um grupo —OH. Desenhe as fórmulas estruturais para a α-hidroxicetona e para o α-hidroxialdeído com que o enodiol se encontra em equilíbrio.

$$\alpha\text{-hidroxialdeído} \rightleftharpoons \begin{array}{c} HC-OH \\ \parallel \\ C-OH \\ \mid \\ CH_3 \end{array} \rightleftharpoons \alpha\text{-hidroxicetona}$$

Um enodiol

17.65 Alcoóis podem ser preparados pela hidratação catalisada por ácido de alcenos (Seção 12.6B) e pela redução de aldeídos e cetonas (Seção 17.4B). Mostre como você pode preparar cada um dos seguintes alcoóis por (1) hidratação catalisada por ácido de um alceno e (2) redução de um aldeído ou uma cetona.
(a) Etanol
(b) Cicloexanol
(c) 2-propanol
(d) 1-feniletanol

Antecipando

17.66 A glicose, $C_6H_{12}O_6$, contém um grupo aldeído mas existe predominantemente na forma de um hemiacetal cíclico mostrado a seguir. Abordamos a forma cíclica da glicose no Capítulo 20.

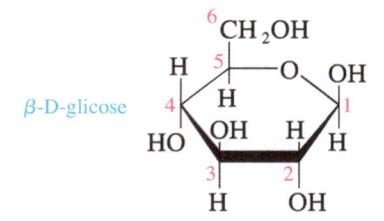

β-D-glicose

(a) Um hemiacetal cíclico é formado quando o grupo —OH de um carbono se liga ao grupo carbonila de outro carbono. Na glicose, qual carbono fornece o grupo —OH e qual fornece o grupo CHO?

17.67 A ribose, $C_5H_{10}O_5$, contém um grupo aldeído mas existe na forma predominante de um hemiacetal cíclico mostrado a seguir. Abordamos a forma cíclica da ribose no Capítulo 20.

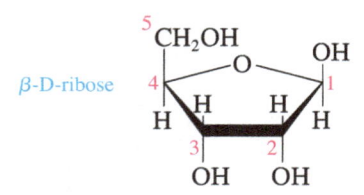

β-D-ribose

(a) Na ribose, qual carbono fornece o grupo —OH e qual fornece o grupo CHO na formação desse hemiacetal cíclico?

17.68 O boroidreto de sódio é um agente redutor de laboratório. A NADH é um agente redutor biológico. De que maneira eles são similares nos processos químicos de redução de aldeídos e cetonas?

17.69 Escreva uma equação para cada conversão.
(a) 1-pentanol para pentanal
(b) 1-pentanol para ácido pentanoico
(c) 2-pentanol para 2-pentanona
(d) 2-propanol para acetona
(e) Cicloexanol para cicloexanona

Ácidos carboxílicos

18

Questões-chave

18.1 O que são ácidos carboxílicos?

18.2 Qual é a nomenclatura dos ácidos carboxílicos?

18.3 Quais são as propriedades físicas dos ácidos carboxílicos?

18.4 O que são sabões e detergentes?

18.5 Quais são as reações características dos ácidos carboxílicos?

As frutas cítricas são fonte de ácido cítrico, um ácido tricarboxílico.

18.1 O que são ácidos carboxílicos?

Neste capítulo, estudamos os ácidos carboxílicos, outra classe de compostos orgânicos que contêm o grupo carbonila. O grupo funcional de um **ácido carboxílico** é um **grupo carboxila** (Seção 10.4D), que pode ser representado em qualquer uma das três formas:

$$-\underset{\underset{\|}{O}}{C}-OH \qquad -COOH \qquad -CO_2H$$

18.2 Qual é a nomenclatura dos ácidos carboxílicos?

A. Nomes Iupac

Derivamos o nome Iupac dos ácidos carboxílicos do nome da cadeia carbônica mais longa que contém o grupo carboxila. O nome é antecedido por ácido, e o *-o* final da cadeia principal do alcano é substituído por *-oico*. A numeração da cadeia começa com o carbono do grupo carboxila. Como o carbono da carboxila é o carbono 1, não existe a necessidade de ser numerado. Nos exemplos a seguir, os nomes comuns são apresentados entre parênteses.

Ácido hexanoico
(Ácido caproico)

Ácido 3-metilbutanoico
(Ácido isovalérico)

Quando um ácido carboxílico também contém um grupo —OH (hidroxila), indicamos a sua presença pela adição do prefixo *hidróxi* ao nome da cadeia carbônica principal que contém o grupo carboxila. Similarmente, quando o ácido carboxílico contém uma amina primária (1ª), indicamos a presença do grupo —NH_2 por *amino*.

Ácido 5-hidroxiexanoico

Ácido 4-aminobenzoico
(Ácido *p*-aminobenzoico)

Para nomear ácidos dicarboxílicos, adicionamos o sufixo *-dioico* ao nome da cadeia principal que contém ambos os grupos carboxila. Os números dos carbonos das carboxilas não são indicados porque eles só podem estar nas extremidades da cadeia principal.

Ácido etanodioico
(Ácido oxálico)

Ácido propanodioico
(Ácido malônico)

Ácido butanodioico
(Ácido succínico)

Ácido pentanodioico
(Ácido glutárico)

Ácido hexanodioico
(Ácido adípico)

O nome *ácido oxálico* é derivado de uma de suas fontes no mundo biológico: as plantas do gênero *Oxalis*, uma delas a planta do ruibarbo. O ácido oxálico também está presente na urina humana e dos animais, e o oxalato de cálcio é o principal componente das pedras dos rins (cálculos renais). O ácido succínico é um intermediário no ciclo do ácido cítrico (Seção 27.4). O ácido adípico é um dos monômeros necessários para a síntese do polímero do náilon-66 (Seção 19.6B).

B. Nomes comuns

Os nomes comuns para os ácidos carboxílicos alifáticos, muitos deles conhecidos muito tempo antes do desenvolvimento da nomenclatura Iupac, são frequentemente derivados do nome de uma substância natural da qual o ácido pode ser isolado. A Tabela 18.1 elenca vários ácidos carboxílicos alifáticos não ramificados encontrados no mundo biológico com seus respectivos nomes comuns.

O ácido fórmico foi primeiramente obtido em 1670 da destilação de macerados de formigas. O nome fórmico deriva do gênero das formigas expresso em latim: *formica*. Ele é um dos componentes do veneno das formigas que contêm ferrão.

TABELA 18.1 Vários ácidos carboxílicos alifáticos e seus nomes comuns

Estrutura	Nome Iupac	Nome comum	Derivação
HCOOH	Ácido metanoico	Ácido fórmico	Latim: *formica*, formiga
CH_3COOH	Ácido etanoico	Ácido acético	Latim: *acetum*, vinagre
CH_3CH_2COOH	Ácido propanoico	Ácido propiônico	Grego: *propion*, primeira gordura
$CH_3(CH_2)_2COOH$	Ácido butanoico	Ácido butírico	Latim: *butyrum*, manteiga
$CH_3(CH_2)_3COOH$	Ácido pentanoico	Ácido valérico	Latim: *valere*, ser forte
$CH_3(CH_2)_4COOH$	Ácido hexanoico	Ácido caproico	Latim: *caper*, cabra
$CH_3(CH_2)_6COOH$	Ácido octanoico	Ácido caprílico	Latim: *caper*, cabra
$CH_3(CH_2)_8COOH$	Ácido decanoico	Ácido cáprico	Latim: *caper*, cabra
$CH_3(CH_2)_{10}COOH$	Ácido dodecanoico	Ácido láurico	Latim: *laurus*, louro
$CH_3(CH_2)_{12}COOH$	Ácido tetradecanoico	Ácido mirístico	Grego: *myristikos*, perfumado
$CH_3(CH_2)_{14}COOH$	Ácido hexadecanoico	Ácido palmítico	Latim: *palma*, palmeira
$CH_3(CH_2)_{16}COOH$	Ácido octadecanoico	Ácido esteárico	Grego: *stear*, gordura sólida
$CH_3(CH_2)_{18}COOH$	Ácido eicosanoico	Ácido araquídico	Grego: *arachis*, amendoim

Os ácidos carboxílicos não ramificados que têm entre 12 e 20 átomos de carbono são conhecidos como ácidos graxos, que são estudados no Capítulo 21.

Os ácidos carboxílicos com 16, 18 e 20 átomos são particularmente abundantes nas gorduras animais e nos óleos vegetais (Seção 21.2) e são componentes dos fosfolipídios das membranas biológicas (Seção 21.5).

Quando os nomes comuns são usados, as letras gregas alfa (α), beta (β), gama (γ) etc. são frequentemente adicionadas como prefixo para indicar a posição dos substituintes.

GABA é um neurotransmissor no sistema nervoso central.

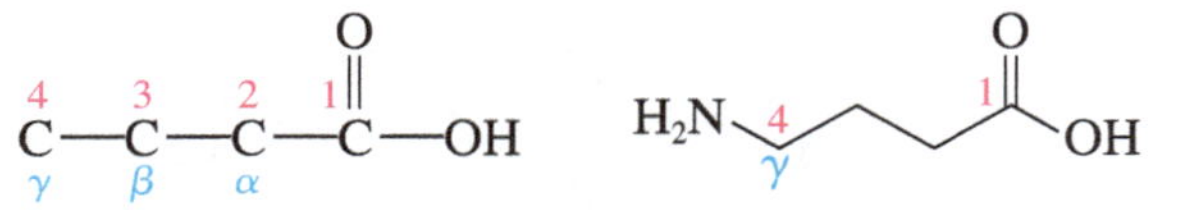

Ácido 4-aminobutanoico
(Ácido γ-aminobutírico; GABA)

Exemplo 18.1 Nomes Iupac para os ácidos carboxílicos

Escreva os nomes Iupac para cada ácido carboxílico:

(a) (b) HO—⟨ ⟩—COOH

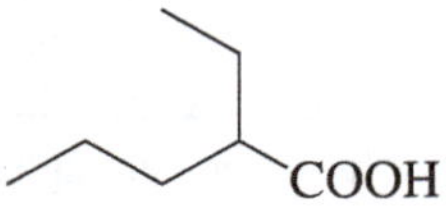

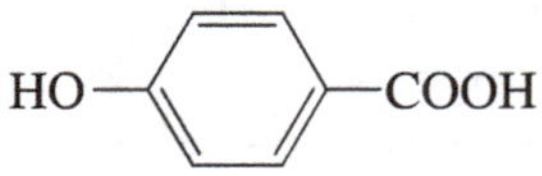

(c)

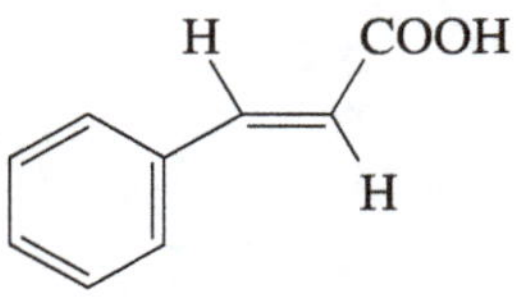

Estratégia e solução

(a) A cadeia mais longa que contém o grupo carboxila tem cinco carbonos e, portanto, a cadeia principal do alcano é pentano. O nome Iupac é ácido 2-etilpentanoico.
(b) Ácido 4-hidroxibenzoico.
(c) Ácido *trans*-3-fenil-2-propenoico (ácido cinâmico).

Problema 18.1

Cada um dos compostos mostrados a seguir tem nomes comuns bem conhecidos e amplamente aplicados. Um derivado do ácido glicérico é um intermediário na glicólise (Seção 28.2). A β-alanina é um constituinte do ácido pantotênico (Seção 27.5). O ácido mevalônico é um intermediário na biossíntese de esteroides (Seção 27.4). Escreva os nomes Iupac para cada composto:

(a)
COOH
|
CHOH
|
CH₂OH

Ácido glicérico

(b) H₂NCH₂CH₂COOH

β-alanina

(c)
HO—CH₂CH₂—C(OH)(CH₃)—CH₂—COOH

Ácido mevalônico

18.3 Quais são as propriedades físicas dos ácidos carboxílicos?

A principal característica dos ácidos carboxílicos é a polaridade do grupo carboxila (Figura 18.1). Esse grupo contém três ligações covalentes: C=O, C—O e O—H. A polaridade dessas ligações determina as principais propriedades físicas dos ácidos carboxílicos.

Ácidos carboxílicos apresentam pontos de ebulição maiores que outros tipos de compostos orgânicos de massa molar comparável (Tabela 18.2). Os maiores pontos de ebulição resultam da polaridade e do fato de que a ligação de hidrogênio entre grupos carboxila origina um dímero que se comporta como um composto de maior massa molar.

Ligação de hidrogênio entre duas moléculas

$$H_3C-C\begin{matrix}O---H-O\\ \\O-H---O\end{matrix}C-CH_3$$

Um dímero de ácido acético formado por ligações de hidrogênio

Ácidos carboxílicos são mais solúveis em água que alcoóis, éteres, aldeídos e cetonas de comparável massa molecular. Esse aumento de solubilidade é em razão de sua forte associação com as moléculas de água através das ligações de hidrogênio formadas tanto pelo grupo carbonila como pelo grupo hidroxila. Os primeiros quatro ácidos carboxílicos alifáticos (fórmico, acético, propanoico e butanoico) são infinitamente solúveis em água. À medida que ocorre um aumento da cadeia hidrocarbônica do ácido carboxílico, a solubilidade em água diminui. A solubilidade do ácido hexanoico (seis carbonos) em água é de 1,0 g/100 mL de água.

$$CH_3\overset{O}{\overset{\|}{C}}OH$$

Ácido acético

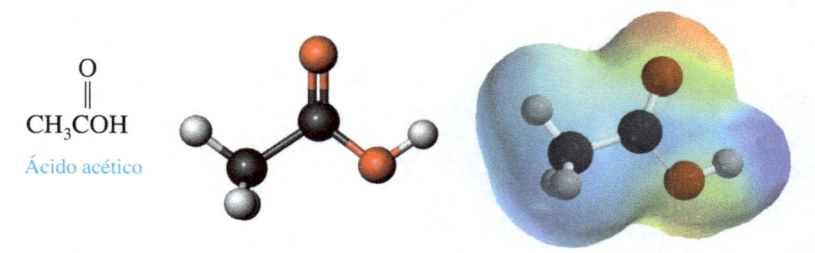

FIGURA 18.1 Polaridade de um grupo carboxila.

Devem-se mencionar outras duas propriedades dos ácidos carboxílicos. Primeiro, os ácidos carboxílicos líquidos, do ácido propanoico ao ácido decanoico, têm odores acentuados, normalmente desagradáveis. O ácido butanoico, por exemplo, é o responsável pelo mau odor da transpiração e o principal componente do "odor do quarto fechado". O ácido pentanoico cheira ainda pior, e cabras que secretam ácidos carboxílicos com C_6, C_8 e C_{10} (Tabela 18.1) não são famosas por seu "odor agradável". Segundo, ácidos carboxílicos têm um gosto azedo característico. O gosto azedo de picles e chucrute, por exemplo, é por causa da presença de ácido lático. O gosto ácido de limas (pH 1,9), limões (pH 2,3) e toranja (pH 3,2) é causado por ácido cítrico e outros ácidos.

TABELA 18.2 Pontos de ebulição e solubilidades em água de dois grupos de compostos de comparável massa molecular

Estrutura	Nome	Massa molecular	Ponto de ebulição (°C)	Solubilidade (g/100 mL H_2O)
CH_3COOH	Ácido acético	60,1	118	Infinita
$CH_3CH_2CH_2OH$	1-propanol	60,1	97	Infinita
CH_3CH_2CHO	Propanal	58,1	48	16
$CH_3(CH_2)_2COOH$	Ácido butanoico	88,1	163	Infinita
$CH_3(CH_2)_3CH_2OH$	1-pentanol	88,1	137	2,3
$CH_3(CH_2)_3CHO$	Pentanal	86,1	103	Moderada

18.4 O que são sabões e detergentes?

A. Ácidos graxos

Mais de 500 **ácidos graxos** diferentes têm sido isolados de várias células e tecidos. A Tabela 18.3 apresenta os nomes comuns e as fórmulas estruturais dos ácidos graxos mais abundantes. O número de carbonos em um ácido graxo e o número de ligações duplas carbono-carbono na sua cadeia hidrocarbônica são mostrados por dois números separados por dois pontos.

Ácidos graxos são ácidos carboxílicos de cadeia longa não ramificada, compostos comumente de 12 a 20 carbonos. Eles são derivados da hidrólise de gorduras animais, óleos vegetais e de fosfolipídios das membranas biológicas (ver Capítulo 21).

TABELA 18.3 Os ácidos graxos mais abundantes em gorduras animais, óleos vegetais e membranas biológicas

Átomos de carbono: duplas ligações*	Estrutura	Nome comum	Ponto de fusão (°C)
Ácidos graxos saturados			
12:0	$CH_3(CH_2)_{10}COOH$	Ácido láurico	44
14:0	$CH_3(CH_2)_{12}COOH$	Ácido mirístico	58
16:0	$CH_3(CH_2)_{14}COOH$	Ácido palmítico	63
18:0	$CH_3(CH_2)_{16}COOH$	Ácido esteárico	70
20:0	$CH_3(CH_2)_{18}COOH$	Ácido araquídico	77
Ácidos graxos insaturados			
16:1	$CH_3(CH_2)_5CH=(CH_2)_7COOH$	Ácido palmitoleico	1
18:1	$CH_3(CH_2)_7CH=(CH_2)_7COOH$	Ácido oleico	16
18:2	$CH_3(CH_2)_4(CH=CHCH_2)_2(CH_2)_6COOH$	Ácido linoleico	−5
18:3	$CH_3CH_2(CH=CHCH_2)_3(CH_2)_6COOH$	Ácido linolênico	−11
20:4	$CH_3(CH_2)_4(CH=CHCH_2)_4(CH_2)_2COOH$	Ácido araquidônico	−49

* O primeiro número é o número de carbonos no ácido graxo, e o segundo número é o número de duplas ligações carbono-carbono na cadeia hidrocarbônica.

Nesta notação, ácido linoleico, por exemplo, é designado como um ácido graxo 18:2; sua cadeia de 18 carbonos contém duas duplas ligações carbono-carbono.

A seguir, apresentam-se várias características dos ácidos graxos mais abundantes nas plantas superiores e nos animais:

1. Praticamente todos os ácidos graxos apresentam um número par de átomos de carbono, a maioria entre 12 e 20, em uma cadeia que não é ramificada.
2. Os três ácidos graxos mais abundantes na natureza são o ácido palmítico (16:0), ácido esteárico (18:0) e ácido oleico (18:1).

3. Na maioria dos ácidos graxos insaturados, o isômero *cis* predomina; o isômero *trans* é raro.
4. Ácidos graxos insaturados têm menores pontos de fusão que os respectivos ácidos saturados. Quanto maior o grau de insaturação, menor é o ponto de fusão. Compare, por exemplo, os pontos de fusão dos seguintes ácidos graxos de 18 átomos de carbono: o ácido linoleico com três duplas ligação carbono-carbono tem o menor ponto de fusão entre os quatro ácidos graxos.

Ácido esteárico (18:0) (p.f. 70 °C)

Ácido oleico (18:1) (p.f. 16 °C)

Ácido linoleico (18:2) (p.f. −5 °C)

Ácido linolênico (18:3) (p.f. −11 °C)

Os ácidos graxos podem ser divididos em dois grupos: saturados e insaturados. Ácidos graxos saturados têm apenas ligações simples carbono-carbono em suas cadeias hidrocarbônicas. Ácidos graxos insaturados têm ao menos uma ligação dupla carbono-carbono na cadeia. Todos os ácidos graxos insaturados listados na Tabela 18.3 são os isômeros *cis*.

Os ácidos graxos saturados são todos sólidos em temperatura ambiente, porque a natureza de suas cadeias hidrocarbônicas permite que suas moléculas se empacotem de forma próxima em um alinhamento paralelo. Quando as moléculas se encontram empacotadas dessa forma, as interações atrativas entre as cadeias hidrocarbônicas adjacentes (forças de dispersão de London, Seção 5.7A) são maximizadas. Embora as forças de dispersão de London sejam interações fracas, o empacotamento regular das cadeias permite que essas forças operem por uma grande extensão de suas cadeias, garantindo que uma considerável quantidade de energia seja necessária para separá-las e resulte na fusão.

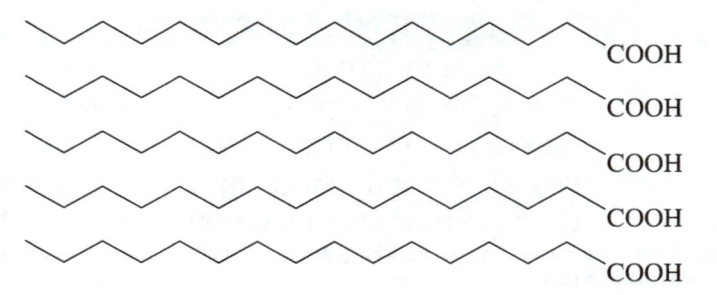

Todos os ácidos graxos insaturados *cis* comuns são líquidos em temperatura ambiente porque as duplas ligações *cis* interrompem o empacotamento regular das cadeias, e as forças de dispersão de London agora atuam somente em segmentos curtos das cadeias, logo, uma menor quantidade de energia é necessária para a fusão. Quanto maior for o grau de insaturação, menor vai ser o ponto de fusão, porque cada dupla ligação introduz maior desordem no empacotamento das moléculas de ácidos graxos.

Conexões químicas 18A

O que são ácidos graxos *trans* e como evitá-los?

As gorduras dos animais são ricas em ácidos graxos saturados, enquanto os óleos das plantas (por exemplo, óleos de milho, soja, canola, oliva e palma) são ricos em ácidos graxos insaturados. As gorduras são adicionadas aos alimentos processados para fornecer a consistência desejada, além de uma textura úmida e um sabor agradável. Para atender à demanda de gorduras usadas na alimentação processada com a consistência adequada, a dupla ligação *cis* dos óleos vegetais é parcialmente hidrogenada. Quanto maior for o grau de hidrogenação, maior vai ser o ponto de fusão do **triglicéride**. A extensão em que ocorre a hidrogenação é cuidadosamente controlada, usualmente utilizando um catalisador de Ni e calculando a quantidade de H_2 como um reagente limitante. Nessas condições, o H_2 é usado até antes que todas as duplas ligações sejam reduzidas, portanto a hidrogenação é parcial e a consistência desejada é obtida. Por exemplo, controlando o grau de hidrogenação, um óleo com um ponto de fusão abaixo da temperatura ambiente pode ser convertido em um produto semissólido ou mesmo sólido.

O mecanismo da hidrogenação catalítica de alcenos foi abordado na Seção 12.6D. Lembre-se de que uma etapa-chave nesse mecanismo envolve a interação da dupla ligação carbono-carbono do alceno com o catalisador metálico para formar uma ligação carbono-metal. Por causa da reversibilidade da interação da dupla ligação carbono-carbono com o catalisador de Ni, várias das duplas ligações no óleo podem ser isomerizadas convertendo a forma menos estável *cis* na configuração mais estável *trans*. Portanto, um equilíbrio entre as configurações *cis* e *trans* pode ocorrer quando o H_2 é o reagente limitante. Por exemplo, o ácido **elaídico** é o ácido graxo *trans* C_{18} análogo do ácido oleico, um ácido graxo C_{18} *cis*.

Os óleos usados para fritura nos restaurantes de *fast-food* são geralmente óleos de plantas parcialmente hidrogenados e, por isso, contêm quantidades consideráveis de ácidos graxos *trans* que são transferidos para os alimentos preparados. Outras fontes principais de ácidos graxos *trans* na dieta incluem a margarina, alguns produtos de panificadoras, biscoitos recheados, salgadinhos de batata e milho, alimentos congelados e misturas de bolo.

Estudos recentes têm mostrado que o consumo significativo de ácidos graxos *trans* pode provocar sérios problemas de saúde relacionados aos níveis de colesterol no sangue. Uma boa saúde cardiovascular está associada a baixos níveis de colesterol no sangue e à diminuição da relação entre o colesterol das lipoproteínas de baixa densidade (LDL) para o colesterol das lipoproteínas de alta densidade (HDL). Altos níveis de colesterol no sangue e a predominância do colesterol LDL sobre o HDL estão associados à alta incidência de doenças cardiovasculares, especialmente arteriosclerose. Pesquisas têm indicado que dietas ricas tanto em ácidos graxos saturados como em ácidos graxos *trans* aumentam substancialmente o risco de doenças cardiovasculares.

Nos Estados Unidos, a FDA estabeleceu que alimentos processados devem indicar a quantidade de ácidos graxos *trans* que contêm para que os consumidores possam fazer melhores escolhas em relação aos alimentos que consomem. É recomendada uma dieta com baixos teores de ácidos graxos *trans*, na qual devem constar peixe, grãos integrais, frutas e vegetais. Além disso, recomenda-se a realização de exercícios diários, que são muito benéficos, independentemente da dieta adotada.

De acordo com a maioria dos estudos realizados, ácidos graxos monoinsaturados e poli-insaturados não têm demonstrado riscos similares à saúde, embora uma grande quantidade de qualquer tipo de gordura na dieta possa levar à obesidade, um problema de saúde associado com várias doenças, como o diabetes. Conforme vários estudos, alguns ácidos graxos poli-insaturados (*cis*) como aqueles encontrados em certos tipos de peixe são benéficos à saúde. Esses ácidos graxos são os também chamados ácidos graxos ômega-3.

Nos ácidos graxos ômega-3, o último carbono da última dupla ligação da cadeia hidrocarbônica é posicionado a três carbonos a partir do grupo metil terminal da cadeia. O último carbono da cadeia hidrocarbônica é chamado carbono ômega (ômega é a última letra do alfabeto grego), de onde então deriva a designação ômega-3. Os dois ácidos ômega-3 mais encontrados em suplementos alimentares são os ácidos eicosapentaenoico e docosaexaenoico.

O eicosapentaenoico, $C_{20}H_{30}O_2$, é um ácido graxo importante na cadeia alimentar marinha e serve como um precursor nos humanos de vários membros das famílias das prostaciclinas e dos tromboxanos (Capítulo 21). Note de que forma o nome desses ácidos graxos é construído: *eicosa-* é o prefixo que indica 20 carbonos na cadeia, *pentaeno-* indica cinco duplas ligações carbono-carbono e *ácido -oico* se relaciona ao grupo funcional ácido carboxílico.

Ácido docosaexaenoico, $C_{22}H_{32}O_2$, é encontrado em óleos de peixe e vários fosfolipídios. É o principal componente estrutural de membranas que recebem estimulação, como na retina e no cérebro, e sintetizado no fígado a partir do ácido linoleico.

Ácido elaídico p.f. 46 °C
(um ácido graxo *trans* C_{18})

Ácido eicosapentaenoico

Ácido eicosapentaenoico desenhado de forma mais compacta

Ácido docosaexaenoico

B. Estrutura e preparação de sabões

Saponificação A hidrólise de um éster em NaOH ou KOH que origina um álcool e um sal de sódio ou potássio de um ácido carboxílico (Seção 19.4A).

Os **sabões** são mais comumente preparados de uma mistura de sebo e óleos de coco. Na preparação do sebo, as gorduras sólidas de origem animal (geralmente de gado) são fundidas em vapor, e a camada de sebo que é formada no topo é removida. A preparação de sabões começa pela ebulição desses triglicérides com hidróxido de sódio. A reação que ocorre é chamada **saponificação** (do latim *saponem*, "sabão"):

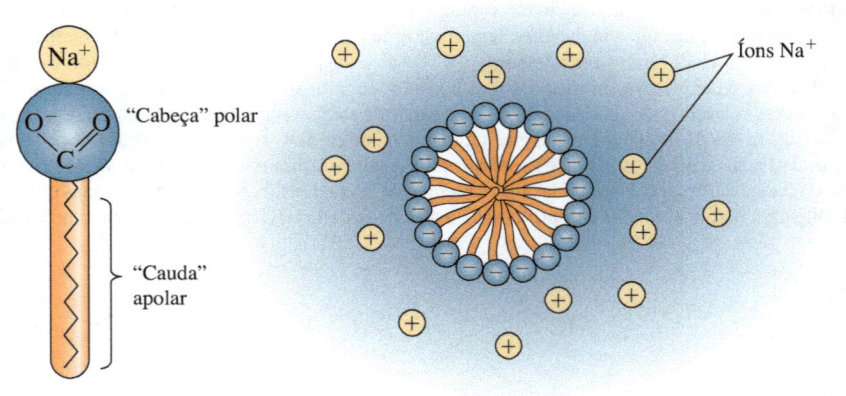

Um triglicéride + 3NaOH $\xrightarrow{\text{saponificação}}$ 1,2,3-propanotriol (Glicerol, Glicerina) + 3RCO$^-$Na$^+$ Sabão na forma sódica

FIGURA 18.2 Micelas de sabão. Cadeias hidrocarbônicas apolares (hidrofóbicas) se aglomeram no interior da micela, enquanto os grupos carboxilatos polares (hidrofílicos) estão na superfície da micela. Micelas se repelem entre si por causa de suas cargas superficiais negativas.

No nível molecular, a saponificação corresponde a uma hidrólise promovida por base (Seção 19.4A) dos grupos ésteres nos triglicérides. Um triglicéride é um triéster do glicerol. O sabão resultante contém principalmente os sais sódicos dos ácidos palmítico, esteárico e oleico provenientes do sebo, e os sais sódicos láurico e mirístico do óleo de coco.

Após a etapa de hidrólise, cloreto de sódio é adicionado para precipitar os sais sódicos na forma de finos flocos de sabão. A camada aquosa é retirada e o glicerol é removido por destilação a vácuo. O sabão bruto contém cloreto de sódio, hidróxido de sódio e outras impurezas, que são removidas pela ebulição dos flocos em água e pela reprecipitação posterior com mais cloreto de sódio. Após várias purificações, o sabão pode ser utilizado como um produto industrial barato sem necessidade de processamentos adicionais. Outros tratamentos transformam esse sabão em sabões de pH controlado usado em cosmética, sabões medicinais e assim por diante.

C. Como os sabões limpam

A notável propriedade dos sabões de limpar é em razão de sua habilidade de atuar como agentes emulsificantes. Por causa da insolubilidade em água das longas cadeias hidrocarbônicas dos sabões naturais, as moléculas de sabão tendem a se aglomerar de forma a minimizar o contato de suas cadeias hidrocarbônicas com as moléculas de água que as circundam. Os grupos carboxilatos, em contraste, tendem a permanecer em contanto com as moléculas de água. Então, em água, as moléculas espontaneamente se organizam em **micelas** (Figura 18.2).

Várias das coisas que comumente chamamos de sujeira (como graxa, óleo e manchas de gordura) são apolares e insolúveis em água. Quando o sabão e esse tipo de sujeira são misturados, como no caso das máquinas de lavar, as partes apolares hidrocarbônicas do interior das micelas "dissolvem" essas substâncias apolares da sujeira. Na realidade, novas micelas de sabão se formam, com as moléculas apolares de sujeira em seu interior (Figura 18.3). Dessa maneira, graxa, óleo e gordura – compostos orgânicos apolares – são dissolvidos e eliminados na água (polar) de lavagem.

Os sabões, entretanto, apresentam suas desvantagens; a mais importante entre elas é o fato de que eles formam sais insolúveis em água quando usados em água que contém íons Ca(II), Mg(II) ou Fe(III) (água dura):

$$2CH_3(CH_2)_{14}COO^-Na^+ + Ca^{2+} \longrightarrow [CH_3(CH_2)_{14}COO^-]_2Ca^{2+} + 2Na^+$$

Um sabão sódico
(solúvel em água como micela)

Um sal de cálcio do ácido graxo
(insolúvel em água)

Micela Um arranjo esférico de moléculas em solução aquosa que é organizado de forma que suas partes hidrofóbicas ("detestam" água), que são blindadas do meio aquoso, e suas partes hidrofílicas ("adoram" água), que estão na superfície do arranjo esférico, se encontrem em contato com o meio aquoso.

Esses sais insolúveis em água dos ácidos graxos de cálcio, magnésio e ferro causam problemas, como placas que se formam nas banheiras, filmes que estragam o brilho dos cabelos e o acinzentado e a aspereza dos tecidos que são lavados repetidas vezes com sabões.

D. Detergentes sintéticos

Depois de conhecerem a maneira como ocorre a ação de limpeza dos sabões, os químicos puderam desenvolver os detergentes sintéticos. Alguns pontos racionalizados pelos químicos para o desenvolvimento de um bom detergente foram: a molécula deve ter uma cadeia hidrocarbônica longa – preferencialmente de 12 a 20 átomos de comprimento – e um grupo polar no fim da molécula que não forme sais insolúveis em água com íons Ca(II), Mg(II) ou Fe(III) que estão presentes na água dura. Essas características essenciais de um sabão poderiam ser obtidas em uma molécula contendo um grupo sulfonato ($-SO_3^-$), em vez de um grupo carboxilato ($-COO^-$). Sais de cálcio, magnésio e ferro dos ácidos alquilsulfônicos ($R-SO_3H$) são muito mais solúveis em água que os comparáveis sais dos ácidos graxos.

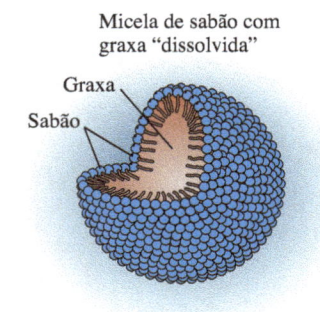

FIGURA 18.3 Uma micela de sabão com óleo ou graxa "dissolvidos".

Os detergentes sintéticos mais amplamente utilizados hoje são os alquilbenzenossulfonatos lineares (ASL). Um dos mais comuns desses ASL é o 4-dodecilbenzenossulfonato de sódio. Para preparar esse tipo de detergente, um alquilbenzeno linear é tratado com ácido sulfúrico para formar um ácido alquilbenzenossulfônico (Seção 13.3C), seguido de neutralização do ácido sulfônico com hidróxido de sódio:

$$CH_3(CH_2)_{10}CH_2-\text{C}_6\text{H}_5 \xrightarrow[\text{2. NaOH}]{\text{1. }H_2SO_4} CH_3(CH_2)_{10}CH_2-\text{C}_6\text{H}_4-SO_3^- Na^+$$

Dodecilbenzeno

4-dodecilbenzenossulfonato de sódio
(um detergente aniônico)

O produto é misturado com "edificadores" e então seco em spray, resultando em um pó homogêneo. O "edificador" mais comum é o silicato de sódio. Detergentes de alquilbenzenossulfonatos foram introduzidos no fim dos anos 1950 e hoje correspondem a quase 90% do mercado, que já foi uma vez dominado pelos sabões naturais.

Entre os aditivos adicionados aos detergentes, há estabilizadores de espuma, branqueadores e introdutores de brilho. Um estabilizador de espuma comum adicionado aos sabões líquidos, mas não aos detergentes de lavar roupa (por razões óbvias: imagine uma máquina de lavar roupa carregada, espumando pela tampa!), é a amida preparada a partir do ácido dodecanoico (ácido láurico) e 2-aminoetanol (etanolamina). O branqueador mais comum é o perborato tetraidrato de sódio, que se decompõe em temperaturas maiores que 50 °C, formando peróxido de hidrogênio (água oxigenada), que, na verdade, é o agente branqueador.

$$CH_3(CH_2)_{10}\overset{O}{\underset{\|}{C}}NHCH_2CH_2OH \qquad O\!\!=\!\!B\!\!-\!\!O\!\!-\!\!O^-\,Na^+ \cdot 4H_2O$$

N-(2-hidroxietil) dodecanamida
(um estabilizador de espuma)

Perborato tetraidrato de sódio
(um branqueador)

Aos detergentes de lavar roupa, também são adicionados introdutores de brilho (alvejantes ópticos). Essas substâncias são incorporadas nos tecidos e, após absorção de luz ambiente, emitem luz fluorescente azul, mascarando a cor amarela que é desenvolvida pelos tecidos à medida que eles envelhecem. Os alvejantes ópticos produzem uma aparência de "mais branco que branco". Você certamente já deve ter observado o brilho de camisetas ou blusas brancas quando elas são expostas à luz negra (radiação UV).

18.5 Quais são as reações características dos ácidos carboxílicos?

A. Acidez

Os ácidos carboxílicos são ácidos fracos. Para a maioria dos ácidos carboxílicos alifáticos e aromáticos não substituídos, os valores de K_a estão situados na faixa de 10^{-4} a 10^{-5} ($pK_a = 4,0 - 5,0$). O valor de K_a para o ácido acético, por exemplo, é $1,74 \times 10^{-5}$, e seu pK_a é 4,76 (Seção 8.5).

$$CH_3\overset{O}{\underset{\|}{C}}OH + H_2O \rightleftharpoons CH_3\overset{O}{\underset{\|}{C}}O^- + H_3O^+ \qquad K_a = \frac{[CH_3COO^-][H_3O^+]}{[CH_3COOH]} = 1,74 \times 10^{-5}$$

$$pK_a = 4,76$$

O ácido dicloroacético é usado como um adstringente tópico e como um tratamento para verrugas genitais masculinas.

Os dentistas usam uma solução aquosa a 50% de ácido tricloroacético para cauterizar gengivas. Esse ácido forte cessa o sangramento, mata o tecido doente e permite o crescimento do tecido saudável da gengiva.

Substituintes altamente eletronegativos (especialmente —OH, —Cl e —NH$_3^+$) próximos ao grupo carboxílico aumentam frequentemente a acidez dos ácidos carboxílicos em várias ordens de magnitude. Compare, por exemplo, a acidez do ácido acético e dos ácidos acéticos substituídos com cloro. Tanto o ácido dicloroacético como o tricloroacético são ácidos mais fortes que o ácido acético (pK_a 4,75) e H$_3$PO$_4$ (pK_a 2,12).

Fórmula:	CH$_3$COOH	ClCH$_2$COOH	Cl$_2$CHCOOH	Cl$_3$CCOOH
Nome:	Ácido acético	Ácido cloroacético	Ácido dicloroacético	Ácido tricloroacético
pK_a:	4,76	2,86	1,48	0,70

Aumento da força ácida →

Átomos eletronegativos no carbono adjacente ao grupo carboxílico aumentam a acidez porque eles atraem densidade eletrônica da ligação O—H e, portanto, facilitam a ionização do grupo carboxila, tornando-o um ácido mais forte.

Uma consideração final sobre os ácidos carboxílicos: quando um ácido carboxílico é dissolvido em solução aquosa, a forma em que ele se encontra depende do pH dessa solução. Considere um ácido carboxílico típico que apresenta valores de pK_a na faixa de 4,0 a 5,0. Quando o pH da solução é igual ao pK_a do ácido carboxílico (isto é, quando o pH da solução se encontra na faixa de 4,0 a 5,0), o ácido, RCOOH, e sua base conjugada,

RCOO⁻, estão presentes em concentrações iguais, o que pode ser demonstrado pela utilização da equação de Henderson-Hasselbach (Seção 8.11).

$$pH = pK_a + \log \frac{[A^-]}{[HA]}$$ Equação de Henderson-Hasselbach

Considere a ionização de um ácido fraco, HA, em solução aquosa. Quando o pH da solução é igual ao pK_a do ácido carboxílico, a equação de Henderson-Hasselbach se reduz a

$$\log \frac{[A^-]}{[HA]} = 0$$

A razão entre [A⁻] e [HA] é obtida aplicando o antilog, e o resultado nos mostra que as concentrações das duas espécies são iguais.

$$\frac{[A^-]}{[HA]} = 1$$

Se o pH é ajustado a 2,0 ou a um pH mais baixo pela adição de um ácido forte, o ácido carboxílico está então presente em solução quase que inteiramente como a espécie RCOOH. Se o pH é ajustado a 7,0 ou a um valor maior, o ácido carboxílico está presente quase que inteiramente como seu ânion. Portanto, mesmo em uma solução neutra (pH 7,0), um ácido carboxílico está presente predominantemente na forma de seu ânion.

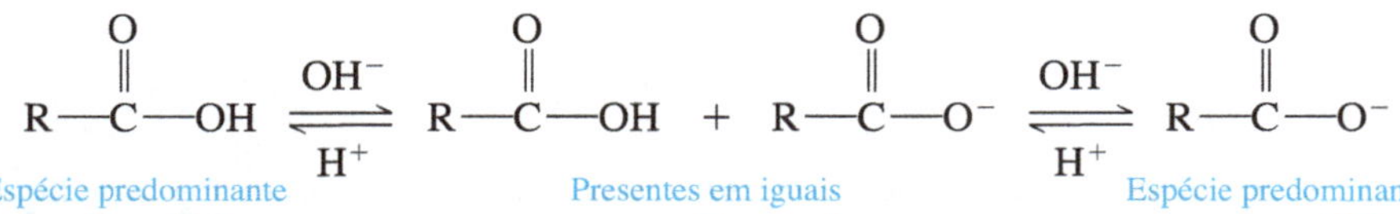

$$\underset{\substack{\text{Espécie predominante}\\\text{quando o pH da}\\\text{solução é} \leq 2{,}0}}{R-\underset{\underset{OH}{\|}}{\overset{\overset{O}{\|}}{C}}-OH} \underset{H^+}{\overset{OH^-}{\rightleftharpoons}} \underset{\substack{\text{Presentes em iguais}\\\text{concentrações quando}\\\text{o pH da solução} = pK_a \text{do ácido}}}{R-\underset{}{\overset{\overset{O}{\|}}{C}}-OH + R-\underset{}{\overset{\overset{O}{\|}}{C}}-O^-} \underset{H^+}{\overset{OH^-}{\rightleftharpoons}} \underset{\substack{\text{Espécie predominante}\\\text{quando o pH da}\\\text{solução}\\\text{é} \geq 7{,}0}}{R-\underset{}{\overset{\overset{O}{\|}}{C}}-O^-}$$

B. Reações com bases

Todos os ácidos carboxílicos, tanto os solúveis como os insolúveis em água, reagem com NaOH, KOH e outras bases fortes para formar sais aquossolúveis.

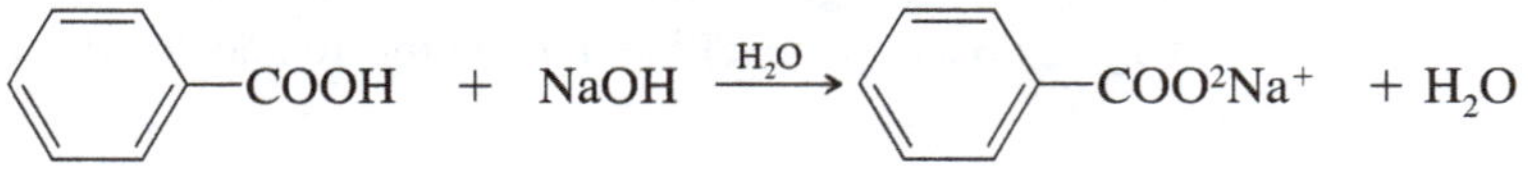

$$\underset{\substack{\text{Ácido benzoico}\\(\text{levemente solúvel em água})}}{C_6H_5-COOH} + NaOH \xrightarrow{H_2O} \underset{\substack{\text{Benzoato de sódio}\\(60 \text{ g}/100 \text{ mL de água})}}{C_6H_5-COO^2Na^+} + H_2O$$

Benzoato de sódio, um inibidor do crescimento de fungos, é frequentemente adicionado aos produtos que usam fermento (pães, bolos etc.) para retardar o processo de deterioração. Propanoato de cálcio é usado para o mesmo propósito. Os ácidos carboxílicos também formam sais solúveis em água com amônia e aminas.

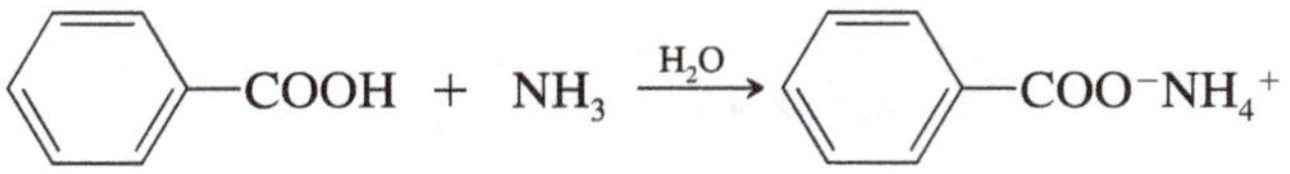

$$\underset{\substack{\text{Ácido benzoico}\\(\text{levemente solúvel em água})}}{C_6H_5-COOH} + NH_3 \xrightarrow{H_2O} \underset{\substack{\text{Benzoato de amônio}\\(20 \text{ g}/100 \text{ mL de água})}}{C_6H_5-COO^-NH_4^+}$$

Ácidos carboxílicos reagem com bicarbonato de sódio e carbonato de sódio para formar sais de sódio aquossolúveis e ácido carbônico (um ácido fraco). O ácido carbônico, por sua vez, se decompõe em água e dióxido de carbono, que se desprende como gás (Seção 8.6E).

$$CH_3COOH(aq) + NaHCO_3(aq) \longrightarrow CH_3COO^-Na^+(aq) + CO_2(g) + H_2O(l)$$

Os sais dos ácidos carboxílicos são nomeados da mesma maneira que os sais dos ácidos inorgânicos: o ânion é nomeado primeiro e então o cátion. O nome do ânion é derivado do nome do ácido carboxílico substituindo o sufixo -ico por -ato.

Exemplo 18.2 Acidez dos ácidos carboxílicos

Complete cada reação ácido-base e nomeie o sal do carboxilato formado.

(a) CH₃CH₂CH₂COOH + NaOH ⟶

(b) (s)-ácido lático + NaHCO₃ ⟶

Estratégia e solução

Cada ácido carboxílico é convertido em seu sal de sódio. Em (b), o ácido carbônico é formado e decomposto em dióxido de carbono e água.

(a) Ácido butanoico + NaOH ⟶ Benzoato de sódio (COO⁻Na⁺) + H₂O

(b) (s)-ácido lático + NaHCO₃ ⟶ (s)-lactato de sódio + H₂O + CO₂

Problema 18.2

Escreva as equações para as reações de cada ácido no Exemplo 18.2 com amônia e nomeie os sais dos carboxilatos formados.

Uma consequência da solubilidade dos sais dos ácidos carboxílicos em água é que os ácidos carboxílicos insolúveis em água podem ser convertidos em sais aquossolúveis de amônio ou metais alcalinos e então extraídos da solução aquosa. Os sais, por sua vez, podem ser transformados novamente nos respectivos ácidos carboxílicos pelo tratamento com HCl, H₂SO₄ ou outro ácido forte. Essas reações permitem uma separação fácil dos ácidos carboxílicos insolúveis em água dos compostos insolúveis em água que não são ácidos.

Na Figura 18.4, é mostrado um fluxograma da separação do ácido benzoico, um ácido carboxílico insolúvel em água, do álcool benzílico, um composto não ácido.

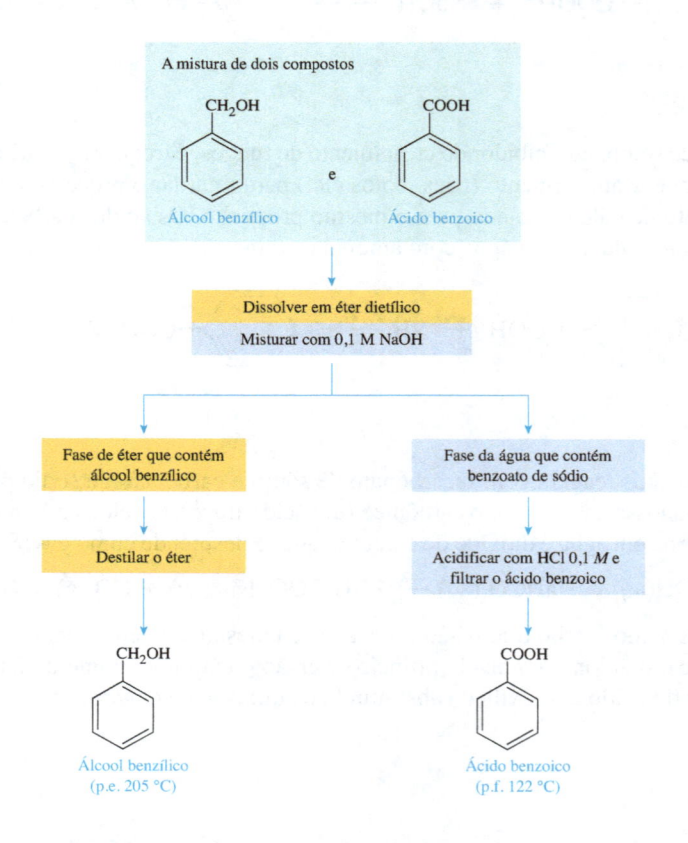

FIGURA 18.4 Fluxograma da separação do ácido benzoico de álcool benzílico.

Inicialmente, a mistura de ácido benzoico e álcool benzílico é dissolvida em éter dietílico. Quando a solução de éter é agitada com NaOH aquoso ou outra base forte, o ácido benzoico é convertido no seu sal de sódio solúvel em água. Então, o éter e a fase aquosa são separados. A solução de éter é destilada, resultando primeiro no éter dietílico (p.e. 35 °C) e então no álcool benzílico (p.e. 205 °C). A solução aquosa é acidificada com HCl, e o ácido benzoico precipita como um sólido cristalino branco (p.f. 122 °C), o qual é recuperado por filtração.

C. Redução

O grupo carboxila é um dos grupos orgânicos funcionais mais resistentes à redução. Ele não é afetado pela redução catalítica sob condições que prontamente reduzem alcenos aos alcanos (Seção 12.6D) ou por boroidreto de sódio ($NaBH_4$), o qual prontamente reduz aldeídos aos alcoóis primários e cetonas aos alcoóis secundários (Seção 17.4B).

O reagente mais comum para a redução de um ácido carboxílico ao álcool primário é o hidreto de lítio e alumínio, $LiAlH_4$, um agente redutor muito forte. A redução de um grupo carboxila com esse reagente é normalmente realizada em éter dietílico. O produto inicial é um alcóxido de alumínio, que é então tratado com água para resultar no álcool primário, lítio e hidróxidos de alumínio. Esses dois hidróxidos são insolúveis em éter dietílico e removidos por filtração. A evaporação do solvente éter permite a recuperação do álcool primário.

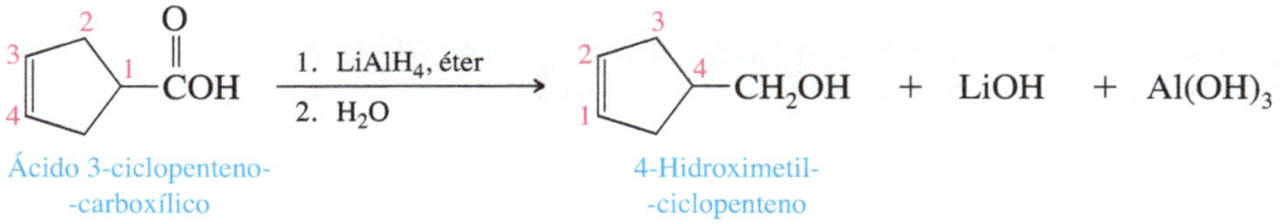

Ácido 3-ciclopenteno-carboxílico → 4-Hidroximetil-ciclopenteno + LiOH + Al(OH)$_3$
(1. $LiAlH_4$, éter; 2. H_2O)

D. Esterificação de Fisher

O tratamento de um ácido carboxílico com um álcool na presença de um catalisador ácido, de forma mais geral, ácido sulfúrico concentrado, resulta na formação de um **éster**. Esse método de obter um éster recebe o nome especial de **esterificação de Fisher**, em homenagem ao químico alemão Emil Fisher (1852-1919). Um exemplo da esterificação de Fisher é o tratamento de ácido acético com etanol na presença de ácido sulfúrico concentrado, resultando em acetato de etila e água:

Remoção de OH e H resulta no éster

$CH_3C(=O)$—OH + H—OCH_2CH_3 ⇌ (H_2SO_4) $CH_3COCH_2CH_3$ + H_2O

Ácido etanoico (Ácido acético) + Etanol (Álcool etílico) ⇌ Etanoato de etila (Acetato de etila)

Éster Um composto no qual o —OH do grupo carboxila, RCOOH, é substituído por um grupo alcóxi ou arilóxi.

Esterificação de Fisher
O processo de formação de um éster pelo refluxo de um ácido carboxílico e um álcool em presença de um catalisador ácido, geralmente o ácido sulfúrico.

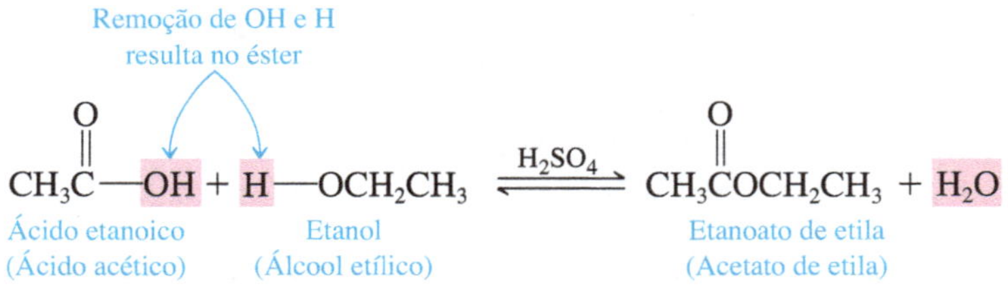

No Capítulo 19, vamos estudar em detalhe a estrutura, a nomenclatura e as reações dos ésteres. Neste capítulo, abordamos somente a sua preparação a partir dos ácidos carboxílicos.

No processo da esterificação de Fisher, o álcool se adiciona ao grupo carbonila do ácido carboxílico para formar um intermediário tetraédrico de adição na carbonila. Observe como essa etapa se assemelha à adição de um álcool ao grupo carbonila de um aldeído ou uma cetona para formar um hemiacetal (Seção 17.4C). No caso da esterificação de Fisher, o intermediário perde uma molécula de água para originar o éster.

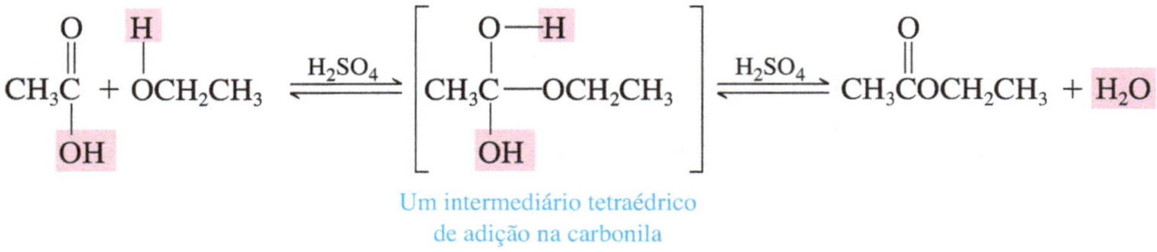

$CH_3C(=O)OH$ + $HOCH_2CH_3$ ⇌ (H_2SO_4) [$CH_3C(OH)(OH)OCH_2CH_3$] ⇌ (H_2SO_4) $CH_3COCH_2CH_3$ + H_2O

Um intermediário tetraédrico de adição na carbonila

A esterificação catalisada por ácido é reversível e, no equilíbrio, as quantidades remanescentes dos ácidos carboxílicos e alcoóis são geralmente consideráveis. Pelo controle das condições experimentais, entretanto, podemos usar a esterificação de Fisher para preparar ésteres com altos rendimentos. Caso o álcool seja barato se comparado com o ácido carboxílico, podemos usar um grande excesso do álcool (um dos reagentes de partida) para direcionar o equilíbrio para a direita e conseguir uma alta conversão do ácido carboxílico no respectivo éster. Alternativamente, podemos remover água (um dos produtos de reação) à medida que ela se forma na reação e direcionar o equilíbrio para a direita (rever o princípio de Le Chatelier, Seção 7.7).

Conexões químicas 18B

Ésteres como agentes de sabor

Os agentes de sabor são a maior classe de aditivos alimentares. Até agora, mais de 1.000 sabores sintéticos e naturais estão disponíveis. A maioria deles é encontrada na forma de concentrados ou extratos do material cujo sabor é desejado; frequentemente eles são misturas complexas de dezenas a centenas de compostos. Os agentes de sabor também são sintetizados industrialmente. Muitos apresentam sabores muito próximos do sabor que se quer alcançar. Um ou alguns poucos agentes de sabor sintéticos são suficientes para deixar sorvetes, refrigerantes ou doces com um gosto natural. A tabela mostra as estruturas de apenas alguns ésteres usados como agentes de sabor.

Estrutura	Nome	Sabor
H-COOEt	Formato de etila	Rum
CH₃-COO-CH₂CH₂CH(CH₃)₂	Acetato de isopentila	Banana
CH₃-COO-(CH₂)₇CH₃	Acetato de octila	Laranja
CH₃CH₂CH₂-COOMe	Butanoato de metila	Maçã
CH₃CH₂CH₂-COOEt	Butanoato de etila	Abacaxi
2-NH₂-C₆H₄-COOMe	2-aminobenzoato de metila (Antranilato de metila)	Uva

Exemplo 18.3 Esterificação de Fisher

Complete estas reações de esterificação de Fisher (assuma um excesso do álcool). A estequiometria de cada reação é indicada no problema.

(a) C₆H₅—COOH + CH₃OH $\xrightleftharpoons{H^+}$

Ácido benzoico

(b) HOOC—CH₂CH₂—COOH + 2 EtOH $\xrightleftharpoons{H^+}$

Ácido butanodioico   (excesso)
(Ácido succínico)

Estratégia e solução

A substituição do grupo —OH do ácido carboxílico pelo grupo —OR do álcool resulta no éster. Aqui são mostrados as fórmulas estruturais e os nomes dos ésteres produzidos em cada reação.

(a)

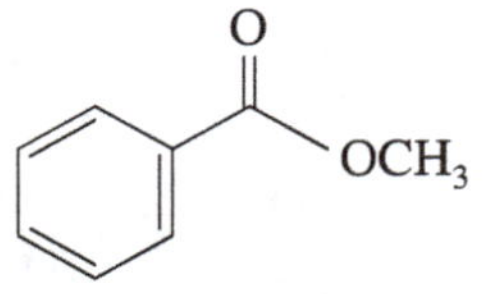

Benzoato de metila

(b)

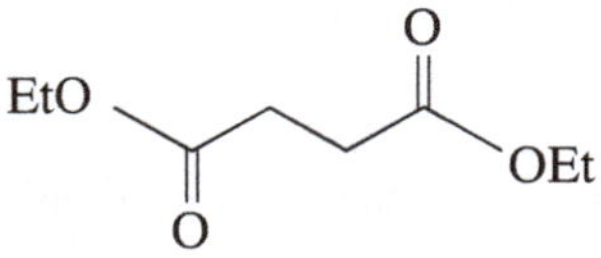

Butanodioato de dietila
(Succinato de dietila)

Problema 18.3

Complete as reações de esterificação de Fisher.

(a) [estrutura] $\rightleftharpoons$

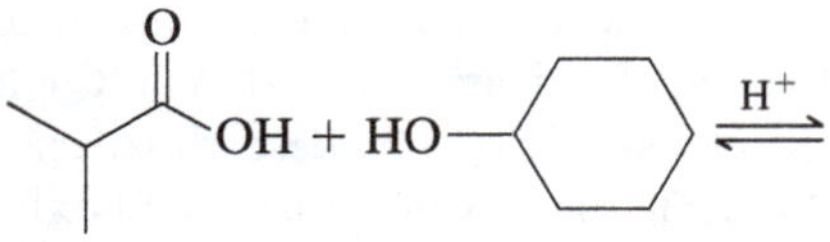

(b) $HO\text{—}\cdots\text{—}COOH \xrightleftharpoons{H^+}$ (um éster cíclico)

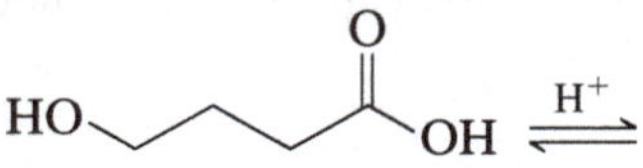

E. Descarboxilação

A **descarboxilação** é a perda de CO_2 do grupo carboxila. Quase todos os ácidos carboxílicos, quando aquecidos a uma temperatura muito alta, sofrem uma descarboxilação térmica:

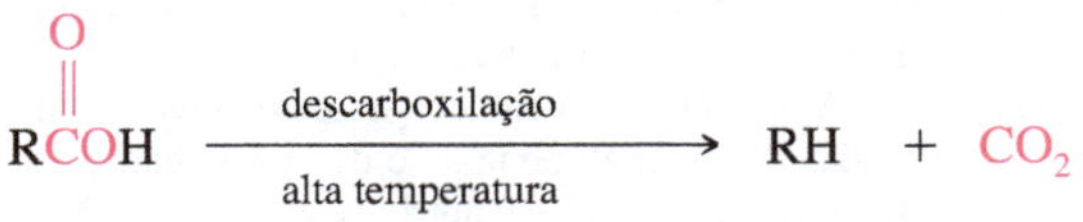

$$RCOOH \xrightarrow[\text{alta temperatura}]{\text{descarboxilação}} RH + CO_2$$

A maioria dos ácidos carboxílicos, entretanto, é muito resistente ao aquecimento moderado e funde ou mesmo ferve (temperatura de ebulição) sem que ocorra a descarboxilação. Exceções são os ácidos carboxílicos que têm a sua carbonila na posição β em relação ao grupo carboxila. Esse tipo de ácido carboxílico apresenta descarboxilação muito prontamente em condições de aquecimento brandas. Por exemplo, quando o ácido 3-oxobutanoico (ácido acetoacético) é aquecido moderadamente, ele sofre descarboxilação para gerar acetona e dióxido de carbono:

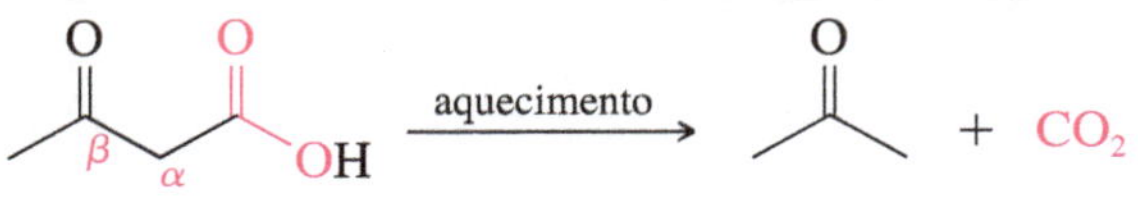

Ácido 3-oxobutanoico
(Ácido acetoacético)
(um β-cetoácido) $\xrightarrow{\text{aquecimento}}$ Acetona + CO_2

A descarboxilação sob aquecimento moderado é exclusiva para os β-cetoácidos e não é observada para outras classes de cetoácidos.

Mecanismo: Descarboxilação de um β-cetoácido

Etapa 1: Redistribuição de seis elétrons em um estado de transição de seis membros cíclicos, resultando em um dióxido de carbono e um enol:

Etapa 2: O tautomerismo cetoenólico (Seção 17.5) do enol resulta na forma cetônica mais estável do produto:

No mundo biológico, um exemplo importante da descarboxilação de um β-cetoácido ocorre durante a oxidação de alimentos no ciclo do ácido tricarboxílico (CAT) (Capítulo 28). O ácido oxalossuccínico, um dos intermediários nesse ciclo, sofre descarboxilação espontânea para produzir ácido α-cetoglutárico. Somente um dos três grupos carboxila do ácido oxalossuccínico tem um grupo na posição β, e esse grupo carboxila é perdido na forma de CO_2:

Conexões químicas 18C

Corpos cetônicos e diabetes

O ácido 3-oxobutanoico (ácido acetoacético) e seu produto de redução, o ácido 3-hidroxibutanoico, são sintetizados no fígado a partir de acetilCoA (Seção 28.5), um produto do metabolismo dos ácidos graxos e um aminoácido,

Ácido 3-oxobutanoico
(Ácido acetoacético)

Ácido 3-hidroxibutanoico
(Ácido β-hidroxibutírico)

Os ácidos 3-oxobutanoico e 3-hidroxibutanoico são conhecidos coletivamente como corpos cetônicos.

A concentração das corpos cetônicos no sangue de uma pessoa saudável e bem alimentada é de aproximadamente 0,01 mM/L. Entretanto, em pessoas desnutridas ou com diabetes, a concentração das corpos cetônicos pode aumentar até 500 vezes o nível normal. Nessas condições, a concentração do ácido acetoacético aumenta até o ponto em que ele sofre descarboxilação espontânea, formando acetona e dióxido de carbono. A acetona não é metabolizada pelos humanos e é excretada através dos rins e pulmões. O odor de acetona é o responsável pelo "cheiro adocicado" que ocorre na respiração de vários pacientes com diabetes.

Somente esta carboxila tem um grupo C=O na posição β

Ácido oxalossuccínico → Ácido α-cetoglutárico + CO_2

Note que a descarboxilação térmica é uma reação exclusiva dos β-cetoácidos, ela não ocorre com α-cetoácidos. Nos capítulos de bioquímica deste livro, entretanto, veremos exemplos de descarboxilação de α-cetoácidos, como a descarboxilação de α-cetoglutarato. Como a descarboxilação de α-cetoácidos requer um agente oxidante (NAD$^+$), essa reação é chamada descarboxilação oxidativa.

Resumo das questões-chave

Seção 18.1 O que são ácidos carboxílicos?

- O grupo funcional de um **ácido carboxílico** é o **grupo carboxila**, —COOH.

Seção 18.2 Qual é a nomenclatura dos ácidos carboxílicos?

- Os nomes Iupac dos ácidos carboxílicos são derivados do nome da cadeia carbônica mais longa que contém o grupo carboxila. O nome é antecedido por *ácido* e o *-o* final da cadeia principal do alcano é substituído por *-oico*.
- Os ácidos dicarboxílicos são nomeados como *ácidos dioicos*.
- Os nomes comuns de vários ácidos carboxílicos e dicarboxílicos são ainda amplamente utilizados.

Seção 18.3 Quais são as propriedades físicas dos ácidos carboxílicos?

- Ácidos carboxílicos são compostos polares. Consequentemente, eles apresentam altos pontos de ebulição e são mais solúveis em água que alcoóis, aldeídos, cetonas e éteres de comparável massa molecular.

Seção 18.4 O que são sabões e detergentes?

- Ácidos graxos são ácidos carboxílicos de cadeia longa não ramificada. Eles podem ser saturados ou insaturados.
- Um **triglicéride** é um triéster do glicerol.
- Uma **micela** é um arranjo esférico de moléculas em meio aquoso que é organizado da seguinte forma: as partes hidrofóbicas estão no interior do arranjo esférico, e as partes hidrofílicas, na superfície.

Seção 18.5 Quais são as reações características dos ácidos carboxílicos?

- Os ácidos carboxílicos são ácidos fracos que reagem com bases fortes para formar sais solúveis em água.
- O tratamento de um ácido carboxílico com um álcool na presença de um catalisador ácido resulta em um éster.
- Quando expostos a temperaturas muito altas, os ácidos carboxílicos podem sofrer descarboxilação.

Resumo das reações fundamentais

1. **Acidez dos ácidos carboxílicos (Seção 18.5A)** Valores de pK_a para a maioria dos ácidos carboxílicos não substituídos se situam no intervalo de 4 a 5.

$$CH_3COH + H_2O \rightleftharpoons CH_3CO^- + H_3O^+$$

$$K_a = \frac{[CH_3COO^-][H_3O^+]}{[CH_3COOH]} = 1{,}74 \times 10^{-5}$$

pK_a = 4,76

2. **Reações dos ácidos carboxílicos com bases (Seção 18.5B)** Todos os ácidos carboxílicos, tanto os solúveis como os insolúveis em água, reagem com hidróxidos dos metais alcalinos, carbonatos, bicarbonatos, amônia e aminas para formar sais aquossolúveis.

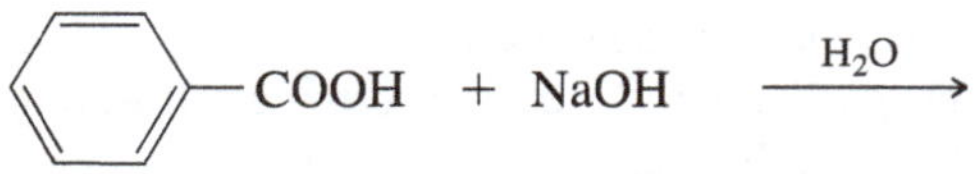

C$_6$H$_5$—COOH + NaOH $\xrightarrow{H_2O}$

Ácido benzoico
(moderadamente solúvel em água)

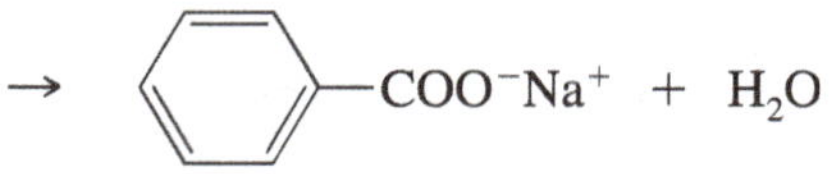

→ C$_6$H$_5$—COO$^-$Na$^+$ + H$_2$O

Benzoato de sódio
(60 g/100 mL de água)

CH$_3$COOH + NaHCO$_3$ ⟶

CH$_3$COO$^-$Na$^+$ + CO$_2$ + H$_2$O

3. **Redução por hidreto de alumínio e lítio (Seção 18.5C)** Hidreto de alumínio e lítio reduz o grupo carboxila a um álcool primário. Esse reagente normalmente não reduz as duplas ligações carbono-carbono, mas reduz aldeídos aos alcoóis primários e cetonas aos alcoóis secundários.

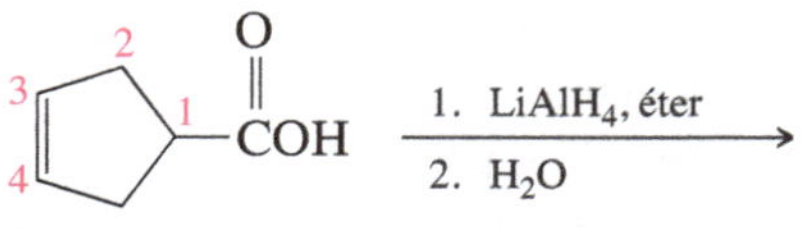

ciclopenteno—COH $\xrightarrow{\text{1. LiAlH}_4, \text{éter}}_{\text{2. H}_2\text{O}}$

Ácido 3-ciclopenteno-
-carboxílico

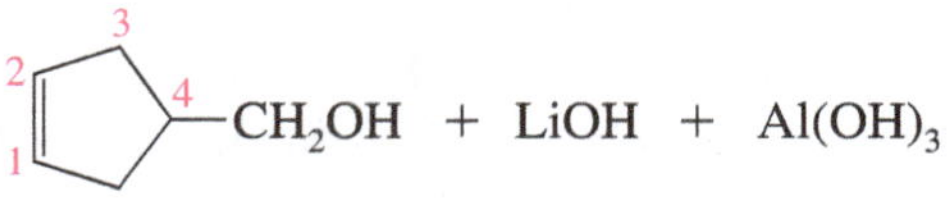

ciclopenteno—CH$_2$OH + LiOH + Al(OH)$_3$

4-Hidroximetil-
-ciclopenteno

4. **Esterificação de Fisher (Seção 18.5D)** A esterificação de Fisher é reversível.

$$\underset{\substack{\text{Ácido etanoico} \\ \text{(Ácido acético)}}}{CH_3COOH} + \underset{\substack{\text{Etanol} \\ \text{(Álcool etílico)}}}{CH_3CH_2OH} \xrightleftharpoons[]{H_2SO_4}$$

$$\rightleftharpoons \underset{\substack{\text{Etanoato de etila} \\ \text{(Acetato de etila)}}}{CH_3COOCH_2CH_3} + H_2O$$

Uma maneira de forçar o equilíbrio para a direita é usar um excesso de álcool. Alternativamente, a água pode ser retirada da mistura de reação à medida que é formada.

5. **Descarboxilação (Seção 18.5E)** A descarboxilação térmica é uma propriedade exclusiva dos β-cetoácidos. Os produtos da descarboxilação térmica dos β-cetoácidos são o dióxido de carbono e um enol. A perda de CO_2 é seguida imediatamente pelo tautomerismo cetoenólico.

Ácido 3-oxobutanoico (Ácido acetoacético) (um β-cetoácido) $\xrightarrow{\text{aquecimento}}$ Acetona + CO_2

Problemas

Para a preparação de ácidos carboxílicos, revise os Capítulos 14 e 17.

Seção 18.2 Qual é a nomenclatura dos ácidos carboxílicos?

18.4 Nomeie e desenhe as fórmulas estruturais para os quatro ácidos carboxílicos de fórmula $C_5H_{10}O_2$. Quais desses ácidos carboxílicos são quirais?

18.5 Escreva o nome Iupac para cada ácido carboxílico.
  (a) (estrutura)
  (b) (estrutura com NH$_2$)
  (c) (estrutura com COOH)

18.6 Escreva o nome Iupac para cada ácido carboxílico.
  (a) HOOC—CH(OH)—COOH
  (b) (ácido salicílico: benzeno com COOH e OH)
  (c) CCl_3COOH

18.7 Desenhe a fórmula estrutural para cada ácido carboxílico.
  (a) Ácido 4-nitrofenilacético
  (b) Ácido 4-aminobutanoico
  (c) Ácido 4-fenilbutanoico
  (d) Ácido cis-3-hexenodioico

18.8 Desenhe a fórmula estrutural para cada ácido carboxílico.
  (a) Ácido 2-aminopropanoico
  (b) Ácido 3,5-dinitrobenzoico
  (c) Ácido dicloroacético
  (d) Ácido o-aminobenzoico

18.9 Desenhe a fórmula estrutural para cada sal.
  (a) Benzoato de sódio
  (b) Acetato de lítio
  (c) Acetato de amônio
  (d) Adipato disódico
  (e) Salicilato de sódio
  (f) Butanoato de cálcio

18.10 Oxalato de cálcio é o principal componente dos cálculos renais (pedras dos rins). Desenhe a fórmula estrutural para esse composto.

18.11 O sal monopotássico do ácido oxálico está presente em certos vegetais, incluindo o ruibarbo. Tanto o ácido oxálico como os seus sais são venenosos em altas concentrações. Desenhe a fórmula estrutural para o oxalato monopotássico.

Seção 18.3 Quais são as propriedades físicas dos ácidos carboxílicos?

18.12 Indique se a afirmação é verdadeira ou falsa.
  (a) Ácidos carboxílicos são compostos polares.
  (b) A ligação mais polar do grupo carboxila é a ligação simples C—O.
  (c) Ácidos carboxílicos têm pontos de ebulição significativamente mais altos que aldeídos, cetonas e alcoóis de comparável massa molecular.
  (d) Ácidos carboxílicos de baixa massa molecular (ácidos fórmico, acético, propanoico e butanoico) são infinitamente solúveis em água.

18.13 Desenhe a fórmula estrutural do dímero formado quando duas moléculas de ácido fórmico interagem através de ligações de hidrogênio.

18.14 O ácido propanodioico (malônico) forma uma ligação de hidrogênio interna na qual o H de um grupo COOH forma uma ligação de hidrogênio com um O de outro grupo COOH. Desenhe a fórmula estrutural para mostrar essa ligação de hidrogênio interna. (Existem duas respostas possíveis.)

18.15 O ácido hexanoico (caproico) tem solubilidade em água de 1 g/100 mL de água. Qual parte da molécula contribui e qual dificulta respectivamente a solubilidade em água dessa molécula?

18.16 O ácido propanoico e acetato de metila são isômeros constitucionais, sendo ambos líquidos em temperatura ambiente. Um desses compostos tem ponto de ebulição de 141 °C e o outro de 57 °C. Correlacione cada composto com os pontos de ebulição fornecidos. Explique.

$$CH_3-CH_2-\overset{\overset{O}{\|}}{C}-OH \qquad CH_3-\overset{\overset{O}{\|}}{C}-OCH_3$$

Ácido propanoico　　　　　Acetato de metila

18.17 Os seguintes compostos têm aproximadamente a mesma massa molecular: ácido hexanoico, heptanal e 1-heptanol. Arranje esses compostos em ordem crescente de seus pontos de ebulição.

18.18 Os seguintes compostos têm aproximadamente a mesma massa molecular: ácido propanoico, 1-butanol e éter dietílico. Arranje esses compostos em ordem crescente de seus pontos de ebulição.

18.19 Arranje estes compostos em ordem crescente de solubilidade em água: ácido acético, ácido pentanoico e ácido decanoico.

Seção 18.4 O que são sabões e detergentes?

18.20 Indique se a afirmação é verdadeira ou falsa.
(a) Ácidos graxos são ácidos carboxílicos de cadeia longa, e a maioria é composta de 12 a 20 átomos de carbono em uma cadeia não ramificada.
(b) Um ácido graxo insaturado contém uma ou mais ligações duplas carbono-carbono na sua cadeia hidrocarbônica.
(c) Na maioria dos ácidos graxos insaturados encontrados em gorduras animais, óleos vegetais e membranas biológicas, o isômero *cis* é predominante.
(d) De forma geral, ácidos graxos insaturados apresentam menores pontos de fusão que os ácidos graxos saturados com o mesmo número de átomos de carbono.
(e) Os sabões naturais são os sais de sódio ou potássio dos ácidos graxos.
(f) Os sabões removem graxa, óleo e manchas de gordura pela incorporação dessas substâncias no interior apolar das micelas de sabão.
(g) "Água dura", por definição, é a água que contém íons Ca^{2+}, Mg^{2+} ou Fe^{3+}; todos eles reagem com as moléculas de sabão para formar sais insolúveis em água.
(h) A estrutura dos detergentes sintéticos é baseada na dos sabões naturais.
(i) Os detergentes sintéticos mais amplamente utilizados são os alquilbenzenossulfonatos de cadeia linear (ASL).
(j) Os detergentes sintéticos atuais não formam sais insolúveis em água dura.
(k) A maioria das formulações de detergentes contém estabilizantes de espuma, um branqueador e introdutores de brilho (alvejantes ópticos).

Seção 18.5 Quais são as reações características dos ácidos carboxílicos?

18.21 Indique se a afirmação é verdadeira ou falsa.
(a) Ácidos carboxílicos são ácidos fracos comparados com ácidos minerais, como HCl, H_2SO_4 e HNO_3.
(b) Fenóis, alcoóis e ácidos carboxílicos têm em comum a presença de um grupo —OH.
(c) Ácidos carboxílicos são ácidos mais fortes que alcoóis, porém mais fracos do que os fenóis.
(d) A ordem de acidez dos seguintes ácidos carboxílicos é:

(a) > (b) > (c) > (d)

(e) A reação de ácido benzoico com hidróxido de sódio aquoso origina benzoato de sódio.
(f) A mistura dos seguintes compostos é extraída na sequência com (1) 1 *M* HCl, (2) 1 *M* NaOH e (3) éter dietílico. Somente o composto II é extraído na camada (fase) básica.

I (anilina)　　II (ácido benzoico)　　III (acetofenona)

(g) O éster indicado a seguir pode ser preparado pelo tratamento de ácido benzoico com 1-butanol na presença de quantidades catalíticas de H_2SO_4:

(salicilato de butila com grupo OH no anel e OCH₂CH₂CH₂CH₃)

(h) A descarboxilação térmica deste β-cetoácido resulta em ácido benzoico e dióxido de carbono:

(C₆H₅—CO—CH₂—COOH)

(i) A descarboxilação térmica deste β-cetoácido resulta em ácido 2-pentanona e dióxido de carbono:

$$CH_3CH_2CH_2\overset{\overset{O}{\|}}{C}CH_2\overset{\overset{O}{\|}}{C}OH$$

18.22 Alcoóis, fenóis e ácidos carboxílicos contêm o grupo —OH. Qual deles é o ácido mais forte? Qual é o ácido mais fraco?

18.23 Arranje estes compostos em ordem crescente de acidez: ácido benzoico, álcool benzílico e fenol.

18.24 Complete as equações para estas reações ácido-base:

(a) 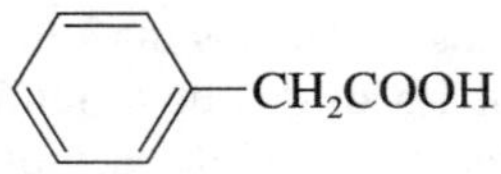 C₆H₅—CH₂COOH + NaOH ⟶

(b)  CH₃CH=CHCOOH + NaHCO₃ ⟶

(c) 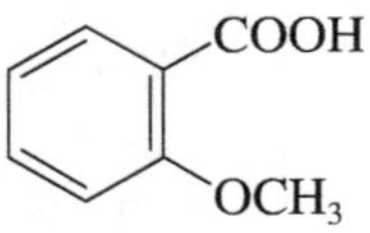 2-metoxibenzoico (COOH, OCH₃) + NaHCO₃ ⟶

(d) CH₃CH(OH)COOH + H₂NCH₂CH₂OH ⟶

(e) 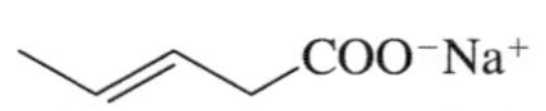 CH₃CH=CHCOO⁻Na⁺ + HCl ⟶

18.25 Complete as equações para estas reações ácido-base:

(a) 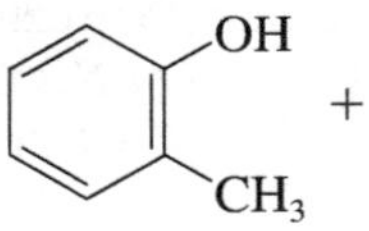 2-metilfenol (OH, CH₃) + NaOH ⟶

(b) 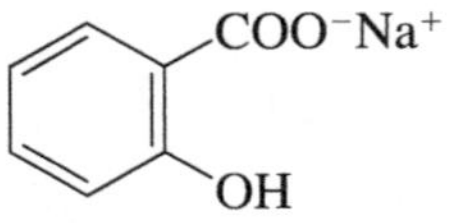 salicilato de sódio (COO⁻Na⁺, OH) + HCl ⟶

(c) 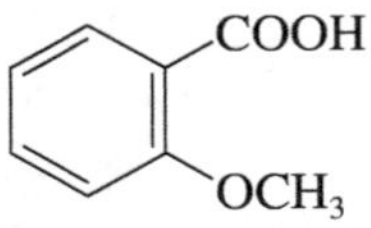 2-metoxibenzoico (COOH, OCH₃) + H₂NCH₂CH₂OH ⟶

(d) 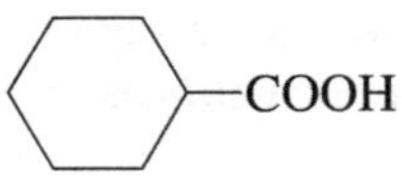 ciclo-hexano—COOH + NaHCO₃ ⟶

18.26 O ácido fórmico é um dos componentes responsáveis pela dor causada pela picada das formigas e é injetado sob a pele também por abelhas e vespas. A dor pode ser aliviada pela aplicação de uma pasta de bicarbonato de sódio (NaHCO₃) e água que neutraliza o ácido. Escreva a equação dessa reação.

18.27 Começando com a definição de K_a de um ácido fraco, HA, como
$$HA + H_2O \rightleftharpoons A^- + H_3O^+ \quad K_a = \frac{[A^-][H_3O^+]}{[HA]}$$
mostre que
$$\frac{[A^-]}{[HA]} = \frac{K_a}{[H_3O^+]}$$

18.28 Usando a equação do Problema 18.27 que mostra a relação entre K_a, $[H_3O^+]$, $[A^-]$ e $[HA]$, calcule a razão entre $[A^-]$ e $[HA]$ em solução cujo pH é
(a) 2,0   (b) 5,0
(c) 7,0   (d) 9,0
(e) 11,0
Assuma que o pK_a do ácido fraco é 5,0.

18.29 O intervalo de pH do plasma sanguíneo é de 7,35 a 7,45. Nessas condições, o grupo carboxila do ácido lático (pK_a 4,07) pode existir na forma de carboxila ou do ânion carboxilato? Explique.

18.30 O pK_a do ácido ascórbico ("Conexões químicas 20B") é 4,10. O ácido ascórbico dissolvido no plasma sanguíneo, pH 7,35-7,45, pode existir essencialmente como ácido ascórbico ou como ânion ascorbato? Explique.

18.31 Complete as equações para as seguintes reações ácido-base. Assuma um mol de NaOH por mol de aminoácido. (*Sugestão*: Reveja a Seção 8.4)

(a) CH₃CH(NH₃⁺)COOH + NaOH $\xrightarrow{H_2O}$

(b) CH₃CH(NH₃⁺)COO⁻Na⁺ + NaOH $\xrightarrow{H_2O}$

18.32 Qual é a base mais forte: CH₃CH₂NH₂ ou CH₃CH₂COO⁻? Explique.

18.33 Complete as equações para as seguintes reações ácido-base. Assuma um mol de HCl por mol de aminoácido.

(a) CH₃CH(NH₂)COO⁻Na⁺ + HCl $\xrightarrow{H_2O}$

(b) CH₃CH(NH₃⁺)COO⁻Na⁺ + HCl $\xrightarrow{H_2O}$

18.34 Defina e dê um exemplo da esterificação de Fisher.

18.35 Complete estas equações que representam esterificações de Fisher. Em cada caso, assuma um excesso do álcool.

(a) CH₃COOH + HO—CH₂CH(CH₃)CH₃ $\xrightleftharpoons{H^+}$

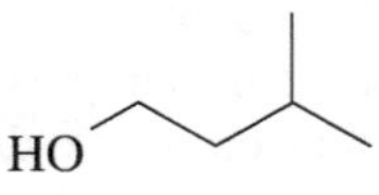

(b) CH₃COOH + HO—ciclo-hexila $\xrightleftharpoons{H^+}$

(c) 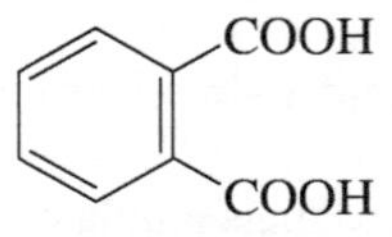 ácido ftálico (1,2-C₆H₄(COOH)₂) + CH₃CH₂OH $\xrightleftharpoons{H^+}$

18.36 De que ácido carboxílico e de que álcool cada um dos ésteres apresentados a seguir é obtido?

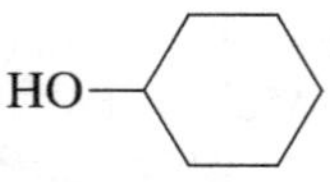

(a) 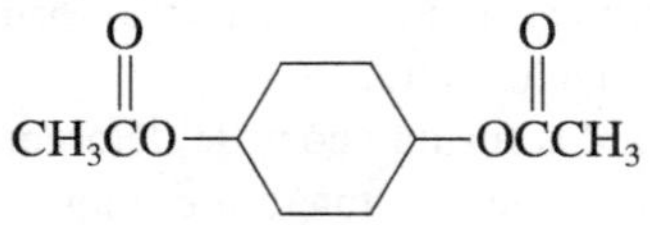 CH₃CO—O—ciclo-hexano—O—OCCH₃ (1,4-diacetoxi-ciclo-hexano)

(b) 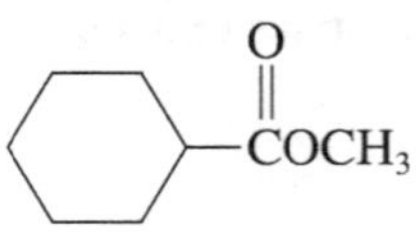 ciclo-hexila—O—COCH₃

(c) CH₃OCCH₂CH₂COCH₃ (with two C=O groups)

(d) 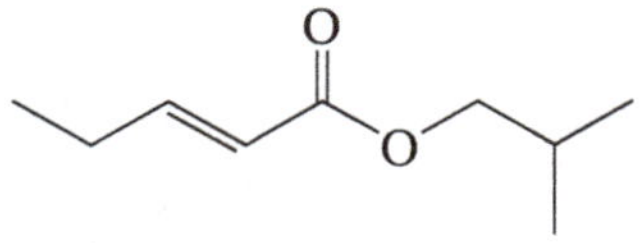 [structure: CH₃CH=CHCH₂C(=O)O-CH₂CH(CH₃)₂ — isobutyl pent-2-enoate]

18.37 O 2-hidroxibenzoato de metila (salicilato de metila) tem o odor do óleo de gaultéria. Esse composto é preparado pela esterificação de Fisher do ácido 2-hidroxibenzoico (ácido salicílico) com metanol. Desenhe a fórmula estrutural para o 2-hidroxibenzoato de metila.

18.38 Mostre como você poderia converter ácido cinâmico em cada um dos seguintes compostos.

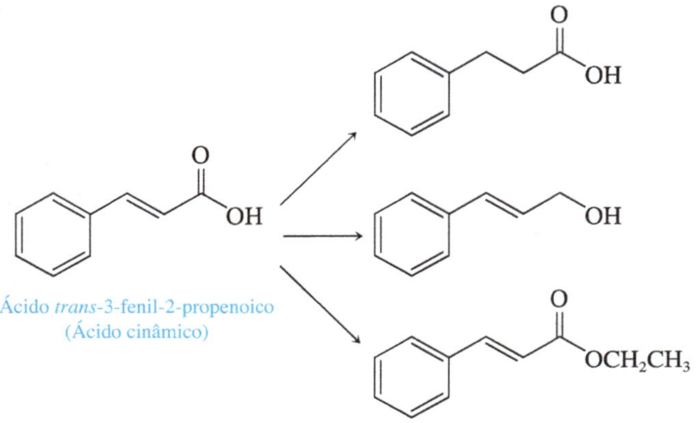

Ácido *trans*-3-fenil-2-propenoico
(Ácido cinâmico)

[arrows to three products:
- PhCH₂CH₂COOH
- PhCH=CHCH₂OH
- PhCH=CHC(=O)OCH₂CH₃]

Problemas adicionais

18.39 Escreva o produto orgânico esperado quando o ácido fenilacético, C₆H₅CH₂COOH, é tratado com cada um dos seguintes reagentes.
(a) NaHCO₃, H₂O
(b) NaOH, H₂O
(c) NH₃, H₂O
(d) LiAlH₄ e então H₂O
(e) NaBH₄ e então H₂O
(f) CH₃OH + H₂SO₄ (catalisador)
(g) H₂/Ni

18.40 Metilparabeno e propilparabeno são usados como conservantes em alimentos, bebidas e cosméticos.

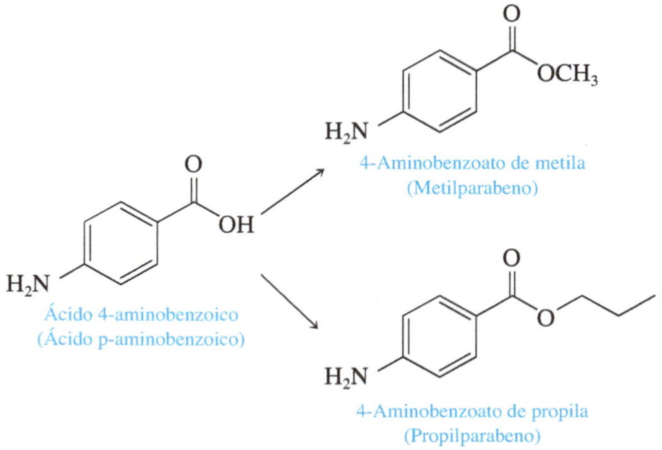

Ácido 4-aminobenzoico
(Ácido p-aminobenzoico)

→ 4-Aminobenzoato de metila (Metilparabeno)
→ 4-Aminobenzoato de propila (Propilparabeno)

Mostre qual desses conservantes pode ser preparado usando o ácido 4-aminobenzoico.

18.41 O ácido 4-aminobenzoico é preparado a partir do ácido benzoico, segundo as seguintes etapas.

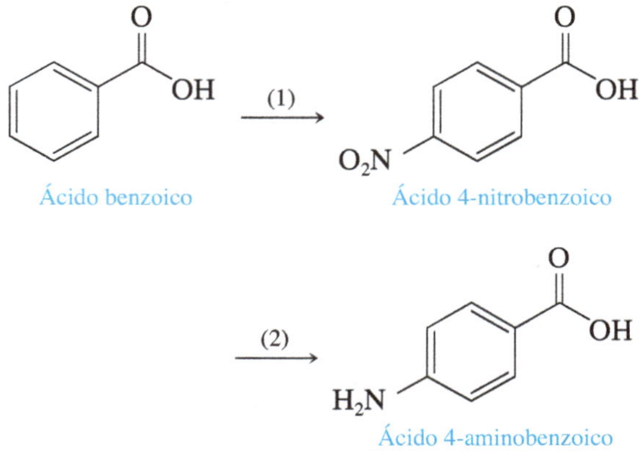

Ácido benzoico —(1)→ Ácido 4-nitrobenzoico

—(2)→ Ácido 4-aminobenzoico

Mostre os reagentes e as condições experimentais para realizar cada etapa.

Antecipando

18.42 Quando o ácido 5-hidroxipentanoico é tratado com um catalisador ácido, ele forma uma lactona (um éster cíclico). Desenhe a fórmula estrutural dessa lactona.

18.43 Vimos que os ésteres podem ser preparados pelo tratamento de um ácido carboxílico e um álcool na presença de um catalisador. Suponha que você inicie com um ácido dicarboxílico, tal como o ácido 1,6-hexanodioico (ácido adípico), e um diol, tal como o 1,2-etanodiol (etileno glicol).

$$HO-\overset{O}{\underset{\|}{C}}CH_2CH_2CH_2CH_2\overset{O}{\underset{\|}{C}}OH \;+$$

Ácido 1,6-hexanodioico
(Ácido adípico)

$$+\; HOCH_2CH_2OH \longrightarrow \text{um poliéster}$$

1,2-etanodiol
(Etileno glicol)

Nesse caso, mostre como a esterificação de Fisher pode produzir um polímero (uma macromolécula com massa molecular milhares de vezes maior que a dos materiais de partida).

18.44 Desenhe as fórmulas estruturais de um composto, cujas fórmulas moleculares são apresentadas, que, sob oxidação por dicromato de potássio em ácido sulfúrico aquoso, origina os ácidos carboxílicos ou dicarboxílicos mostrados.

(a) $C_6H_{14}O \xrightarrow{\text{oxidação}}$ ~~~~COOH

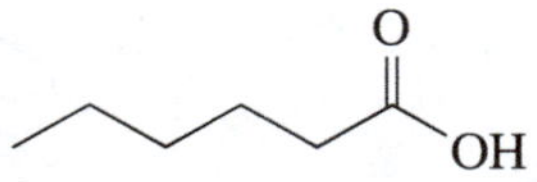

(b) $C_6H_{12}O \xrightarrow{\text{oxidação}}$ ~~~~COOH

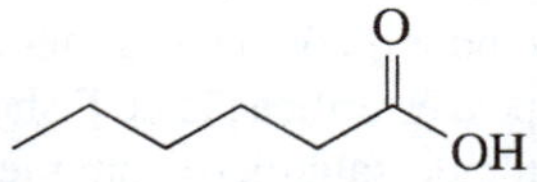

(c) $C_6H_{14}O_2 \xrightarrow{\text{oxidação}}$ HOOC~~~~COOH

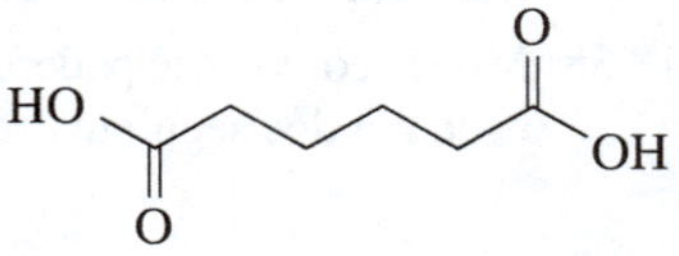

Anidridos carboxílicos, ésteres e amidas

19

Questões-chave

19.1 O que são anidridos carboxílicos, ésteres e amidas?

19.2 Como se preparam os ésteres?

19.3 Como se preparam as amidas?

19.4 Quais são as reações características de anidridos, ésteres e amidas?

19.5 O que são anidridos e ésteres fosfóricos?

19.6 O que é polimerização por crescimento em etapas?

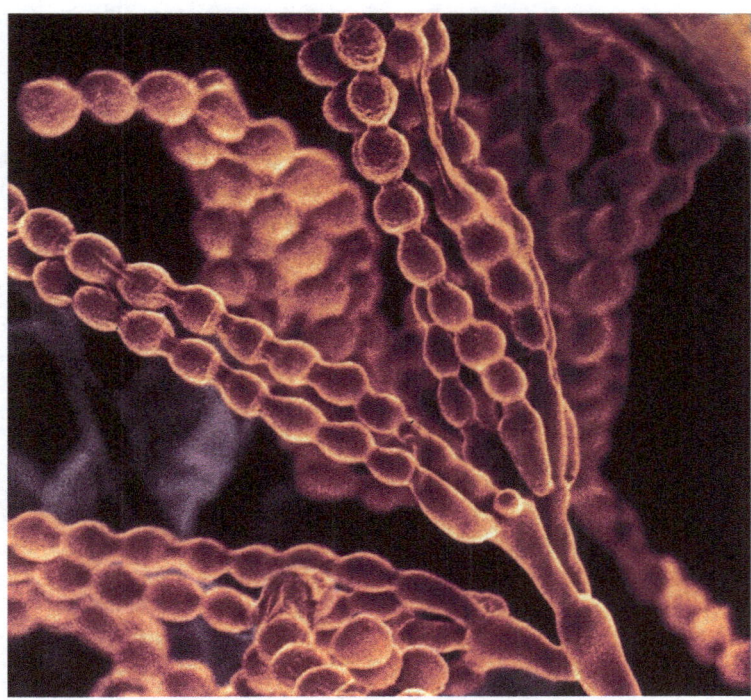

Fotografia colorida do fungo *Penicillium* obtida com a técnica de microscopia eletrônica de varredura. As estruturas em forma de hastes são condióforos aos quais estão ligadas numerosas condias circulares. As condias são órgãos específicos para a produção de esporos do fungo. Ver "Conexões químicas 19B".

19.1 O que são anidridos carboxílicos, ésteres e amidas?

No Capítulo 18, estudamos a estrutura e preparação de ésteres, uma classe de compostos orgânicos derivados de um ácido carboxílico. Neste capítulo, vamos estudar anidridos e amidas, duas outras classes de compostos derivadas dos ácidos carboxílicos. A seguir, abaixo da fórmula geral de cada derivado de ácido carboxílico, há um desenho para ajudar você a compreender como cada derivado é formalmente relacionado com um ácido carboxílico. A perda de —OH de um grupo carboxila e —H de um álcool, por exemplo, origina um éster. A perda de —OH de um grupo carboxila e —H da amônia ou amina origina uma amida.

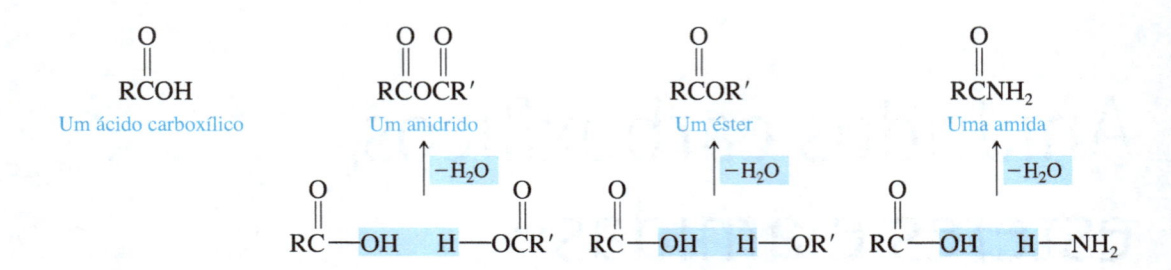

$$\underset{\text{Um ácido carboxílico}}{\text{RCOH}} \quad \underset{\text{Um anidrido}}{\text{RCOCR}'} \quad \underset{\text{Um éster}}{\text{RCOR}'} \quad \underset{\text{Uma amida}}{\text{RCNH}_2}$$

$$\text{RC}-\text{OH} \quad \text{H}-\text{OCR}' \xrightarrow{-H_2O} \qquad \text{RC}-\text{OH} \quad \text{H}-\text{OR}' \xrightarrow{-H_2O} \qquad \text{RC}-\text{OH} \quad \text{H}-\text{NH}_2 \xrightarrow{-H_2O}$$

Entre esses derivados dos ácidos carboxílicos, os anidridos são tão reativos que eles raramente são encontrados na natureza. Ésteres e amidas, entretanto, são amplamente distribuídos no mundo biológico.

A. Anidridos

O grupo funcional de um **anidrido** é composto de dois grupos carbonila ligados a um átomo de oxigênio. O anidrido pode ser simétrico (a partir de dois **grupos acila** idênticos) ou misto (a partir de dois grupos acila diferentes). Para nomear os anidridos, substituímos a palavra *ácido* do ácido carboxílico do qual o anidrido é derivado e adicionamos a palavra *anidrido*.

$$\underset{\text{Anidrido acético}}{\text{CH}_3\text{C}-\text{O}-\text{CCH}_3}$$

B. Ésteres

O grupo funcional de um éster é um grupo carbonila ligado a um grupo —OR. Tanto os nomes Iupac como os nomes comuns são derivados dos nomes dos correspondentes ácidos carboxílicos (ver Capítulo 18). O nome do éster segue o nome do ácido, no qual o sufixo **-ico** (comum) ou **-oico** (Iupac) é substituído por **-ato**, seguido do nome do grupo alquila ligado ao oxigênio do grupo —OR.

$$\underset{\substack{\text{Etanoato de etila}\\\text{(Acetato de etila)}}}{\text{CH}_3\text{COCH}_2\text{CH}_3} \qquad \underset{\substack{\text{Pentanodioato de dietila}\\\text{(Glutarato de dietila)}}}{}$$

Lembre-se de que ésteres cíclicos são chamados de **lactonas**.

C. Amidas

O grupo funcional de uma **amida** é um grupo carbonila ligado a um átomo de nitrogênio. As amidas são nomeadas substituindo o sufixo **-ico** (comum) ou **-oico** (Iupac) do ácido correlacionado e adicionando **-amida**. Caso o nitrogênio da amida esteja ligado a grupos alquílicos ou arílicos, o grupo é nomeado e, por estar ligado ao nitrogênio, o nome do grupo alquila ou anila é colocado após *N-*. Caso existam dois grupos alquílicos ligados ao nitrogênio da amida, eles serão indicados por *N,N*-di-.

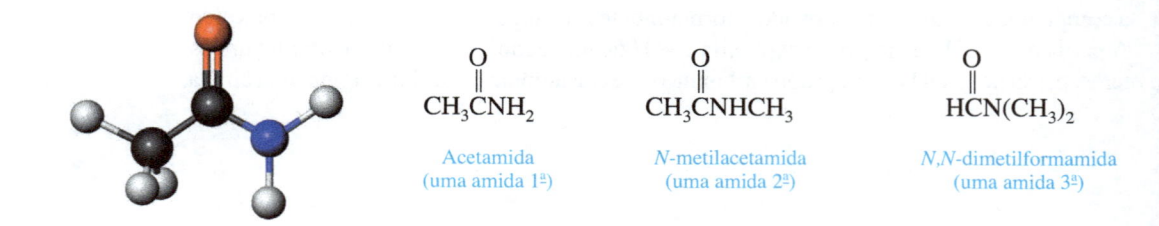

$$\underset{\substack{\text{Acetamida}\\\text{(uma amida 1}^{\text{a}}\text{)}}}{\text{CH}_3\text{CNH}_2} \qquad \underset{\substack{N\text{-metilacetamida}\\\text{(uma amida 2}^{\text{a}}\text{)}}}{\text{CH}_3\text{CNHCH}_3} \qquad \underset{\substack{N,N\text{-dimetilformamida}\\\text{(uma amida 3}^{\text{a}}\text{)}}}{\text{HCN(CH}_3)_2}$$

Conexões químicas 19A

Piretrinas: inseticidas naturais provenientes das plantas

A piretrina é um inseticida natural obtido das flores trituradas e pulverizadas de várias espécies de *Chrysanthemum*, particularmente *C. cinerariaefolium*. As substâncias ativas no piretro, principalmente piretrinas I e II, são venenos de contato para insetos e vertebrados de sangue frio.

Uma vez que a concentração dessas substâncias no piretro não é tóxica para plantas e animais superiores, o piretro pode ser utilizado em produtos de uso doméstico, *sprays* veterinários e inseticida na cultura de plantas comestíveis. As piretrinas naturais são ésteres do ácido crisantêmico.

Embora o piretro seja um inseticida eficiente, as substâncias ativas nele contidas são rapidamente destruídas no meio ambiente. Com o intuito de desenvolver compostos sintéticos que sejam eficientes como esses inseticidas naturais, mas que adicionalmente apresentem uma grande bioestabilidade, os químicos têm preparado uma série de ésteres de estrutura relacionada ao ácido crisantêmico. Permetrin é um dos compostos sintéticos que apresentam uma estrutura correlata aos compostos do tipo piretrina, e hoje é uma das substâncias piretroides mais comumente usadas em aplicações domésticas e agrícolas.

Piretrina I

Permetrin

Amidas cíclicas são chamadas **lactamas**. A seguir, são mostradas as fórmulas estruturais de lactamas de quatro e sete membros. Uma lactama de quatro membros é essencial para o funcionamento de antibióticos da penicilina e cefalosporina (ver "Conexões químicas 19B").

Uma lactama de quatro membros
(α, β-lactama)

Uma lactama de sete membros

Exemplo 19.1 Nomes Iupac das amidas

Escreva os nomes Iupac para cada amida.

(a) $CH_3CH_2CH_2CNH_2$ (com C=O)

(b) H_2N—CO—(CH$_2$)$_4$—CO—NH_2

Estratégia e solução

Para nomear uma amida, comece com o nome sistemático do correspondente ácido carboxílico – obviamente não é necessário utilizar a palavra ácido. Substitua o sufixo **-oico** por **-amida**. A seguir, são apresentados os nomes Iupac e, entre parênteses, os nomes comuns.

(a) Butanamida (butiramida, nome derivado de ácido butírico)
(b) Hexanamida (adipamida, nome derivado de ácido adípico)

Problema 19.1

Desenhe a fórmula estrutural para cada amida.
(a) *N*-cicloexilacetamida   (b) Benzamida

Conexões químicas 19B

Antibióticos β-lactâmicos: penicilinas e cefalosporinas

As **penicilinas** foram descobertas em 1928 pelo bacteriologista escocês *Sir* Alexander Fleming. Graças ao trabalho experimental brilhante de *Sir* Howard Florey, um patologista australiano, e Ernst Chain, um químico alemão que escapou da Alemanha nazista, a penicilina G foi introduzida na medicina em 1943. Pelo trabalho pioneiro no desenvolvimento de um dos antibióticos mais eficientes de todos os tempos, Fleming, Florey e Chain foram agraciados com o Prêmio Nobel de Fisiologia ou Medicina.

Fleming descobriu a penicilina ao utilizar o bolor *Penicillium notatum*, uma variedade que produz a penicilina com baixos rendimentos. Esse bolor foi substituído para a produção industrial pelo *Penicillium chrysogenum*, uma variedade produzida de um bolor encontrado em uma toranja de um mercado da cidade de Peoria, em Illinois, nos Estados Unidos. O aspecto estrutural comum a todas as penicilinas é um anel β-lactâmico de quatro membros, ligado a um anel de cinco membros que contém enxofre. As penicilinas devem sua atividade antibacteriana a um mecanismo comum que inibe a biossíntese de uma parte essencial da parede celular das bactérias.

variedades resistentes é sintetizar novas penicilinas mais eficazes, tais como a ampicilina, meticilina e amoxicilina.

Outra abordagem é encontrar novos antibióticos β-lactâmicos mais eficazes. O antibiótico mais eficiente dessa classe descoberto até agora são as **cefalosporinas**, a primeira das quais foi isolada do fungo *Cephalosporium acremonium*. Essa classe de antibióticos β-lactâmicos apresenta um espectro mais amplo de atividade antibacteriana que as penicilinas e é eficaz contra variedades de bactérias resistentes à penicilina. Cefalexina (Keflex) é atualmente um dos antibióticos cefalosporínicos mais amplamente prescritos.

A formulação comumente prescrita Augmentin é uma combinação de amoxicilina tri-hidrato, uma penicilina e ácido clavulânico, um inibidor da β-lactamase isolado de *Streptomyces clavuligerus*.

O ácido clavulânico, que também contém um anel β-lactâmico, reage e inibe a enzima β-lactamase antes que a enzima possa catalisar a inativação da penicilina. O Augmentin é usado como uma segunda linha de defesa contra infecções do ouvido na infância quando existe a suspeita de bactérias resistente à penicilina. Muitas crianças o conhecem como um líquido branco com um sabor de banana.

Logo após a introdução das penicilinas na medicina, variedades resistentes à penicilina começaram a aparecer. Essas variedades desde então proliferaram significativamente. Uma abordagem para combater as

19.2 Como se preparam os ésteres?

O método mais comum para a preparação dos ésteres é a esterificação de Fisher (Seção 18.5D). Um exemplo da esterificação de Fisher é o tratamento de ácido acético com etanol na presença de ácido sulfúrico concentrado, resultando em acetato de etila e água:

$$\underset{\substack{\text{Ácido etanoico}\\\text{(Ácido acético)}}}{\text{CH}_3\text{COH}} + \underset{\substack{\text{Etanol}\\\text{(Álcool etílico)}}}{\text{CH}_3\text{CH}_2\text{OH}} \xrightleftharpoons{\text{H}_2\text{SO}_4} \underset{\substack{\text{Etanoato de etila}\\\text{(Acetato de etila)}}}{\text{CH}_3\text{COCH}_2\text{CH}_3} + \text{H}_2\text{O}$$

Conexões químicas 19C

Da casca do salgueiro à aspirina e muito mais

A história desse analgésico moderno remonta a mais de dois mil anos. Em 400 a.C., o médico grego Hipócrates recomendava que se mastigasse a casca da árvore do salgueiro para aliviar as dores do parto e para tratar infecções oculares.

O componente ativo da casca do salgueiro foi identificado como sendo a salicina, uma substância composta de álcool salicílico ligado a uma unidade de β-D-glicose (Seção 20.4A). A hidrólise da salicina em meio aquoso ácido seguida de oxidação resultou no ácido salicílico. Constatou-se que o ácido salicílico é mais eficiente no alívio de dor, febre e inflamações que a salicina, além de não ter o gosto extremamente amargo desta. Infelizmente, os pacientes logo perceberam o principal efeito colateral do ácido salicílico: a irritação da membrana que recobre o estômago.

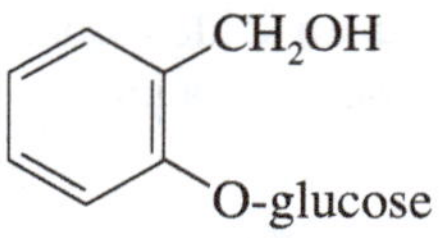

matoide. A aspirina, entretanto, também irrita o estômago e seu uso frequente pode causar úlceras duodenais em pessoas suscetíveis.

Na década de 1960, a busca por analgésicos ainda mais eficazes e menos irritantes e por anti-inflamatórios não esteroides levou químicos que trabalhavam na companhia inglesa Boots Pure Drug Company a descobrir um composto ainda mais potente relacionado ao ácido salicílico, que foi chamado ibuprofeno. Imediatamente após essa descoberta, a Syntex Corporation nos Estados Unidos desenvolveu o naproxeno. Tanto o ibuprofeno como o naproxeno têm um centro estéreo e podem existir como um par de enantiômeros. Para cada uma dessas drogas, o enantiômero ativo é a forma S. O naproxeno é administrado na forma de seu sal sódico solúvel em água.

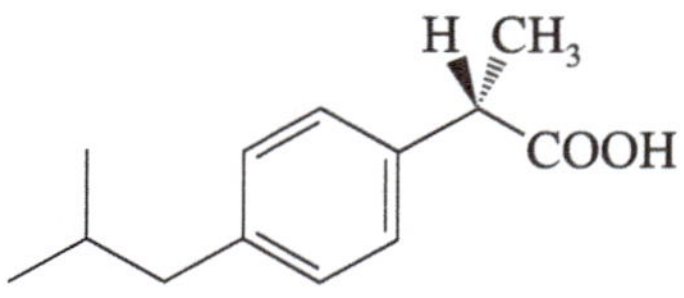

Salicina

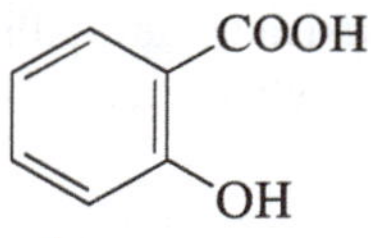

Ácido salicílico

Com o propósito de obter um derivado do ácido salicílico eficiente, porém menos irritante, químicos da divisão I. G. Farben da Bayer na Alemanha trataram, em 1883, o ácido salicílico com anidrido acético e prepararam o ácido acetilsalicílico. Eles deram a esse novo composto o nome de aspirina.

Ácido acetilsalicílico (Aspirina)

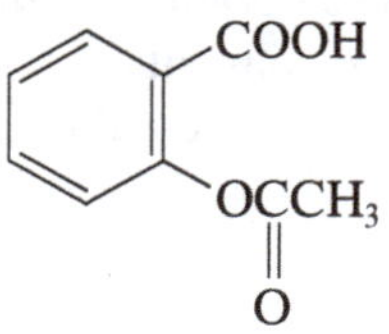

(S)-ibuprofeno

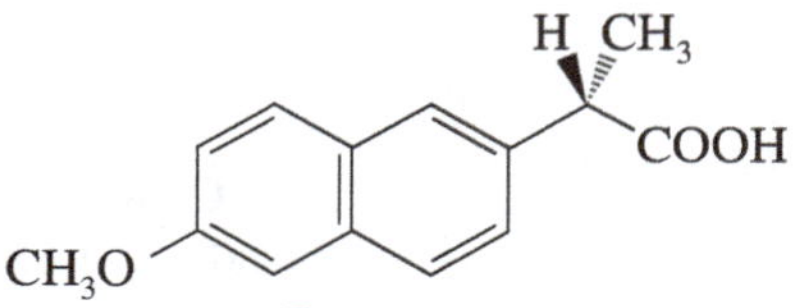

(S)-naproxeno

Na mesma década, pesquisadores descobriram que a aspirina atua como um inibidor da ciclo-oxigenase (COX), uma enzima-chave na conversão de ácido araquidônico em prostaglandinas (ver "Conexões químicas 21H"). Com essa descoberta, ficou claro por que somente um enantiômero do ibuprofeno e do naproxeno é ativo: somente o isômero S tem a orientação correta para se ligar à COX e inibir a sua atividade.

A aspirina provou ser menos irritante ao estômago que o ácido salicílico e mais eficaz no alívio da dor e da inflamação da artrite reu-

19.3 Como se preparam as amidas?

Em princípio, podemos formar uma amida tratando um ácido carboxílico com uma amina e remover o grupo —OH do ácido e um —H da amina. Na prática, misturando esses dois reagentes, ocorre uma reação ácido-base que forma um sal de amônio. Se esse sal for aquecido a uma temperatura alta o suficiente, a água será liberada e uma amida se formará.

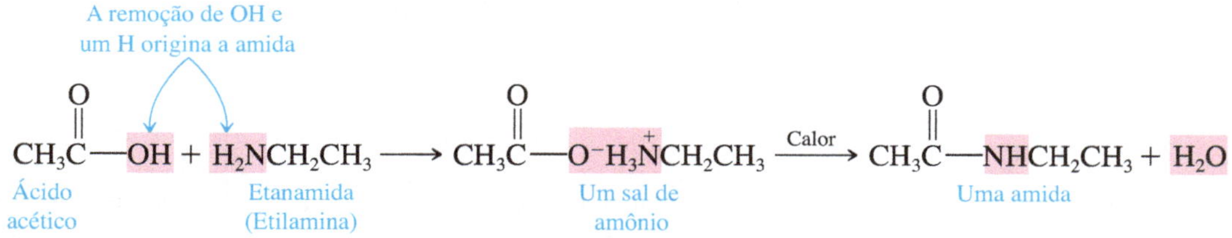

$$CH_3C(=O)-OH + H_2NCH_2CH_3 \longrightarrow CH_3C(=O)-O^- \; H_3\overset{+}{N}CH_2CH_3 \xrightarrow{Calor} CH_3C(=O)-NHCH_2CH_3 + H_2O$$

Ácido acético / Etanamida (Etilamina) / Um sal de amônio / Uma amida

A remoção de OH e um H origina a amida

É muito mais comum, entretanto, preparar amidas pelo tratamento de um anidrido com uma amina (Seção 19.4C).

$$\underset{\text{Anidrido acético}}{CH_3C(=O)-O-C(=O)CH_3} + H_2NCH_2CH_3 \longrightarrow \underset{\text{Uma amida}}{CH_3C(=O)-NHCH_2CH_3} + CH_3C(=O)OH$$

19.4 Quais são as reações características de anidridos, ésteres e amidas?

A reação mais comum de cada um desses três grupos funcionais é com compostos que contêm um grupo —OH, como na água (H—OH), um álcool (H—OR), um grupo H—N, como na amônia (H—NH$_2$) ou em uma amina primária ou secundária (H—NR$_2$ ou H—NHR). Essas reações têm em comum a adição do átomo de oxigênio ou nitrogênio ao carbono carboxílico e o átomo de hidrogênio ao oxigênio da carbonila, resultando em um intermediário tetraédrico de adição à carbonila. Esse intermediário então colapsa para regenerar o grupo carbonila e também gerar um novo derivado carboxílico ou um ácido carboxílico propriamente dito. Esse processo é ilustrado pela reação de um éster com água.

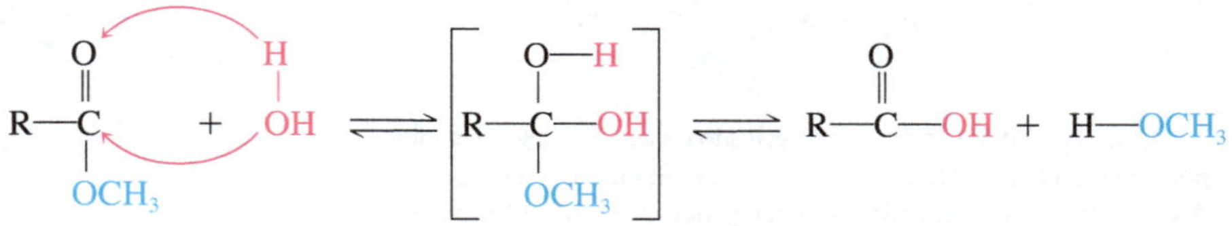

$$R-C(=O)-OCH_3 + H-OH \rightleftharpoons \left[R-C(OH)(OCH_3)-OH \right] \rightleftharpoons R-C(=O)-OH + H-OCH_3$$

Compare a formação desse intermediário tetraédrico de adição à carbonila com o formado pela adição de um álcool ao grupo carbonila de um aldeído ou cetona e com a formação de um hemiacetal (Seção 17.4C) e com aquele formado pela adição de um álcool ao grupo carbonila da carboxila de um ácido carboxílico durante a esterificação de Fisher (Seção 18.5D).

A. Reação com água: hidrólise

Hidrólise é uma decomposição química que envolve a quebra de uma ligação e a adição de elementos da água.

Anidridos

Anidridos carboxílicos, particularmente aqueles de baixa massa molecular, reagem prontamente com água para formar dois ácidos carboxílicos. Na hidrólise de um anidrido, uma das ligações C—O se quebra, OH é adicionado ao carbono e H é adicionado ao oxigênio que pertence à ligação C—O. A hidrólise do anidrido acético forma duas moléculas de ácido acético.

$$\underset{\text{Anidrido acético}}{CH_3COCCH_3} + H_2O \longrightarrow \underset{\text{Ácido acético}}{CH_3COH} + \underset{\text{Ácido acético}}{HOCCH_3}$$

Ésteres

Os ésteres são hidrolisados muito lentamente, mesmo em água em ebulição. Entretanto, a hidrólise torna-se consideravelmente mais rápida quando o éster é aquecido em meio aquoso ácido ou básico. Quando abordamos a esterificação de Fisher catalisada por ácido na Seção 18.5D, ressaltamos que se trata de uma reação em equilíbrio. A hidrólise de ésteres em meio aquoso ácido também é uma reação em equilíbrio e corresponde à reação de Fisher no sentido contrário. Um excesso de água direciona o equilíbrio para a direita para formar o ácido carboxílico e um álcool (princípio de Le Chatelier, Seção 7.7).

$$\underset{\text{Acetato de etila}}{CH_3COOCH_2CH_3} + \underset{}{H_2O} \xrightleftharpoons{H^+} \underset{\text{Ácido acético}}{CH_3COOH} + \underset{\text{Etanol}}{CH_3CH_2OH}$$

A hidrólise de um éster pode também ser conduzida pela utilização de solução aquosa básica aquecida, como solução aquosa de NaOH. Essa reação é frequentemente chamada **saponificação** por causa de seu uso na manufatura de sabões (Seção 18.4B). O ácido carboxílico formado na hidrólise reage com hidróxido de sódio para formar o ânion do ácido carboxílico. Portanto, cada mol de éster hidrolisado necessita de um mol de base, como mostrado na equação balanceada:

$$\underset{\text{Acetato de etila}}{CH_3COOCH_2CH_3} + \underset{\text{Hidróxido de sódio}}{NaOH} \xrightarrow{H_2O} \underset{\text{Acetato de sódio}}{CH_3CO^-Na^+} + \underset{\text{Etanol}}{CH_3CH_2OH}$$

Existem duas diferenças principais entre a hidrólise de ésteres em solução aquosa ácida e básica:
1. Na hidrólise de um éster em meio aquoso ácido, o ácido é necessário apenas em quantidades catalíticas. Na hidrólise em meio aquoso básico, a base é necessária em quantidades estequiométricas (um mol de base para um mol de éster) porque a base é um reagente, e não simplesmente um catalisador.
2. A hidrólise de um éster em meio aquoso ácido é reversível. A hidrólise em meio aquoso básico é irreversível porque o ânion carboxilato não reage com água ou íon hidróxido.

Exemplo 19.2 Hidrólise de um éster

Complete a equação para cada reação de hidrólise. Mostre os produtos de reação na forma ionizada sob as condições experimentais fornecidas.

(a) $C_6H_5-COO-CH(CH_3)_2 + NaOH \xrightarrow{H_2O}$

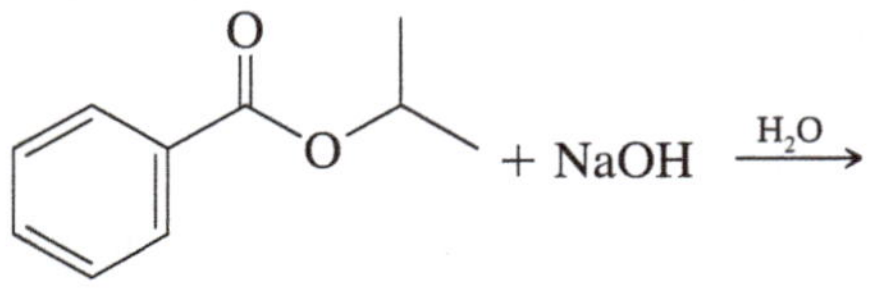

(b) $CH_3COOCH_2CH_2OOCCH_3 + 2NaOH \xrightarrow{H_2O}$

Estratégia

Os produtos de hidrólise de um éster são um ácido carboxílico e um álcool. Nesse caso, a hidrólise é conduzida em solução aquosa de NaOH, portanto o ácido carboxílico é convertido em seu sal de sódio.

Solução

Os produtos de hidrólise do composto (a) são ácido benzoico e 2-propanol. Em solução aquosa de NaOH, o ácido benzoico é convertido em seu sal sódico. Nesta reação, um mol de NaOH é necessário para a hidrólise de cada mol de éster. O composto (b) é um diéster do etileno glicol e necessita de dois mols de NaOH para que a hidrólise seja completa.

(a) $\underset{\text{Benzoato de sódio}}{C_6H_5-COO^-Na^+} + \underset{\text{2-propanol (Álcool isopropílico)}}{HO-CH(CH_3)_2}$

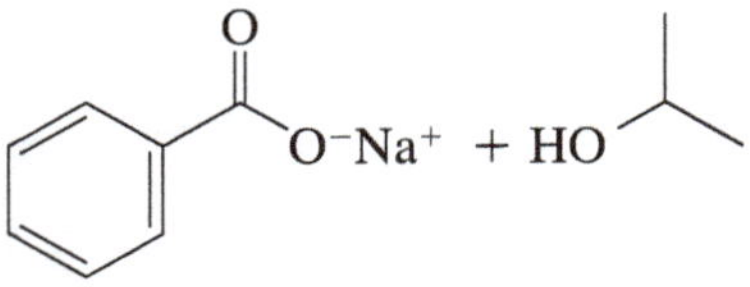

(b) 2CH₃CO⁻Na⁺ + HOCH₂CH₂OH

Acetato de sódio   1,2-etanodiol
(Etileno glicol)

Problema 19.2

Complete a equação para cada reação de hidrólise. Mostre os produtos de reação na forma ionizada sob as condições experimentais fornecidas.

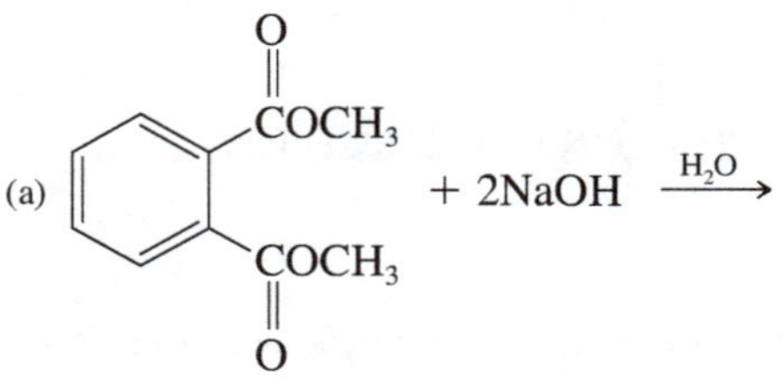

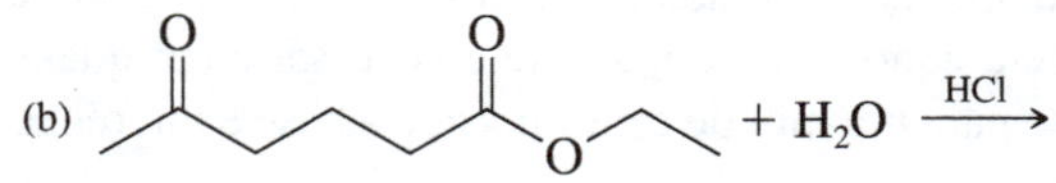

(a) [benzeno-1,2-diil bis(COCH₃)] + 2NaOH $\xrightarrow{H_2O}$

(b) [CH₃-CO-CH₂-CH₂-CH₂-COO-CH₂CH₃] + H₂O $\xrightarrow{HCl}$

Amidas

As amidas requerem condições mais vigorosas para a hidrólise, tanto em meio básico como ácido do que no caso da hidrólise dos ésteres. A hidrólise em solução aquosa ácida aquecida resulta em um ácido carboxílico e em um íon amônio. Essa reação é concluída com a reação ácido-base entre amônia ou a amina e o ácido para formar um íon amônio. A hidrólise requer um mol do ácido por mol da amida.

$$CH_3CH_2CH_2CNH_2 + H_2O + HCl \xrightarrow[\text{calor}]{H_2O} CH_3CH_2CH_2COH + NH_4^+ Cl^-$$

Butanamida   Ácido butanoico

Os produtos da hidrólise da amida em meio aquoso básico são o sal do ácido carboxílico e amônia ou uma amina. A reação é concluída pela reação ácido-base entre o ácido carboxílico e a base que resulta na formação do sal carboxílico.

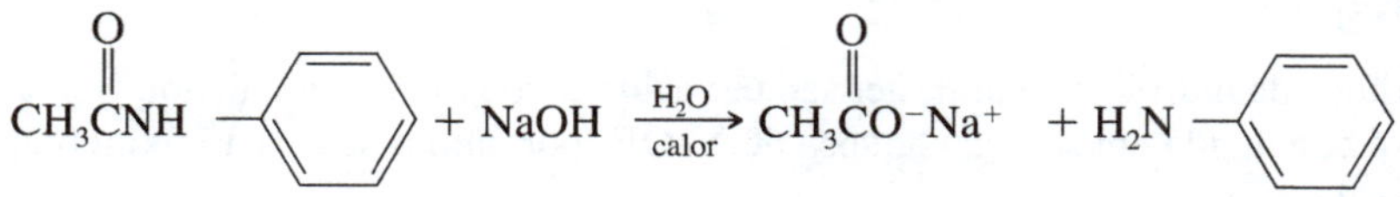

CH₃CNH—[C₆H₅] + NaOH $\xrightarrow[\text{calor}]{H_2O}$ CH₃CO⁻Na⁺ + H₂N—[C₆H₅]

Acetanilida   Acetato de sódio   Anilina

Exemplo 19.3   Hidrólise de uma amida

Escreva a equação balanceada para a hidrólise de cada amida em solução aquosa concentrada de HCl. Mostre todos os produtos na forma em que eles se apresentam em meio de HCl aquoso.

(a) CH₃CN(CH₃)₂   (b) [δ-valerolactama: anel de 6 membros com C=O e NH]

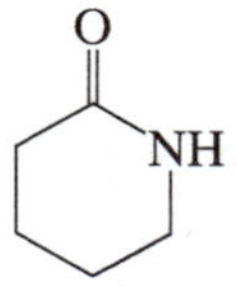

Conexões químicas 19D

Filtros e bloqueadores solares da luz ultravioleta

A radiação ultravioleta que atravessa a camada de ozônio da Terra é classificada arbitrariamente em duas regiões: UVB (290-320 nm) e UVA (320-400 nm). A região UVB apresenta radiação eletromagnética de maior energia que a região UVA, o que torna esse tipo de radiação capaz de formar mais radicais e, portanto, mais danos oxidativos aos tecidos (Seção 25.7). A radiação UVB interage diretamente com as biomoléculas da pele e dos olhos, e pode causar câncer, envelhecimento da pele, danos oculares que levam às cataratas e queimaduras de sol que aparecem após 12-24 horas após a exposição ao Sol. A radiação UVA, diferentemente da UVB, resulta no bronzeamento da pele. Ela também pode danificar a pele, embora muito menos severamente que a radiação UVB. O papel da radiação UVA na eventual formação do câncer de pele é ainda pouco entendido.

Protetores solares comerciais são classificados de acordo com o seu fator de proteção solar (FPS), o qual é definido como a dose mínima da radiação UV que produz a queimadura de pele na pele protegida comparada com a pele desprotegida. Dois tipos de ingredientes ativos são encontrados nos bloqueadores e filtros solares. O agente mais comum nos bloqueadores solares é o óxido de zinco, ZnO, que reflete e espalha a radiação UV. O segundo tipo de agente, os filtros solares, absorve a radiação UV, que então é dissipada na forma de calor. Esses compostos são mais eficazes na proteção em relação à radiação UVB, mas eles não filtram a radiação UVA. Portanto, eles permitem o bronzeamento enquanto previnem os danos associados à radiação UVB. A seguir, apresentam-se as fórmulas de três ésteres usados como agentes de proteção UVB e as denominações mencionadas nos rótulos dos produtos comerciais.

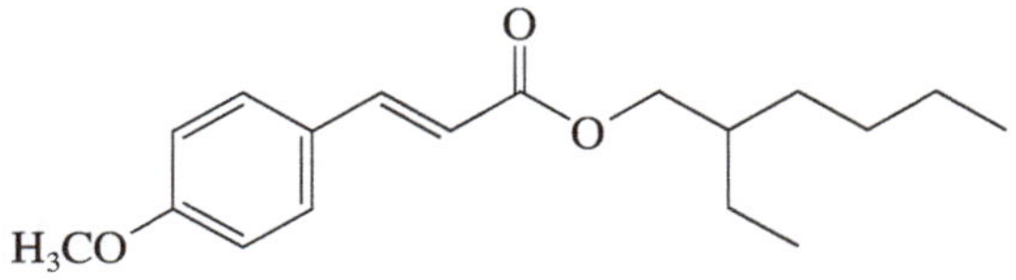

p-Metoxicinamato de octila 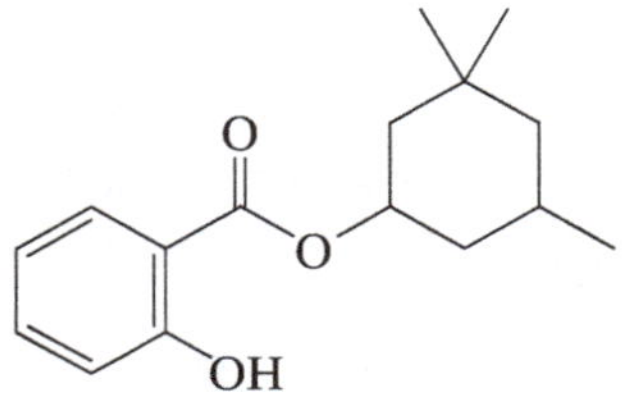   Homossalato 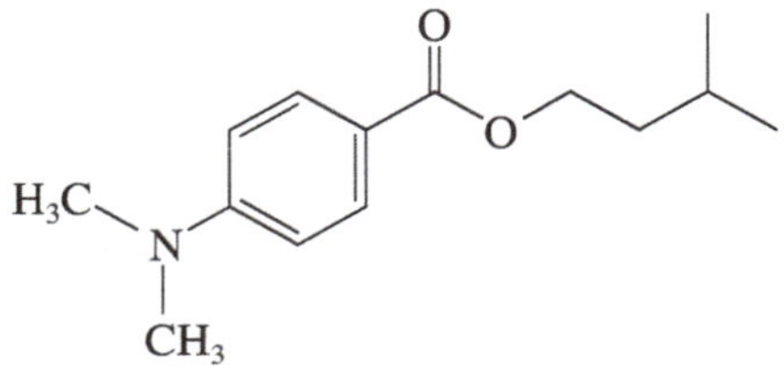   Padimato A

Estratégia

A hidrólise de uma amida resulta em um ácido carboxílico e uma amina. Quando a hidrólise é conduzida em meio ácido aquoso, a amina é convertida em seu sal de amônio. A hidrólise de uma amida requer um mol do ácido por mol da amida.

Solução

(a) A hidrólise de *N,N*-dimetilacetamida resulta no ácido acético e no íon dimetilamônio, mostrado aqui como cloreto de dimetilamônio.

$$CH_3CN(CH_3)_2 + H_2O + HCl \xrightarrow{Calor} CH_3COH + (CH_3)_2NH_2^+Cl^-$$

(b) A hidrólise desta lactama resulta na forma protonada do ácido 5-amino-pentanoico.

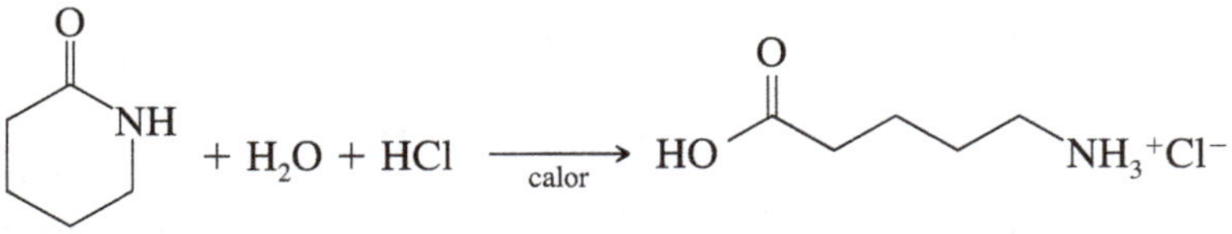

$$\text{lactama} + H_2O + HCl \xrightarrow{calor} HO-C(=O)-(CH_2)_4-NH_3^+Cl^-$$

Problema 19.3

Escreva a equação balanceada de cada amida no Exemplo 19.3 em NaOH aquoso concentrado. Mostre todos os produtos na forma em que eles se encontram em meio de NaOH aquoso.

B. Reações com alcoóis

Anidridos

Os anidridos reagem com alcoóis e fenóis, o que resulta em um mol do éster e um mol do ácido carboxílico.

$$CH_3COCCH_3 + HOCH_2CH_3 \longrightarrow CH_3COCH_2CH_3 + HOCCH_3$$

Anidrido acético   Etanol   Acetato de etila   Ácido acético

Logo, a reação de um álcool com um anidrido é um método conveniente para a síntese de ésteres. A aspirina ("Conexões químicas 19C") é sintetizada em escala industrial pela reação de anidrido acético com ácido salicílico.

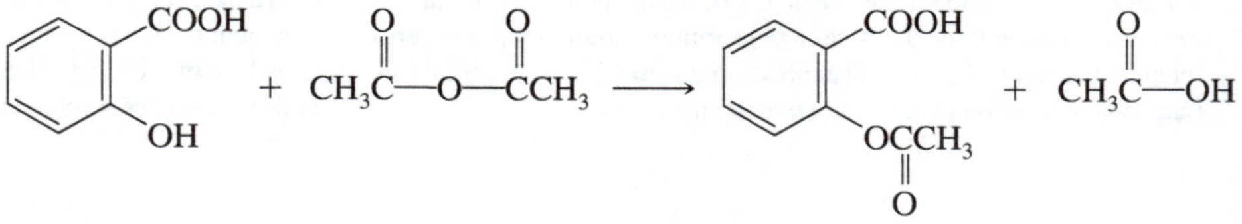

Ácido salicílico   Anidrido acético   Ácido acetilsalicílico (Aspirina)   Ácido acético

C. Reações com amônia e aminas

Anidridos

Os anidridos reagem com amônia e com aminas 1ª e 2ª para formar amidas. Dois mols da amina são necessários: um para formar a amida e um para neutralizar o subproduto, o ácido carboxílico. Essa reação é aqui mostrada em duas etapas: (1) a formação da amida e do subproduto ácido carboxílico, e (2) a reação ácido-base do subproduto ácido carboxílico com o segundo mol de amônia formando um sal de amônio.

$$CH_3C-O-CCH_3 + NH_3 \longrightarrow CH_3CNH_2 + CH_3C-OH$$

$$CH_3C-OH + NH_3 \longrightarrow CH_3CO^-NH_4^+$$

───────────────────────────────

$$CH_3C-O-CCH_3 + 2NH_3 \longrightarrow CH_3CNH_2 + CH_3CO^-NH_4^+$$

Anidrido acético   Acetamida   Acetato de amônio

Ésteres

Ésteres reagem com amônia e com aminas 1ª e 2ª para formar amidas.

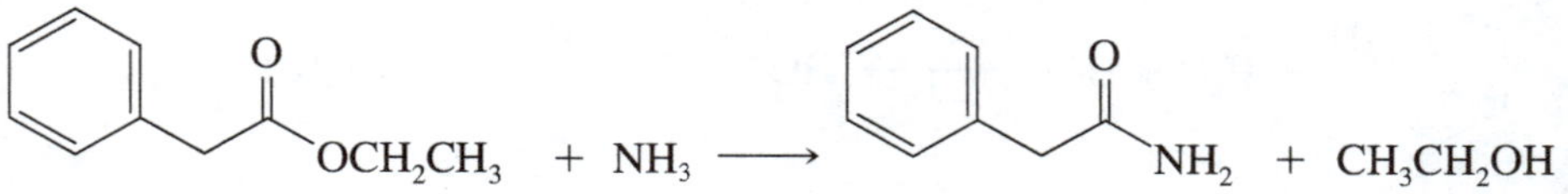

Acetato de 2-feniletila   2-fenilacetamida

Como visto nesta Seção, amidas podem ser preparadas prontamente a partir dos ésteres. Uma vez que ácidos carboxílicos podem ser facilmente convertidos em ésteres pela esterificação de Fisher, temos uma boa maneira de converter um ácido carboxílico em uma amida. Esse

Conexões químicas 19E

Barbituratos

Em 1864, Adolph von Baeyer (1835-1917) descobriu que, quando se aquece o éster dietílico do ácido malônico com ureia na presença de etóxido de sódio (uma base forte como o hidróxido de sódio), forma-se um composto cíclico que ele denominou ácido barbitúrico. Alguns dizem que Baeyer deu esse nome ao composto em homenagem a uma amiga chamada Barbara. Outros afirmam que foi em homenagem a Santa Bárbara, a padroeira do Exército.

Propanodioato de dietila (Malonato de dietila) + Ureia $\xrightarrow{CH_3CH_2O^-Na^+ / CH_3CH_2OH}$ Ácido barbitúrico + $2CH_3CH_2OH$

Pentobarbital

Pentobarbital sódico (Nembutal)

Fenobarbital

Vários derivados do ácido barbitúrico têm um poderoso efeito sedativo e hipnótico. Um desses derivados é o pentobarbital. Como outros derivados do ácido barbitúrico, o pentobarbital é muito insolúvel em água e nos fluidos corporais. Para aumentar a sua solubilidade nesses fluidos, o pentobarbital é convertido no seu sal de sódio, o qual recebe o nome Nembutal. O fenobarbital, também administrado como um sal de sódio, é um anticonvulsionante, sedativo e hipnótico.

Tecnicamente, somente os sais de sódio desses compostos devem ser chamados de barbituratos. Na prática, entretanto, todos os derivados do ácido barbitúrico são chamados de barbituratos, tanto aqueles não ionizados como os que se apresentam na forma iônica solúvel em água.

Os barbituratos têm dois efeitos principais. Em doses pequenas, eles são sedativos (tranquilizantes); em doses elevadas, induzem o sono. O ácido barbitúrico, por sua vez, não apresenta nenhum desses efeitos. Os barbituratos são perigosos porque viciam, o que significa que o usuário regular sofrerá recaídas quando o uso for interrompido. Eles são particularmente perigosos quando são tomados conjuntamente com álcool porque o efeito combinado (chamado de efeito sinergético) é normalmente maior que o efeito da soma do efeito de cada droga tomada separadamente.

---

método de formação de amidas, na verdade, é muito mais prático e aplicável que converter um ácido carboxílico em um sal de amônio e então aquecer esse sal para formar a amida.

Amidas

Amidas não reagem com amônia ou aminas primárias ou secundárias.

19.5 O que são anidridos e ésteres fosfóricos?

A. Anidridos fosfóricos

Por causa da importância especial dos anidridos fosfóricos em sistemas bioquímicos, eles serão aqui discutidos para mostrar a similaridade que apresentam com os anidridos carboxílicos. O grupo funcional de um **anidrido fosfórico** é composto de dois grupos fosforila (P=O) ligados ao mesmo átomo de oxigênio. A seguir, são mostradas as fórmulas estruturais de dois anidridos fosfóricos e os íons derivados da ionização dos hidrogênios ácidos de cada um deles:

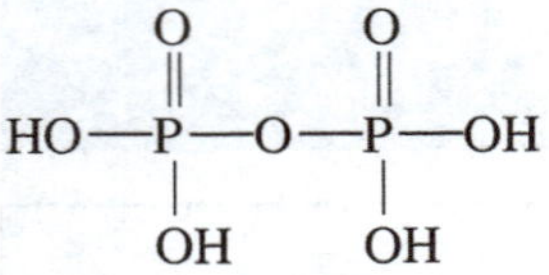

Ácido difosfórico
(Ácido pirofosfórico)

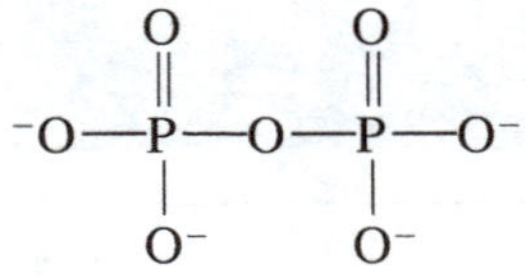

Íon difosfato
(Íon pirofosfato)

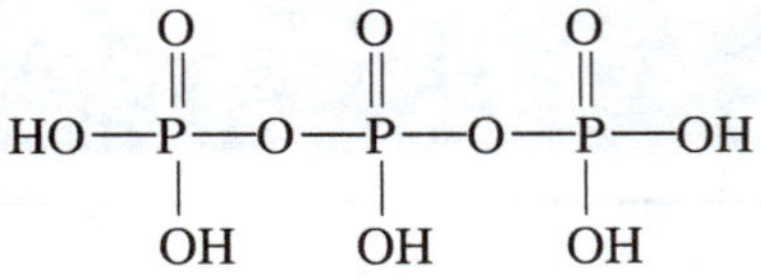

Ácido trifosfórico

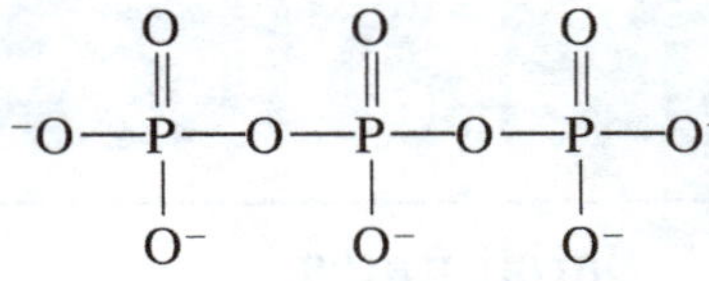

Íon trifosfato

B. Ésteres fosfóricos

O ácido fosfórico possui três grupos —OH e forma ésteres mono, di e trifosfóricos, os quais são assim nomeados: atribui-se o(s) nome(s) do(s) grupo(s) alquila ligados ao oxigênio, seguido da palavra "fosfato" (por exemplo, dimetil fosfato). Nos **ésteres fosfóricos** mais complexos, nomeia-se, em geral, a molécula orgânica e indica-se a presença do éster fosfórico, incluindo a palavra "fosfato" ou o prefixo *fosfo-*. A diidroxiacetona fosfato, por exemplo, é uma intermediária na glicólise (Seção 28.2). O piridoxal fosfato é um das formas metabólicas ativas da vitamina B_6. Esses dois últimos fosfatos são aqui mostrados ionizados, uma vez que é essa forma a encontrada em pH 7,4, o pH do plasma sanguíneo.

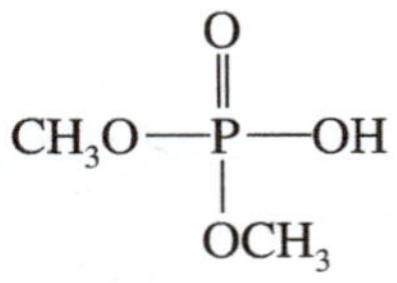

Dimetil fosfato

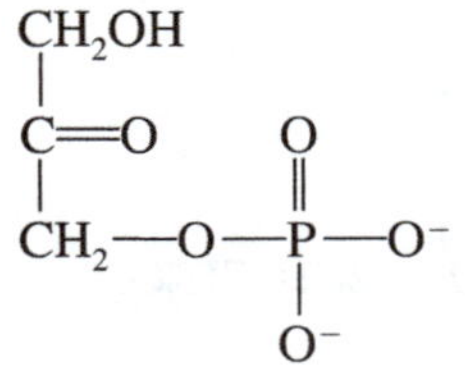

Diidroxiacetona fosfato

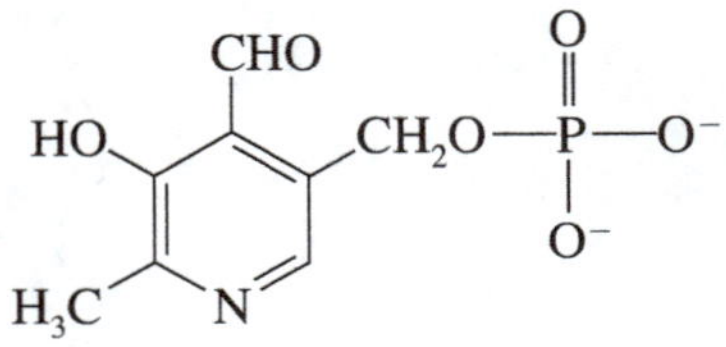

Piridoxal fosfato

19.6 O que é polimerização por crescimento em etapas?

Polímeros de crescimento em etapas são formados pela reação de moléculas que contêm dois grupos funcionais, em que cada nova ligação é criada em uma etapa separada. Nesta Seção, abordaremos três tipos de polímeros de crescimento em etapas: poliamidas, poliésteres e policarbonatos.

A. Poliamidas

No início da década de 1930, químicos da Companhia E. I. DuPont de Nemours iniciaram a pesquisa fundamental nas reações entre ácidos dicarboxílicos e diaminas para formar **poliamidas**. Em 1934, eles sintetizaram o náilon-66, a primeira fibra realmente sintética. O náilon-66 é assim chamado porque é sintetizado de dois monômeros diferentes, cada um contendo seis átomos de carbono.

Na síntese do náilon-66, o ácido hexanodioico e 1,6-hexanodiamina são dissolvidos em etanol aquoso e então aquecidos até 250 °C em autoclave a uma pressão de 15 atm. Nessas condições, os grupos —COOH e —NH_2 reagem com a perda de água para formar uma poliamida, de forma similar à formação de amidas descrita na Seção 19.3.

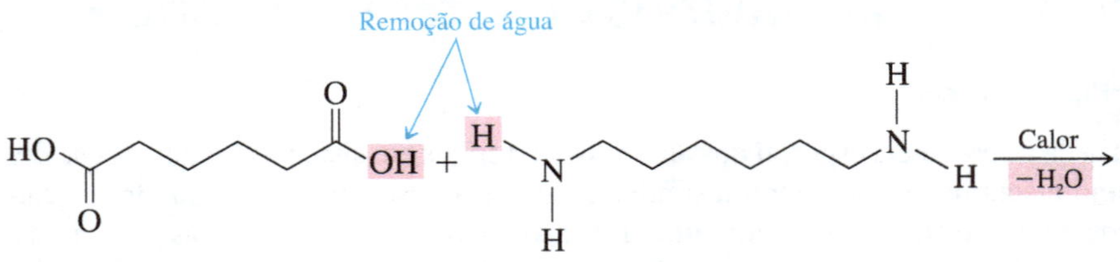

Remoção de água

Calor
$-H_2O$

Ácido hexanidioico
(Ácido adípico)

1,6-hexanodiamina
(Hexametilenodiamina)

Náilon-66
(uma poliamida)

Com base no conhecimento das relações entre a estrutura molecular e as propriedades físicas macroscópicas, os cientistas da DuPont racionalizaram que uma poliamida que contém anéis benzênicos seria ainda mais resistente que o náilon-66. De acordo com esse princípio, produziu-se uma poliamida que foi chamada pela DuPont de Kevlar.

Remoção de água

Ácido 1,4-benzenodicarboxílico   1,4-benzenodiamina   Kevlar
(Ácido tereftálico)   (p-fenilenodiamina)   (uma amida poliaromática)

Um aspecto notável do Kevlar é que ele pesa menos que outros materiais de similar resistência. Por exemplo, um cabo feito pelo entrelaçamento de fios de Kevlar apresenta apenas 20% do peso de um cabo de aço! Atualmente o Kevlar é utilizado em cabos de ancoramento de plataformas marítimas de perfuração e em fibras para conferir maior resistência aos pneus automotivos. Ele também é usado em tecidos à prova de balas, jaquetas e capas de chuva.

B. Poliésteres

O primeiro **poliéster** foi desenvolvido na década de 1940, pela polimerização do ácido 1,4--benzenodicarboxílico com 1,2-etanodiol para produzir poli(etileno tereftalato), cuja abreviação é PET. Praticamente todo PET é atualmente feito do éster dimetílico do ácido tereftálico pela seguinte reação:

Remoção de CH_3OH

Tereftalato de dimetila   1,2-etanodiol   Poli(etileno tereftalato)
                           (Etileno glicol)   (Dacron, Mylar)

O poliéster bruto pode ser fundido, extrudado e então feito na forma de fibras têxteis chamadas poliéster Dracon. As propriedades excepcionais do Dacron incluem dureza (cerca de quatro vezes maior que a do náilon-66), alta força de tensão e notável resistência contra a formação de vincos e amassamentos. Pelo fato de as primeiras fibras de Dacron serem ásperas ao toque por causa de sua dureza, elas normalmente eram misturadas com fibras de algodão ou lã para torná-las fibras têxteis adequadas. Novas técnicas de fabricação agora produzem fibras têxteis de Dacron menos ásperas. O PET também é fabricado em películas de Mylar e recipientes recicláveis de bebidas.

C. Policarbonatos

Um **policarbonato** (o mais conhecido é o Lexan) é formado da reação entre o sal dissódico do bisfenol A e fosgênio. Fosgênio é um derivado do ácido carbônico, H_2CO_3, em que os dois grupos —OH foram substituídos por átomos de cloro. Um éster do ácido carbônico é chamado carbonato.

Mylar pode ser feito na forma de películas extremamente fortes. Pelo fato de a película possuir poros extremamente pequenos, ele é usado na fabricação de balões que podem ser inflados com hélio. Os átomos de hélio se difundem apenas lentamente através dos poros da película.

Máscara e capacete de hóquei feitos em policarbonato.

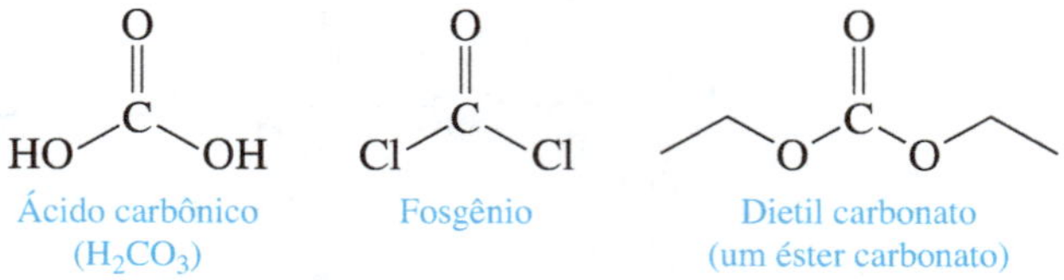

Ácido carbônico (H_2CO_3)   Fosgênio   Dietil carbonato (um éster carbonato)

Ao formar um policarbonato, cada mol de fosgênio reage com dois mols do sal de sódio de um fenol chamado bisfenol A (BFA).

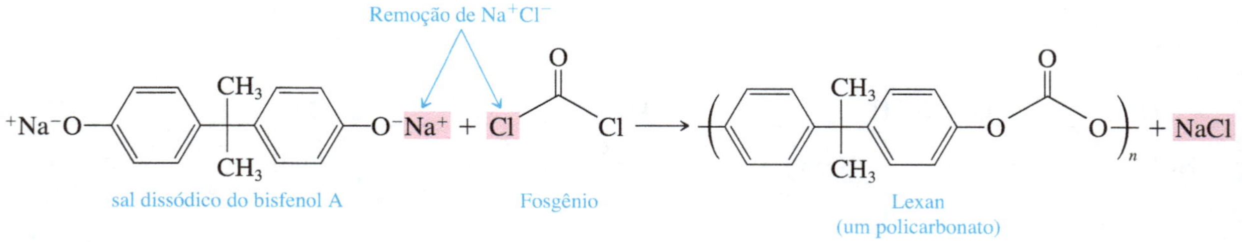

Remoção de Na^+Cl^-

sal dissódico do bisfenol A + Fosgênio → Lexan (um policarbonato) + NaCl

Lexan é um polímero forte, transparente, resistente ao impacto e à tensão que mantém suas propriedades em uma ampla faixa de temperatura. Ele é usado em equipamentos esportivos (capacetes e protetores faciais), em recipientes domésticos resistentes ao impacto e na manufatura de vidros de segurança e janelas inquebráveis.

Conexões químicas 19F

Suturas cirúrgicas que dissolvem

À medida que as técnicas da medicina têm evoluído, a demanda por materiais sintéticos que podem ser usados no interior do corpo tem aumentado. Os polímeros já têm muitas das características ideais de um biomaterial: são leves, resistentes e inertes ou biodegradáveis, o que vai depender de sua estrutura química. Apresentam ainda características físicas (leveza, rigidez e elasticidade) que são facilmente adequadas e se assemelham às dos tecidos naturais.

Embora a maioria dos usos medicinais dos materiais poliméricos requeira bioestabilidade, algumas dessas aplicações necessitam que os polímeros sejam biodegradáveis. Um exemplo são os poliésteres de ácidos glicólicos e lácticos usados em suturas absorvíveis, que são comercializadas com o nome de Lactomer.

Materiais de sutura devem ser removidos depois de usados. Os pontos cirúrgicos de Lactomer, entretanto, são hidrolisados de forma lenta ao longo de um período de aproximadamente duas semanas. Nesse tempo, o tecido aberto está cicatrizado, os pontos estão hidrolisados, e não é necessário remover a sutura. O corpo metaboliza e excreta os ácidos glicólicos e lácticos formados durante a hidrólise.

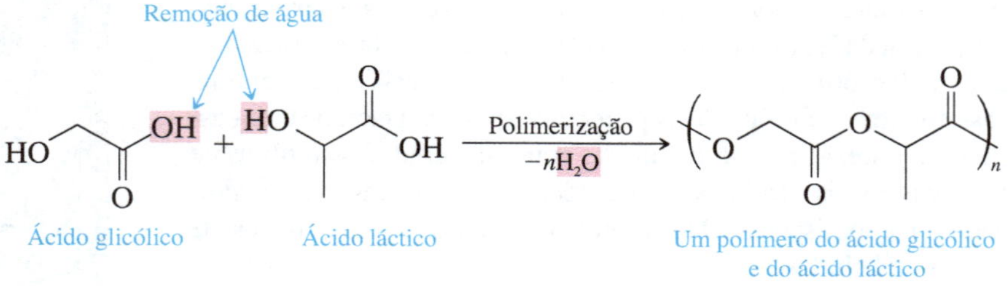

Remoção de água

Ácido glicólico + Ácido láctico →(Polimerização, $-nH_2O$)→ Um polímero do ácido glicólico e do ácido láctico

Resumo das questões-chave

Seção 19.1 O que são anidridos carboxílicos, ésteres e amidas?

- Um **anidrido carboxílico** contém dois grupos carbonila ligados ao mesmo oxigênio.
- Um **éster** carboxílico contém um grupo carbonila ligado a um grupo —OR derivado de um álcool ou fenol.
- Uma **amida** carboxílica contém um grupo carbonila ligado ao átomo de nitrogênio derivado de uma amina.

Seção 19.2 Como se preparam os ésteres?

- O método de laboratório mais comum para a preparação de ésteres é a esterificação de Fisher (Seção 18.5D).

Seção 19.3 Como se preparam as amidas?

- Amidas podem ser preparadas pela reação de uma amina com um anidrido carboxílico.

Seção 19.4 Quais são as reações características de anidridos, ésteres e amidas?

- A hidrólise é um processo no qual uma ligação é quebrada e os elementos da H_2O são adicionados.
- A hidrólise de um anidrido carboxílico resulta em duas moléculas de ácido carboxílico.
- A hidrólise de um éster carboxílico requer a presença de ácidos ou bases aquosos concentrados. O ácido é um catalisador, e a reação corresponde à reação inversa da esterificação de Fisher. A base é um reagente e são necessárias quantidades estequiométricas.
- A hidrólise de uma amida carboxílica requer a presença de ácidos ou bases aquosos. Tanto o ácido como a base são reagentes e são necessárias quantidades estequiométricas.

Seção 19.5 O que são anidridos e ésteres fosfóricos?

- Anidridos fosfóricos são compostos de dois grupos fosforila (P=O) ligados ao mesmo átomo de oxigênio.

Seção 19.6 O que é polimerização por crescimento em etapas?

- A polimerização de crescimento por etapa envolve a reação em etapas de monômeros bifuncionais. Polímeros comerciais importantes sintetizados por crescimento por etapa incluem poliamidas, poliésteres e policarbonatos.

Resumo das reações fundamentais

1. Esterificação de Fisher (Seção 19.2) A esterificação de Fisher é reversível. Para obter altos rendimentos do éster, é necessário forçar o equilíbrio para a direita. Uma maneira de maximizar o rendimento do éster é usar um excesso de álcool. Outra maneira é remover água à medida que ela é formada.

$$CH_3COH + CH_3CH_2CH_2OH \xrightleftharpoons{H_2SO_4} CH_3COCH_2CH_2CH_3 + H_2O$$

2. Preparação de uma amida (Seção 19.3) A reação de um anidrido com amônia ou com aminas 1ª e 2ª resulta em uma amida.

$$CH_3C-O-CCH_3 + H_2NCH_2CH_3 \longrightarrow CH_3C-NHCH_2CH_3 + CH_3COH$$

3. Hidrólise de um anidrido (Seção 19.4A) Os anidridos, particularmente os de baixa massa molecular, reagem prontamente com água para formar dois ácidos carboxílicos.

$$CH_3COCCH_3 + H_2O \longrightarrow CH_3COH + HOCCH_3$$

4. Hidrólise de um éster (Seção 19.4A) Os ésteres são hidrolisados rapidamente somente na presença de ácidos ou bases. A hidrólise catalisada por ácido corresponde ao inverso da esterificação de Fisher. O ácido é um catalisador. A base é um reagente e, por isso, ela é necessária em quantidades equimolares.

$$CH_3COCH_2CH_3 + H_2O \xrightleftharpoons{H^+} CH_3COH + HOCH_2CH_3$$

$$CH_3COCH_2CH_3 + NaOH \xrightarrow{H_2O} CH_3CO^-Na^+ + CH_3CH_2OH$$

5. Hidrólise de uma amida (Seção 19.4A) Amidas requerem condições mais vigorosas para que ocorra a hidrólise do que no caso dos ésteres. Ácidos ou bases são necessários em uma quantidade equivalente à da amida: os ácidos convertem a resultante amina em um sal de amônio, e a base converte o ácido carboxílico resultante no sal do carboxilato.

$$CH_3CH_2CH_2CNH_2 + H_2O + HCl \xrightarrow[calor]{H_2O} CH_3CH_2CH_2COH + NH_4^+Cl^-$$

$$CH_3CH_2CH_2\overset{\overset{O}{\|}}{C}NH_2 + NaOH$$

$$\xrightarrow[\text{calor}]{H_2O} CH_3CH_2CH_2\overset{\overset{O}{\|}}{C}O^-Na^+ + NH_3$$

6. **Reação de anidridos com alcoóis (Seção 19.4B)** Anidridos reagem com alcoóis para resultar em um mol de éster e um mol de um ácido carboxílico.

$$CH_3\overset{\overset{O}{\|}}{C}O\overset{\overset{O}{\|}}{C}CH_3 + HOCH_2CH_3$$

$$\longrightarrow CH_3\overset{\overset{O}{\|}}{C}OCH_2CH_3 + HO\overset{\overset{O}{\|}}{C}CH_3$$

7. **Reação de anidridos com amônia e aminas (Seção 19.4C)** Anidridos reagem com amônia e com aminas 1ª ou 2ª, resultando em amidas. Dois mols da amina são necessários: um para formar a amida e um para neutralizar o subproduto de ácido carboxílico.

$$CH_3\overset{\overset{O}{\|}}{C}O\overset{\overset{O}{\|}}{C}CH_3 + 2NH_3$$

$$\longrightarrow CH_3\overset{\overset{O}{\|}}{C}NH_2 + CH_3\overset{\overset{O}{\|}}{C}O^-NH_4^+$$

8. **Reação de ésteres com amônia e aminas 1ª e 2ª (Seção 19.4C)** Ésteres reagem com amônia e com aminas 1ª ou 2ª, resultando em uma amida e um álcool.

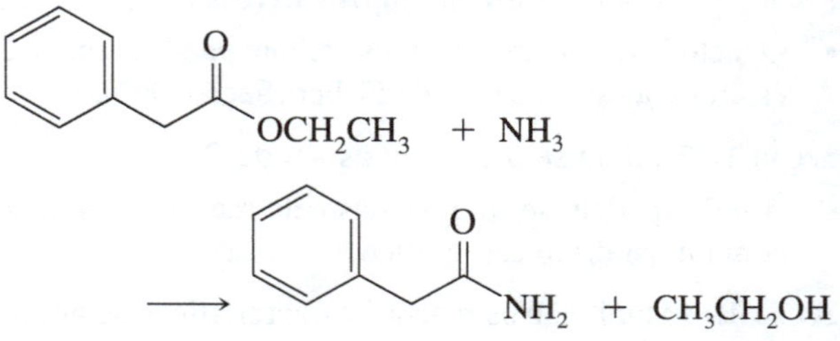

$$C_6H_5CH_2\overset{\overset{O}{\|}}{C}OCH_2CH_3 + NH_3$$

$$\longrightarrow C_6H_5CH_2\overset{\overset{O}{\|}}{C}NH_2 + CH_3CH_2OH$$

Problemas

Seção 19.1 O que são anidridos carboxílicos, ésteres e amidas?

19.4 Desenhe a fórmula estrutural para cada composto.
(a) Dimetil carbonato
(b) *p*-Nitrobenzamida
(c) 3-Hidroxibutanoato de etila
(d) Oxalato de dietila
(e) *Trans*-2-pentenoato de etila
(f) Anidrido butanoico

19.5 Escreva o nome Iupac para cada composto.

(a) 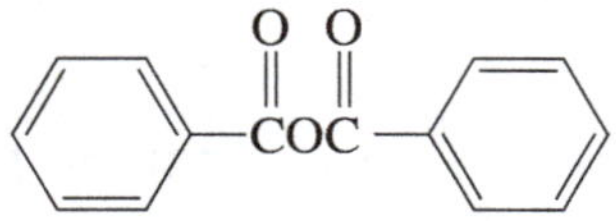 $C_6H_5\overset{\overset{O}{\|}}{C}O\overset{\overset{O}{\|}}{C}C_6H_5$

(b) $CH_3(CH_2)_8\overset{\overset{O}{\|}}{C}OCH_3$

(c) $CH_3(CH_2)_4\overset{\overset{O}{\|}}{C}NHCH_3$

(d) 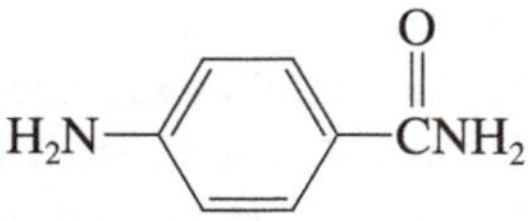 $H_2N-C_6H_4-\overset{\overset{O}{\|}}{C}NH_2$

(e) 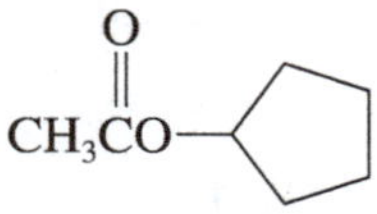 $CH_3\overset{\overset{O}{\|}}{C}O-\text{ciclopentila}$

(f) $CH_3\overset{OH}{\underset{|}{C}}HCH_2\overset{\overset{O}{\|}}{C}OCH_2CH_3$

Seção 19.4 Quais são as reações características de anidridos, ésteres e amidas?

19.6 Qual é o produto formado quando benzoato de etila é tratado com cada um dos seguintes reagentes?
(a) H_2O, NaOH, calor
(b) H_2O, HCl, calor

19.7 Que produto se forma quando a benzamida, $C_6H_5CONH_2$, é tratada com cada um dos seguintes reagentes?
(a) H_2O, NaOH, calor
(b) H_2O, HCl, calor

19.8 Complete as equações para estas reações:

(a) 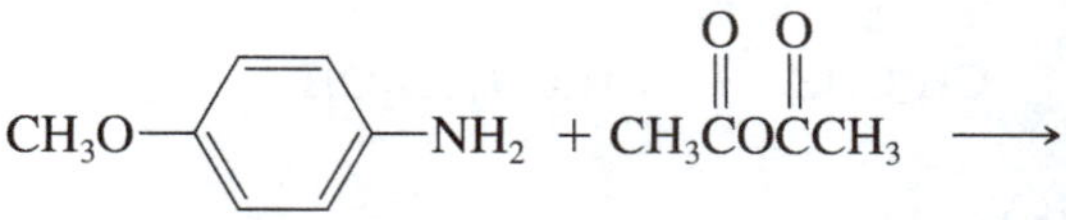 $CH_3O-C_6H_4-NH_2 + CH_3\overset{\overset{O}{\|}}{C}O\overset{\overset{O}{\|}}{C}CH_3 \longrightarrow$

(b) 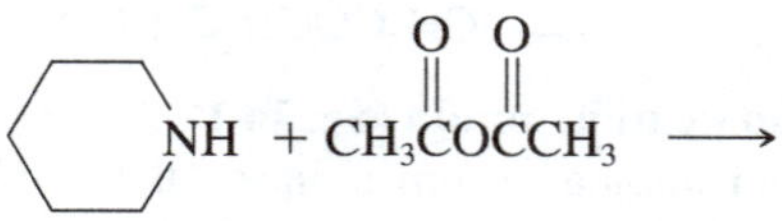 $\text{piperidina-NH} + CH_3\overset{\overset{O}{\|}}{C}O\overset{\overset{O}{\|}}{C}CH_3 \longrightarrow$

19.9 O analgésico fenacetin é sintetizado pelo tratamento de 4-etoxianilina com anidrido acético. Desenhe a fórmula estrutural do fenacetin.

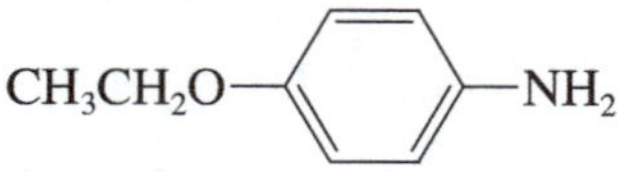

$$CH_3CH_2O-C_6H_4-NH_2$$
4-etoxianilina

19.10 Fenobarbital é um sedativo de longa duração, um hipnótico e um anticonvulsionante.
(a) Dê o nome de todos os grupos funcionais presentes nesse composto.
(b) Desenhe a fórmula estrutural para os produtos da hidrólise completa de todos os grupos amida em NaOH aquoso.

Fenobarbital

19.11 A seguir, apresenta-se a fórmula do aspartame, um adoçante artificial cerca de 180 vezes mais doce que a sacarose.

Aspartame

(a) O aspartame é quiral? Em caso afirmativo, quantos estereoisômeros são possíveis para esse composto?
(b) Dê o nome de todos os grupos funcionais presentes no aspartame.
(c) Estime a carga total de uma molécula de aspartame em solução aquosa de pH 7,0.
(d) O aspartame é solúvel em água? Explique.
(e) Desenhe a fórmula estrutural dos produtos da hidrólise completa do aspartame em HCl aquoso. Mostre como cada produto estaria ionizado nessa solução.
(f) Desenhe a fórmula estrutural dos produtos da hidrólise completa do aspartame em NaOH aquoso. Mostre como cada produto estaria ionizado nessa solução.

19.12 Por que náilon-66 e Kevlar são chamados poliamidas?

19.13 Desenhe duas partes pequenas de duas cadeias paralelas de náilon-66 (cada uma caminhando na mesma direção) e mostre como é possível alinhá-las de forma que exista ligação de hidrogênio entre os grupos N—H de uma das cadeias e o grupo C=O da cadeia paralela.

19.14 Por que Dacron e Mylar são chamados poliésteres?

Seção 19.5 O que são anidridos e ésteres fosfóricos?

19.15 Que tipo de característica estrutural os anidridos do ácido fosfórico e dos ácidos carboxílicos têm em comum?

19.16 Desenhe as fórmulas estruturais dos mono, di e trietil ésteres do ácido fosfórico.

19.17 O 1,3-diidroxi-2-propanona (diidroxiacetona) e ácido fosfórico formam um monoéster chamado diidróxiacetona fosfato, que é um intermediário na glicólise (Seção 28.2). Desenhe a fórmula estrutural para esse éster monofosfato.

19.18 Escreva a equação para a hidrólise do trimetil fosfato para formar dimetil fosfato e metanol em solução aquosa básica. Mostre como cada produto estaria ionizado nessa solução.

Conexões químicas

19.19 (Conexões químicas 19A) Localize o grupo éster na piretrina I e desenhe a fórmula estrutural do ácido crisantêmico, o ácido carboxílico do qual o éster é derivado.

19.20 (Conexões químicas 19A) Quais são as características estruturais comuns entre o piretrina I (um inseticida natural) e o permetrin (um piretroide sintético)?

19.21 (Conexões químicas 19A) Um repelente comercial traz as seguintes informações em seu rótulo sobre o permetrin, seu princípio ativo:
Razão *cis/trans*: mínimo 35% (+/−) *cis* e máximo 65% (+/−) *trans*
(a) A que razão *cis/trans* o rótulo se refere?
(b) A que se refere a designação "(+/−)"?

19.22 (Conexões químicas 19B) Identifique a β-lactama da amoxicilina e da cefalexina.

19.23 (Conexões químicas 19C) Qual é o composto na casca do salgueiro que é responsável pelo alívio da dor? Qual é a relação estrutural entre esse composto e o ácido salicílico?

19.24 (Conexões químicas 19C) Uma vez que um frasco de aspirina é aberto e principalmente quando fica exposto ao ar, pode ser desenvolvido um odor parecido com o do vinagre. Explique esse fato.

19.25 (Conexões químicas 19C) Qual é a relação estrutural entre a aspirina e o ibuprofeno? E entre aspirina e naproxeno?

19.26 (Conexões químicas 19D) Qual é a diferença entre um *bloqueador solar* e um *filtro solar*?

19.27 (Conexões químicas 19D) Como os filtros solares previnem a pele da radiação UV?

19.28 (Conexões químicas 19D) Que aspectos estruturais têm em comum os três filtros solares apresentados na "Conexão química 19D"?

19.29 (Conexões químicas 19E) Os barbituratos são derivados da ureia. Identifique a porção da estrutura do pentobarbital e fenobarbital que é derivada da ureia.

19.30 (Conexões químicas 19F) Por que os pontos cirúrgicos feitos de Lactomer se dissolvem em um período de 2 a 3 semanas após o procedimento cirúrgico?

Problemas adicionais

19.31 A benzocaína, um anestésico tópico, é preparada pelo tratamento do ácido 4-aminobenzoico com etanol na presença de um catalisador ácido seguido de neutralização. Desenhe a fórmula estrutural da benzocaína.

19.32 O analgésico acetaminofen é sintetizado pelo tratamento de 4-aminofenol com um equivalente de anidrido acético. Escreva a equação para a formação de acetaminofen. (Dica: O grupo —NH_2 é mais reativo com anidrido acético que com o grupo —OH.)

19.33 O 1,3-difosfoglicerato, um intermediário na glicólise (Seção 28.2), contém um anidrido misto (um anidrido de um ácido carboxílico e do ácido fosfórico) e um éster fosfórico. Desenhe as fórmulas estruturais para os produtos formados pela hidrólise das ligações do anidrido e do éster nessa molécula. Mostre a forma de cada produto em solução de pH 7,4.

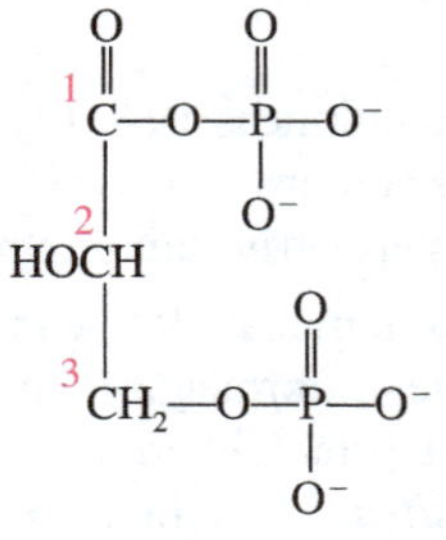

1,3-difosfoglicerato

19.34 O *N,N*-dietil *m*-toluamida (DEET) é o ingrediente ativo em vários inseticidas e repelentes. A partir de que ácido e de que amina o DEET pode ser sintetizado?

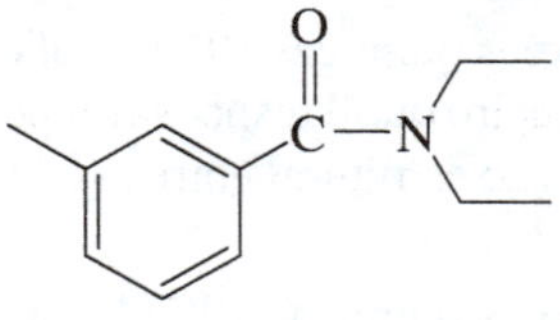

N,N-dietil *m*-toluamida (DEET)

19.35 A seguir, apresentam-se as fórmulas estruturais de dois anestésicos locais usados em odontologia. A lidocaína foi introduzida em 1948 e atualmente é o anestésico local mais utilizado em infiltrações e anestesia local. O seu cloridrato é comercializado com o nome de Xylocaína. A mepivacaína atua mais prontamente e apresenta maior duração dos efeitos que a lidocaína. O seu cloridrato é comercializado com o nome de Carbocaína.

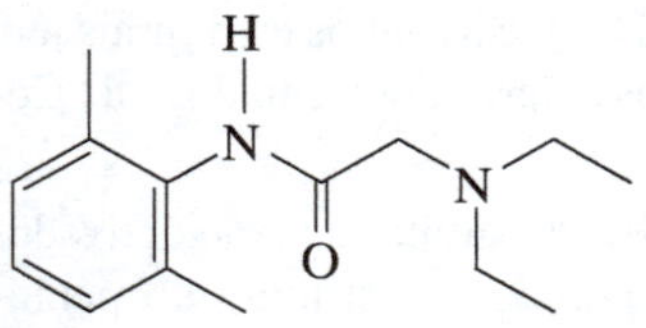

Lidocaína (Xilocaína)   Mepivacaína (Carbocaína)

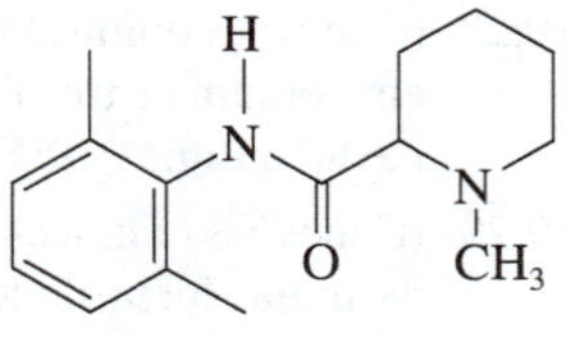

(a) Nomeie os grupos funcionais presentes em cada anestésico.

(b) Quais são as similaridades estruturais entre esses dois compostos?

Antecipando

19.36 Vimos que uma amida pode ser formada de um ácido carboxílico e de uma amina. Suponha agora que, em vez do ácido carboxílico e da amina, você tenha como material de partida um aminoácido como a alanina. Mostre como a formação da amida nesse caso pode conduzir à formação de um produto com massa molecular milhares de vezes superior à do produto de partida. Estudaremos essas poliamidas no Capítulo 22 (proteínas).

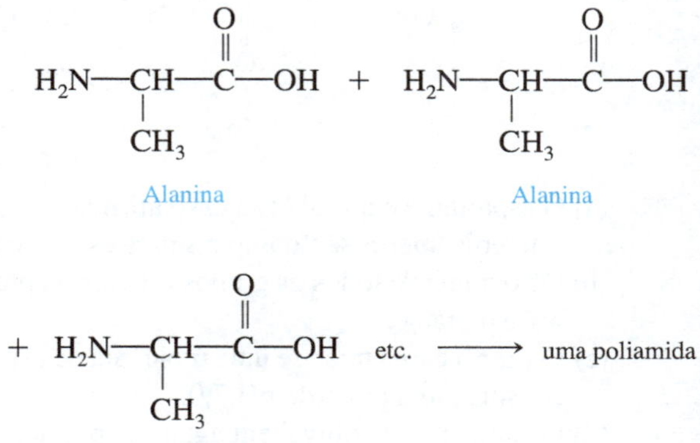

Alanina   Alanina

+ Alanina   etc.   ⟶   uma poliamida

19.37 Veremos a molécula apresentada a seguir na nossa discussão sobre a glicólise, o caminho biológico que converte glicose em ácido pirúvico (Seção 28.2).

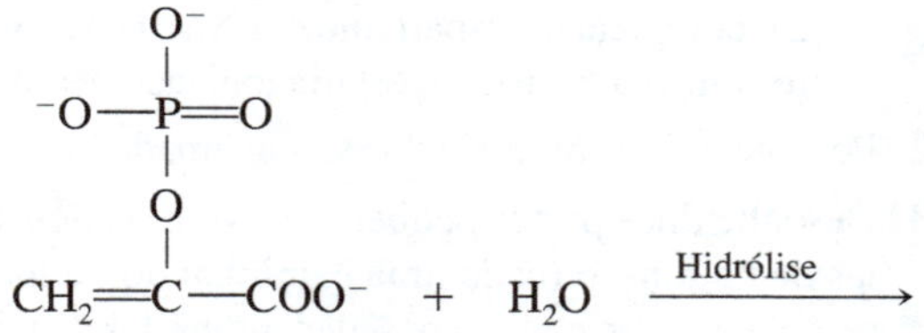

Fosfoenolpiruvato

(a) Desenhe as fórmulas estruturais para os produtos da hidrólise das ligações éster no fosfoenolpiruvato.

(b) Por que a palavra *enol* faz parte do nome desse composto?

APÊNDICE I

Notação exponencial

O sistema de **notação exponencial** baseia-se em potências de 10 (ver tabela). Por exemplo, se multiplicarmos $10 \times 10 \times 10 = 1.000$, isso será expresso como 10^3. Nessa expressão, o 3 é chamado de **expoente** ou **potência** e indica quantas vezes multiplicamos 10 por ele mesmo e quanto zeros se seguem ao 1.

Existem também potências negativas de 10. Por exemplo, 10^{-3} significa 1 dividido por 10^3:

$$10^{-3} = \frac{1}{10^3} = \frac{1}{1.000} = 0,001$$

Números são frequentemente expressos assim: $6,4 \times 10^3$. Em um número desse tipo, 6,4 é o **coeficiente**, e 3, o expoente ou a potência de 10. Esse número significa exatamente o que ele expressa:

$$6,4 \times 10^3 = 6,4 \times 1.000 = 6.400$$

Do mesmo modo, podemos ter coeficientes com expoentes negativos:

$$2,7 \times 10^{-5} = 2,7 \times \frac{1}{10^5} = 2,7 \times 0,00001 = 0,000027$$

Para representar um número maior que 10 na notação exponencial, procedemos da seguinte maneira: colocamos a vírgula decimal logo depois do primeiro dígito (da esquerda para a direita) e então contamos quantos dígitos existem após a vírgula. O expoente (neste caso positivo) é igual ao número de dígitos encontrados após a vírgula. Na representação de um número na notação exponencial são excluídos os zeros finais, a não ser que seja necessário mantê-los devido à representação dos respectivos algarismos significativos.

Exemplo

$37500 = 3,75 \times 10^4$ — 4 porque existem quatro dígitos após o primeiro dígito do número (Coeficiente)

$628 = 6,28 \times 10^2$ — Dois dígitos após o primeiro dígito do número (expoente 2) (Coeficiente)

$859.600.000.000 = 8,596 \times 10^{11}$ — Onze dígitos após o primeiro dígito do número (expoente 11) (Coeficiente)

Não precisamos colocar a vírgula decimal após o primeiro dígito, mas, ao fazê-lo, obtemos um coeficiente entre 1 e 10, e esse é o costume.

Utilizando a notação exponencial, podemos dizer que há $2,95 \times 10^{22}$ átomos de cobre em uma moeda de cobre. Para números grandes, o expoente é sempre *positivo*.

Para números pequenos (menores que 1), deslocamos a vírgula decimal para a direita, para depois do primeiro dígito diferente de zero, e usamos um *expoente negativo*.

A notação exponencial também é chamada de notação científica.

Por exemplo, 10^6 significa 1 seguido de seis zeros, ou 1.000.000, e 10^2 significa 100.

AP. 1.1 Exemplos de notação exponencial

10.000	$= 10^4$
1.000	$= 10^3$
100	$= 10^2$
10	$= 10^1$
1	$= 10^0$
$0,1$	$= 10^{-1}$
$0,01$	$= 10^{-2}$
$0,001$	$= 10^{-3}$

Exemplo

$$0{,}00346 = 3{,}46 \times 10^{-3}$$

Três dígitos até o primeiro número diferente de zero

$$0{,}000004213 = 4{,}213 \times 10^{-6}$$

Seis dígitos até o primeiro número diferente de zero

Em notação exponencial, um átomo de cobre pesa $1{,}04 \times 10^{-22}$ g.

Para converter notação exponencial em números por extenso, fazemos a mesma coisa no sentido inverso.

Exemplo

Escrever por extenso: (a) $8{,}16 \times 10^7$ (b) $3{,}44 \times 10^{-4}$

Solução

(a) $8{,}16 \times 10^7 = 81.600.000$

Sete casas para a direita (adicionar os zeros correspondentes)

(b) $3{,}44 \times 10^{-4} = 0{,}000344$

Quatro casas para a esquerda

Quando os cientistas somam, subtraem, multiplicam e dividem, são sempre cuidadosos em expressar suas respostas com o número apropriado de dígitos, o que chamamos de algarismos significativos. Esse método é descrito no Apêndice II.

A. Somando e subtraindo números na notação exponencial

Podemos somar ou subtrair números expressos em notação exponencial *somente se eles tiverem o mesmo expoente*. Tudo que fazemos é adicionar ou subtrair os coeficientes e deixar o expoente como está.

Exemplo

Somar $3{,}6 \times 10^{-3}$ e $9{,}1 \times 10^{-3}$.

Solução

$$\begin{array}{r} 3{,}6 \times 10^{-3} \\ + \; 9{,}1 \times 10^{-3} \\ \hline 12{,}7 \times 10^{-3} \end{array}$$

A resposta também poderia ser escrita em outras formas igualmente válidas:

$$12{,}7 \times 10^{-3} = 0{,}0127 = 1{,}27 \times 10^{-2}$$

Quando for necessário somar ou subtrair dois números com diferentes expoentes, primeiro devemos mudá-los de modo que os expoentes sejam os mesmos.

Exemplo

Somar $1{,}95 \times 10^{-2}$ e $2{,}8 \times 10^{-3}$.

Solução

Para somar esses dois números, transformamos os dois expoentes em -2. Assim, $2{,}8 \times 10^{-3} = 0{,}28 \times 10^{-2}$. Agora podemos somar:

$$\begin{array}{r} 1{,}95 \times 10^{-2} \\ + \; 0{,}28 \times 10^{-2} \\ \hline 2{,}33 \times 10^{-2} \end{array}$$

Uma calculadora com notação exponencial muda o expoente automaticamente.

B. Multiplicando e dividindo números na notação exponencial

Para multiplicar números em notação exponencial, primeiro multiplicamos os coeficientes da maneira usual e depois algebricamente *somamos* os expoentes.

Exemplo

Multiplicar $7,40 \times 10^5$ por $3,12 \times 10^9$.

Solução

$$7,40 \times 3,12 = 23,1$$

Somar todos os expoentes:

$$10^5 \times 10^9 = 10^{5+9} = 10^{14}$$

Resposta:

$$23,1 \times 10^{14} = 2,31 \times 10^{15}$$

Exemplo

Multiplicar $4,6 \times 10^{-7}$ por $9,2 \times 10^4$.

Solução

$$4,6 \times 9,2 = 42$$

Somar todos os expoentes:

$$10^{-7} \times 10^4 = 10^{-7+4} = 10^{-3}$$

Resposta:

$$42 \times 10^{-3} = 4,2 \times 10^{-2}$$

Para dividir números expressos em notação exponencial, primeiro dividimos os coeficientes e depois algebricamente *subtraímos* os expoentes.

Exemplo

Dividir: $\dfrac{6,4 \times 10^8}{2,57 \times 10^{10}}$

Solução

$$6,4 \div 2,57 = 2,5$$

Subtrair expoentes:

$$10^8 \div 10^{10} = 10^{8-10} = 10^{-2}$$

Resposta:

$$2,5 \times 10^{-2}$$

Exemplo

Dividir: $\dfrac{1,62 \times 10^{-4}}{7,94 \times 10^7}$

Solução

$$1,62 \div 7,94 = 0,204$$

Subtrair expoentes:

$$10^{-4} \div 10^7 = 10^{-4-7} = 10^{-11}$$

Resposta:

$$0,204 \times 10^{-11} = 2,04 \times 10^{-12}$$

Calculadoras científicas fazem esses cálculos automaticamente. Só é preciso digitar o primeiro número, pressionar +, −, × ou ÷, digitar o segundo número e pressionar =. (O método para digitar os números pode variar; leia as instruções que acompanham a calculadora.) Muitas calculadoras científicas também possuem uma tecla que automaticamente converte um número como 0,00047 em notação científica ($4,7 \times 10^{-4}$) e vice-versa. Para problemas relativos à notação exponencial, ver Capítulo 1, Problemas 1.17 a 1.24.

APÊNDICE II

Algarismos significativos

Se você medir o volume de um líquido em um cilindro graduado, poderá constatar que é 36 mL, até o mililitro mais próximo, mas não poderá saber se é 36,2 ou 35,6 ou 36,0 mL, porque esse instrumento de medida não fornece o último dígito com certeza. Uma bureta fornece mais dígitos. Se você usá-la, será capaz de dizer, por exemplo, que o volume é 36,3 mL e não 36,4 mL. Mas, mesmo com uma bureta, você não poderá saber se o volume é 36,32 ou 36,33 mL. Para tanto, precisará de um instrumento que lhe forneça mais dígitos. Esse exemplo mostra que *nenhum número medido pode ser conhecido com exatidão*. Não importa a qualidade do instrumento de medida, sempre haverá um limite para o número de dígitos que podem ser medidos com certeza.

Definimos o número de **algarismos significativos** como o número de dígitos de um número medido cuja incerteza está somente no último dígito.

Qual é o significado dessa definição? Suponha que você esteja pesando um pequeno objeto em uma balança de laboratório cuja resolução é de 0,1 g e constate que o objeto pesa 16 g. Como a resolução da balança é de 0,1 g, você pode estar certo de que o objeto não pesa 16,1 g ou 15,9 g. Nesse caso, você deve registrar o peso como 16,0 g. Para um cientista, há uma diferença entre 16 g e 16,0 g. Escrever 16 g significa que você não sabe qual é o dígito depois do 6. Escrever 16,0 significa que você sabe: é o 0. Mas não sabe qual o dígito que vem depois do 0. Existem várias regras para o uso dos algarismos significativos no registro de números medidos.

A. Determinando o número de algarismos significativos

Na Seção 1.3, vimos como calcular o número de algarismos significativos de um número. Resumimos aqui as orientações:

1. Dígitos diferentes de zero sempre são significativos.
2. Zeros no começo de um número nunca são significativos.
3. Zeros entre dígitos diferentes de zero são sempre significativos
4. Zeros no final de um número que contém uma vírgula decimal sempre são significativos.
5. Zeros no final de um número que não contém vírgula decimal podem ou não ser significativos.

Neste livro consideraremos que nos números terminados em zero todos os algarismos são significativos. Por exemplo, 1.000 mL têm quatro algarismos significativos, e 20 m, têm dois algarismos significativos.

B. Multiplicando e dividindo

A regra em multiplicação e divisão é que a resposta final deve ter o mesmo número de algarismos significativos que o número com *menos* algarismos significativos.

Exemplo

Fazer as seguintes multiplicações e divisões:
(a) $3,6 \times 4,27$
(b) $0,004 \times 217,38$
(c) $\dfrac{42,1}{3,695}$
(d) $\dfrac{0,30652 \times 138}{2,1}$

Solução

(a) 15 (3,6 tem dois algarismos significativos)
(b) 0,9 (0,004 tem um algarismo significativo)
(c) 11,4 (42,1 tem três algarismos significativos)
(d) $2,0 \times 10^1$ (2,1 tem dois algarismos significativos)

C. Somando e subtraindo

Na adição e na subtração, a regra é completamente diferente. O número de algarismos significativos em cada número não importa. A resposta é dada com o *mesmo número de casas decimais* do termo com menos casas decimais.

Exemplo

Somar ou subtrair:

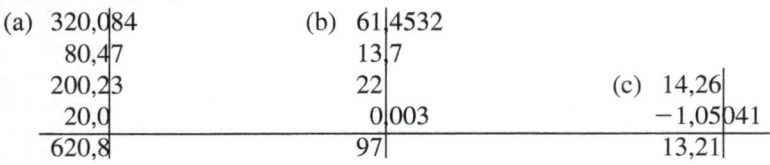

(a) 320,0|84
    80,4|7
  200,2|3
    20,0|
  620,8|

(b) 61|4532
  13|7
  22|
   0|003
  97|

(c) 14,26|
  −1,05|041
  13,21|

Solução

Em cada caso, somamos ou subtraímos normalmente, mas depois arredondamos de modo que os únicos dígitos que aparecerão na resposta serão aqueles das colunas em que todos os dígitos são significativos.

D. Arredondando

Quando temos muitos algarismos significativos em nossa resposta, é preciso arredondar. Neste livro, usamos a seguinte regra: se *o primeiro dígito eliminado* for 5, 6, 7, 8 ou 9, aumentamos *o último dígito* em uma unidade; de outro modo, fica como está.

Exemplo

Fazer o arredondamento em cada caso considerando a eliminação dos dois últimos dígitos:
(a) 33,679   (b) 2,4715   (c) 1,1145   (d) 0,001309   (e) 3,52

Solução

(a)   33,679 = 33,7
(b)   2,4715 = 2,47
(c)   1,1145 = 1,11
(d) 0,001309 = 0,0013
(e)   3,52 = 4

E. Números contados ou definidos

Todas as regras precedentes aplicam-se a números *medidos* e **não** a quaisquer números que sejam *contados* ou *definidos*. Números contados e definidos são conhecidos com exatidão. Por exemplo, um triângulo é definido como tendo 3 lados, e não 3,1 ou 2,9. Aqui tratamos o número 3 como se tivesse um número infinito de zeros depois da vírgula decimal.

Exemplo

Multiplicar 53,692 (um número medido) × 6 (um número contado).

Solução

$$322,15$$

Como 6 é um número contado, nós o conhecemos com exatidão, e 53,692 é o número com menos algarismos significativos; o que estamos fazendo é somar 53,692 seis vezes.

Para problemas sobre algarismos significativos, ver Capítulo 1, Problemas 1.25 a 1.30.

Respostas

Capítulo 10 Química orgânica

10.1 A seguir, apresentam-se as estruturas de Lewis que mostram todos os elétrons de valência, com todos os ângulos de ligação marcados.

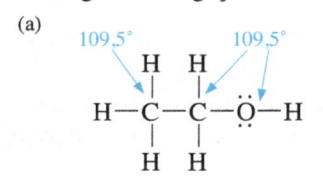

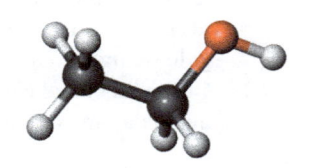

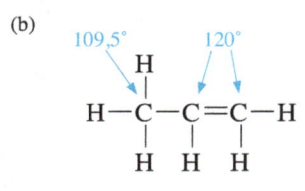

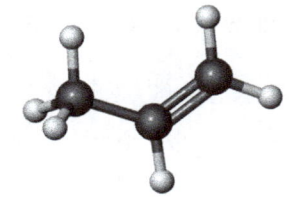

(a) 109,5°, 109,5°

(b) 109,5°, 120°

10.2 Dos quatro alcoóis com fórmula molecular $C_4H_{10}O$, dois são 1º, um é 2º e um é 3º. Para as estruturas de Lewis do álcool 3º e de um dos alcoóis 1º, algumas ligações C—CH_3 são desenhadas mais longas para evitar que as estruturas fiquem amontoadas.

$CH_3CH_2CH_2CH_2OH$ — Primário (1º)

$CH_3CH_2CHCH_3$ com OH — Secundário (2º)

CH_3CHCH_2OH com CH_3 — Primário (1º)

CH_3COH com dois CH_3 — Terciário (3º)

10.3 As três aminas secundárias (2ª) de fórmula molecular $C_4H_{11}N$ são

$CH_3CH_2CH_2NHCH_3$ $CH_3CHNHCH_3$ (com CH_3) $CH_3CH_2NHCH_2CH_3$

10.4 As três cetonas de fórmula molecular $C_5H_{10}O$ são

$CH_3CH_2CH_2CCH_3$ (C=O) $CH_3CH_2CCH_2CH_3$ (C=O) CH_3CCHCH_3 (C=O, com CH_3)

10.5 A seguir, apresentam-se os dois ácidos carboxílicos de fórmula molecular $C_4H_8O_2$. A segunda estrutura desenhada para cada um deles mostra o grupo —CO_2H totalmente condensado.

$CH_3CH_2CH_2COH$ (C=O) ou $CH_3CH_2CH_2CO_2H$ e

CH_3CHCOH (C=O, com CH_3) ou CH_3CHCO_2H (com CH_3)

10.6 Os quatro ésteres de fórmula molecular $C_4H_8O_2$ são

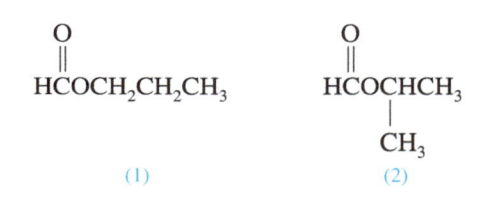

$HCOCH_2CH_2CH_3$ (C=O) (1)

$HCOCHCH_3$ (C=O, com CH_3) (2)

$CH_3COCH_2CH_3$ (C=O) (3)

$CH_3CH_2COCH_3$ (C=O) (4)

10.7 (a) V (b) V (c) F (d) F

10.9 Supondo que cada um seja puro, não há diferenças em termos de propriedades químicas ou físicas.

10.11 Wöhler aqueceu cloreto de amônio e cianato de prata, ambos compostos inorgânicos, e obteve ureia, um composto orgânico.

10.13 Os quatro elementos mais comuns na composição dos compostos orgânicos e o número de ligações tipicamente formado por eles são

H: forma uma ligação
C: forma quatro ligações
O: forma duas ligações
N: forma três ligações

10.15 A seguir, apresentam-se as estruturas de Lewis para cada elemento. Sob cada uma delas, o número de elétrons da camada de valência.

(a) ·C· (b) ·Ö· (c) ·N· (d) :F·

(4)   (6)   (5)   (7)

10.17 (a) 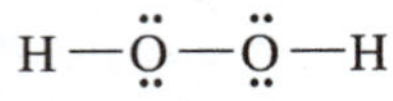 H—Ö—Ö—H
Peróxido de hidrogênio

(b) 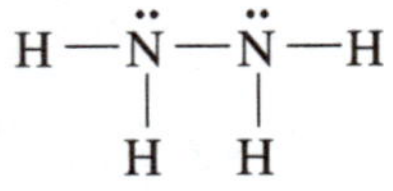 H—N̈—N̈—H
     | |
     H   H
Hidrazina

(c) 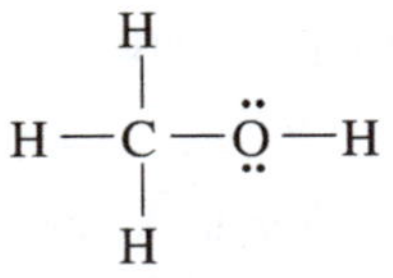   H
       |
    H—C—Ö—H
       |
       H
Metanol

(d) 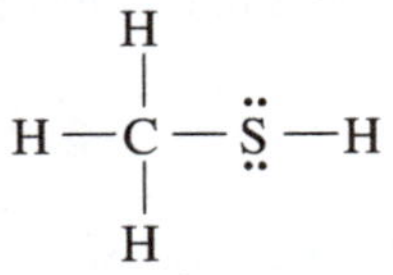   H
       |
    H—C—S̈—H
       |
       H
Metanotiol

(e) 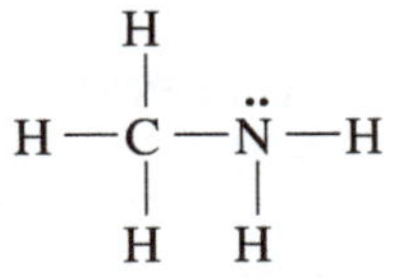   H
       |
    H—C—N̈—H
       | |
       H   H
Metilamina

(f) 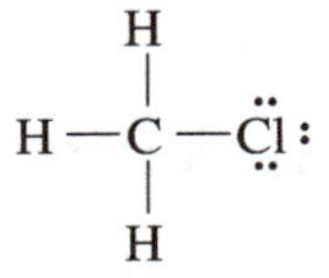   H
       |
    H—C—C̈l:
       |
       H
Clorometano

10.19 A seguir, apresenta-se a estrutura de Lewis para cada íon.

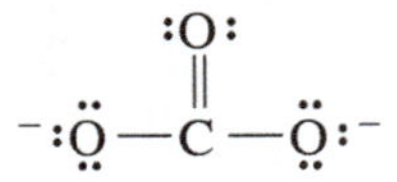

(a) 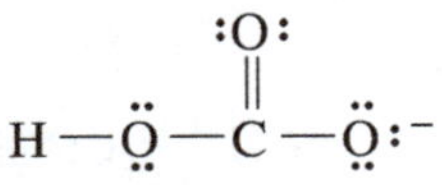   :O:
          ‖
    H—Ö—C—Ö:⁻

(b)   :O:
          ‖
    ⁻:Ö—C—Ö:⁻

(c)   :O:
          ‖
    CH₃—C—Ö:⁻

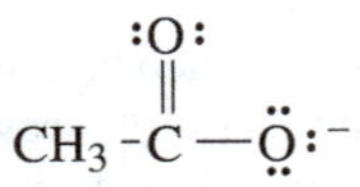

(d) 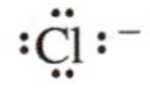 :C̈l:⁻

10.21 Para usar o modelo VSEPR e prever os ângulos de ligação e a geometria em torno dos átomos de carbono, nitrogênio e oxigênio, (1) escrever a estrutura de Lewis para cada molécula-alvo mostrando todos os elétrons de valência; (2) determinar o número de regiões de densidade eletrônica em torno do átomo de C, N ou O; (3) se você encontrar quatro regiões de densidade eletrônica, preveja ângulos de ligação de 109,5 °C; se encontrar três regiões, preveja ângulos de ligação de 120°; se encontrar duas, preveja ângulos de ligação de 180°.

10.23 Você encontraria duas regiões de densidade eletrônica em torno do oxigênio e, portanto, deve prever 180° para o ângulo da ligação C—O—H. Se aparecerem apenas duas regiões de densidade eletrônica, preveja

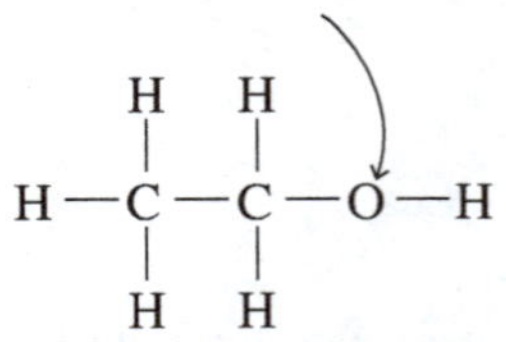

       H   H
       | |
    H—C—C—Ö—H
       | |
       H   H

10.25 (a) 120° em torno de C e 109,5° em torno de O.
(b) 109,5° em torno de N.
(c) 120° em torno de N.
(d) Esse é um modelo molecular de (c) e mostra um ângulo de ligação de 120° em torno de N.

10.27 Grupo funcional é uma parte da molécula orgânica submetida a um conjunto de reações químicas previsíveis.

10.29
(a) 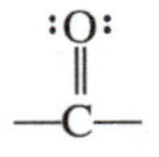   :O:
      ‖
     —C—

(b)   :O:
      ‖
     —C—Ö—H

(c) —Ö—H

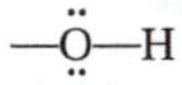

(d) 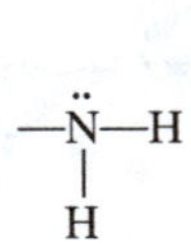 —N̈—H
     |
     H

(e) 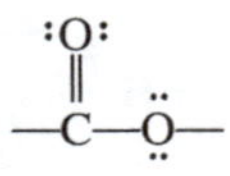   :O:
      ‖
     —C—Ö—

10.31 Quando aplicado a alcoóis, terciário (3º) significa que o carbono do grupo —OH está ligado a três outros átomos de carbono.

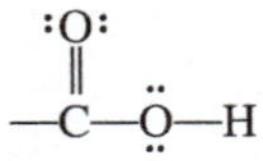

10.33 Quando aplicado a aminas, terciária (3ª) significa que o nitrogênio da amina está ligado a três grupos carbônicos.

10.35 (a) Os quatro alcoóis primários (1º) de fórmula molecular C₅H₁₂O são

CH₃CH₂CH₂CH₂CH₂OH   CH₃CH₂CHCH₂OH
                                |
         CH₃   CH₃
         |
    CH₃CCH₂OH   CH₃CHCH₂CH₂OH
         | |
         CH₃   CH₃

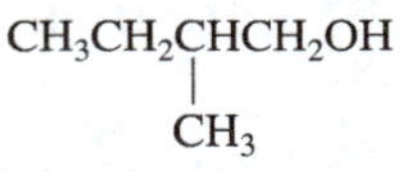

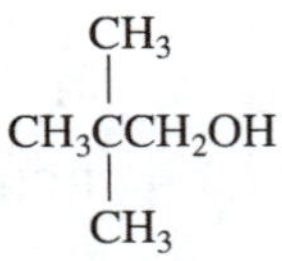

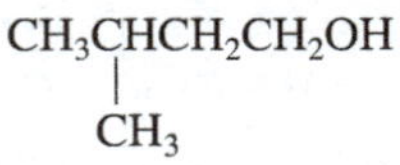

(b) Os três alcoóis secundários (2º) de fórmula molecular C₅H₁₂O são

       OH   OH
       | |
    CH₃CHCH₂CH₂CH₃   CH₃CH₂CHCH₂CH₃

       OH
       |
    CH₃CHCHCH₃
          |
          CH₃

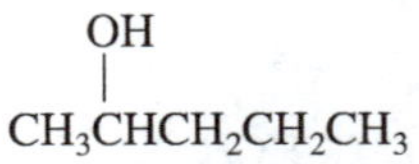

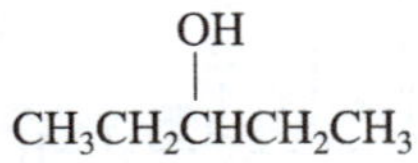

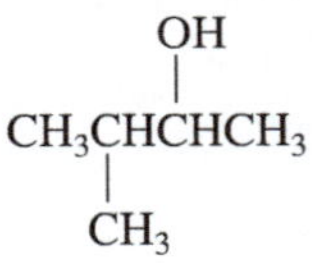

(c) O único álcool terciário (3º) de fórmula molecular C₅H₁₂O é

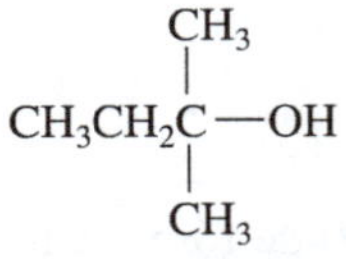

           CH₃
           |
    CH₃CH₂C—OH
           |
           CH₃

10.37 Os oito ácidos carboxílicos de fórmula molecular C₆H₁₂O₂ são:

uma cadeia de seis carbonos	uma cadeia de cinco carbonos e uma ramificação	uma cadeia de quatro carbonos e dois carbonos como ramificações

CH₃CH₂CH₂CH₂CH₂CO₂H	CH₃CHCH₂CH₂CO₂H
	       │
	       CH₃
		CH₃CHCHCO₂H
		   │ │
		  CH₃ CH₃

	CH₃CH₂CHCH₂CO₂H
	       │
	      CH₃
		CH₃CH₂CHCO₂H
		     │
		   CH₂CH₃

	CH₃CH₂CH₂CHCO₂H
	        │
	       CH₃
		CH₃CH₂CCO₂H
		    │
		   CH₃ (with CH₃ above)

		CH₃CCH₂CO₂H with two CH₃ groups

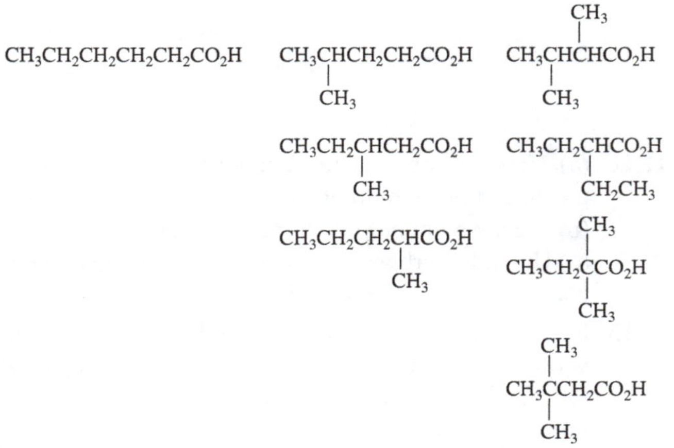

10.39 O Taxol foi descoberto graças a uma pesquisa sobre plantas nativas financiada pelo Instituto Nacional do Câncer, com o objetivo de encontrar novas substâncias químicas para combater o câncer.

10.41 As setas apontam para átomos e mostram ângulos de ligação em torno de cada átomo.

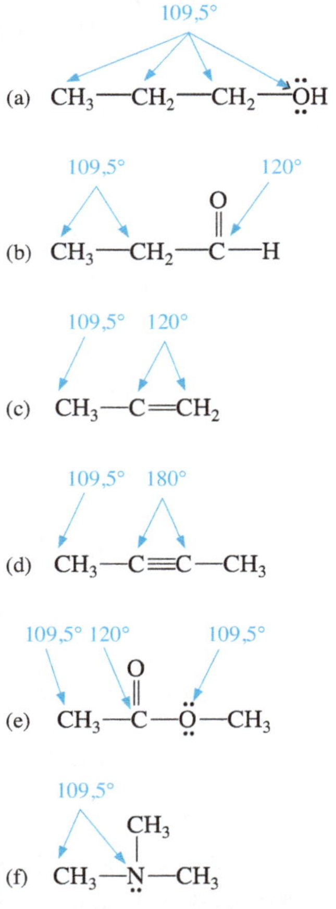

(a) CH₃—CH₂—CH₂—ÖH (109,5°)

(b) CH₃—CH₂—C(=O)—H (109,5°, 120°)

(c) CH₃—C=CH₂ (109,5°, 120°)

(d) CH₃—C≡C—CH₃ (109,5°, 180°)

(e) CH₃—C(=O)—Ö—CH₃ (109,5° 120°, 109,5°)

(f) CH₃—N(CH₃)—CH₃ (109,5°)

10.43 A previsão para o ângulo da ligação C-P-C é de 109,5°.

CH₃—P̈(CH₃)—CH₃ (109,5°)

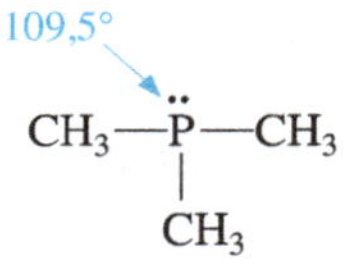

10.45 A seguir, apresentam-se os oito aldeídos de fórmula molecular C₆H₁₂O. O grupo funcional do aldeído é o CHO.

uma cadeia de seis carbonos	uma cadeia de cinco carbonos e uma ramificação com um carbono	uma cadeia de quatro carbonos e dois carbonos como ramificações
CH₃CH₂CH₂CH₂CH₂CHO	CH₃CHCH₂CH₂CHO │ CH₃	CH₃CHCHCHO │ │ CH₃ CH₃
	CH₃CH₂CHCH₂CHO │ CH₃	CH₃CH₂CHCHO │ CH₂CH₃
	CH₃CH₂CH₂CHCHO │ CH₃	CH₃CH₂CCHO │ CH₃ (CH₃ above)
		CH₃CCH₂CHO with two CH₃ groups

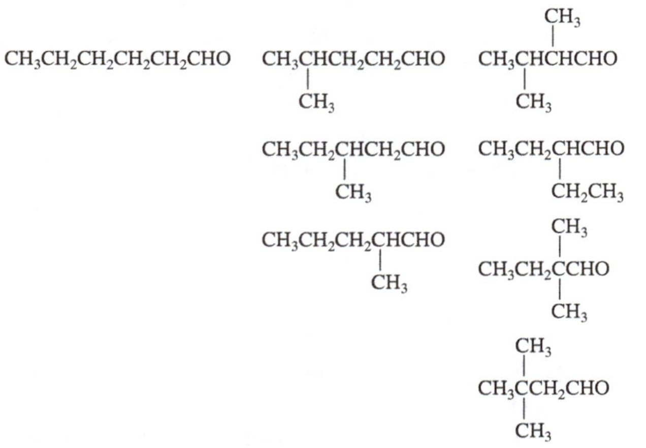

10.47 (a) covalente apolar (b) covalente apolar (c) covalente apolar (d) covalente polar (e) covalente polar (f) covalente polar (g) covalente polar (h) covalente polar

10.49 Sob cada fórmula é dada a diferença de eletronegatividade entre os átomos da ligação mais polar.

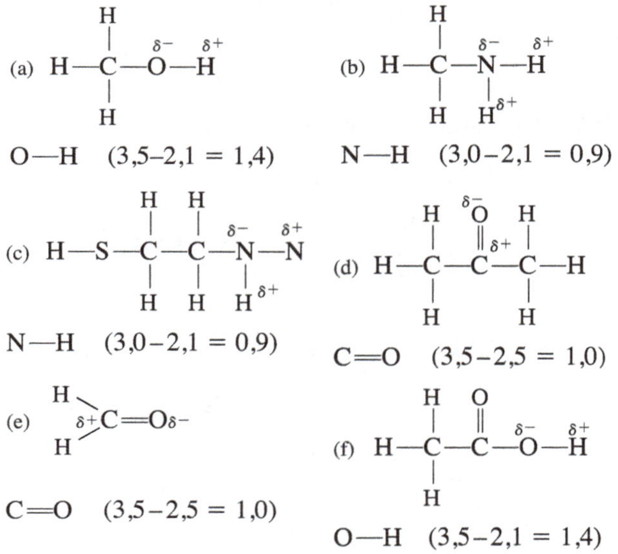

(a) H—C(H)(H)—O^{δ−}—H^{δ+}
O—H (3,5−2,1 = 1,4)

(b) H—C(H)(H)—N^{δ−}—H^{δ+} (H^{δ+})
N—H (3,0−2,1 = 0,9)

(c) H—S—C(H)(H)—C(H)(H)—N^{δ−}—N (H^{δ+})
N—H (3,0−2,1 = 0,9)

(d) H—C(H)(H)—C(=O^{δ−})^{δ+}—C(H)(H)—H
C=O (3,5−2,5 = 1,0)

(e) H\\C=O (^{δ+}C=O^{δ−})
C=O (3,5−2,5 = 1,0)

(f) H—C(H)(H)—C(=O)—O^{δ−}—H^{δ+}
O—H (3,5−2,1 = 1,4)

10.51 A seguir, apresenta-se uma fórmula estrutural para cada parte. Mais de uma resposta é possível para as partes a, b e c.

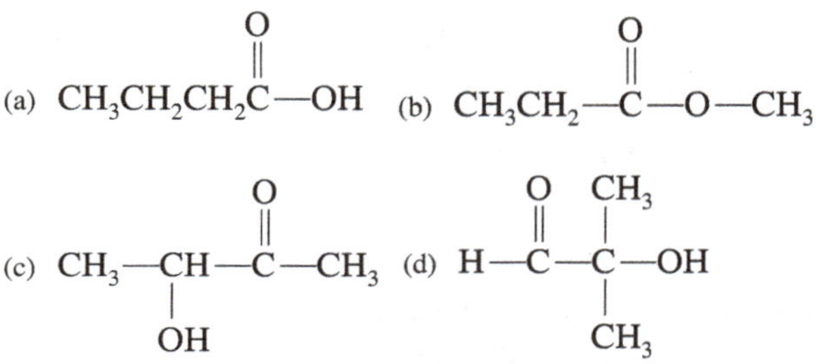

(a) CH₃CH₂CH₂C(=O)—OH

(b) CH₃CH₂—C(=O)—O—CH₃

(c) CH₃—CH(OH)—C(=O)—CH₃

(d) H—C(=O)—C(CH₃)(CH₃)—OH

(e) $CH_2=CH-CH_2OH$

Capítulo 11 Alcanos

11.1 Esse composto é o octano, e sua fórmula molecular é C_8H_{18}.

11.2 (a) isômeros constitucionais (b) o mesmo composto

11.3 A seguir, apresentam-se as fórmulas estruturais e de linha-ângulo para os três isômeros constitucionais de fórmula molecular C_5H_{12}.

$CH_3CH_2CH_2CH_2CH_3 \quad CH_3\underset{CH_3}{\overset{CH_3}{CH}}CH_2CH_3 \quad CH_3\underset{CH_3}{\overset{CH_3}{\underset{|}{\overset{|}{C}}}}CH_3$

11.4 (a) 5-isopropil-2-metiloctano. Sua fórmula molecular é $C_{12}H_{26}$.
(b) 4-isopropil-4-propiloctano. Sua fórmula molecular é $C_{14}H_{30}$.

11.5 (a) isobutilciclopentano, C_9H_{18}
(b) *sec*-butilcicloeptano, $C_{11}H_{22}$
(c) 1-etil-1-metilciclopropano, C_6H_{12}

11.6 A estrutura com os três grupos metila equatorial é

11.7 Cicloalcanos (a) e (c) apresentam isomeria *cis-trans*.

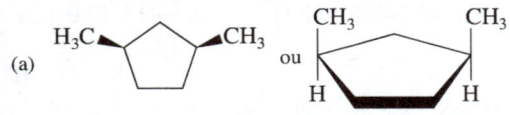

(a) *cis*-1,3-Dimetilciclopentano

trans-1,3-Dimetilciclopentano

(c) *cis*-1,3-Dimetilcicloexano

trans-1,3-Dimetilcicloexano

11.8 Em ordem crescente de ponto de ebulição, são eles
(a) 2,2-dimetilpropano (9,5 °C), 2-metilbutano (27,8 °C), pentano (36,1 °C)

(b) 2,2,4-trimetilexano, 3,3-dimetileptano, nonano

11.9 Os dois cloroalcanos com seus nomes comuns e Iupac são

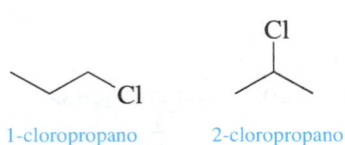

1-cloropropano (Cloreto de propila)

2-cloropropano (Cloreto de isopropila)

11.11 (a) Hidrocarboneto é um composto que contém somente carbono e hidrogênio.
(b) Alcano é um hidrocarboneto saturado.
(c) Um hidrocarboneto saturado contém somente ligações simples C—C e C—H.

11.13 Na fórmula linha-ângulo, cada linha terminal e cada vértice representam um átomo de carbono. As ligações são representadas por combinações de uma, duas ou três linhas paralelas.

11.15 (a) $C_{10}H_{22}$ (b) C_8H_{18} (c) $C_{11}H_{24}$

11.17 (a) V (b) V (c) F (d) F

11.19 Nenhuma delas representa o mesmo composto. Há três grupos de isômeros constitucionais. Os compostos (a), (d) e (e) têm fórmula molecular C_4H_8O e constituem um grupo; os compostos (c) e (f) têm fórmula molecular $C_5H_{10}O$ e formam um segundo grupo; e os compostos (g) e (h) têm fórmula molecular $C_6H_{10}O$ e são o terceiro grupo.

11.21 (a) V (b) V (c) V

11.23 2-metilpropano e 2-metilbutano.

11.25 (a) V (b) F (c) V

11.27

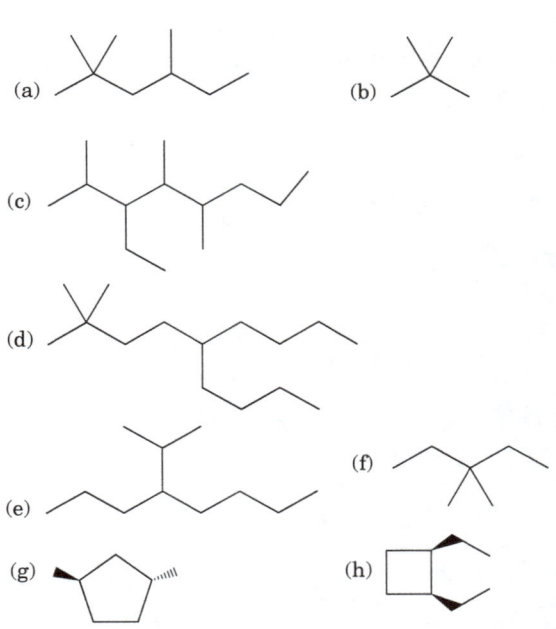

11.29 Uma fórmula estrutural condensada mostra apenas a ordem de ligação dos átomos de um composto. Ela não mostra ângulos de ligação nem o formato da molécula.

11.31 (a) F (b) F (c) V (d) V (e) F

11.33 Não

11.35 As fórmulas estruturais para os seis cicloalcanos de fórmula molecular C_5H_{10} são

Ciclopentano   Metilciclobutano   1,1-dimetilciclopropano

trans-1,2-dimetilciclopropano   cis-1,2-dimetilciclopropano   Etilciclopropano

11.37 (a) V (b) F (c) F (d) F (e) V (f) V

11.39 O ponto de ebulição do heptano, C_7H_{16}, é 98 °C, e a massa molecular, 100. Sua massa molecular é aproximadamente 5,5 vezes a da água. Embora sejam consideravelmente menores, as moléculas de água se associam na fase líquida por meio de ligações de hidrogênio relativamente fortes, enquanto as moléculas de heptano, bem maiores, se associam apenas por forças de dispersão de London, relativamente fracas.

11.41 Os alcanos são insolúveis em água.

11.43 Os pontos de ebulição dos alcanos não ramificados estão relacionados à sua área superficial; quanto maior a área superficial, maior a intensidade das forças de dispersão, e mais alto o ponto de ebulição. O aumento relativo no tamanho da molécula por grupo CH_2 é maior entre CH_4 e CH_3CH_3, e torna-se progressivamente menor à medida que aumenta a massa molecular. Portanto, o aumento no ponto de ebulição por grupo CH_2 adicionado é maior entre CH_4 e CH_3CH_3, e torna-se progressivamente menor para alcanos maiores.

11.45 (a) F (b) V (c) V

11.47 O calor de combustão do metano é 212 kcal/mol ou 212/16 = 13,3 kcal/grama. O calor de combustão do propano é 530 kcal/mol ou 530/44 = 12,0 kcal/grama. Portanto, a energia calorífica por grama é maior para o metano.

11.49

1-cloropentano   2-cloropentano   3-cloropentano

11.51 (a) Um anel contém apenas átomos de carbono.
(b) Um anel contém dois átomos de nitrogênio.
(c) Um anel contém dois átomos de oxigênio.

11.53 O octano produzirá mais detonação no motor que o heptano.

11.55 Os Freons são uma classe de clorofluorocarbonos. Eles foram considerados ideais como agentes transferidores de calor em sistemas de refrigeração por serem não tóxicos, não corrosivos, não inflamáveis e inodoros. (c) Os dois Freons usados para esse fim foram o Freon-11 (CCl_3F) e o Freon-12 (CCl_2F_2).

11.57 São eles os hidrofluorocarbonos e os hidroclorofluorocarbonos. Esses compostos são muito mais quimicamente reativos na atmosfera que os Freons originais, sendo destruídos antes de alcançar a estratosfera.

11.59 (a) A cadeia mais longa é pentano. Seu nome Iupac é 2-metilpentano.
(b) A cadeia do pentano está incorretamente numerada. Seu nome Iupac é 2-metilpentano.
(c) A cadeia mais longa é pentano. Seu nome Iupac é 3-etil-3-metilpentano.
(d) A cadeia mais longa é hexano. Seu nome Iupac é 3,4-dimetilexano.
(e) A cadeia mais longa é heptano. Seu nome Iupac é 4-metileptano.
(f) A cadeia mais longa é octano. Seu nome Iupac é 3-etil-3-metiloctano.
(g) O anel está incorretamente numerado. Seu nome Iupac é 1-etil-3-metilcicloexano.
(h) O anel está incorretamente numerado. Seu nome Iupac é 1-etil-3-metilcicloexano.

11.61 O tetradecano é um líquido em temperatura ambiente.

11.63 À esquerda, a representação hexagonal planar. À direita, a conformação cadeira mais estável desse isômero.

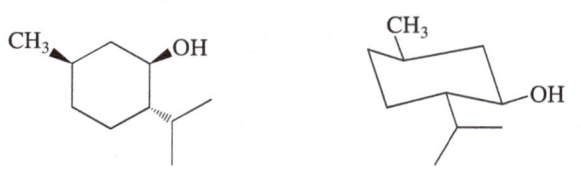

2-isopropil-5-metilcicloexanol   Nessa conformação cadeira, todos os grupos do anel estão em posições equatoriais

11.65 A seguir, a representação da alternativa 2-desoxi-D-ribose.

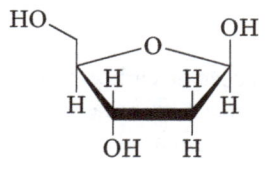

Capítulo 12 Alcenos e alcinos

12.1 (a) 3,3-dimetil-1-penteno (b) 2,3-dimetil-2-buteno
(c) 3,3-dimetil-1-butino

12.2 (a) trans-3,4-dimetil-2-penteno
(b) cis-4-etil-3-hepteno

12.3 (a) 1-isopropil-4-metilcicloexeno (b) ciclo-octeno
(c) 4-terc-butilcicloexeno

12.4 As fórmulas linha-ângulo para os outros dois heptadienos são

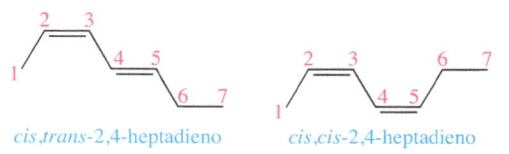

cis,trans-2,4-heptadieno   cis,cis-2,4-heptadieno

12.5 Quatro estereoisômeros são possíveis (dois pares de isômeros cis-trans).

12.6
(a) CH_3CHCH_3 com Br
(b) cicloexano com Br e CH_3

12.7 Propor um mecanismo em duas etapas semelhante ao da adição de HCl ao propeno.

1ª etapa: A reação de H⁺ com dupla ligação carbono-carbono produz um carbocátion 3º intermediário.

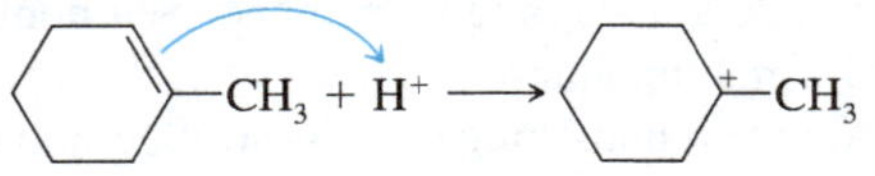

[Esquema: ciclohexeno-CH₃ + H⁺ → ciclohexil⁺-CH₃ (Carbocátion 3º intermediário)]

2ª etapa: A reação do carbocátion 3º intermediário com o íon brometo completa a camada de valência do carbono, gerando o produto.

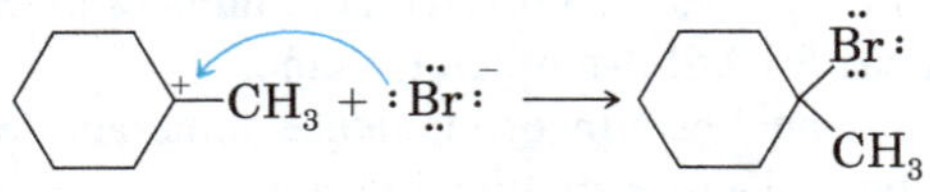

[Esquema: carbocátion + :Br:⁻ → produto com Br e CH₃]

12.8 O produto de cada hidratação catalisada por ácido é o mesmo álcool.

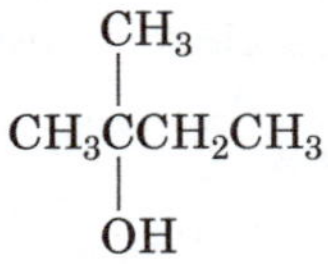

$$CH_3\underset{OH}{\overset{CH_3}{C}}CH_2CH_3$$

12.9 Propor um mecanismo em três etapas semelhante ao da hidratação, catalisada por ácido, do propeno.

1ª etapa: A reação da dupla ligação carbono-carbono com H⁺ produz um carbocátion 3º intermediário.

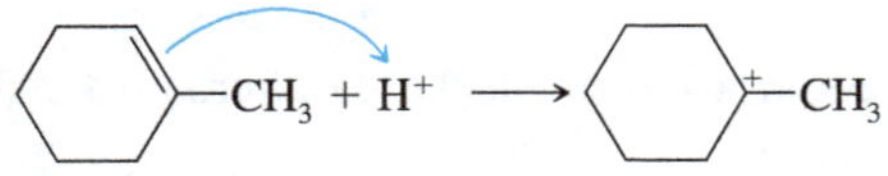

[Esquema: ciclohexeno-CH₃ + H⁺ → carbocátion 3º intermediário]

2ª etapa: A reação do carbocátion 3º intermediário com a água completa a camada de valência do carbono e produz um íon oxônio.

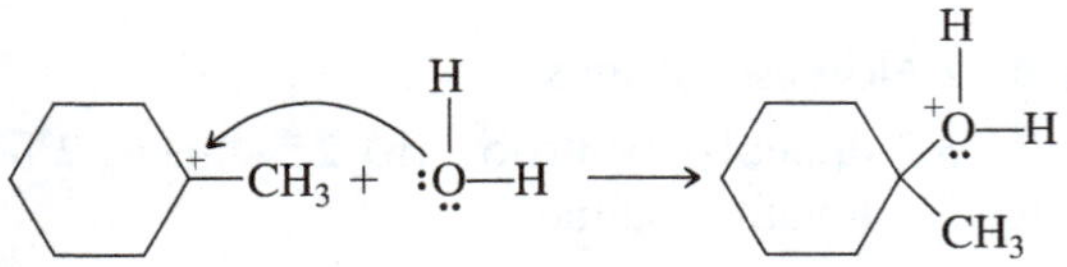

[Esquema: carbocátion + :Ö-H com H → íon oxônio]

3ª etapa: A perda do H⁺ do íon oxônio completa a reação e gera um novo catalisador H⁺.

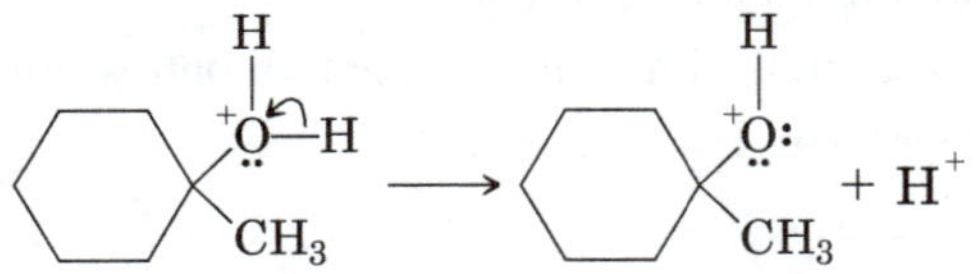

[Esquema: íon oxônio → álcool + H⁺]

12.10 (a) $CH_3-\underset{H_3C}{\overset{CH_3}{C}}-\underset{Br}{\overset{}{CH}}-\underset{Br}{\overset{}{CH_2}}$ (b) ciclohexano com Cl e CH₂Cl

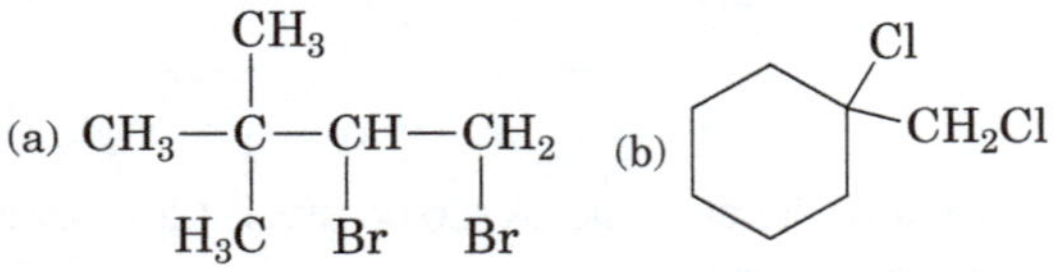

12.11 (a) F   (b) F   (c) F   (d) V

12.13 Um hidrocarboneto saturado contém apenas ligação simples carbono-carbono e carbono-hidrogênio. Um hidrocarboneto insaturado contém uma ou mais ligações duplas ou triplas carbono-carbono (Capítulo 13).

12.15 (a) ciclopenteno com ângulos 109,5° e 120°   (b) ciclohexeno-CH₂OH com 120°

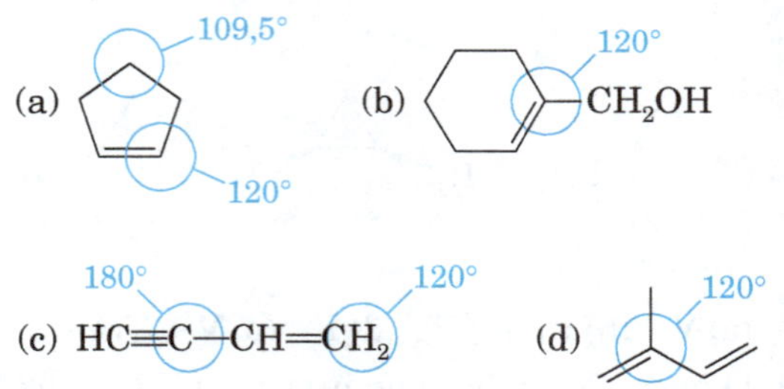

(c) HC≡C—CH=CH₂ com 180° e 120°   (d) isopreno com 120°

12.17 (a) [estrutura]   (b) $CH_3CHC≡CCH_2CH_3$ com CH₃

(c) $CH_2=\underset{}{\overset{CH_3}{C}}CH_2CH_3$ (d) $HC≡\underset{CH_2CH_3}{\overset{CH_3}{C}}CCH_2CH_3$

(e) $CH_3\underset{}{\overset{H_3C}{C}}=\underset{}{\overset{CH_3}{C}}CH_2CH_3$

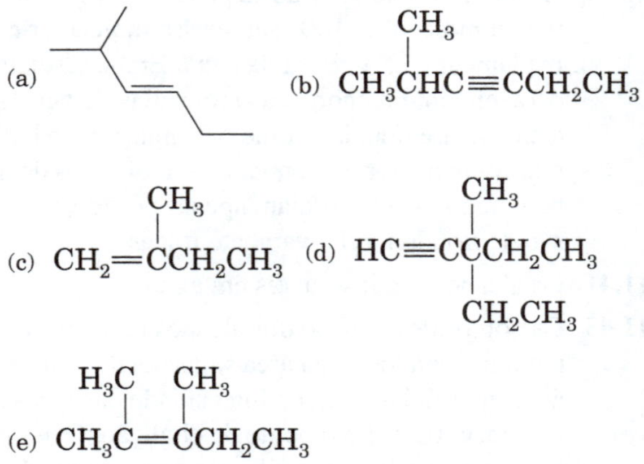

12.19 (a) 2,5-dimetil-1-hexeno
(b) 1,3-dimetilciclopenteno
(c) 2-metil-1-buteno
(d) 2-propil-1-penteno

12.21 (a) A cadeia mais longa tem quatro átomos de carbono. O nome correto é 2-metil-1-buteno.
(b) O anel está incorretamente numerado. O nome correto é 4-isopropilciclohexeno.
(c) A cadeia mais longa tem seis carbonos. O nome correto é 3-metil-2-hexeno.
(d) A cadeia mais longa que contém C=C tem cinco átomos de carbono. O nome correto é 2-etil-3-metil-1-penteno.
(e) O anel está incorretamente numerado. O nome correto é 3,3-dimetilciclohexeno.
(f) A cadeia mais longa tem sete átomos de carbono. O nome correto é 3-metil-3-hepteno.

12.23 Somente (b) 2-hexeno, (c) 3-hexeno e (e) 3-metil-2-hexeno apresentam isomeria *cis-trans*.

12.25 O ácido araquidônico é o isômero todo *cis*.

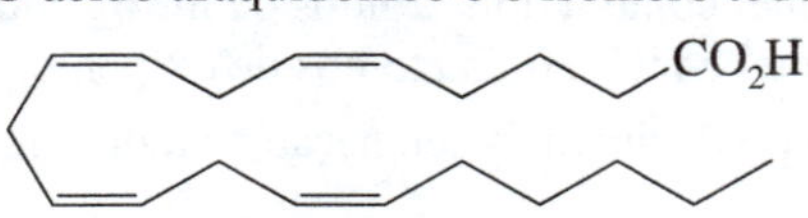

[Estrutura do ácido araquidônico com grupo CO₂H]

Ácido araquidônico

12.27 Somente as partes (b) e (d) apresentam isomeria *cis-trans*.

(b) ciclohexano com dois CH₃   (d) ciclohexeno com dois CH₃

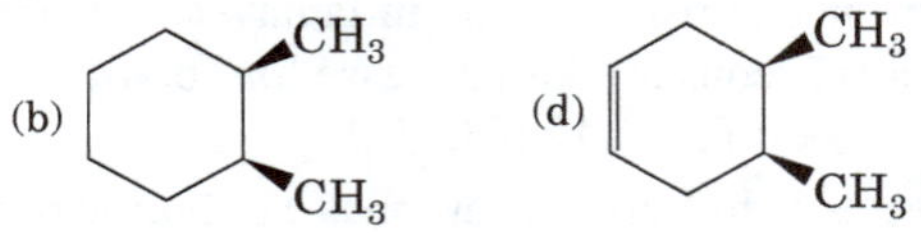

12.29 A seguir, apresenta-se uma fórmula estrutural para o β-ocimeno.

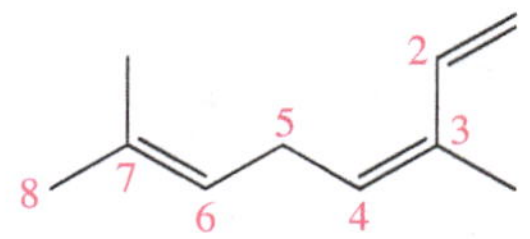

β-ocimeno

12.31 (a) V (b) V (c) F (d) F

12.33 As quatro unidades do isopreno aparecem realçadas com linhas mais grossas.

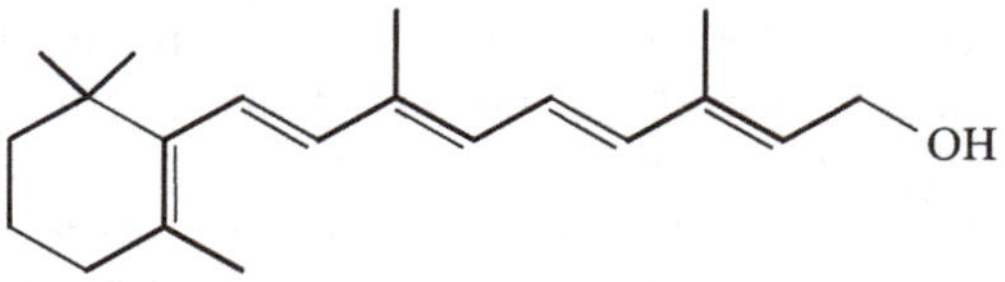

Vitamina A (retinol)

12.35 Na reação de adição do alceno, uma das ligações da dupla ligação carbono-carbono é rompida, formando em seu lugar ligações simples com dois novos átomos ou grupos de átomos.

$$CH_3CH=CH_2 + H_2O \xrightarrow{H_2SO_4} CH_3\underset{OH}{CH}CH_3$$

12.37

(a) ⬡—CH₂CH₃ + HCl ⟶ ⬡(Cl)(CH₂CH₃)

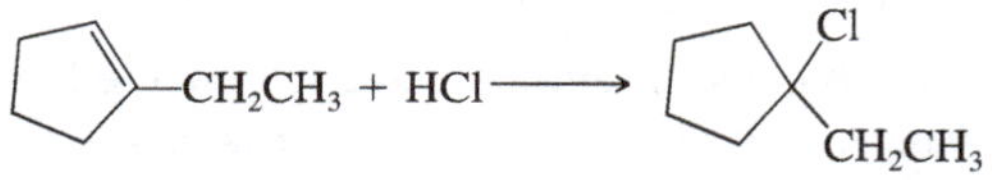

(b) ⬡—CH₂CH₃ + H₂O $\xrightarrow{H_2SO_4}$ ⬡(OH)(CH₂CH₃)

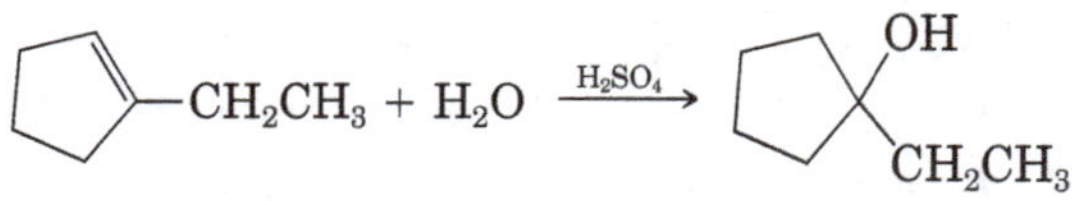

(c) $CH_3(CH_2)_5CH=CH + HI \longrightarrow CH_3(CH_2)_5\underset{I}{CH}CH_3$

(d) ciclohexil-C(CH₃)=CH₂ + HCl ⟶ ciclohexil-C(Cl)(CH₃)(CH₃)

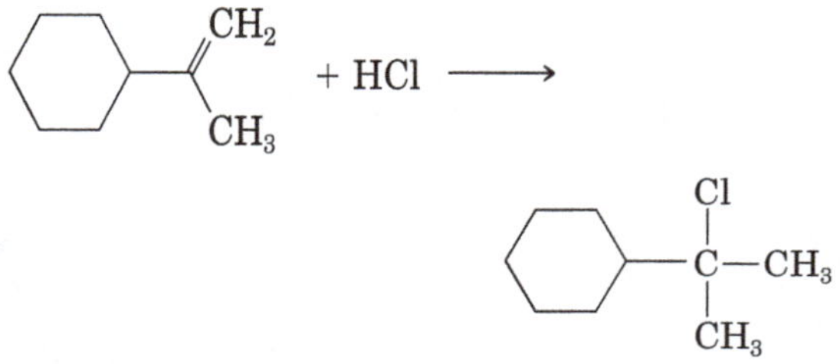

(e) $CH_3CH=CHCH_2CH_3 + H_2O \xrightarrow{H_2SO_4}$
$CH_3\underset{OH}{CH}CH_2CH_2CH_3 + CH_3CH_2\underset{OH}{CH}CH_2CH_3$

(f) $CH_2=CHCH_2CH_2CH_3 + H_2O \xrightarrow{H_2SO_4}$
$CH_3\underset{OH}{CH}CH_2CH_2CH_3$

12.39 (a) $CH_3\underset{Cl}{\overset{CH_3}{C}}CH_2CH_2CH_3$ (b) $CH_3\underset{OH}{\overset{CH_3}{C}}CH_2CH_2CH_3$

12.41
(a) 2-metil-1-buteno ou 2-metil-2-buteno (b) 3-metil-1-buteno
(c) ciclohexeno ou metilenociclohexano

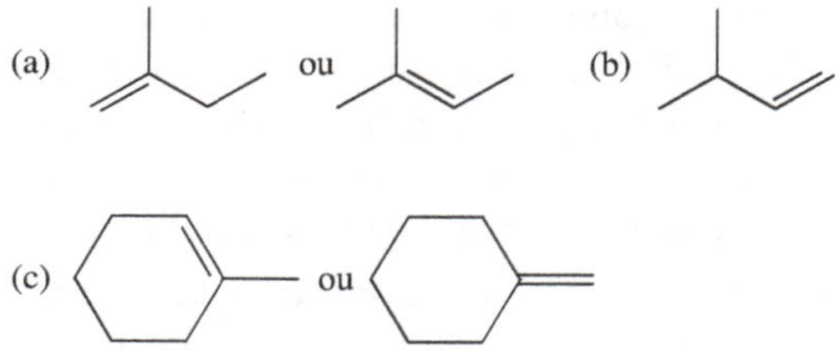

12.43
(a) $CH_2=\underset{CH_3}{\overset{}{C}}CH_2CH_3$ ou $CH_3\underset{CH_3}{\overset{}{C}}=CHCH_3$

(b) $CH_3\underset{CH_3}{\overset{}{CH}}CH=CH_2$ (c) $CH_2=CHCH_2CH_2CH_3$

12.45 A reação envolve a hidratação, catalisada por ácido, de cada ligação dupla. São dois isômeros *cis-trans*. A fórmula estrutural do hidrato de terpina é mostrada a seguir na conformação em cadeira, mais estável, com o grupo —(CH₃)₂CHOH em posição equatorial.

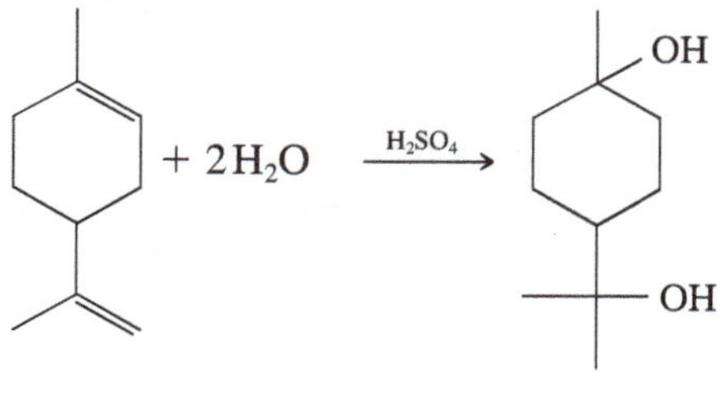

Limoneno + 2 H₂O $\xrightarrow{H_2SO_4}$ Terpina

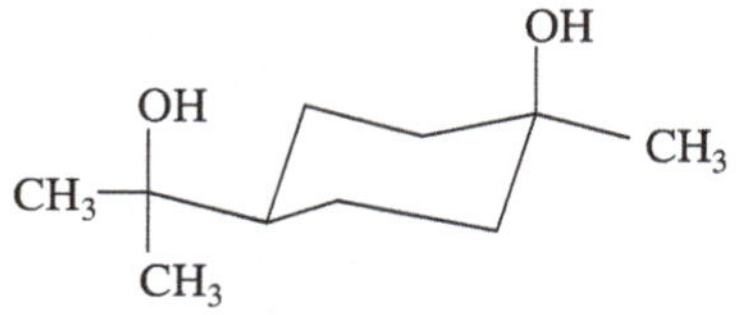

12.47 O composto A é o 2-metil-1,3-butadieno.

12.49 Os reagentes aparecem acima das setas.

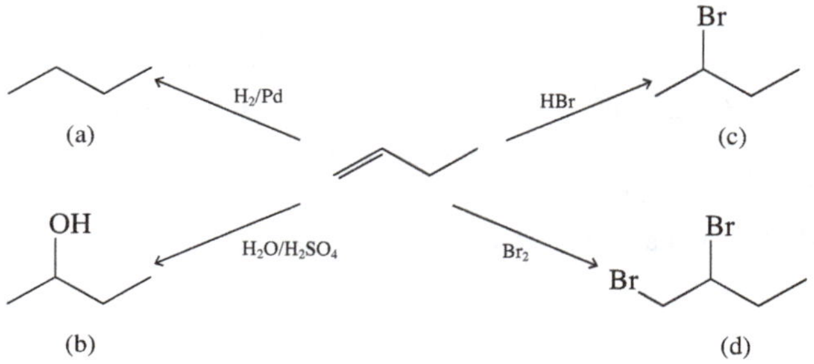

12.51 O etileno é um agente maturador natural para frutas.

12.53 Sua fórmula molecular é $C_{16}H_{30}O_2$.

12.55 Os bastonetes são usados na visão periférica e noturna. Os cones funcionam à luz do dia e são usados na visão das cores.

12.57 Entre os itens de consumo feitos de polietileno de alta densidade (HDPE), as jarras para leite e água, os sacos de mercearia e as garrafas comprimíveis (*squeeze*) são os mais comuns. No caso do polietileno de baixa densidade (LDPE), os itens mais comuns são as embalagens para acondicionar alimentos assados, verduras, legumes e outros produtos, e também sacos de lixo. Atualmente, apenas os materiais de HDPE são recicláveis.

12.59 São cinco os compostos de fórmula molecular C_4H_8. Todos os isômeros são constitucionais. Os únicos isômeros *cis-trans* são o *cis*-2-buteno e o *trans*-2-buteno.

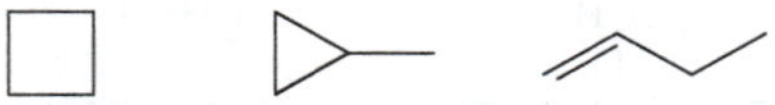

Ciclobutano   Metilciclopropano   1-buteno

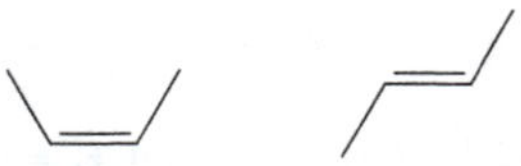

cis-2-buteno   *trans*-2-buteno

12.61 (a) O esqueleto carbônico do licopeno pode ser dividido em oito unidades de isopreno, que aqui aparecem realçadas com linhas mais grossas.

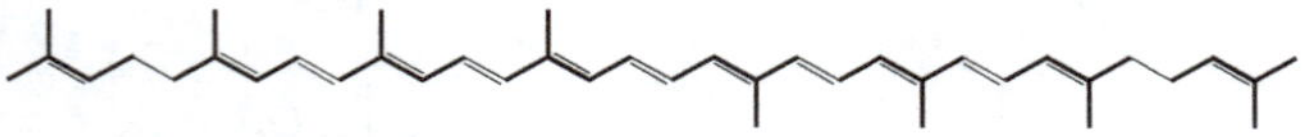

(b) Onze das treze ligações duplas poderão apresentar isomeria *cis-trans*. As ligações duplas em ambas as extremidades da molécula não podem apresentar isomeria *cis-trans*.

12.63

(a)    (b) 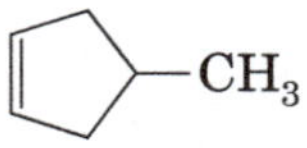 —CH_3

(c)    (d)

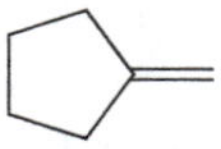

12.65 Toda reação de hidratação do alceno segue a regra de Markovnikov. O H é adicionado preferencialmente ao carbono-3 e o OH ao carbono-4, produzindo 3-hexanol. Cada carbono da ligação dupla tem novamente o mesmo padrão de substituição, portanto 3-hexanol é o único produto.

12.67 Os reagentes aparecem acima das setas.

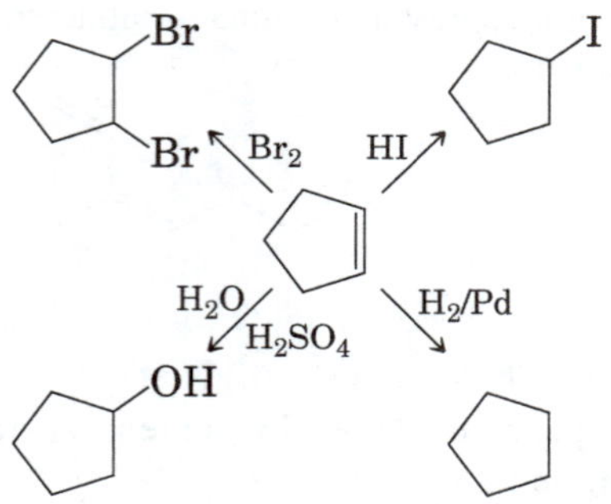

12.69 O ácido oleico tem uma ligação dupla em torno da qual é possível a isomeria *cis-trans*, portanto são possíveis $2^1 = 2$ isômeros (um par de isômeros *cis-trans*). O ácido linoleico tem duas ligações duplas em torno das quais é possível a isomeria *cis-trans*, portanto são possíveis $2^2 = 4$ isômeros (dois pares de isômeros *cis-trans*).
O ácido linolênico tem três ligações duplas em torno das quais é possível a isomeria *cis-trans*, portanto são possíveis $2^3 = 8$ isômeros (quatro pares de isômeros *cis-trans*).

Capítulo 13 Benzeno e seus derivados

13.1 (a) 2,4,6-tri-*terc*-butilfenol
(b) 2,4-dicloroanilina
(c) ácido 3-nitrobenzoico

13.3 Um composto saturado contém somente ligações covalentes simples. Um composto insaturado contém uma ou mais ligações duplas ou triplas, ou anéis aromáticos. As ligações duplas mais comuns são C=C, C=O e C=N. A ligação tripla mais comum é C≡C.

13.5 Os membros de cada classe de hidrocarbonetos contêm menos hidrogênios que um alcano ou cicloalcano com o mesmo número de átomos de carbono. Ou então, cada classe de hidrocarbonetos contém uma ou mais ligações duplas ou triplas carbono-carbono.

13.7 Não.

13.9 (a) CH_4 (b) CH_2=CH_2
   Metano   Eteno (Etileno)

(c) HC≡CH   (d) 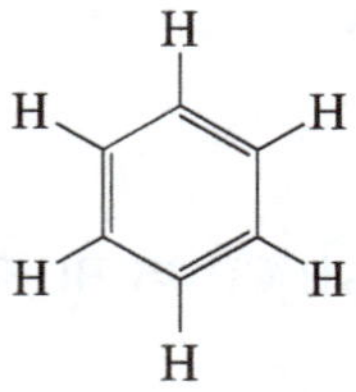 Benzeno
   Etino (Acetileno)

13.11 O benzeno consiste em seis carbonos, cada um circundado por três regiões de densidade eletrônica, o que resulta em ângulos de 120° para todas as ligações. A presença unicamente de carbonos trigonais planares no anel significa que todos os substituintes do anel são coplanares (estão no mesmo plano) e que a isomeria *cis-trans* não é possível. Por sua vez, o cicloexano consiste em seis carbonos, cada um circundado por quatro regiões de densidade eletrônica, o que resulta em ângulos de 109,5° para todas as ligações. A natureza tetraédrica dos átomos do anel é que permite substituintes acima e abaixo do anel e, portanto, isomeria *cis-trans* (porque nenhuma rotação C—C é possível nesse sistema cíclico).

13.13 (a) V   (b) F   (c) F   (d) V   (e) F   (f) F

13.15

(a), (b), (c), (d), (e), (f) [estruturas]

13.17 Somente o cicloexeno reagirá com uma solução de bromo em diclorometano. A solução de Br_2/CH_2Cl_2 apresenta uma coloração púrpura avermelhada, enquanto o 1,2-dibromocicloexano é incolor. Para identificar os compostos, coloque uma pequena quantidade de cada composto num tubo de ensaio e adicione algumas gotas da solução de Br_2/CH_2Cl_2. Se a cor vermelha desaparecer, o composto é o cicloexeno, que foi convertido em 1,2-dibromocicloexano. Se permanecer a cor púrpura avermelhada, o composto é o benzeno porque, na ausência de um catalisador, os compostos aromáticos não reagem com o Br_2 em diclorometano.

Cicloexeno (incolor) + Bromo (vermelho) $\xrightarrow{CH_2Cl_2}$ 1,2-dibromocicloexano (incolor)

Benzeno + Br_2 $\xrightarrow{CH_2Cl_2}$ Nenhuma reação

13.19

2-bromotolueno (*o*-bromotolueno)   3-bromotolueno (*m*-bromotolueno)   4-bromotolueno (*p*-bromotolueno)

13.21 (a) Nitração com HNO_3/H_2SO_4, seguida de sulfonação com H_2SO_4. A ordem das etapas pode ser invertida.
(b) Bromação com $Br_2/FeCl_3$, seguida de cloração com $Cl_2/FeCl_3$. A ordem das etapas pode ser invertida.

13.23 (a) V   (b) V   (c) F   (d) F   (e) F
(f) V   (g) V   (h) V   (i) V

13.25 Auto-oxidação é a reação de um grupo C—H com oxigênio, O_2, formando hidroperóxido C—O—O—H.

13.27 A vitamina E participa em uma das etapas de propagação da cadeia na auto-oxidação e forma um radical estável, interrompendo o ciclo de etapas na propagação da cadeia.

13.29 Por definição, um carcinógeno é uma substância que causa câncer. Os carcinógenos mais importantes presentes na fumaça do cigarro pertencem a uma classe de compostos chamada hidrocarbonetos aromáticos polinucleares (PAHs).

13.31 Os grupos nitro contribuem com a maior parte da massa molecular da ciclonita (RDX).

Explosivo	MM	Grupos NO_2	% Grupos NO_2
TNT	227,1	138	60,77
Nitroglicerina	227,1	138	60,77
Ciclonita	222,1	138	62,13
PETN	316,1	184	58,21

13.33 Os grupos funcionais mais responsáveis pela solubilidade em água desses corantes são os dois grupos iônicos —SO_3^- e Na^+.

13.35 A capsaicina é isolada de várias espécies de pimenta (*Capsicum* e *Solanaecae*).

13.37 A seguir, apresentam-se as três possíveis estruturas contribuintes de ressonância para o naftaleno.

13.39 O BHT participa em uma das etapas de propagação da cadeia na auto-oxidação. Ele forma um radical estável e assim finaliza a reação da cadeia radical.

13.41 O estireno reage com o bromo por adição à dupla ligação carbono-carbono.

PhCH=CH_2 + Br_2 → PhCHBrCH₂Br

Capítulo 14 Alcoóis, éteres e tióis

14.1 (a) 2-heptanol
(b) 2,2-dimetil-1-propanol
(c) *cis*-3-isopropilcicloexanol

14.2 (a) Primário (b) Secundário (c) Primário (d) Terciário

14.3 A estrutura do alceno como produto principal de cada reação aparece enquadrada.
Em cada caso, o produto principal contém a ligação dupla mais substituída.

(a) $\boxed{CH_3C=CHCH_3}$ + $CH_2=CCH_2CH_3$ (com CH_3 nos carbonos internos)

(b) (ciclopenteno com CH_3) + (metilenocicloopentano com CH_2)

14.4

2-metilci-cloexanol $\xrightarrow{H_2SO_4}$ 1-metilci-cloexeno (C) $\xrightarrow[H_2SO_4]{H_2O}$ 1-metilci-cloexanol (D)

14.5 Cada álcool secundário é oxidado à cetona.

(a) cicloexanona =O   (b) $CH_3\overset{O}{\overset{\|}{C}}CH_2CH_2CH_3$

14.6 (a) Etil-isobutiléter (b) Ciclopentil-metiléter

14.7 (a) 3-metil-1-butanotiol (b) 3-metil-2-butanotiol

14.9 A diferença está no número de átomos de carbono ligados ao carbono do grupo OH. Para alcoóis primários, é um; para alcoóis secundários, dois; e para alcoóis terciários, três.

14.11
(a) (CH3)2CH-OH
(b) CH3CH(OH)CH2OH
(c) 2-hexanol ramificado com metila
(d) HO-CH=CH-CH2CH3-OH
(e) heptan-1-ol (cadeia linear com OH terminal)
(f) 3,3-dimetilcicloexanol

14.13 (a) A prednisona contém três cetonas, um álcool primário, um álcool terciário, uma ligação dupla carbono-carbono dissubstituída e uma ligação dupla carbono-carbono trissubstituída.

(b) O estradiol contém um álcool secundário e um fenol dissubstituído.

14.15 Alcoóis de baixa massa molecular formam ligações de hidrogênio com moléculas de água, tanto através do oxigênio quanto do hidrogênio de seus grupos —OH. Éteres de baixa massa molecular formam ligações de hidrogênio com moléculas de água somente através do átomo de oxigênio de seu grupo —O—. A maior extensão da ligação de hidrogênio entre álcool e moléculas de água torna os alcoóis de baixa massa molecular mais solúveis em água que os éteres de baixa massa molecular.

14.17 Ambos os tipos de ligação de hidrogênio aparecem na seguinte ilustração.

$$CH_3-\overset{\delta-}{O}\cdots H-\overset{\delta-}{O}-CH_3$$
(com H $\delta+$ e $H-O$ $\delta-$)

14.19 Em ordem crescente de ponto de ebulição, são eles:

$CH_3CH_2CH_3$ CH_3CH_2OH
−42 °C   78 °C

$CH_3CH_2CH_2CH_2OH$ $HOCH_2CH_2OH$
117 °C   198 °C

14.21 A espessura (viscosidade) desses três líquidos está relacionada à força da ligação de hidrogênio entre suas moléculas no estado líquido. A ligação de hidrogênio é mais forte entre moléculas de glicerol, mais fraca entre moléculas de etilenoglicol, e mais fraca ainda entre moléculas de etanol.

14.23 Em ordem decrescente de solubilidade em água, são eles:
(a) etanol > dietiléter > butano
(b) 1,2-hexanodiol > 1-hexanol > hexano

14.25 (a) V (b) V (c) F (d) F (e) F (f) F (g) V (h) F (i) V (j) F

14.27 Fenóis são ácidos fracos, com valores de pK_a aproximadamente igual a 10. Alcoóis são ácidos consideravelmente mais fracos, cuja acidez é quase igual à da água (valores de pK_a em torno de 16).

14.29

(a) $CH_3CH_2CH_2CH_2OH \xrightarrow[calor]{H_2SO_4} CH_3CH_2CH=CH_2 + H_2O$

(b) $CH_3CH_2CH_2CH_2OH \xrightarrow[H_2SO_4]{K_2Cr_2O_7} CH_3CH_2CH_2CO_2H$

14.31

(a) $CH_3(CH_2)_6CH_2OH \xrightarrow[H_2SO_4]{K_2Cr_2O_7}$ $CH_3(CH_2)_6CO_2H$

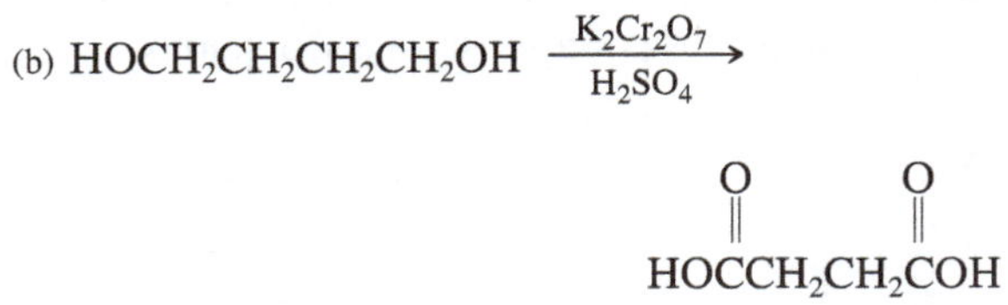

(b) HOCH$_2$CH$_2$CH$_2$CH$_2$OH $\xrightarrow[\text{H}_2\text{SO}_4]{\text{K}_2\text{Cr}_2\text{O}_7}$

HOCCH$_2$CH$_2$COH (com dois grupos C=O)

14.33 (a) H$_2$SO$_4$, calor (b) H$_2$O/H$_2$SO$_4$
(c) K$_2$Cr$_2$O$_7$/H$_2$SO$_4$ (d) HBr (e) Br$_2$
(f) H$_2$/Pd (g) K$_2$Cr$_2$O$_7$/H$_2$SO$_4$
(h) K$_2$Cr$_2$O$_7$/H$_2$SO$_4$ (i) K$_2$Cr$_2$O$_7$/H$_2$SO$_4$

14.35 O 2-propanol (álcool isopropílico) e a glicerina (glicerol) são derivados do propeno. O 2-propanol é o álcool usado para fricção. O glicerol é usado principalmente em produtos para cuidados da pele e em cosméticos. É também o material de partida para a síntese da nitroglicerina.

14.37 (a) Diciclopentiléter (b) Dipentiléter
(c) Di-isopropiléter

14.39 (a) 2-butanotiol (b) 1-butanotiol
(c) Cicloexantiol

14.41 Como as moléculas de 1-butanol se associam por ligação de hidrogênio no estado líquido, seu ponto de ebulição é mais alto (117 °C). Há pouca polaridade na ligação S—H. As únicas interações entre as moléculas de 1-butanotiol no estado líquido são as forças de dispersão de London, consideravelmente mais fracas. Por essa razão, o 1-butanotiol tem o ponto de ebulição mais baixo (98°).

14.43 (a) V (b) V (c) V (d) V (e) V (f) V

14.45 Nobel descobriu que a terra diatomácea absorve nitroglicerina, de modo que não explodirá sem um detonador.

14.47 O íon dicromato é de coloração laranja-avermelhada; o íon crômio (III) é verde. Quando a expiração que contém etanol atravessa uma solução que contém íons dicromato, o etanol é oxidado e o íon dicromato é reduzido ao íon crômio (III), de cor verde.

14.49 Ângulos de ligação normais em torno do carbono tetraédrico e do oxigênio divalente são de 109,5°. No óxido de etileno, os ângulos das ligações C—C—O e C—O—C são comprimidos a aproximadamente 60°, o que resulta numa tensão angular no interior da molécula.

14.51 A fórmula molecular de cada um é C$_3$H$_2$ClF$_5$O. Eles têm a mesma fórmula molecular, mas conectividade diferente entre seus átomos.

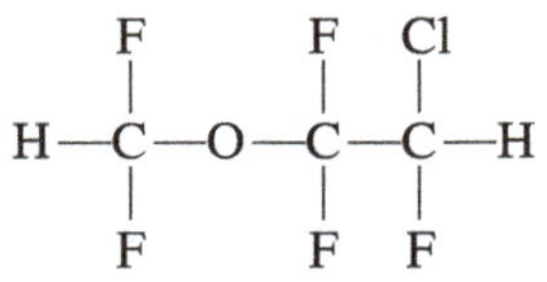

Enflurano 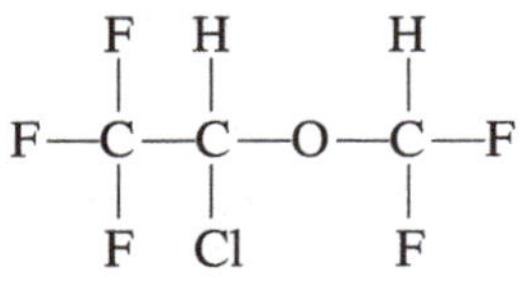 / Isoflurano (estruturas)

14.53 CH$_3$CH$_2$OH + 3 O$_2$ ⟶ 2 CO$_2$ + 3 H$_2$O

14.55 Os oito alcoóis isoméricos de fórmula molecular C$_5$H$_{12}$O são:

CH$_3$CH$_2$CH$_2$CH$_2$CH$_2$OH — 1-pentanol
CH$_3$CHCH$_2$CH$_2$CH$_3$ (OH) — 2-pentanol
CH$_3$CH$_2$CHCH$_2$CH$_3$ (OH) — 3-pentanol
CH$_3$CH$_2$C(CH$_3$)$_2$—OH — 2-metil-2-butanol
CH$_3$CHCHCH$_3$ (OH, CH$_3$) — 3-metil-2-butanol
CH$_3$CHCH$_2$CH$_2$OH (CH$_3$) — 3-metil-1-butanol
CH$_3$CH$_2$CHCH$_2$OH (CH$_3$) — 2-metil-1-butanol
CH$_3$C(CH$_3$)$_2$CH$_2$OH — 2,2-dimetil-1-propanol

14.57 O etilenoglicol tem dois grupos –OH pelos quais cada molécula participa da ligação de hidrogênio, enquanto o 1-propanol só tem um. As forças intermoleculares de atração entre as moléculas de etilenoglicol, mais intensas, dão a ele um ponto de ebulição mais alto.

14.59 Dispostos em ordem crescente de ponto de ebulição, são eles:

CH$_3$CH$_2$CH$_2$CH$_2$CH$_2$CH$_3$ — Hexano (Insolúvel)
CH$_3$CH$_2$CH$_2$CH$_2$CH$_2$OH — 1-pentanol (2,3 g/100 ml)
HOCH$_2$CH$_2$CH$_2$CH$_2$OH — 1,4-butanodiol (Infinitamente solúvel)

14.61 Cada um é preparado a partir do 2-metil-1-propanol (enquadrado), conforme mostra este diagrama de fluxo.

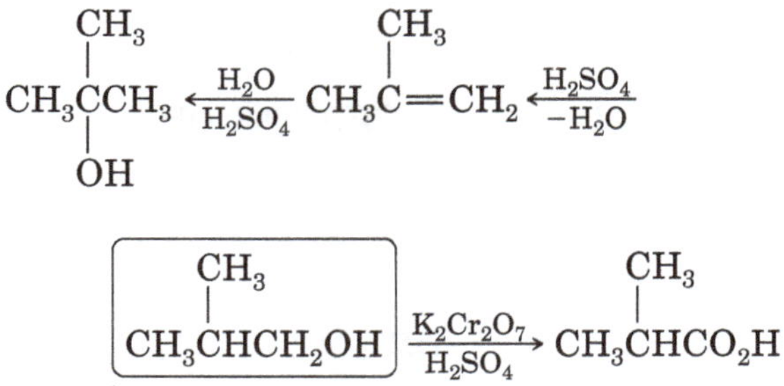

CH$_3$C(CH$_3$)$_2$OH $\xleftarrow[\text{H}_2\text{SO}_4]{\text{H}_2\text{O}}$ CH$_3$C=CH$_2$(CH$_3$) $\xleftarrow[-\text{H}_2\text{O}]{\text{H}_2\text{SO}_4}$

CH$_3$CHCH$_2$OH (CH$_3$) $\xrightarrow[\text{H}_2\text{SO}_4]{\text{K}_2\text{Cr}_2\text{O}_7}$ CH$_3$CHCO$_2$H (CH$_3$)

14.63 Os três grupos funcionais são um tiol, uma amina primária e um grupo carboxílico.
A oxidação do tiol forma um dissulfeto.

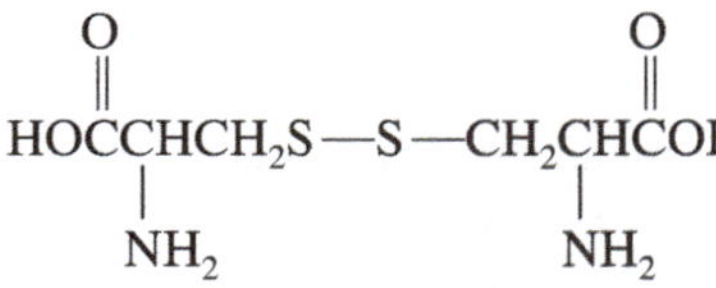

HOCCHCH$_2$S—S—CH$_2$CHCOH (com NH$_2$ e C=O)
Cistina

Capítulo 15 Quiralidade: a lateralidade das moléculas

15.1 Os enantiômeros de cada parte são desenhados com dois grupos no plano do papel, um terceiro grupo acima do plano do papel, e o quarto grupo abaixo do plano do papel.

15.2 O grupo de maior prioridade em cada par aparece enquadrado.

(a) $\boxed{-CH_2OH}$ e $-CH_2CH_2\overset{O}{\underset{\|}{C}}OH$

(b) $\boxed{-CH_2NH_2}$ e $-CH_2\overset{O}{\underset{\|}{C}}OH$

15.3 A configuração é *R*, e o composto é o *R*-gliceraldeído.

15.4 (a) As estruturas 1 e 3 são um par de enantiômeros. As estruturas 2 e 4 formam um segundo par de enantiômeros.
(b) Os compostos 1 e 2, 1 e 4, 2 e 3, e 3 e 4 são diastereômeros.

15.5 Quatro estereoisômeros são possíveis para o 3-metilciclohexanol. O isômero *cis* é um par de enantiômeros. O isômero *trans* é um segundo par de enantiômeros.

15.6 Cada estereocentro é marcado por um asterisco e o número de estereoisômeros possíveis aparece abaixo da fórmula estrutural.

15.7 (a) V (b) V (c) V (d) F (e) V (f) V (g) V (h) V (i) V

15.9 Um objeto aquiral não tem lateralidade. Trata-se de um objeto cuja imagem especular é sobreponível ao original. Um exemplo é o metano, CH_4.

15.11 Tanto os isômeros constitucionais quanto os estereoisômeros têm a mesma fórmula molecular. Enquanto os estereoisômeros têm a mesma conectividade, nos isômeros constitucionais a conectividade entre os átomos é diferente.

15.13 O 2-pentanol tem um estereocentro (carbono 2). O 3-pentanol não tem estereocentro.

15.15 O carbono de um grupo carbonila está ligado a apenas três grupos. Para ser um estereocentro, o carbono deve estar ligado a quatro grupos diferentes.

15.17 Os compostos (b), (c) e (d) contêm estereocentros, aqui assinalados por asteriscos, e são quirais.

15.19 A seguir, apresentam-se as imagens especulares de cada um deles.

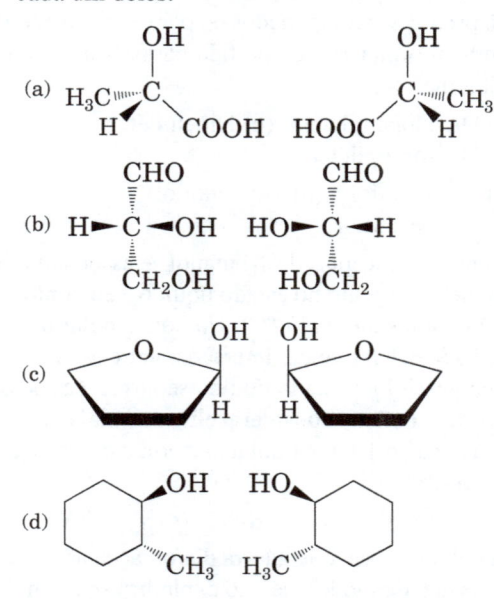

15.21 (a) V (b) F (c) V (d) F (e) V (f) V

15.23 Somente as partes (b) e (c) contêm estereocentros.

15.25 Os estereocentros estão marcados com um asterisco. Abaixo de cada um, o número possível de estereoisômeros.

15.27 A rotação específica de seu enantiômero é +41°.

15.29 (a) V (b) V (c) F (d) V

15.31 Dos oito alcoóis de fórmula molecular $C_5H_{12}O_2$, somente três são quirais.

2-pentanol   2-metil-1-butanol   3-metil-2-butanol

15.33 Dos oito ácidos carboxílicos de fórmula molecular $C_6H_{12}O_2$, somente três são quirais.

15.35 A amoxicilina tem quatro estereocentros.

Amoxicilina

15.37 Compartilhe suas descobertas com os outros. Verá que é interessante compará-las.

15.39 Esta molécula tem oito estereocentros, aqui assinalados com asteriscos. São $2^8 = 256$ estereoisômeros possíveis.

Triancinolona acetonida

Capítulo 16 Aminas

16.1 A pirrolidina tem nove hidrogênios e sua fórmula molecular é C_4H_9N. A purina tem quatro hidrogênios e sua fórmula molecular é $C_5H_4N_4$.

16.2
(a), (b), (c)

16.3
(a), (b), (c)

16.4 A base mais forte aparece enquadrada.
(a), (b)

16.5 O produto de cada reação é um sal de amônio.

(a) $(CH_3CH_2)_3\overset{+}{N}HCl^-$
Cloreto de trietilamônio

(b) Acetato de piperidínio

16.7 Cada composto tem um anel de seis membros com três ligações duplas.

16.9 A seguir, apresenta-se uma fórmula estrutural para cada amina.

(a)   (b) $CH_3(CH_2)_6CH_2NH_2$

(c)   (d) $H_2N(CH_2)_5NH_2$

(e)   (f) $(CH_3CH_2CH_2CH_2)_3N$

16.11 Para esta fórmula molecular, existem quatro aminas primárias, três aminas secundárias e uma amina terciária. Somente a 2-butanamina é quiral.

Aminas 1ª (4)

1-butanamina   2-butanamina
(butilamina)   (sec-butilamina)

2-metil-1-propanamina   2-metil-2-propanamina
(Isobutilamina)   (terc-butilamina)

Aminas 2ª (3)

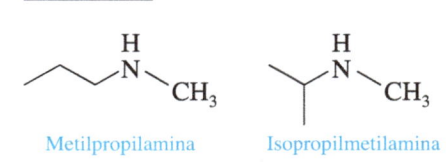

Metilpropilamina   Isopropilmetilamina

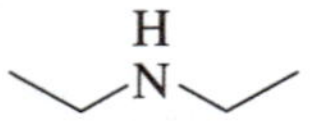

Dietilamina

Amina 3ª (1)

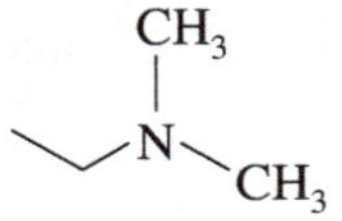

Etildimetilamina

16.13 (a) F (b) V (c) V

16.15 A associação das moléculas de 1-butanol, por ligação de hidrogênio, é mais forte que a associação das moléculas de 1-butanamina, por ligação de hidrogênio, por causa da maior polaridade da ligação O—H se comparada à polaridade da ligação N—H.

16.17 Aminas de baixa massa molecular são moléculas polares e solúveis em água porque formam ligações de hidrogênio relativamente fortes com as moléculas de água. Hidrocarbonetos são moléculas apolares e não interagem com moléculas de água.

16.19 As aminas são mais básicas que os alcoóis porque o nitrogênio é menos eletronegativo que o oxigênio e, portanto, mais inclinado a doar seu par de elétrons não compartilhados ao H$^+$, numa reação ácido-base, para formar um sal.

16.21 (a) Cloreto de etilamônio
(b) Cloreto de dietilamônio
(c) Hidrogenossulfato de anilínio

16.23 A forma da anfetamina presente tanto em pH 1,0 quanto em pH 7,4 é seu ácido conjugado.

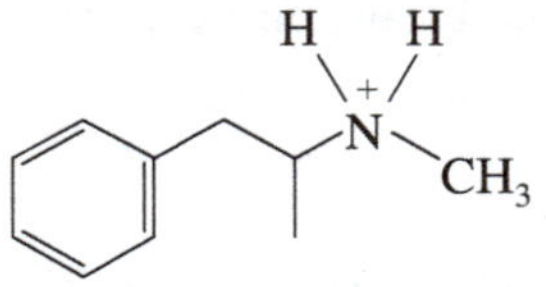

Ácido conjugado da anfetamina

16.25

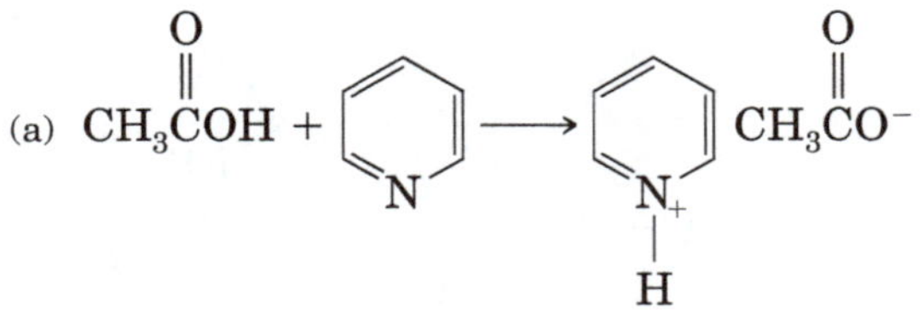

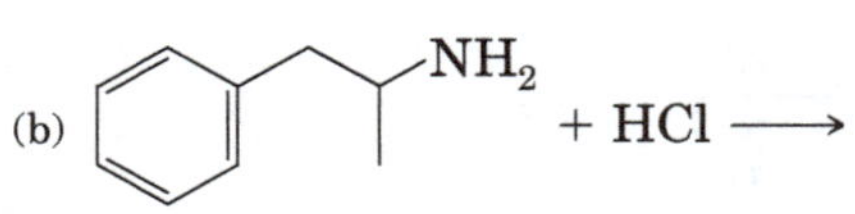

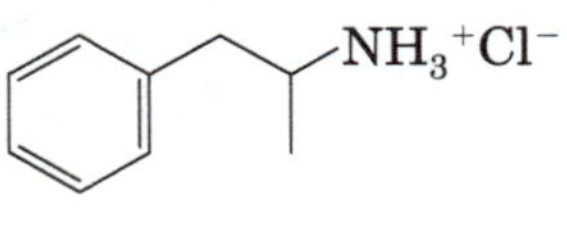

(a) CH_3COH + [piridina] $\longrightarrow$ CH_3CO^- + [piridínio]

(b) [fenilisopropilamina] + HCl $\longrightarrow$ [sal NH$_3^+$Cl$^-$]

(c) [N-metilanfetamina] + H_2SO_4 $\longrightarrow$ [sal NH$^+$ HSO$_4^-$]

16.27 (a) O tamoxifeno contém três anéis aromáticos (benzeno), uma ligação dupla carbono-carbono, um éter e uma amina terciária.
(b) A amina é terciária.
(c) Dois estereoisômeros são possíveis: um par de isômeros *cis-trans*.
(d) Insolúvel em água e no sangue.

16.29 Possíveis efeitos negativos são longos períodos de insônia, perda de peso e paranoia.

16.31 Tanto a coniina quanto a nicotina têm um estereocentro; dois estereoisômeros (um par de enantiômeros) são possíveis para cada uma. O enantiômero *S* de cada uma aparece logo abaixo.

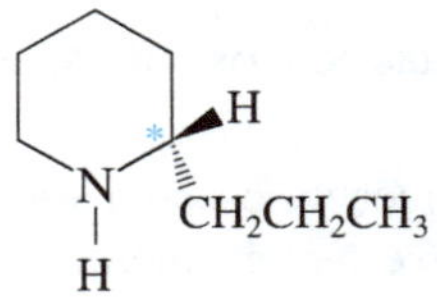

(*S*)-Coniina 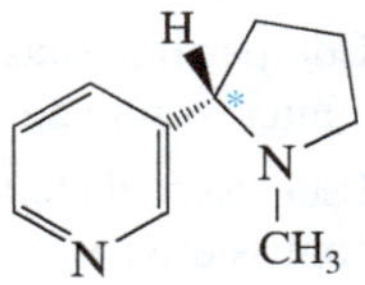   (*S*)-Nicotina

16.33 Os quatro estereoisômeros do hidrocloreto de cocaína estão assinalados com asteriscos. A seguir, apresenta-se a fórmula estrutural do sal formado pela reação da cocaína com HCl.

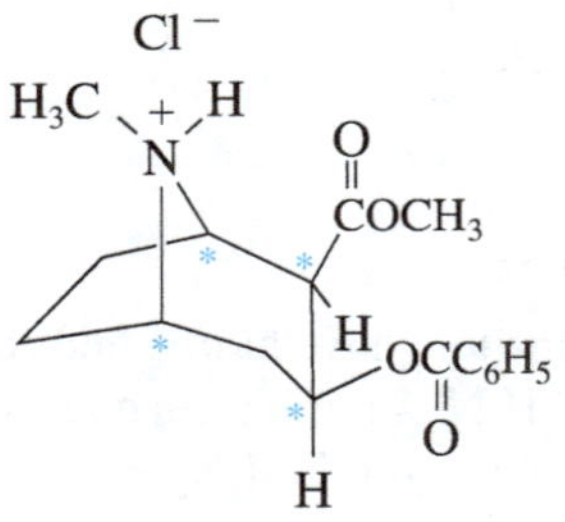

Cocaína•HCl

16.35 Nem o Librium nem o Valium são quirais. Ambos são aquirais (sem lateralidade).

16.37 Não. Nenhum HCl ficou sem reagir.

16.39 O grupo amino de cada composto é secundário. Cada composto tem um anel benzênico, um grupo fenólico —OH, um álcool secundário em carbono ligado ao anel benzênico e a mesma configuração em seu estereocentro único. A amina da epinefrina é substituída por um grupo metila, enquanto aquela do albuterol tem um grupo butila terciário.

16.41 Em ordem de capacidade decrescente de formar ligações de hidrogênio intermoleculares, são eles: CH_3OH > $(CH_3)_2NH$ > CH_3SH. Uma ligação O—H é mais polar que uma ligação N—H, que, por sua vez, é mais polar que uma ligação S—H.

16.43 Butano, a molécula menos polar, tem o menor ponto de ebulição; 1-propanol, a molécula mais polar, tem o maior ponto de ebulição.

$CH_3CH_2CH_2CH_3$ $CH_3CH_2CH_2NH_2$ $CH_3CH_2CH_2OH$
   −0,5 °C   7,2 °C   77,8 °C

16.45 (a) A seguir, apresenta-se uma fórmula estrutural para o 1-fenil-2-amino-1-propanol.

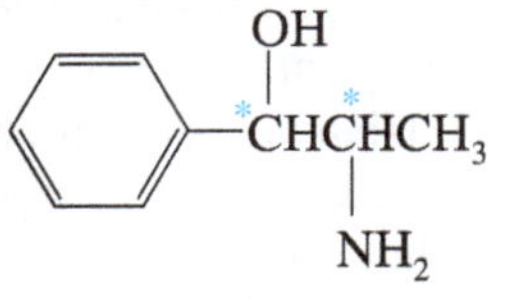

1-fenil-2-amino-1-propanol

(b) Essa molécula tem dois estereocentros. $2^2 = 4$ estereoisômeros são possíveis.

16.47 (a) O nitrogênio mais básico é o da amina alifática secundária.
(b) Os três estereocentros estão assinalados por asteriscos.

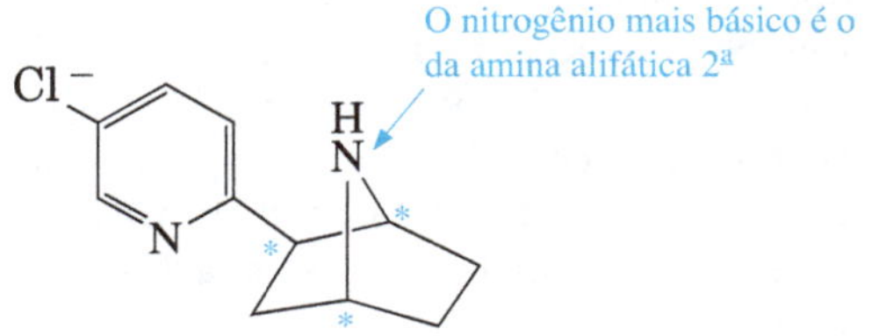

O nitrogênio mais básico é o da amina alifática 2ª

16.49 A fórmula estrutural da alanina aparece à esquerda e mostra um grupo amino livre (—NH_2) e um grupo carboxila livre (—CO_2H). Uma reação ácido-base entre esses dois grupos produz o sal interno que aparece à direita.

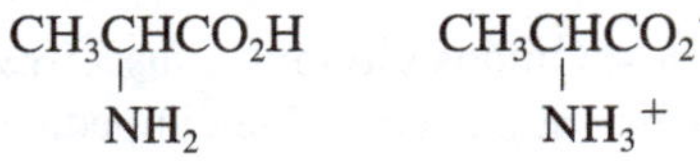

CH_3CHCO_2H $CH_3CHCO_2^-$
    | |
   NH_2 NH_3^+
                        sal interno

Capítulo 17 Aldeídos e cetonas

17.1 (a) 3,3-dimetilbutanal   (b) ciclopentanona
(c) 1-fenil-1-propanona

17.2 A seguir, apresentam-se fórmulas linha-ângulo para os oito aldeídos de fórmula molecular $C_6H_{12}O$. Naqueles que são quirais, o estereocentro está assinalado por um asterisco.

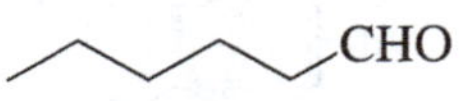

Hexanal 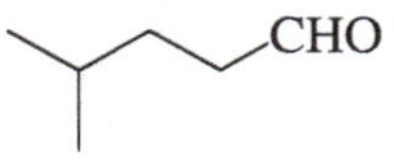   4-metilpentanal

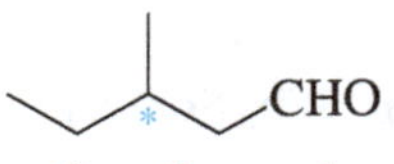

3-metilpentanal 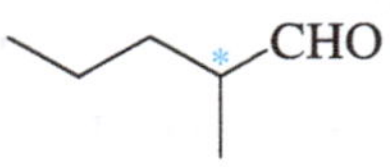   2-metilpentanal

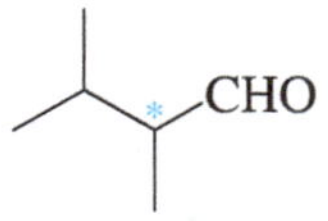

2,3-dimetilbutanal 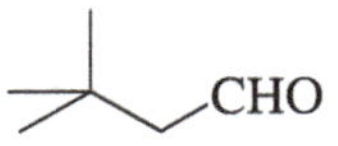   3,3-dimetilbutanal

2,2-dimetilbutanal 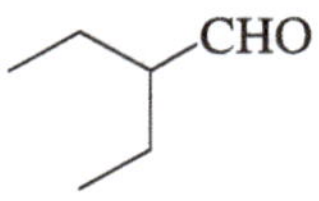   2-etilbutanal

17.3 (a) 2,3-di-hidroxipropanal   (b) 2-aminobenzaldeído
(c) 5-amino-2-pentanona

17.4 Cada aldeído é oxidado a um ácido carboxílico.

(a) 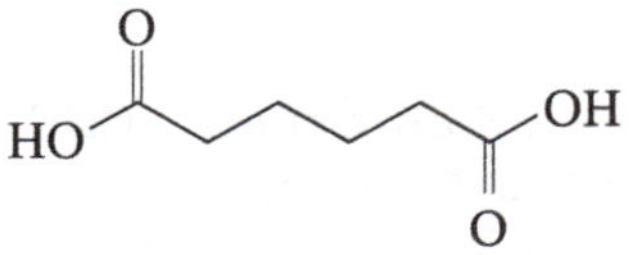 Ácido hexanodioico (Ácido adípico)

(b) 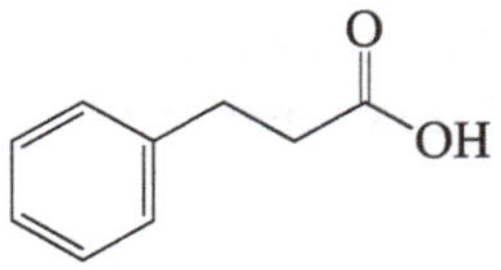 Ácido 3-fenilpropanoico

17.5 Todo álcool primário vem da redução de um aldeído. Todo álcool secundário vem da redução de uma cetona.

(a)

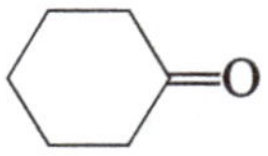

(b) 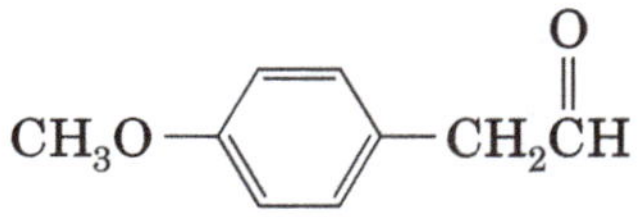 CH_3O—⟨⟩—CH_2CH=O

(c)

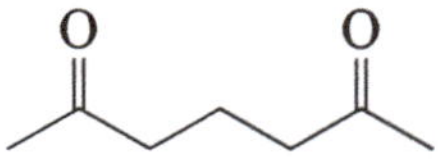

17.6 Primeiro aparece o hemiacetal, depois o acetal.

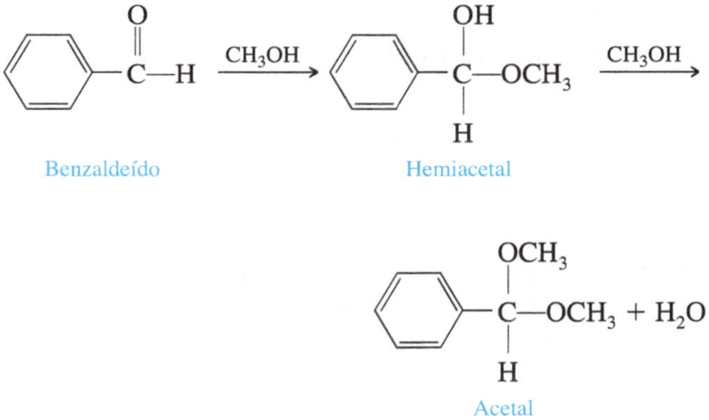

Benzaldeído   Hemiacetal

Acetal

17.7 (a) Derivado hemiacetal da 3-pentanona (uma cetona) e do etanol.

(b) Nem hemiacetal nem acetal. Esse composto é o dimetiléter do etilenoglicol.

(c) Acetal derivado do 5-hidroxipentanal e do metanol.

17.8 A seguir, apresenta-se a forma cetônica de cada enol.

(a) ciclo-hexanona

(b) 2-hidroxiciclo-hexanona

(c) ciclo-hexanocarbaldeído

17.9 (a) V (b) V (c) V (d) F

17.11 Num aldeído aromático, o grupo —CHO está ligado a um anel aromático. Num aldeído alifático, ele está ligado a um átomo de carbono tetraédrico.

17.13 Os compostos (b), (c), (d) e (f) contêm um grupo carbonila.

17.15 Dos quatro aldeídos de fórmula molecular $C_5H_{10}O$, somente um é quiral. Seu estereocentro está assinalado com um asterisco.

Pentanal
3-metilbutanal
2-metilbutanal *
2,2-dimetilpropanal

17.17

(a) H—C(=O)—H

(b) CH_3CH_2CH(=O)

(c) 3,6-dimetil-heptanal (estrutura com CHO)

(d) $CH_3(CH_2)_8CHO$

(e) 4-hidroxibenzaldeído (HO—C₆H₄—CHO)

(f) $HOCH_2CH(OH)CHO$

17.19 (a) 4-heptanona (b) 2-metilciclopentanona
(c) cis-2-metil-2-butanona (d) 2-hidroxipropanal
(e) 1-fenil-2-propanona (f) hexanodial

17.21 (a) V (b) V (c) V (d) V

17.23 O grupo carbonila da acetona forma ligações de hidrogênio com a água. Essas ligações de hidrogênio são suficientes para tornar a acetona solúvel em água em todas as proporções. A 4-heptanona contém uma carbonila que, por meio de sua ligação de hidrogênio com a água, promove a solubilidade em água. Também contém dois grupos hidrocarboneto de três carbonos ligados ao carbono da carbonila, o que inibe a solubilidade em água. Na 4-heptanona, o efeito hidrofóbico combinado dos dois grupos hidrocarboneto é maior que o efeito hidrofílico do grupo carbonila, tornando a 4-heptanona insolúvel em água.

17.25 O pentano é um hidrocarboneto apolar, e as únicas forças de atração entre suas moléculas no estado líquido são as forças de dispersão de London, muito fracas. O pentano, portanto, tem o ponto de ebulição mais baixo. O pentanal e o 1-butanol são, ambos, moléculas polares. Como o 1-butanol tem um grupo polar OH, suas moléculas podem associar-se por ligação de hidrogênio. A atração intermolecular nas moléculas do 1-butanol é maior que entre as moléculas do pentanal. Portanto, o ponto de ebulição do 1-butanol é mais alto que o do pentanal.

17.27 As moléculas da acetona não têm grupos O—H nem N—H pelos quais possam formar ligações de hidrogênio intramoleculares.

17.29 Somente um aldeído é oxidado pelo reagente de Tollens. Nas condições básicas da reação, o produto da oxidação é um sal de sódio de um ácido carboxílico. Na neutralização com HCl aquoso, o produto da oxidação é isolado como ácido carboxílico. Cada produto da oxidação é mostrado como seria antes do tratamento com HCl.

(a) $CH_3CH_2CH_2CO_2^-Na^+$

(b) $C_6H_5CO_2^-Na^+$

(c) Nenhuma reação (d) Nenhuma reação

17.31 Os aldeídos líquidos são muito suscetíveis à oxidação pelo oxigênio atmosférico. Para impedir essa oxidação, geralmente eles são armazenados sob uma atmosfera de nitrogênio.

17.33 Essas condições experimentais reduzem o aldeído a um álcool primário e a cetona a um álcool secundário. Os produtos (a) e (c) são quirais.

(a) $CH_3\overset{OH}{\underset{*}{C}H}CH_2CH_3$

(b) $CH_3(CH_2)_4CH_2OH$

(c) 2-metilciclopentanol (com dois estereocentros assinalados)

(d) 2-(hidroximetil)fenol (orto-HOCH₂—C₆H₄—OH)

17.35

(a) $HOCH_2—\overset{O}{\underset{\|}{C}}—CH_2OH$

(b) Solúvel

(c) $HOCH_2\overset{OH}{\underset{|}{C}H}CH_2OH$

17.37
(a) 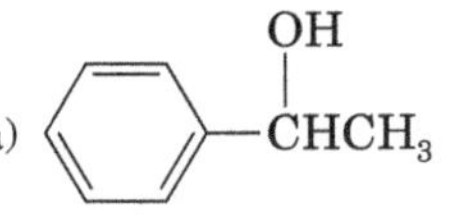 C₆H₅-CH(OH)CH₃ (b) 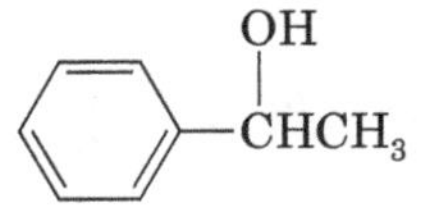 C₆H₅-CH(OH)CH₃
(c) Nenhuma reação   (d) Nenhuma reação

17.39 Somente os compostos (a), (b), (d) e (f) sofrerão tautomeria cetoenólica porque todos têm um H num carbono α.

17.41 A seguir, apresentam-se as formas cetônicas de cada enol.

(a) 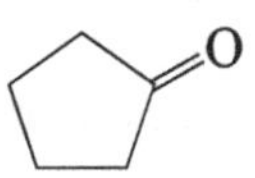 ciclopentanona
(b) CH₃CCH₂CH₂CH₂CH₃ (com C=O)
(c) C₆H₅-CH₂CCH₃ (com C=O)

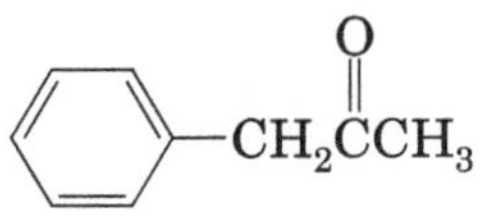

17.43 Os compostos (a), (c), (d) e (e) são acetais. O composto (b) é um hemiacetal. O composto (f) não é nem acetal nem hemiacetal.

17.45 A seguir, apresentam-se as fórmulas estruturais para os produtos de cada hidrólise.

(a) CH₃CH₂CCH₂CH₃ + HOCH₂CH₂OH (com C=O)

(b) 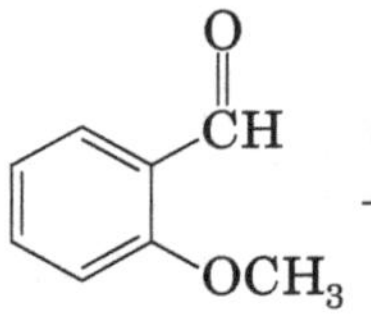 o-(CHO)(OCH₃)C₆H₄ + 2 CH₃OH

(c) 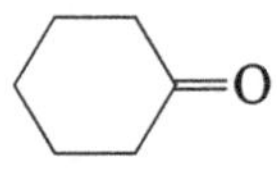 ciclohexanona =O + 2 CH₃OH

(d) 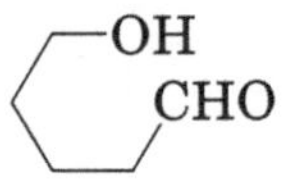 ciclohexano com -OH e -CHO + CH₃OH

17.47 A *hidratação* refere-se à adição de uma ou mais moléculas de água a uma substância. Um exemplo de hidratação é a hidratação, catalisada por ácido, do propeno, produzindo 2-propanol. A *hidrólise* refere-se à reação de uma substância com a água seguida de quebra (lise) de uma ou mais ligações na substância. Um exemplo de hidrólise é a reação, catalisada por ácido, de um acetal com uma molécula de água, produzindo um aldeído ou uma cetona e duas moléculas de álcool.

17.49 (a) Para reduzir a cetona a álcool, deve-se usar NaBH₄ seguido de H₂O ou H₂/M.
(b) Para efetuar a desidratação do álcool a um alceno, devem-se usar H₂SO₄ e calor.
(c) Para adicionar HBr à ligação dupla carbono-carbono, deve-se usar HBr concentrado.
(d) Para reduzir a ligação dupla carbono-carbono, deve-se usar H₂/Pd.
(e) Para adicionar bromo à ligação dupla carbono-carbono, deve-se usar uma solução de Br₂ em CH₂Cl₂.

17.51 Os compostos (a), (b) e (d) podem ser formados pela redução de um aldeído ou uma cetona.

(a) 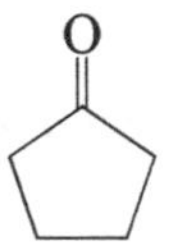 ciclopentanona
(b) 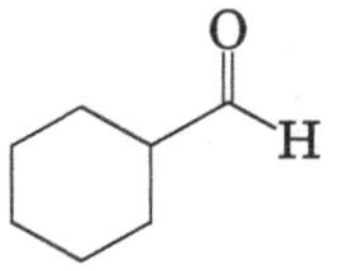 ciclohexanocarbaldeído
(d) 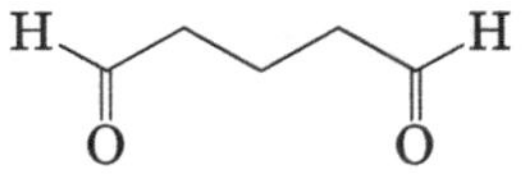 OHC-CH₂CH₂CH₂-CHO

17.53

(a) C₆H₅CCH₂CH₃ $\xrightarrow{NaBH_4, depois H_2O}$ C₆H₅CHCH₂CH₃ (OH) $\xrightarrow{H_2SO_4, calor}$ C₆H₅CH=CHCH₃

(b) 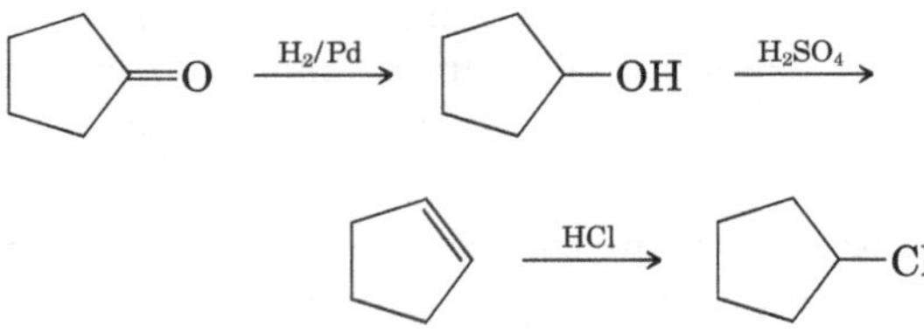 ciclopentanona =O $\xrightarrow{H_2/Pd}$ ciclopentanol-OH $\xrightarrow{H_2SO_4}$ ciclopenteno $\xrightarrow{HCl}$ clorociclopentano

17.55 (a) Todos os compostos são insolúveis em água. Tratar cada um com HCl aquoso diluído. A anilina, uma amina aromática, reage com HCl, formando um sal solúvel em água. A cicloexanona não reage com esse reagente e é insolúvel em HCl aquoso.
(b) Tratar todos com uma solução de Br₂/CH₂Cl₂. O cicloexeno reage descorando o vermelho do Br₂ e formando 1,2-dibromocicloexano, um composto incolor. O cicloexanol não reage com esse reagente.
(c) Tratar todos com uma solução de Br₂/CH₂Cl₂. O cinamaldeído, que contém uma ligação dupla carbono-carbono, reage descorando o vermelho do Br₂ e formando 2,3-dibromo-3-fenilpropanal, um composto incolor.

17.57 Cada aldeído ou cetona será reduzido a um álcool.

(a) HOCH₂CH₂CH₂CH₂CH(OH)CH₃
(b) 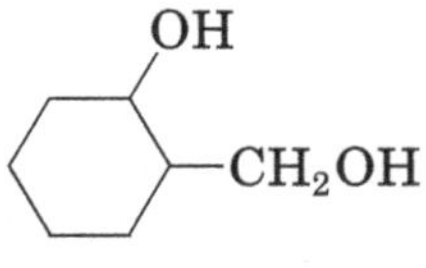 ciclohexano com -OH e -CH₂OH (1,2)
(c) HOCH₂CH(OH)CH₂OH
(d) 2-tetralinol (naftaleno parcialmente hidrogenado com OH)
(e) C₆H₅CH(OH)CH₂CH₃

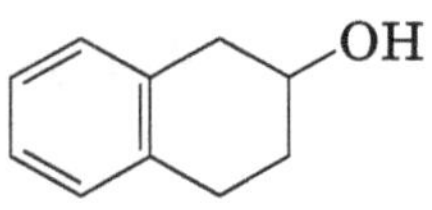

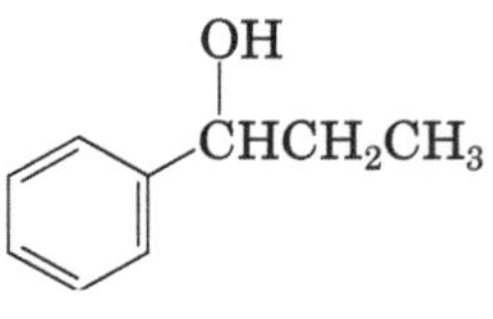

(f) 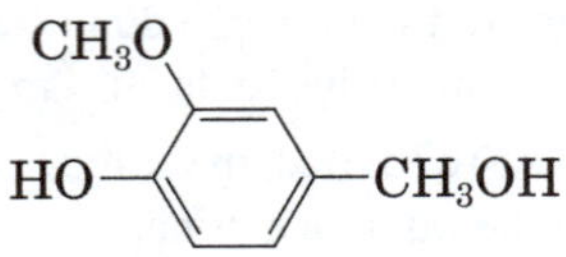 HO—C₆H₃(OCH₃)—CH₂OH [estrutura: anel benzênico com OH, OCH₃ e CH₂OH]

17.59
(a) 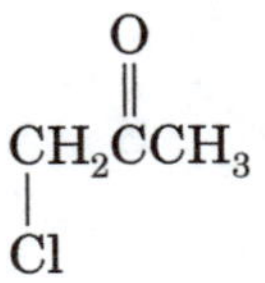 CH₂(Cl)COCH₃
(b) 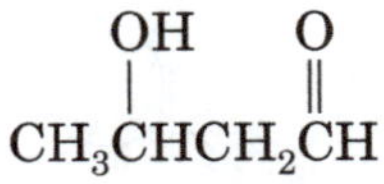 CH₃CH(OH)CH₂CHO
(c) 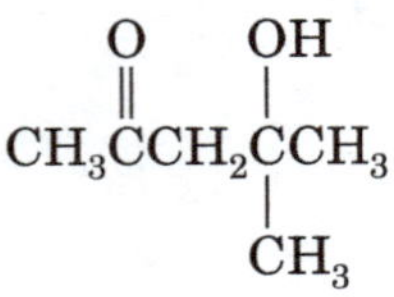 CH₃COCH₂CH(CH₃)CH₃
(d) 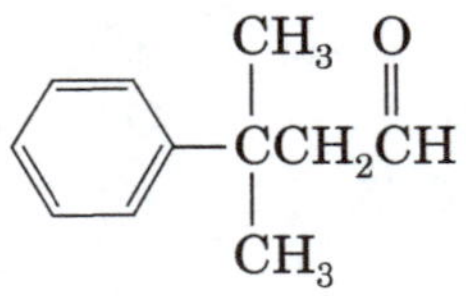 Ph—C(CH₃)₂—CH₂CHO
(e) 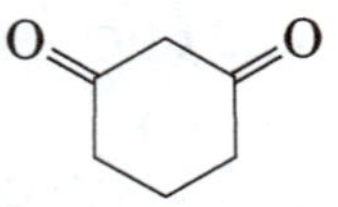 ciclohexano-1,3-diona
(f) 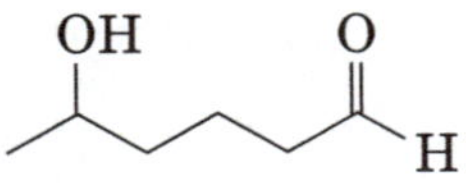 5-hidroxi-hexanal [HOCH(CH₃)CH₂CH₂CH₂CHO]

17.61 O 1-propanol tem o ponto de ebulição mais alto por causa da maior atração entre suas moléculas, resultante da ligação de hidrogênio através de seu grupo hidroxila.

17.63 (a) O hidroxialdeído primeiro é redesenhado para mostrar o grupo OH mais próximo do grupo CHO. O fechamento do anel na formação hemiacetal produz o hemiacetal cíclico.
(b) O 5-hidroxiexanal tem um estereocentro, e dois estereoisômeros (um par de enantiômeros) são possíveis.
(c) O hemiacetal cíclico tem dois estereocentros, e quatro estereoisômeros (dois pares de enantiômeros) são possíveis.

CH₃C*H(OH)CH₂CH₂CH₂CHO →(Redesenhado para mostrar OH mais próximo de CHO)→ estrutura aldeído com OH secundário ⇌(H⁺) hemiacetal cíclico (anel de 6 membros com O, OH e CH₃)

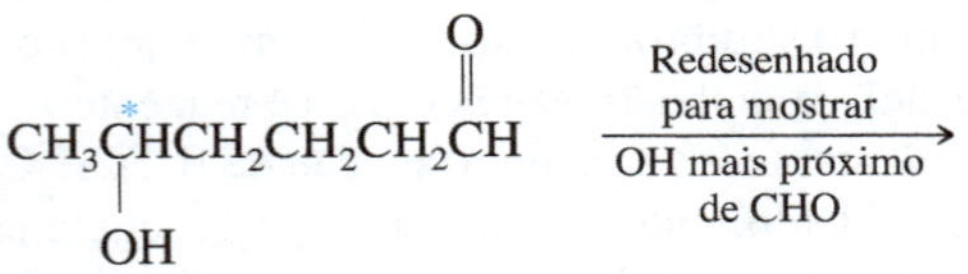

5-hidroxiexanal

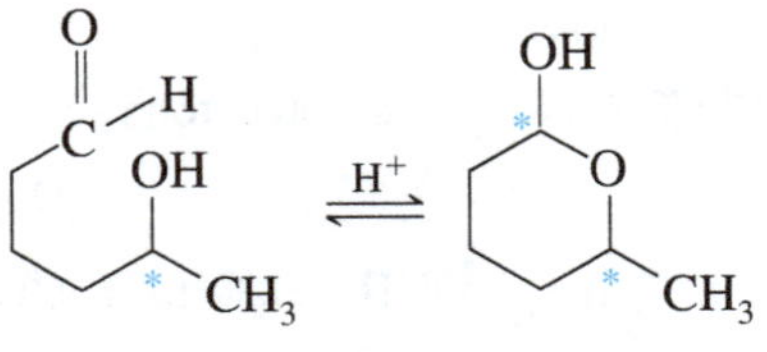

O hemiacetal cíclico

17.65 Primeiro aparece o alceno que sofre hidratação catalisada por ácido para produzir o álcool desejado, depois o aldeído ou cetona que sofre redução para produzir o álcool desejado.

(a) 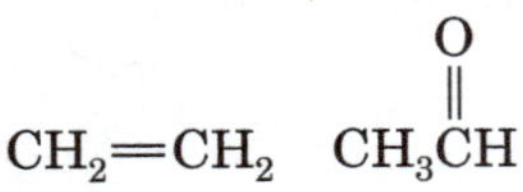 CH₂=CH₂   CH₃CHO

(b) 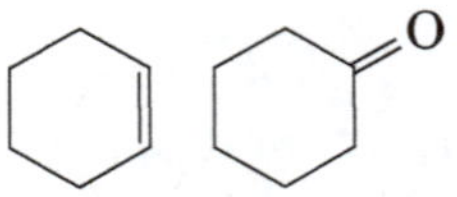 ciclohexeno   ciclohexanona
(c) 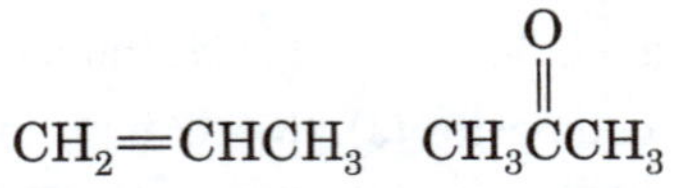 CH₂=CHCH₃   CH₃COCH₃
(d) 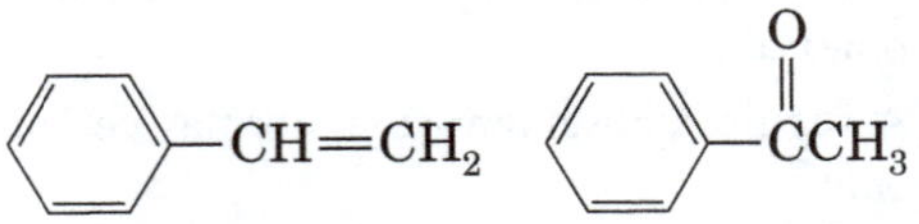 Ph—CH=CH₂   Ph—COCH₃

17.67 O carbono 4 fornece o grupo —OH, e o carbono 1 fornece o grupo —CHO.
A seguir, apresenta-se uma fórmula estrutural para o aldeído livre.

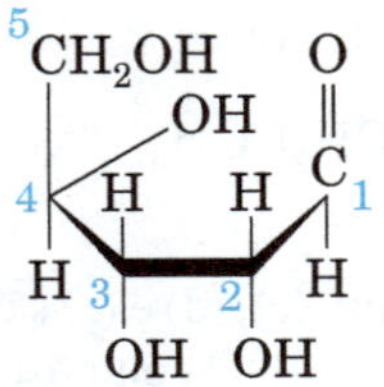

[estrutura em cadeira com numeração: C5 CH₂OH, C4 OH, C3 OH, C2 OH, C1 CHO]

17.69
(a) 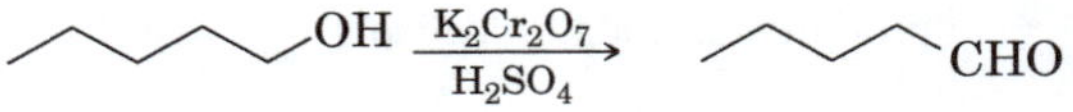 pentan-1-ol —K₂Cr₂O₇/H₂SO₄→ pentanal (CHO)
(b) 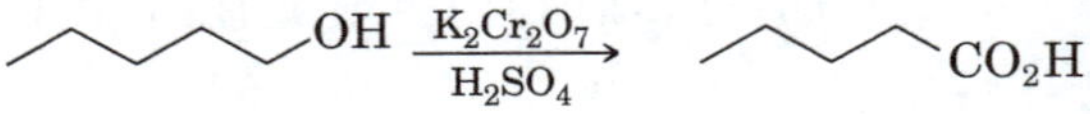 pentan-1-ol —K₂Cr₂O₇/H₂SO₄→ ácido pentanoico (CO₂H)
(c) 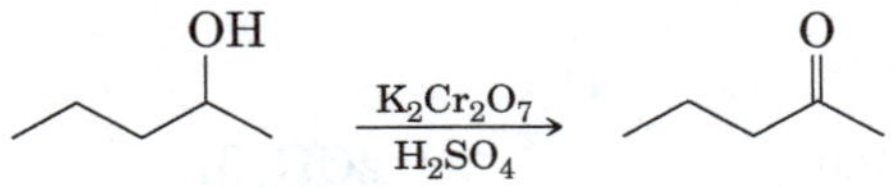 pentan-2-ol —K₂Cr₂O₇/H₂SO₄→ pentan-2-ona
(d) 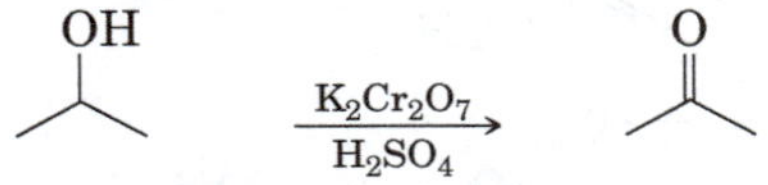 propan-2-ol —K₂Cr₂O₇/H₂SO₄→ propanona (acetona)
(e) 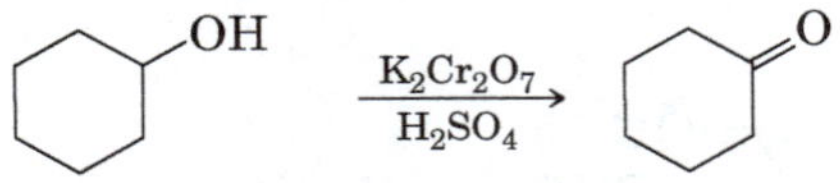 ciclohexanol —K₂Cr₂O₇/H₂SO₄→ ciclohexanona

Capítulo 18 Ácidos carboxílicos

18.1 (a) ácido 2,3-di-hidroxipropanoico
(b) ácido 3-aminopropanoico
(c) ácido 3,5-di-hidróxi-3-metilpentanoico

18.2 Cada ácido é convertido ao seu sal de amônio. São dados tanto o nome Iupac quanto o nome comum de cada ácido e seu sal de amônio.

(a)  CH₃CH₂CH₂COOH + NH₃ ⟶ CH₃CH₂CH₂COO⁻NH₄⁺
Ácido butanoico (Ácido butírico) → Butanoato de amônio (Butirato de amônio)

(b) 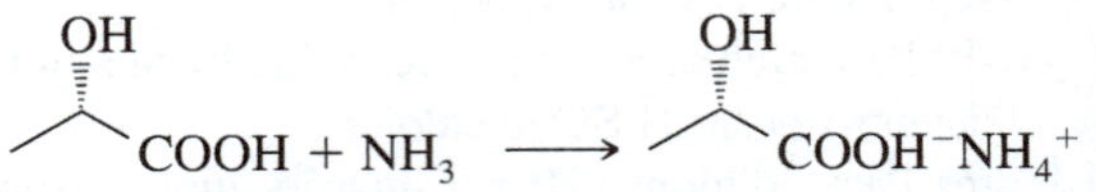 CH₃CH(OH)COOH + NH₃ ⟶ CH₃CH(OH)COO⁻NH₄⁺
Ácido (S)-2-hidroxipropanoico [Ácido (S)-láctico] → (S)-2-hidroxipropanoato de amônio [(S)-Lactato de amônio]

18.3

(a) (CH₃)₂CHCOOH + HO–C₆H₁₁ ⇌ (H⁺) (CH₃)₂CHCOO–C₆H₁₁ + H₂O

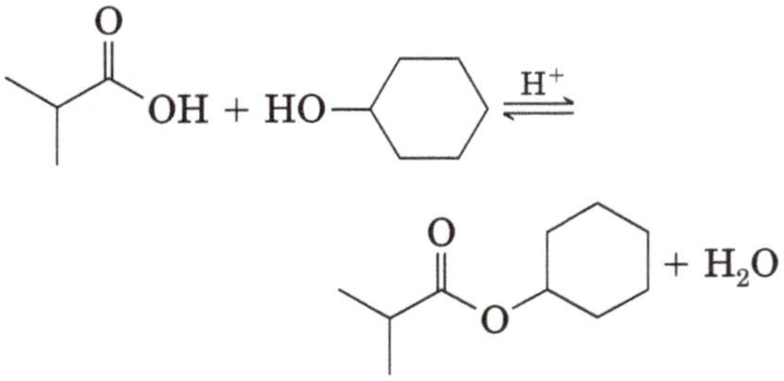

(b) HO–CH₂CH₂CH₂–COOH ⇌ (H⁺) γ-butyrolactone + H₂O

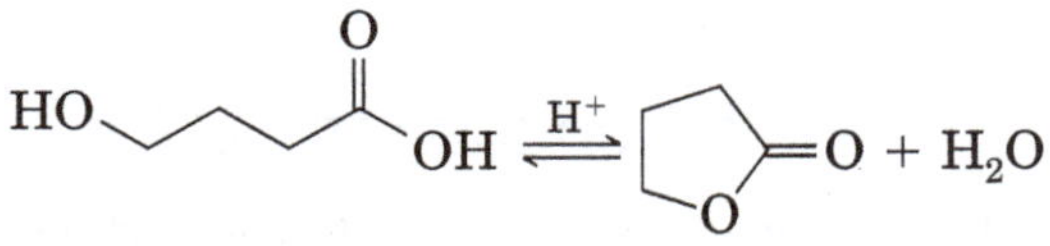

18.5 (a) ácido 3,4-dimetilpentanoico
(b) ácido 2-aminobutanoico
(c) ácido hexanoico

18.7

(a) 4-O₂N-C₆H₄-CH₂COOH

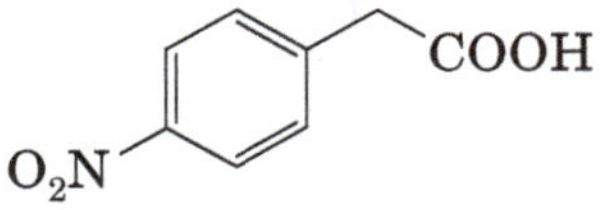

(b) H₂NCH₂CH₂CH₂COOH

(c) C₆H₅CH₂CH₂CH₂COOH

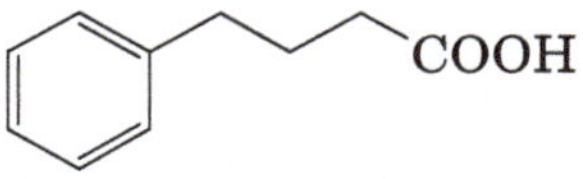

(d) cis-HOOC-CH=CH-CH₂-COOH

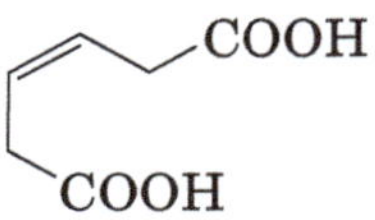

18.9

(a) C₆H₅–C(=O)–O⁻Na⁺

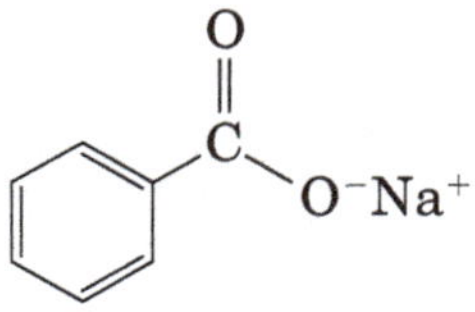

(b) CH₃–C(=O)–O⁻Li⁺

(c) CH₃–C(=O)–O⁻NH₄⁺

(d) Na⁺⁻O–C(=O)–(CH₂)₄–C(=O)–O⁻Na⁺

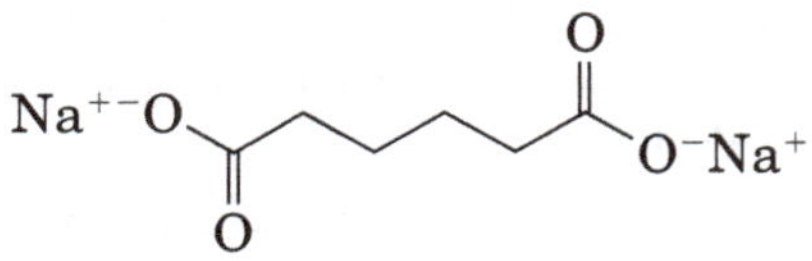

(e) 2-HO-C₆H₄-C(=O)-O⁻Na⁺

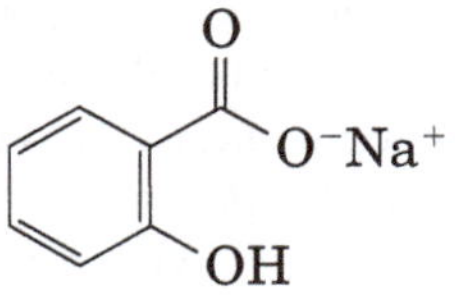

(f) (CH₃CH₂CH₂COO⁻)₂Ca²⁺

18.11 O ácido oxálico (nome Iupac: ácido etanodioico) é um ácido dicarboxílico. No oxalato de monopotássio, um de seus grupos carboxílicos está presente como seu ânion carboxílico, proporcionando uma carga −1.

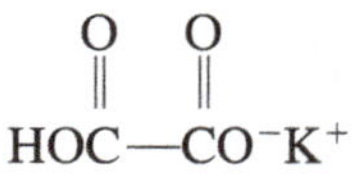

HOOC–COO⁻K⁺

Oxalato de monopotássio

18.13 O dímero aqui desenhado mostra duas ligações de hidrogênio.

Ligações de hidrogênio

(structure of formic acid dimer showing δ^- O···H–O δ^+ hydrogen bonds)

18.15 O grupo carboxílico contribui para a solubilidade em água; a cadeia hidrocarbônica impede a solubilidade em água.

18.17 Em ordem decrescente de ponto de ebulição, são eles o heptanal, 1-heptanol e ácido heptanoico.

CH₃CH₂CH₂CH₂CH₂CH₂CHO
Heptanal
(p.e. 153 °C)

CH₃CH₂CH₂CH₂CH₂CH₂CH₂OH
1-heptanol
(p.e. 176 °C)

CH₃CH₂CH₂CH₂CH₂CH₂COOH
Ácido heptanoico
(p.e. 223 °C)

18.19 Em ordem crescente de solubilidade em água, são eles o ácido decanoico, ácido pentanoico e ácido acético.

18.21 (a) V (b) V (c) F (d) F (e) V
(f) F (g) V (h) F (i) V

18.23 Em ordem crescente de acidez, são eles o álcool benzílico, fenol e ácido benzoico.

18.25 A seguir, apresentam-se equações completas para estas reações ácido-base.

(a) 2-HO-C₆H₄-CH₃ + NaOH ⟶ 2-NaO-C₆H₄-CH₃ + H₂O

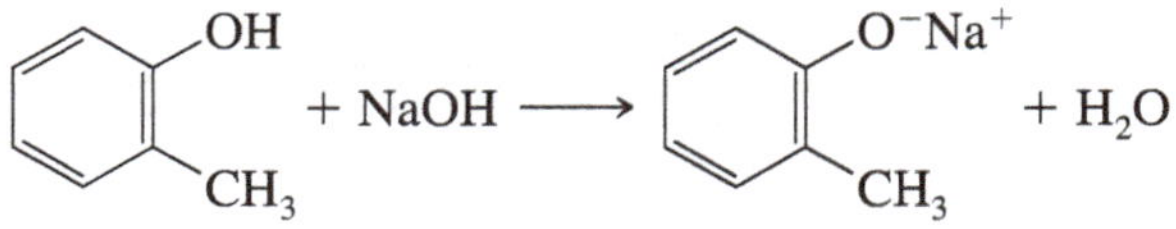

(b) 2-(NaOOC)-C₆H₄-OH + HCl ⟶ 2-(HOOC)-C₆H₄-OH + NaCl

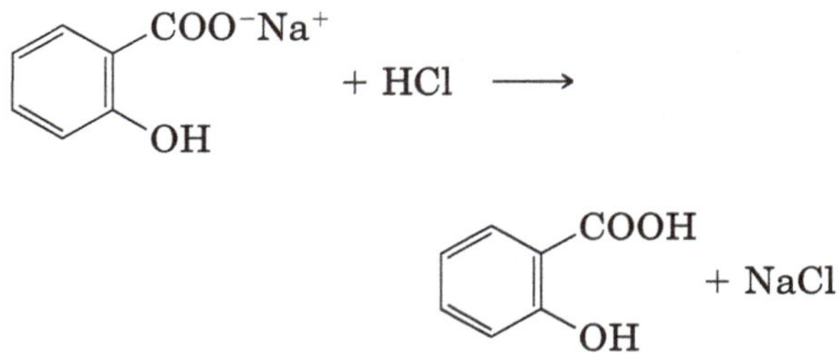

(c) 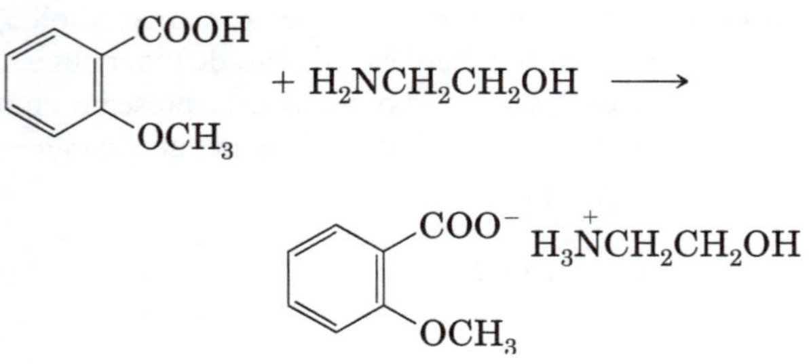 [estrutura: ácido 2-metoxibenzoico] COOH / OCH₃ + H₂NCH₂CH₂OH ⟶

[estrutura: 2-metoxibenzoato] COO⁻ / OCH₃   H₃N⁺CH₂CH₂OH

(d) 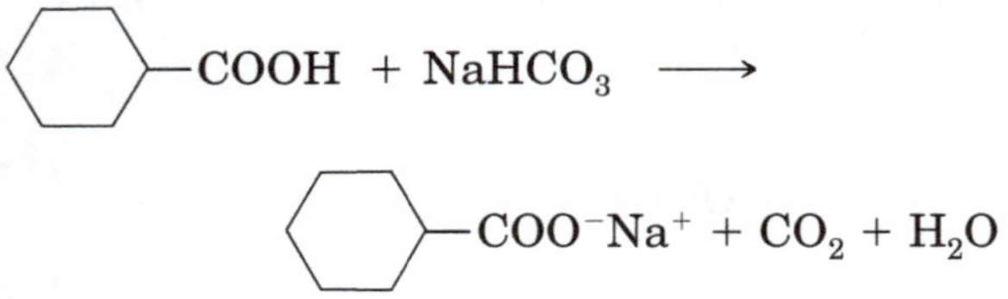 [ciclohexil]—COOH + NaHCO₃ ⟶

[ciclohexil]—COO⁻Na⁺ + CO₂ + H₂O

18.27 Dividindo ambos os lados da equação de K_a por $[H_3O^+]$, teremos a relação desejada.

18.29 O pK_a do ácido láctico é 4,07. Nesse pH, o ácido láctico está presente como 50% $CH_3CH(OH)COOH$ e 50% $CH_3CH(OH)COO^-$. Em pH 7,45, que é mais básico que o pH 4,07, o ácido láctico está presente principalmente como o ânion, $CH_3CH(OH)COO^-$.

18.31 Na parte (a), o grupo —COOH é um ácido mais forte que o —NH_3^+.

(a) CH₃CHCOOH + NaOH ⟶
    |
    NH₃⁺

        CH₃CHCOO⁻Na⁺ + H₂O
        |
        NH₃⁺

(b) CH₃CHCOO⁻Na⁺ + NaOH ⟶
    |
    NH₃⁺

        CH₃CHCOO⁻Na⁺ + H₂O
        |
        NH₂

18.33 Na parte (a), o grupo —NH_2 é uma base mais forte que o grupo —COO^-.

(a) CH₃CHCOO⁻Na⁺ + HCl ⟶
    |
    NH₂

        CH₃CHCOO⁻Na⁺ + NaCl
        |
        NH₃⁺

(b) CH₃CHCOO⁻Na⁺ + HCl ⟶
    |
    NH₃⁺

        CH₃CHCOOH + NaCl
        |
        NH₃⁺

18.35 A seguir, apresenta-se uma fórmula estrutural para o éster formado em cada reação.

(a) 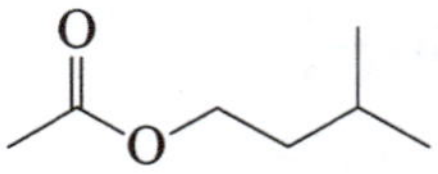 acetato de isopentila (estrutura)

(b) 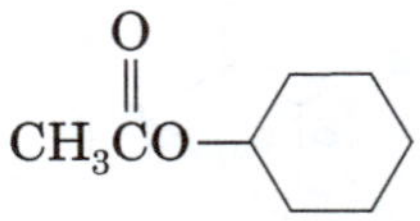 CH_3CO—ciclohexila (acetato de ciclohexila)

(c) 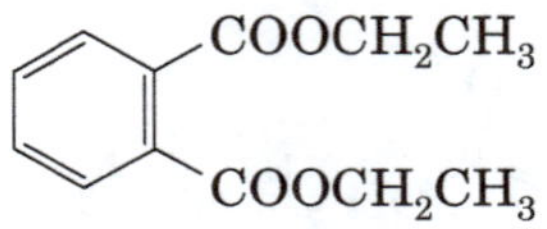 ftalato de dietila: benzeno-1,2-di(COOCH₂CH₃)

18.37 A seguir, apresenta-se uma fórmula estrutural para 2-hidroxibenzoato de metila.

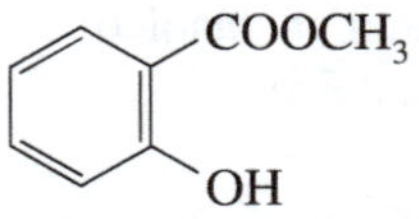

[estrutura: anel benzênico com —COOCH₃ e —OH em orto]

2-hidroxibenzoato de metila
(Salicilato de metila)

18.39 A seguir, apresentam-se os produtos orgânicos esperados.

(a) 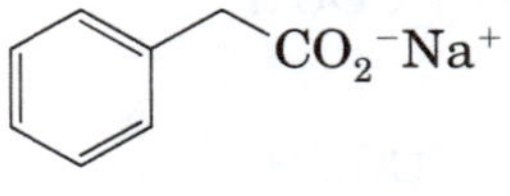 C₆H₅CH₂—CO₂⁻Na⁺

(b) 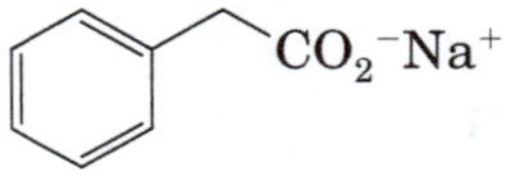 C₆H₅CH₂—CO₂⁻Na⁺

(c) 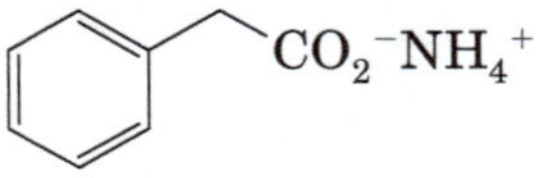 C₆H₅CH₂—CO₂⁻NH₄⁺

(d) 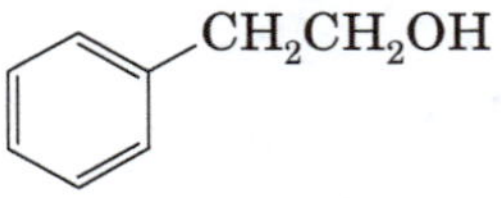 C₆H₅CH₂CH₂OH

(e) Nenhuma reação

(f) 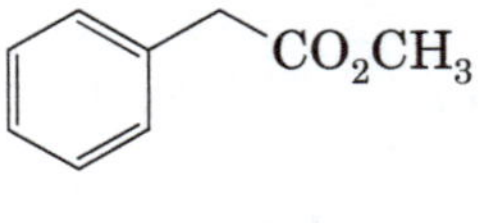 C₆H₅CH₂—CO₂CH₃

(g) Nenhuma reação

18.41 1ª etapa: O tratamento do ácido benzoico com HNO_3/H_2SO_4 resulta na nitração do anel aromático.
2ª etapa: O tratamento do ácido 4-nitrobenzoico com H_2/M produz a redução catalítica do grupo —NO_2 a um grupo —NH_2.

18.43 Cada material de partida é bifuncional e pode formar ésteres em ambas as extremidades. A seguinte equação mostra a reação de duas moléculas de ácido adípico e duas moléculas de etilenoglicol formando um triéster. O produto tem um grupo carboxila livre em uma das extremidades e um grupo hidroxila livre na outra, e a formação do éster pode continuar em cada extremidade da cadeia.

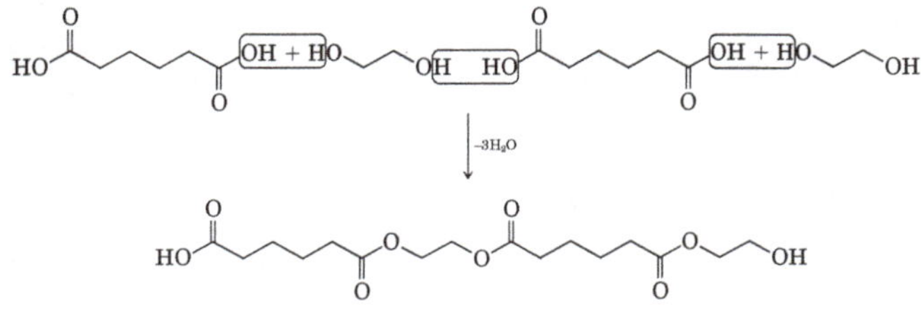

Respostas ■ R21

(a) [estrutura: ácido dicarboxílico + etilenoglicol + ácido dicarboxílico + etilenoglicol, mostrando grupos OH + HO destacados]

↓ −3H₂O

[produto: poliéster HO—...—O—...—O—...—OH]

Capítulo 19 Anidridos carboxílicos, ésteres e amidas

19.1

(a) 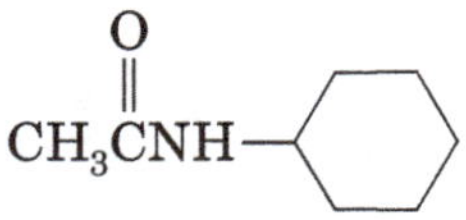 CH₃C(O)NH—ciclohexila

(b) 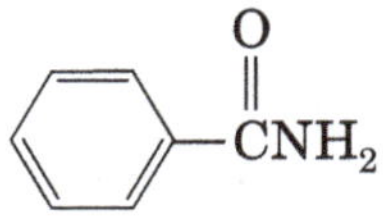 C₆H₅—C(O)NH₂

19.2 Em condições básicas, como na parte (a), cada grupo carboxila está presente como um ânion carboxilato. Em condições ácidas, como na parte (b), cada grupo carboxila está presente na forma não ionizada.

(a) 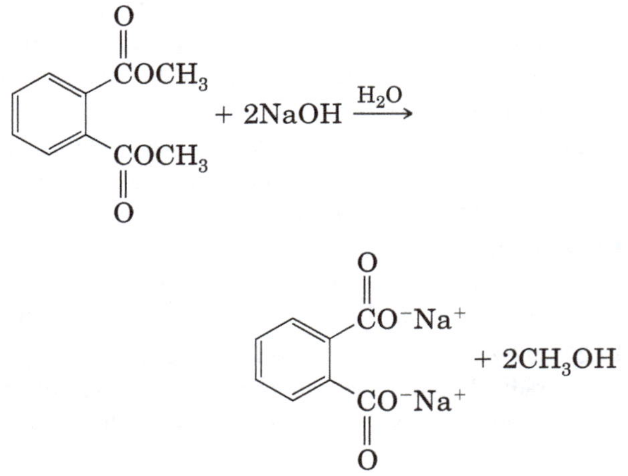 o-C₆H₄(COOCH₃)₂ + 2NaOH —H₂O→ o-C₆H₄(CO⁻Na⁺)₂ + 2CH₃OH

(b) 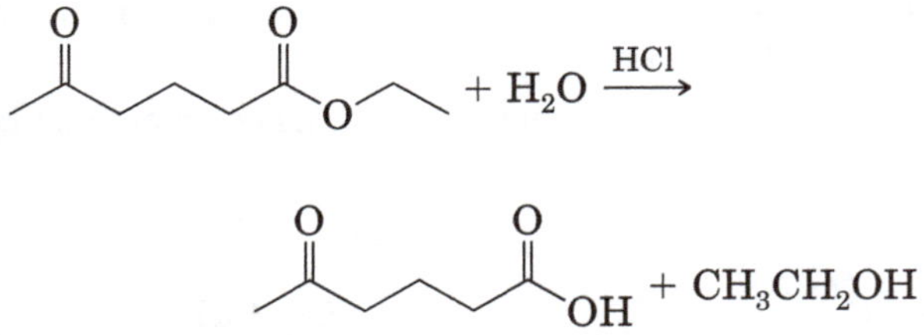 CH₃C(O)CH₂CH₂CH₂C(O)OCH₂CH₃ + H₂O —HCl→ CH₃C(O)CH₂CH₂CH₂C(O)OH + CH₃CH₂OH

19.3 No NaOH aquoso, cada grupo carboxila está presente como um ânion carboxilato, e cada amina está presente na forma não protonada.

(a) 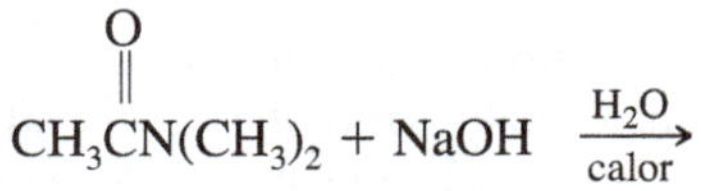 CH₃C(O)N(CH₃)₂ + NaOH —H₂O/calor→ CH₃CO⁻Na⁺ + (CH₃)₂NH

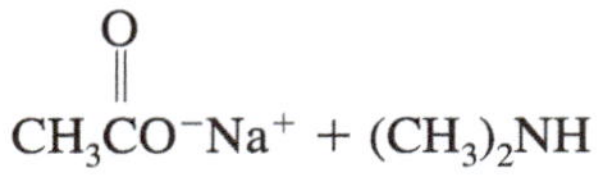

(b) 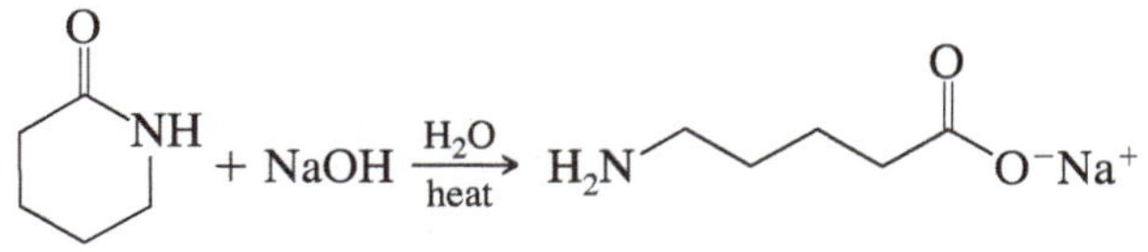 [δ-valerolactama] + NaOH —H₂O/heat→ H₂N—(CH₂)₄—C(O)O⁻Na⁺

19.5
(a) anidrido benzoico
(b) decanoato de metila
(c) *N*-metil-hexanamida
(d) 4-aminobenzamida ou *p*-aminobenzamida
(e) etanoato de ciclopentila ou acetato ciclopentila
(f) 3-hidroxibutanoato de etila

19.7 Cada reação produz a hidrólise da amida. Cada produto é mostrado como ele existiria sob as condições especificadas da reação.

(a) 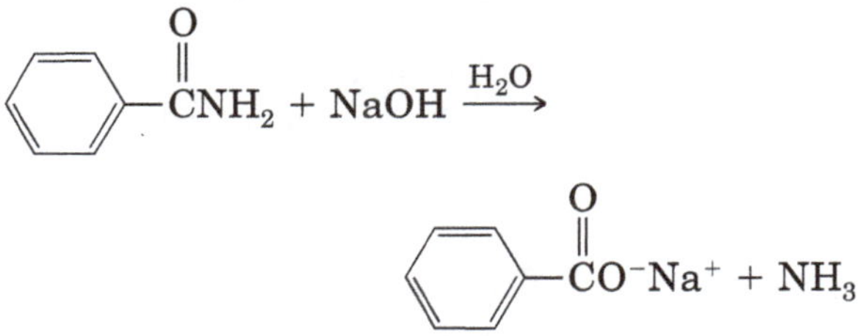 C₆H₅C(O)NH₂ + NaOH —H₂O→ C₆H₅CO⁻Na⁺ + NH₃

(b) 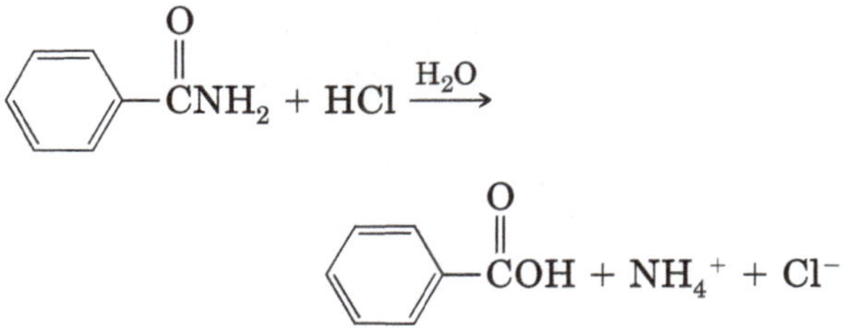 C₆H₅C(O)NH₂ + HCl —H₂O→ C₆H₅COOH + NH₄⁺ + Cl⁻

19.9 O produto é uma amida.

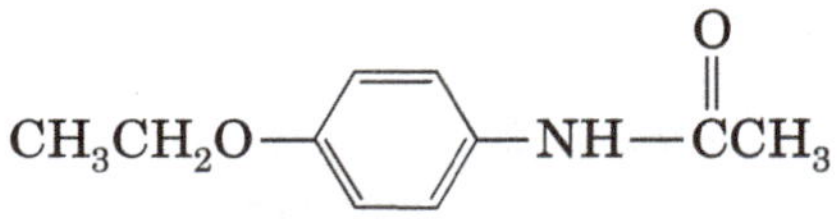

CH₃CH₂O—C₆H₄—NH—C(O)CH₃

19.11 (a) O aspartame é quiral e tem dois estereocentros. Quatro estereoisômeros são possíveis.

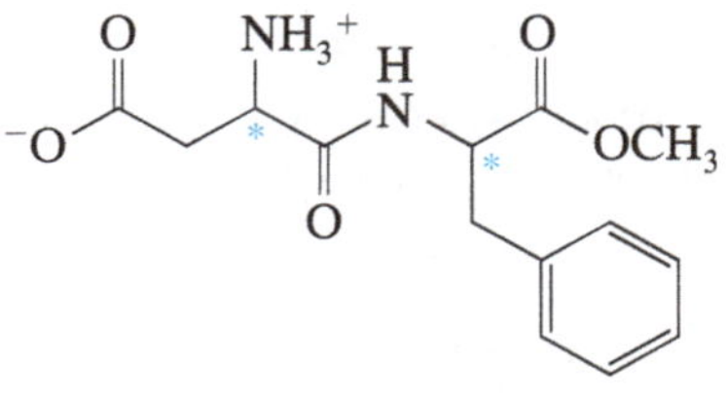

[estrutura do Aspartame com dois centros estereogênicos marcados com *]

Aspartame

(b) O aspartame contém um ânion carboxilato, um íon amônio 1º, um grupo amida e um grupo éster.
(c) A carga efetiva é zero.
(d) É um sal interno. Portanto, espera-se que seja solúvel em água.
(e) A seguir, apresentam-se os produtos da hidrólise das ligações do éster e da amida.

Hidrólise em NaOH

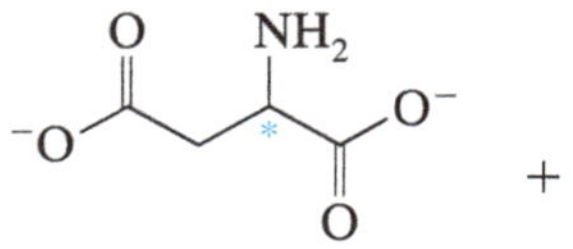

[estrutura: ⁻O—C(O)—CH₂—CH(NH₂)—C(O)—O⁻] +

R22 ■ Respostas

[Estrutura: H₂N–CH(CH₂C₆H₅)–COO⁻ com C* + CH₃OH]

Hidrólise em HCl

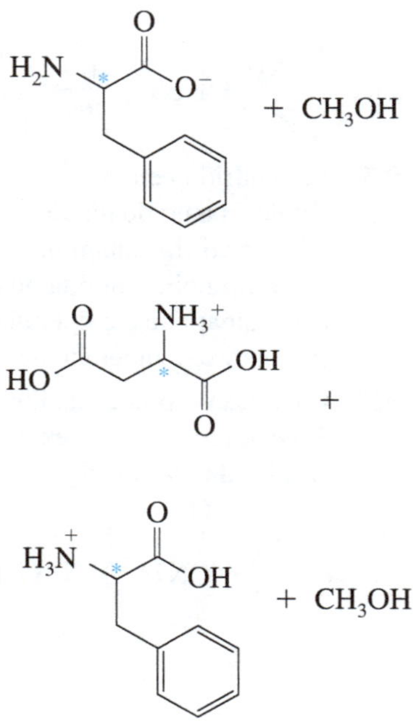

[Estrutura: HOOC–CH(NH₃⁺)–COOH com C*] +

[Estrutura: H₃N⁺–CH(CH₂C₆H₅)–COOH com C*] + CH₃OH

19.13 A seguir, vemos segmentos das duas cadeias paralelas do náilon-66, com ligações de hidrogênio entre os grupos N—H e C=O indicados pelas linhas tracejadas.

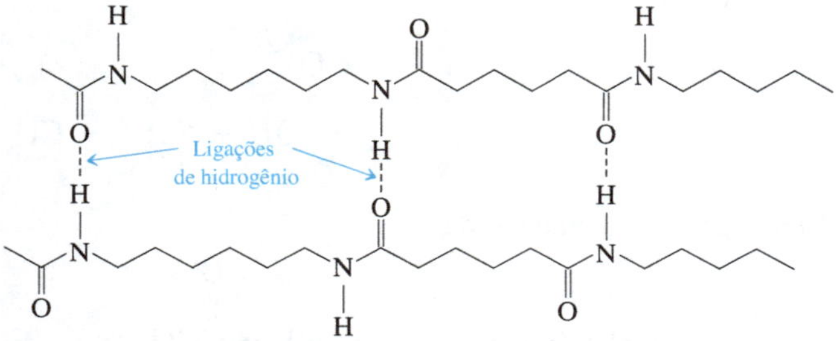

[Estrutura do náilon-66 com ligações de hidrogênio]

19.15 Nos anidridos dos ácidos carboxílicos, os grupos funcionais são dois grupos carbonila (C=O) ligados a um átomo de oxigênio. Num anidrido do ácido fosfórico, os grupos funcionais são dois grupos fosforila (P=O) ligados a um átomo de oxigênio.

19.17 O grupo fosfato éster é mostrado aqui em sua forma duplamente ionizada e com carga efetiva −2.

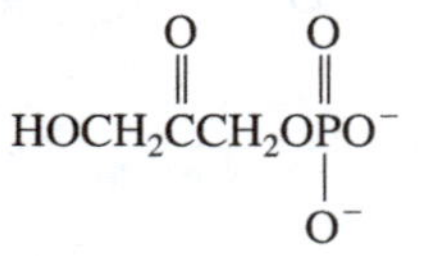

$$HOCH_2CCH_2OPO^-$$
$$O^-$$

Fosfato de di-hidroxiacetona

19.19 No composto de cima, destaca-se o COO do grupo éster. Abaixo, vemos a fórmula estrutural do ácido crisantêmico.

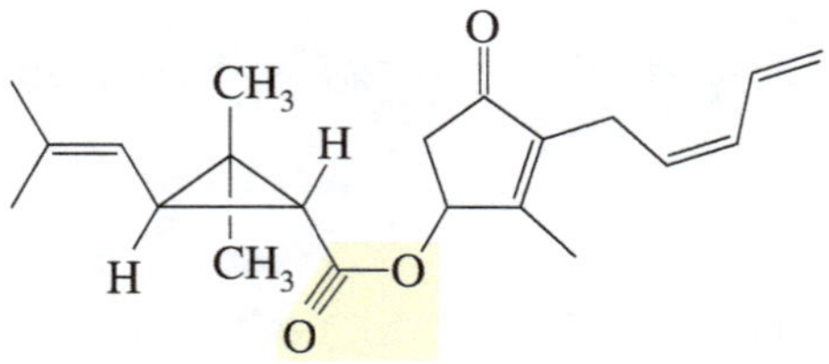

[Estrutura da Piretrina I]

Piretrina I

[Estrutura do Ácido crisantêmico]

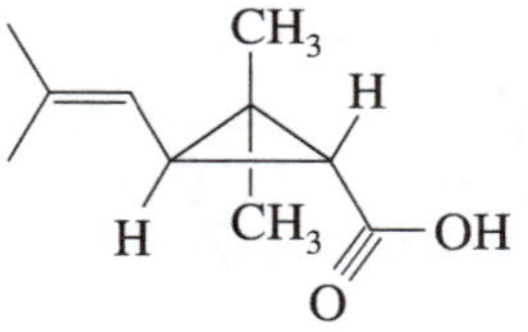

Ácido crisantêmico

19.21 (a) A proporção *cis/trans* refere-se à relação *cis-trans* entre o grupo éster e a cadeia de quatro carbonos no anel do ciclopropano. Na preparação comercial, o repelente é composto especificamente de um mínimo de 35% do isômero *cis* e um máximo de 65% do isômero *trans*.
(b) A permetrina tem dois estereocentros, e quatro estereoisômeros (dois pares de enantiômeros) são possíveis. A designação "(+/−)" refere-se ao fato de que o isômero *cis* está presente como mistura racêmica, como no isômero *trans*.

19.23 O composto é a salicina. A hidrólise da unidade de glicose e a oxidação do álcool primário a um grupo carboxila produzem o ácido salicílico.

19.25 Tanto a aspirina quanto o ibuprofeno contêm ácido carboxílico e um anel benzênico. O naproxeno também contém um ácido carboxílico e um anel benzênico.

19.27 O *bloqueador solar* impede, por reflexão, que qualquer radiação ultravioleta atinja a pele. O *filtro solar* absorve a radiação UV e depois reirradia essa energia na forma de calor.

19.29 A porção derivada da ureia contém os átomos —NH—CO—NH—.

19.31 A seguir, apresenta-se a fórmula estrutural da benzocaína.

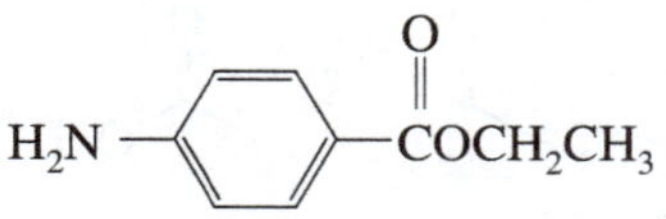

[Estrutura: H₂N–C₆H₄–COCH₂CH₃]

Benzocaína
4-aminobenzoato de etila

19.33 A reação envolve a hidrólise de um éster de fosfato e um anidrido misto de ácido carboxílico e de ácido fosfórico. São necessários dois equivalentes de água.

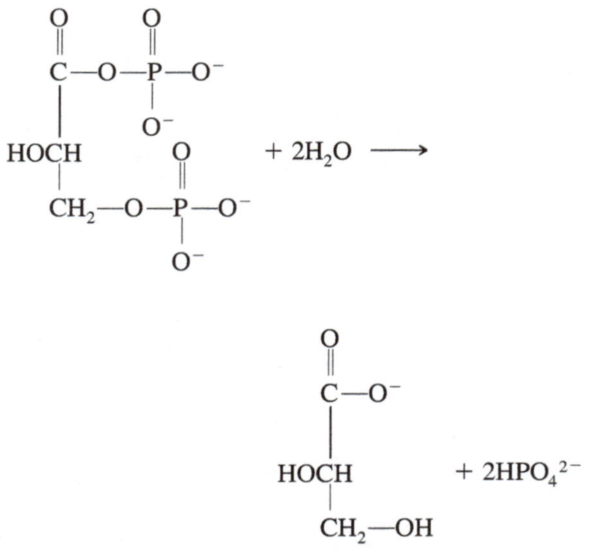

[Estrutura: 1,3-bisfosfoglicerato com grupos fosfato]

$$\text{(estrutura com C(=O)-O-P(=O)(O}^-\text{)}_2\text{, HOCH, CH}_2\text{-O-P(=O)(O}^-\text{)}_2\text{)} + 2\text{H}_2\text{O} \longrightarrow$$

[Estrutura: glicerato]

$$\text{(C(=O)-O}^-\text{, HOCH, CH}_2\text{-OH)} + 2\text{HPO}_4^{2-}$$

19.35 (a) Tanto a lidocaína quanto a carbocaína têm um grupo amida, uma amina alifática terciária e um anel aromático.

(b) Ambos são derivados do 2,6-dimetilalinina e de um ácido carboxílico 2-alquilamino substituído.

19.37 A hidrólise produz o íon hidrogenofosfato e o enol do piruvirato. O enol então sofre uma rápida tautomeria ceto-enólica, produzindo o íon piruvato. Como consta no Capítulo 17, a forma cetônica geralmente predomina em casos de tautomeria cetoenólica.

[Estrutura: Fosfoenolpiruvato]

$$\text{CH}_2\text{=C(O-P(=O)(O}^-\text{)}_2\text{)-COO}^- + \text{H}_2\text{O} \xrightarrow{\text{hidrólise}}$$

Fosfoenolpiruvato

[Estrutura: enol e forma ceto]

$$\text{CH}_2\text{=C(OH)-COO}^- \rightleftarrows \text{CH}_3\text{-C(=O)-C(=O)-O}^- + \text{HPO}_4^{2-}$$

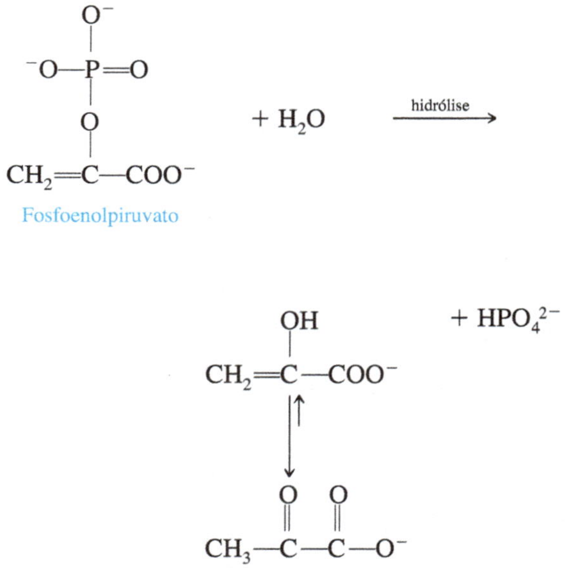

Glossário

Acetal (*Seção 17.4C*) Molécula que contém dois grupos —OR ligados ao mesmo carbono.
Ácido carboxílico (*Seção 10.4D*) Composto que contém um grupo —COOH.
Ácido graxo (*Seção 18.4A*) Ácido carboxílico de cadeia longa e sem ramificações, geralmente com 10 a 20 átomos de carbono, derivado de gorduras animais, óleos vegetais ou fosfolipídeos de membranas biológicas. A cadeia hidrocarbônica pode ser saturada ou insaturada. Na maioria dos ácidos graxos insaturados, predomina o isômero *cis*. Os isômeros *trans* são raros.
Alcaloide (*Conexões químicas 16B*) Composto básico, de origem vegetal, que contém nitrogênio. Muitos apresentam atividade fisiológica quando administrados a humanos.
Alcano (*Seção 11.1*) Hidrocarboneto saturado cujos átomos de carbono estão arranjados em cadeia aberta – isto é, não estão arranjados em anel.
Alceno (*Seção 12.1*) Hidrocarboneto insaturado que contém uma ligação dupla carbono-carbono.
Alcino (*Seção 12.1*) Hidrocarboneto insaturado que contém uma ligação tripla carbono-carbono.
Álcool (*Seção 10.4C*) Composto que contém um grupo —OH (hidroxila) ligado a um átomo de carbono tetraédrico.
Álcool primário (1º) (*Seção 10.4A*) Álcool em que o átomo de carbono do grupo —OH está ligado a apenas um outro grupo carbônico, o grupo —CH_2OH.
Álcool secundário (2º) (*Seção 10.4A*) Álcool em que o átomo de carbono do grupo —OH está ligado a dois outros grupos carbônicos.
Álcool terciário (3º) (*Seção 10.4A*) Álcool em que o átomo de carbono do grupo —OH está ligado a três outros grupos carbônicos.
Aldeído (*Seção 10.4C*) Composto que contém um grupo carbonila ligado a um hidrogênio; um grupo —CHO.
Alquila, grupo (*Seção 11.3A*) Grupo formado pela remoção de um átomo de hidrogênio de um alcano; seu símbolo é R—.
Amina (*Seção 10.4*) Composto orgânico em que um, dois ou três hidrogênios da amônia são substituídos por grupos carbônicos: RNH_2, R_2NH ou R_3NH.
Amina alifática (*Seção 16.1*) Amina em que o nitrogênio está ligado somente a grupos alquila.
Amina alifática heterocíclica (*Seção 16.1*) Amina heterocíclica em que o nitrogênio está ligado somente a grupos alquila.
Amina aromática (*Seção 16.1*) Amina em que o nitrogênio está ligado a um ou mais anéis aromáticos.
Amina aromática heterocíclica (*Seção 16.1*) Amina em que o nitrogênio é um dos átomos de um anel aromático.
Amina heterocíclica (*Seção 16.1*) Amina em que o nitrogênio é um dos átomos do anel.
Amina primária (1ª) (*Seção 10.4B*) Amina em que o nitrogênio está ligado a um grupo carbônico e a dois hidrogênios.
Amina secundária (2ª) (*Seção 10.4B*) Amina em que o nitrogênio está ligado a dois grupos carbônicos e a um hidrogênio.
Amina terciária (3ª) (*Seção 10.4B*) Amina em que o nitrogênio está ligado a três grupos carbônicos.
Aquiral (*Seção 15.1*) Objeto ao qual falta quiralidade; objeto sobreponível a sua imagem especular.
Ar- (*Seção 13.1*) Símbolo usado para um grupo arila.
Areno (*Seção 13.1*) Composto que contém um ou mais anéis benzênicos.
Arila, grupo (*Seção 13.1*) Grupo derivado de um areno pela remoção de um átomo de hidrogênio. Seu símbolo é Ar-.
Aromático, composto (*Seção 13.1*) Termo usado para classificar o benzeno e seus derivados.
Auto-oxidação (*Seção 13.4C*) Reação de um grupo C—H com oxigênio, O_2, formando hidroperóxido, R—OOH.
Axial, posição (*Seção 11.6B*) Posição numa conformação cadeira de um anel de cicloexano que se estende paralelamente ao eixo imaginário do anel.

Carbocátion (*Seção 12.6A*) Espécie que contém um átomo de carbono com apenas três ligações e carga positiva.
Carbonila, grupo (*Seção 10.4C*) Um grupo C=O.
Carboxila, grupo (*Seção 10.4D*) Um grupo —COOH.
Cetona (*Seção 10.4C*) Composto que contém um grupo carbonila ligado a dois carbonos.
Cicloalcano (*Seção 11.5*) Hidrocarboneto saturado que contém átomos de carbono ligados de modo a formar um anel.
Cis (*Seção 11.7*) Prefixo que significa "do mesmo lado".
***Cis-Trans*, isômeros** (*Seção 11.7*) Isômeros que têm a mesma (1) fórmula molecular e (2) conectividade entre seus átomos, mas (3) diferentes arranjos de seus átomos no espaço, devido à presença seja de um anel ou de uma ligação dupla carbono--carbono.
Configuração (*Seção 11.7*) Arranjo de átomos em torno de um estereocentro – isto é, os arranjos relativos das partes de uma molécula no espaço.
Conformação (*Seção 11.5A*) Qualquer arranjo tridimensional de átomos numa molécula resultante da rotação em torno de uma ligação simples.
Conformação cadeira (*Seção 11.6*) A conformação mais estável do anel de cicloexano; todos os ângulos de ligação são de aproximadamente 109,5º.
Corpo cetônico (*Conexões químicas 18C*) Uma das várias moléculas com base na cetona – por exemplo, acetona, ácido 3-hidroxibutanoico (ácido β-hidroxibutírico) e ácido acetoacético (ácido 3-oxobutanoico) – produzido no fígado durante a superutilização de ácidos graxos, quando o suprimento de carboidratos é limitado.

Descarboxilação (*Seção 18.5E*) Perda de CO_2 de um grupo carboxila (—COOH).
Desidratação (*Seção 14.2B*) Eliminação de uma molécula de água de um álcool. Um OH é removido de um carbono e um H é removido de um carbono adjacente.

Detergente (*Seção 18.4D*) Sabão sintético. Os mais comuns são os ácidos alquilbenzenosulfônicos lineares (LAS).

Dextrorrotatório (*Seção 15.4B*) O movimento no sentido horário (para a direita) do plano da luz polarizada num polarímetro.

Diastereômeros (*Seção 15.3A*) Estereoisômeros que não são imagens especulares um do outro.

Diol (*Seção 14.1B*) Composto que contém dois grupos —OH (hidroxila).

Dissulfeto (*Seção 14.4D*) Composto que contém um grupo —S—S—.

Enantiômeros (*Seção 15.1*) Estereoisômeros que não são imagens especulares sobreponíveis; refere-se a uma relação entre pares de objetos.

Enol (*Seção 17.5*) Molécula que contém um grupo —OH ligado a um carbono de uma ligação dupla carbono-carbono.

Equatorial, posição (*Seção 11.6B*) Na conformação cadeira de um anel de cicloexano, posição que se estende quase perpendicularmente ao eixo imaginário do anel.

Éster (*Seção 18.5D*) Composto em que o —OH de um grupo carboxila, RCOOH, é substituído por um grupo —OR' (alcoxi) ou um grupo —OAr (ariloxi).

Éster carboxílico (*Seção 10.4*) Um derivado de um ácido carboxílico em que o H do grupo carboxila é substituído por um átomo de carbono.

Estereocentro (*Seção 11.7*) Átomo, geralmente o carbono tetraédrico, em que a troca de dois grupos produz um estereoisômero.

Estereoisômeros (*Seção 11.7*) Isômeros que têm a mesma conectividade (a mesma ordem de ligação de seus átomos), mas diferentes orientações de seus átomos no espaço.

Esterificação de Fischer (*Seção 18.5D*) Processo de formação de um éster por refluxo de um ácido carboxílico e um álcool, na presença de um catalisador ácido, geralmente ácido sulfúrico.

Éter (*Seção 14.3A*) Composto que contém um átomo de oxigênio ligado a dois átomos de carbono.

Éter cíclico (*Seção 14.3B*) Éter em que o oxigênio é um dos átomos do anel.

Fenila, grupo (*Seção 13.2*) C_6H_5 – o grupo arila derivado por remoção de um átomo de hidrogênio do benzeno.

Fenol (*Seção 13.4*) Composto que contém um grupo —OH ligado a um anel benzênico.

Feromônio (*Conexões químicas 12B*) Substância química secretada por um organismo para influenciar o comportamento de outro membro da mesma espécie.

Fórmula linha-ângulo (*Seção 11.1*) Modo abreviado de desenhar fórmulas estruturais em que cada vértice e terminal de linha representa um átomo de carbono e cada linha representa uma ligação.

Grupo funcional (*Seção 10.4*) Átomo ou grupo de átomos numa molécula que apresentam um conjunto característico de propriedades físicas e químicas.

Hemiacetal (*Seção 17.4C*) Molécula que contém um carbono ligado a um grupo —OH e a um grupo —OR; o produto da adição de uma molécula de álcool ao grupo carbonila de um aldeído ou cetona.

Hidratação (*Seção 12.6C*) A adição de água.

Hidrocarboneto (*Seção 11.1*) Composto que contém átomos de carbono e de hidrogênio.

Hidrocarboneto alifático (*Seção 11.1*) Um alcano.

Hidrocarboneto aromático polinuclear (*Seção 13.2D*) Hidrocarboneto que contém dois ou mais anéis benzênicos, cada um deles compartilhando duas unidades de carbono com outro anel benzênico.

Hidrocarboneto saturado (*Seção 11.1*) Hidrocarboneto que contém somente ligações simples carbono-carbono.

Hidrogenação (*Seção 12.6B*) Adição de átomos de hidrogênio a uma ligação dupla ou tripla com o uso de H_2 na presença de um metal de transição como catalisador, geralmente Ni, Pd ou Pt. Também chamada redução catalítica ou hidrogenação catalítica.

Hidrolase (*Seção 23.2*) Enzima que catalisa uma reação de hidrólise.

Hidroxila, grupo (*Seção 10.4A*) Grupo —OH ligado a um átomo de carbono tetraédrico.

Imagem especular (*Seção 15.1*) O reflexo de um objeto no espelho.

LDPE (*Seção 12.7B*) Polietileno de baixa densidade.

Levorrotatório (*Seção 15.4B*) Rotação em sentido anti-horário do plano da luz polarizada num polarímetro.

Mecanismo da reação (*Seção 12.6A*) Descrição passo a passo de como ocorre uma reação química.

Mercaptana (*Seção 14.4B*) Nome comum para toda célula que contém um grupo —SH.

Micela (*Seção 18.4*) Arranjo esférico de moléculas em solução aquosa em que suas partes hidrofóbicas (que não têm afinidade pela água) estão protegidas do ambiente aquoso e as partes hidrofílicas (que têm afinidade pela água) estão na superfície da esfera e em contato com o ambiente aquoso.

Mistura racêmica (*Seção 15.1*) Mistura em quantidades iguais de dois enantiômeros.

Monômero (*Seção 12.7A*) Do grego *mono*, "único", e *meros*, "parte"; a unidade não redundante mais simples a partir da qual é sintetizado um polímero.

Orto (*o*) (*Seção 13.2B*) Refere-se aos grupos que ocupam as posições 1 e 2 do anel benzênico.

Oxônio, íon (*Seção 12.6B*) Íon em que o oxigênio está ligado a três outros átomos e tem carga positiva.

Para (*p*) (*Seção 13.2B*) Refere-se aos grupos que ocupam as posições 1 e 4 no anel benzênico.

Peróxido (*Seção 12.7B*) Composto que contém uma ligação —O—O—. O peróxido de hidrogênio, H—O—O—H, é um exemplo.

Polarímetro (*Seção 15.4B*) Instrumento para medir a capacidade de um composto em fazer girar o plano da luz polarizada.

Polimerização por etapas (*Seção 19.6*) Polimerização em que o crescimento da cadeia ocorre passo a passo entre monômeros bifuncionais – como, por exemplo, entre ácido adípico e hexametilenodiamina para formar náilon-66.

Polímero (*Seção 12.7A*) Do grego *poli*, "muitos", e *meros*, "partes"; qualquer molécula de cadeia longa sintetizada pela junção de muitas partes chamadas monômeros.

Química orgânica (*Seção 10.1*) O estudo dos compostos de carbono.

Quiral (*Seção 15.1*) Do grego *cheir*, que significa "mão"; objeto não sobreponível a sua imagem especular.

R— (*Seção 11.3A*) Símbolo usado para representar um grupo alquila.

R (*Seção 15.2*) Do latim *rectus*, que significa "direto, correto"; usado no sistema *R,S* para indicar que, quando o grupo de menor prioridade está afastado de você, a ordem de prioridade dos grupos de um estereocentro é no sentido horário.

Reação regiosseletiva (*Seção 12.6A*) Reação em que a formação ou quebra de uma ligação ocorre preferencialmente numa direção e não em outras.

Regra de Markovnikov (*Seção 12.6A*) Na adição de HX ou H_2O a um alceno, o hidrogênio é adicionado ao carbono na dupla ligação que tiver o maior número de hidrogênios.

S (*Seção 15.2*) Do latim *sinistro*, que significa "esquerdo"; usado no sistema *R,S* para indicar que, quando o grupo de menor prioridade está afastado de você, a ordem de prioridade dos grupos de um estereocentro é no sentido anti-horário.

Saponificação (*Seção 18.4B*) Hidrólise de um éster em NaOH ou KOH aquoso, formando um álcool e o sal de sódio ou potássio de um ácido carboxílico.

Sexteto aromático (*Seção 13.1B*) Os seis elétrons da estrutura de ressonância (dois de cada uma das duplas ligações) que são característicos de um anel benzênico e que são normalmente representados por um círculo.

Sistema *R,S* (*Seção 15.2*) Conjunto de regras para especificar a configuração em torno de um estereocentro.

Sulfidrila, grupo (*Seção 14.4A*) Um grupo —SH.

Tautômeros (*Seção 17.5*) Isômeros constitucionais que diferem na localização de um átomo de H.

Terpeno (*Seção 12.5*) Composto cujo esqueleto carbônico pode ser dividido em duas ou mais unidades idênticas ao esqueleto carbônico do isopreno.

Tiol (*Seção 14.4A*) Composto que contém um grupo —SH (sulfidrila) ligado a um átomo de carbono tetraédrico.

Índice remissivo

Números de página em **negrito** referem-se a termos em negrito no texto. Números de página em *itálico* referem-se a figuras. Tabelas são indicadas com um *t* após o número da página. O material que aparece nos quadros é indicado por um *q* após o número da página.

A

Acetaldeído, 281, 420
Acetamida, 458, 466
Acetato de amônio, 466
Acetato de sódio, 464
Acetileno (C_2H_2), *290*, 318, 321
    fórmula estrutural, 276*t*
Acetona (CH_3CO_2), 282, 418
        formas cetônicas e enólicas, 427
Acidez (pK_a)
    ácidos carboxílicos, 444, 451
    alcoóis, 363-364
    fenóis, 352
    tióis, 372, 375
Ácido acético (CH_3COOH), 420, *438*, 447, 463, 466
    reação com etanoamina, 461
    reação com etanol, 460
Ácido acetilsalicílico, 461*q*, 466
Ácido acetoacético, 450*q*
Ácido 4-aminobenzoico, 350, 436
Ácido 1,4-benzenodicarboxílico (ácido tereftálico), 469
Ácido benzenossulfônico, 350
Ácido benzoico, (C_6H_5COOH), 347, 422, 445
    separando do álcool benzílico, 446, *446*
Ácido 4-bromobenzoico, 347
Ácido butanodioico (ácido succínico), 436
Ácido butanóico, 439, 464
Ácido 3-ciclopentenocarboxílico, 447
Ácido clavulânico, 460*q*
Ácido clorídrico (HCl),
    adição a 2-buteno, a alcanos, 329
    reação com norepinefrina, 408
Ácido dicloroacético, 444
Ácido difosfórico, 468
Ácido-dioico, 436
Ácido eicosapentaenoico ($C_{20}H_{30}O_2$), 442*q*
Ácido etanodioico (ácido oxálico), 436
Ácido glicólico, 470*q*
Ácido hexanodioico (ácido adípico), 436, 469
Ácido hexanoico (ácido caproico), 422, 436
Ácido 3-hidroxibutanoico, 450*q*
Ácido 5-hidroxihexanoico, 436
Ácido láctico, 439, 469
    rotação para enantiômeros, 395
    tecido muscular e produção de, 395
Ácido 3-metilbutanoico (ácido isovalérico), 436
Ácido 4-nitrobenzoico, 350
Ácido octanoico, 367
Ácido oxálico, 436
Ácido 3-oxobutanoico, 450*q*
Ácido oxalosuccínico, 450
Ácido pentanodioico (ácido glutárico), 436
Ácido pentanoico, 439
Ácido propanodioico (ácido malônico), 436
Ácidos carboxílicos, **435**, 435-455
    ácidos graxos *trans*, 441*q*-442*q*
    compostos derivados. *Ver* Amidas; Anidridos; Ésteres
    grupo funcional, 278*t*, **282**, 282-283, 435
    nomenclatura, 435-436
    oxidação de aldeído a, 422, 429
    oxidação do álcool primário, 367
    propriedades físicas, 438
    reações características, 444-451
    sabões, detergentes, 439-443
Ácidos carboxílicos alifáticos, 436, 437*t*
Ácidos graxos, 439-442
    mais abundantes, 439*t*
    ômega-3, 441*q*
    saturados e insaturados, 439*t*, 440
    trans, 441*q*-441*q*
Ácido succínico, 436
Ácido sulfúrico (H_2SO_4)
    esterificação de Fischer, 460
Ácido(s), *Ver também* Acidez (pK_a)
    catabolismo da esterificação, 447-448, 452
    catabolismo da reação de hidratação, 330-332, 364-366
    graxos, 439-443
    reação com aminas, 407, 412
Ácido tricarboxílico (TCA), ciclo do, 450
Ácido tricloroacético, 444
Acila, grupos, **458**
Adição, reações de, nos alcenos, 327*t*
Aditivos em alimentos, 448*q*
Água (H_2O)
    reações de hidrólise envolvendo a, 462-466
    solubilidade de alcoóis e alcanos, 363*t*
Albuterol, 275, 410*q*
Alcaloides, **403***q*
Alcanos, **289**, 289-310, **310**
    cicloalcanos. *Ver* Cicloalcano(s)
    densidade, 306
    etano como. *Ver* Etano
    fontes, 297
    formatos, 299
    fórmulas estruturais, 289-291
    haloalcanos, 309-310
    isômeros constitucionais, 291-294
    nomenclatura, 294-296
    os primeiros dez, com cadeias ramificadas, 291*t*
    pontos de ebulição, 305*t*
    pontos de fusão, 305*t*
    propriedades físicas, 305-307, 362*t*
    reações características, 307-309
    solubilidade, 306, 363*t*

Alcenos, *290*, **317**, 317-343
    conversão de álcool em, por desidratação, 364-366
    estrutura, 319
    etileno como. *Ver* Etileno (C_2H_4)
    nomenclatura, 319-323
    polimerização, 334-335
    propriedades físicas, 326
    reações características, 327-333
    terpenos, 326-327
Alcila, grupo, **295**, **310**
    os oito principais, 295t
Alcinos, *290*, **317-318**, 317-343
    acetileno como. *Ver* Acetileno (C_2H_2)
    estrutura, 319
    nomenclatura, 319-323
    propriedades físicas, 326
Álcool (alcoóis), 359-379, **360**, **374**
    anidros e, reação entre, 466, 471
    comercialmente importantes, 373-374
    estrutura, 360
    formação de acetal por adição de, 426-427, 429
    formação hemiacetálica por adição de, 425-426, 429
    grupo funcional (—OH grupo hidroxila), **278**, 278t, 278-279, 360
    nomenclatura, 360
    primário, secundário e terciário, **279**, 361
    propriedades físicas, 362, 372t
    rastreamento na expiração, 368q
    reações características, 363-367
Álcool benzílico, separando o ácido benzoico do, 446, *446*
Álcool cinamílico, 424
Álcool isopropílico, **374**
Álcool primário (1º), **279**, **361**, **374**
    oxidação, 366-367, 375
Álcool secundário (2º), **279**, **361**, **374**
    oxidação, 367
Álcool terciário (3º), **361**, **374**
    oxidação, 367
Aldeídos, 417-433, **418**
    grupo funcional, 278t, **281**, 281-282, 418
    insaturados, **418**
    nomenclatura, 418-421
    ocorrência natural, 421q
    propriedades físicas, 421
    reações características, 422-428
Aldeídos insaturados, **418**
α-cetoglutárato, 450
Alquilbenzenosulfonatos lineares (LAS), 443
Ambientais, problemas
    depleção do ozônio atmosférico, 310q
Amida carboxílica, 458, **471**
Amidas, **458**, 458-459, **471**
Amina alifática heterocíclica, **402**
Amina aromática heterocíclica, **402**
Amina heterocíclica, **402**, **411**
Amina primária (1ª), **280**, **401**, **411**, 436
Aminas, **402**, 402-415
    alcaloides, **403**q
    alifáticas e aromáticas, **402**

-amina (sufixo) **403**, **404**, **405**, **411**, 458
    basicidade, 406-408, 407t, 412
    classificação, 401-403
    grupo funcional, 278t, **280**, 280-281
    heterocíclicas, **402**
    ligação de hidrogênio entre moléculas de, 406
    nomenclatura, 403-404
    primárias, secundárias e terciárias, 280, 401, **411**
    propriedades físicas, 405
    reação com ésteres e amônia, 466-468, 471
    reações características, 408-412
    separação e purificação, *411*
Aminas alifáticas, **402**, **411**
    força básica, 406, 407t, 412
Aminas aromáticas, **402**, **411**
    força básica, 407t, 407, 412
Amina secundária (2ª), **280**, **401**, **411**
Amina terciária (3ª), **280**, **401**, **411**
Amino, grupo
    grupo funcional, **280**, 280-281
Amino- (prefixo), 420, 436
Amônia (NH_3)
    força básica, 407t
    reação com anidridos e aminas, 467, 471
-amônio (sufixo), **405**
Amoxicilina, 460q
Anestesia, éteres e, 370q
Anfetaminas, 402q
Angina, 362q
Ângulos de ligação
    em compostos de carbono, 276t
Anidrido acético, 458, 462, 466
Anidrido carboxílico, 458, **471**
Anidridos, **458**, **471**
    fosfórico, 467
    hidrólise, 462, 471
    reação com alcoóis, 466, 471
    reações com amônia e aminas, 467, 471
Anidridos fosfóricos, **469**
Anilina ($C_6H_5NH_2$), 347, **403**, 464
Animal(is)
    ácidos graxos em gorduras de, 439t
Anisol, 347
-ano (sufixo), 294, **294**, **310**
Antibióticos
    β-lactama (penicilinas, cefalosporinas), 460q
    quirais, 385q
Antioxidantes, fenóis como, 352-355
Antraceno, 349
Aquirais, objetos, **385**, **397**
Arenos, *290*, **346**, 355. *Ver também* Benzeno (C_6H_6)
Arila, grupo, **347**
Aromas e odores, 372, 405
    ácidos carboxílicos, 439
    compostos aromáticos. *Ver* Aromáticos, compostos
Aromáticos, compostos, **345**
    estruturas benzênicas, 345-346
    nomenclatura, 347-348

Aspirina, 277, 461*q*, 466
Atmosfera
   configuração no estereocentro, 304
-ato (sufixo), **458**
Auto-oxidação, **352**

B

Bactérias, 351
Base(s),
   aminas, 406-408, 407
   reação com ácidos carboxílicos, 445-447, 452
Benzaldeído, 347, 421*q*, 422
Benzeno (C_6H_6), *290*, 345-347, **355**
   descoberta, 345
   estrutura, 345-347
   fenóis, 352-355
   nomenclaturas dos derivados (compostos aromáticos), 347-349
   reações características, 350-352
1,4-Benzenodiamina, 469
Benzenodiol, 352
Benzo[a]pireno, 349*q*
Benzoato de amônio, 445
Benzoato de sódio, 445
Benzodiazepina, 406
β-cetoácido, descarboxilação do, 450
BHA (hidroxianisol butilado), 355
BHT (hidroxitolueno butilado), 355
Biomoléculas, quiralidade em, 396. *Ver também* Enzima(s)
Bioquímica, 274
Borohidreto de sódio ($NaBH_{4}$), 423
Broca do milho, feromônios sexuais na, 322*q*
Bromação, reações de, nos alcenos, 327*t*, 332-333
Bromo
   adição a alcenos, 332, 338
Broncodilatadores, 410*q*
   conformações, 300, *300*
   fórmula estrutural condensada, modelo e fórmula linha--ângulo, *291*
   isômeros constitucionais, 291
1,4-Butanodiamina (putrescina), 405
1-Butanol, 360
2-Butanol, 360, 364, 382
2-Butanona (metil etil cetona (MEK)), 421
Buteno, 364
   isômeros *cis-trans*, 319, 332, 382
Butilamina, 405

C

Câncer
   carcinógeno, **349** *q*
   tabagismo, 349*q*
   taxol, 276*q*
Capsaicina, 354*q*
Captopril, 394*q*
Carbocátion, **329**, **338**
Carbonato de dietila, 470

Carbonila, grupo **281**, 282, **417**, 435
   polaridade, 421
Carbono (C)
   geometrias de compostos de, 276*t*
   ligações simples, duplas e triplas, 276*t*
Carboxila, grupo **282**, 282-283, **435**, 458
   perda de CO_2, 449-450
   polaridade, 438
Carcinógenos, **349** *q*
Carvão, 373
Ceras
   parafina, 305, *305*
Cetoenólica, tautomeria, 427-428, 429, 450
α-Cetoglutarato, 451
Cetona(s), 417-433, **418**
   grupo funcional, 278*t*, **281**, 281-282, 418
   nomenclatura, 418-421
   ocorrência natural, 421*q*
   oxidação de álcool secundário a, 367, 375
   propriedades físicas, 421
   reações características, 422-428
   tautomeria cetoenólica, 427-428
Cianato de prata, ureia produzida a partir da reação entre cloreto de amônio e, 274
Cianeto de hidrogênio, fórmula estrutural, 276*t*
Cicloalcano(s), *298*, 298, 310
   exemplos, *298*
   formatos, 300
   isomeria *cis-trans*, 302-304
   nomenclatura, 276
Cicloalcenos, 323
Ciclobutano, *298*
Cicloexano, *298*, 300-302, 333
Cicloexanoamina, 403
Cicloexanol, 360, 424
Cicloexanona, 425
Cicloexeno, 333, 364
Cicloexilamina, 405
1.3-Ciclopentadieno, 323
Ciclopentano, *298*, 300, *300*
Ciclopentanol, 423
Ciclopentanona, 423
Cinamaldeído (óleo de canela), 421*q*, 424
Cis (prefixo), **303**, 310
Cis-trans, isômeros, 302-304, 310, **338**, *382*
   de alcenos, 319, 322, 324
   na visão humana, 325*q*
Citronelal (óleo de citronela), 421*q*
Cloreto de polivinila (PVC), 335
Cloreto de vinila, 334
3-Cloroanilina, 348
Clorobenzeno, 350
Cloro (Cl_2),
   adição a alcenos, 332, 338
   reação com metano, 308
Clorodiazepóxido (Librium), 406*q*
Cloroetano, 277*t*
1-cloro-4-etilbenzeno, 348
Clorofluorocarbonos CFCs, 309

4-Cloro-2-nitrotolueno, 348
Cocaína, 403q
Colesterol
    estereocentros, 385
    lipoproteína de alta densidade, 441q
    lipoproteína de baixa densidade, 441q
    níveis no sangue, 441q
Collins, Robert John, 370q
Combustão,
    reação alcano-oxigênio, 307
Conexões químicas
    ácidos graxos *trans*, 441q-442q
    alcaloides, **403** q
    álcool na expiração, rastreamento de, 368q
    aldeídos, 421q
    analgésicos, 461q
    anestesia, 370q
    anfetaminas, 402q
    antibióticos, 460q
    baiacu venenoso, 303q
    barbituratos, 467q
    capsaicina em chilies, 354q
    carcinógenos, 349q
    cetonas, 421q
    corantes em alimentos, 353q
    corpos cetônicos, 450q
    diabetes melito, 450q
    dissolvendo pontos cirúrgicos, 470q
    epinefrina, 410q
    ésteres como agentes flavorizantes em alimentos, 448q
    éteres, 370q
    etileno, 318q
    feromônios sexuais em duas espécies de broca do milho, 322q
    Freons, 310q
    gota, 350q
    íon iodo, 350q
    isomeria *cis-trans*, 325q
    nitroglicerina, 362q
    octanagem da gasolina, 308q
    óxido de etileno como esterilizante químico, 369q
    piretrinas, 459q
    proteção contra radiação UV, 465q
    reciclagem de plásticos, 336q
    reciclagem, 336q
    solubilidade de fármacos, 409q
    tabagismo, 349q
    taxol, 276q
    tranquilizantes, 406q
    visão, 325q
Configuração de átomos em estereocentros, **303**
Conformação cadeira, **300**, *300*, **311**
Conformação envelope, **300**, 311
Conformações moleculares, **300**, *300*, 310
    cicloalcanos, 300-302
Coniina, 403q
Conteúdo alcoólico no sangue (BAC), 368q
Coração humano
    angina, 362q

Corantes em alimentos, 353q
Corpo humano
    anestesia e efeito de éteres, 370q
    bócio e íon iodeto, 350q
    efeitos de aromáticos polinucleares, 349q
    efeitos do tabagismo, 349q
    isomeria *cis-trans* na visão humana, 325q
    obesidade, 441q
    proteção contra o sol, 465q
    rastreamento de álcool na expiração, 368q
    solubilidade de drogas, 409q
    toxinas, 303q
    venenos, 303q
Craqueamento térmico, **318**
Crutzen, Paul, 310q

D

Dacron, poliéster, 469
Densidade
    alcanos, 306
Descarboxilação, reações de, 449-450, 452
Descarboxilação térmica, 449-450
Desidratação catalisada por ácido, convertendo alcoóis em alcenos pela, 364-366, 375
Detergentes
    sabões, 439-443
    sintéticos, 351, 443
Dextrorotatória, rotação **395**, **399**
Diabetes melito,
    corpos cetônicos, 450q
Diastereômeros, *382*, **391**
Diazepam (Valium), 406q
Diclorometano, 308, 309
Dieta humana. *Ver também* Nutrição humana
    ácidos graxos *trans*, 441q-442q
    aditivos e flavorizantes alimentares, 448q
    baiacu, 303q
    corantes em alimentos, 353q
Dietil éter ($CH_3CH_2OCH_2CH_3$), 359, 368, 372, **374**
Dietilmetilamina, 405
Difosfato, íon, 468
Dimetilacetileno, 321
Dimetilamina, 281, 401
1,3-Dimetilbenzeno, 348
1,2-Dimetilcicloexano, formas *cis-trans* do, 382
1,4-Dimetilcicloexano, formas *cis-trans* do, 304
1,2-Dimetilciclopentano, formas *cis-trans* do, 303
Dimetil éter (CH_3OCH), *368*
Dimetilfosfato, 468
6,6-Dimetil-3-heptino, 320
Diol, **361**
Diol epóxido, 349q
Dissulfeto, oxidação do tiol em, 373, **373**, 375
Dodecilbenzeno, 351, 443
4-Dodecilbenzenosulfonato de sódio, 352, 443
Doenças e condições
    bócio, 350q

Drogas. *Ver também* Fármacos
  anfetaminas, 402*q*
  antibióticos, 394*q*, 460*q*
  cocaína, 403*q*
  contraceptivos orais
  ibuprofeno, 276, 387, 390, 397, 461*q*
  naproxeno, 397
  nicotina, 403*q*
  quirais, 385*q*
  solubilidade, 409*q*
  taxol, 276*q*

E

Elemento(s),
  a crosta terrestre, 274, *274*
Enantiomeria, 304, 381-387
Enantiômeros, *382*, **385**, **397**
  ação de enzimas, 396-397
  representação, 385-386
  imagens especulares, 382-383
  opticamente ativos, **394**, 394-395
-eno (sufixo), **320**
Enzima(s)
  ação e enantiômero da molécula, 396-397
  quiralidade, 396-397
  sítio de ligação, 396-397
Epinefrina, 410*q*
Equatoriais, ligações, **300**, 310
Eritrose, **391**
Espelho de prata, teste do, **422**
Éster carboxílico, **283**, 458, **471**
Estereocentros, **304**, **385**, **397**
  configuração específica, 387-390
  estereoisômeros, 390-394
Estereoisômeros, **304**, 382
  alcenos, 319, 324, 337
  cis-trans, 302-304. *Ver também* Isômeros *cis-trans*
  diastereômeros, *382*, **391**
  enantiomeria, 304, 381-387
  para moléculas com dois ou mais estereocentros, 390-394
Ésteres, 458, **471**
  como agentes flavorizantes em alimentos para humanos, 448*q*
  de ácidos graxos poli-insaturados, 352
  esterificação de Fischer do ácido carboxílico e formação dos, 447-449, 452, 460, 471
  fosfóricos, 467
  grupos funcionais, 278*t*, **283**, **283**
  hidrólise, 462-463, 471
  reações com amônia e aminas, 467
Ésteres fosfóricos, **469**
Esterificação de Fischer dos ácidos carboxílicos, 447-449, 452, 460, 471
Estimulantes cardíacos, 410*q*
Estireno, 347
Estrutura de ressonância (contribuintes de ressonância), 346-347
Etanal, 418
Etano
  craqueamento térmico, 318
  fórmula estrutural, 276*t*, *290*

Etanoamina (Etilamina), reação com ácido acético, 461
Etanol (CH_3CH_2OH), 359, 360, **373**, 426, 447, 463, 466
  desidratação a alceno, 364, 375
  e água em solução, 181
  fórmula estrutural, 276
  ligação de hidrogênio no estado líquido, 362-363
  ponto de ebulição, 369-370
  produção por hidratação catalisada por ácido do etileno, 330
  reação com ácido acético, 229-230, 231,460
Etanotiolato de sódio ($CH_3CH_2S^-$ Na^+), 372
Etanotiol (CH_3CH_2SH) (etil mercaptana), 359, 360, 362, 371
Éter cíclico, **369**, **375**
Éter(es), 368-371, **374**
  anestesia, 370*q*
  cíclicos, **369**
  estrutura, 368
  nomenclatura, 368
  propriedades físicas, 369-370
  reações, 371
Etila, **295**
Etilbenzeno, 347
Etileno (C_2H_4), *290*, 321, **373**
  como regulador do crescimento de plantas, 318*q*
  desidratação do etanol em, 364, 375
  estrutura, 319
  fórmula estrutural, 276*t*
  hidratação catalisada por ácido do, 330
  raqueamento térmico do etano para produzir, 318
  reações de polimerização, 334, 338
Etilenoglicol, 199, *362*, **374**
Explosivos, 351*q*, 362*q*
Extensão da cadeia e formação de radicais, **355**

F

Faraday, Michael (1791-1867), 345
Fármacos. *Ver também* Drogas
  analgésicos, 461*q*
  antibióticos, 295, 394*q*, 460*q*
  broncodilatadores, 410*q*
  enantiômero, 382, 385*q*
  nitroglicerina, 362*q*
  tranquilizantes, 406*q*
Farnesol, 326-327
Fenantreno, 349
2-Fenilacetamida, 466
Fenobarbital, 467*q*
Fenóis, 345, 352-355, 364
  acidez e reação com bases, 352, 356
  como antioxidantes, 352-355
  estrutura e nomenclatura, 352
Fenóxido de sódio, 364
Fentermina, 402*q*
Feromônios sexuais, 322*q*
Fibras sintéticas, 468-470
Filtros solares e bloqueadores solares, 465*q*
Fischer, Emil (1852-1919), 447
Fleming, Alexander, 460*q*
Florey, Howard, 460*q*

Folmaldeído (CH_2O), 420
Fórmula
    linha-ângulo, **290**
Fórmula estrutural condensada, **279**
Fórmulas estruturais
    alcanos, 289-291
    condensadas, **279**
    para compostos orgânicos, 276-278
Fosfato de piridoxal, 468
Freons, 310q
Frutas, etileno e amadurecimento de, 318q

G

Gambá, cheiro de, 372
Gás natural, 297, 310
Gasolina, octanagem da, 308q
Geometria dos compostos de carbono, 276t
Geraniol (rosa, outras flores), 326
Gliceraldeído
Glicerina, 362q, **374**
Glicerol, 362
Glicol, **361**, **375**
Glicólise
    ésteres fosfóricos, 468
    piruvato como produto final, 424
Gorduras insaturadas, 439t, 440
Grupos funcionais, 278-283
    ácidos carboxílicos, **282**, 282-283
    alcoóis, **279**, 279-280, 360
    aldeídos e cetonas, **281**, 281-282
    aminas/grupos amino, **280**, 280-281
    definição, **278**, **283**
    ésteres carboxílicos, **283**
    éteres, 368
    tipos comuns, 278t

H

Haletos de hidrogênio, adição de, a alcenos, 327-330
Haloalcanos, 309-310
    clorofuorocarbonos, 309
    como solventes, 310
Halogenação
    de alcanos, 308-309, 310, 333, 338
    do benzeno e derivados, 350, 356
Halogênios
    reações com alcanos, 308-309, 310
Heptano, 308q
Hera venenosa, 352
1,6-Hexanodiamina (hexametilenodiamina), 403
Hexanodiamina (hexametilenodiamina), 468
Hexanol, 418
Hexeno, 320-321
Hidratação, **330**
    catalisada por ácido, 330-332, 338
    de alcenos, 327t, 330-332
Hidreto de lítio e alumínio ($LiAlH_4$), 447, 452
Hidrocarbonetos, **289**, 310
    alcanos. *Ver também* Alcanos
    alcenos. *Ver também* Alcenos
    alcinos. *Ver também* Alcinos
    alifáticos, **290**
    arenos. *Ver também* Benzeno (C_6H_6)
    cíclicos. *Ver também* Cicloalcano(s)
    craqueamento térmico, 318
    insaturados, **290**
    saturados, **290**
Hidrocarbonetos alifáticos **290**
Hidrocarbonetos aromáticos polinucleares (PAHs), 349q, **355**
Hidrocarbonetos insaturados, **290**
Hidrocloração, reações de
    em alcenos, 327t, 327-330
Hidroclorofluorocarbonos (HCFCs), 310q
Hidrofluorocarbonos (HFCs). 310q
Hidrogenação
    catalítica, **333**
    em alcenos, 327t, 333, 338
Hidrogenação catalítica, **333**
 -Hidrogênio, 427
Hidrogênio (H)
    adição a alcanos, 333
Hidrohalogenação, 327-330
Hidrólise, 462-465
hidrólise, 464-465, 471
    acetais, 426
    amidas, 464
    anidridos, 462
    ésteres, 462-463
Hidroperóxidos, 355
Hidroxi-, 419, 436
Hidróxido de metilamônio, 407
Hidróxido de sódio (NaOH) (lixívia), 463
Hidroxila, grupo, **279**, **283**, **374**
    álcool, 360
    fenóis, 352
4-Hidroximetilciclopenteno, 447
4-Hidroxi-3-metoxibenzaldeído (vanilina), 352
Ibuprofeno, 276, 461q
    enantiomeria, 387, 397
-ico, ácido (sufixo), **458**
Imagens especulares de moléculas, **382**, *382*, **384**, **397**
Inorgânicos, compostos, 275t
-ino (sufixo), **320**, **337**
β-Ibonona, 421q
Isobutano, 297
Isobutileno, 321
Isômero(s), *382*
    constitucionais, 291-294
    estereoisômeros, **304**. *Ver também* Estereoisômeros
Isômeros constitucionais, 291-294, 310, *382*
    átomos de carbono e formação de, 294t
Isopentano, 297
Iso- (prefixo), **296**
Isopreno, 323, 326
Isopreno, unidade de, 326, **337**
2-Isopropil-5-metilcicloexanol, 393
2-Isopropil-5-metilfenol (Timol), 352
Isoproterenol, 410q
Iupac, sistema de nomenclatura, 294, 310
    ácidos carboxílicos, 435-436

alcanos, 294-296
alcenos e alcinos, 319-320
alcoóis, 360-361
aldeídos e cetonas, 418-421
aminas, 403-404
prefixos para indicar presença de carbono, 294*t*

J

Jackson, Charles, 370*q*

K

Kekulé, August (1829-1896), 274

L

Lactonas, **458**
Levorotatória, rotação, **395**, **399**
Ligação de hidrogênio, **362**, **374**
    entre moléculas de amina secundária, *406*
Ligações axiais, **300**, **310**
Ligações químicas
    axiais, **300**
    equatoriais, **300**
Limoneno, 326
Linha-ângulo, fórmula, *290*
Lipoproteínas de alta densidade (HDL), 441*q*
Lipoproteínas de baixa densidade (LDL), 441*q*
Luz polarizada no plano, 394-395, **397**

M

Markovnikov, regra de, **328**, 330
Markovnikov, Vladimir (1838-1904), 328
Mecanismo de reação, **329**, **338**
Medicina
    anestesia, 370*q*
Mentol
    produto de oxidação, 367
    sabor de hortelã-pimenta, 327, 367
Mentona, 367
Mercaptana, 371, **375**
Metadona, 409*q*
Meta (*m*), localizador, 347, **355**
Metanal, 418
Metanfetaminas, 402*q*
Metano
    estrutura, *94*, *290*
    reação com cloro, 308
    reação com oxigênio, 307-308
Metanol (CH_3OH), 195, **373**
    fórmula estrutural, 276*t*
    modelo, *360*
    polaridade das ligações COH, 362-363
Metanotiol (CH_3SH), 371
Metila, **295**
Metilacetileno, 321
Metilamina, 281, 401, 407
    fórmula estrutural, 276*t*
    reação com ácido clorídrico, 253

3-Metilanilina, 404
2-Metil-1,3-butadieno (isopreno), 323
3-Metilbutanal, 418
3-Metil-1-butino, 320
Metilcicloexano, *302*, 418
Metilenoimina, 277*t*
Metil etil cetona (MEK), 421
3-Metilfenol, 352
5-Metil-3-hexanona, 418
4-Metil-1-hexeno, 320
4-Metiloctano, 294
2-Metilpropano, 292
2-Metil-1-propanol, 360
2-Metil-2-propanol, 360, 364
2-Metil-1-propanotiol, 371
2-Metilpropeno, 364
Metoxicicloexano, 369
Micelas, **443**, *443*
Mirceno (óleo de loureiro), 326
Mistura racêmica, **385**, 385*q*, **397**
Moldagem por sopro de polietileno de alta densidade, *336*
Molécula(s)
    com dois ou mais estereocentros, 390-394
    conformações, **300**, *300*
    sobreponíveis e não sobreponíveis, 383
Molina, Mario, 310*q*
Monômeros, **334**, **338**
Morton, W. T. G., 370*q*
Muscona, 421*q*
Músculo(s) 395
    enantiômero do ácido láctico no, 395
Mylar, poliéster, 469

N

NAD^+ (nicotinamida adenina dinucleotídeo), 451
Naftaleno, 349
Não-esteroidais, drogas anti-inflamatórias (NSAIDs), 461*q*.
    Ver também aspirina.
Não-sobreponíveis, moléculas, **383**
Naproxeno, 397
Nitração do benzeno e derivados, 350, 356
4-Nitroanilina, 404
Nitrobenzeno, 350
Nitroglicerina (trinitroglicerina), 351*q*, 362*q*
N-Metilacetamida, **458**
N,*N*-Dimetilciclopentanoamina, 404
N,*N*-Dimetilformamida, 458
Nobel, Alfred (1833-1896), 362*q*
Nomenclatura. *Ver também* Iupac, sistema de nomenclatura
    ácidos carboxílicos, 435-438
    alcanos, 294-296
    alcenos e alcinos, 319-326
    alcoóis, 360-363
    aldeídos e cetonas, 418-421
    aminas, 403-405
    compostos aromáticos, 347-349
    comum, **296**, 296-297. *Ver também* Nomes comuns
    éteres, 368-369
    tióis, 371-372

Nomenclatura comum, **297**
  inorgânicos, 275t
  orgânicos, 275t, 275-276
  propriedades, 275t
  rotação da luz do plano polarizado por, 394-395
Nomes comuns
  ácidos carboxílicos, 436-438
  alcenos e alcinos, 321
  aldeídos e cetonas, 420-421
  aminas, 404-405
  éteres, 368-369
Norepinefrina (noradrenalina), 409
  reação com ácido clorídrico, 408
Novocaína, 409q
Nutrição humana.
  processamento de gorduras, 441q-442q
Náilon-66, 469

O

Obesidade
  gorduras, 441q
Octanagem, 308q
Octanal, 367
1-Octanol, 367
Odores. *Ver* Aromas e odores, **279**, 355, 360, **372**
-OH (hidroxila), grupo, 436, **458**
Óleo mineral, 305
Óleos de cozinha, 352
Óleos vegetais, ácidos graxos nos, 439t
Olho humano
  função da isomeria *cis-trans* na visão humana, 325q
-ol (sufixo), 360, 374
Ômega-3, ácidos graxos, 441q
Opticamente ativos, compostos, **394**, 394-395, **397**
Orgânicos, compostos
  comparados aos inorgânicos, 275t
  fórmulas estruturais, 276-278
  isolando da natureza, 275
  síntese em laboratório, 275-276
Orto (*o*), localizador, 347, **355**
Oxidação
  alcanos, 307, 310
  alcoóis primários e secundários, 366-367, 375
  aldeídos e cetonas, 423, 428
  tióis, 373, 375
Óxido de etileno, 369, **374**
Óxido nitroso, 370q
Oxigênio (O_2)
  reação com alcanos, 307-308
Oxônio, íon, **331**
Ozônio (O_3)
  efeitos dos clorofluorocarbonos, 309q

P

Paclitaxel (Taxol), 276q
Padimato A, 465q
Parafina, cera de, 305, *305*
Para (*p*), localizador, 348, **355**

Pauling, Linus, 74
  estrutura do benzeno por, 346
  teoria da ressonância de, 89, 346
Penicilinas, 460q
1,4-Pentadieno, 323
Pentanal, 423
Pentano (C_5H_{12}), *163*, *291*, 297
1,5-Pentanodiamina (cadaverina), 405
Pentanodiato de dietila (glutarato de dietila), 458
1-Pentanol, 423
Peróxido, **335**
Pesticidas, 459q
PETN (tetranitrato de pentaeritritol), 351q
Petróleo, *298*, 310
  destilação fracionada, 298, *298*
pH (concentração de íons hidrônio)
Pimentas, capsaicina em, 354q
Piridina, 402
Pirimidina, 402
Pirrolidina, 402
Piruvato, 424
pK_a (força de um ácido). *Ver* Acidez
Planta(s)
  etileno como regulador do crescimento, 318q
  terpenos nos óleos essenciais de, *326*
Plásticos
  polietileno, 334-336
  reciclagem, 336q
p-Metoxicinamato de octila, 465q
Polarímetro, **395**, **397**
Polienos, 323
Polietileno de alta densidade (HDPE), 335, **335**
Polietileno de baixa densidade (LDPE), **334**
  produção, 336
Polietileno, 334-335, 335t
  de baixa densidade e de alta densidade, 335
  reciclagem, 336q
Polimerização, reações de
  etilenos, 334-336, 338
Polímero, 334, **338**
  crescimento da cadeia, **334**
  importantes derivados de etilenos, 334t
Polímeros de crescimento de cadeia, **334**
Polímeros de crescimento em etapas, **468**, 468-470
  poliamidas, 469
  policarbonatos, 470
  poliésteres, 469-470
Poli- (prefixo), **334**
Ponto de ebulição
Ponto de ebulição,
  ácidos carboxílicos, 438, 439t
  alcanos, 305t
  alcanos, 305t, 363t
  alcoóis, 363t, 372t
  compostos de peso comparável, 422t, 439t
  éteres, 369-370
  tióis, 372t
Pontos cirúrgicos, dissolvendo, 470q
  preparação, 460, 471

Priestley, Joseph, 370q
2-Propanoamina, 403
Propano (CH$_3$CH$_2$CH$_3$)
    fórmula estrutural condensada, modelo e fórmula linha--ângulo, *291*
    reação com o oxigênio, 308
Propanodioato de dietila (malonato de dietila), 467q
1,2-Propanodiol (propilenoglicol), 362
2-Propanol (álcool isopropílico), *280*, 360
Propanona (acetona), 418. *Ver também* Acetona (C$_3$H$_6$O)
1,2,3-Propanotriol (glicerina), 362q, 442
2-Propenal (acroleína), 418
Propeno
    estrutura, 319
    hidratação catalisada por ácido, 331
    polimerização, 334
Propilamina, 405
Propileno, 321
Propilenoglicol, 362
Propriedades físicas
    ácidos carboxílicos, 438-439
    alcanos, 305-307
    alcenos e alcinos, 326
    alcoóis, 362-363
    aldeídos e cetonas, 421-422
    aminas, 405-406
    éteres, 369-370
    tióis, 372
Propriedades químicas. *Ver também* Reações químicas
    compostos orgânicos e inorgânicos, 275t
Purinas, 402

Q

Química orgânica, 274-287
    grupos funcionais, 278-283
    introdução, 274-276
    obtendo compostos orgânicos para, 275-276
    representação de fórmulas estruturais, 276-278
Quirais, objetos, **384**, **397**
Quiralidade, 381-399
    atividade óptica e detecção em laboratório, 394-395
    configuração do estereocentro, 387-390
    drogas medicinais, 394q
    enantiomeria, 381-387
    importância, 396-397
    número de estereoisômeros para moléculas com dois ou mais estereocentros, 390-394

R

R- (grupo alquila), **295**, 295t, 310
Radical (radical livre), **353**
    formação a partir de um não radical, 353
    reação para formar novo radical, 354-355
Rastreamento de álcool na expiração humana, 368q
RDX (ciclonita), 351q
Reações químicas
    ácidos carboxílicos, 444-450, 451-452
    água (hidrólise), 462-467
    alcanos, 307-309, 310
    alcenos, 327-334, 338, 364
    alcoóis, 363-368, 375
    aldeídos e cetonas, 422-427, 420-429
    amidas, 461-462, 464, 468, 471
    aminas, 408-411, 412
    anidridos, 462, 466, 471
    benzenos e derivados, 350-351, 356
    éteres, 370, 447, 460, 462-463, 467-467 468, 471
    mecanismo de reação, **329**
    polimerização de etilenos, 334-335
    regiosseletivas, **328**
    tióis, 372-373, 375
Reciclagem de plásticos, 336q
Redução
    ácidos carboxílicos, 447, 452
    alcenos, 333, 338
    aldeídos e cetonas, 423-424, 429
Redução catalítica, **333**
Regiosseletivas, reações, **328**
Repulsão do par eletrônico da camada de valência (VSEPR)
    alcenos, 319
    compostos de carbono, 276t
Retinol, visão humana e, 325q
Rotação específica, **395**
Rowland, Sherwood, 310q
R,S, sistema, **387**, 387-390, **397**
    aplicado ao ibuprofeno, 390
    prioridades para alguns grupos comuns, 387t
    significado de *R* e *S*, 387

S

Sabões, 439-443. *Ver também* Detergentes
    ácidos graxos, 439-442
    como agentes de limpeza, 443
    estrutura e preparação, 442
    micelas, *443*
Sais
    sabões e formação de, 443
Salmeterol, 410q
Sangue humano
    conteúdo alcoólico, 368q
    níveis de colesterol, 441q
Saponificação, **442**, 463
Saturadas, gorduras, 439t, 440
Saturados, hidrocarbonetos, **290**, 310
Seta curvada, **329**
Sexteto aromático, **347**
SH (sulfidrila), grupo, 371
sistema de nomenclatura
Sítio de ligação, enzima, **396**
Sobreponíveis, moléculas, **383**
Sobrero, Ascanio (1812-1888), 362q
Sódio pentobarbital (Nembutal), 467q
Solubilidade
    alcanos, 306, 363t
    alcoóis, 363t
    de drogas em fluidos corporais humanos, 409q
Solução aquosa
    ácidos carboxílicos em, 444
    micelas, **443**, *443*

Substituições aromáticas, **350**, **355**
Succinato, 450
Sulfeto de dimetila (CH₃SCH₃), 372
Sulfonação de compostos aromáticos, 350-351, 356
    superfície da enzima e interação com *R* e *S*, *396*

T

Tabagismo, aromáticos polinucleares carcinogênicos e, 349*q*
Tautômeros, **428**
Taxol, busca e descoberta, 276*q*
Teixo do Pacífico (*Taxis brevifolia*), produção de taxol a partir da casca de, 276*q*
Terbutalina, 410*q*
Tereftalato de poli(etileno) (PET), 469
Terpenos, 326-327, **337**
Terra, elementos da crosta da, 37*q*, 274, *274*
Tetracloreto de carbono (CCl₄), 18, 182, 309
Tetrahidrofurano (THF), 370
Tetrodotoxina em baiacu, 303*q*
tetrodotoxina em baiacu, 303*q*
Tintura, 359
Tióis, 371-373
    estrutura, 371
    grupo funcional do grupo SH (sulfidrila), 371
    nomenclatura, 371
    propriedades físicas, 372
    reações, 372-373, 375
Tiroide
        bócio, 350*q*
Tiroxina, 293, 350*q*
TNT (2,4,6-trinitrotolueno), 351*q*
Tolueno, 347
    nitração para TNT explosivo, 351*q*
Toluidina, **404**
Toxinas
Trans (prefixo), **303**, 310. *Ver também* Isômeros *cis-trans*

Treose, **391**
2,4,6-Tribromofenol, 348
Triglicerídeos, 442
2,3,4-Trihidroxibutanal, *390*
Trimetilamina, **281**, 401
Trimetilpentano, 308*q*
Triol, **361**

U

Ultravioleta (UV), 465*q*
União Internacional de Química Pura e Aplicada (Iupac), 294, 310. *Ver também* Iupac
Ureia, 467*q*
    formação, 306
Urushiol, 352
Uvas viníferas, fermentação de, *359*

V

Vanilina (baunilha), 421*q*
Vasoconstritores, 410*q*
Veneno(s)
    baiacu, 303*q*
Vitamina A (retinol), 325*q*, 327
Vitamina C, *275*
Vitamina E, 355

W

Warren, John, 370*q*
Wells, Horace, 370*q*
Wöhler, Friedrich, 274

X

Xileno, **348**

Grupos funcionais orgânicos importantes

	Grupo funcional	Exemplo	Nome comum (Iupac)
Álcool	—ÖH	CH_3CH_2OH	Etanol (Álcool etílico)
Aldeído	—C(=Ö)—H	CH_3CHO	Etanal (Acetaldeído)
Alcano		CH_3CH_3	Etano
Alceno	\C=C/	$CH_2=CH_2$	Eteno (Etileno)
Alcino	—C≡C—	$HC≡CH$	Etino (Acetileno)
Amida	—C(=Ö)—N̈—	CH_3CNH_2	Etanoamida (Acetamida)
Amina	—N̈H₂	$CH_3CH_2NH_2$	Etanoamina (Etilamina)
Anidrido	—C(=Ö)—Ö—C(=Ö)—	CH_3COCCH_3	Anidrido etanóico (Anidrido acético)
Areno	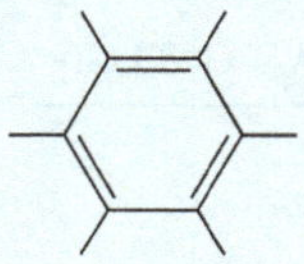 (anel benzênico)	 (benzeno)	Benzeno
Ácido carboxílico	—C(=Ö)—ÖH	CH_3COH	Ácido etanóico (Ácido acético)
Dissulfeto	—S̈—S̈—	CH_3SSCH_3	Dimetil dissulfeto
Éster	—C(=Ö)—Ö—C—	CH_3COCH_3	Etanoato de metila (Acetato de metila)
Éter	—Ö—	$CH_3CH_2OCH_2CH_3$	Dietil éter
Haloalcano (Haleto de alquila)	—Ẍ: X = F, Cl, Br, I	CH_3CH_2Cl	Cloroetano (Cloreto de etila)
Cetona	—C(=Ö)—	CH_3CCH_3	Propanona (Acetona)
Fenol	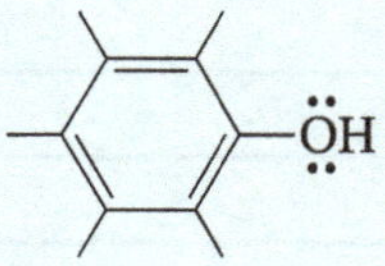 (anel)—ÖH	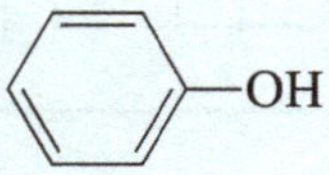 (anel)—OH	Fenol
Sulfeto	—S̈—	CH_3SCH_3	Dimetil sulfeto
Tiol	—S̈H	CH_3CH_2SH	Etanotiol (Etil mercaptana)

Código genético padrão					
Primeira posição (Extremidade 5')	Segunda posição				Terceira posição (Extremidade 3')
	U	C	A	G	
U	UUU Phe	UCU Ser	UAU Tyr	UGU Cys	U
	UUC Phe	UCC Ser	UAC Tyr	UGC Cys	C
	UUA Leu	UCA Ser	UAA Stop	UGA Stop	A
	UUG Leu	UCG Ser	UAG Stop	UGG Trp	G
C	CUU Leu	CCU Pro	CAU His	CGU Arg	U
	CUC Leu	CCC Pro	CAC His	CGC Arg	C
	CUA Leu	CCA Pro	CAA Gln	CGA Arg	A
	CUG Leu	CCG Pro	CAG Gln	CGG Arg	G
A	AUU Ile	ACU Thr	AAU Asn	AGU Ser	U
	AUC Ile	ACC Thr	AAC Asn	AGC Ser	C
	AUA Ile	ACA Thr	AAA Lys	AGA Arg	A
	AUG Met*	ACG Thr	AAG Lys	AGG Arg	G
G	GUU Val	GCU Ala	GAU Asp	GGU Gly	U
	GUC Val	GCC Ala	GAC Asp	GGC Gly	C
	GUA Val	GCA Ala	GAA Glu	GGA Gly	A
	GUG Val	GCG Ala	GAG Glu	GGG Gly	G

*AUG forma parte do sinal de iniciação, bem como a codificação para os resíduos internos da metionina.

Nomes e abreviações dos aminoácidos mais comuns		
Aminoácido	Abreviação de três letras	Abreviação de uma letra
Alanina	Ala	A
Arginina	Arg	R
Asparagina	Asn	N
Ácido aspártico	Asp	D
Cisteína	Cys	C
Glutamina	Gln	Q
Ácido glutâmico	Glu	E
Glicina	Gly	G
Histidina	His	H
Isoleucina	Ile	I
Leucina	Leu	L
Lisina	Lys	K
Metionina	Met	M
Fenilalanina	Phe	F
Prolina	Pro	P
Serina	Ser	S
Treonina	Thr	T
Triptofano	Trp	W
Tirosina	Tyr	Y
Valina	Val	V

Massas atômicas padrão dos elementos 2007 Com base na massa atômica relativa de $^{12}C = 12$, em que ^{12}C é um átomo neutro no seu estado fundamental nuclear e eletrônico.†

Nome	Símbolo	Número atômico	Massa atômica	Nome	Símbolo	Número atômico	Massa atômica
Actínio*	Ac	89	(227)	Magnésio	Mg	12	24,3050(6)
Alumínio	Al	13	26,9815386(8)	Manganês	Mn	25	54,938045(5)
Amerício*	Am	95	(243)	Meitnério	Mt	109	(268)
Antimônio	Sb	51	121,760 (1)	Mendelévio*	Md	101	(258)
Argônio	Ar		39,948 18(1)	Mercúrio	Hg	80	200,59(2)
Arsênio	As	33	74,92160(2)	Molibdênio	Mo	42	95,96(2)
Astato*	At	85	(210)	Neodímio	Nd	60	144,22 (3)
Bário	Ba	56	137,327(7)	Neônio	Ne	10	20,1797 (6)
Berílio	Be	4	9,012182(3)	Netúnio*	Np	93	(237)
Berquélio*	Bk	97	(247)	Nióbio	Nb	41	92,90638 (2)
Bismuto	Bi	83	208,98040 (1)	Níquel	Ni	28	58,6934 (4)
Bório	Bh	107	(264)	Nitrogênio	N	7	14,0067(2)
Boro	B	5	10,811 (7)	Nobélio*	No	102	(259)
Bromo	Br	35	79,904(1)	Ósmio	Os	76	190,23 (3)
Cádmio	Cd	48	112,411(8)	Ouro	Au	79	196,966569(4)
Cálcio	Ca	20	40,078(4)	Oxigênio	O	8	15,9994 (3)
Califórnio*	Cf	98	(251)	Paládio	Pd	46	106,42(1)
Carbono	C	6	12,0107(8)	Platina	Pt	78	195,084 (9)
Cério	Ce	58	140,116(1)	Plutônio*	Pu	94	(244)
Césio	Cs	55	132,9054 519(2)	Polônio*	Po	84	(209)
Chumbo	Pb	82	207,2(1)	Potássio	K	19	39,0983(1)
Cloro	Cl	17	35,453(2)	Praseodímio	Pr	59	140,90765 (2)
Cobalto	Co	27	58,933195	Prata	Ag	47	107,8682(2)
Cobre	Cu	29	63,546 29(3)	Promécio*	Pm	61	(145)
Criptônio	Kr	36	83,798(2)	Protactínio*	Pa	91	231,0358 8 (2)
Cromo	Cr	24	51,9961(6)	Rádio*	Ra	88	(226)
Cúrio*	Cm	96	(247)	Radônio*	Rn	86	(222)
Darmstádio	Ds	110	(271)	Rênio	Re	75	186,207(1)
Disprósio	Dy	66	162,500(1)	Ródio	Rh	45	102,9055 0(2)
Dúbnio	Db	105	(262)	Roentgênio(5)	Rg	111	(272)
Einstênio*	Es	99	(252)	Rubídio	Rb	37	85,4678(3)
Enxofre	S	16	32,065(5)	Rutênio	Ru	44	101,07 (2)
Érbio	Er	68	167,259(3)	Ruterfórdio	Rf	104	(261)
Escândio	Sc	21	44,955912 (6)	Samário	Sm	62	150,36(2)
Estanho	Sn	50	118,710 (7)	Seabórgio	Sg	106	(266)
Estrôncio	Sr	38	87,62 (1)	Selênio	Se	34	78,96(3)
Európio	Eu	63	151,964 (1)	Silício	Si	14	28,0855(3)
Férmio*	Fm	100	(257)	Sódio	Na	11	22,9896928 (2)
Ferro	Fe	26	55,845(2)	Tálio	Tl	81	204,3833(2)
Flúor	F	9	18,9984032(5)	Tântalo	Ta	73	180,9488(2)
Fósforo	P	15	30,973762 (2)	Tecnécio*	Tc	43	(98)
Frâncio*	Fr	87	(223)	Telúrio	Te	52	127,60(3)
Gadolínio	Gd	64	157,25(3)	Térbio	Tb	65	158,9253 5 (2)
Gálio	Ga	31	69,723(1)	Titânio	Ti	22	47,867 (1)
Germânio	Ge	32	72,64(1)	Tório*	Th	90	232,0380 6(2)
Háfnio	Hf	72	178,49(2)	Túlio	Tm	69	168,93421(2)
Hássio	Hs	108	(277)	Tungstênio	W	74	183,84(1)
Hélio	He	2	4,002602(2)	Unúmbio	Uub	112	(285)
Hidrogênio	H	1	1,00794(7)	Ununéxio	Uuh	116	(292)
Hólmio	Ho	67	164,93032(2)	Ununóctio	Uuo	118	(294)
Índio	In	49	114,818(3)	Ununpêntio	Uup	115	(228)
Iodo	I	53	126,90447(3)	Ununquádio	Uuq	114	(289)
Irídio	Ir	77	192,217(3)	Ununtrio	Uut	113	(284)
Itérbio	Yb	70	173,54 (5)	Urânio*	U	92	238,0289 1(3)
Ítrio	Y	39	88,90585(2)	Vanádio	V	23	50,9415(1)
Lantânio	La	57	138,90547(7)	Xenônio	Xe	54	131,293 (6)
Laurêncio*	Lr	103	(262)	Zinco	Zn	30	65,38(2)
Lítio	Li	3	6,941(2)	Zircônio	Zr	40	91,224(2)
Lutécio	Lu	71	174,9668(1)				

† As massas atômicas de muitos elementos podem variar, dependendo da origem e do tratamento da amostra. Isto é especialmente verdadeiro para o Li, materiais comerciais que contém lítio, apresentam massas atômicas Li que variam entre 6,939 e 6,996. As incertezas nos valores de massa atômica são apresentadas entre parênteses após o último algarismo significativo para que são atribuídas.

* Elementos que não apresentam nuclídeo estável, o valor entre parênteses representa a massa atômica do isótopo de meia-vida mais longa. No entanto, três desses elementos (Th, Pa e U) têm uma composição isotópica característica e a massa atômica é tabulada para esses elementos. (http://www. chem.qmw.ac.uk / IUPAC / ATWT /)

Tabela Periódica dos Elementos

Período	1A (1)	2A (2)	3B (3)	4B (4)	5B (5)	6B (6)	7B (7)	8B (8)	8B (9)	8B (10)	1B (11)	2B (12)	3A (13)	4A (14)	5A (15)	6A (16)	7A (17)	8A (18)
1	Hidrogênio 1 **H** 1,0079																	Hélio 2 **He** 4,0026
2	Lítio 3 **Li** 6,941	Berílio 4 **Be** 9,0122											Boro 5 **B** 10,811	Carbono 6 **C** 12,011	Nitrogênio 7 **N** 14,0067	Oxigênio 8 **O** 15,9994	Flúor 9 **F** 18,9984	Neônio 10 **Ne** 20,1797
3	Sódio 11 **Na** 22,9898	Magnésio 12 **Mg** 24,3050											Alumínio 13 **Al** 26,9815	Silício 14 **Si** 28,0855	Fósforo 15 **P** 30,9738	Enxofre 16 **S** 32,066	Cloro 17 **Cl** 35,4527	Argônio 18 **Ar** 39,948
4	Potássio 19 **K** 39,0983	Cálcio 20 **Ca** 40,078	Escândio 21 **Sc** 44,9559	Titânio 22 **Ti** 47,867	Vanádio 23 **V** 50,9415	Cromo 24 **Cr** 51,9961	Manganês 25 **Mn** 54,9380	Ferro 26 **Fe** 55,845	Cobalto 27 **Co** 58,9332	Níquel 28 **Ni** 58,6934	Cobre 29 **Cu** 63,546	Zinco 30 **Zn** 65,38	Gálio 31 **Ga** 69,723	Germânio 32 **Ge** 72,61	Arsênio 33 **As** 74,9216	Selênio 34 **Se** 78,96	Bromo 35 **Br** 79,904	Criptônio 36 **Kr** 83,80
5	Rubídio 37 **Rb** 85,4678	Estrôncio 38 **Sr** 87,62	Ítrio 39 **Y** 88,9059	Zircônio 40 **Zr** 91,224	Nióbio 41 **Nb** 92,9064	Molibdênio 42 **Mo** 95,96	Tecnécio 43 **Tc** (97,907)	Rutênio 44 **Ru** 101,07	Ródio 45 **Rh** 102,9055	Paládio 46 **Pd** 106,42	Prata 47 **Ag** 107,8682	Cádmio 48 **Cd** 112,411	Índio 49 **In** 114,818	Estanho 50 **Sn** 118,710	Antimônio 51 **Sb** 121,760	Telúrio 52 **Te** 127,60	Iodo 53 **I** 126,9045	Xenônio 54 **Xe** 131,29
6	Césio 55 **Cs** 132,9054	Bário 56 **Ba** 137,327	Lantânio 57 **La** 138,9055	Háfnio 72 **Hf** 178,49	Tântalo 73 **Ta** 180,9488	Tungstênio 74 **W** 183,84	Rênio 75 **Re** 186,207	Ósmio 76 **Os** 190,2	Irídio 77 **Ir** 192,22	Platina 78 **Pt** 195,084	Ouro 79 **Au** 196,9666	Mercúrio 80 **Hg** 200,59	Tálio 81 **Tl** 204,3833	Chumbo 82 **Pb** 207,2	Bismuto 83 **Bi** 208,9804	Polônio 84 **Po** (208,98)	Astato 85 **At** (209,99)	Radônio 86 **Rn** (222,02)
7	Frâncio 87 **Fr** (223,02)	Rádio 88 **Ra** (226,0254)	Actínio 89 **Ac** (227,0278)	Ruterfórdio 104 **Rf** (261,11)	Dúbnio 105 **Db** (262,11)	Seabórgio 106 **Sg** (263,12)	Bório 107 **Bh** (262,12)	Hássio 108 **Hs** (265)	Meitnério 109 **Mt** (266)	Darmstádio 110 **Ds** (271)	Roentgênio 111 **Rg** (272)	112 Descoberto 1996	113 Descoberto 2004	114 Descoberto 1999	115 Descoberto 2004	116 Descoberto 1999		118 Descoberto 2006

Lantanídeos

Cério 58 **Ce** 140,115	Praseodímio 59 **Pr** 140,9076	Neodímio 60 **Nd** 144,24	Promécio 61 **Pm** (144,91)	Samário 62 **Sm** 150,36	Európio 63 **Eu** 151,965	Gadolínio 64 **Gd** 157,25	Térbio 65 **Tb** 158,9253	Disprósio 66 **Dy** 162,50	Hólmio 67 **Ho** 164,9303	Érbio 68 **Er** 167,26	Túlio 69 **Tm** 168,9342	Itérbio 70 **Yb** 173,54	Lutécio 71 **Lu** 174,9668

Actinídeos

Tório 90 **Th** 232,0381	Protactínio 91 **Pa** 231,0388	Urânio 92 **U** 238,0289	Netúnio 93 **Np** (237,0482)	Plutônio 94 **Pu** (244,664)	Amerício 95 **Am** (243,061)	Cúrio 96 **Cm** (247,07)	Berquélio 97 **Bk** (247,07)	Califórnio 98 **Cf** (251,08)	Einstênio 99 **Es** (252,08)	Férmio 100 **Fm** (257,10)	Mendelévio 101 **Md** (258,10)	Nobélio 102 **No** (259,10)	Laurêncio 103 **Lr** (262,11)

Legenda:
- METAIS
- METALOIDES
- NÃO METAIS

Exemplo de leitura:
- Urânio — Nome
- 92 — Número atômico
- U — Símbolo
- 238,0289 — Massa atômica

Nota: As massas atômicas referem-se aos valores Iupac 2007 (até quatro casas decimais). Os números entre parênteses são as massas atômicas ou números de massa do isótopo mais estável de um elemento.

INTRODUÇÃO
À BIOQUÍMICA

Dados Internacionais de Catalogação na Publicação (CIP)
(Câmara Brasileira do Livro, SP, Brasil)

Introdução à bioquímica / Frederick A. Bettelheim...[et al.] ; tradução Mauro de Campos Silva, Gianluca Camillo Azzellini ; revisão técnica Gianluca Camillo Azzellini. - São Paulo : Cengage Learning, 2017.

Outros autores: William H. Brown, Mary K. Campbell, Shawn O. Farrell
1. reimpr. da 1. ed. de 2012.
Título original: Introduction to general, organic and biochemistry.
9. ed. norte-americana.
Bibliografia.
ISBN 978-85-221-1150-3

1. Bioquímica I. Bettelhein, Frederick A. II. Brown, William H. III. Campbell, Mary K. IV. Farrell, Shawn O.

11-05825

CDD-574.19207

Índice para catálogo sistemático:

1. Bioquímica : Estudo e ensino : Biologia 574.19207

INTRODUÇÃO

À BIOQUÍMICA

Tradução da 9ª edição norte-americana

Frederick A. Bettelheim

William H. Brown
Beloit College

Mary K. Campbell
Mount Holyoke College

Shawn O. Farrell
Olympic Training Center

Tradução
Mauro de Campos Silva
Gianluca Camillo Azzellini

Revisão técnica
Gianluca Camillo Azzellini
Bacharelado e licenciatura em Química na Faculdade de
Filosofia Ciências e Letras, USP-Ribeirão Preto;
Doutorado em Química pelo Instituto de Química-USP;
Pós-Doutorado pelo Dipartimento di Chimica G.
Ciamician – Universidade de Bolonha.
Professor do Instituto de Química – USP

CENGAGE

Austrália • Brasil • México • Cingapura • Reino Unido • Estados Unidos

CENGAGE

Introdução à bioquímica
Bettelheim, Brown, Campbell, Farrell

Gerente Editorial: Patricia La Rosa

Supervisora Editorial: Noelma Brocanelli

Editor de Desenvolvimento: Fábio Gonçalves

Supervisora de Produção Editorial: Fabiana Alencar Albuquerque

Pesquisa Iconográfica: Edison Rizzato

Título Original: Introduction to General, Organic, and Biochemistry – 9th edition
ISBN 13: 978-0-495-39121-0
ISBN 10: 0-495-39121-2

Tradução: Mauro de Campos Silva (Prefaciais, cap. 32, Glossário, Apêndices e Respostas) e Gianluca Camillo Azzellini (Caps. 16 ao 31)

Revisão Técnica: Gianluca Camillo Azzellini

Copidesque: Carlos Villarruel

Revisão: Luicy Caetano de Oliveira e Cristiane M. Morinaga

Diagramação: Cia. Editorial

Capa: Absoluta Propaganda e Design

© 2010 Brooks/Cole, parte da Cengage Learning.

© 2012 Cengage Learning.

Todos os direitos reservados. Nenhuma parte deste livro poderá ser reproduzida, sejam quais forem os meios empregados, sem a permissão, por escrito, da Editora. Aos infratores aplicam-se as sanções previstas nos artigos 102, 104, 106 e 107 da Lei nº 9.610, de 19 de fevereiro de 1998.

Esta editora empenhou-se em contatar os responsáveis pelos direitos autorais de todas as imagens e de outros materiais utilizados neste livro. Se porventura for constatada a omissão involuntária na identificação de algum deles, dispomo-nos a efetuar, futuramente, os possíveis acertos.

> Para informações sobre nossos produtos, entre em contato pelo telefone **0800 11 19 39**
>
> Para permissão de uso de material desta obra, envie seu pedido para **direitosautorais@cengage.com**

© 2012 Cengage Learning. Todos os direitos reservados.

ISBN-13: 978-85-221-1150-3
ISBN-10: 85-221-1150-2

Cengage Learning
Condomínio E-Business Park
Rua Werner Siemens, 111 – Prédio 11 – Torre A – Conjunto 12
Lapa de Baixo – CEP 05069-900 – São Paulo – SP
Tel.: (11) 3665-9900 – Fax: (11) 3665-9901
SAC: 0800 11 19 39

Para suas soluções de curso e aprendizado, visite
www.cengage.com.br

Impresso no Brasil
Printed in Brazil
1 reimpr. – 2017

À minha bela esposa, Courtney – entre revisões,
o emprego e a escola, tenho sido pouco mais que um fantasma
pela casa, absorto em meu trabalho. Courtney manteve
a família unida, cuidou de nossos filhos e do lar,
ao mesmo tempo que tratava de seus próprios textos. Nada disso
seria possível sem seu amor, apoio e esforço. SF

Aos meus netos, pelo amor e pela alegria que
trazem à minha vida: Emily, Sophia e Oscar; Amanda e Laura;
Rachel; Gabrielle e Max. WB

Para Andrew, Christian e Sasha – obrigada pelas recompensas
de ser sua mãe. E para Bill, Mary e Shawn – é sempre
um prazer trabalhar com vocês. MK

A edição brasileira está dividida em três livros,* além da edição completa (combo), sendo:

Introdução à química geral

Capítulo 1 **Matéria, energia e medidas**

Capítulo 2 **Átomos**

Capítulo 3 **Ligações químicas**

Capítulo 4 **Reações químicas**

Capítulo 5 **Gases, líquidos e sólidos**

Capítulo 6 **Soluções e coloides**

Capítulo 7 **Velocidade de reação e equilíbrio químico**

Capítulo 8 **Ácidos e bases**

Capítulo 9 **Química nuclear**

Introdução à química orgânica

Capítulo 10 **Química orgânica**

Capítulo 11 **Alcanos**

Capítulo 12 **Alquenos e alquinos**

Capítulo 13 **Benzeno e seus derivados**

Capítulo 14 **Alcoóis, éteres e tióis**

Capítulo 15 **Quiralidade: a lateralidade das moléculas**

Capítulo 16 **Aminas**

Capítulo 17 **Aldeídos e cetonas**

Capítulo 18 **Ácidos carboxílicos**

Capítulo 19 **Anidridos carboxílicos, ésteres e amidas**

Introdução à bioquímica

Capítulo 20 **Carboidratos**

Capítulo 21 **Lipídeos**

Capítulo 22 **Proteínas**

Capítulo 23 **Enzimas**

Capítulo 24 **Comunicação química: neurotransmissores e hormônios**

Capítulo 25 **Nucleotídeos, ácidos nucleicos e hereditariedade**

Capítulo 26 **Expressão gênica e síntese de proteínas**

Capítulo 27 **Bioenergética: como o organismo converte alimento em energia**

Capítulo 28 **Vias catabólicas específicas: metabolismo de carboidratos, lipídeos e proteínas**

Capítulo 29 **Vias biossintéticas**

Capítulo 30 **Nutrição**

Capítulo 31 **Imunoquímica**

Capítulo 32 **Fluidos do corpo****

Introdução à química geral, orgânica e bioquímica (combo)

---

* Em cada um dos livros há remissões a capítulos, seções, quadros, figuras e tabelas que fazem parte dos outros livros. Para consultá-los será necessário ter acesso às outras obras ou ao combo.
** Capítulo on-line, na página do livro, no site www.cengage.com.br.

Sumário

Capítulo 20 **Carboidratos**, 475

- 20.1 Carboidratos: o que são monossacarídeos?, 475
- 20.2 Quais são as estruturas cíclicas dos monossacarídeos?, 480
- 20.3 Quais são as reações características dos monossacarídeos?, 484
- 20.4 O que são dissacarídeos e oligossacarídeos?, 490
- 20.5 O que são polissacarídeos?, 493
- 20.6 O que são polissacarídeos ácidos?, 495

Resumo das questões-chave, 496
Resumo das reações fundamentais, 497
Problemas, 498

Conexões químicas

- 20A Galactosemia, 480
- 20B Ácido L-ascórbico (vitamina C), 483
- 20C Teste para glicose, 487
- 20D Sangue dos tipos A, B, AB e O, 489
- 20E Bandagens de carboidratos que salvam vidas, 494

Capítulo 21 **Lipídeos**, 503

- 21.1 O que são lipídeos?, 503
- 21.2 Quais são as estruturas dos triglicerídeos?, 504
- 21.3 Quais são algumas das propriedades dos triglicerídeos?, 505
- 21.4 Quais são as estruturas dos lipídeos complexos?, 507
- 21.5 Qual é a função dos lipídeos na estrutura das membranas?, 508
- 21.6 O que são glicerofosfolipídeos?, 509
- 21.7 O que são esfingolipídeos?, 510
- 21.8 O que são glicolipídeos?, 512
- 21.9 O que são esteroides?, 514
- 21.10 Quais são algumas das funções fisiológicas dos hormônios esteroides?, 519
- 21.11 O que são sais biliares?, 523
- 21.12 O que são prostaglandinas, tromboxanos e leucotrienos, 524

Resumo das questões-chave, 526
Problemas, 527

Conexões químicas

- 21A Ranço, 506
- 21B Ceras, 507
- 21C Transporte através das membranas celulares, 511
- 21D A bainha de mielina e a esclerose múltipla, 514
- 21E Doenças relacionadas ao armazenamento de lipídeos, 515
- 21F Esteroides anabolizantes, 522
- 21G Métodos contraceptivos por via oral, 523
- 21H Ação das drogas anti-inflamatórias, 526

Capítulo 22 **Proteínas**, 533

- 22.1 Quais são as várias funções das proteínas?, 533
- 22.2 O que são aminoácidos?, 534
- 22.3 O que são zwitteríons?, 538
- 22.4 O que determina as características dos aminoácidos?, 539
- 22.5 O que são aminoácidos incomuns?, 541
- 22.6 Como os aminoácidos se combinam para formar as proteínas?, 542
- 22.7 Quais são as propriedades das proteínas?, 544

22.8 O que é a estrutura primária das proteínas?, 547
22.9 O que é a estrutura secundária das proteínas?, 550
22.10 O que é a estrutura terciária das proteínas?, 551
22.11 O que é a estrutura quaternária das proteínas?, 554
22.12 Como são as proteínas desnaturadas?, 557
Resumo das questões-chave, 561
Problemas, 562

Conexões químicas

22A	Aspartame, o peptídeo doce, 543	
22B	AGE e envelhecimento, 545	
22C	O uso da insulina humana, 549	
22D	Anemia falciforme, 549	
22E	Doenças dependentes da conformação de proteína/peptídeo, 553	
22F	Proteômica, Uau!, 555	
22G	A estrutura quaternária de proteínas alostéricas, 558	
22H	Cirurgias a *laser* e desnaturação de proteínas, 560	

Capítulo 23 Enzimas, 567

23.1 O que são enzimas?, 567
23.2 Qual é a nomenclatura das enzimas e como elas são classificadas?, 569
23.3 Qual é a terminologia utilizada com as enzimas?, 570
23.4 Quais são os fatores que influenciam na atividade enzimática?, 571
23.5 Quais são os mecanismos da ação enzimática?, 572
23.6 Como as enzimas são reguladas?, 575
23.7 Como as enzimas são usadas na medicina?, 580
23.8 O que são análogos do estado de transição e enzimas elaboradas?, 581
Resumo das questões-chave, 585
Problemas, 585

Conexões químicas

23A	Relaxantes musculares e especificidade enzimática, 569	
23B	Enzimas e memória, 576	
23C	Sítios ativos, 577	
23D	Usos medicinais dos inibidores, 579	
23E	Glicogênio fosforilase: um modelo para a regulação de enzimas, 582	
23F	Uma enzima, duas funções, 583	
23G	Anticorpos catalíticos contra a cocaína, 584	

Capítulo 24 Comunicação química: neurotransmissores e hormônios, 591

24.1 Que moléculas estão envolvidas na comunicação química?, 591
24.2 Como os mensageiros químicos são classificados em neurotransmissores e hormônios?, 593
24.3 De que forma a acetilcolina age como um mensageiro?, 595
24.4 Quais aminoácidos agem como neurotransmissores?, 599
24.5 O que são mensageiros adrenérgicos?, 600
24.6 Qual é a função dos peptídeos na comunicação química?, 605
24.7 De que forma os hormônios esteroides agem como mensageiros?, 606
Resumo das questões-chave, 610
Problemas, 611

Conexões químicas

24A	A atuação do cálcio como um agente sinalizador (mensageiro secundário), 596	
24B	O botulismo e a liberação de acetilcolina, 597	
24C	Doença de Alzheimer e comunicação química, 598	
24D	Doença de Parkinson: redução de dopamina, 603	
24E	A atuação do óxido nítrico como um mensageiro secundário, 604	
24F	Diabetes, 609	
24G	Hormônios e poluentes biológicos, 609	

Capítulo 25 **Nucleotídeos, ácidos nucleicos e hereditariedade,** 615

- 25.1 Quais são as moléculas da hereditariedade?, 615
- 25.2 Do que são feitos os ácidos nucleicos?, 616
- 25.3 Qual é a estrutura do DNA e RNA?, 620
- 25.4 Quais são as diferentes classes do RNA?, 626
- 25.5 O que são genes?, 629
- 25.6 Como o DNA é replicado?, 629
- 25.7 Como o DNA é reparado?, 635
- 25.8 Como se amplifica o DNA?, 638

Resumo das questões-chave, 638

Problemas, 640

Conexões químicas

- 25A Drogas anticâncer, 620
- 25B Telômeros, telomerase e imortalidade, 631
- 25C Obtendo as impressões digitais do DNA – testes de DNA (DNA *fingerprinting*), 634
- 25D O Projeto do Genoma Humano: tesouro ou a caixa de Pandora?, 635
- 25E Farmacogenômica: adequando a medicação às características individuais, 636

Capítulo 26 **Expressão gênica e síntese de proteínas,** 643

- 26.1 Como o DNA conduz ao RNA e às proteínas?, 643
- 26.2 Como o DNA é transcrito no RNA?, 645
- 26.3 Qual é o papel do RNA na tradução?, 647
- 26.4 O que é o código genético?, 648
- 26.5 Como as proteínas são sintetizadas?, 649
- 26.6 Como os genes são regulados?, 655
- 26.7 O que são mutações?, 661
- 26.8 Como e por que se manipula o DNA?, 664
- 26.9 O que é terapia gênica?, 667

Resumo das questões-chave, 669

Problemas, 670

Conexões químicas

- 26A Quebrando o dogma: o vigésimo primeiro aminoácido, 655
- 26B Viroses, 656
- 26C Mutações e evolução bioquímica, 661
- 26D Mutações silenciosas, 662
- 26E p53: uma proteína fundamental na supressão de tumores, 663
- 26F Diversidade humana e fatores de transcrição, 664

Capítulo 27 **Bioenergética: como o organismo converte alimento em energia,** 673

- 27.1 O que é metabolismo?, 673
- 27.2 O que são mitocôndrias e que função desempenham no metabolismo?, 675
- 27.3 Quais são os principais compostos da via metabólica comum?, 676
- 27.4 Qual é a relevância do ciclo do ácido cítrico no metabolismo?, 679
- 27.5 Como ocorre o transporte de H^+ e elétrons?, 683
- 27.6 Qual é a função da bomba quimiosmótica na produção de ATP?, 685
- 27.7 Qual é o rendimento energético resultante do transporte de H^+ e elétrons?, 686
- 27.8 Como a energia química é convertida em outras formas de energia?, 686

Resumo das questões-chave, 688

Problemas, 689

Conexões químicas

- 27A Desacoplamento e obesidade, 684

Capítulo 28 **Vias catabólicas específicas: metabolismo de carboidratos, lipídeos e proteínas,** 693

- 28.1 Quais são os aspectos gerais das vias catabólicas?, 693
- 28.2 Quais são as reações da glicólise?, 694
- 28.3 Qual é o rendimento energético do catabolismo da glicose?, 699
- 28.4 Como ocorre o catabolismo do glicerol?, 700
- 28.5 Quais são as reações da β-oxidação dos ácidos graxos?, 701
- 28.6 Qual é o rendimento energético do catabolismo do ácido esteárico?, 703
- 28.7 O que são corpos cetônicos?, 703
- 28.8 Como o nitrogênio dos aminoácidos é processado no catabolismo?, 705
- 28.9 Como a cadeia carbônica dos aminoácidos é processada no catabolismo?, 709
- 28.10 Quais são as reações do catabolismo da heme?, 710

Resumo das questões-chave, 712
Problemas, 713

Conexões químicas

- 28A Acúmulo de lactato, 698
- 28B Efeitos da transdução de sinal no metabolismo, 701
- 28C Cetoacidose no diabetes, 706
- 28D Defeitos hereditários no catabolismo dos aminoácidos: PKU, 712

Capítulo 29 **Vias biossintéticas,** 717

- 29.1 Quais são os aspectos gerais das vias biossintéticas?, 717
- 29.2 Como ocorre a biossíntese dos carboidratos?, 718
- 29.3 Como ocorre a biossíntese dos ácidos graxos?, 722
- 29.4 Como ocorre a biossíntese dos lipídeos da membrana?, 724
- 29.5 Como ocorre a biossíntese dos aminoácidos?, 726

Resumo das questões-chave, 728
Problemas, 728

Conexões químicas

- 29A Fotossíntese, 720
- 29B As bases biológicas da obesidade, 723
- 29C Aminoácidos essenciais, 726

Capítulo 30 **Nutrição,** 731

- 30.1 Como se avalia a nutrição?, 731
- 30.2 Por que somamos calorias?, 735
- 30.3 Como o organismo processa os carboidratos da dieta?, 736
- 30.4 Como o organismo processa as gorduras da dieta?, 737
- 30.5 Como o organismo processa as proteínas da dieta?, 738
- 30.6 Qual é a importância das vitaminas, minerais e água?, 739

Resumo das questões-chave, 749
Problemas, 749

Conexões químicas

- 30A A nova pirâmide alimentar, 734
- 30B Por que é tão difícil perder peso?, 737
- 30C Dieta e adoçantes artificiais, 740
- 30D Ferro: um exemplo da necessidade de minerais, 741
- 30E Alimentos para o aumento do desempenho, 747
- 30F Comida orgânica: esperança ou sensacionalismo?, 748

Capítulo 31 **Imunoquímica,** 753

- 31.1 Como o organismo se defende das invasões?, 753
- 31.2 Que órgãos e células compõem o sistema imune?, 756
- 31.3 Como os antígenos estimulam o sistema imune?, 759
- 31.4 O que são imunoglobulinas?, 760
- 31.5 O que são células T e seus receptores?, 765
- 31.6 Como a resposta imune é controlada?, 767
- 31.7 Como o organismo reconhece um corpo estranho que pode invadi-lo?, 768

31.8   Como o vírus da imunodeficiência humana causa Aids?, 772
Resumo das questões-chave, 778
Problemas, 779

Conexões químicas

31A   O podofilo e agentes quimioterápicos, 761
31B   A guerra dos anticorpos monoclonais contra o câncer de mama, 765
31C   Imunização, 769
31D   Antibióticos: uma faca de dois gumes, 771
31E   Por que as células-tronco são especiais?, 776

Capítulo 32 **Fluidos corporais**, 783

(Encontra-se na página do livro, no site www.cengage.com.br)

32.1   Quais são os fluidos corporais importantes?, 783
32.2   Quais são as funções do sangue e qual é sua composição?, 784
32.3   Como o sangue transporta oxigênio?, 787
32.4   Como ocorre o transporte de dióxido de carbono no sangue?, 789
32.5   Qual é o papel dos rins na depuração do sangue?, 790
32.6   Qual é o papel dos rins nos tampões do organismo?, 792
32.7   Como são mantidos os equilíbrios de água e sal no sangue e nos rins?, 792
32.8   Como são a bioquímica e a fisiologia da pressão sanguínea?, 792
Resumo das questões-chave, 794
Problemas, 795

Conexões químicas

32A   Utilizando a barreira hematoencefálica para eliminar efeitos colaterais indesejáveis de fármacos, 784
32B   Coagulação, 787
32C   Respiração e lei de Dalton, 789
32D   Os hormônios sexuais e a velhice, 793
32E   Hipertensão e seu controle, 794

Apêndice I **Notação exponencial**, A1

Apêndice II **Algarismos significativos**, A4

Respostas aos problemas do texto e aos problemas ímpares de final de capítulos, R1

Glossário, G1

Índice remissivo, IR1

Grupos funcionais orgânicos importantes
Código genético padrão
Nomes e abreviações dos aminoácidos mais comuns
Massas atômicas padrão dos elementos 2007
Tabela periódica

Prefácio

> "Ver o mundo num grão de areia
> E o céu numa flor silvestre
> Reter o infinito na palma das mãos
> E a eternidade em um momento."
> William Blake ("Augúrios da inocência")

> "A cura para o tédio é a curiosidade
> Não há cura para a curiosidade."
> Dorothy Parker

Perceber a ordem na natureza do mundo é uma necessidade humana profundamente arraigada. Nossa meta principal é transmitir a relação entre os fatos e assim apresentar a totalidade do edifício científico construído ao longo dos séculos. Nesse processo, encantamo-nos com a unidade das leis que tudo governam: dos fótons aos prótons, do hidrogênio à água, do carbono ao DNA, do genoma à inteligência, do nosso planeta à galáxia e ao universo conhecido. Unidade em toda a diversidade.

Enquanto preparávamos a nona edição deste livro, não pudemos deixar de sentir o impacto das mudanças que ocorreram nos últimos 30 anos. Do *slogan* dos anos 1970, "Uma vida melhor com a química", para a frase atual, "Vida pela química", dá para ter uma ideia da mudança de foco. A química ajuda a prover as comodidades de uma vida agradável, mas encontra-se no âmago do nosso próprio conceito de vida e de nossas preocupações em relação a ela. Essa mudança de ênfase exige que o nosso texto, destinado principalmente para a educação de futuros profissionais das ciências da saúde, procure oferecer tanto as informações básicas quanto as fronteiras do horizonte que circunda a química.

O uso cada vez mais frequente de nosso texto tornou possível esta nova edição. Agradecemos àqueles que adotaram as edições anteriores para seus cursos. Testemunhos de colegas e estudantes indicam que conseguimos transmitir nosso entusiasmo pelo assunto aos alunos, que consideram este livro muito útil para estudar conceitos difíceis.

Assim, nesta nova edição, esforçamo-nos em apresentar um texto de fácil leitura e fácil compreensão. Ao mesmo tempo, enfatizamos a inclusão de novos conceitos e exemplos nessa disciplina em tão rápida evolução, especialmente nos capítulos de bioquímica. Sustentamos uma visão integrada da química. Desde o começo na química geral, incluímos compostos orgânicos e susbtâncias bioquímicas para ilustrar os princípios. O progresso é a ascensão do simples ao complexo. Insistimos com nossos colegas para que avancem até os capítulos de bioquímica o mais rápido possível, pois neles é que se encontra o material pertinente às futuras profissões de nossos alunos.

Lidar com um campo tão amplo em um só curso, e possivelmente o único curso em que os alunos têm contato com a química, faz da seleção do material um empreendimento bastante abrangente. Temos consciência de que, embora tentássemos manter o livro em tamanho e proporções razoáveis, incluímos mais tópicos do que se poderia cobrir num curso de dois semestres. Nosso objetivo é oferecer material suficiente para que o professor possa escolher os tópicos que considerar importante. Organizamos as seções de modo que cada uma delas seja independente; portanto, deixar de lado seções ou mesmo capítulos não causará rachaduras no edifício.

Ampliamos a quantidade de tópicos e acrescentamos novos problemas, muitos dos quais desafiadores e instigantes.

Público-alvo

Assim como nas edições anteriores, este livro não se destina a estudantes do curso de química, e sim àqueles matriculados nos cursos de ciências da saúde e áreas afins, como enfermagem, tecnologia médica, fisioterapia e nutrição. Também pode ser usado por alunos de estudos ambientais. Integralmente, pode ser usado para um curso de um ano (dois semestres) de química, ou partes do livro num curso de um semestre.

Pressupomos que os alunos que utilizam este livro têm pouco ou nenhum conhecimento prévio de química. Sendo assim, introduzimos lentamente os conceitos básicos no início e aumentamos o ritmo e o nível de sofisticação à medida que avançamos. Progredimos dos princípios básicos da química geral, passando pela química orgânica e chegando finalmente à bioquímica. Consideramos esse progresso como uma ascensão tanto em termos de importância prática quanto de sofisticação. Ao longo do texto, integramos as três partes, mantendo uma visão unificada da química. Não consideramos as seções de química geral como de domínio exclusivo de compostos inorgânicos, frequentemente usamos substâncias orgânicas e biológicas para ilustrar os princípios gerais.

Embora ensinar a química do corpo humano seja nossa meta final, tentamos mostrar que cada subárea da química é importante em si mesma, além de ser necessária para futuros conhecimentos.

Conexões químicas (aplicações medicinais e gerais dos princípios químicos)

Os quadros "Conexões químicas" contêm aplicações dos princípios abordados no texto. Comentários de usuários das edições anteriores indicam que esses quadros têm sido bem recebidos, dando ao texto a devida pertinência. Por exemplo, no Capítulo 1, os alunos podem ver como as compressas frias estão relacionadas aos colchões d'água e às temperaturas de um lago ("Conexões químicas 1C"). Indicam-se também tópicos atualizados, incluindo fármacos anti-inflamatórios como o Vioxx e Celebrex ("Conexões químicas 21H"). Outro exemplo são as novas bandagens para feridas baseadas em polissacarídeos obtidos da casca do camarão ("Conexões químicas 20E"). No Capítulo 30, que trata de nutrição, os alunos poderão ter uma nova visão da pirâmide alimentar ("Conexões químicas 30A"). As questões sempre atuais relativas à dieta são descritas em "Conexões químicas 30B". No Capítulo 31, o aluno aprenderá sobre importantes implicações no uso de antibióticos ("Conexões químicas 31D") e terá uma explicação detalhada sobre o tema, tão polêmico, da pesquisa com células-tronco ("Conexões químicas 31E").

A presença de "Conexões químicas" permite um considerável grau de flexibilidade. Se o professor quiser trabalhar apenas com o texto principal, esses quadros não interrompem a continuidade, e o essencial será devidamente abordado. No entanto, como essas "Conexões" ampliam o material principal, a maioria dos professores provavelmente desejará utilizar pelo menos algumas delas. Em nossa experiência, os alunos ficam ansiosos para ler as "Conexões químicas" pertinentes, não como tarefa, e o fazem com discernimento. Há um grande número de quadros, e o professor pode escolher aqueles que são mais adequados às necessidades específicas do curso. Depois, os alunos poderão testar seus conhecimentos em relação a eles com os problemas no final de cada capítulo.

Metabolismo: o código de cores

As funções biológicas dos compostos químicos são explicadas em cada um dos capítulos de bioquímica e em muitos dos capítulos de química orgânica. A ênfase é na química e não na fisiologia. Como tivemos um retorno muito positivo a respeito do modo como organizamos o tópico sobre metabolismo (capítulos 27, 28 e 29), resolvemos manter essa organização.

Primeiramente, apresentamos a via metabólica comum através da qual todo o alimento será utilizado (o ciclo do ácido cítrico e a fosforilação oxidativa) e só depois discutimos as vias específicas que conduzem à via comum. Consideramos isso um recurso pedagó-

gico útil que nos permite somar os valores calóricos de cada tipo de alimento porque sua utilização na via comum já foi ensinada. Finalmente, separamos as vias catabólicas das vias anabólicas em diferentes capítulos, enfatizando as diferentes maneiras como o corpo rompe e constrói diferentes moléculas.

O tema metabolismo costuma ser difícil para a maioria dos estudantes, e, por isso, tentamos explicá-lo do modo mais claro possível. Como fizemos na edição anterior, melhoramos a apresentação com o uso de um código de cores para os compostos biológicos mais importantes discutidos nos capítulos 27, 28 e 29. Cada tipo de composto aparece em uma cor específica, que permanece a mesma nos três capítulos. As cores são as seguintes:

- ATP e outros trifosfatos de nucleosídeo
- ADP e outros difosfatos de nucleosídeos
- As coenzimas oxidadas NAD^+ e FAD
- As coenzimas reduzidas NADH e $FADH_2$
- Acetil coenzima A

Nas figuras que mostram os caminhos metabólicos, os números das várias etapas aparecem em amarelo. Além desse uso do código de cores, outras figuras, em várias partes do livro, são coloridas de tal modo que a mesma cor sempre é usada para a mesma entidade. Por exemplo, em todas as figuras do Capítulo 23 que mostram as interações enzima-substrato, as enzimas sempre aparecem em azul, e os substratos, na cor laranja.

Destaques

- [NOVO] Estratégias de resolução de problemas Os exemplos do texto agora incluem uma descrição da estratégia utilizada para chegar a uma solução. Isso ajudará o aluno a organizar a informação para resolver um problema.
- [NOVO] Impacto visual Introduzimos ilustrações de grande impacto pedagógico. Entre elas, as que mostram os aspectos microscópico e macroscópico de um tópico em discussão, como as figuras 6.4 (lei de Henry) e 6.11 (condutância por um eletrólito).
- Questões-chave Utilizamos um enquadramento nas "Questões-chave" para enfatizar os principais conceitos químicos. Essa abordagem direciona o aluno, em todos os capítulos, nas questões relativas a cada segmento.
- [ATUALIZADO] Conexões químicas Mais de 150 ensaios descrevem as aplicações dos conceitos químicos apresentados no texto, vinculando a química à sua utilização real. Muitos quadros novos de aplicação sobre diversos tópicos foram acrescentados, tais como bandagens de carboidrato, alimentos orgânicos e anticorpos monoclonais.
- Resumo das reações fundamentais Nos capítulos de química orgânica (10-19), um resumo comentado apresenta as reações introduzidas no capítulo, identifica a seção onde cada uma foi introduzida e dá um exemplo de cada reação.
- [ATUALIZADO] Resumos dos capítulos Os resumos refletem as "Questões-chave". No final de cada capítulo, elas são novamente enunciadas, e os parágrafos do resumo destacam os conceitos associados às questões. Nesta edição estabelecemos "links" entre os resumos e problemas no final dos capítulos.
- [ATUALIZADO] Antecipando No final da maior parte dos capítulos incluímos problemas-desafio destinados a mostrar a aplicação, ao material dos capítulos seguintes, de princípios que aparecem no capítulo.
- [ATUALIZADO] Ligando os pontos e desafios Ao final da maior parte dos capítulos, incluímos problemas que se baseiam na matéria já vista, bem como em problemas que testam o conhecimento do aluno sobre ela. A quantidade desses problemas aumentou nesta edição.
- [ATUALIZADO] Os quadros Como... Nesta edição, aumentamos o número de quadros que enfatizam as habilidades de que o aluno necessita para dominar a matéria. Incluem tó-

picos do tipo "*Como...* Determinar os algarismos significativos em um número" (Capítulo 1) e "*Como...* Interpretar o valor da constante de equilíbrio, K" (Capítulo 7).

- Modelos moleculares Modelos de esferas e bastões, de preenchimento de espaço e mapas de densidade eletrônica são usados ao longo de todo o texto como auxiliares na visualização de propriedades e interações moleculares.

- Definições na margem Muitos termos também são definidos na margem para ajudar o aluno a assimilar a terminologia. Buscando essas definições no capítulo, o estudante terá um breve resumo de seu conteúdo.

- Notas na margem Informações adicionais, tais como notas históricas, lembretes e outras complementam o texto.

- Respostas a todos os problemas do texto e aos problemas ímpares no final dos capítulos Respostas a problemas selecionados são fornecidas no final do livro.

- Glossário O glossário no final do livro oferece uma definição para cada novo termo e também o número da seção em que o termo é introduzido.

Organização e atualizações

Química geral (capítulos 1-9)

- O Capítulo 1, Matéria energia e medidas, serve como uma introdução geral ao texto e introduz os elementos pedagógicos que aparecem pela primeira vez nesta edição. Foi adicionado um novo quadro "*Como...* Determinar os algarismos significativos em um número".

- No Capítulo 2, Átomos, introduzimos quatro dos cinco modos de representação das moléculas que usamos ao longo do texto: mostramos a água em sua fórmula molecular, estrutural e nos modelos de esferas e bastões e de preenchimento de espaço. Introduzimos os mapas de densidade eletrônica, uma quinta forma de representação, no Capítulo 3.

- O Capítulo 3, Ligações químicas, começa com os compostos iônicos, seguidos de uma discussão sobre compostos moleculares.

- O Capítulo 4, Reações químicas, inclui o quadro "*Como...* Balancear uma equação química" que ilustra um método gradual para balancear uma equação.

- No Capítulo 5, Gases, líquidos e sólidos, apresentamos as forças intermoleculares de atração para aumentar a energia, ou seja, as forças de dispersão de London, interações dipolo-dipolo e ligações de hidrogênio.

- O Capítulo 6, Soluções e coloides, abre com uma listagem dos tipos mais comuns de soluções, com discussões sobre os fatores que afetam a solubilidade, as unidades de concentração mais usadas e as propriedades coligativas.

- O Capítulo 7, Velocidades de reação e equilíbrio químico, mostra como esses dois importantes tópicos estão relacionados entre si. Adicionamos um novo quadro "*Como...* Interpretar o valor da constante de equilíbrio, K".

- O Capítulo 8, Ácidos e bases, introduz o uso das setas curvadas para mostrar o fluxo de elétrons em reações orgânicas. Utilizamos especificamente essas setas para indicar o fluxo de elétrons em reações de transferência de próton. O principal tema desse capítulo é a aplicação dos tampões ácido-base e da equação de Henderson-Hasselbach.

- A seção de química geral termina com o Capítulo 9, Química nuclear, destacando as aplicações medicinais.

Química orgânica (capítulos 10-19)

- O Capítulo 10, Química orgânica, introduz as características dos compostos orgânicos e os grupos funcionais orgânicos mais importantes.

- No Capítulo 11, Alcanos, introduzimos o conceito de fórmula linha-ângulo e seguimos usando essas fórmulas em todos os capítulos de química orgânica. Essas estruturas são mais fáceis de desenhar que as fórmulas estruturais condensadas usuais e também mais fáceis de visualizar.

- No Capítulo 12, Alcenos e alcinos, introduzimos o conceito de mecanismo de reação com a hidro-halogenação e a hidratação por catálise ácida dos alcenos. Apresentamos também um mecanismo para a hidrogenação catalítica dos alcenos e, mais adiante, no Capítulo 18, mostramos como a reversibilidade da hidrogenação catalítica resulta na formação de gorduras *trans*. O objetivo dessa introdução aos mecanismos de reação é demonstrar ao aluno que os químicos estão interessados não apenas no que acontece numa reação química, mas também como ela ocorre.

- O Capítulo 13, Benzeno e seus derivados, segue imediatamente após a apresentação dos alcenos e alcinos. Nossa discussão sobre os fenóis inclui fenóis e antioxidantes.
- O Capítulo 14, Alcoóis, éteres e tióis, discute primeiramente a estrutura, nomenclatura e propriedades dos alcoóis, e depois aborda, do mesmo modo, os éteres e finalmente os tióis.
- No Capítulo 15, Quiralidade: a lateralidade das moléculas, os conceitos de estereocentro e enantiomeria são lentamente introduzidos com o 2-butanol como protótipo. Depois tratamos de moléculas com dois ou mais estereocentros e mostramos como prever o número de estereoisômeros possível para uma determinada molécula. Também explicamos a convenção *R, S* para designar uma configuração absoluta a um estereocentro tetraédrico.
- No Capítulo 16, Aminas, seguimos o desenvolvimento de novas medicações para asma, da epinefrina, como fármaco principal, ao albuterol (Proventil).
- O Capítulo 17, Aldeídos e cetonas, apresenta o $NaBH_4$ como agente redutor da carbonila, com ênfase em sua função de agente de transferência de hidreto. Depois comparamos à NADH como agente redutor da carbonila e agente de transferência de hidreto.

A química dos ácidos carboxílicos e seus derivados é dividida em dois capítulos.

- O Capítulo 18, Ácidos carboxílicos, concentra-se na química e nas propriedades físicas dos próprios ácidos carboxílicos. Discutimos brevemente sobre os ácidos graxos *trans* e os ácidos graxos ômega-3, e a importância de sua presença em nossas dietas.
- O Capítulo 19, Anidridos carboxílicos, ésteres e amidas, descreve a química desses três importantes grupos funcionais, com ênfase em sua hidrólise por catálise ácida e promovida por bases, e as reações com as aminas e os álcoois.

Bioquímica (capítulos 20–32)

- O Capítulo 20, Carboidratos, começa com a estrutura e a nomenclatura dos monossacarídeos, sua oxidação e redução, e a formação de glicosídeos, concluindo com uma discussão sobre a estrutura dos dissacarídeos, polissacarídeos e polissacarídeos ácidos. Um novo quadro de "Conexões químicas" trata das *Bandagens de carboidrato que salvam vidas*.
- O Capítulo 21, Lipídeos, trata dos aspectos mais importantes da bioquímica dos lipídeos, incluindo estrutura da membrana e estruturas e funções dos esteroides. Foram adicionadas novas informações sobre o uso de esteroides e sobre a ex-velocista olímpica Marion Jones.
- O Capítulo 22, Proteínas, abrange muitas facetas da estrutura e função das proteínas. Dá uma visão geral de como elas são organizadas, começando com a natureza de cada aminoácido e descrevendo como essa organização resulta em suas muitas funções. O aluno receberá as informações básicas necessárias para seguir até as seções sobre enzimas e metabolismo. Um novo quadro de "Conexões químicas" trata do *Aspartame, o peptídeo doce*.
- O Capítulo 23, Enzimas, aborda o importante tópico da catálise e regulação enzimática. O foco está em como a estrutura de uma enzima aumenta tanto a velocidade de reações catalisadas por enzimas. Foram incluídas aplicações específicas da inibição por enzimas em medicina, bem como uma introdução ao fascinante tópico dos análogos ao estado de transição e seu uso como potentes inibidores. Um novo quadro de "Conexões químicas" trata de *Enzimas e memória*.
- No Capítulo 24, Comunicação química, veremos a bioquímica dos hormônios e dos neurotransmissores. As implicações da ação dessas substâncias na saúde são o principal foco deste capítulo. Novas informações sobre possíveis causas da doença de Alzheimer são exploradas.
- O Capítulo 25, Nucleotídeos, ácidos nucleicos e hereditariedade, introduz o DNA e os pro-

cessos que envolvem sua replicação e reparo. Enfatiza-se como os nucleotídeos se ligam uns aos outros e o fluxo da informação genética que ocorre por causa das propriedades singulares dessas moléculas. As seções sobre tipos de RNA foram bastante ampliadas, uma vez que nosso conhecimento sobre esses ácidos nucleicos avança diariamente. O caráter único do DNA de um indivíduo é descrito em um quadro de "Conexões químicas" que introduz *Obtendo as impressões digitais do DNA* e mostra como a ciência forense depende do DNA para fazer identificações positivas.

- O Capítulo 26, Expressão gênica e síntese de proteínas, mostra como a informação contida no DNA da célula é usada para produzir RNA e finalmente proteína. Aqui o foco é como os organismos controlam a expressão dos genes através da transcrição e da tradução. O capítulo termina com o atual e importante tópico da terapia gênica, uma tentativa de curar doenças genéticas dando ao indivíduo o gene que lhe faltava. Os novos quadros de "Conexões químicas" descrevem a *Diversidade humana e fatores de transcrição* e as *Mutações silenciosas*.

- O Capítulo 27, Bioenergética, é uma introdução ao metabolismo que enfatiza as vias centrais, isto é, o ciclo do ácido cítrico, o transporte de elétrons e a fosforilação oxidativa.

- No Capítulo 28, Vias catabólicas específicas, tratamos dos detalhes da decomposição de carboidratos, lipídeos e proteínas, enfatizando o rendimento energético.

- O Capítulo 29, Vias biossintéticas, começa com algumas considerações gerais sobre anabolismo e segue para a biossíntese do carboidrato nas plantas e nos animais. A biossíntese dos lipídeos é vinculada à produção de membranas, e o capítulo termina com uma descrição da biossíntese dos aminoácidos.

- No Capítulo 30, Nutrição, fazemos uma abordagem bioquímica aos conceitos de nutrição. Ao longo do caminho, veremos uma versão revisada da pirâmide alimentar e derrubaremos alguns mitos sobre carboidratos e gorduras. Os quadros de "Conexões químicas" expandiram-se em dois tópicos geralmente importantes para o aluno – dieta e melhoramento do desempenho nos esportes através de uma nutrição apropriada. Foram adicionados novos quadros que discutem o *Ferro: um exemplo de necessidade dietética* e *Alimentos orgânicos – esperança ou modismo?*.

- O Capítulo 31, Imunoquímica, abrange o básico de nosso sistema imunológico e como nos protegemos dos organismos invasores. Um espaço considerável é dedicado ao sistema de imunidade adquirida. Nenhum capítulo sobre imunologia estaria completo sem uma descrição do vírus da imunodeficiência humana. O capítulo termina com uma descrição do tópico polêmico da pesquisa com células-tronco – nossas esperanças e preocupações pelos possíveis aspectos negativos. Foi adicionado um novo quadro de "Conexões químicas", *Anticorpos monoclonais travam guerra contra o câncer de mama*.

- O Capítulo 32, Fluidos corporais, encontra-se na página do livro, no site www.cengage.com.br.

EM INGLÊS

Instructor Solutions Manual

Encontra-se na página do livro, no site www.cengage.com.br o Instructor Solutions Manual em PDF, gratuito para professores que comprovadamente adotam a obra.

Agradecimentos

A publicação de um livro como este requer os esforços de muitas outras pessoas, além dos autores. Gostaríamos de agradecer a todos os professores que nos deram valiosas sugestões para esta nova edição.

Somos especialmente gratos a Garon Smith (University of Montana), Paul Sampson (Kent State University) e Francis Jenney (Philadelphia College of Osteopathic Medicine) que leram o texto com um olhar crítico. Como revisores, também confirmaram a precisão das seções de respostas.

Nossos especiais agradecimentos a Sandi Kiselica, editora sênior de desenvolvimento, que nos deu todo o apoio durante o processo de revisão. Agradecemos seu constante encorajamento enquanto trabalhávamos para cumprir os prazos; ela também foi muito valiosa em dirimir dúvidas. Agradecemos a ajuda de nossos outros colegas em Brooks/Cole: editora executiva, Lisa Lockwood; gerente de produção, Teresa Trego; editor associado, Brandi Kirksey; editora de mídia, Lisa Weber; e Patrick Franzen, da Pre-Press PMG.

Também agradecemos pelo tempo e conhecimento dos avaliadores que leram o original e fizeram comentários úteis: Allison J. Dobson (Georgia Southern University), Sara M. Hein (Winona State University), Peter Jurs (The Pennsylvania State University), Delores B. Lamb (Greenville Technical College), James W. Long (University of Oregon), Richard L. Nafshun (Oregon State University), David Reinhold (Western Michigan University), Paul Sampson (Kent State University), Garon C. Smith (University of Montana) e Steven M. Socol (McHenry County College).

Carboidratos

20

Questões-chave

20.1 Carboidratos: o que são monossacarídeos?
20.2 Quais são as estruturas cíclicas dos monossacarídeos?
20.3 Quais são as reações características dos monossacarídeos?
20.4 O que são dissacarídeos e oligossacarídeos?
20.5 O que são polissacarídeos?
20.6 O que são polissacarídeos ácidos?

Pães, grãos e massas são fontes de carboidratos.

20.1 Carboidratos: o que são monossacarídeos?

Os carboidratos são os compostos orgânicos mais abundantes no mundo vegetal. Eles atuam como armazéns de energia química (glicose, amido, glicogênio), são componentes das estruturas de sustentação nas plantas (celulose), nas conchas dos crustáceos (quitina) e nos tecidos conectivos nos animais (polissacarídeos ácidos) e componentes essenciais dos ácidos nucleicos (D-ribose e 2-desoxi-D-ribose). Os carboidratos constituem aproximadamente três quartos do peso seco das plantas. Os animais (incluindo os humanos) obtêm os seus carboidratos comendo plantas, mas eles não armazenam muito do que comem. Na verdade, menos que 1% do peso corporal dos animais é constituído de carboidratos.

A palavra *carboidrato* significa "hidrato de carbono" e deriva da fórmula $C_n(H_2O)_m$. Dois exemplos de carboidratos com essa fórmula molecular geral que pode ser escrita alternativamente como um hidrato de carbono são:

[1] Também chamada de glucose. De forma mais geral, na língua portuguesa utiliza-se quase exclusivamente glicose. O termo glucose ainda é muito empregado em rótulos de produtos alimentícios. (NT)

- Glicose[1] (o açúcar do sangue): $C_6H_{12}O_6$, que pode ser escrita como $C_6(H_2O)_6$.
- Sacarose (o açúcar comum, também chamado açúcar de mesa): $C_{12}H_{22}O_{11}$, que pode ser escrita como $C_{12}(H_2O)_{11}$.

Nem todos os carboidratos, entretanto, têm essa fórmula geral. Alguns contêm poucos átomos de oxigênio para se enquadrar nessa fórmula, enquanto outros contêm muitos átomos de oxigênio. Alguns também contêm nitrogênio. O termo *carboidrato* foi tão firmemente enraizado na nomenclatura química que, embora não seja totalmente exato, ele persiste como o nome para essa classe de compostos.

Do ponto de vista molecular, a maioria dos **carboidratos** consiste em poli-hidroxialdeído, poli-hidroxiacetonas ou compostos que as originam após hidrólise. Os membros mais simples da família dos carboidratos são frequentemente designados de **sacarídeos** por causa de seu gosto doce (do latim *saccharum*, "açúcar"). Os carboidratos são classificados como monossacarídeos, oligossacarídeos ou polissacarídeos, o que vai depender do número de açúcares simples que eles contêm.

Carboidrato Um poli-hidroxialdeído ou poli-hidroxicetona, ou uma substância que origina esses compostos na reação de hidrólise.

A. Estrutura e nomenclatura

Os **monossacarídeos** têm a fórmula geral $C_nH_{2n}O_n$, com um dos carbonos sendo de um grupo carbonila de um aldeído ou de uma cetona. Os monossacarídeos mais comuns apresentam de três a nove átomos de carbono. O sufixo **-ose** indica que a molécula é um carboidrato, e os prefixos **tri-**, **tetr-**, **pent-**, e assim sucessivamente, indicam o número de carbonos na cadeia. Monossacarídeos que contêm um grupo aldeído são classificados como **aldoses**, enquanto aqueles que apresentam um grupo cetona são classificados como **cetoses**.

Existem apenas duas trioses: o gliceraldeído (uma aldotriose) e a di-hidroxiacetona (uma cetotriose).

Monossacarídeo Um carboidrato que não pode ser hidrolisado a um composto mais simples.

Aldose Um monossacarídeo que contém um grupo aldeído.

Cetose Um monossacarídeo que contém um grupo cetona.

$$\begin{array}{cc} \text{CHO} & \text{CH}_2\text{OH} \\ | & | \\ \text{CHOH} & \text{C}=\text{O} \\ | & | \\ \text{CH}_2\text{OH} & \text{CH}_2\text{OH} \\ \text{Gliceraldeído} & \text{Di-hidroxiacetona} \\ \text{(uma aldotriose)} & \text{(uma cetotriose)} \end{array}$$

Frequentemente as designações *aldo-* e *ceto-* são omitidas, e essas moléculas são mencionadas apenas como trioses, tetroses e assim por diante.

B. Fórmulas das projeções de Fisher

O gliceraldeído contém um estereocentro e por isso existe como um par de enantiômeros (Figura 20.1).

Os químicos comumente usam representações bidimensionais denominadas **projeções de Fisher** para mostrar a configuração dos carboidratos. Para elaborar uma projeção de Fisher, desenhe uma representação tridimensional da molécula orientada, de forma que as ligações verticais do estereocentro sejam direcionadas em sentido contrário a você ("entrando no plano do papel"), e as horizontais, na sua direção ("saindo do plano do papel"); nenhuma das ligações do estereocentro deve estar no plano do papel. Então, escreva a molécula como uma cruz com um estereocentro indicado pelo ponto em que ocorre o cruzamento dos eixos da cruz.

Projeção de Fisher Uma representação bidimensional que mostra a configuração do estereocentro; linhas horizontais representam as ligações que se projetam para a frente do estereocentro, e as linhas verticais, as ligações que se projetam para trás.

Emil Fisher, que, em 1902, tornou-se o segundo ganhador do Prêmio Nobel em Química, realizou várias descobertas fundamentais na química dos carboidratos e das proteínas e em outras áreas da química orgânica e bioquímica.

$$\begin{array}{ccc} \text{CHO} & & \text{CHO} \\ H-C-OH & \xrightarrow{\text{converter para a projeção de Fisher}} & H-\!\!\!\!-OH \\ \text{CH}_2\text{OH} & & \text{CH}_2\text{OH} \\ (R)\text{-gliceraldeído} & & (R)\text{-gliceraldeído} \\ \text{(representação tridimensional)} & & \text{(projeção de Fisher)} \end{array}$$

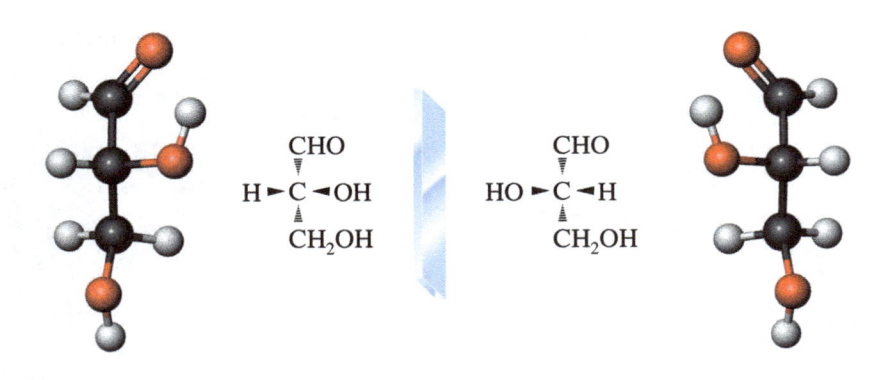

FIGURA 20.1 Os enantiômeros do gliceraldeído.

Os segmentos horizontais dessa projeção de Fisher representam ligações direcionadas na sua direção, e os segmentos verticais, ligações direcionadas em sentido contrário. O único átomo no plano do papel é o estereocentro.

C. D- e L-monossacarídeos

Embora o sistema *R,S* seja amplamente aceito hoje como um padrão para designar a configuração, a configuração dos carboidratos é comumente designada pelo sistema D,L proposto por Emil Fisher em 1891. Naquela época, sabia-se que um enantiômero do gliceraldeído apresentava uma rotação específica (Seção 15.4B) de $+13,5°$, e o outro, uma rotação específica de $-13,5°$. Fisher propôs que esses enantiômeros fossem designados D e L, mas ele não tinha condições experimentais para atribuir a estrutura de cada enantiômero com sua respectiva rotação específica. Fisher, entretanto, fez a única coisa possível: realizou uma atribuição arbitrária. Ele atribuiu ao enantiômero dextrorrotatório a configuração representada a seguir e o denominou D-gliceraldeído. Ele nomeou seu enantiômero de L-gliceraldeído. Fisher poderia estar errado, mas, por um golpe de sorte, não estava. Em 1952, cientistas provaram que a sua atribuição das configurações D,L dos enantiômeros do gliceraldeído estavam corretas.

D-gliceraldeído $[\alpha]_D^{25} = 113,5°$

L-gliceraldeído $[\alpha]_D^{25} = 213,5°$

O D-gliceraldeído e L-gliceraldeído servem como pontos de referência para a atribuição das configurações relativas de todas as outras aldoses e cetoses. O ponto de referência é o penúltimo carbono da cadeia. Um **D-monossacarídeo** tem a mesma configuração do penúltimo carbono do **D-gliceraldeído** (o seu grupo —OH está a direita na projeção de Fisher); um **L-monossacarídeo** tem a configuração do penúltimo carbono como o L-gliceraldeído (o seu grupo —OH está à esquerda na projeção de Fisher).

As tabelas 20.1 e 20.2 mostram os nomes e as projeções de Fisher para todas as D-aldo- e D-2-cetotetroses, pentoses e hexoses. Cada nome é composto de três partes. O D especifica a configuração no estereocentro mais afastado do grupo carbonila. Prefixos como *rib-*, *arabin-* e *glic-* especificam a configuração de todos os outros estereocentros no monossacarídeo relativos uns aos outros. O sufixo *-ose* indica que o composto é um carboidrato.

As três hexoses mais abundantes no mundo biológico são D-glicose, D-galactose e D-frutose. As duas primeiras são D-aldoexoses, e a terceira, uma D-2-cetoexose. Glicose, a mais abundante das três, é também conhecida como dextrose porque é um composto dextrorrotatório. Outros nomes para esse monossacarídeo incluem açúcar de uva e açúcar do sangue. O sangue humano normalmente contém 65-110 mg de glicose/100 mL de sangue.

D-monossacarídeo Um monossacarídeo que, quando escrito como uma projeção de Fisher, tem o grupo —OH em seu penúltimo carbono no lado direito.

L-monossacarídeo Um monossacarídeo que, quando escrito como uma projeção de Fisher, tem o grupo —OH em seu penúltimo carbono no lado esquerdo.

TABELA 20.1 Relações configuracionais entre D-aldotetroses, D-aldopentoses e D-aldoexoses Isoméricas*

```
                                    CHO
                                H ——— OH
                                    CH₂OH
                                D-gliceraldeído
                   ┌────────────────────┴────────────────────┐
              CHO                                        CHO
          H ——— OH                                   HO ——— H
          H ——— OH                                    H ——— OH
             CH₂OH                                       CH₂OH
           D-eritrose                                   D-treose
        ┌──────┴──────┐                          ┌──────┴──────┐
      CHO           CHO                        CHO           CHO
    H—OH         HO—H                       H—OH         HO—H
    H—OH          H—OH                      HO—H         HO—H
    H—OH          H—OH                       H—OH         H—OH
    CH₂OH         CH₂OH                      CH₂OH         CH₂OH
   D-ribose     D-arabinose                 D-xilose      D-lixose
  ┌──┴──┐       ┌──┴──┐                    ┌──┴──┐       ┌──┴──┐
 CHO   CHO    CHO    CHO                  CHO   CHO    CHO    CHO
H-OH HO-H   H-OH   HO-H                 H-OH  HO-H   H-OH   HO-H
H-OH H-OH   HO-H   HO-H                 H-OH  H-OH   HO-H   HO-H
H-OH H-OH   H-OH   H-OH                 HO-H  HO-H   HO-H   HO-H
H-OH H-OH   H-OH   H-OH                 H-OH  H-OH   H-OH   H-OH
CH₂OH CH₂OH CH₂OH  CH₂OH               CH₂OH CH₂OH  CH₂OH  CH₂OH
D-alose D-altrose D-glicose D-manose   D-gulose D-idose D-galactose D-talose
```

*A configuração do grupo —OH de referência no penúltimo carbono está indicada em rosa.

Exemplo 20.1 Desenhando projeções de Fisher

Desenhe as projeções de Fisher para as quatro aldotetroses. Quais são D-monossacarídeos, L-monossacarídeos e enantiômeros? Use a Tabela 20.1 e escreva o nome de cada aldotetrose.

Estratégia

Comece com as projeções de Fisher das duas aldotrioses, D-gliceraldeído e L-gliceraldeído. Desenhe estruturas com quatro carbonos, posicione o carbono que determina designação D,L entre o quarto carbono e o carbono do aldeído.

Solução

A seguir, estão as projeções de Fisher para as quatro aldoses. O D- e L- referem-se às configurações do penúltimo carbono, que, no caso das aldotetroses, é o carbono 3. Na projeção de Fisher da D-aldotetrose, o grupo —OH no carbono 3 está à direita; e na L-aldotetrose, no lado esquerdo.

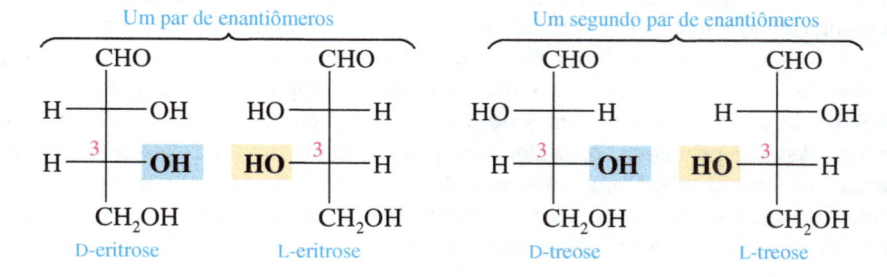

```
       Um par de enantiômeros              Um segundo par de enantiômeros
      CHO           CHO                      CHO           CHO
   H—OH          HO—H                     HO—H          H—OH
   H—³OH         HO—³H                    H—³OH         HO—³H
   CH₂OH         CH₂OH                    CH₂OH         CH₂OH
  D-eritrose    L-eritrose                D-treose      L-treose
```

Problema 20.1

Desenhe projeções de Fisher para todas as 2-cetopentoses. Quais são D-2-cetopentoses, L-2-cetopentoses e enantiômeros? Utilize a Tabela 20.2 e escreva o nome de cada 2-cetopentose.

TABELA 20.2 Relações configuracionais entre as D-2-cetopentoses e D-2-cetoexoses.

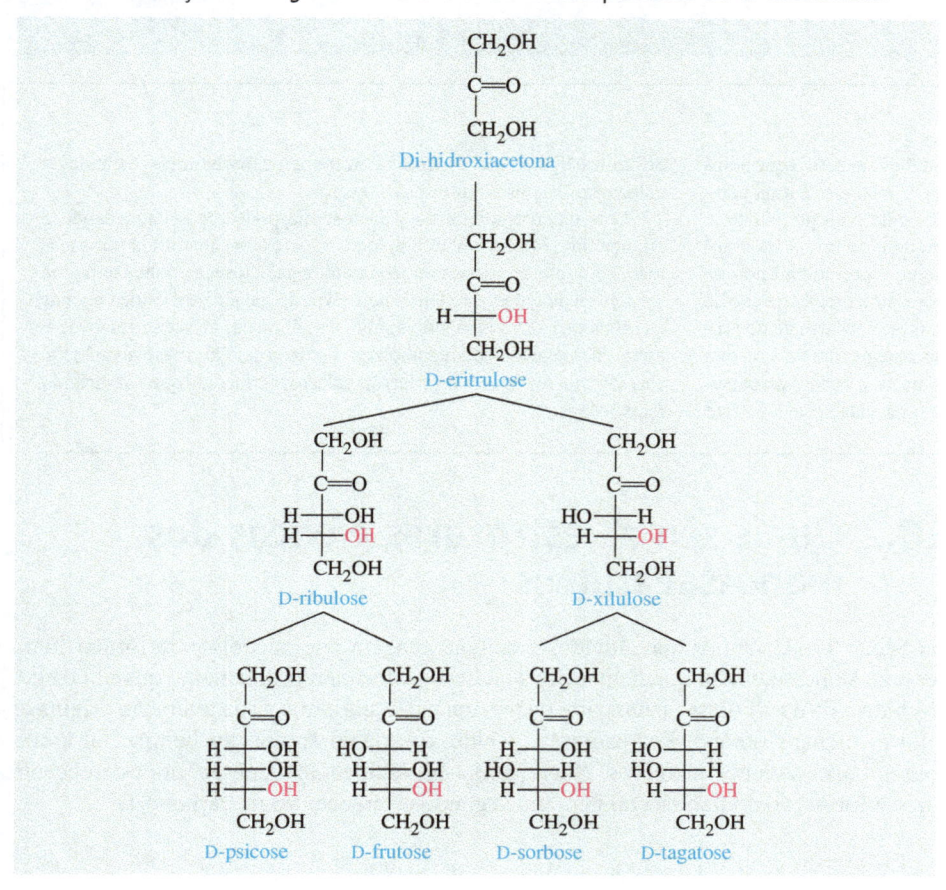

(Di-hidroxiacetona → D-eritrulose → D-ribulose, D-xilulose → D-psicose, D-frutose, D-sorbose, D-tagatose)

D. Aminoaçúcares

Os aminoaçúcares contêm um grupo —NH$_2$ no lugar de um grupo —OH. Somente três aminoaçúcares são comuns na natureza: D-glicosamina, D-manosamina e D-galactosamina.

Aminoaçúcar Um monossacarídeo em que um grupo —OH é substituído por um grupo —NH$_2$.

D-glicosamina | D-manosamina (C-2 estereoisômero da D-glicosamina) | D-galactosamina (C-4 estereoisômero da D-glicosamina) | N-acetil--D-glicosamina

O *N*-acetil-D-glicosamina, um derivado da D-glicosamina, é um componente de vários polissacarídeos, incluindo tecidos conjuntivos como a cartilagem. Trata-se também de um componente da quitina, que constitui as estruturas do exoesqueleto de lagostas, caranguejos, camarões e outros moluscos. Outros aminoaçúcares são componentes dos antibióticos naturais.

E. Propriedades físicas dos monossacarídeos

Monossacarídeos são sólidos cristalinos incolores. Por causa das ligações de hidrogênio entre os seus grupos polares —OH e a água, todos os monossacarídeos são muito solúveis em água. Eles são apenas ligeiramente solúveis em etanol e insolúveis em solvente apolares como éter dietílico, diclorometano e benzeno.

Conexões químicas 20A

Galactosemia

De cada 18 mil crianças, uma nasce com um defeito genético que a impede de utilizar o monossacarídeo galactose. A galactose é uma parte da lactose (açúcar do leite, Seção 20.4B). Quando o corpo não pode absorver a galactose, ela se acumula no sangue e na urina. Esse aumento da concentração da galactose no sangue é prejudicial porque provoca retardamento mental, problemas de crescimento, formação de cataratas nos olhos e, em casos mais agudos, morte decorrente de problemas no fígado. Quando o acúmulo de galactose resulta de uma disfunção transiente em crianças, a doença é conhecida como galactosuria, cujos sintomas são leves. Quando a enzima galactose-1-fosfato uridiniltrasferase não funciona corretamente, a disfunção é chamada galactosemia e os sintomas são severos.

O efeito prejudicial da galactosemia pode ser evitado dando à criança um leite formulado, no qual a lactose é substituída por sacarose. Pelo fato de a sacarose não conter a galactose, a criança tem uma dieta livre de galactose. Uma dieta livre de galactose é crítica apenas na infância. Com a passar do tempo, a maioria das crianças desenvolve outra enzima capaz de metabolizar a galactose. Como consequência, elas tornam-se capazes de tolerar a galactose à medida que vão ficando mais velhas.

20.2 Quais são as estruturas cíclicas dos monossacarídeos?

Na Seção 17.4C, vimos que aldeídos e cetonas reagem com alcoóis para formar **hemiacetais**. Vimos também que hemiacetais cíclicos se formam prontamente quando os grupos hidroxila e carbonila fazem parte da mesma molécula e que a sua interação origina estruturas cíclicas (anéis). Por exemplo, 4-hidroxipentanal forma um hemiacetal cíclico com um anel de cinco membros. Note que o 4-hidroxipentanal contém um estereocentro e que a formação do hemiacetal gera um segundo estereocentro no carbono 1.

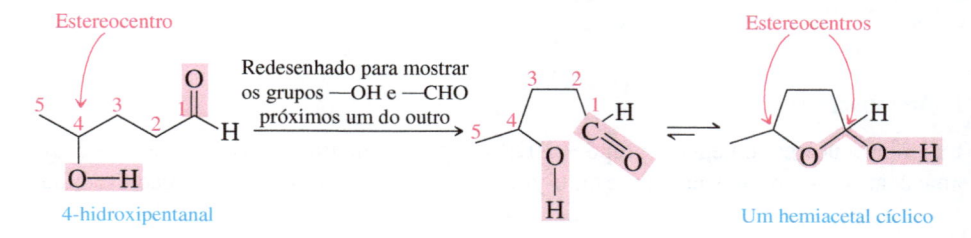

Os monossacarídeos apresentam grupos hidroxila e carbonila na mesma molécula. Como resultado, eles existem quase que exclusivamente como hemiacetais cíclicos formando anéis de cinco e seis membros.

A. Projeções de Haworth

Projeção de Haworth Uma maneira de visualizar as formas furanose e piranose dos monossacarídeos; o anel é desenhado de forma achatada e visualizado através de seu contorno, com o carbono anomérico posicionado à direita da estrutura e o oxigênio projetado para trás.

Carbono anomérico O carbono do hemiacetal da forma cíclica de um monossacarídeo.

Anômeros Monossacarídeos que diferem na configuração apenas dos seus carbonos anoméricos.

Uma maneira comum de representar as estruturas cíclicas dos monossacarídeos é através **das projeções de Haworth**, em homenagem ao químico inglês *Sir* Walter N. Haworth (Prêmio Nobel em Química, 1937). Em uma projeção de Haworth, um hemiacetal cíclico de cinco ou seis membros é representado respectivamente como um pentágono ou hexágono plano que se projeta de forma aproximadamente perpendicular em relação ao plano do papel. Os grupos ligados aos carbonos do anel são posicionados acima ou abaixo do plano do anel. O carbono do novo estereocentro originado pela formação da estrutura cíclica é chamado **carbono anomérico**. Os estereoisômeros que diferem na configuração somente do carbono anomérico são chamados **anômeros**. O carbono anomérico de uma aldose é o carbono 1, e o das cetoses mais comuns é o carbono 2.

Tipicamente, as projeções de Haworth são mais comumente desenhadas com o carbono anomérico do lado direito e o oxigênio do hemiacetal se direcionando para trás (Figura 20.2).

Na terminologia da química dos carboidratos, a designação β significa que o grupo —OH no carbono anomérico do hemiacetal cíclico reside no mesmo lado do anel que o grupo terminal —CH_2OH. Contrariamente, a designação α significa que o grupo —OH do carbono anomérico do hemiacetal cíclico reside do lado oposto ao do grupo terminal —CH_2OH.

Um hemiacetal de anel de seis membros é indicado por **-piran-**, e o de um anel de cinco membros por **-furan-**. Os termos **furanose** e **piranose** são usados porque os monossacarídeos de anéis de cinco e seis membros correspondem aos compostos heterocíclicos furano e pirano.

Furanose Um hemiacetal cíclico de cinco membros de um monossacarídeo.

Piranose Um hemiacetal cíclico de seis membros de um monossacarídeo.

Furano   Pirano

Pelo fato de as formas α e β da glicose serem hemiacetais cíclicos de seis membros, elas são chamadas de α-D-glicopiranose e β-D-glicopiranose, respectivamente.

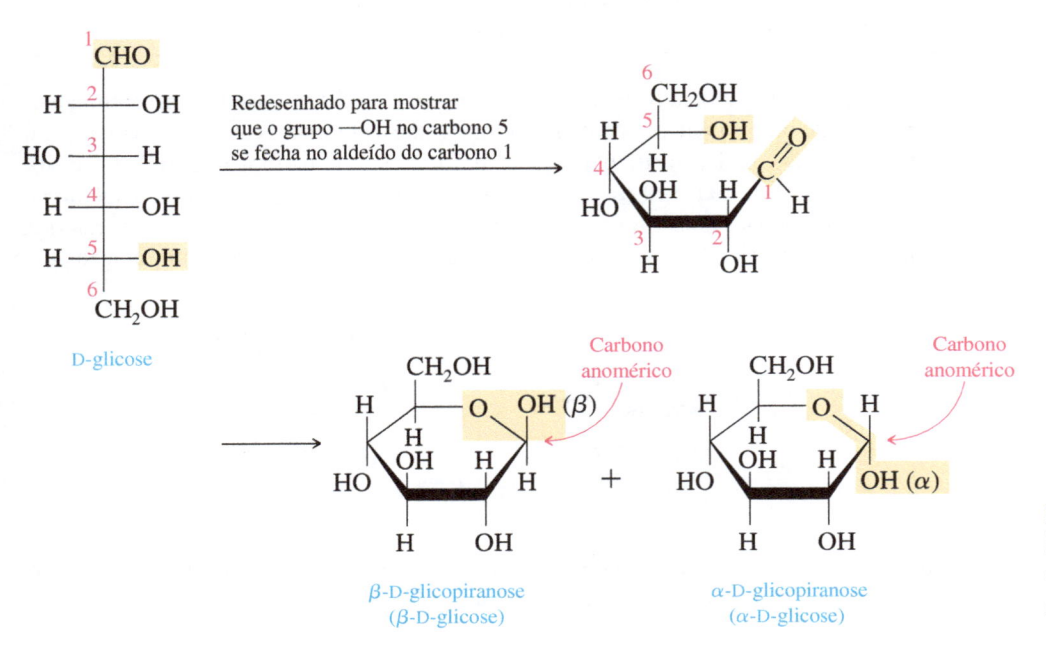

FIGURA 20.2 Projeções de Haworth para α-D-glicopiranose e β-D-glicopiranose.

Entretanto, as designações *-furan-* e *-piran-* não são sempre utilizadas nos nomes dos monossacarídeos. Portanto, as glicopiranoses, por exemplo, são frequentemente chamadas α-D--glicose e β-D-glicose.

Você deve se lembrar bem das configurações dos grupos nas projeções de Haworth da α-D-glicopiranose e β-D-glicopiranose como estruturas de referência. Conhecendo como as configurações de cadeia aberta de qualquer outra aldoexose diferem da D-glicose, você pode construir projeções de Haworth para as aldoexoses pela comparação com as projeções de Haworth da D-glicose.

| Exemplo 20.2 | Desenhando projeções de Haworth

Desenhe projeções de Haworth para os anômeros α e β da D-galactopiranose.

Estratégia

Uma comparação dos anômeros α e β é mostrada na Figura 20.2, com a glicose como exemplo. A única modificação necessária é substituir a estrutura da glicose pela da galactose.

Solução

Uma maneira de chegar a essa projeção é usar as formas α e β da D-glicopiranose como referência e lembrar (ou descobrir olhando a Tabela 20.1) que a D-galactose difere da glicose somente na configuração do carbono 4. Portanto, você pode começar com a projeção de Haworth mostrada na Figura 20.2 e então inverter a configuração do carbono 4.

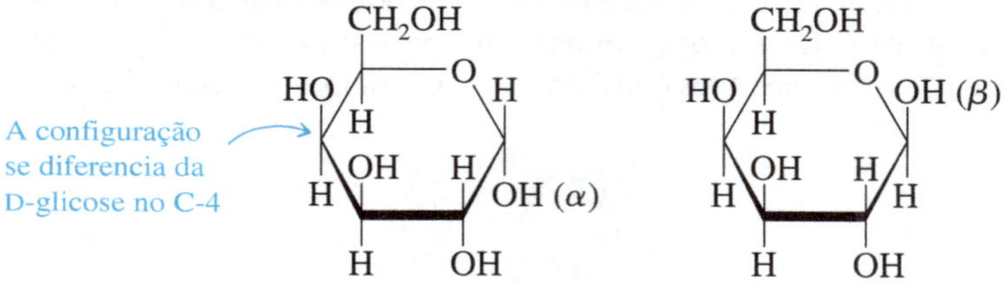

α-D-galactopiranose (α-D-galactose)   β-D-galactopiranose (β-D-galactose)

A configuração se diferencia da D-glicose no C-4

Problema 20.2

A D-manose existe em solução aquosa como uma mistura de α-D-manopirose e β-D-manopirose. Desenhe as projeções de Harworth para essas moléculas.

As aldopentoses também formam hemiacetais cíclicos. As formas mais predominantes da D-ribose e de outras pentoses no meio biológico são as furanoses. A seguir, são mostradas as projeções de Haworth para α-D-ribofuranose (α-D-ribose) e β-2-desoxi-D-ribofuranose (β-2-desoxi-D-ribose). O prefixo *2-desoxi* indica a ausência de oxigênio no carbono 2. As unidades de D-ribose e 2-desoxi-D-ribose nos ácidos nucleicos e na maioria das moléculas biológicas são encontradas quase que exclusivamente na configuração *β*.

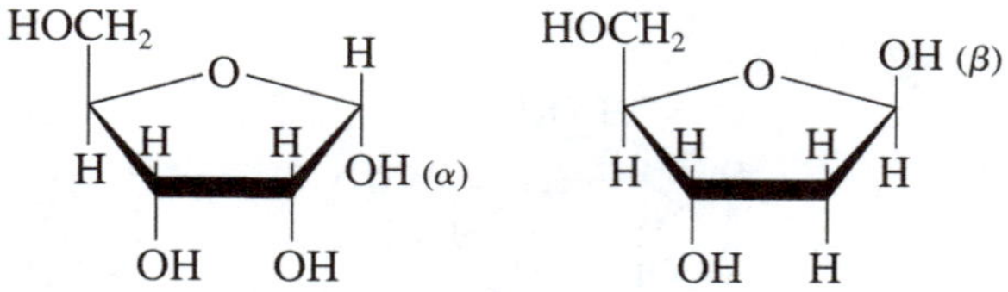

α-D-ribofuranose (α-D-ribose)   β-2-desoxi-D-ribofuranose (β-2-desoxi-D-ribose)

A frutose também forma hemiacetais cíclicos de cinco membros. A β-D-frutofuranose, por exemplo, é encontrada no dissacarídeo sacarose (Seção 20.4A).

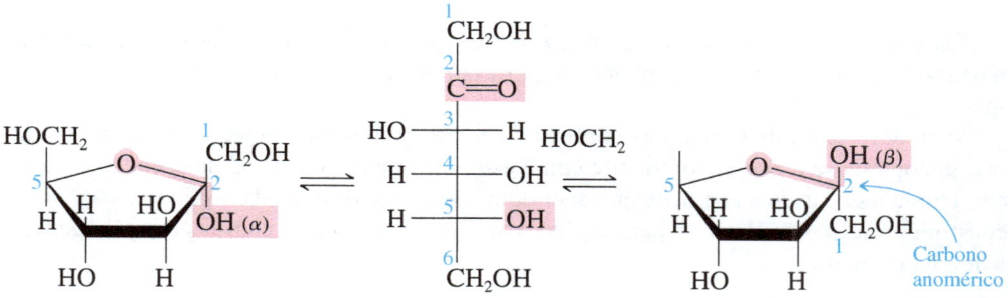

α-D-frutofuranose (α-D-frutose)   D-frutose   β-D-frutofuranose (β-D-frutose)

Carbono anomérico

B. Representações de configuração

Um anel de cinco membros de furanose é praticamente planar e as projeções de Haworth fornecem uma representação adequada para as furanoses. No caso das piranoses, entretanto, o anel de seis membros é mais adequadamente representado em uma **conformação cadeira** (Seção 11.6B). A seguir, encontram-se as fórmulas estruturais da α-D-glicopiranose e da β-D-glicopiranose, ambas desenhadas nas suas conformações cadeira. Também é mostrada a forma de cadeia aberta do aldeído que se encontra em equilíbrio em solução aquosa com os hemiacetais cíclicos. Repare que cada grupo, incluindo o grupo anomérico —OH, na conformação cadeira da β-D-glicopiranose é equatorial. Repare também que o grupo —OH no carbono anomérico da α-D-glicopiranose é axial. O fato de o grupo —OH do car-

Não mostramos os átomos de hidrogênio ligados ao anel na conformação cadeira. Nós os mostramos, entretanto, com frequência nas projeções de Haworth.

bono anomérico da β-D-glicopiranose estar em uma posição equatorial mais estável (Seção 11.6B) permite que o anômero β predomine em solução.

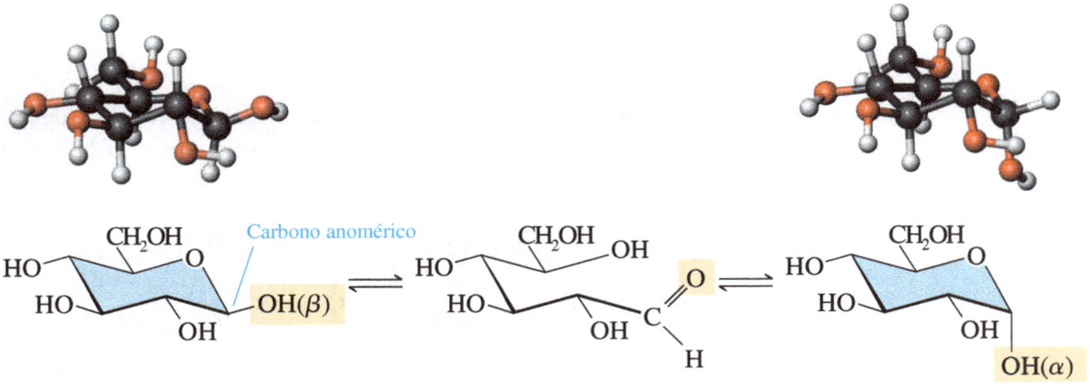

β-D-glicopiranose
$[\alpha]_D^{25} = +18{,}7°$

D-glicose

α-D-glicopiranose
$[\alpha]_D^{25} = 112°$

Neste ponto, vamos comparar as orientações relativas dos grupos no anel da D-glicopiranose na projeção de Haworth e na conformação cadeira. As orientações dos grupos nos carbonos 1 até 5 da β-D-glicopiranose, por exemplo, estão para cima, para baixo, para cima, para baixo e para cima em ambas as representações. Note que, na β-D-glicopiranose, todos os grupos, exceto os hidrogênios, estão na posição equatorial mais estável.

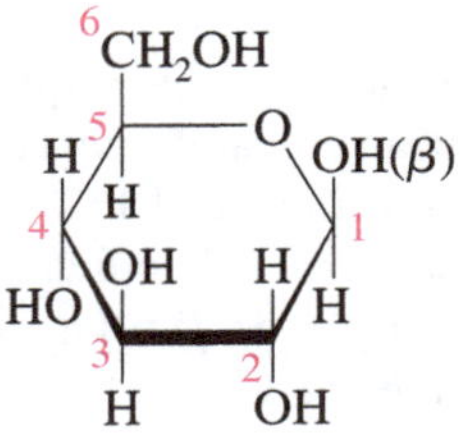

β-D-glicopiranose
(projeção de Harworth)

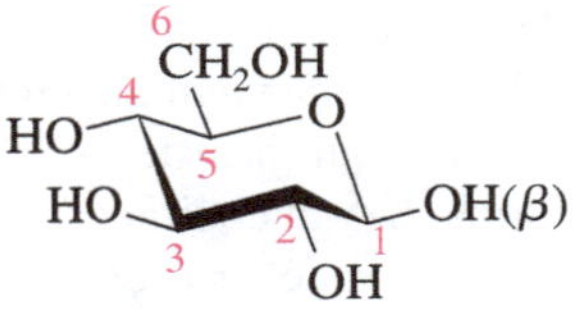

β-D-glicopiranose
(conformação cadeira)

Conexões químicas 20B

Ácido L-ascórbico (vitamina C)

A estrutura do ácido L-ascórbico (vitamina C) se assemelha à de um monossacarídeo. Na verdade, essa vitamina é sintetizada bioquimicamente pelas plantas e por alguns animais e comercialmente através da D-glicose. Os humanos não têm a enzima necessária para realizar a síntese dessa vitamina. Por essa razão, precisamos obter a vitamina C nos alimentos ou na forma de suplementos alimentares. Aproximadamente 66 milhões de kg da vitamina C são sintetizados anualmente nos Estados Unidos.

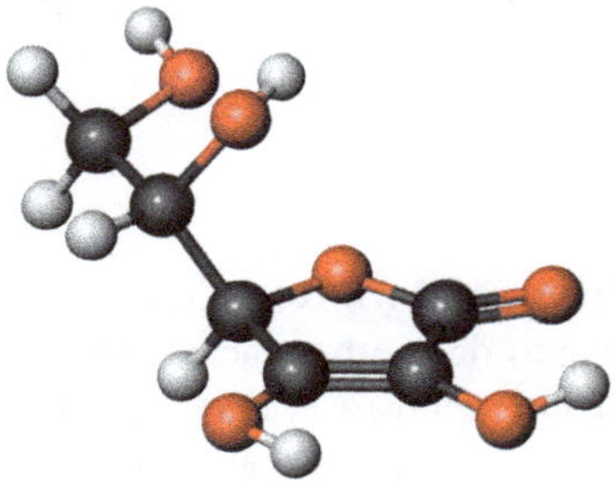

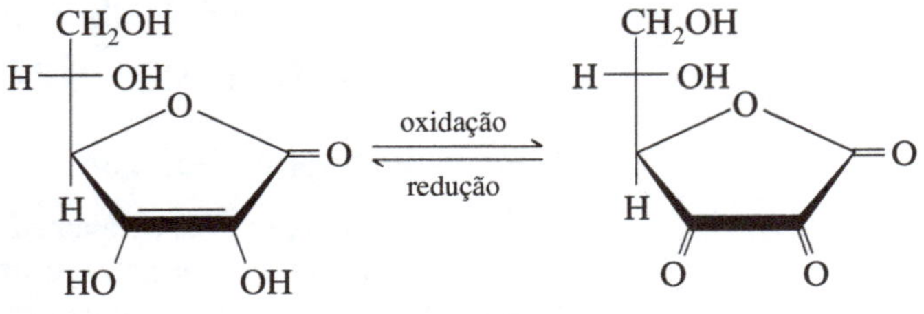

Ácido L-ascórbico
(Vitamina C)

Ácido L--deidroascórbico

Exemplo 20.3 — Conformações cadeira

Desenhe as conformações cadeira para α-D-galactopiranose e β-D-galactopiranose. Marque a posição do carbono anomérico em cada caso.

Estratégia e solução

A configuração da D-galactose difere da D-glicose somente no carbono 4. Então, desenhe as formas α e β da D-glicopiranose e então troque a posição dos grupos —OH e —H no carbono 4.

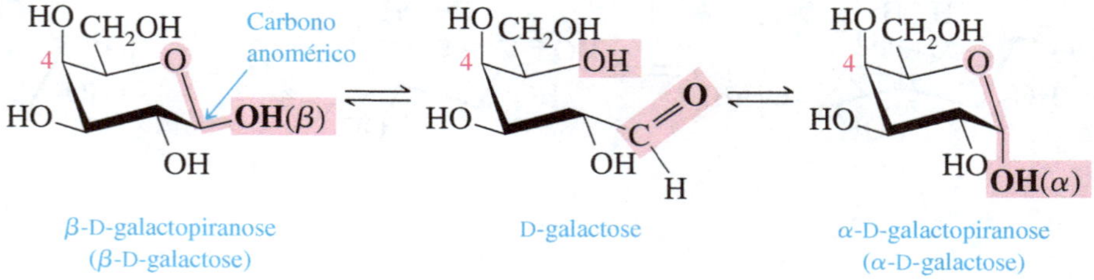

β-D-galactopiranose (β-D-galactose) ⇌ D-galactose ⇌ α-D-galactopiranose (α-D-galactose)

Problema 20.3

Desenhe a conformação cadeira para a α-D-manopiranose e β-D-manopiranose. Assinale o carbono anomérico em cada uma delas.

C. Mutarrotação

Mutarrotação A mudança na rotação específica que ocorre quando as formas α e β de um carboidrato são convertidas em uma mistura em equilíbrio das suas duas formas.

Mutarrotação é a mudança na rotação específica que acompanha o equilíbrio dos anômeros α e β em solução aquosa. Por exemplo, uma solução preparada pela dissolução de α-D--glicopiranose cristalina em água tem uma rotação específica de +112°, que gradualmente decresce para um valor de equilíbrio de +52,7° quando a α-D-glicopiranose se encontra em equilíbrio com a forma β-D-glicopiranose. Uma solução de β-D-glicopiranose também apresenta mutarrotação, em que a rotação específica muda de +18,7° para o mesmo valor de equilíbrio de +52,7°. A mistura em equilíbrio é composta de 64% de β-D--glicopiranose e 36% de α-D-glicopiranose, com somente traços (0,003%) da forma de cadeia aberta. A mutarrotação é comum para todos os carboidratos que existem na forma de hemiacetais.

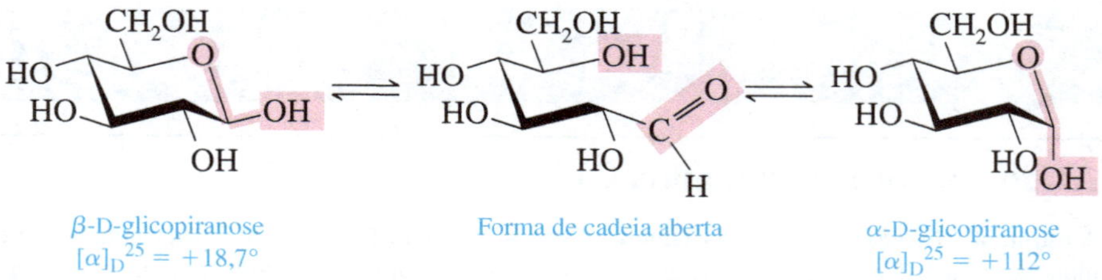

β-D-glicopiranose
$[\alpha]_D^{25} = +18,7°$

Forma de cadeia aberta

α-D-glicopiranose
$[\alpha]_D^{25} = +112°$

20.3 Quais são as reações características dos monossacarídeos?

A. Formação de glicosídeos (acetais)

Como vimos na Seção 17C, o tratamento de um aldeído ou cetona com uma molécula de álcool resulta em um hemiacetal, e o tratamento de um hemiacetal com uma molécula de álcool resulta em um acetal. O tratamento de um monossacarídeo – todos existem quase que exclusivamente como hemiacetais cíclicos – com um álcool também resulta em um acetal, como ilustrado pela reação da β-D-glicopiranose com metanol.

β-D-glicopiranose (β-D-glicose) + CH$_3$OH $\xrightarrow[-H_2O]{H^+}$ Metil β-D-glicopiranosídeo (Metil β-D-glicosídeo) + Metil α-D-glicopiranosídeo (Metil α-D-glicosídeo)

Um acetal cíclico derivado de um monossacarídeo é chamado um **glicosídeo**, e a ligação do carbono anomérico ao grupo —OR é denominada **ligação glicosídica**.[2] A mutarrotação não é possível em um glisosídeo porque um acetal – diferentemente de um hemiacetal – não se encontra substancialmente em equilíbrio com a forma de cadeia aberta que contém a carbonila. Glicosídeos são estáveis em água e solução aquosa básica; como outros acetais (Seção 17.4C), entretanto, eles são hidrolisados em solução aquosa ácida, formando um álcool e um monossacarídeo.

Denominamos os glicosídeos elencando os grupos alquílicos ou arílicos ligados ao oxigênio, seguidos pelo nome do carboidrato no qual a terminação **-e** é substituída por **-ídeo**. Por exemplo, metil glicosídeo deriva de β-D-glicopiranose é chamada metil β-D-glicopiranosídeo; os derivados da β-D-ribofuranose são chamados metil β-D-ribofuranosídeo.

[2] Em inglês, utiliza-se também a expressão *ligação glucosídica* para especificar que o monossacarídeo envolvido na ligação glicosídica é a glicose (*glucose*). Ver Problema 20.32. Neste capítulo, apenas a forma mais geral "ligação glicosídica" é utilizada, mesmo quando o monossacarídeo envolvido é a glicose. (NT)

Glicosídeo Um carboidrato no qual o grupo —OH em seu carbono anomérico é substituído por um grupo —OR.

Ligação glicosídica A ligação do carbono anomérico de um glicosídeo a um grupo —OR.

Exemplo 20.4 Encontrando o carbono anomérico e a ligação glicosídica

Desenhe a fórmula estrutural para o metil β-D-ribofuranosídeo (metil β-D-ribosídeo). Marque o carbono anomérico e a ligação glicosídica.

Estratégia

Furanosídeos são anéis de cinco membros. O carbono anomérico é o carbono 1, e a ligação glicosídica é formada no carbono anomérico.

Solução

Metil β-D-ribofuranosídeo (Metil β-D-ribosídeo)

Problema 20.4

Escreva a projeção de Haworth e a conformação cadeira para a α-D-manopiranosídeo (metil α-D-manosídeo). Marque o carbono anomérico e a ligação glicosídica.

B. Redução para alditóis

O grupo carbonila de um monossacarídeo pode ser reduzido a um grupo hidroxila por uma variedade de agentes redutores, incluindo hidrogênio na presença de um catalisador metálico e boroidreto de sódio (Seção 17.4C). Os produtos de redução são conhecidos como **alditóis**. A redução da D-glicose origina D-glicitol, mais comumente conhecido como D-sorbitol. Aqui, a D-glicose é mostrada na sua forma de cadeia aberta. Apenas uma pequena quantidade dessa forma está presente em solução, mas, à medida que ela é reduzida, o equilíbrio entre a forma cíclica do hemiacetal (somente a forma β é mostrada) e a forma de cadeia aberta é deslocado para repor a espécie de cadeia aberta, consequentemente convertendo a forma cíclica em forma de cadeia aberta.

Oxidações e reduções de monossacarídeos são realizadas na natureza por enzimas específicas classificadas como oxidases, por exemplo, glicose oxidase.

Alditol O produto formado quando o grupo CHO do monossacarídeo é reduzido a um grupo CH$_2$OH.

β-D-glicopiranose — D-glicose — D-glicitol (D-sorbitol)

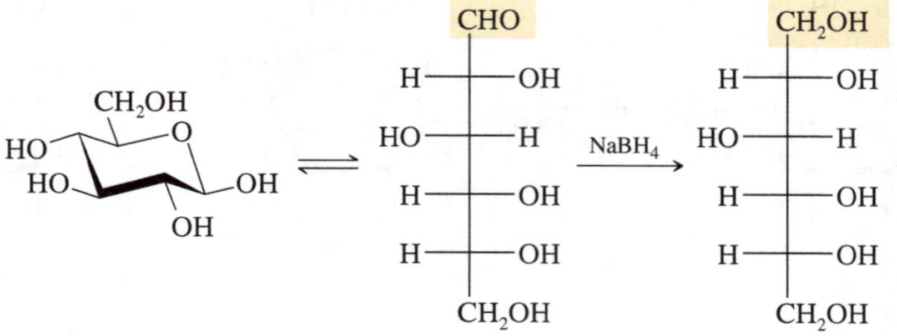

Nomeamos os alditóis substituindo o **-ose** do nome do monossacarídeo por **-itol**. Sorbitol é encontrado no mundo das plantas em várias frutas silvestres vermelhas, cerejas, maçãs, ameixas e algas marinhas.

Ele apresenta 60% da doçura da sacarose (açúcar comum), é usado na manufatura de doces e é um substituto do açúcar para diabéticos. Outros alditóis comumente encontrados no mundo biológico incluem eritritol, D-manitol e xilitol. O xilitol é usado como adoçante em chicletes "sem açúcar", doces e cereais "açucarados".

Eritritol — D-manitol — Xilitol

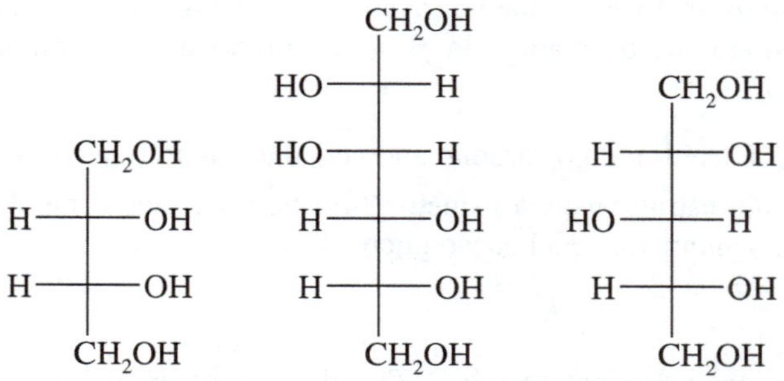

C. Oxidação para ácidos aldônicos (açúcares redutores)

Como foi visto na Seção 17.4A, aldeídos (RCHO) são oxidados a um ácido carboxílico (RCOOH) por vários agentes, incluindo oxigênio, O_2. Similarmente, o grupo aldeído de uma aldose pode ser oxidado, sob condições básicas, a um grupo carboxilato. Nessas condições, a forma cíclica da aldose está em equilíbrio com a forma de cadeia aberta, a qual é então oxidada pelas condições brandas do agente oxidante. A D-glicose, por exemplo, é oxidada a D-gliconato (o ânion do ácido D-glicônico).

β-D-glicopiranose (β-D-glicose) — D-glicose — D-gliconato (um ácido aldônico)

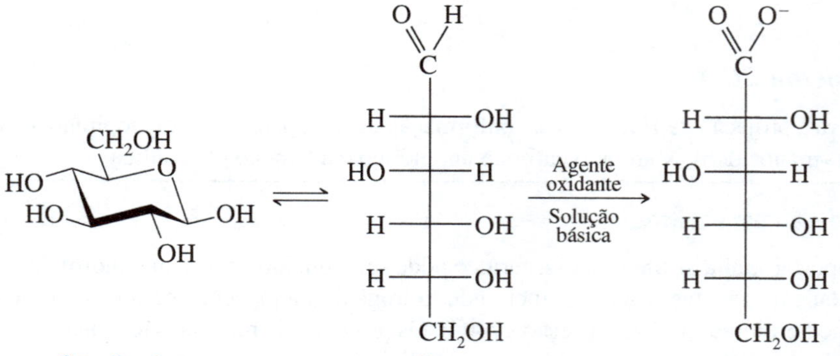

Açúcar redutor Um carboidrato que reage com um agente oxidante brando sob condições básicas para formar um ácido aldônico; o carboidrato reduz o agente oxidante.

Qualquer carboidrato que reaja com um agente oxidante para formar um ácido aldônico é classificado como um **açúcar redutor** (ele reduz o agente oxidante).

De forma surpreendente, 2-cetoses são também açúcares redutores. O carbono 1 (um grupo CH_2OH) da cetose não é oxidado diretamente. Entretanto, nas condições básicas dessa oxidação, a 2-cetose existe em equilíbrio com uma aldose via um intermediário enodiol. A aldose é então oxidada pelo agente oxidante brando.

[Esquema: Uma 2-cetose ⇌ (OH⁻) Um enodiol ⇌ (OH⁻) Uma aldose → (Agente oxidante) Um aldonato]

Conexões químicas 20C

Teste para glicose

O procedimento analítico mais frequentemente realizado em um laboratório de análise clínicas é a determinação de glicose no sangue, na urina ou em outros fluidos biológicos. A alta frequência com que esse teste é realizado reflete a alta incidência de diabetes melito. São conhecidos aproximadamente 20 milhões de diabéticos nos Estados Unidos, e estima-se que milhões de outras pessoas apresentem a doença que ainda não foi diagnosticada.

O diabetes melito ("Conexões químicas 24F") é caracterizado pelos níveis insuficientes do hormônio insulina no sangue. Caso a concentração de insulina no sangue se apresente muito baixa, os músculos e o fígado não absorvem a glicose do sangue, o que provoca aumento dos níveis de glicose no sangue (hiperglicemia), prejudicando o metabolismo de gorduras e proteínas, cetose, podendo ocasionar o coma. Um teste rápido para os níveis de glicose no sangue é uma etapa crítica para o diagnóstico precoce e para o acompanhamento dessa doença. Adicionalmente ao pré-requisito de fornecer um resultado rápido, o teste precisa ser específico para a D-glicose, isto é, ele deve resultar em um teste positivo para glicose, mas não reagir com qualquer outra substância normalmente presente nos fluidos biológicos.

Hoje, os níveis de glicose no sangue são medidos por um procedimento baseado em uma enzima que utiliza a enzima glicose oxidase. Essa enzima catalisa a oxidação da β-D-glicose ao ácido D-glicônico.

[Estrutura: β-D-glicopiranose (β-D-glicose) + O_2 + H_2O →(Glicose oxidase)→ Ácido D-glicônico + H_2O_2 (Peróxido de hidrogênio)]

A glicose oxidase é específica para a β-D-glicose. Por isso, a oxidação completa de qualquer amostra que contenha ambas, β-D-glicose e α-D-glicose, requer a conversão da forma α para a forma β. Felizmente, essa interconversão é rápida e completa em um curto período de tempo necessário para a realização do teste.

O oxigênio molecular, O_2, é o agente oxidante nessa reação e é reduzido a H_2O_2. No procedimento, o H_2O_2 formado na reação catalisada pela enzima oxida a o-toluidina incolor, transformando-a em um produto colorido em uma reação que é catalisada por outra enzima, a peroxidase. A concentração do produto da reação, a forma oxidada colorida, é determinada espectrofotometricamente e é proporcional à concentração de glicose na solução-teste.

[Estrutura: 2-metilanilina (o-toluidina) + H_2O_2 →(Peroxidase)→ Produto colorido]

Vários kits de teste comerciais usam a reação da glicose oxidase para a determinação qualitativa da glicose na urina.

D. Oxidação para ácidos urônicos

A oxidação catalisada por enzima do álcool primário no carbono 6 de uma hexose resulta em ácido urônico. A oxidação catalisada por enzima da D-glicose, por exemplo, resulta em ácido D-glicurônico, mostrado aqui tanto na sua forma de cadeia aberta como na forma do hemiacetal cíclico:

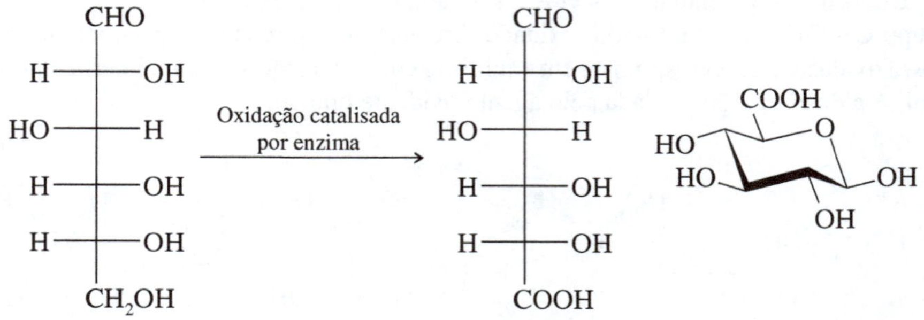

[Estruturas: D-glicose → Ácido D-glicurônico (Projeção de Fisher e Conformação cadeira), via Oxidação catalisada por enzima]

O ácido D-glicurônico é amplamente distribuído tanto no reino vegetal como no animal. Nos humanos, ele serve como um importante componente dos ácidos polissacarídeos do tecido conjuntivo (Seção 20.6A). O corpo também usa ácido D-glicurônico para eliminar fenóis e alcoóis estranhos ao organismo. No fígado, esses compostos são convertidos em glicosídeos do ácido glicurônico (glicuronídeos) e são excretados na urina. O anestésico intravenoso propofol, por exemplo, é convertido no seguinte glucoronídeo e então excretado pela urina:

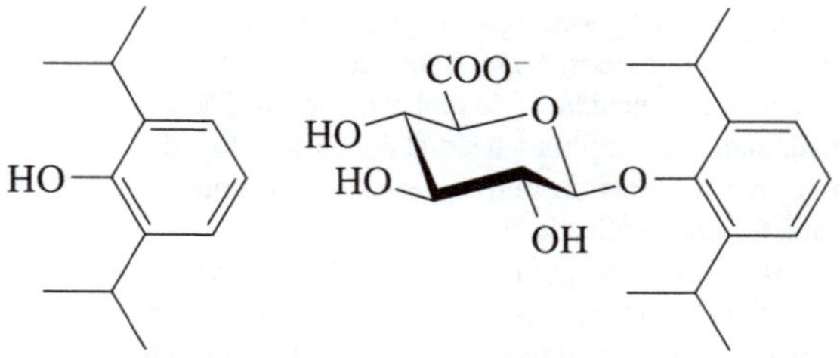

[Estruturas: Propofol e Um D-glicuronídeo solúvel na urina]

E. Formação de ésteres fosfóricos

Ésteres mono e difosfóricos são importantes intermediários no metabolismo de monossacarídeos. Por exemplo, a primeira etapa na glicólise (Seção 28.2) envolve a conversão de glicose em glicose 6-fosfato. Note que o ácido fosfórico é forte o suficiente para estar ionizado no pH dos fluidos intercelulares, resultando em um éster com carga -2.

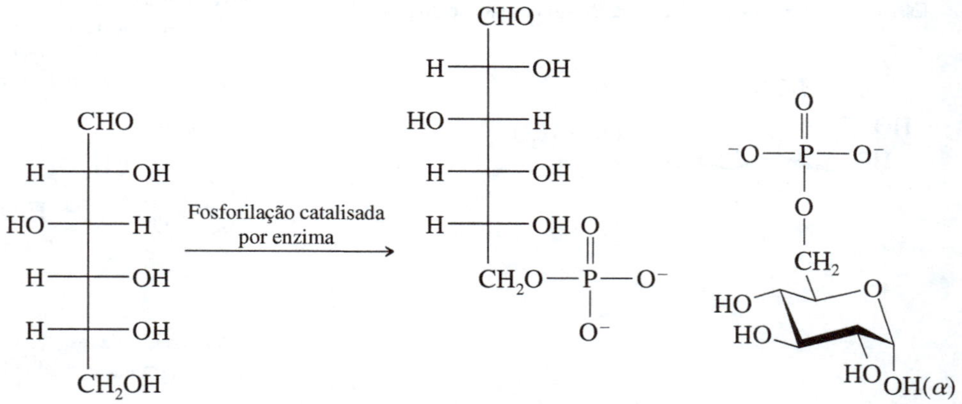

[Estruturas: D-glicose → D-glicose 6-fosfato e α-D-glicose 6-fosfato, via Fosforilação catalisada por enzima]

Conexões químicas 20D

Sangue dos tipos A, B, AB e O

As membranas das células de plasma dos animais têm um grande número de carboidratos relativamente pequenos ligados a elas. Na verdade, o lado externo da maioria das células de plasma é literalmente "recoberto por açúcar". Essas membranas ligadas aos carboidratos são parte do mecanismo pelo qual as células se reconhecem entre si e, como resultado, atuam como marcadores biológicos. Tipicamente, elas contêm de 4 a 17 unidades de monossacarídeos, consistindo em poucos tipos de monossacarídeos, sendo os mais comuns: D-galactose, D-manose, L-fucose, N-acetil-D-glicosamina e N-acetil-D-galactosamina. A L-fucose é uma 6-desoxialdose.

```
            CHO
    HO ——————— H
     H ——————— OH
     H ——————— OH
    HO ——————— H
            CH₃
         L-fucose
```

É um L-monossacarídeo porque este grupo —OH está à esquerda na projeção de Fisher

O carbono 6 é formado pelo grupo —CH$_3$ em vez de —CH$_2$OH

Para perceber a importância dessas membranas recobertas com carboidratos, considere o sistema de grupo sanguíneo, descoberto em 1900 por Karl Landsteiner (1868-1943). Se um indivíduo pertence aos tipos A, B, AB ou O, isso é determinado geneticamente e depende do tipo de trissacarídeo ou tetrassacarídeo ligado à superfície das células vermelhas do sangue. Esses carboidratos ligados à superfície, designados de A, B e O, funcionam como antígenos. O tipo de ligação glicosídica que une cada monossacarídeo é mostrado na figura.

O sangue transporta anticorpos contra substâncias estranhas. Quando uma pessoa recebe uma transfusão de sangue, os anticorpos agrupam (agregam) as células do sangue estranho.

O tipo de sangue A, por exemplo, tem antígenos (N-acetil-D-galactosamina) na superfície das suas células vermelhas do sangue e traz anticorpos de antígeno B (contra o antígeno B). O tipo de sangue B tem antígeno B (D-galactose) e traz anticorpos anti-A (contra antígenos A). A transfusão de sangue do tipo A em pessoas do tipo B pode ser fatal e vice-versa. As relações entre o tipo de sangue e as interações entre o doador-receptor de sangue estão resumidas na figura.

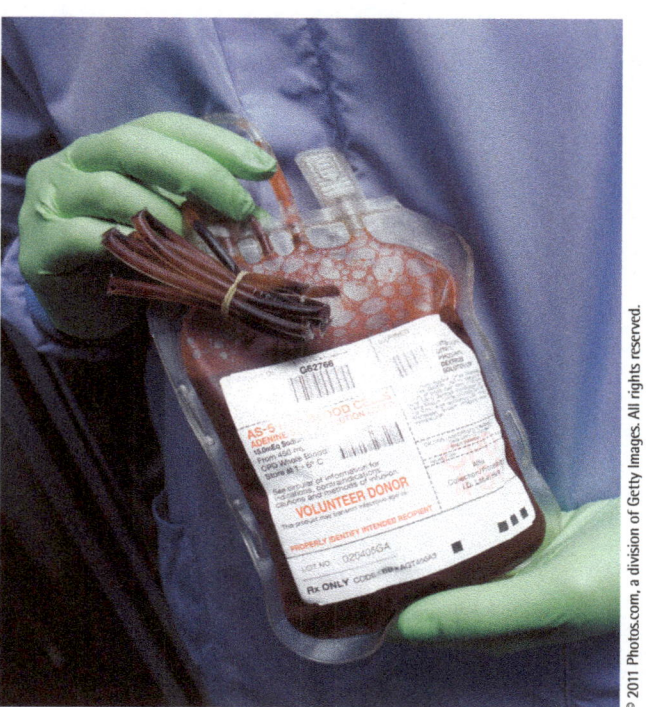

Uma bolsa de sangue mostrando o tipo sanguíneo.

Tipo A: N-acetil-D-galactosamina —(α-1,4)— D-galactose —(β-1,3)— N-acetil-D-glicosamina — Células vermelhas do sangue
  |(α-1,2)
  L-fucose

Tipo B: D-galactose —(α-1,4)— D-galactose —(β-1,3)— N-acetil-D-glicosamina — Células vermelhas do sangue
  |(α-1,2)
  L-fucose

Tipo O: D-galactose —(β-1,3)— N-acetil-D-glicosamina — Células vermelhas do sangue
  |(α-1,2)
  L-fucose

Conexões químicas 20D (continuação)

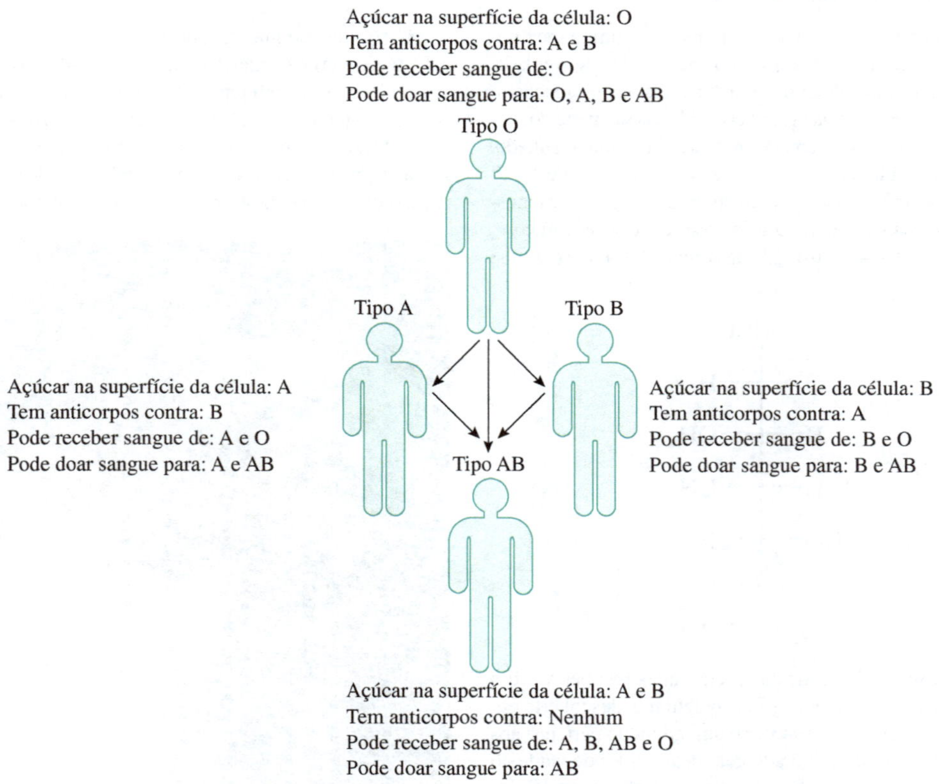

Açúcar na superfície da célula: O
Tem anticorpos contra: A e B
Pode receber sangue de: O
Pode doar sangue para: O, A, B e AB

Tipo O

Tipo A

Açúcar na superfície da célula: A
Tem anticorpos contra: B
Pode receber sangue de: A e O
Pode doar sangue para: A e AB

Tipo B

Açúcar na superfície da célula: B
Tem anticorpos contra: A
Pode receber sangue de: B e O
Pode doar sangue para: B e AB

Tipo AB

Açúcar na superfície da célula: A e B
Tem anticorpos contra: Nenhum
Pode receber sangue de: A, B, AB e O
Pode doar sangue para: AB

Indivíduos com o tipo de sangue O são doadores universais, e os do tipo de sangue AB, aceptores universais. Pessoas com tipo A podem aceitar somente sangue tipo A ou O. Aquelas do tipo B podem aceitar somente sangue tipo B ou O. As pessoas do tipo O podem aceitar somente sangue de doadores do tipo O.

Dissacarídeo Um carboidrato que contém dois monossacarídeos unidos através da ligação glicosídica.

Oligossacarídeo Um carboidrato que contém de seis a dez monossacarídeos, cada um deles unido ao seguinte pela ligação glicosídica.

Polissacarídeo Um carboidrato que contém um grande número de monossacarídeos, cada um deles unido ao seguinte por uma ou mais ligações glicosídicas.

Na produção de sacarose, cana-de-açúcar ou beterraba são fervidas com água, e a solução resultante é esfriada. Cristais de sacarose se formam com o resfriamento e são separados. Subsequente fervura da solução concentrada seguida de resfriamento resulta em um xarope escuro conhecido como melaço.

20.4 O que são dissacarídeos e oligossacarídeos?

A maioria dos carboidratos na natureza contém mais que uma unidade de monossacarídeo. Aqueles que contêm duas unidades são chamados **dissacarídeos**, aqueles com três unidades são denominados **trissacarídeo**s e assim sucessivamente. O termo **oligossacarídeo** é usado para descrever carboidratos que contêm de seis a dez unidades de monossacarídeo. Carboidratos com um número maior de unidades monossacarídeas que os oligossacarídeos são denominados **polissacarídeos**.

Em um dissacarídeo, dois monossacarídeos estão unidos através de uma ligação glicosídica entre o carbono anomérico de uma unidade e um grupo —OH da outra unidade. Três dissacarídeos importantes são a sacarose, a lactose e a maltose.

A. Sacarose

A sacarose (o açúcar de mesa) é o mais abundante dissacarídeo do mundo biológico. Ele é obtido principalmente do caldo-da-cana e das beterrabas. Na sacarose, o carbono 1 da α-D-glicopiranose liga-se ao carbono 2 da α-D-frutofuranose por uma ligação α-1,2-glicosídica. Pelo fato de os carbonos anoméricos tanto da piranose como da frutofuranose estarem envolvidos na formação da ligação glicosídica, nenhuma unidade de monossacarídeo está em equilíbrio com sua forma de cadeia aberta. Portanto, a sacarose não é um açúcar redutor.

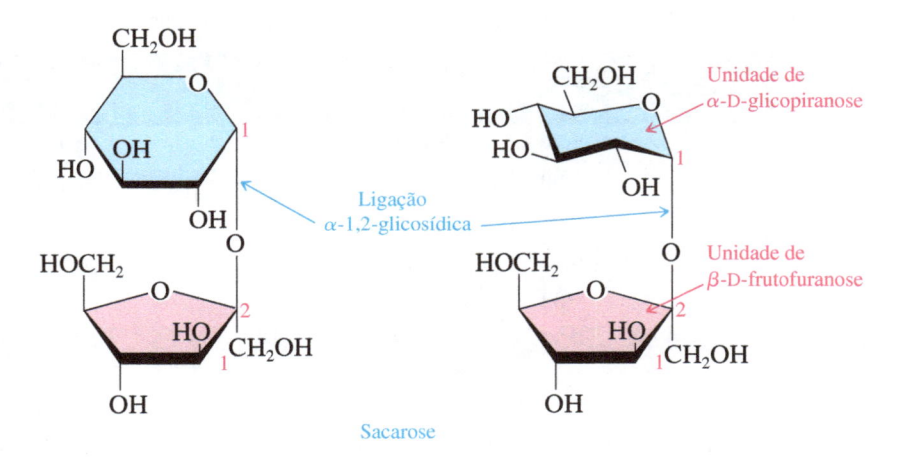

B. Lactose

A lactose é o principal açúcar presente no leite. Ele corresponde a 5% a 8% do leite humano e a 4% a 6% do leite de vaca. Esse dissacarídeo é composto de D-galactopiranose unido por uma ligação β-1,4-glicosídica ao carbono 4 de uma D-glicopiranose. A lactose é um açúcar redutor porque o hemiacetal cíclico da D-glicopiranose está em equilíbrio com sua forma de cadeia aberta e pode ser oxidado a um grupo carboxila.

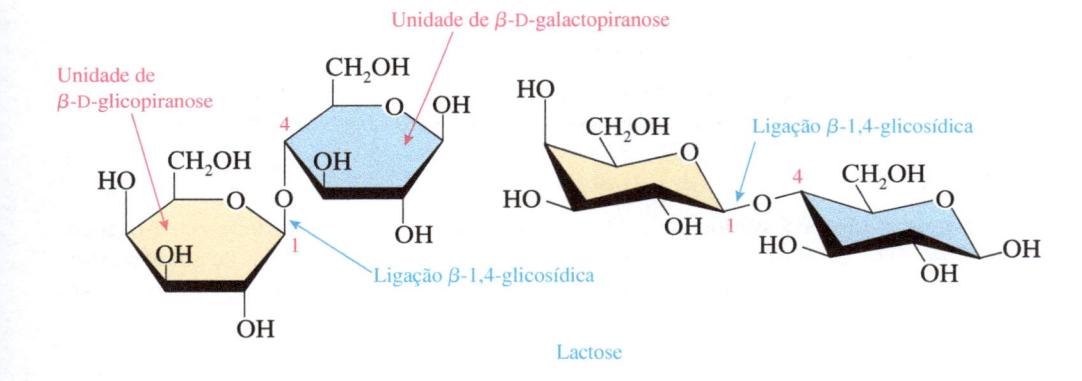

C. Maltose

O nome da maltose é derivado da sua presença no malte, o extrato dos brotos da cevada e de outros cereais. Ela é composta de duas unidades de D-glicopiranose unidas por uma ligação glicosídica entre o carbono 1 (o carbono anomérico) de uma unidade e o carbono 4 de outra unidade. Pelo fato de o átomo de oxigênio no carbono anomérico da primeira glicopiranose ser alfa, a ligação que une os dois monossacarídeos é uma ligação α-1,4--glicosídica. A seguir, são mostradas as projeções de Haworth e uma conformação cadeira para a β-maltose, assim chamada porque os grupos —OH no carbono anomérico da unidade de glicose da direita são beta.

A maltose é um ingrediente encontrado na maioria dos xaropes.

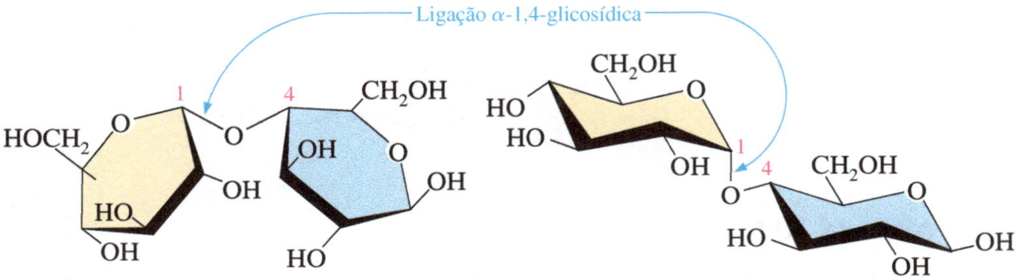

TABELA 20.3 Doçura relativa de alguns carboidratos e adoçantes artificiais

Carboidrato	Doçura relativa à sacarose	Adoçante artificial	Doçura relativa à sacarose
Frutose	1,74	Sacarina	450
Sacarose (açúcar de mesa)	1,00	Acesulfame-K	200
Mel	0,97	Aspartame	180
Glicose	0,74	Sucralose	600
Maltose	0,33		
Galactose	0,32		
Lactose (açúcar do leite)	0,16		

A maltose é um açúcar redutor; o grupo hemiacetal da direita da D-glicopiranose está em equilíbrio com o aldeído livre (forma de cadeia aberta) e pode ser oxidado a um ácido carboxílico.

D. Doçura relativa

Entre os dissacarídeos, a D-frutose é a mais doce, sendo mais doce que a própria sacarose (Tabela 20.3). O gosto doce do mel é devido grandemente à presença de D-frutose e D-glicose. A lactose não apresenta sabor propriamente doce e algumas vezes é adicionada aos alimentos para aumentar o volume (preenchedor). As pessoas que não toleram a lactose de forma aceitável devem evitar esses alimentos.

> **Exemplo 20.5** Desenhando conformações cadeira para os dissacarídeos

Desenhe a conformação cadeira para o β anômero de um dissacarídeo no qual as duas unidades de D-glicopiranose estão unidas por uma ligação α-1,6-glicosídica.

Estratégia

Três pontos são necessários aqui. O primeiro é a conformação cadeira da α-D-glicopiranose. O segundo é a ligação α-1,6-glicosídica entre as duas moléculas de glicopiranose. O terceiro é a conformação correta do carbono anomérico na terminação redutora, nesse caso uma posição β.

Solução

Primeiro desenhe a conformação cadeira da α-D-glicopiranose. Então conecte o carbono anomérico desse monossacarídeo ao carbono 6 da segunda unidade de D-glicopiranose por uma ligação α-1,6-glicosídica. A molécula resultante é α ou β dependendo da orientação do grupo —OH no terminal redutor do dissacarídeo. O dissacarídeo aqui mostrado é a forma β.

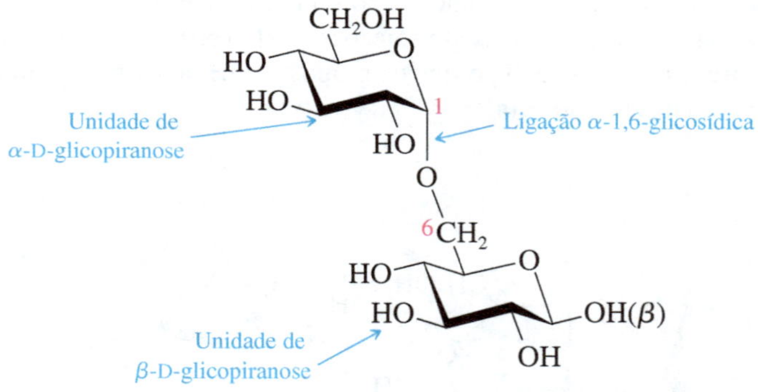

Nota lateral: Não há uma maneira mecânica de medir a doçura. O teste é realizado por um grupo de pessoas que experimentam e classificam a doçura de soluções de vários agentes adoçantes.

Problema 20.5

Desenhe a conformação cadeira para a forma de um dissacarídeo na qual as duas unidades de D-glicopiranose estão unidas por uma ligação β-1,3-glicosídica.

20.5 O que são polissacarídeos?

Os polissacarídeos são compostos de um grande número de unidades de monossacarídeos unidos através de ligações glicosídicas. Três polissacarídeos importantes, todos constituídos de unidades de glicose, são o amido, o glicogênio e a celulose.

A. Amido: amilose e amilopectina

O amido é usado nas plantas para armazenar energia. Encontra-se em todos os tubérculos e sementes das plantas e é a forma na qual a glicose é armazenada antes de ser utilizada. O amido pode ser separado em dois polissacarídeos principais: amilose e amilopectina. Embora o amido de cada planta seja único, a maioria dos amidos contém de 20% a 25% de amilose e de 75% a 80% de amilopectina.

A hidrólise completa tanto da amilose como da amilopectina resulta unicamente em D-glicose. A amilose é composta por uma cadeia não ramificada de aproximadamente 4.000 unidades de D-glicose unidas por ligações α-1,4-glicosídicas. A amilopectina contém cadeias de aproximadamente 10.000 unidades de D-glicose, também unidas através de ligações α-1,4-glicosídicas. Além disso, existe uma ramificação considerável ao longo da propagação linear principal da estrutura polimérica. Novas cadeias de 24 a 30 unidades são iniciadas nos pontos de ramificação por ligações α-1,6-glicosídicas (Figura 20.3).

B. Glicogênio

O glicogênio atua como um carboidrato de reserva de energia para os animais. Similarmente à amilopectina, ele é um polissacarídeo ramificado que contém aproximadamente 10^6 unidades de glicose unidas por ligações α-1,4- e α-1,6-glicosídicas. A quantidade total de glicogênio no corpo de uma pessoa adulta bem nutrida é cerca de 350 g, distribuída quase igualmente entre o fígado e os músculos.

C. Celulose

A celulose, o polissacarídeo mais amplamente distribuído nas estruturas de sustentação (esqueleto) das plantas, constitui metade do material da parede das células da madeira. O algodão é quase que celulose pura.

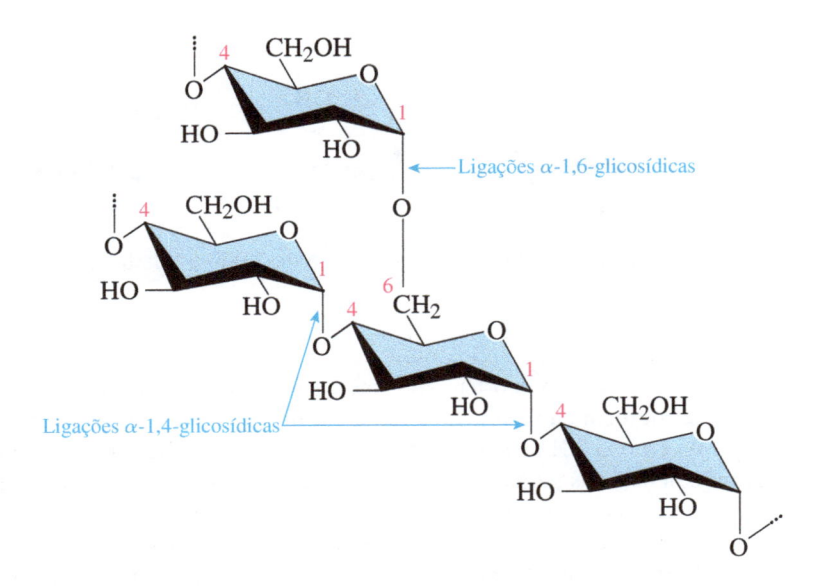

FIGURA 20.3 A amilopectina é um polímero ramificado de aproximadamente 10.000 unidades de D-glicose unidas por ligações α-1,4-glicosídicas. As ramificações consistem em 24-30 unidades de D-glicose que se iniciam nas ligações α-1,6-glicosídicas.

A celulose é um polissacarídeo linear de unidades de D-glicose unidas por ligações β-1,4-glicosídicas (Figura 20.4). A celulose apresenta um peso molecular de 400.000 g/mol, o que corresponde a aproximadamente 2.200 unidades de glicose por molécula.

Conexões químicas 20E

Bandagens de carboidratos que salvam vidas

A perda de sangue pelas feridas pode ser fatal e, quando não controlada, é uma das maiores causas de morte em combates. A gaze (essencialmente feita de celulose) é comumente usada como ataduras dos ferimentos, mas não é capaz de cessar o fluxo sanguíneo; ela pode apenas absorver o sangue que já foi liberado. Um novo tipo de atadura para os ferimentos que pode iniciar a coagulação e parar o fluxo sanguíneo usa outro polissacarídeo encontrado abundantemente na natureza.

A quitina, um dos principais componentes da casca dos camarões e das lagostas, é um polímero de glicosamina e *N*-acetilglicosamina (Seção 20.1D).

Se os grupos acetila são removidos, o polímero resultante é chamado quitosana, que, na verdade, é o polímero que forma a base dessas novas ataduras. A quitosana difere da celulose por ter um grupo amina em cada monômero. Esse aspecto estrutural não é encontrado na celulose. O monômero da celulose é a glicose, que tem um grupo hidroxila na posição do grupo amina da glicosamina.

A quitosana tem uma carga positiva porque os grupos amina estão protonados no pH fisiológico. A membrana externa das células vermelhas do sangue tem uma carga negativa. As cargas positivas as atraem, produzindo coagulação e, consequentemente, parando o sangramento. Ataduras feitas com quitosana aderem-se aos ferimentos, originando uma proteção adicional para a área afetada. Nas ataduras de celulose, os grupos hidroxila são eletricamente neutros e não têm atração pelas cargas negativas das membranas das células vermelhas do sangue.

A quitosana é facilmente obtida das cascas de camarão, e ataduras feitas desse material já estão disponíveis comercialmente. As primeiras bandagens de quitosana foram feitas para o Exército dos Estados Unidos para o uso na guerra do Iraque e para a Casa Branca, porém brevemente elas serão mais amplamente difundidas comercialmente.

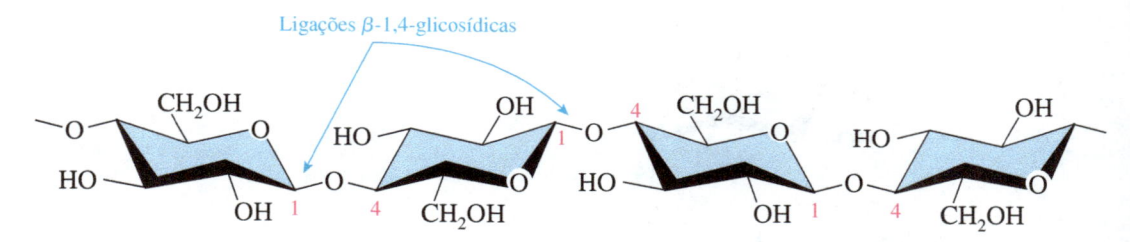

FIGURA 20.4 A celulose é um polissacarídeo linear que contém cerca de 3.000 unidades de D-glicose unidas por ligações β-1,4-glicosídicas.

As moléculas de celulose comportam-se como hastes rígidas, uma característica que permite que elas se alinhem entre si, lado a lado, em fibras bem organizadas insolúveis em água em que os grupos OH formam numerosas ligações de hidrogênio intermoleculares. Esse arranjo de cadeias paralelas em feixes confere à celulose alta resistência mecânica. Esse aspecto molecular também explica a sua insolubilidade em água. Quando um pedaço de celulose é colocado na água, não existem grupos —OH suficientes na superfície da fibra para arrancar moléculas individuais de celulose da fibra fortemente unida com as ligações de hidrogênio.

Homens e outros animais não podem utilizar a celulose como alimento porque nosso sistema digestivo não contém β-glicosidases, enzimas que catalisam a hidrólise das ligações β-glicosídicas. Em vez disso, temos somente α-glicosidases, portanto usamos os polissacarídeos do amido e do glicogênio como nossas fontes de glicose. Entretanto, muitas bactérias e outros microrganismos contêm β-glicosidases e, portanto, podem digerir a celulose. As térmitas (cupins) têm essas bactérias em seus intestinos e podem usar madeira como seu principal alimento. Ruminantes e cavalos podem também digerir grama e feno porque eles têm microrganismos que apresentam as β-glicosidases em seus sistemas alimentares.

20.6 O que são polissacarídeos ácidos?

Os polissacarídeos ácidos são um grupo de polissacarídeos que contêm grupos carboxila e/ou grupos de ésteres sulfúricos. Polissacarídeos ácidos desempenham um papel importante na estrutura e função dos tecidos conjuntivos. Por conterem aminoaçúcares, um nome mais em voga para essas substâncias é glicosaminoglicanos. Não existe um único tipo geral de tecido conjuntivo. Mais propriamente, existe um grande número de formas altamente especializadas, como cartilagem, ossos, fluidos sinuviais, pele, tendões, vasos sanguíneos, discos invertebrados e córnea. A maioria do tecido conjuntivo é composta de colágeno, uma proteína estrutural combinada com uma variedade de polissacarídeos ácidos (glicosaminoglicanos) que interagem com o colágeno para formar redes de tecidos mais elásticos ou tensionados.

Na artrite reumatoide, a inflamação do tecido sinovial resulta em inchaço das articulações.

A. Ácidos hialurônicos

Ácido hialurônico é o polissacarídeo ácido mais simples encontrado nos tecidos conjuntivos. Ele tem uma massa molecular entre 10^5 e 10^7 g/mol e contém de 300 a 100.000 unidades repetitivas, dependendo do órgão em que ele ocorre. Ele é mais abundante em tecidos embrionários e em tecidos conjuntivos especializados, como o fluido sinuvial, o lubrificante das juntas do corpo e a região vítrea do olho, na qual ele viabiliza um gel claro e elástico que mantém a retina em sua posição. Ácidos hialurônicos também são um ingrediente comum encontrado em loções, hidratantes e cosméticos.

O ácido hialurônico é composto de ácido D-glicurônico unido a N-acetil-D--glicosamina através de uma ligação β-1,3-glicosídica, enquanto a glicosamina é ligada ao ácido glicurônico por uma ligação β-1,4-glicosídica.

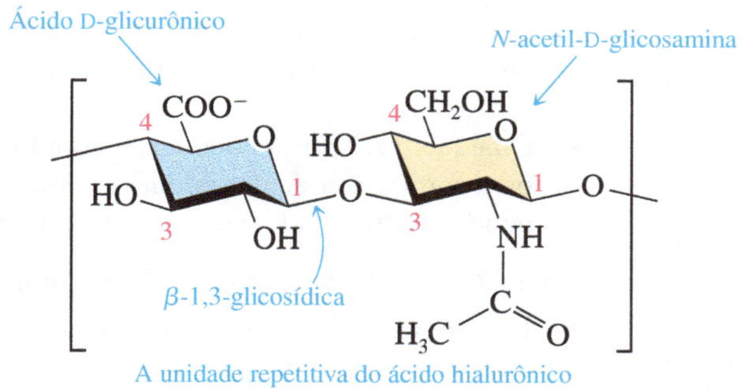

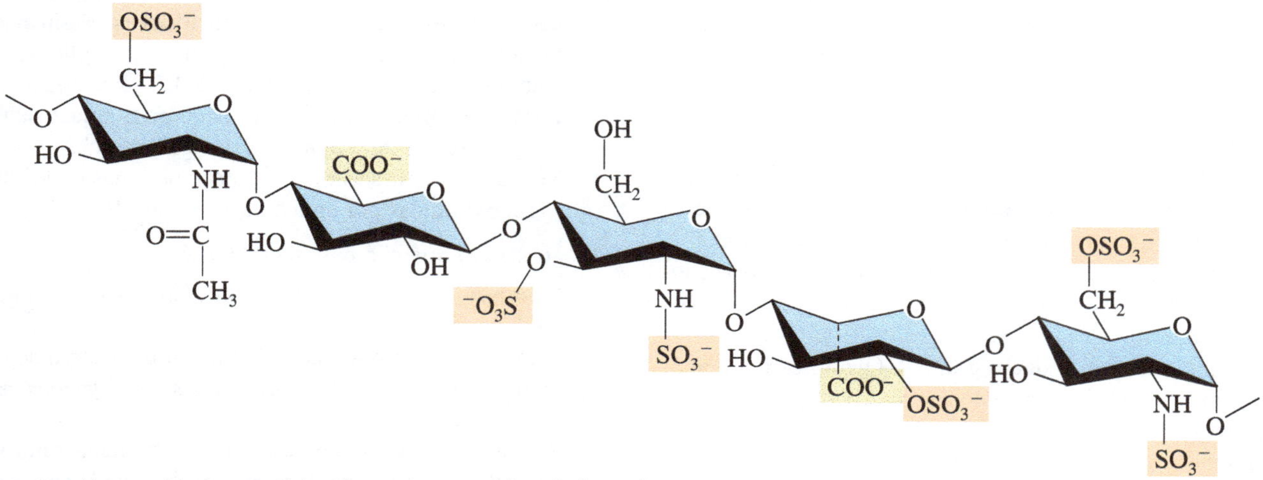

FIGURA 20.5 Uma unidade repetitiva de pentassacarídeo da heparina.

B. Heparina

Heparina é uma mistura heterogênea de cadeias variáveis de polissacarídeos sulfonados, e sua massa molecular varia de 6.000 a 30.000 g/mol. Esse polissacarídeo ácido é sintetizado e armazenado em mastócitos (células que são parte do sistema imune e que estão em vários tipos de tecidos) de vários tipos de tecidos – particularmente fígado, pulmões e intestino. A heparina tem várias funções biológicas, e a mais conhecida é a sua atividade anticoagulante. Ela se liga fortemente à antitrombina III, uma proteína do plasma envolvida na fase final do processo de anticoagulação. A heparina com boa atividade anticoagulante apresenta, no mínimo, oito unidades repetitivas (Figura 20.5). Quanto maior for a molécula, maior será sua propriedade anticoagulante. Em razão de suas propriedades anticoagulantes, ela é empregada amplamente na medicina.

Resumo das questões-chave

Seção 20.1 Carboidratos: o que são monossacarídeos?

- **Monossacarídeos** são poli-hidroxialdeídos ou poli-hidroxiacetonas.
- Os mais comuns têm fórmula geral $C_nH_{2n}O_n$, onde n varia de 3 a 8.
- Os seus nomes contêm o sufixo -*ose* e os prefixos *tri-*, *tetr-* e assim sucessivamente para indicar o número de átomos de carbono na cadeia. O prefixo *aldo-* indica um aldeído, e *ceto-*, uma cetona.

Seção 20.2 Quais são as estruturas cíclicas dos monossacarídeos?

- Na **projeção de Fisher** de um monossacarídeo, escrevemos a cadeia carbônica verticalmente com o carbono mais oxidado no topo da cadeia. As linhas horizontais representam os grupos que se projetam acima do plano da página, e linhas verticais representam os grupos que se projetam abaixo do plano da página.
- O penúltimo carbono de um monossacarídeo é o mais próximo do último carbono de uma projeção de Fisher.
- Um monossacarídeo que tem a mesma configuração no penúltimo carbono que o D-gliceraldeído é chamado um **D-monossacarídeo**; aquele que apresenta a mesma configuração no penúltimo carbono que o **L-gliceraldeído** é chamado um **L-monossacarídeo**.
- Os monossacarídeos existem principalmente como hemiacetais cíclicos.
- Um hemiacetal cíclico de seis membros é uma **piranose**, e um hemiacetal cíclico de cinco membros, uma **furanose**.
- O novo estereocentro que resulta da formação do hemiacetal é chamado **carbono anomérico**, e os estereoisômeros formados dessa maneira são denominados **anômeros**.
- O símbolo **β-** indica que o grupo —OH no carbono anomérico está do mesmo lado do anel que o grupo —CH_2OH terminal.
- O símbolo **α-** indica que o grupo —OH no carbono anomérico está do lado oposto do anel que o grupo —CH_2OH terminal.
- Furanoses e piranoses podem ser escritas como **projeções de Haworth**.
- Piranoses podem também ser escritas nas **conformações cadeira**.
- **Mutarrotação** é a mudança na rotação específica que acompanha a formação de uma mistura em equilíbrio dos anômeros α e β em solução aquosa.

Seção 20.3 Quais são as reações características dos monossacarídeos?

- Um **glicosídeo** é um acetal cíclico derivado de um monossacarídeo.
- Um **alditol** é um composto poli-hidroxilado formado quando o grupo carbonila do monossacarídeo é reduzido ao grupo hidroxila.
- Um **ácido aldônico** é um ácido carboxílico formado quando o grupo aldeído de uma aldose é oxidado ao grupo carboxila.
- Qualquer carboidrato que reage com um agente oxidante para formar um ácido aldônico é classificado como um **açúcar redutor** (ele reduz o agente oxidante).

Seção 20.4 O que são dissacarídeos e oligossacarídeos?

- Um **dissacarídeo** contém duas unidades de monossacarídeos unidas por uma ligação glicosídica.
- Os termos usados para denominar os carboidratos que contêm um maior número de monossacarídeos são **trissacarídeos, tetrassacarídeos, oligossacarídeos** e **polissacarídeos**.
- **Sacarose** é um dissacarídeo formado pela D-glicose unida a uma D-frutose por uma ligação α-1,2-glicosídica.
- **Lactose** é um dissacarídeo formado de D-galactose unida a D-glicose por uma ligação β-1,4-glicosídica.
- **Maltose** é um dissacarídeo formado por duas moléculas de D-glicose unidas por uma ligação α-1,4-glicosídica.

Seção 20.5 O que são polissacarídeos?

- O **amido** pode ser separado em duas frações: amilose e amilopectina.
- A **amilose** é um polissacarídeo linear com cerca de 4.000 unidades de D-glicopiranose unidas por ligações α-1,4-glicosídica.
- A **amilopectina** é um polissacarídeo altamente ramificado de D-glicose unido por ligações α-1,4-glicosídica e, nas ramificações, por ligações α-1,6-glicosídicas.

- O **glicogênio**, a reserva de carboidrato dos animais, é um polissacarídeo altamente ramificado de D-glicopiranose unido por ligações α-1,4-glicosídicas e, nas ramificações, por ligações α-1,6-glicosídicas.
- A **celulose**, o polissacarídeo estrutural das plantas, é um polissacarídeo linear de D-glicopiranose unido por ligações β-1,4-glicosídicas.

Seção 20.6 O que são polissacarídeos ácidos?
- Os grupos carboxila ou sulfato dos **polissacarídeos ácidos** se encontram ionizados —COO$^-$ e —SO$_3^-$ no pH dos fluidos corporais, o que confere a esses polissacarídeos cargas negativas.

Resumo das reações fundamentais

1. **Formação de hemiacetais cíclicos (Seção 20.2)** Um monossacarídeo que existe na forma de um anel de cinco membros é uma furanose, e aquele que existe como um anel de 6 membros é uma piranose. A piranose é mais comumente representada por uma projeção de Haworth ou pela conformação cadeira.

2. **Mutarrotação (Seção 20.2C)** Formas anoméricas de um monossacarídeo estão em equilíbrio em solução aquosa. Mutarrotação é a mudança na rotação específica que acompanha o estabelecimento da situação de equilíbrio.

3. **Formação de glicosídeos (Seção 20.3A)** O tratamento de um monossacarídeo com um álcool na presença de um catalisador ácido forma um acetal cíclico denominado glicosídeo. A ligação formada com o novo grupo —OR é chamada de ligação glicosídica.

4. **Redução a alditóis (Seção 20.3B)** A redução de um grupo carbonila de uma aldose ou cetona para um grupo hidroxila resulta em um composto poli-hidroxilado chamado alditol.

5. Oxidação para um ácido aldônico (Seção 20.3C)

A oxidação do grupo aldeído de uma aldose para a formação de um grupo carboxila por um agente oxidante moderado resulta em um ácido carboxílico poli-hidroxilado chamado de ácido aldônico.

```
    CHO                              COOH
H───┼───OH                       H───┼───OH
HO──┼───H      Agente            HO──┼───H
H───┼───OH    oxidante →         H───┼───OH
H───┼───OH                       H───┼───OH
    CH₂OH                            CH₂OH
  D-glicose                      Ácido D-glicônico
```

Problemas

Seção 20.1 Carboidratos: o que são monossacarídeos?

20.6 Defina o que é *carboidrato*.

20.7 Qual é a diferença estrutural entre uma aldose e uma cetose? E entre uma aldopentose e uma cetopentose?

20.8 Entre as oito D-aldoexoses, qual é a mais abundante no mundo biológico?

20.9 Quais são as três hexoses mais abundantes no mundo biológico? O que são aldoexoses e aldocetoses?

20.10 Qual é a hexose também conhecida como "dextrose"?

20.11 O que significa dizer que D e L-gliceraldeído são enantiômeros?

20.12 Explique o significado das designações D e L usadas para especificar a configuração de um monossacarídeo.

20.13 Qual é o carbono de uma aldopentose que determina se a pentose tem configuração D ou L?

20.14 Quantos estereocentros são encontrados para a D-glicose? E na D-ribose? Quantos estereoisômeros são possíveis para cada monossacarídeo?

20.15 Quais dos seguintes compostos são D-monossacarídeos e L-monossacarídeos?

(a)
```
    CHO
H───┼───OH
HO──┼───H
H───┼───OH
H───┼───OH
    CH₂OH
```

(b)
```
    CHO
HO──┼───H
H───┼───OH
HO──┼───H
    CH₂OH
```

(c)
```
    CH₂OH
    C═O
H───┼───OH
H───┼───OH
    CH₂OH
```

20.16 Desenhe as projeções de Fisher para a L-ribose e L-arabinose.

20.17 Desenhe as projeções de Fisher para a D-2-cetoeptose.

20.18 Explique por que todos os mono e dissacarídeos são solúveis em água.

20.19 O que é um aminoaçúcar? Quais são os três aminoaçúcares mais comuns na natureza?

Seção 20.2 Quais são as estruturas cíclicas dos monossacarídeos?

20.20 Defina a expressão *carbono anomérico*. Qual é o carbono anomérico na glicose? E na frutose?

20.21 Defina (a) piranose e (b) furanose.

20.22 Explique como é convencionado o uso de α e β na designação das configurações das formas cíclicas dos monossacarídeos.

20.23 A α-D-glicose e a β-D-glicose são anômeros? Explique. Trata-se de enantiômeros? Explique.

20.24 Os grupos hidroxila dos carbonos 1, 2, 3 e 4 da α-D-glicose estão todos na posição equatorial?

20.25 De que forma a representação das formas moleculares das hexopiranoses nas conformações cadeira são mais precisas que nas projeções de Haworth?

20.26 Converta cada uma das projeções de Haworth na forma de cadeia aberta e na projeção de Fisher. Nomeie os monossacarídeos que você desenhou.

(a) e (b) estruturas de Haworth de hexopiranoses

20.27 Converta cada uma das conformações cadeira na forma de cadeia aberta e na projeção de Fisher. Nomeie os monossacarídeos que você desenhou.

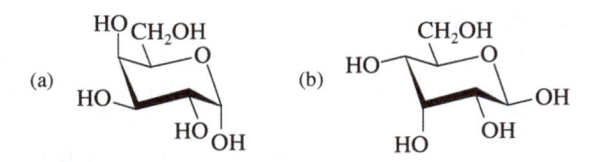

(a) [estrutura de carboidrato com HOCH₂, HO, HO, OH]
(b) [estrutura de carboidrato com CH₂OH, HO, HO, OH, OH]

20.28 Explique o fenômeno da mutarrotação. Como ele é medido?

20.29 A rotação específica da D-glicose é +112,2°. Qual é a rotação específica da α-L-glicose?

20.30 Quando a α-D-glicose é dissolvida em água, a rotação específica da solução muda de +112,2° para +52,7°. A rotação específica da α-L-D-glicose também muda quando ela é dissolvida em água? Em caso positivo, para qual valor?

20.31 Defina *glicosídeo* e *ligação glicosídica*.

20.32 Qual é a diferença entre *ligação glicosídica* e *ligação glucosídica*?

20.33 Um glicosídeo apresenta mutarrotação?

Seção 20.3 Quais são as reações características dos monossacarídeos?

20.34 Escreva as projeções de Fisher para os produtos do tratamento de cada um dos seguintes monossacarídeos com boroidreto de sódio, NaBH₄, em água.
(a) D-galactose   (b) D-ribose

20.35 A redução de D-glicose por NaBH₄ resulta em D-sorbitol, um composto usado na manufatura de chicletes e doces sem açúcar. Desenhe a estrutura do D-sorbitol.

20.36 A redução da D-frutose por NaBH₄ resulta em dois alditóis, sendo um deles D-sorbitol. Nomeie e desenhe a fórmula estrutural para o outro alditol.

20.37 Ribitol e β-D-ribose 1-fosfato são derivados da D-ribose. Desenhe a fórmula estrutural para cada um desses compostos.

Seção 20.4 O que são dissacarídeos e oligossacarídeos?

20.38 Escreva o nome de três dissacarídeos importantes. De que monossacarídeos eles derivam?

20.39 O que significa descrever uma ligação glicosídica β-1,4-? E descrever essa ligação por α-1,6-?

20.40 Tanto a maltose como a lactose são açúcares redutores, mas a sacarose é um açúcar não redutor. Explique por quê.

20.41 A seguir, é mostrada a fórmula estrutural para um dissacarídeo.

[estrutura de dissacarídeo]

(a) Dê o nome de cada unidade de monossacarídeo no dissacarídeo.
(b) Descreva a ligação glicosídica.
(c) Esse dissacarídeo é um açúcar redutor ou não redutor?
(d) Esse dissacarídeo apresenta mutarrotação?

20.42 O dissacarídeo trealose é encontrado em cogumelos jovens e é o carboidrato principal no sangue de certos insetos.

[estrutura da Trealose]

(a) Identifique os dois monossacarídeos presentes na trealose.
(b) Descreva a ligação glicosídica na trealose.
(c) A trealose é um açúcar redutor ou não redutor?
(d) A trealose apresenta mutarrotação?

Seção 20.5 O que são polissacarídeos?

20.43 Qual é a diferença estrutural entre oligossacarídeos e polissacarídeos?

20.44 Escreva o nome de três polissacarídeos formados por unidades de D-glicose. Em qual polissacarídeo as unidades de glicose estão unidas por ligações α-glicosídicas? Em qual estão unidas por ligações β-glicosídicas?

20.45 O amido pode ser separado em dois polissacarídeos principais, a amilose e a amilopectina. Qual é a principal diferença entre esses dois polissacarídeos?

20.46 Onde o glicogênio é armazenado no corpo humano?

20.47 Por que a celulose é insolúvel em água?

20.48 Como é possível para o gado digerir a grama enquanto isso não é possível para os humanos?

20.49 Uma projeção de Fisher para N-acetil-glicosamina é mostrada na Seção 20.1D.
(a) Desenhe a projeção de Haworth e a conformação cadeira para a forma β-piranose desse monossacarídeo.
(b) Desenhe a projeção de Haworth e a conformação cadeira para o dissacarídeo formado pela junção de duas unidades da forma piranose da N-acetil-D-glicosamina formada por uma ligação β-1,4-glicosídica. Se você a desenhar corretamente, terá a fórmula estrutural do dímero de repetição do polímero da quitina, o polissacarídeo estrutural da casca da lagosta e de outros crustáceos.

20.50 Proponha a fórmula estrutural para os dímeros de repetição nestes polissacarídeos.
(a) O ácido algínico, isolado de algas marinhas, é usado como espessante em sorvetes e outros alimentos. O ácido algínico é um polímero de ácido D-manurônico na forma de piranose unida por ligações β-1,4-glicosídicas.
(b) O ácido péctico é o principal componente da pectina, que é responsável pela formação das geleias de frutas. Ácido péctico é um polímero do ácido D-galacturônico na forma de piranose unida por ligações α-1,4-glicosídicas.

```
        CHO                    CHO
   HO──┼──H               H──┼──OH
   HO──┼──H              HO──┼──H
    H──┼──OH             HO──┼──H
    H──┼──OH              H──┼──OH
        COOH                   COOH
   Ácido D-manurônico    Ácido D-galacturônico
```

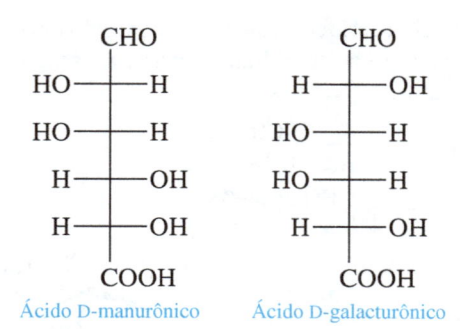

Seção 20.6 O que são polissacarídeos ácidos?

20.51 O ácido hialurônico age como um lubrificante nos fluidos sinoviais das juntas. Na artrite reumatoide, o processo de inflamação quebra o ácido hialurônico em moléculas menores. Nessas condições, o que acontece com a ação lubrificante dos fluidos sinoviais?

20.52 As propriedades anticoagulantes da heparina são parcialmente devidas às suas cargas negativas.
(a) Identifique os grupos funcionais responsáveis pelas cargas negativas.
(b) Que tipo de heparina é um melhor anticoagulante: aquela que apresenta um alto ou um baixo grau de polimerização?

Conexões químicas

20.53 (Conexões químicas 20A) Por que a galactosemia congênita se faz presente apenas nas crianças? Por que os sintomas da galactosemia podem ser evitados quando uma criança ingere uma dieta que contém sacarose como o único carboidrato?

20.54 (Conexões químicas 20B) Qual é a diferença estrutural entre o ácido L-ascórbico e ácido L-desidroascórbico? O que a designação L indica nesses nomes?

20.55 (Conexões químicas 20B) Quando o ácido L-ascórbico participa de uma reação redox, ele é convertido em ácido L-desidroascórbico. Nessa reação, o ácido L-ascórbico é oxidado ou reduzido? O ácido L-ascórbico é um agente biológico oxidante ou redutor?

20.56 (Conexões químicas 20C) Por que o teste de glicose é um dos testes analíticos mais comuns realizados nos laboratórios de análises clínicas?

20.57 (Conexões químicas 20D) O que os monossacarídeos do sangue do tipo A, B, AB e O têm em comum? Eles diferem em qual monossacarídeo?

20.58 (Conexões químicas 20D) A L-fucose é um monossacarídeo comum para os tipos de sangue A, B, AB e O.
(a) Esse monossacarídeo é uma aldose ou uma cetose?
(b) O que torna esse monossacarídeo particular?
(c) Se o grupo terminal da —CH₃ da L-fucose fosse convertido em —CH₂OH, que monossacarídeo seria formado?

20.59 (Conexões químicas 20D) Por que uma pessoa com tipo de sangue A não pode doar sangue para uma pessoa do tipo de sangue B?

20.60 (Conexões químicas 20E) Como as ataduras de quitosana cessam a perda de sangue nas feridas enquanto isso não acontece com as gazes de algodão?

Problemas adicionais

20.61 A 2,6-dideoxi-D-altrose, também conhecida como D-digitoxose, é um monossacarídeo obtido da hidrólise da digitoxina, um produto natural extraído da dedaleira púrpura (*Digitalis purpurea*). A digitoxina tem encontrado uma ampla utilização em cardiologia porque ela reduz o batimento cardíaco, regulariza o ritmo do coração e faz com que o batimento cardíaco seja fortalecido. Desenhe a fórmula estrutural para a forma de cadeia aberta da 2,6-dideoxi-D-altrose.

20.62 Na manufatura de doces e xaropes de açúcar, a sacarose é fervida em água com um pouco de ácido, como o suco de limão. Por que o gosto da mistura final é mais doce que da solução inicial de sacarose?

20.63 Extratos de casca de salgueiro obtidos com água quente são analgésicos eficientes ("Conexões químicas 19C"). Infelizmente, o líquido obtido é tão amargo que a maioria das pessoas o rejeita. Nomeie a unidade de monossacarídeo presente na salicilina.

```
           CH₂OH
        ┌───O            CH₂OH
   HO───┤               /
   HO───┤      O───────⟨   ⟩
        └───OH           \__/
```
Salicilina

20.64 Mostre como o D-sorbitol, usado nas gomas de mascar "sem açúcar", é produzido da D-glicose.

20.65 Qual é a fonte da quitosana, um polissacarídeo que tem sido usado no desenvolvimento de novos tipos de atadura?

20.66 As representações planares de Haworth dão uma ideia razoável da estrutura tridimensional da estrutura das furanoses, tais como a ribose?

20.67 Na Seção 20.4A, duas estruturas são mostradas para a sacarose. Em uma delas, tanto a glicose como a frutose são mostradas em representações de Haworth. Na outra, a glicose é mostrada na forma cadeira, e a frutose, na forma de projeção de Haworth. Por que a frutose é mostrada na forma de projeção de Haworth nas duas estruturas?

20.68 Algumas vezes, a heparina é adicionada às amostras de sangue utilizadas em pesquisa ou testes médicos. Por que isso é feito?

20.69 Qual é a diferença nas ligações glicosídicas do amido e da glicose? Como essa diferença afeta a sua função biológica?

20.70 Quais são as diferenças estruturais entre a vitamina C e os açúcares? Essas diferenças originam um papel na suscetibilidade dessa vitamina em sua oxidação pelo ar?

20.71 Qual é o papel dos aminoaçúcares na estrutura dos carboidratos?

Antecipando

20.72 Uma etapa do metabolismo da D-glicose-6-fosfato é a sua conversão catalisada por enzima em D-frutose-6-fosfato. Mostre que essa conversão pode ser correlacionada a duas tautomerizações cetoenólicas catalisadas por enzima (Seção 17.5).

D-glicose-6-fosfato ⇌ (Catalisação de enzimas) ⇌ D-frutose-6-fosfato

20.73 Uma etapa da glicólise é o processo que converte glicose em piruvato (Seção 28.2) e que envolve conversão catalisada por enzima de di-hidroxiacetona fosfato em D-gliceraldeído 3-fosfato. Mostre que essa transformação pode ser correlacionada com duas tautomerizações cetoenólicas catalisadas por enzima (Seção 17.5).

Di-hidroxiacetona fosfato ⇌ (Catalisação de enzimas) ⇌ D-gliceraldeído 3-fosfato

20.74 A seguir, são mostradas projeções de Haworth e conformações cadeira para o dissacarídeo de repetição encontrado na condroitina 6-sulfato. Esse biopolímero age como uma matriz de conexão flexível entre os filamentos de proteína na cartilagem. Ele é disponibilizado como um suplemento alimentar, frequentemente combinado com D-glicosamina sulfato. Acredita-se que essa combinação fortaleça e melhore a flexibilidade das juntas.

(a) Quais são os dois monossacarídeos que formam o dissacarídeo de repetição do composto condroitina 6-sulfato?
(b) Descreva a ligação glicosídica entre as duas unidades de monossacarídeo.

20.75 A seguir, está representada a fórmula estrutural da coenzima A, uma biomolécula importante.
(a) A coenzima A é quiral?
(b) Nomeie cada grupo funcional na coenzima A.
(c) Você acha que a coenzima A é solúvel em água? Explique.
(d) Desenhe as fórmulas estruturais dos produtos da hidrólise completa da coenzima A em solução aquosa de HCl. Mostre como cada produto se encontraria ionizado nessa solução.
(e) Desenhe as fórmulas estruturais dos produtos da hidrólise completa da coenzima A em solução aquosa de NaOH. Mostre como cada produto se encontraria ionizado nessa solução.

Coenzima A

Lipídeos

21

Leões-marinhos são mamíferos que necessitam de uma espessa camada de gordura para que possam viver em águas frias.

21.1 O que são lipídeos?

Encontrados nos seres vivos, os **lipídeos** são uma família de substâncias insolúveis em água, mas solúveis em solventes apolares e solventes de baixa polaridade, tais como o éter dietílico. Diferentemente dos carboidratos, definimos os lipídeos em termos de suas propriedades e não de sua estrutura.

A. Classificação pela função

Os lipídeos desempenham três funções principais na bioquímica humana: (1) armazenam energia nas células de gordura, (2) fazem parte das membranas que separam os compartimentos celulares que contêm as soluções aquosas e (3) atuam como mensageiros químicos.

Armazenamento

Uma função importante dos lipídeos, especialmente nos animais, é o armazenamento de energia. Como foi visto na Seção 20.5, as plantas armazenam energia na forma de amido. Os animais (incluindo os seres humanos) fazem isso de forma mais conveniente usando gorduras. Embora nosso corpo armazene alguns carboidratos na forma de glicogênio para a utilização instantânea de energia quando ela se faz necessária, a energia armazenada na forma de gorduras tem uma importância muito maior para nós. A razão é simples: a queima de gorduras produz mais que o dobro da energia (cerca de 9 kcal/g) quando comparada à queima de um peso igual de carboidrato (cerca de 4 kcal/g).

Questões-chave

21.1 O que são lipídeos?

21.2 Quais são as estruturas dos triglicerídeos?

21.3 Quais são algumas das propriedades dos triglicerídeos?

21.4 Quais são as estruturas dos lipídeos complexos?

21.5 Qual é a função dos lipídeos na estrutura das membranas?

21.6 O que são glicerofosfolipídeos?

21.7 O que são esfingolipídeos?

21.8 O que são glicolipídeos?

21.9 O que são esteroides?

21.10 Quais são algumas das funções fisiológicas dos hormônios esteroides?

21.11 O que são sais biliares?

21.12 O que são prostaglandinas, tromboxanos e leucotrienos?

Componentes das membranas

A insolubilidade em água dos lipídeos é uma propriedade importante porque nosso corpo é especialmente constituído de água. A maioria dos componentes do corpo, incluindo carboidratos e proteínas, é solúvel em água. Entretanto, o corpo também precisa de compostos insolúveis em água para as membranas que separam os compartimentos que contêm as soluções aquosas, seja nas células ou nas organelas contidas nas células. Os lipídeos formam essas membranas. Sua insolubilidade em água resulta do fato de que os seus grupos polares são muito menores que a sua porção hidrocarbônica (apolar). Essas porções apolares conferem a característica de repelir a água ou propriedade *hidrofóbica*.

Mensageiros

Os lipídeos também atuam como mensageiros químicos. Mensageiros primários, tais como os hormônios esteroides, levam sinais de uma parte do corpo para outra. Mensageiros secundários, como as prostaglandinas e os tromboxanos, medeiam a resposta hormonal.

B. Classificação pela estrutura

Podemos classificar os lipídeos em quatro grupos: (1) lipídeos simples, como as gorduras e as ceras; (2) lipídeos complexos; (3) esteroides; e (4) prostaglandinas, tromboxanos e leucotrienos.

21.2 Quais são as estruturas dos triglicerídeos?

As gorduras dos animais e os óleos vegetais são triglicerídeos. **Triglicerídeos** são triésteres do glicerol e ácidos carboxílicos de cadeia longa chamados ácidos graxos. Na Seção 19.1, vimos que os ésteres são formados a partir de um álcool e de um ácido. Como o nome indica, o álcool dos triglicerídeos é sempre o glicerol.

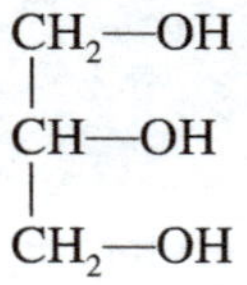

$$\begin{array}{c} CH_2-OH \\ | \\ CH-OH \\ | \\ CH_2-OH \end{array}$$
Glicerol

[1] Ao longo do texto, quando for feita menção ao "ácido do triglicerídeo", isso significará que o ácido graxo precursor reage com o glicerol para formar o correspondente éster. (NT)

Diferentemente do álcool precursor, o ácido do triglicerídeo[1] pode ser qualquer ácido graxo (Seção 18.4A). Esses ácidos graxos, entretanto, apresentam algumas características comuns:

1. Os ácidos graxos são praticamente todos ácidos carboxílicos não ramificados.
2. Quanto ao tamanho, eles apresentam de 10 a 20 carbonos.
3. Apresentam um número par de átomos de carbono.
4. Excluindo o grupo —COOH, eles não têm grupos funcionais, exceto aqueles que têm duplas ligações.
5. Na maioria dos ácidos graxos que apresentam duplas ligações, o isômero *cis* predomina.

Somente ácidos com número par de carbonos são encontrados nos triglicerídeos porque o organismo constrói esses ácidos somente a partir de unidades de acetato e, por isso, insere carbonos de dois em dois (Seção 29.2).

Nos **triglicerídeos** (também chamados **triacilgliceróis**), todos os três grupos hidroxila estão esterificados. Uma molécula de triglicerídeo típica é mostrada a seguir:

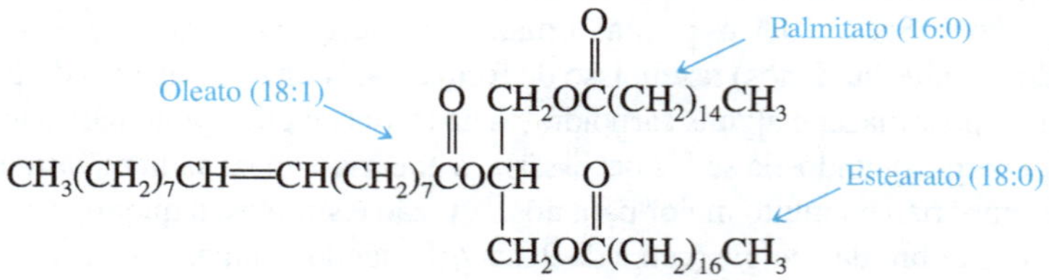

Oleato (18:1) Palmitato (16:0) Estearato (18:0)

$$CH_3(CH_2)_7CH=CH(CH_2)_7COCH \begin{array}{c} O \\ \| \\ CH_2OC(CH_2)_{14}CH_3 \\ | \\ O \\ \| \\ CH_2OC(CH_2)_{16}CH_3 \end{array}$$

Um triglicerídeo

Os triglicerídeos são os materiais lipídicos mais comuns, embora **mono-** e **diglicerídeos** não sejam raros. Nestes últimos dois tipos, somente um ou dois dos grupos —OH do glicerol são esterificados com ácidos graxos.

Os triglicerídeos naturais são moléculas complexas. Embora algumas das moléculas contenham os três ácidos graxos idênticos, na maioria dos casos dois ou três ácidos diferentes constituem os triglicerídeos. O caráter hidrofóbico dos triglicerídeos é causado pelas cadeias hidrocarbônicas longas. Os grupos éster (—C(=O)—O—), embora polares, estão inseridos em um ambiente apolar, o que torna os triglicerídeos insolúveis em água.

21.3 Quais são algumas das propriedades dos triglicerídeos?

A. Estado físico

Com algumas exceções, **gorduras** provenientes dos animais são geralmente sólidas em temperatura ambiente, e aquelas provenientes das plantas ou peixes são usualmente líquidas. As gorduras líquidas são normalmente chamadas **óleos**; embora elas sejam ésteres de glicerol como as gorduras sólidas, não devem ser confundidas com o petróleo, que é fundamentalmente constituído de alcanos.

Qual é a diferença estrutural entre as gorduras sólidas e os óleos líquidos? As propriedades físicas dos ácidos graxos são determinantes nas propriedades físicas dos triglicerídeos. As gorduras animais sólidas contêm principalmente ácidos graxos saturados, enquanto óleos vegetais contêm grandes quantidades de ácidos graxos insaturados. A Tabela 21.1 mostra o conteúdo médio de ácidos graxos de algumas gorduras e óleos comuns. Note que mesmo algumas gorduras sólidas contêm alguns ácidos insaturados e que gorduras líquidas contêm alguns ácidos saturados. Alguns ácidos graxos insaturados (ácidos linoleico e linolênico) são chamados *ácidos graxos essenciais* porque o corpo não pode sintetizá-los a partir de precursores; eles devem ser consumidos como parte da alimentação.

Embora a maior parte dos óleos vegetais contenha altas quantidades de ácidos graxos insaturados, eles são exceções. Óleo de coco, por exemplo, tem somente uma pequena quantidade de ácidos graxos insaturados. Esse óleo é líquido não pelo fato de conter várias duplas ligações, mas porque é rico em ácidos graxos de baixa massa molecular (principalmente ácido láurico).

Gordura Uma mistura de triglicerídeos que contém uma alta proporção de ácidos graxos de cadeia longa saturada.

Óleo Uma mistura de triglicerídeos que contém uma alta proporção de ácidos graxos de cadeia longa insaturada ou ácidos graxos de cadeia curta saturada.

TABELA 21.1 Porcentagem média dos ácidos graxos de algumas gorduras e óleos comuns

	Saturado				Insaturado			
	Láurico	Mirístico	Palmítico	Esteárico	Oleico	Linoleico	Linolênico	Outros
Gorduras animais								
Sebo bovino	—	6,3	27,4	14,1	49,6	2,5	—	0,1
Manteiga	2,5	11,1	29,0	9,2	26,7	3,6	—	17,9
Humana	—	2,7	24,0	8,4	46,9	10,2	—	7,8
Toucinho	—	1,3	28,3	11,9	47,5	6,0	—	5,0
Óleos vegetais								
Coco	45,4	18,0	10,5	2,3	7,5	—	—	16,3
Milho	—	1,4	10,2	3,0	49,6	34,3	—	1,5
Semente de algodão	—	1,4	23,4	1,1	22,9	47,8	—	3,4
Linhaça	—	—	6,3	2,5	19,0	24,1	47,4	0,7
Oliva	—	—	6,9	2,3	84,4	4,6	—	1,8
Amendoim	—	—	8,3	3,1	56,0	26,0	—	6,6
Cártamo	—	—	6,8	—	18,6	70,1	3,4	1,1
Soja	0,2	0,1	9,8	2,4	28,9	52,3	3,6	2,7
Girassol	—	—	6,1	2,6	25,1	66,2	—	—

Óleos com uma média de mais que uma dupla ligação por cadeia de ácido graxo são denominados *poli-insaturados*. O seu papel na dieta humana é abordado na Seção 30.4.

Gorduras e óleos puros são incolores, inodoros e insípidos. Essa afirmação pode parecer surpreendente porque conhecemos o gosto e as cores de gorduras e óleos, como a manteiga e o azeite de oliva. O gosto, os odores e as cores são originados pelas pequenas quantidades de outras substâncias dissolvidas na gordura ou no óleo.

B. Hidrogenação

Na Seção 12.6D, aprendemos que a dupla ligação carbono-carbono pode ser reduzida a uma ligação simples pela reação com hidrogênio (H_2) na presença de um catalisador. Portanto, não é difícil converter óleos líquidos insaturados em sólidos. Por exemplo:

$$\begin{array}{l} CH_2-O-CO-(CH_2)_7-CH=CH-(CH_2)_7-CH_3 \quad \text{(Ácido oleico)} \\ CH-O-CO-(CH_2)_7-CH=CHCH_2CH=CH-(CH_2)_4-CH_3 \quad \text{(Ácido linolênico)} \\ CH_2-O-CO-(CH_2)_7-CH=CHCH_2CH=CH-(CH_2)_4-CH_3 \quad \text{(Ácido linolênico)} \end{array} + 5H_2 \xrightarrow{Pt} \begin{array}{l} CH_2-O-CO-(CH_2)_{16}-CH_3 \quad \text{(Ácido esteárico)} \\ CH-O-CO-(CH_2)_{16}-CH_3 \\ CH_2-O-CO-(CH_2)_{16}-CH_3 \end{array}$$

Essa hidrogenação é feita em grande escala para produzir a "gordura" vegetal sólida vendida nos mercados. Ao manufaturarem esses produtos, os fabricantes precisam ser cuidadosos para não hidrogenar completamente todas as duplas ligações, porque a gordura sem duplas ligações seria *muito* sólida. A hidrogenação parcial, mas não completa, resulta em produtos com a consistência correta para a preparação de alimentos. A margarina também é feita pela hidrogenação parcial dos óleos vegetais. Como menos hidrogênio é usado, ela contém mais insaturações que a gordura vegetal hidrogenada.[2] O processo de hidrogenação é a fonte dos ácidos graxos *trans*, como já mencionado ("Conexões químicas 18A"). A indústria de processamento de alimentos tem adotado novos procedimentos para resolver esse problema. Vários rótulos de alimentos chamam especificamente atenção para o fato de que "não existem gorduras *trans*" no produto.

[2] Vale lembrar que, nas propagandas de margarina, uma das propriedades mais realçadas é a sua "cremosidade", fruto de uma menor hidrogenação do óleo. (NRT)

Conexões químicas 21A

Ranço

As duplas ligações de gorduras e óleos estão sujeitas à oxidação pelo ar (Seção 13.4C). Quando uma gordura ou óleo são mantidos abertos, essa reação que ocorre lentamente transforma algumas das moléculas em aldeídos e outros compostos com sabor e odor ruins. Então dizemos que a gordura ou o óleo tornou-se *rançoso* e não é mais comestível. Os óleos de plantas, que geralmente contêm mais duplas ligações, são mais suscetíveis a essa transformação que as gorduras sólidas, mas mesmo as gorduras contêm algumas duplas ligações que sofrem oxidação e o ranço também pode ser um problema.

Outra causa do sabor desagradável é a hidrólise. A hidrólise de triglicerídeos pode produzir ácidos graxos de cadeia mais curta, como o ácido butanoico (ácido butírico), que apresenta um odor desagradável. Para prevenir o ranço, óleos e gorduras devem ser mantidos refrigerados (essas reações ocorrem mais lentamente em baixas temperaturas) e em garrafas escuras (a oxidação é catalisada pela luz ultravioleta[3]). Além disso, antioxidantes são frequentemente adicionados a gorduras e óleos para prevenir o aparecimento do ranço.

[3] O vidro das garrafas por si só já filtra a radiação ultravioleta, e o fato de ser escura é para minimizar a quantidade de luz visível que atinge o conteúdo do recipiente. (NT)

C. Saponificação

Os glicerídeos, por serem ésteres, estão sujeitos à hidrólise que pode ser feita com ácidos ou bases. Como já foi visto na Seção 19.4, o uso de bases é mais prático. A seguir, apresentamos um exemplo de saponificação de uma gordura típica.

Conexões químicas 21B

Ceras

As ceras de animais e plantas são ésteres simples. Eles são sólidos por causa de suas altas massas moleculares. Como nas gorduras, a porção ácida dos ésteres consiste em uma mistura de ácidos graxos; a porção de álcool, entretanto, não é o glicerol, mas sim alcoóis simples de cadeia longa. Por exemplo, o principal componente da cera de abelhas é o palmitato de 1-triacontila:

Parte de ácido palmítico — Parte de 1-triacontanol

$$CH_3(CH_2)_{13}CH_2\overset{O}{\overset{\|}{C}}-OCH_2(CH_2)_{28}CH_3$$

Palmitato de 1-triacontila

Em geral, as ceras têm maiores pontos de fusão que as gorduras (de 60 a 100 °C) e são mais duras. Animais e plantas as usam de forma geral como uma cobertura de proteção. Por exemplo, as folhas da maioria das plantas são cobertas com cera, a qual ajuda na prevenção do ataque de microrganismos e permite que as plantas conservem a água. As penas dos pássaros e a pele dos animais também são cobertas com cera.

Ceras importantes incluem a cera de carnaúba (de uma palmeira brasileira), lanolina (da lã das ovelhas), cera das abelhas e espermacete (das baleias). Essas substâncias são utilizadas na fabricação de cosméticos, polimentos, velas e unguentos. Ceras de parafina não são ésteres, mas misturas de alcanos de alta massa molecular. A cera do ouvido também não é um éster simples. Essa secreção glandular contém uma mistura de gorduras (triglicerídeos), fosfolipídeos e ésteres do colesterol.

$$\underset{\text{Um triglicerídeo}}{\begin{array}{c}\text{O}\\\|\\\text{RCOCH}\end{array}\begin{array}{c}\text{O}\\\|\\\text{CH}_2\text{OCR}\\\text{O}\\\|\\\text{CH}_2\text{OCR}\end{array}} + 3\text{NaOH} \xrightarrow{\text{saponificação}} \underset{\substack{\text{1,2,3-propanotriol}\\\text{(glicerol; glicerina)}}}{\begin{array}{c}\text{CH}_2\text{OH}\\|\\\text{CHOH}\\|\\\text{CH}_2\text{OH}\end{array}} + \underset{\text{Sabão sódico}}{3\text{RCO}^-\text{Na}^+}$$

Portanto, a saponificação é a hidrólise promovida em meio básico de gorduras e óleos que produz glicerol e uma mistura de sais de ácidos graxos chamados sabões. O **sabão** tem sido utilizado há milhares de anos, e a reação de saponificação é uma das reações mais antigas conhecidas pelo homem.

21.4 Quais são as estruturas dos lipídeos complexos?

Os triglicerídeos abordados nas seções anteriores são componentes importantes das células de armazenamento de gordura. Outros tipos de lipídeos, chamados lipídeos complexos, são importantes de outra forma. Eles constituem os principais componentes das membranas (Seção 21.5). Lipídeos complexos podem ser classificados em dois grupos: fosfolipídeos e glicolipídeos.

Fosfolipídeos contêm um álcool, dois ácidos graxos e um grupo fosfato. Existem dois tipos: **glicerofosfolipídeos** e **esfingolipídeos**. Nos glicerofosfolipídeos, o álcool é o glicerol (Seção 21.6). Nos esfingolipídeos, o álcool é a esfingosina (Seção 21.7).

Glicolipídeos são lipídeos complexos que contêm carboidratos (Seção 21.8). A Figura 21.1 mostra esquematicamente as estruturas de todos esses lipídeos.

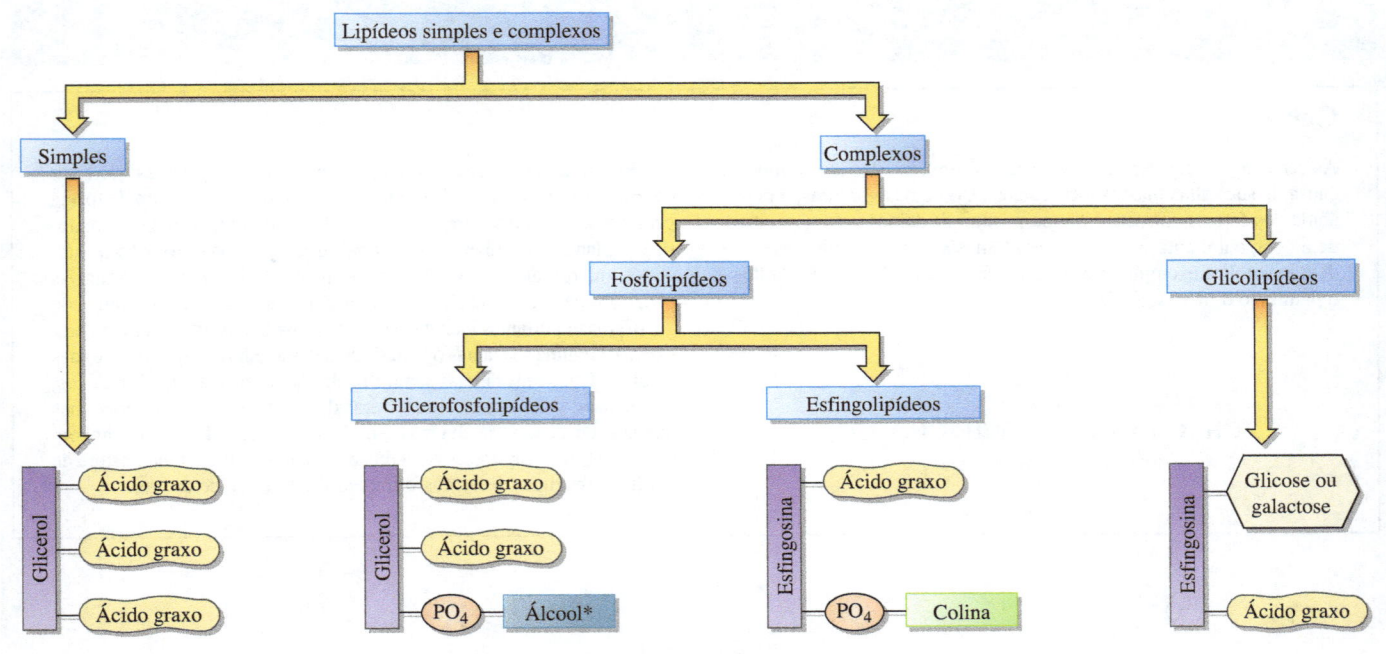

FIGURA 21.1 Diagrama de lipídeos simples e complexos.*

*O álcool pode ser colina, serina, etanolamina, inositol e outros.

21.5 Qual é a função dos lipídeos na estrutura das membranas?

Os lipídeos complexos mencionados na Seção 21.4 formam as **membranas** existentes em volta das células, assim como pequenas estruturas contidas no interior das células. (Essas estruturas pequenas contidas no interior das células são chamadas *organelas*.) Os ácidos graxos insaturados são componentes importantes desses lipídeos. A maioria das moléculas de lipídeos na bicamada contém ao menos um ácido graxo insaturado. As membranas celulares separam as células do seu ambiente externo e viabilizam o transporte seletivo para nutrientes e resíduos de metabolização para dentro e para fora da célula, respectivamente.

Essas membranas são feitas de **bicamadas lipídicas** (Figura 21.2). Em uma bicamada lipídica, duas colunas (camadas) de lipídeos complexos estão orientadas cauda a cauda.[4] As cadeias hidrofóbicas se direcionam uma em relação à outra, o que possibilita que fiquem bem distantes da água. Esse arranjo deixa as cabeças polares direcionadas para as superfícies do interior ou exterior da membrana. O colesterol (Seção 21.9), outro componente da membrana, também direciona a porção hidrofílica de sua molécula na superfície da membrana e a sua porção hidrofóbica no interior da bicamada.

Os ácidos graxos insaturados previnem um empacotamento eficiente das cadeias hidrofóbicas na bicamada lipídica, conferindo, desse modo, um caráter similar ao meio líquido para a membrana. Esse efeito é similar àquele que permite que os ácidos graxos insaturados tenham pontos de fusão menores que os dos ácidos graxos saturados. Essa propriedade da fluidez da membrana é de extrema importância porque vários produtos dos processos bioquímicos do corpo devem atravessar a membrana, e a natureza líquida da bicamada lipídica permite esse transporte.

A parte lipídica da membrana serve como uma barreira contra qualquer movimento dos íons ou compostos polares tanto para o interior como para o exterior da célula. Na bicamada lipídica, moléculas de proteína estão suspensas na superfície (proteínas periféricas), enquanto outras podem estar parcial ou completamente embebidas na bicamada (proteínas integrantes). Essas proteínas se estendem tanto para o interior como para o exterior da membrana.

Outras se encontram completamente embebidas, atravessando a bicamada e se projetando dos dois lados. O modelo mostrado na Figura 21.2, chamado **modelo de mosaico fluido** de membranas, permite a passagem de compostos apolares por difusão, pois esses compostos são solúveis nas membranas lipídicas. O termo *mosaico* se refere à topografia das bicama-

---

[4] A orientação cauda a cauda significa que os lipídeos estão arranjados de forma que a terminação hidrocarbônica das cadeias dos ácidos graxos de uma das camadas (por exemplo, a camada que está orientada para a fase aquosa externa) está em contato com a terminação hidrocarbônica dos ácidos graxos da outra camada (a camada orientada para a fase aquosa interna da célula ou organela). (NT)

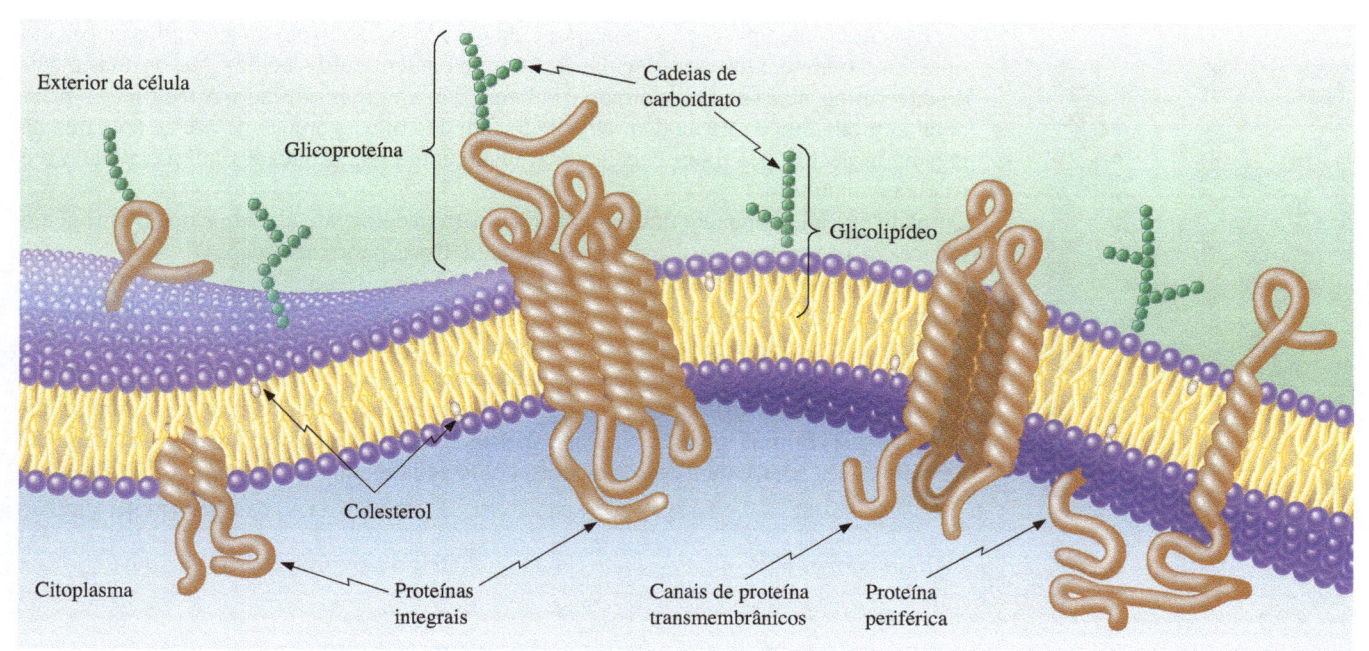

FIGURA 21.2 Modelo do mosaico fluido de membrana. Note que as proteínas estão embebidas na matriz lipídica.

das: as moléculas de proteínas dispersas no lipídeo. O termo *fluido* é usado porque existe um movimento lateral livre nas bicamadas que resulta em características líquidas para as membranas. Diferentemente dos compostos apolares, os polares são transportados tanto por canais específicos através das regiões que contêm proteínas quanto por um mecanismo denominado transporte ativo (ver "Conexões químicas 21C"). Para cada processo de transporte, a membrana se comporta como um líquido não rígido para que as proteínas possam se movimentar de um lado para o outro da membrana.

21.6 O que são glicerofosfolipídeos?

A estrutura dos glicerofosfolipídeos (também chamados fosfoglicérides) é muito similar à das gorduras. Os glicerofosfolipídeos são componentes das membranas das células. Nesses compostos, o componente de álcool é o glicerol. Dois dos três grupos hidroxila do glicerol encontram-se esterificados com ácidos graxos. Como nas gorduras simples, esses ácidos graxos podem ser qualquer ácido carboxílico de cadeia longa, com ou sem duplas ligações. Em todos os glicerofosfolipídeos, lecitinas, cefalinas e fosfatidilinositóis, o ácido graxo do carbono 2 do glicerol é sempre insaturado. O terceiro grupo não está esterificado com um ácido graxo; mais precisamente, ele se encontra esterificado com um grupo fosfato, que também se encontra esterificado por outro álcool, portanto forma-se um diéster de fosfato. Caso o álcool que esterifica o fostato seja a colina, que é uma amina quaternária (um íon amônio), os glicerofosfolipídeos resultantes são denominados **fosfatidilcolinas** (nome usual de **lecitina**):

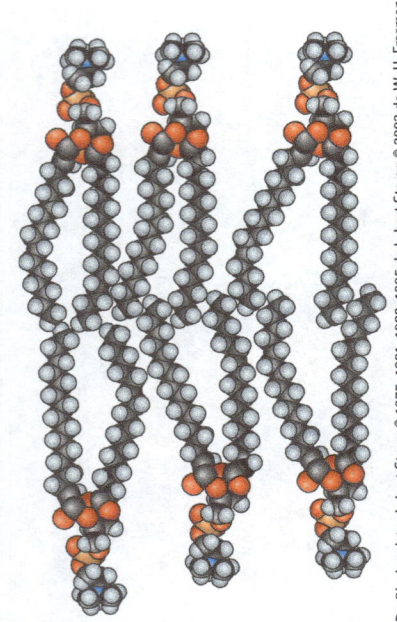

FIGURA 21.3 Modelos moleculares de preenchimento de lipídeos complexos em uma bicamada.

Essa molécula típica de lecitina apresenta o ácido esteárico em uma terminação e ácido linoleico no meio. Outras moléculas de lecitina contêm outros ácidos graxos, mas o ácido da terminação é sempre saturado e o do meio é sempre insaturado. A lecitina é o principal componente da gema dos ovos. Pelo fato de conter porções polares e apolares na mesma molécula, ela é um excelente emulsificante (ver "Conexões químicas 6D") e é usada na maionese.

Note que a lecitina tem um grupo fosfato carregado negativamente e que o nitrogênio quaternário da colina é carregado positivamente. Essas partes carregadas da molécula produzem uma cabeça altamente hidrofílica, enquanto o resto da molécula é hidrofóbico. Portanto, quando um fosfolipídeo tal como a lecitina faz parte da bicamada lipídica, as caudas hidrofóbicas se direcionam para o meio da bicamada, e as cabeças hidrofílicas se alinham tanto para a superfície interna quanto a externa da membrana (figuras 21.2 e 21.3).

As lecitinas são apenas um exemplo de glicerofosfolipídeos. Outros glicerofosfolipídeos são as **cefalinas**, que são similares às lecitinas em cada aspecto, exceto que, em vez de colina, eles apresentam outros alcoóis, como etanolamina ou serina:

Uma fosfatidiletanolamina (uma cefalina)

Uma fosfatidilserina (uma cefalina)

R = cauda hidrocarbônica da porção de ácido graxo

Outra classe importante de glicerofosfolipídeos é a dos **fosfatidilinositóis (PI)**. Nos PI, o álcool inositol está ligado à molécula por uma ligação de éster fosfato. Esses compostos não só fazem parte integral das membranas biológicas, mas também, em suas formas mais altamente fosforiladas, tais como o **fosfatidilinositol 4,5-bisfosfato (PIP2)**, atua como moléculas de sinalização na comunicação química (ver Capítulo 24).

Fosfatidilinositóis, PI

21.7 O que são esfingolipídeos?

A mielina, a cobertura dos axônios dos nervos, contém um tipo diferente de lipídeo complexo: **esfingolipídeos**, em que a porção de álcool é a esfingosina.

Conexões químicas 21C

Transporte através das membranas celulares

As membranas não são um agrupamento aleatório de lipídeos complexos que resultam em uma barreira física e molecular indescritível. Nas células vermelhas do sangue, por exemplo, a parte externa da bicamada é feita principalmente de fosfatidilcolina e esfingomielina, enquanto a parte interna é composta principalmente de fosfatidiletanolamina e fosfatidilserina (seções 21.6 e 21.7). No caso da membrana denominada retículo sarcoplásmico do músculo do coração, a fosfatidiletanolamina é encontrada na parte externa da membrana; a fosfatidilserina, na parte interna; e a fosfatidilcolina está igualmente distribuída nas duas camadas da membrana.

As membranas não são estruturas estáticas. Em vários processos, elas se fundem uma na outra; em outros processos, desintegram-se, e os seus constituintes são usados em outras partes do organismo. Quando as membranas se fundem nas fusões de vacúolos no interior das células, por exemplo, existem certas restrições que previnem que membranas incompatíveis se misturem.

As moléculas de proteína não estão distribuídas aleatoriamente na bicamada. Algumas vezes, elas são agrupadas como em retalhos dispersos; outras vezes, aparecem em padrões geométricos regulares. Um exemplo deste último tipo são as **junções comunicantes** (ou junções *gap*), canais constituídos de seis proteínas que criam um poro central. Esses canais permitem que células vizinhas se comuniquem. As junções comunicantes constituem um exemplo de **transporte passivo**. Moléculas polares pequenas – que incluem alguns nutrientes essenciais como íons inorgânicos, açúcares, aminoácidos e nucleotídeos – podem passar facilmente através das junções comunicantes. Moléculas grandes, como proteínas, polissacarídeos e ácidos nucleicos, não conseguem atravessar esses canais.

No **transporte facilitado** (difusão facilitada), uma interação específica ocorre entre o transportador e a molécula transportada. Considere o **transportador de ânion** das células vermelhas do sangue, através do qual os íons cloreto e bicarbonato são trocados na razão 1:1. O transportador é uma proteína com 14 estruturas em hélice que atravessam a membrana. Um lado das hélices contém as partes hidrofóbicas da proteína, as quais podem interagir com os lipídeos da membrana. O outro lado das hélices da proteína contém as porções hidrofílicas que permitem a interação com os íons hidratados. Dessa forma, os ânions passam através da membrana dos eritrócitos.

O **transporte ativo** envolve a passagem de íons através de um gradiente de concentração. Por exemplo, uma maior concentração de K^+ é encontrada no interior da célula do que no ambiente externo que circunda a célula. Contudo, íons potássio podem ser transportados do exterior para dentro da célula, embora à custa de energia. O transportador, uma proteína chamada Na^+, K^+, ATPase, utiliza a energia da hidrólise da molécula de ATP para mudar a conformação do transportador, que traz K^+ e exporta Na^+. Estudos detalhados dos canais de íons K^+ têm revelado que esses íons entram nos canais aos pares. Cada um dos íons hidratados leva consigo oito moléculas de água na sua camada de solvatação, com o polo negativo da molécula de água (o átomo de oxigênio) circundando o íon positivo. No fundo do canal, os íons K^+ encontram uma constrição, chamada filtro de seletividade. Para passar através dele, os íons K^+ precisam liberar as moléculas de água de solvatação. A proximidade dos íons K^+, agora "nus" sem a esfera de solvatação, gera uma repulsão eletrostática suficiente para forçar a passagem pelo canal. O canal por si mesmo é preenchido com átomos de oxigênio que fornecem ambiente atrativo similar ao oferecido pela forma estável hidratada antes da entrada na área de constrição.

Compostos polares, em geral, são transportados através de **canais transmembrânicos** específicos.

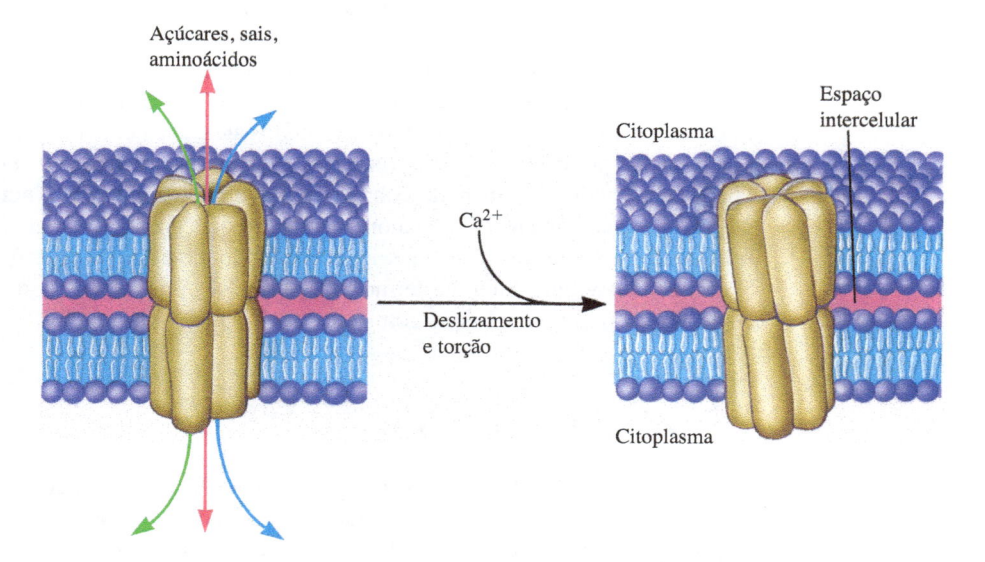

As junções comunicantes são feitas de seis subunidades proteicas cilíndricas. Elas se alinham nas duas membranas do plasma paralelas umas às outras, formando um poro. Os poros das junções comunicantes são fechados por movimentos de deslizamento e torção das subunidades cilíndricas.

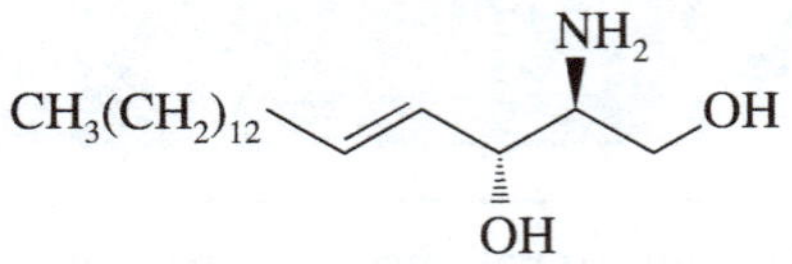

Esfingosina

Uma cadeia longa de ácido graxo está conectada ao grupo —NH$_2$ por uma ligação amídica, e o grupo —OH no fim da cadeia está esterificado pela fosforilcolina:

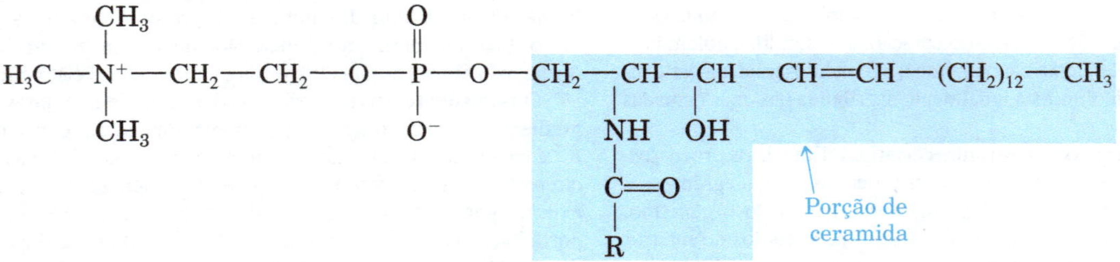

Uma esfingomielina (um esfingolipídeo)

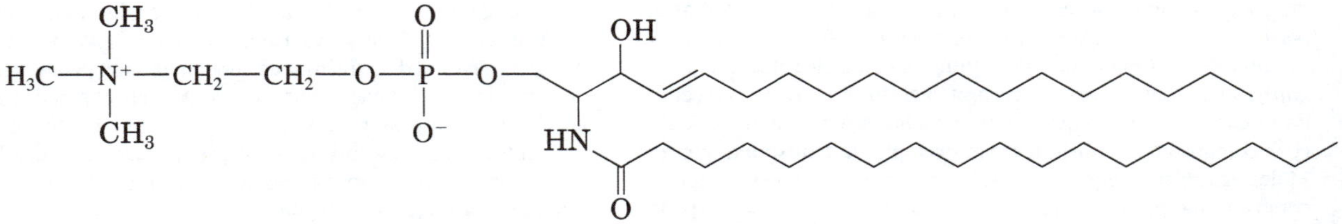

Porção de ceramida

Esfingomielina (diagrama esquemático)

A combinação de um ácido graxo e a esfingosina (realçada pelo fundo colorido) é chamada porção de **ceramida** da molécula, porque muitos desses compostos são também encontrados nos cerebrosídeos (Seção 21.8). A ceramida dos lipídeos complexos pode conter diferentes ácidos carboxílicos. O ácido esteárico, por exemplo, ocorre principalmente na esfingomielina.

As esfingomielinas são os lipídeos mais importantes nas bainhas de mielina das células nervosas e estão associadas com doenças como a esclerose múltipla ("Conexões químicas 21D"). Os esfingolipídeos não estão distribuídos aleatoriamente nas membranas. Nas membranas virais, por exemplo, a maioria das esfingomielinas aparece no interior da membrana. Foi Johann Thudichum quem descobriu os esfingolipídeos em 1874 e nomeou esses lipídeos do cérebro em homenagem a um monstro da mitologia grega, a esfinge. Parte mulher e parte leão alado, a esfinge devorava todos aqueles que não forneciam uma resposta correta aos seus enigmas. Thudichum adotou o termo esfingolipídeos por causa do processo "enigmático" que cercou a descoberta desses compostos.

21.8 O que são glicolipídeos?

Glicolipídeos são lipídeos complexos que contêm carboidratos e ceramidas. Um grupo, os **cerebrosídeos**, é composto de ceramida e mono ou oligossacarídeos. Outros grupos, como os **gangliosídeos**, contêm uma estrutura em carboidratos mais complexa (ver "Conexões químicas 21E"). Nos cerebrosídeos, o ácido graxo da parte de ceramida pode conter cadeias de 18 ou 24 carbonos, e o de 24 carbonos é encontrado apenas nesses lipídeos complexos. Uma unidade de glicose ou galactose forma uma ligação glicosídica beta com a porção de ceramida da molécula. Os cerebrosídeos ocorrem principalmente no cérebro (correspondendo a 7% do peso seco do cérebro) e nos nervos das sinapses.

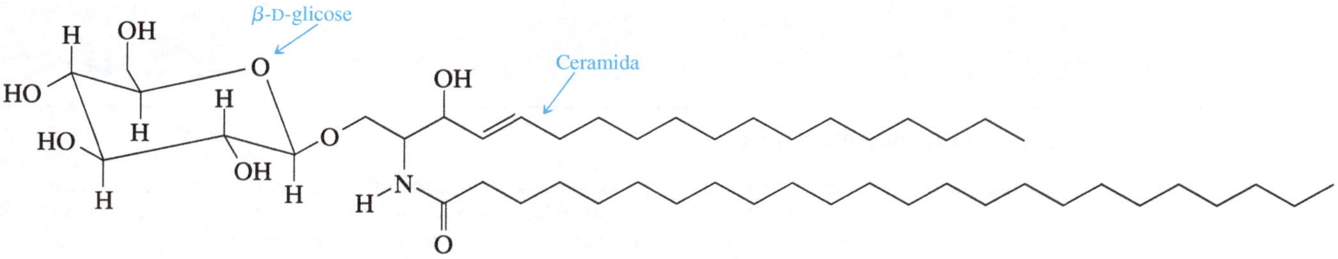

Lipídeos ■ 513

[Estrutura: β-D-glicose ligada à Ceramida formando um Glicocerobrosídeo]

Exemplo 21.1 Estrutura dos lipídeos

Um lipídeo isolado da membrana das células vermelhas do sangue tem a seguinte estrutura:

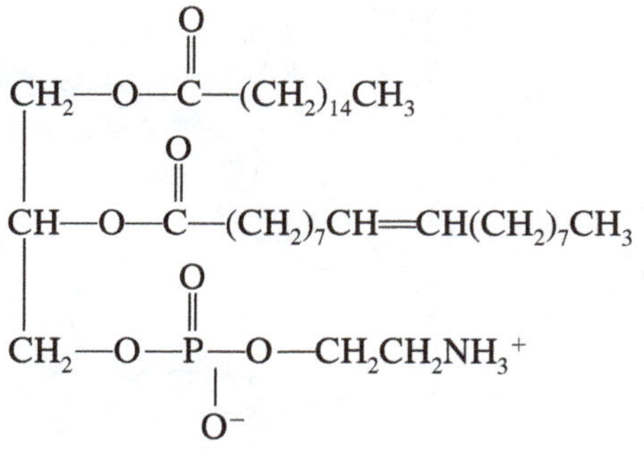

$$\begin{array}{l} CH_2-O-\overset{O}{\underset{\parallel}{C}}-(CH_2)_{14}CH_3 \\ CH-O-\overset{O}{\underset{\parallel}{C}}-(CH_2)_7CH=CH(CH_2)_7CH_3 \\ CH_2-O-\overset{}{\underset{\underset{O^-}{|}}{P}}-O-CH_2CH_2NH_3^+ \end{array}$$

(a) A que grupo de lipídeos complexos esse composto pertence?
(b) Quais são os seus constituintes?

Estratégia

A parte (b) da questão, sobre os constituintes dessa molécula, é a chave para a resolução da questão. Quando se conhecem as partes (constituintes), é possível indicar a que classe pertence o composto.

Solução

(a) A molécula é um triéster do glicerol e contém grupos fosfato; por isso, ela é um glicerofosfolipídeo.
(b) Além do glicerol e fosfato, a molécula apresenta componentes de ácidos palmítico e oleico. O outro álcool é a etanolamina. Portanto, pertence ao subgrupo das cefalinas.

Problema 21.1

Um lipídeo complexo tem a seguinte estrutura:

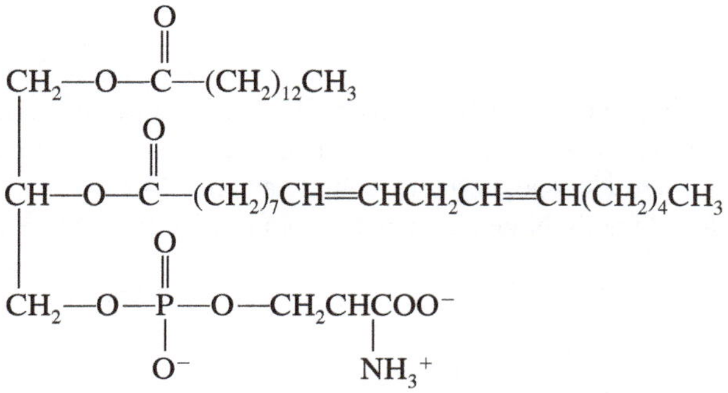

$$\begin{array}{l} CH_2-O-\overset{O}{\underset{\parallel}{C}}-(CH_2)_{12}CH_3 \\ CH-O-\overset{O}{\underset{\parallel}{C}}-(CH_2)_7CH=CHCH_2CH=CH(CH_2)_4CH_3 \\ CH_2-O-\overset{}{\underset{\underset{O^-}{|}}{P}}-O-CH_2\overset{}{\underset{\underset{NH_3^+}{|}}{C}}HCOO^- \end{array}$$

(a) A que grupo de lipídeos complexos esse composto pertence?
(b) Quais são os seus constituintes?

Conexões químicas 21D

A bainha de mielina e a esclerose múltipla

O cérebro humano e o cordão espinal podem ser divididos em regiões cinzas e brancas. Quarenta por cento do cérebro humano é formado pela matéria branca. Uma análise microscópica revela que a matéria branca é composta de axônios nervosos envoltos em uma cobertura lipídica branca, chamada **bainha de mielina**, a qual viabiliza isolamento e permite a condução rápida dos sinais elétricos. A bainha de mielina é composta de 70% de lipídeos e de 30% de proteínas na estrutura das bicamadas da membrana.

Células especializadas, denominadas **células de Schwann**, envolvem os axônios periféricos para formar numerosas camadas concêntricas. No cérebro, outras células realizam a cobertura de uma forma similar.

A esclerose múltipla afeta 250 mil pessoas nos Estados Unidos.[5] Nessa doença, a bainha de mielina gradualmente se deteriora. Os sintomas, que incluem fadiga muscular, falta de coordenação e perda da visão, podem desaparecer por um tempo, mas retornam mais tarde com maior intensidade. A autopsia de cérebros de portadores da esclerose múltipla mostra a existência de feridas na matéria branca, com muitos axônios não recobertos com a bainha de mielina. Esses sintomas ocorrem porque os axônios sem mielina (processo de desmielinização) não são capazes de conduzir os impulsos nervosos de forma adequada. Um efeito secundário da desmielinização é o dano ao axônio propriamente dito.

Uma desmielinização similar ocorre na síndrome de Guillain-Barré, que ocorre após certas infecções virais. Em 1976, o temor de uma epidemia de "gripe suína" levou a um programa de vacinação que resultou em vários casos da síndrome de Guillan-Barré. Essa doença pode conduzir à paralisia, que pode levar à morte, a menos que sejam fornecidos ao doente meios artificiais para respirar. Nos casos ocorridos em 1976, o governo dos Estados Unidos assumiu a responsabilidade pelas vacinas que não estavam em condições adequadas e que levaram as pessoas a desenvolver a síndrome. O governo norte-americano indenizou as vítimas e seus familiares.

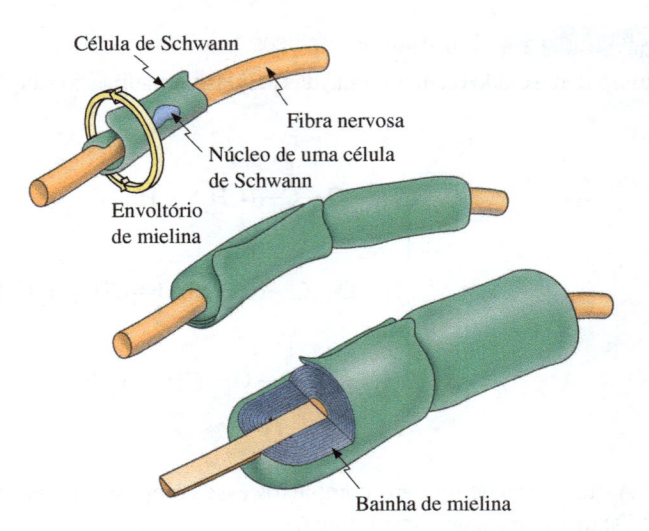

Mielinização dos axônios nervosos que não são do cérebro por células de Schwann. A bainha de mielina é produzida pela célula de Schwann e enrolada sobre o axônio para realizar seu isolamento.

---

[5] No Brasil, são estimados cerca de 30 mil casos, de acordo com a Federação Internacional de Esclerose Múltipla. (NT)

21.9 O que são esteroides?

A terceira maior classe de lipídeos são os **esteroides**, compostos que contêm o seguinte sistema de anéis:

Nessa estrutura, três anéis de cicloexano (A, B e C) são conectados de forma similar à que ocorre no fenantreno (Seção 13.2D); e também está presente um anel fundido de ciclopentano (D). Os esteroides são, portanto, completamente diferentes em sua estrutura dos lipídeos já descritos até aqui. Note que eles não são necessariamente ésteres, embora alguns deles possam ser.

Conexões químicas 21E

Doenças relacionadas ao armazenamento de lipídeos

Os lipídeos complexos estão sempre sendo sintetizados e decompostos no corpo. Em várias doenças genéticas classificadas como doenças de armazenamento de lipídeos, algumas das enzimas necessárias para a decomposição dos lipídeos complexos não funcionam ou estão ausentes. Como consequência, os lipídeos complexos se acumulam e causam um aumento das dimensões do fígado e do baço, retardamento mental, cegueira e, em certos casos, morte precoce. A Tabela 21E apresenta algumas dessas doenças e indica a enzima ausente e o lipídeo complexo que se acumula em cada caso.

Até agora, não existe nenhum tratamento para essas doenças. A melhor maneira de preveni-las é por uma avaliação genética. Algumas das doenças podem ser diagnosticadas durante o desenvolvimento fetal. Por exemplo, a doença de Tay-Sachs, que afeta 1 em cada 30 judeu-americanos (*versus* 1 em cada 300 na população não judaica), pode ser diagnosticada a partir do fluido amniótico obtido da amniocentese.

TABELA 21E Doenças relacionadas ao armazenamento de lipídeos

Nome	Lipídeo acumulado	Tipo de enzima ausente ou defeituosa
Doença de Gaucher	Glicocerebrosídeo	β-glicosidase
Leucodistrofia de Krabbe	Galactocerebrosídeo	β-galactosidase
Doença de Fabry	Ceramida triexosídea	α-galactosidase

Conexões químicas 21E (continuação)

Nome	Lipídeo acumulado		Tipo de enzima ausente ou defeituosa

Doença de Tay-Sachs

Ceramida oligossacarídea (um gangliosídeo)

Hexosaminoxidase A

Doença de Niemann-Pick

Esfingomielina

Esfingomielinase

A. Colesterol

No corpo humano, o esteroide mais abundante e mais importante é o **colesterol**:

Colesterol

O colesterol serve como um componente do plasma sanguíneo em todas as células animais, como nas células vermelhas do sangue. A sua segunda função mais importante é servir como matéria-prima na síntese de outros esteroides, como os sexuais e os hormônios adrenocorticoides (Seção 21.10), e os sais biliares (Seção 21.11).

O colesterol existe tanto na forma livre como na forma esterificada com ácidos graxos. Os cálculos biliares contêm o colesterol livre.

Em razão de a imprensa geral ter divulgado a correlação entre os altos níveis de colesterol no sangue e doenças como a arteriosclerose, muitas pessoas estão bastante apreensivas em relação aos níveis de colesterol e o consideram veneno. Longe de ser um veneno, o colesterol é, na verdade, necessário para a vida humana. Essencialmente, nosso fígado produz o colesterol necessário, mesmo sem a sua ingestão alimentar. Quando os níveis de colesterol excedem 150 mg/100 mL, a síntese do colesterol no fígado é reduzida à metade da sua produção normal.

O colesterol no corpo está em uma situação dinâmica. Ele circula constantemente no sangue. O colesterol e os ésteres de colesterol, por serem hidrofóbicos, precisam de transportadores aquossolúveis para que possam circular no meio aquoso do sangue.

B. Lipoproteínas: carregadores de colesterol

O colesterol, conjuntamente com as outras gorduras, é transportado por **lipoproteínas**. A maior parte das lipoproteínas contém um cerne de moléculas hidrofóbicas lipídicas envolto em uma casca de moléculas hidrofílicas tais como proteínas e fosfolipídeos (Figura 21.4). Como mostrado na Tabela 21.2, existem quatro tipos de lipoproteínas:

- **Lipoproteína de alta densidade (HDL[6]) ("o colesterol bom")**, que é composta de cerca de 30% de proteínas e cerca de 30% de colesterol.
- **Lipoproteína de baixa densidade (LDL) ("o colesterol ruim")**, que contém somente 25% de proteínas e cerca de 50% de colesterol.
- **Lipoproteína de densidade muito baixa (VLDL)**, que principalmente carrega triglicerídeos (gorduras) sintetizados pelo fígado.
- **Quilomícrons**, que carregam lipídeos da dieta sintetizados nos intestinos.

C. Transporte do colesterol na LDL

O transporte de colesterol do fígado começa com uma grande partícula de VLDL (diâmetro de 55 nm). A parte central (cerne) da VLDP contém triglicerídeos e ésteres de colesterol, principalmente linoleato de colesterila. Ela é circundada por uma cobertura de fosfolipídeos e proteínas (Figura 21.4). A VLDL é conduzida no plasma sanguíneo. Ao atingir o tecido dos músculos ou de gordura, os triglicerídeos e todas as proteínas, com exceção de uma proteína chamada apoB-100, são removidos da VLDL. Com a remoção dos triglicerídeos e das proteínas, o diâmetro da partícula diminui para 22 nanômetros e o seu cerne contém agora apenas os ésteres de colesterol. Como a gordura foi removida, a sua densidade aumenta[7] e ela se torna LDL. As lipoproteínas de baixa densidade permanecem no plasma por aproximadamente 2,5 dias.

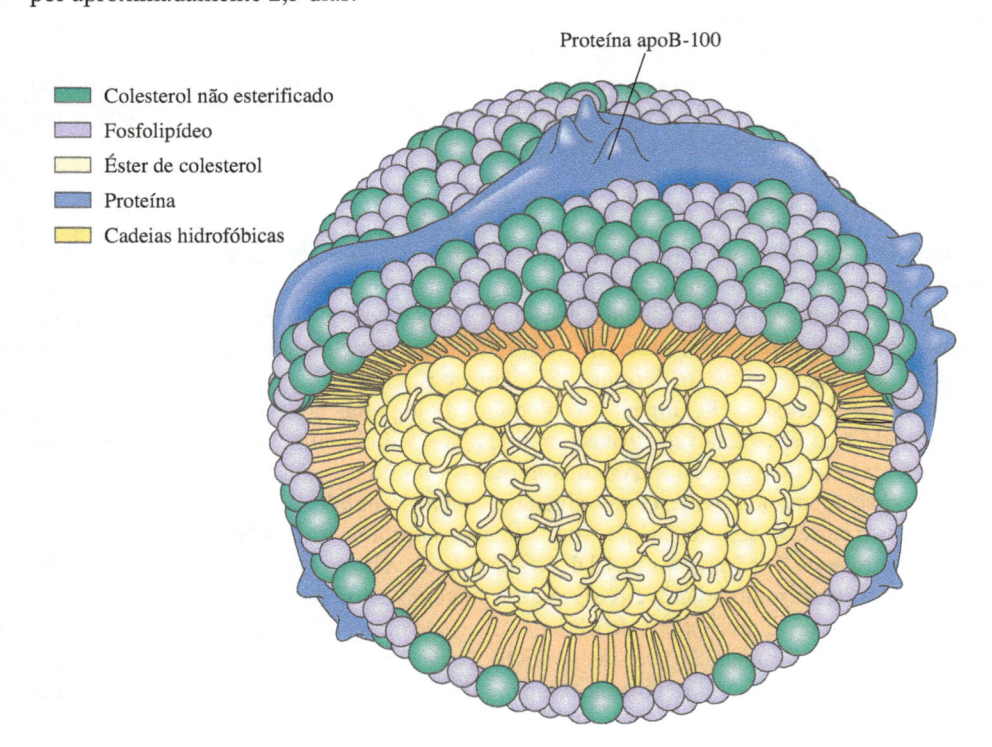

Lipoproteínas *Clusters* esféricos que contêm tanto moléculas de lipídios como de proteínas.

---

[6] A sigla HDL é proveniente da designação em inglês *high density lipoproteins*. O mesmo ocorre para as lipoproteínas de baixa densidade, cuja abreviação é LDL, de *low density lipoproteins*. A abreviação VLDL corresponde a *very low density lipoproteins*. Essas abreviações das expressões em inglês serão mantidas por causa de seu amplo uso, mesmo em textos de divulgação como jornais e revistas não especializados e que frequentemente trazem matérias que tratam dos temas relacionados ao colesterol. (NT)

[7] Note que a massa diminui, porém o diâmetro (e consequentemente o volume) também. Como a diminuição do diâmetro é mais significativa na razão m/v, a densidade aumenta em relação à da partícula de VLDL. (NT)

Proteína apoB-100

- Colesterol não esterificado
- Fosfolipídeo
- Éster de colesterol
- Proteína
- Cadeias hidrofóbicas

FIGURA 21.4 Lipoproteína de baixa densidade.

[8] Os *coated pits* são regiões específicas nas membranas das células que concentram os receptores proteicos. Morfologicamente, os receptores estão em regiões em que existem depressões na membrana devidas à comunicação entre os receptores externos e as proteínas mais internas na membrana. (NT)

A LDL leva o colesterol para as células, onde moléculas receptoras específicas se dispõem na superfície da célula em certas áreas chamadas ***coated pits***.[8] A proteína apoB-100 localizada na superfície da LDL se liga a um receptor molecular específico das *coated pits*. Após essa ligação, a LDL é introduzida na célula (endocitose), onde enzimas fragmentam a lipoproteína. Nesse processo, elas liberam o colesterol livre a partir dos ésteres de colesterol. Dessa forma, as células podem utilizar o colesterol, por exemplo, para compor as suas membranas. Esse é o papel normal da LDL na via de transporte do colesterol. Michel Brown e Joseph Goldstein, da Universidade do Texas, compartilharam o Prêmio Nobel de Medicina em 1986 pela descoberta da via mediada por receptores da incorporação/metabolização de LDL nas células. Caso os receptores de LDL não sejam suficientes na superfície das células, o colesterol se acumula no sangue; esse acúmulo pode ocorrer mesmo com uma baixa ingestão de colesterol. Portanto, fatores genéticos e o tipo de dieta desempenham um importante papel nos níveis de colesterol no sangue.

TABELA 21.2 Composição e propriedades das lipoproteínas humanas

Propriedade	HDL	LDL	VLDL	Quilomícrons
Cerne				
Colesterol e ésteres de colesterol (%)	30	50	22	8
Triglicerídeos (%)	8	4	50	84
Superfície				
Fosfolipídeos (%)	29	21	18	7
Proteínas (%)	33	25	10	1-2
Densidade (g/mL)	1,05–1,21	1,02-1,06	0,95-1,00	<0,95
Diâmetro (nm)	5-15	18-28	30-80	100-500

Porcentagens são dadas como % em peso seco.

D. Transporte do colesterol na HDL

As lipoproteínas de alta densidade transportam o colesterol dos tecidos periféricos até o fígado e transferem o colesterol para a LDL. Enquanto permanecem no plasma, o colesterol livre na HDL é convertido nos ésteres de colesterol. Os colesteróis esterificados são levados ao fígado para a síntese de ácidos biliares e dos hormônios esteroides. O processo de transporte e liberação do colesterol mediado pela HDL difere muito do que ocorre na LDL. O processo na HDL não envolve endocitose nem a degradação da lipoproteína. Em vez disso, em um processo de absorção seletiva do lipídeo, a HDL se liga à superfície da célula do fígado e transfere os ésteres de colesterol para a célula. A HDL, descarregada do seu conteúdo de lipídeos, retorna à circulação. É desejável ter elevados níveis de HDL no sangue porque é uma maneira de remoção do colesterol da corrente sanguínea.

E. Níveis de LDL e HDL

Como todos os lipídeos, o colesterol é insolúvel em água. Se os seus níveis são altos na corrente sanguínea, depósitos na forma de placas podem se formar nas superfícies das artérias. A diminuição resultante no diâmetro dos vasos sanguíneos pode, por sua vez, diminuir o fluxo de sangue. Essa **arteriosclerose**, conjuntamente com a alta pressão sanguínea, pode provocar ataques do coração, derrames ou disfunções renais.

A arteriosclerose pode aumentar o bloqueio de algumas artérias por um coágulo no ponto onde as artérias estão constritas por uma placa. Adicionalmente, esse bloqueio pode privar as células de oxigênio, fazendo com que parem de funcionar. A morte dos músculos do coração causada por falta de oxigênio é chamada *infarto do miocárdio*.

A maior parte do colesterol é transportada por lipoproteínas de baixa densidade. Se um número suficiente de receptores da LDL estiver disponível na superfície das células, a LDL será efetivamente removida da circulação e a sua concentração no plasma do sangue diminuirá. O número de receptores de LDL na superfície das células é controlado por um mecanismo de retroalimentação (ver Seção 23.6). Isso significa que, quando a concentração de moléculas de colesterol dentro da célula é alta, a síntese dos receptores de LDL é suprimida. Como consequência, menos LDL é levada do plasma para o interior das células e a concentração da LDL no plasma aumenta. Entretanto, quando o nível de colesterol no interior da célula é baixo, a síntese de receptores de LDL aumenta. Como consequência, a LDL é levada mais rapidamente para o interior da célula e o nível no plasma cai.

Em certos casos, entretanto, não existem receptores da LDL suficientes. Na doença chamada *hipercolesterolemia familiar*, o nível de colesterol no plasma pode ser tão alto quanto 680 mg/100 mL, comparado com a taxa de 175 mg/100 mL em indivíduos normais. Esses altos níveis de colesterol podem provocar arteriosclerose prematura e ataques cardíacos. O alto nível de colesterol no plasma desses pacientes ocorre por causa da falta de uma quantidade suficiente de receptores de LDL, ou, se existem em quantidade suficiente, eles não estão concentrados nas *coated pits*.

Em geral, um alto conteúdo de LDL significa um alto teor de colesterol no plasma porque a LDL não pode entrar nas células e ser metabolizada. Por essa razão, um alto nível de LDL combinado com um baixo nível de HDL é um sintoma do transporte deficiente de colesterol e um alerta para uma possível arteriosclerose.

Os níveis de colesterol no plasma controlam a quantidade de colesterol sintetizada no fígado. Quando o colesterol no plasma é alto, a síntese no fígado é baixa. Contrariamente, quando o nível de colesterol no plasma é baixo, a síntese de colesterol aumenta.

As dietas com baixos teores de colesterol e ácidos graxos saturados normalmente reduzem os níveis de colesterol no plasma, e várias drogas podem inibir a síntese de colesterol no fígado. São comumente usadas drogas de estatinas, como atorvastatina (Lipitor) e sinvastatina (Zocor), que inibem uma das enzimas-chave na síntese do colesterol, a HMG-CoA redutase (Seção 29.4). Dessa maneira, elas bloqueiam a síntese de colesterol no interior das células e estimulam a síntese de receptores proteicos de LDL. Mais LDL entra então nas células, diminuindo a quantidade de colesterol que será depositada no interior da parede das artérias.

Em geral, é desejável que o indivíduo tenha altos níveis de HDL e baixos níveis de LDL na corrente sanguínea. As lipoproteínas de alta densidade levam colesterol das placas depositadas nas artérias para o fígado, o que reduz o risco de arteriosclerose. Mulheres na fase de pré-menopausa têm mais HDL que os homens, e é por isso que elas têm um menor risco de doenças coronárias. O nível de HDL pode ser aumentado pela prática de exercícios e perda de peso.

21.10 Quais são algumas das funções fisiológicas dos hormônios esteroides?

O colesterol é o material de partida para a síntese dos hormônios esteroides. Nesse processo, a cadeia alifática ligada ao anel D é removida, e o álcool secundário do carbono 3 é oxidado a uma cetona. A molécula resultante, a progesterona, serve como um composto de partida para a obtenção dos hormônios sexuais e adrenocorticoides (Figura 21.5).

A. Hormônios adrenocorticoides

Os hormônios adrenocorticoides (Figura 21.5) são produtos das glândulas adrenais. O termo *adrenal* significa "adjacente aos rins". Classificamos esses hormônios em dois grupos, de acordo com a sua função: *mineralocorticoides*, que regulam as concentrações de íons (principalmente Na^+ e K^+), e *glicocorticoides*, que controlam o metabolismo de carboidratos. O termo *corticoide* indica que o sítio de secreção é o córtex (parte externa) da glândula.

A *aldosterona* é um dos mais importantes mineralocorticoides. Um aumento na secreção da aldosterona eleva a reabsorção dos íons Na^+ e Cl^- nos túbulos do rim e aumenta a perda de K^+. Pelo fato de a concentração de Na^+ controlar a retenção de água nos tecidos, a aldosterona controla a expansão dos tecidos.

O *cortisol* é o principal glicocorticoide. Sua função é aumentar as concentrações de glicose e glicogênio no corpo. Os ácidos graxos das células de armazenamento de gordura e os aminoácidos das proteínas são transportados para o fígado, no qual, sob a influência do cortisol, ocorre a produção de glicose e glicogênio a partir dessas matérias-primas.

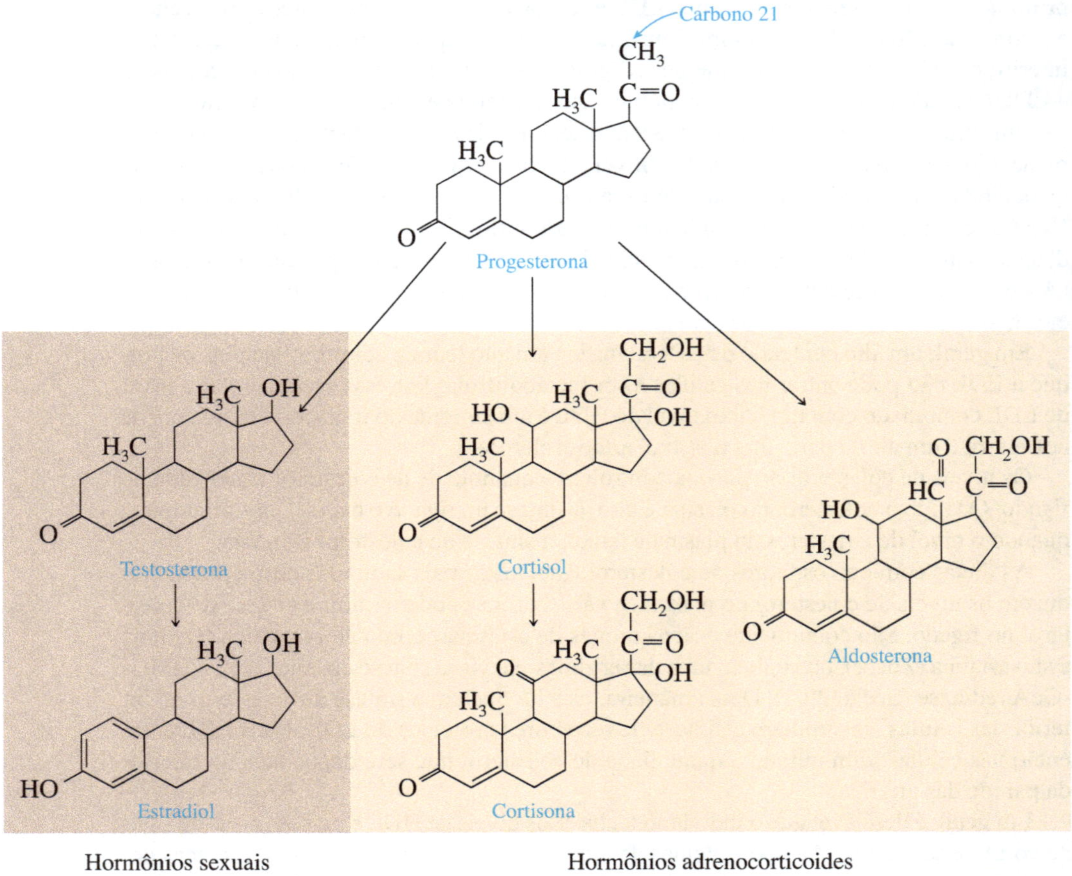

FIGURA 21.5 A biossíntese de hormônios a partir da progesterona.

O cortisol e o seu derivado cetônico, a *cortisona*, têm notáveis efeitos anti-inflamatórios. Esses compostos ou seus derivados sintéticos, tais como a predinisolona, são usados no tratamento de doenças inflamatórias de diversos órgãos, artrite reumatoide e asma bronquial.

B. Hormônios sexuais

O mais importante hormônio sexual é a testosterona (Figura 21.5). Esse hormônio, que promove o crescimento normal dos órgãos genitais masculinos, é sintetizado nos testículos a partir do colesterol. Durante a puberdade, o aumento da produção de testosterona conduz às características sexuais masculinas secundárias, como voz grossa e pelos no corpo e na face.

Os hormônios sexuais femininos – o mais importante deles é o estradiol (Figura 21.5) – são sintetizados do correspondente hormônio masculino (testosterona) pela aromatização do anel A:

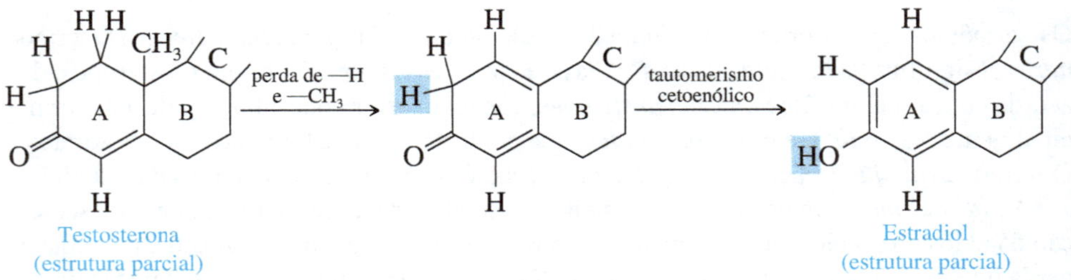

O estradiol, conjuntamente com o seu precursor, a progesterona, regula as mudanças cíclicas que ocorrem no útero e nos ovários, conhecidas como *ciclo menstrual*. Quando o ciclo começa, o nível de estradiol no corpo aumenta, o que, por sua vez, causa um espessamento do revestimento do útero. O hormônio luteinizante (HL) aciona então a ovulação. Se o óvulo é fertilizado, o aumento dos níveis de progesterona inibirá qualquer ovulação posterior. Tanto o estradiol como a progesterona promovem a preparação do revestimento uterino para a recepção do óvulo fertilizado. Se a fertilização não ocorre, a produção de progesterona cessa completamente, e a produção de estradiol diminui. Essa interrupção hormonal causa uma diminuição da espessura do revestimento do útero, que é degrado e eliminado durante o sangramento da menstruação (Figura 21.6).

Pelo fato de a progesterona ser essencial para a implantação do óvulo fertilizado, quando se bloqueia a sua ação, ocorre a interrupção da gravidez (ver "Conexões químicas 21G"). A progesterona interage com um receptor (uma molécula de proteína) no núcleo da célula. O receptor muda a sua forma quando a progesterona se liga a ele (ver Seção 24.7).

Uma droga, hoje amplamente usada na França e na China, chamada mifepristona ou RU486, compete com a progesterona.

Mifepristona
(RU486)

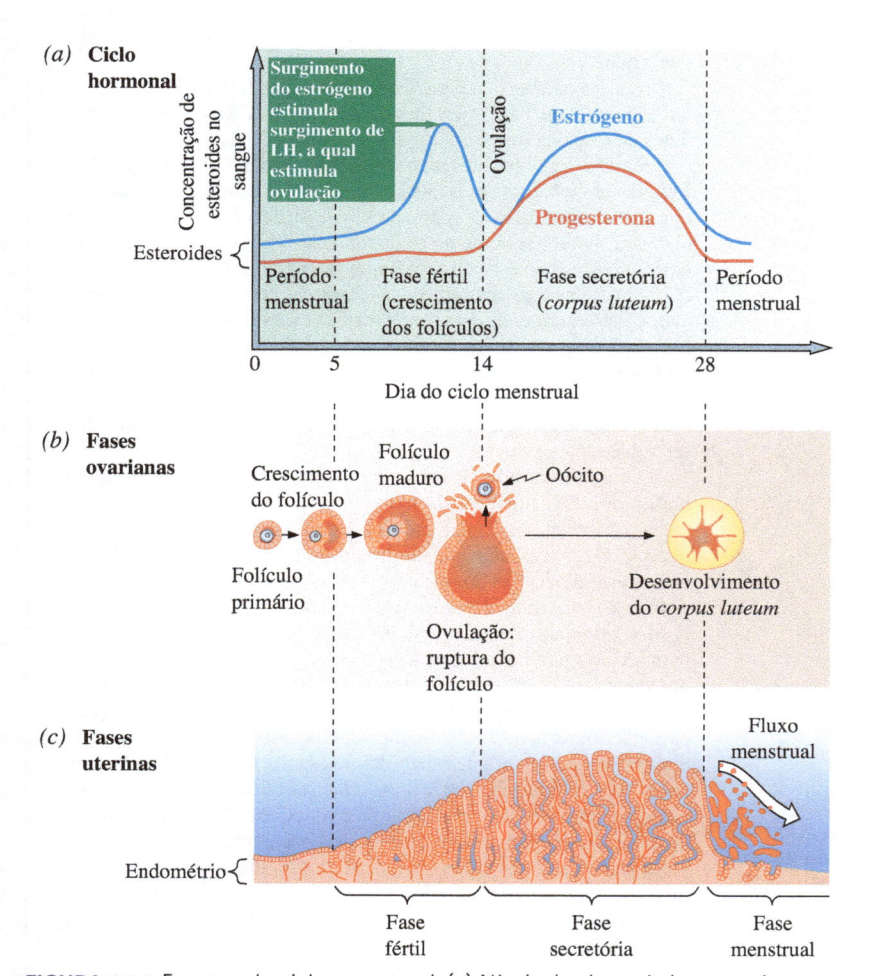

FIGURA 21.6 Eventos do ciclo menstrual. (a) Níveis dos hormônios sexuais na corrente sanguínea durante as fases de um ciclo menstrual no qual a gravidez não ocorre. (b) Desenvolvimento de um folículo ovariano durante o ciclo. (c) Fases do desenvolvimento do endométrio, o revestimento do útero. O endométrio fica mais espesso durante a fase fértil. Na fase secretória, na qual se segue ovulação, o endométrio continua a crescer e as glândulas secretam um material nutritivo rico em glicogênio como preparação para receber o embrião. Se o embrião não é implantado, as camadas novas do endométrio se desintegram e os vasos sanguíneos se rompem, produzindo o fluxo menstrual.

Conexões químicas 21F

Esteroides anabolizantes

A testosterona, o principal hormônio masculino, é responsável pelo crescimento dos músculos no homem. Em razão disso, muitos atletas têm tomado essa droga na tentativa de aumentar seu desenvolvimento muscular. Essa prática é especialmente comum entre atletas em esportes nos quais a força e a massa muscular são importantes, incluindo levantamento de peso, atletismo e lançamento do martelo. Praticantes de outros esportes, como corrida, natação e ciclismo, também se beneficiam de músculos maiores e mais fortes.

Embora usada por muitos atletas, a testosterona apresenta duas desvantagens:

1. Além do efeito que causa nos músculos, ela afeta características sexuais secundárias, e doses grandes podem provocar efeitos colaterais indesejados.
2. Ela não é muito eficiente se administrada por via oral e precisa ser injetada para proporcionar melhores resultados.

Por esses motivos, um grande número de outros anabolizantes esteroides, todos eles sintéticos, tem sido desenvolvido. Exemplos incluem os seguintes compostos:

Metandienona

Metenolona

Decanoato de nandrolona

Algumas atletas também usam esteroides anabolizantes. Uma vez que o organismo das mulheres produz somente pequenas quantidades de testosterona, elas têm mais a ganhar dos esteroides anabolizantes que os homens.

Outra maneira de aumentar a concentração de testosterona é fazer uso de pró-hormônios, que o corpo converte em testosterona. Um desses pró-hormônios é a 4-androstenediona ou "andro". Alguns atletas a usam para aumentar a *performance*.

4-androsteno-3,17-diona

Os esteroides anabolizantes são proibidos em vários eventos esportivos, especialmente nas competições internacionais, por duas razões: (1) eles proporcionam a alguns competidores uma vantagem obtida de forma desleal, e (2) essas drogas podem ter vários efeitos colaterais indesejados e perigosos, que vão de acne a tumor no fígado. Os efeitos colaterais podem ser especialmente desfavoráveis nas mulheres, como pelos na face, calvície, engrossamento da voz e irregularidades no ciclo menstrual.

Todos os atletas que participam dos Jogos Olímpicos passam por um teste de urina para esteroides anabolizantes. Vários atletas ganhadores de medalha tiveram suas vitórias invalidadas porque o teste para os esteroides anabolizantes foi positivo. Por exemplo, o canadense Ben Johnson, um velocista de categoria mundial, foi destituído de seu recorde mundial e da medalha de ouro na Olimpíada de 1988. Um teste positivo para "andro" resultou no banimento das competições do campeão americano de arremesso de peso Randy Barnes. Pró-hormônios não estão incluídos na legislação americana esportiva, por isso seu uso não medicinal não representa um crime federal nos Estados Unidos, contrariamente ao que acontece no caso dos esteroides anabolizantes. Mark McGwire bateu seu recorde de *home runs*[9] em 1998 usando "andro", porque as regras do beisebol não proíbem a sua utilização. Mesmo assim, o Comitê Olímpico baniu o uso tanto de pró-hormônios como dos esteroides anabolizantes.

O uso de esteroides no esporte continua a causar controvérsia. No início de 2008, foi formada uma comissão, liderada pelo senador George Mitchel, no Congresso dos Estados Unidos para discutir a questão. O senador anunciou que muitos jogadores de beisebol faziam uso de esteroides. Um dos principais pontos levantados durante as investigações foi mais de ordem ética do que meramente médico-esportiva, ou seja, se atletas proeminentes de várias modalidades haviam mentido sob juramento durante as audições. Até maio de 2008, apenas um atleta havia sido condenado por perjúrio. Em novembro de 2007, Barry Bonds foi indiciado por perjúrio e obstrução da justiça; o caso não foi resolvido até o momento. Um caso de notoriedade mundial relacionado ao uso de esteroides no esporte foi o da atleta Marion Jones. Em outubro de 2007, a ex-velocista olímpica, ganhadora de cinco medalhas de ouro nos jogos de Sydney em 2000, admitiu o uso de esteroides por um período de dois anos, incluindo o período em que participou dos Jogos Olimpicos. Antes disso, ela havia negado veementemente o uso de esteroides. Jones foi sentenciada a seis meses de prisão por mentir sob juramento e iniciou seu período de prisão em março de 2008.

---

[9] O *home run* é uma jogada do beisebol em que o rebatedor, após a rebatida, circula todas as bases até chegar à base de partida sem uma ação mais efetiva do time adversário. Normalmente, é conseguida rebatendo a bola para fora do campo, não dando oportunidade de reação ao adversário. É uma jogada importante e de efeito no beisebol, tal qual um gol de bicicleta no futebol, ou uma cesta de três pontos ou uma "enterrada" no basquete. (NT)

Conexões químicas 21G

Métodos contraceptivos por via oral

Uma vez que a progesterona previne a ovulação durante a gravidez, pesquisadores inferiram que compostos similares à progesterona poderiam ser usados no controle da natalidade. Os análogos sintéticos da progesterona provaram ser mais eficientes que a progesterona natural em si. Na "pílula", um composto sintético análogo à progesterona é fornecido conjuntamente com um análogo do estradiol (esse composto previne um fluxo menstrual irregular). Derivados da testosterona com triplas ligações, como a noretindrona, noretinodrel e etinodiol diacetato, são usados frequentemente nas pílulas contraceptivas.

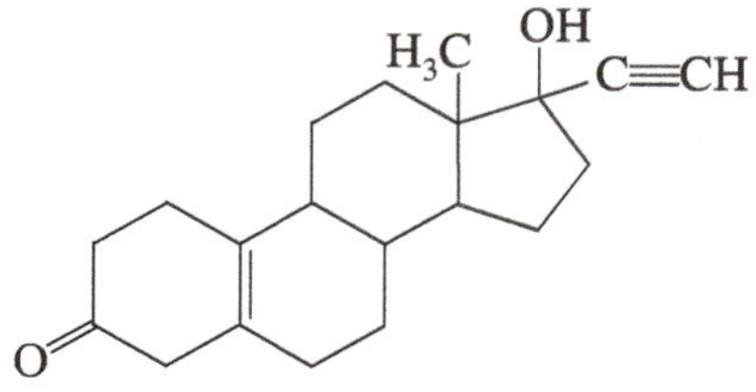

Noretinodrel

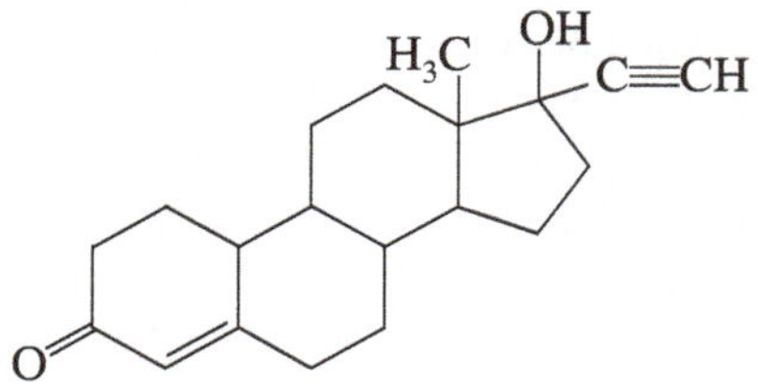

Noretindrona

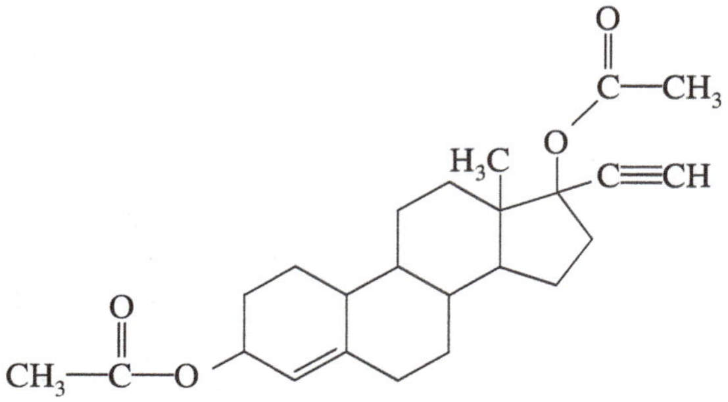

Etinodiol diacetato

A mifepristona bloqueia a ação da progesterona ao se ligar aos mesmos sítios de receptores. Pelo fato de a molécula de progesterona não poder se ligar à molécula do receptor, o útero não fica preparado para a implantação do óvulo fertilizado, e o óvulo é abortado. Quando se determina a gravidez, o RU486 pode ser tomado por 49 dias de gestação. Esse método químico de aborto foi aprovado pela Food and Drug Administration (FDA) e recentemente tem encontrado também aplicações como um complemento dos abortos cirúrgicos. O RU486 também se liga a receptores de hormônios glicocorticoides. Isso faz com que ele também seja utilizado como um antiglicocorticoide, que é recomendado para atenuar uma doença conhecida com síndrome de Cushing, que está relacionada com uma superprodução de cortisona.

Um enfoque completamente diferente é utilizado na "pílula do dia seguinte", que pode ser tomada oralmente até 72 horas após uma relação sexual sem proteção. A "pílula do dia seguinte" não é uma pílula de aborto, porque ela age antes que a gravidez ocorra. Na verdade, os componentes da pílula são contraceptivos comuns. Dois tipos se encontram disponibilizados comercialmente: um composto análogo da progesterona chamado levonorgesterel, e uma combinação de levonorgesterel e etinil estradiol comercializada nos Estados Unidos como Preven.

Estradiol e progesterona também regulam características sexuais femininas secundárias, como o crescimento dos seios. Graças a essa propriedade, o RU486, que atua como antiprogesterona, tem sido eficiente contra certos tipos de câncer de mama.

Testosterona e estradiol não são exclusivos para homens ou mulheres. Uma pequena quantidade de estradiol é produzida em homens, e uma pequena quantidade de testosterona é produzida nas mulheres. Somente quando a proporção desses dois hormônios (balanço hormonal) é afetada, ocorrem os sintomas indicativos de uma diferenciação sexual anômala.

21.11 O que são sais biliares?

Sais biliares são produtos de oxidação do colesterol. Inicialmente o colesterol é oxidado ao derivado tri-hidróxi, e o fim da cadeia alifática é oxidado ao respectivo ácido carboxílico. Esse composto, por sua vez, forma uma ligação amídica com um aminoácido, tanto a glicina como a taurina.

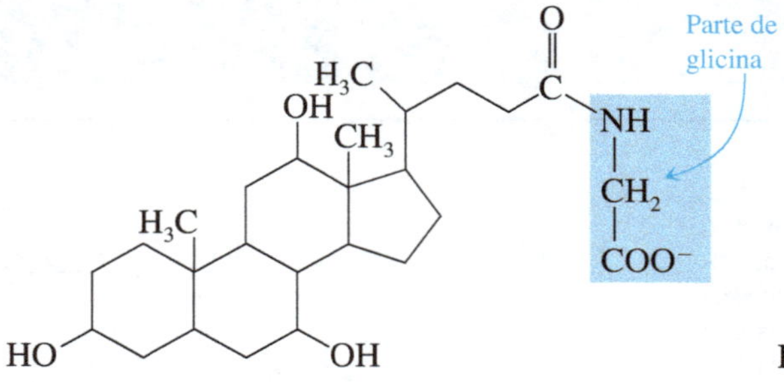

A taurina tem obtido certa importância comercial nos últimos anos como um ingrediente das bebidas "energéticas". A bebida comercializada com o nome Red Bull (*taurus* é a palavra latina para touro, que em inglês é *bull*) contém vários açúcares (Capítulo 20), cafeína, vitaminas do complexo B (Seção 30.6) e taurina.

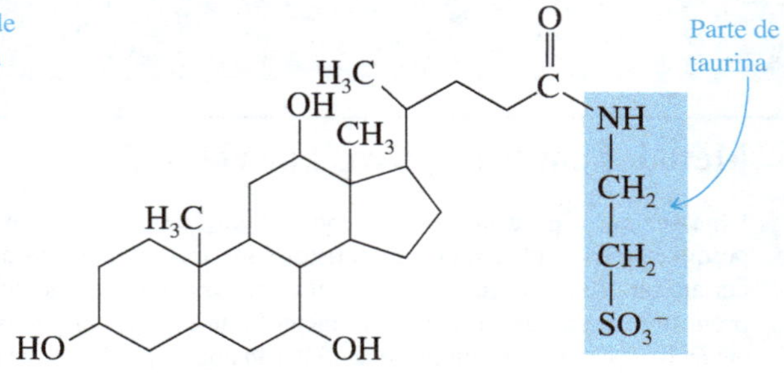

Sais biliares são detergentes potentes. Uma parte da molécula é altamente hidrofílica por causa da presença da carga negativa, e o restante da molécula é muito hidrofóbico. Como consequência, os sais biliares podem dispersar lipídeos da alimentação no intestino delgado na forma de emulsão, o que facilita a digestão. A dispersão desses lipídeos pelos sais biliares é similar à ação de sabões sobre a sujeira.

Pelo fato de serem eliminados nas fezes, os sais biliares removem o colesterol de duas formas: (1) eles próprios são produtos de transformação do colesterol (portanto, o colesterol é eliminado via formação dos sais biliares) e (2) solubilizam depósitos de colesterol na forma de partículas colesterol-sais biliares.

21.12 O que são prostaglandinas, tromboxanos e leucotrienos?

As prostaglandinas, um grupo de substâncias análogas aos ácidos graxos, foram descobertas por Kurzrok e Leib na década de 1930, quando eles demonstraram que o fluido seminal causava a contração do útero histerectomizado. O sueco Ulf von Euler, ganhador do Prêmio Nobel em Fisiologia e Medicina em 1970, isolou esses compostos do sêmen humano e, pensando que haviam se originado na glândula da próstata, chamou-os de **prostaglandinas**. Embora a glândula seminal secrete 0,1 mg de prostaglandina por dia em homens adultos, pequenas quantidades dessa substância estão presentes no corpo de ambos os sexos.

As prostaglandinas são sintetizadas no corpo a partir de ácido araquidônico pela reação de fechamento de anel nos carbonos 8 e 12. A enzima que catalisa essa reação é denominada **ciclo-oxigenase** (COX). O produto conhecido como PGG_2 é um precursor comum de outras prostaglandinas, incluindo PGE e PGF. Prostaglandinas do grupo E (PGE) têm um grupo carbonila no carbono 9; o número de duplas ligações na cadeia hidrocarbônica é indicado pelo subscrito. Prostaglandinas do grupo F (PGF) têm duas hidroxilas no anel nos carbonos 9 e 11.

A enzima COX ocorre no organismo em duas formas: COX-1 e COX-2. A COX-1 catalisa a produção fisiológica normal de prostaglandinas, que estão sempre presentes no corpo. Por exemplo, PGE_2 e $PGF_{2\alpha}$ estimulam a contração uterina e induzem o parto. A PGE_2 diminui a pressão pelo relaxamento dos músculos ao redor dos vasos sanguíneos. Na forma de aerossol, essa prostaglandina é usada para o tratamento de asma: ela abre os tubos bronquiais pelo relaxamento dos músculos circundantes. A PGE_1 é usada como descongestionante: ela abre a passagem nasal pela constrição dos vasos sanguíneos.

A COX-2, por sua vez, é responsável pela produção de prostaglandinas em inflamações. Quando um tecido se encontra ferido ou danificado, células inflamatórias especiais invadem o tecido lesionado e interagem com essas células – por exemplo, células do tecido da musculatura lisa. Essa interação ativa a enzima COX-2, e as prostaglandinas são sintetizadas. Esse tipo de lesão dos tecidos pode ocorrer em um ataque cardíaco (infarto do miocárdio), em artrite reumatoide e na colite ulcerativa. Drogas anti-inflamatórias não esteroides (Aines), tais como a aspirina, inibem ambas as enzimas COX (ver "Conexões químicas 21H").

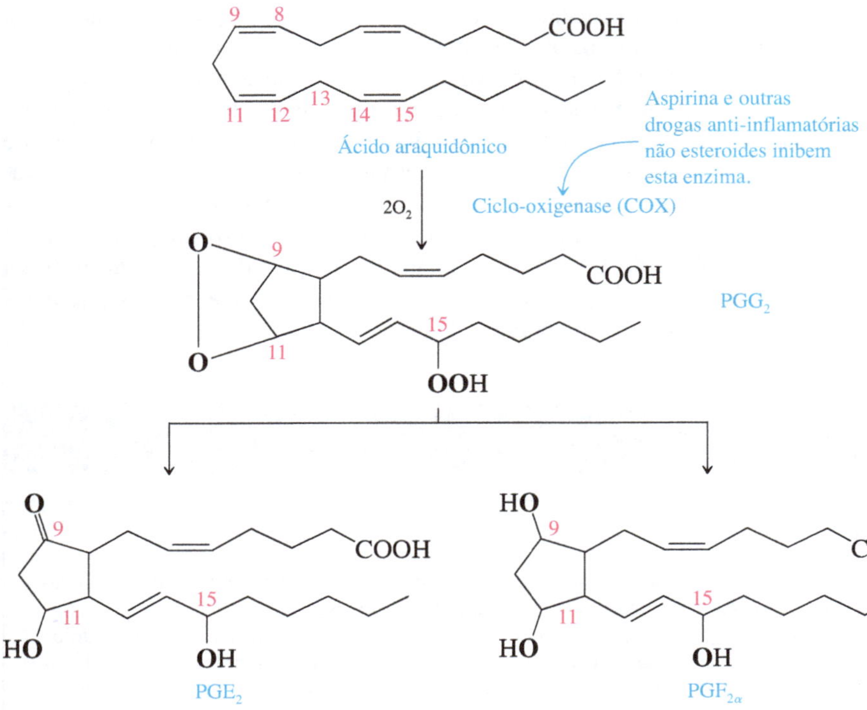

Outra classe de derivados do ácido araquidônico são os **tromboxanos**. A sua síntese também inclui um fechamento de anel. Essas substâncias derivam do PGH_2, mas os seus anéis são acetais cíclicos. Os tromboxanos são conhecidos por induzir a agregação das plaquetas. Quando um vaso sanguíneo é rompido, a primeira linha de defesa são as plaquetas que circulam no sangue, formando um coágulo incipiente. O tromboxano A_2 permite que outras plaquetas se acumulem, o que aumenta o coágulo sanguíneo. A aspirina e agentes anti-inflamatórios similares inibem as enzimas COX. Consequentemente, a PGH_2 e a síntese de tromboxanos são inibidas, e a coagulação é prejudicada. Essa ação dos Aines estimulou vários médicos a recomendar uma dose de 81 mg de aspirina para pessoas com riscos de um ataque cardíaco ou derrame. Isso também explica por que os médicos proíbem os pacientes que serão submetidos a cirurgias de usar aspirina e outros anti-inflamatórios por uma semana antes da cirurgia: a aspirina e outros Aines podem causar sangramento excessivo.

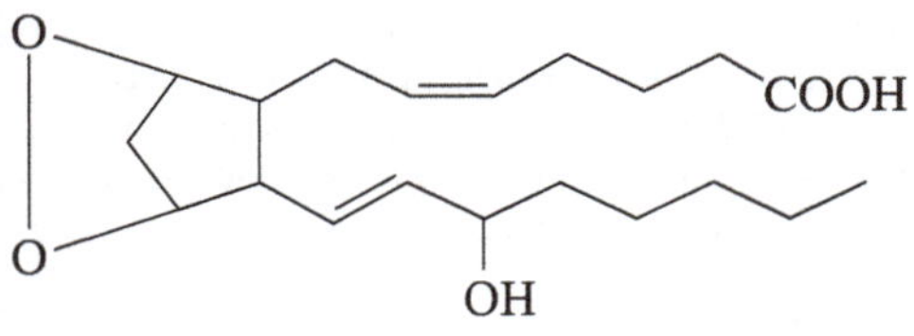

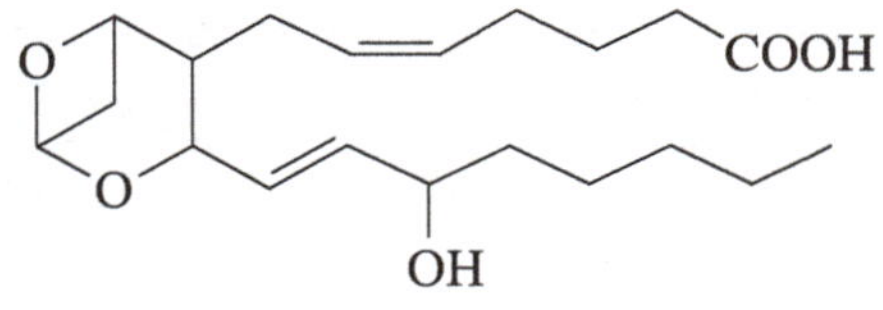

Vários Aines inibem as enzimas COX. O ibuprofeno e a indometacina, que são poderosos analgésicos, podem bloquear o efeito inibitório da aspirina e então eliminar os seus efeitos anticoagulantes. Por isso, o uso desses Aines conjuntamente com a aspirina não é recomendado. Outros analgésicos, como acetaminofeno e diclofenaco, não interferem com a habilidade anticoagulante da aspirina e, portanto, podem ser administrados conjuntamente.

Os **leucotrienos** são outro grupo de substâncias que atuam na mediação da resposta hormonal. Como as prostaglandinas, eles são derivados do ácido araquidônico por um mecanismo oxidativo. Entretanto, nesse caso, não existe um processo de fechamento de anel.

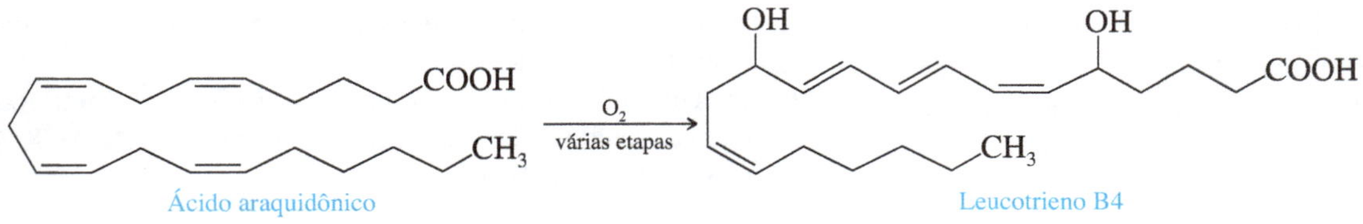

Os leucotrienos ocorrem principalmente nas células brancas do sangue (leucócitos), mas também são encontrados em outros tecidos do corpo. Eles produzem contração de longa duração nos músculos, especialmente nos pulmões, e podem causar ataques similares aos ataques de asma. Na verdade, eles são cem vezes mais potentes que as histaminas. Tanto a prostaglandina e como os leucotrienos causam inflamação e febre, então a inibição de sua produção no corpo é a principal preocupação farmacológica. Uma maneira de contrabalancear os efeitos dos leucotrienos é inibir a sua interação com os receptores de leucotrienos (LTRs) no corpo. Um novo antagonista dos LTRs, chamado zafirlukast (comercialmente Accolato), é usado para tratar e controlar ataques de asma. Outra droga antiasmática, zileuton, inibe a 5-lipoxigenase, a qual é a enzima inicial na biossíntese dos leucotrienos a partir de ácido araquidônico.

Conexões químicas 21H

Ação das drogas anti-inflamatórias

Os anti-inflamatórios esteroides (tais como a cortisona; Seção 21.10) exercem a sua função inibindo a fosfolipase A_2, a enzima que libera ácidos graxos insaturados dos lipídeos complexos nas membranas. Por exemplo, o ácido araquidônico, um dos componentes das membranas, torna-se disponível para as células através desse processo. Uma vez que a ácido araquidônico é o precursor de prostaglandinas, tromboxanos e leucotrienos, ao inibir a sua liberação, ocorre a interrupção da síntese desses compostos, o que evita a infecção.

Esteroides como a cortisona estão associados a muitos efeitos colaterais indesejados (úlcera duodenal, formação de cataratas, entre outros). Por isso, seu uso deve ser controlado. Uma variedade de anti-inflamatórios não esteroides, incluindo aspirina, ibuprofeno, cetoprofeno e indometacina, está disponível comercialmente e serve para essa função.

Aspirina e outros Aines (ver "Conexões químicas 19C") inibem as enzimas ciclo-oxigenases que sintetizam as prostaglandinas e os tromboxanos. A aspirina (ácido acetilsalicílico), por exemplo, acetila as enzimas, e, portanto, bloqueia a entrada de ácido araquidônico no sítio ativo. Essa inibição tanto da COX-1 como da COX-2 explica por que a aspirina e outros agentes anti-inflamatórios têm efeitos colaterais indesejados. Os Aines também interferem com a COX-1, que é necessária para a função fisiológica normal. Os seus efeitos colaterais incluem ulceração estomacal e duodenal e toxicidade renal.

Obviamente, seria desejável ter um agente anti-inflamatório sem os efeitos colaterais e que inibisse apenas a isoforma da enzima COX-2. Até agora, a FDA aprovou duas drogas inibidoras da COX-2: Celebrex, que rapidamente está se tornando a droga mais frequentemente prescrita, e Vioxx, um medicamento mais recente. Apesar da sua seletividade pela inibição da COX-2, essas drogas também apresentam problemas relacionados com o surgimento de úlceras.

O uso de inibidores da COX-2 não é limitado à artrite reumatoide e ao osteoartritismo. O Celebrex foi aprovado pela FDA para o tratamento de um tipo de câncer de colo chamado polipose adenomatosa familiar, em uma abordagem denominada quimioprevenção. Todos os agentes anti-inflamatórios reduzem a dor e amenizam a febre e o inchaço pela diminuição da produção de prostaglandinas, mas não afetam a produção de leucotrienos. Como consequência, pacientes asmáticos devem tomar cuidado ao usar esses agentes anti-inflamatórios. Embora eles inibam a síntese de prostaglandinas, essas drogas podem desviar o ácido araquidônico disponível para a produção de leucotrienos, o que pode resultar em uma reação asmática severa.

Durante o outono de 2004, estudos demonstraram que altas doses de Vioxx estavam correlacionadas com altas incidências de ataques cardíacos e derrames; preocupações também foram levantadas quanto à utilização de outros inibidores da COX-2, principalmente o Celebrex. A inibição da síntese de prostaglandinas permite a formação de outros lipídeos, incluindo os que aumentam a placa arteriosclerótica. O Vioxx foi então retirado do mercado norte-americano e alguns médicos começaram a evitar a prescrição de Celebrex. Esses eventos causaram consternação entre médicos e pacientes que utilizavam essas drogas e entre as indústrias farmacêuticas que as produziam. Em fevereiro de 2005, um comitê de avaliação foi instituído pela FDA. Esse grupo concluiu que inibidores da COX-2 deveriam continuar no mercado, mas seu uso deveria ser altamente monitorado. Avisos de advertência precisam agora fazer parte do rótulo desses medicamentos.

Resumo das questões-chave

Seção 21.1 O que são lipídeos?

- **Lipídeos** são substâncias insolúveis em água.
- Os lipídeos são classificados em quatro grupos: gorduras (triglicerídeos); lipídeos complexos; esteroides; e prostaglandinas, tromboxanos e leucotrienos.

Seção 21.2 Quais são as estruturas dos triglicerídeos?

- As **gorduras** são constituídas de ácidos graxos e glicerol. Nos ácidos graxos saturados, a cadeia hidrocarbônica apresenta apenas ligações simples; nos ácidos graxos insaturados, a cadeia hidrocarbônica apresenta uma ou mais duplas ligações, todas na configuração *cis*.

Seção 21.3 Quais são algumas das propriedades dos triglicerídeos?

- As gorduras sólidas contêm principalmente ácidos graxos saturados, enquanto os **óleos** contêm quantidades substanciais de ácidos graxos insaturados.
- Os sais solúveis dos ácidos graxos (aqueles cujo contraíon é um cátion dos metais alcalinos, principalmente Na^+ e K^+) são chamados **sabões**.

Seção 21.4 Quais são as estruturas dos lipídeos complexos?

- **Lipídeos complexos** podem ser classificados em dois grupos: fosfolipídeos e glicolipídeos.
- **Fosfolipídeos** são feitos de um álcool central (glicerol ou esfingosina), ácidos graxos e um éster de fosfato que contém um nitrogênio, como a fosforilcolina ou o inositol fosfato.
- **Glicolipídeos** contêm esfingosina e ácidos graxos, que conjuntamente constituem o que é denominado parte de ceramida da molécula, e outra parte que é constituída por um carboidrato.

Seção 21.5 Qual é a função dos lipídeos na estrutura das membranas?

- Vários fosfolipídeos e glicolipídeos são importantes componentes da **membrana** das células.
- As membranas são formadas por **bicamada lipídica**, na qual as partes hidrofóbicas dos fosfolipídeos (resíduos de ácidos graxos) se direcionam para o meio da bicamada, e as partes hidrofílicas se direcionam para as superfícies externa e interna da membrana.

Seção 21.6 O que são glicerofosfolipídeos?

- **Glicerofosfolipídeos** são lipídeos complexos compostos de uma unidade central de glicerol à qual dois ácidos graxos estão esterificados. O terceiro grupo álcool do glicerol está esterificado a um éster de fosfato que contém um nitrogênio.

Seção 21.7 O que são esfingolipídeos?

- **Esfingolipídeos** são lipídeos complexos compostos de um álcool de esfingosina de cadeia longa, esterificado a um ácido graxo (porção de ceramida). Ésteres de fosfato que contêm átomos de nitrogênio também podem estar ligados à porção de esfingosina.

Seção 21.8 O que são glicolipídeos?

- **Glicolipídeos** são lipídeos complexos que são formados de duas partes: uma porção de ceramida e uma porção de carboidrato.

Seção 21.9 O que são esteroides?

- O terceiro maior grupo de lipídeos compreende os **esteroides**. O aspecto característico da estrutura dos esteroides é a existência de um centro constituído de quatro anéis fundidos.
- O esteroide mais comum, o **colesterol**, é utilizado como um material de partida para a síntese de outros esteroides, como sais biliares, hormônios sexuais e outros hormônios. O colesterol também faz parte integral das membranas, ocupando a região hidrofóbica da bicamada lipídica. Por causa de sua baixa solubilidade em água, depósitos de colesterol são responsáveis pela formação de cálculos biliares e placas da arteriosclerose.
- O colesterol é transportado no plasma sanguíneo principalmente por dois tipos de lipoproteínas: **HDL** e **LDL**. A LDL leva o colesterol para as células para ser usado principalmente como um componente de membrana. A HDL leva principalmente ésteres de colesterol para o fígado para que este seja usado na síntese de ácidos biliares e hormônios esteroides.
- Altos níveis de LDL e baixos níveis de HDL são sintomas do transporte de colesterol defeituoso, indicando grande risco de arteriosclerose.

Seção 21.10 Quais são algumas das funções fisiológicas dos hormônios esteroides?

- Um produto de oxidação do colesterol é a progesterona, um **hormônio sexual**. A partir dela, também são sintetizados outros hormônios sexuais como a testosterona e o estradiol.
- A progesterona é uma precursora dos **hormônios adrenocorticoides**. Nesse grupo, cortisol e cortisona são os mais bem conhecidos pela sua ação anti-inflamatória.

Seção 21.11 O que são sais biliares?

- **Sais biliares** são produtos de oxidação do colesterol que emulsificam todos os tipos de lipídeos, incluindo o colesterol, e são essenciais na digestão de gorduras.

Seção 21.12 O que são prostaglandinas, tromboxanos e leucotrienos?

- **Prostaglandinas**, **tromboxanos** e **leucotrienos** são derivados do ácido araquidônico. Eles influem de forma ampla na química corporal. Entre outras coisas, podem diminuir ou aumentar a pressão sanguínea, causar inflamações e coagulação do sangue, e induzir o parto. Em geral, mediam a ação hormonal.

Problemas

Seção 21.1 O que são lipídeos?

21.2 Por que as gorduras são boas fontes de armazenamento de energia no corpo?

21.3 Qual é o significado do termo *hidrofóbico*? Por que a natureza hidrofóbica dos lipídeos é importante?

Seção 21.2 Quais são as estruturas dos triglicerídeos?

21.4 Desenhe a fórmula estrutural de uma molécula de gordura (triglicerídeo) feita de ácido mirístico, ácido oleico, ácido palmítico e glicerol.

21.5 O ácido oleico tem um ponto de ebulição de 16 °C. Se a dupla ligação *cis* for convertida em uma dupla ligação *trans*, o que acontecerá com o ponto de fusão? Explique.

21.6 Desenhe de forma esquemática as fórmulas para todos os possíveis 1,3-diglicerídeos constituídos de glicerol, ácido oleico ou ácido esteárico. Quantos compostos foram obtidos? Desenhe a estrutura de um desses diglicerídeos.

Seção 21.3 Quais são algumas das propriedades dos triglicerídeos?

21.7 Para os diglicerídeos do Problema 21.6, indique quais são os dois que apresentariam os maiores pontos de ebulição e quais são os dois que apresentariam os menores pontos de ebulição.

21.8 Indique qual ácido nos pares apresentados a seguir tem o maior ponto de fusão e explique por quê.
   (a) Ácido palmítico ou ácido esteárico
   (b) Ácido araquidônico ou ácido araquídico

21.9 Qual destes triglicerídeos apresenta o maior ponto de fusão: (a) um triglicerídeo que contém apenas ácido láurico e glicerol ou (b) um triglicerídeo que contém apenas ácido esteárico e glicerol?

21.10 Explique por que os pontos de fusão dos ácidos graxos aumenta quando nos movemos do ácido láurico para o ácido esteárico.

21.11 Indique a ordem dos pontos de fusão dos triglicerídeos que contêm os ácidos graxos como mostrado a seguir:
   (a) Palmítico, palmítico, esteárico
   (b) Oleico, esteárico, palmítico
   (c) Oleico, linoleico, oleico

21.12 Consulte a Tabela 21.1. Que gordura animal tem a maior porcentagem de ácidos graxos insaturados?

21.13 Classifique os seguintes compostos em ordem crescente de suas solubilidades em água (assumindo que todos eles são feitos dos mesmos ácidos graxos): (a) triglicerídeos, (b) diglicerídeos e (c) monoglicerídeos. Explique a sua resposta.

21.14 Quantos mols de H_2 são usados na hidrogenação catalítica de um mol de um triglicerídeo contendo glicerol, ácido palmítico, ácido oleico e ácido linoleico?

21.15 Nomeie os produtos da saponificação deste triglicerídeo:

$$CH_2-O-\overset{O}{\underset{\|}{C}}-(CH_2)_{14}CH_3$$
$$CH-O-\overset{O}{\underset{\|}{C}}-(CH_2)_{16}CH_3$$
$$CH_2-O-\overset{O}{\underset{\|}{C}}-(CH_2)_7(CH=CHCH_2)_3CH_3$$

21.16 Usando a equação na Seção 21.3C. Calcule o número de mols de NaOH necessários para saponificar 5 mols de (a) triglicerídeos, (b) diglicerídeos e (c) monoglicerídeos.

Seção 21.4 Quais são as estruturas dos lipídeos complexos?

21.17 Quais são os principais tipos de lipídeos complexos e quais são as principais características de suas estruturas?

Seção 21.5 Qual é a função dos lipídeos na estrutura das membranas?

21.18 Que parte da molécula de fosfatidilinositol contribui para (a) a fluidez da bicamada e (b) a polaridade da superfície da bicamada?

21.19 Como os ácidos graxos insaturados dos lipídeos complexos contribuem para a fluidez da membrana?

21.20 Que tipo de lipídeo é mais provável de ser um dos constituintes das membranas?

21.21 Qual é a diferença entre uma proteína de membrana integral e uma periférica?

Seção 21.6 O que são glicerofosfolipídeos?

21.22 Qual glicerofosfolipídeo tem os grupos mais polares capazes de formar ligações de hidrogênio com a água?

21.23 Desenhe a estrutura de um fosfatidilinositol que contém ácidos oleico e araquidônico.

21.24 Entre os glicerofosfolipídeos que contêm os ácidos palmítico e linoleico, qual terá a maior solubilidade em água: (a) fosfatidilcolina, (b) fosfatidiletanolamina ou (c) fosfatidilserina? Explique.

Seção 21.7 O que são esfingolipídeos?

21.25 Nomeie todos os grupos do lipídeo complexo que contêm ceramidas.

21.26 Os vários lipídeos que formam a membrana estão nela distribuídos de forma aleatória? Dê um exemplo.

Seção 21.8 O que são glicolipídeos?

21.27 Enumere os grupos funcionais que contribuem para o caráter hidrofílico de (a) glicocerebrosídeo e (b) esfingomielina.

Seção 21.9 O que são esteroides?

21.28 O colesterol tem um núcleo esteroide de quatro anéis fundidos e é parte das membranas. O grupo —OH no carbono 3 é a cabeça polar, e o resto da molécula fornece a cadeia hidrofóbica que não se ajusta ao empacotamento zigue-zague da porção hidrocarbônica dos ácidos graxos saturados. Com base nessa estrutura, indique como pequenas quantidades de colesterol que estão bem distribuídas na membrana contribuem para a rigidez ou fluidez da membrana. Explique.

21.29 Onde cristais puros de colesterol podem ser encontrados no corpo?

21.30 (a) Encontre todos os estereocentros de carbono na molécula de colesterol.
   (b) Quantos estereoisômeros são possíveis?
   (c) Quantos desses estereoisômeros podem ser encontrados na natureza?

21.31 Observe as estruturas do colesterol e dos hormônios mostradas na Figura 21.5. Qual dos anéis da estrutura esteroide apresenta a maior substituição?

21.32 O que torna a LDL solúvel no plasma?

21.33 Como a LDL fornece o seu colesterol para as células?

21.34 Como a lovastatina reduz os sintomas da arteriosclerose?

21.35 Como a VLDL se torna LDL?

21.36 Como a HDL fornece os seus ésteres de colesterol para as células do fígado?

21.37 Como os níveis de colesterol no plasma sanguíneo controlam tanto a síntese de colesterol no fígado como a absorção de LDL?

Seção 21.10 Quais são algumas das funções fisiológicas dos hormônios esteroides?

21.38 Quais são as funções fisiológicas associadas com o cortisol?

21.39 O estradiol no corpo é sintetizado a partir da progesterona. Quais são as modificações químicas que ocorrem quando o estradiol é sintetizado?

21.40 Descreva a diferença estrutural entre o hormônio masculino testosterona e o hormônio feminino estradiol.

21.41 Considerando que o RU486 pode se ligar aos receptores da progesterona e aos receptores da cortisona e do cortisol, o que você pode dizer em relação à importância do grupo funcional presente no carbono 11 do anel esteroide na droga e do sítio de ligação no receptor?

21.42 (a) Qual é a semelhança entre a estrutura do RU486 e a progesterona?
(b) Em que as duas estruturas diferem?

21.43 Quais são as características estruturais comuns às pílulas contraceptivas orais, incluindo a mifepristona?

Seção 21.11 O que são sais biliares?

21.44 Liste todos os grupos funcionais que tornam o taurocolato solúvel em água.

21.45 Explique como a eliminação constante de sais biliares nas fezes pode reduzir o perigo da formação de placas na arteriosclerose.

Seção 21.12 O que são prostaglandinas, tromboxanos e leucotrienos?

21.46 Qual é a diferença estrutural básica entre:
(a) Ácido araquidônico e a prostaglandina PGE_2?
(b) PGE_2 e $PGF_{2\alpha}$?

21.47 Identifique e nomeie todos os grupos funcionais em: (a) glicocolato, (b) cortisona, (c) prostaglandina PGE_2 e (d) leucotrieno B4.

21.48 Quais são as funções químicas e fisiológicas da enzima COX-2?

21.49 Como a aspirina, uma droga anti-inflamatória, previne derrames causados pela coagulação de sangue no cérebro?

Conexões químicas

21.50 (Conexões químicas 21A) O que causa o ranço? Como ele pode ser prevenido?

21.51 (Conexões químicas 21B) O que torna as ceras mais duras e mais difíceis de fundir que as gorduras?

21.52 (Conexões químicas 21C) Como as junções comunicantes previnem a passagem de proteínas de uma célula para outra?

21.53 (Conexões químicas 21C) Como o transporte de ânions fornece um ambiente adequado para a passagem de íons cloreto hidratados?

21.54 (Conexões químicas 21C) Em que sentido o transporte ativo de K^+ é seletivo? Como o K^+ passa através do transportador?

21.55 (Conexões químicas 21D)
(a) Qual é o papel desempenhado pela esfingomielina na condução do sinal elétrico?
(b) O que acontece com esse processo quando ocorre a esclerose múltipla?

21.56 (Conexões químicas 21E) Compare as estruturas dos lipídeos complexos relacionados com as doenças de armazenamento de lipídeos com as enzimas ausentes ou não operantes. Explique por que a enzima ausente na doença de Fabry é a α-galactosidase e não a β-galactosidase.

21.57 (Conexões químicas 21E) Identifique os monossacarídeos nos glicolipídeos que se acumulam na doença de Fabry.

21.58 (Conexões químicas 21F) Como o anabolizante esteroide metenolona difere estruturalmente da testosterona?

21.59 (Conexões químicas 21G) Qual é a função da progesterona e de compostos contraceptivos similares?

21.60 (Conexões químicas 21H) Como a cortisona previne a inflamação?

21.61 (Conexões químicas 21H) Como a indometacina age no corpo para reduzir a inflamação?

21.62 (Conexões químicas 21H) Que tipo de prostaglandinas é sintetizado pelas enzimas COX-1 e COX-2?

21.63 (Conexões químicas 21H) Os esteroides previnem a síntese de leucotrienos causadores da asma, assim como a síntese de prostaglandinas causadoras das inflamações. Agentes anti-inflamatórios não esteroidais (Aines) como a aspirina reduzem apenas a produção de prostaglandinas. Por que os Aines não afetam a produção de leucotrienos?

Problemas adicionais

21.64 Qual é o papel da taurina na digestão de lipídeos?

21.65 Desenhe um diagrama esquemático da bicamada lipídica. Mostre como a bicamada previne a passagem por difusão de moléculas polares como a glicose. Mostre por que moléculas apolares, como $CH_3CH_2-O-CH_2CH_3$, podem difundir através da membrana.

21.66 Quantos triglicerídeos diferentes podem ser formados usando três ácidos graxos diferentes (A, B e C)?

21.67 Prostaglandinas têm um anel de cinco membros, e tromboxanos têm um anel de seis membros. A síntese de ambas as classes é impedida por inibidores da COX; as enzimas COX catalisam a etapa da síntese dessas substâncias relacionadas com o fechamento de anel. Como esses fatos estão correlacionados?

21.68 Qual lipoproteína é funcional na remoção dos depósitos de colesterol nas placas e artérias?

21.69 O que são *coated pits*? Qual é a função deles?

21.70 Quais são os constituintes da esfingomielina?

21.71 (Conexões químicas 21C) Qual é a diferença entre transporte facilitado e transporte ativo?

21.72 Que parte da LDL interage com o receptor de LDL?

21.73 Qual é a principal diferença entre a aldosterona e os outros hormônios apresentados na Figura 21.5?

21.74 (Conexões químicas 21H) A droga anti-inflamatória Celebrex não apresenta o efeito colateral usual no estômago, como ulcerações, que outros Aines. Por quê?

21.75 Quantos gramas de H_2 são necessários para saturar 100,0 g de um triglicerídeo feito de glicerol e uma unidade dos ácidos láurico, oleico e linoleico?

21.76 Prednisolona é um remédio glicocorticoide sintético mais frequentemente prescrito para combater doenças autoimunes. Compare a sua estrutura com o hormônio glicocorticoide natural, cortisona. Quais são as similaridades e diferenças estruturais?

21.77 Suponha que você tenha acabado de isolar um lipídeo puro que contém apenas esfingosina e um ácido graxo. A que classe de lipídeos ele pertence?

21.78 Sugira a razão pela qual um mesmo sistema proteico transporta sódio e potássio para dentro e para fora da célula.

21.79 Todas as proteínas associadas com as membranas atravessam a membrana de um lado ao outro?

21.80 Na preparação de molhos que envolvem a mistura de água e manteiga derretida, comumente são adicionadas gemas de ovos para prevenir a separação desses dois ingredientes. Como as gemas de ovos previnem a separação? (*Dica*: As gemas de ovos são ricas em fosfatidilcolina (lecitina).)

21.81 Quais das seguintes afirmações são consistentes com o que é conhecido sobre as membranas?
(a) A membrana é composta de uma camada de proteínas entre duas camadas de lipídeos.
(b) A composição da camada interna e externa de lipídeo é a mesma em qualquer membrana individual.
(c) Membranas contêm glicolipídeos e glicoproteínas.
(d) Bicamadas lipídicas são um importante componente das membranas.
(e) Ocorre a formação de ligações covalentes entre lipídeos e proteínas na maioria das membranas.

21.82 Sugira a razão pela qual animais que vivem em climas frios apresentam uma tendência de ter maiores proporções de ácidos graxos poli-insaturados em seu conteúdo lipídico do que animais que vivem em climas quentes.

21.83 Que afirmações são consistentes com o modelo de mosaico fluido de membranas?
(a) Todas as proteínas de membrana estão ligadas no interior da membrana.
(b) Tanto proteínas como lipídeos apresentam difusão transversa (*flip-flop*) do interior para o exterior da membrana.
(c) Algumas proteínas e lipídeos apresentam difusão lateral ao longo das superfícies interna e externa da membrana.

21.84 Sugira a razão pela qual as membranas da célula bacteriana que crescem a 20 °C apresentam uma tendência de possuir uma maior proporção de ácidos graxos insaturados que as membranas das bactérias da mesma espécie que crescem a 37 °C. Em outras palavras, bactérias crescidas a 37 °C têm uma maior proporção de ácidos graxos saturados em suas membranas celulares.

Combinando conceitos

21.85 Tanto os lipídeos como os carboidratos são veículos para o armazenamento de energia. De que forma eles são similares em termos de estrutura molecular e de que forma são diferentes?

21.86 De que forma os lipídeos e carboidratos desempenham funções estruturais nos organismos vivos? Essas funções são diferentes em plantas e animais?

21.87 Que substâncias são essencialmente constituídas de carboidratos e quais são essencialmente compostas de lipídeos: óleos de oliva, manteiga, algodão, algodão de açúcar?

21.88 Em que extensão você esperaria encontrar os seguintes grupos funcionais em lipídeos e carboidratos: grupos aldeídos, grupos de ácidos carboxílicos, ligações de ésteres, grupos hidroxila?

Antecipando

21.89 Bebidas energéticas apresentam uma tendência de conter uma grande quantidade de açúcares, e algumas contêm taurina em pequenas quantidades. O efeito desses energéticos é causado por carboidratos ou pela função da taurina (quebra das moléculas de gorduras)?

21.90 Quais dos seguintes alimentos são compostos essencialmente de carboidratos e quais são constituídos essencialmente de gorduras: refrigerantes normais (não os *diets*), molho de salada, frutas em calda, creme de queijo?

21.91 A ligação éster nos lipídeos não formam macromoléculas, mas as ligações amidas o fazem nas proteínas. Comente sobre a razão dessa diferença.

21.92 Com base nas diferenças entre esteroides e outros tipos de lipídeos, a síntese de esteroides nos organismos vivos é diferente da síntese dos outros lipídeos?

Desafios

21.93 Algumas das moléculas de lipídeos que ocorrem em membranas são maiores que as outras. Podemos encontrar as moléculas maiores no lado citoplasmático da membrana celular ou no lado exposto ao exterior da célula?

21.94 Quais são as funções da membrana celular? Quanto uma bicamada composta exclusivamente de lipídeos é capaz de executar essas funções?

21.95 Glicerofosfolipídeos apresentam uma tendência de ter tanto uma carga positiva como uma carga negativa nas suas porções hidrofílicas. Esse fato contribui para a acomodação de lipídeos na membrana ou dificulta esse processo? Por quê?

21.96 Os leucotrienos diferem das prostaglandinas e dos tromboxanos, pois os primeiros não apresentam um processo de fechamento de anel. Eles também diferem das prostaglandinas e dos tromboxanos (e de todos os outros lipídeos) por causa de outro aspecto em sua estrutura. Qual é esse aspecto estrutural particular? (*Dica*: Esse aspecto está relacionado com a posição de suas duplas ligações.)

Proteínas

A teia das aranhas é uma proteína fibrosa que apresenta força e resistência sem paralelo.

Questões-chave

- **22.1** Quais são as várias funções das proteínas?
- **22.2** O que são aminoácidos?
- **22.3** O que são zwitteríons?
- **22.4** O que determina as características dos aminoácidos?
- **22.5** O que são aminoácidos incomuns?
- **22.6** Como os aminoácidos se combinam para formar as proteínas?
- **22.7** Quais são as propriedades das proteínas?
- **22.8** O que é a estrutura primária das proteínas?
- **22.9** O que é a estrutura secundária das proteínas?
- **22.10** O que é a estrutura terciária das proteínas?
- **22.11** O que é a estrutura quaternária das proteínas?
- **22.12** Como são as proteínas desnaturadas?

22.1 Quais são as várias funções das proteínas?

As **proteínas** são indubitavelmente os compostos biológicos mais importantes. A palavra "proteína" é derivada do grego *proteios*, que significa "de primeira importância", e o cientista que nomeou esses compostos há mais de 100 anos não poderia ter escolhido nome mais adequado. Existem vários tipos de proteína que realizam uma variedade de funções, incluindo as apresentadas a seguir:

1. **Estrutura** Na Seção 20.5, vimos que a principal matéria estrutural das plantas é a celulose. Para os animais, as proteínas estruturais são os principais constituintes da pele, dos ossos, do cabelo e das unhas. Duas proteínas estruturais importantes são colágeno e queratina.

2. **Catálise** Virtualmente todas as reações que ocorrem nos organismos vivos são catalisadas por proteínas chamadas enzimas. Sem as enzimas, as reações ocorreriam tão vagarosamente que seriam inúteis. Vamos abordar de modo detalhado as enzimas no Capítulo 23.

3. **Movimento** Toda vez que estalamos os dedos, subimos escadas ou piscamos um olho, usamos nossos músculos. A expansão e contração musculares estão envolvidas em cada movimento nosso. Os músculos são feitos de proteínas chamadas miosina e actina.

Proteína Molécula biológica grande, geralmente uma macromolécula, constituída de vários aminoácidos ligados através de ligações amida.

4. **Transporte** Um grande número de proteínas realiza tarefas de transporte. Por exemplo, a hemoglobina, uma proteína contida no sangue, leva oxigênio dos pulmões para as células onde ele será utilizado e dióxido de carbono das células para os pulmões. Outras proteínas transportam moléculas através das membranas celulares.

5. **Hormônios** Vários hormônios são proteínas, incluindo a insulina, a eritropoietina e o hormônio do crescimento humano.

6. **Proteção** Quando uma proteína de uma fonte externa ou alguma outra substância estranha (chamada antígeno) entra em nosso corpo, o organismo produz a sua própria proteína (denominada anticorpo) para contrabalancear a proteína estranha. Essa produção de anticorpos é um dos maiores mecanismos que o corpo utiliza para combater as doenças. A coagulação do sangue é outra função de proteção realizada por uma proteína, chamada fibrinogênio. Sem a coagulação do sangue, sangraríamos até a morte mesmo a partir de um pequeno ferimento.

7. **Armazenamento** Algumas proteínas armazenam materiais da mesma forma que o glicogênio e amido armazenam energia. Por exemplo, a caseína no leite e a ovalbumina nos ovos armazenam nutrientes para os mamíferos recém-nascidos e para os pássaros. A ferritina, uma proteína encontrada no fígado, armazena ferro.

8. **Regulação** Algumas proteínas não só controlam a expressão dos genes e, desse modo, regulam o tipo de proteína sintetizada em uma célula particular, mas também decidem quando a síntese será realizada.

Essas não são as únicas funções das proteínas, mas elas estão entre as mais importantes. Claramente, cada necessidade individual requer várias proteínas para conduzir essas funções tão variadas. Uma célula típica contém cerca de 9 mil tipos diferentes de proteína, e o corpo humano inteiro tem cerca de 100 mil tipos diferentes.

Podemos classificar proteínas em dois tipos principais: **proteínas fibrosas**, que são insolúveis em água e usadas principalmente para funções estruturais, e **proteínas globulares**, que são mais ou menos solúveis em água e utilizadas principalmente para proposições não estruturais.

22.2 O que são aminoácidos?

Aminoácido alfa (α) Um aminoácido em que o grupo amina está ligado ao mesmo átomo de carbono em que se encontra ligado o grupo —COOH.

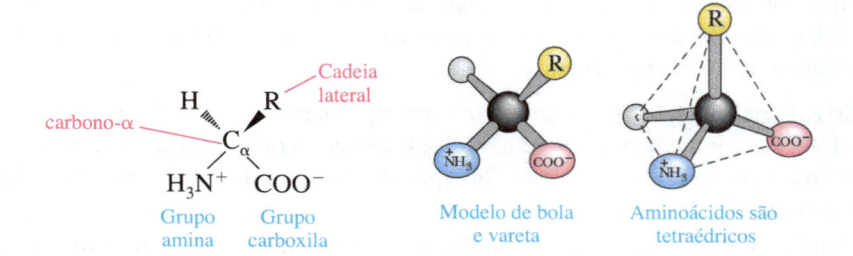

Embora exista uma ampla variedade de proteínas, todas elas apresentam basicamente a mesma estrutura: são cadeias de aminoácidos. Como o nome indica, um **aminoácido** é um composto orgânico que contém um grupo amina e um grupo carboxila. Os químicos orgânicos podem sintetizar vários milhares de aminoácidos, mas a natureza é muito mais restrita e emprega 20 aminoácidos comuns para montar as proteínas. Além disso, todos os 20 aminoácidos, com exceção de um, seguem a fórmula geral:

Mesmo o aminoácido que não segue essa fórmula geral (prolina) tem uma estrutura muito próxima: ele se diferencia apenas por ter uma ligação entre o grupo R e o N. Os 20 aminoácidos comumente encontrados nas proteínas são chamados **alfa-aminoácidos** ou **aminoácidos alfa**. Eles são apresentados na Tabela 22.1, que também apresenta as abreviações de uma e três letras que os químicos e bioquímicos utilizam para cada um deles.

O aspecto mais importante dos grupos R é a sua polaridade. Com base nessa propriedade, classificamos os aminoácidos em quatro grupos, como mostrado na Figura 22.1:

TABELA 22.1 Os 20 aminoácidos mais comuns encontrados nas proteínas

Nome	Abreviação de 3 letras	Abreviação de 1 letra	Ponto isoelétrico
Alanina	Ala	A	6,01
Arginina	Arg	R	10,76
Asparagina	Asn	N	5,41
Ácido aspártico	Asp	D	2,77
Cisteína	Cys	C	5,07
Ácido glutâmico	Glu	E	3,22
Glutamina	Gln	Q	5,65
Glicina	Gly	G	5,97
Histidina	His	H	7,59
Isoleucina	Ile	I	6,02
Leucina	Leu	L	5,98
Lisina	Lys	K	9,74
Metionina	Met	M	5,74
Fenilalanina	Phe	F	5,48
Prolina	Pro	P	6,48
Serina	Ser	S	5,68
Treonina	Thr	T	5,87
Triptofano	Trp	W	5,88
Tirosina	Tyr	Y	5,66
Valina	Val	V	5,97

apolares, polares neutros, ácidos e básicos. Note que as cadeias laterais apolares são *hidrofóbicas* (repelem a água), enquanto as cadeias laterais dos polares neutros, ácidos e básicos são *hidrofílicas* (atraídas pela água). Esse aspecto dos grupos R é muito importante na determinação tanto da estrutura como das funções de cada molécula de proteína.

Quando olhamos a fórmula geral dos 20 aminoácidos, percebemos imediatamente que todos eles (exceto a glicina, em que R = H) são quirais com estereocentros (carbono), já que R, H, COOH e NH_2 são quatro grupos diferentes. Portanto, cada um dos aminoácidos com um estereocentro existe como dois enantiômeros. Como é usual para esse tipo de exemplo, a natureza elabora apenas um dos dois possíveis enantiômeros para cada aminoácido, que é sempre o L-isômero. Com exceção da glicina, que é aquiral, todos os aminoácidos em todas as proteínas em nosso organismo correspondem ao L-isômero. Os D-aminoácidos são extremamente raros na natureza; alguns são encontrados, por exemplo, nas paredes celulares de uns poucos tipos de bactéria.

Na Seção 20.1C, aprendemos sobre o uso do sistema D,L. Nessa seção, usamos o gliceraldeído como um ponto de referência para a atribuição da configuração relativa. Aqui, o gliceraldeído será novamente utilizado como um ponto de referência para os aminoácidos, como mostrado na Figura 22.2. A relação espacial dos grupos funcionais ao redor do estereocentro de carbono nos L-aminoácidos, como na L-alanina, pode ser comparada à do L-gliceraldeído. Quando colocamos os grupos carbonila de ambos os compostos na mesma posição (acima), o —OH do L-gliceraldeído e o NH_3^+ da L-alanina residem à esquerda do estereocentro de carbono.

(a) Apolares (hidrofóbicos)

Leucina (Leu, L)

Prolina (Pro, P)

Alanina (Ala, A)

Valina (Val, V)

(b) Polares neutros (sem carga)

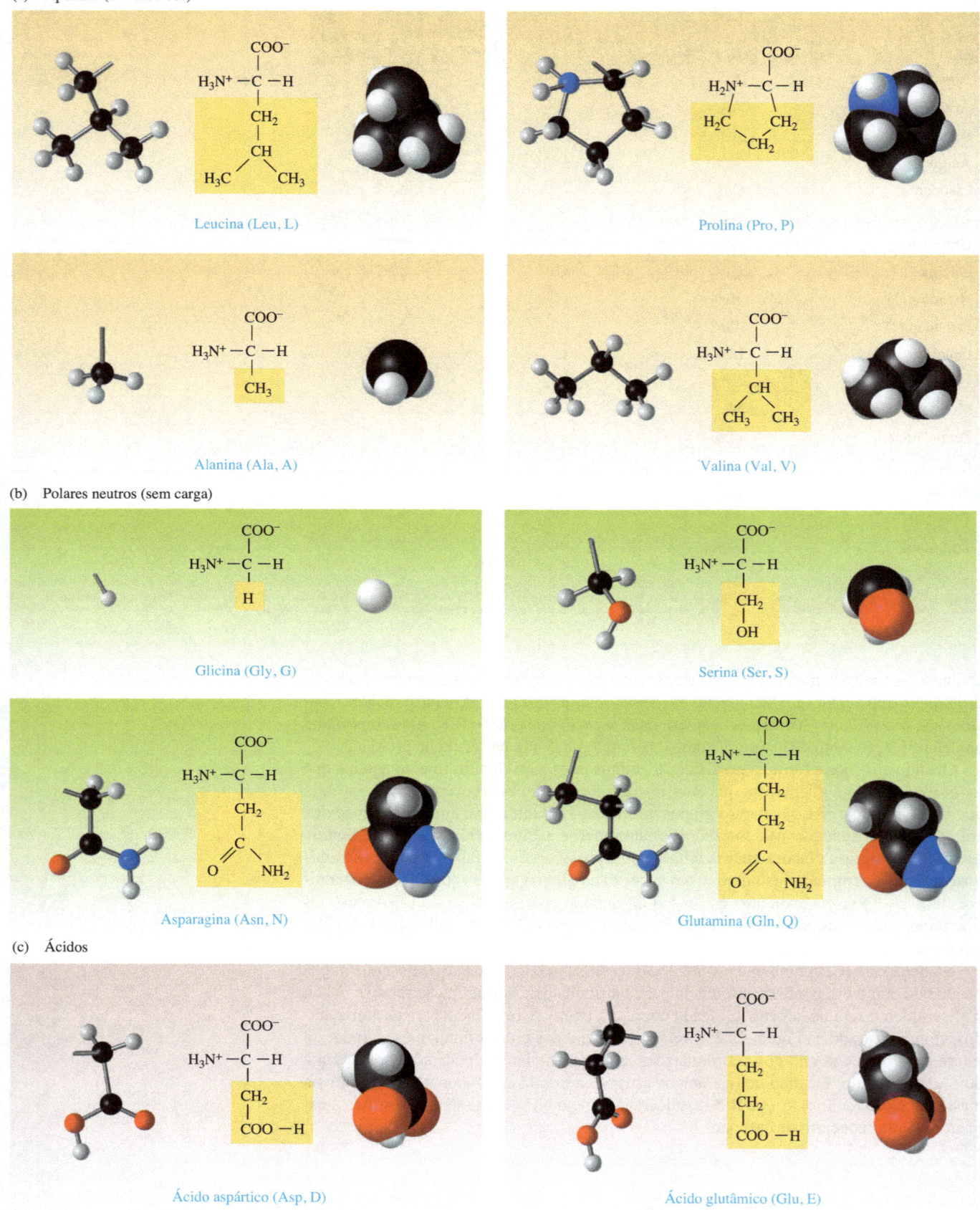

Glicina (Gly, G)

Serina (Ser, S)

Asparagina (Asn, N)

Glutamina (Gln, Q)

(c) Ácidos

Ácido aspártico (Asp, D)

Ácido glutâmico (Glu, E)

FIGURA 22.1 Os 20 aminoácidos que são os blocos constituintes das proteínas podem ser classificados como (a) apolares (hidrofóbicos), (b) polares neutros, (c) ácidos ou (d) básicos. Também são mostrados aqui os códigos de uma e três letras usados para denotar os aminoácidos. Para cada aminoácido, os modelos de vareta e bola (esquerda) e de preenchimento de espaço (direita) mostram apenas a cadeia lateral. (Irving Geis)

Metionina (Met, M)

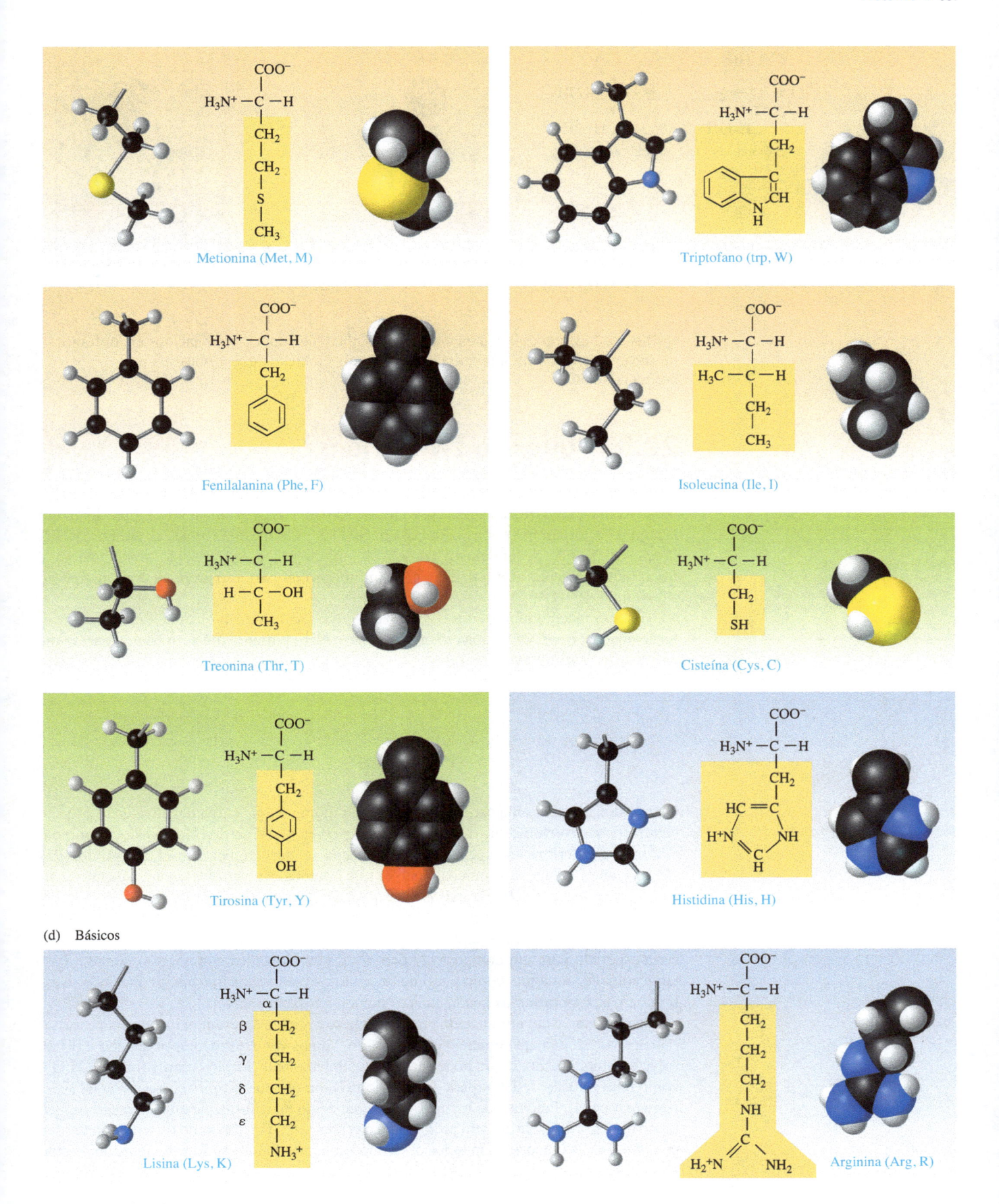

Triptofano (trp, W)

Fenilalanina (Phe, F)

Isoleucina (Ile, I)

Treonina (Thr, T)

Cisteína (Cys, C)

Tirosina (Tyr, Y)

Histidina (His, H)

(d) Básicos

Lisina (Lys, K)

Arginina (Arg, R)

FIGURA 22.1 Continuação

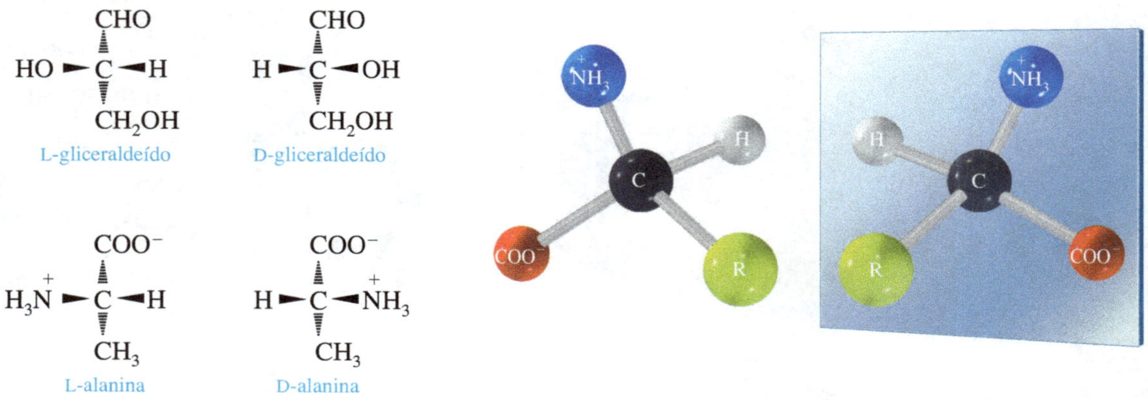

CHO   CHO
HO—C—H   H—C—OH
CH₂OH   CH₂OH
L-gliceraldeído   D-gliceraldeído

COO⁻   COO⁻
H₃N⁺—C—H   H—C—NH₃⁺
CH₃   CH₃
L-alanina   D-alanina

FIGURA 22.2 Estereoquímica da alanina e do gliceraldeído. Os aminoácidos encontrados nas proteínas têm a mesma quiralidade do L-gliceraldeído, que é oposta à do D-gliceraldeído.

22.3 O que são zwitteríons?

Na Seção 18.5B, aprendemos que os ácidos carboxílicos, RCOOH, não podem existir nessa forma na presença de uma base moderadamente fraca (como a NH_3). Eles doam um próton para tornarem-se íons carboxilato, $RCOO^-$. Da mesma forma, as aminas, RNH_2 (Seção 16.5), não podem existir nessa forma na presença de um ácido moderadamente fraco (como o ácido acético). Elas ganham um próton para tornarem-se um íon amônio substituído, RNH_3^+.

Um aminoácido tem grupos —COOH e —NH_2 na mesma molécula. Por isso, em solução aquosa, o —COOH doa um próton para —NH_2, portanto um aminoácido apresenta, na verdade, a seguinte estrutura:

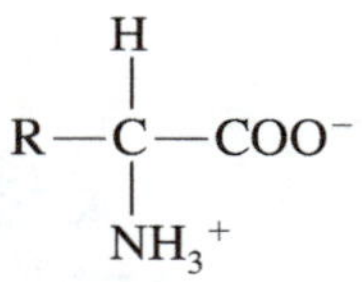

$$R-\underset{NH_3^+}{\overset{H}{C}}-COO^-$$

Compostos que têm uma carga positiva em um átomo e uma carga negativa em outro são chamados **zwitteríons**, que deriva do alemão *zwitter*, que significa "híbrido". Os aminoácidos são zwitteríons não apenas em solução aquosa, mas também em estado sólido. Eles são, portanto, compostos iônicos – isto é, sais internos. *Na verdade, moléculas não ionizadas $RCH(NH_2)COOH$ não existem em qualquer forma.*

O fato de os aminoácidos serem zwitteríons explica as suas propriedades físicas. Todos eles são sólidos com altos pontos de fusão (por exemplo, glicina funde a 262 °C), como seria esperado para um composto iônico. Os 20 aminoácidos comuns são também bastante solúveis em água, como geralmente o são os compostos iônicos. Se eles não tivessem cargas, esperaríamos que apenas os menores fossem solúveis.

Se colocamos um aminoácido em água, ele se dissolve apresentando a mesma característica zwitteriônica que tinha no estado sólido. Vamos ver o que acontece quando o pH da solução é modificado, o que pode ser feito facilmente pela adição de uma fonte de H_3O^+, como uma solução de HCl (para diminuir o pH), ou uma base forte, como o NaOH (para aumentar o pH). Pelo fato de o íon H_3O^+ ser um ácido mais forte que um ácido carboxílico típico (Seção 18.1), ele doa um próton para o grupo —COO^-, tornando o zwitteríon um íon positivo. Isso acontecerá com todos os aminoácidos se o pH for suficientemente diminuído – digamos, para zero.

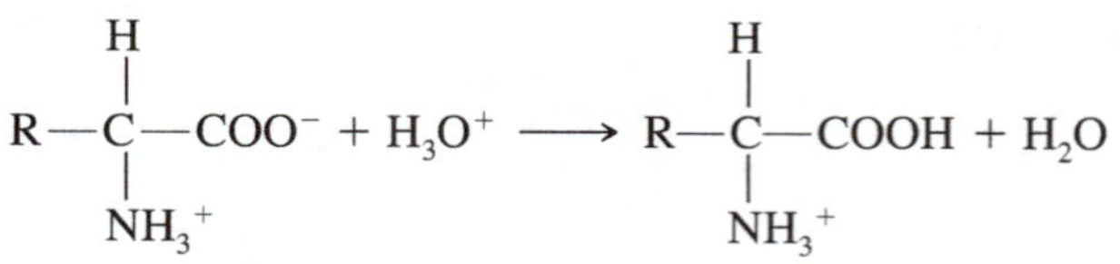

$$R-\underset{NH_3^+}{\overset{H}{C}}-COO^- + H_3O^+ \longrightarrow R-\underset{NH_3^+}{\overset{H}{C}}-COOH + H_2O$$

A adição de OH⁻ no zwitteríon permite que —NH₃⁺ doe o seu próton para OH⁻, o que torna o zwitteríon um íon negativo. Isso acontecerá com todos os aminoácidos se o pH for suficientemente aumentado – digamos, para 14.

$$\text{R}-\underset{\underset{\text{NH}_3^+}{|}}{\overset{\overset{\text{H}}{|}}{\text{C}}}-\text{COO}^- + \text{OH}^- \longrightarrow \text{R}-\underset{\underset{\text{NH}_2}{|}}{\overset{\overset{\text{H}}{|}}{\text{C}}}-\text{COO}^- + \text{H}_2\text{O}$$

Em ambos os casos, o aminoácido ainda é um íon, logo, ainda é solúvel em água. Não existe um pH no qual um aminoácido não apresente determinado caráter iônico. Se um aminoácido é um íon positivo em um pH baixo e um íon negativo em um pH alto, deve existir um pH no qual todas as moléculas tenham cargas positivas e negativas iguais. Esse pH é chamado **ponto isoelétrico (pI)**.

Cada aminoácido tem um ponto isoelétrico diferente, embora a maioria não seja muito diferente (ver valores na Tabela 22.1). Quinze dos 20 aminoácidos têm pontos isoelétricos próximos de 6. Entretanto, os três aminoácidos básicos têm pontos isoelétricos maiores, e os dois aminoácidos ácidos, valores menores.

No ponto isoelétrico ou próximo dele, os aminoácidos existem em solução aquosa predominantemente ou completamente como zwitteríons. Como foi visto, eles reagem tanto com um ácido forte, pela aquisição de um próton (o —COO⁻ se torna —COOH), como com uma base forte, pela doação de um próton (o —NH₃⁺ se torna —NH₂). Em suma:

$$\text{R}-\underset{\underset{\text{NH}_3^+}{|}}{\overset{\overset{\text{H}}{|}}{\text{C}}}-\text{COOH} \underset{\text{H}_3\text{O}^+}{\overset{\text{OH}^-}{\rightleftharpoons}} \text{R}-\underset{\underset{\text{NH}_3^+}{|}}{\overset{\overset{\text{H}}{|}}{\text{C}}}-\text{COO}^- \underset{\text{H}_3\text{O}^+}{\overset{\text{OH}^-}{\rightleftharpoons}} \text{R}-\underset{\underset{\text{NH}_2}{|}}{\overset{\overset{\text{H}}{|}}{\text{C}}}-\text{COO}^-$$

> **Ponto isoelétrico (pI)** Um pH no qual uma amostra de aminoácidos ou proteínas tem um igual número de cargas positivas e negativas.

Na Seção 8.3, aprendemos que um composto que é tanto um ácido como uma base é chamado *anfiprótico*. Na Seção 8.10, vimos que uma solução que neutraliza tanto ácidos como bases é uma solução-tampão. Portanto, os aminoácidos são compostos *anfipróticos*, e suas soluções aquosas são *soluções-tampões*.

22.4 O que determina as características dos aminoácidos?

Uma vez que as cadeias laterais são as únicas diferenças entre os aminoácidos, as funções dos aminoácidos e seus polímeros, as proteínas, são determinadas por essas cadeias laterais. Por exemplo, um dos 20 aminoácidos apresentados na Tabela 22.1 tem uma propriedade química que não é compartilhada com nenhum outro. Esse aminoácido, a cisteína, pode facilmente dimerizar por vários agentes oxidantes moderados.

$$2\text{HS}-\text{CH}_2-\underset{\underset{\text{NH}_3^+}{|}}{\text{CH}}-\text{COO}^- \underset{[\text{H}]}{\overset{[\text{O}]}{\rightleftharpoons}} {}^-\text{OOC}-\underset{\underset{\text{NH}_3^+}{|}}{\text{CH}}-\text{CH}_2-\text{S}-\text{S}-\text{CH}_2-\underset{\underset{\text{NH}_3^+}{|}}{\text{CH}}-\text{COO}^-$$

Cisteína   Ligação dissulfeto   Cistina

O dímero da cisteína, que é chamado **cistina**, pode, por sua vez, ser facilmente reduzido e originar duas moléculas de cisteína. Como veremos, a presença de cistina tem consequências importantes para a estrutura química e forma das proteínas das quais elas fazem parte. A ligação (em azul) é também chamada **ligação de dissulfeto** (Seção 14.4D).

Vários aminoácidos têm propriedades ácidas ou básicas. Dois aminoácidos – ácidos glutâmico e aspártico – têm grupos carboxila nas suas cadeias laterais, além daquele que se encontra presente em todos os aminoácidos. Um grupo carboxila pode perder um próton, formando o correspondente ânion carboxilato, no caso desses dois aminoácidos – glutamato e aspartato, respectivamente. Por causa da presença do carboxilato, as cadeias laterais desses dois aminoácidos estão carregadas negativamente em pH neutro. Três aminoácidos – histidina, lisina e arginina – têm cadeias laterais básicas. As cadeias laterais da lisina e arginina são positivamente carregadas em pH neutro ou próximo do pH neutro. Na lisina, o grupo amina da cadeia lateral está ligado a uma cadeia hidrocarbônica alifática. Na arginina, o grupo básico da cadeia lateral, o grupo guanidino, é mais complexo estruturalmente que o grupo amina, mas também está ligado a uma cadeia hidrocarbônica alifática. Na histidina livre, o pK_a do grupo imidazol da cadeia lateral é 6,0, o que não está longe do pH fisiológico. Os valores dos pK_a para os aminoácidos dependem do ambiente e podem mudar significativamente quando eles se encontram nas proteínas. A histidina pode ser encontrada na forma protonada ou desprotonada nas proteínas, e as propriedades de várias proteínas dependem de os resíduos individuais de histidina estarem carregados ou não. Os aminoácidos carregados são frequentemente encontrados nos sítios ativos das enzimas, as quais serão estudadas no Capítulo 23.

Os aminoácidos fenilalanina, triptofano e tirosina têm anéis aromáticos em suas cadeias laterais. Eles são importantes por várias razões. Por uma questão de praticidade, esses aminoácidos nos permitem identificar e quantificar proteínas porque anéis aromáticos absorvem intensamente em 280 nm e podem ser detectados por um espectrofotômetro. Esses aminoácidos também são muito importantes fisiologicamente porque são precursores de neurotransmissores (substâncias envolvidas na transmissão de impulsos nervosos). O triptofano é convertido em serotonina, mais propriamente chamada 5-hidroxitriptamina, a qual tem um efeito calmante. Níveis muito baixos de serotonina estão associados com depressão, enquanto níveis muito altos levam a um estado maníaco. A esquizofrenia maníaco-depressiva (também chamada de disfunção bipolar) pode ser controlada pelos níveis de serotonina e seus metabólitos posteriores.

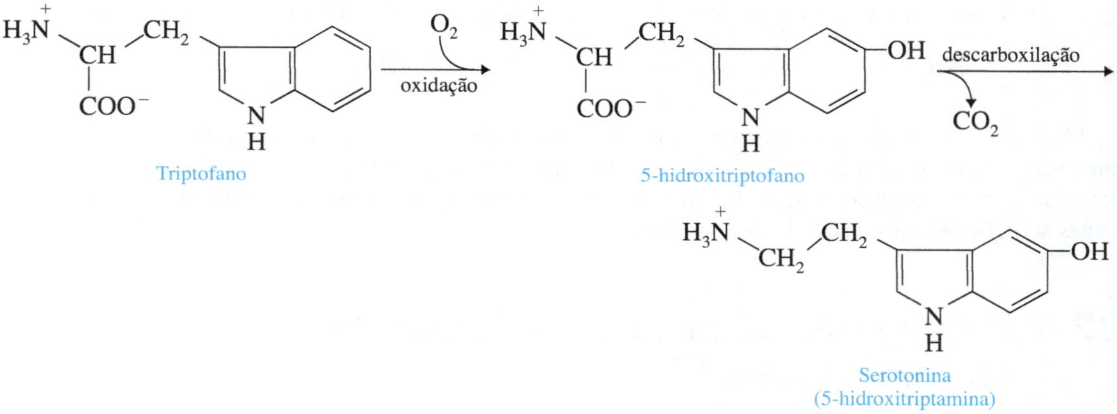

A tirosina, que é normalmente obtida no organismo tendo como molécula precursora a fenilalanina, é convertida em uma classe de neurotransmissores chamada catecolaminas, que incluem a epinefrina, comumente conhecida como adrenalina.

A L-diidroxifenilalanina (L-Dopa) é um elemento intermediário na conversão da tirosina. Níveis mais baixos que os normais de L-Dopa estão relacionados com a doença de Parkinson. Suplementos de tirosina e fenilalanina podem aumentar os níveis de dopamina, embora a L-Dopa seja usualmente prescrita porque ela passa pelo cérebro mais rapidamente através da barreira sanguínea.

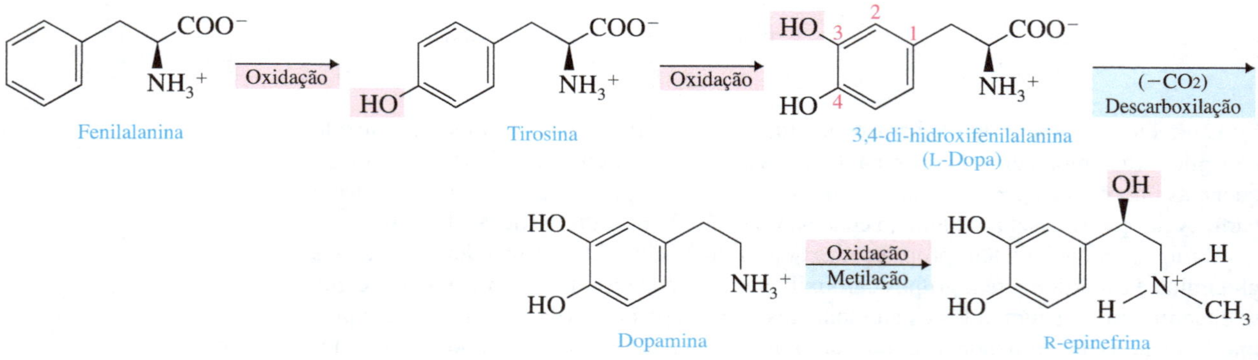

A tirosina e a fenilalanina são precursoras para a formação de norepinefrina e epinefrina, ambas substâncias estimulantes. A epinefrina é conhecida como o hormônio do "voe ou lute". Ela provoca a liberação de glicose e outros nutrientes no sangue e estimula a função cerebral.

Há indícios de que a tirosina e a fenilalanina podem ter efeitos inesperados em algumas pessoas. Por exemplo, um número crescente de evidências indica que algumas pessoas apresentam dores de cabeça pela ingestão de aspartame (um adoçante artificial encontrado em refrigerantes do tipo *diet*) que contém fenilalanina. Algumas pessoas são enfáticas em afirmar que suplementos de tirosina contribuem para um bom despertar pela manhã e que o triptofano as ajuda a dormir à noite. As proteínas do leite têm altos níveis de triptofano – acredita-se que um copo de leite morno antes de dormir pode beneficiar a indução do sono.

22.5 O que são aminoácidos incomuns?

Além dos aminoácidos listados na Tabela 22.1, também são conhecidos muitos outros. Eles ocorrem em algumas proteínas, mas isso não significa que todos são encontrados em proteínas. A Figura 22.3 apresenta exemplos de algumas possibilidades. Esses aminoácidos incomuns são derivados dos aminoácidos comuns e produzidos pela modificação dos aminoácidos comuns após a proteína ter sido sintetizada pelo organismo em um processo chamado modificação pós-traducional (Capítulo 26). A hidroxiprolina e hidroxilisina diferem de seus aminoácidos correlatos porque apresentam uma hidroxila em suas cadeias laterais. Elas são encontradas somente nas proteínas de alguns tecidos conjuntivos, como no colágeno. A tiroxina difere da tirosina por ter um grupo aromático que contém um iodo na cadeia lateral. Esse aminoácido é encontrado apenas na glândula tiroide, onde é formado pela modificação pós-traducional de resíduos de tirosina na proteína tiroglobulina. A tiroxina é então liberada como um hormônio pela proteólise da tiroglobulina. A tiroxina é prescrita tanto para animais como para humanos que apresentam metabolismo lento com o intuito de acelerar o seu metabolismo.

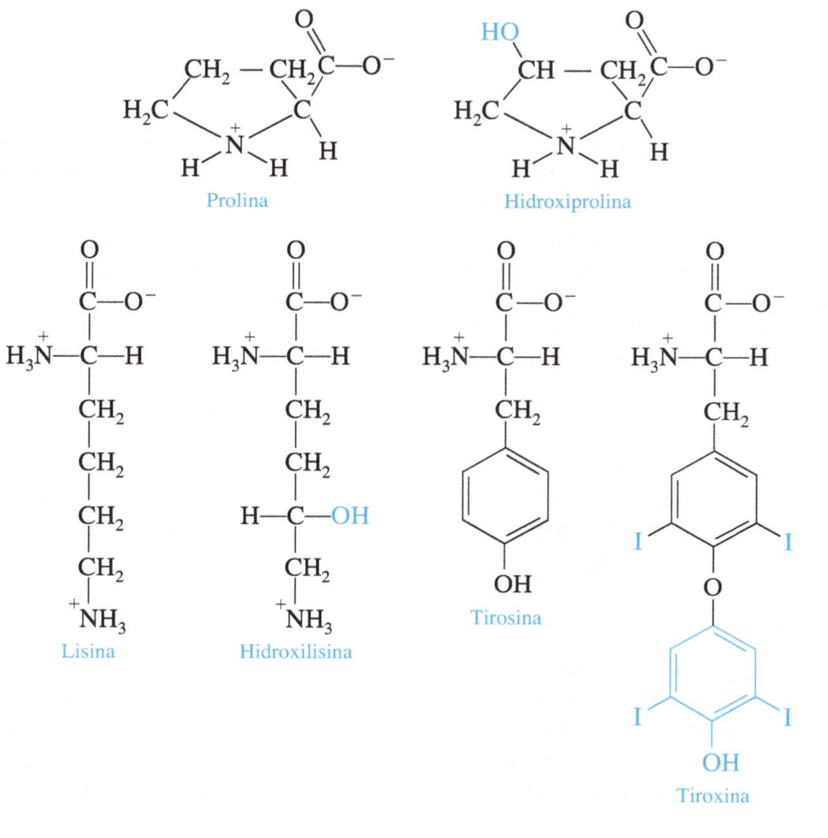

FIGURA 22.3 Estruturas da hidroxiprolina, hidroxilisina e tiroxina. As estruturas dos aminoácidos correlatos – prolina para a hidroxiprolina, lisina para a hidroxilisina e tirosina para a tiroxina – são mostradas para efeito de comparação. Todos os aminoácidos estão na sua forma iônica predominante em pH 7.

22.6 Como os aminoácidos se combinam para formar as proteínas?

Cada aminoácido apresenta um grupo carboxila e um grupo amina. No Capítulo 19, vimos que um ácido carboxílico e uma amina podem ser combinados para formar uma amida:

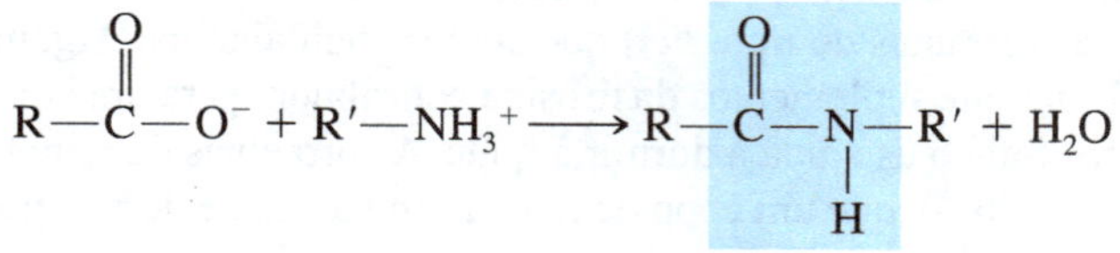

$$R-COO^- + R'-NH_3^+ \longrightarrow R-CO-NH-R' + H_2O$$

Da mesma maneira, o grupo —COO⁻ de uma molécula de aminoácido, como a glicina, pode se combinar com o grupo —NH₃⁺ de outra molécula de aminoácido, como a alanina:

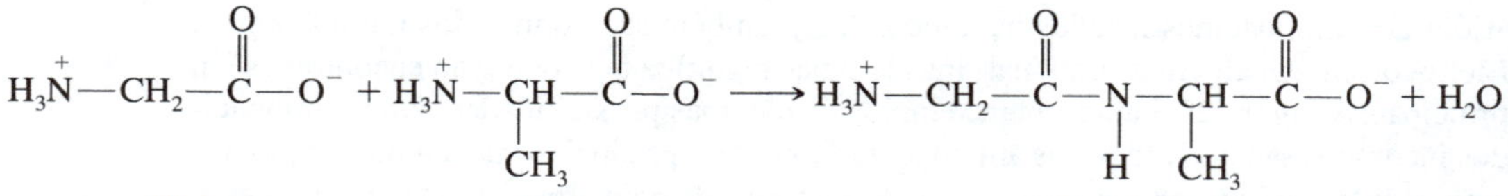

$$H_3N^+-CH_2-COO^- + H_3N^+-CH(CH_3)-COO^- \longrightarrow H_3N^+-CH_2-CO-NH-CH(CH_3)-COO^- + H_2O$$

Glicina   Alanina   Glicilalanina (Gly-Ala)

Ligação peptídica Uma ligação de amida que se une dois aminoácidos.

Essa reação ocorre nas células por um mecanismo que será estudado na Seção 26.5. O produto é uma amida. Os dois aminoácidos são unidos pela **ligação peptídica** (também conhecida como **união peptídica**). O produto é um **dipeptídeo**.

É importante compreender que a glicina e a alanina podem também ser unidas de outra forma:

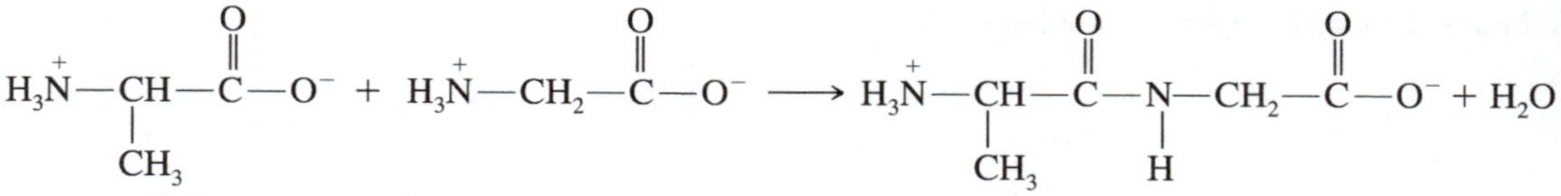

$$H_3N^+-CH(CH_3)-COO^- + H_3N^+-CH_2-COO^- \longrightarrow H_3N^+-CH(CH_3)-CO-NH-CH_2-COO^- + H_2O$$

Alanina   Glicina   Alanilglicina (Ala-Gly)

Nesse caso, obtemos um dipeptídeo *diferente*. Os dois dipeptídeos são isômeros constitucionais, é claro: eles são compostos diferentes em todos os aspectos, com diferentes propriedades. A frase "Faça muito, fale pouco" tem as mesmas palavras de "Faça pouco, fale muito", mas o significado é completamente diferente. Da mesma forma, a ordem dos aminoácidos em um peptídeo ou em uma proteína é crítica tanto na estrutura como na função.

Exemplo 22.1 Formação de peptídeos

Mostre como se forma o dipeptídeo aspartilserina (Asp—Ser).

Estratégia

Desenhe os dois aminoácidos. Organize-os de forma que sejam lidos (da esquerda para a direita) o grupo amina, o carbono alfa e o grupo carboxila. Desenhe então a reação entre o primeiro grupo carboxila do primeiro aminoácido e o grupo amina do segundo aminoácido, que resultará na ligação peptídica.

Solução

O nome do dipeptídeo implica que o composto é feito de dois aminoácidos: ácido aspártico (Asp) e serina (Ser). A amida deve ser formada entre o grupo α-carboxila do ácido aspártico e o grupo α-amina da serina. Portanto, escrevemos a fórmula do ácido aspártico com o grupo amina do lado esquerdo. A seguir, colocamos a fórmula da serina à direita, com o grupo amina de frente para o grupo α-carboxila do ácido aspártico. Finalmente, eliminamos uma molécula de água entre os grupos —COO⁻ e —NH₃⁺, que estão próximos um do outro, formando a ligação peptídica:

$$H_3\overset{+}{N}-CH-\underset{\underset{CH_2}{|}}{C}(=O)-O^- + H_3\overset{+}{N}-CH-\underset{CH_2OH}{|}C(=O)-O^-$$

Asp   Ser

$$\longrightarrow H_3\overset{+}{N}-CH-\underset{\underset{CH_2}{|}}{C}(=O)-\underset{H}{N}-CH-\underset{CH_2OH}{|}C(=O)-O^- + H_2O$$

Asp—Ser

Problema 22.1

Mostre como se forma o dipeptídeo valilfenilalanina (Val—Phe).

Dois aminoácidos, independentemente de serem os mesmos ou diferentes, podem ser unidos para formar dipeptídeos de forma similar. Mas as possibilidades não terminam aqui. Cada dipeptídeo ainda apresenta um grupo —COO⁻ e um grupo —NH₃⁺.

[1] Um *pound* (também abreviado lb) equivale a 2,2 kg. Portanto, um consumo de 45,45 kg de açúcar. (NRT)

Conexões químicas 22A

Aspartame, o peptídeo doce

O dipeptídeo L-aspartil-L-fenilalanina é de considerável importância econômica. O resíduo aspartil tem um grupo α-amino que corresponde ao nitrogênio terminal (N-terminal) da molécula, um resíduo fenilalanil que apresenta um grupo carboxila livre, o carbono terminal (C-terminal) da molécula. Esse dipeptídeo é cerca de 200 vezes mais doce que o açúcar comum. O derivado de metil éster desse peptídeo é mais importante comercialmente que o dipeptídeo em si. Esse derivado apresenta um grupo metila no C-terminal, formando uma ligação éster com o grupo carboxila. O derivado de metil éster é chamado *aspartame* e é um substituto do açúcar comercializado sob o nome NutraSweet.

Nos Estados Unidos, o consumo de açúcar comum é cerca de 100 *pounds*[1] por pessoa, por ano. Para perderem peso, várias pessoas reduzem a ingestão de açúcar. Outras limitam a ingestão de açúcar por causa do diabetes. Para isso, ingerem refrigerantes do tipo *diet*. A indústria dos refrigerantes é um dos principais mercados para a utilização do aspartame. O uso desse adoçante foi aprovado pela FDA em 1981, após ter sido testado intensamente, embora ainda exista controvérsia sobre eventuais efeitos prejudiciais na sua utilização. Refrigerantes adoçados com aspartame apresentam avisos da presença de fenilalanina. Essa informação é de vital importância para as pessoas que têm fenilcetonúria, uma doença genética do metabolismo da fenilalanina. Note que ambos os aminoácidos têm a configuração L. Se um D-aminoácido é substituído tanto para um como para os dois aminoácidos do aspartame, o composto resultante é amargo em vez de doce.

L-aspartil-L-fenilalanina (metil éster)

Portanto, podemos adicionar um terceiro aminoácido à alanilglicina, como a lisina: o produto é um **tripeptídeo**. Como ele ainda contém grupos —COO⁻ e —NH₃⁺, podemos prosseguir nesse processo e obter um tetrapeptídeo, um pentapeptídeo e assim por diante, até obtermos uma cadeia contendo centenas e mesmo milhares de aminoácidos. Essas cadeias de aminoácidos são as proteínas que servem a muitas funções importantes nos seres vivos.

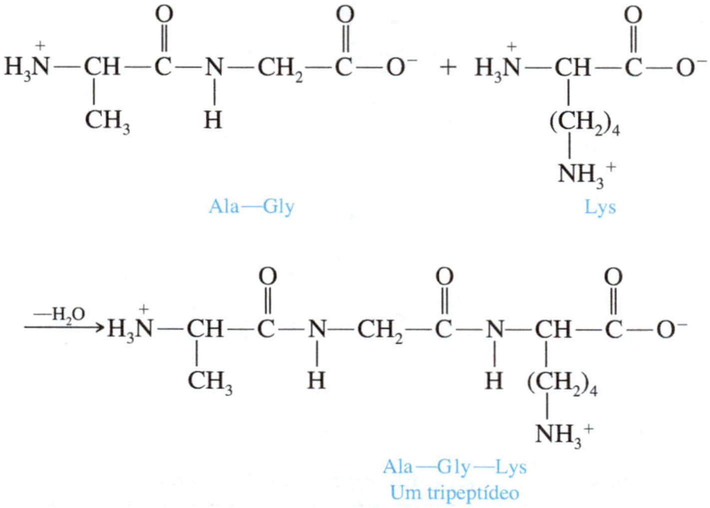

$$\underset{\text{Ala—Gly}}{H_3\overset{+}{N}-CH(CH_3)-\overset{O}{\underset{\|}{C}}-N(H)-CH_2-\overset{O}{\underset{\|}{C}}-O^-} + \underset{\text{Lys}}{H_3\overset{+}{N}-CH((CH_2)_4NH_3^+)-\overset{O}{\underset{\|}{C}}-O^-}$$

$$\xrightarrow{-H_2O} \underset{\text{Ala—Gly—Lys}\atop\text{Um tripeptídeo}}{H_3\overset{+}{N}-CH(CH_3)-\overset{O}{\underset{\|}{C}}-N(H)-CH_2-\overset{O}{\underset{\|}{C}}-N(H)-CH((CH_2)_4NH_3^+)-\overset{O}{\underset{\|}{C}}-O^-}$$

C-terminal O aminoácido no fim de um peptídeo que tem um grupo α-carboxila livre.

N-terminal O aminoácido no fim de um peptídeo que tem um grupo α-amino livre.

Alguns aspectos da terminologia empregada para descrever esses compostos são a seguir mencionados. As cadeias curtas são frequente e simplesmente chamadas **peptídeos**, as mais longas, **polipeptídeos**, e as ainda maiores, **proteínas**, mas os químicos determinam uma demarcação entre essas designações. Muitos químicos usam os termos "polipeptídeo" e "proteína" quase que de forma intercambiável. Neste livro, consideraremos uma proteína como uma cadeia de polipeptídeo que contém um mínimo de 30 e no máximo 50 aminoácidos. Os aminoácidos na cadeia são frequentemente denominados **resíduos**. É habitual usar tanto a abreviação de uma como a de três letras mostrada na Tabela 22.1 para representar peptídeos e proteínas. Por exemplo, o tripeptídeo alanil-glicil-lisina é AGK ou Ala—Gly—Lys. O **aminoácido C-terminal** ou simplesmente **C-terminal** é o resíduo com o grupo α-COO⁻ livre (a lisina em Ala—Gly—Lys), e o **aminoácido N-terminal** ou simplesmente **N-terminal** é o resíduo com o grupo α-NH₃⁺ livre (a alanina em Ala—Gly—Lys). Internacionalmente, escreve-se uma cadeia de peptídeo ou proteína com o resíduo N-terminal à esquerda. Não se trata de uma decisão arbitrária. Lemos da esquerda para a direita, e as proteínas são sintetizadas do N-terminal para o C-terminal, como será visto no Capítulo 26.

22.7 Quais são as propriedades das proteínas?

As propriedades das proteínas são baseadas nas propriedades da cadeia peptídica e das cadeias laterais. A cadeia peptídica (esqueleto peptídico) é composta pela estrutura repetitiva, mostrada pela linha horizontal de átomos na Figura 22.4. Os átomos ao longo da cadeia estão ligados N—C—C—N—C—C— e assim por diante. Por convenção, os peptídeos são mostrados com o N-terminal à esquerda. À medida que a cadeia polipeptídica acaba, muito da estrutura de uma proteína é decorrente das interações dos átomos na cadeia sem considerar a natureza dos grupos R nas cadeias laterais.

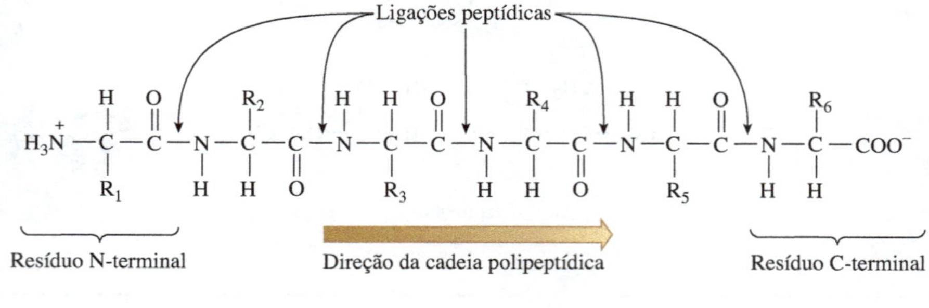

FIGURA 22.4 Um peptídeo pequeno mostrando a direção de orientação da cadeia peptídica (N-terminal para o C-terminal).

Embora a ligação peptídica seja tipicamente escrita como um grupo carboxila ligado a um grupo N—H, como visto na Seção 17.5, essas ligações podem apresentar tautomerismo cetoenólico. A ligação carbono-nitrogênio tem aproximadamente 40% de caráter de dupla ligação, como mostrado na Figura 22.5. Como resultado, o grupo peptídico que forma a ligação entre dois aminoácidos é planar.

FIGURA 22.5 As estruturas de ressonância de uma ligação peptídica resultam em um grupo planar.

Esse grupamento é chamado plano da amida (ou amídico) e tem grande influência na estrutura da proteína. Existe liberdade de rotação nas duas ligações do carbono alfa, mas não há rotação nas ligações carbono-nitrogênio. Uma cadeia de aminoácidos ligada através de ligações peptídicas pode ser idealizada como uma série de cartas de baralho unidas por um pino giratório em seus cantos, como mostra a Figura 22.6. A rigidez do plano da amida limita as possíveis orientações do peptídeo.

As cadeias laterais dos 20 aminoácidos comuns apresentam diferenças que determinam o restante das propriedades físicas e químicas das proteínas. Entre essas propriedades, o comportamento ácido-base é um dos mais importantes. Como os aminoácidos (Seção 22.3), as proteínas comportam-se como zwitteríons. As cadeias laterais dos ácidos glutâmico e aspártico fornecem grupos ácidos, enquanto a lisina e a arginina fornecem grupos básicos

Conexões químicas 22B

AGE e envelhecimento

Uma reação que pode ocorrer entre uma amina primária e um aldeído ou cetona, unindo as duas moléculas, é (mostrada aqui para um aldeído):

$$R-\overset{O}{\underset{\|}{C}}-H + H_2N-R' \longrightarrow R-CH=N-R' + H_2O$$

Uma imina

Como existem grupos NH_2 nas proteínas e grupos aldeído ou cetona nos carboidratos, eles podem sofrer essa reação, estabelecendo uma ligação entre o açúcar e a molécula de proteína. Quando essa reação não é catalisada por enzimas, ela é chamada de *glicação* de proteínas. O processo, entretanto, não para nesse ponto. Quando esses produtos são aquecidos em um tubo de ensaio, formam-se produtos complexos de alta massa molecular, insolúveis em água de cor marrom. Esses complexos são denominados **produtos finais da glicação avançada** (*advanced glycation end-products* – **AGE**). No corpo, eles não podem ser aquecidos, mas o mesmo resultado ocorre em longos períodos.

Quanto mais vivemos e quanto maior a concentração de açúcar no sangue, mais produtos AGE se acumulam no organismo. Esses AGE podem alterar a função das proteínas. Essas mudanças AGE-dependentes provocam problemas de circulação, articulação e visão em pessoas com diabetes. Os diabéticos têm altas concentrações de açúcar no sangue por causa da falta de transporte de glicose do sangue para as células. Os AGE mostram-se elevados em todos os órgãos atingidos pelo diabetes: lentes oculares (cataratas), vasos capilares sanguíneos da retina (retinopatia diabética) e glomérulos dos rins (falência renal). Os AGE têm sido associados à arteriosclerose, como células modificadas por AGE que se ligam às células endoteliais dos vasos sanguíneos. O colágeno modificado por AGE causa perfuração das artérias.

Em pessoas não diabéticas, essas modificações prejudiciais das proteínas provocam sintomas apenas em indivíduos de idade avançada. Nas pessoas jovens, as funções metabólicas funcionam adequadamente, e os produtos AGE se decompõem e são eliminados do organismo. Nas pessoas idosas, o metabolismo é mais lento e os produtos AGE se acumulam. Aos produtos AGE também é atribuído o aumento dos danos oxidativos.

Os cientistas pesquisam formas de combater os efeitos nocivos dos AGE. Um enfoque tem sido o uso de antioxidantes, incluindo a vitamina B, a tiamina. Outras poucas drogas anti-AGE têm sido desenvolvidas, incluindo aminoguanidina e metformina. Ambas têm sido estudadas em modelos animais, mas ainda não foram usadas em larga escala em humanos. Outro enfoque em estudo relacionado a vários problemas metabólicos, incluindo o envelhecimento normal, é a restrição calórica. Uma quantidade vasta de evidências, tanto em modelos animais como em humanos, indica que a expectativa de vida pode ser ampliada por uma vida saudável. Há evidências de que o estilo de vida pode reduzir os níveis de AGE.

(da mesma forma como ocorre com a histidina, mas a sua cadeia lateral é menos básica que os outros dois aminoácidos). (Ver a estrutura desses aminoácidos na Figura 22.1.)

O ponto isoelétrico de uma proteína ocorre no pH no qual há o mesmo número de cargas positivas e negativas (a proteína não tem uma carga *bruta*). Em qualquer pH acima do ponto isoelétrico, as proteínas apresentam uma carga bruta positiva. Algumas proteínas, como a hemoglobina, têm praticamente o mesmo número de grupos ácidos e básicos; o ponto isoelétrico da hemoglobina ocorre em pH 6,8. Outras, como a albumina sérica, têm mais grupos ácidos que básicos, e o ponto isoelétrico dessa proteína ocorre em pH 4,9. Em cada caso, entretanto, em razão de seu comportamento zwitteriônico, elas agem como tampões, por exemplo, no sangue (Figura 22.7).

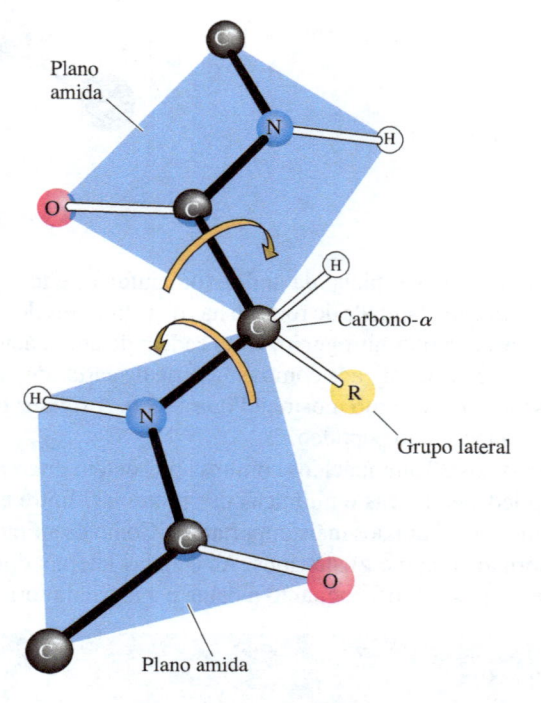

FIGURA 22.6 Aspecto planar da ligação peptídica. Os grupos peptídicos planares rígidos (denominados "cartas de baralho" no texto) estão sombreados. (Ilustração de Irving Geis. Direitos reservados ao Howard Hughes Institute. Reprodução proibida sem permissão.)

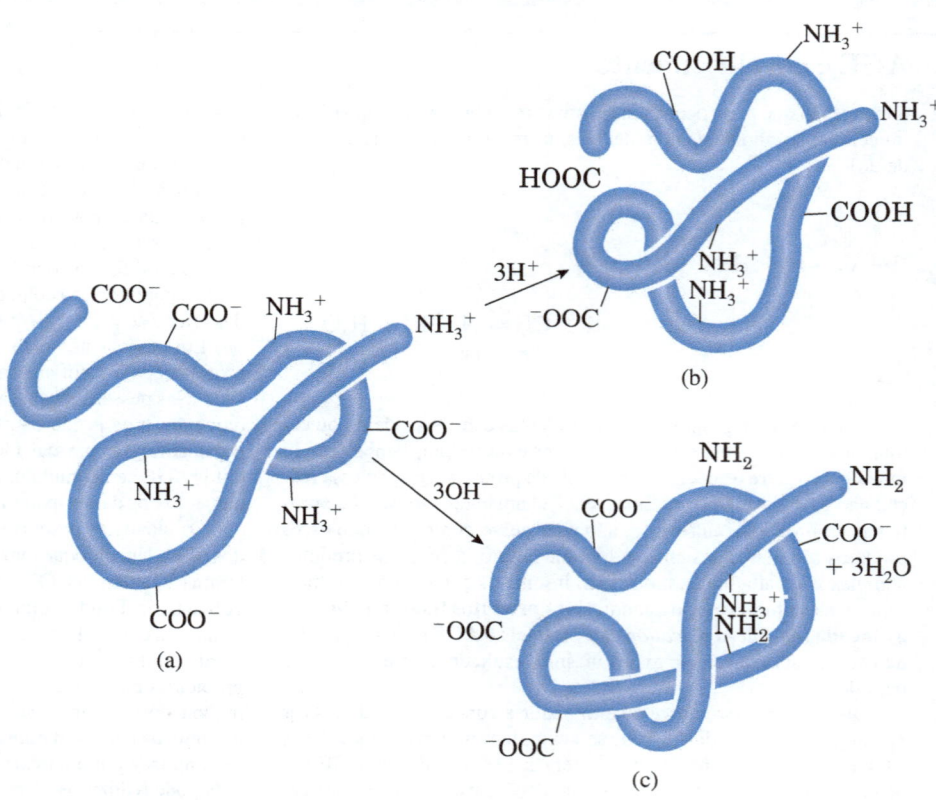

FIGURA 22.7 Diagrama esquemático de uma proteína (a) em seu ponto isoelétrico e sua ação tampão quando (b) H⁺ ou (c) íons OH⁻ são adicionados.

A solubilidade de moléculas grandes como as proteínas depende frequentemente das forças repulsivas entre cargas iguais na superfície das moléculas. Quando as moléculas de proteínas estão em um pH e apresentam uma carga bruta positiva ou negativa, a presença dessas cargas de mesmo sinal provocam repulsão eletrostática entre as moléculas de proteína. Essas forças repulsivas são menores no ponto isoelétrico, quando a carga bruta é zero. Quando não há forças de repulsão, as moléculas de proteína se agrupam para formar agregados de duas ou mais moléculas, reduzindo a sua solubilidade. Como consequência, as proteínas *são menos solúveis em água nos seus pontos isoelétricos e podem precipitar a partir de suas soluções*.

Como indicamos na Seção 22.1, as proteínas têm muitas funções. Para entender essas funções, é necessário conhecer os quatro níveis de organização que elas podem assumir em sua estrutura. A *estrutura primária* descreve a sequência de aminoácidos na cadeia polipeptídica. A *estrutura secundária* se refere a certos padrões de repetição, tais como a conformação de α-hélice ou a de folha pregueada (Seção 22.9), ou a ausência de um padrão de repetição, como na espiral aleatória (Seção 22.9). A *estrutura terciária* descreve a conformação global da cadeia polipeptídica (Seção 22.10). A *estrutura quaternária* (Seção 22.11) se aplica principalmente para proteínas que contêm mais que uma cadeia polipeptídica (subunidade) e trata da maneira como as cadeias diferentes estão relacionadas entre si.

22.8 O que é a estrutura primária das proteínas?

De forma muito simplificada, a **estrutura primária** de uma proteína consiste na sequência de aminoácidos que forma a cadeia. Cada uma das moléculas de peptídeos e proteínas, entre o grande número existente nos organismos vivos, tem uma sequência diferente de aminoácidos que permite que a proteína realize a sua função, seja ela qual for.

Estrutura primária A sequência de aminoácidos na proteína.

Como um grande número de proteínas diferentes pode surgir de sequências diferentes de 20 aminoácidos? Quantos dipeptídeos diferentes podem ser feitos a partir de 20 aminoácidos? Existem 20 possibilidades para o aminoácido N-terminal e, para cada uma delas, há 20 possibilidades para o aminoácido C-terminal. Isso significa que existem $20 \times 20 = 400$ dipeptídeos diferentes possíveis para os 20 aminoácidos. E quanto aos tripeptídeos? Podemos formar um tripeptídeo tomando qualquer um dos 400 dipeptídeos e adicionando um dos 20 aminoácidos. Então, existem $20 \times 20 \times 20 = 8.000$ tripeptídeos, todos diferentes. É fácil ver que podemos calcular o número possível de peptídeos ou proteínas para uma cadeia de n aminoácidos simplesmente elevando 20 à n-*ésima* potência (20^n).

Tomando uma proteína pequena típica com 60 resíduos de aminoácidos, o número de proteínas que pode ser feito a partir dos 20 aminoácidos é $20^{60} = 10^{78}$. Esse número é enorme, possivelmente maior que o número total de átomos no universo. Claramente, apenas uma pequeníssima fração de todas as proteínas possíveis foi produzida pelos organismos biológicos.

Cada peptídeo ou proteína no organismo tem a sua própria e única sequência de aminoácidos. Da mesma forma que a utilizada para nomear peptídeos, a *atribuição das posições dos aminoácidos na sequência começa na terminação do N-terminal*. Então, na Figura 22.8, a glicina está na posição número 1 da cadeia A, e a fenilalanina, na posição 1 da cadeia B. Como já mencionado, as proteínas também têm estruturas secundárias, terciárias e, em alguns casos, quaternárias. Abordaremos essas estruturas nas seções 22.9, 22.10 e 22.11, mas aqui podemos dizer que *a estrutura primária de uma proteína determina, em grande parte, as estruturas nativas (mais frequentemente encontradas) secundárias e terciárias*.

Isso significa que uma sequência particular de aminoácidos na cadeia permite que a cadeia inteira se dobre e se enrole de tal maneira que ela assuma sua forma final. Como veremos na Seção 22.12, sem essa forma tridimensional, uma proteína não pode funcionar.

Quão importante é a sequência exata de aminoácidos na função de uma proteína? Uma proteína poderá realizar a mesma função se a sua sequência de aminoácidos for ligeiramente diferente? A mudança na sequência de aminoácidos pode ser ou não um problema, o que vai depender do tipo de mudança que ocorre. Considere, por exemplo, o citocromo c, que é uma proteína dos vertebrados terrestres. Sua cadeia é composta de 104 resíduos de aminoácidos. Ele faz a mesma função (transporte de elétrons) em humanos, chimpanzés, ovelhas e outros animais. Enquanto humanos e chimpanzés têm a mesma sequência de aminoácidos em suas proteínas, o citocromo c das ovelhas difere em 10 posições entre as 104 existentes. (Você encontrará mais informações sobre evolução bioquímica em "Conexões químicas 26F".)

Outro exemplo é o hormônio insulina. A insulina humana é composta de duas cadeias com um total de 51 aminoácidos. As duas cadeias estão unidas por uma ligação dissulfeto. A Figura 22.8 mostra a sequência de aminoácidos. A insulina é necessária para a utilização correta dos carboidratos (Seção 28.1), e as pessoas com diabetes severo ("Conexões químicas 22C") precisam tomar injeções. A quantidade de insulina humana disponível para tratamento é muito pequena, então a insulina bovina, suína ou ovina é utilizada. A insulina dessas fontes é similar, mas não idêntica, à insulina humana. As diferenças estão presentes nas posições 8, 9 e 10 da cadeia A e na posição C-terminal (30) da cadeia B, como mostrado na Tabela 22.2. O restante da molécula é a mesma nas quatro variedades de insulina. Apesar das ligeiras diferenças na estrutura, todas as insulinas desempenham a mesma função e podem ser usadas por humanos. Entretanto, nenhuma das três é tão eficiente em humanos como a insulina humana. Por isso, as técnicas de DNA recombinante estão sendo usadas para produzir insulina humana a partir das bactérias (Seção 26.8 e "Conexões químicas 22C").

Outro fato que mostra o efeito da substituição de um aminoácido por outro é que, às vezes, os pacientes se tornam alérgicos, por exemplo, à insulina bovina, mas podem mudar para a insulina suína ou ovina sem apresentar reações alérgicas.

Em contraste aos exemplos previamente apresentados, algumas mudanças pequenas na sequência de aminoácidos fazem uma grande diferença. Consideremos dois hormônios peptídicos: vasopressina e oxitocina (Figura 22.9). Esses nonapeptídeos têm estruturas idênticas, incluindo a ligação dissulfeto, exceto por apresentarem aminoácidos diferentes nas posições 2 e 7. A sua função biológica, entretanto, é completamente diferente. A vasopressina é um hormônio antidiurético que aumenta a quantidade de água reabsorvida pelos rins e eleva a pressão sanguínea. A oxitocina não tem efeito na reabsorção de água nos rins e apenas diminui ligeiramente a pressão sanguínea. Sua principal função é afetar as contrações do útero no parto e dos músculos nos seios, o que auxilia na secreção do leite.

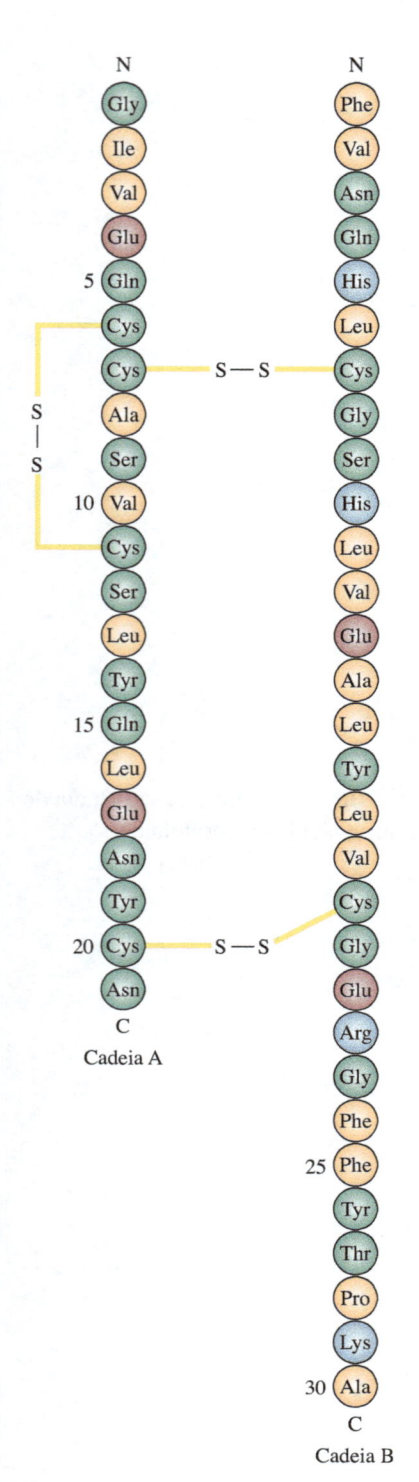

FIGURA 22.8 O hormônio insulina é composto de duas cadeias de polipeptídio, A e B, unidas por uma ponte de dissulfeto. A sequência mostrada é da insulina bovina.

TABELA 22.2 Diferenças na sequência de aminoácidos entre as insulinas humana, bovina, suína e ovina

	Cadeia A			Cadeia B
	8	9	10	30
Humana	—Thr	—Ser	—Ile	—Thr
Bovina	—Ala	—Ser	—Val	—Ala
Suína	—Thr	—Ser	—Ile	—Ala
Ovina	—Ala	—Gly	—Val	—Ala

A vasopressina também estimula as contrações uterinas, embora em uma extensão muito mais branda que a oxitocina.

Em outra situação, uma mudança mínima pode provocar uma grande diferença na proteína do sangue, a hemoglobina. Uma mudança em apenas um aminoácido na cadeia de 146 é suficiente para originar uma doença fatal conhecida como anemia falciforme ("Conexões químicas 22D").

Em alguns casos, pequenas mudanças na sequência de aminoácidos fazem pequena ou nenhuma diferença no funcionamento de peptídeos e proteínas, mas, na maioria das vezes, a sequência é muito importante. As sequências de dezenas de milhares de proteínas e peptídeos foram determinadas. Os métodos para determinar tais sequências são complicados e não serão abordados neste livro.

Conexões químicas 22C

O uso da insulina humana

Embora a insulina humana fabricada pelas técnicas de DNA recombinante (ver Seção 26.8) já esteja disponível no mercado, várias pessoas diabéticas continuam a usar a insulina suína ou a ovina porque elas são mais baratas. A mudança da insulina animal para a humana cria um problema ocasional para os diabéticos. Todos os diabéticos sentem uma reação da insulina (hipoglicemia) quando o nível de insulina no sangue é muito alto comparativamente ao nível de açúcar. A hipoglicemia é precedida de sintomas como fome, sudorese e falta de coordenação. Esses sintomas, denominados consciência hipoglicêmica, sinalizam para o paciente que a onda de hipoglicemia está chegando e que ela precisa ser revertida, então o paciente precisa comer açúcar.

Alguns diabéticos que substituíram a insulina animal pela humana relatam que a consciência hipoglicêmica não é tão intensa como a sentida quando a insulina animal é administrada. Essa falta de reconhecimento de que uma onda hipoglicêmica está por vir pode originar alguns riscos, e essa diferença é devida provavelmente às velocidades de absorção pelo organismo. As instruções fornecidas com a insulina humana agora incluem advertências de que a consciência hipoglicêmica pode ser alterada.

```
       9            4      3      2     1
     Cys—S—S—Cys—Pro—Arg—Gly—NH₂
      |             |
    8 Tyr          Asn 5
      |             |
     Phe—Gln
      7    6
```
Vasopressina

```
       9            4      3      2     1
     Cys—S—S—Cys—Pro—Leu—Gly—NH₂
      |             |
    8 Tyr          Asn 5
      |             |
     Ile—Gln
      7    6
```
Oxitocina

FIGURA 22.9 As estruturas da vasopressina e oxitocina. As diferenças são mostradas nos aminoácidos realçados com cor.

Conexões químicas 22D

Anemia falciforme

A hemoglobina humana adulta normal (Hb) tem duas cadeias alfa e duas cadeias beta (ver Figura 22.17). Algumas pessoas, entretanto, têm um tipo de hemoglobina ligeiramente diferente em seu sangue. Essa hemoglobina (denominada HbS) difere da normal apenas na posição de um aminoácido nas duas cadeias beta: o ácido glutâmico na sexta posição da Hb normal é substituído por um resíduo de valina na HbS.

	4	5	6	7	8	9
Hb normal	—Thr	—Pro	—Glu	—Glu	—Lys	—Ala—
Hb falciforme	—Thr	—Pro	—Val	—Glu	—Lys	—Ala—

Essa mudança afeta somente duas posições em uma molécula que contém 574 resíduos de aminoácidos, o que já é suficiente para produzir uma doença muito séria, a **anemia falciforme**.

As células vermelhas do sangue com HbS comportam-se normalmente quando existe um amplo fornecimento de oxigênio. Quando a pressão de oxigênio diminui, as células vermelhas do sangue adquirem forma de foice. Essa forma irregular ocorre nos capilares sanguíneos. Como resultado dessa mudança na forma, as células podem obstruir os capilares. As defesas do organismo destroem as células obstrutoras, o que pode provocar perda de células sanguíneas e consequentemente causar anemia.

Essa mudança em uma única posição da cadeia composta de 146 aminoácidos é suficientemente severa para causar uma alta taxa de mortalidade. Uma criança que herda dois genes programados para produzir células com hemoglobina falciforme (um homozigoto) tem uma probabilidade de chegar à idade adulta 80% menor que uma criança que herdou apenas um desses genes (um heterozigoto) ou uma criança com os dois genes normais. Apesar da alta mortalidade dos homozigotos, o perfil genético se perpetua. Na África Central, 40% da população em áreas de incidência de malária tem o gene das células falciformes, e 4% são homozigotos. Parece que os genes das células falciformes ajudam a obter imunidade contra a malária no início da infância, portanto, nas áreas atingidas por essa doença, a transmissão desses genes é vantajosa.

Não existe cura conhecida para a anemia falciforme. Recentemente a *Food and Drug Administration* (FDA) aprovou o uso de hidroxiureia para o tratamento e controle dos sintomas dessa doença.

$$H_2NCN\begin{matrix}O\\||\end{matrix}\begin{matrix}H\\OH\end{matrix}$$

Hidroxiureia

A hidroxiureia permite que a medula óssea fabrique hemoglobina fetal (HbF), que não apresenta cadeias beta com essa mutação. Então, as células vermelhas do sangue que contêm HbF não têm forma de foice e não obstruem os capilares. Com a terapia da hidroxiureia, a medula óssea ainda fabrica HbS mutante, porém a presença das células com a HbF dilui a concentração das células em foice, o que alivia os sintomas da doença.

22.9 O que é a estrutura secundária das proteínas?

Estrutura secundária Uma repetição conformacional da cadeia proteica.

As proteínas podem se dobrar ou se alinhar de tal forma que certos padrões se repetem por si. Esse padrão de repetição é denominado **estrutura secundária**. As duas estruturas secundárias mais comuns encontradas nas proteínas são a α-hélice[2] e a folha-β pregueada[3] (Figura 22.10), que foram propostas por Linus Pauling e Robert Corey na década de 1940. Em contraste, as proteínas que não apresentam esse padrão de repetição são chamadas de espiral aleatória (Figura 22.11).

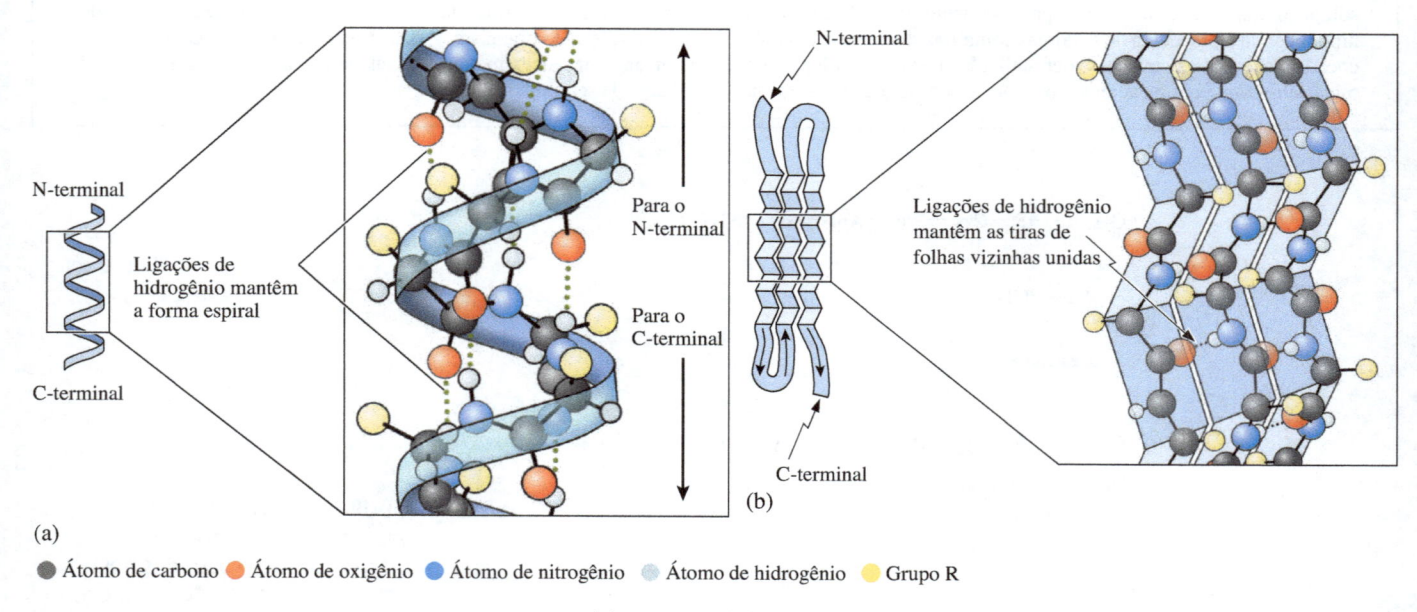

● Átomo de carbono ● Átomo de oxigênio ● Átomo de nitrogênio ● Átomo de hidrogênio ● Grupo R

FIGURA 22.10 (a) α-hélice. (b) folhas-β.

---

[2] Também conhecida como estrutura de pregueamento ou conformação-β, ou ainda simplesmente folhas-β. (NT)

[3] A denominação mais correta em português é hélice-α, entretanto, ao longo deste texto será usada a denominação mais difundida "α-hélice". Esta última denominação, apesar de não ser a mais correta, tornou-se, entre outros fatores, a mais difundida devido à dupla hélice do DNA, que também é uma estrutura do tipo β e foi popularizada como α-hélice, embora a determinação da estrutura do DNA tenha sido feita posteriormente a das proteínas. (NT)

Alfa (α)-hélice Uma estrutura secundária em que a proteína se dobra em uma espiral mantida por ligações de hidrogênio paralelas ao eixo da espiral.

Folha-beta (β) pregueada (folha-β) Uma estrutura secundária da proteína em que o esqueleto (cadeia principal) de duas cadeias de proteína na mesma molécula ou em moléculas diferentes é mantido unido por ligações de hidrogênio.

Na conformação de **α-hélice**, uma cadeia única de proteína se torce de tal maneira que sua forma se assemelha à de uma mola – ou seja, assume uma estrutura helicoidal. A forma de hélice é mantida através de várias **ligações de hidrogênio intramoleculares** que se estabelecem entre os grupos —C═O e H—N— da cadeia. Como mostrado na Figura 22.10, existe uma ligação de hidrogênio entre o átomo de oxigênio do grupo —C═O de cada união peptídica e o átomo de hidrogênio do grupo —N—H de um aminoácido que se encontra na sequência da cadeia e que está à frente de outros quatro resíduos de aminoácidos. Essas ligações de hidrogênio estão em uma posição correta de tal maneira que a molécula (ou uma parte da molécula) mantém a forma helicoidal. Cada ponto —N—H acima e cada ponto C═O abaixo são aproximadamente paralelos ao eixo da hélice.

A outra estrutura ordenada importante nas proteínas é a de **folhas-β pregueadas (folhas-β)**. Nesse caso, o alinhamento ordenado das cadeias de proteína é mantido por **ligações de hidrogênio intermoleculares** ou **intramoleculares**. A estrutura de folha-β pode ocorrer entre moléculas quando as cadeias de polipeptídios correm paralelas (todas as finalizações N-terminais de um mesmo lado) ou antiparalelas (finalizações N-terminais em lados opostos). As folhas-β também podem ocorrer intramolecularmente quando a cadeia polipeptídica se dobra em U, formando uma estrutura de grampo, e a folha é antiparalela (Figura 22.10).

Em todas as estruturas secundárias, a ligação de hidrogênio ocorre entre os grupos —C═O e H—N— da cadeia principal (esqueleto), uma característica que distingue a estrutura secundária da terciária. Nestas últimas, como veremos, as ligações de hidrogênio ocorrem entre os grupos R das cadeias laterais.

Poucas proteínas apresentam predominantemente estruturas de α-hélice ou de folhas-β. A maioria das proteínas, especialmente as globulares, tem apenas certa parte de sua estrutura nessas conformações. O resto da molécula é composto de **espirais aleatórias**. Várias proteínas globulares contêm todos os tipos de estruturas secundárias em partes diferentes de suas moléculas: α-hélice, folhas-β e espiral aleatória. A Figura 22.12 mostra uma representação de tal estrutura.

A queratina, uma proteína fibrosa do cabelo, das unhas, dos chifres e da lã, é uma proteína que tem predominantemente uma estrutura de α-hélice. A seda é constituída de fibroína, outra proteína fibrosa, que existe principalmente na forma de folhas-β. A seda do bicho-da-seda e especialmente a teia de aranha mostram uma combinação de força e resistência que não é igualada pelas fibras sintéticas de alto desempenho. Na sua estrutura primária, a seda contém seções compostas apenas de alanina (25%) e glicina (42%). A formação de folhas-β, principalmente pelas seções que contêm alanina, permite que os microcristais se auto-orientem ao longo do eixo da fibra, o que confere a força tensional superior desse material.

Outro padrão de repetição classificado como estrutura secundária é a **hélice estendida** do colágeno (Figura 22.13). Ela é bem diferente da α-hélice. O colágeno é a proteína estrutural dos tecidos conjuntivos (osso, cartilagem, tendão, vasos sanguíneos, pele), onde ele confere força e elasticidade para essas células. O colágeno corresponde à proteína mais abundante nos humanos e a cerca de 30% em peso de todas as proteínas do corpo. A estrutura em hélice estendida é possível no colágeno por causa de sua estrutura primária. Cada tira de colágeno é composta de unidades repetitivas que podem ser simbolizadas como Gly—X—Y, isto é, de cada três aminoácidos na cadeia, um é a glicina. A glicina, é claro, apresenta a menor cadeia lateral (—H) de todos os aminoácidos. Cerca de um terço do aminoácido X é a prolina, e Y frequentemente é a hidroxiprolina.

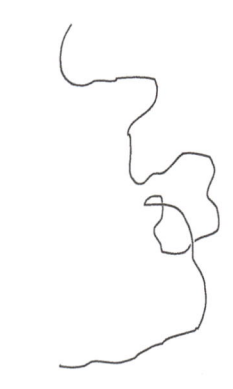

FIGURA 22.11 Uma espiral aleatória.

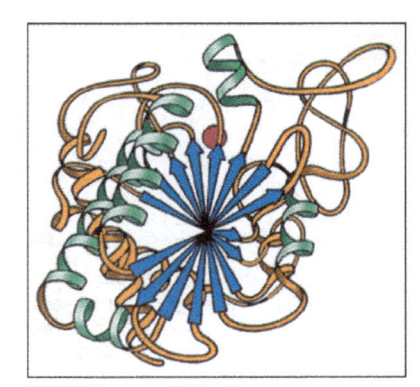

FIGURA 22.12 Estrutura esquemática da enzima carboxipeptidase. A parte de folhas-β são mostradas em azul, as estruturas verdes são α-hélices, e as cordas laranja são as áreas de espirais aleatórias.

22.10 O que é a estrutura terciária das proteínas?

A **estrutura terciária** de uma proteína é o arranjo tridimensional de cada átomo na molécula. Diferentemente da estrutura secundária, ela inclui interações entre as cadeias laterais, e não somente as interações da cadeia peptídica principal. Em geral, as estruturas terciárias são estabilizadas de cinco maneiras:

1. **Ligações covalentes** A ligação covalente mais frequentemente envolvida na estabilização da estrutura terciária das proteínas é a ligação dissulfeto. Na Seção 22.4, vimos que o aminoácido cisteína é facilmente convertido em dímero cistina. Quando um resíduo de cisteína está em uma cadeia e outro resíduo de cisteína está em outra cadeia (ou em outra parte da mesma cadeia), a formação da ligação dissulfeto fornece uma ligação covalente que liga as duas cadeias ou duas partes da mesma cadeia:

$$\text{—SH} \quad \text{HS—} \xrightarrow{[O]} \text{—S—S—}$$

Exemplos de ambos os tipos são encontrados na estrutura da insulina (Figura 22.8).

2. **Ligação de hidrogênio** Na Seção 22.9, vimos que as estruturas secundárias são estabilizadas por ligações de hidrogênio entre os grupos —C=O e —N—H da cadeia principal. As estruturas terciárias são estabilizadas pelas ligações de hidrogênio entre os grupos polares das cadeias laterais ou entre as cadeias laterais e a cadeia peptídica principal (Figura 22.14(a)).

3. **Pontes salinas** Também chamadas atrações eletrostáticas, ocorrem entre dois aminoácidos ionizados das cadeias laterais, isto é, entre um aminoácido ácido (—COO$^-$) e um aminoácido básico (—NH$_3^+$ ou =NH$_2^+$) das cadeias laterais. Esses aminoácidos são unidos pela simples atração eletrostática íon-íon (Figura 22.14(b)).

4. **Interações hidrofóbicas** Em solução aquosa, as proteínas globulares usualmente voltam seus grupos polares para o exterior, em direção ao solvente aquoso, e os seus grupos apolares para o interior, afastando-se das moléculas de água. Os grupos apolares preferem interagir entre si, excluindo a água dessas regiões. O resultado é uma série de interações hidrofóbicas (ver Seção 21.1) (Figura 22.14(c)). Embora essas interações sejam mais fracas que as ligações de hidrogênio ou as pontes salinas, elas atuam sobre grandes áreas de superfície, o que significa que as interações são, de forma coletiva, fortes o suficiente para estabilizar um *loop* ou a formação de algumas outras estruturas terciárias.

Estrutura terciária O arranjo tridimensional completo dos átomos em uma proteína.

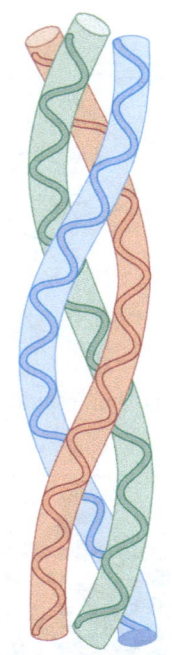

FIGURA 22.13 A hélice tripla do colágeno.

5. **Coordenação a um íon metálico** Duas cadeias laterais com a mesma carga normalmente se repelem, mas elas podem também estar ligadas através de um íon metálico. Por exemplo, duas cadeias de ácido glutâmico (—COO$^-$) poderiam estar unidas através de um íon (Mg^{2+}), formando uma ponte. Essa é uma razão pela qual o corpo humano precisa de certos minerais traços – eles são componentes necessários das proteínas.

Exemplo 22.2 Interações dos aminoácidos

Que tipo de interação não covalente ocorre entre as cadeias laterais da serina e da glutamina?

Estratégia

Analise os tipos de grupos funcionais nas cadeias laterais e então verifique as possíveis interações.

Solução

A cadeia lateral da serina termina com um grupo —OH; a da glutamina termina em uma amida, o grupo CO—NH$_2$. Esses grupos podem formar ligações de hidrogênio.

Problema 22.2

Que tipo de interação não covalente ocorre entre as cadeias laterais da arginina e do ácido glutâmico?

Na Seção 22.8, mostramos que a estrutura primária de uma proteína determina fortemente as estruturas secundárias e terciárias. Agora podemos entender a razão para essa relação. Quando grupos R particulares estão nas posições adequadas, todas as ligações de hidrogênio, pontes salinas, ligações dissulfeto e interações hidrofóbicas que estabilizam a estrutura tridimensional da molécula se formam. A Figura 22.15 ilustra a possível combinação de forças que conduz à estrutura terciária.

As cadeias laterais de algumas proteínas permitem que elas se dobrem (para formar uma estrutura terciária) de uma maneira única; outras proteínas, especialmente aquelas com longas cadeias polipeptídicas, podem dobrar-se de diversas maneiras.

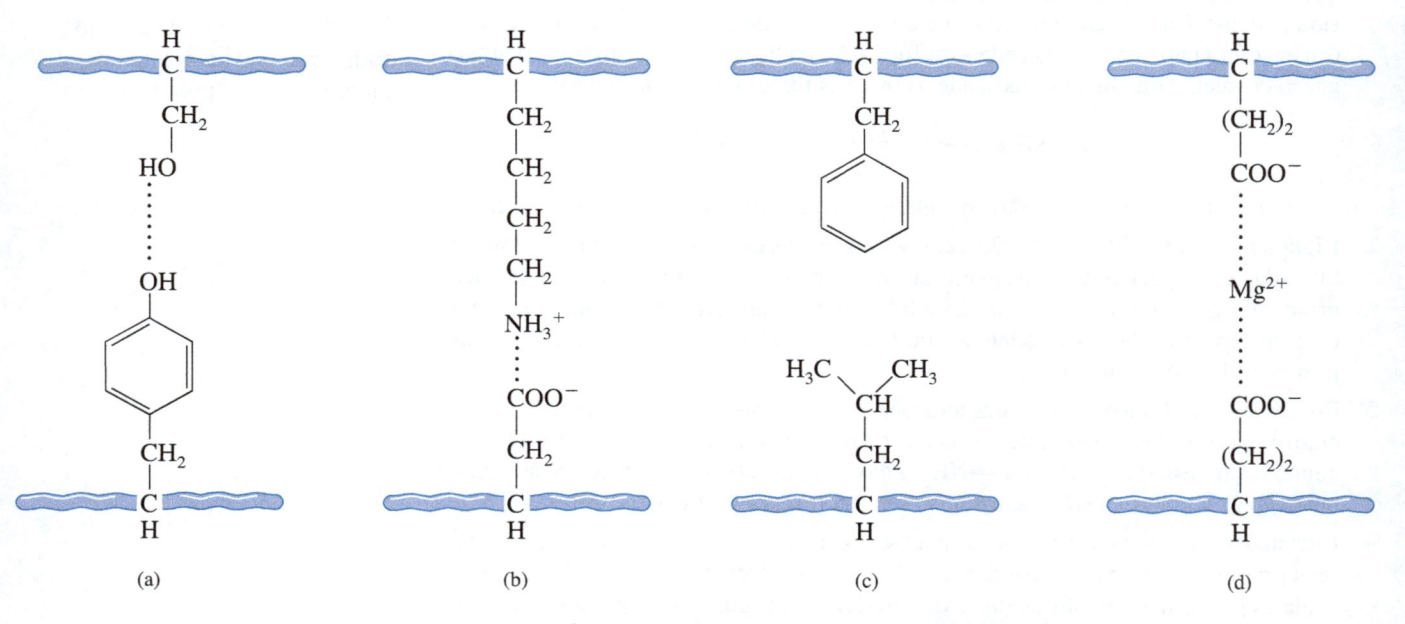

FIGURA 22.14 Interações não covalentes que estabilizam as estruturas terciárias e quaternárias das proteínas: (a) ligação de hidrogênio, (b) pontes salinas, (c) interações hidrofóbicas e (d) coordenação a um íon metálico.

Conexões químicas 22E

Doenças dependentes da conformação de proteína/peptídeo

Em várias doenças, uma proteína ou um peptídeo normal torna-se patológico quando ocorre mudança em sua conformação. Um aspecto comum nessas proteínas é a propriedade de se auto-organizar em uma folha-β, formando uma placa amiloide (parecida com o amido). Essas estruturas amiloides aparecem em várias doenças.

Um exemplo desse processo envolve a proteína príon, e a descoberta dessa proteína levou Stanley Prusiner, da Universidade da Califórnia, São Francisco, ao Prêmio Nobel de 1997. Príons são proteínas pequenas encontradas no tecido nervoso, embora sua exata função no organismo ainda seja um mistério. Quando os príons mudam a sua conformação, eles podem causar doenças como a doença da vaca louca e perda de pelos em ovelhas. Durante a mudança conformacional, a α-hélice do príon normal se desenrola e se reorganiza na forma de folha-β. Essa nova forma da proteína tem o potencial de induzir mais mudanças nos príons normais. Em humanos, ela causa a encefalite espongiforme, e a doença de Creutzfeld-Jakob é uma das variantes que atingem principalmente pessoas mais velhas. Embora a transmissão dessa infecção das vacas doentes para os humanos seja rara, o receio dessa transmissão causou a matança de gado na Grã-Bretanha em 1998 e um embargo à importação de carne bovina na maior parte da Europa e na América. As placas β-amiloides também aparecem no cérebro dos pacientes com a doença de Alzheimer (ver "Conexões químicas 24C").

O *modus operandi* das doenças de príons deixou os cientistas perplexos por muitos anos. Por um lado, a encefalopatia espongiforme humana se comporta como as doenças hereditárias que podem ser rastreadas entre as famílias. Por outro lado, ela se comporta como as doenças infecciosas que podem ser adquiridas de qualquer um. Agora se acredita que o mecanismo de disseminação seja uma combinação dos dois modos de adquirir a doença. Existe um componente genético em que a pessoa poderia ter 100% da proteína príon do tipo selvagem que não adotaria a forma alternativa (β-amiloide). Várias mutações que conduzem ao príon anormal têm sido identificadas. Entretanto, parece ser necessário também um evento que induza um acionamento (gatilho). Essa característica foi observada em estudos com ovelhas na Nova Zelândia, onde grupos isolados tinham as mutações corretas para o estabelecimento da doença do príon, mas nenhuma delas adquiriu a doença, geração após geração, porque elas nunca foram infectadas por um príon mutante.

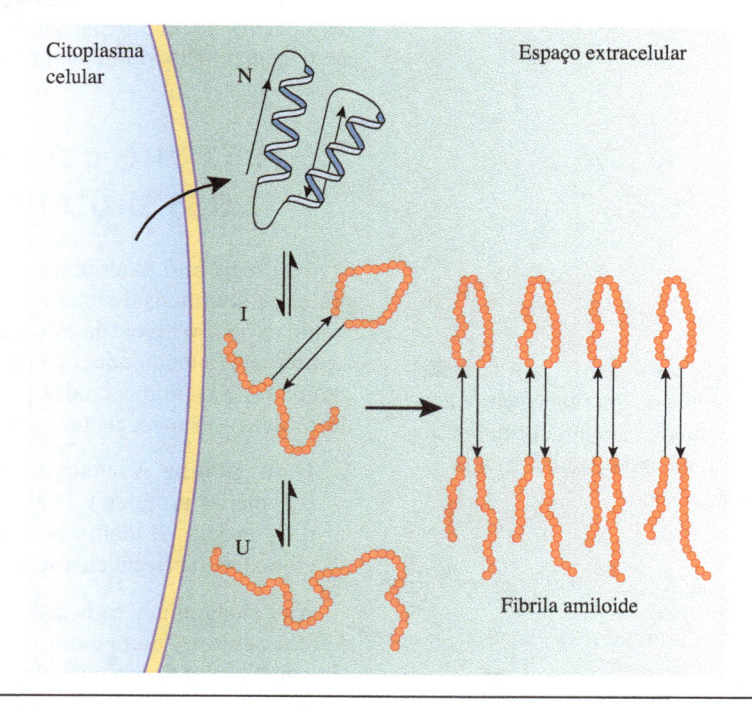

Representação esquemática do possível mecanismo de formação da fibrilação amiloide. Após a síntese, a proteína assume a forma nativa enrolada (N) auxiliada por chaperonas. Sob certas condições, a estrutura nativa pode se desenrolar parcialmente (I) e formar folhas de fibrilas amiloides ou mesmo se desenrolar completamente (U) como uma espiral aleatória.

Certas proteínas, chamadas **chaperonas**, ajudam uma cadeia de polipeptídeo recém-sintetizada a assumir as estruturas secundárias e terciárias necessárias para o funcionamento da molécula e prevenir dobras que resultariam em moléculas biologicamente inativas.

Chaperona Uma proteína que auxilia outras proteínas a se enrolar na conformação nativa e permite que proteínas desnaturadas recuperem a sua conformação biológica ativa.

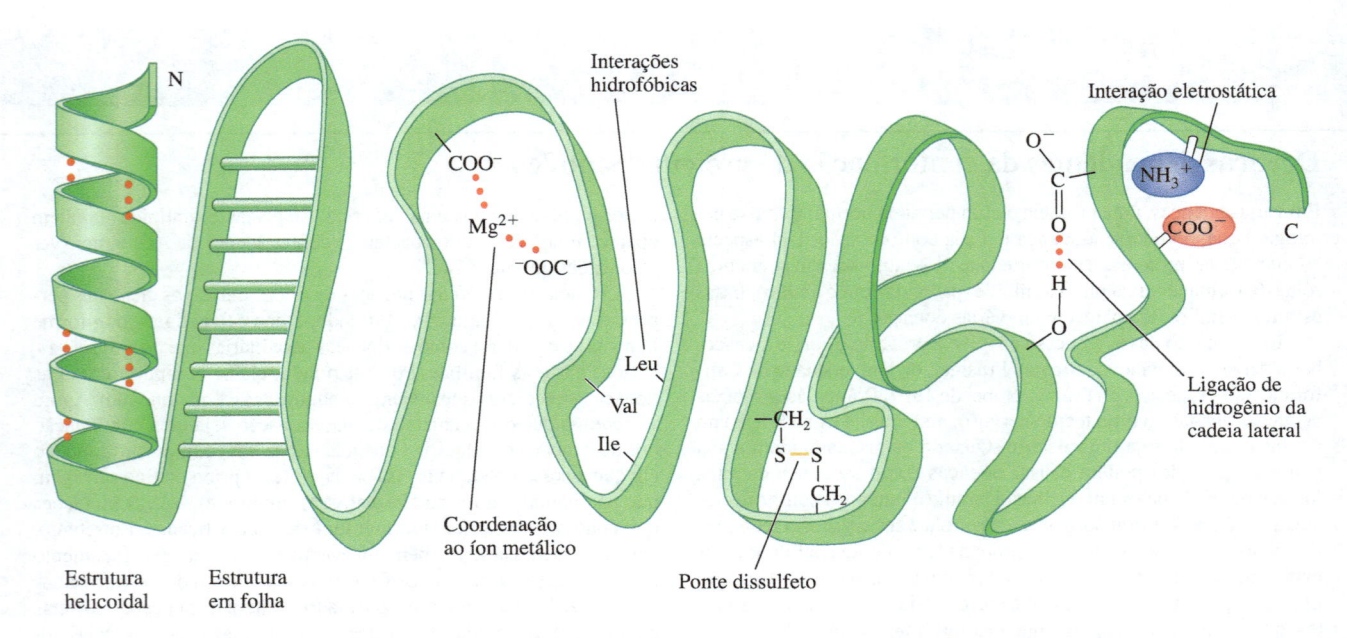

FIGURA 22.15 Forças que estabilizam as estruturas terciárias das proteínas. Note que a estrutura helicoidal e a estrutura em folha são dois tipos de estruturas principais mantidas por ligações de hidrogênio. Embora as estruturas principais que são mantidas por ligações de hidrogênio sejam parte da estrutura secundária, a conformação das estruturas principais impõem restrições para as possíveis orientações das cadeias laterais.

22.11 O que é a estrutura quaternária das proteínas?

O nível mais alto da organização proteica é a **estrutura quaternária**, que se aplica às proteínas com mais de uma cadeia polipeptídica. A Figura 22.16 sumariza esquematicamente os quatro níveis da estrutura das proteínas. A estrutura quaternária determina como as diferentes subunidades da proteína se ajustam na estrutura global. As subunidades estão agrupadas e mantidas unidas por ligações de hidrogênio, pontes salinas e interações hidrofóbicas – as mesmas forças que atuam nas estruturas terciárias.

1. **Hemoglobina** A hemoglobina em humanos adultos é constituída de quatro cadeias (chamadas globinas): duas cadeias α idênticas com 141 resíduos de aminoácidos e duas cadeias β idênticas com 146 resíduos de aminoácidos. A Figura 22.17 mostra como as quatro cadeias se ajustam.

   Na hemoglobina, cada cadeia de globina envolve um grupo heme que contém um íon de ferro, cuja estrutura é mostrada na Figura 22.18. Proteínas que contêm partes que não são constituídas de aminoácidos são chamadas **proteínas conjugadas**. A parte da proteína conjugada que não é constituída por aminoácidos é denominada **grupo prostético**. Na hemoglobina, as globinas são as partes formadas pelos aminoácidos e as unidades de heme são os grupos prostéticos.

   Hemoglobina contendo duas cadeias alfa e duas cadeias beta não é a única forma de hemoglobina existente no corpo humano. No estágio inicial do desenvolvimento do feto, a hemoglobina contém duas cadeias alfa e duas cadeias gama. A hemoglobina fetal apresenta uma maior afinidade pelo oxigênio que a hemoglobina adulta. Dessa forma, as células vermelhas do sangue da mãe podem levar o oxigênio ao feto. A hemoglobina fetal também reduz alguns dos sintomas da anemia falciforme (ver "Conexões químicas 22D").

2. **Colágeno** Outro exemplo de estrutura quaternária e de organização superior das subunidades pode ser vista no colágeno. As unidades de hélice tripla, chamadas *tropocolágeno*, constituem a forma solúvel do colágeno; elas são estabilizadas por ligações de hidrogênio entre as cadeias principais de cada uma das três cadeias.

Estrutura quaternária A relação espacial e as interações entre as subunidades em uma proteína que apresenta mais de uma cadeia polipeptídica.

As designações α e β com respeito à hemoglobina não estão relacionadas com as mesmas designações para a α-hélice e folha-β pregueada.

Conexões químicas 22F

Proteômica, Uau!

As proteínas no corpo estão em um estado de fluxo dinâmico. Suas funções múltiplas necessitam que elas mudem constantemente: algumas são rapidamente sintetizadas, outras têm sua síntese inibida; algumas são degradadas, outras são modificadas. O complemento de proteínas expressadas por um genoma é chamado **proteoma**. Hoje, esforços conjuntos estão sendo feitos para catalogar todas as proteínas nas suas várias formas em uma célula ou tecido em particular. O nome desse empreendimento é *proteômica*, um termo cunhado em analogia a *genômica* (ver "Conexões químicas 25D"), no qual todos os genes de um organismo e a sua localização nos cromossomas são determinados. Os aproximadamente 30 mil genes que foram definidos pelo Projeto do Genoma Humano se traduzem em 300 mil a 1 milhão de proteínas quando o *splicing* alternado e as modificações pós-traducional são considerados (Capítulo 26).

Enquanto um genoma permanece inalterado em grande parte, as proteínas de uma célula particular mudam significativamente à medida que os genes são acionados ou desativados em resposta a seu meio ambiente. Na proteômica, todas as proteínas e peptídeos de uma célula ou tecido são separados e então estudados por vários procedimentos, incluindo algumas novas tecnologias muito recentes. O primeiro procedimento é a separação de uma proteína da outra. A forma mais importante de obter essa separação é através da eletroforese em gel de poliacrilamida bidimensional (*two-dimensional polyacrilamide gel electophoresis* – 2-D PAGE; ver Capítulo 25 para saber mais sobre eletroforese). A 2-D PAGE possibilita a separação de milhares de proteínas diferentes em apenas uma placa de gel. A 2-D PAGE de alta resolução pode resolver até cerca de 10 mil proteínas por gel. Em uma dimensão, as proteínas são separadas por carga (ponto isoelétrico; Seção 22.3); na segunda dimensão, elas são separadas por massa. O ponto de foco isoelétrico corresponde à migração das proteínas em um gradiente de pH até o pH em que elas não apresentam uma carga bruta. Mais comumente, as proteínas são separadas pelo seu tamanho na direção vertical e pelo ponto isoelétrico na direção horizontal.

A espectrometria de massa é usada para a determinação da massa de compostos e também pode ser adaptada para a identificação de proteínas. Um espectrômetro de massa separa as proteínas de acordo com a sua razão massa-carga (*m/Z*). A molécula é ionizada por uma das várias técnicas de ionização, e o íon formado é impulsionado para dentro do analisador de massa por um campo elétrico que resolve cada íon de acordo com a sua razão *m/Z*. O detector passa então as informações que serão analisadas computacionalmente.

Uma nova tecnologia que traz muita esperança na análise de proteínas é chamada **microarrays de proteínas**. Os *microarrays* podem ser utilizados para purificar as proteínas e traçar os perfis de expressão ou interação delas.

Várias substâncias podem ser ligadas aos *arrays* de proteínas, incluindo anticorpos, receptores, ácidos nucleicos, carboidratos ou superfícies cromatográficas (catiônicas, aniônicas, hidrofóbicas, hidrofílicas). Algumas superfícies têm especificidade ampla e ligam classes inteiras de proteínas indistintamente; outras são altamente específicas e ligam apenas poucas proteínas de uma amostra complexa. Alguns *arrays* de proteínas contêm anticorpos (Capítulo 31) que são imobilizados covalentemente na superfície do *array* e capturam os correspondentes antígenos de uma mistura complexa. Várias análises podem ser feitas a partir dessa ligação. Outras proteínas de interesse podem também ser imobilizadas no *array*. Receptores ligados ao *array* podem indicar a existência de ligantes, e é possível detectar os domínios de ligação para as interações proteína-proteína.

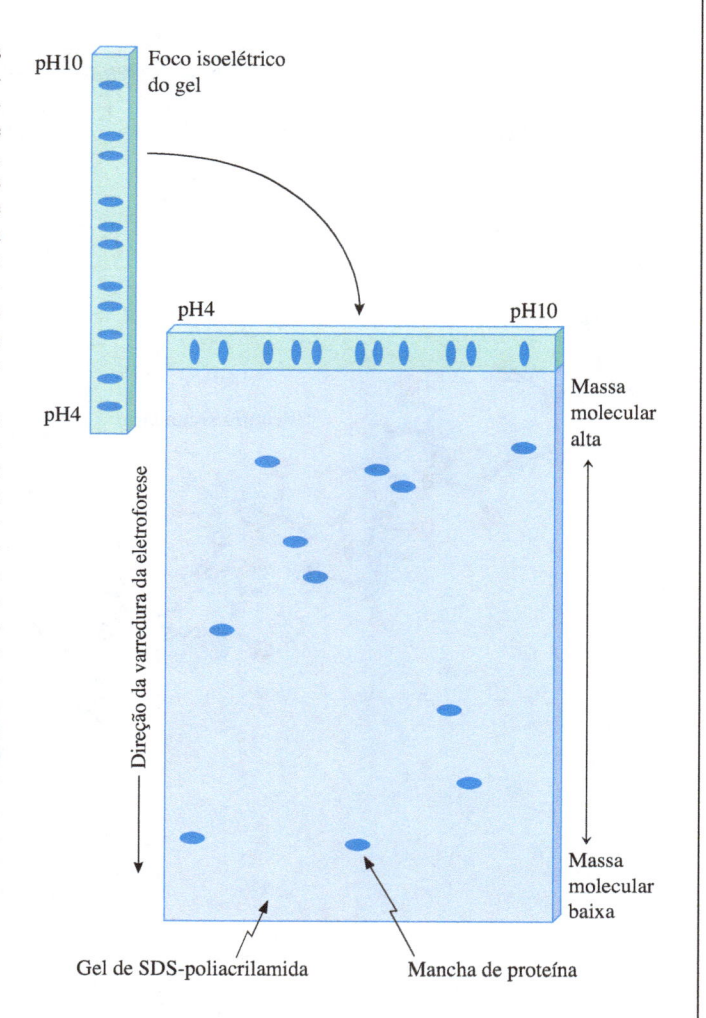

O objetivo dessas técnicas é obter informações sobre os estados dinâmicos de um grande número de proteínas e o *status* de uma célula ou tecido, e assim verificar se a proteína se encontra em suas funções normais ou se ocorre a manifestação de alguma patologia.

O colágeno é composto de várias unidades de tropocolágeno, que é encontrado somente em tecidos conjuntivos fetais ou jovens. Com o envelhecimento, as hélices triplas (Figura 22.13) que se auto-organizam em fibrilas fazem ligações cruzadas, formando o colágeno insolúvel em água. No colágeno, a **ligação cruzada** é composta de ligações covalentes que unem dois resíduos de lisina em cadeias adjacentes da hélice. A ligação cruzada do colágeno é um exemplo de estrutura terciária que estabiliza a conformação tridimensional das moléculas de proteínas.

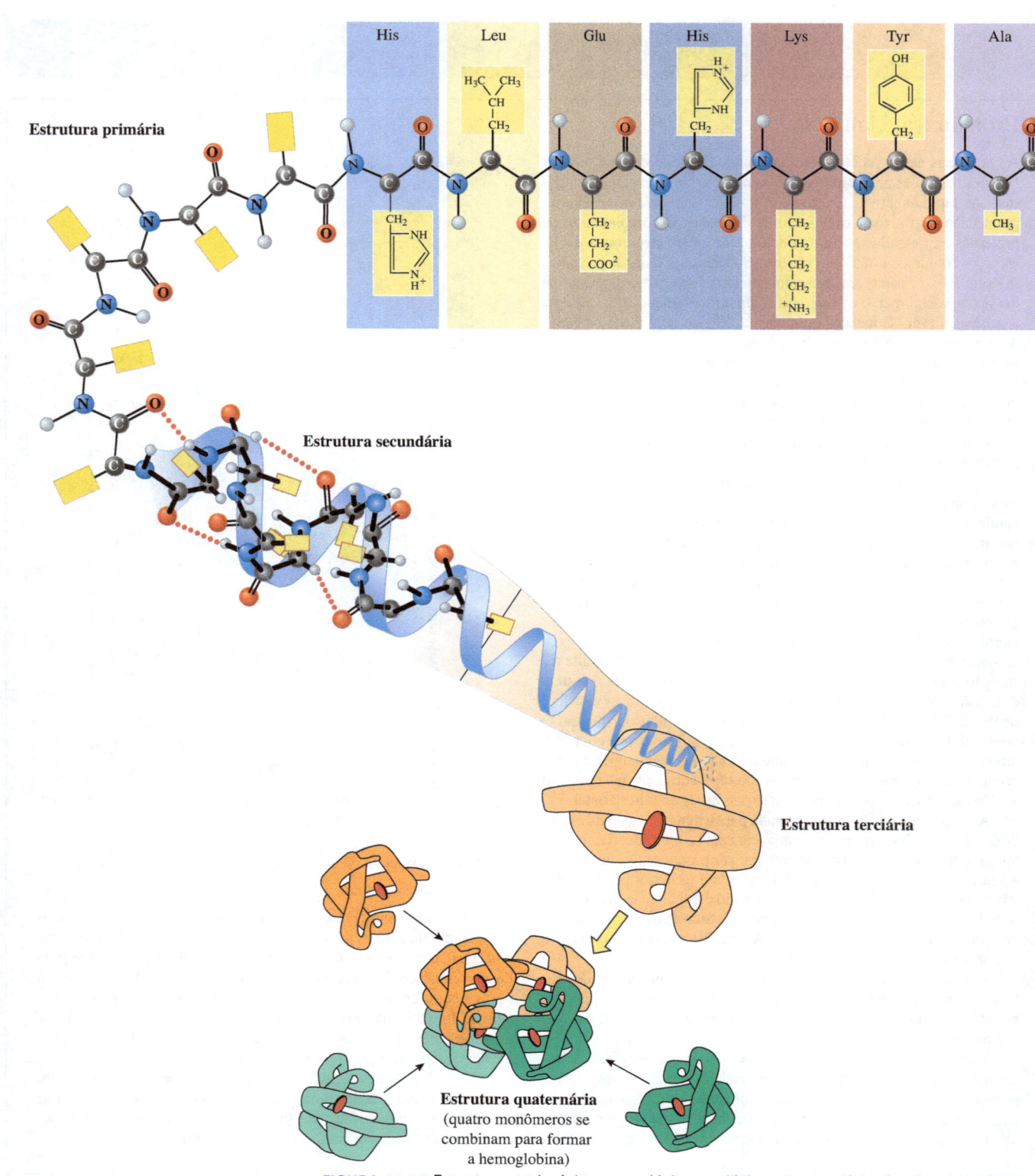

FIGURA 22.16 Estruturas primária, secundária, terciária e quaternária de uma proteína.

3. **Proteínas integrantes da membrana** Essas proteínas atravessam a bicamada da membrana parcial ou completamente (ver Figura 21.2). Uma estimativa indica que um terço das proteínas é composto de proteínas integrantes da membrana. Para manter a proteína estável no ambiente apolar da bicamada lipídica, a proteína precisa formar estruturas quaternárias em que a superfície seja altamente apolar e interaja com a bicamada lipídica. Portanto, a maioria dos grupos polares da proteína precisa se voltar para o interior da estrutura proteica. Duas dessas estruturas quaternárias existen-

tes nas proteínas integrantes das membranas são: (1) de 6 a 10 α-hélices que atravessam a membrana e (2) barris-β constituídos de 8, 12, 16 ou 18 folhas-β antiparalelas (figuras 22.19 e 22.20).

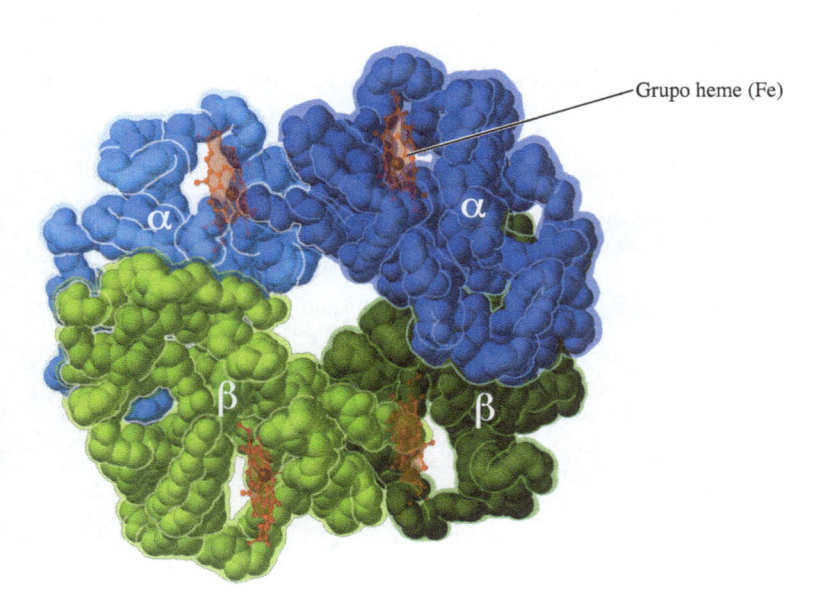

FIGURA 22.17 Estrutura quaternária da hemoglobina.

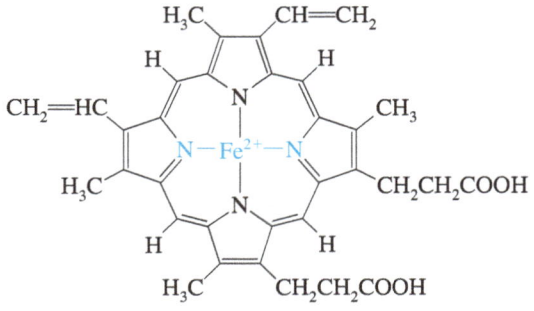

FIGURA 22.18 Estrutura do heme.

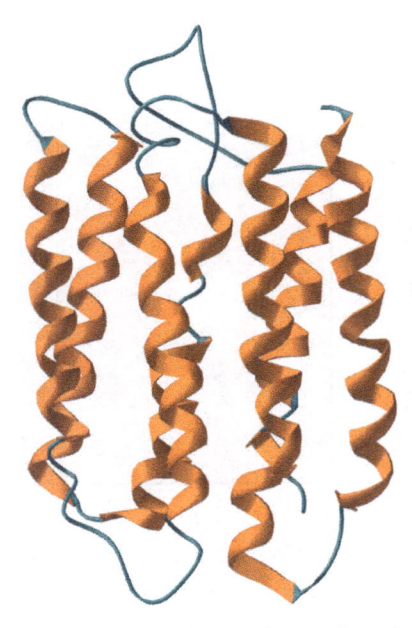

FIGURA 22.19 Proteína integrante da membrana da rodopsina, constituída de α-hélices.

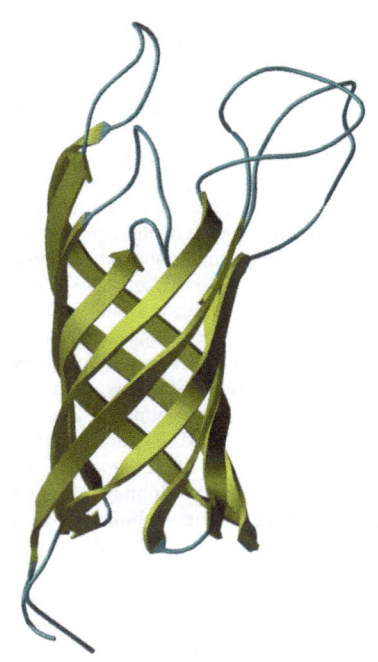

FIGURA 22.20 Uma proteína integrante da membrana de uma membrana mitocondrial externa que forma barril-β a partir de oito folhas-β.

22.12 Como são as proteínas desnaturadas?

As conformações das proteínas são estabilizadas nos seus estados nativos pelas estruturas secundárias e terciárias e pela agregação de subunidades através da estrutura quaternária. Qualquer agente físico ou químico que destrói essas estruturas de estabilização muda a conformação da proteína (Tabela 22.3). Denomina-se esse processo de **desnaturação**.

Desnaturação A perda das estruturas secundária, terciária e quaternária de uma proteína ocasionada por um agente químico ou físico, mas que não altera a estrutura primária deixando-a intacta.

Por exemplo, o aquecimento cliva as ligações de hidrogênio, portanto, ao levar à ebulição uma solução de proteína, ocorre a destruição das estruturas de α-hélice e folha-β. No colágeno, a hélice tripla desaparece sob ebulição, e a molécula apresenta uma conformação helicoidal aleatória no estado desnaturado, que corresponde à gelatina. Em outras proteínas, especialmente nas globulares, o aquecimento faz com que as cadeias de polipeptídios se desenrolem, o que permite que as proteínas precipitem ou coagulem por causa das novas interações intermoleculares proteína-proteína. Isso é o que acontece quando cozinhamos um ovo.

TABELA 22.3 Modos de desnaturação da proteína (destruição das estruturas secundárias e altas)

Agente desnaturante	Região afetada
Calor	Ligações de hidrogênio
6 M de ureia	Ligações de hidrogênio
Detergentes	Regiões hidrofóbicas
Ácidos, bases	Pontes salinas, ligações de hidrogênio
Sais	Pontes salinas
Agentes redutores	Pontes dissulfeto
Metais pesados	Pontes dissulfeto
Álcool	Camadas de hidratação

Conexões químicas 22G

A estrutura quaternária de proteínas alostéricas

A estrutura quaternária é uma propriedade das proteínas compostas de mais de uma cadeia polipeptídica. Cada cadeia é chamada subunidade. O número de cadeias pode variar de duas até mais que uma dezena, e as cadeias podem ser iguais ou diferentes. As cadeias interagem não covalentemente umas com as outras via atrações eletrostáticas, ligações de hidrogênio e interações hidrofóbicas. Como resultado dessas interações não covalentes, mudanças sutis na estrutura de um sítio de uma molécula de proteína podem causar mudanças drásticas nas propriedades em sítios distantes. Proteínas que apresentam essa propriedade são chamadas **proteínas alostéricas**. Nem todas as proteínas com múltiplas subunidades exibem efeitos alostéricos.

Um exemplo clássico da estrutura quaternária de proteínas e o seu efeito nas propriedades é uma comparação entre a hemoglobina, uma proteína alostérica, e a mioglobina, composta de apenas uma cadeia polipeptídica. Tanto a hemoglobina como a mioglobina ligam o oxigênio via interação com o grupo heme (Figura 22.18). Como já visto neste capítulo, α hemoglobina é um **tetrâmero**, uma molécula composta de quatro cadeias polipeptídicas: duas cadeias α e duas cadeias β. As duas cadeias α da hemoglobina são idênticas, assim como o são as duas cadeias β. A estrutura global da hemoglobina é $\alpha_2\beta_2$ na notação de letras gregas. Tanto a cadeia α como a β da hemoglobina são muito similares à cadeia da mioglobina.

As cadeias α e β contêm, respectivamente, 141 e 146 resíduos de aminoácidos. Para efeito de comparação, a cadeia de mioglobina contém 153 resíduos de aminoácidos. Vários dos aminoácidos da cadeia α, da cadeia β e da mioglobina são **homólogos**, isto é, são os mesmos aminoácidos que ocupam as mesmas posições nessas cadeias.

O grupo heme é o mesmo tanto na mioglobina como na hemoglobina. Uma molécula de oxigênio se liga a uma molécula de mioglobina. Quatro moléculas de oxigênio podem se ligar a uma molécula de hemoglobina. A mioglobina e a hemoglobina se ligam ao oxigênio reversivelmente, mas a hemoglobina apresenta **cooperatividade positiva**,

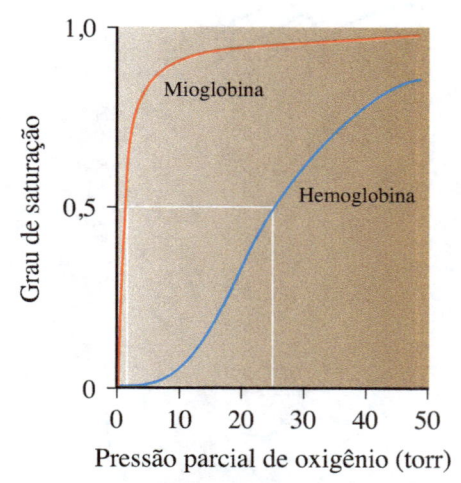

Uma comparação do comportamento de ligação ao oxigênio da mioglobina e da hemoglobina. A curva de ligação de oxigênio da mioglobina é hiperbólica, enquanto a da hemoglobina é sigmoidal. A mioglobina está 50% saturada com uma pressão parcial de oxigênio de 1 torr; a hemoglobina não atinge 50% de saturação até uma pressão parcial de oxigênio de 26 torr.

uma propriedade não observada para a mioglobina. Cooperatividade positiva significa que, a partir da ligação da primeira molécula de oxigênio, se torna mais fácil a ligação da próxima molécula. Um gráfico com as propriedades de ligação do oxigênio da hemoglobina e da mioglobina é uma das melhores maneiras de ilustrar esse ponto.

Quando o grau de saturação da mioglobina com oxigênio é plotado contra a pressão parcial de oxigênio, uma subida abrupta é observada até a saturação completa, e então a curva se estabiliza em um

Conexões químicas 22G (continuação)

platô. A curva de ligação de oxigênio da mioglobina é uma função do tipo **hiperbólica**. Em contraste, a curva de ligação de oxigênio da hemoglobina é uma função do tipo **sigmoidal**. Esse formato indica que a ligação do primeiro oxigênio facilita a ligação do segundo oxigênio, que facilita a ligação do terceiro oxigênio, que, por sua vez, facilita a entrada da quarta molécula de oxigênio. É isso precisamente o que significa a expressão "ligação cooperativa".

Esses dois tipos de comportamento estão relacionados às funções destas proteínas. A mioglobina apresenta a função de *armazenar oxigênio* nos músculos. Ela deve ligar fortemente o oxigênio a pressões muito baixas e estar 50% saturada na pressão parcial de oxigênio de 1 torr (Seção 6.2). A função da hemoglobina é o transporte de oxigênio, e ela precisa ser capaz de ligar oxigênio fortemente e liberá-lo facilmente, dependendo das condições. Nos alvéolos dos pulmões (onde a hemoglobina precisa se ligar ao oxigênio para então transportá-lo para os tecidos), a pressão de oxigênio é de 100 torr. Nessa pressão, a hemoglobina está 100% saturada com oxigênio. Nos capilares sanguíneos, à medida que se dirige através dos músculos, a pressão parcial de oxigênio é de 20 torr, o que corresponde a menos de 50% de saturação da hemoglobina, que ocorre em pressão de 26 torr. Em outras palavras, a hemoglobina fornece oxigênio facilmente nos capilares, onde a necessidade de oxigênio é maior.

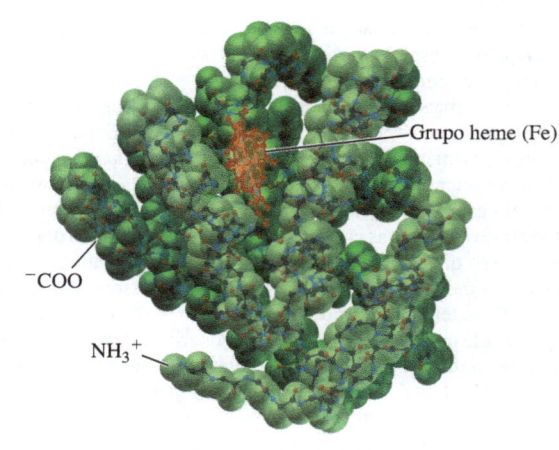

Estrutura da mioglobina

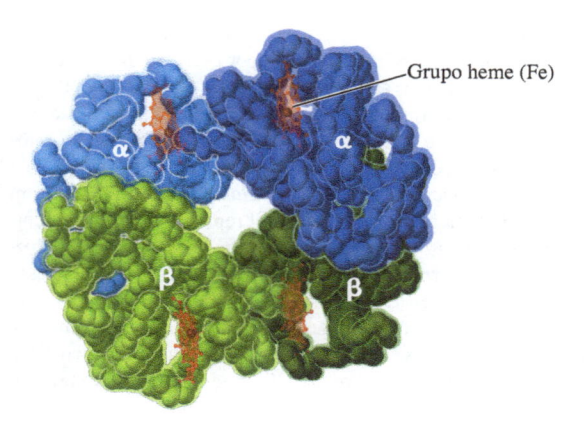

Estrutura da hemoglobina

Mudanças conformacionais similares podem ser conduzidas pela adição de agentes químicos desnaturantes. Soluções como ureia aquosa 6 M, $H_2N-CO-NH_2$, quebram as ligações de hidrogênio e causam um desenrolamento das proteínas globulares. Agentes superficiais ativos (detergentes) mudam a conformação da proteína pela abertura das regiões hidrofóbicas, enquanto ácidos, bases e sais afetam tanto as pontes salinas como as ligações de hidrogênio.

Agentes redutores, tais como 2-mercaptoetanol ($OHCH_2CH_2SH$), podem quebrar as pontes dissulfeto —S—S— reduzindo-as a grupos —SH. O processo de alisamento de cabelos crespos é um exemplo desse efeito. A proteína queratina, que é um constituinte do cabelo humano, contém uma alta porcentagem de pontes dissulfeto. Essas ligações são as principais responsáveis pela forma do cabelo, se ele é liso ou crespo. No alisamento permanente ou na formação de cachos (cabelos ondulados), o cabelo é inicialmente tratado com um agente redutor que quebra algumas das ligações —S—S—. Esse tratamento permite que as moléculas percam a sua orientação rígida e tornem-se mais flexíveis. O cabelo é então moldado, utilizando rolos plásticos (bobes) ou sendo esticado, e um agente oxidante é aplicado. O agente oxidante reverte a reação anterior, formando novas ligações dissulfeto, que agora mantêm as moléculas na posição desejada.

Íons metálicos pesados (por exemplo, Pb^{2+}, Hg^{2+} e Cd^{2+}) também desnaturam as proteínas pelo ataque aos grupos —SH. Eles formam pontes salinas, como —S^- Hg^{2+} ^-S—. Esse tipo de associação entre os metais pesados e as proteínas torna a clara de ovo e o leite antídotos para envenenamento por metais pesados. As proteínas da clara de ovo e do leite são desnaturadas pelos íons metálicos, formando precipitados insolúveis no estômago que podem ser sugados ou removidos. Por meio do vômito, os íons metálicos venenosos são removidos do corpo. Se o antídoto não for removido do estômago, as enzimas digestivas poderão degradar as proteínas e liberar os metais pesados venenosos, os quais então serão absorvidos pela corrente sanguínea.

Conexões químicas 22H

Cirurgias a *laser* e desnaturação de proteínas

As proteínas podem ser desnaturadas por meios físicos, mais notadamente pelo aquecimento. Por exemplo, bactérias são mortas e instrumentos cirúrgicos são esterilizados pelo calor. Um método especial de desnaturação térmica que tem tido uma crescente utilização na medicina é baseado no uso de *lasers*. Um feixe de *laser* (um feixe coerente de luz de um único comprimento de onda) é absorvido pelos tecidos, e a sua energia é convertida em energia térmica. Esse processo pode ser usado para cauterizar incisões, portanto uma quantidade mínima de sangue é perdida durante uma operação.

Feixes de *laser* podem ser levados por um instrumento chamado **fibroscópio**. O feixe de *laser* é guiado através de fibras finas, e milhares dessas fibras cabem em um tubo de apenas 1 mm de diâmetro. Dessa forma, o *laser* conduz energia para a desnaturação somente na região em que ela é necessária. Ela pode, por exemplo, fechar feridas ou juntar vasos sanguíneos sem a necessidade de cortes através dos tecidos saudáveis. Os fibroscópios têm sido utilizados também com sucesso no diagnóstico e tratamento de úlceras hemorrágicas no estômago, nos intestinos e no cólon.

Uma nova utilização de fibroscópios a *laser* está relacionada com o tratamento de tumores que são de difícil remoção através de técnicas cirúrgicas. Uma droga chamada Photofrin, que é ativada pela luz, é administrada de forma intravenosa aos pacientes. A droga nessa forma é inativa e inofensiva. O paciente então aguarda por 24 a 48 horas, período em que a droga se acumula no tumor, mas é removida e excretada pelos tecidos saudáveis. Um fibroscópio a *laser* com luz vermelha de comprimento de onda 630 nm é então direcionada ao tumor. Uma exposição de 10 a 30 minutos é aplicada. A energia do feixe de *laser* ativa o Photofrin, que destrói o tumor.[4]

Essa técnica não oferece uma cura completa, porque o tumor pode crescer novamente ou ter se disseminado antes do tratamento. Esse tratamento apresenta apenas um efeito colateral: os pacientes continuam sensíveis à exposição de luz forte por aproximadamente 30 dias (portanto, a exposição direta à luz solar deve ser evitada). Claro que esse inconveniente é muito menor que dor, náusea, perda de cabelos e outros efeitos colaterais que acompanham os métodos de radiação e quimioterapia de tumores.

Nos Estados Unidos, o Photofrin é aprovado apenas para o câncer esofágico. Na Europa, no Japão e no Canadá, ele também é usado para o tratamento dos cânceres de pulmão, bexiga, gástrico e cervical. A luz que ativa o Photofrin penetra apenas alguns milímetros, mas as novas drogas que estão em desenvolvimento podem utilizar radiação na região do espectro próximo do infravermelho, que pode penetrar em tumores em até alguns centímetros.

O uso mais comum da tecnologia de *lasers* em cirurgia é na sua aplicação da correção da miopia e astigmatismo. Em um processo auxiliado por meios computacionais de cirurgia a *laser*, a curvatura da córnea é alterada. Usando a energia do feixe de *laser*, os médicos removem parte da córnea. Em um processo chamado queratectomia fotorrefrativa (PRK), as camadas exteriores da córnea são desnaturadas, isto é, são queimadas e eliminadas. No procedimento Lasik (*laser in situ keratomileusis*), o cirurgião cria uma abertura ou uma dobra nas camadas externas da córnea e então, com o feixe de *laser*, queima uma quantidade programada pelo computador abaixo da abertura para mudar o formato da córnea. Após 5 a 10 minutos, o procedimento está completo, a abertura é fechada e cicatriza sem a necessidade de pontos cirúrgicos. Nas cirurgias bem-sucedidas, os pacientes recuperam a boa visão em um dia após a cirurgia e não precisam mais utilizar lentes.

---

[4] Nesse caso, a destruição do tumor não é em razão de um efeito térmico direto, mas sim a um processo que se inicia com uma reação entre o Photofrin e o oxigênio contido nas células. Essa área é conhecida como terapia fotodinâmica (TFD) (*photodynamic therapy* – PDT). Na TFD, a luz é utilizada para excitar a droga. A droga excitada transfere energia para o oxigênio e altera a sua estrutura eletrônica, formando uma espécie ativa de oxigênio, o oxigênio singlete. O oxigênio singlete gerado *in situ* no tumor reage com os componentes celulares, o que provoca a destruição do tumor. (NRT)

Outros agentes químicos, como o álcool, também desnaturam proteínas, coagulando-as. Esse processo é utilizado para esterilizar a pele antes de se aplicar uma injeção. Em concentrações de etanol a 70%, o etanol penetra nas bactérias e as mata por coagulação de suas proteínas, enquanto o álcool a 95% desnatura somente as proteínas superficiais.

A desnaturação muda as estruturas secundária, terciária e quaternária. Ela não afeta as estruturas primárias (isto é, a sequência de aminoácidos que forma a cadeia principal do polipeptídio). Se essas mudanças ocorrem em uma extensão pequena, a desnaturação pode ser revertida. Por exemplo, quando removemos uma proteína desnaturada de uma solução de ureia e a colocamos novamente em água, ela normalmente reassume as suas estruturas secundárias e terciárias. Esse processo é chamado desnaturação reversível. Nas células, alguma desnaturação térmica pode ser revertida pelas chaperonas. Essas proteínas ajudam uma proteína parcialmente desnaturada pelo calor a regenerar suas estruturas nativas secundárias, terciárias e quaternárias. Algumas desnaturações, entretanto, são irreversíveis. Não podemos, por exemplo, modificar um ovo que foi fervido.

A clara de ovo é um antídoto para o envenenamento por metais pesados.

Resumo das questões-chave

Seção 22.1 Quais são as várias funções das proteínas?
- **Proteínas** são moléculas gigantes constituídas por aminoácidos unidos pelas **ligações peptídicas**.
- Proteínas têm várias funções: estrutural (colágeno), enzimática, carreadora (hemoglobina), armazenamento (caseína), proteção (imunoglobulina) e hormonal (insulina).

Seção 22.2 O que são aminoácidos?
- **Aminoácidos** são compostos orgânicos que contêm um grupo amina e um grupo carboxila.
- Os 20 aminoácidos encontrados nas proteínas são classificados de acordo com as características de suas cadeias laterais: apolares, polares neutros, ácidos e básicos.
- Todos os aminoácidos nos tecidos humanos são L-aminoácidos.

Seção 22.3 O que são zwitteríons?
- Os aminoácidos tanto no estado sólido como em água possuem cargas positivas e negativas, e são chamados **zwitteríons**.
- O pH no qual o número de cargas positivas é igual ao número de cargas negativas é o **ponto isoelétrico** de um aminoácido ou proteína.

Seção 22.4 O que determina as características dos aminoácidos?
- Os aminoácidos são praticamente idênticos em vários aspectos, exceto pelos grupos (R—) que constituem as suas cadeias laterais.
- É a natureza particular da cadeia lateral que confere aos aminoácidos as suas propriedades particulares.
- Alguns aminoácidos têm cadeias laterais carregadas (Glu, Asp, Lys, Arg, His).
- A cisteína é um aminoácido especial porque a sua cadeia lateral (—SH) pode formar pontes dissulfeto com outra cisteína.
- Os aminoácidos aromáticos (Phe, Tyr, Trp) são importantes fisiologicamente porque são precursores de neurotransmissores. Eles também absorvem luz ultravioleta, o que facilita a sua identificação e quantificação.

Seção 22.5 O que são aminoácidos incomuns?
- Além dos 20 aminoácidos comuns encontrados nas proteínas, outros são conhecidos.
- Esses aminoácidos são normalmente produzidos após um aminoácido comum ter sido incorporado em uma proteína.
- Exemplos incluem hidroxiprolina (colágeno), hidroxilisina e tiroxina.

Seção 22.6 Como os aminoácidos se combinam para formar as proteínas?
- Quando um grupo amina de um aminoácido reage com o grupo carboxila de outro aminoácido, uma ligação amida (peptídeo) é formada, com a eliminação de uma molécula de água.
- Dois aminoácidos formam um dipeptídeo. Três aminoácidos formam um tripeptídeo.
- Vários aminoácidos formam uma **cadeia de polipeptídeo**. As proteínas são constituídas de uma ou mais cadeias de polipeptídeos.

Seção 22.7 Quais são as propriedades das proteínas?
- As propriedades das proteínas são baseadas nas propriedades da cadeia peptídica e das cadeias laterais.
- Embora a ligação peptídica seja tipicamente escrita com o grupo carbonila ligado ao grupo N—H, essa ligação exibe tautomerismo cetoenólico. Como resultado, a ligação peptídica que une dois aminoácidos é planar.
- A natureza planar da ligação peptídica limita as possíveis orientações que peptídeos e proteínas podem assumir.
- A natureza da cadeia lateral de aminoácidos determina a maioria das características da proteína.
- Alguns aminoácidos têm cadeias laterais ácidas ou básicas. O ponto isoelétrico da proteína é o pH em que o total das cargas negativas é igual ao total das cargas positivas e, como resultado, a carga bruta da proteína é zero.

Seção 22.8 O que é a estrutura primária das proteínas?
- A sequência linear de aminoácidos (cadeia principal) é a **estrutura primária** da proteína.
- A estrutura primária é amplamente responsável pelas eventuais estruturas de ordem superior das proteínas.

Seção 22.9 O que é a estrutura secundária das proteínas?
- As conformações de repetição de curto alcance (**α-hélice**, **folha-β**, **hélice entendida do colágeno** e **hélice aleatória**) são as estruturas secundárias das proteínas.
- As estruturas secundárias se referem às estruturas repetitivas que são mantidas somente através das ligações de hidrogênio entre os grupos da cadeia peptídica.

Seção 22.10 O que é a estrutura terciária das proteínas?
- A **estrutura terciária** é a conformação tridimensional da molécula de proteína.
- As estruturas terciárias são mantidas por ligações covalentes como as **ligações dissulfeto** e por outros tipos de ligação como **pontes salinas**, **ligações de hidrogênio**, **coordenação ao íon metálico** e **interações hidrofóbicas** entre as cadeias laterais.

Seção 22.11 O que é a estrutura quaternária das proteínas?
- O ajuste preciso das subunidades em um agregado é chamado **estrutura quaternária**.
- Nem todas as proteínas têm uma estrutura quaternária – somente aquelas que apresentam subunidades.
- A hemoglobina é um exemplo de proteína que exibe uma estrutura quaternária.

Seção 22.12 Como são as proteínas desnaturadas?

- As estruturas secundária e terciária estabilizam a conformação nativa das proteínas.
- Agentes químicos e físicos, tais como ureia e calor, destroem essas estruturas e **desnaturam** a proteína.
- As funções das proteínas dependem de sua conformação nativa; quando uma proteína é desnaturada, ela não pode mais executar suas funções.
- Algumas (mas não todas) desnaturações podem ser reversíveis; em alguns casos, moléculas de **chaperona** podem reverter a desnaturação.

Problemas

Seção 22.1 Quais são as várias funções das proteínas?

22.3 Quais são as funções da (a) ovalbumina e (b) miosina?

22.4 Os membros de que família de proteínas são insolúveis em água e podem servir como materiais estruturais?

22.5 Qual é a função da imunoglobulina?

22.6 Quais são os dois tipos básicos de proteínas?

Seção 22.2 O que são aminoácidos?

22.7 Qual é diferença estrutural entre a tirosina e a fenilalanina?

22.8 Classifique os seguintes aminoácidos como apolar, polar mas neutro, ácido ou básico.
(a) Arginina (b) Leucina
(c) Ácido glutâmico (d) Asparagina
(e) Tirosina (f) Fenilalanina
(g) Glicina

22.9 Qual aminoácido tem a maior porcentagem de nitrogênio (g N/100 g aminoácido)?

22.10 Por que a glicina não apresenta a forma D ou L?

22.11 Desenhe a estrutura da prolina. A que classe de composto heterocíclico essa molécula pertence? (Ver Seção 16.1).

22.12 Que aminoácido é também um tiol?

22.13 Por que as proteínas são necessárias em nossa dieta?

22.14 Que aminoácido da Tabela 22.1 tem mais de um estereocentro?

22.15 Quais são as similaridades e diferenças entre a estrutura da alanina e a da fenilalanina?

22.16 Desenhe as estruturas da L- e da D-valina.

Seção 22.3 O que são zwitteríons?

22.17 Por que todos os aminoácidos são sólidos em temperatura ambiente?

22.18 Mostre como a alanina, em solução em seu ponto isoelétrico, atua como um tampão (escreva as equações e mostre por que o pH não muda muito se é adicionado um ácido ou uma base).

22.19 Explique por que um aminoácido não pode existir em uma forma não ionizada, independentemente do pH em que ele se encontra.

22.20 Desenhe a estrutura da valina em pH 1 e pH 12.

22.21 Desenhe a forma predominante do ácido aspártico no seu ponto isoelétrico.

22.22 Desenhe a forma predominante da histidina no seu ponto isoelétrico.

22.23 Desenhe a forma predominante da lisina no seu ponto isoelétrico.

22.24 Desenhe a transição sequencial do ácido glutâmico à medida que ele passa de sua forma completamente protonada para a sua forma completamente desprotonada conforme ocorre um aumento do pH.

Seção 22.4 O que determina as características dos aminoácidos?

22.25 Qual dos três grupos funcionais da histidina corresponde ao mais particular?

22.26 Qual é a relação entre aminoácidos aromáticos e neurotransmissores?

22.27 Por que a histidina é considerada um aminoácido básico se o pK_a de sua cadeia lateral é 6,0?

22.28 Quais são os aminoácidos ácidos?

22.29 Quais são os aminoácidos básicos?

22.30 Por que a prolina não absorve luz de 280 nm?

Seção 22.5 O que são aminoácidos incomuns?

22.31 Dois dos aminoácidos listados na Tabela 22.1 podem ser obtidos por hidroxilação de outros aminoácidos. Quais são esses dois aminoácidos e quais são os seus precursores?

22.32 Quando uma proteína contém hidroxiprolina, em que ponto da formação da proteína a prolina é hidroxilada?

22.33 Qual é o efeito da tiroxina no metabolismo?

22.34 Como a tiroxina é produzida?

Seção 22.6 Como os aminoácidos se combinam para formar as proteínas?

22.35 Mostre através de equações químicas como alanina e glutamina podem ser combinadas para formar dois dipeptídeos diferentes.

22.36 Um tetrapeptídeo é abreviado como DPKH. Qual é o aminoácido N-terminal e qual é o C-terminal?

22.37 Desenhe a estrutura do tripeptídeo constituído de treonina, arginina e metionina.

22.38 (a) Use a abreviação de três letras para escrever a representação do seguinte tripepetídeo:

$$H_3\overset{+}{N}-CH-\underset{\underset{CH_2}{|}}{\underset{\underset{CH_2}{|}}{\underset{\underset{S}{|}}{\underset{CH_3}{|}}}}\overset{O}{\overset{\|}{C}}-N-CH-\underset{\underset{CH-CH_3}{|}}{\underset{\underset{CH_2}{|}}{\underset{H}{|}}}\overset{O}{\overset{\|}{C}}-N-CH-\underset{\underset{COOH}{|}}{\underset{\underset{CH_2}{|}}{\underset{H}{|}}}\overset{O}{\overset{\|}{C}}-O^-$$

(b) Qual é o aminoácido C-terminal e qual é o N-terminal?

22.39 Uma cadeia polipeptídica é constituída de resíduos alternados de valina e fenilalanina. Qual é a parte do polipeptídeo que é polar (hidrofílica)?

Seção 22.7 Quais são as propriedades das proteínas?

22.40 (a) Quantos átomos de uma ligação de peptídeo residem no mesmo plano?
(b) Quais são esses átomos?

22.41 (a) Desenhe a fórmula estrutural do tripeptídeo met—ser—cys.
(b) Desenhe as diferentes estruturas iônicas desse tripeptídeo nos pH 2,0, 7,0 e 10,0.

22.42 Como uma proteína pode funcionar como um tampão?

22.43 Proteínas são menos solúveis em seus pontos isoelétricos. O que aconteceria se a uma proteína precipitada em seu ponto isoelétrico fossem adicionadas algumas gotas de HCl diluído?

Seção 22.8 O que é a estrutura primária das proteínas?

22.44 Quantos tripeptídeos diferentes podem ser feitos (a) usando um, dois ou três resíduos cada de leucina, treonina e valina, e (b) usando todos os 20 aminoácidos?

22.45 Quantos tetrapeptídeos diferentes podem ser feitos (a) se os peptídeos contêm os resíduos de asparagina, prolina, serina e metionina, e (b) se todos os 20 aminoácidos forem usados?

22.46 Quantos resíduos de aminoácidos na cadeia A da insulina são iguais na insulina humana, bovina, suína e ovina?

22.47 Com base em seu conhecimento das propriedades químicas dos aminoácidos, sugira uma substituição para a leucina na estrutura primária de uma proteína que não resulte em uma mudança apreciável das características dessa proteína.

Seção 22.9 O que é a estrutura secundária das proteínas?

22.48 Uma espiral aleatória é uma estrutura (a) primária, (b) secundária, (c) terciária ou (d) quaternária? Explique.

22.49 Indique se as seguintes estruturas que existem no colágeno são primárias, secundárias, terciárias ou quaternárias.
(a) Tropocolágeno
(b) Fibrila de colágeno
(c) Fibra de colágeno
(d) A sequência repetitiva prolina—hidroxiprolina—glicina

22.50 A prolina é frequentemente chamada de finalizador de α-hélice, isto é, ela usualmente está na estrutura secundária de espiral aleatória logo após uma porção de α-hélice de uma cadeia de proteína. Por que a prolina não se adapta facilmente à estrutura de α-hélice?

Seção 22.10 O que é a estrutura terciária das proteínas?

22.51 Ácido poliglutâmico (uma cadeia polipeptídica constituída somente de resíduos de ácido glutâmico) tem uma conformação de α-hélice abaixo de pH 6,0 e uma conformação de espiral aleatória acima de pH 6,0. Qual é a razão dessas mudanças conformacionais?

22.52 Distinga a ligação de hidrogênio intermolecular e intramolecular entre os grupos da cadeia principal polipeptídica. Onde elas são encontradas na estrutura das proteínas?

22.53 Identifique as estruturas primária, secundária, terciária e quaternária nos quadros numerados da figura (na página seguinte).

Seção 22.11 O que é a estrutura quaternária das proteínas?

22.54 Se ambos os resíduos de cisteína da cadeia B da insulina forem substituídos por alanina, como isso afetará a estrutura quaternária da insulina?

22.55 (a) Qual é a diferença da estrutura quaternária da hemoglobina fetal e da hemoglobina adulta?
(b) Qual delas transporta mais oxigênio?
(c) Como seria a curva de saturação de oxigênio da hemoglobina fetal comparada com a curva de saturação de oxigênio da mioglobina e da hemoglobina normal adulta?

22.56 Onde estão localizadas as cadeias laterais apolares das proteínas integrantes das membranas?

22.57 A proteína do citocromo c é importante na produção de energia a partir dos alimentos. Ela apresenta um grupo heme envolto por uma cadeia polipeptídica. Que tipo de estrutura formam essas duas subunidades? A que grupo de proteínas pertence o citocromo c?

22.58 A hemoglobina é uma proteína importante por várias razões e apresenta características físicas interessantes. Como você classificaria a hemoglobina?

Seção 22.12 Como são as proteínas desnaturadas?

22.59 Em certa solução de ureia 6 M, uma proteína que continha principalmente folhas-β antiparalelas torna-se uma espiral aleatória. Que grupos e ligações foram afetados pela ureia?

22.60 Que mudanças são necessárias para transformar uma proteína que tem predominantemente estruturas de α-hélice em uma outra que tem estruturas de folhas-β?

22.61 Qual cadeia lateral dos aminoácidos é mais frequentemente envolvida na desnaturação por redução?

22.62 Qual é o papel do agente redutor no alisamento dos cabelos crespos?

22.63 Nitrato de prata é, às vezes, colocado nos olhos dos recém-nascidos como uma medida preventiva contra gonorreia. A prata é um metal pesado. Explique como esse tratamento pode funcionar contra as bactérias.

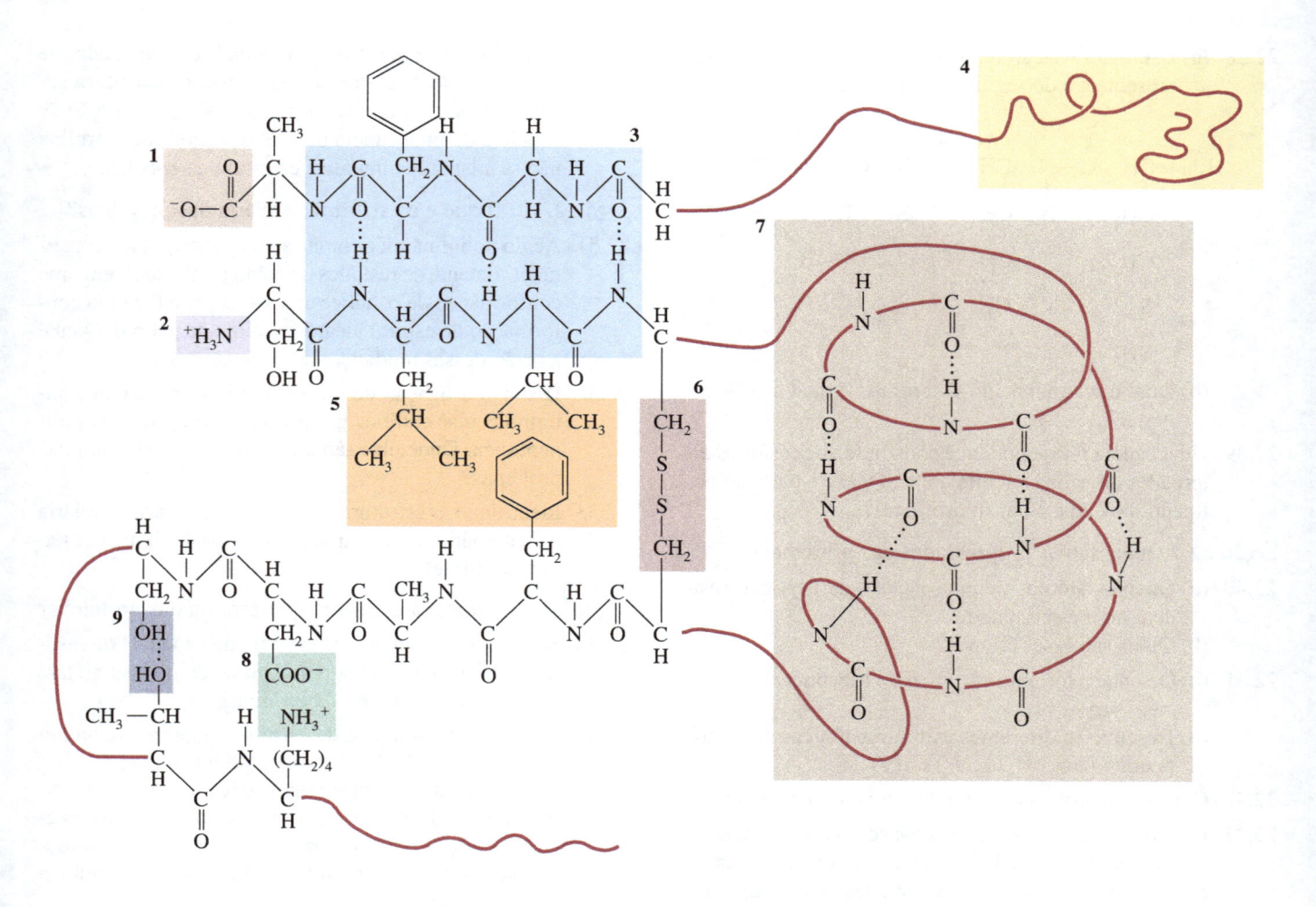

22.64 Por que as enfermeiras e os médicos usam álcool 70% para limpar a pele antes de aplicar uma injeção?

Conexões químicas

22.65 (Conexões químicas 22A) Por que algumas pessoas evitam beber refrigerantes do tipo *diet* que contêm o adoçante Nutrasweet?

22.66 (Conexões químicas 22B) Os produtos AGE se tornam prejudiciais somente em pessoas mais velhas, embora eles se formem também nas pessoas mais jovens. Por que eles não causam danos nas pessoas jovens?

22.67 (Conexões químicas 22C) Defina *consciência hipoglicêmica*.

22.68 (Conexões químicas 22D) Como a terapia com hidroxiureia ameniza os sintomas da anemia falciforme?

22.69 (Conexões químicas 22E) Qual é a diferença conformacional entre uma proteína príon normal e uma príon amiloide que causa a doença da vaca louca?

22.70 (Conexões químicas 22F) Qual é o objetivo da proteômica?

22.71 (Conexões químicas 22G) Explique a diferença no comportamento de ligação do oxigênio na hemoglobina e mioglobina.

22.72 (Conexões químicas 22H) Como o fibroscópio auxilia na cura de úlceras?

Problemas adicionais

22.73 Quais doenças estão associadas com a existência de placas amiloides?

22.74 Quantos dipeptídeos diferentes podem ser feitos (a) usando apenas alanina, triptifano, ácido glutâmico e arginina, e (b) usando todos os 20 aminoácidos?

22.75 A desnaturação é normalmente associada com transições das estruturas helicoidais para as estruturas de espiral aleatórias. Se em um processo hipotético a queratina de seu cabelo fosse transformada de α-hélice em folhas-β, como você chamaria esse processo de desnaturação? Explique.

22.76 Desenhe as estruturas da lisina (a) acima, (b) abaixo e (c) em seu ponto isoelétrico.

22.77 No colágeno, algumas das cadeias das hélices triplas no tropocolágeno estão ligadas covalentemente por ligações cruzadas entre dois resíduos de lisina. Que tipo de estrutura é formado por essas ligações cruzadas? Explique.

22.78 Considerando o vasto número de espécies animais e vegetais na Terra (incluindo aquelas já extintas) e a grande variedade de moléculas de proteínas em cada organismo, você acha que todas as possíveis moléculas de proteína já foram utilizadas por essas espécies? Explique.

22.79 Que tipo de interações não covalentes ocorre entre os seguintes aminoácidos?
(a) Valina e isoleucina
(b) Ácido glutâmico e lisina
(c) Tirosina e treonina
(d) Alanina e alanina

22.80 Quantos decapeptídeos (peptídeos contendo 10 aminoácidos cada) diferentes podem ser formados a partir dos 20 aminoácidos?

22.81 Qual é o aminoácido que não gira o plano da luz polarizada?

22.82 Escreva os produtos esperados para hidrólise ácida do seguinte tetrapeptídeo:

22.83 Quais são as cargas presentes no ácido aspártico em pH 2,0?

22.84 De quantas maneiras você pode ligar dois aminoácidos, lisina e valina, em um dipeptídeo? Quais dessas ligações peptídicas você encontrará em proteínas?

Antecipando

22.85 Enzimas são catalisadores biológicos e usualmente proteínas. Elas catalisam reações orgânicas usuais. Por que aminoácidos, tais como a histidina, ácido aspártico e serina, são encontrados mais próximos do sítio de reação que aminoácidos como a leucina e a valina?

22.86 Hormônios são moléculas liberadas de um tecido, entretanto, o efeito deles se manifesta em outro tecido. Dê um exemplo de um hormônio indicado neste capítulo que seria ineficiente se fosse administrado por via oral. Exemplifique um que seria eficaz se tomado oralmente.

22.87 Com base em seu conhecimento sobre a desnaturação de proteínas, por que você deve manter a temperatura corpórea em uma faixa estreita de temperatura?

22.88 Qual é a diferença entre genoma e proteoma?

22.89 Embora conheçamos o genoma completo de um organismo, por que isso não necessariamente nos fornece informações sobre a natureza de todas as proteínas no organismo?

22.90 Por que o colágeno não é uma fonte muito adequada para o suprimento de proteínas em nossa dieta?

22.91 Um suplemento alimentar diz que ele repara nossos músculos enquanto permite que você queime gorduras porque o produto contém proteínas de colágeno. Avalie essa afirmação.

Enzimas

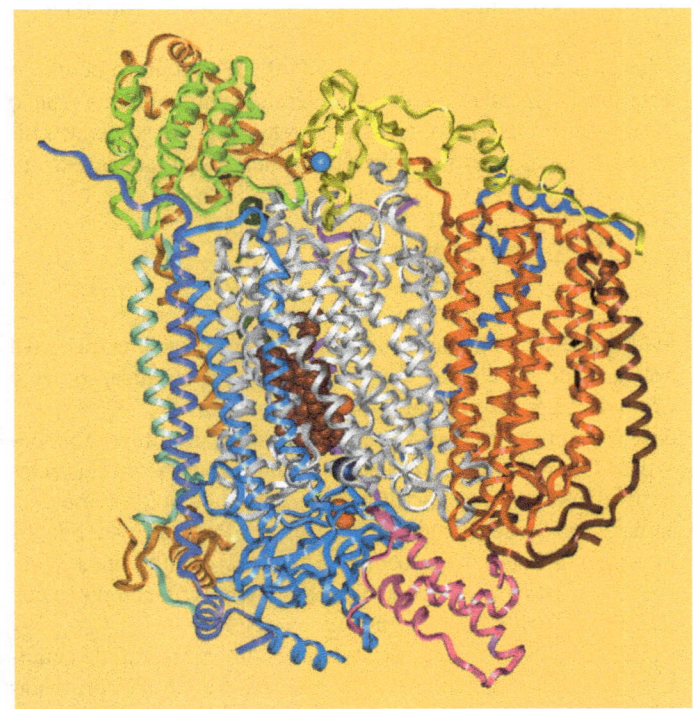

Diagrama de fita do citocromo c oxidase, a enzima que usa diretamente o oxigênio durante a respiração.

Questões-chave

- **23.1** O que são enzimas?
- **23.2** Qual é a nomenclatura das enzimas e como elas são classificadas?
- **23.3** Qual é a terminologia utilizada com as enzimas?
- **23.4** Quais são os fatores que influenciam na atividade enzimática?
- **23.5** Quais são os mecanismos da ação enzimática?
- **23.6** Como as enzimas são reguladas?
- **23.7** Como as enzimas são usadas na medicina?
- **23.8** O que são análogos do estado de transição e enzimas elaboradas?

23.1 O que são enzimas?

As células em nosso corpo são como fábricas. Somente uns poucos compostos necessários para o funcionamento do organismo humano são obtidos de nossa alimentação. Na verdade, a maioria dessas substâncias é sintetizada nas células, o que significa que centenas de reações químicas acontecem em nossas células a cada segundo de nossa vida.

Praticamente todas essas reações são catalisadas por **enzimas**, que são moléculas grandes que aumentam as velocidades das reações químicas sem que elas mesmas sofram nenhuma mudança.[1] Sem a atuação das enzimas como catalisadores biológicos, a vida como nós a conhecemos não seria possível.

A vasta maioria de todas as enzimas conhecidas são proteínas globulares, e devotaremos a maior parte de nosso estudo às enzimas com base em proteínas. Entretanto, as proteínas não são os únicos catalisadores biológicos. **Ribozimas** são enzimas constituídas de ácidos ribonucleicos. Elas catalisam a autoclivagem de certas partes de suas próprias moléculas e estão envolvidas nas reações que formam ligações peptídicas (Capítulo 22). Muitos bioquímicos acreditam que, durante a evolução, os catalisadores com base no RNA surgiram primeiro, e que as enzimas baseadas em proteínas surgiram depois. (Vamos aprender mais sobre catalisadores com base no RNA na Seção 25.4).

---

[1] Não se observam alterações na enzima quando se consideram os estados iniciais e finais do processo da reação catalisada. (NT)

Especificidade pelo substrato
A restrição de uma enzima para catalisar reações específicas com substratos específicos.

Como todos os catalisadores, as enzimas não alteram a posição do equilíbrio. Isso significa que uma reação que não ocorre não pode ser possível por causa da presença da enzima. Na verdade, elas apenas aumentam a velocidade da reação: fazem com que uma reação ocorra mais rapidamente pela diminuição da energia de ativação (reveja esses termos no Capítulo 7). Como catalisadores, as enzimas são notáveis em dois aspectos:

1. Elas são extremamente eficientes, aumentando a velocidade de reação em 10^9 a 10^{20} vezes.
2. A maioria é extremamente **específica**.

Como um exemplo da sua eficiência, considere a oxidação da glicose. Um torrão de glicose ou mesmo uma solução de glicose exposta ao oxigênio sob condições estéreis não vai apresentar mudanças apreciáveis durante meses. No corpo humano, entretanto, a mesma glicose é oxidada em segundos.

Cada organismo tem várias enzimas – muito mais que 3.000 em uma única célula. A maioria das enzimas é muito específica, cada uma delas acelerando somente uma reação particular ou uma classe de reações. Por exemplo, a enzima urease catalisa somente a hidrólise da ureia e não a de outras amidas, mesmo as proximamente relacionadas estruturalmente com a ureia.

$$(NH_2)_2C{=}O + H_2O \xrightarrow{\text{urease}} 2\,NH_3 + CO_2$$
$$\text{Ureia}$$

Outro tipo de especificidade pode ser observado com a tripsina, uma enzima que cliva as ligações peptídicas das moléculas de proteína – mas não toda ligação peptídica, somente as dos resíduos de lisina e arginina na porção da carbonila (Figura 23.1).

A enzima carboxipeptidase só catalisa especificamente a hidrólise do último aminoácido na cadeia de proteína – o do C-terminal. As lipases são menos específicas: elas catalisam a hidrólise de qualquer triglicerídeo, mas não afetam carboidratos ou proteínas.

A especificidade das enzimas também se estende à estereoespecificidade. A enzima arginase hidrolisa o aminoácido L-arginina (a forma que ocorre na natureza) a um composto chamado L-ornitina e ureia (Seção 28.8), mas não exerce nenhuma influência no composto que corresponde à imagem especular da L-arginina, a D-arginina.

As enzimas estão distribuídas de acordo com as necessidades do organismo de catalisar reações específicas. Um grande número de enzimas que realizam a quebra de proteínas estão no sangue, prontas para promover a coagulação. Enzimas digestivas que catalisam a oxidação de compostos que são parte do ciclo do ácido cítrico (Seção 27.4) estão localizadas na mitocôndria, por exemplo, e organelas especiais como os lisossomos contêm uma enzima (lisozima) que catalisa a dissolução das paredes celulares das bactérias.

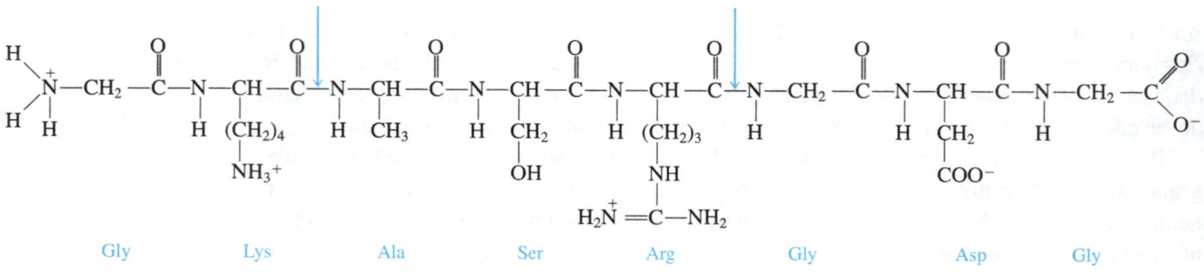

FIGURA 23.1 Uma sequência típica de aminoácidos. A enzima tripsina catalisa a hidrólise dessa cadeia somente nos pontos assinalados com as flechas (a carboxila do lado de resíduos de lisina e arginina).

Conexões químicas 23A

Relaxantes musculares e especificidade enzimática

No corpo, os nervos transmitem sinais para os músculos. A acetilcolina é um neurotransmissor (Seção 24.1) que funciona entre os terminais nervosos e os músculos. Eles se ligam a um receptor específico nas placas terminais dos músculos. Essa ligação transmite um sinal para o músculo se contrair; rapidamente depois, o músculo relaxa. Uma enzima específica, a acetilcolinesterase, catalisa então a hidrólise da acetilcolina, removendo-a do sítio receptor, preparando o receptor para o próximo sinal de transmissão – isto é, a próxima contração.

A succinilcolina é suficientemente similar à acetilcolina para se ligar ao receptor da placa terminal do músculo. Entretanto, a acetilcolinesterase hidrolisa a succinilcolina muito lentamente. Enquanto a succinilcolina permanecer ligada ao receptor, nenhum sinal novo poderá chegar ao músculo para que ele se contraia novamente. Então, o músculo permanece relaxado por um longo tempo.

Esse aspecto faz da succinilcolina um bom relaxante muscular para as cirurgias de curta duração, especialmente no caso em que um tubo precisa ser inserido nos brônquios (bronquioscopia). Por exemplo, após administração intravenosa de 50 mg de succinilcolina, observam-se paralisia e retenção da respiração depois de 30 segundos. Enquanto a respiração é realizada artificialmente, a bronquioscopia pode ser realizada em poucos minutos.

$$CH_3-\overset{O}{\underset{\|}{C}}-O-CH_2-CH_2-\overset{CH_3}{\underset{CH_3}{\overset{+}{N}}}-CH_3 + H_2O \xrightarrow{\text{acetilcolinesterase}} CH_3-\overset{O}{\underset{\|}{C}}-OH + HO-CH_2-CH_2-\overset{CH_3}{\underset{CH_3}{\overset{+}{N}}}-CH_3$$

Acetilcolina   Ácido acético   Colina

$$CH_3-\overset{CH_3}{\underset{CH_3}{\overset{+}{N}}}-CH_2-CH_2-O-\overset{O}{\underset{\|}{C}}-CH_2-CH_2-\overset{O}{\underset{\|}{C}}-O-CH_2-CH_2-\overset{CH_3}{\underset{CH_3}{\overset{+}{N}}}-CH_3$$

Succinilcolina

23.2 Qual é a nomenclatura das enzimas e como elas são classificadas?

As enzimas recebem nomes derivados da reação que elas catalisam e/ou do composto ou tipo de composto em que atuam. Por exemplo, lactato desidrogenase acelera a remoção de hidrogênio do lactato (uma reação de oxidação). A fosfatase ácida catalisa a hidrólise de éster-fosfato sob condições ácidas. Como podemos ver desses exemplos, o nome da maior parte das enzimas termina com "-ase". Algumas enzimas, entretanto, têm nomes mais antigos que foram atribuídos antes de sua função ter sido claramente entendida. Entre essas enzimas, temos a pepsina, tripsina e quimotripsina – todas enzimas do trato digestivo.

As enzimas podem ser classificadas em seis grupos principais de acordo com o tipo de reação que elas catalisam (ver também Tabela 23.1):

1. **Oxidorredutases** catalisam oxidações e reduções.
2. **Transferases** catalisam a transferência de grupos de átomos, tais como de uma molécula para outra.
3. **Hidrolases** catalisam reações de hidrólise.
4. **Liases** catalisam a adição de dois grupos à dupla ligação ou a remoção de dois grupos de átomos adjacentes para formar uma dupla ligação.
5. **Isomerases** catalisam reações de isomerização.
6. **Ligases** ou sintetases catalisam a ligação de duas moléculas.

TABELA 23.1 Classificação das enzimas

Classe	Exemplo típico	Reação catalisada	Número da seção neste livro
1. Oxidorredutases	Lactato desidrogenase	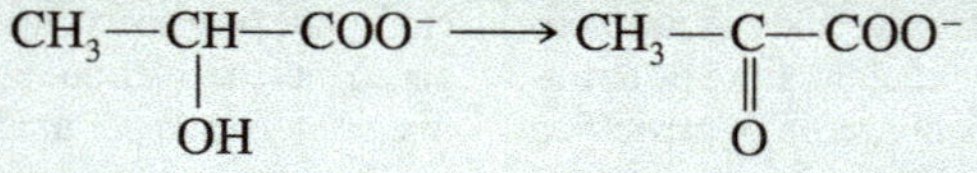 $CH_3-CH(OH)-COO^- \longrightarrow CH_3-C(O)-COO^-$ L-(+)-Lactato → Piruvato	28.2
2. Transferases	Aspartato aminotransferase ou aspartato transaminase	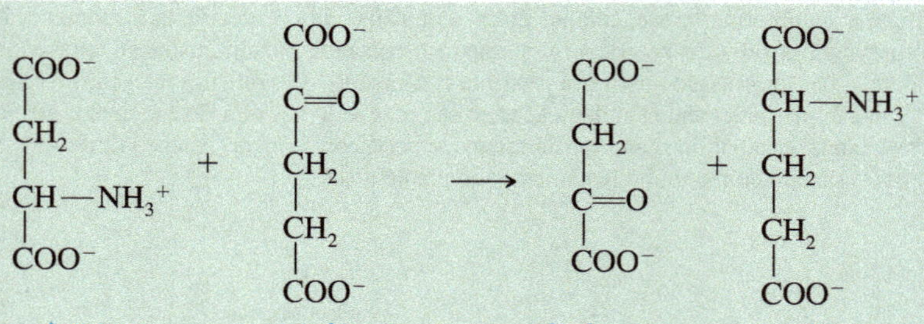 Aspartato + α-cetoglutarato ⟶ Oxaloacetato + Glutamato	28.8
3. Hidrolases	Acetilcolinesterase	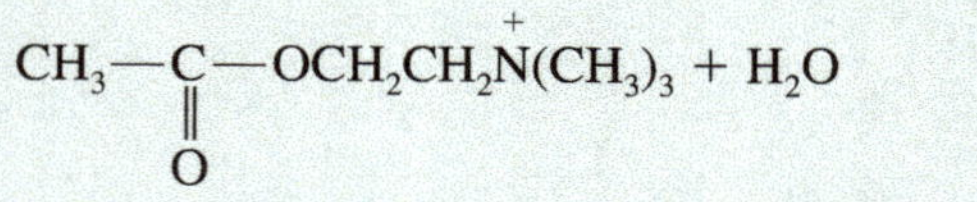 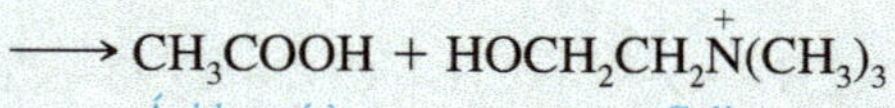 $CH_3-C(O)-OCH_2CH_2\overset{+}{N}(CH_3)_3 + H_2O$ (Acetilcolina) $\longrightarrow CH_3COOH + HOCH_2CH_2\overset{+}{N}(CH_3)_3$ (Ácido acético + Colina)	24.3
4. Liases	Aconitase	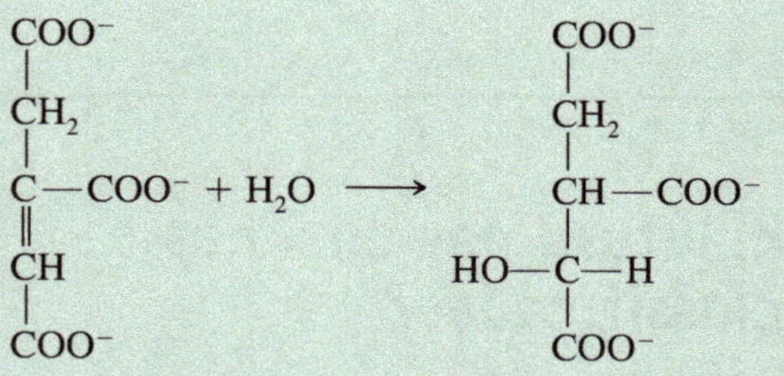 cis-aconitato + H_2O ⟶ Isocitrato	27.4
5. Isomerases	Fosfoexose isomerase	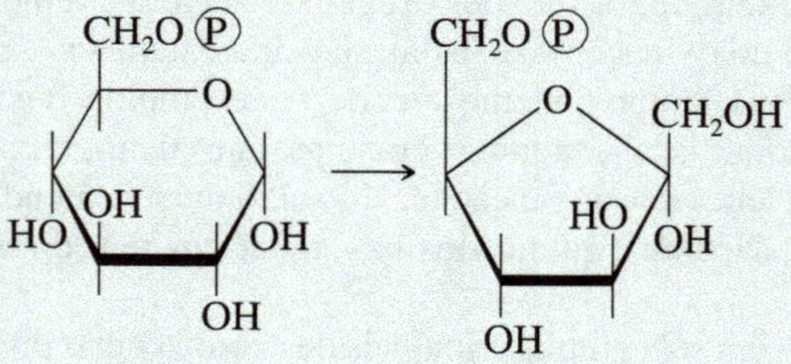 Glicose 6-fosfato ⟶ Frutose 6-fosfato	28.2
6. Ligases	Tirosina-tRNA sintetase	ATP + L-tirosina + tRNA ⟶ L-tirosiltRNA + AMP + PP_i	26.6

23.3 Qual é a terminologia utilizada com as enzimas?

Algumas enzimas, como a pepsina e a tripsina, são compostas apenas de cadeias de polipeptídeos. Outras enzimas contêm partes não proteicas chamadas **cofatores**. A parte proteica da enzima é denominada **apoenzima**.

Os cofatores podem ser íons metálicos, como o Zn^{2+} ou Mg^{2+}, ou compostos orgânicos. Cofatores orgânicos são chamados **coenzimas**. Um importante grupo de coenzimas são as vitaminas B, que são essenciais para a atividade de várias enzimas (Seção 27.3). Outra coenzima importante é a heme (Figura 22.16), que faz parte de várias oxidorredutases, além de ser uma constituinte da hemoglobina. Em qualquer caso, uma apoenzima não pode catalisar a reação sem seu cofator, nem o cofator pode funcionar sem a apoenzima. Quando um íon metálico é um cofator, pode se ligar diretamente à proteína ou à coenzima, se a enzima contiver uma delas.

O composto com o qual a enzima opera, e cuja reação é acelerada, é chamado **substrato**. O substrato usualmente se liga à superfície da enzima enquanto reage. Este se liga a uma parte específica da enzima durante a reação, chamada **sítio ativo**. Se a enzima tem coenzimas, elas estão localizadas no sítio ativo. Portanto, o substrato está simultaneamente envolto por partes da apoenzima, por coenzima e pelo íon metálico cofator (se ele estiver presente na enzima), como mostrado na Figura 23.2.

Ativação é qualquer processo que inicia ou aumenta a ação de uma enzima. A ativação pode ser a simples adição de um cofator a uma apoenzima ou a clivagem de uma cadeia de polipeptídeo de uma proenzima (Seção 23.6B).

Inibição é o oposto – qualquer processo que torna uma enzima menos ativa ou inativa (Seção 23.5). Inibidores são compostos que realizam essa tarefa, e existem muitos tipos de inibição de enzima. **Inibidores competitivos** se ligam à superfície do sítio ativo da enzima e impedem a ligação do substrato. **Inibidores não competitivos** se ligam a alguma outra parte da superfície da enzima e alteram de tal forma a estrutura terciária da enzima, que a eficiência catalítica desta é diminuída ou eliminada. Isto é, a enzima não consegue catalisar enquanto o inibidor estiver ligado. Tanto a inibição competitiva como a não competitiva são *reversíveis*, mas alguns compostos alteram a estrutura da enzima *permanentemente* e, então, a tornam inativa de *forma irreversível*.

23.4 Quais são os fatores que influenciam na atividade enzimática?

Atividade enzimática é a medida de quanto as velocidades de reação são aumentadas. Nesta seção, vamos examinar os efeitos de concentração, temperatura e pH na atividade da enzima.

A. Concentração da enzima e do substrato

Se mantemos a concentração do substrato constante e aumentamos a concentração da enzima, a velocidade aumenta linearmente (Figura 23.3). Isto é, se a concentração da enzima é duas vezes maior, a velocidade também é duplicada; se a concentração da enzima é três vezes maior, a velocidade também triplica. Essa é a situação em praticamente todas as reações enzimáticas, porque a concentração molar da enzima é, na maioria das vezes, muito menor que a do substrato (isto é, muito mais moléculas do substrato estão presentes em comparação com as moléculas da enzima).

Entretanto, se mantemos a concentração da enzima constante e aumentamos a concentração do substrato, obtemos um tipo de curva completamente diferente, chamada curva de saturação (Figura 23.4).

Nesse caso, a velocidade não aumenta continuamente. Em vez desse comportamento, após determinado ponto ser atingido, a velocidade permanece constante mesmo com um aumento da concentração do substrato. Isso acontece porque, no ponto de saturação, as moléculas do substrato estão ligadas em todos os sítios disponíveis das enzimas. Pelo fato de as reações ocorrerem nos sítios ativos, uma vez que eles se encontram ocupados, a reação já está ocorrendo com a sua máxima velocidade. Aumentar a concentração de substrato não resulta em um aumento adicional da velocidade porque o excesso de substrato não encontra nenhum sítio ao qual ele possa se ligar.

B. Temperatura

A temperatura afeta a atividade das enzimas porque ela muda a conformação da enzima. Nas reações não catalisadas, a velocidade usualmente aumenta com a elevação da tempe-

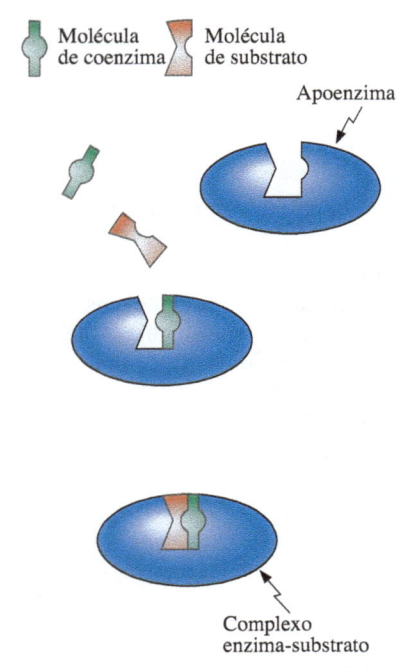

FIGURA 23.2 Diagrama esquemático do sítio ativo de uma enzima e de seus componentes constituintes.

Cofator A parte não proteica da enzima necessária para sua função catalítica.

Coenzima Uma molécula orgânica não proteica, frequentemente a vitamina B, que atua como cofator.

Sítio ativo Uma cavidade tridimensional da enzima com propriedades químicas específicas que viabilizam a acomodação do substrato.

Inibidor Um composto que se liga a uma enzima e diminui a sua atividade.

FIGURA 23.3 O efeito da concentração da enzima na velocidade de uma reação catalisada por enzima. Concentração do substrato, temperatura e pH são constantes.

FIGURA 23.4 O efeito da concentração do substrato na velocidade de reação catalisada por enzima. Concentração da enzima, temperatura e pH são constantes.

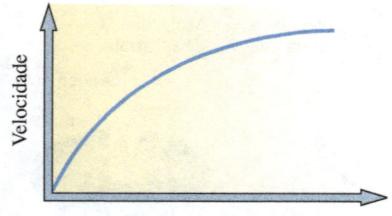

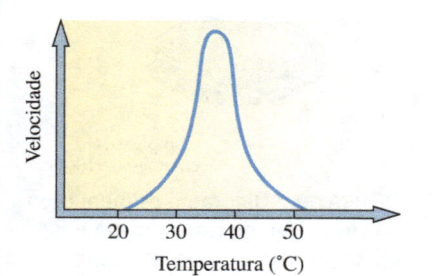

FIGURA 23.5 O efeito da temperatura na velocidade de reação catalisada por enzima. Concentração da enzima e do substrato e pH são constantes.

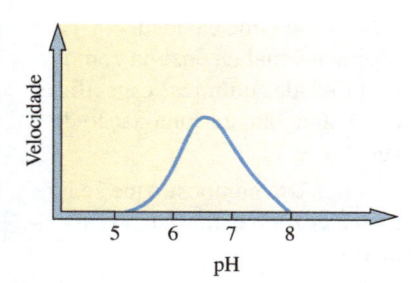

FIGURA 23.6 O efeito do pH na velocidade de reação catalisada por enzima. Concentração da enzima e do substrato e temperatura são constantes.

Modelo da chave-fechadura Um modelo que explica a especificidade da ação enzimática pela comparação do sítio ativo a uma fechadura e do substrato a uma chave.

ratura (Seção 8.4). A mudança da temperatura tem um efeito diferente nas reações catalisadas por enzimas. Quando iniciamos com baixa temperatura (Figura 23.5), um aumento desta causa primeiro um aumento da velocidade. Entretanto, as conformações das proteínas são muito sensíveis às mudanças de temperatura. Nesse caso, o substrato pode não se ligar adequadamente na superfície da enzima com outra conformação, então a velocidade de reação, na verdade, *diminui*.

Após um *pequeno* aumento na temperatura acima da temperatura ótima, a velocidade que agora diminui pode ser restabelecida por uma diminuição da temperatura porque, em uma faixa estreita de variação de temperatura, mudanças conformacionais são reversíveis. Entretanto, em algumas temperaturas altas, acima da temperatura ótima, atingimos um ponto no qual a proteína desnatura (Seção 22.12), a conformação é então alterada irreversivelmente, e a cadeia de polipeptídeo não pode se reorganizar em sua conformação nativa. Nesse ponto, a enzima se encontra completamente inativa. A inativação da enzima a baixas temperaturas é usada para a preservação de alimentos por refrigeração.

A maioria das enzimas das bactérias e dos organismos superiores tem uma temperatura ótima de cerca de 37 °C. Entretanto, as enzimas dos organismos que vivem no fundo dos oceanos têm uma temperatura ótima na faixa próxima de 2 °C, uma vez que é esta a temperatura ambiente no fundo dos oceanos. Outros organismos vivem em falhas oceânicas sob condições extremas, e suas enzimas têm condições ótimas em faixas de 90 °C a 105 °C. As enzimas desses organismos hipertermófilos também apresentam outras necessidades extremas, como suportar pressões de até 100 atm, e alguns têm um pH ideal no intervalo de 1 a 4. As enzimas desses hipertermófilos, especialmente as polimerases que catalisam a polimerização do DNA (Seção 25.6), têm obtido importância comercial.

C. pH

Como a conformação de uma proteína também muda com as alterações do pH (Seção 22.12), é esperado que os efeitos pH dependentes se pareçam com aqueles observados para as mudanças de temperatura. Cada enzima funciona melhor em determinado pH (Figura 23.6). Mais uma vez, em uma faixa estreita de pH, mudanças na atividade da enzima são reversíveis. Entretanto, se valores de pH extremos (tanto ácidos como básicos) são produzidos, a enzima desnatura irreversivelmente, e a atividade enzimática não pode ser restabelecida pela volta do pH ótimo.

23.5 Quais são os mecanismos da ação enzimática?

Vimos que a ação das enzimas é altamente específica para um substrato. Que tipo de mecanismo pode ser o responsável por tal especificidade? Cerca de 100 anos atrás, Arrhenius sugeriu que catalisadores aumentavam a velocidade das reações pela combinação com o substrato para formar algum tipo de composto intermediário. Em uma reação catalisada por enzima, esse intermediário é denominado **complexo enzima-substrato**.

A. Modelo da chave-fechadura

Considerando a alta especificidade da maioria das reações catalisadas por enzimas, vários modelos têm sido propostos. O modelo mais simples e mais frequentemente mencionado é o **modelo chave-fechadura** (Figura 23.7). Esse modelo assume que a enzima é um corpo tridimensional rígido. A superfície que contém o sítio ativo tem uma abertura restrita na qual apenas um tipo de substrato pode se ajustar, e somente a chave adequada pode se encaixar na fechadura e então girá-la para conseguir a abertura.

De acordo com o modelo da chave-fechadura, uma molécula de enzima tem a sua forma particular porque esse formato é necessário para manter o sítio ativo em uma conformação exata necessária para uma reação particular. Uma molécula de enzima é muito grande (tipicamente composta de 100 a 200 resíduos de aminoácidos), mas o sítio ativo é usualmente composto de somente dois ou uns poucos resíduos de aminoácidos, os quais podem estar localizados em diferentes lugares da cadeia. Os outros aminoácidos – aqueles que não fazem parte do sítio ativo – estão localizados na sequência da cadeia que confere à molécula globalmente a conformação exata necessária para executar a sua função. Esse arranjo enfatiza que a forma e os grupos funcionais na superfície do sítio ativo são muito importantes no reconhecimento do substrato.

O modelo da chave-fechadura foi o primeiro a explicar a ação das enzimas. Para a maioria das enzimas, no entanto, esse modelo é muito restrito. Moléculas de enzima estão em um estado dinâmico, não em um estado estático. Por haver constantes movimentos entre elas, o sítio ativo tem alguma flexibilidade. Embora o modelo chave-fechadura realiza um bom trabalho explicando por que a enzima liga-se ao substrato, se o ajuste é tão perfeito, não há razão para a reação ocorrer, pois o complexo enzima-substrato é muito estável.

B. Modelo do ajuste induzido

Pela difração de raios X, sabemos que o tamanho e a forma da cavidade do sítio ativo mudam quando ocorre a entrada do substrato. Para explicar esse fenômeno, um bioquímico norte-americano, Daniel Koshland, introduziu o **modelo do ajuste induzido** (Figura 23.8). Com esse modelo, Koshland comparou as mudanças que ocorrem na forma da cavidade ocasionadas pela ligação do substrato com as mudanças na forma de uma luva quando uma mão se insere nela. Isso significa que a enzima modifica a forma do sítio ativo para acomodar o substrato. Experimentos recentes realizados durante a catálise demonstraram que não só o sítio ativo muda sua forma com a ligação do substrato, mas, mesmo no estado ligado (substrato-enzima), a cadeia principal e as cadeias laterais da enzima estão em constante movimento.

Tanto o modelo da chave-fechadura como o do ajuste induzido explicam o fenômeno da inibição competitiva (Seção 23.3). A molécula do inibidor se ajusta ao sítio ativo da mesma forma que o substrato (Figura 23.9), o que evita a entrada deste. O resultado desse processo é o seguinte: qualquer reação que ocorreria com o substrato não acontece.

Muitos casos de inibição não competitiva podem também ser explicados pelo modelo do ajuste induzido. Nesse caso, o inibidor não se liga ao sítio ativo, mas sim a outra parte da enzima. Contudo, a ligação causa uma mudança na forma tridimensional da molécula de enzima, que então altera a forma do sítio ativo a que o substrato estaria ligado, e não ocorre a catálise (Figura 23.10).

Se compararmos a atividade enzimática na presença e na ausência de um inibidor, podemos dizer se está ocorrendo uma inibição competitiva ou não competitiva (Figura 23.11). A velocidade máxima de reação é a mesma na ausência ou na presença de um inibidor e na presença de um inibidor competitivo.

A única diferença é que a velocidade máxima é obtida a uma baixa concentração de substrato sem inibidor, mas uma alta concentração de substrato é necessária quando o inibidor está presente. Essa é a característica da inibição competitiva, porque, nessa situação, o substrato e o inibidor estão competindo pelo mesmo sítio ativo. Se a concentração de substrato for suficientemente elevada, o inibidor será deslocado do sítio ativo pelo princípio de Le Chatelier.

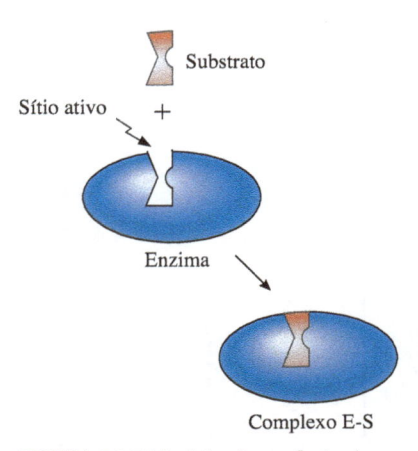

FIGURA 23.7 Modelo chave-fechadura do mecanismo enzimático

Modelo do ajuste induzido Um modelo que explica a especificidade da ação enzimática pela comparação do sítio ativo a uma luva e do substrato a uma mão.

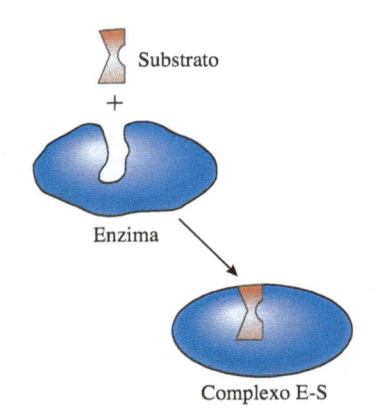

FIGURA 23.8 Modelo do ajuste induzido do mecanismo enzimático.

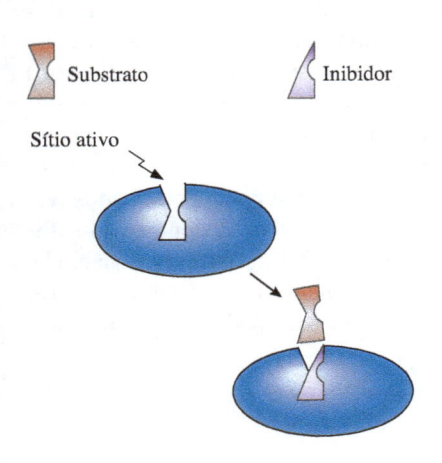

FIGURA 23.9 Mecanismo da inibição competitiva. Quando um inibidor competitivo entra no sítio ativo, o substrato fica de fora.

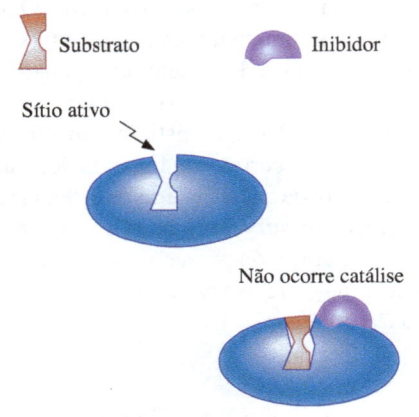

FIGURA 23.10 Mecanismo da inibição não competitiva. O inibidor se liga a um sítio diferente do sítio ativo (alosterismo), o que muda a conformação do sítio ativo. O substrato ainda se liga à enzima (sítio ativo), mas não existe catálise.

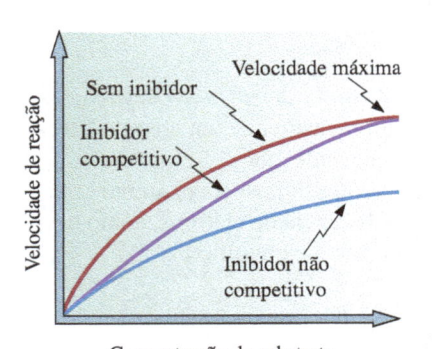

FIGURA 23.11 Cinética enzimática na presença e na ausência de inibidores.

Se o inibidor é não competitivo, ele não pode ser deslocado pela adição do excesso de substrato porque está ligado em um sítio diferente. Nesse caso, a enzima não pode ser restabelecida à sua máxima atividade, e a velocidade máxima de reação é menor do que seria na ausência do inibidor. Com um inibidor não competitivo, parece sempre que uma menor quantidade de enzima está disponível. Inibição competitiva e não competitiva são duas das mais comuns inibições extremas que sofrem as enzimas. Muitos outros tipos de inibidores reversíveis existem, mas estão além dos objetivos deste livro.

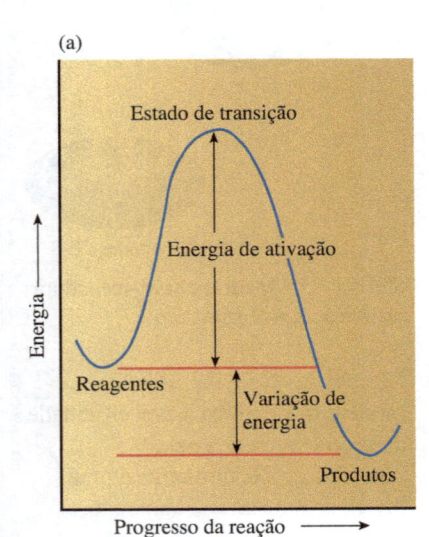

As enzimas podem também ser inibidas irreversivelmente se um composto está ligado covalente e permanentemente no ou próximo do sítio ativo. Tal inibição ocorre com a penicilina, que inibe a enzima transpeptidase, que é necessária para as ligações cruzadas da parede celular das bactérias. Sem as ligações cruzadas, o citoplasma da bactéria transborda, e a bactéria morre ("Conexões químicas 19B"). Em "Conexões químicas 23D", descrevem-se duas aplicações médicas de inibidores.

C. Poder catalítico das enzimas

Tanto o modelo da chave-fechadura como o modelo do ajuste induzido enfatizam a forma do sítio. Entretanto, a química que se desenvolve no sítio ativo é, na verdade, o fator mais importante. Um exame do que é conhecido do sítio ativo das enzimas mostra que cinco aminoácidos participam dos sítios ativos em mais de 65% de todos os casos. Eles são, em ordem de ocorrência, His > Cys > Asp > Arg > Glu. Uma "espiada" na Tabela 22.1 revela que a maior parte desses aminoácidos tem ou cadeias laterais com grupos ácidos ou grupos básicos. Portanto, a química ácido-base frequentemente determina o modo de catálise. O exemplo dado em "Conexões químicas 23C" confirma essa correlação. Dos 11 aminoácidos no sítio catalítico, dois são Arg, um é Asp, e dois são relacionados com Asn.

Dissemos que as enzimas não podem mudar a termodinâmica entre os substratos e os produtos de reação, mas elas aceleram as reações. Como elas realmente conseguem realizar essa tarefa? Se observarmos o diagrama de energia de uma reação hipotética, constataremos que existem reagentes, de um lado, e produtos, do outro. A relação termodinâmica é descrita pela diferença de altura entre os dois, como mostrado na Figura 23.12(a). Em qualquer reação que pode ser escrita como segue:

$$A + B \rightleftharpoons C + D$$

antes de A e B tornarem-se C e D, eles precisam passar pelo **estado de transição** entre estes dois estados. Essa situação é frequentemente pensada como uma "barreira de energia" (ou ainda uma "colina de energia") que precisa ser escalada. A energia requerida para subir essa colina é a energia de ativação, como mostrado na Figura 23.12(b). As enzimas são catalisadores eficazes porque diminuem a colina de energia, como mostrado na Figura 23.12(b). Elas reduzem a energia de ativação.

Como a enzima reduz a energia de ativação é um aspecto específico para a enzima e a reação que está sendo catalisada. Como já notamos, no entanto, uns poucos aminoácidos aparecem mais na maioria dos sítios ativos. O aminoácido específico no sítio ativo e sua exata orientação permitem que o(s) substrato(s) se ligue(m) ao sítio ativo e então reaja(m) para formar os produtos. Por exemplo, a papaína é uma protease, uma enzima que cliva ligações peptídicas, como no caso da tripsina. Dois aminoácidos críticos estão no sítio ativo da papaína (Figura 23.13). A histidina (mostrada em azul) ajuda a atrair o peptídeo e segurá-lo na orientação correta via ligações de hidrogênio (mostradas como pontilhados vermelhos). O enxofre da cadeia lateral de cisteína realiza um tipo de reação, denominado **ataque nucleofílico**, no carbono carbonílico da ligação peptídica, e a ligação C—N é quebrada. Esse ataque nucleofílico aparece na vasta maioria dos mecanismos enzimáticos e ocorre por causa do arranjo preciso das cadeias laterais de aminoácidos que podem participar nesse tipo de reação orgânica.

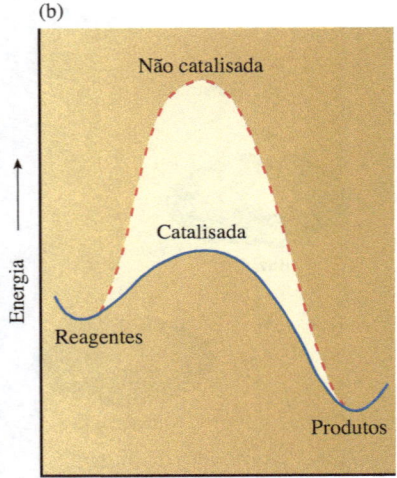

FIGURA 23.12 Perfis de energia de ativação. (a) O perfil da energia de ativação de uma reação típica. (b) Uma comparação dos perfis de energia de ativação para uma reação catalisada e uma não catalisada.

Ataque nucleofílico Uma reação química em que um átomo elétron excedente, como o oxigênio ou o enxofre, liga-se a um átomo com deficiência de elétrons, como o carbono carbonílico.

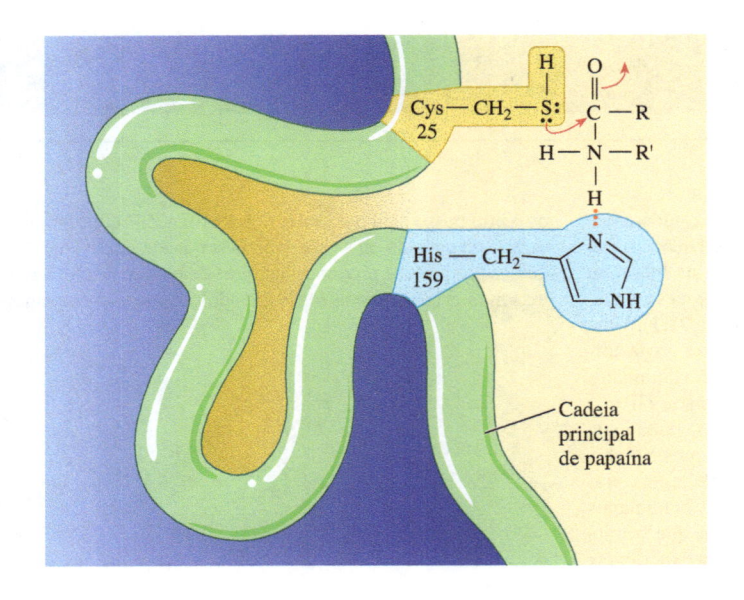

FIGURA 23.13 Papaína é uma protease de cisteína. Um resíduo de cisteína que apresenta uma função primordial está envolvido no ataque nucleofílico, na ligação peptídica que ela hidrolisa.

23.6 Como as enzimas são reguladas?

A. Controle por retroação (*feedback*)

As enzimas são normalmente reguladas pelas condições ambientais. O **controle por retroação** (*feedback*) é um processo de regulação no qual a formação de um produto inibe uma reação anterior em determinada sequência de reações enzimáticas. O produto de reação de uma enzima pode controlar a atividade de outra enzima, particularmente em um sistema complexo em que enzimas trabalham cooperativamente. Por exemplo, em um sistema desse tipo, cada etapa é catalisada por uma enzima diferente:

$$A \xrightarrow{E_1} B \xrightarrow{E_2} C \xrightarrow{E_3} D$$

Uma representação esquemática de um caminho mostrando a inibição por retroação

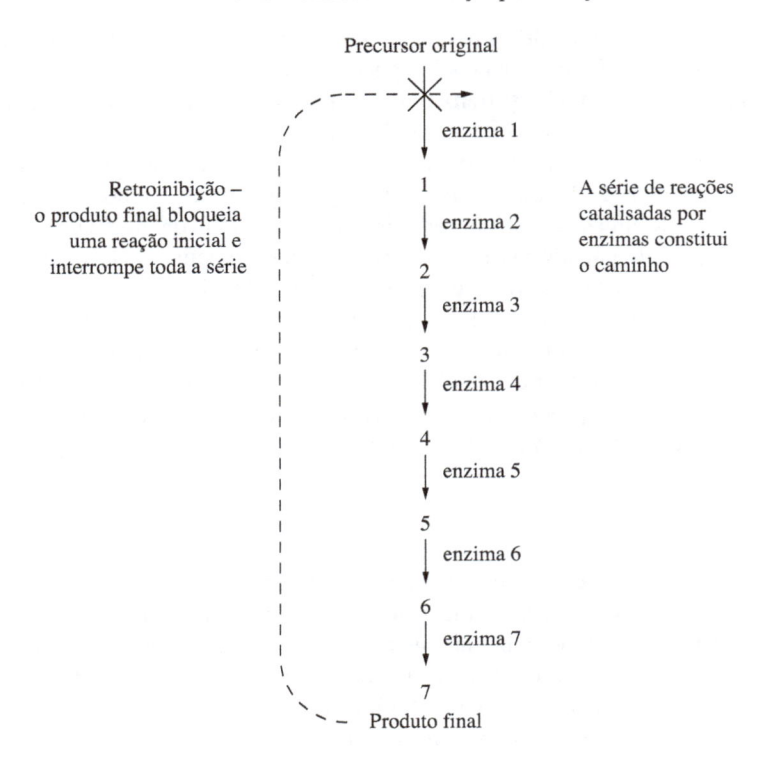

Precursor original
↓ enzima 1
1
↓ enzima 2
2
↓ enzima 3
3
↓ enzima 4
4
↓ enzima 5
5
↓ enzima 6
6
↓ enzima 7
7
Produto final

Retroinibição – o produto final bloqueia uma reação inicial e interrompe toda a série

A série de reações catalisadas por enzimas constitui o caminho

Conexões químicas 23B

Enzimas e memória

Existem milhares de enzimas diferentes em uma célula, e estudaremos algumas delas nos capítulos subsequentes. Novas informações sobre a importância das enzimas são publicadas toda semana na literatura científica. A enzima mais importante em uma série de processos metabólicos é a **quinase** (um tipo de transferase; ver Tabela 23.1). Uma quinase, chamada proteína quinase Mζ (PMKζ) (ζ é a letra grega correspondente a z), tem sido relacionada com a manutenção da memória de longo termo. Os cientistas criaram uma droga chamada ZIP que bloqueia essa enzima. Em experimentos, eles deram aos ratos água adocicada com sacarina e então induziram náusea logo após os ratos terem bebido água açucarada. Esses ratos (ratos-controle) apresentaram então aversão à água açucarada por várias semanas. Os humanos têm o mesmo tipo de resposta: normalmente uma pessoa que vomita após comer um tipo específico de comida se lembrará da experiência e não vai querer consumir a mesma comida. Os pesquisadores injetaram ZIP no córtex cerebral dos ratos-controle e constataram, em duas horas após a aplicação da droga, que eles haviam perdido a aversão à água adocicada. Portanto, quando se bloqueia a PMKζ, ocorre uma eliminação de memória, e essa é a primeira evidência de que uma enzima específica é necessária para a retenção da memória de longo termo. O próximo passo será determinar se a droga ZIP elimina todo o aprendizado do passado ou se ela poderia ser usada seletivamente. O intuito dessas pesquisas é procurar maneiras de bloquear seletivamente algumas memórias, como as memórias dolorosas de eventos traumáticos.

Molécula de memória. A PMKζ mantém memórias de longo termo no córtex cerebral de ratos.

Proenzima (zimogênios) Uma proteína que se torna uma enzima ativa após passar por uma transformação química.

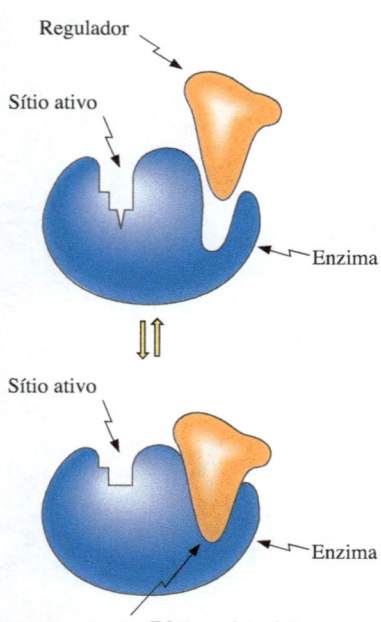

FIGURA 23.14 Efeito alostérico. Ligação de um regulador em um sítio diferente do sítio ativo que resulta na mudança da forma do sítio ativo.

Enzima alostérica Uma enzima em que a ligação de um regulador em um sítio da enzima modifica a capacidade de ligação do substrato no sítio ativo da enzima.

O produto final da cadeia de reações enzimáticas pode inibir a atividade da primeira enzima (por inibição competitiva, não competitiva ou qualquer outro tipo de inibição). Quando a concentração do produto final é baixa, todas as reações ocorrem rapidamente. À medida que a concentração aumenta, entretanto, a ação da enzima 1 se torna inibida e eventualmente para. Dessa maneira, a cumulação do produto final serve como uma mensagem que diz à enzima 1 interromper sua atividade porque a célula já tem o produto final em quantidade suficiente para as suas necessidades presentes. Quando se interrompe a enzima 1, todo o processo para.

B. Proenzimas

Algumas enzimas são produzidas pelo organismo em uma forma inativa. Para torná-las ativas, uma pequena parte da sua cadeia polipeptídica precisa ser removida. Essas formas inativas das enzimas são chamadas **proenzimas** ou **zimogênios**. Após o excesso da cadeia de polipeptídeo ser removido, a enzima torna-se ativa.

Por exemplo, a tripsina é produzida no pâncreas como uma molécula inativa de tripsinogênio (um zimogênio). Quando um fragmento que contém seis aminoácidos é removido da extremidade N-terminal, a molécula adquire a atividade total da molécula de tripsina. A remoção do fragmento não apenas diminui a cadeia, mas também muda a conformação tridimensional (a estrutura terciária), o que permite que a molécula obtenha a sua forma ativa.

Por que ocorre esse tipo de problema no organismo? A razão é muito simples. A tripsina é uma protease – ela catalisa a hidrólise de ligações peptídicas (Figura 23.1) – e é, por isso, um importante catalisador para a digestão das proteínas que comemos. Porém não seria bom se ela clivasse as próprias proteínas de nosso corpo! Portanto, o pâncreas produz a tripsina em uma forma inativa; somente após a tripsina entrar no trato digestivo, ela se torna ativa.

C. Alosterismo

Algumas vezes, a regulação ocorre por intermédio de um evento que ocorre em sítio diferente do sítio ativo, mas que eventualmente afeta o sítio ativo. Esse tipo de interação é chamado **alosterismo**, e qualquer enzima regulada dessa forma é denominada **enzima alostérica**. Se uma substância se liga não covalente e reversivelmente a um sítio *que não é o ativo*, ela pode afetar a enzima de duas maneiras: pode inibir a ação da enzima (**modulação negativa**) ou estimular a ação da enzima (**modulação positiva**).

Conexões químicas 23C

Sítios ativos

A percepção de um sítio ativo como uma cavidade rígida (modelo da chave-fechadura) ou como um molde parcialmente rígido (modelo do ajuste induzido) é muito simplificada. Não apenas a geometria do sítio ativo é importante, mas também as interações específicas que podem ocorrer entre a superfície da enzima e o substrato. Para ilustrar, veremos, com mais detalhes, o sítio ativo da piruvato quinase. Essa enzima catalisa a transferência de um grupo fosfato do fosfoenol piruvato (PEP) para ADP, uma etapa importante na glicólise (Seção 28.2)

$$CH_2=C(OPO_3^{2-})-COO^- + R-O-P(O^-)(=O)-O-P(O^-)(=O)-O^- \longrightarrow CH_3-C(=O)-COO^- + R-O-P(O^-)(=O)-O-P(O^-)(=O)-O-P(O^-)(=O)-O^-$$

Fosfoenol piruvato + ADP → Piruvato + ATP

O sítio ativo da enzima liga os substratos PEP e ADP (ver figura a seguir, à esquerda). O músculo dos coelhos tem dois cofatores na piruvato quinase: K^+ e Mn^{2+} ou Mg^{2+}. O cátion divalente está coordenado aos carboxilatos do piruvato (substrato) e dos resíduos de glutamato 271 e aspartato 295 da enzima. (Os números indicam a posição do aminoácido na sequência.) O grupo apolar $=CH_2$ reside em um bolso hidrofóbico formado por resíduos de alanina 292, glicina 294 e treonina 327. O K^+ localizado do outro lado do sítio ativo está coordenado com o fosfato do substrato e os resíduos de serina 76 e asparagina 74 da enzima. A lisina 269 e a arginina 72 também fazem parte do sistema catalítico, ancorando a molécula de ADP. Esse arranjo do sítio ativo ilustra que uma dobra específica nas estruturas secundária e terciária é necessária para reunir grupos funcionais importantes. Os resíduos de aminoácidos que participam do sítio ativo estão, algumas vezes, próximos na sequência (asparagina 74 e serina 76), mas a maioria permanece distante (glutamato 271 e aspartato 295). A figura apresentada a seguir, à direita, ilustra as estruturas secundária e terciária que resultam em um sítio ativo estável.

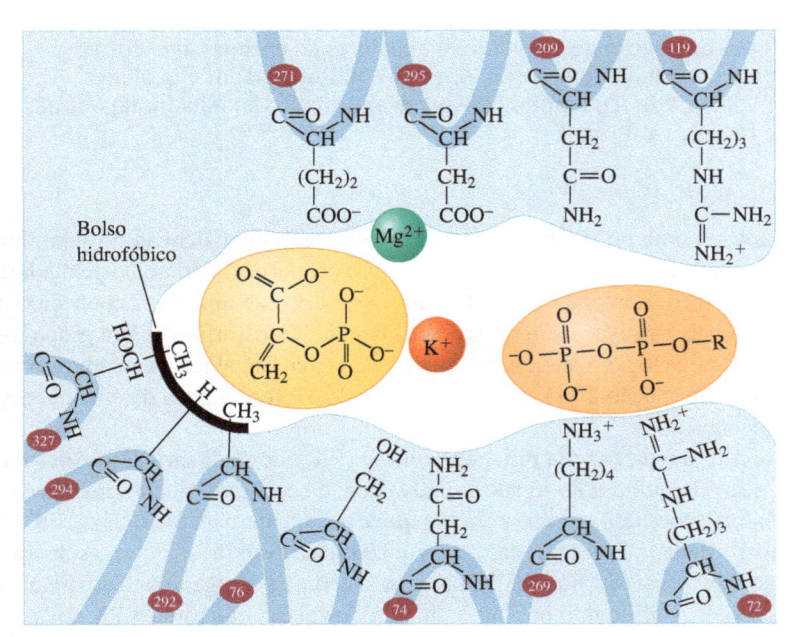

O sítio ativo e substratos da piruvato quinase.

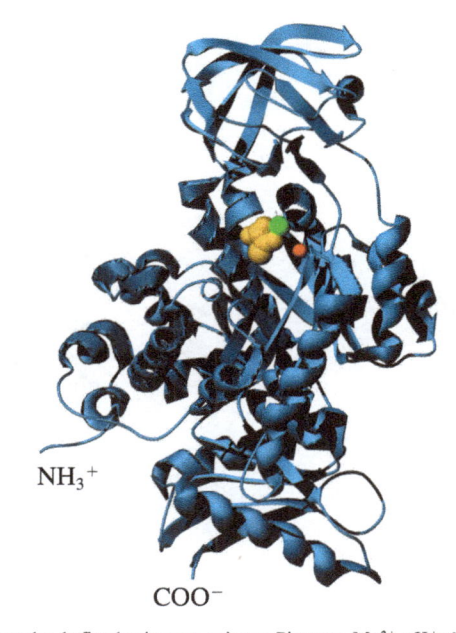

Desenho de fita da piruvato quinase. Piruvato, Mg^{2+} e K^+ são representados como modelos de preenchimento.

A substância que se liga à enzima alostérica é chamada **regulador**, e o sítio em que ele se liga é chamado **sítio regulatório**. Na maioria dos casos, as enzimas alostéricas contêm mais de uma cadeia polipetídica (subunidades), o sítio regulatório está em uma cadeia polipeptídica, e o sítio ativo está em outra.

Reguladores específicos podem se ligar reversivelmente aos sítios regulatórios. Por exemplo, a enzima descrita na Figura 23.14 é uma enzima alostérica. Nesse caso, a enzima tem apenas uma cadeia polipeptídica, portanto ela contém tanto o sítio regulatório como o sítio ativo em pontos diferentes da mesma cadeia. O regulador se liga reversivelmente ao sítio regulatório. Enquanto o regulador permanecer ligado ao sítio regulatório, o complexo total enzima-regulador permanecerá inativo. Quando o regulador é removido do sítio regulatório, a enzima se torna ativa. Dessa maneira, o regulador controla a ação da enzima alostérica.

Os conceitos que descrevem as enzimas alostéricas incluem um modelo de uma enzima que tem duas formas. Uma delas é mais adequada para ligar o substrato e gerar o produto que a outra. A forma mais ativa é referida como a **forma R**, em que "R" significa *relaxada*.

A forma menos ativa é referida como **forma T**, em que "T" significa *tensionada* (Figura 23.15). Existe um equilíbrio entre as formas R e T. Quando a enzima está na forma R, ela liga bem o substrato e catalisa a reação. Reguladores alostéricos funcionam ligando-se às enzimas e favorecendo uma forma em relação à outra.

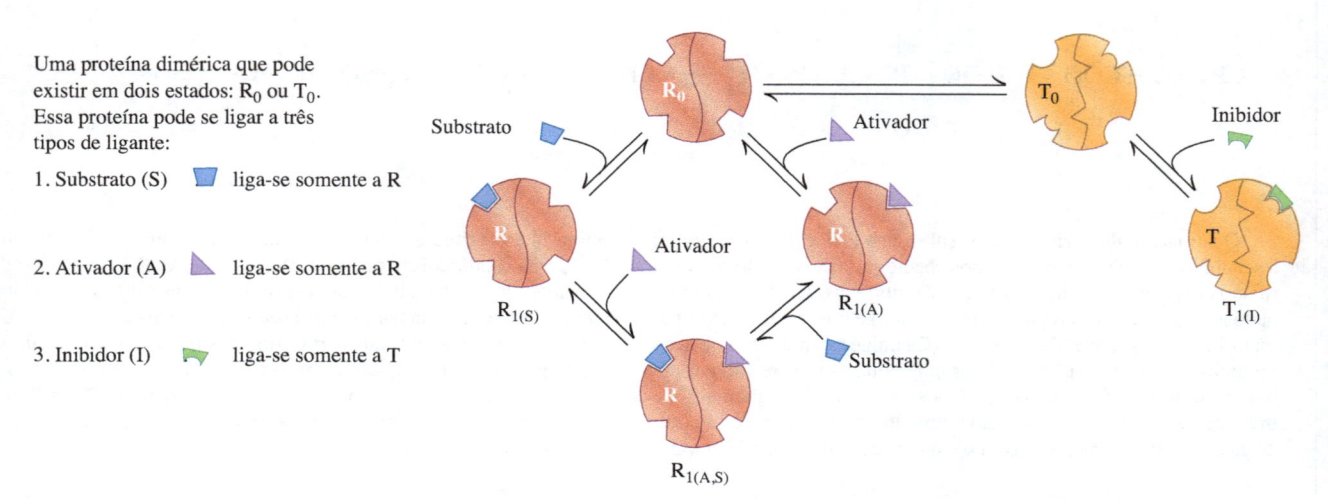

Uma proteína dimérica que pode existir em dois estados: R_0 ou T_0. Essa proteína pode se ligar a três tipos de ligante:

1. Substrato (S)   liga-se somente a R

2. Ativador (A)   liga-se somente a R

3. Inibidor (I)   liga-se somente a T

FIGURA 23.15 Efeitos da ligação de ativadores e inibidores de enzimas alostéricas. A enzima apresenta um equilíbrio entre as formas T e R. Um ativador é qualquer molécula que se liga ao sítio regulatório e favorece a forma R. Um inibidor liga-se ao sítio regulador e favorece a forma T.

D. Modificação da proteína

A atividade de uma enzima pode também ser controlada pela **modificação da proteína**. A modificação é usualmente uma mudança na estrutura primária, tipicamente pela adição de um grupo funcional covalentemente ligado à apoenzima. O exemplo mais conhecido de modificação da proteína é a ativação ou inibição de enzimas de fosforilação. Um grupo fosfato é frequentemente ligado aos resíduos de serina ou tirosina. Em algumas enzimas, como a glicogênio fosforilase (Seção 29.1), a forma fosforilada é a forma ativa da enzima. Sem isso, a enzima é menos ativa.

O exemplo oposto é o da enzima piruvato quinase (PK, abordada em "Conexões químicas 23C"). A piruvato quinase do fígado é inativa quando está fosforilada. Enzimas que catalisam tais fosforilações têm o nome geral de *quinases*. Quando a atividade da PK não é necessária, é fosforilada (à PKP) por uma proteína quinase usando ATP como substrato, assim como fonte de energia (Seção 27.3). Quando o sistema quer regenerar a atividade da PK, o grupo fosfato, P_i, é removido por outra enzima, fosfatase, que torna a PK ativa.

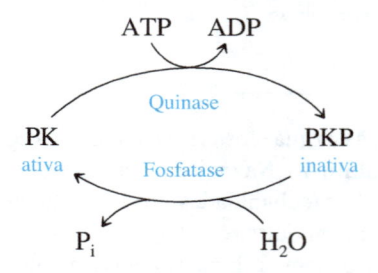

Conexões químicas 23D

Usos medicinais dos inibidores

Uma estratégia-chave no tratamento da síndrome da imunodeficiência adquirida (*acquired immunodeficiency syndrome* – Aids) tem sido o desenvolvimento de inibidores específicos que seletivamente bloqueiam a ação de enzimas exclusivas do vírus da imunodeficiência humana (*human immunodeficiency virus* – HIV), que causa a Aids. Muitos laboratórios estão trabalhando nesse enfoque para o desenvolvimento de agentes terapêuticos.

Um dos alvos mais importantes é a HIV protease, uma enzima essencial para a produção de novas partículas de vírus em células infectadas. A HIV protease é exclusiva desse vírus. Ela catalisa o processamento de proteínas virais em uma célula infectada. Sem essas proteínas, partículas viáveis de vírus não podem ser liberadas e causar uma infecção posterior. A estrutura da protease, incluindo seu sítio ativo, foi elucidada por cristalografia de raios X. Com base nessa estrutura, os cientistas têm projetado e sintetizado inibidores competitivos para a ligação no sítio ativo. Melhorias foram feitas na elaboração das drogas, e obteve-se a estrutura de uma série de inibidores ligados ao sítio ativo da HIV protease. Essas estruturas (do inibidor ligado no sítio ativo) foram também elucidadas por cristalografia de raios X. Esses estudos conduziram a possíveis inibidores da HIV protease: saquinavir da Hoffmann-LaRoche, ritonavir da Abbott, indinavir da Merck, viracept da Agouron Pharmaceuticals e amprenavir da Vertex Pharmaceuticals. (Essas empresas mantêm *home pages* altamente informativas.)

O tratamento da Aids é mais eficiente quando uma combinação de drogas é usada, e inibidores da HIV protease desempenham um papel importante. Resultados especialmente promissores (como a diminuição dos níveis do vírus na corrente sanguínea) são obtidos quando inibidores da HIV protease fazem parte do conjunto de drogas para a Aids.

Algumas vezes, a pesquisa por um inibidor conduz a resultados inesperados. Os cientistas têm investigado por muito tempo drogas melhores para combater *angina* (dores do peito causadas pelo baixo fluxo sanguíneo no coração) e *hipertensão* (alta pressão sanguínea), uma doença comum em nossos dias. O fluxo sanguíneo aumenta quando a musculatura lisa dos vasos sanguíneos relaxa. Essa relaxação é em razão de um decréscimo do Ca^{2+} intracelular que, por sua vez, é acionado por um aumento na concentração de GMP (cGMP, ver Capítulo 25). O GMP cíclico é degradado por enzimas denominadas fosfodiesterases. De acordo com os cientistas, se fosse possível projetar um inibidor dessas fosfodiesterases, o cGMP duraria mais, e os vasos sanguíneos permaneceriam abertos por mais tempo, e a pressão sanguínea diminuiria. Os cientistas desenvolveram, então, uma droga para mimetizar o cGMP com o objetivo de inibir as fosfodiesterases. O nome da droga é sildenafil citrato, mas a Pfizer o comercializa com o nome de Viagra.

Infelizmente, o Viagra não mostrou benefícios significativos na redução da dor da angina ou no decréscimo da pressão sanguínea. No entanto, alguns homens, nos testes clínicos da droga, notaram a ereção peniana. Aparentemente, a droga funcionou na inibição das fosfodiesterases no tecido vascular do pênis, levando a uma relaxação da musculatura lisa e aumentando o fluxo sanguíneo. Apesar de a droga não realizar a finalidade para a qual foi projetada, sua inibição competitiva viabilizou um grande sucesso para a empresa que a produziu.

Estrutura do amprenavir (VX-478), um inibidor da HIV protease.

cGMP

Viagra

Note a similaridade estrutural entre cGMP (à esquerda) e o Viagra.

FIGURA 23.16 As isozimas da lactato desidrogenase (LDH). (a) As cinco combinações possíveis misturando-se dois tipos de subunidades, H e M, em todas as permutações para formar um tetrâmero. (b) A descrição de um gel de eletroforese dos tipos de isozima encontrados nos diferentes tecidos.

Isozimas (Isoenzimas) Enzimas que realizam a mesma função, mas têm diferentes combinações das suas subunidades e, portanto, estruturas quaternárias diferentes.

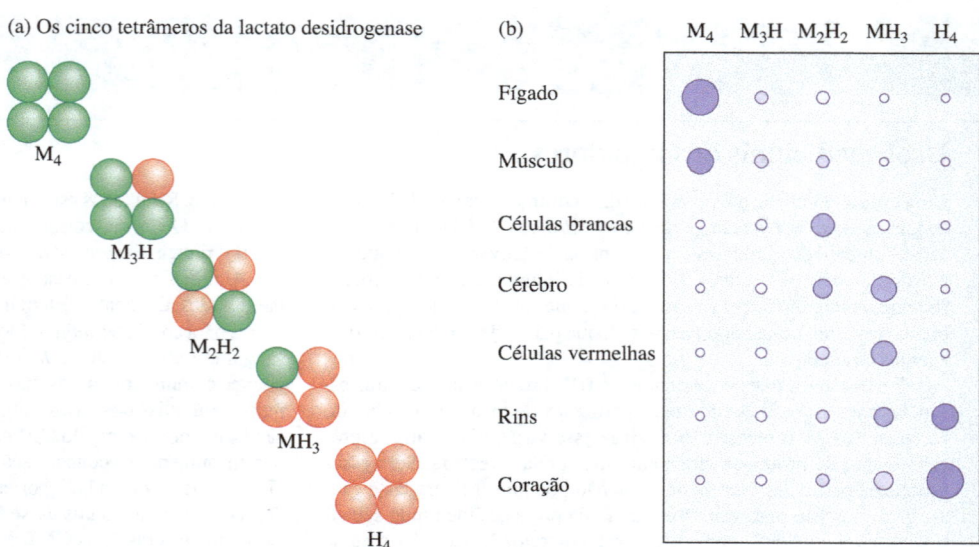

E. Isoenzimas

Outro tipo de regulação da atividade enzimática ocorre quando a mesma enzima aparece de diversas formas em diferentes tecidos. A lactato desidrogenase (LDH) catalisa a oxidação de lactato a piruvato e vice-versa (Figura 28.3, etapa 11). A enzima tem quatro subunidades (tetrâmero). Existem dois tipos de subunidades, chamadas H e M. A enzima que prevalece no coração é uma enzima H_4, que significa que todas as quatro subunidades são do tipo H, embora algumas subunidades do tipo M também estejam presentes. No fígado e nos músculos esqueléticos, o tipo M predomina. Outros tipos de combinações dos tetrâmeros existem em diferentes tecidos: H_3M, H_2M_2 e HM_3. Essas diferentes formas da mesma enzima são chamadas **isozimas** ou **isoenzimas**.

As diferentes subunidades conferem diferenças sutis, porém importantes, à função da enzima em relação ao tecido. O coração é um órgão puramente aeróbico, exceto durante um ataque cardíaco. A LDH é usada para converter lactato em piruvato no coração. A enzima H_4 é alostericamente inibida por altos níveis de piruvato (seu produto) e tem uma maior afinidade por lactato (seu substrato) que a enzima M_4, que é otimizada para executar as reações opostas. A isozima M_4 favorece a produção de lactato.

A distribuição de isozimas LDH pode ser vista pela técnica de eletroforese em gel, em que as amostras são separadas em um gel por meio de um campo elétrico. Além das suas diferenças cinéticas, as duas subunidades da LDH possuem diferentes cargas. Portanto, cada combinação de subunidades atravessa o campo elétrico com uma diferente velocidade (Figura 23.16).

23.7 Como as enzimas são usadas na medicina?

A maior parte das enzimas está confinada no interior das células. No entanto, pequenas quantidades podem também ser encontradas nos fluidos corpóreos como o sangue, a urina e o fluido cerebroespinhal. O nível de atividade enzimática nesses fluidos pode ser monitorado facilmente. Esta informação pode ser extremamente útil: uma atividade anormal (tanto alta como baixa) de uma enzima em particular nos vários fluidos sinaliza tanto o aparecimento de certas doenças como a sua progressão. A Tabela 23.2 lista algumas enzimas usadas no diagnóstico médico e sua atividade nos fluidos corpóreos.

Por exemplo, várias enzimas são medidas durante o enfarte do miocárdio para a diagnose da severidade do ataque cardíaco. As células mortas do coração despejam seu conteúdo enzimático no plasma. Como consequência, o nível de creatina fosfoquinase (CPK) no plasma aumenta rapidamente, atingindo um máximo em dois dias. Esse aumento é seguido por uma elevação dos níveis de aspartato aminotransferase (AST; antes chamada glutamato-oxaloacetato transaminase, ou GOT). Esta segunda enzima atinge um máximo dois ou três dias depois do ataque cardíaco. Adicionalmente à CPK e AST, os níveis de lactato desidrogenase (LDH) são monitorados; seu máximo surge após cinco ou seis dias. Na he-

TABELA 23.2 Análise de enzimas úteis no diagnóstico médico

Enzima	Atividade normal	Fluido corpóreo	Doença diagnosticável
Alanina aminotransferase (ALT)	3-17 U/L*	Serum	Hepatite
Fosfatase ácida	2,5-12 U/L	Serum	Câncer de próstata
Fosfatase alcalina (ALP)	13-38 U/L	Serum	Doenças do fígado ou dos ossos
Amilase	19-80 U/L	Serum	Doença pancreática ou caxumba
Aspartato aminotransferase (AST)	7-19 U/L	Serum	Ataque cardíaco ou hepatite
	7-49 U/L	Fluido cerebroespinhal	
Lactato desidrogenase (LDH)	100-350 WU/mL	Serum	Ataque cardíaco
Creatina fosfoquinase (CPK)	7-60 U/L	Serum	
Fosfoexose isomerase (PHI)	15-75 U/L	Serum	

*U/L = Unidades internacionais por litro; WU/mL = unidades Wrobleski por mililitro.

patite infecciosa, o nível de alanina aminotransferase (ALT; antes denominada glutamato-
-piruvato transaminase, ou GPT) pode aumentar 10 vezes em relação ao normal. Existe também um aumento simultâneo na atividade AST no plasma.

Em alguns casos, a administração de uma enzima é parte da terapia. Após operações de úlceras duodenais ou estomacais, por exemplo, são prescritos tabletes contendo enzimas digestivas aos pacientes, uma vez que, após a cirurgia, a disponibilidade dessas enzimas diminui no estômago. Tais preparações de enzimas contêm lipases, tanto sozinhas como combinadas com enzimas proteolíticas.

23.8 O que são análogos do estado de transição e enzimas elaboradas?

Como foi visto na Seção 23.5C, uma enzima diminui a energia de ativação de determinada reação, o que gera um estado de transição mais favorável. Isso é possível por a enzima ter um sítio ativo que, na verdade, se ajusta melhor ao estado de transição que ao substrato ou aos produtos. Esse aspecto tem sido demonstrado pela utilização de **análogos do estado de transição**, ou seja, moléculas com uma forma que mimetiza o estado de transição do substrato.

A prolina racemase, por exemplo, catalisa a reação que converte L-prolina em D-prolina. Durante essa reação, o carbono-α precisa mudar de um arranjo tetraédrico para uma forma planar e, então, retornar para a forma tetraédrica, mas com a orientação de duas ligações revertidas (Figura 23.17). Um inibidor da reação é pirrol-2-carboxilato, uma substância estruturalmente similar ao que a prolina seria em seu estado de transição porque ela é sempre planar nos carbonos equivalentes. Esse inibidor se liga à prolina racemase 160 vezes mais forte que a própria prolina. Análogos do estado de transição têm sido usados com várias enzimas para ajudar a verificar a proposição de um mecanismo e a estrutura do estado de transição, assim como para inibir uma enzima seletivamente. Eles agora estão sendo usados como modelos na elaboração de fármacos com o objetivo de inibição específica de enzimas que causam doenças.

Em 1969, William Jencks propôs que um imunogênico (uma molécula que elicita a resposta de um anticorpo) elicitaria anticorpos (Capítulo 31) com atividade catalítica se o imunogênico simulasse o estado de transição da reação. Richard Lerner e Peter Schultz, que criaram o primeiro anticorpo catalítico, confirmaram essa hipótese em 1986.

Análogo do estado de transição
Uma molécula que mimetiza o estado de transição do substrato em uma reação química enzimática e que é usada como inibidora da enzima.

Conexões químicas 23E

Glicogênio fosforilase: um modelo para a regulação de enzimas

Um excelente exemplo da sutil elegância da regulação enzimática pode ser visto na enzima glicogênio fosforilase, uma enzima que fragmenta o glicogênio (Capítulo 20) em glicose quando o corpo humano precisa de energia. A glicogênio fosforilase é um dímero controlado pela modificação e por alosterismo.

Existem duas formas de fosforilase chamadas fosforilase *b* e fosforilase *a*, como mostrado na figura. A fosforilase *a* tem um fosfato ligado em cada subunidade, que foram colocados lá pela enzima fosforilase quinase. A fosforilase *b* não tem esses fosfatos. A quinase é ativada por um sinal hormonal que indica a necessidade para o fornecimento de energia de forma rápida ou a necessidade de mais glicose no sangue, dependendo do tecido.

A fosforilase também é controlada alostericamente por uma variedade de reguladores. A forma *b* é convertida em uma forma mais ativa na presença de AMP. Glicose-6-fosfato, glicose e cafeína convertem a forma *b* na forma menos ativa. A forma *a* é também convertida na forma menos ativa pela glicose e cafeína. Em geral, o equilíbrio pende mais para o lado da forma ativa com a fosforilase *a* que com a fosforilase *b*.

Essa combinação de regulação é muito benéfica porque conduz tanto a mudanças rápidas como para aquelas de longo termo. Quando você precisa de uma ação rápida para uma resposta de "lute ou fuja", as primeiras contrações musculares causam a quebra do ATP. A AMP aumenta em menos de 1 segundo, convertendo alguma fosforilase na forma ativa (estado R). Ao mesmo tempo, você experimenta um ímpeto de adrenalina que causa a ativação da fosforilase quinase e a subsequente fosforilação da glicogênio fosforilase da forma *b* para a forma *a*. Essa conversão então permite que mais fosforilase passe para a forma ativa R (ver lado direito da figura, a flecha apontada para baixo). A resposta hormonal é um pouco mais lenta, levando de segundos a minutos para ter efeito, mas ela é mais de longo termo porque o equilíbrio permanece deslocado para a forma R até outra enzima (fosfatase) remover os fosfatos. Então, a combinação dos controles alostérico e covalente nos dá o melhor de duas situações.

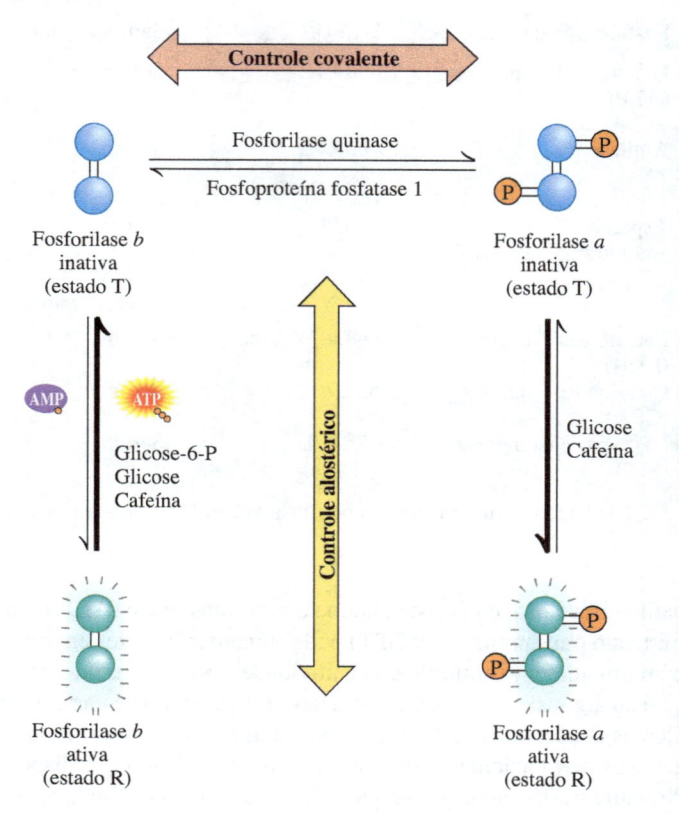

A atividade da glicogênio fosforilase está sujeita ao controle alostérico e a modificações covalentes via fosforilação. A forma fosforilada é mais ativa. A enzima que coloca um grupo fosfato na fosforilase é chamada fosforilase quinase.

FIGURA 23.17 A reação da prolina racemase. Pirrol-2-carboxilato mimetiza o estado de transição planar da reação.

Pelo fato de um anticorpo ser uma proteína que tem a capacidade de se ligar a moléculas específicas no imunogênico, o anticorpo será, em essência, um sítio ativo falso. Por exemplo, a reação de piridoxal fosfato e um aminoácido para formar o correspondente a-cetoácido e piridoxamina fosfato é uma reação muito importante no metabolismo de ami-

Conexões químicas 23F

Uma enzima, duas funções

A enzima chamada prostaglandina enderoperoxidase sintase (PGHS) catalisa a conversão de ácido araquidônico em PGH_2 (Seção 21.12) em duas etapas:

Ácido araquidônico

Ciclo-oxigenase →

PGG_2

Peroxidase →

PGH_2

No processo, a PGHS insere duas moléculas de oxigênio no ácido araquidônico.

A enzima em si é uma molécula de proteína única (não apresenta subunidades), está associada à membrana celular e tem uma coenzima, o grupo heme. Ela apresenta duas funções distintas. A primeira delas é a função de enzima com *atividade ciclo-oxigenase*: fechar um anel de ciclopentano substituído. A outra é a função de enzima com *atividade peroxida*, que resulta no derivado 15-hidróxi da prostaglandina, o PGH_2.

Os analgésicos comerciais agem de duas maneiras ao inibirem a formação de prostaglandina PGH_2. Primeiro, a atividade de ciclo-oxogenase da PGHS é inibida pela aspirina e está relacionada com Aines ("Conexões químicas 21H"). A aspirina inibe PGHS pela acetilação da serina do sítio ativo. Como resultado, o sítio ativo não tem mais a capacidade de acomodar o ácido araquidônico. Outros Aines também inibem a atividade de ciclo-oxigenase, mas não afetam a atividade de peroxidase. Segundo, outra classe de inibidor tem uma atividade antioxidante. Por exemplo, o acetaminofeno (Tylenol) atua como analgésico pela inibição da atividade de peroxidase da PGHS.

---

noácidos. A molécula N^α-(5'-fosfopiridoxil)-L-lisina serve como um estado de transição análogo para essa reação. Quando essa molécula de antígeno foi usada para elicitar anticorpos, esses anticorpos, ou **abzimas**, apresentaram atividade catalítica (Figura 23.18).

Abzima Um anticorpo que apresenta atividade catalítica porque foi criado pela utilização de um análogo do estado de transição como um agente imunogênico.

(a) Porção de N^α-(5'-fosfopiridoxil)-L-lisina (antígeno)

(b) D-alanina + Piridoxal 5'-P → Abzima (anticorpo) → Piruvato + Piridoxamina 5'-P

FIGURA 23.18 Abzimas. (a) A porção de N^α-(5'-fosfopiridoxil)-L-lisina é um análogo do de estado transição para a reação com piridixal 5'-fosfato. Quando essa porção está ligada à proteína e é injetada em um hospedeiro, ela age como um antígeno e o hóspede produz anticorpos que têm atividade catalítica (abzimas). (b) A abzima é então usada para catalisar a reação.

Conexões químicas 23G

Anticorpos catalíticos contra a cocaína

Muitas drogas que viciam, incluindo a heroína, operam pela ligação a um receptor particular nos neurônios, imitando a ação de um neurotransmissor. Quando uma pessoa é dependente de uma droga desse tipo, uma tentativa comum de tratar o vício é usar um composto que bloqueia o receptor, evitando o acesso da droga. O vício por cocaína tem sido difícil de tratar sobretudo por causa de seu modo único de atuação. Como mostrado a seguir, a cocaína bloqueia a reabsorção do neurotransmissor dopamina. Como resultado, a dopamina permanece no sistema por mais tempo, superestimulando os neurônios e conduzindo ao cérebro os sinais da recompensa (a superestimulação) que levam ao vício. Fazer uso de determinada droga para bloquear o receptor não daria resultado com a cocaína e provavelmente só tornaria a remoção da dopamina ainda mais improvável.

A cocaína (Seção 16.2) pode ser degradada por uma esterase específica, uma enzima que hidrolisa uma ligação éster que faz parte da estrutura da droga. No processo dessa hidrólise, a cocaína deve passar por um estado de transição que muda sua forma. Anticorpos catalíticos para o estado de transição da cocaína estão agora sendo criados. Quando administrados aos pacientes dependentes, os anticorpos hidrolisam com sucesso a cocaína em dois produtos inofensivos: ácido benzoico e ecgonina metil éster. Quando degradada, a cocaína não pode bloquear a retomada de dopamina. Não ocorre o prolongamento do estímulo neuronal, e o efeito do vício desaparece com o tempo.

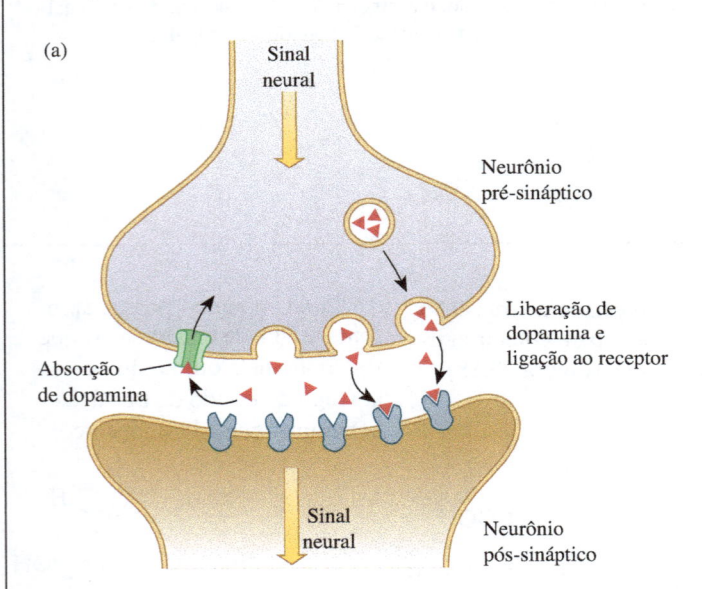

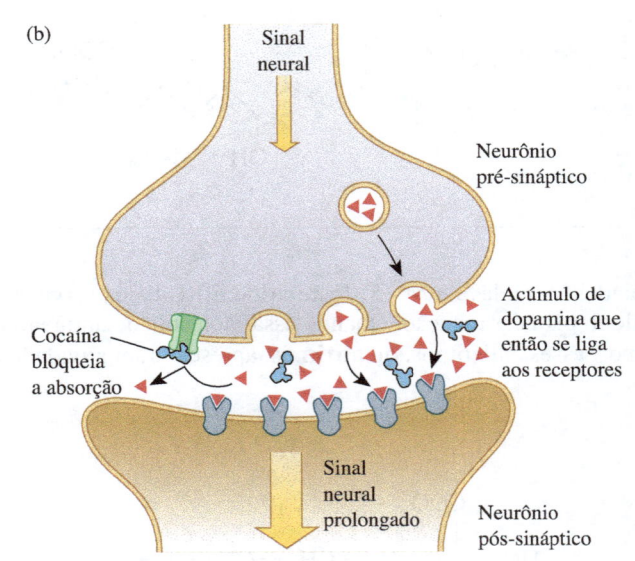

Mecanismo de ação da cocaína. (a) A dopamina age como um neurotransmissor. Ela é liberada de um neurônio pré-sináptico, movimenta-se através da sinapse e se liga ao receptor de dopamina no neurônio pós-sináptico. Ela é posteriormente liberada e absorvida nas vesículas do neurônio pré-sináptico. (b) A cocaína prolonga o tempo em que a dopamina fica disponível aos receptores de dopamina, bloqueando a sua absorção. (Adaptado de: Landry, D. W. Immunotherapy for cocaine addiction. *Scientific American*, p. 42-5, fev. 1997.)

(a) Cocaína   (b) Estado de transição   (c) Ecgonina metil éster / Ácido benzoico

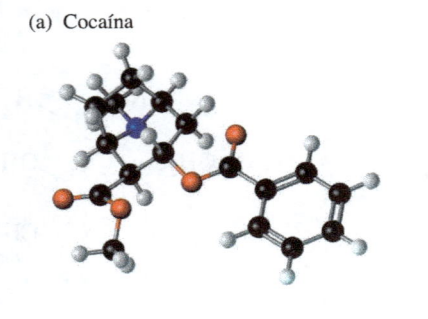

Sítio de clivagem. O carbono assinalado existe em um estado breve ligado a três oxigênios e, dessa forma, é hidrolisado pela água.

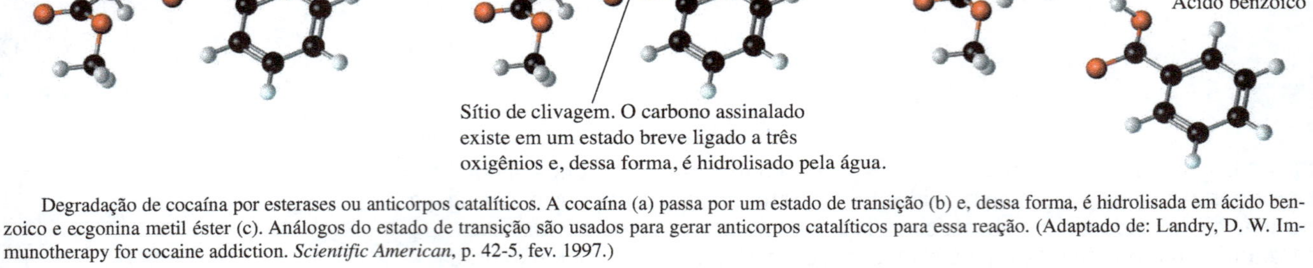

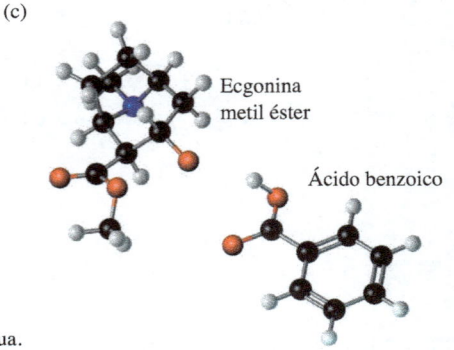

Degradação de cocaína por esterases ou anticorpos catalíticos. A cocaína (a) passa por um estado de transição (b) e, dessa forma, é hidrolisada em ácido benzoico e ecgonina metil éster (c). Análogos do estado de transição são usados para gerar anticorpos catalíticos para essa reação. (Adaptado de: Landry, D. W. Immunotherapy for cocaine addiction. *Scientific American*, p. 42-5, fev. 1997.)

Resumo das questões-chave

Seção 23.1 O que são enzimas?

- **Enzimas** são macromoléculas que catalisam reações químicas nos organismos. A maioria das enzimas é muito específica – elas catalisam apenas uma reação particular.
- O composto cuja reação é catalisada por uma enzima é chamado **substrato**.
- A grande maioria das enzimas são proteínas, embora algumas sejam constituídas de RNA.

Seção 23.2 Qual é a nomenclatura das enzimas e como elas são classificadas?

- As enzimas são classificadas em seis grupos principais de acordo com o tipo de reação que elas catalisam.
- As enzimas são normalmente denominadas de acordo com o substrato e o tipo de reação que elas catalisam pela adição da terminação "-ase".

Seção 23.3 Qual é a terminologia utilizada com as enzimas?

- Algumas enzimas são constituídas apenas de cadeias polipeptídicas. Outras têm, além da cadeia polipeptídica (**apoenzima**), **cofatores** não proteicos, os quais podem ser compostos orgânicos (**coenzimas**) ou íons metálicos.
- Somente uma pequena parte da superfície, chamada **sítio ativo**, participa da catálise de uma reação química. Cofatores, se presentes na enzima, são parte do sítio ativo.
- Compostos que tornam lenta a ação da enzima são chamados **inibidores**.
- Um **inibidor competitivo** se liga ao sítio ativo. Um **inibidor não competitivo** liga-se a outra parte da superfície da enzima.

Seção 23.4 Quais são os fatores que influenciam na atividade enzimática?

- Quanto maiores forem as concentrações da enzima e do substrato, maior será a atividade enzimática. A uma concentração suficientemente alta do substrato, um ponto de saturação é atingido. Após esse ponto, quando se eleva a concentração do substrato, não há um aumento da velocidade de reação.
- Cada enzima tem um nível ótimo de pH e temperatura em que ela apresenta sua maior atividade.

Seção 23.5 Quais são os mecanismos da ação enzimática?

- Dois mecanismos proximamente relacionados que procuram explicar a atividade enzimática são o **modelo da chave-fechadura** e o **modelo do ajuste induzido**.
- As enzimas diminuem a **energia de ativação** necessária para que uma reação bioquímica ocorra.

Seção 23.6 Como as enzimas são reguladas?

- A atividade enzimática é regulada por cinco mecanismos.
- No **controle por retroação**, a concentração dos produtos influencia a velocidade de reação.
- Algumas enzimas, chamadas **proenzimas** ou **zimogênios**, precisam ser ativadas pela remoção de uma pequena parte da cadeia polipeptídica.
- No **alosterismo**, uma interação ocorre em uma posição diferente do sítio catalítico, mas que afeta o sítio catalítico, tanto positiva como negativamente.
- As enzimas podem ser ativadas ou inibidas pela **modificação da proteína**.
- A atividade enzimática também é regulada por **isozimas** (isoenzimas), que são diferentes formas de uma mesma enzima.

Seção 23.7 Como as enzimas são usadas na medicina?

- A atividade anormal das enzimas pode ser usada para diagnosticar certas doenças.

Seção 23.8 O que são análogos do estado de transição e enzimas elaboradas?

- O sítio ativo de uma enzima favorece a formação de um **estado de transição**.
- Moléculas que simulam o estado de transição são chamadas **análogos do estado de transição**, e essas moléculas são inibidores enzimáticos eficazes.

Problemas

Seção 23.1 O que são enzimas?

23.1 Qual é a diferença entre um *catalisador* e uma *enzima*?

23.2 Do que as ribozimas são constituídas?

23.3 Uma lipase poderia hidrolisar dois triglicerídeos, um contendo apenas ácido oleico e o outro contendo apenas ácido palmítico, com a mesma facilidade?

23.4 Compare a energia de ativação de uma reação não catalisada e de uma reação catalisada.

23.5 Por que o corpo precisa de tantas enzimas diferentes?

23.6 A tripsina cliva cadeias polipeptídicas na carboxila de um resíduo de lisina ou arginina (Figura 23.1). A quimiotripsina cliva cadeias de polipeptídeos na carboxila de resíduos de um aminoácido aromático ou qualquer outro grupo apolar volumoso da cadeia lateral. Qual dessas enzimas é mais específica?

Seção 23.2 Qual é a nomenclatura das enzimas e como elas são classificadas?

23.7 Tanto a liases como as hidrolases catalisam reações envolvendo moléculas de água. Qual é a diferença entre esses dois tipos de reação que essas enzimas catalisam?

23.8 Monoamino oxidases são importantes enzimas que atuam no cérebro. A julgar pelo nome, qual(is) dos seguintes compostos seriam substratos adequados para essa classe de enzimas?

(a) HO—⟨C₆H₄⟩—CH(OH)—CH$_2$NH$_2$

(b) CH$_3$—C(=O)—N(CH$_3$)$_2$

(c) ⟨C$_6$H$_5$⟩—NO$_2$

23.9 Com base nas informações apresentadas na Seção 23.2, indique a classificação de cada uma das seguintes enzimas:

(a) Fosfogliceromutase

^-OOC—CH(OH)—CH$_2$—OPO$_3^{2-}$
3-fosfoglicerato

$\rightleftharpoons$ ^-OOC—CH(OPO$_3^{2-}$)—CH$_2$—OH
2-fosfoglicerato

(b) Urease

H$_2$N—C(=O)—NH$_2$ + H$_2$O $\rightleftharpoons$ 2NH$_3$ + CO$_2$
Ureia

(c) Succinato desidrogenase

^-OOC—CH$_2$—CH$_2$—COO$^-$ + FAD
Succinato   Coenzima (forma oxidada)

$\rightleftharpoons$ (H)(^-OOC)C=C(COO$^-$)(H) + FADH$_2$
Fumarato   Coenzima (forma reduzida)

(d) Aspartase

(H)(^-OOC)C=C(COO$^-$)(H) + NH$_4^+$
Fumarato

$\rightleftharpoons$ ^-OOC—CH$_2$—CH(NH$_3^+$)—COO$^-$
L-aspartato

23.10 Que tipo de reação cada uma das seguintes enzimas catalisa?
(a) Desaminase   (b) Hidrolase
(c) Desidrogenase   (d) Isomerase

Seção 23.3 Qual é a terminologia utilizada com as enzimas?

23.11 Qual é a diferença entre uma *coenzima* e um *cofator*?

23.12 No ciclo do ácido cítrico, uma enzima converte succinato em fumarato (ver a reação no Problema 23.9c). A enzima é composta de uma parte de proteína e uma molécula orgânica chamada FAD. Quais termos você utiliza para se referir à (a) parte de proteína e (b) molécula orgânica?

23.13 Qual é a diferença entre inibição não competitiva reversível e irreversível?

Seção 23.4 Quais são os fatores que influenciam na atividade enzimática?

23.14 Na maioria das reações catalisadas por enzimas, a velocidade de reação atinge um valor constante com o aumento da concentração do substrato. Essa correlação está descrita no diagrama da curva de saturação (Figura 23.4). Se a concentração da enzima, em molaridade, fosse duas vezes o máximo da concentração do substrato, você obteria uma curva de saturação?

23.15 A uma concentração muito baixa de certa substância, constatamos que a velocidade da reação catalisada por enzima também duplica. Você esperaria o mesmo comportamento com uma concentração muito alta do substrato? Explique.

23.16 Se queremos duplicar a velocidade de uma reação catalisada por enzima, podemos fazer isso aumentando a temperatura em 10 °C? Explique.

23.17 Uma bactéria de uma enzima tem a seguinte atividade dependente da temperatura.

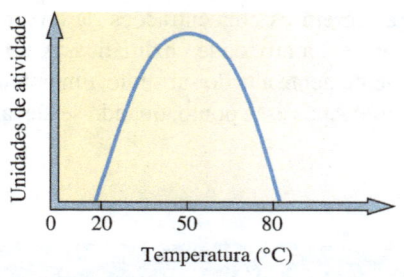

[Gráfico: Unidades de atividade vs Temperatura (°C), com curva atingindo pico em aproximadamente 50 °C, eixo x marcado em 0, 20, 50, 80]

(a) Essa enzima apresenta maior ou menor atividade na temperatura normal do corpo se comparada com a temperatura de uma pessoa com febre?
(b) O que acontece com a atividade dessa enzima se a temperatura é diminuída a 35 °C?

23.18 A temperatura ótima para a ação da lactato desidrogenase é de 36 °C. Ela é irreversivelmente inativada a 85 °C, mas um fermento que contém essa enzima pode sobreviver por meses a −10 °C. Explique como isso acontece.

23.19 A atividade da pepsina foi medida em vários valores de pH. Quando a temperatura e a concentração de pepsina e substrato foram mantidas constantes, obtiveram-se as seguintes atividades:

pH	Atividade
1,0	0,5
1,5	2,6
2,0	4,8
3,0	2,0
4,0	0,4
5,0	0,0

(a) Construa o gráfico da atividade da pepsina em função do pH.
(b) Qual é o pH ótimo?
(c) Qual é a atividade da pepsina no sangue a pH 7,4?

23.20 Como o perfil de pH de uma enzima pode nos indicar o possível mecanismo se conhecemos os aminoácidos do sítio ativo?

Seção 23.5 Quais são os mecanismos da ação enzimática?

23.21 A urease pode catalisar a hidrólise da ureia, mas não hidrolisa dietilureia. Explique por que a dietilureia não é hidrolisada.

$$H_2N-\overset{\overset{O}{\|}}{C}-NH_2 \quad\quad CH_3CH_2-NH-\overset{\overset{O}{\|}}{C}-NH-CH_2CH_3$$
Ureia   Dietilureia

23.22 A seguinte reação pode ser representada pelos desenhos:

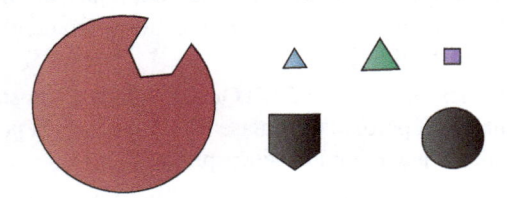

Glicose + ATP ⇌ glicose 6-fosfato + ADP

Nessa reação catalisada por enzima, Mg^{2+} é um cofator; fluoroglicose, um inibidor competitivo; e Cd^{2+}, um inibidor não competitivo. Identifique cada componente da reação pelos desenhos e os reúna para mostrar (a) a reação normal da enzima, (b) uma inibição competitiva e (c) uma inibição não competitiva.

23.23 Quais são os aminoácidos mais frequentes encontrados no sítio ativo das enzimas?

23.24 Que tipo de reação química ocorre com maior frequência nos sítios ativos?

23.25 Das seguintes afirmações que descrevem o modelo do ajuste induzido das enzimas, qual é verdadeira? Os substratos se ajustam no sítio ativo.
(a) porque ambos são exatamente do mesmo formato e tamanho.
(b) pela mudança dos tamanhos e das formas para coincidirem com os do sítio ativo.
(c) pela mudança do tamanho e da forma do sítio ativo quando ocorre a ligação.

23.26 Que velocidade máxima pode ser obtida na inibição competitiva comparada com a inibição não competitiva?

23.27 Enzimas são constituídas por cadeias longas de proteína, usualmente contendo mais que 100 aminoácidos. Entretanto, o sítio ativo contém apenas uns poucos aminoácidos. Explique por que os outros aminoácidos da cadeia estão presentes e o que aconteceria com a atividade enzimática se a estrutura da enzima fosse alterada significativamente.

23.28 A sacarose (açúcar de mesa) é hidrolisada a glicose e frutose. A reação é catalisada pela enzima invertase. Usando os dados apresentados a seguir, determine se a inibição por ureia (2M) é competitiva ou não competitiva.

Concentração de sacarose (M)	Velocidade (unidades arbitrárias)	Velocidade + inibidor
0,0292	0,182	0,083
0,0584	0,265	0,119
0,0876	0,311	0,154
0,117	0,330	0,167
0,175	0,372	0,192

Seção 23.6 Como as enzimas são reguladas?

23.29 A hidrólise de glicogênio que resulta em glicose é catalisada pela enzima fosforilase. A cafeína, que não é um carboidrato nem um substrato da enzima, inibe a fosforilase. Que tipo de mecanismo regulatório está em ação?

23.30 O produto da reação que é parte da sequência pode atuar como um inibidor para outra reação na sequência? Explique.

23.31 Qual é a diferença entre *zimogênio* e *proenzima*?

23.32 A enzima tripsina é sintetizada pelo corpo na forma de um cadeia longa de polipeptídeo contendo 235 aminoácidos (tripsinogênio), do qual um pedaço precisa ser cortado antes que a tripsina possa estar ativa. Por que o corpo não sintetiza tripsina diretamente?

23.33 Indique a estrutura do resíduo de tirosil de uma enzima modificada por uma proteína quinase.

23.34 O que é uma *isozima*?

23.35 A enzima glicogênio fosforilase inicia a fosforólise de glicogênio para formar glicose 1-fosfato. Isso ocorre em duas formas: a fosforilase *b* é menos ativa, e a fosforilase *a* é mais ativa. A diferença entre as formas *a* e *b* está na modificação da apoenzima. A fosforilase *a* tem dois grupos fosfato adicionados na cadeia polipeptídica. Analogamente à piruvato quinase abordada no texto, forneça um esquema indicando a transição entre as formas *a* e *b*. Quais enzimas e cofatores controlam essa reação?

22.36 Como podemos saber se uma enzima é alostérica plotanto a velocidade *versus* a concentração do substrato?

23.37 Explique a natureza dos dois tipos de controle da glicogênio fosforilase. Qual é a vantagem de ter ambos os tipos de controle?

23.38 Qual tipo de regulação discutida na Seção 23.6 é a menos reversível? Explique.

23.39 A enzima fosfofrutoquinase (PFK) (Capítulo 28) apresenta dois tipos de subunidades, M e L, para o músculo e para o fígado, respectivamente. Essas subunidades se combinam para formar um tetrâmero. Quantas isozimas de PFK existem? Quais são as suas designações?

23.40 Ao separar PFK usando eletroforese, como as isozimas migrariam sabendo que a subunidade M tem um menor pI que a subunidade L?

Seção 23.7 Como as enzimas são usadas na medicina?

23.41 Após um ataque cardíaco, os níveis de certas enzimas no plasma aumentam. Quais enzimas seriam monitoradas em um intervalo de 24 horas depois de uma suspeita de ataque cardíaco?

23.42 A enzima antes conhecida como GTP (glutamato-piruvato transaminase) agora tem outro nome: ALT (alanina aminotransferase). Com base na equação da Seção 28.9, o que é catalisado por essa enzima que resultou nessa mudança de nome?

23.43 Se o exame de um paciente indicou elevados níveis de AST, mas níveis normais de ALT, qual seria um possível diagnóstico?

23.44 Qual isozima LDH é monitorada em caso de ataque cardíaco?

23.45 Os químicos que são expostos durante anos a vapores orgânicos apresentam valores acima dos normais para o teste da atividade da enzima fosfatase alcalina. Que órgão no corpo é afetado pelos vapores orgânicos?

23.46 Que preparação enzimática é dada aos pacientes após uma cirurgia de úlcera duodenal?

23.47 A quimotripsina é secretada pelo pâncreas e passa pelo intestino. O pH ótimo para essa enzima é 7,8. Se o pâncreas de um paciente não pode produzir quimotripsina, seria possível administrá-lo oralmente? O que acontece com a atividade da quimotripsina durante a sua passagem através do trato gastrointestinal?

Seção 23.8 O que são análogos do estado de transição e enzimas elaboradas?

23.48 Explique por que análogos do estado de transição são inibidores potentes.

23.49 Como os análogos do estado de transição estão correlacionados com o modelo de ajuste induzido de enzimas?

23.50 Explique a relação entre análogos do estado de transição e abzimas.

Conexões químicas

23.51 (Conexões químicas 23A) A acetilcolina causa a contração muscular. A succinicolina, uma "parente" próxima, é um relaxante muscular. Explique os efeitos diferentes desses dois compostos similares.

23.52 (Conexões químicas 23A) A succilcolina é usualmente administrada antes da realização de uma bronquioscopia. O que se obtém com esse procedimento?

23.53 (Conexões químicas 23B) O PKMζ é um tipo de enzima chamada quinase. As quinases são muito importantes no metabolismo. Consulte os capítulos 27 e 28 sobre metabolismo e localize dois exemplos de quinases. Que tipo de reação é catalisado pelas quinases?

23.54 (Conexões químicas 23B) Explique como os pesquisadores usaram o fármaco ZIP para testar os efeitos de memória de longo termo. Como eles souberam que a aversão por comida era um fenômeno de memória de longo termo?

23.55 (Conexões químicas 23B) Por que os pesquisadores gostariam de ser capazes de bloquear seletivamente a memória de longo termo?

23.56 (Conexões químicas 23C) Qual é o papel desempenhado pelo Mn^{2+} no ancoramento de um substrato no sítio ativo de uma proteína quinase?

23.57 (Conexões químicas 23C) Quais aminoácidos do sítio ativo interagem com o grupo $=CH_2$ do fosfoenol piruvato? Esses aminoácidos fornecem o mesmo ambiente na superfície? Qual é a natureza da interação?

23.58 (Conexões químicas 23D) Qual é a estratégia usada no planejamento de fármacos projetados para combater a Aids?

23.59 (Conexões químicas 23D) Por que os cientistas querem criar um fármaco que iniba a cGMP diesterase?

23.60 (Conexões químicas 23E) Explique a diferença entre fosforilase *a* e fosforilase *b*. Qual é a mais ativa e por quê?

23.61 (Conexões químicas 23E) Qual é a relação entre modificação da proteína e controle alostérico da glicogênio fosforilase?

23.62 (Conexões químicas 23F) Qual atividade da prostaglandina endoperoxidase sintase (PGHS) é inibida pelo Tylenol e qual é inibida pela aspirina?

23.63 (Conexões químicas 23G) Explique como os anticorpos catalíticos são produzidos para combater o vício em cocaína.

23.64 (Conexões químicas 23G) Por que inibidores não podem ser usados para bloquear os receptores da cocaína como é frequentemente feito para outras drogas?

23.65 (Conexões químicas 23G) Qual é o mecanismo de ação da cocaína como droga?

Problemas adicionais

23.66 Onde podemos encontrar enzimas que são estáveis e ativas a 90 °C?

23.67 Alimentos podem ser preservados pela inativação de enzimas que causam deterioração – por exemplo, por refrigeração. Mostre um exemplo de preservação de alimentos no qual as enzimas são inativadas (a) por aquecimento e (b) pela diminuição do pH.

23.68 Por que a atividade enzimática de pacientes durante o infarto do miocárdio é medida no plasma e não na urina?

23.69 Qual é a característica comum dos aminoácidos dos quais os grupos carboxila das ligações peptídicas podem ser hidrolisados por tripsina?

23.70 Várias enzimas são ativas somente na presença de Zn^{2+}. Que termo comum é usado para íons como o Zn^{2+} quando é discutida a atividade enzimática?

23.71 Uma enzima tem a seguinte dependência do pH:

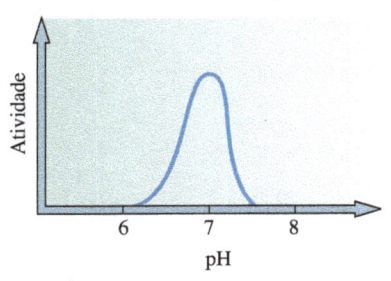

Em que pH essa enzima funciona melhor?

23.72 Que enzima é monitorada no diagnóstico da infecção da hepatite?

23.73 A enzima quimotripsina catalisa o seguinte tipo de reação:

$$R-CH(CH_2C_6H_5)-C(=O)-NH-CH(CH_3)-R + H_2O$$

$$\longrightarrow R-CH(CH_2C_6H_5)-C(=O)-O^- + H_3\overset{+}{N}-CH(CH_3)-R$$

Com base na classificação dada na Seção 23.2, a que grupo de enzima a quimotripsina pertence?

23.74 Agentes nervosos[2] atuam formando ligações covalentes no sítio ativo da colinesterase. Esse é um exemplo de inibição competitiva? Moléculas dos agentes nervosos podem ser removidas pela simples adição de maior quantidade de substrato (acetilcolina) para a enzima?

23.75 Qual seria o nome apropriado para uma enzima que catalisa cada uma das seguintes reações?

(a) $CH_3CH_2OH \longrightarrow CH_3C(=O)-H$

(b) $CH_3C(=O)-O-CH_2CH_3 + H_2O$

$\longrightarrow CH_3C(=O)-OH + CH_3CH_2OH$

23.76 Na Seção 29.5, é mostrada uma reação entre piruvato e glutamato para formar alanina e α-cetoglutarato. Como você classificaria a enzima que catalisa essa reação?

23.77 Uma enzima do fígado é feita de quatro subunidades: 2A e 2B. A mesma enzima, quando isolada do cérebro, tem as seguintes subunidades: 3A e 1B. Como você denominaria essa enzima?

23.78 Qual é a função de um ribossomo?

23.79 Pode uma enzima catalisar a reação em uma direção, mas não catalisar no sentido oposto (reação reversa) para o(s) par(es) substrato-produto? Explique.

Antecipando

23.80 A cafeína é um estimulante ingerido por muitas pessoas na forma de café, chá, chocolate e bebidas à base de cola.[3] Ela também é usada por muitos atletas. A cafeína tem vários efeitos, incluindo a estimulação das lipases. Conhecendo seu efeito nas lipases e na glicogênio fosforilase, você pode prever se ela seria mais eficiente na ajuda a um corredor que participa de uma corrida de 10 km ou de 1,6 km?

23.81 A cafeína é também um diurético, o que significa que ela aumenta o movimento de água através dos rins para a urina. Por que essa potencial compensação ajudaria um atleta de longa distância?

23.82 Até a descoberta das bactérias termófilas que vivem em condições extremas de calor e pressão, era impossível ter um sistema automatizado de síntese de DNA. Explique por que isso acontece, sabendo que esse processo funciona em temperaturas em torno de 90 °C para separar as fitas do DNA.

23.83 Que características do RNA conferem a ele uma provável atividade catalítica? Por que o DNA tem uma menor probabilidade de apresentar atividade catalítica?

---

[2] Recebem esse nome porque agem no sistema nervoso. Esses agentes são utilizados como armas químicas, por exemplo, o gás sarin. Alguns desses agentes são chamados gases dos nervos. (NT)

[3] Aqui, faz-se referência à substância cola, obtida da noz da planta *Cola acuminatada*, da família Malvaceae. (NRT)

Comunicação química: neurotransmissores e hormônios

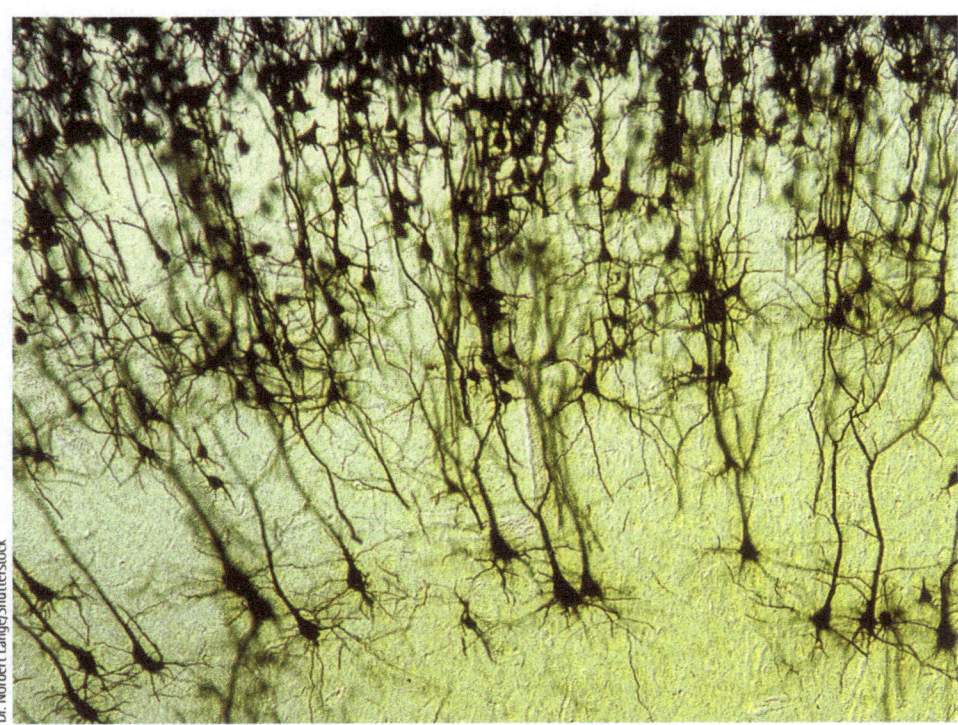

24

Células nervosas. Neurônios existem em vários tamanhos e formas no sistema nervoso, mas todos têm uma estrutura básica: um corpo central celular grande onde está o núcleo e projeções de dois tipos: um axônio único (uma fibra nervosa) e um ou mais dendritos, projeções pequenas que atuam como receptores sensoriais.

Questões-chave

- **24.1** Que moléculas estão envolvidas na comunicação química?
- **24.2** Como os mensageiros químicos são classificados em neurotransmissores e hormônios?
- **24.3** De que forma a acetilcolina age como um mensageiro?
- **24.4** Quais aminoácidos agem como neurotransmissores?
- **24.5** O que são mensageiros adrenérgicos?
- **24.6** Qual é a função dos peptídeos na comunicação química?
- **24.7** De que forma os hormônios esteroides agem como mensageiros?

24.1 Que moléculas estão envolvidas na comunicação química?

Para ter uma ideia da importância da comunicação química na saúde, consulte a Tabela 24.1, que apresenta uma pequena amostra das substâncias concernentes a este capítulo, as quais são fundamentais para a manutenção de uma vida saudável. Na verdade, um grande número de fármacos encontrados na farmacopeia atua de uma maneira ou de outra influenciando a comunicação química.

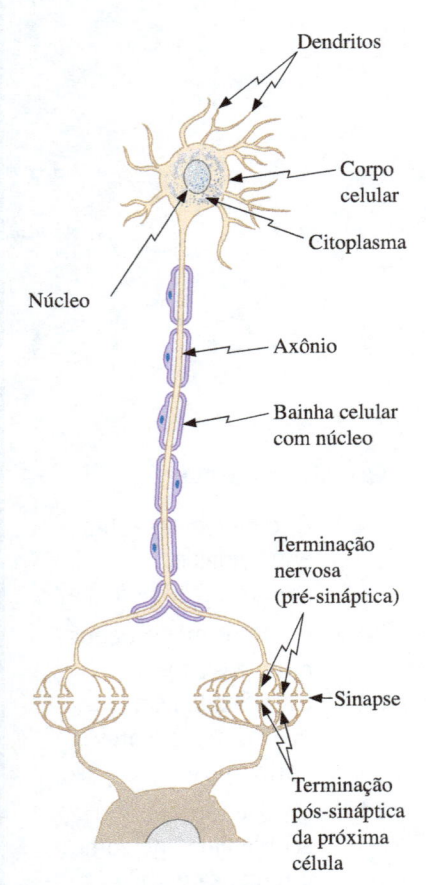

FIGURA 24.1 Neurônio e sinapse.

Neurotransmissor Um mensageiro químico entre um neurônio e outra célula-alvo: neurônio, célula muscular ou célula glandular.

Hormônio Um mensageiro químico liberado por uma glândula endócrina na corrente sanguínea e transportado para atingir uma célula-alvo.

No corpo, cada célula é uma entidade isolada envolvida em sua própria membrana. Além disso, no interior de cada célula dos organismos superiores, as organelas, como o núcleo ou a mitocôndria, estão envoltas em suas membranas, separando-as do restante da célula. Se as células não pudessem se comunicar entre si, as milhares de reações em cada célula seriam descoordenadas. O mesmo é verdade para as organelas contidas nas células. Tal comunicação permite que a atividade de uma célula em determinada parte do corpo seja coordenada com a atividade da célula em uma diferente parte do corpo. Existem três tipos principais de moléculas para a comunicação:

- **Receptores** são moléculas de proteína que se unem a ligantes e realizam algum tipo de mudança. Eles podem estar na superfície das células, embebidos na membrana das organelas, ou livres em solução. A maioria dos receptores que vamos estudar está ligada à membrana.
- **Mensageiros químicos**, também chamados ligantes, interagem com os receptores. (Os mensageiros químicos se ajustam aos sítios do receptor de uma maneira reminiscente ao do modelo da chave-fechadura mencionado na Seção 23.5.)
- **Mensageiros secundários** levam, em vários casos, a mensagem de um receptor para o interior da célula e amplificam a mensagem.

Se sua casa está em chamas e o fogo ameaça a sua vida, sinais externos, como luz, fumaça e calor, registram um alarme em receptores específicos em seus olhos, nariz e pele. A partir deles, os sinais são transmitidos por compostos específicos para as células nervosas ou **neurônios**. As células nervosas estão presentes por todo o corpo e, com o cérebro, constituem o sistema nervoso. Nos neurônios, os sinais viajam como impulsos elétricos ao longo dos axônios (Figura 24.1). Quando eles atingem o fim do neurônio, os sinais são transmitidos para neurônios adjacentes por compostos específicos denominados **neurotransmissores**. A comunicação entre os olhos e o cérebro, por exemplo, é feita pela transmissão neural.

Assim que os sinais de perigo são processados no cérebro, outros neurônios levam mensagens para os músculos e as glândulas endócrinas. A mensagem para os músculos é a de fugir ou tomar alguma outra ação em resposta ao incêndio (salvar o bebê ou correr para o extintor de incêndio, por exemplo). Para fazer isso, os músculos precisam ser ativados. Novamente, os neurotransmissores levam as mensagens necessárias dos neurônios para as células dos músculos e glândulas endócrinas. As glândulas endócrinas são estimuladas, e um sinal químico diferente, chamado **hormônio**, é secretado na corrente sanguínea. "A adrenalina começa a fluir." A adrenalina é um hormônio que se liga a um receptor específico no músculo e nas células do fígado. Uma vez ligada, ela aciona a produção de um segundo mensageiro (mensageiro secundário), o AMP cíclico (cAMP). O mensageiro secundário conduz a uma série de modificações em enzimas envolvidas no metabolismo de carboidratos. O resultado imediato é que as células produzem energia rapidamente, de forma que os músculos possam ser acionados de modo rápido e frequente, permitindo ao organismo usar sua força e velocidade nos momentos de crise. Vamos revisitar os mensageiros secundários na Seção 24.6.

Sem esses comunicadores químicos, o organismo inteiro – você – não sobreviveria porque existe uma constante necessidade de esforços coordenados para enfrentar as situações do mundo exterior. A comunicação química entre células e órgãos diferentes desempenha um papel no próprio funcionamento de nosso corpo. Sua importância é ilustrada pelo fato de que *uma grande porcentagem de fármacos que encontramos na aplicação médica tenta influenciar essa comunicação*. O alcance dessas drogas abrange todos os campos – da prescrição contra a hipertensão às doenças do coração, aos antidepressivos, aos analgésicos, somente para mencionar alguns. Existem várias maneiras de esses fármacos agirem no organismo. A substância pode afetar o mensageiro, o receptor, o mensageiro secundário ou cada uma das enzimas específicas que são ativadas e inibidas como parte da via metabólica (ver Capítulo 23).

1. Uma droga **antagonista** bloqueia o receptor e previne a estimulação.
2. Uma droga **agonista** compete com o mensageiro natural pelo sítio receptor. Uma vez ligado, ele estimula o receptor.
3. Outras drogas diminuem a concentração do mensageiro controlando a sua liberação de onde ele se encontra armazenado.

Tabela 24.1 Substâncias que afetam a transmissão de sinais nervosos

Mensageiro	Drogas que afetam sítios receptores		Drogas que afetam a concentração disponível do neurotransmissor ou sua remoção dos sítios receptores	
	Agonistas (ativam sítios receptores)	Antagonistas (bloqueiam sítios receptores)	Aumentam a concentração	Diminuem a concentração
Acetilcolina (colinérgica)	Nicotina Succinilcolina	Curare Atropina	Malation Gases dos nervos Succinilcolina Donepezil	Toxina da *Clostridium botulinum*
Íon cálcio		Nifedipina Diltiazen	Digitoxina	
Epinefrina (α-adrenérgico)	Terazosin			
Norepinefrina (β-adrenérgico)	Fenilefrina Epinefrina (Adrenalina)	Propanolol	Anfetaminas	Reserpina Metildopa Metirosina
Dopamina (adrenérgico)		Clozapina	Entacapon	
Serotonina (adrenérgico)		Ondansetron	Antidepressivo Fluoxetina	
Histamina (adrenárgico)	2-Metil-histamina	Fexofenadina Difenhidramina Ranitidina Cimetidina	Histamina	Hidrazino-histidina
Ácido Glutâmico (aminoácido)	*N*-Metil-D-aspartato	Fenilciclidina		
Enquefalin (peptidérgico)	Opiato Morfina Heroína Meperidina		Naloxona	

4. Outras drogas aumentam a concentração do mensageiro inibindo a sua remoção dos receptores.
5. Outros, ainda, atuam na ativação ou inibição de enzimas específicas no interior das células.

A Tabela 24.1 apresenta algumas substâncias e seus modos de ação que afetam a neurotransmissão. Veremos mais detalhadamente a relação entre comunicação química e controle enzimático mais adiante.

24.2 Como os mensageiros químicos são classificados em neurotransmissores e hormônios?

Como mencionado antes, neurotransmissores são compostos que fazem a comunicação entre duas células nervosas ou entre uma célula nervosa e outra célula (tal como uma célula muscular). Uma célula nervosa (Figura 24.1) é composta de um corpo celular principal do qual se projeta uma parte semelhante a uma fibra, chamada **axônio**. Na outra parte do corpo principal da célula, há estruturas parecidas com fios de cabelo denominadas **dendritos**.

Tipicamente, neurônios não se tocam. Entre a terminação de um axônio de um neurônio e o corpo celular ou terminação dendrítica do neurônio seguinte, existe um espaço preenchido com um fluido aquoso, chamado **sinapse**. Se os sinais químicos "viajam" do axônio para o dendrito, chamamos as terminações nervosas no axônio de sítio **pré-sináptico**. Os neurotransmissores são armazenados no sítio pré-sináptico em **vesículas**, que são pequenos pacotes inclusos na membrana. Os receptores estão localizados no sítio **pós-sináptico** do corpo celular ou do dentrito.

Sinapse Um pequeno espaço aquoso entre a extremidade de um neurônio e a célula-alvo.

Os **hormônios** são compostos secretados por tecidos específicos (as glândulas endócrinas), liberados na corrente sanguínea e então absorvidos em um sítio de um receptor específico, normalmente em um lugar distante de onde foi secretado. (Essa é a definição fisiológica de um hormônio.) A Tabela 24.2 lista alguns dos hormônios principais. A Figura 24.2 mostra os órgãos-alvo do hormônio secretado pela glândula hipófise.

A distinção entre hormônios e neurotransmissores é fisiológica, não química. Um neurotransmissor atua em uma curta distância através da sinapse (2×10^{-6} cm). Entretanto, se o composto atua em longas distâncias (20 cm) da glândula secretória através da corrente sanguínea para a célula-alvo, trata-se de um hormônio. Por exemplo, epinefrina e norepinefrina são neurotransmissores e hormônios.

Tabela 24.2 Os hormônios principais e suas funções

Glândula	Hormônio	Ação	Etruturas mostradas na
Paratireoide	Hormônio da paratireoide	Aumentar a quantidade de cálcio no sangue Excreção de fosfato pelo rim	Seção 22.5
Tireoide	Tiroxina (T_4) Tri-iodotironina (T_3)	Crescimento, maturação e velocidade metabólica Metamorfose	
Ilhotas pancreáticas Células Beta	Insulina	Fator hipoglicêmico Regulação de carboidratos, gorduras e proteínas	Seção 22.8 Conexões químicas 24G
Células alfa Medula adrenal	Glucagon Epinefrina Norepinefrina	Glicogenólise no fígado Glicogênese no fígado e nos músculos	Seção 24.5
Córtex adrenal	Cortisol Aldosterona Androgênios adrenais	Metabolismo de carboidratos Metabolismo de minerais (especialmente em fêmeas)	Seção 21.10 Seção 21.10
Rim	Renina	Hidrólise da proteína precursora do sangue para formar angiotensina	
Hipófise anterior	Hormônio luteinizante Hormônio estimulante de células intersticiais Prolactina Mamotropina	Causa ovulação Formação de testosterona e progesterona em células intersticiais Crescimento da glândula mamária Lactação Função dos *corpus luteum*	
Hipófise posterior	Vasopressina Oxitocina	Contração dos vasos sanguíneos Reabsorção de água nos rins Estimula contração uterina e a ejeção de leite	Seção 22.8 Seção 22.8
Ovários	Estradiol Progesterona	Regula ciclo estral Características sexuais femininas	Seção 21.10 Seção 21.10
Testículos	Testosterona Androgênios	Características sexuais masculinas Espermatogênese	Seção 21.10

Existem, mencionando de forma ampla, cinco classes de mensageiros químicos: *colinérgicos, aminoácidos, adrenérgicos, peptidérgicos* e *esteroides*. Essa classificação é baseada na natureza química do mensageiro em cada grupo. Os neurotransmissores podem pertencer a todas as cinco classes, e os hormônios pertencem às três últimas classes.

Os mensageiros podem também ser classificados de acordo com a sua função. Alguns deles – epinefrina, por exemplo – *ativam enzimas*. Outros afetam a *síntese de enzimas e proteínas* pela ativação dos genes que as produzem (Seção 26.2). Hormônios esteroides (Seção 21.10) funcionam dessa maneira. Finalmente, alguns afetam a *permeabilidade de membranas*; acetilcolina e insulina pertencem a essa classe.

Há ainda outra maneira de classificar os mensageiros: de acordo com o seu potencial de *atuar diretamente* ou como um *mensageiro secundário*. Os hormônios esteroides atuam diretamente. Eles podem penetrar a membrana celular e passar através da membrana do núcleo. Por exemplo, o estradiol estimula o crescimento uterino.

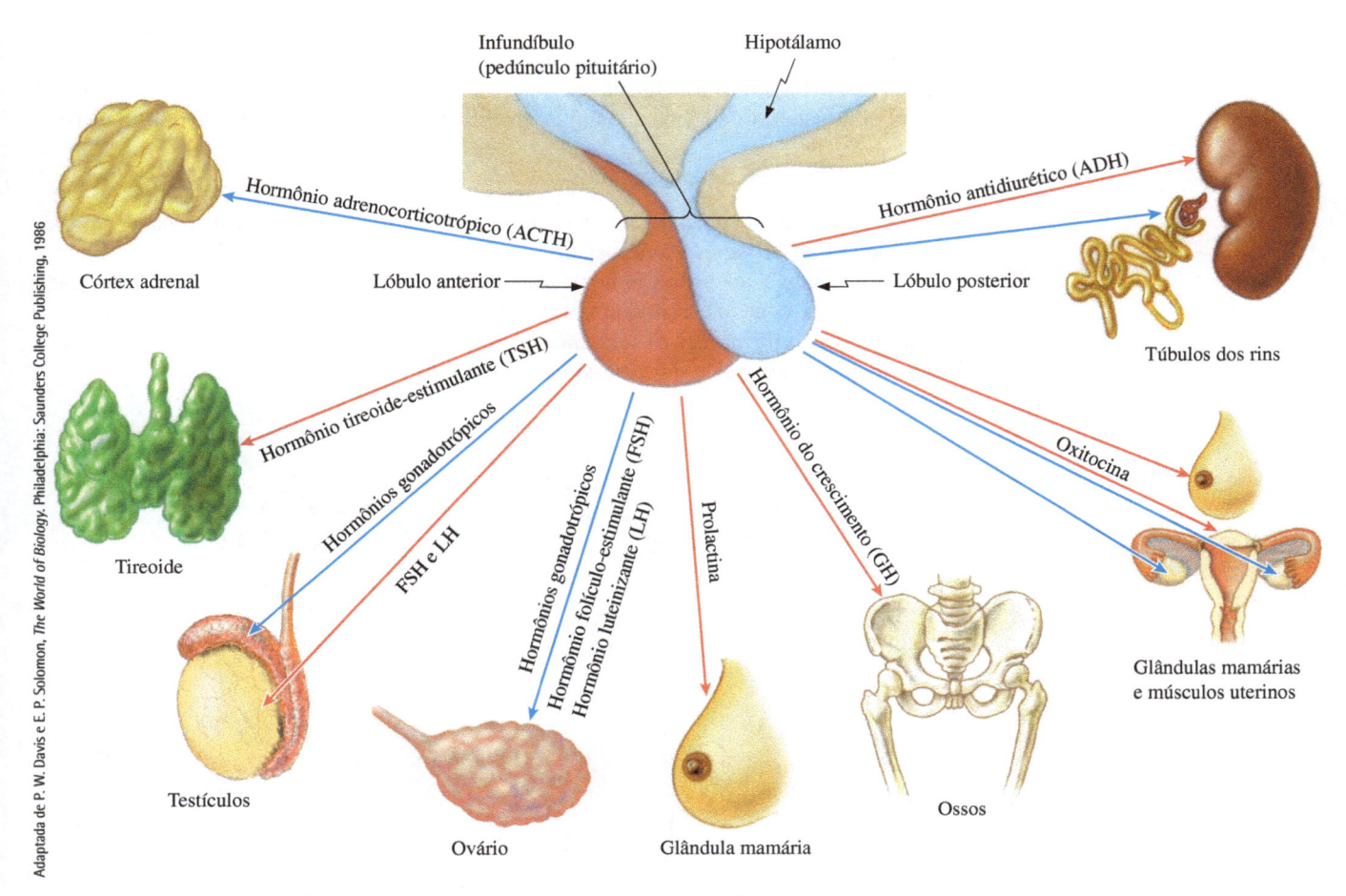

Figura 24.2 A glândula hipófise fica ligada ao hipotálamo por um pedúnculo de tecido neural. A figura mostra os hormônios que são secretados pelos lóbulos anterior e posterior da glândula hipófise e os tecidos alvo em que eles atuam.

Outros mensageiros químicos atuam através de mensageiros secundários. Por exemplo, epinefrina, glucagon, hormônio luteinizante, norepinefrina e vasopressina usam cAMP como um mensageiro secundário (mais detalhes na Seção 24.5C).

Nas seções seguintes, escolheremos exemplos do modo de comunicação entre cada uma das cinco categorias de mensageiros.

24.3 De que forma a acetilcolina age como um mensageiro?

O principal **neurotransmissor colinérgico** é a acetilcolina:

$$CH_3-\overset{\overset{O}{\|}}{C}-O-CH_2-CH_2-\overset{\overset{CH_3}{|}}{\underset{\underset{CH_3}{|}}{N^+}}-CH_3$$

Acetilcolina

A. Receptores colinérgicos

Existem dois tipos de receptores para esse mensageiro. Veremos um que há nos músculos esqueléticos ou no gânglio simpático. As células nervosas que trazem a mensagem contêm acetilcolina armazenada nas vesículas dos seus axônios. O receptor nas células dos músculos ou neurônios é também conhecido como receptor nicotínico porque a nicotina (ver "Conexões químicas 16B") inibe a neurotransmissão desses nervos. O receptor por si é uma *pro-*

teína de transmembrânica (Figura 21.2) constituída de cinco subunidades diferentes. A parte central do receptor é um canal de íons através do qual, quando aberto, os íons Na^+ e K^+ podem passar (Figura 24.3). Quando os canais de íons estão fechados, a concentração de K^+ é maior no interior da célula que fora; o inverso é verdadeiro para a concentração de Na^+.

B. Armazenamento de mensageiros

Um evento se inicia quando uma mensagem é transmitida de um neurônio para os próximos neurotransmissores. A mensagem é iniciada por íons cálcio (ver "Conexões químicas 24A"). Quando a concentração no neurônio atinge determinado nível (mais que 0,1 μM), a vesícula que contém a acetilcolina se funde com a membrana pré-sináptica da célula nervosa. Então, ela descarrega os neurotransmissores na sinapse. As moléculas mensageiras viajam através da sinapse e são absorvidas em sítios de receptores específicos.

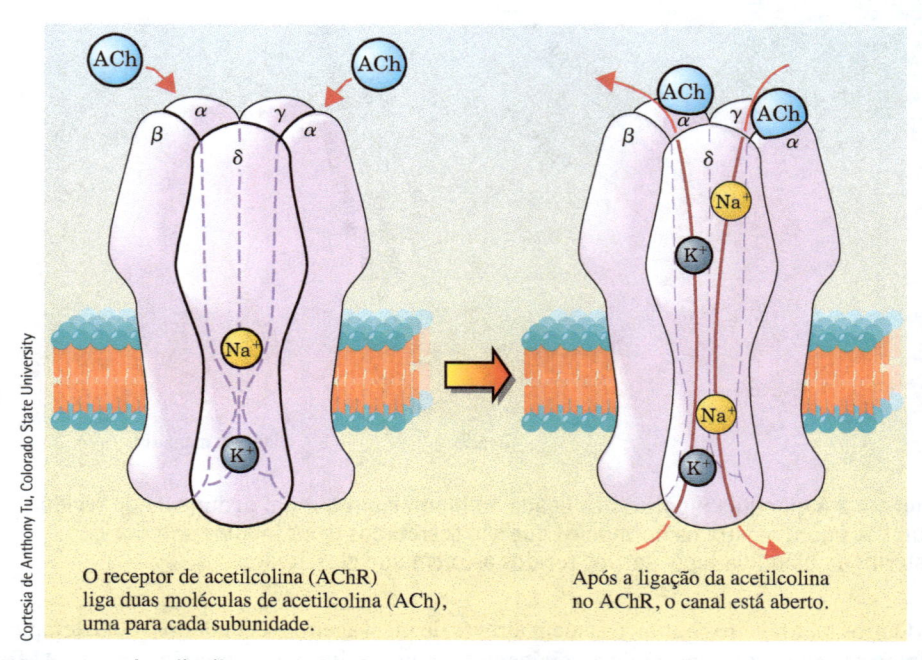

FIGURA 24.3 Acetilcolina em ação. O receptor proteico tem cinco subunidades. Quando duas moléculas de acetilcolina se ligam a duas subunidades α, um canal se abre para permitir a passagem de íons Na^+ e K^+ por transporte facilitado ("Conexões químicas 21C").

Conexões químicas 24A

A atuação do cálcio como um agente sinalizador (mensageiro secundário)

A mensagem levada aos receptores na membrana das células pelos neurotransmissores ou hormônios deve ser entregue intracelularmente em vários locais no interior da célula. O mais universal e o mais versátil agente de sinalização é o cátion Ca^{2+}.

Íons cálcio nas células vêm tanto de fontes extracelulares ou de armazenamento intracelular como do retículo endoplasmático. Se os íons vêm de fora da célula, eles entram através de canais específicos de cálcio. Íons de cálcio controlam nossas batidas do coração, nossos movimentos pela ação dos músculos esqueléticos e, através da liberação de neurotransmissores em nossos neurônios, os processos de aprendizado e memória. Eles também estão envolvidos na sinalização tanto no início da vida na fertilização como no fim com a morte. A sinalização dos íons de cálcio controla essas funções através de dois mecanismos: (1) aumento de concentração e (2) duração dos sinais.

No estado de descanso do neurônio, a concentração de Ca^{2+} é de cerca 0,1 μM. Quando os neurônios são estimulados, esse nível pode aumentar para 0,5 μM. Entretanto, para obter a fusão entre as vesículas sinápticas e a membrana do plasma do neurônio, concentrações muito maiores precisam ser atingidas (10-25 μM).

Um aumento na concentração de íons cálcio tem efeito similar a uma "faísca". A fonte de íons cálcio pode ser externa (afluxo de cálcio causado por sinais elétricos da transmissão nervosa) ou interna (liberação de cálcio armazenado no retículo endoplasmático). Ao receber o sinal de uma "faísca" de cálcio, as vesículas que armazenam acetilcolina viajam para a fenda pré-sináptica da membrana, onde ocorre a fusão com a membrana por meio da liberação do seu conteúdo na sinapse.

Os íons cálcio podem também controlar a sinalização pelo gerenciamento da duração do sinal. O sinal na musculatura lisa arterial dura de 0,1 a 0,5 s. A onda de Ca^{2+} no fígado dura de 10 a 60 s. A onda de cálcio no óvulo humano permanece de 1 a 35 minutos após a fertilização. Portanto, combinando a concentração, localização e duração

Conexões químicas 24A (continuação)

do sinal, os íons cálcio podem levar mensagens para realizar uma variedade de funções.

Os efeitos do Ca^{2+} são modulados através de proteínas específicas que ligam cálcio. Em todas as células não musculares e na musculatura lisa, a calmodulina atua como uma proteína para ligar o cálcio. A calmodulina ligada ao cálcio ativa uma enzima, a proteína quinase II, a qual então fosforila um substrato de proteína adequado. Dessa forma, o sinal é traduzido em atividade metabólica.

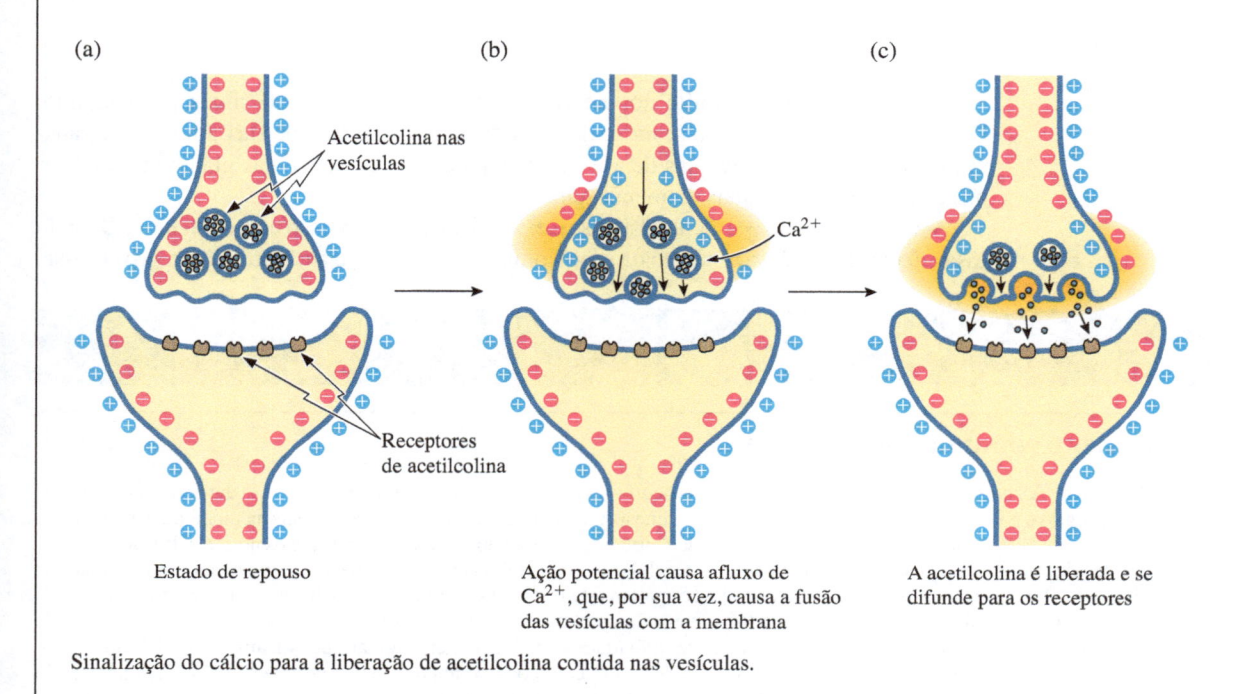

(a) Estado de repouso — Acetilcolina nas vesículas; Receptores de acetilcolina

(b) Ação potencial causa afluxo de Ca^{2+}, que, por sua vez, causa a fusão das vesículas com a membrana

(c) A acetilcolina é liberada e se difunde para os receptores

Sinalização do cálcio para a liberação de acetilcolina contida nas vesículas.

Conexões químicas 24B

O botulismo e a liberação de acetilcolina

Quando carne ou peixes são indevidamente cozidos ou preservados, pode ocorrer o aparecimento de um veneno mortal denominado botulismo. A responsável por isso é a bactéria *Chlostridium botulinum*, que produz uma toxina que impede a liberação de acetilcolina das vesículas pré-sinápticas. Portanto, nenhum neurotransmissor atinge os receptores na superfície das células dos músculos, e então os músculos não reagem nem se contraem. Sem tratamento, a pessoa doente pode morrer.

Surpreendentemente, a toxina botulínica tem uma utilização médica importante: é usada no tratamento dos espasmos musculares involuntários. Os tiques são causados pela liberação descontrolada de acetilcolina. A administração controlada da toxina, quando aplicada localmente nos músculos faciais, cessa as contrações descontroladas e alivia as distorções faciais.

A "distorção facial" tem múltiplos significados na indústria cosmética. Os sinais faciais e as rugas podem ser removidos pela paralisação temporária dos músculos faciais. A FDA aprovou o Botox (toxina botulínica) para uso cosmético. Sua utilização está se difundindo rapidamente. O Botox foi usado indiscriminadamente para esse tipo de aplicação por vários anos, particularmente em Hollywood. Na verdade, muitos diretores de cinema têm reclamado que alguns atores têm usado muito Botox, de forma que eles já não mostram uma diversidade de expressões faciais, o que compromete a sua atuação.

C. A ação dos mensageiros

A presença de moléculas de acetilcolina nos receptores pós-sinápticos aciona uma mudança conformacional (Seção 22.10) na proteína receptora. Essa mudança abre o *canal de íons* e permite que eles atravessem a membrana livremente. Os íons Na^+ estão em maior concentração fora do neurônio que os íons K^+, portanto mais Na^+ entra na célula que K^+ sai. Por envolver íons, os quais transportam cargas elétricas, esse processo é traduzido em um sinal elétrico. Após poucos milissegundos, o canal se fecha novamente. A acetilcolina ainda ocupa o receptor. Para o canal ser reaberto e transmitir um novo sinal, a acetilcolina deve ser removida, e o neurônio, reativado.

D. Remoção dos mensageiros

A acetilcolina é removida rapidamente do sítio receptor pela enzima *acetilcolinesterase*, que o hidrolisa.

$$CH_3-\underset{\underset{\text{Acetilcolina}}{}}{\overset{O}{\underset{\|}{C}}}-O-CH_2-CH_2-\underset{\underset{CH_3}{|}}{\overset{\overset{CH_3}{|}}{N^+}}-CH_3 + H_2O \xrightarrow{\text{Acetilcolinesterase}} CH_3-\underset{\underset{\text{Acetato}}{}}{\overset{O}{\underset{\|}{C}}}-O^- + HO-CH_2-CH_2-\underset{\underset{\underset{\text{Colina}}{CH_3}}{|}}{\overset{\overset{CH_3}{|}}{N^+}}-CH_3 + H^+$$

Essa remoção rápida permite aos nervos transmitir mais que 100 sinais por segundo. Dessa maneira, a mensagem se move de neurônio a neurônio até que ela é finalmente transmitida, de novo por moléculas de acetilcolina, para os músculos ou as glândulas endócrinas que são os alvos finais da mensagem.

A ação da enzima acetilcolinesterase é essencial para o processo como um todo. Quando essa enzima é inibida, a remoção da acetilcolina é incompleta, e a transmissão nervosa cessa.

[1] No Brasil, estima-se que haja 700 mil pessoas com o mal de Alzheimer. (NT)

Conexões químicas 24C

Doença de Alzheimer e comunicação química

A doença de Alzheimer (ou mal de Alzheimer) é o nome dado para os sintomas de perda de memória grave e outros comportamentos senis que afligem cerca de 1,5 milhão de pessoas nos Estados Unidos.[1]

Pessoas com a doença de Alzheimer se esquecem especialmente de fatos recentes. À medida que a doença avança, elas se tornam confusas e, em casos severos, perdem a sua habilidade de fala; em certo ponto, precisam de cuidados totais. Ainda não existe cura para essa doença. A identificação *post-mortem* dessa doença é focada em duas características no cérebro: (1) crescimento dos depósitos de proteína conhecidos como placas β-amiloides, localizadas externamente às células nervosas e (2) emaranhados neurofibrilares compostos por proteínas tau. Há controvérsias sobre qual dessas características é a causa primária da neurodegeneração observada na doença de Alzheimer. Cada uma delas tem seus defensores.

As proteínas tau se ligam aos microtúbulos, uma das principais proteínas do citoesqueleto. Mutação genética da proteína tau ou fatores ambientais, como hiperfosforilação, podem alterar a habilidade de a tau se ligar aos microtúbulos. Essas proteínas tau alteradas formam emaranhados no citoplasma dos neurônios. Emaranhados neurofibrilares têm sido encontrados nos cérebros de pacientes com a doença de Alzheimer na ausência de placas, sugerindo que a anormalidade tau pode ser suficiente para causar a neurodegeneração.

Na maioria dos cérebros afetados pela doença de Alzheimer, o aspecto predominante são as placas compostas de proteínas fibrosas, algumas com 7-10 nm de espessura, que estão misturadas com peptídeos pequenos chamados peptídeos β-amiloides. Esses peptídeos se originam de um precursor aquossolúvel, a proteína amiloide precursora (APP). Essa proteína transmembrânica tem uma função desconhecida. Certas enzimas chamadas presenilinas cortam os peptídeos que contêm 38, 40 e 42 aminoácidos da região transmembrânica da APP. Em indivíduos com Alzheimer, mutações das proteínas APP causam uma acumulação preferencial do peptídeo de 42 aminoácidos que forma folhas-β. Esses aminoácidos precipitam e criam placas.

Na doença de Alzheimer, as células dos nervos no córtex cerebral morrem, o cérebro torna-se menor, e parte do córtex atrofia. A depressão entre as dobras da superfície cerebral torna-se mais profunda.

Embora vários pesquisadores concentrem suas atenções nas placas β-amiloides e nas proteínas tau, ainda não está claro se esses dois fatores são os reais responsáveis pela morte dos neurônios. Outro mensageiro químico, o Ca^{2+}, pode também estar envolvido. De acordo com pesquisas em curso, há evidências de que o fluxo de cálcio para os neurônios é interrompido nos indivíduos com Alzheimer. Acredita-se que as proteínas β-amiloides formam canais na membrana externa do neurônio, conduzindo a níveis maiores que os normais de cálcio intracelular. As presenilinas podem também desempenhar um papel na forma em que o íon cálcio é liberado das reservas intracelulares, essencialmente do retículo endoplasmático (RE). Presenilinas mutantes de indivíduos com Alzheimer originam um vazamento do RE no citosol, assim como possivelmente afeta a proteína denominada Serca, que pode ser a responsável pelo sequestro de Ca^{2+} presente no citosol. Embora as proteínas β-amiloides e tau sejam as características mais notáveis e óbvias no tecido do cérebro nessa doença, há indícios de que um excesso de íons cálcio possa causar a morte celular. Indivíduos com Alzheimer também apresentam uma menor atividade da enzima acetilcolina transferase no cérebro. Essa enzima sintetiza acetilcolina pela transferência de grupos acetila da acetil-CoA para a colina:

$$CH_3\overset{O}{\underset{\|}{C}}-S-CoA + HO-CH_2CH_2\underset{\underset{CH_3}{|}}{\overset{\overset{CH_3}{|}}{N^+}}CH_3$$

Acetil-CoA   Colina

$$\longrightarrow CH_3\overset{O}{\underset{\|}{C}}-O-CH_2CH_2\underset{\underset{CH_3}{|}}{\overset{\overset{CH_3}{|}}{N^+}}CH_3 + CoA-SH$$

Acetilcolina   Coenzima A

A menor concentração de acetilcolina pode ser parcialmente compensada pela inibição da enzima acetilcolinesterase, a qual decompõe a acetilcolina. Certos fármacos que atuam como inibidores da acetilcolinesterase têm mostrado uma melhora na memória e em outras funções cognitivas nas pessoas com essa doença. Fármacos como donepezil, rivastigmina e galantamina pertencem a essa categoria, e todos atenuam os sintomas da doença de Alzheimer. O alcaloide huperzina A, um ingrediente ativo da erva do chá chinês que tem sido usada há séculos para melhorar a memória, é também um potente inibidor da acetilcolinesterase.

E. Controle da neurotransmissão

A acetilcolinesterase é inibida reversivelmente pela succinilcolina ("Conexões químicas 23A") e pelo brometo de decametônio.

$$\text{CH}_3-\overset{\overset{\displaystyle \text{CH}_3}{|}}{\underset{\underset{\displaystyle \text{CH}_3}{|}}{\text{N}^+}}-\text{CH}_2(\text{CH}_2)_8\text{CH}_2-\overset{\overset{\displaystyle \text{CH}_3}{|}}{\underset{\underset{\displaystyle \text{CH}_3}{|}}{\text{N}^+}}-\text{CH}_3 \quad 2\,\text{Br}^-$$

Brometo de decametônio

A succinilcolina e o brometo de decametônio são parecidos com a terminação da colina da acetilcolina e, por isso, atuam como inibidores competitivos da acetilcolinesterase. Em pequenas doses, esses inibidores reversíveis relaxam os músculos temporariamente, fazendo então deles relaxantes musculares em procedimentos cirúrgicos. Em doses altas, eles são mortais.

A inibição da acetilcolinesterase é uma forma de controlar a neurotransmissão colinérgica. Outra maneira é modular a ação do receptor. Pelo fato de a acetilcolina permitir a abertura dos canais de íons e pela propagação do sinal, esse modo de ação é denominado *canais iônicos acionados por ligante*. A conexão do ligante ao receptor é crítica na sinalização. A nicotina administrada em doses baixas é um estimulante, pois trata-se de um agonista que prolonga a resposta bioquímica do receptor. Quando administrada em altas doses, torna-se, entretanto, um antagonista que bloqueia a ação no receptor. Desse modo, ela pode causar convulsões e paralisia respiratória. A succinilcolina, além de ser um inibidor reversível da acetilcolinesterase, também tem esse efeito agonista/antagonista dependente da concentração nos sítios receptores. Um forte antagonista que bloqueia completamente o receptor pode interromper a comunicação entre o neurônio e a célula muscular. O veneno de várias cobras, como a cobratoxina, exerce uma influência mortal dessa forma. O extrato vegetal curare, que foi usado nas flechas pelos índios da Amazônia como um veneno, funciona dessa forma. Em doses pequenas, o curare é usado como um relaxante muscular.

Finalmente, o fornecimento de mensageiros de acetilcolina pode influenciar a transmissão nervosa adequada. Se mensageiros de acetilcolina não são liberados de seus estoques celulares como no botulismo ("Conexões químicas 24B") ou se sua síntese é prejudicada, como na doença de Alzheimer ("Conexões químicas 24C"), há redução da concentração de acetilcolina e da transmissão nervosa.

24.4 Quais aminoácidos agem como neurotransmissores?

A. Mensageiros

Os aminoácidos estão distribuídos ao longo dos neurônios individualmente ou constituindo peptídeos e proteínas. Eles também podem funcionar como neurotransmissores. Alguns deles, como o ácido glutâmico, o ácido aspártico e a cisteína, agem como **neurotransmissores excitatórios** similares à acetilcolina e norepinefrina. Outros, como glicina, β-alanina, taurina (Seção 21.11) e principalmente ácido γ-aminobutírico (Gaba), são **neurotransmissores inibitórios** que reduzem a neurotransmissão. Note que alguns desses aminoácidos não são encontrados em proteínas.

$$^+\text{H}_3\text{NCH}_2\text{CH}_2\text{SO}_3^- \qquad ^+\text{H}_3\text{NCH}_2\text{CH}_2\text{COO}^- \qquad ^+\text{H}_3\text{NCH}_2\text{CH}_2\text{CH}_2\text{COO}^-$$

Taurina β-alanina   ácido γ-aminobutírico (Gaba)
(Nome Iupac: ácido 4-aminobutanoico)

B. Receptores

Cada um desses aminoácidos tem seu próprio receptor. Na verdade, o ácido glutâmico tem ao menos cinco classes de receptores. O mais conhecido é o receptor *N*-metil-D-

-aspartato (NMDA). Esse canal iônico acionado por ligante é similar ao receptor colinérgico nicotínico discutido na Seção 24.3:

$$\begin{array}{c} CH_3 \\ | \\ NH_2^+ \\ | \\ CHCH_2-COO^- \\ | \\ COO^- \end{array}$$

N-metil-D-aspartato

Quando o ácido glutâmico se liga a esse receptor, o canal de íons se abre, Na^+ e Ca^{2+} fluem para o neurônio, e K^+ sai do neurônio. Isso também ocorre quando o NMDA, um antagonista, estimula o receptor. O portão desse canal é fechado por um íon Mg^{2+}.

A fenciclidina (PCD), um antagonista do NMDA, provoca alucinações. A PCD, conhecida por "*angel dust*", é uma substância controlada que produz um comportamento psicótico e problemas psicológicos de longo termo.

C. Remoção do mensageiro

Em contraste com o comportamento da acetilcolina, não há uma enzima que degrade o ácido glutâmico removendo-o de seu receptor a partir da ocorrência da sinalização. O ácido glutâmico é removido por **transportadores**, que o devolvem para a membrana pré-sináptica no neurônio. Esse processo é chamado **reassimilação**.

Transportador Uma molécula de proteína que leva uma molécula pequena, como a glicose ou o ácido glutâmico, através da membrana.

24.5 O que são mensageiros adrenérgicos?

A. Mensageiros monoaminas

A terceira classe de neurotransmissores/hormônios, os mensageiros adrenérgicos, incluem monoaminas como a epinefrina, serotonina, dopamina e histamina. (As estruturas desses compostos podem ser encontradas mais adiante nesta seção e nas "Conexões químicas 24D".)

Essas monoaminas transmitem sinais por um mecanismo em que o início do processo é similar à ação da acetilcolina, isto é, elas são absorvidas em um receptor.

B. Transdução de sinal

Transdução de sinal Uma cascata de eventos através dos quais o sinal de um neurotransmissor ou hormônio levado a seu receptor é realizado no interior da célula-alvo e amplificado em muitos sinais que podem causar modificações em proteínas, ativação enzimática, e na abertura de canais de membrana

Uma vez que o hormônio ou neurotransmissor se liga ao receptor, algum mecanismo deve propagar o sinal para a célula. O processo pelo qual o sinal inicial é estendido e amplificado através das células é chamado transdução de sinal. Esse processo envolve compostos intermediários que passam o sinal para os alvos finais. Eventualmente, enzimas são modificadas para alterar sua atividade ou canais de membrana são abertos e fechados. A expressão "transdução de sinal" e muito da pesquisa pioneira nessa área vêm do trabalho desenvolvido por Martin Rodbell (1925-1998) do National Institute of Health, ganhador do Prêmio Nobel de 1994 em Fisiologia e Medicina.

A ação dos neurotransmissores de monoamina é um exemplo excelente. Uma vez que o neurotransmissor/hormônio de monoamina (por exemplo, norepinefrina) é absorvido no sítio receptor, o sinal será amplificado no interior da célula. No exemplo mostrado na Figura 24.4, o receptor apresenta uma proteína associada chamada proteína-G. Essa proteína é a chave para a cascata que produz vários sinais no interior da célula (amplificação). A proteína-G ativa apresenta um nucleotídeo associado, a guanosina trifosfato (GTP). Esse nucleotídeo é um análogo da adenosina trifosfato (ATP), na qual a base aromática adenina é substituída pela guanosina (Seção 25.2). A proteína-G se torna inativa quando o nucleotídeo associado é hidrolisado à guanosina difosfato (GDP). A transdução de sinal começa com a proteína-G ativa, que ativa a enzima adenilato ciclase.

A proteína-G também participa em outra transdução de sinal em cascata, que envolve compostos baseados no inositol (Seção 21.6) como moléculas de sinalização. Fosfatidilinositol difosfato (PIP_2) media a ação de hormônios e neurotransmissores. Esses mensageiros podem estimular a fosforilação de enzimas de forma similar à cascata de cAMP. Eles também desempenham uma importante função na liberação de íons de suas áreas de armazenamento no retículo endoplasmático (RE) ou no retículo sarcoplásmico (RS).

C. Mensageiros secundários

A adenilato ciclase produz um mensageiro secundário no interior da célula, o AMP cíclico (cAMP). A produção do cAMP ativa o processo que resulta na transmissão de um sinal elétrico. O cAMP é produzido pela adenilato ciclase usando ATP:

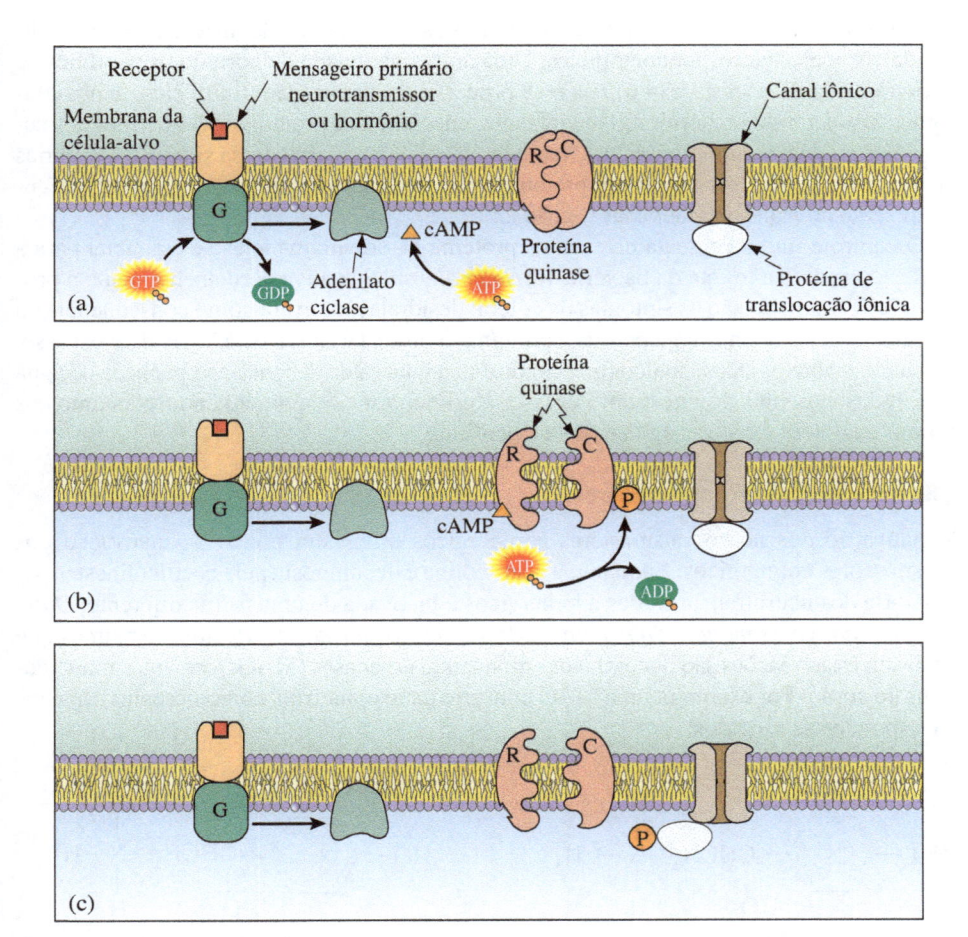

FIGURA 24.4 A sequência de eventos na membrana pós-sináptica quando a norepinefrina é absorvida no sítio receptor. (a) A proteína-G ativa hidrolisa GTP. A energia da hidrólise de GTP à GDP ativa a enzima adenilato ciclase. A molécula de cAMP é formada quando a adenilato ciclase divide ATP em cAMP e pirofosfato. (b) O AMP cíclico ativa a proteína quinase pela dissociação da unidade regulatória (R) da unidade catalítica (C). Uma segunda molécula de ATP, mostrada em (b), fosforilou a unidade catalítica e foi convertida em ADP. (c) A unidade catalítica fosforila a proteína de translocação iônica que bloqueou o canal de fluxo de íons. A proteína de translocação iônica fosforilada muda a sua forma e posição, abrindo o portão do canal de íons.

A ativação da adenilato ciclase cumpre dois objetivos importantes:

1. Converte um evento que ocorre do lado externo da superfície da célula-alvo (adsorção no sítio receptor) em uma mudança no interior da célula-alvo (formação de cAMP). Portanto, um mensageiro primário (neurotransmissor ou hormônio) não precisa atravessar a membrana.
2. Amplifica o sinal. Uma molécula adsorvida no receptor estimula a adenilato ciclase a produzir várias moléculas de cAMP. Dessa forma, o sinal é amplificado milhares de vezes.

D. Remoção do sinal

Como o sinal de amplificação cessa? Quando o neurotransmissor ou hormônio se dissocia do receptor, a adenilato ciclase suspende a produção de cAMP. O cAMP que já foi produzido é destruído pela enzima fosfodiesterase, que catalisa a hidrólise da ligação de éster fosfórico, produzindo então AMP.

A amplificação através do mensageiro secundário (cAMP) é um processo relativamente lento. Ele pode durar de 0,1 s a poucos minutos. Portanto, nos casos em que a transmissão de sinais deve ser rápida (de milissegundos a segundos), o neurotransmissor tal qual a acetilcolina atua na permeabilidade de membrana diretamente sem a mediação de um mensageiro secundário.

E. Controle da neurotransmissão

Na transdução da sinalização, a cascata de eventos proteína-G–adenilato ciclase não é limitada aos mensageiros monoamínicos. Uma ampla variedade de hormônios peptídicos e neurotransmissores (Seção 24.6) usa esse processo de sinalização. Entre eles, temos glucagon, vasodepressina, hormônio luteinizante, encefalinas e proteína-P. A abertura dos canais iônicos, descrita na Figura 24.4, também não é o único alvo dessa sinalização. Várias enzimas podem ser fosforiladas por proteínas quinase, e a fosforilação controla se essas enzimas serão ativadas ou inativadas (Seção 23.6).

O controle fino da cascata de eventos proteína-G–adenilato ciclase é essencial para a saúde. Considere a toxina da bactéria *Vibrio cholerae*, que ativa permanentemente a proteína-G. O resultado são os sintomas da cólera: desidratação severa como consequência da diarreia. Esse problema surge porque a proteína-G produz excesso de cAMP. Esse excesso, por sua vez, abre os canais iônicos que conduzem a uma saída de íons acompanhada de água das células epiteliais do intestino. Por isso, a primeira medida tomada no tratamento das vítimas da cólera é repor a água e os sais perdidos.

F. Remoção dos neurotransmissores

A inativação dos neurotransmissores adrenérgicos difere um pouco da inativação dos transmissores colinérgicos. Enquanto a acetilcolina é decomposta pela acetilcolinesterase, a maioria dos neurotransmissores adrenérgicos é inativada de uma forma diferente. *O organismo inativa as monoaminas pela oxidação destas, formando aldeídos.* Enzimas que catalisam essas reações são denominadas monoamina oxidases (MAOs), enzimas muito comuns no corpo. Por exemplo, uma MAO converte tanto epinefrina como norepinefrina nos correspondentes aldeídos:

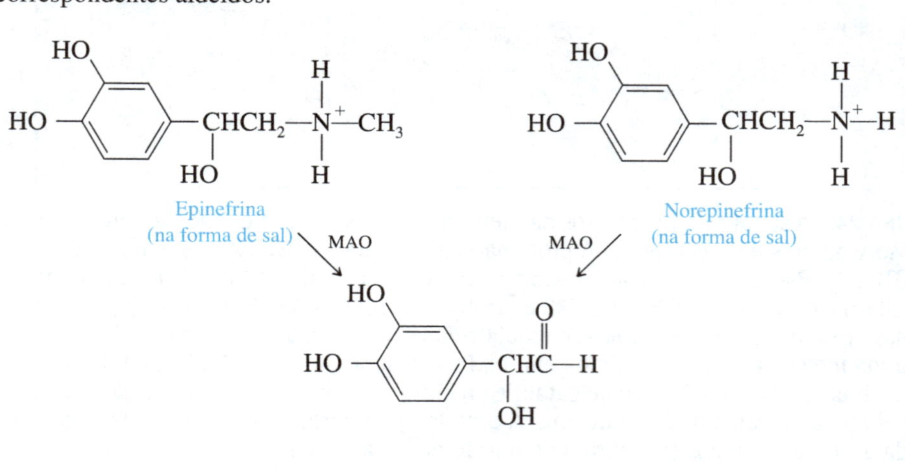

Várias drogas utilizadas como antidepressivos e anti-hipertensivos são inibidores da MAO, como Marplan e Nardil. Eles previnem as MAOs pela conversão das monoaminas em aldeídos, o que aumenta a concentração dos neurotransmissores adrenérgicos ativos.

Existe também uma maneira alternativa de remover os neurotransmissores adrenérgicos. Logo após a adsorção na membrana pós-sináptica, o neurotransmissor sai do receptor e é reabsorvido através da membrana pré-sináptica e armazenado novamente nas vesículas.

Conexões químicas 24D

Doença de Parkinson: redução de dopamina

A doença de Parkinson é caracterizada por movimentos convulsivos das pálpebras e tremores rítmicos das mãos e de outras partes do corpo, frequentemente quando o paciente está em repouso. A postura dos pacientes muda para uma posição inclinada para a frente, o caminhar torna-se lento, com passos arrastados. A causa dessa doença degenerativa dos nervos é desconhecida, mas há evidências de que fatores genéticos e ambientais, tal como a exposição a pesticidas ou altas concentrações de metais como o íon Mn^{2+}, sejam os principais responsáveis.

Os neurônios afetados empregam, sob condições normais, principalmente dopamina como agente neurotransmissor. Pessoas com a doença de Parkinson têm quantidades reduzidas de dopamina em seus cérebros, porém os receptores de dopamina não são afetados. Portanto, a primeira ação é *aumentar a concentração de dopamina*. Esta não pode ser administrada diretamente porque ela não pode penetrar na barreira sanguíneo-cerebral e, por isso, não atinge os tecidos nas quais sua ação é necessária. A L-dopa, em contraste, é transportada através das paredes das artérias e convertida em dopamina no cérebro:

(S)-3,4-Di-hidroxifenilalanina
(L-dopa)

descarboxilação catalisada por enzima → Dopamina + CO_2

Quando a L-dopa é administrada, muitos pacientes com a doença de Parkinson são capazes de sintetizar dopamina e restabelecem a transmissão nervosa normal. Nesses indivíduos, a L-dopa reverte os sintomas da doença, embora a melhora seja apenas temporária. Em outros pacientes, a administração de L-dopa resulta em melhoras pouco substanciais.

Outra maneira de aumentar a concentração de dopamina é *prevenindo a sua eliminação metabólica*. O fármaco denominado entacapon (Comtan) inibe a enzima que retira a dopamina do cérebro. A enzima (catecol-O-metil transferase, Comt) converte dopamina em 3-metoxi-4-hidróxi-L-fenilalanina, a qual é então eliminada. Entacapon é normalmente administrado conjuntamente com L-dopa. Outro fármaco, (R)-selegilina (L-Deprenyl), é um inibidor da monoamina oxidase (MAO). O L-Deprenyl, que também é administrado conjuntamente com L-dopa, pode reduzir os sintomas da doença de Parkinson e aumentar a sobrevida dos pacientes. Essas drogas aumentam os níveis de dopamina, *prevenindo a sua oxidação pelas MAOs*.

Outras drogas podem tratar os sintomas da doença de Parkinson: os movimentos convulsivos e os tremores. Essas drogas, tal como a benztropina, são similares à atropina e atuam nos receptores colinérgicos, portanto prevenindo o espasmo muscular.

A cura da doença de Parkinson pode estar no transplante de neurônios humanos embrionários de dopamina. Em estudos preliminares, esses implantes tiveram a produção de dopamina funcionalmente integrada nos cérebros dos pacientes. Na maioria dos casos, os pacientes foram capazes de reassumir a vida de forma normal e independente após o transplante.

Certas drogas projetadas para atingir um neurotransmissor podem também afetar um outro. Um exemplo é a droga metilfenidato (Ritalin). Em altas doses, essa droga aumenta a concentração de dopamina no cérebro e funciona como um estimulante. Em doses pequenas, ela é prescrita para acalmar crianças hiperativas ou minimizar disfunção do déficit de atenção (DDA). Há indícios de que, em doses pequenas, o Ritalin aumenta a concentração de serotonina. Esse neurotransmissor diminui a hiperatividade sem afetar os níveis de dopamina no cérebro.

Serotonina

A estreita ligação entre dois neurotransmissores monoamínicos, dopamina e serotonina, é também evidente nas suas funções de controle de náusea e vômito que frequentemente ocorrem na anestesia geral e quimioterapia. Bloqueadores dos receptores de dopamina no cérebro, como a prometazina (Fenergan), podem aliviar os sintomas após a anestesia. Um bloqueador dos receptores de serotonina no cérebro e nos terminais dos nervos no estômago, como ondansetrona (Zofran), é a droga de escolha para a prevenção do vômito induzido pela quimioterapia.

A síntese e a degradação de dopamina não são as únicas maneiras de o cérebro manter a concentração de dopamina no estado estacionário (equilíbrio). A concentração é também controlada por proteínas específicas, chamadas *transportadoras*, que levam a dopamina usada do receptor de volta à sinapse no neurônio original para reabsorção. O vício em cocaína se dá por intermédio dessas transportadoras. A cocaína se liga aos transportadores de dopamina, como um inibidor reversível, e impede a reabsorção desta. Como consequência, a dopamina não é transportada de volta ao neurônio original e permanece na sinapse, aumentando o acionamento de sinais, que se traduz no efeito psicoestimulatório associado à cocaína.

Conexões químicas 24E

A atuação do óxido nítrico como um mensageiro secundário

Os efeitos tóxicos da molécula gasosa NO são conhecidos há muito tempo (ver "Conexões químicas 3C"). Por causa disso, foi uma grande surpresa a descoberta de que esse composto desempenha um papel primordial nas comunicações químicas. Essa molécula simples é sintetizada nas células pela transformação de arginina em citrulina (esses dois compostos aparecem no ciclo da ureia; ver Seção 28.8). O óxido nítrico é uma molécula relativamente apolar. Logo após ser produzido na célula nervosa, ele rapidamente se difunde através da bicamada lipídica da membrana. Durante a sua curta meia-vida (4-6 s), ele pode atingir a célula vizinha. Pelo fato de o NO atravessar membranas, ele não precisa de receptores extracelulares para entregar a sua mensagem. O NO é muito instável, logo não existe a necessidade de um mecanismo especial para conduzir a sua destruição.

O NO atua como um mensageiro intercelular entre as células endoteliais, envolvendo os vasos sanguíneos e a musculatura lisa que as cobre. Ele relaxa as células musculares e dilata os vasos sanguíneos. O fluxo sanguíneo fica menos restrito e a pressão sanguínea diminui. Essa reação também explica por que a nitroglicerina ("Conexões químicas 13D") funciona contra ataques de angina: ela produz NO no organismo.

Outra função do NO na dilatação dos vasos sanguíneos está associada com a impotência. A droga da atenuação da impotência, Viagra, aumenta a atividade do NO pela inibição da enzima (fosfodiesterase) que, caso contrário, reduziria o efeito na musculatura lisa.

Quando a concentração de NO é suficientemente alta, os vasos sanguíneos dilatam, permitindo que uma quantidade suficiente de sangue flua e resulte na ereção. Na maior parte dos casos, isso ocorre uma hora após o indivíduo ingerir a pílula.

Algumas vezes, a dilatação dos vasos sanguíneos não é benéfica. Dores de cabeça são causadas pela dilatação das artérias da cabeça. Compostos que produzem NO nos alimentos – nitritos em carnes defumadas ou curadas e glutamato de sódio em temperos – podem causar essas dores de cabeça.

Óxido nítrico é tóxico, como discutido em "Conexões químicas 3C". Essa toxicidade é empregada pelo nosso sistema imune (Seção 31.2B) para combater infecções causadas por viroses.

O efeito tóxico do NO é também evidente nos derrames cerebrais. Em um derrame, uma artéria bloqueada restringe o fluxo sanguíneo em certas partes do cérebro; os neurônios privados de oxigênio morrem. A seguir, os neurônios em uma área próxima, dez vezes maior que o local do ataque inicial, liberam ácido glutâmico, que estimula as outras células. Estas, por sua vez, liberam NO, que mata as células nessa área. Portanto, o dano no cérebro é aumentado em dez vezes. Está sob investigação intensa a procura por inibidores da enzima produtora de NO, a óxido nítrico sintase, que podem ser usados como drogas antiderrame. Pela descoberta do NO e por seu papel no controle da pressão arterial, três farmacologistas – Robert Furchgott, Louis Ignarro e Ferid Murad – receberam o Prêmio Nobel de Fisiologia de 1998.

G. Histaminas

O neurotransmissor histamina se encontra no cérebro dos mamíferos e é sintetizado do aminoácido histidina por descarboxilação:

Histidina $\xrightarrow{H^+}$ Histamina $+ CO_2$

A ação da histamina como um neurotransmissor é muito similar à de outras monoaminas. Existem dois tipos de receptores para histamina. Um receptor, H_1, pode ser bloqueado por anti-histamínicos como o dimenidrinato (Dramamina) e difenidramina (Benadryl). Os outros receptores, H_2, podem ser bloqueados por ranitidina (Zantac) e cimetidina (Tagamet).

Os receptores H_1 são encontrados no trato respiratório e afetam as mudanças vasculares, musculares e secretórias associadas com a rinite alérgica e a asma. Portanto, anti-histamínicos que bloqueiam receptores H_1 aliviam esses sintomas. Os receptores H_2 são encontrados principalmente no estômago e afetam a secreção de HCl. A cimetidina e ranitidina, ambas bloqueadores de H_2, reduzem a secreção ácida e, por isso, atuam como fármacos eficientes em pacientes com úlceras. A maior culpada na formação da maioria das úlceras, entretanto, é uma bactéria, a *Heliobacter pilori*. *Sir* James W. Black do Reino Unido recebeu o Prêmio Nobel em Medicina de 1988 pela invenção da cimetidina e de outras drogas como o propanolol, que eliminam as bactérias causadoras das úlceras (Tabela 24.1).

Exemplo 24.1 | Identificando enzimas na via adrenérgica

Três enzimas na via de neurotransmissão adrenérgica afetam a transdução de sinal. Identifique-as e descreva como elas afetam a neurotransmissão.

Solução

A adenilato ciclase amplifica o sinal pela produção de cAMP, um mensageiro secundário. A fosfatase finaliza o sinal hidrolisando cAMP. A monoamina oxidase (MAO) reduz a frequência dos sinais oxidando os neurotransmissores monoamínicos aos correspondentes aldeídos.

Problema 24.1

Qual é a diferença funcional entre a proteína-G e GTP?

24.6 Qual é a função dos peptídeos na comunicação química?

A. Mensageiros

Vários dos hormônios mais importantes que afetam o metabolismo pertencem ao grupo dos mensageiros peptidérgicos. Entre eles, estão a insulina (Seção 22.8 e "Conexões químicas 24F") e o glucagon, hormônios das ilhotas pancreáticas, e a vasopressina e oxitocina (Seção 22.8), que são produtos da glândula hipófise posterior.

Nos últimos anos, os cientistas isolaram vários peptídeos do cérebro que têm afinidade por certos receptores e, portanto, atuam como se fossem neurotransmissores. São conhecidos 25 ou 30 peptídeos que têm esse comportamento.

Os primeiros peptídeos do cérebro isolados foram as **encefalinas**. Esses pentapeptídeos estão presentes em certos terminais de células nervosas, ligam-se aos receptores de dor específicos e parecem controlar a percepção de dor. Pelo fato de se ligarem ao sítio receptor que também liga o analgésico alcaloide morfina, acredita-se que o N-terminal do pentapeptídeo se ajuste ao receptor (Figura 24.5).

Mesmo sendo a morfina considerada o agente mais eficiente contra a dor, o seu uso clínico é limitado por causa dos efeitos colaterais, como depressão respiratória e constipação. Além disso, a morfina vicia. O uso clínico das encefalinas apresenta apenas resultados modestos no alívio à dor. O desafio é o desenvolvimento de drogas que não envolvam receptores opioides no cérebro.

Outro peptídeo do cérebro, o **neuropeptídeo Y**, afeta o hipotálamo, a região que integra o corpo hormonal e o sistema nervoso.

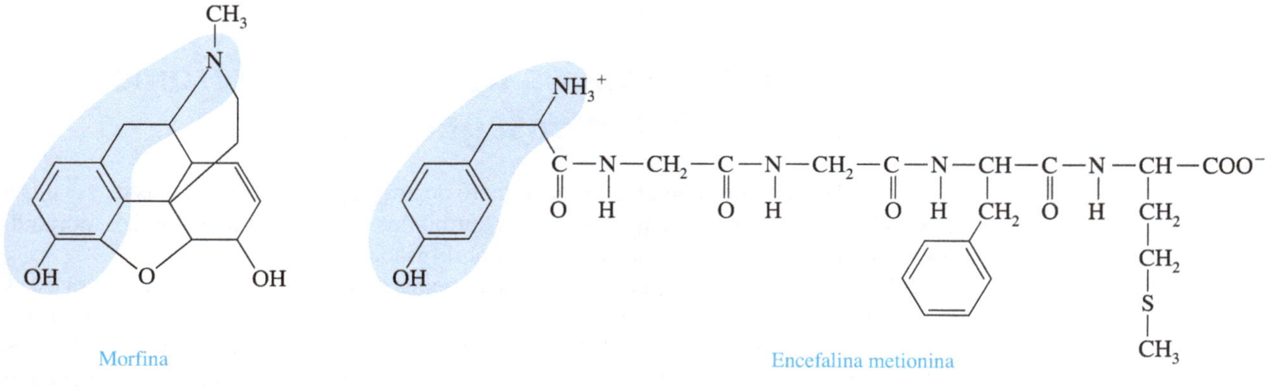

FIGURA 24.5 Similaridades entre as estruturas da morfina e do regulador de dor do próprio cérebro, as encefalinas.

O neuropeptídeo Y é um potente agente oréxico (estimulante do apetite). Quando os seus receptores são bloqueados (por exemplo, pela leptina, a proteína "magra"), o apetite é suprimido. A leptina, portanto, é um agente da anorexia.

Outro neurotransmissor neuropeptidérgico é a **substância P** (*P* de *pain*, que em inglês é dor). Esse peptídeo de 11 aminoácidos está envolvido na transmissão de sinais de dor. Quando há ferimento ou inflamação, as fibras sensoriais dos nervos transmitem sinais do sistema nervoso periférico (onde ocorreu o ferimento) para o cordão espinhal, que então processa o sinal correspondente de dor. Os neurônios periféricos sintetizam e liberam a substância P, que se liga aos receptores na superfície do cordão espinhal. A substância P, por sua vez, remove o magnésio que bloqueia o receptor de *N*-metil-D-aspartato (NMDA). O ácido glutâmico, um aminoácido excitatório, pode então se ligar a esse receptor. Dessa forma, ele amplifica o sinal de dor que vai ao cérebro.

B. Mensageiros secundários e controle do metabolismo

Todos os mensageiros peptidérgicos, hormônios e neurotransmissores atuam através de mensageiros secundários. Glucagon, hormônio luteinizante, hormônio antidiurético, angiotensina, encafalina e a substância P usam a cascata de eventos proteína-G-adenilato ciclase vistos nas seções precedentes.

O glucacon é um hormônio peptídico crucial na manutenção dos níveis de glicose. Quando o pâncreas sente que a glicose sanguínea está diminuindo, ele libera glucagon. Quando o glucagon é liberado, liga-se aos receptores nas células do fígado e atua através de uma série de reações para aumentar a glicose na corrente sanguínea. Esse processo, entretanto, está longe de ser simples. Quando o glucagon está ligado ao seu receptor e ativa a cascata de eventos da proteína-G, um segundo mensageiro, cAMP, ativa a proteína quinase, uma enzima que fosforila várias enzimas-alvo. Como mostrado na Figura 24.6, a proteína quinase fosforila duas enzimas-chave do metabolismo de carboidratos, a frutose bisfosfatase 2 (FBP-2) e fosfofrutoquinase 2 (PFK-2). Ao fosforilar essas duas enzimas, ocorrem efeitos opostos. A quinase é inativada e a fosfatase é ativada. Isso provoca uma diminuição da concentração intracelular de frutose 2,6-bisfosfato, que é um regulador metabólico de grande importância. O nível reduzido do regulador aumenta o nível da via chamada **gliconeogênese** (Capítulo 29) e reduz o nível da via chamada **glicólise** (Capítulo 28). A gliconeogênese produz glicose, e a glicólise o utliza no processo metabólico. Então pelo acionamento da gliconeogênese e pelo desligamento da glicólise, o fígado produz mais glicose para a corrente sanguínea.

Insulina é outro hormônio peptídico produzido pelo pâncreas, mas seu efeito global é aproximadamente o oposto do realizado pelo glucagon. A insulina se liga aos seus receptores no fígado e nas células musculares, como mostrado na Figura 24.7. O receptor é um exemplo de uma proteína chamada tirosina quinase. Um resíduo específico de tirosina torna-se fosforilado no receptor, iniciando a *atividade* de quinase. Uma proteína-alvo denominada substância receptora de insulina (*insulin receptor substance* – IRS) é então fosforilada pela tirosina quinase ativa.

A IRS fosforilada age como um mensageiro secundário. Isso leva à fosforilação de várias enzimas-alvo na célula. O efeito é reduzir o nível de glicose no sangue pelo aumento da velocidade da via que usa glicose e diminuição da velocidade da via que produz glicose.

24.7 De que forma os hormônios esteroides agem como mensageiros?

Na Seção 21.10, vimos que um grande número de hormônios apresenta anéis de estrutura esteroide. Esses hormônios, que incluem os hormônios sexuais, são hidrofóbicos, portanto podem atravessar a membrana das células por difusão.

Não existe necessidade para receptores especiais embebidos na membrana para esses hormônios. Entretanto, foi mostrado que os **hormônios esteroides** interagem com receptores no interior das células. A maioria desses receptores está localizada no núcleo das células, mas pequenas quantidades também existem no citoplasma. Quando eles interagem com os esteroides, facilitam a migração deles através do meio aquoso do citoplasma; as proteínas que realizam esta função têm características hidrofóbicas.

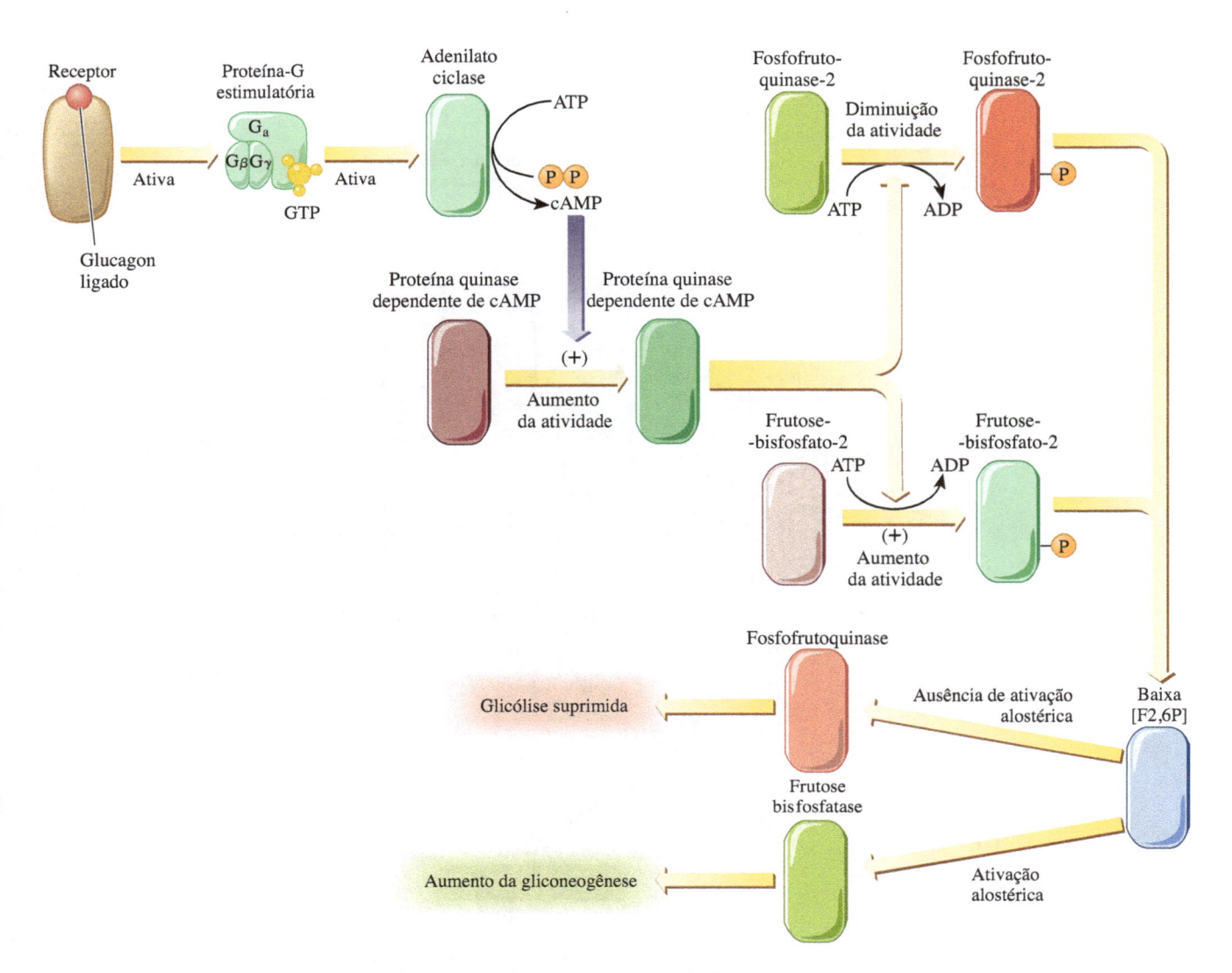

Figura 24.6 Ação do glucagon. A ligação do glucagon a seus receptores desliga a cadeia de eventos que leva à ativação da proteína quinase dependente de cAMP. As enzimas fosforiladas neste caso são a fosfofrutoquinase-2, a qual é inativada, e a frutose-bisfosfato-2, que é ativada. O resultado combinado da fosforilação destas duas enzimas é a diminuição da concentração da frutose-2,6-bisfosfato (F2,6P). Uma baixa concentração de F2,6P conduz a falta de ativação alostérica da fosfofrutoquinase 1 e diminuição da glicólise que também leva a ativação da frutose bisfosfatase 1 e aumento da gliconeogênese.

Progesterona

Uma vez no interior do núcleo, o complexo formado pelo esteroide-receptor pode tanto se ligar diretamente ao DNA como se combinar com o **fator de transcrição**, uma proteína que se liga ao DNA e altera a expressão de um gene (Seção 26.2), influenciando a síntese de certas proteínas-chave. Os hormônios da tireoide, que também apresentam domínios hi-

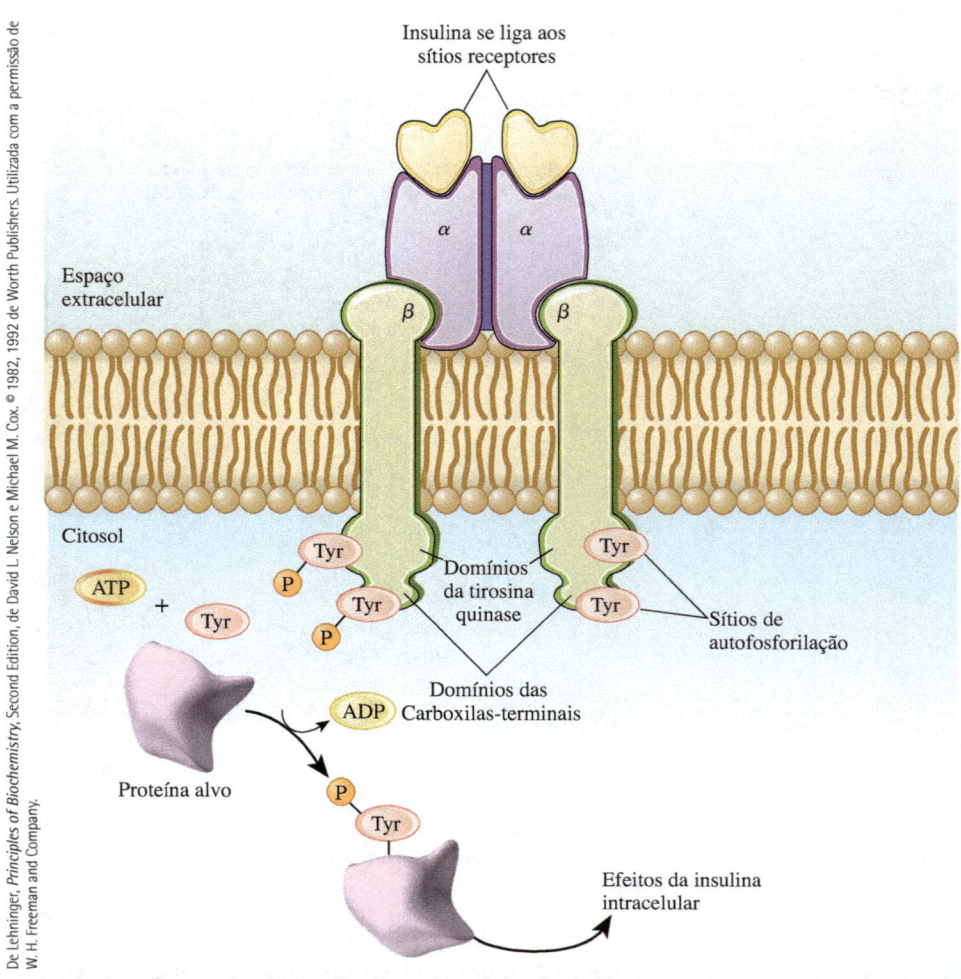

Figura 24.7 O receptor de insulina tem dois tipos de subunidades, α e β. A subunidade está no lado extracelular da membrana, e ele liga insulina. A subunidade β se estende ao longo da membrana. Quando a insulina se liga à subunidade α, a subunidade β se autofosforila no resíduo de tirosina. Esta proteína, por sua vez, fosforila proteínas alvo chamadas substrato receptor de insulina (IRS). As IRS atuam como mensageiros secundários nas células.

drofóbicos volumosos, da mesma forma apresentam proteínas receptoras que facilitam o seu transporte através do meio aquoso.

A resposta aos hormônios esteroides através da síntese de proteínas não é rápida. Na verdade, ela leva horas para ocorrer. Os esteroides podem também atuar na membrana celular, influenciando os canais iônicos acionados por ligantes. Essa resposta leva apenas segundos. Um exemplo dessa resposta rápida ocorre na fertilização. A cabeça do esperma contém enzimas proteolíticas que atuam no óvulo para facilitar a sua penetração. Essas enzimas são armazenadas nos acrossomas, organelas encontradas na cabeça do esperma. Durante a fertilização, a progesterona originada das células foliculares ao redor do óvulo atua na membrana externa do acrossoma, que se desintegra em poucos segundos e libera as enzimas proteolíticas.

Os mesmos hormônios esteroides descritos na Figura 21.5 atuam também como neurotransmissores. Esses neuroesteroides são sintetizados no cérebro tanto nos neurônios como na glia e afetam os receptores – principalmente receptores NMDA e Gaba (Seção 24.4). A progesterona e os metabólitos da progesterona nas células do cérebro podem induzir o sono, têm efeitos analgésicos e anticonvulsivos e podem servir como anestésicos naturais.

Conexões químicas 24F

Diabetes

O diabetes afeta mais de 20 milhões de pessoas nos Estados Unidos.[2] Em uma pessoa normal, o pâncreas, uma glândula grande localizada atrás do estômago, secreta insulina e vários outros hormônios. O diabetes normalmente é resultado de uma baixa secreção de insulina. A insulina é necessária para que a glicose penetre nas células, como as do cérebro, dos músculos, e nas células de gordura, onde ela será usada. Ela realiza essa tarefa sendo adsorvida por receptores nas células-alvo. Essa adsorção aciona a produção de GMP cíclico (não o cAMP); esse mensageiro secundário, por sua vez, aumenta o transporte de moléculas de glicose nas células-alvo.

Na cascata de eventos resultante, a primeira etapa é a autofosforilação da molécula receptora, no lado citoplasmático. O receptor de insulina fosforilado ativa enzimas e proteínas regulatórias pela fosforilação destas últimas. Como consequência, moléculas transportadoras de glicose (GLUT4) que estão armazenadas no interior das células migram para a membrana plasmática. Uma vez lá, elas facilitam o movimento da glicose através da membrana. Esse transporte reduz o acúmulo de glicose no plasma sanguíneo e a disponibiliza para a atividade metabólica dentro da célula. A glicose pode então ser usada como uma fonte de energia, estocada como glicogênio, ou mesmo ser redirecionada para outras vias biossintéticas, como a formação de gordura.

Nos pacientes com diabetes, o nível de glicose aumenta para 600 mg/100 mL de sangue ou mais (o nível normal se situa na faixa de 80 a 100 mg/100 mL). Há dois tipos de diabetes. No diabetes insulinodependente, o paciente não produz uma quantidade suficiente desse hormônio no pâncreas. Essa modalidade da doença chamada, tipo 1, que se desenvolve mais precocemente, antes dos 20 anos de idade, precisa ser tratada com injeções diárias de insulina. Nesse tipo, mesmo com injeções diárias de insulina, o nível de açúcar no sangue flutua, o que pode causar outras disfunções, como cataratas, distrofia retinal que leva à cegueira, doenças dos rins, ataques cardíacos e doenças nervosas.

Uma maneira de responder a essas flutuações é monitorar o açúcar no sangue e, à medida que o nível aumenta, administrar insulina. Esse monitoramento requer que o dedo seja furado seis vezes ao dia, um processo invasivo que poucos diabéticos seguem fielmente. Recentemente, técnicas de monitoramento não invasivo têm sido desenvolvidas. Uma das mais promissoras emprega lentes de contato. O aumento e a diminuição do açúcar são mimetizados pelo conteúdo de açúcar nas lágrimas. Um sensor fluorescente nas lentes de contato monitora essas flutuações de glicose, e os dados podem ser lidos por meio de um fluorímetro portátil. Portanto, os padrões de flutuação de glicose podem ser obtidos de forma não invasiva e, se os níveis atingem a zona de perigo, é administrada insulina para contrabalancear o aumento de glicose.

Há grandes avanços na administração de insulina. As injeções e bombas de insulina ainda estão amplamente em uso, mas novos métodos de liberação por via oral ou nasal estão disponíveis.

No diabetes do tipo 2 (não é dependente de insulina), os pacientes têm insulina suficiente no sangue, mas não a utilizam corretamente porque as células-alvo apresentam um número insuficiente de receptores. Esses pacientes geralmente desenvolvem a doença após os 40 anos e é provável que sejam obesos. Pessoas com sobrepeso usualmente têm um número abaixo do normal de receptores de insulina nas células adiposas (de gordura).

Fármacos de administração oral podem ajudar os pacientes com diabetes do tipo 2 de várias maneiras. Por exemplo, compostos de sulfonil ureia, como a tolbutamida, aumentam a secreção de insulina. Como consequência, a concentração de insulina no sangue aumenta pela sua liberação das células-β das ilhotas pancreáticas. A droga repaglidina bloqueia os canais de K^+-ATP das células-β, facilitando a entrada de Ca^{2+}, que induz a liberação de insulina das células.

As drogas de administração oral parecem controlar os sintomas do diabetes, mas flutuações de insulina podem oscilar de altas concentrações (hiperglicemia) a baixas concentrações (hipoglicemia), as quais são igualmente perigosas. Outras drogas para o diabetes do tipo 2 que não necessitam de cuidados com a hipoglicemia tentam o controle do nível de glicose na sua origem. O miglitol, uma droga anti-glicosidase, inibe a enzima que converte o glicogênio ou amido em glicose. A droga metformina diminui a produção de glicose no fígado, absorção de carboidratos nos intestinos e tomada de glicose pelas células de gordura.

Tolbutamida
(Orinase)

Metformina
(Glucophage é o hidroclorido de metformina)

---
[2] No Brasil, estima-se que haja cerca de 10 milhões de pessoas afetadas por diabetes. (NT)

Conexões químicas 24G

Hormônios e poluentes biológicos

Os hormônios são algumas das substâncias mais poderosas quando consideramos seus efeitos no desenvolvimento e metabolismo e suas baixas concentrações: eles atuam em faixas de concentração de partes por bilhão. Nos últimos 20 anos, as pessoas começaram a se preocupar com a existência de vários poluentes biológicos que podem afetar o seu desenvolvimento. Por exemplo, várias pessoas preferem comer frangos desenvolvidos por metodologias orgânicas para evitar pesticidas dos correspondentes animais que são criados em fazendas tradicionais. Elas também preferem consumir carne vermelha e de frango livre de hormônios, receosas com os efeitos dos hormônios em suas crianças. É sabido que a idade com que se atinge a puberdade vem caindo nos últimos 30 anos, e muitos acreditam que essa queda é em

Conexões químicas 24G (continuação)

razão dos efeitos de poluentes biológicos que imitam os hormônios humanos.

Uma dessas substâncias é chamada bisfenol A (BPA).

O BPA é um composto similar ao estrogênio empregado na fabricação de utensílios de policarbonato, como mamadeiras, revestimentos de embalagens de alimentos e Tupperware. Quantidades pequenas de BPA podem se infiltrar nos alimentos e detectou-se esse composto no sangue de várias pessoas, embora os níveis encontrados estivessem abaixo da dose máxima de segurança. Em 1997, um biólogo especializado em reprodução descobriu que níveis muito baixos de BPA administrados em fêmeas grávidas de camundongos causaram um aumento da próstata dos machos da prole. Outros estudos constataram um aumento de cromossomos anormais nos óvulos de camundongos que estiveram em gaiolas plásticas com BPA. Estudos também têm associado problemas de saúde em humanos ao BPA, como câncer de mama e puberdade precoce. Nos Estados Unidos, o Programa Nacional de Toxicologia (National Toxicology Program – NTP) formou uma comissão para estudar os efeitos do BPA, mas até agora os resultados não são conclusivos. Ao mesmo tempo que chegaram à conclusão de que os riscos causados pelo BPA são insignificantes, eles têm algumas preocupações quanto aos possíveis riscos que podem ocorrer em fetos e crianças. O Dr. John Vandenbergh, um dos membros do NTP, afirmou o seguinte: "Creio que exista um risco para os humanos. O que estamos tentando fazer aqui nesta comissão é definir o risco".

O BPA pode ser perfeitamente inofensivo ou representar um sério risco à saúde. Uma busca pela internet mostra vários *websites* dedicados à discussão dos possíveis perigos do BPA. Entretanto, uma coisa é certa: os hormônios são críticos na fisiologia humana e mesmo perturbações minúsculas nos seus níveis podem afetar a nossa saúde.

Resumo das questões-chave

Seção 24.1 Que moléculas estão envolvidas na comunicação química?

- A comunicação entre as células é conduzida por três tipos de moléculas.
- **Receptores** são moléculas de proteínas embebidas nas membranas das células.
- Os **mensageiros químicos**, ou ligantes, interagem com os receptores.
- Os **mensageiros secundários** levam e amplificam os sinais do receptor para o interior das células.

Seção 24.2 Como os mensageiros químicos são classificados em neurotransmissores e hormônios?

- Os **neurotransmissores** enviam mensagens químicas em distâncias curtas – a **sinapse** entre dois neurônios ou entre um neurônio e uma célula muscular ou glândula endócrina. Essa comunicação ocorre em milissegundos.
- Os **hormônios** transmitem os seus sinais mais vagarosamente e em distâncias mais longas, da fonte da sua secreção (glândula endócrina), através da corrente sanguínea, para a célula-alvo.
- Os **antagonistas** bloqueiam os receptores, e os **agonistas** estimulam os receptores.
- Existem cinco tipos de mensageiros químicos: **colinérgicos, aminoácidos, adrenérgicos, peptidérgicos** e **esteroides**. Os neurotransmissores podem pertencer às cinco classes de compostos, enquanto os hormônios, às três últimas classes. A acetilcolina é colinérgica, ácido glutâmico é um aminoácido, epinefrina (adrenalina) e norepinefrina são adrenérgicos, encefalinas são peptidérgicos, e progesterona é um esteroide.

Seção 24.3 De que forma a acetilcolina age como um mensageiro?

- A transmissão nervosa começa com os neurotransmissores, como a acetilcolina armazenada nas **vesículas** na **terminação pré-sináptica** dos neurônios.
- Quando os neurotransmissores são liberados, eles atravessam a membrana e a sinapse e são adsorvidos nos sítios receptores nas membranas **pós-sinápticas**. Essa adsorção nos sítios receptores aciona uma resposta elétrica.
- Alguns neurotransmissores atuam diretamente, enquanto outros agem através de um mensageiro secundário, o **AMP cíclico**.
- Após o sinal elétrico ter sido acionado, as moléculas do neurotransmissor precisam ser removidas da terminação pós-sináptica. No caso da acetilcolina, essa remoção é em razão de uma enzima chamada acetilcolinesterase.

Seção 24.4 Quais aminoácidos agem como neurotransmissores?

- Os aminoácidos, muitos dos quais diferem dos normalmente encontrados nas proteínas, se ligam aos seus receptores, que são canais iônicos acionados por ligantes.
- A remoção de aminoácidos mensageiros ocorre por **reabsorção** através da membrana pré-sináptica, em vez de hidrólise.

Seção 24.5 O que são mensageiros adrenérgicos?

- O modo de ação das monoaminas como a epinefrina, serotonina, dopamina e histamina é similar ao da acetilcolina, no sentido de que eles iniciam com a ligação ao receptor.
- O AMP cíclico é um mensageiro secundário importante. O modo de remoção das monoaminas é diferente da hidrólise

da acetilcolina. No caso das monoaminas, as enzimas (MAOs) as oxidam, originando aldeídos.

Seção 24.6 Qual é a função dos peptídeos na comunicação química?

- Os peptídeos e as proteínas se ligam aos receptores nas membranas das células-alvo e usam mensageiros secundários para proceder à transmissão do sinal.
- **Transdução do sinal** é o processo que ocorre após a conexão do ligante ao seu receptor. Nesse processo, o sinal é conduzido para o interior da célula e então amplificado.

Seção 24.7 De que forma os hormônios esteroides agem como mensageiros?

- Os esteroides penetram na membrana celular, e os seus receptores se encontram no citoplasma. Com seus receptores, eles penetram no núcleo celular.
- Os hormônios esteroides podem agir de três formas: (1) ativam enzimas, (2) afetam a transcrição de genes de uma enzima ou proteína e (3) afetam a permeabilidade da membrana.
- Os mesmos esteroides podem atuar como neurotransmissores quando são sintetizados nos neurônios.

Problemas

Seção 24.1 Que moléculas estão envolvidas na comunicação química?

24.2 Que tipo de sinal viaja ao longo do axônio de um neurônio?

24.3 Qual é a diferença entre um *mensageiro químico* e um *mensageiro secundário*?

Seção 24.2 Como os mensageiros químicos são classificados em neurotransmissores e hormônios?

24.4 Defina os seguintes termos:
(a) Sinapse
(b) Receptor
(c) Pré-sináptico
(d) Pós-sináptico
(e) Vesícula

24.5 Qual é a função do Ca^{2+} na liberação de neurotransmissores na sinapse?

24.6 Que sinal é mais longo: (a) de um neurotransmissor ou (b) de um hormônio? Explique.

24.7 Que glândula controla a lactação?

24.8 Estes hormônios pertencem a qual dos três grupos de mensageiros químicos?
(a) Norepinefrina
(b) Tiroxina
(c) Oxitocina
(d) Progesterona

Seção 24.3 De que forma a acetilcolina age como um mensageiro?

24.9 Como a acetilcolina transmite um sinal elétrico de um neurônio a outro?

24.10 Que terminação da molécula de acetilcolina se ajusta ao sítio receptor?

24.11 O veneno de cobra e a toxina botulínica são mortais, mas afetam de forma diferente a neurotransmissão colinérgica. Como cada um deles causa paralisia?

24.12 Diferentes concentrações de íons ao longo da membrana geram um potencial (voltagem). Uma membrana com essas características é chamada polarizada. O que acontece quando a acetilcolina é adsorvida em seus receptores?

Seção 24.4 Quais aminoácidos agem como neurotransmissores?

24.13 Apresente duas características que diferenciem a taurina dos aminoácidos encontrados nas proteínas.

24.14 Como o ácido glutâmico é removido de seus receptores?

24.15 O que é exclusivo na estrutura do Gaba que o distingue de outros aminoácidos encontrados nas proteínas?

24.16 Qual é a diferença estrutural entre NMDA, um agonista do receptor de ácido glutâmico, e o ácido L-aspártico?

Seção 24.5 O que são mensageiros adrenérgicos?

24.17 (a) Identifique dois neurotransmissores monoamínicos na Tabela 24.1.
(b) Explique como eles funcionam.
(c) Que remédio controla as doenças causadas pela falta de neurotransmissores monoamínicos?

24.18 Que ligação é hidrolisada e que ligação é formada na síntese do cAMP?

24.19 Como é a unidade catalítica da proteína quinase ativada na neurotransmissão?

24.20 A formação de AMP cíclico é descrita na Seção 24.5. Mostre por analogia como GMP cíclico é formado a partir de GTP.

24.21 Por analogia da ação da MAO na epinefrina, escreva a fórmula estrutural do produto da correspondente oxidação da dopamina.

24.22 A ação da proteína quinase se desenvolve perto do fim da cascata de eventos da transdução de sinal da proteína-G-adenilato ciclase. Que efeitos podem ser obtidos da fosforilação realizada por essa enzima?

24.23 Explique como a transmissão adrenérgica é afetada por (a) anfetaminas e (b) reserpina. (Ver Tabela 24.1.)

24.24 Nos eventos descritos na Figura 24.3, que etapa resulta em um sinal elétrico?

24.25 Que tipo de produto resulta da oxidação da epinefrina catalisada por MAO?

24.26 Como a histamina é removida de seu sítio receptor?

24.27 O AMP cíclico afeta a permeabilidade das membranas para o fluxo iônico.

(a) O que bloqueia o canal iônico?
(b) Como o bloqueio é removido?
(c) Qual é a função direta do cAMP nesse processo?

24.28 Dramamina e cimetidina são anti-histamínicos. Você esperaria que a dramamina curasse úlceras e a cimetidina aliviasse os sintomas da asma? Explique.

Seção 24.6 Qual é a função dos peptídeos na comunicação química?

24.29 Qual é a natureza química das encefalinas?

24.30 Qual é o modo de ação analgésica da Meperidina? (Ver Tabela 24.1.)

24.31 Que enzima catalisa a formação de inositol-1,4,5-trifosfato partindo de inositol-1,4-difosfato? Mostre a estrutura do reagente e do produto.

24.32 Como o mensageiro secundário inositol-1,4,5-trifosfato é inativado?

24.33 Qual é o mensageiro secundário formado como resposta à ligação do glucagon em seu receptor?

24.34 Que órgão produz glucagon e por quê?

24.35 Qual é o alvo direto de um mensageiro secundário produzido quando o glucagon se liga ao seu receptor?

24.36 Na rota do efeito do glucagon, o que faz a proteína quinase A?

24.37 Por que o glucagon conduz a ativação da gliconeogênese e a inibição da glicólise?

24.38 De que maneira a frutose 2,6-bisfosfato está envolvida no metabolismo da glicose?

24.39 Descreva a via de sinalização que envolve a insulina.

24.40 A insulina usa a proteína-G na sua via de sinalização? Qual é a natureza do receptor de insulina?

Seção 24.7 De que forma os hormônios esteroides agem como mensageiros?

24.41 Onde estão localizados os receptores dos hormônios esteroides – na superfície ou em outro lugar na célula?

24.42 Os hormônios esteroides afetam a síntese de proteínas? Se sim, esse efeito tem alguma implicação para que o tempo de resposta hormonal possa ser acionado?

24.43 Os hormônios esteroides podem agir como neurotransmissores?

Conexões químicas

24.44 (Conexões químicas 24A) Qual é a diferença entre "faíscas" de cálcio e ondas de cálcio?

24.45 (Conexões químicas 24A) Qual é o papel da calmodulina na sinalização dos íons Ca^{2+}?

24.46 (Conexões químicas 24A) Para obter a fusão entre a vesícula sináptica e a membrana plasmática, é necessário um aumento na concentração de cálcio. Em quantas vezes a concentração de cálcio precisa aumentar para que isso ocorra?

24.47 (Conexões químicas 24B) Qual o modo de ação da toxina botulínica?

24.48 (Conexões químicas 24B) Como a toxina botulínica, que é fatal, pode contribuir para a beleza facial?

24.49 (Conexões químicas 24C) Do que são feitos os emaranhados neurofibrilares nos cérebros dos pacientes com Alzheimer? Como eles afetam a estrutura celular?

24.50 (Conexões químicas 24C) Do que são feitas as placas encontradas nos cérebros dos pacientes com Alzheimer?

24.51 (Conexões químicas 24C) A doença de Alzheimer causa perda de memória. Que tipos de droga podem atenuar esse quadro? Como eles atuam?

24.52 (Conexões químicas 24C) Como as proteínas β-amiloides e as presenilinas estão envolvidas com o fluxo de cálcio nas células cerebrais?

24.53 (Conexões químicas 24D) Por que uma pílula de dopamina seria ineficaz no tratamento da doença de Parkinson?

24.54 (Conexões químicas 24D) Qual é o mecanismo pelo qual a cocaína estimula o acionamento contínuo dos sinais entre os neurônios?

24.55 (Conexões químicas 24D) A doença de Parkinson é decorrente da escassez de dopamina nos neurônios, embora os seus sintomas sejam atenuados por drogas que bloqueiam os receptores colinérgicos. Explique.

24.56 (Conexões químicas 24D) Em certos casos, neurônios embrionários transplantados no cérebro de pacientes com a doença de Parkinson em estado avançado resultaram em remissão completa. Explique esse resultado.

24.57 (Conexões químicas 24E) Como dores de cabeça podem ser originadas pelo NO?

24.58 (Conexões químicas 24E) Como o NO é sintetizado nas células?

24.59 (Conexões químicas 24E) Como a toxicidade do NO é prejudicial nos derrames?

24.60 (Conexões químicas 24F) A tolbutamida é um composto de sulfonil ureia. Identifique a parte correspondente de sulfonil ureia na estrutura dessa droga.

24.61 (Conexões químicas 24F) Qual é a diferença entre diabetes insulinodependente e diabetes não dependente de insulina?

24.62 (Conexões químicas 24F) Como a insulina facilita a absorção de glicose do plasma sanguíneo para os adipócitos (células de gordura)?

24.63 (Conexões químicas 24F) Pacientes com diabetes devem monitorar frequentemente as flutuações dos níveis de glicose no sangue. Qual é a vantagem da técnica mais moderna que monitora o conteúdo de glicose nas lágrimas em relação à técnica mais antiga que usa amostras de sangue?

24.64 (Conexões químicas 24G) Que tipo de composto é o bisfenol A e de onde ele vem?

24.65 (Conexões químicas 24G) Quais são os possíveis efeitos biológicos da ingestão de bisfenol A?

24.66 (Conexões químicas 24G) Quanto aos efeitos do bisfenol A, que evidências experimentais têm preocupado os cientistas?

Problemas adicionais

24.67 Considerando a natureza química da aldesterona (Seção 21.10), como ela afeta o metabolismo de elementos minerais (Tabela 24.2)?

24.68 Qual é a função da proteína de translocação iônica na neurotransmissão adrenérgica?

24.69 O decametônio age como um relaxante muscular. No caso de uma *overdose* de decametônio, a paralisia pode ser prevenida pela administração de altas doses de acetilcolina? Explique.

24.70 A endorfina é um potente analgésico e um peptídeo que contém 22 aminoácidos; entre eles, estão os mesmos cinco aminoácidos N-terminais encontrados nas encefalinas. Isso explica a ação analgésica das encefalinas?

24.71 Qual é a diferença estrutural entre a alanina e a beta-alanina?

24.72 Onde a proteína-G está localizada na neurotransmissão adrenérgica?

24.73 (Conexões químicas 24E) Enumere os efeitos causados quando o NO, ao atuar como um mensageiro secundário, relaxa a musculatura lisa.

24.74 (a) Em termos de sua ação, o que o hormônio vasopressina e o neurotransmissor da dopamina têm em comum?
(b) Qual é a diferença em seus modos de ação?

24.75 Quais são as diferenças nos modos de ação entre a acetilcolinesterase e acetilcolina transferase?

24.76 Como a toxina da cólera exerce o seu efeito?

24.77 Dê as fórmulas para a seguinte reação:
$$GTP + H_2O \rightleftharpoons GDP + P_i$$

24.78 A insulina é um hormônio que, quando se liga ao receptor, permite que a molécula de glicose entre na célula e seja metabolizada. Se você tem uma droga que é um agonista, como seria o nível de glicose no plasma sanguíneo sob administração dessa droga?

24.79 (Conexões químicas 24D) A ritalina é usada para atenuar a hiperatividade na disfunção do déficit de atenção de crianças. Como essa droga funciona?

24.80. A glândula hipófise libera hormônio luteinizante (LH), o qual aumenta a produção de progesterona no útero. Classifique esses dois mensageiros e indique como cada um conduz a sua mensagem.

Ligando os pontos

24.81 Por que as proteínas são receptores em vez de qualquer outro tipo de molécula?

24.82 Por que é útil para os organismos ter diferentes classes de neurotransmissores e hormônios?

24.83 Que relação os mensageiros adrenérgicos têm com aminoácidos mensageiros, e o que essa relação nos diz a respeito da origem bioquímica dos mensageiros adrenérgicos?

24.84 Quais grupos funcionais são encontrados na estrutura dos mensageiros químicos? O que esses aspectos estruturais pressupõem sobre o sítio ativo das enzimas que processam essas mensagens?

Antecipando

24.85 Por que a insulina não é administrada oralmente no tratamento do diabetes insulinodependente?

24.86 Um dos desafios no tratamento da cólera é prevenir a desidratação. O que torna isso um desafio duplo? (*Dica*: Ver Capítulo 30; a cólera é uma doença disseminada pela água.)

24.87 Algum mensageiro químico tem um efeito *direto* na síntese de ácidos nucleicos?

24.88 O papel dos mensageiros químicos tem alguma relação nas necessidades de energia do organismo?

Desafios

24.89 Todos os mensageiros químicos precisam do mesmo tempo para induzir uma resposta? Se existem diferenças, como o mecanismo básico de resposta difere?

24.90 Vários pesticidas são inibidores da acetilcolinesterase. Por que o uso requer um controle cuidadoso?

24.91 Quais são as vantagens para um organismo ter duas enzimas diferentes para a síntese e quebra da acetilcolina – acetilcolina transferase e acetilcolinesterase, respectivamente?

24.92 Qual seria a melhor terapia para o vício em cocaína: um inibidor do transportador de dopamina ou uma substância que degrade a cocaína?

Nucleotídeos, ácidos nucleicos e hereditariedade

25

Questões-chave

25.1 Quais são as moléculas da hereditariedade?
25.2 Do que são feitos os ácidos nucleicos?
25.3 Qual é a estrutura do DNA e RNA?
25.4 Quais são as diferentes classes do RNA?
25.5 O que são genes?
25.6 Como o DNA é replicado?
25.7 Como o DNA é reparado?
25.8 Como se amplifica o DNA?

Esses dois cães parecem ser mãe e filhote normais. O filhote, entretanto, é o primeiro cão clonado, que recebeu o nome de Snuppy. O cão maior na foto, na verdade, é um cão macho da raça galgo afegão, do qual o DNA foi usado para criar o clone.

25.1 Quais são as moléculas da hereditariedade?

Cada célula de nosso corpo possui milhares de proteínas diferentes. No Capítulo 22, vimos que essas proteínas são feitas dos mesmos 20 aminoácidos, diferindo apenas na sequência em que estão arranjados. Explicitamente, o hormônio da insulina tem uma sequência de aminoácidos diferente da sequência da globina encontrada nas células vermelhas. Até a mesma proteína – por exemplo, insulina – tem uma sequência diferente em espécies diferentes (Seção 22.8). Nas mesmas espécies, podem ocorrer algumas diferenças nas proteínas dos indivíduos, embora essas diferenças sejam muito menos acentuadas que as observadas em espécies diferentes. Essa variação é mais óbvia nos casos em que os indivíduos apresentam particularidades como hemofilia, albinismo ou deficiência da visualização das cores porque eles não têm certas proteínas que as pessoas "normais" possuem ou porque a sequência dos aminoácidos difere ligeiramente (ver "Conexões químicas 22D").

Os cientistas pesquisaram inicialmente as diferenças encontradas na sequência de aminoácidos e, em seguida, verificaram como as células sabem que proteínas elas devem

Gene A unidade da hereditariedade; um segmento de DNA que contém o código para a produção de uma proteína ou certo tipo de RNA.

sintetizar entre o grande número possível de sequências de aminoácidos. Constatou-se que um indivíduo obtém a informação de seus pais através da *hereditariedade*, que é a transferência de características anatômicas e bioquímicas entre as gerações. Sabemos que um porco dá à luz um porco e que um rato dá à luz um rato.

Foi fácil determinar que a informação é obtida dos pais, mas qual é a forma dessa informação? Durante os últimos 60 anos, desenvolvimentos revolucionários permitiram responder a essa questão: a transmissão da hereditariedade ocorre molecularmente.

No fim do século XIX, os biólogos suspeitavam que a transmissão da informação hereditária de uma geração para outra ocorria no núcleo celular. Mais precisamente, eles acreditavam que estruturas dentro do núcleo, chamadas **cromossomos**, estavam relacionadas com a hereditariedade. Diferentes espécies têm diferentes números de cromossomos no núcleo. A informação que determina as características externas (cabelos vermelhos, olhos azuis) e internas (grupo sanguíneo, doenças hereditárias) está relacionada com os **genes** localizados nos cromossomos.

A análise química dos núcleos mostrou que os genes são predominantemente constituídos de proteínas básicas chamadas *histonas* e de um tipo de composto denominado *ácidos nucleicos*. Pelos idos de 1940, ficou claro, pelo trabalho de Oswald Avery (1877-1955), que, de todo o material existente no núcleo, somente um ácido nucleico, chamado ácido desoxirribonucleico (DNA), contém a informação hereditária, isto é, os genes estão situados no DNA. Nessa mesma época, outro trabalho realizado por George Beadle (1903-1989) e Edward Tatum (1909-1975) demonstrou que cada gene controla a produção de uma proteína e que as características externas e internas são expressas através desse gene. Portanto, a expressão do gene (DNA) em termos de uma enzima (proteína) conduz ao estudo da síntese da proteína e seu controle. *A informação que diz para a célula quais são as proteínas que devem ser produzidas é conduzida nas moléculas de DNA.* Agora é conhecido que nem todos os genes levam à produção de proteína, mas todos os genes levam à produção de outro tipo de ácido nucleico, denominado ácido ribonucleico (RNA).

25.2 Do que são feitos os ácidos nucleicos?

[1] Neste capítulo, serão mantidas as abreviações dos nomes em inglês *ribonucleic acid* (RNA) e *deoxyribonucleic acid* (DNA), pela grande difusão destas em texto de língua portuguesa de natureza científica ou não. As abreviações correspondentes em português são ARN (ácido ribonucleico) e ADN (ácido desoxirribonucleico). (NT)

Dois tipos de ácidos nucleicos são encontrados nas células: **ácido ribonucleico (RNA)**[1] e **ácido desoxirribonucleico (DNA)**. Cada um deles apresenta seu próprio papel na transmissão da informação hereditária. Como já mencionado, o DNA está presente nos cromossomos do núcleo das células eucarióticas. O RNA, por sua vez, não é encontrado nos cromossomos, mas em qualquer parte do núcleo e mesmo fora do núcleo, no citoplasma. Como veremos na Seção 25.4, existem seis tipos de RNA, cada um deles com estrutura e funções específicas.

Tanto o DNA como o RNA são polímeros. Da mesma forma que as proteínas e os polissacarídeos formam cadeias, isso também ocorre com os ácidos nucleicos. As unidades de formação (monômeros) das cadeias de ácidos nucleicos são os *nucleotídeos*, que, por sua vez, são constituídos de três unidades: base, monossacarídeo e fosfato. A seguir, veremos cada um desses constituintes dos nucleotídeos.

A. Bases

Bases Purinas e pirimidinas, componentes dos nucleotídeos, DNA e RNA.

As **bases** encontradas no DNA e RNA são principalmente as mostradas na Figura 25.1. Todas elas são básicas porque são aminas aromáticas heterocíclicas (Seção 16.1). Duas dessas bases, a adenina (A) e a guanina (G), são purinas; as outras três, citosina (C), timina (T) e uracila (U), são pirimidinas.

As duas purinas (A e G) e uma das pirimidinas (C) são encontradas tanto no DNA como no RNA, enquanto a uracila (U) é encontrada apenas no RNA, e a timina (T), apenas no DNA. Note que a timina difere da uracila somente pela existência de um grupo metila na posição 5. Portanto, o DNA e o RNA contêm quatro bases: duas pirimidinas e duas purinas. As bases A, G, C e T estão presentes no DNA; e as bases A, G, C e U, no RNA.

Purinas

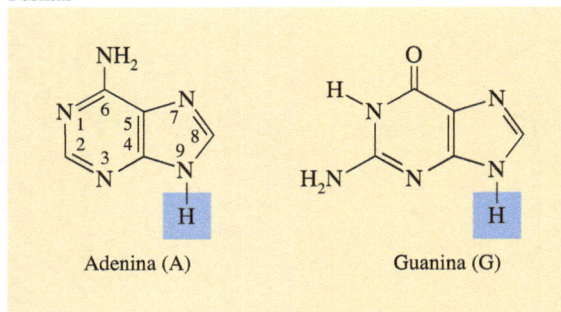

Adenina (A)   Guanina (G)

Pirimidinas

Citosina (C)   Timina (T) (somente no DNA)   Uracila (U) (somente no RNA)

FIGURA 25.1 As cinco bases principais do DNA e RNA. Note como os anéis são numerados. Os hidrogênios realçados em azul são eliminados quando as bases se ligam aos monossacarídeos.

B. Açúcares

O açúcar constituinte do RNA é a D-ribose (Seção 20.1C). No DNA, o açúcar constituinte é a 2-desóxi-D-ribose (disso deriva o nome ácido desoxirribonucleico).

β-D-ribose   β-2-desóxi-D-ribose

O nome completo da β-D-ribose é β-D-ribofuranose, e o da β-2-desóxi-D-ribose, β-2-desóxi-D-ribofuranose (ver Seção 20.2A).

O composto constituído pelo açúcar e pela base é denominado **nucleosídeo**. As bases de purina estão ligadas através do seu nitrogênio N-9 ao carbono C-1 do monossacarídeo por uma ligação β-*N*-glicosídica.

Nucleosídeo Um composto constituído de ribose ou desoxirribose e uma base.

Adenina   β-D-ribose   Adenosina   Ligação β-*N*-glicosídica + H₂O

O nucleosídeo constituído de guanina e ribose é chamado **guanosina**. A Tabela 25.1 mostra o nome dos outros nucleosídeos.

As bases de pirimidina estão ligadas através do seu nitrogênio N-1 ao carbono C-1 do monossacarídeo por uma ligação β-*N*-glicosídica.

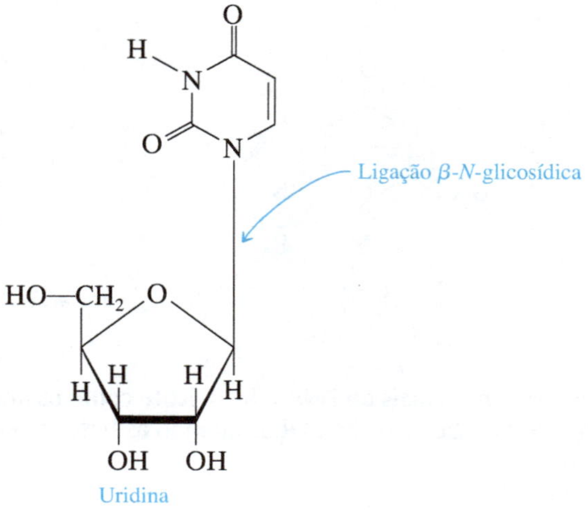

Uridina

C. Fosfato

O terceiro componente dos ácidos nucleicos é o ácido fosfórico. Quando esse ácido forma uma ligação éster de fosfato (Seção 19.5) com um nucleosídeo, o composto resultante é chamado **nucleotídeo**. Por exemplo, a adenosina se combina com fosfato para formar o nucleotídeo adenosina 5′-monofosfato (AMP):

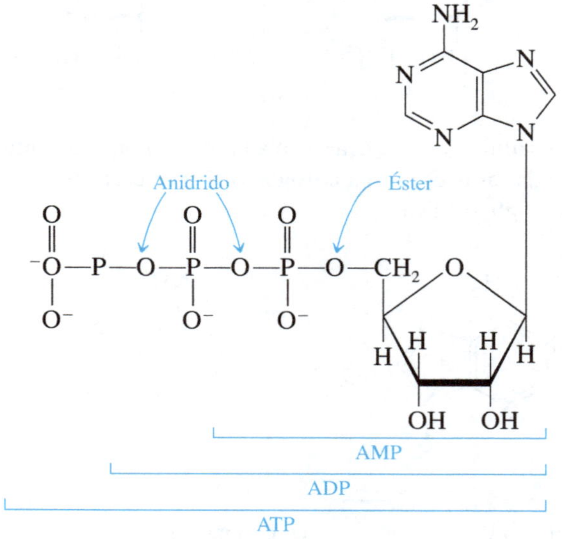

Nucleotídeo É um nucleosídeo ao qual estão ligados um, dois ou três grupos fosfato.

O símbolo ′ na adenosina 5′-monofosfato[2] é usado para distinguir a posição da ligação do fosfato na molécula. Números sem plica referem-se às posições das bases de purina ou pirimidina. Os números com plica denotam ligação no açúcar.

A Tabela 25.1 contém os nomes dos outros nucleotídeos. Alguns desses nucleotídeos desempenham funções importantes no metabolismo. Eles fazem parte da estrutura de coenzimas, cofatores e ativadores (seções 27.3 e 29.2). Notavelmente, a adenosina 5′-trifosfato (ATP) é uma molécula que converte e armazena a energia obtida dos alimentos. A molécula de ATP corresponde a uma molécula de AMP à qual foram adicionados dois grupos fosfato através da formação de ligações de anidrido (Seção 19.5). Por sua vez, a adenosina 5′-difosfato (ADP) corresponde a uma molécula de AMP à qual foi adicionado mais um grupo fosfato. Todos os nucleotídeos têm formas multifosforiladas importantes. Por exemplo, a guanosina ocorre como GMP, GDP e GTP.

---
[2] Lê-se: cinco "linha" monofosfato. (NT)

Tabela 25.1 Os oito nucleosídeos e oito nucleotídeos no DNA e RNA

Base	Nucleosídeo	Nucleotídeo
		DNA
Adenina (A)	Desoxiadenosina	Desoxiadenosina 5'-monofosfato (dAMP)*
Guanina (G)	Desoxiguanosina	Desoxiguanosina 5'-monofosfato (dGMP)*
Timina (T)	Desoxitimidina	Desoxitimidina 5'-monofosfato (dTMP)*
Citosina (C)	Desoxicitidina	Desoxicitidina 5'-monofosfato (dCMP)*
		RNA
Adenina (A)	Adenosina	Adenosina 5'-monofosfato (AMP)
Guanina (G)	Guanosina	Guanosina 5'-monofosfato (GMP)
Uracila (U)	Uridina	Uridina 5'-monofosfato (UMP)
Citosina (C)	Citidina	Citidina 5'-monofosfato (CMP)

* O d indica que o açúcar é a desoxirribose.

Na Seção 25.3, veremos como o DNA e o RNA formam cadeias de nucleotídeos. Em suma, temos:

Um nucleosídeo = Base + Açúcar
Um nucleotídeo = Base + Açúcar + Fosfato
Um ácido nucleico = Uma cadeia de nucleotídeos

Exemplo 25.1 Estrutura dos nucleotídeos

A guanosina trifosfato (GTP) é uma molécula importante no armazenamento de energia. Desenhe a estrutura da GTP.

Estratégia

Quando desenhamos nucleotídeos, devemos: (1) determinar se o açúcar é uma ribose ou desoxirribose, (2) adicionar a base correta à posição C-1 do açúcar e (3) colocar o número correto de fosfatos.

Solução

A base guanina está ligada à unidade de ribose por uma ligação β-N-glicosídica. O trifosfato está ligado na posição C-5' da ribose por uma ligação do tipo éster.

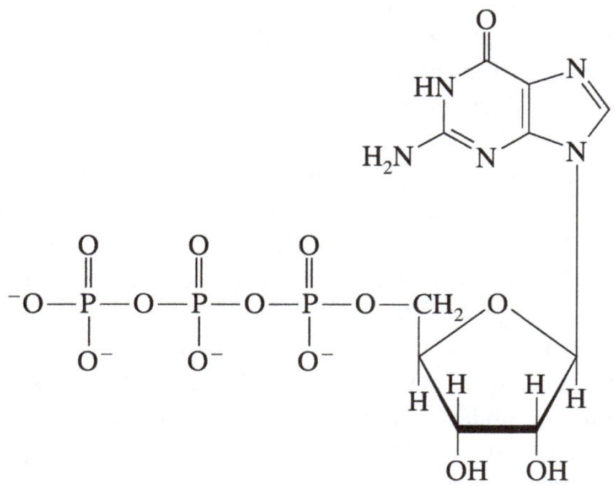

Problema 25.1

Desenhe a estrutura do UMP.

Conexões químicas 25A

Drogas anticâncer

A principal diferença entre as células cancerosas e a maioria das células normais é que as células cancerosas se dividem muito mais rapidamente. Células que se dividem mais rapidamente precisam de um suprimento constante de DNA. Um componente do DNA é o nucleosídeo desoxitimidina, o qual é sintetizado na célula pela metilação da base uracila.

Fluorouracila

Se a fluorouracila é administrada em um paciente com câncer como parte da quimioterapia, o corpo a converte em fluorouridina, um composto que inibe irreversivelmente a enzima que fabrica timidina a partir de uridina, diminuindo assim consideravelmente a síntese do DNA. Pelo fato de essa inibição afetar mais as células cancerosas que as células normais, o crescimento do tumor e a sua propagação são detidos. Infelizmente, a quimioterapia com fluorouracila e outros compostos anticâncer debilita o organismo, porque essas substâncias também interferem nas células normais.

A quimioterapia é aplicada alternadamente para viabilizar a recuperação do organismo dos efeitos colaterais da droga. Durante o período que se segue à quimioterapia, precauções especiais devem ser tomadas para que infecções bacterianas não debilitem o organismo que já se encontra enfraquecido pelo tratamento contra o tumor.

25.3 Qual é a estrutura do DNA e RNA?

No Capítulo 22, vimos que as proteínas têm estruturas primárias, secundárias e de ordem superior. Os ácidos nucleicos, que são cadeias de monômeros, também apresentam estruturas primárias, secundárias e de ordem superior.

A. Estrutura primária

Ácido nucleico Um polímero constituído de nucleotídeos.

Os **ácidos nucleicos** são polímeros de nucleotídeos, como mostrado esquematicamente na Figura 25.2. A sequência de nucleotídeos corresponde à estrutura primária. Note que a estrutura primária pode ser dividida em duas partes: (1) a cadeia principal (o esqueleto da molécula) e (2) as bases que são os grupos laterais. A cadeia principal no DNA é composta de grupos desoxirribose e fosfato alternados. Cada grupo fosfato está ligado ao carbono $3'$ de uma unidade de desoxirribose e simultaneamente ao carbono $5'$ da unidade de desoxirribose seguinte (Figura 25.3). Similarmente, cada unidade de monossacarídeo forma um éster fosfato na posição $3'$ e outro na posição $5'$. A estrutura primária do RNA é a mesma, exceto que cada açúcar é uma ribose (portanto um grupo —OH está presente na posição $2'$) em vez da desoxirribose, e U está presente em vez de T.

Portanto, a cadeia principal do DNA e do RNA apresenta duas terminações: $3'$—OH e $5'$—OH. Essas duas terminações têm papéis similares às terminações C-terminal e N-terminal nas proteínas. A cadeia principal fornece a estabilidade estrutural para as moléculas de DNA e RNA.

Como já mencionado, as bases que se encontram ligadas a cada unidade de açúcar são as cadeias laterais, que trazem toda a informação necessária para a síntese de proteínas. Com base na análise da composição das moléculas de DNA de várias espécies diferentes, Erwin Chargaff (1905-2002) mostrou que a quantidade de adenina (em mols) é sempre aproximadamente igual à quantidade de timina, e a quantidade de guanina é sempre aproximadamente igual à quantidade de citosina, embora a razão adenina/guanina varie amplamente de espécie para espécie (ver Tabela 25.2). Essa informação importante ajudou a estabelecer a estrutura secundária do DNA, como veremos adiante neste capítulo.

Da mesma forma que a ordem dos resíduos de aminoácidos das proteínas determina a estrutura primária (por exemplo, —Ala—Gly—Glu—Met—), a ordem das bases do DNA (por exemplo, —ATTGAC—) fornece a sua estrutura primária. Como no caso das proteínas, é necessária uma convenção para nos dizer por qual terminação começamos a escrever a sequência de bases. Para os ácidos nucleicos, a convenção é começar a sequência com o nucleotídeo que se posiciona na terminação livre $5'$. Portanto, a sequência AGT significa que a adenina é a base posicionada na terminação $5'$ e que a timina é a base posicionada na terminação $3'$.

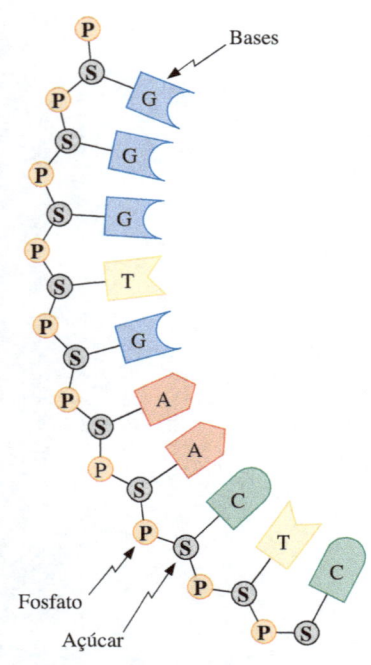

FIGURA 25.2 Diagrama esquemático de uma molécula de ácido nucleico. As quatro bases de cada ácido nucleico estão arranjadas em várias sequências específicas.

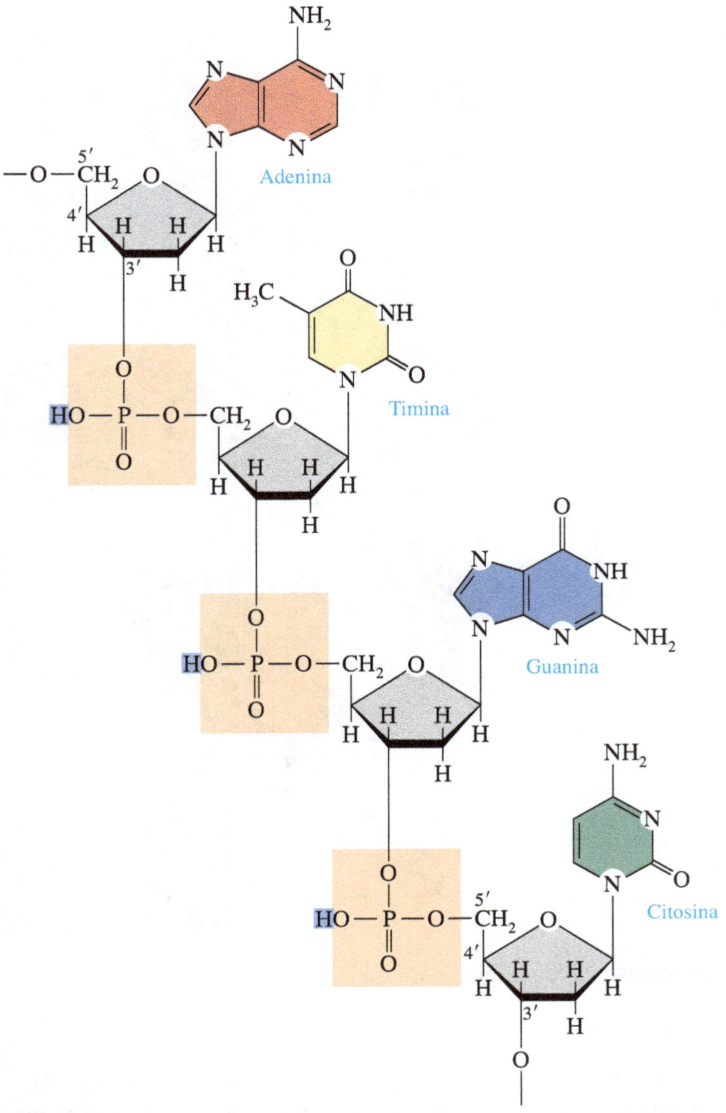

FIGURA 25.3 A estrutura da cadeia principal do DNA. Os hidrogênios realçados em azul são os responsáveis pela acidez dos ácidos nucleicos. No organismo, em um pH neutro, os grupos fosfato contêm a carga −1 e os hidrogênios são substituídos por Na$^+$ e K$^+$.

TABELA 25.2 Composição das bases e razão entre as bases de duas espécies

Organismo	Composição de bases (% em mols)				Razão entre as bases	
	A	G	C	T	A/T	G/C
Humanos	30,9	19,9	19,8	29,4	1,05	1,01
Trigo	27,3	22,7	22,8	27,1	1,01	1,00

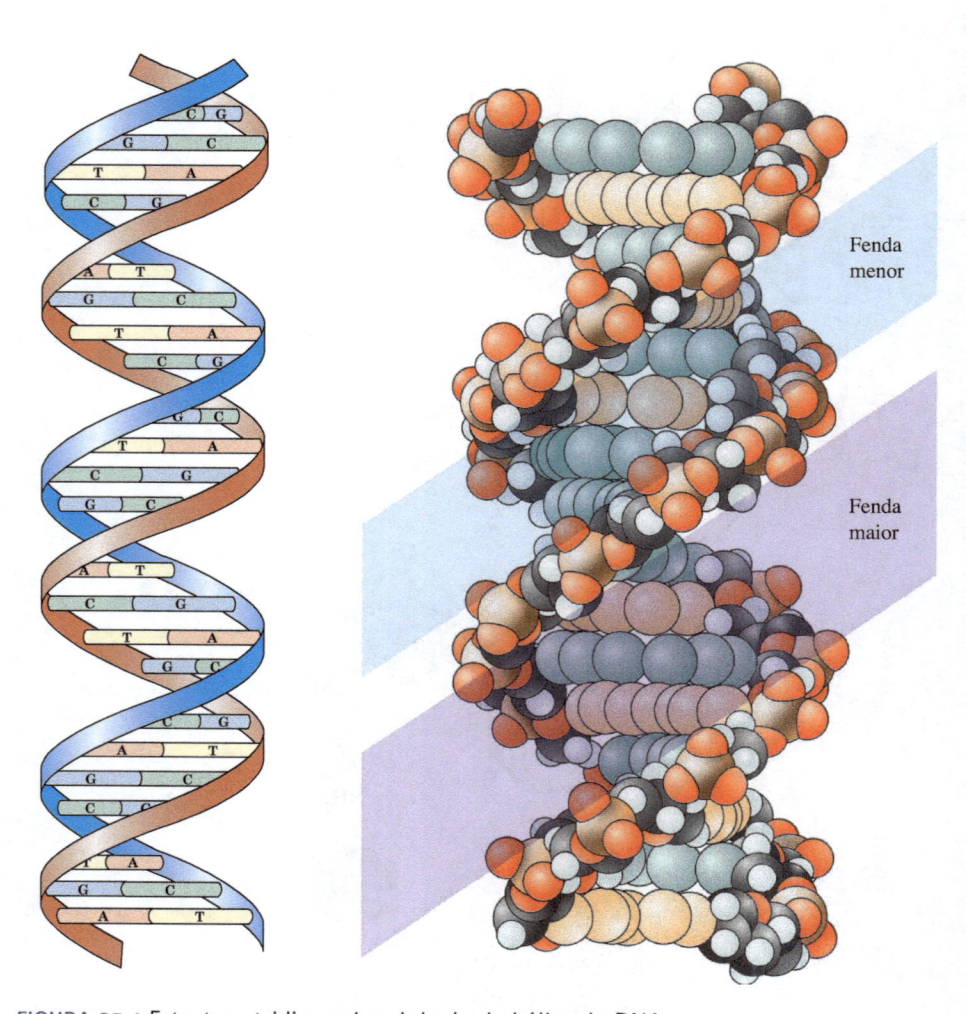

FIGURA 25.4 Estrutura tridimensional da dupla hélice do DNA.

B. Estrutura secundária do DNA

Em 1953, James Watson (1928-) e Francis Crick (1916-2004) determinaram a estrutura tridimensional do DNA. O trabalho desses dois pesquisadores representa um marco na história da bioquímica. O modelo do DNA desenvolvido por Watson e Crick foi baseado em dois "pedaços" de informação obtidos por outros pesquisadores: (1) a regra de Chargaff de que (A e T) e (G e C) estão presentes em quantidades equimolares e (2) os resultados de difração de raios X obtidos por Rosalind Franklin (1920-1958) e Maurice Wilkins (1916-2004). Pela utilização brilhante dessas informações, Watson e Crick concluíram que o DNA é composto de duas cadeias (fitas) enroladas uma na outra, formando uma **dupla hélice**, como mostrado na Figura 25.4.

Na estrutura de dupla hélice do DNA, as duas cadeias de polinucleotídeos se posicionam em direções opostas (o que é chamado antiparalelo). Isso significa que a cada terminação da dupla hélice, há uma terminação 5'—OH (de uma das fitas) e uma terminação 3'—OH (da outra fita). O esqueleto de açúcar-fosfato está posicionado para o lado de fora, exposto ao ambiente aquoso, e as bases se direcionam para o interior da hélice. As bases são hidrofóbicas, logo, elas tentam evitar o contato com a água. Através de suas interações hidrofóbicas, elas estabilizam a dupla hélice. As bases formam pares de acordo com a regra de Chargaff: para cada adenina em uma cadeia (fita), uma timina é alinhada de forma oposta na outra cadeia; cada guanina em uma das cadeias tem uma citosina alinhada a ela na outra cadeia. *As bases pareadas formam ligações de hidrogênio entre si, duas ligações para o par A—T e três ligações para o par G—C, o que estabiliza a dupla hélice* (Figura 25.5). Os pares A—T e G—C são **pares de bases complementares**.

O fato importante que Watson e Crick compreenderam é que somente a adenina poderia se ajustar à timina e somente a guanina se ajustaria à citosina no pareamento. Vamos agora considerar as outras possibilidades. Podem duas purinas (AA, GG ou AG) se ajustar uma com a outra?

Dupla hélice O arranjo no qual duas fitas de DNA estão entrelaçadas uma com a outra de forma espiralada.

Watson, Crick e Wilkins foram agraciados com o Prêmio Nobel em Medicina de 1962 pelas suas descobertas. Franklin morreu em 1958. O Comitê Nobel não concede o prêmio postumamente.

Timina   Adenina
Par A-T

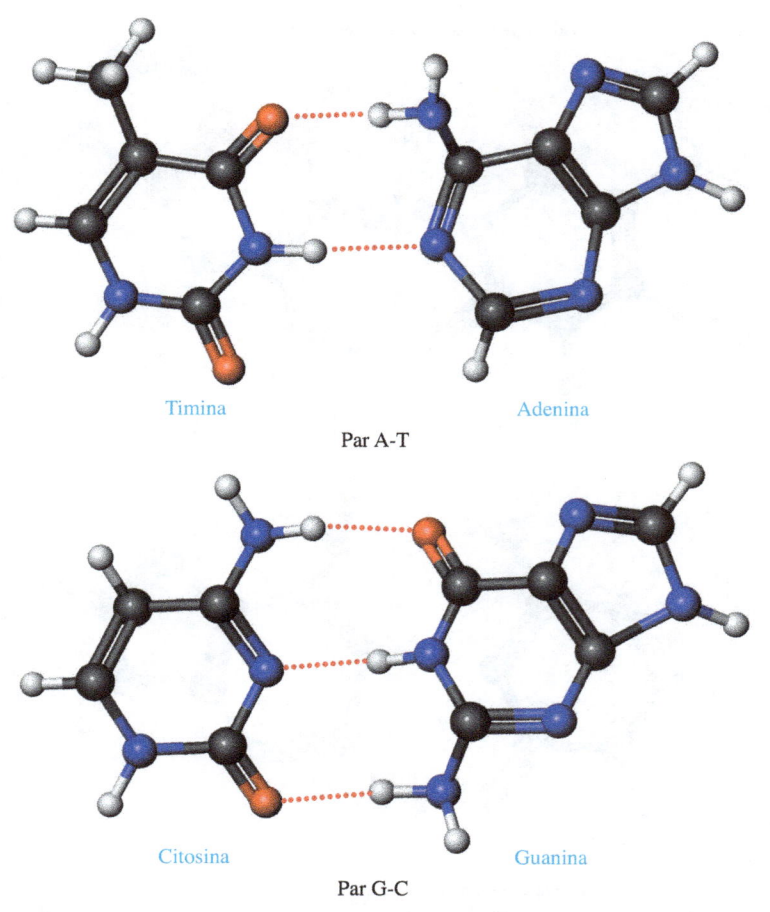

Citosina   Guanina
Par G-C

FIGURA 25.5 Par A-T formando duas ligações de hidrogênio; par G-C formando três ligações de hidrogênio.

FIGURA 25.6 As bases do DNA não podem se empilhar adequadamente na dupla hélice se uma purina se encontra oposta a outra purina ou se pirimidina se encontra oposta a outra pirimidina. (Sobreposição de duas purinas; Separação entre duas pirimidinas)

A Figura 25.6 mostra que essas bases até se sobreporiam. E o que acontece no caso das duas pirimidinas (TT, CC, CT) nessa situação? Como mostrado na Figura 25.6, elas ficariam muito afastadas. *Portanto, é necessário que uma pirimidina se encontre oposta a uma purina*. Ainda considerando as possibilidades de interação entre as bases, poderia A se ajustar a C ou G se ajustar a T, considerando, nos dois casos, uma orientação oposta das bases? A Figura 25.7 nos auxilia na resposta e mostra que essas combinações resultariam em ligações de hidrogênio muito mais fracas.

A ação completa do DNA – e o mecanismo da hereditariedade – depende do seguinte fator: *no local em que ocorrer uma adenina em uma fita da hélice, ocorrerá uma timina na outra fita, pois é a única base que se ajusta e adicionalmente estabelece ligações de hidrogênio fortes com a adenina. De forma similar, isso é válido para G e C*. O mecanismo de hereditariedade se baseia nesse alinhamento de ligações de hidrogênio (Figura 25.5), como será mais bem discutido na Seção 25.6.

A forma da dupla hélice do DNA mostrada na Figura 25.4 é chamada B-DNA, que é a forma mais comum e mais estável do DNA. Há outras formas possíveis se a hélice fica mais apertada ou mais larga e ainda se as voltas da hélice se dão na direção oposta. Com a forma B-DNA, ocorre um aspecto diferencial, que é a existência das **fendas (ou sulcos) maior e menor**, porque as duas fitas não são igualmente espaçadas ao longo da hélice. As interações de proteínas e drogas nas fendas maior e menor do DNA é uma área de grande interesse científico, por causa de suas várias implicações metabólicas e terapêuticas.

C. Estruturas de ordem superior

Se a molécula de DNA humano fosse completamente esticada, seu comprimento seria de talvez 1 m. Entretanto, as moléculas de DNA no núcleo não estão esticadas, mais propriamente elas se encontram enroladas em torno de moléculas de proteínas básicas cha-

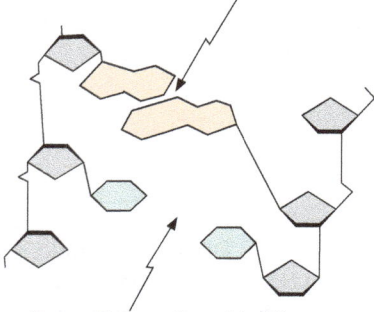

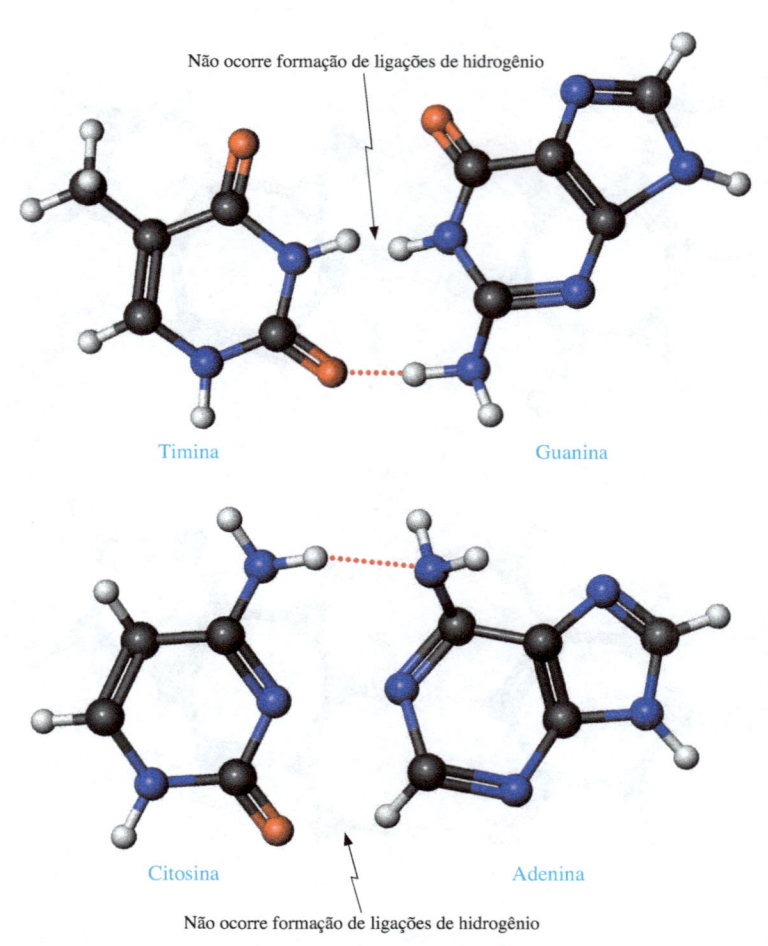

FIGURA 25.7 Somente uma ligação de hidrogênio é possível para TG e CA. Essas combinações não são encontradas no DNA. Compare esta figura com a Figura 25.5.

Cromatina O DNA complexado com a proteína de histona e outras proteínas que existe nas células eucarióticas entre a divisão celular.

Solenoide Um fio enrolado na forma de uma hélice.

madas **histonas**. O DNA, que é ácido, e as histonas, que são básicas, se atraem por intermédio de forças eletrostáticas (iônicas), combinando-se para formar unidades chamadas **nucleossomas**. Em um nucleossoma, oito moléculas de histona formam um centro, ao redor do qual se enlaçam 147 pares de bases do DNA. Os nucleossomas são posteriormente condensados na **cromatina** quando ocorre a formação de uma fibra de 30 nm na qual os nucleossomas estão enrolados na forma de **solenoide**, com unidades repetitivas de seis nucleossomas (Figura 25.8). As fibras de cromatina estão adicionalmente organizadas em laços, os quais estão arranjados em bandas que fornecem a superestrutura dos cromossomos. A beleza do estabelecimento da estrutura tridimensional do DNA foi que ela imediatamente levou à explicação da transmissão da hereditariedade – como os genes transmitem os traços de uma geração a outra. Antes de olharmos o mecanismo da replicação do DNA (na Seção 25.6), vamos sumarizar as três diferenças estruturais entre o DNA e o RNA:

1. O DNA tem quatro bases: A, G, C e T. O RNA tem três dessas bases – A, G e C –, mas a sua quarta base é U e não T.
2. No DNA, o açúcar é a 2-desoxi-D-ribose. No RNA, é a D-ribose.
3. O DNA é quase sempre uma dupla fita, com a estrutura helicoidal mostrada na Figura 25.4.

Existem vários tipos de RNA (como será visto na Seção 25.4), e nenhum deles com a dupla fita repetitiva do DNA, embora o pareamento das bases possa ocorrer na cadeia (ver, por exemplo, a Figura 25.10). Quando isso ocorre, a adenina pareia com a uracila porque a timina não está presente. Outras combinações de bases unidas por ligações de hidrogênio também são possíveis fora do estabelecimento de uma dupla hélice, e então a regra de Chargaff não se aplica.

Dupla hélice do DNA — 2 nm

Nucleossoma — 11 nm

Cromatina na forma de "leitos sobre cordas" — 11 nm

Solenoides (seis nucleossomas para cada volta) — 30 nm

Laços (50 repetições por laço) — 250 nm

← Matriz

Minibanda (18 laços) — 840 nm

Cromossomo (minibandas empilhadas) — 840 nm

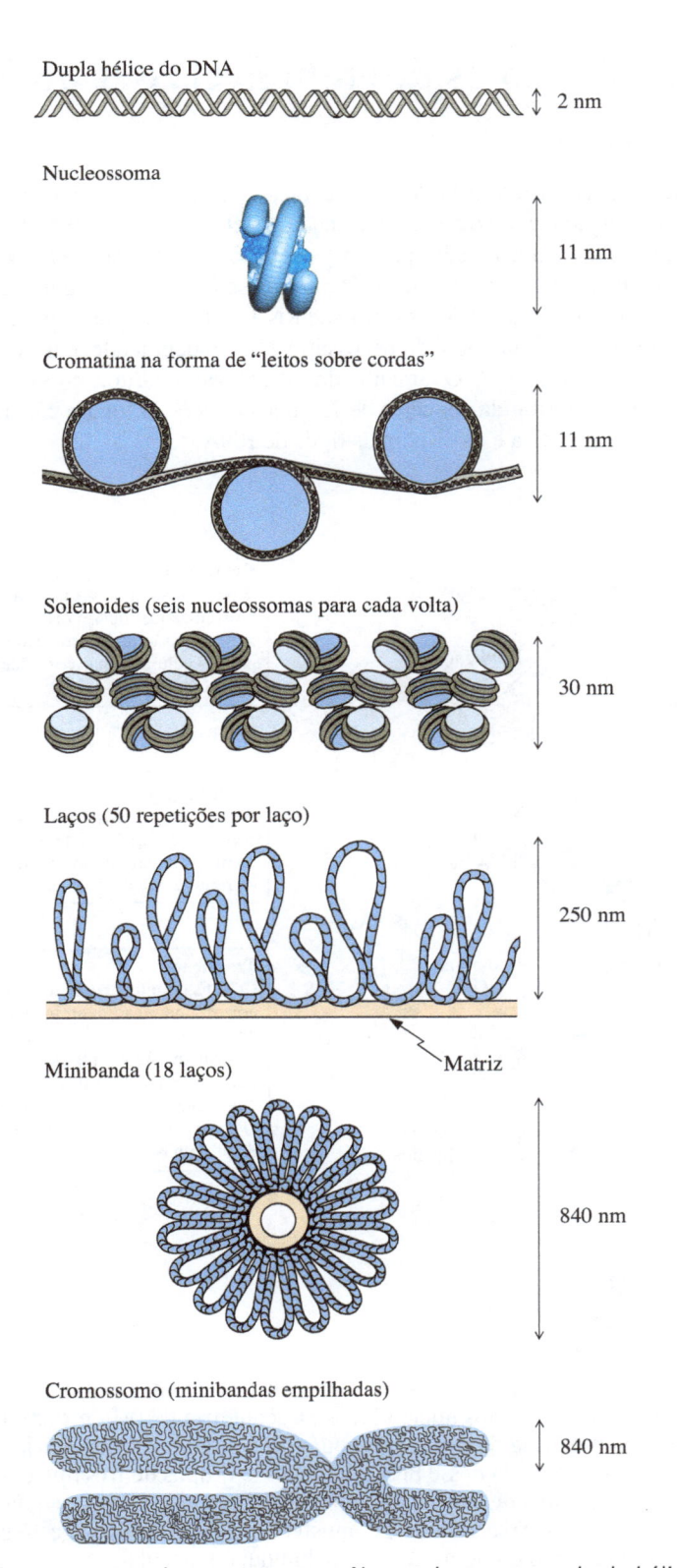

FIGURA 25.8 Superestrutura dos cromossomos. Nos nucleossomas, a dupla hélice do DNA que se apresenta na forma de banda se enrola em volta de centros constituídos de oito histonas. Os solenoides de nucleossomas formam filamentos de 30 nm. Laços e minibandas são os outros tipos de estruturas.

25.4 Quais são as diferentes classes do RNA?

Existem seis tipos de RNA:

RNA mensageiro (mRNA) O RNA que conduz a informação genética do DNA para o ribossomo e atua como um molde para a síntese de proteínas.

1. **RNA mensageiro (mRNA)** Moléculas de mRNA são produzidas em um processo chamado **transcrição** e conduzem a informação genética do DNA no núcleo diretamente para o citoplasma, onde a maior parte das proteínas é sintetizada. O RNA mensageiro é composto de uma cadeia de nucleotídeos cuja sequência é exatamente complementar à de uma das fitas do DNA. Esse tipo de RNA, entretanto, não apresenta uma longa duração. Ele é sintetizado quando necessário e então degradado, e a sua concentração a qualquer instante é baixa. O tamanho do mRNA varia muito, sendo a média de uma unidade padrão constituída por cerca de 750 nucleotídeos. A Figura 25.9 mostra o fluxo da informação genética e os principais tipos de RNA.

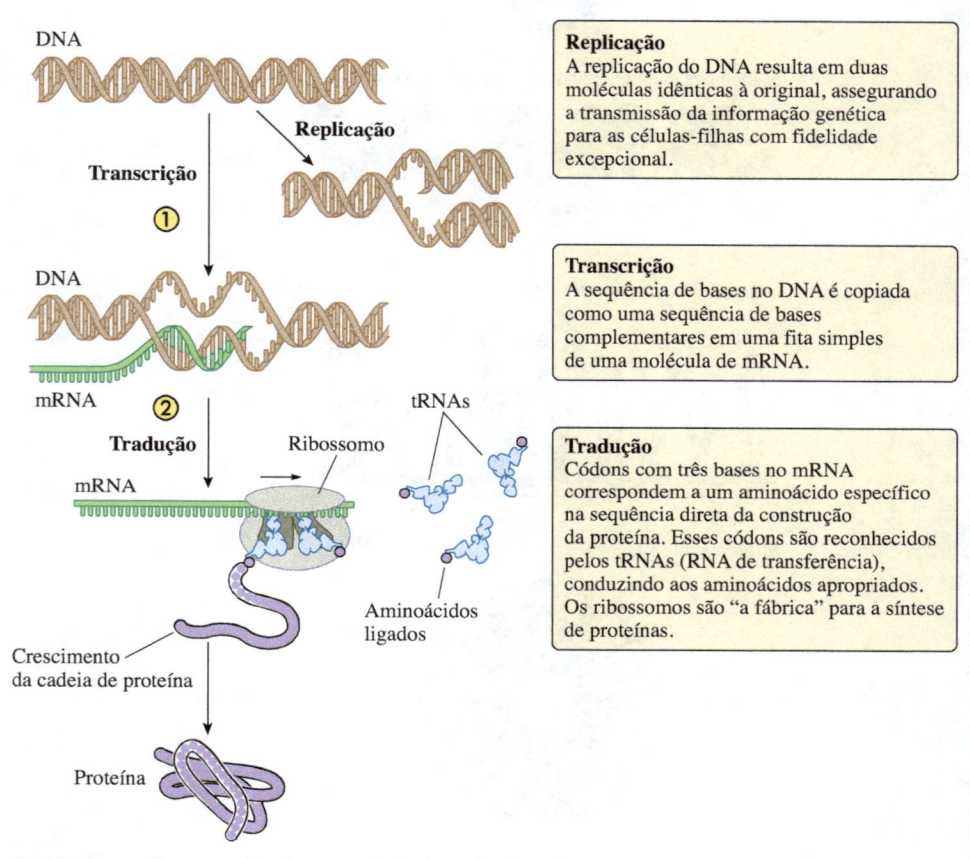

FIGURA 25.9 Processo fundamental da transferência de informação nas células.
(1) A informação codificada nos nucleotídeos na sequência de DNA é transcrita através da síntese de uma molécula de RNA cuja sequência é ditada pela sequência do DNA.
(2) À medida que a sequência desse RNA é lida (como grupos de três nucleotídeos consecutivos) pelo sistema de síntese de proteínas, ela é traduzida na sequência de aminoácidos da proteína. Esse sistema de transferência de informação está encapsulado no que é conhecido como o dogma central da biologia molecular:
DNA ⟶ RNA ⟶ proteína.

2. **RNA de transferência (tRNA)** Contendo de 73 a 93 nucleotídeos por cadeia, os tRNAs são moléculas relativamente pequenas. Existe ao menos uma molécula de tRNA para cada um dos 20 aminoácidos que o corpo produz para a elaboração das proteínas. A estrutura tridimensional das moléculas de tRNA apresenta uma forma em L, mas normalmente são representadas como um "trevo de três folhas" em duas dimensões. A Figura 25.10 mostra uma estrutura típica. As moléculas de tRNA contêm não apenas citosina, guanina,

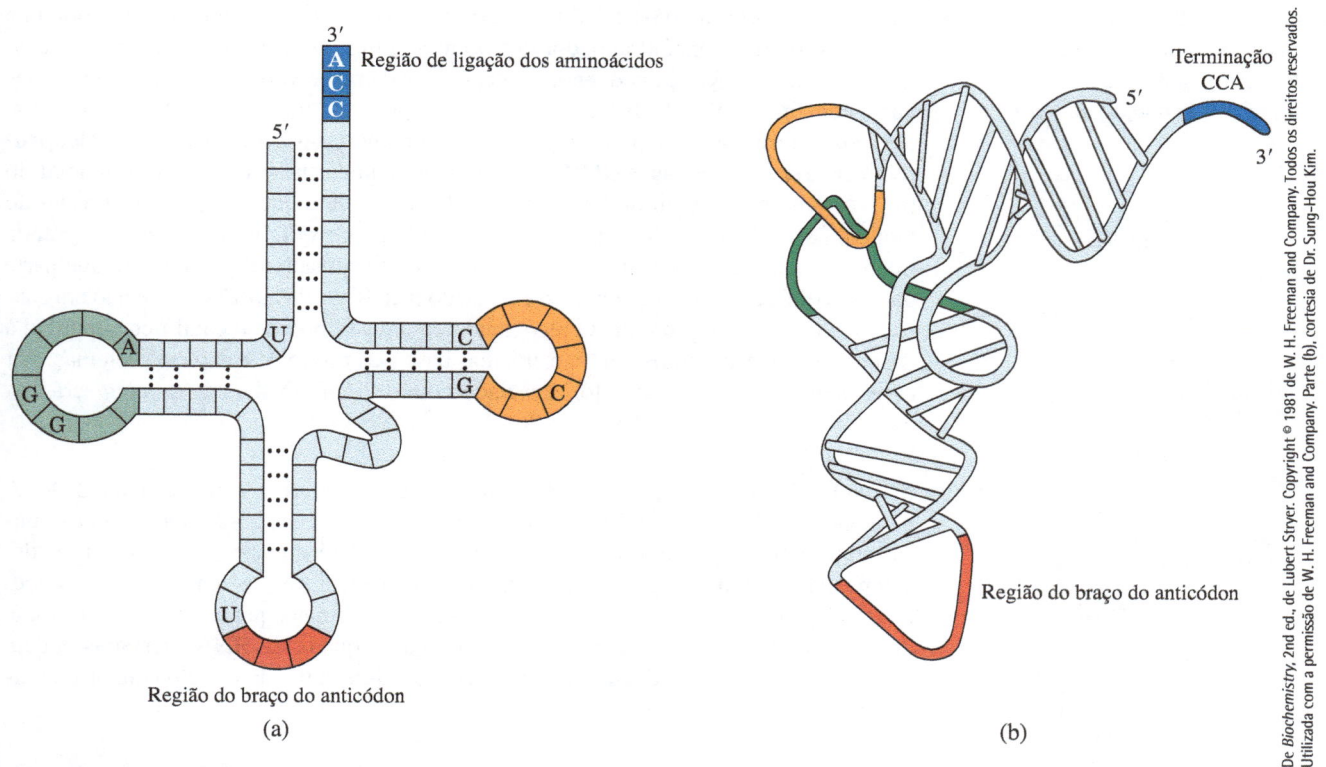

FIGURA 25.10 Estrutura do tRNA. (a) Estrutura bidimensional simplificada. (b) Estrutura tridimensional.

adenina e uracila, mas também vários outros nucleotídeos modificados, como a 1-metilguanosina.

1-metilguanosina

3. **RNA ribossomal (rRNA)** Os **ribossomos** – corpos esféricos pequenos localizados fora do núcleo das células – contêm rRNA e são compostos de aproximadamente 35% de proteína e 65% de RNA ribossomal (rRNA). As moléculas de rRNA são moléculas grandes com massas molares de até 1 milhão. A síntese de proteínas ocorre nos ribossomos (Seção 25.5).

A dissociação dos ribossomos em seus componentes tem provado ser uma maneira útil de estudar sua estrutura e propriedades. Particularmente importante tem sido a determinação tanto do número como do tipo de moléculas de RNA e proteína que constituem os ribossomos. Esse enfoque ajudou a elucidar a função dos ribossomos na síntese de proteínas. Tanto nos procariotos como nos eucariotos, um ribossomo é composto de duas subunidades, uma delas maior que a outra. Por sua vez, a subunidade menor é composta de uma molécula grande de RNA e aproximadamente 20 proteínas diferentes, e a subunidade maior é composta de duas moléculas de RNA nos procariotos (três nos eucariotos) e cerca de 35 proteínas diferentes nos procariotos (cerca de 50 nos eucariotos) (Figura 25.11). Em laboratório, a dissociação das subunidades pode ser realizada facilmente pela diminuição da concentração de Mg^{2+} do meio. Aumentando a concentração de Mg^{2+} ao nível original, o processo é revertido e os ribossomos ativos podem ser reconstituídos por esse método.

RNA de transferência (tRNA) O RNA que transporta aminoácidos para o sítio da síntese de proteínas nos ribossomos.

RNA ribossomal (rRNA) O RNA complexado com proteínas nos ribossomos.

Ribossomos Unidades esféricas pequenas das células, constituídas de proteínas e RNA; é o local onde ocorre a síntese de proteínas.

Splicing A remoção de um segmento interno de RNA e a união das terminações que sobraram após a remoção da parte interna.

FIGURA 25.11 Estrutura típica de um ribossomo procariótico. Os componentes individuais podem ser misturados, produzindo subunidades funcionais. A reassociação das subunidades leva a um ribossomo intacto. A designação S se refere a Svedberg, uma unidade relativa de tamanho determinada quando as moléculas são separadas por centrifugação.

4. **RNA nuclear pequeno (snRNA)**[3] Uma molécula de RNA recentemente descoberta é o snRNA, o qual é encontrado, como o nome implica, no núcleo das células eucarióticas. Esse tipo de RNA é pequeno, com aproximadamente 100 a 200 nucleotídeos, mas não é nem uma molécula de tRNA nem uma pequena subunidade de rRNA. Na célula, ele se encontra complexado com proteínas, formando **partículas de ribonucleoproteína nuclear pequenas**, **snRNPs**. Sua função é ajudar no processamento inicial do mRNA transcrito a partir do DNA em uma forma madura que está pronta para sair do núcleo. Esse processo é normalmente conhecido como *splicing* e tem atraído grande interesse científico. Ao estudarem o *splicing*,[4] os pesquisadores perceberam que parte da reação dele envolvia um processo catalisado pelo RNA das snRNP e que não era causada pela porção de proteína. O reconhecimento desse processo catalítico conduziu à descoberta das **ribozimas**, que são enzimas baseadas no RNA, e não em proteínas. Por esses estudos, Thomas Cech foi agraciado com o Prêmio Nobel. O *splicing* será discutido posteriormente no Capítulo 26.

5. **Micro RNA (miRNA)** Uma descoberta muito recente se refere a um outro tipo de RNA pequeno, o miRNA. Esses RNAs são constituídos de apenas 20-22 nucleotídeos, mas são importantes no tempo do desenvolvimento de determinado organismo. Eles desempenham funções importantes no processo de câncer, resposta ao estresse e infecções virais. Eles inibem tradução do mRNA em proteínas e promovem a degradação do mRNA. Descobriu-se recentemente, entretanto, que esses RNAs versáteis podem também estimular a produção de proteínas nas células quando o ciclo celular é interrompido.

6. **RNA interferente[5] pequeno (siRNA)** O processo denominado RNA de interferência foi noticiado como o descobrimento de maior avanço do ano de 2002 pela revista *Science*. Descobriu-se que pequenos pedaços de RNA (20-30 nucleotídeos), chamados RNA interferente pequeno, têm um enorme controle sobre a expressão gênica. Esse processo serve como um mecanismo de proteção em várias espécies, com os siRNAs sendo usados para eliminar a expressão de um gene indesejado, tal qual o que causa o crescimento descontrolado da célula ou um proveniente de um vírus. O siRNA conduz à degradação específica do mRNA. Os cientistas que estudam a expressão genética usam esses RNAs pequenos. Com o desenvolvimento de novos procedimentos de biotecnologia, surgiram várias empresas com o propósito de produzir siRNAs capazes de "nocautear" centenas de genes conhecidos. A finalidade é, em primeira instância, direcionada às aplicações médicas, uma vez que, dessa forma, já foi possível proteger o fígado da hepatite e restabelecer as células infectadas por essa doença em experimentos realizados com camundongos.

A Tabela 25.3 apresenta um resumo dos tipos básicos do RNA.

Tabela 25.3 Os papéis dos diferentes tipos de RNA

Tipo de RNA	Tamanho	Função
RNA de transferência	Pequeno	Transporta aminoácidos ao sítio da síntese de proteínas
RNA ribossomal	Vários tipos – vários tamanhos	Combina-se com proteínas para formar os ribossomos, que são os sítios da síntese de proteínas
RNA mensageiro	Variável	Direciona a sequência de aminoácidos nas proteínas
RNA nuclear pequeno	Pequeno	Processa o mRNA inicialmente produzido para a sua forma madura nos eucariotos
Micro RNA	Pequeno	Afeta a expressão gênica; importante no crescimento e desenvolvimento
RNA interferente pequeno	Pequeno	Afeta a expressão gênica; usado pelos cientistas para bloquear um gene que está sendo estudado

[3] Também denominado RNA de baixa massa molar. (NT)
[4] Também denominado RNA de *interferência*. (NT)
[5] O *splicing* também é denominado "mecanismo de corte e junção". Utilizaremos aqui, simplesmente *splicing* para nos referirmos ao processo de corte e junção. (NT)

25.5 O que são genes?

Um gene é determinado segmento de DNA que contém algumas centenas de nucleotídeos, que conduzem uma mensagem particular – por exemplo, "faça a molécula de globina" ou "faça a molécula de tRNA". Uma molécula de DNA pode ter entre 1 milhão a 100 milhões de bases. Por isso, vários genes estão presentes em uma molécula de DNA. Nas bactérias, essa mensagem é contínua, o que não ocorre em organismos superiores. Isto é, trechos de DNA que dizem especificamente (codificam) qual é a sequência de aminoácidos (que formará a proteína) são interrompidos por trechos longos que aparentemente não codificam nada. As sequências que codificam são chamadas **éxons**, uma abreviação para "sequências expressadas" (*expressed sequences*), e os trechos não codificados são denominados **íntrons**, uma abreviação para "sequências de intervenção" (*intervening sequences*).

Por exemplo, o gene da globina tem três éxons interrompidos por dois íntrons. Pelo fato de o DNA conter tanto éxons como íntrons, o mRNA transcrito do DNA também os contém. Os íntrons são excluídos no processo de *splicing* pelos ribossomos, e os éxons são mantidos no *splicing* antes que o mRNA seja usado para sintetizar a proteína. Em outras palavras, os íntrons funcionam como espaçadores e, em casos raros, atuam como enzimas, catalisando o *splicing* dos éxons e gerando o mRNA maduro. A Figura 25.12 mostra a diferença entre a produção de proteínas nos procariotos e eucariotos.

Nos procariotos, os genes em um trecho do DNA estão próximos um do outro. Eles são transformados em uma sequência do mRNA e traduzidos pelos ribossomos para fabricar as proteínas; tudo isso ocorre de forma simultânea. Nos eucariotos, os genes são separados pelos íntrons, e o processo ocorre em diferentes compartimentos. O DNA é transformado em RNA no núcleo, mas o mRNA inicial contém íntrons. Esse mRNA é transportado para o citosol, onde os éxons sofrem o processo de *splicing*. O processo da obtenção do RNA e das proteínas é o tema do Capítulo 26.

Nos humanos, somente 3% do DNA codifica para proteínas ou RNA com funções bem estabelecidas. Entretanto, os íntrons não são as únicas sequências de DNA que não codificam. Os **satélites** são moléculas de DNA em que sequências curtas são repetidas centenas ou milhares de vezes. Trechos de satélites grandes aparecem nas terminações e nos centros dos cromossomos, e conferem estabilidade ao cromossomo.

Sequências repetitivas pequenas são chamadas **minissatélites** ou **microssatélites** e estão associadas ao câncer durante a mutação.

Éxon Uma sequência de nucleotídeos no DNA ou mRNA que codifica certa proteína.

Íntron Uma sequência de nucleotídeos no DNA ou mRNA que não codifica certa proteína.

25.6 Como o DNA é replicado?

Nos cromossomos, o DNA tem duas funções: (1) reproduzir a si mesmo e (2) fornecer a informação necessária para fazer todo o RNA e as proteínas do organismo, incluindo as enzimas. A segunda função é discutida no Capítulo 26. Aqui veremos a primeira função, a **replicação**.

Cada gene é uma Seção da molécula do DNA que contém uma sequência específica de bases, A, G, T e C, tipicamente apresentando de 1.000 a 2.000 nucleotídeos. A sequência de bases do gene contém a informação necessária para produzir uma molécula de proteína. Caso a sequência seja mudada (por exemplo, se um A é substituído por um G ou se um T extra é inserido), uma proteína diferente é produzida, que pode apresentar uma função prejudicial, como nas células da anemia falciforme ("Conexões químicas 22D").

Considere a monumental tarefa que deve ser realizada pelo organismo. Quando um indivíduo é concebido, o óvulo e as células de esperma se unem para formar um zigoto. Essa célula contém somente uma pequena quantidade do DNA, mas fornece toda a informação genética do indivíduo.

Em uma célula humana, 3 bilhões de pares de bases precisam ser duplicados a cada ciclo celular, e um humano pode conter mais que 1 trilhão de células. Cada célula contém a mesma quantidade de DNA da única célula original. Além disso, as células estão constantemente morrendo e sendo substituídas. Portanto, deve ser um mecanismo pelo qual as moléculas de DNA possam ser copiadas repetidas vezes sem erros. Na Seção 25.7, será visto que esses erros algumas vezes ocorrem e podem ter sérias consequências. Aqui, entretanto, vamos examinar o mecanismo notável que ocorre todo dia em bilhões de organismos, dos

Replicação O processo pelo qual cópias do DNA são feitas durante a divisão celular.

Procariotos:

(Figura: Segmento de DNA 3'→5' com Gene A, Gene B, Gene C; mRNA de codificação de proteínas A, B, C; Ribossomos traduzindo o mRNA em proteínas A, B, C; Polipeptídeo B, Polipeptídeo C; Dependência do DNA da transcrição pela RNA polimerase dos genes A, B, C.)

Eucariotos:

Éxons são regiões de codificação de proteínas que precisam ser unidas pela remoção dos íntrons, que são as sequências de não codificação intervenientes na sequência do DNA. O processo de remoção dos íntrons e união dos éxons é chamado *splicing*.

Segmento de DNA — Gene A (Éxon 1, Íntron, Éxon 2)

Transcrição — DNA transcrito por DNA dependente RNA polimerase

RNA inicial transcrito (codifica apenas um polipeptídeo) — Região 5' não traduzida, Éxon 1, Íntron, Éxon 2, AAAA Região 3' não traduzida — Poli(A) adicionado após a transcrição

Splicing — snRNPs — Transporte para o citoplasma

mRNA maduro — 5' Éxon 1 Éxon 2 AAAA 3'

Tradução — mRNA é transcrito em uma proteína pelos ribossomos citoplasmáticos

Proteína A

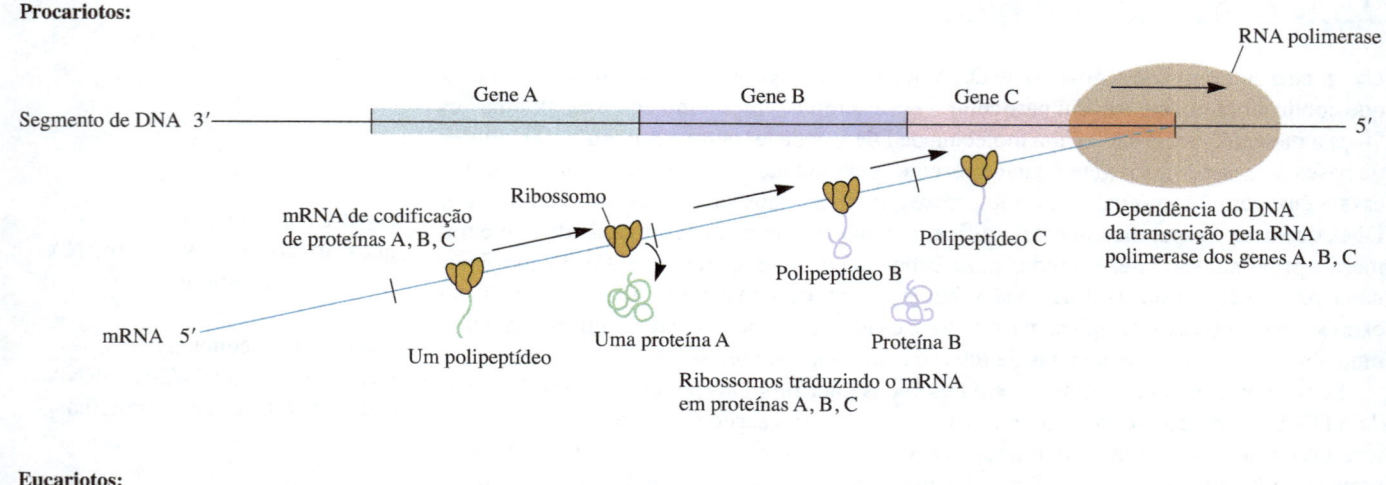

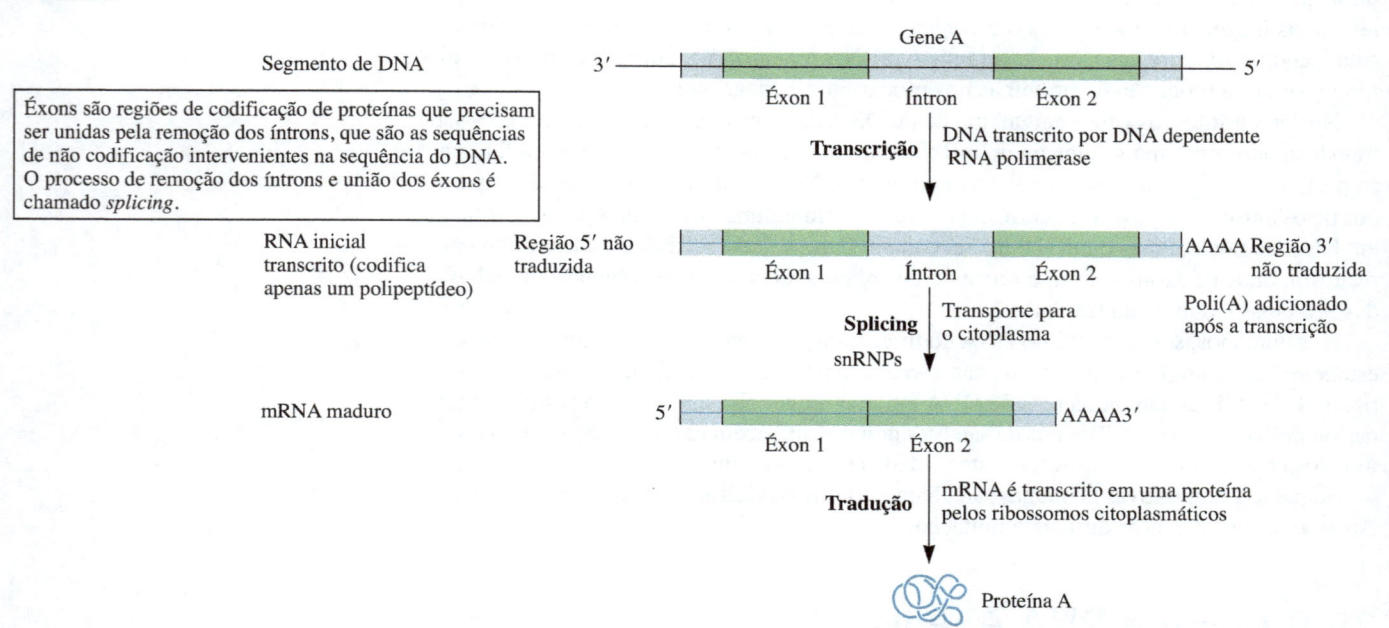

Figura 25.12 Propriedades das moléculas de mRNA nas células dos procariotos *versus* eucariotos durante a transcrição e a tradução.

micróbios às baleias, e que está ocorrendo há bilhões de anos com uma porcentagem de erros ínfima.

A replicação começa em um ponto do DNA chamado **origem da replicação**. Nas células humanas, os cromossomos têm em média várias centenas de origens de replicação em que a cópia ocorre simultaneamente. A dupla hélice do DNA tem duas fitas que estão pareadas em direções opostas. O ponto no DNA em que a replicação ocorre é chamado **forquilha de replicação** (ver Figura 25.13).

Se o desenrolamento do DNA se inicia pela parte central, a síntese de novas moléculas de DNA, nos antigos moldes, continua nas duas direções até que toda a molécula seja duplicada. Além disso, o desenrolamento pode começar em uma extremidade e avançar até o total desenrolamento da dupla hélice.

A replicação é bidirecional e ocorre na mesma velocidade, nas duas direções. Um detalhe interessante da replicação do DNA é que duas fitas-filhas são sintetizadas de maneiras diferentes. Uma das sínteses é contínua no sentido 3' para 5' da fita (ver Figura 25.13). Essa fita é chamada **cadeia contínua** ou **condutora** (*leading*). Ao longo da outra fita na direção de 5' para 3', a síntese é descontínua. Essa fita é denominada **cadeia descontínua** (*lagging*).

O processo de replicação é chamado **semiconservativo** porque cada molécula filha apresenta uma fita (cadeia) parental conservada e uma nova que é sintetizada.

Conexões químicas 25B

Telômeros, telomerase e imortalidade

Cada pessoa tem uma composição genética composta de cerca de 3 bilhões de pares de nucleotídeos, distribuídos em 46 cromossomos. Os telômeros são estruturas especializadas encontradas no fim dos cromossomos. Nos vertebrados, telômeros são sequências TTAGGG que são repetidas de centenas a milhares de vezes. Nas **células somáticas** normais que se dividem de forma cíclica ao longo da vida do organismo (via mitose), os cromossomos perdem cerca de 50 a 200 nucleotídeos de seus telômeros a cada divisão celular.

A DNA polimerase, a enzima que liga os fragmentos, não opera no fim do DNA linear. Esse fato resulta no encurtamento dos telômeros em cada replicação. O encurtamento dos telômeros funciona como um relógio pelo qual as células contam o número de vezes que ela foi dividida. Após certo número de divisões, a célula para de se dividir, chegando ao limite do processo de envelhecimento.

Em contraste a esse comportamento nas células somáticas, todas as células imortais (células embrionárias nas células-tronco proliferativas, células fetais normais e células cancerosas) possuem uma enzima, a telomerase, que pode estender os telômeros que foram encurtados pela síntese de novas terminações dos cromossomos. A telomerase é uma ribonucleoproteína, ou seja, é constituída de RNA e proteína. A atividade dessa enzima parece conferir imortalidade para a célula.

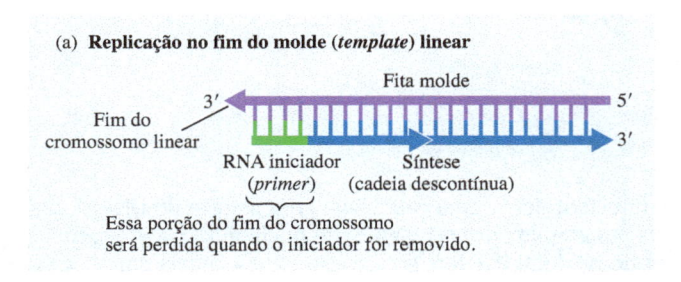

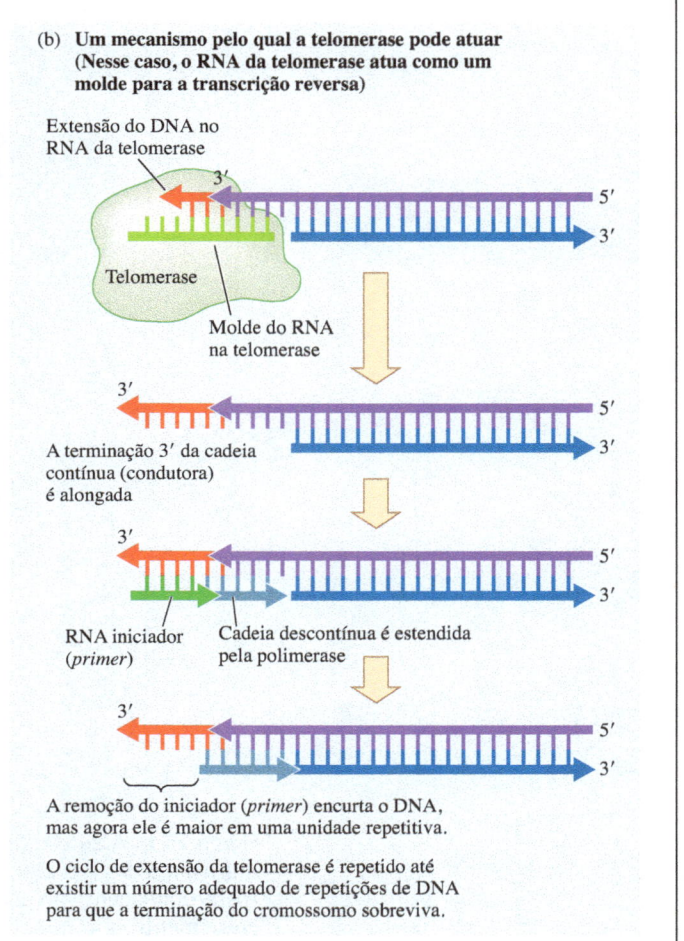

(a) **Replicação no fim do molde (*template*) linear**

(b) **Um mecanismo pelo qual a telomerase pode atuar (Nesse caso, o RNA da telomerase atua como um molde para a transcrição reversa)**

A replicação sempre ocorre na direção 5' para a 3' da perspectiva da cadeia que está sendo sintetizada. A reação efetiva que ocorre é um ataque nucleofílico pela hidroxila 3' da desoxirribose de um nucleotídeo ao primeiro fosfato no carbono 5' do nucleosídeo trifosfato que será adicionado, como mostrado na Figura 25.14.

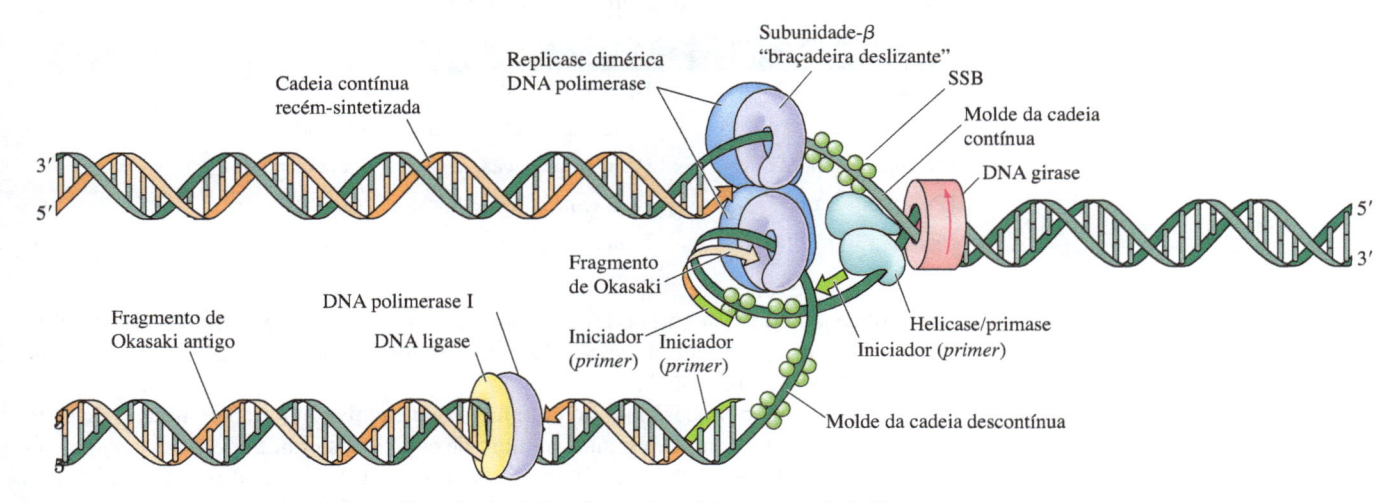

FIGURA 25.13 Aspectos gerais da replicação do DNA. As duas cadeias da dupla hélice do DNA são mostradas separadamente na forquilha de replicação.

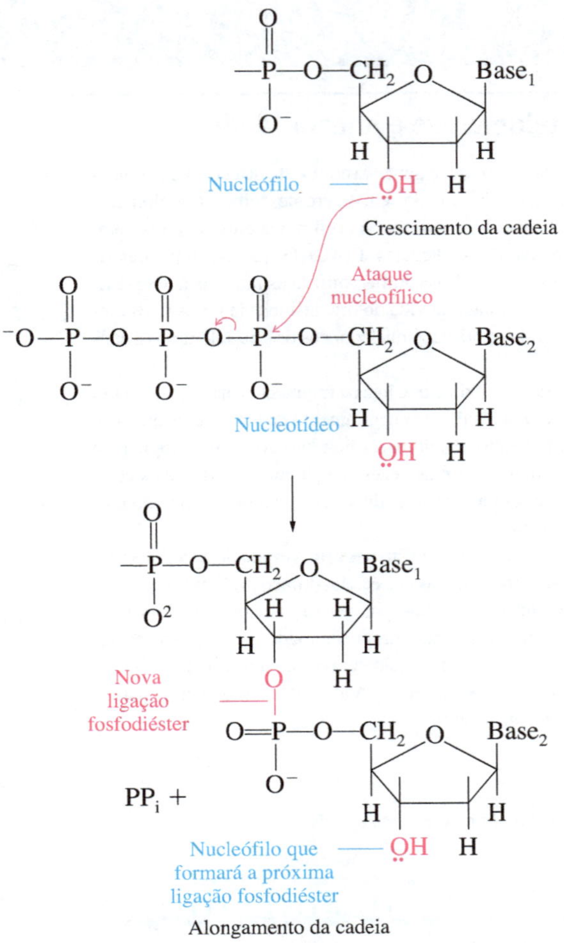

Figura 25.14 A adição de um nucleotídeo a uma cadeia em crescimento do DNA. A hidroxila 3′ no fim da cadeia em crescimento do DNA é um nucleófilo. Ela ataca o fósforo adjacente ao açúcar do nucleotídeo, que será adicionado à cadeia em crescimento.

Um dos mais interessantes aspectos da replicação do DNA é que a reação essencial da sua síntese sempre requer uma cadeia com um nucleotídeo que tenha uma hidroxila 3′ livre para fazer o ataque nucleofílico.

TABELA 25.4 Componentes dos replissomas e suas funções

Componente	Função
Helicase	Desenrolar a dupla hélice do DNA.
Primase	Sintetizar oligonucleotídeos pequeno (*primers*).
Proteína "grampo"	Permite que a cadeia contínua seja inserida.
DNA polimerase	Liga sequências de nucleotídeos.
Ligase	Liga os fragmentos de Okasaki na cadeia descontínua.

A replicação do DNA não pode começar sem essa cadeia preexistente de "engate", a qual é denominada **iniciador** ou ***primer***. Em todas as formas de replicação, o *primer* é constituído de RNA, e não de DNA.

A replicação é um processo muito complexo que envolve um grande número de enzimas e proteínas de ligação. Um grande número de evidências indica que essas enzimas organizam seus produtos em "fábricas" através das quais o DNA se modifica. Essas fábricas podem estar ligadas na membrana, no caso das bactérias. Nos organismos superiores, as fábricas de replicação não são estruturas permanentes. Em vez disso, elas podem ser desmontadas e suas partes, remontadas em fábricas ainda maiores. Essas enzimas que atuam nas "fábricas" são denominadas **replissomas** e incluem enzimas fundamentais, como polimerases, helicases e primases (Tabela 25.4). As primases não são fixas e podem ir aos replissomas e voltar deles. Outras proteínas como as proteínas grampo e de preenchimento, através das quais os *primers* recém-sintetizados são inseridos, também são parte dos replissomas.

A replicação do DNA ocorre em várias etapas distintas. Alguns aspectos mais significativos são aqui enumerados:

1. **Abrindo a superestrutura** Durante a replicação, as superestruturas muito condensadas dos cromossomos precisam ser abertas para que se tornem acessíveis às enzimas e a outras proteínas. Uma etapa notável da transdução de sinal é a acetilação e desacetilação de um resíduo de lisina das histonas. Quando a enzima histona acetilase insere grupos acetila nos resíduos adequados de lisina, algumas cargas positivas são eliminadas e a força da interação DNA-histona é enfraquecida.

$$\text{Histona}-(CH_2)_4-NH_3^+ + CH_3-COO^- \underset{\text{desacetilação}}{\overset{\text{acetilação}}{\rightleftharpoons}} \text{Histona}-(CH_2)_4-\underset{|}{\overset{H}{N}}-\overset{O}{\underset{||}{C}}-CH_3 + H_2O$$

Esse processo permite a abertura de regiões-chave na molécula de DNA. Quando outra enzima, a histona desacetilase, remove esse grupo acetila, as cargas são restabelecidas, o que facilita a retomada da estrutura altamente condensada da **cromatina**.

2. **Relaxação das estruturas de ordem superior do DNA** As topoisomerases (também denominadas girases) são enzimas que facilitam a relaxação do DNA super-helicoidizado. Elas fazem isso durante a replicação pela quebra temporária tanto da fita simples como da dupla. A quebra transitória forma uma ligação fosfodiéster entre o resíduo de tirosina da enzima e qualquer outro resíduo da terminação 5′ ou 3′ de um fosfato no DNA. Uma vez que a super-helicoidização é relaxada, as fitas quebradas são unidas, e a topoisomerase difunde do local da forquilha de replicação. As topoisomerases também estão envolvidas no desnovelamento dos cromossomos replicados, antes da divisão celular.

3. **Desenrolando a dupla hélice do DNA** A replicação das moléculas do DNA começa com o desenrolamento da dupla hélice, que pode ocorrer tanto nas terminações como na região central (ao longo da dupla hélice). Proteínas especiais de desenrolamento chamadas **helicases** se ligam a uma das fitas do DNA (Figura 25.13) e causam a separação da dupla hélice. As helicases dos eucariotos são constituídas de seis subunidades diferentes de proteínas. As subunidades formam um anel com o centro oco, em que a fita simples de DNA se insere. As helicases hidrolisam ATP à medida que a fita de DNA se move através dela. A energia proveniente da hidrólise é usada para a movimentação da fita.

4. **Iniciadores (*primers*)/primases** Os *primers* são nucleotídeos curtos contendo de 4 a 15 nucleotídeos – eles são oligonucleotídeos de RNA sintetizados a partir dos ribonucleosídeos trifosfato. Eles são necessários para iniciar a síntese das fitas-filhas. A enzima que catalisa essa síntese é chamada primase. As primases formam complexos com a DNA polimerase nos eucariotos. Os *primers* são colocados a cada 50 nucleotídeos da cadeia descontínua durante a síntese dessa fita.

5. **DNA polimerase** As enzimas-chave na replicação do DNA são as DNA polimerases. Uma vez que as duas fitas estão separadas na forquilha de replicação, os nucleotídeos do DNA precisam ser alinhados. Todos os quatro tipos de nucleotídeos de DNA livres (ainda não ligados em cadeia) estão presentes na vizinhança da forquilha de replicação. Esses nucleotídeos se movem constantemente e tentam se ajustar formando novas cadeias. A chave para o processo é que, como foi visto na Seção 25.3, *somente a timina se ajusta com uma adenina oposta, e somente a citosina pode se ajustar a uma guanina oposta*. Por exemplo, onde estiver uma citosina na porção de uma cadeia desenrolada, todos os quatro nucleotídeos podem se aproximar, porém três deles vão embora porque não se ajustam à citosina. O único dos quatro que se ajusta é a guanina.

Conexões químicas 25C

Obtendo as impressões digitais do DNA – testes de DNA (DNA *fingerprinting*)

A sequência de bases no núcleo de cada uma de nossas bilhões de células é idêntica. Entretanto, exceto para os gêmeos idênticos, a sequência de bases no DNA total de uma pessoa é diferente do de outra pessoa. Essa propriedade única torna possível identificar suspeitos em casos de crimes com apenas um pouco de pele ou um traço de sangue deixado no local do crime, assim como identificar a paternidade de uma criança.

Para essa realização, são obtidas células da coleta do material das evidências criminais, e o núcleo dessas células é extraído. O DNA é amplificado por técnicas de PCR (ver Seção 25.8). Com o auxílio de enzimas de restrição, as moléculas de DNA são cortadas em pontos específicos. Os fragmentos de DNA resultantes são então analisados por meio da técnica de **eletroforese** em gel. Nesse processo, os fragmentos de DNA movem-se com diferentes velocidades; os fragmentos menores com maior velocidade que os maiores, que se movem mais lentamente. Após o tempo necessário, os fragmentos se separam. Quando eles se tornam distinguíveis, é possível discernir bandas nas regiões em que foram aplicados nas placas (raias) de eletroforese. Essa sequência é chamada **teste de DNA (DNA *fingerprint*)**.

Quando o teste de DNA realizado com as amostras obtidas de suspeitos coincide com as obtidas na cena do crime, a polícia tem uma identificação positiva. A figura mostra testes de DNA obtidos usando uma enzima de restrição particular. Aqui, um total de nove raias pode ser observado. Três delas são raias de controle (1, 5 e 9) e contêm DNA de um vírus, usando uma enzima de restrição particular.

As outras três raias (2, 3 e 4) foram empregadas em um teste de paternidade: elas contêm o teste de DNA da mãe, da criança e do suposto pai. O teste de DNA para a criança (raia 3) resulta em seis bandas. O teste de DNA da mãe (raia 4) tem cinco bandas, cada uma delas se igualando com as da criança. O teste de DNA do suposto pai (raia 2) também contém seis bandas, três das quais são equivalentes às da criança. Trata-se de uma identificação positiva. Em tais casos, não se pode esperar uma equivalência perfeita das bandas mesmo se o homem for realmente o pai, porque a criança apresenta uma hereditariedade em que apenas metade dos seus genes é proveniente do pai. Cada banda no DNA da criança teve de vir de um dos pais. Se a criança tem uma banda e a mãe não, essa banda deve ser representada por alguma banda do suposto pai; caso contrário, ele não é pai da criança. No caso descrito, o teste de paternidade foi confirmado com base na equivalência das bandas observadas no teste. Entretanto, esse teste de eletroforese em gel por si só não é conclusivo, pois a maioria das bandas é coincidente entre a mãe e a criança. O teste de paternidade é muito mais diretamente usado para excluir um pai em potencial do que para provar que uma pessoa é o pai. Para isso, é necessário realizar vários experimentos de eletroforese em gel em que se empregam várias enzimas diferentes para conseguir uma amostragem de resultados suficiente para uma conclusão positiva.

Na área esquerda do radiograma, existem mais três raias (6, 7 e 8). Esses testes de DNA foram usados na tentativa de identificar um estuprador. As raias 7 e 8 mostram os testes de DNA do sêmen obtido da vítima de violação. A raia 6 é do teste do suspeito. O teste de DNA do sêmen não bate com aquele do suspeito. Esse é um resultado negativo e exclui o suspeito do caso. Quando uma identificação positiva ocorre, a *probabilidade* de que ela seja apenas uma casualidade na coincidência das bandas corresponde a uma chance de 1 em 100 bilhões. Portanto, enquanto a identidade não é absolutamente provada, a lei das probabilidades diz que não existem pessoas suficientes no planeta para que duas delas tenham o mesmo padrão de DNA.

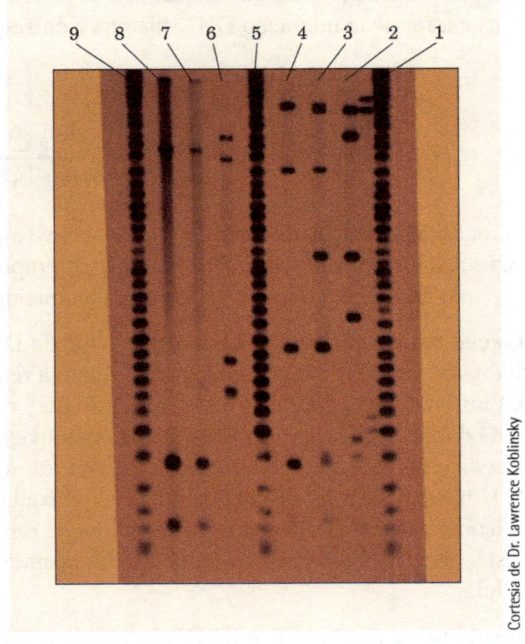

DNA *fingerprint*.

Os testes de DNA agora são rotineiramente aceitos nos tribunais. Muitas decisões são baseadas em tais evidências e, um aspecto relevante, muitos presos foram libertados quando o teste de DNA provou que eles eram inocentes. Em um caso bizarro, um condenado de estupro solicitou um teste de DNA. Os resultados mostraram conclusivamente que ele não era culpado de estupro pelo qual havia sido sentenciado à prisão. Com base no resultado do teste, ele foi libertado. Entretanto, a polícia que agora possuía o teste de DNA desse prisioneiro fez uma comparação com testes de DNA coletados no conjunto de evidências de outros crimes que não haviam sido solucionados. Como consequência, esse prisioneiro que havia sido libertado foi preso uma semana depois por três estupros que ele tinha previamente cometido.

Fragmento de Okasaki Um fragmento pequeno de DNA constituído por cerca de 200 nucleotídeos nos organismos superiores (eucariotos) e 2.000 nucleotídeos nos procariotos.

Na ausência de uma enzima, esse alinhamento é extremamente lento. A velocidade e a especificidade são devidas à ação da DNA polimerase. O sítio ativo dessa enzima é bem pequeno e envolve o fim do molde de DNA, criando uma região com forma adequada para o nucleotídeo que está ingressando para formar a cadeia complementar. Fornecendo esse contato próximo, a energia de ativação é diminuída e a polimerase possibilita o pareamento das bases complementares com alta especificidade a uma velocidade de 100 vezes por segundo. Enquanto as bases dos nucleotídeos recém-chegados são arranjados pelas ligações de hidrogênio aos seus "parceiros", a polimerase une a cadeia principal da fita.

Ao longo da cadeia descontínua $3' \longrightarrow 5'$, as enzimas podem sintetizar apenas fragmentos pequenos porque a única maneira de elas funcionarem é de $5'$ para $3'$. Es-

Conexões químicas 25D

O Projeto do Genoma Humano: tesouro ou a caixa de Pandora?

O Projeto do Genoma Humano (Human Genome Project, HGP) foi um esforço em massa para sequenciar completamente o genoma humano: cerca de 3,3 bilhões de pares de bases espalhados nos 23 pares de cromossomos. Esse projeto que começou formalmente em 1990 é um esforço conjunto que foi levado avante por dois grupos: a empresa Celebra Genomics – cujos resultados preliminares foram publicados na revista *Science*, em fevereiro de 2001 – e um fundo público de pesquisadores do International Human Genome Sequencing Consortium – cujos resultados preliminares foram publicados na revista *Nature*, em fevereiro de 2001). Os pesquisadores ficaram surpresos ao constatarem que existiam somente cerca de 30.000 genes no genoma humano. Esse panorama declinou mais tarde para 25.000. Esse resultado é similar a outros eucariotos, incluindo alguns tão simples como o nematelminto (um verme) *Caenorhabditis elegans*.

Qual é o significado da obtenção de um genoma? Com ele, poderemos finalmente ser capazes de identificar todos os genes humanos e determinar quais genes são provavelmente os responsáveis por todos os traços genéticos, incluindo as doenças com bases genéticas. Existe uma interação elaborada entre os genes, o que significa que nunca poderemos afirmar com exatidão que uma anomalia em determinado gene é a responsável pelo desenvolvimento de uma doença particular. Todavia, alguma forma de triagem genética certamente se tornará rotineira como parte da avaliação médica no futuro. Ela será benéfica, por exemplo, se alguém mais suscetível a ataques cardíacos que a média tiver essa informação ainda na juventude. Essa pessoa poderá então decidir como ajustar seu estilo de vida e sua dieta para evitar o desenvolvimento das causas que levam aos ataques cardíacos.

Com o desenvolvimento tecnológico, em 2007 ocorreu o nascimento de uma nova indústria: genômica pessoal. Hoje um indivíduo pode ter o seu DNA completamente sequenciado por uma "bagatela" de US$ 350.000. Entretanto, várias empresas oferecem um panorama parcial ao fazerem uma varredura de até 1 milhão de marcadores de DNA conhecidos. O custo dessa "genômica recreacional" é muito mais baixo e custa de US$ 1.000 a 2.500 e, no teste, utiliza-se apenas um pouco de saliva.

Há, ainda, o receio de que a informação genética possa gerar discriminação. Por essa razão, no HGP, porcentagens definidas da ajuda financeira e do trabalho de pesquisa são destinadas aos aspectos éticos e legais e às implicações sociais da pesquisa. A questão é frequentemente colocada da seguinte forma: "Quem tem o direito de conhecer a sua informação genética?", "Você?", "Seu médico?", "Sua futura esposa ou patrão?", "Uma companhia de seguros?". Essas perguntas não foram respondidas definitivamente. O filme *Gattaca – Experiência genética*, de 1997, descreve uma sociedade na qual a classe social e econômica de um indivíduo é estabelecida no nascimento com base no genoma dele. Vários cidadãos têm expressado a sua preocupação de que uma avaliação genética poderia levar a um novo tipo de preconceito e intolerância fundamentado na genética das pessoas.

Muitas pessoas têm sugerido que não há fundamentação na avaliação de genes potencialmente desastrosos se não existe uma terapia significativa para as doenças que eles podem "causar". Entretanto, os casais com frequência querem saber antecipadamente se podem ser responsáveis pela transmissão de uma doença letal a seus filhos.

Dois exemplos específicos são pertinentes:

1. Não existe vantagem no teste para o gene do câncer de mama se a mulher não é de uma família com alto risco dessa doença. A presença de um gene normal em indivíduo de baixo risco não nos diz nada sobre a possibilidade de uma mutação ocorrer no futuro. O risco do câncer de mama não é mudado se uma pessoa de baixo risco tem um gene normal, portanto mamografia e autoexame dos seios (com as mãos) são suficientes.

2. A presença de um gene nem sempre pode predizer o desenvolvimento de uma doença. Alguns indivíduos portadores do gene da doença de Huntington têm vivido até idades avançadas sem desenvolver a doença. Alguns homens funcionalmente estéreis têm fibrose cística, o que conduz ao efeito colateral da esterilidade por causa da função indevida dos canais de cloreto, que é uma dos aspectos dessa doença. Eles tomam conhecimento disso quando vão a uma clínica para averiguar a natureza de seu problema de infertilidade, mesmo considerando que nunca mostraram os reais sintomas da doença na infância, a não ser uma alta ocorrência de problemas respiratórios.

Outra área que traz preocupação em relação ao HGP é a possibilidade da terapia gênica, que muitas pessoas temem que venha a ser um "brincar de Deus". Algumas pessoas visualizam uma era em que os bebês serão projetados, na tentativa da criação do humano "perfeito". Uma visão mais moderada tem sido a de que a terapia genética pode ser útil na correção de doenças que prejudicam a qualidade de vida ou são fatais. Testes com humanos estão em curso para a fibrose cística, um tipo de deficiência imune, e algumas outras doenças. As normas em vigência nos Estados Unidos permitem a terapia gênica das células somáticas, mas ela não permite a modificação genética que possa ser transmitida às próximas gerações.

---

ses fragmentos curtos são compostos de cerca de 200 nucleotídeos e são chamados **fragmentos de Okasaki**, em homenagem ao seu descobridor.

6. **Ligação** Os fragmentos de Okasaki e outros cortes remanescentes são eventualmente unidos por outra enzima, a DNA ligase. No fim do processo, existem duas fitas de moléculas de DNA, cada uma delas exatamente igual à sua original pelo fato de que somente a timina se ajusta à adenina e somente a guanina se ajusta à citosina no sítio ativo da polimerase.

25.7 Como o DNA é reparado?

A viabilidade das células depende das enzimas de reparo do DNA que podem detectar, reconhecer e remover mutações do DNA. Tais mutações podem ter origem interna ou externa. Externamente, a radiação UV ou agentes oxidantes altamente reativos, como o superóxido,[6] podem danificar as bases. Erros na cópia ou reações químicas internas, como a desaminação de uma base, podem criar um dano internamente. A desaminação da base citosina a trans-

---

[6] Embora superóxidos sejam produzidos pelo homem, dificilmente atuam como agentes "externos" que provocam mutações, pois são extremamente instáveis e, em contato com a água, se decompõem. A ação prejudicial do superóxido como uma espécie ativa de oxigênio é "interna" quando ele é produzido nas células como subproduto ou falhas nas cadeia respiratória. (NT)

Conexões químicas 25E

Farmacogenômica: adequando a medicação às características individuais

A sequência completa do DNA de um organismo é denominada **genoma**. O genoma de um humano contém aproximadamente 3 bilhões de pares de bases, distribuídos em 22 pares de cromossomos mais os 2 cromossomos do sexo. Cada cromossomo é composto de uma única molécula de DNA. Dos 3 bilhões de pares de bases, aproximadamente 90 milhões representam os 30.000 genes. A tarefa do Projeto do Genoma Humano foi determinar a sequência completa do genoma e, nesse processo, identificar a sequência e a localização dos genes. O Projeto do Genoma Humano foi concluído em 2000. Muitos outros genomas estão estabelecidos, abrangendo de bactérias como a *Escherichia coli* (5 milhões de pares de bases) ao rato (3 bilhões de pares de bases).

É sabido que a herança genética desempenha um papel nas doenças e na eficácia das drogas. Em 510 a.C., Pitágoras escreveu que alguns indivíduos, ao comerem favas, desenvolviam a anemia hemolítica, enquanto outros não. Reações adversas a drogas é a sexta causa de morte nos Estados Unidos (o que significa 100.000 mortes por ano). Problemas causados pela ineficácia das drogas são ainda mais numerosos. Com o novo conhecimento adquirido pela composição da genética individual, fica, em princípio, possível prescrever drogas (medicamentos) na dosagem que melhor se ajusta ao indivíduo e que minimize as reações adversas ou a sua ineficácia. A **farmacogenômica** é o estudo de como as variações genéticas influenciam as respostas individuais para determinada droga ou classe de drogas.

Um caso ilustrativo é CYP2D6, um gene de determinado membro das enzimas da classe do citocromo P-450. Essa enzima destoxifica o organismo de drogas pela incorporação de um grupo —OH, tornando-a mais solúvel em água e facilitando assim a sua eliminação pela urina. O tipo normal ou selvagem dessa enzima está correlacionado com o metabolismo extensivo (e*xtensive* m*etabolism* – EM) de drogas. Uma mutação, na qual a guanina é trocada pela adenina no gene CYP2D6, existe em aproximadamente 25% da população. A presença dessa mutação torna o indivíduo um metabolizador pobre (ou deficiente) (*poor* m*etabolizer* – PM). Portanto, a dosagem de uma droga prescrita permanecerá muito mais tempo no organismo que o normal no corpo do indivíduo com essa composição genética, o que poderá provocar efeitos tóxicos. Outra mutação, na qual uma base de adenina é cancelada no gene CYP2D6, existe em aproximadamente 3% da população. Essa mutação está associada com um metabolismo muito rápido, denominado metabolismo ultraextensivo (u*ltra-extensive* m*etabolism* – UEM). Nos indivíduos com essa mutação, a droga pode ser eliminada do organismo antes que faça efeito.

As classes EM, PM e UEM são conhecidas há algum tempo e podem ser monitoradas pela realização de um exame de sangue durante seis semanas ao longo da terapia com a droga. Com os avanços do Projeto do Genoma Humano, entretanto, um indivíduo pode ser testado *antes* – e não mais durante – da administração da droga. Essa estratégia significa que a dosagem pode ser ajustada de acordo com as necessidades individuais. As empresas farmacêuticas têm desenvolvido *chips* de DNA que podem ler a predisposição de um paciente a uma droga, usando o DNA do indivíduo obtido em um simples teste de sangue.

A predisposição genética é somente um fator entre vários que determinam a resposta total do organismo a uma droga específica. Contudo, o conhecimento da composição genética pode minimizar os efeitos adversos ou a ineficácia, mas não solucionar completamente tais problemas.

---

forma em uracila (Figura 25.1), o que cria uma falha de pareamento. O par C—G torna-se um par U—G, que precisa ser eliminado.

O reparo pode ser efetuado de diversas maneiras. Um dos mais comuns é chamado reparo por excisão de bases (*base excision repair* – BER) (Figura 25.15). Esse processo é constituído de duas partes:

1. Uma DNA glicolase específica reconhece a base danificada (1). Ela é hidrolisada na ligação β-glicosídica N—C′ entre a base de uracila e a desoxirribose, então ocorre a liberação da base danificada, completando a excisão.

   A cadeia principal de açúcar-fosfato ainda se encontra intacta. No **sítio AP** (sítio *ap*urínico ou *ap*irimidínico) criado dessa maneira, a cadeia principal é clivada por uma segunda enzima, a endonuclease (2). Uma terceira enzima, a exonuclease (3), libera a unidade de açúcar-fosfato do sítio danificado.

2. Na etapa de síntese, a enzima DNA polimerase (4) insere o nucleotídeo correto, a citosina, e a enzima DNA ligase fecha (5) a cadeia principal para completar o reparo.

Um segundo mecanismo de reparo remove não apenas um erro pontual, mas um conjunto de erros – como 25 a 32 resíduos de oligonucleotídeos. Conhecido como reparo por excisão de nucleotídeos (*nucleotide excision repair* – NER), ele similarmente envolve várias enzimas de reparação.

Qualquer defeito no mecanismo de reparo pode levar a mutações prejudiciais e mesmo mutações mortais. Por exemplo, indivíduos com xeroderma pigmentoso hereditário, uma doença na qual uma ou mais enzimas de reparo NER não são produzidas ou operam com defeito, têm um risco 1.000 vezes maior de desenvolver câncer de pele que os indivíduos normais.

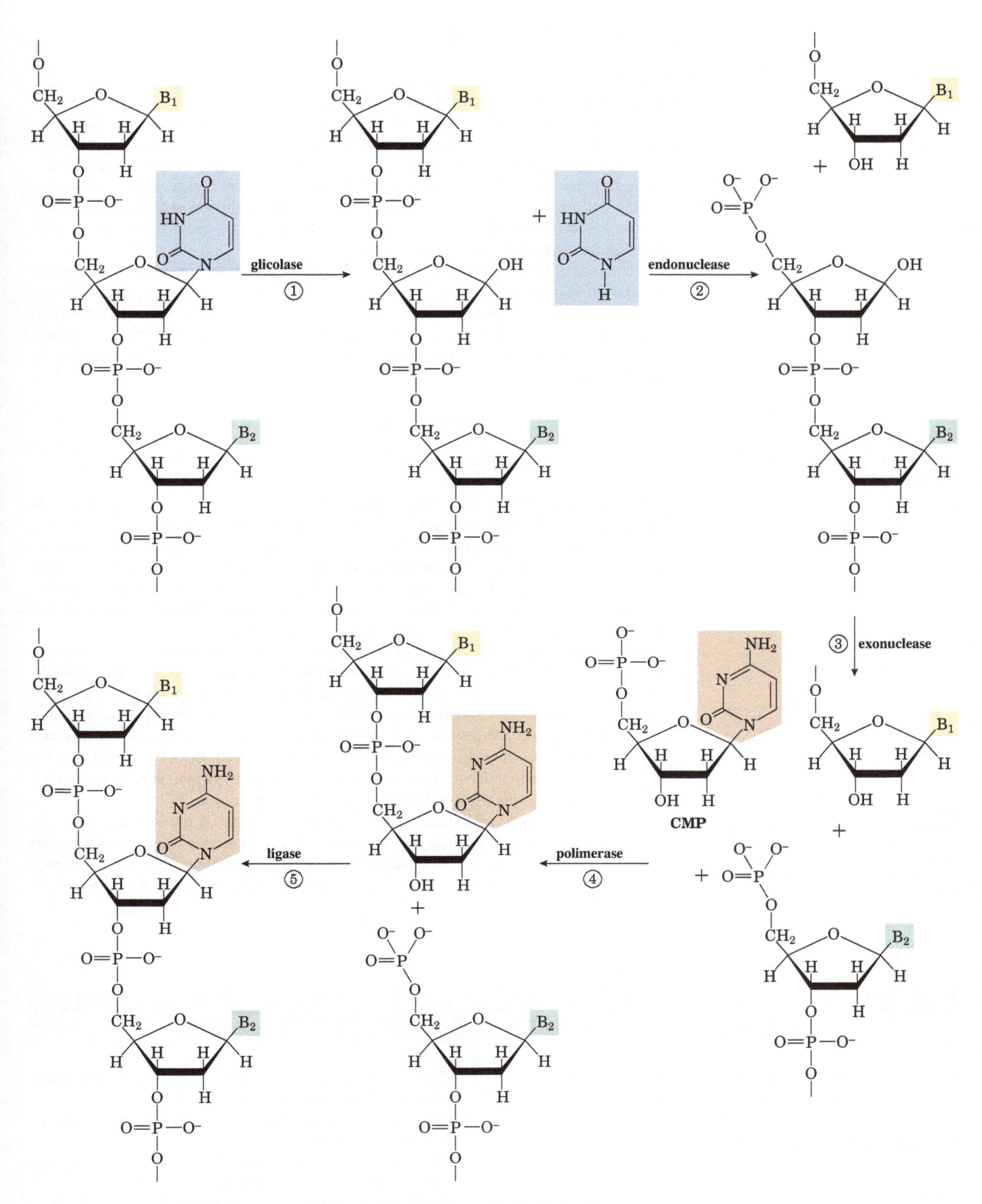

FIGURA 25.15 Processo do reparo por excisão de bases. Uma uracila é substituída por uma citosina.

25.8 Como se amplifica o DNA?

Para estudar o DNA com proposições científicas básicas ou aplicadas, precisamos ter uma quantidade suficiente de material para que possamos desenvolver esses estudos. Existem várias maneiras de amplificar o DNA. Uma maneira é permitir que um organismo que cresce rapidamente, como uma bactéria, replique o DNA para nós. Esse processo é usualmente referido como **clonagem** e será discutido posteriormente no Capítulo 26. Milhões de cópias de fragmentos de DNA selecionados podem ser feitos em poucas horas com grande precisão por uma técnica chamada **reação em cadeia da polimerase** (*polymerase chain reaction* – PCR), que foi descoberta por Kary B. Mullis (1944-), que dividiu o Prêmio Nobel em Química de 1993 por sua realização.

A técnica PCR pode ser usada se a sequência de um gene a ser copiada é conhecida ou, pelo menos, se uma sequência próxima da desejada é conhecida. Em tal caso, podem-se sintetizar dois *primers* que são complementares às terminações do gene ou do DNA limítrofe do desejado. Os *primers* são polinucleotídeos compostos de 12 a 26 nucleotídeos. Quando são adicionados a um segmento de DNA-alvo, eles hibridizam com a terminação de cada fita do gene.

> **Hibridização** Processo em que duas fitas de ácidos nucleicos ou segmentos de fitas de ácido nucleico formam uma estrutura de fita dupla através de ligações de pares de hidrogênio de bases complementares

```
5′CATAGGACAGC—OH         Primer
   | | | | | | | | | | |
3′TACGTATCCTGTCGTAGG—    Gene
```

No ciclo 1 (Figura 25.16), a polimerase prolonga os *primers* em cada direção da mesma forma que os nucleotídeos individuais são organizados e conectados no molde do DNA. Dessa maneira, duas cópias novas são criadas. O processo de duas etapas é repetido (ciclo 2) quando os *primers* são **hibridizados** com as novas fitas e novamente prolongados. Nesse ponto, quatro novas cópias foram criadas. O processo continua e, em 25 ciclos, 2^{25}, algo como 33 milhões de cópias podem ser feitas. Na prática, somente poucos milhões são produzidos, o que é suficiente para o isolamento do gene.

Esse processo rápido é prático devido à descoberta de uma polimerase resistente ao calor isolada de uma bactéria que vive em fossas termais no fundo dos oceanos (Seção 23.4B). Esse tipo de enzima é um pré-requisito importante para essa técnica porque uma temperatura de 95 °C é necessária para que a dupla hélice possa ser desenrolada para hibridizar o *primer* ao DNA-alvo. Uma vez que a fita simples fica exposta, a mistura é esfriada a 70 °C. Os *primers* são hibridizados e os prolongamentos subsequentes ocorrem. Os ciclos de 95 °C e 70 °C são repetidos continuamente. Não se faz necessária uma nova enzima durante esses ciclos porque a enzima é estável nas duas temperaturas.

A técnica de PCR é rotineiramente usada quando um gene ou um segmento de DNA precisa ser amplificado a partir de poucas moléculas. Ele é usado no estudo dos genomas ("Conexões químicas 25E"), na obtenção de evidências em uma cena de crime ("Conexões químicas 25C") e mesmo para a obtenção de genes de espécies fossilizadas encontradas em âmbar.[7]

---

[7] Lembrar também do filme *Parque dos dinossauros*, em que o DNA dos dinossauros era extraído do sangue contido nos mosquitos pré-históricos (que haviam picado os dinossauros) aprisionados em âmbar. (NT)

Resumo das questões-chave

Seção 25.1 Quais são as moléculas da hereditariedade?

- A hereditariedade é baseada nos genes localizados nos cromossomos.
- Os genes são seções do DNA que codificam moléculas específicas de RNA.

Seção 25.2 Do que são feitos os ácidos nucleicos?

- **Ácidos nucleicos** são compostos de açúcares, fosfatos e bases orgânicas.

- Existem dois tipos de ácidos nucleicos: **ribonucleico (RNA)** e **desoxirribonucleico (DNA)**.
- No DNA, o açúcar é um monossacarídeo, a 2-desóxi-D-ribose; no RNA, é a D-ribose.
- No DNA, as bases amínicas heterocíclicas são adenina (A), guanina (G), citosina (C) e timina (T).
- No RNA, elas são A, G, C e uracila (U).
- Os ácidos nucleicos são moléculas gigantes com cadeias principais (esqueleto) constituídas de unidades alternadas

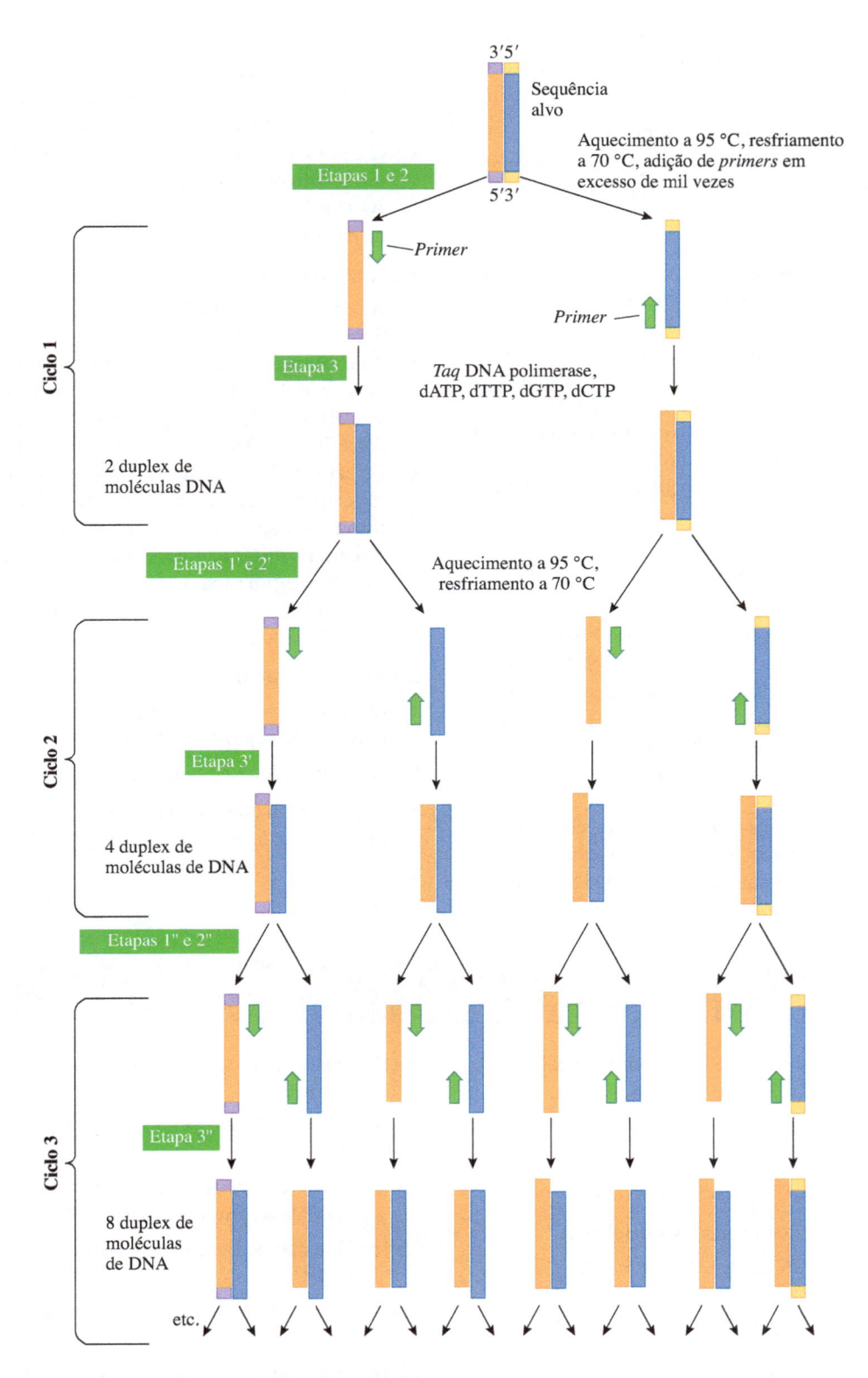

Figura 25.16 Reação em cadeia da polimerase (PCR). Oligonucleotídeos complementares de uma determinada sequência de DNA iniciam a síntese de somente aquela sequência. A enzima termoestável *Taq* DNA polimerase sobrevive a vários ciclos de aquecimento. Teoricamente, a quantidade de uma sequência iniciada é duplicada a cada ciclo.

de açúcar e fosfato. As bases são as cadeias laterais unidas às unidades de açúcar da cadeia principal por ligações β-N-glicosídicas.

Seção 25.3 Qual é a estrutura do DNA e RNA?

- O DNA é constituído por duas cadeias (fitas) que formam a dupla hélice. A cadeia principal de açúcar e fosfato se propaga no exterior da dupla hélice, e as bases se direcionam para a parte de dentro.
- O **pareamento complementar** das bases ocorre na dupla hélice, de tal forma que cada A em uma fita é ligado através de ligações de hidrogênio a um T da outra fita, e cada G é ligado através de ligações de hidrogênio a um C. Outras combinações não se ajustam de forma adequada.
- O DNA se encontra enrolado ao redor de proteínas básicas chamadas **histonas**. Formam-se os **nucleossomas** que são posteriormente condensados na cromatina.
- As moléculas de DNA levam, na sequência de suas bases, toda a informação necessária para a manutenção da vida. Quando a divisão celular ocorre e a informação é passada das células parentais para as células-filhas, a sequência do DNA parental é copiada.

Seção 25.4 Quais são as diferentes classes do RNA?

- Existem seis tipos de RNA: **RNA mensageiro (mRNA)**, **RNA de transferência (tRNA)**, **RNA ribossomal (rRNA)**, **RNA nuclear pequeno (snRNA)**, **micro RNA (miRNA)** e **RNA interferente pequeno (siRNA)**.
- O mRNA, tRNA e rRNA estão envolvidos na síntese de todas as proteínas.
- O RNA nuclear pequeno está envolvido nas reações de *splicing* e tem, em alguns casos, atividade catalítica.
- O RNA com atividade catalítica é chamado **ribozima**.

Seção 25.5 O que são genes?

- Determinado **gene** é um segmento da molécula de DNA que leva a sequência de bases, que encaminha a síntese de uma proteína particular ou molécula de RNA.
- O DNA nos organismos superiores contém sequências chamadas **íntrons**, que não codificam a síntese de proteínas.
- As sequências que codificam a síntese de proteínas são chamadas **éxons**.

Seção 25.6 Como o DNA é replicado?

- A replicação do DNA ocorre em uma série de etapas distintas.
- A superestrutura dos cromossomos é inicialmente desfeita pela acetilação das histonas. As **topoisomerases** relaxam as estruturas de ordem superior. As **helicases** separam as duas fitas do DNA na forquilha de replicação.
- Os *primers* (iniciadores) de RNA e as primases são necessários para iniciar a síntese das fitas-filhas. A **cadeia contínua** é sintetizada continuamente pela **DNA polimerase**. A **cadeia descontínua** é sintetizada descontinuamente usando **fragmentos de Okasaki**.
- A **DNA ligase** une os fragmentos dispersos e os fragmentos de Okasaki.

Seção 25.7 Como o DNA é reparado?

- O reparo por excisão de bases (BER) é um mecanismo importante de **reparo do DNA**.

Seção 25.8 Como se amplifica o DNA?

- A **reação em cadeia da polimerase (PCR)** é a técnica que faz milhões de cópias com alta precisão em poucas horas.

Problemas

Seção 25.1 Quais são as moléculas da hereditariedade?

25.2 Que estruturas da célula, visíveis ao microscópio, contêm a informação da hereditariedade?

25.3 Dê o nome de uma doença hereditária.

25.4 Qual é a unidade básica da hereditariedade?

Seção 25.2 Do que são feitos os ácidos nucleicos?

25.5 (a) Onde o DNA está localizado na célula?
(b) Onde o RNA está localizado na célula?

25.6 Quais são os componentes de (a) um nucleotídeo e (b) um nucleosídeo?

25.7 Quais são as diferenças entre o DNA e o RNA?

25.8 Desenhe as estruturas do ADP e GDP. Essas estruturas fazem parte dos ácidos nucleicos?

25.9 Qual é a diferença estrutural entre a timina e a uracila?

25.10 Quais bases do RNA e DNA contêm um grupo carbonila?

25.11 Desenhe as estruturas da (a) citidina e (b) desoxicitidina.

25.12 Quais bases do DNA e RNA são primárias?

25.13 Qual é a diferença estrutural entre a D-ribose e a 2-desoxirribose?

25.14 Qual é a diferença entre um nucleosídeo e um nucleotídeo?

25.15 O RNA e DNA referem-se a *ácidos* nucleicos. Qual parte dessas moléculas é ácida?

25.16 Que tipo de ligação existe entre a ribose e o fosfato no AMP?

25.17 Que tipo de ligação existe entre os dois fosfatos no ADP?

25.18 Que tipo de ligação conecta a base à ribose no GTP?

Seção 25.3 Qual é a estrutura do DNA e RNA?

25.19 Considerando o RNA, quais carbonos da ribose estão ligados respectivamente ao grupo fosfato e à base?

25.20 Como a cadeia principal (esqueleto) do DNA é constituída?

25.21 Desenhe as estruturas de (a) UDP e (b) dAMP.

25.22 No DNA, quais átomos de carbono da 2-desoxirribose estão ligados aos grupos fosfato?

25.23 A sequência de um fragmento pequeno de DNA é ATGGCAATAC.
(a) Que nome damos às duas terminações da molécula de DNA?
(b) Nesse segmento, indique as terminações.
(c) Qual é a sequência da fita complementar?

25.24 Chargaff mostrou que, em amostras de DNA obtidas de diferentes espécies, a quantidade molar de A é sempre aproximadamente igual à de T, o que é também verdadeiro para C e G. Como essa informação ajudou a estabelecer a estrutura do DNA?

25.25 Quantas ligações de hidrogênio podem se formar entre uracila e adenina?

25.26 Quantas histonas estão presentes nos nucleossomas?

25.27 Qual é a natureza da interação entre histonas e DNA nos nucleossomas?

25.28 Do que as fibras de cromatina são feitas?

25.29 O que constitui as superestruturas dos cromossomos?

25.30 O que é a estrutura primária do DNA?

25.31 O que é a estrutura secundária do DNA?

25.32 O que é a fenda maior da hélice do DNA?

25.33 O que são as estruturas de ordem superior do DNA que eventualmente constituem um cromossomo?

Seção 25.4 Quais são as diferentes classes do RNA?

25.34 Que tipo de RNA tem uma atividade enzimática? Onde ele executa sua função prioritariamente?

25.35 Qual deles possui as cadeias mais longas: tRNA, mRNA ou rRNA?

25.36 Que tipo de RNA contém nucleotídeos modificados?

25.37 Que tipo de RNA tem uma sequência exatamente complementar à do DNA?

25.38 Onde o rRNA está localizado na célula?

25.39 Que tipo de funções executam, em geral, as ribozimas?

25.40 Quais tipos de RNA estão sempre envolvidos na síntese de proteínas?

25.41 Qual é a função do RNA nuclear pequeno?

25.42 Qual é a função do siRNA?

25.43 Qual é a diferença entre miRNA e siRNA?

Seção 25.5 O que são genes?

25.44 Defina:
(a) Íntron
(b) Éxon

25.45 O RNA também tem íntrons e éxons? Explique.

25.46 (a) Qual é a porcentagem do DNA humano que codifica as proteínas?
(b) Qual é a função do resto do DNA?

25.47 As porções satélites apresentam alguma função de codificação para proteínas?

25.48 Todos os genes codificam para a síntese de proteínas? Se não, o que eles codificam?

Seção 25.6 Como o DNA é replicado?

25.49 Uma molécula de DNA normalmente se replica milhões de vezes, praticamente sem erros. Que aspecto único de sua estrutura é o principal responsável pela fidelidade na replicação?

25.50 Que grupos funcionais nas bases estabelecem ligações de hidrogênio na dupla hélice do DNA?

25.51 Desenhe as estruturas da adenina e timina e mostre com um diagrama as duas ligações de hidrogênio que estabilizam o pareamento A-T no DNA.

25.52 Desenhe as estruturas da citosina e guanina, e mostre com um diagrama as três ligações de hidrogênio que estabilizam o pareamento C-G no ácidos nucleicos.

25.53 Quantas bases diferentes estão presentes na dupla hélice do DNA?

25.54 O que é a forquilha de replicação? Quantas forquilhas de replicação existem simultaneamente em média nos cromossomos humanos?

25.55 Por que a replicação é chamada semiconservativa?

25.56 Como a remoção de algumas cargas positivas das histonas viabiliza a abertura das superestruturas cromossômicas?

25.57 Escreva a reação química da desacetilação da acetil-histona.

25.58 Qual é a estrutura quaternária das helicases nos eucariotos?

25.59 O que são helicases? Qual é a função que executam?

25.60 O dATP pode servir como fonte para um *primer*?

25.61 Quais são os subprodutos da ação das primases na formação dos *primers*?

25.62 Como são denominadas as enzimas que unem os nucleotídeos nas fitas do DNA?

25.63 Em que direção a molécula de DNA é sintetizada continuamente?

25.64 Que tipo de ligação as polimerases catalisam?

25.65 Que enzimas catalisam a junção dos fragmentos de Okasaki?

25.66 Qual é a natureza da reação química que une os nucleotídeos?

25.67 Da perspectiva das cadeias sendo sintetizadas, em qual direção ocorre a síntese do DNA?

Seção 25.7 Como o DNA é reparado?

25.68 Como resultado de determinado dano, alguns poucos resíduos de guanina em um gene foram metilados. Que tipo de mecanismo poderia ser usado na reparação do dano?

25.69 Qual é a função das endonucleases no mecanismo de reparo BER?

25.70 Quando a citosina é desaminada, forma-se a uracila. A uracila é uma base que ocorre naturalmente. Por que a célula a removeria pela reparação de excisão de base?

25.71 Que ligações são clivadas pela glicolase?

25.72 O que são sítios AP? Que enzima os contém?

25.73 Por que os pacientes de xeroderma pigmentoso são 1.000 vezes mais propensos a desenvolver câncer de pele que os indivíduos normais?

Seção 25.8 Como se amplifica o DNA?

25.74 Qual é a vantagem de usar a DNA polimerase da bactéria termofílica que vive nas falhas termais em PCR?

25.75 Que iniciador de 12 nucleotídeos você usaria na técnica de PCR para amplificar um gene cuja terminação é a seguinte: 3′TACCGTCATCCGGTG5′?

Conexões químicas

25.76 (Conexões químicas 25A) Desenhe a estrutura do nucleosídeo de fluorouridina que inibe a síntese do DNA.

25.77 (Conexões químicas 25A) Dê um exemplo de como as drogas anticâncer funcionam na quimioterapia.

25.78 (Conexões químicas 25B) Que sequência de nucleotídeos é repetida várias vezes nos telômeros?

25.79 (Conexões químicas 25B) Por que cerca de 200 nucleotídeos são perdidos a cada replicação?

25.80 (Conexões químicas 25B) Como a telomerase torna uma célula de câncer "imortal"?

25.81 (Conexões químicas 25B) Por que a perda de DNA com a replicação não é um problema para as bactérias? (*Dica*: Bactérias têm um genoma circular.)

25.82 (Conexões químicas 25C) Após serem cortados pelas enzimas de restrição, como os fragmentos de DNA são separados uns dos outros?

25.83 (Conexões químicas 25C) Como o teste de DNA é usado nos casos de averiguação de paternidade?

25.84 (Conexões químicas 25C) Por que é mais fácil excluir alguém de um teste de DNA do que provar que ele ou ela corresponde à pessoa que está sendo testada?

25.85 (Conexões químicas 25C) Qual é o princípio atrás do confronto de DNA via o teste de DNA?

25.86 (Conexões químicas 25D) Quais seriam as vantagens de uma pessoa ter o próprio genoma sequenciado?

25.87 (Conexões químicas 25D) Como as informações sobre o seu genoma poderiam ser usadas contra você no caso hipotético de cair em "mão erradas"?

25.88 (Conexões químicas 25D) Por que uma pessoa poderia fazer melhores escolhas sobre o seu estilo de vida se ela tivesse conhecimento do próprio genoma?

25.89 (Conexões químicas 25E) Qual é a função do citocromo P-450?

25.90 (Conexões químicas 25E) Como o conhecimento do genoma humano permite que os pacientes sejam examinados para verificar a sua tolerância individual aos medicamentos?

Problemas adicionais

25.91 Qual é o sítio-ativo da ribosima?

25.92 Por que é importante que a molécula de DNA seja capaz de se replicar milhões de vezes sem erro?

25.93 Desenhe as estruturas da (a) uracila e (b) uridina.

25.94 Como você classificaria os grupos funcionais que unem os três diferentes componentes que formam um nucleotídeo?

25.95 Qual é a maior molécula do ácido nucleico?

25.96 Que ligações são quebradas durante a replicação? A estrutura primária do DNA muda durante a replicação?

25.97 No DNA de ovelha, a porcentagem molar de adenina (A) é de 29,3%. Com base na regra de Chargaff, qual seria a porcentagem molar aproximada de G, C e T?

Antecipando

25.98 O DNA corresponde ao projeto da célula, mas nem todos os genes do DNA levam à síntese de proteínas. A expressão do gene é o estudo de que genes são usados para fazer os seus produtos específicos. Quais são alguns exemplos de produtos dos genes que não levam à síntese de proteínas?

25.99 Em um processo similar à replicação do DNA, o RNA é produzido via um processo denominado transcrição. A enzima usada é a RNA polimerase. Quando o RNA é sintetizado, qual é a direção da reação de síntese?

25.100 O Projeto do Genoma Humano mostrou que o DNA humano não é consideravelmente maior que o dos organismos mais simples, com cerca de 30.000 genes. Entretanto, os humanos produzem mais de 100.000 proteínas diferentes. Como isso é possível? (*Dica*: Considere o *splicing*.)

25.101 Uma das grandes diferenças entre a replicação do DNA e a transcrição é que a RNA polimerase não requer um *primer*. Como esse fato se relaciona à teoria de que a vida primordial foi baseada no RNA e não no DNA?

25.102 Como a vida pode evoluir se o DNA conduz ao RNA que leva às proteínas, mas que necessita de várias proteínas para replicar o DNA e transcrever o DNA em RNA?

25.103 Quando o DNA é aquecido suficientemente, as fitas se separam. A energia que é necessária para separar o DNA está relacionada com a quantidade de guanina e citosina. Explique.

25.104 Se você quisesse amplificar o DNA usando uma técnica similar ao PCR, mas não tivesse uma DNA polimerase estável ao aquecimento, o que você teria de fazer para conseguir a amplificação?

25.105 Por que a síntese de DNA evoluiu depois de tantas revisões e mecanismos de reparo, enquanto, para a síntese do RNA, isso foi menos intensivo?

Expressão gênica e síntese de proteínas

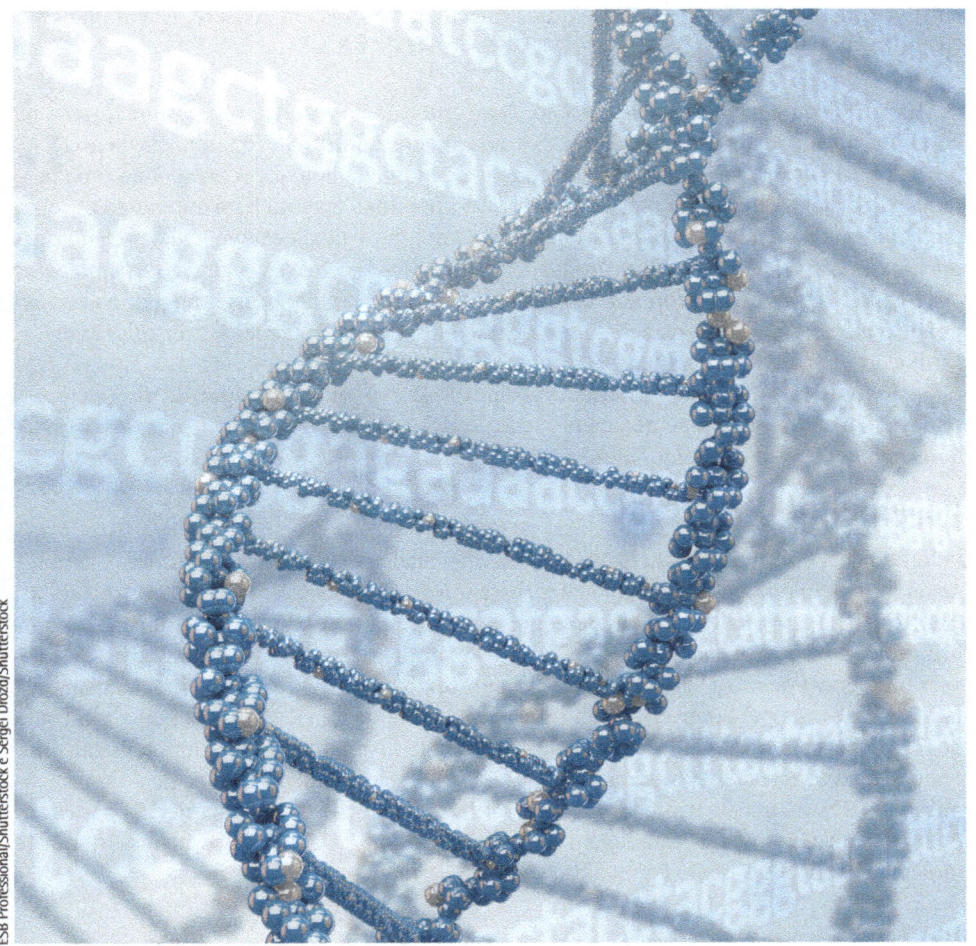

26

Questões-chave

- **26.1** Como o DNA conduz ao RNA e às proteínas?
- **26.2** Como o DNA é transcrito no RNA?
- **26.3** Qual é o papel do RNA na tradução?
- **26.4** O que é o código genético?
- **26.5** Como as proteínas são sintetizadas?
- **26.6** Como os genes são regulados?
- **26.7** O que são mutações?
- **26.8** Como e por que se manipula o DNA?
- **26.9** O que é terapia gênica?

Na transcrição, a fita molde de DNA é usada para produzir uma fita complementar de RNA. A transcrição é o processo mais controlado e mais bem entendido da regulação gênica.

26.1 Como o DNA conduz ao RNA e às proteínas?

Vimos que o DNA é um depósito de informação e podemos compará-lo a um fichário culinário, em que cada página contém uma receita. As páginas são os genes. Para preparar as refeições, usamos várias receitas. Similarmente, para fornecer um traço herdável, vários genes (Capítulo 25) – segmentos de DNA – são necessários.

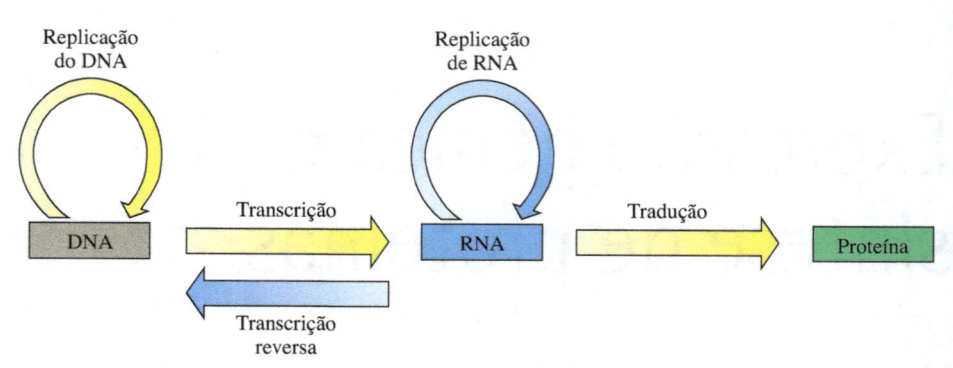

FIGURA 26.1 O dogma central da biologia molecular. As setas amarelas representam os casos gerais, e as azuis, os casos especiais das viroses de RNA.

Expressão gênica A ativação de um gene que produz determinada proteína; este processo envolve tanto a transcrição como a tradução.

É claro que a receita não é a refeição. A informação na receita precisa ser expressa na combinação adequada dos ingredientes. Similarmente, a informação armazenada no DNA precisa ser expressa na combinação adequada de aminoácidos que representam uma proteína particular. A maneira como essa expressão funciona é agora bem entendida e é chamada **dogma central da biologia molecular**. O dogma estabelece que *a informação contida nas moléculas de DNA é transferida para as moléculas de RNA e, então, das moléculas de RNA, a informação é expressa na estrutura das proteínas*. A **expressão gênica** corresponde à ativação do gene, ou seja, um processo que "aciona" o gene. A transmissão da informação ocorre em duas etapas: transcrição e tradução.

A Figura 26.1 mostra o dogma central da expressão gênica. Em algumas viroses (mostradas em azul), a expressão gênica procede de RNA para RNA. Nas retroviroses, o RNA é reversamente transcrito em DNA.

Transcrição

Transcrição O processo no qual a informação codificada na molécula de DNA é copiada na molécula de mRNA.

Pelo fato de a informação (isto é, o DNA) estar no núcleo das células eucarióticas e os aminoácidos serem utilizados fora do núcleo, essa informação deve ser levada para fora do núcleo. Essa etapa é análoga ao ato de copiar uma receita do fichário de cozinha. Todas as informações são copiadas, embora em um formato ligeiramente diferente, como se estivéssemos convertendo a página impressa em um texto manuscrito. No nível molecular, essa tarefa é realizada pela transcrição da informação da molécula do DNA em uma molécula de RNA mensageiro, assim denominado porque ele leva a mensagem do núcleo ao sítio onde ocorre a síntese de proteínas. Os outros RNAs são também transcritos de forma similar. O rRNA é necessário para formar os ribossomos, e o tRNA é requerido para conduzir a tradução em uma "linguagem de proteína". A informação transcrita em diferentes moléculas de RNA é então conduzida para fora do núcleo.

Tradução

Tradução O processo pelo qual a informação codificada em uma molécula de mRNA é usada para sintetizar determinada proteína.

O mRNA serve como um molde no qual os aminoácidos são montados em uma sequência adequada. Para completar a montagem, a informação que está escrita na linguagem dos nucleotídeos precisa ser traduzida na linguagem dos aminoácidos. A tradução é feita por outro tipo de RNA, o RNA de transferência (Seção 25.4). Uma tradução exata palavra por palavra ocorre. Cada aminoácido na linguagem da proteína tem uma palavra correspondente na linguagem do RNA. Cada palavra na linguagem do RNA é uma sequência de três bases. Essa correspondência de três bases e um aminoácido é chamada código genético (esse código será discutido na Seção 26.4).

Nos organismos superiores (eucariotos), a transcrição e tradução ocorrem sequencialmente. A transcrição ocorre no núcleo. A tradução ocorre no citoplasma após o RNA deixar o núcleo e migrar para o citoplasma. Nos organismos inferiores (procariotos), a transcrição e a tradução ocorrem simultaneamente no citoplasma, uma vez que esses organismos não têm núcleo. Essa forma estendida do dogma central foi desafiada em 2001, quando foi descoberto que, mesmo nos eucariotos, aproximadamente 15% das proteínas são produzidas no próprio núcleo. Obviamente, alguma transcrição e tradução simultânea devem ocorrer mesmo nos organismos superiores.

Sabemos mais sobre a transcrição e tradução bacterianas porque elas são processos mais simples que aqueles existentes nos organismos superiores e pelo fato de serem estudadas há mais tempo. Contudo, concentraremos nossos estudos na expressão gênica e na síntese de proteínas dos eucariotos porque eles são mais relevantes aos aspectos relacionados com a saúde humana.

26.2 Como o DNA é transcrito no RNA?

A transcrição inicia quando a dupla hélice do DNA começa a se desenrolar em um ponto próximo do gene que será transcrito (Figura 26.2). Como vimos na Seção 25.3C, os nucleossomas formam a cromatina e as estruturas altamente condensadas nos cromossomos. Para tornar o DNA disponível para a transcrição, essas superestruturas mudam constantemente. **Proteínas de ligação** específicas juntam-se aos nucleossomas, tornando o DNA menos denso e mais acessível. Somente então a enzima **helicase**, que é um complexo na forma de anel constituído por seis proteínas, pode desenrolar a dupla hélice.

Somente uma fita (cadeia) da molécula de DNA é transcrita. A fita que serve como molde para a formação de RNA tem vários nomes, como **fita molde**, **fita (−) (fita negativa)** e **fita antissenso**. A outra fita, embora não seja usada como um molde, na verdade tem uma sequência que se ajusta ao RNA que será produzido. Essa fita é chamada **fita de codificação**, **fita (+) (fita positiva)** e **fita senso**. As denominações fita de codificação e fita molde são as mais comumente usadas.

Os ribonucleotídeos se organizam ao longo da fita de DNA desenrolada, obedecendo à sequência complementar. Em oposição a cada C no DNA, existe um G no RNA em construção; as outras bases complementares seguem o padrão G ⟶ C, A ⟶ U e T ⟶ A. Os ribonucleotídeos, quando alinhados dessa forma, são então ligados para formar o RNA apropriado.

Nos eucariotos, três tipos de **polimerases** catalisam a transcrição. A RNA polimerase I (pol I) catalisa a formação de rRNA; pol II, a formação de mRNA; e pol III, a formação de tRNA, assim como uma subunidade ribossomal e outros tipos de RNA pequenos regulatórios, como o snRNA. Cada enzima é um complexo de 10 ou mais subunidades. Algumas subunidades são exclusivas para cada tipo de polimerase, enquanto outras subunidades fazem parte de todas as três polimerases. A Figura 26.3 mostra a arquitetura da RNA polimerase II de levedura.

Fita molde A fita de DNA que serve como molde durante a síntese do RNA.

Fita de codificação A fita de DNA com uma sequência que se ajusta ao RNA produzido durante a transcrição.

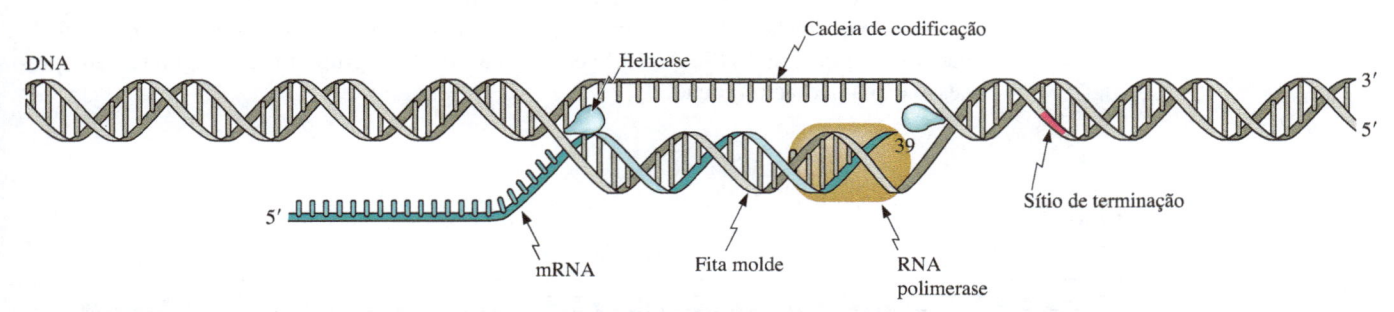

FIGURA 26.2 Transcrição de um gene. A informação em uma fita de DNA é transcrita para uma fita de RNA. O sítio de terminação é o local do fim da transcrição.

O gene eucariótico tem duas partes principais: o **gene estrutural**, que é transcrito no RNA, e a porção **regulatória**, que controla a transcrição. O gene estrutural é feito de éxons e íntrons (Figura 26.4). A porção regulatória não é transcrita, mas apresenta elementos de controle.

Um desses controles é um **promotor**. Na fita de DNA, sempre existe uma sequência de bases que a polimerase reconhece como um **sinal de iniciação**, que diz em essência: "Comece aqui". Existe um promotor exclusivo para cada gene. Além de uma sequência exclusiva de nucleotídeos, os promotores contêm **sequências de consenso**, tais como a TATA *box* ("caixa" TATA), que recebe esse nome pelo começo de sua sequência, que é TATAAT. Uma TATA *box* é formada por 26 pares de bases antes do começo do processo de transcrição (ver Figura 26.4). Por convenção, todas as sequências de DNA empregadas para des-

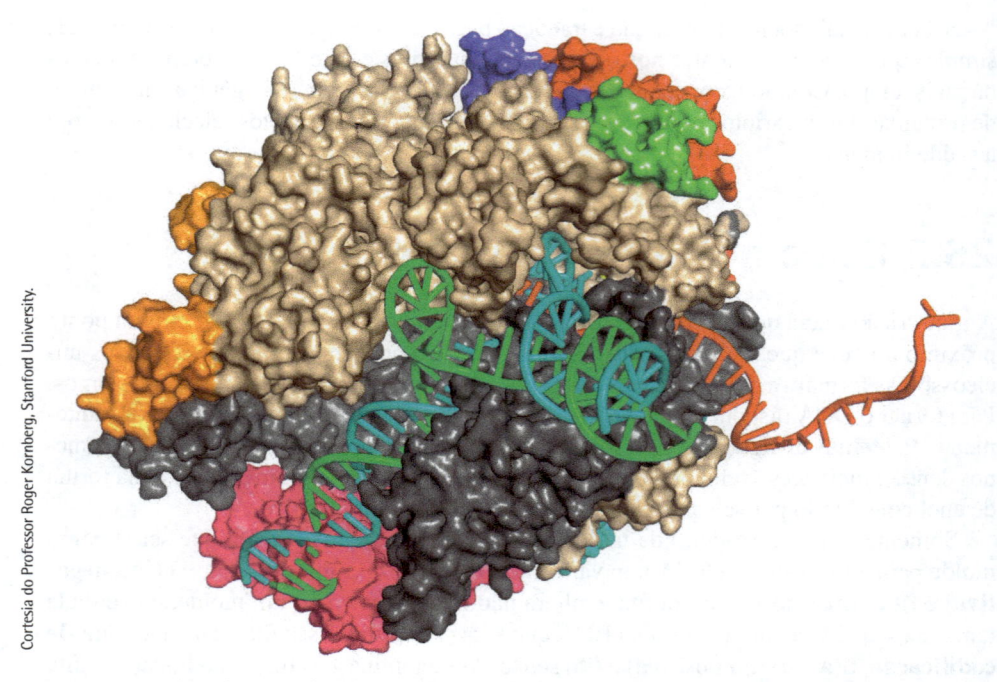

FIGURA 26.3 Arquitetura da RNA polimerase II de levedura. A transcrição do DNA (estrutura em hélice) em RNA (vermelho) é mostrada. A fita molde do DNA é mostrada em azul e a fita de codificação em verde. A transcrição ocorre na região do grampo do sítio ativo mostrado no centro-direita. As garras que mantêm o DNA no sítio ativo são mostradas na parte inferior-esquerda.

crever a transcrição são dadas pela fita de codificação. Caixas TATA são comuns para todos os eucariotos. Todas as três RNA polimerases interagem com regiões promotoras via **fatores de transcrição**, que são proteínas de ligação.

Outro tipo de elemento de controle é um amplificador, uma sequência de DNA que pode ser mais tarde removida da região do promotor. Esses amplificadores também se ligam aos fatores de transcrição, aumentando a transcrição acima do nível basal que seria obtido sem esse tipo de ligação. Os amplificadores serão discutidos na Seção 26.6.

Após a iniciação, a RNA polimerase une as bases complementares pela formação de ligações éster de fosfato (Seção 19.5) entre cada ribose e o grupo fosfato seguinte. Esse processo é chamado **elongação**.

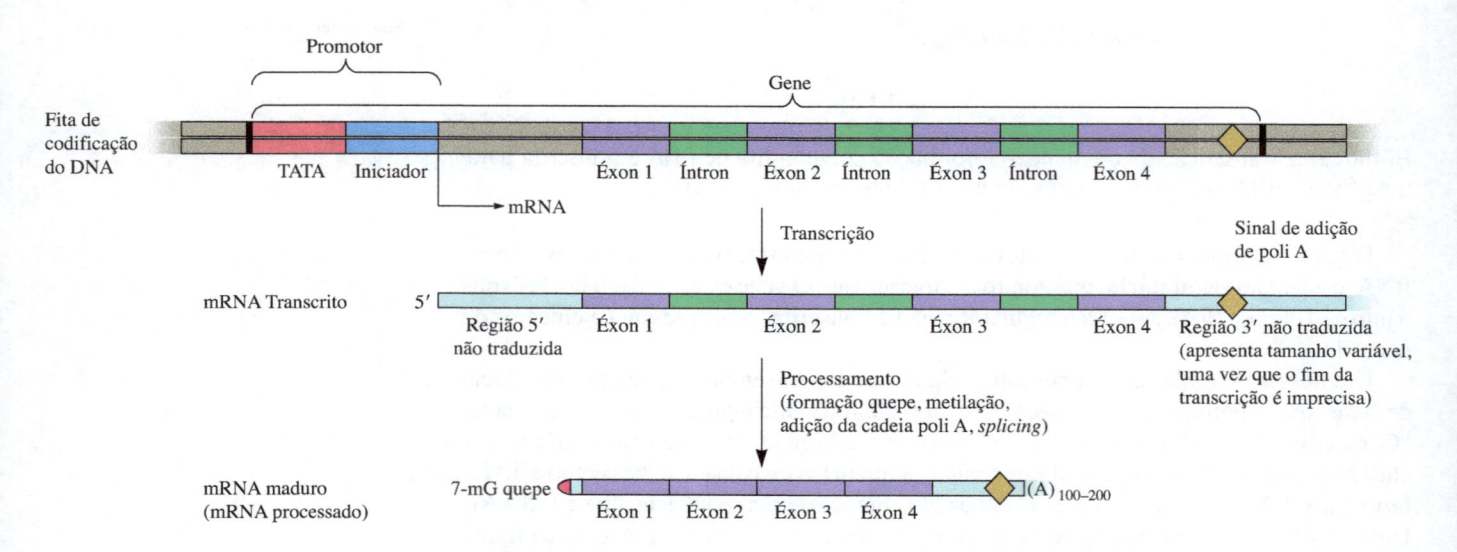

FIGURA 26.4 Organização e transcrição de um gene eucariótico isolado.

No fim do gene, há a **sequência de terminação** (ou finalização) que diz para a enzima: "Pare a transcrição". A enzima pol II apresenta duas formas diferentes. No domínio C-terminal, a pol II tem serina e treonina que podem ser fosforiladas. Quando a pol II começa a iniciação, a enzima está em sua forma não fosforilada. Após a fosforilação, ela realiza o processo de elongação. Após a finalização da transcrição, a pol II é desfosforilada pela fosfatase. Dessa maneira, a pol II está sendo constantemente reciclada entre as funções de iniciação e elongação.

A enzima sintetiza a molécula de mRNA indo de 5′ para a terminação 3′. Entretanto, pelo fato de as cadeias dos nucleotídeos complementares (RNA e DNA) seguirem em direções opostas, a enzima se move no molde de DNA na direção 3′ ⟶ 5′ (Figura 26.2). À medida que o RNA é sintetizado, ele se afasta do molde de DNA, que então se enrola novamente na forma de dupla hélice original. Os RNAs de transferência e ribossomal também são sintetizados dessa maneira.

Os produtos de transcrição do RNA não são necessariamente os RNAs funcionais. Previamente, vimos que, em organismos superiores, o mRNA contém éxons e íntrons (Seção 25.5). Para assegurar que o mRNA seja funcional, o produto transcrito é modificado[1] nas duas extremidades. A terminação 5′ adquire uma guanina metilada (7-mG cap) e, na terminação 3′, é incorporada uma cadeia de poli A que pode conter de 100 a 200 resíduos de adenina. Uma vez que as duas terminações se encontram protegidas, os íntrons são reunidos no **processo pós-transcricional** (através do *splicing*) (Figura 26.4). Similarmente, um tRNA transcrito precisa ser arranjado e protegido, e alguns de seus nucleotídeos precisam ser metilados antes que ele se torne um tRNA funcional. O rRNA também sofre metilação pós-transcricional.

Exemplo 26.1 DNA polimerase

A polimerase II inicia a transcrição e realiza a elongação. Quais são as duas formas da enzima nesse processo? Que transformações ocorrem nas ligações químicas na conversão entre essas duas formas?

Solução

A forma fosforilada da pol II realiza a elongação, e a forma não fosforilada inicia a transcrição. A ligação química formada na fosforilação é a de um éster fosfórico entre o —OH da serina e treonina da enzima e o ácido fosfórico.

Problema 26.1

O DNA se encontra altamente condensado nos cromossomos. Qual é a sequência de eventos que permite o início da transcrição do gene?

26.3 Qual é o papel do RNA na tradução?

A tradução é o processo pelo qual a informação genética contida no DNA é transcrita no mRNA e convertida para a linguagem das proteínas, isto é, a sequência de aminoácidos. Três tipos de RNA (mRNA, rRNA e tRNA) participam desse processo.

A síntese de proteínas ocorre nos ribossomos (Seção 25.4). Essas esferas dissociam-se em duas partes, um corpo maior e um menor. Cada um desses corpos contém rRNA e algumas cadeias de polipeptídeos que atuam como enzimas, acelerando a síntese. Nos organismos superiores, incluindo os humanos, o corpo ribossomal maior é chamado ribossomo 60S, e o menor é denominado ribossomo 40S. A designação "S" se refere a *Svedberg*, uma medida de densidade usada em centrifugação. Nos procariotos, essas subunidades ribossomais são chamadas, respectivamente, 50S e 30S. O RNA mensageiro está ligado ao corpo ribossomal menor e posteriormente se junta ao corpo maior. Juntos eles formam uma unidade em que o mRNA fica estendido. Conjuntos de três bases[2] no mRNA são chamados **códons**. Após o RNA ser incorporado ao ribossomo dessa forma, os 20 aminoácidos possíveis são trazidos a um sítio específico no ribossomo. Cada aminoácido é conduzido ao sítio por sua molécula de tRNA particular.

Os segmentos mais importantes da molécula de tRNA são (1) o sítio ao qual a enzima liga os aminoácidos e (2) o sítio de reconhecimento. A Figura 26.5 mostra que a termina-

---

[1] Essas modificações, denominadas em inglês *cap*, são conhecidas como estruturas "quepe" ou "capuz". Cada terminação apresenta um tipo de modificação, porém o significado geral é que as terminações ficam "protegidas". (NT)
[2] Esses grupos de três bases que formam os códons também são chamados *trios* ou *tripletos*. (NT)

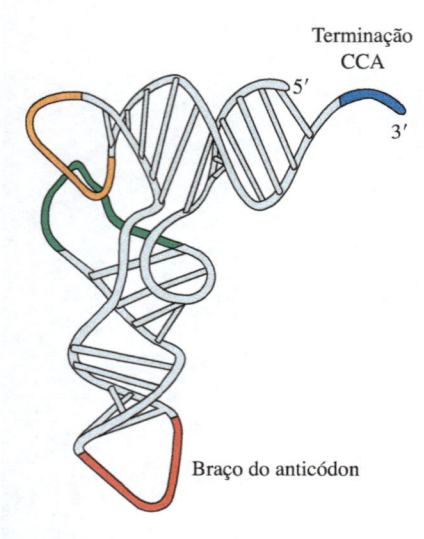

FIGURA 26.5 Estrutura tridimensional do RNA.

Códon A sequência de três nucleotídeos no RNA mensageiro que codifica um aminoácido específico.

Anticódon Uma sequência de três nucleotídeos no tRNA que são complementares ao códon no mRNA.

Código genético A sequência de três nucleotídeos (códons) que determina a sequência de aminoácidos na proteína.

ção 3' da molécula de tRNA não se encontra pareada com outras bases, formando um trecho de fita simples; é essa terminação não pareada que conduz os aminoácidos.

Como já mencionado, cada tRNA é específico para somente um aminoácido. Como o organismo tem certeza de que, por exemplo, a alanina se liga apenas à molécula de tRNA que é específica para ela? A resposta é que cada célula possui enzimas específicas para essa função. Essas **aminoacil-tRNA sintetases** reconhecem moléculas específicas de tRNA e aminoácidos. A enzima liga o aminoácido ao grupo terminal do tRNA, formando uma ligação éster.

O segundo segmento importante da molécula de tRNA conduz o **sítio de reconhecimento de códon**, que é uma sequência de três bases chamada **anticódon** localizada na terminação oposta da molécula, na estrutura tridimensional do tRNA (ver Figura 26.5). Esse trio de bases é complementar à sequência do códon e permite ao tRNA se alinhar ao mRNA. Portanto, o mRNA e o tRNA são antiparalelos no ponto de contato.

26.4 O que é o código genético?

Em 1961, era evidente que a ordem das bases no DNA correspondia à ordem dos aminoácidos em determinada proteína, mas o código era desconhecido. Obviamente, o código não poderia ser uma correspondência de um para um. Existem apenas quatro bases, portanto, se A codificasse para glicina, G para alanina, C para valina e T para serina, existiriam ainda 16 aminoácidos que não poderiam ser codificados.

Nesse mesmo ano, Marshall Nirenberg (1927-) e seus colaboradores tentaram quebrar o código de uma forma muito engenhosa. Eles sintetizaram uma molécula de mRNA que era constituída apenas de bases uracila, colocaram essa molécula em uma célula da qual havia sido retirado o sistema de fabricação de proteínas e então forneceram os 20 aminoácidos. O único polipeptídeo produzido foi uma cadeia constituída unicamente de fenilalanina. Esse experimento mostrou que o código para fenilalanina deve ser UUU ou algum outro múltiplo de U.

Uma série de experimentos similares realizados por Nirenberg e outros pesquisadores se seguiram e, em 1967, o código inteiro havia sido quebrado (entendido). *Cada aminoácido é codificado por uma sequência de três bases*, chamada *códon*. A Tabela 26.1 mostra o código completo.

O primeiro aspecto importante do **código genético** é que ele é praticamente universal. Em praticamente cada organismo, de uma bactéria a um elefante, de um elefante ao homem, a mesma sequência de três bases codifica o mesmo aminoácido. A universalidade do código genético implica que toda matéria viva na Terra surgiu dos mesmos organismos primordiais. Essa descoberta é talvez a evidência de suporte mais forte para a teoria de evolução de Darwin.

Algumas exceções para o código genético apresentado na Tabela 26.1 ocorrem no DNA mitocondrial. Há evidências de que a mitocôndria pode ter sido uma entidade de vida independente. Durante a evolução, ela desenvolveu uma relação simbiótica com as células eucarióticas. Por exemplo, algumas das enzimas respiratórias localizadas na crista da mitocôndria (ver Seção 27.2) são codificadas no DNA mitocondrial, e outros membros da mesma cadeia respiratória são codificados no núcleo das células eucarióticas.

Existem 20 aminoácidos nas proteínas, mas 64 combinações de quatro bases formando tripletos. Todos os 64 códons (tripletos) foram decifrados. Três deles – UAA, UAG e UGA – são "sinais de pare". Eles finalizam a síntese das proteínas. Os 61 códons restantes codificam os aminoácidos. Pelo fato de serem apenas 20 aminoácidos, existe mais de um códon para cada aminoácido. Na verdade, alguns aminoácidos chegam a ter seis códons. A leucina, por exemplo, é codificada por UUA, UUG, CUU, CUC, CUA e CUG.

Da mesma forma que existem três sinais de "pare" no código, há também sinais de inicialização. O sinal de inicialização é AUG, que também é o código para o aminoácido metionina. Isso significa que, em todas as sínteses de proteína, o primeiro aminoácido a ser colocado na proteína será sempre a metionina, que também pode ser colocada no meio da cadeia.

Embora toda síntese de proteínas comece com uma metionina, a maioria das proteínas no organismo não apresenta um resíduo de metionina N-terminal da cadeia. Na maioria dos casos, a metionina inicial é removida por uma enzima antes de a cadeia polipeptídica estar pronta. O código no mRNA é sempre lido na direção 5' $\longrightarrow$ 3', e o primeiro aminoá-

Tabela 26.1 O código genético

Primeira posição (extremidade 5')	Segunda posição								Terceira posição (extremidade 3')
	U		C		A		G		
U	UUU	Phe	UCU	Ser	UAU	Tyr	UGU	Cys	U
	UUC	Phe	UCC	Ser	UAC	Tyr	UGC	Cys	C
	UUA	Leu	UCA	Ser	UAA	Stop	UGA	Stop	A
	UUG	Leu	UCG	Ser	UAG	Stop	UGG	Trp	G
C	CUU	Leu	CCU	Pro	CAU	His	CGU	Arg	U
	CUU	Leu	CCC	Pro	CAC	His	CGC	Arg	C
	CUA	Leu	CCA	Pro	CAA	Gln	CGA	Arg	A
	CUG	Leu	CCG	Pro	CAG	Gln	CGG	Arg	G
A	AUU	Ile	ACU	Thr	AAU	Asn	AGU	Ser	U
	AUC	Ile	ACC	Thr	AAC	Asn	AGC	Ser	C
	AUA	Ile	ACA	Thr	AAA	Lys	AGA	Arg	A
	AUG*	Met	ACG	Thr	AAG	Lys	AGG	Arg	G
G	GUU	Val	GCU	Ala	GAU	Asp	GGU	Gly	U
	GUC	Val	GCC	Ala	GAC	Asp	GGC	Gly	C
	GUA	Val	GCA	Ala	GAA	Glu	GGA	Gly	A
	GUG	Val	GCG	Ala	GAG	Glu	GGG	Gly	G

*AUG também serve como códon de iniciação principal

cido a ser ligado à metionina é o aminoácido N-terminal da cadeia de polipeptídeo que foi traduzida.

O código genético é referido como contínuo e não pontuado. Se o mRNA é AUGGGC-CAA, então a sequência AUG é um códon e especifica o primeiro aminoácido. A sequência GGC é o segundo códon e especifica o segundo aminoácido. A sequência CCA é o terceiro códon e especifica o terceiro aminoácido. Não existe sobreposição dos códons e não há nucleotídeos intercalados.

Exemplo 26.2 O código genético

Que aminoácido é representado pelo códon CGU? Qual é o seu anticódon?

Solução

Na Tabela 26.1, constatamos que CGU corresponde à arginina; o anticódon é GCA (leia de 3' para 5' para mostrar como o códon e o anticódon se correspondem).

Problema 26.2

Quais são os códons para a histidina? Quais são os anticódons?

26.5 Como as proteínas são sintetizadas?

Até aqui vimos as moléculas que participam da síntese de proteínas (Seção 26.3) e o dicionário de tradução, ou seja, o código genético. Agora vamos ver o mecanismo pelo qual a cadeia de polipeptídio é formada.

Existem quatro etapas principais na síntese de proteínas: ativação, iniciação, elongação e terminação. Em cada etapa, várias moléculas participam do processo (Tabela 26.2). Veremos especificamente a tradução procariótica porque ela foi estudada por mais tempo, e temos uma maior quantidade de informação desse processo nesse tipo de organismo. Entretanto, os detalhes da tradução nos eucariotos são muito similares.

A. Ativação

Cada aminoácido é primeiro ativado por meio de uma reação com uma molécula de ATP:

Adenosina—O—P(=O)(O⁻)—O—P(=O)(O⁻)—O—P(=O)(O⁻)—O⁻ + ⁻O—C(=O)—CH(R)—NH₃⁺ ⟶
              ATP   Um aminoácido

Adenosina—O—P(=O)(O⁻)—O—C(=O)—CH(R)—NH₃⁺ + ⁻O—P(=O)(O⁻)—O—P(=O)(O⁻)—O⁻
            Um aminoácido-AMP   Pirofosfato

TABELA 26.2 Componentes moleculares de reação nas quatro etapas da síntese de proteínas

Etapa	Componentes moleculares
Ativação	Aminoácidos, ATP, tRNAs, aminoacil-tRNA sintetases
Iniciação	fMet-tRNA^fMet, ribossomo 30S, fatores de iniciação, mRNA com sequência Shine-Dalgarno, ribossomo 50S, GTP
Elongação	Ribossomos 30S e 50S, aminoacil-tRNAs, fatores de elongação, mRNA, GTP
Terminação	Fatores de liberação, GTP

O aminoácido ativado é então ligado à sua molécula de tRNA específica com o auxílio de uma enzima (sintase) que também é específica tanto para o aminoácido como para a molécula de tRNA:

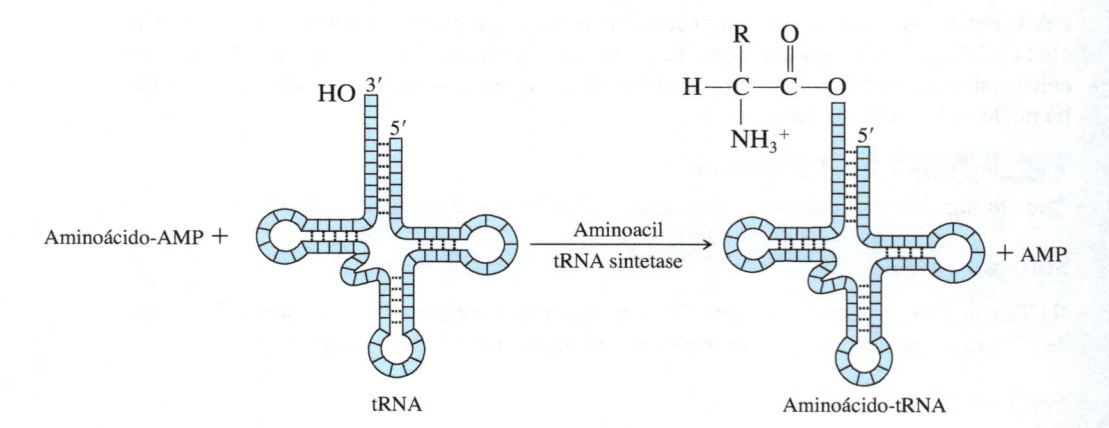

Aminoácido-AMP + tRNA —[Aminoacil tRNA sintetase]→ Aminoácido-tRNA + AMP

Cada uma das sintetases reconhece os seus substratos por trechos da sequência de nucleotídeos no tRNA. O reconhecimento pela enzima aminoacil-tRNA sintetase, do seu tRNA adequado e do correspondente aminoácido, é frequentemente chamado **segundo código genético**. Essa etapa é muito importante porque, uma vez que o aminoácido está no tRNA, não há outra oportunidade de verificar o pareamento correto. Em outras palavras, o anticódon do tRNA se ajustará ao seu códon no mRNA, independentemente de carregar o aminoácido correto ou não. Portanto, a aminoacil-tRNA tem de executar sua tarefa corretamente.

B. Iniciação

O processo de iniciação é composto de três etapas:

1. **Formação do complexo de pré-iniciação** Para iniciar a síntese de proteínas, utiliza-se um único tRNA, que é designado por **tRNA^fMet**. Esse tRNA conduz um resíduo de metionina formilada (fMet), mas ele é usado apenas para a etapa de iniciação. Esse resíduo está ligado ao corpo ribossomal 30S e origina um complexo de pré-iniciação, juntamente com GTP [(Figura 26.6)(1)]. Da mesma forma que na transcrição, cada

etapa na tradução é auxiliada por vários cofatores; essas proteínas são chamadas **fatores de iniciação**.
2. **Migração ao mRNA** Os complexos de pré-iniciação se ligam ao mRNA (2). O ribossomo é alinhado ao mRNA pelo reconhecimento de uma sequência especial de RNA chamada sequência de **Shine-Dalgarno**, que é complementar à sequência na subunidade ribossomal 30S. O anticódon UAC do fMet-tRNA^{fMet} se alinha com o códon de iniciação AUG.
3. **Formação do complexo ribossomal completo** O corpo ribossomal 50S se une ao complexo ribossomal 30S (3). O ribossomo completo possui três sítios. O mostrado no cen-

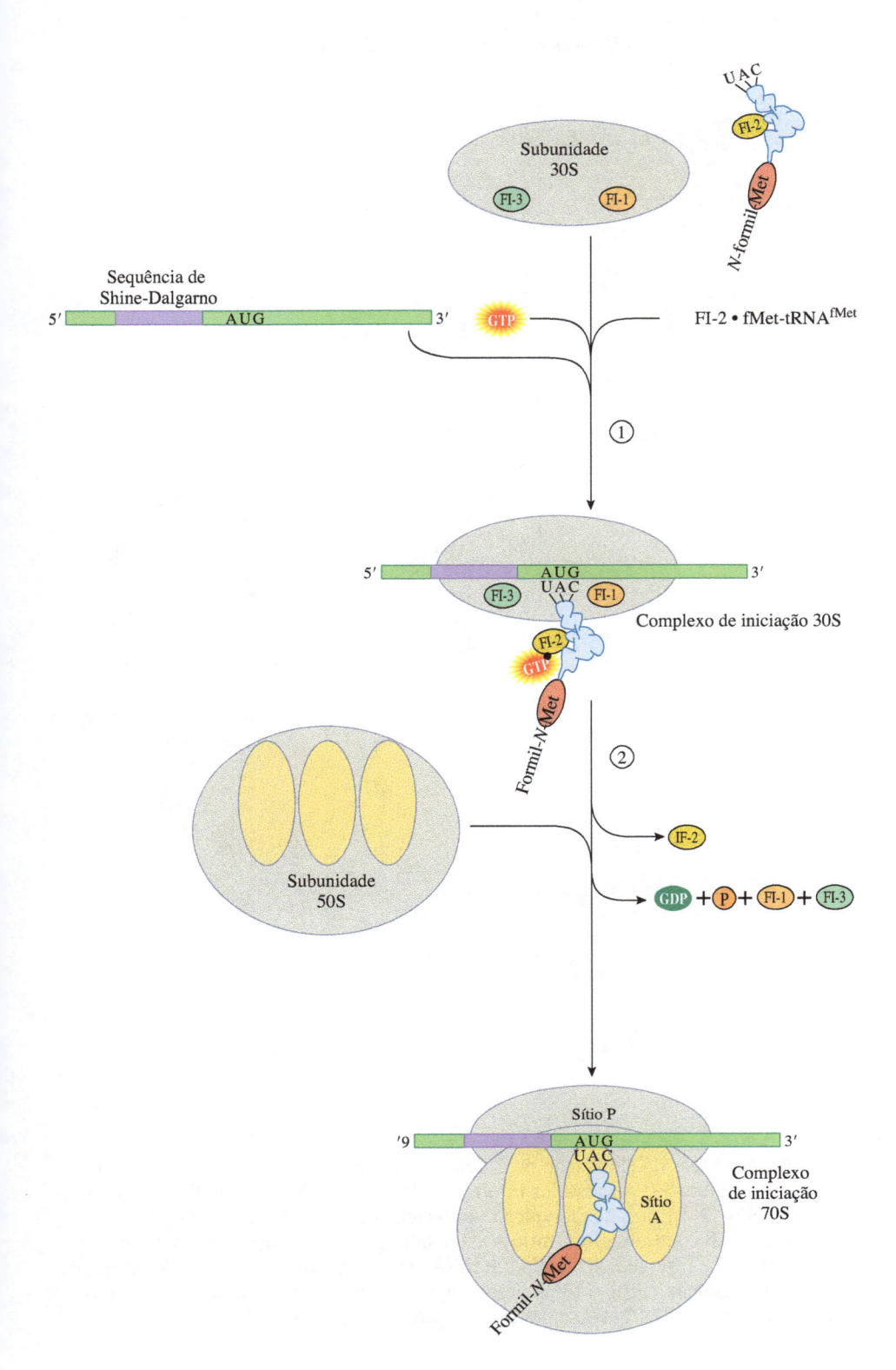

FIGURA 26.6 Formação do complexo de iniciação. A subunidade ribossomal 30S se liga ao mRNA e fMet-tRNA^{fMet} na presença de GTP e três fatores de iniciação (FI), formando o complexo de iniciação 30S (etapa 1). A subunidade ribossomal 50S é adicionada, formando o complexo de iniciação completo (etapa 2).

tro da Figura 26.6 é chamado **sítio P** porque a cadeia em crescimento dos peptídeos se inicia nesse local. O sítio localizado à direita é chamado **sítio A (aceptor)** porque ele recebe o tRNA que traz o aminoácido seguinte. À medida que o complexo de iniciação está completo, os fatores de iniciação se dissociam e o GTP é hidrolisado à GDP.

C. Elongação

1. **Ligação ao sítio A** Nesse ponto do processo, o sítio A está vazio, e cada uma das moléculas de aminoacil-tRNA pode tentar se ajustar a ele. Entretanto, somente um dos tRNAs tem um anticódon que corresponde ao próximo códon no mRNA. Na Figura 26.6, há uma alanina no tRNA. A ligação desse tRNA ao sítio A ocorre com o auxílio de proteínas chamadas **fatores de elongação** e GTP [Figura 26.7 (2)].

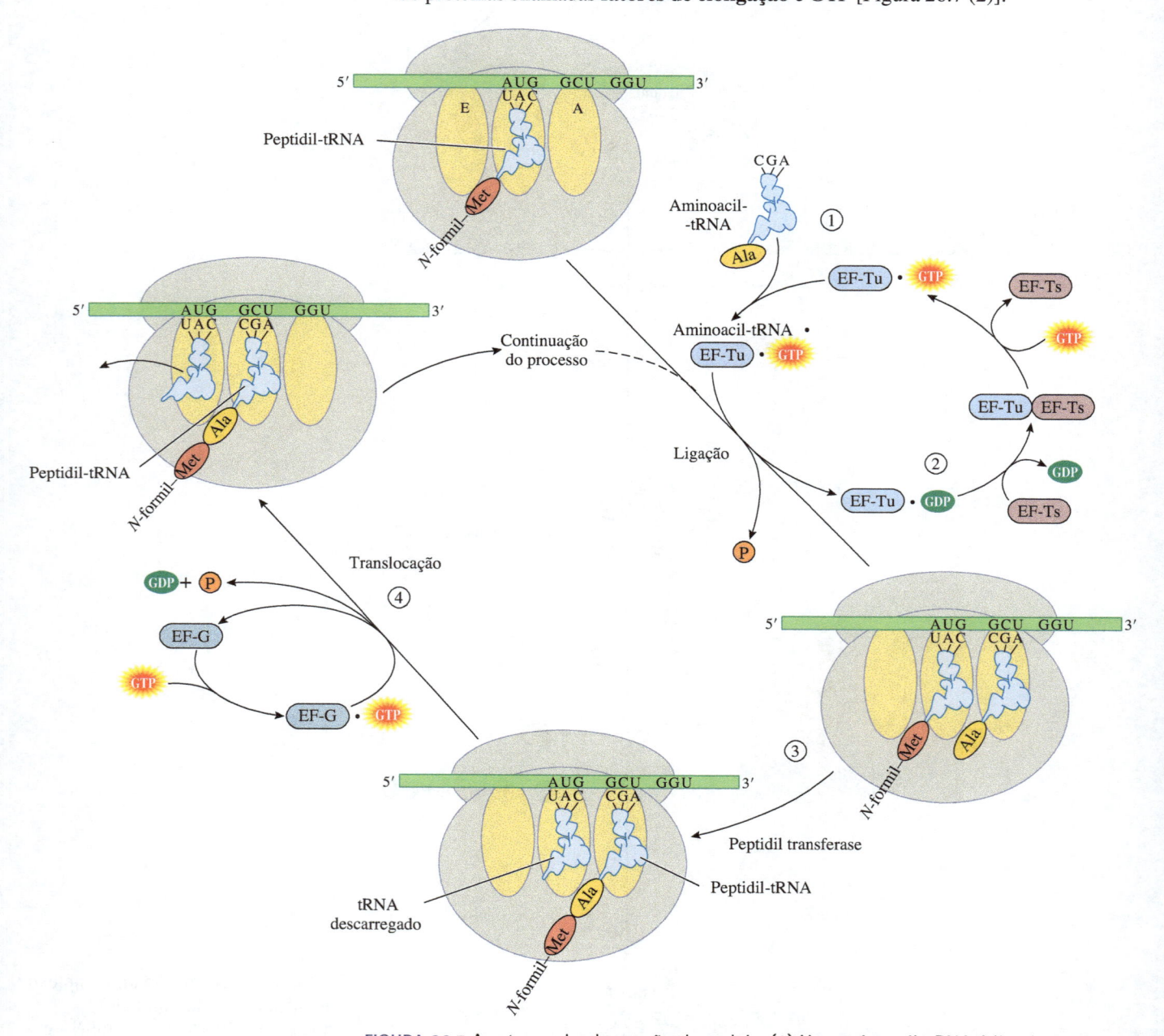

FIGURA 26.7 As etapas da elongação da cadeia. (1) Um aminoacil-tRNA é ligado a um sítio A no ribossomo. São necessários fatores de elongação e GTP. O sítio P no ribossomo já está ocupado. (2) Fatores de elongação são reciclados para preparar a chegada de outro tRNA, e GTP é hidrolisado. O sítio A está agora sobre o próximo códon. (3) A ligação peptídica é formada, deixando um tRNA descarregado no sítio P. (4) Na etapa de translocação (deslocamento), o tRNA descarregado é direcionado para o sítio E e mais GTP é hidrolisado. O sítio A está agora sobre o próximo códon no mRNA.

2. **Formação da primeira ligação peptídica** No sítio A, o novo aminoácido, a alanina (Ala), está ligada ao fMet por uma ligação peptídica realizada pela enzima **peptidil transferase**. O tRNA vazio permanece no sítio P [Figura 26.7 (3)].
3. **Translocação** (deslocamento) Na próxima fase da elongação, todo o ribossomo se move ao próximo códon do mRNA. Simultaneamente com esse movimento, o dipeptídeo é **translocado** do sítio A para o sítio P (4). O tRNA vazio é movido para o sítio E. Quando esse ciclo ocorrer novamente, o tRNA será ejetado e voltará para o reservatório de tRNA, que está disponível para a sua ativação com mais aminoácidos.
4. **Formação da segunda ligação peptídica** Após a translocação, o sítio A está associado com o próximo códon no mRNA, que é o 5′ GGU 3′ na Figura 26.7. Mais uma vez, cada tRNA pode tentar se ajustar, mas somente aquele com um anticódon que é 5′ ACC 3′ pode se alinhar a GGU. O tRNA, que carrega a glicina (Gly), agora entra no sítio. A transferase estabelece uma nova ligação peptídica entre Gly e Ala, movendo o dipeptídeo do sítio P para o sítio A formando um tripeptídeo. Essas etapas de elongação são repetidas até o último aminoácido ser adicionado.

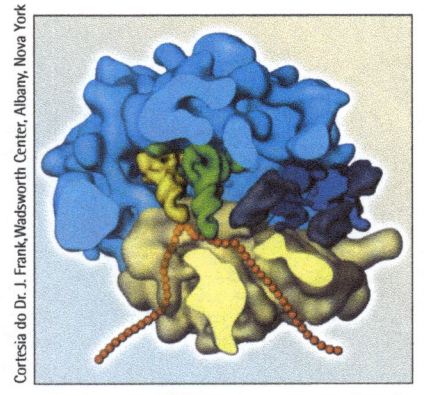

FIGURA 26.8 Ribossomo em ação. A metade inferior amarela representa o ribossomo 30S, e a porção azul representa o ribossomo 50S. Os cones amarelos e verdes são tRNAs, e cadeias são mRNA. Os fatores de elongação são representados em azul-escuro.

A Figura 26.8 mostra um modelo tridimensional de um processo traducional, que foi construído com base em estudos recentes de microscopia crioeletrônica e difração de raios X. Esse modelo mostra como proteínas dos fatores de elongação (em azul-escuro) se ajustam na fenda entre os corpos 50S (azul) e 30S (amarelo-claro) dos ribossomos procarióticos. Os tRNAs nos sítios P (verde) e A (amarelo) ocupam a cavidade central no complexo ribossomal. As estruturas em laranja representam o mRNA.

O mecanismo de formação da ligação peptídica corresponde a um ataque nucleofílico do grupo amino do aminoácido do sítio A à carbonila do aminoácido do sítio P, como mostrado na Figura 26.9. Enquanto os pesquisadores estudavam detalhadamente esse mecanismo, descobriram um fenômeno fascinante: nas proximidades em que ocorre o ataque nucleofílico, não há nenhuma proteína que possa catalisar essa reação. Os únicos grupos próximos que poderiam catalisar a reação estão em uma purina do RNA ribossomal. Portanto, o ribossomo é uma ribozima. Previamente, o RNA catalítico foi encontrado somente em algumas reações de *splicing*, mas aqui a situação na qual o RNA se apresenta como catalisador corresponde a uma das principais reações da manutenção da vida.

D. Terminação

Após o final da translocação, o próximo códon lê "pare" (UAA, UGA ou UAG). Nesse ponto, aminoácidos não podem ser mais adicionados. Fatores de liberação então clivam a cadeia de polipeptídeo do último tRNA via um mecanismo que requer GTP, que ainda não é totalmente entendido. O tRNA é liberado do sítio P sem ajuda enzimática. No final, todo o mRNA é liberado do ribossomo. Esse processo é mostrado na Figura 26.10. Enquanto o mRNA é ligado aos ribossomos, várias cadeias polipeptídicas são sintetizadas nele simultaneamente.

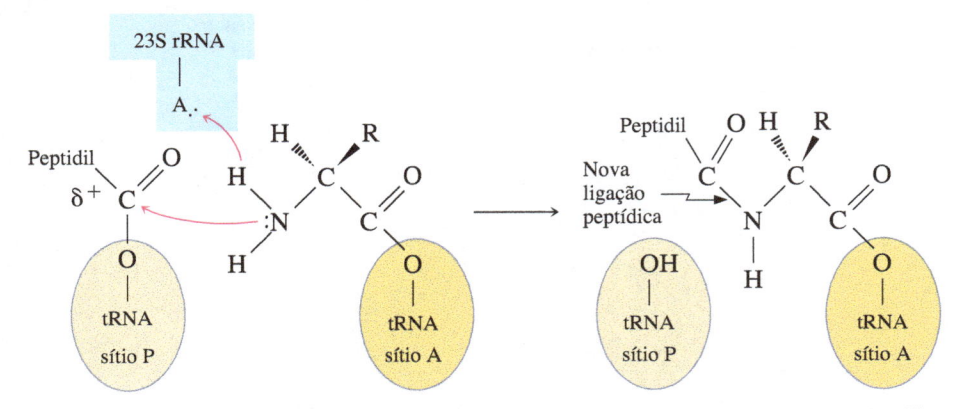

FIGURA 26.9 Formação da ligação peptídica na síntese de proteínas. O ataque nucleofílico do grupo amino da aminoacil-tRNA localizada no sítio A, no carbono carbonílico do peptidil-tRNA no sítio-P, é facilitado quando uma purina do rRNA abstrai um próton.

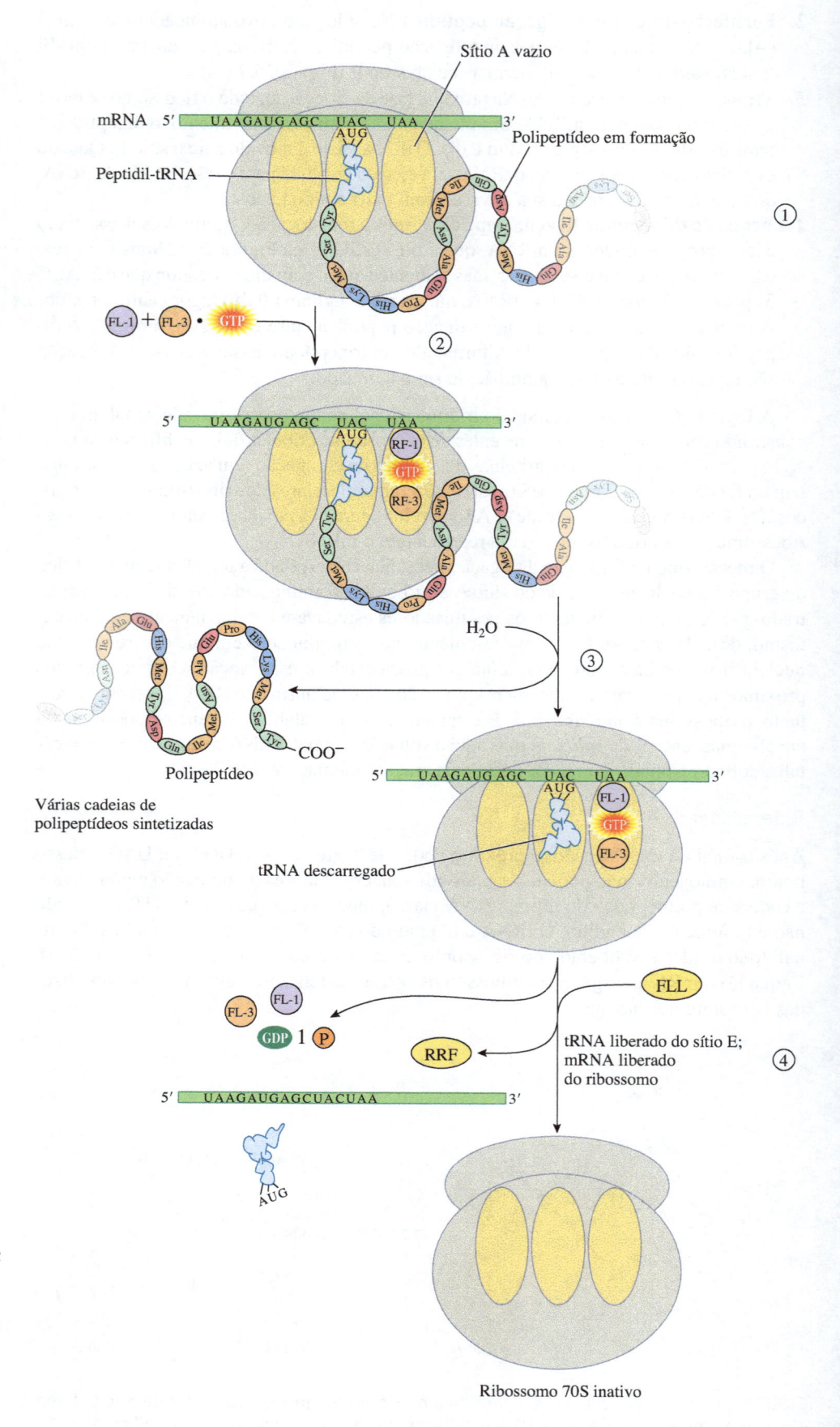

FIGURA 26.10 As etapas da terminação da cadeia peptídica. À medida que o ribossomo se move pelo mRNA, ele encontra um códon de pare, tal como o códon UAA (etapa 1). Fatores de liberação (FL) e GTP ligam-se ao sítio A (etapa 2). O peptídeo é hidrolisado do tRNA (etapa 3). Finalmente, o complexo se dissocia, e o ribossomo, o mRNA e outros fatores (FLL) podem ser reciclados (etapa 4).

Conexões químicas 26A

Quebrando o dogma: o vigésimo primeiro aminoácido

Muitos aminoácidos, como a citrulina e ornitina, encontrados no ciclo da ureia (Capítulo 28) não são constituintes das proteínas. Outros aminoácidos que não são comuns como a hidroxiprolina (Capítulo 22) são formados pela modificação do processo de pós-tradução. Quando discutimos os aminoácidos e a tradução, o número mágico foi sempre 20, isto é, somente 20 aminoácidos padrão foram colocados nas moléculas de tRNA para originar a síntese de proteínas. No fim da década de 1980, outro aminoácido foi encontrado nas proteínas dos eucariotos, incluindo os humanos, e dos procariotos. Trata-se de uma selenocisteína, ou seja, um resíduo de cisteína que tem o seu enxofre substituído por um selênio.

A selenocisteína é formada quando se coloca a serina em uma molécula especial de tRNA chamada tRNA^{sec}. Uma vez ligada, o oxigênio na cadeia lateral da serina é substituído pelo selênio. Essa molécula de tRNA tem um anicódon que se ajusta a códon de "pare" UGA.

Em casos especiais, o UAG não é lido como "pare"; em vez disso, a selenocisteína-tRNA^{sec} é carregada no sítio A e a tradução continua. Por essa razão, ela tem sido chamada de o vigésimo primeiro aminoácido. Como as células sabem quando devem colocar a selenocisteína nas proteínas, em vez de ler UGA como um códon de "pare", ainda permanece sob investigação.

$$H-Se-CH_2-\underset{\underset{NH_3^+}{|}}{\overset{\overset{H}{|}}{C}}-COO^-$$

Selenocisteína

Exemplo 26.3 Tradução

Um tRNA tem um anticódon, 5' AAG 3'. Que aminoácido esse tRNA vai conduzir? Quais são as etapas necessárias para o aminoácido se ligar ao tRNA?

Solução

Como o anticódon é 5' CUU 3', o aminoácido é a leucina. Lembre que a sequência é lida da esquerda para a direita, como 5' ⟶ 3', logo, você precisa virar o anticódon para ver como ele se liga ao códon. A leucina tem que ser ativada pela ATP. Uma enzima específica, leucina-tRNA sintetase, catalisa a formação da ligação carboxil-éster entre o grupo carboxila da leucina e o grupo —OH do tRNA.

Problema 26.3

Quais são os reagentes na reação que forma a valina-tRNA?

26.6 Como os genes são regulados?

Cada embrião formado na reprodução sexual herda seus genes das células do esperma e do óvulo dos pais. Entretanto, os genes no DNA cromossomal não se encontram ativos o tempo todo. Em vez disso, eles são "ligados" e "desligados" durante o desenvolvimento e crescimento do organismo. Logo após a formação do embrião, as células começam a se diferenciar. Algumas células tornam-se neurônios, outras se tornam células musculares, outras, células do fígado e assim por diante. Cada célula é uma unidade especializada que usa somente alguns dos vários genes que ela traz em seu DNA. Portanto, cada célula precisa "ligar" e "desligar" permanente ou temporariamente alguns de seus genes. A maneira como isso é feito é denominada **regulação gênica**.

Conhecemos menos sobre a regulação gênica nos eucariotos do que nos procariotos, que são organismos mais simples. Entretanto, mesmo com nosso conhecimento limitado, podemos dizer que os organismos não apresentam uma simples e única forma de controlar os genes. Várias regulações gênicas ocorrem no **nível transcricional** (DNA ⟶ RNA). Outros, por sua vez, funcionam no **nível da tradução** (mRNA ⟶ proteína). Um pouco desses processos são aqui apresentados como exemplos.

Regulação gênica O controle do processo pelo qual a expressão de um gene é acionada ou inibida. Pelo fato de a síntese de RNA ocorrer em uma direção (5' ⟶ 3'), o gene (DNA) a ser transcrito segue na direção 3' ⟶ 5'. Portanto, os sítios de controle estão em frente ou no sentido contrário da terminação 3' da estrutura do gene.

Conexões químicas 26B

Viroses

Os ácidos nucleicos são essenciais para a vida. Não existe organismo vivo que possa existir sem o DNA porque essa molécula contém a informação necessária para a síntese de proteína. As menores formas de vida, os vírus, são compostas de apenas uma molécula de ácido nucleico coberta com uma "capa" de moléculas de proteína. Em alguns vírus, o ácido nucleico é o DNA; em outros, o RNA. Nenhum vírus tem os dois ácidos nucleicos. A possibilidade de os vírus serem verdadeiras formas de vida tornou-se um tema de debate nos últimos anos. Em 2002, um grupo de cientistas da Stony Brook, University of New York, relatou que eles haviam sintetizado o vírus da poliomielite em laboratório a partir de fragmentos de DNA. Esse novo vírus "sintético" causava os mesmos sintomas da pólio e morte que os do vírus selvagem.

Pelo fato de suas estruturas serem tão simples, os vírus não podem se reproduzir na ausência de outro organismo. Eles têm DNA ou RNA, mas não possuem nucleotídeos, enzimas, aminoácidos e outras moléculas necessárias para a replicação dos seus ácidos nucleicos (Seção 25.6) ou para sintetizar proteínas (Seção 26.5). Em vez disso, o que eles fazem é invadir as células de outros organismos (os hospedeiros) e induzi-las a realizar esse trabalho para eles. Tipicamente, a cobertura de proteína permanece fora da célula hospedeira, ligada à membrana celular, enquanto o DNA ou RNA é empurrado para dentro. Uma vez que o ácido nucleico viral está no interior da célula, a célula interrompe a replicação de seu próprio DNA e a fabricação de suas próprias proteínas. Em vez disso, ela replica o ácido nucleico viral e sintetiza a proteína viral de acordo com as instruções do ácido nucleico do vírus. Uma célula hospedeira pode fazer várias cópias do vírus.

Em vários casos, a célula explode quando um grande número de novos vírus é sintetizado, liberando então esses novos vírus no material intracelular, de onde eles podem infectar outras células. Esse tipo de processo leva o organismo hospedeiro à doença e eventualmente à morte. Entre as várias doenças causadas por viroses estão o sarampo, a hepatite, a caxumba, a gripe (*influenza*), o resfriado comum, a raiva e a varíola. Não há cura para a maioria das doenças virais. A melhor defesa contra elas tem sido a imunização ("Conexões químicas 31B"),
que, sob as circunstâncias adequadas, pode funcionar muito bem. A varíola, que já foi uma das doenças mais mortais, foi erradicada do planeta por vários anos de vacinação, e programas intensivos de vacinação contra doenças como a pólio e o sarampo têm reduzido grandemente a incidência delas.

Recentemente, vários agentes antivirais têm sido desenvolvidos. Eles interrompem por completo a reprodução dos ácidos nucleicos virais (DNA e RNA) nas células infectadas, sem interferir no DNA das células normais. Uma dessas drogas é chamada vidarabina ou Ara-A, comercializada com o nome de Vira-A.

Vidarabina

Agentes antivirais normalmente agem como as drogas anticâncer e possuem estruturas similares a um dos nucleotídeos necessários para a síntese dos ácidos nucleicos. A vidarabina é igual à adenosina, exceto que o açúcar é a arabinose em vez da ribose. A vidarabina é usada no combate à doença viral da encefalite herpética. Essa droga também é eficaz contra o herpes neonatal e a catapora. Entretanto, como outras drogas anticâncer e antivirais, a vidarabina é tóxica e causa náusea e diarreia. Em alguns casos, são também observados danos nos cromossomos.

A. Controle no nível da transcrição

Nos eucariotos, a transcrição é regulada por três estruturas: elementos promotores, de elongação e de resposta.

1. Os promotores de um gene estão localizados adjacentes ao sítio de transcrição e são definidos por um iniciador e por sequências conservadas, tais como as TATA *box* (ver também Seção 26.2 e Figura 26.4) ou uma ou mais cópias de outras sequências, tais como a sequência GGGCGG, chamada GC *box*. Nos eucariotos, a enzima RNA polimerase apresenta uma baixa afinidade para se ligar ao DNA. Em seu lugar, diferentes fatores de transcrição, ou proteínas de ligação, se ligam aos diferentes módulos do promotor.

   Existem dois tipos básicos de fatores de transcrição. O primeiro é chamado **fator geral de transcrição** (*general transcription factor* – GTF). Essas proteínas formam um complexo com a RNA polimerase e o DNA e ajudam a posicionar a RNA polimerase corretamente e estimular a iniciação e a transcrição. Para a transcrição dos genes que originarão o mRNA (isto é, transcrição da pol II), há seis GTFs, todos denominados *fator de transcrição* II (*transcription factor* – TF) seguidos de uma letra. Todos esses fatores de transcrição são necessários para estabelecer a iniciação e a transcrição. Como pode ser visto na Figura 26.11, os eventos que ocorrem na iniciação da transcrição da pol II são muito complicados. Seis fatores de transcrição precisam se ligar ao DNA e à RNA polimerase para que se inicie a transcrição. Inicialmente, eles formam o que é conhecido como **complexo de pré-iniciação**. O evento crítico no início da transcrição é a conversão para o **complexo aberto**, que envolve a fosforilação do C-terminal da RNA polimerase. Somente quando o complexo aberto é formado, ocorre a transcrição. Durante a elongação, três fatores de transcrição (B, E e H) são liberados. O fator de transcrição F permanece ligado à pol II com o fator D ligado ao TATA *box*. Somente o fator F continua com a polimerase.

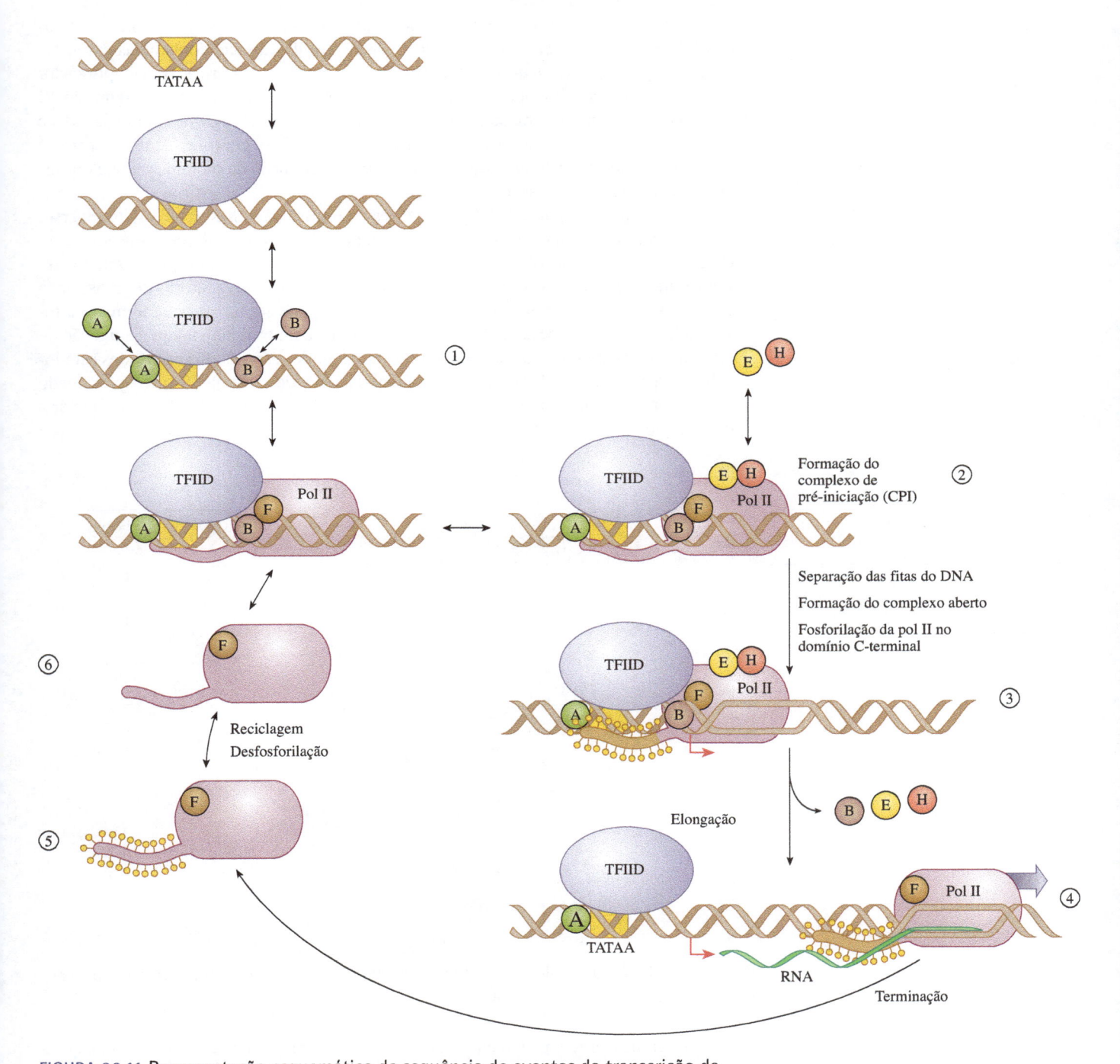

FIGURA 26.11 Representação esquemática da sequência de eventos da transcrição da pol II. O fator geral de transcrição TFIID liga-se ao TATA box no DNA e aciona TFIIA e TFIIB (etapa 1). A RNA polimerase II que transporta TFIIF liga-se ao DNA, seguido por TFIIE e TFIIH para formar um complexo de pré-iniciação (CPI) (etapa 2). O domínio C-terminal da pol II é então fosforilado, e as fitas de DNA são separadas para formar o complexo aberto (etapa 3). O TFIIB, TFIIE e TFIIH são liberados à medida que a polimerase sintetiza RNA no processo de elongação (etapa 4). A transcrição termina quando o mRNA está completo e, então, a pol II é liberada (etapa 5). A pol II é desfosforilada e está pronta para ser reciclada em outra rodada de transcrição (etapa 6).

Com o auxílio desses fatores de transcrição, as funções de controle da transcrição são mantidas em um nível estável e normal. Os fatores de transcrição podem permitir a síntese do mRNA (e, a partir disso, uma proteína específica), que pode variar por um fator de 1 milhão. Essa ampla possibilidade de mRNAs que podem ser sintetizados é exemplificada pelo gene do α-A-cristalino, que pode ser expressado nas lentes do olho, a uma taxa de milhões de vezes maior que nas células do fígado.

2. Outro grupo de fatores de transcrição tem a função de acelerar o processo de transcrição, ligando sequências de DNA que podem estar localizadas a vários milhares de nucleotídeos à frente do sítio de transcrição. Essas sequências são conhecidas como sequências de elongação ou **amplificadores**. Para estimular a transcrição, um amplificador é trazido para a proximidade do promotor pela formação de uma alça. A Figura 26.12 mostra como o fator de transcrição se liga ao elemento de elongação (amplificador) e forma uma ponte para a unidade de transcrição basal. Esse complexo então permite à RNA polimerase II acelerar a transcrição quando a produção de proteínas acima dos níveis normais se faz necessária.

   Outras sequências do DNA ligam fatores de transcrição, mas têm o efeito inverso: elas desaceleram a transcrição. Essas sequências são chamadas **silenciadoras**.

3. O terceiro tipo de controle da transcrição envolve um tipo de elongação chamado **elemento de resposta**. Esses amplificadores são ativados por seus fatores de transcrição em resposta a um estímulo externo. Esse estímulo pode ser um choque térmico, a toxicidade de um metal pesado ou simplesmente um sinal hormonal, tal qual a ligação de um hormônio esteroide ao seu receptor. O elemento de resposta dos esteroides está localizado a 260 pares de bases do ponto inicial da transcrição. Somente o receptor ligado com o hormônio pode interagir com seu elemento de resposta e, desse modo, iniciar a transcrição.

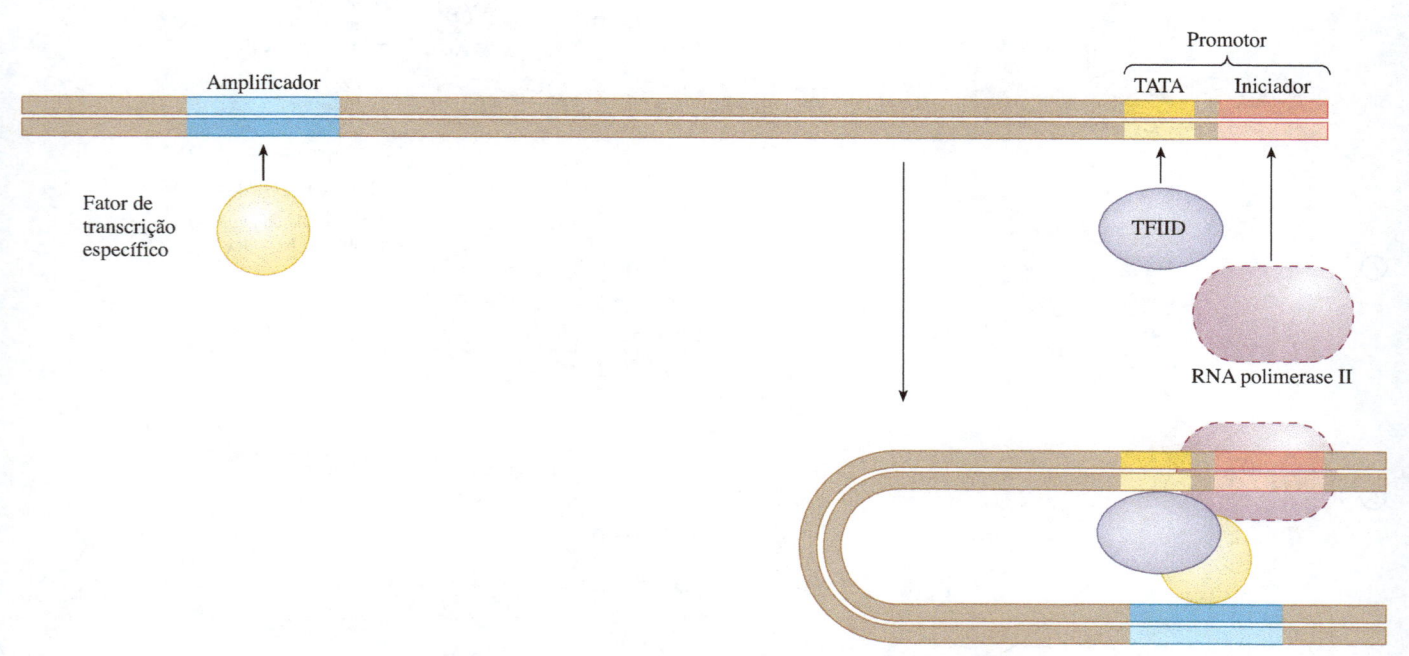

FIGURA 26.12 Os *loopings* do DNA colocam os amplificadores em contato com os fatores de transcrição e a RNA polimerase.

A diferença entre um elemento de elongação e um elemento de resposta é uma questão fortemente dependente do nosso próprio entendimento do sistema. Chamamos algo de elemento de resposta pelo entendimento do quadro geral de como o controle do gene está relacionado com um padrão de metabolismo. Vários elementos de resposta podem estar controlando um processo particular, e um dado gene pode estar sob controle de mais de um elemento de resposta.

4. A transcrição não ocorre na mesma velocidade ao longo do ciclo de vida da célula. Na verdade, ela é acelerada ou desacelerada em virtude das necessidades. O sinal para acelerar a transcrição pode se originar de um processo externo à célula. Um desses sinais,

na via GTP-adenilato ciclase-cAMP (Seção 24.5B), produz a **proteína quinase fosforilada**. Essa enzima entra no núcleo, onde ela fosforila os fatores de transcrição, os quais auxiliam na cascata de eventos da transcrição.

Como esses fatores de transcrição encontram a sequência do gene de controle na qual se ajustam e como eles se ligam a ela? A interação entre a proteína e o DNA envolve interações não específicas de natureza eletrostática, assim como ligações de hidrogênio específicas. Os fatores de transcrição encontram os seus sítios-alvo ao serpentearem suas cadeias de proteína até que determinada sequência de aminoácidos seja encontrada na superfície. As mudanças conformacionais que permitem o deslocamento para o reconhecimento da sequência de aminoácidos originam-se de **"dedos" de ligação a íons metálicos** (Figura 26.13). Essas estruturas em formato de dedos são criadas por íons, os quais formam ligações covalentes[3] com os aminoácidos das cadeias laterais da proteína.

Os dedos de zinco interagem com sequências específicas de DNA (ou às vezes com RNA). O reconhecimento é realizado por ligações de hidrogênio entre um nucleotídeo (por exemplo, guanina) e a cadeia lateral de um aminoácido específico (por exemplo, arginina). Os dedos de zinco permitem que as proteínas se liguem na fenda maior do DNA, como mostrado na Figura 26.14.

Além da formação dos dedos de ligação com os íons metálicos, ao menos dois outros fatores de transcrição importantes existem: **hélice-rotação-hélice** e **zíper de leucina**.

B. Controle no nível pós-transcricional

Na primavera de 2000, os cientistas estavam ansiosos esperando o resultado do Projeto do Genoma Humano, particularmente no que se referia ao número preciso de genes no genoma humano. As estimativas eram de que seriam obtidos de 100.000 a 150.000 genes. Os resultados mostraram que os humanos produzem 90.000 proteínas diferentes. O dogma estabeleceu que "um gene produz um mRNA que produz uma proteína". A única exceção a essa regra foi creditada à produção de anticorpos e a outras proteínas baseadas na imunoglobulina. Era conhecido que, nessas proteínas, ocorria um tipo de modificação pós-transcricional chamada *splicing* alternativo, por meio do qual o mRNA primário transcrito podia participar de processos de *splicing* diferentes, originando múltiplos mRNAs maduros e, portanto, múltiplas proteínas.

No entanto, o que mais chocou foi a revelação de que os humanos têm cerca de 30.000 genes, que é aproximadamente o mesmo número de genes de uma minhoca ou dos encontrados na planta do milho. Se 30.000 genes podem gerar 90.000 proteínas, o processo de *splicing* alternativo deve ser muito mais recorrente para justificar o número de proteínas diferentes que são produzidas em nosso organismo. Os cientistas agora acreditam que os diferentes tipos de *splicing* do RNA correspondem a um processo muito importante que leva às diferenças entre as espécies que, sob outra ótica, seriam similares. Por exemplo, chimpanzés e humanos compartilham 99% do seu DNA. Eles também produzem proteínas muito similares. Entretanto, diferenças significativas são encontradas em alguns tecidos, mais notadamente no cérebro, onde certos genes humanos são mais ativos e outros originam proteínas diferentes pelo *splicing* alternativo.

A Figura 26.15 sumariza as várias maneiras em que o *splicing* alternativo pode produzir diversas proteínas diferentes. Éxons podem ser incluídos em todos os produtos ou estar presentes em apenas alguns. Sítios de *splicing* diferentes podem aparecer nos lados 5' ou 3'. Em alguns casos, íntrons podem ser retidos no produto final.

O *splicing* alternativo fornece outra técnica poderosa para controlar a regulação gênica. Na mesma célula ou no mesmo organismo, genes diferentes podem sofrer *splicing* de maneiras diferentes em tempos diferentes, controlando os produtos dos genes.

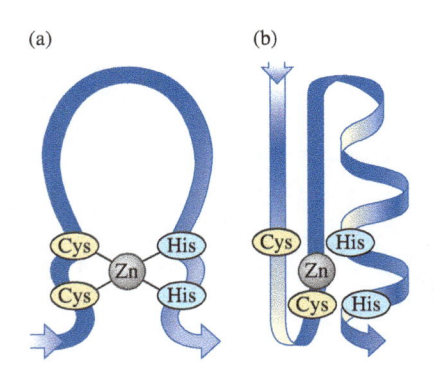

FIGURA 26.13 Composição do dedo de zinco (*zinc finger*) Cys_2His_2. (a) Coordenação entre o íon zinco (II) e os resíduos de cisteína (cys) e histidina (his). (b) Estrutura secundária. (Adaptada com permissão de R. M. Evans e S. M. Hollenberg, *Cell*, v. 52, p. 1, 1988, Figura 1.)

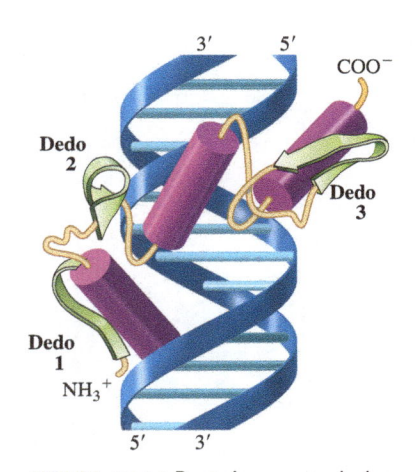

FIGURA 26.14 Proteínas com dedos de zinco seguem a fenda maior do DNA. (Adaptada com permissão de N. Pavletich e C. O. Pabo, *Science*, v. 252, p. 809, 1991, Figura 2. Copyright © 1991 AAAS.)

---

[3] Essas ligações são mais propriamente ligações de coordenação entre o íon metálico e os aminoácidos, constituindo-se em ligações do tipo ácido-base de Lewi. (NT)

(a) Éxons omitidos

(b) Sítios de *splice* 5' alternativos

(c) Sítios de *splice* 3' alternativos

(d) Íntron retido

(e) Retenção de éxon reciprocamente exclusiva

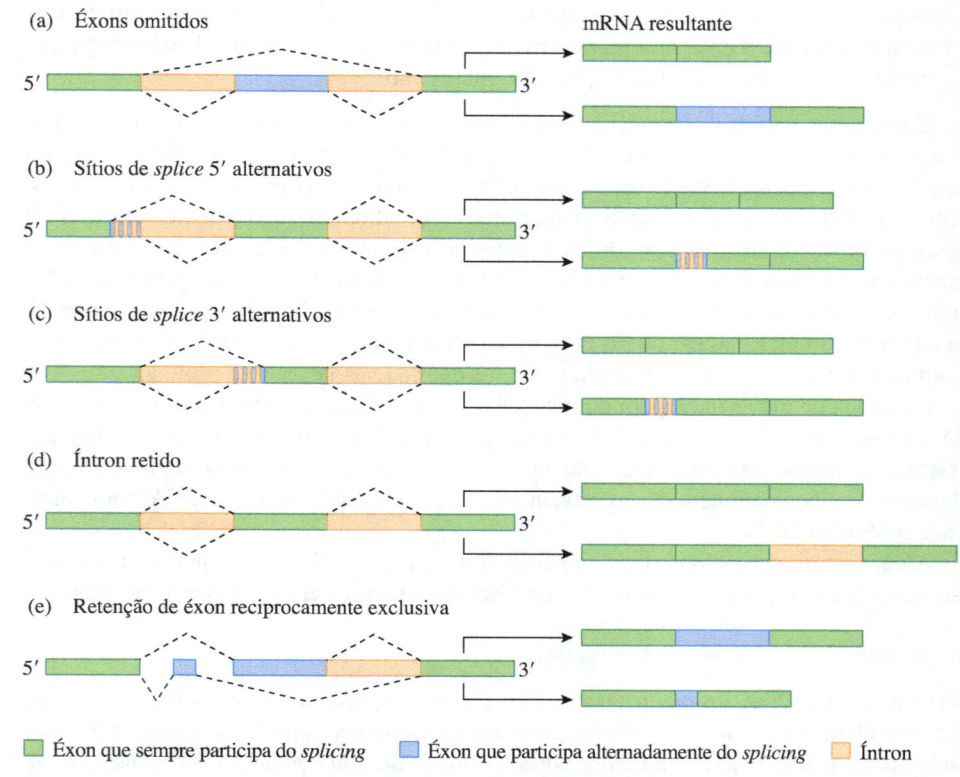

mRNA resultante

■ Éxon que sempre participa do *splicing*   ■ Éxon que participa alternadamente do *splicing*   ■ Íntron

FIGURA 26.15 *Splicing* alternativo. Um gene primariamente transcrito pode ser editado de várias maneiras onde a atividade de *splicing* está indicada com linhas pontilhadas. Um éxon pode ser deixado de lado (a). O processo de splicing pode reconhecer sítios de *splicing* alternativos 59 para um íntron (b) ou para sítios 39 (c). Um íntron pode ser retido na transcrição final do mRNA (d). Éxons podem ser retidos em um processo reciprocamente exclusivo (e). (*Scientific American.*)

C. Controle no nível traducional

Durante a tradução, uma série de mecanismos assegura o controle de qualidade desse processo.

1. **A especificidade de um tRNA para o seu aminoácido exclusivo** Inicialmente, deve ser obtida a ligação do aminoácido adequado ao tRNA adequado. A enzima que catalisa essa reação, a aminoacil-tRNA sintetase (AARS), é específica para cada aminoácido. Para os aminoácidos que têm mais de um tipo de tRNA, a mesma sintetase catalisa a reação para todos os tipos de tRNA para aquele aminoácido. As enzimas AARS reconhecem os seus tRNAs por sequências específicas de nucleotídeos. Adicionalmente, o sítio ativo da enzima tem dois **sítios de peneiramento (exclusão)**. Por exemplo, na isoleucil-tRNA sintetase, a primeira peneira exclui qualquer aminoácido maior que a isoleucina. Se um aminoácido similar como a valina, que é menor que a isoleucina, chega ao sítio ativo, a segunda peneira o exclui. O segundo sítio de exclusão, portanto, funciona como um sítio de revisão.

2. **Reconhecimento do códon de terminação (códon de parada)** Outra medida do controle de qualidade é feita na terminação. Os códons de terminação precisam ser reconhecidos por fatores de liberação, que resultam na liberação da cadeia de polipeptídeo e permitem a reciclagem dos ribossomos. De forma contrária, uma cadeia polipeptídica pode ser tóxica. O fator de liberação se combina com GTP e se liga ao sítio A do ribossomo quando esse sítio está ocupado pelo códon de terminação. Tanto o GTP como a ligação éster do peptidil-tRNA são hidrolisados. Essa hidrólise libera a cadeia polipeptídica e o tRNA desacetilado. Finalmente, o ribossomo se dissocia do mRNA. Como já visto em "Conexões químicas 26A", algumas vezes o códon de terminação é usado para continuar a tradução, inserindo um aminoácido raro, tal como a selenocisteína.

3. **Controles pós-traducionais**
    (a) *Remoção da metionina*. Na maioria das proteínas, o resíduo de metionina do N-terminal, que foi adicionado na etapa de iniciação, é removido. Uma enzima especial, a metionina aminopeptidase, cliva a ligação peptídica. No caso dos procariotos, é outra enzima que cliva o grupo formila, supondo a existência da metionina no N-terminal.

(b) *Chaperonas*. A estrutura terciária de uma proteína é grandemente determinada pela sequência de aminoácidos (estrutura primária). As proteínas já começam a se dobrar (pregueamento) quando estão sendo sintetizadas nos ribossomos. Entretanto, a falta da estrutura terciária correta pode ocorrer por causa de uma mutação em um gene, da falta de fidelidade na transcrição ou de erros traducionais. Todos esses erros podem levar à agregação dessas proteínas, com consequências prejudiciais às células, como o encontrado em doenças amiloides, tal qual o mal de Alzheimer ou a doença de Jakob-Creutzfeldt. Certas proteínas nas células, denominadas **chaperonas**, auxiliam as cadeias polipeptídicas recém-sintetizadas a se orientar corretamente. Elas reconhecem as regiões hidrofóbicas expostas nas proteínas com orientações impróprias e se ligam a elas. As chaperonas então as orientam para a forma biologicamente desejada e as conduzem para o seu lugar de destino dentro da célula.

(c) *Degradação das proteínas orientadas impropriamente*. Um terceiro controle pós-traducional ocorre na forma de **proteossomos**. Essas estruturas cilíndricas são formadas por várias subunidades proteicas, exibindo uma função proteolítica no interior do cilindro. Se a função das chaperonas falha, essa protease (proteossomo) pode degradar a proteína orientada erroneamente pela ubiquitinação ("Conexões químicas 28E") e finalmente por proteólise.

26.7 O que são mutações?

Na Seção 25.6, vimos que o mecanismo de pareamento de bases fornece uma maneira quase perfeita de copiar uma molécula de DNA durante a replicação. A palavra-chave aqui é "quase". Nenhuma máquina, nem mesmo o mecanismo de cópia do DNA, é totalmente isento de erros. Foi estimado que, na média, um erro ocorre para cada 10^{10} bases (isto é, um em 10 bilhões). Um erro na cópia de uma sequência é chamado **mutação**. As mutações podem ocorrer durante a replicação. Bases erradas também podem ser ocasionadas na transcrição (um erro não herdável).

Esses erros podem apresentar consequências amplamente variadas. Por exemplo, o códon para valina no mRNA pode ser GUA, GUG, GUC ou GUU. No DNA, esses códons correspondem a GTA, GTG, GTC e GTT, respectivamente. Assuma que o códon original no DNA seja GTA. Se um erro ocorrer durante a replicação e o GTA for soletrado como GTG na cópia, não vai haver uma mutação prejudicial. Quando a proteína é sintetizada, o GTG aparecerá no mRNA como GUG, que também codifica para valina. Portanto, embora uma mutação tenha ocorrido, a mesma proteína é produzida.

> Todas as sequências no DNA são dadas como uma fita de sequência de codificação. Portanto, o códon, que está no mRNA, tem a mesma sequência da fita de codificação do DNA, exceto que T é substituído por U.

Conexões químicas 26C

Mutações e evolução bioquímica

Podemos traçar uma relação de diferentes espécies através da variabilidade de suas sequências de aminoácidos em diferentes proteínas. Por exemplo, o sangue de todos os mamíferos contém hemoglobina, mas a sequência de aminoácidos das hemoglobinas não é idêntica. Na tabela apresentada a seguir, vemos que os dez primeiros aminoácidos na β-globina dos humanos e dos gorilas são exatamente os mesmos. Na verdade, existe somente um aminoácido diferente na posição 104, entre nós e os símios. A β-globina dos porcos é diferente da nossa em dez posições, das quais 2 estão no decapeptídeo N-terminal. A do cavalo difere da nossa em 26 posições, das quais 4 estão neste decapeptídeo. A β-globina parece ter tido várias mutações durante o processo de evolução, porque 26 dos 146 sítios são invariantes, isto é, exatamente os mesmos em todas as espécies estudadas até agora.

A relação entre as diferentes espécies também pode ser estabelecida pelas similaridades nas estruturas primárias de seus mRNAs. Pelo fato de as mutações ocorrerem na molécula original de DNA e serem perpetuadas na descendência pelo DNA mutante, é importante aprender como um ponto de mutação pode ocorrer em diferentes espécies. Quando se observa a posição 4 da molécula de β-globina, nota-se uma mudança de serina para treonina. O código para serina é AGU ou AGC, enquanto para treonina é ACU ou ACC (Tabela 26.1). Portanto, uma mudança de G para C na segunda posição do códon cria a divergência entre as β-globinas de humanos e cavalos. Os genes de espécies proximamente relacionadas, como os humanos e símios, têm estruturas primárias muito similares, presumivelmente porque essas duas espécies divergiram na árvore evolucionária apenas recentemente. Em contraste, espécies separadas uma da outra divergiram há muito tempo e passaram por mais mutações, que são mostradas nas diferenças de suas estruturas primárias do DNA, mRNA e, consequentemente, de suas proteínas.

O *número* de substituições de aminoácidos é significante no processo evolucionário causado pela mutação, mas o *tipo* de substituição é ainda mais importante. Se a substituição envolve um aminoácido com propriedades físico-químicas similares às do aminoácido antecessor na proteína, a mutação é mais provavelmente viável. Por exemplo, na β-globina humana e do gorila, a posição 4 é ocupada por treonina, mas, no porco e cavalo, essa posição é ocupada por serina. Esses dois aminoácidos contêm uma cadeia lateral com um grupo —OH.

Conexões químicas 26C (continuação)

| Sequência de aminoácidos do decapeptídeo *N*-terminal da *β*-globina em diferentes espécies ||||||||||||
| Espécies | Posição |||||||||||
	1	2	3	4	5	6	7	8	9	10
Humanos	Val	His	Leu	Thr	Pro	Glu	Glu	Lys	Ser	Ala
Gorila	Val	His	Leu	Thr	Pro	Glu	Glu	Lys	Ser	Ala
Porco	Val	His	Leu	Ser	Ala	Glu	Glu	Lys	Ser	Ala
Cavalo	Val	Glu	Leu	Ser	Gly	Glu	Glu	Lys	Ala	Ala

Conexões químicas 26D

Mutações silenciosas

Uma mutação silenciosa é a que muda o DNA, mas não altera os aminoácidos associados. Por exemplo, se a codificação da fita do DNA tiver um TTC, o mRNA será UUC e codificará para fenilalanina. Se a mutação no DNA mudar a sequência para TTT, o DNA sofrerá uma mutação silenciosa porque, no mRNA resultante, UUU e UUC codificam para o mesmo aminoácido. Ao menos é no que os cientistas acreditam há décadas. Evidências recentes, entretanto, têm mostrado que isso nem sempre é verdadeiro. Pesquisadores do National Cancer Institute estudaram um gene chamado *MDR1*, que é nomeado pela sua associação com a resistência a várias drogas (*multiple drug resistance*) nas células tumorais. Eles tinham sequências desse gene e sabiam que havia algumas mutações silenciosas. Os pesquisadores descobriram que existia uma resposta das mutações silenciosas desse gene que influenciava a resposta dos pacientes a certas drogas. Uma mutação silenciosa que conduzia a uma mudança observável foi uma descoberta impressionante, já que uma mutação silenciosa não deveria apresentar nenhum efeito observável no desempenho final do gene.

Aparentemente, nem todos os códons são traduzidos igualmente. Diferentes códons podem requerer versões alternadas do tRNA para um aminoácido particular. Mesmo que o aminoácido incorporado seja o mesmo, o ritmo utilizado pelo ribossomo para incorporar o aminoácido varia de acordo com códon. Como mostrado na figura, a cinética da tradução pode afetar a forma da proteína final. Se o tipo selvagem de códon é usado, a tradução ocorre normalmente e resulta na conformação normal da proteína. Entretanto, se uma mutação silenciosa muda o ritmo do movimento no ribossomo, diferenças no pregueamento resultam em uma proteína com uma conformação anormal.

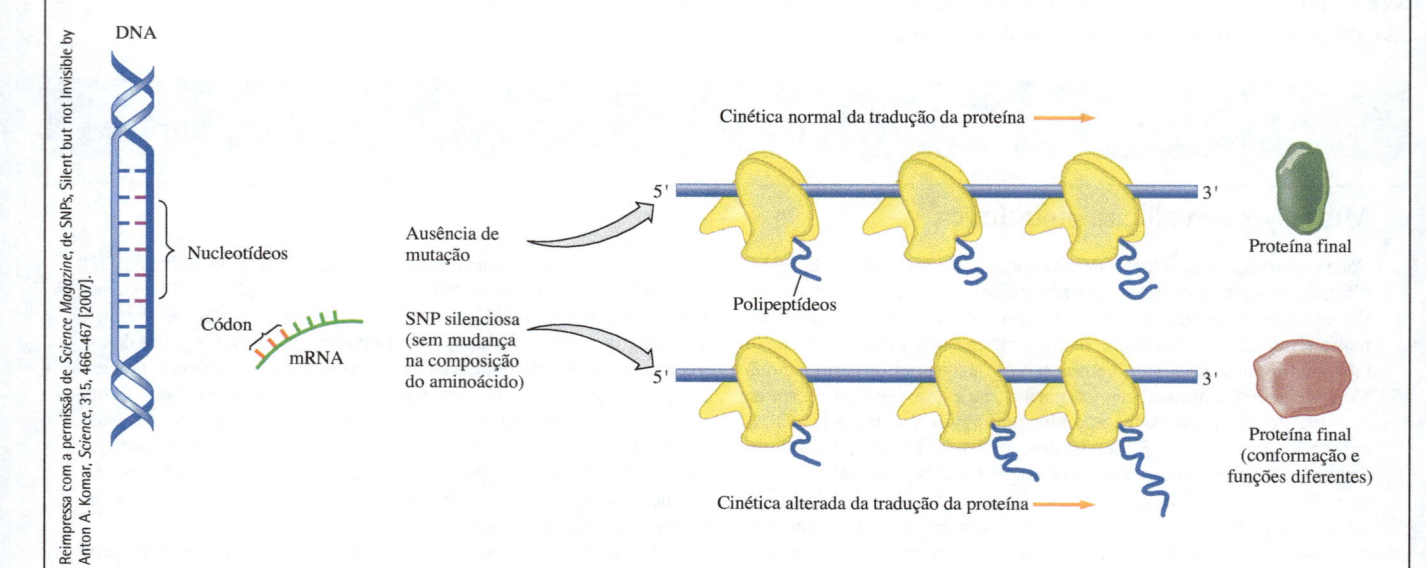

Cinética de tradução e pregueamento da proteína. Uma cinética normal resulta em uma proteína com um pregueamento correto. A cinética anormal, causada pela movimentação mais rápida ou mais lenta do ribossomo através de certas regiões do mRNA, pode produzir uma conformação final diferente na proteína. Uma cinética anormal pode surgir de um polimorfismo de um nucleotídeo individual (*single nucleotide polymorphism* – SNP) em um gene que cria um códon sinônimo ao códon do tipo selvagem. Entretanto, esse códon sinônimo pode levar a uma cinética diferente na tradução do mRNA, consequentemente resultando em uma proteína com uma estrutura e funções finais diferentes.

Agora assuma que a sequência original no gene do DNA seja GAA, que também será GAA no mRNA e codificará para o aminoácido ácido glutâmico. Se a mutação ocorrer durante a replicação e GAA se tornar TAA, uma mutação muito séria ocorrerá. A sequência TAA no DNA será UAA no mRNA, que não codifica para nenhum aminoácido, mas é um sinal de terminação. Portanto, em vez de continuar a construção da cadeia da proteína com o ácido glutâmico, a síntese será interrompida. Uma proteína importante não será produzida, ou será produzida incorretamente, e o organismo pode ficar doente ou mesmo morrer. Como foi visto em "Conexões químicas 22D", a anemia falciforme é causada por uma mutação individual de uma base que faz com que o ácido glutâmico seja substituído por valina.

Radiação ionizante (raios X, luz ultravioleta, raios gama) pode causar mutações. Adicionalmente, um grande número de compostos orgânicos pode levar a mutações por meio da reação com o DNA. Esses compostos são chamados **mutagênicos**. Muitas mudanças causadas pela radiação e pelos mutagênicos não se tornam mutações porque a célula tem mecanismos de reparação, como o reparo por excisão de nucleotídeo (*nucleotide excision repair* – NER), que pode prevenir as mutações cortando as áreas danificadas e sintetizando novamente as sequências eliminadas de forma correta (ver Seção 25.7 para uma descrição dos mecanismos de reparo). Apesar desses mecanismos de defesa, certos erros na cópia resultam em mutações que passam sem reparos. Vários compostos (tanto sintéticos como naturais) são mutagênicos e causam câncer quando introduzidos no organismo. Essas substâncias são chamadas **carcinogênica**s ("Conexões químicas 13B"). Uma das principais tarefas da FDA e da EPA é identificar as substâncias carcinogênicas e eliminá-las dos alimentos, das drogas e do ambiente. Embora a maioria dos carcinogênicos seja mutagênica, o reverso não é verdadeiro.

Conexões químicas 26E

p53: uma proteína fundamental na supressão de tumores

Existem 36 **genes de supressão de tumor** conhecidos que produzem proteínas controladoras do crescimento celular. Nenhuma delas é mais importante que uma proteína de massa molar 53.000, simplesmente denominada **p53**. Essa proteína responde a uma variedade de estresses celulares, incluindo danos ao DNA, falta de oxigênio (hipóxia) e ativação aberrante de oncogenes. Em cerca de 40% de todos os casos de câncer, o tumor contém p53 que sofreu mutação. A proteína mutante da p53 pode ser encontrada em 55% dos tumores de pulmão, cerca da metade em todos os cânceres retais e de cólon, aproximadamente 40% dos linfomas e dos cânceres pancreáticos e de estômago. Adicionalmente, em um terço de todos os sarcomas de tecido mole, a p53 está inativa, embora ela não tenha sofrido mutação.

Essas estatísticas indicam que a função normal da proteína p53 é suprimir o crescimento do tumor. Quando é mutante ou não está presente em quantidade suficiente de sua forma ativa, a p53 não é capaz de realizar a sua função protetora, e o câncer se espalha. A proteína p53 se liga a sequências específicas da fita dupla do DNA. Quando raios X ou raios γ danificam o DNA, um aumento da concentração da proteína p53 é observado. O aumento da quantidade de p53 ligada ao DNA detém o ciclo celular pelo balanço entre a divisão celular e a replicação do DNA. O tempo obtido nesse aprisionamento do ciclo celular permite que sejam reparados os erros no DNA. Se isso falha, a proteína p53 aciona a apoptose, a morte programada de células danificadas.

Recentemente, foi relatado que a p53 realiza funções de "controle fino" nas células e suprime o crescimento do tumor. Entretanto, se a p53 é superexpressada (isto é, sua concentração é muito alta), ela contribui para o envelhecimento precoce do organismo. Nessas condições, a p53 aprisiona o ciclo celular não só das células danificadas, mas também das células-tronco. Estas células normalmente se diferenciam em vários tipos (músculos, nervos e assim por diante) e substituem aquelas que morrem pelo envelhecimento. O excesso de p53 diminui essa diferenciação. Camundongos que receberam um excesso de p53 não desenvolveram câncer, porém isso teve um preço: eles perderam peso e musculatura, os ossos tornaram-se quebradiços e os ferimentos demoraram a sarar. A expectativa de vida desses camundongos foi 20% menor em relação aos camundongos normais.

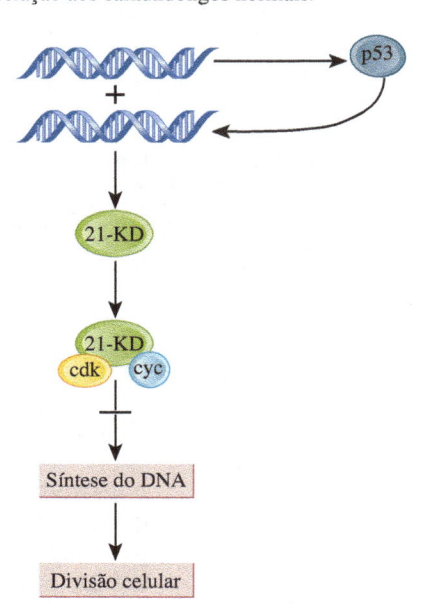

Nem todas as mutações são prejudiciais. Algumas são benéficas porque aumentam a taxa de sobrevivência de uma espécie. Por exemplo, as mutações são usadas para desenvolver novas variedades de plantas que podem resistir às pragas.

Se a mutação é prejudicial, ela resulta em uma doença genética congênita. Essa condição pode ser levada em um gene recessivo de geração para geração, sem nenhuma demonstração dos sintomas da doença. Quando ambos os pais portam os genes recessivos, entretanto, a prole tem 25% de chance de herdar a doença. Se o gene defeituoso for dominante, cada portador vai desenvolver os sintomas da doença.

Conexões químicas 26F

Diversidade humana e fatores de transcrição

Pesquisadores do genoma humano mostraram que não existe diversidade suficiente na base estrutural do genoma para explicar as vastas diferenças entre as espécies ou entre os indivíduos de uma mesma espécie. Entretanto, quando consideramos os fatores de transcrição e as sequências de DNA dos amplificadores e silenciadores, temos uma gama muito maior de possíveis diferenças. Um exemplo pode ser visto na população humana. Existe uma proteína particular usualmente encontrada na superfície das células vermelhas chamada Duffy. O DNA que codifica a Duffy é regulado por um amplificador específico. Foi descoberto que quase 100% dos africanos ocidentais não apresentam as proteínas Duffy em suas células vermelhas. A falta da proteína Duffy é causada por uma mutação em um único nucleotídeo, na região do amplificador do gene da Duffy. Acontece que a proteína Duffy é um sítio para a malária, e as células sem a Duffy são resistentes à malária. Esse é um exemplo de evolução humana em progresso. Existe uma pressão evolutiva significante em favor de mutações que interrompam a síntese da proteína Duffy em áreas como a África Ocidental, onde a malária se faz presente.

O genoma humano, assim como o das moscas e dos peixes, também mostra evidências da evolução através de mudanças na amplificação do DNA. Um exemplo é a perda adaptativa da proteína conhecida como Duffy nas células vermelhas da população da África Ocidental que vive em regiões nas quais a malária é endêmica.

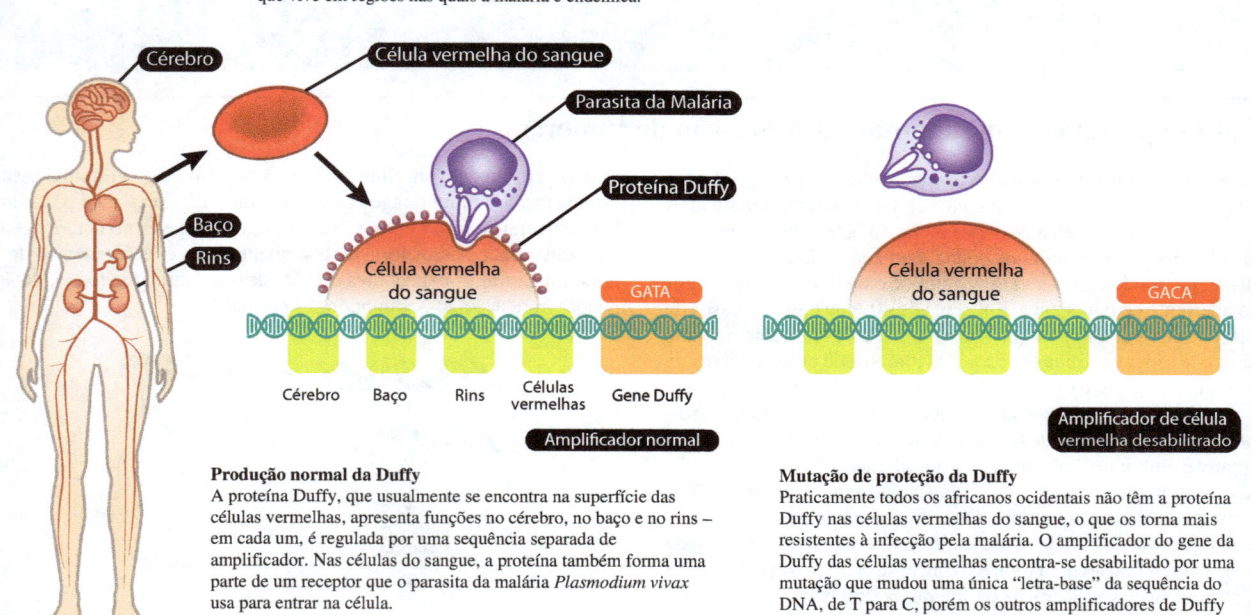

Produção normal da Duffy
A proteína Duffy, que usualmente se encontra na superfície das células vermelhas, apresenta funções no cérebro, no baço e no rins – em cada um, é regulada por uma sequência separada de amplificador. Nas células do sangue, a proteína também forma uma parte de um receptor que o parasita da malária *Plasmodium vivax* usa para entrar na célula.

Mutação de proteção da Duffy
Praticamente todos os africanos ocidentais não têm a proteína Duffy nas células vermelhas do sangue, o que os torna mais resistentes à infecção pela malária. O amplificador do gene da Duffy das células vermelhas encontra-se desabilitado por uma mutação que mudou uma única "letra-base" da sequência do DNA, de T para C, porém os outros amplificadores de Duffy encontram-se inalterados.

26.8 Como e por que se manipula o DNA?

Não existe cura para as doenças genéticas congênitas discutidas na Seção 26.7. O melhor que podemos fazer é detectar os portadores e, por meio de aconselhamento genético dos pais, tentar não perpetuar os genes defeituosos. Entretanto, técnicas de DNA recombinante nos dão alguma esperança para o futuro. No momento, essas técnicas estão sendo usadas principalmente em bactérias, plantas e animais de laboratório (como os camundongos de laboratório), mas elas estão sendo vagarosamente aplicadas em humanos, como será mais bem discutido na Seção 26.9.

Um exemplo das técnicas de DNA recombinante começa com certas moléculas de DNA circulares encontradas na bactéria *Escherichia coli*. Essas moléculas, chamadas **plasmídeos**, são compostas de uma dupla fita de DNA disposta na forma de anel (círculo).

Certas enzimas altamente específicas denominadas endonucleases de restrição clivam as moléculas de DNA em posições específicas (cada enzima atua em uma posição diferente). Por exemplo, uma dessas enzimas pode dividir a fita dupla como exemplificado a seguir:

B~~~GAATTC~~~B   B~~~G   AATTC~~~B
                →   +
B~~~CTTAAG~~~B   B~~~CTTAA   G~~~B

A enzima é programada para, sempre que encontrar a sequência de bases específica no DNA, clivá-la como mostrado no esquema. Pelo fato de o plasmídeo ser circular, quando é clivado, produz-se uma cadeia de dupla fita com duas terminações (Figura 26.16). Essas terminações são denominadas "terminações coesivas" porque, em cada fita, encontram-se várias bases disponíveis para originar um pareamento com uma Seção complementar caso ela encontre uma sequência adequada.

A próxima etapa é fornecer as seções complementares. Isso é feito pela adição de um gene de alguma outra espécie. O gene é um pedaço da dupla fita do DNA que contém a sequência de bases características. Por exemplo, podemos colocar o gene humano que produz insulina, que pode ser obtido de duas formas:

1. Ele pode ser sintetizado em laboratório, isto é, os químicos podem combinar os nucleotídeos na sequência adequada para fazer o gene.
2. Podemos cortar um cromossomo humano com a mesma enzima de restrição. Por tratar-se da mesma enzima, ela vai cortar o gene humano para liberar a mesma terminação:

H—GAATTC—H   H—G   AATTC—H
            →   +
H—CTTAAG—H   H—CTTAA   G—H

O gene humano precisa ser cortado em dois lugares de forma que um pedaço de DNA que conduz duas terminações coesivas seja liberado. Para o *splicing* do gene humano no do plasmídeo, os dois são misturados na presença da DNA ligase, e as terminações coesivas se juntam:

H—G   AATTC—B   DNA ligase   H—GAATTC—B
      +   ─────────→
H—CTTAA   G—B   H—CTTAAG—B

Essa reação ocorre nas duas terminações do gene humano, recuperando a forma circular do plasmídeo (Figura 26.16).

O plasmídeo modificado é então colocado de volta na célula da bactéria, onde ele se replica naturalmente cada vez que a célula se divide. As bactérias se multiplicam rapidamente, então logo temos um grande número de bactérias, todas contendo o plasmídeo modificado. Todas essas bactérias agora produzem a insulina humana por transcrição e tradução. Dessa forma, podemos usar as bactérias como uma fábrica de manufatura de certa proteína específica. Essa nova indústria tem um tremendo potencial para a diminuição dos preços dos medicamentos que são presentemente manufaturados pelo isolamento de tecidos humanos ou de animais (por exemplo, o interferon humano, uma molécula que combate infecções). Bactérias e vírus podem ser usados para criar o DNA recombinante (Figura 26.17).

Exemplo 26.4 Endonucleases de restrição

Duas endonucleases de restrição diferentes atuam na seguinte sequência de uma fita dupla de DNA:

~~~AATGAATTCGAGGC~~~
~~~TTACTTAAGCTCCG~~~

Usamos "B" para indicar o DNA remanescente no plasmídeo da bactéria.

Usamos "H" para indicar o gene humano.

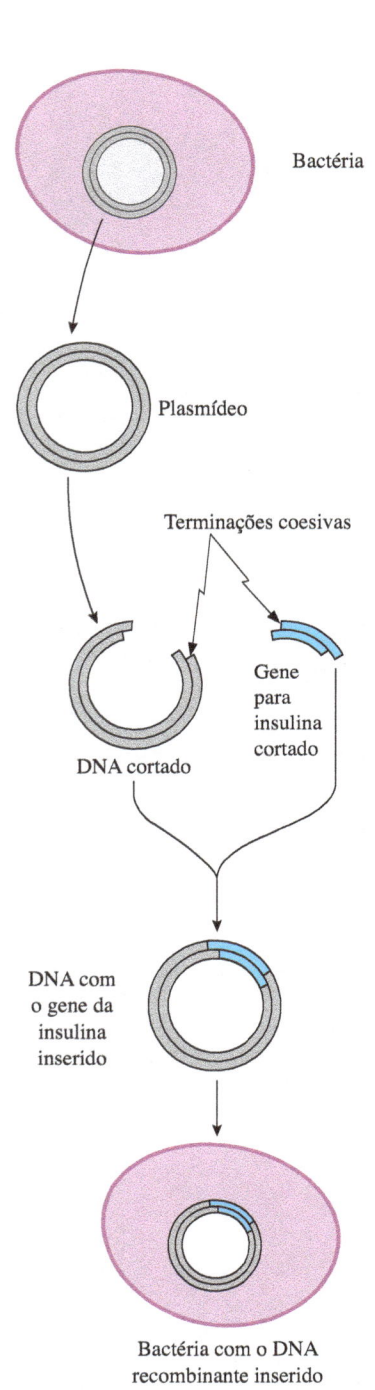

FIGURA 26.16 A técnica do DNA recombinante pode ser usada para tornar determinada bactéria uma "fábrica" de insulina.

Uma endonuclease, EcoRI, reconhece a sequência GAATTC e corta a sequência entre G e A. A outra endonuclease, TaqI, reconhece a sequência TCGA e corta a sequência entre T e C. Quais são as terminações coesivas que cada uma dessas endonucleases vai criar?

Solução

```
EcoRI   ~~~AATG           AATTCGAGGC~~~
        ~~~TTACTTAA              GCTCCG~~~

TaqI    ~~~AATGAATT         CGAGGC~~~
        ~~~TTACTTAAGC         TCCG~~~
```

Problema 26.4

Mostre as terminações coesivas para a seguinte sequência da dupla fita do DNA que é cortada pela TaqI:

```
~~~CCTCGATTG~~~
~~~GGAGCTAAC~~~
```

Fago é outra palavra para caracterizar um vírus que infecta uma bactéria.

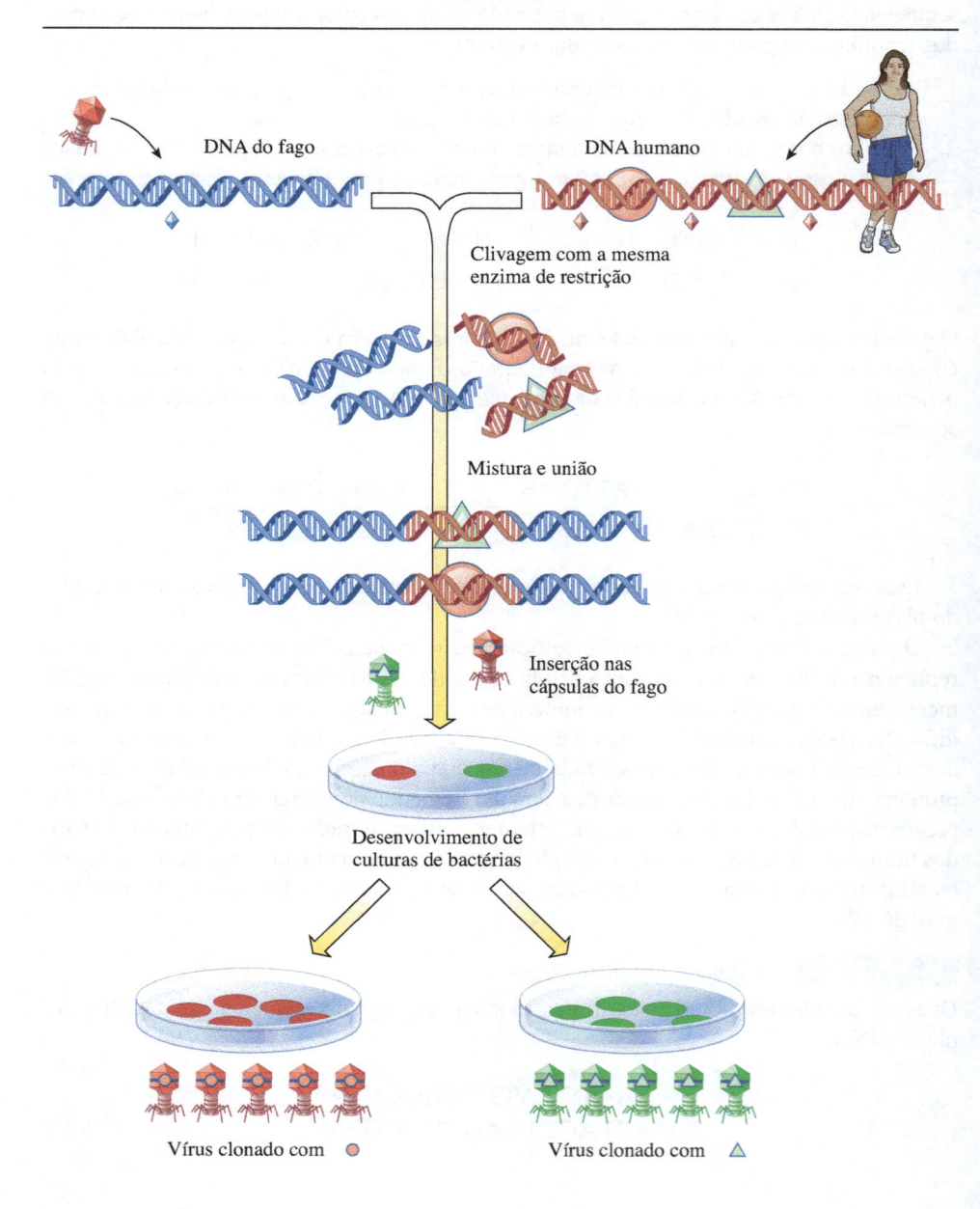

FIGURA 26.17 Clonagem de fragmentos de DNA humano com um vetor viral. (Adaptada com permissão de Paul Berg e Maxine Singer, *Dealing with genes: the language of heredity*, University Science Books, 1992.)

26.9 O que é terapia gênica?

Enquanto os vírus são tradicionalmente vistos como um problema para a humanidade, há agora uma área em que eles estão sendo usados para fins benéficos. Os vírus podem ser usados para alterar células somáticas, nas quais uma doença genética é tratada pela introdução de um gene que expressa uma proteína que se faz necessária. Esse processo é chamado **terapia gênica**.

A mais bem-sucedida forma de terapia gênica até agora se refere ao gene para a **adenosina deaminase (ADA)**, uma enzima que atua no catabolismo (Seção 25.8) da purina. Se não há essa enzima, a concentração de dATP aumenta nos tecidos, inibindo a ação da enzima ribonucleotídeo redutase. O resultado é a deficiência dos outros três desoxirribonucleosídeos trifosfatos (dNTPs). O dATP (em excesso) e os outros três dNTPs (em falta) são precursores da síntese do DNA. Esse desequilíbrio afeta particularmente a síntese de DNA nos linfócitos, dos quais a resposta imune depende de forma significativa (Capítulo 31). Indivíduos que são homozigotos para a deficiência de adenosina desaminase desenvolvem **imunodeficiência combinada severa** (*severe combined immune deficiency* – SCID), a síndrome do "menino da bolha". Esses indivíduos estão propensos a contrair infecções porque seu sistema imune se encontra altamente comprometido. O mais recente objetivo da terapia gênica planejada é obter as células da medula óssea dos indivíduos afetados, introduzir o gene para a adenosina desaminase nas células usando determinado vírus como um vetor e então reintroduzir as células da medula no corpo, na qual elas produzirão a enzima desejada. Os primeiros testes clínicos para a cura da ADA-SCID pela simples substituição de enzima começaram em 1982. Nesses testes, os pacientes receberam injeções de ADA. Mais tarde, experiências clínicas procuraram corrigir o gene em células T maduras. Em 1990, células T transformadas foram administradas por transfusão. Em testes, duas garotas de 4 e 9 anos, no início do tratamento, mostraram melhora a ponto de poderem frequentar a escola e não tiveram mais um número significativo de processos infecciosos. A administração de células-tronco de medula óssea adicionalmente às células T foi a próxima etapa; testes clínicos desse procedimento foram realizados com dois bebês, de 4 e 8 meses, em 2000. Após dez meses, as crianças estavam saudáveis e haviam restabelecido o seu sistema imune.

Existem dois tipos de métodos de transferência na terapia gênica humana. O primeiro, denominado *ex vivo*, é o tipo usado para combater SCID. *Ex vivo* significa que células somáticas são removidas do paciente, alteradas com a terapia gênica e então devolvidas ao paciente. O vetor mais comum para esse procedimento é o **vírus da leucemia murina de Maloney** (*Maloney murine leukemia virus* – MMLV). A Figura 26.18 mostra como o vírus é usado para a terapia gênica. O MMLV é alterado para remover certos genes, resultando em um vírus incapaz de se replicar. Esses genes são substituídos com um **cassete de expressão** que contém o gene administrado, como o gene ADA, juntamente com um promotor adequado. Esse vírus mutante é usado para infectar uma linhagem celular empacotadora. O MMLV normal também é usado para infectar uma linhagem celular empacotadora e não se replicará na linhagem celular empacotadora, mas restabelecerá a habilidade do vírus mutante de se replicar, embora apenas nessa linhagem de células. Esses controles são necessários para garantir que o vírus mutante não escape para outros tecidos. As partículas do vírus mutante são coletadas da linhagem celular empacotadora e usadas para infectar as células-alvo – as células da medula óssea, no caso da SCID. O MMLV é um retrovírus, logo ele infecta a célula-alvo e produz DNA a partir de seu RNA; esse DNA pode então se incorporar no genoma do hospedeiro, conjuntamente com o promotor e o gene ADA. Dessa maneira, as células-alvo que foram coletadas são transformadas e produzirão ADA. Essas células são então mandadas de volta ao paciente.

No segundo método de transferência, chamado *in vivo*, o vírus é usado diretamente para infectar as células do paciente. O vetor mais comum para essa transferência é o vírus do DNA, **adenovírus**. Um vetor particular pode ser achado com base em receptores específicos nos tecidos-alvo. O adenovírus tem receptores nas células do pulmão e do fígado, e tem sido aplicado em testes clínicos para a terapia gênica da fibrose cística e na deficiência da ornitina transcarbamilase.

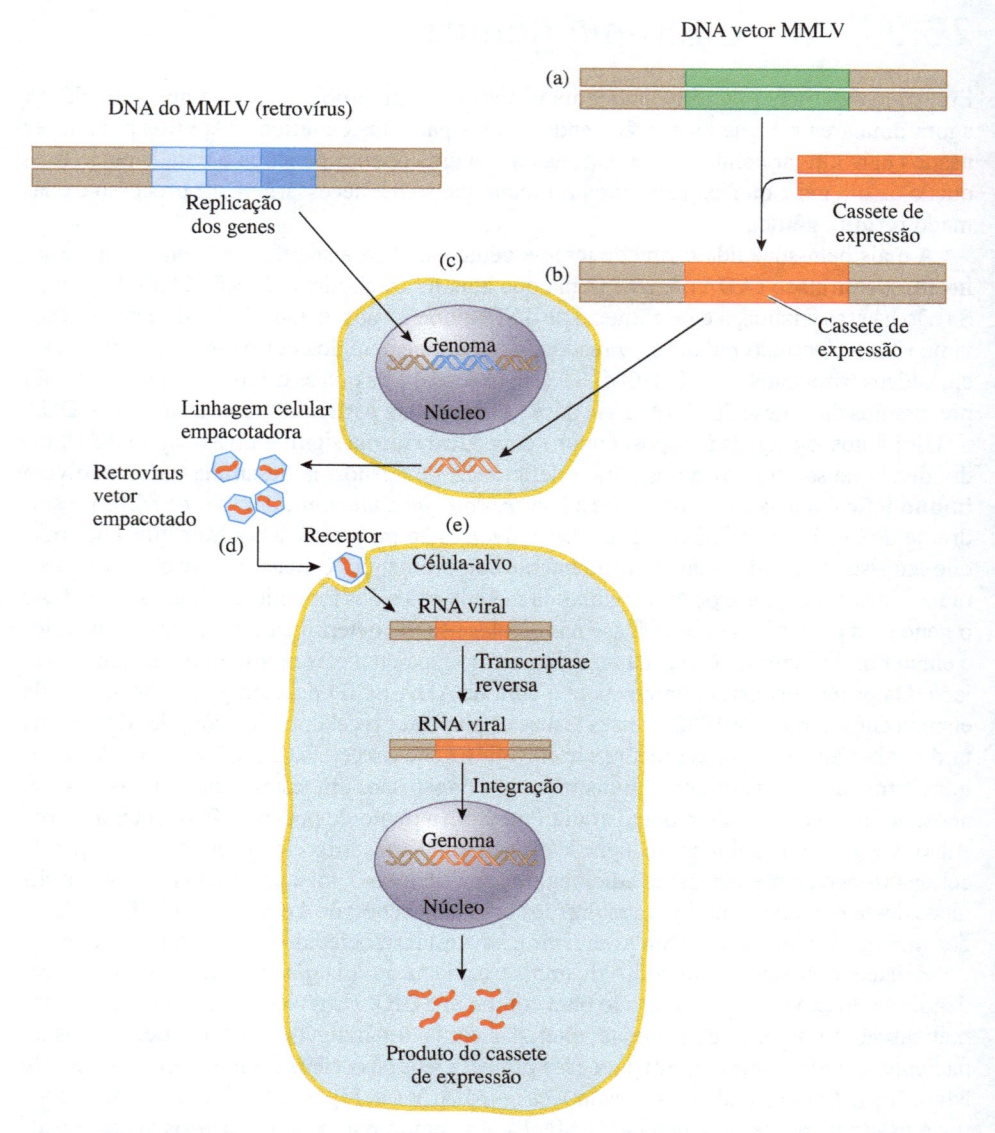

Figura 26.18 A terapia gênica pela via das retroviroses. O vírus da leucemia murina de Maloney (MMLV) é usado para a terapia gênica *ex vivo*. Os genes de replicação são removidos do vírus e substituídos com um cassete de expressão contendo o gene que será substituído pela terapia gênica. O vírus alterado cresce em uma linhagem de células empacotadoras do hospedeiro. O vírus alterado produz RNA, o qual por sua vez produz DNA através da transcrição reversa. O DNA torna-se integrado no genoma da célula do hospedeiro, e as células produzem a proteína desejada. As células cultivadas retornam ao hospedeiro.

Testes clínicos que usam a terapia gênica para combater a fibrose cística e certos tumores em humanos estão agora em desenvolvimento. A terapia gênica obteve sucesso na cura do diabetes em camundongos.

O campo da terapia gênica é excitante e promissor, mas ainda restam muitos obstáculos para o sucesso dessa terapia em humanos. Existem também muitos riscos, como uma resposta imunológica prejudicial ao vetor que carrega o gene, ou o perigo de o gene ser incorporado no cromossomo hospedeiro em uma posição que ative um gene causador de câncer. Esses dois inconvenientes têm acontecido em um número limitado de pacientes humanos até agora.

A terapia gênica foi aprovada em humanos somente para a manipulação das células somáticas. É ilegal a manipulação de gametas com o objetivo de criar uma mudança hereditária no genoma humano.

Resumo das questões-chave

Seção 26.1 Como o DNA conduz ao RNA e às proteínas?
- O **gene** é um segmento da molécula do DNA que leva a sequência de bases, que direciona a síntese de uma molécula de RNA específica. Quando o RNA é o mRNA, ele leva à síntese de uma proteína específica.
- A informação armazenada no DNA é transcrita em RNA e então expressada na síntese de uma molécula de proteína. Esse processo envolve duas etapas: **transcrição** e **tradução**.

Seção 26.2 Como o DNA é transcrito no RNA?
- Na transcrição, a informação é copiada do DNA em mRNA pelo pareamento complementar das bases.
- A enzima que sintetiza o RNA é chamada RNA polimerase. Nos eucariotos, são usados três tipos de polimerases para os diferentes tipos de RNA.

Seção 26.3 Qual é o papel do RNA na tradução?
- O mRNA está ligado em torno dos ribossomos.
- O RNA de transferência transporta os aminoácidos individuais, com cada tRNA indo para um sítio específico no mRNA.
- Uma sequência de três bases (um tripleto) no mRNA constitui um **códon**. Ele soletra o aminoácido que o tRNA traz para o sítio.
- Cada tRNA tem um sítio de reconhecimento, o **anticódon**, que pareia com o códon.
- Quando duas moléculas de tRNA se encontram alinhadas em sítios adjacentes, os aminoácidos que elas transportam são ligados por uma enzima, formando uma ligação peptídica.
- O processo de tradução continua até que a proteína seja completamente sintetizada.

Seção 26.4 O que é o código genético?
- O **código genético** fornece a correspondência existente entre um códon e um aminoácido.
- Na maioria dos casos, existe mais de um códon para cada aminoácido, mas o contrário não é verdadeiro: determinado códon especificará somente um aminoácido.

Seção 26.5 Como as proteínas são sintetizadas?
- A síntese de proteínas ocorre em quatro estágios: ativação, iniciação, elongação e terminação.
- Várias etapas da tradução requerem uma contribuição energética na forma de GTP.
- Os ribossomos têm três sítios: A, P e E.
- Nenhuma proteína é encontrada na região onde a síntese de peptídeos é catalisada. Logo, o ribossomo é uma ribozima.

Seção 26.6 Como os genes são regulados?
- A maior parte do DNA humano (de 96% a 98%) não codifica proteínas.
- Vários mecanismos de regulação do gene existem tanto no nível transcricional como no traducional.
- Os **promotores** têm um iniciador e sequências conservadas.
- Os **fatores de transcrição** ligam-se ao promotor e regulam a velocidade de transcrição.
- Os **amplificadores** são sequências de nucleotídeos removidas de posições distantes do sítio de transcrição.
- Alguns fatores de tradução, como os **fatores de liberação**, agem durante a tradução; outros, como as **chaperonas**, atuam após a tradução estar completa.

Seção 26.7 O que são mutações?
- Uma mudança na sequência de bases é chamada **mutação**.
- As mutações podem ser causadas por um erro interno ou induzidas por substâncias químicas ou radiação. Na verdade, a mudança de apenas uma base pode causar uma mutação.
- Uma mutação pode ser prejudicial ou benéfica, ou ainda não resultar em mudanças na sequência de aminoácidos. Se a mutação é muito prejudicial, pode levar o organismo à morte.
- Substâncias químicas que causam mutações são chamadas **mutagênicas**.
- Substâncias que causam câncer são denominadas **carcinogênicas**. Muitos carcinogênicos são mutagênicos, mas o contrário não é verdadeiro.

Seção 26.8 Como e por que se manipula o DNA?
- Com a descoberta das enzimas de restrição que podem cortar moléculas de DNA em pontos específicos, os cientistas encontraram formas de realizar o *splicing* de segmentos de DNA de espécies diferentes.
- Um gene humano (por exemplo, o que codifica para a insulina) pode participar do processo de *splicing* no plasmídeo bacteriano. A bactéria, quando se multiplica, pode então transmitir essa nova informação para suas células-filhas, garantindo assim que gerações de bactérias possam manufaturar insulina humana. Esse método eficaz é chamado **técnica do DNA recombinante**.
- A engenharia genética é o processo no qual os genes são inseridos nas células.

Seção 26.9 O que é terapia gênica?
- A terapia gênica é uma técnica em que um gene ausente ou problemático é substituído por um vetor viral.
- Na terapia gênica *ex vivo*, células são removidas de um paciente, um gene específico é inserido, e então as células são novamente inseridas no paciente.
- Na terapia gênica *in vivo*, o vetor viral é fornecido diretamente ao paciente.

Problemas

Seção 26.1 Como o DNA conduz ao RNA e às proteínas?

26.5 *Expressão do gene* se refere à: a) transcrição, b) tradução ou c) transcrição mais tradução?

26.6 Em que parte da célula dos eucariotos ocorre a transcrição?

26.7 Onde ocorre a maior parte da tradução nas células eucarióticas?

Seção 26.2 Como o DNA é transcrito no RNA?

26.8 Qual é a função da RNA polimerase?

26.9 Qual é a função da helicase na transcrição?

26.10 Onde se localiza um sinal de iniciação?

26.11 Que terminação do DNA contém um sinal de terminação?

26.12 O que aconteceria ao processo de transcrição se uma droga adicionada a uma célula eucariótica inibisse a fosfatase?

26.13 Onde se encontra posicionado o grupo metila no "quepe" de guanina?

26.14 Como os nucleotídeos de adenina se encontram unidos nas cadeias de poli A?

Seção 26.3 Qual é o papel do RNA na tradução?

26.15 Onde os códons se localizam?

26.16 Onde se encontram os dois sítios mais importantes da molécula de tRNA?

26.17 O que são as subunidades ribossomais de tradução nos eucariotos?

Seção 26.4 O que é o código genético?

26.18 (a) Se um códon é GCU, qual é o seu anticódon? (b) Que aminoácido esse códon codifica?

26.19 Se um segmento de DNA apresenta 981 unidades, quantos aminoácidos terá a proteína codificada por esse segmento de DNA? (Considere que todo o segmento é usado para codificar a proteína e que não existe metionina na posição N-terminal da proteína.)

26.20 Em que sentido a universalidade do código genético apoia a teoria da evolução?

26.21 Que aminoácidos têm a maioria dos códons possíveis? Quais têm a minoria?

26.22 Com base na primeira coluna da Tabela 26.1, explique por que a mudança da segunda base de um códon é mais desfavorável para uma proteína que a mudança da primeira ou da terceira base.

Seção 26.5 Como as proteínas são sintetizadas?

26.23 A que terminação do tRNA se liga um aminoácido? De onde vem a energia necessária para formar a ligação tRNA-aminoácido?

26.24 Existem três sítios nos ribossomos, cada um deles participando da tradução. Identifique-os e descreva o processo que ocorre em cada um deles.

26.25 Qual é a função principal do (a) ribossomo 40S e (b) ribossomo 60S?

26.26 Nos procariotos, que subunidades são equivalentes às subunidades ribossomais nos eucariotos?

26.27 Qual é a função das proteínas de elongação?

26.28 Quais são as etapas da síntese de proteínas?

26.29 Explique a função do tRNA usado para iniciar a tradução.

26.30 Explique o que acontece ao fMet que é inicialmente ligado ao N-terminal.

26.31 Explique por que agora os cientistas chamam os ribossomos de ribozimas.

26.32 Por que a ativação de um aminoácido é chamada segundo código genético?

Seção 26.6 Como os genes são regulados?

26.33 Que moléculas estão envolvidas na regulação gênica no nível transcricional?

26.34 Onde estão localizados os amplificadores? Como eles funcionam?

26.35 Onde estão localizadas as porções que exercem a função de "peneira" das enzimas AARS? Como elas funcionam?

26.36 Quais são os dois tipos de fatores de transcrição e como funcionam?

26.37 Qual é a diferença entre um amplificador e um elemento de resposta?

26.38 Como o *splicing* alternativo resulta na diversidade proteica?

26.39 Qual é a função dos proteossomas no controle de qualidade?

26.40 Que interações existem entre os *fingers* (dedos) de ligação a metais e o DNA?

Seção 26.7 O que são mutações?

26.41 Usando a Tabela 26.1, dê um exemplo de mutação que (a) não altere nada na molécula de proteína e (b) possa causar uma mudança fatal na proteína.

26.42 Como as células reparam as mutações causadas pelos raios X?

26.43 Pode uma mutação genética que causa doenças persistir de geração em geração sem exibir os sintomas da doença? Explique.

26.44 Todos os mutagênicos são carcinogênicos?

Seção 26.8 Como e por que se manipula o DNA?

26.45 Como funcionam as endonucleases de restrição?

26.46 O que são terminações coesivas?

26.47 Um novo tipo de milho geneticamente modificado foi aprovado pela FDA. Esse novo tipo de milho mostra uma maior resistência a um inseto destrutivo chamado broca-do-milho. Qual é a diferença, em princípio, entre um milho geneticamente modificado e um que desenvolveu resistência através de mutação (seleção natural)?

26.48 A endonuclease de restrição EcoRI reconhece a sequência GAATTC e a corta entre G e A. Quais serão as terminações coesivas das seguintes sequências de dupla fita quando a EcoRI atuar sobre elas?

CAAAGAATTCG
GTTTCTTAAGC

26.49 Por que pode ser afirmado que a descoberta das enzimas de restrição foi a chave para o início da biologia molecular moderna?

Conexões químicas

26.50 (Conexões químicas 26A) Por que a selenocisteína é chamada vigésimo primeiro aminoácido? Por que aminoácidos como a hidroxiprolina e hidroxilisina não foram considerados aminoácidos adicionais?

26.51 (Conexões químicas 26B) O que é uma "capa" viral?

26.52 (Conexões químicas 26B) De onde vêm os ingredientes – aminoácidos, enzimas e assim por diante – necessários para sintetizar a capa viral?

26.53 (Conexões químicas 26C) O que é um sítio invariante?

26.54 (Conexões químicas 26D) O que é uma mutação silenciosa?

26.55 (Conexões químicas 26D) Se um códon do mRNA tem uma sequência UCU, pode existir uma mutação na terceira base que não corresponde a uma mutação silenciosa? Explique por que ou por que não.

26.56 (Conexões químicas 26D) Se um códon do mRNA tem a sequência UAU, que mutações da terceira base seriam as piores? Por quê?

26.57 (Conexões químicas 26D) Por que uma mutação silenciosa às vezes conduz a diferentes produtos proteicos?

26.58 (Conexões químicas 26D) Como o estudo do gene MDR1 levou à descoberta de que mutações silenciosas podem também apresentar mudanças observáveis?

26.59 (Conexões químicas 26E) O que é a p53? Como a sua forma mutante está associada ao câncer?

26.60 (Conexões químicas 26E) Como a p53 promove o reparo do DNA?

26.61 (Conexões químicas 26F) O que é a proteína Duffy e por que ela é importante na epidemiologia da malária?

26.62 (Conexões químicas 26F) Qual é natureza da mutação pela qual os africanos ocidentais não produzem a proteína Duffy?

26.63 (Conexões químicas 26F) Considere o gene X que produz a proteína Y. Dê vários exemplos de mutações que poderiam afetar a produção da proteína Y.

26.64 (Conexões químicas 26F) Como a proteína Duffy pode ser relacionada com a questão da evolução humana?

Problemas adicionais

26.65 Tanto na transcrição como na tradução da síntese de proteínas, várias moléculas diferentes reúnem-se para atuar como um fator unitário. Quais são essas unidades de (a) transcrição e (b) tradução?

26.66 Na estrutura do tRNA, existem trechos onde o pareamento das bases complementares é necessário, e outras áreas onde não há pareamento. Descreva duas áreas funcionais importantes (a) onde o pareamento é predominante e (b) onde não há pareamento.

26.67 Há alguma maneira de prevenir uma doença hereditária? Explique.

26.68 Como a célula garante que um aminoácido específico (por exemplo, valina) se ligue à molécula de tRNA que é específica para valina?

26.69 (a) O que é um plasmídeo?
(b) Como ele difere de um gene?

26.70 Por que chamamos o código genético de *degenerado*?

26.71 Glicina, alanina e valina são classificadas como aminoácidos apolares. Compare os códons desses aminoácidos. Que similaridades e diferenças você encontrou?

26.72 Olhando a multiplicidade (degenerescência) do código genético, você pode ter a impressão de que a terceira base de um códon é irrelevante. Indique que não é assim que ocorre. Nas 16 possíveis combinações da primeira e segunda bases, em quantos casos a terceira base é irrelevante?

26.73 Qual polipeptídeo é codificado pela sequência do mRNA 5'-GCU-GAA-GUC-GAG-GUG-UGG-3'?

26.74 Uma nova endonuclesae foi descoberta. Ela cliva a fita dupla do DNA em cada posição onde C e G estão pareados nas fitas opostas. Essa enzima poderia ser usada para produzir insulina humana pela técnica do DNA recombinante? Explique.

Bioenergética: como o organismo converte alimento em energia

27

As Quedas de Wailua, no Havaí, correspondem a uma demonstração natural de duas vias que terminam no mesmo reservatório.

Questões-chave

27.1 O que é metabolismo?

27.2 O que são mitocôndrias e que função desempenham no metabolismo?

27.3 Quais são os principais compostos da via metabólica comum?

27.4 Qual é a relevância do ciclo do ácido cítrico no metabolismo?

27.5 Como ocorre o transporte de H^+ e elétrons?

27.6 Qual é a função da bomba quimiosmótica na produção de ATP?

27.7 Qual é o rendimento energético resultante do transporte de H^+ e elétrons?

27.8 Como a energia química é convertida em outras formas de energia?

27.1 O que é metabolismo?

As células se encontram em um estado dinâmico, o que significa que substâncias estão sendo constantemente sintetizadas e então fragmentadas em pedaços menores. Milhares de reações diferentes ocorrem ao mesmo tempo. O **metabolismo** é a soma total de todas as reações químicas envolvidas na manutenção do estado dinâmico das células.

Em geral, podemos classificar as reações metabólicas em dois grandes grupos: (1) aquelas nas quais as moléculas são quebradas para fornecer energia necessária para as células e (2) aquelas que sintetizam compostos necessários para as células – tanto os simples como os complexos. O **catabolismo** é o processo de quebra das moléculas para fornecer energia. O processo de síntese (construção) das moléculas é o **anabolismo**. Os mesmos compostos podem ser sintetizados em uma parte da célula e quebrados em uma parte diferente da célula.

Apesar do grande número de reações químicas, apenas umas poucas dominam o metabolismo celular. Neste capítulo e no 28, vamos focar nossa atenção nas vias catabólicas que fornecem energia. Determinada **via bioquímica** é uma série de reações bioquímicas consecutivas. Veremos que, na verdade, são as reações que possibilitam que a energia armazenada nos alimentos seja convertida na energia que usamos a cada minuto em nossas vidas

Via catabólica comum Uma série de reações químicas nas quais algumas moléculas dos alimentos são oxidadas, resultando em energia na forma de ATP; a via catabólica comum é composta de (1) ciclo do ácido cítrico (Seção 27.4) e (2) fosforilação oxidativa (seções 27.5 e 27.6).

– para pensar, respirar, usar para caminhar através dos movimentos musculares, escrever, comer e assim por diante. No Capítulo 29, veremos algumas vias sintéticas anabólicas.

Os alimentos que comemos consistem em vários tipos de compostos, principalmente os abordados nos capítulos anteriores: carboidratos, lipídeos e proteínas. Todos eles podem servir como combustível, e obtemos nossa energia a partir deles. Para converter esses compostos em energia, o organismo usa diferentes vias para cada tipo de composto. *Todas essas vias diferentes convergem para uma* **via catabólica comum**, a qual é ilustrada na Figura 27.1. Na figura, as diversas vias são mostradas como diferentes fluxos de alimentos. As moléculas pequenas produzidas das moléculas grandes dos alimentos caem em um funil imaginário que representa a via catabólica comum. No fim do funil, surge a molécula transportadora de energia, a adenosina trifosfato (ATP).

A finalidade das vias catabólicas é converter a energia química dos alimentos em moléculas de ATP. Nesse processo, os alimentos também produzem metabólitos intermediários, que o organismo pode usar na síntese de outros compostos. Neste capítulo, vamos tratar da via catabólica comum. No Capítulo 28, vamos ver como os diferentes tipos de alimentos (carboidratos, lipídeos e proteínas) injetam moléculas na via catabólica comum.

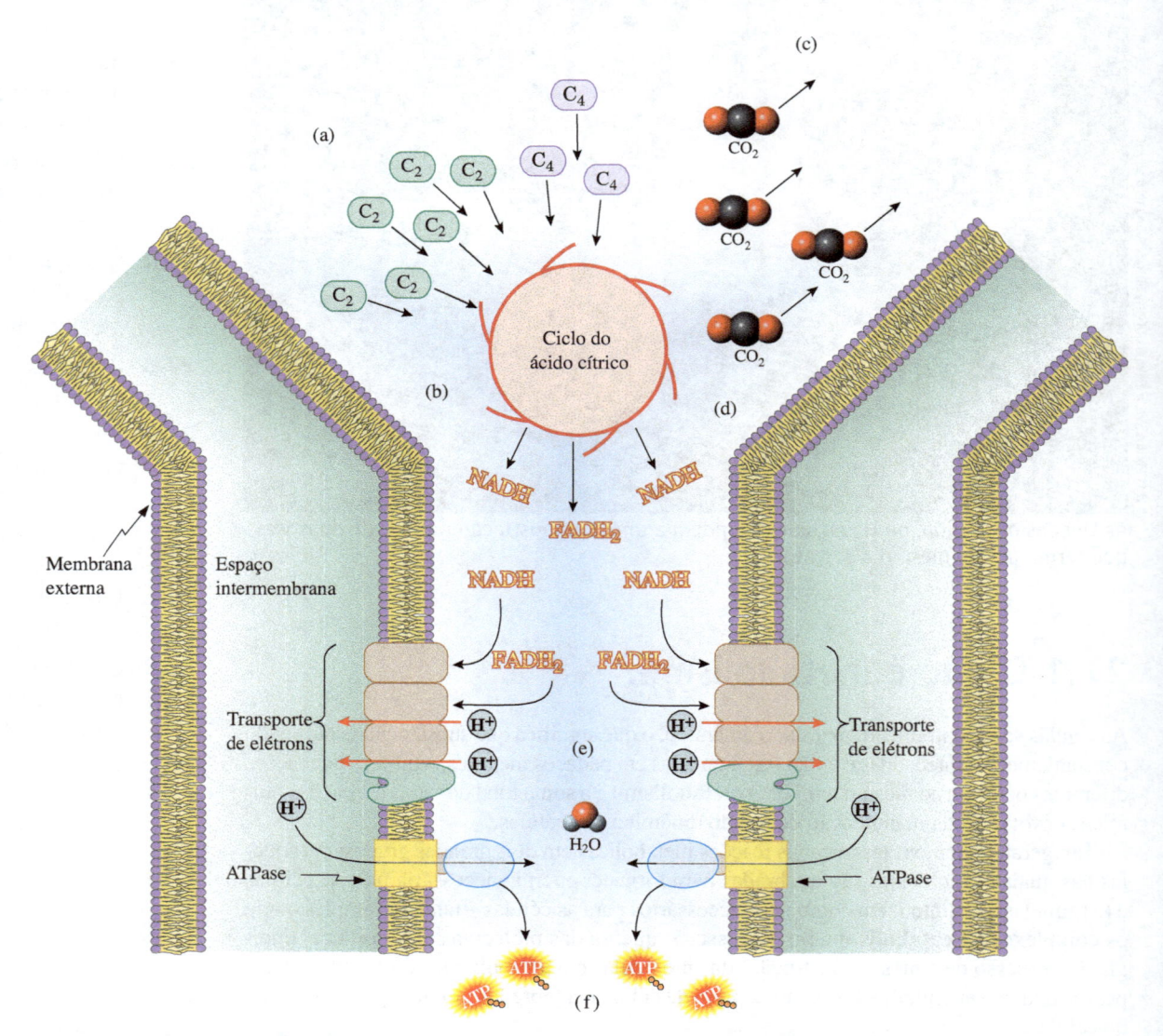

FIGURA 27.1 Nesse diagrama esquemático simplificado da via catabólica comum, um funil imaginário representa o que acontece na célula. (a) As diversas vias catabólicas despejam seus produtos no funil da via catabólica comum, principalmente na forma de fragmentos C_2 (Seção 27.4). (A fonte de fragmentos C_4 será mostrada na Seção 28.9.) (b) A roda giratória do ciclo do ácido cítrico quebra essas moléculas. (c) Os átomos de carbono são liberados na forma de CO_2, e (d) os átomos de hidrogênio e os elétrons são capturados por compostos especiais como NAD^+ e FAD. (e) Então NADH e $FADH_2$ reduzidos descem pelo colo do funil, onde os elétrons são transportados para dentro das paredes do colo do funil, e os íons H^+ são expelidos para fora. (f) Ao se moverem de volta para o interior, os íons H^+ formam o carreador de energia ATP. Uma vez no interior, eles se combinam com o oxigênio e capturam elétrons para formar água.

27.2 O que são mitocôndrias e que função desempenham no metabolismo?

Uma célula animal típica apresenta vários componentes, como mostrado na Figura 27.2. Cada componente celular realiza uma função diferente. Por exemplo, a replicação do DNA (Seção 25.6) ocorre no **núcleo**, os **lisossomos** removem componentes celulares danificados e alguns materiais estranhos indesejados, e os **corpos de Golgi** empacotam e processam proteínas para secreção e as enviam para outros compartimentos celulares. As estruturas especializadas são chamadas **organelas**.

A **mitocôndria** tem duas membranas (Figura 27.3). É nas mitocôndrias dos organismos superiores que ocorre a via catabólica comum. As enzimas que catalisam a via catabólica comum estão localizadas nessas organelas. Pelo fato de essas enzimas serem sintetizadas no citosol, elas precisam ser "importadas" através das duas membranas. Elas atravessam a membrana externa através dos translocadores de membrana externa (*translocator outer membrane* – TOM) e são aceitas no espaço intermembrana por translocadores parecidos com chaperonas denominados translocadores de membrana interna (*translocator inner membrane* – TIM).

Como as enzimas estão localizadas dentro da membrana interna da mitocôndria, os materiais de partida das reações na via comum precisam passar através de duas membranas para que possam entrar na mitocôndria. Da mesma forma, os produtos precisam sair.

A membrana interna da mitocôndria é bastante resistente à penetração de íons e à maioria das moléculas neutras. Entretanto, íons e moléculas são transportados através da membrana por várias moléculas de proteína embebidas na membrana (Figura 21.2). A membrana externa, por sua vez, é bastante permeável a pequenas moléculas e íons e não tem proteínas de transporte.

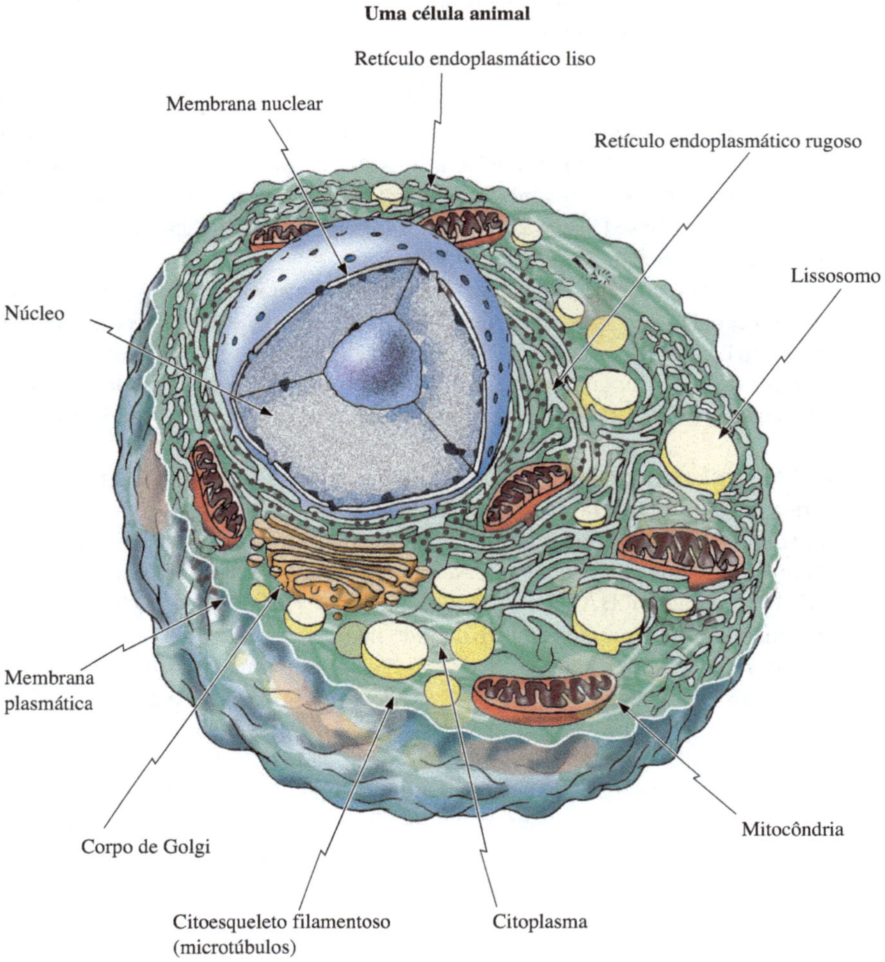

FIGURA 27.2 Diagrama de uma célula de fígado de rato, uma célula típica dos animais superiores.

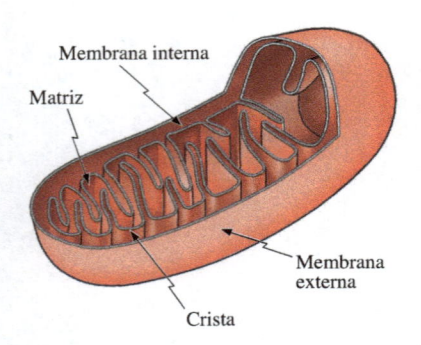

FIGURA 27.3 Corte esquemático da mitocôndria mostra a organização interna.

A **matriz** é a porção interna não membranosa da mitocôndria (Figura 27.3). A membrana interna é altamente enrugada e dobrada. Com base em estudos de microscopia eletrônica, o biólogo celular romeno George Palade (1912-2008) propôs seu modelo de "labirinto" da mitocôndria em 1952. Os anteparos que formam o labirinto, que são chamados **crista**, projetam-se na matriz como as dobras de um acordeão. As enzimas do ciclo de fosforilação oxidativa estão localizadas na crista. O espaço entre a membrana interna e externa é chamado **espaço intermembrana**. O modelo de labirinto clássico da mitocôndria sofreu algumas mudanças no fim da década de 1990, após a obtenção de imagens tridimensionais através da técnica denominada tomografia por microscopia eletrônica. As imagens 3D indicam que a crista tem conexões tubulares estreitas com a membrana interna. Essas conexões tubulares podem controlar a difusão de metabólitos do interior para o espaço intermembranoso. Adicionalmente, o espaço entre as membranas interna e externa variam durante o metabolismo, possivelmente controlando a velocidade das reações.

As enzimas do ciclo do ácido cítrico estão localizadas na matriz. Em breve, veremos detalhadamente como a sequência específica dessas enzimas causa a cadeia de eventos na via catabólica comum. Além disso, veremos como os nutrientes e produtos de reação se movem para dentro e para fora da mitocôndria.

27.3 Quais são os principais compostos da via metabólica comum?

A via catabólica comum tem duas partes: o **ciclo do ácido cítrico** (também chamado ciclo do ácido tricarboxílico ou ciclo de Krebs) e a **cadeia de transporte de elétrons** e a **fosforilação**, que conjuntamente são chamadas **via da fosforilação oxidativa**. Para entender o que acontece nessas reações, precisamos primeiro introduzir os principais compostos que participam da via catabólica comum.

A. Agentes de armazenamento de energia e transferência de grupos fosfato

Os mais importantes desses agentes são três compostos relativamente complexos: **adenosina monofosfato (AMP), adenosina difosfato (ADP)** e **adenosina trifosfato (ATP)** (figuras 27.4 e 27.5). Todas essas três moléculas contêm a amina heterocíclica adenina (Seção 25.2) e o açúcar D-ribose (Seção 20.2) unidos através de uma ligação β-N-glicosídica, formando a adenosina (Seção 25.2).

A AMP, ADP e ATP contêm a adenosina conectada ao grupo fosfato. A única diferença entre as três moléculas é o número de grupos fosfato. Como pode ser observado na Figura 27.5, cada fosfato é unido ao próximo fosfato por uma ligação de anidrido (Seção 19.5A). A ATP contém três fosfatos – uma ligação éster fosfórico e duas ligações de anidrido fosfórico. Nas três moléculas, o primeiro fosfato é unido à ribose por uma ligação de éster fosfórico (Seção 19.5B).

Um anidrido fosfórico contém mais energia química (7,3 kcal/mol) que uma ligação de éster fosfórico (3,4 kcal/mol). Portanto, quando ATP e ADP são hidrolisadas e resultam no íon fosfato (Figura 27.5), elas liberam mais energia por fosfato que a AMP. Quando um grupo fosfato é hidrolisado de cada um desses compostos, a seguinte produção de energia é obtida: AMP = 3,4 kcal/mol; ADP = 7,3 kcal/mol; ATP= 7,3 kcal/mol. (O íon PO_4^{3-} é geralmente chamado fosfato inorgânico.) No sentido inverso, quando o fosfato inorgânico se liga à AMP ou ADP, maiores quantidades de energia são adicionadas às ligações químicas que quando ele se liga à adenosina. A ADP e ATP contêm ligações de anidrido fosfórico de *alta energia*.

A ATP libera a maior e a AMP libera a menor quantidade quando cada uma delas libera um grupo fosfato. Essa propriedade faz da ATP um composto muito útil para o armazenamento e a liberação de energia. A energia obtida na oxidação de alimentos é armazenada na forma de ATP, embora somente por um curto período. Normalmente as moléculas de ATP não duram mais que 1 minuto nas células.

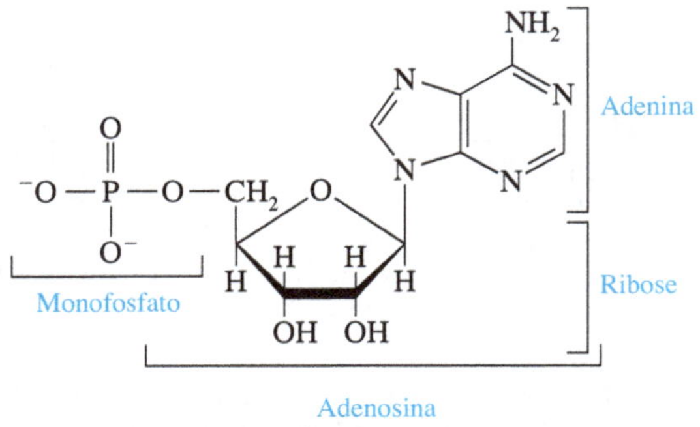

FIGURA 27.4 Adenosina 5'-monofosfato (AMP).

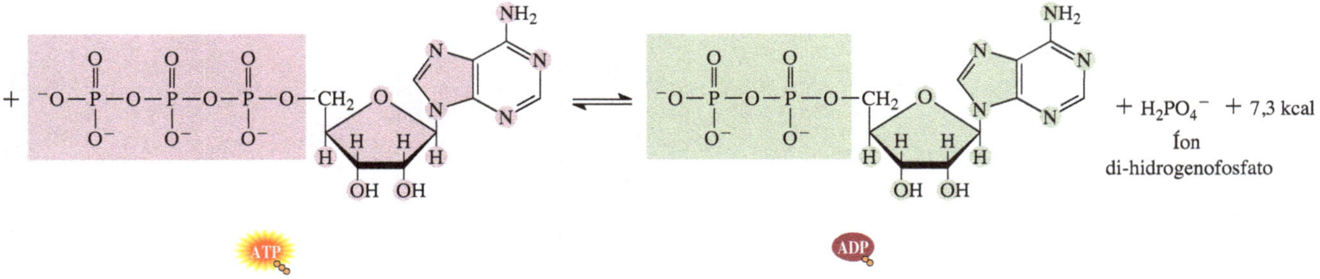

FIGURA 27.5 A hidrólise da ATP produz ADP mais di-hidrogenofosfato mais energia.

As moléculas de ATP são hidrolisadas à ADP e ao fosfato inorgânico, liberando energia que aciona outros processos, como a contração muscular, o sinal da condução nervosa e os processos de biossíntese. Como consequência, a ATP está constantemente sendo formada e decomposta. Estima-se que um corpo humano manufatura e degrada 40 kg de ATP todo dia. Apesar disso, o corpo é capaz de extrair somente de 40% a 60% do conteúdo calórico dos alimentos.

B. Agentes para a transferência de elétrons nas reações de oxidação-redução biológicas

Os outros dois "atores" nesse "drama" são as coenzimas (Seção 23.3) NAD^+ (nicotinamida adenina dinucleotídeo) e FAD (flavina adenina dinucleotídeo), e ambas apresentam um cerne de ADP (Figura 27.6). (O sinal + em NAD^+ refere-se à carga positiva no nitrogênio.) Na molécula de NAD^+, a parte operacional da coenzima é a parte de nicotinamida. Na FAD, a parte operacional é a porção de flavina. Em ambas as moléculas, a ADP é a "mão" pela qual a apoenzima segura a coenzima, e a outra terminação da molécula conduz a reação química. Por exemplo, quando a NAD^+ é reduzida, a parte de nicotinamida da molécula é reduzida:

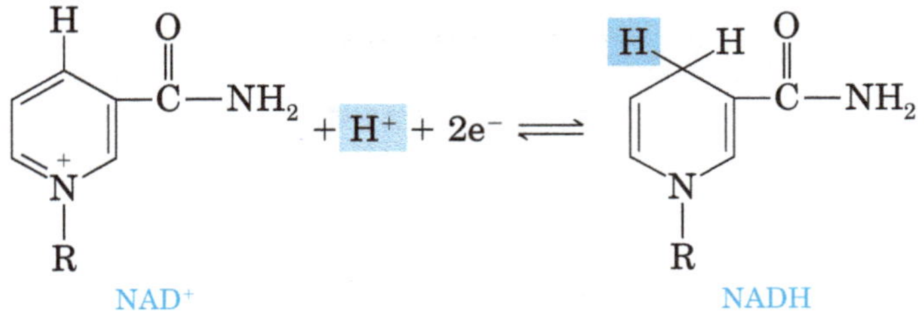

A forma reduzida da NAD^+ é chamada NADH. A mesma reação acontece nos dois nitrogênios da porção de flavina da FAD.

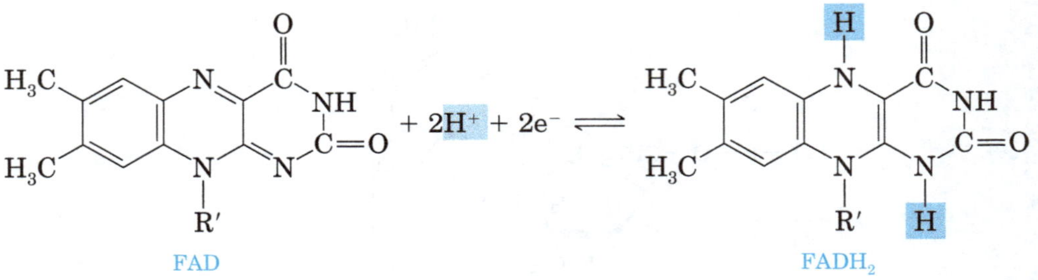

A forma reduzida da FAD é chamada FADH$_2$. As coenzimas NAD$^+$ e FAD são consideradas **moléculas transportadoras de elétrons** e de **íons hidrogênio**.

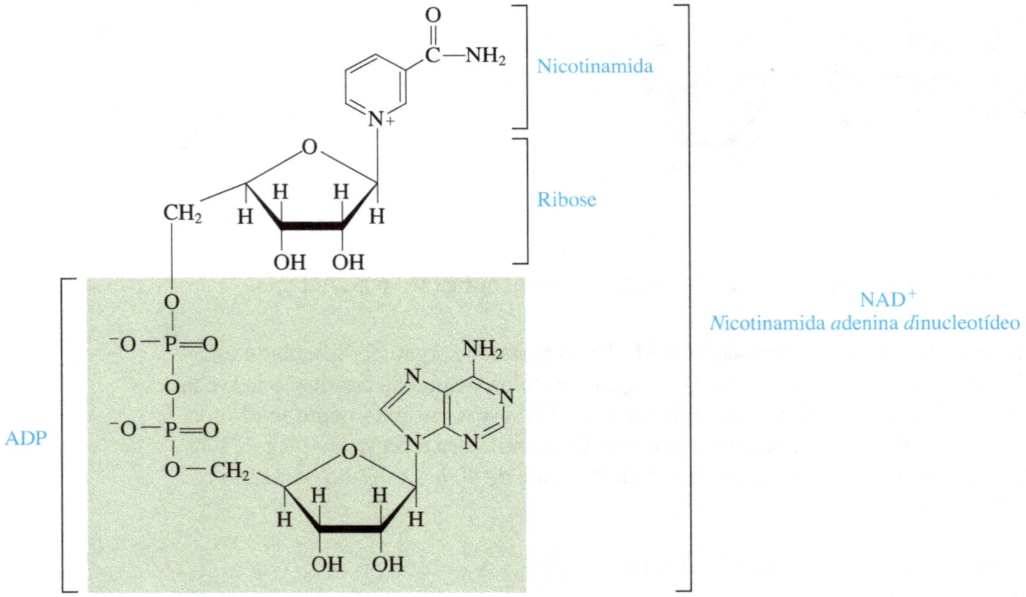

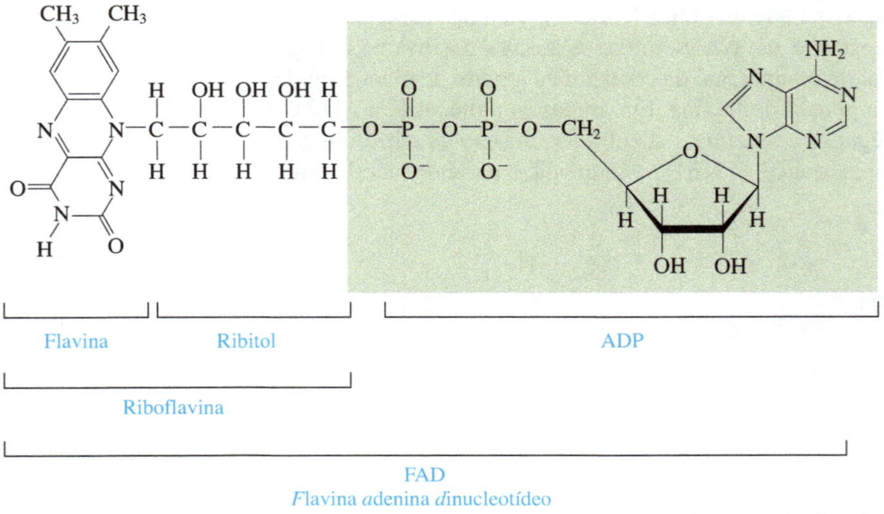

FIGURA 27.6 As estruturas de NAD$^+$ e FAD.

C. Agente para a transferência de grupos acetila

O composto final principal na via catabólica comum é a **coenzima A** (CoA; Figura 27.7), que é a molécula **transportadora de grupos acetila (CH$_3$CO—)**. A coenzima A também contém ADP, mas, nesse caso, a outra unidade estrutural presente é o ácido pantotênico, uma das vitaminas do complexo B. Da mesma forma que a ATP pode ser considerada uma molécula de ADP à qual foi adicionado um grupo —PO$_3^{2-}$— através da formação de uma ligação de alta energia, a **acetil coenzima A** pode ser considerada uma molécula de CoA ligada a um grupo acetila por uma ligação tioéster de alta energia, com energia de hidrólise de 7,51 kcal/mol. A parte ativa da coenzima A é a mercaptoetilamina. O grupo acetila da acetil coenzima A está ligado ao grupo SH:

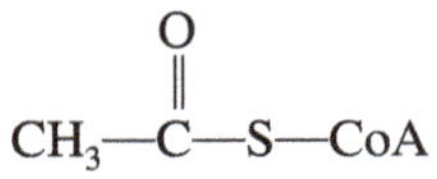

Grupo (acetil) acetila O grupo CH$_3$CO—.

$$CH_3-\underset{\underset{Acetil\ coenzima\ A}{}}{\overset{O}{\underset{\|}{C}}}-S-CoA$$

Mercaptoetilamina | Ácido pantotênico | ADP fosforilada

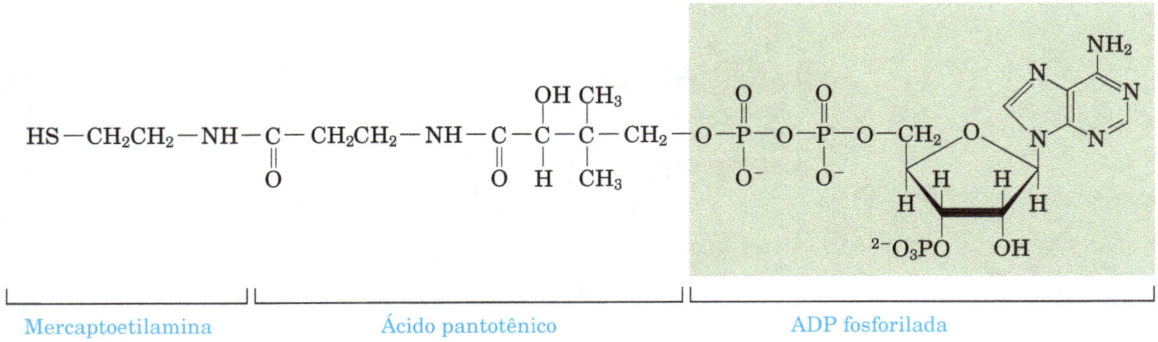

FIGURA 27.7 A estrutura da coenzima A.

27.4 Qual é a relevância do ciclo do ácido cítrico no metabolismo?

O catabolismo dos carboidratos e lipídeos começa quando eles são fragmentados em pedaços de dois carbonos. Os fragmentos de dois carbonos são os grupos acetila da acetil coenzima A. A acetila é então fragmentada no ciclo do ácido cítrico.

A Figura 27.8 fornece os detalhes do ciclo do ácido cítrico. Uma boa maneira de compreender o ciclo é usar a Figura 27.8 com o diagrama esquemático mostrado na Figura 27.9, que mostra somente o balanço de carbono.

Agora seguiremos os dois carbonos do grupo acetila através de cada etapa do ciclo do ácido cítrico. Os números encerrados em círculos correspondem aos da Figura 27.8.

Etapa 1 A acetil coenzima A entra no ciclo pela combinação com um composto de quatro carbonos, C$_4$, chamado oxaloacetato:

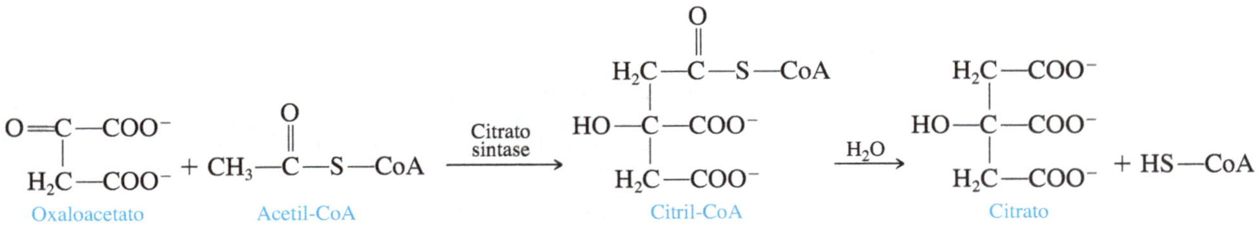

A primeira coisa que acontece é a adição de um grupo —CH$_3$ da acetil-CoA ao C═O do oxaloacetato, catalisado pela enzima citrato sintase. Esse evento é seguido pela hidrólise do tioéster para a formação de um composto C$_6$, o íon citrato, e a CoA. Portanto, a etapa ① é mais um processo de crescimento do que um processo de quebra. Na etapa ⑧, veremos de onde vem o oxaloacetato.

Etapa 2 O íon citrato é desidratado, originando *cis*-aconitato, que é posteriormente hidratado, porém originando isocitrato em vez de regenerar o citrato:

680 ■ Introdução à bioquímica

FIGURA 27.8 Ciclo (Krebs) do ácido cítrico. As etapas numeradas são explicadas em detalhe no texto. (Hans Krebs (1900-1981), ganhador do Prêmio Nobel em 1953, estabeleceu a relação entre os diferentes componentes do ciclo.)

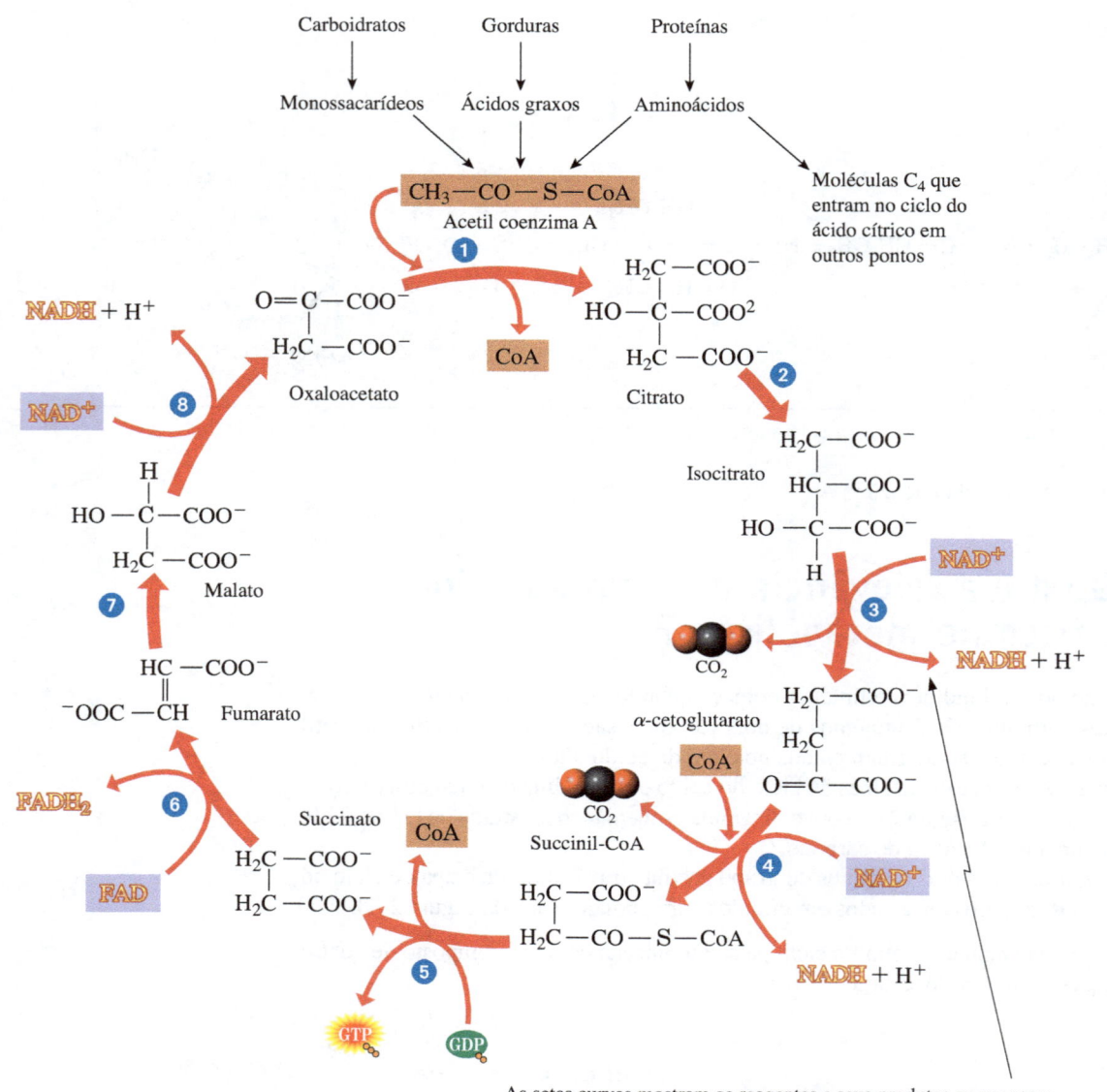

As setas curvas mostram os reagentes e seus produtos no processo. Por exemplo, na etapa ③, NAD^+ reage com isocitrato para formar α-cetoglutarato, CO_2, NADH e H^+. Estes dois últimos então deixam o sítio de reação.

Descarboxilação O processo que origina a perda de CO_2 de um grupo —COOH.

A função álcool do citrato corresponde a um álcool terciário. Aprendemos na Seção 14.2 que um álcool terciário não pode ser oxidado. O álcool no isocitrato é um álcool secundário que, quando oxidado, forma uma cetona.

Etapa 3 O isocitrato é agora oxidado e **descarboxilado** simultaneamente:

Oxidação:

$$\text{Isocitrato} \begin{array}{c} H_2C\text{—}COO^- \\ | \\ HC\text{—}COO^- \\ | \\ HO\text{—}C\text{—}COO^- \\ | \\ H \end{array} + NAD^+ \xrightarrow{\text{Isocitrato desidrogenase}} \begin{array}{c} H_2C\text{—}COO^- \\ | \\ HC\text{—}COO^- \\ | \\ O=C\text{—}COO^- \end{array} + NADH + H^+$$

Isocitrato → Oxalossuccinato

Descarboxilação:

$$\begin{array}{c} H_2C\text{—}COO^- \\ | \\ HC\text{—}COO^- \\ | \\ O=C\text{—}COO^- \end{array} + H^+ \longrightarrow \begin{array}{c} H_2C\text{—}COO^- \\ | \\ HC\text{—}COOH \\ | \\ O=C\text{—}COO^- \end{array} \longrightarrow \begin{array}{c} H_2C\text{—}COO^- \\ | \\ CH_2 \\ | \\ O=C\text{—}COO^- \end{array} + CO_2$$

Oxalossuccinato → α-cetoglutarato

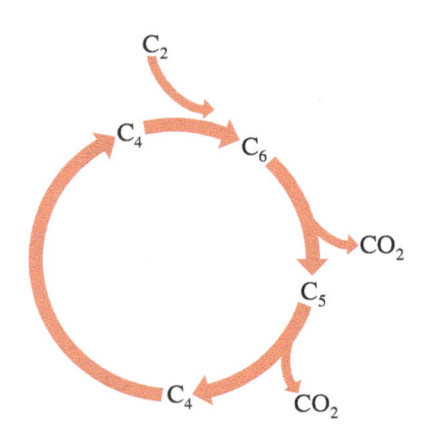

FIGURA 27.9 Uma visão simplificada do ciclo do ácido carboxílico mostrando apenas o balanço de carbono.

Ao oxidar o álcool secundário à cetona, o agente oxidante NAD^+ remove dois hidrogênios. Um dos hidrogênios é adicionado à NAD^+ para produzir NADH. (Lembre que NAD^+ e NADH são, respectivamente, a forma oxidada e reduzida da nicotinamida adenina dinucleotídeo (Figura 27.6).) O outro hidrogênio substitui o COO^- que vai originar CO_2. Note que o CO_2 liberado vem do oxaloacetato original e não forma os dois carbonos da acetil-CoA. Esses dois carbonos ainda estão presentes no α-cetoglutarato. Observe também que agora estamos com um composto menor, C_5, o α-cetoglutarato.

Etapas 4 e 5 Na sequência, um sistema complexo remove novamente outro CO_2 do oxaloacetato original em vez da acetil-CoA:

$$\begin{array}{c} H_2C\text{—}COO^- \\ | \\ H_2C \\ | \\ O=C\text{—}COO^- \end{array} + NAD^+ + GDP + P_i + H_2O \xrightarrow{\text{Sistema enzimático complexo}} \begin{array}{c} H_2C\text{—}COO^- \\ | \\ H_2C\text{—}COO^- \end{array} + CO_2 + NADH + H^+ + GTP$$

α-cetoglutarato → Succinato

(Lembre novamente que NAD^+ e NADH são, respectivamente, a forma oxidada e reduzida da nicotinamida adenina dinucleotídeo (Figura 27.6).) Nessa equação, o P_i é a notação usual para fosfato inorgânico.

Estamos agora com um composto C_4, o succinato. Essa descarboxilação oxidativa é mais complexa que a primeira. Ela ocorre em várias etapas e necessita de vários cofatores. Para os nossos objetivos, é suficiente saber que, durante essa segunda etapa oxidativa de descarboxilação, um composto de alta energia denominado **guanosina trifosfato (GTP)** também é formado.

A GTP é similar à ATP, exceto que a guanina substitui a adenina. As ligações das bases à ribose e aos fosfatos são exatamente idênticas àquelas que ocorrem na ATP. A função da GTP é também similar à da ATP, isto é, este composto armazena energia na forma de ligações de anidrido fosfórico de alta energia (energia química). A energia da hidrólise da GTP viabiliza várias reações bioquímicas importantes, como o sinal da transdução na neurotransmissão (Seção 24.5).

Uma observação final sobre as etapas de descarboxilação: as moléculas de CO_2 liberadas nas etapas ③ e ④ são as que exalamos na respiração.

Etapa 6 Nessa etapa, o succinato é oxidado pela FAD, a qual remove dois hidrogênios para formar fumarato (que apresenta uma disposição *trans* dos grupos da dupla ligação):

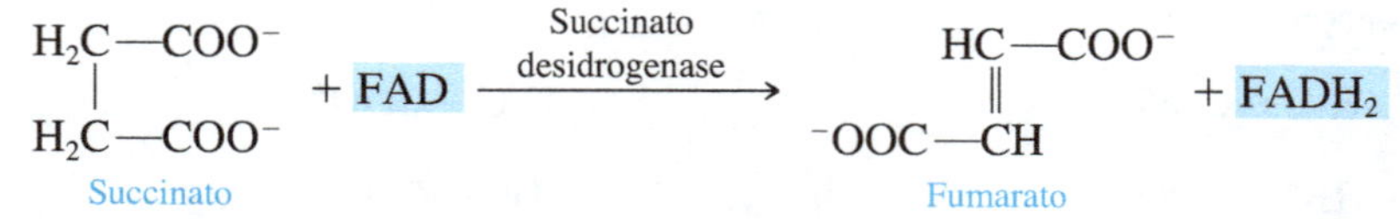

$$H_2C-COO^- \atop H_2C-COO^- \quad + \text{FAD} \xrightarrow{\text{Succinato desidrogenase}} \quad {HC-COO^- \atop {}^-OOC-CH} \quad + \text{FADH}_2$$

Succinato → Fumarato

Essa reação não pode ser feita em laboratório, mas, com o auxílio de uma enzima (catalisador), o organismo a realiza facilmente. (Lembre que FAD e FADH$_2$ são, respectivamente, as formas oxidadas e reduzidas da flavina adenina dinucleotídeo (Figura 27.6).)

Etapa 7 O fumarato é então hidratado para originar o íon malato:

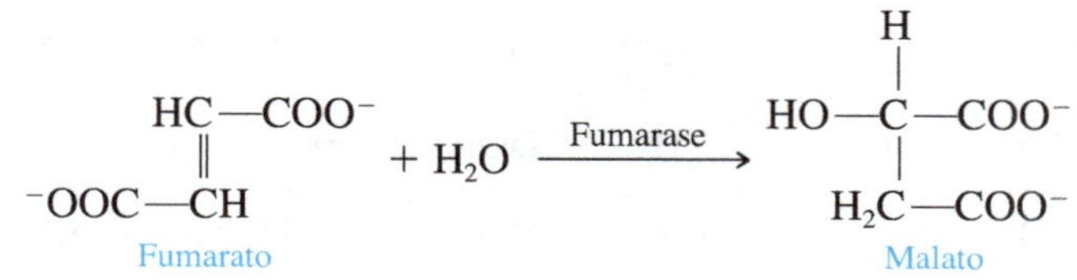

$${HC-COO^- \atop {}^-OOC-CH} \quad + H_2O \xrightarrow{\text{Fumarase}} \quad {H \atop HO-C-COO^- \atop H_2C-COO^-}$$

Fumarato → Malato

Etapa 8 Na etapa final do ciclo, malato é oxidado para formar oxaloacetato:

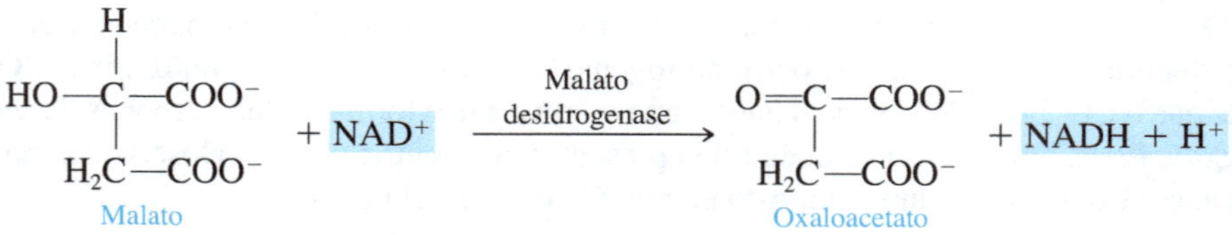

$${H \atop HO-C-COO^- \atop H_2C-COO^-} \quad + \text{NAD}^+ \xrightarrow{\text{Malato desidrogenase}} \quad {O=C-COO^- \atop H_2C-COO^-} \quad + \text{NADH} + \text{H}^+$$

Malato → Oxaloacetato

(Lembre que NAD$^+$ e NADH são, respectivamente, a forma oxidada e reduzida da nicotinamida adenina dinucleotídeo (Figura 27.6).) Portanto, o produto final do ciclo de Krebs é o oxaloacetato, que é o composto com o qual a etapa ① foi iniciada.

Nesse processo, os dois carbonos da acetila de acetil-CoA foram adicionados ao oxaloacetato (C$_4$) para produzir uma unidade C$_6$, a qual então perde dois carbonos na forma de CO$_2$ para produzir, ao final do processo, a unidade oxaloacetato C$_4$. O efeito bruto é que um grupo acetil de dois carbonos entra no ciclo e dois dióxidos de carbono saem.

Como o ciclo do ácido cítrico produz energia? Nós já aprendemos que uma etapa no processo produz a molécula de alta energia GTP. Entretanto, a maior parte da energia é produzida na outra etapa que converte NAD$^+$ em NADH e FAD em FADH$_2$. Essas coenzimas reduzidas levam H$^+$ e elétrons que eventualmente fornecerão a energia para a síntese de ATP (que será discutida em detalhes nas seções 27.5 e 27.6).

Essa degradação e oxidação em várias etapas do acetato no ciclo do ácido cítrico resultam na mais eficiente extração de energia. Em vez de ser gerada em uma queima, a energia é liberada em pequenos pacotes que são transportados etapa por etapa na forma de NADH e FADH$_2$.

A natureza cíclica dessa degradação tem outras vantagens além da maximização do rendimento energético:

1. Os componentes do ciclo do ácido cítrico fornecem matérias-primas para a síntese de aminoácidos à medida que surge a necessidade da sua produção (Capítulo 29). Por exemplo, o ácido α-cetoglutárico é usado na síntese de ácido glutâmico.
2. O ciclo de vários componentes fornece um método excelente para a regulação da velocidade das reações catabólicas.

A regulação pode ocorrer em várias partes diferentes do ciclo, de tal forma que a regeneração da informação pode ser usada em vários pontos para acelerar ou retardar o processo, se isso for necessário.

A seguinte equação representa as reações globais do ciclo do ácido cítrico:

$$\text{GDP} + \text{P}_i + \text{CH}_3-\text{CO}-\text{S}-\text{CoA} + 2\text{H}_2\text{O} + 3\text{NAD}^+ + \text{FAD}$$
$$\longrightarrow \text{CoA} + \text{GTP} + 2\text{CO}_2 + 3\text{NADH} + \text{FADH}_2 + 3\text{H}^+ \quad \text{(Eq. 27.1)}$$

O ciclo do ácido cítrico é controlado por um mecanismo de retroalimentação. Quando os produtos essenciais do ciclo, NADH + H$^+$, e o produto final da via catabólica comum, a ATP, se acumulam, ocorre a inibição de algumas enzimas do ciclo. A citrato sintase (etapa ③), isocitrato desidrogenase (etapa ③) e α-cetoglutarato desidrogenase (parte do sistema enzimático da etapa ④) são inibidas por ATP e/ou por NADH + H$^+$. Essa inibição diminui ou interrompe o ciclo. Contrariamente, quando o material que alimenta o ciclo, acetil-CoA, se encontra em abundância, o ciclo acelera. A enzima isocitrato desidrogenase (etapa ③) é estimulada por ADP e NAD$^+$, que são os reagentes essenciais para a formação dos produtos finais do ciclo.

27.5 Como ocorre o transporte de H$^+$ e elétrons?

As coenzimas reduzidas NADH e FADH$_2$ são produtos finais do ciclo do ácido cítrico. Elas transportam íons hidrogênio e elétrons e, portanto, apresentam a capacidade de produzir energia pela reação com oxigênio para formar água:

$$4H^+ + 4e^- + O_2 \longrightarrow 2H_2O + \text{energia}$$

Essa reação exotérmica simples ocorre através de várias etapas. O oxigênio nessa reação é aquele que respiramos.

Várias enzimas estão envolvidas nessa reação. Essas enzimas estão situadas em uma *sequência* definida na membrana, de forma que o produto de uma enzima possa ser passado à próxima enzima, em um tipo de linha de produção. As enzimas estão arranjadas em ordem de afinidade crescente por elétrons, então os elétrons fluem através do sistema enzimático (Figura 27.10).

A sequência do sistema das enzimas transportadoras de elétrons começa com o complexo I. Esse é o maior complexo e contém cerca de 40 subunidades, entre elas uma flavoproteína e vários *clusters* FeS. A **coenzima Q** (CoQ; também denominada ubiquinona) está associada com o complexo I, que oxida a NADH produzida no ciclo do ácido cítrico e reduz a CoQ:

$$\text{NADH} + \text{H}^+ + \text{CoQ} \rightarrow \text{NAD}^+ + \text{CoQH}_2$$

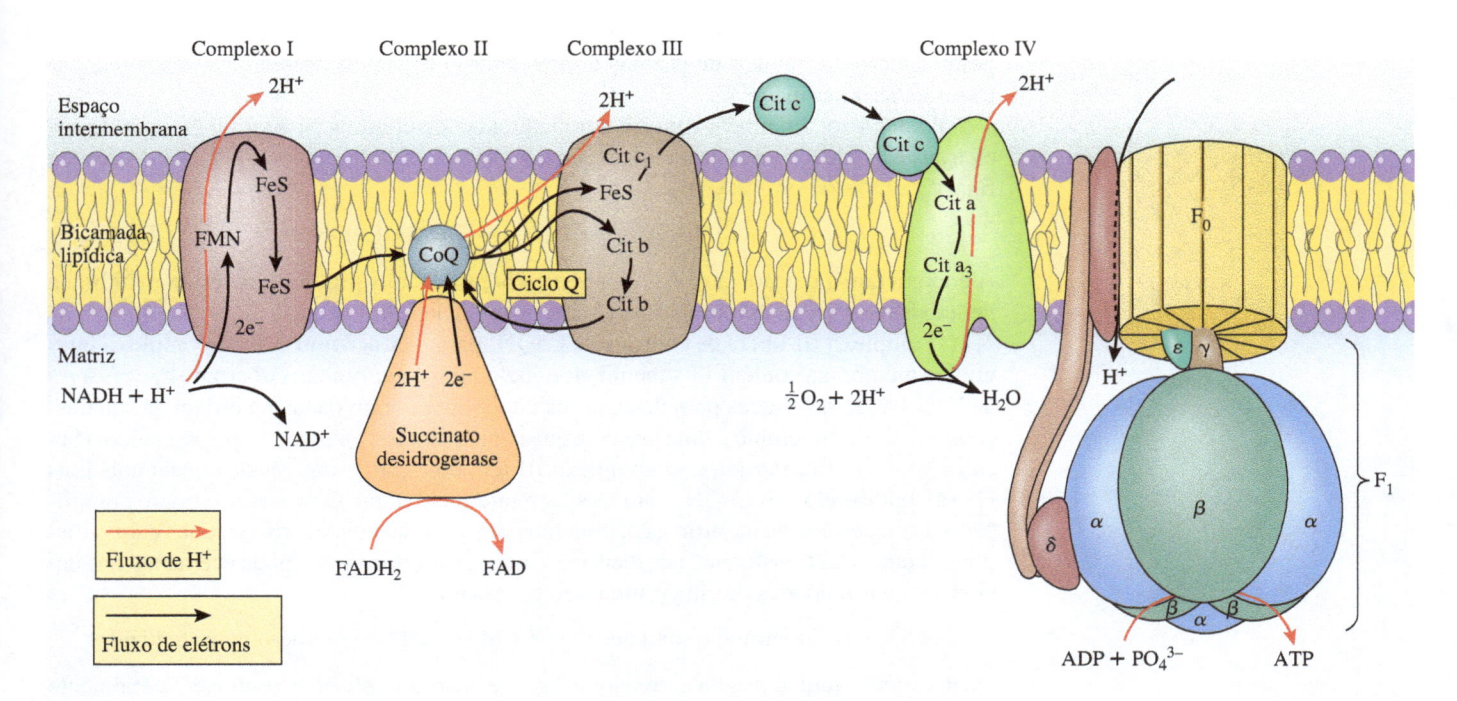

FIGURA 27.10 Diagrama esquemático da cadeia de transporte de elétrons e H$^+$, e a subsequente fosforilação.

Conexões químicas 27A

Desacoplamento e obesidade

As preocupações que cercam o número crescente de pessoas obesas nos países desenvolvidos têm conduzido pesquisas sobre as causas e as formas de atenuar a obesidade. Existem várias drogas para a redução de peso. Algumas delas atuam como desacopladores do transporte de elétrons e da fosforilação oxidativa.

A descoberta do papel dos desacopladores na redução de peso ocorreu mais ou menos por acaso. Durante a Primeira Guerra Mundial, vários trabalhadores foram expostos ao 2,4-dinitrofenol (DNP), um composto usado para preparar o explosivo ácido pícrico, que é estruturalmente relacionado com o explosivo trinitrotolueno (TNT). Foi observado que esses trabalhadores expostos ao DNP perderam peso, e o DNP foi usado como uma droga de redução de peso durante a década de 1920. Infelizmente, o DNP "eliminava" não só a gordura, mas às vezes também o "paciente", e o seu uso como uma pílula de dieta foi descontinuado após 1929.

Hoje é conhecido por que o DNP funciona como um redutor de peso: ele é um eficiente protonóforo – um composto que transporta íons através da membrana celular passivamente, sem o gasto de energia. Como mencionado anteriormente, os íons H^+ se acumulam no espaço intermembranoso da mitocôndria e, sob condições normais, direcionam a síntese de ATP, enquanto voltam para o interior da membrana. Esse processo é o princípio quimiostático de Mitchell em ação. Quando o DNP é ingerido, ele transfere facilmente H^+ de volta para a mitocôndria e a ATP não é produzida. A energia da separação de elétrons é dissipada como calor e não é associada à energia química na molécula de ATP. A perda desse composto de armazenamento de energia faz com que o alimento seja utilizado de forma menos eficiente, resultando na perda de peso.

Um mecanismo similar fornece calor na hibernação dos ursos. Os ursos têm gordura marrom; sua cor é devida a um grande número de mitocôndrias no tecido gorduroso. A gordura marrom também contém uma proteína desacopladora chamada termogenina, um protonóforo que permite que os íons voltem para a matriz mitocondrial sem produzir ATP. O calor gerado dessa forma mantém o animal vivo durante os dias frios de inverno. De forma similar, uma proteína de desacoplamento é conhecida por estar envolvida na origem da obesidade, mas não se sabe que relação, se houver, existe entre essa proteína e a hibernação. O problema da obesidade humana e a sua prevenção são suficientemente importantes, entretanto, para tornar a proteína desacopladora na gordura marrom um ponto de partida para a pesquisa sobre a obesidade.

DNP TNT Ácido pícrico

Parte dessa energia liberada nessa reação é usada para mover $2H^+$ através da membrana, da matriz para o espaço intermembrana. A CoQ é solúvel em lipídeos e pode se mover lateralmente na membrana. (O número de $2H^+$ transportado através da membrana é o número mínimo que permite a ocorrência do processo global de oxidação. De acordo com alguns pesquisadores, o número de prótons transportados por alguns desses complexos respiratórios deveria ser maior.)

O complexo II também catalisa a transferência de elétrons para CoQ. A fonte desses elétrons é a oxidação do succinato no ciclo do ácido cítrico, produzindo $FADH_2$. A reação final é:

$$FADH_2 + CoQ \longrightarrow FAD + CoQH_2$$

A energia dessa reação não é suficiente para bombear dois prótons através da membrana nem existe um canal apropriado para tal transferência.

O complexo III libera os elétrons da $CoQH_2$ para o **citocromo c**. Esse complexo integral de membrana contém 11 subunidades, incluindo citocromo b, citocromo c_1 e *clusters* de FeS. (As letras usadas para designar os citocromos foram dadas na ordem da sua descoberta.) Cada citocromo é uma proteína que contém um ferro-heme (grupo prostético) (Seção 22.11) em sua estrutura. O complexo III tem dois canais através dos quais dois íons H^+ são bombeados do $CoQH_2$ para o espaço intermembrana. O processo é muito complicado. Por questão de simplificação, podemos imaginar que ele ocorre em duas etapas distintas, como a da transferência de elétrons. Como cada citocromo c pode aceitar apenas um elétron, duas unidades de citocromo c são necessárias:

$$CoQH_2 + 2 \text{ citocromo c (oxidado)} \longrightarrow CoQ + 2H^+ + 2 \text{ citocromo c (reduzido)}$$

O citocromo c também é um carreador móvel de elétrons – ele pode se mover lateralmente no espaço intermembrana.

O complexo IV, conhecido como citocromo c oxidase, contém 13 subunidades – a mais importante é o citocromo a_3, um grupo heme ao qual se encontra associado um centro de cobre. O complexo IV é um complexo proteico integral de membrana. O movimento de elétrons segue do citocromo c para o citocromo a e para o citocromo a_3. Então, os elétrons são transferidos para a molécula de oxigênio, e a ligação O—O é quebrada. A forma oxidada da enzima recebe dois íons H^+ da matriz para cada átomo de oxigênio. A molécula de água é formada dessa forma e liberada na matriz:

$$\frac{1}{2}O_2 + 2H^+ + 2e^- \longrightarrow H_2O$$

Durante esse processo, dois íons H^+ são bombeados para fora da matriz e para dentro do espaço intermembrana. Embora o mecanismo de bombeamento de prótons da matriz não seja conhecido, a energia que viabiliza esse processo é derivada da energia proveniente da formação de água. A injeção final de prótons no espaço intermembrana resulta em um total de seis íons H^+ por NADH + H^+ e quatro íons H^+ por molécula de $FADH_2$.

27.6 Qual é a função da bomba quimiosmótica na produção de ATP?

Como o transporte de elétrons e H^+ produz a energia química da ATP? Em 1961, Peter Mitchell (1920-1992), um químico inglês, propôs a **teoria quimiostática** para responder a essa questão: a energia na cadeia de transporte de elétrons cria um gradiente de prótons. Um **gradiente de prótons** é uma variação contínua da concentração de H^+ em dada região. Nesse caso, existe uma maior concentração de H^+ no espaço intermembrana do que dentro da mitocôndria. A força motriz, que resulta no fluxo espontâneo de íons de uma região de alta concentração para uma região de baixa concentração, impulsiona os prótons de volta para a mitocôndria através de um complexo conhecido como **ATPase translocadora de prótons**.

Esse composto está localizado na membrana interna da mitocôndria (Figura 27.10) e é a enzima ativa que catalisa a conversão de ADP e fosfato inorgânico em ATP (a reação reversa da mostrada na Figura 27.5);

$$ADP + P_i \xrightleftharpoons{ATPase} ATP + H_2O$$

Estudos subsequentes confirmaram essa teoria, e Mitchell recebeu o Prêmio Nobel em 1978.

A ATPase translocadora de próton é um complexo que funciona como o "rotor de um motor" constituído de 16 proteínas diferentes. O setor F_0, que está embebido na membrana, contém **canais de prótons** (Figura 27.10). As 12 subunidades que formam esse canal rodam cada vez que um próton passa do lado citoplasmático (intermembrana) para o lado da matriz da mitocôndria. Essa rotação é transmitida para um "rotor" na Seção F_1, que contém cinco tipos de polipeptídeos. O rotor (subunidades γ e ε) é rodeado por uma unidade catalítica (constituída das subunidades α e β) que sintetiza ATP. A unidade catalítica converte a energia mecânica do rotor em energia na molécula de ATP. A última unidade contém a subunidade δ, que estabiliza todo o conjunto de subunidades. A ATPase translocadora de prótons pode catalisar a reação nos dois sentidos. Quando os prótons que se acumularam do lado externo da mitocôndria fluem para dentro, a enzima produz ATP e armazena a energia elétrica (devida ao fluxo de cargas) na forma de energia química. Na reação inversa, a enzima hidrolisa ATP e, como consequência, bombeia para fora o H^+ do interior da mitocôndria. Cada par de prótons translocado é devido à formação da molécula de ATP. A produção de energia só é possível quando as duas partes da ATPase translocadora de prótons (F_1 e F_0) estão unidas. Quando a interação entre F_1 e F_0 é rompida, perde-se a transdução de energia.

Os prótons que entram na mitocôndria se combinam com os elétrons transportados através da cadeia de transporte de elétrons e com oxigênio para formar água. O resultado bruto dos dois processos (transporte de elétrons/H^+ e formação de ATP) é que o oxigênio que inalamos reage com quatro íons H^+ e quatro elétrons provenientes das moléculas de NADH e $FADH_2$ que foram produzidas no ciclo do ácido cítrico. O oxigênio, portanto, apresenta duas funções:

Teoria quimiostática A proposição de Mitchell de que o transporte de elétrons é acompanhado por um acúmulo de prótons no espaço intermembrana da mitocôndria, que, por sua vez cria uma pressão osmótica; os prótons voltam para a mitocôndria e, sob essa pressão, geram ATP.

- Ele oxida NADH a NAD^+ e $FADH_2$ a FAD, de forma que essas moléculas possam voltar e participar do ciclo do ácido cítrico.
- Ele fornece energia para a conversão de ADP em ATP.

A última função é realizada indiretamente, porém não através da redução de O_2 à H_2O. A entrada de íons H^+ na mitocôndria leva à formação de ATP, mas os íons H^+ entram na mitocôndria porque o oxigênio diminuiu a concentração de íons H^+ quando ocorreu a formação de água. Esse processo relativamente complexo envolve o transporte de elétrons através de uma série de enzimas (que catalisam todas as reações).

As cadeias de transporte de elétrons e H^+ e o subsequente processo de fosforilação são coletivamente conhecidos como fosforilação oxidativa. As seguintes equações representam as reações globais na fosforilação oxidativa:

$$NADP + 3ADP + \frac{1}{2}O_2 + 3Pi + H^+ \longrightarrow NAD^+ + 3ATP + H_2O \qquad \text{(Eq. 27.2)}$$

$$FADH_2 + 2ADP + \frac{1}{2}O_2 + 2P_i \longrightarrow FAD + 2ATP + H_2O \qquad \text{(Eq. 27.3)}$$

27.7 Qual é o rendimento energético resultante do transporte de H⁺ e elétrons?

A energia liberada durante o transporte de elétrons é finalmente capturada na forma de energia química na molécula de ATP. Por essa razão, é instrutivo visualizar o rendimento energético na "moeda" bioquímica universal: o número de moléculas de ATP.

Cada par de prótons que entra na mitocôndria resulta na produção de uma molécula de ATP. Para cada molécula de NADH, três pares de prótons são bombeados no espaço intermembrana, no processo de transporte de elétrons. Portanto, para cada molécula de NADH, obtemos três moléculas de ATP, como pode ser visto na Equação 27.2. Para cada molécula de $FADH_2$, somente quatro prótons são bombeados para fora da mitocôndria. Logo, somente duas moléculas de ATP são produzidas para cada $FADH_2$, como pode ser observado na Equação 27.3. Note que a produção de moléculas de ATP é mostrada o mais próximo possível do número total. O processo é complexo, e esses números representam a maneira menos complicada de lidar com o balanço das reações envolvidas.

Agora é possível avaliar o balanço energético da via catabólica comum completa (ciclo do ácido cítrico e fosforilação oxidativa conjuntamente). Para cada fragmento C_2 que entra no ciclo do ácido cítrico, obtemos três NADH e uma $FADH_2$ (Equação 27.1) mais uma GTP, que é equivalente em conteúdo energético à ATP. Logo, o número total de moléculas de ATP produzidas por fragmento de C_2 é

$$\begin{aligned} 3 \text{ NADH} \times 3 \text{ ATP/NADH} &= 9 \text{ ATP} \\ 1 \text{ FADH}_2 \times 2 \text{ ATP/FADH}_2 &= 2 \text{ ATP} \\ 1 \text{ GTP} &= \underline{1 \text{ ATP}} \\ &= 12 \text{ ATP} \end{aligned}$$

Cada fragmento de C_2 que entra no ciclo produz 12 moléculas de ATP e usa duas moléculas de O_2. O efeito global na cadeia de produção de energia das reações discutidas neste capítulo (a via catabólica comum) é a oxidação de um fragmento C_2 com duas moléculas de O_2 para produzir duas moléculas de CO_2 e 12 moléculas de ATP.

$$C_2 + 2O_2 + 12ADP + 12\,P_i \longrightarrow 12ATP + 2CO_2$$

O ponto importante não é o subproduto, CO_2, mas as 12 moléculas de ATP. Essas moléculas liberarão energia quando forem convertidas em ADP.

27.8 Como a energia química é convertida em outras formas de energia?

Como mencionado na Seção 27.3, o armazenamento de energia química na forma de ATP dura pouco tempo. Usualmente, em um minuto, a ATP é hidrolisada (reação exotérmica), e a energia química, liberada. Como o organismo usa essa energia química? Para responder a essa questão, vamos ver as diferentes formas nas quais a energia se faz necessária no organismo.

A. Conversão em outras formas de energia química

A atividade de várias enzimas é controlada e regulada pela fosforilação. Por exemplo, a enzima fosforilase, que catalisa a quebra de glicogênio ("Conexões químicas 28B"), existe em uma forma inerte denominada fosforilase *b*.

Filamento grosso (miosina) Filamento fino (actina)

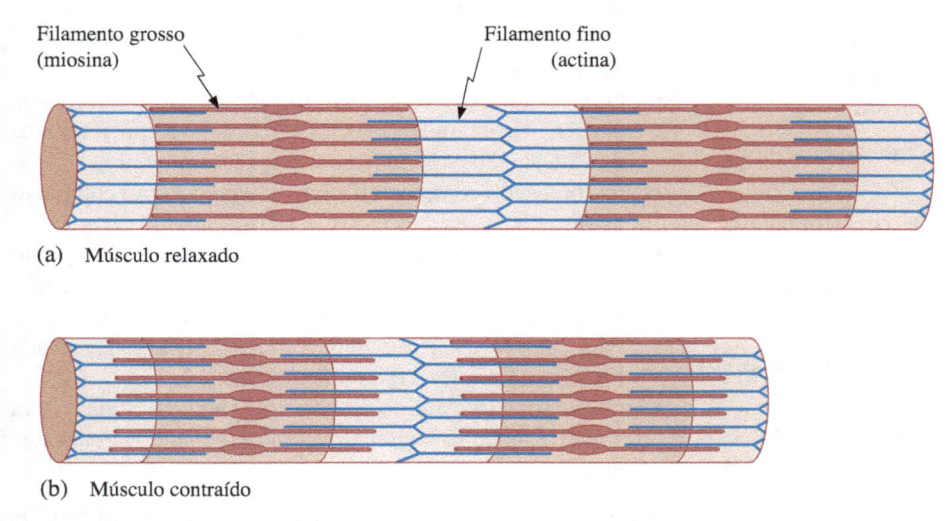

(a) Músculo relaxado

(b) Músculo contraído

FIGURA 27.11 Diagrama esquemático da contração muscular.

Quando a ATP transfere um grupo fosfato para um resíduo de serina, a enzima se torna ativa. Portanto, a energia química da ATP é usada na forma de energia química para ativar a fosforilase *b*, e então o glicogênio pode ser utilizado. Veremos outros exemplos dessa conversão de energia nos capítulos 28 e 29.

B. Energia elétrica

O organismo mantém uma alta concentração de íons K^+ dentro das células, embora a concentração fora das células seja baixa. O reverso é válido para Na^+. Uma vez que K^+ não difunde para fora das células e Na^+ não entra nas células, proteínas especiais de transporte na membrana celular constantemente bombeiam K^+ para dentro e Na^+ para fora das células. Esse bombeamento requer energia, que é fornecida pela hidrólise de ATP em ADP. Por causa do bombeamento, as cargas no interior e no exterior das células não são iguais, o que origina um potencial elétrico. Então, a energia da ATP é transformada em energia elétrica potencial, que atua na neurotransmissão (Seção 24.2).

C. Energia mecânica

A ATP é a fonte instantânea de energia na contração muscular. Essencialmente, a contração muscular ocorre quando filamentos grossos e finos deslizam uns sobre os outros (Figura 27.11). O filamento grosso é a miosina, uma enzima ATPase (isto é, uma enzima que hidrolisa ATP). O filamento fino, actina, se liga fortemente à miosina no estado contraído. Entretanto, quando a ATP se liga à miosina, o complexo actina-miosina se dissocia, e o músculo relaxa. Quando a miosina hidrolisa a ATP, ela interage novamente com a actina, e uma nova contração ocorre. Dessa forma, a hidrólise de ATP direciona a associação e dissociação alternada da actina e miosina e, consequentemente, a contração e relaxação dos músculos.

D. Energia na forma de calor

Uma molécula de ATP, ao ser hidrolisada para formar ADP, fornece 7,3 kcal/mol. Parte dessa energia é liberada como calor e usada para manter a temperatura corporal. Se estimarmos que o calor específico do corpo é aproximadamente o mesmo da água, uma pessoa de 60 kg precisará de cerca de 99 mols (aproximadamente 50 kg) de ATP para aumentar a temperatura do corpo da temperatura ambiente, 25 °C, para 37 °C. Nem todo aquecimento do corpo é devido à hidrólise da ATP; algumas outras reações exotérmicas no corpo contribuem para o fornecimento de calor.

Resumo das questões-chave

Seção 27.1 O que é metabolismo?

- A soma total de todas as reações químicas envolvidas no estado dinâmico das células é chamada **metabolismo**.
- A fragmentação das moléculas é o **catabolismo**, e a construção (síntese) das moléculas é o **anabolismo**.

Seção 27.2 O que são mitocôndrias e que função desempenham no metabolismo?

- Várias atividades metabólicas nas células ocorrem em estruturas especializadas chamadas **organelas**.
- As **mitocôndrias** são organelas nas quais ocorrem as reações da **via catabólica comum**.

Seção 27.3 Quais são os principais compostos da via metabólica comum?

- A via metabólica comum oxida um fragmento de dois carbonos C_2 (acetila) proveniente de diferentes alimentos. Os produtos da oxidação são água e dióxido de carbono.
- A energia da oxidação é adicionada na molécula armazenadora de alta energia **ATP**. À medida que os fragmentos de C_2 são oxidados, prótons (H^+) e elétrons são liberados e passam por carreadores (transportadores).
- Os principais carreadores na via catabólica comum são: ATP (carreia fosfato), **CoA** (carreia fragmentos C_2) e **NAD⁺** e **FAD** (transportam íons hidrogênio (prótons) e elétrons). A **ADP** é o grupo comum presente em todos esses carreadores. A terminação não ativa desses carreadores funciona como uma alça que se ajusta no sítio ativo das enzimas.

Seção 27.4 Qual é a relevância do ciclo do ácido cítrico no metabolismo?

- No **ciclo do ácido cítrico**, o fragmento C_2 inicialmente se combina com um fragmento C_4 (oxaloacetato) para formar um fragmento C_6 (citrato). Uma descarboxilação oxidativa origina um fragmento C_5. Um CO_2 é liberado, e [NADH + H^+] é transferido à **cadeia de transporte de elétrons** para ser posteriormente oxidado.
- Outra descarboxilação oxidativa fornece um fragmento C_4. Novamente, um CO_2 é liberado, e outro [NADH + H^+] é transferido para a cadeia de transporte de elétrons.
- As enzimas do ciclo do ácido cítrico estão localizadas na matriz mitocondrial. O controle desse ciclo ocorre por um mecanismo de retroalimentação.

Seção 27.5 Como ocorre o transporte de H^+ e elétrons?

- Os elétrons da NADH entram na cadeia de transporte no complexo I. A coenzima Q (CoQ) desse complexo recebe os elétrons e H^+ e transforma-os em $CoQH_2$. A energia dessa reação de redução é usada para expelir dois íons H^+ da matriz para o espaço intermembrana.
- O complexo II também tem CoQ. Elétrons e H^+ são passados a esse complexo, que catalisa então a transferência de elétrons da $FADH_2$. Entretanto, nessa etapa, íons H^+ não são bombeados no espaço intermembrana.
- Os elétrons são transferidos para o complexo III através da $CoQH_2$. No complexo III, os dois íons H^+ provenientes da $CoQH_2$ são expelidos no espaço intermembrana. O citocromo c do complexo III transfere elétrons ao complexo IV através de reações redox.
- À medida que os elétrons são transportados do citocromo c ao complexo IV, mais dois íons H^+ são expelidos da matriz da mitocôndria para o espaço intermembrana.
- Para cada NADH, seis íons H^+ são expelidos. Para cada $FADH_2$, quatro íons H^+ são expelidos.
- Os elétrons transferidos para o complexo IV voltam para a matriz, onde se combinam com oxigênio e H^+ para formar água.

Seção 27.6 Qual é a função da bomba quimiosmótica na produção de ATP?

- O ciclo do ácido cítrico e a **fosforilação oxidativa** ocorrem na mitocôndria. As enzimas do ciclo do ácido cítrico se encontram na matriz mitocondrial, enquanto as enzimas da cadeia de transporte de elétrons e da fosforilação oxidativa estão localizadas na membrana interna mitocondrial. Algumas delas se projetam no espaço intermembrana.
- Quando os íons H^+ expelidos pela cadeia de transporte de elétrons voltam para o interior da mitocôndria, eles ativam uma enzima complexa chamada **ATPase translocadora de prótons**, que produz uma molécula de ATP para cada dois íons H^+ que entram na mitocôndria.
- A ATPase translocadora de prótons é uma molécula complexa que funciona como um "rotor de motor". A parte correspondente ao canal de próton (F_0) está embebida na membrana, e a unidade catalítica (F_1) converte energia mecânica em energia química na molécula de ATP.

Seção 27.7 Qual é o rendimento energético resultante do transporte de H⁺ e elétrons?

- Para cada NADH + H^+ que provém do ciclo do ácido cítrico, três moléculas de ATP são formadas. Para cada $FADH_2$, duas moléculas de ATP são formadas. Resultado global: para cada fragmento que entra no ciclo do ácido cítrico, 12 moléculas de ATP são produzidas.

Seção 27.8 Como a energia química é convertida em outras formas de energia?

- A energia química fica armazenada na ATP somente por um período curto – a ATP é rapidamente hidrolisada, usualmente em um minuto.
- Essa energia química é usada para produzir trabalho químico, mecânico e elétrico no organismo e para manter a temperatura corpórea.

Problemas

Seção 27.1 O que é metabolismo?

27.1 Qual é o produto final no qual a energia dos alimentos acaba sendo convertida na via catabólica?

27.2 (a) Quantas etapas existem na via catabólica comum? (b) Dê o nome de cada uma das etapas.

Seção 27.2 O que são mitocôndrias e que função desempenham no metabolismo?

27.3 (a) Quantas membranas tem a mitocôndria?
(b) Qual membrana é permeável a íons e pequenas moléculas?

27.4 Como as enzimas da via catabólica comum entram na mitocôndria?

27.5 O que são as cristas e como se relacionam com a membrana interna da mitocôndria?

27.6 (a) Onde as enzimas do ciclo do ácido cítrico estão localizadas?
(b) Onde as enzimas da fosforilação oxidativa estão localizadas?

Seção 27.3 Quais são os principais compostos da via metabólica comum?

27.7 Quantas ligações de fosfato de alta energia existem na molécula de ATP?

27.8 Quais são os produtos da seguinte reação? Complete a equação.
$$AMP + H_2O \xrightarrow{H^+}$$

27.9 O que fornece mais energia: (a) a hidrólise de ATP ou de ADP ou (b) a hidrólise de ADP ou de AMP?

27.10 Qual é a quantidade de ATP necessária para a realização das atividades diárias dos humanos?

27.11 Que tipo de ligação química ocorre entre a ribose e o grupo fosfato na FAD?

27.12 Quando a NAD^+ é reduzida, dois elétrons são adicionados com o íon H^+. Em que parte da molécula estão localizados os elétrons que foram adicionados na redução?

27.13 Quais átomos da flavina na FAD são reduzidos para formar a $FADH_2$?

27.14 A NAD^+ tem duas unidades de ribose na sua estrutura, e a FAD tem uma ribose e um ribitol. Qual é a relação entre essas duas moléculas?

27.15 Na via catabólica comum, várias moléculas importantes agem como carreadores (transportadores, agentes de transferência).
(a) Qual é o carreador de grupos fosfato?
(b) Quais são as enzimas de transferência de íons hidrogênio (prótons) e elétrons?
(c) Que tipos de grupos são conduzidos pela coenzima A?

27.16 O ribitol na FAD está ligado ao fosfato. Qual é o tipo dessa ligação? Com base nas energias das diferentes ligações na ATP, estime quanta energia (em kcal/mol) seria obtida da hidrólise dessa ligação.

27.17 Que tipo de ligação química existe entre o ácido pantotênico e a mercaptoetilamina na CoA?

27.18 Que resíduos de vitamina B fazem parte de (a) NAD^+, (b) FAD e (c) coenzima A?

27.19 Na NAD^+ e FAD, a porção de vitamina B dessas moléculas corresponde à parte ativa da molécula. Isso também é verdadeiro para a CoA?

27.20 Que tipo de composto é formado quando a coenzima A reage com acetato?

27.21 As gorduras e os carboidratos metabolizados por nossos corpos são eventualmente convertidos em um único composto. Qual é esse composto?

Seção 27.4 Qual é a relevância do ciclo do ácido cítrico no metabolismo?

27.22 A primeira etapa do ciclo do ácido cítrico pode ser abreviada como
$$C_2 + C_4 = C_6$$
(a) O que significam essas designações?
(b) Quais são os nomes usuais dos três compostos envolvidos nessa reação?

27.23 Qual é o único composto C_5 no ciclo do ácido cítrico?

27.24 Identifique, utilizando números, as etapas do ciclo do ácido cítrico que não são reações redox.

27.25 Que substrato no ciclo do ácido cítrico é oxidado pela FAD? Qual é o produto de oxidação?

27.26 Nas etapas ③ e ⑤ do ciclo do ácido cítrico, os compostos são diminuídos em uma unidade de carbono de cada vez. Qual é esse composto de um carbono? O que acontece com ele no nosso organismo?

27.27 De acordo com a Tabela 23.1, a que classe de enzimas pertence a fumarase?

27.28 Liste todas as enzimas ou sistemas enzimáticos do ciclo do ácido cítrico que podem ser classificados como oxirredutases.

27.29 A ATP é produzida durante cada etapa do ciclo do ácido carboxílico? Explique.

27.30 Existem quatro compostos dicarboxílicos, cada um contendo quatro carbonos no ciclo do ácido cítrico. Qual é (a) o menos oxidado e (b) o mais oxidado?

27.31 Por que um processo cíclico de várias etapas é mais eficiente na utilização da energia dos alimentos do que uma única etapa de combustão?

27.32 As duas moléculas de CO_2 liberadas de uma vez do ciclo do ácido cítrico são todas provenientes do grupo acetila?

27.33 Que intermediários do ciclo do ácido cítrico contêm ligações duplas C=C?

27.34 O ciclo do ácido cítrico pode ser regulado pelo organismo, isto é, ele pode ser desacelerado ou acelerado. Que mecanismo controla esse processo?

27.35 A oxidação é definida como a perda de elétrons. Quando ocorre a descarboxilação oxidativa, como na etapa ④ do ciclo do ácido cítrico, para onde vão os elétrons do α-cetoglutarato?

Seção 27.5 Como ocorre o transporte de H⁺ e elétrons?

27.36 Qual é a principal função da fosforilação oxidativa (a cadeia de transporte de elétrons)?

27.37 O que são os carreadores móveis da fosforilação oxidativa?

27.38 Em cada sistema de transporte de elétrons, a reação redox ocorre principalmente envolvendo íons de Fe.
(a) Identifique os compostos que apresentam íons de Fe.
(b) Identifique os compostos que contêm outros íons diferentes do ferro.

27.39 Que tipo de movimentação ocorre na ATPase translocadora de prótons pela passagem de H⁺ do espaço intermembrana para a matriz?

27.40 A seguinte reação é reversível:
$$NADH \rightleftharpoons NAD^+ + H^+ + 2e^-$$
(a) Onde a reação direta ocorre na via catabólica comum?
(b) Onde ocorre a reação reversa?

27.41 Na fosforilação oxidativa, a água é formada a partir de H^+, e^- e O_2. Onde isso ocorre?

27.42 Em que pontos da fosforilação oxidativa os íon H^+ e elétrons são separados?

27.43 Quantas moléculas de ATP são geradas (a) para cada H^+ translocado pelo complexo ATPase e (b) para cada fragmento C_2 que passa completamente pela via catabólica comum?

27.44 Quando o H^+ é bombeado no espaço intermembrana, o pH aumenta, diminui ou não muda se comparado com o da matriz?

Seção 27.6 Qual é a função da bomba quimiosmótica na produção de ATP?

27.45 O que é o canal através do qual os íons reentram na matriz mitocondrial?

27.46 O gradiente de prótons se acumula na área intermembrana da mitocôndria e aciona a enzima de produção de ATP, a ATPase. Por que Mitchell denominou esse conceito de "teoria quimiostática"?

27.47 Que parte do sistema da ATPase translocadora de prótons corresponde à unidade catalítica? Que reação química ela catalisa?

27.48 Quando a interação entre as duas partes da ATPase translocadora de prótons, F_0 e F_1, são rompidas, não ocorre produção de energia. Que subunidades mantêm conexões com F_0 e F_1, e que nomes são atribuídos a essas subunidades?

Seção 27.7 Qual é o rendimento energético resultante do transporte de H⁺ e elétrons?

27.49 Se cada mol de ATP rende 7,3 kcal de energia quando é hidrolisado, quantas quilocalorias de energia serão produzidas quando 1 g de CH_3COO^- entrar no ciclo?

27.50 Uma hexose (C_6) entra na via catabólica comum na forma de dois fragmentos C_2.
(a) Quantas moléculas de ATP são produzidas de uma molécula de hexose?
(b) Quantas moléculas de O_2 são usadas nesse processo?

Seção 27.8 Como a energia química é convertida em outras formas de energia?

27.51 (a) Como os músculos se contraem?
(b) De onde provém a energia para a contração muscular?

27.52 Dê um exemplo da conversão da energia química do ATP em energia elétrica.

27.53 Como a enzima fosforilase é ativada?

Conexões químicas

27.54 (Conexões químicas 27A) O que é um protonóforo?

27.55 (Conexões químicas 27A) A oligomicina é um antibiótico que permite a continuação do transporte de elétrons. Entretanto, ela interrompe a fosforilação tanto nas bactérias como nos humanos. Você usaria essa droga antibacteriana em pessoas? Explique.

Problemas adicionais

27.56 (a) Qual é a diferença entre a estrutura da ATP e da GTP?
(b) Comparada com a ATP, você esperaria que a GTP contivesse uma maior, menor ou aproximadamente a mesma quantidade de energia?

27.57 Quantos gramas de CH_3COOH (da acetil-CoA) precisam ser metabolizados na via metabólica comum para originar 87,6 kcal de energia?

27.58 Qual é a diferença básica entre os grupos funcionais do citrato e do isocitrato?

27.59 A passagem de íons do lado citoplasmático para o interior da matriz gera energia mecânica. Em que parte da ATPase essa energia de movimento se manifesta inicialmente?

27.60 Que tipo de reação ocorre no ciclo do ácido cítrico quando um composto C_6 é convertido em um composto C_5?

27.61 Que características estruturais têm em comum os ácidos cítrico e málico?

27.62 Dois cetoácidos são importantes no ciclo do ácido cítrico. Identifique-os e indique como são produzidos.

27.63 Que filamento dos músculos é uma enzima que catalisa a reação que converte ATP em ADP?

27.64 Um dos produtos finais do metabolismo dos alimentos é a água. Quantas moléculas de água são formadas a partir das moléculas de (a) $NADH + H^+$ e (b) $FADH_2$? (*Dica*: Utilize a Figura 27.10.)

27.65 Quantos estereocentros existem no isocitrato?

27.66 Uma molécula de acetil-CoA foi marcada com um carbono radioativo desta forma: $CH_3*CO—S—CoA$. Esse composto entra no ciclo do ácido cítrico. Caso o ciclo seja conduzido apenas até a etapa do α-cetoglutarato, o CO_2 a ser expelido será radioativo?

27.67 Onde está localizado o canal de íons H^+ no complexo da ATPase translocadora de prótons?

27.68 A passagem de íons H^+ através do canal é convertida diretamente em energia química?

27.69 A energia total usada na síntese de ATP é proveniente da energia mecânica de rotação?

27.70 (a) No ciclo do ácido cítrico, quantas etapas podem ser classificadas como reações de descarboxilação?
(b) Em cada caso, qual é o agente oxidante? (*Dica*: Ver Tabela 23.1.)

27.71 Qual é a função da succinato desidrogenase no ciclo do ácido cítrico?

27.72 Quantos estereocentros existem no malato?

27.73 Qual é a fonte (origem) do dióxido de carbono que exalamos?

27.74 O oxigênio se combina diretamente com compostos de carbono para produzir dióxido de carbono?

27.75 Alguns refrigerantes contêm ácido cítrico para realçar o sabor. O ácido cítrico pode ser considerado um bom nutriente?

27.76 A ATPase mitocondrial é uma proteína integrante de membrana? Explique.

27.77 Todos os complexos da cadeia de transporte de elétrons geram a energia suficiente para a síntese de ATP?

27.78 Por que a ATPase mitocondrial é considerada uma proteína motora?

Ligando os pontos

27.79 Por que o citrato isomeriza para isocitrato antes de qualquer etapa de oxidação que ocorre no ciclo do ácido cítrico?

27.80 Por que os processos tratados neste capítulo são chamados via catabólica comum, em vez de dar essa denominação a quaisquer outros processos metabólicos?

27.81 Na via de transporte de elétrons, quais são as duas maneiras pela qual o ferro faz parte da estrutura das proteínas?

27.82 Por que é necessário que as proteínas da cadeia de transporte de elétrons sejam proteínas integrais de membrana?

27.83 Por que é necessário ter carreadores de elétrons móveis como parte da cadeia de transporte de elétrons?

27.84 Por que a perda de CO_2 torna o ciclo do ácido cítrico irreversível?

Antecipando

27.85 Por que o ciclo do ácido cítrico corresponde a um processo central das vias biossintéticas e catabólicas?

27.86 Existe uma diferença significativa no rendimento energético da via catabólica central se a FAD, e não a NAD^+, é usada como um carreador de elétrons?

27.87 É provável que as vias biossintéticas envolvam oxidação, como na via catabólica comum, ou redução? Por quê?

27.88 É provável que as vias biossintéticas liberem energia, como na via catabólica comum, ou requeiram energia? Por quê?

Desafios

27.89 Um humano típico apresenta variações de peso muito pequenas durante o curso de um dia. Como essa afirmação é consistente com a estimativa de que o corpo humano produz até 40 kg de ATP a cada dia?

27.90 Quando a via de transporte de elétrons foi inicialmente estudada, os pesquisadores usaram inibidores para bloquear o fluxo de elétrons. Por que é provável que esses inibidores poderiam auxiliar na determinação da ordem dos carreadores?

27.91 O oxigênio não aparece em qualquer reação do ciclo do ácido cítrico, mas é considerado parte do metabolismo aeróbico. Por quê?

27.92 Algumas das moléculas importantes para a transferência de grupos fosfato, elétrons e grupos acetila podem aparecer em outras vias metabólicas que serão abordadas nos próximos capítulos?

Vias catabólicas específicas: metabolismo de carboidratos, lipídeos e proteínas

A bailarina obtém energia do catabolismo dos nutrientes.

Questões-chave

28.1 Quais são os aspectos gerais das vias catabólicas?

28.2 Quais são as reações da glicólise?

28.3 Qual é o rendimento energético do catabolismo da glicose?

28.4 Como ocorre o catabolismo do glicerol?

28.5 Quais são as reações da β-oxidação dos ácidos graxos?

28.6 Qual é o rendimento energético do catabolismo do ácido esteárico?

28.7 O que são corpos cetônicos?

28.8 Como o nitrogênio dos aminoácidos é processado no catabolismo?

28.9 Como a cadeia carbônica dos aminoácidos é processada no catabolismo?

28.10 Quais são as reações do catabolismo da heme?

28.1 Quais são os aspectos gerais das vias catabólicas?

Os alimentos que comemos servem a dois propósitos principais: (1) suprir as nossas necessidades de energia e (2) fornecer as matérias-primas para a obtenção dos compostos de que nosso organismo precisa. Antes que esses dois processos ocorram, os alimentos – carboidratos, gorduras e proteínas – precisam ser quebrados (fragmentados) em moléculas menores que possam ser absorvidas através das paredes dos intestinos. Vamos estudar a digestão mais detalhadamente no Capítulo 30. Neste capítulo, com o capítulo precedente e o próximo, manteremos o foco principal nos aspectos químicos do metabolismo.

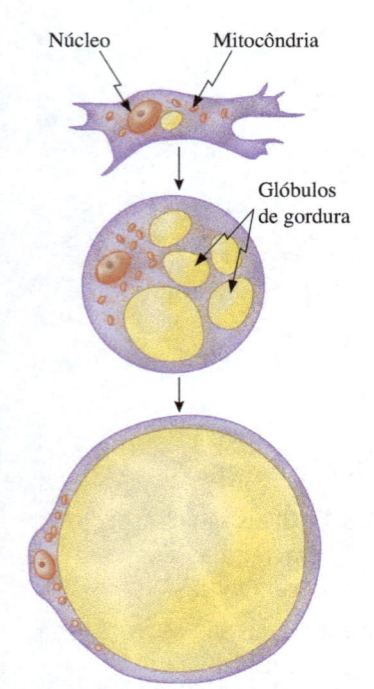

FIGURA 28.1 Armazenamento de gordura em uma célula adiposa. Quanto mais e mais gotículas de gordura acumulam no citoplasma, elas coalescem para formar um grande glóbulo de gordura. Esse glóbulo pode ocupar a maior parte da célula, empurrando o citoplasma e as organelas para a periferia. (Modificada de C. A. Villee, E. P. Solomon e P. W. Davis, *Biology*, Philadelphia: Saunders College Publishing, 1985.)

Reservatório de aminoácidos Aminoácidos livres encontrados fora ou no interior das células ao longo do organismo.

Glicólise A via bioquímica que quebra a glicose em piruvato, que fornece energia química na forma de ATP e coenzimas reduzidas.

A. Carboidratos

Os carboidratos complexos (di e polissacarídeos) da dieta são fragmentados por enzimas e ácidos estomacais que originam os monossacarídeos, e o mais importante é a glicose (Seção 30.3). A glicose também é proveniente da quebra do glicogênio que é armazenado no fígado e nos músculos até que seja necessária a sua utilização. Uma vez que os monossacarídeos são produzidos, eles podem ser usados ou para construir novos oligo e polissacarídeos ou para fornecer energia. A maneira específica pela qual a energia é extraída dos monossacarídeos é chamada glicólise (seções 28.2 e 28.3).

B. Lipídeos

As gorduras ingeridas são hidrolisadas por lipases, formando glicerol e ácidos graxos ou monoglicerídeos, os quais são absorvidos pelo intestino (Seção 30.4). De forma similar, os lipídeos complexos são hidrolisados em menores unidades antes de sua absorção. Como no caso dos carboidratos, as moléculas menores (ácidos graxos, glicerol e assim por diante) podem ser usadas para construir moléculas complexas que são necessárias nas membranas: elas podem ser oxidadas para fornecer energia ou armazenadas em **depósitos de armazenamento de gordura** (Figura 28.1). As gorduras armazenadas podem ser hidrolisadas a glicerol e ácidos graxos sempre que forem necessárias como combustível.

A via específica pela qual a energia é extraída do glicerol envolve a mesma via da glicólise que é usada para os carboidratos (Seção 28.4). A via específica usada pelas células para obter energia dos ácidos graxos é chamada β-oxidação (Seção 28.5).

C. Proteínas

Pelo que você sabe da estrutura das proteínas (Capítulo 22), já é esperado que elas sejam hidrolisadas por HCl no estômago e por enzimas digestivas no estômago (pepsina) e nos intestinos (tripsina, quimotripsina e carboxipeptidase) para fornecer os seus aminoácidos constituintes. Os aminoácidos absorvidos através da parede intestinal entram no **reservatório de aminoácidos** e servem como blocos de construção das proteínas e, em uma menor escala (especialmente durante a inanição), como combustíveis para a produção de energia. No último caso, o nitrogênio dos aminoácidos é catabolizado pela desaminação oxidativa e pelo ciclo da ureia, sendo expelido do organismo como ureia na urina (Seção 28.8). As cadeias carbônicas dos aminoácidos entram na via catabólica comum (Capítulo 27), assim como α-cetoácidos (ácidos pirúvicos, oxalacético, α-cetoglutárico) ou acetil coenzima A (Seção 28.9).

Em todos os casos, *as vias específicas de carboidratos, triglicérides (gorduras) e do catabolismo de proteínas convergem para a via catabólica comum* (Figura 28.2). Dessa maneira, o organismo precisa de um menor número de enzimas para obter energia dos diversos tipos de alimentos. A eficiência é obtida porque um número mínimo de etapas químicas é requerido e porque a fábrica de produção de energia está localizada na mitocôndria.

28.2 Quais são as reações da glicólise?

A **glicólise** é a via específica pela qual o organismo obtém energia dos monossacarídeos. As etapas detalhadas da glicólise são mostradas na Figura 28.3, e os aspectos mais importantes são esquematizados na Figura 28.4.

A. Glicólise da glicose

Nas primeiras etapas do metabolismo da glicose, a energia é consumida em vez de ser liberada. À custa de duas moléculas de ATP (que são convertidas em ADP), a glicose é fosforilada. Primeiro, a glicose 6-fosfato é formada na etapa ①, então, após isomerização para frutose 6-fosfato na etapa ②, um segundo grupo fosfato é ligado na molécula para formar frutose 1,6-difosfato na etapa ③. Essas etapas podem ser consideradas etapas de ativação.

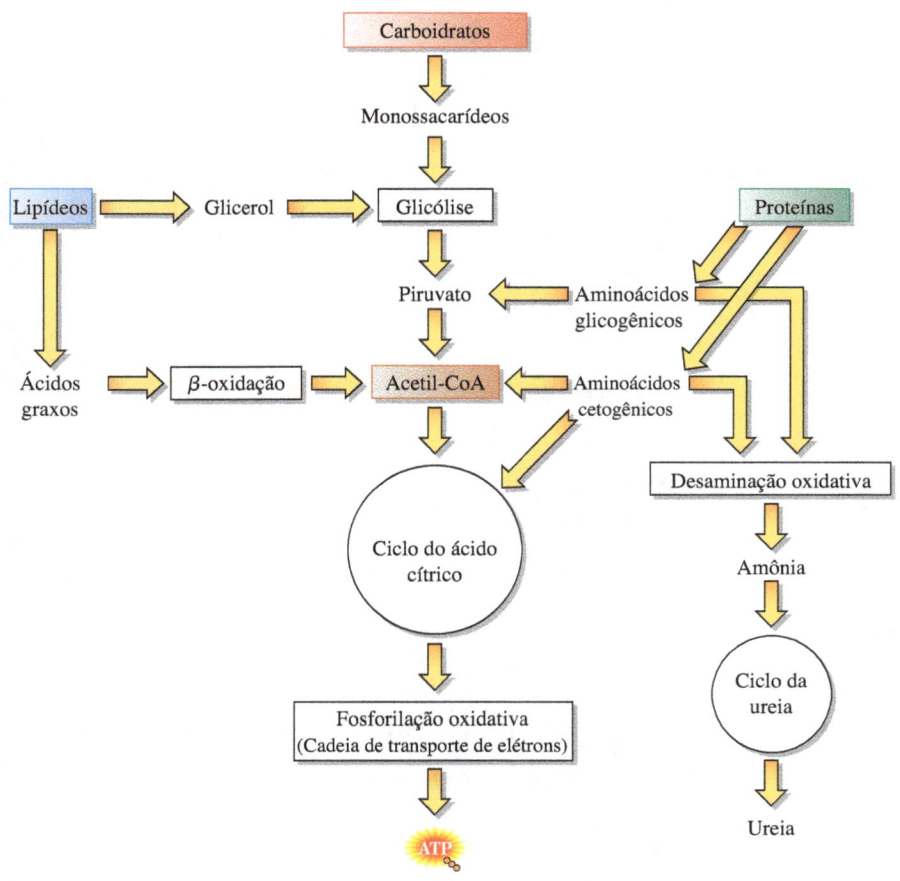

FIGURA 28.2 A convergência da vias catabólicas específicas de carboidratos, gorduras e proteínas na via catabólica comum que é constituída do ciclo do ácido cítrico e da fosforilação oxidativa.

No segundo estágio, o composto C_6, frutose 1,6-difosfato, é quebrado em dois fragmentos C_3 na etapa ④. Os dois fragmentos C_3, gliceraldeído 3-fosfato e di-hidroxiacetona fosfato, estão em equilíbrio (eles podem ser interconvertidos um no outro). Somente o gliceraldeído 3-fosfato é oxidado na glicólise, mas, à medida que esta espécie é removida da mistura em equilíbrio, o equilíbrio se desloca (ver discussão sobre o princípio de Le Chatelier na Seção 7.7) e a di-hidroxiacetona fosfato é convertida em gliceraldeído 3-fosfato.

No terceiro estágio, o gliceraldeído 3-fosfato é oxidado a 1,3-difosfogliceraldeído na etapa ⑤. O hidrogênio do grupo aldeído é removido pela coenzima NAD^+. Na etapa ⑥, o fosfato do grupo carboxila é transferido para a ADP, resultando em ATP e 3-fosfoglicerato. Este último composto, após isomerização na etapa ⑦ e desidratação na etapa ⑧, é convertido em fosfoenolpiruvato, que perde o seu fosfato remanescente na etapa ⑨ e forma piruvato e outra molécula de ATP. (Na etapa ⑨, após a hidrólise do fosfato, o enol resultante do ácido pirúvico tautomeriza para a forma mais estável ceto (Seção 17.5).) A etapa ⑨ é também uma etapa de "desfecho", e as duas moléculas de ATP produzidas aqui (uma de cada fragmento C_3) representam o rendimento líquido de ATPs na glicólise. A etapa ⑨ é catalisada por uma enzima, a piruvato quinase, cujo sítio ativo foi descrito em "Conexões químicas 23C". Essa enzima desempenha um papel-chave na regulação da glicólise. Por exemplo, a piruvato quinase é inibida por ATP e ativada por AMP. Portanto, quando existe abundância de ATP, a glicólise é diminuída; quando há escassez de ATP e os níveis de AMP são altos, a glicólise é acelerada.

Todas essas reações da glicólise ocorrem no citoplasma fora da mitocôndria. Como elas ocorrem sem a presença de oxigênio, também são chamadas **via anaeróbica**. Como indicado na Figura 28.4, o produto final da glicólise, o piruvato, não se acumula no organismo.

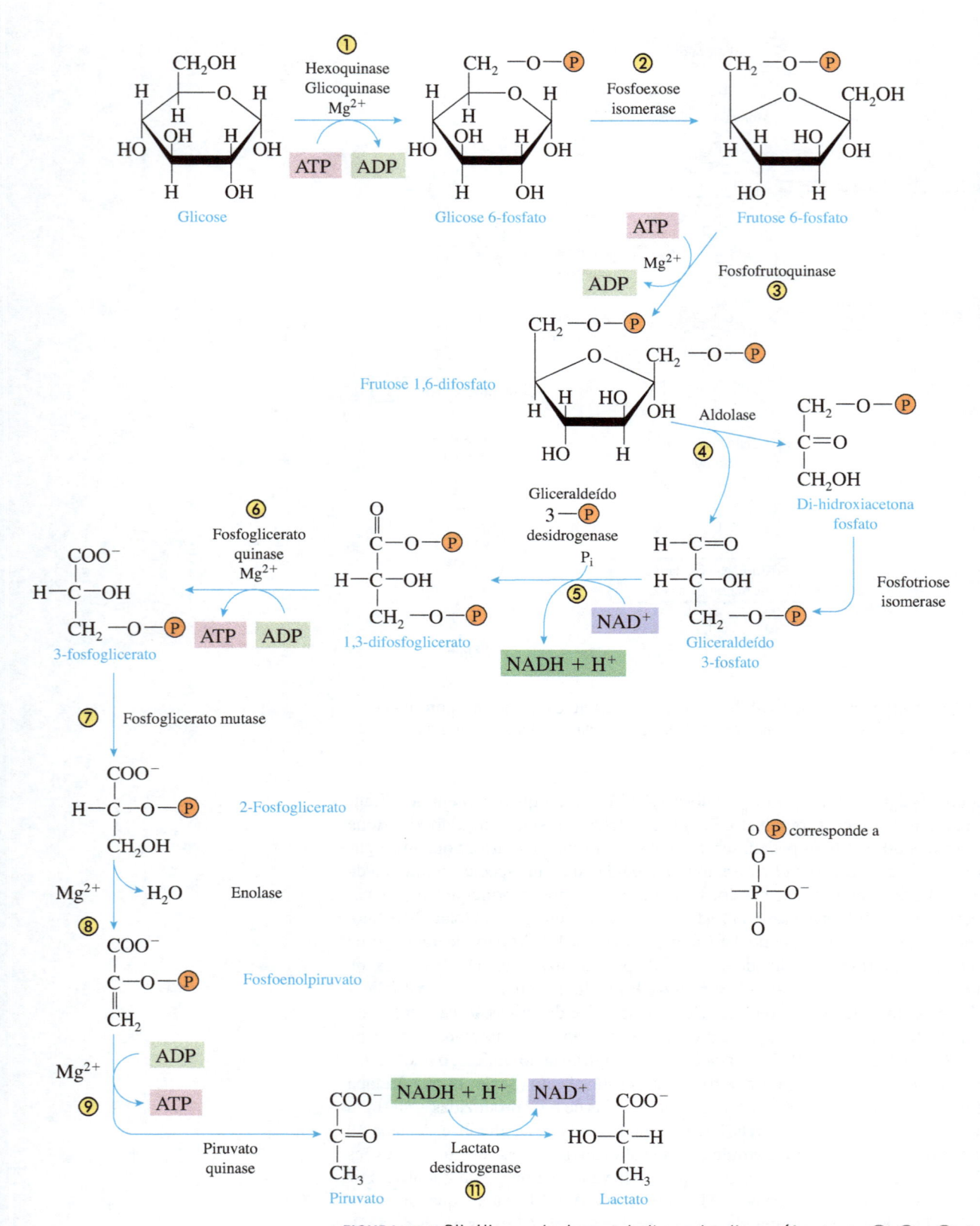

FIGURA 28.3 Glicólise, a via do metabolismo da glicose. (As etapas ⑩, ⑫ e ⑬ são mostradas na Figura 28.4.) Algumas das etapas são reversíveis, mas as setas de equilíbrio não são mostradas (elas aparecem na Figura 28.4).

Em certas bactérias e leveduras, o piruvato é descarboxilado na etapa ⑩ para produzir etanol. Quando não há oxigênio, em algumas bactérias e mamíferos, o piruvato é reduzido a lactato na etapa ⑪. As reações que produzem etanol nos organismos capazes de realizar a fermentação alcoólica funcionam ao contrário da metabolização de etanol pelos humanos.

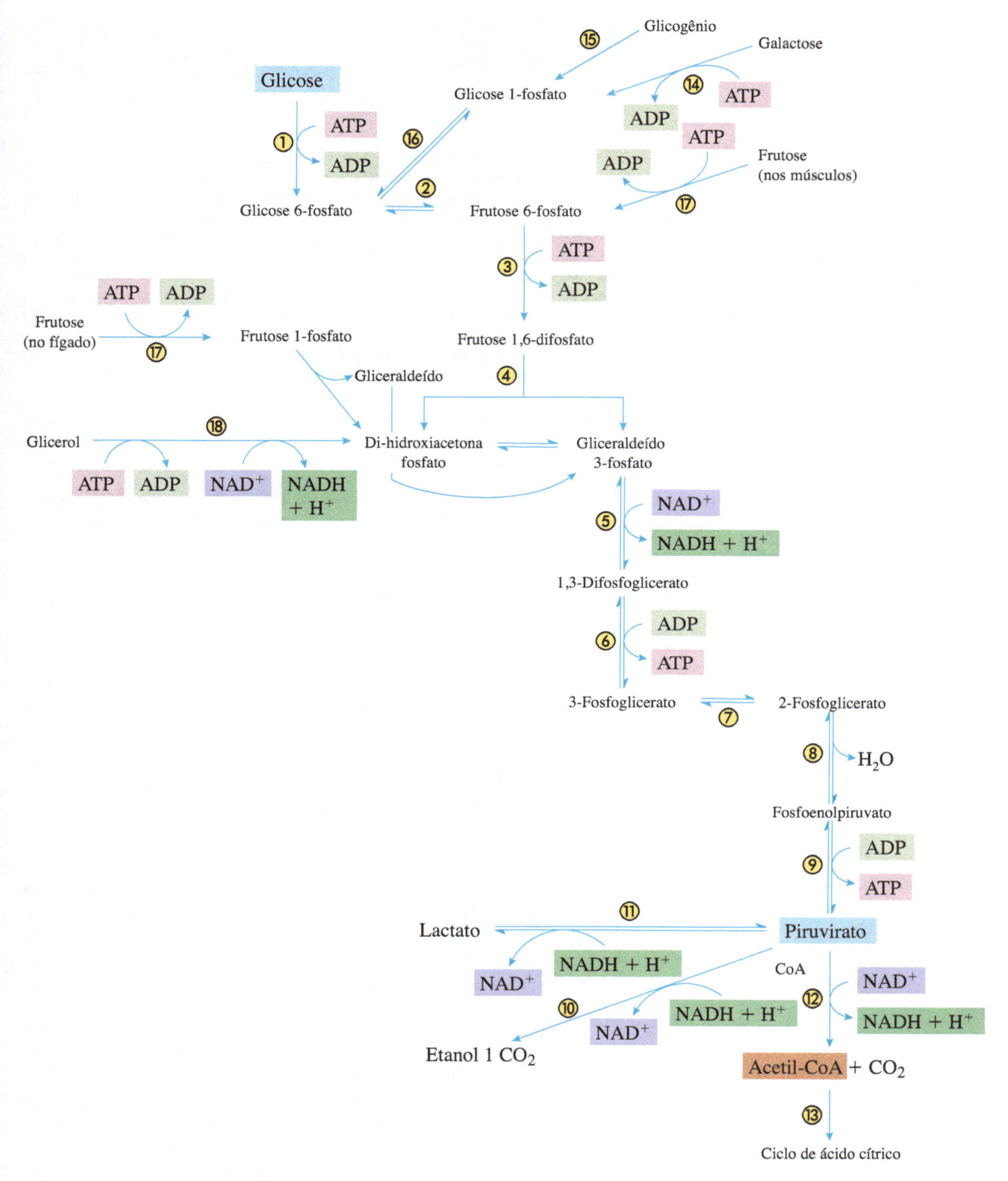

FIGURA 28.4 Uma visão da glicólise e das entradas e saídas de substâncias. As setas de equilíbrio representam etapas reversíveis. Determinada doença pode afetar as quantidades relativas dos materiais de partida metabolizados pela glicólise ou o destino do piruvato produzido.

O acetaldeído (Seção 17.2), que é o produto de uma dessas reações, é certa substância tóxica responsável por muitos danos na síndrome fetal alcoólica. A transferência de nutrientes e oxigênio para o feto é diminuída, resultando em consequências trágicas.

Conexões químicas 28A

Acúmulo de lactato

Vários atletas sofrem de cãibras quando realizam exercícios extenuantes (ver Capítulo 8). Esse problema resulta do deslocamento do catabolismo normal da glicose (glicólise: ciclo do ácido cítrico: fosforilação oxidativa) para a produção de lactato (ver etapa ⑪ na Figura 28.4). Durante a realização dos exercícios, o oxigênio é usado rapidamente, o que diminui a velocidade da via catabólica comum. A demanda por energia faz a glicólise anaeróbica ocorrer a uma velocidade elevada, mas, por causa da via aeróbica (que requer oxigênio) que é desacelerada, nem todo o piruvato produzido na glicólise entra no ciclo do ácido cítrico. O excesso de piruvato termina como lactato, que causa contrações musculares dolorosas.

O mesmo desvio do catabolismo ocorre no músculo cardíaco quando uma trombose coronária leva a uma parada cardíaca. O bloqueio das artérias que vão ao músculo cardíaco suprime o fornecimento de oxigênio. A via catabólica comum e a produção de ATP são consequentemente derrubadas. A glicólise ocorre então de forma acelerada, originando o acúmulo de lactato. O músculo cardíaco contrai, produzindo cãibras. Da mesma forma que na musculatura esquelética, a massagem no músculo cardíaco pode aliviar as cãibras e reiniciar o batimento cardíaco. Mesmo que o batimento cardíaco seja reiniciado em 3 minutos (o tempo em que o cérebro pode sobreviver sem ser danificado), a acidose pode se manifestar como um resultado da parada cardíaca. É por isso que, ao mesmo tempo que os esforços são realizados para restabelecer os batimentos cardíacos por meios químicos, físicos ou elétricos, uma infusão de 8,4% de uma solução de bicarbonato é administrada para combater a acidose.

B. Entrada no ciclo do ácido cítrico

Piruvato não é o produto final no metabolismo da glicose. O aspecto importante é a sua descarboxilação oxidativa na presença de coenzima A na etapa ⑫ para produzir acetil-CoA:

$$NAD^+ + CH_3-\underset{Piruvato}{C(=O)-COO^-} + CoA-SH \longrightarrow \underset{Acetil\ coenzima\ A}{CH_3-C(=O)-S-CoA} + CO_2 + NADH + H^+$$

Essa reação é catalisada por um complexo enzimático, a piruvato desidrogenase, que se situa na membrana interna da mitocôndria. A reação produz acetil-CoA, CO_2 e NADH + H^+. A acetil-CoA então entra no ciclo do ácido cítrico na etapa ⑬ e segue através da via metabólica comum.

Em suma, após converter carboidratos complexos em glicose, o organismo obtém energia da glicose, convertendo-a em acetil-CoA (pela via do piruvato), e então usa acetil-CoA como uma matéria-prima de partida para a via catabólica comum.

C. Via das pentoses-fosfato

Via das pentoses-fosfato A via bioquímica que produz ribose e NADPH a partir da glicose-6-fosfato ou, alternativamente, libera energia.

Como vimos na Figura 28.4, a glicose 6-fosfato desempenha um papel central em várias etapas da via glicolítica. Entretanto, a glicose 6-fosfato pode também ser usada pelo organismo para outros propósitos, não apenas para a produção de energia na forma de ATP. Mais importante, a glicose 6-fosfato pode ser desviada para a **via das pentoses-fosfato** na etapa ⑲ (Figura 28.5). Essa via tem a capacidade de produzir NADPH e ribose na etapa ⑳, além de energia.

O NADPH é necessário em vários processos biossintéticos, incluindo a síntese de ácidos graxos insaturados (Seção 29.3), colesterol, aminoácidos, assim como na fotossíntese ("Conexões químicas 29A") e na redução da ribose para formar desoxirribose para o DNA.

A ribose é necessária para a síntese de RNA (Seção 25.3). Portanto, quando o organismo precisa desses ingredientes sintéticos mais que a produção de energia, a glicose é usada na via da pentose. Quando a produção de energia se faz necessária, a glicose 6-fosfato permanece na via glicolítica – e mesmo a ribose 5-fosfato pode ser desviada de volta para a glicólise através do gliceraldeído 3-fosfato. Através dessa reação reversível, as células podem também obter ribose diretamente de intermediários glicolíticos. Além disso, o NADPH também pode ser necessário nas células vermelhas como defesa contra danos oxidativos. A glutationa é o agente principal usado para manter a hemoglobina na forma reduzida. A glutationa é regenerada pelo NADPH, logo uma quantidade insuficiente de NADPH (quando usado intensamente no combate aos agentes oxidantes) leva à destruição das células vermelhas, causando uma séria anemia.

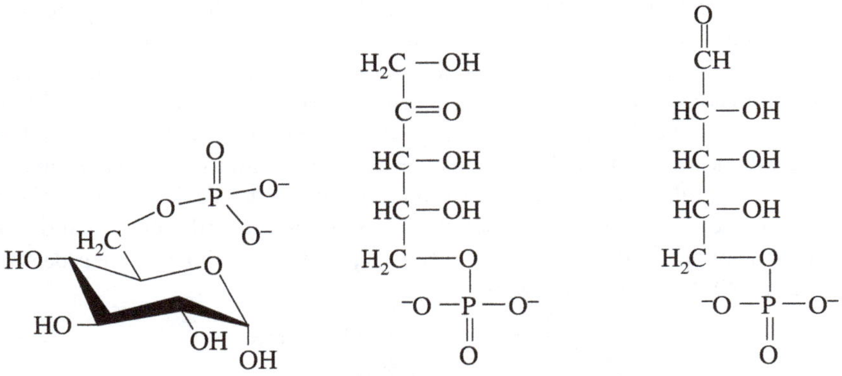

Vias catabólicas específicas: metabolismo de carboidratos, lipídeos e proteínas ■ 699

α-D-glicose 6-fosfato   Ribulose 5-fosfato   Ribose 5-fosfato

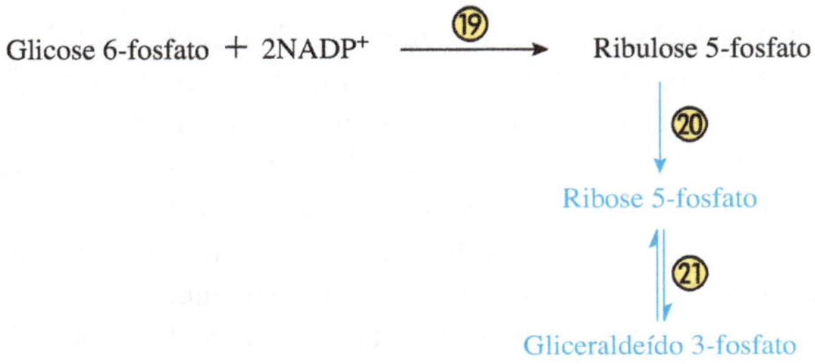

Glicose 6-fosfato + 2NADP⁺ —⑲→ Ribulose 5-fosfato + 2NADPH + CO_2

⑳

Ribose 5-fosfato

㉑

Gliceraldeído 3-fosfato

FIGURA 28.5 Representação esquemática simplificada da via das pentoses-fosfato, também chamada desvio. Nessa figura, as etapas 19 e 21 correspondem às múltiplas etapas na via apresentada.

28.3 Qual é o rendimento energético do catabolismo da glicose?

Com base na Figura 28.4, podemos contabilizar a somatória da quantidade de energia que deriva do catabolismo da glicose em termos da produção de ATP. Entretanto, inicialmente precisamos levar em consideração o fato de que a glicólise ocorre no citoplasma, enquanto a fosforilação oxidativa acontece na mitocôndria. Consequentemente, o NADH + H⁺ produzido na glicólise no citoplasma precisa ser convertido em NADH na mitocôndria antes que possa ser usado na fosforilação oxidativa.

A NADH é muito grande para atravessar a membrana mitocondrial. Duas rotas estão disponíveis para obter elétrons na mitocôndria e apresentam diferentes eficiências. No transporte de glicerol 3-fosfato, que funciona nos músculos e nas células nervosas, somente duas moléculas de ATP são produzidas para cada NADH + H⁺. Na outra rota de transporte, que funciona no coração e no fígado, três moléculas de ATP são produzidas para cada NADH + H⁺, como no caso da mitocôndria (Seção 27.7). Pelo fato de a maior parte da produção de energia ocorrer nas células dos músculos esqueléticos, quando construímos uma planilha do balanço energético, usamos duas moléculas de ATP para cada NADH + H⁺ produzido no citoplasma. (Músculos ligados aos ossos são chamados músculos esqueléticos; músculos cardíacos pertencem a uma categoria diferente de tecido muscular.)

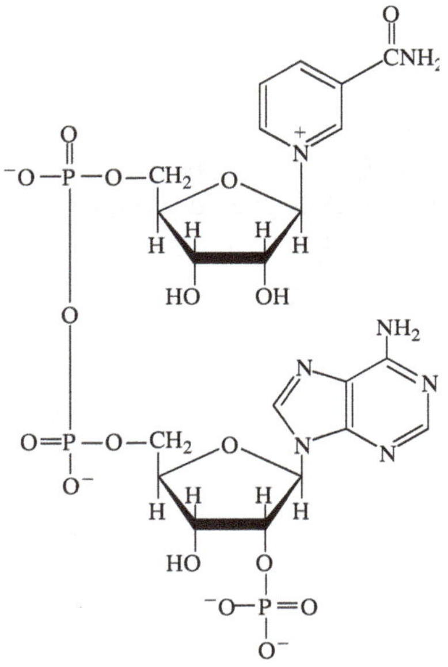

Nicotinamida adenina dinucleotídeo fosfato (NADP⁺)

TABELA 28.1 Rendimento de ATP no metabolismo completo da glicose

Número da etapa na Figura 28.4	Etapas químicas	Número de moléculas de ATP produzidas
①②③	Ativação (glicose ⟶ 1,6-frutose difosfato)	−2
⑤	Fosforilação 2 (gliceraldeído 3-fosfato ⟶ 1,3-difosfoglicerato) produzindo 2 (NADH + H⁺) no citosol	4
⑥⑨	Desfosforilação 2 (1,3-difosfoglicerato ⟶ piruvato)	4
⑫	Descarboxilação oxidativa 2 (piruvato ⟶ acetil-CoA), produzindo 2 (NADH + H⁺) na mitocôndria	6
⑬	Oxidação de dois fragmentos C_2 no ciclo do ácido cítrico e fosforilação oxidativa da via comum, produzindo 12 ATP para cada fragmento C_2	24
	Total	36

Com essas informações, estamos prontos para calcular o rendimento energético da glicose em termos das moléculas de ATP produzidas nos músculos esqueléticos. A Tabela 28.1 mostra as contas. No primeiro estágio da glicólise (etapas ①, ② e ③), duas moléculas de ATP são utilizadas, mas essa perda é mais que compensada pela produção de 14 moléculas de ATP nas etapas ⑤, ⑥, ⑨ e ⑫ e na conversão de piruvato em acetil-CoA. O rendimento líquido dessas etapas é de 12 moléculas de ATP. Como foi visto na Seção 27.7, a oxidação de uma molécula de acetil-CoA produz 12 moléculas de ATP, e uma molécula de glicose fornece duas moléculas de acetil-CoA. Portanto, o rendimento total do metabolismo de uma molécula de glicose no músculo esquelético é de 36 moléculas de ATP ou 6 moléculas de ATP por átomo de carbono.

$$C_6H_{12}O_6 + 6O_2 \longrightarrow 6CO_2 + 6H_2O$$

Se a mesma molécula de glicose é metabolizada no coração ou no fígado, os elétrons de duas moléculas de NADH produzidas na glicólise são transportados para a mitocôndria pelo sistema malato-aspartato. Através da via de transporte, duas moléculas de NADH fornecem um total de 6 moléculas de ATP, logo, nesse caso, 38 moléculas de ATP são produzidas para cada molécula de glicose. É instrutivo notar que a maior parte da energia (na forma de ATP) proveniente da glicose é produzida na via metabólica comum. Estudos recentes sugerem que aproximadamente de 30 a 32 moléculas de ATP são, na verdade, produzidas por molécula de glicose (2,5 ATP/NADH e 1,5 ATP/FADH$_2$). Para confirmar esses números, ainda se fazem necessárias novas pesquisas para a elucidação mais detalhada da fosforilação oxidativa. Referimo-nos a essa questão de forma breve no Capítulo 27 quando mencionamos que o rendimento de ATP relatado se refere ao número inteiro mais próximo do real. Aqui podemos ver como a complexidade da fosforilação oxidativa afeta a energia do metabolismo.

A glicose não é o único monossacarídeo que pode ser usado como fonte de energia. Outras hexoses, como a galactose (etapa ⑭) e frutose (etapa ⑰), entram na via glicolítica nos estágios indicados na Figura 28.4. Esses monossacarídeos também fornecem 36 moléculas de ATP por molécula de hexose. Além disso, o glicogênio armazenado no fígado e nos músculos e em outras partes do organismo pode ser convertido por enzimas em glicose 1-fosfato (etapa ⑮). Esse composto, por sua vez, isomeriza em glicose 6-fosfato, fornecendo uma entrada na via glicolítica (etapa ⑯). A via na qual o glicogênio se fragmenta em glicose é chamada **glicogênese**.

Agora que vimos as reações catabólicas dos carboidratos, vamos voltar nossa atenção para outra fonte principal de energia, o catabolismo dos lipídeos. Lembre que, para os triglicerídeos, que são a principal forma de armazenamento de energia dos lipídeos, precisamos considerar duas partes: o glicerol e os ácidos graxos.

Glicogênese A via bioquímica da formação de glicose pela quebra do glicogênio.

28.4 Como ocorre o catabolismo do glicerol?

O glicerol proveniente da hidrólise das gorduras ou dos lipídeos complexos (Capítulo 21) pode também ser uma rica fonte de energia. A primeira etapa na utilização do glicerol é uma etapa de ativação. O organismo usa uma molécula de ATP para formar glicerol 1-fosfato, que é igual a glicerol 3-fosfato:

$$\begin{array}{c} CH_2OH \\ | \\ CHOH \\ | \\ CH_2OH \end{array} \xrightarrow{ATP \quad ADP} \begin{array}{c} CH_2O-\text{\textcircled{P}} \\ | \\ CHOH \\ | \\ CH_2OH \end{array} \xrightarrow{NAD^+ \quad NADH + H^+} \begin{array}{c} CH_2O-\text{\textcircled{P}} \\ | \\ C=O \\ | \\ CH_2OH \end{array}$$

Glicerol ⟶ Glicerol 1-fosfato ⟶ Di-hidroxiacetona fosfato

O glicerol fosfato é oxidado por NAD$^+$, o que forma di-hidroxiacetona fosfato e NADH + H$^+$. A di-hidroxiacetona fosfato entra então na via glicolítica (etapa ⑱ na Figura 28.4) e é isomerizada a gliceraldeído 3-fosfato. Um rendimento líquido de 20 moléculas de ATP é produzido para cada molécula de glicerol ou 6,7 moléculas de ATP por átomo de carbono.

28.5 Quais são as reações da β-oxidação dos ácidos graxos?

Já em 1904, Franz Knoop, trabalhando na Alemanha, propôs que o corpo utiliza ácidos graxos como fonte de energia, pela quebra dessas moléculas em fragmentos. Antes da fragmentação, o carbono-β (o segundo átomo a partir do grupo COOH) é oxidado:

$$—C—C—C—\overset{\beta}{C}—\overset{\alpha}{C}—COOH$$

O nome **β-oxidação** (ou oxidação β) tem sua origem nas previsões de Knoop, que levou cerca de 50 anos para estabelecer o mecanismo pelo qual os ácidos graxos são utilizados como fonte de energia.

A Figura 28.6 descreve o processo global do metabolismo dos ácidos graxos. Como ocorre com os outros alimentos já estudados, a primeira etapa envolve a ativação. No caso geral do catabolismo de lipídeos, a ativação ocorre no citosol, onde a gordura foi previamente hidrolisada em glicerol e ácidos graxos. A ATP é convertida em AMP e fosfato inorgânico (etapa ①), que é equivalente à clivagem de duas ligações de fosfato de alta energia. A energia química derivada da hidrólise da ATP é agregada à molécula de acil-CoA, que se forma quando o ácido graxo se combina com a coenzima A. A oxidação do ácido graxo ocorre dentro da mitocôndria, portanto o grupo acila precisa passar através da membrana mitocondrial. A molécula que realiza o transporte dos grupos acila é a carnitina. O sistema enzimático que catalisa esse processo de transporte é a carnitina aciltransferase.

Uma vez que o ácido graxo está na forma de acil-CoA no interior da mitocôndria, tem início a β-oxidação. Na primeira oxidação (desidrogenação; etapa ②), dois hidrogênios são removidos, criando uma dupla ligação *trans* entre os carbonos alfa e beta da cadeia acila. Os hidrogênios e elétrons são incorporados pela FAD.

Na etapa ③, a dupla ligação é hidratada. Uma enzima coloca especificamente o grupo hidroxila no C-3, o carbono beta. A segunda oxidação (desidrogenação; etapa ④) requer NAD$^+$. Os dois hidrogênios e elétrons removidos são transferidos para NAD$^+$ para formar NADH + H$^+$. Na etapa ⑤, a enzima tiolase cliva o fragmento C$_2$ terminal (uma acetil-CoA) da cadeia, e o resto da molécula é ligado a uma nova molécula de coenzima A.

O ciclo começa então novamente com a acil-CoA remanescente, que é agora dois carbonos mais curta. A cada volta da espiral, uma acetil-CoA é produzida. A maioria dos ácidos graxos contém um número par de átomos de carbono. A espiral cíclica continua até atingir os últimos quatro átomos de carbono. Quando esse fragmento entra no ciclo, duas moléculas de acetil-CoA são produzidas na etapa de fragmentação.

A β-oxidação dos ácidos graxos insaturados ocorre da mesma forma. Uma etapa extra está envolvida, na qual a dupla ligação *cis* é isomerizada para uma ligação *trans*; além disso, a espiral é a mesma.

β-oxidação A via bioquímica que degrada ácidos graxos em acetil-CoA pela remoção de dois carbonos de uma vez e pela produção de energia.

Conexões químicas 28B

Efeitos da transdução de sinal no metabolismo

A cascata de eventos "adição do ligante/proteína G/adenilato ciclase", que ativa proteínas por fosforilação, tem amplos efeitos além da abertura e do fechamento dos canais de íons (Figura 24.4). Um exemplo da extensão desses efeitos é a glicogênio fosforilase, que participa da quebra do glicogênio armazenado nos músculos. Essa enzima cliva unidades de glicose 1-fosfato do glicogênio, que entra na via glicolítica e fornece energia instantânea (Seção 28.2). A fosforilase *a* é a forma ativa da enzima que corresponde à forma fosforilada. Quando ela é desfosforilada, origina-se a forma inativa (fosforilase *b*). Quando sinais de perigo da epinefrina chegam a uma célula muscular, a fosforilase é ativada através da cascata de eventos, e energia instantânea é produzida. Dessa maneira, o sinal é convertido em um processo metabólico, permitindo aos músculos a contração rápida de que a pessoa que está em perigo precisa para lutar ou correr.

Nem todas as fosforilações de enzimas resultam em ativação. Considere a glicogênio sintase. Nesse caso, a forma fosforilada da enzima é inativa, e a forma desfosforilada é ativa. Essa enzima participa, na glicogênese, da conversão de glicose em glicogênio. A ação da glicogênio sintase é o oposto da fosforilase. A natureza nos mostra então um belo balanço, visto que o sinal de perigo da epinefrina tem um duplo alvo: ele ativa a fosforilase para obter energia instantânea, mas simultaneamente inativa a glicogênio sintase, portanto a glicose disponível será usada apenas para a energia e não será armazenada na forma de glicogênio.

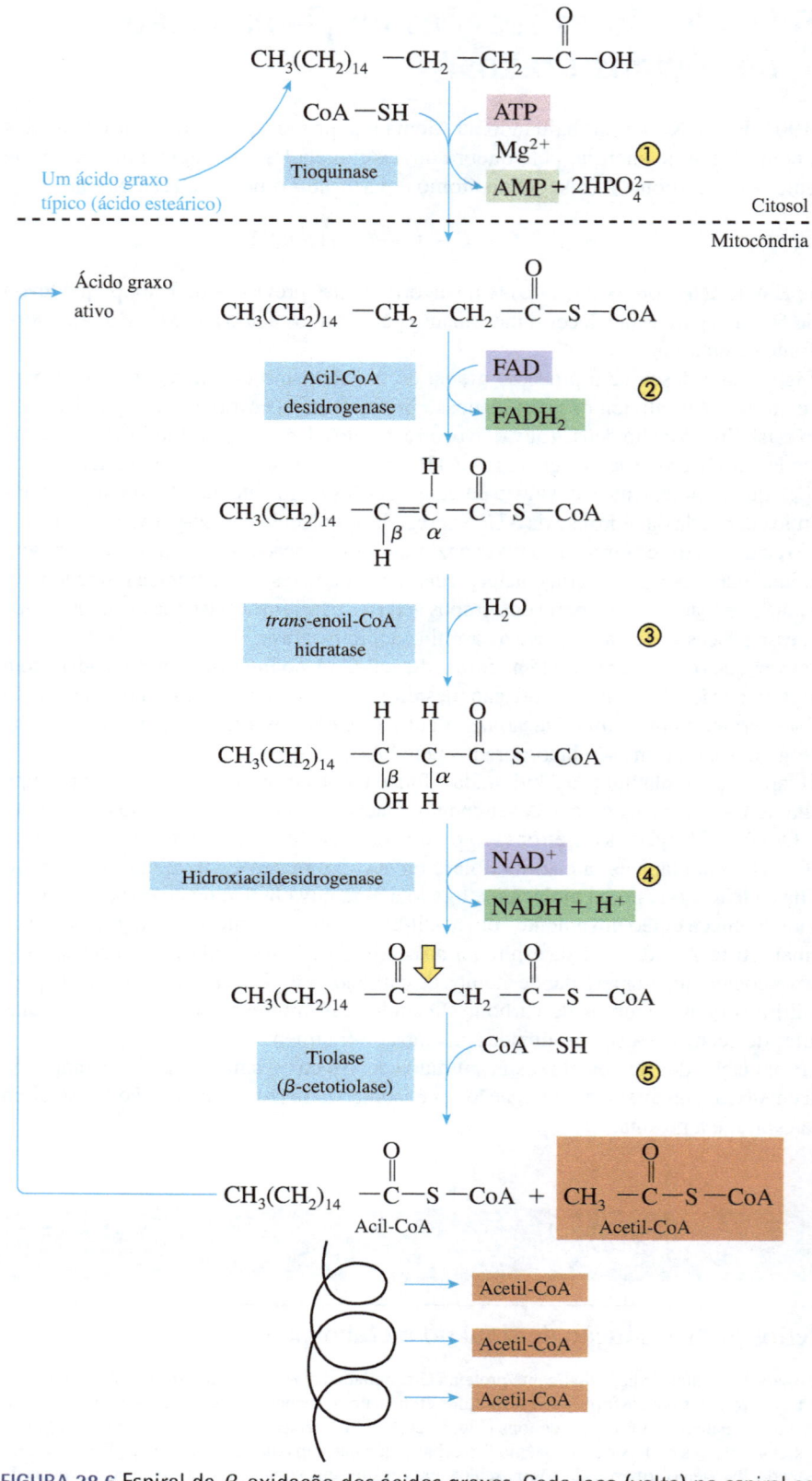

FIGURA 28.6 Espiral da β-oxidação dos ácidos graxos. Cada laço (volta) na espiral contém duas desidrogenações, uma hidratação e uma fragmentação. Ao fim de cada volta, uma molécula de acetil-CoA é liberada.

28.6 Qual é o rendimento energético do catabolismo do ácido esteárico?

Para comparar o rendimento de energia dos ácidos graxos com outros alimentos, vamos selecionar um ácido graxo abundante, o ácido esteárico, um ácido graxo C_{18} saturado.

Comecemos pela etapa inicial, na qual a energia é usada em vez de ser produzida. A reação quebra duas ligações de anidrido fosfórico de alta energia:

$$\text{ATP} \longrightarrow \text{AMP} + 2P_i + \text{energia}$$

Essa reação é equivalente à hidrólise de duas moléculas de ATP que origina a ADP. Em cada ciclo da espiral, obtemos uma $FADH_2$, um $NADH + H^+$ e uma acetil-CoA. O ácido esteárico (C_{18}) passa por sete ciclos na espiral antes de atingir o estágio final. No último ciclo (o oitavo), uma $FADH_2$, um $NADH + H^+$ e duas moléculas de acetil-CoA são produzidos. Agora podemos calcular a energia. A Tabela 28.2 mostra que, para um ácido graxo C_{18}, obtemos um total de 146 moléculas de ATP.

TABELA 28.2 Rendimento de ATP no metabolismo completo da glicose

Número da etapa na Figura 28.6	Etapas químicas	Ocorre	Número de moléculas de ATP produzidas
①	Ativação (ácido esteárico ⟶ estearil-CoA)	Uma vez	−2
②	Desidrogenação (acil-CoA ⟶ *trans*-enoil-CoA), produção de $FADH_2$	8 vezes	16
④	Desidrogenação (hidroxiacil-CoA ⟶ cetoacil-CoA), produzindo $NADH + H^+$	8 vezes	24
	Fragmento C_2 (acetil-CoA ⟶ via catabólica comum), produzindo 12 ATP para cada fragmento C_2	9 vezes	108
		Total	146

É instrutivo comparar o rendimento energético das gorduras com o dos carboidratos, já que ambos são constituintes importantes de nossa alimentação. Na Seção 28.2, nós vimos que a glicose produz 36 moléculas de ATP – isto é, 6 moléculas de ATP por cada átomo de carbono. Para o ácido esteárico, são 146 moléculas de ATP e 18 carbonos, ou 146/18 = 8,1 moléculas de ATP por átomo de carbono. A ATP produzida da porção de glicerol ainda adiciona mais moléculas de ATP. Logo, os ácidos graxos têm um maior valor calórico que os carboidratos.

28.7 O que são corpos cetônicos?

Apesar do alto conteúdo calórico das gorduras, o organismo preferencialmente utiliza glicose como um fornecedor de energia. Quando um animal está bem alimentado (ingestão abundante de açúcar), a oxidação dos ácidos graxos é inibida, e os ácidos graxos são armazenados na forma de gorduras neutras ou depósitos de gordura. Quando o exercício físico demanda energia, quando o fornecimento de glicose decresce (como no jejum ou inanição) ou ainda quando a glicose não pode ser utilizada (como no caso de diabetes), a via da β-oxidação do metabolismo dos ácidos graxos é ativada. Em algumas condições patológicas, a glicose pode não estar disponível totalmente, o que acrescenta maior importância ao ponto em estudo.

Infelizmente, baixos fornecimentos de glicose também diminuem o ciclo do ácido cítrico. Essa defasagem acontece porque certa quantidade de oxaloacetato é essencial para a continuidade do funcionamento do ciclo do ácido cítrico (Figura 27.8). O oxaloacetato é produzido a partir de malato, mas ele também é produzido pela descarboxilação de fosfoenol-piruvato (*phosphoenol pyruvate* – PEP):

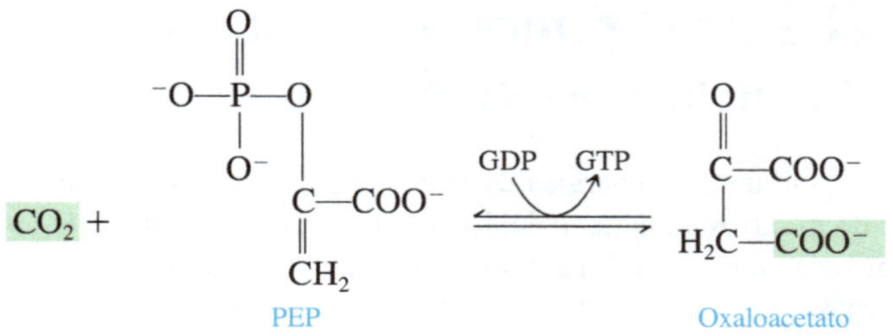

$$CO_2 + \underset{\text{PEP}}{\begin{array}{c} O \\ \| \\ {}^-O-P-O \\ | \\ O^- \end{array} \begin{array}{c} \\ \\ -C-COO^- \\ \| \\ CH_2 \end{array}} \xrightleftharpoons[\text{GTP}]{\text{GDP}} \underset{\text{Oxaloacetato}}{\begin{array}{c} O \\ \| \\ C-COO^- \\ | \\ H_2C-COO^- \end{array}}$$

Se não existe glicose, não há glicólise, o PEP não se forma e, portanto, a produção de oxaloacetato é fortemente reduzida.

Dessa maneira, ainda que os ácidos graxos sejam oxidados, nem todos os fragmentos resultantes (acetil-CoA) podem entrar no ciclo do ácido cítrico porque não existe oxaloacetato suficiente. Como resultado, a acetil-CoA cresce no organismo, com as consequências descritas a seguir.

O fígado é capaz de condensar duas moléculas de acetil-CoA para produzir aceto acetil-CoA:

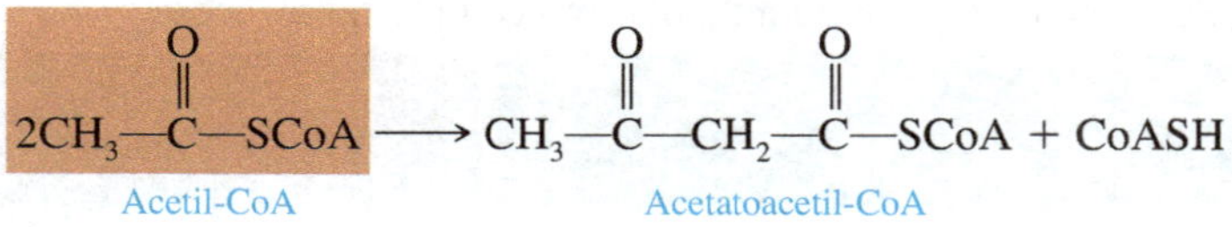

$$2\underset{\text{Acetil-CoA}}{CH_3-\overset{O}{\overset{\|}{C}}-SCoA} \longrightarrow \underset{\text{Acetoacetil-CoA}}{CH_3-\overset{O}{\overset{\|}{C}}-CH_2-\overset{O}{\overset{\|}{C}}-SCoA} + CoASH$$

Quando o acetoacetil-CoA é hidrolisado, ele origina acetoacetato que pode ser reduzido para formar β-hidroxibutirato:

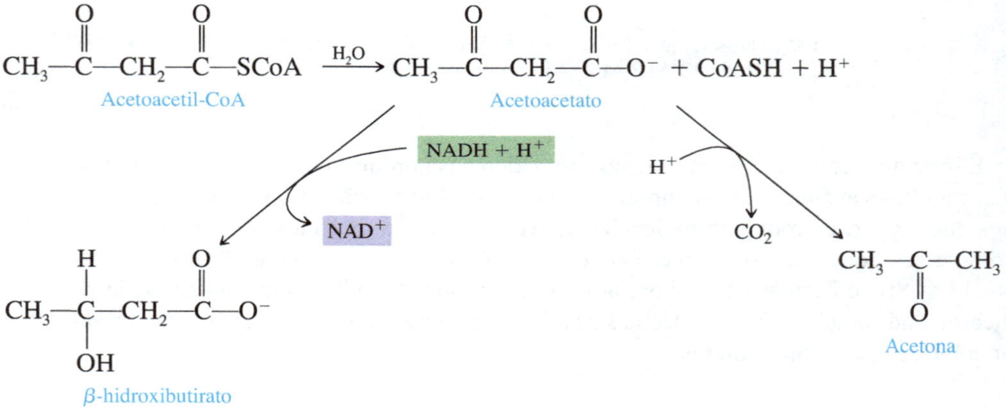

$$\underset{\text{Acetoacetil-CoA}}{CH_3-\overset{O}{\overset{\|}{C}}-CH_2-\overset{O}{\overset{\|}{C}}-SCoA} \xrightarrow{H_2O} \underset{\text{Acetoacetato}}{CH_3-\overset{O}{\overset{\|}{C}}-CH_2-\overset{O}{\overset{\|}{C}}-O^-} + CoASH + H^+$$

NADH + H⁺ → NAD⁺

$$\underset{\beta\text{-hidroxibutirato}}{CH_3-\overset{H}{\underset{OH}{\overset{|}{C}}}-CH_2-\overset{O}{\overset{\|}{C}}-O^-}$$

H⁺, CO₂ →

$$\underset{\text{Acetona}}{CH_3-\overset{O}{\overset{\|}{C}}-CH_3}$$

Corpos cetônicos O nome que é dado de forma coletiva à acetona, acetoacetato e hidroxibutirato; são compostos produzidos a partir da acetil-CoA no fígado que são usados como combustíveis para a produção de energia pelas células musculares e neurônios.

Esses dois compostos, com as pequenas quantidades de acetona, são chamados coletivamente de **corpos cetônicos**. Sob condições normais, o fígado envia esses compostos na corrente sanguínea para serem conduzidos aos tecidos e utilizados como fonte de energia pela via catabólica comum. O cérebro, por exemplo, normalmente usa glicose como fonte de energia. Durante períodos de inanição, entretanto, os corpos cetônicos podem servir como a principal fonte de energia do cérebro. Normalmente, a concentração de corpos cetônicos no sangue é baixa. No entanto, na inanição e no diabetes não tratado, corpos cetônicos se acumulam no sangue e podem atingir altas concentrações. Quando se atinge a saturação, o excesso é secretado na urina. Um teste de corpos cetônicos na urina é usado para o diagnóstico do diabetes.

Exemplo 28.1 Contando ATPs

Corpos cetônicos são uma fonte de energia especialmente durante dietas e na inanição. Se o acetoacetato é metabolizado através da β-oxidação e da via comum, quantas moléculas de ATP são produzidas?

Estratégia

Primeiro, verifique, com base na Seção 28.7, que duas moléculas de acetil-CoA são produzidas. Então, consulte a Tabela 28.2, etapa final.

Solução

Na etapa ①, a ativação de acetoacetato para acetoacetil-CoA requer 2 ATPs. A etapa ⑤ forma duas moléculas de acetil-CoA que entram na via catabólica comum, rendendo 12 moléculas de ATP para cada acetil-CoA, totalizando então 24 moléculas de ATP. O rendimento, portanto, é de 22 moléculas de ATP.

Problema 28.1

Qual dos ácidos graxos fornece mais moléculas de ATP por átomo de carbono: (a) esteárico ou (b) láurico?

28.8 Como o nitrogênio dos aminoácidos é processado no catabolismo?

Em nossos alimentos, as proteínas são hidrolisadas na digestão em aminoácidos. Esses aminoácidos são primariamente utilizados para sintetizar novas proteínas. Entretanto, diferentemente dos carboidratos e das gorduras, eles não podem ser armazenados, logo, o excesso de aminoácidos é catabolizado para a produção de energia. A Seção 28.9 explica o que acontece ao esqueleto carbônico dos aminoácidos. Aqui vamos discutir o "destino" catabólico do nitrogênio. A Figura 28.7 apresenta uma visão do processo global do catabolismo das proteínas.

Nos tecidos, os grupos amino (—NH_2) livres se movem de um aminoácido ao outro. As enzimas que catalisam essas reações são as transaminases. Essencialmente, o catabolismo do nitrogênio no fígado ocorre em três estágios: transaminação, desaminação oxidativa e ciclo da ureia.

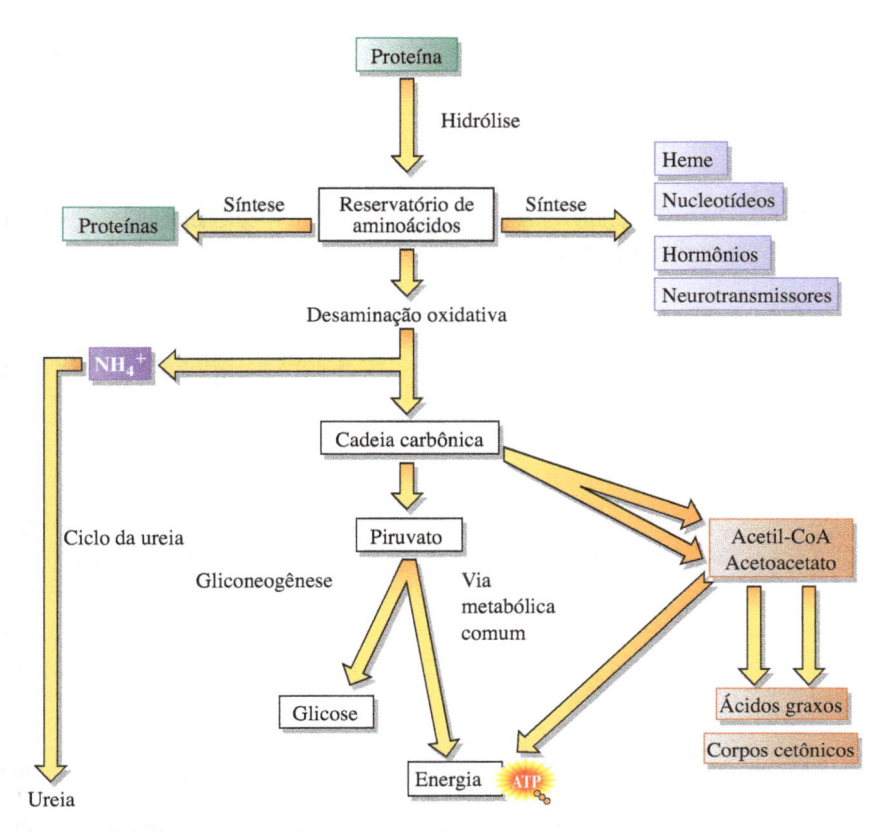

FIGURA 28.7 Visão geral das vias do catabolismo das proteínas.

A. Transaminação

No primeiro estágio, a **transaminação**, o aminoácido transfere seu grupo amino para a molécula de α-cetoglutarato:

Transaminação A troca de um grupo amina de um aminoácido pelo ceto grupo de um acetoácido.

Conexões químicas 28C

Cetoacidose no diabetes

No diabetes não tratado, a concentração de glicose no sangue é alta por causa da falta de insulina que previne a utilização da glicose pelas células. A administração regular de insulina pode remediar essa situação. Entretanto, em algumas condições de estresse, a **cetoacidose** pode ocorrer.

Um caso típico é o do paciente diabético que entra no hospital em um estado de semicoma. Ele mostra sinais de desidratação, sua pele está inelástica e rugosa, sua urina mostra altas concentrações de glicose e corpos cetônicos, seu sangue contém excesso de glicose e tem um pH de 7,0, uma queda de 0,4 unidades de pH em relação ao pH normal, que é um indicativo de uma acidose severa. A urina do paciente também contém a bactéria *Escherichia coli*. Essa indicação de infecção do trato urinário é explicada pelo fato de as doses normais de insulina serem incapazes de prevenir a cetoacidose.

O estresse da infecção pode desarranjar o controle normal do diabetes pela mudança do balanço entre a insulina administrada e outros hormônios produzidos no organismo. Esse desequilíbrio acontece durante a infecção, e o corpo começa a produzir corpos cetônicos em grandes quantidades. Os corpos cetônicos e a glicose aparecem no sangue antes de haver sinais alterados na urina.

A natureza ácida dos corpos cetônicos (ácido acetoacético e ácido β-hidroxibutírico) diminuem o pH sanguíneo. Uma grande diminuição no pH pode ser prevenida pelo tampão (Seção 9.10) bicarbonato/ácido carbônico, mas mesmo uma queda de 0,3 a 0,5 unidade de pH é suficiente para diminuir a concentração de Na^+. Esse decréscimo dos íons Na^+ nos fluidos intersticiais retira íons K^+ das células, o que prejudica as funções cerebrais e leva ao coma. Durante a secreção dos corpos cetônicos e glicose na urina, muita água é perdida, o corpo se torna desidratado, e o volume de sangue diminui. Como consequência, a pressão sanguínea cai, e a pulsação aumenta para compensar esse efeito. Pequenas quantidades de nutrientes chegam ao cérebro, o que também pode causar o coma.

O tipo de paciente mencionado aqui recebe então infusão com solução salina fisiológica para remediar a desidratação. Doses extras de insulina restabelecem o nível normal de glicose, e antibióticos curam a infecção urinária.

$$R-CH(NH_3^+)-COO^- + \text{α-cetoglutarato} \xrightarrow{\text{transaminase}} R-C(=O)-COO^- + \text{Glutamato}$$

α-aminoácido (forma zwitteriônica) + α-cetoglutarato → α-cetoácido + Glutamato

A cadeia carbônica do aminoácido remanesce agora como um α-cetoácido. O catabolismo dessa cadeia será discutido na próxima seção.

Desaminação oxidativa A reação na qual se remove o grupo amino de um aminoácido e um α-cetoácido é formado.

B. Desaminação oxidativa

O segundo estágio do catabolismo do nitrogênio é a **desaminação oxidativa** do glutamato, que ocorre na mitocôndria:

$$\text{Glutamato} + NAD^+ + H_2O \rightleftharpoons NH_4^+ + \text{α-cetoglutarato} + NADH + H^+$$

A desaminação oxidativa forma NH_4^+ e regenera α-cetoglutarato, que pode participar novamente do primeiro estágio (transaminação). O $NADH + H^+$ produzido no segundo estágio entra na via da fosforilação oxidativa e eventualmente produz três moléculas de ATP. O organismo precisa se desfazer do NH_4^+ porque tanto ele como NH_3 são tóxicos.

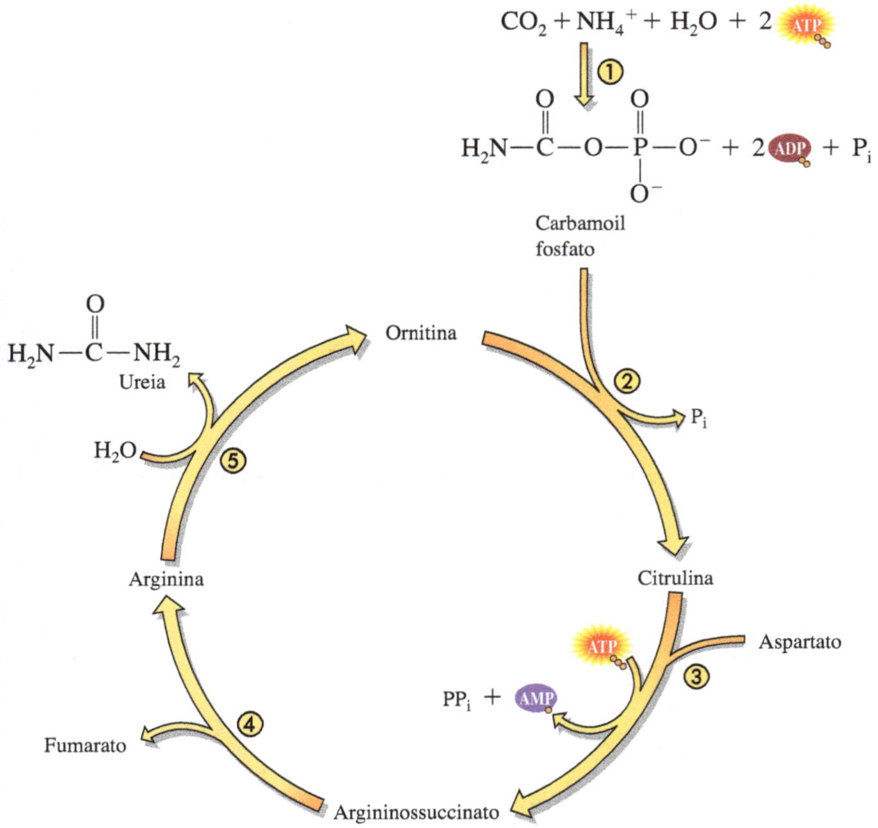

Figura 28.8 O ciclo da ureia.

C. Ciclo da ureia

No terceiro estágio, o NH_4^+ é convertido em ureia através do **ciclo da ureia** (Figura 28.8). Na etapa ①, o NH_4^+ é condensado com CO_2 na mitocôndria para formar um composto instável, o carbamoil fosfato. Essa condensação ocorre com o gasto de duas moléculas de ATP. Na etapa ②, o carbamoil fosfato é condensado com ornitina, um aminoácido básico similar estruturalmente à lisina, mas que não ocorre nas proteínas, produzindo citrulina.

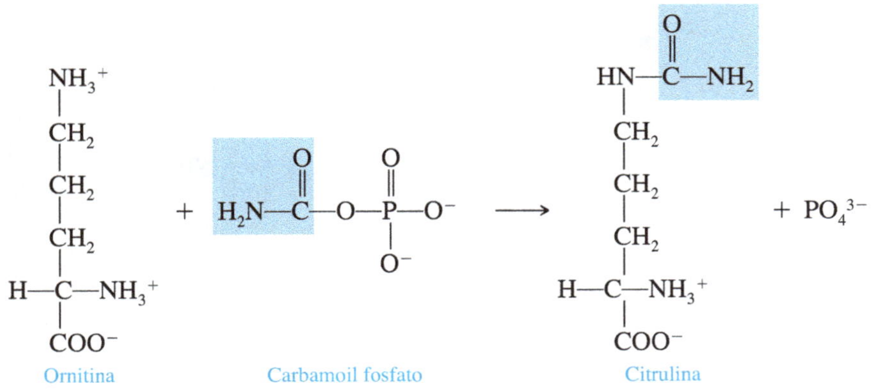

Ciclo da ureia Uma via cíclica que produz ureia a partir de amônia e dióxido de carbono.

A citrulina resultante difunde para fora da mitocôndria e vai para o citoplasma.

No citoplasma, ocorre uma segunda reação de condensação entre a citrulina e o aspartame, formando argininossuccinato (etapa ③):

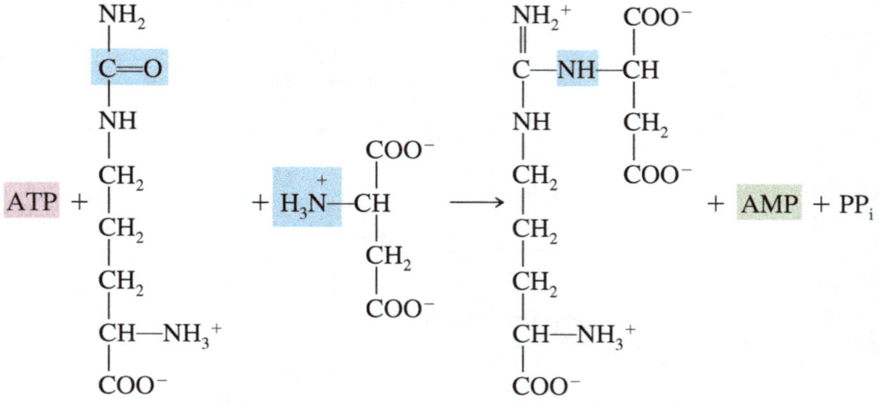

$$\text{ATP} + \text{Citrulina} + \text{Aspartato} \longrightarrow \text{Argininossuccinato} + \text{AMP} + \text{PP}_i$$

A energia para essa reação é proveniente da hidrólise de ATP em AMP e pirofosfato (PP$_i$). Na etapa ④, o argininossuccinato é dividido em arginina e fumarato:

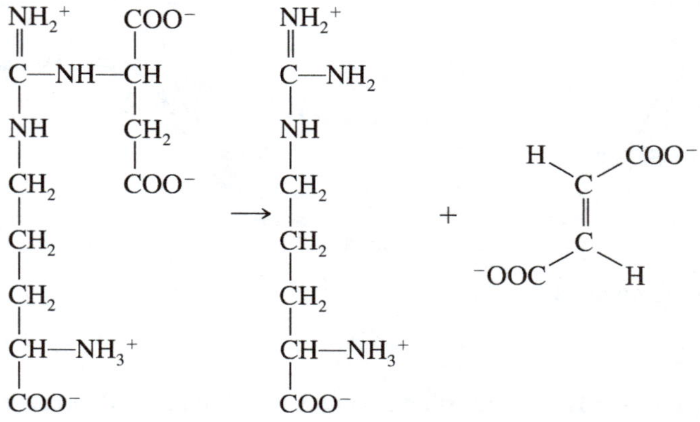

$$\text{Argininossuccinato} \longrightarrow \text{Arginina} + \text{Fumarato}$$

Na etapa ⑤, a etapa final, a arginina é hidrolisada em ureia e ornitina:

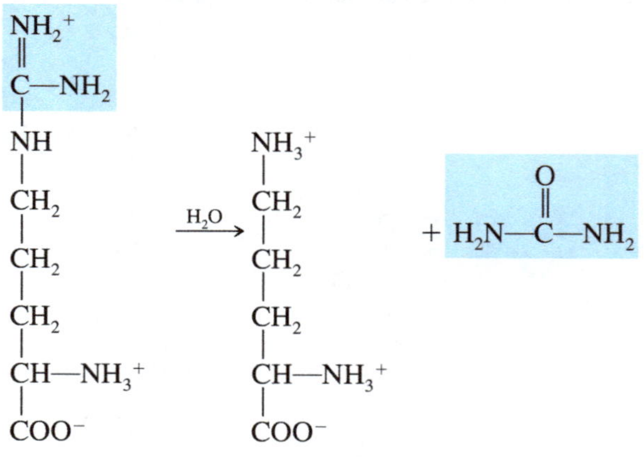

$$\text{Arginina} \xrightarrow{\text{H}_2\text{O}} \text{Ornitina} + \text{Ureia}$$

O produto final desses três estágios é ureia, a qual é excretada na urina dos mamíferos. A ornitina reentra na mitocôndria, completando o ciclo. Ela então está pronta para reagir com outro carbamoil fosfato. Um aspecto importante da função do carbamoil fosfato como uma molécula intermediária é que ele pode ser usado para sintetizar bases nucleotídicas (Capítulo 25). Além disso, o ciclo da ureia está ligado ao ciclo do ácido cítrico, uma vez que o fumarato está envolvido em ambos os ciclos. Na verdade, Hans Krebs, que elucidou o ciclo do ácido cítrico, foi também fundamental no estabelecimento do ciclo da ureia.

Nem todos os organismos se desfazem do nitrogênio metabólico na forma de ureia. Bactérias e peixes, por exemplo, liberam amônia diretamente na água. A amônia é tóxica em altas concentrações, mas a liberação na água faz com que esta seja diluída, não prejudicando os organismos que excretam nitrogênio dessa forma. Pássaros e répteis secretam nitrogênio na forma de ácido úrico, o bem conhecido sólido branco contido nas fezes dos pássaros.

D. Outras vias do catabolismo do nitrogênio

O ciclo da ureia não é a única via pela qual o corpo se desfaz dos íons amônio (NH_4^+) tóxicos. O processo de desaminação oxidativa que produz NH_4^+ pela primeira vez é reversível. Portanto, o aumento de glutamato a partir de α-cetoglutarato e NH_4^+ é sempre possível. Uma terceira possibilidade para a diminuição do NH_4^+ é a amidação de glutamato ATP-dependente para produzir glutamina:

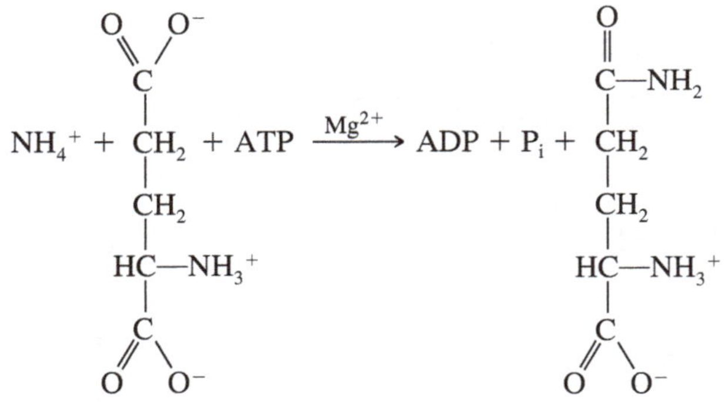

$$NH_4^+ + \text{Glutamato} + ATP \xrightarrow{Mg^{2+}} ADP + P_i + \text{Glutamina}$$

28.9 Como a cadeia carbônica dos aminoácidos é processada no catabolismo?

Após a transaminação dos aminoácidos (Seção 28.8A) que origina glutamato, o grupo α-amino é removido do glutamato por desaminação oxidativa (Seção 28.8B). O esqueleto carbônico (cadeia carbônica) remanescente é utilizado como uma fonte de energia (Figura 28.8). Nem todos os carbonos da cadeia dos aminoácidos são usados como combustível. Alguns podem ser degradados a certo ponto, e o intermediário resultante pode então ser usado para formar uma outra molécula que se faça necessária.

Por exemplo, se a cadeia carbônica de um aminoácido é catabolizada em piruvato, o organismo tem duas possibilidades: (1) usar o piruvato como um suprimento de energia para a via catabólica comum ou (2) usá-lo para sintetizar glicose (Seção 29.1). Os aminoácidos que fornecem uma cadeia carbônica que é degradada em piruvato ou outro intermediário capaz de ser convertido em glicose (como o oxaloacetato) são chamados **glicogênicos**.

Um exemplo é alanina (Figura 28.9). Quando a alanina reage com ácido α-cetoglutárico, a transaminação produz piruvato diretamente:

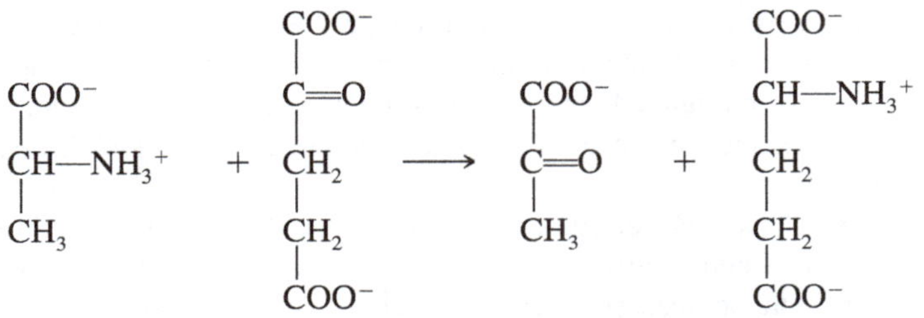

Alanina + α-cetoglutarato → Piruvato + Glutamato

Entretanto, vários aminoácidos são degradados em acetil-CoA e ácido acetoacético. Esses compostos não podem formar glicose, mas são capazes de formar corpos cetônicos e, por isso, recebem o nome de **cetogênicos**. A leucina é um exemplo de aminoácido cetogênico. Alguns aminoácidos são tanto glicogênicos como cetogênicos, como é o caso da fenilalanina.

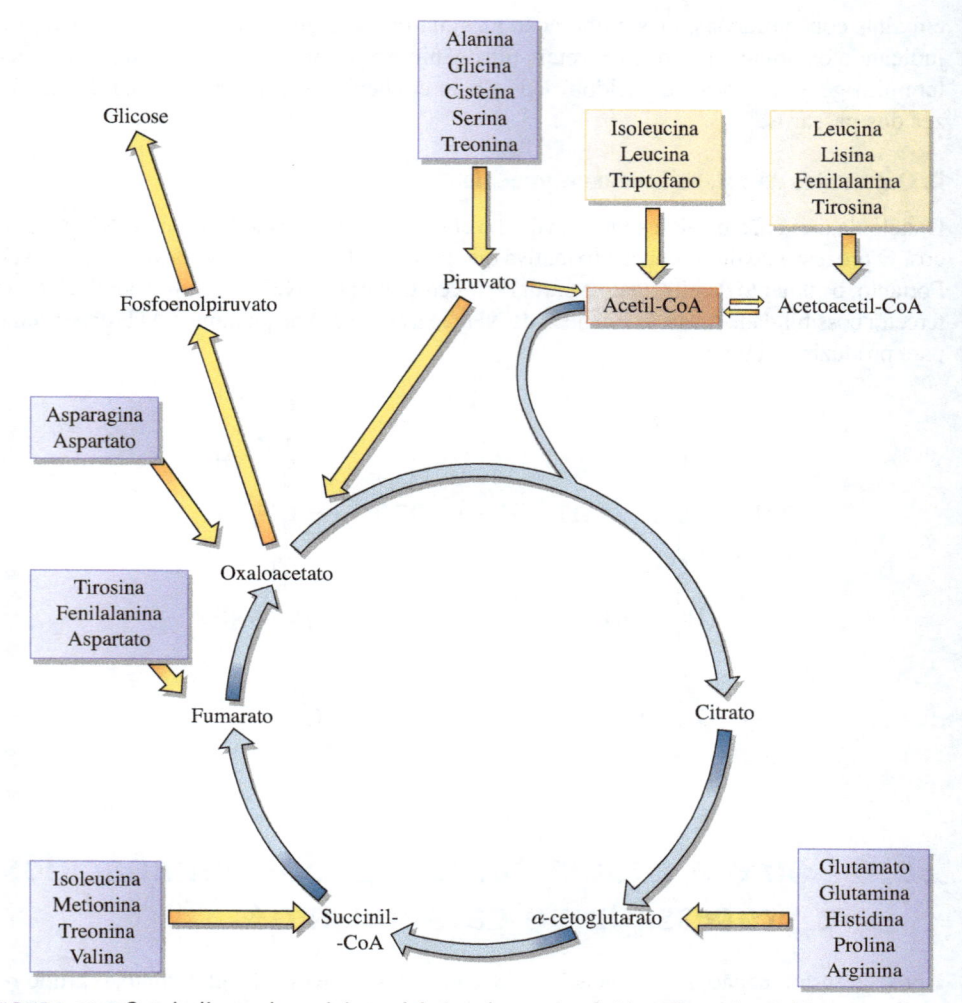

FIGURA 28.9 Catabolismo da cadeia carbônica dos aminoácidos. Os aminoácidos glicogênicos estão nas caixas lilases; os cetogênicos, nas caixas amarelas.

Aminoácidos glicogênicos e cetogênicos, quando usados como suprimento de energia, entram em algum ponto do ciclo do ácido cítrico (Figura 28.9) e são eventualmente oxidados a CO_2 e H_2O. O oxaloacetato (um composto C_4) produzido dessa maneira entra no ciclo do ácido cítrico e junta-se ao oxaloacetato produzido a partir de PEP do próprio ciclo.

28.10 Quais são as reações do catabolismo da heme?

Carboidratos, lipídeos e proteínas são as fontes principais de energia no catabolismo. Outros componentes contribuem muito menos com a produção de energia quando são catabolizados. Entretanto, os seus produtos de fragmentação podem afetar o organismo. Usaremos o catabolismo do grupo heme como exemplo de resultado facilmente visível da degradação de um componente celular.

As células vermelhas estão continuamente sendo produzidas na medula óssea. Seu tempo de vida é relativamente curto, cerca de quatro meses. Células vermelhas velhas são destruídas nas células fagocíticas. (Fagócitos são células vermelhas especializadas que destroem corpos estranhos.) Quando uma célula vermelha é destruída, sua hemoglobina é metabolizada: a globina (Seção 22.11) é hidrolisada em aminoácidos, e a heme é inicialmente oxidada em biliverdina e depois reduzida à bilirrubina (Figura 28.10). A mudança de cor observada nas contusões é um sinal da ocorrência das reações redox do catabolismo da heme: preto e azul são devidos ao sangue coagulado; verde, à formação de biliverdina; e amarelo, à bilirrubina. A bilirrubina vai para o fígado por via sanguínea e é então transferida para a vesícula, onde é armazenada na bile e finalmente excretada no intestino delgado. A cor das fezes é fornecida pela urobilina, um produto de oxidação da bilirrubina.

FIGURA 28.10 Degradação da heme: heme para biliverdina para bilirrubina.

Pós-escrito

É útil sumarizar os pontos principais das vias catabólicas mostrando como elas se relacionam. A Figura 28.11 mostra como todas as vias catabólicas levam ao ciclo do ácido cítrico, produzindo ATP pela reoxidação de NADH e FADH$_2$. Vimos a via metabólica comum no Capítulo 27, e aqui vemos como ela se relaciona com todo o catabolismo.

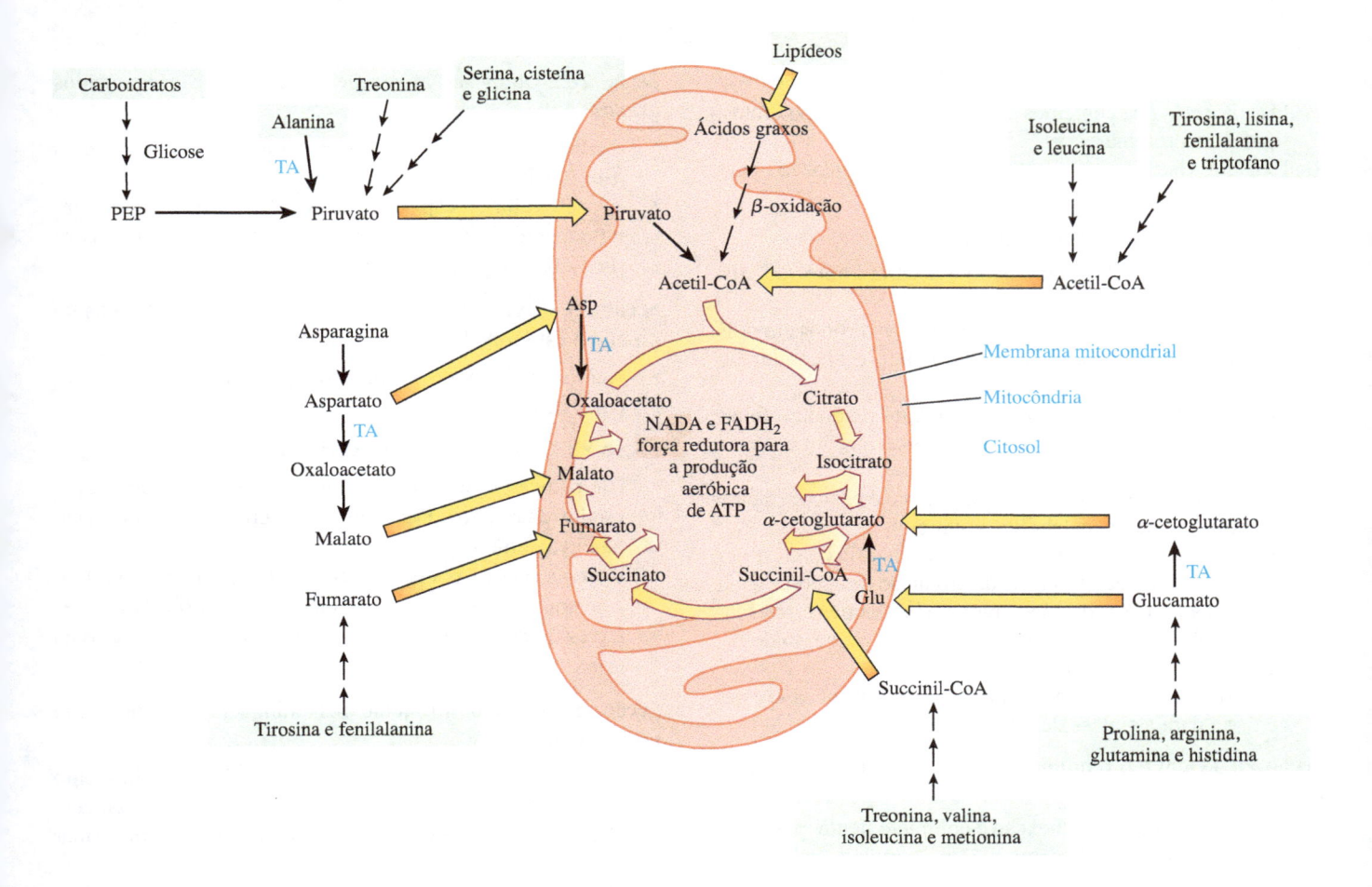

FIGURA 28.11 Resumo do catabolismo mostrando o papel da via catabólica comum. Note que aparecem todos os produtos finais do catabolismo dos carboidratos, lipídeos e aminoácidos. (TA significa transaminação; → → → equivale a uma via com várias etapas.)

Conexões químicas 28D

Defeitos hereditários no catabolismo dos aminoácidos: PKU

Várias doenças hereditárias envolvem a falta ou o funcionamento inadequado de enzimas que catalisam a quebra de aminoácidos. Dessas doenças, a conhecida há mais tempo é a cistinúria, que foi descrita em 1810. Nessa doença, a cistina se apresenta na urina como cristais planos hexagonais. As "pedras" se formam por causa da baixa solubilidade da cistina em água. Esse problema leva ao bloqueio dos rins ou dos ureteres e requer procedimento cirúrgico para a resolução do problema ocasionado pelas pedras de aminoácido. Uma maneira de reduzir a quantidade de cistina secretada é remover a metionina o máximo possível da dieta. Além disso, um aumento de ingestão de fluidos aumenta o volume de urina, o que eleva a solubilidade. Outro fato é que a penicilamina pode prevenir a cistinúria.

Um defeito genético ainda mais grave é a ausência da enzima fenilalanina hidroxilase, que causa a doença chamada fenilcetonúria (*phenylketonuria* – PKU). No catabolismo normal, essa enzima ajuda a degradar a fenilalanina, convertendo-a em tirosina. Se a enzima é defeituosa, a fenilalanina é convertida em fenilpiruvato (ver discussão sobre a conversão da alanina em piruvato na Seção 28.9). O fenilpiruvato (um α-cetoácido) se acumula no organismo e inibe a conversão de piruvato em acetil-CoA, privando, desse modo, as células da energia da via catabólica comum. Esse efeito é mais importante no cérebro, que obtém sua energia da utilização de glicose. A PKU provoca retardamento mental.

Essa doença pode ser detectada precocemente porque o ácido fenilpirúvico pode ser verificado em exames de sangue e urina. Quando a PKU é detectada, o retardamento mental pode ser prevenido pela restrição da ingestão de fenilalanina na dieta. Particularmente, pacientes com PKU devem evitar adoçantes artificiais de aspartame que resultam na liberação de fenilalanina quando é hidrolisado no estômago.

Resumo das questões-chave

Seção 28.1 Quais são os aspectos gerais das vias catabólicas?
- Os alimentos que comemos são compostos de carboidratos, lipídeos e proteínas.
- Existem vias específicas de quebra (fragmentação) para cada tipo de nutriente.

Seção 28.2 Quais são as reações da glicólise?
- A via específica do catabolismo dos carboidratos é a **glicólise**.
- Hexoses são ativadas por ATP e então convertidas em dois fragmentos C_3: di-hidroxiacetona fosfato e gliceraldeído fosfato.
- O gliceraldeído fosfato é posteriormente oxidado e finalmente termina como piruvato. Todas essas reações ocorrem no citosol.
- Piruvato é convertido em acetil-CoA, que é posteriormente catabolizada na via catabólica comum.
- Quando o organismo precisa de intermediários para sintetizar alguma molécula em vez da produção de energia, a via glicolítica pode ser desviada para a **via das pentoses-fosfato**. A NADPH, que é necessária para o processo de redução, é obtida dessa maneira.
- A via das pentoses-fosfato também produz ribose, que é necessária para a síntese de RNA.

Seção 28.3 Qual é o rendimento energético do catabolismo da glicose?
- Quando a molécula de hexose é completamente metabolizada, o rendimento de energia é de 36 moléculas de ATP.

Seção 28.4 Como ocorre o catabolismo do glicerol?
- Gorduras são fragmentadas em glicerol e ácidos graxos.
- Glicerol é catabolizado na via da glicólise e fornece 20 moléculas de ATP.

Seção 28.5 Quais são as reações da β-oxidação dos ácidos graxos?
- Ácidos graxos são quebrados em fragmentos na espiral da **β-oxidação**.
- A cada volta da espiral, uma acetil-CoA é liberada conjuntamente com uma $FADH_2$ e um $NADH + H^+$. Esses produtos vão para a via catabólica comum.

Seção 28.6 Qual é o rendimento energético do catabolismo do ácido esteárico?
- Ácido esteárico, um composto C_{18}, resulta em 146 moléculas de ATP.

Seção 28.7 O que são corpos cetônicos?
- Na inanição e sob certas patologias, nem toda acetil-CoA produzida na β-oxidação dos ácidos graxos entra na via catabólica comum.
- Parte da acetil-CoA forma acetoacetato, β-hidroxibutirato e acetona, comumente chamados **corpos cetônicos**.
- Excessos de corpos cetônicos no sangue são excretados na urina.

Seção 28.8 Como o nitrogênio dos aminoácidos é processado no catabolismo?
- Proteínas são fragmentadas em aminoácidos. O nitrogênio dos aminoácidos é inicialmente transferido para o glutamato.
- O glutamato é **desaminado oxidativamente** para formar amônia.
- Os mamíferos se livram da amônia, que é tóxica, convertendo-a em ureia no **ciclo da ureia**; a ureia é excretada na urina.

Seção 28.9 Como a cadeia carbônica dos aminoácidos é processada no catabolismo?

- A cadeia carbônica dos aminoácidos é catabolizada pela via do ciclo do ácido cítrico.
- Alguns aminoácidos, chamados **aminoácidos glicogênicos**, entram como piruvato ou outros intermediários no ciclo do ácido cítrico.
- Outros aminoácidos são incorporados na acetil-CoA ou nos corpos cetônicos e são chamados **aminoácidos cetogênicos**.

Seção 28.10 Quais são as reações do catabolismo da heme?

- A heme é catabolizada até bilirrubina, que é excretada nas fezes.

Problemas

Seção 28.1 Quais são os aspectos gerais das vias catabólicas?

28.2 Quais são os produtos da hidrólise de gorduras catalisada pela lipase?

28.3 Qual é a principal utilização dos aminoácidos em nosso organismo?

Seção 28.2 Quais são as reações da glicólise?

28.4 Embora o catabolismo da glicose produza muita energia, nas primeiras etapas ele consome energia. Explique por que essa etapa é necessária.

28.5 Em uma etapa da via da glicólise, a cadeia é quebrada em dois fragmentos, e somente um deles pode ser posteriormente degradado na via glicolítica. O que acontece com o outro fragmento?

28.6 Quinases são enzimas que catalisam a adição (ou remoção) de um grupo fosfato para (ou de) uma substância. Nesse processo, também existe a participação de ATP. Quantas quinases estão envolvidas na glicólise? Dê o nome de cada uma delas.

28.7 (a) Que etapas na glicólise da glicose necessitam de ATP?
(b) Que etapas da glicólise formam ATP diretamente?

28.8 Em que intermediário da via glicolítica ocorre oxidação e, consequentemente, começa a produção de energia? Em que forma essa energia é produzida?

28.9 Em que ponto da glicólise a ATP pode atuar como um inibidor? Que tipo de enzima de regulação atua nessa inibição?

28.10 O produto final da glicólise, o piruvato, não pode entrar como ele é no ciclo do ácido cítrico. Que processo converte esse composto C_3 em um composto C_2?

28.11 Que composto essencial é produzido na via das pentoses-fosfato que é necessário para a síntese, assim como para a defesa do organismo contra os danos oxidativos?

28.12 Quais das seguintes etapas produzem energia e quais consomem energia?
(a) Piruvato $\longrightarrow$ lactato
(b) Piruvato $\longrightarrow$ acetil-CoA + CO_2

28.13 Quantos mols de lactato são produzidos a partir de 3 mols de glicose?

28.14 Quantos mols líquidos de NADH + H^+ são produzidos a partir de 1 mol de glicose até a produção de:
(a) acetil-CoA?
(b) Lactato?

Seção 28.3 Qual é o rendimento energético do catabolismo da glicose?

28.15 Das 36 moléculas de ATP produzidas pelo metabolismo completo da glicose, quantas são produzidas diretamente na glicólise, isto é, antes da via catabólica comum?

28.16 Qual é a produção líquida de moléculas de ATP nos músculos esqueléticos para cada molécula de glicose
(a) apenas na glicólise (até o piruvato)?
(b) na conversão de piruvato em acetil-CoA?
(c) na oxidação total da glicose em CO_2 e H_2O?

28.17 (a) Se a frutose é metabolizada no fígado, quantos mols de ATP líquidos são produzidos para cada mol durante a glicólise?
(b) Quantos mols são produzidos se o mesmo processo ocorre em uma célula muscular?

28.18 Na Figura 28.3, a etapa ⑤ resulta em uma NADH. Na Tabela 28.1, a mesma etapa indica um rendimento de 2 NADH + H^+. Existe uma discrepância entre essas duas afirmações? Explique.

Seção 28.4 Como ocorre o catabolismo do glicerol?

28.19 Com base nos nomes das enzimas que participam da glicólise, qual seria o nome da enzima que cataliza a ativação do glicerol?

20.20 Que molécula produz mais energia na hidrólise: ATP ou glicerol 1-fosfato? Por quê?

Seção 28.5 Quais são as reações da β-oxidação dos ácidos graxos?

28.21 Duas enzimas que participam da β-oxidação têm a palavra "tio" no nome.
(a) Dê o nome das duas enzimas.
(b) A que grupo químico esses nomes se referem?
(c) Qual é a função comum dessas duas enzimas?

28.22 (a) Em que parte das células se encontram as enzimas necessárias para a β-oxidação dos ácidos graxos?
(b) Como os ácidos graxos ativados chegam lá?

28.23 Assuma que o ácido láurico (C_{12}) é metabolizado através da β-oxidação. Quais são os produtos da reação após três voltas da espiral?

28.24 A β-oxidação dos ácidos graxos (desconsiderando o subsequente metabolismo dos fragmentos C_2 da via metabólica comum) é mais eficiente com ácidos graxos de cadeia curta que com ácidos graxos de cadeia longa? A maior produção de ATP por átomo de carbono ocorre com ácidos graxos de cadeia curta ou com ácidos graxos com cadeia longa durante a β-oxidação?

Seção 28.6 Qual é o rendimento energético do catabolismo do ácido esteárico?

28.25 Calcule o número de moléculas de ATP obtidas na β-oxidação do ácido mirístico, $CH_3(CH_2)_{12}COOH$.

28.26 Assuma que a isomerização *cis-trans* na β-oxidação de ácidos graxos insaturados não requer energia. Que ácido graxo produzirá a maior quantidade de energia: o saturado (ácido esteárico) ou o monoinsaturado (ácido oleico)? Explique.

28.27 Assumindo que gorduras e carboidratos estão disponíveis, qual deles o organismo usa preferencialmente como fonte de energia?

28.28 Se massas iguais de gorduras e carboidratos são consumidas, qual fornece mais calorias? Explique.

Seção 28.7 O que são corpos cetônicos?

28.29 O acetoacetato é uma fonte comum de acetona e β-hidroxibutirato. Indique o nome do tipo de reação que forma esses dois corpos cetônicos a partir do acetoacetato.

28.30 Os corpos cetônicos têm valor nutricional?

28.31 O que acontece com o oxaloacetato produzido da descarboxilação do fosfoenolpiruvato?

Seção 28.8 Como o nitrogênio dos aminoácidos é processado no catabolismo?

28.32 Que tipo de reação é a mostrada a seguir, e qual é a sua função no organismo?

[estrutura química]

28.33 Escreva a equação para a desaminação oxidativa da alanina.

28.34 A amônia, NH_3, e o íon amônio, NH_4^+, são ambos solúveis em água e podem ser facilmente excretados na urina. Por que o organismo os converte em ureia em vez de excretá-los diretamente?

28.35 Quais são as fontes de nitrogênio contidas na ureia?

28.36 Que composto é comum tanto ao ciclo da ureia como ao ciclo do ácido cítrico?

28.37 (a) Qual é o produto tóxico da desaminação oxidativa do glutamato?
(b) Como o organismo se livra dele?

28.38 Se o ciclo da ureia é inibido, de que outra maneira o corpo pode se desfazer dos íons NH_4^+?

Seção 28.9 Como a cadeia carbônica dos aminoácidos é processada no catabolismo?

28.39 O metabolismo do esqueleto carbônico da tirosina produz piruvato. Por que a tirosina é um aminoácido glicogênico?

Seção 28.10 Quais são as reações do catabolismo da heme?

28.40 Por que uma grande quantidade de bilirrubina no sangue é um indicativo de doenças no fígado?

28.41 Quando a hemoglobina é completamente metabolizada, o que acontece com o ferro nela contido?

28.42 Descreva quais grupos na biliverdina (Figura 28.10) são produtos de oxidação e quais são produtos de redução na degradação da heme.

Conexões químicas

28.43 (Conexões químicas 28A) O que causa cãibras nos músculos das pessoas fatigadas?

28.44 (Conexões químicas 28B) Como o sinal da epinefrina resulta na diminuição de glicogênio nos músculos?

28.45 (Conexões químicas 28C) Que sistema contrabalança o efeito ácido dos corpos cetônicos no sangue?

28.46 (Conexões químicas 28C) O paciente com um estado como o descrito em "Conexões químicas 28C" foi transferido para um hospital em uma ambulância. Poderia a enfermeira, na ambulância, tentar diagnosticar seu estado de diabetes sem realizar um teste de urina ou de sangue? Explique.

28.47 (Conexões químicas 28D) Desenhe as fórmulas estruturais para cada molécula da reação e complete a seguinte equação:
Fenilalanina $\longrightarrow$ Fenilpiruvato + ?

Problemas adicionais

28.48 Se você recebe um resultado laboratorial mostrando a presença de altas concentrações de corpos cetônicos na urina de um paciente, de que doença suspeitaria?

28.49 Que compostos justificam as cores obtidas nas contusões que vão do preto e azul ao verde e amarelo?

28.50 (a) Em que etapa da via glicolítica a NAD^+ participa (ver figuras 28.3 e 28.4)?
(b) Em que etapa o $NADH + H^+$ participa?
(c) Como resultado da via global, existe um aumento líquido de NAD^+, de $NADH + H^+$ ou de nenhum dos dois?

28.51 Qual é o rendimento líquido de energia em mols de ATP produzido quando leveduras convertem um mol de glicose em etanol?

28.52 A ingestão de alanina, glicina e serina pode minimizar a hipoglicemia causada por inanição? Explique.

28.53 Como a glicose pode ser utilizada para produzir ribose para a síntese de RNA?

28.54 Escreva os produtos da reação de transaminação entre alanina e oxaloacetato:

$$\begin{array}{c}\text{COO}^-\\|\\\text{CH}-\text{NH}_3^+\\|\\\text{CH}_3\end{array} + \begin{array}{c}\text{COO}^-\\|\\\text{C}=\text{O}\\|\\\text{CH}_2\\|\\\text{COO}^-\end{array} \longrightarrow$$

28.55 O fosfoenolpiruvato (PEP) tem uma ligação de fosfato de alta energia que possui maior energia que a ligação de anidrido na ATP. Que etapa na glicólise sugere isso?

28.56 Suponha que um ácido graxo marcado com o isótopo radioativo carbono-14 seja administrado em um animal de laboratório. Onde você procuraria o sinal da radioatividade no animal?

28.57 Que grupos funcionais estão presentes no carbamoil fosfato?

28.58 O ciclo da ureia produz ou consome energia?

28.59 Que intermediário da via glicolítica pode reabastecer oxaloacetato no ciclo do ácido cítrico?

28.60 Quantas voltas na espiral existem na β-oxidação de (a) ácido láurico e (b) ácido palmítico?

Ligando os pontos

28.61 As equações da glicólise indicam que existe um ganho líquido de duas moléculas de ATP para cada molécula de glicose processada. Por que é assim se a Tabela 28.1 nos dá um valor de 36 moléculas de ATP?

28.62 A que reações o piruvato pode ser submetido, uma vez que ele é formado? Essas reações são aeróbicas, anaeróbicas ou ambas?

28.63 O lactato é um produto final do metabolismo ou ele desempenha um papel de gerar (ou regenerar) outros compostos necessários?

28.64 Por que os corpos cetônicos ocorrem no sangue de pessoas que estão em regimes severos?

28.65 Os aminoácidos podem ser catabolizados para produzir energia?

28.66 Sugira uma razão pela qual a cadeia carbônica e as porções de nitrogênio dos aminoácidos são catabolizadas separadamente.

Antecipando

28.67 Coloque as seguintes palavras em dois grupos relacionados: fornece energia, oxidativo, anabolismo, redutivo, requer energia, catabolismo.

28.68 A biossíntese de proteínas a partir de seus aminoácidos constituintes requer energia ou libera energia? Explique.

28.69 De que forma a produção de glicose de CO_2 e H_2O na fotossíntese pode ser considerada a reação exata reversa do catabolismo aeróbico completo da glicose? De que forma ela é diferente?

28.70 Por que o ciclo do ácido cítrico é a via central no metabolismo?

Desafios

28.71 Com os seus grupos funcionais contendo oxigênio, os açúcares são mais oxidados que as cadeias hidrocarbônicas dos ácidos graxos. Esse fato tem alguma relação com o rendimento de energia dos carboidratos quando comparado com o rendimento dos ácidos graxos?

28.72 Vários refrigerantes contêm ácido cítrico para conferir sabor. É provável que ele seja um bom nutriente?

28.73 Os intermediários da glicólise tem grupos fosfato que são carregados (iônicos). Os intermediários do ciclo do ácido cítrico não são fosforilados. Sugira uma razão para essa diferença. (*Dica*: Em que parte das células essas vias ocorrem?)

28.74 Escutamos ocasionalmente conselhos de que proteínas e carboidratos não devem ser comidos na mesma refeição. Esse conselho faz sentido com base no que é apresentado na Figura 28.11?

28.75 A produção de ATP não é mostrada explicitamente na Figura 28.11. Que parte dessa figura indica que a produção de ATP ocorre?

28.76 Várias vias metabólicas, incluindo as do catabolismo, são longas e complexas. Sugira uma razão para essa observação.

Vias biossintéticas

29

Algas em regiões alagadas.

Questões-chave

29.1 Quais são os aspectos gerais das vias biossintéticas?

29.2 Como ocorre a biossíntese dos carboidratos?

29.3 Como ocorre a biossíntese dos ácidos graxos?

29.4 Como ocorre a biossíntese dos lipídeos da membrana?

29.5 Como ocorre a biossíntese dos aminoácidos?

29.1 Quais são os aspectos gerais das vias biossintéticas?

No corpo humano e na maior parte dos tecidos dos seres vivos, as vias pelas quais um composto é sintetizado (anabolismo) são normalmente diferentes das vias pelas quais ele é degradado (catabolismo). (As vias anabólicas também são chamadas de vias biossintéticas, e usaremos esses termos de forma intercambiável.) Existem várias razões pelas quais é vantajoso que as vias anabólicas e catabólicas sejam diferentes. A seguir, são apresentadas duas delas:

1. **Flexibilidade** Se a **via biossintética** é bloqueada, o corpo pode usar a via de degradação (lembre que a maior parte das etapas na degradação é reversível), portanto suprindo outra via para obter os compostos necessários.
2. **Superar o efeito do princípio de Le Chatelier** Esse ponto pode ser ilustrado pela clivagem da unidade de glicose do glicogênio, que é um processo em equilíbrio:

$$(\text{Glicose})_n + P_i \underset{}{\overset{\text{fosforilase}}{\rightleftharpoons}} (\text{Glicose})_{n-1} + \text{Glicose 1-fosfato} \quad (29.1)$$

Glicogênio   Glicogênio (uma unidade menor)

A fosforilase catalisa não só a degradação do glicogênio (a reação direta), mas também a síntese de glicogênio (reação inversa). Entretanto, o organismo contém um grande excesso de fosfato inorgânico, P_i. Esse excesso direcionaria a reação, com base no princípio de Le Chatelier, para a direita (reação direta), que representa a degradação do glicogênio. Para proporcionar um método de síntese de glicogênio mesmo na presença de um excesso de fosfato inorgânico, uma via diferente é necessária, na qual o P_i não é um reagente. Para que isso ocorra, o organismo usa a seguinte via sintética:

$$(\text{Glicose})_{n-1} + \text{UDP-glicose} \longrightarrow (\text{Glicose})_n + \text{UDP} \quad (29.2)$$

Glicogênio   Glicogênio (uma unidade maior)

As vias sintéticas não apenas diferem das vias catabólicas, como também os requisitos energéticos e os locais onde elas ocorrem são diferentes. A maior parte das reações catabólicas ocorre na mitocôndria, enquanto as reações anabólicas geralmente ocorrem no citoplasma. Não vamos descrever o balanço de energia dos processos biossintéticos em detalhes como foi feito para o catabolismo. Entretanto, tenha em mente que, enquanto a energia (na forma de ATP) é *obtida* nos processos degradativos, os processos de biossíntese *consomem* energia.

29.2 Como ocorre a biossíntese dos carboidratos?

Vamos abordar a biossíntese dos carboidratos examinando três exemplos:

- Conversão do CO_2 atmosférico em glicose nas plantas.
- Síntese da glicose nos animais e humanos.
- Conversão da glicose em outras moléculas de carboidratos nos animais e humanos.

A. Conversão do CO_2 atmosférico em glicose nas plantas

A biossíntese de carboidratos mais importante ocorre nas plantas, algas verdes e cianobactérias, e estas duas últimas representam uma parte importante da cadeia alimentar marinha. No processo de **fotossíntese**, a energia do sol é convertida nas ligações químicas dos carboidratos. A reação global é:

$$6H_2O + 6CO_2 \xrightarrow[\text{clorofila}]{\text{energia na forma de luz solar}} C_6H_{12}O_6 + 6O_2 \quad (29.3)$$

Glicose

Fotossíntese O processo pelo qual as plantas sintetizam carboidratos a partir de CO_2 e H_2O com o auxílio da luz solar e clorofila.

Embora o produto principal da **fotossíntese** seja a glicose, ela é grandemente convertida em outros carboidratos, principalmente celulose e amido. O processo da biossíntese da glicose é muito complicado e ocorre em complexos formados por proteínas e cofatores ("Conexões químicas 29A"). A fotossíntese não será abordada aqui, entretanto vale notar que os carboidratos das plantas – amido, celulose e outros mono e polissacarídeos – servem como a fonte de suprimento de carboidratos de todos os animais, incluindo os humanos.

B. Síntese da glicose nos animais

Gliconeogênese O processo pelo qual a glicose é sintetizada no organismo.

No Capítulo 28, foi visto que, quando o corpo precisa de energia, os carboidratos são quebrados na via glicolítica. Quando a energia não é necessária, a glicose pode ser sintetizada de intermediários das vias glicolítica e do ciclo do ácido cítrico. Esse processo é chamado **gliconeogênese**. Como mostrado na Figura 29.1, um grande número de intermediários – piruvato, lactato, oxaloacetato, malato e vários aminoácidos (os aminoácidos glicogênicos foram vistos na Seção 28.9) – pode servir de compostos de partida. A gliconeogênese ocorre na ordem inversa da glicólise, e várias das enzimas da glicólise também catalisam a gliconeogênese. Em quatro pontos, entretanto, enzimas exclusivas (assinaladas na Figura 29.1) catalisam somente a gliconeogênese e não as reações de quebra da via glicolítica. Essas quatro enzimas fazem da *gliconeogênese uma via distinta da glicólise*. Note que a ATP é consumida na gliconeogênese e produzida na glicólise, outra diferença entre essas duas vias.

Durante períodos de exercícios vigorosos, o corpo precisa repor o seu suprimento de carboidratos. O ciclo de Cori usa o lactato produzido na glicólise (Seção 28.2) como o ponto de partida para a gliconeogênese.

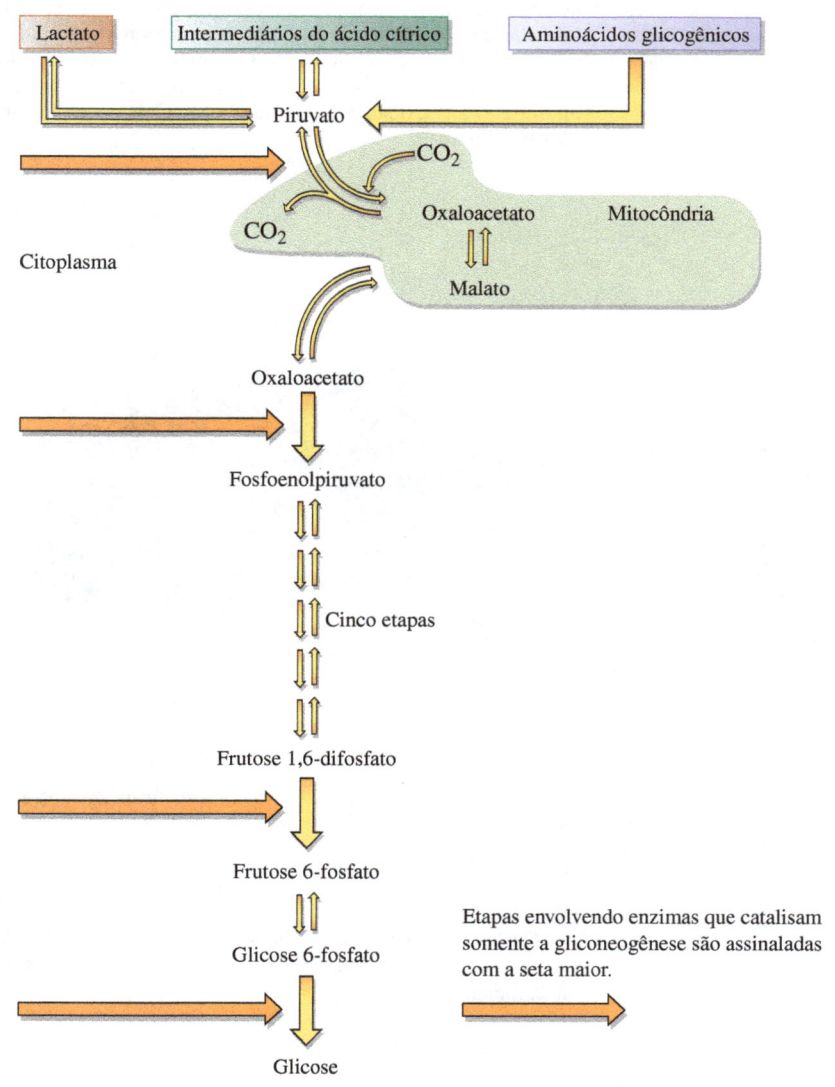

FIGURA 29.1 Gliconeogênese. Todas as reações ocorrem no citosol, exceto aquelas mostradas na mitocôndria.

O lactato produzido no músculo em estresse é então transportado pela corrente sanguínea até o fígado, onde a gliconeogênese o transforma em glicose (Figura 29.2). A glicose recém-produzida é então transportada de volta ao músculo pelo sangue, onde ela fornece energia para o exercício. Note que as duas vias diferentes, glicólise e gliconeogênese, ocorrem em diferentes órgãos. Essa divisão de trabalho assegura que ambas as vias não são simultaneamente ativas nos mesmos tecidos, o que seria muito ineficiente.

C. Conversão de glicose em outros carboidratos nos animais

A terceira via biossintética importante para os carboidratos é a conversão de glicose em outras hexoses e derivados das hexoses, assim como a síntese de di, oligo e polissacarídeos.

Conexões químicas 29A

Fotossíntese

A fotossíntese requer luz solar, água, CO_2 e pigmentos encontrados nas plantas, principalmente a clorofila. A reação global mostrada na Equação 29.3 ocorre em duas etapas distintas. Primeiro, a luz interage com os pigmentos que estão localizados em organelas altamente membranosas das plantas, chamadas **cloroplastos**, que são parecidos com a mitocôndria (Seção 27.2) em vários aspectos: contêm uma cadeia completa de enzimas de oxidação-redução similares aos citocromos e complexos ferro-enxofre das membranas da mitocôndria, e contêm uma ATPase de translocação de prótons. Similarmente à mitocôndria, o gradiente de prótons acumulados na região intermembrana aciona a síntese de ATP nos cloroplastos (ver discussão sobre a bomba quimiostática na Seção 27.6).

A clorofila é a parte central de uma maquinaria complexa chamada fotossistemas I e II. A estrutura detalhada do fotossistema I foi elucidada em 2001. Esse fotossistema é constituído por três unidades monoméricas, que são designadas como I, II e III. Cada monômero contém 12 proteínas diferentes, 96 moléculas de clorofila e 30 cofatores, que incluem *clusters* de ferro, lipídios e íons Ca^{2+}. O seu aspecto mais importante está relacionado à existência de um íon Mg^{2+} em uma posição central, que se encontra ligado ao enxofre do resíduo de metionina da proteína circundante. Essa ligação Mg-S torna esse conjunto um forte agente oxidante, o que significa que ele pode prontamente aceitar elétrons.

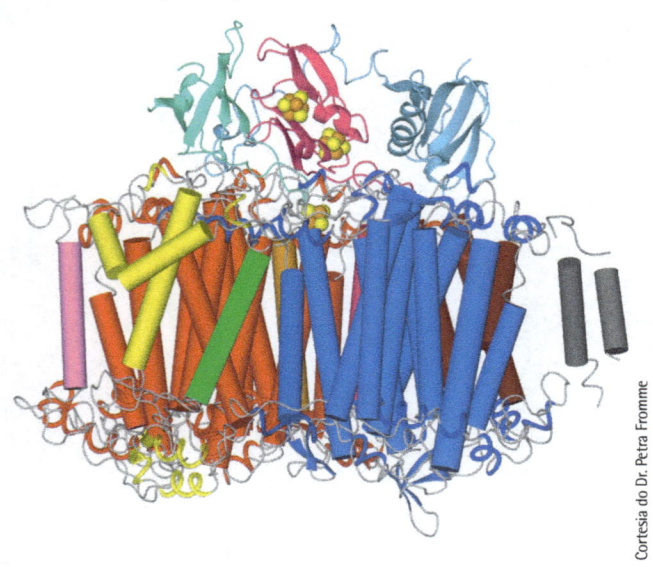

Vista lateral do monômero III do fotossistema I

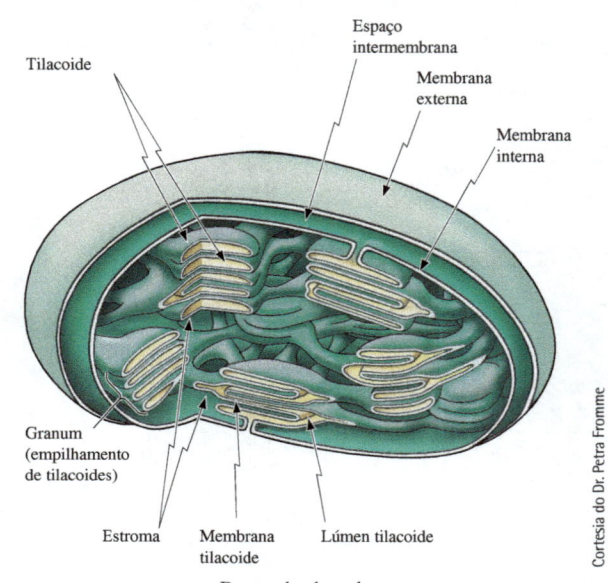

Dentro do cloroplasto

A clorofila, ela própria inserida em uma proteína complexa que atravessa a membrana do cloroplasto, é uma molécula similar ao grupo heme encontrado na hemoglobina (Figura 22.18). Diferentemente do grupo heme, a clorofila contém Mg^{2+} em vez de Fe^{2+}.

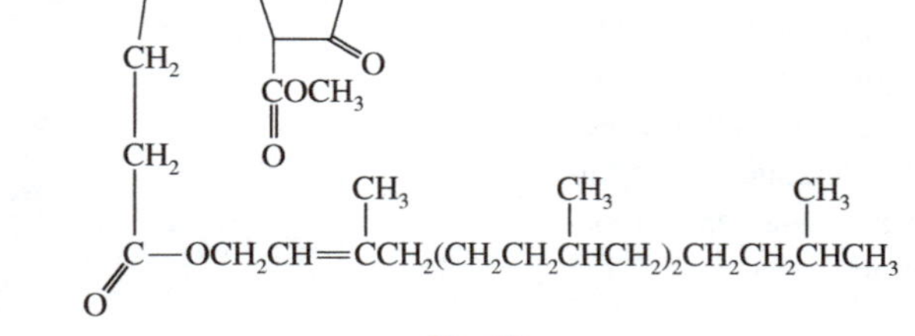

Clorofila a

As reações na fotossíntese, coletivamente denominadas reações da fase luminosa, são aquelas na qual a clorofila captura a energia da luz solar e, com esse auxílio, tira elétrons e prótons da água para formar oxigênio, ATP e NADPH + H^+ (ver seção 28.2C):

$$H_2O + ADP + P_i + NADP^+ + \text{luz solar} \longrightarrow \tfrac{1}{2}O_2 + ATP + NADPH + H^+$$

Outro grupo de reações, chamadas reações do escuro (ou da fase escura) porque não necessitam de luz, essencialmente convertem CO_2 em carboidratos:

$$CO_2 + ATP + NADPH + H^+ \longrightarrow \underset{\text{Carboidratos}}{(CH_2O)_n} + ADP + P_i + NADP^+$$

A energia, agora na forma de ATP, é usada para auxiliar NADPH + H^+ a reduzir dióxido de carbono em carboidratos. Portanto, os prótons e elétrons obtidos nas reações da fase luminosa são adicionados ao dióxido de carbono nas reações do escuro. Essas reações ocorrem em processos cíclicos de múltiplas etapas chamadas **ciclo de Calvin**, assim denominadas após a sua descoberta por Melvin Calvin (1911--1997), vencedor do Prêmio Nobel em Química de 1961 por esse trabalho. Nesse ciclo, o CO_2 é primeiro ligado a um fragmento C_5 que se parte em dois fragmentos C_3 (trioses fosfato). Através de uma série de etapas complexas, esses fragmentos são convertidos em um composto C_6 e eventualmente em glicose.

$$CO_2 + C_5 = 2C_3 = C_6$$

Vias biossintéticas ■ 721

Conexões químicas 29A (continuação)

A etapa crítica das reações do escuro (ciclo de Calvin) é a ligação do CO_2 a ribulose 1,5-difosfato, um composto derivado da ribulose (Tabela 20.2). A enzima que catalisa essa reação, ribulose-1,5-difosfato carboxilato-oxigenase, cujo apelido é RuBisCO, é uma das mais lentas da natureza. Como no trânsito, o veículo mais lento determina o fluxo total, logo a RuBisCO é o principal fator da baixa eficiência do ciclo de Calvin. Por causa da baixa eficiência dessa enzima, a maioria das plantas converte menos de 1% da energia radiante absorvida (luz) em carboidratos. Para suplantar essa ineficiência, as plantas precisam sintetizar grandes quantidades dessa enzima. Mais da metade das proteínas solúveis das folhas das plantas é formada de enzimas RuBisCO, cuja síntese requer grande dispêndio de energia.

A etapa comum em todos esses processos é a ativação de glicose pela uridina trifosfato (UTP) para formar UDP-glicose:

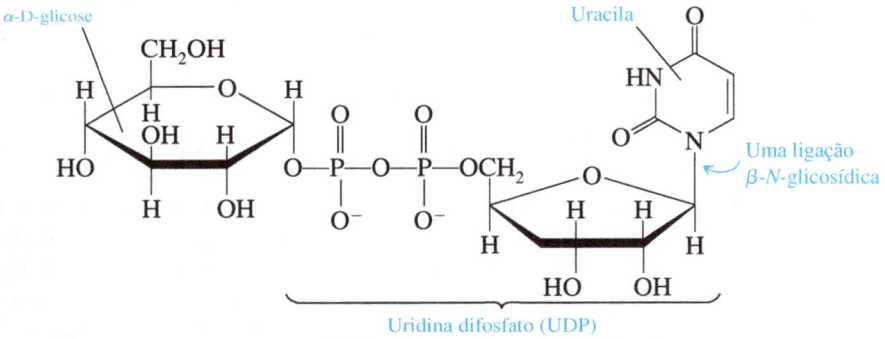

[Estrutura química mostrando α-D-glicose ligada a uridina difosfato (UDP) através de uma ligação β-N-glicosídica, formando Uridina difosfato glicose (UDP-glicose), com o grupo Uracila identificado]

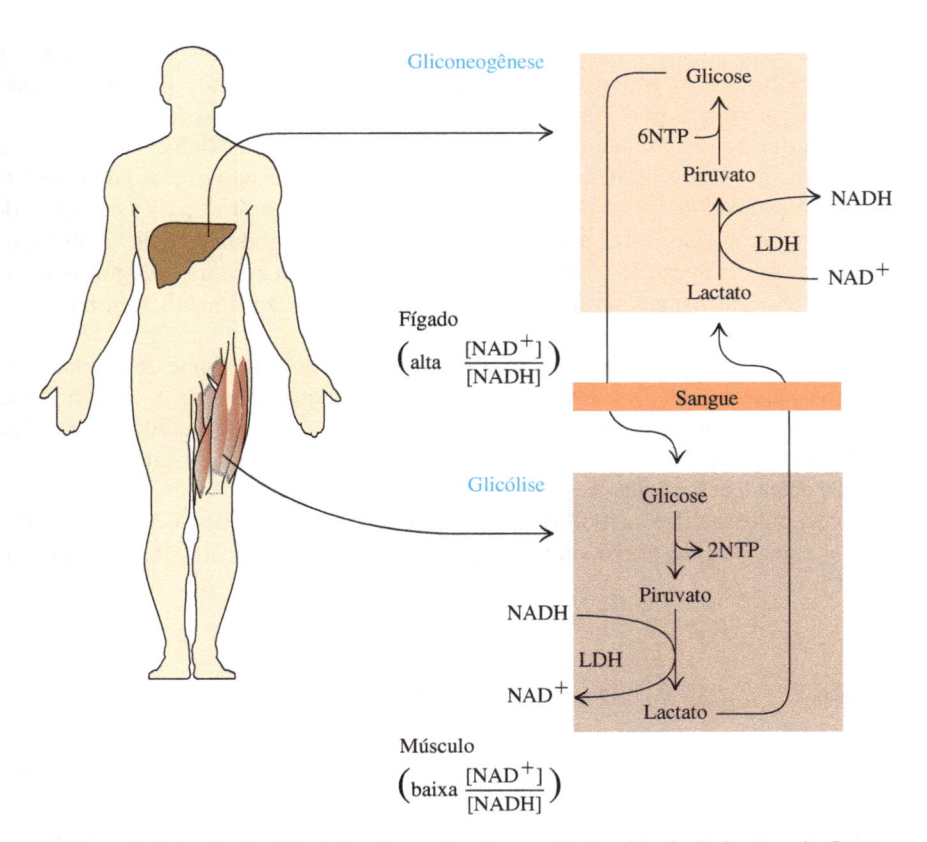

[Diagrama do ciclo de Cori mostrando:
- Fígado (alta $\frac{[NAD^+]}{[NADH]}$): Gliconeogênese — Lactato → Piruvato (via LDH, NADH → NAD$^+$) → Glicose (6NTP)
- Sangue: transporte de glicose e lactato
- Músculo (baixa $\frac{[NAD^+]}{[NADH]}$): Glicólise — Glicose → Piruvato (2NTP) → Lactato (via LDH, NADH → NAD$^+$)]

FIGURA 29.2 O ciclo de Cori é assim denominado por causa das descobertas de Gerty e Carl Cori. Lactato é produzido nos músculos pela glicólise e transportado pelo sangue até o fígado. A gliconeogênese no fígado converte lactato de novo em glicose, que pode então ser levada de volta aos músculos pelo sangue. (NTP corresponde a nucleosídeo trifosfato, e LDH, a lactato desidrogenase.)

Glicogênese Conversão de glicose em glicogênio.

A UDP é similar à ADP, exceto pela base que é uracila em vez de adenina. A UTP, um análogo de ATP, contém duas ligações anidrido-fosfato de alta energia. Por exemplo, quando o organismo apresenta excesso de glicose e precisa armazená-lo como glicogênio (processo denominado **glicogênese**), a glicose é inicialmente convertida em glicose 1-fosfato, mas então uma enzima especial catalisa a reação:

$$\text{Glicose 1-fosfato} + \boxed{\text{UTP}} \longrightarrow \text{UDP-glicose} + {}^{-}\text{O}-\underset{\underset{\text{O}^-}{\|}}{\overset{\overset{\text{O}}{\|}}{\text{P}}}-\text{O}-\underset{\underset{\text{O}^-}{\|}}{\overset{\overset{\text{O}}{\|}}{\text{P}}}-\text{O}^{-}$$

$$\text{UDP-glicose} + \underset{\text{Glicogênio}}{(\text{glicose})_n} \longrightarrow \boxed{\text{UDP}} + \underset{\underset{\text{(uma unidade maior)}}{\text{Glicogênio}}}{(\text{glicose})_{n+1}}$$

A biossíntese de vários outros di e polissacarídeos, assim como de seus derivados, também utiliza a etapa de ativação comum: a formação do composto derivado de UDP adequada.

29.3 Como ocorre a biossíntese dos ácidos graxos?

O organismo pode sintetizar todos os ácidos graxos de que ele necessita, exceto os ácidos linoleico e linolênico (ácidos graxos essenciais; ver Seção 21.2). A fonte de carbono nessa síntese é a acetil-CoA. Pelo fato de a acetil-CoA ser também um produto de degradação da espiral da β-oxidação dos ácidos graxos (Seção 28.5), poderíamos esperar que a síntese fosse o oposto da degradação. Porém não é o caso. A razão é que a maior parte da síntese dos ácidos graxos ocorre no citoplasma, enquanto a degradação acontece na mitocôndria. A síntese dos ácidos graxos é catalisada por um sistema multienzimático.

Entretanto, um aspecto é o mesmo da degradação de ácidos graxos: ambos envolvem acetil-CoA, logo, ambos ocorrem em etapas que utilizam dois carbonos. Os ácidos graxos são construídos pela incorporação de dois carbonos por vez, da mesma forma em que eles se degradam, quebrando unidades de dois carbonos por vez (Seção 28.5).

Na maioria das vezes, os ácidos graxos são sintetizados quando excesso de alimento se encontra disponível. Isto é, quando comemos alimentos necessários para a produção de energia, nosso organismo converte o excesso de acetil-CoA (produzido pelo catabolismo dos carboidratos; ver Seção 28.2) em ácidos graxos e então em gorduras. As gorduras são mantidas em depósitos, que são células especializadas no armazenamento de gordura (ver Figura 28.1).

A chave para a síntese de ácidos graxos é uma **proteína de transporte de grupos acila** (*acyl carrier protein* – ACP). Ela pode ser entendida como um carrossel – uma proteína giratória à qual a cadeia em crescimento de ácidos graxos se liga. À medida que a cadeia em crescimento gira com a ACP, ela varre o complexo multienzimático; em cada enzima, uma reação da cadeia é catalisada (Figura 29.3).

No começo desse ciclo, a ACP retira um grupo acetila da acetil-CoA e o leva até a primeira enzima, a ácido graxo sintase, aqui chamada simplesmente sintase, na forma abreviada:

$$\underset{\text{Acetil-CoA}}{\boxed{\text{CH}_3\overset{\overset{\text{O}}{\|}}{\text{C}}-\text{S}-\text{CoA}}} + \text{HS}-\text{ACP} \longrightarrow \text{HS}-\text{CoA} + \underset{\text{Acetil-ACP}}{\text{CH}_3\overset{\overset{\text{O}}{\|}}{\text{C}}-\text{S}-\text{ACP}}$$

$$\text{CH}_3\overset{\overset{\text{O}}{\|}}{\text{C}}-\text{S}-\text{ACP} + \text{sintase}-\text{SH} \longrightarrow \text{CH}_3\overset{\overset{\text{O}}{\|}}{\text{C}}-\text{S}-\text{sintase} + \text{HS}-\text{ACP}$$

O grupo —SH é o sítio de ligação dos grupos acila na qual ele se liga como um tioéster.

O fragmento C_2 na sintase é condensado com um fragmento C_3 ligado na ACP, em um processo no qual CO_2 é liberado:

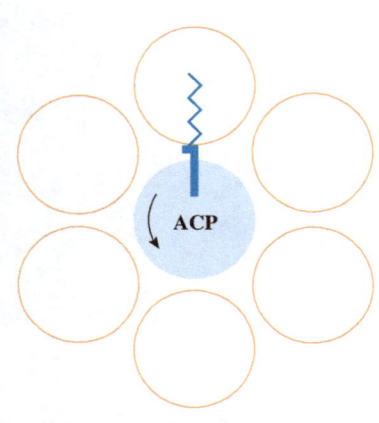

FIGURA 29.3 Biossíntese de ácidos graxos. A ACP (esfera central azul) apresenta uma longa cadeia lateral (⌇) que leva a cadeia em crescimento do ácido graxo (⌇⌇). A ACP gira no sentido anti-horário, e sua cadeia lateral varre o sistema multienzimático (esferas vazias). Quando cada ciclo é completado, um fragmento C_2 é adicionado na cadeia em crescimento do ácido graxo.

$$CH_3\overset{O}{\underset{\|}{C}}-S-\text{sintase} + \underset{\underset{COO^-}{|}}{CH_2}-\overset{O}{\underset{\|}{C}}-S-ACP$$

Malonil-ACP

$$\longrightarrow CH_3\overset{O}{\underset{\|}{C}}-CH_2-\overset{O}{\underset{\|}{C}}-S-ACP + CO_2 + \text{sintase}-SH$$

Acetoacetil-ACP

O resultado é um fragmento C_4 que é reduzido duas vezes e desidratado antes de se tornar um grupo C_4 completamente saturado. Esse processo marca o fim de um ciclo do carrossel. Essas três etapas são o inverso do que foi visto na β-oxidação dos ácidos graxos (Seção 28.5).

No ciclo seguinte, o fragmento é transferido para a sintase, e adiciona-se outro malonil-ACP (fragmento C_3). A cada volta, outro fragmento C_2 é adicionado à cadeia em crescimento. Cadeias com até C_{16} (ácido palmítico) podem ser obtidas nesse processo. Se o organismo precisa de ácidos graxos mais longos – por exemplo, ácido esteárico (C_{18}) –, outro fragmento é adicionado ao ácido palmítico por um sistema enzimático diferente.

Ácidos graxos insaturados são obtidos dos ácidos graxos saturados por uma etapa de oxidação, na qual o hidrogênio é removido e combinado com O_2 para formar água:

$$R-CH_2-CH_2-(CH_2)_nCOOH + O_2 + \boxed{NADPH} + H^+$$

$$\xrightarrow{\text{enzima}} \underset{R \quad\quad (CH_2)_nCOOH}{\overset{H \quad\quad H}{C=C}} + 2H_2O + \boxed{NADP^+}$$

Conexões químicas 29B

As bases biológicas da obesidade

A obesidade tem sido associada com várias doenças conhecidas, como o diabetes e mesmo o câncer, sendo um tópico importante na sociedade moderna. Por meio de pesquisas, geneticistas e enzimologistas obtiveram resultados que podem ser úteis no entendimento e tratamento da obesidade.

Recentemente, pesquisadores identificaram o primeiro gene que mostrou uma evidente relação da tendência que determinada pessoa tem com a obesidade. Esse gene foi rotulado como *FTO*. Embora este gene esteja positivamente correlacionado com a obesidade, ninguém ainda conhece como ele funciona. Um grupo britânico de cientistas estudou amostras de mais de 4 mil indivíduos e identificou o gene FTO, o qual mostrou estar relacionado com o índice de massa corpórea (IMC). Uma variante específica do FTO com uma diferença em apenas um nucleotídeo foi encontrada. Indivíduos que tinham duas cópias do gene variante eram 1,67 vez mais propensos a ser obesos que indivíduos que não tinham nenhuma cópia do gene variante. Embora atualmente não se saiba como esse gene opera, a sua grande correlação com a obesidade tem acelerado as pesquisas para que a atuação dele seja compreendida.

A segunda área de pesquisa em obesidade se relaciona ao controle do intermediário-chave na biossíntese dos ácidos graxos, a malonil-CoA. Esse intermediário tem duas funções muito importantes no metabolismo. Primeiro, ele é convertido em ácidos graxos e não em qualquer outro composto na biossíntese. Segundo, ele inibe fortemente a enzima que auxilia a transferência de ácidos graxos para a mitocôndria e, por isso, inibe a oxidação dos ácidos graxos. O nível de malonil-CoA no citosol pode determinar se a célula vai oxidar ou armazenar as gorduras. A enzima que produz maloni-CoA é a acetil-CoA carboxilase ou ACC. Existem duas formas dessa enzima, cada uma codificada por genes separados. A ACC1 é encontrada no fígado e no tecido adiposo, enquanto a ACC2 se localiza nos músculos esqueléticos e cardíacos. Altas concentrações de glicose e altas concentrações de insulina levam à estimulação da ACC2. Exercícios têm o efeito oposto. Durante o exercício, uma proteína cinase dependente de AMP fosforila a ACC2 e a inativa.

Estudos recentes focalizam a natureza do ganho de peso e da perda de peso relacionados com a ACC2. Os pesquisadores criaram uma variedade de camundongos sem o gene para a ACC2. Esses camundongos comem mais que as correspondentes variedades selvagens, mas apresentam reservas de lipídeos significativamente menores (30%-40% nos músculos esqueléticos e 10% nos músculos cardíacos). Mesmo o tecido adiposo, que ainda contém ACC1, mostrou uma redução dos triacilgliceróis de até 50%. Esses camundongos não mostraram nenhuma outra anomalia. Eles crescem e se reproduzem normalmente e tiveram períodos de vida normais. Os pesquisadores concluíram que quantidades menores de malonil-CoA originadas pela ausência de ACC2 conduzem a dois resultados: aumento da β-oxidação via eliminação do bloqueio na transferência do ácido graxo para a mitocôndria e uma diminuição na síntese dos ácidos graxos. Especula-se que a ACC2 seja um excelente alvo para as drogas usadas no combate à obesidade.

Um exemplo dessa elongação e insaturação é o apresentado pelo ácido docosaexenoico, um ácido graxo de 22 carbonos com 6 duplas ligações *cis* (22:6). O ácido docosaexenoico é parte predominante dos glicerofosfolipídeos nas membranas em que se localiza o pigmento visual da rodopsina. Sua presença é necessária para fornecer fluidez nas membranas de forma que os sinais de luz cheguem à retina.

Já foi abordado que os lipídeos são uma forma altamente eficiente de armazenamento de energia. Quando temos excesso de energia na forma de "calorias" nutricionais, os lipídeos a acumulam facilmente quase na sua totalidade. Problemas de saúde relacionados com a obesidade estão se tornando muito comuns em países desenvolvidos, o que tem levado ao estudo de como solucionar tais problemas ("Conexões químicas 29B").

29.4 Como ocorre a biossíntese dos lipídeos da membrana?

Os vários lipídeos da membrana (seções 21.6-21.8) são montados a partir de seus constituintes. Acabamos de ver como os ácidos graxos são sintetizados no organismo. Esses ácidos graxos são então ativados pela CoA, formando acil-CoA. O glicerol 1-fosfato, que é obtido da redução de di-hidroxiacetona fosfato (um fragmento C_3 da glicólise; ver Figura 28.4), é o segundo bloco de construção dos glicerofosfolipídeos. Esse composto combina-se com duas moléculas de CoA, que podem ser iguais ou diferentes:

$$\text{Glicerol 1-fosfato} + \text{Acil-CoA} \longrightarrow \text{Um fosfatidato} + 2\text{CoA-SH}$$

Vimos anteriormente que o glicerol 1-fosfato é um veículo no transporte de elétrons para dentro e para fora da membrana (Seção 28.3). Para completar a molécula, uma serina ativada – ou mesmo colina ou etanolamina também ativadas – é adicionada ao grupo —OPO_3^{2-}, formando um éster de fosfato (ver estruturas na Seção 21.6; a Figura 29.4 mostra um modelo de fosfatidilcolina). A colina é ativada por citidina trifosfato (CTP), resultando em CDP-colina. Esse processo é similar à ativação de glicose por UTP (Seção 29.2C), exceto que a base é citosina em vez de uracila (Seção 25.2). Os esfingolipídeos (Seção 21.7) são similarmente construídos a partir de moléculas menores. Uma fosfocolina ativada é adicionada à parte de esfingosina da ceramida (Seção 21.7) para produzir esfingomielina.

Os glicolipídeos são construídos de forma similar. A ceramida é montada como já descrito, e o carboidrato é adicionado uma unidade por vez na forma de monossacarídeos ativados (UDP-glicose e assim sucessivamente).

O colesterol, a molécula que controla a fluidez das membranas e é uma precursora de todos os hormônios esteroides e sais biliares, também é sintetizado pelo organismo humano. Ele é montado no fígado a partir de fragmentos que se originam do grupo acetila da acetil-CoA. Todos os átomos de carbono do colesterol são provenientes dos átomos de carbono das moléculas da acetil-CoA (Figura 29.5). O colesterol no cérebro é sintetizado nas células nervosas por elas próprias; sua presença é necessária para formar as sinapses. O colesterol de nossa dieta e aquele que é sintetizado no fígado circulam no plasma como LDL (ver Seção 21.9) e não estão disponíveis para a formação da sinapse porque a LDL não pode atravessar a barreira sanguínea do cérebro.

FIGURA 29.4 Um modelo de fosfatidilcolina, comumente chamada lecitina.

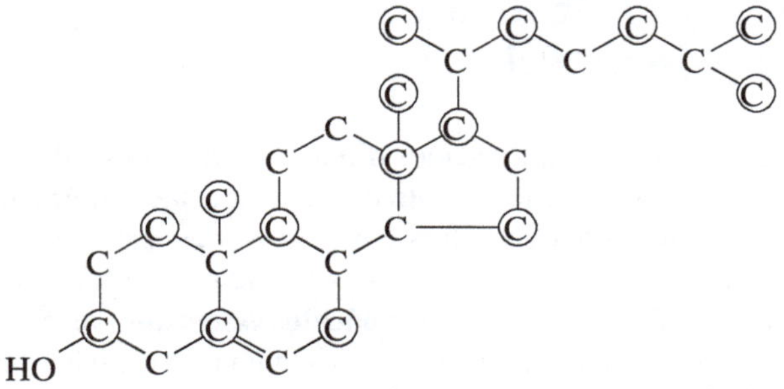

FIGURA 29.5 Biossíntese do colesterol. Os carbonos circundados são provenientes do grupo —CH3, e os outros átomos de carbono provêm do grupo —CO— do grupo acetila da acetil-CoA.

A síntese de colesterol começa com a condensação sequencial de três moléculas de acetil-CoA para formar o composto 3-hidroxi-3-metilglutaril-CoA (HMG-CoA):

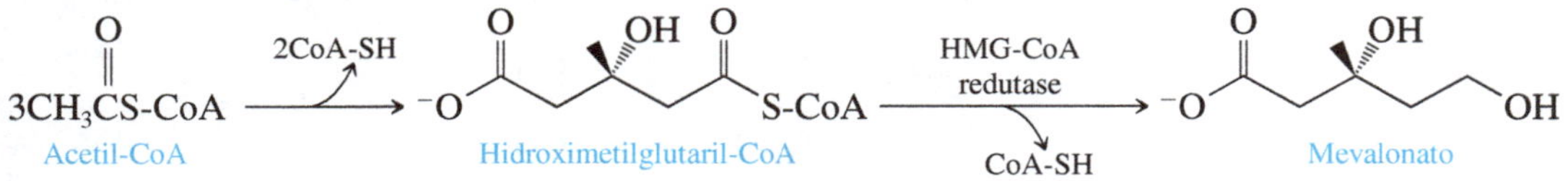

$$3CH_3CS\text{-}CoA \xrightarrow{2CoA\text{-}SH} \text{Hidroximetilglutaril-CoA} \xrightarrow[CoA\text{-}SH]{HMG\text{-}CoA\ redutase} \text{Mevalonato}$$

A enzima-chave, HMG-CoA redutase, controla a taxa de síntese do colesterol. Ela reduz o tioéster de HMG-CoA a um álcool primário, produzindo CoA no processo. O composto resultante, mevalonato, sofre fosforilação e descarboxilação para produzir um composto C_5, isopentenil pirofosfato:

$$\text{Mevalonato} \xrightarrow[CO_2]{ATP\ \ AMP} \text{Isopentenil pirofosfato}\ (OP_2O_6^{3-})$$

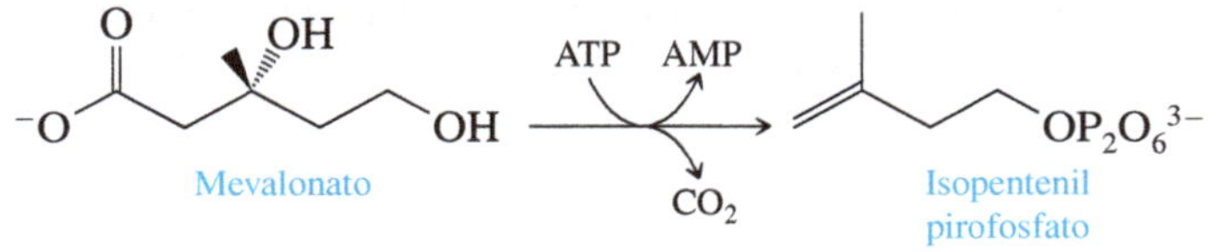

Dessa unidade básica C_5, os outros compostos múltiplos de C_5 são formados e definitivamente conduzem à síntese do colesterol. Esses intermediários são os pirofosfatos de geranila, C_{10}, e farnesila, C_{15}:

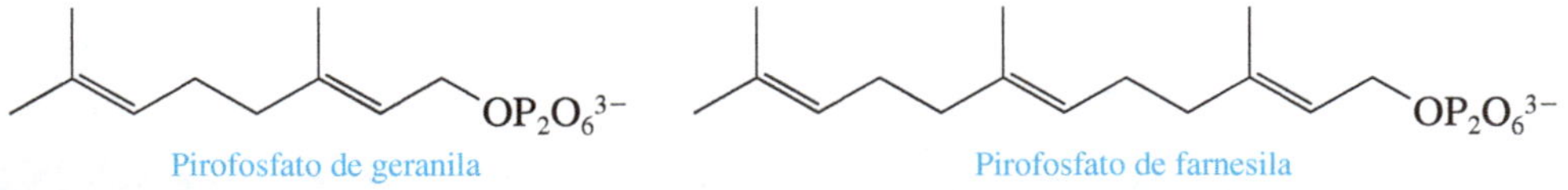

Pirofosfato de geranila   Pirofosfato de farnesila

Finalmente, o colesterol é sintetizado da condensação de duas moléculas de farnesil pirofosfato.

As drogas estatínicas, como lovastatina, inibem competitivamente a enzima-chave HMG-CoA redutase e, consequentemente, a biossíntese de colesterol. Essas drogas são frequentemente prescritas para controlar o nível de colesterol no sangue de forma a prevenir a arteriosclerose (Seção 21.9E).

Os intermediários na síntese de colesterol, os pirofosfatos de geranila e farnesila, são constituídos por unidades de isopreno; esses compostos C_5 foram discutidos na Seção 12.5. Os compostos C_{10} e C_5 são também usados para permitir que moléculas de proteína sejam dispersas na bicamada lipídica das membranas. Quando essas unidades de isopreno múltiplas são ligadas a uma proteína em um processo denominado **prenilação**, a proteína torna-se mais hidrofóbica e é capaz de se mover lateralmente no interior da bicamada com maior facilidade (o nome *prenilação* se origina de isopreno, a unidade de cinco carbonos dos quais os intermediários do colesterol C_{10}, C_{15} e C_{30} são feitos). A prenilação distingue as proteínas de forma que possam ficar associadas com membranas e realizar outras funções celulares, como a transdução do sinal da proteína-G (Seção 24.5B).

29.5 Como ocorre a biossíntese dos aminoácidos?

O corpo humano precisa de 20 aminoácidos diferentes para construir as cadeias das proteínas – todos os 20 aminoácidos são encontrados na alimentação normal. Alguns dos aminoácidos podem ser sintetizados de outros compostos, que são os aminoácidos não essenciais. Outros não podem ser sintetizados pelo organismo humano e precisam ser fornecidos pela alimentação; trata-se dos **aminoácidos essenciais** (ver Seção 30.6). A maioria dos aminoácidos não essenciais é sintetizada de algum intermediário ou da glicólise (Seção 28.2) ou do ciclo do ácido cítrico (Seção 27.4). O glutamato desempenha um papel central na síntese dos cinco aminoácidos não essenciais. O glutamato, por si só, é sintetizado de α-cetoglutarato, um dos intermediários no ciclo do ácido cítrico:

$$NADH + H^+ + NH_4^+ + \begin{array}{c} COO^- \\ | \\ C=O \\ | \\ CH_2 \\ | \\ CH_2 \\ | \\ COO^- \end{array} \rightleftharpoons \begin{array}{c} COO^- \\ | \\ CH-NH_3^+ \\ | \\ CH_2 \\ | \\ CH_2 \\ | \\ COO^- \end{array} + NAD^+ + H_2O$$

α-cetoglutarato → Glutamato

A reação direta é a síntese, e a inversa, a reação de desaminação oxidativa (degradação), vista no catabolismo dos aminoácidos (Seção 28.8B). Nesse caso, as vias sintéticas e de degradação são exatamente o contrário uma da outra.

O glutamato pode servir como um intermediário na síntese de alanina, serina, aspartato, asparagina e glutamina. Por exemplo, a reação de transaminação vista na Seção 28.8A forma a alanina:

$$\begin{array}{c} COO^- \\ | \\ C=O \\ | \\ CH_3 \end{array} + \begin{array}{c} COO^- \\ | \\ CH-NH_3^+ \\ | \\ CH_2 \\ | \\ CH_2 \\ | \\ COO^- \end{array} \rightleftharpoons \begin{array}{c} COO^- \\ | \\ CH-NH_3^+ \\ | \\ CH_3 \end{array} + \begin{array}{c} COO^- \\ | \\ C=O \\ | \\ CH_2 \\ | \\ CH_2 \\ | \\ COO^- \end{array}$$

Piruvato + Glutamato ⇌ Alanina + α-cetoglutarato

Conexões químicas 29C

Aminoácidos essenciais

A biossíntese de proteínas requer a presença de todos os aminoácidos constituintes das proteínas. Se um dos 20 aminoácidos faltar ou estiver em pequena quantidade, a biossíntese da proteína será inibida.

Alguns organismos, incluindo bactérias, podem sintetizar todos os aminoácidos de que eles necessitam. Outras espécies, incluindo os humanos, precisam obter os aminoácidos das suas fontes de alimentação. Os aminoácidos essenciais na nutrição humana estão listados na Tabela 29.1. O organismo pode sintetizar alguns desses aminoácidos, mas não em quantidades suficientes para as suas necessidades, especialmente no caso do crescimento das crianças (estas necessitam particularmente de arginina e histidina).

Aminoácidos não são armazenados (exceto na forma de proteínas), portanto o fornecimento de aminoácidos essenciais em nossa dieta é necessário em intervalos regulares. A deficiência de proteínas – especialmente a deficiência prolongada nas fontes que contêm aminoácidos essenciais – leva à doença de **kwashiorkor**. O problema nessa doença, que é particularmente severa em crianças em crescimento, não é simplesmente a inanição, mas a quebra das próprias proteínas do organismo.

TABELA 29.1 Aminoácidos necessários em humanos

Essenciais		Não essenciais	
Arginina	Metionina	Alanina	Glutamina
Histidina	Fenilalanina	Asparagina	Glicina
Isoleucina	Treonina	Aspartato	Prolina
Leucina	Triptofano	Cisteína	Serina
Lisina	Valina	Glutamato	Tirosina

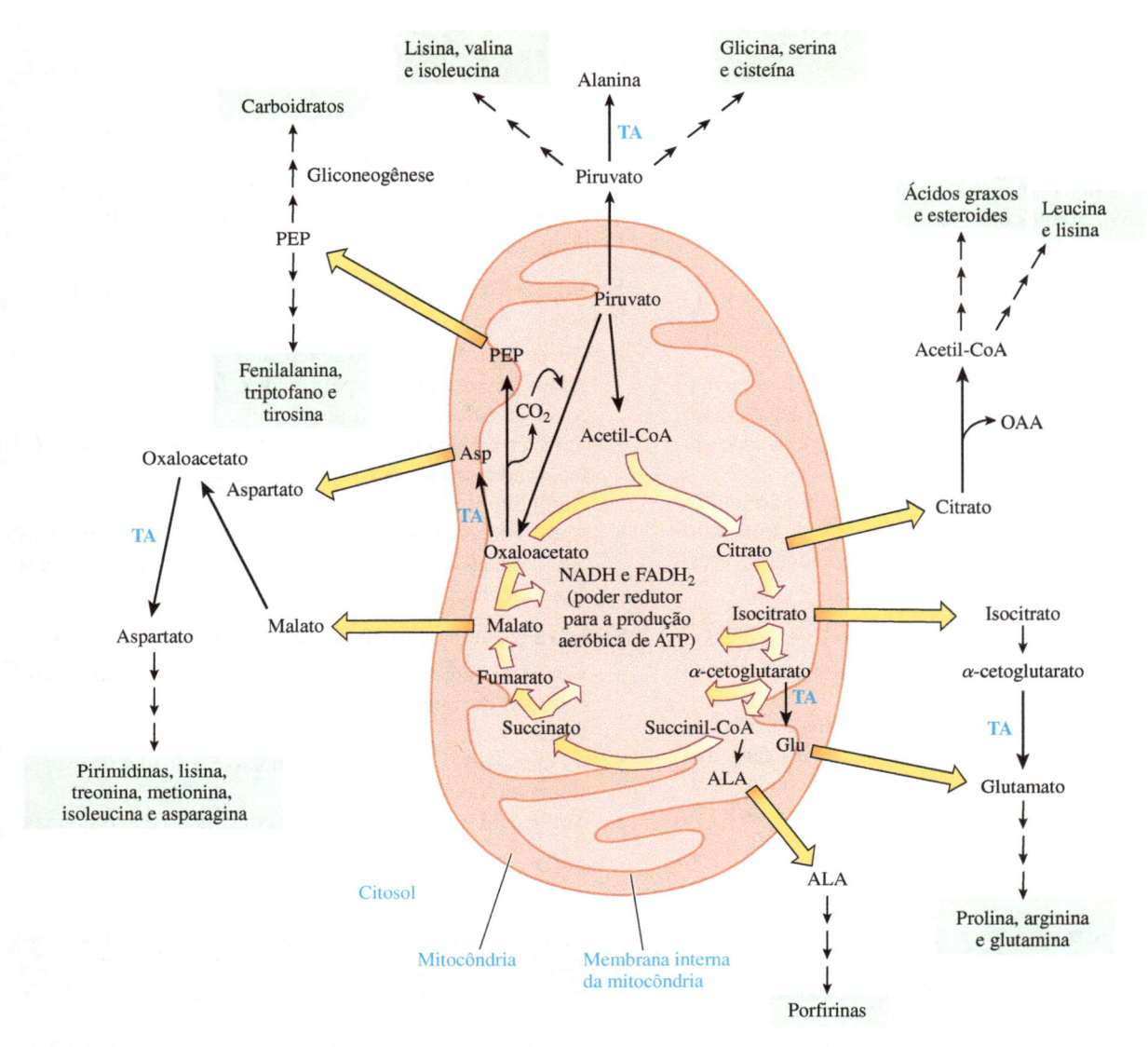

FIGURA 29.6 Resumo do anabolismo que mostra a função das vias metabólicas centrais. Note que carboidratos, lipídeos e aminoácidos aparecem como produtos. (OAA é oxaloacetato; ALA, um derivado da succinil-CoA; TA, transaminação; ⟶ ⟶ ⟶ é uma via de várias etapas.)

Além de serem as unidades de construção das proteínas, os aminoácidos servem como intermediários na obtenção de um grande número de moléculas biológicas. Vimos que a serina é necessária para a síntese dos lipídeos de membrana (Seção 29.4). Certos aminoácidos são também intermediários na síntese do grupo heme e das purinas e pirimidinas que são a matéria-prima para a elaboração do DNA e RNA (Capítulo 25).

Pós-escrito

É útil sumarizar os pontos principais das vias anabólicas considerando como elas estão relacionadas. A Figura 29.6 mostra como todas as vias anabólicas têm início no ciclo do ácido cítrico, usando ATP e o poder redutor do NADH e $FADH_2$. O Capítulo 28 introduziu a via metabólica central, e aqui mostramos como ela está relacionada com todo o anabolismo.

Resumo das questões-chave

Seção 29.1 Quais são os aspectos gerais das vias biossintéticas?

- Para a maioria dos compostos bioquímicos, as vias biossintéticas são diferentes das vias de degradação.

Seção 29.2 Como ocorre a biossíntese dos carboidratos?

- Na **fotossíntese**, os carboidratos são sintetizados nas plantas a partir de CO_2 e H_2O, usando a luz solar como fonte de energia.
- A glicose pode ser sintetizada pelos animais de intermediários da glicólise, de intermediários do ciclo do ácido cítrico e de aminoácidos glicogênicos. Esse processo é chamado **gliconeogênese**.
- Quando a glicose ou outros monossacarídeos são unidos em di, oligo e polissacarídeos, cada unidade de monossacarídeo na sua forma ativada é adicionada à cadeia em crescimento.

Seção 29.3 Como ocorre a biossíntese dos ácidos graxos?

- A biossíntese dos ácidos graxos é realizada por um sistema multienzimático.
- A chave para a biossíntese dos ácidos graxos é uma **proteína transportadora de grupo acila (ACP)** que atua como um sistema de transporte carrossel: ela conduz a cadeia de ácidos graxos em crescimento por várias enzimas, cada uma delas catalisando uma reação específica.
- A cada volta completa do carrossel, um fragmento C_2 é adicionado à cadeia em crescimento do ácido graxo.
- A fonte de fragmento C_2 é malonil-ACP, um composto C_3 ligado à ACP. Ele se torna um fragmento C_2 com a perda de uma molécula de CO_2.

Seção 29.4 Como ocorre a biossíntese dos lipídeos da membrana?

- Glicerofosfolipídeos são sintetizados de glicerol 1-fosfato; ácidos graxos; ativados pela conversão em acil-CoA; e alcoóis, ativados como a colina.
- Colesterol é sintetizado de acetil-CoA. Três fragmentos C_2 são condensados para formar um composto C_6, hidroximetilglutaril-CoA.
- Após redução e descarboxilação, unidades C_5 isoprênicas são formadas e condensam em intermediários C_{10} e C_{15}, dos quais o colesterol é formado.

Seção 29.5 Como ocorre a biossíntese dos aminoácidos?

- Vários aminoácidos não essenciais são sintetizados no organismo de intermediários da glicólise ou do ciclo do ácido cítrico.
- Na metade desses casos, o glutamato é o doador de grupos amina na transaminação.
- Aminoácidos são os blocos de construção das proteínas.

Problemas

Seção 29.1 Quais são os aspectos gerais das vias biossintéticas?

29.1 Por que as vias utilizadas pelo organismo para o anabolismo e catabolismo são tão diferentes?

29.2 Como o grande excesso de fosfato inorgânico em uma célula afeta a quantidade de glicogênio? Explique.

29.3 O glicogênio pode ser sintetizado no organismo pelas mesmas enzimas que o degradam. Por que esse processo é utilizado somente em pequena escala na síntese de glicogênio, enquanto a maior parte da biossíntese do glicogênio ocorre por uma via diferente?

29.4 A maioria das reações anabólicas e catabólicas ocorre nos mesmos lugares?

Seção 29.2 Como ocorre a biossíntese dos carboidratos?

29.5 Qual é a diferença nas equações globais para a fotossíntese e para a respiração?

29.6 Na fotossíntese, quais são as fontes de (a) carbono, (b) hidrogênio e (c) energia?

29.7 Dê o nome de um composto que pode servir como matéria-prima para a gliconeogênese e que seja (a) da via glicolítica, (b) do ciclo do ácido cítrico e (c) um aminoácido.

29.8 Como a glicose é ativada para a síntese de glicogênio?

29.9 A glicose é o único carboidrato que o cérebro pode utilizar como fonte de energia. Que via é mobilizada para fornecer as necessidades ao cérebro durante a inanição: (a) glicólise, (b) gliconeogênese ou (c) glicogênese? Explique.

29.10 As enzimas que combinam dois compostos C_3 em um composto C_6 na gliconeogênese são as mesmas ou diferentes daquelas que clivam um composto C_6 em dois compostos C_3 na glicólise?

29.11 Elabore um esquema no qual a maltose é formada usando inicialmente UDP-glicose.

29.12 O glicogênio é representado como (glicose)$_n$.

    (a) O que n significa?

    (b) Qual é o valor aproximado de n?

29.13 Quais são os constituintes da UTP?

Seção 29.3 Como ocorre a biossíntese dos ácidos graxos?

29.14 Qual é a fonte de carbono na síntese de ácidos graxos?

29.15 (a) Onde ocorre a síntese de ácidos graxos no organismo?

    (b) A degradação dos ácidos graxos ocorre no mesmo lugar?

29.16 A ACP é uma enzima?

29.17 Na biossíntese de ácidos graxos, que composto é adicionado repetidamente pela sintase?

29.18 (a) Qual é o nome da primeira enzima na síntese dos ácidos graxos?
(b) O que ela faz?

29.19 De que composto o CO_2 é liberado na síntese dos ácidos graxos?

29.20 Quais são os grupos funcionais comuns na CoA, ACP e sintase?

29.21 Na síntese dos ácidos graxos insaturados, NADPH + H^+ é convertido em $NADP^+$. Essa síntese também é uma etapa de oxidação e não de redução. Explique.

29.22 Quais destes ácidos graxos podem ser sintetizados apenas pelo complexo multienzimático da síntese dos ácidos graxos?
(a) Oleico   (b) Esteárico
(c) Mirístico (d) Araquidônico
(e) Láurico

29.23 Algumas enzimas podem usar NADH e NADPH como uma coenzima. Outras enzimas usam um ou outro exclusivamente. Que aspectos preveniriam a adequação de NADPH no sítio ativo de uma enzima que, por sua vez, pode acomodar NADH?

29.24 Os ácidos graxos usados para fins de energia no organismo, na forma de gorduras, são sintetizados da mesma forma que os ácidos graxos para as bicamadas lipídicas da membrana?

29.25 Os ácidos linoleico e linolênico não podem ser sintetizados no organismo humano. Isso significa que o organismo humano não produz um ácido graxo insaturado a partir de um saturado?

Seção 29.4 Como ocorre a biossíntese dos lipídeos da membrana?

29.26 Quais são os blocos de construção (unidades) que o organismo utiliza para montar (sintetizar) o lipídeo de membrana mostrado abaixo?

$$\begin{array}{l} CH_2-O-\overset{O}{\underset{\|}{C}}-(CH_2)_{14}CH_3 \\ CH-O-\overset{O}{\underset{\|}{C}}-(CH_2)_{10}CH_3 \\ CH_2-O-\overset{O}{\underset{\|}{\underset{|}{P}}}-O-CH_2-\underset{NH_3^+}{\underset{|}{CH}}-COO^- \\ O^- \end{array}$$

29.27 Denomine os constituintes ativados necessários para formar o glicolipídeo glicoceramida.

29.28 Por que a HMG-CoA redutase é uma enzima-chave na síntese do colesterol?

29.29 Descreva por meio de uma designação de esqueleto carbônico como um composto C_2 termina como um composto C_5.

Seção 29.5 Como ocorre a biossíntese dos aminoácidos?

29.30 Que reação é a inversa da síntese do glutamato a partir de α-cetoglutarato, amônia e NADH + H^+?

29.31 Que aminoácido será sintetizado pelo seguinte processo?

$$\begin{array}{l} COO^- \\ | \\ C=O \\ | \\ CH_2 \\ | \\ COO^- \end{array} + NADH + H^+ + NH_4^+ \longrightarrow$$

29.32 Desenhe as estruturas dos compostos necessários para síntese da asparagina por transaminação partindo de glutamato.

29.33 Nomeie os produtos da seguinte reação de transaminação:

$$(CH_3)_2CH-\overset{O}{\underset{\|}{C}}-COO^-$$

$$+ ^-OOC-CH_2-CH_2-\underset{NH_3^+}{\underset{|}{CH}}-COO^- \longrightarrow$$

Conexões químicas

29.34 (Conexões químicas 29A) Os fotossistemas I e II são "fábricas" complexas constituídas por proteínas, clorofila e vários cofatores. Onde esses fotossistemas estão localizados nas plantas e em que reação da fotossíntese eles participam?

29.35 (Conexões químicas 29A) Qual coenzima reduz CO_2 no ciclo de Calvin?

29.36 (Conexões químicas 29B) Qual é a importância metabólica da malonil-CoA?

29.37 (Conexões químicas 29B) Que enzima pode ser um possível alvo para a ação de drogas no tratamento da obesidade?

29.38 (Conexões químicas 29C) Qual é o resultado de ingerir apenas proteínas que não contêm todos os 20 aminoácidos?

Problemas adicionais

29.39 Na estrutura de $NADP^+$, que ligações conectam nicotinamida e adenina às unidades de ribose?

29.40 Que fragmento C_3 conduzido pela ACP é usado na síntese de ácidos graxos?

29.41. Quando ocorre transaminação entre glutamato e fenilpiruvato, que aminoácido é formado?

$$C_6H_5-CH_2-\overset{O}{\underset{\|}{C}}-COO^-$$

$$+ ^-OOC-CH_2-CH_2-\underset{NH_3^+}{\underset{|}{CH}}-COO^- \longrightarrow$$

29.42 Nomeie três compostos com base em unidades isoprenoides que têm uma função na biossíntese de colesterol.

29.43 Cada etapa de ativação na síntese de lipídeos complexos ocorre com o consumo de uma molécula de ATP. Quantas moléculas de ATP são usadas na síntese de uma molécula de lecitina?

29.44 Considere que a desaminação do ácido glutâmico e sua síntese de ácido α-cetoglutárico são reações de equilíbrio. De que forma o equilíbrio será deslocado quando o corpo for exposto a temperaturas frias?

29.45 Que composto reage com glutamato no processo de transaminação para formar serina?

29.46 Quais são os nomes dos intermediários C_{10} e C_{15} na biossíntese do colesterol?

29.47 Qual é o carbono 1 na HMG-CoA (3-hidróxi-3--metilglutaril-CoA)?

29.48 Na maioria dos processos biossintéticos, o reagente é reduzido para a obtenção do produto desejado. Essa afirmação é adequada à reação global da fotossíntese?

29.49 Qual é a principal diferença na estrutura entre a clorofila e a heme?

29.50 O complexo enzimático que participa de cada síntese dos ácidos graxos pode produzir ácidos graxos de qualquer tamanho?

Ligando os pontos

29.51 Como a biossíntese dos ácidos graxos difere do catabolismo destes?

29.52 Como a fonte de energia na biossíntese de carboidratos difere nas plantas e nos animais?

29.53 A enzima que catalisa a fixação de dióxido de carbono na fotossíntese é uma das menos eficientes. Como esse fato resulta nos requisitos de energia na fotossíntese?

Antecipando

29.54 Na dieta vegan, excluem-se todos os produtos de origem animal. É possível conseguir todos os nutrientes essenciais dessa dieta? Será mais fácil ou mais difícil atingir esse objetivo com uma dieta que contenha produtos de origem animal?

29.55 Muitas proteínas-chave no sistema imune são glicoproteínas (proteínas que incorporam açúcares na sua estrutura). A biossíntese dessas proteínas é afetada pela falta de aminoácidos essenciais, por uma dieta de baixo teor de carboidratos ou por ambas? Explique.

Desafios

29.56 Os alimentos que comemos fornecem carboidratos, gorduras e proteínas. Com base no que você aprendeu neste capítulo, o que aconteceria se não houvesse o fornecimento dessas matérias-primas? Explique.

29.57 Em geral, processos catabólicos e biossintéticos não ocorrem na mesma parte da célula. Por que essa separação é vantajosa?

29.58 A inibição por retroação desempenha um papel nas vias biossintéticas longas? Explique sua resposta.

29.59 Se ratos de laboratório forem alimentados com todos os aminoácidos, exceto um dos essenciais, e este for administrado quatro horas depois, qual será o efeito durante a síntese de proteínas e por quê?

29.60 Os humanos apresentam todas as vias anabólicas mostradas na Figura 29.6? Caso esteja faltando algumas vias, quais seriam as mais prováveis?

Nutrição

30

Alimentos ricos em fibras incluem grãos integrais, legumes, frutas e vegetais.

Questões-chave

- **30.1** Como se avalia a nutrição?
- **30.2** Por que somamos calorias?
- **30.3** Como o organismo processa os carboidratos da dieta?
- **30.4** Como o organismo processa as gorduras da dieta?
- **30.5** Como o organismo processa as proteínas da dieta?
- **30.6** Qual é a importância das vitaminas, minerais e água?

30.1 Como se avalia a nutrição?

Nos capítulos 27 e 28, vimos o que acontece com o alimento que comemos nos seus estágios finais – após proteínas, lipídeos e carboidratos terem sido fragmentados em seus componentes. Neste capítulo vamos discutir os estágios anteriores – nutrição e dieta – e então os processos digestivos que fragmentam estas moléculas grandes nos respectivos fragmentos menores que são metabolizados. O alimento fornece energia e novas moléculas para substituir aquelas que foram utilizadas pelo organismo. Essa síntese de novas moléculas é particularmente importante nos períodos em que uma criança está se desenvolvendo para se tornar um adulto.

Os componentes da comida e bebida que resultam em crescimento, substituição e energia são chamados **nutrientes**. Nem todos os componentes dos alimentos são nutrientes. Alguns componentes da comida e bebida, como os que proporcionam sabor, cor ou aroma, acentuam nosso prazer pela comida, mas não são por si só nutrientes.

Digestão O processo pelo qual o organismo fragmenta moléculas grandes em moléculas menores que podem ser absorvidas e metabolizadas.

Dieta discriminatória de redução Uma dieta que evita certos alimentos que são considerados prejudiciais para a saúde de um indivíduo – por exemplo, dietas de baixo teor de sódio para as pessoas com problemas de alta pressão sanguínea.

Nutricionistas classificam os nutrientes em seis grupos:

1. Carboidratos
2. Lipídeos
3. Proteínas
4. Vitaminas
5. Minerais
6. Água

Para que os alimentos sejam processados pelo nosso organismo, eles devem ser absorvidos no sistema sanguíneo ou linfático através das paredes intestinais. Alguns nutrientes, tais como vitaminas, minerais, glicose e aminoácidos, podem ser absorvidos diretamente. Outros, como amido, gorduras e proteínas precisam primeiro ser fragmentados em componentes menores antes de serem absorvidos. Este processo de fragmentação é chamado **digestão**.

Um organismo saudável precisa de uma ingestão adequada de todos os nutrientes. Entretanto, a necessidade de nutrientes varia de uma pessoa para outra. Por exemplo, mais energia é necessária para manter o corpo de um adulto que de uma criança. Por essa razão, as necessidades nutricionais são usualmente fornecidas por quilograma de massa corporal. Adicionalmente, as necessidades de energia de um indivíduo fisicamente ativo são maiores que o de uma pessoa com uma ocupação sedentária. Portanto, quando valores médios são apresentados, como na **Ingestão da Dieta de Referência (IDR)** (Dietary Reference Intakes – DRI) e na primeira diretriz chamada **Recomendações Nutricionais Diárias (RND)** (também chamada doses diárias recomendadas, DDR) (Recommended Daily Allowances – RDA), pode-se ter o conhecimento da ampla faixa que esses valores médios representam.

Os interesses públicos na nutrição e na dieta mudam com o tempo e o local. Setenta ou oitenta anos atrás, o principal interesse nutricional da maioria dos norte-americanos era obter alimento suficiente e evitar doenças causadas pela deficiência de vitaminas, como o escorbuto ou o beribéri. Essa questão é ainda a principal preocupação da maioria da população mundial. Nas sociedades ricas, como nas nações industrializadas, entretanto, hoje a mensagem nutricional não é mais "coma mais", mas "coma menos e discrimine mais o que você escolhe para comer". Fazer dietas para reduzir a massa corporal é um esforço que existe em uma porcentagem considerável da população. Muitas pessoas selecionam sua comida de forma a evitar colesterol (Seção 21.9E) e ácidos graxos saturados para reduzir os riscos de ataques cardíacos.

Conjuntamente com tais **dietas discriminatórias de redução** vieram várias dietas da moda. As **dietas da moda** são exageradas ao acreditar nos efeitos que a nutrição tem sobre a saúde e as doenças. Este fenômeno não é novo, é predominante há muitos anos. Muitas vezes, ele é direcionado por opiniões visionárias, mas que necessitam de embasamento científico. No século XIX, Dr. Kellogg (que tem fama pelos "cornflakes") recomendava uma dieta amplamente vegetariana com base na sua crença de que a carne produzia excessos sexuais. No fim, o seu fervor religioso declinou e seu irmão alcançou sucesso comercial com um alimento à base de grãos que ele inventara. Outro modismo é o da comida crua ou pouco cozida que proíbe o aquecimento dos alimentos acima de 48 °C. Os convictos acreditam que o calor diminui o valor nutricional das proteínas e vitaminas e aumenta a concentração de pesticidas na comida. Obviamente uma dieta de alimentos crus acaba sendo essencialmente vegetariana, o que acaba excluindo carne e seus derivados.

Um alimento recomendado raramente é tão bom, e raramente um alimento condenado é tão ruim quanto os modistas reivindicam. Em geral, cada alimento contém uma grande variedade de nutrientes. Por exemplo, um cereal para o café da manhã típico apresenta os seguintes itens em seus ingredientes: milho prensado, açúcar, sal, flavorizante de malte e vitaminas A, B, C e D, mais outros flavorizantes e conservantes. As leis do consumidor nos Estados Unidos requerem que as embalagens dos produtos sejam rotuladas de forma uniforme para mostrar os valores nutricionais dos alimentos. A Figura 30.1 mostra um rótulo característico encontrado na maioria das latas, garrafas ou caixas de alimento que é comprado.

Tais rótulos precisam listar as porcentagens dos **Valores Diários** para quatro vitaminas e minerais-chave: vitaminas A e C, cálcio e ferro. Caso outras vitaminas ou minerais tenham sido adicionados, ou se o produto reivindica outros aspectos nutricionais de outros nutrientes, estes valores também devem ser mostrados. Os valores de porcentagem diária nos rótulos são baseados em uma ingestão de 2.000 Cal. Para qualquer pessoa que come mais que esta quantidade, a porcentagem efetiva seria menor (e maior para os que comem menos). Note

Informações Nutricionais

Tamanho da porção 1 Barra (28 g)
Porções por caixa 6

Quantidade por porção

Calorias 120 — Calorias provenientes de gordura 35

	% Valor Diário*
Total Gordura 4 g	6%
Gordura Saturada 2 g	10%
Colesterol 0 mg	0%
Sódio 45 mg	2%
Potássio 100 mg	3%
Total de Carboidratos 19 g	6%
Fibra da Dieta 2 g	8%
Açúcares 13 g	
Proteína 2 g	

Vitamina A 15%	•	Vitamina C 15%
Cálcio 15%	•	Ferro 15%
Vitamina D 15%	•	Vitamina E 15%
Tiamina 15%	•	Riboflavina 15%
Niacina 15%	•	Vitamina B_6 15%
Folato 15%	•	Vitamina B_{12} 15%
Biotina 10%	•	Ácido Pantotênico 10%
Fósforo 15%	•	Iodo 2%
Magnésio 4%	•	Zinco 4%

*Valores da porcentagem diária são baseados em uma dieta de 2.000 calorias. Os seus valores diários podem ser maiores ou menores dependendo das suas necessidades calóricas.

	Calorias:	2.000	2.500
Gordura Total	Menos que	65 g	80 g
Gordura Saturada	Menos que	20 g	25 g
Colesterol	Menos que	300 mg	300 mg
Sódio	Menos que	2.400 mg	2.400 mg
Potássio		3.500 mg	3.500 mg
Carboidrato Total		300 g	375 g
Fibra da Dieta		25 g	30 g

Figura 30.1 Um rótulo de alimento para uma barra de creme de amendoim crocante. A parte abaixo (após o asterisco) fornece o mesmo tipo de informação em todos os rótulos.

que cada rótulo especifica o tamanho da porção; as porcentagens são baseadas nesta porção, e não no conteúdo total da embalagem. A parte de baixo do rótulo é exatamente a mesma em todos os rótulos, independentemente do alimento; ela mostra as quantidades diárias recomendadas pelo governo, baseada em um consumo de 2.000 ou 2.500 Cal. Algumas embalagens de alimentos têm permissão para ter rótulos menores, ou porque têm somente poucos nutrientes ou porque a embalagem tem um espaço limitado para o rótulo. O fato de ter-se uma uniformidade nos rótulos facilita aos consumidores conhecer exatamente o que eles estão comendo.

Em 1992, o Departamento de Agricultura dos Estados Unidos (USDA) editou um conjunto de normas relacionando o que constitui uma dieta saudável, representada na forma de uma pirâmide (Figura 30.2).

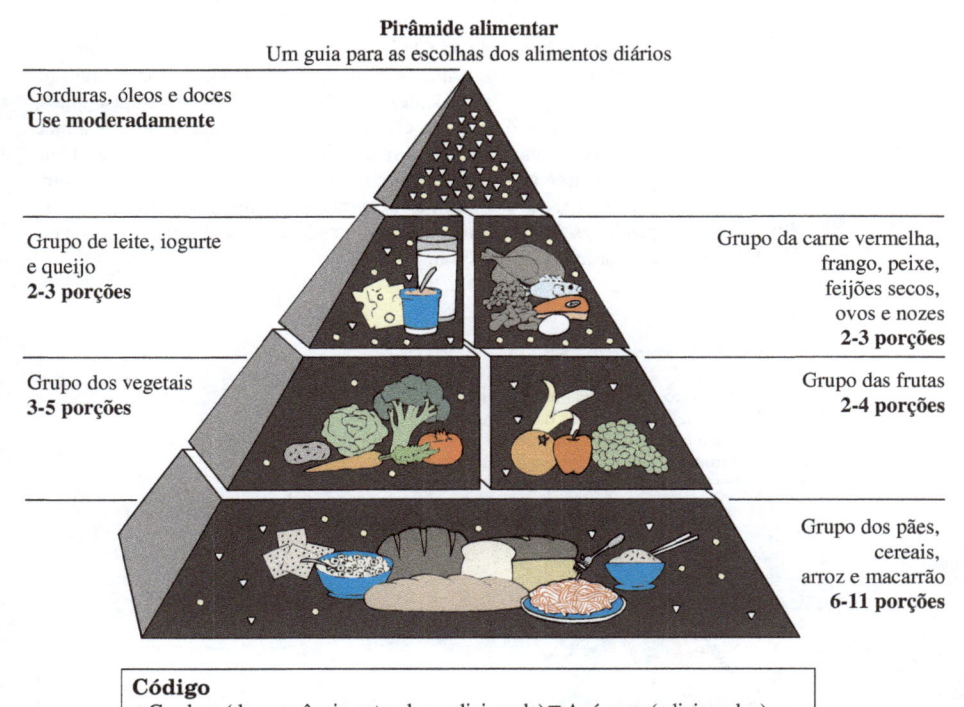

Pirâmide alimentar
Um guia para as escolhas dos alimentos diários

Gorduras, óleos e doces
Use moderadamente

Grupo de leite, iogurte e queijo
2-3 porções

Grupo da carne vermelha, frango, peixe, feijões secos, ovos e nozes
2-3 porções

Grupo dos vegetais
3-5 porções

Grupo das frutas
2-4 porções

Grupo dos pães, cereais, arroz e macarrão
6-11 porções

Código
• Gordura (de ocorrência natural ou adicionada) ▼ Açúcares (adicionados)
Estes símbolos mostram gorduras, óleos e açúcares adicionados nos alimentos.

USDA, 1992

TAMANHO DAS PORÇÕES DOS GRUPOS DE ALIMENTOS

Pão, cereal, arroz e macarrão
½ xícara de cereal, arroz, macarrão cozidos
31 gramas de cereal seco
1 fatia de pão
½ rosquinha de tamanho médio

Leite, iogurte e queijo
1 xícara de leite ou iogurte
47 gramas de queijo natural
62 gramas de queijo processado
2 xícaras de queijo cotage
1 xícara de frozen iogurte

Vegetais
½ xícara de vegetais picados crus ou cozidos
1 xícara de folhas de vegetais crus
¾ de xícara de suco de vegetais
10 batatas fritas

Carne vermelha, frango, peixe, feijão seco, ovos e nozes
62-93 gramas de carne magra, peixe ou frango
2-3 ovos
4-6 colheres de sopa de creme de amendoim
1 ½ xícaras de feijões secos cozidos
1 xícara de nozes

Frutas
1 maçã, banana ou laranja médias
½ xícara de frutas picadas, cozidas ou em lata
¾ xícara de suco de fruta
¼ xícara de fruta seca

Gorduras, óleos e doces
Manteiga, maionese, molho de salada, creme de queijo (*cream cheese*), creme azedo, geleia, gelatina

FIGURA 30.2 O Guia Pirâmide Alimentar desenvolvido pelo Departamento de Agricultura dos Estados Unidos é um guia geral para uma dieta saudável.

Conexões químicas 30A

A nova pirâmide alimentar

Com o tempo, os cientistas começaram a questionar alguns aspectos da pirâmide original mostrada na Figura 30.2. Por exemplo, certos tipos de gordura são conhecidos por serem essenciais à saúde e na verdade reduzem o risco de doenças do coração. Também existe pouca evidência para fundamentar a alegação de que a alta ingestão de carboidratos é benéfica, embora para certos esportes ela seja essencial. A pirâmide original enfatiza os carboidratos e por outro lado escolhe todas as gorduras como os "vilões". Na verdade, há evidências abundantes que associam o consumo de gordura saturada com altos valores de colesterol e os riscos de doenças cardíacas – mas gorduras mono e poli-insaturadas apresentam o efeito contrário. Embora muitos cientistas reconhecessem a distinção entre os vários tipos de gorduras, eles sentiam que as pessoas comuns não os entenderiam, então a pirâmide original foi elaborada para enviar uma mensagem simples: "Gordura é ruim". E como consequência natural de que "gordura é ruim" desencadeou-se que "carboidrato é bom". Entretanto, após anos de estudo, nenhuma evidência provou que uma dieta com 30% ou menos das calorias que vêm das gorduras é mais saudável que uma dieta com um maior consumo de gorduras.

Em uma tentativa de reconciliar os últimos dados nutricionais e apresentando-os de uma forma que possam ser entendidos pelas pessoas comuns, a USDA criou um website (www.mypyramid.gov). Este website interativo permite ao visitante ter um tutorial breve sobre a nova pirâmide, assim como calcular a sua quantidade ideal de vários tipos de alimentos. Essencialmente, a nova pirâmide, em primeiro lugar, mostra os avisos ao lado como na antiga versão. Sua visualização não sugere que determinado tipo de alimento seja melhor que outro; mais propriamente, ela mostra que uma nutrição adequada é uma mistura de todos os grupos. Os nutrientes são classificados em seis grupos: grãos, vegetais, frutas, óleos, leite, carne e feijões. Para cada grupo, a pirâmide descreve as quantidades e variedades que devem ser consumidas. Uma grande diferença entre esta pirâmide e a versão original é que esta inclui uma seção dedicada aos exercícios. Também há uma seção expandida sobre os alimentos cuja ingestão deve ser limitada, como certas gorduras, açúcar e sal.

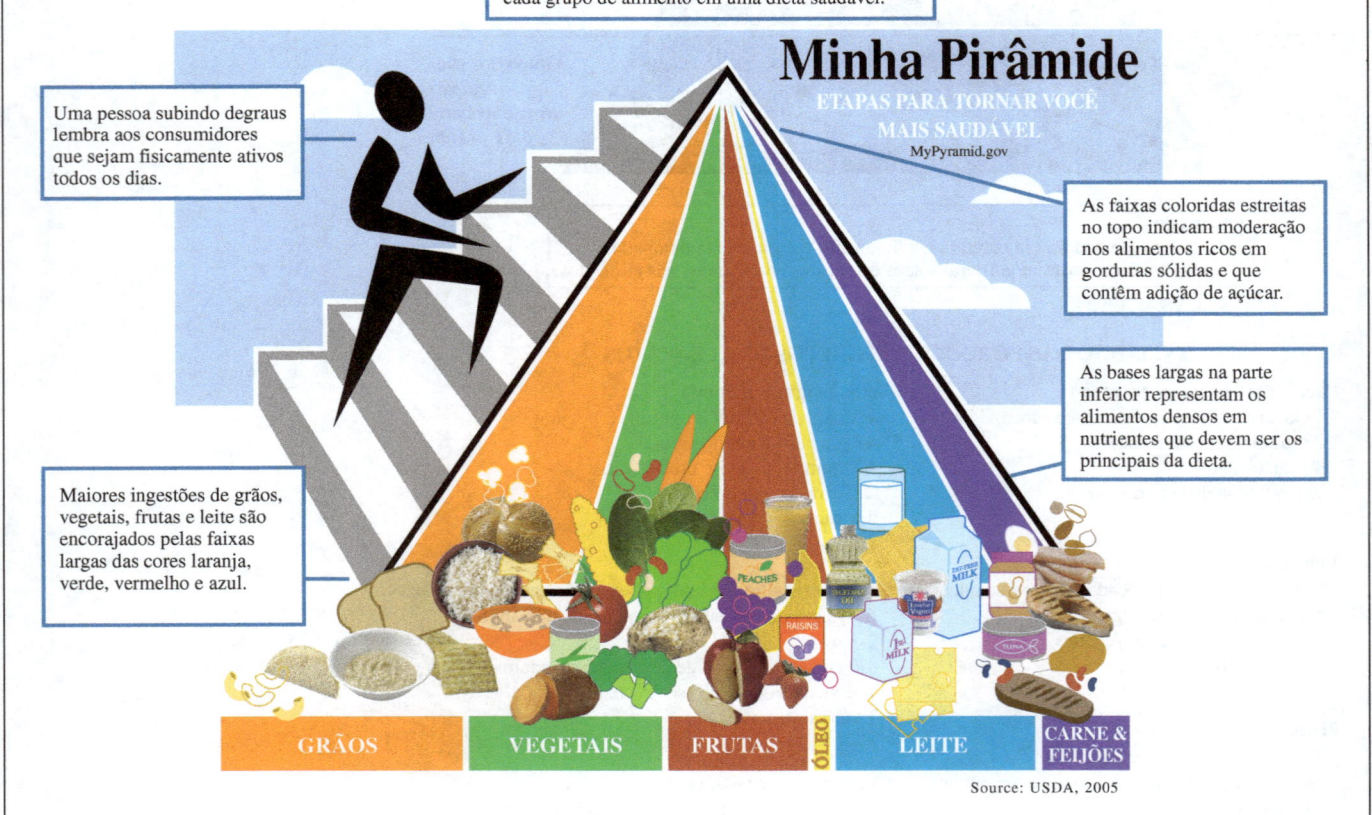

A nova Pirâmide Alimentar. Esta versão das quantidades recomendadas de diferentes tipos de alimentos deriva das últimas pesquisas compiladas pela USDA. Veja o website www.mypyramid.gov para um tutorial (USDA, 2005).

Essas diretrizes são consideradas a base de uma dieta saudável por se basear em alimentos ricos em amido (pão, arroz, e assim por diante), mais frutas e vegetais (que são ricos em vitaminas e minerais). Alimentos ricos em proteínas (carne, peixe, laticínios) devem ser consumidos mais ocasionalmente e gorduras, óleos, e doces não são considerados totalmente necessários. O formato da pirâmide demonstra a importância relativa de cada tipo de grupo alimentar, com os mais importantes formando a base e os menos importantes ou desnecessários aparecendo no topo. Esta descrição pictórica tem sido usada em vários livros-texto e ensinada em escolas para crianças de todas as idades desde o inicio de sua publicação. Entretanto, a USDA revisou recentemente as informações e a aparência da pirâmide alimentar. Em "Conexões químicas 30A" discute-se essa versão mais recente da pirâmide.

Um importante não nutriente em alguns alimentos é a **fibra**, a qual geralmente consiste em porções não digeríveis dos vegetais e grãos. Alface, repolho, aipo, trigo integral, arroz integral, ervilhas e feijões são ricos em fibras. Quimicamente, fibras são constituídas de celulose, a qual, como visto na Seção 20.5C, não pode ser digerida pelos humanos. Embora não possamos digerir as fibras, elas são necessárias para o funcionamento adequado do sistema digestivo; sem elas, pode ocorrer constipação. Em casos mais sérios, uma dieta suficientemente pobre em fibras pode levar ao câncer de cólon. A recomendação da IDR é para a ingestão de 35 g/dia para homens de 50 anos ou mais jovens, e de 25 g/dia para as mulheres nesta mesma faixa etária.

Fibra Componente não-nutriente baseado na celulose em nossos alimentos.

Necessidade calórica basal A necessidade calórica para um corpo em repouso.

30.2 Por que somamos calorias?

A maior parte de nosso suprimento de alimentos serve para fornecer energia para os nossos corpos. Como foi visto nos capítulos 27 e 28, essa energia vem da oxidação dos carboidratos, gorduras e proteínas. A energia proveniente dos alimentos é usualmente medida em calorias. Uma caloria nutricional (Cal) equivale a 1.000 cal ou 1 kcal. Então, quando dizemos que as necessidades médias diárias nutricionais para um adulto jovem do sexo masculino é 3.000 Cal, significa a mesma quantidade de energia necessária para aumentar a temperatura de 3.000 kg de água em 1 °C ou de 30 kg de água em 100 °C (Seção 1.9B). Uma adulta jovem necessita de 2.100 Cal/dia. Estas são as necessidades de pico (máximo) – crianças e pessoas idosas, na média, necessitam de menos energia. Tenha em mente que estas necessidades de energia se aplicam para pessoas ativas. Para pessoas completamente em repouso, as correspondentes necessidades energéticas para um adulto jovem são de 1.800 Cal/dia e para as mulheres, 1.300 Cal/dia. A necessidade para um corpo em repouso é chamada **necessidade calórica basal** ou **requisito calórico basal**.

Um desequilíbrio entre as necessidades calóricas do corpo e a ingestão calórica cria problemas de saúde. A inanição calórica crônica existe em várias partes do mundo nas quais as pessoas simplesmente não têm quantidade suficiente de alimento para comer em razão da seca prolongada, da devastação da guerra, de desastres naturais ou de superpopulação. A inanição afeta particularmente recém-nascidos e crianças. A inanição crônica, chamada **marasmo**, aumenta a mortalidade infantil em até mais que 50%. Esta situação acarreta em pouco crescimento, enfraquecimento dos músculos, anemia e fraqueza geral. Mesmo que a inanição seja posteriormente suprimida, ela resulta em danos permanentes, insuficiente crescimento corporal e baixa resistência às doenças.

Do outro lado do espectro calórico está o excesso de ingestão calórica. Ela resulta na *obesidade* ou acúmulo de gordura corporal. A obesidade está se tornando epidêmica, principalmente na população dos Estados Unidos, trazendo graves consequências: aumento dos riscos de hipertensão, doenças cardiovasculares e diabetes. Obesidade é definida pelo National Institute of Health como aplicável às pessoas com índice de massa corpórea (IMC) de 30 ou maiores. O IMC é uma medida da gordura corporal com base na altura e no peso que se aplica tanto para homens como para mulheres adultos. Por exemplo, uma pessoa de 1,80 m de altura é normal (IMC menor que 25) se tiver massa de 79 kg ou menos. Uma pessoa da mesma altura está em *sobrepeso* se tiver massa maior que 79 kg, porém menor que 95 kg; um indivíduo é *obeso* se tiver massa maior que 95 kg. Mais de 200 milhões de norte-americanos estão com sobrepeso ou são obesos.[1]

Dietas de redução tem como objetivo diminuir a ingestão calórica sem sacrificar qualquer dos nutrientes essenciais. Uma combinação de exercícios e baixa ingestão calórica

---

[1] No Brasil, segundo o IBGE, em pesquisa feita em 2008 e 2009, a obesidade atinge 12,4% dos homens e 16,9% das mulheres com mais de 20 anos, 4,0% dos homens e 5,9% das mulheres entre 10 e 19 anos e 16,6% dos meninos e 11,8% das meninas entre 5 a 9 anos. A obesidade aumentou entre 1989 e 1997 de 11% para 15% e se manteve razoavelmente estável desde então sendo maior no Sudeste do país e menor no Nordeste. (Fonte: http://pt.wikipedia.org/wiki/Obesidade) (NE)

pode eliminar a obesidade, mas usualmente essas dietas alcançam seus objetivos em períodos de tempo longos. Dietas de impacto dão a ilusão de uma perda de peso rápida, mas a maioria dessa diminuição é em razão da perda de água, que pode ser ganha novamente de modo rápido. Atingir este objetivo corresponde a muito esforço, porque as gorduras contêm muita energia. Uma libra (0,5 kg) de gordura corporal é equivalente a 3.500 Cal. Portanto, para perder 5 kg, são necessárias 35.000 Cal a menos, o que pode ser conseguido se o indivíduo reduzir a ingestão calórica em uma taxa de 350 Cal por dia durante 100 dias (ou 700 Cal diárias durante 50 dias) ou as eliminar por meio de exercícios que gastam o mesmo número das calorias dos alimentos.

30.3 Como o organismo processa os carboidratos da dieta?

Os carboidratos são a maior fonte de energia contida na dieta. Eles também fornecem compostos importantes para a síntese dos componentes celulares (Capítulo 29). Os principais carboidratos da dieta são o polissacarídeo amido, os dissacarídeos lactose e sacarose e os monossacarídeos glicose e frutose. Antes de o corpo absorver os carboidratos, eles precisam fragmentar di-, oligo- e polissacarídeos em monossacarídeos, porque somente monossacarídeos podem passar na corrente sanguínea.

As unidades de monossacarídeos estão conectadas umas às outras por ligações glicosídicas. Ligações glicosídicas são clivadas por hidrólise. No organismo, esta hidrólise é catalisada por ácidos e por enzimas. Quando uma necessidade metabólica aumenta, polissacarídeo armazenado – amilose, amilopectina e glicogênio – são hidrolisados para fornecer glicose e maltose.

Esta hidrólise está a cargo de várias enzimas:

- **α-amilase** ataca aleatoriamente os três polissacarídeos, hidrolisando ligações α-1,4--glicosídicas.
- **β-amilase** também hidrolisa ligações α-1,4-glicosídicas, porém, de forma ordenada, clivando unidades dissacarídicas de maltose uma por uma a partir da terminação não redutora da cadeia.
- **A enzima de desramificação** hidrolisa ligações α-1,6-glicosídicas (Figura 30.3).

Na hidrólise catalisada por ácido, os polissacarídeos estocados são fragmentados em pontos aleatórios. Na temperatura corporal, a catálise ácida é mais lenta que a hidrólise enzimática.

A digestão (hidrólise) de amido e glicogênio em nosso suprimento de alimentos se inicia na boca, onde a α-amilase é uma das principais componentes da saliva. Ácido clorídrico no estômago e outras enzimas hidrolíticas no trato intestinal hidrolisam amido e glicogênio produzindo mono- e dissacarídeos (D-glicose e maltose).

D-glicose entra na corrente sanguínea e é levada para ser utilizada nas células (Seção 28.2). Por essa razão, D-glicose é frequentemente chamada açúcar do sangue. Em pessoas saudáveis, pouca ou nenhuma glicose termina na urina, exceto por curtos períodos de tempo (quando ocorre excesso de alimentação). Na diabetes, entretanto, glicose não é completamente metabolizada e então ela aparece na urina. Por essa razão é necessário testar a urina dos pacientes com diabetes para verificar a presença de glicose ("Conexões químicas 20C").

A última diretriz da IDR, publicada pela Academia Nacional de Ciências dos Estados Unidos em 2002, recomenda uma ingestão mínima de carboidratos de 130 g/dia. A maioria das pessoas excede esse valor. Adoçantes artificiais ("Conexões químicas 30C") podem ser usados para reduzir a ingestão de mono- e dissacarídeos.

Nem todos consideram essa recomendação como uma palavra final. Certas dietas, como a de Atkins, recomendam ingestão reduzida de carboidratos para forçar o organismo a queimar a gordura armazenada para o suprimento de energia. Por exemplo, durante o período introdutório de duas semanas na dieta Atkins, somente 20 g de carboidratos por dia são recomendados na forma de saladas e vegetais; nem frutas ou vegetais que contenham amido são permitidos.

Para o longo prazo, 5 g adicionais de carboidratos por dia são adicionados na forma de frutas. Esta restrição induz cetose, a produção de corpos cetônicos (Seção 28.7) que pode gerar fraqueza muscular e problemas renais.

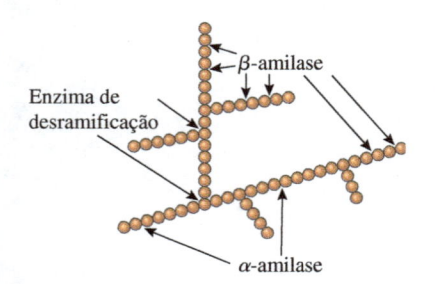

Figura 30.3 A ação de diferentes enzimas no glicogênio e amido.

Conexões químicas 30B

Por que é tão difícil perder peso?

Uma das maiores "tragédias" de ser humano é que é muito fácil ganhar peso (massa) e muito difícil perdê-lo. Se tivermos que analisar as reações químicas específicas envolvidas nesta realidade, teremos de olhar cuidadosamente para o ciclo do ácido cítrico, especialmente as reações de descarboxilação. É claro que todos os alimentos consumidos em excesso podem ser armazenados como gordura. Isto é verdade para carboidratos, proteínas e, é claro, para gorduras. Adicionalmente, essas moléculas podem ser interconvertidas, com exceção das gorduras, que não podem resultar em carboidratos. Por que as gorduras não podem originar carboidratos? A única maneira pela qual uma molécula de gordura pode formar glicose seria entrar no ciclo do ácido cítrico como acetil-CoA e então ser retirada como oxaloacetato para a gliconeogênese (Seção 29.2). Infelizmente, os dois carbonos que entram (no ciclo do ácido cítrico) são efetivamente perdidos pelas descarboxilações (Seção 27.4). Isto leva a um desequilíbrio entre as vias catabólica e anabólica.

Todas as rotas levam às gorduras, mas as gorduras não podem ser conduzidas de volta para formar carboidratos. Os humanos são muito sensíveis aos níveis de glicose no sangue porque grande parte de nosso metabolismo é um mecanismo direcionado para proteger nossas células cerebrais, as quais preferem glicose como combustível. Se comemos mais carboidratos do que precisamos, o excesso de carboidratos resultará em gorduras. Como sabemos, é muito fácil engordar, especialmente à medida que envelhecemos.

E o inverso? Por que nós simplesmente não paramos de comer? Isto não inverteria o processo? Sim e não. Quando começamos a comer menos, as reservas de gordura ficam mobilizadas para a produção de energia. A gordura é uma excelente fonte de energia porque ela forma acetil-CoA e fornece um pronto influxo para o ciclo do ácido cítrico. Portanto podemos perder algum peso pela redução da ingestão de calorias. Infelizmente, nosso açúcar sanguíneo também irá diminuir assim que nossa reserva de glicogênio acabar. Temos muito pouco glicogênio armazenado que poderia ser estocado para manter nossos níveis de glicose no sangue.

Quando a glicose no sangue diminui, nos tornamos deprimidos, lentos e irritáveis. Começamos a ter pensamentos negativos como, "esta coisa de dieta é realmente estúpida. Eu deveria é comer meio litro de sorvete com biscoitos". Se continuamos a dieta, e considerando que não podemos transformar gordura em carboidratos, de onde virá a glicose para o sangue? Somente resta uma fonte – proteínas. As proteínas serão degradadas em aminoácidos e, consequentemente, serão convertidas em piruvato para a gliconeogênese. Então começaremos a perder músculos assim como gordura.

Entretanto, existe um lado favorável neste processo. Usando nosso conhecimento de bioquímica, podemos ver que há uma maneira melhor para perder peso que a dieta – exercício! Se você se exercita corretamente, você pode treinar seu corpo a usar gorduras para fornecer acetil-CoA para o ciclo do ácido cítrico. Consumindo uma dieta normal, será mantida a glicose do sangue e proteínas não serão degradadas para esse propósito; os carboidratos digeridos serão suficientes para manter tanto a glicose sanguínea como as reservas de carboidrato. Com um balanço adequado de exercícios para a ingestão de alimentos e um balanço adequado do tipo correto de nutrientes, podemos aumentar a clivagem de gorduras sem sacrificar as reservas de carboidratos ou proteínas. Em essência, é mais fácil e saudável diminuir o peso se exercitando do que fazendo dieta. Este fato é conhecido há muito tempo. Agora temos condições de entender por que isso é assim bioquimicamente.

Hoje existem muitas dietas da moda. A dieta Atkins foi precedida pela Dieta da Zona e pela Dieta do Açúcar de Buster, ambas limitando a ingestão de carboidratos. Outra dieta sugere combinar alimentos que se comem em função do seu tipo sanguíneo ABO. Até o momento, existe pouca evidência científica que apoie qualquer um destes enfoques, embora alguns aspectos de várias dietas tenham seu mérito.

30.4 Como o organismo processa as gorduras da dieta?

Gorduras são as fontes de energia mais concentradas. Cerca de 98% dos lipídeos em nossa dieta são gorduras e óleos (triglicérides); os restantes 2% consistem de lipídeos complexos e colesterol.

Os lipídeos nos alimentos que comemos devem ser hidrolisados em componentes menores antes que possam ser absorvidos no sistema sanguíneo ou linfático através das paredes do intestino. As enzimas que promovem esta hidrólise estão localizadas no intestino delgado e são chamadas *lipases*. Entretanto, pelo fato de os lipídeos serem insolúveis no meio aquoso do trato gastrointestinal, eles precisam ser dispersos em pequenas partículas coloidais antes que as enzimas possam atuar sobre elas.

Os *sais biliares* realizam essa importante tarefa. Sais biliares são manufaturados no fígado a partir do colesterol e armazenados na vesícula biliar. Eles são secretados da vesícula pelos dutos biliares até o intestino. Lipases atuam na emulsão produzida pelos sais biliares e gorduras da dieta, fragmentando as gorduras em glicerol e ácidos graxos e os lipídeos complexos em ácidos graxos, alcoóis (glicerol, colina, etanolamina, esfingosina) e carboidratos. Estes produtos de hidrólise são, então, absorvidos através das paredes intestinais.

Somente dois ácidos graxos são essenciais nos animais superiores: os ácidos linolênico e linoleico (Seção 21.3). Nutricionistas ocasionalmente relacionam ácido araquidônico como um **ácido graxo essencial**. Na verdade, nosso organismo pode sintetizar ácido araquidônico a partir do ácido linolênico.

30.5 Como o organismo processa as proteínas da dieta?

Embora as proteínas em nossa dieta possam ser usadas para a produção de energia (Seção 28.90), a sua principal utilização é fornecer aminoácidos para que o organismo sintetize nossas próprias proteínas (Seção 26.5).

A digestão de proteínas na dieta começa com o cozimento, o qual desnatura as proteínas (proteínas desnaturadas são hidrolisadas mais facilmente pelo ácido clorídrico no estômago e pelas enzimas digestivas que as proteínas nativas).

O *ácido estomacal* contém HCl a cerca de 0,5%. Esse HCl desnatura as proteínas e hidrolisa aleatoriamente as ligações peptídicas. *Pepsina*, a enzima proteolítica do suco estomacal, hidrolisa ligações peptídicas na parte amínica dos aminoácidos aromáticos: triptofano, fenilalanina e tirosina (veja Figura 30.4).

A maior parte da digestão de proteína, entretanto, ocorre no intestino delgado. Lá, a enzima *quimiotripsina* hidrolisa ligações peptídicas internas nos mesmos aminoácidos em que atua a pepsina, exceto que ela o faz do outro lado, liberando esses aminoácidos pelo terminal carboxila do seu fragmento.

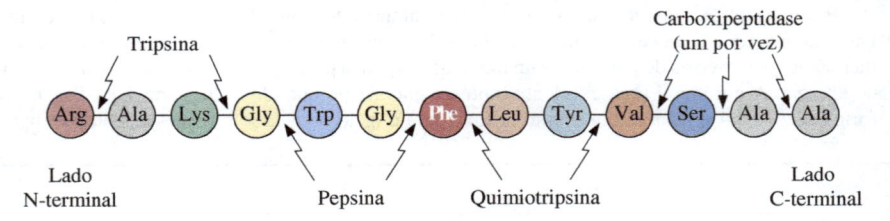

Figura 30.4 Diferentes enzimas hidrolisam cadeias peptídicas de forma diferente, porém específica. Note que tanto a quimiotripsina como a pepsina hidrolisam os mesmos aminoácidos, mas são mostradas aqui hidrolisando esses aminoácidos separados em sua posição na cadeia para uma comparação do lado pelo qual eles atuam no processo de hidrólise.

Outra enzima, *tripsina*, hidrolisa os aminoácidos somente no lado carboxila da arginina e lisina. Outras enzimas, como *carboxipeptidase*, hidrolisa aminoácidos um por um a partir do lado C-terminal da proteína. Os aminoácidos e pequenos peptídeos são então absorvidos através das paredes do intestino.

O corpo humano é incapaz de sintetizar dez aminoácidos nas quantidades necessárias para a fabricação das proteínas. Esses dez **aminoácidos essenciais** precisam ser obtidos em nosso alimento; eles são mostrados na Tabela 29.1. O corpo hidrolisa as proteínas dos alimentos em seus aminoácidos constituintes e então os rearranja novamente para fabricar as proteínas de nosso corpo. Para uma nutrição adequada, a dieta humana deve conter aproximadamente 20% de proteína.

Uma proteína da dieta que contém todos os aminoácidos essenciais é chamada **proteína completa**. Caseína, a proteína do leite, é uma proteína completa, como é a maioria das proteínas animais – aquelas encontradas na carne, peixe e ovos. Pessoas que comem adequadamente quantidades de carne, peixe, ovos e laticínios obtêm todos os aminoácidos de que precisam para se manterem saudáveis. Cerca de 50 g/dia de uma proteína completa representa uma quantidade adequada.

Uma proteína animal que não é completa é a gelatina, que é feita pela desnaturação do colágeno (Seção 22.12). Falta triptofano e vários aminoácidos se encontram em pequena quantidade na gelatina, incluindo isoleucina e metionina. Várias pessoas que fazem dietas para redução rápida de peso consomem "proteínas líquidas". Essa substância é sim-

Aminoácido essencial Um aminoácido que o corpo não pode sintetizar nas quantidades necessárias e, portanto, precisa ser obtido na dieta.

plesmente colágeno desnaturado e parcialmente hidrolisado (gelatina). Portanto, se esta for a única fonte de proteína na dieta, faltarão alguns aminoácidos essenciais.

A maioria das proteínas das plantas é incompleta. Por exemplo, falta lisina e triptofano na proteína de milho; falta lisina e treonina na proteína do arroz; falta lisina na proteína de trigo; e legumes apresentam pequenas quantidades de metionina e cisteína. Mesmo a proteína de soja, uma das melhores proteínas das plantas, apresenta uma quantidade muito pequena de metionina. Uma nutrição adequada em aminoácidos é possível com uma dieta vegetariana, mas somente com uma grande variedade de vegetais sendo ingerida. **Complementação protéica** é uma dessas dietas. Na complementação protéica, dois ou mais alimentos complementam os outros que são deficientes. Por exemplo, grãos e legumes complementam-se mutuamente, com os grãos sendo pobres em lisina mas ricos em metionina. Com o tempo, essa complementação proteica nas dietas vegetarianas tornam-se as principais mercadorias em várias partes do mundo – tortilhas de milho e feijões nas Américas Central e do Sul, arroz e lentilhas na Índia e arroz e tofu na China e Japão.

Em vários países desenvolvidos, doenças decorrentes da deficiência de proteína são disseminadas porque as pessoas obtêm suas proteínas principalmente de plantas. Entre elas está a doença de **kwashiorkor**, cujos sintomas incluem estômago inchado, descoloração da pele e retardamento no crescimento.

Proteínas são inerentemente diferentes de carboidratos e gorduras em relação à dieta. Diferentemente das outras duas fontes de combustíveis, proteínas não são armazenadas. Quando comemos muito carboidrato, iremos armazenar a glicose na forma de glicogênio. Se comemos muito de qualquer coisa, armazenaremos gordura. Entretanto, se você come muita proteína (mais que o requerido para as suas necessidades), não existe lugar para armazenar a proteína extra. Proteína em excesso será metabolizada em outras substâncias, como as gorduras. Por essa razão, é preciso consumir quantidades adequadas de proteínas todo dia. Esse requisito é especialmente crítico para os atletas e crianças em desenvolvimento. Se um atleta atua intensamente determinado dia, porém come proteína incompleta, ele ou ela não pode reparar os músculos danificados. O fato de o atleta ter comido um excesso de proteína completa no dia anterior não vai ajudá-lo neste caso.

30.6 Qual é a importância das vitaminas, minerais e água?

Vitaminas e **minerais** são essenciais para uma boa nutrição. Animais mantidos em dietas que contem carboidratos, gorduras e proteínas suficientes e com um bom suprimento de água não podem sobreviver apenas com isso; eles precisam também de componentes orgânicos essenciais chamados vitaminas e íons inorgânicos chamados minerais. Várias vitaminas, especialmente aquelas do grupo B, funcionam como coenzimas e íons inorgânicos como cofatores nas reações catalisadas por enzimas (Tabela 30.1). A Tabela 30.2 relaciona as estruturas, fontes da dieta e funções de vitaminas e minerais. Deficiências de vitaminas e minerais levam a várias doenças nutricionais controláveis (um exemplo é mostrado na Figura 30.5); estas também são listadas na Tabela 30.2.

A recente tendência na valorização das vitaminas está mais relacionada a seu papel geral do que a qualquer ação específica que elas apresentam contra uma doença particular. Por exemplo, hoje a função da vitamina C na prevenção do escorbuto é abertamente mencionada, mas ela é alardeada como um importante antioxidante. Similarmente, outros antioxidantes vitamínicos ou precursores vitamínicos predominam na literatura médica. Como exemplo, tem sido mostrado que o consumo de carotenoides (outros além do β-caroteno) e vitaminas E e C contribuem significativamente para a saúde respiratória. O mais importante dos três é a vitamina E. Adicionalmente, a perda de vitamina C durante a hemodiálise contribui significativamente aos danos oxidativos nos pacientes, conduzindo a uma arteriosclerose acelerada.

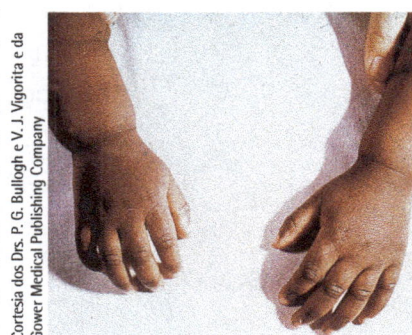

Figura 30.5 Sintomas do raquitismo, uma deficiência de vitamina D em crianças. A não mineralização dos ossos do rádio e ulna resulta em proeminência do pulso.

Conexões químicas 30C

Dieta e adoçantes artificiais

Obesidade é um sério problema nos Estados Unidos. Várias pessoas gostariam de perder peso, mas são incapazes de controlar seu apetite o suficiente para conseguir isso, o que explica por que os adoçantes artificiais são tão populares. Essas substâncias têm um gosto doce, mas não acrescentam calorias. Assim, várias pessoas restringem a sua ingestão de açúcar. Alguns são forçados a isso em virtude de doenças, tal como a diabetes; outras pelo seu desejo de perder peso. Já que a maioria de nós gosta de comer alimentos doces, adoçantes artificiais são adicionados aos vários alimentos e bebidas para os que precisam (ou querem) restringir a ingestão de açúcar.

Quatro adoçantes artificiais não calóricos estão aprovados pela FDA (Food and Drug Administration – EUA). A mais antiga destas substâncias, a sacarina, é 450 vezes mais doce que a sacarose. A sacarina tem sido usada por cerca de 100 anos. Infelizmente, alguns testes têm mostrado que esse adoçante, quando ministrado em quantidades massivas aos ratos, leva ao surgimento de câncer em alguns deles. Outros testes, entretanto, têm apresentado resultados negativos. Pesquisa recente mostrou que este câncer em ratos não é relevante considerando o consumo humano. A sacarina continua sendo vendida.

Um adoçante artificial mais novo, aspartame, não deixa um ligeiro gosto na boca como ocorre com a sacarina. Aspartame é o éster metílico de um dipeptídeo, Asp-Phe (aspartil-fenilalanina). A sua doçura foi descoberta em 1969. Após amplos testes biológicos, ele foi aprovado pela FDA em 1981 para o uso em cereais frios, bebidas, gelatinas e como tabletes ou pó para ser empregado como um substituto do açúcar. Aspartame é 100 a 150 vezes mais doce que a sacarose. Ele é feito de aminoácidos naturais, portanto tanto o ácido aspártico como a fenilalanina têm a configuração L. Outras possibilidades também tem sido sintetizar as configurações: L-D, D-L e D-D. Entretanto, todas elas são amargas em vez de doces.

Aspartame é vendido sob os nomes comerciais de Equal e Nutrasweet. Uma versão mais nova do aspartame, neotame, foi aprovada pela FDA em 2002. Vinte e cinco vezes mais doce que o aspartame, ele é essencialmente o mesmo composto mas com um —H substituído por um grupo —CH$_2$—CH$_2$—C(CH$_3$)$_3$ no amino terminal.

Sacarina

Aspartame

Acesulfame-K

Um terceiro adoçante artificial, acesulfame-K, é 200 vezes mais doce que a sacarose e é usado (sob o nome de Sunette) principalmente em misturas secas. A quarta opção, sucralose, é usada em refrigerantes, produtos de panificação, e encontrada em sachês. Este derivado triclorado de um dissacarídeo é 600 vezes mais doce que a sacarose e não deixa sabor residual. Tanto sucralose como acesulfame não são metabolizados pelo organismo; isto é, eles passam de forma inalterada pelo nosso corpo.

Sucralose

É claro que calorias na dieta não são provenientes só dos açúcares. As gorduras da dieta são uma fonte ainda mais importante (Seção 30.4). Espera-se há muito tempo a obtenção de algum tipo de gordura artificial, que possua o mesmo sabor, mas que não tenha (ou somente poucas) calorias, o que ajudaria na perda de peso. A companhia Procter & Gamble vem desenvolvendo esse produto, denominado Olestra. Como as gorduras naturais, essa molécula é um éster carboxílico; diferentemente do glicerol, entretanto, o componente álcool é a sacarose (Seção 20.4A). Todos os oito grupos OH da sacarose são convertidos em grupos ésteres; os ácidos carboxílicos são ácidos graxos de cadeia longa similar aos encontrados nos triglicerídeos normais. O que é aqui ilustrado é constituído de ácido C$_{10}$ decanoico (cáprico).

Olestra

Embora Olestra tenha uma estrutura química similar à da gordura, o corpo humano não pode digeri-la porque as enzimas que digerem gorduras comuns não são adequadas para funcionar com o tamanho particular e a forma desta molécula. Por isso, ela passa através do sistema digestivo de forma inalterada, e não são obtidas calorias dela. Olestra pode ser usada no lugar das gorduras comuns na preparação de itens como biscoitos e batata chips. Pessoas que comem estes alimentos estarão consumindo menos calorias.

O aspecto negativo é que Olestra pode causar diarreia, cólicas e náusea em certas pessoas – efeitos que aumentam com a quantidade consumida. Indivíduos que são suscetíveis a tais efeitos colaterais terão de decidir se a potencial perda de peso vale a pena pelo desconforto envolvido. Adicionalmente, Olestra dissolve e elimina algumas vitaminas e nutrientes em outros alimentos que são digeridos ao mesmo tempo. Para balancear esse efeito, os produtores de alimentos precisam adicionar alguns desses nutrientes (vitaminas A, D, E e K) nos produtos que usam Olestra. FDA exige que todas as embalagens de alimentos que contenham Olestra levem um rótulo explicando tais efeitos colaterais.

Tabela 30.1 Vitaminas e elementos-traço como coenzimas e cofatores.

Vitamina/Elemento-traço	Forma da coenzima	Enzima representativa	Referência
B_1, tiamina	Tiamina pirofosfato, TPP	Piruvato desidrogenase	Etapa 12, Seção 28.2
B_2, riboflavina	Flavina adenina dinucleotídeo, FAD	Succinato desidrogenase	Etapa 6, Seção 27.4
Niacina	Nicitinamida adenina dinucleotídeo, NAD^+	D-Gliceraldeído-3-fosfato desidrogenase	Etapa 5, Seção 28.2
Ácido pantotênico	Coenzima A, CoA	Ácido graxo sintetase	Etapa 1, Seção 29.3
B_6, piridoxal	Piridixal fosfato, PLP	Aspartato amino transferase	Classe 2, Seção 23.2
B_{12}		Ribose redutase	Etapa 1, Seção 25.2
Biotina	N-carboxibiotina	Acetil-CoA carboxilase	Malonil-CoA, Seção 29.3
Ácido fólico		Biossíntese de purina	Seção 25.2
Mg		Piruvato quinase	Conexões químicas 23C
Fe		Citocromo oxidase	Seção 27.5
Cu		Citocromo oxidase	Seção 27.5
Zn		DNA polimerase	Seção 25.6
Mn		Arginase	Etapa 5, Seção 28.8
K		Piruvato quinase	Conexões químicas 23C
Ni		Urease	Seção 23.1
Mo		Nitrato redutase	
Se		Glutationa peroxidase	Conexões químicas 22A

Conexões químicas 30D

Ferro: um exemplo da necessidade de minerais

Ferro, seja na forma de Fe(II) ou Fe(III), é usualmente encontrado no organismo associado com proteínas. Pouco ou nenhum ferro pode ser encontrado "livre" no sangue. Como proteínas que contêm ferro (ferro-proteínas) estão por todo o organismo, há uma necessidade na dieta por esse mineral. Déficits graves podem levar à anemia por deficiência de ferro.

O ferro normalmente se apresenta na forma de Fe(III) nos alimentos. Esta também é a forma em que ele é liberado de utensílios de ferro usados no cozimento de alimentos. Entretanto, ferro precisa estar no estado Fe(II) para ser absorvido. Redução de Fe(III) a Fe(II) pode ser realizada por ascorbato (vitamina C) ou por succinato. Fatores que afetam a absorção incluem a solubilidade de determinado composto de ferro, a presença de antiácidos no trato digestivo e a fonte de ferro. Para fornecer alguns exemplos, o ferro pode formar complexos insolúveis com fosfato ou oxalato, e a presença de antiácidos no trato digestivo pode diminuir a absorção de ferro. O ferro contido em carnes é mais facilmente absorvido que o ferro encontrado nas fontes vegetais.

Os requisitos de ferro variam de acordo com a idade e o sexo. Bebês e adultos do sexo masculino precisam de 10 mg por dia; os bebês já nascem com um suprimento de ferro para um período de três a seis meses. Crianças e mulheres (com idades de 16 até 50 anos) precisam de 15 a 18 mg por dia. Mulheres perdem de 20 à 23 mg durante cada período menstrual. Mulheres grávidas e lactantes precisam mais que 18 mg de ferro por dia. Após um sangramento, qualquer um, independente do sexo, precisa de uma quantidade maior que essa. Corredores de longa distância, particularmente os maratonistas, têm o risco de tornarem-se anêmicos pela perda de sangue por contusões causadas por pisões ou quedas que ocorrem durante as longas corridas. Pessoas com deficiência de ferro podem sofrer um desejo por coisas que não sejam alimentícios como barro, giz e gelo.

Tabela 30.2 Vitaminas e minerais: fontes, funções, doenças da deficiência e doses diárias recomendadas

Nome estrutura	Melhor fonte de alimento	Função	Sintomas da deficiência e doenças	Recomendações nutricionais diárias
Vitaminas solúveis em gordura (vitaminas insolúveis em água)				
A 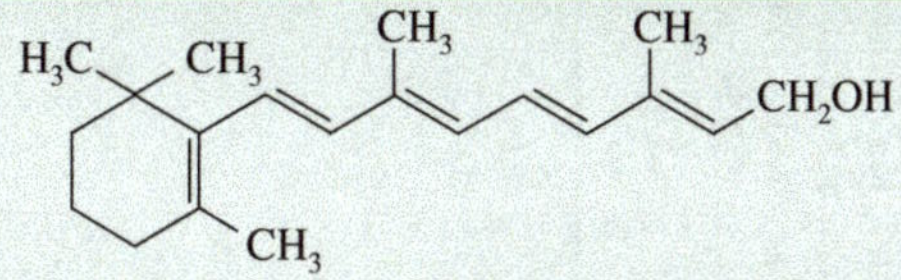	Fígado, manteiga, ovos, gema, cenouras, espinafre, batata-doce	Visão; cicatrização dos olhos e pele	Cegueira noturna; cegueira; queratinização do epitélio e da córnea	800 µg (1.500 µg)[b]
D 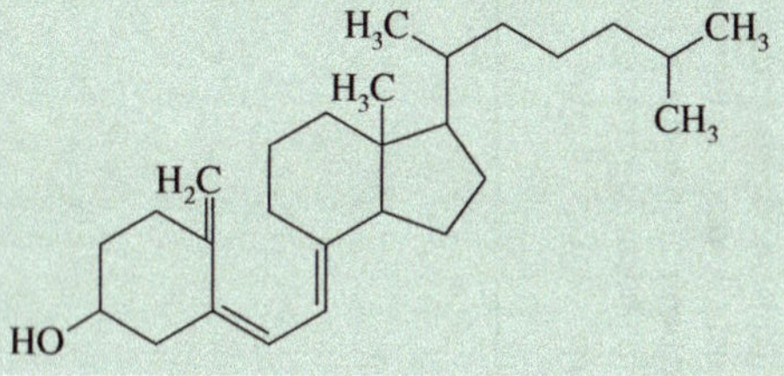	Salmão, sardinhas, óleo de fígado de bacalhau, queijo, ovos, leite	Promove a absorção e mobilização de cálcio e fosfato	Raquitismo (em crianças): ossos maleáveis; osteomalacia (em adultos); ossos frágeis	5-10 µg; exposição à luz do Sol
E 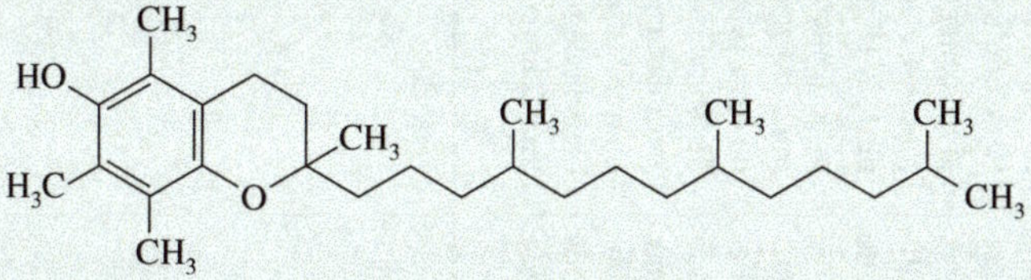	Óleos vegetais, nozes, batata frita, espinafre	Antioxidante	Nos casos de absorção insatisfatória como na fibrose cística: anemia	8-10 mg
K 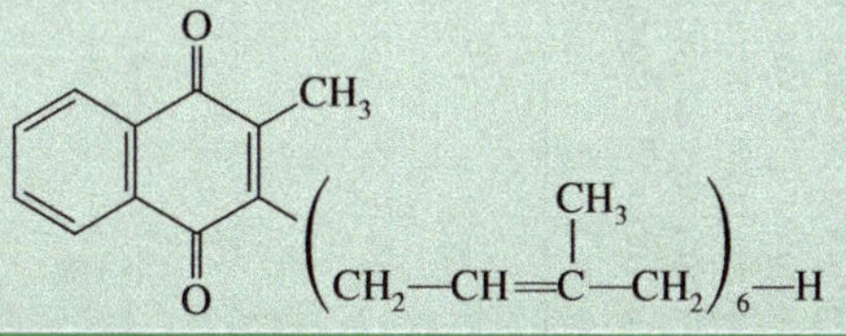	Espinafre, batatas, couve-flor, bife de fígado	Coagulação do sangue	Sangramento descontrolado (principalmente em bebês recém-nascidos)	65-80 µg
Vitaminas solúveis em água				
B_1 (tiamina) 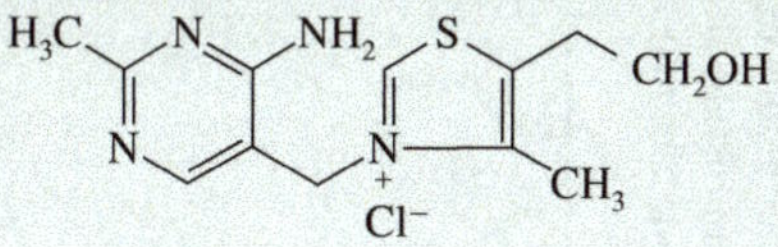	Feijões, soja, cereais, presunto, fígado	Coenzima na descarboxilação oxidativa e na via da pentose fosfato	Beribéri. Em alcólatras: falhas cardíacas; congestão pulmonar	1,1 mg

Tabela 30.2 Vitaminas e minerais: fontes, funções, doenças da deficiência e doses diárias recomendadas (continuação)

Nome estrutura	Melhor fonte de alimento	Função	Sintomas da deficiência e doenças	Recomendações nutricionais diárias
Vitaminas solúveis em água				
B_2 (riboflavina) 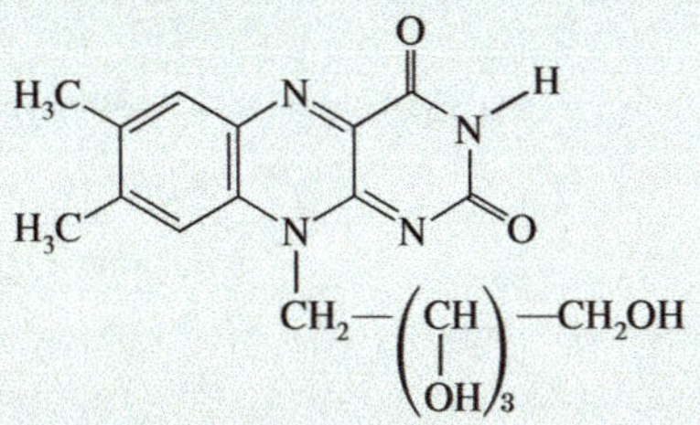	Rins, fígado, leveduras, amêndoas, cogumelos, feijões	Coenzima de processos oxidativos	Invasão da córnea por capilares; queilose; dermatite	1,4 mg
Ácido nicotínico (niacina) 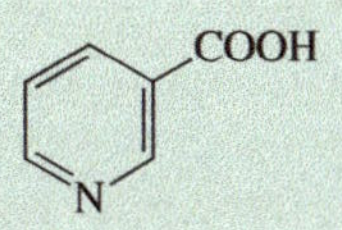	Grão-de-bico, lentilhas, ameixa, pêssego, abacate, figos, peixe, carne, cogumelos, amendoim, pão, arroz, feijão, frutas como framboesa, amora (berries)	Coenzima de processos oxidativos	Pelagra	15-18 mg
B_6 (piridoxal) 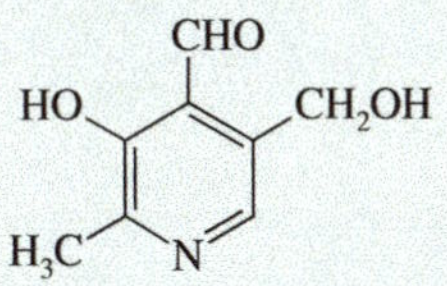	Carne, peixe, nozes, germe de trigo, batata frita	Coenzima na transaminação; síntese da heme	Convulsões; anemia crônica; neuropatia periférica	1,6-2,2 mg
Ácido fólico 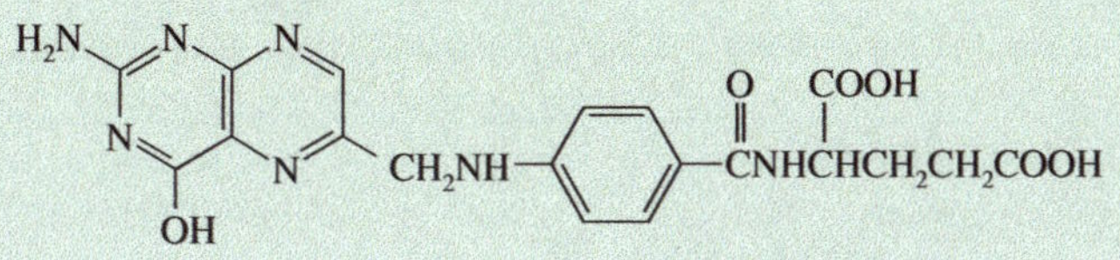	Fígado, rins, ovos, espinafre, beterraba, suco de laranja, abacate, cantalupo (espécie de melão)	Coenzima na metilação e na síntese do DNA	Anemia	400 μg

Tabela 30.2 Vitaminas e minerais: fontes, funções, doenças da deficiência e doses diárias recomendadas (continuação)

Nome estrutura	Melhor fonte de alimento	Função	Sintomas da deficiência e doenças	Recomendações nutricionais diárias
Vitaminas solúveis em água				
B_{12} 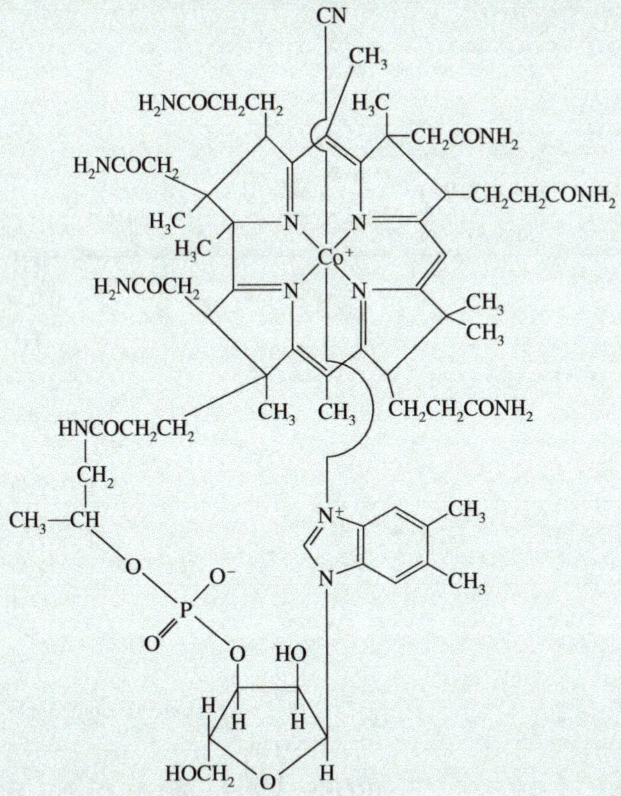	Ostras, salmão, fígado, rins	Enzima que atua em parte da remoção de metilas no metabolismo do folato	Desmielinização irregular; degradação dos nervos, do cordão espinal e cérebro	1-3 μg
Ácido pantotênico 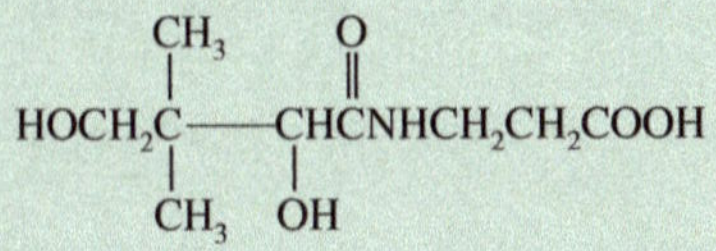	Amendoim, trigo-sarraceno, soja, brócolis, fígado, miúdos: rins, cérebro, coração	Parte da CoA; metabolismo de gordura e carboidratos	Distúrbios gastrointestinais; depressão	4-7 mg
Biotina 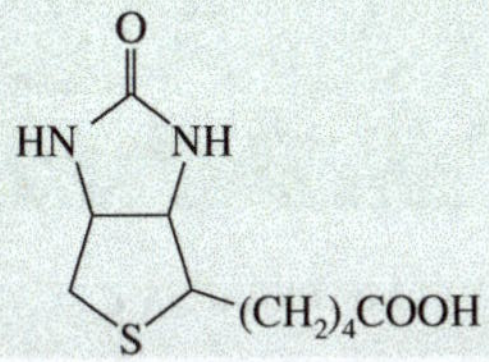	Leveduras, fígado, rins, nozes, gema de ovo	Síntese de ácidos graxos	Dermatite; náusea; depressão	30-100 μg

Tabela 30.2 Vitaminas e minerais: fontes, funções, doenças da deficiência e doses diárias recomendadas (continuação)

Nome estrutura	Melhor fonte de alimento	Função	Sintomas da deficiência e doenças	Recomendações nutricionais diárias
Vitaminas solúveis em água				
C (ácido ascórbico) 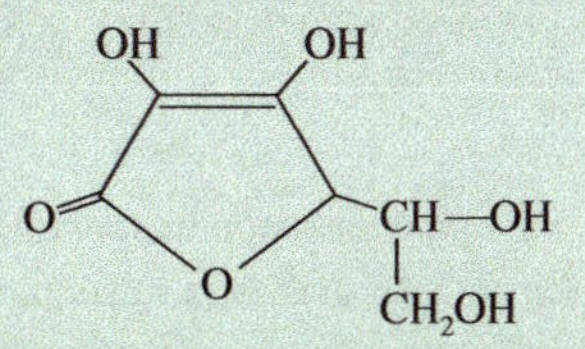	Frutas cítricas, *berries*, brócolis, couve, pimentas, tomates	Hidroxilação do colágeno, cicatrização de feridas; formação de ligações; antioxidante	Escorbuto; fragilidade dos capilares	60 mg
Minerais				
Potássio	Damasco, banana, tâmaras, figos, nozes, passas, feijões, grão-de-bico, agrião, lentilhas	Resulta no potencial de membrana	Fraqueza muscular	3.500 mg
Sódio	Carne, queijo, frios, peixe defumado, sal de cozinha	Pressão osmótica	Nenhum	2.000-2.400 mg
Cálcio	Leite, queijo, sardinhas, caviar	Formação dos ossos; função hormonal; coagulação do sangue; contração muscular	Câimbras musculares; osteoporose; ossos frágeis	800-1.200 mg
Cloreto	Carne, queijo, frios, peixe defumado, sal de cozinha	Pressão osmótica	Nenhum	1.700-5.100 mg
Fósforo	Lentilhas, nozes, aveia, farinha de grãos, cacau, gema de ovo, queijo, carne (miúdos: cérebro, moela, pâncreas)	Balanceamento do cálcio na dieta	O excesso causa fraqueza nos ossos	800-1.200 mg
Magnésio	Queijo, cacau, chocolate, nozes, soja, feijões	Cofator em enzimas	Hipocalcemia	280-350 mg
Ferro	Passas, feijões, grão-de-bico, salsinha, peixe defumado, fígado, rins, baço, coração, mariscos, ostras	Fosforilação oxidativa; hemoglobina	Anemia	15 mg
Zinco	Leveduras, soja, nozes, milho, queijo, carne, frango	Cofator em enzimas, insulina	Retardamento do crescimento; fígado aumentado	12-15 mg

Tabela 30.2 Vitaminas e minerais: fontes, funções, doenças da deficiência e doses diárias recomendadas (continuação)

Nome estrutura	Melhor fonte de alimento	Função	Sintomas da deficiência e doenças	Recomendações nutricionais diárias
Minerais				
Cobre	Ostras, sardinhas, carne de cordeiro, fígado	Cofator de enzimas oxidativas	Perda da pigmentação do cabelo, anemia	1,5-3 mg
Manganês	Nozes, frutas, vegetais, cereais de grãos integrais	Formação dos ossos	Baixos níveis de colesterol no soro sanguíneo; retardamento do crescimento do cabelo e unhas	2,0-5,0 mg
Crômio	Carne, cerveja, trigo integral e farinhas de centeio	Metabolismo da glicose	A glicose não é disponibilizada para as células	0,05-0,2 mg
Molibdênio	Fígado, rins, espinafre, feijões, ervilhas	Síntese de proteínas	Retardamento do crescimento	0,075-0,250 mg
Cobalto	Carne, laticínios	Componentes da vitamina B_{12}	Anemia perniciosa	0,05 mg (20-30 mg)[b]
Selênio	Carne, frutos do mar	Metabolismo das gorduras	Disfunções musculares	0,05-0,07 mg (2,4-3,0 mg)[b]
Iodo	Carne, frutos do mar, vegetais	Glândula tiroide	Bócio	150-170 μg (1000 μg)[b]
Flúor	Água fluoretada, pasta dental fluoretada	Formação do esmalte dos dentes	Queda dos dentes	1,5-4,0 mg (8-20 mg)[b]

[a] As RNDs são elaboradas pela Food and Nutrition Board do Conselho Nacional de Pesquisa dos Estados Unidos. Os números aqui fornecidos são baseados nas últimas recomendações (*National Research Council Recommended Dietary Allowances*, 10. ed., 1989, National Academy Press, Washinghton). A RND varia com a idade, sexo e nível de atividade; os números dados são valores médios para ambos os sexos entre as idades de 18 e 24 anos.

[b] São tóxicos se doses acima do que é recomendado entre parênteses são ingeridas.

Conexões químicas 30E

Alimentos para o aumento do desempenho

Atletas fazem tudo o que podem para aumentar seu desempenho. Enquanto a mídia foca nos métodos ilegais utilizados por alguns atletas, como o uso de esteroides ou eritropoietina (EPO), vários atletas continuam à procura de formas legais para aumentar seus desempenhos por meio de dieta e suplementos dietéticos. Qualquer substância que auxilie no desempenho é denominada **ergogênica**.

Após exercícios vigorosos durante 30 minutos ou mais, o desempenho tipicamente declina porque as reservas de glicogênio armazenadas nos músculos são esgotadas. Após um período de 90 minutos a 2 horas, as reservas de glicogênio do fígado também ficam sensivelmente diminuídas. Primeiro, pode-se começar o evento esportivo com uma carga completa de glicogênio no músculo ou fígado. Isto explica por que vários atletas se carregam de carboidratos na forma de macarrão ou outras refeições de alto teor de carboidratos nos dias que antecedem a competição. Segundo, pode-se manter o nível de glicose no sangue durante a competição, de forma que o glicogênio do fígado não tenha de ser usado para este propósito, portanto, os açúcares ingeridos podem auxiliar as necessidades energéticas do atleta, poupando parte do glicogênio do músculo e do fígado. Isto explica por que atletas consomem barras e bebidas para os praticantes de atividade física que contêm glicose durante as competições.

A ajuda ergogênica mais frequentemente utilizada, embora muitos atletas possam não percebê-la, é a cafeína. Primeiro, ela age como um estimulante geral do sistema nervoso central, dando ao atleta a sensação de ter muita energia. Segundo, ela estimula a quebra de ácidos graxos resultando em combustível através da sua função de ativador de lipases que fragmentam triacilgliceróis (Seção 30.4). Entretanto, a cafeína é uma "faca de dois gumes", porque ela pode causar desidratação e, na verdade, inibe a quebra de glicogênio.

Há poucos anos, um novo alimento de aumento de desempenho apareceu no mercado e rapidamente tornou-se um *best-seller*: creatina. Ela é vendida sem o controle das agências de saúde. Creatina é um aminoácido de ocorrência natural nos músculos, que armazena energia na forma de fosfocreatina. Durante um período curto de um exercício extenuante, como em uma corrida de 100 metros, os músculos primeiro usam o ATP obtido da reação da fosfocreatina com ADP; somente então eles recorrem às reservas de glicogênio.

Tanto creatina como carboidratos são alimentos naturais e componentes do organismo e, portanto, não podem ser considerados equivalentes aos produtos de aumento de desempenho banidos, como os esteroides anabólicos ou "andro" ("Conexões químicas 21F"). Eles são benéficos na melhora do desempenho em esportes nos quais queimas de energia em um período curto de tempo são necessárias, como no levantamento de peso, salto e provas curtas de velocidade. Recentemente, a creatina tem sido usada experimentalmente para preservar neurônios musculares em doenças degenerativas como a doença de Parkinson, a doença de Huntington e na distrofia muscular. A creatina também tem poucos riscos conhecidos, mesmo com a utilização a longo prazo. Ela é um composto altamente nitrogenado, logo, um uso excessivo de creatina leva aos mesmos problemas de seguir uma dieta caracterizada por excesso de proteínas. A molécula precisa ser hidratada, então, a água é capturada pela creatina, fazendo falta para a hidratação do corpo. Os rins também devem lidar com a excreção extra de nitrogênio.

Enquanto os atletas gastam muito tempo e dinheiro na aquisição de auxílio ergogênico, o auxílio ergogênico mais importante ainda é a água, o elixir da vida que tem sido quase esquecido à medida que ele é substituído por seus primos mais caros, as bebidas para praticantes de atividade física. Um nível de desidratação de 1% durante uma competição pode afetar de forma adversa o desempenho atlético. Para um atleta de 68 kg isso significa perda de 0,7 kg de água como suor. Um atleta poderia facilmente perder muito mais que isso correndo uma prova de 10 quilômetros mesmo nos dias mais frios. Para tornar as coisas mais difíceis, o desempenho é afetado antes que a sede seja sentida. Água precisa ser consumida tanto sozinha ou como parte das bebidas para os praticantes de atividades físicas antes que se perceba a sensação de sede.

Algumas vitaminas têm efeitos incomuns além de sua atuação como coenzimas em várias vias metabólicas ou de sua ação como antioxidantes no organismo. Entre estas vitaminas, encontram-se os efeitos bem conhecidos de fotossensibilização da riboflavina, vitamina B_2. Niacinamida, a forma amídica da vitamina B (niacina), é usada em megadoses (2 g/dia) para tratar uma doença autoimune chamada penfigoide bolhosa, que forma bolhas na pele. De outro modo, as mesmas megadoses em pessoas saudáveis provoca danos.

Embora o conceito de RND tenha sido usado desde 1940 e periodicamente atualizado à medida que novos conhecimentos são acrescentados, um novo conceito está sendo desenvolvido no campo da nutrição. O IDR, atualmente em processo de complementação, foi escolhido para substituir o RND e está sendo elaborado sob medida para as diferentes idades e sexos. Ele fornece um conjunto de dois a quatro valores para um nutriente particular na IDR:

- a necessidade média estimada;
- a recomendação diária recomendada (dose diária recomendada);
- o nível de ingestão adequado;
- o nível máximo de ingestão tolerável.

Conexões químicas 30F

Comida orgânica: esperança ou sensacionalismo?

A indústria dos alimentos orgânicos está crescendo rapidamente ao redor do mundo. Os mercados que vendem alimentos orgânicos, como o Whole Foods nos Estados Unidos, estão florescendo conjuntamente com os restaurantes orgânicos. Para um alimento ser rotulado como orgânico nos Estados Unidos, ele precisa ser certificado pelo USDA como sendo produzido em um ambiente sem pesticidas ou fertilizantes sintéticos. A carne vermelha ou de frango precisa ser obtida de criações em que não são utilizados hormônios na ração orgânica. Embora possa parecer intuitivo preferir produtos orgânicos, o preço é normalmente desencorajador, sendo de 10 a 100% mais caro que os respectivos alimentos que não são obtidos organicamente. Os reais benefícios da comida orgânica dependem de muitas variáveis. Por exemplo, pesquisadores mostraram que existem poucos benefícios na utilização de bananas orgânicas, uma vez que a maior parte dos pesticidas nas bananas convencionais é eliminada com a casca. Com outras frutas como pêssegos, morangos, maçãs e peras já ocorre o contrário. Um estudo de 2002 realizado pela USDA mostrou que 98% dos frutos convencionais testados apresentavam níveis mensuráveis de pesticidas.

Os pesquisadores concordam que mulheres grávidas e crianças têm os maiores riscos em relação aos pesticidas. Os pesticidas atravessam a placenta durante a gravidez, e um estudo descobriu que existia uma ligação entre pesticidas presentes em alguns apartamentos de Nova York e a diminuição do crescimento fetal. Um estudo da Universidade de Washington descobriu que crianças em idade pré-escolar alimentados com dietas que utilizam alimentos não-orgânicos tinham um nível seis vezes maior de certos pesticidas do que as crianças alimentadas com comida orgânica. Altas doses de certos pesticidas têm sido a causa de doenças neurológicas e reprodutivas em crianças que foram expostas a esses pesticidas. Os organismos jovens são menos hábeis em se livrar das toxinas, e comer alimentos orgânicos seria mais importante para grávidas e mães que amamentam.

Para a carne vermelha e de frango não orgânica a questão é o uso de antibióticos e hormônios no desenvolvimento dos animais. Os antibióticos são uma preocupação, pois podem originar variedades resistentes de bactérias. Alguns estudos têm sugerido uma ligação entre certos tipos de câncer e o uso de hormônios de crescimento.

Além dos perigos potenciais dos pesticidas, surge a questão da qualidade dos nutrientes nos alimentos. Este é um parâmetro mais difícil de medir e os resultados têm sido bem menos conclusivos. Estudos recentes feitos com o trigo mostraram que não há diferenças significativas na qualidade dos nutrientes do trigo, seja ele produzido por meio orgânico ou não. Subjetivamente, entretanto, várias pessoas preferem o gosto das frutas orgânicas, vegetais e grãos, apesar do "gosto amargo" do preço de tais produtos. Se o rápido crescimento da indústria da comida orgânica representa uma tendência, o grande público acredita que esses produtos valem o que custam.

Por exemplo, a RND para a vitamina D é 5-10 μg, a ingestão adequada indicada na IDR para a vitamina D para uma pessoa entre 9 e 50 anos é $5\mu g$, e o nível máximo de ingestão tolerável para esta mesma faixa etária é 50 μg.

Um terceiro conjunto de padrões aparece nos rótulos de alimentos, os valores diários discutidos na Seção 30.2. Cada um deles dá um único valor para cada nutriente e reflete a necessidade de uma pessoa saudável mediana que se alimenta com 2.000 a 2.500 calorias por dia. O valor diário para a vitamina D, como aparece nas embalagens de vitamina, é 400 Unidades Internacionais, que corresponde a 10 μg, o mesmo da RND.

A **água** corresponde a 60% de nossa massa corporal. A maioria dos compostos em nosso corpo está dissolvida em água, que também serve de meio de transporte para conduzir nutrientes e resíduos. Nós precisamos manter um equilíbrio adequado entre a ingestão de água e a excreção de água pela urina, fezes, suor e a exalação na respiração. Uma dieta normal necessita cerca de 1.200 a 1.500 mL de água por dia, adicionalmente à água que é consumida como parte dos alimentos. Sistemas públicos de água potável nos Estados Unidos são regulamentados pela Agência de Proteção Ambiental (Environmental Protection Agency – EPA), que determina padrões mínimos de proteção da saúde pública. O suprimento público de água potável para o consumo humano é tratado com desinfetantes (tipicamente cloro) para matar os micro-organismos. Água clorada pode ter um sabor residual e odor característicos. Poços privados não estão sob a regulamentação dos padrões da EPA.

Água engarrafada pode ser originária de fontes, córregos ou fontes públicas de água. Pelo fato de a água engarrafada ser classificada como alimento, ela se encontra sob a supervisão da FDA, que requer os mesmos padrões de pureza e saneamento da água potável de torneira. A maior parte da água engarrafada é desinfetada com ozônio, que não deixa gosto ou odor na água.

Resumo das questões-chave

Seção 30.1 Como se avalia a nutrição?
- **Nutrientes** são componentes dos alimentos que proporcionam crescimento, reposição e energia.
- Nutrientes são classificados em seis grupos: carboidratos, lipídeos, proteínas, vitaminas, minerais e água.
- Cada alimento contém uma variedade de nutrientes. A maior parte da nossa ingestão de alimentos é usada para fornecer energia para nosso corpo.

Seção 30.2 Por que somamos calorias?
- Um adulto jovem típico precisa em média de uma ingestão calórica diária de 3.000 Cal (sexo masculino) ou 2.100 Cal (sexo feminino).
- **Requisito calórico basal** é a energia necessária quando o corpo se encontra completamente em repouso, e corresponde a uma necessidade menor que a normal.
- Um desequilíbrio entre a energia necessária e a ingestão calórica pode criar problemas de saúde. Por exemplo, a inanição crônica aumenta a mortalidade infantil, enquanto a obesidade causa a hipertensão, doenças cardiovasculares e diabetes.

Seção 30.3 Como o organismo processa os carboidratos da dieta?
- Carboidratos são a maior fonte de energia na dieta humana.
- Monossacarídeos são diretamente absorvidos nos intestinos, enquanto oligo- e polissacarídeos, como amido, são digeridos com o auxílio do ácido estomacal, α- e β-amilases, e enzimas de desramificação.

Seção 30.4 Como o organismo processa as gorduras da dieta?
- Gorduras são as fontes de energia mais concentradas.
- Gorduras são emulsificadas pelos sais biliares e digeridas pelas lipases antes de serem absorvidas como ácidos graxos e glicerol nos intestinos.
- Gorduras essenciais e aminoácidos são necessários como unidades de construção porque o organismo humano não pode sintetizá-los.

Seção 30.5 Como o organismo processa as proteínas da dieta?
- Proteínas são hidrolisadas pelo ácido estomacal e posteriormente digeridas por enzimas como a pepsina e tripsina antes de serem absorvidas como aminoácidos.
- Não existe forma de armazenamento de proteínas, portanto boas fontes de proteína precisam ser consumidas na dieta diariamente.

Seção 30.6 Qual é a importância das vitaminas, minerais e água?
- Vitaminas e minerais são constituintes essenciais da dieta que são necessários em pequenas quantidades.
- As vitaminas solúveis em gordura (aquo-insolúveis) são A, D, E e K.
- As vitaminas C e do grupo B são vitaminas solúveis em água.
- A maioria das vitaminas B são coenzimas essenciais.
- Os minerais mais importantes da dieta são Na^+, Cl^-, K^+, PO_4^{3-}, Ca^{2+}, Fe^{2+} e Mg^{2+}, porém minerais-traço também são necessários.
- Água constitui 60% da massa do corpo.

Problemas

Seção 30.1 Como se avalia a nutrição?

30.1 A necessidade de nutrientes é uniforme para todos?

30.2 O flavorizante de banana, acetato de isopentila, é um nutriente?

30.3 Se benzoato de sódio, um conservante alimentício, é excretado sem sofrer alterações e propionato de cálcio, outro conservante alimentício, é metabolizado em CO_2 e H_2O, você os consideraria nutrientes? Caso seja sim, por quê?

30.4 O milho cresce mais nutritivo somente com fertilizantes orgânicos do que com fertilizantes artificiais?

30.5 Qual parte dos rótulos de Informações Nutricionais nos alimentos é a mesma para todos?

30.6 De quais tipos de alimentos o governo dos Estados Unidos recomenda um maior consumo diário?

30.7 Qual é a importância das fibras na dieta?

30.8 Pode uma substância que, em essência, passa pelo organismo inalterada ser considerada um nutriente essencial? Explique.

Seção 30.2 Por que somamos calorias?

30.9 Um adulto jovem do sexo feminino precisa de 2.100 Cal/dia. O seu requisito calórico basal é de somente 1.300 Cal/dia. Por que é necessária uma quantidade extra de 800 Cal/dia?

30.10 Quais são as doenças que podem advir da obesidade?

30.11 Assuma que você precisa perder 9 kg de gordura corporal em 60 dias. A sua ingestão atual de calorias é 3.000 Cal/dia. Qual deveria ser a sua ingestão calórica em Cal/dia para atingir esse objetivo, assumindo que não ocorram mudanças no seu padrão de exercícios (atividade física)?

30.12 O que é marasmo?

30.13 Diuréticos auxiliam a secretar água do organismo. Pílulas diuréticas seriam uma boa maneira de reduzir o peso corporal?

Seção 30.3 Como o organismo processa os carboidratos da dieta?

30.14 Humanos não podem digerir madeira; cupins o fazem com ajuda de bactérias no seu trato intestinal. Existe uma diferença básica nas enzimas digestivas presentes nos humanos e nos cupins?

30.15 Qual é o produto da reação quando a α-amilase age sobre a amilose?

30.16 No estômago HCl hidrolisa as ligações 1,4- e 1,6-glicosídicas?

30.17 A cerveja contém maltose. O consumo de cerveja pode ser detectado pela análise do conteúdo de maltose de uma amostra de sangue?

Seção 30.4 Como o organismo processa as gorduras da dieta?

30.18 Que nutrientes fornecem energia na sua forma mais concentrada?

30.19 Qual é o precursor do ácido araquidônico no organismo?

30.20 De quantos (a) ácidos graxos essenciais e (b) aminoácidos essenciais precisam os seres humanos nas suas dietas?

30.21 As lipases degradam (a) colesterol ou (c) ácidos graxos?

30.22 Qual é o papel dos sais biliares na digestão de gorduras?

Seção 30.5 Como o organismo processa as proteínas da dieta?

30.23 É possível conseguir um fornecimento nutricional suficiente de proteínas comendo apenas vegetais?

30.24 Sugira uma forma de curar a doença de kwashiorkor.

30.25 Qual é a diferença entre a digestão de proteínas realizada pela tripsina e por HCl?

30.26 Qual será digerido mais rápido: (a) um ovo cru ou (b) um ovo cozido? Explique.

Seção 30.6 Qual é a importância das vitaminas, minerais e água?

30.27 Em um campo de prisioneiros durante a guerra, os prisioneiros são alimentados com bastante arroz e água e nada mais. Qual será o resultado desta dieta por longo tempo?

30.28 (a) Quantos mililitros de água por dia são necessários em uma dieta normal?
(b) Com quantas calorias esta quantidade de água contribui?

30.29 Por que os marinheiros ingleses levavam com eles em suas viagens um suprimento de laranjas?

30.30 Quais são os sintomas da deficiência de vitamina A?

30.31 Qual é a função da vitamina K?

30.32 (a) Qual vitamina contém cobalto? (b) Qual é a função dessa vitamina?

30.33 A vitamina C é recomendada em megadoses por algumas pessoas para a prevenção de todos os tipos de doenças, desde resfriados até o câncer. Qual é a doença em que foi cientificamente demonstrado que pode ser prevenida pela ingestão diária de doses recomendadas de vitamina C?

30.34 Por que as Recomendações Nutricionais Diárias (RND) estão sendo substituídas pela Ingestão da Dieta de Referência (IDR)?

30.35 Quais são os efeitos não específicos das vitaminas E, C e dos carotenoides?

30.36 Quais são as melhores fontes diárias de cálcio, fósforo e cobalto?

30.37 Que vitaminas apresentam átomo de enxofre?

30.38 Quais são os sintomas da deficiência da vitamina B_{12}?

Conexões químicas

30.39 (Conexões químicas 30A) Qual é a diferença entre a Pirâmide Alimentar original publicada em 1992 e a versão revisada aqui apresentada?

30.40 (Conexões químicas 30A) Em relação aos carboidratos e gorduras, por que na nova Pirâmide Alimentar há posições múltiplas para estes nutrientes?

30.41 (Conexões químicas 30B) Explique qual é o significado da seguinte afirmação: "Todos os nutrientes em excesso podem se transformar em gorduras, mas as gorduras não podem ser transformadas em carboidrato".

30.42 (Conexões químicas 30B) O que o açúcar do sangue tem a ver com a dieta?

30.43 (Conexões químicas 30B) Qual é o método mais eficiente de perda de peso?

30.44 Como a diferença entre a perda de peso através da dieta e através de exercícios pode ser explicada pela bioquímica?

30.45 (Conexões químicas 30B) As plantas possuem uma via que é ausente nos humanos, chamada via do glioxilato. Ela permite que acetil-CoA desvie das duas etapas de descarboxilação do ciclo do ácido cítrico. Como a dieta seria diferente para os humanos se eles tivessem esta via?

30.46 (Conexões químicas 30C) Descreva a diferença entre a estrutura do aspartame e do metil éster do ácido fenilalanilaspártico.

30.47 (Conexões químicas 30C)
(a) Qual adoçante artificial não é metabolizado no organismo?
(b) Quais poderiam ser os produtos da digestão do aspartame?

30.48 (Conexões químicas 30C) O que existe de comum nas estruturas do Olestra e da sucralose?

30.49 (Conexões químicas 30D) Por que existe uma necessidade de ferro na dieta?

30.50 (Conexões químicas 30D) Qual é a forma em que se encontra o ferro no organismo?

30.51 (Conexões químicas 30D) Quais são os fatores que influenciam a absorção de ferro no sistema digestivo?

30.52 (Conexões químicas 30D) Quais fatores influenciam as necessidades de ferro de determinada pessoa?

30.53 (Conexões químicas 30E) Observando a Tabela 22.1, que relaciona os aminoácidos comuns encontrados nas proteínas, qual é o aminoácido que mais se assemelha à creatina?

30.54 (Conexões químicas 30E) Qual é o composto que sozinho resulta no maior efeito no desempenho atlético?

30.55 (Conexões químicas 30E) Identifique duas maneiras em que os carboidratos são empregados para o desempenho atlético.

30.56 (Conexões químicas 30E) Por que a creatina é um ergogênico eficiente? Para que tipos de competição é eficiente?

30.57 (Conexões químicas 30E) De que forma a cafeína é usada como composto ergogênico? Quais são os possíveis efeitos colaterais do uso da cafeína?

30.58 (Conexões químicas 30F) Qual é o significado de "orgânico" quando relacionado à comida?

30.59 (Conexões químicas 30F) Quais são as principais considerações que envolvem os alimentos orgânicos *versus* os não orgânicos?

Problemas adicionais

30.60 Quais são as substâncias usadas mais frequentemente na desinfecção dos suprimentos de água para consumo humano?

30.61 Qual vitamina é parte da coenzima A (CoA)? Qual é a etapa (ou enzima) que tem CoA como coenzima na (a) glicólise e (b) síntese de ácidos graxos?

30.62 Que vitamina é prescrita em megadoses para combater a formação de bolhas de uma doença autoimune?

30.63 Por que é necessário ter proteínas em nossa dieta?

30.64 Que processos químicos ocorrem durante a digestão?

30.65 De acordo com a Pirâmide Alimentar do governo norte-americano, há alguns alimentos que podem ser completamente omitidos de nossa dieta e ainda continuarmos saudáveis?

30.66 As enzimas de desramificação ajudam na digestão da amilose?

30.67 Como dono de uma companhia que comercializa nozes, você é solicitado a dar informações para uma propaganda que enfatize o valor nutricional das nozes. Quais informações você forneceria?

30.68 Na diabetes, insulina é administrada intravenosamente. Explique por que este hormônio proteico não pode ser administrado por via oral.

30.69 A gema de ovo contém muita lecitina (um fosfoglicerídeo). Após ingestão de um ovo cozido, você encontraria um aumento do nível de lecitina em seu sangue? Explique.

30.70 Como você chamaria uma dieta que de forma escrupulosa evita compostos que contenha fenilalanina? O aspartame poderia ser empregado nessa dieta?

30.71 Que tipo de suplemento enzimático seria recomendado para um paciente após uma operação de úlcera péptica?

30.72 Em um julgamento, uma mulher foi acusada de envenenar o marido pela adição de arsênico na refeição dele. O advogado dela afirmou que a adição na refeição foi feita para melhorar a saúde do marido, uma vez que arsênico é um nutriente essencial. Você aceitaria esse argumento?

Imunoquímica

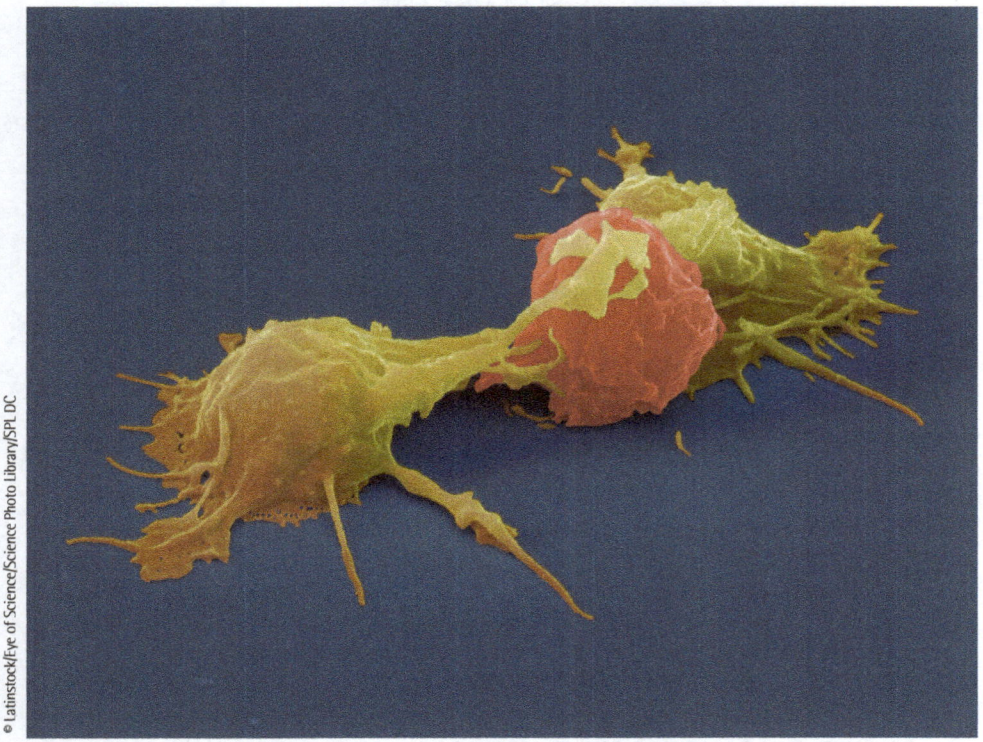

31

Duas células assassinas naturais (*natural killer – NK*), mostradas em laranja-amarelado, atacam células de leucemia, mostradas em vermelho.

Questões-chave

- **31.1** Como o organismo se defende das invasões?
- **31.2** Que órgãos e células compõem o sistema imune?
- **31.3** Como os antígenos estimulam o sistema imune?
- **31.4** O que são imunoglobulinas?
- **31.5** O que são células T e seus receptores?
- **31.6** Como a resposta imune é controlada?
- **31.7** Como o organismo reconhece um corpo estranho que pode invadi-lo?
- **31.8** Como o vírus da imunodeficiência humana causa Aids?

31.1 Como o organismo se defende das invasões?

Quando estávamos no ensino fundamental, provavelmente tivemos catapora. As doenças virais são passadas de uma pessoa para a outra e seguem seu curso. Após a recuperação, nunca mais o indivíduo adquire catapora. As pessoas que foram infectadas tornam-se *imunes* a essa doença. A Figura 31.1, que apresenta uma visão geral desse sistema complexo, pode servir como um mapa do percurso dessas doenças à medida que se leem as diferentes seções deste capítulo.

Na Figura 31.1, encontramos a localização precisa do tópico em discussão e a sua correlação com o sistema imune como um todo. Como pode ser visualizado, o sistema imune contém múltiplas camadas de proteção contra organismos invasores. Nesta seção, serão introduzidas brevemente as principais partes do sistema imune. Esses tópicos serão expandidos nas seções subsequentes.

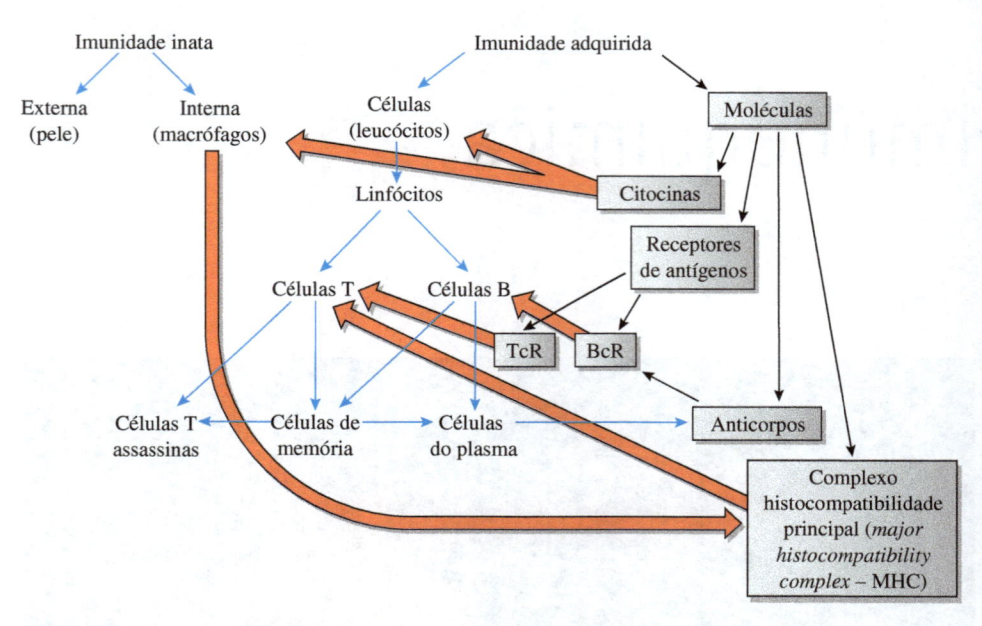

FIGURA 31.1 Visão geral do sistema imune: seus componentes e suas interações.

A. Imunidade inata

Quando consideramos o enorme número de bactérias, viroses, parasitas e toxinas que podem atacar nosso organismo, surpreende-nos o fato de não ficarmos continuamente doentes. A maioria dos estudantes aprende sobre os anticorpos no ensino médio e, nos dias de hoje, praticamente todos aprendem sobre as células T por causa de sua correlação com a Aids. Quando se abordam aspectos relacionados à imunidade, constata-se que existem muitas outras armas de defesa além das células T e dos anticorpos. Na verdade, só descobrimos que estamos doentes quando os patógenos (agentes patogênicos) abatem as linhas de frente de defesa, que são chamadas conjuntamente de **imunidade inata**.

Imunidade inata inclui vários componentes. Uma parte, denominada **imunidade inata** externa, inclui barreiras físicas, como a pele, o muco e as lágrimas. Todas essas barreiras agem para impedir a penetração dos patógenos e não necessitam de células especializadas para lutar contra esses agentes. Se um patógeno – seja uma bactéria, um vírus ou parasita – é capaz de romper essa camada externa de defesa, os guerreiros celulares do sistema inato de defesa entram em ação. As células do sistema imune inato estudadas aqui são **células dendríticas, macrófagos e células assassinas naturais** (*natural killer* – **NK**). As células dendríticas são as primeiras a agir e as mais importantes na luta contra as doenças. Essas células são assim denominadas por causa de suas longas projeções na forma de tentáculos.

As células assassinas naturais funcionam como policiais da **imunidade interna inata**. Quando eles encontram células cancerosas, células infectadas por um vírus ou qualquer outra célula suspeita, atacam as células anormais (ver foto de abertura do capítulo). Outras respostas não específicas incluem a proliferação de macrófagos, que englobam e digerem bactérias e reduzem a inflamação. Na resposta inflamatória devida a ferimentos ou infecções, os capilares dilatam para permitir um maior fluxo de sangue ao sítio inflamado, o que permite que os agentes do sistema imune inato interno se juntem no local afetado.

B. Imunidade adaptativa

Os vertebrados têm uma segunda linha de defesa, chamada **imunidade adaptativa** ou **adquirida**. Nos referimos a esse tipo de imunidade quando falamos coloquialmente sobre o **sistema imunológico**. Os pontos-chave do sistema imune são *especificidade* e *memória*. Os componentes celulares da imunidade adquirida são **células T** e **B**. O sistema imune usa anticorpos e células receptoras projetadas especificamente para cada tipo de invasor. Em um segundo encontro com o mesmo invasor, a resposta é mais rápida, mais vigorosa e mais prolongada que da primeira vez porque o sistema imune se lembra da natureza do invasor no primeiro encontro.

Imunidade inata Trata-se da resistência natural não específica do corpo contra invasores externos, que não tem memória.

Os invasores podem ser bactérias, vírus, bolores ou grãos de pólen. Um organismo sem defesa contra esses invasores não poderia sobreviver. Existe uma doença genética rara na qual as pessoas nascem com o sistema imune que não funciona. Esforços são feitos, então, para abrigá-las em um ambiente fechado totalmente selado. Enquanto permanecem nesse ambiente, os portadores dessa doença sobrevivem, entretanto, quando são removidos, morrem rapidamente. A severidade dessa doença, denominada imunodeficiência combinada grave, explica por que ela foi a primeira doença tratada com a terapia gênica (Seção 26.8). O vírus da Aids (Seção 31.8) destrói lentamente o sistema imune, particularmente as células do tipo T. Os indivíduos soropositivos morrem em decorrência de algum invasor, que em uma pessoa sem o vírus seria facilmente combatido pelo organismo.

Como veremos, a beleza do sistema imune do nosso corpo está na sua flexibilidade. O sistema é capaz de fabricar milhões de potenciais defensores, portanto ele pode quase sempre encontrar a forma correta de localizar o invasor, mesmo que nunca tenha visto antes aquele organismo estranho em particular.

C. Componentes do sistema imune

Substâncias estranhas que invadem o organismo são chamadas **antígenos**. O sistema imune é constituído tanto por células como por moléculas. Dois tipos de **células sanguíneas brancas**, denominadas linfócitos, lutam contra os invasores: (1) células T matam os invasores por contato e (2) células B fabricam **anticorpos**, que são moléculas solúveis de imunoglobulina que imobilizam os antígenos.

As moléculas básicas do sistema imune pertencem à **superfamília das imunoglobulinas**. Todas as moléculas dessa classe têm certa porção de moléculas que pode interagir com antígenos, e todas são glicoproteínas. Nessa superfamília, as cadeias polipeptídicas têm dois domínios: uma região constante e outra variável. A região constante tem a mesma sequência de aminoácidos nas moléculas da mesma classe. Em contraste, a região variável é antígeno-específica, o que significa que a sequência de aminoácidos nessa região é única para cada antígeno. As regiões variáveis são projetadas para reconhecer somente um antígeno específico.

Existem três representantes da superfamília das imunoglobulinas no sistema imune:

1. Anticorpos são imunoglobulinas solúveis secretadas pelas células plasmáticas.
2. Receptores na superfície das células T (**TcR**) reconhecem e ligam antígenos.
3. Moléculas que servem para apresentar os antígenos também pertencem a essa superfamília. Elas residem no interior das células. Essas moléculas de proteínas são conhecidas como complexo principal de histocompatibilidade (*major histocompatibility complex* – MHC).

Quando uma célula é infectada por um antígeno, moléculas do MHC interagem com ele e trazem uma porção característica do antígeno para a superfície da célula. A forma como essa superfície se apresenta é uma marcação para a célula doente que precisa ser destruída. Isso acontece em determinada célula que foi infectada por um vírus e pode ocorrer em macrófagos que englobam e digerem bactérias e vírus.

D. A velocidade da resposta imune

O processo de encontrar a imunoglobulina correta e levá-la a lutar com um invasor em particular é relativamente lento, se comparado com a ação das substâncias químicas mensageiras abordadas no Capítulo 24. Enquanto neurotransmissores atuam em milissegundos e hormônios em segundos, minutos ou horas, imunoglobulinas respondem ao antígeno em períodos longos – semanas e meses.

Embora o sistema imune possa ser considerado outra forma de comunicação química (Capítulo 24), ele é muito mais complexo que a neurotransmissão porque envolve sinalização molecular e interação entre várias células. Nessas interações constantes, os principais elementos são os seguintes: (1) as células do sistema imune, (2) os antígenos e a sua percepção pelo sistema imune, (3) os anticorpos (moléculas de imunoglobulinas) que são projetados para imobilizar antígenos, (4) moléculas receptoras na superfície das células que reconhecem antígenos e (5) moléculas de citocina que controlam essas interações. Uma vez que o sistema imune é a base das defesas do organismo, sua importância para os estudantes das ciências correlacionadas com a saúde é inegável.

Antígeno Uma substância estranha ao organismo que aciona uma resposta imune.

Anticorpo Uma molécula de glicoproteína que interage com um antígeno.

Superfamília das imunoglobulinas Glicoproteínas compostas de segmentos de proteína variáveis e constantes que têm homologias significativas para sugerir que evoluíram de um ancestral comum.

31.2 Que órgãos e células compõem o sistema imune?

O plasma sanguíneo circula no organismo e entra em contato com os outros fluidos corporais através de membranas semipermeáveis dos vasos sanguíneos. Por essa razão, o sangue pode trocar substâncias químicas com os outros fluidos corporais e, através deles, com as células e os órgãos do corpo (Figura 31.2).

A. Órgãos linfoides

Os vasos capilares linfáticos drenam os fluidos que banham as células do corpo. O fluido no interior desses vasos é chamado **linfa**. Os vasos linfáticos circulam através do corpo e entram em certos órgãos, denominados **órgãos linfoides**, como o timo, o baço, as amígdalas e os nódulos linfáticos (Figura 31.3). As células primariamente responsáveis pelo funcionamento do sistema imune são as células brancas do sangue chamadas **linfócitos**. Como o nome indica, essas células são principalmente encontradas nos órgãos linfoides. Linfócitos podem ser tanto específicos como não específicos para determinado antígeno.

As células T são linfócitos que se originam na medula óssea, mas que amadurecem (maturam) na glândula timo. As células B são linfócitos que se originam e amadurecem na medula óssea. As células B e T são encontradas principalmente na linfa, onde circulam procurando os invasores. Um pequeno número de linfócitos também é encontrado no sangue. Para chegar lá, eles precisam se comprimir através de pequenas aberturas entre as células endoteliais. Esse processo é auxiliado por moléculas sinalizadoras chamadas **citocinas** (Seção 31.6). A sequência da resposta do organismo aos invasores estranhos é descrita esquematicamente na Tabela 31.1.

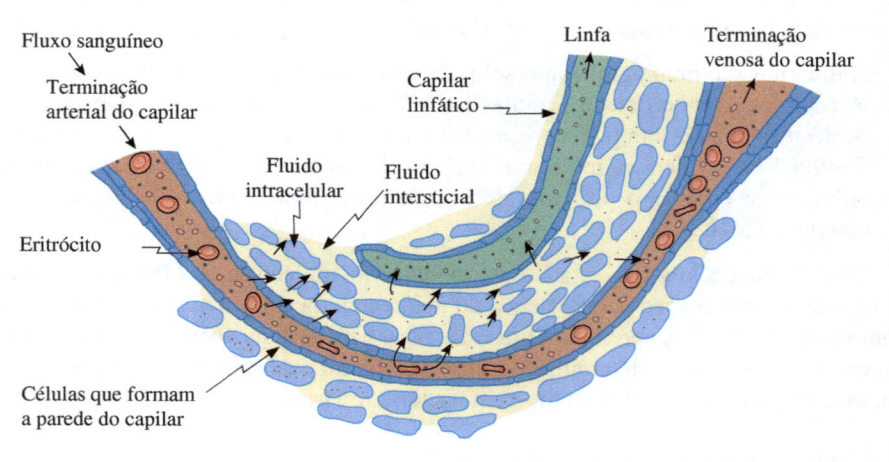

FIGURA 31.2 Troca de substâncias entre três fluidos corporais: sangue, fluido intersticial e linfa (Holum, J. R. *Fundamentals of general, organic and biological chemistry*. Nova York: Jonh Wiley & Sons, 1978. p. 569).

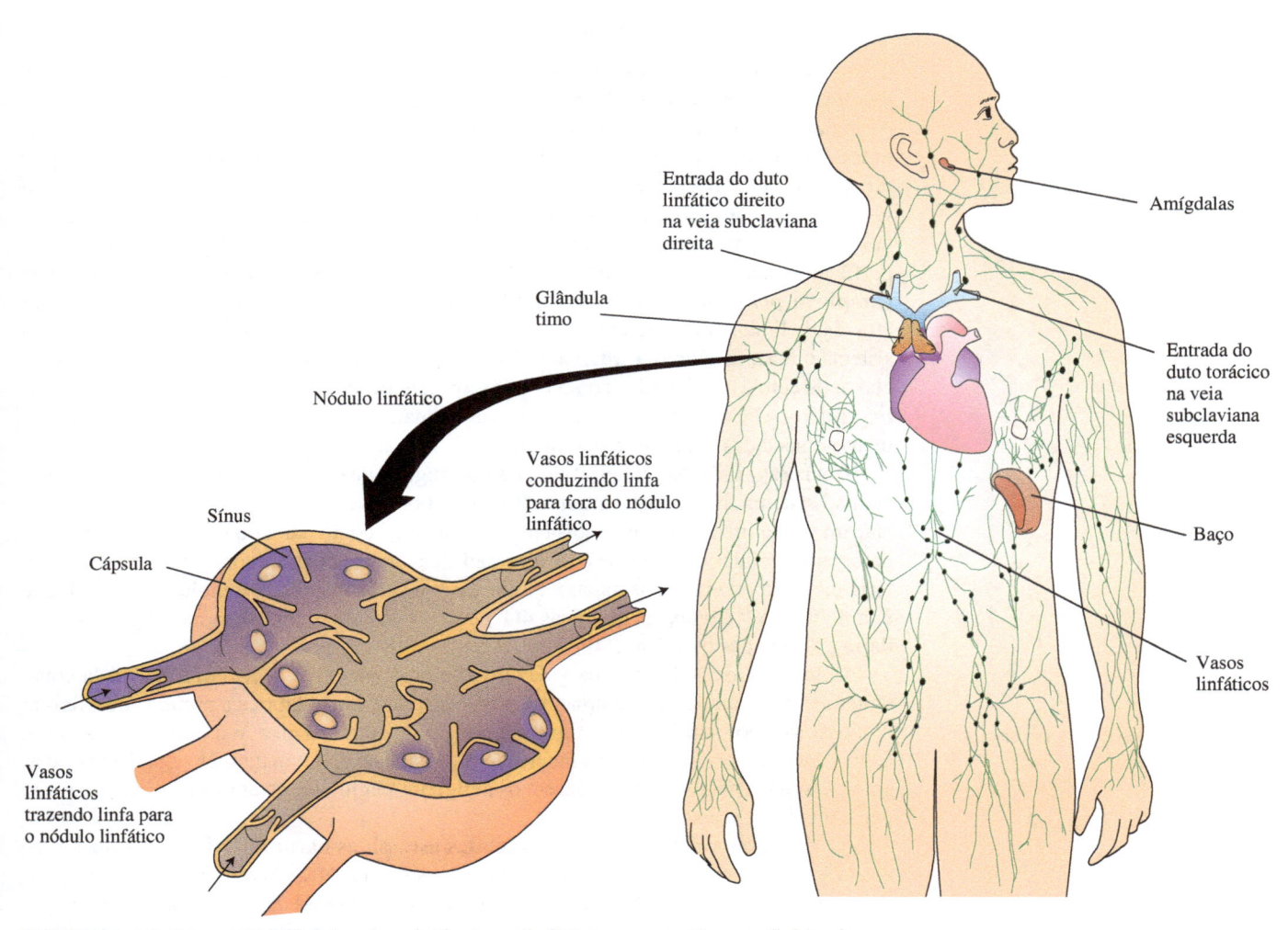

FIGURA 31.3 O sistema linfático é uma rede de vasos linfáticos que contêm um fluido claro, chamado linfa, e vários tecidos linfáticos e órgãos localizados através do corpo.
Os nódulos linfáticos são massas de tecido linfático cobertos com uma cápsula fibrosa. Os nódulos linfáticos filtram a linfa. Além disso, eles são preenchidos com macrófagos e linfócitos.

TABELA 31.1 Interações entre diferentes células do sistema imune

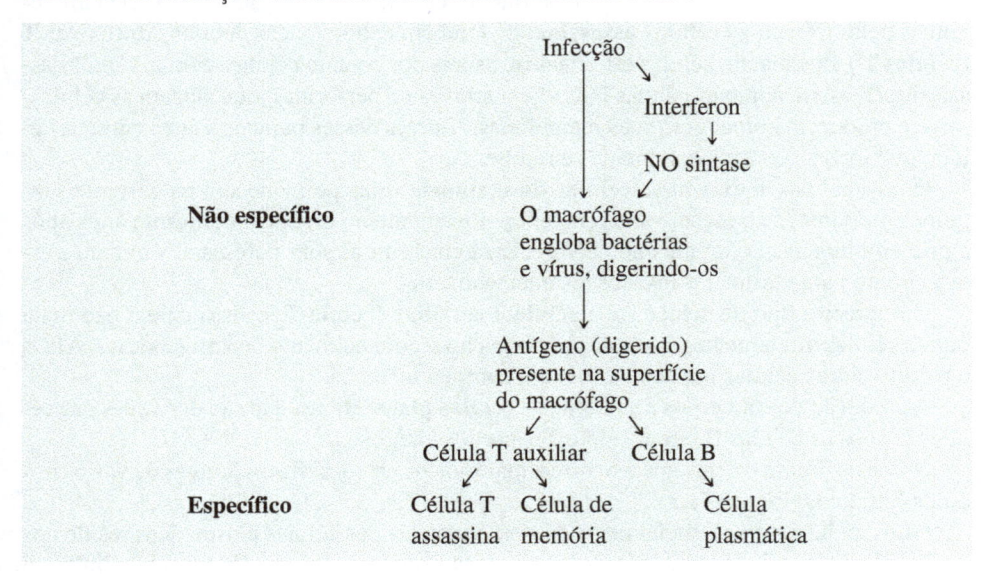

	Infecção
	↓ ↘
	Interferon
	↓
	NO sintase
	↓
Não específico	O macrófago engloba bactérias e vírus, digerindo-os
	↓
	Antígeno (digerido) presente na superfície do macrófago
	↙ ↘
	Célula T auxiliar — Célula B
Específico	Célula T assassina / Célula de memória / Célula plasmática

B. Células da imunidade interna inata

Como mencionado na Seção 31.1A, as células principais da imunidade inata são células dendríticas, macrófagos e células assassinas naturais.

As **células dendríticas** são encontradas na pele, na membrana das mucosas, nos pulmões e no baço. Elas são as primeiras células do sistema inato que irão golpear qualquer vírus ou bactéria que perambulem pelo seu caminho. Utilizando receptores parecidos com ventosas, elas se agarram aos invasores e os englobam por endocitose. Essas células então cortam os patógenos que foram devorados e trazem partes de suas proteínas para a superfície. Na superfície, os fragmentos de proteína são expostos em uma proteína chamada **complexo principal de histocompatibilidade (MHC)**. As células dendríticas viajam através da linfa para o baço, onde elas apresentam esses antígenos para outras células do sistema imune, as **células T auxiliares (células T_H)**. Células dendríticas fazem parte de uma classe de células designadas como **células apresentadoras de antígeno** (*antigen presenting cells* – APCs) e são o ponto de partida na maioria das respostas que são tradicionalmente associadas com o sistema imune.

Macrófagos são as primeiras células no sangue que encontram um antígeno e pertencem ao sistema imune inato interno. Portanto, por serem não específicos, os macrófagos atacam virtualmente qualquer coisa não reconhecida como parte do organismo, incluindo patógenos, células cancerosas e tecidos danificados. Os macrófagos englobam uma bactéria invasora ou vírus e os matam. Nesse caso, a "bala mágica" é a molécula de NO, que é tanto tóxica ("Conexões químicas 4C") como pode atuar como um mensageiro secundário ("Conexões químicas 24E").

A molécula de NO tem uma vida curta no organismo e é necessário fabricá-la constantemente. Quando se inicia uma infecção, o sistema imune fabrica a proteína interferon.[1] O interferon, por sua vez, ativa um gene que produz uma enzima, o óxido nítrico sintase. Com o auxílio dessa enzima, os macrófagos, dotados de NO, matam os organismos invasores. Os macrófagos, então, digerem os antígenos englobados e apresentam um pequeno pedaço dele na sua superfície.

As células anormais são o alvo das **células assassinas naturais (NK)**. Uma vez que se estabelece o contato físico entre essas células, as células NK liberam proteínas, apropriadamente denominadas perforinas, que perfuram as membranas das células-alvo e criam poros. A membrana das células-alvo começa a vazar, o que permite que os líquidos hipotônicos (Seção 6.8C) do entorno entrem na célula, que então incham e consequentemente arrebentam a célula.

C. Células da imunidade adaptativa: células T e B

As células T interagem com antígenos apresentados pelas APCs e produzem outras células T que são altamente específicas ao antígeno. Quando essas células T diferenciam, algumas delas tornam-se **células assassinas T**, também denominadas **células citotóxicas T (células T_c)**, que matam células estranhas invasoras por contato célula a célula. Células assassinas T, assim como as células NK, agem através de perforinas, que atacam as células-alvo e produzem buracos em suas membranas. Através desses buracos a água entra na célula, que incha e consequentemente se rompe.

Outras células T tornam-se **células de memória**. Elas permanecem na corrente sanguínea, portanto, se o mesmo antígeno entra novamente no organismo, mesmo anos após a primeira infecção, o organismo não precisará construir as suas defesas novamente e estará pronto para eliminar o invasor instantaneamente.

Um terceiro tipo de célula T é a **célula T auxiliar (célula T_H)**. Essa célula não mata outras células diretamente, mas está envolvida no reconhecimento de antígenos nas APCs e recruta outras células para ajudar na luta contra a infecção.

A produção de anticorpos é a tarefa das **células plasmáticas**, que são derivadas das células B após as células B terem sido expostas aos antígenos.

Os vasos linfáticos, nos quais ocorre a maioria dos ataques, fluem através de vários nódulos linfáticos (Figura 31.3).

Esses nódulos são essencialmente filtros. A maioria das células plasmáticas reside nos nódulos linfáticos, logo, a maioria dos anticorpos é produzida neles. Cada nódulo linfático é também preenchido com milhões de outros linfócitos. Mais que 99% de todas as bactérias invasoras e partículas estranhas são filtradas nos nódulos linfáticos. Como consequên-

---

[1] Essa proteína é também chamada interferona. (NT)

As células assassinas naturais e as células T assassinas agem da mesma forma, utilizando perforinas. As células T_c atacam alvos específicos; e as células NK, todos os alvos suspeitos.

cia, a linfa que sai dos nódulos se encontra praticamente livre dos invasores e contém anticorpos produzidos nas células plasmáticas. Todos os linfócitos derivam de células-tronco na medula óssea. Células-tronco são células indiferenciadas que podem se transformar em vários tipos diferentes de células. Como mostrado na Figura 31.4, elas podem se diferenciar em células T no timo ou células B na medula óssea.

31.3 Como os antígenos estimulam o sistema imune?

A. Antígenos

Antígenos são substâncias estranhas que induzem uma resposta imune; por essa razão, eles também são chamados imunogênicos. Três aspectos caracterizam um antígeno. O primeiro é a sua singularidade – moléculas do próprio corpo não deveriam induzir uma resposta imune. A segunda condição é que o antígeno precisa ter uma massa molecular maior que 6.000. A terceira condição é que a molécula precisa ter a complexidade adequada. Um polipeptídeo constituído somente de lisina, por exemplo, não é imunogênico.

Antígenos podem ser proteínas, polissacarídeos ou ácidos nucleicos; todas essas substâncias são moléculas grandes (polímeros). Antígenos podem ser solúveis no citoplasma ou encontrados na superfície das células, embebidos na membrana ou apenas absorvidos na membrana. Um exemplo de um polissacarídeo antigenicítico é o grupo sanguíneo ABO ("Conexões químicas 20D").

Nos antígenos proteicos, somente parte da estrutura primária é necessária para originar uma resposta imune. Cerca de 5 a 7 aminoácidos são necessários para interagir com um anticorpo, e de 10 a 15 aminoácidos são necessários para que exista ligação aos receptores nas células T. A menor unidade de um antígeno capaz de ligação com um anticorpo é chamado **epítopo**. O reconhecimento de um epítopo não requer necessariamente que os aminoácidos se apresentem para as moléculas em sua proximidade na sequência de sua estrutura primária, uma vez que as dobras da cadeia e a estrutura secundária resultante expõem aminoácidos em uma sequência não necessariamente correspondente à estrutura primária. Por exemplo, aminoácidos nas posições 20 e 28 podem formar parte de um epítopo. *Os anticorpos podem reconhecer todos os tipos de antígenos, mas as células T reconhecem apenas antígenos peptídicos.*

Como já mencionado, os antígenos podem estar no interior de uma célula infectada ou na superfície de um vírus ou bactéria que penetrou na célula. Para induzir uma reação imune, o antígeno ou seu epítopo precisam ser trazidos para a superfície da célula infectada. Similarmente, após o macrófago inchar e digerir parcialmente um antígeno, ele precisa trazer o epítopo de volta à superfície para induzir uma resposta imune das células T (Tabela 31.1).

B. Complexos de histocompatibilidade principal

A tarefa de trazer o epítopo do antígeno para a superfície da célula é realizada pelo complexo de histocompatibilidade principal (MHC). O nome advém do fato de a sua função na resposta imune ter sido descoberta primeiramente em órgãos transplantados. Moléculas MHC são proteínas transmembrânicas que pertencem à superfamília das imunoglobulinas. Existem duas classes de moléculas MHC (Figura 31.5), e ambas têm domínios de ligação nos peptídeos variáveis. O MHC classe I é constituído de uma única cadeia polipeptídica, enquanto o MHC classe II é um dímero. Moléculas de MHC classe I pegam moléculas de antígeno que foram *sintetizadas dentro de uma célula infectada por um vírus*. Moléculas de MHC classe II pegam *antígenos "mortos"*. Em cada caso, o epítopo ligado ao MHC é trazido para a superfície da célula para ser apresentado às células T.

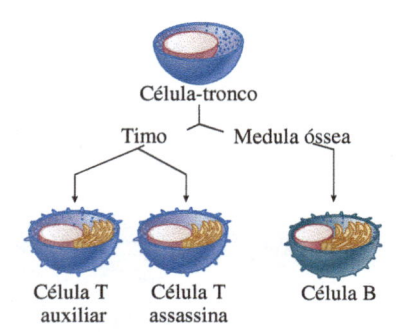

FIGURA 31.4 Desenvolvimento de linfócitos. Todos os linfócitos são basicamente derivados de células-tronco da medula óssea. No timo, células T desenvolvem células T auxiliares e células assassinas T. Células B se desenvolvem na medula óssea.

Existem exceções: em uma doença autoimune, o organismo confunde as suas próprias proteínas com as estranhas.

Epítopo O menor número de aminoácidos em um antígeno que induz uma resposta autoimune.

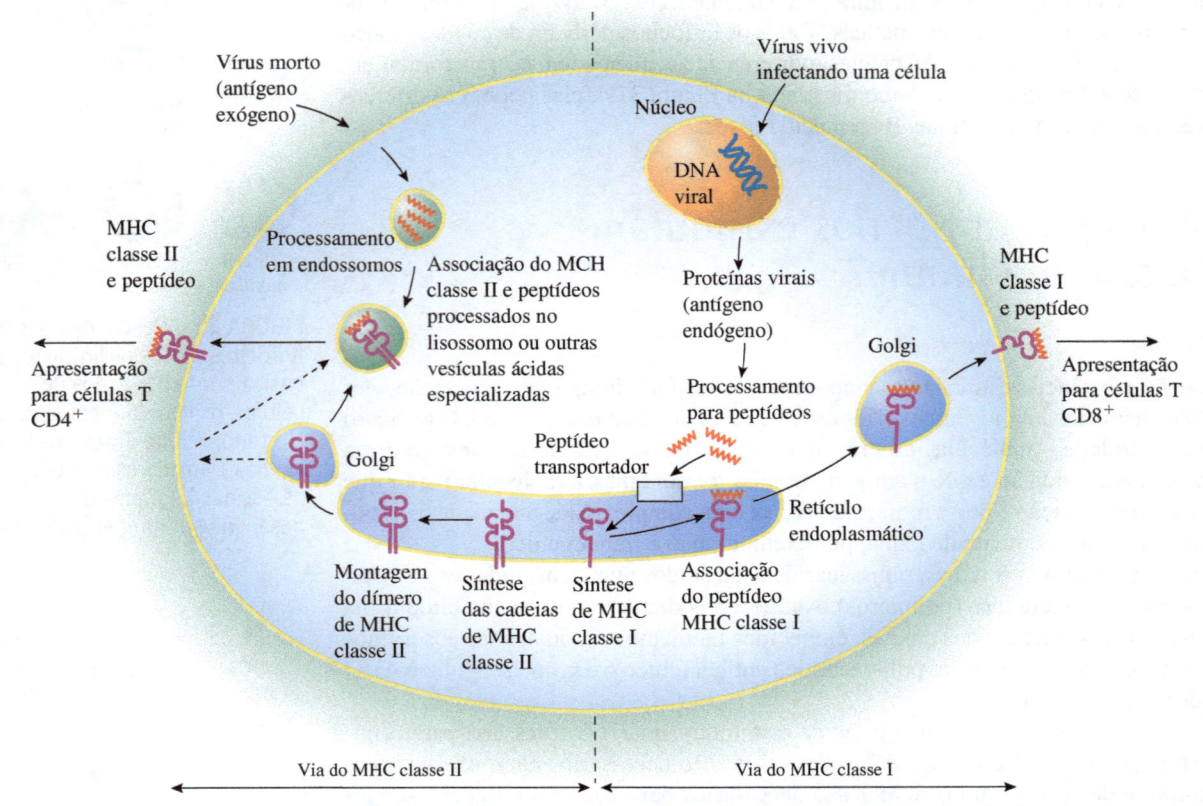

FIGURA 31.5 Processamento diferencial de antígenos nas vias MHC classe II (esquerda) ou MHC classe I (direita). *Clusters* determinantes (CD) são partes do complexo receptor das células T (ver Seção 31.5B).

Por exemplo, se um macrófago englobar e digerir um vírus, o resultado será o antígeno morto. A digestão ocorre em várias etapas. Primeiro, o antígeno é processado nos lisossomos, organelas especiais das células que contêm enzimas proteolíticas. Uma enzima chamada tiol redutase lisossomal induzido por interferon-gama (*gamma-interferon inducible lysosomal thiol reductase* – GILT) quebra as pontes dissulfeto do antígeno por redução. As ligações reduzidas do antígeno se desenrolam e se expõem para as enzimas proteolíticas, que as hidrolisam em peptídeos menores. Esses peptídeos servem como epítopos que são reconhecidos pelo MHC classe II. A diferença entre MHC I e MHC II torna-se significativa quando vemos as funções das células T. Os antígenos ligados ao MHC I vão interagir com células assassinas T, enquanto os ligados ao MHC II vão interagir com células auxiliares T.

31.4 O que são imunoglobulinas?

A. Classes de imunoglobulinas

As **imunoglobulinas** são glicoproteínas, isto é, moléculas de proteína que contêm carboidratos. As diferentes classes de imunoglobulinas variam não apenas em sua massa molecular e no conteúdo de carboidrato, mas também a sua concentração no sangue difere significativamente (Tabela 31.2). Os anticorpos IgG e IgM são os anticorpos mais importantes encontrados no sangue. Eles interagem com antígenos e acionam o englobamento (fagocitose) dessas células pelos fagócitos. No interior dos fagócitos, os antígenos são destruídos nos lisossomos. Os antígenos ligados aos anticorpos também são destruídos no sistema sanguíneo por um processo complicado chamado sistema complemento. As moléculas IgA são encontradas principalmente nas secreções: lágrimas, leite e muco. Por isso, essas imunoglobulinas atacam o material invasor antes que ele entre na corrente sanguínea. As moléculas de IgE desempenham um papel nas reações alérgicas, como asma e rinite alérgica, e estão envolvidas na defesa do organismo contra parasitas.

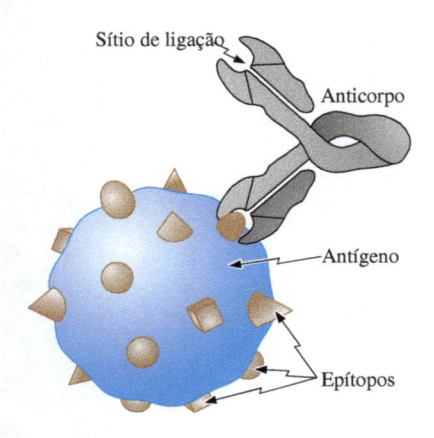

Ligação de um anticorpo ao epítopo de um antígeno.

Conexões químicas 31A

O podofilo e agentes quimioterápicos

Em muitos países, as doenças do coração são a principal causa de morte. De forma coletiva, os vários tipos de câncer representam a segunda causa de morte, e estima-se que, nas próximas décadas, eles encabeçarão a lista. Como os fatores de risco para o desenvolvimento de câncer não são ainda claramente conhecidos, os tratamentos através de cirurgia, radioterapia e quimioterapia ainda representam os principais meios utilizados no combate à doença. Na quimioterapia, uma substância ou combinação de substâncias é introduzida no organismo para destruir as células cancerosas. Enquanto estamos apenas começando a entender como essas substâncias funcionam no organismo, muitas delas já são conhecidas há mais de um século. Entre elas, há o efeito antitumor de um extrato do podofilo comum, *Podophyllum peltatum*, descrito em 1861 por Robert Bentley, do Kings College de Londres. O princípio ativo do extrato de podofilo foi identificado vinte anos atrás: a picropodofilina. O mecanismo de ação dessa droga ficou obscuro até 1946. Sabemos agora que ela suprime o crescimento do tumor pela inibição da formação do feixe de fibras nucleares na mitose, que mantém as células realizando a divisão nuclear. A estrutura da picropodofilina foi determinada em 1954, e, na década de 1970, pesquisadores da empresa Sandoz conseguiram sintetizar vários análogos da picropodofilina que são ainda mais eficazes que a correspondente droga obtida do podofilo. Entre essas drogas, há o etoposito, que é eficaz no tratamento do câncer de pulmão, câncer dos testículos, linfomas, leucemia e vários tipos de tumor de cérebro. O etoposito também inibe a topoisomerase II, uma enzima importante na regulação do DNA.

Picropodofilina

Etoposito

B. Estrutura das imunoglobulinas

Cada molécula de imunoglobulina é constituída de quatro cadeias polipeptídicas: duas cadeias leves idênticas e duas cadeias pesadas idênticas. As quatro cadeias polipeptídicas estão arranjadas simetricamente, formando uma estrutura em Y (Figura 31.6).

TABELA 31.2 Classes de imunoglobulinas

Classe	Massa molecular (MM)	Conteúdo de carboidrato (%)	Concentração no plasma (mg/100 mL)
IgA	200.000-700.000	7-12	90-420
IgD	160.000	<1	1-40
IgE	190.000	10-12	0,01-0,1
IgG	150.000	2-3	600-1.800
IgM	950.000	10-12	50-190

Quatro ligações dissulfeto conectam as quatro cadeias em uma única unidade. Tanto as cadeias leves como as pesadas possuem regiões variáveis. As regiões constantes têm a mesma sequência de aminoácidos em diferentes anticorpos, e as regiões variáveis têm diferentes sequências de aminoácidos em diferentes anticorpos.

As regiões variáveis do anticorpo reconhecem a substância estranha (o antígeno) e se ligam a ele (Figura 31.7). Pelo fato de cada anticorpo conter duas regiões variáveis, ele pode se ligar a dois antígenos, formando um agregado grande, como mostrado na Figura 31.8.

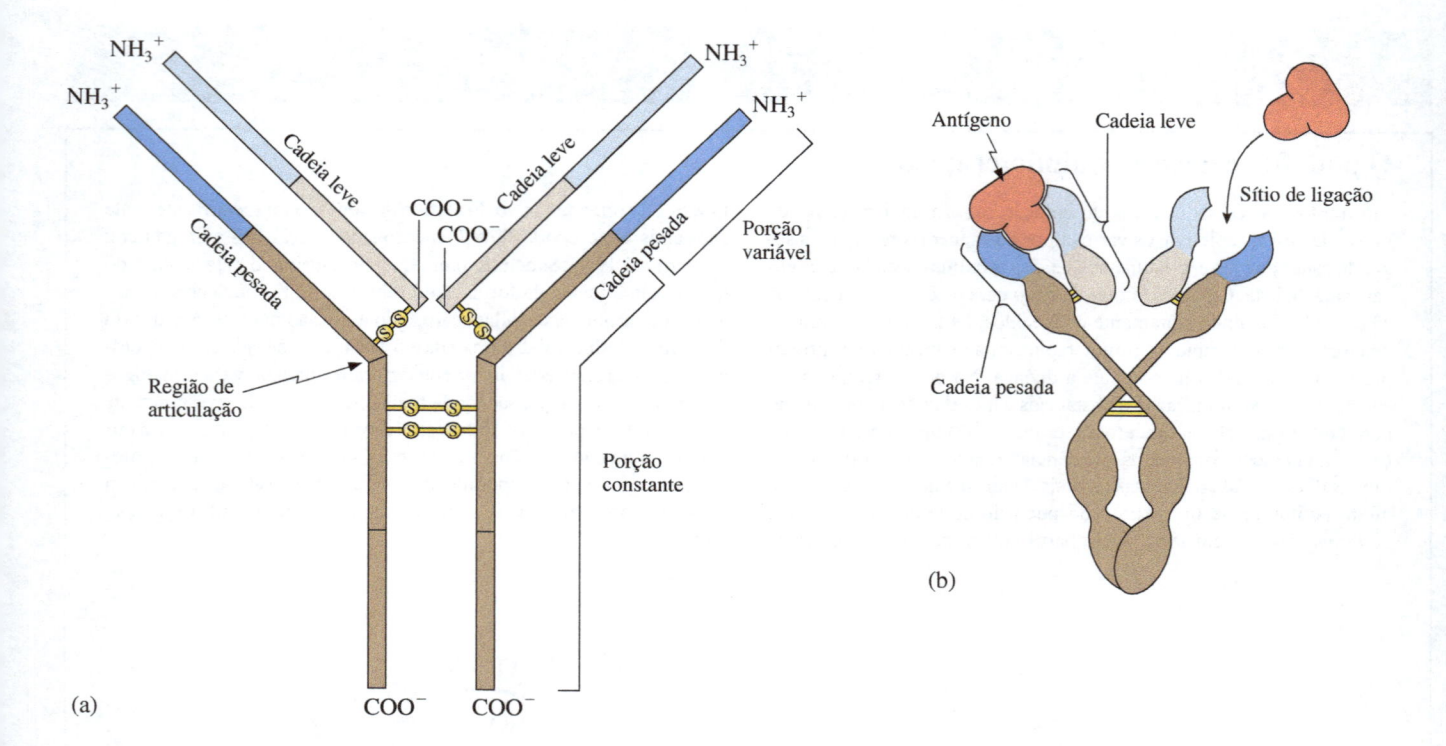

Figura 31.6 (a) Diagrama esquemático de um anticorpo do tipo IgG composto de duas cadeias pesadas e duas cadeias leves conectadas por ligações dissulfeto. A finalização da cadeia na região do grupo amino terminal de cada uma das cadeias tem porções variáveis. (b) Um modelo que mostra como um anticorpo se liga a um antígeno.

A ligação do antígeno na região variável do anticorpo não ocorre por ligações covalentes, mas sim por forças intermoleculares muito fracas como as forças de dispersão de London, interações dipolo-dipolo e ligações de hidrogênio (Seção 5.7). Essa ligação é parecida com a maneira como os substratos se ligam em enzimas ou hormônios, e neurotransmissores se ligam a um sítio receptor. Isso significa que o antígeno precisa se adequar à superfície do anticorpo. Os humanos têm mais de 10.000 anticorpos diferentes circulando em níveis mensuráveis, o que permite que nosso organismo lute contra um grande número de invasores estranhos. Entretanto, o número potencial de anticorpos que pode ser criado pelos genes disponíveis chega à casa dos milhões.

C. Células B e anticorpos

Cada célula B sintetiza apenas um único anticorpo imunoglobulínico, e esse anticorpo contém um único sítio de ligação de antígeno para um epítopo. Antes de encontrar um antígeno, esses anticorpos são inseridos na membrana plasmática das células B, onde atuam como receptores. Quando um antígeno interage com um receptor, ele estimula a célula B a se dividir e diferenciar em células plasmáticas. Essas células-filha secretam anticorpos solúveis que têm os mesmos sítios de ligação de antígeno como nas originais anticorpo/receptor. Os anticorpos solúveis secretados aparecem no soro (a parte não celular do sangue) e podem reagir com um antígeno. Logo, uma imunoglobulina produzida nas células B pode agir como receptor para ser estimulada pelo antígeno ou como um mensageiro que foi secretado e que está pronto para neutralizar e eventualmente destruir um antígeno (Figura 31.9).

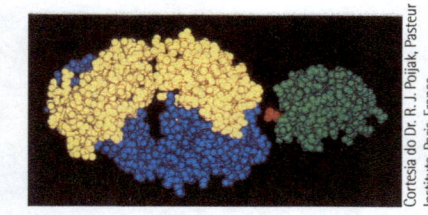

FIGURA 31.7 Complexo antígeno-anticorpo destruído. O antígeno (mostrado em verde) é lisozima. A cadeia pesada do anticorpo é mostrada em azul; a cadeia leve, em amarelo.

D. Como o organismo adquire a diversidade necessária para reagir perante os diferentes antígenos?

Desde o momento da concepção, determinado organismo contém todo o DNA que ele sempre terá, incluindo aquele que conduzirá a formação dos anticorpos e receptores das células T. Portanto, o organismo nasce com um repertório de genes necessários para lutar contra as infecções. Durante o desenvolvimento das células B, as regiões variáveis das cadeias pesadas são montadas por um processo denominado recombinação V(J)D. Vários éxons estão presentes em cada uma das três áreas diferentes – V, J e D – do gene da imunoglobulina. Combinar um éxon de cada área resulta em um *novo gene V(J)D*. Esse processo cria uma grande diversidade por causa do grande número de maneiras com que essa combinação pode ser realizada (Figura 31.10). Para um tipo de cadeia leve do anticorpo, chamada capa (letra do alfabeto grego, κ), existem, em linhas gerais, 40 genes V e 5 genes J, que sozinhos resultam em 40 × 5 ou 200 combinações de V e J. Para outro tipo de cadeia leve, denominada lambda (letra do alfabeto grego, λ), cerca de 120 combinações são possíveis. Para as cadeias pesadas, há uma diversidade ainda maior: cerca de 50 genes V, 27 genes D e 6 genes J. Quando fazemos os cálculos de todas as possíveis combinações envolvendo as regiões V, J, D e C, tanto para as cadeias leves como para as pesadas, obtemos mais que 2 milhões de combinações possíveis.

Entretanto, essa é somente a primeira etapa. Um segundo nível de diversidade é criado pela mutação de genes V(J)D nas células somáticas. À medida que as células proliferam em resposta ao reconhecimento de um antígeno, essas mutações podem causar um aumento de mil vezes na afinidade de um antígeno para um anticorpo. Esse processo é chamado **afinidade por maturação**.

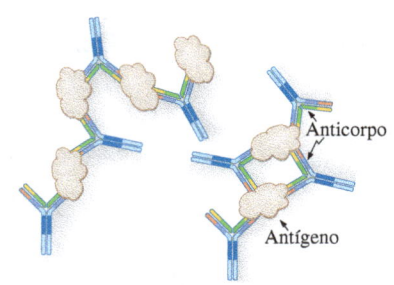

Figura 31.8 Uma reação antígeno-anticorpo forma um precipitado. Tipicamente, um antígeno como uma bactéria ou um vírus apresenta vários sítios de ligação para anticorpos. Cada região variável de um anticorpo (a região bifurcada do Y) pode ligar um antígeno diferente. O agregado formado então precipita e é atacado por fagócitos e pelo sistema complementar.

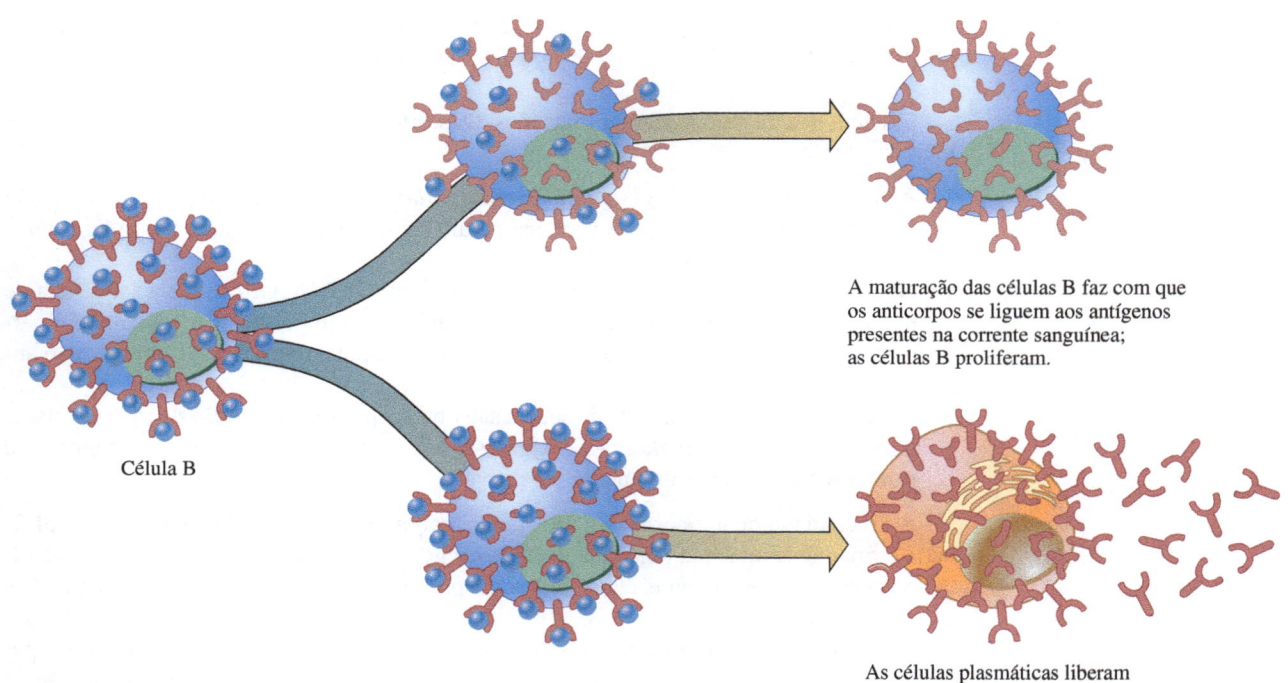

FIGURA 31.9 As células B têm anticorpos na sua superfície, que permitem que os antígenos se liguem a elas. As células B com anticorpos certos para os antígenos presentes crescem e se desenvolvem. Quando as células B se desenvolvem em células plasmáticas, elas liberam anticorpos que, então, circulam na corrente sanguínea. (Adaptada de Weissman, I. L.; Cooper, M. D. How the immune system develops. *Scientific American*, set. 1993.)

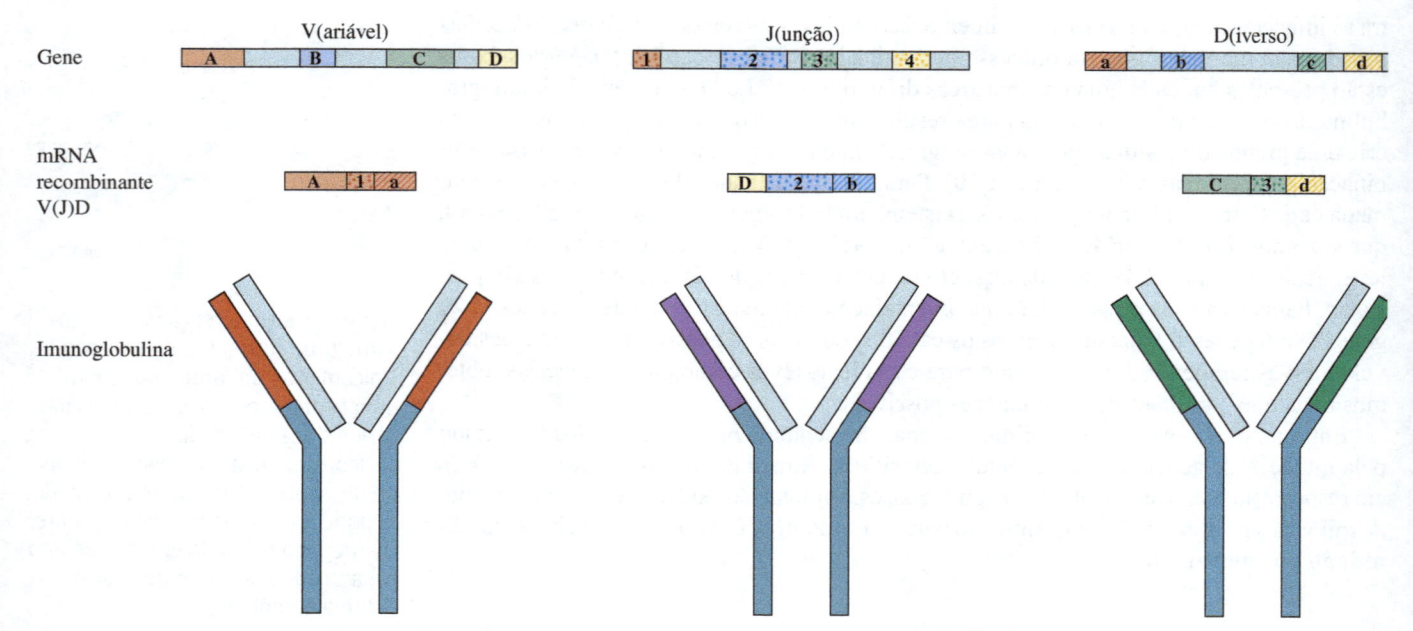

FIGURA 31.10 Diversificação de imunoglobulinas por recombinação V(J)D. Éxons de três genes – os genes V(ariável) (A, B, C, D), J(unção) (1, 2, 3, 4) e D(iverso) (a, b, c, d) – se combinam para formar novos genes V(J)D que são transcritos aos correspondentes mRNAs. A expressão desses novos genes resulta em uma grande variedade de imunoglobulinas que têm regiões variáveis diferentes nas suas cadeias pesadas.

Existem três maneiras de criar mutações. Duas afetam as regiões variáveis, e uma, a região constante.

1. A hipermutação somática (*somatic hypermutation* – SHM) cria um ponto de mutação (somente um nucleotídeo). A proteína resultante da mutação é capaz de se ligar mais fortemente ao antígeno.
2. Na mutação por conversão de gene (*gene conversion* – GC), trechos da sequência de nucleotídeos são copiados de um pseudogene V e entram na V(J)D. Isso também permite que as proteínas sintetizadas da mutação GC façam contatos mais fortes com o antígeno que sem a mutação.
3. Mutações na região constante da cadeia são obtidas por recombinação de troca de classe (*class switch recombination* – CSR). Nesse caso, os éxons das regiões constantes são trocados entre regiões altamente repetitivas.

A diversidade de anticorpos criados pelas recombinações V(J)D é altamente amplificada e finamente ajustada por mutações nesses genes. Uma vez que a resposta a um antígeno ocorre no nível do gene, ela é facilmente preservada e transmitida de uma geração de células para a seguinte.

Embora as combinações possíveis de genes que levam à diversidade dos anticorpos pareçam ilimitadas, é importante lembrar que a base da diversidade é o mapa genético que o organismo recebeu. Anticorpos não aparecem porque eles são necessários; mais propriamente, os anticorpos são selecionados e proliferam porque eles já existiram em pequenas quantidades antes que fossem estimulados pelo reconhecimento de um antígeno.

E. Anticorpos monoclonais

Quando um antígeno é injetado em um organismo (por exemplo, a lisozima humana em um coelho), a resposta inicial é bastante lenta. Pode levar de uma a duas semanas antes que uma antilisozima apareça no soro sanguíneo do coelho. Esses anticorpos, entretanto, não são uniformes. O antígeno pode possuir vários epítopos, e o antissoro contém uma mistura de imunoglobulinas com especificidade variável para todos os epítopos. Mesmo anticorpos de um único epítopo usualmente apresentam uma variedade de especificidades.

Cada célula B (e cada produto da célula plasmática) produz somente um tipo de anticorpo. Em princípio, cada uma dessas células representaria uma fonte potencial de suprimento de anticorpos homogêneos para clonagem. Entretanto, na prática, isso não é possível porque

Conexões químicas 31B

A guerra dos anticorpos monoclonais contra o câncer de mama

O câncer de mama é atualmente a segunda causa de morte relacionada com as mortes de câncer nos Estados Unidos, mas esse *status* será provavelmente alterado em um futuro próximo. A taxa de sobrevivência para as mulheres diagnosticadas com o câncer de mama tem aumentado nos últimos dez anos. Entre os fatores que contribuem para isso, estão o aumento da conscientização, que leva a uma detecção precoce, e o desenvolvimento de vários novos medicamentos e técnicas para combater a doença.

O câncer resulta de uma ampla variedade de erros no metabolismo. Para combater o câncer, os cientistas primeiro identificam diferenças específicas entre células de câncer (cancerígenas) e normais. Em seguida, procuram maneiras de interromper a mudança que permite que as células normais se tornem cancerígenas ou meios de atacá-las diretamente assim que se formam. Várias drogas usadas para combater câncer de mama, assim como outros tipos de câncer, funcionam pelo direcionamento de anticorpos monoclonais contra proteínas na superfície celular que tem sido identificada como ativa no processo de câncer. Uma proteína encontrada em vários cânceres de mama é o Fator de Crescimento Epidérmico Humano 2 (*Human Epidermal Growth Factor 2* – HER2), um membro de uma vasta classe de fatores de crescimento epidérmico que estão relacionados com vários tipos de câncer. Essas proteínas são receptores que se unem a ligantes específicos, causando um rápido crescimento celular. Estudos mostram que vários cânceres de mama apresentam um aumento no nível de HER2.

No câncer de mama, o HER2 causa o crescimento de um tumor agressivo, logo, qualquer droga que possa interromper a sua ação pode ser um potente agente anticâncer. Uma dessas armas potentes é um anticorpo monoclonal chamado trastuzumab, aprovado para uso em 1998; sua utilização aumentou significativamente a expectativa de vida dos pacientes tanto no estágio inicial como metastático do câncer de mama. O sucesso do trastuzumab levou à criação de novas drogas, como pertuzumab, que ataca a proteína em diferentes sítios e também a impede de interagir com outros receptores que estão relacionados ao câncer.

Várias estratégias usam anticorpos monoclonais para combater o câncer de mama. O anticorpo pode se ligar diretamente ao fator de crescimento antes que ele se ligue a seu receptor na superfície da célula. Dessa forma, o fator de crescimento não atinge a célula nem causa o crescimento desordenado que leva ao tumor. O anticorpo pode também bloquear o sítio de ligação do receptor, portanto o fator de crescimento não pode se ligar à célula. Vários efeitos celulares são iniciados pela dimerização de dois receptores da célula (Seção 23.6D), e anticorpos monoclonais podem também bloquear esse processo. Alguns dos receptores celulares que podem levar ao desenvolvimento de câncer são baseados na tirosina quinase (Seção 23.6D), e anticorpos monoclonais têm sido criados para inibir a sua atividade (Capítulo 23). Finalmente, novas tecnologias estão sendo desenvolvidas de forma a ligar anticorpos monoclonais a uma toxina específica. Quando o anticorpo se liga a um receptor celular crítico de uma célula cancerígena, a toxina é conduzida para o interior da célula, o que resulta na morte desta.

Um grande progresso está sendo obtido no desenvolvimento de terapias individualizadas, nas quais o perfil específico do paciente permite ao médico conhecer quais são as proteínas celulares responsáveis pelo desenvolvimento do tumor. Uma vez que um alvo proteico específico é identificado, pode-se realizar uma combinação adequada de drogas. Essa capacidade de identificação já está resultando em um impacto significativo nas taxas de sobrevivência nos pacientes com câncer de mama, e podemos esperar maiores progressos nos próximos anos.

---

linfócitos não crescem continuamente em meio de cultura. No fim da década de 1970, Georges Köhler e César Milstein desenvolveram um método de contornar esse problema, feito pelo qual receberam o Prêmio Nobel em Fisiologia de 1984. A técnica por eles desenvolvida requer a fusão de linfócitos que produz o anticorpo desejado com células de mieloma de camundongo. O **hibridoma** (mieloma híbrido) resultante, como todas as células cancerígenas, pode ser clonado em cultura (Figura 31.11) e produz os anticorpos desejados. Pelo fato de os clones serem o produto de uma célula única, eles produzem **anticorpos monoclonais** homogêneos. Com essa técnica, torna-se possível produzir anticorpos para quase qualquer antígeno em quantidades apreciáveis. Os anticorpos monoclonais podem, por exemplo, ser usados para testes de substâncias biológicas que podem atuar como antígenos. Um exemplo marcante da sua utilidade é nos testes sanguíneos para a detecção do HIV; esse procedimento tornou-se rotineiro para garantir a qualidade do sangue utilizado pelo sistema público de fornecimento de sangue. Os anticorpos monoclonais são também comumente usados no tratamento de câncer, como descrito em "Conexões químicas 31B".

31.5 O que são células T e seus receptores?

A. Receptores das células T

Da mesma forma que as células B, as células T têm em sua superfície receptores únicos que interagem com antígenos. Observamos anteriormente que as células T respondem somente aos antígenos proteicos. Um indivíduo possui milhões de células T diferentes, e cada uma delas tem em sua superfície um único receptor da célula T (TcR), que é específico para somente um antígeno. O TcR é uma glicoproteína constituída de duas subunidades unidas por ligações cruzadas de pontes de dissulfeto. Como as imunoglobulinas, os TcRs têm regiões constantes (C) e variáveis (V).

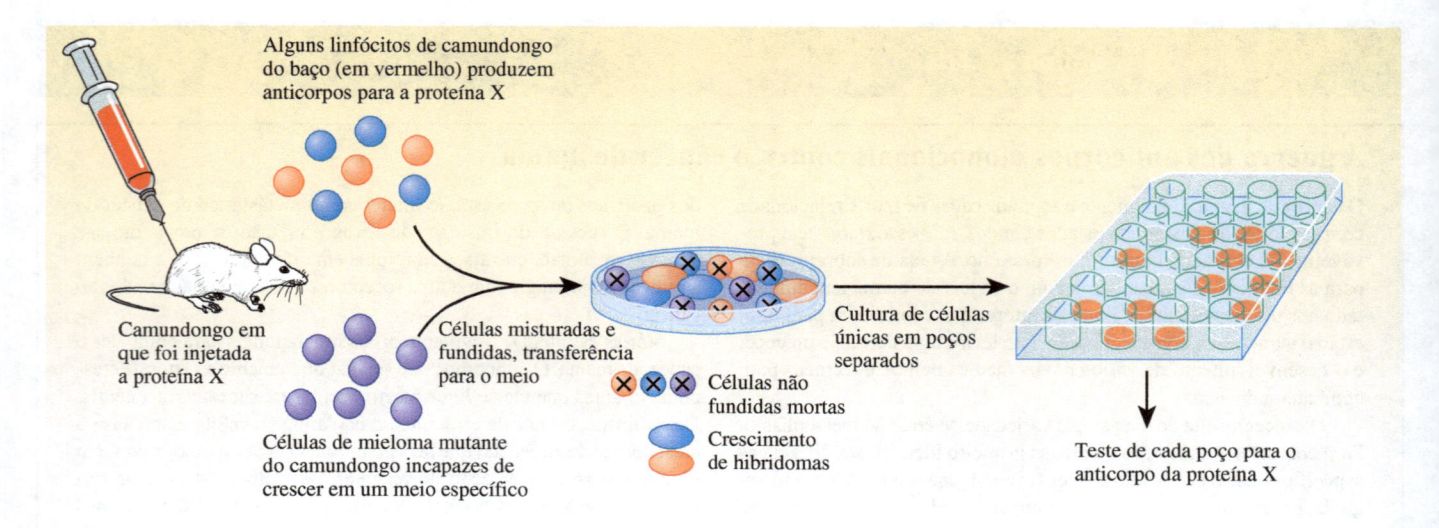

FIGURA 31.11 Procedimento para a produção de anticorpos monoclonais contra um antígeno proteico X. Um camundongo é imunizado contra o antígeno X, e alguns de seus linfócitos do baço produzem anticorpos. Os linfócitos são fundidos com células de mieloma mutantes que não podem crescer em determinado meio porque elas não possuem uma enzima encontrada nos linfócitos. As células que não se fundiram morrem porque os linfócitos não podem crescer em meio de cultura, e as células de mieloma mutante não podem sobreviver nesse meio. As células individuais crescem em meio de cultura em poços separados e são testadas para os anticorpos da proteína X.

A ligação do antígeno ocorre na região variável. A similaridade na sequência de aminoácidos entre imunoglobulinas (Ig) e TcR, assim como a organização das cadeias polipeptídicas, faz das moléculas TcR membros da superfamília das imunoglobulinas.

Existem, entretanto, algumas diferenças fundamentais entre imunoglobulinas e TcRs. Por exemplo, as imunoglobulinas têm quatro cadeias polipeptídicas, enquanto os TcRs contêm apenas duas subunidades. As imunoglobulinas podem interagir diretamente com antígenos, mas os TcRs podem interagir com eles somente quando o epítopo de um antígeno é apresentado por uma molécula de MHC. Finalmente, as imunoglobulinas podem sofrer mutação. Esse tipo de mutação pode ocorrer em todos os corpos celulares, exceto naqueles envolvidos na reprodução sexual. Portanto, as moléculas de Ig podem aumentar sua diversidade pela mutação somática, mas os TcRs não.

B. Complexo receptor da célula T

Um TcR se encontra ancorado na membrana através de segmentos transmembrana hidrofóbicos (Figura 31.12). O TcR sozinho, entretanto, não é suficiente para a ligação com o antígeno. Também são necessárias outras moléculas de proteínas que funcionam como correceptores e/ou transdutores de sinal. Essas moléculas recebem o nome de CD3, CD4 e CD8, em que "CD" representa *cluster* **determinante**. O TcR e CD juntos formam o **complexo receptor da célula T**.

A molécula de CD3 adere ao TcR no complexo não através de ligações covalentes, mas sim através de forças intermoleculares (Seção 5.7). Esse é um sinal de transdução porque, ao ocorrer a ligação do antígeno, o CD3 torna-se fosforilado. Esse evento aciona uma sinalização sequencial no interior da célula que é conduzida por diferentes quinases. Vimos uma sequência de sinalização similar na neurotransmissão (Seção 24.5).

As moléculas CD4 e CD8 agem como **moléculas de adesão**, assim como transdutores de sinal. Uma célula T tem tanto uma molécula CD4 ou uma molécula CD8 para auxiliar a ligação do antígeno com o receptor e acoplar a célula T a uma APC ou célula B (Figura 31.13).

Moléculas de adesão Várias moléculas de proteína que ajudam a ligar um antígeno a um receptor da célula T e acoplar a célula T a outra célula via um MHC.

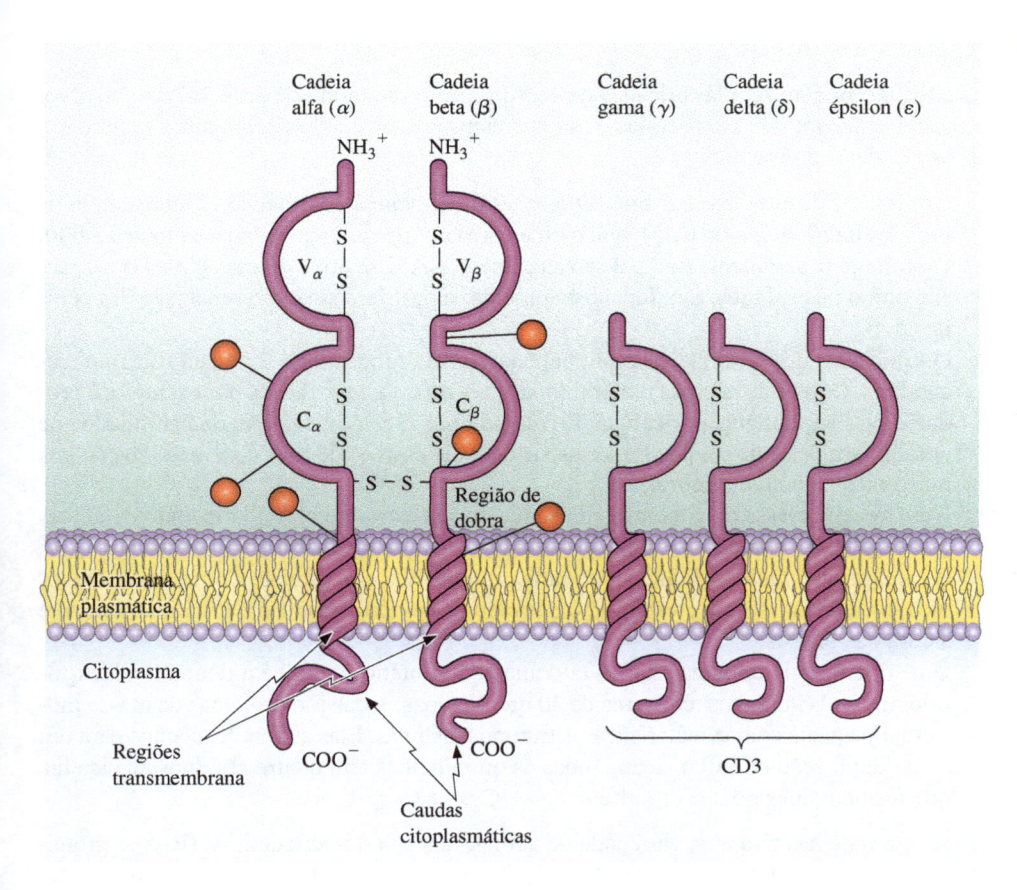

FIGURA 31.12 Estrutura esquemática de um complexo TcR, que é composto de duas cadeias: α e β. Cada uma delas apresenta dois domínios extracelulares: um amino-terminal de domínio V e uma carboxila-terminal de domínio C. Os domínios são estabilizados por ligações intracadeia dissulfeto entre resíduos de cisteína. As cadeias α e β estão ligadas por uma ligação intercadeia dissulfeto próxima da membrana celular (região de dobra). Cada cadeia é ancorada na membrana por segmentos transmembrana hidrofóbicos e terminam no citoplasma com um segmento carboxila-terminal rico em resíduos catiônicos. Ambas as cadeias são glicosiladas (esferas vermelhas). O *cluster* determinante (CD) correceptor é composto de três cadeias: γ, δ e ε. Cada uma delas está ancorada na membrana plasmática por um segmento transmembrana hidrofóbico. Cada uma delas também está ligada através de ligações cruzadas de uma ponte dissulfeto, e o grupo carboxílico terminal está localizado no citoplasma.

Uma característica particular da molécula de CD4 é que ela se liga fortemente a uma glicoproteína especial que apresenta uma massa molecular de 120.000 (gp120). Essa glicoproteína existe na superfície do vírus da imunodeficiência humana (HIV). Através dessa ligação ao CD4, o HIV pode entrar e infectar células T auxiliares e causar Aids. As células T auxiliares morrem como resultado da infecção do HIV, o que origina a diminuição da população de células T tão drasticamente que o sistema imune não pode funcionar. Como consequência, o organismo sucumbe a infecções patogênicas (Seção 31.8).

31.6 Como a resposta imune é controlada?

A. Natureza das citocinas

As citocinas são moléculas de glicoproteína produzidas por uma célula, porém alteram a função de outra célula. Elas não têm antígeno específico. As citocinas transmitem comunicações intercelulares entre diferentes tipos de células em sítios diversos no corpo. Elas são espécies de vida curta e não são armazenadas nas células.

As citocinas facilitam a resposta inflamatória coordenada e apropriada pelo controle de vários aspectos da reação imune. Elas são liberadas em erupções, em resposta a todas as formas de ferimento ou intrusão (real ou aparente), viajam e se ligam a receptores específicos de citocinas na superfície de macrófagos e de células B e T, e induzem a proliferação celular.

Um grupo de citocinas é chamado **interleucinas (ILs)** porque elas se comunicam entre si e coordenam as ações dos leucócitos (todos os tipos de células sanguíneas brancas). Os macrófagos secretam IL-1 na infecção bacteriana. A presença de IL-1, então, induz os calafrios e a febre. A temperatura elevada do corpo reduz tanto o crescimento bacteriano como acelera a mobilização do sistema imune ("Conexões químicas 7A"). Um leucócito pode fabricar várias citocinas diferentes, e uma célula pode ser o alvo de várias citocinas.

Citocina Uma glicoproteína que trafega entre as células e altera a função da célula-alvo.

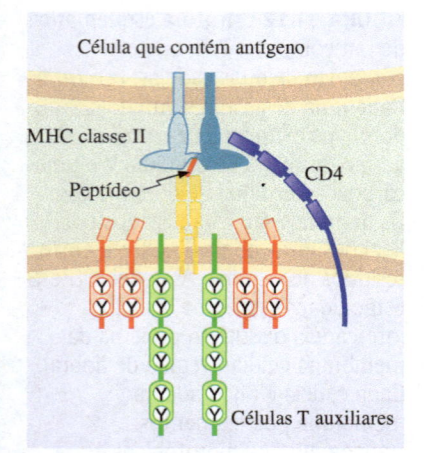

FIGURA 31.13 Interação entre células T auxiliares e células que contêm antígeno. Peptídeos estranhos são mostrados na superfície pelas proteínas MHC II. Estes se ligam aos receptores da célula T de uma célula T auxiliar. Uma proteína de acoplamento chamada CD4 ajuda a ligação entre as duas células.

Quimiocina Um polipeptídeo de massa molecular pequena que interage com receptores especiais na célula-alvo e altera a sua função.

O oxigênio singlete corresponde à molécula de O_2 em que os elétrons externos estão em um estado de alta energia. Existem duas formas comuns de oxigênio singlete e ambas são espécies reativas de oxigênio.

B. Classes de citocinas

As citocinas podem ser classificadas de acordo com o seu modo de ação, origem ou alvo. A melhor maneira de classificá-las é por sua estrutura, ou seja, pela estrutura secundária de suas cadeias polipeptídicas.

1. Uma classe de citocinas é formada por quatro segmentos de α-hélices. Um exemplo típico é a interleucina-2 (IL-2), que é uma cadeia polipeptídica de massa molar 15.000. Uma fonte proeminente de IL-2 são as células T. A IL-2 ativa outras células B e T, assim como macrófagos. Sua função é aumentar a proliferação e diferenciação das células-alvo.
2. Outra classe de citocinas apresenta apenas folhas pregueadas-β na sua estrutura secundária. O fator de necrose tumoral (*tumor necrosis factor* – TNF), por exemplo, é produzido principalmente por células T e macrófagos. Seu nome deriva da habilidade que possui para destruir células tumorais suscetíveis através de lise, após sua ligação aos receptores na célula tumoral.
3. Uma terceira classe de citocinas apresenta em sua estrutura secundária tanto α-hélices como folhas-β. Um representante dessa classe é o fator de crescimento epidérmico (*epidermal growth factor* – EGF), que é uma proteína rica em cisteína. Como seu nome indica, o EGF estimula o crescimento das células epidérmicas, e sua principal função é a cura das feridas.
4. Um subgrupo de citocinas são as citocinas quimiotáticas, também denominadas **quimiocinas**. Os humanos têm cerca de 40 quimiocinas; todas são proteínas de massa molecular pequena com características estruturais distintas. Elas atraem leucócitos para um sítio de infecção ou inflamação. Todas as quimiocinas têm quatro resíduos de cisteína que formam duas pontes dissulfeto: Cys1-Cys3 e Cys2-Cys4.

As quimiocinas têm uma variedade de nomes, tais como interleucina-8 (IL-8) e proteínas monocíticas quimiotáticas (de MCP-1 a MCP-4). As quimiocinas interagem com receptores específicos, compostos de sete segmentos helicoidais acoplados a proteínas ativadas com GTP.

C. Modo de ação das citocinas

Quando um tecido é lesionado, os leucócitos investem para as áreas inflamadas. As quimiocinas ajudam os leucócitos a migrar dos vasos sanguíneos ao sítio lesionado, onde os leucócitos, em todas as suas formas – neutrófilos, monócitos, linfócitos –, se acumulam e atacam os invasores, engolem-nos (fagocitose) e posteriormente os matam. Outras células fagocíticas, os macrófagos, que residem nos tecidos e não precisam migrar até o local da lesão, fazem o mesmo. Essas células fagocíticas ativadas destroem suas vítimas pela liberação de endotoxinas, que matam bactérias, e/ou pela produção de intermediários de oxigênio altamente reativos, como superóxido, oxigênio singlete, peróxido de hidrogênio e radicais hidroxila.

As quimiocinas são também os maiores participantes na inflamação crônica, em doenças autoimunes, asma e outras formas de inflamação alérgica, e mesmo na rejeição de tecidos/órgãos transplantados.

31.7 Como o organismo reconhece um corpo estranho que pode invadi-lo?

Um dos maiores problemas ante as defesas do organismo é como reconhecer um corpo estranho como "não sendo do próprio organismo" e, portanto, evitar um ataque "a si próprio" – ou seja, às células saudáveis do organismo.

A. Seleção das células B e T

Os membros do sistema imune adaptativo, células B e T, são todos específicos e têm memória, portanto eles atacam somente invasores externos reais. As células T maturam na glândula do timo. Durante o processo de maturação, as células T que falham no reconhecimento e na interação com MHC e, portanto, não respondem aos antígenos externos são elimina-

Conexões químicas 31C

Imunização

A varíola foi um flagelo durante vários séculos, com cada eclosão levando várias pessoas à morte e outras ficando desfiguradas pelos profundos caroços que ficam no rosto ou corpo. Uma forma de imunização foi praticada na China antiga e no Oriente Médio pela exposição intencional de pessoas a feridas e fluidos das lesões das vítimas da varíola. Esse método ficou conhecido no mundo ocidental como variolação, introduzida na Inglaterra e nas colônias americanas em 1721.

Edward Jenner, um médico inglês, constatou que as pessoas que trabalhavam na ordenha e que tinham contraído a varíola bovina de vacas infectadas pareciam ser imunes à doença. A varíola bovina era uma doença tênue, enquanto a varíola poderia ser letal. Em 1796, Jenner realizou um experimento potencialmente mortal: mergulhou uma agulha no pus de um ordenhador infectado com varíola bovina e então arranhou a mão de um menino com essa agulha. Dois meses depois, Jenner injetou no menino uma dose letal do agente da varíola. O menino sobreviveu e não desenvolveu nenhum sintoma da doença. Os boatos sobre esse feito se espalharam, e Jenner logo se estabeleceu no ramo da imunização. Quando essas notícias chegaram à França, os céticos cunharam um termo depreciativo, *vacinação*, que significa algo como "envacamento". O escárnio não durou muito, e essa prática foi logo adotada no mundo inteiro.

Um século depois, em 1879, Louis Pasteur descobriu que tecidos infectados com raiva (hidrofobia) continham vírus muito mais fracos (atenuados). Quando injetados em pacientes, eles apresentavam uma resposta imune que os protegia contra a raiva. Pasteur chamou esses antígenos de proteção atenuados de *vacinas* em homenagem ao trabalho de Jenner. Hoje, imunização e vacinação são sinônimas.

Vacinas estão disponíveis para várias doenças, incluindo pólio, sarampo e varíola, apenas para mencionar algumas poucas doenças. Uma vacina pode ser feita tanto de vírus e bactérias mortos ou dos correspondentes organismos na forma atenuada. Por exemplo, a vacina Salk da poliomielite é um vírus da pólio que se tornou inofensivo pelo tratamento com formaldeído. Essa vacina é aplicada através de injeções intramusculares. Já a vacina Sabin da pólio é uma forma mutante do vírus selvagem; a mutação torna o vírus sensível à temperatura. O vírus mutante vivo é administrado oralmente. A temperatura do corpo e os sucos gástricos fazem dele um vírus inofensivo antes que penetre na corrente sanguínea.

Vários cânceres possuem carboidratos específicos na superfície da célula que são marcadores do tumor. Se esse antígeno pudesse ser introduzido por injeção sem colocar em perigo o indivíduo, ele poderia fornecer uma vacina ideal. Obviamente, não podemos usar ou mesmo atenuar células cancerígenas para vacinação. Entretanto, a expectativa é de que análogos sintéticos de um marcador de tumor produzirão a mesma reação imune que os marcadores de superfície de câncer originais realizam. Portanto, a injeção desse composto sintético inócuo poderia induzir o corpo a produzir imunoglobulinas que originariam a cura do câncer – ou ao menos prevenir a sua ocorrência. Um composto chamado 12:13 dEpoB, um derivado do macrolídeo epotilon B, está atualmente sendo investigado pelas suas características para tornar-se uma potencial vacina anticâncer.

As vacinas alteram os linfócitos nas células plasmáticas que produzem grande quantidade de anticorpos para lutar contra os antígenos invasores. Entretanto, essa é apenas a resposta de curto termo. Alguns linfócitos tornam-se células de memória em vez de células plasmáticas. Essas células de memória não secretam anticorpos, mas armazenam-nos para servir como um dispositivo de detecção para futuras invasões das mesmas células invasoras. Dessa forma, a imunidade de longo termo é estabelecida. Se uma segunda invasão ocorre, essas células de memória se dividem diretamente em células plasmáticas que secretam anticorpos e mais das células memória. Esse tipo de resposta é rápido porque não é necessário passar pelo processo de ativação e diferenciação nas células plasmáticas, que usualmente leva duas semanas.

A varíola foi erradicada, e a vacinação contra essa doença já não é mais necessária. Pelo fato de a varíola ser uma potencial arma de bioterrorismo, o governo dos Estados Unidos recentemente recomeçou a produção de vacinas.

---

das através de um processo de seleção. Elas essencialmente morrem por causa de negligência. As células T que expressam receptores (TcR) e estão propensas a interagir com os autoantígenos normais também são eliminadas através de um processo de seleção (Figura 31.14). Portanto, as células T ativadas que deixam a glândula do timo contêm TcRs que podem responder aos antígenos estranhos. Mesmo que algumas células T propensas a reagir com os autoantígenos escapem na seleção da detecção, elas podem ser desativadas através do sistema de transdução de sinal que, entre outras funções, realiza a ativação da tirosina quinase e a desativação da fosfatase, similar aos processos que foram vistos na sinalização dos neurotransmissores adrenérgicos (Seção 24.5).

Similarmente, a maturação das células B na medula óssea depende do entrosamento de seus receptores, BcR, com os antígenos. Essas células B que são propensas a interagir com os autoantígenos também são eliminadas antes que saiam da medula óssea. Da mesma forma que as células T, vários caminhos de sinalização controlam a proliferação das células B. Entre eles, a ativação da tirosina quinase e a desativação pela fosfatase fornecem um controle secundário.

B. Discriminação das células do sistema imune inato

A primeira linha de defesa é o sistema imune inato, no qual células como as células assassinas naturais ou os macrófagos não têm alvos específicos nem memória de qual epítopo representa um sinal de perigo. Contudo, essas células precisam, de alguma forma, discriminar entre células normais e anormais para identificação de seus alvos.

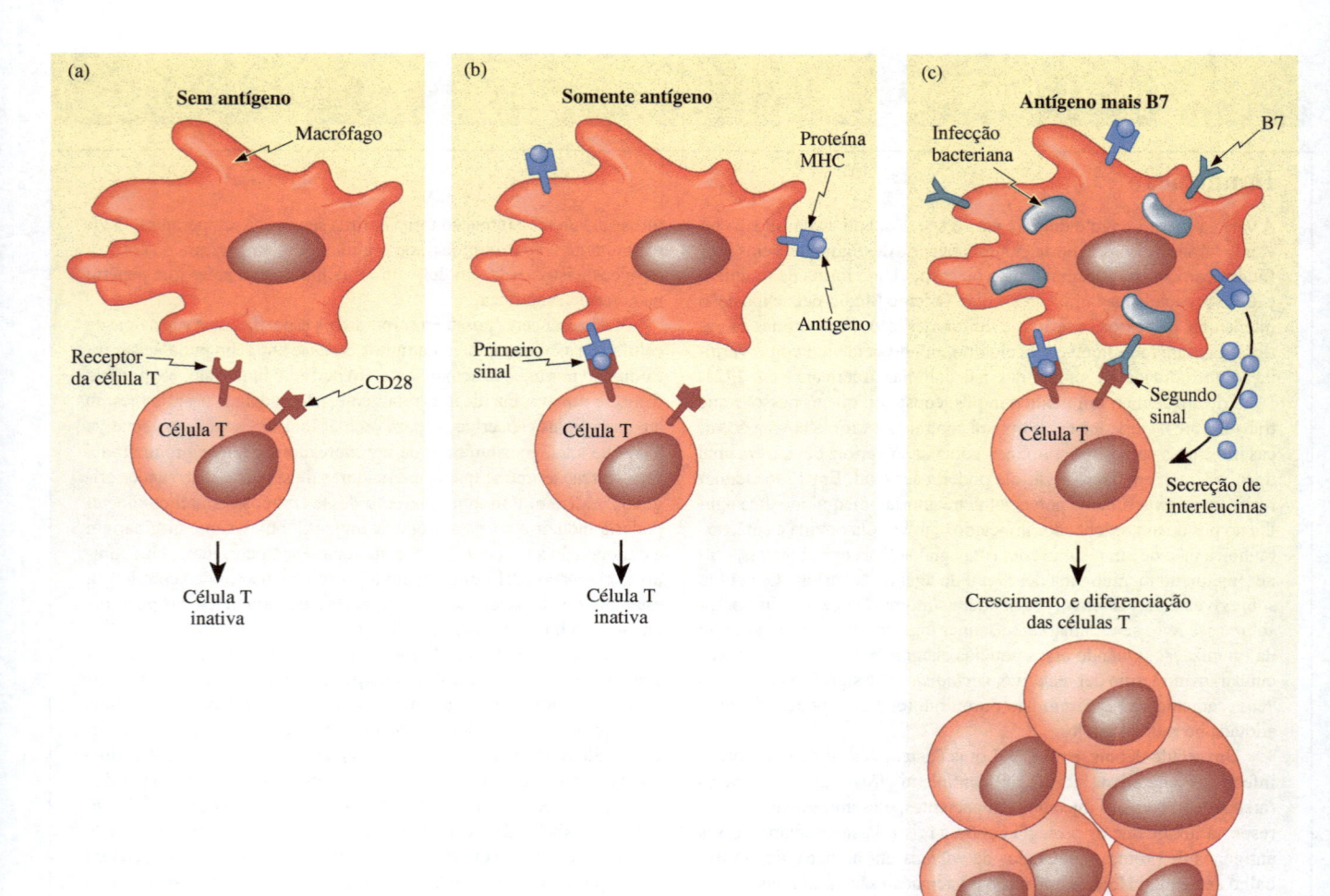

FIGURA 31.14 Um processo de duas etapas conduz ao crescimento e à diferenciação das células T. (a) Na ausência de antígeno, não ocorre proliferação das células T. Essas linhagens de células T morrem por negligenciamento. (b) Na presença somente do antígeno, o receptor das células T se liga ao antígeno na superfície da célula de um macrófago através da proteína MHC. Ainda não ocorre proliferação das células T porque falta o segundo sinal. Dessa maneira, o organismo pode evitar uma resposta inapropriada para o seu próprio antígeno. Esse processo ocorre inicialmente no desenvolvimento das células T, eliminando efetivamente aquelas células que de outra forma poderiam ser ativadas pelos autoantígenos. (c) Quando ocorre uma infecção, uma proteína B7 é produzida em resposta a essa infecção. A proteína B7 na superfície da célula infectada se liga a uma proteína CD28 na superfície de uma célula T imatura, resultando em um segundo sinal que permite que ela cresça e prolifere.

O mecanismo pelo qual essa identificação é realizada só foi investigado recentemente e ainda não é totalmente entendido. O ponto principal é que as células da imunidade inata apresentam dois tipos de receptores na sua superfície: um **receptor de ativação** e um **receptor de inibição**. Quando uma célula saudável do organismo encontra um macrófago ou uma célula assassina natural, o receptor inibitório na superfície reconhece o epítopo da célula normal, liga-se a ela e previne a ativação da célula assassina ou do macrófago. Entretanto, quando um macrófago encontra uma bactéria com um antígeno estranho em sua superfície, o antígeno se liga ao receptor de ativação do macrófago. Essa ligação permite que o macrófago englobe a bactéria por fagocitose. Tais antígenos estranhos podem ser lipopolissacarídeos de bactérias gram-negativas ou peptídeo-glicanos de bactérias gram-positivas.

Quando uma célula é infectada, danificada ou transformada em uma célula maligna, os epítopos que sinalizam uma célula saudável diminuem muito e usualmente são mostrados na superfície dessas células cancerígenas.

Conexões químicas 31D

Antibióticos: uma faca de dois gumes

Neste mundo moderno, certamente nos valemos dos antibióticos. Na verdade, várias das doenças do passado foram praticamente erradicadas por essas drogas, que podem impedir o ciclo de vida da bactéria. Infecções comuns consideradas fatais no início do século XX hoje são comumente tratadas com sucesso com a penicilina ou outro antibiótico comum, como a eritromicina ou cefalosporina.

Entretanto, os antibióticos podem também causar sérios problemas. Várias pessoas são alérgicas a penicilina e seus derivados, e essas alergias aos antibióticos podem ser muito fortes. Uma pessoa pode tomar um antibiótico uma vez e não apresentar nenhum sintoma. O uso subsequente do mesmo antibiótico pode causar uma erupção severa na pele. E uma terceira exposição pode ser até fatal. O uso indiscriminado de antibióticos pode ser prejudicial. Várias doenças são causadas por viroses, que não respondem ao tratamento com antibióticos. No entanto, pacientes não querem ouvir que não há nada a fazer a não ser esperar que a doença desapareça, então frequentemente são administrados antibióticos a eles. Os antibióticos também são prescritos antes que a exata natureza da infecção seja conhecida. Esse uso indiscriminado é a maior causa do aumento da incidência de microrganismos resistentes às drogas.

Uma doença que tem florescido por causa do uso incorreto de antibióticos é a gonorreia. Uma variedade da *Neisseria gonorrhoeae* produz β-lactamase, uma enzima que degrada a penicilina. Essas variedades são denominadas PPNG: produtor de penicilinase *N. gonorrhoeae*. Antes de 1976, quase nenhum caso de PPNG havia sido relatado nos Estados Unidos. Hoje, milhares de casos ocorrem por todo o país. A fonte desse problema foi descoberta como originária das bases militares nas Filipinas, onde os soldados contraíam a doença do contato com prostitutas. Entre as prostitutas, há uma prática comum de usar pequenas doses de antibióticos em uma tentativa de prevenir a disseminação de doenças sexualmente transmissíveis. Na verdade, o uso constante de antibióticos tem justamente o efeito contrário – ele causa o desenvolvimento de variedades de microrganismos resistentes às drogas.

Um antibiótico comumente dado para as crianças com dor de ouvido é a amoxicilina, um derivado da penicilina. Dores de ouvido intensas ou repetidas podem causar perda da audição, portanto os pais frequentemente se apressam em tratar os filhos com antibióticos. Entretanto, existem dois aspectos negativos do superuso de antibióticos. Primeiro, a eficiência é minimizada porque as bactérias que causam a dor de ouvido estão localizadas no interior do ouvido, em que o acesso dos antibióticos é mínimo. Segundo, o superuso de antibióticos afeta o interior dos dentes em desenvolvimento, levando a um amolecimento da estrutura do dente que conduz a futuros problemas dentários.

Quando uma pessoa com problemas de infecção bacteriana usa antibióticos precocemente no combate à infecção, ela nunca tem a oportunidade de exibir uma resposta imune verdadeira. Por essa razão, a pessoa estará suscetível à mesma doença repetidas vezes. Esse problema é identificado hoje em doenças, como a faringite (estreptocócica), que muitas pessoas têm todo ano. Alguns médicos estão tentando evitar a prescrição de antibióticos até que seus pacientes tenham a chance de lutar contra a doença por si mesmos. Alguns pacientes também estão intencionalmente evitando usar antibióticos pelas mesmas razões. Embora essa estratégia seja atraente e intuitiva, se prestarmos atenção na faringite, poderemos ver ainda outro lado dessa história.

A febre reumática é uma complicação da faringite que não foi tratada. Ela é caracterizada por febre e inflamação disseminada das juntas e do coração. Esses efeitos são produzidos pela resposta imune do organismo para a proteína M do grupo A de estreptococos. A proteína M se assemelha à principal proteína do tecido cardíaco. Como resultado, os anticorpos atacam as válvulas do coração e a proteína M das bactérias. Cerca de 3% dos indivíduos que não se tratam com antibióticos quando têm faringite desenvolvem febre reumática. Cerca de 40% dos pacientes com febre reumática desenvolvem danos nas válvulas do coração, os quais permanecem mascarados por dez ou mais anos. A melhor maneira de evitar essa complicação é o tratamento precoce da faringite com antibióticos.

Em suma, os antibióticos são armas muito importantes em nosso arsenal contra as doenças, mas não devem ser usados indiscriminadamente. No caso de serem utilizados, o período completo do tratamento deve ser obedecido. A última coisa que você gostaria de fazer é eliminar a maioria – mas não todas – das bactérias que o infectaram, pois, dessa forma, você deixaria para trás umas poucas "superbactérias" que seriam resistentes às drogas.

Poucos receptores inibitórios de macrófagos ou células assassinas naturais podem se ligar à superfície da célula-alvo, e receptores mais ativados encontram os ligantes convidados. Como consequência, o balanço se desloca em favor da ativação, e os macrófagos e as células assassinas farão seu trabalho.

C. Doenças autoimunes

Apesar de as proteções do organismo tentarem prevenir os ataques contra "si mesmo", ou seja, contra as células saudáveis, existem várias doenças em que alguma parte da rota do sistema imune é desviada. A psoríase (uma doença da pele) é mediada pelas células T em que citocinas e quimiocinas desempenham um papel essencial. Outras doenças autoimunes, como miastenia grave, artrite reumatoide, esclerose múltipla ("Conexões químicas 21D") e diabetes insulinodependente ("Conexões químicas 24F"), também envolvem citocinas e quimiocinas. As alergias são outro exemplo de funcionamento incorreto do sistema imune. Pólens e pelos de animais são alergênicos que podem provocar ataques de asma. Algumas pessoas são tão sensíveis a certos alergênicos dos alimentos que mesmo os resíduos que ficam em uma faca usada para espalhar creme de amendoim podem ser fatais para uma pessoa alérgica ao amendoim.

A principal droga de tratamento das doenças autoimunes envolve a utilização de glicocorticoides, sendo o mais importante deles o cortisol (Seção 21.10A). Eles representam

> Drogas macrolídicas constituem uma classe de drogas, principalmente antibióticos, em que todas possuem um macrociclo grande com um anel de lactona. Exemplos comuns são a eritromicina e claritromicina.

uma terapia padrão no tratamento de artrite reumatoide, asma, inflamações nos ossos, psoríase e eczema. Os efeitos benéficos dos glicocorticoides são sobrepujados, entretanto, pelos seus efeitos colaterais indesejados, que incluem osteoporose, atrofia cutânea e diabetes. Os glicocorticoides regulam diretamente a síntese de citocinas pela interação com os genes ou indiretamente através dos fatores de transcrição.

Drogas macrolídicas são usadas para suprimir o sistema imune durante o transplante de tecidos ou no caso de certas doenças autoimunes. Drogas como a ciclosporina A ou rapamicina se ligam aos receptores no citosol e, através de mensageiros secundários, inibem a entrada de fatores nucleares no núcleo. Normalmente, esses fatores nucleares sinalizam uma necessidade para a transcrição, logo, a sua ausência previne a transcrição de citocinas – por exemplo, interleucina-2.

31.8 Como o vírus da imunodeficiência humana causa Aids?

O vírus da imunodeficiência humana (HIV) é a mais infame das retroviroses, uma vez que ele é o agente que causa a síndrome da imunodeficiência adquirida (Aids), que afeta mais de 40 milhões de pessoas em todo o mundo e tem resistido continuamente às tentativas de erradicação. Os melhores remédios de que dispomos hoje podem diminuir seu avanço, mas nada tem sido capaz de parar a Aids.

O genoma do HIV constitui-se em uma fita simples de RNA que possui várias proteínas em sua volta, incluindo uma transcriptase reversa e uma protease vírus-específica. A cobertura proteica envolve o RNA – um arranjo proteico que resulta em uma forma global de um cone truncado. O envelope é composto de uma bicamada fosfolipídica formada da membrana plasmática das células infectadas inicialmente no ciclo de vida do vírus, assim como de algumas glicoproteínas específicas, como a gp41 e gp120, como mostrado na Figura 31.15.

O HIV nos oferece um exemplo clássico do modo de operação das retroviroses. A infecção começa quando o vírus se liga aos receptores na superfície da célula (Figura 31.16). O centro viral está inserido na célula e se desintegra parcialmente. A transcriptase reversa catalisa a produção de DNA a partir do RNA viral. O DNA viral é integrado no DNA da célula hospedeira. O DNA, incluindo o DNA integrado viral, é transcrito em RNA.

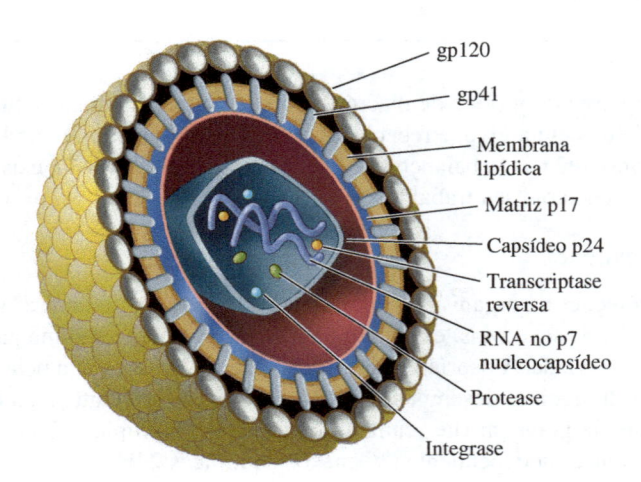

FIGURA 31.15 A arquitetura do HIV. O genoma do RNA é circundado por proteínas de nucleocapsídeos e várias enzimas virais – transcriptase reversa, integrase e protease. O cone truncado é composto de subunidades de proteínas do capsídeo P24. A matriz P17 (outra camada proteica) reside no envelope, que é composto de uma bicamada lipídica e glicoproteínas, como a gp41 e gp120.

Inicialmente, RNAs pequenos são produzidos, especificando a sequência de aminoácidos das proteínas virais regulatórias. Depois são produzidos RNAs grandes, que especificam a sequência de aminoácidos das enzimas virais e proteínas de cobertura. A protease viral assume uma importância particular no processo de enxertar a nova partícula de vírus. Tanto o RNA viral como as proteínas virais são incluídas ao se enxertar o vírus, assim como em algumas membranas da célula infectada.

A. A habilidade do HIV de confundir o sistema imune

Por que o HIV é tão mortal e tão difícil de ser detido? Várias viroses, como o adenovírus, causam nada mais que um simples resfriado; outros, como o vírus que causa a síndrome respiratória aguda severa (*severe accute respiratory syndrome* – Sars), são mortais. Ao mesmo tempo que temos visto a completa erradicação do vírus mortal da Sars, o adenovírus ainda continua entre nós. O HIV tem várias características que conduzem a sua persistência e eventual letalidade. No fim, ele é mortal porque o seu alvo são as células T auxiliares. O sistema imune está sob constante ataque por vírus, e milhões de células T e células T assassinas são convocadas para lutar com bilhões de partículas de vírus. Através da degradação das membranas das células T via enxertamento e ativação de enzimas que levam à morte das células, a contagem de células T diminui a um ponto em que a pessoa infectada não é mais capaz de ter uma resposta imune desejada. Como resultado, o indivíduo eventualmente sucumbe à pneumonia ou a outra doença oportunista.

Existem várias razões para que essa doença seja tão persistente. Por exemplo, ela atua lentamente. A Sars foi erradicada rapidamente porque o vírus era rápido no ataque, tornando fácil encontrar pessoas infectadas antes que elas tivessem a chance de espalhar a doença. Em contraste, indivíduos infectados com HIV podem viver anos antes que estejam cientes de que possuem a doença. Entretanto, essa é apenas uma pequena parte que faz do HIV um vírus tão difícil de ser exterminado.

O HIV é difícil de matar porque é difícil de ser encontrado. Para um sistema imune lutar com um vírus, é necessário localizar uma macromolécula específica que pode ser ligada aos anticorpos ou receptores das células T. A transcriptase reversa do HIV é muito incorreta quanto à sua replicação. O resultado é que ocorrem mutações rápidas do HIV, uma situação que apresenta um considerável desafio aos que querem delinear tratamentos para a cura da Aids. O vírus se transforma tão rapidamente que variedades múltiplas de HIV podem estar presentes em um único indivíduo.

Outro truque do vírus é a mudança conformacional da proteína gp120 quando ela se liga ao receptor CD4 na célula T. A forma normal do monômero da gp120 pode exibir uma resposta de anticorpo, mas esses anticorpos são muito inativos. A gp120 forma um complexo com gp41 e muda sua forma quando está ligada ao CD4. Ela também se liga a um sítio secundário na célula T que normalmente se liga à citocina. Essa mudança expõe parte de gp120 que estava previamente escondida e, portanto, não pode exibir anticorpos.

O HIV também é hábil em escapar do sistema imune inato. Células naturais assassinas tentam atacar o vírus, mas o HIV liga uma proteína particular da célula, denominada ciclofilina, ao seu capsídeo, que bloqueia o agente fator-1 de restrição antiviral. Outras proteínas do HIV bloqueiam o inibidor viral chamado CRM-15, que normalmente quebra o ciclo de vida viral.

Finalmente, o HIV se esconde do sistema imune ao se disfarçar utilizando, na membrana externa, açúcares que são muito similares aos açúcares naturais encontrados na maioria das células hospedeiras, tornando o sistema imune "cego" para detectá-lo.

B. A procura por uma vacina

A tentativa de encontrar a vacina para o HIV é semelhante à procura pelo "Cálice Sagrado", e até agora tem tido o mesmo resultado. Uma estratégia para utilizar uma vacina para estimular o sistema imune do corpo para o HIV é mostrada na Figura 31.17. O DNA para um único gene do HIV, como o gene *gag*, é injetado no músculo. O gene *gag* leva à formação da proteína Gag, que é assimilada pelas células de antígeno e então exposta na superfície de suas células. Isso faz com que seja exibida uma resposta imune, estimulando células assassinas e T auxiliares. Isso também estimula a resposta humoral, impelindo a produção de anticorpos. A Figura 31.17 também mostra uma segunda fase do tratamento, certo reforço constituído de um adenovírus que leva ao gene *gag*.

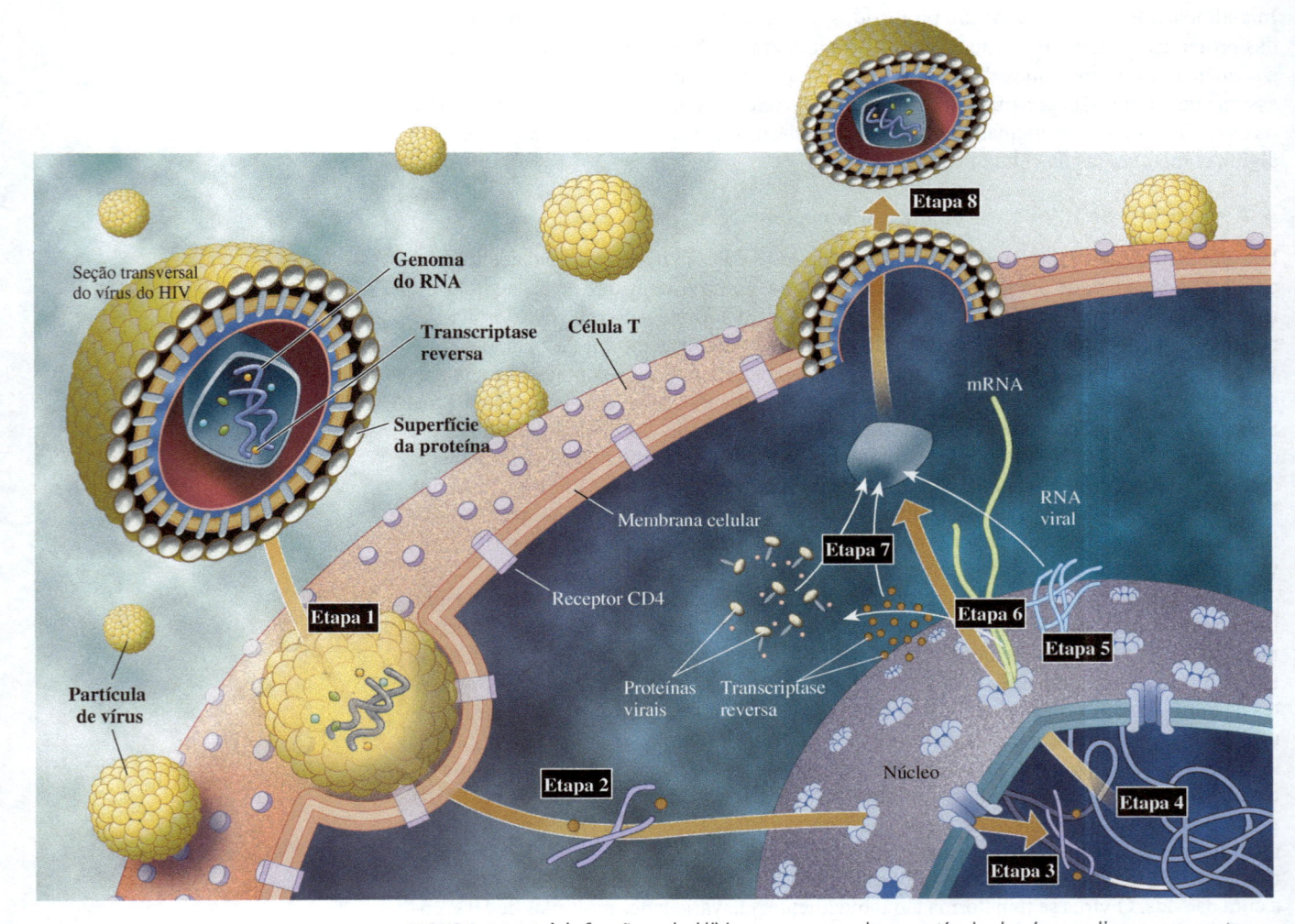

FIGURA 31.16 A infecção pelo HIV começa quando a partícula de vírus se liga aos receptores CD4 na superfície da célula (etapa 1). O centro viral é inserido no interior da célula e se desintegra parcialmente (etapa 2). A transcriptase reversa catalisa a produção de DNA a partir do RNA viral. O DNA viral é integrado ao DNA da célula hospedeira (etapa 3). O DNA, incluindo o DNA viral integrado, é transcrito em RNA (etapa 4). Pequenos RNAs são primeiramente produzidos, especificando a sequência de aminoácidos das proteínas virais regulatórias (etapa 5). Depois são produzidas moléculas de RNAs maiores, que especificam a sequência de aminoácidos das enzimas virais e proteínas de cobertura (etapa 6). A protease viral assume uma importância particular no enxertamento (inserção) das novas partículas de vírus (etapa 7). Tanto o RNA viral como as proteínas virais são incluídos no vírus enxertado, assim como em algumas das membranas infectadas (etapa 8).

Infelizmente, a maioria das tentativas de produzir anticorpos tem se mostrado malsucedida. A tentativa mais radical foi realizada pela empresa VaxGen, que conduziu uma pesquisa até o terceiro estágio de testes clínicos, testando a vacina em mais de mil pessoas de alto risco e comparando-as com mil pessoas que não tinha recebido a vacina. Nesse estudo, 5,7% dos indivíduos que receberam a vacina foram infectados, comparados com 5,8% do grupo que recebeu placebo. Os dados foram analisados por várias pessoas, e, apesar das tentativas de mostrar uma melhor resposta para certos grupos étnicos, os testes no contexto global foram considerados um fracasso. A vacina Aidsvax foi baseada na gp120.

C. Terapia antiviral

Enquanto a busca por uma vacina eficiente continua com sucessos pequenos a desprezíveis, as empresas farmacêuticas estimulam a elaboração de drogas capazes de inibir retroviroses. Desde 1996, existiam 16 drogas usadas para inibir tanto a transcriptase reversa como a protease do HIV. Muitas outras estavam em testes clínicos, incluindo drogas cujo

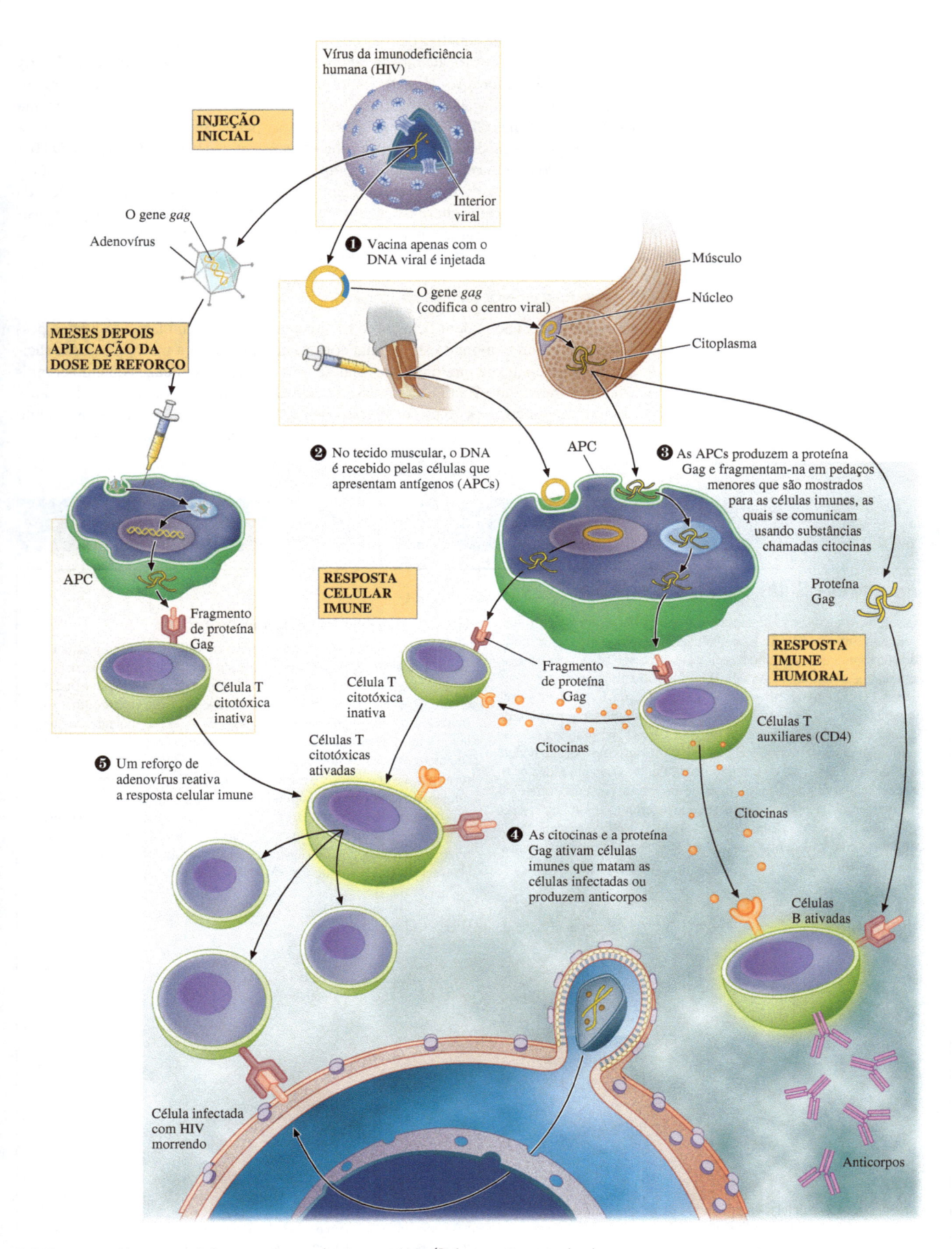

FIGURA 31.17 Uma estratégia para uma vacina para a Aids. (Reimpressão autorizada por Ezzel, C. Hope in a vial. *Sci. Am.*, p. 39-45, jun. 2002.)

alvo são gp41 e gp120 na tentativa de prevenir a entrada do vírus. Uma combinação de drogas para inibir retroviroses foi alcunhada **terapia antirretroviral altamente ativa** (*highly active antiretroviral therapy* – **Haart**). Experiências iniciais com a Haart foram bem-sucedidas, levando a população viral a ponto de ser indetectável, e com a concomitante volta da população de células CD4. Entretanto, como sempre parece ser o caso para o HIV, posteriormente ele ressurgiu do que parecia ser uma situação em que havia sido abatido. O HIV permaneceu escondido no organismo e irrompeu de volta assim que a terapia foi interrompida. Portanto, o cenário mais favorável para os pacientes de Aids é um período de vida suportado em terapias caras em razão do alto custo das drogas. Além disso, longa exposição ao tratamento Haart resulta em náusea constante, anemia e sintomas de diabetes, os ossos ficam quebradiços, e surgem doenças do coração.

D. Uma segunda chance para os anticorpos

Como os pacientes não podem ficar sob o tratamento Haart indefinidamente, vários pesquisadores tentaram combinar essa terapia com vacinas. Embora a maior parte das vacinas não fosse eficiente de modo isolado, elas se mostraram mais eficazes quando combinadas com o tratamento Haart. Além disso, uma vez vacinados, os pacientes tiveram a oportunidade de interromper o uso de outras drogas, o que possibilitou um descanso tanto físico como mental para se recuperarem dos efeitos colaterais da terapia antiviral.

Conexões químicas 31E

Por que as células-tronco são especiais?

As células-tronco são precursoras de todos os outros tipos de células, incluindo linfócitos T e B. Essas células indiferenciadas têm a habilidade de formar qualquer tipo de célula, assim como se replicar para gerar mais células-tronco. As células-tronco são frequentemente chamadas **células progenitoras** por causa de sua habilidade de se diferenciar em vários tipos de células. Uma célula-tronco **pluripotente** é capaz de resultar em todos os tipos de células, em um embrião ou adulto. Algumas células são chamadas **multipotentes** porque podem se diferenciar em mais de um tipo de célula, mas não em todos os tipos de células. Quanto mais distante no curso de seu desenvolvimento uma célula se encontra em relação ao estágio zigoto, menos potente será o tipo de célula. O uso de células-tronco, especialmente **células-tronco embrionárias**, tem sido um campo fascinante de pesquisa nos últimos anos.

História da pesquisa em células-tronco

A história das células-tronco começou na década de 1970 com estudos sobre células de teratocarcinoma, que são encontradas em câncer dos testículos. Essas células são misturas bizarras de células diferenciadas e indiferenciadas. Descobriu-se que essas **células de carcinoma embrionário** (*embryonal carcinoma cells* – EC) são pluripotentes, o que levou à ideia de usá-las para terapia. Entretanto, essa linha de pesquisa foi interrompida porque as células transformavam-se em tumores, o que torna o seu uso perigoso, e eram **aneuploides**, isto é, apresentavam um número errado de cromossomos.

Um trabalho inicial com células-tronco embrionárias (*embryonic stem cells* – ES) utilizou células que foram cultivadas em cultura após terem sido tiradas de embriões. Descobriu-se que essas células poderiam ser mantidas por longos períodos. Diferentemente, a maioria das

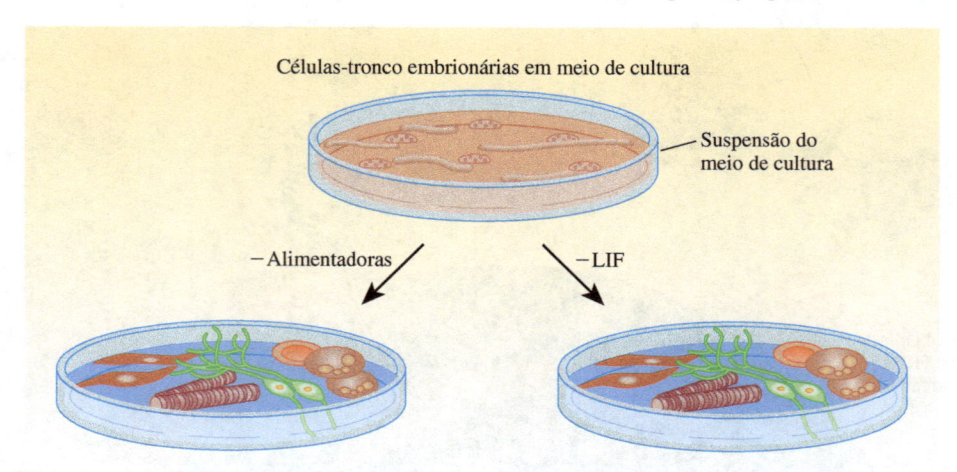

Células-tronco embrionárias pluripotentes podem crescer em meio de cultura celular e ser mantidas em um estado indiferenciado pelo seu crescimento em certas células alimentadoras, como os fibroblastos, ou pelo uso de fatores de inibição de leucemia (LIF). Quando removidas das células alimentadoras ou quando o LIF é removido, elas começam a se diferenciar em uma ampla variedade de tipos de tecidos, que podem então ser coletados e crescer para a terapia dos tecidos (Donovan, P. J.; Gearhart, J. *Nature*, v. 414, p. 92-7, 2001).

Conexões químicas 31E (continuação)

células diferenciadas não crescia por períodos longos em meio de cultura. As células-tronco são mantidas em cultura pela adição de certos fatores, como fator de inibição de leucemia (*leukemia-inhibiting factor* – LIF) ou células alimentadoras (células não mitóticas ou fibroblastos). Uma vez liberadas desses controles, as células ES se diferenciam em todos os tipos de células.

Células-tronco trazem esperança

As células-tronco colocadas em um tecido particular, como o sangue, se diferenciarão e crescerão como células sanguíneas. Outras, quando colocadas no tecido do cérebro, irão crescer como células cerebrais. Essa descoberta é muito excitante porque se acreditava que existia pouca chance para os pacientes com problemas de medula e outros danos severos nos nervos, uma vez que essas células não se regeneram. Na teoria, neurônios poderiam ser produzidos para tratar doenças neurodegenerativas, como o mal de Alzheimer ou a doença de Parkinson. Células musculares poderiam ser produzidas para tratar distrofias musculares e doenças do coração. Em um estudo, células-tronco de camundongo foram injetadas no coração de um camundongo que havia sofrido infarto do miocárdio. As células se espalharam e pararam em uma região não afetada dentro da zona infartada, e começou a crescer um novo tecido cardíaco. Células-tronco humanas pluripotentes foram usadas para regenerar o tecido nervoso em ratos com lesões nervosas e mostraram uma melhora na habilidade motora e cognitiva deles. Resultados como esses levaram os cientistas a declarar que a tecnologia das células-tronco será o mais importante avanço na ciência desde a descoberta da clonagem.

Células-tronco pluripotentes têm sido coletadas essencialmente a partir do tecido embrionário. Essas células mostram maior habilidade em se diferenciar em vários tipos de tecidos e se reproduzir em meio de cultura. Células-tronco também têm sido retiradas de tecidos adultos, já que algumas estão sempre presentes em um organismo, mesmo no estágio adulto. Essas células são usualmente multipotentes, uma vez que podem formar vários tipos diferentes de células, mas não são tão versáteis como as células ES. Por isso, vários cientistas acreditam que as células ES são a melhor fonte para a terapia dos tecidos que as respectivas células-tronco adultas.

A aquisição e o uso das células-tronco podem ser relacionados a uma técnica chamada reprogramação celular, que é um componente necessário da clonagem total de mamíferos, como o processo que criou a ovelha mais famosa, Dolly. A maior parte das células somáticas em um organismo contém os mesmos genes, mas as células se desenvolvem como tecidos diferentes com amplos padrões de expressão gênica.

Um mecanismo que altera a expressão dos genes sem mudança da real sequência do DNA é chamado mecanismo **epigênico**. Um estado epigênico do DNA em uma célula é o traço hereditário que permite a existência de uma "memória molecular" na célula. Essencialmente, uma célula do fígado lembra-se de onde veio e continuará a se dividir, permanecendo uma célula do fígado. Esses estados epigênicos envolvem metilação de citosina-guanina dinucleotídeos e interações com proteínas da cromatina (Seção 25.3). Os genes dos mamíferos possuem um nível adicional de informação epigênica denominado *imprinting*, que permite ao DNA reter a memória molecular da origem de sua linha embrionária. O DNA parental é impresso diferentemente do DNA maternal. No desenvolvimento normal, somente o DNA que veio dos dois pais seria capaz de combinar e levar a uma descendência viável.

O estado epigênico das células somáticas é geralmente bloqueado de forma que tecidos diferenciados permaneçam estáveis. A chave na clonagem completa de um organismo foi a capacidade de apagar o estado epigênico e retornar ao estado de ovo fertilizado, que tem o potencial de produzir todos os tipos de células. Caso o núcleo de uma célula somática seja injetado em um recipiente oócito, o estado epigênico do DNA pode ser reprogramado ou ao menos "parcialmente" reprogramado. A memória molecular é apagada, e as células começam a se comportar como um verdadeiro zigoto. Essa técnica pode ser usada para derivar células-tronco pluripotentes ou para transferir um blastócito em uma mãe-transportadora para o crescimento e desenvolvimento. Em novembro de 2001, o primeiro clone de blastócito foi criado dessa maneira a fim de que um número suficiente de células fosse produzido para que células-tronco pluripotentes pudessem ser coletadas para pesquisa.

Atualmente, o debate sobre o uso de células-tronco embrionárias continua pelo mundo todo. A questão é de ordem ética e envolve também a definição do que é vida. Células-tronco embrionárias são provenientes de várias fontes, incluindo fetos abortados, cordões umbilicais e embriões de clínicas de fertilização *in vitro*. A informação da clonagem de células embrionárias humanas somente se adiciona a essa controvérsia. O governo dos Estados Unidos cortou os recursos destinados às pesquisas em células-tronco, mas permite que elas continuem em todos os tipos de linhas de células embrionárias. Sobre esse processo, há ainda algumas questões importantes: as poucas células criadas pela clonagem terapêutica de suas próprias células somáticas constituem vida? Se essas células constituem vida, elas têm os mesmos direitos de um humano que foi concebido naturalmente? Se fosse possível, seria permitido a alguém desenvolver seu próprio clone terapêutico em um adulto?

E. O futuro da pesquisa com anticorpos

Tentativas de criar uma vacina parecem ter falhado porque a vacina exibe muitos anticorpos. Os pacientes precisam de um **anticorpo neutralizante** que seja capaz de eliminar completamente seu alvo. Os pesquisadores descobriram um paciente que tinha Aids há seis anos, mas que nunca desenvolveu nenhum sintoma. Eles, então, analisaram seu sangue e encontraram um anticorpo raro, que denominaram **b12**. Em testes de laboratório, verificou-se que o **b12** detém a maioria das variedades do HIV. O que torna o b12 diferente de outros anticorpos? A análise estrutural mostrou que esse anticorpo apresenta um formato diferente do anticorpo de uma imunoglobulina normal. Ele tem seções de longas espirais que se encaixam em uma dobra da gp120. Essa dobra na gp120 não pode resultar em mutação; caso contrário, a proteína não seria hábil em se ancorar adequadamente ao receptor de CD4.

Outro anticorpo foi encontrado em um paciente diferente que parecia ser resistente ao HIV. Esse anticorpo era, na verdade, um dímero e tinha um formato mais parecido com um "I" em vez do tradicional "Y". Esse anticorpo, denominado **2G12**, reconhece alguns açúcares na membrana externa do HIV que são exclusivos do vírus.

A identificação de uns poucos anticorpos desse tipo tem permitido aos pesquisadores tentar desenvolver uma vacina numa direção oposta ao caminho normal. Na **retrovacinação**, os pesquisadores têm o anticorpo e precisam achar uma vacina de forma que ele seja apresentado ao organismo, em vez de injetar a vacina que irá induzir a formação do anticorpo.

Resumo das questões-chave

Seção 31.1 Como o organismo se defende das invasões?

- O sistema imune humano nos protege contra invasores externos e é constituído de duas partes: (1) resistência natural do organismo, chamada imunidade inata e (2) imunidade adaptativa ou adquirida.
- A **imunidade inata** é não específica. **Macrófagos** e **células assassinas naturais (NK)** são células da imunidade inata que funcionam como policiais.
- A **imunidade adquirida** ou **adaptativa** é altamente específica, sendo direcionada contra um invasor particular.
- Imunidade adquirida (conhecida como sistema imune) também apresenta memória, diferentemente da imunidade inata.

Seção 31.2 Que órgãos e células compõem o sistema imune?

- Os componentes celulares principais do sistema imune são as células brancas do sangue, ou **leucócitos**. Os leucócitos especializados no sistema linfático são chamados **linfócitos**. Eles circulam principalmente nos **órgãos linfoides**.
- O sistema **linfático** é um conjunto de vasos que se estende através do corpo e está conectado, por um lado, ao fluido intersticial e, por outro, aos vasos sanguíneos.
- Os linfócitos que maturam na medula óssea e produzem imunoglobulinas solúveis são as **células B**. Os linfócitos que maturam na glândula do timo são as **células T**.

Seção 31.3 Como os antígenos estimulam o sistema imune?

- **Antígenos** são moléculas complexas de origem externa. Um antígeno pode ser uma bactéria, um vírus ou uma toxina.
- Um antígeno pode interagir com anticorpos, receptores das células T (TcR) ou com moléculas do complexo de histocompatibilidade principal (MHC). Todos esses três tipos de moléculas pertencem à **superfamília imunoglobulínica**.
- Um **epítopo** é a menor parte de um antígeno que se liga ao anticorpo, aos TcRs e MHCs.

Seção 31.4 O que são imunoglobulinas?

- Anticorpos são **imunoglobulinas**. Essas glicoproteínas solúveis em água são constituídas de duas cadeias pesadas e duas cadeias leves. As quatro cadeias estão unidas por pontes de dissulfeto.
- As imunoglobulinas contêm regiões variáveis nas quais a composição dos aminoácidos de cada anticorpo é diferente. Essas regiões interagem com antígenos para formar agregados grandes que são insolúveis.

- Uma grande diversidade de anticorpos é sintetizada por vários processos no organismo.
- Durante o desenvolvimento das células B, a **região variável** das cadeias pesadas é montada por um processo chamado recombinação V(J)D.
- Mutações nesses genes novos criam sempre uma grande diversidade. A hipermutação somática (SHM) que gera um ponto de mutação (só um nucleotídeo) é uma forma. Desvios da mutação introduzidos no gene V(J)D constituem mutação por conversão de gene (GC).
- As imunoglobulinas apresentam uma resposta de longo termo a um antígeno, que dura de semanas a meses.
- Todos os antígenos – sejam proteínas, polissacarídeos ou ácidos nucleicos – interagem com imunoglobulinas produzidas pelas células B.

Seção 31.5 O que são células T e seus receptores?

- Antígenos proteicos interagem com células T. A ligação do epítopo ao TcR é facilitada pelo MHC, que leva o epítopo à superfície da célula T, onde ela é apresentada ao receptor.
- Com a ligação do epítopo ao receptor, a célula T é estimulada. Ela prolifera e pode se diferenciar em (1) células T assassinas, (2) células de memória ou (3) células T auxiliares.
- O TcR tem diversas moléculas auxiliares, como CD4 ou CD8, que permitem que ele se ligue ao epítopo firmemente e a outras células via proteínas MHC.
- Moléculas CD (*cluster* determinante) também pertencem à superfamília das imunoglobulinas.
- Os anticorpos podem reconhecer todos os tipos de antígenos, mas os TCRs reconhecem apenas antígenos peptídicos.

Seção 31.6 Como a resposta imune é controlada?

- O controle e a coordenação da resposta imune são manipulados por **citocinas**, que são pequenas moléculas de proteína.
- Citocinas quimiotáticas, as **quimiocinas**, como a interleucina-8, facilitam a migração de leucócitos dos vasos sanguíneos em um sítio de lesão ou inflamação. Outras citocinas ativam células B e T e macrófagos, permitindo a eles engolir corpos estranhos ao organismo, digeri-los ou destruí-los pela liberação de toxinas especiais.
- Algumas citocinas, como o fator de necrose tumoral (TNF), podem quebrar as células tumorais por lise.

Seção 31.7 Como o organismo reconhece um corpo estranho que pode invadi-lo?

- Diversos mecanismos permitem que o corpo reconheça o próprio organismo.
- Na imunidade adaptativa, células T e B que são propensas a interagir com autoantígenos são eliminadas.
- Na imunidade inata, dois tipos de receptores existem na superfície das células T e B: **receptor de ativação** e **receptor de inibição**. O receptor de inibição reconhece o epítopo de uma célula normal, liga-se a ela e previne a ativação da célula T assassina ou do macrófago.
- Várias doenças autoimunes são mediadas por células T, em que citocinas e quimiocinas desempenham um papel essencial.
- O tratamento padrão para as doenças autoimunes é constituído de drogas glicocorticoides, que previnem a transcrição e, portanto, a síntese de citocinas.

Seção 31.8 Como o vírus da imunodeficiência humana causa Aids?

- O HIV é um retrovírus que se insere em células T auxiliares.
- O vírus enfraquece o sistema imune pela destruição das células T auxiliares através de danos em suas membranas celulares e pela ativação de enzimas que causam apoptose.
- O HIV tem sido estudado por mais de 25 anos na tentativa de se encontrar uma cura, mas nenhuma cura eficaz foi descoberta até então. O vírus se esconde do sistema imune hospedeiro e apresenta mutação tão frequente que nenhuma resposta efetiva dos anticorpos pode ser ajustada.
- Uma combinação de terapias com a utilização de enzimas inibitórias e anticorpos tem produzido os melhores resultados.

Problemas

Seção 31.1 Como o organismo se defende das invasões?

31.1 Dê dois exemplos de imunidade inata externa nos humanos.

31.2 Que forma de imunidade é característica apenas dos vertebrados?

31.3 Como a pele combate as invasões de bactérias?

31.4 Receptores das células T e moléculas MHC interagem com antígenos. Qual é a diferença no modo de interação entre essas duas moléculas com os antígenos?

31.5 O que diferencia a imunidade inata da imunidade adaptativa (adquirida)?

Seção 31.2 Que órgãos e células compõem o sistema imune?

31.6 Em que parte do organismo são encontradas as maiores concentrações de anticorpos e de células T?

31.7 Onde as células T e B amadurecem e se diferenciam?

31.8 O que são células de memória? Qual é a função delas?

31.9 Quais são os alvos favoritos dos macrófagos? Como eles matam essas células-alvo?

Seção 31.3 Como os antígenos estimulam o sistema imune?

31.10 Uma molécula estranha, como a aspirina (MM 180), poderia ser considerada um antígeno pelo organismo?

31.11 Que tipo de antígeno é reconhecido pelas células T?

31.12 Qual é a menor unidade de um antígeno capaz de se ligar a um anticorpo?

31.13 Como os antígenos são transformados de forma que possam ser reconhecidos pelo MHC classe II?

31.14 Que função desempenham moléculas MHC na resposta imune dos grupos sanguíneos ABO?

31.15 Os MHCs pertencem a que classe de compostos? Onde os MHCs são encontrados no organismo?

31.16 Qual é a diferença existente na função das moléculas MHC das classes I e II?

Seção 31.4 O que são imunoglobulinas?

31.17 Quando uma substância estranha é injetada em um coelho, quanto tempo transcorre até que sejam encontrados anticorpos contra essa substância estranha no soro sanguíneo do animal?

31.18 Diferencie as funções desempenhadas pelas imunoglobulinas IgA, IgE e IgG.

31.19 (a) Que imunoglobulina tem o maior conteúdo de carboidrato e se encontra em menor concentração no soro sanguíneo?
(b) Qual é a sua principal função?

31.20 De acordo com "Conexões químicas 20D", o antígeno nas células vermelhas do sangue de uma pessoa com o sangue do tipo B é uma unidade de galactose. Mostre com um esquema como um anticorpo de uma pessoa com sangue do tipo A agregaria as células do sangue do tipo B se ocorresse uma transfusão de sangue por engano.

31.21 Na estrutura da imunoglobulina, a "região de dobra" une a haste do Y às suas ramificações (braços). A região de dobra pode ser clivada por enzimas específicas, produzindo um fragmento F_c (a haste do Y) e dois fragmentos F_{ab} (os dois braços). Qual desses fragmentos pode interagir com antígenos? Explique.

31.22 Como as cadeias leves e pesadas de um anticorpo são mantidas unidas?

31.23 O que significa a expressão *superfamília imunoglobulínica*?

31.24 Se fossem isolados dois anticorpos monoclonais de certa população de linfócitos, em que sentido eles seriam similares um ao outro e em que sentido seriam diferentes?

31.25 Que interações ocorrem entre um antígeno e um anticorpo?

31.26 Explique como uma nova proteína é criada na porção variável da cadeia pesada pela recombinação V(J)D.

31.27 O que origina a diversidade dos anticorpos?

Seção 31.5 O que são células T e seus receptores?

31.28 Moléculas receptoras de células T são constituídas de duas cadeias polipeptídicas. Que parte da cadeia age como sítio de ligação e o que se liga a ela?

31.29 Qual é a diferença entre receptor da célula T (TcR) e um complexo TcR?

31.30 Que tipo de estrutura terciária caracteriza o TcR?

31.31 Quais são os constituintes de um complexo TcR?

31.32 Através de que processo químico o CD3 realiza a transdução de sinal no interior da célula?

31.33 Que molécula de adesão no complexo TcR ajuda o HIV a infectar um leucócito?

31.34 Nas células T, três tipos de moléculas pertencem à superfamília imunoglobulínica. Indique-os e descreva brevemente a função deles.

31.35. Que funções o CD4 e CD8 realizam na resposta imune?

Seção 31.6 Como a resposta imune é controlada?

31.36 Qual é o tipo de molécula das citocinas?

31.37 As citocinas interagem com o quê? Elas se ligam aos antígenos?

31.38 Na maioria dos livros sobre bioquímica, há uma verdadeira "sopa de letras" relacionada às citocinas. Identifique essas citocinas pelos seus nomes completos: (a) TNF, (b) IL e (c) EGF.

31.39 O que são quimiocitocinas? Como elas enviam suas mensagens?

31.40 Qual é a característica química da estrutura das quimiocitocinas?

31.41 Quais são as características químicas das citocinas que as enquadram nessa classificação?

31.42 Que aminoácido está presente em todas as citocinas?

Seção 31.7 Como o organismo reconhece um corpo estranho que pode invadi-lo?

31.43 Como o organismo previne a atividade das células T contra um autoantígeno?

31.44 O que torna uma célula tumoral diferente de uma célula normal?

31.45 Escreva o nome de uma via de sinalização que controla a maturação das células B e previne que elas tenham afinidade por um autoantígeno, tornando-as ativas.

31.46 Como o receptor inibitório nos macrófagos previne um ataque às células normais?

31.47 Quais componentes do sistema imune estão principalmente envolvidos nas doenças autoimunes?

31.48 Como os glicocorticoides aliviam os sintomas dos portadores de doenças autoimunes?

Seção 31.8 Como o vírus da imunodeficiência humana causa Aids?

31.49 Quais células são atacadas pelo HIV?

31.50 Como o HIV entra nas células e as ataca?

31.51 Como o HIV confunde o sistema imune humano?

31.52 Que tipos de terapia são usados para combater a Aids?

31.53 Por que as vacinas têm sido malsucedidas na detenção da Aids?

31.54 Quais são os aspectos estruturais dos dois tipos de anticorpo de neutralização que têm sido mais bem-sucedidos no combate à Aids? O que torna esses anticorpos mais eficientes?

Conexões químicas

31.55 (Conexões químicas 31A) Qual é a relação entre o podofilo e a quimioterapia?

31.56 (Conexões químicas 31B) O que tem contribuído para as altas taxas de sobrevivência das mulheres com câncer de mama?

31.57 (Conexões químicas 31B) Por que os anticorpos monoclonais são uma boa escolha para serem utilizados como arma contra o câncer de mama?

31.58 (Conexões químicas 31B) Por que uma situação na qual um anticorpo monoclonal, ao ser utilizado como uma droga anticâncer, seria superior à da utilização de um anticorpo policlonal?

31.59 (Conexões químicas 31B) Que tipo de evidência sugere que uma proteína HER2 é importante em vários tipos de câncer de mama?

31.60 (Conexões químicas 31B) Como os anticorpos monoclonais são usados para combater o câncer?

31.61 (Conexões químicas 31B) Qual é a relação entre a tirosina quinase e o câncer?

31.62 (Conexões químicas 31C) O que fez Edward Jenner, "o pai da imunização"? Em sua opinião, alguém poderia fazer legalmente um experimento como o de Jenner nos dias de hoje?

31.63 (Conexões químicas 31C) Que observação levou Edward Jenner a realizar o seu experimento?

31.64 (Conexões químicas 31C) Qual é a derivação da palavra *vacinação*?

31.65 (Conexões químicas 31D) Por que as alergias aos antibióticos são perigosas?

31.66 (Conexões químicas 31D) O que significa a expressão "uso indiscriminado de antibióticos"?

31.67 (Conexões químicas 31D) Por que a gonorreia, uma doença sexualmente transmissível (DST), tem se beneficiado do uso indiscriminado de antibióticos?

31.68 (Conexões químicas 31D) Quais são os aspectos negativos do uso de amoxicilina para combater a dor de ouvido em crianças?

31.69 (Conexões químicas 31D) Por que a faringite (estreptocócica) é uma doença séria além dos problemas diretamente associados com a irritação da garganta?

31.70 (Conexões químicas 31E) Quais são os diferentes tipos de célula-tronco?

31.71 (Conexões químicas 31E) Por que as células-tronco são especiais? Por que os cientistas consideram que elas podem ser de grande auxílio?

31.72 (Conexões químicas 31E) O que são estados epigênicos? Por que os cientistas querem ser capazes de manipular o estado epigênico das células-tronco?

Problemas adicionais

31.73 Que imunoglobulinas formam a primeira linha de defesa contra as bactérias invasoras?

31.74 Que células do sistema imune inato são as primeiras a interagir com os agentes patogênicos invasores?

31.75 Que composto ou complexo de compostos do sistema imune é o principal responsável pela proliferação dos leucócitos?

31.76 Dê o nome do processo além da recombinação V(J)D que pode aumentar a diversidade imunoglobulínica na região variável.

31.77 Dê o nome do análogo sintético do marcador de célula tumoral que pode ser a primeira vacina anticâncer.

31.78 A cadeia leve de uma imunoglobulina é a mesma da região V?

31.79 Onde os receptores TNF estão localizados?

31.80 As regiões variáveis das imunoglobulinas ligam os antígenos. Quantas cadeias polipeptídicas têm as regiões variáveis em uma molécula de imunoglobulina?

APÊNDICE I

Notação exponencial

O sistema de **notação exponencial** baseia-se em potências de 10 (ver tabela). Por exemplo, se multiplicarmos $10 \times 10 \times 10 = 1.000$, isso será expresso como 10^3. Nessa expressão, o 3 é chamado de **expoente** ou **potência** e indica quantas vezes multiplicamos 10 por ele mesmo e quanto zeros se seguem ao 1.

Existem também potências negativas de 10. Por exemplo, 10^{-3} significa 1 dividido por 10^3:

$$10^{-3} = \frac{1}{10^3} = \frac{1}{1.000} = 0,001$$

Números são frequentemente expressos assim: $6,4 \times 10^3$. Em um número desse tipo, 6,4 é o **coeficiente**, e 3, o expoente ou a potência de 10. Esse número significa exatamente o que ele expressa:

$$6,4 \times 10^3 = 6,4 \times 1.000 = 6.400$$

Do mesmo modo, podemos ter coeficientes com expoentes negativos:

$$2,7 \times 10^{-5} = 2,7 \times \frac{1}{10^5} = 2,7 \times 0,00001 = 0,000027$$

Para representar um número maior que 10 na notação exponencial, procedemos da seguinte maneira: colocamos a vírgula decimal logo depois do primeiro dígito (da esquerda para a direita) e então contamos quantos dígitos existem após a vírgula. O expoente (neste caso positivo) é igual ao número de dígitos encontrados após a vírgula. Na representação de um número na notação exponencial são excluídos os zeros finais, a não ser que seja necessário mantê-los devido à representação dos respectivos algarismos significativos.

A notação exponencial também é chamada de notação científica.

Por exemplo, 10^6 significa 1 seguido de seis zeros, ou 1.000.000, e 10^2 significa 100.

AP. 1.1 Exemplos de notação exponencial

10.000	= 10^4
1.000	= 10^3
100	= 10^2
10	= 10^1
1	= 10^0
0,1	= 10^{-1}
0,01	= 10^{-2}
0,001	= 10^{-3}

Exemplo

$37\,500 = 3,75 \times 10^4$ — 4 porque existem quatro dígitos após o primeiro dígito do número (Coeficiente)

$628 = 6,28 \times 10^2$ — Dois dígitos após o primeiro dígito do número (expoente 2); Coeficiente

$859.600.000.000 = 8,596 \times 10^{11}$ — Onze dígitos após o primeiro dígito do número (expoente 11); Coeficiente

Não precisamos colocar a vírgula decimal após o primeiro dígito, mas, ao fazê-lo, obtemos um coeficiente entre 1 e 10, e esse é o costume.

Utilizando a notação exponencial, podemos dizer que há $2,95 \times 10^{22}$ átomos de cobre em uma moeda de cobre. Para números grandes, o expoente é sempre *positivo*.

Para números pequenos (menores que 1), deslocamos a vírgula decimal para a direita, para depois do primeiro dígito diferente de zero, e usamos um *expoente negativo*.

> **Exemplo**

$$0{,}00346 = 3{,}46 \times 10^{-3}$$

Três dígitos até o primeiro número diferente de zero

$$0{,}000004213 = 4{,}213 \times 10^{-6}$$

Seis dígitos até o primeiro número diferente de zero

Em notação exponencial, um átomo de cobre pesa $1{,}04 \times 10^{-22}$ g.

Para converter notação exponencial em números por extenso, fazemos a mesma coisa no sentido inverso.

> **Exemplo**

Escrever por extenso: (a) $8{,}16 \times 10^7$ (b) $3{,}44 \times 10^{-4}$

Solução

(a) $8{,}16 \times 10^7 = 81.600.000$

Sete casas para a direita (adicionar os zeros correspondentes)

(b) $3{,}44 \times 10^{-4} = 0{,}000344$

Quatro casas para a esquerda

Quando os cientistas somam, subtraem, multiplicam e dividem, são sempre cuidadosos em expressar suas respostas com o número apropriado de dígitos, o que chamamos de algarismos significativos. Esse método é descrito no Apêndice II.

A. Somando e subtraindo números na notação exponencial

Podemos somar ou subtrair números expressos em notação exponencial *somente se eles tiverem o mesmo expoente*. Tudo que fazemos é adicionar ou subtrair os coeficientes e deixar o expoente como está.

> **Exemplo**

Somar $3{,}6 \times 10^{-3}$ e $9{,}1 \times 10^{-3}$.

Solução

$$\begin{array}{r} 3{,}6 \times 10^{-3} \\ +\ 9{,}1 \times 10^{-3} \\ \hline 12{,}7 \times 10^{-3} \end{array}$$

A resposta também poderia ser escrita em outras formas igualmente válidas:

$$12{,}7 \times 10^{-3} = 0{,}0127 = 1{,}27 \times 10^{-2}$$

Quando for necessário somar ou subtrair dois números com diferentes expoentes, primeiro devemos mudá-los de modo que os expoentes sejam os mesmos.

> **Exemplo**

Somar $1{,}95 \times 10^{-2}$ e $2{,}8 \times 10^{-3}$.

Solução

Para somar esses dois números, transformamos os dois expoentes em -2. Assim, $2{,}8 \times 10^{-3} = 0{,}28 \times 10^{-2}$. Agora podemos somar:

$$\begin{array}{r} 1{,}95 \times 10^{-2} \\ +\ 0{,}28 \times 10^{-2} \\ \hline 2{,}33 \times 10^{-2} \end{array}$$

Uma calculadora com notação exponencial muda o expoente automaticamente.

B. Multiplicando e dividindo números na notação exponencial

Para multiplicar números em notação exponencial, primeiro multiplicamos os coeficientes da maneira usual e depois algebricamente *somamos* os expoentes.

Exemplo

Multiplicar $7{,}40 \times 10^5$ por $3{,}12 \times 10^9$.

Solução

$$7{,}40 \times 3{,}12 = 23{,}1$$

Somar todos os expoentes:

$$10^5 \times 10^9 = 10^{5+9} = 10^{14}$$

Resposta:

$$23{,}1 \times 10^{14} = 2{,}31 \times 10^{15}$$

Exemplo

Multiplicar $4{,}6 \times 10^{-7}$ por $9{,}2 \times 10^4$.

Solução

$$4{,}6 \times 9{,}2 = 42$$

Somar todos os expoentes:

$$10^{-7} \times 10^4 = 10^{-7+4} = 10^{-3}$$

Resposta:

$$42 \times 10^{-3} = 4{,}2 \times 10^{-2}$$

Para dividir números expressos em notação exponencial, primeiro dividimos os coeficientes e depois algebricamente *subtraímos* os expoentes.

Exemplo

Dividir: $\dfrac{6{,}4 \times 10^8}{2{,}57 \times 10^{10}}$

Solução

$$6{,}4 \div 2{,}57 = 2{,}5$$

Subtrair expoentes:

$$10^8 \div 10^{10} = 10^{8-10} = 10^{-2}$$

Resposta:

$$2{,}5 \times 10^{-2}$$

Exemplo

Dividir: $\dfrac{1{,}62 \times 10^{-4}}{7{,}94 \times 10^7}$

Solução

$$1{,}62 \div 7{,}94 = 0{,}204$$

Subtrair expoentes:

$$10^{-4} \div 10^7 = 10^{-4-7} = 10^{-11}$$

Resposta:

$$0{,}204 \times 10^{-11} = 2{,}04 \times 10^{-12}$$

Calculadoras científicas fazem esses cálculos automaticamente. Só é preciso digitar o primeiro número, pressionar +, −, × ou ÷, digitar o segundo número e pressionar =. (O método para digitar os números pode variar; leia as instruções que acompanham a calculadora.) Muitas calculadoras científicas também possuem uma tecla que automaticamente converte um número como 0,00047 em notação científica ($4{,}7 \times 10^{-4}$) e vice-versa. Para problemas relativos à notação exponencial, ver Capítulo 1, Problemas 1.17 a 1.24.

APÊNDICE II

Algarismos significativos

Se você medir o volume de um líquido em um cilindro graduado, poderá constatar que é 36 mL, até o mililitro mais próximo, mas não poderá saber se é 36,2 ou 35,6 ou 36,0 mL, porque esse instrumento de medida não fornece o último dígito com certeza. Uma bureta fornece mais dígitos. Se você usá-la, será capaz de dizer, por exemplo, que o volume é 36,3 mL e não 36,4 mL. Mas, mesmo com uma bureta, você não poderá saber se o volume é 36,32 ou 36,33 mL. Para tanto, precisará de um instrumento que lhe forneça mais dígitos. Esse exemplo mostra que *nenhum número medido pode ser conhecido com exatidão*. Não importa a qualidade do instrumento de medida, sempre haverá um limite para o número de dígitos que podem ser medidos com certeza.

Definimos o número de **algarismos significativos** como o número de dígitos de um número medido cuja incerteza está somente no último dígito.

Qual é o significado dessa definição? Suponha que você esteja pesando um pequeno objeto em uma balança de laboratório cuja resolução é de 0,1 g e constate que o objeto pesa 16 g. Como a resolução da balança é de 0,1 g, você pode estar certo de que o objeto não pesa 16,1 g ou 15,9 g. Nesse caso, você deve registrar o peso como 16,0 g. Para um cientista, há uma diferença entre 16 g e 16,0 g. Escrever 16 g significa que você não sabe qual é o dígito depois do 6. Escrever 16,0 significa que você sabe: é o 0. Mas não sabe qual o dígito que vem depois do 0. Existem várias regras para o uso dos algarismos significativos no registro de números medidos.

A. Determinando o número de algarismos significativos

Na Seção 1.3, vimos como calcular o número de algarismos significativos de um número. Resumimos aqui as orientações:

1. Dígitos diferentes de zero sempre são significativos.
2. Zeros no começo de um número nunca são significativos.
3. Zeros entre dígitos diferentes de zero são sempre significativos
4. Zeros no final de um número que contém uma vírgula decimal sempre são significativos.
5. Zeros no final de um número que não contém vírgula decimal podem ou não ser significativos.

Neste livro consideraremos que nos números terminados em zero todos os algarismos são significativos. Por exemplo, 1.000 mL têm quatro algarismos significativos, e 20 m, têm dois algarismos significativos.

B. Multiplicando e dividindo

A regra em multiplicação e divisão é que a resposta final deve ter o mesmo número de algarismos significativos que o número com *menos* algarismos significativos.

Exemplo

Fazer as seguintes multiplicações e divisões:
(a) $3,6 \times 4,27$
(b) $0,004 \times 217,38$
(c) $\dfrac{42,1}{3,695}$
(d) $\dfrac{0,30652 \times 138}{2,1}$

Solução

(a) 15 (3,6 tem dois algarismos significativos)
(b) 0,9 (0,004 tem um algarismo significativo)
(c) 11,4 (42,1 tem três algarismos significativos)
(d) $2,0 \times 10^1$ (2,1 tem dois algarismos significativos)

C. Somando e subtraindo

Na adição e na subtração, a regra é completamente diferente. O número de algarismos significativos em cada número não importa. A resposta é dada com o *mesmo número de casas decimais* do termo com menos casas decimais.

Exemplo

Somar ou subtrair:

(a) 320,0|84
    80,4|7
  200,2|3
    20,0|
  620,8|

(b) 61|4532
  13|7
  22|
   0|003
  97|

(c) 14,26|
 −1,05|041
  13,21|

Solução

Em cada caso, somamos ou subtraímos normalmente, mas depois arredondamos de modo que os únicos dígitos que aparecerão na resposta serão aqueles das colunas em que todos os dígitos são significativos.

D. Arredondando

Quando temos muitos algarismos significativos em nossa resposta, é preciso arredondar. Neste livro, usamos a seguinte regra: se *o primeiro dígito eliminado* for 5, 6, 7, 8 ou 9, aumentamos *o último dígito* em uma unidade; de outro modo, fica como está.

Exemplo

Fazer o arredondamento em cada caso considerando a eliminação dos dois últimos dígitos:
(a) 33,679   (b) 2,4715   (c) 1,1145   (d) 0,001309   (e) 3,52

Solução

(a) 33,679   = 33,7
(b) 2,4715   = 2,47
(c) 1,1145   = 1,11
(d) 0,001309 = 0,0013
(e) 3,52   = 4

E. Números contados ou definidos

Todas as regras precedentes aplicam-se a números *medidos* e **não** a quaisquer números que sejam *contados* ou *definidos*. Números contados e definidos são conhecidos com exatidão. Por exemplo, um triângulo é definido como tendo 3 lados, e não 3,1 ou 2,9. Aqui tratamos o número 3 como se tivesse um número infinito de zeros depois da vírgula decimal.

Exemplo

Multiplicar 53,692 (um número medido) × 6 (um número contado).

Solução

$$322,15$$

Como 6 é um número contado, nós o conhecemos com exatidão, e 53,692 é o número com menos algarismos significativos; o que estamos fazendo é somar 53,692 seis vezes.

Para problemas sobre algarismos significativos, ver Capítulo 1, Problemas 1.25 a 1.30.

Respostas

Capítulo 20 Carboidratos

20.1 A seguir, apresentam-se as projeções de Fischer para as quatro 2-cetopentoses que consistem em dois pares de enantiômeros.

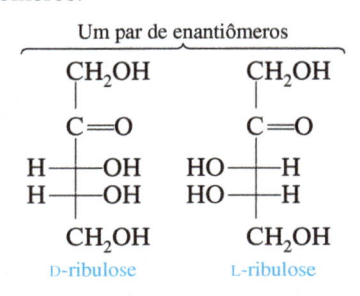

Um par de enantiômeros

D-ribulose   L-ribulose

Um segundo par de enantiômeros

D-xilulose   L-xilulose

20.2 A D-manose difere em configuração da D-glicose somente no carbono 2. Uma maneira de se chegar às formas estruturais de α e β de D-manopiranose é desenhar a correspondente α e β de D-manopiranose, e então inverter a configuração do carbono 2.

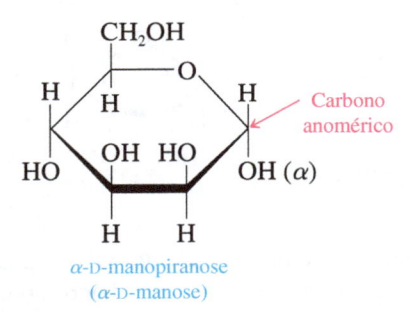

β-D-manopiranose
(β-D-manose)

α-D-manopiranose
(α-D-manose)

20.3 D-manose difere da configuração da D-glicose apenas no carbono 2.

β-D-manopiranose
(β-D-manose) (b)

α-D-manopiranose
(α-D-manose) (a)

20.4 A seguir é apresentada a projeção de Haworth e a conformação cadeira para este glicosídeo.

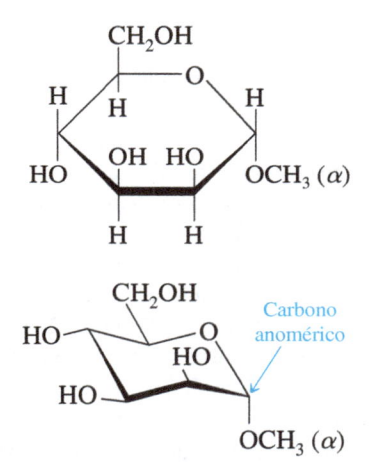

20.5 A ligação β-glicosídica está entre o carbono 1 da unidade à esquerda e o carbono 3 da unidade à direita.

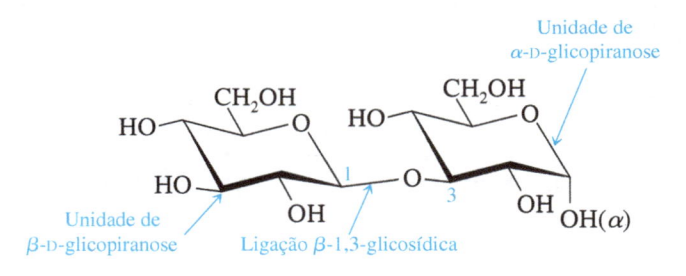

Unidade de β-D-glicopiranose   Ligação β-1,3-glicosídica   Unidade de α-D-glicopiranose

20.7 O grupo carbonila numa aldose é um aldeído. Numa cetose, é uma cetona. Uma aldopentose é uma aldose que contém cinco átomos de carbono. Uma aldocetose é uma cetose que contém cinco átomos de carbono.

20.9 As três hexoses mais abundantes no mundo biológico são D-glicose, D-galactose e D-frutose. A terceira é uma 2-cetoexose.

20.11 Enantiômeros são imagens especulares não sobreponíveis.

20.13 Numa aldopentose, a configuração D ou L é determinada por sua configuração no carbono 4.

20.15 Os compostos (a) e (c) são D-monossacarídeos. O composto (b) é um L-monossacarídeo.

20.17 Uma 2-cetoeptose tem quatro estereocentros e 16 estereoisômeros possíveis. Oito desses são D-2-cetoeptoses, e oito, L-2-cetoeptoses. A seguir, apresenta-se uma das oito possíveis D-2-cetoeptoses.

20.19 Em um aminoaçúcar, um ou mais grupos —OH são substituídos por grupos —NH$_2$. Os três aminoaçúcares mais abundantes no mundo biológico são D-glicosamina, D-galactosamina e N-acetil-D-glicosamina.

20.21 (a) Uma piranose é a forma hemiacetal cíclica, de seis membros, de um monossacarídeo.
(b) Uma furanose é a forma hemiacetal cíclica, de cinco membros, de um monossacarídeo.

20.23 Sim, são anômeros. Não, não são enantiômeros, isto é, não são imagens especulares. Diferem em configuração somente no carbono 1 e, portanto, são diastereômeros.

20.25 Uma projeção Haworth mostra o anel de seis membros como um hexágono planar. Na realidade, o anel está franzido e sua conformação mais estável é uma conformação cadeira em que todos os ângulos de ligação têm aproximadamente 109,5°.

20.27 O composto (a) difere da D-glicose somente na configuração do carbono 4. O composto (b) difere apenas no carbono 3.

20.29 A rotação específica de uma L-glicose é −112,2°.

20.31 Um glicosídeo é um acetal cíclico de um monossacarídeo. Uma ligação glicosídica é a ligação do carbono anomérico com o grupo —OR do glicosídeo.

20.33 Não, glicosídeos não podem sofrer mutarrotação porque o carbono anomérico não tem liberdade para interconverter-se nas configurações α e β por meio do aldeído ou da cetona de cadeia aberta.

20.35 A seguir, vemos projeções de Fischer da D-glicose e D-sorbitol. As configurações nos quatro estereocentros da D-glicose não são afetadas por essa redução.

20.37 O ribitol é o produto da redução da D-ribose. O 1-fosfato de β-D-ribose é o éster fosfórico do grupo OH no carbono anomérico da β-D-ribofuranose.

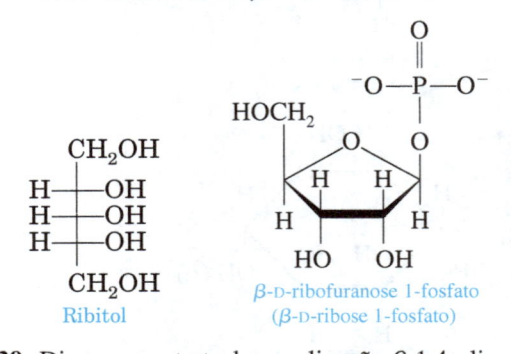

20.39 Dizer que se trata de uma ligação β-1,4-glicosídica significa que a configuração no carbono anomérico (neste problema, o carbono 1) da unidade de monossacarídeo que forma a ligação glicosídica é β, a que está ligada ao carbono 4 da segunda unidade de monossacarídeo. Dizer que se trata de uma ligação α-1,6-glicosídica significa que a configuração no carbono anomérico (neste problema, o carbono 1) da unidade de monossacarídeo que forma a ligação glicosídica é alfa, e que está ligada ao carbono 6 da segunda unidade de monossacarídeo.

20.41 (a) Ambas as unidades de monossacarídeo são D-glicose.
(b) Estão unidas por uma ligação β-1,4-glicosídica.
(c) É um açúcar redutor e
(d) sofre mutarrotação.

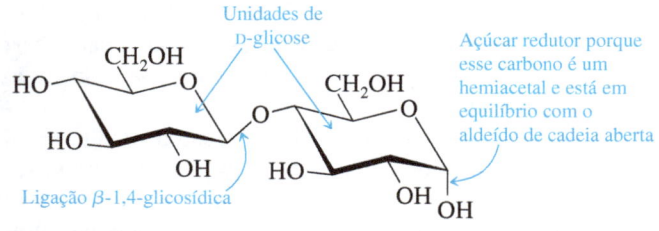

Unidades de D-glicose
Açúcar redutor porque esse carbono é um hemiacetal e está em equilíbrio com o aldeído de cadeia aberta
Ligação β-1,4-glicosídica

20.43 Um oligossacarídeo contém aproximadamente de seis a dez unidades de monossacarídeos. Um polissacarídeo contém mais – geralmente muito mais – de dez unidades de monossacarídeo.

20.45 A diferença está no grau de ramificação da cadeia. A amilose é composta de cadeias não ramificadas, enquanto a amilopectina é uma rede ramificada, as ramificações começando por ligações α-1,6-glicosídicas.

20.47 As fibras de celulose são insolúveis em água porque a força de uma ligação de hidrogênio da molécula de celulose com moléculas superficiais de água não é suficiente para superar as forças intermoleculares que a mantêm na fibra.

20.49 (a) Nestas fórmulas estruturais, o CH_3CO (grupo acetila) é abreviado como Ac.

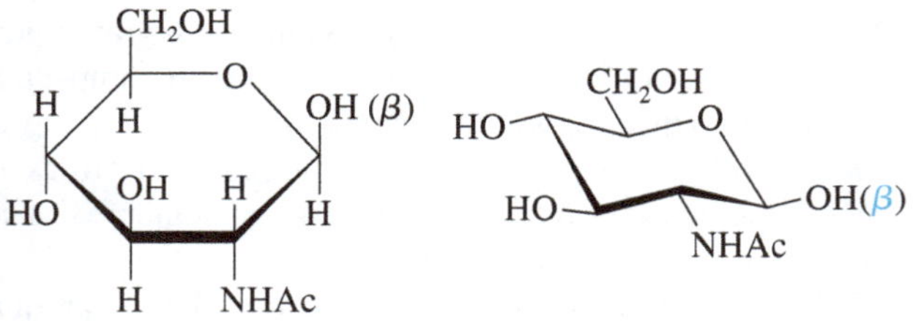

A seguir, apresentam-se estruturas de Haworth e estruturas cadeira para esse dissacarídeo que se repete.

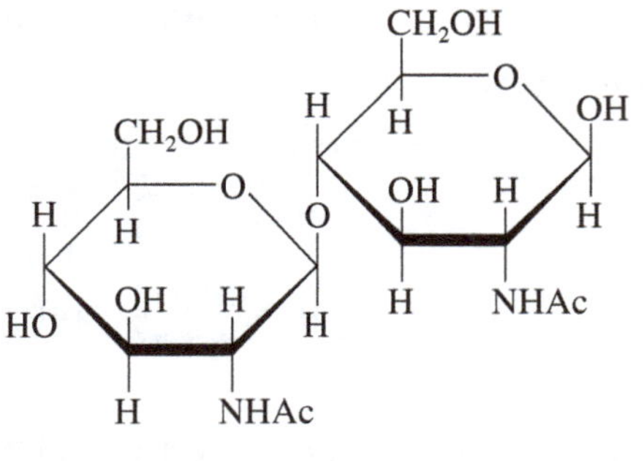

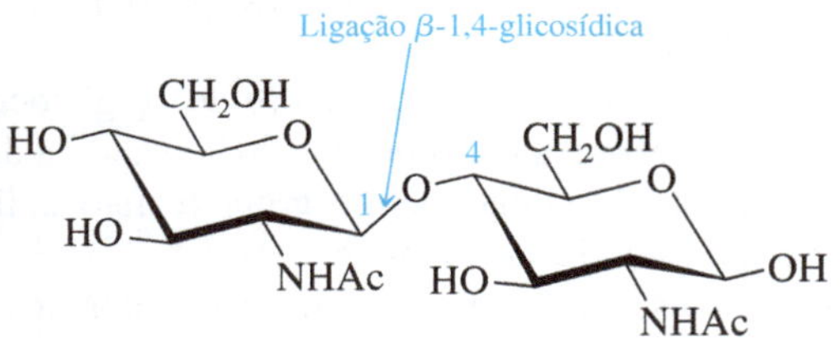

Ligação β-1,4-glicosídica

20.51 Sua capacidade de lubrificação diminui.

20.53 Assim são capazes de tolerar a galactose enquanto crescem. Até que desenvolvam a capacidade de metabolizar a galactose, a substituição de sacarose pela lactose faz com que a galactose existente na lactose seja substituída pela frutose da sacarose, evitando assim a intolerância pela galactose.

20.55 O ácido L-ascórbico é oxidado (há perda de dois átomos de hidrogênio) quando convertido em ácido L-desidroascórbico. O ácido L-ascórbico é um agente redutor biológico.

20.57 Os tipos A, B e O têm em comum a D-galactose e a L-fucose. Somente o tipo A tem a *N*-acetil-D-glicosamina.

20.59 A mistura de sangues dos tipos A e B resultará em coagulação.

20.61 Na Tabela 20.1, consulte a fórmula estrutural da D-altrose e desenhe-a. Depois substitua os grupos —OH nos carbonos 2 e 6 por hidrogênios.

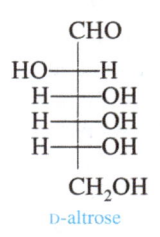

D-altrose

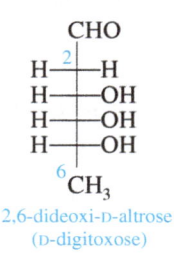

2,6-dideoxi-D-altrose
(D-digitoxose)

20.63 A unidade monossacarídica da salicina é a D-glicose.

20.65 A quitosana pode ser obtida das conchas de crustáceos como camarão e lagosta.

20.67 O anel de cinco membros da frutose é quase planar, portanto a projeção de Haworth é uma boa representação de sua estrutura.

20.69 No amido, as ligações α-glicosídicas unem uma unidade de glicose à outra. A celulose tem ligações β-glicosídicas. A diferença consiste no fato de que os humanos e outros animais podem digerir o amido, mas não a celulose.

20.71 Aminoaçúcares desempenham um importante papel estrutural em polissacarídeos como a quitina, que forma a concha dura de caranguejos, camarões e lagostas. Também desempenham um papel nas estruturas dos antígenos dos grupos sanguíneos.

20.73 O intermediário nessa transformação é um enodiol formado por tautomeria cetoenólica do fosfato de di-hidroxiacetona. A tautomeria cetoenólica desse intermediário produz o 3-fosfato de D-gliceraldeído.

$$\underset{\text{Fosfato de di-hidroxiacetona}}{\begin{array}{c} CH_2OH \\ | \\ C=O \\ | \\ CH_2OPO_3^{2-} \end{array}} \underset{\text{por enzima}}{\overset{\text{Catálise}}{\rightleftharpoons}} \underset{\text{Enodiol intermediário}}{\begin{array}{c} H-C-OH \\ \| \\ C-OH \\ | \\ CH_2OPO_3^{2-} \end{array}}$$

$$\underset{\text{por enzima}}{\overset{\text{Catálise}}{\rightleftharpoons}} \underset{\substack{\text{3-fosfato de} \\ \text{D-gliceraldeído}}}{\begin{array}{c} CHO \\ | \\ H-C-OH \\ | \\ CH_2OPO_3^{2-} \end{array}}$$

20.75 (a) A coenzima A é quiral e tem cinco estereocentros.
(b) Os grupos funcionais, começando da esquerda, são um tiol (—SH), duas amidas, um álcool secundário, um éster de fosfato, um anidrido fosfato, um éster de fosfato, outro éster de fosfato, uma unidade de 2-deoxirribose e uma ligação β-glicosídica com a adenina, uma amina heterocíclica.
(c) Sim, é solúvel em água por causa da presença de vários grupos C=O polares, um grupo —OH e três grupos fosfato, todos interagindo com moléculas de água por meio de ligação de hidrogênio.
(d) A seguir, apresentam-se os produtos da hidrólise de todas as ligações amida, éster e glicosídicas.

$$\underset{\substack{\text{2-amino-} \\ \text{-etanotiol}}}{HS-CH_2CH_2NH_2} + \underset{\substack{\text{Ácido 4-aminobutanoico} \\ (\beta\text{-Alanine})}}{{}^-O-\overset{\overset{O}{\|}}{C}-CH_2CH_2NH_3^+} + HO-$$

$$\underset{\substack{\text{Ácido 2,3-di-hidroxi-} \\ \text{-3-metil-butanoico} \\ (\text{ácido pantotênico})}}{\begin{array}{c} O \quad CH_3 \\ \| \quad | \\ -C-CH-C-OH \\ | \quad | \\ OH \quad CH_3 \end{array}}$$

Adenina   β-deoxi-D-ribose   Fosfato de di-hidrogênio

Capítulo 21 Lipídeos

21.1 (a) É um éster de glicerol e contém um grupo fosfato, portanto trata-se de um glicerofosfolipídeo. Além do glicerol e fosfato, ele tem como componentes um ácido mirístico e um ácido linoleico. O outro álcool é a serina. Sendo assim, pertence ao subgrupo das cefalinas.

(b) Os componentes presentes são glicerol, ácido mirístico, ácido linoleico, fosfato e serina.

21.3 *Hidrofóbico* significa "aversão a água". Se o corpo não tivesse essas moléculas, não poderia haver nenhuma estrutura porque a água dissolveria tudo.

21.5 O ponto de fusão aumentaria. As ligações duplas *trans* se ajustariam melhor no empacotamento das longas caudas hidrofóbicas, criando mais ordem e, portanto, mais interação entre as cadeias. Isso exigiria mais energia para o rompimento e, assim, um ponto de fusão mais elevado.

21.7 Os diglicerídeos com ponto de fusão mais alto serão aqueles com dois ácidos esteáricos (um ácido graxo saturado). Aqueles com ponto de ebulição mais baixo conterão ácidos oleicos (ácidos graxos monoinsaturados).

21.9 (b) Porque seu peso molecular é mais alto.

21.11 O mais baixo é (c); depois (b); o mais alto é (a).

21.13 Quanto mais grupos de cadeia longa, menor a solubilidade; o mais baixo é (a); depois (b); o mais alto é (c).

21.15 Glicerol, palmitato de sódio, estereato de sódio, linolenato de sódio.

21.17 Lipídeos complexos podem ser classificados em dois grupos: fosfolipídeos e glicolipídeos. Fosfolipídeos contêm um álcool, dois ácidos graxos e um grupo fosfato. Dividem-se em dois tipos: glicerofosfolipídeos e esfingolipídeos. Nos glicerofosfolipídeos, o álcool é o glicerol. Nos esfingolipídeos, o álcool é a esfingosina. Os glicolipídeos são lipídeos complexos que contêm carboidratos.

21.19 A presença de ligações duplas *cis* em ácidos graxos produz maior fluidez porque eles não podem compactar-se tanto quanto os ácidos graxos saturados.

21.21 As proteínas integrais da membrana estão inseridas na membrana. As proteínas periféricas da membrana estão na superfície da membrana.

21.23 Um fosfatidil inositol contendo ácidos oleico e araquidônico:

$$\underset{\text{Oleato (18:1)}}{CH_3(CH_2)_7CH=CH(CH_2)_7\overset{O}{\overset{\|}{C}}OCH} \quad \underset{\text{Araquidonato (20:4)}}{\overset{O}{\overset{\|}{\underset{}{CH_2OC(CH_2)_2(CH_2CH=CH)_4(CH_2)_4CH_3}}}}$$

(Inositol)

21.25 Lipídeos complexos que contêm ceramidas incluem esfingomielina, esfingolipídeos e glicolipídeos cerebrosídeos.

21.27 Os grupos funcionais hidrofílicos de (a) glicocerebrosídeos: carboidrato; grupos hidroxila e amida do cerebrosídeo. (b) Esfingomielina: grupo fosfato; colina; hidroxila e amida da ceramida.

21.29 Os cristais de colesterol podem ser encontrados em (1) cálculos biliares, que às vezes são puro colesterol, e em (2) articulações de pessoas que sofrem de bursite.

21.31 O carbono do anel D do esteroide, ao qual está ligado o grupo acetila na progesterona, é o que mais sofre substituições.

21.33 A LDL da corrente sanguínea entra nas células e liga-se às proteínas receptoras de LDL presentes na superfície. Depois de ligado, a LDL é transportada para dentro das células, onde o colesterol é liberado por degradação enzimática da LDL.

21.35 A remoção de lipídeos dos núcleos de triglicerídeos das partículas de VLDL aumenta a densidade das partículas, convertendo-as de VLDL em LDL.

21.37 Quando a concentração de colesterol no soro sanguíneo é alta, a síntese de colesterol no fígado é inibida, e a síntese de receptores de LDL na célula, estimulada. Os níveis de colesterol no soro controlam a formação de colesterol no fígado, regulando as enzimas que sintetizam o colesterol.

21.39 O estradiol (E) é sintetizado a partir da progesterona (P) através da intermediação da testosterona (T). Primeiramente, o grupo acetila do anel D de P é convertido num grupo hidroxila, produzindo T. O grupo metila de T, na junção dos anéis A e B, é removido e o anel A torna-se aromático. O grupo cetônico em P e T é convertido num grupo hidroxila em E.

21.41 As estruturas do esteroide aparecem na seção 21.10. As principais diferenças estruturais estão no carbono 11. A progesterona não tem substituintes, exceto o hidrogênio, o cortisol tem um grupo hidroxila, a cortisona tem um grupo cetônico, e o RU-486 tem um grupo *p*-aminofenila grande. O grupo funcional do carbono 11 aparentemente tem pouca importância para a ligação no receptor.

21.43 Eles possuem uma estrutura de anel esteroide, um grupo metila no carbono 13, um grupo triplamente ligado ao carbono 17, e todos apresentam insaturação nos anéis A, B ou em ambos.

21.45 Sais biliares ajudam a solubilizar gorduras. São produtos de oxidação do próprio colesterol e a ele se ligam, formando complexos que são eliminados nas fezes.

21.47 (a) Glicocolato:

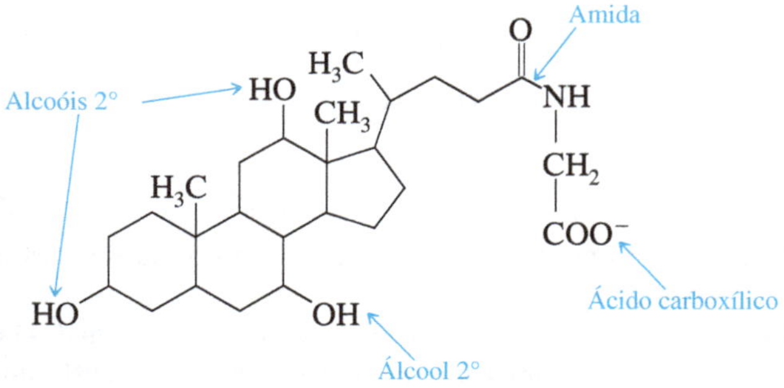

(b) Cortisona:

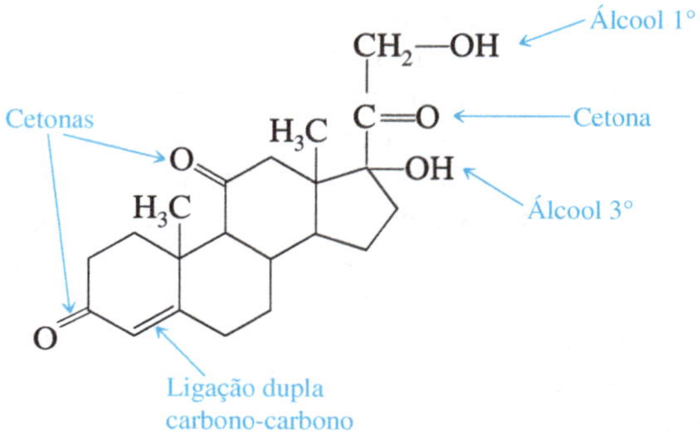

(c) PGE$_2$:

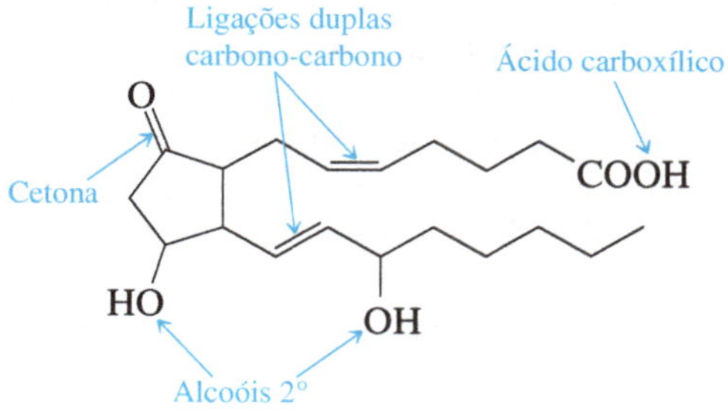

(d) Leucotrieno B4:

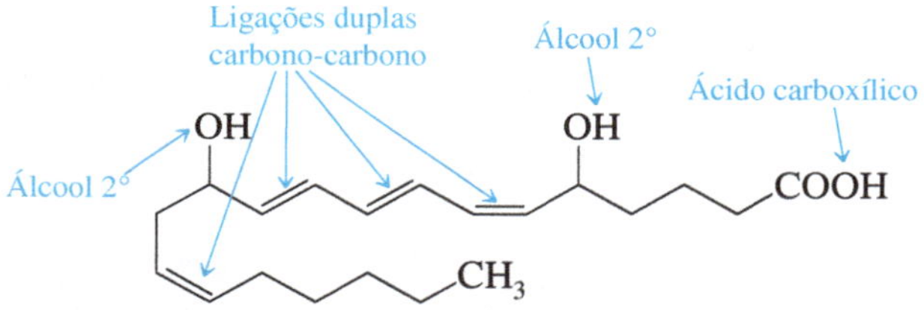

21.49 A aspirina reduz a velocidade da síntese das tromboxanas, inibindo a enzima COX. Como as tromboxanas intensificam o processo de coagulação do sangue, o resultado é que derrames causados por coágulos sanguíneos no cérebro ocorrerão com menos frequência.

21.51 As ceras consistem principalmente em ésteres de ácidos saturados de cadeia longa e alcoóis. Em razão dos componentes saturados, as moléculas de cera são mais compactadas que as dos triglicerídeos, que frequentemente apresentam componentes insaturados.

21.53 O transportador é uma proteína transmembrana helicoidal. Os grupos hidrofóbicos das hélices estão voltados para fora e interagem com a membrana. Os grupos hidrofílicos das hélices estão do lado interno e interagem com os íons cloretos hidratados.

21.55 (a) A esfingomielina age como um isolante.
(b) O isolante é degradado, prejudicando a condução nervosa.

21.57 α-D-galactose, β-D-glicose, β-D-glicose.

21.59 Impedem a ovulação.

21.61 Inibe a formação da prostaglandina, impedindo o fechamento do anel.

21.63 Os Aines inibem as ciclo-oxigenases (enzimas COX) necessárias para o fechamento do anel. Os leucotrienos não têm anel em sua estrutura, portanto não são afetados pelos inibidores de COX.

21.65 (Ver Figura 21.2) As moléculas polares não podem penetrar na dupla camada. São insolúveis em lipídeos. Moléculas apolares podem interagir com o interior da dupla camada ("semelhante dissolve semelhante").

21.67 Ambos os grupos são derivados de um precursor comum, PGH_2, num processo catalisado pelas enzimas COX.

21.69 *Coated pits* são concentrações de receptores de LDL na superfície das células. Eles se ligam à LDL e, por endocitose, transferem-na para dentro da célula.

21.71 No transporte facilitado, uma proteína da membrana ajuda uma molécula a atravessar a membrana sem precisar de energia. No transporte ativo, uma proteína da membrana participa do processo, mas é necessária energia. A hidrólise da ATP geralmente fornece a energia necessária.

21.73 A aldosterona tem um grupo aldeído na junção dos anéis C e D. Os outros esteroides têm grupos metila.

21.75 A massa molecular do triglicerídeo é em torno de 800 g/mol, isto é, 0,125 mol (100 g ÷ 800 g/mol = 0,125 mol). É necessário 1 mol de hidrogênio para cada mol de ligações duplas do triglicerídeo. São três ligações duplas, portanto os mols de hidrogênio necessários para 100 g = 0,125 mol × 3 = 0,375 mol de gás hidrogênio. Convertendo em gramas de hidrogênio, 0,375 × 2 g/mol = 0,750 g de gás hidrogênio.

21.77 Esse lipídeo é uma ceramida, um tipo de esfingolipídeo.

21.79 Algumas proteínas associadas a membranas associam-se exclusivamente com um dos lados da membrana, e não com o outro.

21.81 As afirmações (c) e (d) são coerentes com o que se sabe sobre as membranas. A ligação covalente entre lipídeos e proteínas [afirmação (e)] não é comum. As proteínas "flutuam" nas duplas camadas de lipídeos, e não entre elas [afirmação (a)]. Moléculas maiores tendem a ser encontradas na camada lipídica externa [afirmação (b)].

21.83 A afirmação (c) está correta. A difusão transversal raramente é observada [afirmação (b)]. As proteínas estão ligadas aos lados interno e externo da membrana [afirmação (a)].

21.85 Tanto os lipídeos quanto os carboidratos contêm carbono, hidrogênio e oxigênio. Os carboidratos têm grupos aldeído e cetona, assim como alguns esteroides. Os carboidratos possuem vários grupos hidroxila, o que os lipídeos não têm em grande extensão. Lipídeos têm importantes componentes que são de natureza hidrocarbônica. Esses aspectos estruturais implicam que os carboidratos tendem a ser bem mais polares que os lipídeos.

21.87 Principalmente lipídeo: óleo de oliva e manteiga; principalmente carboidrato: algodão e algodão-doce.

21.89 As quantidades são o ponto principal aqui. Grandes quantidades de açúcar podem fornecer energia. A queima de gordura causada pela presença de taurina desempenha um papel relativamente secundário em razão da pequena quantidade.

21.91 As outras extremidades das moléculas envolvidas nas ligações de ésteres em lipídeos, tais como os ácidos graxos, tendem a não formar longas cadeias de ligações com outras moléculas.

21.93 As moléculas maiores tendem a ser encontradas no exterior da célula porque a curvatura da membrana celular lhes proporciona mais espaço.

21.95 As cargas tendem a se agrupar nas superfícies da membrana. Cargas positivas e negativas se atraem. Duas cargas positivas ou duas negativas se repelem, portanto cargas diferentes não apresentam essa repulsão.

Capítulo 22 Proteínas

22.1

Valina (Val)   Fenilalanina (Phe)

Valilfenilalanina (Val-Phe)

22.3 (a) armazenamento (b) movimento

22.5 Proteção.

22.7 A tirosina tem um grupo hidroxila adicional na cadeia lateral da fenila.

22.9 Arginina.

22.11

Pirrolidinas (aminas alifáticas heterocíclicas)

22.13 Elas fornecem a maior parte dos aminoácidos necessários ao nosso organismo.

22.15 Essas estruturas são semelhantes, exceto que um dos hidrogênios na cadeia lateral da alanina foi substituído por um grupo fenila na fenilalanina.

22.17 Aminoácidos são zwitteríons, portanto todos têm cargas positivas e negativas. Essas moléculas se atraem fortemente e, por isso, são sólidas em baixas temperaturas.

22.19 Todos os aminoácidos possuem um grupo carboxila com pK_a em torno de 2 e um grupo amino com pK_a entre 8 e 10. Um grupo é significativamente mais ácido, e o outro, mais básico. Para haver um aminoácido não ionizado, o hidrogênio deverá estar no grupo carboxila, e o grupo amino, ausente. No caso de o grupo carboxila ser o ácido mais forte, isso nunca acontecerá.

22.21

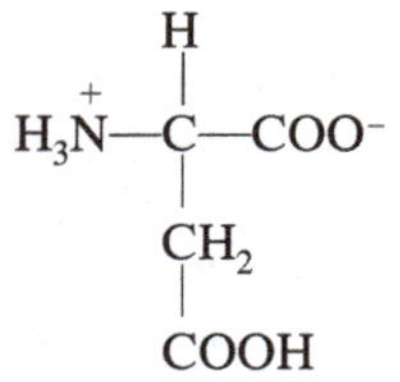

$$H_3\overset{+}{N}-\underset{\underset{COOH}{CH_2}}{\overset{H}{C}}-COO^-$$

22.23

$$H_2N-\underset{\underset{\underset{NH_3^+}{(CH_2)_4}}{}}{\overset{H}{C}}-COO^-$$

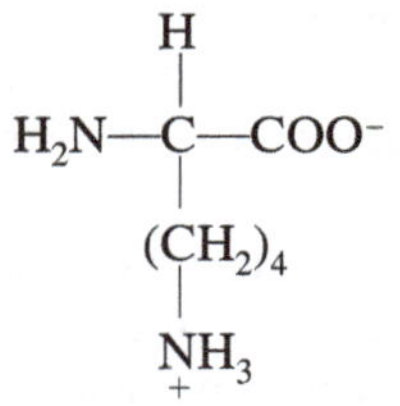

22.25 A cadeia lateral do imidazol.

22.27 A cadeia lateral da histidina é um imidazol com um nitrogênio que reversivelmente se liga a um hidrogênio. Quando dissociada, é neutra; quando associada, é positiva. Portanto, quimicamente, é uma base, mesmo tendo um pK_a na faixa ácida.

22.29 Histidina, arginina e lisina.

22.31 A serina pode ser obtida pela hidroxilação da alanina. A tirosina é obtida pela hidroxilação da fenilalanina.

22.33 A tiroxina é um hormônio que controla a velocidade geral do metabolismo. Tanto humanos quanto animais às vezes sofrem de baixos níveis de tiroxina, o que resulta em falta de energia e cansaço.

22.35

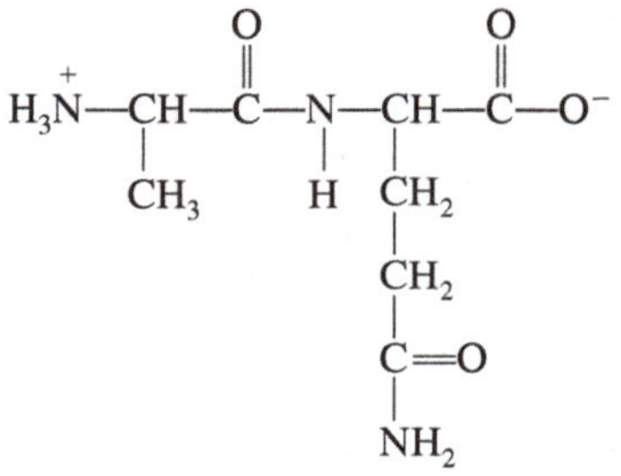

Alanilglutamina
(Ala-Gln)

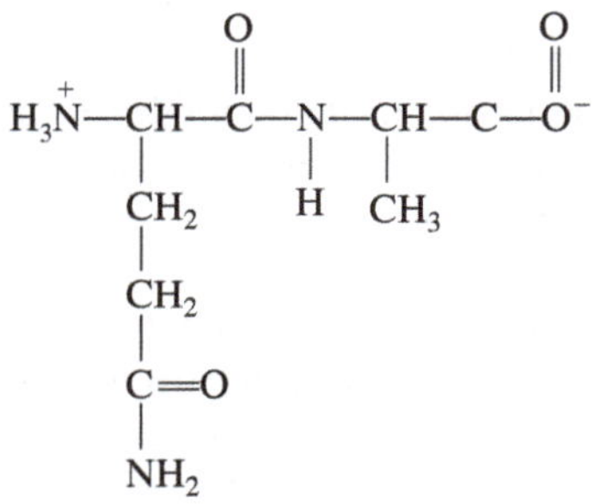

Glutaminilalanina
(Gln-Ala)

22.37

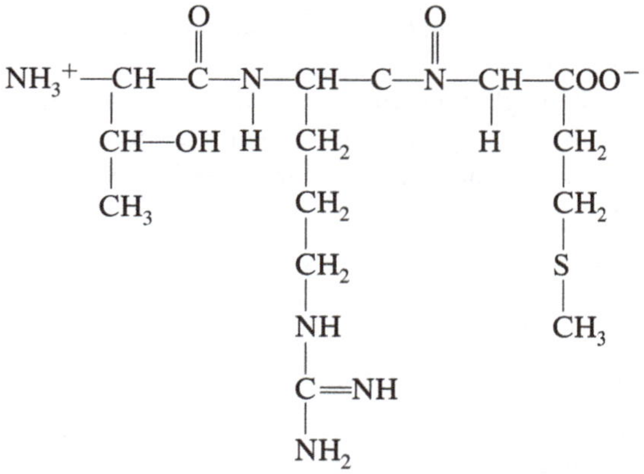

22.39 Somente a cadeia peptídica contém unidades polares.

22.41

(a) 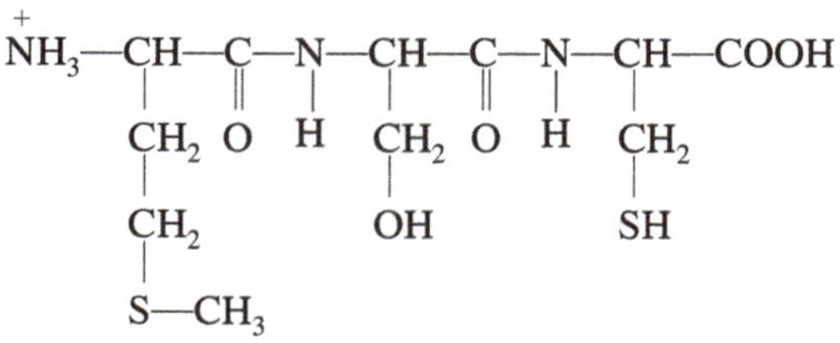 estrutura tripeptídica em pH 2

(b) A estrutura em pH 2 é mostrada acima. Em pH 7 seria assim:

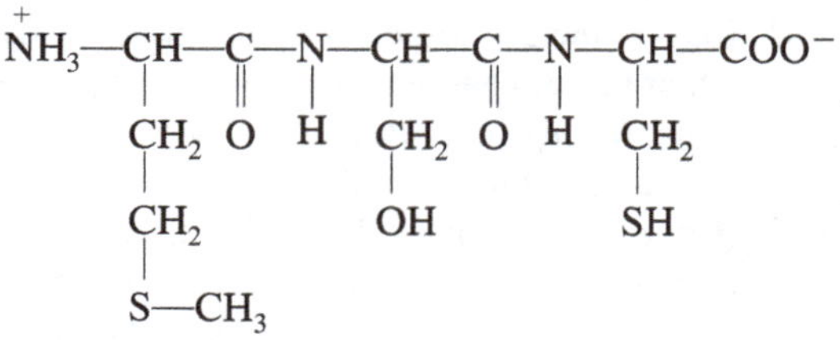

(c) Em pH 10:

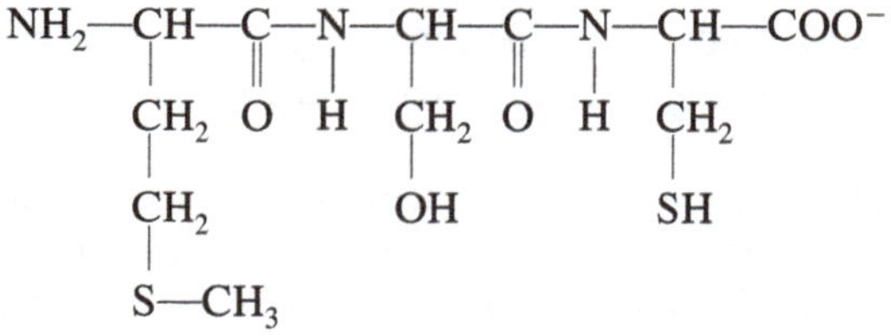

22.43 Uma carga efetiva positiva seria adquirida e ela se tornaria mais solúvel em água.

22.45 (a) 256 (b) 160.000

22.47 Valina ou isoleucina.

22.49 (a) secundária (b) quaternária
(c) quaternária (d) primária

22.51 Acima de pH 6,0, os grupos COOH são convertidos em grupos COO^-. As cargas negativas se repelem, rompendo a α-hélice compacta e convertendo-a numa espiral aleatória.

22.53 (1) extremidade C-terminal (2) extremidade N-terminal (3) folha pregueada (4) espiral aleatória (5) interação hidrofóbica (6) ponte de dissulfeto (7) α-hélice (8) ponte salina (9) ligações de hidrogênio

22.55 (a) A hemoglobina fetal tem menos pontes salinas entre as cadeias.
(b) A hemoglobina fetal tem maior afinidade pelo oxigênio.
(c) A hemoglobina fetal apresenta uma curva de saturação de oxigênio que está entre a mioglobina e a hemoglobina adulta, portanto o gráfico seria como a seguinte figura:

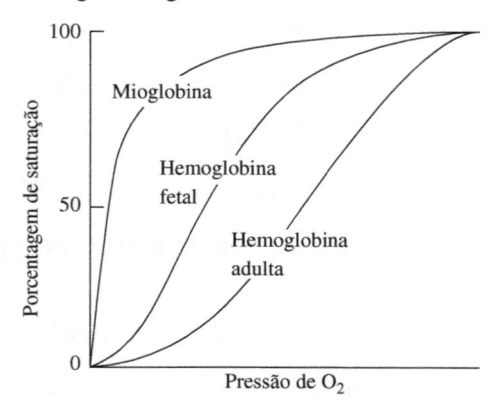

[Gráfico: Porcentagem de saturação vs Pressão de O_2, mostrando três curvas: Mioglobina, Hemoglobina fetal, Hemoglobina adulta]

22.57 A heme e a cadeia polipeptídica formam a estrutura quaternária do citocromo c. Esta é uma proteína conjugada.
22.59 As ligações de hidrogênio intramoleculares entre o grupo carbonila da cadeia peptídica e o grupo N—H.
22.61 Cisteína.
22.63 Íons de metais pesados como a prata desnaturam proteínas bacterianas reagindo com os grupos —SH da cisteína. As proteínas, desnaturadas pela formação de sais de prata, formam precipitados insolúveis.
22.65 (Conexões químicas 22A) Nutrasweet contém fenilalanina. As pessoas que sofrem da doença genética fenilcetonúria devem evitar a fenilalanina, já que não podem metabolizá-la, e seu acúmulo no organismo trará efeitos graves.
22.67 Sintomas como fome, sudorese e problemas de coordenação acompanham o diabetes quando ocorre hipoglicemia.
22.69 A forma anormal tem maior porcentagem de folha β pregueada quando comparada à forma normal.
22.71 O comportamento da mioglobina na ligação com oxigênio é hiperbólico, enquanto o da hemoglobina é sigmoidal.
22.73 As duas mais comuns são as doenças priônicas e o mal de Alzheimer.
22.75 Mesmo sendo viável, não é totalmente correto chamar de "desnaturação" o processo que converte uma α-queratina em β-queratina. Qualquer processo que transforma uma proteína de α em β requer pelo menos duas etapas: (1) conversão da forma α em espiral aleatória, e (2) conversão da espiral aleatória na forma β. O termo "desnaturação" descreve apenas a primeira parte do processo (1ª etapa). A segunda etapa seria chamada de "renaturação". O processo global é chamado de desnaturação seguida de renaturação. Supondo que o processo imaginário de fato ocorra, sem passar pela espiral aleatória, então o termo "desnaturação" não se aplica.

22.77 Uma estrutura quaternária, porque as subunidades formam ligações cruzadas.
22.79 (a) hidrofóbica   (b) ponte salina
(c) ligação de hidrogênio   (d) hidrofóbica
22.81 Glicina.
22.83 Uma carga positiva no grupo amino.
22.85 Os aminoácidos têm cadeias laterais que podem catalisar reações orgânicas. São polares ou às vezes apresentam carga, e a capacidade de estabelecer ligações de hidrogênio ou pontes salinas pode ajudar a catalisar a reação.
22.87 As proteínas podem ser desnaturadas quando a temperatura é apenas um pouco mais alta que um determinado valor ideal. Por essa razão, a saúde de um animal de sangue quente depende da temperatura corporal. Se a temperatura for muito alta, as proteínas poderão desnaturar-se e perder a funcionalidade.
22.89 Mesmo se conhecermos todos os genes de um organismo, nem todos eles codificam proteínas, nem todos são expressos o tempo todo.
22.91 Um suplemento dietético contendo colágeno poderá ajudar uma pessoa a perder peso, mas seria de pouca utilidade na reparação do tecido muscular, pois o colágeno não é uma boa fonte de proteína. Um terço de seus aminoácidos é glicina, e outro terço, prolina. Para ser eficaz, a reparação muscular requer proteína de alta qualidade.

Capítulo 23 Enzimas

23.1 Catalisador é qualquer substância que aumenta a velocidade de uma reação, não sendo por ela alterada. Enzima é um catalisador biológico que pode ser uma proteína ou uma molécula de RNA.
23.3 Sim. Lipases não são muito específicas.
23.5 Porque as enzimas são muito específicas e milhares de reações devem ser catalisadas num organismo.
23.7 Liases adicionam água numa ligação dupla ou removem água de uma molécula, gerando assim uma ligação dupla. Hidrolases usam água para uma ligação éster ou amida, gerando assim duas moléculas.
23.9 (a) isomerase   (b) hidrolase
(c) oxidorredutase   (d) liase
23.11 O *cofator* é mais genérico e significa uma parte não proteica de uma enzima. Uma *coenzima* é um cofator orgânico.
23.13 Na inibição reversível, o inibidor pode ligar-se e depois ser liberado. Na inibição não competitiva, uma vez ligado o inibidor, não ocorre catálise. Na inibição irreversível, uma vez ligado o inibidor, a enzima fica inoperante, já que o inibidor não poderia ser removido e não ocorreria catálise.
23.15 Não. Em altas concentrações do substrato, a superfície da enzima está saturada. Dobrar a concentração do substrato produzirá apenas um pequeno aumento na velocidade da reação, ou mesmo nenhum aumento.
23.17 (a) Menos ativa em temperatura normal do corpo.
(b) A atividade diminui.

23.19

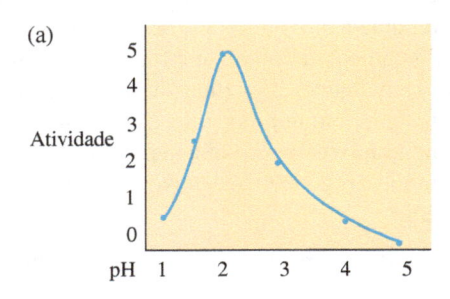

(a) [Gráfico de Atividade vs pH: eixo y (Atividade) de 0 a 5, eixo x (pH) de 1 a 5, com pico em pH 2 com atividade 5]

(b) 2
(c) Atividade zero.

23.21 O sítio ativo de uma enzima é muito específico para o tamanho e formato das moléculas do substrato. A ureia é uma molécula pequena e o sítio ativo da urease é específico para ela. A dietilureia tem os dois grupos etila ligados. É improvável que a dietilureia se ajuste a um sítio ativo específico para a ureia.

23.23 Os resíduos de aminoácido mais encontrados em sítios ativos de enzimas são His, Cys, Asp, Arg e Glu.

23.25 A resposta correta é (c). Inicialmente a enzima não tem exatamente o formato certo para se ligar fortemente a um substrato, mas o formato do sítio ativo se altera para melhor acomodar a molécula do substrato.

23.27 Resíduos de aminoácidos, além daqueles encontrados em sítios ativos de enzimas, estão presentes para ajudar a formar um bolsão tridimensional onde se liga o substrato. Esses aminoácidos agem no sentido de tornar o tamanho, formato e ambiente (polar ou apolar) do sítio ativo apropriados para o substrato.

23.29 A cafeína é um regulador alostérico.

23.31 Não há diferença. São a mesma coisa.

23.33

[Estrutura química: resíduo de tirosina fosforilada — —NH—CH—C(=O)— com cadeia lateral —CH$_2$—C$_6$H$_4$—O—P(=O)(O$^-$)(O$^-$)]

23.35

Fosforilase b $\rightleftharpoons$ Fosforilase a
(quinase, 2ATP → ADP; fosfatase, 2P$_i$)

23.37 A glicogênio fosforilase é controlada por regulação alostérica e por fosforilação. Os controles alostéricos são muito rápidos, de modo que, quando diminui o nível de ATP, por exemplo, há uma resposta imediata à enzima, permitindo a produção de mais energia. A modificação covalente por fosforilação é ativada por respostas hormonais. São um pouco mais lentas, porém mais duradouras e mais eficazes.

23.39 Assim como acontece com a lactato desidrogenase, há cinco isozimas de PFK: M_4, M_3L, M_2L_2, ML_3 e L_4.

23.41 Duas enzimas que aumentam em concentração no soro após um ataque cardíaco são a creatina fosfoquinase e a aspartato aminotransferase. A creatina fosfoquinase atinge seu máximo antes da aspartato aminotransferase, e seria a melhor escolha nas primeiras 24 horas.

23.43 Os níveis séricos das enzimas AST e ALT são monitorados no diagnóstico de hepatite e ataque cardíaco. Os níveis séricos de AST aumentam após um ataque cardíaco, mas os níveis de ALT são normais. Na hepatite, os níveis de ambas as enzimas são elevados. O diagnóstico, até que se façam outros testes, indicaria que o paciente pode ter tido um ataque cardíaco.

23.45 Substâncias químicas presentes em vapores orgânicos são desintoxicados no fígado. A enzima fosfatase alcalina é monitorada para diagnosticar problemas hepáticos.

23.47 Não é possível administrar quimotripsina por via oral. O estômago a trataria como faz com todas as proteínas de nossa dieta: seria degradada, por hidrólise, em aminoácidos livres. Mesmo que moléculas inteiras e intactas da enzima estivessem presentes no estômago, o baixo pH na região não lhe permitiria nenhuma atividade, pois seu pH preferido é 7,8.

23.49 Um análogo de estado de transição é construído para mimetizar o estado de transição da reação. Não tem o mesmo formato do substrato ou do produto, mas é algo intermediário entre os dois. A potência desses análogos como inibidores dá credibilidade à teoria do ajuste induzido.

23.51 A succinilcolina tem uma estrutura química semelhante à da acetilcolina, portanto ambas podem ligar-se ao receptor de acetilcolina da placa terminal do músculo. A ligação de ambas as colinas provoca contração muscular. No entanto, a enzima acetilcolinesterase hidrolisa a succinilcolina muito mais lentamente. A contração muscular não ocorrerá enquanto a succinilcolina estiver presente agindo como relaxante.

23.53 As reações mais comuns das quinases estudadas neste livro são aquelas que envolvem o uso de ATP para fosforilar outra molécula, seja uma enzima ou um metabólito. Um exemplo seria a glicogênio fosforilase quinase. Essa enzima catalisa a seguinte reação, conforme descrito em "Conexões químicas 23E":

Fosforilase + ATP ⟶ Fosforilase-P + ADP

Outro exemplo é a hexoquinase da glicólise (Capítulo 28). A hexoquinase catalisa a seguinte reação:

Glicose + ATP ⟶ glicose 6-P + ADP

23.55 Muitas pessoas já sofreram traumas psicológicos que as atormentaram por vários anos ou mesmo a vida inteira. Se as memórias de longo prazo pudessem ser seletivamente bloqueadas, isso traria alívio a pacientes que sofrem com algo que aconteceu no passado.

23.57 Na enzima piruvato quinase, a =CH$_2$ do substrato fosfoenolpiruvato encontra-se num bolsão hidrofóbico formado pelos aminoácidos Ala, Gly e Thr. O grupo metila da cadeia lateral da Thr, e não o grupo hidroxila, encontra-se no bolsão. As interações hidrofóbicas atuam aqui para manter o substrato no sítio ativo.

23.59 Os pesquisadores tentavam inibir as fosfodiesterases porque o cGMP age no sentido de causar relaxamento nos vasos sanguíneos contraídos. Esperava-se que esse método ajudasse a tratar angina e pressão alta.

23.61 A fosforilase existe nas formas fosforilada e não fosforilada, sendo a primeira mais ativa. A fosforilase é também controlada alostericamente por vários compostos, incluindo AMP e glicose. Embora os dois ajam semi-independentemente, de certo modo estão relacionados. A forma fosforilada tende a assumir o estado R, que é mais ativo, e a forma não fosforilada tende a assumir o estado T, menos ativo.

23.63 No processamento da cocaína por enzimas esterease específicas, a molécula de cocaína passa por um estado intermediário. Criou-se uma molécula que mimetiza esse estado de transição. Esse análogo do estado de transição pode ser administrado a um animal hospedeiro, que então produz anticorpos do análogo. Quando esses anticorpos são administrados a uma pessoa, agem como uma enzima que degrada a cocaína.

23.65 A cocaína bloqueia a recaptação do neurotransmissor dopamina, causando uma superestimulação no sistema nervoso.

23.67 (a) Antes de serem enlatados, legumes como vagem, milho e tomate são aquecidos para eliminar microrganismos. O leite é preservado por um processo de aquecimento chamado pasteurização.
(b) Picles e chucrute são preservados por armazenamento em vinagre (ácido acético).

23.69 Os resíduos de aminoácidos (Lys e Arg) clivados pela tripsina têm cadeias laterais básicas, possuindo, portanto, cargas positivas em pH fisiológico.

23.71 Essa enzima funciona melhor num pH em torno de 7.

23.73 Uma hidrolase.

23.75 (a) A enzima chama-se etanol desidrogenase ou, de um modo mais geral, álcool desidrogenase. Também é conhecida como etanol oxidorredutase.
(b) Etil acetato esterease ou etil acetato hidrolase.

23.77 Isozimas ou isoenzimas.

23.79 Não, a direção tomada por uma reação é determinada por sua termodinâmica, incluindo a concentração de substratos e produtos. Numa via metabólica, a reação somente poderá seguir no sentido direto se houver uma enorme concentração dos substratos e a imediata remoção dos produtos. No entanto, uma enzima catalisaria a reação em ambas as direções se isso fosse termodinamicamente possível.

23.81 O atleta poderá beneficiar-se do efeito estimulante da cafeína, mas, numa corrida longa, ele também ficaria desidratado por causa do efeito diurético nos rins. Um dos fatores mais importantes nas provas de resistência é a hidratação, portanto qualquer substância que cause desidratação será prejudicial ao desempenho num evento de longa distância.

23.83 É provável que a estrutura do RNA torne-o mais capaz de adotar uma maior amplitude de estruturas terciárias, de modo que possa dobrar-se e formar moléculas globulares semelhantes a enzimas à base de proteína. O RNA também tem um oxigênio extra, que lhe proporciona um grupo reativo adicional para ser usado em catálise ou um grupo eletronegativo, útil em ligações de hidrogênio.

Capítulo 24 Comunicadores químicos: neurotransmissores e hormônios

24.1 A proteína-G é uma enzima que catalisa a hidrólise de GTP em GDP. A GTP, portanto, é um substrato.

24.3 Um mensageiro químico opera entre as células, e mensageiros secundários sinalizam dentro da célula, no citoplasma.

24.5 A concentração de Ca^{2+} nos neurônios controla o processo. Quando chega a $10^{-4}\ M$, as vesículas liberam os neurotransmissores na sinapse.

24.7 A glândula pituitária anterior.

29.9 Com a ligação da acetilcolina, a conformação das proteínas no receptor é alterada e a parte central do canal iônico se abre.

24.11 A toxina da naja causa paralisia, agindo como antagonista do sistema nervoso. Ela bloqueia o receptor e interrompe a comunicação entre o neurônio e a célula muscular. A toxina da botulina impede a liberação de acetilcolina das vesículas pré-sinápticas.

24.13 A taurina é um β-aminoácido, e seu grupo ácido é o —SO_2OH, e não —COOH.

24.15 O grupo amino no Gaba está na posição gama, e as proteínas contêm apenas alfa aminoácidos.

24.17 (a) Norepinefrina e histamina.
(b) Ativando um mensageiro secundário, cAMP, dentro da célula.
(c) Anfetaminas e histidina.

24.19 É fosforilada por uma molécula de ATP.

24.21 Produto da oxidação da dopamina, catalisada pela MAO:

24.23 (a) Anfetaminas aumentam e (b) a reserpina diminui a concentração do neurotransmissor adrenérgico.

24.25 O aldeído correspondente.

24.27 (a) A própria proteína transportadora de íons.
(b) Ele é fosforilado e muda o formato.
(c) Ativa a proteína quinase que faz a fosforilação da proteína transportadora de íons.

24.29 São pentapeptídeos.

24.31 A enzima é uma quinase. A reação é a fosforilação do 1,4-difosfato de inositol em 1,4,5-trifosfato de inositol:

$$P = -PO_3^{2-}$$

24.33 AMP cíclica.

24.35 A proteína quinase.

24.37 O glucagon inicia uma série de reações que finalmente ativa a proteína quinase. A proteína quinase fosforila duas enzimas fundamentais no fígado, ativando uma e inibindo a outra. A combinação desses efeitos faz baixar o nível da frutose 2,6-bisfosfato, um importante regulador do metabolismo de carboidratos. O 2,6-bisfosfato de frutose estimula a glicólise e inibe a gliconeogênese. Assim, quando diminui a quantidade do 2,6-bisfosfato de frutose, a gliconeogênese é estimulada, e a glicólise, inibida.

24.39 A insulina se liga a receptores de insulina no fígado e nas células musculares. O receptor é um exemplo de uma proteína chamada tirosina quinase. Um resíduo específico de tirosina torna-se fosforilado no receptor, ativando sua atividade como quinase. A proteína-alvo, chamada IRS, é então fosforilada pela tirosina quinase ativa. A IRS fosforilada age como o segundo mensageiro, causando a fosforilação de muitas enzimas-alvo na célula. O efeito é reduzir o nível de glicose no sangue, aumentando a velocidade de vias metabólicas que usam a glicose e diminuindo a velocidade de vias que formam a glicose.

24.41 A maioria dos receptores de hormônios esteroides está localizada no núcleo da célula.

24.43 No cérebro, hormônios esteroides podem agir como neurotransmissores.

24.45 A calmodulina, uma proteína que se liga ao íon cálcio, ativa a proteína quinase II, que catalisa a fosforilação de outras proteínas. Esse processo transmite o sinal do cálcio à célula.

24.47 Injeções locais da toxina impedem a liberação de acetilcolina nessa área.

24.49 Os emaranhados neurofibrilares encontrados em cérebros de pacientes portadores de Alzheimer são compostos de proteínas tau. Essas proteínas, que normalmente interagem com o citoesqueleto, crescem nesses emaranhados, alterando assim a estrutura normal da célula.

24.51 Fármacos que aumentam a concentração do neurotransmissor acetilcolina podem ser eficazes no tratamento do mal de Alzheimer. Os inibidores da acetilcolinesterase, como o Aricept, inibem a enzima que decompõe o neurotransmissor.

24.53 Na doença de Parkinson, há uma deficiência do neurotransmissor dopamina, mas uma pílula de dopamina não seria um tratamento eficaz. A dopamina não consegue atravessar a barreira hematoencefálica.

24.55 Fármacos como a Cogentina, que bloqueiam os receptores colinérgicos, geralmente são usados para tratar os sintomas da doença de Parkinson. Esses fármacos diminuem os movimentos espasmódicos e os tremores.

24.57 O óxido nítrico relaxa a musculatura lisa que envolve os vasos sanguíneos. Esse relaxamento faz aumentar o fluxo sanguíneo no cérebro, o que, por sua vez, causa dores de cabeça.

24.59 Os neurônios adjacentes àqueles danificados pelo derrame começam a liberar glutamato e NO, destruindo outras células na região.

24.61 O diabetes dependente de insulina (tipo 1) é causado pela produção insuficiente de insulina pelo pâncreas. A administração de insulina alivia os sintomas desse tipo de diabetes. O diabetes não dependente de insulina (tipo 2) é causado por uma deficiência de receptores de insulina ou pela presença de receptores de insulina inativos. Outras drogas são usadas para aliviar os sintomas.

24.63 Com o monitoramento da glicose nas lágrimas, o paciente não precisa tirar várias amostras de sangue todos os dias.

24.65 Alguns perigos possíveis incluem dilatação da próstata, aumento de anormalidades cromossômicas, câncer de mama e início precoce da puberdade.

24.67 A aldosterona se liga a um receptor específico no núcleo. O complexo de receptores da aldosterona funciona como um fator de transcrição que regula a expressão do gene. Como resultado, são produzidas proteínas para o metabolismo mineral.

24.69 Altas doses de acetilcolina ajudarão. O brometo de decametônio é um inibidor concorrente da acetilcolina esterase. O inibidor pode ser removido aumentando-se a concentração do substrato.

24.71 A alanina é um α-aminoácido em que o grupo amino está ligado ao mesmo carbono que o grupo carboxila. Na β-alanina, o grupo amino está ligado ao carbono adjacente àquele em que está ligado o grupo carboxila.

$$\underset{\text{Alanina} \atop (\text{um } \alpha\text{-aminoácido})}{CH_3-\overset{\alpha}{\underset{NH_3^+}{CH}}-COO^-} \qquad \underset{\beta\text{-alanina} \atop (\text{um } \beta\text{-aminoácido})}{\overset{\beta}{\underset{NH_3^+}{CH_2}}-CH_2-COO^-}$$

24.73 São estes os efeitos do NO na musculatura lisa: vasodilatação e aumento do fluxo sanguíneo; dores de cabeça causadas pela vasodilatação no cérebro; aumento do fluxo sanguíneo no pênis, resultando em ereções.

24.75 A acetilcolina esterase catalisa a hidrólise do neurotransmissor acetilcolina, produzindo acetato e colina. A acetilcolina transferase catalisa a síntese da acetilcolina a partir da acetila-CoA e da colina.

24.77 A reação apresentada a seguir é a hidrólise da GTP:

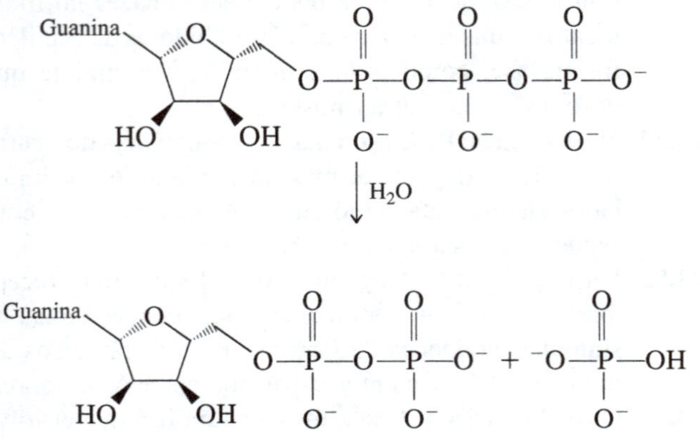

24.79 A ritalina aumenta os níveis de serotonina. A serotonina tem um efeito calmante sobre o cérebro. Uma das vantagens dessa droga é que não aumenta os níveis do estimulante dopamina.

24.81 Proteínas são capazes de interações específicas em sítios de reconhecimento. Essa capacidade é útil na seletividade dos receptores.

24.83 Mensageiros adrenérgicos, como a dopamina, são derivados de aminoácidos. Por exemplo, existe uma via bioquímica que produz dopamina a partir do aminoácido tirosina.

24.85 A insulina é uma pequena proteína. Se for ingerida por via oral, será digerida como outra proteína qualquer e não será aproveitada como uma proteína inteira.

24.87 Hormônios esteroides afetam diretamente a síntese de ácido nucleico.

24.89 Os mensageiros químicos variam em seu tempo de resposta. Aqueles que operam em distâncias curtas, como os neurotransmissores, apresentam tempos de resposta curtos. Seu modo de ação consiste frequentemente em abrir ou fechar canais numa membrana ou ligar-se a um receptor, por sua vez, ligado à membrana. Hormônios devem ser transmitidos pela corrente sanguínea, o que requer um tempo maior para que ocorra o seu efeito. Alguns hormônios podem afetar, e de fato afetam, a síntese de proteínas, o que torna o tempo de resposta ainda mais longo.

24.91 Ter duas enzimas diferentes para a síntese, além da decomposição da acetilcolina, significa que as velocidades de formação e decomposição podem ser controladas independentemente.

Capítulo 25 Nucleotídeos, ácidos nucleicos e hereditariedade

25.1

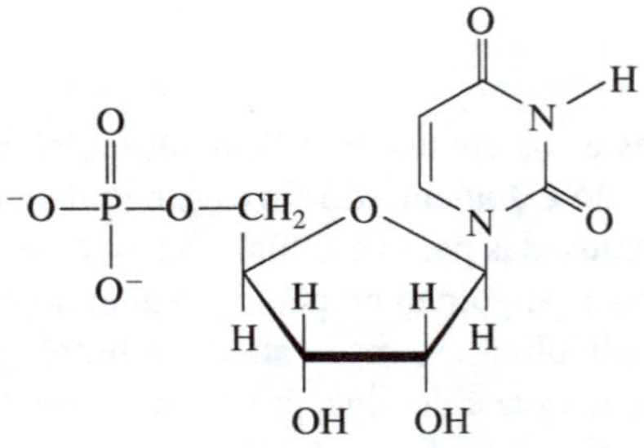

25.3 Hemofilia, anemia falciforme etc.

25.5 (a) Em células eucarióticas, o DNA está localizada no núcleo da célula e nas mitocôndrias.
(b) O RNA é sintetizado a partir do DNA do núcleo, mas sua utilização na síntese de proteínas ocorre nos ribossomos, no citoplasma.

25.7 O DNA tem o açúcar desoxirribose, enquanto o RNA tem o açúcar ribose. O RNA tem uracila; o DNA, timina.

25.9 A timina e a uracila têm como base o anel da pirimidina. A timina, porém, tem um substituinte metila no carbono 5, enquanto a uracila tem um hidrogênio. Todos os outros substituintes do anel são iguais.

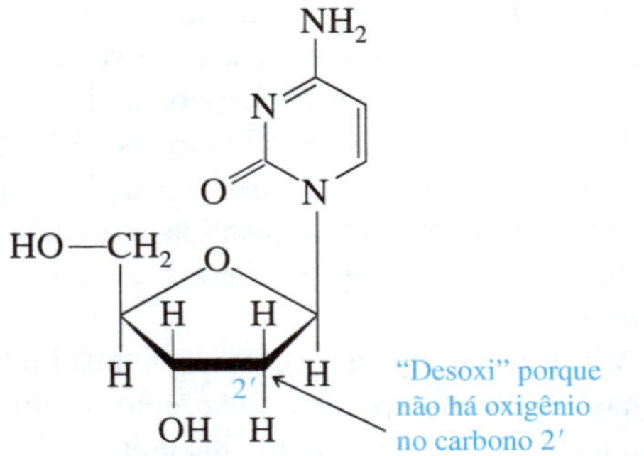

25.11

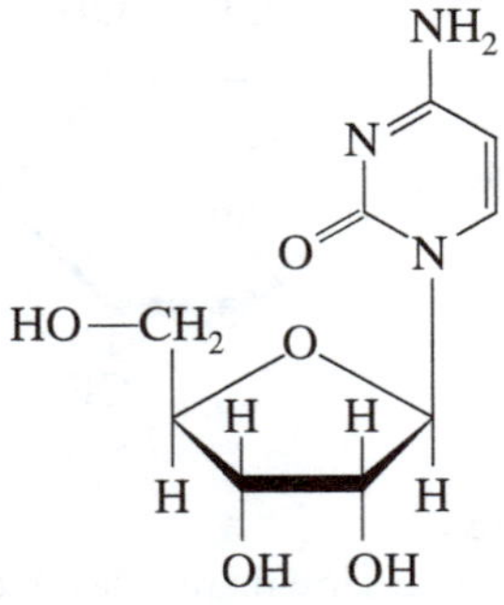

25.13 A D-ribose e a 2-desoxi-D-ribose têm a mesma estrutura, exceto no carbono 2. A D-ribose tem um grupo hidroxila e um hidrogênio no carbono 2, enquanto a desoxirribose tem dois hidrogênios.

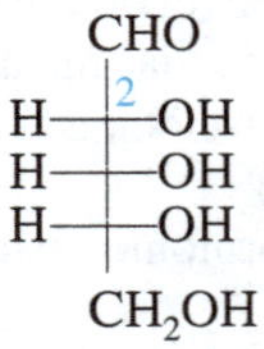

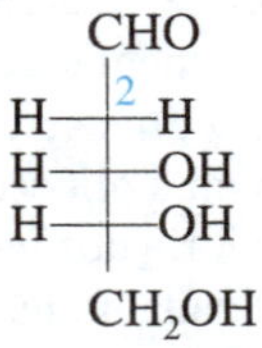

25.15 O nome "ácido nucleico" deriva do fato de que os nucleosídeos estão ligados por grupos fosfato, que são a forma dissociada do ácido fosfórico.

25.17 Ligações de anidrido.

25.19 No RNA, os carbonos 3' e 5' da ribose estão unidos aos fosfatos por ligações éster. O carbono 1 está associado à base nitrogenada por uma ligação N-glicosídica.

25.21 (a) [estrutura: difosfato de uridina ligado a ribose com base uracila]

(b) [estrutura: monofosfato de adenosina — adenina ligada a ribose com grupo fosfato]

25.23 (a) Uma das extremidades terá um grupo livre fosfato ou hidroxila 5' que não faz parte da ligação fosfodiéster. Essa extremidade é chamada de extremidade 5'. A outra extremidade, a 3', terá um grupo livre fosfato ou hidroxila 3'.
(b) Por convenção, a extremidade desenhada à esquerda é a extremidade 5'. A é a extremidade 5', e C, a extremidade 3'.
(c) A fita complementar seria GTATTGCCAT escrito de 5' a 3'.

25.25 Duas.
25.27 Interações eletrostáticas.
25.29 A superestrutura dos cromossomos consiste em muitos elementos. O DNA e as histonas combinam-se para formar nucleossomos enrolados em fibras de cromatina. Essas fibras formam ainda alças e minibandas, compondo a superestrutura do cromossomo.
25.31 A dupla hélice.
25.33 O DNA é enrolado em torno das histonas, coletivamente formando nucleossomos que, por sua vez, se enrolam em solenoides, alças e bandas.
25.35 rRNA.
25.37 mRNA.
25.39 As ribozimas, ou formas catalíticas de RNA, estão envolvidas em reações de *splicing* pós-transcricionais, que clivam moléculas maiores de RNA em formas menores mais ativas. As moléculas de tRNA, por exemplo, são formadas dessa maneira.
25.41 Um pequeno RNA nuclear está envolvido em reações de *splicing* de outras moléculas de RNA.
25.43 Micro RNAs têm 22 bases e impedem a transcrição de certos genes. Pequenos RNAs interferentes variam de 22 a 30 bases e estão envolvidos na degradação de moléculas específicas de mRNA.

25.45 Imediatamente após a transcrição, o RNA mensageiro contém tanto íntrons quanto éxons. Os íntrons são clivados pela ação de ribozimas que catalisam reações de *splicing* no mRNA.
25.47 Não.
25.49 A especificidade entre os pares de bases, A-T e G-C
25.51 [modelo molecular do par AT — Timina e Adenina]

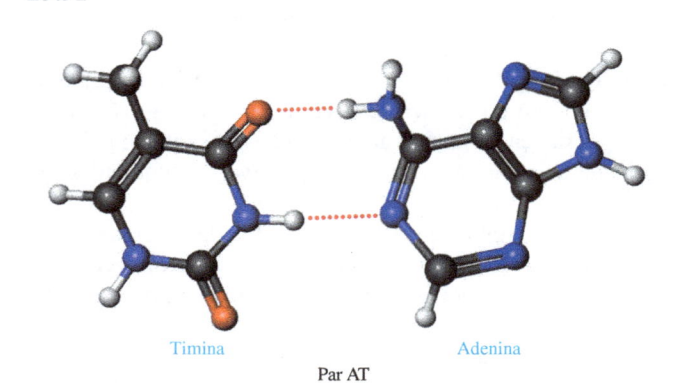

Par AT

25.53 Quatro.
25.55 Na replicação semiconservativa do DNA, a nova hélice filha é composta de uma fita da molécula original (ou molécula-mãe) e uma fita nova.
25.57

$$\text{Histona}-(CH_2)_4-NH_3^+ + CH_3-COO^- \underset{\text{desacetilação}}{\overset{\text{acetilação}}{\rightleftharpoons}}$$

$$\text{Histona}-(CH_2)_4-NH-\overset{\overset{O}{\|}}{C}-CH_3$$

25.59 Helicases são enzimas que rompem as ligações de hidrogênio entre os pares de bases na dupla hélice do DNA, ajudando assim no desenrolamento da hélice. Isso prepara o DNA para o processo de replicação.
25.61 Pirofosfato.
25.63 A fita condutora ou fita contínua é sintetizada na direção que vai de 5' a 3'.
25.65 DNA ligase.
25.67 Na direção que vai de 5' a 3'.
25.69 Uma das enzimas envolvidas na via de reparo por excisão de base (*base excision repair* – BER) é uma endonuclease que catalisa a clivagem hidrolítica da sequência de fosfodiéster. A enzima hidrolisa no lado 5' do sítio AP.
25.71 Uma ligação β-N-glicosídica entre a base danificada e a desoxirribose.
25.73 Indivíduos portadores da doença hereditária XP não têm uma enzima envolvida na via NER e não são capazes de fazer reparos no DNA danificado por luz UV.
25.75 5'ATGGCAGTAGGC3'.
25.77 A droga anticancerígena fluoruracila inibe a síntese de timidina, rompendo assim a replicação.
25.79 A DNA polimerase, enzima que possibilita as ligações fosfodiéster no DNA, não funciona na extremidade do DNA linear. Isso resulta no encurtamento dos telômeros em cada replicação. O encurtamento do telômero

age como um cronômetro para a célula, permitindo que ela controle o número de divisões.

25.81 Como o genoma é circular, mesmo se os iniciadores (primers) 5' forem removidos, sempre haverá DNA mais adiante que poderá agir como um iniciador para uso da DNA polimerase enquanto ela sintetiza DNA.

25.83 É feita uma impressão digital (*fingerprint*) do DNA da criança, da mãe e dos supostos pais para eliminar possíveis paternidades.

25.85 Uma vez feita a impressão digital do DNA, cada banda no DNA da criança deve vir de um dos pais. Assim, se a criança tem uma banda e a mãe não, então o pai deve ter a banda. Dessa maneira, possíveis paternidades são eliminadas.

25.87 Um exemplo é que uma companhia de seguros de vida poderia elevar as taxas ou recusar-se a lhe oferecer o seguro se seu perfil genético tivesse indicadores negativos. A mesma coisa aconteceria com um seguro de saúde. As companhias poderiam começar a selecionar pessoas com certos traços positivos, discriminando as demais. Essa informação poderia levar a novas formas de discriminação.

25.89 Ele desintoxica drogas e outras substâncias químicas adicionando a elas um grupo hidroxila.

25.91 Um bolsão tridimensional de ribonucleotídeos onde as moléculas do substrato são ligadas por reação catalítica. Grupos funcionais para catálise incluem a sequência de fosfato, grupos hidroxilas da ribose e as bases nitrogenadas.

25.93 (a) A estrutura da base nitrogenada uracila é mostrada na Figura 25.1. Ela é um componente do RNA. (b) A uracila com uma ribose ligada por uma ligação N-glicosídica é chamada de uridina.

25.95 DNA nativo.

25.97 % mol A = 29,3; % mol T = 29,3; % mol G = 20,7; % mol C = 20,7.

25.99 A síntese do RNA vai de 5' a 3'.

25.101 A replicação do DNA requer um iniciador, que é o RNA. Como a síntese do RNA não requer um iniciador, faz sentido que o RNA tenha precedido o DNA como material genético. Isso, somado ao fato de o RNA ser capaz de catalisar reações, significa que o RNA pode ser tanto uma enzima quanto uma molécula hereditária.

25.103 O par de bases guanina-citosina tem três ligações de hidrogênio, enquanto o par de bases adenina-timina tem apenas duas. Portanto, é preciso mais energia para separar fitas de DNA com pares de bases G—C, já que é necessário fornecer mais energia para romper suas três ligações de hidrogênio.

25.105 O DNA é o modelo para todos os componentes de um organismo. É importante que tenha mecanismos de reparação, porque, se houver erros, todos os seus produtos sempre estarão errados. Se um DNA correto resultar num RNA incorreto por força de alguma mutação, então os produtos do RNA poderão estar errados. O RNA, porém, tem vida curta e, na próxima vez que for produzido, estará correto. Uma boa analogia é o livro de receitas. As palavras nas páginas são o DNA. Como você as lê, é o RNA. Se você não ler corretamente as palavras, a receita poderá dar errado uma vez. Se, no entanto, a impressão do livro estiver errada, a receita sempre dará errado.

Capítulo 26 Expressão gênica e síntese de proteínas

26.1 Primeiro, proteínas de ligação devem tornar menos condensada e mais acessível a porção do cromossomo onde está o gene. Segundo, a enzima helicase deve desenrolar a dupla hélice próxima ao gene. Terceiro, a polimerase deve reconhecer o sinal de iniciação no gene.

26.2 (a) CAU e CAC   (b) GUA e GUG

26.3 valina + ATP + $tRNA_{Val}$

26.4 —CCT CGATTG—
—GGAGC TAAC—

26.5 (c); a expressão gênica refere-se a ambos os processos – transcrição e tradução.

26.7 A tradução da proteína ocorre nos ribossomos.

26.9 Helicases são enzimas que catalisam o desenrolamento da dupla hélice de DNA antes da transcrição. As helicases rompem as ligações de hidrogênio entre os pares de bases.

26.11 A sinalização de término ocorre na extremidade 5' da fita molde que está sendo transcrita. Pode-se dizer também que ocorre na extremidade 3' da fita de codificação.

26.13 O grupo metila localiza-se no nitrogênio 7 da guanina.

26.15 No RNA mensageiro.

26.17 As subunidades ribossômicas principais são a 60S e 40S, que podem ser dissociadas em subunidades ainda menores.

26.19 326.

26.21 Leucina, arginina e serina têm mais, com seis códons. Metionina e triptofano têm menos, um para cada.

26.23 O aminoácido para a tradução da proteína está vinculado, através de uma ligação éster, à extremidade 3' do tRNA. A energia para produzir a ligação éster vem da quebra de duas ligações bastante energéticas do fosfato anidro da ATP (produzindo AMP e dois fosfatos).

26.25 (a) A subunidade 40S em eucariotos forma o complexo de pré-iniciação como mRNA e o Met-tRNA, que se tornará o primeiro aminoácido na proteína. (b) A subunidade 60S liga-se ao complexo de pré-iniciação e introduz o próximo aminoacil-tRNA. A subunidade 60S contém a enzima peptidil transferase.

26.27 Fatores de elongação são proteínas que participam do processo de ligação do tRNA e do movimento do ribossomo no mRNA durante o processo de elongação, na tradução.

26.29 Uma molécula especial de tRNA é usada para iniciar a síntese de proteínas. Nos procariotos, é o $tRNA^{fmet}$, que carregará uma formil-metionina. Nos eucariotos, há uma molécula semelhante, mas que carrega metionina. No entanto, esse tRNA que carrega metionina para a iniciação de síntese é diferente do tRNA que carrega metionina para posições internas.

26.31 Não há aminoácidos nas proximidades do ataque nucleofílico que leva à formação da ligação peptídica. Sendo assim, o ribossomo deve estar usando sua porção RNA para catalisar a reação, portanto é um tipo de enzima chamada ribozima.

26.33 As partes do DNA envolvidas são promotores, amplificadores, silenciadores e elementos de resposta. Moléculas que se ligam ao DNA incluem RNA polimerase, fatores de transcrição e outras proteínas que podem ligar a RNA polimerase e um fator de transcrição.

26.35 O sítio ativo das aminoacil-tRNA sintases (AARS) contém porções discriminantes para assegurar que cada aminoácido esteja ligado ao seu tRNA correto. As duas etapas de peneiramento (exclusão) funcionam com base no tamanho do aminoácido.

26.37 Ambas são sequências de DNA que se ligam a fatores de transcrição. A diferença deve-se, em grande parte, ao nosso próprio entendimento do quadro geral. Um elemento de resposta controla um conjunto de respostas num determinado contexto metabólico. Por exemplo, um elemento de resposta pode ativar vários genes quando o organismo é desafiado metabolicamente por metais pesados, calor ou redução na pressão de oxigênio.

26.39 Os proteossomos desempenham um papel na degradação pós-tradução de proteínas danificadas. Proteínas danificadas pela idade ou que se dobraram de forma incorreta são degradadas pelos proteossomos.

26.41 (a) Mutação silenciosa: suponha que a sequência de DNA seja TAT na fita de codificação, que resultará em UAU no mRNA. A tirosina é incorporada à proteína. Agora suponha uma mutação no DNA para TAC. Isso resultará em UAC no mRNA. Novamente, o aminoácido será a tirosina. (b) Mutação letal: a sequência original de DNA é GAA na fita codificação, que transcreve em GAA no mRNA. Isso codificará o aminoácido ácido glutâmico. A mutação TAA resultará em UAA, um sinal de terminação que não incorpora nenhum aminoácido.

26.43 Sim, uma mutação nociva pode ser transmitida, como gene recessivo, de geração para geração, sem que nenhum indivíduo demonstre sintomas da doença. Somente quando ambos os pais carregarem genes recessivos, a prole terá 25% de chance de herdar a doença.

26.45 Endonucleases de restrição são enzimas que reconhecem sequências específicas no DNA e catalisam a hidrólise das ligações fosfodiéster nessa região, clivando assim ambas as fitas do DNA.

26.47 A mutação por seleção natural é um processo extremamente longo e lento que vem ocorrendo há séculos. Cada alteração natural no gene foi ecologicamente testada e geralmente apresenta um efeito positivo ou o organismo não é viável. A engenharia genética, que opera mutações muito rápidas no DNA, não proporciona tempo suficiente para que possamos observar todas as possíveis consequências biológicas e ecológicas da alteração.

26.49 A descoberta de enzimas de restrição permitiu que os cientistas cortassem o DNA em locais específicos e ligasse diferentes pedaços dessa molécula. Isso resultou na capacidade de clonar DNA estranho num hospedeiro, podendo assim tanto ampliar o DNA como expressá-lo. Sem enzimas de restrição, os cientistas não poderiam expressar, por exemplo, uma proteína humana numa célula de bactéria ou criar o gene terapêutico usado em terapia gênica.

26.51 A capa viral é uma proteína protetora que encobre uma partícula viral. Todos os componentes necessários para fazer a capa – por exemplo, aminoácidos e lipídeos – vêm do hospedeiro.

26.53 Sítio invariante é um segmento da proteína que apresenta o mesmo aminoácido em todas as espécies estudadas. Estudos sobre sítios invariantes ajudam a estabelecer vínculos genéticos e relações evolutivas.

26.55 Mutação silenciosa é uma alteração no DNA que não resulta em mudança no produto do DNA. Isso pode acontecer quando há uma mudança de base, mas, por causa da redundância do código genético, a alteração não muda o aminoácido codificado.

26.57 Uma mutação silenciosa pode requerer uma molécula diferente de tRNA, ainda que o mesmo aminoácido venha a ser incorporado. O movimento do ribossomo durante a tradução poderá ser diferente, dependendo do tRNA utilizado, o que potencialmente leva a diferentes padrões de dobramento na proteína produzida.

26.59 A proteína p53 é um supressor de tumores. Quando seu gene sofre mutação, a proteína não mais controla a replicação e a célula começa a crescer num ritmo acelerado.

26.61 A proteína de Duffy é encontrada na superfície das células vermelhas do sangue. Ela age como uma proteína de acoplamento para a malária, portanto mutações que levam à perda dessa proteína tornam a pessoa resistente à malária.

26.63 Vários tipos de mutação afetam a produção da proteína Y. Uma mutação do gene Y poderia alterar a sequência da proteína, como acontece na Duffy e na anemia falciforme. Essas mudanças podem ser irrelevantes ou resultar na total perda de função da proteína. Outra mutação no gene X poderia ser uma mutação silenciosa, mas, como vimos em "Conexão química 26D", mesmo uma mutação silenciosa poder resultar numa proteína alterada. Outra possibilidade é que a mutação afete não o gene X diretamente, mas o promotor desse gene. Se a região do promotor sofrer mutação, menos moléculas de RNA polimerase poderão ligar-se e a proteína terá sua expressão reduzida. Mutações também podem afetar regiões do reforçador ou do silenciador, alterando o nível de expressão da proteína Y.

26.65 (a) Transcrição: as unidades incluem o DNA que está sendo transcrito, RNA polimerases e vários fatores de transcrição.
(b) Tradução: mRNA, subunidades ribossômicas, aminoacil-tRNA, fatores de iniciação, fatores de elongação.

26.67 Doenças hereditárias não podem ser evitadas, mas o aconselhamento genético pode ajudar as pessoas a entender os riscos envolvidos na transmissão à prole de um gene que sofreu mutação.

26.69 (a) Plasmídeo: um pedaço de DNA, pequeno, fechado e circular, encontrado em bactérias. É replicado num processo independente do cromossomo bacteriano. (b) Gene: um segmento de DNA cromossômico que codifica uma proteína específica ou RNA.

26.71 Cada um dos aminoácidos tem quatro códons. Todos os códons começam com G. A segunda base é diferente para cada aminoácido. A terceira base pode ser qualquer uma das quatro bases possíveis. O fator de distinção para cada aminoácido é a segunda base.

26.73 O hexapeptídeo é Ala-Glu-Val-Glu-Val-Trp.

Capítulo 27 Bioenergética: como o corpo converte alimento em energia

27.1 ATP.
27.3 (a) 2   (b) a membrana externa
27.5 Cristas são membranas dobradas que têm origem membrana interna. Estão conectadas à membrana interna por canais tubulares.
27.7 Há duas ligações de fosfato anidro:

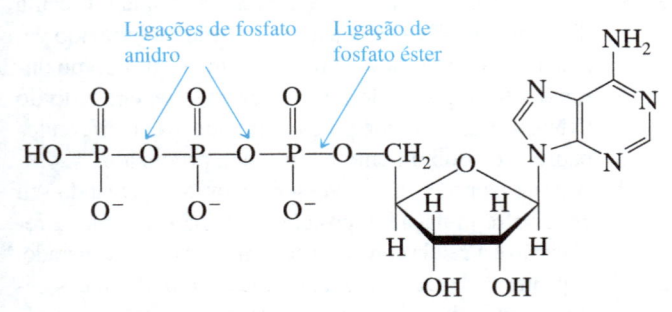

27.9 Nenhuma das duas; ambas geram a mesma energia.
27.11 É uma ligação de fosfato éster.
27.13 Os dois átomos de nitrogênio que fazem parte das ligações C=N são reduzidos e formam $FADH_2$.
27.15 (a) ATP   (b) NAD^+ e FAD   (c) grupos acetila
27.17 Uma ligação amida é formada entre a porção amina da mercaptoetanolamina e o grupo carboxila do ácido pantotênico (ver Figura 27.7).
27.19 Não. A porção ácido pantotênico não é a parte ativa. Esta é o grupo —SH na extremidade da molécula.
27.21 Tanto gorduras quanto carboidratos são degradados a acetil coenzima A.
27.23 α-cetoglutarato.
27.25 O succinato é oxidado pela FAD, e o produto da oxidação é o fumarato.
27.27 A fumarase é uma liase (ela adiciona água a uma dupla ligação).
27.29 Não, mas a GTP é produzida na etapa 5.
27.31 Permite que a energia seja liberada em pequenos pacotes.
27.33 As ligações duplas carbono-carbono ocorrem no cis-aconitato e no fumarato.
27.35 O α-cetoglutarato transfere seus elétrons ao NAD^+, que se torna $NADH + H^+$.
27.37 Carreadores móveis de elétrons da cadeia de transporte de elétrons: citocromo c e CoQ.
27.39 Quando o H^+ atravessa o canal iônico, as proteínas do canal sofrem rotação. A energia cinética desse movimento rotatório é convertida e armazenada como energia química na ATP.
27.41 Esse processo ocorre nas membranas interiores da mitocôndria.
27.43 (a) 0,5   (b) 12
27.45 Íons voltam a entrar na matriz mitocondrial através da ATPase carreadora de prótons.
27.47 A porção F_1 da ATPase catalisa a conversão de ADP em ATP.
27.49 O peso molecular do acetato = 59 g/mol, portanto 1 g acetato = 1 ÷ 59 = 0,017 mol de acetato. Cada mol de acetato produz 12 mols de ATP [ver Problema 27.43(b)], portanto 0,017 mol × 12 = 0,204 mol de ATP. Isso é igual a 0,204 mol ATP × 7,3 kcal/mol = 1,5 kcal.
27.51 (a) Os músculos contraem por meio de filamentos espessos (miosina) e finos (actina) que deslizam entre si.
(b) A energia vem da hidrólise da ATP.
27.53 A ATP transfere um grupo fosfato para o resíduo de serina no sítio ativo da glicogênio fosforilase, ativando assim a enzima.
27.55 Não. Seria nocivo a seres humanos porque não sintetizariam moléculas de ATP em quantidade suficiente.
27.57 Essa quantidade de energia (87,6 kcal) é obtida de 12 mol de ATP (87,6 kcal ÷ 7,3 kcal/mol ATP = 12 mol ATP). A oxidação de 1 mol de acetato produz 12 mol de ATP. O peso molecular de CH_3COOH é 60 g/mol, portanto a resposta é 60 g ou 1 mol de CH_3COOH.
27.59 A energia de movimento aparece primeiro no canal iônico, onde a passagem de H^+ provoca rotação nas proteínas que revestem o canal.
27.61 Ambos são hidroxiácidos.
27.63 A miosina, o filamento espesso do músculo, é uma enzima que age como uma ATPase.
27.65 O isocitrato tem dois estereocentros.
27.67 O canal iônico é a porção F_0 da ATPase e é formado por 12 subunidades.
27.69 Não, em grande parte, ela vem da energia química como resultado do rompimento de ligações na molécula de O_2.
27.71 Ela remove dois hidrogênios do succinato para produzir o fumarato.
27.73 O dióxido de carbono que exalamos é liberado pelas duas etapas de descarboxilação oxidativa no ciclo do ácido cítrico.
27.75 Por causa do papel central do ácido cítrico no metabolismo, ele pode ser considerado um bom nutriente.
27.77 O complexo II não gera energia suficiente para produzir ATP. Os outros sim.
27.79 O citrato isomeriza em isocitrato e converte álcool terciário em álcool secundário. Alcoóis terciários não podem ser oxidados, mas os secundários podem ser oxidados, produzindo um grupo cetônico.
27.81 O ferro é encontrado em agrupamentos de ferro-enxofre em proteínas e também faz parte do grupo heme dos citocromos.
27.83 Carreadores de elétrons móveis transferem elétrons de um complexo proteico grande e menos móvel para outro.
27.85 A ATP e os agentes redutores como NADH e $FADH_2$, que são gerados pelo ciclo do ácido cítrico, são necessários para as vias biossintéticas.
27.87 É provável que as vias biossintéticas apresentem reações de redução, pois seu efeito é reverter o catabolismo, que é oxidativo.

27.89 A ATP não é armazenada no organismo. Ela é hidrolisada para fornecer energia a muitos tipos diferentes de processos e, portanto, reverte rapidamente.

27.91 O ciclo do ácido cítrico gera NADH e FADH$_2$, estas duas moléculas têm uma conexão com o oxigênio pela cadeia de transporte de elétrons.

Capítulo 28 Vias catabólicas específicas: metabolismo de carboidratos, lipídeos e proteínas

28.1 De acordo com a Tabela 28.2, o rendimento de ATP a partir do ácido esteárico é de 146 ATP. Isso dá 146/18 = 8,1 ATP/átomo de carbono. Para o ácido láurico (C$_{12}$):

1ª etapa: Ativação	−2 ATP
2ª etapa: Desidrogenação cinco vezes	10 ATP
3ª etapa: Desidrogenação cinco vezes	15 ATP
Seis fragmentos de C$_2$ em via comum	<u>72 ATP</u>
Total	95 ATP

95/12 = 7,9 ATP por átomo de carbono para o ácido láurico. Assim, o ácido esteárico gera mais ATP/ átomo C.

28.3 Eles servem de blocos construtores para a síntese de proteínas.

28.5 Os dois fragmentos C$_3$ estão em equilíbrio. À medida que o gliceraldeído é consumido, o equilíbrio se desloca e converte o outro fragmento C$_3$ (fosfato de di-hidroxiacetona) em fosfato de gliceraldeído.

28.7 (a) Etapas 1 e 3 (b) Etapas 6 e 9

28.9 A inibição da ATP ocorre na etapa 9. Ela inibe a piruvato quinase por retroalimentação.

28.11 A NADPH é o composto em questão.

28.13 Cada molécula de glicose produz duas moléculas de lactato, portanto três mols de glicose geram seis mols de lactato.

28.15 De acordo com a Tabela 28.1, dois mols de ATP são produzidos diretamente no citoplasma.

28.17 Duas moléculas de ATP são produzidas em ambos os casos.

28.19 Enzimas que catalisam a fosforilação de substratos usando ATP são chamadas de quinases. Portanto, a enzima que transforma glicerol 1-fosfato é chamada de glicerol quinase.

28.21 (a) As duas enzimas são tioquinase e tiolase.
(b) "Tio" refere-se à presença de um grupo contendo enxofre, como o —SH.
(c) Ambas as enzimas inserem um CoA—SH num composto.

28.23 Toda vez que ocorre β-oxidação no ácido graxo, gera-se uma acetil-CoA, uma FADH$_2$ e uma NADH. Depois de três oxidações, CH$_3$(CH$_2$)$_4$CO—CoA permanece a partir do ácido láurico original; três acetil-CoA, três FADH$_2$ e três NADH + H$^+$ são produzidas.

28.25 Utilizando dados da Tabela 28.2, obtemos um valor de 112 mols de ATP para cada mol de ácido mirístico.

28.27 O organismo usa preferencialmente carboidratos como fonte energética.

28.29 (a) A transformação de acetoacetato em β-hidroxibutirato é uma reação de redução.
(b) A acetona é produzida por descarboxilação do acetoacetato.

28.31 Ele entra no ciclo do ácido cítrico.

28.33 Desaminação oxidativa da alanina em piruvato:

$$CH_3-CH(NH_3^+)-COO^- + NAD^+ + H_2O \longrightarrow CH_3-C(=O)-COO^- + NADH + H^+ + NH_4^+$$

28.35 Um dos nitrogênios vem do íon amônio através do intermediário fosfato de carbamoíla. O outro nitrogênio vem do aspartato.

28.37 (a) O produto tóxico é o íon amônio.
(b) O organismo se livra dele convertendo-o em ureia.

28.39 A tirosina é considerada um aminoácido glicogênico porque o piruvato pode ser convertido em glicose quando o organismo necessitar.

28.41 Ele é armazenado na ferritina e depois reutilizado.

28.43 Cãibras musculares ocorrem por causa da acumulação de ácido láctico.

28.45 O tampão bicarbonato/ácido carbônico contrapõe-se aos efeitos ácidos dos corpos cetônicos.

28.47 A reação é uma transaminação:

Fenilalanina + α-cetoglutarato → Fenilpiruvato + Glutamato

28.49 O preto e o azul devem-se à hemoglobina no sangue solidificado; o verde, à biliverdina; e o amarelo, à bilirrubina.

28.51 A produção de etanol em leveduras ocorre como resultado da glicólise, com um rendimento efetivo de duas moléculas de ATP para cada mol de glicose metabolizado.

28.53 A glicose pode ser convertida em ribose pela via do fosfato de pentose.

28.55 A etapa da glicólise em que o grupo fosfato é transferido de fosfoenolpiruvato (PEP) para ADP, produzindo ATP, indica que a energia do grupo fosfato no PEP é maior que na ATP.

28.57 O fosfato de carbamoíla tem um grupo amida e um grupo fosfato.

28.59 O piruvato pode ser convertido em oxaloacetato.

28.61 A Tabela 28.1 leva em conta o fato de que a glicose pode ser metabolizada ainda pelo ciclo do ácido cítrico, que produz NADH e FADH$_2$. Essas coenzimas transferem elétrons para o oxigênio, produzindo, nesse processo, a ATP.

28.63 O lactato desempenha um papel fundamental na regeneração do NAD$^+$.

28.65 Os aminoácidos podem ser metabolizados para gerar energia, mas geralmente isso só acontece em condições de inanição.

28.67 Catabolismo, oxidativo, gera energia; anabolismo, redutivo, consome energia.

28.69 Se procurarmos os dois processos nas equações químicas balanceadas, veremos que são exatamente opostos. Diferem porque a fotossíntese requer energia solar e ocorre somente em alguns organismos, como as plantas, enquanto o catabolismo aeróbico da glicose libera energia e ocorre em todo tipo de organismo.

28.71 Açúcares já são parcialmente oxidados, portanto sua via de oxidação completa avança ainda mais, produzindo menos energia.

28.73 As reações da glicólise ocorrem no citosol. Por causa de sua carga, os compostos que formam uma parte dessa via não estão tão propensos a atravessar a membrana celular para fora quanto estariam se não tivessem carga. As reações do ciclo do ácido cítrico ocorrem na mitocôndria, que tem uma dupla membrana. Os intermediários do ciclo do ácido cítrico tendem a ficar dentro da mitocôndria, mesmo se não tiverem carga.

28.75 A produção de ATP ocorre em conexão com a reoxidação da NADH e FADH$_2$ produzidas no ciclo do ácido cítrico.

Capítulo 29 Vias biossintéticas

29.1 Diferentes vias permitem flexibilidade e superam os equilíbrios desfavoráveis. Torna-se possível o controle separado de anabolismo e catabolismo.

29.3 A principal via biossintética do glicogênio não utiliza o fosfato inorgânico porque a presença de uma grande quantidade desse fosfato deslocaria a reação para o processo de degradação, de modo que não seria sintetizada uma quantidade substancial de glicogênio.

29.5 A fotossíntese é o inverso da respiração:

$$6CO_2 + 6H_2O \longrightarrow C_6H_{12}O_6 + 6O_2 \quad \text{Fotossíntese}$$
$$C_6H_{12}O_6 + 6O_2 \longrightarrow 6CO_2 + 6H_2O \quad \text{Respiração}$$

29.7 Um composto que pode ser usado para a gliconeogênese:
(a) da glicólise: piruvato
(b) do ciclo do ácido cítrico: oxaloacetato
(c) da oxidação de aminoácido: alanina

29.9 As necessidades de glicose para o cérebro são satisfeitas pela gliconeogênese, pois as outras vias metabolizam a glicose, e somente a gliconeogênse a produz.

29.11 A maltose é um dissacarídeo composto de duas unidades de glicose ligadas por uma ligação α-1,4-glicosídica.

UDP-glicose + glicose $\longrightarrow$ maltose + UDP

29.13 A UTP consiste em uracila, ribose e três fosfatos.

29.15 (a) A biossíntese dos ácidos graxos ocorre principalmente no citoplasma.
(b) Não, a degradação dos ácidos graxos ocorre na matriz mitocondrial.

29.17 Na biossíntese dos ácidos graxos, um composto de três carbonos, malonil ACP, é repetidamente adicionado à sintase.

29.19 O dióxido de carbono é liberado a partir do malonil ACP, resultando na adição de dois carbonos à cadeia em crescimento do ácido graxo.

29.21 É uma etapa de oxidação porque o substrato é oxidado com a concomitante remoção do hidrogênio. O agente oxidante é o O_2. A NADPH também é oxidada durante a etapa.

29.23 A NADPH é mais volumosa que a NADH por causa de seu grupo fosfato extra e também tem duas cargas negativas a mais.

29.25 Não, o organismo faz outros ácidos graxos insaturados, tais como os ácidos oleico e araquidônico.

29.27 Os componentes ativados necessários são esfingosina, acil-CoA e UDP-glicose.

29.29 Todos os carbonos do colesterol originam-se na acetil-CoA. Um fragmento C5 chamado pirofosfato de isopentenila é um importante intermediário na biossíntese dos esteroides.

$$\text{3 acetil-CoA} \longrightarrow \text{mevalonato}$$
$$C_2 \qquad\qquad C_6$$
$$\longrightarrow \text{pirofosfato de isopentenila} + CO_2$$
$$C_5$$

29.31 O aminoácido produzido será o ácido aspártico.

29.33 Os produtos da reação de transaminação mostrada são valina e α-cetoglutarato.

$$(CH_3)_2CH-\underset{\underset{\text{A forma cetônica da valina}}{}}{\overset{O}{\underset{\|}{C}}}-COO^- + {}^-OOC-CH_2-CH_2-\underset{\underset{\text{Glutamato}}{}}{\underset{NH_3^+}{\overset{|}{CH}}}-COO^- \longrightarrow$$

$$(CH_3)_2CH-\underset{\underset{\text{Valina}}{}}{\underset{NH_3^+}{\overset{|}{CH}}}-COO^- + {}^-OOC-CH_2-CH_2-\underset{\underset{\alpha\text{-cetoglutarato}}{}}{\overset{O}{\underset{\|}{C}}}-COO^-$$

29.35 A NADPH é o agente redutor no processo em que o dióxido de carbono é incorporado em carboidratos.

29.37 A acetil-CoA carboxilase (ACC) é uma enzima fundamental na biossíntese dos ácidos graxos. Ela existe em duas formas: no fígado e no tecido muscular. A enzima encontrada no músculo afeta a perda de peso e pode tornar-se um alvo para fármacos antiobesidade.

29.39 As ligações que conectam as bases nitrogenadas às unidades de ribose são as ligações N-glicosídicas, como aquelas encontradas nos nucleotídeos.

29.41 O aminoácido produzido por essa transaminação é a fenilalanina.

29.43 A estrutura da lecitina (fosfatidil colina) é mostrada na Seção 21.6. A síntese de uma molécula dessa natureza requer glicerol ativado, dois ácidos graxos ativados e colina ativada. Cada ativação exige uma molécula de ATP para um total de quatro moléculas de ATP.

29.45 O composto que reage com glutamato numa reação de transaminação para formar a serina é o 3-hidroxipiruvato. A reação inversa é mostrada a seguir:

$$\underset{\text{Serina}}{\begin{array}{c}COO^-\\|\\CH-NH_3^+\\|\\CH_2OH\end{array}} + \underset{\alpha\text{-cetoglutarato}}{\begin{array}{c}COO^-\\|\\C=O\\|\\CH_2\\|\\CH_2\\|\\COO^-\end{array}} \longrightarrow \underset{\text{3-hidroxipiruvato}}{\begin{array}{c}COO^-\\|\\C=O\\|\\CH_2OH\end{array}} + \underset{\text{Glutamato}}{\begin{array}{c}COO^-\\|\\CH-NH_3^+\\|\\CH_2\\|\\CH_2\\|\\COO^-\end{array}}$$

29.47 A HMG-CoA é hidroximetilglutaril-CoA. Sua estrutura é mostrada na seção 29.4. O carbono 1 é o grupo carbonila ligado ao grupo tio da CoA.

29.49 Heme é um anel porfirínico com ferro no centro. A clorofila é um anel porfirínico com magnésio no centro.

29.51 A biossíntese dos ácidos graxos ocorre no citoplasma, requer NADPH e utiliza malonil-CoA. O catabolismo dos ácidos graxos ocorre na matriz mitocondrial, produz NADH e $FADH_2$ e não precisa de malonil-CoA.

29.53 A fotossíntese necessita de muita energia luminosa do sol.

29.55 A falta de aminoácidos essenciais impediria a síntese da parte proteica. A gliconeogênese pode produzir açúcares mesmo sob condições de inanição.

29.57 A separação de vias catabólicas e anabólicas permite maior eficiência, especialmente no controle das vias.

29.59 Se ratos de laboratório forem alimentados com todos os aminoácidos, menos um dos essenciais, serão incapazes de sintetizar proteína. Administrar o aminoácido essencial depois não será útil, pois os outros aminoácidos já foram metabolizados.

Capítulo 30 Nutrição

30.1 Não, as necessidades nutricionais variam de pessoa para pessoa.

30.3 O benzoato de sódio não é catabolizado pelo organismo, portanto não atende à definição de nutriente – componentes do alimento que proporcionam crescimento, substituição e energia. O propionato de cálcio entra no metabolismo principal por conversão em succinil-CoA e no catabolismo pelo ciclo do ácido cítrico, e portanto é um nutriente.

30.5 As informações nutricionais encontrada em todos os alimentos deve apresentar a porcentagem de valores diários para quatro importantes nutrientes: vitaminas A e C, cálcio e ferro.

30.37 Quimicamente, a fibra é celulose, um polissacarídeo que não pode ser degradado pelos humanos. É importante para o funcionamento adequado dos processos dietéticos, especialmente no cólon.

30.9 A necessidade calórica basal é calculada supondo que o corpo esteja completamente em repouso.

30.11 1.833 cal.

30.13 Não. Na melhor das hipóteses, os diuréticos seriam uma solução temporária.

30.15 O produto seria fragmentos de oligossacarídeos de diferentes tamanhos muito menores que as moléculas originais de amilose.

30.17 Não. A maltose dietética, o dissacarídeo composto de unidades de glicose ligadas por uma ligação 1,4-glicosídica, é rapidamente hidrolisada no estômago e nos intestinos delgados. Quando chega à corrente sanguínea, ela é a glicose monossacarídea.

30.19 Ácido linoleico.

30.21 Não. Lipases não degradam nenhum dos dois, mas degradam triacilgliceróis.

30.23 Sim, é possível para um vegetariano obter um suprimento suficiente de proteínas adequadas, porém a pessoa deve conhecer muito bem o conteúdo de aminoácidos dos vegetais para que possa levar em conta a devida complementação proteica.

30.25 As proteínas da dieta começam a ser degradadas no estômago, que contém HCl numa concentração de aproximadamente 0,5%. A tripsina é uma protease presente no intestino delgado e que dá continuidade à digestão das proteínas. No estômago, o HCl desnatura a proteína da dieta, provocando uma hidrólise relativamente aleatória das ligações amida na proteína. São produzidos fragmentos de proteína. A tripsina catalisa a hidrólise das ligações peptídicas somente no lado carboxílico dos aminoácidos Arg e Lys.

30.27 Espera-se que a maioria dos prisioneiros desenvolva doenças carenciais num futuro próximo.

30.29 As limas fornecem aos marinheiros o suprimento de vitamina C para evitar o escorbuto.

30.31 A vitamina K é essencial para uma coagulação adequada do sangue.

30.33 A única doença que, segundo provas científicas, pode ser evitada com a vitamina C é o escorbuto.

30.35 As vitaminas E e C e os carotenoides podem ter efeitos significativos na saúde respiratória. Isso pode resultar de sua atividade como antioxidantes.

30.37 Há um átomo de enxofre na biotina e na vitamina B_1 (também chamada de tiamina).

30.39 A pirâmide alimentar original não levava em conta as diferenças entre tipos de nutrientes. Todas as gorduras deviam ser limitadas e todos os carboidratos eram saudáveis. As novas diretrizes reconhecem que as gorduras poli-insaturadas são necessárias e que os carboidratos de grãos integrais são melhores do que os de fontes refinadas. A nova pirâmide também reconhece a importância dos exercícios físicos, o que não acontecia com a anterior.

30.41 O excesso de proteínas, carboidratos e gorduras ingeridos são metabolizados resultando em níveis mais elevados de ácidos graxos. No entanto, não há nenhuma via que permita às gorduras gerar um excedente efetivo de carboidratos. Sendo assim, a gordura armazenada não pode ser usada para fazer carboidratos quando o nível de glicose no sangue é baixo.

30.43 Toda a perda efetiva de peso baseia-se em atividade crescente e, ao mesmo tempo, na limitação de ingestão calórica. No entanto, é mais eficaz concentrar-se no aumento da atividade do que na limitação da ingestão.

30.45 Teoricamente, se os humanos tivessem a via do glioxilato, a alimentação seria mais fácil. Quando se eliminam as duas etapas de descarboxilação do ciclo do ácido cítrico, não há perda de carbono da acetil-CoA.

Assim, os compostos carbônicos poderiam ser removidos dessa via para formar glicose. Uma pessoa poderia alimentar-se e usar a gordura armazenada para energizar os sistemas do organismo e manter os níveis de glicose no sangue.

30.47 (a) A maioria dos estudos mostra que os adoçantes artificiais Sucralose e acessulfame-K não são metabolizados em quantidades mensuráveis.
(b) A digestão do aspartame pode levar a altos níveis de fenilalanina.

30.49 O ferro é um importante cofator em muitos compostos biológicos. O mais óbvio é o papel que o ferro desempenha na hemoglobina. É o ferro que diretamente liga o oxigênio, que é a fonte de respiração para o nosso metabolismo. O ferro deve ser consumido na dieta para manter os níveis de ferro na hemoglobina e em muitos outros compostos.

30.51 Fatores que afetam a absorção incluem a solubilidade do composto de ferro, a presença de antiácidos no trato digestivo e a fonte do ferro.

30.53 Arginina.

30.55 Ingestão de carboidrato antes do evento e consumo de carboidratos durante o evento.

30.57 A cafeína age como um estimulante do sistema nervoso central, proporcionando uma sensação de energia geralmente apreciada pelos atletas. Além disso, a cafeína reduz os níveis de insulina e estimula a oxidação dos ácidos graxos, o que seria benéfico para atletas de provas de resistência. No entanto, ela é também um diurético e pode levar à desidratação em eventos de longa distância.

30.59 O custo é a maior desvantagem dos alimentos orgânicos, já que podem ser até 100% mais caros que os não orgânicos. O tipo de alimento também deve ser levado em conta, pois pesticidas e algumas substâncias químicas são transferidos do alimento para o consumidor, enquanto outras não são. Por exemplo, se um pesticida está concentrado na casca da banana, isso não é um problema tão sério quanto seria se estivesse acumulado na própria banana. Pesticidas e outras substâncias são mais perigosos para crianças e gestantes que para outras pessoas.

30.61 A vitamina ácido pantotênico faz parte da CoA.
(a) Glicólise: piruvato desidrogenase usa CoA como coenzima.
(b) Síntese de ácidos graxos: a primeira etapa envolve a enzima ácido graxo sintase.

30.63 As proteínas ingeridas na dieta são degradadas em aminoácidos livres, que então são usados para construir proteínas com diversas funções específicas. Duas importantes funções são a integridade estrutural e a catálise biológica. Nossas proteínas estão constantemente sendo renovadas, isto é, são continuamente degradadas e reconstruídas com aminoácidos livres.

30.65 No ápice da pirâmide alimentar, estão as gorduras, os óleos e doces, e o seguinte aviso: "Use com moderação". Podemos omitir completamente os doces da dieta, no entanto a omissão completa de gorduras e óleos é perigosa. Em nossa dieta, devemos ter gorduras e óleos que contenham os dois ácidos graxos essenciais. Os ácidos graxos essenciais podem estar presentes como componentes de outros grupos alimentares – carne vermelha, aves e peixes.

30.67 Nozes não são apenas um alimento saboroso – também são saudáveis. De fato, estão incluídas num grupo alimentar da pirâmide alimentar do Ministério da Agricultura dos Estados Unidos. As nozes também são uma boa fonte de vitaminas e minerais, que incluem as vitaminas E e B, biotina, potássio, magnésio, fósforo, zinco e manganês.

30.69 Não, a lecitina é degradada no estômago e nos intestinos bem antes de poder entrar no sangue. O fosfoglicerídeo é degradado em ácidos graxos, glicerol e colina, que são absorvidos através das paredes intestinais.

30.71 Pacientes submetidos a uma cirurgia de úlcera recebem enzimas digestivas que podem ter sido perdidas durante o procedimento. O suplemento de enzimas deve conter proteases para ajudar a decompor as proteínas, além de lipases para ajudar na digestão de gorduras.

Capítulo 31 **Imunoquímica**

31.1 Exemplos de imunidade inata externa incluem ação da pele, lágrimas e muco.

31.3 A pele combate a infecção proporcionando uma barreira contra a penetração de agentes patogênicos. Ela também secreta ácidos láctico e graxo, e ambos criam um baixo pH, inibindo assim o crescimento de bactérias.

31.5 O processo de imunidade inata tem pouca capacidade de mudança em resposta a perigos imunológicos. Os principais aspectos da imunidade adaptativa (adquirida) são especificidade e memória. O sistema imunológico adquirido utiliza moléculas de anticorpos desenhadas para cada tipo de invasor. Num segundo encontro com o mesmo perigo, a resposta é mais rápida e mais prolongada que da primeira vez.

31.7 As células T originam-se na medula óssea, mas crescem e se desenvolvem na glândula timo. As células B originam-se e crescem na medula óssea.

31.9 Macrófagos são as primeiras células do sangue a encontrar ameaças potenciais ao sistema. Atacam praticamente qualquer coisa que não seja reconhecida como parte do organismo, incluindo agentes patogênicos, células cancerígenas e tecidos danificados. Macrófagos engolfam e invadem bactérias ou vírus, os mata com óxido nítrico (NO) e depois os digerem.

31.11 Antígenos à base de proteína.

31.13 Moléculas de MHC classe II capturam antígenos danificados. Um antígeno alvo é processado primeiro nos lisossomos, onde é primeiro degradado por enzimas proteolíticas. Uma enzima, GILT, reduz as pontes de dissulfeto do antígeno. Os antígenos peptídicos reduzidos se desdobram e em seguida são degradados por proteases. Os fragmentos peptídicos restantes servem como epítopos que são reconhecidos por moléculas de MHC de classe II.

31.15 Moléculas de MHC são proteínas transmembrânicas que pertencem à superfamília das imunoglobulinas.

Estão originalmente presentes dentro da célula até se associarem a antígenos, quando então se dirigem para a superfície da membrana.

31.17 Se considerarmos que o coelho nunca foi exposto ao antígeno, a resposta ocorrerá em 1 ou 2 semanas após a injeção de antígeno.

31.19 (a) As moléculas de IgE têm um conteúdo de 10%-12% de carboidrato, que é igual ao das moléculas de IgM. As moléculas de IgE têm a menor concentração no sangue, algo em torno de 0,01-0,1 mg/100 mL de sangue.

(b) As moléculas de IgE estão envolvidas nos efeitos da renite alérgica e de outras alergias. Também oferecem proteção contra parasitas.

31.21 Os dois fragmentos Fab seriam capazes de se ligar ao antígeno. Esses fragmentos contêm as regiões de sequência variável da proteína e, portanto, podem ser alterados durante a síntese contra um antígeno específico.

31.23 A expressão *superfamília das imunoglobulinas* refere-se a todas as proteínas que apresentam a estrutura padrão de uma cadeia pesada e uma cadeia leve.

31.25 Anticorpos e antígenos se juntam por meio de interações não covalentes fracas: ligações de hidrogênio, interações eletrostáticas (dipolo-dipolo) e interações hidrofóbicas.

31.27 O DNA para a superfamília das imunoglobulinas tem múltiplas vias de recombinação durante o desenvolvimento da célula. A diversidade reflete o número de permutações e modos de combinar várias regiões: constantes, variáveis, de junção e de diversidade.

31.29 As células T carregam em sua superfície proteínas que funcionam como receptores específicos para antígenos. Esses receptores (TcR), que são membros da superfamília das imunoglobulinas, têm regiões constantes e variáveis. Encontram-se ancorados na membrana da célula T por interações hidrofóbicas. Não são capazes de, por si sós, se ligar aos antígenos, mas precisam de moléculas de proteínas adicionais chamadas *clusters* determinantes, que agem como correceptores. Quando as moléculas de TcR combinam com proteínas *cluster* determinantes, formam complexos receptores de célula T (complexos TcR).

31.31 Os componentes dos complexos TcR são (1) as moléculas de proteínas acessórias denominadas *cluster* determinantes e (2) o receptor da célula T.

31.33 CD4.

31.35 São moléculas de adesão que ajudam a acoplar células de antígenos e células T. Também agem como transdutoras de sinal.

31.37 Citocinas são glicoproteínas que interagem com receptores de citocina em macrófagos e células B e T. Elas não reconhecem os antígenos nem se ligam a eles.

31.39 Quimioquinas são uma classe de citocinas que enviam mensagens entre células. Elas atraem leucócitos para o local do ferimento e se ligam a receptores específicos nos leucócitos.

31.41 Todas as quimioquinas são proteínas de baixo peso molecular com quatro resíduos de cisteína unidos em ligações específicas de dissulfeto: Cys1—Cys3 e Cys2—Cys4.

31.43 As células T maturam na glândula timo. Durante a maturação, as células que não interagem com MHC e assim não podem responder a antígenos externos são eliminadas por um processo especial de seleção. As células T que expressam receptores que podem interagir com autoantígenos normais são eliminadas pelo mesmo processo de seleção.

31.45 Uma via de sinalização que controla a maturação de células B é a via de fosforilação ativada pela tirosina quinase e desativada pela fosfatase.

31.47 Citocinas e quimioquinas.

31.49 Células T auxiliares.

31.51 É difícil saber por que o vírus sofre mutação rapidamente. Uma de suas proteínas de acoplamento muda de conformação quando acopla, e os anticorpos eliciados contra proteínas não acopladas são ineficazes. O vírus se liga a várias proteínas que inibem fatores antivirais e recobre sua membrana externa com açúcares muito semelhantes aos açúcares naturais encontrados em células hospedeiras.

31.53 As vacinas contam com a capacidade de o sistema imunológico reconhecer uma molécula estranha e fazer anticorpos específicos para ela. O HIV se esconde do sistema imunológico de várias maneiras e muda frequentemente. O organismo fabrica anticorpos, mas eles não são muito eficazes em encontrar ou neutralizar o vírus.

31.55 Desde a década de 1880, sabia-se que o podofilo possuía propriedades anticancerígenas. Mais tarde, descobriu-se que uma substância química encontrada no podofilo, a picropodofilina, inibe a formação do fuso durante a mitose em células que se dividem. Como fazem todos os agentes quimioterápicos, ela retarda o desenvolvimento de células que se dividem rapidamente, como as células cancerígenas, mais do que com células normais.

31.57 A maioria das células cancerígenas tem proteínas específicas em sua superfície que ajudam a identificá-las como tais. Anticorpos monoclonais são muito específicos para as moléculas às quais se ligarão, o que os torna uma excelente opção para combater o câncer. Os anticorpos atacarão a célula cancerígena, e somente ela, se o anticorpo monoclonal for suficientemente específico.

31.59 Estudos de marcação por fluorescência mostram que células do câncer de mama apresentam níveis elevados da proteína HER2. Além disso, drogas elaboradas para atacar a HER2 são muito bem-sucedidas na identificação de células cancerígenas.

31.61 Muitos tipos de câncer estão vinculados à dimerização de receptores específicos de células. A tirosina quinase é um tipo de receptor de célula que funciona via dimerização. Anticorpos monoclonais específicos estão sendo elaborados para bloquear a dimerização das tirosinas quinases.

31.63 Jenner notou que ordenhadoras, que frequentemente estavam expostas à varíola bovina, raramente contraíam varíola humana, se é que isso acontecia.

31.65 Alergias a antibióticos podem ser intensas. A pessoa pode não apresentar nenhum sintoma na primeira exposição, mas uma segunda ou terceira poderá produzir sérias reações ou mesmo ser fatal.

31.67 Em alguns países, as profissionais do sexo usam constantemente pequenas doses de antibiótico numa tentativa de evitar doenças sexualmente transmissíveis. Infelizmente, o efeito colateral dessa prática tem sido permitir a evolução de linhagens de gonorreia resistentes a antibióticos.

31.69 Uma das moléculas da bactéria estreptococos assemelha-se a uma proteína encontrada nas válvulas do coração. A tentativa do corpo de combater a infecção estreptocócica na garganta pode resultar em anticorpos que atacam não somente as bactérias, mas também as válvulas cardíacas das pessoas. É o que acontece na febre reumática.

31.71 Células-tronco podem ser transformadas em outros tipos de célula. Os cientistas estão trabalhando para encontrar meios de usar células-tronco para reparar tecido nervoso ou tecido cerebral danificados. Em alguns modelos de animais, a função da célula cerebral foi restaurada após um derrame por adição de células-tronco ao cérebro na área danificada.

31.73 As moléculas de IgA constituem a primeira linha de defesa, pois são encontradas nas lágrimas e em secreções das mucosas. Podem interceptar invasores antes que cheguem à corrente sanguínea.

31.75 As quimioquinas (ou, de modo mais geral, citocinas) ajudam os leucócitos a migrar para fora dos vasos sanguíneos, até o local do ferimento. As citocinas ajudam na proliferação dos leucócitos.

31.77 Um composto chamado 12:13 dEpoB, um derivado da epotilona B, está sendo estudado como vacina contra o câncer.

31.79 Os receptores do fator de necrose tumoral estão localizados nas superfícies de vários tipos de células, mas especialmente em células tumorais.

Glossário

Abzima (*Seção 23.8*) Imunoglobulina gerada quando se usa um análogo de estado de transição como antígeno.
Acetila, grupo (*Seção 27.3*) O grupo CH_2CO-.
Ácido desoxirribonucleico (*Seção 25.2*) Macromolécula da hereditariedade em eucariotos e procariotos. É composta de cadeias de monômeros nucleotídicos de uma base nitrogenada, 2-desoxi-D-ribose e fosfato.
Ácido graxo essencial (*Seção 30.4*) Ácido graxo necessário na dieta.
Ácido ribonucleico (RNA) (*Seção 25.5*) Um tipo de ácido nucleico que consiste em monômeros nucleotídicos de uma base nitrogenada, D-ribose e fosfato.
Ácidos nucleicos (*Seção 25.3*) Polímero composto de nucleotídeos.
Adenovírus (*Seção 26.9*) Vetor muito usado em terapia gênica.
Agente mutagênico (*Seção 26.7*) Substância química que induz uma mudança de base ou mutação no DNA.
Agonista (*Seção 24.1*) Molécula que mimetiza a estrutura de um neurotransmissor natural ou hormônio, liga-se ao mesmo receptor e elicia a mesma resposta.
Aids (*Seção 31.8*) Síndrome da imunodeficiência adquirida. Doença causada pelo vírus da imunodeficiência humana, que ataca e reduz a quantidade de células T.
Alfa (α-) aminoácido (*Seção 22.2*) Aminoácido em que o grupo amino está ligado ao átomo de carbono próximo ao carbono de $-COOH$.
Alfa (α-) hélice (*Seção 22.9*) Um tipo de estrutura secundária repetitiva de proteínas em que a cadeia peptídica adota uma conformação helicoidal, estabilizada por ligação de hidrogênio, entre uma sequência peptídica N—H e a sequência do C=O, quatro aminoácidos adiante na cadeia.
Alostérica, proteína (*Conexões químicas 22G*) Proteína que apresenta um comportamento tal que a ligação de uma molécula a um sítio altera a capacidade da proteína de se ligar a outra molécula num sítio diferente.
Alosterismo (Enzima alostérica) (*Seção 23.6*) Regulação enzimática em que a ligação de um regulador em um dos sítios da enzima modifica a capacidade desta última de se ligar ao substrato no sítio ativo. Enzimas alostéricas geralmente possuem múltiplas cadeias polipeptídicas, com possibilidade de comunicação química entre elas.
Amilase (*Seção 30.3*) Enzima que catalisa a hidrólise de ligações α-1,4-glicosídicas em amidos.
Aminoácido (*Seção 22.1*) Composto orgânico que contém um grupo amino e um grupo carboxila.
Aminoácido essencial (*Seção 30.5*) Aminoácido que o organismo não pode sintetizar na quantidade necessária, e portanto deve ser obtido na dieta.
Aminoácido neurotransmissor (*Seção 24.5*) Neurotransmissor ou hormônio que é também um aminoácido.
Aminoacil tRNA sintetase (*Seção 26.3*) Enzima que vincula o aminoácido correto a uma molécula de tRNA. Também denominada aminoacil tRNA sintase.
Aminoaçúcar (*Seção 20.1*) Monossacarídeo em que um grupo $-OH$ é substituído por um grupo $-NH_2$.

Anabolismo (*Seção 27.1*) Processo bioquímico em que se constroem moléculas maiores a partir de moléculas menores.
Análogo do estado de transição (*Seção 23.8*) Molécula construída para mimetizar o estado de transição de uma reação catalisada por enzima.
Aneuploide, célula (*Conexões químicas 31F*) Célula com o número errado de cromossomos.
Ânion (*Seção 3.2*) Íon com carga elétrica negativa.
Antagonista (*Seção 24.1*) Molécula que se liga a um receptor de neurotransmissor, mas não elicia a resposta natural.
Anticódon (*Seção 26.3*) Sequência de três nucleotídeos no tRNA, também chamado de sítio de reconhecimento do códon, complementar ao códon do mRNA.
Anticorpo (*Seção 31.1*) Glicoproteína de defesa sintetizada pelo sistema imunológico de vertebrados e que interage com um antígeno; também chamado de imunoglobulina.
Anticorpo monoclonal (*Seção 31.4*) Anticorpo produzido por clones de uma única célula B específica para um único epítopo.
Anticorpo neutralizador (*Seção 31.8*) Um tipo de anticorpo que destrói completamente seu antígeno alvo.
Anticorpos multiclonais (*Conexões químicas 31B*) Um tipo de anticorpo encontrado no soro depois que um vertebrado é exposto a um antígeno.
Antígeno (*Seções 31.1 e 31.3*) Substância estranha ao organismo e que ativa uma resposta imunológica.
AP, sítio (*Seção 25.7*) A ribose e o fosfato deixados depois que uma glicolase remove uma base purínica ou pirimidínica durante o reparo ao DNA.
Apoenzima (*Seção 23.2*) Porção proteica de uma enzima que tem cofatores ou grupos prostéticos.
Ativação de um aminoácido (*Seção 26.5*) Processo em que um aminoácido é ligado a uma molécula de AMP e depois ao 3′—OH de uma molécula de tRNA.
Ativação de uma enzima (*Seção 23.2*) Qualquer processo em que uma enzima inativa é transformada em uma enzima ativa.
Atividade enzimática (*Seção 23.4*) Velocidade em que procede uma reação catalisada por enzima, e que geralmente é medida como a quantidade de produto produzido por minuto.
Axônio (*Seção 24.2*) A parte longa de uma célula nervosa que sai do corpo principal da célula e finalmente conecta-se com outra célula nervosa ou do tecido nervoso.

Bases (*Seção 25.2*) Purinas e pirimidinas, que são componentes de nucleosídeos. DNA e RNA.

Cadeia descontínua (*Seção 25.6*) DNA sintetizado descontinuamente e que se estende numa direção oposta à forquilha de replicação.
Cadeias laterais (*Seção 22.7*) A parte do aminoácido que varia de um para outro. A cadeia lateral está ligada ao carbono alfa e a sua natureza determina as características do aminoácido.
Carcinógeno (*Seção 26.7*) Mutagênico químico que pode causar câncer.
Carreadora (*Seção 24.5*) Molécula de proteína que transporta pequenas moléculas, tais como glicose ou ácido glutâmico, de um lado a outro da membrana.

Cassette de expressão (*Seção 26.9*) Sequência de genes contendo um gene introduzido via terapia gênica, e que é incorporada num vetor, substituindo o próprio DNA do vetor.

Catabolismo (*Seção 27.1*) Processo bioquímico de decomposição de moléculas para suprir energia.

Células apresentadoras de antígenos (APCs) (*Seção 31.2*) Células que clivam moléculas externas e as apresentam em sua superfície para que se liguem a células T ou células B.

Célula assassina natural (*Seções 31.1 e 31.2*) Célula do sistema imunológico inato que ataca células infectadas ou cancerígenas.

Célula assassina T (*Seção 31.2*) Célula T que mata as células externas invasoras por contato. Também chamada de célula T citotóxica.

Célula B (*Seção 31.1*) Um tipo de linfócito que é produzido e amadurece na medula óssea. As células B produzem moléculas de anticorpos.

Célula de carcinoma embrionário (*Conexões químicas 31D*) Célula multipotente derivada de carcinomas.

Célula de memória (*Seção 31.2*) Um tipo de célula T que permanece no sangue depois de terminada uma infecção, agindo como uma linha de defesa rápida se o mesmo antígeno for encontrado novamente.

Células dendríticas (*Seções 31.1 e 31.2*) Células importantes do sistema imunológico inato e que, geralmente, são as primeiras células na defesa contra invasores.

Célula plasmática (*Seção 31.2*) Célula derivada de uma célula B que foi exposta a um antígeno.

Células progenitoras (*Conexões químicas 31D*) Outro termo para células-tronco.

Célula T (*Seção 31.1*) Um tipo de célula linfoide que amadurece no timo e que reage com antígenos via receptores ligados à superfície da célula. As células T se diferenciam em célula T de memória ou células assassinas T.

Células T auxiliares (*Seção 31.2*) Tipo de célula T que ajuda na resposta do sistema imunológico adquirido contra invasores, mas que não elimina diretamente as células infectadas.

Célula-tronco embrionária (*Conexões químicas 31D*) Células-tronco derivadas de tecido embrionário. O tecido embrionário é a mais rica fonte de células-tronco.

Célula-tronco multipotente (*Conexões químicas 31D*) Célula-tronco capaz de se diferenciar em muitos, mas não todos, tipos de células.

Célula-tronco pluripotente (*Conexões químicas 31E*) Célula-tronco capaz de se desenvolver em todo tipo de célula.

Chaperona (*Seção 22.10*) Molécula de proteína que ajuda outras proteínas a se dobrar numa conformação biologicamente ativa, permitindo que proteínas parcialmente desnaturadas recuperem sua conformação biologicamente ativa.

Cistina (*Seção 22.4*) Dímero de cisteína em que dois aminoácidos estão covalentemente ligados por uma ligação de dissulfeto entre seus grupos —SH da cadeia lateral.

Citocina (*Seção 31.6*) Glicoproteína que se desloca entre células e altera a função de uma célula-alvo.

Clonagem (*Seção 25.8*) Processo pelo qual o DNA é ampliado por inserção num hospedeiro e replicado junto com o DNA do próprio hospedeiro.

***Cluster* determinante** (*Seção 31.5*) Conjunto de proteínas de membrana em células T que ajudam na ligação de antígenos a receptores de célula T.

Código genético (*Seção 26.4*) Sequência de tripletos de nucleotídeos (códons) que determina a sequência de aminoácidos numa proteína.

Códon (*Seção 26.3*) Sequência de três nucleotídeos no mRNA que especifica um determinado aminoácido.

Coenzima (*Seção 23.3*) Molécula orgânica, frequentemente uma vitamina B, que age como um fator.

Cofator (*Seção 23.3*) A parte não proteica de uma enzima necessária à sua função catalítica.

Complementação proteica (*Seção 30.5*) Dieta que combina proteínas de fontes variadas para chegar a uma proteína completa.

Complexo aberto (*Seção 26.6*) Complexo de DNA, RNA polimerase e fatores gerais de transcrição que devem ser formados antes de ocorrer a transcrição. Nesse complexo, o DNA está sendo separado.

Complexo enzima-substrato (*Seção 23.5*) Parte do mecanismo de uma reação enzimática em que a enzima está ligada ao substrato.

Complexo principal de histocompatibilidade (MHC) (*Seções 31.2 e 31.3*) Complexo proteico transmembrânico que traz o epítopo de um antígeno até a superfície da célula infectada para ser apresentado às células T.

Complexo receptor de célula T (*Seção 31.5*) A combinação de receptores de célula T, antígenos e *clusters* determinantes (CD), todos envolvidos na capacidade da célula T de se ligar ao antígeno.

Controle por retroação (*Seção 23.6*) Um tipo de regulação enzimática em que o produto de uma série de reações inibe a enzima que catalisa a primeira reação da série.

Cromatina (*Seção 25.6*) Complexo de DNA com proteínas histônicas e não histônicas presentes em células eucarióticas entre as divisões celulares.

Cromossomos (*Seção 25.6*) Estruturas existentes dentro do núcleo dos eucariotos que contêm DNA e proteína, e que são replicadas como unidades durante a mitose. Cada cromossomo é formado de uma molécula longa de DNA que contém muitos genes hereditários.

C-terminal (*Seção 22.6*) Aminoácido localizado na extremidade de uma cadeia peptídica e que apresenta um grupo carboxila livre.

Curva de saturação (*Seção 23.4*) Gráfico da atividade enzimática *versus* a concentração do substrato. Em altos níveis de substrato, a enzima torna-se saturada e a velocidade não aumenta de modo linear à medida que aumenta o substrato.

Dedos de ligação a íons metálicos (*Seção 26.6*) Um tipo de fator de transcrição que contém íons de metais pesados, tais como Zn^{2+}, e que ajuda a RNA polimerase a se ligar ao DNA a ser transcrito. Em inglês, *metal binding finger*.

Dendrito (*Seção 24.2*) Projeção capilar que se estende do corpo de uma célula nervosa do lado oposto ao axônio.

Desaminação oxidativa (*Seção 28.8*) Reação em que o grupo amino de um aminoácido é removido e um α-acetoácido é formado.

Desidrogenase (*Seção 23.2*) Classe de enzimas que catalisa reações de oxirredução, geralmente utilizando NAD^+ como agente oxidante.

Desnaturação (*Seção 22.12*) Perda das estruturas secundária, terciária e quaternária de uma proteína por obra de um agente químico ou físico que deixa a estrutura primária intacta.

Dieta da moda (*Seção 30.1*) Crença exagerada nos efeitos da nutrição sobre a saúde e a doença.
Dieta discriminatória restritiva (*Seção 30.1*) Dieta que evita certos ingredientes alimentícios considerados nocivos à saúde do indivíduo – por exemplo, dietas com baixo teor de sódio para pessoas com pressão alta.
Digestão (*Seção 30.1*) Processo em que o organismo decompõe moléculas grandes em moléculas menores que podem ser absorvidas e metabolizadas.
Dipeptídeo (*Seção 22.6*) Peptídeo com dois aminoácidos.
Dissacarídeo (*Seção 20.4*) Carboidrato que contém duas unidades de monossacarídeos unidas por uma ligação glicosídica.
DNA (*Seção 25.2*) Ácido desoxirribonucleico.
DNA recombinante (*Seção 26.8*) DNAs de duas fontes que se combinaram numa só molécula.
Dogma central (*Seção 26.1*) Doutrina que afirma o direcionamento básico da hereditariedade quando o DNA leva ao RNA, que leva à proteína. Essa doutrina é verdadeira em quase todas as formas de vida, com exceção de alguns vírus.
Dupla hélice (*Seção 25.3*) Arranjo em que duas fitas de DNA se entrelaçam em espiral como a rosca de um parafuso.

EGF (*Seção 31.6*) Fator de crescimento epidérmico; uma citocina que estimula células epidérmicas durante o processo de cura de ferimentos.
Elemento de resposta (*Seção 26.6*) Sequência de DNA, localizada depois de um promotor, que interage com um fator de transcrição para estimular a transcrição em eucariotos. Elementos de resposta podem controlar vários genes semelhantes com base em um único estímulo.
Eletroforese (*Conexões químicas 25C*) Técnica laboratorial que envolve a separação de moléculas num campo elétrico.
Elongação (*Seção 26.2*) Fase da síntese da proteína em que as moléculas de tRNA ativado liberam novos aminoácidos nos ribossomos, onde são unidos por ligações peptídicas para formar um polipeptídeo.
Encefalina (*Seção 24.6*) Pentapeptídeo encontrado nas células nervosas do cérebro e que age no controle da percepção da dor.
Endonuclease de restrição (*Seção 26.8*) Enzima, geralmente purificada de bactérias, que corta o DNA numa sequência específica de bases.
Engenharia genética (*Seção 26.8*) Processo pelo qual genes são inseridos em células.
Enzima (*Seção 23.1*) Catalisador biológico que aumenta a velocidade de uma reação química proporcionando uma via alternativa com energia de ativação mais baixa.
Enzima desramificadora (*Seção 30.3*) Enzima que catalisa a hidrólise das ligações α-1,6-glicosídicas no amido e no glicogênio.
Epigenética (*Conexões químicas 31D*) O estudo dos processos hereditários que alteram a expressão gênica sem alterar o DNA.
Epítopo (*Seção 31.3*) O menor número de aminoácidos num antígeno que produz uma resposta imunológica.
Equação iônica simplificada (*Seção 23.6*) Equação química que não contém íons espectadores.
Especificidade (*Seção 31.1*) Uma característica da imunidade adquirida baseada no fato de que as células produzem anticorpos específicos para um amplo espectro de agentes patogênicos.

Especificidade do substrato (*Seção 23.1*) A limitação de uma enzima para catalisar reações específicas com substratos específicos.
Especificidade enzimática (*Seção 23.1*) Limitação de uma enzima em catalisar uma reação específica com um substrato específico.
Espirais aleatórias (*Seção 22.9*) Proteínas que não apresentam nenhum padrão que se repete.
Estrutura primária das proteínas (*Seção 22.8*) A ordem dos aminoácidos num peptídeo, polipeptídeo ou proteína.
Estrutura primária do DNA (*Seção 25.3*) A ordem das bases no DNA.
Estrutura quaternária (*Seção 22.11*) Organização de uma proteína com múltiplas cadeias polipeptídicas ou subunidades; refere-se principalmente ao modo como as múltiplas cadeias interagem.
Estrutura secundária das proteínas (*Seção 22.9*) Estruturas que se repetem nos polipeptídeos e que se baseiam unicamente em interações da cadeia peptídica. Exemplos são a alfa hélice e a folha beta-pregueada.
Estrutura secundária do DNA (*Seção 25.3*) Formas específicas de DNA devidas ao pareamento de bases complementares.
Estrutura terciária (*Seção 22.10*) Conformação geral de uma cadeia polipeptídica que inclui as interações das cadeias laterais e a posição de cada átomo no polipeptídeo.
Éxon (*Seção 25.5*) Sequência nucleotídica no mRNA que codifica uma proteína.
Expressão gênica (*Seção 26.1*) Ativação de um gene para produzir uma proteína específica. Envolve tanto a transcrição quanto a tradução.

Fagocitose (*Seção 31.4*) Processo em que grandes particulados, incluindo bactérias, são puxados para dentro de uma célula branca chamada fagócito.
Farmacogenômica (*Conexões químicas 25E*) O estudo de como variações genéticas afetam a elaboração de uma droga.
Fator de elongação (*Seção 26.5*) Pequena molécula de proteína envolvida no processo de ligação do tRNA e de movimento do ribossomo sobre o mRNA durante a elongação.
Fator de necrose do tecido (TNF) (*Seção 31.6*) Um tipo de citocina produzido por células T e macrófagos que têm a capacidade de lisar células tumorais suscetíveis.
Fator de supressão tumoral (*Conexões químicas 26F*) Proteína que controla a replicação do DNA, de modo que as células não se dividam constantemente. Muitos tipos de câncer são causados por fatores de supressão tumoral que sofreram mutação.
Fator de transcrição (*Seção 26.2*) Proteína ligante que facilita a ligação da RNA polimerase ao DNA a ser transcrito, ou que se liga a um local remoto e estimula a transcrição.
Fator geral de transcrição (GTF) (*Seção 26.6*) Proteínas que formam um complexo com o DNA que está sendo transcrito e a RNA polimerase.
Fenda maior (*Seção 25.3*) A mais larga das fendas (ou sulcos) desiguais encontradas numa dupla hélice de B-DNA.
Fenda menor (*Seção 25.3*) A mais estreita das fendas (ou sulcos) desiguais encontradas numa dupla hélice de B-DNA.
Fibra (*Seção 30.1*) Componente celulósico, não nutricional, de nossa alimentação.
Fita (−) (*Seção 26.2*) A fita de DNA usada como molde para transcrição. Também chamada de fita molde e fita antissenso.

Fita (+) (*Seção 26.2*) Fita de DNA não utilizada como molde para transcrição, mas que tem uma sequência idêntica ao RNA produzido. Também chamada de fita codificadora e fita senso.
Fita antissenso (*Seção 26.2*) Fita de DNA que age como molde para transcrição. Também chamada de fita molde e fita (−).
Fita codificadora (*Seção 26.2*) Fita de DNA que não é usada como molde para transcrição, mas que tem uma sequência idêntica à do RNA produzido. Também chamada de fita (+) e fita senso.
Fita condutora (*Seção 25.6*) Fita DNA sintetizada continuamente e que se estende na direção da forquilha de replicação.
Fita molde (*Seção 26.2*) A fita de DNA usada como molde para transcrição. Também chamada fita (−) e fita antissenso.
Fita senso (*Seção 26.2*) Fita de DNA que não é usada como molde para transcrição, mas que tem uma sequência idêntica ao do RNA produzido. Também chamada de fita codificadora e fita (+).
Folha beta (β−) pregueada (*Seção 22.9*) Um tipo de estrutura secundária em que a sequência de duas cadeias de proteínas, nas mesmas ou em diferentes moléculas, é unida por ligações de hidrogênio.
Forma R (*Seção 23.6*) A forma mais ativa de uma enzima alostérica.
Forma T (*Seção 23.6*) A forma menos ativa de uma enzima alostérica.
Forquilha de replicação (*Seção 25.6*) Numa molécula de DNA, ponto onde está ocorrendo a replicação.
Fotossíntese (*Seção 29.2*) Processo em que a planta sintetiza carboidratos a partir de CO_2 e H_2O, com a ajuda da luz do sol e da clorofila.
Fragmento Okazaki (*Seção 25.6*) Pequeno segmento de DNA formado por cerca de 200 nucleotídeos em organismos superiores e 2.000 nucleosídeos em procariotos.
Gene (*Seção 25.1*) A unidade da hereditariedade; segmento de DNA que codifica uma proteína.
Genes estruturais (*Seção 26.2*) Genes que codificam proteínas.
Genoma (*Conexões químicas 25E*) O sequenciamento completo do DNA de um organismo.
Glândula endócrina (*Seção 24.2*) Uma glândula como o pâncreas, hipófise e hipotálamo, que produz hormônios envolvidos no controle de reações químicas e do metabolismo.
Glicogênese (*Seção 29.2*) A conversão de glicose em glicogênio.
Glicogenólise (*Seção 28.3*) Via bioquímica para a decomposição de glicogênio em glicose.
Glicólise (*Seção 28.2*) Via catabólica em que a glicose é decomposta em piruvato.
Glicômica (*Conexões químicas 31D*) O conhecimento sobre todos os carboidratos, incluindo glicoproteínas e glicolipídeos, contidos numa célula ou tecido e a determinação de suas funções.
Gliconeogênese (*Seção 29.2*) Processo pelo qual a glicose é sintetizada no organismo.
Gordura (*Seção 21.3*) Uma mistura de triglicerídeos que contém alta proporção de ácidos graxos saturados de cadeia longa.
Gp120 (*Seção 31.5*) Glicoproteína de massa molecular 120.000, localizada na superfície do vírus da imunodeficiência humana, que se liga fortemente às moléculas CD4 das células T.
Gray (Gy) (*Seção 21.5*) Unidade SI para a quantidade de radiação absorvida de uma fonte. 1 Gy = 100 rad.

Guanosina (*Seção 25.2*) Nucleosídeo formado por D-ribose e guanina.
Helicase (*Seção 25.6*) Proteína que age numa forquilha de replicação para desenrolar DNA, de modo que a DNA polimerase possa sintetizar uma nova fita de DNA.
Hélice estendida (*Seção 22.9*) Um tipo de hélice encontrada no colágeno, causada por uma sequência repetitiva.
Hélice-volta-hélice (*Seção 26.6*) Motivo comum para um fator de transcrição.
Hibridização (*Seção 25.8*) Processo pelo qual duas fitas de ácidos nucleicos ou seus segmentos formam uma estrutura de dupla fita através da ligação de hidrogênio entre pares de bases complementares.
Hibridoma (*Seção 25.8*) Combinação de uma célula de milenoma com uma célula B para produzir anticorpos monoclonais.
Hidrofóbica, interação (*Seção 22.10*) Interação por meio de forças de dispersão de London entre grupos hidrofóbicos.
Hidrolase (*Seção 23.2*) Enzima que catalisa uma reação de hidrólise.
Hipertermófilo (*Seção 23.4*) Organismo que vive em temperaturas extremamente altas.
Histona (*Seção 25.6*) Proteína básica encontrada em complexos com DNA em eucariotos.
HIV (*Seções 31.4 e 31.8*) Vírus da imunodeficiência humana.
Hormônio (*Seção 24.2*) Mensageiro químico liberado por uma glândula endócrina na corrente sanguínea e de lá transportado até atingir sua célula-alvo.
Impressão digital de DNA (*Conexões químicas 25C*) Padrão de fragmentos de DNA gerados por eletroforese e usado em ciência forense.
Imunidade adaptativa (*Seção 31.1*) Imunidade adquirida com especificidade e memória.
Imunidade adquirida (*Seção 31.1*) A segunda linha de defesa que os vertebrados possuem contra organismos invasores.
Imunidade externa inata (*Seção 31.1*) Proteção inata contra invasores externos característica das barreira da pele, lágrimas e mucosa.
Imunidade inata (*Seção 31.1*) A primeira linha de defesa contra invasores externos, que inclui a resistência da pele à penetração, lágrimas, mucosa e macrófagos não específicos que engolfam a bactéria.
Imunidade inata interna (*Seção 31.1*) Um tipo de imunidade inata utilizada depois que um agente patogênico penetrou no tecido.
Imunodeficiência combinada severa (SCID) (*Seção 26.9*) Doença causada pela falta de várias enzimas possíveis e que leva à ausência de sistema imunológico.
Imunógeno (*Seção 31.3*) Outro termo para antígeno.
Imunoglobulina (*Seção 31.4*) Proteína com função de anticorpo e capaz de se ligar a um antígeno específico.
Ingestão Diária Recomendada (RDA) (*Seção 30.1*) A necessidade média diária de nutrientes publicada pela *US Food and Drug Administration*.
Ingestão da Dieta de Referência (DRI) (*Seção 30.1*) O sistema numérico atual para registro de necessidades nutricionais; média das necessidades diárias de nutrientes publicada pela *US Food and Drug Administration*.

Inibição competitiva (*Seção 23.3*) Mecanismo da regulação enzimática em que um inibidor compete com o substrato pelo sítio ativo.
Inibição da atividade enzimática (*Seção 23.3*) Qualquer processo reversível ou irreversível que torna a enzima menos ativa.
Inibição não competitiva (*Seção 23.3*) Regulação enzimática em que um inibidor se liga ao sítio ativo, alterando assim o formato desse sítio e reduzindo sua atividade catalítica.
Inibidor (*Seção 23.3*) Composto que se liga a uma enzima e diminui sua atividade.
Iniciação da síntese de proteínas (*Seção 26.5*) Primeira etapa do processo em que a sequência de bases do mRNA é traduzida na estrutura primária de um polipetídeo.
Iniciador (*primer*) (*Seção 25.6*) Pequenos pedaços de DNA ou RNA que iniciam a replicação do DNA.
Interleucina (*Seção 31.6*) Citocina que controla e coordena a ação de leucócitos.
Íntron (*Seção 25.5*) Sequência de nucleotídeos no mRNA que não codifica uma proteína.
Isoenzima (*Seção 23.6*) Enzima que pode ser encontrada em múltiplas formas, cada uma delas catalisando a mesma reação. Também chamada de isozima.
Isomerase (*Seção 23.2*) Enzima que catalisa uma reação de isomerização.
Isômeros constitucionais (*Seção 26.2*) Compostos de mesma fórmula molecular, mas com diferente ordem de junção (conectividade) entre seus átomos.
Isozimas (*Seção 23.6*) Duas ou mais enzimas que desempenham as mesmas funções, mas com diferentes combinações de subunidades – isto é, diferentes estruturas quaternárias.

Kwashiorkor (*Seção 30.5*) Doença causada pela ingestão insuficiente de proteínas e caracterizada pela inchação do estômago, descoloração da pele e crescimento retardado.

Leucócitos (*Seção 31.2*) Células brancas do sangue que são os componentes principais do sistema imunológico adquirido, e que agem via fagocitose ou produzindo anticorpos.
Liase (*Seção 23.2*) Classe de enzimas que catalisam a adição de dois átomos ou grupos de átomos a uma ligação dupla, ou sua remoção para formar uma ligação dupla.
Ligação peptídica (*Seção 22.6*) Ligação amida que une dois aminoácidos. Também chamada união peptídica.
Ligase (*Seção 23.2*) Classe de enzimas que catalisam uma reação unindo duas moléculas. Costumam ser chamadas de sintetases ou sintases.
Linfócito (*Seções 31.1 e 31.2*) Célula branca do sangue que passa a maior parte do tempo nos tecidos linfáticos. Aquelas que maturam na medula óssea são as células B. As que maturam no timo são as células T.
Linfoides, órgãos (*Seção 31.2*) Os órgãos principais do sistema imunológico, tais como os nodos linfáticos, baço e timo, que estão conectados entre si pelos vasos capilares linfáticos.
Lipase (*Seção 30.4*) Enzima que catalisa a hidrólise de uma ligação éster entre um ácido graxo e um glicerol.
Lipoproteína (*Seção 20.9*) Agrupamentos de forma esférica que contêm moléculas de lipídeos e moléculas de proteínas.
L-monossacarídeo (*Seção 20.1*) Monossacarídeo que, ao ser representado como uma projeção de Fischer, apresenta o grupo —OH em seu penúltimo carbono à esquerda.

Macrófago (*Seções 31.1 e 31.2*) Célula branca ameboide do sangue que se movimenta entre as fibras de tecidos, engolfando células mortas e bactérias por fagocitose, e que depois apresenta em sua superfície alguns antígenos engolfados.
Marasmo (*Seção 30.2*) Outro termo para inanição crônica, quando o indivíduo não ingere calorias suficientes. É caracterizado por crescimento interrompido, debilitação muscular, anemia e fraqueza generalizada.
Maturação por afinidade (*Seção 31.4*) Processo de mutação de células T em células B em resposta a um antígeno.
Membrana pós-sináptica (*Seção 24.2*) Na sinapse, membrana que está mais próxima do dendrito do neurônio que recebe a transmissão.
Membrana pré-sináptica (*Seção 24.2*) Na sinapse, membrana que está mais próxima do dendrito do axônio do neurônio que transmite o sinal.
Mensageiro químico (*Seção 24.1*) Qualquer substância química liberada em determinado local e que se desloca para outro local antes de agir. Pode ser um hormônio, neurotransmissor ou íon.
Mensageiro secundário (*Seção 24.1*) Molécula criada ou liberada devido à ligação de um hormônio ou neurotransmissor que, então, prossegue carregando e amplificando o sinal dentro da célula.
Metabolismo (*Seção 27.1*) A soma de todas as reações químicas numa célula.
Micro RNA (*Seção 25.4*) Pequeno RNA de 22 nucleosídeos envolvido na regulação dos genes e no desenvolvimento do organismo.
Microarrays de proteínas (*Conexões químicas 22F*) Técnica usada para estudar proteômica e que consiste em fixar milhares de amostras de proteínas em um chip.
Minissatélite (*Seção 25.5*) Pequena sequência repetitiva de DNA que às vezes está associada ao câncer quando sofre mutação.
Modelo chave-fechadura (*Seção 23.5*) Modelo para a interação enzima-substrato baseado no postulado de que o sítio ativo de uma enzima está perfeitamente ajustado ao substrato.
Modelo do ajuste induzido (*Seção 23.5*) Modelo que explica a especificidade da ação enzimática comparando o sítio ativo a uma luva e o substrato à mão.
Modificação de proteína (*Seção 23.6*) Processo em que a atividade da enzima é afetada, modificando-a com ligações covalentes, tais como a fosforilação de um determinado aminoácido.
Modulação negativa (*Seção 23.6*) Processo em que um regulador alostérico inibe a ação da enzima.
Modulação positiva (*Seção 23.6*) Processo em que um regulador alostérico intensifica a ação da enzima.
Molécula de adesão (*Seção 31.5*) Proteína que ajuda a ligar um antígeno ao receptor de célula T.
Monossacarídeo (*Seção 20.1*) Carboidrato que não pode ser hidrolisado em um composto mais simples.
Mutarrotação (*Seção 20.2*) Mudança numa rotação específica que ocorre quando uma forma α ou β de um carboidrato é convertida numa mistura de equilíbrio das duas formas.

Necessidade calórica basal (*Seção 30.2*). Necessidade calórica para um indivíduo em repouso, geralmente dada em cal/dia.
Neurônio (*Seção 24.1*) Outro nome para célula nervosa.

Neuropeptídeo Y (*Seção 24.6*) Peptídeo encontrado no cérebro, afeta o hipotálamo e é um agente estimulante do apetite.

Neurotransmissor (*Seção 24.2*) Mensageiro químico entre um neurônio e outra célula, que pode ser um outro neurônio, uma célula muscular ou uma célula de glândula.

Neurotransmissor adrenérgico (*Seção 24.4*) Neurotransmissor ou hormônio monoamínico. Entre os mais comuns estão a epinefrina (adrenalina), serotonina, histamina e dopamina.

Neurotransmissor colinérgico (*Seção 24.1*) Neurotransmissor ou hormônio derivado da acetilcolina.

Neurotransmissor excitatório (*Seção 24.4*) Neurotransmissor que intensifica a transmissão de impulsos nervosos.

Neurotransmissor inibitório (*Seção 24.4*) Neurotransmissor que diminui a intensidade dos impulsos nervosos.

Neurotransmissor peptidérgico (*Seção 24.6*) Um tipo de neurotransmissor ou hormônio baseado num peptídeo, como o glucagon, insulina e as encefalinas.

N-terminal (*Seção 22.6*) Aminoácido da extremidade de uma cadeia peptídica e que apresenta um grupo amino livre.

Nucleofílico, ataque (*Seção 23.5*) Reação química em que um átomo com muitos elétrons, como o oxigênio ou o enxofre, se liga a um átomo eletrodeficiente, como o carbono carbonílico.

Nucleosídeo (*Seção 25.2*) Combinação de uma amina aromática heterocíclica ligada por uma ligação glicosídica e uma D-ribose ou 2-desoxi-D-ribose.

Nucleossomo (*Seção 25.3*) Combinações de DNA e proteínas.

Nucleotídeo (*Seção 25.2*) Éster fosfórico de um nucleosídico.

Nutrição parenteral (*Conexões químicas 29A*) Termo técnico para a alimentação intravenosa.

Nutriente (*Seção 30.1*) Componentes dos alimentos e bebidas que fornecem energia e proporcionam substituição e crescimento.

Óleo (*Seção 21.2*) Mistura de triglicerídeos que contém uma grande parcela de ácidos graxos insaturados de cadeia longa.

Origem da replicação (*Seção 25.6*) Numa molécula de DNA, o ponto onde começa a replicação.

Oxidação beta (β) (*Seção 28.5*) Via bioquímica que degrada ácidos graxos em acetil CoA, removendo dois carbonos de uma só vez e gerando energia.

Oxidorredutase (*Seção 23.2*) Classe de enzimas que catalisa uma reação de oxirredução.

Padrão de repetição (*Seção 22.6*) Padrão repetitivo de ligações peptídicas num polipetídeo ou proteína.

Pares de bases complementares (*Seção 25.3*) A combinação de uma base purínica e uma base pirimidínica que se juntam por ligações de hidrogênio no DNA.

Partículas ribonucleoproteicas nucleares pequenas (*Seção 25.4*) Combinações de RNA e proteína usadas nas reações de *splicing* no RNA.

Pentose fosfato, via das (*Seção 28.2*) Via bioquímica que produz ribose e NADPH a partir do glicose-6-fosfato ou que, alternativamente, libera energia.

Peptídeo (*Seção 22.6*) Cadeia curta de aminoácidos ligada via ligações peptídicas.

Peptidil transferase (*Seção 26.5*) Atividade enzimática do complexo ribossômico responsável pela formação das ligações peptídicas entre os aminoácidos do peptídeo em crescimento.

Perforina (*Seção 31.2*) Proteína produzida por células assassinas T que perfura a membrana das células-alvo.

Plasmídeos (*Seção 26.8*) Pequenos DNAs circulares de origem bacteriana geralmente utilizados para construir DNA recombinante.

Polipeptídeo (*Seção 22.6*) Cadeia longa de aminoácidos ligada via ligações peptídicas.

Ponto isoelétrico (pI) (*Seção 22.3*) Valor de pH em que a molécula não tem carga efetiva.

Porção regulatória (*Seção 26.6*) Parte do ribossomo que permite a entrada apenas de certas moléculas de tRNA.

Procarioto (*Seção 25.6*) Organismo que não tem núcleo verdadeiro nem organelas.

Processo de pós-transcrição (*Seção 26.2*) Processo, como o *splicing* ou *capping*, que altera o RNA depois de ele ser inicialmente formado durante a transcrição.

Produtos finais da glicação avançada (*Seção 22.7*) Produto químico de açúcares e proteínas que se juntam para produzir uma imina.

Proenzima (*Seção 23.6*) Forma inativa de uma enzima que deve ter parte de sua cadeia polipeptídica clivada antes de se tornar ativa.

Promotor (*Seção 26.2*) Sequência de DNA usada para reconhecimento da RNA polimerase e para ligação ao DNA.

Prostético, grupo (*Seção 22.11*) A parte não proteica de uma proteína conjugada.

Proteína (*Seção 22.1*) Longa cadeia de aminoácidos ligados por ligações peptídicas. Geralmente deve haver um mínimo de 30 a 50 aminoácidos numa cadeia para que ela possa ser considerada uma proteína.

Proteína completa (*Seção 30.5*) Fonte de proteínas que contém as quantidades suficientes de aminoácidos necessárias para um crescimento e desenvolvimento normais.

Proteína conjugada (*Seção 22.11*) Proteína que contém uma parte não proteica, como a parte heme da hemoglobina.

Proteínas de desenrolamento (*Seção 25.6*) Proteínas especiais que ajudam a desenrolar o DNA, de modo que ele possa ser replicado.

Proteína de ligação (*Seção 26.2*) Proteína que se liga aos nucleossomos tornando o DNA mais acessível à transcrição.

Proteína de ligação do elemento de resposta ao AMP cíclico (CREB) (*Conexões químicas 26E*) Importante fator de transcrição que se liga ao elemento de resposta ao cAMP, estimulando a transcrição de muitos genes eucarióticos.

Proteína fibrosa (*Seção 30.1*) Proteína usada para fins estruturais. As proteínas fibrosas são insolúveis em água e apresentam alta porcentagem de estruturas secundárias, tais como alfa-hélices e/ou folhas beta-pregueadas.

Proteína globular (*Seção 22.1*) Proteína utilizada principalmente para fins não estruturais e bastante solúvel em água.

Proteína-G (*Seção 21.5*) Proteína que é estimulada ou inibida quando um hormônio se liga a um receptor, e que em seguida altera a atividade de outra proteína, como a adenilciclase.

Proteômica (*Conexões químicas 22F*) O conhecimento a respeito de todas as proteínas e peptídeos de uma célula ou de um tecido e suas funções.

Proteossomo (*Seção 26.6*) Grande complexo de proteínas envolvido na degradação de outras proteínas.

Quemiocina (*Seção 31.6*) Citocina quimiotática que facilita a migração de leucócitos dos vasos sanguíneos para o local do

ferimento ou inflamação.
Quimiosmótica, teoria (*Seção 27.5*) Proposta por Mitchell, segundo a qual o transporte de elétrons é acompanhado de uma acumulação de prótons no espaço intermembrânico da mitocôndria, que por sua vez cria pressão osmótica; os prótons levados de volta à mitocôndria sob essa pressão geram ATP.
Quinase (*Seção 23.6*) Classe de enzimas que modifica covalentemente uma proteína com um grupo fosfato, geralmente através de um grupo —OH na cadeia lateral de uma serina, treonina ou tirosina.

Reação em cadeia da polimerase (PCR) (*Seção 25.8*) Técnica para ampliar o DNA e que faz uso de DNA polimerase de bactérias termofílicas, estável quando aquecida.
Recaptação (*Seção 24.4*) O transporte de um neurotransmissor de volta para o neurônio através da membrana pré-sináptica.
Receptor (*Seção 24.1*) Proteína de membrana que pode se ligar a um mensageiro químico e assim desempenhar uma função, tal como a síntese de um segundo mensageiro ou a abertura de um canal iônico.
Receptor de ativação (*Seção 31.7*) Receptor de célula do sistema imunológico inato que ativa a célula imunológica em resposta a um antígeno externo.
Receptor de célula T (*Seção 31.1*) Glicoproteína da superfamília das imunoglobulinas localizada na superfície das células T e que interage com o epítopo apresentado pelo MHC.
Receptor inibitório (*Seção 31.7*) Receptor localizado na superfície de uma célula do sistema imunológico inato e que reconhece antígenos em células saudáveis e impede a ativação do sistema imunológico.
Reforçador (*Seção 26.6*) Sequência de DNA que não faz parte do promotor e que se liga a um fator de transcrição, reforçando a transcrição.
Regulação gênica (*Seção 26.6*) Os vários métodos utilizados pelos organismos para controlar quais genes serão expressos e quando.
Regulador (*Seção 23.6*) Molécula que se liga a uma enzima alostérica e muda sua atividade. A mudança pode ser positiva ou negativa.
Replicação (*Seção 25.6*) Processo em que o DNA é duplicado para formar duas réplicas exatas da molécula original.
Replicação semiconservativa (*Seção 25.6*) Replicação das fitas de DNA em que cada molécula-filha tem uma fita parental e uma fita recém-sintetizada.
Reprogramação celular (*Conexões químicas 31F*) Técnica usada na clonagem completa de mamíferos em que uma célula somática é reprogramada para se comportar como um ovo fertilizado.
Resíduo (*Seção 22.6*) Outro termo para o aminoácido de uma cadeia peptídica.
Reservatório de aminoácido (*Seção 28.1*) Aminoácidos livres encontrados em todo o organismo, tanto dentro quanto fora das células.
Retrovacinação (*Seção 31.8*) Processo em que cientistas têm um anticorpo que querem usar e tentam desenvolver moléculas para eliciá-lo.
Retrovírus (*Seção 26.1*) Vírus, como o HIV, que tem um genoma de RNA.

Ribossomo (*Seção 25.4*) Pequenos corpos esféricos da célula feitos de proteína e RNA; o sítio da síntese de proteínas.
Ribozima (*Seção 23.1*) Enzima formada de ácido nucleico. As ribozimas atualmente conhecidas catalisam a clivagem de parte de suas próprias sequências no mRNA e no tRNA.
RNA (*Seção 25.2*) Ácido ribonucleico.
RNA de transferência (tRNA) (*Seção 25.4*) RNA que transporta aminoácidos para o sítio da síntese de proteínas nos ribossomos.
RNA interferente pequeno (*Seção 25.4*) Pequenas moléculas de RNA envolvidas na degradação de moléculas específicas de mRNA.
RNA mensageiro (*Seção 25.4*) O RNA que carrega informação genética do DNA para o ribossomo e age como um molde para a síntese de proteínas.
RNA nuclear pequeno (*Seção 25.4*) Pequenas moléculas de RNA (100-200 nucleotídeos) localizadas no núcleo e que são distintas do tRNA e do rRNA.
RNA ribossômico (rRNA) (*Seção 25.5*) Um tipo de RNA que é complexado com proteínas e forma os ribossomos usados na tradução de mRNA em proteína.

Satélites (*Seção 25.5*) Pequenas sequências de DNA que são repetidas centenas de milhares de vezes, mas não codificam nenhuma proteína no RNA.
Sequência de consenso (*Seção 26.2*) Sequência de DNA, na região do promotor, que é relativamente conservada de espécie para espécie.
Sequência de Shine-Dalgarno (*Seção 26.5*) Sequência no mRNA que atrai o ribossomo para a tradução.
Sequência de terminação (*Seção 26.2*) Uma sequência de DNA que informa a RNA polimerase para terminar a síntese.
Silenciador (*Seção 26.6*) Uma sequência de DNA que não faz parte do promotor que se liga a um fator de transcrição, suprimindo a transcrição.
Sinal de iniciação (*Seção 26.2*) Sequência no DNA que identifica onde a transcrição deve começar.
Sinapse (*Seção 24.2*) Pequeno espaço aquoso entre a extremidade de um neurônio e sua célula alvo.
Sítio A (*Seção 26.3*) Sítio da grande subunidade ribossômica ao qual se liga a molécula de tRNA.
Sítio ativo (*Seção 23.3*) Cavidade tridimensional de uma enzima com propriedades químicas específicas para acomodar o substrato.
Sítio de controle (*Seção 26.6*) Sequência de DNA que faz parte de um óperon procariótico. Essa sequência está mais adiante no DNA do gene estrutural e desempenha um papel no controle da transcrição desse gene.
Sítio de reconhecimento (*Seção 26.3*) Área da molécula de tRNA que reconhece o códon do mRNA.
Sítio P (*Seção 26.5*) Sítio localizado na grande subunidade ribossômica onde o peptídeo se liga antes que a peptidil transferase o vincule ao aminoácido associado ao sítio A durante a elongação.
Sítio regulador (*Seção 23.6*) Sítio, que não o sítio ativo, onde um regulador se liga a um sítio alostérico e afeta a velocidade da reação.
Solenoide (*Seção 25.3*) Espiral enrolada na forma de hélice.
Splicing (*Seção 25.4*) Remoção de um segmento de RNA in-

terno e a junção das extremidades restantes da molécula de RNA.
Substância P (*Seção 24.6*) Neurotransmissor peptidérgico com 11 aminoácidos e que está envolvido na transmissão de sinais de dor.
Substrato (*Seção 23.3*) Composto ou compostos cuja reação é catalisada por uma enzima.
Subunidade (*Seção 23.6*) Cadeia polipeptídica individual de uma enzima que tem múltiplas cadeias.
Superfamília das imunoglobulinas (*Seção 31.1*) Família de moléculas com estrutura semelhante que inclui as imunoglobulinas, receptores de célula T e outras proteínas de membrana envolvidas nas comunicações da célula. Todas as moléculas dessa classe possuem uma região que pode reagir com antígenos.
Suplemento ergogênico (*Conexões químicas 30D*) Substância que pode ser consumida para aumentar o desempenho de um atleta.

Terapia antirretroviral altamente ativa (Haart) (*Seção 31.8*) Tratamento agressivo contra a Aids que envolve o uso de diferentes drogas.
Terapia gênica (*Seção 26.9*) Processo de tratamento de doença por introdução de cópia funcional de um gene num organismo que não possui esse gene.
Terminação (*Seções 26.2 e 26.5*) Etapa final da tradução, durante a qual uma sequência de terminação no mRNA informa os ribossomos para que se dissociem e liberem o peptídeo recém-sintetizado.
TNF (*Seção 31.6*) Fator de necrose tumoral; um tipo de citocina produzido por células T e macrófagos que têm a capacidade de lisar células tumorais.
Tradução (*Seção 26.1*) Processo em que a informação codificada num mRNA é usada para montar uma proteína específica.
Transaminação (*Seção 28.8*) A troca de um grupo amino de um aminoácido por um grupo cetônico de um alfa-cetoácido.
Transcrição (*Seção 25.4*) Processo em que o DNA é usado como modelo para a síntese de RNA.
Transdução de sinal (*Seção 24.5*) Uma cascata de eventos através da qual o sinal de um neurotransmissor ou hormônio, passado a seu receptor, é levado para dentro da célula-alvo e amplificado em muitos sinais que podem causar modificação na proteína, ativação enzimática ou a abertura de canais da membrana.
Transferase (*Seção 23.2*) Classe de enzima que catalisa uma reação em que um grupo de átomos, como o grupo acila ou o grupo amino, é transferido de uma molécula para outra.
Transformação física (*Seção 1.1*) Transformação da matéria em que ela não perde sua identidade.
Translocação (*Seção 26.5*) Parte da tradução em que o ribossomo percorre uma distância de três bases no mRNA, de modo que o novo códon possa estar no sítio A.
Triglicerídeo (*Seção 21.7*) Um tipo de lipídeo formado pela ligação de glicerol com três ácidos graxos, por meio de ligações éster.
Tripla hélice (*Seção 22.11*) A hélice tripla do colágeno é composta de três cadeias peptídicas. Cada cadeia é em si mesma uma hélice virada para a esquerda. Essas cadeias estão entrelaçadas numa hélice voltada para a direita.

Ureia, ciclo da (*Seção 28.8*) Via cíclica que produz ureia a partir de amônia e dióxido de carbono.

Vesícula sináptica (*Seção 24.2*) Compartimento que contém um neurotransmissor e que se funde à membrana pré-sináptica, liberando seu conteúdo quando chega o impulso nervoso.
Vírus da leucemia murina de Moloney (MMLV) (*Seção 26.9*) Vetor muito utilizado em terapia gênica.
Vitamina (*Seção 30.6*) Substância orgânica necessária em pequenas quantidades na dieta da maioria das espécies, e que geralmente funciona como um cofator em importantes reações metabólicas.

Zimogênio (*Seção 23.6*) Forma inativa de uma enzima que deve ter parte de sua cadeia polipeptídica clivada antes de se tornar ativa; uma proenzima. Também denominado zimógeno.
Zíper de leucina (*Seção 26.6*) Motivo comum em um fator de transcrição.
Zwitteríon (*Seção 22.3*) Molécula que tem igual número de cargas positivas e negativas, o que lhe dá carga efetiva zero.

# Índice remissivo

Números de página em **negrito** referem-se a termos em negrito no texto. Números de página em *itálico* referem-se a figuras. Tabelas são indicadas com um *t* após o número da página. O material que aparece nos quadros é indicado por um *q* após o número da página.

A

AARS (aminoacil-tRNA sintetase), 660
ABO, sistema de grupo sanguíneo, 489*q*-490*q*
    antígenos, 759
Abzimas, **583**, 583
Acesulfame-K, 740*q*
Acetal
    formação de glicosídeo, 484-485, 497-498
Acetaldeído, 697
Acetato
    no ciclo do ácido cítrico, 679-683
Acetila (CH_3CO^-), molécula carreadora de, **678**
Acetila, grupo, 678-679
Acetil-CoA carboxilase, 723*q*
Acetil coenzima A (Acetil-CoA), 598*q*
    biossíntese (anabolismo) de ácidos graxos, 722, *722*, 724
    descarboxilação oxidativa do piruvato e formação, 698
    estrutura, 679, *679*
    na via catabólica comum, 679, *679*, 681
    β-oxidação de ácidos graxos e formação, 700, *702*
Acetilcolina, 569*q*, 595-599
    armazenamento e ação como mensageiro químico, 595
    botulismo, 599*q*, 599
    doença de Alzheimer, 647*q*, 599*q*
    efeitos de gases dos nervos, 597*q*
    regulação, 599
    remoção, do sítio receptor, 597
    sinalização do cálcio para liberar, 596*q*
Acetilcolina transferase, 598*q*
Acetilcolinesterase, 569*q*, 598
    efeito de gases dos nervos, 597*q*
Acetoacetato como componente de corpos cetônicos, 704
Acetona (CH_3CO_2)
    nos corpos cetônicos, 704
Polossacarídeos ácidos, 476, 495-497
Acidez (pK_a)
    do aminoácido, 540
Ácido acético (CH_3COOH), 569*q*
Ácido araquidônico, 526, 738
Ácido ascórbico (Vitamina C), 483*q*
Ácido aspártico, *536*, 539
Ácido α-cetoglutárico, 710
Ácido cítrico, ciclo do, *674*, 676, 679-683, **688**, *695*, 736
    balanceamento do carbono, 679
    diagrama, 679
    efeito da escassez de glicose, 703
    enzimas, 675, 683-685
    etapas, 679-682
    glicólise, 698
    produção de energia, 682
Ácido clorídrico (HCl)
    hidrólise de proteínas, 694
    no ácido do estômago, **738**

Ácido desoxirribonucleico (DNA), **616**, **640**
Ácido docosaexenoico ($C_{22}H_{32}O_2$), 724
Ácido glicurônico, 488, 495
Ácido glutâmico, *536*, 539
    drogas que afetam a função de mensageiro do, 593*t*
    recaptação, 599
Ácido hialurônico, 495
Ácido 2-hidroxipropanoico. *Ver* Ácido láctico
Ácido linoleico, 506, 509, 737
Ácido oleico, 506
Ácido ribonucleico (RNA), **616**, **640**
    açúcares, 617-618
    bases, 616-617
    classes, 626
    estrutura do DNA e, 620-626
    fosfato de, 618-619
    funções de diferentes tipos de, 628*t*
    nucleotídeos e nucleosídeos, 619*t*
    primer, na replicação de DNA, **633**, 635
Ácidos aldônicos, 486, 498, **498**
Ácidos graxos, 504
    biossíntese (anabolismo), 722-724
    catabolismo por β-oxidação, 694, 700-703
    essenciais, 505, **738**
    estado físico, 505
    formação, 694
    porcentagem em gorduras e óleos comuns, 506*t*
    rendimento energético do catabolismo do ácido esteárico, 703*t*
    saturados e insaturados, 519
    trans, 506
Ácidos graxos essenciais, 505, **738**
Ácido ribonucleico (RNA)
    dos vírus, 656*q*
    estrutura, 616-619, 620-622. *Ver também* Nucleotídeo(s)
Ácidos urônicos, oxidação de monossacarídeos a, 487-488
Ácido(s). *Ver também* Acidez (pK_a)
    aminoácidos como, 574
Acila, proteína carreadora de (ACP), **722**, **728**
Acil-CoA, 722
Aconitato, 679
Açúcar de cozinha. *Ver* Sacarose ($C_{12}H_{22}O_{11}$)
Açúcares
    amino, 479-480
    como componente dos ácidos nucleicos, 617-618
    glicose. *Ver* Glicose
    redutores, **486**, **496**
    tabela. *Ver* Sacarose ($C_{12}H_{22}O_{11}$)
Açúcares redutores, **486**, **496**
Adaptação induzida, modelo de atividade enzimática da, **573**, 574-578, **585**
Adenilato ciclase, 600-601

Adenina (A), 616, *617*, 622, 623, *623*
Adenosina, 650
Adenosina desaminase ADA), **667**
Adesão, moléculas de, **766**
Adoçantes artificiais, 543*q*, 736, 740*q*-740*q*
ADP. *Ver* Difosfato de adenosina (ADP)
Adrenalina, 541. *Ver também* Epinefrina
Adrenérgicos, mensageiros químicos, 594, 600-605, 610
    controle de neurotransmissão, 602
    histaminas, 604
    mensageiros secundários, 600-601
    monoamina, 600
    remoção de neurotransmissores, 602
    remoção de sinais, 601-602
Adrenocorticoides, hormônios, *519*, 519-520, **527**
Agonistas, drogas, **593**, **610**
Água (H_2O)
    como nutriente, **749**
Aids. *Ver* Síndrome da imunodeficiência adquirida (Aids)
Alanina, *536*, 542, 599, *727*
    catabolismo, *710*
    estereoquímica, *538*
    formação, 651
Alanina aminotransferase (ALT), 581
Álcool fetal, síndrome do, 697
Aldeídos
    monoamina oxidase (MAO), 602, 603, 605
Alditóis, **485**, 485-486, 497, **497**
Aldoexoses, 478*t*
Aldopentoses
    como hemiacetais cíclicos, 482
    formas D-, 480*t*
Aldoses, **476**
    oxidação, 486
Aldosterona, 519, *519*
Aldotetroses, 478*t*
Alergias, 771
Alfa (α) aminoácidos, 534-535, **535**
Alimento. *Ver também* Dieta humana
    aumento do desempenho, 747*q*
    contagem de calorias, 735-736
    nutrição. *Ver* Nutrientes; Nutrição humana
    processamento no organismo, 736-738
Alosterismo, regulação enzimática por, **576**, **585**
ALT (alanina aminotransferase), 581
Alzheimer, doença de, 553*q*
    acetilcolina, 598*q*-599*q*
    acetilcolina transferase e, 598*q*
Amidas
    síntese de proteína, 542
Amido, 493, **496**
    ação de enzimas, 736
α-amilase, **736**
β-amilase, **736**
Amilopectina, 493, *493*, **496**
Amilose, 493, **496**
Aminoácidos, **534**, 534-538, **561**
    alfa, 534, **534**
    biossíntese (anabolismo), 726-728
    características, 539
    catabolismo do nitrogênio, 705-710
    como neurotransmissores, 594, 599, 610
    como zwitteríons, 538-539
    C-terminal, 543, 547
    especificidade do tRNA, 660
    essenciais, **726**, 726*q*, **739**
    estrutura, *534*
    formação de proteína, 542-544. *Ver também* Síntese de proteína
    grupo carboxila, 540, 542
    incomuns, 541
    ligações peptídicas, 542-544
    N-terminal, 543, 547
    sequência em decapeptídeos N-terminais de β-globina em algumas espécies, 661*q*
    tipos comuns, 535*t*, *535-538*
Aminoácidos essenciais, **726**, 726*b*, **739**
Aminoacil-tRNA sintetase (AARS), **648**, 650, 660
Aminoaçúcares, 479
Amino, grupo, 542-544
    transaminação e troca, 706
Amônia (NH_3)
    formação da ureia a partir de dióxido de carbono e, 707-709
AMP cíclico (cAMP)
    amplificação, 638-640
    como mensageiro secundário, 600-601
    circular (plasmídeos), 664
Anabolismo, **673**, **688**
    aminoácidos, 726-728
    carboidratos, 718-722
    lipídeos, 723-724
    na via metabólica central, 728
    resumo, 728
    vias biossintéticas, 717-718
Analgésicos, 538*q*. *Ver também* Aspirina; Ibuprofen
Análogos de estado de transição, **581**, 583, 584*b*, **585**
Androstenediona, 522*q*
Anemia falciforme, 549*b*, 629, 663
Aneuploides, células, **776***q*
Anfiprótica, substância
    aminoácidos como, 539
Angina, 579*q*
Animal(is)
    célula típica, 675, *675*
    proteínas estruturais, 533
Ânion, transporotador de, **511***q*
Anomérico, carbono, **481**, **496**
Anômeros, **481**, **496**
Antagonistas, drogas, **593**, 599, **620**
Antibióticos, 771*q*
    problemas associados com o uso, 771*q*
Anticoagulantes, 496
Anticódon, **648**, **669**
Anticorpo neutralizador, **777**
    2G12, 779
Anticorpos, **755**
    B12, **777**

catalíticos, 583, 584*q*
células B, 758, 762-763, *763*
    do tipo IgG, *762*
    função do gene V(J)D na diversifição dos, 763-764, 767
    ligação com o epítopo do antígeno, *760*
    maturação por afinidade na ligação com antígenos, 764
    monoclonais, 765*q*, **765**
    neutralizadores, **777**
    pesquisa futura, 777
    reconhecimento do antígeno, 759, 762
Anticorpos catalíticos, 582-583
    contra os efeitos da cocaína, 584*q*
Antígeno (s), 534, **755**, **759**, **778**
    características, 759
    diversificação da resposta da imunoglobulina, 763-764, *764*
    epítopo, 759. *Ver também* Epítopo
    maturação por afinidade em ligação com anticorpos, 764
    principais complexos de histocompatibilidade, 759
    reconhecimento pelo anticorpo, 759, 762
Anti-histaminas, 604
Anti-inflamatórios, 525, 526*q*, 526. *Ver também* Aspirina
Antitrombina III, 496
APCs (células de apresentação de antígeno), **758**
Apetite, função dos peptídeos no, 605
apoB-100, proteína, 518
Apoenzima, **570**, **585**
AP site (*apurínico/apirimidínico*), 636
Arginina, *537*, 568, 604, 708
Argininosuccinato, 708
Arteriosclerose, 517
Artrite reumatoide, 495, 772
Asma, 526
Asparagina, *536*
Aspartame, 543*q*, 740*q*
Aspartato, 540, 707
Aspartato aminotransferase (AST), 581
Aspirina
    ação, 525, 526*q*, 584*q*
Atividade enzimática, 571-572
    concentração do substrato, 571-572
    inibição, 571, 573, *576*, 578, 579*q*
    mecanismos, 572-579
    pH, 572
    temperatura, 572
Atletas, 522*q*
    alimentos para aumentar desempenho, 747*q*
ATPase translocadora de próton, **685**, **688**
Autoimune doença, 772
Avery, Oswald (1877-1955), 616
Axônio, *592*, **595**
    bainha de mielina, 514*q*

B

b12, anticorpo, **777**
Bactérias
    ingestão por macrófago, *756*
    técnicas de DNA recombinante, 664, *664-665*
Bainha de mielina, esclerose múltipla e outras doenças que afetam a, 514*q*

Bandagens, 494*q*
Base(s)
    aminoácidos, 540
Base(s), ácido nucleico, **616**, 616-617
    composição e proporção em duas espécies, 621*t*
    danos ao DNA e reparo, 636-638
    estrutura primária do DNA, 620-621
    pareamento, 622, *624*
    pareamento complementar, 622, *624*
    principais tipos, *617*
    sequência, 629
B-DNA, 623
Beadle, George, (1903-1989), 616
Bebidas energéticas, 524
Bentley, Robert, 761*q*
Bicamada lipídica, **508**, **527**
    modelo molecular do preenchimento de espaço da, 509
    transporte através da, 511*q*
1,6-Bifosfato de frutose, 695, *696*
4,5- Bifosfatos de fosfatidilinositol (PIP2), **510**
Bioenergética. *Ver* Membrana(s)
Bisfenol A, 610 *q*
Bomba quimiosmótica, produção de ATP e função da, 685-686
Botox, 597*q*
Botulismo, 599*q*, 599
Brometo de decametônio, inibição competitiva pelo, 599
Brown, Michael, 518

C

Cabelo, desnaturação reversível de proteínas no, 560-561
Cadeia de transporte de elétrons, *675*, 683-685, **688**
    desacopladores, 684*q*
    gradiente protônico, **685**
    rendimento energético, 686
Cadeias laterais, peptídeo, 544
Cafeína, 747*q*
Caixa GC, 656
Cálcio (Ca^{2+})
    como mensageiro químico secundário, 596*q*
    drogas que afetam a função de mensageiro do, 593*t*
Cálculos biliares, *517*
Calmodulina, 597*q*
Calvin, ciclo de, **721***q*
Calvin, Melvin (1911-1997), 721*q*
cAMP. *Ver* AMP cíclico (cAMP)
Canais iônicos dependentes de ligantes, 599
Canais transmembrânicos, 511*q*
Canal iônico, mensageiros químicos e abertura do, 597, 599, *601*
Canal protônico, 684, **685**
Câncer
    anticorpos monoclonais e tratamento, 765*q*
    carcinogênico, **663**
    cólon, 735
    drogas para tratamento, 620*q*, 761*q*
    oncogenes, 663*q*
    vacina potencial, 769*q*

Carboidrato, anabolismo do, 718-722
    conversão da glicose em outros carboidratos em animais, 720-722
    conversão de CO_2 atmosférico em glicose nas plantas, 718-719, 720q-721q
    síntese da glicose em animais, 719-720
Carboidrato, catabolismo do, 679, 694
    reações de glicólise, 694-699
    rendimento energético a partir do catabolismo da glicose, 699-700
Carboidrato(s), 475-501
    bandagens feitas de, 494q
    biossíntese. *Ver* Carboidrato, anabolismo do
    catabolismo. *Ver* Carboidrato, catabolismo do
    definição, **476**
    dissacarídeos, 490-492
    monossacarídeos. *Ver* Monossacarídeos
    oligossacarídeos, 490
    polissacarídeos, 493-495
    tipos sanguíneos, 489q
Carbono (C)
    anomérico, 481
Carboxipeptidase, 568, 738
Carcinogênico, 663
Carnitina, 701
Carnitina aciltransferase, 701
Cassete de expressão, **667**
Catabolismo, **673**, **688**
    bomba quimiosmótica e produção de ATP, 685-686
    carboidratos. *Ver* Carboidrato, catabolismo do
    conversão da energia química produzida pelo, 687-691
    das proteínas. *Ver* Proteína(s), catabolismo da
    de lipídeos. *Ver* Lipídeo, catabolismo do
    elétron e transporte de H^+, 683-685
    função da mitocôndria, 675
    papel do ciclo do ácido cítrico, 679-683
    principais compostos, 676-679
    rendimento energético resultante, 686
    resumo, 712
    via catabólica comum, 674, 693-694, *695*
    via comum do, **674**
Catalisador(es)
    enzimas como, 533, 578, *575*
    polimerases no processo de transcrição, 644
Catecolaminas, 540
Cech, Thomas, 628
Cefalinas, **509**
Célula nervosa
    anatomia, *592*, 594
    mielinização dos axônios, 514q
Célula(s)
    armazenamento de gordura, 694
    componentes, *675*
    estrutura, *675*
    via metabólica comum em, *675*, 674-675
Célula(s) B, **755**, 756, 758-759, **778**
    corpo estranho, 768
Células assassinas naturais, *753*, **754**, **758**, 788
Células brancas do sangue (leucócitos), 755-756, 768, 778
    linfócitos como um tipo de. *Ver* Linfócitos

Células de apresentação do antígeno (APCs), **758**
Células de memória, **758**
Células do plasma, 758, 763
Células embrionárias de carcinoma, **776**q
Células T auxiliares (células TH), **758**
    desenvolvimento, *759*
    infecção de HIV, 767, 773
Células-tronco, *759*
    desenvolvimento de linfócitos das, *759*
    histórico da pesquisa, 777q
    perspectivas e potencial de pesquisa, 776q-777q
Células-tronco embrionárias, **776**q
Célula(s) T, **755**, 756, 778. *Ver também* Receptor(es) de célula T
    auxiliar, **758**. *Ver também* Células T auxiliaries (células TH)
    citotóxica (células Tc), **758**
    corpo estranho e seleção, 768
    crescimento e diferenciação, *770*
    interação com célula dendrítica, 758
    memória, 758
Células vermelhas do sangue (eritrócitos)
    anemia falciforme, *549*, 549b, 629, 663
    velhas, destruição de, 710
Celulose, 493-494, **497**, 533, 735
    estrutura, *495*
Ceramida, **512**, 724
Cérebro humano, 592
    efeitos de doença de Alzheimer, 553q, 598q
    glicose e corpos cetônicos como fonte de energia, 703-704, 737q
    peptídeos e comunicação química, 605-606
Cerebrosídeos, **512**
α-Cetoácido, 706
Cetoacidose, **706**q
Cetogênicos, aminoácidos, **710**, **712**
α-Cetoglutarato, 681, 706, 726, *727*
2-Cetohexoses, formas D- das, 480t
Cetônico, grupo, 706
2-Cetopentoses, formas-D-, 479t
Cetose, 736
Cetoses, **476**
    como açúcares redutores, 486
Chaperona, proteínas, **553**, 561, **562**
    regulação gênica na etapa pós-tradução e função, **660**, 669
Chargaff, Erwin (1905-2002), 620
Chargaff, regras de, sobre pareamento de base no DNA, 622, *623*
Chave-e-fechadura, modelo, da atividade enzimática, **573**, **585**
Ciclo de Krebs. *Ver* Ácido cítrico, ciclo do
Ciclo menstrual, hormônios e, 520
Ciclo-oxigenase (COX), **524**, 583q
Citocromo c, 547-548
Cirurgia a laser, no olho humano, 560q
Cisteína, *537*, *727*
    cistina como dímero da, 539
Cisteína protease, 579, *575*

Cistina, **539**
Cistinúria, 712*q*
Citocinas, **756**, 767, 772, **778**
    classes, 768
    modo de ação, 768
Citocromo oxidase, 685
Citoplasma, reações anabólicas no, 718
Citosina (C), 617, *617*, 622, *623*, 638
    desaminação e formação de uracila, 636, *637*
Citotóxicas (assassina), células T (células Tc), **758**
Citrulina, 604*q*, *707*, 708
Clonagem de DNA, **638**
Clorofila, reações fotossintéticas e, 720*b*-721*b*
Cloroplastos, **720***q*
Clostridium botulinum, 597*q*
Cluster determinante, **766**, **778**
Coated pits, **518**
Cocaína,
    anticorpos catalíticos contra, 584*q*
    neurotransmissor dopamina, 603*q*
Código genético, **648**, 649*t*, **669**
    segundo, **650**
Códon, **648**, 662*b*, **669**
    código genético, 649*t*
    de parada, **660**
Coenzima A (CoA), 598, 678, 698
Coenzima Q, 683
Coenzima(s), **571**, **585**
    NAD$^+$ e FAD, 677
    vitaminas como, 741*t*
Cofatores, enzima, **570**, **585**, 741*t*
Colágeno, 533, *551*, **554**, 555
Cólera (*Vibrio cholerae*), 602
Colesterol, **516**, **527**
    biossíntese (anabolismo), 724, *725*
    cálculos biliares, *517*
    drogas para baixar os níveis de, 725
    estrutura, 514
    lipoproteína de baixa densidade, **517**, 518
    lipoproteínas como carreadoras de, 517-518
    níveis no sangue, 516, 518
    sais biliares como produto de oxidação do, 523
    transporte, 517-518
Colina, 510, 569*b*, 599
Colinérgicos, mensageiros químicos, **593**, 593-599, **594**, **610**
Colisão, teoria da. *Ver* Teoria cinético-molecular
Complementação proteica, **739**
Complexo aberto **657**
Complexo antígeno-anticorpo, *762*
Complexo de Golgi, *675*
Complexo de pré-iniciação, 650, **656**
Complexo enzima-substrato, **573**
Complexo receptor de célula T, **766**, 767
Complexos de histocompatibilidade principal (MHC), 755, **758**, 759-760
    classes de (MHC I, MHC II), 759-760
Complexos proteína e cofatores, 718
Compostos
    da via catabólica comum, 676-679
    zwitteríons,538, 538-539

Comunicação celular. *Ver* Comunicações químicas
Comunicações químicas, 592-613
    acetilcolina como mensageiro, 595-599
    aminoácidos
    hormônios esteróides, 606-607, 609-610
    hormônios, 593-594*t*, 595, 606-607, 609-610
    mensageiros adrenérgicos, 600-605
    molécuals envolvidas 592-593. *Ver também* Mensageiros químicos; Receptores de mensagens químicas
    neurotransmissores, 593-595, 599. *Ver também* Neurotransmissores
    peptídeos, 605-606
    sistema imunológico 756. *Ver também* Sistema imunológico
Conexões químicas
    ácido ascórbico, 483*q*
    acúmulo de lactato nos músculos, 698*q*
    adoçantes artificiais, 740*q*-740*q*
    agentes quimioterápicos no tratamento do câncer, 761*q*
    Alzheimer, doença de, e acetilcolina transferase, 598*q*
    aminoácidos, 712*q*, 726*q*
    anemia falciforme, 549*q*
    antibióticos, 771*q*
    anticorpos catalíticos contra a cocaína, 584*q*
    aumento no desempenho dos atletas, 747*q*
    bainha de mielina em torno dos axônios, 514*q*
    botulismo, 597*q*
    cálcio como agente sinalizador (mensageiro secundário), 596*q*
    células-tronco, 776*q*-777*q*
    cetoacidose diabética, 706*q*
    cetoacidose, 706*q*
    cirurgia a laser e desnaturação da proteína, 560*q*
    diabetes, 609*q*
    dieta, 740*q*-739*q*
    doenças dependentes da conformação de proteína/peptídeo em humanos, 553*q*
    dopamina, 603*q*
    drogas anticancerígenas, 620*q*
    drogas redutoras de peso, 684*q*
    efeitos da transdução de sinal no metabolismo, 703*q*
    enzimas, 545*q*, 577*q*, 582*q*, 583*q*
    esclerose múltipla, 514*q*
    estrutura da proteína quaternária e das proteínas alostéricas, 558*q*-559*q*
    farmacogenômica, 636*qb*
    fotossíntese, 720*q*-721*q*
    galactosemia, 480*q*
    impressão digital de DNA, 634*q*
    imunizações, 769*q*
    inibidores de enzimas, 579*q*
    insulina, 549*q*
    liberação de acetilcolina, 597*q*
    mutação e evolução bioquímica, 661*q*
    níveis de glicose no sangue, 487*q*
    obesidade, 684*q*
    oncogenes, 663*q*
    óxido nítrico, 604*q*
    p53, 663*q*

pirâmide alimentar, 734*q*
proteômica, 584*q*
ranço de óleos e gorduras, 506*q*
redução do peso, 737*q*
relaxantes musculares, 569*q*
telômeros, telomerase e tempo de vida dos organismos, 631*q*
terapia com anticorpos monoclonais, 765*q*
teste para glicose, 485*q*
tipos sanguíneos, 489*q*-490*q*
transporte através das membranas celulares, 511*q*
vacinações, 769*q*
vírus, 656*q*

Conformação cadeira, **483**, **497**
    monossacarídeos, 483-484

Contracepção oral, 523*q*

Controle por retroação, regulação enzimática por, **575**, 575-576, **585**

Conversão gênica (GC), mutação por, 764

Cooperatividade positiva, ligação do oxigênio à hemoglobina e, **558***q*

Coração humano
    acumulação de lactato, 698*q*
    angina, 579*q*
    arterioesclerose, 517, **518**, 519
    conversão de lactato em piruvato, 580
    infarto do miocárdio, 518, 580

Corey, Robert, 550

Cori, ciclo de, 719, *722*

Cori, Gerty e Carl, *721*

Corpo humano
    contracepção oral, 523*q*
    cuidados médicos. *Ver* Medicina
    nutrição. *Ver* Nutrição humana
    obesidade, 684*q*

Corpos cetônicos, 703-704, **704**, 710, **712**, 737
    diabetes, 706*q*

Cortisol, *519*, 519-520, 771

Cortisona, *520*, 520

Creatina fosfoquinase (CPK), 581

Creatina, 747*q*

Creutzfeldt-Jakob, doença de, 553*q*

Crick, Francis, 622, *622*

Cristas, mitocôndria, **676**

Cromatina, **633**

Cromossomos, **616**
    estrutura do DNA. *Ver* Ácido desoxirribonucleico (DNA)
    replicação do DNA e abertura dos, 633
    superestrutura, *625*
    telômeros na extremidade dos, 631*q*

C-terminais (aminoácido C-terminal), **543**

Curva sigmoidal, **559***q*

D

Danos oxidativos, proteção contra, 699

Decanoato de nandrolona, 522*q*

"Dedos" de ligação metálicos de fatores de transcrição, **659**

Dendríticas, células, **755**, **758**
    interação com célula T, 758

Dendritos, *592*, **593**

Depósitos de armazenamento de gordura, **694**

Desaminação oxidativa, **706**, 706, 709, **713**

Descarboxilação, reações de, **680**

Desnaturação de proteínas, 557-561
    cirurgia ocular com raio laser em humanos e, 560*q*

Desnaturação reversa, 562

β-2-desóxi-D-ribose, 617

Detergentes
    sais biliares como, 524

Diabetes melito, 609*b*, 736
    cetoacidose, 706*q*
    dependente de insulina, 772
    insulina, 548, 549*b*
    teste de glicose no sangue, 487*q*

Diacetato de etilenodiol, 523*q*

Diclofenac, 525

Dieta de Atkins, 737

Dieta humana. *Ver também* Nutrientes; Nutrição humana
    aminoácidos essenciais, **726**, 726*q*, **739**
    bebidas energéticas, 524
    calorias, 735-736
    carboidratos, 736-737
    gorduras, 737
    para aumentar o desempenho, 747*q*
    porções, 733
    proteína, 737-739
    redução de peso, 732, 736, 740*b*-741*q*
    redução do colesterol e de ácidos graxos saturados, 519
    vitaminas, minerais e água, 739-749

Dietas discriminatórias de redução, **732**

Difosfato de adenosina, (ADP), 577*q*, 618, 676, 687

Difosfato de guanosina (GDP), 600, *601*

Digestão, **732**, 736

Diglicerídeos, **505**

Di-hidroxiacetona, 476

Dióxido de carbono, (CO_2)
    conversão em glicose nas plantas, 718-719, 720*q*-721*q*
    formação da ureia a partir da amônia e, 707-709

Dipeptídeo, **542**, 547
    translocação na síntese de protetína, *652*

Dissacarídeos, **490**, 490-492

D, L, sistema
    configuração de aminoácido, 535
    configuração de carboidrato, 477-479

D-monossacarídeo, 477, 478*t*, **496**
    ácido L-ascórbico, 483*q*
    estrutura, 476
    extração de energia. *Ver* Glicólise
    fórmulas de projeção de Fischer, 476-477
    galactosemia como incapacidade de utilizar o, 480*q*
    nomenclatura, 476
    processamento, 736
    propriedades físicas, 479

DNA ligase, 635

DNA polimerase, 631*q*, 638, **640**

DNA recombinante, técnicas de, 664-666, 669

DNA. *Ver* Ácido desoxirribonucleico (DNA)

Doçura, 492*t*

Doenças e condições
  Aids. *Ver* Síndrome da imunodeficiência adquirida (Aids); Vírus da Imunodeficiência Humana (HIV)
  Alzheimer, 553*b*, 598*b*
  armazenamento de lipídeos, 515*q*-516*q*
  artrite reumatoide, 495
  arterioesclerose, 517, **518**
  autoimune, 772
  botulismo, 597*q*
  câncer. *Ver* Câncer
  causada por mudanças de conformação em proteínas e peptídeos, 553*q*
  célula falciforme, 549*b*, 629, 662
  cistinúria, 712*q*
  cólera, 602
  Creutzfeldt-Jakobs, 553*q*
  diabetes. *Ver* Diabetes melito
  esclerose múltipla, 512, 514*q*
  febre reumática, 771*q*
  fenilcetonúria (PKU), 712*q*
  galactosemia, 480*q*
  gonorreia, 771*q*
  hipercolesterolemia familiar, 519
  imunodeficiência combinada severa, **667**
  infecção estreptocócica na garganta, 771*q*
  infecções nos ouvidos, 771*q*
  kwashiorkor (deficiência de proteína), 726*b*, **739**
  mal de Parkinson, 540, 603*q*
  marasmo, **735**
  nutricionais, 724*q*, **735**, **739**, 739*q*-739*q*, *739*
  priônicas, 553*q*
  raquitismo, *739*
  SARS (síndrome respiratória aguda severa), 773
  síndrome alcoólica fetal, 697
  síndrome de Guillain-Barré, 514*q*
  varíola, 769*q*
  vírus como causa de, 656*q*
Dogma central da biologia molecular, **644**, *644*
Donepezil, 598*q*
Dopamina, 584*q*, 600
  depleção no mal de Parkinson, 603*q*
  drogas que afetam a função de mensageiro da, 593*t*
Dor, transmissão de sinais de, 605-606
β-D-ribofuranose (β-D-Ribose), 485, 617
Drogas. *Ver também* Fármacos
  agonistas e antagonistas, 593
  angel dust, 600
  anticancerígenos, 620*q*
  anti-inflamatório, 525, 526*b*, 526. *Ver também* Aspirina
  catalíticas, 584*q*
  cocaína, 584*q*
  comunicações químicas e transmissões nervosas afetadas por, 592-593*t*
  contraceptivos orais, 523*q*
  influência genética no metabolismo de, 636*q*
  macrolídeo, 769
  morfina, *576*, 605
  Photofrin, 560*q*
  Viagra, 579*q*

D-sorbitol, redução de D-Glicose em, 485
Dupla hélice, DNA, **622**
  comparações entre RNA e, 624-626
  desenrolamento, 633, 636
  estrutura do ácido nucleico, 616-619
  estrutura primária, 620-622, *621*
  estrutura secundária, 622-624
  estruturas de ordem superior, 624-626
  expressão gênica, 644
  fita líder e fita atrasada, 631, *633*
  forquilha de replicação, 630-631
  looping, *658*
  manipulação recombinante, 664-665
  origem da replicação, 630-631
  relaxação, 633
  reparo, 636-637
  replicação. *Ver* Replicação do DNA
  sequência nucleotídica, *625*. *Ver também* Sequências de nucleotídeos no DNA

E

Electroforese, **634***q*
Elementos de resposta, **656**
Elementos-traço, 741*t*
Elétron(s)
  agentes de transferência de, em reações biológicas de oxirredução, 677
  transporte de, no ciclo do ácido cítrico, 683-685
Elongação, etapa de, na síntese de proteínas, 650-721
Elongação, fatores de, **651**, *652*
Elongação, transcrição e, **646**
Enantiômeros
  de gliceraldeídos, 476, *477*
Encefalinas, **605**
  drogas que afetam função de mensageiro das, 593*t*
  semelhanças com a morfina, *576*
Endinucleases de restrição, **665**
Energia
  agentes de armazenamento na via catabólica comum, 676-677
  bioenergética. *Ver* Metabolismo
  extração em alimentos, 694-701
Energia calorífica
  conversão de energia química em, 687
Energia elétrica
  conversão de energia química em, 686-687
Energia de ativação, 574, 581
Energia mecânica
  conversão em energia química, 687
Energia química
  bioenergética. *Ver* Metabolismo
  conversão para outras formas de energia, 686-687
  produção de ATP, 685-686
Enxofre
  ataque nucleofílico por, 574-575 578, *575*
Enzimas elaboradas, 581-583
Enzima COX, anti-inflamatórios e inibição da, 524-525, 526*q*, 526

Enzima de ativação, **571**
Enzima, diagnóstico médico e uso de ensaios de, 581*t*
Enzima(s), **567**, 567-589, **585**
    alostéricas, **576**, *576*
    análogos de estado de transição, 581-583, 584*q*
    anticorpos catalíticos para tratar o vício, 584*q*
    ciclo do ácido cítrico, 676, 683-685
    classificação, 570*t*
    como catalisadores, 534, 567-568, 576
    digestão da proteína, 738-739
    digestivas, 694
    elaboração, 581-583
    especificidade do substrato, 568, 569*q*
    fatores que influenciam a atividade das, 571-572
    gliconeogênese, 719
    hidrólise de carboidratos, 736
    inibição, 579*q*
    mecanismos de ação, 572-579
    modelos, 573-578
    nomenclatura, 569*t*
    regulação, 575-580, 582*q*
    sítios ativos, 571, 577*b*
    terminologia, 570
    usos medicinais, 579*q*, 579
Enzimas alostéricas, **576**
    efeito de ativadores e inibidores de ligação nas, *579*
    regulador e sítio regulatório, 576-579
Enzimas desramificadoras, **736**
Epigênico, mecanismo, **777***q*
Epinefrina, 600, 701*q*
    drogas que afetam a função de mensageiro da, 593*t*
    oxidação a aldeído, 602
Epítopo, **759**, **778**
    ligação do anticorpo ao, *760*, 768
Ergogênicos, agentes, 747*b*
Eritritol, 486
Esclerose múltipla, 512, 514*b*, 773
Esfingolipídeos, **507**, **510**, 510-512, **527**
Esfingomielina, 511*b*, 512, 724
Esfingosina, 510
Especificidade das enzimas, 568
Esqueleto carbônico dos aminoácidos, 709-710
Estado de transição
    catalisadores enzimáticos, **575**, **585**
Esterase, degradação da cocaína pela, 584*q*
Estereoisômeros
    aminoácidos e proteínas, 535, *538*
Ésteres
    ceras, 507*q*
    fosfóricos, 488
Ésteres fosfóricos, 488
Esteroide(s), **516**, 516-518, **527**, 594
    colesterol, **517**. *Ver também* Colesterol
    estrutura, 514
    funções fisiológicas, 519-524
    lipoproteínas e transporte de cholesterol, 517-518
Esteroides anabólicos, 522*q*-522*q*
Esteroides, hormônios, 519-523, **606**
    adrenocorticoide, *519*, 519-521
    anabólicos, 522*b*-523*b*
    como mensageiros secundários, 594, 606-610
    contracepção oral, 523*q*
Estômago, acidez do
    catabolismo dos alimentos e função da, 736, 739
Estradiol, *520*, 523
Estrutura primária da proteína, **547**, 547-549, *556*, **562**
Estrutura quaternária das proteínas, **554**, 554-557, **562**
    hemoglobina, 554, *557*
    proteínas alostéricas, 558*q*-559*q*
Estrutura secundária da proteína, **550**, 550-551, *556*, **562**
    α-hélice e folha β-pregueada, 550, *550*, **550**, 563
    hélice estendida do colágeno, **551**
Estrutura terciária da proteína, **551**, 551-553, *556*
    forças estabilizantes, 551-554
    forças que levam à formação da, *554*
Etanolamina, 510
Etapa de ativação na síntese de proteína, 649-650
Etapa de iniciação da síntese de proteína, 650, *651*
Etapa de terminação na síntese de proteína, 653, *654*
Ética, pesquisa com células-tronco e, 777*q*
Etoposídeo, 761*q*
Eucariotos
    expressão gênica, 644-647, 649-655
    propriedades do mRNA em procariotos e durante a transcrição e a tradução, *630*
    regulação gênica, 657-661
Evolução
    mutações e bioquímica, 661*b*
    teoria de Darwin, universalidade do código genético como suporte para a, 648
Exercícios
    acumulação de lactato nos músculos durante os, 698*q*
    perda de peso, 737*q*
Éxons, **629**, *630*, **640**, 646, *646*
Expressão gênica, **644**, 644-671
    código genético, 648-649
    definição, **644**
    DNA, manipulação do, 664-666
    etapas da síntese de proteína, 649-655
    função das proteínas, 534
    mutações, 661-663
    regulação gênica, 655-661
    tradução e síntese de proteína facilitados pelo RNA, 648
    transcrição do DNA em RNA, 645-647
Ex vivo, terapia gênica, **667**

F

Fabry, doença de, 515*t*
FAD (dinucleotídeo flavina adenina), **688**
    estrutura, *678*
    reações biológicas de oxirredução, 677
    redução a $FADH_2$, 677, 682
$FADH_2$, 685
    redução de FAD a, 677, 682
Fagócitos, 760
Fagocitose, 760
Farmacogenômica, 636*q*

Fármacos. *Ver também* Drogas
   antibióticos, 771*q*
   anti-histamínicos, 605
   antivirais, 656*q*, 776
   comunicações químicas e transmissões nervosas afetadas por, 592-593*t*
   diabetes melito, 609*q*
   estatínicos, 725
   inibidores de MAO, 602
   anticorpos monoclonais 764, 765*q*
   quimioterapia, 761*q*
   redutores de peso, 684*q*
   variações genéticas em resposta a, 636*q*
Fator de crescimento epidérmico (EGF), 768
Fator de necrose tumoral (TNF), 768
Fator de transcrição, **607**
Fator de transcrição geral (GTF), **656**
Fatores de iniciação, 650, *651*
Fatores de transcrição, **646, 669**
   expressão gênica e função dos, 657, *657*, 658-659
   hélice-volta-hélice e zíper de leucina, **659**
   "dedos" metálicos de ligação, **658**
Febre reumática, 771*q*
Fe (III), 741*q*
Fenciclidina (PCP), 600
Fenda maior, B-DNA, **624**
Fenda menor, B-DNA, **624**
Fenilalanina, *537*, 541, *710*, 740
   catabolismo defeituoso em humanos, 712*q*
   código genético, 648
Fenilcetonúria (PKU), 712*b*
Ferro
   necessidades diárias, 741*q*
   nos alimentos, 741*q*
Fibras dietéticas, **735**
Fibrinogênio, 534
Fibrosas, proteínas, **534**
Fibroscópio, 560*q*
Fischer, Emil (1852-1919), 476
Fita antissenso, **645**
Fita atrasada, replicação de DNA, **631**, *632*, **640**
Fita codificadora, **645**
Fita líder, replicação de DNA, **631**, *632*, **640**
Fita molde, **645**
Fitas de DNA, (-) e (+), **644**
Fita senso, **645**
Fluoruracila, 620*q*
Folha β-preguaada, 550, **550**, **563**
Forma T da enzima, **579**, *579*
Forquilha de replicação, **630**, 635
Fosfatidilcolina, **509**, 511*q*, *724*
Fosfatidiletanolamina, 511
Fosfatidilinositol (PI), 510, **510**
Fosfatidilserina, 511
Fosfato
   ácidos nucleicos, 618-619
   transferência de grupos fosfato na via catabólica comum, 676-677
Fosfato de di-hidroxiacetona, 695, 700

3-Fosfato de gliceraldeído, 695, 700
1-Fosfato de glicerol, 724
3-Fosfato de glicerol, 699
6-Fosfato de glicose, 694, 698
Fosfolipídeos, **507, 526**. *Ver também* Glicerofosfolipídeos; Esfingolipídeos
Fosforilação, **676**
   de enzimas, 579
   no processo da glicólise, 694-698
Fosforilada, proteína quinase, **658**
Fotofrina (droga), 560*q*
Fotossíntese, **718**, 720*q*-721*q*, **728**
Franklin, Rosalind (1920-1958), 622, *622*
Frutofuranose, 482
Frutose
   catabolismo, 700
   forma D-, 476, 480*t*
   hemiacetais cíclicos, 484
FTO, 723*b*
Fumarato, 681, 708
-furan-, **481**
Furanose, **481, 496**
Furchgott, Robert, 604*q*

G

2G12, anticorpo, 778
Gaba (ácido γ-aminobutírico, 599
gag, gene, 775
Galactosamina, 479
Galactose
   catabolismo, 700
   forma D-, 476, 480*t*, 490*q*
   incapacidade de metabolizar a, 480*q*
Galactosemia, 480*q*
Galantamina, 598*q*
Gangliosídeos, **512**
Garganta infeccionada por estreptocócicos, 771*q*
Gases dos nervos, 593*q*
Gaucher, doença de, 515*t*
Gaze, 494*q*
Gene estrutural, 646, **646**
Genes supressores tumorais, 663*q*
Gene(s), **616**, 629, **640**. *Ver também* Projeto do Genoma Humano
   CYP2D6 e o metabolismo de drogas, 636*q*
   estruturais, 645, *645*
   mutações, 661-663, 764
   sequências codificadoras e não codificadoras (éxons, íntrons), 629, *630*, 646, *646*
   transcrição. *Ver* Transcrição
Genômica, 555*q*
   pessoal, 635*q*
   resposta a drogas, 636*q*
Gilt (tiol redutase lisossômica induzível por gama-interferon), 760
Gliceraldeído, 476
   configuração de aminoácido, 535, *538*
   estereocentro e enantiômeros, 476-477
Glicerofosfolipídeos, **507**, 509-510, **527**

Glicerol, 504, 694, 724
    catabolismo, 700
Glicina, *536*, *538*, 547
Glicocerebrosídeos, 515*b*
Glicocolato, 524
Glicocorticoides, 772
Glicófago (Metformina), 609*q*
Glicogênese, **722**
Glicogênicos, aminoácidos, **709**, **712**
Glicogênio, 493, **497**
    ação de enzimas, 736
    decomposição para formar glicose, 582*q*, 694-696, 700
    depleção em atletas, 747*b*
    função do glicogênio fosforilase na decomposição ou síntese do, 582*q*, 701*b*, 718
Glicogênio fosforilase, 579
    como modelo de regulação enzimática, 582*q*
    efeitos da transdução de sinal, 701*b*
Glicogênio sintase, 701*q*
Glicogenólise, **700**
Glicolipídeos, **507**, 512, **527**, 724
Glicólise, 577*q*, 694-699, **712**
    catabolismo do glicerol, 700
    ciclo do ácido cítrico, 698
    da glicose, 694-697, *696*, *697*, 698
    rendimento energético do catabolismo da glicose, 699-700
    via do fosfato de pentose, 698-699, *699*
    visão geral, e entradas/saídas da, *697*
Gliconato, 486
Gliconeogênese, **719**, **728**
Glicopiranose, 485-486, 491
    conformações cadeira, 483
    β-D-glicopiranose, 485
    mutarrotação, 484, **497**
    projeções de Haworth, 481
Glicoproteínas
    citocinas como, 767
    imunoglobulinas como, 760
Glicosamina, 479
Glicose ($C_6H_{12}O_6$), 476
    catabolismo, 694-699
    conversão de carboidrato em, 720-722
    conversão de CO_2 em, em plantas, 718, 720*q*-721*q*
    corpos cetônicos formados em resposta à carência de, 703-704
    decomposição do glicogênio em, 582*q*, 694, 700
    forma-D, 477, 478*t*
    glicólise, 694-699
    níveis no sangue, 476, 477, 487*q*, 609*q*, 736
    oxidação, enzimas e, 568
    redução de D- a D-sorbitol, 485
    síntese, 719-720
Glicose oxidase, 484
Glicosídeos (acetais), formação de, **484**, 484-485, 497-498
Glicosídicas, ligações, **485**, 491, *493*, 495
    hidrólise, 736
    nos nucleosídeos do DNA e RNA, 617-618
Globina, gene, éxons e íntrons da, 629

Globulares, proteínas, **534**
Glucagon, 605
Glutamato, 540, 709
    biossíntese (anabolismo) de aminoácidos, 726, *727*
    desaminação oxidativa, **706**, 706, 709
    transaminação e formação, 706
Glutamina, *536*, 709
Glutationa
    proteção contra danos oxidativos e função, 699
GMP cíclico (cGMP), 579*q*
Goldstein, Joseph, 518
Gonorreia resistentes a drogas, linhagens de, 771*q*
Gordura marrom, 684*q*
Gorduras artificiais, 740*q*-739*q*
Gorduras insaturadas, 505, 506*t*, 703
Gorduras, **505**, **526**. *Ver também* Lipídeo(s)
    armazenamento, *694*
    artificiais, 740*q*-740*q*
    dietéticas, processamento no organismo, 737
    dietéticas, 733, 740*q*-739*q*
    porcentagem de ácidos graxos em algumas, 506*t*
    ranço, 506*q*
    saponificação, 507
Gradiente protônico, **685**
Grupo carbonila
    em aminoácidos, 540, 542
    monossacarídeos e, 480
GTP. *Ver* Trifosfato de guanosina (GTP)
Guanina (G), 616, *617*, 619, 622, *623*
Guanosina, **618**
Guillain-Barré, síndrome de, 514*q*

H

Haworth, projeção de, **481**, 481-483, **497**
Haworth, Walter N., 481
Helicases, **635**, **640**, **645**
Hélice estendida, estrutura secundária da proteína, **551**, **562**
α-Hélice, estrutura secundária da proteína, 550, **562**
Hélice-volta-hélice, fator de transcrição, **658**
Helicobacter pylori, bactéria, 604
Heme, proteína
    como coenzima, 571
    estrutura, *557*
    na mioglobina e na hemoglobina, 559*q*
    reações de catabolização, 710-712
Hemiacetal
    formação de monossacarídeo cíclico, 480-484, 497
Hemoglobina, 534, 546, 554
    anemia falciforme, 549*b*, 629, 663
    comparação com a mioglobina, 559*q*
    estrutura, 554, *557*
    sequência de decapeptídeos N-terminal de de β-globinas, em algumas espécies, 661*q*
    transporte de oxigênio, 559*q*
Heparina, 496, **496**
Herceptina (droga), 765*q*
Hereditariedade, 615-641
    ampliação do DNA, 638-640
    estrutura do ácido nucleico, 616-619

estrutura do DNA, 616, 620-626
fluxo de informação, *626*
genes, **616**, 629
moléculas da, 615-616
reparo do DNA, 636-638
replicação do DNA, 629-635
RNA, **616**, 620-628
Heroína, 584*q*
Herpes, vírus da, 656*q*
Hibridização de ácidos nucleicos, **638**
Hibridoma, **765**
Hidrofóbicas, interações, estrutura terciária da proteína estabilizada por, 551, *552*, **562**
Hidrogenação
de lipídeos, 507
Hidrogênio (H)
transporte de H⁺, 677, 683-686
Hidrolases, **569**, 570*t*
β-Hidroxibutirato como componente de corpos cetônicos, 704
Hidroxila, grupo
monossacarídeos, 480
Hidroxilisina, 541, *541*
Hidroximetilglutaril-CoA, 725
4-Hidroxipentanal, 480
Hidroxiprolina, 541, *541*
Hidroxiureia, 549*b*
Hiperbólica, curva, **559***b*
Hipercolesterolemia familiar, 519
Hiperglicemia, 487*b*
Hipermutação somática (SHM), 764
Hipertensão, 579*q*
Hipófise, hormônios da, 595
Hipoglicemia, 549*q*
Hipotálamo, 605
Histamina, 604
drogas que afetam a função de mensageiro da, 593*t*
Histidina, 537, 540, 578, *575*, 604
Histona desacetilase, 633
Histona(s), 616, *624*, *625*, **640**
acetilação e desacetilação das principais, 633
HIV-1 protease, *567*, 579*q*
HIV. *Ver* Vírus da imunodeficiência humana (HIV)
HMG-CoA redutase, 519
Hormônio luteinizante (LH), 520
Hormônios
esteroide. *Ver* Esteroides, hormônios
funções de mensageiro químico, 592, 593-594, **610**
hipófise, 595
principais, 594*t*
proteínas como, 534
sexuais, 520-523
Hormônios sexuais, 520-523, **527**
humanos, composição e propriedades dos, 518*t*
Hidrólise
ligações glicosídicas, 736
triglicerídeos, 507*q*

Ibuprofeno, 526
-ídeo (sufixo), **485**

Ignaro, Louis, 604*q*
Imprinting, informação genética, **777***q*
Imunidade, 754
adaptativa, **754**, 754
inata, 754, 758
vacinações, 769*q*
Imunidade adaptativa, **754**, 754, **778**
células de. *Ver* Célula(s) B; Célula(s) T
Imunidade adquirida, **754**. *Ver também* Imunidade adaptativa
Imunidade inata, **754**, **778**
células, 758
corpo estranho em células de, 768-769
Imunidade inata externa, **754**
Imunizações, 769*q*
Imunodeficiência combinada severa (SCID), **667**, 755
Imunogênio, 582
Imunoglobulina(s), **755**, **760**, 778, **778**. *Ver também* Anticorpos; Complexos de histocompatibilidade principal (MHC); Receptor(es) de célula T
anticorpos monoclonais, 765
classes, 760-761*t*
domínios constantes e variáveis em moléculas de, 755, 778
estrutura, 761
gene V(J)D e diversificação de respostas, 763, 764, *764*
IgA, 761
IgE, *761*
IgG, 760, *762*
IgM, 760
receptores de célula T, diferença entre, 766
síntese pela célula B, e função, 762, *763*
Índice de massa corporal, 723*q*, 735
Indometacina, 526
Inflamatória, resposta, 767
Influenza, vírus da, 656*q*
Ingestões Dietéticas de Referência (DRI), **732**
Inibição, enzima de, **571**, 573-575, *576*, 578, **585**
usos medicinais, 579*q*
Inibidores competitivos de enzimas, **571**, 573, *576*, 578, 579*q*, **585**, 599
Inibidores não competitivos de enzimas, **571**, 573, *576*, 578, **585**
Insulina, 605-606, 615
cadeias A e B, *548*
diabetes e produção de, 487*q*, 609*q*
estrutura polipeptídica, *548*
produção por técnicas de DNA recombinante, 665
utilização, 548*q*
Interações celulares específicas do sistema imunológico, 757*t*
Interações celulares não específicas do sistema imunológico, 757*t*
Interleucinas (ILs), **767**
Íntrons, **629**, *630*, **640**, 646, *646*
Ionizante, radiação
como mutagênicoss, 662
Íon metálico, coordenação de, 551-552, **561**
Isocitrato, oxidação e descarboxilação do, 680-681
Isoleucina, *537*

Isomerases, **569**, 570*t*
Isômeros estruturais. *Ver* Isômeros constitucionais
Isopreno, 725
Isozimas (isoenzimas), **580**, *580*, **585**
-itol (sufixo), **486**

J

Jencks, William, 581
Jenner, Edward, 769*q*
Junções comunicantes, 511*q*

K

Killer (citotóxicas), cálulas T (células Tc), **758**
Knoop, Franz, 701
Köhler, Georges, 765
Koshland, Daniel, **573**
Krebs, Hans (1900-1981), *680*, 708
Kwashiorkor, 726*q*, **739**

L

Laboratório, ferramentas de. *Ver* Ferramentas
Laços de anticódon em tRNA, *627*
Lactato
　acumulação nos músculos, 698*q*
　conversão da glicose em, 719, *719*
　conversão do piruvato em, 580
　glicólise, catabolismo da glicose e, *696*, *697*, 698
Lactato desidrogenase (LDH), 581
　isozimas, 580, *580*
Lactose, 491, **496**
Landsteiner, Karl (1868-1943), 489*q*
L-dopa (L-di-hidroxifenilalanina), 540, 603*q*
Le Chatelier, princípio de, reações químicas e
　superando os efeitos do, em vias biossintéticas, 718
Lecitina, **509**
Leptina, 605
Lerner, Richard, 581
Leucina, *536*, 648, *710*
Leucócitos. *Ver* Células brancas do sangue (leucócitos)
Leucodistrofia de Krabbe, 515*t*
Leucotrieno, receptores de (LTRs), 526
Leucotrienos, **526**, **527**
Liases, **569**, 570*t*
Ligação cruzada do colágeno, estrutura de, **556**
Ligação de dissulfeto, **539**
Ligação de hidrogênio
　estrutura terciária da proteína estabilizada por, *552*, 562
Ligação peptídica, **542-544**, **561**
　formação na síntese de proteína, 651, 653
Ligações covalentes
　estrutura terciária da proteína estabilizada por, 551
Ligações de hidrogênio
　intermoleculares, **550**
　intramoleculares, **550**
　pares de bases do ácido nucleico, *623*
Ligações de hidrogênio intermoleculares, **550**
Ligações químicas
　anti-inflamatórios, 526*q*, 526
　esteroides anabólicos, 522*b*

Ligantes. *Ver* Mensageiros químicos
Ligases, **569**, 570*t*
Linfa, **756**, *757*
Linfócitos, **756**, 778. *Ver também* Células B; Células T
　desenvolvimento, *759*
　efeito de vacinas nos, 769*q*
　produção de anticorpos monoclonais a partir de, 765
Linfoides, órgãos, **756**, 778
Linfonodos, *757*, 758-759
Linoleico, ácido, 738
Lipases, 568, 694, 737
Lipídeos, 503-531, **526**
　bainha de mielina em torno dos axônios, 514*q*
　ceras, 507*q*
　classificação, 503-504
　classificação baseada na estrutura, 504
　classificação baseada na função, 503-504
　complexo, 507, *507*
　doença do armazenamento de, em humanos, 515*q*-516*q*
　esfingolipídeos, **510**, 510-512
　esteroides, **514**, 514-518. *Ver também* Esteroide(s)
　estrutura da membrana e função dos, 508-509
　glicerofosfolipídeos, 509-510
　glicolipídeos, 512
　metabolismo. *Ver* Lipídeos, catabolismo dos
　oxidação e ranço, 506*q*
　processamento, 737
　prostaglandinas, tromboxanos e leucotrienos, 524-526
　simples, *507*
　transporte na membrana celular, 511*q*
　triglicerídeos, 504-507
Lipídeos, biossíntese dos, 722-724
Lipídeos, catabolismo dos, 679, 694
　catabolismo do glicerol, 700
　β-oxidação de ácidos graxos, 700-703
　rendimento energético, 703*t*
Lipídeos complexos
　estrutura, 507, 526
　hidrólise, 695
Lipoproteína de densidade muito baixa (VLDL), **517**
　composição e propriedades, 518*t*
Lipoproteínas, **517**
　composição e propriedades, 518*t*
　de alta densidade (HDL). *Ver* Lipoproteínas de alta densidade (HDL)
　de baixa densidade. *Ver* Lipoproteínas de baixa densidade (LDL)
　transporte de colesterol, 517-519
Lipoproteínas de alta densidade (HDL), **517**, **527**
　humanas, composição e propriedades, 518*t*
　níveis no soro sanguíneo, 518
　transporte do colesterol, 518
Lipoproteínas de baixa densidade (LDL), **517**, **527**, 724
　composição e propriedades, 518*t*
　estrutura, *518*
　níveis no soro sanguíneo, 518
　transporte do colesterol, 517-518
Lisina, *537*, 541, 568
Lisossomos, 568, *675*
　processamento de antígenos, 760

Lisozima, 568
Luz, reações da, fotossíntese, 720q-721q

M

Macrófagos, **754**, *756*, **758**, 759, 778
   reconhecimento de corpo estranho, 768-770
Macrolídeas, drogas, 772
Malato, 682
Malonil-CoA, 723q
Maltose, 491, **496**
Manitol, 486
Manosamina, 479
MAO, inibidores de, 602
Marasmo, **735**
Matriz mitocondrial, **676**
Maturação por afinidade, ligação antígeno-anticorpo, **765**
MDR1, 662q
Medicina
   enzimas e inibição enzimática usadas em, 579q, 580-581
   terapia gênica, 667-668
Membrana(s), **508**, **527**
   biossíntese de lipídeos de, 724-725
   papel dos lipídeos na estrutura das, 504, 508-509
   transporte através das, 508, 511q
Memória, 576q
Mensageiros biológicos. *Ver* Mensageiros químicos
Mensageiros químicos, **610**
   acetilcolina, 595-599
   adrenérgicos, 600-605
   classes, 594
   função de peptídeos, 605-618
   hormônios, 592-595
   hormônios esteroides, 606-607, 609-610
   lipídeos, 504
   neurotansmissores, 592-595
   secundários. *Ver* Mensageiros secundários
Mensageiros secundários, **592**, 594, 600-601, **610**. *Ver também* Prostaglandina(s); Tromboxanos
   ação de mensageiros peptidérgicos, hormônios e neurotransmissores e função dos, 605-606
   AMP (cAMP) cíclico como, 600-601
   cálcio como, 596q
   hormônios esteroides como, 594
   óxido nítrico como, 604q
Mentais, transtornos, 540
2-Mercaptoetanol ($HOCH_2CH_2SH$), 561
Metabolismo, **673**, 673-691, **688**
   bomba quimiosmótica e produção de ATP, 685-686
   conversão de energia química (ATP) em outras formas de energia, 687-691
   efeitos da transdução de sinal, 701q
   função da mitocôndria, 675
   função do ciclo do ácido cítrico, 679-683
   principais compostos da via catabólica comum, 676-679
   transporte de elétrons, 683-685
   transporte de H^+, 683-685
   via anabólica, 674. *Ver também* Vias catabólicas do anabolismo, *675*, 674. *Ver também* Catabolismo
Metabolismo dos alimentos. *Ver* Catabolismo

Metabolismo extensivo (ME) de drogas, 636q
Metabolismo ultraextensivo (UEM) de drogas, 636b
Metandienona 522q
Metenolona, 522q
1-Metilguanosina, 627
Metionina, *537*, 649, 660
Metionina encefalina, *576*
Mevalonato, 725
Microplaquetas de proteína, 555q
Micro RNA (Mirna), 628, **640**
Mifepristona (RU 486), 521, 523
Milstein, César, 765
Minerais, 739, 741t-746t
Mineralocorticoides, 519
Minissatélites, DNA, **629**
Miocárdio, infarto do, 518, 580
Mioglobina, 559b
Mitchell, Peter (1920-1992), 685
Mitocôndria, função da, no catabolismo da célula, 674, *675*, **688**
Modificação da proteína, regulação enzimática e, **579**, **585**
Modismo dietético, **732**
Modulação negativa, **576**
Modulação positiva, **576**
Moléculas carreadoras de elétrons, FAD e NAD^+ como, 677
Moléculas transportadoras, 600
Moloney, vírus da leucemina murina de (MMLV), **667**, *668*
Monoamina oxidases (MAOs), 602
Monoamina mensageiros químicos, 599-600. *Ver também* Dopamina; Epinefrina; Histamine; Norepinefrina (noradrenalina); Serotonina
   ação, 600
   inativação, 602
Monoclonais, anticorpos, **765**
   produção, *766*
   terapia do câncer usando, 765q
Monofosfato de adenosina, (AMP), 618, 676
Monoglicerídeos, **505**
Monossacarídeos, 475-490, **476**, **496**
   aminoaçúcares, 479
   decomposição de carboidratos para formar, 694
   definição, 476
   estruturas cíclicas, 480-484
   formas D e L, 476-480
   reações características, 484-490, 497
   tipos sanguíneos, 489q-490q
Morfina, *576*, 605
Mosaico fluido em membranas, modelo do, *508*, **509**
Movimento muscular, papel das proteínas no, 534
Mullins, Kary B. (1945-), 638
Multipotentes, células-tronco, **776**b
Murad, Ferid, 604q
Músculo(s)
   acumulação de lactato, 698q
   armazenamento de oxigênio pela mioglobina, 559q
   contração, *687*
   enzimas e relaxamento, 569q
   proteínas, **534**

Mutações, **661**, 661-663, **669**
    evolução bioquímica e gene, 661q
    no gene V(J)D, 764
    silenciosas, 662b
Mutações pontuais, 764, 766
Mutações silenciosas, 662q
Mutagênicos, **663**, **669**
Mutarrotação, 484, **497**

N

N-Acetil-D-galactosamina, 489q
N-Acetil-D-glicosamina, 479, 489q, 495
NADH
    catabolismo da glicose, 699-700
    redução do NAD$^+$ a, 677, 681, 682, 700
NAD$^+$ (nicotinamida adenina dinucleotídeo), **688**
    em reações biológicas de oxirredução, 677
    estrutura, *678*
    redução a NADH, 677, 681, 682, 700
NADP$^+$ (fosfato de nicotinamida adenina dinucleotídeo), *699*
NADPH, via do fosfato de pentose, 698-699
Não esteroidais, drogas anti-inflamatórias (NSAids), 525, 526b, 526. *Ver também* Aspirina.
Necessidades calóricas mínimas, **735**, **749**
NER (reparo por excisão de nucleotídeo), 638, 663
Neurônio, **592**, 594. *Ver também* Célula nervosa
Neuropeptídeo, **605**
Neurotransmissores, **592**, **610**
    aminoácidos como, 599
    classificação, 594
    colinérgicos, **593**, 593-599
    efeitos da cocaína, 584q
    excitatórios e inibitórios, **599**
    regulação, 599, 602
    remoção, 602
    transdução de sinal, 600, *601*
Neurotransmissores excitatórios, **599**
Neurotransmissores inibitórios, **599**
Nicotina, 595, 599
Nicotínico, receptor, 595
Niemann-Pick, doença de, 516t
Nirenberg, Marshall, 648
Nitrogênio
    catabolismo do aminoácido, 705-709
N-Metil-D-aspartato (NMDA), receptor de, 600
Nomenclatura
    enzimas, 569
    glicosídeos, 485
    no nível da tradução, 660
Norepinefrina (noradrenalina)
    absorção no sítio do receptor, 600, *601*
    drogas que afetam a função de mensageiro da, 592t, 594t
    oxidação a aldeído, 602
Noretindrona, 523q
Noretinodrel, 523q
N-terminal, aminoácido, **543**, 547
Núcleo (da célula), *675*

Nucleofílico, ataque
    formação de ligação peptídica, 653
    mecanismos enzimáticos, **575**
    replicação de DNA, 633
Nucleosídeos, **617**, 619t
Nucleossomos, **624**, **640**
Nucleotídeo(s), **618**, 619, 621
    açúcares, 617-618
    bases, **616**, 616-617
    fosfato de, 618-619
    fragmentos Okazaki, **635**
    oito, no DNA e RNA, 619t
    reparo por excisão, 636-637
    replicação de DNA e adição de, 633
    sequências, no DNA, *625*. *Ver também* Sequência de nucleotídeos no DNA
Nutrição humana, 731-751. *Ver também* Dieta humana
    água, 739-749
    aumento do desempenho em atletas, 747q
    complementação proteica, **739**
    contagem de calorias, 735-736
    medida, 731-735
    minerais, 739-749
    processamento de carboidrato, 736-737
    processamento de gorduras, 737
    processamento de proteína, 737-739
    vitaminas, 739-749
Nutrientes, **731**
    ácidos graxos essenciais, 505, **738**
    água como, 749
    aminoácidos essenciais, **726**, 726q, 739
    classificação, 732
    doses diárias recomendadas
    estrutura, 742t-746t
    insuficientes, doença causada por, 726q, 735, 739
    minerais como, 739, 741t
    necessidades, **732**, 735
    pirâmide alimentar, 733, 734q
    proteínas, 739
    rótulos, *732*
    vitaminas, 739, 741t

O

Obesidade
    base biológica, 723q
    drogas para redução de peso, 684q
    perigos para a saúde, 735
Okazaki, fragmentos, **635**, **640**
Óleos, **505**, **526**
    porcentagem de ácidos graxos em alguns, 506t
    ranço, 506q
Óleos poli-insaturados, 506
Olestra, 740q-740q
Olho humano
    cirurgia a laser e função das proteínas desnaturadas, 560b
Oligossacarídeos, **490**
Oncogênese, 663q
Organelas, *675*, **688**

Origem da replicação, **630**
Orinase (Tolbutamida), 609*q*
Ornitina, 568, *707*, 708
-ose (sufixo), **476**, **486**
Ovos, proteínas desnaturadas em, 558, 561
Ovulação, 520
Oxaloacetato, 682
    a partir de PEP, 703
    a partir do malato, 682
Oxalosuccinato, 680-681
    β-oxidação, 694, 700-703, 712
Oxidação
    gorduras e óleos e ranço resultante, 506*q*
    monossacarídeos, 486-488, 498
    obtendo energia dos ácidos graxos por β-oxidação, 694, 700-703, 712
    sais biliares como produto do colesterol, 523
Óxido nítrico (NO)
    como mensageiro químico secundário, 604*q*
    função de macrófago, 758
Oxidoredutases, **569**, 570*t*
Oxigênio (O$_2$)
    comportamento da hemoglobina e mioglobina quando ligadas ao, 558*q*-559*q*
Oxitocina, 605
    estrutura, *549*
    função, 548

P

Palha de aço, 776*q*-777*q*
Papaína, 575, *575*
Pares de bases complementares, *623*, **640**
Parkinson, mal de, 540, 603*q*
Pasteur, Louis, 769*q*
Pauling, Linus, 550
Penicilinas
    inibição de enzimas pela, 578
Pent- (prefixo), **476**
PEP (fosfoenolpiruvato), 703
Pepsina, 570, 738
Peptidégicos, mensageiros químicos, 594, 605-606, **610**
Peptídeo(s), **544**
    como mensageiros químicos, 594, 605-606
    doença humana causada por mudança de conformação nos, 553*q*
    síntese de proteína a partir de. *Ver* Síntese de proteína, cadeias laterais na, 544
Peptidil transferase, **652**, *652*
Pequenas partículas de ribonucleoproteína nuclear (snRNPs), **628**, **640**
Pequeno RNA de interferência (siRNA), **628**, **640**
Pequeno RNA nuclear (snRNA), **628**
Peroxidase, 583*q*
pH (concentração de íons de hidrônio)
    atividade enzimática, 573
    ponto isoelétrico (pI), **539**, 545-546, *546*
Picropodofilina, 761*q*
Pirâmide alimentar, *733*, 734*q*
-piran-, **481**

Piranose, **481**, **496**
Pirimidina
    nucleotídeos de DNA e RNA, 617, 623, *623*
Pirofosfato de farnesila, 725
Pirofosfato de geranila, 725
Pirofosfato de isopentenila, 725
Piruvato de fosfoenol (PEP), 577*q*
Piruvato desidrogenase, 698
Piruvato, 577*q*, 580, *727*
    catabolismo do esqueleto carbônico dos aminoácidos e a produção de, 709-710
    descarboxilação oxidativa e produção de acetil-CoA, 698
    glicólise e produção de, 695-696
Piruvato quinase
    fosforilação, 579
    modelo, 577*q*
    regulação da glicólise pela, 695
    sítio ativo e substratos de, 577*q*
Placas amiloides e formação fibrílica, 553*q*, 598*q*
Planta(s)
    anabolismo, 720*q*-721*q*
    celulose, 493-494, 533
    fotossíntese e biossíntese do carboidrato, 718
Plasmídeos, **664**, 665
Pluripotentes, células-tronco, **776***q*
PM (*poor metabolism*), metabolizador pobre ou deficiente, 636*q*
Podofilo (*Podophyllum peltatum*), efeitos antitumorais do extrato de, 761*q*
Pol II, fator de transcrição, 656, *657*
Polimerase, reação da cadeia de, **638**, *639*, **640**
Polimerases, 645
Poliomielite, vírus da, 656*q*
Polipeptídeos, **544**, 563
Polissacarídeos, **490**, 493-495
    ácidos, 495-496
    amido (amilase, amilopectina), 493
    celulose, 493-494
    glicogênio, 493
Poluentes biológicos, 609*b*
Pontes salinas, estrutura terciária da proteína estabilizada por, 551, *552*, **562**
Ponto isoelétrico (pI), **539**, 545-546, *546*, **561**
Porção reguladora de gene eucariótico, **646**
Pós-sinápticas, membranas, 592, **594**, **610**
Pós-tradução da regulação gênica, etapa de, 659
Pós-tradução, modificação, 541
Pós-transcrição, etapa de, 649, 660
Prenilação, **725**
    de proteína ras, 725*q*
Pré-sináptica, terminações nervosas, **595**, **610**
Pressão sanguínea, 604*q*
    alta, 579*q*
    controle, 604*q*
Primases, **633**
Primer(s), ácido nucleico, 635
    hibridização de DNA, 640
    RNA, **633**, 635
Priônicas, proteínas, 553*q*

Procariotos
    estrutura dos ribossomos, *628*
    expressão gênica, 644
    processamento, 736-738
    propriedades das moléculas de mRNA durante transcrição e tradução, *630*
Processo de ligação na replicação de DNA, 635
Proenzimas (zimógenos), regulação enzimática por, **576**, **585**
Progenitoras, células, **776***q*
Progesterona, *519*, 610
    biossíntese de hormônios da, *519*
    ciclo reprodutivo feminino, 520
Projeções de Fischer, **476**, 476-477, **496**
    fórmulas, 476
Projeto do Genoma Humano, 555*q*, 635*q*-636*q*, 659
Prolina, *536*, *541*
Prolina racemase, 581-582, *582*
Promotores, **646**, 656, **669**
Propofol, 488
Propriedades físicas
    monossacarídeos, 480
    triglicerídeos, 505-506
Propriedades químicas
    aminoácidos, 540
    de proteínas, 544-547
Prostaglandina enderoperóxido sintase (PGHS), 583*q*
Prostaglandina(s), **524**, 524-526, **527**
Prostético, grupo, **554**
Proteassomos, regulação gênica pós-tradução e, **659**
Proteína, anabolismo da, 726-728. *Ver também* Síntese de proteína
Proteína, catabolismo da, 694, 705-710
    catabolismo da heme, 710-712
    processamento do esqueleto carbônico do aminoácido no, 709-710
    processamento do nitrogênio no, 705-709
    visão geral, 705
Proteína completa, **739**
Proteína-G, 600
    cascata de adenilato ciclase, 600, *601*, 602
    efeito da toxina do cólera, 602
Proteína quinase M, 576*q*
Proteína(s), 533-564
    alostéricas, 558*q*
    aminoácidos combinados para formar, 542-544
    aminoácidos, 534-538. *Ver também* Aminoácido(s)
    chaperona, **553**, 562
    complemento expresso por genomas, 555*q*
    completa, **739**
    conjugada, **554**
    desnaturada, 557-562
    enzimas como, 533. *Ver também* Enzima(s)
    estrutura primária, **547**, 547-549, *556*
    estrutura quaternária, 554, 558*q*-559*q*
    estrutura secundária, **550**, 550, *556*
    estrutura terciária, 551-553, *556*
    fibrosa, **534**
    função protetora, 534
    funções, 533-534
    globular, **534**
    junções comunicantes construídas de subunidades de, 511*q*
    ligação, 645
    membrana integral, **557**
    metabolismo. *Ver* Proteína, catabolismo da
    modificação e regulação enzimática, **580**
    mudanças, 553*q*
    ponto isoelétrico, **539**, 545-546, *546*
    prenilação, 725
    processamento no organismo humano, 737-741
    propriedades, 544-545
    síntese. *Ver* Síntese de proteína
    zwitteríons, **538**, 538-539, 546
Proteínas alostéricas, estrutura quaternária e, **558***q*
Proteínas conjugadas, **554**
Proteínas de armazenagem, 534
Proteínas de ligação, **645**
Proteínas estruturais, 533
Proteínas integrantes da membrana, **556**
Proteína transmembrânica, 596
Proteoma, 555*q*
Prusiner, Stanley, 553*b*
Psoríase, 772
Purinas, 667
    nos nucleotídeos de DNA e RNA, 616-617, 622-623, *623*

Q

Queratectomia fosforefratária (PRK), 560*q*
Queratina, 533, 551, 559
Quilomícrons, **517**
Quimiocinas, **768**, 771, **778**
Quimiosmótica, teoria, **685**
Quimioterápicos, agentes, 761*b*
Quimotripsina, 737
Quinases, 576*q*
Quitina, 479, 494*b*
Quitosana, 494*b*

R

Ranço de gorduras e óleos, 506*q*
Reações no escuro, fotossíntese, 720*b*-721*b*
Reações químicas
    agentes para transferência eletrônica em oxirreduções biológicas, 677
    catabolismo de carboidratos, 694-699
    catabolismo de lipídeos, 701-705
    catabolismo de proteínas, 705-710
    da glicólise, 694-699
    fotossíntese, 720*q*-721*q*
    lipídeos, 507
    monossacarídeos, 484-490, 497-498
Recaptação, 599, **610**
Receptor de ativação, **770**, **779**
Receptor(es) de célula T, 755, 765-766
    diferenças entre imunoglobulinas e, 766
    estrutura, 767, *767*
    molécula CD4 e infecção por HIV, 767, 774

moléculas de adesão, **766**
reconhecimento de antígeno peptídico pelos, 759
Receptores de mensagens químicas, **592**, **610**
   aminoácido, 599
   colinérgicos (acetilcolina), 595
Receptor inibitório, **770**, **779**
Recombinação de troca de classe (CSR), 764
Recomendações Nutricionais diárias (RND), **732**, 733, 742*t*, 746*t*
Redução de peso em humanos
   adoçantes artificiais, 740*q*-740*q*
   dietas, 732, 736, 737, 740*q*-739*q*
   drogas, 684*q*
   razões para a dificuldade de, 736*q*
Reforçadores (sequências de DNA), 646, 656, **657**, **669**
Regulação gênica, 655-661
   do nível pós-transcricional, 659-660
   no nível transcricional, 656-658
Regulação gênica em nível de tradução, **655**, 660
Regulação gênica em nível transcricional, 656-658
   em nível pós-transcricional, 659
   em nível transcricional, 656-658
Regulador de enzimas alostéricas, 576
Reparo por excisão de base (BER), 636, *637*
Reparo por excisão de nucleotídeo (NER), 638, 663
Replicação do DNA, *626*, 629-635, *644*
   aspectos gerais, 633, 635
   etapas, 633, 636
   fitas líderes e fitas atrasadas na, bidirecional, 631, 635
   forquilha de replicação, **630**, 635
   natureza semiconservativa, 630
   origem, **630**
   replissomos, 633
Replicação do RNA, *644*
Replicação semiconservativa do DNA, **631**
Replissomos, **633**
   componentes e funções, 632*q*
Reprogramação celular, células-tronco e técnica de, 777*q*
Resíduos de aminoácidos, **544**
Reservatório de aminoácidos, **694**
Resposta imunológica. *Ver também* Sistema imunológico
   regulação, 767, 768
   velocidade, 755
Retículo sarcoplásmico, 511*q*
Retrovacinação, 778
Retrovírus, 773
Ribofuranose, 482
Ribose, 484, 617
   via do fosfato de pentose e produção de, 698-699
   40S ribossomo, 647
   60S ribossomo, 647
Ribossomos, **627**, 627-628
   estrutura de procarioto, *628*
   função da ribozima, 653
   síntese de proteína, 647-648, 650-653
Ribozimas, **567**, **628**, **640**, 653
Rivastigmina, 598*q*
RNA de transferência (tRNA), **627**, 628*t*, **640**, 644
   especificidade para cada aminoácido, 660
   estrutura, *627*

iniciação da síntese de proteína e função do, 650
tradução e função, 648
RNA mensageiro (mRNA), 626, **640**
   propriedades durante transcrição e tradução, *630*
   síntese de proteína e função, 650
   tradução e função, 648
   transcrição, 645, *646*
RNA polimerases, 645, 647
RNA ribossômico (rRNA), 627-628*t*, **640**, 644. *Ver também* Ribossomos
   metilação pós-transcricional, 647
   tradução e função, 647-648
RNA. *Ver* Ácido ribonucleico (RNA)
Rodbell, Martin (1925-1998), 600
Rodopsina, 724
Rótulos em alimentos, *732*
R (relaxada), forma, da enzima, **576**, *579*
RU 486 (Mifepristona), 521, 523

S

Sabões, **507**, **526**. *Ver também* Detergentes
   saponificação de gorduras e produção de, 507
Sacarídeos, **476**
   dissacarídeos, 490-492
   monossacarídeos. *Ver* Monossacarídeos
   polissacarídeos, 493-495
   oligossacarídeos, **490**
Sacarina, 740*b*
Sacarose ($C_{12}H_{22}O_{11}$), 476, 490-491, **496**
Sais biliares, **523**, **527**, 737
Sangue humano. *Ver também* Células vermelhas do sangue (eritrócitos); Células brancas do
   anemia falciforme, 549*q*, 663
   anticoagulantes, 496
   coagulação, 525, 534, 568
   glicose, 476, 478, 487*q*, 609*q*, 736
   NADPH e defesa contra danos oxidativos, 699
   níveis de colesterol, 516, 518
   tipos, 489*q*-490*q*, 759
   transfusões, 489*q*-489*q*
Saponificação
   de gorduras, 506-507
SARS (síndrome respiratória aguda severa), 773
Satélites, DNA, **629**
Saturadas, gorduras, 505, 506*t*, 519
Schultz, Peter, 581
Schwann, células de, 514*q*
Segundo código genético, **650**
Selenocisteína, 655*q*
Sequência de aminoácidos, 616
   ação enzimática, *569*
   função proteica vinculada à, 548
Sequência de nucleotídeos no DNA, *625*
   codificadores e não codificadores (éxons, íntrons), 629, *630*, 646, *646*
   satélite, 629
Sequência de terminação no processo de transcrição, **647**
Sequências de consenso, **645**
Serina, 510, *536*

Serotonina, 540, 600, 603q
  drogas que afetam a função de mensageiro da, 593t
Shine-Dalgarno, sequência (de RNA) de, **650**, *651*
Sieving portions of enzime, **662**
Silenciadores (sequências de DNA), **656**
Sinal de iniciação, **646**
Sinapse, *592*, **594**, **610**
Síndrome da imunodeficiência adquirida (Aids), *567*, 579q.
  Ver também Vírus da imunodeficiência humana (HIV)
Síntese de proteína, 649-655. *Ver também* Expressão gênica
  biossíntese de aminoácidos, 726-728
  componentes moleculares de reações em quatro etapas da, 649t
  e genes em procariotos *versus* eucariotos, 629, *630*
  etapa de ativação, 649-650
  etapa de elongação, 650-653
  etapa de iniciação, 650-651
  etapa de terminação, 653, *654*
  informação hereditária no DNA para orientação da, 616, 620, 644
  papel de diferentes RNAs na, 627-628t
Sistema imunológico, 753-781
  células do, 756-759, 757t
  células T e receptores de células T, 765-767
  componentes, 755
  corpo estranho, determinação por, 768-772
  especificidade e memória como principais aspectos, 754-755
  HIV, Aids, 772-778
  imunidade adaptativa, **754**, 754
  imunoglobulinas, 760-765
  introdução, 754-756
  órgãos, 756-759
  papel das proteínas, 534
  regulação, 767, 768
  simulação de antígeno, 759
  visão geral, 754
Sistema linfático, *757, 758-759*, 778
Sítio A (sítio aceptor), ribossomo, **650**
  ligação com, 650-651
Sítio de reconhecimento de códon, **648**
Sítio P, ribossomo **650**
Sítio regulatório da enzima, **576**
Sítios ativos na enzima, **571**, 577q, **585**
Solenoide, **624**, *625*
Somáticas, células, 631q
  telômeros em cromossomos de, 631q
  terapia gênica, 667
Splicing, 628, *630*, 659, *659*
  tradução e função, 647-648
  transcrição de informação do DNA. *Ver* Transcrição
Splicing alternativo, 659-660
Splicing de moléculas de RNA, **628**, *630*
  alternativo, 659
Substância P, **606**
Substrato, 571-572, **585**
  concentração e atividade enzimática, 571-572
Substrato, especificidade do, 568
Succinato, 680-684

Succinilcolina, 569q
  como inibidor competitivo, 599
Sucralose, 740q

T

Tampão
Tampão,
  no sangue humano, 546, *546*
  proteínas como, 546, *546*
TATA, caixa, 646, 656
Tatum, Edward, 616
Tau, proteínas, 598q
Taurina, 523, 599
Taurocolato, 524
Tay-Sachs, doença, 516t
Tecidos conectivos, 495
Teia de aranha, **533**, 551q
Telomerase, 631q
Telômeros, 631q
Temperatura
  atividade enzimática, 572
Terapia antiretroviral altamente ativa (Haart), **776**
Terapia antiviral, 656q, 776
Terapia gênica, 635b, 667-668
Terapia gênica *in vivo*, 667-668, **669**
Terminações coesivas, DNA, 665
Termogenina, 684q
Testosterona, 520, 523
  e esteroides anabólicos,522q
Tetr- (prefixo), **476**
Thudichum, Johann, 512
Timina (T), 617, *617*, 622, *623*
Tirosina, *537*, 541, *541*, 738
Tiroxina, 541, *541*
Topoisomerases (girases), 633, **640**
Toxinas
  cólera, 602
Tradução, *626*, 644-645, 669
  propriedades do mRNA durante a, *630*
Transaminação, **706**
Transcrição, *626*, 644-647
  propriedades do mRNA durante a, *630*
Transcriptase reversa, 774, *774*
Transdução de sinal, 600, *601*, **610**
  efeitos no metabolismo, 703q
  na replicação do DNA, 633
  remoção da amplificação do sinal, 601-602
Transferases, **569**, 570t
Translocação, etapa de elongação da síntese de proteína, **652**
Translocador de membrana interna (TIM), 675
Translocador de membrana externa (TOM), 675
Transmissão de impulsos nervosos, drogas que afetam, 593t
Transporte
  ânion, **511**b
  através de membranas, 508, 511q
  colesterol, 517-518
  de oxigênio pela hemoglobina, 559q
  facilitado, **511**q
  função das proteínas, 534

passivo, **511**q
remoção de neurotransmissores por, 600
Transporte ativo, **511**q
Transporte facilitado, **511**q
Transporte passivo, **511**q
Treonina, *537*
Trifosfato de adenosina (ATP), 618, **687**
armazenamento de energia e liberação no catabolismo, 674, 676
bomba quimiosmótica e produção de, 685-686
catabolismo da glicose e rendimento, 699, 700t, 700
consumo em vias anabólicas, 678, 719, 723
na ativação da síntese de proteína, 649
Trifosfato de guanosina (GTP)
cascata de transdução de sinal, 600, *601*
formação no ciclo do ácido cítrico, **681**
Trifosfato de uridina (UTP), conversão da glicose em outros carboidratos e função do, 721-722
Triglicerídeos, **504**, **505**
estrutura, 504
propriedades físicas e químicas, 505-507
Trigliceróis, **505**. *Ver também* Triglicerídeos
Trinitrotolueno, 684q
Trioses, **476**
Tripeptídeo, **544**, 547
Tripletos (códons), 648, 649t
Tri- (prefixo), **476**
Tripsina, 568, 570, 738
regulação, 576
Triptofano, *537*, 568, 739
Trissacarídeos, **490**
tRNAfMet, **650**, *651*
Tromboxanos, **525**, **527**

U

Ubiquinona. *Ver* Coenzima Q
Úlceras, 604
Uracila (U), 617, *617*, 636, *637*
Urease, 568
Ureia, 568
formação, 707-710
Ureia, ciclo da, 707-709, **712**
Uridina, 618
Uridina difosfato (UDP)-glicose, 721-722
Urina
corpos cetônicos, 704
glicose, 487b
usando vírus, 665, *666*
U.S. Department of Agriculture (USDA), 733, *733*

V

Vaca louca, doença da, 553q
Vacinas, 769q
contra infecção por HIV, 775, *775*
Valina, *536*
Valor diário, listagem de rótulos de alimentos, **732**, 733, 735
Varíola, 769q

Vasopressina
estrutura, *549*
função, 548
Vasos sanguíneos, 579q, 604q
Veneno de cobra, 599
Veneno(s)
interrupção da mensagem química pelo, 599
Vesículas, neurotransmissores armazenados em, 594, **610**
Via anaeróbica, **695**
Via bioquímica, **674**. *Ver também* Vias biossintéticas; Via catabólica comum
Via catabólica comum, *675*, 674, 693-694
carboidratos, lipídeos e catabolismo de proteínas, *695*
ciclo do ácido cítrico, 679-683
compostos da, 676-679
produção de ATP (energia), 685-686
rendimento energético, 686
resumo, 712
transporte de elétrons e H⁺, 683-685
Via complementar, 763
Via da fosforilação oxidativa, **676**, 686, **688**, *695*, 700
desacopladores, 684q
Via do fosfato de pentose, **698**, 698-699, *699*, **712**
Viagra (fármaco), 579q, 604q
Vias biossintéticas, **717**, 717-730. *Ver também* Anabolismo
aminoácidos, 726-728
carboidratos, 718-722
flexibilidade, 717
lipídeos, 723-724
princípio de Le Chatelier, 718
Vias catabólicas do anabolismo, 674, *675*
Vidarabina (Vira-A) (fármaco), 656q
Vírus da imunodeficiência humana (HIV), 772-778
busca de vacina contra, 775, *775*, **775**
estrutura, *771*
métodos de ataque ao sistema imunológico, 773
molécula CD4, células T auxiliadoras e, 767, 773
processos infecciosos, 773
tratamento de infecção por, 567, 579q, 776
Vírus, 656q
HIV. *Ver* Vírus da imunodeficiência humana (HIV)
terapia antiviral, 656q, 776
terapia gênica, 667-668, *668*
usando DNA recombinante, 665
Vitamina B, 571, 748
Vitamina C, 739
Vitamina D, 739, 749
Vitamina E, 739
Vitamina(s)
fontes, funções, deficiências e necessidades diárias, 742t-746t
importância nutricional, 739, 742t, 749
V(J)D, gene, diversidade de resposta imunológica devido à recombinação e mutação do, 763
Von Euler, Ulf, 524

W

Watson, James (1928-), 622, *622*
Wilkins, Maurice (1916-2004), 622

X

Xilitol, 486

Z

Zimógenos. *Ver* Proenzimas (zimógenos)
Zinc fingers, fatores de transcrição, 658, *659*

Zíper de leucina, **659**
Zwitterions, 538-539, 546, **561**

Grupos funcionais orgânicos importantes

	Grupo funcional	Exemplo	Nome comum (Iupac)
Álcool	—ÖH	CH_3CH_2OH	Etanol (Álcool etílico)
Aldeído	—C(=O)—H	$CH_3\overset{O}{\overset{\|}{C}}H$	Etanal (Acetaldeído)
Alcano		CH_3CH_3	Etano
Alceno	C=C	$CH_2{=}CH_2$	Eteno (Etileno)
Alcino	—C≡C—	HC≡CH	Etino (Acetileno)
Amida	—C(=O)—N—	$CH_3\overset{O}{\overset{\|}{C}}NH_2$	Etanoamida (Acetamida)
Amina	—NH$_2$	$CH_3CH_2NH_2$	Etanoamina (Etilamina)
Anidrido	—C(=O)—Ö—C(=O)—	$CH_3\overset{O}{\overset{\|}{C}}O\overset{O}{\overset{\|}{C}}CH_3$	Anidrido etanóico (Anidrido acético)
Areno	(anel benzênico)	(anel benzênico)	Benzeno
Ácido carboxílico	—C(=O)—ÖH	$CH_3\overset{O}{\overset{\|}{C}}OH$	Ácido etanóico (Ácido acético)
Dissulfeto	—S̈—S̈—	CH_3SSCH_3	Dimetil dissulfeto
Éster	—C(=O)—Ö—C—	$CH_3\overset{O}{\overset{\|}{C}}OCH_3$	Etanoato de metila (Acetato de metila)
Éter	—Ö—	$CH_3CH_2OCH_2CH_3$	Dietil éter
Haloalcano (Haleto de alquila)	—Ẍ: X = F, Cl, Br, I	CH_3CH_2Cl	Cloroetano (Cloreto de etila)
Cetona	—C(=O)—	$CH_3\overset{O}{\overset{\|}{C}}CH_3$	Propanona (Acetona)
Fenol	Ar—ÖH	C_6H_5—OH	Fenol
Sulfeto	—S̈—	CH_3SCH_3	Dimetil sulfeto
Tiol	—S̈H	CH_3CH_2SH	Etanotiol (Etil mercaptana)

Código genético padrão

Primeira posição (Extremidade 5')	Segunda posição				Terceira posição (Extremidade 3')
	U	C	A	G	
U	UUU Phe	UCU Ser	UAU Tyr	UGU Cys	U
	UUC Phe	UCC Ser	UAC Tyr	UGC Cys	C
	UUA Leu	UCA Ser	UAA Stop	UGA Stop	A
	UUG Leu	UCG Ser	UAG Stop	UGG Trp	G
C	CUU Leu	CCU Pro	CAU His	CGU Arg	U
	CUC Leu	CCC Pro	CAC His	CGC Arg	C
	CUA Leu	CCA Pro	CAA Gln	CGA Arg	A
	CUG Leu	CCG Pro	CAG Gln	CGG Arg	G
A	AUU Ile	ACU Thr	AAU Asn	AGU Ser	U
	AUC Ile	ACC Thr	AAC Asn	AGC Ser	C
	AUA Ile	ACA Thr	AAA Lys	AGA Arg	A
	AUG Met*	ACG Thr	AAG Lys	AGG Arg	G
G	GUU Val	GCU Ala	GAU Asp	GGU Gly	U
	GUC Val	GCC Ala	GAC Asp	GGC Gly	C
	GUA Val	GCA Ala	GAA Glu	GGA Gly	A
	GUG Val	GCG Ala	GAG Glu	GGG Gly	G

*AUG forma parte do sinal de iniciação, bem como a codificação para os resíduos internos da metionina.

Nomes e abreviações dos aminoácidos mais comuns

Aminoácido	Abreviação de três letras	Abreviação de uma letra
Alanina	Ala	A
Arginina	Arg	R
Asparagina	Asn	N
Ácido aspártico	Asp	D
Cisteína	Cys	C
Glutamina	Gln	Q
Ácido glutâmico	Glu	E
Glicina	Gly	G
Histidina	His	H
Isoleucina	Ile	I
Leucina	Leu	L
Lisina	Lys	K
Metionina	Met	M
Fenilalanina	Phe	F
Prolina	Pro	P
Serina	Ser	S
Treonina	Thr	T
Triptofano	Trp	W
Tirosina	Tyr	Y
Valina	Val	V

Massas atômicas padrão dos elementos 2007 Com base na massa atômica relativa de $^{12}C = 12$, em que ^{12}C é um átomo neutro no seu estado fundamental nuclear e eletrônico.†

Nome	Símbolo	Número atômico	Massa atômica	Nome	Símbolo	Número atômico	Massa atômica
Actínio*	Ac	89	(227)	Magnésio	Mg	12	24,3050(6)
Alumínio	Al	13	26,9815386(8)	Manganês	Mn	25	54,938045(5)
Amerício*	Am	95	(243)	Meitnério	Mt	109	(268)
Antimônio	Sb	51	121,760 (1)	Mendelévio*	Md	101	(258)
Argônio	Ar		39,948 18(1)	Mercúrio	Hg	80	200,59(2)
Arsênio	As	33	74,92160(2)	Molibdênio	Mo	42	95,96(2)
Astato*	At	85	(210)	Neodímio	Nd	60	144,22 (3)
Bário	Ba	56	137,327(7)	Neônio	Ne	10	20,1797 (6)
Berílio	Be	4	9,012182(3)	Netúnio*	Np	93	(237)
Berquélio*	Bk	97	(247)	Nióbio	Nb	41	92,90638 (2)
Bismuto	Bi	83	208,98040 (1)	Níquel	Ni	28	58,6934 (4)
Bório	Bh	107	(264)	Nitrogênio	N	7	14,0067(2)
Boro	B	5	10,811 (7)	Nobélio*	No	102	(259)
Bromo	Br	35	79,904(1)	Ósmio	Os	76	190,23 (3)
Cádmio	Cd	48	112,411(8)	Ouro	Au	79	196,966569(4)
Cálcio	Ca	20	40,078(4)	Oxigênio	O	8	15,9994 (3)
Califórnio*	Cf	98	(251)	Paládio	Pd	46	106,42(1)
Carbono	C	6	12,0107(8)	Platina	Pt	78	195,084 (9)
Cério	Ce	58	140,116(1)	Plutônio*	Pu	94	(244)
Césio	Cs	55	132,9054 519(2)	Polônio*	Po	84	(209)
Chumbo	Pb	82	207,2(1)	Potássio	K	19	39,0983(1)
Cloro	Cl	17	35,453(2)	Praseodímio	Pr	59	140,90765 (2)
Cobalto	Co	27	58,933195	Prata	Ag	47	107,8682(2)
Cobre	Cu	29	63,546 29(3)	Promécio*	Pm	61	(145)
Criptônio	Kr	36	83,798(2)	Protactínio*	Pa	91	231,0358 8 (2)
Cromo	Cr	24	51,9961(6)	Rádio*	Ra	88	(226)
Cúrio*	Cm	96	(247)	Radônio*	Rn	86	(222)
Darmstádio	Ds	110	(271)	Rênio	Re	75	186,207(1)
Disprósio	Dy	66	162,500(1)	Ródio	Rh	45	102,9055 0(2)
Dúbnio	Db	105	(262)	Roentgênio(5)	Rg	111	(272)
Einstênio*	Es	99	(252)	Rubídio	Rb	37	85,4678(3)
Enxofre	S	16	32,065(5)	Rutênio	Ru	44	101,07 (2)
Érbio	Er	68	167,259(3)	Ruterfórdio	Rf	104	(261)
Escândio	Sc	21	44,955912 (6)	Samário	Sm	62	150,36(2)
Estanho	Sn	50	118,710 (7)	Seabórgio	Sg	106	(266)
Estrôncio	Sr	38	87,62 (1)	Selênio	Se	34	78,96(3)
Európio	Eu	63	151,964 (1)	Silício	Si	14	28,0855(3)
Férmio*	Fm	100	(257)	Sódio	Na	11	22,9896928 (2)
Ferro	Fe	26	55,845(2)	Tálio	Tl	81	204,3833(2)
Flúor	F	9	18,9984032(5)	Tântalo	Ta	73	180,9488(2)
Fósforo	P	15	30,973762 (2)	Tecnécio*	Tc	43	(98)
Frâncio*	Fr	87	(223)	Telúrio	Te	52	127,60(3)
Gadolínio	Gd	64	157,25(3)	Térbio	Tb	65	158,9253 5 (2)
Gálio	Ga	31	69,723(1)	Titânio	Ti	22	47,867 (1)
Germânio	Ge	32	72,64(1)	Tório*	Th	90	232,0380 6(2)
Háfnio	Hf	72	178,49(2)	Túlio	Tm	69	168,93421(2)
Hássio	Hs	108	(277)	Tungstênio	W	74	183,84(1)
Hélio	He	2	4,002602(2)	Unúmbio	Uub	112	(285)
Hidrogênio	H	1	1,00794(7)	Ununéxio	Uuh	116	(292)
Hólmio	Ho	67	164,93032(2)	Ununóctio	Uuo	118	(294)
Índio	In	49	114,818(3)	Ununpêntio	Uup	115	(228)
Iodo	I	53	126,90447(3)	Ununquádio	Uuq	114	(289)
Irídio	Ir	77	192,217(3)	Ununtrio	Uut	113	(284)
Itérbio	Yb	70	173,54 (5)	Urânio*	U	92	238,0289 1(3)
Ítrio	Y	39	88,90585(2)	Vanádio	V	23	50,9415(1)
Lantânio	La	57	138,90547(7)	Xenônio	Xe	54	131,293 (6)
Laurêncio*	Lr	103	(262)	Zinco	Zn	30	65,38(2)
Lítio	Li	3	6,941(2)	Zircônio	Zr	40	91,224(2)
Lutécio	Lu	71	174,9668(1)				

† As massas atômicas de muitos elementos podem variar, dependendo da origem e do tratamento da amostra. Isto é especialmente verdadeiro para o Li, materiais comerciais que contém lítio, apresentam massas atômicos Li que variam entre 6,939 e 6,996. As incertezas nos valores de massa atômica são apresentadas entre parênteses após o último algarismo significativo para que são atribuídas.

* Elementos que não apresentam nuclídeo estável, o valor entre parênteses representa a massa atômica do isótopo de meia-vida mais longa. No entanto, três desses elementos (Th, Pa e U) têm uma composição isotópica característica e a massa atômica é tabulada para esses elementos. (http://www. chem.qmw.ac.uk / IUPAC / ATWT /)

Tabela Periódica dos Elementos

Período	1A (1)	2A (2)	3B (3)	4B (4)	5B (5)	6B (6)	7B (7)	8B (8)	8B (9)	8B (10)	1B (11)	2B (12)	3A (13)	4A (14)	5A (15)	6A (16)	7A (17)	8A (18)
1	Hidrogênio 1 **H** 1,0079																	Hélio 2 **He** 4,0026
2	Lítio 3 **Li** 6,941	Berílio 4 **Be** 9,0122											Boro 5 **B** 10,811	Carbono 6 **C** 12,011	Nitrogênio 7 **N** 14,0067	Oxigênio 8 **O** 15,9994	Flúor 9 **F** 18,9984	Neônio 10 **Ne** 20,1797
3	Sódio 11 **Na** 22,9898	Magnésio 12 **Mg** 24,3050											Alumínio 13 **Al** 26,9815	Silício 14 **Si** 28,0855	Fósforo 15 **P** 30,9738	Enxofre 16 **S** 32,066	Cloro 17 **Cl** 35,4527	Argônio 18 **Ar** 39,948
4	Potássio 19 **K** 39,0983	Cálcio 20 **Ca** 40,078	Escândio 21 **Sc** 44,9559	Titânio 22 **Ti** 47,867	Vanádio 23 **V** 50,9415	Cromo 24 **Cr** 51,9961	Manganês 25 **Mn** 54,9380	Ferro 26 **Fe** 55,845	Cobalto 27 **Co** 58,9332	Níquel 28 **Ni** 58,6934	Cobre 29 **Cu** 63,546	Zinco 30 **Zn** 65,38	Gálio 31 **Ga** 69,723	Germânio 32 **Ge** 72,61	Arsênio 33 **As** 74,9216	Selênio 34 **Se** 78,96	Bromo 35 **Br** 79,904	Criptônio 36 **Kr** 83,80
5	Rubídio 37 **Rb** 85,4678	Estrôncio 38 **Sr** 87,62	Ítrio 39 **Y** 88,9059	Zircônio 40 **Zr** 91,224	Nióbio 41 **Nb** 92,9064	Molibdênio 42 **Mo** 95,96	Tecnécio 43 **Tc** (97,907)	Rutênio 44 **Ru** 101,07	Ródio 45 **Rh** 102,9055	Paládio 46 **Pd** 106,42	Prata 47 **Ag** 107,8682	Cádmio 48 **Cd** 112,411	Índio 49 **In** 114,818	Estanho 50 **Sn** 118,710	Antimônio 51 **Sb** 121,760	Telúrio 52 **Te** 127,60	Iodo 53 **I** 126,9045	Xenônio 54 **Xe** 131,29
6	Césio 55 **Cs** 132,9054	Bário 56 **Ba** 137,327	Lantânio 57 **La** 138,9055	Háfnio 72 **Hf** 178,49	Tântalo 73 **Ta** 180,9488	Tungstênio 74 **W** 183,84	Rênio 75 **Re** 186,207	Ósmio 76 **Os** 190,2	Irídio 77 **Ir** 192,22	Platina 78 **Pt** 195,084	Ouro 79 **Au** 196,9666	Mercúrio 80 **Hg** 200,59	Tálio 81 **Tl** 204,3833	Chumbo 82 **Pb** 207,2	Bismuto 83 **Bi** 208,9804	Polônio 84 **Po** (208,98)	Astato 85 **At** (209,99)	Radônio 86 **Rn** (222,02)
7	Frâncio 87 **Fr** (223,02)	Rádio 88 **Ra** (226,0254)	Actínio 89 **Ac** (227,0278)	Ruterfórdio 104 **Rf** (261,11)	Dúbnio 105 **Db** (262,11)	Seabórgio 106 **Sg** (263,12)	Bóhrio 107 **Bh** (262,12)	Hássio 108 **Hs** (265)	Meitnério 109 **Mt** (266)	Darmstádio 110 **Ds** (271)	Roentgênio 111 **Rg** (272)	112 Descoberto 1996	113 Descoberto 2004	114 Descoberto 1999	115 Descoberto 2004	116 Descoberto 1999		118 Descoberto 2006

Lantanídeos:

Cério 58 **Ce** 140,115	Praseodímio 59 **Pr** 140,9076	Neodímio 60 **Nd** 144,24	Promécio 61 **Pm** (144,91)	Samário 62 **Sm** 150,36	Európio 63 **Eu** 151,965	Gadolínio 64 **Gd** 157,25	Térbio 65 **Tb** 158,9253	Disprósio 66 **Dy** 162,50	Hólmio 67 **Ho** 164,9303	Érbio 68 **Er** 167,26	Túlio 69 **Tm** 168,9342	Itérbio 70 **Yb** 173,54	Lutécio 71 **Lu** 174,9668

Actinídeos:

Tório 90 **Th** 232,0381	Protactínio 91 **Pa** 231,0388	Urânio 92 **U** 238,0289	Netúnio 93 **Np** (237,0482)	Plutônio 94 **Pu** (244,664)	Amerício 95 **Am** (243,061)	Cúrio 96 **Cm** (247,07)	Berquélio 97 **Bk** (247,07)	Califórnio 98 **Cf** (251,08)	Einstênio 99 **Es** (252,08)	Férmio 100 **Fm** (257,10)	Mendelévio 101 **Md** (258,10)	Nobélio 102 **No** (259,10)	Laurêncio 103 **Lr** (262,11)

Legenda:
- METAIS
- METALOIDES
- NÃO METAIS

Exemplo:
Urânio
92
U
238,0289
(Número atômico, Símbolo, Massa atômica)

Nota: As massas atômicas referem-se aos valores Iupac 2007 (até quatro casas decimais). Os números entre parênteses são as massas atômicas ou números de massa do isótopo mais estável de um elemento.